A mudança de cor é um mecanismo termorregulador utilizado pelos lagartos como, por exemplo, a iguana-do-deserto *(Dipsosawus dorsalis).* Assim que emergem pela manhã as iguanas-do-deserto são escuras (acima à esquerda). Com o passar do tempo estes animais alcançam a temperatura de atividade, e tornam-se claras (acima à direita). Esta mudança de cor reduz em 23 por cento o aquecimento provocado pelo sol.

Bactérias luminescentcs, no interior dos órgãos luminescentes de peixes, emitem luz como um subproduto de seu metabolismo. (Abaixo à esquerda) um peixe-dragão preto *Idiacanthus.* Um longo barbilhão no queixo dá suporte a uma isca luminosa que atrai presas bem próximo de si para poder engolfá-las com suas enormes maxilas com dentes afiados. (Abaixo à direita) o peixe "pisca-pisca" *Photoblepharon* possui um órgão luminescente embaixo de cada olho. O peixe pode cobrir o órgão com uma bainha pigmentada para cancelar a luz, ou levantar a bainha para expor a luz. Este peixe utiliza o órgão luminescente em interações sociais com outros peixes da mesma espécie e em um tipo de defesa "pisca-pisca" para surpreender e confundir predadores.

Photographs: Top left © Tom McHugh; Top right © Bucky Reeves; Bottom © Norbert Wu, DRK Inc.

Três espécies de salamandras formam um complexo de mimecria no leste da América do Norte. O tritão-de-dorso-vermelho *(Notophthalmus viridescens,* mais em cima à esquerda) e uma salamandra vermelha *(Psuedotriton ruber,* mais cm cima à direita) possuem toxinas na pele que desencorajam o predador. A salamandra de dorso vermelho *(Plethodon cinereus,* no centro à esquerda) não é protegida por estas toxinas, mas os predadores confundem estas espécies avermelhadas (no centro à direita) com as espécies com toxinas. O experimento descrito no texto usou a salamandra parda da montanha *(Desmognathus ochrophaeus,* embaixo à esquerda) como o controle saboroso.

Photographs: red eft © Michael Liisthader; red salamander © Alan Blank. National Audubon Society; red-baeked salamander, eiythristic red-backed salamander. And mountain dusky salamander © F. H. Ponugh.

A região gular expandida de algumas espécies de lagartos são usadas para exibições sociais. A cor, tamanho e forma identificam a espécie e o sexo de um indivíduo. (Todos os lagartos destas fotografias são machos.) (Acima à esquerda) Anoles da Carolina, *Andis carolinensis* da Flórida. (Acima à direita) anoles cavaleiro *Anoles equestris* de Cuba. (Embaixo à esquerda) *Anoles grahami* da Jamaica. (Embaixo à direita) *Anolis chrysolepis* do Brasil.

Photographs: top left © J. H. Robinson; top right © Cosmos Blank, National Audubon Society; bottom left © Fred McConnaughey; botton rigt © JanySauvanet.

Extinto

Sapo-dourado

Pica-pau "Ivory-billed"

Extinto no Ambiente Natural

Cavalo-de-Przewelski

Furão-de-pés-pretos

Risco de Extinção Crítico

Vombate de nariz peludo do Norte

Vulnerável

Tubarão-branco

Exemplos de vertebrados extintos recentemente de espécies enquadradas em diferentes níveis definidos pela "Species Survival Commission of the IUCN".

Photographs: golden toad © Michael Fogden; ivory-billed woodpecker © Tom McHugh, Przewalski's horse © Stephen J. Krasemann; black-footed ferret © Steve Kaufman; northern hairy nosed wombat © Dave Watts; great white shark © Jeffrey L. Rotman.

Escala do Tempo Geológico

Eon (mostrando a Duração Relativa do Tempo)	Era	Período		Época	Tempo aproximado desde o início, em milhões de anos antes do presente
FANEROZÓICO	CENOZÓICA	QUATERNÁRIO		Holoceno (Recente) Pleistoceno	0,01 1,7
		TERCIÁRIO		Neogeno: Plioceno, Mioceno	5,2 23
PROTEROZÓICO	MESOZÓICO	CRETÁCEO		Paleogeno: Oligoceno, Eoceno, Paleoceno	33,4 55 65
		JURÁSSICO		Subdivisões existem para todos os períodos, pelo menos em épocas Anterior e Posterior e, às vezes, também uma do Meio. Dentro dessas divisões, existem épocas dos Períodos do Terciário e do Quaternário. Este nível de detalhes não é mostrado aqui.	144
		TRIÁSSICO			206 251
ARQUEANO	PALEOZÓICA	PERMIANO			290
		CARBONÍFERO			354
		DEVONIANO			417
		SILURIANO			443
		ORDOVICIANO			490
		CAMBRIANO			543
	(Proterozóica)				2.500
	(Arqueano)				4.600

Principais Eventos Geológicos, Climáticos e Biológicos

Houve extensos e repetidos períodos de glaciação no Hemisfério Norte. As faunas de savanas das latitudes médias do Neogeno extinguiram-se e os hominídeos expandiram-se por todo o Velho Mundo. Próximo ao término desse intervalo, os hominídeos alcançaram o Novo Mundo. Houve também extinção de muitos mamíveros grandes, especialmente no Novo Mundo e na Austrália. As aves carnívoras remanescentes, incapazes de voar, também se extinguiram.
Climas mais frios e mais áridos persistiram, resultantes da elevação de montanhas e da formação do istimo do Panamá quase no término desse intervalo. A calota de gelo Ártico formou-se no fim do intervalo. As primeiras campinas surgiram nas latitudes médias. Famílias modernas de mamíferos e aves sofreram radiação e, nos oceanos, aves e mamíferos marinhos diversificaram-se. Os primeiros hominídeos apareceram perto do término do intervalo.
O clima global era quente nas primeiras partes do intervalo, havendo florestas acima do Círculo Ártico mas, mais tarde, as temperatudas diminuíram nas latitudes mais elevadas, juntamente com a formação da calota polar Ártica. Os mamíveros diversificaram-se adquirindo tamanhos maiores do corpo e maior variedade de tipos adaptativos, incluindo predadores e herbívoros. As radiações dos mamíferos incluíram formas arcaicas, agora extintas, e os primeiros representantes das ordens viventes. Aves carnívoras gigantes, incapazes de voar, eram predadores comuns.
Ocorreu mais uma separação dos continentes, inclusive a quebra do continente sulino, o Gondwana. Os peixes teleósteos sofreram radiação e os répteis marinhos floresceram. Angiospermas apareceram pela primeira vez e diversificaram-se rapidamente tornando-se as plantas terrestres dominantes do final do período. Os dinossauros permaneceram os tetrápodes dominantes, e pequenos mamíferos diversificaram-se. O espaço aéreo e as linhas costeiras eram compartilhados por aves e pterossauros e apareceram as primeiras serpentes. Ao final do período houve uma importante extinção em massa, definindo o fim da era Mesozóica, atingindo dinosssauros, pterossauros e répteis marinhos, bem como muito invertebrados marinhos.
O continente mundial começou a fragmentar-se com a formação do Oceano Atlântico. Os invertebrados marinhos passaram a adquirir um aspecto moderno, com diversificação de predadores, tubarões e raias modernos apareceram e os répteis marinhos diversificaram-se. Coníferas e outras gimnospermas constituíam a vegetação terrestre dominante e os insetos diversificaram-se. Dinossauros diversificaram-se enquanto os mamíferos permaneceram pequenos e relativamente inconspícuos. Ao final do período apareceram pelo primeira vez aves, lagartos e salamandras.
O continente mundial era relativamente alto e com poucos mares rasos. Não existiu nenhuma evidência de glaciação e o interior do continente era árido. A vegetação de pteridófitas terrestres foi substituída por coníferas nas partes posteriores do período. Répteis semelhantes a mamíferos declinaram enquanto que os répteis arcossauros (incluindo os ancestrais dos dinossauros) diversificaram-se. Todos os grandes tetrápodes anamniotas remanescentes agora se especializaram como formas aquáticas. Ao final do período houve o primeiro aparecimento de mamíferos verdadeiros, dinossauros, pterossauros, répteis marinhos, crocodilos, lepidossauros, anfíbios anuros e peixes teleósteros.
Um único continente mundial, a Pangéia, formou-se no término do período. Os grandes anmniotas terrestres declinaram e os amniotas sofreram radiação. A diversificação dos amniotas incluiu os ancestrais dos répteis modernos e os ancestrais dos mamíferos, os répteis semelhantes a mamíferos, que eram grandes os tetrápodes terrestres dominantes. Surgiram os primeiros tetrápodes herbívoros. O maior evento de extinção em massa ocorreu tanto no ambiente terrestre como no marinho no final do período, definindo o término da Era Paleozóica.
Houve uma grande glaciação na segunda metade do período, acompanhada de baixos níveis de CO_2 atmosférico. Brejos que originaram depósitos de carvão prevaleciam nas então áreas tropicais da América do Norte e da Europa. Grande radiação de insetos, inclusive de formas voadoras. Diversificação de peixes gnatostomados, incluindo formas semelhantes a tubarões e peixes ósseos primitivos, aparecimento de tipos modernos de peixes agnatos. Extensa radiação de tetrápodes anamniotas, com o aparecimento dos primeiros amniotas (inclusive dos primeiros répteis semelhantes a mamíferos) na parte posterior do período.
Houve intensa formação de montanhas na América do Norte e na Europa. As principais bacias de água doce foram preservadas, contendo os primeiros tetrápodes ao final do período nas regiões equatoriais. Mais ou menos ao mesmo tempo, surgiram as primeiras florestas no ambiente terrestre e os artrópodes terrestres diversificaram-se. Houver diversificação tanto de peixes gnatostomados como agnatos, mas ambos os grupos sofreram extinções perto do final do período, havendo desaparecimento dos ostracodermos, os peixes agnatos portadores de armadura.
Os extensos mares rasos continuaram mas, em terra seca, ocorreram as primeiras evidências de plantas vasculares e de astrópodes. Os peixes agnatos radiaram e agora conheciam-se definitivamente peixes gnatostomados (formas semelhantes a tubarões).
Houve extensos mares rasos nos continentes e o clima global era uniforme até uma brusca glaciação no final do período.
As massas continentes do fim da era Proterozóica agora partiram-se em blocos menores, cobertos por mares rasos. Radiação explosiva de animais no início do período, com o primeiro aparecimento de formas com conchas ou outros revestimentos duros. Primeiro aparecimento de cordados e grande diversificação de artrópodes, inclusive de trilobitos. Os primeiros vertebrados apareceram no início do período.
Formação de grandes massas continentais. O oxigênio apareceu na atmosfera. Os primeiros organismos eucariontes apareceram há cerca de 2 bilhões de anos. Grande diversificação da vida há 1 bilhão de anos, surgindo os organismos pluricelulares, inclusive as algas. Os primeiros animais apareceram mais ou menos há 600 milhões de anos, logo após uma grande glaciação.
Formação da Terra. Intenso bombardeio da Terra por corpos extraterrestres, impedindo a formação de vida até cerca de 4 bilhões de anos (os primeiros fósseis são conhecidos de 3,5 bilhões de anos atrás). Continentes pequenos. Hidrosfera definida há 3,8 bilhões de anos, atmosfera sem oxigênio livre.

A Vida dos Vertebrados

Quarta Edição

F. Harvey Pough
Rocherster Institute of Tecnology

Christine M. Janis
Brown University

John B. Heiser
Cornell University

Coordenação Editorial da Edição Brasileira

Ana Maria de Souza

Professora Doutora aposentada do Instituto de Biociências da Universidade de São Paulo

Atheneu

Tradução autorizada do original VERTEBRATE LIFE 6ª edição de POUGH, F. H.; JANIS, C. M.; HEISER, J. B., publicado por Pearson Education, sobre o selo Prentice Hall.

Diagramação: Know-How Editorial

ISBN: 978-85-7454-095-5

Dados Internacionais de Catalogação na Publicação (CIP)
(Câmara Brasileira do Livro, SP, Brasil)

Pough, F. Harvey

A vida dos vertebrados / F. Harvey Pough, Christine M. Janis, John B. Heiser; [coordenação editorial da edição brasileira Ana Maria de Souza; tradutores Ana Maria de Souza, Paulo Auricchio]. - 4. ed. - São Paulo : Atheneu Editora, 2008.

Título original : Vertebrate life.
Bibliografia.

1. Vertebrados 2. Vertebrados fósseis I. Janis, Christine M. . II. Heiser, John B. . III. Souza, Ana Maria de. IV. Título.

07-9760 CDD-596

Índice para catálogo sistemático:
1. Vertebrados: Zoologia 596

Sobre os Autores

F. Harvey Pough iniciou sua carreira biológica com ai idade de quatorze anos quando ele e sua irmã estudaram o crescimento e movimentos das populações das tartarugas-pintadas-do-leste em Rhode Island. Atualmente, sua pesquisa sé focaliza na biologia do organismo, reunindo fisiologia, morfologia, comportamento e ecologia num contexto evolutivo. Aprecia especialmente lecionar para graduandos e ministrou cursos de zoologia dos vertebrados, ecologia funcional, herpetologia, além da ecologia, fisiologia ambiental e biologia da espécie humana. Publicou mais do que uma centena de artigos a respeito dos resultados de estudos de campo e laboratório sobre lagartos, sapos, serpentes marinhas e tuatara, estudos que o levaram à Austrália, Nova Zelândia, Fiji, México, Costa Rica, Panamá e Caribe, e também para a maior parte dos Estados Unidos. Alunos de graduação participam regularmente desta pesquisa e são co-autores de muitas de suas publicações.

Christine M. Janis é Professora Titular de Biologia na Brown University onde leciona anatomia comparada e evolução de vertebrados. Cidadã britânica, obteve seu título de bacharel na Cambridge University e depois cruzou o oceano para realizar seu Doutorado na Harvard University. É paleontóloga de vertebrados, com interesse particular em evolução de mamíferos (especialmente ungulados) e em respostas da fauna às mudanças climáticas. Interessou-se pela primeira vez pela evolução de vertebrados após ter visto o filme ***Fantasia*** com a impressionante idade de sete anos. Este ano crítico também foi aquele no qual começou a ter lições de equitação, tendo sido dona de pelo menos um cavalo aos 12 anos de idade. Ainda é uma cavaleira ativa, embora não mais uma competidora frequente (ela costumava participar de eventos combinados de treino). Atribui seu estilo de vida ao fato de que não conseguiu superar a fase dos dinossauros e nem a dos cavalos.

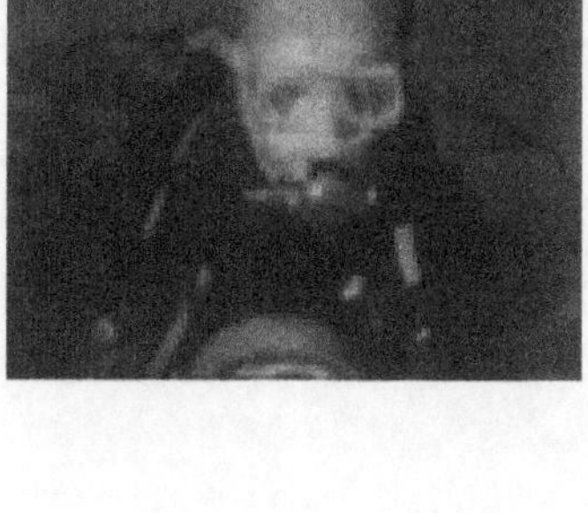

John B. Heiser nasceu e criou-se em Indiana e completou sua graduação em Biologia na Purdue University. Obteve seu Doutorado em ictiologia na Cornell University com estudos do comportamento, evolução e ecologia de peixes de recifes de coral, linha de pesquisa que continua seguindo até hoje com seus colegas na área da pesquisa molecular. Durante quinze anos, foi Diretor do Shoals Marine Laboratory, da Comell University e da University of New Hampshire nas Ilhas Shoals no Golfo do Maine. Durante sua estada nas Ilhas Shoals, seus interesses de pesquisa focalizaram-se em extremidades opostas do espectro dos vertebrados - em feiticeiras e em baleias sem dentes. J.B. gosta de ensinar morfologia, evolução e ecologia de vertebrados, tanto em salas de aula como no campo, e recebeu o prémio Clark Distinguished Teaching Award da Cornell University. Seus passatempos prediletos são a história natural, viajar, fotografia e videografia da natureza, especialmente por meio de mergulho autónomo. Tem perseguido seus interesses pela história natural em cada continente e em todas as principais regiões oceânicas. Devido à sua experiência, é um líder popular de ecoturismo, tendo levado grupos da Cornell Adult University ao Caribe, Mar de Cortez, Polinésia Francesa, América Central, Amazónia, Borneo, Antártica e Spitsbergen no Alto Ártico.

Os Tradutores

Ana Maria de Souza – Professora Doutora aposentada do Instituto de Biociências da Universidade de São Paulo.

Paulo Auricchio – Professor Doutor pelo Instituto de Biociências da Universidade de São Paulo.

Coordenação Editorial da Edição Brasileira – Professora Doutora Ana Maria de Souza

Conteúdo Abreviado

Conteúdo

Prefácio à Quarta Edição Brasileira

A publicação da 4ª edição brasileira do livro "A vida dos vertebrados" constitui mais uma iniciativa louvável da Atheneu Editora São Paulo na contribuição da melhoria do processo ensino-aprendizagem dos Chordata. Este livro tem se mostrado um instrumento de grande valia nos cursos de Ciências Biológicas ao longo desses últimos anos, pois os textos abordam diferentes aspectos da biologia, morfologia e fisiologia dos Chordata, com maior ênfase àqueles relacionados aos Vertebrata, tanto na perspectiva filogenética como na conservação das espécies viventes. Um dos motivos do sucesso desta obra é o fato dos conteúdos, das diferentes áreas da Biologia, serem apresentados em uma linguagem fluente, agradável e de forma integrada, o que permite uma visão ampla e, ao mesmo tempo, aprofundada dos temas, o que cativa diferentes leitores, do iniciante da graduação aos pós-graduandos dos Cursos de Biociências.

Nessa edição, os autores ousaram reformular a sequência dos temas em relação às edições anteriores no sentido de facilitar a sua integração nos diferentes grupos de vertebrados. Esse rearranjo considerou a apresentação de novos grupos fósseis com reorganização de algumas filogenias, principalmente de grupos mais basais dos Sauropsida e Synapsida. Os autores avançam também na terminologia filogenética eliminando o termo anamniótico e colocando em seu lugar o termo não-amniótico, e adotando o termo não-aves para grupos ancestrais mais próximos de Aves. Os temas relacionado à filogenia e à biologia dos Vertebrata foram atualizados tendo como base bibliografia recente e reconhecida. Portanto, uma nova leitura é apresentada sobre esses temas, principalmente, no grupo dos Sauropsida e da irradiação dos hominídeos.

A equipe de pesquisadores e professores, incumbida tanto do trabalho de tradução como de assessoria desta obra, manteve-se fiel ao conteúdo e estilo dos autores e foram colocadas poucas notas dos tradutores sempre no sentido de esclarecer alguns pontos polémicos. Do nosso ponto de vista, pequenas interferências são altamente positivas na formação dos alunos do Ensino Superior, pois a apresentação de opiniões divergentes entre autores demonstram que a Ciência também se faz de hipóteses e visões diferentes. O fato dos próprios autores apresentarem, nessa edição, pontos polémicos relacionados à filogenia de diferentes grupos vêm confirmar essa dinâmica da Ciência.

Nesta edição, assim como nas anteriores, os tradutores cuidaram da uniformização dos termos anatômicos respeitando as normas das Nomimas Anatômicas Veterinária, Ave e Humana. É o caso do termo pelvino, por exemplo, cunhado da palavra latina *pelve.* Como o termo pélvico, mais difundido e conhecido dos alunos, também se mostra adequado, esses dois termos são apresentados ao longo dos textos no sentido de ampliar o vocabulário técnico-cientifico do aluno de Ciências Biológicas. Outro cuidado em relação aos termos anatómicos foi o respeito às especificidades das Nominas dos diferentes táxons. Por exemplo, seguindo a orientação do especialista em Aves, adotou-se os termos anterior e posterior para designarem, respectivamente, membros peitorais e pelvinos das Aves. Já para o restante dos táxons adotou-se os termos peitorais e pelvinos ou pélvicos registrados nas Nominas Anatômicas para as nadadeiras e membros pares dos diversos grupos de vertebrados.

Os tradutores e assessores da 4ª Edição de "A Vida dos Vertebrados" objetivam com as interferências citadas contribuir na atualização dos temas relativos aos Chordata e no processo de aprendizagem dos alunos do ensino superior da área Biológica.

Ana Maria de Souza
Professora Doutora do Departamento de Zoologia –
Instituto de Biociências da USP

Prefácio

A sétima edição de *A Vida dos Vertebrados* expande a ênfase na integração da estrutura e função num contexto filogenético com grande número de mudanças tanto em texto quanto em arte, muitas das quais foram sugeridas por colegas que estão usando o livro. Incorporamos um novo capítulo, "Vivendo no Ambiente Terrestre", que enfatiza as diferenças físicas entre a água e o ar e as consequências destas diferenças na organização da forma e das funções. Outro novo capítulo, "Sinapsidas e Sauropsidas: Duas Abordagens da Vida Terrestre" fornece uma perspectiva evolutiva das diferenças anatómicas e fisiológicas entre essas duas linhagens de amniotas que enfatizam interações entre ventilação pulmonar, locomoção, metabolismo, endotermia, excreção de nitrogênio e órgãos sensoriais. Acreditamos que esta síntese apresente um contexto que ajudará os alunos a entender a origem e a significância das diferenças anatómicas e fisiológicas entre aves e mamíferos atuais.

Uma quantidade enorme de informações sobre dinossauros com penas e a evolução das aves, apareceu desde que a sexta edição foi publicada. A transição entre aves e dinossauros (no senso popular) é tão chamativa ou mesmo constrangedora, que mudamos a descrição da origem e evolução inicial das aves para o fim do capítulo que descreve os diapsidas Mesozóicos. Essa colocação permite-nos dar foco às aves viventes no capítulo seguinte, e nosso tratamento neste grupo foi revisado extensivamente.

Nosso entendimento da evolução humana também foi grandemente ampliado. Nesse campo de mudanças rápidas, novos fósseis forneceram mais dados sobre hominídeos para mais de 6 milhões de anos atrás e mostram que os primeiros hominídeos eram muito mais diversos do que havíamos imaginado. No final oposto da escala de tempo, fósseis de *Homo erectus* da Indonésia indicaram que três espécies de *Homo* co-existiram tão recentemente quanto 30 mil anos atrás.

O aumento da ênfase sobre conservação na sexta edição foi bem recebida pelos leitores. Atualizamos esse material (a maior parte um processo desanimador) e adicionamos novos exemplos da aplicação da informação sobre biologia de organismos para conservação e manejo.

Agradecimentos

Fomos afortunados nesta edição de contar, com o auxílio de duas editoras, Teresa Ryu Chung and Colleen Lee, que trabalharam ambas conosco na edição anterior. A habilidade de ambas na direção editorial e também no trabalho na Organização Prentice Hall deu suporte e recursos necessários para as extensas revisões de textos e arte nesta edição e – de modo notável – mantiveram o projeto correndo suavemente e no prazo.

Manter um fluxo consistente de informação durante uma extensa revisão na qual a sequência de tópicos é mudada, é praticamente impossível para os autores - nós sabemos o que pretendemos dizer e isso é o que queremos ver no papel. Ellen Smith, nossa editora de desenvolvimento, traçou o tratamento dos tópicos através dos manuscritos de texto e arte, pegando falhas e inconsistências. Seus esforços direcionaram grandemente a apresentação e desenvolvimento da informação biológica nesta edição, e produziram um produto que é muito mais refinado do que teria sido sem o seu auxílio.

A atenção meticulosa aos detalhes dada por nossa editora, Barbara Booth, fez o uso de unidades, contrações e construções compostas mais consistente nesta edição do que jamais foi no passado.

Como artista para esta edição, tivemos prazer em ter Jennifer Kane, uma graduanda da Brown University, que olhou *A Vida dos Vertebrados* sob a perspectiva de um estudante. Ela combinou a habilidade de dar exatidão e veracidade à informação anatómica devido à empatia que possui pelos vertebrados, permitindo produzir desenhos de animais que parecem estar prontos a sair andando das páginas.

Ed Thomas, nosso editor de produção, proveu um muito bem-vindo senso de segurança aos autores, porque é mestre de todos os detalhes do processo extremamente complexo de unir texto e arte e colocar tudo em seu devido lugar. Sua habilidade em recuperar-nos do desastre potencial tem sido colocada à prova, não somente neste livro, mas também em duas edições do livro *Herpetology,* e tivemos um suspiro de alívio quando soubemos que ele tinha sido contratado para trabalhar conosco.

Escrever um livro com um escopo tão amplo como este requer o auxílio de muitas pessoas. Listamos abaixo os colegas que generosamente fizeram comentários e sugestões e responderam a nossos pedidos de informações. Tão importante, mas impossível de listar, são as ideias que recebemos em centenas de conversas casuais com alunos em aulas e com colegas em encontros.

Lee Boyd, *Washburn University*
Brooks M. Burr, *Southern Illinois University, Carbondale*
Jennifer A. Clack, *Cambridge University*
Michael I. Coates, *University of Chicago*
James P. Collins, *Arizona State University*
Robert E. Espinosa, *Califórnia State University Northridge*
Colleen G. Farmer, *University of Utah*
Brent Graves, *Northern Michigan University*
Gene Helfman, *University of Geórgia*
Dennis Hibbert, *Evergreen State College*
Ken Hoover, *Jacksonville University*
Grant. R. Hurlburt, *Califórnia State University, Stanislaus*
Duncan J. Irschick, *Tulane University*
Karen R. Lips, *Southern Illinois University*
Joseph S. Nelson, *University of Alberta*
Olav T. Oftedal, *Smithsonian National Zoological Park*
Gary C. Packard, *Colorado State University*
Michael C. Schmale, *RSMAS, University of Miami*
Edwin Scholes III, *Cornell University*
Mary Higby Schweitzer, *North Carolina State University*
Leslee B. Shell, *Arizona State University West*
Peter Unmack, *Arizona State University*
Melvin L. Warren, Jr., *USD A Forest Service, Oxford, MS*
Kathleen E. Whitlock, *Cornell University*

PARTE I

Diversidade, Funções e Evolução dos Vertebrados

As mais de 56.000 espécies atuais de vertebrados habitam praticamente todas as partes da Terra e, ainda outros vertebrados hoje extintos, viveram em habitats que não existem mais. O aumento no conhecimento da diversidade dos vertebrados foi um dos produtos da expansão e das explorações europeias que tiveram início nos séculos XV e XVI. Na metade do século XVIII, o naturalista sueco Carolus Linnaeus desenvolveu uma classificação binomial visando catalogar as variedades de animais e plantas. A despeito de alguns problemas, no diz respeito a refletir as relações evolutivas dos organismos, o sistema lineano permanece como base para a denominação de organismos vivos até hoje.

Um século mais tarde, Charles Darwin e Alfred Russell Wallace explicaram a diversidade de plantas e animais como um produto da seleção natural e evolução. No início do século XX, o trabalho deles foi complementado com as informações nascentes sobre os mecanismos de herança genética. Esta combinação de genética e biologia evolutiva é conhecida como a Nova Síntese, ou Neo-Darwinismo, e continua a ser a base para a compreensão dos mecanismos de evolução. Métodos de classificação dos animais também mudaram sua ênfase ao longo do século XX, e a classificação, que começou como uma maneira de se tentar organizar a diversidade dos organismos, tem se tornado uma ferramenta poderosa para gerar hipóteses evolutivas testáveis.

A biologia e o registro fóssil dos vertebrados têm estado no centro dessas mudanças em nossa visão da vida. Estudos comparativos da anatomia, embriologia e fisiologia de vertebrados atuais frequentemente complementam o registro fóssil. Tais estudos revelam que a evolução atua através da modificação de estruturas já existentes. Todos os vertebrados têm características básicas em comum, as quais são produto de sua ancestralidade comum, e o progresso da evolução pode ser analisado pela sequência das modificações destes caracteres. Assim, a compreensão da forma e função dos vertebrados é elemento básico para o entendimento da sua evolução, da ecologia e do comportamento das espécies viventes.

CAPÍTULO

1

Diversidade, Classificação e Evolução dos Vertebrados

A evolução tem um papel central na biologia dos vertebrados, pois proporciona um princípio que organiza a diversidade observada entre os vertebrados viventes e ajuda a enquadrar as espécies extintas no contexto das atuais. A classificação, inicialmente um processo que visa associar nomes aos organismos, tem se tornado um método para compreender a evolução. As ideias atuais sobre evolução, enfatizam a seleção natural que atua ao nível dos indivíduos como o mecanismo predominante na produção de mudanças ao longo do tempo. Os processos e eventos evolutivos estão intimamente associados às mudanças que ocorreram na Terra ao longo da a história dos vertebrados. Estas mudanças são resultado dos movimentos de continentes e dos efeitos de tais movimentos no clima e na geografia. Neste capítulo, apresentamos um panorama do cenário, dos participantes e dos eventos que moldaram a biologia dos vertebrados.

1.1 A História dos Vertebrados

Mencione "animal" e a maioria das pessoas pensará em um vertebrado. Vertebrados são, frequentemente, componentes numerosos e conspícuos da experiência das pessoas sobre o mundo natural. Vertebrados também são muito diversificados: as mais de 56.000 espécies atuais (atualmente viventes) variam, em tamanho, desde peixes pesando somente 0,1 grama, quando plenamente adultos, até baleias que pesam cerca de 100.000 quilogramas. Os vertebrados vivem em praticamente todos os habitats da Terra. Peixes bizarros, alguns com bocas tão grandes que podem engolir presas maiores que eles próprios, percorrem as profundidades marinhas, às vezes atraindo presas por meio de luzes brilhantes. Quinze quilômetros acima desses peixes, aves migratórias voam sobre os picos da cordilheira dos Himalaias, as mais altas montanhas da Terra.

Os comportamentos dos vertebrados são tão diversos e complexos quanto suas formas. A vida de um vertebrado é energeticamente dispendiosa, e os vertebrados obtêm a energia necessária do alimento que consomem. Carnívoros alimentam-se de outros animais e apresentam uma grande variedade de métodos de captura de presas. Alguns predadores percorrem o ambiente para encontrar as presas, enquanto outros esperam que estas venham até eles. Alguns carnívoros perseguem suas presas em alta velocidade, enquanto outros as trazem para a boca por sucção. Muitos vertebrados engolem as presas inteiras, algumas vezes enquanto ainda vivas e se debatendo, porém outros têm métodos bastante específicos de matá-las. Serpentes venenosas injetam misturas complexas de toxinas, e gatos (de todos os tamanhos, desde os gatos domésticos até os tigres) matam a presa com uma mordida precisa no pescoço.

Herbívoros comem plantas. Plantas não fogem quando um animal se aproxima, assim elas são fáceis de capturar, mas são difíceis de mastigar e digerir, e frequentemente contêm componentes tóxicos. Vertebrados herbívoros exibem um conjunto de especializações para fazer frente às dificuldades de alimentar-se de plantas. Estas especializações incluem dentes elaboradamente esculpidos para cortar folhas duras e expor as superfícies das células, mas a parede das células das plantas contém celulose e nenhum vertebrado digere celulose. Vertebrados herbívoros contam com microorganismos vivos em seus tratos digestórios para digerir celulose. Ainda esses endosimbiontes (organismos que vivem dentro de outros organismos) retiram a toxicidade das substâncias químicas que as plantas usam para proteger-se.

A reprodução é um fator crítico no sucesso evolutivo de um organismo e os vertebrados mostram um conjunto surpreendente de comportamentos associados ao acasalamento e à reprodução. Em geral, os machos cortejam as fêmeas e estas tomam conta dos jovens, mas estas regras são invertidas em várias espécies de vertebrados. No momento do nascimento ou da eclosão, alguns vertebrados são inteiramente auto-suficientes e nunca encontram seus pais, enquanto outros (incluindo os humanos) têm longos períodos de cuidado parental obrigatório. Cuidado parental extensivo é verificado em grupos de vertebrados aparentemente distintos – peixes que incubam ovos na boca, rãs que incubam ovos no estômago, e aves que alimentam os ninhegos com um fluido denominado "leite de pombo", muito similar em composição ao leite dos mamíferos.

Dois grupos principais de vertebrados se distinguem no que se refere a uma inovação do desenvolvimento embrionário, o aparecimento de três membranas formadas por tecidos a partir do embrião (veja Capítulo 9). Uma destas membranas, o âmnio, envolve o embrião, e animais com esta estrutura são chamados **amniotas.** A divisão entre não amniotas e amniotas corresponde grosseiramente aos vertebrados aquáticos e terrestres, embora muitos anfíbios e uns poucos peixes botem ovos não amniotas em ninhos no solo.

A diversidade de vertebrados atuais é fascinante, porém as espécies atualmente viventes constituem apenas uma pequena porcentagem daquelas que já existiram. Para cada espécie vivente pode ter existido mais de uma centena de espécies extintas, e algumas destas não têm equivalentes entre as formas atuais. Os dinossauros, por exemplo, que dominaram a Terra por 180 milhões de anos, são tão diferentes de qualquer animal vivente que é difícil reconstituir a vida que levavam. Mesmo os mamíferos já foram mais diversificados do que hoje em dia. A época do Pleistoceno viu gigantes de vários tipos – preguiças terrestres tão grandes quanto os modernos rinocerontes e guaxinins do tamanho de ursos. O número de espécies de vertebrados provavelmente alcançou seu máximo no meio do Mioceno, há 12 a 14 milhões de anos, e tem declinado desde então.

A história dos vertebrados é fascinante. O estudo acerca de onde se originaram, como evoluíram, o que fazem, qual é sua fisiologia, proporciona um número sem fim de detalhes intrigantes. Na preparação para contar essa história, devemos introduzir algumas informações básicas, incluindo como são denominados os diferentes tipos de vertebrados, como são classificados e como teria sido o mundo no qual a história dos vertebrados se desenrolou.

A Figura 1-1 traz os grupos principais de vertebrados e os números relativos de espécies atuais. Nas seções a seguir, descreveremos brevemente os diferentes tipos de vertebrados atuais.

Os Não Amniotas

Os embriões dos não amniotas são cobertos e protegidos por membranas produzidas pelo trato reprodutivo da fêmea. Esta é a condição encontrada entre os invertebrados parentes de vertebrados e retida nos vertebrados aquáticos viventes, peixes e anfíbios.

Feiticeiras e Lampreias – Myxinoidea e Petromyzontoidea Lampreias e feiticeiras são animais alongados, desprovidos de membros e escamas, viscosos, e sem a presença de tecidos internos duros. São necrófagos ou parasitas e apresentam especializações para estes papéis. Feiticeiras (cerca de 50 espécies) são marinhas e vivem na plataforma continental e no mar aberto até profundidades de 100 metros ou mais. Em contraste, muitas das 40 espécies de lampreias são formas migratórias que vivem nos oceanos e se reproduzem nos rios.

Feiticeiras e lampreias são únicas entre os vertebrados atuais, uma vez que carecem de maxilas; este aspecto torna-as importantes no estudo da evolução dos vertebrados. Lampreias e feiticeiras têm sido tradicionalmente reunidas como agnatas (Grego *a* = sem, *gnathos* = maxila) ou ciclóstomos (Grego *cyclos* = circular, *stoma* = boca), mas provavelmente não intimamente relacionadas entre si, e sim ao contrário, representam duas linhagens evolutivas independentes. As feiticeiras não possuem muitas das características dos vertebrados; por exemplo, não possuem qualquer traço de vértebras e às vezes são classificadas como Craniata, porém não como Vertebrata. Em contraste, as lampreias possuem vértebras rudimentares, bem como muitos outros caracteres que compartilham com os vertebrados com maxilas. A condição agnata, tanto de feiticeiras como de lampreias, entretanto, é ancestral.

Tubarões, Raias e Quimeras – Chondrichthyes O nome Chondrichthyes (Grego *chondros* = cartilagem e *ichthyes* = peixe) refere-se ao esqueleto cartilaginoso destes peixes. Tubarões e raias formam um grupo chamado Elasmobranchii, (Grego *elasmos* = placa e *branchi* = brânquia), mas esses dois tipos de elasmobrânquios diferem na forma do corpo e hábitos. Os tubarões têm uma reputação de ferocidade que a maioria das 400 espécies atuais teria dificuldade em manter. Muitos tubarões são pequenos (15 centímetros, ou menos), e a maior espécie, o tubarão-baleia – que atinge mais de 10 metros de comprimento – é um filtrador que subsiste do plâncton que retira da água. As aproximadamente 450 espécies de raias são achatadas dorsoventralmente, frequentemente de hábitos bentônicos, que nadam por meio de ondulações de suas nadadeiras peitorais extremamente amplas.

Há aproximadamente 30 espécies do segundo grupo de condrictes, as quimeras. O nome do grupo Holocephalii, (Grego *holos* = inteiro e *chephalus* = cabeça), refere-se a uma cobertura branquial única que se estende por todas as quatro aberturas branquiais. Esses são peixes marinhos bizarros com caudas longas e delgadas, e faces com características que lembram coelhos. Eles vivem no fundo

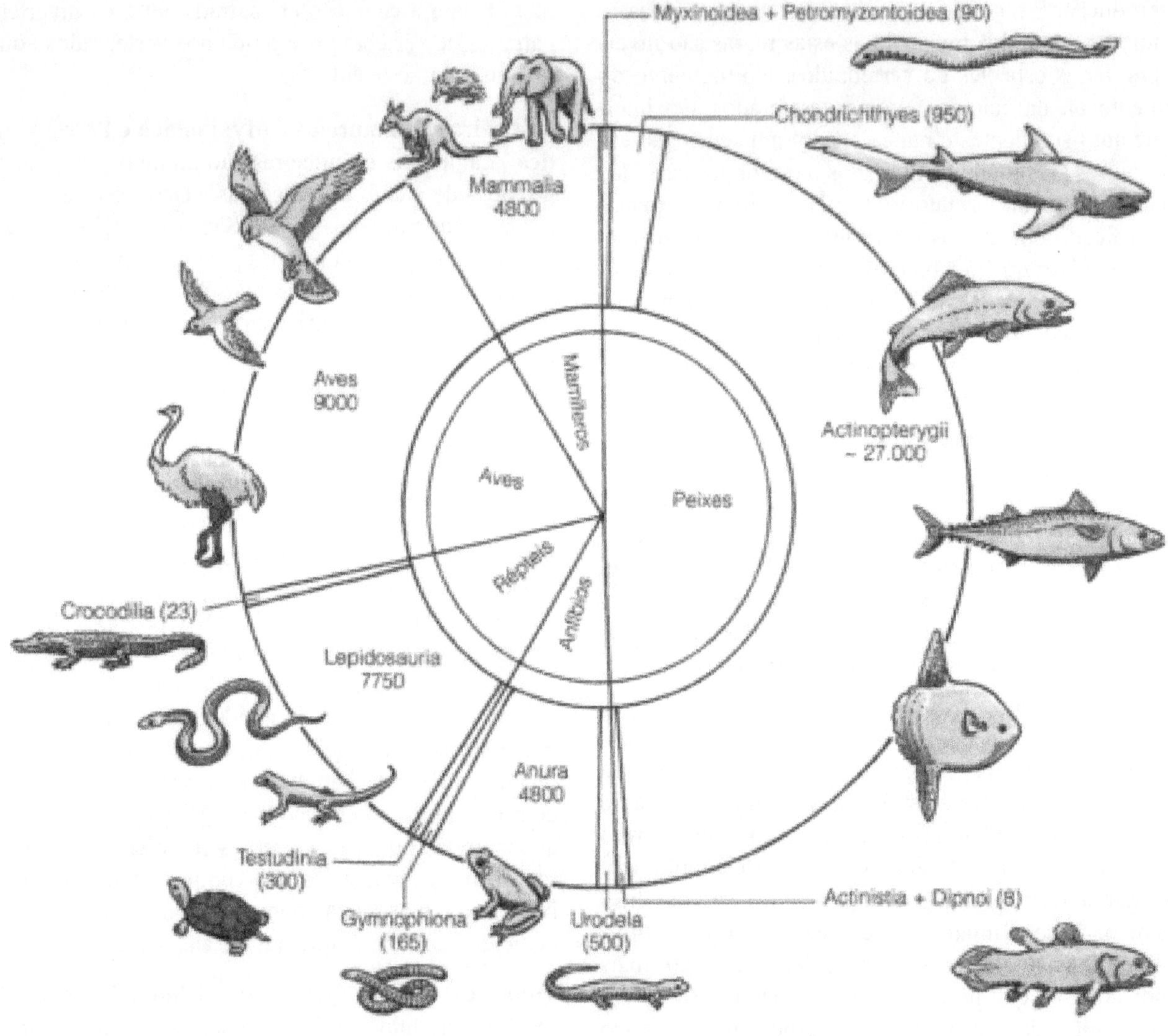

Figura 1-1 Diversidade dos vertebrados. As áreas no diagrama correspondem ao número aproximado de espécies atuais em cada grupo (estas são estimativas, e os números mudam frequentemente assim que novas espécies são descritas). Nomes comuns aparecem no interior do círculo interno e os nomes formais dos grupos estão nas partes externas do diagrama.

oceânico e se alimentam de presas com conchas duras, tais como crustáceos e moluscos.

Peixes Ósseos – Osteichthyes Os peixes ósseos (Grego *osteos* = osso e *ichthyes* = peixe) são tão diversificados que qualquer tentativa de caracterizá-los de modo resumido está condenada ao fracasso. Duas grandes categorias podem ser reconhecidas: peixes de nadadeiras raiadas (Actinopterygii; Grego *actinos* = raio, *pteron* = asa ou nadadeira) e os peixes de nadadeiras lobadas ou peixes de nadadeiras carnosas (Sarcopterygii; Grego *sarcos* = carne).

Os peixes de nadadeiras raiadas sofreram uma extensa radiação, tanto na água doce como no mar. Mais de 27.000 espécies de peixes de nadadeiras raiadas foram identificadas e alguns milhares de espécies adicionais podem ainda ser descobertas. Um único projeto, o *Census of Marine Life* (Censo de Vida Marinha), está descrevendo anualmente de 150 a 200 espécies de peixes de nadadeiras raiadas previamente desconhecidas. Dois grupos principais podem ser reconhecidos entre os actinopterígios. Os Chondrostei ("bichirs", esturjões e peixes-espátula) incluem cerca de 35 espécies consideradas sobreviventes de uma radiação inicial dos peixes ósseos. Os "bichirs" (aproximadamente 10 espécies) habitam brejos e rios da Africa; são conhecidos como "peixes de junco" africanos no comércio de aquários. Os esturjões (25 espécies) são grandes peixes com boca protrátil, desprovida de dentes, utilizada para sugar itens alimentares do fundo dos corpos d'água. Os esturjões são a fonte do caviar – ovos retirados da fêmea antes da ovipostura. Obviamente este processo mata a fêmea do esturjão, e muitas espécies quase têm sido levadas à extinção por meio de pesca excessiva. Os peixes-espátula (duas espécies, uma na drenagem do Mississipi da América do Norte e a outra no Rio Yangtze da China) têm um focinho em forma de espátula, contendo órgãos que localizam presas por meio da percepção de campos elétricos.

Os Neopterygii, a radiação moderna de peixes de nadadeiras raiadas, podem ser divididos em três linhagens. Duas destas – os "gars" (Lepisosteiformes, 7 espécies) e "bowfin" (1 espécie, *Amia calva)* – são relitos de radiações anteriores. Estes peixes possuem corpo cilíndrico, escamas espessas e maxilas armadas com dentes afiados. Capturam a presa com uma rápida investida e golpe de sua boca, não apresentam as especializações do aparelho maxilar que permite, aos peixes ósseos mais especializados, utilizar métodos mais complexos de alimentação.

A terceira linhagem de neopterígios, os Teleostei, inclui mais de 27.000 espécies de peixes que apresentam qualquer combinação imaginável de tamanho do corpo, habitat e hábitos. Os peixes mais familiares são teleósteos – a truta, a perca e aqueles procurados pelos pescadores; a solha (um tipo de linguado), o peixe-espada, usado como símbolo por muitos restaurantes de frutos do mar; e o salmão e o atum, cujos sub-produtos são encontrados na ração enlatada para gatos. Modificações da forma do corpo e do aparelho maxilar permitiram que muitos teleósteos se tornassem altamente especializados em sua natação e nos hábitos alimentares.

Somente oito espécies de peixes com nadadeiras lobadas sobrevivem, as seis espécies de peixes pulmonados (Dipnoi) encontradas na América do Sul, África e Austrália e as duas espécies de celacantos (Actinistia), uma de águas profundas do leste da Africa e uma segunda, recentemente descoberta perto da Indonésia. Estes são os peixes viventes mais proximamente aparentados com vertebrados terrestres, e uma visão mais refinada da diversidade dos sarcopterígios inclui seus descendentes terrestres – anfíbios, mamíferos, tartarugas, lepidossauros (tuatara, lagartos e cobras), crocodilos e aves. Desta perspectiva, peixes ósseos incluem duas radiações evolutivas principais, cada uma contendo mais de 25.000 espécies viventes.

Salamandras, Rãs e Cecílias – Urodela, Anura e Gymnophiona Estes três grupos de vertebrados são popularmente conhecidos como anfíbios (Grego *amphis* = dupla e *bios* = vida), devido às suas complexas histórias de vida, que frequentemente incluem uma forma larval aquática (a larva das salamandras e cecílias, e o girino de sapos e rãs) e um adulto terrestre. Todos os anfíbios têm pele nua (ou seja, sem escamas, pêlos, ou penas), que é importante na troca de água, íons e gases com o meio ambiente. Salamandras (mais de 500 espécies) são animais alongados, a maioria terrestre, e usualmente com quatro membros (patas); os anuros (rãs, sapos, pererecas – cerca de 4800 espécies ao todo) são animais de corpo curto, com cabeça grande e membros pélvicos longos, usados para andar, saltar e escalar; e as cecílias (cerca de 165 espécies) são animais apodes aquáticos ou escavadores.

Amniotas

Um conjunto adicional de membranas associadas ao embrião apareceu durante a evolução dos vertebrados. São chamadas membranas fetais por que são derivadas do embrião e não do trato reprodutivo da mãe. O âmnio é uma destas membranas e vertebrados com âmnio são chamados amniotas. Em geral amniotas são mais terrestres do que os não amniotas, mas existem espécies de salamandras e sapos que passam a vida inteira em terra, mesmo sendo não amniotas, assim como espécies de amniotas que voltaram ao ambiente aquático, tais como tartarugas marinhas e baleias. Muitas características distinguem os não amniotas (peixes e anfíbios) dos amniotas (mamíferos e répteis incluindo aves), entretanto, nós usaremos o termo para identificar qual dos dois grupos está sendo discutido. Os tipos de vertebrados que se seguem são amniotas.

Tartarugas – Testudinia

As aproximadamente 300 espécies de tartarugas (Latim *testudo* = tartaruga) são provavelmente os vertebrados mais facilmente reconhecíveis. A carapaça que recobre uma tartaruga não tem similar exato em qualquer outro grupo de vertebrados, e as modificações morfológicas associadas a essa carapaça fazem das tartarugas animais extremamente peculiares. Elas são, por exemplo, os únicos vertebrados com ombros (cintura escapular) e bacia (cintura pélvica) internos às costelas.

Tuatara, Lagartos e Serpentes – Lepidosauria

Estes três tipos de vertebrados podem ser reconhecidos por sua pele coberta de escamas (Grego *lépidos* = escama e *saurio* = lagarto), assim como por características do crânio. As duas espécies de tuatara, animais de corpo robusto, encontradas apenas em algumas ilhas próximas à Nova Zelândia, são os únicos remanescentes viventes de uma linhagem de animais denominada Sphenodontida, que foram mais diversificados na Era Mesozóica. Em contraste, lagartos (mais de 4800 espécies) e serpentes (mais de 2900 espécies de lagartos altamente especializados) estão atualmente no pico de sua diversidade.

Jacarés e Crocodilos – Crocodilia

Estes animais impressionantes que têm seu nome originário do nome *crocodilus,* a palavra grega para crocodilo, são da mesma linhagem evolutiva (Archosauria) que originou os dinossauros e as aves. As 23 espécies de crocodilianos, como são coletivamente conhecidos, são predadores semiaquáticos com longos rostros armados de dentes numerosos. Variam em tamanho do crocodilo de água salgada que tem o potencial de crescer até 7 metros, a crocodilos anões e caimans que têm menos de 1 metro de comprimento. Sua pele contém muitos ossos (osteodermos; Grego *osteo* = osso e *dermis* = pele) localizados sob as escamas, proporcionando uma espécie de armadura. Os crocodilianos destacam-se pelo cuidado parental que dedicam aos seus ovos e filhotes.

Aves – Aves

As aves são uma linhagem de dinossauros que desenvolveu o vôo durante o Mesozóico. Diversificaram-se em mais de 9.000 espécies. As penas são a característica distintiva das aves, e asas com penas são as estruturas que permitem que uma ave voe. Descobertas recentes de fósseis de dinossauros com traços de penas indicam que as penas evoluíram antes do vôo. Este lapso de tempo entre o aparecimento das penas e o vôo ilustra um princípio importante, que a função de uma estrutura numa espécie vivente não é necessariamente a mesma de sua função original nas linhagens evolutivas. Em outras palavras, a utilidade atual não é a mesma da origem evolutiva. A função original das penas era quase que certamente prover isolamento térmico que reteria calor produzido pelo metabolismo, e sua modificação como aerofólio e aerodinâmica nas aves é um evento secundário.

Mamíferos – Mammalia

A origem dos mamíferos (Latim *mamma* = teta) viventes pode ser traçada desde o final da Era Paleozóica, a partir de alguns dos primeiros vertebrados totalmente terrestres. Os mamíferos modernos incluem cerca de 4800 espécies, a maioria das quais é de mamíferos eutérios (placentários). Tanto os eutérios como os marsupiais possuem uma placenta, uma estrutura que transfere nutrientes da mãe para o embrião e remove os produtos de excreção do metabolismo do embrião. Os eutérios possuem um sistema mais extenso de placentação e um longo período de gestação enquanto que os marsupiais têm um curto período de gestação e parem os filhotes muito imaturos que continuam seu desenvolvimento frequentemente em uma bolsa externa no abdome da mãe presos a um mamilo. Os marsupiais dominam a fauna de mamíferos apenas na Austrália. Cangurus, koalas e wombats são marsupiais australianos comuns. Os estranhos Monotremata, omitorrincos e équidnas – também da Austrália – são mamíferos cujos filhotes eclodem de ovos. Todos os mamíferos, incluindo os monotremados, alimentam seus filhotes com leite.

Novas Espécies

Novas espécies de vertebrados são escritas semanalmente – 100 a 200 novas espécies de peixes são descritas a cada ano, e em 2002, uma re-análise dos anuros de Madagáscar aumentaram o número de espécies dos racoforídeos de 18 para mais de 100. (É por isso que usamos as palavras "aproximadamente" e "mais ou menos" quando citamos o número de espécies). Várias espécies recentemente descobertas são descritas no Quadro 1-1.

1.2 Classificação dos Vertebrados

A diversidade dos vertebrados (mais de 56.000 espécies atuais e, pelo menos, 100 vezes este número de espécies agora extintas) torna a classificação dos vertebrados uma tarefa extraordinariamente difícil. Ainda assim, há muito tempo a classificação tem estado no ceme da biologia evolutiva. Inicialmente, a classificação das espécies era considerada um modo de lidar com a diversidade dos organismos, assim como um sistema de gerenciamento de arquivos que organiza o trabalho de um escritório. Cada espécie poderia ser colocada em um escaninho marcado com seu nome e, quando todas as espécies estivessem em seus escaninhos, poder-se-ia compreender a diversidade dos vertebrados. Esta visão de classificação foi satisfatória enquanto as espécies eram consideradas estáticas e imutáveis: uma vez que uma espécie tivesse sido colocada em um sistema de arquivos, ela aí permaneceria.

A aceitação da evolução como fato, tornou esse tipo de classificação inadequado. Agora é necessário expressar as relações evolutivas entre as espécies incorporando informações evolutivas no sistema de classificação. Idealmente, um sistema de classificação deveria não apenas colocar uma etiqueta em cada espécie, mas também codificar a relação evolutiva entre aquela espécie e outras. As técnicas modernas de sistemática (classificação evolutiva de organismos) foram além do papel de sistema de arquivos, tornando-se métodos para gerar hipóteses evolutivas testáveis.

Classificação e Nomes

Nosso sistema de classificar organismos é o pré-Darwiniano. Ele segue os métodos estabelecidos pelos naturalistas dos séculos dezessete e dezoito, especialmente aqueles

QUADRO 1.1 Vertebrados Descobertos Recentemente

Muitas espécies de vertebrados recentemente descobertas são pequenas e inconspícuas, mas algumas espécies especialmente grandes só foram descritas cientificamente no século passado. Entre as mais notáveis estão as seguintes:

- O porco-florestal-gigante (*Hylochoerus meinhertzhageni*), a maior espécie selvagem de porco do mundo (mais de 2 metros de comprimento e 275 quilogramas). Descoberto no Quênia em 1904.
- O dragão-de-Komodo (*Varanus komodoensis*), a maior espécie vivente de lagarto (mais de 3 metros de comprimento), encontrado na Ilha de Komodo em 1912.
- O bonobo ou chimpanzé-pigmeu (*Pan paniscus*), da República Democrática do Congo (antigo Zaire), que não foi identificado com uma espécie separada do chimpanzé (*Pan troglodytes*) até 1929.
- O panda-gigante (*Aíluropoda melanoleuca*) da China, apresentado à ciência ocidental em 1936.
- O "kouprey" (*Bos sauveli*) um grande boi selvagem descoberto no Camboja em 1937 e redescoberto em 1982 depois da sua presumida extinção.
- O celacanto (*Latimeria chalumnaé*) um peixe de 1,5 metro, previamente conhecido somente como fóssil, descoberto no leste da costa africana em 1938, e uma segunda espécie de celacanto (*Latimeria menadoensis*) encontrado nos mares da Indonésia em 1998.
- O cateto-do-chaco (*Catagonus wagneri*), previamente conhecido somente como fóssil do Pleistoceno, descoberto vivo nas florestas fechadas do grande chaco paraguaio em 1975.
- Tubarão "Megamouth" (*Megachasma pelagios*), um tubarão filtrador de 5 metros, descoberto nas águas pelágicas da costa do Havaí em 1976 (Figura 1-2).
- O "Sao la" (*Pseudoryx nghetinhensis*), uma nova espécie de boi selvagem com chifres longos e em forma de espada, descoberto no Vietnã em 1992.

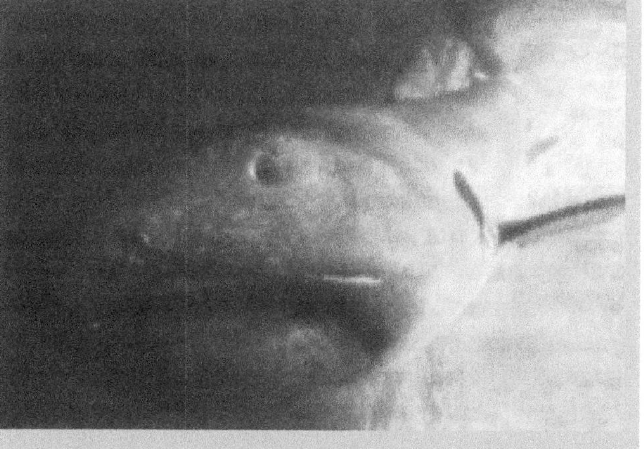

Figura 1-2 "Megamouth" (*Megachasma pelagios*). Atingindo 5 metros em idade adulta, este tubarão filtrador que vive em profundidade é a maior espécie de vertebrado descoberta no século passado.

de Carl von Linné, um naturalista sueco, melhor conhecido por seu nome latino, Carolus Linnaeus. O sistema lineano emprega a nomenclatura binomial para designar espécies e organiza as espécies em categorias hierárquicas (táxons, singular táxon) para sua classificação. Este sistema é incompatível em alguns aspectos com a biologia evolutiva (de Queiroz e Gauthier, 1992; Pennisi, 2001), mas ainda é amplamente usado.

Nomenclatura Binomial

A designação científica das espécies tornou-se padronizada quando o monumental trabalho de Lineu, *Systema Naturae* (*O Sistema da Natureza*), foi publicado em seções entre 1735 e 1758. Ele tentou dar nomes para identificar cada espécie conhecida de animal ou planta. Seu método envolve designar um nome binomial (formado por duas palavras) para cada espécie. Alguns exemplos familiares incluem *Homo sapiens* para os seres humanos (Latim *homo* = humano e *sapiens* = sábio), *Passer domesticus* para o pardal (Latim *passer* = pardal e *domesticus* = pertencente à casa) e *Canis familiaris* para o cão doméstico (Latim *canis* = cão e *familiaris* = da família).

Por que usar palavras latinas? O Latim foi a antiga língua universal mais antiga dos sábios e cientistas europeus. Proporcionou uma prática uniforme que continuou a ser reconhecida por cientistas de todo o mundo, independentemente de sua língua vernácula. Uma mesma espécie pode ter diferentes nomes populares no mesmo idioma. Por exemplo, *Felis concolor* (Latim para "gato uniformemente colorido") é conhecido nas várias partes da América do Norte como "cougar", puma, leão-da-montanha, pantera-americana, "painter" e "catamount". Nas Américas Central e do Sul é chamado de leão-colorido, onça-vermelha, poema, guasura, sussuarana ou yaguá-pitá. No entanto, os biólogos de todas as nacionalidades reconhecem o nome *Felis concolor* como se referindo a um tipo específico de gato.

Grupos Hierárquicos: Os Táxons Mais Elevados

Linnaeus e outros naturalistas de sua época desenvolveram o que denominaram um sistema natural de classificação. A **espécie** é o nível básico da classificação biológica, mas a definição de uma espécie tem sido razão de polêmica, parte por que o critério que tem sido usado para identificar espécies viventes (isolamento reprodutivo de outras espécies, por exemplo) não se aplica para espécies fósseis. Todas as espécies similares são agrupadas em um único **gênero,** com base em caracteres que definem o gênero. Os caracteres mais frequentemente usados eram anatômicos porque são mais facilmente preservados em espécimes conservados em museus. Assim, todas as espécies semelhantes ao cão – vários lobos, coiotes e chacais – eram agrupados no gênero *Canis* porque todos eles compartilham certos caracteres anatômicos, como pêlos eréteis no pescoço e um crânio com uma longa e proeminente crista sagital na qual se originam músculos temporais maciços (que fecham as maxilas). O método de Linnaeus agrupando espécies provou ser funcional porque foi baseado em similaridades e diferenças anatômicas (e, até certo ponto, também fisiológicas e comportamentais). Linnaeus viveu antes de ter existido qualquer conhecimento sobre genética ou sobre os mecanismos hereditários, no entanto, usou caracteres taxonômicos que hoje sabemos serem características biológicas geneticamente determinadas, as quais geralmente expressam o grau de similaridade ou de diferença entre grupos de organismos. **Gêneros** são reunidos em **famílias,** famílias em **ordens,** ordens em **classes,** classes animais em **filos.**

1.3 Sistemática Filogenética

Todos os métodos de classificar organismos, mesmo os sistemas pré-Lineanos, são baseados em similaridades entre as espécies incluídas, mas algumas diferenças são mais significantes do que outras. Por exemplo, quase todos os vertebrados possuem extremidades pares, mas somente alguns tipos de vertebrados têm glândulas mamárias. Consequentemente, saber que as espécies em questão têm glândulas mamárias conta mais a você sobre a proximidade de seu parentesco do que saber que possuem membros ou apêndices pares. Desse modo, você daria um peso maior à presença de glândulas mamárias do que aos membros pares.

Uma maneira de avaliar a importância relativa de diferentes características foi desenvolvida na metade do século vinte por Willi Hennig que introduziu um método de determinar as relações evolutivas chamado **sistemática filogenética** (Grego *phylum* = tribo e *genesis* = origem). Uma linhagem evolutiva é um **clado** (de *cladus,* a palavra grega para ramo), e sistemática filogenética é também chamada **cladística.** A cladística reconhece somente grupos de organismos que são relacionados por um antepassado comum. A aplicação do método cladístico fez do estudo da evolução um processo rigoroso. Um grupo de organismos reconhecido pelos cladistas é chamado grupo natural, eles são unidos em uma série de relações ancestral-descendente e traçam a história evolutiva do grupo. A contribuição de Hennig foi em insistir que esses grupos podem ser identificados somente com base em **caracteres derivados.**

Derivado significa "diferente da condição ancestral". Um caráter derivado é denominado **apomorfia** (Grego *apo* = para longe de, isto é, derivado de – e *morphos* = forma). Por exemplo, os pés dos vertebrados terrestres possuem ossos distintivos – os carpais, tarsais e dígitos. Essa disposição dos ossos das extremidades é diferente daquela do padrão ancestral encontrado em peixes com nadadeiras lobadas e todas as linhagens de vertebrados terrestres apresentaram aquele padrão derivado de ossos da extremidade distal em algum estágio de sua evolução. (Muitos grupos de vertebrados terrestres – cavalos, por exemplo, – subsequentemente modificaram aquele padrão de ossos da extremidade distal e alguns tais como as serpentes, perderam inteiramente seus membros. O ponto significante é que estas linhagens evolutivas incluem espécies que tiveram o padrão derivado terrestre). Assim, o padrão terrestre para os ossos das extremidades é um **caráter derivado compartilhado** por vertebrados terrestres. Na terminologia cladística, os caracteres derivados compartilhados são denominados **sinapomorfias** (Grego *syn* = junto).

É claro que os organismos também apresentam caracteres ancestrais compartilhados, isto é, caracteres que herdaram sem modificações de seus ancestrais. Estes são denominados **plesiomorfias** (Grego *plesios* = próximo, no sentido de "similar ao ancestral"). Vertebrados terrestres possuem uma coluna vertebral, por exemplo, que foi herdada essencialmente sem modificações dos peixes com nadadeiras lobadas. Hennig denominou caracteres ancestrais compartilhados como **simplesiomorfias** (*sym,* assim como *syn,* é um radical grego que significa "em conjunto"). As simplesiomorfias não nos dizem nada a respeito dos graus de parentesco. O princípio de que somente caracteres *derivados compartilhados* podem ser usados para determinar genealogias é o âmago da cladística.

A base conceitual da cladística é fácil de compreender embora a aplicação de critérios cladísticos a organismos reais possa tornar-se muito complicada. Para ilustrar a base conceitual da classificação cladística, considere os exemplos apresentados na Figura 1-3. Cada um dos três **cladogramas**

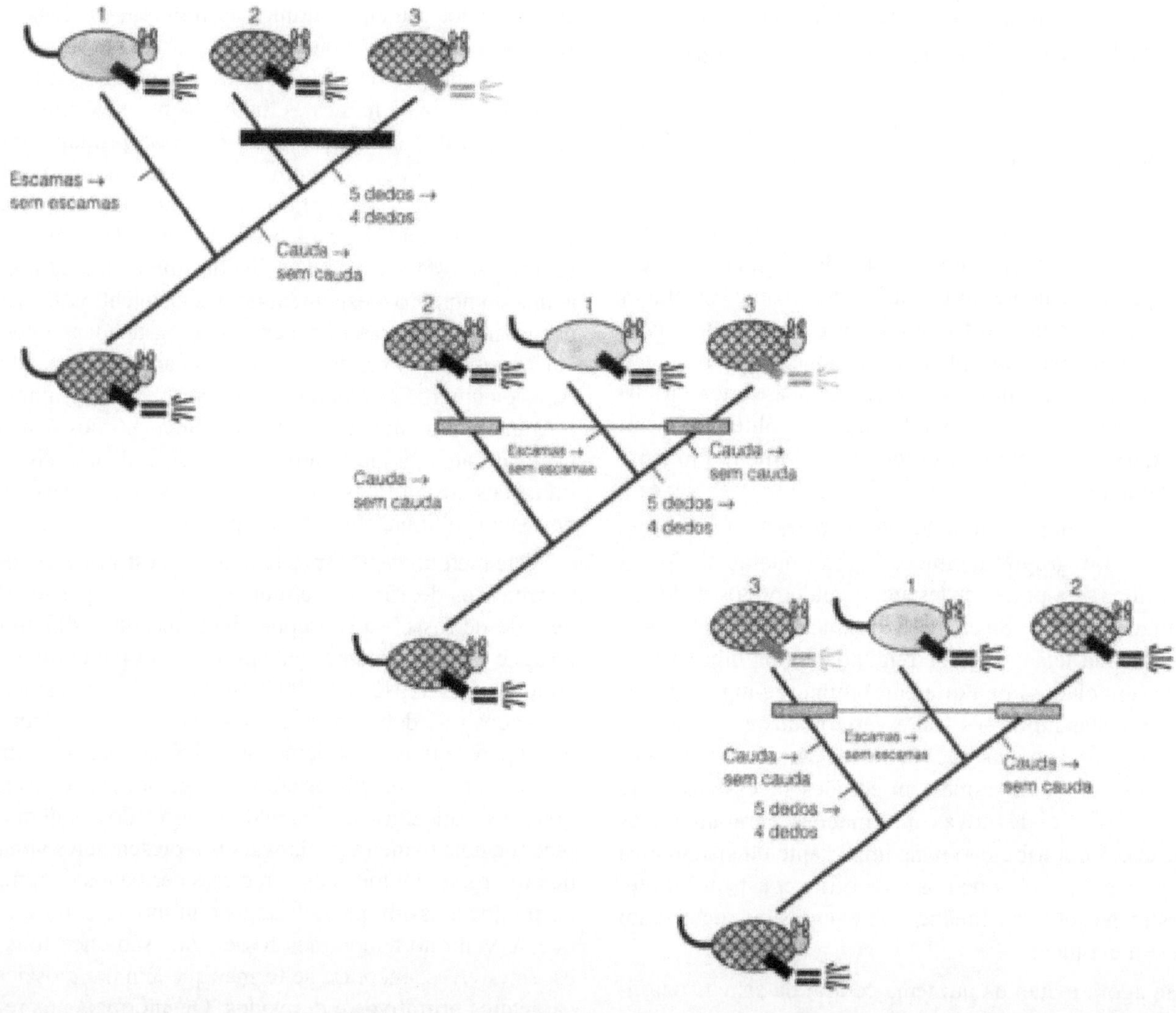

Figura 1-3 Três cladogramas mostrando as possíveis relações entre três táxons. Barras conectam caracteres derivados (apomorfias). A barra preta mostra um caráter derivado compartilhado (uma sinapomorfia) da linhagem que inclui os táxons 2 + 3. As barras verdes representam as duas origens independentes do mesmo estado de caráter derivado, que precisa ser assumido como ter tido ocorrido se a apomorfia não esteve presente no ancestral comum mais recente dos táxons 2 e 3. As legendas identificam modificações do estado do caráter ancestral para a condição derivada.

(diagramas que mostram sequências hipotéticas de ramificação durante a evolução) representa um possível parentesco evolutivo (isto é, uma **filogenia)** para os três **táxons** (que significa uma espécie ou um grupo de espécies) identificados como 1, 2 e 3. Para tomar o exemplo um pouco mais concreto, podemos considerar três caracteres: o número de dígitos do membro escapular, o tegumento e a cauda. Para este exemplo, permita que digamos que o estado ancestral do caráter tem cinco dígitos no membro escapular e que no estado derivado existem quatro dígitos. Poderíamos dizer que o estado ancestral é uma pele com escamas e que o estado derivado é a ausência de escamas. Quanto à cauda, no estado ancestral ela está presente e no estado derivado, está ausente.

A Figura 1-3 mostra a distribuição daqueles três estados de caracteres nos três táxons. Os animais do táxon 1 apresentam cinco dígitos nas patas anteriores, ausência de escamas e presença de cauda. Os animais do táxon 2 apresentam cinco dígitos, pele com escamas e não possuem cauda. Os animais do táxon 3 apresentam quatro dígitos, pele com escamas e não possuem cauda.

Como podemos utilizar estas informações para decifrar os parentescos evolutivos dos três grupos de animais? Note que o número ancestral de dígitos ocorre somente no táxon 1 e a condição derivada da cauda (ausente) é encontrada nos táxons 2 e 3. A filogenia mais **parcimoniosa** (isto é, a filogenia que requer o menor número de modificações evolutivas) está representada pelo diagrama da esquerda na Figura 1-3. Somente três modificações são necessárias para produzir os estados derivados dos caracteres:

1. Na evolução do táxon 1, escamas são perdidas.
2. Na evolução da linhagem que inclui os táxons 2 + 3, a cauda é perdida.
3. Na evolução do táxon 3, um dedo do membro escapular é perdido.

As outras duas filogenias mostradas na Figura 1-3 são possíveis, mas requereriam que a perda da cauda ocorresse independentemente no táxon 2 e no táxon 3. Qualquer modificação em uma estrutura é um evento improvável, assim a filogenia mais plausível é aquela que requer o menor número de modificações. A segunda e a terceira filogenias requerem quatro modificações evolutivas, assim elas são menos parcimoniosas do que a primeira filogenia considerada.

Uma filogenia é uma hipótese sobre o parentesco evolutivo dos grupos incluídos. Como qualquer hipótese científica, ela pode ser testada quando novos dados se tornam disponíveis. Se ela não se enquadrar naquele teste, é considerada falsa; isto é, é rejeitada e uma hipótese diferente (um cladograma diferente) toma seu lugar. O processo de testar hipóteses sobre vertebrados e evolução e a substituição daquelas que são falsas é contínuo. As modificações nos cladogramas em edições sucessivas deste livro mostram onde novas informações geraram novas hipóteses. A contribuição mais importante da sistemática filogenética é aquela que nos possibilita construir hipóteses testáveis sobre a sequência de eventos que ocorreram durante a evolução.

Até agora evitamos um tema central da sistemática filogenética: como os cientistas sabem qual estado de caráter é ancestral (plesiomórfico) e qual é derivado (apomórfico)? Isto é, como podemos determinar a direção **(polaridade)** da transformação evolutiva dos caracteres? Para isso, necessitamos de informações adicionais. Aumentar o número de caracteres considerados pode auxiliar, mas uma comparação dos caracteres que estamos usando com um **grupo externo** (os parentes mais próximos do **grupo interno,** isto é, os organismos que estamos estudando) é o método preferido. Um grupo externo bem escolhido possuirá estados de caráter ancestrais, comparados com os do grupo interno. Por exemplo, os peixes de nadadeiras lobadas constituem um grupo externo apropriado para vertebrados terrestres.

1.4 Problemas com Fósseis: Grupos Apicais e Basais

Linhagens evolutivas devem ter uma origem evolutiva única; ou seja, devem ser monofiléticas (Grego *mono* = um, único) e incluem todos os descendentes de um ancestral. O cladograma da Figura 1-4 é uma hipótese da relação evolutiva dos principais grupos de vertebrados vivos. Uma série de ramos dicotômicos desde a origem dos vertebrados até os grupos de vertebrados viventes. A terminologia cladística assinala nomes às linhagens que se originam em cada ponto de ramificação. Este processo produz uma série de grupos, iniciando com os mais inclusivos. Assim, o nome Gnathostomata inclui todos os animais vertebrados com maxilas; ou seja, cada táxon à direita do número 3 na Figura 1-4 está incluído nos Gnathostomata; cada táxon à acima do número 4 está incluído nos Osteichthyes, e assim por diante. Como as linhagens estão agrupadas, é correto afirmar que os humanos são gnatostomados e Osteichthyes. Após o número 7, o cladograma divide-se em Lissamphibia e Amniota e os humanos estão na linhagem dos Amniota. O cladograma divide-se novamente acima do número 9 nas linhagens dos Sauropsida e Synapsida, sendo que os humanos estão na linhagem dos Synapsida.

Este método de traçar as relações ancestral-descendente permite-nos decifrar os caminhos evolutivos que se estendem desde fósseis aos grupos vivos, mas uma dificuldade aparece quando tentamos encontrar nomes para grupos que incluam fósseis (Kemp 1999; Budd 2001). Os caracteres derivados que definem os grupos viventes de vertebrados não aparecem necessariamente todos ao mesmo tempo. Ao contrário, evolução usualmente age por processos mais graduais e aleatórios, e caracteres derivados podem aparecer de uma maneira gradativa. Os representantes viventes de um grupo têm todos os caracteres derivados de um grupo porque é assim que definimos o grupo hoje, mas assim que se volta no tempo, aos fósseis que são ancestrais das espécies vivas, encontra-se formas que têm um mosaico de caracteres primitivos e derivados. Quanto mais nos reportamos ao passado, menos caracteres derivados são encontrados nos fósseis.

Como podemos nomear as partes das linhagens que contêm estes fósseis? Eles não são incluídos nos grupos viventes, porque não possuem algumas características destes grupos, mas os fósseis na linhagem são relacionados mais proximamente aos grupos viventes do que a animais de outras linhagens.

A solução para este problema reside em nomear dois tipos de grupo: grupos apicais e grupos basais. Os grupos apicais são definidos pelas espécies viventes, aquelas que possuem todos os caracteres derivados. Os grupos basais são as formas extintas que precedem o ponto no qual os primeiros membros do grupo apical ramificaram-se. Basicamente, os grupos basais contêm fósseis com alguns caracteres derivados, e grupos apicais contêm espécies viventes, mais aqueles fósseis que têm todos os caracteres derivados das espécies viventes. Grupos basais são parafiléticos, ou seja, não contêm todos os descendentes do ancestral do grupo basal, mais o grupo apical, porque é excluído por definição.

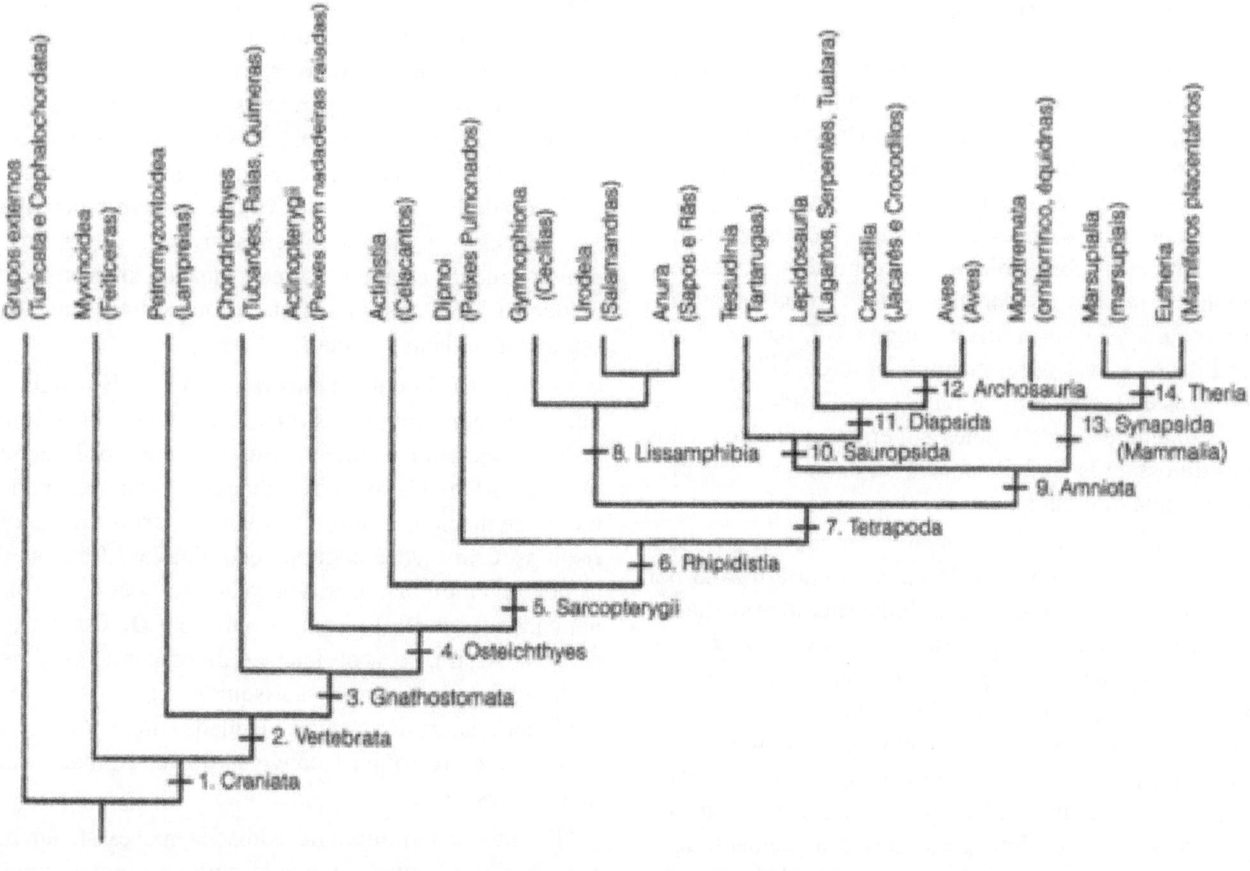

Figura 1-4 Relações filogenéticas dos vertebrados atuais. Este diagrama mostra as prováveis relações entre os grupos principais de vertebrados viventes. Note que os agrupamentos cladísticos estão agrupados progressivamente; isto significa que todos os mamíferos são Theria, todos os Theria são Synapsida, todos os Synapsida são amniotas, todos os amniotas são tetrápodes e assim por diante.

Legenda: Caracteres derivados selecionados dos grupos são identificados por números. Mais detalhes podem ser encontrados nos capítulos subsequentes **1. Craniata** – Todos os animais com crânio: Esqueleto da região da cabeça distinto, incorporando a extremidade anterior da notocorda, encéfalo com três regiões, rins pares, barras branquiais de cartilagem, tecido da crista neural. **2. Vertebrata** – Todos os Craniata exceto as feiticeiras: vértebras e elementos vertebrais (Arcuália). **3. Gnathostomata** – Todos os vertebrados vivos exceto as lampreias: Maxilas formadas pelo arco mandibular, dentes com dentina. **4. Osteichthyes** – Todos os gnatostomados exceto os Chondrichthyes: Presença de pulmão ou bexiga natatória derivados do tubo digestório, padrão único de ossos dérmicos na cintura escapular. **5. Sarcopterygii** – Todos os Osteichthyes vivos exceto os peixes de nadadeiras raiadas: esqueleto peculiar de suporte das nadadeiras. **6. Rhipidistia** – Todos os Sarcopterígios exceto os celacantos: Dentes com um padrão distinto de esmalte dobrado, padrão distinto de ossos dérmicos do crânio. **7. Tetrapoda** – Todos os Rhipidistia vivos menos os peixes pulmonados: Extremidade distal dos membros com carpais, tarsais e dígitos. **8. Lissamphibia** – Todos os anfíbios vivos: Estrutura da pele, e elementos do ouvido interno. **9. Amniota** – Todos os tetrápodes vivos, exceto os anfíbios: ovos com casca e um conjunto característico de membranas extra-embrionárias (âmnio, cório e alantóide). **10. Sauropsida** – Todos os amniotas vivos exceto os Synapsida (mamíferos e seus parentes extintos): Ossos tabular e supratemporal pequenos ou ausentes, beta queratina presente. **11. Diapsida** – Todos os sauropsidas exceto as tartarugas: Crânio com uma abertura temporal dorsal e outra ventral (fenestras). **12. Archosauria** – Todos os diapsidas exceto os Lepidosauria: Presença de fenestra anterior à órbita do olho. **13. Synapsida (Mammalia)** – Todos os mamíferos vivos e seus parentes extintos: Somente uma abertura temporal inferior presente. **14. Theria** – Todos os mamíferos vivos exceto os Monotremata: Molar tribosfênico, escápula móvel com perda do osso coracóide.

1.5 Hipóteses Evolutivas

A sistemática filogenética está baseada na hipótese de que organismos agrupados juntos compartilham uma herança comum, responsável por suas similaridades. Devido a essa herança comum, podemos utilizar cladogramas para fazer perguntas sobre evolução. Examinando a origem e o significado de caracteres de animais viventes, podemos fazer inferências sobre a biologia de espécies extintas. Por exemplo, a relação filogenética entre crocodilianos, dinossauros e aves é mostrada na Figura 1-5. Sabemos que crocodilianos e aves apresentam extenso cuidado parental a seus ovos e filhotes. Alguns ninhos fossilizados de dinossauros contêm restos de filhotes, sugerindo que pelo menos alguns dinossauros também podem ter cuidado de sua prole. Esta é uma inferência plausível?

Obviamente não existe nenhum modo direto para determinar que tipo de cuidado parental era utilizado por dinossauros. No cladograma, as linhagens intermediárias (pterossauros e dinossauros) estão extintas e, assim, não podemos observar seu comportamento reprodutivo. No entanto, o diagrama filogenético da Figura 1-5 fornece uma via indireta para abordar o assunto. Ambos os parentes atuais mais próximos dos dinossauros, os crocodilianos e as aves, apresentam cuidado parental. Olhando para representantes atuais de linhagens mais distantemente aparentadas (grupos externos), vemos que o cuidado parental não é universal entre peixes, anfíbios ou répteis diferentes dos crocodilianos. Com essa informação, a explicação mais parcimoniosa sobre a ocorrência de cuidado parental, tanto em crocodilianos como em aves, é que esse comportamento evoluiu naquela linhagem *antes* que os crocodilianos se separarem dos dinossauros + aves. (Não podemos provar que o cuidado parental não tenha evoluído separadamente em crocodilianos e em aves, mas uma modificação para cuidado parental é mais parcimoniosa do que duas modificações em grupos separados). Assim, a hipótese mais parcimoniosa é aquela na qual o cuidado parental é um caráter derivado da linhagem evolutiva que contém crocodilianos + dinossauros + aves (os Archosauria). Isso significa que provavelmente estamos corretos quando interpretamos a evidência fóssil como mostrando que os dinossauros apresentavam cuidado parental.

A Figura 1-5 também mostra como a cladística fez com que falar sobre grupos restritos de animais é mais complicado do que era usualmente. Suponha que você queira referir-se justamente às duas linhagens de animais popularmente conhecidos como dinossauros – ornitísquios e saurísquios. Como você poderia denominá-las? Bem, se você as denomina dinossauros, você não está sendo FC (filogeneticamente correto) porque a linhagem Dinosauria inclui as aves. Assim, se você falar de dinossauros, você estará incluindo ornitísquios + saurísquios + aves, mesmo que qualquer criança de sete anos de idade entenderia que você está tentando restringir a conversação aos animais extintos da Era Mesozóica.

De fato, na terminologia cladística, não existe um nome taxonômico correto justamente para os animais popularmente conhecidos como dinossauros. Isso porque a cladística reconhece somente linhagens monofiléticas, e uma linhagem monofilética inclui uma forma ancestral e todos os seus descendentes. O ancestral comum mais recente de ornitísquios, saurísquios e aves, na Figura 1-5, situa-se na

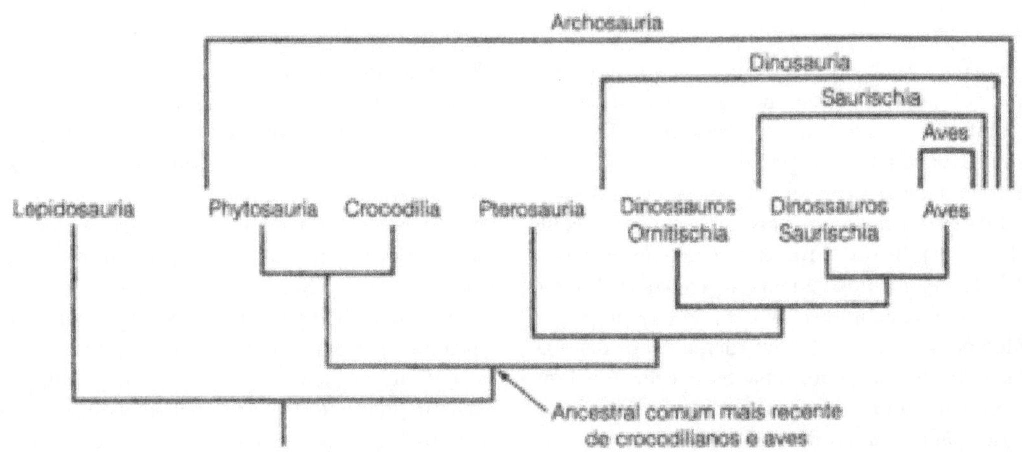

Figura 1-5 Usando um cladograma para a obtenção de inferências sobre comportamento. O cladograma mostra os parentescos dos Archosauria, a linhagem evolutiva que inclui crocodilianos e aves atuais. (Os Phytosauria eram animais semelhantes a crocodilos que desapareceram no final do Triássico e os Pterosauria eram répteis voadores do Jurássico e do Cretáceo). Ambos os grupos viventes, crocodilianos e aves desempenham extenso cuidado aos ovos e à prole. A explicação mais parcimoniosa desta situação assume que o cuidado parental é um caráter ancestral da linhagem dos Archosauria.

intersecção da linhagem dos ornitísquios com a dos saurísquios + aves e, assim, Dinosauria é uma linhagem monofilética. Entretanto, se as aves forem omitidas, todos os descendentes do ancestral comum não são mais incluídos; ornitísquios + saurísquios menos as aves não se ajustam à definição de uma linhagem monofilética. Este grupo seria denominado grupo **parafilético** (Grego *para* = ao lado de, além de). Os grupos basais, discutidos na seção anterior, são parafiléticos porque eles não incluem todos os descendentes das formas fósseis.

Os biólogos que estão interessados em saber como os organismos vivem, frequentemente falam de grupos parafiléticos. Afinal de contas, os dinossauros (no sentido popular da palavra) diferiram em muitas maneiras das aves. A única forma correta de referir-se aos animais popularmente conhecidos como dinossauros é a de denominá-los de dinossauros não-aves; você encontrará este e outros exemplos de grupos parafiléticos mais adiante no livro. Às vezes até mesmo esta construção não funciona porque não existe um nome apropriado para a parte da linhagem que você quer distinguir. Nesta situação, usaremos aspas (p. ex., "ostracodermes") para indicar que o grupo é parafilético.

Outra palavra importante da terminologia é **grupo irmão.** O grupo irmão é a linhagem monofilética mais intimamente aparentada com a linhagem monofilética que está sendo discutida. Na Figura 1-5, por exemplo, a linhagem que inclui crocodilianos e fitossauros é o grupo irmão da linhagem que inclui pterossauros + ornitísquios + saurísquios + aves. Similarmente, os pterossauros constituem o grupo irmão de ornitísquios + saurísquios + aves; os ornitísquios formam o grupo irmão de saurísquios + aves e os saurísquios constituem o grupo irmão das aves.

Determinando Relações Filogenéticas

Estabelecemos que os caracteres derivados que os sistematas usam para agrupar espécies em táxons superiores devem ser herdados de um ancestral comum, ou seja, devem ser similaridades **homólogas** (Grego *homo* = mesmo). Em princípio, esta noção é fácil de compreender; porém, na prática, a determinação de ancestralidade comum pode ser complexa. Por exemplo, aves e morcegos têm asas que são membros peitorais ou escapulares modificados, mas as asas não foram herdadas de um ancestral comum que continha asas. As linhagens evolutivas de aves (Sauropsida) e morcegos (Synapsida) divergiram há muito tempo e as asas evoluíram independentemente nos dois grupos. Este processo é chamado de **evolução convergente**. **Evolução paralela** descreve a situação na qual espécies que divergiram mais ou menos recentemente desenvolvem especializações similares. Os longos membros pélvicos que permitem que o ratocanguru norte-americano e a jerboa africana consigam saltar constituem um exemplo de evolução paralela nestas duas linhagens de roedores. Um terceiro mecanismo, a **reversão**, pode produzir estruturas similares em organismos com parentesco distante. Tubarões e cetáceos (golfinhos e baleias) têm forma do corpo muito semelhante, mas eles chegaram a esta forma similar provindo de direções diferentes. Os tubarões retiveram uma forma aquática e ancestral do corpo. Os cetáceos, no entanto, surgiram de uma linhagem de mamíferos terrestres com membros pares bem desenvolvidas, que retornaram a um ambiente aquático e reverteram para uma forma aquática do corpo. Convergência, paralelismo e reversão são formas de **homoplasia** (Grego *homo* = o mesmo e *plastos* = forma). Similaridades homoplásticas não indicam uma ancestralidade comum. Na verdade, elas complicam o processo de decifrar as relações evolutivas. Convergência e paralelismo fornecem um aspecto de similaridade (como nas asas das aves e dos morcegos) que não é o resultado de uma origem evolutiva comum. A reversão, ao contrário, esconde uma similaridade (p. ex., entre cetáceos e seus ancestrais terrestres tetrápodes) que é o resultado de uma origem evolutiva comum.

1.6 A História da Terra e a Evolução dos Vertebrados

Desde a sua origem no Paleozóico Inferior, os vertebrados vêm evoluindo em um mundo que mudou enorme e repetidamente. Essas modificações afetaram direta e indiretamente a evolução dos vertebrados. Uma compreensão da sequência das alterações nas posições dos continentes e do significado dessas posições em termos de clima e intercâmbio de faunas constitui a parte central do entendimento da história dos vertebrados. Um sumário desses eventos é apresentado como tabela na contra-capa do livro, e os detalhes são fornecidos nos Capítulos 7, 15 e 19.

A história da Terra ocupou três **eons** geológicos: o Arqueano, o Proterozóico e o Fanerozóico. Somente o Fanerozóico, que se iniciou há 540 milhões de anos, contém vertebrados e é dividido em três **Eras** geológicas: a Paleozóica (Grego *palaeo* = antigo e *zoon* = animal), a Mesozóica (Grego *meso* = meio) e a Cenozóica (Grego *cenos* = recente). Estas Eras são divididas em **Períodos** que podem ser subdivididos em diversas maneiras. Aqui consideraremos somente as subdivisões chamadas épocas dentro dos Períodos da Era Cenozóica do Paleoceno até o recente.

Movimentos de placas tectônicas, chamadas deriva continental, têm sido uma característica da história da Terra, pelo menos desde o Proterozóico. Os rumos da evolução dos vertebrados têm sido, em grande parte, moldados pela deriva dos continentes. Por volta do Paleozóico Inferior, mais ou menos há 540 milhões de anos, um cenário reconhecível apareceu. Os mares cobriam a maioria da Terra como é hoje, grandes continentes flutuavam sobre o manto da Terra, a vida tornara-se complexa, e uma atmosfera de oxigénio estava formada, significando que a produção fotossintética de recursos alimentares havia se tornado um fenômeno central da vida.

Os continentes atualmente ainda derivam – a América do Norte está movendo-se para o oeste e a Austrália para o norte a aproximadamente 4 centímetros por ano (mais ou menos a mesma taxa do crescimento de nossas unhas). Uma vez que os movimentos são tão complexos, sua sequência, suas direções variáveis e os momentos precisos das mudanças são difíceis de resumir. Considerando os movimentos em larga escala, no entanto, um padrão simples revela-se durante a história dos vertebrados: fragmentação – coalescência – fragmentação.

Continentes existiram como entidades distintas por mais de 2 bilhões de anos. Há cerca de 300 milhões de anos, todos esses continentes separados combinaram-se para formar uma única massa terrestre conhecida como Pangéia, local de origem dos vertebrados terrestres. Persistindo e derivando para o norte como uma entidade, este único e imenso continente começou a fragmentar-se há cerca de 150 milhões de anos. Esta separação ocorreu em dois estágios, primeiro dividindo-se em Laurásia, ao norte e Gondwana, ao sul e, então, em uma série de unidades que derivaram e tornaram-se os continentes que conhecemos hoje em dia.

Os movimentos complexos dos continentes ao longo do tempo tiveram efeitos importantes em muitos fenômenos significantes na evolução dos vertebrados. O mais óbvio é a relação entre a localização das massas de terra e seus climas. No fim da Era Paleozóica, boa parte da Pangéia localizava-se no equador e esta situação persistiu até meados da Era Mesozóica. A radiação solar é mais intensa no equador e os climas equatoriais são correspondentemente quentes. Durante o final da Era Paleozóica e boa parte da Era Mesozóica, grandes áreas de terra apresentavam condições tropicais. Os vertebrados terrestres evoluíram e espalharam-se nessas regiões tropicais. Pelo fim da Era Mesozóica, a maior parte da massa de terra havia se movimentado para fora das regiões equatoriais e no Cenozóico Médio, a maioria dos climas terrestres em altas latitudes dos Hemisférios Norte e Sul Era temperada ao invés de tropical.

Um efeito menos óbvio da posição dos continentes sobre os climas terrestres vêm das mudanças dos padrões da circulação oceânica. Por exemplo, o Oceano Ártico está agora bem isolado de outros oceanos e não recebe águas quentes de correntes que fluem de regiões mais equatoriais. Altas latitudes são frias por que elas recebem menos radiação solar do que as áreas mais próximas do equador e o Ártico não recebe água suficiente para compensar a falta de radiação solar. Como resultado, o Oceano Ártico é permanentemente congelado, e os climas frios estendem-se bem ao sul através dos continentes. O esfriamento dos continentes no Hemisfério Norte no fim do Eoceno, mais ou menos há 45 milhões de anos, pode ter sido um fator para extinção dos mamíferos arcaicos e é parcialmente o resultado de mudanças da circulação oceânica naquele tempo.

Outro fator que influencia os climas é o relativo nível dos continentes e mares. Em alguns Períodos na história da Terra, mais recentemente no fim da Era Mesozóica e novamente, na primeira parte da Era Cenozóica, mares rasos inundaram grandes partes dos continentes. Esses mares **epicontinentais** estenderam-se através do meio da América do Norte e do Meio da Eurásia no Cretáceo e início da Era Cenozóica. A água absorve o calor assim que a temperatura do ar sobe, e então devolve o calor quando a temperatura cai. Assim, áreas de terra perto de corpos d'água têm climas marítimos – eles não ficam muito quentes no verão ou muito frios no inverno, e são usualmente úmidos porque a água que evapora do mar cai sobre a terra em forma de chuva. Climas continentais, que caracterizam áreas longe dos mares, são usualmente secos com invernos frios e verões quentes. A drenagem dos mares epicontinentais no fim do Cretáceo provavelmente contribuiu para a extinção dos dinossauros por tornar mais continentais os climas no Hemisfério Norte.

Além das mudanças climáticas, a deriva continental formou e destruiu conexões de terra entre os continentes. O isolamento de diferentes linhagens de vertebrados em porções de terra diferentes produziram exemplos dramáticos da evolução independente de tipos similares de organismos. Isto é mostrado pelos mamíferos no Cenozóico Médio, um Período quando os continentes da Terra atingiram sua maior separação durante a história dos vertebrados.

Muito da história evolutiva parece depender se uma linhagem particular de animais estava no lugar certo e na hora certa. Este elemento aleatório da evolução tem tomado crescente importância, já que quanto mais informação detalhada a respeito dos períodos de extinção dos antigos grupos e radiação de novos grupos, sugere que a mudança competitiva por outro não é mecanismo usual de mudança evolutiva de larga escala. Os movimentos dos continentes e seus efeitos nos climas e o isolamento ou a dispersão de animais têm assumido um papel central crescente em nossa compreensão da evolução dos vertebrados. Numa escala continental, o avanço e a regressão das glaciações no Pleistoceno causaram habitats homogêneos espalharem e regredirem repetidamente, isolando populações de espécies grandemente dispersas e levando a evolução de novas espécies.

Resumo

As mais de 56.000 espécies atuais de vertebrados variam em tamanho, de menos de um grama a mais de 100.000 quilogramas e vivem em habitats que vão do fundo dos oceanos aos topos das montanhas. Esta extraordinária diversidade é produto de mais de 500 milhões de anos de evolução, e vasta maioria das espécies encaixa-se em uma das duas principais divisões de peixes ósseos (Osteichthyes) – os peixes de nadadeira raiada (Actinopterygii) e os peixes de nadadeiras lobadas primariamente terrestres e tetrápodes (Sarcopterygii), cada das quais contém mais de 25.000 espécies vivas.

A sistemática filogenética, usualmente chamada cladística, classifica os animais com base nos estados de caracteres derivados compartilhados. Grupos evolutivos naturais podem ser definidos somente por estes caracteres derivados; a retenção de caracteres ancestrais não fornece informações sobre linhagens evolutivas. A aplicação deste princípio produz agrupamentos de animais que refletem a história evolutiva tão acuradamente como podemos discerni-la e constitui a base para propor hipóteses sobre a evolução.

A Terra tem mudado dramaticamente durante o meio bilhão de anos da história dos vertebrados. Os continentes eram fragmentados quando os vertebrados apareceram; coalesceram em um enorme continente, a Pangéia, há cerca de 300 milhões de anos; e começaram a fragmentar-se novamente há cerca de 150 milhões de anos. Este padrão de fragmentação-coalescência-fragmentação resultou no isolamento e no renovado contato dos grandes grupos de vertebrados em uma escala mundial.

Leituras Adicionais

Budd, G. 2001. Climbing life's tree. *Nature* 412:487.

de Queiroz, K., and J. Gauthier. 1992. Phylogenetic taxonomy. *Annual Review of Ecology and Systematics* 23:449-480.

Hennig, W. 1966. *Phylogenetic Systematics.* Urbana, III: University of Illinois Press.

Kemp. T. S. 1999. *Fossils and Evolution.* Oxford University Press, Oxford, UK.

Pennisi, E. 2001. Linnaeus's last stand? *Science* 291:2304- 2307.

Swiderski, D. L. (editor) 2001. Beyond reconstruction: Using phylogenies to test hypotheses about vertebrate evolution. *American Zoologist* 41:485-607.

CAPÍTULO

2 Parentesco e Estrutura Básica dos Vertebrados

Neste capítulo, explicamos as estruturas características dos vertebrados, discutimos o parentesco desses organismos com outros membros do reino animal e descrevemos os sistemas que fazem com que os vertebrados sejam animais funcionais. Precisamos de uma compreensão dos fundamentos do padrão dos vertebrados para entender as modificações que ocorreram durante a evolução do grupo e para investigar as homologias entre vertebrados primitivos e derivados.

2.1 Vertebrados em Relação a Outros Animais

Os vertebrados constituem um grupo de animais diversificados e fascinantes. Pelo fato de nós mesmos sermos vertebrados, esta afirmação pode parecer chauvinista, mas os vertebrados são notáveis quando comparados com a maioria dos outros grupos animais. Eles estão classificados no subfilo **Vertebrata** do filo **Chordata.** Foram nomeados cerca de 30 outros filos, porém somente o filo dos Arthropoda (insetos, crustáceos, aranhas etc.) rivaliza com os vertebrados quanto à diversidade de formas e habitats. Além disso, somente no filo Mollusca (caramujos, bivalves, lulas) encontramos animais (como polvos e lulas) que se aproximam do tamanho muito grande de alguns vertebrados e que têm capacidade para uma aprendizagem complexa.

Os tunicados (subfilo Urochordata) e cefalocordados (subfilo Cephalochordata) são classificados junto com os vertebrados no filo Chordata. Os caracteres derivados compartilhados dos cordados, que ocorrem em todos os membros do filo, em alguma fase de sua vida, incluem uma **notocorda** (um bastonete endurecido que dá o nome ao filo Chordata), um tubo nervoso dorsal oco, uma cauda muscular pós-anal segmentada (que se estende além da região do intestino), e um endóstilo. O endóstilo é um sulco ciliado, glandular, no assoalho da **faringe** (a região da garganta), que secreta muco para aprisionar partículas alimentares durante a alimentação por filtração. O endóstilo está presente em adultos de tunicados e cefalocordados, e nas larvas das lampreias. Ele é homólogo da tireóide dos vertebrados, uma glândula endócrina da região da garganta, envolvida com a regulação do metabolismo (embora a tireóide dos vertebrados também pareça incorporar estruturas adicionais da faringe dos cordatos; Mazet 2002). Dentro dos cordados, os tunicados parecem ser mais primitivos do que os cefalocordados e os vertebrados, que estão ligados entre si por diversos caracteres derivados.

Embora os cordados sejam todos basicamente animais de simetria bilateral, eles também compartilham um tipo adicional de assimetria da esquerda para a direita dentro do corpo que é determinado pelo mesmo mecanismo genético (Boorman e Shimeld 2002). Este tipo de assimetria da esquerda para a direita aparece no próprio ser humano: por exemplo, na posição do coração do lado esquerdo e, principalmente, do fígado do lado esquerdo. Raros indivíduos têm uma condição chamada "situs inversus", onde os maiores órgãos do corpo estão invertidos.

O parentesco dos cordados com outros tipos de animais é revelado por caracteres anatômicos, bioquímicos e embriológicos, bem como pelo registro fóssil. A Figura 2-1 mostra o parentesco entre os filos animais. Os vertebrados assemelham-se, de modo superficial, a outros animais ativos, tais como insetos, por possuírem uma extremidade cefálica distinta, patas articuladas e simetria bilateral (isto é, um lado é

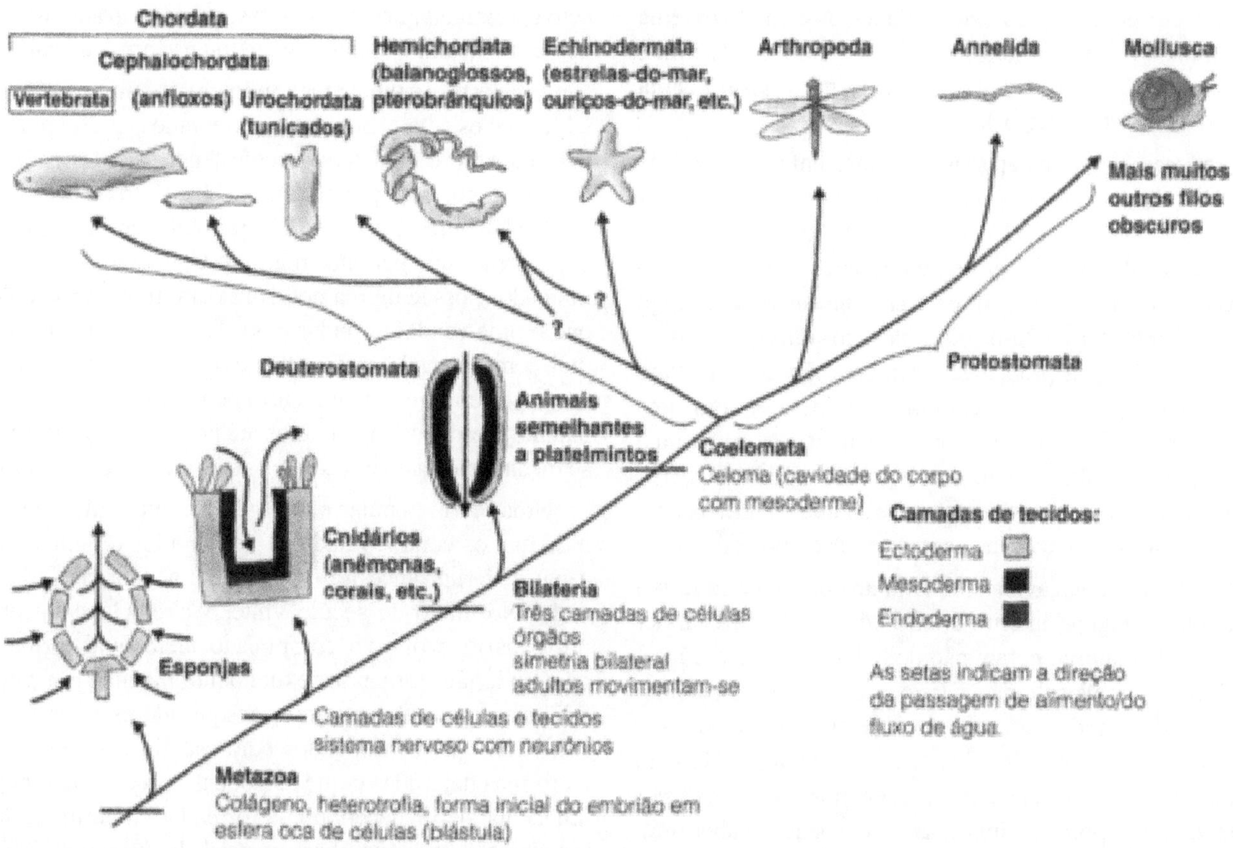

Figura 2-1 Uma filogenia simplificada do reino animal. Atualmente, existe um total de cerca de 30 filos (Chordata, Echinodermata, Annelida etc, todos representando filos). Conhecem-se aproximadamente 15 filos adicionais do início do Paleozóico, que se extinguiram no final do Período Cambriano.

a imagem especular do outro). Surpreendentemente talvez, o filo Chordata está intimamente aparentado ao filo Echinodermata (estrelas-do-mar, ouriços-do-mar) que contém formas marinhas sem cabeça distinta e com simetria pentarradial (quíntupla e circular) nos adultos.

O parentesco exato entre cordados, equinodermos e hemicordados (um pequeno filo de animais marinhos pouco conhecidos, contendo os balanoglossos e os pterobrânquios) não está completamente compreendido. Os três grupos são ligados, como deuterostômios (Grego *deutero* = segundo e *stoma* = boca), por diversos aspectos embrionários peculiares, como a maneira pela qual seus ovos se dividem após a fertilização (clivagem), a forma de suas larvas e alguns outros aspectos que serão discutidos mais adiante. Os hemicordados frequentemente são considerados o grupo irmão dos cordados, porque esses dois grupos apresentam **fendas faríngeas** que são aberturas na faringe (região da garganta), originalmente usadas para filtrar partículas alimentares da água. Os equinodermos modernos não possuem fendas faríngeas, mas certos animais extintos desse filo possivelmente as possuíam. Além disso, os equinodermos primitivos podem ter tido simetria bilateral, significando que a simetria pentarradial das formas modernas possa ser um caráter derivado daquela linhagem (veja Gee, 1996). Assim, o grupo irmão dos vertebrados pode estar entre equinodermos livrenatantes extintos, e os hemicordados podem também estar relacionados aos equinodermos, ou aos mais primitivos dos deuterostômios.

Para considerar como os deuterostômios estão aparentados com outros animais, faremos uma abordagem diferente, iniciando na base da árvore e trabalhando em direção às extremidades dos seus ramos. Todos os animais (metazoários) são pluricelulares e compartilham aspectos embrionários e reprodutivos comuns. Inicialmente, o embrião forma uma esfera oca de células (a blástula), as células sexuais formam-se em órgãos especiais e os espermatozóides são móveis por possuírem uma cauda em forma de chicote.

Acima do nível das esponjas, todos os animais têm um sistema nervoso e seu corpo é constituído por camadas distintas de células, ou camadas germinativas, formadas cedo no desenvolvimento, numa fase chamada gastrulação. A gastrulação ocorre quando a esfera oca de células da blástula se dobra sobre si mesma produzindo duas camadas distintas de células e um intestino interno com uma abertura para o exterior em uma de suas extremidades. A camada externa de células é o **ectoderma** (Grego *ecto* = do lado de fora e *derruis* = pele) e a camada interna forma o **endoderma** (Grego *endo* = no interior).

Medusas e animais aparentados apresentam estas duas camadas de tecidos do corpo tornando-os diploblásticos (Grego *diplous* = dois e *blastos* = broto). Animais acima do nível das medusas e de seus parentes acrescentam uma camada adicional e mediana de células, o **mesoderma** (Grego *mesos* = meio) tornando-os triploblásticos (Grego *triplos* = três). Os animais triploblásticos também têm um intestino que se abre em ambas as extremidades (isto é, com uma boca e um ânus) e são bilateralmente simétricos, tendo uma extremidade cefálica em alguma fase de sua vida. O mesoderma forma os músculos do corpo e somente animais com mesoderma são capazes de locomover-se como adultos.

O **celoma**, uma cavidade interna do corpo que se forma como uma fenda no interior do mesoderma, é outro caráter derivado da maioria, porém não de todos os animais triploblásticos. Animais celomados (isto é, animais com celoma) são divididos em dois grupos com base em como a boca e o ânus se formam. Quando a blástula sofre invaginação para formar uma gástrula, ela deixa uma abertura para o exterior chamada blastóporo (Latim *porus* = uma pequena abertura). Nas medusas, o blastóporo é a única abertura para o interior do corpo e ele serve como boca e como ânus. No entanto, durante o desenvolvimento embrionário dos celomados, surge uma segunda abertura. Na linhagem chamada protostômios (Grego *protos* = primeiro e *stoma* = boca) o blastóporo (que foi a primeira abertura no embrião) origina a boca enquanto que nos deuterostômios (Grego *deuteros* = segundo) o blastóporo toma-se o ânus e a segunda abertura origina a boca. A maneira pela qual o celoma se forma durante o desenvolvimento também difere entre protostômios e deuterostômios. Moluscos (caramujos, bivalves, lulas), artrópodes (insetos, caranguejos, aranhas) e anelídeos (minhocas) e alguns outros filos são protostômios; os cordados, hemicordados e equinodermos são deuterostômios (Figura 2-1).

Cordados Não-Vertebrados

Os dois grupos existentes de cordados não-vertebrados são formados por animais marinhos pequenos. Podem ter existido mais cordados não-vertebrados no passado, mas estes animais de corpo mole raramente são preservados como fósseis. Alguns cordados primitivos do início do Cambriano são descritos no fim desta seção.

Urocordados Os **tunicados** (subfilo Urochordata) atuais são animais marinhos que filtram partículas alimentares da água por meio de uma faringe perfurada semelhante a um cesto. Existem cerca de 2000 espécies viventes e todas, exceto aproximadamente 100, são sésseis como adultos, fixando-se ao substrato solitariamente ou na forma de colônias.

A maioria dos tunicados adultos apresenta pouca similaridade com os cefalocordados e vertebrados, exceto por terem um endóstilo e uma faringe com fendas usadas para a alimentação por filtração (Figura 2-2b). Entretanto, suas larvas semelhantes a girinos (Figura 2-2a) são mais parecidas com formas que pertencem ao filo Chordata. As larvas dos tunicados possuem uma notocorda, um tubo nervoso dorsal oco e uma cauda muscular pós-anal que movimenta o animal com um padrão semelhante ao dos peixes. A maioria das espécies apresenta um curto período de existência livre-natante (desde alguns minutos até poucos dias), após o qual se metamorfoseiam em adultos sésseis afixados ao substrato.

Uma teoria popular e mantida durante muito tempo foi a de que os cefalocordados e vertebrados teriam evoluído a partir de um ancestral semelhante a uma larva de tunicado. No início do século vinte, Walter Garstang propôs um cenário evolutivo complicado, pelo qual formas larvais poderiam tornar-se sexualmente maduras, originando adultos móveis. No entanto, pesquisadores mais recentes sugeriram que os tunicados com estágio adulto séssil são as formas derivadas e que as poucas espécies de tunicados atuais que permanecem numa forma larval permanente são aquelas que se assemelham ao cordado ancestral.

Cefalocordados O subfilo Cephalochordata contém cerca de 22 espécies marinhas, todas pequenas, superficialmente semelhantes a peixes e geralmente com menos do que 5 cm de comprimento. O cefalocordado melhor conhecido é o *Branchiostoma lanceolatum,* o anfioxo (Grego *amphi* = ambos e *oxy* – pontiagudo; **anfioxo** significa "pontiagudo em ambas as extremidades", um termo apropriado para um animal sem cabeça distinta, sendo que tanto a extremidade cefálica como a caudal parecem pontiagudas). Os anfioxos são amplamente distribuídos nas águas oceânicas das plataformas continentais e, quando adultos, são animais escavadores e sedentários. Em algumas poucas espécies, os adultos retêm o comportamento ativo e livre-natante das larvas.

Uma característica notável do anfioxo é sua locomoção semelhante à de um peixe. Esta resulta de uma característica compartilhada com os vertebrados: **miômeros** – blocos de fibras de musculares estriadas, arranjadas ao longo de ambos os lados do corpo e separadas por septos de tecido conectivo (larvas de tunicados têm músculos bandeados em suas caudas, mas não têm miômeros distintos em qualquer outro músculo na região do corpo). Contrações sequenciais dos miômeros curvam o corpo de lado a lado de modo a impulsioná-lo para frente ou para trás. A notocorda atua como um bastonete elástico e incompressível, estendendo-se por todo o comprimento do corpo e impedindo que ele encurte

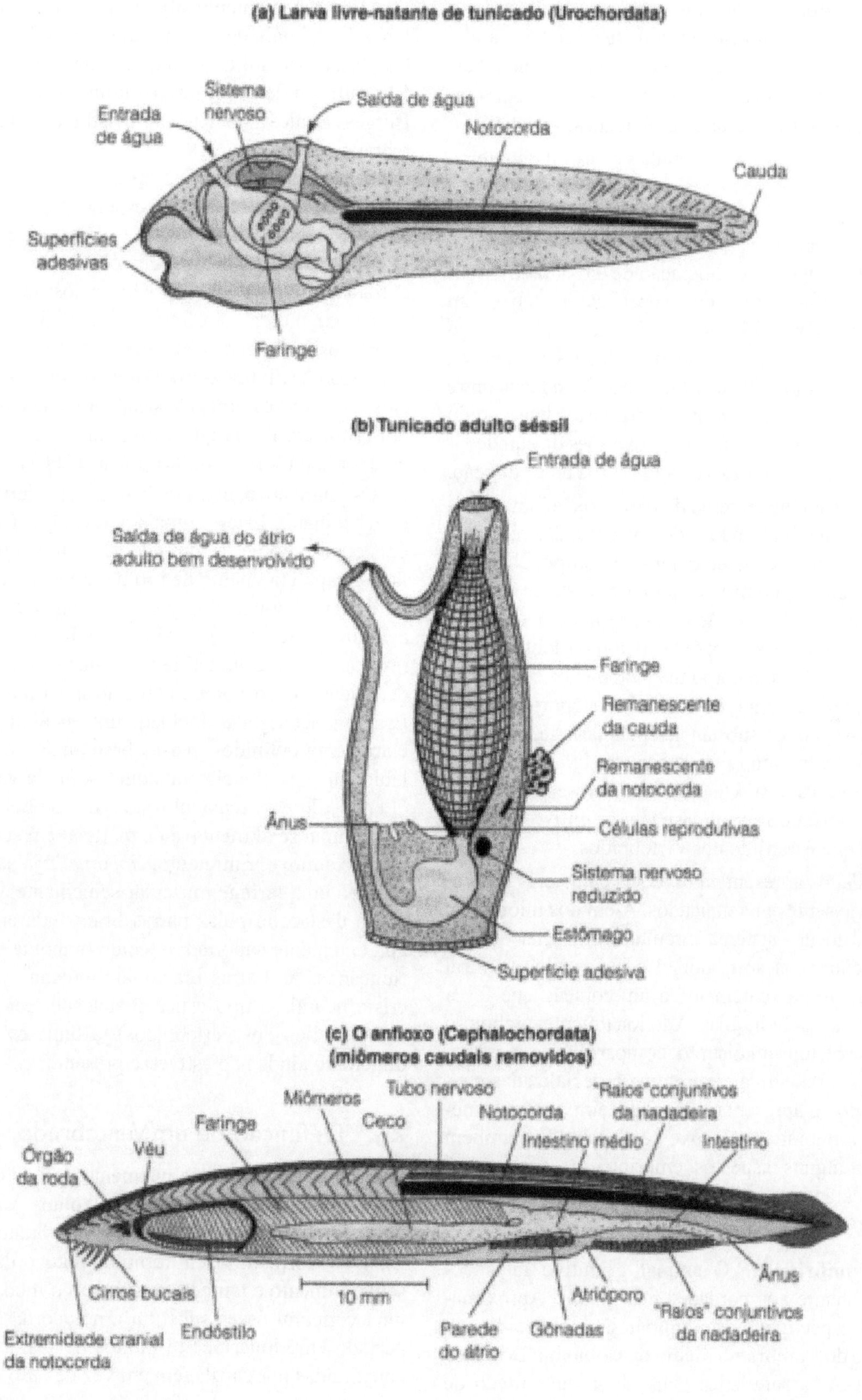

Figura 2-2 Cordados não-vertebrados.

quando os miômeros se contraem. A notocorda do anfioxo estende-se desde a extremidade rostral até o final da cauda, projetando-se bem além da região dos miômeros nas duas extremidades. A elongação cranial da notocorda aparentemente é uma especialização que auxilia na escavação.

A Figura 2-2c mostra alguns detalhes da estrutura interna do anfioxo. Anfioxos e vertebrados diferem quanto ao uso das fendas faríngeas. O anfioxo não possui tecido branquial associado a estas fendas; ele é suficientemente pequeno para que a tomada de oxigênio e a liberação de dióxido de carbono ocorram por difusão em toda a superfície do corpo. Em vez disso, as fendas branquiais são usadas para a alimentação por filtração. A água é movida sobre as fendas branquiais, impulsionada por cílios situados nas barras branquiais entre as fendas, auxiliados pelas estruturas dos cirros bucais e do órgão da roda, enquanto o véu, duas expansões da parede lateral da faringe controla o fluxo de água numa única direção.

Em adição à cavidade interna do corpo, ou celoma, vista em muitos animais, incluindo todos os cordados, o anfioxo também tem uma cavidade externa do corpo, chamada átrio, que é ausente em outros vertebrados (este átrio não é o mesmo que o átrio do coração dos vertebrados). O átrio é formado por evaginações da parede do corpo (dobras metapleurais), que envolvem o corpo mais ou menos como uma capa. O átrio abre-se para o exterior via atrióporo e parece controlar a passagem de substâncias pela faringe, em combinação com o batimento ciliar das barras branquiais e do órgão da roda na cabeça. Um átrio também está presente nos tunicados, podendo ser um aspecto primitivo de todos os cordados e que é perdido nos vertebrados.

Cefalocordados apresentam diversos caracteres derivados que estão ausentes nos tunicados. Além dos miômeros, o anfioxo possui um sistema circulatório similar ao dos vertebrados, com uma aorta dorsal e um coração ventral bombeador, estrutura semelhante a um coração que força o sangue através das brânquias. Adicionalmente, embora o anfioxo não tenha um rim distinto, compartilha com os vertebrados a posse de células excretoras especializadas chamadas podócitos e apresenta uma nadadeira caudal semelhante à dos vertebrados. Anfioxos e vertebrados também compartilham alguns aspectos embrionários (veja Gans 1989). Estes caracteres indicam que os cefalocordados são o grupo irmão dos vertebrados.

Cordados Cambrianos O animal primitivo mais conhecido semelhante aos cordados é o *Pikaia.* Aproximadamente 100 espécimes deste animal são conhecidos do Burgess Shale do Cambriano Médio da Colúmbia Britânica (Figura 2-3a). A característica mais óbvia de cordado de *Pikaia* são miômeros e uma notocorda ao longo dos terços caudais do corpo. *Pikaia* é frequentemente considerado ser um cefalocordado, mas pode representar algum outro tipo de cordado não-vertebrado.

Mais recentemente alguns achados fósseis espetaculares de animais de corpo mole foram feitos do início do Cambriano do sul da China, a Fauna Chengiang, que tem 520 milhões de anos, uns 10 milhões mais jovens do que Burgess Shale. Este depósito fóssil inclui o mais novo vertebrado verdadeiro, descrito no Capítulo 3, e também alguns intrigantes possíveis cordados primitivos (note que a natureza achatada destes espécimes, como se tivessem sido "atropelados", torna difícil interpretar sua estrutura). Um tipo é denominado vetucoliano: suas características cordadas incluem um aparente endóstilo, uma região faríngea expandida com fendas branquiais, e uma região do corpo possivelmente segmentada, mas parecem ter perdido a notocorda (Figura 2-3b). Por causa disto foi proposto que eles são deuterostômios basais, cordados basais, ou mesmo tunicados basais (já que a maioria dos tunicados perdeu a notocorda na forma adulta) (Lacalli 2002).

Os yunnanozoanos são formas mais derivadas da fauna de Chengiang. Estes animais têm características de cordados, como miômeros, um endóstilo, uma notocorda e uma faringe aparentemente dentro de um átrio. Estudo de mais de 300 indivíduos dos yunnanozoanos *Haikouella* (veja a Figura 2-3c) por Jon Mallatt e Jun-yuan Chen (2003) revelou que este animal tem um número de características derivadas que o coloca como grupo irmão dos craniata. Estas características incluem um encéfalo grande, olhos claramente definidos, barras branquiais mais largas e um lábio superior semelhante aqueles das larvas de lampreia. O endóstilo e os tentáculos ao redor da boca sugerem que este animal se alimentava de material em suspensão, assim como o anfioxo. Entretanto, *Haikouella* já parece ter desenvolvido uma faringe muscular semelhante ao dos craniata, como destacado pelas barras branquiais engrossadas que aparentemente suportam o tecido branquial e músculos faringeanos. As barras branquiais indicam que o tecido da crista neural (o tipo especializado de tecido embrionário característico dos vertebrados) já tinha evoluído, embora um crânio ainda não estivesse presente.

2.2 Definição de um Vertebrado

O termo *vertebrado* é obviamente derivado das vértebras arranjadas em série para formar a coluna vertebral. Em nós mesmos, assim como em outros vertebrados terrestres, as vértebras formam-se em torno da notocorda durante o desenvolvimento e também circundam o tubo nervoso. A coluna vertebral óssea substitui a notocorda original após o período embrionário. Em muitos peixes, as vértebras são constituídas por cartilagem em vez de osso.

Todos os vertebrados apresentam o caráter peculiar e derivado, um **crânio,** que é uma estrutura óssea, cartilaginosa ou fibrosa circundando o encéfalo (veja descrição à frente). Eles também possuem uma cabeça conspícua contendo complexos

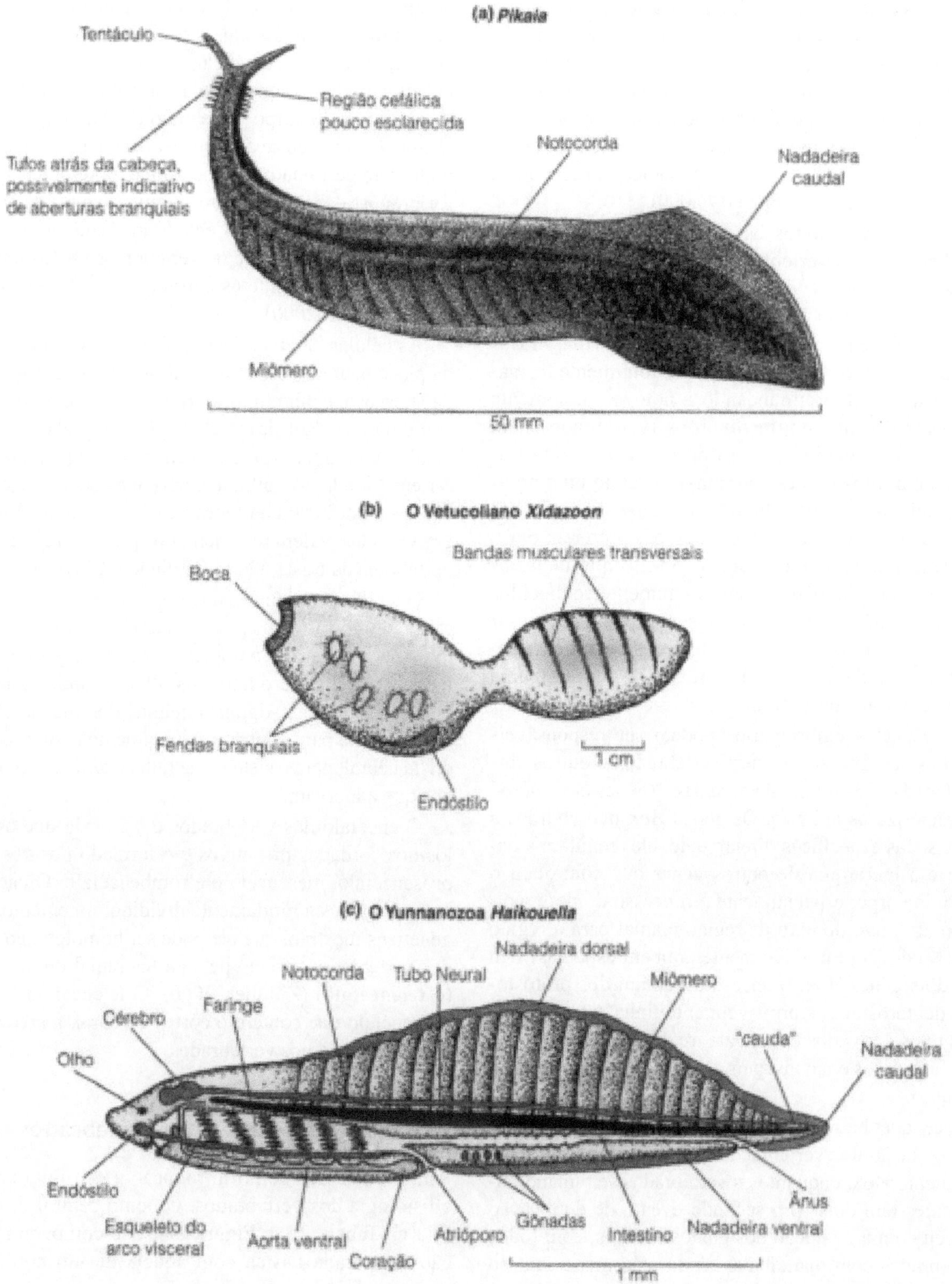

Figura 2-3 Alguns cordados primitivos ou seus parentes, (a) *Pikaia,* do Cambriano Médio do Burgess Shale da Colúmbia Britânica; (b) o Vetucoliano *Xidazoon,* e o Yunnanozoa *Haikouella,* da fauna de Chengiang do início do Cambriano do sul da China.

órgãos dos sentidos. A embriologia clássica afirma que a parte rostral da cabeça dos vertebrados é um aspecto novo, consistindo dos três segmentos rostrais à extremidade rostral original da cabeça do cordado. No entanto, estudos recentes a respeito da similaridade genética entre anfioxos e vertebrados, sugerem que enquanto a cabeça pode ter aumentado nos vertebrados isso não é adição inteiramente nova (Monastersky 1996, Finnerty 2000).

Entretanto, nem todos os animais incluídos no tradicional subfilo dos Vertebrata, possuem vértebras. Entre os **agnatos** viventes (vertebrados sem maxilas), as feiticeiras não possuem qualquer elemento vertebral e as lampreias apresentam apenas rudimentos cartilaginosos flanqueando o tubo nervoso. Vértebras totalmente formadas, com um **centro** circundando a notocorda, somente são encontradas nos **gnatostomados** (vertebrados com maxilas) entre o conjunto de formas viventes (veja Capítulo 3), e muitos peixes com maxilas retêm uma notocorda funcional quando adultos. Por causa da perda das vértebras nas feiticeiras, algumas pessoas preferem o termo **Craniata** à Vertebrata para o sub-filo que inclui as feiticeiras e todos outros animais comumente conhecidos como vertebrados. Entretanto, nós continuamos a usar o termo familiar *vertebrado* neste livro para todos esses animais, ainda que reconheçamos que exista alguma questão semântica neste termo.

Dois aspectos embrionários podem ser responsáveis por muitas das diferenças entre vertebrados e outros cordados. Um é o **Complexo do gene Hox** (genes *homeobox)* que caracteriza os animais. Os genes Hox não codificam características específicas diretamente: eles regulam a expressão e a hierarquia de outros genes que controlam o formato do corpo, especialmente o processo do desenvolvimento ao longo do eixo da região cranial para a região caudal. Medusas (e possivelmente também esponjas) têm um ou dois genes Hox, o ancestral comum dos protostômios e deuterostômios provavelmente tinha sete, e metazoários mais derivados tinham até treze. Entretanto, vertebrados são únicos em conseguir a duplicação do complexo *Hox* inteiro.

Parece que houve um evento de duplicação no início da evolução dos vertebrados: o anfioxo tem um único agrupamento Hox, enquanto os vertebrados sem mandíbulas viventes têm dois. Um segundo evento de duplicação aconteceu com a evolução dos gnatostomados, com todos os vertebrados com mandíbulas tendo pelo menos quatro agrupamentos. Finalmente houve duplicações adicionais nos peixes ósseos de nadadeiras raiadas que podem ter até sete agrupamentos (Pennisi 2001; Carroll 2002). Animais mais complexos geralmente possuem maior quantidade de material genético e pensa-se que a duplicação desta sequência gênica deu início à evolução de um tipo mais complexo de animal. O segundo aspecto é o desenvolvimento de um tipo de tecido embrionário chamado **crista neural,** que forma muitas estruturas novas nos vertebrados, especialmente na região cefálica (Northcutt e Gans 1983). Crista neural pode ser considerada como o item mais importante na origem do corpo vertebrado (Holland e Chen, 2001). Originalmente pensava-se que a crista neural seria derivada do folheto germinativo ectodérmico, porém, recentemente, foi proposto ser um folheto germinativo verdadeiramente independente, junto com ectoderma, endoderma e mesoderma, significando que os vertebrados são os únicos animais com quatro folhetos germinativos, tornando-os tetrablásticos (Hall 2000).

As células da crista neural originam-se na borda lateral da placa neural, a estrutura embrionária que origina o cordão nervoso, e migram posteriormente pelo corpo para formar uma variedade de estruturas. Uma população similar de células, com uma expressão genética similar, pode também ser encontrada nos anfioxos, mas aí as células não migram e não se modificam em outros tipos de células. Entretanto, estas células podem representar os precursores da condição vertebrada da crista neural (Holland e Chen, 2001).

O tecido embrionário que pode estar relacionado com a crista neural forma os placodes epidérmicos (espessamentos) que originam os complexos órgãos sensoriais dos vertebrados, incluindo o nariz, os olhos, a orelha interna e os botões gustativos. Algumas células dos placodes migram caudalmente para contribuir, juntamente com as células da crista neural, para o sistema da linha lateral e nervos cranianos que a inervam.

O encéfalo dos vertebrados é maior do que os encéfalos dos cordados primitivos e é formado por três partes – prosencéfalo, mesencéfalo e rombencéfalo. O encéfalo do anfioxo não está nitidamente dividido; no entanto, estudos genéticos mostram que ele pode ser homólogo ao encéfalo dos vertebrados, exceto pela parte cranial do prosencéfalo (o **telencéfalo)** (Zimmer, 2000). O telencéfalo é a porção do encéfalo que contém o córtex cerebral, a área de maior processamento nos vertebrados.

2.3 Estrutura Básica dos Vertebrados

Esta seção serve como introdução a estrutura anatômica e fisiologia dos vertebrados. O ponto central dessa seção está na Tabela 2.1 e Figura 2-4, que comparam a condição vertebrada básica com aquela de um cordado não-vertebrado como o anfioxo. Esses mesmos sistemas serão discutidos à frente para outros vertebrados derivados nos últimos capítulos: a meta aqui é dar ao leitor uma introdução geral ao plano básico dos vertebrados. Detalhes mais compreensivos podem ser encontrados em livros tais como Hildebrand e Goslow (2001), Kardong (2001), Liem et al. (2001).

TABELA 2.1 Comparação entre Aspectos de Cordados Não-Vertebrados e Vertebrados Primitivos

Cordado Não-Vertebrado Generalizado	Vertebrado Primitivo
(Com base em caracteres do cefalocordado vivente, o anfioxo)	(Com base em caracteres de vertebrados agnatos viventes – feiticeiras e lampreias)
A. Encéfalo e Extremidade Cefálica	
Notocorda estende-se até a extremidade rostral da cabeça (pode ser uma condição derivada).	Cabeça estende-se além da extremidade da notocorda.
Crânio ausente.	Crânio – suportes esqueléticos em torno do encéfalo, consistem cápsulas que circundam as principais partes do encéfalo e de seus componentes sensoriais.
Encéfalo simples (vesícula cerebral) e órgãos sensoriais especializados também simples (exceto o órgão frontal fotorreceptor, provavelmente homólogo do olho dos vertebrados).	Encéfalo tripartido e órgãos sensoriais multicelulares (olho, nariz, orelha interna).
Sensação a distância fraca (embora a pele seja sensível).	Sensações, a distância, mais desenvolvidas: além dos olhos e do nariz, também possuem um sistema da linha lateral ao longo da cabeça e do corpo, capaz de detectar movimentos da água (sistema da linha lateral pouco desenvolvido na cabeça somente nas feiticeiras).
Eletrorrecepção ausente.	Eletrorrecepção pode ser um caráter primitivo dos vertebrados (no entanto, ausente em feiticeiras).
B. Faringe e Respiração	
Arcos branquiais para a alimentação por filtração (a respiração ocorre por difusão em toda a superfície do corpo).	Arcos branquiais (arcos faríngeos) sustentam brânquias usadas na respiração.
Numerosos arcos e fendas branquiais (até 100 em cada lado).	Menos fendas branquiais (6-10 em cada lado), brânquias individuais com estrutura interna altamente complexa (filamentos branquiais).
Faringe não muscularizada (exceto na parede do átrio ou cavidade externa do corpo).	Faringe com musculatura especializada (branquiomérica).
Movimento de água através da faringe e sobre os arcos branquiais por ação ciliar.	Movimento de água através da faringe e sobre as brânquias por bombeamento muscular ativo.
Arcos branquiais de colágeno ou mucoescleroproteína.	Arcos branquiais cartilaginosos (permitindo recuo elástico – auxilia no bombeamento).
C. Alimentação e Digestão	
Intestino não muscularizado. A passagem de alimento é efetuada por ação ciliar.	Intestino muscularizado. A passagem de alimento é efetuada por peristaltismo muscular.
A digestão do alimento é intracelular: partículas alimentares individuais entram em células que evestem o intestino.	A digestão do alimento é extracelular: enzimas são lançadas sobre o alimento na luz do intestino, depois os produtos decompostos são absorvidos por células que revestem o intestino.
Sem fígado e pâncreas distintos: a estrutura chamada ceco ou divertículo do intestino médio provavelmente é homóloga de ambos.	Tecidos hepático e pancreático distintos.
D. Coração e Circulação	
Estrutura bombeadora ventral (não é um coração verdadeiro, somente regiões de vasos que se contraem = seio venoso dos vertebrados). Também existem regiões bombeadoras acessórias em outros locais do sistema.	Somente um coração bombeador ventral (porém há regiões bombeadoras acessórias em feiticeiras). Coração com três câmaras: (no sentido do fluxo sanguíneo) seio venoso, átrio e ventrículo.

Continua

TABELA 2.1 Comparação entre Aspectos de Cordados Não-Vertebrados e Vertebrados Primitivos (*continuação*)

Cordado Não-Vertebrado Generalizado	Vertebrado Primitivo
Sem controle neural do coração para regular o bombeamento.	Controle neural do coração (exceto em feiticeiras).
Sistema circulatório fechado: sem seios sanguíneos sistema capilar não muito extenso.	Sistema circulatório aberto: grandes seios sanguíneos, (alguns permanecem em feiticeiras e lampreias) e com um extenso sistema capilar.
Sangue não especificamente envolvido no transporte de gases respiratórios. Com células sanguíneas transportados via difusão). Sem células sanguíneas vermelhas e sem pigmento respiratório.	Sangue especificamente envolvido no transporte de de gases respiratórios (O_2 e CO_2 principalmente vermelhas contendo o pigmento respiratório hemoglobina (combina-se com O_2 e CO_2 e ajuda no seu transporte).
E. Excreção e Osmorregulação	
Sem rim especializado. Líquido celomático é filtrado por solenócitos (células-fiama) que funcionam criando uma pressão negativa no interior da célula. As células esvaziam-se no átrio (falsa cavidade do corpo) e depois para o exterior via atrióporo.	Rim glomerular especializado, estrutura segmentar ao longo da parede dorsal do corpo, funciona por ultrafiltração do sangue. Esvazia-se para o exterior via ductos arquinéfricos que se dirigem até a cloaca.
Líquidos do corpo com a mesma concentração e a mesma composição lônica da água do mar. Não há necessidade de controle do volume nem de regulação iônica.	Líquidos do corpo mais diluídos que a água do mar (exceto em feiticeiras). O rim é importante na regulação do volume, especialmente no ambiente de água doce, fons monovalentes são regulados pelas brânquias (também os locais de excreção nitrogenada), íons bivalentes são regulados pelos rins.
F. Suporte e Locomoção	
A notocorda fornece o principal suporte para os músculos do corpo.	A notocorda fornece o principal suporte para os músculos do corpo, elementos vertebrais em torno do tubo neural pelo menos em todos os vertebrados, exceto nas feiticeiras.
Miômeros com forma de um simples "V".	Miômeros com forma mais complexa de um "W".
Nadadeiras laterais e medianas ausentes, exceto a nadadeira caudal.	Primitivamente, sem nadadeiras laterais. A nadadeira caudal apresenta raios dérmicos. Nadadeiras dorsais presentes em todos, exceto nas feiticeiras.

Ao nível do animal total, um aumento no tamanho do corpo e da atividade distinguem os vertebrados de cordados mais primitivos. Os vertebrados primitivos geralmente apresentavam um comprimento do corpo de 10 cm ou mais, o que é cerca de uma ordem maior de magnitude do que a dos cordados não-vertebrados. Devido a seu tamanho relativamente grande, os vertebrados necessitam de sistemas especializados para realizar os processos que são efetuados por difusão ou ação ciliar nos cordados não-vertebrados. Os vertebrados são também animais mais ativos do que os cordados não-vertebrados, e assim necessitam de sistemas de órgãos mais especializados que conseguem desempenhar os processos fisiológicos com uma taxa maior (veja Gans 1989).

Os vertebrados são caracterizados por motilidade e a capacidade de mover-se requer músculos e um endoesqueleto. A motilidade faz com que os vertebrados entrem em contato com uma ampla gama de ambientes e objetos naqueles ambientes e, por isso, o revestimento externo protetor de um vertebrado precisa ser firme, porém flexível. Ossos e outros tecidos mineralizados que consideramos característicos dos vertebrados tiveram sua origem neste tegumento protetor.

Embriologia

Estudar embriões pode mostrar como os sistemas se desenvolvem e como a forma do adulto está relacionada com os constrangimentos funcionais e históricos durante o desenvolvimento. Os cientistas modernos não aderem mais rigidamente à lei biogenética de que "a ontogenia recapitula a filogenia", proposta por embriologistas do século dezenove,

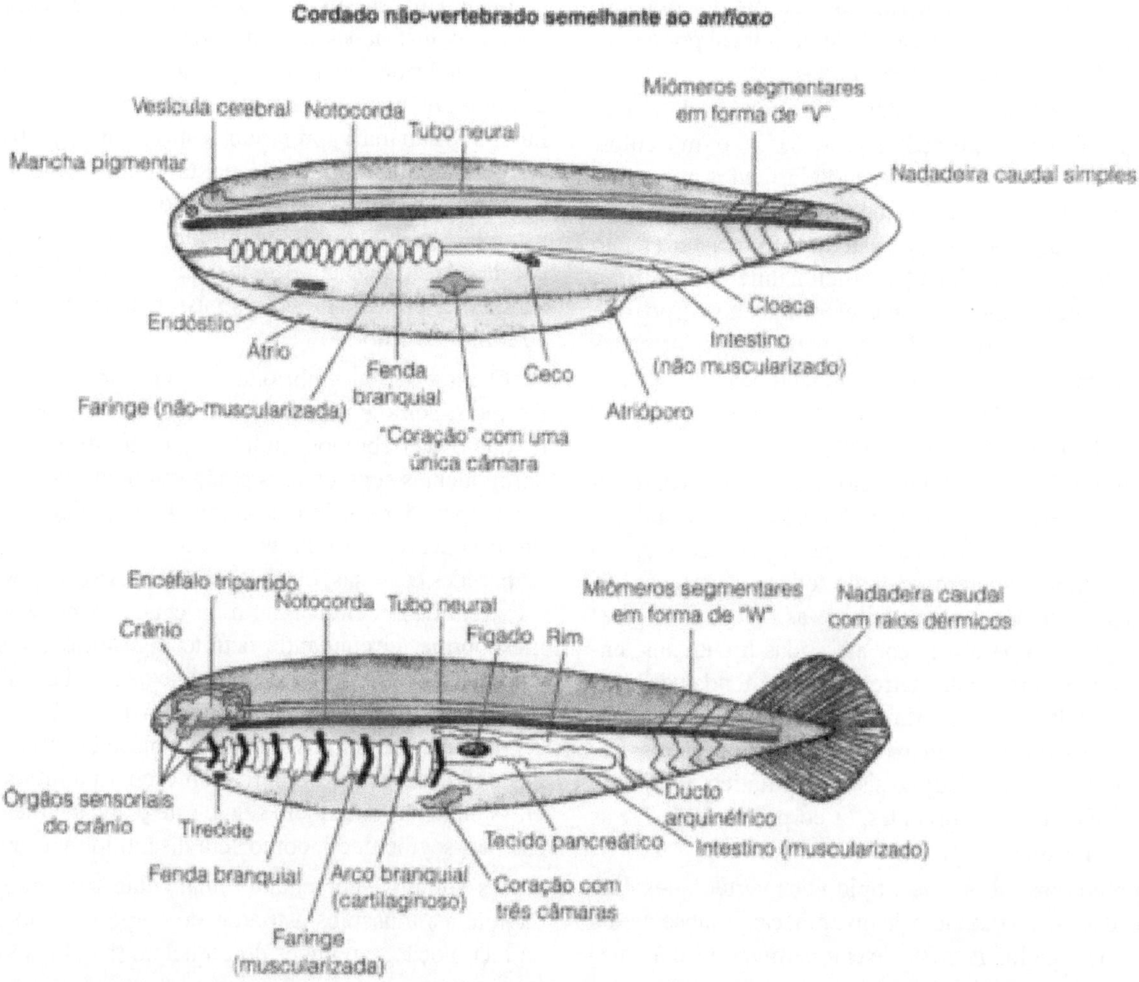

Figura 2-4 Padrão de um cordado não-vertebrado generalizado, comparado com aquele de um vertebrado primitivo.

tais como von Baer e Haeckel (isto é, a ideia de que o embrião passa fielmente por seus estágios evolutivos ancestrais durante seu desenvolvimento). Apesar disso, a embriologia pode fornecer pistas sobre a condição ancestral e sobre homologias entre estruturas de animais diferentes (Northcutt, 1990).

O desenvolvimento dos vertebrados, a partir de uma única célula fertilizada (o zigoto) até a condição adulta, será resumida brevemente. Esta é uma informação básica importante para muitos estudos, mas um tratamento detalhado está além do escopo deste livro. Hall (1992) oferece uma excelente revisão do trabalho recente que integra estudos genético evolutivos com os morfológicos tradicionais.

Vimos anteriormente que todos os animais, com exceção das esponjas, são formados por distintas camadas de tecidos ou folhetos germinativos. Os destinos dos folhetos germinativos têm sido muito conservativos durante a evolução dos vertebrados.

O folheto germinativo externo, o ectoderma, origina as camadas superficiais da pele do adulto (a epiderme); os revestimentos das partes mais craniais e caudais do trato digestório, e o sistema nervoso, incluindo a maioria dos órgãos dos sentidos, como o olho e a orelha. O folheto mais interno, o endoderma, forma o resto do revestimento do trato digestório, bem como o revestimento de glândulas associadas com ele – incluindo o fígado e o pâncreas – e a maioria das superfícies respiratórias das brânquias e dos pulmões dos vertebrados.

O folheto intermediário, o mesoderma, geralmente é o último dos três folhetos a aparecer durante o desenvolvimento. Ele forma todo o restante: músculos, esqueleto (incluindo a notocorda), tecidos conjuntivos, e o sistema circulatório e os órgãos urogenitais. Um pouco mais tarde durante o desenvolvimento, forma-se uma fenda no mesoderma originalmente sólido, originando um celoma ou cavidade do corpo. O celoma é a cavidade que contém os órgãos internos e é dividido na **cavidade pleuroperitoneal** (em torno das vísceras) e na **cavidade pericárdica** (em tomo do coração). Estas cavidades são revestidas por finas camadas de mesoderma – o **peritôneo** (= a **pericárdio** em torno do coração). O intestino está suspenso na cavidade peritoneal por camadas de peritôneo chamadas **mesentérios.**

A crista neural origina muitas das estruturas da região rostral da cabeça, incluindo alguns ossos e músculos, antigamente considerados como sendo formados por mesoderma. Ela também forma quase todo o sistema nervoso periférico (isto é, aquela parte do sistema nervoso externa ao encéfalo e à medula espinhal) e, adicionalmente, contribui com partes do encéfalo. Algumas estruturas no corpo, que são aspectos novos nos vertebrados, também são formadas pela crista neural. Estas incluem as glândulas adrenais, as células pigmentares da pele, células secretoras do intestino e músculos lisos que revestem a aorta.

A Figura 2-5 mostra um estágio inicial do desenvolvimento embrionário, onde o aspecto cordado ancestral das bolsas faríngeas na região da cabeça é, pelo menos, um aspecto transitório nos embriões de todos os vertebrados. Nos peixes, os sulcos entre as bolsas (as fendas faríngeas) sofrem perfuração para originar as fendas branquiais, enquanto que nos vertebrados terrestres estas fendas desaparecem nos adultos. Os revestimentos das bolsas faríngeas originam meia dúzia ou mais estruturas glandulares frequentemente associadas com o sistema linfático, incluindo o timo, as glândulas paratireóides, os corpos carotídeos e as amídalas (= tonsilas).

O tubo nervoso dorsal oco, típico dos vertebrados e de outros cordados, é formado pela invaginação e subsequente separação de uma longa crista de ectoderma, dorsal à notocorda em desenvolvimento. A própria notocorda parece conter as instruções para o desenvolvimento deste crítico evento embrionário, motivo provável pelo qual a notocorda é retida nos embriões de vertebrados (como em nós mesmos) que não mais apresentam esta estrutura na fase adulta. As células que formarão a crista neural surgem perto do tubo nervoso em desenvolvimento (o tubo neural), neste estágio. Um pouco mais tarde no desenvolvimento, estas células da crista neural dispersam-se lateralmente e ventralmente, para finalmente se assentarem e diferenciarem ao longo do embrião.

O mesoderma embrionário divide-se em três porções distintas, como é mostrado na Figura 2-5, com o resultado de que os vertebrados adultos são uma estranha mistura de componentes segmentares e não-segmentares. A parte dorsal do mesoderma, situada acima do trato digestório e perto do tubo nervoso, forma uma série de porções segmentares de paredes espessas, ou **somitos** (epímero), dispostas desde a extremidade cefálica até a da cauda. A parte ventral do mesoderma, circundando o trato digestório e contendo o celoma, tem parede fina e não é segmentada, sendo denominada de **placa lateral** (hipômero). Pequenas porções segmentares unindo os somitos e a placa lateral são chamadas **nefrótomos** (mesômero ou mesoderma intermediário). O sistema nervo também segue este plano segmentado versus não-segmentado, como será discutido mais tarde.

Os somitos segmentares finalmente formarão a derme da pele, os músculos estriados do corpo que são utilizados na locomoção, e porções do esqueleto (a coluna vertebral e

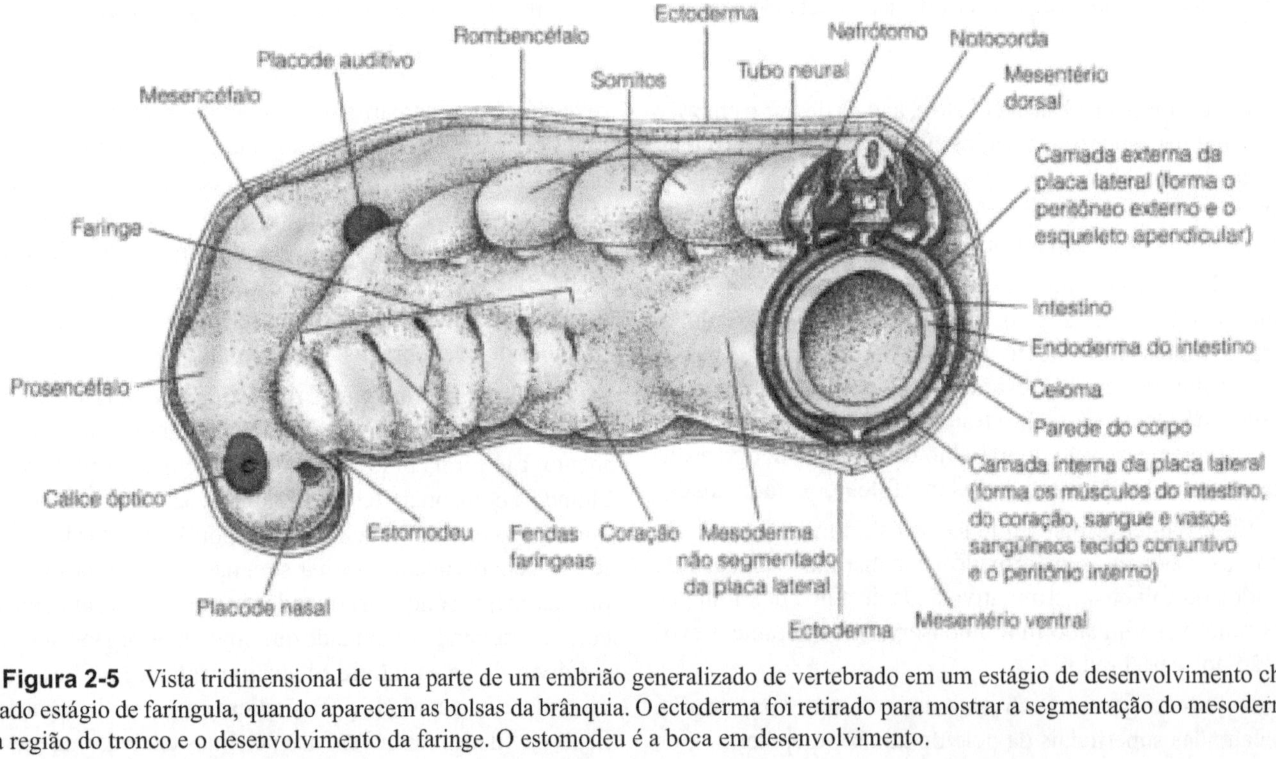

Figura 2-5 Vista tridimensional de uma parte de um embrião generalizado de vertebrado em um estágio de desenvolvimento chamado estágio de faríngula, quando aparecem as bolsas da brânquia. O ectoderma foi retirado para mostrar a segmentação do mesoderma na região do tronco e o desenvolvimento da faringe. O estomodeu é a boca em desenvolvimento.

partes do dorso do crânio). Mais tarde, alguns destes músculos migram ventralmente a partir de sua posição dorsal **(epiaxial)** original para formar a camada de músculos estriados da face ventral do corpo (os músculos **hipoaxiais)** e a partir deles formam-se os músculos das pernas nos **tetrápodes** (vertebrados terrestres com quatro membros = patas).

A placa lateral forma todas as porções internas e não-segmentadas do corpo, tais como o tecido conjuntivo, o sistema vascular-sanguíneo, os mesentérios, o revestimento peritoneal e pericárdico das cavidades celomáticas e os órgãos reprodutivos. Ele também forma os músculos lisos do trato digestório e o músculo cardíaco (coração). Os nefrótomos formam os rins (que são estruturas segmentares alongadas na condição dos vertebrados primitivos), os ductos de drenagem dos rins (os duetos **arquinéfricos)** e as gônadas.

Existem exceções para esta divisão segmentada versus não-segmentada do corpo dos vertebrados. Os músculos locomotores, ambos **axial** (na região do tronco) e **apendicular** (nos membros), e esqueleto axial são derivados dos somitos, mas curiosamente os ossos dos membros (com exceção da escápula e da cintura escapular) são derivados da placa lateral, como são os tendões e ligamentos do músculo apendicular, mesmo que essencialmente formem uma parte da porção segmentar do animal. A explicação para esta anormalidade aparente pode estar no fato de que os membros são adições ao plano básico dos vertebrados sem membros.

Outras peculiaridades são encontradas na extremidade rostral expandida da cabeça dos vertebrados, que possui um complexo padrão de desenvolvimento e não acompanha a simples segmentação do corpo (Northcutt 1990). O mesoderma da cabeça contém somente somitos que dão origem aos músculos estriados do olho e músculos **branquioméricos** que reforçam os arcos viscerais (brânquias e maxilas). No encéfalo, a parte mais rostral do cérebro (à frente do telencéfalo) e a parte mediana do cérebro não são segmentados, mas a parte rostral do cérebro e da parte caudal do cérebro mostram divisões segmentares durante o desenvolvimento (Redies e Puelles, 2001).

Tipos de Tecidos do Adulto

Existem cinco tipos de tecidos nos vertebrados: epitelial, conjuntivo, sanguíneo **(vascular),** muscular e nervoso. Estes tecidos combinam-se para formar unidades maiores chamadas órgãos. Frequentemente os órgãos contêm a maioria ou todos os cinco tecidos básicos. As funções da vida dos vertebrados são mantidas por grupos de órgãos reunidos em sistemas de órgãos.

Um componente fundamental da maioria dos tecidos animais é a proteína fibrosa **colágeno.** O colágeno é primariamente um tecido mesodérmico: em adição aos tecidos mais moles dos órgãos, também forma a matriz orgânica dos ossos, o tecido resistente de tendões e ligamentos. Vertebrados têm um tipo único de colágeno fibrilar que pode ser responsável pela habilidade de formar um esqueleto interno (Boot-Handford e Tuckwell 2003). O colágeno é rijo e não se distende facilmente. Em alguns tecidos, o colágeno combina-se com a proteína **elastina,** que pode se distender e voltar ao normal. Outra proteína fibrosa importante encontrada somente em vertebrados é a **queratina.** Enquanto o colágeno forma a estrutura dentro da mesoderme, a queratina é primariamente um tecido ectodérmico. A queratina é principalmente encontrada na epiderme (pele externa) dos tetrápodes, formando estruturas tais como pêlos, escamas, penas, unhas, comos, bicos etc, mas também forma estruturas córneas semelhantes a dentes nos agnatos viventes.

O Tegumento O revestimento externo dos vertebrados, o tegumento, é um único órgão que perfaz até 15 a 20 por cento do peso do corpo de muitos vertebrados e muito mais nas formas com armadura. Inclui a pele e seus derivados, como as glândulas, escamas, armadura dérmica e pêlos. A pele protege o corpo e recebe informações do mundo exterior. As principais divisões da pele dos vertebrados são a **epiderme** (a camada de células superficiais derivada do ectoderma embrionário) e a **derme** (a camada mais profunda de células originadas do mesoderma e da crista neural), peculiar desses animais. A derme aprofunda-se mais num tecido subcutâneo (hipoderme), derivado do mesoderma e que recobre músculos e ossos.

A epiderme constitui a fronteira entre o vertebrado e seu ambiente e é de suprema importância na proteção, trocas e sensações. Frequentemente contém glândulas secretoras e pode ter um papel significativo na regulação osmótica e do volume. A derme, a principal camada estrutural da pele, inclui muitas fibras colágenas que fornecem elasticidade e ajudam a manter sua força e sua forma. A derme contém vasos sanguíneos e o fluxo de sangue nestes vasos está sob controle neural e hormonal (como, por exemplo, enrubecimento humano, quando os vasos são dilatados e o sangue corre para a pele).

A derme também contém **melanócitos** derivados da crista neural, células pigmentares contendo melanina, e fibras musculares lisas, tais como aquelas nos mamíferos que produzem o arrepiar da pele ao redor do mamilo. Nos tetrápodes a derme abriga a maioria das estruturas sensoriais e nervos associados com sensações de temperatura, pressão e dor.

A hipoderme, ou camada de tecido subcutâneo situa-se entre a derme e as fáscias sobre os músculos. Esta região contém fibras colágenas e elásticas e é a área na qual gordura subcutânea é armazenada por aves e mamíferos. Os músculos estriados subcutâneos dos mamíferos, como aqueles que permitem que realizem expressões faciais e que agitam a pele para livrar-se de uma mosca, são encontrados nesta área.

Tecidos Mineralizados Os vertebrados possuem um tipo peculiar de mineral chamado hidroxiapatita, um composto complexo de cálcio e fósforo. A hidroxiapatita é mais resistente a ácidos do que a calcita (carbonato de cálcio), que forma as conchas de moluscos. Esta resistência aos ácidos pode ser importante quando os vertebrados estão ocupados com vigorosas atividades musculares, suficientes para liberar ácido lático para o sangue.

Seis principais tipos de tecidos podem tomar-se mineralizados nos vertebrados, cada um formado de uma linhagem de células no desenvolvimento. Três deles, **esmalte, dentina** e **osso,** somente são encontrados na condição mineralizada no adulto. Esmalte e dentina são os tecidos mais mineralizados – (respectivamente, com 99 por cento e 90 por cento de minerais) – e são encontrados em dentes de vertebrados viventes e no esqueleto dérmico de alguns peixes primitivos. Este alto grau de mineralização explica porque é mais provável encontrar dentes fossilizados do que ossos que contêm apenas 50 por cento de mineralização.

O quarto tipo de tecido duro, a cartilagem, geralmente não é mineralizado em tetrápodes, mas é o principal tecido esquelético interno mineralizado em tubarões (tubarões e outros peixes cartilaginosos parecem ter perdido tecido ósseo verdadeiro). Algumas descobertas recentes mostram que alguns vertebrados com mandíbulas também tinham cartilagens internas calcificadas, que provavelmente evoluíram independentemente da condição nos tubarões (Janvier e Arsenault 2002).

O osso pode substituir a cartilagem no desenvolvimento, mas o osso não é simplesmente cartilagem sobre o qual foram adicionados minerais. Em vez disso, ele é formado por diferentes tipos de células – osteócitos (Grego *osteo* = osso e *citos* = célula) que são denominados osteoblastos (Grego *blasto* = broto) enquanto estiverem efetivamente construindo o osso, em oposição aos condrócitos que formam a cartilagem. As células que formam o osso e as células cartilaginosas são derivadas do mesoderma, as que formam a dentina são derivadas de tecido da crista neural e aquelas que originam o esmalte são derivadas do ectoderma.

Um quinto tipo de tecido duro dos vertebrados, o enamelóide, é um tecido semelhante ao esmalte que é a condição vertebrada primitiva, e é encontrado atualmente na maioria dos peixes. O esmalte verdadeiro, encontrado somente em tetrápodes e em seus ancestrais, peixes de nadadeiras lobadas, é formado de células ectodérmicas, enquanto o enamelóide é mais parecido com a dentina já que é formado de células que se originam da mesoderme (células que formam osso e cartilagem são também de origem mesodérmica). O último tipo de tecido duro é o **cemento,** uma substância semelhante a osso que fixa os dentes em seus alvéolos em alguns vertebrados, incluindo mamíferos, e que pode se desenvolver para tornar-se parte da própria estrutura do dente.

Os tecidos mineralizados dos vertebrados são compostos por uma complexa matriz de fibras colágenas, por células que secretam uma matriz proteica do tecido e por cristais de hidroxiapatita. Os cristais de hidroxiapatita estão alinhados na matriz de fibras colágenas formando camadas com direções alternadas, muito semelhante à estrutura da madeira compensada. Esta combinação de células, fibras e minerais fornece ao osso o seu aspecto rendado complexo e que combina força com uma relativa leveza e auxilia a impedir rachaduras e fraturas.

O osso permanece altamente vascularizado mesmo quando está mineralizado (ossificado). A natureza vascular do osso também o capacita a remodelar-se. Osso velho é destruído por células sanguíneas especializadas (osteoclastos), derivadas das mesmas linhagens de células que originam os leucócitos macrófagos que englobam bactérias estranhas ao corpo. Novos osteoblastos entram atrás dos osteoclastos e depositam osso novo. Dessa forma, um osso fraturado consegue emendar-se e os ossos podem mudar sua forma para adaptar-se ao estresse mecânico imposto ao animal. Este é o motivo pelo qual o exercício constrói osso e porque os astronautas perdem osso na gravidade zero do espaço. Cartilagem calcificada, como aquela do esqueleto de tubarões, é incapaz de remodelar-se porque não contém vasos sanguíneos.

Existem dois tipos principais de ossos nos vertebrados: **osso dérmico,** como o nome sugere é formado na pele, e **osso endocondral** que é formado no interior de cartilagem. Osso dérmico (Figura 2-6a) é o tipo primitivo de osso nos vertebrados, visto pela primeira vez em vertebrados agnatos fósseis chamados **ostracodermes** que é descrito no Capítulo 3.

Somente nos peixes ósseos e tetrápodes o endoesqueleto é formado primariamente por osso. Nestes vertebrados, o endoesqueleto inicialmente é formado por cartilagem que, mais tarde no desenvolvimento é substituída por osso.

O osso dérmico era formado originalmente na superfície externa do corpo, como uma armadura (ostracoderme significa "vestido com concha"), formando um tipo de exoesqueleto. Pensamos em vertebrados como animais que possuem somente um endoesqueleto, mas a maioria dos ossos do nosso crânio são ossos dérmicos e eles estão posicionados externamente, formando uma concha ao redor dos nossos cérebros. A estrutura endoesquelética dos vertebrados inicialmente consistia somente em uma caixa craniana e era originalmente formada por cartilagem. Assim, a condição nos primeiros vertebrados eram exoesqueletos ósseos e um endoesqueleto cartilaginoso (Figura 2-7).

A estrutura básica dos dentes de gnatostomados é semelhante àquela dos **odontódios,** os componentes originais e semelhantes a dentes da armadura dérmica de vertebrados primitivos. Dentes são compostos por uma camada interna de dentina e por uma camada externa de esmalte ou enamelóide, em tomo de uma cavidade central, a polpa (Figura 2-6b). As escamas de tubarões (dentículos dérmicos) têm uma estrutura similar. Os dentes formam-se a partir de estruturas chamadas papilas dérmicas, e assim formam-se somente na pele, usual-

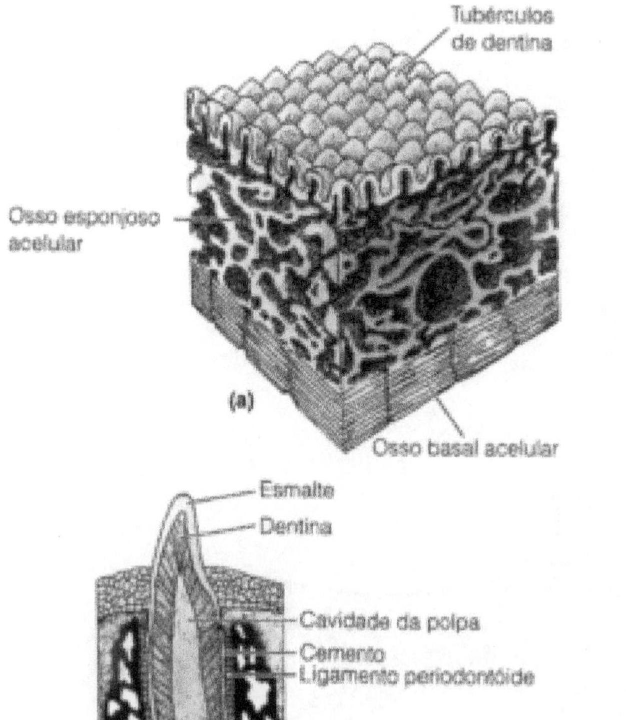

Figura 2-6 Organização de tecidos mineralizados de vertebrados, (a) Diagrama tridimensional de um osso dérmico de um vertebrado sem mandíbula extinto (ostracoderme heteróstraco). (b) Secção através de um dente em desenvolvimento (escamas de tubarão são similares).

mente sobre ossos dérmicos. Quando o dente está totalmente formado erupe através da linha da gengiva. Dentes de reposição podem começar a se desenvolver ao lado do dente principal mesmo antes de sua erupção.

O Sistema Esquelético-Muscular

O aspecto estrutural básico do endoesqueleto de cordados é a notocorda, atuando como um bastonete rígido ao longo do comprimento do corpo. Os vertebrados adicionaram a ela o crânio circundando o encéfalo e o esqueleto visceral (faríngeo) dos arcos branquiais e de seus derivados. Vertebrados mais recentes adicionaram o esqueleto axial (vértebras, costelas e suportes medianos das nadadeiras), e outros mais recentes adicionaram esqueleto apendicular (ossos dos membros esqueléticos e cinturas pélvica e escapular).

O Esqueleto Craniano e sua Musculatura O crânio é formado por três componentes básicos: o **condrocrânio** ao redor do encéfalo, o **esplancnocrânio** formando o suporte das brânquias, e o **dermatocrânio** formado na pele como uma cobertura externa, não visto nos vertebrados primitivos.

O condrocrânio e o esplancnocrânio são formados primariamente tecido da crista neural. Na condição primitiva são formados por cartilagem, mas em alguns peixes ósseos e tetrápodes eles são ossos endocondrais. O dermatocrânio é formado de ossos dérmicos e é cartilaginoso somente em uma condição secundária em alguns peixes, como nos esturjões. Figura 2-8 mostra um diagrama da estrutura e da evolução inicial do crânio vertebrado, e a Figura 2-9 ilustra alguns crânios de vertebrados em maiores detalhes.

Existem dois tipos de músculos estriados na cabeça dos vertebrados: músculos extrínsecos do olho e os músculos branquioméricos. Seis músculos em cada olho giram o globo ocular em todos os vertebrados exceto nas feiticeiras, nas quais sua ausência pode representar uma perda secundária. Como nos músculos estriados do corpo, esses músculos são enervados por nervos motores somáticos.

Os músculos branquioméricos são associados com o esplancnocrânio e são usados para sugar água para dentro da boca durante a alimentação e a respiração. Os músculos branquioméricos têm um tipo distinto de enervação. Músculos estriados são usualmente enervados por nervos motores, provenientes da parte ventral do cordão nervoso central ou cérebro, mas eles são enervados por nervos que saem dorsalmente do cérebro. A razão para esse padrão diferente não está clara, mas enfatiza a maneira pela qual a cabeça do vertebrado é única em sua estrutura em comparação com o desenvolvimento do resto do corpo.

O Esqueleto Axial e sua Musculatura A notocorda é a "coluna vertebral" original de todos os vertebrados, embora nunca seja verdadeiramente constituída de osso. Vértebras feitas de cartilagem ou ossos e originalmente envolve e depois substitui a notocorda não são encontrados na maioria dos vertebrados primitivos, e a estrutura das vértebras será estudada no Capítulo 3.

A notocorda é constituída por um cerne de grandes células intimamente apostas, distendidas por vacúolos preenchidos por líquido incompressível, que tornam a notocorda rígida. A notocorda é envolvida com uma complexa bainha fibrosa, o local para a inserção de músculos segmentares e de tecidos conjuntivos. Em todos os vertebrados, a notocorda termina na frente logo atrás da glândula pituitária e continua para trás até a extremidade da porção carnosa da cauda. A forma original da notocorda é perdida em tetrápodes adultos, mas porções permanecem como discos intervertebrais entre as vértebras.

Os músculos axiais são constituídos de miômeros que são complexamente dobrados em três dimensões cada uma estendendo-se rostral e caudalmente sobre vários segmentos do

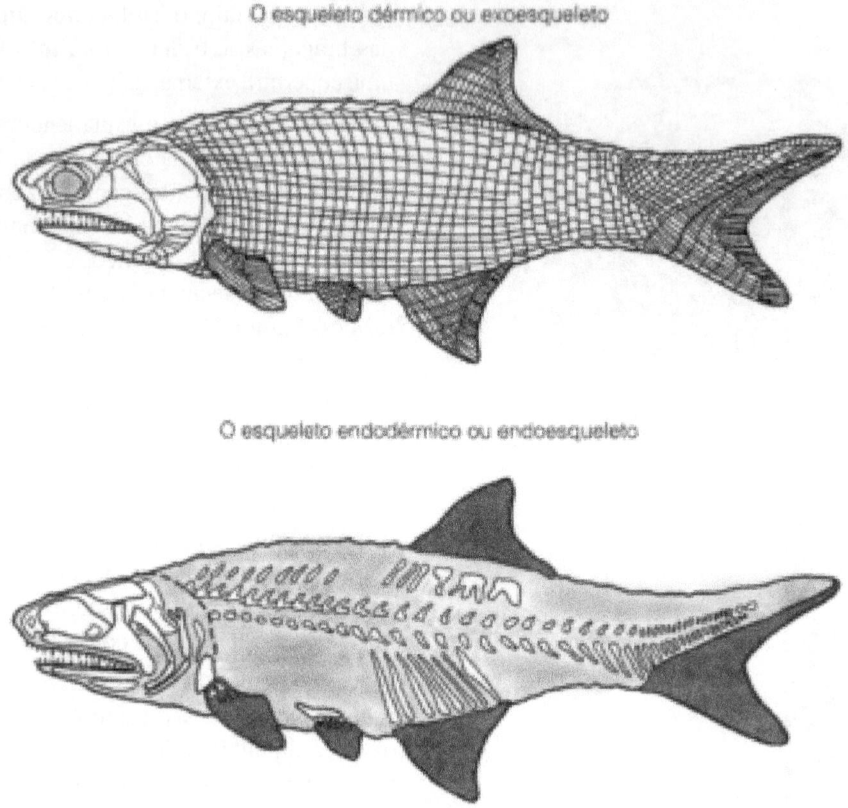

Figura 2-7 Esqueletos de vertebrados, contrastando o exoesqueleto ósseo original com o endoesqueleto cartilaginoso original (o animal figurado é um peixe ósseo primitivo extinto).

corpo (Figura 2-10). Blocos musculares sequenciais imbricam-se e produzem ondulação do corpo. No anfioxo, os miômeros têm uma forma simples em "V"; nos vertebrados, têm uma forma mais complexa, em "W". Os miômeros dos gnatostomados são divididos em porções epiaxiais e hipoaxiais, separadas por uma camada de tecido fibroso denominada septo horizontal.

Este padrão segmentar dos músculos axiais é claramente visível em peixes. É facilmente reconhecido em uma posta crua ou cozida de peixe, na qual as lascas de came separam-se em blocos em forma de ziguezague, sendo que cada bloco representa um miômero. Este padrão é similar ao padrão de tecidos em "Vs" imbricados, conhecido como espinha de peixe (talvez fosse melhor denominá-lo de músculo de peixe). Nos tetrápodes, o padrão é menos óbvio, mas o padrão segmentar em forma de **tábua ondulada** de lavar roupa pode ser observado no ventre de pessoas que praticam intensamente a musculação, nos quais cada crista da tábua de lavar representa um segmento do músculo *rectus abdominis.*

Figura 2-8 Diagrama da forma e evolução inicial do crânio dos vertebrados. A condição primitiva (a) tinha um condrocrânio formado de um par de cápsulas sensoriais, um par de cada parte do cérebro tripartido, com um suporte provido de um par de trabéculas craniais pareadas (isto pode representar o arco branquial do primeiro segmento, cranialmente) e os paracordais (flanqueando a notocorda, caudalmente). O esplancnocrânio era primitivamente feito de sete pares de arcos branquiais que davam suporte a seis aberturas branquiais, sem nenhuma especialização anterior. Na lampreia (b) o arco branquial mandibular (segundo segmento) tomou-se o véu e outras estruturas de suporte na cabeça, e o remanescente do esplancnocrânio forma uma cesta branquial complexa no exterior das brânquias (possivelmente em associação com o modo de ventilação das brânquias em marés). Acima do nível das lampreias, o condrocrânio e esplancnocrânio são rodeados com um dermatocrânio de ossos dérmicos, como visto nos ostracodermes (c). Nos gnatostomados (d, e) os arcos branquiais dos segmentos mandibulares (segundo) e hióideo (terceiro) da cabeça tornaram-se modificados para formar a mandíbula e seus suportes. O dermatocrânio é perdido nos peixes cartilaginosos (d), e nos peixes ósseos (e) em um padrão característico ainda visível em nós mesmos, incluindo um opérculo ósseo cobrindo as brânquias e auxiliando a ventilação.

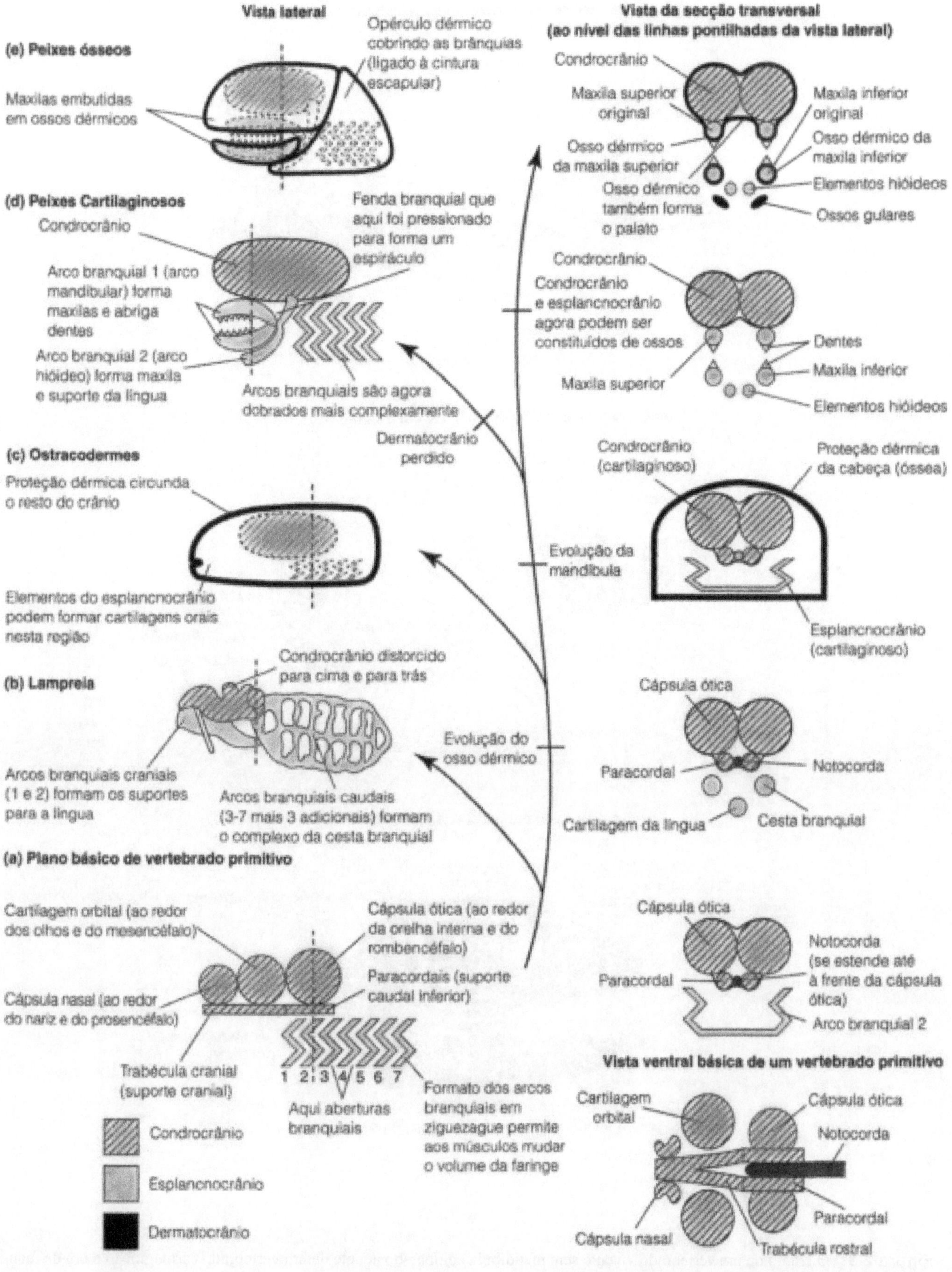

Vista lateral
Vista da secção transversal (ao nível das linhas pontilhadas da vista lateral)
(e) Peixes ósseos
Maxilas embutidas em ossos dérmicos
Opérculo dérmico cobrindo as brânquias (ligado à cintura escapular)
Condrocrânio
Maxila superior original
Maxila inferior original
Osso dérmico da maxila superior
Osso dérmico da maxila inferior
Osso dérmico também forma o palato
Elementos hióideos
Ossos gulares
(d) Peixes Cartilaginosos
Condrocrânio
Arco branquial 1 (arco mandibular) forma maxilas e abriga dentes
Arco branquial 2 (arco hióideo) forma maxila e suporte da língua
Fenda branquial que aqui foi pressionado para forma um espiráculo
Arcos branquiais são agora dobrados mais complexamente
Dermatocrânio perdido
Condrocrânio
Condrocrânio e esplancnocrânio agora podem ser constituídos de ossos
Maxila superior
Dentes
Maxila inferior
Elementos hióideos
(c) Ostracodermes
Proteção dérmica circunda o resto do crânio
Elementos do esplancnocrânio podem formar cartilagens orais nesta região
Evolução da mandíbula
Condrocrânio (cartilaginoso)
Proteção dérmica da cabeça (óssea)
Esplancnocrânio (cartilaginoso)
(b) Lampreia
Condrocrânio distorcido para cima e para trás
Arcos branquiais craniais (1 e 2) formam os suportes para a língua
Arcos branquiais caudais (3-7 mais 3 adicionais) formam o complexo da cesta branquial
Evolução do osso dérmico
Cápsula ótica
Paracordal
Notocorda
Cartilagem da língua
Cesta branquial
(a) Plano básico de vertebrado primitivo
Cartilagem orbital (ao redor dos olhos e do mesencéfalo)
Cápsula ótica (ao redor da orelha interna e do rombencéfalo)
Paracordais (suporte caudal inferior)
Cápsula nasal (ao redor do nariz e do prosencéfalo)
Trabécula cranial (suporte cranial)
1 2 3 4 5 6 7
Aqui aberturas branquiais
Formato dos arcos branquiais em ziguezague permite aos músculos mudar o volume da faringe
Cápsula ótica
Paracordal
Notocorda (se estende até à frente da cápsula ótica)
Arco branquial 2
Vista ventral básica de um vertebrado primitivo
Cartilagem orbital
Cápsula ótica
Notocorda
Paracordal
Cápsula nasal
Trabécula rostral
Condrocrânio
Esplancnocrânio
Dermatocrânio

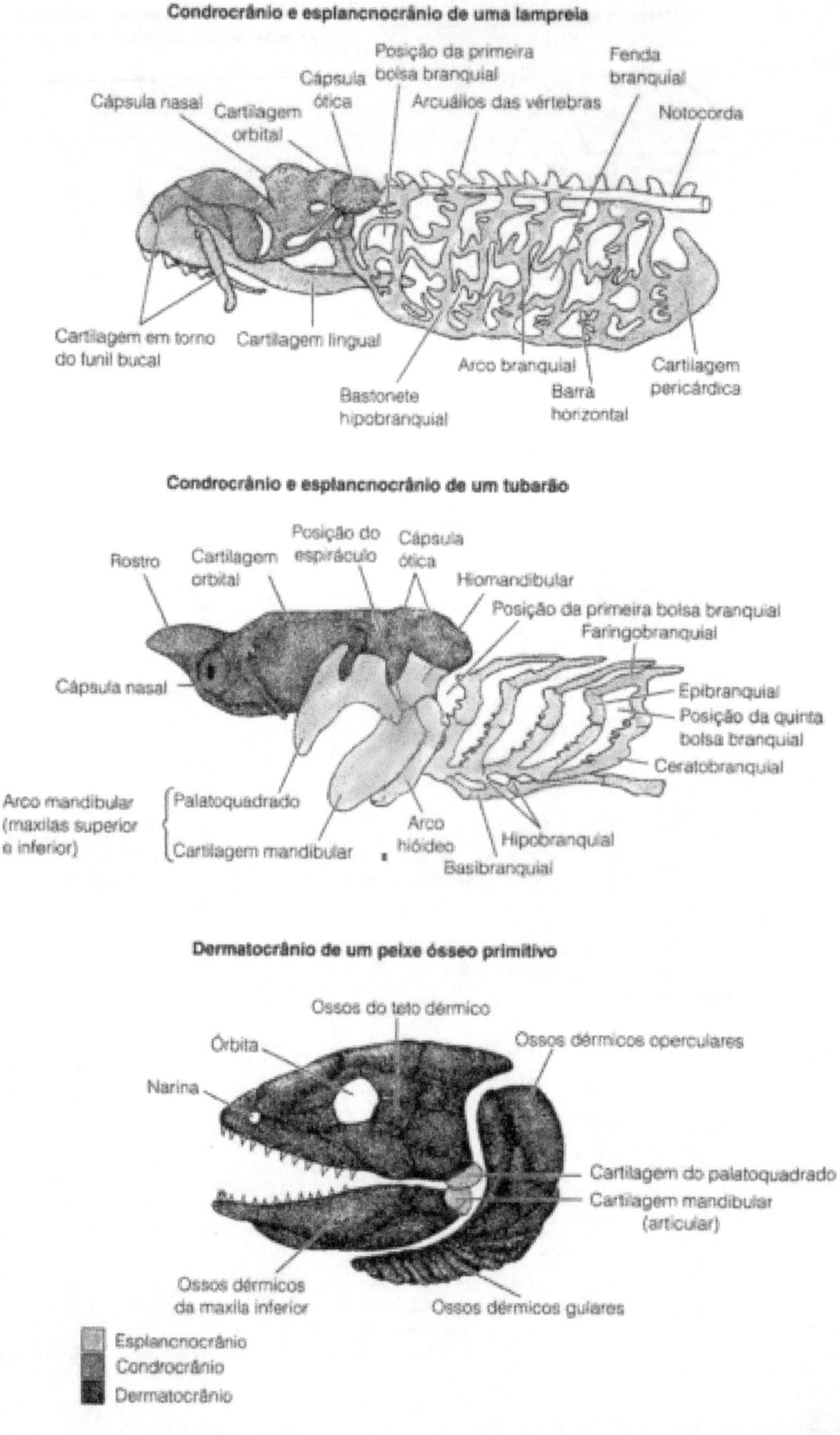

Figura 2-9 O crânio de um vertebrado vivente sem mandíbula comparado àquele de um vertebrado cartilaginoso e um de mandíbula óssea.

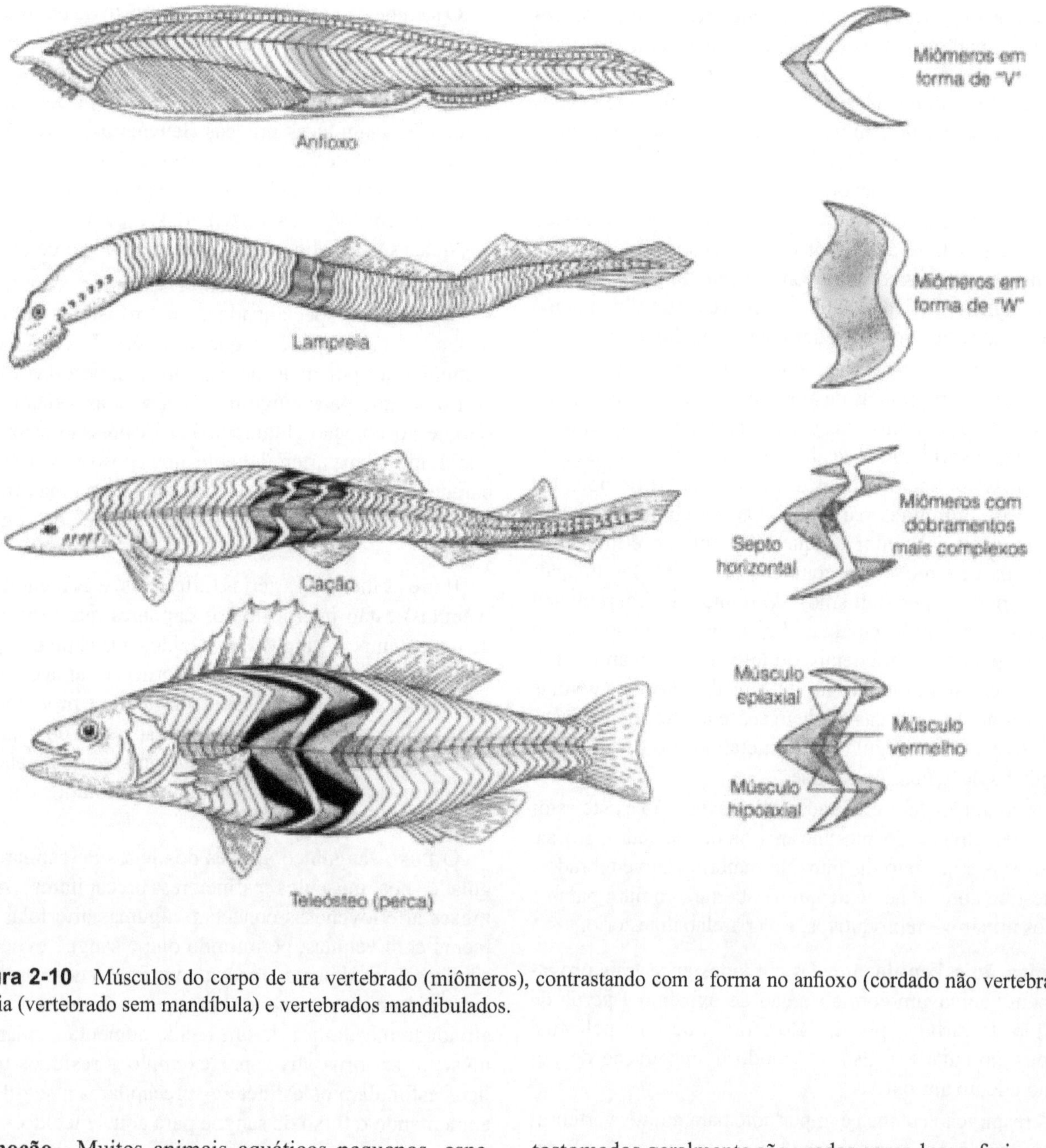

Figura 2-10 Músculos do corpo de ura vertebrado (miômeros), contrastando com a forma no anfioxo (cordado não vertebrado), lampreia (vertebrado sem mandíbula) e vertebrados mandibulados.

Locomoção Muitos animais aquáticos pequenos, especialmente formas larvais, locomovem-se por meio de cílios (projeções pequenas da superfície da célula) que batem contra a água. No entanto, a propulsão ciliar funciona somente com tamanho do corpo muito pequeno. Cordados maiores usam a contração ciliada de músculos segmentares no tronco e cauda para locomoção, possivelmente tendo aparecido inicialmente, como respostas reflexas em larvas. A notocorda firma o corpo e ele dobra lateralmente com a contração dos músculos. Sem a notocorda, a contração destes músculos resultaria apenas no encurtamento do corpo e não em propulsão.

A maioria dos peixes ainda usa este tipo básico de locomoção atualmente. As nadadeiras pares dos peixes gnatostomados geralmente são usadas como leme, freio e para promover elevação, mas não para propulsão, exceto em alguns peixes especializados como raias, que têm nadadeiras peitorais semelhantes a asas.

Aquisição de Energia e Manutenção do Metabolismo

A energia alimentar retirada do ambiente precisa ser processada pelo aparelho digestório para liberar energia e nutrientes que, depois, devem ser transportados aos tecidos. O oxigênio é necessário para o processo de liberação de energia e as funções das superfícies de trocas gasosas e o sistema circulatório estão intimamente entrelaçados com aquelas do aparelho digestório.

Alimentação e Digestão A alimentação inclui a apreensão do alimento para o interior da câmara oral (isto é, a boca), algum processamento oral ou faríngeo (isto é, mastigação no sentido mais amplo – embora atualmente apenas os mamíferos mastiguem verdadeiramente o seu alimento), e deglutição. A digestão inclui a quebra dos compostos complexos em moléculas menores que são absorvidas através da parede do intestino. Tanto a alimentação como a digestão são processos divididos em duas partes; cada um deles tem um componente físico e um componente químico, embora os componentes físicos dominem o processo de alimentação e os componentes químicos dominem o da digestão.

Os ancestrais dos vertebrados provavelmente filtravam pequenas partículas de alimento da água, como ainda é realizado pelo anfioxo e pelas larvas das lampreias. A maioria dos vertebrados se alimenta de partículas grandes; ingerem seu alimento aos pedaços em forma de bocados em vez de diminutas partículas. Os vertebrados têm um volume intestinal maior do que o do anfioxo e músculos intestinais que movem a comida por contrações musculares rítmicas (peristaltismo). Vertebrados digerem seu alimento secretando enzimas digestivas produzidas pelo fígado e pâncreas para dentro do intestino, enquanto o anfioxo digere seu alimento no interior das próprias células do intestino. O pâncreas também secreta o hormônio insulina, envolvido na regulação do metabolismo da glicose e dos níveis de açúcar do sangue.

Na condição dos vertebrados primitivos, não existe estômago, nem divisão do intestino em porções delgada e grossa, e nem existe um reto distinto. Na maioria dos vertebrados, o intestino abre-se na **cloaca,** uma abertura comum para os órgãos urinário e reprodutivos, e o aparelho digestório.

Respiração e Ventilação Os cordados ancestrais provavelmente contavam com absorção de oxigênio e perda de dióxido de carbono por difusão através de uma pele fina (respiração cutânea). Este é o modo de respiração do pequeno e lento anfioxo.

A respiração cutânea é importante para muitos vertebrados (p. ex., anfíbios modernos), mas a combinação do tamanho do corpo grande e altos níveis de atividades fazem com que estruturas especializadas em trocas de gases sejam essenciais para a maioria dos vertebrados. Brânquias são efetivas na água, enquanto que pulmões trabalham melhor no ar (veja os Capítulos 4 e 11). Tanto brânquias como pulmões possuem grandes áreas superficiais que permitem que o oxigênio se difunda do ambiente circundante (água ou ar) para o sangue.

Sistema Cardiovascular O sangue transporta oxigênio e nutrientes pelos vasos até as células do corpo, remove dióxido de carbono e outros resíduos metabólicos e estabiliza o meio interno. O sangue também transporta hormônios de seu local de produção para os tecidos alvo.

O sangue é um tecido fluido composto de um **plasma** líquido e de constituintes celulares conhecidos como células sanguíneas vermelhas **(eritrócitos)** que contêm **hemoglobina,** a proteína rica em ferro, e diversos tipos diferentes de células sanguíneas brancas **(leucócitos),** envolvidas no sistema imune de defesa do corpo. Células especializadas para promover a coagulação do sangue (trombócitos) estão presentes em todos os vertebrados exceto nos mamíferos nos quais são substituídas por **plaquetas** não-celulares.

O sangue dos vertebrados está contido no interior de vasos e órgãos especializados, em um sistema circulatório fechado; isto é, aquele no qual as artérias e veias estão em comunicação por meio de capilares. As artérias transportam o sangue para longe do coração e as veias retomam sangue ao coração (Figura 2-11). A pressão sanguínea é maior no sistema arterial do que no venoso e as artérias têm paredes mais espessas do que as veias, com uma camada de músculos lisos e uma camada externa de tecido conjuntivo fibroso.

Entre as menores artérias (arteríolas) e as menores veias (vênulas) estão interpostos os capilares que são os locais de trocas entre o sangue e os tecidos. Os capilares passam perto de todas as células vivas e fornecem uma enorme superfície para as trocas de gases, nutrientes e produtos de excreção. Suas paredes têm apenas a espessura de uma célula. Os capilares formam densos leitos em tecidos metabolicamente ativos e estão esparsamente distribuídos em tecidos com baixa atividade metabólica.

O fluxo sanguíneo através dos leitos de capilares é regulado por músculos esfíncteres precapilares. **Anastomoses** arteriovenosas conectam algumas arteríolas diretamente com vênulas, permitindo que o sangue evite o leito capilar. Normalmente, apenas uma fração dos capilares de um tecido contém sangue fluindo através deles. Quando a atividade metabólica de um tecido aumenta – quando um músculo se torna ativo, por exemplo – resíduos metabólicos estimulam os esfíncteres precapilares a se dilatarem, aumentando o fluxo de sangue para aquele tecido.

Veias porta situam-se entre dois leitos capilares. A **veia porta hepática,** presente em todos os vertebrados, situa-se entre os leitos capilares do intestino e do fígado (Figura 2-11). Substâncias absorvidas do intestino são diretamente transportadas para o fígado, onde as toxinas são tornadas inofensivas e alguns nutrientes são processados ou removidos para armazenagem. A maioria dos vertebrados também apresenta uma **veia porta renal** entre os rins e as veias que retornam da parte caudal do tronco e da cauda (Figura 2-11). O sistema porta renal não é bem desenvolvido em vertebrados agnatos e foi perdido em mamíferos. O sistema porta renal presumivelmente leva os metabólitos que são produzidos nos músculos axiais usados na locomoção, ao fígado, onde são processados.

O coração dos vertebrados é um tubo muscular dobrado sobre si mesmo e, primitivamente, dividido em três câmaras sequenciais: o **seio venoso**, o **átrio** e o **ventrículo**. O nosso assim chamado coração com quatro câmaras representa a combinação de um átrio e um ventrículo, ambos divididos em duas metades (esquerda e direita).

O seio venoso é um saco de paredes finas, com poucas fibras musculares cardíacas. Ele é preenchido por pressão das veias, juntamente com reduções de pressão pulsáteis na cavidade pericárdica quando o coração bate. A sucção produzida por contração muscular impulsiona o sangue para frente, para o interior do átrio que possui válvulas em cada extremidade e que impedem o retorno do sangue. O ventrículo tem paredes espessas e as paredes musculares possuem um ritmo pulsátil intrínseco, que pode ser acelerado ou diminuído pelo sistema nervoso autônomo. A contração do ventrículo força o sangue para o interior da aorta ventral. Os mamíferos não têm mais uma estrutura distinta identificável como seio venoso; ao invés disso está incorporado na parede do átrio direito como um nódulo sinatrial que controla o pulso básico da batida do coração.

O plano circulatório básico dos vertebrados consiste de um coração que bombeia sangue para a única **aorta ventral** mediana. Conjuntos pares de arcos aórticos (um de cada par suprindo cada lado da cabeça originalmente em número de 6) ramificam-se da aorta ventral (Figura 2-12). Na circulação original dos vertebrados, retida nos peixes, os arcos aórticos dirigem-se às brânquias onde o sangue é oxigenado e retorna pela aorta dorsal. A **aorta dorsal** é pareada acima das brânquias, as porções rostrais dirigem-se para frente, para a cabeça como as **artérias carótidas.** Atrás da região branquial, os dois vasos unem-se em uma única aorta dorsal que transporta sangue para a parte caudal do corpo.

A aorta dorsal é ladeada por **veias cardinais** pares que retornam o sangue ao coração (Figura 2-11). Veias cardinais rostrais (as veias jugulares) drenando a cabeça e veias cardinais caudais drenando o corpo unem-se formando uma veia cardinal comum que se abre no átrio do coração. O sangue também retorna separadamente do intestino e do fígado ao coração via sistema porta hepático.

Sistemas Excretor e Reprodutor Os sistemas excretor e reprodutor são derivados do nefrótomo ou mesoderma intermediário, que forma a crista néfrica embrionária (Figura 2-13). Os rins são segmentares em estrutura enquanto as gônadas (os órgãos que produzem **gâmetas** [células sexuais] – **ovários** em fêmeas e **testículos** nos machos) não são segmentadas. O ducto arquinéfrico drena a urina do rim para a cloaca e dali para o mundo externo. Em gnatostomados esse ducto também é usado para a liberação do esperma pelos testículos.

Os rins eliminam produtos residuais, primariamente substâncias nitrogenadas do metabolismo das proteínas e regulam a água e os minerais do corpo – especialmente sódio,

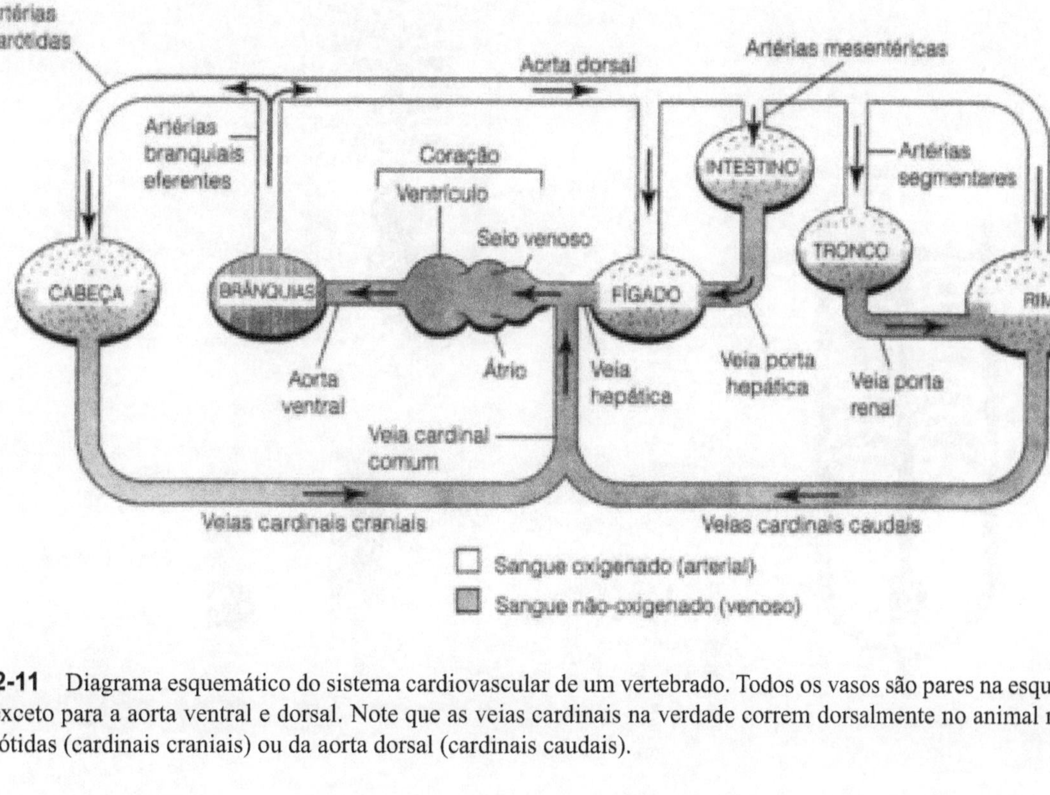

Figura 2-11 Diagrama esquemático do sistema cardiovascular de um vertebrado. Todos os vasos são pares na esquerda e na direita do corpo, exceto para a aorta ventral e dorsal. Note que as veias cardinais na verdade correm dorsalmente no animal real, ao lado das artérias carótidas (cardinais craniais) ou da aorta dorsal (cardinais caudais).

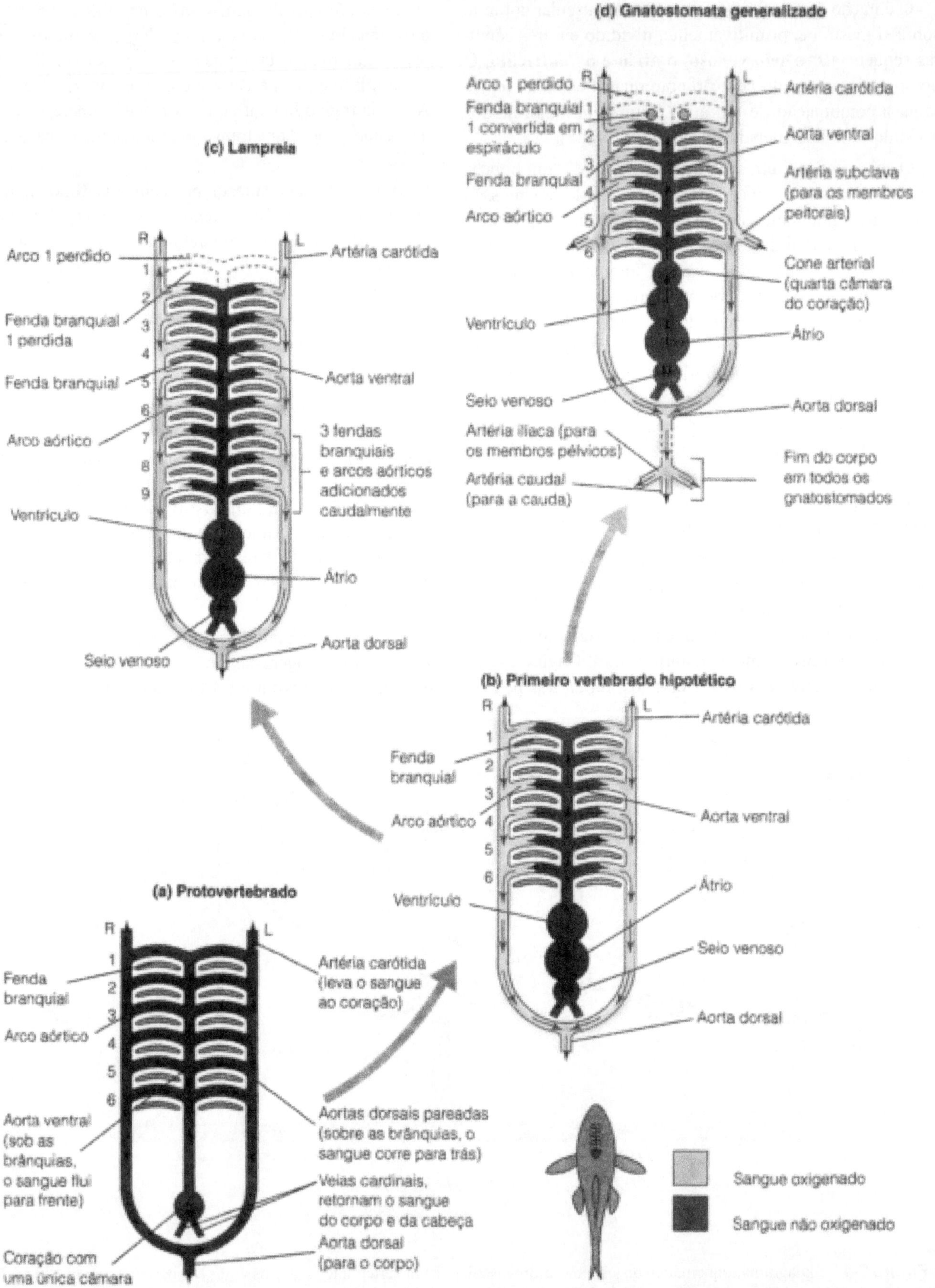
(d) Gnatostomata generalizado
Arco 1 perdido
Fenda branquial 1
1 convertida em
espiráculo
Fenda branquial
Arco aórtico
Artéria carótida
Aorta ventral
Artéria subclava
(para os membros
peitorais)
Cone arterial
(quarta câmara
do coração)
Ventrículo
Átrio
Seio venoso
Aorta dorsal
Artéria ilíaca (para
os membros pélvicos)
Artéria caudal
(para a cauda)
Fim do corpo
em todos os
gnatostomados
(c) Lampreia
Arco 1 perdido
Artéria carótida
Fenda branquial
1 perdida
Fenda branquial
Aorta ventral
Arco aórtico
3 fendas
branquiais
e arcos aórticos
adicionados
caudalmente
Ventrículo
Átrio
Seio venoso
Aorta dorsal
(b) Primeiro vertebrado hipotético
Artéria carótida
Fenda
branquial
Arco aórtico
Aorta ventral
Átrio
Ventrículo
Seio venoso
Aorta dorsal
(a) Protovertebrado
Fenda
branquial
Arco aórtico
Artéria carótida
(leva o sangue
ao coração)
Aorta ventral
(sob as
brânquias,
o sangue flui
para frente)
Aortas dorsais pareadas
(sobre as brânquias, o
sangue corre para trás)
Veias cardinais,
retornam o sangue
do corpo e da cabeça
Aorta dorsal
(para o corpo)
Coração com
uma única câmara
Sangue oxigenado
Sangue não oxigenado

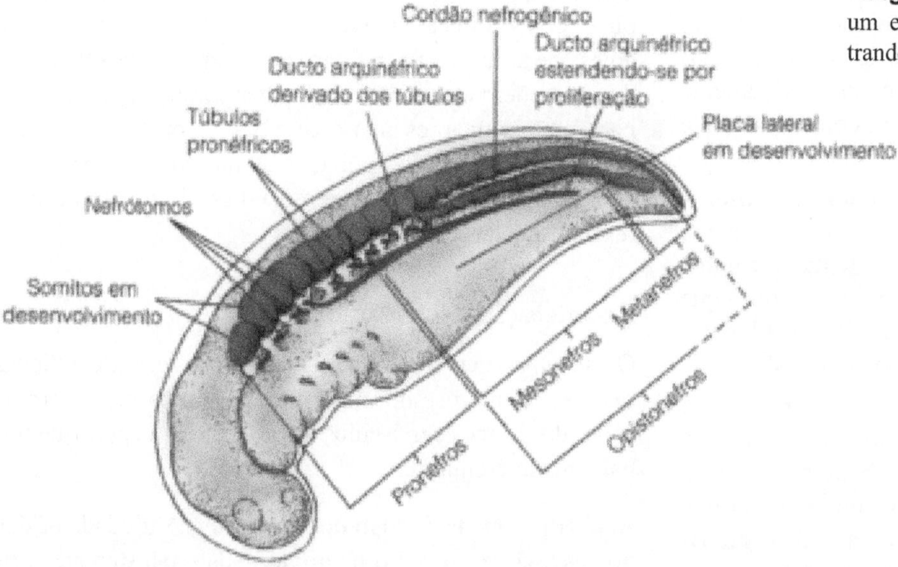

Figura 2-13 Desenvolvimento do rim em um embrião generalizado de vertebrado, mostrando as regiões nefrotômicas.

cloreto, cálcio, magnésio, potássio, bicarbonato e fosfato. Nos tetrápodes, os rins são responsáveis por quase todas essas funções, mas em peixes e anfíbios, a pele e as brânquias desempenham papéis importantes (veja Capítulo **4**). O papel original dos rins dos vertebrados pode ter sido primariamente a regulação de íons bivalentes tais como cálcio e fosfato.

Nos peixes, o rim é uma longa estrutura segmentar que se estende ao longo de todo o comprimento da parede dorsal do corpo. Em todos os embriões de vertebrados os rins são compostos de três porções: pronefros, mesonefros e metanefros (Figura 2-13). O pronefro é funcional somente nos embriões de vertebrados viventes, possivelmente também nas feiticeiras adultas. O rim dos peixes e anfíbios adultos inclui as porções mesonéfrica e metanéfrica e é conhecido como um **rim opistonéfrico**. O rim compacto com formato de feijão é visto em amniotas adultos (o **rim metanéfrico**) inclui apenas o metanefros, drenado por um novo tubo, o **ureter**, derivado da porção basal do ducto arquinéfrico.

A unidade básica dos rins são estruturas microscópicas chamadas **néfrons** (veja Capítulos 4 e 11). Os rins dos vertebrados trabalham por ultrafiltração: a alta pressão sanguínea força água, íons e pequenas moléculas através de minúsculas aberturas nas paredes capilares. Cordados não vertebrados não possuem rins verdadeiros. O anfioxo apresenta células excretoras chamadas solenócitos associadas com os vasos sanguíneos faríngeos e abrem-se individualmente na falsa cavidade do corpo (o átrio). Finalmente, o efluente é liberado para o exterior via atrióporo. Os solenócitos, dos anfioxos, podem ser homólogos aos podócitos do néfron dos vertebrados, que são as células que formam a parede da cápsula renal, e esta é uma das razões para considerar o anfioxo o grupo irmão dos vertebrados.

Reprodução é o meio pelo qual gâmetas (ovos e espermas) são produzidos, liberados e combinados com gâmetas de um membro do sexo oposto para produzir um zigoto fertilizado. Geralmente os vertebrados têm dois sexos e a reprodução sexuada é a norma – embora espécies unissexuadas ocorram em peixes, anfíbios e lagartos.

As gônadas são pares e usualmente situam-se na parede caudal do corpo, por trás do peritôneo (no teto da cavidade do corpo); é somente entre os mamíferos que os testículos são encontrados fora do corpo, no interior de um escroto. Os ovários contêm grandes células sexuais primárias chamadas **folículos**. À medida que amadurecem, a camada de células foliculares torna-se maior, nutrindo o óvulo em desenvolvimento, estimulando a formação de vitelo no ovócito e produzindo o hormônio **estrógeno**. Quando os óvulos

Figura 2-12 Vista diagramática da forma e da evolução inicial do coração e dos arcos aórticos dos vertebrados. Na condição mais primitiva de um vertebrado verdadeiro (b) havia provavelmente 6 pares de arcos aórticos como são vistos nos embriões de todos os vertebrados vivos, embora o arco 1 nunca seja visto nos adultos. Estes arcos eram estruturas de alimentação, não usadas para respiração. Nas lampreias (c) arcos aórticos adicionais foram somados caudalmente para acomodar aberturas branquiais extras. Nos gnatostomados (d) as artérias subclava e ilíaca são adicionadas ao sistema circulatório principal, que suprem os membros peitorais e pélvicos respectivamente. Uma quarta câmara também é adicionada ao coração, o *conus arteriosus,* que amortece o componente pulsátil do fluxo de sangue.

amadurecem, os folículos se rompem liberando os óvulos completos (**ovulação**). A produção de óvulos pelo ovário pode ser quase contínua (como na espécie humana), sazonal (na vasta maioria dos vertebrados) ou ocorrer somente uma vez durante a vida em alguns peixes, como a enguia e em alguns mamíferos.

Os testículos são compostos por **túbulos seminíferos** interconectados onde os espermatozóides se desenvolvem. Nestes túbulos, os espermatozóides são sustentados e nutridos por células – as células de suporte ou de Sertoli – que ficam permanentemente presas às paredes dos túbulos. Os testículos também produzem o hormônio **testosterona**.

Na condição dos vertebrados primitivos, retida em agnatos viventes, não há tubo ou ducto especial para a passagem dos gâmetas. Ao contrário, o esperma ou ovos movem-se através do celoma para poros que se abrem na base dos ductos arquinéfricos. Entretanto, nos gnatostomados, os gâmetas sempre são transportados até a cloaca via duetos especializados (pares, um para cada gônada). Nos machos, os espermatozóides são liberados diretamente para um ducto que, usualmente, é formado a partir do ducto arquinéfrico que drenava originalmente o rim, em não amniotas e embriões de amniotas. Nas fêmeas, os óvulos ainda são liberados para o celoma, mas depois são transportados via uma nova estrutura, o **oviduto**. Os ovidutos produzem substâncias associadas com o ovo, tais como a gema ou a casca. Os ovidutos podem se alargar e fundir de várias maneiras para formar um útero ou úteros pares nos quais os ovos são armazenados ou os jovens se desenvolvem.

Os vertebrados podem depositar ovos que se desenvolvem fora do corpo ou reter os ovos no interior do corpo da mãe até que o desenvolvimento embrionário esteja completo. Ovos com casca precisam ser fertilizados no oviduto antes que a casca e a albumina sejam depositadas. Vertebrados que põem ovos com casca e vertebrados que são vivíparos precisam apresentar algum tipo de órgão intromitente – como os clásperes pélvicos de tubarões e o pênis dos amniotas – pelo qual o esperma é inserido dentro do trato reprodutivo da fêmea.

Coordenação e Integração

Os sistemas nervoso e endócrino respondem a condições externas e internas de um animal, e juntos controlam as ações dos órgãos e músculos, coordenando-os para que trabalhem em conjunto.

Aspectos Gerais do Sistema Nervoso A unidade básica do sistema nervoso é o neurônio. Nos gnatostomados, os axônios dos neurônios são encerrados por uma capa gordurosa isolante, a **bainha de mielina**, que aumenta a velocidade de condução do impulso nervoso. Geralmente, as extensões dos neurônios, chamadas **axônios**, estão reunidas como os arames de um cabo (Figura 2-14). Tais reuniões de axônios no sistema nervoso periférico (SNP; isto é, no corpo) são denominadas nervos; no interior do sistema nervoso central (SNC; isto é, no interior do encéfalo e da medula espinhal) são chamados tratos. Um grupo de corpos celulares (a porção da célula nervosa que contém o núcleo) é conhecido como **gânglio** no SNP e um **núcleo** no SNC. Os neurônios comunicam-se com outros neurônios através de processos chamados **dendritos**.

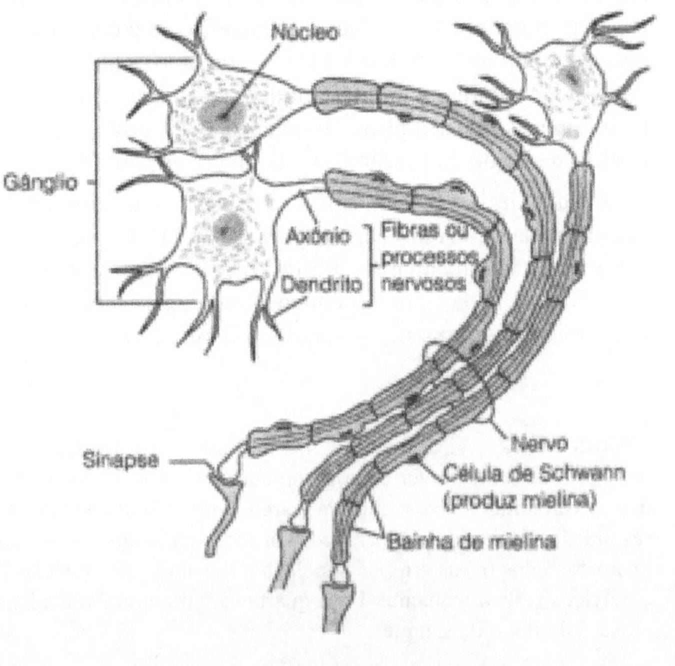

➢Figura 2-14 Neurônios generalizados de vertebrados.

A medula espinhal (medula neural) é composta por um tubo oco contendo corpos celulares (massa cinzenta) do lado interno e axônios revestidos com bainhas de mielina (massa branca) do lado de fora. Os nervos do SNP são arranjados segmentalmente, saindo da medula espinhal entre as vértebras. A medula neural recebe impulsos sensoriais, integra-os com outras porções do SNC e envia impulsos que fazem com que músculos se contraiam. A medula espinhal tem uma considerável autonomia em muitos vertebrados. Mesmo tais movimentos tão complexos como os da natação são controlados por ela e não pelo encéfalo. Os peixes continuam a apresentar movimentos natatórios coordenados pela medula neural quando o encéfalo está injuriado. A conhecida reação do reflexo patelar é produzida pela medula neural como um arco reflexo. Da mesma maneira, um reflexo espinhal faz com que você afaste a mão de uma superfície quente antes que os sinais de dor alcancem o seu encéfalo. A tendência na evolução dos vertebrados tem sido a de desenvolver conexões mais complexas no interior da medula neural e entre ela e o encéfalo.

Os vertebrados são únicos entre os animais em ter um tipo duplo de sistema nervoso: o **sistema nervoso somático** (o tão conhecido sistema nervoso voluntário) e o **sistema nervoso visceral** (o tão conhecido sistema nervoso involuntário). Esse sistema nervoso duplo mimetiza o tipo duplo de desenvolvimento da mesoderme. O sistema nervoso somático enerva as estruturas derivadas da porção segmentada (os somitos). Isto inclui os músculos estriados que movemos conscientemente (p. ex., os músculos dos membros), e recebe informação de sensações que estamos usualmente recebendo (p. ex., de receptores de temperatura e dor na pele). O sistema nervoso visceral, os músculos cardíacos e lisos que usualmente não movemos conscientemente (p. ex., os músculos do intestino e coração) e recebem informações das sensações que nós não estamos usualmente conscientes, tais como receptores que monitoram os níveis de dióxido de carbono no sangue.

Cada complexo de nervos espinhais é formado por quatro tipos de fibras: fibras motoras somáticas para o corpo; fibras sensoriais somáticas da parede do corpo; fibras motoras viscerais para os músculos e glândulas do trato digestório e para os vasos sanguíneos; e fibras sensoriais viscerais da parede do trato digestório e dos vasos sanguíneos. A porção motora do sistema nervoso visceral é conhecida como **sistema nervoso autônomo**. Em vertebrados mais derivados como em mamíferos esse sistema divide-se em duas porções: o sistema nervoso simpático (usualmente agindo para acelerar coisas) e o sistema nervoso parassimpático (usualmente agindo para desacelerar coisas).

Os vertebrados também têm nervos que saem diretamente do encéfalo, chamados de **nervos cranianos** (10 pares na condição dos vertebrados primitivos, 12 nos amniotas), que os cientistas designam por algarismos romanos. Alguns destes nervos, tais como os que suprem o nariz (o nervo olfatório, **I**) ou os olhos (o nervo óptico, **II**), não são nervos verdadeiros, mas evaginações do encéfalo. Fibras motoras somáticas nos nervos cranianos inervam os músculos branquioméricos que servem as maxilas e os arcos branquiais, e também os músculos que movimentam o globo ocular. Também existe um sistema de fibras sensoriais viscerais que levam informação das papilas gustativas para o cérebro. Não percebemos a maioria das sensações sensoriais viscerais, mas o paladar é obviamente um fenômeno consciente. Os nervos sensoriais especiais que suprem a linha lateral em peixes também podem ser nervos cranianos.

O **nervo vago** (nervo craniano X) ramifica-se por todas as partes do tronco, exceto para a parte mais caudal, levando o suprimento do nervo motor visceral para vários órgãos. Pessoas que fraturam seu pescoço podem ficar paralisadas abaixo do pescoço (isto é, perdem a função de seus músculos esqueléticos), mas ainda podem reter suas funções viscerais (do trato digestório, coração etc.) porque o nervo vago é independente da medula espinhal e emerge acima do local da frarura.

Anatomia e Evolução do Encéfalo O encéfalo de todos os vertebrados é uma estrutura tripartida (Figura 2-15). Na condição mais simples, o prosencéfalo está associado com o olfato, o mesencéfalo com a visão e o rombencéfalo com o equilíbrio e a detecção de vibrações (audição no senso amplo). Estas porções do encéfalo estão associadas, respectivamente, com as cápsulas nasal, ópticas e óticas do condrocrânio (veja a Figura 2-8).

O rombencéfalo tem duas partes. A mais caudal, o **mielencéfalo** ou medula oblonga, controla funções, tais como, a respiração e atua como uma estação de relés para células receptoras do ouvido interno. A porção rostral do rombencéfalo, o **metencéfalo**, desenvolve um importante crescimento dorsal, o **cerebelo** – presente como estrutura distinta somente nos gnatostomados entre os vertebrados viventes. O cerebelo coordena e regula atividades motoras, sejam estas reflexas como a manutenção da postura, ou diretas como os movimentos de fuga. O mesencéfalo desenvolve-se em conjunto com os olhos e recebe impulsos do nervo óptico, embora nos mamíferos o prosencéfalo tenha assumido grande parte desta tarefa da visão.

O prosencéfalo tem duas partes. A região caudal é o **diencéfalo** que atua como uma importante estação de relés entre áreas sensoriais e centros mais elevados do encéfalo. A **glândula pituitária**, um importante órgão endócrino, é uma evaginação ventral do diencéfalo. O assoalho do diencéfalo (o **hipotálamo)** e a glândula pituitária constituem o centro primário para a coordenação e integração neuro-hormonal. Outra glândula endócrina, o **órgão pineal**, é uma evaginação dorsal do diencéfalo. Sua função original era a de um fotorreceptor mediano. Muitos tetrápodes primitivos tinham uma

➢Figura 2-15 O encéfalo dos vertebrados.

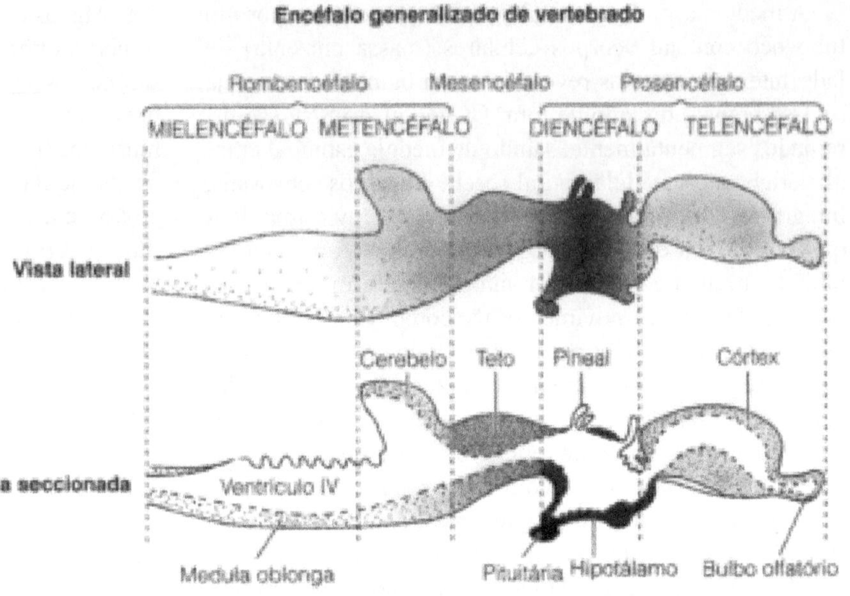

abertura no crânio, sobre a pineal, para admitir luz e esta condição ainda é vista hoje em dia em alguns lepidossauros (tuatara e alguns lagartos).

A região mais rostral do prosencéfalo adulto, o **telencéfalo**, desenvolve-se em associação com as cápsulas olfatórias e coordena a entrada de impulsos de outras modalidades sensoriais. Em diferentes grupos de vertebrados, o telencéfalo torna-se maior de várias maneiras – na condição na qual também é conhecido como **cérebro** ou hemisférios cerebrais. Os tetrápodes desenvolvem uma área chamada **neocórtex** ou neopálio: nos mamíferos, esta região torna-se o local primário de integração sensorial e controle nervoso. Em um ramo diferente da linhagem evolutiva dos vertebrados, nos peixes ósseos também evoluiu um telencéfalo maior e mais complexo – no entanto, por um mecanismo completamente diferente (veja Capítulo 6). Tubarões e, talvez surpreendentemente, as feiticeiras também desenvolveram independentemente prosencéfalos relativamente grandes, embora um cérebro grande seja primariamente uma característica de tetrápodes.

Os Órgãos dos Sentidos Pensamos que os vertebrados têm cinco sentidos – paladar, tato, visão, olfato e audição – mas essa lista não reflete a condição primitiva nem todos os sentidos dos vertebrados viventes. Órgãos sensoriais multicelulares complexos, formados a partir de placodes epidérmicos e sintonizados com os mundos sensoriais da espécie que os possui, é um caráter derivado de vertebrados. Água e ar têm propriedades físicas diferentes, e os sistemas sensoriais de vertebrados aquáticos e terrestres são correspondentemente diferentes (veja Capítulos 4 e 8).

Os sentidos do olfato e do paladar implicam, ambos, na detecção de moléculas dissolvidas por receptores especializados. Pensamos que estes dois sentidos estão intimamente interligados; por exemplo, nosso sentido do paladar é mais fraco quando nosso sentido do olfato está bloqueado por um resfriado. No entanto, os dois sentidos são, em verdade, muito diferentes em suas inervações. O olfato é um sentido sensorial somático – percebendo itens à distância, sendo as sensações projetadas para o prosencéfalo. O paladar é um sistema sensorial visceral – percebendo itens ao contato direto e as sensações são inicialmente projetadas para o rombencéfalo.

O campo receptor do olho dos vertebrados está disposto em uma camada hemisférica, a **retina**, que se origina como uma evaginação do encéfalo. A retina contém dois tipos de células sensíveis à luz, **cones** e **bastonetes**, que se distinguem entre si pela morfologia, fotoquímica e conexões neurais.

A capacidade de perceber impulsos elétricos gerados pelos músculos de outros organismos também é uma forma de recepção à distância, mas também estranha para a maioria dos animais terrestres. A **eletrorrecepção** provavelmente foi um aspecto importante dos vertebrados primitivos e, hoje em dia, ocorre primariamente em peixes. Relacionada com a eletrorrecepção está a capacidade de muitos peixes atuais produzirem descargas elétricas para comunicação com outros indivíduos ou para proteção de predadores (veja o Capítulo 4).

Originalmente, a orelha interna detectava a posição de um animal no espaço e retém esta função até hoje tanto em vertebrados aquáticos como terrestres. A orelha interna também é usada para ouvir (recepção de ondas sonoras) em tetrápodes e em alguns peixes derivados (veja o Capítulo 6). As células sensoriais básicas da orelha interna são as **células ciliadas**, mecanorreceptores que detectam o movimento de um fluido, resultante de uma mudança de posição ou do impacto de ondas sonoras. No sistema da linha lateral de **peixes** e anfíbios aquáticos, as **células ciliadas** agregam-se formando **órgãos neuromastes** que detectam o movimento da água em torno do corpo (veja o Capítulo 4).

A orelha interna contém o **aparelho vestibular** (também conhecido como **labirinto membranoso**) que inclui os órgãos de equilíbrio e, somente nos tetrápodes, a **cóclea** (o órgão auditivo). O aparelho vestibular está encerrado no intenor da cápsula ótica do crânio e compreende uma série de sacos e túbulos contendo um fluido, chamado endolinfa. Ondas sonoras são transmitidas para a orelha interna, onde criam ondas de compressão que passam através da endolinfa. Estas ondas estimulam as células vestibulares sensoriais que são variantes das células ciliadas básicas.

As partes inferiores do aparelho vestibular, o sáculo e o utrículo, abrigam órgãos sensoriais chamados máculas que contém diminutos cristais de carbonato de cálcio apoiados sobre as células ciliadas. As sensações das máculas contam ao animal o que está em cima e detectam aceleração linear. A parte dorsal do aparelho vestibular contém os **canais semicirculares**. Áreas sensoriais nas ampolas destes canais detectam aceleração angular por meio de suas cristas, células ciliadas envoltas em uma substância gelatinosa, pelo monitoramento do deslocamento da endolinfa durante o movirmento. Muitos peixes e anfíbios têm um ducto endolinfático que se abre para fora por um poro do lado da cabeça. Os gnatostomados possuem três canais semicirculares em cada lado da cabeça, feiticeiras possuem somente um e as lampreias e agnatos fósseis possuem dois (Figura 2-16).

Frequentemente deixamos de perceber, em nós mesmos, a importância dos sentidos vestibulares uma vez que geralmente dependemos da visão para determinar nossa posição. No entanto, às vezes podemos ser enganados, como quando estamos sentados em um trem ou carro parado e pensar que estamos nos movendo; em verdade, faltou um impulso de nosso sistema vestibular para que percebêssemos que o veículo *perto* do nosso é que está se movendo.

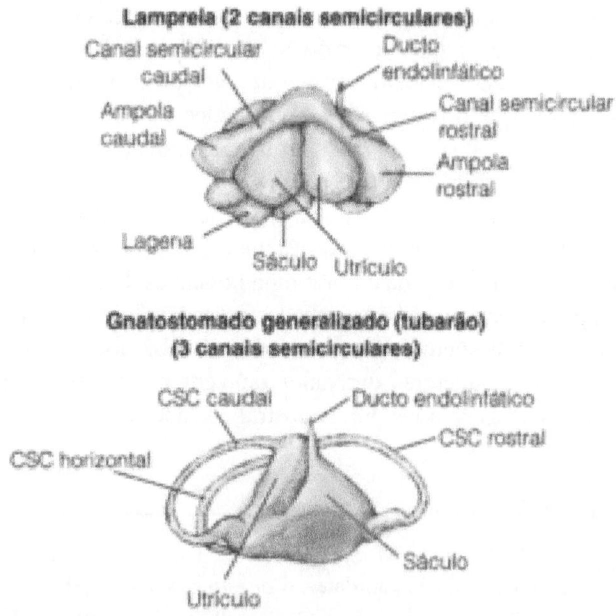

Figura 2-16 Plano do aparelho vestibular em peixes.

O Sistema Endócrino O sistema endócrino transfere informação de uma parte do corpo para outra via liberação de um mensageiro químico (**hormônio**) que produz uma resposta nas células-alvo. O tempo necessário para uma resposta endócrina varia de segundos até horas. Os hormônios são produzidos em glândulas endócrinas distintas, cuja função primária é a produção e liberação destas substâncias (p. ex., a pituitária, a tireóide, o timo e as adrenais) e por órgãos com outras funções importantes no corpo – tais como as gônadas, os rins e o trato gastrointestinal.

A tendência na evolução de glândulas endócrinas nos vertebrados tem sido a consolidação de um grupo espalhado de células ou pequenos órgãos em peixes, formando órgãos maiores e melhor definidos nos amniotas. As secreções endócrinas estão predominantemente envolvidas no controle e regulação do uso, do armazenamento e da liberação de energia, bem como em alocar energia para funções especiais em épocas críticas.

Resumo

Vertebrados são membros do filo Chordata, um grupo de animais cujos outros membros, tunicados e cefalocordados (anfioxo) são bastante diferentes dos mais modernos vertebrados, sendo pequenos, marinhos, lentos ou inteiramente sésseis como adultos. Os Chordata compartilham com muitos filos animais derivados os caracteres de serem bilateralmente simétricos, possuindo uma cabeça e extremidade caudal distintas. Evidências moleculares e embriológicas mostram que os cordados são relacionados com outros animais marinhos e sésseis, tais como equinodermos (estrelas-do-mar etc).

Os Chordata geralmente distinguem-se de outros animais pela presença de uma notocorda, de um tubo neural dorsal oco, de uma cauda pós-anal e de um endóstilo (glândula tireóide). Os vertebrados parecem ser mais intimamente aparentados com os anfioxos (cefalocordados) entre os cordados não-vertebrados e a maioria das diferenças estruturais e fisiológicas entre anfioxos e vertebrados primitivos parece refletir uma modificação evolutiva para um tamanho maior do corpo, um maior nível de atividade e um salto da alimentação por filtração para a predação.

Os vertebrados apresentam os caracteres peculiares de uma cabeça expandida, com órgãos sensoriais multicelulares e um crânio encerrando um grande encéfalo tripartido. Os caracteres que distinguem os vertebrados de outros cordados parecem estar relacionados com duas inovações embrionárias críticas: uma duplicação do complexo do gene *Hox* e o desenvolvimento do tecido da crista neural. As complexas atividades de vertebrados são sustentadas por uma complexa morfologia. Estudos da embriologia podem esclarecer como complexas estruturas são formadas e desenvolvidas. As células da crista neural, peculiares dos vertebrados, formam muitos dos caracteres derivados de vertebrados, especialmente aqueles da nova porção rostral da cabeça.

Um vertebrado adulto pode ser considerado como sistemas interatuantes envolvidos em proteção, sustentação e movimento, aquisição de energia, excreção, reprodução, coordenação e integração. Estes sistemas sofreram profundas modificações funcionais e estruturais em diversos pontos-chave na evolução dos vertebrados. A transição mais importante é a da condição pré-vertebrada, como representada hoje pelo anfioxo, para a condição vertebrada apresentada pelos agnatos viventes. Outras transições importantes, a serem consideradas em diversos capítulos, incluem a modificação de vertebrados agnatos para gnatostomados e dos peixes para os tetrápodes.

Leituras Adicionais

Boorman, C. J., and S. M. Shimeld. 2002. The evolution of left-right asymmetry in chordates. *BioEssays* 24:1004-1011.

Boot-Handford, R. R, and D. S. Tuckwell. 2003. Fibrillar collagen: the key to vertebrate evolution? A tale of molecular incest. *BioEssays* 25:142-151.

Carroll, R. L. 2002. Evolution of the capacity to evolve. *Journal of Evolutionary Biology* 15:911-921.

Finnerty, J. R. 2000. Head start. *Nature* 408:778-781.

Gans, C. 1989. Stages in the origin of vertebrates: Analysis by means of scenarios. *Biological Reviews* 64:221-268.

Garstang, W. 1928. The morphology of the Tunicata and its bearing on the phylogeny of the Chordata. *Quarterly Journal of the Microscopical Society* 72:51-87.

Gee, H. 1996. *Before the Backbone.* London: Chapman & Hall.

Hall, B. K. 1992. *Evolutionary Developmental Biology.* London, UK: Chapman & Hall.

Hall, B. K. 2000. The neural crest as a fourth germ layer and vertebrates as quadroblastic and triploblastic. *Evolution and Development* 2:3-5.

Hildebrand, M., and G. E. Goslow. 2001. *Analysis of Vertebrate Structure,* 5th ed., New York, NY: Wiley.

Holland, N. D., and J. Chen. 2001. Origin and early evolution of vertebrates: new insights from advances in molecular biology, anatomy, and palaeontology. *BioEssays* 23: 142-151.

Janvier, J., and M. Arsenault. 2002. Calcification of early vertebrate cartilage. *Nature* 417:609.

Kardong, K. V. 2001. *Vertebrates – Comparative Anatomy, Function, Evolution,* 3rd ed. Dubuque, IA: Wm. C. Brown.

Lacalli, T. C. 2002. Vetulicolians – are they deuterosomes? Chordates? *BioEssays* 24:208-211.

Liem, K. F, et al. 2001. *Functional Anatomy of the Vertebrates – an Evolutionary Perspective,* 3rd ed. Philadelphia, PA: Saunders College Publishing.

Mallatt, J., and Chen, J-Y. 2003. Fossil sister group of craniates: predicted and found. *Journal of Morphology* 248:1-31.

Mazet, F. 2002. The Fox and the thyroid: the amphioxus perspective. *BioEssays* 24:696-699.

Monastersky, R. 1996. Jump-start for the vertebrates: New clues to how our ancestors got a head. *Science News* 149: 74-75.

Northcutt, R. G. 1990. Ontogeny and phylogeny: A re-evaluation of conceptual relationships and some applications. *Brain, Behavior and Evolution* 36:116-140.

Northcutt, R. G., and C. Gans. 1983. The genesis of neural crest and epidermal placodes: A reinterpretation of vertebrate origins. *Quarterly Review of Biology* 58:1-28.

Pennisi, E. 2001. Genome duplications: the stuff of evolution? *Science* 294:2458-2460.

Redies, C, and L. Puelles. 2001. Modularity in vertebrate brain development and evolution. *BioEssays* 23:1100-1111.

Zimmer, C. 2000. In search of vertebrate origins: Beyond brain and bone. *Science* 287:1576-1579.

CAPÍTULO

3

Os Primeiros Vertebrata: Vertebrados Agnatos e a Origem dos Vertebrados Gnatostomados

Os primeiros Vertebrata representaram um importante avanço em relação aos Chordata filtradores não-vertebrados. Seu aspecto novo mais conspícuo foi uma extremidade cefálica distinta contendo um encéfalo tripartido envolto por um crânio cartilaginoso e complexos órgãos sensoriais (olhos, nariz). Eles usavam a musculatura faríngea, recentemente adquirida, para introduzir água na boca e sobre as brânquias, que é utilizada agora para a respiração em vez de na alimentação por filtração. Os primeiros vertebrados eram predadores ativos e não filtradores sésseis. Muitos deles também apresentavam uma armadura externa óssea composta de osso e outros tecidos mineralizados.

Conhecemos uma notável quantidade de dados sobre a anatomia de alguns destes vertebrados primitivos porque a estrutura interna de sua armadura óssea revela as posições e formas de muitas partes da anatomia de suas estruturas moles. Os gnatostomados representaram mais um avanço no padrão dos Vertebrata, dirigido para altos níveis de atividade e predação. As próprias maxilas são homólogas das estruturas que formam os arcos branquiais e provavelmente evoluíram primeiro como instrumentos para aumentar a força e a efetividade da ventilação branquial. Mais tarde, eles foram modificados para agarrar e segurar presas. Neste capítulo, seguimos os primeiros passos da irradiação dos Vertebrata iniciada há cerca de 500 milhões de anos, discutimos a biologia tanto dos agnatos da Era Paleozóica (os ostracodermes) e das formas atuais (feiticeiras e lampreias). Também consideramos a transição da condição agnata para a gnatostomada e a biologia de alguns dos primeiros tipos de peixes gnatostomados que não sobreviveram além da Era Paleozóica (placodermes e acantódios).

3.1 Reconstruindo a Biologia dos Primeiros Vertebrata

A Primeira Evidência de Vertebrados

Até bem recentemente, nossa evidência mais antiga de vertebrados consistia de fragmentos da armadura dérmica dos vertebrados agnatos conhecidos como **ostracodermes**. Estes animais eram muito diferentes de qualquer vertebrado que vive atualmente. Essencialmente, eram peixes encerrados numa armadura óssea (grego *ostrac* = casca e *derm* = pele), bem diferentes dos vertebrados agnatos viventes que perderam completamente os ossos. Fragmentos de ossos são conhecidos do Ordoviciano, há cerca de 480 milhões de anos. Isso foi mais ou menos 80 milhões de anos antes que fósseis inteiros de vertebrados se tornassem abundantes no Siluriano Superior. Outros fósseis recentes incluem tecidos mineralizados, possivelmente de vertebrados do Cambriano Superior da América do Norte e da Austrália, que se fossilizaram há cerca de 500 milhões de anos.

Achados mais recentes de vertebrados primitivos do Cambriano Inferior da China (Shu et al. 1999) estendem o registro fóssil mais para trás por cerca de 40 milhões de anos. Dois tipos diferentes de vertebrados do Cambriano Inferior, *Myllokumingia* e *Haikouichthys,* são encontrados no mesmo depósito fóssil. Ambos eram pequenos, com cerca de 3 centímetros de comprimento, e tinham forma semelhante à de peixes (Figura 3-la). A evidência de um crânio e miômeros em forma de W caracterizam estes animais como Vertebrata verdadeiros. No entanto, diferentemente dos ostracodermes, não apresentam qualquer evidência de osso ou de escamas mineralizadas. Ambos os animais apresentavam uma nadadeira dorsal e nadadeiras ventrolaterais pares em forma de fita. Apesar da antiguidade destes vertebrados primitivos, evidentemente eram mais derivados do que as

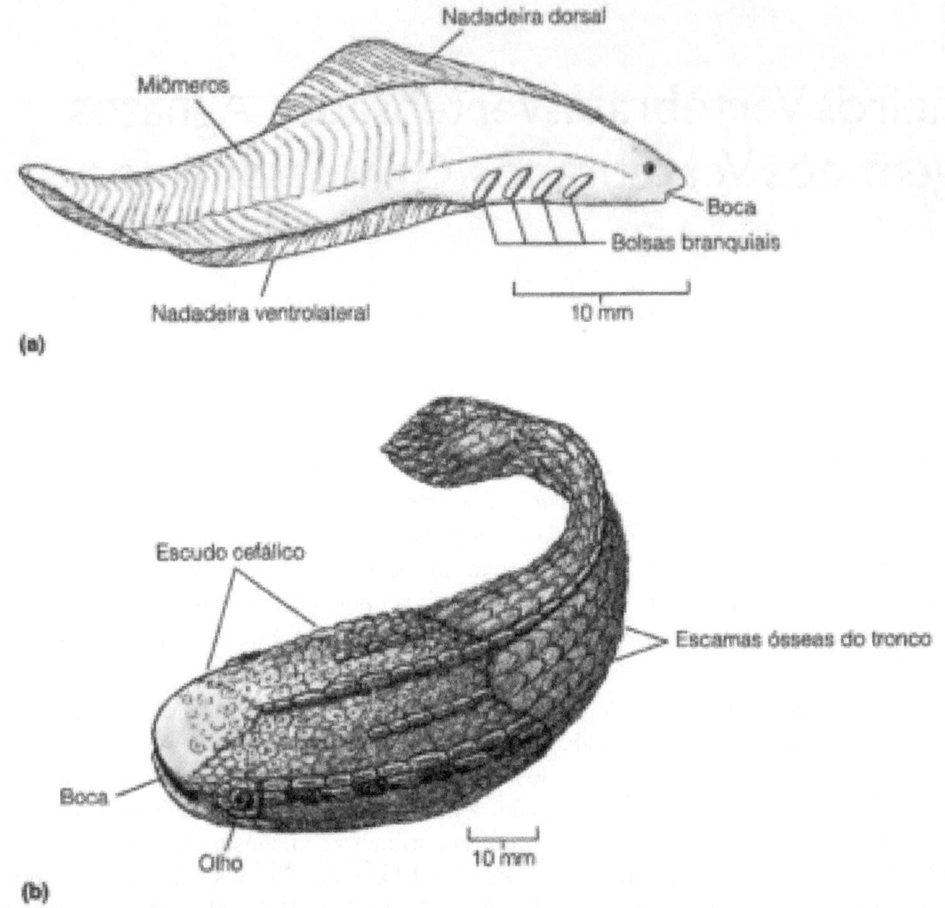

Figura 3-1 Alguns dos primeiros vertebrados, (a) *Myllokumingia* do Cambriano Inferior da China, (b) *Astraspis,* ostracodermo pteraspido do Ordoviciano da América do Norte.

feiticeiras atuais, como é mostrado pela presença de uma nadadeira dorsal. Isso sugere que a linhagem dos vertebrados diversificou-se consideravelmente antes dessa época. *Haikouichthys,* parece ter tido suportes branquiais cartilaginosos como os das lampreias (um cesto branquial) e pode ser o táxon irmão das lampreias.

A próxima boa evidência de vertebrados primitivos é do Ordoviciano Inferior; diversos locais do planeta apresentam fósseis de vertebrados na forma de fragmentos ósseos, sugerindo que, nesta época, os ostracodermes eram diversificados e tinham uma ampla distribuição mundial. Os primeiros Vertebrata representados por fósseis completamente articulados datam do Ordoviciano Superior da Bolívia, Austrália e América do Norte. São peixes com armadura, agnatos e em forma de torpedo, variando entre 12 e 35 centímetros de comprimento. Estes peixes primitivos tinham uma armadura externa constituída por muitas pequenas placas ósseas poligonais, intimamente ajustadas entre si e com 3 a 5 milímetros de comprimento. Estas placas estão em contato entre si na cabeça e na região das brânquias formando um escudo cefálico. Mais caudalmente, elas imbricam-se, como o fazem as escamas dos peixes atuais. Estas placas ósseas mostram a presença de canais sensoriais, uma proteção especial em torno dos olhos e – na reconstrução de *Astraspis* da América do Norte (Figura 3-1b) – tantas quanto oito aberturas branquiais em cada lado da cabeça.

O Ordoviciano também foi o Período de uma grande irradiação e diversificação de invertebrados marinhos, depois das extinções do final do Cambriano. A primeira irradiação dos Vertebrata envolveu tanto grupos gnatostomados como agnatos. Com base na evidência fornecida pelos tipos de escamas encontrados, os primeiros ostracodermes ocorreram no Ordoviciano Inferior e os primeiros peixes gnatostomados apareceram um pouco mais tarde – no Ordoviciano Médio. Tipos similares de vertebrados primitivos conhecidos atualmente por uma maior variedade de fósseis de corpo inteiro, são encontrados em formações do Siluriano Superior, no Reino Unido, Noruega, Spitzbergen e América do Norte datando de cerca de 400 milhões de anos atrás.

O Problema dos Conodontes

Microfósseis curiosos, conhecidos como elementos conodontes, são amplamente distribuídos e abundantes em depósitos marinhos do Cambriano Superior até o Triássico Superior. Elementos conodontes são pequenas estruturas (geralmente com menos de 1 milímetro de comprimento) semelhantes a espinhos ou pentes compostos de apatita (um composto de cálcio mineralizado particular que é característica de tecidos duros de vertebrados). Eles já foram descritos como partes esqueléticas de algas marinhas ou invertebrados marinhos. No entanto, estudos recentes de tecidos mineralizados de conodontes mostraram que sua microestrutura é similar à dentina que é um tecido peculiar dos vertebrados. Assim, os elementos conodontes são considerados estruturas semelhantes a dentes dos verdadeiros vertebrados. Esta interpretação tem sido confirmada pela descoberta de impressões desses animais completos, com os elementos dos conodontes dispostos no interior da faringe num aparato complexo (Figura 3-2).

Os conodontes parecem ter tido uma notocorda, um crânio, miômeros, raios de nadadeira e grandes olhos, há evidências de músculos oculares extrínsecos para mover os olhos. Embora a faringe possa ter sido muscular para operar o aparelho conodonte, não existem vestígios de fendas branquiais.

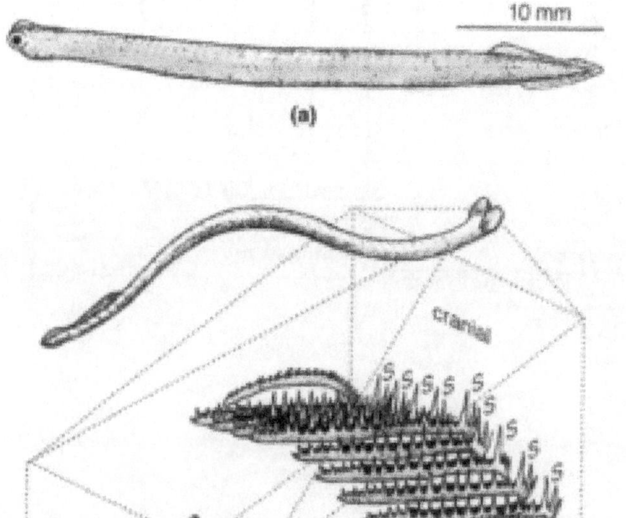

Figura 3-2 Conodontes. (a) *Clydagnathus.* (b) Detalhe do aparelho usado na alimentação (elementos conodontes) no interior da cabeça de *Idiognathus.* Os elementos S, mais craniais, parecem designados para agarrar e os elementos P, mais caudais, parecem ser designados para quebrar.

No entanto, com seu tamanho muito pequeno (40 milímetros de comprimento), a respiração pode ter sido realizada por difusão de gases pela superfície do corpo. Assim, assumindo que seus ancestrais (como vertebrados verdadeiros) possuíssem brânquias, estas estruturas podem ter sido desnecessárias para os diminutos conodontes e, portanto, foram perdidas.

A aceitação dos conodontes como vertebrados modificou nossas ideias sobre as relações entre os primeiros Vertebrata, particularmente a importância – na hierarquia evolutiva – de possuir tecidos mineralizados. As estmturas semelhantes a dentes dos conodontes e esqueletos ósseos dérmicos de ostracodermes são os motivos para considerar estes animais como tipos mais derivados de vertebrados do que os peixes agnatos, de corpo mole, que vivem atualmente (veja a Figura 3-3).

A Origem do Osso e de Outros Tecidos Mineralizados

Tecidos mineralizados compostos de uma mistura de carbonato de cálcio e fosfato de cálcio (apatita) – como osso, dentina e esmalte – constituem um importante aspecto novo dos Vertebrata (tecidos mineralizados dos Vertebrata foram discutidos no Capítulo 2). Esmalte (ou enamelóide) e dentina são muito mais mineralizados do que osso. Estes tecidos, que ocorrem principalmente nos dentes dos vertebrados atuais, são pelo menos tão antigos como o osso e foram encontrados originalmente em íntima associação com osso na armadura dérmica dos ostracodermes.

A origem dos tecidos mineralizados dos Vertebrata permanece um enigma: os tipos conhecidos mais antigos não tinham estruturas tão complexas como as dos tecidos mineralizados dos vertebrados atuais. As unidades básicas de tecido mineralizado parecem ser os odontóides, pequenos elementos na forma de dentes gerados na pele. Consistem de projeções de dentina, cobertas em alguns casos por uma camada externa de enamelóide com uma base óssea. Nossos próprios dentes são muito semelhantes a estas estmturas e provavelmente são homólogos a elas (veja a Figura 2-6 no Capítulo 2).

Odontódios ocorrem numa forma quase não modificada como os agudos dentículos do tegumento de tubarões – e as escamas, placas e escudos maiores da cabeça de muitos ostracodermes e peixes ósseos primitivos são interpretados como agregações destas unidades. Note que estes elementos ósseos não teriam sido externos ao tegumento, como a concha de um caramujo. Em vez disso, eram formados no interior da derme e eram recobertos por uma camada de epiderme, assim como ocorre com nossos ossos do crânio. A condição primitiva para o osso dos vertebrados é a de não apresentar células na forma adulta. Este tipo de osso acelular também é conhecido como aspidina. Osso celular somente é encontrado em gnatostomados e em alguns ostracodermes derivados (osteóstracos).

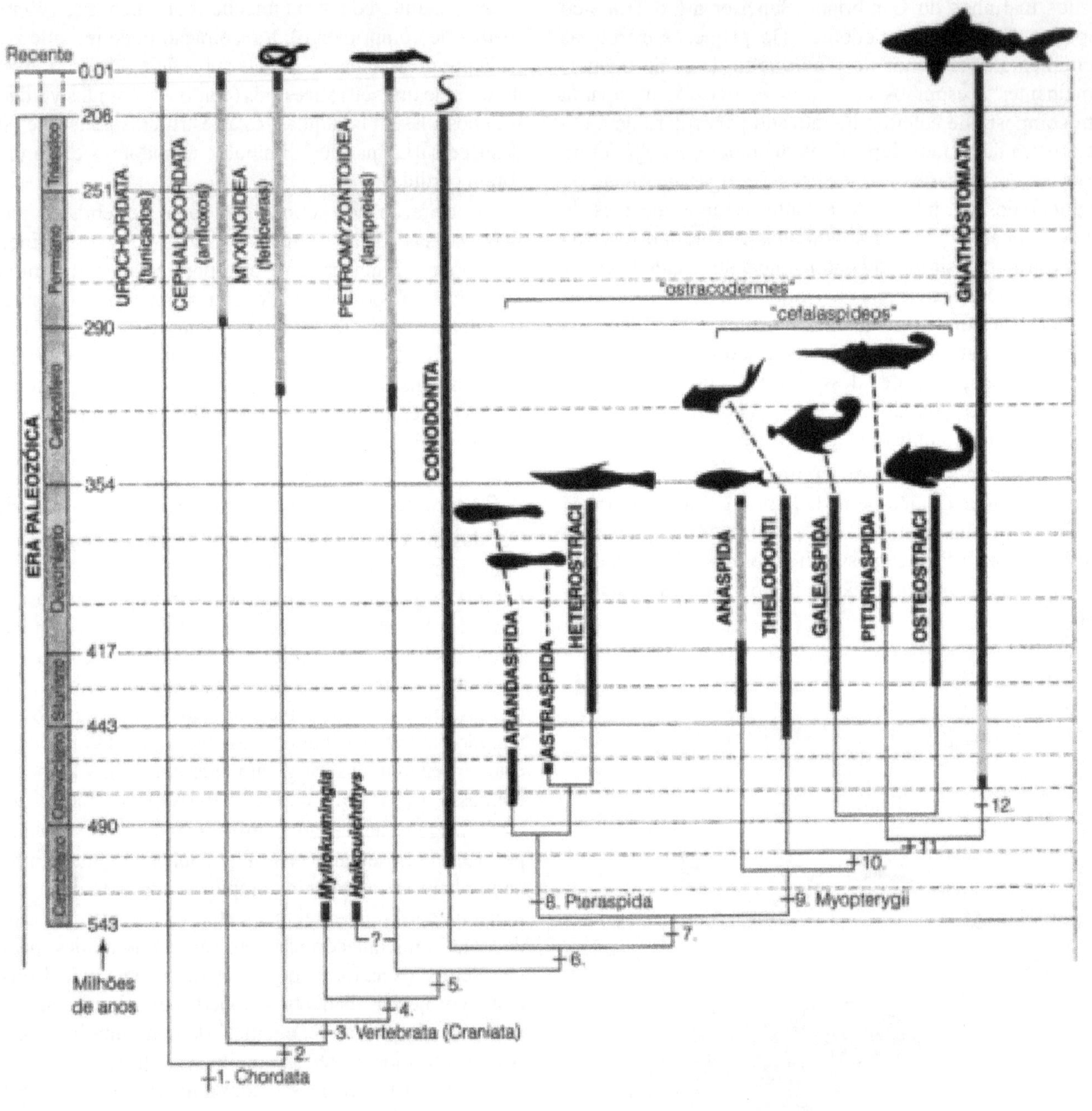

Figura 3-3 Relações filogenéticas dos vertebrados dentro dos Chordata. Este diagrama representa parentescos prováveis entre vertebrados primitivos, incluindo vertebrados agnatos viventes e extintos e os primeiros vertebrados com maxilas. As aspas indicam grupos parafiléticos. As linhas pretas mostram apenas o grau de parentesco; elas não indicam as épocas de divergência nem a presença não verificada de táxons no registro fóssil. As barras levemente sombreadas indicam os limites de tempo quando o táxon é reconhecido como presente, mas não foi encontrado (ou pouco encontrado) no registro fóssil. Os números indicam caracteres derivados que distinguem as linhagens.

Legenda: **1.** Chordata – Notocorda; tubo nervoso dorsal oco; cauda pós-anal; faixas musculares segmentares pelo menos na região caudal; endóstilo. **2.** Miômeros nas regiões do tronco e da cauda; sistema excretor com células do tipo podócito; mesoderma da placa lateral; indução embriológica de tecidos nervosos pela notocorda; dobra da nadadeira caudal, ventral ao padrão dorsal da circulação sanguínea através das brânquias; encéfalo de algum tipo na extremidade do tubo nervoso. **3.** Craniata (= Vertebrata em sentido amplo) – Crânio incorporando à extremidade anterior da notocorda e encerrando o encéfalo e órgãos sensoriais pares; região cefálica distinta com estes caracteres – divisão tripartida do encéfalo com um telencéfalo e nervos cranianos diferenciados do tubo nervoso, órgãos ópticos, auditivos e, provavelmente, olfatórios pares, um ou mais canais semicirculares; células da crista

Ainda não compreendemos como os dentes conodontes se encaixam neste quadro evolutivo. Podem representar um experimento primitivo em mineralização de tecidos antes da evolução do esqueleto dérmico em outros Vertebrata. Estruturas faríngeas semelhantes a dentes também têm sido relatadas para os telodontes, ostracodermes pouco conhecidos, que não possuem um esqueleto bem mineralizado. A capacidade de formar tecidos mineralizados na pele pode ser uma característica Vertebrata primitiva, mas a produção de dentes ou estruturas semelhantes a dentes pode ter evoluído independentemente em diferentes momentos entre os vertebrados. Por exemplo, evidências recentes sugerem que os dentes evoluíram duas vezes nos vertebrados gnatostomados: uma vez no ancestral de todos os peixes atuais e outra entre os membros mais derivados de um grupo primitivo de peixes gnatostomados chamado placodermes, os quais serão estudados mais adiante neste capítulo (Smith e Johanson 2003).

Qual poderia ter sido a vantagem seletiva original dos tecidos mineralizados nos Vertebrata? Originalmente, os escudos cefálicos dos ostracodermes foram considerados como estruturas defensivas contra o ataque de predadores – particularmente as grandes criaturas semelhantes a escorpiões conhecidos como euripterídeos. Entretanto, a estrutura detalhada dos tecidos ósseos sugere que eles tinham uma função mais complexa do que a mera proteção. A dentina do escudo cefálico tinha um característico sistema de poros e pequenas projeções, sugerindo que o tecido também tinha uma função sensorial. O escudo cefálico ósseo pode ter surgido como um revestimento protetor e eletricamente isolante em tomo de eletrorreceptores que propiciavam a detecção de suas presas. Subsequentemente, a regulação do fósforo, um elemento relativamente raro em ambientes naturais, pode ter sido uma das primeiras forças seletivas envolvidas na evolução do osso. Embora pensemos em osso como sendo principalmente como sustentador e protetor, ele também serve como uma reserva de cálcio e fósforo. A regulação mineral envolve deposição e mobilização de íons cálcio e fósforo. Os vertebrados dependem de um metabolismo anaeróbio durante a atividade, produzindo ácido lático que diminui o pH do sangue. Um esqueleto constituído de hidroxiapatita pode ser mais resistente à acidez do sangue durante o metabolismo anaeróbio do que um formado por carbonato de cálcio (calcita), que forma as conchas dos moluscos (Ruben e Bennett 1987).

As explicações propostas para a origem do osso e outros tecidos mineralizados – proteção, eletrorrecepção e armazenagem de minerais – não são mutuamente exclusivas. Todas elas podem ter estado envolvidas na origem evolutiva deste tecido complexo.

O Ambiente do Início da Evolução dos Vertebrata

Durante o Siluriano Superior, os ostracodermes e os primeiros peixes com maxilas eram abundantes tanto em ambientes de água doce como marinhos. Sob quais condições evoluíram os primeiros vertebrados? Originalmente, os pesquisadores supunham que os vertebrados teriam surgido na água doce. Essa opinião se baseou no rim dos vertebrados que é claramente vantajoso neste habitat, atuando na rápida eliminação do excesso de água que entra no corpo por osmose. No entanto, agora se aceita amplamente uma origem marinha dos vertebrados; considera-se que, por acaso, o rim foi pré-adaptado para esta função na água doce em vez de ter evoluído especificamente para este propósito.

A primeira linha de evidência para uma origem marinha dos vertebrados é paleontológica – os primeiros fósseis de vertebrados são encontrados em sedimentos marinhos. A segunda linha de evidência provém da fisiologia comparada – todos os cordados não-vertebrados e os filos de invertebrados deuterostômios são exclusivamente formas marinhas, tendo a mesma concentração dos líquidos do corpo como a de seu ambiente. Assim, os líquidos concentrados do corpo das feiticeiras

---

neural e estruturas derivadas destes tecidos (incluindo o esqueleto branquial cartilaginoso); miômeros em forma de W; glândulas endócrinas distintas; sistema da linha lateral; coração bem desenvolvido; rins pares. **4.** Nadadeira dorsal. **5.** Vertebrata (no sentido mais restrito, talvez devesse ser colocado no nó de número 4) – Presença de arcuália (rudimentos vertebrais circundando o tubo nervoso); olhos bem desenvolvidos com musculatura ocular extrínseca; olho pineal; nervo hipoglosso; neurónios mauterianos (= de Mauthner) no tronco encefálico; neuromastos na linha lateral; linhas sensoriais na cabeça e no corpo; capacidade de eletrorrecepção; dois canais semicirculares; inervação autônoma do coração; duetos renais coletores; baço ou tecido esplênico; três (versus um) tipos de células sanguíneas granulares brancas; líquidos do corpo diluídos; o sangue compreende mais de 10 por cento do volume do corpo; transporte de íons nas brânquias; taxa metabólica mais elevada; controle de células pigmentares e da gametogênese pela pituitária. **6.** Capacidade fisiológica para formar tecidos mineralizados na derme; dentes córneos perdidos. **7.** Escudo cefálico de ossos dérmicos; trato olfatório; encéfalo com cerebelo. **8.** Pteraspida – Aberturas nasais pares; esqueleto dérmico com três camadas características, incluindo osso esponjoso. **9.** Myopterygii – Dobras pares das nadadeiras laterais, nadadeiras dorsal e anal; ducto endolinfático na orelha interna abre-se para a superfície (perdido nos gnatostomados acima do nível dos Chondrichthyes). **10.** Ossículos escleróticos. **11.** Osso pericondral (pelo menos na cabeça); cartilagem calcificada; osso dérmico celular; exoesqueleto com três camadas; nadadeiras peitorais com uma base estreita e concentrada (perdida nos galeaspídeos); órbitas grandes; grande veia cefálica (jugular dorsal). **12.** Gnathostomata – maxilas e muitos outros caracteres derivados (veja o texto), incluindo aberturas nasais pares.

muito primitivas provavelmente representam a condição original dos vertebrados.

3.2 Peixes Agnatos Atuais

Os Vertebrata agnatos atuais – feiticeiras e lampreias – durante muito tempo foram classificados junto com os ostracodermes na classe "Agnatha" porque não possuem as características dos gnatostomados, as maxilas e dois conjuntos de nadadeiras pares. Eles também tem outras características primitivas. Em particular não possuem dutos reprodutivos especializados; óvulos e espermatozóides são liberados no interior do celoma, e contrações da parede do corpo expelem as células sexuais através de poros que se abrem na porção caudal do ducto arquinéfrico (ducto que drena do rim). Tanto feiticeiras como lampreias tem fecundação externa.

No entanto, os sistematas filogenéticos não mais agrupam organismos com base em caracteres primitivos compartilhados e agora está claro que os "Agnatha" constituem um grupo parafilético. Os agnatos atuais muitas vezes têm sido reunidos como **ciclóstomos** porque possuem boca circular e sem maxilas.

Entretanto, este agrupamento também é parafilético porque as lampreias parecem ser mais proximamente aparentadas com os gnatostomados do que as feiticeiras (Figuras 3-3 e 3-4). Tanto feiticeiras como lampreias parecem ser mais primitivas do que os ostracodermes com armadura da Era Paleozóica e, assim, trataremos primeiro delas antes de considerarmos os agnatos extintos. O registro fóssil dos tipos modernos de vertebrados agnatos é esparso. Lampreias são conhecidas do Carbonífero – *Hardistiella* de Montana e *Mayomyzon* de Illinois. *Myxinikela,* uma feiticeira inconteste e um segundo parente possível, *Gilpichthys,* têm sido encontrados nos mesmos depósitos, como também *Mayomyzon.*

Feiticeiras – Myxinoidea

Existem cerca de 40 espécies reconhecidas de feiticeiras, distribuídas em dois grandes gêneros *(Eptatretus* e *Myxine).* Feiticeiras adultas (Figura 3-5) geralmente têm menos de 1 metro de comprimento, são alongadas, sem escamas e de coloração rósea a púrpura. As feiticeiras são inteiramente marinhas, tendo uma distribuição praticamente cosmopolita – com exceção das regiões polares. Principalmente, são habitantes de águas profundas e frias. São os principais carniceiros do assoalho de mares profundos, chegando em grande número às carcaças por meio de seu sentido do olfato.

Um caráter peculiar das feiticeiras é o das grandes glândulas de muco que se abrem para o exterior na parede do corpo. As assim chamadas glândulas de muco secretam enormes quantidades de muco e filamentos proteicos firmemente enrolados. Os filamentos estendem-se em contato com a água do mar para manter o muco viscoso perto do corpo da feiticeira. Uma feiticeira adulta consegue produzir muco suficiente em alguns poucos minutos para transformar o volume de água equivalente ao de um balde numa massa gelatinosa (Martini 1998).

Esse comportamento repugnante é aparentemente um meio de intimidação para os predadores. Quando o perigo

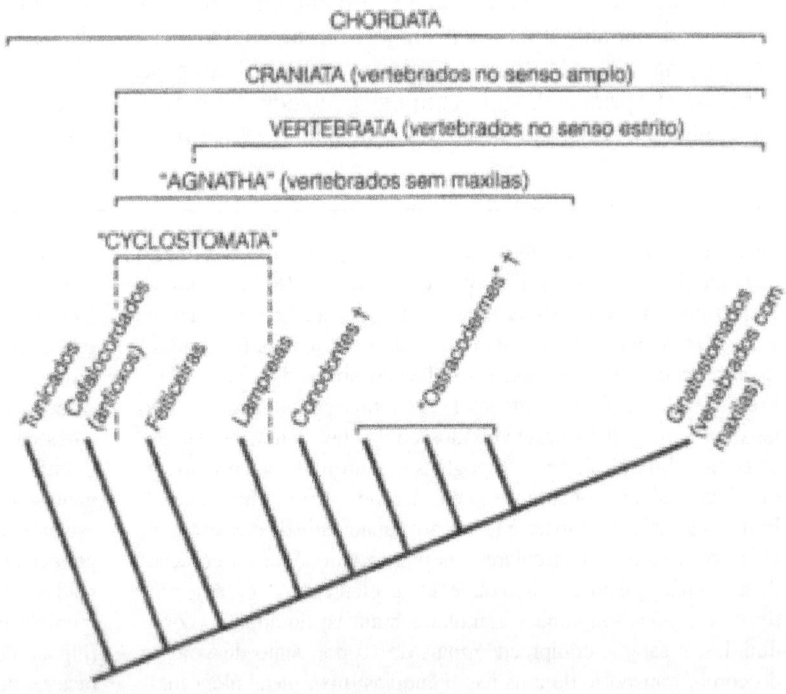

➤**Figura 3-4** Cladograma simplificado dos Vertebrata dentro dos Chordata, mostrando os táxons viventes e somente os principais grupos extintos. As aspas indicam grupos parafiléticos. Uma adaga (†) indica um táxon extinto.

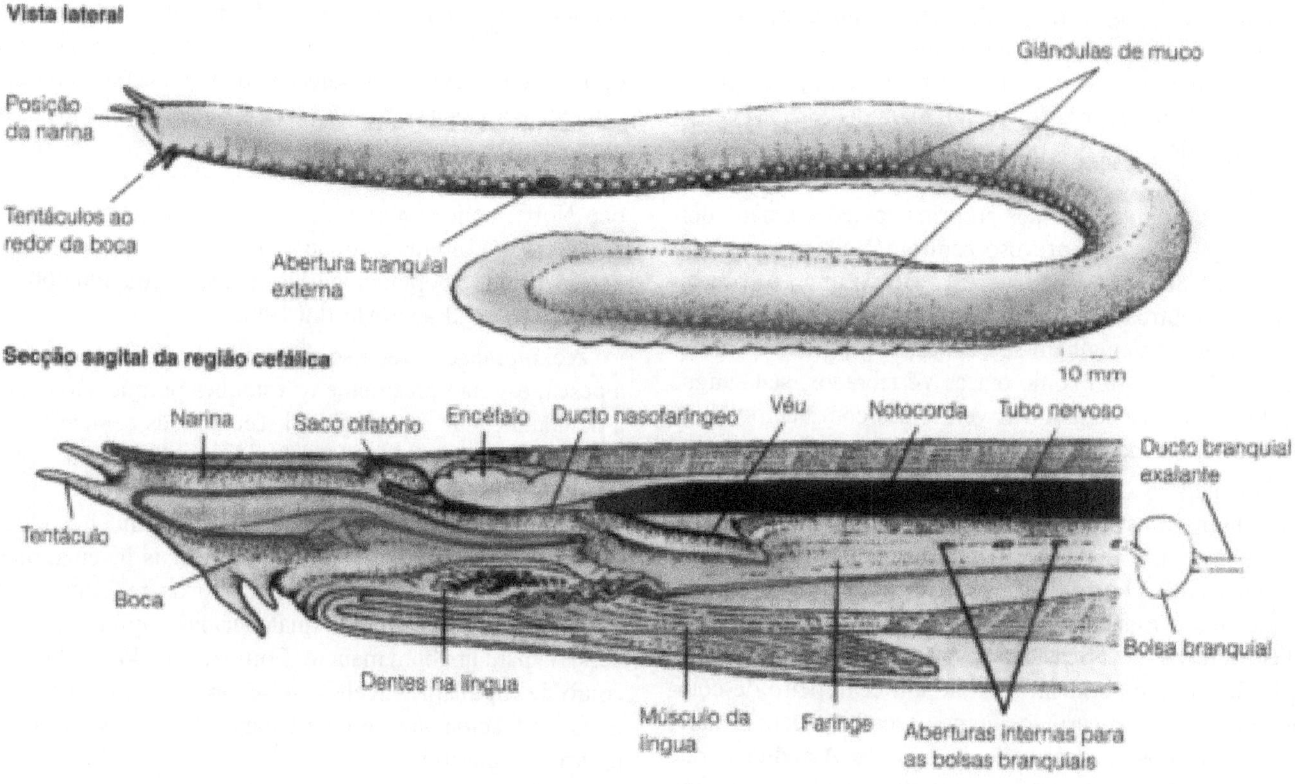

Figura 3-5 Feiticeiras.

passou, a feiticeira dá um nó em seu corpo, raspando a massa de muco e depois espirra fortemente para deixar livres suas passagens nasais.

As feiticeiras não apresentam qualquer vestígio de vértebras, motivo para que sejam consideradas como grupo irmão de todos os outros Vertebrata. Sua anatomia interna possui muitos aspectos primitivos adicionais. Por exemplo, os rins são simples e existe apenas um canal semicircular em cada lado da cabeça. As feiticeiras têm uma única abertura nasal terminal que se conecta com a faringe via um largo tubo. Os olhos são degenerados ou rudimentares, recobertos com uma espessa pele. A boca é circundada por seis tentáculos que podem ser estendidos e movimentados de cá para lá por meio de movimentos da cabeça quando a feiticeira está procurando alimento. Na boca existem duas placas contendo estruturas agudas, córneas (queratinizadas), semelhantes a dentes. Estas placas com dentes situam-se a cada lado de uma língua protrátil e se afastam entre si quando a língua está protraída. Quando a língua é retraída, as placas dobram-se de forma a interdigitar seus dentes numa ação semelhante à de uma pinça. O aparato alimentar de feiticeiras tem sido descrito como "extremamente eficiente para estes vermes alongados porque as placas de queratina entram e saem alternadamente da cavidade oral" (Mallatt 1985).

Feiticeiras também se alimentam de vertebrados mortos ou moribundos. Uma vez fixas à presa, elas conseguem dar um nó em sua cauda e deslocá-lo para frente ao longo de seu corpo até que estejam firmemente agarradas à presa, obtendo bocados de carne à medida que a beliscam. Frequentemente, esses animais iniciam sua alimentação consumindo apenas a carne externa da presa o suficiente para penetrar na cavidade celômica onde se alimentam das partes mais macias. Uma vez que uma parcela de alimento tenha atingido o trato digestório da feiticeira, ela é envolvida por uma bolsa mucóide, secretada pela parede intestinal. Esta membrana é permeável a enzimas digestivas e os produtos da digestão difundem-se para fora e são absorvidos pelo intestino. As partes indigeríveis da presa são eliminadas ainda envolvidas pela bolsa mucóide. O significado funcional desta curiosa estrutura é desconhecido.

Diferentes gêneros e espécies de feiticeiras têm um número variável de aberturas branquiais externas. Ocorrem de 1 a 15 aberturas em cada lado. As aberturas externas ocorrem mais caudalmente, até a região mediana do corpo, embora as câmaras branquiais, em forma de bolsas, existam imediatamente atrás da cabeça. Em alguns gêneros, os longos tubos que saem das brânquias fundem-se reduzindo o número de aberturas externas. A posição mais caudal das aberturas branquiais pode estar relacionada ao hábito escavador.

Feiticeiras possuem grandes seios sanguíneos e uma pressão sanguínea muito baixa. Contrastando com todos os outros Vertebrata, as feiticeiras possuem corações acessórios no fígado e na região caudal, além do coração verdadeiro situado perto das brânquias. Os vários corações das feiticeiras não são inervados, o que significa que seu ritmo bombeador é intrínseco aos próprios corações e não coordenado pelo sistema nervoso central. O sistema vascular sanguíneo demonstra poucas das reações imunes características de outros Vertebrata. Por todas estas características, as feiticeiras assemelham-se à condição primitiva do anfioxo – embora, assim como outros vertebrados, seu sangue contenha células sanguíneas vermelhas com hemoglobina e o coração verdadeiro tem três câmaras.

Na maioria das espécies, as fêmeas de feiticeiras são mais numerosas do que os machos numa proporção de cem para um; o motivo para esta estranha razão sexual é desconhecido. O exame das gônadas sugere que, pelo menos algumas espécies são hermafroditas, mas nada se conhece a respeito do acasalamento. Os ovos ricos em vitelo, que são ovais e possuem mais de um centímetro de comprimento, estão encerrados numa casca resistente e clara, afixada ao substrato por meio de ganchos. Acredita-se que eclodam pequenas feiticeiras completamente formadas, não apresentando um estágio larval. Infelizmente, quase nada se conhece da embriologia ou da biologia dos primeiros estágios da vida de qualquer feiticeira. Desde o século XIX, não se tem encontrado ovos fertilizados para que se pudesse estudar o desenvolvimento da anatomia das feiticeiras!

Feiticeiras nunca têm sido capturadas muito acima do assoalho do oceano e, frequentemente, são encontradas em regiões profundas da plataforma continental. Algumas vivem em colônias, cada indivíduo vive em uma galeria escavada no lodo, cuja entrada é marcada por uma elevação semelhante a um vulcão em algumas espécies. As feiticeiras vivem de maneira semelhante à das toupeiras, encontrando suas presas no interior e na superfície do sedimento. Elas parecem ser ativas quando fora de suas galerias porque são rapidamente atraídas para iscas e peixes apanhados em redes. A pequena quantidade de diferenças morfológicas entre populações indica que as feiticeiras não têm ampla distribuição, tendendo a viver e procriar em locais restritos.

Durante as duas últimas décadas tem havido um aumento na interação econômica entre as feiticeiras e os humanos, o que é um exemplo de como espécies de vertebrados são ameaçadas pela sociedade humana, burguesa e altamente consumidora. Pescadores que usam armadilhas fixas há muito tempo vêm capturando peixes danificados por feiticeiras carniceiras, impedindo sua venda. Não é surpreendente que os pescadores tenham respondido rapidamente quando o uso de peles de feiticeiras como couro tornou estes peixes tão valiosos como aqueles peixes que procuravam previamente. Quase todos os produtos de couro denominados couro de enguias são manufaturados a partir da pele de feiticeiras. A demanda internacional para este tipo de couro levou à erradicação de populações economicamente acessíveis em águas da Ásia e em alguns locais ao longo da costa oeste da América do Norte. Esforços recentes de pesca estão voltados para a América do Sul e o Atlântico Norte, onde as feiticeiras ainda possam ser altamente abundantes. Por uma estimativa, o Golfo de Maine contém uma densidade populacional de feiticeiras de 500.000 por quilômetro quadrado (Martini 1998).

A exploração de recursos naturais pelo homem, tal como a pesca, esgota tipicamente os estoques porque não é dada a devida atenção à biologia do recurso e às características de sustentação e renovação. Por exemplo, não sabemos quanto tempo às feiticeiras vivem; qual a sua idade quando começam a reproduzir-se; exatamente como, quando ou onde procriam; onde vivem as formas mais juvenis; quais são as dietas e as necessidades energéticas de feiticeiras de vida livre; ou virtualmente qualquer outra informação necessária para um bom manejo. Como resultado, artefatos de couro de enguia provavelmente se tornarão tão raros quanto os confeccionados com barbatanas de baleias, cascos de tartaruga e marfim.

Lampreias – Petromyzontoidea

Existem cerca de 40 espécies de lampreias distribuídas em dois grandes gêneros (*Petromyzon* e *Lampetra*). Embora as lampreias sejam semelhantes às feiticeiras quanto ao tamanho e à forma (Figura 3-6), elas são radicalmente diferentes quanto a outros aspectos. Elas possuem muitas características ausentes nas feiticeiras, mas compartilhadas com os gnatostomados. Talvez o caráter mais importante seja o de possuírem estruturas vertebrais (arcuália) – embora estes elementos esqueléticos cartilaginosos sejam diminutos e somente homólogas aos arcos neurais das vértebras dos gnatostomados.

A maioria das lampreias é parasita de outros peixes embora algumas espécies pequenas de água doce possuem adultos que não se alimentam. Fixam-se ao corpo de outro vertebrado (geralmente um peixe ósseo maior) por meio de sucção e raspam uma ferida rasa exsudante no tegumento do hospedeiro. A boca circular e o pequeno esôfago localizam-se no fundo de um grande funil carnoso (o funil oral), cuja superfície interna está guarnecida com espinhos cônicos córneos. A estrutura protrátil, semelhante a uma língua, é recoberta com espinhos similares e estas estruturas, em conjunto, permitem uma firme fixação e rápida abrasão do tegumento do hospedeiro. Esta língua não é homóloga à língua dos gnatostomados porque ela é inervada pelo nervo craniano diferente (o nervo trigêmeo, V no lugar do nervo hipoglosso, XII). Uma glândula oral secreta um anticoagulante que impede a coagulação do sangue da vítima. Provavelmente a alimentação é contínua quando uma lampreia está afixada a

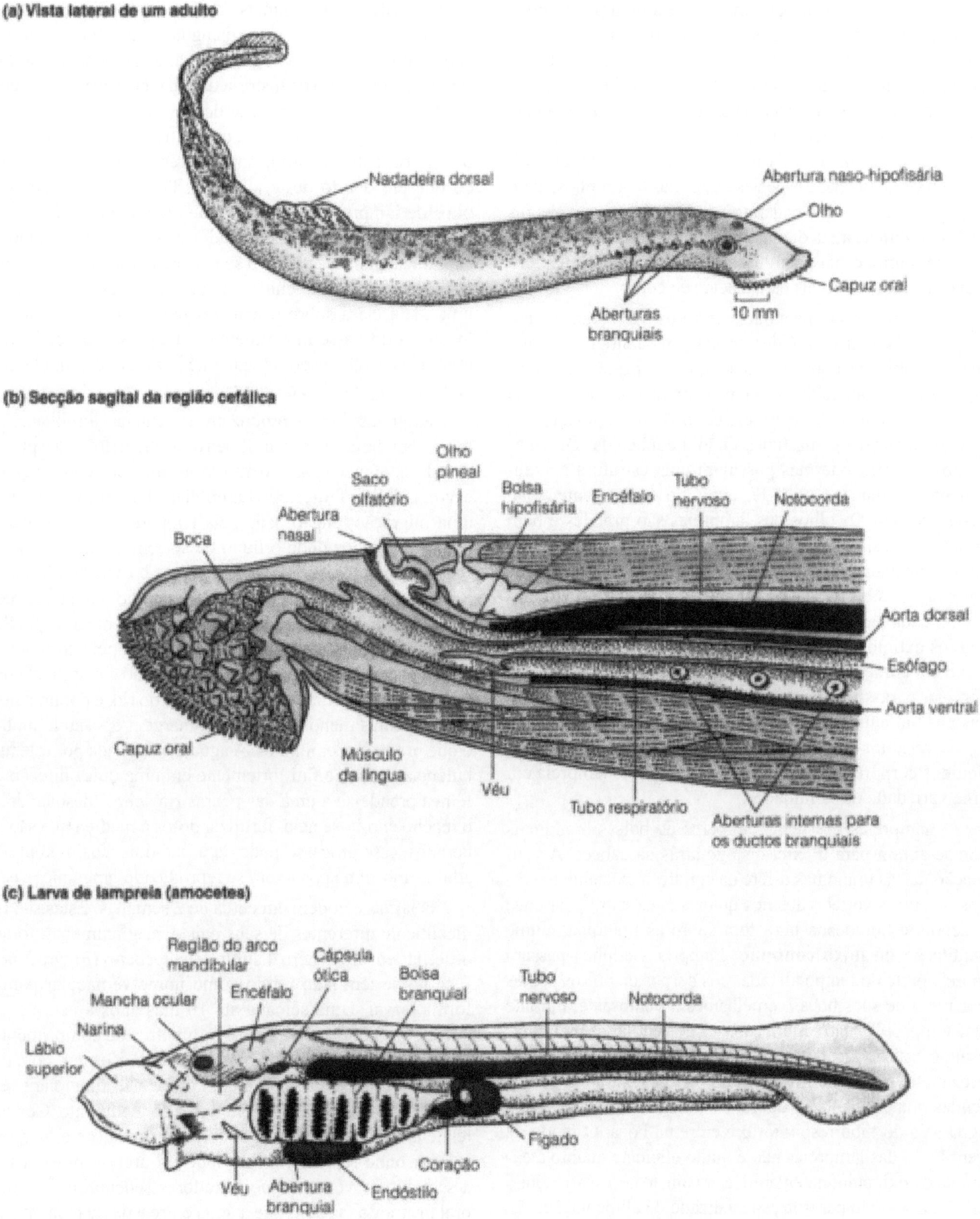

Figura 3-6 Lampreias.

seu hospedeiro. A principal parte da dieta de uma lampreia adulta consiste de líquidos do corpo de peixes. O trato digestório é reto e simples, como se esperaria de um animal que se alimenta de uma tão rica e facilmente digerível dieta, como sangue e líquidos teciduais. As lampreias geralmente não matam seus hospedeiros, mas abandonam um animal debilitado e com uma ferida aberta. No mar, as lampreias alimentam-se de diversas espécies de baleias e golfinhos, além de peixes. Pessoas que nadaram nos Grandes Lagos, depois que estiveram na água durante um tempo suficiente para que a temperatura de sua pele diminuísse, reportaram que lampreias fizeram tentativas para atacar seu corpo.

As lampreias são peculiares entre os Vertebrata viventes por apresentar uma única narina situada no topo da cabeça, combinada com um ducto que se dirige à hipófise (pituitária) e conhecida como abertura naso-hipofisária. O desenvolvimento desta estrutura envolve distorção da parte cranial da cabeça e sua função não é conhecida. Diversos grupos de ostracodermes possuíam uma estrutura aparentemente similar que pode ter evoluído convergentemente nestes grupos. Os olhos das lampreias são grandes e bem desenvolvidos, assim como o corpo pineal situado sob uma ténue mancha atrás da abertura nasal. Em contraste com as feiticeiras, as lampreias possuem dois canais semicirculares em cada lado da cabeça – uma condição compartilhada com os extintos ostracodermes. Além disso, o coração não é aneural como nas feiticeiras, mas é inervado pelo sistema nervoso parassimpático (nervo vago). Células cloragógenas nas brânquias e rins bem desenvolvidos regulam íons, água e resíduos nitrogenados regulando a concentração dos líquidos corpóreos, permitindo a existência da lampreia em uma variedade de salinidades.

As lampreias possuem sete pares de bolsas branquiais que se abrem para o exterior logo atrás da cabeça. A ventilação destas brânquias difere da condição existente em todos os outros vertebrados nos quais a água entra pela boca e depois é bombeada para fora sobre as brânquias numa ventilação **de fluxo contínuo.** Lampreias adultas passam grande parte do tempo afixadas aos corpos de outros peixes por meio de suas bocas semelhantes a ventosas e, durante este tempo, elas não seriam capazes de ventilar as brânquias usando este modo de fluxo contínuo. Em vez disso, empregam a **ventilação intermitente;** a água entra e sai pelas fendas branquiais. Uma dobra, chamada véu, impede que a água saia do tubo respiratório e entre na boca. O modo de ventilação das lampreias não é muito eficiente quanto à extração de oxigênio; no entanto, é um ajuste necessário tendo em vista o modo parasita especializado de alimentação.

As lampreias são encontradas principalmente nas regiões temperadas de latitude norte, embora umas poucas espécies são conhecidas em latitudes temperadas sul. Quase todas as lampreias são **anádromas,** isto é, vivem como adultos nos oceanos ou em grandes lagos, subindo os rios para reproduzir-se. Algumas das espécies mais especializadas somente são conhecidas da água doce, onde os adultos não se alimentam nem migram, atuando somente como um estágio reprodutivo da história da vida da espécie. Espécies anádromas que passam parte de sua vida no mar atingem um tamanho grande, embora um metro seja mais ou menos o comprimento máximo. As menores espécies têm menos do que um quarto deste tamanho. Pouco se sabe dos hábitos de lampreias adultas porque, geralmente, são observadas somente durante atividades reprodutivas ou quando capturadas juntamente com seu hospedeiro. Apesar de seus sentidos anatomicamente bem desenvolvidos, não existe uma ideia clara sobre a maneira pela qual uma lampreia localiza ou fíxa-se inicialmente a sua presa. Em cativeiro, lampreias nadam esporadicamente por meio de ondulações laterais exageradas e desajeitadas.

Lampreias fêmeas produzem de centenas a milhares de ovos com cerca de um milímetro de diâmetro e desprovidos de qualquer revestimento especializado, como aquele encontrado nas feiticeiras. Lampreias liberam gâmetas após uma migração, engatilhada pela temperatura, até as cabeceiras de riachos onde o fluxo da corrente é moderado e o fundo é composto de pequenas pedras e cascalho. Machos e fêmeas de lampreias constroem um ninho fixando-se pela boca a grandes pedras e agitando violentamente o corpo. Pedras menores são deslocadas e carregadas pela correnteza. O ninho está completo quando a escavação é marginada por grandes pedras voltadas contra o fluxo do rio, e por uma porção de pedras menores e areia na margem oposta do ninho, o que produz redemoinhos. A água é oxigenada por esta turbulência, mas não flui fortemente em uma única direção. A fêmea prende-se a uma das pedras rio acima, desovando, e o macho enrola-se nela, fertilizando-os à medida que são liberados, esse processo pode durar até dois dias. Lampreias adultas morrem após terem se reproduzido uma única vez.

As larvas eclodem em cerca de 2 semanas. Estas são radicalmente diferentes de seus pais e, originalmente, foram descritas em um gênero distinto, *Ammocoetes* (Figura 3-6c). Este nome tem sido retido como nome vemacular para a forma larval. Uma semana até 10 dias após a eclosão, os diminutos amocetes de 6 a 10 milímetros de comprimento, abandonam o ninho. São organismos vermiformes, com um grande funil oral carnoso e com olhos não funcionais, escondidos profundamente no interior do tegumento. Correntes levam os amocetes rio abaixo até remansos e margens calmas onde se enterram no lodo ou areia e passam três a sete anos vivendo como filtradores sedentários. O funil oral protraído faz com que a água entre e passe pela faringe muscular onde as partículas alimentares são aprisionadas em muco e levadas até o esôfago. Um amocete pode passar toda a sua vida larval no mesmo leito de sedimento sem que ocorram grandes modificações morfológicas ou comportamentais até que tenha 10 centímetros ou mais de comprimento e diversos anos de idade. A metamorfose inicia-se no meio do verão e produz um juvenil cinza prateado, pronto para iniciar sua vida como parasita. A migração rio abaixo até um lago ou até o mar pode não ocorrer até a primavera seguinte à metamorfose. A vida adulta geralmente não ultrapassa dois anos e muitas lampreias voltam após um ano para liberar gâmetas. Em algumas espécies não existem adultos parasitas: quando as larvas destas espécies sofrem metamorfose e os jovens adultos abandonam suas galerias para reproduzir-se imediatamente e morrer.

Durante os últimos 100 anos, o homem e as lampreias têm estado cada vez mais em disputa. Embora a lampreia marinha, *Petromyzon marinus,* pareça ter sido endêmica do Lago Ontário, ela foi desconhecida nos outros Grandes Lagos da América do Norte até 1921. O rio St. Lawrence – fluindo do Lago Ontário para o Oceano Atlântico – não constituiu uma barreira para a colonização por lampreias marinhas e os rios e riachos que desaguam no Lago Ontário mantiveram populações cercadas por terra. Durante suas migrações reprodutivas, as lampreias transpõem quedas d'água rastejando lentamente para cima com o auxílio de sua boca sugadora, mas os 50 metros de altura das Cataratas de Niágara (entre o Lago Ontário e o Lago Erie) são demais até mesmo para as lampreias mais apaixonadas. Mesmo depois que o Canal Welland conectou os Lagos Erie e Ontário em 1829, as lampreias não invadiram imediatamente o Lago Erie; levou um século para que as lampreias se estabelecessem na bacia drenada por esse lago.

De 1920 a 1950, as lampreias dispersaram-se rapidamente por toda a bacia dos Grandes Lagos. O fato surpreendente não é o de invadir as partes superiores dos Grandes Lagos, mas sim que levaram tanto tempo para iniciar a invasão. No entanto, uma vez alcançada a extremidade superior do Lago Erie, as lampreias conseguiram rápido acesso para os outros lagos. Lá elas encontraram condições adequadas e, por volta de 1946, habitavam todos os Grandes Lagos. As lampreias foram capazes de se dispersar sem restrições até que os interesses esportivos e comerciais se alarmaram com a redução do número de indivíduos de espécies economicamente importantes de peixes, tais como a truta, o bacalhau de água doce e a pescada branca de água doce. Lampreicidas químicos assim como barreiras elétricas e mecânicas nas desembocaduras de riachos usados para a reprodução, têm sido empregados para promover a queda das populações de lampreias dos Grandes Lagos aos níveis amais. Embora as populações de grandes peixes gnatostomados, incluindo os de valor comercial, estejam se recuperando, nunca será possível descuidar destas medidas contra as lampreias. O manejo incorreto (ou a falta de manejo inicial) das lampreias tem contribuído para nossa desvantagem. A história da diminuição da pesca nos Grandes Lagos é mais uma das centenas na história recente da vida dos Vertebrata na qual a falha humana em compreender e avaliar o entrosamento natural da biologia de nossos parentes mais próximos tem levado a mudanças graves em nosso ambiente. A introdução de espécies exóticas (= não indígenas) é a principal causa do declínio, em todo o mundo, de muitas espécies de vertebrados, especialmente nos habitats aquáticos.

A Importância dos Vertebrados Primitivos Atuais para a Compreensão dos Antigos

O registro fóssil dos primeiros Vertebrata revela pouco sobre sua evolução pré-Siluriana e não fornece indícios incontestáveis sobre a evolução da organização dos Vertebrata a partir da condição de Chordata não-vertebrados. Entretanto, feiticeiras e lampreias são exemplos de vertebrados primitivos sobreviventes, representantes da primeira irradiação de vertebrados agnatos.

Embora a biologia e o desenvolvimento de feiticeiras sejam menos conhecidos do que os de lampreias, as feiticeiras são especialmente importantes para nossa compreensão da primeira condição dos Vertebrata. Feiticeiras retêm mais caracteres primitivos do que qualquer vertebrado conhecido, vivente ou fóssil. Em contraste, alguns pesquisadores ainda preferem unir feiticeiras e lampreias como táxons irmãos, quer por motivos moleculares ou morfológicos. Jon Mallatt (1996 e Mallatt e Sullivan 1998) aponta especialmente tanto em feiticeiras como em lampreias a similaridade da cavidade faríngea alongada, alojando uma poderosa língua muscular sustentada por um aparato lingual cartilaginoso e contendo uma dobra respiratória chamada véu. Uma interpretação alternativa é aquela de que estes caracteres orais evoluíram convergentemente ou, talvez, representem um aspecto primitivo retido, herdado dos primeiros vertebrados. Ou eles podem ter evoluído convergentemente em associação com a aquisição de uma forma corpórea alongada. Esta forma alongada por sua vez pode estar relacionada a demandas locomotoras de uma natação ativa sem nadadeiras pares ou a um escudo dérmico para estabilizar a extremidade da cabeça do animal.

Myxine e seus parentes parecem ser consideravelmente mais derivados do que outras feiticeiras. Estudos comparativos fornecem o caminho mais promissor para entender o que é primitivo em feiticeiras e o que não é. A Tabela 3.1 descreve algumas características de feiticeiras que são mais primitivas do que aquelas de outros vertebrados viventes, incluindo as lampreias. Muitos caracteres aparentemente primitivos de feiticeiras, tais como sua virtual ausência de olhos, provavelmente são caracteres secundários associados ao hábito escavador em lodo, mas duas características fisiológicas das feiticeiras sugerem que elas ocupam uma posição filogenética muito primitiva. Primeiro, os líquidos do corpo de feiticeiras são isosmóticos em relação à água do mar, enquanto outros craniotas viventes possuem líquidos do corpo diluídos. Líquidos do corpo, tão concentrados como a água do mar, poderiam impossibilitar a sobrevivência em habitats de água doce, mas todos os grandes grupos de ostracodermes têm representantes de água doce – indicando que eles também tinham líquidos do corpo diluídos.

TABELA 3.1 Características das Feiticeiras, que São Mais Primitivos do que Aquelas de Lampreias e Gnatostomados

1. Têm olhos pares muito pequenos, perderam o olho pineal, músculos oculares extrínsecos e nervos cranianos associados para mover os olhos estão ausentes (mas devem representar perda secundária relacionada ao hábito de vida escavador).
2. Crânio constituído por uma bainha de tecido fibroso em vez de cartilagem
3. Perda da eletro-recepção e perda aparentemente do sistema da linha-lateral, mas canais sem neuromastos estão presentes na cabeça de algumas espécies.
4. Apenas um único canal semicircular (órgãos de equilíbrio, um em cada lado da cabeça) na orelha interna (no lugar de dos dois nas lampreias e ostracodermes, e três nos gnatostomados).
5. Nervo hipoglosso ausente (que carreia nervos motores para a língua), neurónios de mauterianos (= de Mauthener) situados no tronco encefálico (responsáveis pelas rápidas "resposta iniciadoras") e inervação autônoma do coração
6. Sistema sensorial receptor da gustação diferente do dos outros vertebrados.
7. O sistema circulatório retém "corações" acessórios e somente um tipo de célula sanguínea granular branca (três tipos em lampreias e gnatostomados).
8. Sem qualquer tipo de baço ou de um precursor deste órgão.
9. Ausência de elementos vertebrais cartilaginosos e de musculatura nas nadadeiras medianas
10. Sem ductos renais coletores no rim.
11. Possuem uma conexão aberta entre a cavidade pericárdica e o celoma (fechada em lampreias e gnatostomados)
12. Fluidos corpóreos com a mesma concentração da água do mar.

Uma segunda característica primitiva é o sistema sensorial gustativo. Nas lampreias e gnatostomados os botões gustativos estão situados no epitélio orofaríngeo e inervados pelos nervos cranianos VII, IX e X. Nas feiticeiras, entretanto, botões sensoriais especializados são encontrados na epiderme e são inervados principalmente pelo nervo craniano V e por nervos espinhais, e a área do encéfalo que recebe os impulsos nervosos provenientes dos botões sensoriais gustativos também é diferente nas feiticeiras. O sistema das feiticeiras deve ter evoluído independentemente do sentido da gustação em lampreias e gnatostomados, sugerindo uma divergência precoce para a linhagem das feiticeiras.

3.3 A Irradiação de Vertebrados Agnatos da Era Paleozóica – "Ostracodermes"

Ostracodermes compreendem diversas linhagens distintas, mas nosso conhecimento da exatidão como essas diferentes linhagens estão relacionadas umas com as outras e com os vertebrados atuais está em um considerável estado de fluxo (Janvier 1996, Maisey 1996, Donoghue et al. 2000). Todos os ostracodermes são caracterizados pela presença de um revestimento de ossos dérmicos, geralmente na forma de uma extensa armadura ou **carapaça,** mas às vezes na forma de placas menores ou escamas.

Os ostracodermes representam um conjunto parafilético porque alguns tipos mais derivados são claramente mais intimamente aparentados com os gnatostomados (vertebrados com maxilas) do que outros (veja a Figura 3-3). Os ostracodermes são mais derivados do que os agnatos atuais: apresentavam ossos dérmicos; e impressões na face interna do escudo cefálico dorsal sugerem que possuíam um trato olfatório conectando o bulbo olfatório com o prosencéfalo, além de terem um cerebelo no rombencéfalo. Os agnatos viventes não possuem cerebelo e seus bulbos olfatórios estão incorporados junto com o restante do prosencéfalo em vez de estarem localizados mais na frente e ligados à cabeça via trato olfatório (= nervo craniano I).

Os Ostracodermes variavam em comprimento desde cerca de 10 centímetros até mais do que 50 centímetros. Embora não tivessem tido maxilas, aparentemente alguns possuíam diversos tipos de placas orais móveis e, em qualquer vertebrado vivente, não há análogas destas. Estas placas eram dispostas em tomo de uma pequena boca circular que parecia estar localizada mais na frente na cabeça do que uma boca maior capaz de se abrir muito dos vertebrados gnatostomados. Talvez esses agnatos fossem filtradores, mas algumas espécies provavelmente se alimentavam de presas de pequeno tamanho e corpo mole. Apesar da maioria dos ostracodermes ter tido algum tipo de nadadeira dorsal mediana, somente as formas mais derivadas apresentavam alguma forma de apêndices pares laterais, e são conhecidas apenas as nadadeiras peitorais. Assim como nos vertebrados agnatos viventes, a notocorda deve ter sido o principal suporte axial durante toda a vida adulta. A Figura 3-7 mostra alguns ostracodermes típicos.

Durante o Siluriano Superior e o Devoniano, a maioria dos principais grupos conhecidos de agnatos extintos coexistiu com os primeiros gnatostomados. Aproximadamente 50 milhões de anos de coexistência fazem com que seja altamente improvável que os ostracodermes fossem levados

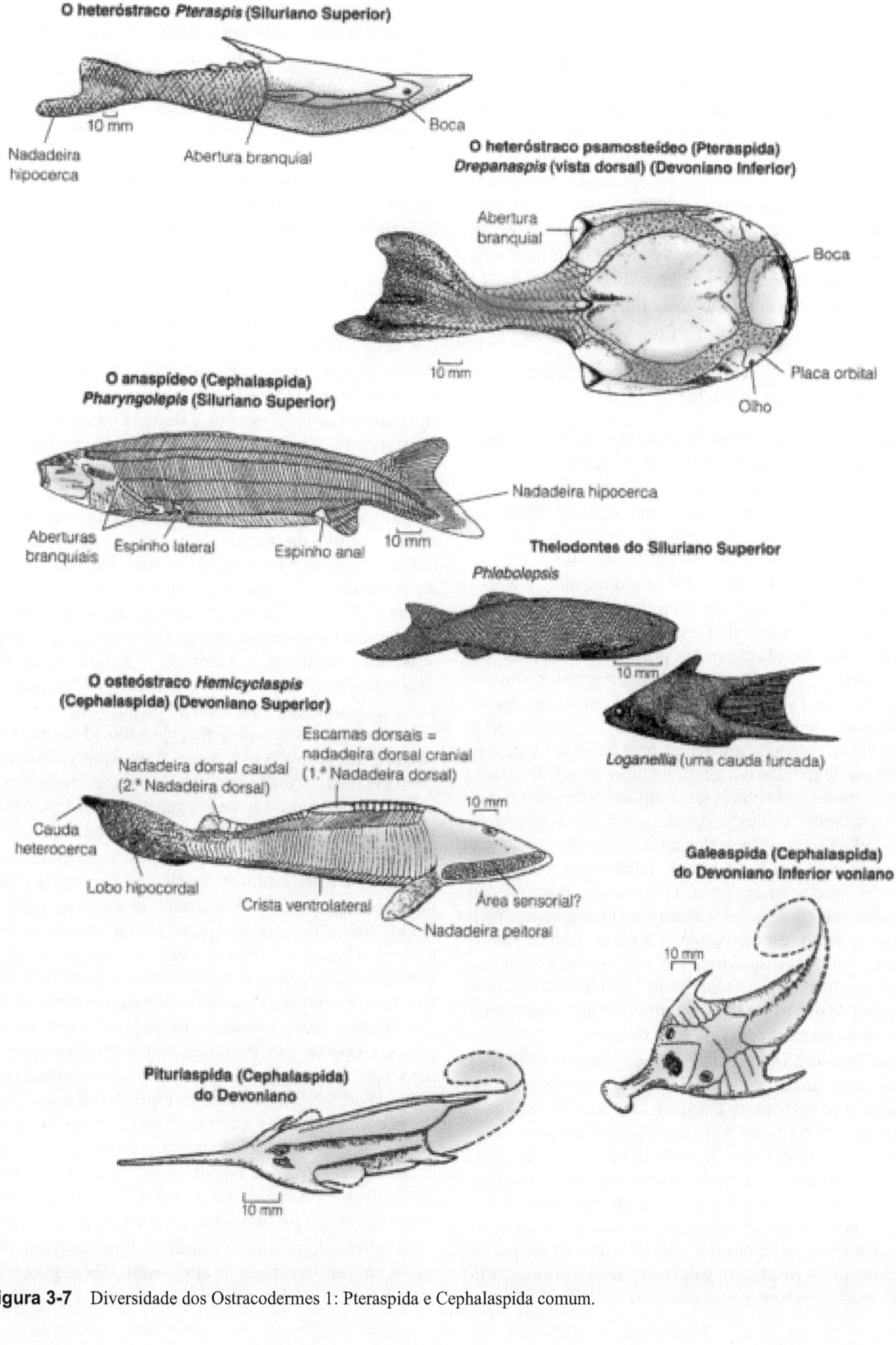

Figura 3-7 Diversidade dos Ostracodermes 1: Pteraspida e Cephalaspida comum.

à extinção pela irradiação dos gnatostomados. Vertebrados agnatos e gnatostomados parecem representar dois diferentes tipos básicos de animais, provavelmente explorando diferentes tipos de recursos. A redução inicial da diversidade dos ostracodermes no final do Devoniano Inferior pode estar relacionada ao rebaixamento do nível do mar, resultando na perda de habitats marinhos costeiros. A extinção dos ostracodermes no Devoniano Superior ocorreu juntamente com as extinções em massa de muitos invertebrados marinhos e, provavelmente, foi um evento ao acaso. Os gnatostomados também sofreram extinções em massa no Devoniano Superior sendo que uma linhagem inteira (os placodermes) extinguiu-se no final do Devoniano.

3.4 A Transição de Vertebrados Agnatos para Gnatostomados

Os gnatostomados já foram considerados como uma irradiação completamente distinta da dos agnatos, mas agora consideramos que eles se originaram dentro da irradiação dos agnatos. Os gnatostomados são consideravelmente mais derivados do que os agnatos, não apenas na posse de maxilas mas também em muitos outros aspectos.

Alfred Sherwood Romer (1967) propôs que "talvez o maior de todos os avanços na história dos Vertebrata tenha sido o desenvolvimento de maxilas e a consequente revolução no modo de vida dos peixes primitivos". Maxilas permitem uma variedade de novos comportamentos alimentares, incluindo a capacidade de agarrar firmemente objetos e, juntamente com os dentes, possibilitam ao animal cortar o alimento em pedaços suficientemente pequenos para que possam ser deglutidos ou, ainda, de moer alimentos duros. Novos recursos alimentares tornaram-se disponíveis quando os vertebrados evoluíram as maxilas: a herbivaria agora é possível, e muitos gnatostomados tornaram-se maiores do que os vertebrados agnatos contemporâneos. Maxilas móveis que agarram também permitem a manipulação de objetos: maxilas são usadas para escavar galerias, para transportar seixos e vegetação para a construção de ninhos e para agarrar parceiros durante a corte e juvenis durante o cuidado parental. Mais adiante neste capítulo, discutiremos a proposta de que as maxilas evoluíram originalmente para uma ventilação mais poderosa das brânquias.

No Capítulo 2 vimos como os arcos branquiais são uma característica fundamental do crânio dos vertebrados que promove suporte para as brânquias. As maxilas dos gnatostomados parecem ser homologas com esses arcos branquiais e constituídos do mesmo material embriológico (crista neural). Nenhum vertebrado vivente tem um par de arcos branquiais em uma posição tão rostral como as maxilas. Entretanto, todos os vertebrados têm a mesma estrutura nesta posição que parece representar a modificação de um par de arcos branquiais rostrais; maxilas nos gnatostomados, cartilagens velar (= suporte do véu) nas lampreias e feiticeiras.

Deste modo tem sido proposto que o ancestral comum dos vertebrados atuais tinham um par de arcos branquiais não modificados nesta posição. A Figura 3-8 resume as diferenças entre os arcos braquiais dos vertebrados gnatostomados e seus presumíveis ancestral agnato, e ilustra os principais componentes das articulações dos arcos branquiais dos gnatostomados (veja os arcos 3 a 7). Uma hipótese um pouco diferente da origem das maxilas a partir de uma estrutura semelhante ao véu encontrado nas lampreias, é discutido mais adiante neste capítulo.

O Padrão Básico dos Gnatostomatos

Os primeiros gnatostomados indiscutivelmente reconhecidos são do Siluriano Inferior, mas escamas, semelhantes às de tubarões, sugerem que eles tenham se originado antes, no Ordoviciano Médio. Tradicionalmente, a diferença entre gnatostomados e agnatos é descrita como os primeiros possuindo maxilas, que apresentam dentes na maioria das formas, além de dois conjuntos de apêndices ou nadadeiras pares (peitorais e pélvicas). O plano do corpo dos gnatostomados (Figura 3-9) revela que eles são caracterizados por muitos outros aspectos, o que implica que os gnatostomados representam um passo básico mais elevado nos níveis de atividade e de complexidade a partir de vertebrados agnatos (Tabela 3.2). Estes aspectos incluem progressos nas capacidades locomotoras e predatórias, e nos sistemas sensorial e circulatório. Assim como a transição de Chordata não-vertebrados para vertebrados foi caracterizada por uma duplicação do complexo do gene *Hox*, a transição entre vertebrados agnatos para gnatostomados pode ter envolvido um segundo evento de duplicação (Monastersky 1996). A duplicação do gene poderia ter resultado em uma maior quantidade de material genético, talvez necessário para construir um tipo mais complexo de animal.

As maxilas dos gnatostomados possuem dentes, mas os dentes devem ter evoluído depois que as maxilas estavam no lugar, porque os primeiros membros dos peixes gnatostomados mais primitivos – os placodermes – não tinham dentes (veja a Seção 3.5). Peixes ósseos e tetrápodes têm dentes embutidos diretamente nos ossos das maxilas (Figura 3-10). No entanto, porque os dentes se formam a partir de uma papila dérmica, eles só podem estar embutidos em ossos dérmicos. Os peixes cartilaginosos, tais como tubarões e raias, perderam os ossos dérmicos e seus dentes se formam no interior da pele resultando em uma **espiral de dentes** que está sobre as maxilas, mas atualmente não está embutida nelas. Essa condição é provavelmente a primitiva para todos os gnatostomados mais derivados do que placodermes, porque ela também é observada nos acantódios extintos que são o grupo irmão dos peixes ósseos (veja Seção 3.5).

A adição de maxilas e músculos hipobranquiais (inervados por nervos espinhais) aos músculos branquioméricos existentes (inervados por nervos cranianos) permitiu aos

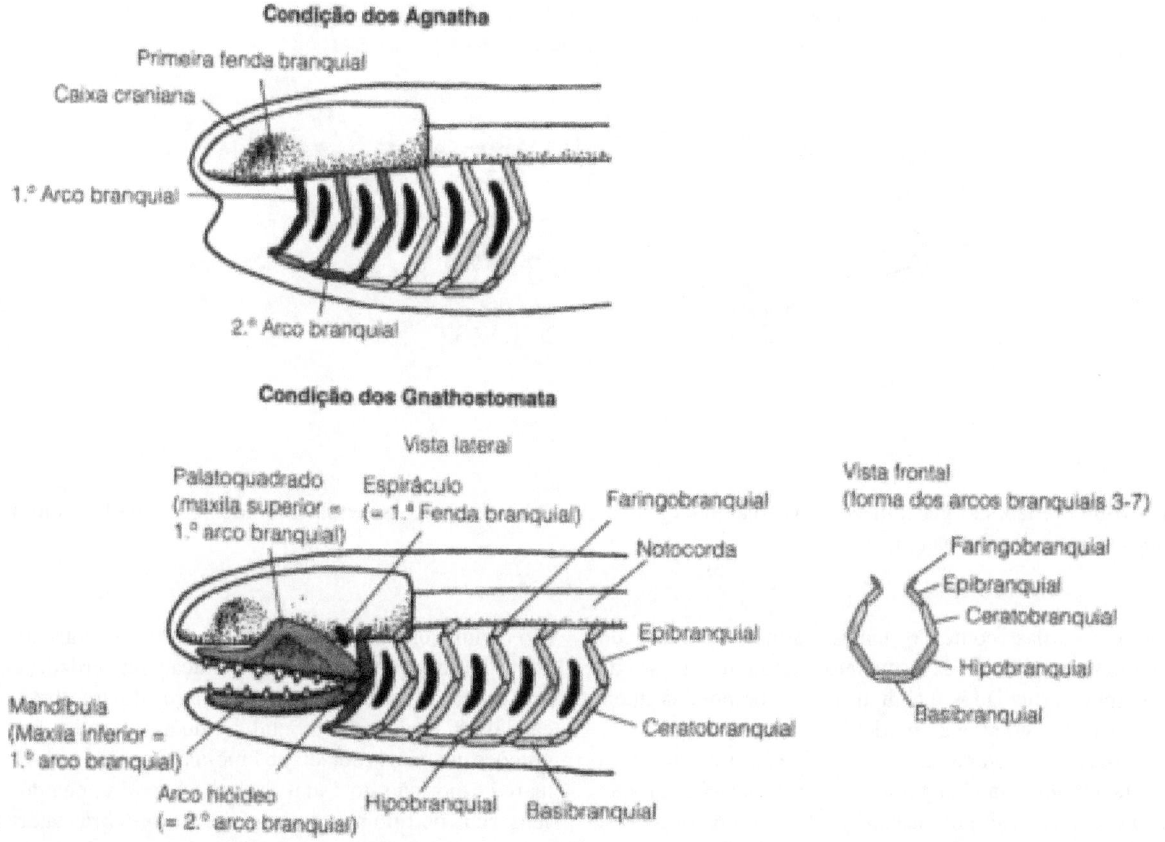

Figura 3-8 Evolução das maxilas dos Vertebrata a partir dos arcos branquiais mais craniais. As barras indicam elementos do esplancnocrânio (arcos branquiais e seus derivados).

vertebrados adicionar uma sucção poderosa aos seus mecanismos de alimentação (Figura 3-1 la). Outra característica dos gnatostomados é a presença de dois bulbos olfatórios distintos, direcionados para cada uma das duas narinas. Geralmente os agnatos possuem apenas uma única abertura nasal posicionada na frente da cabeça (como nas feiticeiras) ou no topo da cabeça (como nas lampreias e Cephalaspida). (Os Heterostracos também tinham duas narinas, mas essa condição não é idêntica àquela dos gnatostomados tendo derivado independentemente nos dois táxons). O crânio dos gnatostomados também sofreu um alongamento crânio-caudal em relação à condição agnata e há o desenvolvimento de um processo pós-orbital que encapsulou os olhos isolando-os das ações das maxilas.

Vértebras progressivamente mais complexas é uma característica dos gnatostomados. Inicialmente as vértebras consistiam de arcos neurais flanqueando o tubo neural (= arcos neurais, homólogos aos arcualia das lampreias) com arcos correspondentes abaixo da notocorda (= arcos hemáticos os quais podem estar presentes apenas na região da cauda). (Veja a região caudal do tronco na Figura 3-10). Gnatostomados mais derivados tinham um centro ou elementos centrais fixos a costelas (Figura 3-11b). Vértebras mais completas sustentavam a notocorda e, eventualmente substituíram-na como um bastonete de suporte para os músculos axiais reforçados, usados para a locomoção (principalmente nos tetrápodes). Observe que centros bem desenvolvidos não foram uma característica dos primeiros peixes gnatostomados e nunca foram observados em dois grupos extintos de peixes – placodermes e acantódios.

As costelas são outra uma característica nova nos gnatostomados. Elas situam-se no tecido conjuntivo entre músculos segmentares sucessivos fornecendo aumento na ancoragem dos músculos axiais. Existe agora uma clara distinção entre os blocos epiaxiais e os hipoaxiais dos músculos axiais, divididos por um septo horizontal composto por tecido fibroso delgado que se estende ao longo do comprimento do animal. O canal da linha lateral – contendo os órgãos que percebem vibrações na água circundante (veja Capítulo 4) – situa-se no plano deste septo, refletindo talvez um aumento de integração entre a locomoção e retro-alimentação sensorial. No interior da orelha interna existe um terceiro canal semicircular (horizontal), que pode refletir uma habilidade melhor de navegação e orientação em três dimensões.

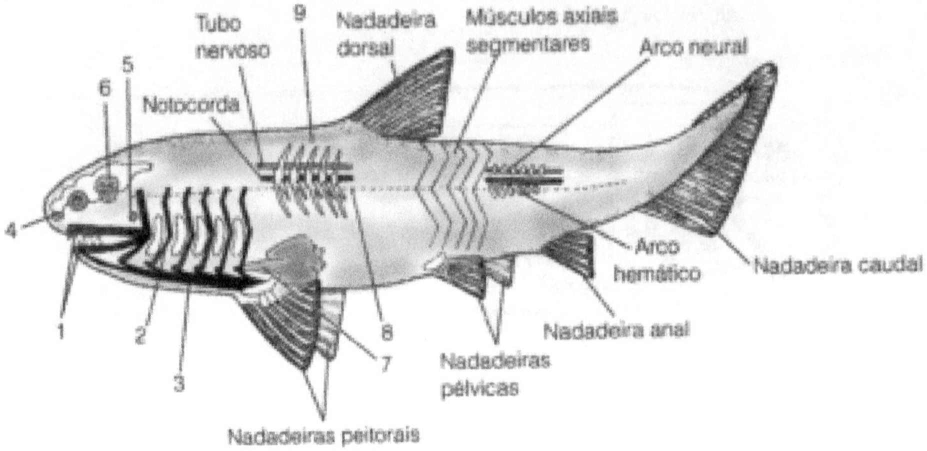

Figura 3-9 Vertebrado generalizado com maxilas (gnatostomado) mostrando aspectos derivados comparados com a condição vertebrados sem maxilas (agnatos).

Legenda: 1. Maxilas (contendo dentes) formadas a partir do arco branquial mandibular. **2.** Esqueleto branquial consiste de arcos branquiais articulados e contém rastros branquiais internos que impedem a entrada de partículas alimentares nas brânquias. A musculatura branquial também é mais robusta. **3.** A musculatura hipobranquial permite uma forte sucção durante a inalação e alimentação por sucção. **4.** Dois bulbos olfatórios extintos direcionadas para duas narinas distintas. **5.** A primeira fenda branquial é empurrada para formar o espiráculo situado entre os arcos mandibular e hióideo. **6.** Três canais semicirculares a orelha interna (adição de um canal horizontal). **7.** Adição de um cone arterial ao coração, entre o ventrículo e a aorta ventral, (note que a posição do coração, na verdade, é mais cranial do que a mostrada aqui, logo atrás do arco branquial mais caudal). **8.** O septo horizontal divide os músculos do tronco em porções epiaxiais (dorsais) e hipo-axiais (ventrais). Ele também marca a posição do canal da linha lateral contendo os órgãos sensoriais do tipo neuromastos. **9.** As vértebras agora possuem centros (elementos que circundam a notocorda) e costelas, porém note que os primeiros gnatostomados apresentaram apenas arcos neurais e hemáticos, como é mostrado na parte caudal do tronco.

Caracteres como as maxilas e costelas podem ser observados em fósseis, até o que conhecemos são exclusivos dos gnatostomados. No entanto, não podemos saber com certeza se outras novas características da anatomia das estmturas internas e moles eram características apenas dos gnatostomados ou se elas foram adotados em alguma das linhagens dos ostracodermes. Podemos supor que alguns aspectos do sistema nervoso, encontrados somente em gnatostomados entre os vertebrados viventes, foram adquiridos pelos primeiros ostracodermes. Por exemplo, impressões da superfície interna do escudo cefálico dérmico revelam a presença de um cerebelo no encéfalo e de um trato olfatório, embora apenas os gnatostomados tenham dois tratos olfatórios distintos direcionados para bulbos olfatórios bem separados. Outros aspectos novos do sistema nervoso de gnatostomados existentes incluem bainhas isolantes de mielina nas fibras nervosas e que aumentam a velocidade dos impulsos nervosos; um tubo nervoso espesso com uma massa cinzenta central com expansões; e os nervos que ao sair da coluna vertebral unem-se formando um nervo segmentar (diferente do que ocorre nos agnatos onde as raízes dorsal e ventral são separadas entre si). Os olhos têm musculatura intrínseca para a acomodação da lente, permitindo uma focalização melhor e os elementos sensoriais do sistema da linha lateral. Situam-se no interior de canais circundados por escamas especializadas. É improvável que um dia saibamos se qualquer uma dessas características foi compartilhada com algum dos Ostracodermes.

Também existem novas características internas do sistema circulatório, aparelho digestório e órgãos urinários e genitais. O coração dos gnatostomados apresenta uma pequena câmara adicional cranial ao ventrículo bombeador, o **cone arterial**, que atua como um reservatório elástico. Provavelmente, sua presença se deve ao forte bombeamento ventricular e às altas pressões sanguíneas dos gnatostomados, e à necessidade de uniformizar a natureza pulsante do fluxo de sangue. Os gnatostomados também possuem uma veia porta renal. Um estômago verdadeiro é uma característica nova dos gnatostomados entre os vertebrados viventes, mas alguns ostracodermes também parecem ter tido um estômago. Os gnatostomados também possuem um baço distinto, um pâncreas

TABELA 3.2 Caracteres Derivados dos Gnatostomados

Caracteres Cranianos

1. Crânio aumentado na parte rostral, terminando em uma fontanela pré-cerebral.
2. Crânio alongado na parte caudal, sendo que um ou mais arcos neurais occipitais estão incorporados na parte de trás da caixa craniana.
3. Desenvolvimento de um processo pós-orbital no crânio, separando as funções de sustentação das maxilas e isolamento dos olhos.
4. Musculatura intrínseca no olho para a acomodação da lente.

Caracteres Anatômicos Internos

5. O átrio situa-se caudo-dorsalmente (versus lateralmente) ao ventrículo.
6. Veia porta renal presente
7. Primitivamente, intestino contendo válvula espiral.
8. Pâncreas tanto com funções endócrina como exócrina.
9. Baço distinto
10. No adulto, os rins são formados somente pelas secções mais caudais (mesonefros e metanefros)
11. Gônadas masculinas unidas por ductos ao ducto excretor (arquinéfrico)
12. Gônadas femininas com ovidutos distintos
13. Duas (versus uma) proteínas contráteis de actina (uma especifica para músculos estriados e outra especifica para músculos lisos)

Caracteres Sensoriais

14. Nervos encerrados em bainhas mielínicas.
15. Grande e distinto cerebelo no rombencéfalo
16. Dois distintos tratos olfatórios dirígindo-se a bulbos olfatórios amplamente separados
17. Medula espinhal mais espessa contendo "cornos" de substância cinzenta em cortes transversais.
18. Raízes nervosas espinhais dorsais e ventrais ligadas para formar nervos espinhais compostos.
19. Padrão peculiar e evolutivamente conservativo de canais da linha lateral na cabeça (perdidos em anfíbios adulto e nos amniotas).
20. Linha lateral no tronco flanqueada ou encerrada por escamas especializadas (linha lateral perdida em anfíbios adultos e nos amniotas).
21. Terceiro canal semi-circular (horizontal)

definido (diferente do tecido pancreático dos agnatos), e uma válvula espiral no intestino para aumentar a superfície disponível para a absorção do alimento. As gônadas agora possuem duetos distintos ligando-as com a cloaca. Nos machos, os testículos estão ligados por túbulos com o dueto arquinéfrico que, originalmente, drenava o rim. Nas fêmeas, os ovários estão associados aos ovidutos. Os gnatostomados também têm tipos mais complexos de microestrutura muscular: os músculos possuem proteínas contrateis específicas (actinas) para os músculos estriados e para os lisos, enquanto nos agnatos existe apenas um tipo de proteína contrátil.

A Origem das Nadadeiras

Orientar um corpo em um espaço tridimensional é complicado. Nadadeiras amam como hidrofólios aplicando pressão sobre a água circundante. Como a água é praticamente incompressível, a força aplicada por uma nadadeira em uma direção contra a água, é contraposta por uma força igual na direção oposta. A nadadeira caudal aumenta a área da cauda proporcionando mais impulso durante a propulsão. Ajustes rápidos da posição do corpo na água podem ser especialmente importantes para peixes ativos e predadores como os primeiros gnatostomados, e nadadeiras ímpares na linha mediana do corpo (nadadeiras dorsal e anal) controlam a tendência do peixe girar na água (girar em tomo do eixo crânio-caudal do corpo ou para guinar – balançar para a direita ou esquerda) (Figura 3-12). As nadadeiras pares (peitorais e pélvicas) podem controlar a arfagem (elevação e abaixamento da cabeça) e atuar como freios, para produzir elevação e, ocasionalmente, são especializadas para fornecer impulso durante a natação (assim como o fazem as grandes nadadeiras peitorais das raias). As nadadeiras tem funções não locomotoras tais como: nadadeiras com espinho são utilizadas na defesa e podem se tornar sistemas de injeção de veneno quando associados a secreções granulares. Nadadeiras coloridas são utilizadas para produzir sinais visuais para parceiros sexuais potenciais, rivais e predadores.

Mesmo antes do surgimento dos gnatostomados, os peixes possuíam estruturas que eram usadas com o mesmo

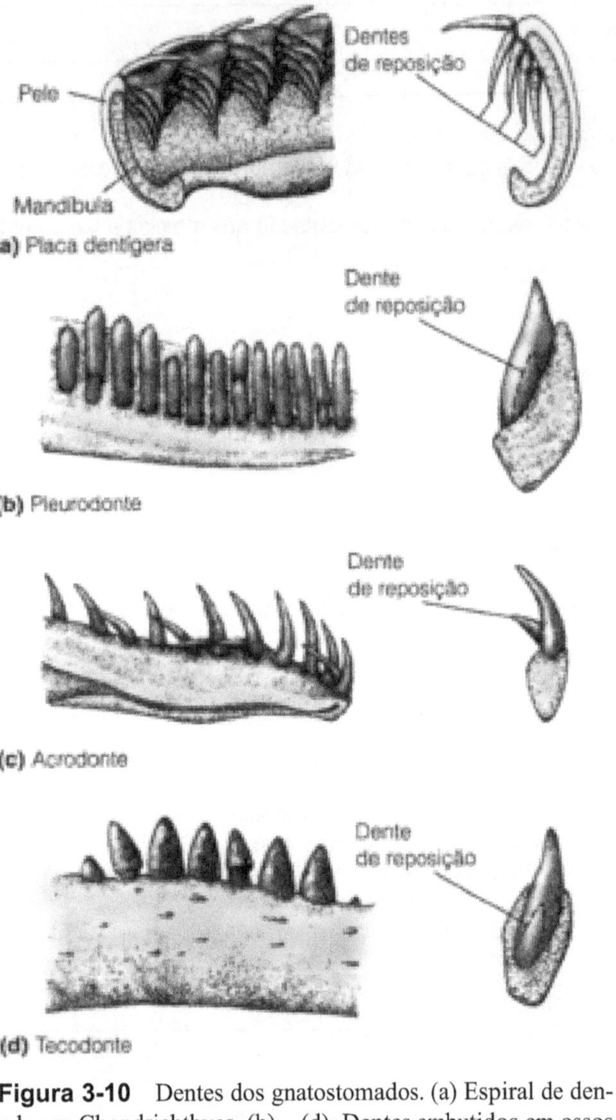

Figura 3-10 Dentes dos gnatostomados. (a) Espiral de dentes de um Chondrichthyes. (b) – (d). Dentes embutidos em ossos dérmicos da mandíbula como encontrado nos peixes ósseos e tetrápodes. (b) Pleurodonte, condição primitiva: os dentes fixam-se em uma saliência interna da mandíbula, presente em alguns peixes ósseos e nos anfíbios modernos e alguns lagartos, (c) Condição acrodonte: Os dentes se fundem aos ossos mandibulares, observado em muitos peixes ósseos e alguns répteis (derivaram independentemente), (d) Condição tecodonte: os dentes localizam-se em cavidades ósseas e mantêm-se no lugar por meio de ligamentos peridontais, observados nos répteis arcosauros e mamíferos (derivaram independentemente).

propósito que o das nadadeiras. Muitos ostracodermes tinham espinhos ou grandes escamas, derivados da armadura dérmica, que atuavam como nadadeiras imóveis. Alguns anaspídeos possuíam longas camadas de tecido, semelhantes a nadadeiras, ao longo de seus flancos, e os osteóstracos tinham nadadeiras peitorais.

A maioria dos peixes gnatostomados possui uma bem desenvolvida nadadeira caudal heterocerca. Caudas heterocerca são encontradas em alguns ostracodermes, porém outros possuíam cauda hipocerca ou ainda com outra forma. Uma notocorda que se volta abruptamente para cima ou para baixo aumenta a profundidade da nadadeira caudal e permite que ela exerça a força necessária para uma aceleração rápida. Todos os peixes que possuem um esqueleto axial reforçador na nadadeira, voltado para cima ou para baixo, têm uma nadadeira caudal que não colapsa e que é efetiva para a arrancada da natação. Nadar por arrancadas é importante para evitar predadores e pode economizar energia quando as arrancadas de aceleração são alternadas com deslizamentos.

Um Problema Causado pelas Brânquias nos Primeiros Vertebrados

Durante muitos anos, os pesquisadores consideraram os vertebrados agnatos e gnatostomados como duas irradiações evolutivas distintas. No entanto, como é mostrado na Figura 3-3, agora se percebe que os osteóstracos possuíam numerosas outras características derivadas que os aproximam mais dos gnatostomados do que de outros ostracodermes. As lampreias também são interpretadas como sendo mais próximas dos gnatostomados do que o são as feiticeiras. Assim, os Agnatha constituem um agrupamento parafilético e qualquer compreensão da origem dos gnatostomados precisa considerar o ponto de vista que, em algum momento, um vertebrado Agnatha se transformou em um com maxilas.

Entretanto, os vertebrados agnatos viventes possuem brânquias em forma de bolsas, com pequenas aberturas circulares distinguindo-se das aberturas em forma de fenda, entre as brânquias dos gnatostomados. É mais importante, os filamentos branquiais (os locais das trocas gasosas) são *internos* aos arcos branquiais nas brânquias das lampreias e feiticeiras, mas são *externos* aos arcos branquiais nos gnatostomados. Essas diferenças estruturais foram interpretadas como evidência de que os vertebrados agnatos e gnatostomados representam duas irradiações a partir de uma situação original na qual havia arcos branquiais, mas até aí não havia um verdadeiro tecido branquial. Esse assunto foi levantado por Jon Mallatt (p. ex., Mallatt 1985, 1996, 1998). Focando na condição dos vertebrados primitivos viventes em vez dos fósseis, esse autor notou que a estnitura detalhada das brânquias das lampreias era, atualmente, mais similar à condição dos tubarões do que a das feiticeiras. Essas similaridades estendiam-se para características, tais como, a posição dos filamentos branquiais, a entrada e saida dos vasos sanguíneos que suprem as brânquias, e numerosas características da microestrutura branquial. Existe também uma profunda diferença em como a água atravessa as brânquias nos dois grupos. Nas lampreias e peixes gnatostomados (e provavelmente na condição vertebrata primitiva), a água passa entre as estruturas branquiais, enquanto nas feiticeiras ela atravessa completamente o espaço interno de cada uma das câmaras branquiais (veja a Figura 3-13).

Assim, parecia que as brânquias de lampreias são homólogas a dos gnatostomados e que os arcos branquiais de suporte (externo versus interno) não o são. Entretanto,

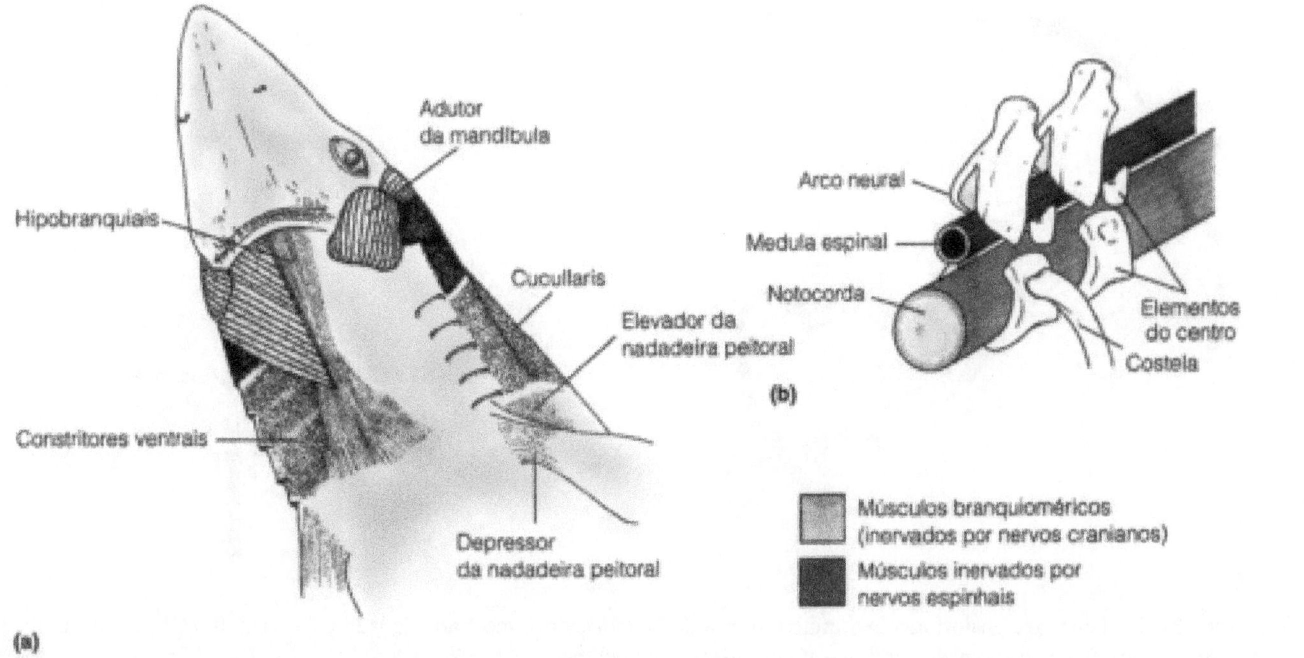

Figura 3-11 Algumas especializações dos gnatostomados. (a) Vista ventral de um cação "dogfish", mostrando tanto os músculos branquioméricos como os novos músculos hipobranquiais, inervados pelos nervos espinhais, (b) Vista de um vertebrado gnatostomado generalizado, mostrando os elementos centrais e costela.

como poderia ser explicada a diferença na posição dos suportes branquiais? Será que eles se moveram, de alguma forma, a partir de uma posição original externa nos vertebrados agnatos para uma nova posição, interna, naqueles com maxilas?

Mallatt (1996) resolveu esta questão examinando as estruturas anatômicas detalhadas destes vertebrados primitivos e propôs que a condição original dos vertebrados (inferida a partir da parte cranial da faringe de feiticeiras) foi a de ter ambos os conjuntos de suportes branquiais, um interno e outro externo, com as artérias aferentes (entram na brânquia) e eferentes (saem das brânquias) tanto nas lampreias como nos gnatostomados (Figura 3-13a). Nas feiticeiras (Figura 3-13b), os primeiros quatro arcos branquiais são modificados para sustentar um véu (uma aba que bombeia), mas partes, tanto dos arcos externos como internos, permanecem. As primeiras três bolsas branquiais são perdidas, mas outras brânquias migram para trás e só formam arcos externos. As brânquias têm forma de bolsas bem desenvolvidas e as artérias são rearranjadas de maneira complexa, provavelmente para maximizar a extração de oxigênio pobre nas águas dos sedimentos de mares profundos. Na lampreia (Figura 3-13c), o primeiro arco branquial é modificado para dar suporte o véu, e a primeira fenda branquial é perdida. Os arcos internos das outras brânquias são perdidos, talvez em associação com a nova ventilação intermitente, e as brânquias localizam-se em bolsas de modo independente da condição encontrada nas feiticeiras. Num ancestral gnatostomado hipotético (Figura 3-13d), os arcos branquiais internos podem ter aumentado para suportar os fortes músculos da respiração, que se prendem nestes arcos. Em um gnatostomado primitivo verdadeiro (Figura 3-13e), o primeiro arco branquial é modificado numa maxila e a abertura da boca aumenta. Pequenos arcos externos estão presentes nos tubarões atuais e os arcos externos são perdidos totalmente nos peixes ósseos. Mallatt propôs que o aumento progressivo do suporte interno nos gnatostomados tenha se relacionado com o aumento da potência dos músculos que movem estes arcos para trás e para frente durante os fortes estágios de inalação e exalação da ventilação nestes animais. Embora nunca possamos saber com certeza o que ocorreu realmente durante a evolução dos primeiros vertebrados, a anatomia dos vertebrados viventes faz sentido à luz da proposta de Mallatt. O cenário evolutivo proposto por esse autor também propõe condições evolutivas intermediárias que são plausíveis nos termos do entendimento da anatomia funcional.

Estágios na Origem das Maxilas

Há muito tempo se sabe que as maxilas dos vertebrados são constituídas do mesmo material que os arcos branquiais (cartilagem derivada da crista neural) e que elas se desenvolvem como o primeiro arco (mandibular) desta série nos vertebrados. (Observe que o termo "mandíbula" se refere apenas à maxila inferior, enquanto o arco mandibular abrange tanto a maxila superior como a inferior). A ideia vertebrados predadores mais derivados, poderiam transformar arcos

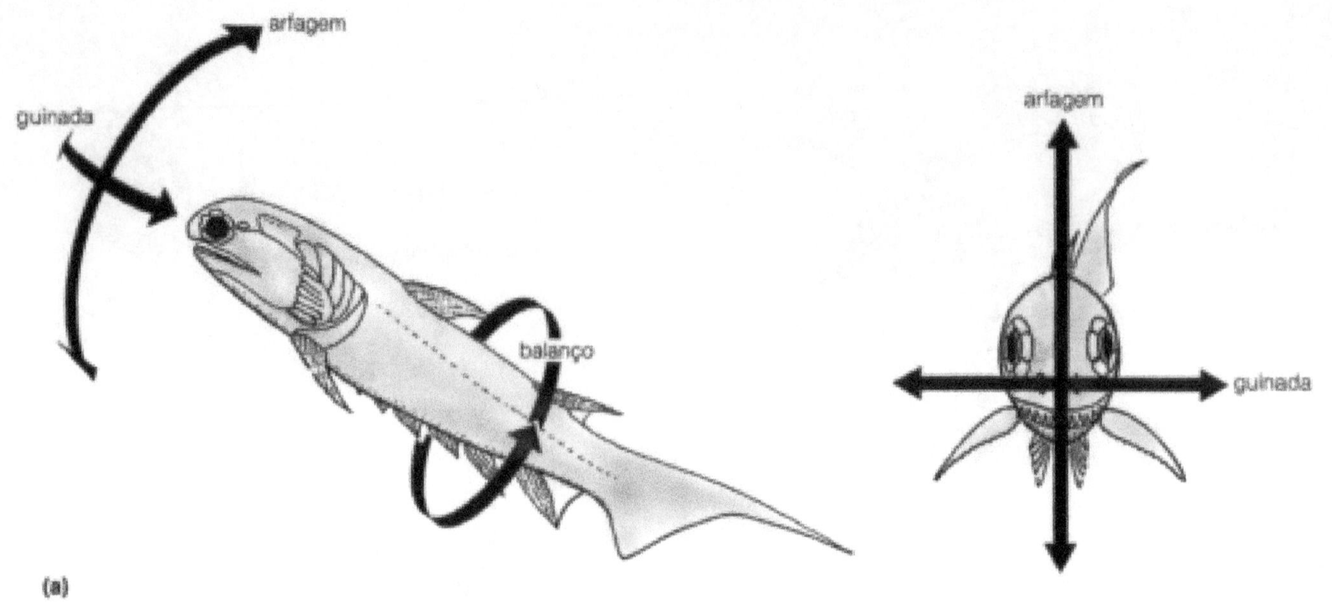

Figura 3-12 Um peixe gnatostomado primitivo (o acantódio *Climatius),* mostrado de lado e em vista frontal para ilustrar a arfagem, a guinada e o balanço e as nadadeiras que atuam nestes movimentos.

branquiais em maxilas com dentes tem sido mais ou menos inquestionável. Assume-se comumente que as maxilas constituem importantes mecanismos para a alimentação e, assim, os vertebrados mais derivados, de alguma forma tinham que obtê-las. No entanto, esta abordagem simplista não esclarece como o evento evolutivo existente atualmente ocorreu: Qual seria o uso de uma protomaxila antes de sua completa transformação? E, mesmo se os primeiros vertebrados necessitassem de algum tipo de padrão superior da boca, por que modificar um arco branquial faríngeo que, inicialmente, estava localizado a alguma distância atrás da abertura bucal? Por que não modificar as cartilagens e placas existentes que circundam a boca? Os agnatos viventes apresentam cartilagens bucais especializadas, e diversos ostracodermes aparentemente possuíam placas orais. Somando-se a essas questões observamos anteriormente que os dentes evoluíram depois das maxilas – deste modo, qual deveria ter sido a função das maxilas sem dentes? (Um filme intitulado "gengivas" não deveria ser muito assustador).

Mallatt (1996, 1998) propôs uma explicação para a origem das maxilas que é aceita de modo geral. Ele sugere que o aumento inicial do arco mandibular em proto-maxilas foi devido provavelmente ao incremento da ventilação branquial em vez de para a alimentação. Numerosos aspectos dos gnatostomados sugerem que eles são mais ativos do que os vertebrados agnatos e possuem maiores demandas metabólicas. Uma característica derivada dos gnatostomados associada com uma essa elevada atividade, é o poderoso mecanismo para bombear água sobre as brânquias. Os gnatostomados apresentam uma série característica de músculos branquiais internos, bem os novos músculos hipo-branquiais externos. Estes músculos não só empurram água através da faringe durante a exalação, mas também e sugam água para o interior da faringe durante a inalação. Os peixes gnatostomados podem gerar uma sucção mais forte que a dos agnatos, e uma sucção poderosa também é um modo de introduzir alimento na boca. Os agnatos viventes produzem uma certa quantidade de sucção em seu véu bombeador, mas esta bomba empurra (mais do que succiona) a água e sua ação é fraca.

Mallatt sugeriu que o arco branquial mandibular aumentou formando protomaxilas porque desempenhava um papel essencial na ventilação forçada – fechando e abrindo rapidamente a entrada da faringe. Durante a forte exalação, quando a faringe forçava a água para trás através das brânquias, a água era impedida de ser regurgitada para fora da boca porque o arco mandibular se curvava, fechando-se fortemente. Em seguida, durante a inspiração forçada, o arco mandibular era rapidamente endireitado abrindo novamente a faringe para permitir que a água inalada entrasse. Para

Figura 3-13 O cenário de Jon Mallatt sobre a evolução das brânquias e das maxilas dos vertebrados. Os animais estão representados em vista ventral. "A" = artéria aferente (transportando sangue sem oxigênio para as brânquias); "E" = artéria eferente (transportando sangue oxigenado para longe das brânquias). As setas tracejadas mostram a direção do fluxo da água. (a) Condição do vertebrado ancestral (consistente com os ostracodermes). Feiticeiras, (c) Lampreias, (d) Ancestral hipotético dos gnatostomados. (e) Primeiro gnatostomado verdadeiro.

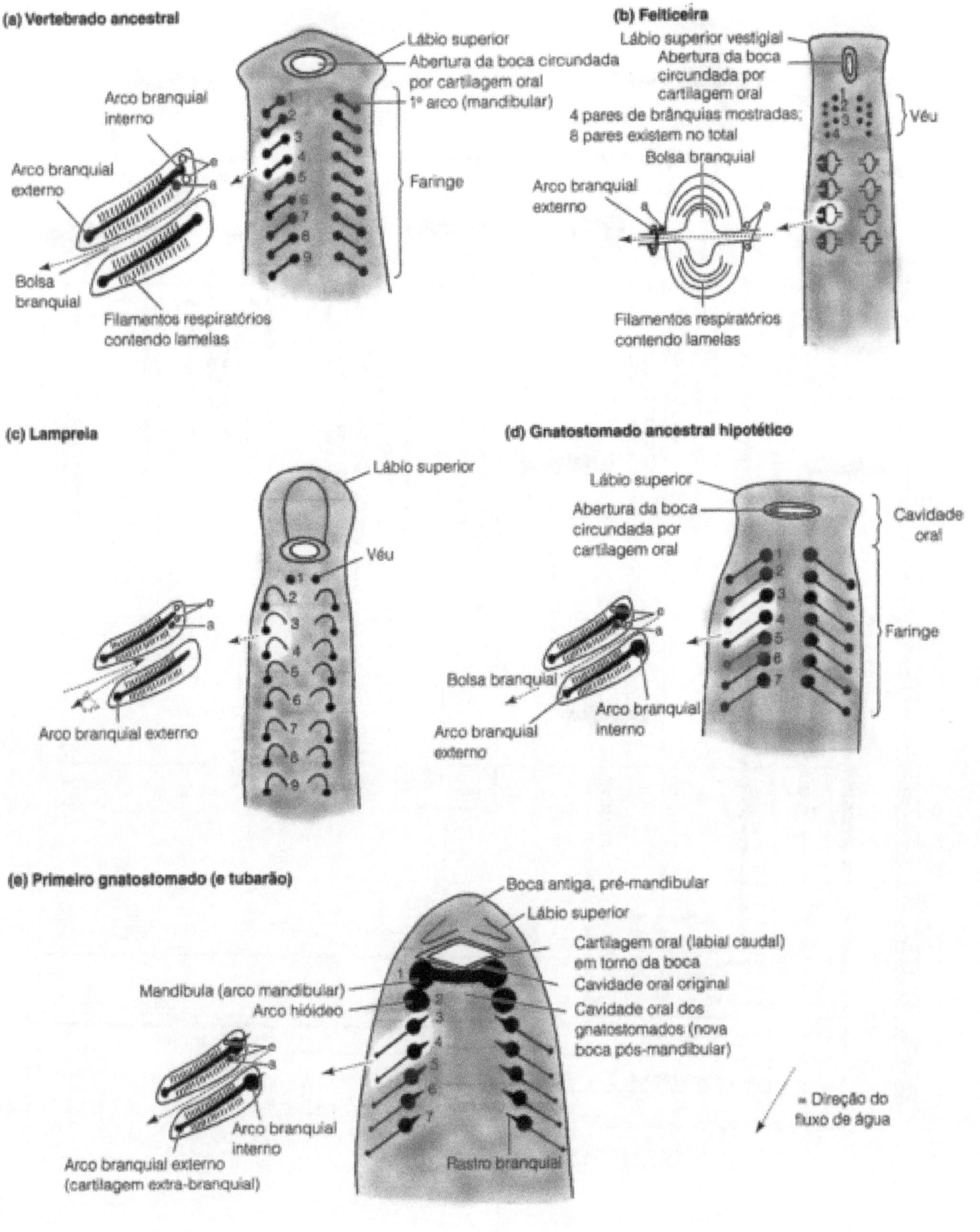
(a) Vertebrado ancestral
Lábio superior
Abertura da boca circundada por cartilagem oral
1º arco (mandibular)
Arco branquial interno
Arco branquial externo
Faringe
Bolsa branquial
Filamentos respiratórios contendo lamelas
(b) Feiticeira
Lábio superior vestigial
Abertura da boca circundada por cartilagem oral
4 pares de brânquias mostradas; 8 pares existem no total
Véu
Bolsa branquial
Arco branquial externo
Filamentos respiratórios contendo lamelas
(c) Lampreia
Lábio superior
Véu
Arco branquial externo
(d) Gnatostomado ancestral hipotético
Lábio superior
Abertura da boca circundada por cartilagem oral
Cavidade oral
Faringe
Bolsa branquial
Arco branquial interno
Arco branquial externo
(e) Primeiro gnatostomado (e tubarão)
Boca antiga, pré-mandibular
Lábio superior
Cartilagem oral (labial caudal) em torno da boca
Mandíbula (arco mandibular)
Arco hióideo
Cavidade oral original
Cavidade oral dos gnatostomados (nova boca pós-mandibular)
Arco branquial interno
Arco branquial externo (cartilagem extra-branquial)
Rastro branquial
= Direção do fluxo de água

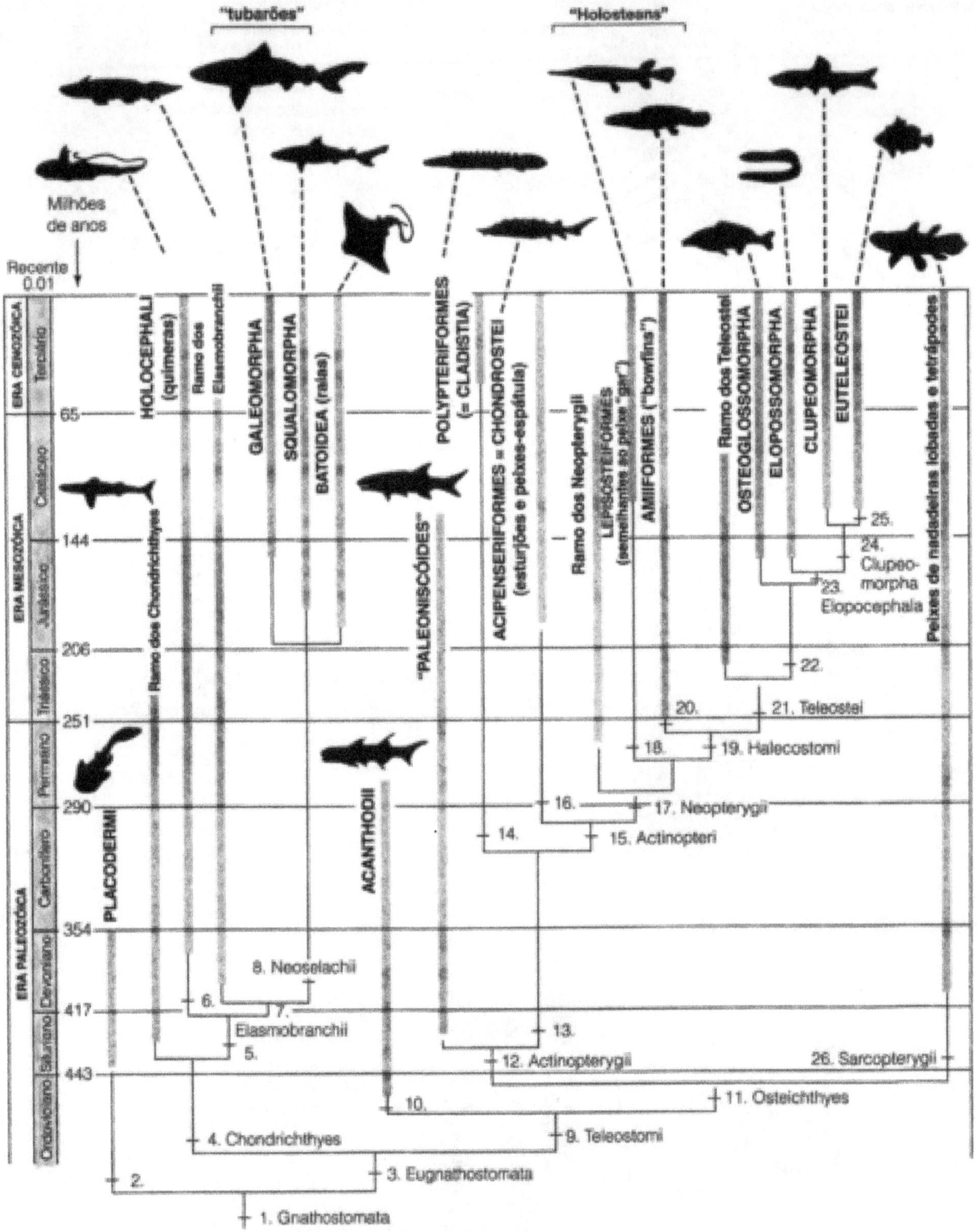

Figura 3-14 Relações filogenéticas de peixes com maxilas. Este diagrama representa os prováveis parentescos entre os principais grupos de gnatostomados basais. Linhagens extintas estão marcadas com uma adaga (†). Linhas negras mostram apenas parentesco; elas nao indicam as épocas de divergência nem a presença não assinalada de táxons no registro fóssil. Os números em negrito indicam caracteres derivados que distinguem as linhagens. São mostrados apenas os parentescos melhor corroborados.

Legenda: 1. Gnathostomata – Maxilas formadas por cartilagens bilaterais do palatoquadrado (superior) e mandibular (inferior) do arco visceral mandibular em algum estágio do desenvolvimento, arco branquial hióideo modificado, os principais elementos branquiais internos às membranas branquiais; os arcos branquiais contêm quatro elementos em cada lado, mais um elemento mediano ventral ímpar; três canais semicirculares; cinturas internas de sustentação associadas com as nadadeiras peitorais e pélvicas; e muitos aspectos da anatomia das estruturas moles (veja a Tabela 6.2). **2.** Placodermi – Tentativamente colocados como grupo irmão de todos os outros gnatostomados, mas veja Gardiner (1984) para um ponto de vista diferente. Provisoriamente unidos pelos seguintes caracteres derivados: uma articulação especializada nas vértebras cervicais, um arranjo peculiar de placas esqueléticas dérmicas da cabeça e da cintura escapular, um padrão peculiar de canais da linha lateral na cabeça, e semidentina nos ossos dérmicos. **3.** Chondrichthyes mais Teleostomi (Eugnathostoma) – Elemento epihial do segundo arco visceral modificado como hiomandibular, que é um elemento de sustentação da mandíbula; dentes verdadeiros enraizados nas maxilas (Osteichthyes) ou em uma espira; fusão das cápsulas nasais ao restante do condrocrânio. **4.** Chondrichthyes – Mineralização pericondral e encondral peculiar (placas prismáticas de apatita), escamas placóides, dentes e mecanismos de substituição de dentes únicos, caracteres distintivos dos elementos basais e radiais das nadadeiras, o labirinto da orelha interna abre-se externamente via ducto endolinfático, aspectos distintivos do sistema endócrino. **5.** Elasmobranchii mais Holocephali – Clásperes nas nadadeiras pélvicas dos machos e pelo menos quatro caracteres adicionais para suporte das nadadeiras. **6.** Holocephali – Suspensão hiostílica da mandíbula (veja Capítulo 5), arcos branquiais abaixo da caixa craniana, nadadeira peitoral com dois elementos basais, nadadeira dorsal articula-se com os elementos craniais do esqueleto axial. **7.** Elasmobranchii – Nadadeira peitoral com três elementos basais, articulação escapular estreita, o basibranquial separado do basihial por uma fenda. **8.** Neoselachii – Nadadeira peitoral com três elementos basais, o mais cranial é sustentado pela cintura escapular; mais características do sistema nervoso, do crânio e dos arcos branquiais. **9.** Teleostomi – Estruturas branquiais não presas ao septo interbranquial, revestimento opercular ósseo, raios branquiostegais. **10.** Acanthodii – Espinhos nas nadadeiras anal e pares, bem como nas nadadeiras dorsais; espinhos intermediários pares entre as nadadeiras peitorais e pélvicas. **11.** Osteichthyes – Um padrão peculiar de ossos dérmicos na cabeça, incluindo ossos bucais marginais dérmicos com dentes enraizados, um padrão peculiar de ossificação dos ossos dérmicos da cintura escapular, presença de lepidotriquios (raios de nadadeira), diferenciação dos músculos da região branquial, presença de um pulmão ou bexiga natatória derivados do trato digestório, inserção medial do músculo mandibular na maxila inferior. **12.** Actinopterygii – Elementos basais das nadadeiras peitorais aumentados, raios das nadadeiras medianas presos a elementos esqueléticos que não se estendem até o interior das nadadeiras, uma única nadadeira dorsal, escamas com disposição, forma, com mecanismo de imbricação e histologia peculiares (camada externa de enamelóide em padrão complexo de camadas denominada, ganoína). **13. Polypteryiformes mais Actinopteri** (mais fósseis como *Moythomasia* e *Mimia)* – Uma dentina especializada (acrodina) forma uma capa no dente, detalhes da estrutura posterior da caixa craniana, elementos basais específicos das nadadeiras pélvicas são fundidos, e numerosos aspectos da anatomia das estruturas moles de formas viventes, que não podem ser verificados para os fósseis. **14.** Polypteriformes (Cladistia) – Espinhos peculiares na nadadeira dorsal, fusão dos ossos faciais, e o esqueleto e a musculatura das nadadeiras peitorais. **15.** Actinopteri – Caracteres derivados dos elementos dérmicos do crânio e da cintura e das nadadeiras peitorais, um canal espiracular formado por um divertículo do espiráculo penetrando no processo pós-orbital do crânio, outros detalhes da estrutura do crânio, três cartilagens ou ossificações no hióide. A bexiga natatória conecta-se dorsalmente com o intestino mais cranial, nadadeiras afiadas devido a escamas especializadas (fulcros). **16.** Acipensiformes (Chondrostei) – Fusão entre premaxilares, maxilares e ossos dermopalatinos do focinho; sínfise rostral peculiar do palatoquadrado. **17.** Neopterygii – Raios das nadadeiras dorsal e anal reduzidos e igualando o número dos suportes endoesqueléticos, lobo superior da nadadeira caudal contendo esqueleto axial reduzido em tamanho para produzir uma nadadeira caudal praticamente simétrica, dentes faríngeos superiores consolidados em placas dentígeras, caracteres da cintura peitoral e dos ossos do crânio. **18.** Lepisosteiformes (Ginglymodi) – Vértebras com face cranial convexa e face caudal côncava (opistocélicas), ossos infraorbitais com dentes contribuem para alongar as maxilas. Veja o estado do caráter 19. **19.** Halecostomi – Modificações da face, articulação da mandíbula, e ossos operculares incluindo uma maxila móvel. Os parentescos dos Lepisosteiformes, Amiiformes, de seus parentes fósseis e dos Teleostei estão sujeitos continuamente a muitas opiniões diferentes, sem nenhuma resolução clara baseada em caracteres derivados peculiares compartilhados. As filogenias mais conservativas do que a apresentada aqui apresentam suas relações de parentescos como não resolvidas. Outros podem unir os Lepisosteiformes e os Amiiformes como "Holostei". **20.** Amiidae (Amiiformes recentes) – Articulação da mandíbula é formada pelo osso quadrado ao qual se soma o osso denominado simplético. **21.** Teleostei – Arcos neurais caudais (uroneurais) alongados, contribuindo para o enrijecimento do lobo superior da nadadeira caudal internamente assimétrica (externamente esta nadadeira é simétrica = homocerca, pelo menos primitivamente nos teleósteos), placas dentígeras faríngeas ventrais ímpares nos elementos basibranquiais, pré-maxilares móveis, detalhes dos forames do crânio, músculos da mandíbula, e esqueleto axial e peitoral. **22.** Teleósteos recentes – Presença de um basihial endoesquelético, de quatro faringobranquiais e três hipobranquiais, placas dentígeras medianas sobrepostas aos basibranquiais e basihiais. **23.** Elopocephala – Dois ossos uroneurais estendem-se para frente até o segundo centro vertebral ural (cauda); ossos epipleurais intermusculares abdominais e da parte anterior da cauda presente. **24.** Clupeocephala – Placas dentígeras faríngeas fundidas com elementos endoesqueléticos dos arcos branquiais, arco neural do primeiro centro caudal reduzido ou ausente, padrões distintivos de ossificação e articulação da mandíbula. **25.** Euteleostei – Este grupo de vertebrados numericamente dominante é pouco caracterizado, não se conhece [caráter derivado compartilhado] peculiar para esse grupo que está presente em todas ou, talvez, na maioria das formas. No entanto, tem-se utilizado no estabelecimento da monofilia a seguinte caracterização: presença de uma nadadeira adiposa na parte caudal da linha mediana dorsal, presença de tubérculos nupciais na cabeça e no corpo, evaginações membranosas pares craniais dos primeiros ossos uroneurais da nadadeira caudal. (Estes caracteres usualmente são perdidos nos euteleósteos mais derivados.) A natureza destes caracteres leva a uma ausência de consenso sobre os parentescos dos clupeocefalídeos basais, embora a monofilia do grupo ainda seja geralmente aceita. **26.** Sarcopterygii – Nadadeiras peitorais e pélvicas carnosas possuem um único elemento esquelético basal, os lobos musculares nas bases destas nadadeiras, esmalte (versus enamelóide) na superfície dos dentes, cosmina (um tipo peculiar de dentina) nas escamas do corpo, caracteres peculiares das maxilas, articulação dos suportes da mandíbula, arcos branquiais e cintura peitoral.

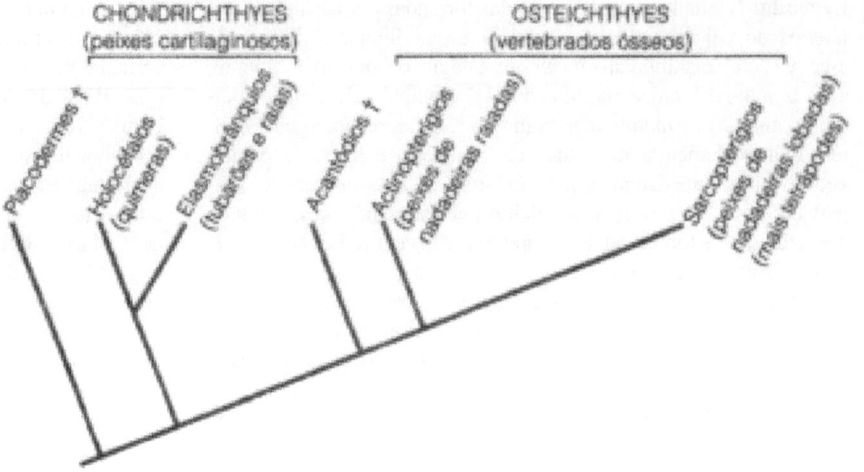

➤**Figura 3-15** Cladograma simplificado dos gnatostomados mostrando somente os táxons viventes e os principais grupos extintos. Uma adaga (†) indica um táxon extinto.

acomodar as forças dos poderosos músculos que dobram o arco (o *adductor mandibulae)* e o endireitam (os músculos hipobranquiais), o arco mandibular aumentou e tornou-se mais robusto. A vantagem de usar o arco mandibular para este processo seria a de que os músculos envolvidos eram da mesma série que os outros músculos responsáveis pela ventilação e sua origem comum poderia assegurar que todos os músculos seriam controlados pelos mesmos circuitos nervosos. Talvez este seja o motivo pelo qual o arco mandibular, em vez de outras cartilagens orais rostrais, tenha se transformado nas maxilas dos gnatostomados. Uma hipótese alternativa propõe uma homologia entre das maxilas dos gnatostomados e o véu das lampreias (Smith e Coates 2000, Kuratani et al. 2001, Cohn 2002). Essas estruturas são de fato claramente homologas e ambas representam o arco branquial mandibular: no entanto, é provável que tanto as maxilas como o véu sejam modificações diferentes de uma estrutura original mais simples.

3.5 Peixes Gnatostomados Extintos na Era Paleozóica

Com maxilas que podem agarrar presas, e músculos que produzem uma sucção poderosa, o estágio para entrar em um novo domínio de alimentação foi alcançado pelos gnatostomados – atacando presas grandes, que nadavam ativamente. São bem conhecidos fósseis de corpo inteiro de gnatostomados no Devoniano e com o passar do tempo puderam ser divididos em quatro ciados distintos: dois grupos extintos – **placodermes** e **acantódios** – e dois grupos que sobrevivem atualmente – **condrictes** (peixes cartilaginosos) e **osteítes** (vertebrados ósseos).

Os placodermes eram peixes altamente especializados, com armadura, que parecem ser mais primitivos do que todos os outros gnatostomados quanto a certos aspectos. Os peixes cartilaginosos, que incluem tubarões, raias e quimeras, evoluíram especializações distintivas da armadura dérmica, calcificação interna, mobilidade das maxilas e nadadeiras, além da reprodução. Os acantódios e os peixes ósseos podem ser aparentados próximos e, algumas vezes, são agrupados como teleóstomos. Os peixes ósseos desenvolveram osso endocondral, um esqueleto cefálico dérmico distintivo que incluía um opérculo recobrindo as brânquias, e um saco aéreo interno formando um pulmão ou uma bexiga natatória.

Os peixes ósseos incluem os peixes de nadadeiras raiadas **(actinopterígios),** que compreendem a maioria dos peixes viventes, e os peixes de nadadeiras lobadas **(sarcopterígios).** Somente alguns poucos peixes de nadadeiras lobadas sobrevivem hoje em dia (peixes pulmonados e os celacantos), mas foram mais diversificados na Era Paleozóica e constituíram o grupo que originou os tetrápodes. Note que, no sentido cladístico apropriado, os Osteichthyes incluem os tetrápodes. Os peixes ósseos constituem por si só um grupo parafilético porque seu ancestral comum também é o ancestral dos tetrápodes, e o mesmo é verdadeiro para os Sarcopterygii.

Antes de estudar os grupos recentes de peixes com maxilas, voltaremos aos placodermes e acantódios para examinar a variedade dos primeiros gnatostomados. As Figuras 3-14 e 3-15 mostram as inter-relações dos peixes gnatostomados. Os vários grupos extintos de condrictes são discutidos no Capítulo 5, e os osteícties extintos são abordados no Capítulo 6.

Placodermes – Os Peixes com Armadura

Como o nome placoderme (Grego *placo* = placa e *dermis* = pele) subentende, estes animais eram recobertos por um espesso escudo ósseo, frequentemente ornamentado, recobrindo a metade ou um terço anterior de seu corpo (Figura 3-16).

Este escudo dérmico diferia da condição encontrada nos ostracodermes; nos placodermes, o escudo era dividido

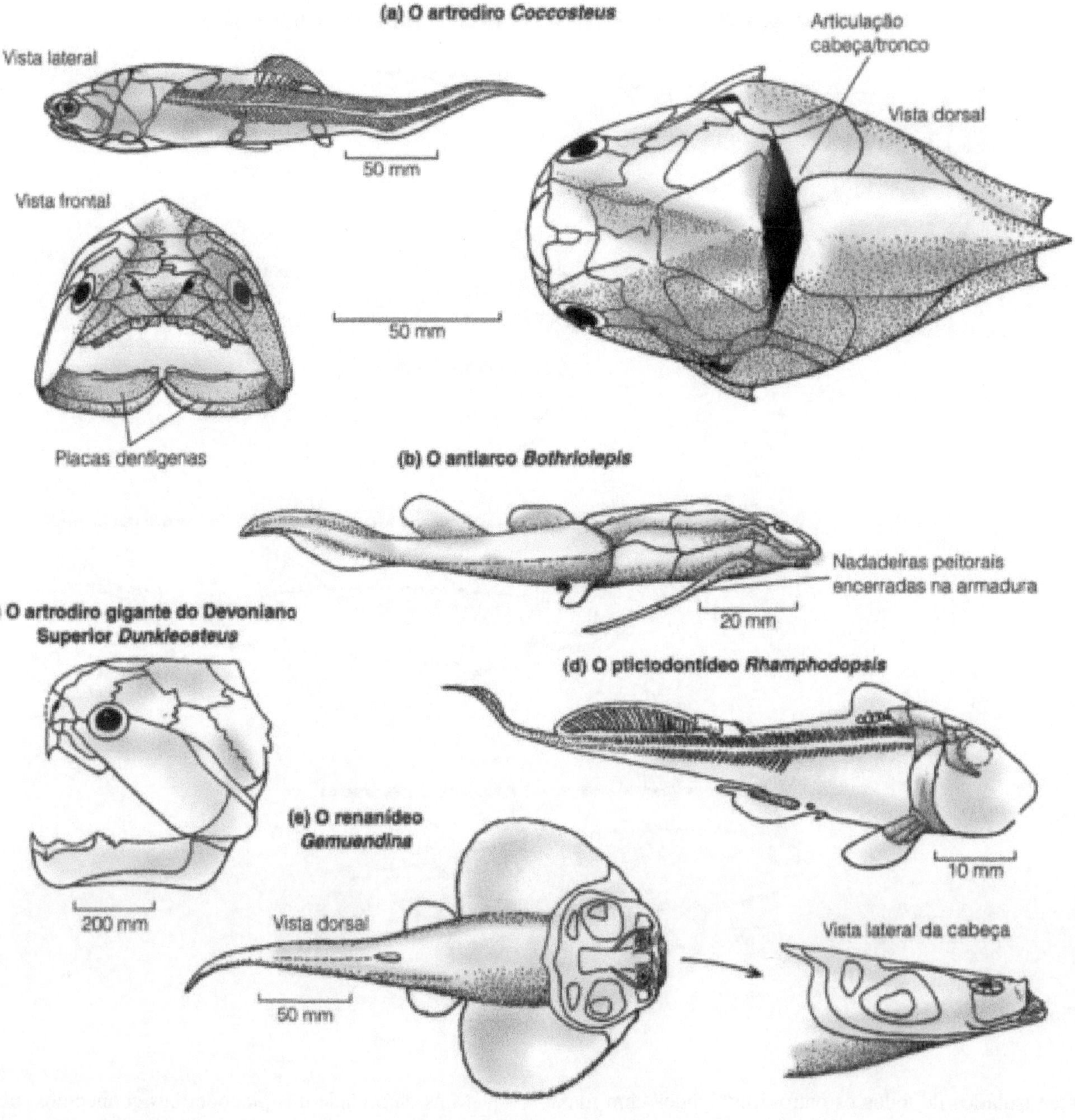

Figura 3-16 Placodermes.

numa porção cefálica distinta e numa porção do tronco, ambas unidas por uma articulação móvel que possibilitava levantar a cabeça durante a alimentação (Figura 3-16a). Os placodermes são conhecidos do Siluriano Inferior até o final do Devoniano. Durante o Devoniano irradiaram em um grande número de linhagens e tipos tendo sido os vertebrados mais diversificados daquele tempo, tanto no número de espécies como de especializações morfológicas. Como os ostracodermes, os placodermes sofreram grandes perdas nas extinções do Devoniano Superior. Mas diferentes de qualquer grupo de ostracodermes, umas poucas linhagens de placodermes continuaram durante um Período de 5 milhões de anos até o fim do Período a primeiras formas possuíam armaduras mais pesadas e particularmente a armadura do corpo sofreu redução ao longo do tempo em formas mais derivadas. Os ancestrais dos placodermes eram principalmente marinhos, mas diversas linhagens tornaram-se adaptadas à água doce e a habitats estuarinos.

Os placodermes não têm análogos modernos e sua armadura externa massiva toma a interpretação de seu estilo de vida particularmente difícil. Eles devem ter sido principalmente peixes bentônicos; em muitas espécies a anatomia

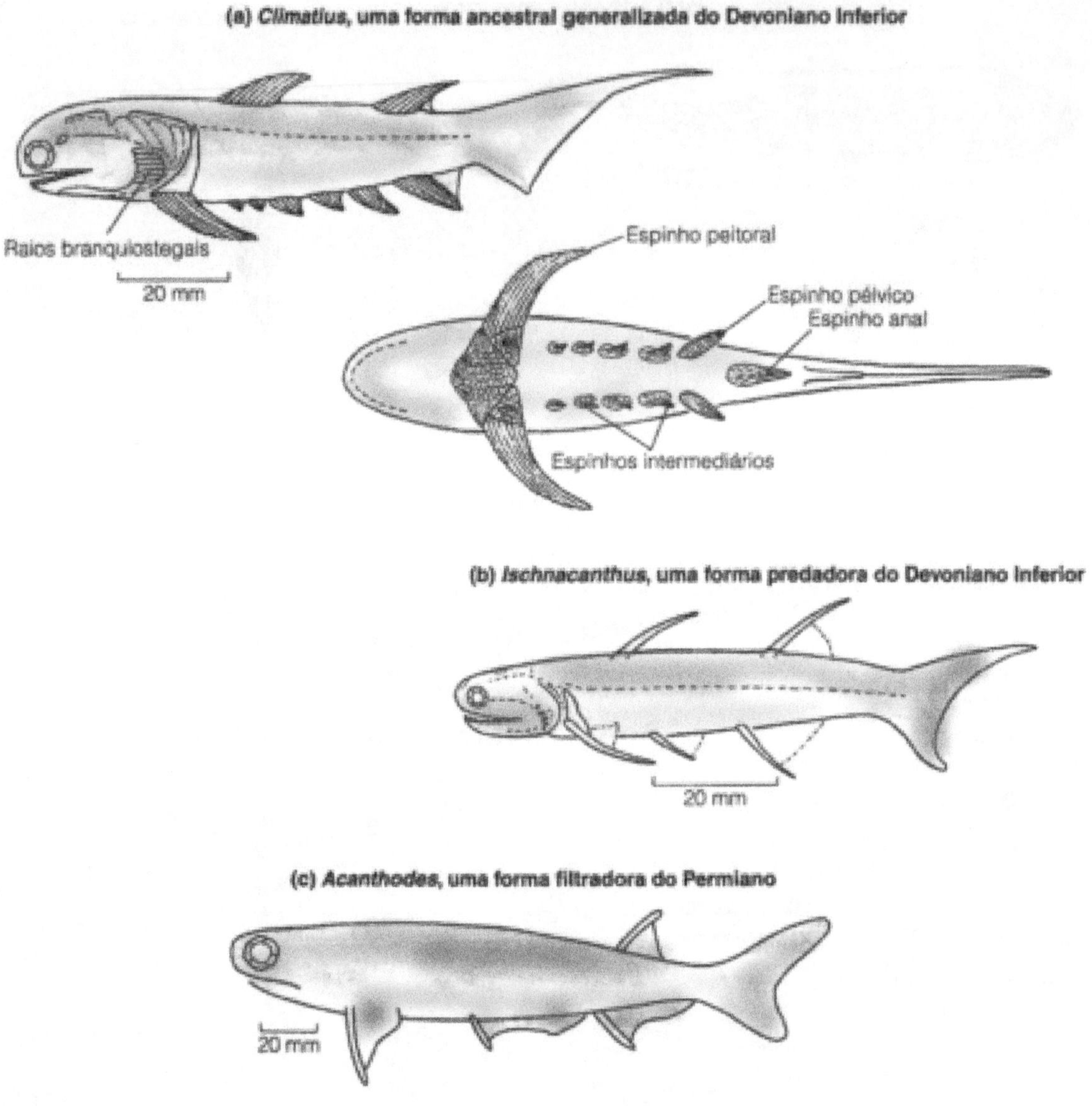

Figura 3-17 Acantódios.

parece isolá-los de todos os outros vertebrados com maxilas, sugerindo que foram um ramo primitivo de um tronco principal, e não eram intimamente aparentado dos outros gnatostomados. Também eram primitivos quanto a forma do condrocrânio, porque as cápsulas nasais não se fundiam com o restante da caixa craniana. Os Placodermes também tinham especializações únicas aparte da natureza de sua carapaça cefálica: por exemplo, tinham um tipo especial de tecido duro celular (semidentina) em seus ossos dérmicos. Em algumas espécies de placodermes, os apêndices pélvicos foram encontrados em alguns indivíduos e em outros não. Uma situação similar ocorre entre os condrictes viventes – somente os machos apresentam apêndices pélvicos usados para a fecundação interna. Podemos inferir que os placodermes, assim como os condrictes viventes, tinham fecundação interna e, provavelmente, complexos comportamentos de corte.

Mais da metade dos placodermes conhecidos, perto de 200 gêneros, pertencia aos artrodiros predadores (Grego *arthros* = uma articulação e *dira* = o pescoço). Como o nome sugere apresentavam especializações da articulação entre o escudo cefálico e o escudo do tronco. O espaço entre a cabeça e os escudos torácicos era alargado, e evoluiu um par de articulações – uma acima de cada nadadeira peitoral em uma linha que passava pela antiga articulação crânio-vertebral do esqueleto axial. Esse arranjo proporcionou grande flexibilidade entre os escudos e permitiu uma enorme elevação da cabeça, provavelmente aumentando a eficiência respiratória. Esta habilidade extrema de mover a parte superior da cabeça sobre o corpo pode ser relacionada com um modo alimentar bentônico no qual a maxila inferior era mantida no substrato. Posteriormente os artrodiros tiveram uma redução do escudo do tronco; suas maxilas eram projetadas formando placas afiadas e semelhantes a dentes; e dentes verdadeiros evoluíram dentro desse grupo de modo convergente àquele dos outros gnatostomados. *Dunkleosteus* foi um artrodiro voraz e predador, de 10 metros de comprimento do Devoniano (Figura 3-16).

Havia diversos outros tipos de placodermes, a maioria deles representada por formas achatadas e de hábitos bentônicos. Os antiarcos, como *Bothriokpis,* eram mais parecidos com bagres com armadura. Suas nadadeiras peitorais ficavam encerradas no escudo ósseo, sendo que estas nadadeiras pareciam aquelas de um caranguejo. Os placodermes ptictodontídeos pareciam-se com as atuais quimeras e, como estas, possuíam sólidas placas dentárias para quebrar as conchas de moluscos. Outros grupos de placodermes, tais como os renanídeos e os petalictiídeos, eram muito achatados dorso-ventralmente, tendo os olhos no topo da cabeça – características indicadoras de especialização para o hábito bentônico. Os renanídeos tinham um corpo revestido com pequenas placas que podem ter contribuído para uma maior mobilidade; *Gemuendina* apresenta uma acentuada semelhança a uma raia moderna, com uma cauda semelhante a um chicote e com grandes nadadeiras peitorais que podem ter sido usadas para a natação.

Acantódios

Os acantódios são assim chamados devido aos robustos espinhos *(acanthi)* situados na frente das bem desenvolvidas nadadeiras dorsal, anal e, frequentemente, numerosas nadadeiras pares. Distinguem-se dos outros vertebrados pela presença de até seis pares de nadadeiras ventrolaterais, além das nadadeiras peitorais e pélvicas dos gnatostomados (Figura 3-17). Se os vertebrados terrestres tivessem evoluído a partir destes peixes, eles poderiam ter sido hexápodes (com seis pernas) ou octópodes (com oito pernas) em vez de tetrápodes (com quatro pernas)! Os acantódios ocorreram do Ordoviciano Superior até o Permiano Inferior, tendo alcançado sua maior diversidade no Devoniano Inferior. As primeiras formas eram marinhas, mas no Devoniano, constituíam predominantemente um grupo de água doce.

Os acantódios tinham corpo delgado com uma cauda heterocerca, sugerindo uma preferência por condições de meia-água em contraste com os placodermes habitantes de fundo. Usualmente, não tinham mais de 20 centímetros de comprimento embora algumas espécies tenham alcançado um comprimento de até 2 metros. Os acantódios eram revestidos com pequenas escamas quadradas, com uma coroa, cada uma das quais aumentava seu tamanho à medida que o animal crescia. A cabeça era grande e rombuda, possuindo grandes olhos e uma boca com grande abertura. Os primeiros acantódios tinham a forma fusiforme, básica de peixes, e alguns – os iscnacantídeos – aparentemente eram predadores especializados. Os acantodídeos, o único grupo que sobreviveu até o Permiano, adquiriram uma forma mais semelhante à de uma enguia e perderam os dentes. Estes peixes possuíam longos rastros branquiais e a capacidade de abrir muito a boca, sugerindo um estilo de vida de deslizar pela água para filtrar o plâncton por meio desses rastros branquiais.

A maioria dos pesquisadores aceita os acantódios como grupo irmão dos Osteichthyes. Os acantódios + osteítes (às vezes agrupados como Teleostomei) são diagnosticados por dado número de características (veja Figura 3-14), incluindo uma caixa craniana de forma similar e um tipo específico de escamas que perderam a cavidade da polpa dentária observada nas escamas dos condrictes. No entanto, os acantódios também apresentavam uma semelhança com os condrictes por terem espinhos associados com suas nadadeiras e muitas espécies possuíam uma espiral de dentes (se presentes) semelhantes aos de tubarões em vez de dentes implantados nas maxilas. Provavelmente, estes eram caracteres primitivos de gnatostomados e não caracteres indicativos de um parentesco próximo entre acantódios e condrícties.

Resumo

Evidências fósseis indicam que os Vertebrata evoluíram em ambiente marinho. Os Vertebrata sem maxilas são os primeiros conhecidos do Cambriano Inferior, e há evidências de que os primeiros Vertebrata com maxilas (gnatostomados) evoluíram do Ordoviciano Inferior. Os primeiros vertebrados poderiam ter sido mais ativos do que seus ancestrais, com um salto da alimentação por filtração para uma predação mais ativa e com uma bomba muscular faríngea para a ventilação das brânquias. O osso é um aspecto de muitos vertebrados primitivos embora tenha estado ausente nas formas do Cambriano Inferior e também está ausente nos vertebrados agnatos atuais, as feiticeiras e lampreias. Os primeiros tecidos mineralizados foram encontrados nos dentes dos conodontes, animais enigmáticos que, somente recentemente, foram considerados vertebrados verdadeiros. Primeiro o osso foi encontrado juntamente com camadas externas de dentina e de tecido semelhante a esmalte, presente como camadas completas ou como pequenos elementos distintos na armadura dérmica de peixes primitivos chamados ostracodermes. Explicações atuais para o uso evolutivo original do osso incluem proteção, um reservatório de cálcio e fósforo, e abrigo para órgãos sensoriais eletrorreceptores.

Entre as formas Agnatha viventes, as feiticeiras são mais primitivas do que as lampreias e todos os outros vertebrados conhecidos, viventes ou fósseis. Lampreias, por sua vez, são mais primitivas do que os ostracodermes extintos. Os ostracodermes são amplamente conhecidos do Siluriano e do Devoniano Inferior, sendo que nenhum sobreviveu ao término do Devoniano. Os ostracodermes não constituíam um grupo evolutivo unificado: algumas formas (Cephalaspsida) eram mais proximamente aparentadas aos gnatostomados do que outras formas, compartilhavam com os gnatostomados o caráter de uma nadadeira peitoral. Tanto os ostracodermes como os gnatostomados floresceram em conjunto durante 50 milhões de anos; assim, existem poucas evidências no registro fóssil para sugerir a ideia de que os vertebrados com maxilas venceram a competição e substituíram as formas Agnatha.

Assim como a evolução de vertebrados a partir de Chordata não-vertebrados representou um passo para cima nos padrões anatômico e fisiológico, o mesmo aconteceu na evolução de vertebrados gnatostomados a partir de agnatos. Inicialmente, as maxilas podem ter evoluído para melhorar a ventilação das brânquias e não para morder presas. Além das maxilas, os gnatostomados apresentam uma série de caracteres anatômicos derivados (tais como vértebras verdadeiras, costelas e um completo sistema da linha lateral) sugerindo um modo sofisticado e poderoso de locomoção e de retro-alimentação sensorial.

A primeira irradiação de peixes com maxilas, a primeira conhecida em detalhes a partir do registro fóssil do Siluriano Superior, incluiu quatro grupos principais. Dois grupos, os condrictes (peixes cartilaginosos) e os osteítes (peixes ósseos) sobrevivem até hoje. Os osteítes eram formas que originaram os tetrápodes no Devoniano Superior. Os outros dois grupos, os placodermes e acantódios, agora estão extintos. Os placodermes não sobreviveram além do Período do Devoniano, enquanto os acantódios sobreviveram pelo menos até o fim da Era Paleozóica. Os placodermes eram peixes com armadura, superficialmente semelhantes aos ostracodermes em seu aspecto e eram os peixes mais diversificados no Período Devoniano. Os placodermes são considerados o táxon irmão dos outros gnatostomados, e nos últimos placodermes parecem ter evoluído dentes verdadeiros de modo independente aos dos outros vertebrados. Os acantódios eram peixes mais derivados, provavelmente formando o táxon irmão dos osteítes. Eles tinham a característica peculiar de possuírem múltiplas nadadeiras ventrais em vez do complemento usual dos gnatostomados a existência de duas nadadeiras pares, as nadadeiras peitorais e pélvicas.

Leituras Adicionais

Braun, C. B. 1996. The sensory biology of the living jawless fishes: A phylogenetic assessment. *Brain, Behavior and Evolution* 48:262-276.

Briggs, D. E. G., et al. 1983. The conodont animal. *Lethaia* 26:275-287.

Cohn, M. J. 2002. Lamprey *Hox* genes and the origin of jaws. Latore 416:386-387.

Donoghue, P. C. J., et al. 2000. Conodont affinity and chordate phylogeny. *Biological Reviews* 75:191-251.

Forey, R, and P. Janvier. 1994. Evolution of the early vertebrates. *American Scientist* 82:554-565.

Gans, C. 1989. Stages in the origin of vertebrates: Analysis by means of scenarios. *Biological Reviews* 64:221-268.

Janvier, P. 1996. *Early Vertebrates.* Oxford Monographs on Geology and Geophysics – 33. Oxford, UK: Clarendon Press.

Kuratani, S., et al. 2001. Embryology of the lamprey and evolution of the vertebrate jaw: Insights from molecular and developmental perspectives. *Philosophical Transactions of the Royal Society of London,* B, 356:1615-1632.

Long, J. A. 1995. *The Rise of Fishes.* Baltimore, MD: Johns Hopkins University Press.

Maisey, J. G. 1986. Heads and tails: A chordate phylogeny. *Cladistics* 2:201-256.

Maisey, J. G. 1996. *Discovering Fóssil Fishes.* New York: Henry Holt and Company.

Mallatt, J. 1985. Reconstructing the life cycle and the feeding of ancestral vertebrates. In R. E. Foreman et al. (Eds.), *Evolutionary Biology of Primitive Fishes.* New York, NY: Plenum, 59-68.

Mallatt, J. 1996. Ventilation and the origin of jawed vertebrates: A new mouth. *Zoological Journal of the Linnean Society* 117: 329-404.

Mallatt, J. 1998. Crossing a major morphological boundary: The origin of jaws in vertebrates. *Zoology – Analysis of Complex Systems* 100:128-140.

Mallatt, J., and J. Sullivan. 1998. 28S and 18S rDNA sequences support the monophyly of lampreys and hagfishes. *Molecular Biology and Evolution* 15:1706-1718.

Martini, F, et al. 1997. A population profile for Atlantic hagfish, *Myxine glutinosa* (L.), in the Gulf of Maine. Part I: Morphometrics and reproductive state. *Fishery Bulletin* 95:311-320.

Martini, F. H. 1998. Secrets of the slime hag. *Scientific American* 279(4):70-75.

Monastersky, R. 1996. Jump-start for the vertebrates: New clues to how our ancestors got a head. *Science News* 149: 74-75.

Purnell, M. A. 2001. Scenarios, selection and the ecology of early vertebrates. In P. E. Ahlberg (Ed.), *Major Events in Vertebrate Evolution: Palaeontology, Phylogeny, Genetics, and Development. Systematics Association Special Volume Series,* 61:187-208. London, UK: Taylor and Francis.

Romer, A. S. 1967. Major steps in vertebrate evolution. *Science* 158:1629-1637.

Ruben, J. A., and A. F. Bennett. 1987. The evolution of bone. *Evolution* 41:1187-1197.

Shu, D-G., et al. 1999. Lower Cambrian vertebrates from south China. *Nature* 402:42-46.

Smith, M. M., and M. I. Coates. 2000. Evolutionary origins of teeth and jaws. In M. F. Teaford, M. M. Smith and M. W. J. Ferguson (Eds.), *Development, Function and Evolution of Teeth.* Cambridge, UK: Cambridge University Press, 133-151.

Smith, M. M., and B. K. Hall. 1990. Development and evolutionary origins of vertebrate skeletogenic and odontogenic tissues. *Biological Reviews* 65:277-373.

Smith, M. M., and Z. Johanson. 2003. Separate evolutionary origins of teeth from evidence in fossil jawed vertebrates. *Science* 299:1235-1236.

Smith, M. M., et al. 1996. "Teeth" before armour: The earliest vertebrate mineralized tissues. *Modern Geology* 20:303-319.

PARTE II

Vertebrados Não Amnióticos: Peixes e Anfíbios

Os vertebrados se originaram no mar, e mais da metade das espécies de vertebrados viventes é o produto de linhagens evolutivas que nunca deixaram o ambiente aquático. A água recobre, atualmente, 73 por cento da superfície da Terra (a porcentagem foi mais alta no passado) e fornece habitats que se estendem dos profundos oceanos, a lagos, rios de correnteza forte a riachos de fluxo rápido, e pequenas poças d'água no deserto. Os peixes se adaptaram a todos estes habitats e existem mais do que 27.000 espécies de peixes, cartilaginosos e ósseos.

A vida na água cria desafios aos vertebrados, mas oferece muitas oportunidades. Os habitats aquáticos são uns dos mais produtivos da Terra, e a energia está plenamente disponível em muitos deles. Alguns habitats aquáticos (os recifes de corais são um exemplo) apresentam uma enorme complexidade estrutural, enquanto outros (como o oceano aberto) não apresentam virtualmente nenhuma. A diversidade de peixes reflete as especializações para esta variedade de habitats.

A diversidade de peixes e de habitats nos quais vivem ofereceram uma gama, sem paralelos, para as variações da história da vida. Alguns peixes produzem milhões de ovos, os quais são liberados na água, para que se dispersem e se desenvolvam sozinhos; outras espécies de peixes produzem alguns poucos ovos e protegem tanto os ovos como os juvenis, e numerosos peixes dão a luz a jovens que não requerem cuidado parental. Os machos de algumas espécies de peixes são maiores do que as fêmeas e, em outras, o inverso é verdadeiro. Algumas espécies não apresentam machos; e poucas espécies de peixes mudam de sexo ao longo da vida. Os mecanismos de alimentação foram um elemento central na evolução dos peixes, e as especializações dos peixes modernos variam desde espécies que engolem presas maiores do que seu próprio corpo até espécies que protraem, rapidamente, suas mandíbulas, como um tubo, coletando invertebrados diminutos de pequenos orifícios. No Devoniano os vertebrados conquistaram um mundo novo com formas de peixes que emergiram sobre a terra e ocuparam os ambientes terrestres. Nesta parte do livro consideramos a evolução dessas extraordinárias formas de vertebrados.

CAPÍTULO

4

Vivendo na Água

Embora a vida tenha evoluído na água e os primeiros vertebrados tenham sido aquáticos, as propriedades físicas da água criam algumas dificuldades para os animais aquáticos. Para viver com sucesso na coluna d'água um vertebrado deve ajustar sua capacidade de flutuar, a fim de permanecer a uma determinada profundidade, forçando seu movimento em um meio denso, para capturar suas presas e evitar seus predadores. O calor transfere-se rapidamente entre o animal e a água que o circunda, e é difícil, para um vertebrado aquático, manter sua temperatura corpórea, a qual é diferente da temperatura da água. (tal fenômeno foi ilustrado dramaticamente quando o *"Titanic"* afundou – nas águas frias do Atlântico Norte, a maioria das vítimas morreu de hipotermia, não por afogamento.) Os íons e as moléculas de água se movem prontamente entre o ambiente externo e os fluidos corpóreos internos do animal, de forma que manter um ambiente interno estável pode ser difícil. Pelo lado positivo, a amônia é extremamente solúvel na água, de maneira que a liberação dos dejetos nitrogenados é mais fácil em ambientes aquáticos do que na terra. A concentração de oxigênio na água é menor do que no ar, e a densidade da água impõe limites aos tipos de estruturas de trocas gasosas que podem ser efetivas. Apesar destes desafios, muitos vertebrados são inteiramente aquáticos. Peixes em particular, especialmente os ósseos, se diversificaram em uma enorme gama de tamanhos e de formas de vida. Neste capítulo, examinaremos alguns dos desafios da vida na água e as formas pelas quais os vertebrados aquáticos (especialmente os peixes) responderam a eles.

4.1 O Ambiente Aquático

Setenta e três por cento da superfície da Terra está coberta por água doce ou salgada. A maioria desta água se encontra nos oceanos, os quais são habitados por vertebrados. Lagos de água doce e rios mantêm uma quantidade desprezível da água da Terra – cerca de 0,01 por cento. Isso é muito menos do que a água retida na atmosfera, no gelo e nas águas subterrâneas, mas os ambientes de água doce são excepcionalmente ricos biologicamente, e cerca de 40 por cento de todos os peixes ósseos vivem na água doce.

A água e o ar são fluidos, mas apresentam propriedades físicas distintas que os tornam ambientes diferentes eficientemente para os vertebrados (Quadro 4-1). No ar, por exemplo, a gravidade é uma força importante agindo sobre um animal, mas a resistência dos fluidos ao movimento (a resistência do ar) é trivial para todos os animais, exceto para as aves que voam a altas velocidades. Na água, ocorre a relação oposta – a gravidade é desprezível, mas a resistência do fluido ao movimento é um fator primordial com o qual os vertebrados devem lidar. Embora cada grande ciado de vertebrados aquáticos tenha resolvido os desafios ambientais de formas distintas, as especializações básicas, necessárias para todos os vertebrados aquáticos são as mesmas.

Obtendo Oxigênio na Água – Brânquias

A maioria dos vertebrados aquáticos tem brânquias, estruturas especializadas onde o oxigênio e o dióxido de carbono são trocados. Teleósteos são peixes de nadadeira raiadas derivados, e esse grupo inclui a grande maioria das espécies de peixes marinhos e de água doce viventes. As brânquias dos teleósteos encontram-se no interior de bolsas faríngeas denominadas de cavidades operculares (Figura 4-1). O fluxo de água geralmente é unidirecional – entrando pela boca e saindo pelas brânquias. Abas bucais, dentro da boca, e abas nas margens do **opérculo** (cobertura das brânquias) dos peixes ósseos agem como válvulas, prevenindo o fluxo reverso. As extremidades dos filamentos branquiais de arcos adjacentes se juntam quando os mesmos são estendidos. Assim que a água deixa a cavidade bucal, ela passa entre os filamentos. A troca de gases tem lugar nas numerosas projeções microscópicas dos filamentos, denominadas **lamelas secundárias**.

QUADRO 4.1 Água – Um Bom Lugar Para se Visitar, mas Você Gostaria de Viver Ali?

A água e o ar são fluidos nos quais os animais vivem, mas propriedades físicas distintas desses dois fluidos tornam os ambientes aquáticos e terrestres bem diferentes. Comparada ao ar, a água apresenta uma maior densidade, uma viscosidade mais alta, um menor conteúdo de oxigênio, uma capacidade calórica e uma condutividade de calor maior e uma alta condutividade elétrica. Estas características físicas são refletidas no tamanho e na forma dos animais aquáticos e terrestres, bem como em sua fisiologia e em seu comportamento.

Densidade A água é mais de 800 vezes mais densa do que o ar. Um litro de água pesa 1 quilograma, enquanto um litro de ar pesa cerca de 1,25 quilogramas. Devido a sua densidade, a água sustenta o corpo de um animal. Os animais aquáticos não necessitam de esqueletos de sustentação pesados, porque eles estão próximos a flutuabilidade neutra na água. Os vertebrados aquáticos também podem crescer mais do que os animais terrestres, porque a gravidade tem um efeito menor sobre suas estruturas.

Viscosidade A água é, aproximadamente, 18 vezes mais viscosa que o ar. A viscosidade é uma medida de quão prontamente um fluido passa por uma superfície – quanto mais alta a viscosidade de um liquido mais lenta é sua fluidez. (Para visualizar o efeito da viscosidade, pense o quão rápido a água se move quando comparada a um fluido mais viscoso, tal como o mel.)

O efeito da alta densidade e da alta viscosidade da água pode ser observado na forma mais hidrodinâmica (= forma de gota) da maioria dos animais aquáticos, quando comparada à forma dos animais terrestres. Somente as aves mais rápidas precisam se preocupar com a resistência do ar, mas mesmo os peixes mais lentos precisam ser hidrodinâmicos.

O caminho percorrido pelo fluido, durante a respiração, também reflete as diferenças de densidade e de viscosidade entre a água e o ar. Porque o ar é leve e flui mais facilmente pode ser bombeado para dentro e para fora de bolsas fechadas (os pulmões) durante a respiração. (Isso é chamado de ventilação rítmica, pois o fluido se move para dentro e para fora). A densidade e a viscosidade da água são muito altas para que ocorra a ventilação rítmica e as brânquias dos peixes Osteichthyes e dos Chondrichthyes apresentam um fluxo unidirecional de água.

Conteúdo de Oxigênio O oxigênio constitui cerca de 20,9 por cento do volume do ar. Em outras palavras, há 209 mililitros de oxigênio em um litro de ar. O conteúdo de oxigênio na água varia, mas nunca ultrapassa mais de 50 mililitros de oxigênio por litro de água, e geralmente apresenta um valor de 10 mililitros ou menos. O baixo conteúdo de oxigênio na água, quando comparado ao ar, é uma razão adicional pela qual os peixes não utilizam a ventilação rítmica.

Capacidade e Condutividade Calóricas O calor específico da água (definido como a energia necessária para produzir uma alteração de um grau na temperatura de 1g do fluido) é, aproximadamente, 3400 vezes maior que o do ar; e a água conduz o calor quase 24 vezes mais rápido do que o ar. Estas diferenças são refletidas nas características térmicas (temperatura) dos ambientes aquáticos, quando comparados aos terrestres. O alto calor específico da água significa que a sua temperatura, em uma poça, se altera bem menos, do dia para a noite, do que o ar sobre a poça. Assim, um animal que vive em uma poça tem um regime térmico mais estável do que um animal que vive na superfície da praia. Entretanto, devido à alta condutividade de calor da água, a temperatura, em uma poça rasa, varia muito pouco de local para local. Se a água fica muito quente, a única rota de escape, para um animal aquático, é tentar se mover para o fundo. Isso requer um movimento demorado e perigoso para um animal que vive próximo à costa. Em contraste, a temperatura varia substancialmente, ao longo de distâncias curtas, na superfície, pois a baixa condutividade do ar permite que ela varie entre locais iluminados e sombreados. Dessa forma, os animais terrestres têm um mosaico de temperaturas para escolher, enquanto os animais aquáticos convivem com uma variação de temperatura muito menor em seus habitats.

Condutividade Elétrica A água é um condutor elétrico, e os animais aquáticos podem usar a eletricidade para detectar a presença de outros animais e como uma arma, ofensiva e defensiva, para atacar suas presas e seus predadores. Já que o ar não conduz a eletricidade (dentro da gama de voltagens que os animais podem gerar), os animais terrestres não podem utilizar a eletricidade dessa forma.

A ação bombeadora da boca e das cavidades operculares (**bombeamento bucal**) cria uma pressão positiva através das brânquias, de forma que a corrente respiratória é interrompida, apenas brevemente, durante cada ciclo de bombeamento. Alguns peixes que se alimentam por filtração e muitos peixes de mar aberto – tais como as cavalas, alguns tubarões, atuns e peixes-espada – reduziram, ou até perderam, a habilidade de bombear a água através das brânquias. Esses peixes criam uma corrente respiratória por meio da natação com a boca um pouco aberta, um método conhecido por **ventilação forçada**, e estes peixes devem nadar continuamente. Muitos outros peixes dependem do bombeamento bucal quando descansam, alternando com a ventilação forçada quando nadam.

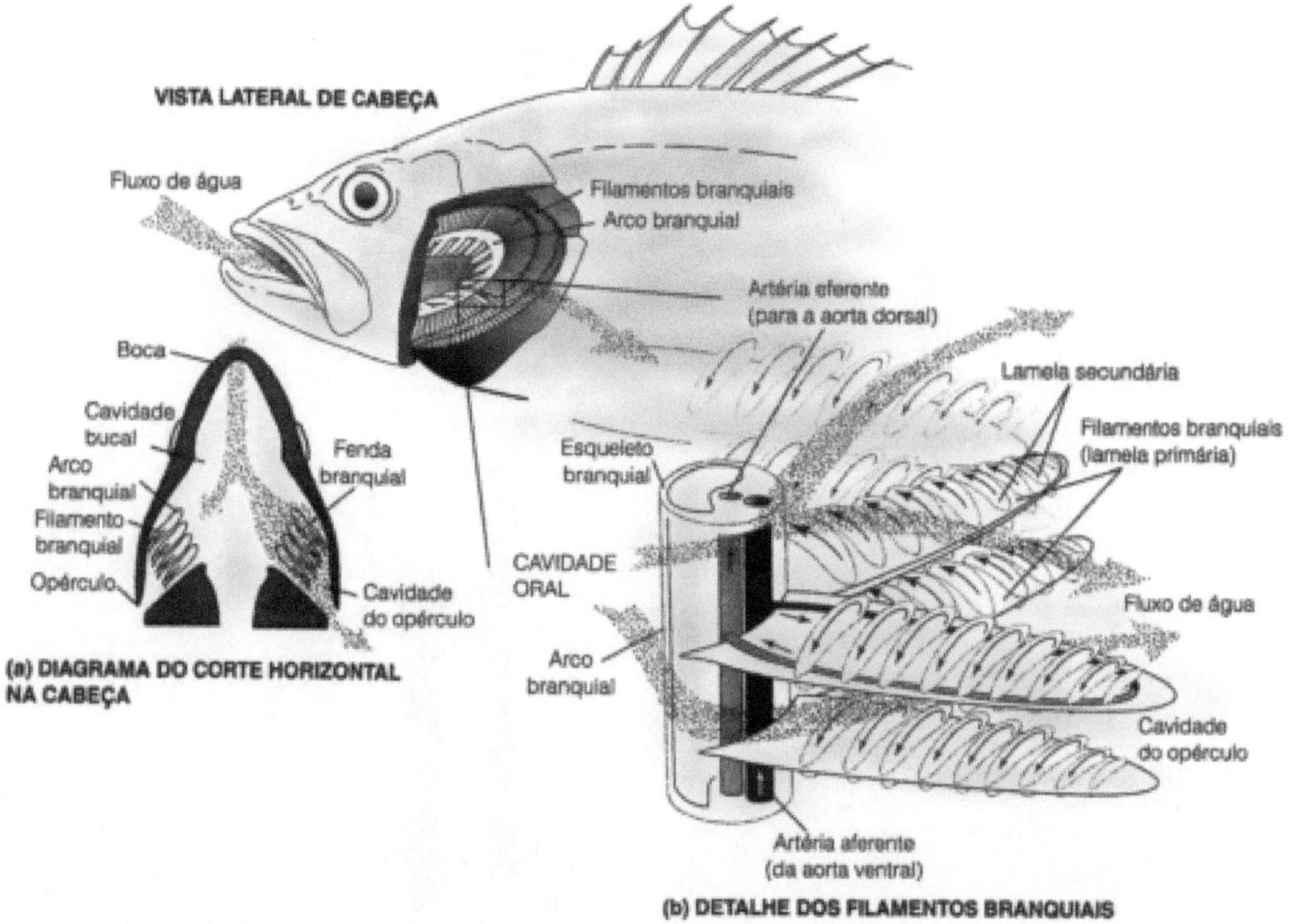

Figura 4-1 Anatomia das brânquias dos peixes ósseos, (a) Posição das brânquias na cabeça e o fluxo geral da água; (b) fluxo contracorrente da água (setas grandes e pontilhadas) e do sangue (setas pequenas e pretas) pelas brânquias.

O arranjo vascular nas brânquias maximiza a troca de oxigênio. Cada filamento branquial possui duas artérias, um vaso aferente, que vai do arco branquial até a ponta do filamento, e um vaso eferente, que retorna o sangue para o arco. Cada lamela secundária é um espaço sanguíneo, conectando os vasos aferente e eferente (Figura 4-2). A direção do fluxo sanguíneo, pela lamela, é oposta à direção do fluxo da água que atravessa a brânquia. Esse arranjo estrutural, conhecido como **troca por contra-corrente**, garante que o máximo de oxigênio seja difundido para o sangue. Peixes pelágicos, tais como os atuns, os quais mantêm altos níveis de atividade por períodos longos, apresentam tecido esquelético reforçando os filamentos branquiais, grandes áreas de troca nas brânquias e uma alta capacidade de transporte de oxigênio por milímetro de sangue, comparados com os peixes bentônicos mais vagarosos, tais como os peixes-sapo e os linguados (Tabela 4.1).

Obtendo Oxigênio do Ar – Pulmões e Outras Estruturas Respiratórias

Embora a grande maioria dos peixes dependa das brânquias para extrair o oxigênio dissolvido na água, peixes que vivem em água com baixas taxas de oxigênio, não podem obter o oxigênio necessário apenas por meio das brânquias. Estes peixes suplementam o oxigênio obtido por meio das brânquias com oxigênio obtido por meio de pulmões ou estruturas respiratórias acessórias.

As superfícies acessórias utilizadas para tomar o oxigênio do ar incluem lábios aumentados, os quais se estendem acima da superfície da água, e uma variedade de estruturas internas, dentro das quais o ar é mantido. Os peixes anabantídeos da Ásia tropical (incluindo os betas e os peixe-beijadores, encontrados nas lojas de animais de estimação) possuem câmaras vascularizadas na porção caudal da cabeça, denominadas labirinto. O ar é sugado para dentro da boca e transferido para o labirinto, onde ocorre a troca gasosa. Muitos peixes

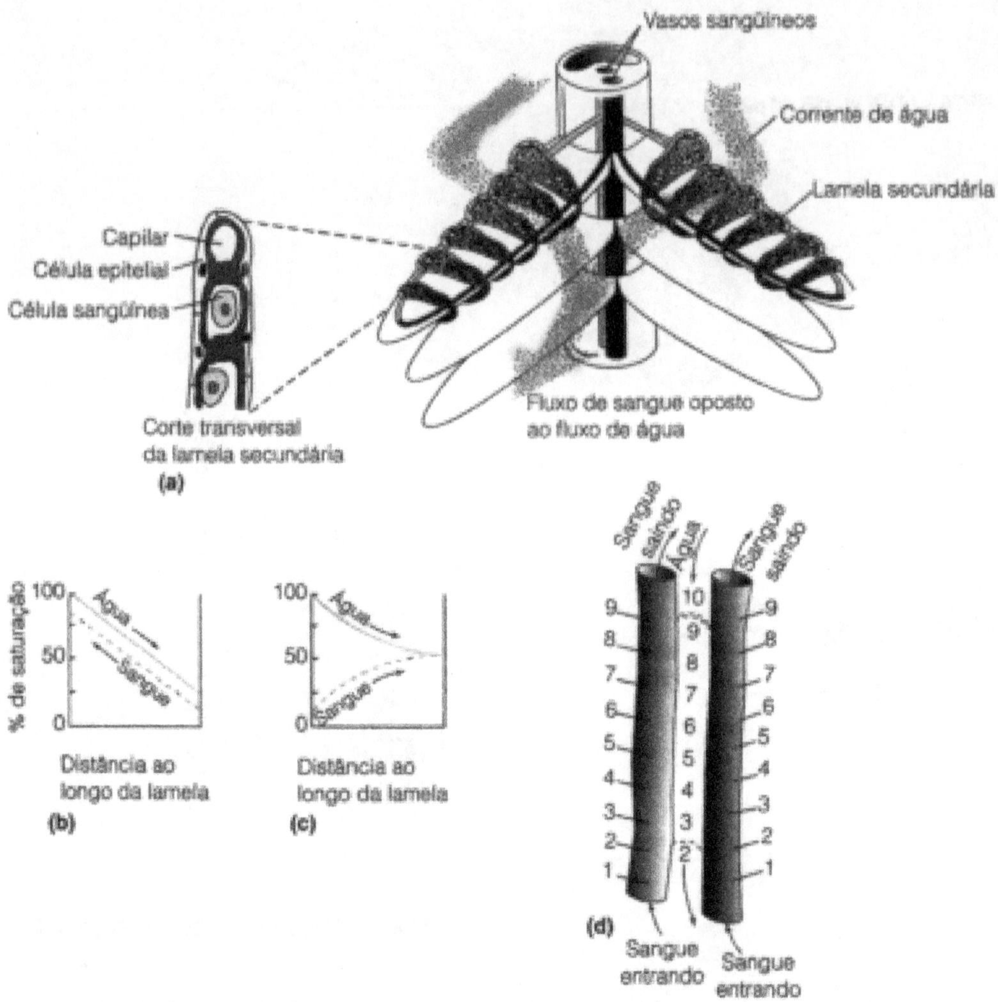

Figura 4-2 Troca por contracorrente nas brânquias de peixes ósseos, (a) A direção do fluxo de água na brânquia oposto ao fluxo de sangue na lamela secundaria. Células sanguíneas são separadas da água rica em oxigênio, somente por células epiteliais finas e pela parede capilar, como demonstrado no corte transversal da lamela secundária, (b) O fluxo por contracorrente resulta em uma alta concentração de oxigênio no sangue que deixa as brânquias. (c) Se a água e o sangue se movessem na mesma direção, o sangue que deixa as brânquias teria uma concentração de oxigênio mais baixa, (d) O conteúdo relativo de sangue na lamela secundária e a água que passa por ela.

são respiradores de ar facultativos; ou seja, a aquisição de oxigênio deixa de ser uma função das brânquias e passa a ocorrer nas estruturas respiratórias, quando as concentrações de oxigênio na água estão baixas. Outros, como o peixe-elétrico sul-americano, o poraquê, e os anabantídeos, são respiradores aéreos obrigatórios. As brânquias sozinhas não podem suprir as necessidades respiratórias dos peixes, mesmo quando a água está saturada de oxigênio, e eles se afogam se não puderem alcançar a superfície para respirar o ar.

Pensa-se nos pulmões como sendo as estruturas respiratórias usadas pelos vertebrados terrestres, como de fato eles são, mas os pulmões apareceram primeiro nos peixes e precederam a evolução dos tetrápodes em milhões de anos. Os pulmões podem ter evoluído nos placodermes de água doce durante o Siluriano e Devoniano, e se esta interpretação estiver correta, os pulmões são um caráter ancestral tanto para os peixes ósseos como para seus descendentes tetrápodes. Os pulmões se desenvolvem de projeções externas (evaginações) embriológicas das paredes ventral ou dorsal da região faríngea do trato digestório. Os pulmões dos "bichirs" (um grupo de peixes de respiração aérea da África), dos peixes pulmonados e dos tetrápodes originam-se da face ventral do tubo digestório, enquanto os pulmões dos "gars" (um grupo de peixes ósseos primitivos) e dos peixes ósseos derivados, conhecidos como teleósteos, originam-se embriologicamente da parede dorsal do trato digestório.

Os pulmões utilizados para as trocas de gases necessitam uma superfície ampla, a qual é produzida pela estrutura da parede pulmonar. Esse arranjo é conhecido como um

TABELA 4.1 A relação entre o nível geral de atividade, a taxa de consumo de oxigênio, as estruturas respiratórias e as características sanguíneas dos peixes em três níveis de atividade

Nível de atividade	*Espécies de peixe*	*Consumo de oxigénio (mL O_2/g h^{-1})*	*Número de lamelas brânquias secundárias (mm^{-1} de lamela branquial primária)*	*Área branquial (mn^2/gm massa corpórea)*	*Concentração de oxigénio (ml O_2/100 ml de sangue)*
Alto	Cavala (*Scomber*)	0,73	31	1160	14,8
Intermediário	Pargo (*Stenotomus*)	0,17	26	506	7,3
Fraco	Peixe-sapo* (*Ospanus*)	0,11	11	197	6,2

*nadadores carangiformes modificados; nadam continuamente.
*peixe bentônico

pulmão alveolar, e é encontrado nos "gars", peixes pulmonados e tetrápodes. Aumentando o volume dos pulmões pela adição de um lobo secundário é outra forma de ampliar a superfície respiratória, e o pulmão dos peixes pulmonados e tetrápodes consiste de dois lobos simétricos. (Os "bichirs" têm pulmão não alveolar com dois lobos, mas um dos lobos é muito menor que o outro, e os "gars" têm pulmão alveolar, mas com um único lobo.)

Ajustando a Flutuabilidade

Retendo uma bolha de ar no interior do corpo muda a flutuabilidade de um vertebrado aquático, e "bichirs" e peixes teleósteos usam os pulmões principalmente como uma bexiga natatória (= vesícula de ar) que regulam a posição do peixe na água. As vesículas de ar têm paredes planas sem reentrâncias porque não há necessidade de uma superfície expansível.

Muitos peixes ósseos são flutuadores neutros (têm a mesma densidade da água). Estes peixes não precisam nadar para manter sua posição vertical na coluna d'água. O único movimento que fazem, quando descansam, é o das nadadeiras peitorais, para trás, contra-balanceando a força produzida pela água ejetada das brânquias, e uma suave ondulação da nadadeira caudal os mantêm nivelados na água. Peixes capazes de pairar na água dessa forma, geralmente apresentam bexigas natatórias bem desenvolvidas.

A vesícula de ar (bexiga natatória) se localiza entre a cavidade peritonial e a coluna vertebral (Figura 4-3). A bexiga natatória constitui cerca de 5 por cento do volume corpóreo dos teleósteos marinhos e 7 por cento do volume dos teleósteos de água doce. A diferença em volume corresponde à diferença de densidade da água salgada e da água doce – a água salgada é mais densa, de forma é necessário uma bexiga natatória menor. A parede da bexiga natatória, que é composta de fibras colágenas entrelaçadas, é praticamente impermeável a gases.

A flutuabilidade neutra, produzida por uma bexiga natatória, funciona enquanto o peixe permanece a uma certa profundidade, mas se um peixe nadar verticalmente, para cima ou para baixo, a pressão hidrostática que a água exerce sobre a vesícula de ar muda e desse órgão também muda. Por exemplo, quando um peixe nada mais para o fundo, o peso adicional da coluna de água sobre ele comprime o gás em sua bexiga natatória, reduzindo sua flutuabilidade. Quando o peixe nada em direção à superfície, a pressão da água diminui, a bexiga natatória se expande e sua flutuabilidade aumenta. Para manter a flutuabilidade neutra, um peixe deve ajustar o volume de gás de sua bexiga natatória assim que a profundidade muda.

O peixe regula o volume de sua bexiga natatória por meio da secreção do gás dentro da bexiga quando nada para baixo e remove gás desse órgão, e remove o gás quando nada para cima. Teleostei plesiomórficos, tais como os Osteoglossomorpha, as enguias, as sardinhas, as anchovas, os salmões, as carpas e seus parentes, retêm uma conexão, o duto pneumático, entre o trato digestório e a bexiga natatória (Figura 4-3a). Estes peixes são chamados de **fisóstomos** (Grego *phys* = bexiga e *stom* = boca), e o peixe-dourado é um exemplo familiar deste grupo. Pelo fato desses peixes terem uma conexão entre o trato digestório e a bexiga natatória podem engolfar o ar da superfície, encher a bexiga natatória, e podem soltar o gás para fora para reduzir o volume desse órgão.

O duto pneumático está ausente nos adultos de teleósteos de ciados mais derivados, uma condição denominada **fisóclistos** (do grego *clist* = fechado). Os fisóclistos regulam

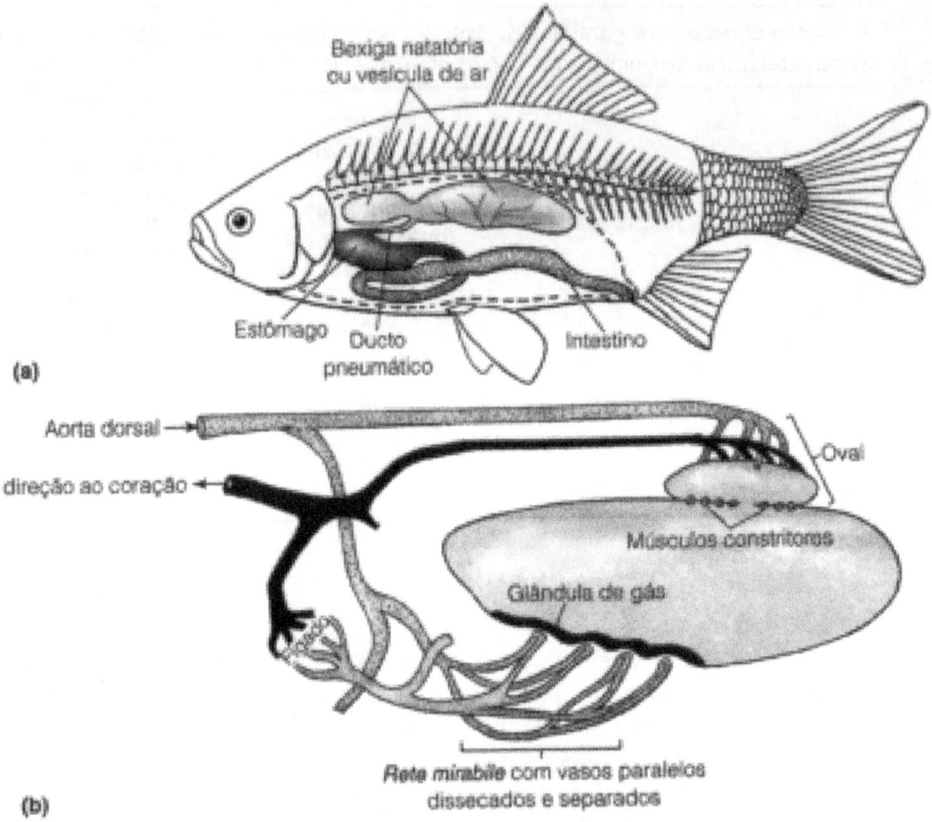

Figura 4-3 Bexiga de gás dos peixes ósseos, (a) Abexiga natatória se encontra no interior de uma cavidade do celoma, bem abaixo da coluna vertebral. Este peixe é fisóstomo, a bexiga natatória retém sua conexão ancestral com o trato digestório via ducto pneumático. (b) As conexões vasculares de uma bexiga natatória de um fisóclisto, a qual perdeu sua conexão com o trato digestório.

o volume da bexiga natatória secretando gases do sangue para dentro dessa vesícula. Tanto os fisóstomos quanto os fisóclistos têm uma glândula de gás, que está localiza na porção ventral cranial da bexiga natatória (Figura 4-3b). Sob a glândula de gás, encontra-se uma área com muitos capilares arranjados de forma a promover o fluxo por contra-corrente do sangue que entra e sai da área. Esta estrutura, a qual é conhecida por **rete mirabile** (com o plural *retia mirabilia*), move o gás (especialmente o oxigênio) do sangue para a bexiga natatória. Ela é especialmente efetiva na extração do oxigênio do sangue e na sua liberação dentro da bexiga natatória, mesmo quando a pressão do oxigênio na bexiga é muitas vezes mais alta do que sua pressão no sangue. A secreção de gás ocorre em muitos peixes marinhos de profundidade, apesar das centenas de atmosferas de pressão de gás dentro da vesícula de ar.

A glândula de gás secreta oxigênio por meio da liberação de ácido lático, o qual acidifica o sangue na *rete mirabile.* A acidificação faz com que a hemoglobina libere oxigênio na solução (o efeito Bohr). Devido às relações anatómicas da **rete mirabile**, na qual os vasos sanguíneos dobram-se sobre si mesmo em um arranjo multiplicador de contra-corrente, o oxigênio liberado da hemoglobina se acumula e é retido no interior da *rete miriabile* até que sua pressão exceda a pressão da bexiga natatória. Nesse ponto, o oxigênio se difunde para dentro da bexiga natatória, aumentando seu volume. A multiplicação máxima da pressão do gás que pode ser obtida é proporcional ao comprimento dos capilares da rete mirabile, e os peixes marinhos de profundidade têm vasos sanguíneos muito longos.

Os fisóclistos não têm conexão entre a bexiga natatória e o trato digestório, de forma que não podem liberar o excesso de gás da vesícula de ar. Ao invés disso, eles abrem uma válvula muscular, denominada **oval**, localizada na região dorso-caudal da bexiga natatória, adjacente ao leito capilar. A alta pressão do oxigênio no interior da bexiga natatória faz com que ele se difunda para o sangue desse leito capilar quando o esfíncter do oval é aberto.

Os peixes cartilaginosos (tubarões, raias e quimeras) não têm bexigas natatórias. Em vez desse órgão, esses peixes utilizam seu fígado para criar flutuabilidade neutra. A média de densidade dos tecidos dos tubarões, com seus fígados removidos, é mais pesada do que a água – 1,06 a 1,09 gramas por mililitro. Entretanto, sabe-se que o fígado de um tubarão possui um grande conteúdo de óleo (óleo de fígado de tubarão). O tecido do fígado do tubarão tem uma densidade de apenas 0,95gm/ml, portanto mais leve do que a da água, e o fígado pode contribuir com até 25 por cento da massa corpórea. Assim, os tubarões utilizam um fígado, preenchido de óleo, ao invés de uma bexiga natatória para regular sua flutuabilidade. Um tubarão-tigre de 4 metros de comprimento (*Galeocerdo cuvieri*), pesando 460 kg na terra, pode chegar a pesar até 3,5 quilogramas no mar. Não surpreende portanto que os tubarões de fundo, tais como os tubarões "nurse", têm fígados com vacúolos de óleo menores e em pequena quantidade em suas células, sendo que esses animais têm flutuabilidade negativa.

Compostos nitrogenados no sangue dos Chondrichthyes também contribuem para sua flutuabilidade (Withers et al. 1994). A ureia e o óxido trimetilamina, no sangue e nos tecidos musculares, criam uma flutuabilidade positiva, pois são menos densos que um volume igual de água. Íons cloreto, também, são mais leves do que água e pormovem a flutuabilidade positiva, enquanto os íons sódio e as moléculas de proteína são mais densos do que a água, produzindo flutuabilidade negativa. O resultado líquido do efeito desses solutos é uma flutuabilidade positiva significante.

Muitos peixes marinhos de profundidade têm depósitos de óleo leve, ou de gordura, no interior da bexiga natatória, e outros perderam ou reduziram esse órgão e têm lipídios distribuídos por todo o corpo. Esses lipídios fornecem uma elevação estática, da mesma maneira que o óleo no fígado dos tubarões. Já que um volume menor da bexiga natatória contém gás, a quantidade de secreção necessária para uma descida vertical é menor. Todavia, uma *rete mirabile* longa é necessária para secretar o oxigênio a altas pressões, e a glândula de gás, nos peixes marinhos de profundidade, é muito grande. Peixes que migram por longas distâncias verticais dependem mais dos lipídios, tais como as ceras de éster, do que da flutuabilidade do gás; enquanto seus parentes mais próximos, os quais não passam por movimentos verticais extensivos, dependem mais do gás para a flutuabilidade.

O ar nos pulmões dos vertebrados aquáticos que respiram ar reduz a densidade desses organismos. Diferentemente dos peixes, os vertebrados que respiram ar devem retornar à superfície em intervalos, de forma que se mantêm em uma determinada profundidade da coluna d'água. Entretanto, animais que mergulham, tais como as focas-elefante e algumas baleias e toninhas, têm um problema diferente. Estes animais mergulham a profundidades de 1000 metros ou mais e estão sujeitos a pressões 100 vezes maiores do que a da superfície. Sob tais condições, o nitrogênio se difunde para o sangue e é transportado para os tecidos a altas pressões. Quando o animal volta à superfície, o nitrogênio deve ser liberado para a solução. Se o animal se move muito rápido em direção à superfície, o nitrogênio forma bolhas nos tecidos – isso é o que ocorre quando os mergulhadores humanos sobem rapidamente para a superfície (mal estar causado pela descompressão). Mamíferos mergulhadores especializados evitam este problema fazendo com que a cavidade torácica colapse conforme a pressão externa aumenta. O ar é forçado para fora dos pulmões quando os mesmos colapsam, reduzindo a quantidade de nitrogênio que se difunde no sangue. Entretanto, até mesmo estes mergulhadores especializados teriam problemas caso eles repetissem os mergulhos por muitas vezes; um mergulho profundo é, normalmente, seguido de um período no qual o animal permanece próximo à superfície, realizando apenas alguns mergulhos rasos até que o nível de nitrogênio em seu sangue esteja equilibrado com a atmosfera.

4.2 A Água e o Mundo Sensorial dos Peixes

A água tem propriedades que influenciam os comportamentos dos peixes e de outros vertebrados aquáticos. A luz é absorvida pelas moléculas de água e espalhada pelas partículas em suspensão. Os objetos se tornam invisíveis a uma distância de apenas algumas centenas de metros, mesmo nas águas mais limpa, enquanto a visão à distância é quase ilimitada no ar limpo. Os peixes complementam a visão com outros sentidos, alguns dos quais só podem operar na água. O mais importante destes sentidos aquáticos é a detecção de movimento da água por meio do sistema da linha lateral. Pequenas correntes de água podem estimular os órgãos sensoriais da linha lateral, pois a água é densa e viscosa. A sensitividade elétrica é outro modo sensorial que depende das propriedades da água e não funciona no ar. Neste caso, a condutividade da água é a chave. E até mesmo a visão é diferente na água e no ar, devido às diferentes propriedades de refração dos dois meios.

Visão

Os vertebrados geralmente têm olhos bem desenvolvidos, mas a forma pela qual uma imagem é focalizada na retina é distinta em animais aquáticos e terrestres. O ar tem por definição um índice de refração de 1,00, e os raios luminosos se curvam assim que atravessam. Os raios de luz se curvam quando atravessam o limite entre meios com índices de refração diferentes. O grau de desvio da luz é proporcional à diferença entre os índices de refração. A água tem um índice de refração de 1,33, e o desvio da luz assim que ela atravessa o limite ar água dão a impressão de que os objetos embaixo d'água estão mais próximos do observador que está fora da água do que realmente eles estão. A córnea do olho dos vertebrados terrestres e aquáticos, tem um índice de refração de cerca de 1,37, deste modo, a luz se desvia assim que atravessa a interface ar – córnea. Como resultado, a córnea de um vertebrado terrestre desempenha um papel importante na focalização de uma imagem na retina. Esta relação não ocorre na água, já que o índice de refração da córnea é muito próximo ao da água, não havendo um desvio significativo dos raios luminosos. As lentes (o cristalino) são a estrutura mais importante na focalização da luz sobre a retina de um vertebrado aquático, e os peixes têm cristalinos esféricos com um alto índice de refração. A lente (cristalino) inteira se move para frente e para longe da retina para focalizar objetos localizados a diferentes distâncias do peixe. Os vertebrados terrestres têm cristalinos achatados, e músculos oculares que modificam a forma dessa lente para focar imagens. Os mamíferos aquáticos tais como baleias e golfinhos têm cristalinos esféricos semelhantes àquele dos peixes.

Gustação

Peixes possuem quimioreceptores na boca, ao redor da cabeça e nas nadadeiras peitorais. Além disso, receptores químicos generalizados detectam substâncias pouco solúveis na água, e os órgãos olfatórios no focinho detectam substâncias solúveis. Tubarões e salmões podem detectar odores em concentrações menores que 1 parte por bilhão. Salmões em migração dirigem-se às corredeiras dos rios onde nasceram, através de distâncias incríveis, por meio de um sinal químico, permanentemente gravado em suas memórias desde quando eram juvenis. Bloqueando-se os órgãos olfatórios dos salmões, destruímos sua habilidade de migração.

Tato

Receptores mecânicos fornecem a base para a detecção do deslocamento – o toque, o som, a pressão e o movimento. Como todos os vetebrados, os peixes possuem uma orelha interna (o órgão labirinto, não confundir com o órgão, de mesmo nome, que auxilia a respiração de peixes anabantídeos) que detecta alterações de velocidade e de direção do movimento. Os peixes também apresentam detectores de gravidade na base dos canais semicirculares, os quais permitem que distingam em cima e embaixo. A maioria dos vertebrados terrestres também possui uma região auditiva da orelha interna que é sensível à pressão das ondas sonoras. Estas funções diversas do labirinto dependem de tipos basicamente similares de células sensoriais, as células ciliadas (veja a Figura 4-4). Nos peixes e nos anfíbios aquáticos, agrupamentos de células ciliadas associadas a células de suporte formam os órgãos **neuromastos**, os quais estão espalhados sobre a superfície da cabeça e do corpo. Em peixes com mandíbula, os órgãos neuromastos geralmente estão localizados no interior de uma série de canais na cabeça, e um ou mais canais percorrem as laterais do corpo, chegando até a cauda. Este sistema receptor de superfície dos peixes e anfíbios aquáticos é denominado de **sistema da linha lateral**. O sistema da linha lateral só é encontrado apenas nos vertebrados aquáticos, pois o ar não é denso o bastante para estimular os órgãos neuromastos. As larvas de anfíbios têm sistemas de linhas laterais, e os canais laterais são retidos nos adultos de anfíbios aquáticos, tais como a rã africana com garras e as salamandras aquáticas, mas são perdidos nas espécies adultas terrestres. Os vertebrados terrestres que retornaram secundariamente para a água, tais como as baleias e golfinhos, não possuem o sistema da linha lateral.

Detectando o Deslocamento da Água

Os neuromastos do sistema da linha lateral são distribuídos em duas configurações – no interior de canais tubulares ou expostos em depressões epidérmicas. Muitos tipos de peixes têm esses dois tipos de arranjo. Células ciliadas possuem um **cinecílio** posicionado assimetricamente em um agrupamento de **microvilos**. As células ciliadas são arranjadas em pares, com os cinecílios posicionados sobre lados opostos das células adjacentes. Um neuromasto contém muito destes pares de células ciliadas. Cada neuromasto apresenta dois nervos aferentes: um transmite impulsos das células ciliadas, com cinecílios, em uma posição, e o outro transporta impulsos das células com cinecílios na posição diametralmente oposta (a 180°). Este arranjo permite que o peixe determine a direção do deslocamento dos cinecílios.

Todos os cinecílios e os microvilos estão embebidos em uma estrutura gelatinosa, a **cúpula**. O deslocamento da cúpula faz com que os cinecílios se curvem. A deformação resultante excita ou inibe a descarga nervosa do nervo do neuromasto. Assim, cada par de células ciliadas sinaliza a direção do deslocamento da cúpula. A informação de excitação de cada par tem um máximo de rendimento excitatório ao deslocamento ao longo da linha onde se posicionam os cinecílios, diminuindo sua eficácia em outras direções. O rendimento líquido do deslocamento da cúpula é o aumento da taxa de disparos, em um dos nervos aferentes, e a sua diminuição no ouro nervo. Essas alterações nas taxas de disparo dos nervos da linha lateral informam, portanto, um peixe sobre a direção das correntes de água sobre as superfícies distintas de seu corpo.

Correntes de água de somente 0,025 mm/s são detectadas pelos neuromastos expostos da rã africana com garras, *Xenopus laevis,* com uma resposta máxima a correntes de 2 a 3 mm/s. Respostas similares ocorrem nos peixes. Os órgãos das linhas laterais também respondem a sons de baixas frequências, mas há controvérsias quanto ao fato de o som ser um estimulante natural da linha lateral. O som induz o transporte de ondas de pressão na água e, também, provoca o deslocamento da água, conforme a onda de pressão se movimenta. Tem sido difícil esclarecer se a resposta do neuromasto resulta dos movimentos da água sobre a superfície do corpo ou da compressão da onda sonora.

Diversos peixes que se alimentam na superfície e as rãs africanas aquáticas com garras fornecem bons exemplos de como os órgãos da linha lateral agem sob condições naturais. Estes animais detectam insetos na superfície da água por meio da percepção das ondas criadas pelos movimentos das presas. Cada grupo de neuromastos, na cabeça do peixe,

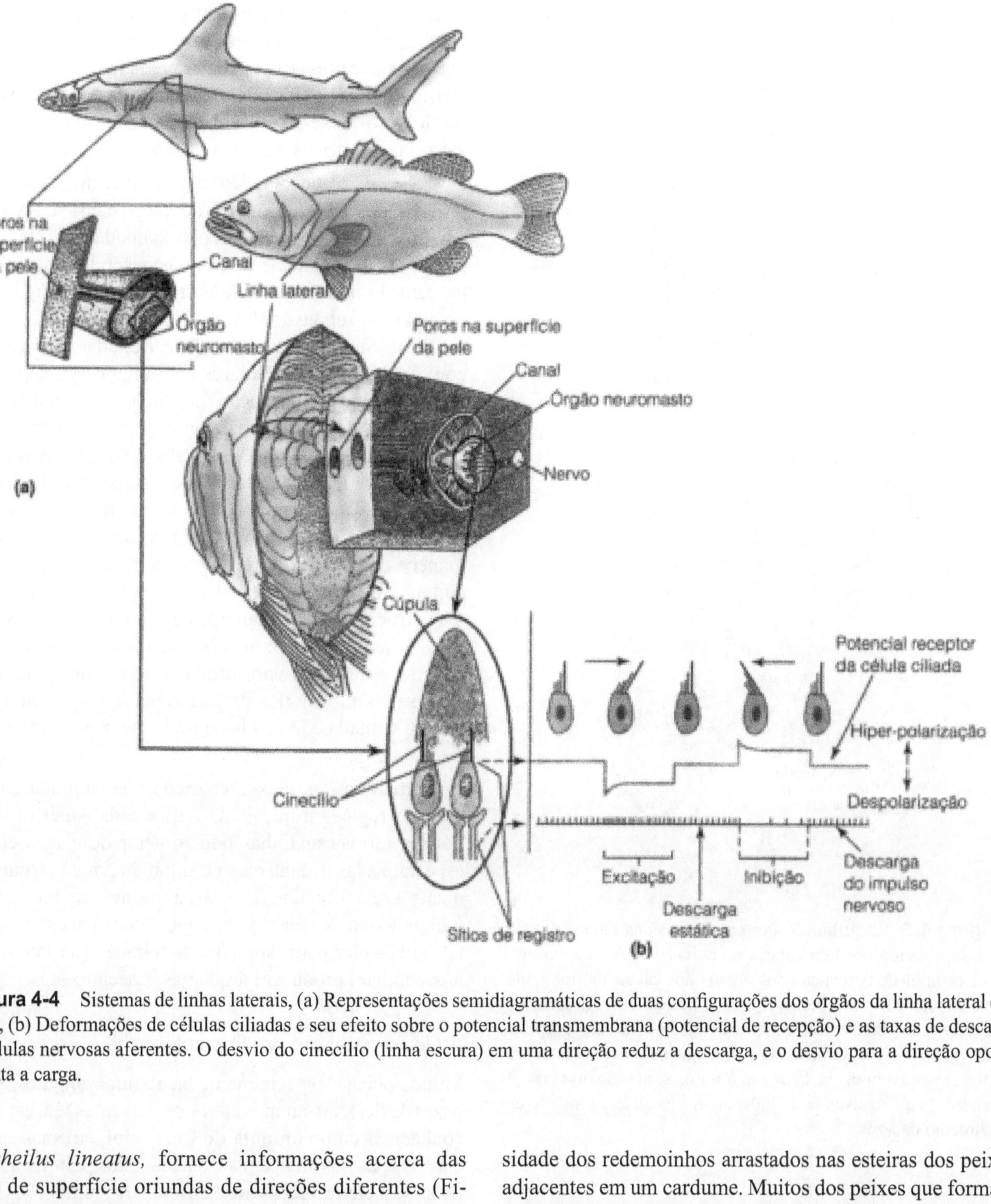

Figura 4-4 Sistemas de linhas laterais, (a) Representações semidiagramáticas de duas configurações dos órgãos da linha lateral dos peixes, (b) Deformações de células ciliadas e seu efeito sobre o potencial transmembrana (potencial de recepção) e as taxas de descarga das células nervosas aferentes. O desvio do cinecílio (linha escura) em uma direção reduz a descarga, e o desvio para a direção oposta aumenta a carga.

Aplocheilus lineatus, fornece informações acerca das ondas de superfície oriundas de direções diferentes (Figura 4-5). Entretanto, todos os grupos apresentam campos de estímulos sobrepostos. A remoção de um grupo de neuromastos, de um lado da cabeça, interfere com a resposta ao estímulo direcional, demonstrando que um peixe combina informações oriundas de grupos em ambos os lados da cabeça para interpretar os movimentos da água.

O grande número de neuromastos sobre a cabeça de alguns peixes pode ser importante para perceber a intensidade dos redemoinhos arrastados nas esteiras dos peixes adjacentes em um cardume. Muitos dos peixes que formam cardumes extremamente densos (sardinhas, peixe-agulha, tainhas) perdem os órgãos da linha lateral ao longo dos flancos, retendo os órgãos dos canais da linha lateral somente na cabeça. Estes órgãos cefálicos canalizados bem desenvolvidos concentram a sensibilidade ao movimento da água na cabeça, onde é necessária para a percepção da turbulência na qual o peixe está nadando; e a redução dos elementos da linha lateral nos flancos deve reduzir a interferência da turbulência ao lado do peixe.

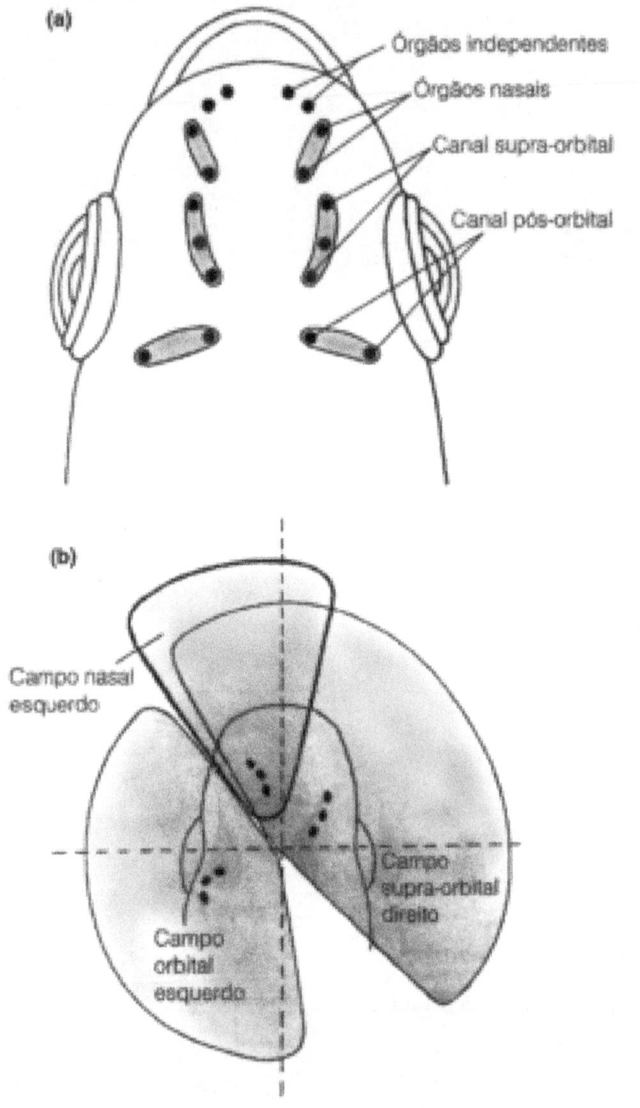

Figura 4-5 Distribuição dos canais da linha lateral, (a) Sobre a superfície dorsal da cabeça do peixe, *Fundulus notatus,* e (b) os campos de percepção dos órgãos dos canais da linha lateral da cabeça em outro peixe, *Aplocheilus lineatus.* As áreas em forma de fatias indicam os campos de visão para cada grupo de órgãos dos canais da linha lateral. Note que os campos são sobrepostos em lados opostos, bem como no mesmo lado do corpo, o que permite que o sistema da linha lateral localize a fonte de um movimento da água.

Descarga Elétrica

Diferentemente do ar, a água conduz eletricidade, e a água do mar é um condutor melhor de eletricidade do que a água doce, pois contém mais sais dissolvidos. A alta condutividade da água do mar torna possível, aos tubarões, a detecção da atividade elétrica que acompanha as contrações musculares de suas presas. A eletricidade também pode ser uma arma – a raia torpedo, do Mediterrâneo, o bagre elétrico do Rio Nilo e o peixe-elétrico (o poraquê) da América do Sul, podem liberar descargas com energia suficientes para capturar presas e para deter predadores. E os peixes de eletricidade mais fraca, como os Gymnotidae, da América do Sul, e o peixe-elefante (Mormyridae), da África, utilizam sinais elétricos para a corte e defesa territorial.

Todos estes peixes elétricos usam tecidos musculares modificados para produzir a descarga elétrica. As células de tais músculos modificados, chamadas de eletrócitos, perderam a capacidade de contração, sendo especializadas na geração de um fluxo de corrente de íons (Figura 4-6). Quando em repouso, as membranas das células musculares e das células nervosas estão carregadas eletricamente, com os fluidos intracelulares com uma carga negativa ao redor de 84 mv, em relação aos fluidos extracelulares. Tal situação se deve, principalmente, à exclusão dos íons de sódio. Quando a célula é estimulada, os íons de sódio são rapidamente transportados sobre a superfície lisa, elevando o potencial para um valor de 67 mv positivos. Somente a superfície lisa é despolarizada; a superfície rugosa permanece os -84 mv, de forma que a diferença de potencial ao longo da célula, é de 151 mv (de -84 a +67 mv). Como os eletrócitos estão arranjados em pilhas, como as pilhas de uma lanterna, os potenciais de muitas camadas de células se combinam para produzir altas voltagens. O peixe-elétrico da América do Sul, o poraquê, possui mais de 10.000 camadas de células e pode gerar potenciais acima de 600 volts.

A maioria dos peixes elétricos é encontrada em água doce de regiões tropicais da África e da América do Sul. Poucas formas marinhas podem gerar descargas elétricas especializadas – dentre os elasmobrânquios marinhos, somente a raia torpedo (*Torpedo*) e o género de raias *Narcine* e alguns outros gêneros de raias são elétricos; e entre os teleósteos marinhos, somente os miracéu (da família Uranos-copidae) produzem descargas especializadas.

A Eletrorrecepção em Elasmobranchii

Muitos peixes, especialmente os elasmobrânquios, são capazes de detectar campos elétricos. Tubarões têm estruturas, conhecidas como **ampola de Lorenzini**, em suas cabeças, e as raias as possuem em suas nadadeiras peitorais. As ampolas são eletrorreceptores sensíveis (Figura 4-7). O canal que conecta o receptor ao poro da superfície é preenchido por um gel condutor de eletricidade, e a parede do canal não é condutora. Já que o canal se estende por alguma distância abaixo da epiderme, a célula sensorial pode detectar uma diferença de potencial elétrico entre o tecido no qual ela se encontra (o qual reflete a epiderme adjacente e o ambiente) e a distância da abertura do poro. Assim, o eletrorreceptor pode detectar campos elétricos, os quais são alterações dos potenciais elétricos no espaço. A célula eletrorreceptora

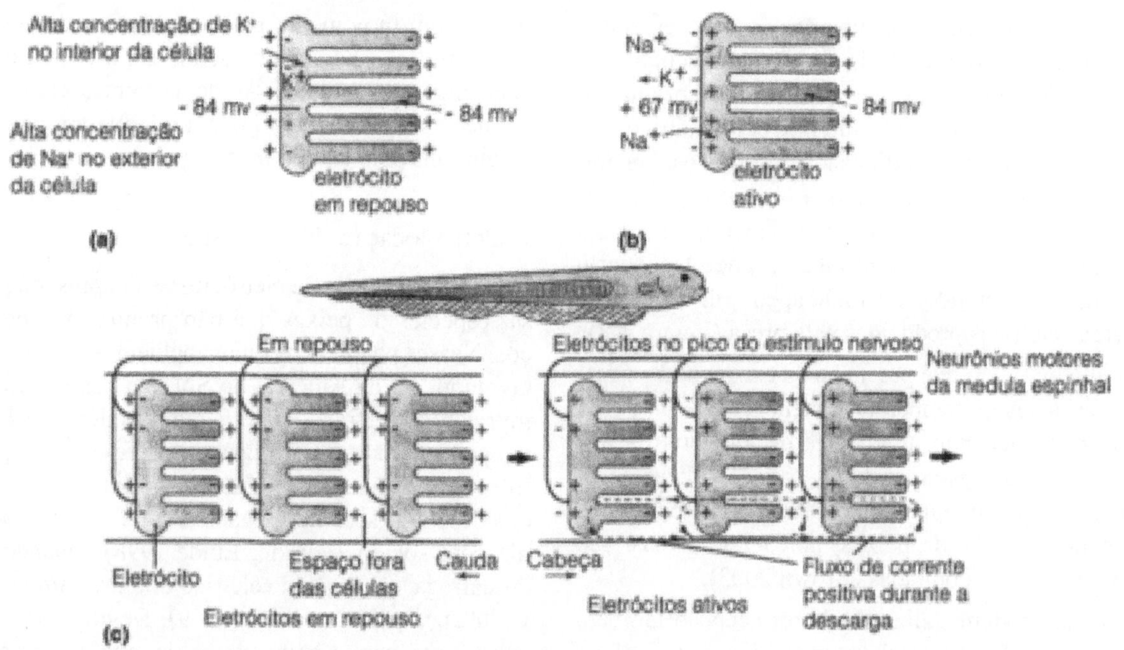

Figura 4-6 O uso de potenciais trans-membrana, de células musculares modificadas, por peixes elétricos para produzir uma descarga elétrica. Neste diagrama, a superfície lisa está na esquerda e a rugosa, na direita. Somente a superfície lisa é enervada, (a) Em repouso, o K^+ (íon potássio) é mantido a uma alta concentração interna e o Na^+ (íon sódio) a uma baixa concentração, mantida pela ação da bomba celular de K^+/Na^+. A permeabilidade da membrana ao K^+ excede a permeabilidade ao Na^+. Como resultado, o K^+ se difunde para fora da célula mais rapidamente do que o Na^+ se difunde para dentro (flecha), criando um potencial de repouso de -84 mv. (b) Quando a superfície lisa da célula é estimulada por uma descarga nervosa, o sódio se difunde para dentro da célula e o potássio para fora, alterando o potencial para +67 mv. A superfície rugosa não se despolariza e permanece com um potencial de -84 mv, criando uma diferença de potencial de 151 mv através da célula, (c) Arranjando os eletrócitos em série, para somar os potenciais de cada uma das células, alguns peixes elétricos podem gerar voltagens muito altas. O poraquê, por exemplo, têm 10.000 eletrócitos em série, produzindo potenciais maiores do que 600 volts.

ancestral era uma modificação da célula ciliada da linha lateral. Os eletrorreceptores dos tubarões respondem a alterações mínimas de campos elétricos que circundam o animal. Eles agem como voltímetros, medindo a diferença dos potenciais elétricos em locações discretas por toda a superfície do corpo. A sensibilidade à voltagem é marcante. Os órgãos ampulares têm limites menores do que 0,01 milivolt por centímetro, um nível de detecção alcançado somente

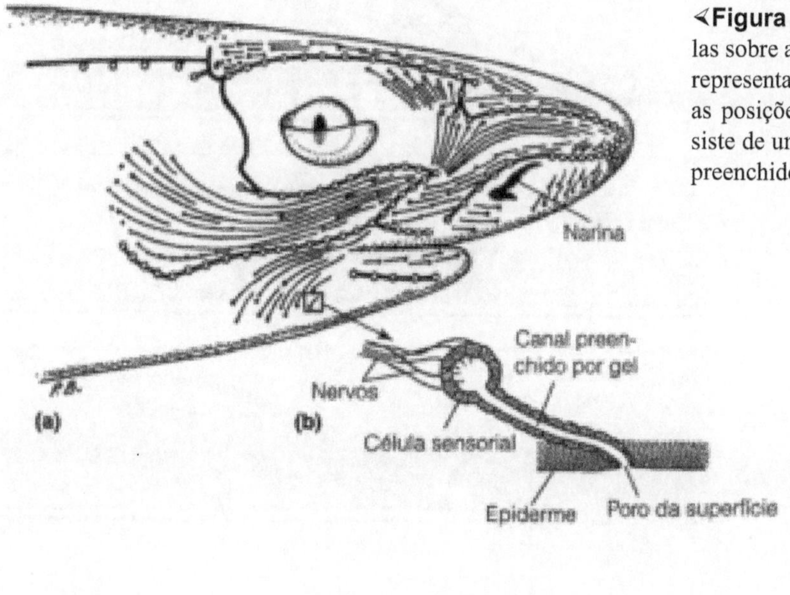

Figura 4-7 Ampola de Lorenzini, (a) Distribuição das ampolas sobre a cabeça do tubarão, *Squalus acanthius.* Círculos claros representam os poros da superfície; os pontos pretos representam as posições das células sensoriais, (b) Uma única ampola consiste de uma célula sensorial conectada à superfície por um poro preenchido por uma substância que conduz a eletricidade.

pelos melhores voltímetros. Os tubarões usam a percepção elétrica para detectar presas. Toda atividade muscular gera um potencial elétrico: células nervosas motoras produzem alterações extremamente rápidas no potencial elétrico, e a contração muscular gera modificações de duração maior. Além disso, um potencial constante é liberado por um organismo aquático como resultado do balanço químico entre o organismo e seu meio. Um tubarão pode localizar e atacar um peixe escondido, por meio apenas da percepção das descargas elétricas produzidas pela presa (Figura 4-8).

O gel glicoprotéico que preenche os canais podem responder a variações de temperatura menores que 0.001°C. Muitos tubarões detectam gradientes de temperatura dos mares, e podem usar essa habilidade para localizar os limites entre massas de água, com diferentes temperaturas, onde as concentrações de peixes, potenciais presas, são prováveis de serem encontradas (Brown 2003).

Os tubarões podem utilizar a eletrorrecepção também para a navegação. O campo eletromagnético da superfície da Terra produz pequenos gradientes de voltagem, e um tubarão em movimento pode detectar gradientes ao redor de 0,4 mv/cm – bem acima do nível que pode ser detectado pelos órgãos ampulares. Ainda, correntes oceânicas geram gradientes elétricos próximos a 0,5 mv/cm, conforme carregam íons pelo campo magnético da Terra.

A Eletro-locação dos Teleósteos

Arranjos incomuns de eletrócitos estão presentes em diversas espécies de peixes que não produzem choques elétricos. Nesses peixes – os quais incluem os peixes da família Gymnotidae, da América do Sul, e o peixe-elefante (Mormyridae), da África – a voltagem das descargas elétricas é tão pequena para ser utilizada na defesa ou ataque diretos. Em vez disso, peixes teleósteos, produtores de fraca eletricidade, usam suas descargas para a eletrolocação e comunicações sociais (von der Emde 1998). Quando um peixe descarrega seu órgão de elétrico cria um campo elétrico na vizinhança próxima (Figura 4-9). Devido aos altos custos energéticos para a manutenção de uma descarga contínua, os peixes elétricos produzem descargas pulsantes. A maioria

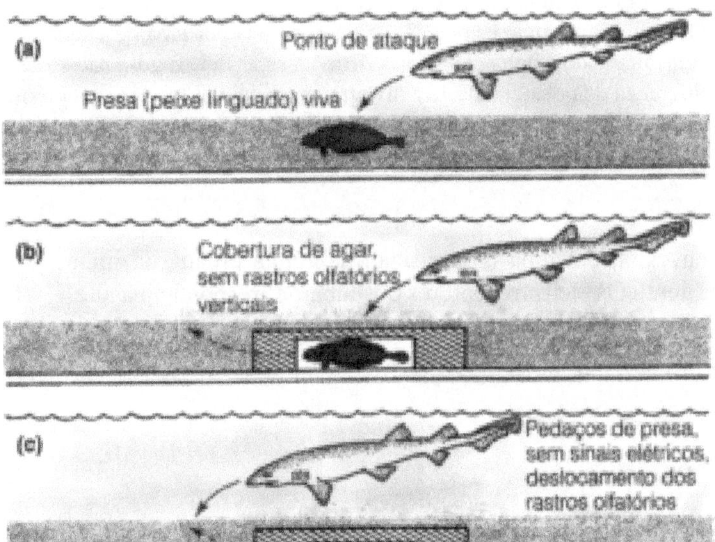

➢Figura 4-8 Capacidade de eletrolocação dos tubarões, (a) Um tubarão pode localizar um peixe vivo, recoberto de areia, escondido de sua visão, (b) O tubarão ainda pode detectar o peixe quando está coberto por um de anteparo de agar, o qual bloqueia os rastros de cheiro, mas permite que sinais elétricos sejam transmitidos, (c) O tubarão segue os rastros olfativos (escondido pelo anteparo de agar) quando o peixe vivo é substituído por pedaços da presa, os quais não emitem sinais elétricos. (d) O tubarão não é capaz de detectar um peixe vivo quando está coberto por algo que bloqueie os rastros olfativos e os sinais elétricos. (e) O tubarão ataca eletrodos que emitem sinais elétricos, imitando um peixe vivo, sem produzir rastros olfativos. Estes experimentos indicam que quando o tubarão era capaz de seguir um sinal elétrico, ele o utilizava para localizar sua presa – e seguia um sinal químico quando não havia sinais elétricos. Este sistema duplo permite aos tubarões encontrar itens alimentares vivos e mortos.

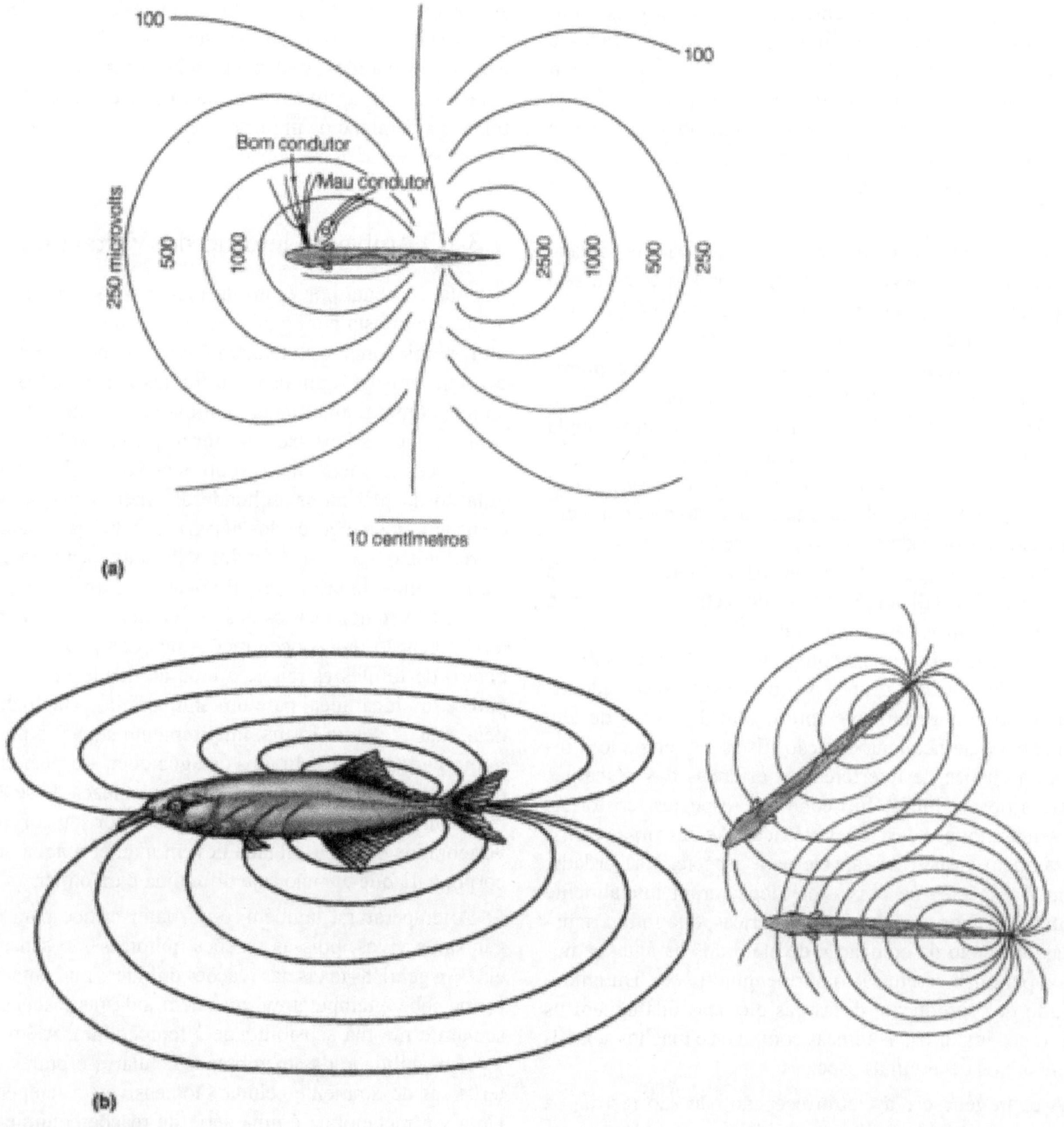

Figura 4-9 Eletro-locação dos peixes, (a) A distorção dos campos elétricos fraco (linhas), que circundam um peixe elétrico, causada por objetos condutores e não-condutores (Eletrodo de referência a 150 cm na lateral do peixe.) Objetos condutores concentram o campo sobre o tegumento do peixe, onde o aumento do potencial elétrico é detectado por eletrorreceptores. Objetos não-condutores espalham o campo e difundem as diferenças de potencial ao longo da superfície do corpo, (b) O campo elétrico que circunda um peixe elétrico fraco pode ser modulado por variações da descarga do órgão elétrico para a comunicação (esquerda). Quando dois peixes elétricos nadam próximos o suficiente, uma interferência significativa pode ocorrer, requerendo alterações da descarga do órgão elétrico (direita).

dos peixes teleósteos que produzem baixa eletricidade pulsa em taxas entre 50 e 300 ciclos por segundo, mas os Gymnondae da América do Sul atingem 1.700 ciclos por segundo, o que representa a taxa mais rápida e contínua de disparos conhecida para qualquer músculo ou nervo de Vertebrata. Os peixes elétricos africanos e sul-americanos são mais noturnos e vivem em água turvas, onde a visão é limitada a pequenas distâncias, mesmo sob a luz do dia.

O campo elétrico de descargas muito pequenas pode se estender por uma distância considerável em água doce, pois a condutividade elétrica é relativamente baixa. O campo elétrico que o peixe cria será distorcido pela presença de objetos condutores e não condutores. As rochas são altamente resistivas, enquanto outros peixes, invertebrados e plantas são condutores. Distorções do campo provocam uma alteração na distribuição do potencial elétrico ao longo da superfície corpórea do peixe. Um peixe elétrico detecta a presença, a posição e o movimento de objetos por meio da percepção em seu corpo do local de maior distorção de seu campo elétrico.

A pele de teleósteos que produzem pouca eletricidade contém receptores sensoriais especiais: órgãos ampulares e órgãos tuberosos. Estes órgãos detectam, respectivamente, descargas tônicas (estáveis) e fásicas (com alterações rápidas). Os eletrorreceptores dos teleósteos são receptores neuromastos modificados da linha lateral. Como os receptores da linha lateral, eles possuem uma enervação dupla – um canal aferente, o qual manda impulsos ao encéfalo, e um canal eferente, o qual inibe a ação dos receptores. Durante cada descarga elétrica, um comando inibidor é enviado aos eletrorreceptores e o peixe se torna insensível a sua própria descarga. Entre os pulsos, os eletrorreceptores informam sobre a distorção no campo elétrico, ou quanto à presença de outros campos, ao encéfalo. Descargas de órgãos de eletricidade variam com os hábitos e com o habitat. Espécies que formam grupos ou que vivem em corredeiras rasas e estreitas geralmente apresentam descargas de alta frequência e de pequena duração. Estas características reduzem a chance de interferências oriundas das descargas elétricas dos vizinhos. Em contraste, espécies territoriais apresentam longas descargas elétricas. As descargas elétricas também variam de espécie para espécie. Na verdade, algumas espécies de peixes elétricos foram inicialmente identificadas por suas descargas elétricas, que foram registradas por meio da colocação de eletrodos na água camuflados para não serem visto por nenhum peixe. Durante o período de reprodução, descargas elétricas distinguem os indivíduos imaturos, as fêmeas com ovos e machos sexualmente ativos de algumas espécies.

A eletrogênese e a eletrorrecepção não são restritas a um único grupo de vertebrados aquáticos, e os Monotrema (o ornitorrinco e o équidna, ambos representantes das primeiras linhagens de mamíferos, as quais ainda botam ovos) utilizam a eletrorrecepção para detectar presas (Fig. 4-10). A eletro-sensibilidade foi, provavelmente, uma característica primitiva da evolução dos Vertebrata. O encéfalo da lampreia responde aos campos elétricos, e parece provável que os primeiros Vertebrata apresentavam capacidade eletro-receptiva. Todos os vertebrados das linhagens que evoluíram antes dos neopterígeos têm células eletrorreceptoras. Estas células, as quais apresentam cinecílios proeminentes, disparam quando o ambiente ao seu redor é negativo com relação a elas. Seus impulsos passam para a região medial do terço caudal do encéfalo. Aparentemente a eletro-sensibilidade foi perdida nos neopterígeos, e os teleósteos têm, ao menos, duas evoluções independentes de eletrorreceptores. A eletro-sensibilidade nos teleósteos é distinta da dos demais vertebrados: seus eletrorreceptores não apresentam cinecílios e disparam quando o ambiente está *positivo,* com relação à célula, e os impulsos nervosos são enviados para a porção *lateral* do rombencéfalo.

4.3 O Ambiente Interno dos Vertebrata

Setenta a oitenta por cento da massa corpórea dos Vertebrata é composta por água, e as reações químicas que liberam energia, ou que sintetizam novos compostos químicos, ocorrem em meio aquoso. Os fluidos corpóreos dos Vertebrata contêm uma mistura complexa de íons e de outros solutos. Alguns íons são co-fatores que controlam as taxas dos processos metabólicos; outros estão envolvidos na regulação do pH, na estabilidade das membranas celulares ou na atividade elétrica dos nervos. Substratos metabólicos e produtos devem ser difundidos de seus locais de síntese para os sítios de utilização. Praticamente qualquer processo que ocorre nos tecidos dos Vertebrata envolve a água, e a manutenção das concentrações dos composto e solutos, dentro de limites estreitos, é uma atividade vital. A água parece um local ideal para um animal feito principalmente dela, mas, de certa forma, um ambiente aquático pode ser muito perigoso. Vertebrados de água doce – especialmente os peixes e os anfíbios – enfrentam a ameaça de se afogarem com a água do ambiente que passa por seu corpo; e os vertebrados de água salgada devem manter a água em seu corpo, para que ela não seja difundida para o mar.

A temperatura, também, é um fator crítico para os organismos vivos, pois as reações químicas são sensíveis a ela. Em geral, as taxas das reações químicas aumentam conforme sobe a temperatura, mas nem todas as reações apresentam a mesma sensibilidade à temperatura. Além disso, a permeabilidade das membranas celulares e outras características do ambiente celular são sensíveis à temperatura. Uma via metabólica é uma série de reações químicas nas quais o produto de uma reação é o substrato da próxima, mesmo assim, cada uma destas reações pode ter uma sensibilidade distinta à temperatura, deste modo uma alteração de temperatura pode significar que muito, ou pouco, substrato é produzido para sustentar a próxima reação na série. Para complicar ainda mais o processo de regulação de substratos e de produtos, as reações químicas ocorrem em um meio celular que também é modificado pela temperatura. Aparentemente o funcionamento correto das vias metabólicas é muito simplificado se um organismo consegue limitar a gama de temperaturas vivenciadas por seus tecidos.

A temperatura da água é mais estável do que a do ar, pois a água tem um calor específico mais alto que o do ar. A estabilidade da temperatura da água simplifica a tarefa de manter uma temperatura corpórea constante, contanto que a temperatura do corpo que precisa manter seja a mesma da temperatura da água ao redor do animal. Um animal aquático tem momentos difíceis para manter a temperatura corpórea distinta da água, pois a água conduz muito melhor calor. O calor deixa o corpo se um animal está mais quente do que a água ao seu redor e o inverso também ocorre, caso o animal esteja mais frio do que a água que o cerca.

Nas próximas seções, discutimos, com mais detalhes, como e porque os Vertebrata regulam seus ambientes internos e os problemas especiais enfrentados pelos animais aquáticos.

4.4 Troca de Água e de Íons

Um organismo pode ser descrito como uma bolsa de água suja. Esta não é uma descrição elegante, mas ela identifica precisamente as duas características importantes de um animal vivo – ele contém substâncias orgânicas e inorgânicas, dissolvidas na água, e este fluido é revestido por uma superfície corpórea permeável. A troca de matéria e de energia, com o ambiente são essenciais à sobrevivência de um organismo, e boa parte destas trocas é regulada pela superfície do corpo. As moléculas de água e os íons atravessam o tegumento quase que livremente, enquanto moléculas mais pesadas se movem menos prontamente. O significado desta permeabilidade diferencial a diversos compostos é particularmente implícito no caso dos vertebrados aquáticos, mas ela também se aplica aos vertebrados terrestres. Os vertebrados usam tanto a troca ativa, quanto a passiva, para regular suas concentrações internas em face às variações das condições externas.

O Rim dos Vertebrata

Um organismo pode tolerar apenas uma pequena variação de concentrações de fluidos corpóreos e deve eliminar os resíduos metabólicos antes que atinjam níveis prejudiciais. As moléculas de amônia, as quais resultam do catabolismo proteico, são especialmente importantes, pois são tóxicas. Os Vertebrata apresentam excelente capacidade para controlar o balanço de água e para excretar os dejetos, e o rim tem um papel crucial nestes processos.

O rim de um vertebrado adulto consiste de centenas de milhões de **néfrons** tubulares, cada um dos quais produz urina. A principal função de um néfron é remover o excesso de água, de sais, de resíduos metabólicos e de substâncias estranhas do sangue. Neste processo, o sangue é inicialmente filtrado no **glomérulo**, uma estrutura única dos Vertebrata (Figura 4-10). Cada glomérulo é composto por um aglomerado de capilares arteriais porosos encapsulados no interior de um filtro semelhante a uma peneira. A pressão sanguínea arterial força o fluido para dentro do néfron para formar um **ultrafiltrado**, composto por sangue, menos as células sanguíneas e as moléculas maiores. O ultrafiltrado é, então, processado para que os metabólitos essenciais (glicose, aminoácidos etc.) e a água sejam devolvidos à circulação geral. O fluido produzido após esse processo é a urina.

Regulação dos íons e dos Fluidos Corpóreos

As concentrações de sais nos fluidos corpóreos de muitos vertebrados marinhos são similares às da água do mar, como no caso das feiticeiras (Tabela 4.2). É provável que os primeiros Vertebrata também tivessem níveis de íons similares aos da água do mar. Em contraste, os níveis de sais são muito reduzidos no sangue de todos os outros vertebrados, uma característica compartilhada somente com invertebrados que penetraram em estuários, na água doce ou no ambiente terrestre.

No contexto dos fluidos corpóreos, **soluto** significa uma molécula pequena que se dissolve na água ou no plasma sanguíneo. Íons de sais, ureia e algumas moléculas pequenas de carboidratos são os principais solutos envolvidos na regulação das concentrações dos fluidos do corpo. A presença de solutos na água do mar ou no plasma sanguíneo diminui a atividade cinética da água. Dessa forma, a água flui de uma solução diluída (de alta atividade cinética) para uma solução mais concentrada (baixa atividade cinética) – um fenômeno denominado **osmose.** A água do mar tem uma concentração de aproximadamente 1.000 milimoles por kg de água [mmoles • kg^{-1}]. A maioria dos invertebrados marinhos e das feiticeiras tem fluidos corpóreos em equilíbrio osmótico com a água do mar; ou seja, eles são **isosmóticos**. Concentrações de fluidos corpóreos de teleósteos marinhos e de lampreias estão entre 300 e 350 mmoles • kg^{-1}. Assim, a água flui do sangue para o mar (de uma região de alta atividade cinética para uma de baixa atividade). Os Chondrichthyes retêm ureia e outros compostos nitrogenados, aumentando a osmolalidade do sangue um pouco acima da água, fazendo com que a água flua da água do mar para dentro do corpo. Estas diferenças de osmolalidade são especificadas para os termos, **hiposmótico** (concentrações de solutos mais baixas do que a da água, o que é observado em teleósteos e lampreias) e **hiperosmótico** (concentrações de soluto mais altas do que a da água, observadas em celacantos e em Chondrichthyes).

Íons de sais, tais como sódio e cloro, também podem difundir-se através da superfície das membranas de um animal, deste modo o balanço de água e sal de um vertebrado aquático na água salgada é alterado constantemente pela saída de água e entrada de sais e nos animais de água doce pela entrada de água saída de sais.

A maioria dos peixes é estenohialina (do grego *steno* = estreito e *haline* = sal); isso significa que eles habitam a água doce ou a marinha e toleram apenas alterações modestas da salinidade. Já que eles permanecem em um ambiente,

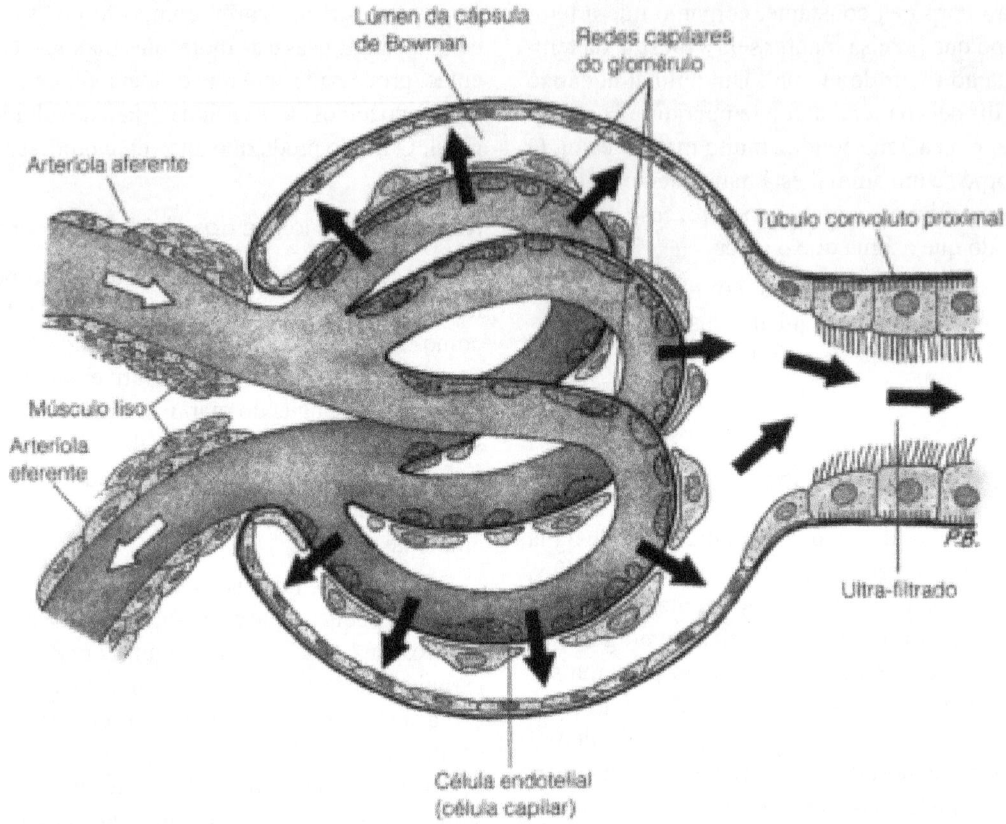

Figura 4-10 Detalhe de um glomérulo mamaliano típico, ilustrando a base anatômica para sua funcionalidade. A pressão sanguínea força produz um ultrafiltrado do sangue, através das paredes dos capilares dentro do lúmen da cápsula de Bowman (= cápsula glamenular). O fluxo sanguíneo para cada glomérulo é regulado por músculos lisos que podem fechar as arteríolas, aferente e eferente, para ajustar a taxa de filtração glomerular do rim como um todo. O ultrafiltrado, que consiste de água, íons e pequenas moléculas, passa pela cápsula de Bowman para dentro do túbulo convoluto proximal, onde o processo de adição e remoção de substâncias específicas se inicia.

a magnitude e a direção do gradiente osmótico, ao qual estão expostos, é estável. Entretanto, alguns peixes deslocam-se entre a água doce e a água salgada e toleram grandes variações de salinidade. Esses peixes são denominados de eurihialinos (Grego *eury* = amplo) e gradientes de água e sais são revertidos em espécies eurihialinas, conforme se movem de um meio a outro.

Organismos de Água Doce – Teleostei e Amphibia Diversos mecanismos estão envolvidos na regulação do sal e da água dos vertebrados que vivem na água doce. A superfície corpórea dos peixes tem uma baixa permeabilidade à água e aos íons. Entretanto, os peixes não podem prevenir, inteiramente, a troca osmótica. Brânquias, as quais devem ser permeáveis ao oxigênio e ao dióxido de carbono, também são permeáveis à água. Como resultado, a maioria dos movimentos da água e dos íons ocorre através das superfícies das brânquias. A água é adquirida pela osmose e os íons são perdidos por difusão. Um peixe teleósteo não bebe **água,** pois o movimento osmótico da mesma já fornece uma quantidade maior do que a necessária – bebê-la apenas aumentaria a quantidade de água a ser excretada pelos rins. Para compensar o influxo de água, os rins produzem um grande volume de urina. Sais são ativamente reabsorvidos para reduzir sua perda. Na realidade, o processamento de urina, em um peixe teleósteo, fornece um modelo simples para o funcionamento do rim de um vertebrado.

Os grandes glomérulos dos teleósteos de água doce produzem um fluxo copioso de urina, mas o ultrafiltrado glomerular é isosmótico, em relação ao sangue, e contém sais essenciais para o sangue (Figura 4-11). Para conservar o sal, os íons são reabsorvidos ao longo dos **túbulos convolutos distais e proximais**. (A reabsorção é um processo ativo que consome energia metabólica.) Já que a alça distai é impermeável à água, a urina no seu interior se torna menos concentrada, conforme os íons são removidos dela. Finalmente, a urina se torna hiposmótica em relação ao sangue. Desta forma, a água que foi absorvida pelas brânquias é removida e os íons são conservados. Todavia,

TABELA 4.2 Concentrações representativas, de sódio e de cloro, e osmolalidade do sangue.em vertebrados e em invertebrados marinhos. As concentrações são expressasem milimoles por quilograma de água; os valores são apresentados em 5 unidades

Tipo de animal	*mmole . kg^{-1}*	*Na^{+}*	*Cl^{-1}*	*Outro importante fator osmótico*
Água do mar	~1000	475	550	
Água doce	<10	~ 5	~5	
Invertebrados marinhos				
Celenterados, moluscos etc.	~1000	470	545	
Crustáceos	~1000	460	500	
Vertebrados marinhos				
Feiticeiras	~1000	535	540	
Lampreia	~300	120	95	
Teleósteos	<350	180	150	
Celacanto	<1000 a 1180	180	200	Ureia 375
Elasmobrânquios (Charcharhinus leucas)	1050	290	290	Ureia 360
Holocephali	~1000	340	345	Ureia 280
Vertebrados de água doce				
Polyptendae	200	100	90	
Acipenseridae	250	130	105	
Neopterygn primitivos	280	150	130	
Dipnoi	240	110	90	
Teleostei	<300	140	120	
Elasmobrânquios (Charcharhinus leucas)	680	245	220	Ureia 170
Elasmobrânquios (raias de água doce)	310	150	150	
Amphibia*	~250	~100	~80	
Vertebrados terrestres				
Répteis	350	160	130	
Aves	320	150	120	
Mammalia	300	145	105	

*os níveis de íons e a osmolalidade são altamente variáveis, mas tendem a 200 mmoles • kg^{-1} na água doce.

alguns íons são perdidos na urina, junto aos que foram perdidos pela difusão nas brânquias. Sais dos alimentos compensam parte da perda, e os teleósteos têm células nas brânquias (**células cloreto ou cloragógenas**) que transportam ativamente os íons de cloro. Na água doce, estas células capturam o cloro. Estes íons são movidos por transporte ativo contra um gradiente de concentração, e este processo requer energia. íons de sódio também entram nas brânquias, passivamente, seguindo os íons de cloro.

Anfíbios de água doce enfrentam os mesmos problemas osmóticos que os peixes. Toda a superfície corpórea dos anfíbios está envolvida na absorção ativa de íons da água. Como os peixes de água doce, os anfíbios aquáticos não bebem água porque o influxo de água é maior que suas necessidades. E como os peixes, os anfíbios aquáticos perdem íons por difusão. A pele desses anfíbios contêm células que capturam íons da água circundante. A acidez inibe o transporte ativo dos íons, tanto nos anfíbios quanto nos peixes, e a inabilidade de manter as concentrações iônicas internas é uma das causas de morte destes animais, em habitats acidificados pela chuva ou neve ácidas.

Organismos Marinhos – Teleósteos e Outros Peixes Os gradientes osmóticos e iônicos dos Vertebrata, na água do mar, são basicamente o inverso dos vivenciados pelos vertebrados de água doce. A água marinha é mais concentrada do que os fluidos corpóreos dos vertebrados, de forma que

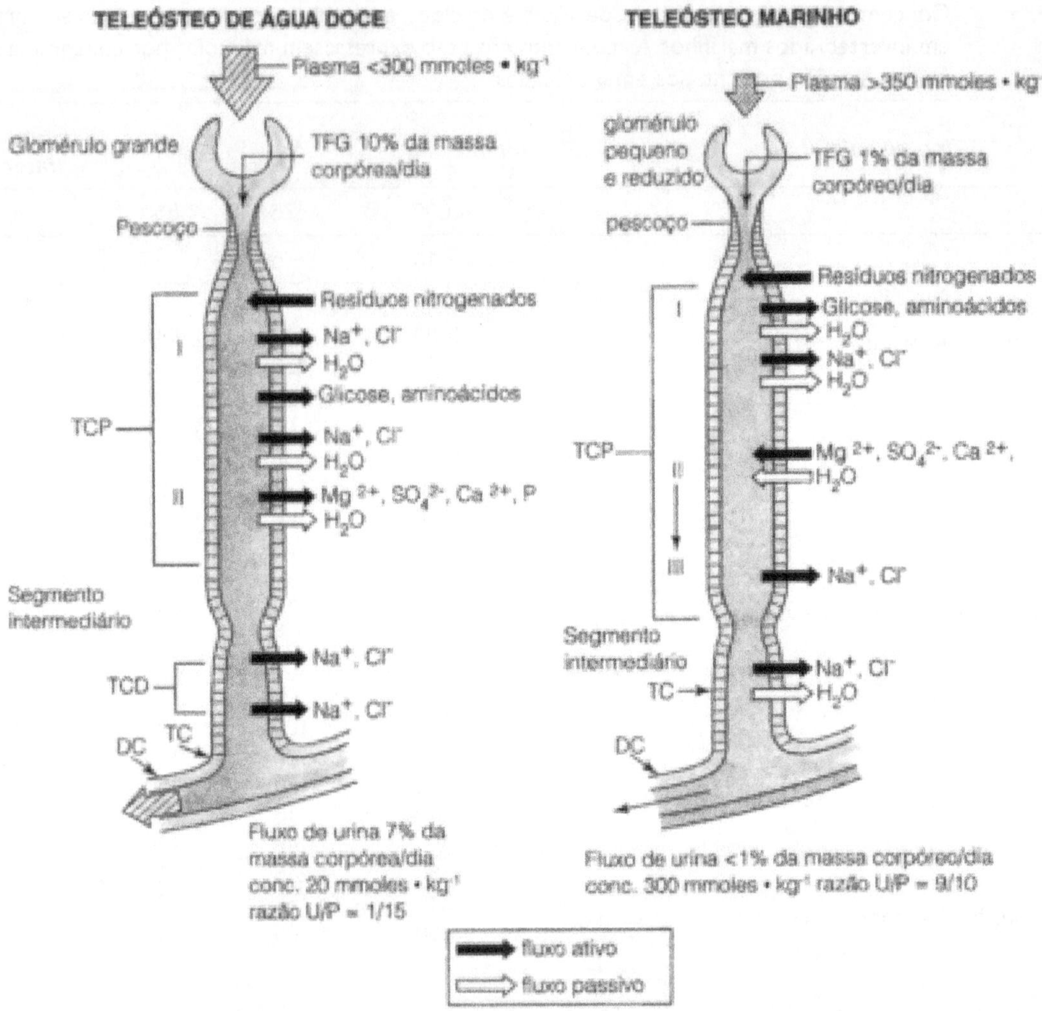

Figura 4-11 Estrutura e função do rim de um teleósteo marinho e de um de água doce. As setas que entram no interior do lúmen dos túbulos renais mostram o movimento das substâncias para dentro dos túbulos formando a urina, e a setas que saem do lúmen mostram movimento da urina para os fluidos corpóreos. Setas negras indicam movimentos ativos (isto é, aqueles que envolvem um sistema de transporte) e as setas brancas indicam um fluxo passivo abaixo de um gradiente ativo. A TFG é a taxa de filtração glomerular, ou seja, a taxa na qual o ultrafiltrado é formado. Ela é expressa como porcentagem da massa corpórea por dia. Teleósteos de água doce retêm grande volume de água que precisa ser excretado; consequentemente, apresentam altas TFGs. Os teleósteos marinhos têm o problema oposto; perdem água, por osmose, para o meio externo e devem conservá-la em seu rim; consequentemente, apresentam baixas TFGs. O TCP é o túbulo convoluto proximal. (Dois segmentos [I e II] do TCP são reconhecidos tanto nos teleósteos de água doce como nos de água salgada. O segmento III do TCP dos peixes marinhos algumas vezes equivale ao TCD [túbulo contorcido distal] dos peixes de água doce). As substâncias que um peixe precisa manter (principalmente glicose e aminoácidos) são ativamente removidas do ultrafiltrado no TCP, e resíduos nitrogenados (amônia e ureia) são eliminados ativamente constituindo a urina. Os peixes de água doce removem ativamente íons bivalentes (magnésio, sulfato, cálcio e fósforo) da urina, considerando que os teleósteos marinhos excretam ativamente esses íons via urina. Sódio e cloro também são removidos na formação da urina. Isso faz sentido para os peixes de água doce porque estão tentando conservar esses íons, mas é prejudicial para os peixes marinhos porque eles combatem o influxo de excesso de sódio e cloro da água do mar. A explicação desse paradoxo dos peixes marinhos é que o movimento dos íons sódio e cloro é necessário para produzir um fluxo passivo de água para dentro do corpo. Os peixes de água doce continuam a reabsorver sódio e cloro no TC (túbulo coletos), mas as paredes dos túbulos coletores não são permeáveis à água, deste modo, não há aumento passivo nesse estágio. Em contraste, os túbulos coletores dos peixes marinhos são permeáveis à água, possibilitando a recuperação de mais água nesse local. O resultado líquido no TFG da diferença entre os movimentos para dentro e para fora, e a permeabilidade permitem, aos peixes de água doce produzirem quantidades copiosas de urina diluída que os libertam do excesso da água, e aos peixes marinhos de produzir quantidades restritas de urina mais concentrada que conservam água.

há um fluxo líquido de saída de água, por osmose, e um balanço líquido de entrada de íons por difusão.

Teleostei O tegumento dos peixes marinhos, assim como o da maioria dos teleósteos de água doce, é altamente impermeável, de forma que a maioria dos movimentos iônicos e osmose ocorre nas brânquias (Figura 4-12). Os glomérulos renais são pequenos e a filtração é vagarosa. Forma-se pouca urina e a quantidade de água perdida é reduzida. Teleósteos marinhos não possuem um túbulo convoluto distal impermeável à água. Como resultado, a urina que deixa o néfron é menos copiosa e mais concentrada do que a dos peixes de água doce, embora seja sempre hiposmótica em relação ao sangue. Para compensar a desidratação osmótica, os teleósteos marinhos fazem algo incomum – bebem a água do mar. Os íons de sódio e de cloro são absorvidos ativamente pelas paredes intestinais, e a água entra no sangue por osmose. Estimativas de consumo de água do mar variam, mas muitas espécies bebem 25 por cento a mais que sua massa corpórea por dia e absorvem 80 por cento da quantidade ingerida. É claro, beber água do mar para compensar a perda osmótica aumenta o influxo de íons de sódio e de cloro. Para compensar esta carga de sal, as células de cloreto, nas brânquias, bombeiam ativamente estes íons para fora, contra um gradiente de concentração maior.

Feiticeiras e Chondrichthyes Feiticeiras têm poucos problemas com o balanço iônico, pois regulam somente os íons bivalentes e reduzem os movimentos osmóticos da água sendo isosmóticas à água do mar. Chondrichthyes e celacantos também minimizam o fluxo osmótico por meio da manutenção da concentração interna de fluidos corpóreos próxima à da água do mar. Estes animais retêm compostos nitrogenados (principalmente ureia e óxido trimetilamina), produzindo osmolalidades que são geralmente um pouco hiperosmóticas à água do mar (Tabela 4.2). Como resultado, ganham água pela difusão osmótica, nas brânquias, e não precisam beber a água do mar. Este influxo líquido de água permite que os grandes glomérulos nos rins produzam altas taxas de filtração e, dessa forma eliminam rapidamente os resíduos metabólicos do sangue. A ureia é muito solúvel e se difunde pela maioria das membranas biológicas, mas as brânquias dos Chondrichthyes são praticamente impermeáveis à ureia e os túbulos dos rins a reabsorvem ativamente. Com concentrações iônicas internas baixas, em relação à água do mar, estes animais vivenciam influxos iônicos, pelas brânquias, assim como os teleósteos marinhos. Diferentemente das brânquias dos teleósteos marinhos, as dos Chondrichthyes têm baixa permeabilidade iônica (menos de 1 por cento daquela dos Teleostei). Os Chondrichthyes geralmente não apresentam células excretoras de sal muito desenvolvidas em suas brânquias. Em vez disso, eles obtêm o balanço iônico por meio da secreçãode um fluido, via glândula retal, que é aproximadamente isosmótico aos fluidos

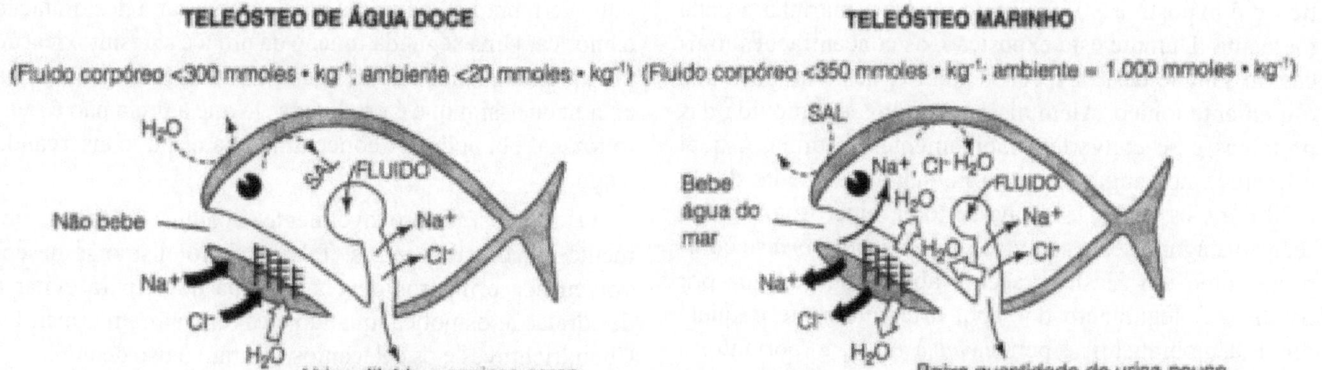

Figura 4-12 Esquema geral da regulação da água e sal nos teleósteos marinhos e de água doce. Peixes de água doce são mais concentrados que a água onde vivem; consequentemente, ganham água por osmose e perdem sódio e cloro por difusão. Eles não bebem água, absorvem ativamente sódio e cloro pelas brânquias e possuem rins com glomérulos grandes, os quais produzem um grande volume de urina diluída. Peixes marinhos são menos concentrados do que a água onde vivem; consequentemente, perdem água por osmose e ganham sódio e cloro por difusão. Os peixes marinhos bebem água e excretam ativamente o sódio e cloro pelas brânquias. Eles têm rins com glomérulos pequenos, os quais produzem pequeno volumes de urina concentrada.

corpóreos e à água do mar, mas contém concentrações mais altas de sódio e de cloro do que os fluidos corpóreos.

Elasmobranchii de Água Doce e Amphibia Marinhos Alguns peixes catilaginosos são eurialinos – peixes-serra, algumas raias e o tubarão *Charcharhinus leucas* são exemplos. Na água do mar o *Charcharhinus leucas* retêm altos níveis de ureia; mas na água doce, tais níveis declinam. Raias da família Potamotrygonidae passam toda sua vida na água doce, apresentando concentrações muito baixas de ureia em seu sangue. Suas concentrações de sódio e de cloro no sangue são de 30 a 40 por cento mais baixas do que a dos tubarões que chegam à água doce, e somente um pouco acima dos níveis típicos dos Teleostei de água doce (Tabela 4.2). Os Potamotrygonidae podem ter vivido na Bacia Amazônica por dezenas de milhões de anos e seus gradientes de sal e de água reduzidos podem refletir uma longa adaptação à água doce. Quando expostos a um aumento de salinidade, os potamotrigonideos não aumentam a concentração de ureia no sangue, como o fazem as espécies eurialinas, mesmo que as enzimas necessárias para a produção de ureia estejam presentes. Aparentemente, sua longa evolução em água doce levou a um aumento da permeabilidade de suas brânquias à ureia e reduziu a habilidade dos túbulos renais de reabsorvê-la.

A maioria dos Amphibia é encontrada em água doce ou em habitats terrestres. Uma das poucas espécies que ocorre em água salgada é o sapo comedor de siris, *Rana cancrivona.* Este sapo habita mangues no sudeste asiático e é exposto a 80 por cento de água marinha a cada maré alta. Durante esta exposição, as concentrações iônicas do sangue dessa espécie sobem e, deste modo reduz o gradiente iônico. Além disso, a amônia é removida das proteínas e se convertem rapidamente em ureia, a qual é liberada no sangue. A ureia no sangue aumenta de 20 a 30 mmoles • kg^{-1}, e o sapo se toma hiperosmótico em relação a água. Neste sentido, a *Rana cancrivora* se comporta como um Elasmobranchii, absorvendo a água por osmose. O tegumento do sapo, diferentemente daquele dos Elasmobranchii, é permeável à ureia; e, portanto, a ureia é perdida rapidamente. Para compensar tal perda, a atividade das enzimas que sintetizam a ureia é muito alta. Os girinos de *Rana cancrivora,* como a maioria dos girinos, não apresentam enzimas sintetizadoras de ureia até o final de seu desenvolvimento. Assim, os girinos dos sapos comedores de siris devem utilizar um método de osmorregulaçâo diferente dos adultos. Os girinos apresentam células secretoras de sais nas brânquias, as quais bombeiam os íons para fora assim que que estes se difundem para dentro do corpo; os girinos mantêm seu sangue hiposmótico em relação à água do mar da mesma forma que os teleósteos marinhos.

Excreção de Nitrogênio por Vertebrados Aquáticos

Carboidratos e gorduras são compostos de carbono, hidrogênio e oxigênio, e seus resíduos metabólicos são moléculas de dióxido de carbono e de água, as quais são facilmente liberadas. Proteínas e ácidos nucléicos são um outro problema, porque contêm nitrogênio. Quando a proteína é metabolizada, o nitrogênio é reduzido, por meio de enzimas, a amônia, através de um processo chamado de desaminação. A amônia é muito solúvel na água e se difunde prontamente, mas ela também é extremamente tóxica. A excreção rápida da amônia é, portanto, crucial. Diferenças quanto à forma pela qual a amônia é excretada se devem, em parte, à disponibilidade de água e ao resultado de distinções entre linhagens filogenéticas. O nitrogênio é eliminado, pela maioria dos vertebrados, como amônia, como ureia ou como acido úrico. Muitos vertebrados excretam as três substâncias, mas as proporções dos três compostos diferem entre os grupos.

Muitos invertebrados aquáticos excretam amônia diretamente, assim como fazem os vertebrados com brânquias, pelo tegumento permeável ou outras membranas que entram em contato com a água. A excreção de dejetos nitrogenados na forma de amônia é chamada de **amonotelismo**, a excreção de ureia é chamada de **ureotelismo** e a excreção de acido úrico é chamada de **uricotelismo**. A ureia é sintetizada a partir da amônia em um processo enzimático celular chamado de **ciclo da ureia**. A síntese de ureia requer mais energia do que a produção de amônia, mas a ureia é menos tóxica.

A ureia tem duas vantagens. Primeiro, é retida, por alguns vertebrados marinhos para compensar a desidratação osmótica. Uma segunda função da ureia é a desintoxicação por amônia quando não há água suficiente para que ela seja excretada assim que é produzida. Já que a ureia não é muito tóxica, ela pode ser concentrada na urina, conservando a água.

O urotelismo provavelmente evoluiu independentemente por diversas vezes. Talvez, o urotelismo se desenvolveu nos primeiros peixes de água doce, para evitar a desidratação osmótica, quando eles reinvadiram o mar. Os Chondrichthyes e os celacantos ilustram o uso de ureia e de outros compostos nitrogenados para a regulação das concentrações osmóticas internas em níveis altos. O urotelismo foi um fator importante para a evolução dos vertebrados terrestres, pois permitiu que o nitrogênio fosse retido em um estado não tóxico até que houvesse água disponível para sua excreção.

4.5 Respostas à Temperatura

Os Vertebrata ocupam habitats desde latitudes polares frias até os desertos quentes. Para apreciar tal adaptabilidade, precisamos considerar como a temperatura afeta um vertebrado como no caso de um peixe ou de um anfíbio, que possui pouca capacidade de manter uma diferença entre sua temperatura corpórea e a temperatura da água a sua volta (um pecilotermo). Os seres vivos foram definidos como bolsas de compostos químicos catalisados por enzimas. Esta descrição enfatiza que os organismos vivos estão sujeitos às leis da física e da química, assim como os sistemas não vivos. Devido ao fato da temperatura influenciar as taxas nas quais as reações químicas ocorrem, a temperatura afeta vitalmente os processos vitais dos organismos. As taxas da maioria das reações químicas aumentam ou diminuem quando a temperatura muda. Q_{10} é a razão da taxa metabólica a uma temperatura comparada a taxa metabólica a uma temperatura 10°C mais alta ou mais baixa. Porque o Q_{10} é a *razão* das razões, um Q_{10} de 1,0 significa que a taxa permanece a mesma, um Q_{10} maior que 1,0 significa que a taxa aumenta e, um Q_{10} menor que 1,0 indica uma diminuição da taxa (Figura 4-13). O Q_{10} pode ser usado para descrever o efeito da temperatura nos processos biológicos em todos os níveis de organização biológica desde o nível corpóreo até o molecular.

A **taxa metabólica padrão** (TMP) de um organismo é a taxa minima de consumo de oxigênio necessária para sustentar a vida. Ou seja, a TMP inclui os custos da ventilação dos pulmões ou das brânquias, do bombeamento do sangue pelo sistema de vasos sanguíneos, do transporte de íons através das membranas e de todas as outras atividades necessárias para manter a integridade de um organismo. A TMP não inclui os custos de atividades como locomoção ou crescimento. A TMP é sensível à temperatura e isso significa que o custo energético da vida é afetado pelas alterações da temperatura corpórea. Se a TMP de um peixe é de 2 joules por minuto, a 10°C, e o Q_{10} é 2, o peixe deverá utilizar 4 joules por minuto a 20°C e 8 joules por minuto a 30°C. Este aumento na energia utilizada se traduz em um aumento correspondente na quantidade de alimento que o peixe deve ingerir.

Controlando a Temperatura Corpórea – Ectotermia e Endotermia

Porque as taxas de muitos processos biológicos são afetadas pela temperatura, seria vantajoso, para qualquer animal, ser capaz de controlar a temperatura de seu corpo. Entretanto, a alta capacidade calórica e a alta condutividade da água tornam difícil, para a maioria dos peixes ou de anfíbios aquáticos, manter a diferença de temperatura entre seus corpos e o ambiente circundante. O ar tem tanto uma baixa capacidade calórica como uma baixa condutividade em relação a água, e as temperaturas corpóreas da maioria dos Vertebrata terrestres são, ao menos parcialmente, independentes da tem-

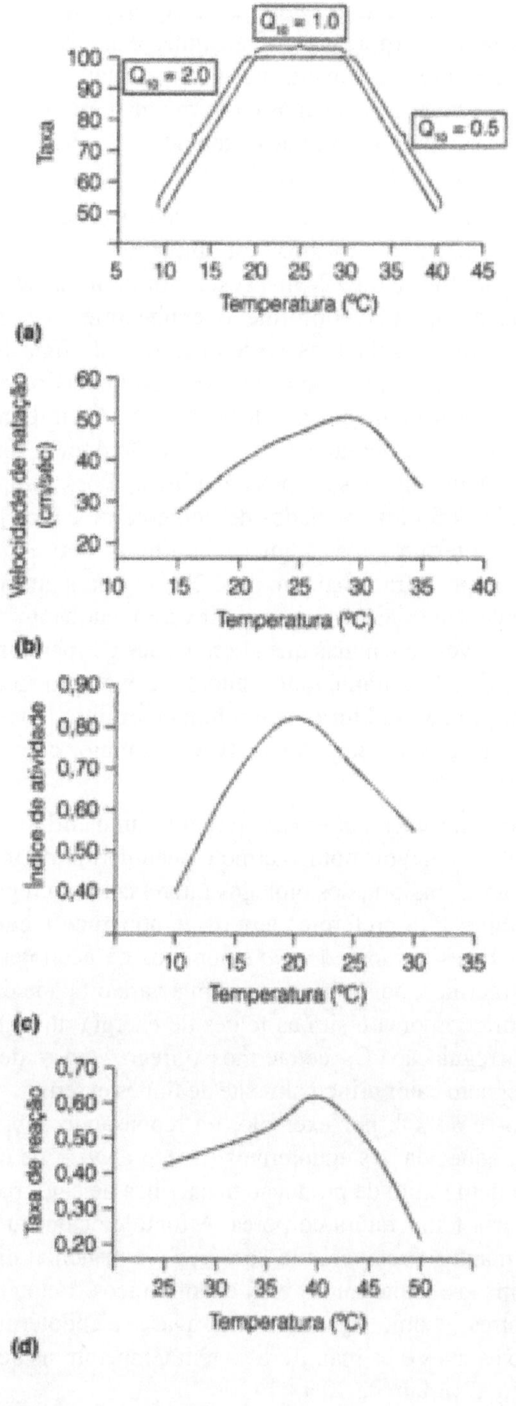

Figura 4-13 O efeito da temperatura sobre os organismos, (a) Uma reação hipotética para a qual a taxa inicialmente aumenta e, então, cai conforme a temperatura aumenta. O Q_{10} de uma reação pode ser calculado entre quaisquer duas temperaturas, que estejam separadas o bastante para termos um valor biológico significativo, pela fórmula: $Q_{10} = (R_2/R_1)^{10/(T2-T1)}$, onde R_1 e R_2 são as taxas nas temperaturas T_1 e T_2, respectivamente, (b) A velocidade máxima da natação de um dourado, (c) Atividade espontânea do dourado, (d) a atividade da enzima desidrogenase lática de um peixe pulmonado.

peratura do ar. Alguns vertebrados aquáticos também têm temperaturas corpóreas substancialmente acima daquela da água ao seu redor. A manutenção destas diferenças de temperatura requer mecanismos termorreguladores, e estes são bem desenvolvidos entre os vertebrados.

A classificação dos vertebrados em pecilotermos (Grego *poikilo* = variável e *therm* = calor) e homeotermos (Grego *homeo* = a mesma) foi amplamente utilizada até a metade do século XX, mas esta terminologia se tornou menos apropriada conforme o conhecimento sobre as capacidades reguladoras da temperatura de uma grande variedade de animais se tornou mais sofisticado. A pecilotermia e a homeotermia descrevem a variabilidade da temperatura corpórea, e estes termos não podem ser aplicados facilmente aos grupos de animais. Por exemplo, os mamíferos foram chamados de homeotermos e os peixes de pecilotermos, mas alguns mamíferos permitem que suas temperaturas abaixem em 20°C ou mais em relação aos níveis normais, à noite e no inverno, enquanto muitos peixes vivem em águas que alteram suas temperaturas em menos de 2°C durante todo o ano. Este exemplo apresenta a situação contraditória de um homeotermo que vivência uma variação de temperatura 10 vezes maior que um pecilotermo.

Complicações como essa tornam muito difícil a utilização das palavras homeotermo e pecilotermo de maneira rigorosa. A maioria dos biólogos interessados na regulação da temperatura prefere os termos **ectotérmico e endotérmico**. Estes termos *não são* sinônimos de pecilotermos e homeotermos, pois, não se referem à variabilidade da temperatura corpórea e sim às fontes de energia utilizadas na termorregulação. Os ectotermos (Grego *ecto* = de fora) conseguem calor principalmente de fontes externas – aquecendo-se ao sol, por exemplo, ou repousando sobre uma rocha aquecida. Os endotermos (Grego *endo* = de dentro) dependem muito da produção metabólica de calor para aumentar a temperatura corpórea. A fonte de calor utilizada para manter a temperatura corpórea é a principal diferença entre os ectotérmicos e os endotérmicos. Ectotérmicos terrestres – como lagartos e tartarugas – e endotérmicos – como as aves e os mamíferos – têm temperaturas de atividade que variam de 30 a 40°C.

A endotermia e a ectotermia não são mecanismos de regulação de temperatura mutuamente exclusivos, e muitos animais utilizam uma combinação dos dois. Em geral, as aves e os mamíferos são endotérmicos, mas algumas espécies utilizam extensivamente fontes externas de calor. Por exemplo, os "roadrunners" são aves predadoras que vivem nos desertos do sudoeste dos Estados Unidos e nas regiões adjacentes do México. Em noites frias, essas aves se tornam hipotérmicos, permitindo que sua temperatura caia do seu nível normal de 38 a 39°C, para até 35°C ou menos. Pela manhã, ficam ao sol, elevando as penas do dorso para expor uma área de pele negra. Cálculos indicam que um "roadrunner" pode economizar 132 joules por hora por meio da utilização da energia solar no lugar do metabolismo, para elevar a temperatura.

Desvios dos padrões gerais da regulação da temperatura também podem ocorrer de outro modo. As serpentes normalmente são ectotérmicas, mas as fêmeas de diversas espécies de píton se enrolam ao redor de seus ovos, produzindo calor pela contração rítmica de seus músculos. A taxa de contração aumenta conforme a temperatura do ar cai, e uma fêmea píton indiana é capaz de manter seus ovos acerca de 30°C, em temperaturas do ar tão baixas quanto 23°C. Esta produção de calor promove um aumento substancial na taxa metabólica dessa serpente – a 23°C, uma píton utiliza cerca de 20 vezes mais energia do que usariam normalmente. Assim, generalizações acerca das temperaturas corpóreas e das capacidades termorreguladoras dos vertebrados devem ser feitas com cuidado, e os mecanismos reais, utilizados para regular a temperatura corpórea, devem ser estudados de modo cuidadoso.

Heterotermia Regional – Peixes Aquecidos

A regulação da temperatura corpórea não é um fenômeno tudo-ou-nada para os Vertebrata. A **heterotermia regional** é um termo geral utilizado que se refere às diferentes temperaturas em partes distintas do corpo do animal. Exemplos extremos de heterotermia regional são encontrados em diversos peixes que mantêm algumas partes de seus corpos a temperaturas 15°C mais altas do que a da água na qual vivem. Esta é uma conquista marcante para um peixe, pois a cada momento que o sangue passa pelas brânquias a temperatura interna entra em equilíbrio com o meio. Assim, para elevar sua temperatura, por meio da produção endotérmica de calor, um peixe deve prevenir a perda de calor para água através das brânquias.

O mecanismo utilizado para reter o calor é o sistema de contra-corrente do fluxo sanguíneo na *retia mirabilia.* Conforme o sangue arterial frio das brânquias entra na porção mais quente do corpo, ele segue pela *rete* e é aquecido pelo calor do sangue venoso que deixa o tecido. Tal arranjo é encontrado em alguns tubarões, especialmente nas espécies da família Lamnidae (incluindo o mako, o grande tubarão-branco e outros laminídeos), as quais têm uma *retia mirabilia* no tronco. Estas estruturas retêm o calor produzido pela atividade dos músculos da natação, resultando na manutenção de um temperatura de 5 a 10°C acima da temperatura da água.

Peixes escombróides, um grupo de teleósteos que inclui as cavalas, os atuns e espécies da família Istiophoridae (peixe-espada, agulhões-bandeira, espadarte e marlins), também

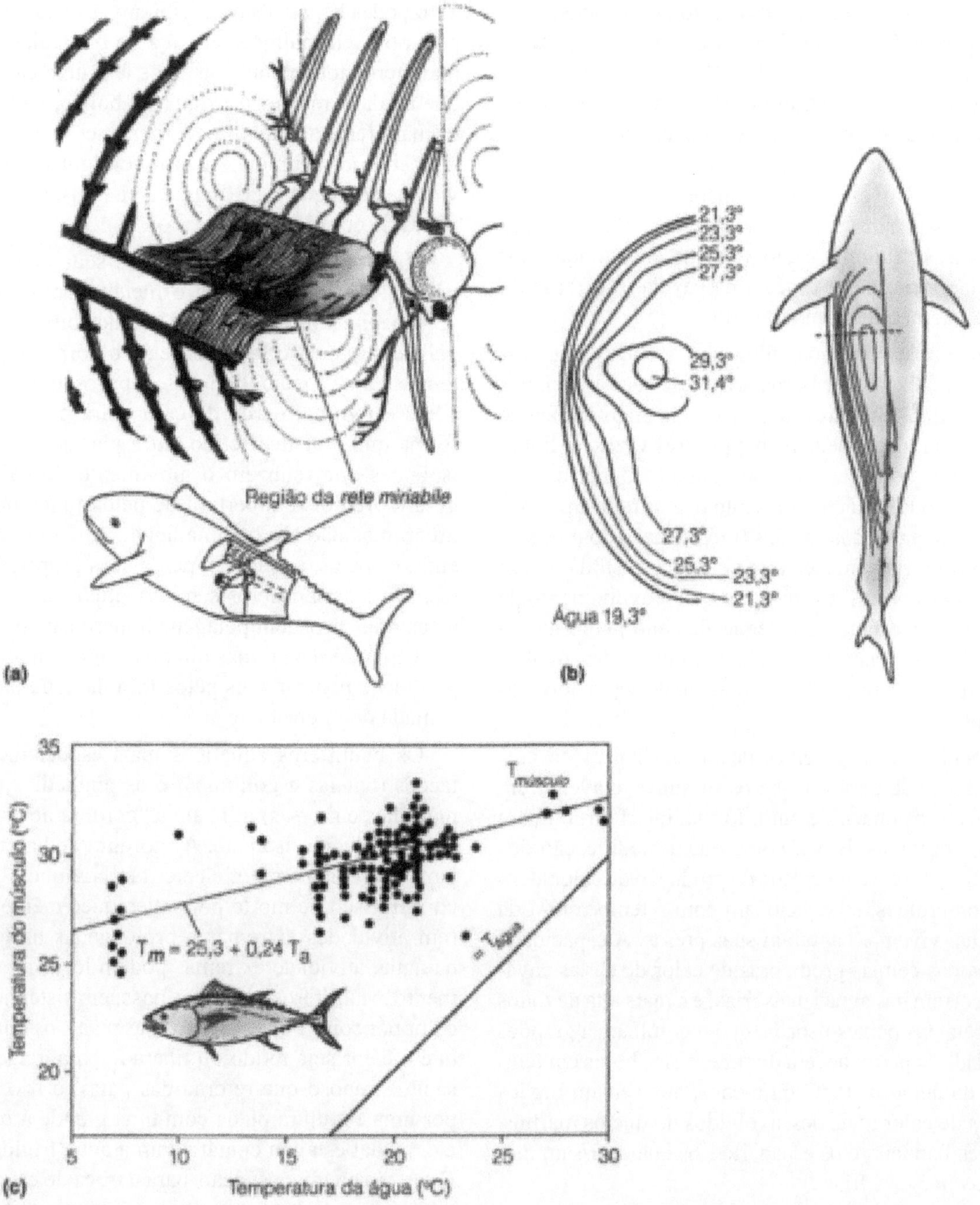

Figura 4-14 Detalhes da regulação de temperatura no atum de barbatanas azuis, (a) O músculo vermelho e adjacentes à coluna vertebral, (b) Vistas transversais demonstrando o gradiente de temperatura entre o interior do corpo (a 31,4°C) e temperatura da água (19,3°C). (c) A temperatura do interior dos músculos deste atum comparada à temperatura da agua.

evoluíram a produção endotérmica de calor. Os atuns apresentam um arranjo da *retia* capaz de reter o calor produzido pelos músculos da natação, ricos em mioglobina, localizados próximos à coluna vertebral (Figura 4-14). A temperatura destes músculos é mantida próxima a 30°C, com a temperatura da água entre 7 a 23°C. Trocas adicionais de calor são encontradas no encéfalo e nos olhos de atuns e tubarões, e estes órgãos são mais quentes que a água, mas, um pouco mais frios do que os músculos da natação.

Os Istiophoridae apresentam um arranjo, de certa forma, distinto, com o qual somente o encéfalo e os olhos são aquecidos, e a fonte de calor é um músculo que alterou a função da contração para a de produção de calor. O músculo ocular reto superior destes espadartes foi muito modificado. As mitocôndrias ocupam mais de 60 por cento do volume celular, e alterações da estrutura celular e da bioquímica resultam na liberação de calor através de um mecanismo do ciclo do cálcio, o qual é associado usualmente com a contração muscular. Um escombróide aparentado, uma espécie de cavala, possui um órgão termogênico com as mesmas características estruturais e bioquímicas encontradas nos Istiophoridae, mas, nesta espécie de cavala, é o músculo ocular reto lateral que foi modificado.

Uma análise das relações filogenéticas dos peixes escombróides, realizada por Bárbara Block e seus associados (Block et al. 1993), sugere que a produção endotérmica de calor apareceu independentemente por três vezes na linhagem – uma vez no ancestral comum dos Istiophoridae viventes (pela modificação do músculo ocular reto superior), uma vez na linhagem das cavalas (modificação do músculo ocular reto lateral) e, uma terceira vez, no ancestral comum dos atuns e dos bonitos (envolvendo o desenvolvimento de trocas de calor por meio de sistemas de contra-corrente no músculo, nas vísceras e no encéfalo, e com o desenvolvimento de musculatura vermelha ao longo do septo horizontal do corpo).

A capacidade destes peixes de manter partes do corpo aquecidas pode permitir que os mesmos se aventurem por água frias, as quais, de outra forma, interfeririam com as funções corpóreas. Block notou que a modificação dos músculos do olho e a capacidade de produção de calor, dentre os escombróides, se relacionam com a temperatura da água na qual vivem e capturam suas presas. A capacidade metabólica das células produtoras de calor de certas cavalas, que ocorrem nas águas mais frias, é a mais alta de todos os Vertebrata. Os peixes-espada, que mergulham a grandes profundidades e permanecem durante várias horas em temperaturas da água de 10°C ou menos, apresentam órgãos produtores de calor mais desenvolvidos do que os marlins, os agulhões-bandeira e os espadartes, os quais passam menos tempo em águas frias.

Corpos Aquecidos, Mares Frios – Mamíferos Marinhos e Tartarugas Marinhas

O equilíbrio da temperatura do sangue e da água que ocorre nas brânquias é o principal obstáculo para a endotermia de todo o corpo de um peixe. Sistemas de contra-corrente permitem que eles mantenham partes de seus corpos sempre aquecidas, mas outras partes têm a temperatura da água. Tetrápodes aquáticos que respiram ar evitam tal problema, pois possuem pulmões em vez de brânquias. Além disso, mamíferos totalmente aquáticos têm uma camada isolante que ajuda a manter o calor metabólico. Como resultado, os mamíferos aquáticos podem manter todo seu corpo com temperaturas normais, ainda que alguns deles passem a vida na água que está 30 graus, ou mais, abaixo da temperatura do corpo.

Mamíferos são endotermos, e suas altas taxas metabólicas, combinadas com o metabolismo muscular, que acompanha a liberação de calor que aquece o corpo. Uma pelagem que recobre totalmente o corpo (a pelagem) retêm o calor metabólico nos espaços existentes entre o pêlos e reduz a perda de calor para o meio, da mesma forma que o ar fica retido entre placas de fibra de vidro isolantes que reduzem o movimento do calor para fora de um prédio. A cobertura de pelos funciona muito bem no ar, mas não tão bem na água. Se a água deslocar o ar entre os pêlos, a pelagem perde suas propriedades isolantes. Muitos mamíferos semi-aquáticos, tais como lontras e castores, possuem pelagens impermeáveis a água o que também retêm o ar, mas um mamífero aquático com pelagem deve pentear seus pêlos fora da água para renovar a camada de retenção de ar.

Os mamíferos aquáticos mais especializados, os cetáceos (baleias e golfinhos) e os pinipédios (focas, leões marinhos e morsas) utilizam a "gordura de baleia" em vez dos pêlos como isolante. A "gordura de baleia" é um isolante extremamente eficiente, tão boa que algumas focas correm risco de morte por superaquecimento se mantiverem atividades extremas e prolongadas na terra. Mesmo na água, atividade extremas podem levar ao superaquecimento. Mamíferos aquáticos possuem sistemas de troca de calor por contra-corrente em suas patas, os quais permitem que o calor seja retido ou liberado para a água do mar. O sangue venoso que retorna das patas, é frio, pois passou por uma estrutura plana com uma grande área de superfície, a qual está em contato com a água frígida do oceano. Estas são condições ideais para a troca de calor, e o sangue que deixa as patas tem uma temperatura muito próxima da água. Quando um mamífero marinho necessita reter calor no corpo, o sangue que retorna das patas passa pelas veias associadas com as artérias que carregam o sangue do corpo para essa região do corpo. O sangue venoso frio é aquecido pelo sangue arterial quente que vem do interior do corpo. Quando o sangue venoso chega a regiões mais internas do corpo, ele estará com uma temperatura próxima a do corpo.

Quando a natação rápida produz calor o bastante para elevar a temperatura corpórea acima do normal, o animal altera a rota tomada pelo sangue venoso, assim que esse sangue retorna para a pata. Em vez de passar por veias, que estão acoladas às paredes das artérias, o sangue de retorno se desloca por veias distantes das artérias. O sangue arterial ainda está quente quando chega às patas e esse calor é dissipado para a água, resfriando o animal.

Tamanho Corpóreo e a Razão Superfície Volume

O tamanho corpóreo é um elemento extremamente importante na troca que ocorre entre o organismo e seu ambiente. Para objetos de mesma forma, o volume aumenta com o cubo das dimensões lineares, enquanto a área de superfície aumenta somente como o quadrado das dimensões lineares. Considere um cubo de 1 cm de lado. Cada face do cubo tem cm^2 (1 cm x 1 cm) e um cubo tem seis faces (numeradas de 1 a 6 se tratamos de um cubo de um jogo de dados), assim, a área de superfície total é de 6 cm^2. O volume do cubo é de um centímetro cúbico (1 cm • 1 cm • 1 cm) e a razão da superfície para o volume é de 6 cm^2/l cm^3.

Se dobramos as dimensões lineares do cubo, cada lado passa a ter 2 cm de comprimento. Cada face tem uma área de superfície de 4 cm^2 (2 cm • 2 cm) e a área de superfície total é de 24 cm^2 (6 • 4 cm^2). O volume deste cubo maior é de 8 cm^3 (2 cm • 2 cm • 2 cm) e a razão da superfície para o volume é de 24 cm^2/8 cm^3, o que pode ser reduzido para 3 cm^2/l cm^3. Assim, o cubo maior tem apenas 50 por cento a mais de área do que o cubo menor. Um cubo de 3 cm de lado tem uma razão superfície – volume de 54 cm^2/27 cm^3 (2 cm^2/l cm^3); um cubo de 4 cm de lado tem uma razão de 96cm^2/64 cm^3 (1.5 cm^2/l cm^3).

O padrão que emerge destes cálculos é apresentado na Figura 4-15; assim que um objeto fica maior, ele tem progressivamente menos área de superfície em relação ao seu volume. A troca entre o animal e o seu ambiente ocorre por meio da superfície corpórea, e espécies grandes têm, proporcionalmente, menos área para trocas em relação ao volume (ou massa) de seus corpos. O significado biológico desta relação está na conclusão de que as espécies maiores trocam energia com o ambiente menos rapidamente do que as espécies menores, simplesmente devido à diferença da razão superfície-volume.

Simplesmente ser grande dá ao animal alguma independência da temperatura externa, pois o calor não pode fluir rapidamente para dentro ou para fora do corpo através de sua superfície relativamente pequena. Os enormes dinossauros, que viveram no Jurássico e no Cretáceo, poderiam ter temperaturas bem estáveis somente devido ao seu tamanho, e levaria muitos dias para que um dinossauro brontossauro se aquecesse ou resfriasse assim que a temperatura ambiente mudasse. Mesmo os elefantes (os quais têm apenas um vigésimo do tamanho dos maiores dinossauros) são grandes o bastante para sentir as consequências da razão superfície-volume sobre a regulação da temperatura corpórea. Elefantes podem superaquecer facilmente quando em atividade. Quando isso ocorre, eles liberam o calor desviando grandes volumes de sangue para as orelhas e abanando-as promovem seu resfriamento. (Sabemos, a partir de pinturas rupestres feitas por humanos do Pleistoceno, que os mamutes, uma espécie atualmente extinta de distribuição mais ao norte daquela dos elefantes, e possuíam orelhas menores que a dos elefantes que vivem atualmente em climas mais quentes, da Ásia e da África.)

Ser grande torna a regulação de temperatura na água mais fácil, como ilustram as tartarugas marinhas de couro. As *Dermochelys coriacea* (tartaruga-de-couro, tartaruga-mole, tartaruga de cristas ou tartaruga-gigante) são as maiores tartarugas viventes, os adultos atingem uma massa corpórea de 850 kg ou mais. Elas também são as tartarugas mais especializadas, tendo perdido a carapaça óssea que cobre a maioria das tartarugas, substituindo-a por uma cobertura externa espessa e com aspecto de couro. Estas tartarugas são **pelágicas** (vivem em oceano aberto); sua distribuição geográfica se estende desde o Alasca até a costa da Noruega; e do sul da África até o extremo sul da América do Sul. As temperaturas da água nestas áreas são muito frias, e a temperatura do corpo dessas tartarugas chega a 18°C ou mais acima da temperatura da água. Tartarugas são répteis, com taxas metabólicas muito mais baixas do que as dos mamíferos. Todavia, a combinação de um grande tamanho corpóreo, com sua correspondente baixa razão superfície-volume, com as trocas de calor através de sistemas de contra-corrente nas patas permitem às tartarugas de couro reterem o calor produzido pela atividade muscular. O grande tamanho corpóreo é uma parte essencial do mecanismo de regulação da temperatura da tartaruga. Outras tartarugas marinhas têm a metade, ou menos, do tamanho das tartarugas-de-couro, e suas distribuições geográficas são limitadas à água quente, pois não são grandes o bastante para manter uma grande diferença entre suas temperaturas corpóreas e a água.

➢Figura 4-15 Relações entre dimensões lineares, área de superfície e volume de um objeto. Estes são dados para um cubo. Conforme o comprimento do lado do cubo aumenta de 1 para 10 cm, a área de superfície total do cubo aumenta com o quadrado do comprimento, enquanto o volume do cubo aumenta como o cubo do comprimento de um lado. Porque o volume aumenta mais rapidamente do que a área da superfície, a razão superfície – volume do cubo diminui conforme o tamanho do cubo aumenta. Funcionalmente, isso significa que conforme um objeto fica maior, ele tem menos área em relação ao volume. Assim, a taxa de trocas com o ambiente diminui. Por exemplo, se você pega dois cubos – um com lcm de lado e o outro com 10 cm – os aquece até a mesma temperatura e os coloca lado a lado em uma mesa, o cubo menor irá se resfriar mais rapidamente do que o maior.

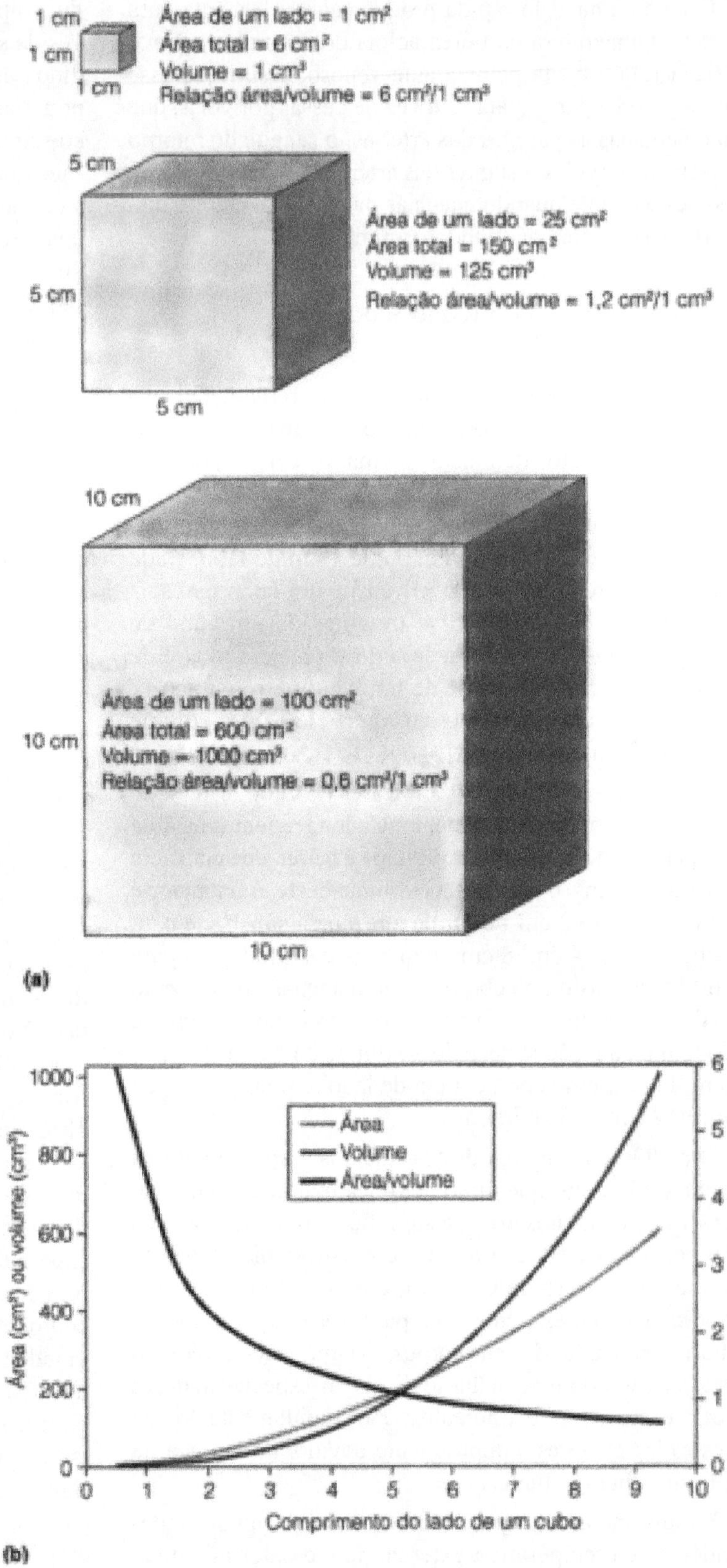

Resumo

As propriedades da água oferecem tanto vantagens como desvantagens para os vertebrados aquáticos. A água é cerca de 800 vezes mais densa do que o ar, e os Vertebrata na água estão próximos da flutuabilidade neutra. Isso significa que os esqueletos dos vertebrados aquáticos não precisam resistir à força da gravidade, e os maiores vertebrados aquáticos são substancialmente maiores do que as formas terrestres. Tecidos corpóreos (especialmente os músculos e os ossos) são mais densos do que a água, e os organismos aquáticos compensam o peso com tecidos mais leves (vesículas natatórias e pulmões repletos de ar ou fígados com óleos) para atingir a flutuabilidade neutra. Um peixe teleósteo pode ajustar sua flutuabilidade tão precisamente, podendo permanecer estático somente com um pequeno movimento de suas nadadeiras peitorais, o qual contrabalança a propulsão gerada pela água que deixa as brânquias e uma suave ondulação da nadadeira caudal para manter-se nivelado na água.

A densidade e a viscosidade da água criam problemas para animais que tentam se deslocar pela água, ou para movimentar a água através de suas superfícies de troca. Mesmo os vertebrados aquáticos de movimentação lenta devem ser hidrodinâmicos, e um sistema respiratório cíclico (movendo o fluido respiratório para dentro e para fora dos pulmões) é muito dispendioso para vertebrados que respiram a água. Estes animais possuem uma ventilação por meio de fluxo (as brânquias da maioria dos peixes) ou usam toda a sua superfície corpórea para a troca aquática de gases (anfíbios).

A água é menos transparente que o ar, e a visão é geralmente limitada a pequenas distâncias, mas a densidade e a condutividade elétrica da água promoveram percepção sensorial mecânica e elétrica efetiva. Os receptores sensíveis especificamente para os movimentos da água estão distribuídos sobre o corpo dos peixes e anfíbios aquáticos. Além disso, os Elasmobranchii podem encontrar presas escondidas por meio da percepção de suas descargas elétricas, oriundas da contração de músculos assim que a presa respira. Outros peixes criam campos elétricos na água para detectar a presença de presas ou de predadores, e alguns utilizam poderosas descargas elétricas para pegar as presas ou para evitar predadores.

Animais aquáticos estão constantemente ganhando ou perdendo água e íons para o meio. A água flui de áreas de grande atividade cinética (soluções diluídas) para as de baixa atividade (soluções concentradas), e os íons se movem segundo seus gradientes de concentração. Peixes de água doce são mais concentrados do que a água ao seu redor, de forma que seus fluidos corpóreos são inundados por um fluxo de água do meio e ainda diluída pela difusão de íons para o meio externo. Peixes marinhos são menos concentrados do que a água do mar, devendo lidar com um fluxo de saída da água e com um fluxo de entrada de íons por difusão. Alguns peixes marinhos (especialmente os chondrichthyes e celacantos) acumulam ureia no corpo para elevar suas concentrações osmóticas internas, aproximando-as da água do mar.

A amônia é um resíduo metabólico produzido pela desaminação das proteínas. Ela é tóxica, mas muito solúvel na água, sendo facilmente excretada pelos vertebrados aquáticos. A ureia e o ácido úrico são compostos menos tóxicos que os Vertebrata utilizam para se livrar do nitrogênio. Alguns vertebrados produzem misturas dos três compostos, alterando suas proporções conforme a disponibilidade de água é alterada.

A água tem uma grande capacidade calórica e conduz calor facilmente. Devido a essas propriedades, a temperatura da água é mais estável do que a do ar, e é difícil para um vertebrado marinho manter a diferença entre sua própria temperatura corpórea e a temperatura da água ao seu redor. Os peixes têm uma dificuldade particular para manter uma diferença de temperatura do seu corpo e a da água, porque a temperatura do sangue entra em equilíbrio com a da água, assim que o sangue passa pelas brânquias. Todavia, alguns peixes realizam trocas de calor através de sistemas de contracorrente para manter partes de seu corpo a temperaturas bem acima daquela da água. A maior das tartarugas viventes, a tartaruga-de-couro, é capaz de manter sua temperatura 18°C acima da temperatura da água. Parte da diferença de temperatura pode se dever à troca de calor por sistema de contracorrente, a qual minimiza a perda de calor nas nadadeiras; o enorme tamanho destas tartarugas também é um fator crítico. A área de superfície corpórea aumenta com o quadrado das dimensões lineares, enquanto o volume corpóreo aumenta com o cubo das dimensões lineares. Consequentemente, animais grandes trocam energia do calor com o ambiente mais lentamente do que animais menores. Ser grande confere um grau de estabilidade ao ambiente interno de um animal.

Leituras Adicionais

Block, B. A. 1991. Evolutionary novelties: How fish have built a heater out of muscle. *American Zoologist* 31:726-742.

Block B. A., et al. 1993. Evolution of endothermy in fish: Mapping physiological traits on a molecular phylogeny. *Science* 260:210-214.

Bodznick, D., and R. G. Northcutt. 1981. Electroreception in lampreys: Evidence that the earliest vertebrates were electroreceptive. *Science* 212:465-467.

Brown, B. R. 2003. Sensing temperature without ion channels. *Nature* 421:495.

Carey, F. G. 1982. Warm fish. In C. R. Taylor, et al. (Eds.), *A Companion to Animal Physiology.* Cambridge, UK: Cambridge University Press, 216-233.

Gilmour, K. M. 1998. Gas exchange. In D. H. Evans (Ed.), *The Physiology of Fishes,* 2nd ed. Boca Raton, Fla.: CRC Press, 101-127.

Graham, J. B. 1997. *Air-Breathing Fishes.* San Diego, Calif.: Academic Press.

Johnston, A. A., and A. F. Bennett (eds.). 1996. *Animais and Temperature.* Society for Experimental Biology, Seminar Series 59. Cambridge, UK: Cambridge University Press.

Karnaky, K. J. Jr. 1998. Osmotic and ionic regulation. In D. H. Evans (Ed.) *Physiology of Fishes,* 159-178.

Kirschner, L. B. 1995. Energetics of osmoregulation in freshwater vertebrates. *Journal of Experimental Zoology* 271: 243-252.

Kooyman, G. L. 1989. *Diverse Divers.* Berlin: Springer-Verlag.

Pelster, B. 1998. Buoyancy. In D. H. Evans (Ed.), *Physiology of Fishes,* 25-42.

Scheich, H. et al. 1986. Electroreception and electrolocation in the platypus. *Nature* 319:401-402.

Schellart, N. A. M., and R. J. Wubbels. 1998. The auditory and mechanosensory lateral line system. In D. H. Evans (Ed.), *Physiology of Fishes,* 285-314.

Stoddard, P. K. 1999. Predation enhances complexity in the evolution of electric fish signals. *Nature* 400:254-256.

von der Emde, G. 1998. Electroreception. In D. H. Evans (Ed.) *The Physiology of Fishes* 313-314.

Westby, G. W. M. 1988. The ecology, discharge diversity, and predatory behavior of gymnotiform electric fish in the coastal streams of French Guiana. *Behavioral Ecology and Sociobiology* 22:341-354.

Withers, P. C, et al. 1994. Buoyancy role of urea and TMAO in an elasmobranch fish, the Port Jackson shark, *Heterodontus portjacksoni. Physiological Zoology* 67:693-705.

CAPÍTULO

5

A Radiação dos Chondrichthyes

O aparecimento das maxilas com suportes internos e apêndices pareados descritos no Capítulo 3 foram os maiores eventos da história dos Vertebrata. A diversidade de especializações predatórias, disponível a um vertebrado com maxilas, e o direcionamento preciso destas são ótimos, e a aparição destes caracteres sinalizou uma nova radiação de vertebrados. Os peixes cartilaginosos (tubarões, raias e quimeras) são os descendentes de um ciado dessa radiação, combinando traços derivados, tais como o esqueleto cartilaginoso, com uma anatomia geralmente primitiva. Os tubarões passaram por três grandes radiações, as quais podem ser associadas em grande parte com a crescente especialização dos mecanismos para a alimentação, e os tubarões e as raias viventes são um grupo diverso e bem sucedido de peixes. Neste capítulo, consideramos as origens e o sucesso dos peixes cartilaginosos viventes.

5.1 Chondrichthyes – Os Peixes Cartilaginosos

Os tubarões e seus parentes aparecem, pela primeira e definitiva vez no registro fóssil, no final do Siluriano Superior com uma combinação única de caracteres ancestrais e derivados. A perda do osso (que estava presente em seus ancestrais agnatos) esta associada provavelmente com a diminuição do peso do corpo, tornando-o mais manobrável, e alguns de seus órgãos e sistemas fisiológicos tem tenham evoluído para níveis alcançados por outros poucos vertebrados viventes. Ao mesmo tempo, estes peixes retêm muitos traços anatómicos primitivos; os tubarões têm sido usados, por muito tempo, para exemplificar uma forma corpórea vertebrada ancestral. As formas viventes podem ser divididas em dois grupos: aqueles com apenas uma abertura branquial em cada lado da cabeça e aqueles com muitas aberturas em cada lado. O clado com uma abertura é o Holocephali (Grego *holo* = todo e *cephalo* = cabeça), nomeado assim devido à aparência não dividida da cabeça, a qual resulta em apenas uma abertura branquial. O nome comum para este grupo – quimera – vêm de suas formas bizarras: uma cauda longa e flexível, um corpo com a forma de peixe e uma cabeça com olhos grandes e dentes salientes que lembram uma caricatura de um coelho. Os Elasmobranchii (Grego *elasmo* = placa e *branch* = brânquia) têm aberturas branquiais múltiplas em cada lado da cabeça e incluem os tubarões (geralmente, com forma cilíndrica, cinco a sete aberturas branquiais em cada lado da cabeça), bem como as raias (formas achatadas com aberturas branquiais na face ventral da cabeça).

5.2 Especializações Evolutivas dos Chondrichthyes

Apesar de um bom registro fóssil, a filogenia dos peixes cartilaginosos ainda não está clara. Os primeiros Chondrichthyes, semelhantes as espécies viventes, eram diversos quanto a sua forma e seus habitats. No Devoniano Superior, os tubarões eram encontrados principalmente nos habitats de água doce, em contraste com a sua distribuição atual que é principalmente marinha. Sua radiação inicial, de um ancestral comum, enfatizou alterações nos dentes, nas maxilas e nas nadadeiras que evoluíram a taxas distintas dentro das diferentes linhagens. Uma dentição derivada é encontrada com uma estrutura de nadadeira ancestral em algumas linhagens, enquanto a combinação oposta é observada em outras linhagens. Deste modo, os Chondrichthyes fósseis apresentam um mosaico de traços ancestrais e derivados.

Ao longo do tempo, linhagens diferentes de Chondrichthyes desenvolveram modificações similares, mas não idênticas, nas estruturas locomotoras e de alimentação. Este padrão de adaptações similares aparecendo independentemente e repetidamente em linhagens aparentadas é um exemplo de evolução paralela. Nas próximas seções, traçaremos as três radiações dos Chondrichthyes, focalizando os

TABELA 5.1 Classificação dos Chondrichthyes, os Neoselachii (tubarões e raias)

Neoselachii (tubarões e raias)

Gaieomorpha (Galea) – Peixes similares aos tubarões, com uma nadadeira anal, que abrangem os tubarões do género Heterodontus, o cação-carpete (Orectolobus sp), o cação-lixa (Ginglymostoma sp), o tubarões-baleia, o mangona (Carcharías taurus), o anequim (Isurus oxyrinchus), o tubarão megaboca (Megachasma pelagios), o tubarão-raposa (Alopias sp.) e o tubarão-peregrino (Cetorhinus maximus)

"Squalomorpha" – Peixes similares aos tubarões, sem nadadeira anal (de acordo com alguns sistematas todas as raias as quais também perderam a nadadeira anal) As formas, similares ao tubarão, englobam a maioria dos tubarões de fundo, os cações lixa, os cações-anjo e os peixes-serra (a linhagem "Squalomorpha" não é monofilética, mas as relações de parentesco das 4 a 6 linhagens que a formam não são conhecidas ainda)

Batoidea (raias) – Inclui as raias elétricas, as jamantas e o grande número de raias. Poucas espécies são totalmente de água doce.

Holocephali (quimeras)

Chimaeriformes – Três famílias de peixes de águas profundas: as quimeras de nariz achatado (Callorhynichidae), quimeras de nariz curto (Chimaeridae) quimeras narigudas (Rhinochimeridae).

predadores fusiformes (em forma de torpedo), popularmente conhecidos como tubarões, e descrevendo as alterações progressivas das estruturas dos dentes, das maxilas e da forma das nadadeiras e da cauda. Esta análise se concentra na evolução paralela de traços em diversas linhagens, durante as Eras Paleozóica e Mesozóica. Em seguida, examinaremos as raias e, finalmente, descreveremos as formas bizarras e pouco conhecidas, chamadas de quimera.

5.3 A Radiação de Chondrichthyes da Era Paleozóica

Os Chondrichthyes basais são identificados pela forma dos dentes, comum a maioria dos membros – basicamente tricúspides com um pequeno desenvolvimento da raiz (Figura 5-1). Embora haja evidências de osso ao redor da base dos dentes, estas estruturas são feitas principalmente de dentina e cobertas por uma capa esmaltada. A cúspide central é a maior em *Cladoselache,* o género mais bem conhecido, e é a menor em *Xenachanthus,* uma forma mais especializada.

A aparência de Chadoselache era a de um tubarão, de cerca de 2 metros de comprimento quando completamente adulto, com nadadeiras e boca grande e com cinco aberturas branquiais externas em cada lado da cabeça. A boca abria terminalmente e ligamentos fixavam o palatoquadrado firmemente ao condrocrânio. A mandíbula também conseguia alguma sustentação a partir do segundo arco branquial, o arco hiódeo. O nome **anfistílico** (Grego *amphi* – ambos e *styl* = pilar ou suporte) é aplicado a este modo de sítios múltiplos para a suspensão da maxila superior, que pode ter sido a condição ancestral para os gnatostomados. A abertura da boca era ampla, com as maxilas estendendo-se bem para trás do resto do crânio. Os dentes tricuspidados eram, provavelmente, especialmente eficientes na alimentação de presas de corpo mole, tais como peixes ou cefalópodes, os quais podiam ser engolidos inteiros, ou despedaçados pelas cúspides afiadas.

Conforme os dentes eram usados, eles se desgastavam; as cúspides se quebravam, formando lâminas afiadas. Em tubarões, cada dente, na porção funcional das maxilas, é membro de um grupo, preso a uma faixa de ligamentos que vai desde o interior das cartilagens maxilares até a porção carnosa da boca (Figura 5-2). Alinhado em cada conjunto, em uma fila diretamente atrás dos dentes funcionais, encontra-se uma série de dentes em desenvolvimento. Essencialmente o mesmo aparato dental está presente em todos os tubarões, viventes e extintos. A substituição dos dentes é rápida: tubarões modernos, jovens e em crescimento, sob condições ideais, substituem cada dente da maxila inferior, ou mandíbula, a cada 8,2 dias e cada dente da maxila superior a cada 7,8 dias.

O corpo dos *Cladoselache* era sustentado somente pela notocorda, mas os arcos cartilaginosos neurais davam uma proteção adicional à medula espinhal. As nadadeiras dos *Cladoselache* consistiam de duas nadadeiras dorsais, nadadeiras pareadas peitorais e pélvicas, e uma nadadeira caudal em forma de forquilha, bem desenvolvida. A primeira e, ás vezes, a segunda, nadadeira dorsal era precedida por espinhos robustos, triangulares em corte transversal e, acredita-se terem sido cobertos por tecido mole durante a vida do tubarão. As nadadeiras dorsais eram triângulos amplos, com uma estrutura interna que consistia de uma cartilagem basal triangular e uma série paralela de longas cartilagens radiais que se estendiam até a margem da nadadeira. As nadadeiras peitorais eram maiores, mas similares em sua construção.

Dentre as primeiras radiações de tubarões, quase todos os tipos parece ter tido uma forma distinta de arranjo interno da nadadeira peitoral. Mas todos possuíam elementos basais que fixavam as nadadeiras peitorais em sua posição. As nadadeiras peitorais parecem ter tido uma pequena capacidade de alterar seu ângulo de contato com a água. As nadadeiras pélvicas eram menores, mas tinham a forma das peitorais. Algumas espécies, em outros gêneros, apresentavam nadadeiras pélvicas com cláspers (órgãos copuladores masculinos). Não se conhece nadadeiras anais e ela também é ausente em muitos tubarões viventes.

A nadadeira caudal do *Cladoselache* é distintiva (Figura 5-1a). Externamente simétrica, sua estrutura interna

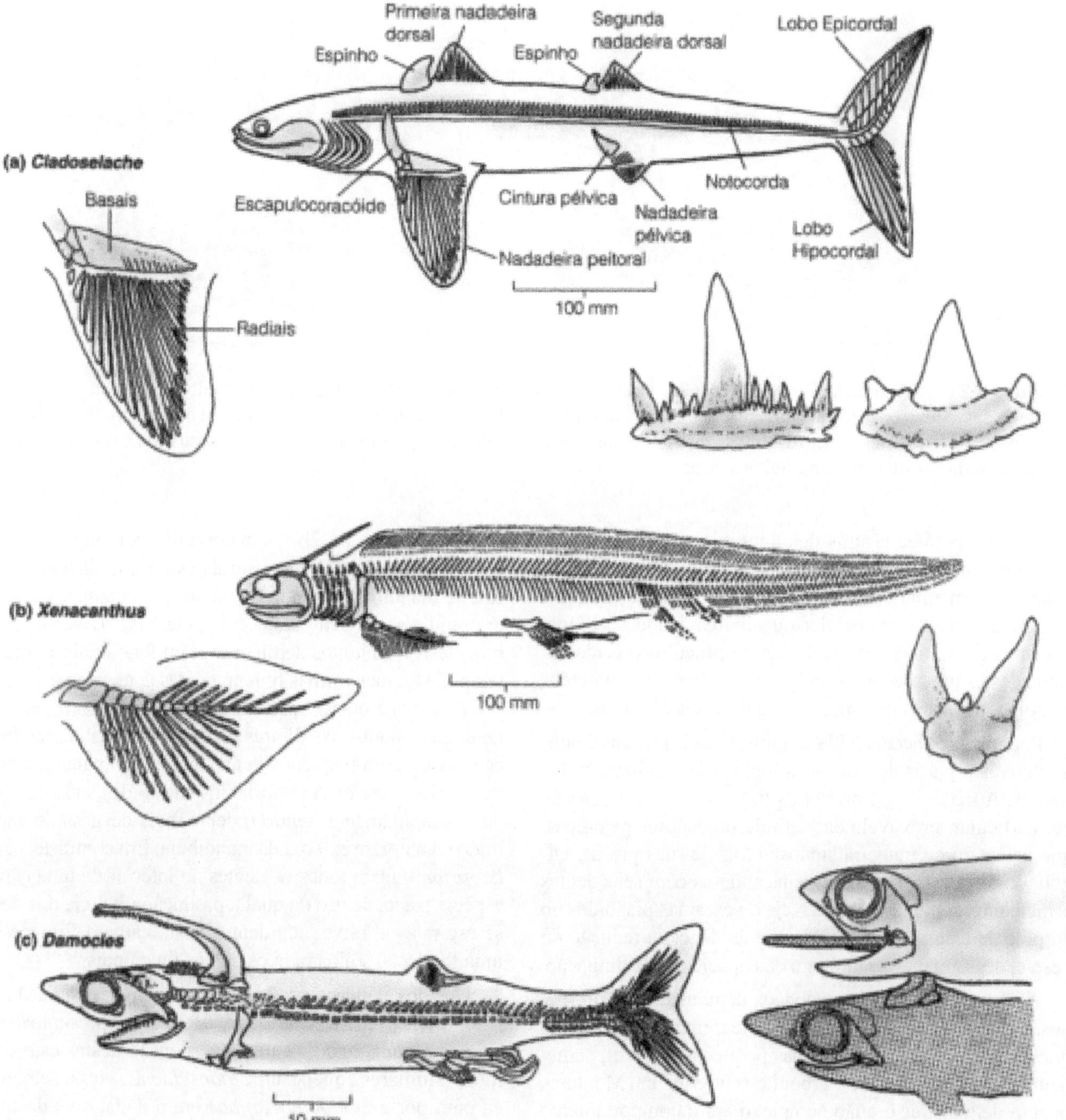

Figura 5-1 Os primeiros Chondrichthyes. (a) *Cladoselache*. (b) *Xenacanthus*, um elasmobrânquio de água doce com detalhes da estrutura primitiva (arquipterígea) da nadadeira peitoral e de seus dentes peculiares, (c) Esquerda – um macho de *Damocles serratus*, um tubarão de 15 cm, do Carbonífero Superior, apresentando a espinha nucal, sexualmente dimórfica, e os claspers pélvicos; direita – macho (abaixo) e fêmea (acima) fossilizados, possivelmente em posição de corte.

era assimétrica e continha elementos que se pareciam com os arcos hemáticos que protegem os vasos sanguíneos caudais dos tubarões viventes. Cartilagens radiais, longas e não segmentadas, se estendiam até o lobo hipocordal (inferior) da nadadeira. Na base da nadadeira caudal, encontravam-se quilhas laterais pareadas, as quais são características identificadoras dos nadadores rápidos viventes e pelágicos (de mar aberto).

O tegumento apresentava somente algumas escamas, as quais estavam limitadas às nadadeiras, ao redor dos olhos,

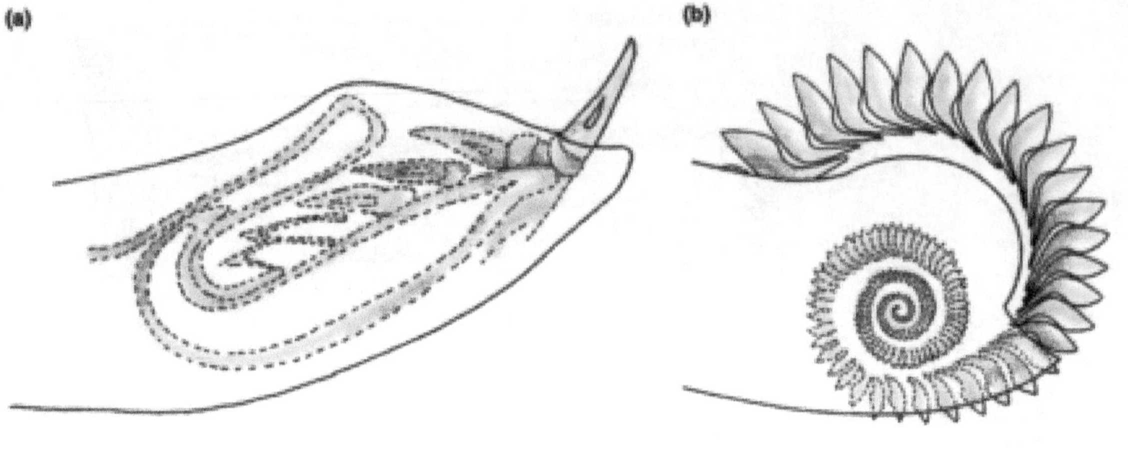

Figura 5-2 A substituição dos dentes em Chondrichthyes. (a) Corte transversal da mandíbula de um tubarão vivente, apresentando um único dente funcional seguido de uma fileira de dentes de substituição em diversos estágios de desenvolvimento, (b) Visão lateral da fileira sinfisial de dentes (meio da maxila inferior) de um condricte edestoide primitivo *Helicoprion,* mostrando a câmara no interior da qual a produção vitalícia da espiral de dentes.

ao interior da boca e atrás dos dentes. Estas escamas assemelham-se aos dentes – as cúspides de dentina eram cobertas com uma substância, semelhante ao esmalte, e continham um núcleo celular ou uma cavidade da polpa. Escamas desse tipo são chamadas de **placóides**. Cada escama destes tubarões mais antigos tinha diversas cavidades da polpa, as quais correspondiam a diversas cúspides.

Podemos conhecer a vida de muitos dos primeiros Chondrichthyes a partir de sua morfologia e da localização dos fósseis. A maioria dos primeiros tubarões, e *Cladoselache* em particular, provavelmente era de predadores pelágicos, que nadavam de maneira sinuosa atrás de suas presas, engolindo-as por inteiro ou despedaçando-as com seus dentes semelhantes a punhais. A ausência de escamas placóides no corpo e de calcificação sugere uma tendência a redução do peso e, dessa maneira, aumento da capacidade de flutuação.

A presença de cláspers pélvicos demonstra que, ao menos, alguns tubarões da era Paleozóica, tinham fertilização interna. Duas espécies de formas pequenas (15 cm), semelhantes à dos tubarões, do Carbonífero Inferior, em Montana, podem demonstrar o quão complexo era o comportamento reprodutivo entre os primeiros Chondrichthyes. Machos destas espécies podem ser identificados pelos cláspers pélvicos, por um rostrum afiado e por uma espinha médio-dorsal enormemente curvada para frente, bem atrás da cabeça (Figura 5-1c), enquanto as fêmeas não apresentam cláspers e espinhos. Um destes fósseis pode ser um casal que morreu em posição de corte pré-cópulatória, com a fêmea agarrando-se, com suas maxilas, ao espinho dorsal do macho.

Outro dos primeiros grupos de Condrichthyes, os edestóides, tinha nadadeiras peitorais grandes e caudas simétricas, enrigecidas e profundamente furcadas. Dentre os tubarões viventes, estes traços são característicos de espécies oceânicas de natação rápida. Os edestóides tinham uma dentição particular (Figura 5-2b). A maioria dos conjuntos de dentes era reduzida, mas a fileira central (a sinfiseal) da maxila inferior ou mandíbula era extremamente aumentada, e cada dente prendia-se ao dente adjacente pela base. Diversos membros destes conjuntos dentígeros eram funcionais ao mesmo tempo. Algumas formas tinham dentes cegos para a maceração da presa e outras apresentavam dentição com uma série de dentes afiados. As fileiras de dentes mandibulares se encontravam com pequenos dentes planos no palatoquadrado da maxila superior. A maioria dos edestóides substituía seus dentes rapidamente, sendo o dente mais desgastado encontrado na margem externa da mandíbula. Em contraste, os *Helicoprion* tinham todos os dentes no interior de uma câmara especializada, dentro da qual a produção vitalícia dos dentes se espiralava. Talvez, os dentes nesta câmara fornecessem uma fundação sólida para os dentes funcionais.

Um dos gêneros produzidos na primeira radiação dos Chondrichthyes foi o *Xenacanthus,* o qual apresentava uma caixa craniana, maxilas e uma suspensão destas estruturas, muito similares àquelas do *Cladoselache.* Mas a semelhança pára por ai. Os *Xenacaníhus* eram nadadores de fundo de água doce, com nadadeiras muito robustas e com esqueletos pesadamente calcificados e cartilaginosos, os quais devem ter diminuído sua flutuabilidade. Os *Xenacaníhus* apareceram no Devoniano e sobreviveram até o Triássico, quando desapareceram sem deixar descendentes. Detalhes de suas brânquias e do esqueleto das nadadeiras indicam que estavam na base da linhagem dos Elasmobranchii.

5.4 A Radiação dos Elasmobranchii do Início da Era Mesozóica

A evolução subsequente dos Chondrichthyes envolveu alterações nos sistemas de alimentação e de locomoção. Espécies que exibiam estas modificações aparecem no Carbonífero e essa radiação de elasmobrânquios basais floresceu até o Cretáceo Superior. O *Hybodus* era um gênero bem conhecido, do Triássico Superior e do Cretáceo. Temos esqueletos completos, de dois metros de comprimento, que se parecem muito com os tubarões modernos, exceto pela boca terminal, não situada abaixo de um rostro sensorial (Figura 5-3a).

A dentição heterodonte (ou seja, dentes com formas diferentes ao longo das maxilas) de tubarões hibodontes (*Hybodus* e seus parentes) parece importantíssima para seu sucesso. Os dentes mais rostrais apresentavam cúspides afiadas e parecem ter sido usadas para furar, segurar e despedaçar alimentos moles. Os dentes mais caudais eram versões rígidas e sem linha de corte dos dentes rostrias, presentes em baterias que consistiam de diversos dentes em conjuntos individuais. Os tubarões viventes, do gênero *Heterodontus*, apresentam uma dentição similar (Figura 5-3b). Esses tubarões se alimentam de pequenos peixes, caranguejos, camarões, ouriços do mar, moluscos, mexilhões e ostras. Os afiados dentes rostrais capturam e matam a presa mole, e os dentes caudais, como trituradores, quebram as conchas dos crustáceos e dos moluscos.

Os tubarões hibodontes também mostraram avanços na estrutura das nadadeiras peitorais e pélvicas, as quais os tornaram mais móveis do que as nadadeiras de base larga dos tubarões da Era Paleozóica. Ambos os pares de nadadeiras eram sustentados sobre hastes estreitas constituídas de três cartilagens basais, finas e achatadas, que substituíam as séries de peças alongadas observadas nos primeiros tubarões. Esta base estreita permitia que a nadadeira se movesse em ângulos distintos, conforme o tubarão nadava para cima e para baixo. A lâmina da nadadeira também mudou: as radiais cartilagi-

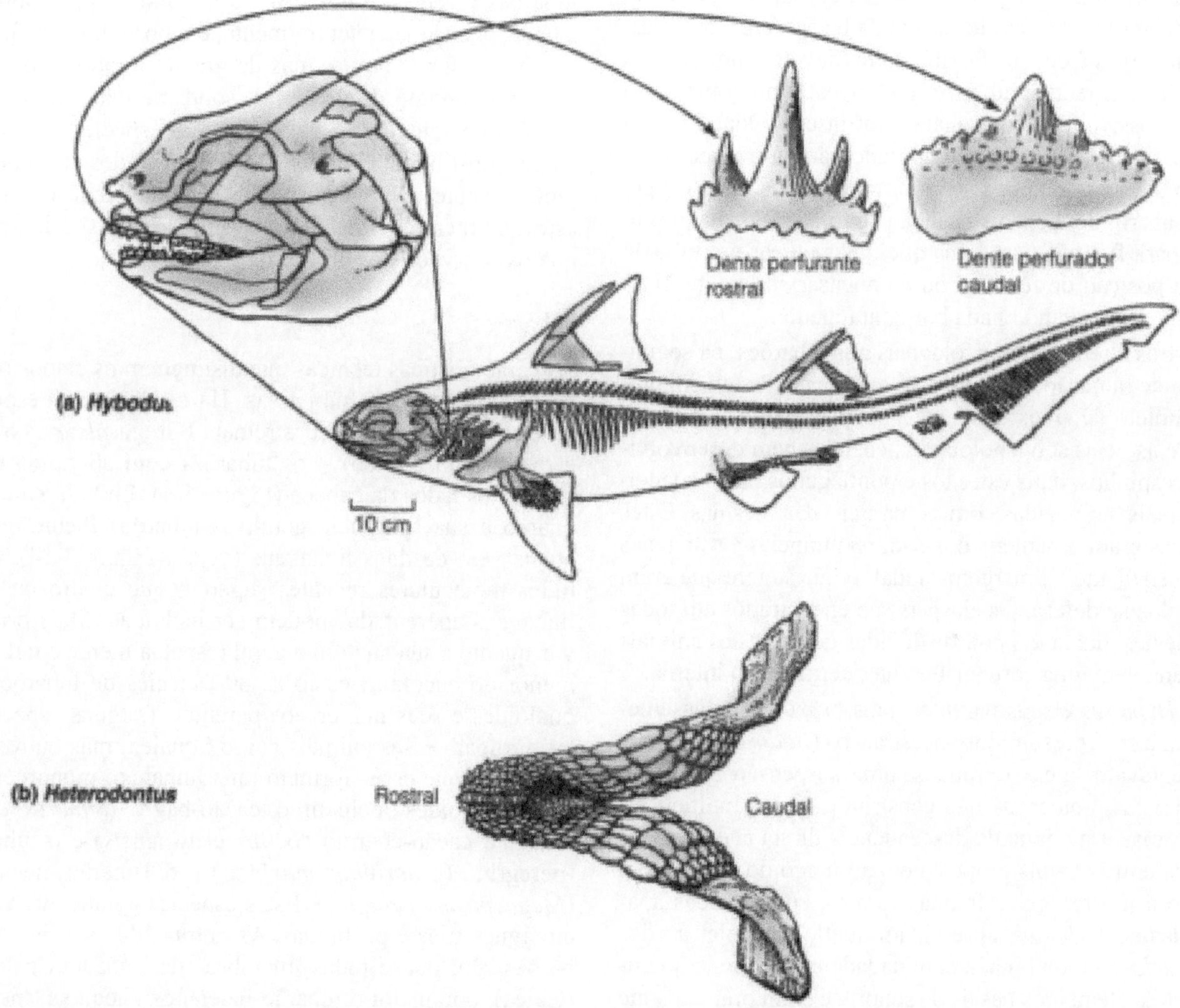

Figura 5-3 *Hybodus* e *Heterodontus*. (a) O elasmobrânquio fóssil *Hibodus*. (b) Vista palatal da maxila superior (palatoquadrado) do tubarão vivente, *Heterodontus*, com dentição similar àquela de muitos dos elasmobrânquios do final da Era Paleozóica e início da Mesozóica.

nosas eram segmentadas e não se estendiam até a margem da nadadeira. Os raios das nadadeiras, proteicos e flexíveis, chamados de **ceratotriquias**, estendiam-se das radiais exteriores até a margem da nadadeira. Músculos intrínsecos da nadadeira podiam curvar a estrutura da frente para trás e de cima para baixo. A flexibilidade e a mobilidade destas nadadeiras os permitia nadar de modos impossíveis para a estrutura de nadadeira mais rígida, característica dos *Cladoselache.* Assumindo formas diferentes, as nadadeiras peitorais puderam produzir movimento para frente, contribuindo com o balanço e estabilizando o movimento retilíneo.

Junto com as alterações nas nadadeiras pareadas, a nadadeira caudal tomou novas funções e a nadadeira anal apareceu. A forma da nadadeira caudal foi alterada por meio da redução do lobo hipocordal, pela divisão de suas radiais e pela adição de ceratotriquias flexíveis. Este arranjo da nadadeira caudal é conhecida por **heterocerca** (Grego *hetero* = diferente e *kerkos* = cauda), embora **epicerca** (Grego *epi* = acima) seja um nome mais preciso para tal forma – conhecida já em alguns peixes sem mandíbula da Era Paleozóica (Capítulo 3). O valor da cauda heterocerca dos Elasmobranchii está em sua flexibilidade (devido a um número maior de elementos radiais esqueléticos) e no controle da forma, possível pela musculatura intrínseca. Quando a nadadeira caudal ondulava, de um lado para outro, movia-se de forma que o lobo flexível inferior seguia atrás do superior, mais rígido. Esta distribuição de força produzia impulso da para frente e para cima que devia elevar um tubarão de sua posição de repouso ou compensar sua tendência a afundar como quando nada horizontalmente.

Outras alterações morfológicas nos tubarões, na segunda grande radiação, incluem o aparecimento de um conjunto completo de arcos hemáticos, os quais protegiam as artérias e as veias sob a notocorda; costelas bem desenvolvidas; e espinhos, mais estreitos e pontiagudos, nas nadadeiras dorsais, associadas com as margens das mesmas. Estes espinhos eram ornamentados com reentrâncias e saliências e por serrilhado na margem caudal, o que sugere que eram utilizados na defesa. Os cláspers são encontrados em todas as espécies, deixando poucas dúvidas de que estes animais apresentavam uma corte elaborada e fertilização interna.

O *Hybodus* e seus parentes mais próximos se assemelhavam a seus presumidos ancestrais os *Cladoselache,* pois apresentavam bocas terminais, uma suspensão anfistilíca das maxilas, notocorda não constrita e dentes multicuspidados, mas uma linha de descendência direta não pode ser traçada entre os dois grupos, nem ao longo do tempo nem quanto a morfologia. Algumas formas, consideradas aparentadas ao *Hybodus,* apresentam dentição similar ao dos *Cladoselache,* combinada com nadadeiras peitorais que tinham três elementos basais de suporte e eram praticamente imóveis; outras desenvolveram um suporte, semelhante aos tetrápodes, para suas nadadeiras peitorais, altamente móveis. Sua nadadeira caudal era reduzida e eles, provavelmente, se moviam próximos ao substrato com a utilização das nadadeiras peitorais semelhantes a patas. Outra forma, conhecida a partir de um único juvenil de 5 cm, apresentava um rostro, em forma de remo, com um terço do comprimento de seu corpo. Outros tipos eram gigantes, de 2,5 m de comprimento, com focinhos oblíquos e mandíbulas enormes. Apesar de sua variedade e de seu sucesso, durante a Era Mesozóica, esta segunda radiação de elasmobrânquios se tomou cada vez mais rara e desapareceu no final da Era Mesozóica, ou no início da Cenozóica.

5.5 A Radiação Moderna – Tubarões e Raias

Os primeiros representantes da radiação moderna de elasmobrânquios surgiram, ao menos, no início do Triássico. No Jurássico, tubarões de aparência moderna tinham evoluído, e um número surpreendente de gêneros, do Jurássico e do Cretáceo, ainda vive. A diferença mais conspícua entre a maioria dos membros das primeiras radiações e os tubarões viventes, é o rostro, ou focinho, o qual sobressai à boca, posicionada ventralmente, em boa parte das formas viventes. Menos óbvio, mas de grande importância, foi o desenvolvimento de vértebras, sólidas e calcificadas com porções de notocorda – e, em algumas espécies, a notocorda era substituída. Uma terceira inovação dos elasmobrânquios viventes é o material, mais espesso e mais complexo estruturalmente, semelhante ao esmalte, sobre os dentes, do que o observado nos primeiros grupos.

Tubarões

As características técnicas que distinguem os ciados de tubarões viventes são subjetivas. Há cerca de 360 espécies de elasmobrânquios Pleurotremata (Grego *pleur* = o lado e *trem* = um buraco) – os tubarões com aberturas branquiais nos lados da cabeça (Figura 5-4). Embora similares quanto a sua aparência geral, os tubarões Pleurotremata atuais vêm de duas linhagens (veja a Figura 3-14), e estudos moleculares recentes sugerem que quatro ou mais linhagens aparentadas podem ser incluídas. Mais primitivos quanto a sua anatomia geral (especialmente o tamanho menor do encéfalo) estão as 80 espécies de tubarões esqualóides e seus numerosos parentes. (Alguns especialistas agrupam esses animais como Squalea, mas outros não acreditam que esses formem uma linhagem monofilética). Os esqualóides incluem o cação-bagre (*Squalus acanthias*), o cação-charuto (*Isitius brasiliensis*) e o tubarão-peregrino (*Cetorhinus maximus*) e o Tubarão megaboca (*Megachasma pelagios*). Estas espécies geralmente vivem em águas frias e profundas. As outras 280 espécies de tubarões são, quase todas, membros da linhagem galeóide (Galea), que inclui o tubarão-baleia, os anequins (incluindo o grande tubarão branco), os tubarões carcarinideos, as tintureiras, os tubarões-martelo e talvez os tubarões do género *Heterodontus* e cação-lixa (*Ginglymostoma* sp.).

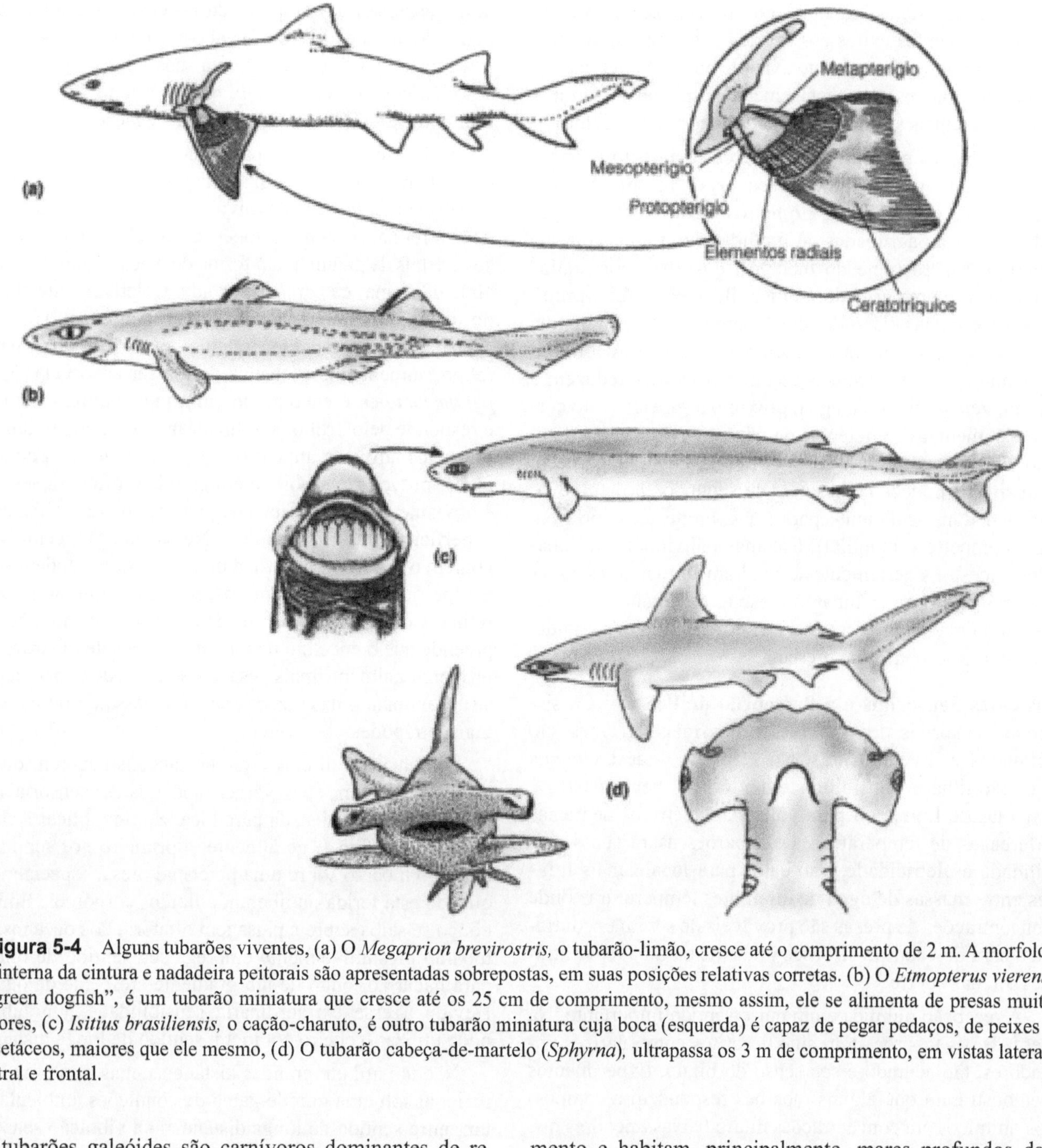

Figura 5-4 Alguns tubarões viventes, (a) O *Megaprion brevirostris,* o tubarão-limão, cresce até o comprimento de 2 m. A morfologia interna da cintura e nadadeira peitorais são apresentadas sobrepostas, em suas posições relativas corretas. (b) O *Etmopterus vierens,* o "green dogfish", é um tubarão miniatura que cresce até os 25 cm de comprimento, mesmo assim, ele se alimenta de presas muito maiores, (c) *Isitius brasiliensis,* o cação-charuto, é outro tubarão miniatura cuja boca (esquerda) é capaz de pegar pedaços, de peixes e de cetáceos, maiores que ele mesmo, (d) O tubarão cabeça-de-martelo (*Sphyrna*), ultrapassa os 3 m de comprimento, em vistas lateral, ventral e frontal.

Os tubarões galeóides são carnívoros dominantes de regiões oceânicas rasas, quentes e ricas em espécies.

Ao longo de sua história evolutiva, os tubarões têm sido carnívoros consumados. Na terceira radiação adaptativa dos elasmobrânquios, no meio da era Mesozóica, evoluíram características locomotoras, tróficas, sensoriais e comportamentais, produzindo formas que ainda dominam os níveis superiores das cadeias alimentares marinhas. Os tubarões têm enorme variação de tamanho. Um tubarão típico tem cerca de dois metros de comprimento, a formas maiores alcançam 12 metros e talvez cresçam até os 18 metros, e algumas formas têm apenas 25 cm de comprimento e habitam, principalmente, mares profundos das plataformas continentais.

Apesar da grande variação de tamanho, todos os elasmobrânquios viventes apresentam características esqueléticas ausentes nos tubarões das primeiras radiações. Os centros vertebrais cartilaginosas dos tubarões viventes são distintivos. Entre os centros, resquícios esféricos da notocorda se encaixam em depressões sobre as faces opostas das vértebras adjacentes. Deste modo, o esqueleto axial pode ser flexionado, de um lado para outro, com elementos centrais rígidos de cartilagem calcificada girando sobre articulações, na forma de esferas, da notocorda remanescente. Adicionam-se elementos extras aos neurais e hemáticos, que não são encontrados no esqueleto axial de outros Vertebrata (as placas intercalares) protegem a medula espinhal dorsalmente e as principais artérias e veias ventralmente aos centros.

As escamas placóides dos-tubarões também mudaram na terceira radiação. Embora escamas do mesmo tipo geral sejam conhecidas dos primeiros Chondrichthyes, geralmente estão agrupadas ou fundidas em grandes placas. O corpo áspero (pele do tubarão), dos elasmobrânquios modernos, é uma armadura única, flexível e muito protetora. As escamas placóides dos tubarões viventes têm uma cúspide única e uma única cavidade da polpa. A forma o tamanho e o arranjo dessas escamas placóides reduzem a turbulência do fluxo da água, próximo à superfície do corpo, e aumentam a eficiência da natação. (Roupas de natação, imitando as propriedades da pele do tubarão, parecem reduzir uns poucos centésimos de segundos no tempo de um nadador – suficiente para ser o limite da vitória em uma competição mundial). Escamas individuais em tubarões ancestrais geralmente se fundiam formando escamas maiores conforme o tubarão crescia, no entanto os tubarões atuais adicionam mais escamas e de maior tamanho ao tegumento conforme crescem.

Sistemas Sensoriais e a Percepção de Presas Os sistemas sensoriais dos tubarões e das raias viventes são refinados e diversificados. No Capítulo 4 descrevemos a extraordinária sensibilidade dos órgãos neuromastos e ampolas de Lorenzini para potenciais elétricos pequenas diferenças de temperatura. Os tubarões usam sua sensibilidade a eletricidade e ao calor para localizar os limites entre massas de água de diferentes temperaturas onde concentrações de presas são prováveis de serem encontradas, para detectar presas escondidas, e para navegar através do mar aberto.

A recepção química é um outro sentido importante. Na verdade, os tubarões tem sido descritos como narizes nadadores, tão acurado é seu senso do olfato. Experimentos demonstraram que alguns tubarões respondem a compostos químicos em concentrações muito baixas, menores que uma parte por 10 bilhões! A estranha cabeça dos tubarões -martelo do género *Sphyrna* (Figura 5-4) pode aumentar a capacidade de direcionamento do seu aparato olfatório por situarem as narinas distantes nas estranhas expansões laterais de suas cabeça, mas a anatomia do tubarão-martelo, *Shpyrna lewini,* não confirma essa interpretação. Nessa espécie sulcos ao longo da margem rostral da cabeça direcionam-se para as aberturas incorrentes dos sacos olfatórios, deste modo a água proveniente de toda a margem da cabeça é canalizada para dentro dos sacos, muito mais do que apenas dois pontos muito distantes. Talvez o significado da cabeça muito ampla e achatada dos tubarões martelo esteja na dispersão das ampolas de Lorenzini sobre uma área maior do que a padrão do focinho dos tubarões. Esse arranjo aumenta consideravelmente a sensibilidade para impulsos elétricos provenientes de presas escondidas, e para os diminutos gradientes usados para navegação.

A visão é importante para o comportamento alimentar dos tubarões, e visão em intensidades luminosas baixas é especialmente bem desenvolvida. Esta sensibilidade se deve à retina, rica em bastonetes, e a células com numerosos cristais de guanina, em forma de placa, localizados bem atrás da retina, na camada coróide. Coletivamente chamado de *tapetum lucidum,* as células que contêm os cristais agem como um espelho, refletindo a luz, de volta para a retina, aumentando a chance da luz ser absorvida. (O *tapetum lucidum* é encontrado em muitos animais noturnos e responde pelo brilho do olho de animais quando iluminados pelos faróis de um carro). O *tapetum lucidum* de tubarões é proveitoso à noite e em grande profundidades, mas é obviamente desvantajoso na presença de luz brilhante da superfície do mar ao meio dia. Nessa situação, células que contêm o pigmento escuro, a melanina, se expandem sobre a superfície refletora para absorver a luz que atravessa a retina. Com tal mecanismo sensorial sofisticado, não surpreende que o encéfalo de muitas espécies de tubarões seja proporcionalmente mais pesado do que os de outros peixes, se aproximando das razões encéfalo/massa corpórea de alguns tetrápodes.

Evidências indiretas e circunstanciais sugerem que os tubarões utilizam suas várias modalidades sensoriais em uma sequência ordenada para localizar, identificar e atacar a presa. O olfato é, geralmente, o primeiro dos sentidos a alertar o tubarão sobre uma potencial presa, especialmente quando está ferida ou liberando fluidos corpóreos. Embora pouco se saiba sobre a paisagem olfatória dos oceanos, um tubarão presumivelmente emprega seu sentido de olfação para nadar ao longo de um gradiente crescente de odores. Devido à essa extraordinária sensibilidade, um tubarão pode utilizar o cheiro como um sentido de longa distância.

Não tão útil em grandes distâncias, mas muito mais direcional sob uma grande gama de condições ambientais, é um outro sentido de longa distância – a vibração sensorial da mecano-recepção. O sistema da linha lateral e as áreas sensoriais da orelha interna são altamente eficientes na detecção de vibrações, tais como aquelas produzidas por um peixe em agonia. A efetividade dos receptores mecânicos, no direcionamento dos tubarões a grandes distâncias de uma fonte sonora, foi demonstrada por meio de hidrofones, os quais produziam vibrações semelhantes às produzidas por um peixe em agonia. O mesmo fenômeno foi demonstrado, não intencionalmente, em operações de resgate marinhos macabros, nas quais os tubarões eram, aparentemente, atraídos aos náufragos pelas vibrações dos motores dos helicópteros de resgate.

Uma vez que um tubarão se aproxima da fonte de estímulo, a visão se torna o principal modo de detecção da presa. Se a presa é facilmente reconhecida, o tubarão pode, imediatamente, atacar. Presas não familiares são tratadas diferentemente, como descobriram os estudos que pretendiam desenvolver a dissuasão dos tubarões. Um tubarão circulante pode, de repente, se voltar e nadar em direção a uma presa desconhecida. Entretanto, em vez de abrir as maxilas para o ataque, bate ou despedaça a superfície do objeto com seu rostro. Há opiniões distintas se essa é uma tentativa de determinar a textura, por meio de receptores mecânicos, fazendo uma rápida avaliação eletro-sensorial, ou se o animal usa suas duras escamas placóides para romper o tegumento, liberando pistas olfatórias frescas.

Após circular e avaliar todas as pistas sensitivas da presa potencial, o tubarão pode desistir ou partir para o ataque. Neste segundo caso, o rostro é elevado, as maxilas protaidas. Nos últimos momentos antes do contato, alguns tubarões abaixam uma pálpebra opaca (a membrana nictante) sobre os olhos para protegê-los. Neste ponto, parece que estes animais dependem totalmente da eletro-recepção para rastrear a presa. Esta hipótese foi desenvolvida durante o estudo de ataques, realizados por grandes tubarões, sobre iscas suspensas por barcos. Mergulhadores, em gaiolas protetoras submersas, observaram os ataques. Após a oclusão de seus olhos, com a membrana nictante, ou aproximando-se tanto que o rostro bloqueia o contato visual com a presa, os tubarões em ataque frequentemente desviavam-se da isca e mordiam algum objeto inanimado próximo à presa (incluindo a gaiola do observador, para o espanto dos mergulhadores). Aparentemente, o ambiente artificial das estações de iscas provocou fortes influências sobre os campos elétricos locais, a partir das gaiolas, e os tubarões erradamente atacaram estas fontes artificiais de atividade elétrica.

Maxilas e Alimentação A mobilidade no crânio, conhecida como **cinese craniana**, permite o consumo de itens alimentares grandes. A cinese craniana permite a inclusão de grandes itens na dieta, sem a exclusão dos itens alimentares pequenos. Os Elasmobranchii viventes têm um tipo mais derivado de suspensão da hiostílica da mandíbula. Nessa condição, um alargamento da cartilagem hiomandibular (hiomandíbula), a qual suspende a porção caudal da cartilagem palatoquadrada e se prende, firmemente, mas com certa mobilidade, à região lateral do crânio (Figura 5-5). Uma segunda conexão com o condrocrânio ocorre por meio de projeções pareadas do palatoquadrado (processos orbitais) na caixa craniana, atrás dos olhos e presas ao crânio por ligamentos elásticos. A hiostilia permite posições múltiplas da mandíbula, incluindo a protrusão da maxila superior, cada uma apropriada para as diferentes oportunidades de alimentação.

As metades direita e esquerda da cintura peitoral são fundidas ventralmente em uma única peça, em forma de U, chamada cartilagem escapulocoracóide. Os músculos hipo-branquiais que se estendem desde a porção ventral do coracóide até a mandíbula inferior abrem a boca. As vantagens da mandíbula dos elasmobrânquios viventes são apresentadas quando a mandíbula superior é protraída. Os músculos movimentam a hiomandíbula lateral e rostralmente, aumentando a distância entre as articulações, esquerda e direita, e, dessa forma, aumentando o volume da câmara orobranquial. Esta expansão, a qual suga a água e o alimento para a boca, não é possível com a suspensão mandibular anfilística mais primitiva, pois a cartilagem palatoquadrada é fortemente presa ao condrocrânio.

Com a extensão hiomandibular, a cartilagem palatoquadrada é protraída até os limites dos ligamentos elásticos sobre seus processos orbitais. Este movimento protrai a boca para longe da cabeça, o que permite ao tubarão morder um organismo muito maior do que ele próprio. A dentição palatoquadrada é especializada para o ataque de presas grandes o suficiente para não serem engolidas inteiras – os dentes, na cartilagem palatoquadrada, são mais fortes do que os da mandíbula e, geralmente, mais curvados e fortemente serrilhados. Quando se alimenta de uma presa grande, um tubarão abre sua boca, afunda seus dentes, superiores e inferiores, profundamente na presa e então protrai sua maxila superior mais profundamente dentro da ferida produzida inicialmente pelos dentes. Conforme as mandíbulas atingem o máximo da penetração inicial, o tubarão balança seu corpo em ondulações laterais muito fortes, as quais resultam em um movimento lateral violento da cabeça. Os movimentos da cabeça provocam a ação dos dentes superiores serrinhados, arrancando um grande pedaço da vítima.

Observações raras dos tubarões se alimentando sob condições naturais indicam que estes peixes são predadores versáteis e efetivos. O grande tubarão branco (*Carcharodon carcharias*) mata presas mamalianas, tais como focas, pelo sangramento – até a morte. Um tubarão segura firmemente uma foca com suas maxilas até que a presa não esteja mais sangrando e, então, a despedaça, removendo pedaços enormes de carne. A carcaça flutua até a superfície e o tubarão retorna a ela para mais uma mordida. Um tubarão branco pode se alimentar mais vagarosamente de uma carcaça, defendendo-a de outros tubarões brancos com um movimento lateral da cauda, típico dos peixes, assim como movimentos bruscos da cauda (empurrando com força a cauda para baixo da superfície da água) e saltando (pulando para fora da água e caindo com a lateral do corpo espirrando a água) – um comportamento mais familiar entre os golfinhos e as baleias.

Ataques de tubarões brancos a leões marinhos são um pouco diferentes dos ataques às focas, porque os leões-ma-

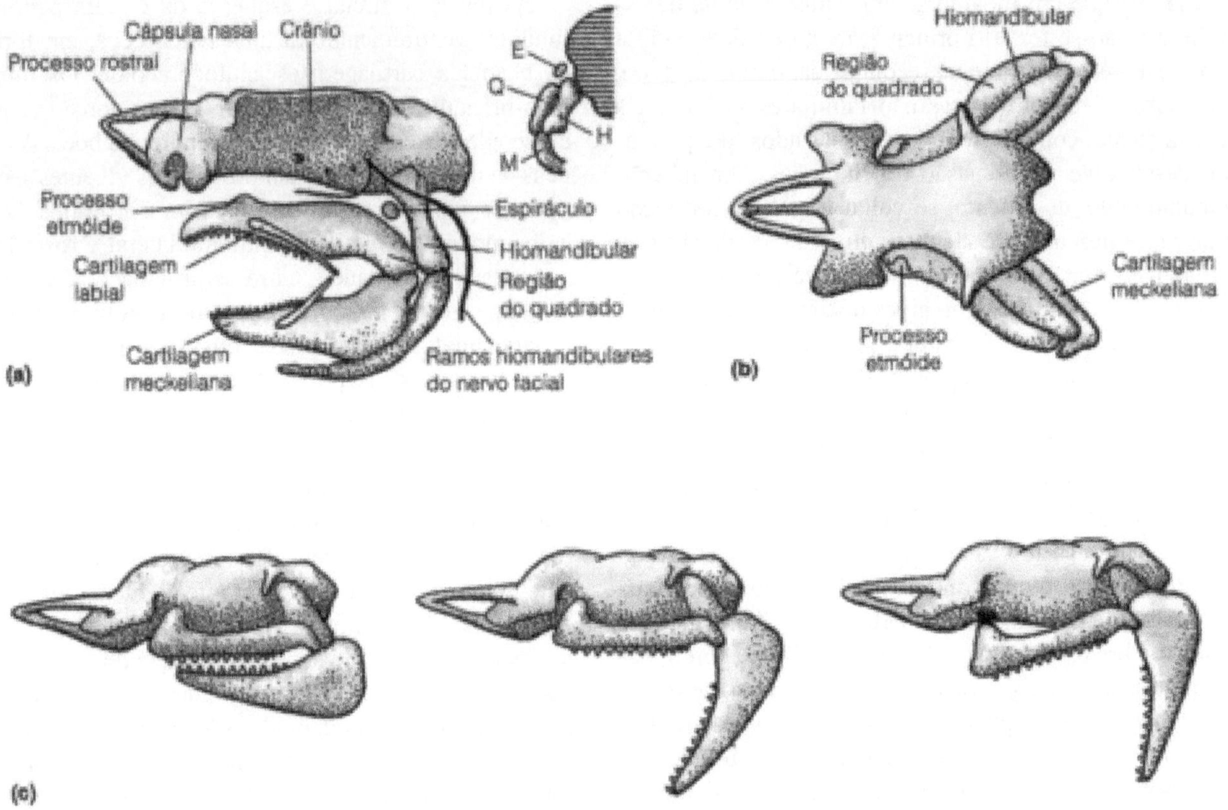

Figura 5-5 Relações anatômicas das maxilas e do condrocrânio de tubarões hiostílicos viventes, baseadas em *Scyllium* e em *Carcharhinus.* (a) Vistas lateral e em corte transversal do crânio de *Scyllium* com a mandíbula fechada. E = espiráculo; Q = região do quadrado da cartilagem palatoquadrado; H = hiomandibular; M = mandíbula, (b) Vista dorsal do crânio de *Carcharhinus.* (c) Durante a abertura da mandíbula e durante a protrusão da maxila superior, o hiomandibular sofre rotação de uma posição de um ângulo de 45° em relação ao eixo crânio-caudal do crânio até um ângulo de 90° em relação a esse eixo.

rinhos – diferentemente das focas – possuem "nadadeiras" (membros) muito forte que podem ser utilizados eficientemente para sua defesa. Frequentemente os tubarões prendem e soltam os leões marinhos por diversas vezes, até que morram por hemorragia. Os tubarões brancos rapidamente liberam a presa que percebem não ser aceitável, após a primeira mordida. Klimley (1994) sugere que a perda da gordura pela presa é o principal critério de rejeição. Este comportamento pode explicar porque os grandes tubarões brancos capturam, mas em seguida soltam e ignoram lontras marinhas e humanos.

Reprodução Boa parte do sucesso do ciado vivente dos elasmobrânquios pode ser atribuída aos seus sofisticados mecanismos de reprodução. A fecundação interna é universal. Os cláspers pélvicos (pelvinos) dos machos têm uma estrutura esquelética sólida que pode aumentar sua eficiência. Durante a cópula (Figura 5-6a), um único clásper é curvado em 90°, em relação ao eixo crânio-caudal do corpo, assim, o canal dorsal da estrutura fica sob a papila cloacal, a partir da qual o esperma é expelido. O clásper fletido é inserido na cloaca da fêmea e fixo a ela por meio de um conjunto de farpas, ganchos e espinhos próximos a extremidade do clásper. O esperma, oriundo dos órgãos reprodutores, é ejaculado no canal do clásper. Simultaneamente, um saco muscular subcutâneo que se estende cranialmente sob o tegumento das nadadeiras pélvicas do macho, se contrai. Este saco sifonal tem um revestimento secretor e é preenchido por água do mar, através do movimento das nadadeiras pélvicas masculinas, antes da cópula. O fluido seminal proveniente do saco sifonal, leva o esperma através do canal até a cloaca da fêmea, e partir desse ponto os espermatozóides nadam em direção ao trato reprodutor da fêmea.

Os tubarões machos de espécies pequenas asseguram-se *in copulo* enrolando-se ao redor do corpo da fêmea. Tubarões grandes nadam lado a lado, com os corpos se tocando, ou iniciam a cópula com os corpos parados, com suas cabeças voltadas para o substrato e os corpos voltados para cima. Muitos tubarões machos mordem os flancos das fêmeas ou

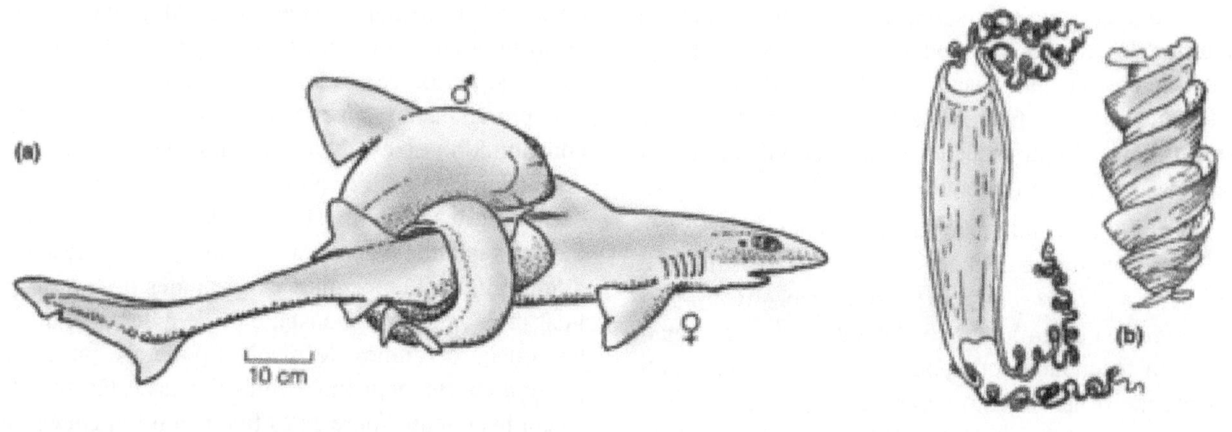

Figura 5-6 A reprodução dos tubarões, (a) Copula do tubarão europeu *Scyliorhinus.* Apenas algumas outras poucas espécies de tubarões e de raias foram observadas *in copulo,* mas todas assumem posturas que permitem que apenas um clásper do macho possa ser inserido na cloaca da fêmea, (b) (Não está na mesma escala.) As cascas dos ovos de dois tubarões ovíparos, *Scyliorhinus* (esquerda) e *Heterodontus* (direita).

se prendem a uma das nadadeiras peitorais delas com suas mandíbulas, e a pele das costas ou dos flancos delas dessas espécies podem ser duas vezes mais espessas do que a de machos de mesmo tamanho.

As estratégias reprodutivas entre os Vertebrata ilustram uma compensação entre a quantidade e a qualidade dos descendentes. Em um extremo estão as espécies como o bacalhau, o qual produz milhões de pequenos ovos. Uma fêmea de bacalhau investe pouco tempo ou energia em um único ovo, mas produz tantos descendentes que alguns acabam sobrevivendo até a idade adulta. No outro oposto da escala estão animais (humanos, por exemplo) que produzem poucos jovens e investem uma boa quantidade de tempo e de energia para garantir a sobrevivência de cada um deles.

Com a evolução da fecundação interna, os elasmobrânquios adotaram uma estratégia reprodutiva que favorece a produção de um pequeno número de descendentes, os quais são retidos, protegidos e cuidados por períodos variáveis, dentro do corpo da fêmea. Este modo de reprodução requer um investimento significativo de energia pela fêmea e é bem sucedido quando os adultos apresentam uma longa expectativa de vida.

A energia que uma fêmea investe na alimentação do embrião pode ser na forma de gema (como na aves) ou pode ser entregue para o embrião por meio do trato reprodutivo da fêmea (como nos mamíferos placentários). Duas categorias de termos são utilizadas para descrever como os embriões são alimentados e como os jovens são produzidos. **Lecitotrofia** (Grego *lecith* = ovo e *troph* = alimentação) refere-se a situação na qual a gema (= vitelo) supre a maior parte da nutrição do embrião, enquanto a **matrotofia** (Grego *matro* = mãe) significa que o trato reprodutivo da fêmea supre a maioria da energia. (Lecitotrofia e matrotofia são parte de um todo, e muitos vertebrados usam uma combinação de lecitrotofia e matrotofia na qual o embrião recebe uma parte de sua alimentação do vitelo e outra do trato reprodutivo da mãe). Um par de termos antigos ainda mais utilizados descrevem o modo como o organismo é produzido: oviparidade significa que os juvenis nascem de um ovo que é colocado fora do corpo da mãe (assim como as aves) e viviparidade significa que um juvenil totalmente desenvolvido nasce (assim como os mamíferos placentários). O embrião de espécies ovíparas é lecitotrófico, mas as espécies vivíparas incluem uma variedade de modos de alimentação do embrião que se estende da lecitotrofia até a matrotofia. E existem espécies de vertebrados nas quais os jovens nascem e iniciam sua alimentação enquanto ainda estão no interior do oviduto, consumindo células das paredes do oviduto ou comendo ovos em desenvolvimento que contêm o que deveria ser seus irmãos.

Elasmobranchii apresentam tanto oviparidade como viviparidade. Muitos elasmobrânquios ovíparos produzem ovos grandes com muito vitelo (do tamanho ou maior que o ovo de uma galinha). Uma estrutura especializada na extremidade cranial do oviduto a glândula nidiental, secreta uma casca proteica ao redor o ovo fecundado. Protuberâncias da casca do ovo entrelaçam-se com a vegetação ou fixam-se em locais protegidos no substrato (Figura 5-6b). O embrião obtêm sua alimentação exclusivamente da gema (vitelo) durante o período de desenvolvimento entre 6 a 10 meses. Movimentos do embrião produzem um fluxo de água, através das aberturas da casca, que carreia moléculas orgânicas e oxigénio dissolvido para o embrião. Os jovens ao nascer são réplicas em miniatura dos adultos e parecerem viver do mesmo modo como o fazem quando adultos.

Um passo significativo na reprodução dos elasmobrânquios foi a retenção prolongada dos ovos fecundados no trato reprodutivo. Frequentemente os embriões nascem no interior dos ovidutos, e podem viver o mesmo tempo no interior de sua mãe quanto àquele passado dentro do ovo, eventualmente, emergem como miniaturas de adultos. Muitos elasmobrânquios que têm esse modo de reprodutivo têm a cada período reprodutivo cerca de doze filhotes.

A matrotrofia evoluiu independentemente muitas vezes nos elasmobrânquios e de diversas maneiras. Nos tubarões tigres (gênero *Odontaspis*) e no tubarão branco (*Carcharodon carcharias*) os embriões se alimentam de seus irmãos e ovos não fecundados que podem ser produzidos continuamente até o nascimento desse poucos rivais uterinos. Alguns elasmobrânquios desenvolveram longas extensões da parede do oviduto, semelhantes a espaguete, que penetram na abertura da boca e das brânquias dos jovens eclodidos dentro do oviduto, e secretam uma substância leitosa e nutritiva. A mais comum e complexa forma de viviparidade é encontrada entre os tubarões que desenvolvem uma placenta a partir do saco vitelínico, a qual permite que o embrião obtenha seu alimento da circulação sanguínea via esse saco vitelínico altamente vascularizado. Este modo de reprodução é chamado de **placentotrófica** (Latim *placenta* = um bolo redondo e chato). Independentemente da forma de criação que trouxe os jovens elasmobrânquios ao seu tamanho de vida livre, não há evidências de investimento parental subsequente, uma vez que os ovos são postos ou que os jovens nascem.

Comportamento Social Por muito tempo, os Elasmobranchii foram considerados solitários e não sociais, mas esta visão está mudando. A ampliação das observações de campo, geralmente de pesquisas aéreas ou de mergulhadores em áreas remotas, indica que os elasmobrânquios, de muitas espécies, se agregam, periodicamente, em grandes números, talvez anualmente. Mais de 60 tubarões peregrinos foram observados juntos e, ocasionalmente, circulando em formação circular (cabeça-cauda), na área do cabo Cod, no verão, e mais 40 indivíduos nos arredores. Mais de 200 tubarões-martelo foram vistos próximos à superfície da costa leste de Virgínia, em verões sucessivos. Mergulhadores a mais de 30 metros de profundidade, no Golfo da Califórnia, observaram agregações enormes de tubarões-martelo vagando de maneira organizada ao redor do topo de uma elevação marinha. Algumas destas observações incluem o comportamento relacionado à corte. Os cardumes são formados inicialmente por um número grande de fêmeas e as maiores asseguram, de modo agressivo, uma posição central no interior dos cardumes. Eventualmente machos se aproximam e entram rapidamente no interior dos cardumes e copulam com as fêmeas maiores. Mais de 1.000 indivíduos de tubarões azuis foram observados próximos à superfície, sobre os cânions das margens da bacia continental em Ocean City, Maryland. Pescadores estão familiarizados com grandes grupos de cação-bagre, os quais, periodicamente, se movem pelas regiões costeiras, prejudicando a pescaria, destruindo equipamentos, consumindo peixes e invertebrados de fundo e deslocando espécies de maior valor comercial. Estes cardumes de cação-bagre são compostos, geralmente, de indivíduos do mesmo tamanho e do mesmo sexo. A distribuição dos cardumes também é peculiar: os cardumes de fêmeas podem ficar mais próximos à costa, e os de machos, mais distantes, ou os cardumes de machos podem estar em algum ponto ao norte, enquanto os das fêmeas estão ao sul. Nosso conhecimento sobre estes fenômenos é pequeno, mas é claro que os elasmobrânquios não são solitários o tempo todo e agrupamentos frequentemente estão relacionados a reprodução.

Hábitos de Vida e a Conservação de Tubarões Quaisquer que sejam os comportamentos sociais e modos reprodutivos, os tubarões produzem relativamente poucos descendentes durante a vida de uma única fêmea. Este é um padrão biológico que depende de altas taxas de sobrevivência dos animais jovens e de expectativa de vida longa para os adultos. A fecundação interna e as características dos hábitos de vida que as acompanham evoluíram amplamente nos tubarões há 350 milhões de anos, e tem sido uma estratégia bem sucedida em todo o oceano desde então. Agora, as alterações do habitat e a predação desenfreada, provocadas por humanos, ameaçam a sobrevivência de muitas espécies. Embora os tubarões jovens sejam relativamente grandes, quando comparados a outros peixes, eles estão sujeitos à predação, especialmente por outros tubarões. Muitas espécies dependem dos locais de cuidado parental – geralmente águas rasas costeiras, as quais estão mais sujeitas às perturbações e alterações humanas e às alterações. Além disso, os tubarões adultos estão cada vez mais se tomando presas para os humanos. Uma expansão rápida da pesca comercial e recreativa de tubarões ameaça muitas espécies destes predadores longevos e de reprodução vagarosa.

As pessoas gostam de comer tubarões, sabendo ou não o que estão comendo. O cação bagre (*Squalus acanthias*) tem sido, por muito tempo, servido como "peixe e batatas fritas", na Europa, e tem aumentando a sua entrada no mercado de alimentos prontos dos Estados Unidos, na década de 1980. Filés de tubarões mako (cortes de tubarões de dois gêneros, o *Isurus* e o *Lamma*) se tornaram uma alternativa ao peixe espada nas prateleiras de frutos do mar dos supermercados americanos. A Europa já observa quedas dramáticas das populações destes tubarões pelos pescadores comerciais. Por exemplo, a Noruega elegeu o *Lamma* para a pesca intensiva e, inicialmente, coletou 8.060 toneladas, em um único ano, no Atlântico nordeste. Mas em sete anos, os números abaixaram para 207 toneladas e, desde a década de 1970, os noruegueses foram incapazes de capturar mais de 100 toneladas por ano. Apesar de tais histórias, os Estados Unidos não regulamentaram a pesca de tubarões até 1993 e não fez nada para controlar a pesca do cação-bagre até anos atrás. No ano 2000, proibições sazonais de emergência sobre todos os cação-bagre capturados foram implantadas assim que as quotas anuais de pesca eram completadas meses antes da cota anual terminar. A avaliação das pescas anuais padronizadas mostram que, apesar das reclamações sobre o grande número de cações-bagre pescados industrialmente, a biomassa das fêmeas desses cações tem caindo significativamente. Essas mesmas taxas mostram que de 1997 a 2003 os juvenis de cação-bagre tem se tornado raros ou virtualmente ausentes.

Ao mesmo tempo que o consumo doméstico de tubarões aumentava, uma força econômica ainda mais forte explodia no cenário – a exportação das nadadeiras ("barbatanas") de tubarão para os mercados asiáticos. A sopa de "barbatana" de tubarão, a qual acredita-se ter propriedades medicinais, pode custar US$ 90 ou mais nos restaurantes da Ásia. Nadadeiras ("barbatanas") secas de tubarão podem custar no atacado de Hong Kong US$ 500 o quilo; nos Estados Unidos, um quilo de nadadeiras frescas é vendido por US$ 200 ou mais. O sucesso das economias asiáticas, durante as décadas de 1980 e 1990, criou um mercado quase que ilimitado para as nadadeiras. Porque o restante da carcaça não apresentava o mesmo valor que as nadadeiras – a prática de capturar tubarões, cortar as nadadeiras e descartar o restante do animal, vivo ou morto, de volta ao mar – se tornou um fenômeno mundial. Este comércio cruel e de desperdício chegou às águas americanas de forma contundente. Espinhei de linha longa é um método de pesca no qual estendem-se milhares de linhas de alguns metros de comprimento com anzóis presos a elas. Na década de 1990 longos espinheis tinham colocado milhões de anzóis ao longo da costa leste dos Estados Unidos e do Golfo anualmente (8,8 milhões apenas em 1995). Em 1997, espinheis havaianos capturaram mais de 100.000 tubarões, e descartaram 98,6 por cento da massa coletada. As capturas de tubarões e raias mais do que quadruplicou, chegando a 800.000 toneladas métricas a cada ano (mais de 70 milhões de tubarões). Não é surpresa que, somente nos Estados Unidos, várias espécies de tubarões vivenciaram reduções populacionais de 50 a 85 por cento nos últimos vinte anos. No noroeste do Atlântico, todas as 11 maiores espécies costeiras e sete espécies oceânicas de tubarões que são capturadas por espinheis mostram terem declinado mais de 50 por cento (algumas mais de 89 por cento) nos últimos 8 a 15 anos (Baum et al. 2003).

Os Elasmobranchii recebem pouca atenção das instituições que regulam a pesca internacional, e a maioria das nações não têm de modo algum manejo de pescarias efetivas. Muitos tubarões comercialmente importantes são pelágicos, migrando por diversas fronteiras políticas e gastam porções significativas de suas vidas em águas internacionais, para as quais não há jurisdição política. Como resultado, medidas efetivas de preservação são difíceis de implementar. No ano de 2000, a *House of Representatives* norte-americana aprovou uma ampla proibição nacional da pesca de nadadeiras de tubarões, mas antes que a decisão fosse mandada ao Senado, os pescadores estavam mudando suas bases, do Havaí para regiões fora da jurisdição norte-americana. No final de 2003 a Assembleia Geral das Nações Unidas passou uma resolução solicitando as nações que proíbam a retirada de nadadeiras dos tubarões. Infelizmente a resolução não inclui qualquer verba para fazer cumpri uma proibição.

Devido a suas características biológicas, todos os Elasmobranchii são particularmente susceptíveis ao extermínio pela pesca. Eles crescem vagarosamente, alcançam tardiamente a maturidade sexual, produzem poucos descendentes de cada vez e devido à grande quantidade de energia investida nos jovens, as fêmeas não se reproduzem todo ano (Figura 5-7). Relativamente poucos indivíduos ocorrem em uma mesma área, exceto talvez, em momentos de reprodução ou devido a outras agregações sociais. Por exemplo, somente 9 a 14 grandes tubarões brancos foram observados, em um Período de 5 anos, nas Ilhas de South Farallon, próximas a São Francisco. Os mesmo indivíduos retornavam a cada outono, quando o número de presas era alto. Quando apenas quatro tubarões brancos foram mortos, próximos a uma colônia de leões marinhos que os atraiu, os ataques sobre os leões marinhos e focas caíram pela metade nos dois anos subsequentes. Especialistas no manejo de pesca dizem que há poucas chances das populações de muitas espécies de tubarões se recuperarem em menos de meio século, mesmo com as restrições à pesca.

Raias

Os Elasmobranchii Hipotremata (Grego *hypo* = abaixo e *trenta* = fenda) – as raias – são mais diversificadas que os tubarões. Aproximadamente 456 espécies viventes de raias são atualmente reconhecidas (Figura 5-8). O conjunto de especializações, característicos das raias, relaciona-se com a antiga adoção de hábitos bentônicos, e durofágicos (Latim *duro* = duro e Grego *phagus* = comer). Praticamente todos os dentes são compostos por coroas achatadas, que formam placas dentígeras. Geralmente a boca é protraída muito rapidamente,

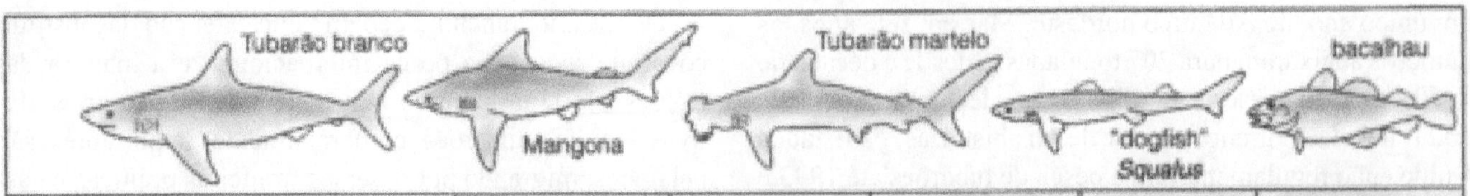

	Tubarão- branco *Carcharodon carcharias*	**Mangona** *Carcharhinus pumbeus*	**Tubarão-martelo** *Sphyrna lewini*	***Squalus acanthius***	**Bacalhau do Atlântico** *Gadus morhua*
Idade que alcança a maturidade (anos)	m 9-10, f 12-14	m 13-16	m 4-10, f 4-15	m 6-14, f 10-12	m 2-4
Tamanho na maturidade (centímetros)	m 350-410, f 400-430	m 170, f>180	m 140-280, f 150-300	m 60, f 70	m 32-41
Expectativa de vida (anos)	m 15(?)	m 25-35	m 35	m 35, f 40-50	m 20+
Tamanho da ninhada	2-10 filhotes	6-13 filhotes	12-40 filhotes	2-14 filhotes	2 milhões – 11 milhões de ovos
Freqüência reprodutiva	Bianual(?)	Bianual	(?)	Bianual	Anual
Período de gestação (meses)	>12	9-12	9-12	18-24	n/a

Figura 5-7 Alguns parâmetros dos hábitos de vida dos tubarões, comparados ao de outro organismo objeto de pescarias intensivas, o bacalhau do Atlântico. As características dos hábitos de vida dos tubarões os tornam vulneráveis à super exploração.

fornecendo uma sucção poderosa, utilizada para desalojar os invertebrados com conchas do substrato. O achatamento dorso-ventral de seus corpos e a extensão lateral de suas nadadeiras peitorais fornecem uma ampla área sobre a qual estão distribuídas as ampolas de Lorenzini. Expansões da região cranial do corpo também são encontradas em muitos grupos de tubarões, incluindo os tubarões-martelo, e podem aumentar a habilidade de detectar campos elétricos e magnéticos.

As raias têm uma longa história de isolamento filogenético a partir das linhagens dos tubarões viventes, mas parecem ter derivado dos esqualóides. Um conjunto de espécies especializadas, provavelmente pertence a linhagem esquatinóide, formas viventes especialistas de fundo de Squalea, e ilustram de que maneira pode ser um estágio intermediário na transição para raias. Estudos moleculares recentes, alguns ainda não publicados, indicam que as raias não são parentes próximos de qualquer tubarão vivente, mas formam uma ciado distinto de evolução elasmobrânquios que se separou do ancestral de todos os tubarões modernos. Nem todos os sistematas aceitam essa evidência molecular e as relações de parentesco entre raias e tubarões permanece não resolvida.

As raias são distinguidas por suas caudas e por seus modos de reprodução. Algumas raias têm uma cauda alongada, porém larga, a qual sustenta duas nadadeiras dorsais e uma nadadeira caudal terminal (Figura 5-8a). Um determinado grupo de raias (Figura 5-8b) apresenta uma cauda em forma de chicote onde as nadadeiras foram substituídas por um espinho dorsal grande, serrilhado e venenoso. Formas derivadas, tais como as raias da família Dasyatidae, apresentam alguns poucos espinhos mais alongados e venenosos na base da cauda, derivados de escamas placóides modificadas. As raias da família Rajidae têm tecidos especializados em suas caudas longas, os quais são capazes de emitir uma carga elétrica fraca. Cada espécie parece apresentar um padrão único de descarga e elas podem identificar, no escuro do fundo do mar, indivíduos da mesma espécie. As raia-elétrica (família Narcinidae) e raia-torpedo (família Torpedinidae) apresentam músculos branquiais modificados, produzindo descargas elétricas de até 200 volts, as quais são utilizadas para a captura das presas. Algumas raias são ovíparas, botando ovos encapsulados em invólucros espinhosos, popularmente chamadas de "bolsas de sereia", enquanto outras raias são vivíparas.

As raias são similares por serem achatadas dorso-ventralmente, com cartilagens radiais que se estendem até os limites das nadadeiras peitorais bem aumentadas. Os elementos basais, mais craniais, se fundem com o condrocrânio na frente do olho e, entre si no resto da cabeça. As raias nadam por meio da ondulação das nadadeiras peitorais muito expandidas. As escamas placóides, tão características do tegumento dos tubarões, estão ausentes em grandes áreas dos corpos e das nadadeiras peitorais das raias. Os poucos dentículos dérmicos remanescentes geralmente são grandes e formam escamas alargadas denominadas escudos ao longo da linha dorsal mediana.

As raias alimentam-se fundamentalmente de invertebrados bentônicos (ocasionalmente capturando pequenos peixes).

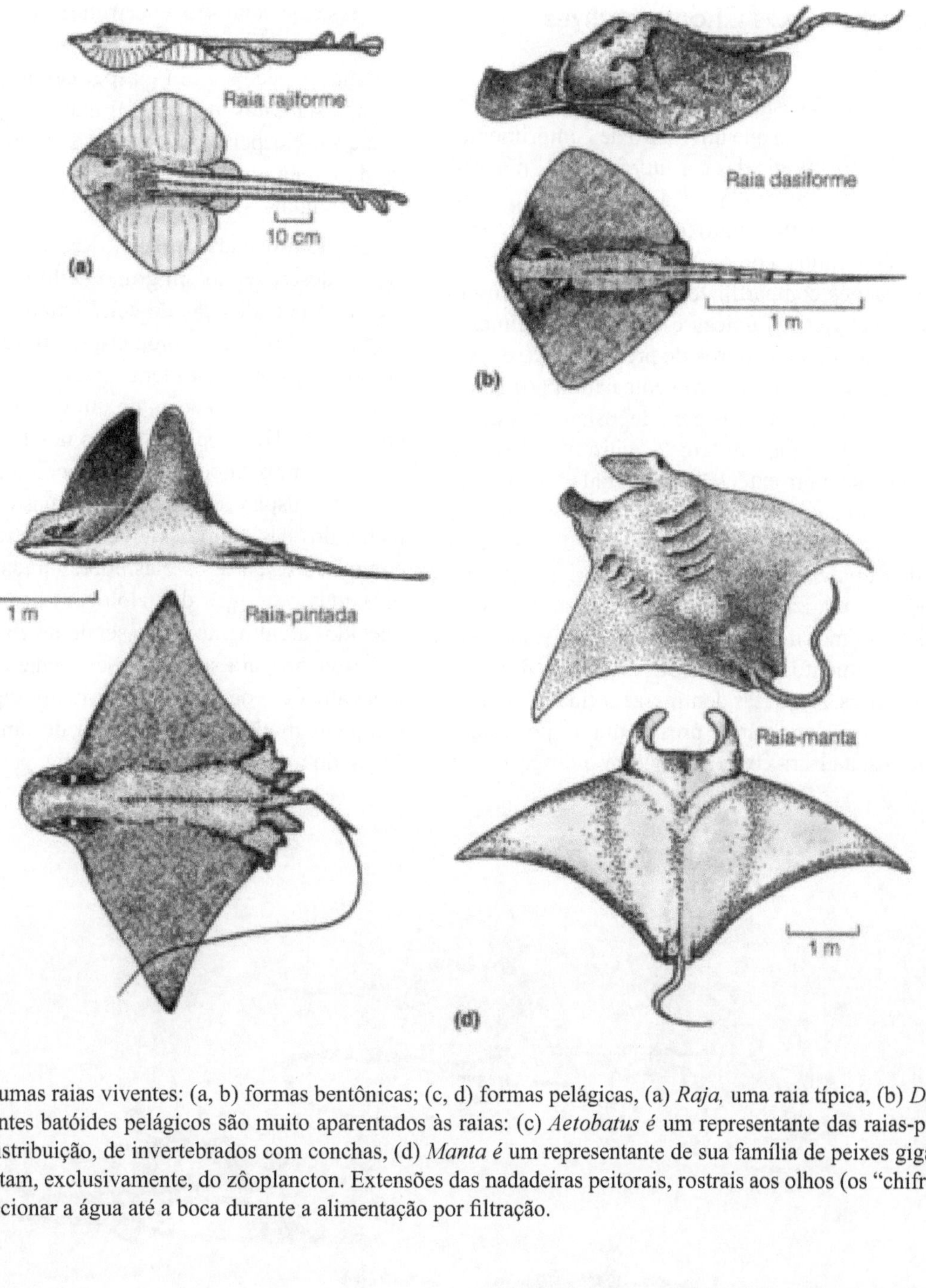

Figura 5-8 Algumas raias viventes: (a, b) formas bentônicas; (c, d) formas pelágicas, (a) *Raja,* uma raia típica, (b) *Dasyatis,* uma raia típica. Os seguintes batóides pelágicos são muito aparentados às raias: (c) *Aetobatus é* um representante das raias-pintadas, predadores, de ampla distribuição, de invertebrados com conchas, (d) *Manta é* um representante de sua família de peixes gigantes, peixe-diabo, que se alimentam, exclusivamente, do zôoplancton. Extensões das nadadeiras peitorais, rostrais aos olhos (os "chifres" das raias diabo) ajudam a direcionar a água até a boca durante a alimentação por filtração.

Muitas raias repousam sobre o substrato e cobrem-se com uma fina camada de areia. Permanecem durante horas parcialmente enterrados e, praticamente, invisíveis, exceto por seus olhos proeminentes, os quais verificam os arredores. As maiores raias, assim como os maiores tubarões, também se alimentam de plâncton. O peixe-diabo, ou a raia manta ou jamanta, da família Mobulidae, chegam a 6 metros de largura (Figura 5-8d). Estas raias, altamente especializadas, nadam em mar aberto com movimentos de batimento (para cima e para baixo) das nadadeiras peitorais, filtrando o plâncton da água.

A dentição de muitas raias bentônicas é sexualmente dimórfica. Dentições distintas, associadas com o tamanho geralmente maior das fêmeas, pode reduzir a competição por recursos alimentares entre os sexos, mas não foram encontradas diferenças nos conteúdos estomacais. Já que um macho utiliza os dentes para segurar, ou para estimular, a fêmea antes e durante a cópula, a seleção sexual pode entrar em ação. Machos da raia *Dasyatis sabina* apresentam dentes fortes, tais como os das fêmeas, durante boa parte do ano, mas durante o período reprodutivo, os machos desenvolvem dentes com cúspides afiadas, usados na corte.

5.6 Holocephali – Os Chondrichthyes Bizarros

As aproximadamente 34 espécies viventes de quimeras (nenhuma com muito mais do que um metro de comprimento) apresentam uma morfologia das estruturas moles, mais similar à dos tubarões e raias do que a de qualquer outro peixe vivente (Figura 5-9). Por muito tempo, foram agrupadas com os elasmobrânquios, como Chondrichthyes, devido a estas especializações compartilhadas, mas apresentam um conjunto de características únicas e bizarras. Geralmente encontrados abaixo dos 80 metros de profundidade e, portanto, pouco conhecidos em seu ambiente natural, os Holocephali se dirigem a águas rasas para depositar seus ovos, de 10 cm e com estruturas similares a "chifres". Diversos Holocephali apresentam extensões elaboradas do rostro, cuja função ainda não é definida. O pouco que se conhece de sua história natural, indica que a maioria das espécies se alimenta de camarões, de gastrópodes e ouriços-do-mar. Sua locomoção se realiza pela ondulação lateral do corpo, a qual consiste do movimento sinuoso da longa cauda em ondas, e por movimentos trêmulos das grandes e flexíveis nadadeiras peitorais. As placas dentígeras solidamente fundidas, para prender e quebrar as presas, duram por toda a vida, ajustando sua altura conforme ocorre o desgaste. De interesse especial são as estruturas de defesa – uma glândula de veneno, associada a um espinho dorsal robusto, em algumas espécies e um clásper cefálico, de forma similar a um bastão, nos machos. Os machos têm sido observados usando o clásper cefálico para segurar a nadadeira peitoral da fêmea contra sua região frontal da cabeça enquanto tenta copular.

Desde a década de 1950, Rainer Zangerl e seus associados descreveram um grupo de formas bizarras e, obviamente, especializadas de condrictianos da Era Paleozóica (Figura 5-9c). Estes iniopterígios (Grego *inio* = atrás do pescoço e *ptero* = asa) têm características que o autor considerou como evidências de um elo entre os primeiros tubarões e os Holocephali. Como nos Holocephali viventes, a cartilagem palatoquadrado é fundida ao crânio (conhecida como suspensão **autostílica**), mas os dentes, diferentemente dos das quimeras viventes, são repostos em grupos, como ocorre entre os elasmobrânquios. Os parentes mais próximos e antigos dos Holocephali modernos são reconhecidos atualmente como sendo do Carbonífero Superior, muito velho para ser um descendente dos iniopterígios. A ideia atual é a de que tanto os iniopterígios quanto os Holocephali modernos descendem de um tubarão ancestral, seguindo uma linha, de certa forma, paralela na evolução.

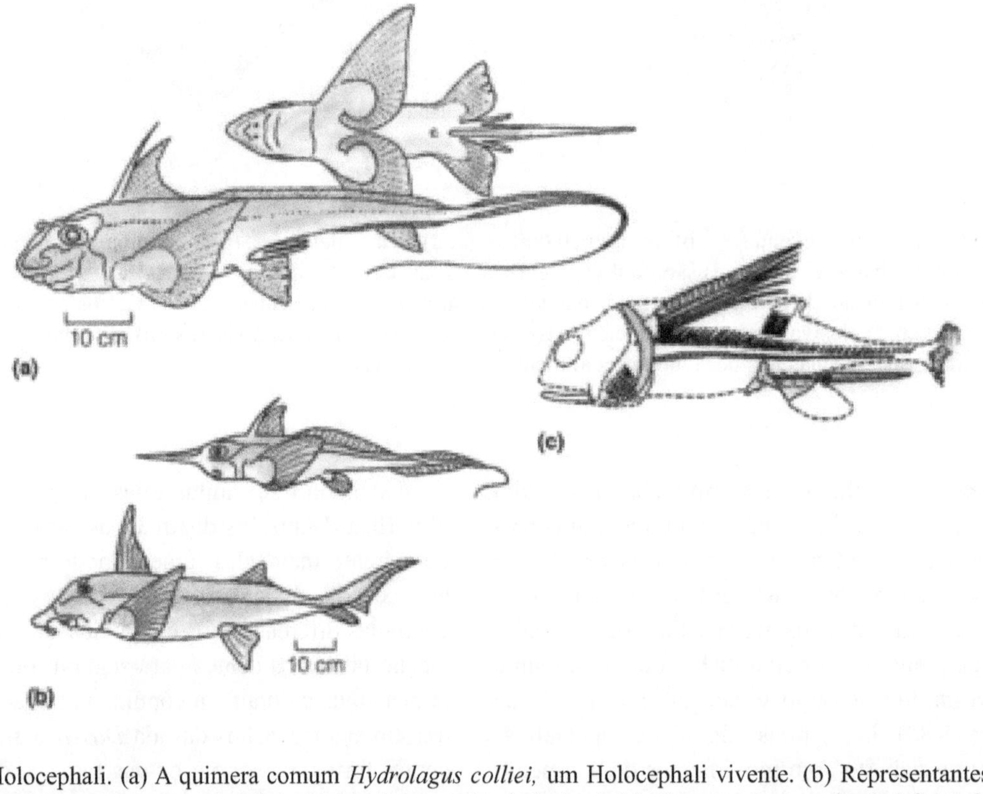

Figura 5-9 Holocephali. (a) A quimera comum *Hydrolagus colliei,* um Holocephali vivente. (b) Representantes de dois outros grupos viventes: a quimera nariz-achatado (abaixo) e a quimera nariguda (acima), (c) *Phomeryele,* um tubarão iniopterígio considerado, pela maioria dos paleontólogos, como um parente das quimeras viventes.

Resumo

Os Elasmobranchii aparecem, pela primeira vez no registro fóssil, no Siluriano Superior e são distinguidos por um endoesqueleto cartilaginoso. Três radiações de elasmobrânquios, semelhantes aos tubarões, podem ser traçadas, por meio de características, cada vez mais sofisticadas, das maxilas e nadadeiras. As formas da Era Paleozóica tinham nadadeiras amplas, provavelmente imóveis, e uma maxila superior firmemente fixada ao crânio, limitando a abertura da boca. No início da Era Mesozóica, uma segunda radiação produziu espécies nas quais a base das nadadeiras pélvicas e peitorais eram estreitas, o que permitia movê-las para cima e para baixo, e as nadadeiras apresentavam músculos intrínsecos que podiam modificar sua curvatura. A terceira radiação de tubarões apareceu no meio da Era Mesozóica, e os descendentes destas formas permanecem como predadores dominantes nos mares rasos. Modificações subsequentes do crânio permitiram a protração das maxilas; um tubarão pode morder grandes pedaços de carne de presas muito grandes para serem comidas por inteiro.

As raias podem ter derivado ou não da radiação dos tubarões viventes e são adaptadas à vida bentônica. Elas são achatadas dorso-ventralmente, com os olhos e os espiráculos (resquícios de fendas branquiais) na porção dorsal da cabeça. Muitas raias se enterram na areia, emboscando suas presas, mas as espécies maiores – as raias manta – se alimentam de plâncton.

Os Holocephali (quimeras) são um pequeno grupo de peixes bizarros que, provavelmente, se ramificaram de ancestrais Elasmobranchii na Era Paleozóica. Eles geralmente ocorrem em águas profundas e pouco se sabe acerca de sua história natural e comportamento.

A fecundação interna provavelmente evoluiu nos elasmobrânquios na Era Paleozóica. A biologia da maioria das espécies é baseada na produção de alguns poucos e relativamente grandes descendentes de cada vez. Esta estratégia reprodutiva depende da alta sobrevivência dos jovens e de longas expectativas de vida para os adultos. Ela funcionou bem nos primeiros 350 milhões de anos; mas nos últimos 50 anos, a perda de habitats costeiros e a pesca excessiva trouxeram muitas das espécies de elasmobrânquios aos limites da extinção.

Leituras Adicionais

Baum, J. K., et al. 2003. Collapse and conservation of shark populations in the Northwest Atlantic. *Science* 299:389-392.

Bond, C. E. 1996. *Biology of Fishes*, 2d ed. Philadelphia, PA: Saunders College Publishing.

Carroll, R. L. 1987. *Vertebrate Paleontology and Evolution*. New York, NY: Freeman.

Didier, D. A. 1995. Phylogenetic systematics of extant chimaeroid fishes (Holocephali, Chimaeroidei). *American Museum Novitates*, no. 3119.

Douady, C. J.,et al. 2002. Molecular phylogenetic evidence refuting the hypothesis of Batoid (rays and skates) as derived sharks. *Molecular Phylogenetics and Evolution* 26: 215-221.

Ferry, L. A., and G. V. Lauder. 1996. Heterocercal tail function in leopard sharks: A three-dimensional kinematic analysis of two models. *Journal of Experimental Biology* 199:2253-2268.

Hamlett, W. C. ed. 1999. *Sharks, Skates and Rays: The Biology of Elasmobranch Fishes*. Baltimore, MD: The Johns Hopkins University Press.

Helfman, G. S., et al. 1997. *The Diversity of Fishes*. Malden, MA: Blackwell.

Janvier, P. 1996. *Early Vertebrates*. Oxford, UK: Clarendon Press.

Kajiura S. M., and T. C. Tricas. 1996. Seasonal dynamics of dental sexual dimorphism in the Atlantic stingray *Dasyatis sabina*. *Journal of Experimental Biology* 199:2297-2306.

Kenney, R. D., et al. 1985. Shark distributions off the Northeast United States from marine mammal surveys. *Copeia* 1985:220-223.

Klimley, A. P. 1994. The predatory behavior of the white shark. *American Scientist* 82:122-133. Klimley, A. P. 1999. Sharks beware. *American Scientist* 87:488-491.

Klimley, A. P. 2003. *The Secret Life of Sharks*. New York, NY: Simon and Schuster.

Klimley, A. P, and D. G. Ainley. 1996. *Great White Sharks: The Biology of* Caraharodon carcharias. San Diego, CA: Academic Press.

Litman, G. W. 1996. The origins of vertebrate immunity. *Scientific American* 275(5):67-71.

Maisey, J. G. 1996. *Discovering Fossil Fishes*. New York, NY: Henry Holt.

Martin, A. R, et al. 1992. Rates of mitochondrial DNA evolution in sharks are slow compared with mammals. *Nature* 357:153-155.

Miller, R. F., et al. 2003. The oldest articulated chondrichthyan from the Early Devonian period. *Nature* 425:501-504.

Moyle, P. B., and J. J. Cech, Jr. 2000. *Fishes: An Introduction to Ichthyology*, 4th ed. Upper Saddle River, NJ: Prentice Hall.

Nelson, J. S. 1994. *Fishes of the World*, 3d edition. New York, NY: Wiley.

Schmidt, E. M., and G. V. Lauder. 1995. Kinematics of locomotion in sturgeon: Do heterocercal tails function similarly? *American Zoologist* 35(5):62A, Abstract no. 250.

Stiassny, M. L., et al. (Eds). 1996. *Interrelationships of Fishes*. San Diego, CA: Academic Press.

CAPÍTULO 6

Vida Dominante na Agua: A Principal Radiação dos Peixes

No final do Siluriano, os peixes agnatos (Capítulo 3) se diversificaram e os gnatostomados cartilaginosos (Capítulo 5) estavam no meio de sua primeira radiação. O cenário estava pronto para o aparecimento do maior grupo vivente de Vertebrata, os peixes ósseos. Os primeiros fósseis de peixes ósseos (Osteichthyes) ocorrem no Siluriano Superior. Os Osteichthyes são bem representados a partir do Devoniano Inferior. Sua radiação se deu em uma grande explosão, no meio do Devoniano, com dois grandes grupos divergindo: os peixes com nadadeiras raiadas (Actinopterygii) e os peixes com nadadeiras lobadas (Sarcopterygii). Especialização dos mecanismos de alimentação é uma característica chave para a evolução destes grandes grupos de Vertebrata. Um aumento da mobilidade dos ossos do crânio e das maxilas permitiu aos peixes de nadadeiras raiadas explorar uma ampla gama de tipos de presas e de modos predatórios. Especializações na locomoção, habitats, comportamentos e hábitos de vida acompanharam as especializações dos mecanismos alimentares.

6.1 O Aparecimento dos Peixes Ósseos

O Devoniano é conhecido como a "Era dos Peixes" porque todas as principais linhagens de peixes, vivas e extintas, coexistiram em águas marinhas e doces do planeta ao longo de 48 milhões de anos (Figura 6-1). A maioria dos grupos de peixes gnatostomados apareceu, ou se diversificou, durante esse Período. Entre eles estava a linhagem mais rica em espécies e mais diversificada de todos os Vertebrata, os Osteichthyes, ou peixes ósseos (Figura 3-14).

Os primeiros Osteichthyes e os Principais Grupos de Peixes Ósseos

Restos fragmentados de peixes ósseos são conhecidos do Siluriano Superior, mas somente no Devoniano são encontrados restos mais completos. Estes animais se parecem com os Acanthodi quanto a detalhes de sua estrutura craniana e essas similaridades sugerem um ancestral comum para os Acanthodi e os Osteichthyes, no Siluriano Inferior.

Fragmentos fósseis de peixes ósseos, representando uma irradiação de formas já em expansão, aparecem no Devoniano Inferior e Médio. Dois tipos principais e distintivos de Osteichthyes possuíam características únicas de alimentação e locomoção e foram os peixes dominantes durante o Devoniano. Na linhagem sarcopterígeana, os raios das nadadeiras pares estendiam-se de um eixo central de ossos, de maneira semelhante às nervuras de uma pena ou a uma folha, para suportar a membrana da nadadeira. Em contraste, na linhagem actinopterigeana os raios das nadadeiras pares que dão suporte a membrana se estendem como as varetas de um leque a partir da base dos ossos da nadadeira. Os peixes ósseos modernos derivados são os teleósteos, o maior grupo de vertebrados viventes, tendo sua origem dentre os Actinopterygii (Tabela 6.1).

Fósseis destes dois tipos básicos de Osteichthyes são abundantes do Devoniano Médio para frente. Os Sarcopterygii (Figura 6-2a-d) e os Actinopterygii (Figura 6-2e) são grupos irmãos. Características derivadas compartilhadas entre estes peixes ósseos incluem padrões dos canais do sistema da linha lateral, elementos ósseos dérmicos similares na nadadeira peitoral e opercular e membranas das nadadeiras sustentadas por raios ósseos dérmicos. Uma fissura permitiu o movimento entre as porções rostral e caudal do condrocrânio em muitas formas. A presença de osso não é uma característica unificadora dos Osteichthyes, pois os Agnatha, os Placodermi e os Acanthodi também possuem ossos, e a ausência de ossos em Chondrichthyes é uma condição derivada (o nome Osteichthyes foi criado antes que a ocorrência de osso em outros vertebrados primitivos fosse

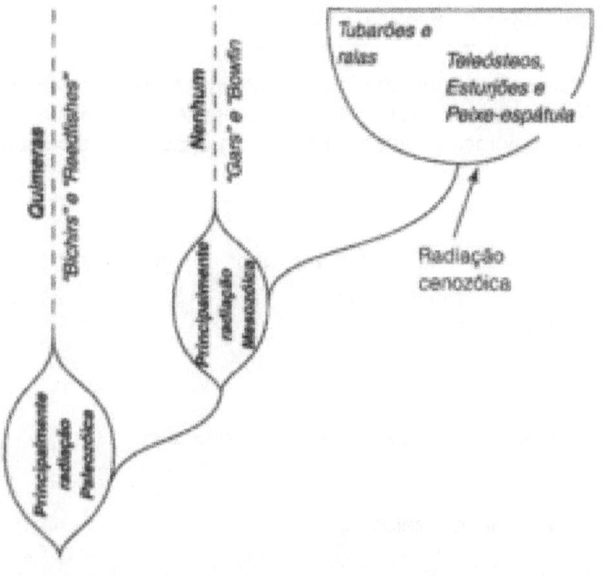

Figura 6-1 As três maiores radiações de peixes. Peixes cartilaginosos e ósseos tiveram três períodos de irradiação e diversificação. Muitas formas viventes sobreviveram da primeira dessas irradiações, que ocorreu principalmente no final da Era Paleozóica. Entre os peixes cartilaginosos as quimeras (Holocephali) são remanescentes dessa irradiação, e os peixes ósseos sobreviventes incluem tanto tipos viventes de sarcopterígeos aquáticos (peixes pulmonados e celacantos) e os "bichirs" e "reedfishes" (Polypteriphormes), que são peixes de nadadeiras raiadas primitivos. Irradiações na Era Mesozóica produziram os tubarões primitivos descritos no Capítulo 5, mas não há sobreviventes destas linhagens de peixes cartilaginosos desta irradiação. "Gars" (Lepisosteiformes) e "bowfin" (Amiformes) são sobreviventes de linhagens de peixes ósseos da Era Mesozóica. A irradiação da Era Cenozóica presenciou a origem das linhagens de tubarões e raias viventes, assim como os esturjões e peixe-espátula (Acipenseriformes), e os teleósteos (Teleostei), os quais – possuem mais que 24.000 espécies viventes – formam a grande maioria dos peixes marinhos e de água doce. (O nome dos peixes cartilaginosos são apresentados em negrito).

reconhecida). O que *é* comum aos peixes ósseos são os ossos endocondrais (ossos que substituem as cartilagens, ontogeneticamente encontradas no esqueleto interno). Além da ossificação endocondral, os Osteichthyes retiveram também os mecanismos, mais primitivos, de formação de ossos dérmicos e pericondrais. Da mesma forma, os diversos nomes, em uso há muito tempo, para os subgrupos de Actinopterygii implicam em um aumento da ossificação do esqueleto como uma tendência evolutiva (p. ex., os Chondrostei, – "peixes ósseos cartilaginosos", esturjões e peixe -espátula – são o grupo irmão de uma radiação geralmente chamada de Holostei — peixes inteiramente ósseos, como o "gar" e o *Amia* – uma irradiação que culminou nos teleósteos, "peixes ósseos completos"). O registro fóssil não revela uma sequência regular de aumento de ossificação. Pelo contrário, uma tendência de redução da ossificação, especialmente no crânio e nas escamas, é aparente quando toda a gama de Osteichthyes primitivos é comparada com seus descendentes derivados.

Embora a relação monofilética dos peixes de nadadeiras raiadas, como um todo, seja sustentada por diversos caracteres derivados, as relações entre os primeiros Osteichthyes são disputadas e nenhuma hipótese filogenética é amplamente aceita. As relações filogenéticas dos Sarcopterygii também são controversas.

Evolução dos Sarcopterygii

Os Sarcopterygii primitivos tinham de 20 a 70 centímetros de comprimento e forma cilíndrica. Tinham duas nadadeiras dorsais, um lobo epicordal na nadadeira caudal heterocerca (a coluna vertebral da suporte a porção dorsal da nadadeira), e nadadeiras pareadas, as quais eram carnosas, com escamas e com um eixo ósseo central.

Os músculos mandibulares dos Sarcopterygii eram fortes, em comparação com o dos Actinopterygii, e o tamanho destes músculos produziu características cranianas que separaram os dois grupos. Finalmente, os primeiros Sarcopterygii eram inteiramente cobertos por uma camada peculiar de um material semelhante à dentina, a cosmina, a qual se espalhava pelas suturas entre os ossos dérmicos, apresentando indicações de que era periodicamente reabsorvida e, então, reconstruída.

Os Dipnoi (peixes pulmonados) têm caracteres derivados únicos, os quais claramente indicam que esta linhagem é monofilética. Os outros peixes Sarcopterygii foram, por diversas vezes, combinados em um único táxon, os Crossopterygii, hoje considerados, pela maioria dos pesquisadores, como parafilético, ou como duas linhagens separadas, os Rhipidistia (formas totalmente extintas) e os Actinistia (com uma única forma vivente, *Latimeria,* o celacanto vivo e seus parentes fósseis). Até mesmo este arranjo foi questionado quanto a separação dos Rhipidistia em diversas linhagens, incluindo uma (os Porolepiformes), a qual é aparentada dos peixes pulmonados, e outra (os Osteolepiformes), que são mais próximos dos tetrápodes.

6.2 Sarcopterygii Viventes – Peixes de Nadadeiras Lobadas

Embora tenham sido abundantes no Devoniano, o número de Sarcopterygii originalmente aquáticos diminuiu no final da Era Paleozóica e na Mesozóica. (Todos os vertebrados terrestres são sarcopterigios, de forma que o número total de espécies viventes desse grupo é enorme). O início da evolução dos Sarcopterygii resultou em uma irradiação signi-

TABELA 6.1 Classificação e distribuição geográfica do Osteichthyes, os peixes ósseos.

Os principais grupos são apresentados em negrito. Somente os grupos evolutivamente e numericamente mais importantes são listados. A subdivisão dos Neopterygu varia entre os autores. Os grupos entre aspas não são monofiléticos, mas suas relações ainda não são bem determinadas. Nomes em entre chaves são nomes alternativos para os grupos: nomes comuns estão entre parênteses.

Sarcopterygii (peixes com nadadeiras carnosas e tetrápodes)
Actinistia [Coelacanthiformes] (celacantos), oeste do Oceano Índico e na Indonésia Central, marinhos de águas profundas
Dipnoi (peixes pulmonados) – Hemisfério Sul, água doce
Tetrápodes – distribuição global

Actinopterygii (peixes com nadadeiras raiadas)
Polypteriformes [Cladistia] ("bichirs") – África, agua doce
Acipensenformes [Chondrostea] (esturjões e peixe-espátula) – Hemisfério Norte, águas costeiras e água doce

Neopterygii
Lepisosteiformes [Ginglymodi] ("gars") – América do Norte e Central, água doce e salobra.
Amnformes ("bowfins") – América do Norte, água doce.

Teleostei
Osteoglossomorpha (língua óssea) – distribuição global, principalmente águas doces tropicais.
Elopomorpha (tarpão e enguias) – distribuição global, a maioria marinha.
Clupeomorpha (sardinhas e anchovas) – distribuição global, especialmente marinha.

Euteleostei
Ostariophysi (bagres e a maioria dos peixes de água doce) – distribuição global, maioria de água doce.
"Protacanthopterygii" (trutas, salmões e seus parentes) – Hemisférios Norte e Sul, temperados, água doce
"Neoteleosteos Basais" (peixes-lanterna e seus parentes) – distribuição global, maioria mesopelágica ou batipelágica, marinho.
Paracanthopterygii (bacalhaus e diabo-marinho Lophis) – Hemisfério Norte, marinhos e água doce.
Acanthopterygii (peixes com nadadeiras com espinhos) – Athennomorpha (peixes- de corpo prateado e seus parentes), ampla distribuição global, nadadores de superfície, água doce e marinha, Perciformes (perca e parentes), ampla distribuição global, primariamente marinhas; e outros pequenos grupos

ficativa em peixes de águas marinhas e doces. Atualmente, existem somente quatro gêneros não-tetrápodes: os Dipnoi, ou peixes pulmonados (*Neoceratodus* na Austrália, *Lepidosiren* na América do Sul e o *Protopterus* na África; veja a Figura 6-2), e o Actinistia *Latimeria* (os celacantos), em águas de 100 a 300 metros de profundidade, no leste africano e na Indonésia Central (Figura 6-3). Discutiremos os peixes Sarcopterygii fósseis, com mais detalhes com seu grupo irmão, os tetrápodes, no Capítulo 9.

Dipnoi

Os Dipnoi viventes são distinguíveis pela ausência de articulação entre os ossos pré-maxilar e maxilar com dentes, e a fusão do palatoquadrado com o crânio não dividido (suspensão mandibular **autostílica**), todos são condições derivadas dentro dos Osteichtiyes. Os dentes estão dispostos sobre o palato e fundidos em fileiras ao longo das margens laterais. Poderosos músculos adutores da mandíbula estendem-se em direção dorsal, sobre o condrocrânio. Ao longo de sua evolução, este aparato durofágico (alimentação de itens duros) persistiu. Os primeiros Dipnoi eram marinhos. Durante o Devoniano, os peixes pulmonados evoluíram uma forma corpórea bem distinta daquela dos demais Osteichthyes. As nadadeiras dorsal, caudal e anal fundiram-se em uma nadadeira contínua que se estende ao redor do terço caudal do corpo. Soma-se a nadadeira caudal, que era originalmente heterocerca, que se torna simétrica, e o mosaico de pequenos dentes dérmicos, dos primeiros crânios de Dipnoi (geralmente cobertos por uma camada contínua de cosmina) evoluiu um padrão de alguns poucos elementos maiores sem a cobertura de cosmina. Boa parte destas transformações pode ser explicada como resultado de **pedomorfose** (Grego *pardo* = criança e *morph* = forma; a manutenção de caracteres juvenis no adulto). Por um tempo ainda, após a descoberta há 150 anos dos peixes pulmonados, eram considerados como salamandras especializadas – com as quais se assemelham externamente, especialmente os peixes

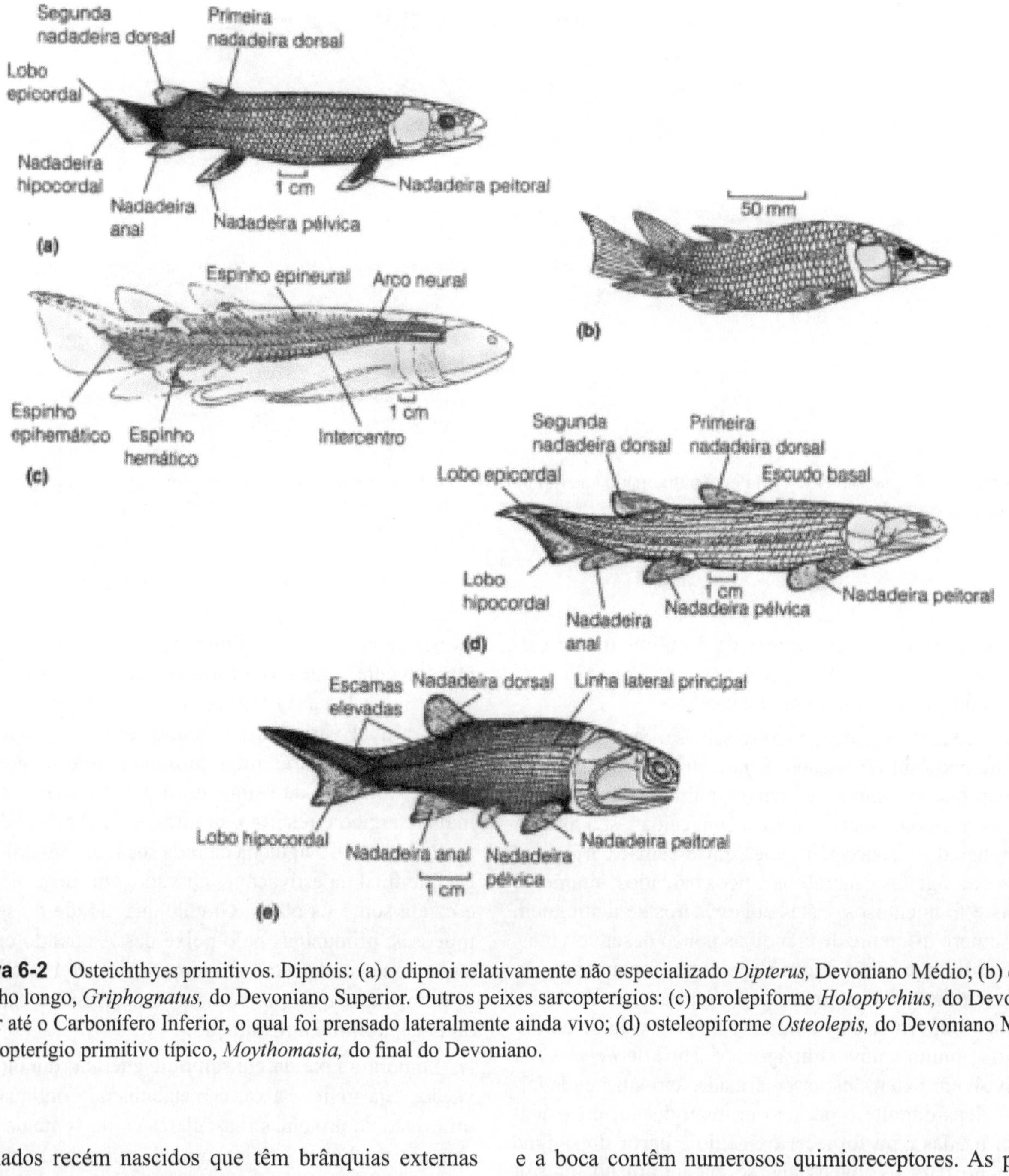

Figura 6-2 Osteichthyes primitivos. Dipnóis: (a) o dipnoi relativamente não especializado *Dipterus*, Devoniano Médio; (b) dipnoi de focinho longo, *Griphognatus*, do Devoniano Superior. Outros peixes sarcopterígios: (c) porolepiforme *Holoptychius*, do Devoniano Superior até o Carbonífero Inferior, o qual foi prensado lateralmente ainda vivo; (d) osteleopiforme *Osteolepis*, do Devoniano Médio; (e) actinopterígio primitivo típico, *Moythomasia*, do final do Devoniano.

pulmonados recém nascidos que têm brânquias externas como algumas salamandras aquáticas.

O peixe pulmonado australiano monotípico, *Neoceratodus forsteri*, é morfologicamente mais similar aos Dipnoi das Eras Paleozóica e Mesozóica. Como os demais dipnóicos viventes, o *Neoceratodus* está restrito à água doce; populações naturais são limitadas à região sudeste de Queensland. O peixe pulmonado australiano pode atingir o comprimento de 1,5 metro e uma massa registrada de 45 quilogramas. Ele nada por meio de ondulações do corpo, ou anda, vagarosamente, no fundo dos lagos, sobre os apêndices pelvinos (= pélvicos) e peitorais. A percepção química mostra ser importante para os peixes pulmonados, e a boca contêm numerosos quimioreceptores. As passagens nasais são localizadas próximas ao lábio superior, com aberturas inalantes sobre o rostro, fora da boca, e com aberturas exalantes abrindo-se dentro da cavidade oral. Assim, a ventilação das brânquias direciona a água através do epitélio nasal. O *Neoceratodus* respira, quase que exclusivamente, por meio de suas brânquias, e utiliza seu pulmão único somente quando está estressado. Pouco se conhece sobre esse comportamento.

Os peixes pulmonados têm uma corte complexa que pode incluir a territorialidade masculina, e são seletivos quanto a vegetação na qual depositam seus ovos, mas não se tem observado cuidado parental após o nascimento. Os ovos

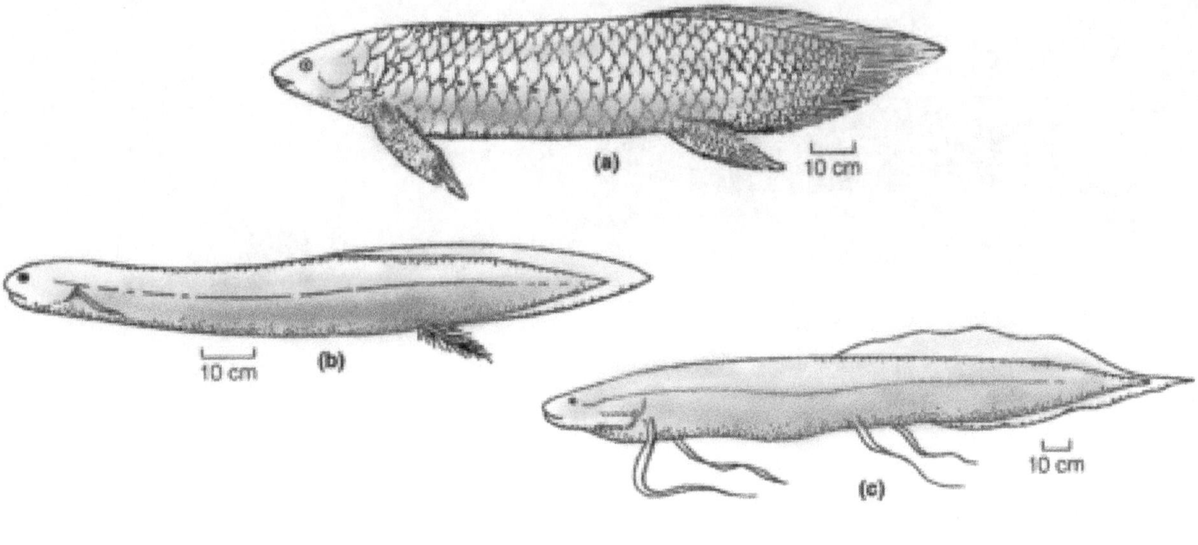

Figura 6.3 Dipnoi viventes, (a) Peixe pulmonado australiano, *Neoceratodus forsteri.* (b) Peixe pulmonado sul-americano, *Lepidosiren paradoxo,* macho, (c) Peixe pulmonado africano, *Protopterus.*

com um revestimento gelatinoso, de 3 milímetros de diâmetro, eclodem em 3 a 4 semanas, mas os jovens são arredios e pouco se conhece sobre sua biologia.

Surpreendentemente, pouco se sabe sobre o único peixe pulmonado sul-americano, *Lepidosiren paradoxo,* mas seus parentes próximos, os peixes pulmonados africano *Protopterus,* com quatro espécies conhecidas, são melhores conhecidos. Todos têm pele sem escama, corpos robustos e alongados e membros únicos pareados, altamente móveis e filamentosos. Estes dois gêneros se distinguem pelo número diferente de brânquias pouco desenvolvidas. Já que as brânquias são pequenas, eles se afogam caso não possam utilizar seus pulmões para respirar o ar. As brânquias são importantes na eliminação de dióxido de carbono, que é muito solúvel em água. Machos de *Lepdosiren* desenvolvem extensões vascularizadas em suas nadadeiras pélvicas durante o período de reprodução, provavelmente, usadas para fornecer oxigênio a partir do sangue do macho para os jovens que se encontram no interior do ninho. Embora os esqueletos destes peixes pulmonados sejam majoritariamente cartilaginosos, suas placas dentígeras são altamente mineralizadas e se fossilizam facilmente, e uma característica peculiar de peixes pulmonados africanos, a estivação, aumenta consideravelmente as chances de fossilização. Similar, de certa forma, à hibernação, a estivação é induzida pelo calor ou seca do habitat, no lugar do frio. Os peixes pulmonados africanos frequentam áreas que inundam durante o período de chuvas e secam durante as épocas de seca – habitats não disponíveis aos Actinopterygii, exceto durante migrações nos períodos de cheia. Os peixes pulmonados aproveitam os períodos de cheias alimentando-se muito e crescendo rapidamente. Quando as águas baixam, cavam colunas verticais na lama. O buraco termina em uma grande câmara, a qual varia em profundidade e em proporção ao animal – as câmaras mais profundas têm menos de um metro. Ao longo da estiagem, o peixe torna-se cada vez mais letárgico e respira o ar através da abertura da câmara. Finalmente, a água na câmara seca, e o animal entra no estágio final da estivação – curvado, em forma de U, com a cauda sobre os olhos. Grande quantidade de secreções mucosas, produzidas pelo peixe desde quando entrou na câmara, se condensam e secam, formando um envoltório protetor sobre o corpo. Somente uma abertura, na posição da boca, permite a respiração.

Embora a taxa de consumo de energia, durante a estivação, seja muito baixa, o metabolismo continua, com a utilização de proteínas musculares como fonte de energia. Quando as chuvas voltam, o peixe pulmonado, encolhido e murcho, torna-se ativo e alimenta-se vorazmente. Em menos de um mês, retoma ao tamanho anterior. Os peixes pulmonados normalmente passam menos de 6 meses em estivação, mas eles já foram revividos após 4 anos de estivação forçada.

A estivação é um traço antigo dos Dipnoi. Câmaras fósseis, contendo placas dentígeras de peixes pulmonados, foram encontradas em depósitos do Carbonífero e do Permiano, na América do Norte e na Europa. Sem a ajuda dos peixes pulmonados, os quais iniciaram, eles mesmos, o processo de fossilização ao se enterrarem, tais fósseis poderiam não existir.

Actinistia

Actinistia são desconhecidos antes do Médio Devoniano. Suas marcas características são as nadadeiras carnosas e lobadas – exceto pela primeira nadadeira dorsal, não-lobada – e uma cauda única, simétrica e com três lobos, com um lobo carnoso central que termina em uma franja de raios (Figura 6-4). Os Actinistia também diferem dos demais Sarcopterygii quanto aos ossos cranianos (não possuem, dentre outros elementos, um osso maxilar, uma condição que derivou em paralelo aos peixes pulmonados), detalhes internos da estrutura das nadadeiras, e a presença de um órgão rostral curioso. Enquanto outros Osteichthyes radiaram para uma grande variedade de formas corpóreas, os Actinistia mantiveram sua forma peculiar. Seguindo a rápida evolução do Devoniano, os Actinistia demonstram uma história de estabilidade. Os Actinistia do Devoniano Superior diferem pouco dos fósseis do Cretáceo e espécies viventes, principalmente no grau de ossificação do crânio. Alguns dos primeiros Actinistia viviam em águas doces rasas, mas os fragmentos fósseis, da Era Mesozóica, são abundantemente marinhos.

Os fósseis de Actinistia não são conhecidos após o Cretáceo, e até há um pouco mais de 60 anos, acreditava-se que estivessem extintos, mas em 1938, um pescador africano se deparou, no oceano Índico, com uma peixe estranho, quase perdendo sua mão no movimento feroz da mordida. Imagine a excitação da comunidade científica quando J.L.B. Smith, da Universidade de Rhodes, anunciou que o peixe era um Actinistia. Este grande peixe era tão similar aos celacantos fósseis da Era Mesozóica que sua posição sistemática foi inquestionável. Smith chamou esse fóssil vivo de *Latimeria chalumnae,* em homenagem à sua aluna Marjorie Courtenay Latimer, quem observou o estranho peixe reconhecendo-o como incomum e apresentou o espécime a ele.

Apesar da atenção pública, nenhum outro espécime de *Latimeria* foi capturado até 1952. Desde então, mais de 150 espécimes, variando em tamanho de 75 cm a pouco mais de 2 metros e pesando de 13 a 80 quilos, foram capturados no arquipélago de Cômoro, ou em Madagascar e Moçambique. Os celacantos são pescados próximos ao fundo, geralmente entre 260 a 300 metros de profundidade, a 1,5 km da costa. Fortes e agressivos, os *Latimeria chalumnae* têm cor azul

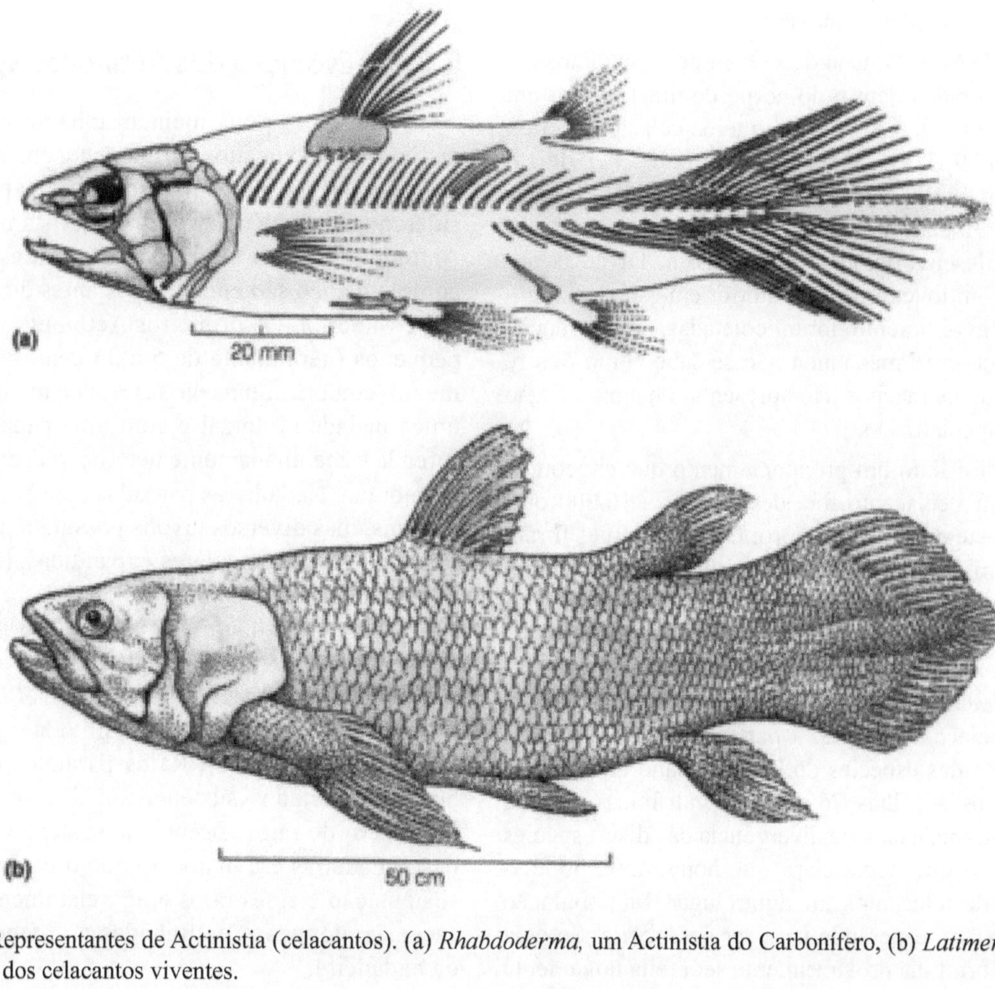

Figura 6.4 Representantes de Actinistia (celacantos). (a) *Rhabdoderma,* um Actinistia do Carbonífero, (b) *Latimeria chalumnae,* o mais conhecido dos celacantos viventes.

acinzentada, com pontos brancos irregulares e olhos com reflexos dourados. A reflexão da luz vem de um *tapetum lucidum,* o qual aumenta a habilidade visual a baixa luminosidade. A bexiga natatória é repleta de gordura e possui paredes ossificadas. O órgão rostral, uma grande cavidade, na linha mediana do focinho, se comunica com o exterior por meio de três pares de tubos rostrais, revestidos por canais no interior das paredes do condrocrânio. Esses tubos são preenchidos por material gelatinoso, abrindo-se para a superfície por uma série de seis poros. O órgão rostral é, quase que certamente, um eletro-receptor. O *Latimeria chalumnae* é um predador – seu estômago contém peixes e cefalópodes.

Uma pequena e fascinante observação da vida de um celacanto foi registrada por Hans Fricke e seus associados, os quais utilizaram um pequeno submarino para rastrear os peixes. Eles viram seis celacantos, a profundidades entre 117 e 198 metros, ao longo de uma pequena área ao redor das ilhas de Cômoro. Os celacantos foram observados apenas no meio da noite e próximos ao fundo. Diferentemente dos peixes pulmonados viventes, os celacantos não utilizam suas nadadeiras pareadas como propulsores, para andar no chão. Entretanto, quando nadam, os apêndices peitoral e pélvico movem-se na mesma sequência que os membros dos tetrápodes se movem.

Em 1927, D.M.S. Watson descreveu dois pequenos esqueletos encontrados dentro do corpo de um *Undina,* um celacanto do Jurássico, sugerindo que os celacantos eram vivíparos. Em 1975, a dissecação de um *Latimeria,* de 1,6 metro, confirmou tal previsão, revelando cinco jovens, cada um com 30 centímetros de comprimento, em estágio avançado do desenvolvimento embrionário. Diversas outras fêmeas, com jovens em seu interior em estágios avançados do desenvolvimento, foram coletadas. A fecundação interna deve ocorrer, mas ainda não se sabe como ocorre a cópula, já que os machos não apresentam nenhum órgão copulatório especializado.

Em 1998, foi feito um pronunciamento que chocou os ictiólogos: outro celacanto fora descoberto, a 10.000 quilômetros ao leste das Ilhas Cômoro. Dois espécimes foram capturados, em redes para a pesca de tubarões, posicionadas entre 100 a 150 metros de profundidade, a nordeste do topo de Sulawesi, uma grande ilha central da Indonésia, próxima a Borneo. Subsequentemente, chamado de *Latimeria menadoensis,* homenageando a cidade mais próxima, o novo celacanto parece, a partir de dados de DNA, ter se separado das espécies do leste africano há 1,8 a 11 milhões de anos. As Ilhas Cômoro são vulcânicas e muito mais jovens do que a data de divergência das duas espécies de *Latimeria,* o que deixa claro que houve uma população ancestral de celacantos em algum lugar. Tal população pode ainda existir, esperando para ser descoberta. Se essa descoberta ocorrer ela provavelmente será feita novamente pelos pescadores locais e com uma visita de um ictiologista ao mercado de peixes.

Apesar dos fósseis excelentes e dos numerosos espécimes de celacantos viventes, nunca houve uma concordância estável sobre as relações evolutivas dos Actinistia com outros Gnathostomata. Os pesquisadores discordam mais sobre os celacantos do que sobre quaisquer outros táxons de Vertebrata, pois o *Latimeria* possui uma combinação intrigante de traços morfológicos e fisiológicos derivados. Alguns destes traços são similares aos dos Chondrichthyes (alta concentração de ureia, que é provavelmente uma característica do ancestral dos gnatostomados mais do que um caracter derivado das linhagens viventes), outros aos dos Dipnoi (ausência de osso maxilar, sequência de movimentos dos apêndices pareados durante a locomoção), ou aos dos Actinopterygii (uma razão de um para um de elementos basais e raios da nadadeira). Além disso, o *Latimeria* apresenta uma curiosa coleção de características únicas, incluindo uma junta intracraniana entre as porções rostral e caudal da caixa craniana e o órgão rostral eletro-sensorial. Atualmente, a maioria dos pesquisadores concorda que os celacantos são um grupo irmão da linhagem que produziu os peixes pulmonados e os tetrápodes.

6.3 A Evolução dos Actinopterygii

Actinopterygii basais incluem uma variedade de táxons distintos, posicionados antigamente em um grupo de peixes extintos, os "paleoniscoides", o qual não é mais considerado monofilético. Embora existam fragmentos de Actinopterygii, do Siluriano Superior, esqueletos fósseis completos não são encontrados antes do Devoniano Médio e Superior. Os primeiros Actinopterygii eram peixes pequenos (geralmente de 5 a 25 centímetros de comprimento, embora alguns passassem de um metro), com uma única nadadeira dorsal e com uma nadadeira caudal bifurcada e acentuadamente heterocerca, com uma pequena membrana. Nadadeiras pareadas com bases grandes eram comuns, mas diversos táxons possuíam nadadeiras peitorais com bases musculares expandidas. (Figura 6-2e). As escamas sobrepostas, embora espessas como as dos Sarcopterygii, eram distintas quanto à estrutura e ao padrão de crescimento. Nos Sarcopterygii, a camada de cobertura externa das escamas é a cosmina (a qual é derivada da dentina) e, nos Actinopterygii, ela é feita de ganoína (derivada do esmalte). Raios paralelos de ossos radiais bem compactados sustentavam a base das nadadeiras. O número de raios ósseos que sustentavam a membrana das nadadeiras era maior do que o número de radiais de sustentação e esses raios eram, claramente, derivados de escamas alongadas e alinhadas ao longo do eixo maior da nadadeira.

Biologia dos Primeiros Actinopterigeos

Peixes de nadadeiras raiadas representam a maior irradiação de vertebrados com aproximadamente 27.000 espécies viventes e uma variedade de caracteres derivados (veja Quadro 6-1). Especializações para locomoção e alimentação dos primeiros peixes de nadadeiras raiadas merecem atenção especial. Actinopterygii primitivos eram diversificados e bem sucedidos na água doce e nos habitats marinhos de 380 a 280 milhões de anos atrás. Os tipos diferentes compartilham um grande número de traços, mas todos primitivos em relação aos membros mais recentes de Actinopterygii e, dessa forma, não podem ser utilizados para a definição de linhagens evolutivas. Próximo ao final da Era Paleozóica, os peixes de nadadeiras raiadas mostraram sinais de mudança. Os lobos, superior e inferior, da nadadeira caudal eram praticamente simétricos, e todas as membranas eram sustentadas por alguns poucos raios ósseos – as nadadeiras dorsal e anal tinham cerca de um raio ósseo para cada radial interno de sustentação. Esta reorganização morfológica provavelmente aumentou a flexibilidade das nadadeiras.

A armadura dérmica dos peixes com nadadeiras raiadas do final da Era Paleozóica também foi reduzida, em comparação à dos seus ancestrais. As alterações nas nadadeiras e na armadura podem ter sido complementares – nadadeiras mais móveis significam uma locomoção mais versátil, e o aumento da habilidade de evitar predadores pode ter permitido uma redução da armadura pesada. Tal redução de peso pode ter estimulado a evolução da melhora da habilidade na locomoção, a qual provavelmente promoveu a quase perfeição da bexiga natatória como um sistema hidrostático controlado de modo refinado.

A maxila inferior dos primeiros Actinopterygii era sustentada pelo hiomandibular e, na maioria das formas, a mandíbula se fechava, como uma tesoura, pela ação dos músculos adutores da mandíbula. Esses músculos originavam-se em uma cavidade estreita, entre o osso maxilar e o palatoquadrado, inserindo-se na porção caudal da maxila inferior, próximo à articulação desta com o quadrado. Esse arranjo produzia um sistema de alavanca capaz de mover a mandíbula rapidamente (um fechamento rápido), mas a força criada era pequena. Os ossos dérmicos, muito próximos, da bochecha permitiam pouca expansão da **câmara orobranquial** (a boca e as brânquias) além da necessária à respiração, e não havia espaço para um músculo adutor mandibular maior.

O aparato de coleta de alimentos de diversas linhagens de peixes ósseos passou por modificações radicais no Permiano. No Permiano Superior, uma linhagem produziu um novo ciado de Actinopterygii – os Neopterygii – distinguido por um novo mecanismo mandibular. Os Neopterygii possuem mandíbulas com osso maxilar pequeno, com sua extremidade caudal livre dos demais ossos da bochecha. Já que a bochecha não é mais tão compacta, o hiomandibular, praticamente em posição vertical, pode se mover lateralmente quando a boca é aberta, aumentando rapidamente o volume da câmara orobranquial e produzindo uma sucção poderosa para trazer a presa até sua boca. O poder de esmagamento da mandíbula, com dentes bem afiados pôde ser aumentado, pois o músculo adutor da mandíbula, não mais limitado, quanto ao tamanho, por uma bochecha sólida, se expandiu dorsalmente pelo espaço aberto devido a liberação do osso maxilar. Além disso, um braço de alavanca extra se desenvolveu no ponto de inserção do músculo adutor da mandíbula na maxila inferior. Esta alavanca, chamada de processo coronóide, aparece sobre ossos diferentes da mandíbula em linhagens distintas dos peixes ósseos. Na maioria dos peixes modernos, o **processo coronóide** encontra-se no osso dentário ou no angular. Um processo coronóide adiciona o torque e, portanto, força, às mandíbulas de muitos mordedores fortes.

Os Neopterygii apareceram, pela primeira vez, no Permiano Superior (Figura 6-6) e tomaram-se os peixes dominantes da Era Mesozóica. Durante o Triássico Superior, os Neopterygii basais deram origem aos peixes com mais especializações locomotoras e de alimentação. Em Neopterygii derivados, os ossos da cobertura branquial (opérculo) eram conectados à mandíbula, de forma que a expansão da câmara orobranquial ajudava na abertura da boca. A extremidade rostral articulada do osso maxilar desenvolveu uma articulação com o neurocrânio. Devido à conexão através de ligamento com a mandíbula, a extremidade livre caudal do osso maxilar era girada para frente quando a boca abria (Figura 6-6b). Isso apontava os dentes marginais da maxila para frente e ajudava a capturar a presa. As pregas de tegumento que cobriam o maxilar mudaram a forma da abertura da boca, de semicircular para circular. Estas mudanças aumentaram a sucção produzida durante a abertura da boca. O resultado foi uma maior direção da sucção, e a eliminação de uma possível rota de fuga para as presas pequenas.

Especializações dos Teleostei

Embora os teleósteos tenham, provavelmente, evoluído no mar, rapidamente radiaram para a água doce. No Cretáceo Superior, a maioria das mais de 400 famílias de teleósteos modernos evoluiu. As modificações dos teleósteos continuaram e se expandiram nas nadadeiras e maxilas, o que contribuiu para a diversidade dos neopterígeos mais primitivos e irradiaram em mais do que 27.000 espécies ocupando quase todos os nichos ecológicos imagináveis para um vertebrados aquático – incluindo alguns tipos de peixes, o que despendem um grande tempo na Terra.

QUADRO 6-1 Peixe Inteligente

Porque os tetrápodes evoluíram dos peixes, pensamos frequentemente que os peixes são mais primitivos do que animais semelhantes a nós. Mas, é claro, linhagens diferentes de peixes tem evoluído do mesmo ancestral comum à tanto tempo quanto nós. Peixes de nadadeiras raiadas têm características únicas, altamente derivadas, tais como a duplicação adicional do gene *Hox*, descrito no Capítulo 2.

Actinopterigeos são derivados em relação a todos os outros vertebrados na forma com que aumentaram o cérebro. A condição normal entre os vertebrados com encéfalos aumentados é produzir um espaço pelo crescimento de hemisférios cerebrais grandes para dentro e sobre si mesmo (Figura 6-5). Essa condição é observada entre os tetrápodes e também ocorre independentemente em outros vertebrados, tais como os tubarões. Os actinopterigeos, por outro lado constroem seus grandes encéfalos de forma oposta, mais do que invertendo o crescimento dos hemisférios cerebrais eles os everte, assim seus encéfalos tem efetivamente a parte de dentro virada para fora em relação ao dos outros vertebrados.

Uma explicação engenhosa para essa condição foi proposta por Glenn Northcutt (Northcutt 2002). Ele apontou que os actinopterigeos diferem dos outros peixes por terem muitas espécies de tamanho corpóreo pequeno (a maioria das espécies do Devoniano era menor do que 15 cm de comprimento). Os actinopterigeos viventes também têm larvas diminutas, com olhos grandes em relação ao tamanho de suas cabeças. Essa combinação de cabeça pequena e olhos grandes podem criar problemas de espaços no interior da cabeça em desenvolvimento, resultando nesse método peculiar de desenvolvimento do cérebro. Outros encéfalos estranhos são encontrados entre os peixes-elefantes (osteoglossomorfos da família Mormyridae). Esses peixes têm uma razão encéfalo/comprimento do corpo que rivaliza com a condição dos seres humanos, e em vez do cérebro ser a parte mais alargada esses peixes possuem um cerebelo extremamente grande no encéfalo posterior (Ndsson 1996). Esse cerebelo esta relacionado, provavelmente, a capacidade de processar sinais elétricos que usam para a navegação e predação nas águas turvas.

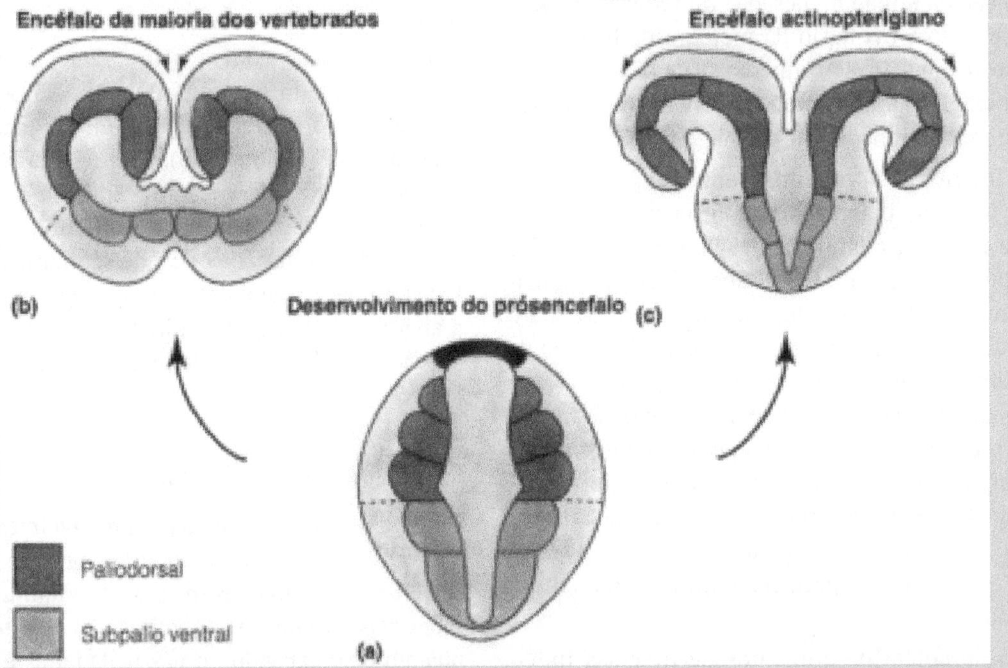

Figura 6-5 Desenhos esquemáticos de cortes transversais através da vesícula encefálica em desenvolvimento, (a) A condição primitiva encontrada nos craniotas com encéfalos pequenos, (b) A invaginação dos hemisférios cerebrais de um anfíbio comparada a, (c) evaginação dos hemisférios cerebrais dos actinopterigeos. (Fonte: baseada em Northcutt 2002.)

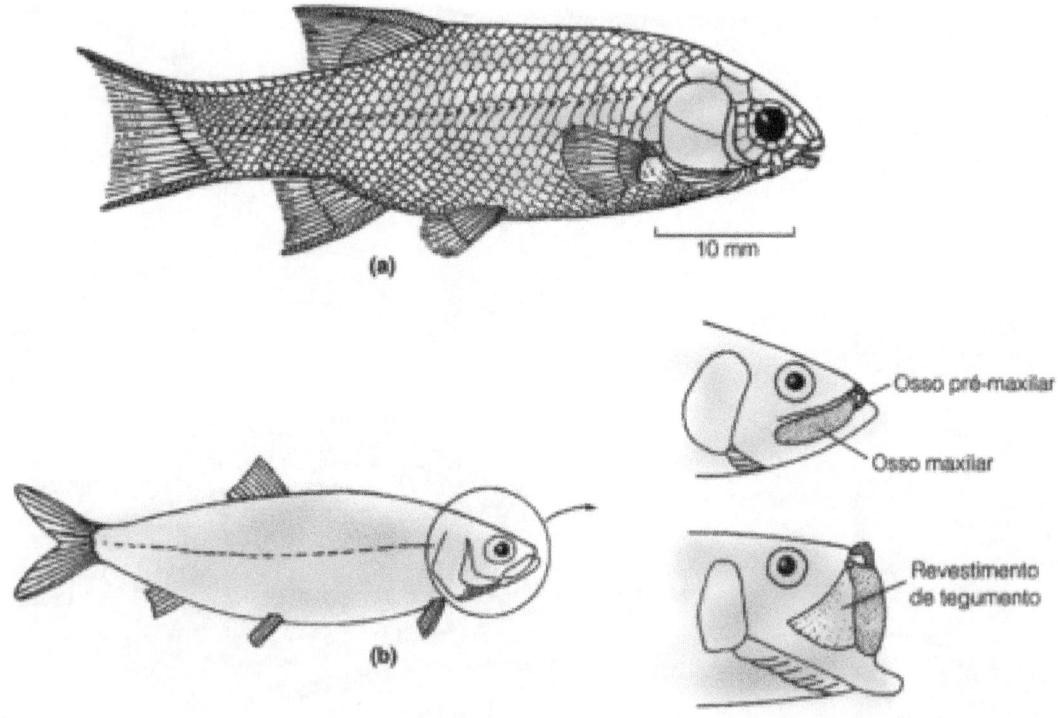

Figura 6-6 Teleósteos. (a) O *Acentrophorus,* do Permiano, ilustra um membro primitivo da radiação dos Neopterygii do final da Era Paleozóica, (b) *Leptolepis,* um Teleostei do Jurássico Inferior com um osso maxilar móvel aumentado, o qual forma uma boca quase circular quando as maxilas estão totalmente abertas. Membranas de tegumento fecham os espaços atrás dos elementos ósseos protraídos. As sardinhas modernas possuem uma estrutura de mandíbulas semelhante.

Especializações das Maxilas A maioria dos principais temas da evolução dos teleósteos envolve mudanças nas maxilas, de simples prendedor de presas para sofisticados mecanismos de sucção. A sucção é importante para a captura de presas na água, pois uma abordagem rápida de um predador provoca uma onda de choque em frente de sua cabeça em direção à presa. Essa onda move-se ao redor e para longe da boca e pode empurrar a presa, tirando-a do alcance do predador. Os Neopterygii resolvem esse problema aumentando rapidamente o volume da câmara orobranquial, criando um fluxo de água que carrega a presa para dentro da boca. Especializações de alimentação, nos primeiros teleósteos, envolveram somente uma pequena liberação do osso pré-maxilar, de forma que esses osso podia mover-se durante a abertura da mandíbula, acentuando a forma circular da boca. Um ciado primitivo de teleósteos apresentava um aumento da extremidade caudal livre do osso maxilar, formando uma boca praticamente circular quando as mandíbulas estavam completamente abertas. Posteriormente, na radiação dos teleósteos, alterações distintivas no aparato da mandíbula permitiram uma grande variedade de modos de alimentação, baseados na velocidade de abertura e na poderosa sucção produzida pela mandíbula, arco branquial e crânio, altamente integrados.

Além da sucção rápida e forte, muitos Teleostei têm uma grande mobilidade nos elementos esqueléticos que circundam a abertura bucal. Tal mobilidade permite que as margens da mandíbula sejam movidas para frente da cabeça, a uma velocidade, em geral, muito rápida. O resultado funcional, chamado de **protrusão mandibular**, evoluiu três ou quatro vezes em ciados distintos de teleósteos derivados.

Embora a protusão da mandíbula seja geralmente associada com aos Perciformes (Figura 6-5), ela também ocorre nos peixes aparentados Atheriniformes e nos Paracanthopterygii, bem como nos Cypriniformes Ostaryophysi. A morfologia da mandíbula difere significativamente entre os peixes que apresentam a protusão, o que claramente demonstra que estes animais desenvolveram esta característica independentemente.

Todos os mecanismos de protusão da mandíbula envolvem ligamentos complexos, os quais permitem que os processos ascendentes do osso pré-maxilar deslizem para frente, no topo do crânio, sem que haja deslocamento. Além disso, já que não há músculos posicionados para empurrar o osso pré-maxilar para frente, devem ser movimentados, por trás, através de uma alavanca. Duas fontes fornecem a alavanca necessária. Primeiro, a abertura da mandíbula pode protrair o osso pré-maxilar por meio de ligamentos entre a mandíbula e

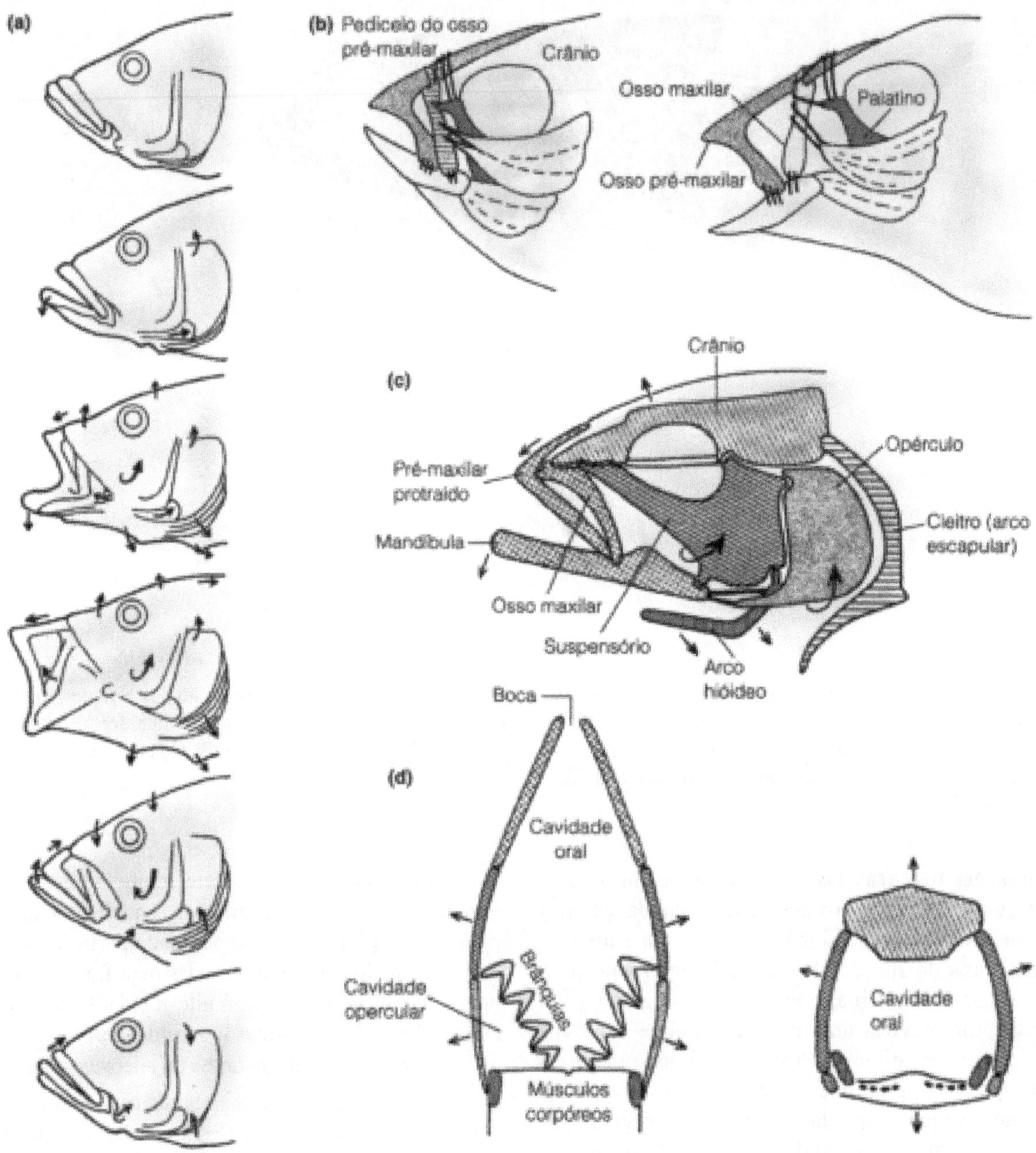

Figura 6-7 Protusão das maxilas na alimentação por sucção, (a) De cima para baixo: sequência de movimentos das maxilas em um ciclídeo africano, *Serranochromi.* (b) Músculos, ligamentos e ossos envolvidos nos movimentos durante a protusão do osso pré-maxilar. (c) Movimentos esqueléticos e as ações dos ligamentos durante a protusão da mandíbula, (d) Secção horizontal (esquerda) e transversal (direita) da expansão bucal durante a alimentação por sucção.

a extremidade caudal do pré-maxilar (Figura 6-7b). Segundo, a alavanca pode ser criada por movimentos complexos do osso maxilar, o qual fica isolado da borda da boca por longas projeções caudais do osso pré-maxilar, as quais, geralmente, sustentam dentes.

O movimento independente de protrusão da maxila superior também permite o fechamento da boca por meio da extensão máxima do osso pré-maxilar, enquanto a cavidade orobranquial ainda está expandida, sifonando a presa na boca.

Com tantos grupos convergindo para uma função tão complexa quanto a protrusão das maxilas, devemos esperar que deve ter um grande significado funcional. Surpreendentemente, nenhuma hipótese de vantagem da protrusão da mandíbula tem tido suporte experimental. A protrusão pode ter melhorado a eficiência hidrodinâmica da abertura circular da boca dos teleósteos primitivos, mas essa hipótese parece insuficiente para produzir as complexas alterações anatómicas necessárias. A protrusão pode ajudar na captura das presas. Alternativamente, mandíbulas móveis podem se ajustar ao substrato, enquanto o corpo permanece na posição horizontal, necessária a um escape rápido caso apareçam predadores.

Vantagens adicionais das mandíbulas com protrusão podem estar na independência funcional da maxila superior, em relação às outras partes do aparato de alimentação. Alguns peixes, tais como os Atherinomorpha, podem produzir, com a mandíbula superior, protrusões grandes, moderadas ou nenhuma, enquanto abrem a boca e criam sucção. Essas modulações direcionam a abertura da boca e a direção da sucção, ventral, dorsal ou para frente, permitindo ao peixe se alimentar do substrato, da coluna d'água ou da superfície com facilidades semelhantes. Talvez a hipótese mais amplamente aplicável para a protrusão das maxilas é a de que posicionar a mandíbula para frente da cabeça aumenta a velocidade de abordagem do predador em 39 a 89 por cento no momento mais crucial.

Dentes Faríngeos Poderosas mandíbulas faríngeas móveis evoluíram por diversas vezes dentre os Actinopterygii. Ancestralmente, os peixes de nadadeiras raiadas possuíam diversas placas dentígeras dérmicas na faringe. Estas placas estavam alinhadas com (mas não fundidas) elementos esqueléticos, dorsais e ventrais, dos arcos branquiais. Uma tendência geral de fusão destas placas dentígeras, umas às outras e a alguns poucos elementos do arco branquial, acima e abaixo do esôfago, podem ser traçadas nos Neopterygii. Essas mandíbulas faríngeas consolidadas não eram muito móveis ancestralmente; eram utilizadas, principalmente, para segurar e manipular a presa na preparação para engoli-la como um todo. Em alguns Ostariophysi entre eles os Siluriformes, as maxilas primárias não apresentam dentes, mas têm protrusão. As mandíbulas faríngeas são bem aumentadas e próximas a um apoio córneo na base do crânio. Essas especializações de alimentação e de digestão permitem a extração de nutrientes de células vegetais com paredes espessas, e os Cypriniformes e os Siluriformes representam uma das maiores radiações de herbívoros entre os vertebrados.

Nos Teleostei mais derivados, os músculos associados com os elementos esqueléticos branquiais, que sustentam as mandíbulas faríngeas, passaram por uma evolução radical, resultando em uma grande variedade de movimentos poderosos das placas dentígeras da mandíbula faríngea. Não apenas os movimentos destas mandíbulas secundárias são completamente dissociados dos movimentos e das funções das mandíbulas primárias, como também em uma variedade de teleósteos derivados, as placas dentígeras, superior e inferior, das mandíbulas faríngeas movem-se independentemente uma da outra. Com tantos sistemas independentes atuando, não surpreende que algumas das radiações adaptativas mais extensivas dos teleósteos foram os peixes que possuíam mandíbulas primárias com protrusão e mandíbulas faríngeas especializadas e móveis.

Especializações das Nadadeiras A nadadeira caudal de Actinopterygii adultos é sustentada por alguns poucos espinhos hemáticos, aumentados e modificados, chamados de ossos hipurais, os quais se articulam com a extremidade da coluna vertebral, abruptamente curvada para cima. Em geral, o número de ossos hipurais decresce durante a transição dos primeiros Actinopterygii até os Teleostei mais derivados. Arcos neurais caudais modificados – os uroneurais – adicionam mais suporte ao lado dorsal da cauda. Estes uroneurais são caracteres derivados dos teleósteos. Com a sustentação, a nadadeira caudal dos Teleostei é simétrica e flexível. Este tipo de estrutura caudal é conhecido como homocerca. Junto com a bexiga natatória, a qual ajusta a flutuabilidade, uma cauda homocerca permite que o teleósteo nade horizontalmente, sem utilizar suas nadadeiras pareadas para este controle, como os tubarões necessitam. Estudos recentes sugerem que a ação da cauda simétrica pode ser mais complexa do que o pensado anteriormente (Lauder 1994). Em natação rápida e súbita, a cauda produz uma força simétrica; mas, durante a natação mais estável e moderada, músculos intrínsecos, na cauda, podem produzir uma ação assimétrica que aumenta a capacidade de manobras sem requerer o uso das nadadeiras laterais. Livre da responsabilidade de controlar a ascensão, as nadadeiras pareadas dos teleósteos são mais flexíveis, móveis e diversificadas quanto à forma, ao tamanho e à posição. Devido a estas modificações na cauda, as nadadeiras pareadas dos teleósteos se especializaram em atividades como a coleta de alimentos, a corte, a produção de sons, o andar e até mesmo o vôo.

Como vimos nos grupos anteriores, melhoras na locomoção foram acompanhadas pela redução da armadura. Teleósteos modernos possuem escamas finas para os padrões das Eras Paleozóica e Mesozóica, e muitos não são totalmente recobertos por elas. As poucas exceções, com armaduras pesadas, apresentam uma redução secundária das habilidades de locomoção.

6.4 Actinopterygii Viventes – Peixes de Nadadeiras Raiadas

Com a estimativa de 27.000 espécies viventes até agora descritas – e novas espécies sendo descobertas regularmente – os Actinopterygii viventes apresentam uma diversidade de formas fascinante e, às vezes, desafiadora, de forma de vida Vertebrata. Devido aos seus números, somos forçados a revisá-los brevemente, focalizando as principais características de grupos selecionados e em sua evolução.

O estudo das relações filogenéticas dos Actinopterygii entrou em seu atual estado dinâmico em 1966, com um grande esquema de revisão da filogenia dos teleósteos propondo diversas novas relações. Nas décadas seguintes, nosso entendimento das inter-relações dos peixes de nadadeiras raiadas cresceu espantosamente. Todavia, algumas destas relações são incertas e devem ser consideradas como hipóteses (Lauder e Liem 1983, Nelson 1994, Stiassny et al. 1996).

Por que há tantos Actinopterygii? Uma coisa é certa, seus habitats cobrem 73 por cento do planeta. Mas, por que, então, as espécies de Chondrichthyes e Sarcopterygii são, relativamente, tão pobres? Estudos recentes, realizados por A.R. McCune e seus colaboradores (1996-1998), indicam que tanto os actinopterigeos fósseis quanto os viventes podem formar novas espécies mais rapidamente do que aves ou, até mesmo, que alguns insetos. Espécies de peixes, evoluindo no isolamento de lagos, parecem formar novas espécies de modo especialmente rápido.

Polypteriformes e Acipenseriformes

Embora os actinopterigeos primitivos tenham sido substituídos, durante o início da Era Mesozóica, pelos neopterígeos, algumas poucas formas especializadas de peixes primitivos de nadadeiras raiadas sobreviveram. A linhagem sobrevivente mais primitiva de peixes actinopterigeos é a dos Polypteriformes, os "bichirs" e o peixe-do-junco africano (Figura 6-8). Os Polypteriformes viventes são 11 espécies de peixes africanos alongados com armaduras pesadas. O nome Polypteriformes (Grego *poly* = muitos, *ptery* = nadadeira, e *form* = forma) refere-se as suas nadadeiras dorsais peculiares, em forma de bandeira, e as bases carnosas de suas nadadeiras peitorais estão entre as especializações características, mas pouco se sabe acerca de sua história natural e o significado destas características. Têm menos de um metro de comprimento, e movem-se vagarosamente com a cauda heterocerca modificada. Polypteriformes diferem dos demais Actinopterygii basais viventes por possuírem esqueletos bem ossificados. Além de um amplo complemento de ossos dérmicos e endocondrais, são recobertos por escamas espessas, sobrepostas e dispostas em muitas camadas. Essas escamas são cobertas por uma camada de ganoína, um

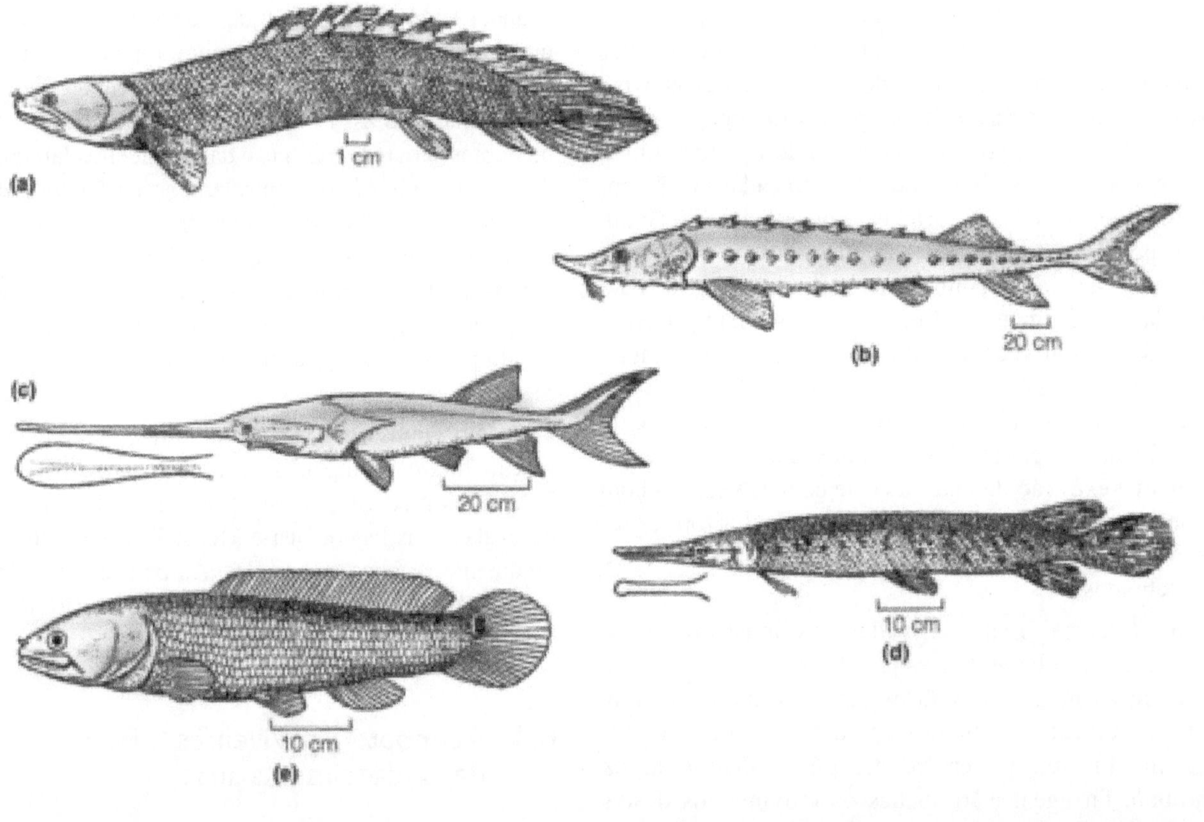

Figura 6-8 Peixes Actinopterygii não Teleostei viventes e Neopterygii primitivos (fora de escala). Actinopterygii: (a) *Polypterus*, um "bichir"; (b) *Acipenser*, um esturjão; e (c) *Polyodon spathula*, uma das duas espécies viventes de peixe-espétula. Neopterygii primitivos: (d) *Lepisosteus*, um "gar"; e (e) *Amia calva*, o "bowfin".

tecido semelhante ao esmalte, característico dos actinopterigeos primitivos. Larvas de "bichirs" (*Polypterus*) possuem brânquias externas, possivelmente uma condição ancestral dos Osteichthyes. O *Erpetoichthys,* o peixe-do-junco, parece uma enguia, embora com uma armadura completa de escamas ganóides. Todos os Polypteriformes são predadores. Eles também têm pulmões situados ventralmente, que é uma condição primitiva.

Acipenseriformes (esturjões e peixe-espátula) incluem duas famílias viventes e duas fósseis de Actinopterygii especializados (Figura 6-8b, c). As 24 espécies de esturjões, da família Acipenseridae (Latim *acipenser* = esturjão), são grandes (de 1 a 6 m), ativas e bentônicas. Não apresentam osso endocondral e perderam boa parte do esqueleto dérmico dos Actinopterygii mais primitivos. Esturjões possuem uma cauda heterocerca robusta, protegida por séries de escamas especializadas que se estendem desde a margem dorsal do pedúnculo caudal (a base alongada da cauda onde se conecta com o tronco) e continuam ao longo da parte superior da nadadeira caudal. Estas escamas são um caráter ancestral dos primeiros Actionopterygii da Era Paleozóica. A maioria dos esturjões apresenta cinco fileiras de escamas aumentadas ao longo do corpo. As maxilas protrusíveis dos esturjões os fazem efetivos alimentadores por sucção. O modo de protrusão das maxilas é único e derivado, independentemente, daquele dos teleósteos. As maxilas protrusíveis, associadas às adaptações à vida bentônica, são a base para considerar os esturjões especializados, quando comparados aos primeiros Actinopterygii fósseis.

Esturjões são encontrados somente no Hemisfério Norte; alguns vivem na água doce, e outros são espécies marinhas que sobem os rios para reproduzir. Comercialmente importante por sua carne saborosa e uma fonte do melhor caviar, os esturjões foram caçados intensivamente por pescadores em todos os locais de ocorrência. Represas e a poluição de rios também tiveram seus papéis na degradação dos esturjões. Com medidas intensas de conservação de controle das águas, parece que estes peixes estão sendo bem sucedidos em sua volta a algumas áreas, tais como o Rio Hudson, em Nova Iorque, mas uma nova ameaça tem emergido: um crescimento da demanda por caviar, combinada com a super-exploração, poluição e alteração do habitat do esturjão ao redor do mar Cáspio, tem gerado a pesca do esturjão norte americano que mais uma vez põe em perigo a sobrevivência desse peixe antigo.

As duas espécies sobreviventes de peixe-espátula, Polyodontidae (Grego *poly* = muitos e *odon* – dente), são muito aparentadas aos esturjões, mas apresentam uma redução ainda maior da ossificação dérmica. Sua característica mais marcante é um rostro muito alongado e achatado, o qual chega a constituir quase um terço do total do comprimento de 2 metros (Figura 6-8c). O rostro é ricamente enervado, com órgãos ampulares que, acredita-se, devam detectar campos elétricos diminutos. Contrário à noção comum de que rostro achatado é utilizado para retirar alimentos do fundo com lama do rio, o peixe-espátula americano é um planctivoro que se alimenta nadando com sua pródiga boca boquiaberta, retirando crustáceos e peixes pequenos da água, com o uso dos rastros brânquias modificados como filtros. As duas espécies de peixe-espátula apresentam uma distribuição zoogeográfica descontínua similar à dos crocodilianos, e também diferem nos hábitos alimentares. Uma espécie é encontrada no vale do rio Chang (Yangtze), na China, onde alimenta-se de peixes; e está a beira da extinção. As espécies planctívoras estão no vale do rio Mississipi, nos Estados Unidos, e como os esturjões, atualmente tem sido pescados intensivamente devido ao caviar. Peixes-espátula fósseis são conhecidos no oeste da América do Norte.

Neopterígeos Primitivos

Os dois gêneros viventes de Neopterygii primitivos estão, atualmente, limitados à América do Norte e representam tipos amplamente divergentes. O táxon Lepisosteiformes (Grego *lepis* = escama e *osteo* = osso) é composto por sete espécies de "gars" (*Lepisosteus*). São predadores de médio a grande porte (1 a 4 metros) de águas temperadas quentes e estuários. O corpo alongado, a mandíbula e os dentes são características especializadas; mas suas escamas sobrepostas e em diversas camadas são similares àquelas de muitos Actinopterygii das Eras Paleozóica e Mesozóica (Figura 6-8d). Os "gars" se alimentam de outros peixes, pegos de surpresa quando os aparentemente letárgicos e muito bem camuflados "gars", próximos a eles, viram o corpo, pegando a presa com seus dentes em forma de agulha. Os crocodilos são os únicos predadores naturais capazes de lidar com a armadura espessa de um "gar" adulto.

A única espécie de Amiiformes (Grego *amia* = um tipo de peixe), o "bowfin", *Amia calva* (Figura 6-8e) vive nas mesmas áreas dos "gars". O esqueleto da cabeça apresenta modificações das maxilas como um aparelho de sucção. A espécie de *Amia,* têm entre 0,5 a 1 metro de comprimento, caça praticamente qualquer organismo menor que ela. As escamas dos "bowfin" são relativamente finas e feitas com uma única camada de osso, como nos peixes teleósteos; entretanto, a nadadeira caudal assimétrica é muito similar à nadadeira caudal heterocerca de peixes mais primitivos. As inter-relações dos "gars", do "bowfin" e dos Teleostei têm sido, por muito tempo, controversas.

Teleostei

A maioria dos peixes viventes é de teleósteos. Estes peixes compartilham muitos caracteres da estrutura caudal e craniana e são agrupados em quatro ciados de tamanho e diversidade variáveis.

Os **Osteoglossomorfa** (Grego *osteo* = osso, *gloss* = língua, e *morfh* = forma) apareceram nos mares do final do Jurássico, e estão, atualmente, restritos a cerca de 220 espécies em águas doces tropicais. O gênero *Osteoglossum* (Figura 6-9a) é de um predador amazônico de um metro de comprimento, familiarmente conhecido pelos apaixonados por peixes tropicais como aruanã. O género *Arapaima* é de outro predador amazônico ainda maior, talvez o maior peixe estritamente de água doce. Antes que a pescaria intensa reduzisse as populações, observava-se que eles podiam atingir, ao menos, 3 metros de comprimento e, talvez, chegassem a 4,5 metros. O gênero *Mormyrus* (Figura 6-9b), um dos peixes-elefante da Africa, é representado por pequenos peixes que se alimentam no fundo e que utilizam descargas elétricas fracas para comunicar-se com outros membros da mesma espécie. Tão diferentes quanto possam parecer, os Osteoglossomorpha são unidos por caracteres ósseos únicos da boca e pela mecânica de suas maxilas.

Os **Elopomorpha** (Grego *elop* = um tipo de peixe) apareceram no Jurássico Superior. Uma larva especializada leptocéfala (Grego *lepto* = pequeno e *cephal* = cabeça) é um traço único dos elopomorfos (Figura 6-10a e b). Essas larvas passam um bom tempo à deriva, geralmente na superfície oceânica, e são amplamente dispersadas pelas correntes. Os Elopomorpha incluem cerca de 35 espécies os tarpões (Megalopidae), e as falsas enguias (Elopidae) e "bonefish" (Albulidae) e mais de 760 espécies de enguias verdadeiras (Anguilliformes e Saccofaringeformes).

A maioria dos Elopomorpha assemelha-se às enguias e é marinha, mas algumas espécies são tolerantes à água doce.

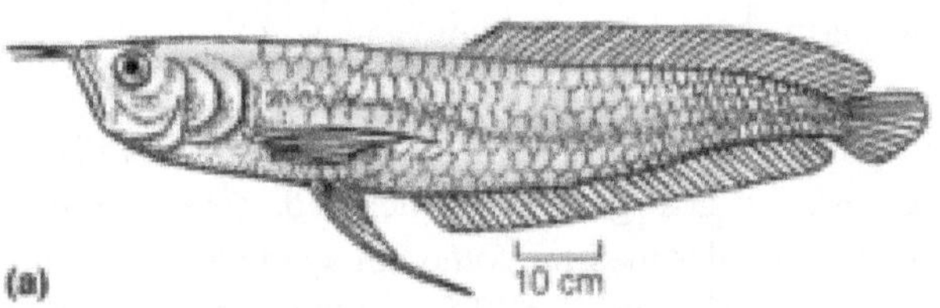

Figura 6-9 Osteoglossomorfos viventes (fora de escala), (a) *Osteoglossum*, o aruanã, da América do Sul. (b) *Mormyrus*, um peixe-elefante, da Africa.

A enguia americana comum, *Anguilla rostrata*, tem uma das histórias de vida mais incomuns entre os peixes. Após chegar à maturidade sexual (o que leva de 10 a 12 anos), em rios, lagos e, até mesmo, em poças, as enguias **catádromas** vão para o mar. As enguias do Atlântico Norte migram para o Mar de Sargasso, uma área no centro do Atlântico Norte entre os arquipélagos de Açores e Western Isles. Neste local as enguias se reproduzem e morrem, presumivelmente, a grandes profundidades. Os ovos e os recém-eclodidos leptocéfalos sobem à superfície e se dispersam através das correntes. A vida larval continua até que as larvas atinjam as margens do continente, onde se transformam em enguias miniaturas e sobem os rios, para alimentarem-se e para amadurecerem. As enguias europeias (*Anguilla anguilla*) se reproduz na mesma região do Atlântico assim como a espécies americana, mas preferem uma região mais ao norte do Mar de Sargasso, e talvez uma profundidade diferente – mas também profunda – para desovar. Suas larvas leptocéfalas permanecem nas correntes de direção leste do Atlântico Norte (principalmente a Corrente do Golfo) e se deslocam tanto para o norte de Europa como para o norte de África, o Mar Mediterrâneo, e até o Mar Negro, antes de entrarem nas bocas dos rios para migrarem rio acima e amadurecerem. Durante essa longa jornada, essas larvas encontram águas mais frias que as larvas americanas, e deste modo crescem mais lentamente. As taxas de crescimento e desenvolvimento são fenômenos separados, de qualquer maneira, temperatura fria retarda mais a taxa de crescimento do que a taxa de desenvolvimento. Como resultado, as enguias adultas europeias têm mais vértebras que as enguias americanas.

A maioria das mais de 360 espécies de **Clupeomorpha** (Latim *clupus* = um tipo de peixe) é especializada na alimentação de plâncton diminuto, por meio de uma boca e de aparato filtrador modificados. São espécies prateadas, sendo a maioria marinha, vivem em cardumes e têm uma grande importância comercial. Exemplos comuns são: o arenque, a savelha, as sardinhas e enchovas (Figura 6-10c). Diversos Clupeomorpha são anádromos e as migrações de primavera da savelha americana (*Alosa sapidissima*), do Atlântico Norte até os rios do leste norte-americano, já envolveram milhões de indivíduos. As viagens da grande savelha no passado recente, foram destruídas por represas e pela poluição dos ambientes aquáticos.

A vasta maioria dos Teleostei viventes pertence ao quarto ciado, o **Eutelostei**, (Grego *eu* = bom) o qual evoluiu antes do Cretáceo Superior. Com milhares de espécies, é impossível fornecer mais do que informações esparsas sobre este ciado. Para saber mais sobre estes peixes, leia Bond (1996), Helfman et al. (1997), Moyle e Cech (2000), Nelson (1994) e o livro lindamente ilustrado de Paxton e Eschmeyer (1998). Aqui, consideraremos os euteleósteos basais, representados, atualmente, pelos Ostariophysi especializados e pelos Salmoniformes generalizados, mas como estes dois

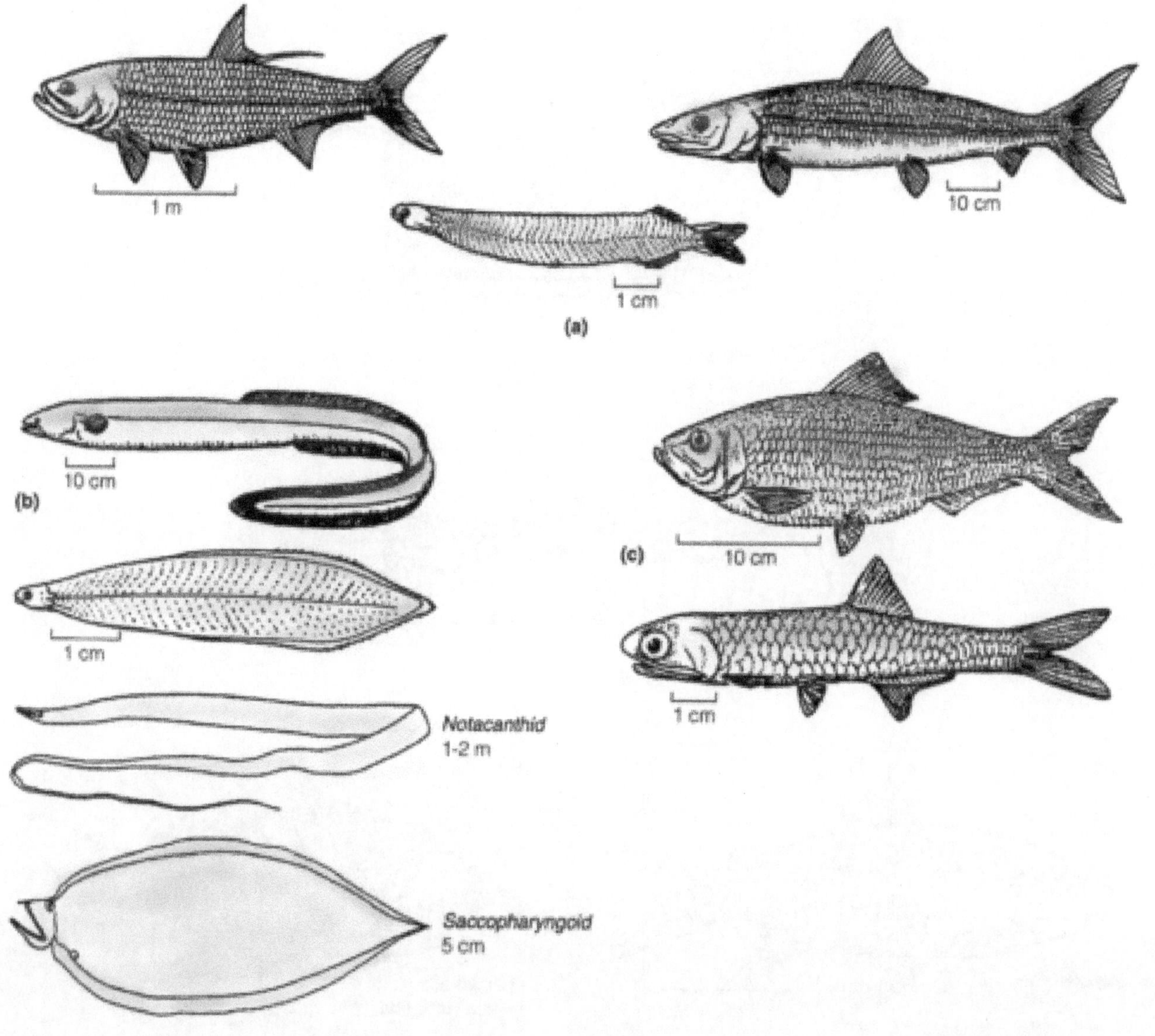

Figura 6-10 Teleostei viventes de posição filogenética isolada (fora de escala), (a) Elopomorfa, representado por um tarpão (esquerda), um "bonefish" (direita) e uma larva leptocéfala típica, com sua cauda bifurcada (abaixo), (b) Elopomorfos Anguiliformes, representados pela enguia comum, *Anguillia rostrata* (acima), sua larva leptocéfala (imediatamente abaixo) e duas outras larvas leptocéfala muito distintas, (c) Clupeomorfa, representado por um arenque (acima) e por uma enchova (abaixo).

grupos monofiléticos se relacionam, um com o outro, ainda é um assunto de grande discussão (Stiassny et al. 1996).

Os **Ostariophysi** (Grego *osí* = osso e *physa* = bexiga, vesícula), os peixes predominantes nas águas doces de todo o mundo, representam, talvez, de 25 a 30 por cento de todos os peixes viventes e cerca de 80 por cento das espécies de água doce. Como um grupo, os Ostariophysi apresenta diversas linhagens. Por exemplo, muitos deles apresentam maxilas protraíeis e obtêm alimento por meio de uma grande variedade de formas. Além disso, os dentes faríngeos agem como mandíbulas secundárias. Muitas formas possuem espinhos nas nadadeiras ou uma armadura especial para a proteção, e seu tegumento contém glândulas típicas que produzem substâncias utilizadas na comunicação olfativa. Embora apresentem diversos hábitos reprodutivos, a maioria bota seus ovos ou os protegem, prevenindo sua perda na corrente.

Os Ostariophysi têm dois traços derivados distintivos. Seu nome se refere aos pequenos ossos que conectam a bexiga natatória com a orelha interna (Figura 6-11). Utilizando a bexiga natatória como um amplificador e a cadeia de ossos como condutores, esse **aparelho weberiano**, aumenta muito a sensitividade auditiva destes peixes. Ondas de som (pressão) que chegam ao peixe fazem com que a bexiga natatória vibre. O osso *tripus* está em contato com a

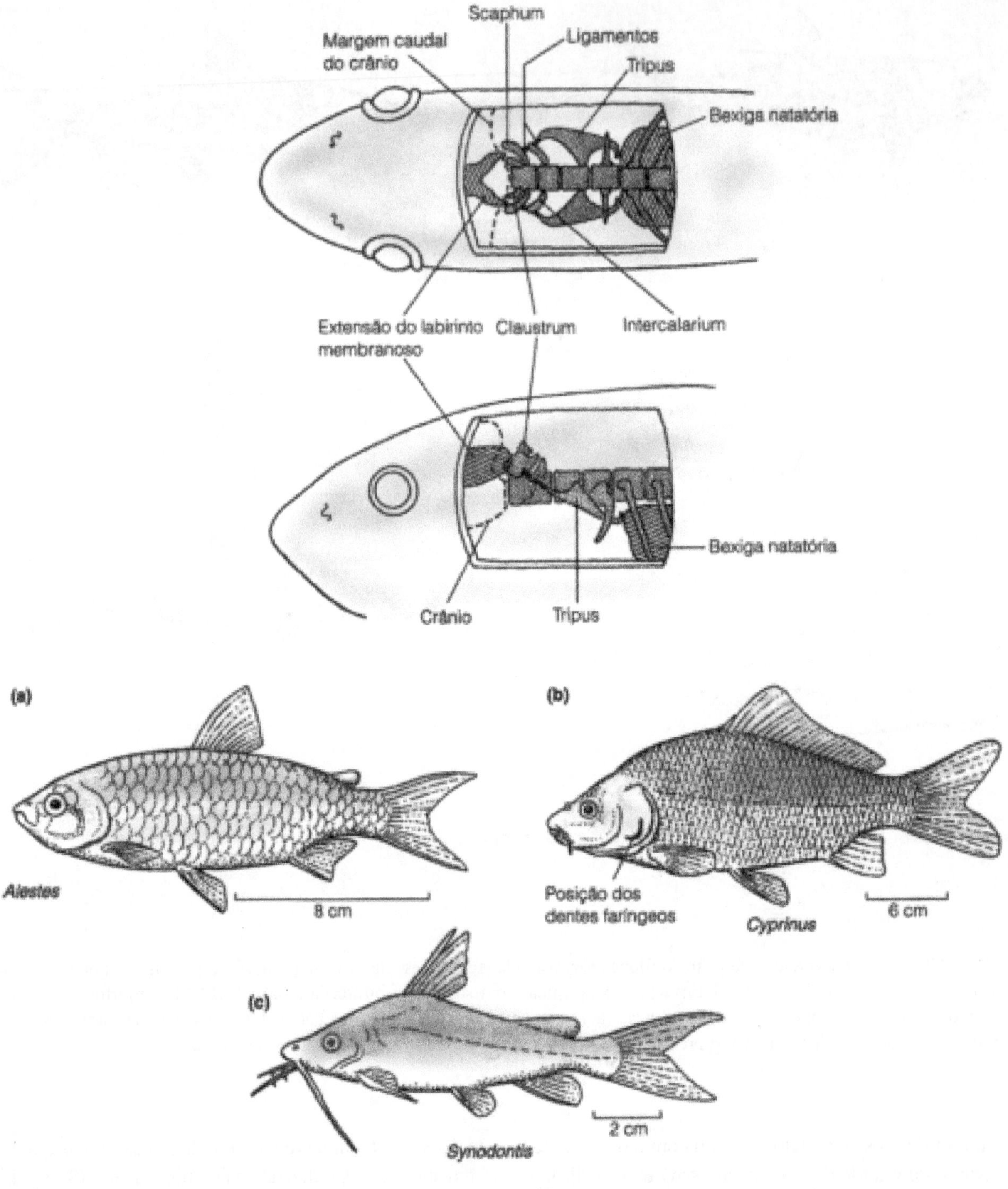

Figura 6-11 O aparelho weberiano. Os peixes Ostariophysi possuem um sistema de percepção sonora, o aparelho weberiano, o qual é uma modificação da bexiga natatória e das primeiras vértebras e seus processos. Os Ostariophysi típicos incluem (a) Os Characiformes, (b) Cypriniformes e (c) Siluriformes.

bexiga natatória; quando a bexiga vibra, o *tripus* gira sobre sua articulação com a vértebra. Este movimento é transmitido, por meio de ligamentos, até os ossos *intercalarium* e *scaphum.* O movimento do *scaphum* comprime uma área do labirinto membranoso (orelha interna) contra o *clastrum,* estimulando a região auditiva do encéfalo. Os Ostariophysi são mais sensíveis aos sons e captam uma variedade maior de frequência de sons do que os demais peixes.

O segundo traço derivado que une estes peixes é a presença de uma substância de alarme no tegumento. Sinais químicos (ferômonios) são liberados na água quando a pele é danificada, e estes produzem uma reação de medo nos membros mais próximos da própria espécie e de outras espécies de Ostariophysi. A reação dê medo pode fazer com que o peixe procure por abrigo ou forme um cardume mais compacto.

Embora todos os Ostariophysi possuam uma substância de alarme no tegumento e um aparelho weberiano (ou um precursor rudimentar do mesmo), em outros aspectos, são um táxon diversificado de mais de 6.500 espécies. Os Ostariophysi incluem os Characiformes da América do Sul e da Africa (piranhas, tetras, néon e outros peixes familiares de aquário), os Cypriniformes (carpas) presentes em todos os continentes, exceto a América do Sul, a Antártica e a Austrália, os Siluriformes (bagres) (presentes em todos os continentes, exceto a Antártica e muitas áreas marinhas rasas) e Gymnotiformes (poraquê) peixes-elétricos da América do Sul altamente derivados.

O outro grupo basal de euteleósteos, os peixes esocídeos e os salmonídeos (Figura 6-12a), incluem importantes peixes comerciais e de pesca esportiva. Estes peixes foram, geralmente, agrupados em um único táxon, o "**Protacanthopterygii**", mas a base para esta classificação não passava de traços ancestrais de euteleósteos compartilhados, os quais não são válidos para a determinação de relações filogenéticas. Um novo uso do termo inclui somente os salmonídeos e alguns de seus parentes de águas marinhas profundas e pode ser monofilético. Os salmonídeos incluem o salmão anádromo, o qual geralmente passa sua vida adulta no mar, bem como as aparentadas trutas, as quais vivem em água doce. Dentre os mais primitivos euteleósteos viventes, na base da radiação de todos os demais Teleostei mais derivados, podem estar os esocídeos. Estes peixes de águas doces temperadas do Hemisfério Norte incluem espécies de pesca esportiva, tais como os lúcios e seus parentes. Os galaxídeos do Hemisfério Sul também são Euteleostei primitivos que vivem em habitats similares àqueles ocupados pelos salmonídeos no Hemisfério Norte, embora sejam, em geral peixes menores.

Outro grupo, mais diversificado, de Euteleostei não é reconhecido como monofilético. As oitocentas ou mais espécies desta categoria incluem os peixes-lantema, marinhos mesopelágicos e os peixes-machado marinhos, e os peixes-lagarto e seus parentes – a maioria mesopelágicos ou batipelágicos, deste modo pouco conhecidos exceto pelos especialistas (veja a Figura 6-21b, c e e).

Maxilas móveis e espinhos leves (moles) e protetores nas nadadeiras medianas evoluíram diversas vezes nos Euteleostei. Cerca de 1.200 espécies de peixes, incluindo os bacalhaus e as espécies de *Lophis* (diabo-marinho), são agrupadas como **Paracanthopterygii**, embora suas similaridades possam representar uma convergência (Figura 6-12b). Entretanto, os **Acanthopterygii**, (verdadeiros peixes de nadadeiras com espinhos), que dominam a superfície do oceano aberto e as águas marinhas rasas do mundo, parecem realmente formar uma linhagem monofilética dentro dos Euteleostei. Dentre os Acantopterygii, os Atherinomorpha apresentam maxilas protráteis e especializações morfológicas e comportamentais que os permitem viver em habitats rasos marinhos e de água doce. Este grupo inclui dos "peixes de flancos prateados", os roncadores (*Leuresthes tenuis*), os peixes voadores e os Hemiramphidae, bem como os Ciprinodontidae ovíparos e que carregam seus filhotes (Figura 6-12c). Os "Killifish" são exemplo de ciprinodontes ovíparos e as formas vivíparas incluem os guarús, lebistes e os espadinha, usualmente mantidos em aquários domésticos.

A maioria das espécies de Acanthopterygii – e a maior ordem dos peixes – é Perciforme, com mais de 9.300 espécies viventes. Alguns poucos dos bem conhecidos membros dessa ordem são as pescadas, tainhas, peixes-trilha, peixe-soldado, namorado, paru, paratis, budião, os ciclídeos (tucunaré, acará-bandeira), as barracudas, e a maioria dos peixes encontrados em recifes de corais.

6.5 Locomoção na Água

Talvez a característica única mais reconhecível da enorme diversidade de peixes seja o modo de locomoção. A natação dos peixes é imediatamente reconhecível, esteticamente agradável e – quando observada inicialmente – um tanto misteriosa, ao menos quando comparada à locomoção da maioria dos animais terrestres. A natação dos peixes resulta de contrações sequenciais cranio-caudais de segmentos musculares ao longo de um dos lados do corpo e do relaxamento simultâneo dos respectivos músculos contralaterais. Assim, uma porção do corpo é curvada momentaneamente, e se propaga caudalmente, e um peixe oscila de um lado para o outro quando nada. Estas ondulações laterais são mais visíveis em peixes alongados, tais como lampreias e enguias (Figura 6-13). A maior parte da força para a natação vem de músculos na região mais caudal do peixe.

Em 1926, Charles Breder classificou os movimentos ondulatórios dos peixes em três tipos:

- Anguiliforme – típico de peixes altamente flexíveis, capazes de curvar-se em mais da metade do comprimento de uma onda sinusóide. Nome dado pela locomoção observada em enguias verdadeiras, os Anguiliformes.
- Carangiforme – ondulações limitadas principalmente à região caudal, com o corpo curvando-se menos da metade do comprimento de uma onda sinusóide. Nome devido ao *Caranx,* o gênero de peixes marinhos de natação rápida, os peixes Carangidae.

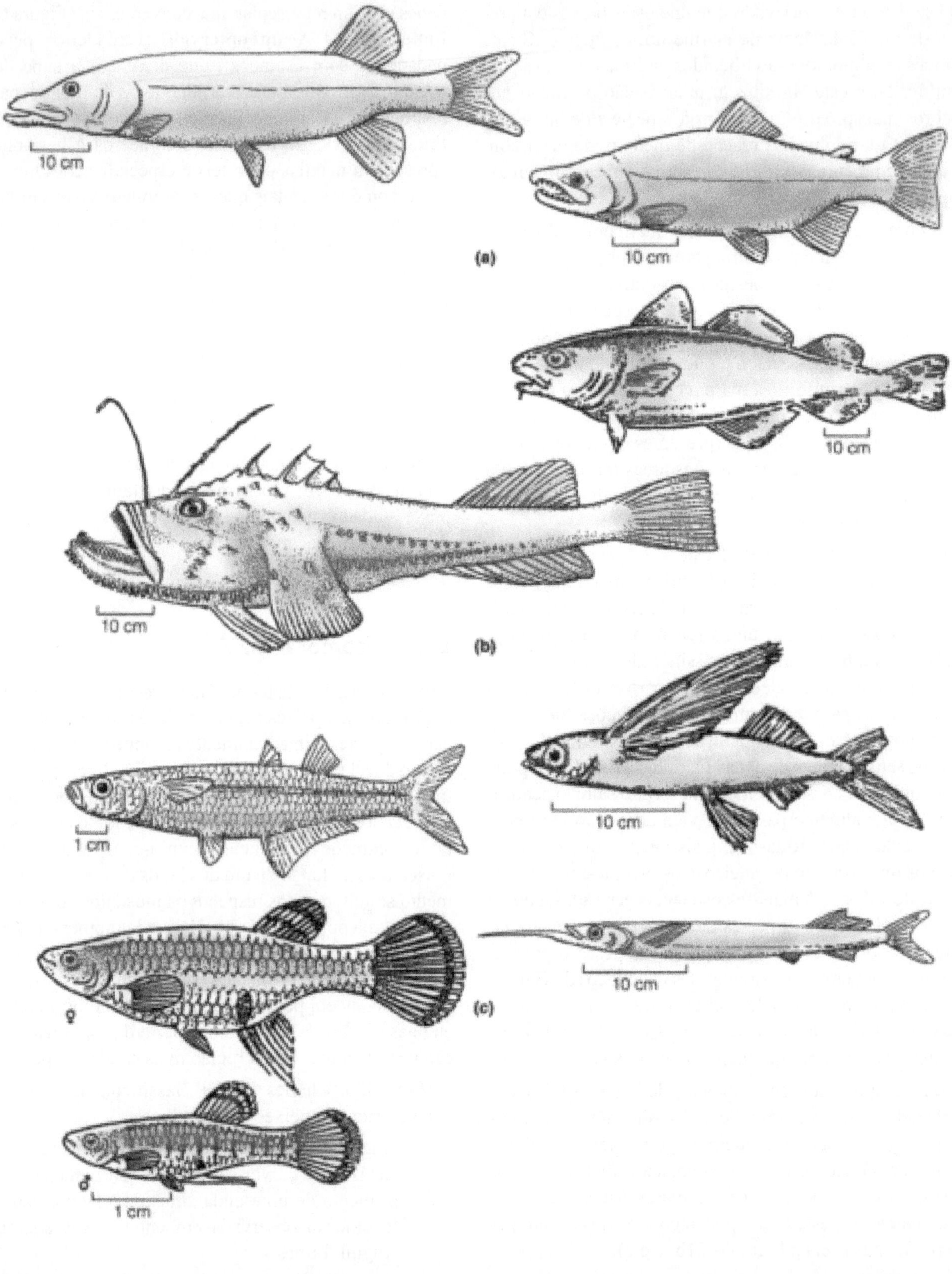

Figura 6-12 Euteleósteos (fora de escala), (a) Euteleósteos primitivos representados pelo lúcio (esquerda) e pelo salmão (direita), (b) Paracanthopterygii representados pelo bacalhau (direita) e pelo diabo-marinho (Lophis) (esquerda), (c) Peixes Atherinomorpha representados por (sentido horário, a partir do canto superior esquerdo) um peixe-de-laterais-prateadas do Atlântico (*Menidia*), por um peixe voador, um Hemiramphidae e uma espécie do género *Poecilia*, cujo macho possui uma nadadeira anal modificada utilizada na fecundação interna.

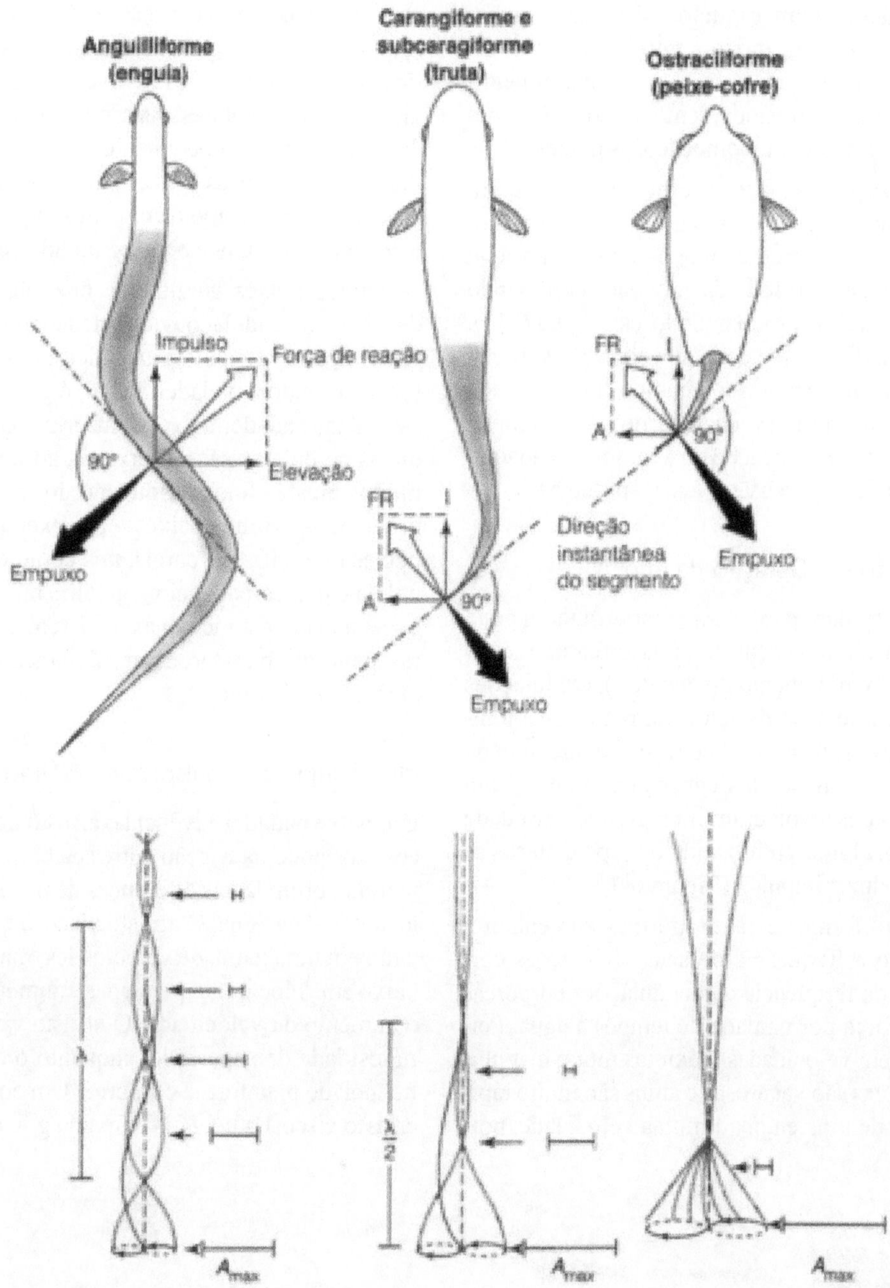

Figura 6-13 Movimentos básicos da natação dos peixes (acima). Descrições de alguns dos principais tipos de natação; regiões corpóreas que ondulam são representadas por linhas cinza claro. O componente de ascensão (lateral) da força de reação produzida por um impulso ondulatório na água é cancelado pela próxima ondulação, em direção oposta, deste modo o peixe nada em uma linha reta. O componente de impulso (para abaixo) de cada ondulação se dá na mesma direção e, portanto, é aditiva, e o peixe move-se através da água. Formas de ondas criadas por ondulações de pontos ao longo do corpo e da cauda. A representa o deslocamento lateral máximo de qualquer ponto. Note que A_{max} aumenta caudalmente; X é o comprimento da onda ondulatória.

- Ostraciforme – o corpo não é flexível, a ondulação se limita à nadadeira caudal. Nome dado a partir dos peixes-cofre (família Ostraciidae), cujas escamas fundidas formam um revestimento rígido ao redor do corpo, impedindo as ondulações laterais.

Embora estas formas de locomoção tenham sido nomeadas segundo grupos de peixes que as exemplificam, muitos outros tipos de peixes usam estes modos de natação. Por exemplo, as feiticeiras, as lampreias, a maioria dos tubarões, os esturjões, o aruanã, muitos bagres e inúmeros peixes alongados de nadadeiras com espinhos não são enguias; mesmo assim, eles nadam no modo anguiliforme. Mas as categorias de Breder ainda são úteis para o entendimento da locomoção na água e são fundamentais para a maioria dos estudos modernos sobre a locomoção dos peixes.

Muitas especializações da forma corpórea, da estrutura da superfície, das nadadeiras e do arranjo de músculos aumentam a eficiência dos diferentes modos de natação. Um peixe nadador deve superar o efeito da gravidade produzindo elevação, e o arrasto da água produzindo força (Figura 6-14). Para superar a gravidade, o peixe gera uma elevação vertical. Os teleósteos geralmente fazem isso gerando flutuabilidade por meio da bexiga natatória preenchida de gás, diferente dos tubarões que usam a modificação do ângulo das nadadeiras peitorais para produzir ascensão (veja Capítulo 5).

Superando o Arrasto – a Geração de Impulso

Em geral, os peixes nadam para frente empurrando a água para trás. Para cada força de ação há uma força de reação oposta (terceira lei do movimento de Newton). Ondulações produzem uma força de ação direcionada para trás e também uma força lateral. A força total de reação é direcionada para frente, pois as forças laterais cancelam-se umas com as outras. Os peixes desenvolveram uma grande variedade de modo de natação, alguns enfatizando o corpo e outros as nadadeiras para produzir impulso (Figura 6-15).

Nadadores anguiliformes e carangiformes aumentam a velocidade elevando a frequência de suas ondulações corpóreas. O aumento da frequência das ondulações corpóreas aplica mais força (força por unidade de tempo) à água. Peixes diferentes atingem velocidades máximas muito distintas – por exemplo, enguias são vagarosas e atuns são muito rápidos. O corpo longo de uma enguia limita a velocidade, pois ele induz o arrasto da fricção da água sobre a sua superfície alongada. Peixes como os atuns, que nadam rapidamente, são mais curtos e menos flexíveis. A força da contração dos músculos segmentares mais craniais é transferida, através dos ligamentos, ao pedúnculo caudal e à cauda. Especializações morfológicas para este modo de natação atingem seu ápice em peixes como o atum, nos quais o pedúnculo caudal é delgado e a cauda é bem expandida verticalmente.

Outros peixes geralmente flexionam o corpo para nadar, mas as ondulações das nadadeiras medianas promovem impulso. Usando a nadadeira dorsal, é natação amiiforme, usando a nadadeira anal, é gymnotiforme, e usando estas duas nadadeiras, é balistiforme. Usualmente, diversas ondas completas são observadas ao longo da nadadeira, e muitos ajustes finos da direção do movimento podem ser produzidos. Muitos peixes – por exemplo, percas e muitos peixes de recifes de corais, tais como donzelas, peixe-borboleta e peixes-papagaio – geralmente não oscilam o corpo ou as nadadeiras medianas, mas remam com suas nadadeiras peitorais para produzir movimento (conhecida como natação labriforme).

Melhorando o Impulso: Minimizando o Arrasto

Um peixe nadador vivência o arrasto de duas formas: o viscoso, oriundo da fricção entre seu corpo e a água, e a forma inercial, oriunda das diferenças de pressão criadas pelo deslocamento da água. O arrasto viscoso é relativamente constante em uma gama de velocidades, mas o arrasto inercial é baixo em velocidades pequenas e aumenta rapidamente com o aumento da velocidade. O arrasto viscoso é afetado pela rugosidade da superfície, enquanto o arrasto inercial é influenciado pela forma corpórea. Um corpo delgado tem um arrasto viscoso alto, pois tem uma grande área de superfície

Figura 6-14 Comparação das forças associadas à locomoção na natação e no vôo de um vertebrado, (a) Movendo sua nadadera caudal um peixe produz um movimento lateral distante do centro de gravidade. A força de reação da agua para este movimento causa a guinada (movimento no plano horizontal) da cabeça na mesma direção da cauda, (b) Em uma ave, a principal força propulsora da asa se dá para baixo. Já que tanto a força propulsora (impulso) quanto a força de reação (elevação) agem próximas ao centro de gravidade, a ave não se inclina (move-se em um plano vertical).

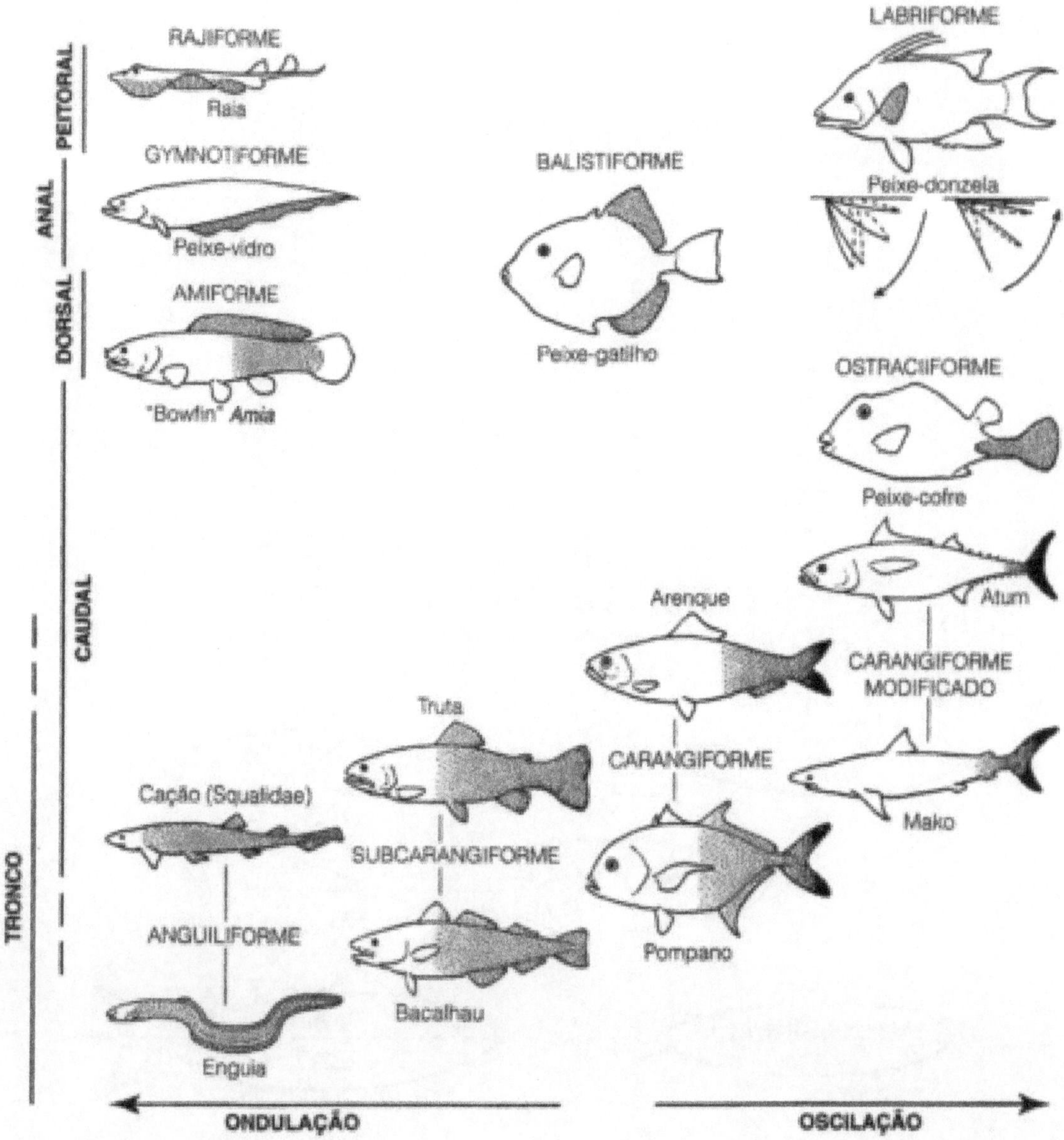

Figura 6-15 Localização dos movimentos natatório em vários peixes. Áreas pontilhadas do corpo ondulam ou movem-se durante a natação. Nomes como carangiforme descrevem os principais tipos de locomoção encontrados nos peixes; estes termos não indicam relações de parentesco para todos os peixes que se utilizam de um determinado modo de natação.

relativa à massa muscular. Um corpo espesso induz um alto arrasto inercial, pois desloca um grande volume de água conforme se move para frente. Formas de gota produzem um arrasto inercial mínimo, quando sua largura máxima é de cerca de um quarto de seu comprimento, situando-se próximo a um terço de distância da cabeça (Figura 6-16). A forma de muitos vertebrados nadadores rápidos se aproxima muito destas dimensões. Usualmente, peixes rápidos possuem escamas pequenas ou não as têm, com contorno corpóreo liso diminuindo o arrasto viscoso. (É claro, muitos peixes lentos também não possuem escamas, o que demonstra que generalizações universais são difíceis de serem feitas.) O muco também contribui para a redução do arrasto viscoso.

Peixes que nadam por ondulação utilizam apenas o pedúnculo e a nadadeira caudal, são geralmente chamados de carangiformes modificados. Os escombróides (cavalas, atuns) e muitos tubarões pelágicos possuem um pedúnculo caudal estreito dorsoventralmente, mas relativamente amplo lateralmente. O pedúnculo dos nadadores carangiformes é frequentemente reforçado lateralmente com placas ósseas chamadas de escudos. Essas estruturas apresentam forma de uma lâmina como á água, assim o pedúnculo ondula de um lado para outro; elas também contribuem para a redução

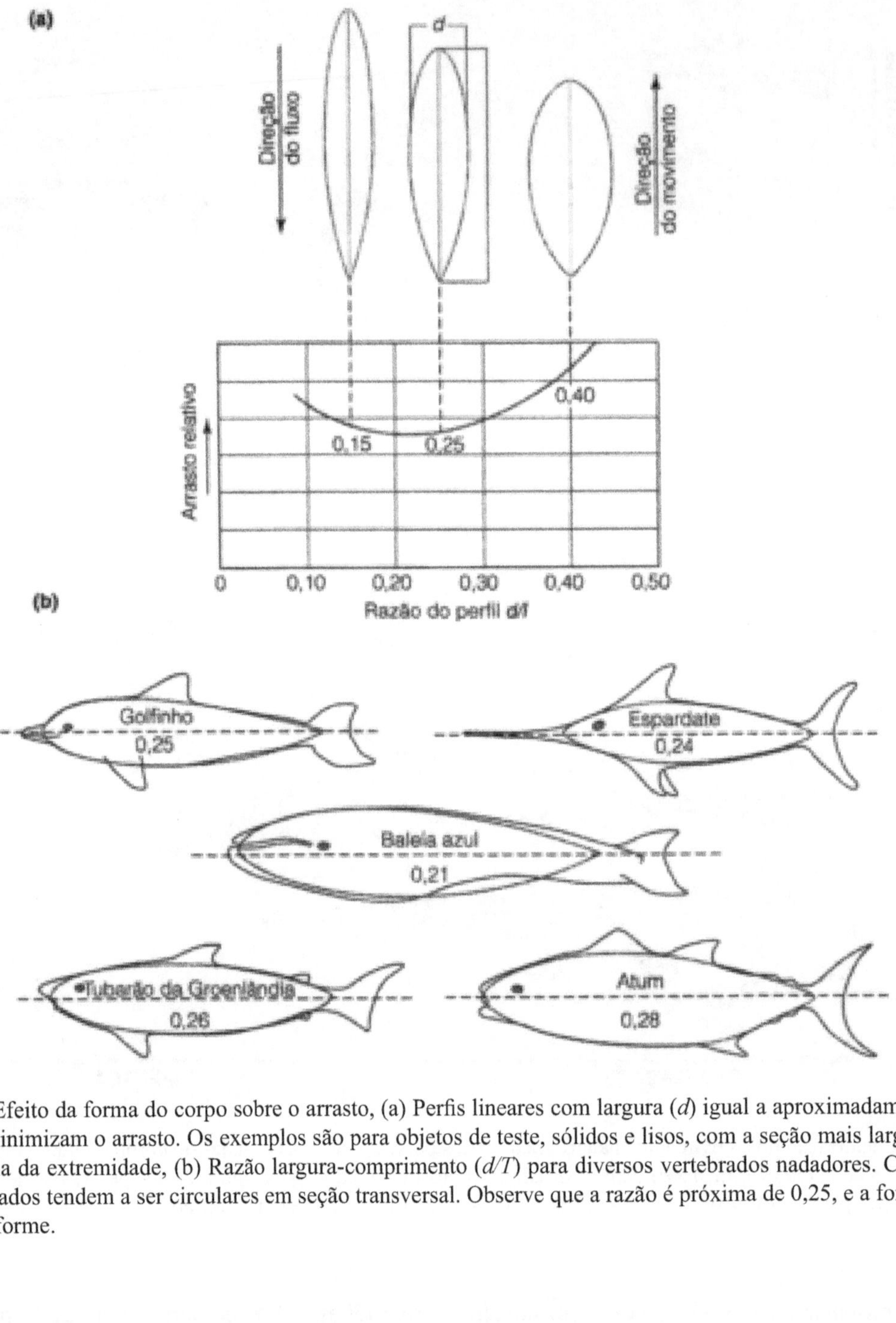

Figura 6-16 Efeito da forma do corpo sobre o arrasto, (a) Perfis lineares com largura (*d*) igual a aproximadamente um quarto do comprimento (*l*) minimizam o arrasto. Os exemplos são para objetos de teste, sólidos e lisos, com a seção mais larga há cerca de dois quintos de distância da extremidade, (b) Razão largura-comprimento (*d/T*) para diversos vertebrados nadadores. Como os objetos de teste, esses vertebrados tendem a ser circulares em seção transversal. Observe que a razão é próxima de 0,25, e a forma geral do corpo se aproxima à fusiforme.

do arrasto sobre o pedúnculo que se move lateralmente. A importância destas alterações morfológicas aparentemente menores é mar cada pelo pedúnculo caudal laminar das baleias e dos golfinhos, o qual é estreito e possui um perfil de uma faca com dois lados de corte. Mas o pedúnculo caudal dos cetáceos é estreito lateralmente, enquanto o pedúnculo caudal dos peixes escombróides é estreito verticalmente. A diferença reflete o plano de ondulação – para cima e para baixo nos cetáceos e lateral nos peixes. Estas especializações muito similares de nadadores carangiformes modificados – tubarões, escombróides ou cetáceos – produzem uma conversão eficiente das contrações musculares em movimento para frente.

A cauda cria vórtices de turbulência (redemoinhos de água) na água circulante durante o movimento do peixe. Estes vórtices podem ser uma fonte de arrasto inercial, ou os vórtices podem ser modificados para produzir empuxo (Stix, 1994, Triantafyllou e Triantafillou 1995). O arrasto total, criado pela nadadeira caudal, depende de sua forma. Quando a razão de aspecto da nadadeira (medida dorsal-ventral dividida pela largura) é grande, a quantidade de empuxo produzida relativa ao arrasto é alta. A nadadeira rígida e achatada dos escombróides e de certos tubarões (mako, tubarão-branco) resulta em uma alta razão de aspecto e em um eficiente movimento para frente. Mesmo o corte transversal das bifurcações destas nadadeiras caudais assume uma forma de gota, reduzindo ainda mais o arrasto. Muitas espécies com estas especializações nadam continuamente.

A nadadeira caudal da truta, da pescada e da perca não são rígidas e, geralmente, possuem altas razões de aspecto. Esses peixes dobram mais o corpo do que os nadadores carangiformes, em um modo de natação denominado subcarangiformes. Os nadadores subcarangiformes expandem ou comprimem a nadadeira caudal para modificar o impulso e enrijecem ou relaxam porções da nadadeira para produzir movimentos verticais da parte caudal do corpo. O pedúnculo caudal destes nadadores subcarangiformes, é extremamente comprimido lateralmente, porque o pedúnculo contribui com uma parte substancial da força total de propulsão. Estes peixes nadam frequentemente de forma explosiva, usualmente acelerando rapidamente e parando em seguida. Esta resposta inicial é controlada por um par de neurônios gigantes (células de Mauthner, encontradas em lampreias, teleósteos e em muitos anfíbios) que se estendem ao longo de todo o comprimento da medula espinhal e envia ramos para os nervos motores dos miótomos. O maior diâmetro dos axônios de Mauthner permitem um impulso para movimentos rápidos, e o sistema de Mauthner é usado nas reações de fuga.

O conhecimento atual destas adaptações variadas é o resultado de estudos extensivos sobre a natação dos Vertebrata i especialmente a dos peixes ósseos) ao longo das últimas secadas. Todavia, ainda não entendemos totalmente como as extraordinárias eficiências de propulsão, as acelerações e capacidade de manobras dos peixes são conseguidas. Arquitetos navais ainda não foram capazes de desenhar barcos com performances aproximadas das dos peixes.

6.6 Reprodução dos Actinopterygii

Os modos de reprodução dos Actinopterigeos apresentam uma diversidade maior do que a conhecida em qualquer outro táxon de Vertebrata. Apesar desta diversidade, a vasta maioria dos peixes de nadadeiras raiadas é ovípara. Dentre os teleósteos ovíparos, espécies de água doce e marinhas apresentam especializações contrastantes. Algumas espécies marinhas e a maioria dos peixes de água doce põem ovos adesivos sobre rochas ou plantas, no cascalho ou na areia, e frequentemente um ou ambos os pais cuidam dos ovos e algumas vezes dos jovens por períodos variáveis após o seu nascimento. Os ninhos variam desde depressões na areia ou no cascalho até construções elaboradas de material vegetal unido por secreções dos pais. Espécies de peixes marinhos que constroem ninhos são menores do que espécies pelágicas, talvez porque elas sejam mais capacitadas de encontrar ninhos seguros do que as espécies maiores. Os ovos podem ser colocados próximos, sobre, ou no interior de outros organismos, tais como anêmonas, mexilhões, siris, esponjas e tunicados, que protegem os ovos. Alternativamente os pais podem carregar os ovos – espécies são conhecidas por carregar os ovos sobre suas nas nadadeiras; sob seus lábios; sobre protuberâncias especializadas, áreas da pele e bolsas; eventualmente no interior de suas bocas ou cavidades branquiais.

Características Reprodutivas dos Teleósteos de Água Doce

Teleósteos de água doce, usualmente, produzem e cuidam de um número relativamente pequeno de ovos demersais, grandes e ricos em vitelo (ovos que são enterrados, posicionados em um ninho ou presos à superfície de uma rocha ou de uma planta). Prendê-los é importante, pois o fluxo da água pode, facilmente, levar embora um ovo pelágico (isto é, flutuam livremente) do habitat apropriado para seu desenvolvimento. Os ovos de teleósteos de água doce eclodem em jovens (denominados filhotes) que possuem as formas corpóreas e os comportamentos similares aos dos adultos.

Características Reprodutivas dos Teleósteos Marinhos

Os ovos demersais podem ser ancestrais aos Actinopterygii, e a produção de ovos pelágicos e de larvas é, provavelmente, uma característica derivada dos Euteleostei. A maioria dos teleósteos marinhos libera um grande número de ovos transparentes, pequenos e flutuantes na água. Estes ovos são fertilizados externamente e se desenvolvem e eclodem à deriva no mar. As larvas também são pequenas e, geralmente, possuem uma pequena reserva de vitelo. Elas começam a se alimentar de micro-plâncton assim que eclodem. Larvas marinhas são, usualmente, muito distintas, quanto a sua aparência, de seus pais, e não se conhece a forma adulta de muitas larvas descritas. Tais larvas são especializadas à vida no plâncton oceânico, alimentando-se e crescendo à deriva no mar, durante semanas ou meses, dependendo da espécie. As larvas se estabelecem em habitats juvenis ou adultos, apropriados às suas espécies. Ainda não se sabe bem se a chegada no habitat adulto (o chão do oceano, o recife de coral ou a boca de um rio) é um processo ativo ou passivo das larvas. Entretanto, a chegada coincide com a metamorfose da morfologia larval à juvenil em uma questão de horas ou de dias. Embora os jovens sejam usualmente identificados em uma espécie, algumas poucas larvas pré-metamórficas foram reproduzidas em cativeiro com sucesso, para que fossem conhecidas algumas relações entre elas. Estudos de ossos, chamados de otólitos, estão contribuindo para o nosso entendimento sobre o início das histórias de vida dos peixes na natureza (Quadro 6-2).

QUADRO 6-2 O Que a Orelha de um Peixe nos Diz sobre Sua Vida

Acompanhar ovos diminutos de peixes ou larvas transparentes no mar aberto, ou em nos turvos, apresenta problemas incontáveis. Entretanto, há um método indireto para reconstruir os detalhes da história de vida de um peixe individualmente. Uma característica dos peixes ósseos é a presença de até três estruturas compactas e mineralizadas, suspensas dentro de cada orelha interna, os otólitos. Estas estruturas são especialmente bem desenvolvidas na maioria dos teleósteos, com formas, usualmente curiosas, se encaixando nos espaços do labirinto membranoso, de forma precisa, e crescendo em proporção ao desenvolvimento do peixe. Eles são importantes na audição, orientação e locomoção e são formados, na maioria dos teleósteos, durante os últimos estágios embrionários.

Os otólitos crescem pela agregação de camadas mineralizadas depositadas sobre a superfície resultando em camadas concêntricas, semelhantes as camadas de uma cebola (Figura 6-17). A camada mais fina pode ser distinguida e reflete usualmente um dia de crescimento. A largura e a densidade relativas e as interrupções das camadas demonstram as condições ambientais que o indivíduo encontrou diariamente, desde a eclosão, incluindo variações de temperatura e de aprensão de alimentos. Para muitas espécies o registro do crescimento é completo e sem interrupção para os primeiros anos de vida. Padrões sazonais e anuais de deposição estão presentes também. Em tais ambientes sazonais e assim como um crescimento mais lento do peixe com a idade, o registro diário pode tornar-se incompleto ou intermitente. Quantidades diminutas de elementos e a característica do decaimento dos isótopos no ambiente onde o peixe passa cada dia, são incorporados nas camadas, aumentando ainda mais a informação fornecida pelos otólitos. Um registro dia-a-dia do indivíduo é escrito em seus otólitos. Isso pode incluir movimentos e migrações e permitem aos biologistas determinar áreas de reprodução ou "águas de residência". É possível imprimir um código permanente nos otólitos por meio da submissão de jovens peixes a uma série de aumentos e declínios de temperatura: um padrão de barras de códigos resulta na microestnitura do otólito. Esse padrão único permite aos pescadores utilizar este método para marcar os peixes juvenis antes de serem liberados. Anos depois, quando os peixes adultos são recapturados, o código escrito nos otólitos mostra a origem do peixe. A química do otólito também é alterada propositadamente como um meio de reunir ninhadas de filhotes marcados, usando compostos como o estrôncio clorídrico e cromoflúor. Injetando tais substancias em fêmeas grávidas os pesquisadores tem induzido com sucesso otólitos marcados nos filhotes em percas vivíparas, por exemplo. Isto pode levar a um melhor entendimento do recrutamento de juvenis na natureza. Novas técnicas de analise de otólitos também tem fornecido informações muito importantes sobre a longevidade de muitas espécies. Métodos mais tradicionais sobre o envelhecimento frequentemente subestimam a idade do peixe. Informações recentes têm revelado que não é mcomum para muitos peixes alcançar a idade de 50 anos, e alguns podem dobrar ou triplicar esta estimativa. Mesmo cheio de problemas de interpretação, o estudo da microestnitura do otólito está avançando significativamente o nosso conhecimento sobre a reprodução e o início da história da vida dos peixes.

Figura 6-17 Micrografia eletrônica de varredura de um otólito de um peixe-roncador juvenil. *Haemulon flavolineatum*. A área central representa o foco de um otólito a partir do qual se dá o crescimento. Os anéis alternados, escuros e claros, são incrementos de crescimento diários. Note que a largura dos incrementos de crescimento varia, significando variações dia-a-dia na taxa de crescimento.

A estratégia de produzir ovos e larvas planctônicos, expõe a uma existência pelágica prolongada e arriscada, que parece desperdiçar os gâmetas. Todavia, ciclos de vida complexos como estes é o principal modo de reprodução dos peixes marinhos. Uma das vantagens que os peixes podem obter por meio desta desova pelágica é a redução de alguns tipos de predação sobre os ovos fertilizados. Os predadores que poderiam capturar os ovos podem ser abundantes no habitat parental, mas relativamente ausentes no meio pelágico. Os peixes de desova pelágica usualmente migram para regiões de correntes fortes para se reproduzir, ou se reproduzem em sincronia com épocas de correntes máximas, mensais ou anuais, e, dessa maneira, asseguram a dispersão rápida de seus ovos. Estes comportamentos ajudam a garantir que os ovos sejam rapidamente carregados para longe dos predadores.

Uma segunda vantagem da desova pelágica pode envolver a alta produtividade biológica da superfície iluminada do ambiente pelágico. O micro-plâncton (bactérias, algas, protozoários, rotíferas e crustáceos pequenos) é abundante nos locais onde nutrientes suficientes atingem as águas iluminadas. Se a energia é limitante aos peixes parentais, ela pode ser vantajosa para investir a menor quantidade possível de energia na produção de ovos que eclodem em larvas especializadas, as quais se alimentam de itens alimentares pelágicos, os quais são muito pequenos para os adultos comerem.

Uma última hipótese envolve a seleção específica. A produção de ovos e de larvas flutuantes, levados pela corrente, aumenta as chances de colonização de todas as manchas de habitats adultos em uma grande área. Uma espécie amplamente dispersa não é vulnerável a alterações ambientais locais, as quais poderiam extinguir uma espécie com uma distribuição geográfica restrita. Talvez, a predominância da reprodução pelágica, no ambiente marinho, reflita os resultados de milhões de anos de extinções de espécies com comportamentos reprodutivos sem dispersão efetiva dos jovens.

6.7 A Adaptabilidade dos Peixes – Comunidades de Teleostei em Ambientes Contrastantes

Diante do grande número, tanto de espécies quanto de indivíduos, de peixes viventes, especialmente de teleósteos, não surpreende que eles habitem uma enorme diversidade de ambientes aquáticos. A análise de dois ambientes bem distintos, as grandes profundidades marinhas e os recifes de corais permitem um melhor entendimento da fantástica adaptabilidade dos peixes teleósteos.

Peixes das Grandes Profundidades Marinhas

De todas as regiões da Terra, as grandes profundidades do mar são as menos estudadas. Duas das principais zonas de vida existem no mar: a pelágica (subdividida em epipelágica, mesopelágica, e bentopelágica), onde os organismos vivem flutuando ou nadando, e a bentônica, onde os organismos estão associados ao fundo das grandes profundidades (Figura 6-18). A luz solar é totalmente ausente a uma profundidade de 1000 metros, nos oceanos mais claros, e a profundidades muito menores em regiões costeiras. Como resultado, cerca de 75 por cento do oceano é sempre escuro, iluminado somente pelo brilho dos organismos bioluminescentes. Uma gama bizarra e distinta de peixes de grandes profundidades do mar, com representantes de não menos do que cinco ordens evoluiu nestas zonas.

Peixes decrescem em abundância, tamanho e diversidade de espécies nas grandes profundidades. Estas tendências não são surpreendentes, já que todos os animais dependem, diretamente ou indiretamente, da fotossíntese, a qual esta limitada a regiões epipelágicas (da superfície até os 100 metros de profundidade). Abaixo da região epipelágica, os animais dependem da "chuva" de detritos da superfície. A quantidade de alimento disponível diminui, pois é consumido em sua descida. Amostragens confirmam este declínio de alimento: o plâncton da superfície pode atingir níveis de biomassa de 500 miligramas líquidos por metro cúbico, mas, a 1000 metros de profundidade, a biomassa de plâncton é de apenas 25 mg/m^3. De 3000 a 4000 metros de profundidade, o valor cai para somente 5 mg/m^3, e a 10.000 existe apenas 0,5 mg de plâncton por metro cúbico de água.

A diversidade dos peixes é similar a esse declínio: estima-se que cerca de 800 espécies de peixes de profundidade marinha ocupem a zona mesopelágica (de 100 a 1000 metros abaixo da superfície), e que somente 150 espécies habitem as regiões batipelágicas (onde as espécies vivem na coluna d'água a profundidades abaixo de 1000 metros). Mares profundos, sob áreas de grande produtividade na superfície, contêm espécies de peixes maiores e em maior quantidade do que regiões sob áreas menos produtivas. Alta produtividade ocorre em áreas de resurgência, nas quais as correntes reciclam os nutrientes anteriormente removidos da camada de detritos. Nestes locais, peixes de profundidade tendem a ser mais diversos e abundantes.

Em águas tropicais, a fotossíntese é contínua por todo o ano. Longe dos trópicos, ela é mais cíclica, seguindo as alterações sazonais de luminosidade, de temperatura e, algumas vezes, de correntes. A diversidade e a abundância dos peixes de águas profundas diminui longe dos trópicos. Mais de 300 espécies de peixes mesopelágicos e batipelágicos ocorrem nas imediações das Bermudas tropical, enquanto somente 50 espécies foram descritas em toda a região Antártica. A alta produtividade das águas antárticas é restrita a alguns poucos meses do ano e o detrito que precipita, durante o restante do ano, não é suficiente para sustentar um conjunto diversificado de peixes de águas profundas.

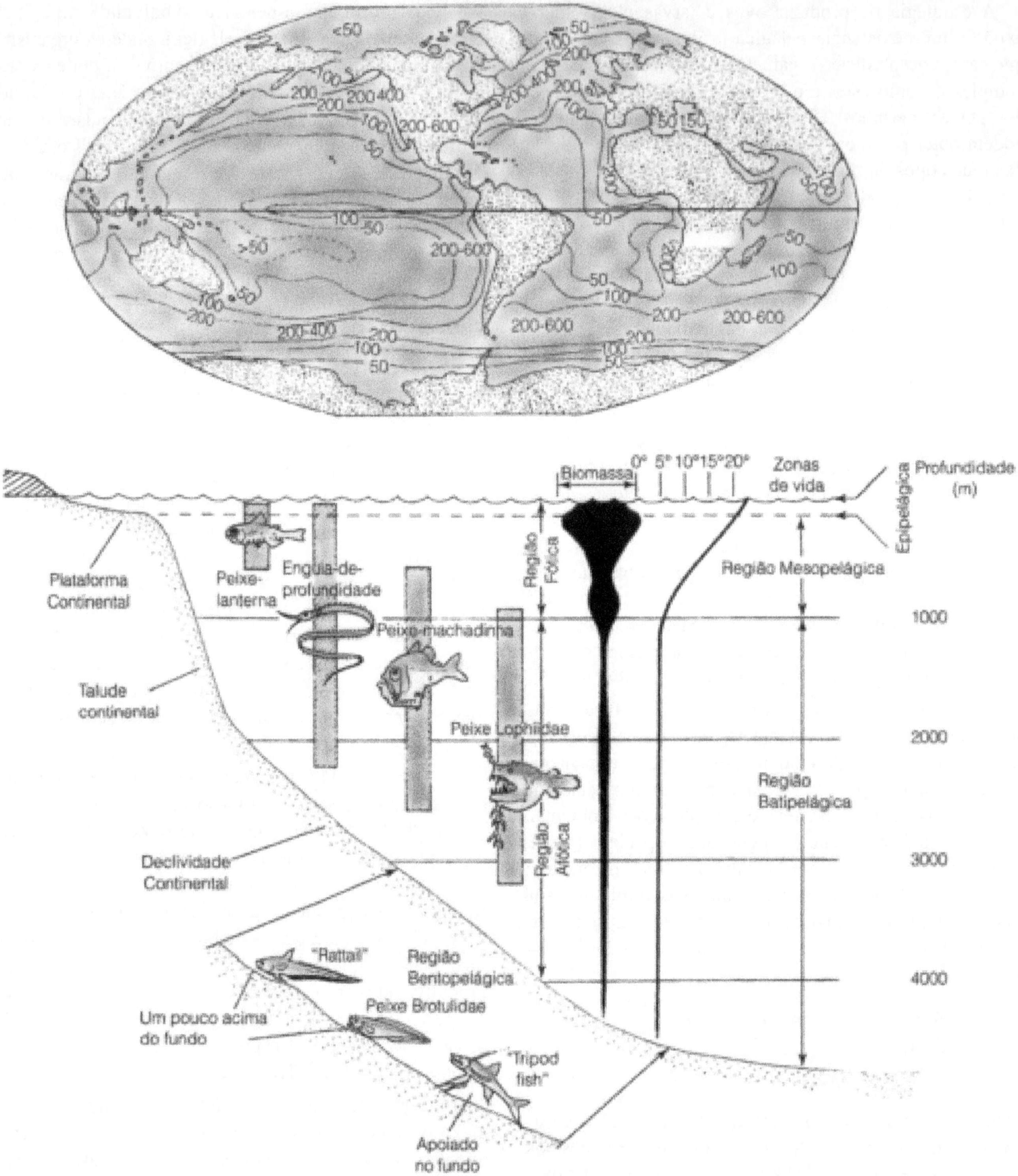

Figura 6-18 Zonas de vida nas profundidades oceânicas, (a) Produtividade anual na superfície do oceano. Números são gramas de carbono produzidas por metro quadrado por ano. Conjuntos ricos de peixes de profundidade ocorrem onde águas altamente produtivas estão sobre as águas mais profundas, (b) Corte esquemático das zonas de vida nas águas profundas do mar. Temperaturas e biomassas são mostradas, assim como as distribuições verticais de diversas espécies de peixes, como as de migração diária.

Enfatizamos que a disponibilidade de alimentos (energia) é o problema ambiental mais formidável que os peixes de águas profundas encontram; na realidade, muitas de suas especializações podem ter sido selecionadas segundo a intermitência ou escassez continua de alimento. Outro fator variável é a pressão, enquanto a baixa temperatura e a ausência de luz são constantes.

Peixes Mesopelágicos Em geral, peixes e invertebrados mesopelágicos migram verticalmente, subindo em direção a superfície no final da tarde para entrar em áreas com mais alimento e descendo no início da madrugada. Aparentemente eles seguem os níveis de intensidade de luz que os movem para cima e para baixo, mantendo-os provavelmente em zonas onde os predadores tem dificuldade de vê-los (Figura 6-19). Sinais de sonar são refletidos pelas bexigas natatórias dos peixes mesopelágicos, e agregações destes animais produzem uma camada acústica. Ao pôr-do-sol, a intensidade de luz sobre a superfície diminui, assim como a luz que penetra no oceano. Posicionando no gráfico a profundidade de uma única intensidade de luz (chamada de isolume) em relação ao tempo ilustra-se a profundidade progressivamente menor na qual uma dada intensidade de luz ocorre no crepúsculo. A intensidade de luz escolhida para este exemplo se encontra entre a das estrelas e a da lua cheia. Ela corresponde ao limite superior da camada acústica, a qual se eleva rapidamente com a migração, para cima, dos peixes mesopelágicos.

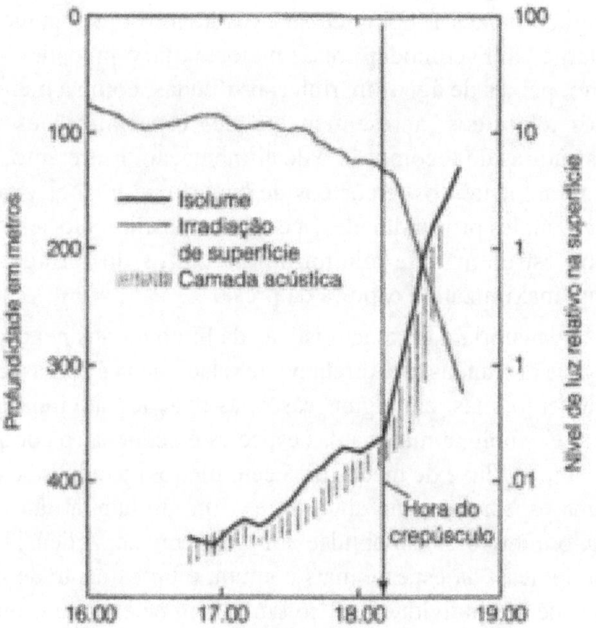

Figura 6-19 Migração, ascendente, de peixes mesopelágicos, indicada por alterações da profundidade da camada acústica. Os movimentos para cima estão intimamente associados a mudança de intensidade de luz (isolume) assim que a intensidade da luz do Sol na superfície do oceano (superfície irradiante) decresce.

Diversos benefícios e custos resultam, provavelmente, deste comportamento. Ao subirem durante o crepúsculo, os peixes mesopelágicos entram em uma região de produtividade mais alta, onde o alimento está mais concentrado. Entretanto eles também aumentam sua exposição aos predadores, embora muitos predadores de águas superficiais sejam caçadores visuais e podem ser menos ameaçadores à noite. Além disso, peixes mesopelágicos ascendentes estão expostos a elevações de temperatura que podem exceder os 10°C. Os custos energéticos de manutenção, nestas temperaturas mais altas, podem dobrar ou, até mesmo, triplicar. Em contraste, a descida até as águas mais frias abaixa o metabolismo, o que conserva energia e reduz a chance de predação, pois existem menos predadores em águas mais profundas.

Peixes Batipelágicos Não há certeza que os peixes batipelágicos passam pelas migrações verticais diárias. Há pouca economia metabólica, oriunda da migração vertical, em zonas sem luz, pois as temperaturas são uniformes (cerca de 5°C). Além disso, o custo da migração, ao longo dos diversos milhares de metros, desde a região batipelágica até a superfície, provavelmente superaria a energia ganha a partir da invasão de águas produtivas de superfície. Em vez de migrar, os peixes batipelágicos são especializados para vidas menos ativas do que aquelas de seus equivalentes mesopelágicos.

Peixes de águas profundas têm ossos menos densos e menos músculos esqueléticos do que os peixes de profundidades menores (Figura 6-20). Peixes de superfície possuem esqueletos fortes e ossificados e músculos vermelhos bem desenvolvidos na região axial do corpo, especialmente adaptados para a natação continuada. Peixes mesopelágicos, os quais nadam, principalmente, durante a migração vertical, têm um esqueleto mais delicado e menos músculos vermelhos axiais. Em peixes batipelágicos o esqueleto axial e a massa de músculos são muito reduzidos e a locomoção é limitada.

O tamanho do olho e a sensibilidade à luz se correlacionam com a profundidade. Peixes mesopelágicos têm olhos maiores do que os pelágicos de superfície. A retina dos peixes mesopelágicos contém uma alta concentração de pigmento visual, a fotossensibilidade química que absorve a luz no processo de visão. Os pigmentos visuais dos peixes de águas profundas são mais eficientes na absorção da luz azul, cujo comprimento de onda é mais prontamente transmitido através da água límpida.

Muitos peixes e invertebrados de grandes profundidades são ornamentados com padrões brilhantes formados por **órgãos de fotóforos** que emitem luz azul, e muitos peixes batipelágicos têm padrões bioluminescentes característicos de machos e de fêmeas. Pequenos órgãos produtores de luz, denominados fotóforos são distribuídos sobre o corpo formando padrões específicos e também específico do sexo (Figura 6-2 le). A luz é produzida por espécies simbiontes

Figura 6-20 Redução do osso em peixes de águas profundas. Raios-X demonstram a redução da densidade óssea dos peixes mesopelágicos e batipelágicos, comparada a de um peixe de superfície. Acima: o arenque epipelágico (Clupeidae). Meio: um peixe-lanterna mesopelágico, que executa a migração vertical (Myctophidae). Abaixo: um "bristlemouth" (Gonostomatidae) mesopelágico, habitante de águas profundas.

de *Photobacterium* e por grupos anteriormente desconhecidos de bactérias relacionadas ao *Vibrio.* Alguns fotóforos, provavelmente, agem como sinais para outros membros da mesma espécie na escuridão do fundo do mar, onde parceiros são difíceis de serem encontrados. Outros, tais como os atrativos de nadadeiras raiadas modificadas dos Liophiidae, provavelmente, atraem presas. As fêmeas de Liophiidae possuem atrativos bioluminescentes que parecem ser específicos. Embora seja utilizado para atrair presas, o bastão luminoso também atrai, possivelmente, os machos. Porque a luz não penetra muito longe na água, a detecção visual de outros individuos, a mais de 40 ou 50 metros, não é possível e outros sentidos, tais como as trilhas de ferômonios, devem ser utilizados. As fêmeas secretam um feromônio e os machos, usualmente, possuem órgãos olfatórios bem desenvolvidos. Ao sentir o feromônio enquanto executam movimentos de busca, os machos nadam em direção a um encontro íntimo.

As maxilas e os dentes dos peixes de águas profundas geralmente são enormes, em proporção ao resto do corpo. Muitos peixes batipelágicos podem ser descritos como uma grande boca acompanhada por um estômago. Se um peixe raramente encontra presas potenciais, é importante possuir uma boca grande, para engolir praticamente qualquer coisa que encontre – e um trato digestório que possa se expandir, para acomodar a refeição (Figura 6-21). O aumento das chances de encontrar a presa também é importante para a sobrevivência nas profundidades oceânicas. Em vez de procurar por presas no escuro das profundezas, os peixes Lophiidae utilizam um bastão bioluminescente a sua frente. Acredita-se que o atrativo bioluminescente imite os movimentos do zoôplancton, trazendo peixes e crustáceos maiores para a boca. A presa é sugada por meio de uma repentina abertura da boca, apanhada pelos dentes e, então, engolida. As maxilas de muitos peixes Liophiidae se expandem e o estômago se alarga para acomodar presas maiores que o predador. Assim, peixes de águas marinhas profundas, como a maioria dos teleósteos, apresentam grandes especializações nas estruturas de locomoção e de alimentação. Entretanto, diferentemente dos teleósteos de superfície, nos teleósteos de grandes profundidades, a escassez de alimento selecionou estruturas que minimizam os custos do forrageio e que maximizam a captura da presa.

A maioria das características da biologia dos peixes de águas profundas está diretamente relacionada à escassez de alimento, mas, em alguns casos, as relações são indiretas. Por exemplo, a maioria das espécies é pequena (o comprimento médio é de menos de 5 centímetros) e indivíduos de uma espécie não são abundantes. Em um habitat tão vasto, o número de Liophiidae é muito pequeno. A densidade de fêmeas, da espécie mais comum, é tipicamente de menos de um indivíduo por 1,6 km^3. Imagine encontrar outro humano sob condições semelhantes! Além disso, para se reproduzir, cada peixe deve localizar um parceiro e reconhecê-lo como membro de sua própria espécie.

A história de vida de Liophiidae ceratióides dramatiza como a seleção adapta um vertebrado a seu habitat. Os adultos, tipicamente, passam a vida em regiões sem luz, abaixo

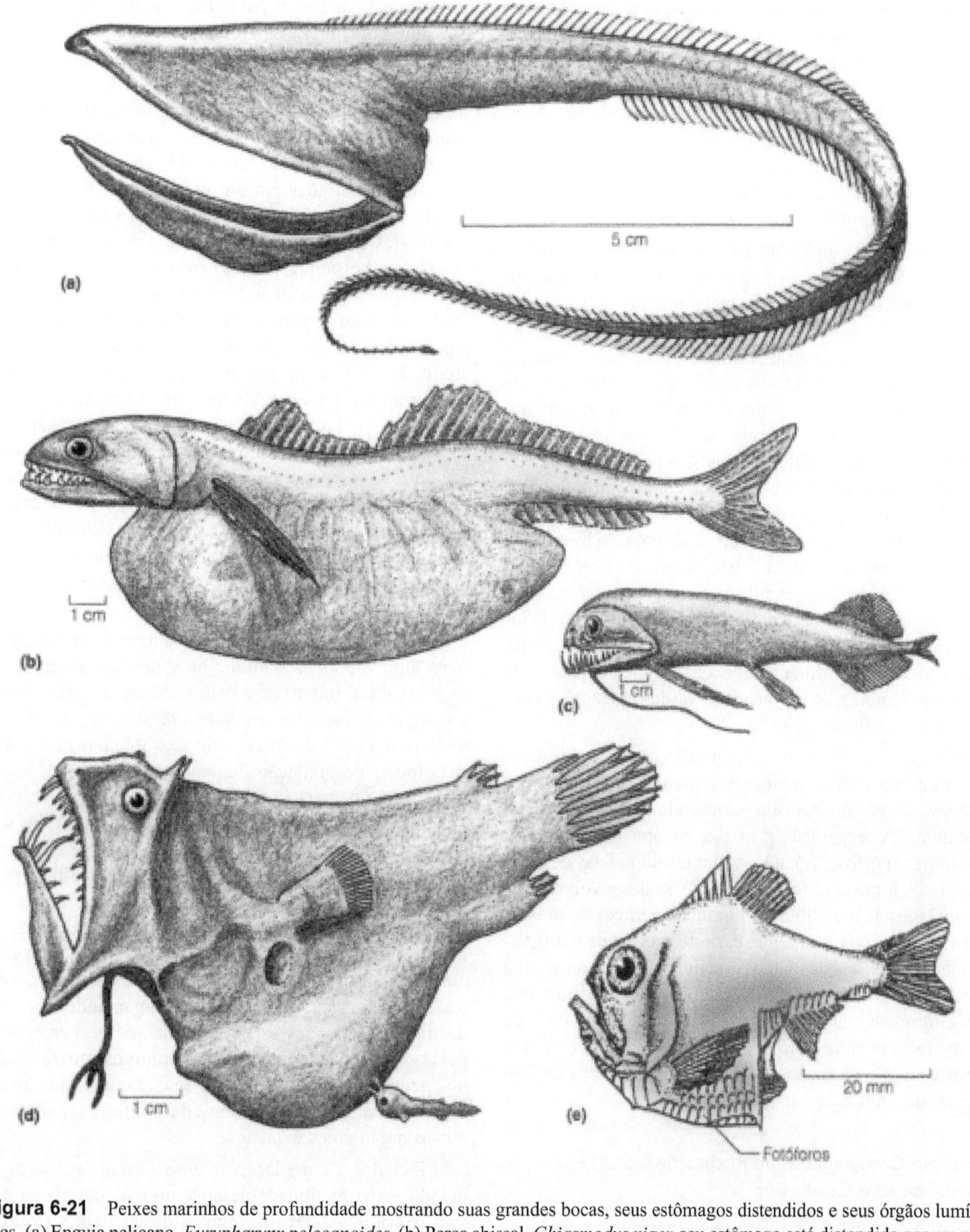

Figura 6-21 Peixes marinhos de profundidade mostrando suas grandes bocas, seus estômagos distendidos e seus órgãos luminescentes. (a) Enguia pelicano, *Eurypharynx pelecanoides.* (b) Perca abissal, *Chiasmodus niger,* seu estômago está distendido por um peixe maior que ele mesmo, (c) Estomiatóide, *Aristostomias grimaldii.* (d) Fêmea de *Liophryne argyresca,* com um macho parasita preso ao seu ventre, (e) Peixe-machadinha, *Sternoptyx diaphana* com fotóforos sobre a região ventrolateral.

de 1000 metros. Entretanto, ovos fecundados chegam á superfície, onde eclodem em larvas. As larvas permanecem, em sua maioria, em profundidades menores que 30 metros, onde crescem, descendo posteriormente para a região sem luz. A descida é acompanhada por modificações metamórficas que diferenciam as fêmças e os machos. Durante a metamorfose, as jovens fêmeas se dirigem a profundidades maiores, onde se alimentam e crescem vagarosamente, atingindo a maturidade após diversos anos.

As fêmeas de Liophiidae alimentam-se durante toda a vida, enquanto os machos alimentam-se somente durante o estágio larval. Modificações metamórficas os preparam para um futuro diferente; sua função é a reprodução, literalmente, para um laço matrimonial por toda a vida. O corpo alonga e músculos vermelhos axiais se desenvolvem. Os machos param de comer e um fígado bem desenvolvido, aparentemente, fornece energia para longos períodos de natação. Os órgãos olfatórios dos machos aumentam de tamanho na metamorfose e os olhos continuam a crescer. Estas alterações sugerem que os machos adolescentes passam por um período breve, mas ativo, de natação livre, concentrados em encontrar uma fêmea. A jornada é precária, já que os machos devem vasculhar vastas áreas escuras para encontrar uma única fêmea, enquanto fogem de predadores. Dentre os adultos jovens, há um desequilíbrio quanto à razão sexual – geralmente mais de 30 machos para cada fêmea. Aparentemente, ao menos 29 destes machos não encontraram uma fêmea virgem.

Ao encontrar uma fêmea, um macho não quer perdê-la. Ele garante uma união permanente prendendo-se ao corpo da fêmea, como um parasita, mordendo-a e segurando-se firmemente. A preparação para este encontro se inicia durante a metamorfose, quando os dentes do macho degeneram e ossos fortes, em forma de dente, se desenvolvem nas extremidades da mandíbula. Um macho permanece preso à fêmea durante toda a sua vida e, neste estágio de parasitismo, ele cresce e seus testículos amadurecem. A monogamia prevalece na relação, já que as fêmeas, invariavelmente, carregam apenas um macho parasita. Este estilo de vida é desconhecido entre outros vertebrados, mas ele tem sido bem sucedido para os Liophiidae – existem cerca de 200 espécies de ceratóides.

Peixes em Comunidades de Recifes de Corais – Especialização e Co-existência

Um recife de coral é uma das mais espetaculares apresentações da vida animal na Terra. A diversidade de animais, vertebrados e invertebrados, em tais concentrações, não ocorre em outros locais; e o componente vertebrado de uma comunidade de recife de coral se dá, quase que exclusivamente, por meio de um único táxon, os teleósteos Acanthopterygii.

A diversidade, sem paralelos, dos modos de alimentação, que caracteriza os Actinopterygii requer o controle preciso da ação das maxilas e da posição do corpo. Esta precisão foi obtida por meio de fortes pressões seletivas sobre as interações entre a alimentação e a locomoção. Em nenhum outro local tais interações são mais óbvias do que nos recifes de corais. Mais de 600 espécies de peixes podem ser encontradas em um único recife do Indo-Pacífico. Os mais primitivos peixes de nadadeiras com espinhos nos recifes de corais são predadores de invertebrados (p. ex., peixes-borboleta, peixes cardinal; Figura 6-22). Como uma resposta à predação, muitos invertebrados dos recifes se tomaram noturnos, limitando suas atividades à noite e permanecendo escondidos durante o dia. Em resposta à atividade noturna das presas, os primeiros Acantopterygii evoluíram a capacidade de localizar a presa à noite. Desde esse momento, seus descendentes se dispersam pelos recifes, à noite, para se alimentar mas, durante as horas de luz do dia, se congregam em buracos e fendas no recife. Os olhos grandes e sensíveis destes predadores noturnos são efetivos a baixas intensidades de luz. Eles utilizam os contornos irregulares dos recifes para a abordagem e dependem das grandes bocas protrusíveis para sugar e capturar a presa.

A evolução dos peixes especializados na tomada de itens alimentares escondidos na superfície complexa dos recifes foi um importante avanço dentre os Acanthopterygii. Algumas espécies dependem da sucção, enquanto outras usam a ação de fórceps de suas maxilas protrusíveis. Este modo de predação demanda especializações sensoriais, sendo a mais importante a grande acuidade visual que pode ser obtida somente no claro do dia. Além disso, um posicionamento apurado é necessário para direcionar as maxilas. Estas pressões seletivas produziram peixes capazes de manobras complexas através de recifes tridimensionais na busca por alimento. Deste modo, sua locomoção, a visão atenciosa, a memória de locais para esconderijo e rotas de escape são tão acuradas que esses peixes podem se diurnos, movendo-se e alimentando-se na à luz do dia. As refinadas especializações de alimentação dos peixes diurnos de recifes lhes permite extrair invertebrados pequenos ativos à noite de seus esconderijos diurnos, ou até mesmo retirar pedaços de pólipos, esponjas e de outros organismos expostos.

Liberados da predação intensa durante a luz do dia, devido à sua habilidade de encontrar segurança na estrutura labiríntica do recife, muitos destes peixes evoluíram padrões notáveis de cores. Estes sinais visuais comunicam uma ampla gama de informações; específicas, de idade, sexo, estatus social e condição reprodutiva.

Um recife de coral possui turnos noturnos e diurnos – ao final da tarde, os peixes diurnos coloridos, dependentes da intensidade de luz para sua acuidade visual, procuram

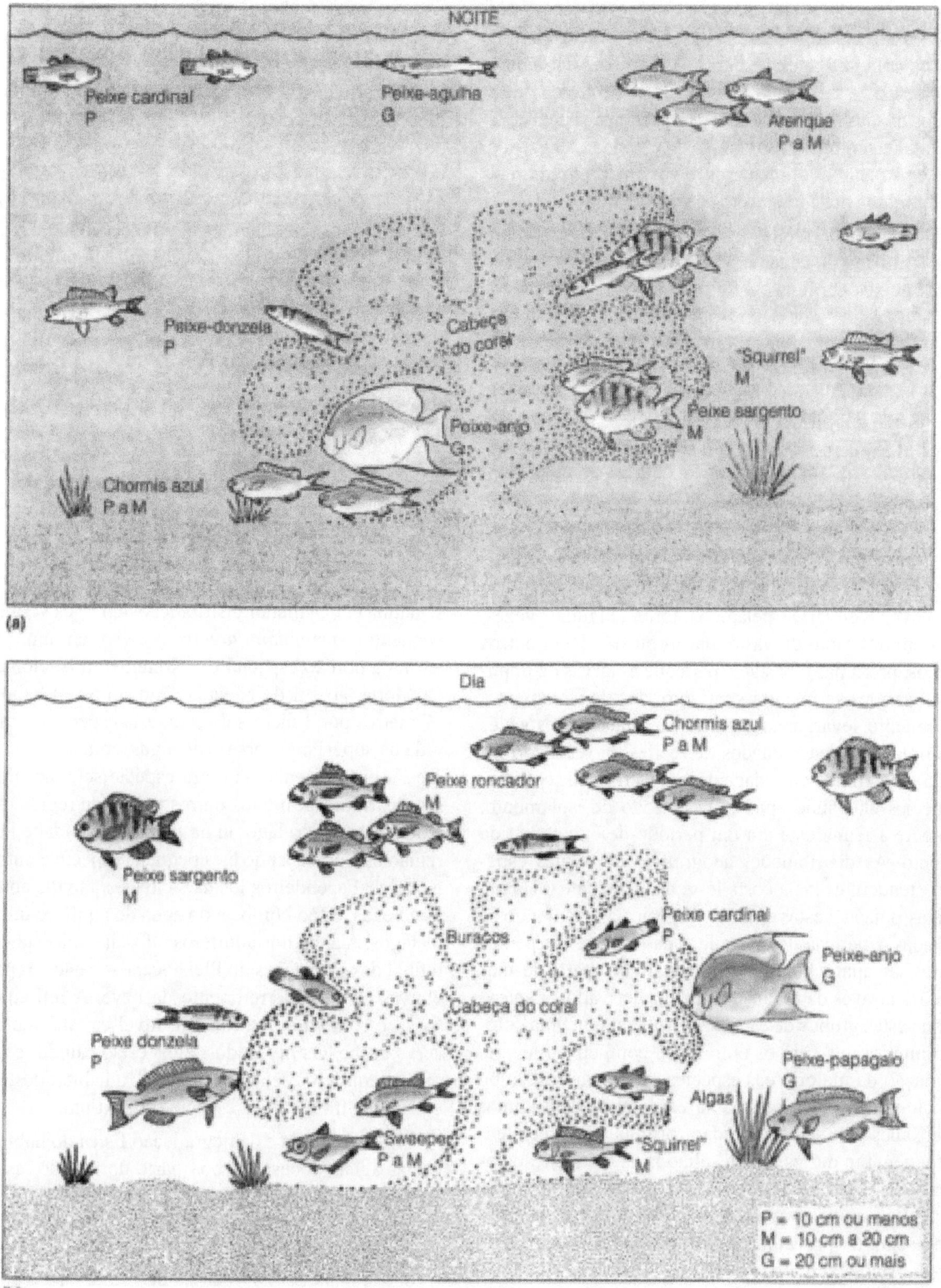

Figura 6-22 Atividade, diversidade e diferenças relativas de população de peixes sobre um recife de corais caribenho (a) à meia-noite e (b) ao meio-dia. Muitos peixes de recife são Perciformes; dos peixes ilustrados aqui apenas o arenque, o peixe-agulha e o "squirrel fish" não são Perciformes.

refúgios noturnos no recife, e os peixes noturnos, com pouca visão na luz, deixam seus esconderijos e substituem os diurnos na coluna d'água (Figura 6-22). A precisão com a qual cada espécie sai ou entra na cobertura protetora do recife, todos os dias indica que esta é uma característica comportamental e ecológica fortemente selecionada. O espaço, o tempo e os recursos alimentares, disponíveis em um recife, são divididos por meio deste padrão de atividade.

Muitos peixes de recifes pertencem a um pequeno número de famílias e de gêneros com muitas espécies co-existindo. Os peixes cardinais, os peixes-anjo, os peixes-borboleta, as donzelas e os peixes-papagaio são exemplos. O grande número de espécies muito aparentadas pode ser o resultado do frequente isolamento parcial das seções do oceano tropical, (p. ex., o Oceano Atlântico tropical foi isolado do Pacífico tropical há três milhões de anos, pela elevação do Istmo do Panamá.) O registro fóssil mostra que muitos gêneros de peixes recifais existiam há mais de 50 milhões de anos. Durante este longo período, os níveis do mar variaram, as ilhas vulcânicas cresceram e diminuíram e os continentes e arquipélagos afundaram com a expansão do solo marinho. Populações de peixes de recifes, quase todas com ovos e/ou larvas pelágicos, foram, algumas vezes, isoladas em um canto do vasto mar tropical – e, em outros momentos, próximas o bastante para que as larvas de populações diferentes se misturassem. Períodos de isolamento, provavelmente, levaram a formação simultânea de espécies em múltiplos sistemas isolados de recifes. O resultado foi uma fauna de grande variedade de peixes recifais, com novas espécies chegando após cada período de isolamento. Atualmente a fauna está em um período de baixa taxa de isolamento. As distribuições geográficas de muitas espécies se estendem desde a costa leste da África até o Havaí, e algumas poucas destas mesmas espécies chegam á costa Pacífica das Américas. Já que muitas das espécies de peixes de recifes são aparentadas, compartilham boa parte de suas adaptações através da herança de traços derivados. Esperaria-se que estes grupos de espécies vivenciassem uma competição intensa uns com os outros. Tal competição levaria à eliminação da maioria das espécies mais aparentadas ou ao direcionamento das mesmas à exploração de recursos distintos, apesar de sua similaridade original. Surpreendentemente, nenhum destes dois resultados da competição parece ter ocorrido extensivamente. Em vez disso, a predação e eventos (tais como tempestades), que reduzem as populações, parecem ter prevenido as interações competitivas de agirem em sua totalidade.

6.8 Conservação de Peixes

Os peixes enfrentam um conjunto de problemas. Como todos os organismos viventes, os peixes sofrem mudanças em seus habitats causadas diretamente ou indiretamente pelas atividades dos seres humanos. Além disso, espécies que tem fase larval ocupam habitats distintos durante a vida e são vulneráveis às mudanças em seus habitats específicos. Diferente da maioria dos vertebrados, muitos peixes têm extrema importância comercial como alimento e grandes indústrias são estruturadas na captura dos peixes. Outras espécies de peixes são capturadas para o comércio de animais de aquário, algumas vezes, por métodos de coleta que destroem seus habitats. Como resultado esses fatores, muitas espécies de peixes que eram até comuns tem sido levadas à beira da extinção, assim que os seres humanos descobrem novos usos importantes para algumas espécies (Quadro 6-3).

Conservação Relativa aos Peixes de Água Doce

Cerca de 40 por cento das espécies de peixes vive nas águas doces do mundo, e todas elas estão ameaçadas pela alteração e pela poluição de lagos, rios e das corredeiras. As drenagens, as represas, a canalização e a mudança dos cursos dos rios criam habitats que não são capazes de sustentar os peixes nativos. Talvez, a mais ameaçada das espécies de peixe seja uma com a menor distribuição dentre os vertebrados. O pequeno *Cyprinodon diabolis* que vive em um único lago, em uma porção especial do Monumento Nacional do Vale da Morte, ao sul de Nevada. Enquanto seu habitat possui 17 metros por 3 metros de área, esta espécie passa toda sua vida na superfície, coberta de algas, com somente 18 m^2 de área. Embora nenhuma outra espécie seja tão limitada em sua distribuição, muitos outros peixes da região estão limitados a um único lago ou nascente. A atividade humana na região está ameaçando esta pequena espécie e outros peixes isolados. Fazendeiros locais e cidades, tão distantes quanto Las Vegas, estão bombeando água do aquífero que abastece os lagos. A água nos aquíferos é fóssil – ela estava lá desde o final das glaciações do Pleistoceno – e não é reposta pelas chuvas ou pelo derretimento da neve. A retirada de água fóssil é como a do petróleo; o nível cai até que toda a reserva acabe. Os níveis dos lagos estão caindo; e, ao menos que os aquíferos sejam protegidos, o habitat deste pequeno ciprinídeo irá secar e a espécie será extinta.

Além da perda e da degradação física do habitat do peixe, as águas doces, em boa parte do mundo, estão poluídas por dejetos químicos tóxicos de origem humana. Isso é especialmente verdadeiro para as nações ocidentais e para as regiões urbanizadas. Os Estados Unidos teve, em anos recentes, mais de 2.400 casos de fechamentos *anualmente* de praias e de rios para o uso humano devido à poluição. Os locais perigosos para a presença dos humanos, geralmente, são letais para os organismos que ali vivem! Das quase 800 espécies de peixes nativos de água doce dos Estados Unidos, cerca de 20 por cento são consideradas ameaçadas. Até 85 por cento da fauna de peixes, em alguns estados, está em

QUADRO 6-3 Um Destino É a Pescaria na Pesquisa Genética

Durante a última década, laboratórios de pesquisa do mundo todo, envolvidos com o desenvolvimento, a genética e as doenças dos seres humanos tem sido assolados por um peixe com apenas 6 centímetros de comprimento. Vivendo em uma ampla variedade de habitats, o "zebrafish" Danio (Bracchydanio) rerio (Ostariophysi: Cypnnidae) é encontrado desde o extremo sul da índia, próximo a costa leste da índia, até os nos dos contrafortes a oeste do Himalaia até o interior de Myanmar (Burma) no sudeste asiático. Esse peixe pode ser encontrado em cardumes em pequenos e grandes nos, águas estagnadas, campos alagados de arroz, e canais, mas também é abundante nos arroios dos contrafortes das montanhas Descoberto em 1797 por um médico cirurgião escocês que trabalhava na Companhia das índias Ocidentais, o "zebrafish" não foi descrito formalmente até 1822 nem exportado vivo para a Europa até 1905. Ele se tornou imediatamente um favorito dos iniciantes da aquarofilia na Europa e América do Norte e mantêm-se assim até os dias de hoje. Esse peixe é a espécie do momento que muitos aficionados de peixes tropicais procuram criar após dominar o guaru, e tornou-se um favorito do recém falecido aquariofilista e geneticista, George Streisinger.

Streisinger reconheceu o potencial impar do "zebrafish" como um modelo laboratorial para a pesquisa genética e do desenvolvimento. A habilidade natural do "zebrafish" de viver sob uma ampla variedade de condições ambientais torna fácil a domesticação em cativeiro. O fato dos adultos terem pequeno tamanho e viverem em cardumes permite manter um grande número de "zebrafish" em espaços pequenos e económicos. No que diz respeito ele é superior aos outros principais modelos de vertebrados: a rã escavadora africana, as galinhas, e os camundongos. Essa espécie de peixe procria prodigiosamente, acasalando anualmente devido a sua herança tropical. A fecundação é externa: os óvulos e espermatozóides são liberados na água. Sob condições ideais as fêmeas produzem 100 a 200 óvulos toda semana por um período de 10 a 12 semanas ao longo de sua vida reprodutiva normal de dois anos. (O maior número de óvulos são produzidos por fêmeas com a idade entre 7 e 18 meses). Os machos produzem facilmente espermatozóides por volta da décima semana de vida até a morte. Tal fecundidade e modo de vida reprodutivo permitem manipulações genéticas tais como retro-cruzamentos parentais.

O "zebrafish" tem comportamento reprodutivo promíscuo demonstrando pouca seletividade no acasalamento e comportamentos de corte breves, o que permite ao pesquisador decidir sobre as combinações parentais. É possível coletar óvulos e espermatozóides sem injuriar os adultos. Se os espermatozóides são esterilizados por meio de radiação ultravioleta pode-se obter embriões haplóides contendo apenas o material genético da fêmea. Pulsos de pressão hidrostática ou breve exposição a temperaturas mais altas que o normal podem transformar embriões haplóides na fase inicial

(a)

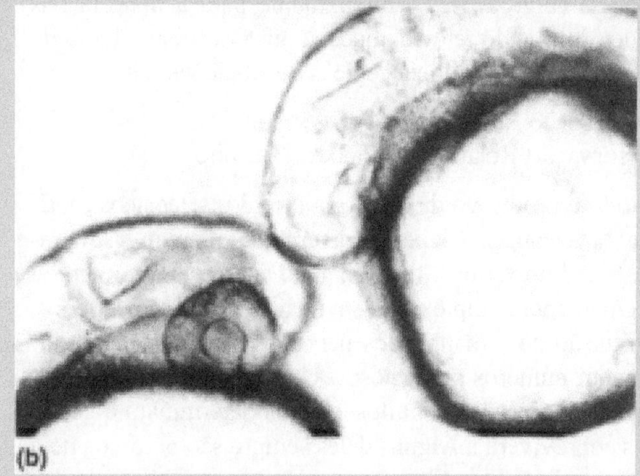
(b)

Figura 6-23 "O peixe "zebrafish" no laboratório, (a) Adultos anestesiados preparados para fecundação artificial: macho, em cima, fêmea, embaixo, (b) Região de cabeça de um embrião com 24 horas de vida: um tipo selvagem à esquerda, o mutante "masterblind", que não desenvolve olhos, à direita. (Fonte: Fotografias de K. E. Whitlock).

Continua

Continuação

de desenvolvimento em diplóides por meio de interferências na divisão celular, mas sem duplicação cromossômica. Deste modo, é possível obter diplóides que contêm apenas os genes maternos por meio de procedimentos razoavelmente simples. As mutações também podem ser facilmente produzidas pela exposição de um ou dos dois pais à substâncias ou radiação. Os genes dessa espécie de peixe podem ser manipulados injetando-se, em embriões com uma única célula, altas doses de DNA marcada com proteínas fluorescentes derivadas de águas vivas ou corais, que irão dar fluorescência às células onde esses genes irão se expressar.

Após a fecundação a característica mais importante do "zebrafish" para os embriologistas toma-se aparente: Diferente dos ovos da maioria dos peixes de água doce os ovos desse peixe são translúcidos (sem pigmentos) e não são adesivos. Os ovos do "zebrafish" são mais densos que a água; na natureza eles são colocados no interior da vegetação densa ou sobre o cascalho do fundo e depende de onde caem, em fendas e entre folhagens, e sendo translúcidos como cristal evitam ser visto pelos predadores. Embora muitos peixes tenham ovos claros, muitas dessas espécies são marinhas e ovos planctônicos com flutuabilidade neutra que requerem condições estreitamente determinadas e constantes do mar aberto para se desenvolver adequadamente. O desenvolvimento do "zebrafish" ocorre no interior de um ovo muito cristalino possível de ser observado em sua totalidade pelo pesquisador, provendo uma oportunidade sem paralelo para observar o desenvolvimento embrionário dos tecidos dos vertebrados em órgãos. Desde o início dos primeiros momentos de desenvolvimento as células possuem pouco pigmento, deste modo a observação direta do desenvolvimento interno pode ser contínua ao longo de muitas semanas.

Zhiyuan Gong da Universidade Nacional de Singapura, tem inserido genes de invertebrados no genoma do "zebrafish" para produzir peixes que respondam a poluentes alterando sua cor. Os genes promotores que se pode induzir ativam genes para cores fluorescentes na presença de substâncias específicas presentes no ambiente – um gene promotor que se pode induzir por estrógeno responde na presença de estrógeno na água, e um segundo gene promotor que se pode induzir pela resposta ao estresse causado pela presença de metais pesados e outras toxinas (National University of Singapura 2020). Amostras de água podem se colocadas em tanques com "zebrafish" para ver se esses respondem mudando de cor. Esse ensaio biológico é substancialmente mais rápido e menos dispendioso do que as análises químicas (Cornwell 1999). O encanto do entusiasmo sobre o "zebrafish" não está limitado ao meio cientifico; um "zebrafish" com um gene para a cor vermelha fluorescente que se expressa pennanentemente foi introduzido para o comércio aquarista em 2004 nos Estado Unidos.

perigo, ameaçada ou merece atenção especial. Esses problemas são globais como indicam os dados similares da Austrália (Figura 6-24). Infelizmente para a maioria das regiões do mundo tèm-se poucos registros sobre a biota de água doce para identificar regiões de situações criticas.

Conservação Relativa aos Peixes Marinhos

O modo reprodutivo da vasta maioria dos teleósteos marinhos – ovos que são deixados no ambiente sem investimento parental posterior – faz o manejo da pescaria comercial extremamente complexo. Os ovos tendem a ser pequenos, em relação ao tamanho dos peixes adultos, e são produzidos em números prodigiosos. Uma vez que os ovos pelágicos são liberados, muitos eventos determinam quantos deles sobreviverão. Alguns deles sempre são perdidos pela predação de peixes filtradores, mas eventos relacionados ao clima são menos previsíveis. A água muito quente, ou muito fria, pode matar ou interromper o desenvolvimento dos ovos e das larvas. Alterações nas correntes oceânicas, produzidas pela ação do vento e de fenômenos globais, tais como o El Nino/La Nina (aquecimento ou resfriamento das águas do Pacífico central) afetam a abundância de nutrientes e a quantidade de microplâncton. Já que tantas variáveis estão envolvidas, o número de indivíduos que se reproduzem em um dado ano (tamanho da reserva reprodutiva) não tem qualquer relação com o número de indivíduos na geração seguinte. Assim, um período de reprodução, rico em adultos reprodutores, pode produzir poucos descendentes que irão sobreviver até o próximo período, se os fatores ambientais impedirem a sobrevivência dos ovos, das larvas ou dos juvenis. Inversamente, sob condições excepcionalmente favoráveis, alguns poucos adultos reprodutores podem produzir um grande número de descendentes que sobrevivem até a maturidade.

A baixa previsibilidade do tamanho da reserva futura, baseada no tamanho atual, tem sido um grande problema para o gerenciamento efetivo do manejo de pesca. Já que boa parte do tamanho futuro da população depende do ambiente vivenciado pelos ovos e pelas larvas – condições nem sempre óbvias para os pescadores e para os cientistas – é difícil demonstrar os efeitos da pesca excessiva, em seus estágios iniciais, ou os resultados diretos dos esforços de conservação.

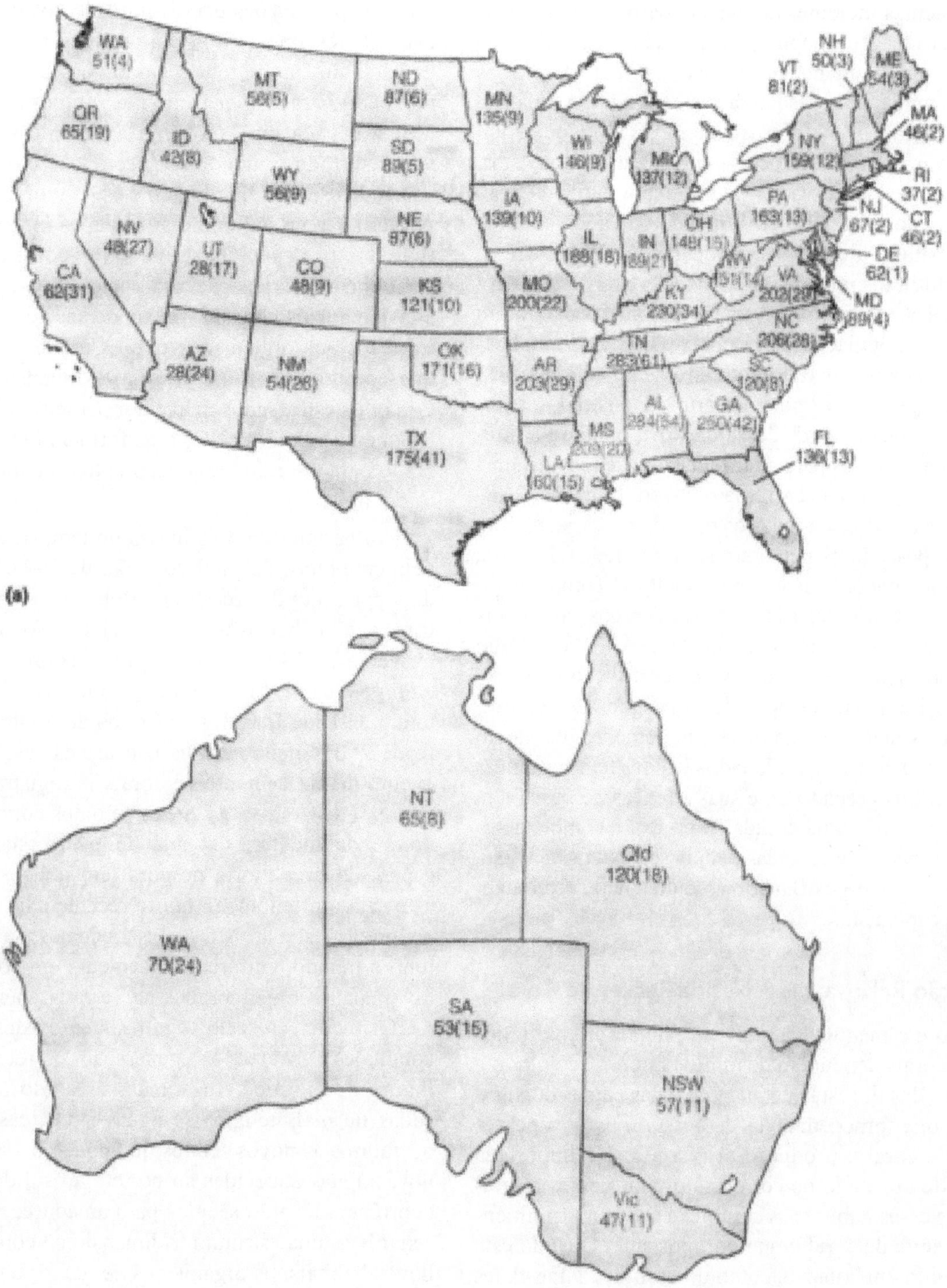

Figura 6-24 Número de espécies de peixes de água doce conhecidas em cada um dos Estados contíguos dos Estados Unidos e os Estados e territórios da Austrália. Entre parênteses, o número de espécies do Estado ou território considerados, pelos profissionais pesqueiros, como em perigo, ameaçada ou de preocupação especial. [Fonte: Dados da Austrália fornecidos por Peter Unmack (Veja www. peter.unmack.net/biogeog/threat/paramais detalhes.)]

Os problemas inerentes no manejo de pesca têm resultado na destruição de populações de peixes de valor comercial e de teias alimentares marinhas inteiras. Muitas das mais ricas companhias pesqueiras estão à beira o colapso. O Georges Bank, o qual fica a leste de Cabo Cod, é um exemplo do que a pesca excessiva pode causar. Por anos, organizações de conservação pediram por uma redução nas capturas do bacalhau, do linguado-de-cauda-amarela e eglefim. Muitos desses peixes de fundo são pescados, também, não-intencionalmente, por redes preparadas para outras espécies. Os apelos dos conservacionistas não foram atendidos, e as populações destes peixes caíram dramaticamente na década de 1990. Em outubro de 1994, a situação era tão ruim que o governo e um grupo industrial, o Conselho de Gerenciamento da Pesca da Nova Inglaterra, direcionaram suas equipes para criar medidas que reduziriam a pesca de tais espécies a zero. Boa parte do Banco de Georges permanece fechada a todos os tipos de pescaria. Assim, milhares de pescadores perderam seus empregos devido a métodos draconianos, tais como a moratória completa sobre as pescas. Muitos deles levaram seus barcos para outras áreas ricas em peixes, tais como a costa do Atlântico Médio e o Golfo do México, e o processo de destruição irá se repetir nessas áreas. Muitas operadoras pesqueiras menores, algumas delas negócios familiares de gerações, deixaram de funcionar. O governo dos Estados Unidos tem comprado de muitos outros pescadores, e suas licenças de pesca tem sido retiradas. Após uma década de proteção completa, algumas das espécies ameaçadas pela pesca extensiva estão, novamente, no Georges Bank, mas outras não apresentam sinais de recuperação.

Conservação Relativa aos Peixes de Recifes de Coral

A evolução e a manutenção da rica fauna Vertebrata dos recifes de corais dependem de muitos fatores, incluindo a preservação das florestas de mangue e das camas de algas adjacentes que fornecem áreas de berçário para os peixes de recife de coral e produção primaria que é importada para o recife por meio de correntes ou por peixes migratórios entre esses habitats. A complexa estrutura tridimensional do recife de coral é muito importante. Quando esta estrutura entra em colapso, como no caso de tempestades extremamente fortes ou quando o recife é explorado como rocha calcária para a manufatura de concreto, dinamitado para capturar peixes para a alimentação ou tratado com cianureto para capturar peixes para o comércio de aquaristas as populações e a diversidade dos peixes desaparecem. O crescimento dos recifes vivos, em toda a extensão da bacia do Caribe tem decaído dos 50 por cento de área recoberta para 10 por cento nas últimas três décadas. Na última década um fenômeno agourento tem sido observado em todo o mundo. Os recifes de corais apresentam sinais de estresse fisiológico e estão morrendo *em massa.* A causa parece ser temperaturas altas incomuns na superfície dos oceanos. Os animais que constroem os recifes sucumbem à exposição prolongada a temperaturas mais altas do que as normais, deixando seus esqueletos mortos expostos aos organismos que os erodem, e tempestades que comprometem a estrutura tridimensional do recife. Os corais estressados pelo calor perdem as algas simbiontes que vivem com eles e transformam luz em cor, conduzindo para o termo branqueamento do coral que descreve o fenômeno.

Um período de dois meses de temperaturas excepcionalmente altas, no final do verão de 1998, deixou menos de 5 por cento dos recifes de Belize e da América Central Caribenha cobertos por corais vivos. No Hemisfério Sul, no verão de 1998-1999, o estresse sobre os corais, induzido pelo calor, foi documentado nos recifes internos por toda a Grande Barreira de Corais da Austrália. Em janeiro de 2001 águas quentes não usuais resultaram no pior evento de clareamento de corais já registrado na Grande Barreira de Corais. O clareamento dos corais, documentado mundialmente, é um sinal de severo estresse dos corais e pode levar a morte do coral em poucos dias. Embora este seja um fenômeno muito recente para que sejam feitas previsões sobre suas consequências, se os recifes, em todo o mundo, entrarem fisicamente em colapso, a maior diversidade de vertebrados na Terra também será destruída. Os recifes crescem vagarosamente. Mesmo quando as condições permitem a regeneração, os recifes podem ser muito modificados em grandes áreas do planeta por décadas ou mais tempo. Se águas aquecidas prevalecerem no futuro, os novos recifes que poderão ser formados em novas águas aquecidas ao norte e ao sul da atual área de ocorrência levarão séculos para amadurecerem e para desenvolver uma estrutura tridimensional complexa. Sem os novos habitats, os organismos de recifes enfrentam a possibilidade de extinção em massa nos próximos anos. Será o desaparecimento dos recifes de corais e de sua fauna maravilhosa o "grito de alerta" do planeta – o primeiro sinal do aquecimento global?

Resumo

Desde sua primeira aparição no registro fóssil, os Osteichthyes, o maior táxon de Vertebrata, é separado em linhagens distintas: os Sarcopterygii (peixes com nadadeiras carnosas, incluindo os Actinistia, os peixes pulmonados e, os tetrápodes) e os Actinopterygii (peixes de nadadeiras raiadas). Os Sarcopterygii viventes oferecem exemplos de adaptações derivadas nos ambientes da era Paleozóica. Peixes Actinopterygii eram distintos desde o Siluriano. Eles habitam os 73 por cento da superfície da Terra coberta por água, e apresentam as linhagens mais numerosas e ricas em espécies de todos os Vertebrata. Diversos níveis de desenvolvimento das estruturas de apreensão de alimentos e de locomoção caracterizam a evolução dos Actinopterygii. As radiações destes níveis são representadas, hoje, por um pequeno número de espécies que são relitos de grupos que grupos antes tinham muito mais espécies: os Cladistia ("bichirs" e "reedfishes"), condrósteos (esturjões e peixe-espátula) e os Neopterígeos primitivos ("gars" e "bowfin", *Amia*). O nível mais derivado de peixes ósseos, os Teleostei, pode chegar a aproximadamente, 27.000 espécies viventes – com dois grupos, os Ostariophysi, na água doce, e os Acantopterygii, na água marinha, que constituem uma grande porção destas espécies. Examinando como as comunidades de peixes teleósteos são adaptadas a habitats muito especializados, como as grandes profundidades oceânicas e os recifes de corais, podemos entender como a evolução agiu sobre o plano corpóreo básico dos Teleostei. Mas a observação de como os humanos têm alterado os habitats dos peixes explica porque, agora, muitos peixes estão sob risco de extinção.

Leituras Adicionais

Allan, J. D., and A. S. Flecker. 1993. Biodiversity conservation in running water. *Bioscience* 43:32-43.

Bemis, W. E., et al. (Eds.). 1987. *The Biology and Evolution of Lungfishes.* New York, NY: Liss.

Birstein, V. J., et al. (Eds.). 1997. Sturgeon biodiversity and conservation. *Environmental Biology of Fishes* 48 (1-4):9-435.

Bond, C. E. 1996. *Biology of Fishes,* 2d ed. Fort Worth, TX: Saunders College Publishing.

Brothers, E. B. 1990. Otolith marking. *American Fisheries Society Symposium* 7:183-202.

Cornwell, L. 1999. Zebrafish may be toxin dectectors. http://www-apps.niehs.nih.gov/centers/Public/news/nws 125.htm

Fricke, H. 1988. Coelacanths, the fish that time forgot. *National Geographic* 173:824-838.

Fricke, H., et al. 1987. Locomotion of the coelacanth *Latimeria chalumnae* in its natural environment. *Nature* 324:331-333.

Gardner, T. A., et al. 2003. Long-term region-wide declines in Caribbean corals. *Science* 301:958-960.

Grande L., and W. E. Bemis. 1997. A comprehensive phylogenetic study of amiid fishes (Amiidae) based on comparative skeletal anatomy. *Journal of Vertebrate Paleontology* (Memoir no. 4): 17.

Grunwals, D. J. and J. S. Eisen. 2002. Headwaters of the zebrafish – efriergence of a new model vertebrate. *Nature Reviews/ Genetics* 3: 717-724.

Haygood, M. C, and D. L Distel. 1993. Bioluminescent symbionts of flashlight fishes and deep-sea anglerfishes form unique line-ages related to the genus *Vibrio. Nature* 363: 154-156.

Hedges, S. B. and S. Kumar. 2002. Vertebrate genomes compared. *Science* 297:1283-1285.

Helfman, G. S., et al. 1997. *The Diversity of Fishes.* Malden, MA: Blackwell Science.

Hughes, T. R, et al. 2003. Climate change, human impacts, and the resilience of coral reefs. *Science* 301:929-933.

Kingsmill, S. 1993. Ear stones speak volumes to fish researchers. *Science* 260:1233-1234.

Lauder, G. V. 1994. Caudal fin locomotion by teleost fishes: Function of the homocercal tail. *American Zoologist* 34(5): 13A, abst. no. 66.

Lauder, G. V., and K. F. Liem. 1983. The evolution and inter--relationships of the actinopterygian fishes. *Bulletin of the Museum of Comparative Zoology* 150:95-197.

Lauder, G. V, and J. H. Long (Eds.). 1996. Aquatic locomotion: New approaches to invertebrate and vertebrate biomechanics. *American Zoologist* 36:535-709.

Long, J. H. Jr., et al. 1996. Functions of fish skin: Flexural stiffness and steady swimming of longnose gar *Lepisosteus osseous. Journal of Experimental Biology* 199:2139-2151.

McCune, A. R. 1996. Biogeographic and stratigraphic evidence for rapid speciation in semionotid fishes. *Paleobiology* 22(l):34-48.

McCune, A. R. 1997. How fast is speciation: Molecular, geologic and phylogenetic evidence from adaptive radiations of fishes. In T. Givnish and K. Sytsma (Eds.), *Molecular Evolution and Adaptive Radiation.* Cambridge, UK: Cambridge University Press.

McCune, A. R., and N. R. Lovejoy. 1998. The relative rate of sympatric and allopatric speciation in fishes: Tests using DNA sequence divergence between sister species and among clades. In D. Howard and S. Berlocher (Eds.), *Endless Forms: Species and Speciation.* Oxford, UK: Oxford University Press.

McPhee, J. 2002. *The Founding Fish.* Farrar, Straus and Giroux.

Moyle, P. B., and J. J. Cech Jr. 2000. *Fishes: An Introduction to Ichthyology,* 4th ed. Upper Saddle River, NJ: Prentice Hall.

Musick, J. A., et al. (Eds.). 1991. The biology of *Latimeria chalumnae* and evolution of coelacanths. *Environmental Biology of Fishes* 32(l-4):9~435.

National University of Singapore. 2002. Zebrafish as pollution indicators. http://www.nus.edu.sg/corporate/researchy/gallery/research 12.htm

Nelson, J. S. 1994. *Fishes of the World,* 3d ed. New York, NY: Wiley.

Nilsson, G. E. 1996. Brain and body oxygen requirements of *Gnathonemus petersii,* a fish with an exceptionally large brain. *Journal of Experimental Biology* 199:603-607.

Northcutt, R. G. 2002. Understanding vertebrate brain evolution. *Integrative and Comparative Biology* 42:743-756.

Pauly, D., et al. 1998. Fishing down marine food webs. *Science* 279:860-863.

Paxton, J. R., and W. N. Eschmeyer (Eds.). 1994. *Encyclopedia of Fishes.* San Diego, CA: Academic.

Popper, A. N, and S. Coombs. 1980. Auditory mechanisms in teleost fishes. *American Scientist* 68:429-40.

Safina, C. 1998. *Song for the Blue Ocean: Encounters along the World's Coasts and Beneath the Seas.* New York, NY: Henry Holt.

Stiassny, M. L. 1996. An overview of freshwater biodiversity: with some lessons from African fishes. *Fisheries* 21(9): 7-13.

Stiassny, M. L., et al. 1996. *Interrelationships of Fishes.* San Diego, CA: Academic.

Stix, G. 1994. Robotuna. *Scientific American* 270(1): 142.

Thompson, K. S. 1992. *Living Fossil: The Story of the Coela--canth.* New York, NY: Norton.

Thresher, R. E. 1984. *Reproduction in Reef Fishes.* Neptune City, NJ: T. F. H. Publications.

Triantafyllou, M. S., and G. S. Triantafyllou. 1995. An efficient swimming machine. *Scientific American* 274(3): 64-70.

Valdessalici, S. and A. Cellerino. 2003. Extremely short lifespan in the annual fish *Nothobranchius furzeri. Biology Letters* 9 July.

Warren, M. L. Jr., and B. M. Burr. 1994. Status of fresh water fishes of the United States: Overview of an imperiled fauna. *Fisheries* 19:6-18.

Weinberg, S. 1999. *A Fish Caught in Time: The Search for the Coelacanth.* London, UK: Fourth Estate.

CAPÍTULO

7

Geografia e Ecologia da Era Paleozóica

O mundo da Era Paleozóica foi muito diferente daquele que conhecemos – os continentes estavam em lugares diferentes, os climas eram outros e, inicialmente, havia pouca vida estruturalmente complexa no ambiente terrestre. No Devoniano Inferior, os ambientes terrestres suportavam uma substancial diversidade de plantas e invertebrados, preparando o palco para o surgimento dos primeiros vertebrados terrestres (tetrápodes) no Devoniano Superior. As primeiras plantas eram representadas por grupos primitivos, tais como cavalinhas, musgos e fetos. A evolução das plantas resultou na produção de solos que aprisionaram dióxido de carbono da atmosfera. Isto teve um efeito profundo no clima da Terra resultando o contrário do efeito estufa – um resfriamento global. Durante os períodos do Carbonífero Superior e do Permiano Inferior, ocorreu uma extensa glaciação, quando os tetrápodes viviam em regiões equatoriais. Os ecossistemas terrestres tornaram-se mais complexos no Carbonífero e no Permiano; apareceram alguns tipos modernos de plantas como coníferas, os tetrápodes diversificaram-se e os primeiros insetos alados invadiram o ar. Grandes extinções ocorreram nos ecossistemas terrestres no final do Permiano Inferior e uma extinção principal (a maior na história da Terra) ocorreu tanto em terra quanto nos oceanos no final da Era Paleozóica.

7.1 História da Terra, Ambientes em Modificação e a Evolução dos Vertebrata

Para entender os padrões da evolução dos Vertebrata, é importante compreender que o mundo atual é muito diferente daquele de tempos passados. Nossos padrões particulares de climas globais, incluindo aspectos como gelo nos pólos e a direção das principais correntes de vento e correntes marinhas, resultam das posições atuais dos continentes. Hoje em dia o mundo é frio e seco em comparação com muitos climas dos tempos passados. Também é notório que os continentes estão amplamente separados uns dos outros e que a principal massa continental situa-se no Hemisfério Norte. Nenhuma destas condições existiu durante a evolução da maioria dos vertebrados.

A Escala do Tempo da Terra e a História Inicial dos Continentes

Os vertebrados são conhecidos da parte da história da Terra chamada de **éon Fanerozóico** (Grego *phaneron* = visível e *zoon* = animal). O Fanerozóico iniciou-se há 540 milhões de anos e contém as eras **Paleozóica** (Grego *paleo* = antigo), **Mesozóica** (Grego *meso* = meio) e **Cenozóica** (Grego *certo* = recente). Nossa própria parte do tempo, o **Recente**, situa-se dentro da Era Cenozóica. Cada Era contém um certo número de Períodos e cada Período contém um número de subdivisões (veja a figura na contracapa anterior). Pelo menos 99 por cento das espécies fósseis descritas ocorreram no Fanerozóico, embora os fósseis mais antigos conhecidos datem de cerca de 3,5 bilhões de anos atrás e estima-se que a vida tenha se originado há aproximadamente 4 bilhões de anos.

O tempo antes do Fanerozóico em geral é denominado, imprecisamente, como o **Pré-cambriano** porque o Cambriano é o primeiro Período da Era Paleozóica e assim marco o começo do Fanerozóico. Entretanto, o Pré-cambriano na verdade representa sete oitavos de toda a história da Terra! É melhor dividir o Pré-cambriano em dois éons, comparáveis ao éon do Fanerozóico. O primeiro éon é o Arqueano (Grego *archeo* = primeiro ou início), iniciando-se com a formação da Terra há cerca de 4,5 bilhões de anos. O segundo é o Proterozóico (Grego *protero* = primeiro), que se iniciou em torno de 2,5 bilhões de anos atrás. O início do

Proterozóico é marcado pelo aparecimento dos grandes blocos continentais encontrados no mundo de hoje (o mundo do Proterozóico deveria se assemelhar com o atual Pacífico Sul – com muitas pequenas ilhas vulcânicas separadas por grandes extensões de oceano).

Embora a vida date do Arqueano, organismos mais complexos do que bactérias não são conhecidos até o Proterozóico. A evolução dos organismos eucariontes que dependem de oxigênio para a respiração, ocorreu logo após o aparecimento de oxigênio atmosférico no meio do Proterozóico (mais ou menos há 2,2 bilhões de anos). Organismos multicelulares são inicialmente conhecidos perto do Proterozóico, mais ou menos há um bilhão de anos. No início do Fanerozóico, ocorreu uma grande mudança biótica – a evolução de formas capazes de secretar partes esqueléticas calcárias (contendo cálcio).

Deriva Continental – História de Ideias e Efeitos sobre o Clima Global

O clima da Terra resulta da interação de luz solar, temperatura, precipitações, evaporação e ventos durante a passagem anual da Terra em sua órbita ao redor do sol. O conhecimento dos paleoclimas nos auxilia a entender as condições sob as quais plantas e animais evoluíram, porque o clima afeta profundamente os tipos de plantas e animais que ocupam uma área. No Capítulo 1 discutimos como as posições dos continentes poderiam influenciar os climas globais e a circulação das águas oceânicas. O clima de uma determinada área é afetado pela latitude (isto é, quanto para o norte ou para o sul do equador está, refletindo a quantidade de energia solar que recebe); sua proximidade de um oceano (porque a água miniminiza mudanças de temperatura e fornece umidade); e a presença de barreiras como montanhas, que influenciam o movimento de massas de ar e assim a quantidade de chuva recebida.

Nossa compreensão sobre a natureza dinâmica da Terra e sobre a natureza variável do clima da Terra, durante o tempo, ocorreu apenas recentemente. A noção de continentes móveis, ou **deriva continental**, foi formalmente proposta por Alfred Wegener em 1924. Naquela época, a teoria não foi totalmente aceita porque não se conhecia qualquer mecanismo capaz de fazer com que continentes inteiros se movessem. Somente no final da década de 1960, após novas pesquisas oceanográficas que demonstraram a expansão do solo oceânico como um mecanismo plausível para o movimento dos continentes é que a teoria da **tectônica de placas** se estabeleceu (a tectônica de placas é, essencialmente, o mesmo que a deriva continental, mas focaliza as placas tectônicas sobre as quais os continentes se situam). Mesmo assim, a teoria não foi universalmente aceita e a tectônica de placas só foi abraçada pela principal tendência da ciência na década de 1970.

As rochas superficiais são menos densas do que as rochas do manto subjacente e, assim, os blocos continentais flutuam no manto assim como um cubo de gelo flutua na água. O calor do centro da Terra produz lentas correntes de convecção no manto. A ressurgência de basalto fundido eleva-se em direção à superfície da Terra formando cristas meso-oceânicas onde atingem o topo da litosfera (a camada rochosa da Terra) e se espalham horizontalmente (Figura 7-1). A crosta mais jovem do fundo dos oceanos é encontrada nos centros dessas cristas; movendo-se a partir do eixo da crista, o fundo oceânico torna-se mais velho. Formam-se zonas de subdução nas quais a litosfera afunda novamente para o interior do manto. O fundo dos oceanos é continuamente renovado por este ciclo de elevação nas cristas meso-oceânicas e afundamento para o interior do manto nas zonas de subdução, não ocorrendo rochas mais velhas do que 200 milhões de anos em qualquer lugar do fundo oceânico.

Os movimentos das placas tectônicas são responsáveis pela sequência de fragmentação, coalescência e refragmentação dos continentes, que ocorreram durante a história da Terra. Plantas e animais foram transportados à medida que os continentes derivavam lentamente e colidiam entre si ou se separavam. Quando os continentes se moviam em direção aos pólos, eles levavam organismos para climas mais frios. Quando continentes já separados colidiam, as floras e faunas terrestres que evoluíram em isolamento misturavam-se e populações de organismos marinhos eram separadas. Um exemplo recente (em termos geológicos) deste fenómeno é a união entre as Américas do Norte e do Sul mais ou menos há 2,5 milhões de anos. As faunas e floras dos dois continentes misturaram-se, motivo pelo qual no Texas ocorrem tatus (originados na América do Sul) e na Argentina ocorrem veados (originados na América do Norte). Em contraste, os organismos marinhos originalmente encontrados no mar entre as Américas do Norte e do Sul, foram separados, e as populações do lado do Atlântico e do lado do Pacífico tomaram-se cada mais diferentes uma da outra com o passar do tempo.

A posição dos continentes afeta o fluxo das correntes oceânicas e como estas correntes transportam enormes quantidades de calor, as modificações em sua direção afetam o clima em todo o mundo. Por exemplo, a quebra dos continentes e sua migração para o norte durante o fim da Era Mesozóica e Era Cenozóica levajam, finalmente, ao isolamento do Oceano Ártico, havendo formação do gelo Ártico no início da época do Plioceno, há cerca de 5 milhões de anos. A calota de gelo do Ártico não é somente um habitat frio num mundo mais uniforme. A presença desta calota de gelo influencia as condições do clima global de várias maneiras e, hoje em dia, o mundo é mais frio e mais seco do que antes do Plioceno.

Águas Árticas também desempenham papéis críticos nos sistemas dinâmicos que, hoje em dia, influenciam o clima

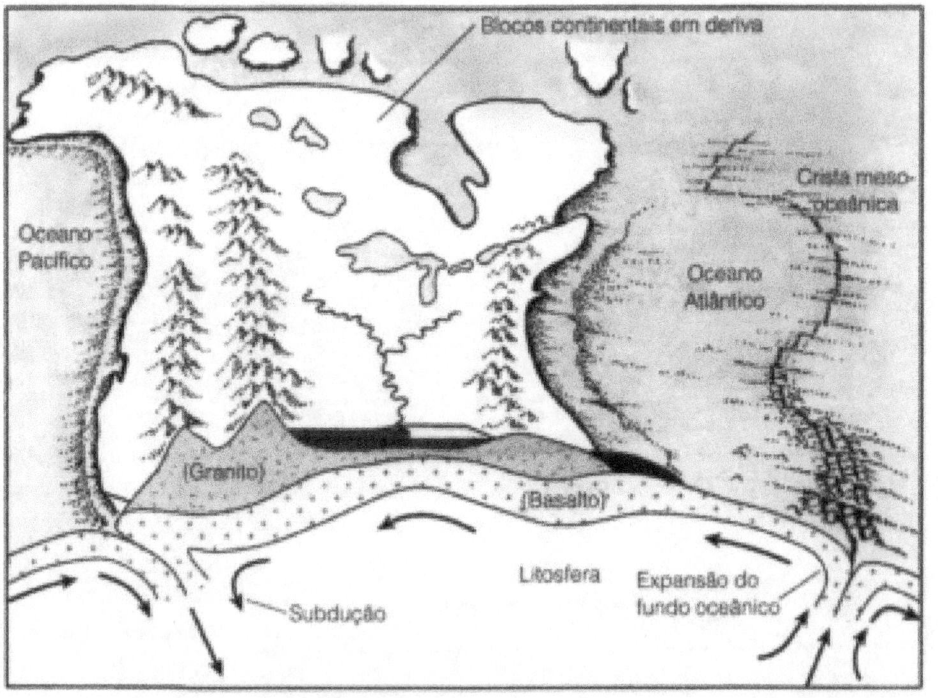

Figura 7-1 Estrutura geológica generalizada do continente norte-americano. Os blocos continentais (granito) flutuam sobre uma crosta basáltica (a parte inferior da figura mostra um corte transversal do continente). As setas mostram os movimentos dos elementos da crosta e as interações com o manto que produzem a deriva continental.

global. Este sistema de correntes oceânicas inclui a Corrente do Golfo, que transporta água quente do Atlântico Equatorial e do Golfo do México através do Atlântico Norte para a Europa. O aquecimento do Ártico e o derretimento atual da capa de gelo ártico devem ter um profundo efeito no clima da Terra. Alguns pesquisadores propuseram que, se a Terra como um todo se tornar mais quente, partes do oeste da Europa podem torna-se mais frias por que as correntes oceânicas podem se modificar. Sem a Corrente do Golfo, a Inglaterra provavelmente teria o mesmo clima frio de Newfoundland, que fica na mesma latitude (revisto por Kunzig, 1996). Este exemplo mostra como o clima da Terra é mutável e dependente da configuração das massas continentais que influenciam a camada de gelo e as correntes oceânicas. Os ingleses só podem torcer para que o aquecimento global não torne o clima da Inglaterra um ótimo caso para demonstrar a validade desta hipótese particular.

7.2 Geografia Continental da Era Paleozóica

O mundo do início da Era Paleozóica conteve pelo menos seis grandes blocos continentais (Figura 7-2). Um grande bloco chamado **Laurência** incluiu a maior parte da atual América do Norte mais a Groelândia, a Escócia e parte do noroeste da Ásia. Quatro blocos menores continham outras partes do atual Hemisfério Norte: Báltica – Escandinávia e grande parte da Europa central; Casaquistânia – sul da Ásia central; Sibéria – nordeste da Ásia e China – Mongólia, norte da China e Indochina. **Gondwana** incluía a maior parte do que é agora o Hemisfério Sul (América do Sul, África, Antártica e Austrália), bem como a índia, o Tibete, o sul da China, o Iran, a Arábia Saudita, a Turquia, o sul da Europa e parte do sudeste dos Estados Unidos.

No Cambriano Superior, Gondwana e Laurência ocupavam o equador; Sibéria, Casaquistânia e China situavam-se ligeiramente ao sul do equador e Báltica posicionava-se bastante ao sul (Figura 7-2a). Note que a posição dos continentes modernos dentro de Gondwana era diferente da atual; por exemplo, a África e a América do Sul parecem estar de cabeça para baixo. Durante os seguintes cem milhões de anos, Gondwana derivou para o sul e girou em sentido horário. No Siluriano Superior, a porção leste de Gondwana situava-se sobre o Pólo Sul e a África e a América do Sul ocupavam posições similares àquelas que assumem atualmente (Figura 7-2b). Laurência ainda estava aproximadamente na mesma posição, embora tenha girado ligeiramente em sentido anti-horário. Então, Báltica tinha se movido para norte e colidiu com Laurência formando um único bloco chamado Laurússia. Casaquistânia, Sibéria e China também tinham derivado para o norte, e situam-se agora no Hemisfério Norte.

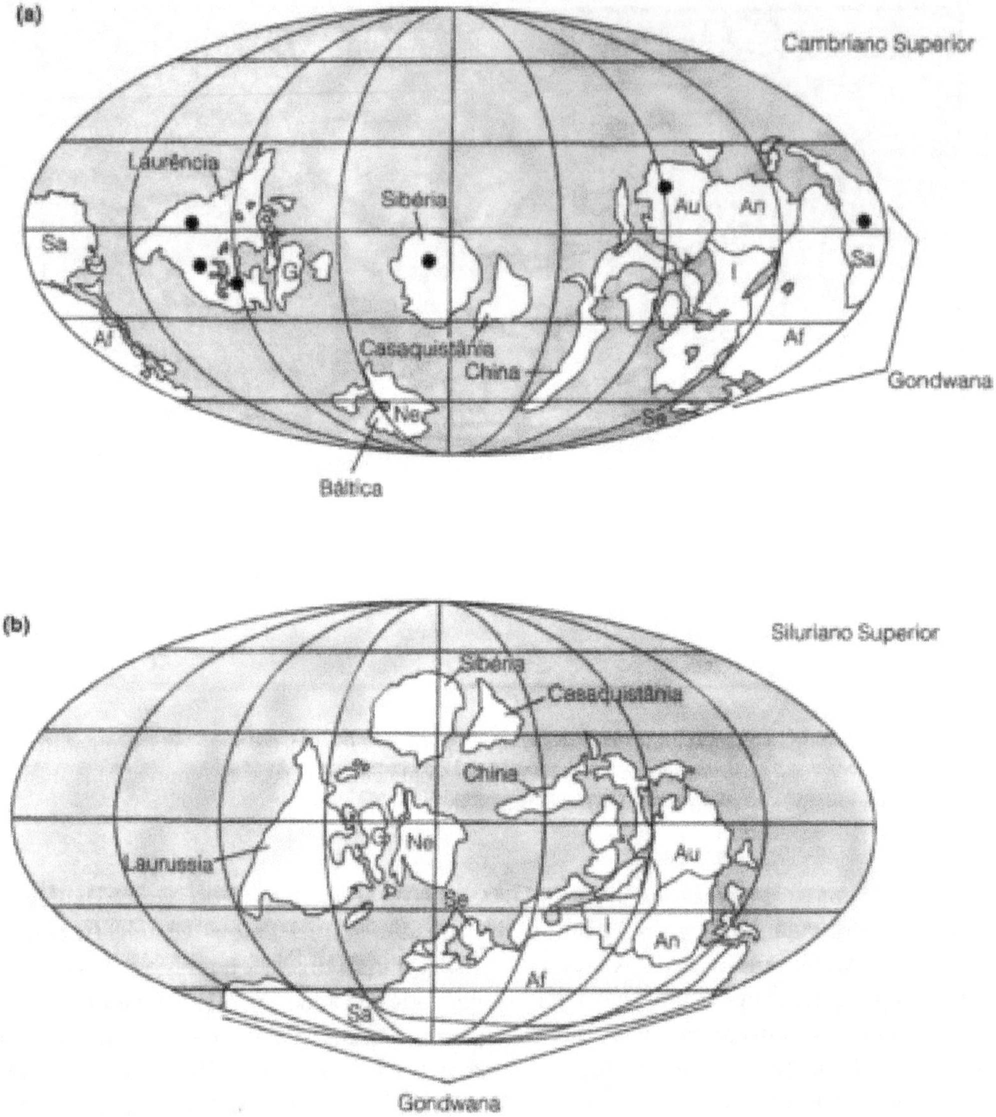

Figura 7-2 Localização dos blocos continentais no (a) Cambriano Superior e (b) no Siluriano Superior. Os pontos negros em (a) indicam sitios fósseis onde foram encontrados os vertebrados do Ordoviciano. As posições dos continentes modernos são indicadas como: Af = África, Na = Antártica, Au = Austrália, G = Groenlândia, I = índia, Ne = Norte da Europa, Sa = América do Sul, Se = Sul da Europa.

A irradiação mais dramática da vida animal ocorreu no início do Cambriano. No entanto, muitos dos grupos conhecidos do Cambriano ocorreram somente neste Período sem deixar descendentes viventes. Uma irradiação maior de animais marinhos, embora menos dramática, ocorreu no Ordoviciano. Não surgiram filos novos, mas quase triplicou o número de famílias e muitos dos grupos que dominavam os ecossistemas no restante da Era Paleozóica, apareceram e sofreram irradiação naqueles tempos. Embora os vertebrados tenham surgido no Cambriano Inferior, sua primeira e principal diversificação ocorreu, aparentemente, durante a irradiação do Ordoviciano.

A partir do Devoniano e durante todo o Permiano, os continentes derivaram em conjunto (Figura 7-3). Os blocos continentais, que correspondem a partes da moderna América do Norte, Groenlândia e oeste da Europa, aproximaram-se ao longo do equador. Com a adição posterior da Sibéria, estes blocos formaram um supercontinente conhecido como **Laurásia.** A maior parte de Gondwana situava-se bem ao sul, sobre o Pólo Sul, mas sua margem setentrional estava separada da parte austral da Laurência somente por uma estreita porção do **Mar de Tethys**. O braço oeste do Mar de Tethys, não se fechou completamente até o Carbonífero Superior, quando a África se

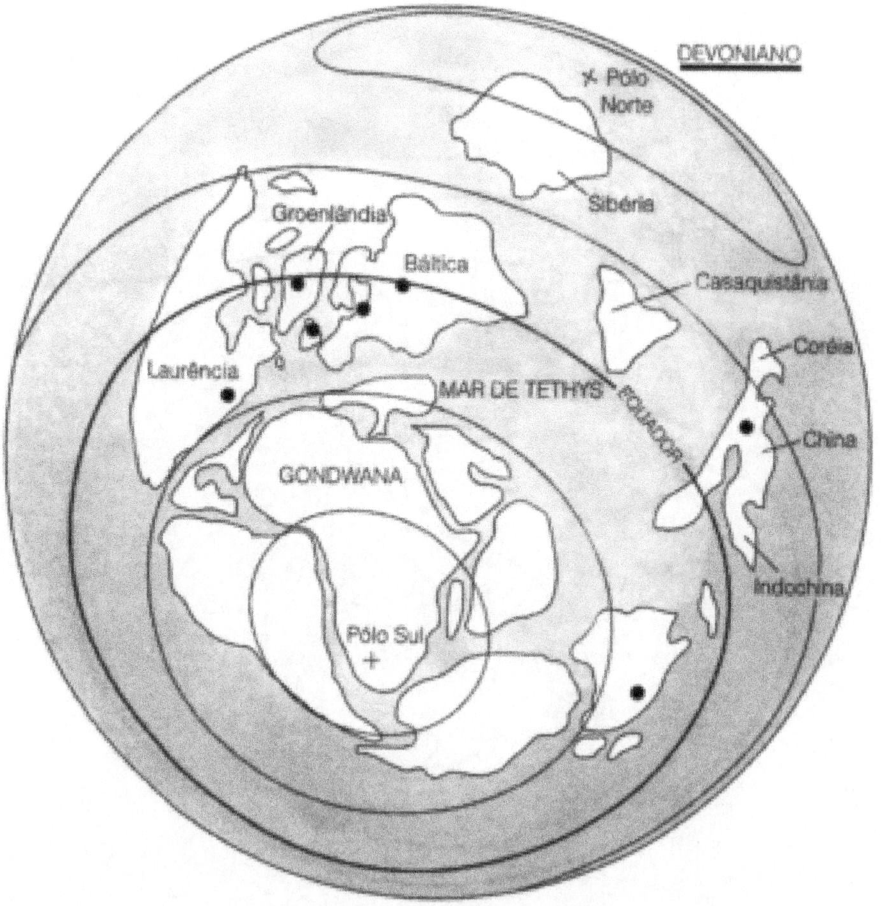

Figura 7-3 Localização dos blocos continentais no Devoniano Superior. Os pontos negros indicam sitios fósseis onde foram encontrados tetrápodes do Devoniano. Laurásia, Groenlândia e Báltica localizam-se no equador. Um braço do mar de Thetys estende-se para oeste entre o Gondwana e os continentes do norte.

moveu em direção norte para estabelecer contato com a costa leste da América do Norte (Figura 7-4).

Durante o Carbonífero, continuou o processo de fusão e, no Permiano, a maior parte da superfície continental unia-se em um único continente, a **Pangéia.** Em sua extensão máxima, a área terrestre da Pangéia cobriu 36 por cento da superfície da Terra, comparados com os 31 por cento da disposição atual dos continentes. Esse supercontinente persistiu durante os 160 milhões de anos do Carbonífero Médio até o meio do Jurássico, tendo influenciado profundamente a evolução de plantas e animais terrestres.

7.3 Climas da Era Paleozóica

Durante o início da Era Paleozóica, os níveis do mar estavam próximos dos mais elevados do Fanerozóico e os níveis de dióxido de carbono atmosférico aparentemente também eram elevados. Os altos níveis de dióxido de carbono resultariam num efeito estufa, com a Terra experimentando climas muito quentes e secos durante o Cambriano e boa parte do Ordoviciano, tais condições eram inadequadas para a invasão terrestre por plantas primitivas. Houve uma forte glaciação no Ordoviciano Superior, que – combinado com níveis decadentes de dióxido de carbono atmosférico – teriam criado condições mais frias e mais úmidas pelo menos em algumas partes do mundo, preparando o cenário para o desenvolvimento de ecossistemas terrestres do Siluriano.

Um clima relativamente estável parece ter se mantido durante o Devoniano Médio. Algumas glaciações foram evidentes no Devoniano Superior e camadas de gelo cobriram grande parte de Gondwana desde o Carbonífero Médio até o Permiano Médio. O aumento e a diminuição das geleiras criaram oscilações no nível do mar, que resultaram na formação cíclica de depósitos de carvão, especialmente no leste da América do Norte e no oeste da Europa. Na Pangéia, o clima foi razoavelmente uniforme no Carbonífero Inferior, mas no Carbonífero Superior e no Permiano Inferior foi muito modificado como resultado da glaciação, tendo

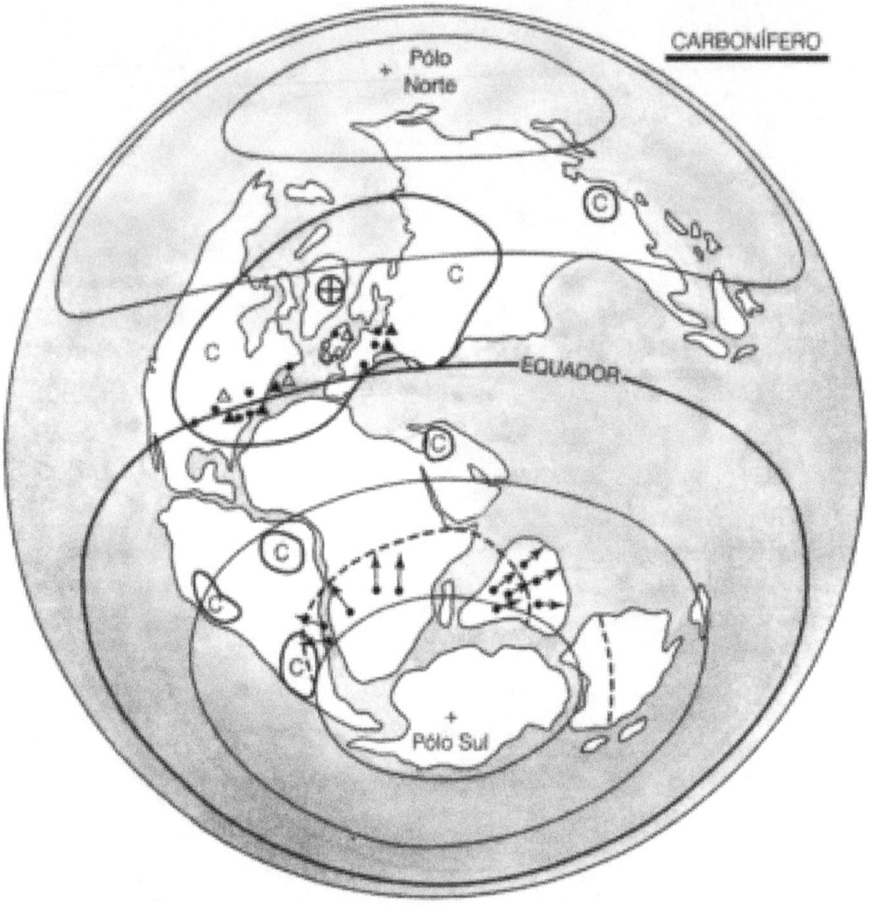

Figura 7-4 Localização dos blocos continentais no Carbonífero. Este mapa ilustra um estágio inicial do Pangéia. A localização e extensão das glaciações continentais do Carbonífero Superior são mostradas por linhas pontilhadas e setas que se irradiam do Pólo Sul. A extensão das florestas que formaram os atuais leitos de carvão está marcada por linhas espessas que circulam os "C". Os pequenos círculos e triângulos marcam a localização dos tetrápodes do Carbonífero. Os triângulos são as menores formas (leptospondilos) e os círculos são as formas maiores ("labirintodontes") (veja Capítulo 9). Símbolos cheios representam localidades do início do Carbonífero; símbolos abertos representam as do Carbonífero Superior. O círculo com uma cruz marca o principal sítio do Devoniano Superior onde se encontraram tetrápodes.

havido significantes diferenças regionais na flora. A maioria dos vertebrados era encontrada em regiões equatoriais durante esse Período.

A dispersão das plantas durante o Devoniano e a modificação que promoveram nos solos, poderiam ter afetado profundamente a atmosfera e o clima da Terra, resultando num esfriamento do clima. A formação dos solos deve ter acelerado a decomposição das rochas subjacentes à medida que as raízes das plantas penetravam nelas e secreções orgânicas e a decomposição de material vegetal morto provocava a dissolução de minerais das rochas. Os pontos de evidência para esta alta diminuição (mais ou menos 90 por cento) do dióxido de carbono atmosférico durante o Devoniano Superior, possivelmente está relacionado com a dispersão das plantas terrestres (Berner 1997). Os ácidos orgânicos liberados pelas raízes das plantas causaram reações químicas nas rochas silicosas da terra, chamada intemperismo, que aprisiona o dióxido de carbono atmosférico como carbonato mineral. O carbono nesta forma é lavado dos solos terrestres e depositado no fundo dos oceanos, e assim é removido da atmosfera. Os níveis atmosféricos de dióxido de carbono alcançaram uma extrema baixa durante o Carbonífero Superior e Permiano Inferior, assemelhando-se com os níveis dos dias do mundo atual (mesmo agora, com o aumento dos níveis de dióxido de carbono que ocorreu no último século, as concentrações deste gás estão mais baixas do que em grande parte do Fanerozóico). Em contraste, os níveis de oxigênio eram elevados durante este tempo. O contrário do efeito estufa, causado pelos baixos níveis de dióxido de carbono, provavelmente foi responsável pelas extensas glaciações Permo-Carboníferas.

7.4 Ecossistemas Terrestres da Era Paleozóica

Bactérias fotossintetizantes (cianobactérias) provavelmente existiram em habitats terrestres úmidos desde sua origem no Arqueano, sendo que algas, liquens e fungos provavelmente ocorreram em ambiente terrestre desde o fim do Proterozóico. Solos fossilizados do Ordoviciano têm padrões mosqueados que parecem indicar a presença de tapetes de bactérias, e vestígios de erosão sugerem que parte da superfície do solo tenha sido recoberta por algas, mas não há evidências de plantas com raízes. As plantas terrestres parecem representar uma única invasão do ambiente terrestre a partir de um grupo particular de algas verdes. A primeira grande irradiação de plantas para o ambiente terrestre ocorreu do Ordoviciano Médio ao Superior, como é mostrado por esporos fossilizados de plantas, embora não tenhamos evidências diretas (isto é, macrofósseis) de plantas terrestres até o Siluriano Superior. Esses pioneiros incluíam briófitas, atualmente representadas por musgos, hepáticas e ceratófilos. A paisagem deveria ter tido um aspecto árido de acordo com nossos padrões – em grande parte estéril, com poucos tipos de vegetação rasteira limitada a áreas úmidas. Behrens-meyer et al. (1992) e Willis e McElwain (2002) revisaram a evolução dos ecossistemas terrestres na Era Paleozóica.

Assim como ocorreu com a evolução dos vertebrados terrestres, as plantas terrestres tiveram que enfrentar a transição da água para a terra. As primeiras plantas terrestres eram pequenas e simples, assemelhando-se à fase produtora de esporos de plantas primitivas viventes, tais como musgos. Respostas adaptativas à vida em terra incluíram a evolução de uma superfície externa impermeável (para impedir a perda de água), de tubos internos, condutores de água e de órgãos produtores de esporos para a reprodução.

A diversidade da vida terrestre aumentou durante o Siluriano. Uma planta sem raízes e sem folhas, chamada *Cooksonia,* foi abundante nos depósitos fósseis do Siluriano Superior. Esta planta era composta de um grupo de caules não ramificados, encimados por estruturas produtoras de esporos, do tamanho da cabeça de um alfinete e cresciam até uma altura de 10 a 15 milímetros. A cobertura vegetal do Siluriano provavelmente era bastante baixa, concentrada ao longo das planícies de inundação dos rios. Fungos terrestres também eram conhecidos destes conjuntos de plantas – assim como pequenos artrópodes que poderiam ter se alimentado destes fungos – e alguns artrópodes maiores, provavelmente predadores. Assim, ao final do Siluriano, havia uma teia alimentar terrestre mínima, constituída de produtores primários (plantas), decompositores (fungos), consumidores secundários (artrópodes que se alimentavam de fungos) e predadores (milípedes e escorpiões).

Os ecossistemas terrestres aumentaram em complexidade durante o Devoniano Inferior e Médio, com o aparecimento de mais plantas vasculares derivadas no início do Período, mas as teias alimentares permaneceram simples. Atualmente, as plantas constituem a base para as cadeias alimentares terrestres, porém não existem evidências de que os invertebrados do Devoniano fossem primariamente herbívoros, alimentando-se de plantas vivas. Ao contrário, provavelmente foram detritívoros, consumindo matéria vegetal morta e fungos. Isso, por sua vez, poderia reciclar os nutrientes das plantas para o solo. Milípedes e escorpiões eram abundantes, estando presentes, também, os colêmbolos e ácaros.

No Devoniano Inferior, as terras ainda pareciam estéreis. Entretanto, a diversidade de espécies de plantas foi maior do que no Siluriano e o aumento em altura se tornou possível para as plantas vasculares (que podiam transportar água do local de sua captação para outros). Por ocasião do Devoniano Médio, estas plantas provavelmente atingiram alturas de 2 metros e o dossel que criaram deve ter modificado as condições microclimáticas sobre o solo. Formas semelhantes a árvores evoluíram independentemente entre diversas linhagens antigas de plantas e, durante o Devoniano Médio, existiam comunidades florestais estratificadas consistindo de plantas de diferentes alturas. No entanto, estas plantas não eram aparentadas com as modernas árvores e, realmente, não apresentavam a estrutura das árvores modernas. Seria impossível fazer móveis de árvores do Devoniano porque tinham troncos finos e não teriam fornecido tecido lenhoso suficiente.

Embora o ambiente terrestre do Devoniano Médio fosse bem complexo, diferia em muitos aspectos dos ecossistemas modernos com os quais estamos acostumados. Em primeiro lugar, não havia vertebrados terrestres – os primeiros deles apareceram no Devoniano Superior. Além disso, a vida das plantas era limitada a lugares úmidos – nas margens de riachos, rios e lagos, além de áreas baixas. Não existiam insetos voadores e herbívoros. As comunidades de animais terrestres no meio do Devoniano aparentemente eram baseadas em espécies detritívoras, tais como milípedes, colêmbolos e ácaros. Por sua vez, aqueles animais eram predados por escorpiões, pseudo-escorpiões e aranhas.

Os ecossistemas terrestres tornaram-se cada vez mais complexos durante o restante da Era Paleozóica. Plantas com folhas grandes apareceram no Devoniano Superior. A evolução de folhas grandes provavelmente coincidiu com a queda dos níveis de dióxido de carbono atmosférico porque e as folhas com mais estômatos captam dióxido de carbono mais facilmente. O Devoniano Superior viu a disseminação das florestas da pró-gimnosperma (planta primitiva com sementes) *Archaeopteris,* com grandes árvores e com troncos de até um metro de diâmetro alcançando altura de pelo menos 10 metros. A maioria das espécies de *Archaeopteris* emitia ramos horizontais que apresentavam folhas, e uma porção destas árvores poderia ter criado um chão sombreado em florestas de áreas baixas. Cavalinhas gigantes (*Calamites*), parentes das cavalinhas que ocorrem atualmente em áreas úmidas, alcançavam alturas de vários metros. Também havia muitas espécies de licófitas gigantes, algumas das quais sobrevivem hoje como pequenas plantas rasteiras. As licófitas masculinas e femininas produziam grandes cones e a maior parte de sua vida era passada na forma de troncos não ramificados, assim como os postes telefônicos. Outras áreas, aparentemente eram cobertas com plantas semelhantes a arbustos, vinhas ou ervas baixas.

A diversidade e a especificidade de habitats das floras do Devoniano Superior continuaram a expandir-se até o Carbonífero. A maioria dos habitats preservados representa ambientes de brejos e a vegetação enterrada neles formou os depósitos atuais de carvão. (A palavra *Carbonífero* significa "portador de carvão"). Existe um pouco de mistério do porquê estas camadas de carvão se formaram nesse Período da história da Terra e não em outros. Pode ser que as comunidades de fungos e bactérias que atacam lignina (um componente estrutural duro das plantas) não haviam evoluído, assim as plantas mortas poderiam se acumular sem decomposição (Robinson 1990).

A maior parte dos principais grupos taxonômicos de plantas evoluiu durante este Período, embora as plantas com flores e sementes (**angiospermas**) que dominam o mundo de hoje ainda eram desconhecidas. As extintas pteridospermas e as samambaias (que sobrevivem atualmente) viviam em áreas bem drenadas, e os brejos eram dominados por licófitas, havendo também cavalinhas, fetos e pteridospermas. Durante o Carbonífero Inferior, haviam florestas constituídas de árvores de diversas alturas, fornecendo estratificação ao dossel, e plantas semelhantes a trepadeiras que estavam penduradas em seus ramos. A vegetação terrestre poderia assemelhar-se superficialmente com a de hoje, embora os verdadeiros tipos de plantas presentes tenham sido completamente diferentes.

A seca global resultou em mudanças nas comunidades de plantas durante o Carbonífero Superior e o Permiano. Plantas com sementes, tais como coníferas, tornaram-se componente importante da flora, substituindo as plantas pteridófitas mais primitivas. Plantas com sementes eram abundantes em altas latitudes, e no final da Era Paleozóica, era o principal grupo de plantas ao redor do mundo. Pteridófitas também se tomaram predominantes numa grande variedade de habitats nesse Período.

Os invertebrados terrestres diversificaram-se durante o Carbonífero. Milípedes, aracnídeos e insetos eram comuns. Insetos voadores são conhecidos desde o final do Carbonífero Inferior. Os detritívoros continuaram sendo uma parte importante da teia alimentar, mas a herbivoria dos insetos só parece ter estado bem estabelecida ao final do Carbonífero. Folhas fósseis do Carbonífero Superior apresentam buracos esfarrapados, sementes e madeira são perfuradas por túneis e o pólen é encontrado no trato digestório e nas fezes de insetos fossilizados. Especula-se que insetos voadores e herbivoria possam ter evoluído passo a passo, permitindo que insetos forrageassem nas copas. Altos níveis de oxigênio atmosférico possibilitaram a evolução do vôo, em parte porque o vôo requer grandes quantidades de alimento e oxigênio, e também porque uma atmosfera contendo mais oxigênio é mais densa (Dudley 2000). Níveis de oxigênio crescente também permitem aos insetos atingir um tamanho corpóreo maior do que o encontrado atualmente. Grandes libélulas (uma espécie com envergadura de 63 centímetros) voavam pelo ar e artrópodes predadores extintos tinham cerca de 2 metros de comprimento.

No fim da Era Paleozóica, as comunidades de artrópodes continham grandes formas predadoras, incluindo escorpiões e aranhas, mas a diversidade era menor do que a de hoje. A maioria das aranhas parece ter sido constituída por formas que escavavam buracos e não por construtoras de teias. A primeira evidência de produção de seda por uma aranha data do meio do Devoniano. Novos tipos de artrópodes apareceram no Permiano e incluíram hemípteros (percevejos), besouros e formas semelhantes aos mosquitos, porém não intimamente aparentadas com os verdadeiros mosquitos.

Vertebrados terrestres apareceram no Devoniano Superior e diversificaram-se durante o Carbonífero. Os primeiros **amniotas** apareceram no meio do Carbonífero, e pelo Carbonífero Superior, os amniotas tinham se dividido em duas grandes linhagens – uma levando aos mamíferos (Synapsida) e a outra aos modernos répteis e aves (Sauropsida). O Carbonífero foi dominado por uma diversidade de tetrápodes primitivos semi-aquáticos, mas no Permiano os amniotas mais adaptados ao ambiente terrestre eram comuns e muitas comunidades fósseis de vertebrados parecem ter sido características de habitats de terras altas (Figura 7-5).

Por ocasião do Permiano Inferior diversas linhagens de vertebrados deram origem a pequenos predadores insetívoros, mais ou menos como as salamandras e os lagartos modernos. Vertebrados grandes (de até 1,5 metros de comprimento) provavelmente eram predadores destas pequenas espécies e predadores ainda maiores ocupavam o topo da teia alimentar. No Permiano, um desenvolvimento importante foi o aparecimento de vertebrados herbívoros. Pela primeira vez, os vertebrados foram capazes de explorar diretamente a produção primária das plantas terrestres. Ao final do Permiano, a estrutura e a função dos ecossistemas terrestres eram essencialmente modernas, embora os tipos de plantas e animais destes ecossistemas tenham sido quase que inteiramente diferentes daqueles que conhecemos hoje em dia.

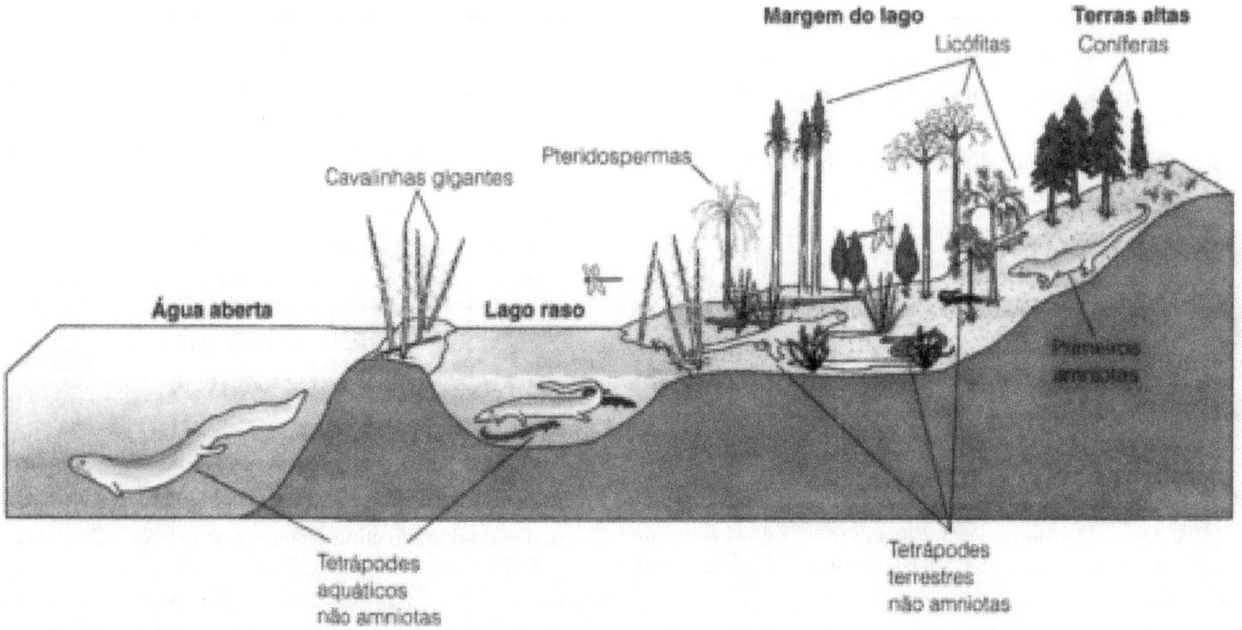

Figura 7-5 Uma reconstituição de uma cena de um lago do Carbonífero Superior na Europa e arredores.

7.5 Extinções da Era Paleozóica

Houve um grande evento de extinção de invertebrados marinhos no Ordoviciano, mas o registro de vertebrados para esta época é muito pobre para que se saiba se esse evento também os afetou. A seguinte grande extinção, no Devoniano Superior, produziu graves efeitos nos vertebrados marinhos. Trinta e cinco famílias de peixes (76 por cento das famílias existentes) extinguiram-se incluindo todos os ostra-codermes remanescentes, a maioria dos placodermes (com a completa extinção deste grupo por volta do final do Devoniano) e muitos dos peixes de nadadeiras lobadas.

Grandes extinções ocorreram no final da Era Paleozóica, tanto em ambientes terrestres como nos marinhos. Estas foram as extinções mais graves do Fanerozóico, afetando aproximadamente 57 por cento das famílias de invertebrados marinhos e 95 por cento de todas as espécies marinhas, incluindo 12 famílias de peixes (Erwin 1993). Também houve desastres significantes no ambiente terrestre: 27 famílias de tetrápodes (49 por cento) extinguiram-se, tendo havido especialmente grandes perdas entre os répteis semelhantes a mamíferos (Benton 1989).

Teorias especulam sobre as razões para esta extinção massiva, incluindo a possibilidade de um impacto de um asteróide. Entretanto pesquisas recentes incluindo evidências geoquímicas de isótopos fez o quadro mais claro (Benton e Twitchett 2003). A divisão do Permo-Triássico foi agora precisamente datada em 251 milhões de anos; isto coincide com as erupções vulcânicas massivas na Sibéria concentradas em um período de tempo menor que 1 milhão de anos. Uma quantidade suficiente de lava liquefeita foi lançada para cobrir uma área aproximadamente da metade do tamanho dos Estados Unidos. Estes eventos, juntos com a liberação de grandes quantidades de gases na atmosfera teriam resultado em aquecimento global de aproximadamente 6°C. Tal aquecimento não só teria um efeito direto sobre os organismos, mas teria afetado as correntes oceânicas, resultando em estagnação e baixos níveis de oxigênio, com profundos efeitos sobre os organismos marinhos.

Para tornar as coisas piores o aquecimento global também resultou na liberação de gases de hidratos congelados subaquáticos, causando a liberação de grandes quantidades de metano na atmosfera. O metano é um gás de efeito estufa, e essa realimentação deve ter tomado o mundo ainda mais quente, constituindo-se o problema. O limite Permo-Triássico foi aparentemente marcado por um efeito estufa, com uma retro-alimentação positiva dos eventos causando um aumento do aquecimento global. Isto rompeu os mecanismos ambientais globais normais de milhares de anos e resultaram na extinção de quase toda a vida da Terra.

Outra extinção menor, embora significante, ocorreu no final do Permiano Inferior. Quinze famílias de tetrápodes sofreram extinção, incluindo muitos tetrápodes anamniotas ("anfíbios" em sentido amplo) e pelicossauros (répteis semelhantes a mamíferos). Estas extinções podem ter se relacionado com modificações climáticas associadas com o final do Período Permo-Carbonífero de glaciação e, talvez, também com as modificações concomitantes na atmosfera, com um decréscimo nos níveis de oxigênio e uma elevação nos níveis de dióxido de carbono.

Leituras Adicionais

Beerling, D. J., et al. 2001. Evolution of leaf-form in land plants linked to atmospheric decline in the Late Palaeozoic era. *Nature* 410:352-354.

Behrensmeyer, A. K. et al. (Eds.) 1992. *Terrestrial Ecosystems through Time.* Chicago: University of Chicago Press.

Benton, M. J. 1989. Patterns of evolution and extinction in vertebrates. In K. C. Allen and D. E. G. Briggs (Eds.), *Evolution and the Fossil Record.* London, U.K.: Bellhaven Press.

Benton, M. J., and R. J. Twitchett. 2003. How to kill (almost) all life: The end-Permian extinction. *Trends in Ecology and Evolution* 18:358-365.

Berner, R. A. 1997. The rise of plants and their effect on weathering and atmospheric *Science* 276:544-545.

Cox, C. B., and P. D. Moore. 1993. *Biogeography: An Ecological and Evolutionary Approach,* 5th ed. Oxford, U.K.: Blackwell Scientific.

DiMichele, W. A., et al. 2001. Reponse of Late Carboniferous and Early Permian plant communities to climate change. *Annual Reviews of Earth and Planetary Science* 29: 461-487.

Dudley, R. 2002. The evolutionary physiology of animal flight: Paleobiological and present perspectives. *Annual Reviews of Physiology* 62:135-155.

Erwin, D. H. 1993. *The Great Paleozoic Crisis.* New York, NY: Columbia University Press.

Gould, S. J. 1989. *Wonderful Life: The Burgess Shale and the Nature of History.* New York, NY: Norton.

Hallam, A. 1994. *An Outline of Phanerozoic Biogeography.* Oxford, U.K.: Oxford University Press. Kenrick, R, and P. R. Crane. 1991. The origin and early evolution of plants on land. *Nature* 389:33-39.

Kunzig, R. 1996. In deep water. *Discover* 11(2):86-96.

Retallack, G. J. 1997. Early forest soils and their role in Devonian climate change. *Science* 276:583-585.

Robinson, J. M. 1990. Lignin, land plants and fungi; biochemical evolution affecting Phanerozoic oxygen balance. *Geology* 15:607-610.

Rothschild. L. I, and A. M. Lister (Eds). 2003. *Evolution on Planet Earth: The Impact of the Physical Environment.* London, UK: Academic Press.

Willis, K. I, and J. C. McElwain. 2002. *The Evolution of Plants.* Oxford, UK: Oxford University Press.

CAPÍTULO

8

Viver em Terra

No fim da Era Paleozóica, a expansão das plantas e em seguida dos invertebrados pelo ambiente terrestre, possibilitou um novo ambiente para os vertebrados e impôs novas forças seletivas. As demandas da vida na terra são bem diferentes daquelas necessárias em um ambiente aquático, porque a água e o ar têm propriedades físicas diferentes. O ar é menos viscoso e menos denso que a água, assim a hidrodinâmica é um fator menos importante para os tetrápodes, enquanto um esqueleto que suporta o corpo contra a força da gravidade é essencial. A respiração também é diferente por causa das propriedades do ar e da água. Brânquias não funcionam no ar porque os filamentos branquiais colapsam uns sobre os outros sem o suporte da água. Quando isso acontece, a superfície disponível para as trocas de gases é muito reduzida. Os animais terrestres precisam de uma estrutura que não colapse e, porque a densidade e viscosidade do ar são baixas, os tetrápodes podem usar um fluxo de vai e vem do ar, para dentro e para fora de um pulmão em forma de saco. A capacidade de aquecimento e a condutividade do calor são diferenças adicionais entre a água e o ar, que são importantes para animais terrestres. Habitats terrestres podem ter grandes diferenças de temperatura em locais muito próximos e, mesmo pequenos tetrápodes, podem manter as temperaturas do corpo substancialmente diferentes da temperatura do ar. Como resultado, animais terrestres têm muito mais oportunidades que os organismos aquáticos para a regulação de suas temperaturas corpóreas.

8.1 Suporte e Locomoção em Ambiente Terrestre

Talvez a diferença mais importante entre a água e a terra seja o efeito da gravidade sobre o suporte e a locomoção. A gravidade tem pouco significado para um peixe que vive na água porque o corpo desses vertebrados é aproximadamente da mesma densidade da água e assim, os peixes basicamente não têm peso na água. Entretanto, gravidade é um fator muito importante na terra, e o esqueleto de um tetrápode deve ser capaz de sustentar o corpo.

Água e ar também requerem diferentes formas de locomoção. Por que a água é densa, um peixe nada simplesmente pela passagem de uma pequena onda ao longo do corpo – os lados do corpo e as nadadeiras empurram a água para trás e o peixe move-se para frente. Empurrar o ar para trás não move um tetrapoda para frente, a menos que ele tenha asas. A maioria dos tetrápodes (incluindo os voadores quando estão no chão) usa suas pernas e pés para transmitir uma força para trás ao substrato. Assim, ambos, esqueleto e modos de locomoção dos tetrápodes, são diferentes daqueles dos peixes.

O esqueleto é composto de ossos que devem ser rígidos o suficiente para resistir à força da gravidade e às forças exercidas quando um animal caminha, pára e vira. A capacidade de remodelação do osso (veja Capítulo 2) é de grande importância para um animal terrestre, assim como as estruturas internas do osso ajustam-se continuamente a mudanças devidas a demanda da vida de animal. Em humanos, por exemplo, atividades físicas intensas resultam em um aumento da massa corpórea, enquanto a inatividade (descanso deitado prolongado ou estando no espaço) resulta em perda de massa óssea. Em adição, o remodelamento ósseo permite que ossos quebrados soldem-se, e o esqueleto de animais terrestres experimenta estresse maior do que aquele de animais aquáticos e estão mais sujeitos à quebra.

Osso

Amniotas têm ossos arranjados em camadas concêntricas ao redor de vasos sanguíneos, formando unidades cilíndricas chamadas **Sistema harversiano** (Figura 8-1a). A estrutura de um osso não é uniforme. Se fosse, os animais seriam muito pesados. A camada externa de um osso é formada de

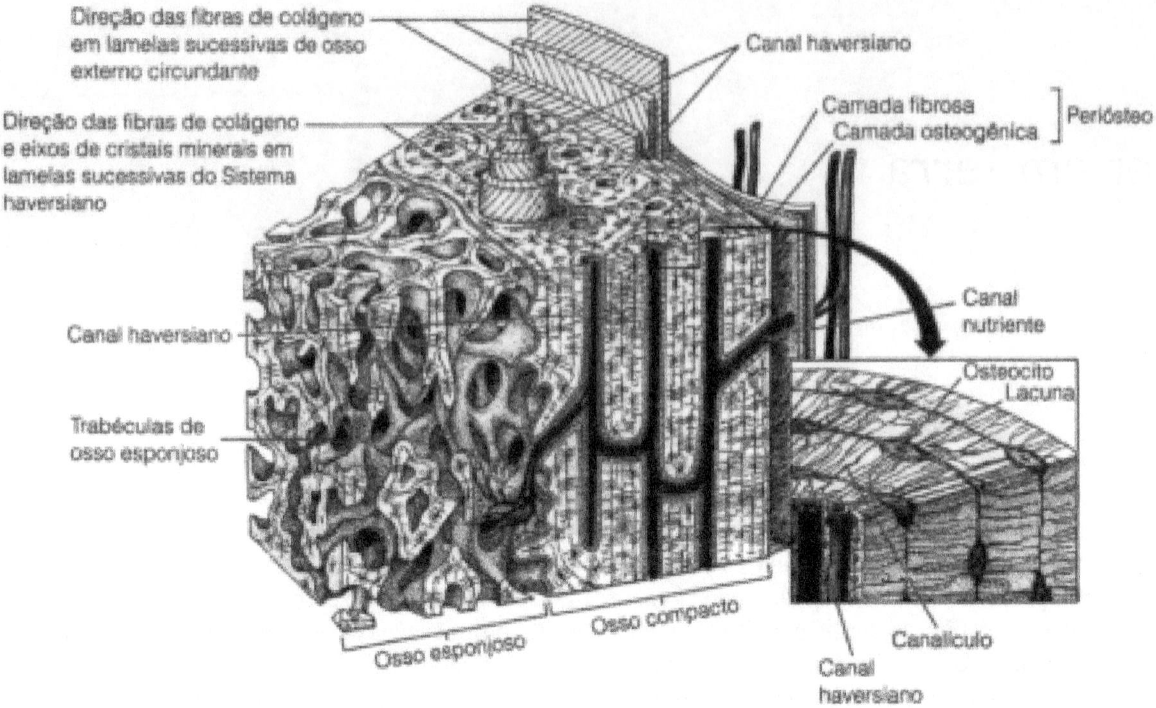

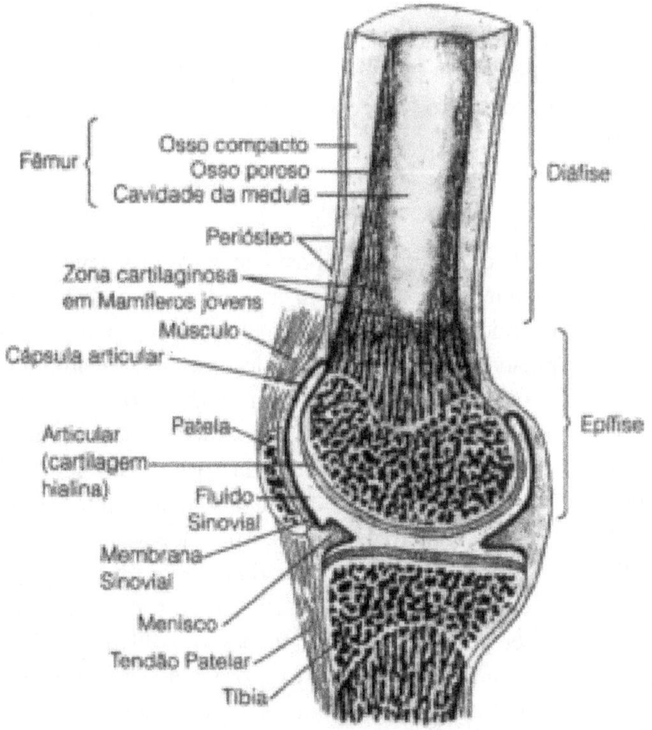

Figura 8-1 Estrutura do osso e articulações, (a) Secção de um osso longo de mamífero, mostrando o sistema de canais haversianos. (b) Secção através de uma articulação do joelho humano, mostrando a estrutura interna de um osso longo e a estrutura da cápsula da articulação. Note que a patela (rótula) é um exemplo de um osso sesamóide (osso formado dentro de um tendão).

osso compacto, denso, ou lamelar, mas as camadas internas são mais leves e porosas. As articulações na extremidade dos ossos são cobertas com uma camada lisa de cartilagem articular que reduz o atrito quando a articulação se move (artrite ocorre quando esta cartilagem está gasta ou danificada). O osso é composto na articulação de osso poroso ao invés de osso denso e a articulação inteira é inclusa em uma cápsula da articulação, contendo líquido sinovial para lubrificação (Figura 8-lb).

O Sistema Axial: Vértebras e Costelas

As vértebras e costelas dos peixes firmam o corpo para que ele curve ao invés de encurtar quando os músculos se contraem. Nos tetrápodes, o esqueleto axial está modificado para dar suporte ao corpo na terra. Nos tetrápodes, os processos vertebrais denominados de **zigapófises** (veja a Figura 8-2) interagem e resistem às torções e flexões (compressão), permitindo que a coluna vertebral atue como uma ponte de suspensão para suportar o peso das vísceras na terra (Figura 8-3). (Tetrápodes que voltaram permanentemente para a água, como as baleias e muitos dos répteis marinhos da Era Mesozóica, perderam as zigapófises).

Com a perda dos ossos operculares, que conectavam a cabeça dos peixes ósseos à cintura escapular, os tetrápodes têm agora uma região distinta – o pescoço. As **vértebras cervicais** permitem que a cabeça se mova separadamente do corpo, e músculos que suportam e movem a cabeça se fixem aos processos das vértebras cervicais. As duas vértebras cervicais mais craniais são o **atlas** e o **axis,** sendo mais diferenciadas entre os mamíferos. As vértebras do **tronco** estão na região média do corpo: nos mamíferos, estas vértebras diferenciam-se ainda mais, em vértebras **torácicas** (aquelas que sustentam as costelas) e **lombares** (aquelas que perderam as costelas). As vértebras **sacrais,** que derivaram das vértebras do tronco, fundem-se à cintura pelvina (pélvica) e transferem força ao esqueleto apendicular. Os primeiros Tetrapoda e os Amphibia viventes possuem uma única vértebra sacral, os mamíferos têm de três a cinco e alguns dinossauros possuem uma dúzia ou mais. As vértebras **caudais,** que constituem a cauda, são geralmente mais simples, quanto à estrutura, do que as vértebras do tronco.

As costelas dos primeiros Tetrapoda eram bem rijas e mais desenvolvidas do que a dos peixes. Elas podem ter enrijecido o tronco de animais que ainda não tinham desenvolvido um suporte postural da musculatura axial (Figura 8-4[4]). As costelas do tronco são as mais proeminentes nos Tetrapoda em geral, e muitos tetrápodes primitivos possuem pequenas costelas que se estendem ao longo de toda a coluna vertebral. Anfíbios modernos perderam, quase que completamente as costelas, e em mamíferos, essas estão confinadas às vértebras mais craniais do tronco (torácicas).

Os Músculos Axiais

Os músculos axiais assumem dois novos papéis nos Tetrapoda: suporte postural do corpo e ventilação dos pulmões. Estas funções são mais complexas do que a flexão lateral da coluna dos peixes, produzida pelos músculos axiais e os músculos axiais de tetrápodes são altamente diferenciados em estrutura a função. Os músculos são importantes para manter a postura na terra, pois o corpo não é sustentado pela água; sem a ação muscular, o esqueleto deforma e colapsa. Da mesma maneira, o processo de ventilação dos pulmões é bem distinto se o peito está cercado por ar, em vez de água. Os músculos axiais participam ainda na locomoção dos Tetrapoda primitivos, produzindo a flexão lateral da coluna, observada durante o movimento de muitos répteis e anfíbios. Todavia, nas aves e nos mamíferos, os movimentos dos membros substituíram amplamente o papel locomotor

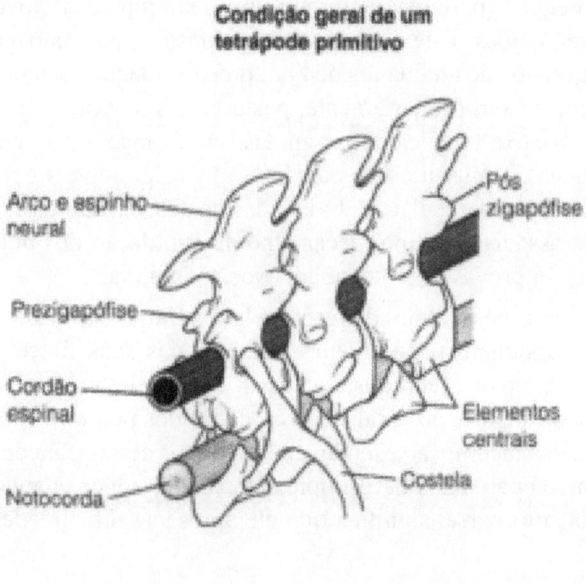

Figura 8-2 Vértebras e costelas gnatostomas. Nos vertebrados aquáticos a coluna vertebral firma o corpo, deste modo ele se curva ao invés de encurtar quando os músculos de um lado do corpo contraem. Vertebrados terrestres requerem mais rigidez. As superfícies articulares (zigapófises) nas vértebras adjacentes dos tetrápodes permitem que a coluna vertebral resista à gravidade (em tetrápodes derivados os elementos centrais formam uma única estrutura sólida, obliterando a notocorda, na forma adulta).

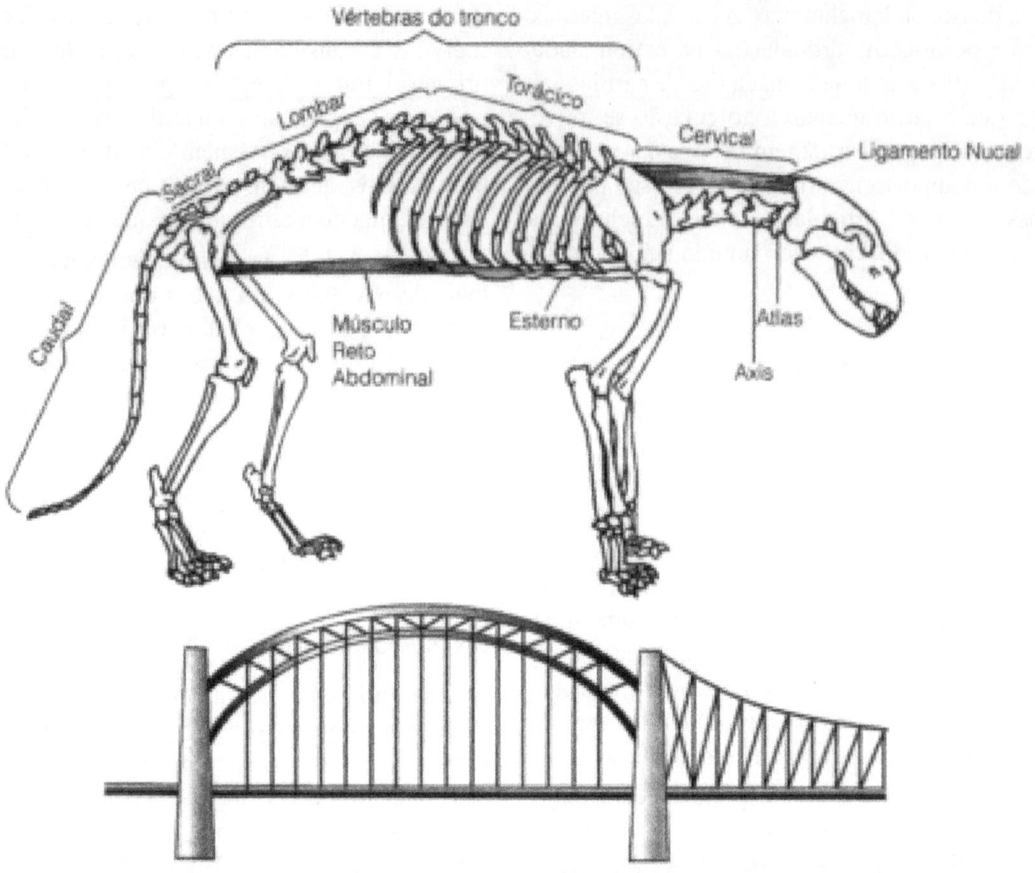

Figura 8-3 Esqueleto de um gato, mostrando músculos e ligamentos de suporte postural, em comparação a uma ponte suspensa.

dos músculos axiais, embora nas formas aquáticas secundárias (p. ex., baleias) os músculos axiais novamente assumem um papel principal na locomoção.

Nos peixes e nos anfíbios modernos, os músculos epiaxiais formam uma única massa indiferenciada. Esta era, provavelmente, a condição dos primeiros Tetrapoda (Figura 8-4[5]). Os músculos epiaxiais nos amniotas viventes são diferenciados em três componentes principais, e seu papel primário é agora postural ao invés de locomotor.

Os músculos hipoaxiais formam duas camadas nos peixes ósseos (os oblíquos interno e externo), mas nos Tetrapoda, uma terceira camada interna é adicionada, o transverso abdominal (Figura 8-4[6]). Este músculo é responsável pela exalação do ar pelos pulmões, nos anfíbios modernos (os quais, diferente dos aminiotas, não utilizam as costelas para respirar), e pode ter sido uma aquisição essencial dos primeiros Tetrapoda para a respiração em terra. Peixes que respiram ar usam a pressão da coluna d'água sobre o corpo para forçar o gás para fora dos pulmões, mas tetrápodes terrestres necessitam da ação muscular. Os músculos hipoaxiais de todos os tetrápodes mostram um padrão mais complexo de diferenciação em camadas do que aquele visto em peixes. Em anfíbios não especializados, como salamandras, tanto músculos epiaxiais quanto hipoaxiais contribuem para os movimentos de flexão do tronco enquanto andam na terra, assim como fazem os peixes nadando na água.

O músculo reto abdominal, que se estende ao longo da face ventral do corpo, desde a cintura escapular até a cintura pelvina (pélvica), é um outro músculo hipoaxial novo dos tetrápodes. Este é o músculo responsável pela barriga "tanquinho" dos humanos de bom preparo físico, e seu papel parece ser, primariamente, postural. Os músculos costais, na caixa torácica dos amniotas, são formados por três camadas de músculos hipoaxiais e são responsáveis pela inalação e pela exalação. O uso das costelas e da musculatura associada, como mecanismo de ventilação dos pulmões, foi provavelmente uma inovação amniota.

Assim, nos Tetrapoda, o esqueleto axial e sua musculatura assumem papéis bem diferentes das suas funções originais nos vertebrados aquáticos. O esqueleto participa agora do suporte postural e da ventilação dos pulmões bem como da locomoção, sendo que algumas destas funções são incompatíveis. Por exemplo, a flexão do tronco quando um lagarto corre, significa que ele apresenta dificuldades

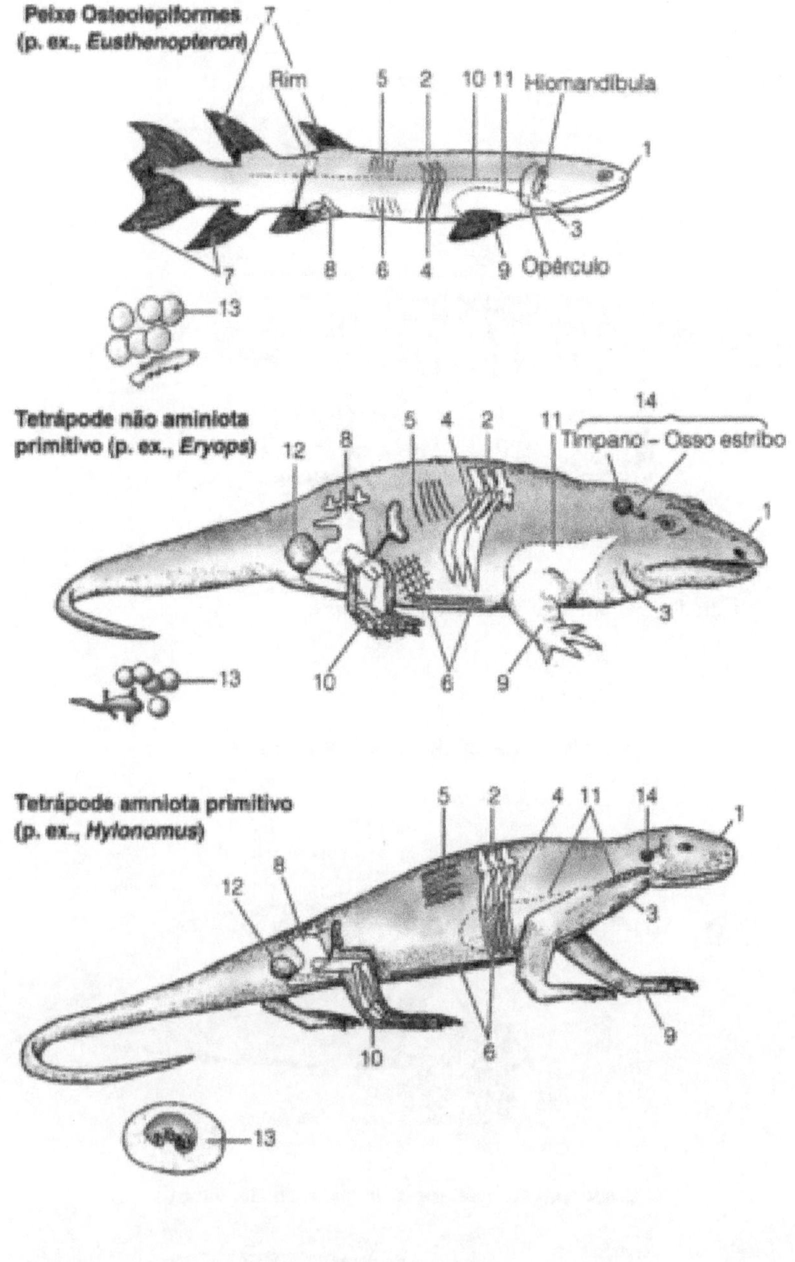

Figura 8-4 Diferenças morfológicas e fisiológicas entre os peixes, tetrápodes primitivos e os aminiótas: os números indicam os diversos sistemas citados no texto. 1. Comprimento do focinho. 2. Aproximação da coluna vertebral. 3. Comprimento do pescoço. 4. Forma das costelas. 5. Diferenciação dos músculos epiaxiais. 6. Diferenciação dos músculos hipoaxiais. 7. Presença de nadadeiras medianas. 8. Ligamento da cintura pélvica (= pelvina) à coluna vertebral. 9. Forma dos membros. 10. Forma do ligamento do tornozelo. 11. Forma dos pulmões e da traqueia. 12. Presença de bexiga urinária (Note que os rins dos peixes e dos tetrápodes não amnióticos são, na verdade, estruturas alongadas que se posicionam ao longo da parede dorsal do corpo. Os rins foram representados, em todos os animais, na forma de feijão, apresentada pelos mamíferos, devido à familiaridade e à conveniência). 13. Modo de reprodução. 14. Forma do sistema acústico-lateral e da orelha média.

na utilização das costelas para a ventilação dos pulmões, criando um conflito entre a função respiratória e a função locomotora. Tetrápodes mais derivados, tais como os mamíferos e as aves, lidaram com este conflito alterando sua postura, de membros posicionados **à** 90° em relação ao corpo para membros localizados mais abaixo do corpo. Estes tetrápodes são impulsionados por movimentos dos membros ao invés daqueles promovidos pela curvatura do tronco.

O Esqueleto Apendicular

O esqueleto apendicular inclui os membros e as cinturas escapular e pelvina (pélvica). Na condição gnatostoma primitiva ilustrada pelos tubarões, a cintura escapular (que suporta as nadadeiras peitorais) é uma barra cartilaginosa simples, chamada de barra coracóide. Em peixes ósseos a cintura escapular está ligada aos ossos operculares que formam a porção caudal do teto dérmico do crânio. A cintura pelvina (pélvica) nos dois tipos de peixes é representada pela barra puboisquiática, que não tem conexão com a coluna vertebral, mas simplesmente fixa as nadadeiras à parede do corpo. Nenhum desses arranjos funciona bem no ambiente terrestre.

Os membros dos tetrápodes são derivados das nadadeiras dos peixes. A estrutura básica de uma nadadeira consiste de elementos basais em forma de leque, que suportam um ou mais ossos radiais cilíndricos que usualmente se articulam com estruturas com forma de raios que sustentam a maioria da superfície da nadadeira. Os membros dos tetrápodes são constituídos de uma cintura e cinco elementos

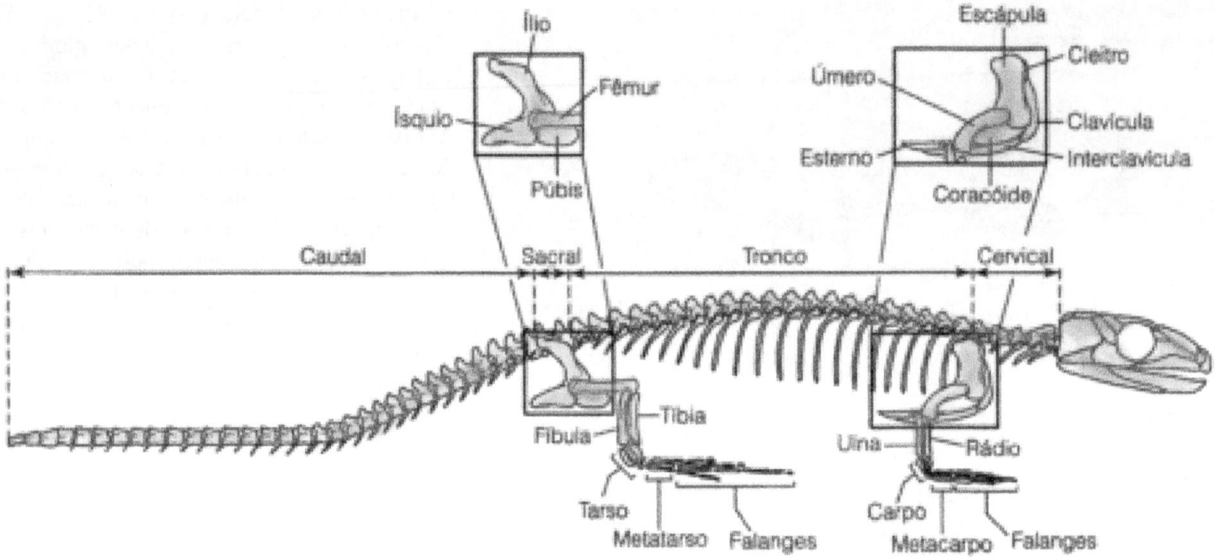

Figura 8-5 Esqueleto de um Tetrapoda generalizado, ilustrado pelo amniota primitivo *Hylonomus*.

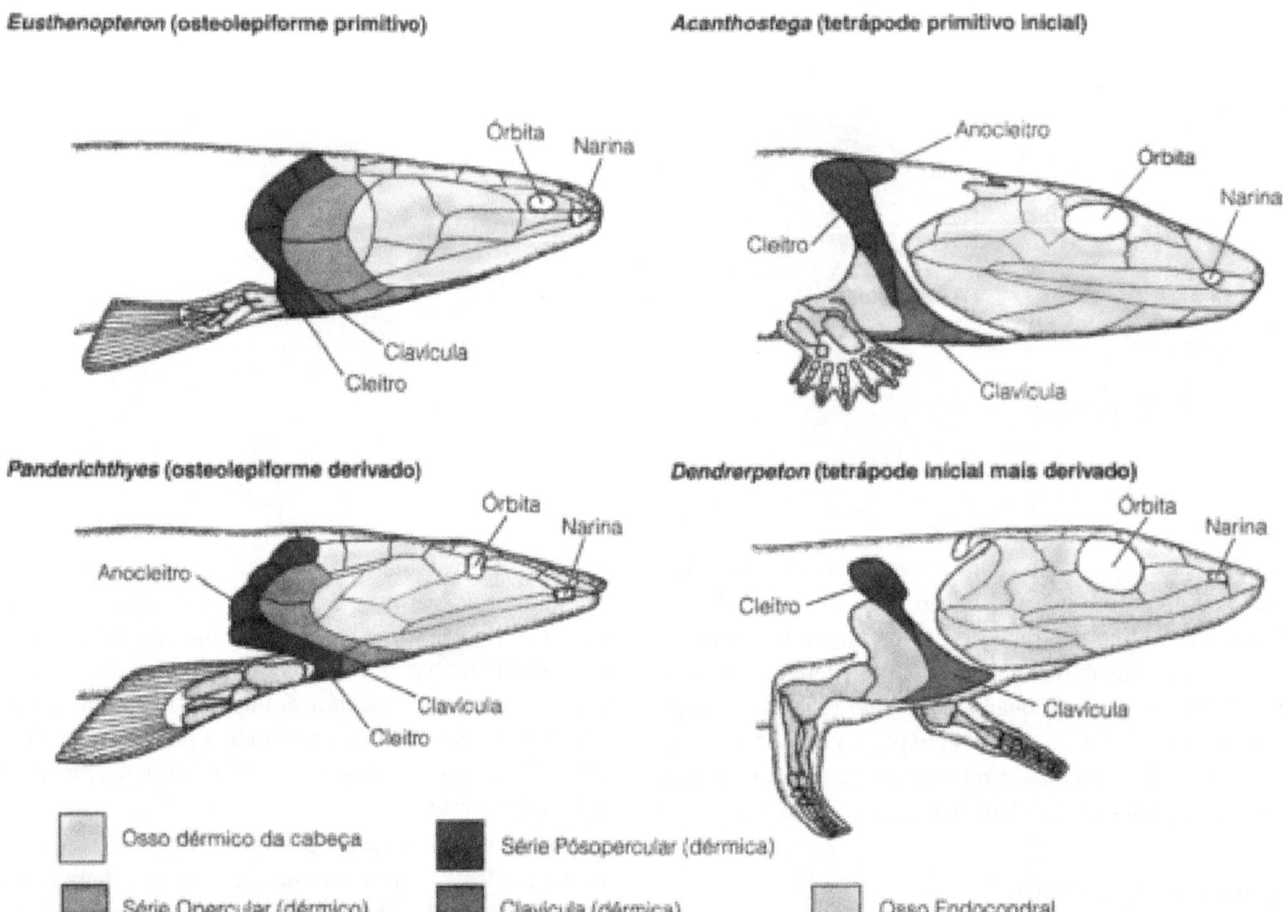

Figura 8-6 Desenvolvimento do pescoço dos vertebrados. Os ossos do crânio são conectados à cintura escapular pelos ossos operculares nos peixes osteolepiformes *Eusthenopteron* e o osteolepiforme derivado *Panderichthyes.* Os ossos operculares foram perdidos no tetrápode primitivo *Acanthostega* e os tetrápodes mais derivados *Dendrerpeton.*

que se articulam pelas extremidades. Todos os tetrápodes têm membros com articulações (com um joelho que aponta para frente e um cotovelo que aponta para trás), articulações punho/tornozelo, e mãos e pés com dígitos (= dedos) (Figura 8-4[9]). Os pés de tetrápodes primitivos são usados principalmente como ponto de apoio, provendo contato de atrito com o chão. A propulsão é gerada, primariamente, pelos músculos axiais do corpo. Em contraste, os pés dos amniotas têm um papel mais complexo na locomoção. Eles são usados como alavanca para dar propulsão ao animal, e o cotovelo forma uma articulação em dobradiça (articulação mesotarsal; Figura 8-4[10]). Alguns não amniotas, por exemplo os sapos, fazem um paralelo com os amniotas nesta condição.

A forma básica do esqueleto Tetrapoda é ilustrada na Figura 8-5. A cintura pelvina funde-se diretamente com vértebra sacral modificada e os membros pelvinos são o mecanismo propulsor primário. A cintura pelvina contém três ossos pareados de cada lado (um total de seis ossos): **ílio, púbis** e **ísquio.** O ílio de cada lado conecta os membros pelvinos à coluna vertebral, estabelecendo-se uma ligação no sacro por meio de uma ou mais costelas modificadas (Figura 8-4[8]).

O suporte dos membros peitorais tem um papel menos importante na cintura escapular dos peixes, que primariamente ancoram os músculos que movem as brânquias e a mandíbula inferior. Nos peixes ósseos, a cintura escapular e os membros peitorais são ligados à parte caudal da cabeça por uma série de ossos operculares e guiares (Figura 8-6). Nos tetrápodes esses ossos são perdidos e a cintura peitoral fica livre do teto dérmico do crânio (em outras palavras os tetrápodes têm um pescoço flexível, enquanto nos peixes a cabeça é fundida aos ombros). Os principais ossos endocondrais são a escápula e o coracóide; o úmero (osso proximal do braço) articula com a cintura peitoral no ponto onde estes dois ossos se encontram. Entretanto, alguns ossos dérmicos pós-operculares (o anocleitro, o cleitro, a clavícula e a interclavícula) se incorporam à cintura peitoral. O cleitro e o anocleitro se posicionam ao longo da margem cranial da escápula e é observado somente nos primeiros Tetrapoda primitivos extintos. A clavícula (o osso do colarinho dos humanos) conecta a escápula ao esterno ou à interclavícula. A interclavícula é um elemento único e mediano que se posiciona ventralmente ao esterno. Ela foi perdida nas aves e na maioria dos mamíferos, mas ainda está presente nos Monotremata.

A cintura peitoral não se articula diretamente com a coluna vertebral (somente nos pterossauros – répteis voadores extintos – há um equivalente ao sacro na coluna vertebral cranial, uma estrutura chamada *notarium*). Em todos os demais vertebrados, a conexão entre a cintura peitoral e a coluna vertebral consiste de músculos e tecido conjuntivo que fixam a cintura escapular ao esterno e as costelas. O esterno é uma estrutura mediana-ventral, formada de osso endo-condral e usualmente segmentada, que liga às extremidades ventrais das costelas direitas e esquerdas nos Amniota. O esterno é extensamente ossificado somente nas aves e nos mamíferos. Os ossos na cintura escapular de sapos e salamandras, chamados elementos externais, podem não ser homólogos ao esterno dos amniotas.

Nos peixes, os membros geralmente não são usados para a propulsão (exceto nas raias e alguns teleósteos de recifes de corais), mas sim utilizados para a elevação hidrodinâmica, para manter o animal aprumado e para a freada. A forma original dos músculos apendiculares dos vertebrados, vista atualmente nos tubarões, é bem simples: um conjunto de músculos que eleva as nadadeiras, afastando-as do corpo e para trás (elevadores peitorais e elevadores pelvinos) e um outro agrupamento de músculos que move a nadadeira para baixo, aproximando-a do corpo e para frente (depressores peitorais e depressores pelvinos).

Nos Tetrapoda, os membros são cada vez mais utilizados para a propulsão nas formas mais derivadas. Os músculos apendiculares ficam mais complexos e diferenciados, mas o antigo padrão dos músculos elevador e depressor maior, é mantido. Em nossos braços, o elevador peitoral corresponde aos deltóides (que se posicionam desde a escápula, sobre os ombros, até o antebraço) e o depressor peitoral corresponde ao peitoral (que se estende desde o antebraço até o peito). Mas possuímos muitos músculos adicionais na região dos ombros – sem mencionar os que movem o cotovelo, o punho e a grande quantidade de músculos que movem os dedos das mãos.

Locomoção em terra

Um modo de natação similar à dos peixes funciona somente em um meio denso, havendo grande gasto energético para compensar tal densidade. Tal compensação não é um problema no ar, mas deve ser gerado atrito, entre os pés e o substrato, para a propulsão (lembre-se da grande dificuldade de andar sobre o gelo, quando há pouco atrito entre o substrato e os pés). A locomoção na terra é energeticamente mais cara do que na água. Desde que um animal é modificado adequadamente para um modo particular de locomoção (p. ex., hidrodinâmica para a natação), deslocar-se por uma certa distância é muito dispendioso para um andador, nem tanto para um voador e muito menos caro para um nadador. O gasto para a locomoção terrestre apresenta um outro desafio aos tetrápodes.

A Figura 8-7 ilustra vários modos de locomoção dos Tetrapoda sob uma perspectiva filogenética. A forma Tetrapoda básica do movimento dos membros consiste no movimento conjunto de pares de membros diagonais. O membro direito peitoral e o esquerdo pelvino se movem como uma unidade, e os outros dois membros como outra unidade, em um tipo de movimento conhecido por **andar-trotado.** Embora os humanos sejam bípedes, dependendo inteiramente dos membros pelvinos para a locomoção, detectamos este parea-

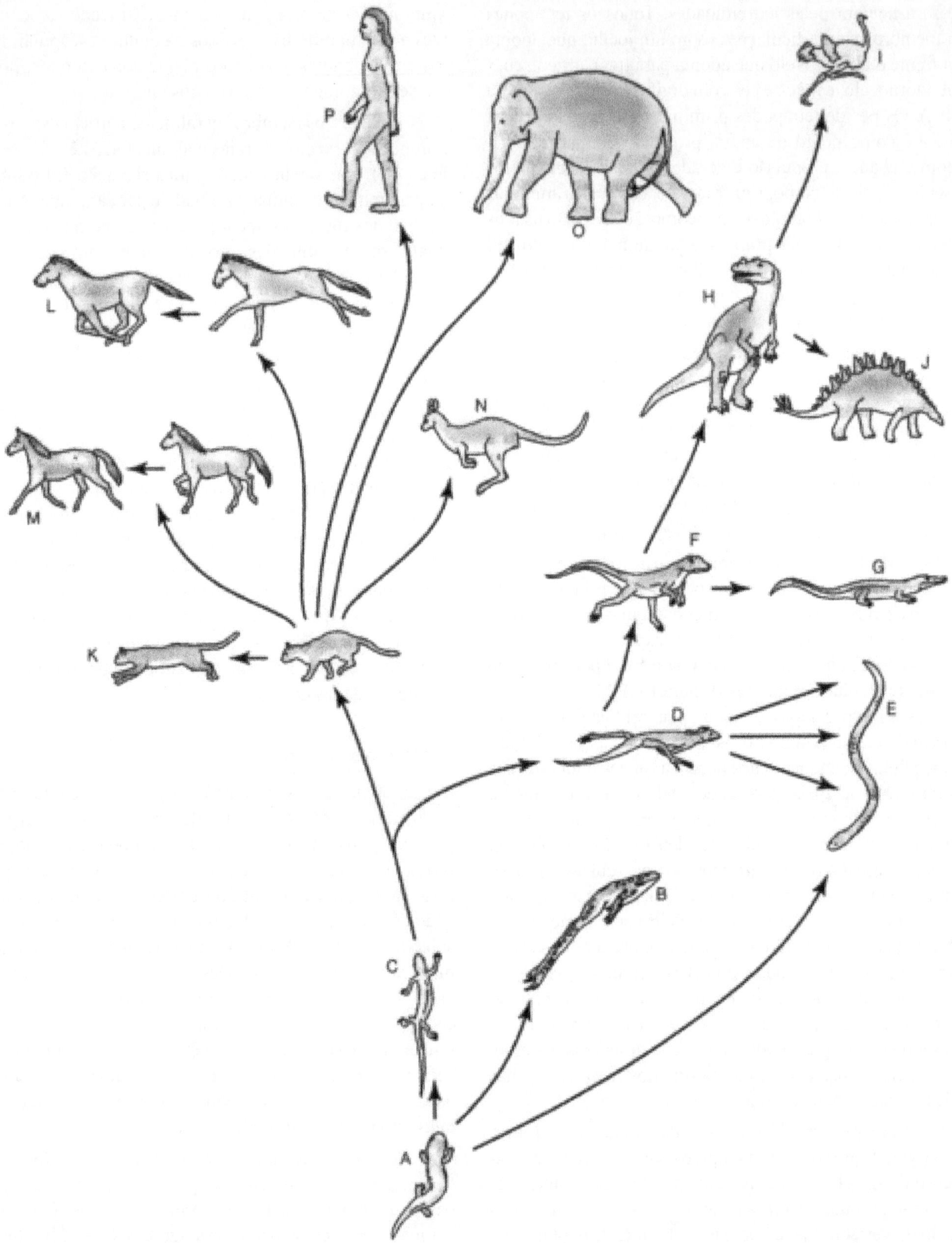
P
O
I
L
H
J
N
M
F
G
K
D
E
B
C
A

◄**Figura 8-7** Visão filogenética da postura e da locomoção dos tetrápodes. (a) Condição tetrápode primitiva, retida atualmente nas salamandras: principalmente por meio de movimentos axiais do corpo, membros movidos em pares diagonais (trote-andador básico), (b) Forma de locomoção derivada em saltos no sapo. (c) Condição amniota primitiva: membros usados mais para a propulsão, com o desenvolvimento do andar (membros se movem um de cada vez, independentemente), (d) Condição dos amniotas diapsídeos, com membros pélvicos maiores que os peitorais, tendência à corrida bípede. (e) Condição derivada sem membros com locomoção anguiliforme (similar à enguia). Evoluiu por diversas vezes, convergentemente, nos tetrápodes primitivos (ex., diversos tipos de Lepospondyli), nos Amphibia (gimnofionas e salamandras com membros reduzidos), e nos Squamata (serpentes, anfisbaenídeos e nos lagartos de membros reduzidos e ausentes), (f) Condição primitiva dos Archossauria, com postura ereta e tendência ao bipedalismo. (g) Retorno secundário à postura com os membros afastados do corpo e ao quadrupedalismo nos crocodilos, (h) Bipedalismo obrigatório nos dinossauros e nas (i) Aves. (j) Retorno ao quadrupedalismo diversas vezes entre os dinossauros, (k) Condição mamífera primitiva: postura ereta e o uso do salto como um andar rápido, com flexão dorso-ventral da coluna vertebral (todos os mamíferos utilizam o andar como um movimento lento). (l) Condição dos mamíferos maiores, na qual o salto é trocado pelo galope, (m) O trote verdadeiro, observado nos mamíferos maiores, (n) O ricochete, um movimento de pulo derivado dos cangurus e de alguns roedores, (o) O furta-passo, um andar acelerado observado nos elefantes e em alguns cavalos, (p) A condição humana de bipedalismo ereto.

mento dos membros quando andamos, balançando o braço direito para frente quando movimentamos a perna esquerda e vice-versa. Este tipo de movimento pareado diagonal é, provavelmente, uma característica primitiva dos Gnatostoma, já que os tubarões também movem suas nadadeiras desta maneira quando nadam sob o substrato submerso.

O modo primitivo inicial de locomoção Tetrapoda, observado atualmente nas salamandras, provavelmente combinava a flexão axial do corpo com os membros movendo-se na maneira andar-trotado, com os pés agindo, primariamente, como pontos de apoio sobre o substrato, em vez de impulsionar o corpo (ou seja, a força utilizada para mover o animal vinha dos músculos do tronco no lugar dos músculos dos membros). Os lagartos retêm uma versão modificada deste modo de locomoção, embora seus membros sejam mais importantes para a propulsão. Os modos de locomoção de nadar, andar e saltar dos sapos dependem somente dos músculos dos membros e são altamente especializados.

Uma nova especialização dos Amniota é o andar, que é distinto do modo andar-trotado, mais primitivo. No andar, cada um dos membros move-se, independentemente, em sucessão, geralmente com três patas sobre o solo de cada vez. Entretanto, é possível aos mamíferos empreender um andar mais veloz, com somente uma ou duas patas sobre o solo a cada vez, como o visto no andar a passo lento **(furta-passo)** dos elefantes e de alguns cavalos. Todos os tetrápodes também podem utilizar uma forma de **trote** para um movimento mais rápido – movendo pares diagonais de membros, como na condição Tetrapoda primitiva.

Os amniota mais derivados, tais como os Mammalia e os Archosauria (aves, dinossauros e crocodilos) são especializados, quando comparados à condição tetrápode primitiva. Estes Amniota apresentam uma postura ereta e seus membros encontrtam-se posicionados mais sob o corpo. Enquanto os Archossauria tenderam ao bipedialismo, os mamíferos criaram alguns novos modos de locomoção com a evolução da flexão dorso-ventral da coluna vertebral. O movimento veloz característico dos mamíferos é o **salto**, que envolve a impulsão para cima dos membros pelvinos e o pouso dos membros peitorais, com a flexão das costas contribuindo para o comprimento do passo largo.

Mamíferos maiores devem mover-se com cuidado para evitar ferimentos (Quadro 8.1), e o salto modificado para o **galope**, observado, por exemplo, nos cavalos (o modo de andar do meio galope ou trote rápido dos cavalos é, essencialmente, uma versão lenta do galope). Aqui, o período de suspensão no ar com as quatro patas fora do solo, não se dá com as pernas encolhidas, como no salto, mas sim na fase de recuperação, na qual os membros pelvinos movem-se para frente, preparando-se para o próximo impulso. O galope também envolve menos a curvatura das costas do que a exigida no salto. Se você observar animais domésticos, poderá notar que os gatos, geralmente, saltam, e que os cães galopam, embora muitos animais, maiores que os cachorros (tais como as chitas e os antílopes) utilizem o salto.

Outro andar típico dos grandes mamíferos é o trote, utilizado a velocidades moderadas entre o andar e o salto. Basicamente, o trote consiste da ação dos pares diagonais em sequência. Mas, contrariamente ao andar-trotado, o trote é um salto distinto de um par de membros ao outro com um período no qual todas as quatro patas se encontram no solo (Figura 8-5m). Um tipo mais especializado de locomoção dos mamíferos é o **ricochete**, ou o salto bípede, provavelmente derivado do salto (Figura 8-5n). Embora os cangurus sejam famosos por este tipo de locomoção, este modo de locomoção evoluiu, independentemente, também em diversos roedores (ratos-cangurus, jerboas e lebres). O modo humano de locomoção, o andar bípede com o tronco ereto (Figura 8-5p), é único entre os vertebrados, embora os pinguins se movam com o tronco ereto.

Comer em Ambiente Terrestre

A diferença entre água e ar afeta profundamente a alimentação dos tetrápodes. Na água a maioria dos itens alimentares é quase sem peso e podem ser sugados para dentro da boca

QUADRO 8-1 Tamanho e Escala nos Vertebrados Terrestres

O tamanho corpóreo é uma das coisas mais importantes a serem conhecidas acerca de um organismo. Já que todas as estruturas estão sujeitas às leis da física, o tamanho absoluto de um animal afeta profundamente sua anatomia e sua fisiologia. O arranjo do sistema esquelético-muscular é especialmente sensível ao tamanho absoluto dos tetrápodes devido aos efeitos da gravidade em terra.

O estudo das escalas, ou de como a forma se altera com o tamanho, também é conhecido por **alometria** (Grego *alio* = outro e *metric* = medida). Se as características do animal não demonstram quaisquer alterações com o aumento do tamanho corpóreo (p. ex., se um animal maior se parece com uma foto ampliada de um menor), todas as partes que o constitui devem ser medidos como **Isométricas** (Grego *iso* = o mesmo). Entretanto, os animais não são construídos dessa forma e muito poucos componentes corpóreos são isométricos (p. ex., com uma relação de um para um com o tamanho corpóreo).

A maioria dos componentes corpóreos é medida alometricamente. Por exemplo, embora o tamanho do olho seja absolutamente maior em animais grandes, eles possuem olhos relativamente menores, em relação ao tamanho da cabeça, do que animais pequenos. Assim, o tamanho do olho tem alometria negativa – menor do que a proporção 1:1 em relação ao tamanho do corpo. Por outro lado, os ossos dos membros dos animais maiores não são proporcionalmente mais longos do que os dos animais menores, mas os ossos são proporcionalmente mais espessos. Portanto, o diâmetro do membro tem alometria positiva.

Sob todas as relações de medida, está a forma como a área de um objeto se relaciona ao seu volume: quando dimensões lineares duplicam (uma alteração de duas ordens), a área aumenta com o quadrado da modificação das dimensões lineares (uma alteração de quatro ordens) e o volume aumenta como o cubo da alteração das dimensões lineares (uma alteração de oito ordens; Figura 4-7). **Dimensões lineares** se referem à altura ou ao comprimento do animal, sua **superfície** é a área exposta ao ambiente e seu **volume** é proporcional à massa corpórea (ou peso). Um animal que é duas vezes mais alto que o outro é oito vezes mais pesado.

Diferenças de área de superfície têm um efeito profundo sobre o funcionamento do animal. Por exemplo, animais maiores levam muito mais tempo para se aquecer ou para se resfriar, do que os pequenos, pois tem uma área menor para as trocas em relação ao volume do animal. Estas relações influenciam as causas da temperatura corpórea e da taxa metabólica. O tamanho absoluto também afeta como o animal sobrevive às quedas de grandes alturas. Um animal pequeno tem uma quantidade proporcionalmente maior de área para distribuir sua massa no impacto. Um camundongo que cai de uma janela do segundo andar de um prédio pode se assustar, mas se machucará pouco, enquanto um humano quebraria alguns ossos e um cavalo provavelmente morreria (não tente este experimento em casa).

A área transversal dos ossos sustenta o peso do animal. Se um animal aumentasse de tamanho isometricamente, seu peso seria elevado ao cubo de suas dimensões lineares, mas a área transversal de seus ossos cresceria somente com o quadrado das dimensões lineares. Assim, os ossos devem aumentar sua área de maneira desproporcional para acompanhar os crescimentos da massa. O diâmetro dos ossos tem alometria positiva: animais maiores têm, proporcionalmente, ossos mais espessos nos membros do que os menores. O esqueleto de um animal maior pode ser facilmente distinguível do de um pequeno, mesmo quando têm o mesmo tamanho, devido aos ossos proporcionalmente mais espessos (Figura 8-8).

Todavia, os animais não alteram simplesmente as proporções dos ossos de seus membros de uma forma que pode ser prevista por leis alométncas simples. Se eles o fizessem, seus esqueletos seriam desproporcionalmente pesados. O esqueleto de um gato corresponde a 5 por cento de sua massa corpórea total e se um elefante fosse construído com as mesmas proporções estruturais, seu esqueleto corresponderia a 78 por cento de sua massa corpórea total. Na verdade, o esqueleto de um elefante constitui cerca de 13 por cento de sua massa corpórea, quase três vezes mais que a do gato – mas ainda dentro da viabilidade biológica!

A massa esquelética dos vertebrados terrestres tem alometria positiva, mas não tanto quanto você pensa. Interessantemente, a massa esquelética dos peixes e das baleias (animais que não precisam se preocupar com a sustentação do peso pelo esqueleto) é medida quase que isometricamente. Consequentemente, o esqueleto de animais maiores é proporcionalmente mais frágil do que o dos pequenos. Então, como os animais terrestres lidam com a vida no mundo real? As Figuras 8-8 e 8-9 apresentam outras diferenças críticas entre os mamíferos pequenos e grandes.

Os animais grandes têm uma postura distinta da dos pequenos. A postura primitiva dos mamíferos é o repouso com as articulações flexionadas. Um osso suporta melhor as forças compressoras (a força exercida sobre o eixo paralelo do osso) do que forças de torção exercidas sobre um ângulo do eixo longo. Quanto maior o animal, menos flexionadas são as articulações de seus membros, resultando em um repouso mais similar a um pilar, com sustentação direta do peso, a qual reduz ao efeito da torção sobre os ossos dos membros. Os ossos dos membros de grandes animais também reduzem estresses de torção. Animais maiores possuem dorso mais curtos, ou mais retos, do que os pequenos. Finalmente, animais maiores se movem de maneira distinta da dos pequenos: eles têm um comportamento menos saltatóno, movendo seus membros em ângulos menores de excursão (Figura 8-9). O andar com as pernas esticadas dos elefantes garante que a maioria das forças sobre os membros seja compressiva, ao mvés de torção. Um animal tão grande quanto um elefante é, na realidade, muito grande para o trote ou para o galope e seu movimento mais rápido é o furta-passo, ou o andar veloz.

Continua

Continuação

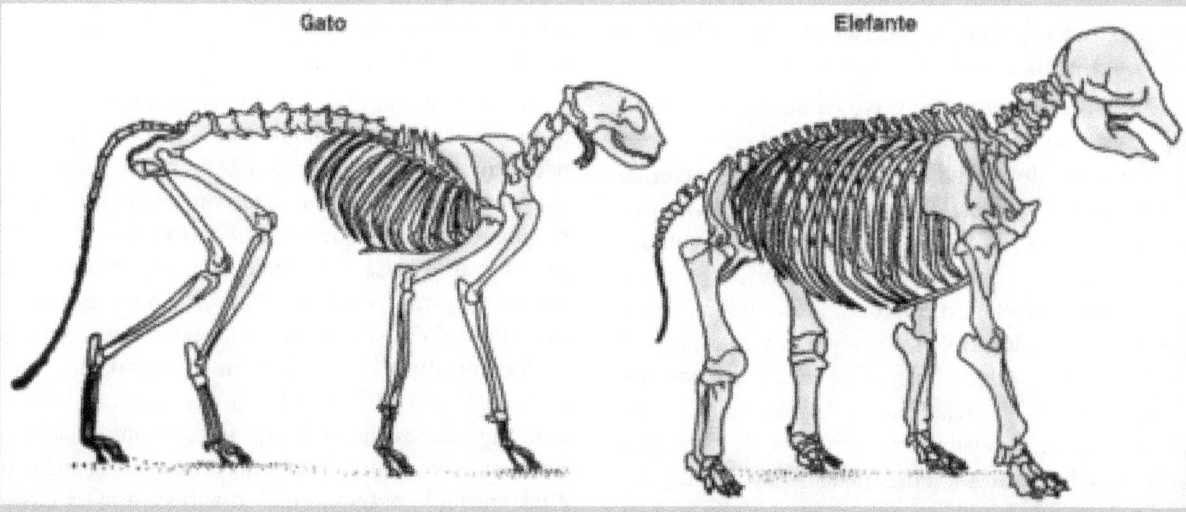

Figura 8-8 Comparação de esqueletos de animais de tamanhos distintos. Mesmo que estejam desenhados do mesmo tamanho, percebe-se imediatamente que o animal da direita é maior do que o da esquerda por causa das proporções dos ossos, especialmente dos membros.

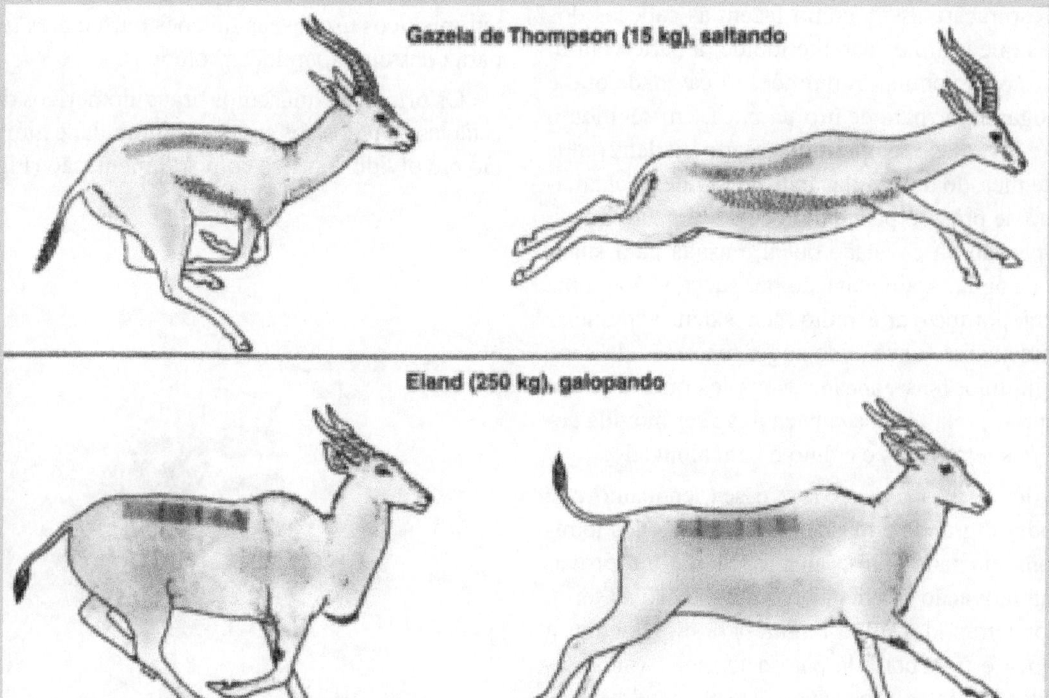

Figura 8-9 Locomoção de salto e galope comparadas entre um antílope pequeno e um grande.

e movidos no seu interior pela criação de correntes de água. Vertebrados aquáticos, do menor girino a maior baleia, podem usar alimentação por sucção para captar os itens alimentares suspensos na água. Em contraste, animais terrestres usam a mandíbula e dentes para agarrar seus itens alimentares, e a língua e bochechas para mover os itens na boca.

O crânio nos tetrápodes primitivos é muito semelhante ao dos peixes ósseos primitivos, com um extenso dermatocrânio que é retido na maioria dos tetrápodes viventes (a maioria dos ossos do crânio humano representa um legado do dermatocrânio de um peixe ósseo). Entretanto, o esqueleto branquial, o opérculo e a maioria dos ossos operculares que conectam o opérculo à cintura escapular estão perdidos em todos a não ser nos primeiros tetrápodes conhecidos. O crânio dos peixes ósseos tem um focinho curto e movimentos da mandíbula e região bucal fazem com que a água seja sugada para o interior da boca para ventilação das brânquias e alimentação. No crânio dos peixes, o palato ósseo pode mover-se em relação à caixa craniana para auxiliar a sucção, mas em muitos tetrápodes (tais como crocodilianos e mamíferos) o palato tomou-se fusionado à caixa craniana.

Os tetrápodes primitivos têm crânios largos e achatados e o focinho é mais longo, fazendo com que a maioria dos dentes posicionem-se à frente dos olhos. Suas cabeças achatadas e longos focinhos combinam as funções de alimentação e respiração, assim como fazem as cabeças dos anfíbios atuais que usam o aparelho hióide (a parte ventral do arco hióide) para ventilar os pulmões. A cavidade oral é expandida, sugando ar para dentro da boca, em seguida o piso da boca é levantado, empurrando o ar para dentro dos pulmões. Este método de ventilação dos pulmões é chamado mecanismo de pressão positiva ou bombeamento bucal. A mesma expansão da cavidade bucal é usada para sugar os alimentos na água. A alimentação por sucção não é uma opção em terra, porque o ar é muito menos denso do que as partículas alimentares (você pode sugar macarrão da sopa junto com o líquido, mas é incapaz sugá-los quando estão na borda do prato). Na terra, a cabeça deve ser movida sobre a presa e nos tetrápodes o crânio é bem alongado.

A língua dos peixes é pequena e óssea, enquanto que a dos tetrápodes é grande e musculosa. A língua dos tetrápodes funciona ajustada com o aparato hióide e é provavelmente uma inovação chave para a alimentação na terra. A maioria dos tetrápodes usa a língua para movimentar a comida na boca e transportá-la para a faringe. Ainda, alguns tetrápodes – tais com os sapos, as salamandras e os camaleões – podem projetar sua língua para capturar a presa (o mecanismo da protrusão da língua é diferente em cada grupo, e estes são exemplos de evolução convergente).

As glândulas salivares são conhecidas somente em vertebrados terrestres, provavelmente porque a lubrificação é necessária para engolir o alimento na terra. A saliva também contém enzimas que iniciam a digestão química do alimento enquanto ainda está na boca. Alguns mamíferos insetívoros, duas espécies de lagartos e várias linhagens de serpentes as secreções salivares transformaram-se em venenos que matam presas.

Com a perda das brânquias pelos tetrápodes, muito da musculatura branquiomérica associada também foi perdida, mas os elevadores das brânquias são uma exceção notória. Nos peixes, estes músculos são combinados em uma única unidade, o *cucularis* e, nos tetrápodes, esse músculo tornou-se o trapézio, que se estende do topo do pescoço e ombros até a cintura escapular. Em mamíferos, esse músculo auxilia a rotação e estabilização da escápula na locomoção, e nós o utilizamos quando levantamos os ombros. O entendimento das homologias originais do músculo trapézio explica um fato interessante relacionado aos ferimentos na coluna vertebral humana. Porque o trapézio é um músculo branquiomérico antigo, é inervado por nervos craniais, diretamente do encéfalo e não pelos nervos cervicais provenientes da medula espinal. Assim, pessoas paralíticas do pescoço para baixo por um ferimento espinal, ainda podem elevar seus ombros. Pequenos músculos na garganta – por exemplo, aqueles que dão suporte a faringe, e as cordas vocais – são outros remanescentes dos músculos branquioméricos associados aos arcos branquiais. A engenharia biomédica engenhosa permite que indivíduos tetraplégicos usem suas funções musculares remanescentes para controlar aparelhos protéticos.

Os principais músculos branquioméricos dos tetrápodes estão associados aos arcos e mandibular e hióide e agora estão envolvidos apenas com a alimentação (Figura 8-10). O

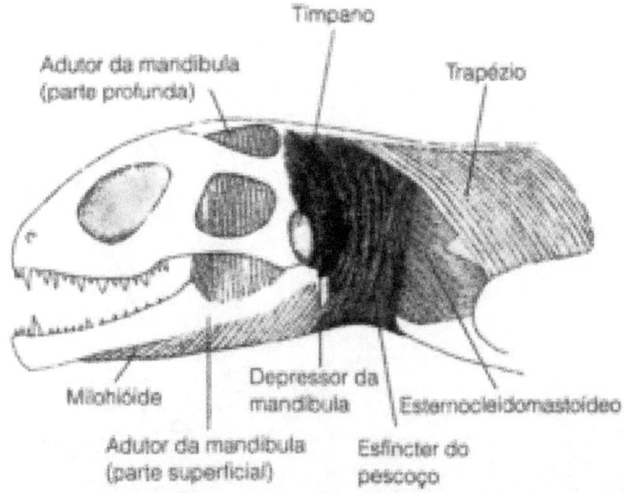

Figura 8-10 Condição da musculatura da cabeça e pescoço num tetrápode generalizado.

músculo adutor da mandíbula permanece como o principal responsável pelo fechamento da mandíbula e tornou-se cada vez mais complexo nos tetrápodes mais derivados. A musculatura hióide forma dois novos músculos importantes em tetrápodes. Um é depressor da mandíbula, que estende-se da parte caudal da mandíbula em direção ao crânio e ajuda os hipobranquiais a abrir a boca. O outro é o constritor do pescoço (*sphincter colli*) que circunda o pescoço e auxilia na deglutição do alimento.

8.2 Respirar Ar

Em alguns aspectos, o ar é um mais fácil para a respiração do que a água. As baixas densidade e viscosidade do ar tornam os movimentos de ventilação, do tipo vai e vem, de um pulmão sacular, energeticamente possível, e a alta concentração de oxigênio no ar reduz o volume de fluido que deve ser bombeado para suprir as necessidades metabólicas do animal.

O pulmão é uma característica primitiva dos peixes ósseos e não evoluíram com o propósito de respiração na terra. Por muitos anos, assumia-se que os pulmões evoluíram em peixes que viviam em águas estagnadas e sem oxigênio, nas quais os pulmões suplementariam a tomada de oxigênio pelas brânquias. Todavia, embora alguns peixes pulmonados são encontrados em ambientes estagnados e anóxicos, outros peixes que respiram ar (p. ex., o "bowfin") são animais ativos encontrados em habitats ricos em oxigênio. Collen Farmer sugeriu uma explicação alternativa para a evolução dos pulmões. Ela sugeriu que a respiração do ar poderia ter evoluído em águas bem oxigenadas em peixes ativos, onde o oxigênio adicional é necessário, primariamente para suprir o próprio músculo cardíaco, ao invés dos demais tecidos do corpo (Farmer 1997).

Em contraste com o bombeamento bucal de pressão positiva que os tetrápodes não amniotas usaram para inflar os pulmões, os amniotas usam um bombeamento de aspiração de pressão negativa. A expansão da caixa torácica por músculos intercostais hipoaxiais cria uma pressão negativa (abaixo da pressão atmosférica) na cavidade abdominal que suga o ar para dentro dos pulmões. O ar é expelido por meio da compressão da cavidade abdominal, primariamente pelo retorno elástico da caixa torácica à posição de repouso e contração dos pulmões elásticos, bem como pela contração do músculo transverso abdominal.

Os pulmões de muitos Amphibia modernos são sacos simples com algumas poucas divisões internas. Esse órgão apresenta apenas uma câmara principal pequena no seu interior. Em contraste, os Amniota possuem pulmões subdivididos, algumas vezes, de maneira complexa, para aumentar a superfície para as trocas gasosas. Eles também possuem uma **traqueia** longa fortalecida por anéis cartilaginosos, a qual se ramifica em uma série de brônquios em cada pulmão (Figura 8-4[11]). A forma das subdivisões pulmonares é, de certa forma, diferente entre os mamíferos e os demais amniotas, sugerindo inovações evolutivas independentes. A combinação da traqueia e aspiração de pressão negativa permite que muitos amniotas desenvolvam pescoços mais longos do que aqueles observados em Amphibia modernos ou nos Tetrapoda não amniotas extintos. Os amniotas também possuem uma **laringe** (derivada dos elementos dos arcos faríngeos), na junção da faringe com a traqueia, a qual é utilizada para a produção de sons.

8.3 Bombeando o Sangue Para Cima

O sangue não tem peso na água, e o coração precisa sobrepor somente a resistência do fluido para mover o sangue pelo corpo. A circulação é mais difícil para um animal terrestre porque o sangue tende a se concentrar em pontos baixos tais como nos membros, e deve ser forçado através das veias para cima até o coração para que ele bombeie mais sangue para as artérias. Assim, os tetrápodes requerem pressões sanguíneas altas o suficiente para empurrar o sangue para cima por meio das veias, contra a força da gravidade.

As paredes dos vasos sanguíneos são de alguma forma permeáveis, e altas pressões sanguíneas forçam um pouco do plasma sanguíneo (a parte líquida do sangue) para fora dos vasos e para dentro de espaços intercelulares dos tecidos do corpo. Este fluido é recuperado e retorna ao sistema circulatório via **sistema linfático** dos tetrápodes. O sistema linfático é um sistema de vasos, similares às veias, de mão única e sem saída, os quais ao longo de seus percursos permitem que os fluidos dos tecidos cheguem ao sistema venoso na altura da base do pescoço (um sistema linfático é também bem desenvolvido nos Teleostei, mas é de importância crítica na terra, onde o sistema cardiovascular está sujeito a força da gravidade). Nos tetrápodes, a linfa é mantida em movimento por meio da contração de músculos e de tecidos, e as válvulas nos tubos linfáticos previnem o contra-fluxo. **Nódulos linfáticos**, que são concentrações de tecido linfático, são encontrados em mamíferos e em algumas aves, em intervalos ao longo dos canais linfáticos. O tecido linfático também está envolvido no sistema imune; glóbulos brancos (macrófagos) se movimentam por esta rota e o tecido linfático pode interceptar material indesejado ou estranho, tais como células cancerosas migrantes.

Com a perda das brânquias e a evolução de um pescoço distinto, o coração moveu-se para trás nos tetrápodes. Em peixes, o coração fica na região das brânquias, em frente à cintura escapular, enquanto nos tetrápodes ele fica atrás da cintura escapular, no tórax. O seio venoso e o cone arterioso são reduzidos ou ausentes nos corações dos tetrápodes. Com o advento dos pulmões, evoluiu uma circulação dupla nos vertebrados, na qual o circuito **pulmonar** supre os pulmões com sangue não oxigenado e o circuito **sistémico** fornece sangue oxigenado ao corpo.

O átrio sempre é dividido completamente nos peixes pulmonados e nos tetrápodes, e o ventrículo é dividido tanto por uma barreira fixa ou pela formação câmaras separadas transitoriamente quando o coração se contrai. O lado direito do coração recebe sangue sem oxigênio que retorna ao corpo por meio das veias sistémicas, e o lado esquerdo recebe sangue oxigenado oriundo dos pulmões por meio das veias pulmonares. A circulação dupla dos tetrápodes pode ser representada como um número 8, com o coração no centro das alças (veja a Figura 8-11).

Os arcos aórticos passaram por modificações consideráveis em associação com a perda das brânquias nos tetrápodes. Os arcos dois e cinco foram perdidos nos tetrápodes adultos (embora o arco número cinco seja retido nas salamandras). Três arcos principais são retidos: o terceiro (arco **carotídeo)** que vai para a cabeça, o quarto (arco **sistémico)** que se dirige ao corpo e o sexto (arco **pulmonar)** que vai para os pulmões (Figura 8-12). Os anfíbios modernos retêm a condição dos peixes, na qual os arcos aórticos não surgem diretamente do coração. Esta condição, com a retenção de um cone arterioso proeminente, foi provavelmente a encontrada entre os primeiros tetrápodes. Nos Amniota, a artéria pulmonar recebe sangue do ventrículo direito e os arcos sistémico e carotídeo recebem sangue do ventrículo esquerdo, embora detalhes da anatomia do coração sugiram que esta condição evoluiu independentemente nos mamíferos e nos demais Amniota.

Nos anfíbios modernos, o tegumento é de suma importância na troca de oxigênio e de dióxido de carbono. Nestes animais, o arco pulmonar é, na verdade, um arco pulmocutâneo, com uma importante artéria cutânea que se ramifica da artéria pulmonar, para suprir a pele. A veia cutânea, que agora transporta sangue oxigenado, retroalimenta o circuito sistémico via veia sub-clávica e em seguida o átrio direito. Deste modo, o sangue oxigenado alimenta o ventrículo anfíbio a partir de ambos os átrios o esquerdo (suprido pela veia pulmonar) e o direito. Este tipo de coração nos Amphibia modernos, com a ausência de qualquer divisão ventricular, é provavelmente uma condição derivada, adaptada para o uso da pele tanto quanto dos pulmões, para a respiração.

Um septo ventricular de algum tipo está presente em todos os Amniota, mas sua forma é diferente nas diversas linhagens. Um septo ventricular transitório é formado durante a

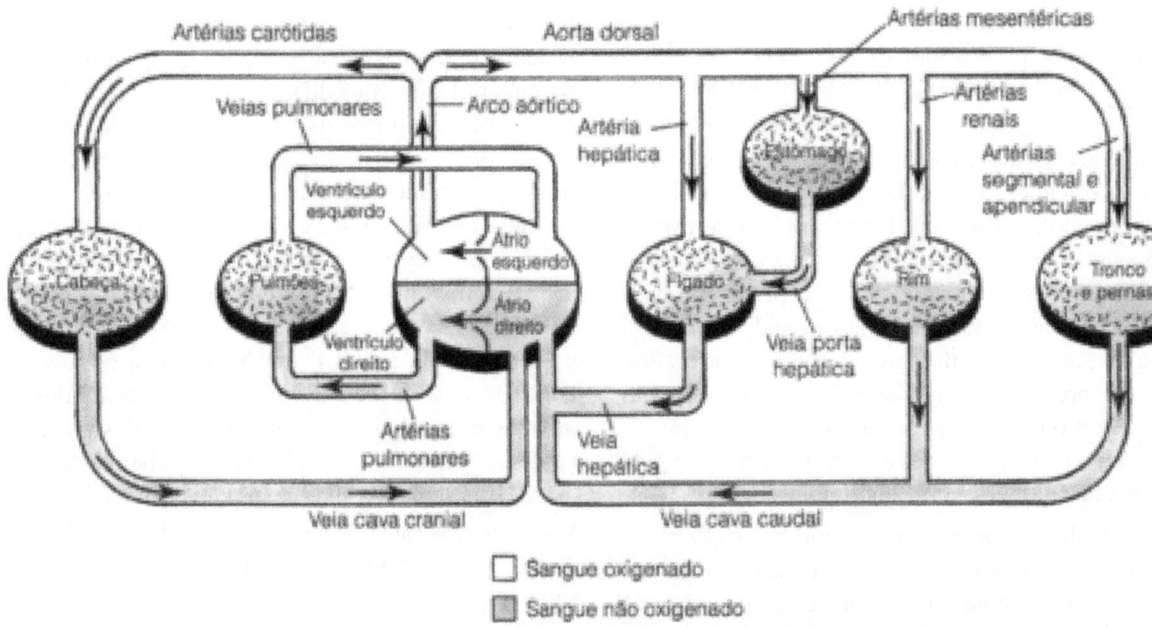

Figura 8-11 Sistema cardiovascular de circuito duplo de um tetrápode.

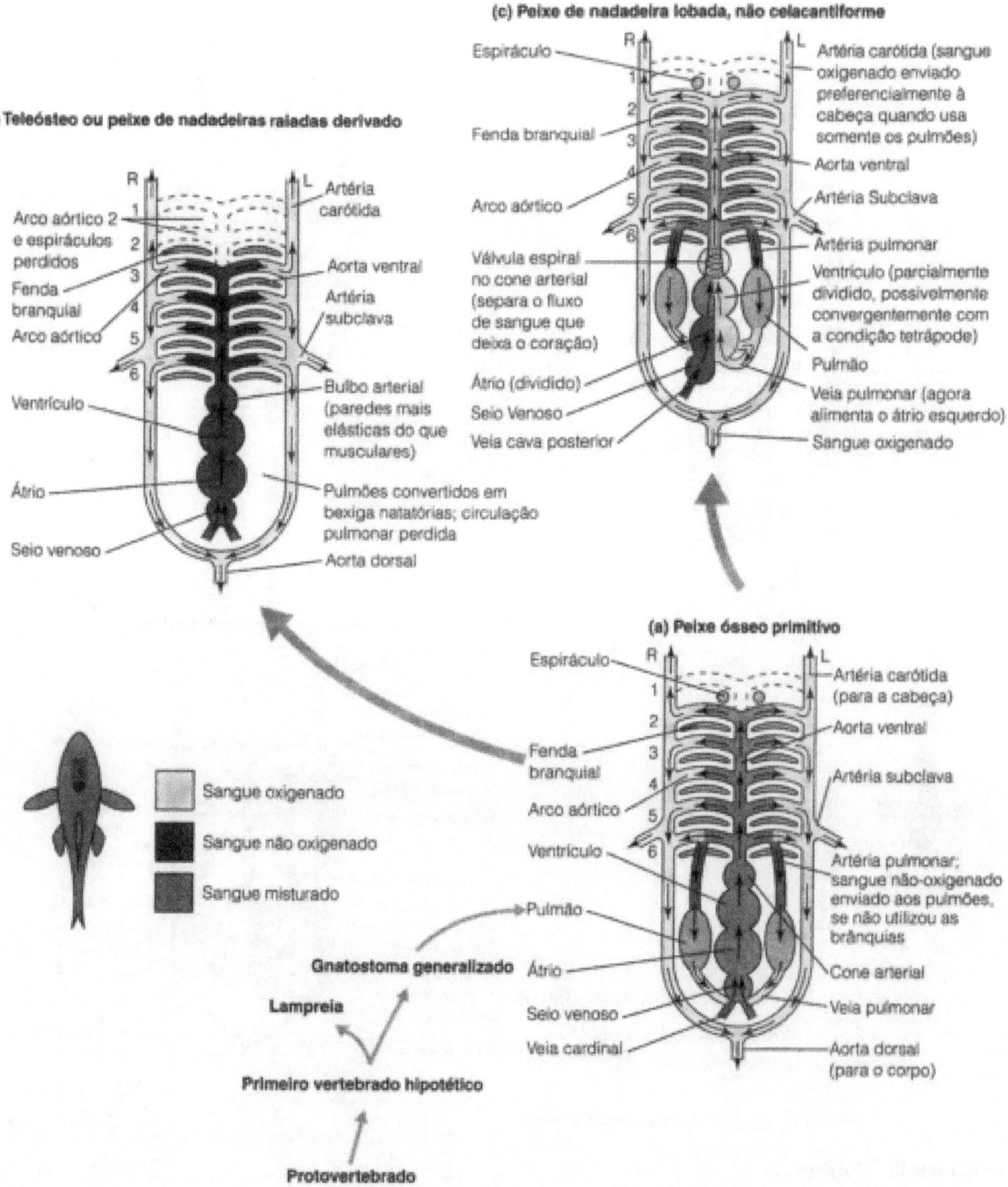

Figura 8-12 Forma da cabeça e dos arcos aórticos em peixes mandibulados e nos tetrápodes primitivos, (a) A condição de peixe ósseo primitivo é ter pulmões e algum tipo de circuito pulmonar, como mostrado no peixe pulmonado atual Polypterus. (b) Teleósteos convertem o pulmão em uma bexiga natatória e perdem o circuito pulmonar: eles perdem também o arco aórtico número 2. (c) A condição sarcopterígia generalizada acima do nível dos celacantos: alguns pulmonados viventes reduziram o número de arcos aórticos desta condição. Aqui a artéria pulmonar alimenta diretamente o átrio esquerdo e o ventrículo é parcialmente dividido, (d) A condição no tetrápode primitivo (acima da condição do Acanthostega/Ichtiostega) é similar àquela dos peixes pulmonados, mas as brânquias internas foram perdidas, e o segundo arco aórtico também pode ter sido perdido neste estágio (como visto em todos os tetrápodes).

Continua

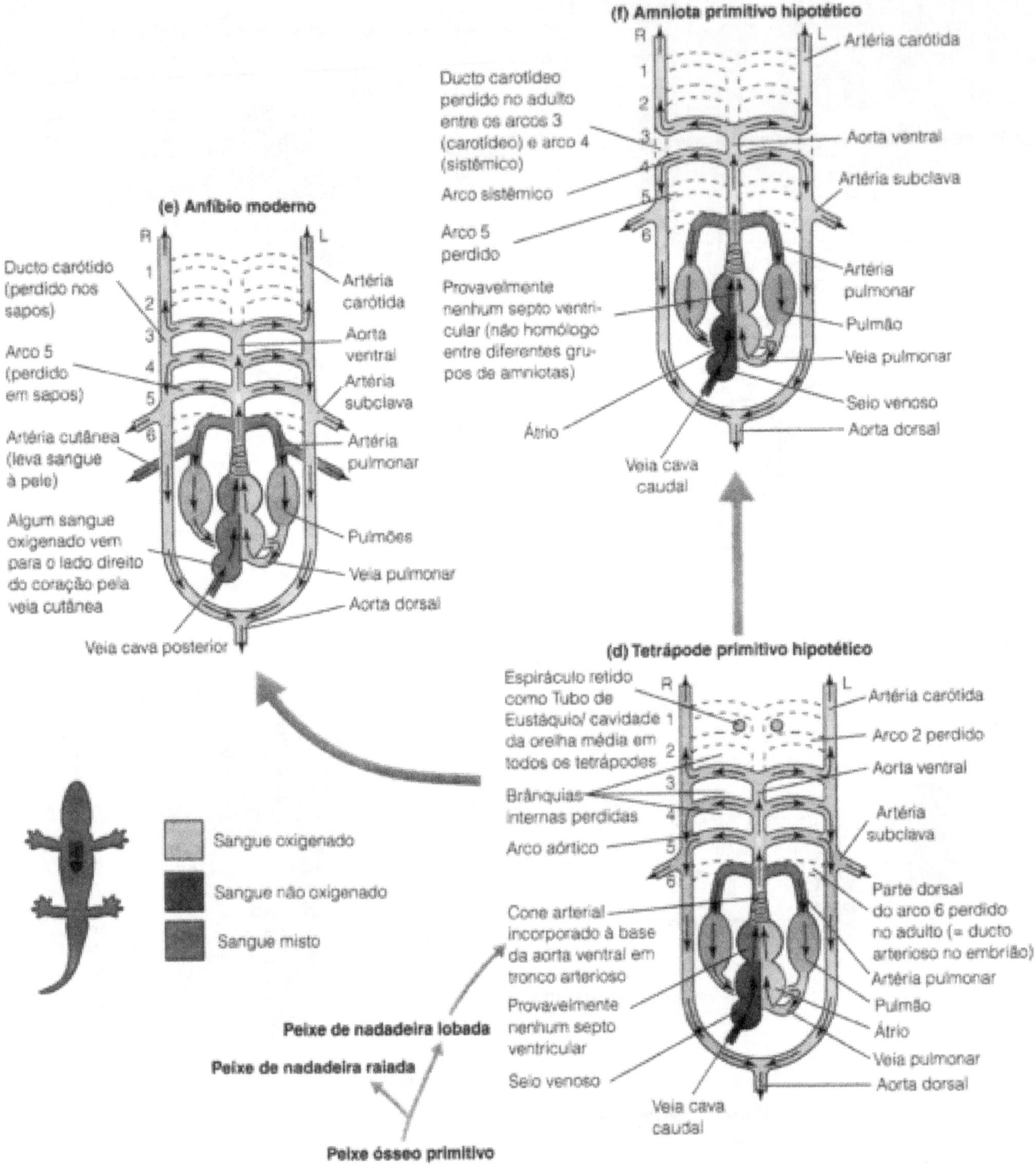

Figura 8-12 *Continuação*

(e) No sapo o arco 5 e a conecção da aorta dorsal entre os arcos 3 e 4 (o dueto carótido) foram perdidos, mas essas estruturas estão retidas nas salamandras, assim esta condição não pôde ser herdada de um ancestral tetrápode mais primitivo. Uma condição derivada nos anfíbios modernos é ter uma artéria cutânea saindo da artéria pulmonar levando sangue para a pele para ser oxigenada; o sangue retorna via veia cutânea que alimenta a veia subclava. O septo ventricular está ausente nos anfíbios modernos. Esta pode ser uma condição secundária que está relacionada a ter sangue oxigenado retomando da pele ao lado direito do coração, (f) A condição primitiva de um amniota proposta é similar àquela do sapo com a exceção da ausência de um circuito cutâneo. O septo ventricular teria sido simples e não teria havido divisão dos vasos que deixam o coração, porque as condições mais derivadas nos amniotas viventes evoluíram independentemente.

contração ventricular em tartarugas e lagartos, enquanto um septo permanente está presente nos mamíferos, bem como nos crocodilos e nas aves. Este padrão de ocorrência sugere que um septo ventricular complexo evoluiu independentemente em linhagens sauropsidas e sinapsidas.

O ventrículo dividido e de trabalho intenso das aves e dos mamíferos introduz outra complicação: como suprir oxigênio para o músculo do coração. Anfíbios modernos e os répteis não-ave têm uma pressão sanguínea mais baixa que mamíferos e aves, e seus corações não trabalham tanto, sendo que seus ventrículos permitem alguma mistura de sangue oxigenado e não oxigenado. O coração desses animais não têm artérias coronárias, presumivelmente porque oxigênio suficiente difunde-se no músculo cardíaco na luz do ventrículo. Os músculos ventriculares dos mamíferos e das aves são mais espessos e devem trabalhar mais do que aqueles de anfíbios e répteis para gerar pressões sanguíneas mais altas. Ainda, esses animais têm um septo ventricular permanente, assim o ventrículo direito contém somente sangue não oxigenado. Mamíferos e aves têm artérias coronárias que suprem sangue oxigenado aos músculos de ambos os ventrículos, e essas artérias aparentemente evoluíram separadamente nas duas linhagens.

8.4 Sistemas Sensoriais Aéreos

Alguns dos modos sensoriais que são extremamente sensíveis no meio aquático, não têm utilidade no ar, enquanto outros modos funcionam muito melhor no ar do que na água. O ar não é suficientemente denso para estimular os receptores mecânicos do sistema da linha lateral e não conduz a eletricidade bem o suficiente para que os receptores percebem eletrosensações. Sistemas químicos trabalham bem na terra, pelo menos para moléculas suficientemente pequenas para ficarem suspensas no ar, e o ar oferece vantagens tanto para a visão quanto para a audição.

Visão

O sentido da visão é de fato mais fácil de usar na terra do que na água, porque a luz é transportada através do ar com menos perturbação do que na água. Dificilmente o ar é turvo da maneira que a água frequentemente o é e, como resultado, a visão é mais proveitosa como um sentido de percepção de distância no ar do que na água. No ar, a córnea (um revestimento transparente da frente do olho) participa no foco da luz sobre a retina e os tetrápodes têm lentes mais achatadas que a dos peixes e focam a imagem diferentemente sobre a retina. Peixes focalizam a luz movimentando a posição das lentes no interior do olho, enquanto os tetrápodes focalizam mudando o formato das lentes (as serpentes são uma exceção singular, elas movimentam as lentes para focalizar).

No ar, a superfície do olho deve ser protegida, mantida úmida e livre de partículas. Nos tetrápodes há a inclusão de novas pálpebras características, glândulas que lubrificam os olhos e os mantêm úmidos (incluindo glândulas lacrimais) e um duto naso-lacrimal que drena as lágrimas dos olhos para dentro do nariz.

Audição

A percepção do som é muito diferente no ar e na água. A densidade do tecido animal é quase a mesma da água e as ondas sonoras passam livremente da água para o tecido animal. Porque a água é densa, o movimento das moléculas de água estimula diretamente os cílios das células do sistema da linha lateral. Entretanto, o ar não é denso o suficiente para mover esses cílios e o sistema da linha lateral é perdido em todos os tetrápodes, exceto nas larvas ou anfíbios permanente aquáticos. A orelha interna assume a função de ouvir sons produzidos no ar, com transmissão das ondas sonoras através de um osso ou uma sequência (cadeia) de ossos na orelha média.

Consideravelmente, é necessário muito mais energia para manter os fluidos da orelha interna em movimento do que a maioria dos sons produzidos no ar, e a orelha média é um amplificador sonoro. Ela recebe a energia relativamente baixa ondas sonoras sobre sua membra externa, a **membrana timpânica** e estas vibrações são transmitidas por meio dos ossos da orelha média à janela oval da cápsula ótica, no crânio. A área do tímpano é muito maior do que a janela oval, e a diferença de áreas mais o sistema de alavancas dos ossos que conectam o tímpano à janela oval, amplificam as ondas sonoras. Os movimentos para fora e para dentro da janela oval produzem ondas de compressão sobre os fluidos da orelha interna e essas ondas estimulam os cílios celulares no órgão de Corti. Este órgão discrimina a frequência e a intensidade das vibrações recebidas e transmite esta informação ao sistema nervoso central. O órgão de Corti fica no interior de uma estrutura em formato de cantil, a **lagena** (Grego *lagenus* = frasco) (Figura 8-15). A lagena é maior em tetrápodes derivados e nos mamíferos é chamada de **cóclea**.

A orelha média não é uma cavidade impermeável ao ar; se ela o fosse, o movimento do tímpano não perceberia as alterações de pressão na orelha média. A tuba auditiva (= **trompa de Eustáquio**), derivada do espiráculo dos peixes, conecta

QUADRO 8-2 Ecolocalização no Ar e na Água

Morcegos e cetáceos contam com a audição como sua principal percepção da distância para navegação e localização de presas. Um estudo da ecolocalização ilustra como o sistema sensorial foi modificado em meios com diferentes propriedades físicas. Os estudos mais intensos sobre ecolocalização em mamíferos são os morcegos microquirópteros e os cetáceos com dentes (golfinhos e botos). Morcegos caçam insetos à noite e golfinhos caçam peixes e outros animais marinhos em água turva. Ambos os tipos de animais utilizam ultrassom – frequências maiores do que 20 kilohertz – mas diferem na produção e recepção dos sinais de ecolocalização porque operam em diferentes meios. De alguma forma, morcegos são menos especializados que cetáceos, porque o ar é o meio original para a orelha de um tetrápode.

Morcegos produzem uma corrente de ultra-som proveniente da laringe que é ampliada, mas não muito modificada do padrão mamaliano comum. Os sons são emitidos através da boca ou do nariz que frequentemente têm dobras e membranas bem desenvolvidas que focalizam as ondas sonoras, dando aos morcegos microquirópteros faces tipicamente de carrancas. A orelha externa dos morcegos microquirópteros é também grande com formato complexo para receber os ecos. A Figura 8-13 mostra os sons de ecolocalização de um morcego-marrom-pequeno quando localiza e captura um inseto. Enquanto o morcego estava procurando, emitia aproximadamente 15 pulsos de som por segundo. A frequência caiu de aproximadamente 85 kilohertz no início dos pulsos para aproximadamente 35 kilohertz no final. A taxa de chamados aumentou e a frequência dos sons diminuiu quando o morcego detectou um eco de um inseto e voltou-se para ele. No último décimo de segundo antes da captura, a taxa de chamados aumentou para mais de 100 pulsos por segundo e a frequência caiu para 25 a 30 kilohertz.

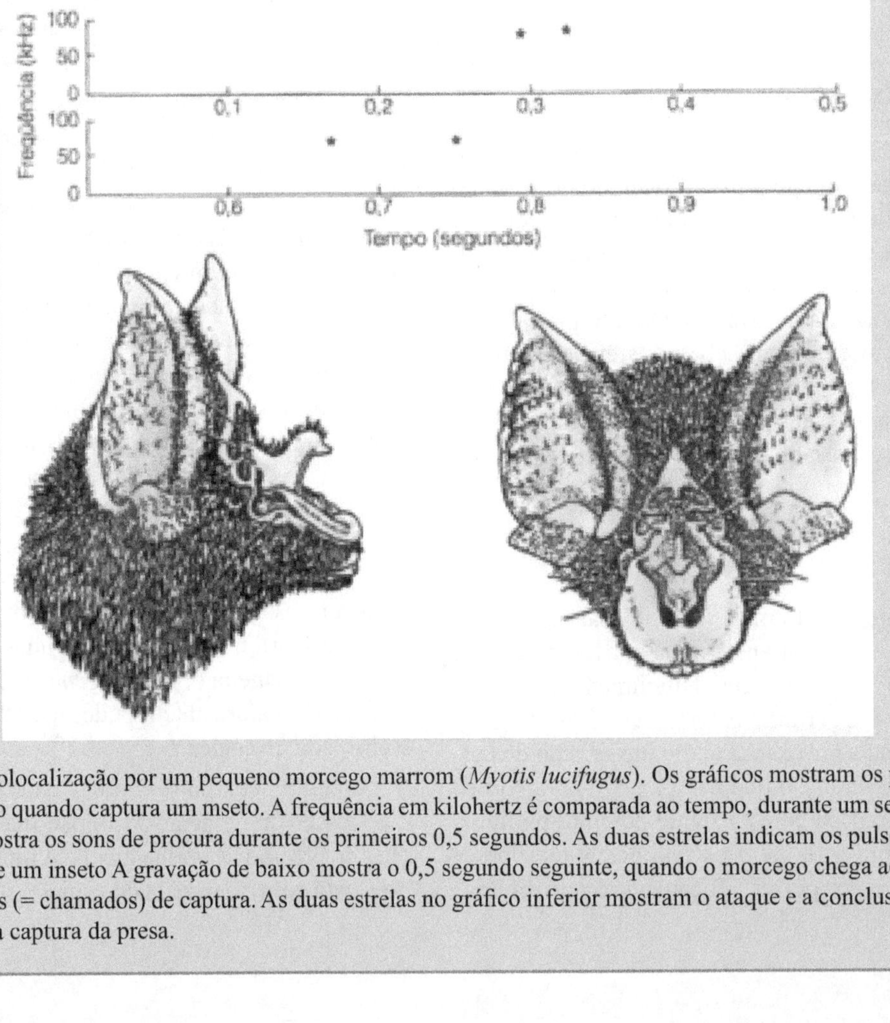

Figura 8-13 Ecolocalização por um pequeno morcego marrom (*Myotis lucifugus*). Os gráficos mostram os pulsos sonoros emitidos por um morcego quando captura um mseto. A frequência em kilohertz é comparada ao tempo, durante um segundo de gravação. O gráfico de cima mostra os sons de procura durante os primeiros 0,5 segundos. As duas estrelas indicam os pulsos audíveis perto do tempo de detecção de um inseto A gravação de baixo mostra o 0,5 segundo seguinte, quando o morcego chega ao inseto e o captura, e então para os pulsos (= chamados) de captura. As duas estrelas no gráfico inferior mostram o ataque e a conclusão da mais alta taxa de sons logo antes da captura da presa.

Continua

Continuação

Devido ao fato da água ser mais densa que o ar, o som caminha mais rápido nesse meio do que no ar, e isso significa que ondas sonoras de determinada frequência são mais compridas na água do que no ar. Essa relação cria um problema para os cetáceos, porque os objetos refletem apenas comprimentos de onda que são mais curtos que as dimensões refletidas do objeto. Os cetáceos devem emitir sons com comprimentos de onda curtos para localizar peixes, e providenciar que na água os sons devam ser de frequências altas – frequências muito mas altas que a de um morcego. Os chamados de ecolocaçâo produzidos pelo golfinho nariz de garrafa (*Tursiops truncatus*) ultrapassa os 220 kilohertz.

Os cetáceos não produzem sons na laringe, provavelmente porque mergulham com uma quantidade limita de ar nos pulmões e é um desperdiço borbulhar qualquer quantidade para fora da boca para produzir sons. Em vez disso, o som é produzido pelo movimento do ar para frente e para trás entre os sacos aéreos no interior das passagens nasais, e o som amplificado é refletido em frente do crânio e focado por um corpo gorduroso, chamado de melão situado sobre a testa do animal e que atua como uma lente acústica (Figura 8-14). Se você observar bem de perto um cetáceo ecolocando você pode ver o melão mudar de forma assim que o som amplificado se move ao redor.

A densidade da água cria dois problemas para os cetáceos na audição dos ecos de suas sonorizações (chamados) por ecolocaçâo. Primeiro, a orelha média dos mamíferos está estruturada para transmitir o som de uma interface ar-ar no tímpano através de uma orelha média cheia de ar para o fluído que preenche a orelha interna. Porque ar e água têm densidades diferentes, o som reflete de volta na interface ar-água em vez de passar de um meio para outro. Quando a orelha média cheia de ar de um mamífero é colocada dentro d'água o som volta do lado de fora do tímpano em vez de ser transmitido através da orelha média para a orelha interna. Segundo, porque a densidade da água e a dos tecidos do animal são muito similares, o som entra no corpo por todos os lados e é ampliado e refletido dentro do corpo. (É por esse motivo que você só pode ouvir um ruído difuso quando está submerso). Para resolver esses problemas, os cetáceos recebem o som através de uma janela acústica localizada próxima à região caudal do fino osso da maxila inferior. As ondas sonoras passam através do osso e para dentro do corpo gorduroso no interior da mandíbula que se estende caudalmente até a orelha interna. A orelha interna é isolada do resto do crânio com tecidos que absorvem os sons provenientes de todas as direções com exceção do ponto de contato com o corpo gorduroso mandibular. Os cetáceos são tão bons para detectar objetos via ecolocaçâo que podem até discernir a diferença entre objetos de tamanho similares, mas de formas diferentes (Harley et al., 2003).

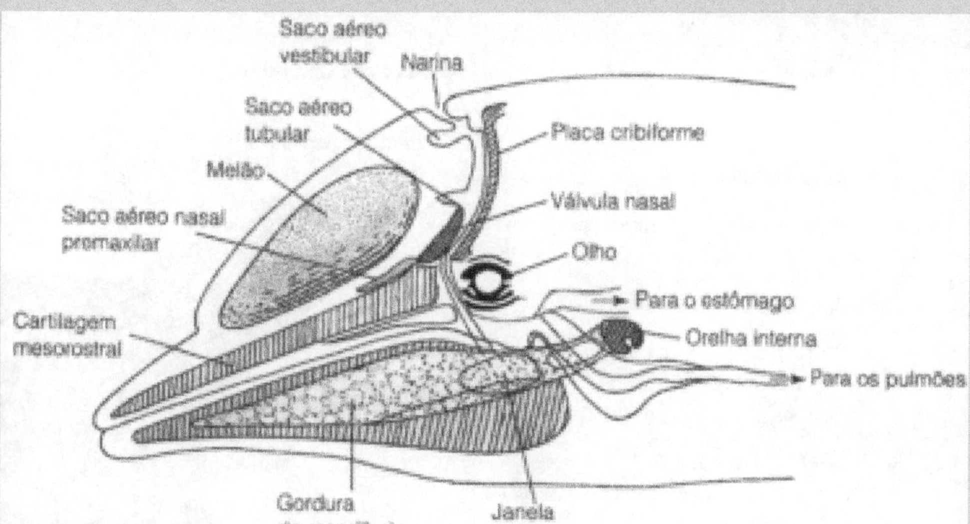

Figura 8-14 Produção de som e recepção no golfinho-nariz-de-garrafa (*Tursiops truncatus*). O som é produzido movimentando o ar que passa na válvula nasal. O som reflete na placa cribiforme óssea na frente do crânio e é focado pelo óleo no melão. Algum som também pode ser guiado pela cartilagem mesorostral. Ecos são canalizados para a orelha interna e média que são fundidas e isoladas, via corpo gorduroso mandibular.

a boca à orelha média. O ar entra e sai da orelha média conforme a pressão se altera. (Algumas vezes a tuba auditiva pode ficar bloqueada. Quando isso ocorre, as alterações da pressão do ar externo podem produzir uma sensação dolorosa, além da redução da sensibilidade auditiva. Qualquer pessoa gripada que voe em um avião, sabe disso).

A orelha média dos tetrápodes evoluiu convergentemente várias vezes, embora em cada caso, o estribo (a velha hiomandíbula dos peixes, frequentemente chamada de columela em tetrápodes não mamíferos) transmite vibrações entre o tímpano e a janela oval. Os anfíbios modernos têm uma organização da orelha interna diferente daquela dos amniotas, indicando uma evolução independente da audição, e a orelha média evoluiu independentemente nos mamíferos e outros amniotas. Mesmo entre os amniotas não mamíferos, diferenças na anatomia sugerem que a evolução desta orelha média ocorreu independentemente em tartarugas, lagartos e arcossauros.

Olfato

Os receptores olfativos responsáveis pelo sentido do olfato estão localizados no epitélio olfativo nas vias nasais dos tetrápodes, e o ar passa sobre o epitélio olfativo em cada inalação. Os receptores podem ser extraordinariamente sensíveis, e algumas substâncias químicas podem ser detectadas em concentrações menores que uma parte em um quadrilhão (10^{15}) de ar. Entre os tetrápodes, os mamíferos têm o sentido do olfato mais desenvolvido e a área do epitélio olfativo nos mamíferos é ampliada pela presença de finas lâminas enroladas chamadas **turbinados** (Figura 8-16). Primatas, incluindo os humanos, têm um sentido de olfato relativamente pobre porque nossos focinhos são muito curtos para acomodar grandes turbinados e um extenso epitélio olfativo.

Os tetrápodes têm um sistema quimioreceptor adicional localizado em um órgão de olfação sem paralelo na região rostral do teto da boca – o **órgão vomeronasal** ou **órgão**

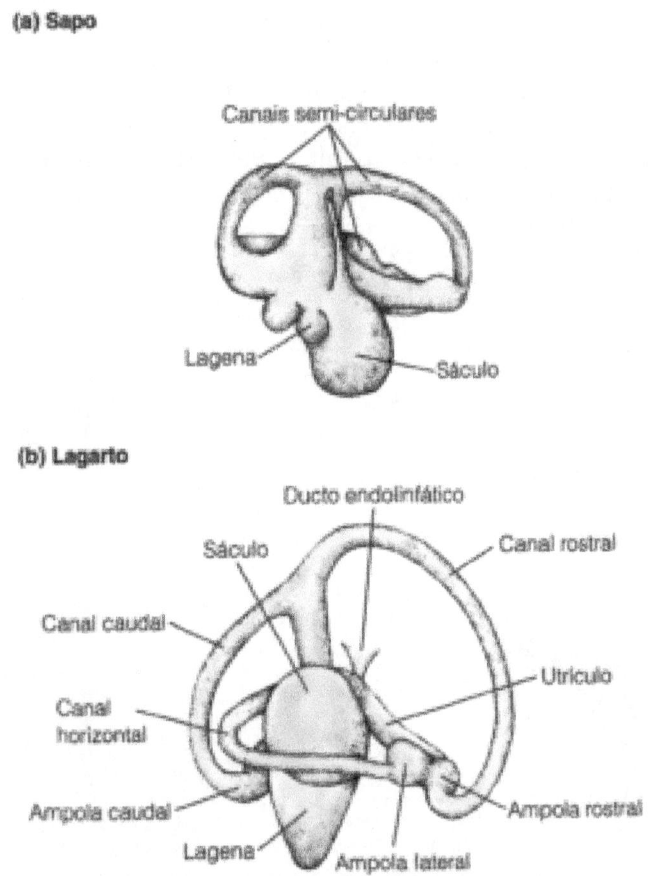

Figura 8-15 O aparelho vestibular dos tetrápodes. (a) Condição anfíbia generalizada. Note a pequena lagena para ouvir sons aéreos. (b) Condição amniota nâo-mamaliana com uma lagena maior.

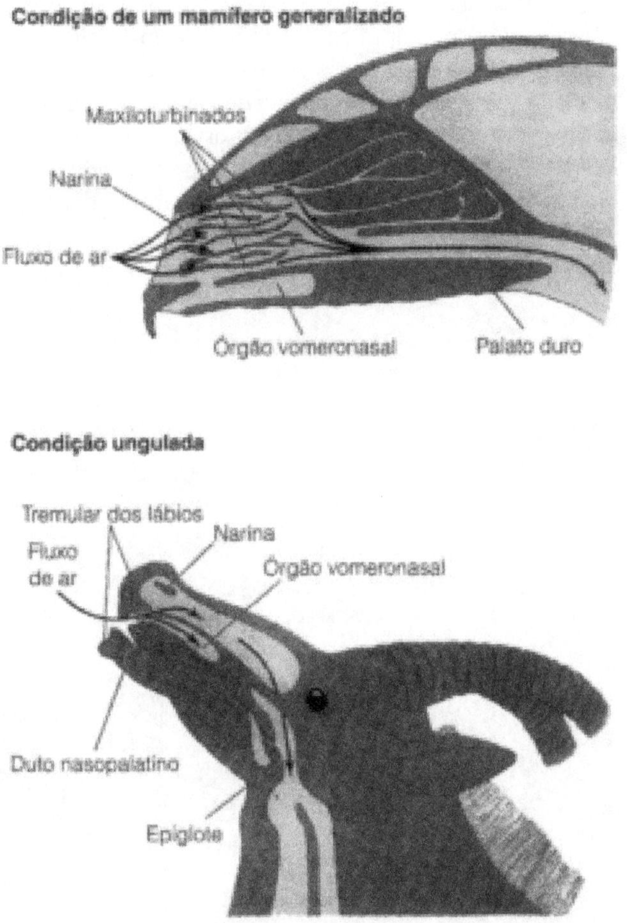

Figura 8-16 Sistema olfativo em mamíferos, (a) Mamífero generalizado, mostrando as posições dos órgãos turbinados e vomero-nasal. (b) Comportamento de sensualidade em um ungulado.

de Jacobson. Quando as serpentes movem suas línguas para dentro e para fora da boca, estão capturando moléculas presentes no ar e transferindo-as para este órgão. Muitos ungulados machos (mamíferos com casco) cheiram ou provam a urina das fêmeas, um comportamento que os permite determinar o estágio do ciclo reprodutivo das fêmeas. Tal comportamento é, geralmente, seguido pelo *"fleshmen"* (sensualidade ou desejo masculino), que consiste no movimento do lábio superior e na elevação da cabeça do macho, provavelmente inalando as moléculas de feromônios para dentro do órgão vomeronasal. Acreditava-se que os primatas, com suas faces relativamente planas tinham perdido seus órgãos vomeronasais, mas trabalhos recentes sugerem a presença de resquícios desta estrutura nos humanos, os quais são utilizados para a detecção de feromônios.

Propriocepção – Onde as Partes do Corpo Estão?

Vertebrados aquáticos não têm apêndices longos, e esses têm uma variedade relativamente menor de movimentos em relação ao corpo. A cabeça desses animais é encaixada na cintura escapular e suas nadadeiras se movem de um lado para outro ou para frente e para trás. Isto não é verdade para animais terrestres, que têm pescoço e membros que podem se mover em três dimensões em relação ao seu corpo. É importante para vertebrados terrestres saber onde estão todas as partes do seu corpo, e a propriocepção fornece essa informação. São os proprioceptores, no seu braço, que permitem que você seja capaz de tocar, com seu dedo, o seu nariz, mesmo de olhos fechados. Os proprioceptores incluem os fusos neuromusculares no interior dos músculos, os quais detectam a quantidade de alongamento dos músculos, e os órgãos do tendão ou órgãos de Golgi, os quais fornecem informações sobre a posição das articulações. Os fusos neuromusculares são encontrados somente nos membros dos tetrápodes e são importantes para determinar a postura e o equilíbrio em terra.

8.5 Conservando Agua em um Ambiente Seco

Peixes ósseos são recobertos por escamas, um remanescente do antigo exoesqueleto dérmico. Embora a maioria dos peixes modernos tenha finas escamas proteicas que não contêm tecidos mineralizados, os ancestrais imediatos dos tetrápodes com forma de peixe eram cobertos com pesadas escamas dérmicas que continham camadas de esmalte, dentina e osso como as escamas dos *gars*. Essas escamas foram perdidas principalmente nos primeiros tetrápodes: permaneceram apenas escamas na barriga e estas perderam as camadas de esmalte e dentina. Presumivelmente elas proporcionaram alguma proteção contra a abrasão na terra.

Nos ambientes terrestres a água se evapora da superfície do corpo e do aparelho respiratório na forma de vapor, e perdida por meio dos rins na forma líquida. A permeabilidade da pele dos vertebrados terrestres depende de sua estrutura, e varia de muito alta na maioria dos anfíbios atuais à muito baixa na maioria dos amniotas. É difícil dizer como deve ter sido a pele dos primeiros tetrápodes. A pele fina e glandular dos anfíbios modernos parece ser uma especialização recente associada ao uso da pele para trocas gasosas. Provavelmente os tetrápodes tinham a pele como os amniotas atuais que protegiam seus corpos da abrasão e limitavam a taxa de perda de água por evaporação. As células epidérmicas dos vertebrados sintetizam **queratina** (Grego *kerat* = córneo) que é uma proteína insolúvel que acaba por preencher estas células. A camada externa de pele dos vertebrados é composta de camadas de células epidérmicas queratinizadas, formando o ***stratum corneum*** (Latim *cornu* = córneo). O extrato córneo, tem somente a profundidade de umas poucas células em peixes e anfíbios, mas na pele dos amniotas possui muitas camadas de profundidade. As células queratinizadas resistem à abrasão física e à presença de uma proteína insolúvel tem algum efeito de impermeabilidade, mas os lipídios na pele são o principal agente que limita a perda d'água por evaporação.

As linhagens Sauropsida e Sinapsida desenvolveram diferentes soluções para o problema de minimizar a perda d'água pelos rins e os órgãos urinários dos dois grupos são comparados no Capítulo 11. O que eles têm em comum, entretanto, é uma bexiga urinária – uma estrutura sacular que recebe urina dos rins e a elimina (Figura 8-4 [12]). Uma bexiga é uma aquisição nova dos tetrápodes, embora alguns peixes ósseos tenham uma extensão do ducto do rim em formato de bexiga, e uma bexiga era provavelmente uma característica primitiva dos tetrápodes. Ela deve ter servido como uma estrutura de recuperação de água nos tetrápodes primitivos, como ainda o é nos Lissamphíbia e alguns Sauropsidas.

Os Amniota possuem um novo ducto que drena o rim – **o uréter** – derivado da base do ducto arquinéfrico. Na maioria dos vertebrados, os órgãos urinário e reprodutores e o aparelho digestório alcançam os exterior através de uma única abertura comum, a **cloaca** (Figura 8-17). Somente em mamíferos térios (marsupiais e placentários) a cloaca é substituída por aberturas separadas para os órgãos urináros e reprodutores e o aparelho disgestório. O pênis é um conduto para a urina somente nos mamíferos térios – em todos outros amniotas é puramente um órgão intromitente, usado para introduzir esperma dentro do trato reprodutor da fêmea de modo que o ovo seja fertilizado antes da casca ser formada.

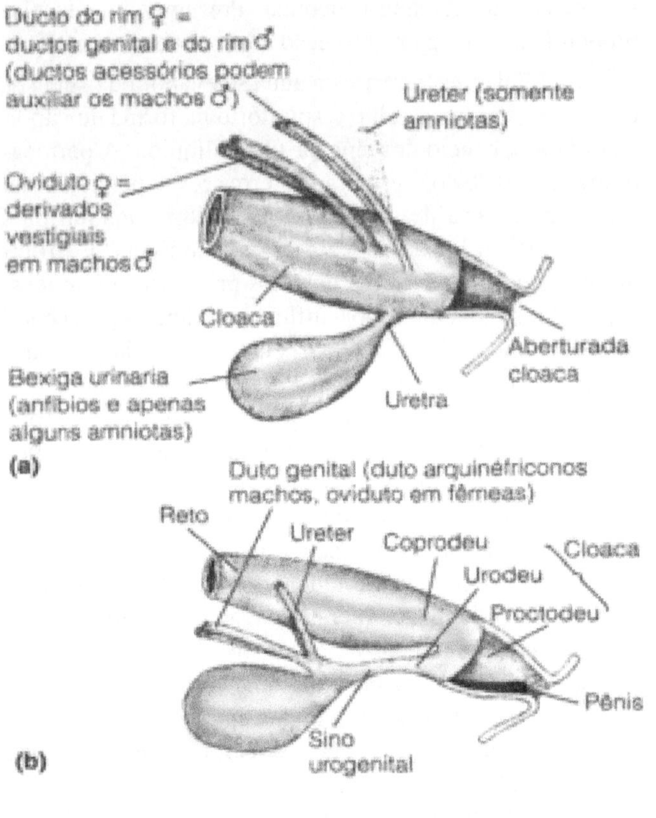

Figura 8-17 Anatomia dos duetos urogenitais dos Tetrapoda. (a) Condição generalizada de um vertebrado mandibulado, incluindo tetrápodes não Amniota e alguns Amniota primitivos, (b) Condição Amniota mais derivada (exceto mamíferos térios), ilustrada por um macho Monotrema. O sino urogenital é o nome dado à uretra a partir do ponto onde o duto genital junta-se ao sistema. Neste exemplo a estrutura inteira entre a bexiga e a cloaca equivale ao sino urogenital, mas é variável em diferentes espécies de amniotas.

8.6 A Vida em Ambiente Mutável: o Controle da Temperatura do Corpo em Terra

Um animal terrestre é um ambiente físico que pode mudar rapidamente mesmo em pequenas distâncias. A temperatura em particular, varia dramaticamente nos ambientes terrestres e as mudanças nas temperaturas ambientais têm um impacto direto em animais terrestres especialmente nos pequenos, porque eles ganham e perdem calor rapidamente.

Essa diferença entre os ambientes aquático e terrestre resulta das diferenças nas propriedades físicas da água e do ar. A capacidade calórica da água é alta, tanto quanto a habilidade de conduzir calor. Como resultado, as temperaturas da água são relativamente estáveis e não variam muito de um lugar para o outro em uma lagoa ou riacho. Um animal aquático tem pouca capacidade de mudar a temperatura de seu corpo se movendo, ou de manter a temperatura do corpo diferente da temperatura da água. Assim que um animal se move ao longo do litoral, ele encontra um mosaico de pontos quentes e frios que podem diferir em vários graus a distâncias de poucos centímetros. Animais terrestres podem selecionar temperaturas favoráveis dentro desse mosaico térmico, e a baixa condutividade do calor pelo ar permite que eles possam manter a temperatura do corpo diferente da temperatura do ar.

De fato, **termorregulação** (regulação da temperatura do corpo) é essencial para a maioria dos tetrápodes porque eles encontram temperaturas suficientemente quentes para matá-los ou frias suficiente para incapacitá-los. Em geral, os tetrápodes mantêm as temperaturas do corpo que são mais elevadas que a temperatura do ar (algumas exceções para essa generalização são discutidas em capítulos subsequentes) e para fazer isso eles precisam de uma fonte de calor. O calor usado para aumentar a temperatura do corpo para níveis que permitam atividade normal pode provir de reações químicas do metabolismo (endotermia) ou da exposição ao sol ou ainda do contato com um objeto quente, tal como uma rocha (ectotermia). A evolução convergente da endotermia em linhagens de sauropsidas e sinapsidas será discutida no Capítulo 11; aqui daremos foco à ectotermia que é a forma ancestral da termorregulação nos tetrápodes.

Do tempo de Aristóteles para cá, lagartos, serpentes e anfíbios têm sido chamados, de modo paradoxal, de animais de sangue frio, enquanto pensava-se que eram capazes de tolerar temperaturas extremamente altas. Salamandras frequentemente procuram abrigo em troncos, e quando esse tronco é colocado no fogo, as salamandras que ai se abrigavam, podem sair precipitadamente. Observações desse fenômeno criaram a crença de que salamandras vivem no fogo. Na primeira parte do século 20, biólogos utilizavam linhas similares de raciocínio. No deserto, os lagartos frequentemente assentam-se sobre rochas. Se você se aproximar do lagarto, ele corre mas, a rocha fica, e ao tocar a rocha sentimos que está dolorosamente quente. Obviamente a explicação esperada é que o lagarto deve estar igualmente quente. Biólogos admiraram-se sobre a tolerância de aquecimento dos lagartos e conclusões deste efeito são encontradas em textos idóneos nesse Período.

Um estudo da termorregulação de lagartos realizado por Raymond Cowles e Charles Bogert (1944) demonstrou a falsidade das observações e conclusões anteriores. Cowles e Bogert mostraram que os répteis podem regular a temperatura corpórea com considerável precisão e que o nível no qual a temperatura é regulada é característica de cada espécie. As implicações dessa descoberta para a biologia de anfíbios e répteis está ainda sendo explorada.

Mudanças Energéticas entre um Organismo e seu Ambiente

É necessária uma breve discussão sobre o panorama no qual a energia térmica é trocada entre um organismo vivo e seu ambiente, para entender os mecanismos termorreguladores empregados pelos animais terrestres. Um organismo pode ganhar ou perder energia calórica de diversas maneiras e, ajustando o fluxo do calor através de várias maneiras um animal pode aquecer, esfriar ou manter uma temperatura estável.

A Figura 8-18 ilustra os caminhos de trocas de energia térmica. A energia solar pode alcançar um animal de diferentes maneiras. A **radiação solar** direta atinge um animal quando ele está em um local ensolarado. Além disso, a energia solar é refletida pelas nuvens e pelas partículas de poeira na atmosfera e por outros objetos no ambiente atingindo o animal por essas rotas. A distribuição da energia dos comprimentos de onda em todas essas rotas é a mesma – a porção do espectro solar que atravessa a atmosfera da Terra. Aproximadamente metade dessa energia está contida nos comprimentos de onda visíveis do espectro solar (de 400 a 700 nanômetros) e maior parte restante situa-se na região infra-vermelha do espectro (maior que 700 nanômetros).

A troca de energia no **infravermelho** é uma importante parte do equilíbrio da radiação de calor. Todos os objetos, animados ou inanimados, irradiam energia em comprimentos de onda determinados por suas temperaturas absolutas. Objetos com variações de temperatura entre a dos animais e a da superfície da Terra (grosseiramente entre -20° a +50°C) irradiam na porção infravermelha do espectro. Os animais irradiam, continuamente, calor para o ambiente e recebem radiação infravermelha do ambiente. Assim, a radiação infravermelha pode levar tanto ao ganho como a perda de calor, dependendo da temperatura relativa da superfície do corpo do animal e das superfícies ambientais, além das características da radiação das próprias superfícies. Na Figura 8-18, o lagarto está mais frio do que a rocha iluminada pelo sol, situada a sua frente, e recebe mais energia da rocha do que

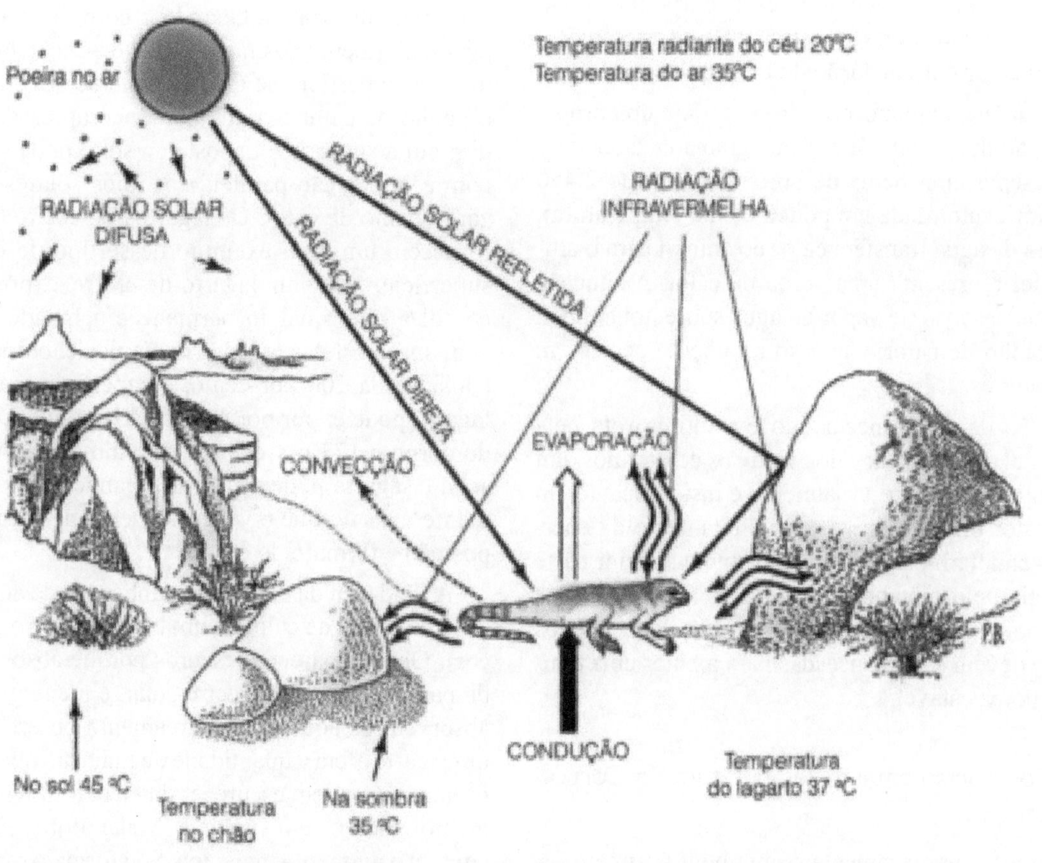

Figura 8-18 A energia é trocada entre organismos terrestres e seu ambiente por meio de diferentes rotas. Essas são ilustradas de forma simplificada por um lagarto descansando no chão de um arroio no deserto. Pequenos ajustes de postura ou posição podem mudar a magnitude de várias rotas de trocas energéticas e dar ao lagarto um controle considerável sobre sua temperatura do corpo.

perde para ela. Entretanto, o lagarto é mais quente que o lado sombreado da rocha situada atrás dele e tem uma perda liquida de energia nessa troca. A temperatura radiante do céu limpo é aproximadamente 20°C, e deste modo, o lagarto perde calor por radiação para o céu.

O calor é trocado entre os objetos do ambiente e o ar através da **convecção.** Se a temperatura da superfície de um animal for mais alta do que a temperatura do ar, a convecção levará à uma perda de aquecimento; se o ar for mais quente do que animal, a convecção será uma rota de novo aquecimento do animal. No ar parado, a troca de calor por convecção é efetuada por correntes de convecção formadas por aquecimento local mas, no ar em movimento, a convecção forçada substitui a convecção natural e a taxa de troca de calor é muito aumentada. No exemplo mostrado, o lagarto é mais quente do que o ar e perde calor por convecção.

Troca de calor por condução assemelha-se à convecção porque a sua direção depende das temperaturas relativas do animal e do ambiente. A troca por condução ocorre entre o corpo e o substrato nos locais que estão em contato. Isso pode ser modificado pela mudança da área da superfície do animal em contato com o substrato e pela mudança da taxa de fluxo sanguíneo em regiões do corpo do animal que estão em contato com o substrato. Neste exemplo, o lagarto ganha calor por condução do chão quente.

A **evaporação** da água ocorre da superfície do corpo e a partir do aparelho respiratório. Cada grama de água evaporada representa uma perda de aproximadamente 2.450 joules (o valor exato muda um pouco com a temperatura). A evaporação da água transfere calor do animal para o ambiente e assim representa uma perda de calor. A situação inversa, a condensação de vapor de água sobre um animal, produziria ganho de calor, mas isso raramente ocorre em condições naturais.

A produção de calor metabólico é a última rota pela qual um animal pode ganhar calor. Entre os ectotermos, um ganho de calor metabólico usualmente é insignificante em relação ao calor oriundo direta ou indiretamente da energia solar. Os endotermos por definição obtêm a maior parte de sua energia pelo metabolismo. Mas as rotas de trocas energéticas com o ambiente são as mesmas daquelas dos ectotermos e devem ser balanceadas para manter uma temperatura corpórea estável.

Controle Comportamental da Temperatura do Corpo pelos Ectotermos

Os mecanismos comportamentais envolvidos na termorregulação ectotérmica são diretos e empregados por insetos, aves e mamíferos (incluindo humanos) tanto quanto por vertebrados ectotermos. Lagartos, especialmente as espécies de deserto, são particularmente bons em termorregulação comportamental. Movimentos para frente e para trás entre a luz do sol e a sombra, é o mecanismo termorregulador mais evidente utilizado por eles. No início da manhã ou em um dia frio, os lagartos permanecem no sol, enquanto no meio de um dia quente eles se retiram à sombra e fazem somente breves excurssões até o sol. Lugares expostos ou protegidos podem ser procurados. Pela manhã, quando um lagarto está tentando elevar a temperatura de seu corpo, é apropriado que permaneça em um local protegido do vento. Mais tarde durante o dia, quando está ficando muito quente, o lagarto pode escalar um arbusto ou uma rocha onde fique exposto à brisa aumentando a perda de calor por convecção.

Um animal pode alterar a quantidade radiação solar que absorve, mudando sua posição em relação ao sol, o contorno do seu corpo e a cor de sua pele. Lagartos usam todos esses mecanismos. Um animal posicionado perpendicularmente aos raios solares intercepta a quantidade máxima de radiação solar, e outro posicionado paralelamente aos raios solares interceptam uma quantidade mínima de radiação. Os lagartos ajustam sua orientação para controlar o ganho de calor pela radiação solar direta. Muitos lagartos podem ampliar ou contrair suas costelas para mudar o formato do tronco. Quando o corpo está orientado perpendicularmente aos raios de sol e as costelas estão estendidas, a superfície de área exposta ao sol é maximizada e o ganho de calor é ampliado. A compressão das costelas diminui a superfície exposta ao sol e pode ser combinada com a orientação paralela aos raios solares para minimizar o ganho de calor. Os lagartos-de-chifre (*Phrynosoma*) fornecem um bom exemplo desse tipo de controle. Se a superfície, que um lagarto-de-chifre expõe diretamente ao sol a pino quando permanece achatado sobre o chão com suas costelas coladas numa posição de descanso, for considerada 100 por cento, a superfície máxima que um lagarto pode expor por orientação e mudança do contorno do corpo é 173 por cento e o mínimo é 28 por cento. Ou seja, o lagarto pode mudar seu ganho de aquecimento radiante mais do que 6 vezes, somente pela mudança de sua posição e formato do corpo.

A mudança da coloração também pode aumentar o controle de trocas de calor de um lagarto (veja o suplemento de cor). Objetos parecem escuros porque absorvem a energia da parte visível do espectro solar, e a energia calórica que absorvem os aquece. O clareamento ou escurecimento de um lagarto afeta a quantidade de radiação que ele absorve, e os lagartos podem escurecer ou clarear movimentando pigmentos escuros em sua pele. Melanóforos são células que contêm o pigmento melanina. Seu formato é muito parecido com cogumelos com uma ampla porção superior ligada por um ramo a uma seção inferior. Quando os grânulos de melanina são dispersos na parte superior da célula próxima a superfície da pele, a pele escurece, mas quando os grânulos são drenados da superfície para a seção mais inferior da célula, a pele parece clara. Os lagartos aquecem de 10 a 75 por cento mais rápido quando estão escuros do que quando estão claros.

A combinação desses mecanismos dá ao lagarto uma independência notável da temperatura do ar. Os lagartos distribuem-se acima da linha da floresta em muitas regiões montanhosas e durante seus períodos de atividades em dias de sol, são capazes de manter temperaturas corpórea 30°C acima da temperatura do ar. Enquanto temperaturas do ar estão próximas do congelamento, esses lagartos alcançam temperaturas corpóreas tão altas quanto aquelas espécies que habitam planícies desertas.

O repertório de mecanismos termorreguladores visto em lagartos é maior do que aquele de muitos outros vertebrados ectotérmicos. Tartarugas, por exemplo, não podem mudar o contorno do corpo ou a cor e seu mecanismo termorregulador está limitado em movimentos entre a luz do sol e a sombra e para dentro e fora da água. Os crodilianos são muito parecidos com as tartarugas, embora os filhotes façam pequenas mudanças no contorno do corpo e cor. A maioria das serpentes não pode mudar de cor, mas cascavéis e boas jibóias e parentes clareiam e escurecem conforme se aquecem ou esfriam.

Intervalos de Temperaturas de Atividade

O extenso repertório de mecanismos termorreguladores empregados por ectotermos, permite a muitas espécies de lagartos e cobras manter suas temperaturas dentro de intervalos de poucos graus durante a parte ativa de seus dias. Muitas espécies de lagartos têm temperaturas corpóreas entre 33 e 38°C enquanto estão ativos (intervalos de temperatura de atividade) e serpentes têm frequentemente temperaturas entre 28 e 34°C. Esta é a variação de temperatura que um ectotermo possui em seu repertório de atividades completo – alimentação, corte, defesa territorial etc.

Esses intervalos de temperatura de atividade têm sido foco de muita pesquisa: observações de campo mostram que atividades termorreguladoras podem ocupar uma porção considerável do dia do animal. Menos evidente, mas também tão importante, são as restrições impostas pela necessidade de termorregulação sobre outros aspectos do comportamento e da ecologia dos ectotermos. Por exemplo, algumas espécies de lagartos e serpentes são excluídas de certos habitats porque é impossível termorregular. Em regiões temperadas a estação de atividade acontece somente durante os meses quentes e ensolarados o suficiente para permitir a termorregulação; em outros momentos do ano, serpentes e lagartos hibernam. Mesmo durante a estação de atividade, o tempo gasto com termorregulação pode não estar disponível para outras atividades. Avery (1976) propôs que lagartos em regiões temperadas apresentam comportamento social menos extenso do que os lagartos tropicais, porque o comportamento de termorregulação em climas frios requer muito tempo.

Efeito das Condições Nutricional e Reprodutiva, e as Infecções Bacterianas na Regulação da Temperatura

Várias condições internas dos ectotermos influenciam a temperatura do corpo. Uma resposta termofiíica (Grego *thermo* = calor e *philo* = gostar de) depois da alimentação é difundida: indivíduos com alimento no intestino mantêm temperaturas mais altas do corpo do que aqueles sem alimento. Uma temperatura corpórea mais alta acelera a digestão e aumenta a eficiência digestiva e a absorção de água, deste modo um animal aquecido digere sua comida mais rapidamente e assimila uma maior proporção de energia e água presente no alimento. Contrariamente, animais em jejum regulam a temperatura do corpo em níveis baixos, o que reduz suas taxas metabólicas e conservam sua energia armazenada.

A gravidez afeta a termorregulação em lagartos. O grau de desenvolvimento embrionário é fortemente afetado pela temperatura e pensa-se que uma vantagem maior da viviparidade é conceber a oportunidade que dá à mãe o controle da temperatura dos embriões durante o desenvolvimento. As temperaturas do corpo das fêmeas de lagartos durante a gravidez podem ser diferentes das temperaturas que mantêm normalmente. Por exemplo, a temperatura média do corpo das fêmeas grávidas do lagarto-espinhoso (*Sceloporus jarrovi*) é 32°C, enquanto os machos no mesmo habitat têm uma média de temperatura do corpo de 34,5°C (Beuchat 1986). As fêmeas de lagartos mudam seu comportamento termorregulador depois que dão à luz e a média de temperatura do corpo de fêmeas de lagartos pós parturiente é de 34,5°C, semelhante a dos machos.

As baixas temperaturas do corpo de lagartas grávidas não eram esperadas porque dar à luz o mais cedo possível no ano seria vantajoso para o lagarto e uma temperatura corpórea alta aceleraria o desenvolvimento dos embriões. Essa linha de raciocínio sugere que fêmeas de lagartos deveriam manter temperaturas corpóreas mais altas que o normal durante a gravidez ou, pelo menos, não deveriam reduzir a temperatura do corpo. Contrariamente do esperado, entretanto, as temperaturas mantidas por lagartos prenhes de várias espécies diferentes parecem convergir aos 32°C, não importa se a temperatura normal do corpo para a espécie seja mais alta ou mais baixa. Talvez a temperatura do corpo de fêmeas grávidas seja um compromisso entre as necessidades térmicas da mãe e a melhor temperatura para o desenvolvimento embrionário (Beuchat e Ellner 1987).

Febre comportamental é outra resposta comum dos ectotermos. Indivíduos infectados por bactérias mudam seu comportamento termorregulador e mantêm temperaturas vários graus mais altas do que aqueles indivíduos não infectados. As febres comportamentais têm sido demonstradas em artrópodes, peixes, sapos, salamandras, tartarugas e lagartos. A liberação de prostaglandina E_1, que age nos centros termorreguladores do hipotálamo rostral, parece ser a causa imediata de ambas, febre comportamental dos ectotermos e febre fisiológica dos endotermos. A sobrevivência é intensificada pela febre porque o crescimento bacteriano é limitado por uma redução na disponibilidade de ferro em temperaturas altas.

Controle Fisiológico da Taxa de Mudança da Temperatura do Corpo

Uma nova dimensão foi dada aos estudos da termorregulação ectotérmica na década de 1960, pela descoberta de que os ectotermos podem utilizar mecanismos fisiológicos para ajustar sua taxa de mudança de temperatura. As observações originais mostraram que diversos tipos diferentes de lagartos de maior porte eram capazes de aquecer mais depressa do que resfriar quando expostos a uma diferença de 20°C entre as temperaturas do corpo e a ambiente. Estudos subsequentes por outros pesquisadores estenderam essas observações às tartarugas e às serpentes. Do ponto de vista animal, o aquecimento rápido e esfriamento vagaroso prolonga o tempo despendido com as atividades normais.

A base desse controle de aquecimento e esfriamento reside em mudanças da circulação periférica. O aquecimento da pele de um lagarto causa uma expansão localizada dos vasos sanguíneos da derme (vaso-dilatação) na área aquecida. Em contrapartida, a dilatação dos vasos sanguíneos aumenta o fluxo de sangue por meio deles e o sangue é aquecido na pele e carrega o calor para dentro do corpo. Assim, pela manhã, quando um lagarto frio orienta seu corpo perpendicularmente aos raios de sol, e a luz do sol aquece seu dorso, a vaso-dilatação local nesta região acelera a transferência de calor para o resto do corpo.

O mesmo mecanismo pode ser usado para evitar superaquecimento. Os iguanas-marinhos-de-Galápagos são um bom exemplo. Iguanas-marinhos vivem sobre as rochas de lava na costa das Ilhas Galápagos. Ao meio dia sob o sol equatorial, a lava preta torna-se extremamente quente – desconfortável, senão letalmente quente para um lagarto. Esconder-se na sombra da vegetação escassa ou em frestas das rochas poderia ser uma maneira dos iguanas evitarem o superaquecimento, mas os machos são territoriais e tais comportamentos significaria abandonar seus territórios e provavelmente ter que lutar novamente por eles mais tarde no mesmo dia. Ao contrário, o macho de iguana fica onde está, usando o controle fisiológico da circulação e a brisa fria que sopra do oceano para promover uma manobra de controle de calor que absorve calor na superfície dorsal, o transporta pelo corpo e o dissipa na superfície ventral.

O processo é como se segue: de manhã o lagarto está resfriado pela noite anterior e se expõe ao sol para elevar a temperatura do seu corpo ao nível da atividade normal. Quando a temperatura chega esse nível, o lagarto usa ajustes posturais para diminuir o aumento da temperatura do corpo, encarando o sol de frente para minimizar a carga de calor. Nessa posição, a parte da frente do corpo é levantada do chão (Figura 8-19). A superfície ventral é exposta ao vento frio que sopra do oceano e seu corpo faz sombra sobre uma parte da lava. Essa área da lava é logo resfriada pelo vento. A vasodilatação local é produzida pelo aquecimento dos vasos sanguíneos; não importa se o aquecimento vem de fora (do sol) ou de dentro (do sangue aquecido). A circulação do sangue aquecido do interior do corpo para a pele da face ventral aquece e produz vasodilatação, aumentando o fluxo de sangue na superfície ventral. A pele da face ventral do lagarto é mais fria que a resto do corpo porque é sombreada e resfriada pelo vento. O sangue quente aquece a pele ventral, que perde calor por radiação para a área da lava fria sombreada pelo corpo do animal e pela convecção da brisa. Desta forma, o mesmo mecanismo cardiovascular que mais cedo no mesmo dia permitiu ao lagarto aquecer-se rapidamente, é convertido para regular a dissipação do calor que rapidamente transporta a energia solar do dorso para a superfície ventral e protege o lagarto do super-aquecimento. Em combinação com ajustes posturais e outros mecanismos comportamentais, tais como a escolha de um local onde a brisa é mais forte, esses ajustes fisiológicos permitem a um macho de iguana permanecer em sua estação territorial o dia todo.

Desempenho do Organismo e Temperatura

Minimizar a variação da temperatura do corpo simplifica muito a coordenação dos processos bioquímicos e fisiológicos. Os tecidos do corpo de um organismo são locais de grande variedade de reações bioquímicas, processadas simultaneamente e dependentes uma da outra para prover a quantidade certa de substâncias apropriadas e no tempo adequado para as sequências de reações. Cada reação tem uma sensibilidade diferente à temperatura e a regulação é muito facilitada quando a variação da temperatura é limitada. Assim, a coordenação de processos internos pode ser um benefício maior da termorregulação para os ectotermos. Se a estabilidade da temperatura que uma serpente ou lagarto adquirem por termorregulação é importante para sua fisiologia e bioquímica,

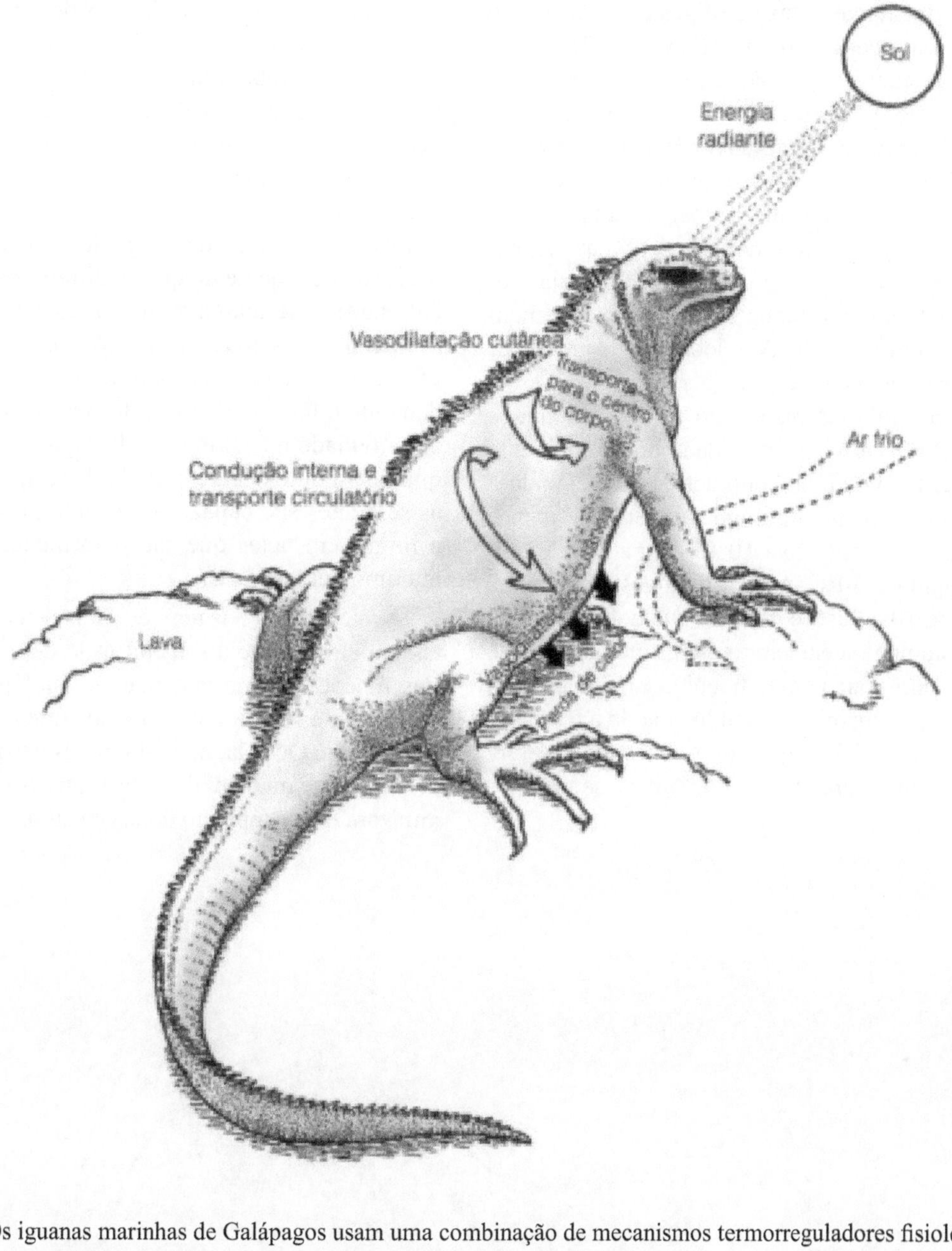

Figura 8-19 Os iguanas marinhas de Galápagos usam uma combinação de mecanismos termorreguladores fisiológicos e comportamentais para desviar o calor absorvido por sua superfície dorsal para a superfície ventral.

você poderia esperar que a economia interna de um animal funcionasse melhor dentro de seus limites de temperatura de atividade e, frequentemente, esse é o caso. Exemplos de processos fisiológicos, que funcionam melhor em temperaturas situadas dentro do intervalo de atividade, podem ser encontrados nos níveis de organização molecular, dos tecidos dos sistemas e do animal inteiro. Uma serpente (*Thamnophis elegans vagrans*) é um exemplo do efeito da temperatura do corpo sobre a variedade de funções fisiológicas e comportamentais (Stevenson et al. 1985). Essa serpente é um habitante semi-aquático da margem de lagos e riachos situados na região oeste da América do Norte. Caçam presas em terra, e na água alimentam-se principalmente de peixes e anfíbios. Quimiorrecepção possibilitada pelo movimento da língua é um modo importante de detecção de presas para uma cobra. Moléculas de odor são transferidas da ponta de suas línguas bifurcadas para o epitélio do órgão vomeronasal, no teto da boca. Essas serpentes são diurnas e permanecem em abrigos durante a noite, quando a temperatura do corpo cai ao nível do ambiente (4 a 18°C) e saem de manhã para aquecer-se. Durante atividades em dias de sol as cobras mantêm as temperaturas do corpo entre 28 e 32°C.

Stevenson e seus associados mediram o efeito da temperatura na velocidade de rastejamento e natação, na frequência dos movimentos da língua, na taxa de digestão, e na taxa de consumo de oxigênio dessa serpente (Figura 8-20). Rastejar, nadar e movimentar a língua são elementos do comportamento de forrageio dessas serpentes e as taxas de digestão e consumo de oxigênio estão envolvidas na utilização da energia. As habilidades dessas serpentes em rastejar e nadar eram limitadas severamente em baixas temperaturas durante a noite quando estavam inativas. A 5°C as serpentes recusam rastejar e a 10°C são capazes de rastejar somente 10 centímetros por segundo e podem nadar somente 25 centímetros por segundo. A velocidade de ambos os tipos de locomoção aumenta em temperaturas maiores. A velocidade de nado tem um pico perto do 60 centímetros por segundo a 25 ou 30°C, e velocidade de rastejamento aumenta até uma média de 80 centímetros por segundo a 35°C. A taxa do movimento de língua aumenta de menos de 0,5 movimento por segundo a 10°C, para até 1,5 movimentos por segundo a 30°C. A taxa de digestão aumenta vagarosamente de 10 a 20°C e mais do que dobra entre 20 e 25°C. Ela não aumentou em temperaturas maiores do que 30°C e diminuiu um pouco em temperaturas mais altas. A taxa de consumo de oxigênio aumentou quando a temperatura aumentou de 20 a 35°C, que foi a maior temperatura testada, porque temperaturas maiores teriam causado danos ao animal.

Todas as cinco medidas do desempenho destas serpentes aumentam com a elevação da temperatura, mas as respostas à temperatura não foram idênticas. Por exemplo, a velocidade de nado não aumentou substancialmente acima dos 20°C, enquanto a velocidade de rastejamento continuou a aumentar acima dos 35°C. A taxa de digestão tem um pico entre 25 a 30°C e depois declinou, mas a taxa de consumo de oxigênio aumentou até os 35°C. Mais surpreendente do que as diferenças entre as funções, entretanto, é a aparente convergência do máximo de desempenho para todas as funções em temperaturas entre 28,5 e 35°C. Esse intervalo de temperaturas é aproximadamente o mesmo daquele das temperaturas de serpentes em atividade no campo em dias quentes (28 a 32°C). Em qualquer ponto deste intervalo de temperaturas corpóreas, as serpentes são capazes de rastejar, nadar e movimentar a língua em taxas que são pelo menos 95 por cento do máximo dessas taxas.

A relação entre as temperaturas do corpo destas serpentes em atividade e a sensibilidade de temperaturas de várias funções comportamentais e fisiológicas relatadas por Stevenson e seus colegas, provavelmente é comum para os ectotermos. Ou seja, na maioria dos casos, as temperaturas do corpo que mantêm durante as atividades, são as que maximizam o desempenho do organismo.

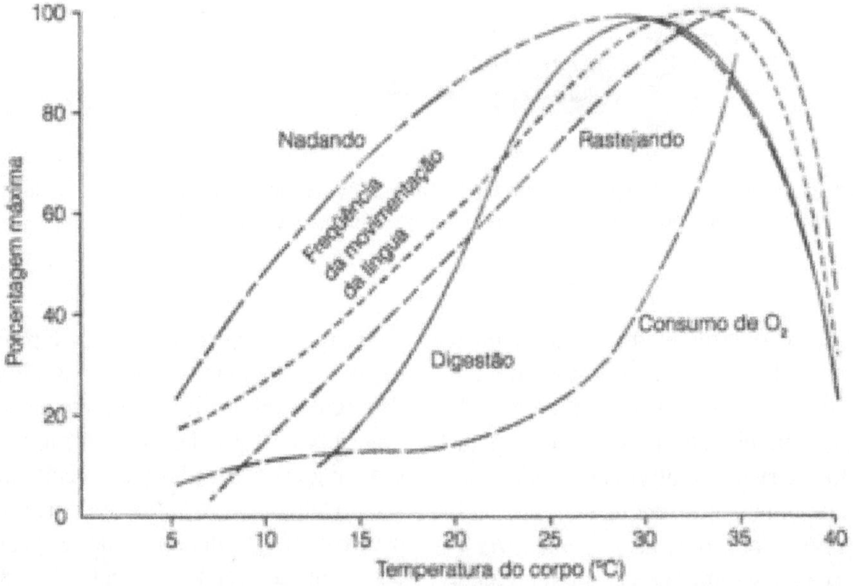

Figura 8-20 Efeito da temperatura no desempenho. A habilidade de uma serpente (*Thamnophis elegans vagrans*) realizar várias atividades essenciais para sobreviver depende de sua temperatura corpórea. O eixo vertical mostra a percentagem do desempenho máximo adquirido em cada temperatura.

Resumo

A vida na terra difere da vida da água sob vários aspectos porque as propriedades físicas na água e no ar também são diferentes. Os vertebrados aquáticos têm uma flutuação praticamente neutra na água de forma que a gravidade é um fator de menor importância em suas vidas. A coluna vertebral de um peixe só precisa resistir à compressão lateral quando os músculos do corpo contraem. Em contraste, um esqueleto de tetrápode tem de suportar o peso do animal. As zigapófises na coluna vertebral transmitem força de uma vértebra para a próxima, resistindo à gravidade. A cabeça dos tetrápodes não é conectada à cintura escapular, assim como a cabeça dos peixes e a coluna vertebral mostram modificações regionais no formato das vértebras associadas a especializações funcionais. Os membros de um tetrápode suportam o corpo acima do chão e empurram o substrato quando o animal se move. Extensas modificações dos membros estão associadas com especializações locomotoras e várias linhagens perderam seus membros independentemente.

É mais fácil respirar no ar do que a água porque é menos denso e tem uma concentração maior de oxigênio. A respiração do tipo vai-e-vem é possível para os vertebrados e o movimento das costelas cria uma pressão negativa na cavidade abdominal que pode drenar o ar para dentro dos pulmões através de um longo pescoço. Entretanto, a alimentação por sucção não é funcional no ar e os tetrápodes usam sua cabeça móvel para capturar presas e a língua muscular para manipulá-las dentro da boca.

Mesmo o sistema cardiovascular sente o efeito da gravidade porque o sangue venoso deve ser forçado para cima assim que retorna das regiões do corpo mais baixas que o coração. Os tetrápodes têm pressões sanguíneas altas que são criadas por corações musculares de paredes espessas. A separação do sangue oxigenado (arterial) e não oxigenado (venoso) no coração permite aos tetrápodes manter altas pressões sanguíneas na porção sistémica do sistema circulatório do que a relacionada com os pulmões. Quando a separação da corrente sanguínea é realizada por um septo que divide o ventrículo permanentemente, o lado direito do coração recebe somente sangue sem oxigênio e as artérias coronárias têm função de levar oxigênio para o próprio músculo cardíaco.

As diferenças nas funções dos sistemas sensoriais no ar e na água são profundas. A córnea do olho participa na focalização da luz na retina dos vertebrados terrestres, e uma imagem é focada pela mudança do formato das lentes mais do que pelo movimento das lentes, como é o caso em peixes. O ar não é denso o suficiente para ativar as células ciliadas do sistema da linha lateral. As células ciliadas dos vertebrados terrestres são encontradas na orelha interna (no órgão de Corti), e ouvir sons no ar requerer um sistema de alavancas que amplifique a pressão das ondas sonoras assim que são transmitidas do ar para o fluido na orelha interna. De alguma forma surpreendente, os detalhes estruturais das orelhas dos tetrápodes mostram que a audição evoluiu independentemente nas diferentes linhagens dos vertebrados terrestres. A quimiorrecepção é tão importante para os vertebrados terrestres como é para as formas aquáticas, mas as células receptoras são interiorizadas. O sistema vomeronasal é um sistema quimiorreceptor único em tetrápodes e está intimamente envolvido com comportamentos reprodutivos. Ao contrário dos peixes, o tetrápodes têm pescoço móvel e membros longos que podem mover-se em três dimensões relativamente ao corpo. Localizar as partes do corpo no espaço é a função do sistema propriorreceptor.

A abrasão física e evaporação da água pela pele são problemas potenciais para os vertebrados terrestres e a pele dos primeiros tetrápodes provavelmente era coberta por uma camada córnea que continha células epidérmicas queratinizadas que resistiam à abrasão e lipídios que reduziam a perda d'água. A temperatura varia muito mais no ar que na água, tanto de um local para outro, quanto de hora para hora. Animais aquáticos têm poucas opções para selecionar temperaturas favoráveis e pouca habilidade para manter as temperaturas do corpo diferentes das temperaturas da água. Em contraste, animais terrestres podem explorar um mosaico de temperaturas criadas por locais com sol ou sombra e eles podem ter temperaturas do corpo que sejam muito diferentes das temperaturas do ar. As temperaturas do corpo afetam profundamente os processos bioquímicos e fisiológicos e a maioria dos ectotermos terrestres usam comportamentos termorregulatórios para estabilizar suas temperaturas corpóreas.

Leituras Adicionais

Avery, R. A. 1976. Thermoregulation, metabolism, and social behaviour in Lacertidae. In A. d'A. Bellairs and C. B. Cox (Eds.), *Morphology and Biology of Reptiles.* London, UK: Academic, 245-259.

Beuchat, C. A. 1986. Reproductive influence on the thermoregulatory behavior of a live-bearing lizard. *Copeia* 1986: 971-979.

Beuchat, C. A., and S. Ellner. 1987. A quantitative test of life history theory: Thermoregulation by a viviparous lizard. *Ecological Monographs* 57:45-60.

Clack, J. A. 2002. *Gaining Ground: The Origin and Evolution of Tetrapods.* Bloomington, IN: Indiana University Press.

Cowles, R. B., and C. M. Bogert. 1944. A preliminary study of the thermal requirements of desert reptiles. *Bulletin of the American Museum of Natural History* 83: 261-296.

Farmer, C. 1997. Did the lungs and intracardiac shunt evolve to oxygenate the heart in vertebrates? *Paleobiology* 23:358-372.

Harley, J. E., et al. Bottlenose porpoises perceive object features through echolocation. *Nature* 424: 667-669.

Hillenius, W. J. 1992. The evolution of nasal turbinares and mammalian endothermy, *Paleobiology* 18:17-29.

Smith, W. J. 1977. *The Behavior of Communicating.* Cambridge, MA: Harvard University Press.

Stevenson, R. D., et al. 1985. The thermal dependence of locomotion, tongue flicking, digestion, and oxygen consumption in the wandering garter snake. *Physiological Zoology* 58:46-57.

CAPÍTULO

9 Origem e Radiação dos Tetrápodes

No Devoniano Superior, o cenário era caracterizado pelo aparecimento de vertebrados terrestres, e os primeiros vertebrados que se aventuraram em terra foram os sarcopterígeos. Já que os únicos peixes sarcopterígeos sobreviventes eram os peixes pulmonados e os celacantos, todos os vertebrados terrestres são, portanto, sarcopterígeos.

Novas evidências fósseis mostram que os tetrápodes mais antigos eram, na verdade, animais aquáticos e que muitas das mudanças anatômicas que depois foram úteis para a vida na terra, evoluíram inicialmente na água. Os primeiros tetrápodes tiveram uma rápida radiação no Carbonífero: muitos foram provavelmente anfíbios, mas algumas linhagens tornaram-se totalmente aquáticas secundariamente e outras linhagens tornaram-se cada vez mais especializadas para a vida terrestre. Entretanto, somente uma das linhagens terrestres dos tetrápodes da Era Paleozóica fez a próxima grande transição na história dos vertebrados, que foi o desenvolvimento de membranas embrionárias que definem os vertebrados amnióticos. A diversificação dos amniotas mostra uma radiação inicial entre os Synapsida, a linhagem que inclui mamíferos e os Sauropsida, a linhagem que inclui répteis e aves.

9.1 A Origem dos Tetrapoda

Nosso conhecimento sobre a origem dos Tetrapoda está avançando rapidamente. Os primeiros tetrápodes conhecidos datam do final do Devoniano, há 360 milhões de anos. Até bem recentemente, o gênero *Ichthyostega* (encontrado no leste da Groenlândia, em 1932), era o único representante bem conhecido dos primeiros tetrápodes. Todavia, nas últimas décadas, descobrimos mais material oriundo deste sítio fóssil, incluindo crânios e esqueletos de um género distinto, o *Acanthostega,* um animal mais semelhante aos peixes do que o *Ichthyostega.* Materiais fósseis fragmentados, de outros tetrápodes do final do Devoniano, também foram encontrados na região de Latvia, na Escócia, na Austrália, na Ásia e na América do Norte (veja a Tabela 9.1).

A análise destes novos espécimes se concentrou em traços derivados e tal perspectiva enfatizou a sequência na qual as características dos tetrápodes foram adquiridas. O intervalo entre os peixes e os tetrápodes foi diminuído; e parece que os primeiros tetrápodes eram muito mais parecidos com os peixes do que acreditávamos. Estas informações fornecem as bases para hipóteses sobre a ecologia dos animais na transição entre a vida aquática e a terrestre.

O cenário seguinte na história dos tetrápodes foi sua radiação em diferentes linhagens e em tipos ecológicos distintos, durante o final da Era Paleozóica e na Era Mesozóica (Figura 9-1). No início do Carbonífero, os tetrápodes se dividiram em duas linhagens, distinguidas em parte, pela forma na qual a calota craniana é posicionada em relação à porção caudal do crânio. Uma destas linhagens é a dos **batracomorfos,** a qual inclui os Temnospondyli – o maior e mais duradouro grupo de tetrápodes não amniotas primitivos e extintos. Algumas linhagens de Temnospondyli chegaram até o Cretáceo e ao menos alguns dos anfíbios viventes podem ser derivados destes animais.

A segunda linhagem inicial dos tetrápodes, os **reptilomorfos,** contém uma ampla gama de animais, tanto não amniotas quanto amniotas. Os ancestrais imediatos dos principais grupos de amniotas apareceram no final do Carbonífero. Eles eram animais pequenos e ágeis, apresentando modificações, no esqueleto e nas mandíbulas, que sugerem que se alimentavam de invertebrados terrestres.

TABELA 9-1 Principais Grupos de Tetrapoda Não Amniota da Era Paleozóica

Tetrapoda basais

Táxons do Devoniano Superior: *Acanthostega*, *Ichthyostega* da Groenlândia (Figura 9-8a, b); *Metaxignathus* (Austrália, 1977 – maxila inferior); *Tulerpeton* (Rússia, 1984 – somente esqueleto): *Ventustega* (Latvia, 1994 - fragmentos); Hynerpeton (América do Norte, 1994 – cintura escapular); *Obruchevicthys* (Latvia, 1995 – maxila inferior); *Elginerpeton* (Escócia, 1995 – fragmentos); *Sinostega* (China, 2002 – maxila inferior).

Táxons enigmáticos do final do Carbonífero Inferior: *Pederpes* e *Crassygyrinus* (Figura 9-8c) da Europa e *Whatcheeria*, da América do Norte.

Colosteidae: formas aquáticas do final do Carbonífero Inferior, possivelmente secundárias, conhecidas da América do Norte e da Europa, com corpos achatados e alongados, membros pequenos e com reentrâncias de linha lateral (*Greererpeton*, *Pholidogaster*, *Colosteus*).

Baphetidae: (ex-Loxomattidae): formas presentes entre meados ao final do Carbonífero, da América do Norte e da Europa, com crânios similares aos dos crocodilos e com órbitas distintivas em forma de fechadura (*Eucritta*, *Megalocephalus*)

Batracomorfos

Temnospondyli: o grupo mais duradouro e diversificado, com distribuição global, do final do Carbonífero até o início do Cretáceo. Possuíam cabeças grandes com crânios sem movimento. Formas da Era Paleozóica (*Eryops*, *Cacops*) eram terrestres ou semi-aquáticas (Figura 9-8d), formas da Era Mesozóica (*Cyclotosaurus*, *Trematosaurus*, *Gerrothorax*) eram todas secundariamente aquáticas (Figura 9-8e, f, g).

Reptilomorfos

Anthracosauroidea: o outro grupo diversificado e duradouro, embora menos que os Temnospondyli. Conhecido do início do Carbonífero até o final do Triássico, na América do Norte e na Europa. Os antracossauróides tinham crânios mais robustos do que os Temnospondyli, com chifres tabulares proeminentes e retiveram o movimento da cabeça. Algumas formas (*Gephyrostegus*) eram terrestres (Figura 9-9b). Outras, agrupadas como embolomeres, eram secundariamente aquáticas (*Pholiderpeton*, *Archeria*, Figura 9-9a)

Seymouriamorpha: conhecidos somente no Permiano. As primeiras formas são conhecidas da América do Norte (*Seymouria*, Figura 9-9c) e eram grandes e completamente terrestres. Formas do Permiano Superior, da Europa e da China (Discossauriscídeos e kotlassiídeos) eram secundariamente aquáticas.

Diadectomorpha: conhecidos do final do Carbonífero e do início do Permiano na América do Norte e na Europa. Formas grandes e totalmente terrestres, considerados atualmente como o grupo irmão dos amniotas. Diadectidae (*Diadectes*. Figura 9-9d) possuía bochechas expandidas lateralmente, o que sugere uma dieta herbívora. Limnoscelidae e Tseajaiidae possuíam dentes pontudos e afiados e eram, provavelmente, carnívoros.

"Lepospondyli"

Microsauria: distinguidos por um único osso na série temporal chamado de tabular. Muitos (os tuditanomorfos) eram terrestres, bem similares a lagartos, com crânios robustos e corpos alongados, mas possuíam somente quatro artelhos (*microsaur*= pequeno réptil: *Pantylus*, Figura 9-10a). Algumas formas (microbrancomorfos) eram provavelmente aquáticas. Conhecidos do Carbonífero Superior e do Permiano Inferior da América do Norte e na Europa.

Aïstopoda: formas sem membros, sem cinturas, com corpos alongados (com até 200 vértebras no tronco) e crânios semelhantes aos das cobras, os quais podem ter permitido que engolissem grandes itens alimentares (*Lethicus*, *Ophiderpeton*, Figura 9-10c). Eles podem ter sido aquáticos ou vivido em folhiços. São conhecidos desde meados até o final do Carbonífero na América do Norte e na Europa.

Adelogyrinidae: sem membros, formas com os troncos alongados, mas retendo a cintura escapular dérmica. Conhecidos do início do Carbonífero na Europa.

Lysorophia: formas alongadas com membros bem reduzidos. Conhecidos do final do Carbonífero e do início do Permiano da América do Norte.

Nectridia: também eram alongados, mas com uma cauda longa, ao invés de um tronco. Distinguidos por terem arcos neurais e hemáticos em forma de pás na coluna vertebral. Os membros eram pequenos e pouco ossificados, indicando um modo de vida aquático. Alguns nectrídeos (keraterpetontídeos) possuíam crânios amplos e achatados com ossos tabulares aumentados (*Diplocaulus*, Figura 9-10b). Conhecidos do Carbonífero Superior e do Permiano Inferior na América do Norte, na Europa e no norte da África.

A diversidade dos tetrápodes não amniotas diminuiu durante o final do Permiano e no Triássico.

No início da Era Cenozóica, os únicos não amniotas sobreviventes eram as linhagens de Amphibia que observamos

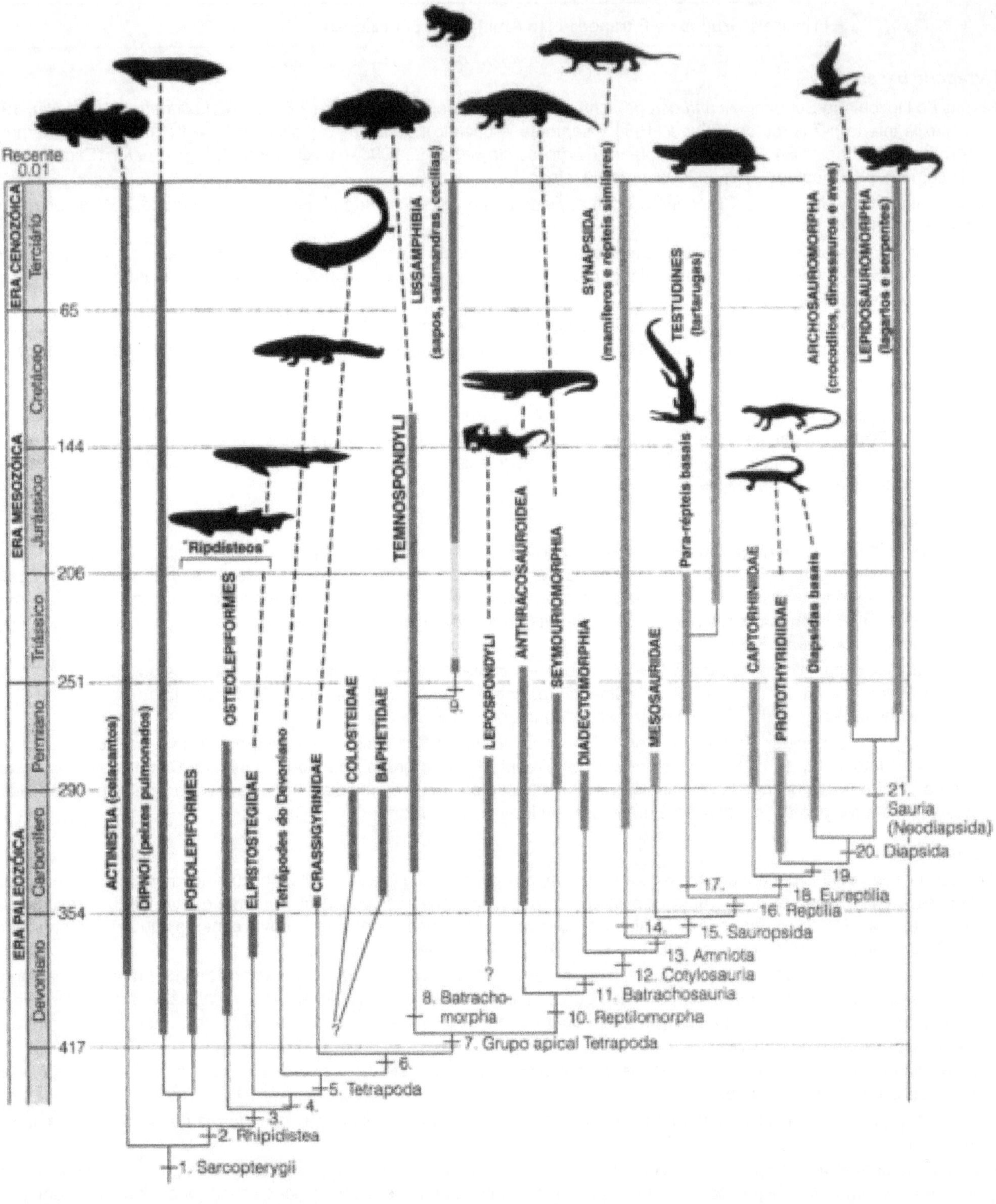

Figura 9-1 Relações filogenéticas dos peixes Sarcopterygii e dos primeiros Tetrapoda. Linhas negras finas indicam somente as inter-relações e não são indicativas do momento de divergência ou da presença não-registrada de táxons no registro fóssil. As barras claras indicam os períodos cuja presença de um táxon é conhecida, porém não está presente no registro fóssil. Os números indicam caracteres derivados que distinguem as linhagens.

Legenda: 1. Sarcopterygii – nadadeiras peitorais e pelvinas carnosas com um único elemento basal, lobos musculares na base das nadadeiras, esmalte verdadeiro nos dentes e especializações nas mandíbulas e nas cinturas dos membros. **2.** Rhipidistia – coração com circulações pulmonar e sistêmica, separadas. **3.** coana verdadeira (narina interna), dobras labirintiformes no esmalte dos dentes e detalhes do esqueleto dos membros. **4.** cabeça plana com focinho alongado, órbitas no topo do crânio, corpo achatado, ausência de nadadeiras dorsais e anais, costelas maiores. **5.** Tetrapoda – membros com carpos, tarsos e dígitos, vértebras com zigapófises, placa ilíaca da pelve anexada à coluna vertebral, perda do contato entre o crânio dérmico e a cintura peitoral ("Tetrapoda do Devoniano" é um conjunto parafilético dos gêneros do final do Devoniano, incluindo [do mais primitivo ao mais derivado] *Acanthostega, Ichthyostega* e *Tulerpeton,* além de outros conhecidos a partir de material fragmentado). **6.** Ausência do anocleithrum (osso dérmico na cintura escapular) cinco dígitos ou menos. **7.** Grupo Tetrapoda apical – com dentes com coroa – presença de côndilos occipitais (projeção do crânio para articulação com a coluna vertebral), notocorda excluída da caixa craniana no adulto. **8.** Batracomorpha – calota craniana unida à caixa craniana pelos ossos exoecipitais na parte caudal do crânio, perda da mobilidade no crânio (cinese), somente quatro dedos nas mãos. **9.** Lissamphibia – dentes pedicelados (veja Capítulo 10): (Lissamphibia inclui Salientia [sapos], os Caudata [salamandras] e os Apoda [cecilias]). **10.** Reptilomorpha – diversos traços cranianos, vértebras com pleurocentro (elemento central caudal) como elemento predominante. **11.** Batracosauria – inter-centro (elemento vertebral central cranial) reduzido em tamanho, dentes aumentados em forma de caninos na maxila (mandíbula superior). **12.** Cotylosauria – sacro com mais de uma vértebra, garras robustas nos pés, complexo atlas-axis mais derivado, mais alguns caracteres do crânio. **13.** Amniota – perda dos dentes labirintodontes, côndilo occipital hemisférico e bem ossifícado, osso frontal em contato com a órbita no crânio, presença de uma barra pterigóidea transversa (refletindo a diferenciação do músculo pterigóide), três ossificações no escapulocoracóide (cintura escapular), astrágalo distinto no tornozelo. **14.** Synapsida – presença de uma fenestra temporal inferior. **15.** Sauropsida – centro único no tornozelo, osso maxilar separado do quadrado-jugal, osso coronóide único na mandíbula. **16.** Reptilia – forame sub-orbital no palato, tabular pequeno ou ausente, fenestra pós-temporal grande. **17.** Parareptilia – perda da forma de canino nos dentes maxilares, alongamento caudal do crânio, quadrado-jugal expandido dorsalmente, placa do ilíaco expandida na pelvis ("Para-répteis basais" incluem o Millerettidae e o Pareiasauridae do final do Permiano, e o Procolophonidae, do final do Permiano e do Triássico. Há opiniões variadas se Testudines [tartarugas] são derivados dos pareiassauros ou dos procolofonídeos, o mesmo se eles devem ser incluídos nos Diapsida [veja o Capítulo 10]). **18.** Eureptilia – supratemporal pequeno, parietal e esquamosal em contato amplo, sem contato entre o tabular e o opistótico, margem ventral horizontal da porção pós-orbital do crânio, fusão ontogenética do pleurocentro do Atlas com o intercentro do axis. **19.** Região pós-orbital do crânio curta, pleurocentros craniais posicionados ventralmente, membros longos e finos, mãos e pés longos e delgados, metapodiais sobrepostos proximalmente. **20.** Diapsida – fenestras temporais superior e inferior presentes, exoecipitais sem contato com o côndilo occipital, articulação tíbia-astrágalo com reentrâncias (Diapsídeos basais é um conjunto parafilético de diapsidas, do final do Carbonífero e do Permiano, que inclui [do mais primitivo ao mais derivado] Araeoscelidia, Coelurosauravidae e os Younginiformes). **21.** Sauria (Neodiapsida) – origem dorsal da musculatura temporal, quadrado exposto lateralmente, perda do osso tabular, processos dorsais não-ossificados do estribo, perda da região caniniforme na dentição maxilar, costelas sacrais orientadas lateralmente, fusão ontogenética das costelas caudais, ílio modificado, quinto metatarso curto e rijo, carpos e tarsos proximais pequenos.

---

atualmente: sapos, salamandras e cecilias. Os Amniota têm sido os tetrápodes dominantes desde o final da Era Paleozóica. Eles radiaram em muitas zonas terrestres, previamente ocupadas por não amniotas, desenvolvendo especializações de locomoção e de alimentação que não haviam sido vistas anteriormente entre os Tetrapoda. A Figura 9-1 apresenta uma filogenia detalhada dos tetrápodes primitivos e a Figura 9-2, um cladograma simplificado.

Relações entre os Peixes e os Tetrapoda

Os tetrapoda são claramente aparentados aos peixes sarcopterígeos, que sobreviveram hoje como peixes pulmonados e os celacantos (veja Capítulo 6). A descoberta dos peixes pulmonados parece prover um modelo ideal de um prototetrápoda – o que mais poderia se esperar de um peixe que respira ar? Entretanto, peixes pulmonados são animais muito especializados e muitas das suas aparentes similaridades com os tetrápodes (tais como narinas internas) parecem ter evoluído independentemente. Os celacantos não têm as especializações dos peixes pulmonados e por um momento depois de sua descoberta em 1938, foi considerado como um membro sobrevivente do grupo ancestral dos tetrápodes. Entretanto, a maioria dos cientistas considera que os peixes pulmonados são mais proximamente relacionados aos tetrápodes do que o celacanto, já que os celacantos são primitivos em um número de características e também têm muitas de suas próprias especializações (p. ex., eles converteram o pulmão original dos peixes ósseos em uma bexiga natatória).

Tanto os Dipnoi quando os celacantos possuem um registro fóssil extenso na Era Paleozóica, junto com um terceiro grupo, chamado de Rhipidistia. Tradicionalmente, os celacantos e os Rhipidistia eram agrupados como crossopterígeos, um grupo considerado ancestral dos tetrápodes.

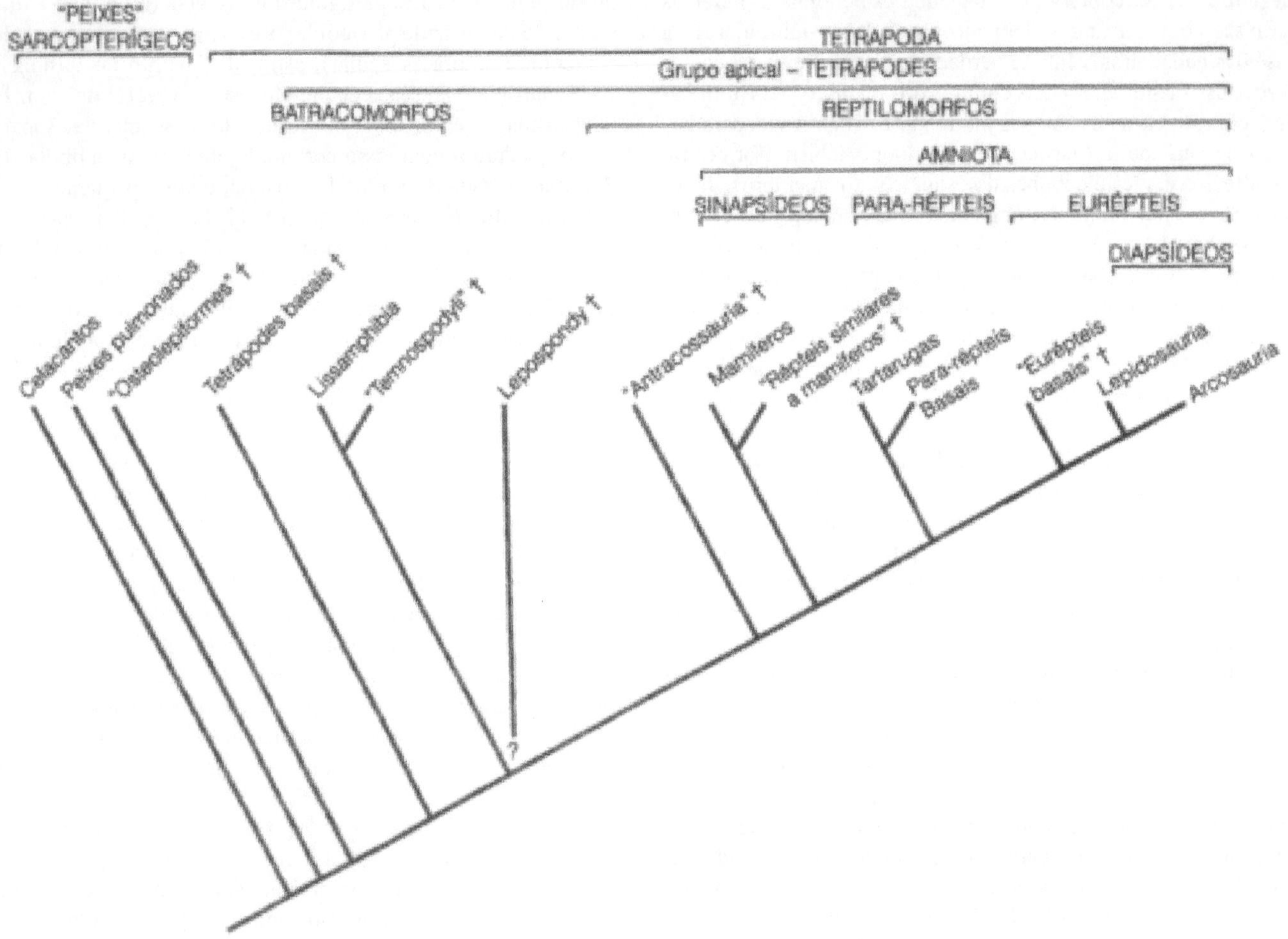

Figura 9-2 Cladograma simplificado dos peixes sarcopterígeos e dos tetrápodes. Parênteses indicam grupos parafiléticos. O símbolo (†) indica um táxon extinto.

Atualmente, consideramos inválido o termo *crossopterígeo,* por que ele agrupa com base em características primitivas dos celacantos e outros sarcopterígeos, sem as especializações dos peixes pulmonados. O termo *Rhipidistia* também entrou em desuso, pois também designa um grupo parafilético, incluindo alguns grupos mais aparentados aos peixes pulmonados (porolepiformes e rizodontiformes) e outros que são mais aparentados aos tetrápodes (osteolepiformes e elpistotegídeos). O termo Rhipidistia é usado agora para o grupo monofilético de peixes pulmonados e tetrápodes (veja a Figura 9-1).

Os **osteolepiformes** eram peixes cilíndricos, com cabeças grandes, com escamas espessas e aparentemente eram predadores de águas rasas. Muitos osteolepiformes lembravam tetrápodes primitivos por ter vértebras pareadas crescentes e dentes com dobramento labirintiforme do esmalte (veja a Figura 9-3). O grupo irmão mais provável dos tetrápodes é uma linhagem recentemente definida de osteolepiformes, do final do Devoniano, chamada de **Elpistostegidae** (conhecida anteriormente por Panderichthydae), que inclui os gêneros *Panderichthys* e *Elpistostege.* Esses peixes eram mais derivados do que os osteolepiformes para vida em águas rasas, para os que tinham olhos no topo da cabeça e haviam perdido suas nadadeiras dorsal e anal, e reduzido grandemente a nadadeira caudal. Seus corpos e cabeças eram achatados dorso-ventralmente e seus focinhos eram longos, muito similares à condição dos primeiros tetrápodes. Além disso, os elpistostegídeos e os tetrápodes compartilham caracteres derivados de ossos frontais pareados distintamente e suas costelas são projetadas ventralmente, a partir da coluna vertebral, enquanto nos demais osteolepiformes o osso frontal é único e as costelas são projetadas dorsalmente. Esses traços derivados compartilhados sugerem que os elpistostegídeos devam ser considerados o grupo irmão dos tetrápodes, com os osteolepiformes posicionados como um grupo irmão dos elpistostegídeos mais tetrápodes (veja a Figura 9-1) (os osteolepiformes em si são provavelmente parafiléticos formando assim, um agrupamento basal mais do que um grupo irmão distinto).

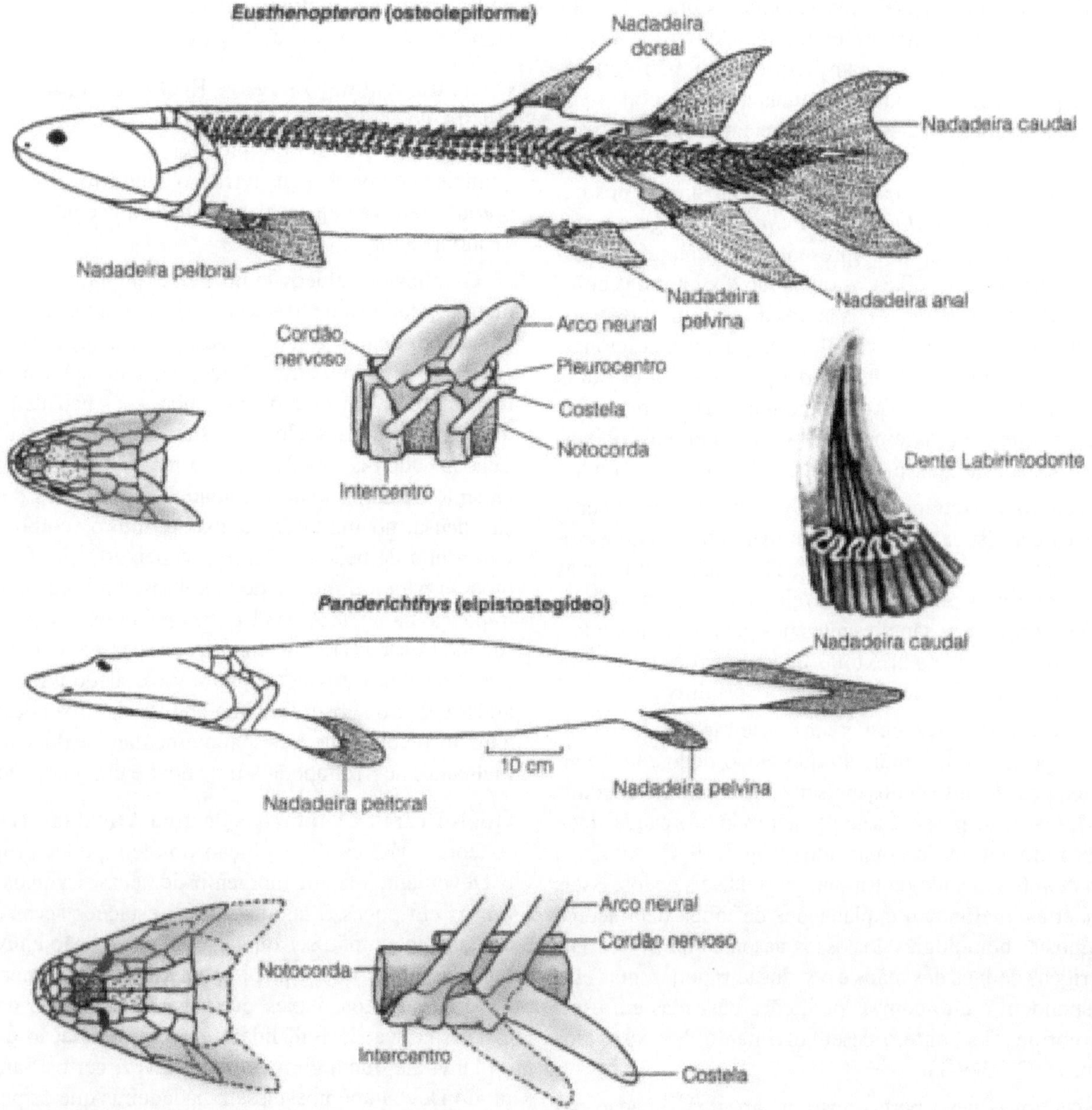

Figura 9-3 Um osteolepiforme e um elpistostegídeo do Devoniano: o osteolepiforme *Eusthenopteron* possui um corpo cilíndrico, um focinho curto e quatro nadadeiras não-pareadas, além dos apêndices, peitoral e pelvino, pareados. O elpistostegídeo *Panderichthys* possui um corpo achatado dorso-ventralmente com um focinho longo e amplo e olhos no topo da cabeça. As nadadeiras dorsal e anal foram perdidas e a nadadeira caudal foi reduzida em tamanho. Na coluna vertebral de *Eusthenopteron,* as costelas são curtas e provavelmente, estendem-se dorsalmente. As costelas são maiores em *Panderichthys,* projetando-se lateral e ventralmente. Na calota craniana de *Eusthenopteron,* a área rostral aos parietais (tracejado) é ocupada por um único elemento mediano. Na calota craniana de *Panderichthys* há um único par de grandes ossos frontais (densamente tracejado), imediatamente cranial aos parietais, como nos tetrápodes.

Os Primeiros Tetrápodes

Os novos espécimes de *Acanthostega* e *Icthyostega* do Devoniano Superior do leste da Groenlândia têm mudado nossas visões sobre a biologia dos tetrápodes primitivos. Esses fósseis mostram que os primeiros tetrápodes eram mais aquáticos do que terrestres (Coates e Clack 1995). Além disso, uma das características de maior ocorrência nos tetrápodes, o membro pentadáctilo (cinco dedos) não é um caráter ancestral.

A evidência para uma forma de vida aquática para os primeiros tetrápodes vem, parcialmente, da presença de uma reentrância na superfície ventral dos ossos ceratobranquiais, parte do aparato branquial, que sustenta as brânquias dos peixes. Elementos do aparato branquial são retidos nos tetrápodes, incluindo aves e mamíferos, então, não é meramente a presença dos ceratobranquiais nos Tetrapoda mais basais que é importante – é a reentrância na superfície ventral que acomoda artérias que levam o .sangue às brânquias nos peixes. A presença de uma reentrância similar nos ceratobranquiais de *Acanthostega* e *Icthyostega* sugere fortemente que estes tetrápodes apresentavam brânquias internas, similares às dos peixes, as quais são distintas das brânquias externas encontradas nas larvas de anfíbios modernos e em algumas salamandras adultas. Evidências adicionais de brânquias internas em *Acanthostega* são dada por uma borda chamada de lâmina pós-branquial na margem cranial do cleitro, que é um osso na cintura escapular. Nos peixes, esta estrutura sustenta a parede caudal da câmara opercular.

O quadro dos tetrápodes primitivos que emerge a partir de tais características, é o de um animal com brânquias internas, que eram capazes de respiração aquática similar às dos peixes. Esses animais provavelmente também tinham pulmões porque eles são presentes nos peixes pulmonados, os parentes vivos mais próximos dos tetrápodes e são provavelmente uma característica osteíctie primitiva.

Outra característica inesperada dos tetrápodes Devoniano era a polidactilia – mais do que cinco dedos. O *Acanthostega* possuía oito dedos em seus pés craniais e caudais, e o *Ichthyostega* possuía sete no seu membro caudal (seu membro cranial não é conhecido) (Figura 9-4). Ainda, o *Tulerpeton* (conhecido da Rússia) possuía seis dedos. Estas descobertas confundem explanações de longa data acerca das supostas homologias dos ossos nas nadadeiras dos sarcopterígeos com os das mãos e pés dos tetrápodes, mas elas correspondem muito com as predições baseadas em estudos embrionários sobre o desenvolvimento dos ossos dos membros (Caixa 9-1).

Estas novas descobertas nos deixam uma situação paradoxal: animais com membros bem desenvolvidos e com outras características estruturais que sugerem que eram capazes de locomoção na terra parecem ter retido brânquias que funcionariam somente na água. Como um animal terrestre evolui na água?

Evolução das Características dos Tetrapoda em um Habitat Aquático

Tão incompleta como uma evidência esquelética possa ser, elas são grandes quando comparadas à informação que temos acerca da ecologia dos elpistostegídeos e dos primeiros tetrápodes. Não se pode ter certeza se a evolução dos tetrápodes ocorreu somente em habitats de água doce. A Eurásia e Gondwana, essas duas massas continentais onde os tetrápodes do Devoniano são conhecidos, foram separadas, por ambientes marinhos, ainda neste Período. Os tetrápodes podem ter evoluído em ambientes de água salobra de lagoas ou mesmo em habitats marinhos.

Como um Animal Terrestre Evolui na Água? É claro a partir do registro fóssil que as características dos Tetrápodes não evoluíram porque algum dia seriam úteis para animais que vivessem na terra; ao contrário, elas evoluíram porque eram vantajosas para animais que ainda estavam vivendo na água.

Os elpistostegídeos eram peixes grandes – de até um metro de comprimento – com corpos pesados, focinhos longos e com dentes grandes. Eles, presumivelmente, podiam respirar o oxigênio atmosférico, nadando até a superfície e inalando o ar, ou se apoiando sobre suas nadadeiras peitorais, em águas rasas, elevando suas cabeças até a superfície. Suas nadadeiras lobadas devem ter sido úteis no comportamento de andar lento e cuidadoso em regiões de vegetação densa, no fundo das lagoas ou outros corpos d'água. Um grupo de peixes viventes, os peixes-sapo, fornece um modelo para a utilidade de membros, similares aos dos tetrápodes, na água. As nadadeiras peitorais dos peixes-sapo são modificadas em estruturas que se parecem muito com os membros dos Tetrapoda (Figura 9-6), sendo utilizadas para andar sobre o substrato. Uma análise da locomoção destes animais revelou que eles se movimentam de dois modos semelhantes aos Tetrapoda – um andar e um galope lento.

Quais Eram as Vantagens de uma Atividade Terrestre? A teoria clássica da evolução dos tetrápodes propôs que o Devoniano foi um momento de secas sazonais. Peixes presos em poças rasas durante as estações secas estavam condenados, a não ser que a próxima estação chuvosa começasse antes que a poça estivesse completamente seca. Sabemos que os peixes pulmonados viventes, da África e da América do Sul, lidam com esta situação estivando na lama até que a chuva volte. Talvez, certos Sarcopterygii do Devoniano possuíssem nadadeiras que os permitiam rastejar de poços secos, passando pela terra e chegando a locais ainda com água. Poderiam milhões de anos de seleção sobre estes peixes, mais capazes de evitar a morte encontrando águas permanentes, produzir uma linhagem que apresentasse o aumento da habilidade na superfície?

Essa hipótese foi criticada de diversas maneiras e quase que certamente não representa o que verdadeiramente aconteceu na evolução. Afinal de contas, um peixe capaz de se mover de um local seco para outro com água consegue, apenas, continuar a viver uma vida de peixe. Isso parece uma forma, em marcha ré, de evoluir um animal terrestre. A reinterpretação dos primeiros tetrápodas como animais basicamente aquáticos, sugerem que nós deveríamos direcionar nossa especulação e hipóteses sobre eles mais do que os elpistostegídeos. Os *Acanthostega* e o *Ichthyostega* juvenis podem ter se congregado em águas rasas, como fazem os juvenis de peixes e de anfíbios viventes, para escapar da

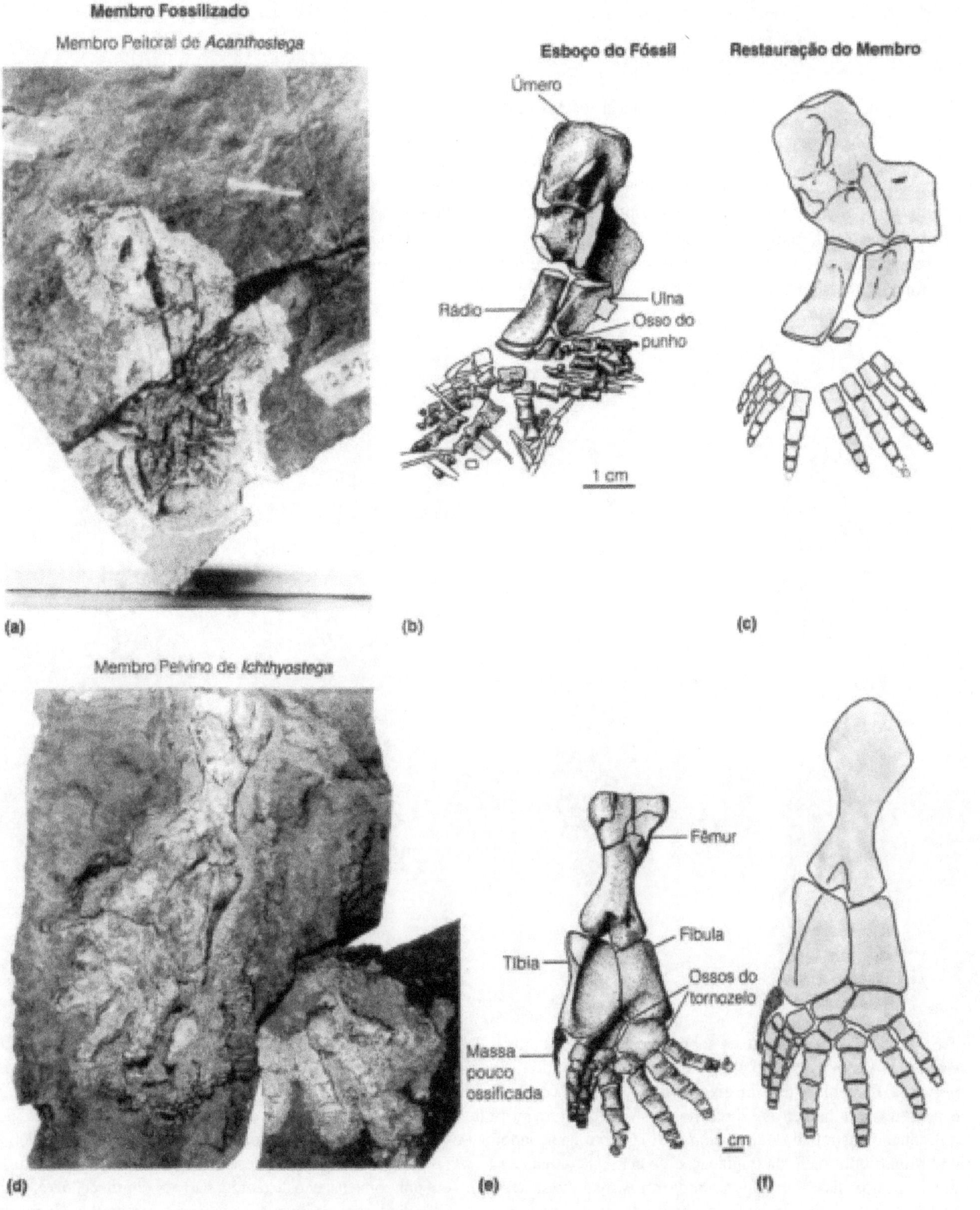

Figura 9-4 O pé polidáctilo de *Acanthostega* e de *Ichthyostega*.

QUADRO 9-1 Os Primeiros Pés

Como o membro de um tetrápode poderia ter evoluído a partir da nadadeira de um peixe Sarcopterygii tem sido um debate quente por mais de um século. Até recentemente, as diversas teorias eram baseadas na comparação de ossos específicos nos membros dos Tetrapoda com seus presumíveis equivalentes das nadadeiras dos peixes. Assim, Gegenbaur, no século XIX, sugeriu que a extensão e a segmentação adicional dos radiais, observadas nos membros dos peixes osteolepiformes *Eusthenopteron*, poderiam produzir um membro com dígitos, como aqueles observados nos Tetrapoda (Figura 9-5a, b). A mesma especulação acerca das estruturas equivalentes foi aplicada aos esqueletos das nadadeiras dos peixes pulmonados (Figura 9-5c, d).

Uma nova perspectiva evolutiva foi dada por estudos sobre o desenvolvimento embrionário (Shubin e Alberch 1986). Trabalhos recentes, detalhando o envolvimento dos

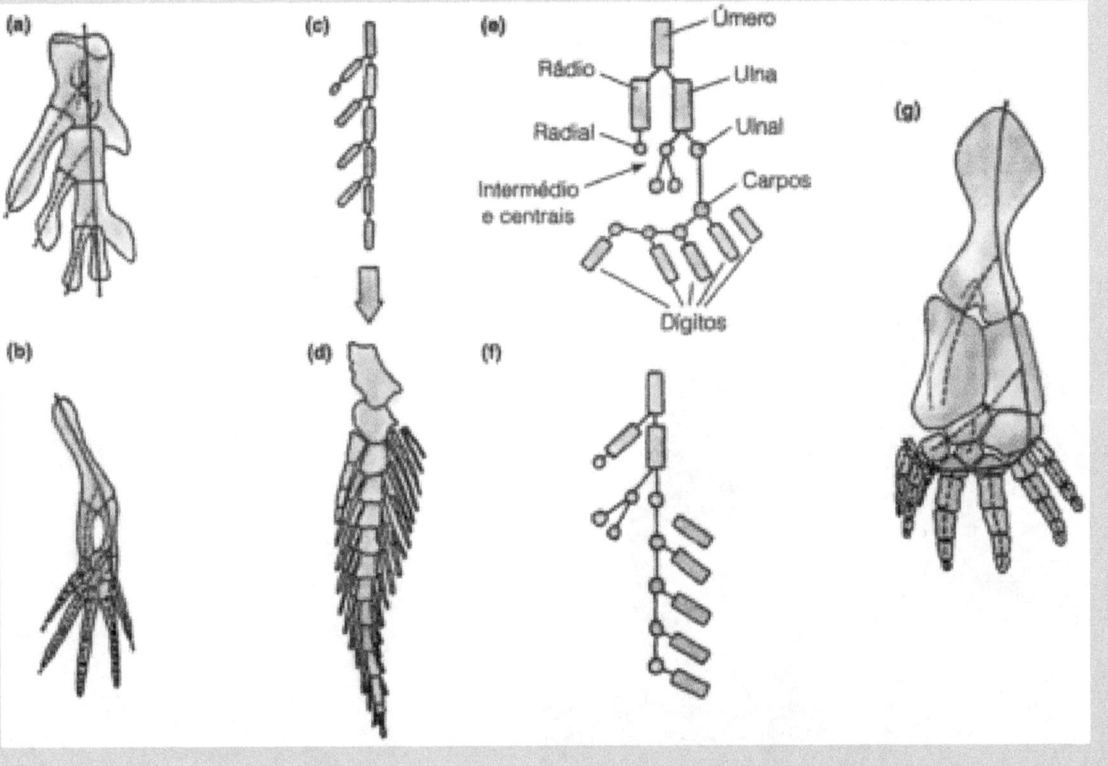

Figura 9-5 Três hipóteses sobre a origem dos membros dos tetrápodes. Em todos os casos, a cabeça do animal se encontra à esquerda. Assim, a direção pré-axial (cranial ao eixo do membro) está à esquerda, (a) O esqueleto da nadadeira peitoral de *Eusthenopteron.* O membro tem um eixo longitudinal (linha cheia) e radiais pré-axiais. (b) Hipótese de Gegenbaur, do século XIX, sobre a origem dos pés dianteiros e dos dedos dos vertebrados a partir de radiais pré-axiais. (c, d) O esqueleto da nadadeira peitoral do peixe pulmonado australiano *Neoceratodus*. (c) O eixo da nadadeira e os radiais pré-axiais que aparecem mais cedo no desenvolvimento embrionário por meio da ramificação do eixo. Os radiais de *Eusthenopteron* podem ter se desenvolvido da mesma maneira, (d) Os radiais pós-axiais observados no *Neoceratodus* adulto se desenvolvem por condensação de tecido, não por ramificação, (e, f) Um diagrama do esqueleto do membro dianteiro de um camundongo no início do desenvolvimento, (e) as partes proximais (mais próximas ao ombro) do esqueleto do membro consistem de um eixo com ramificações pré-axiais (radiais), como observado em *Eusthenopteron* e em *Neoceratodus*; compare a porção superior de (e) com (a) e com (c). Entretanto, os dígitos são formados como ramificações pós-axiais. Este padrão é desconhecido entre os peixes, (f) O esqueleto de membro embrionário de um camundongo, aumentado para a comparação com o *Eusthenopteron* (a) e com o *Neoceratodus* (c). (g) O membro pelvino de *Ichthyostega*, demonstrando a posição inferida do eixo (linha cheia) e dos radiais. Note que a tíbia, a fíbula e as duas primeiras colunas de ossos do tarso, nos pés, são formadas por radiais pré-axiais, enquanto a terceira coluna de tarsos, os metatarsos, e os dígitos se originam como ramos pós-axiais.

Continua

Continuação

genes *Hox* na formação dos membros dos Tetrapoda, são revisados por Shubin et al. (1997) e por Coates e Cohn (1998). Os genes *Hox* determinam o padrão cranio-caudal no embrião Vertebrata. Todos os vertebrados mandibulados possuem quatro diferentes agrupamentos de genes *Hox*, chamados de HOXA-XOXD. O desenvolvimento dos membros do vertebrados envolve os genes 5'*Hox*, os quais são expressos na parte final destes quatro agrupamentos de genes *Hox*, mas as similaridades de expressão gênica entre os peixes e os tetrápodes se estendem somente à parte proximal (mais próxima ao corpo) do membro. Os genes expressos nos membros distais dos tetrápodes (mãos e pés) parecem ter sido, inicialmente, derivados do agrupamento HOXA, com uma associação posterior com o agrupamento HOXD. Relativamente às nadadeiras dos teleósteos, o início do crescimento do membro Tetrapoda tem uma fase de expressão do HOXD que ocorre no final do desenvolvimento dos dedos e afeta a ponta destes. Ou seja, a parte distal dos dedos tetrápodes representa um novo traço do desenvolvimento que não é vista na nadadeira dos peixes.

Os membros de todos os Tetrapoda, ambos membros craniais e caudais, possuem uma sequência comum de eventos durante o desenvolvimento. Nos membros peitorais em desenvolvimento, o úmero se ramifica, formando o rádio (cranialmente) e a ulna (caudalmente). O eixo de desenvolvimento passa por toda a ulna. O desenvolvimento subsequente, no lado cranial do membro ocorre (1) pela segmentação do rádio, o que produz o radial (apresentado na Figura 9-5e) e, algumas vezes, dois segmentos adicionais, e (2) pela ramificação e segmentação da ulna. Um ramo pré-axial da ulna produz os ossos proximais do punho – o intermédio e os centrais. Os carpos (ossos distais do pulso), os metacarpos (ossos da palma) e os dígitos (dedos) resultam da ramificação pós-axial. Os dígitos pós-axiais são uma nova característica dos tetrápodes. Entretanto, evidências de estruturas semelhantes a dedos nos risodontiformes do Devoniano (um tipo extinto de peixe relacionado aos peixes pulmonados) mostra que deve ter havido vários tipos de experimentação genética acontecendo no começo da radiação dos peixes sarcopterígeos (Daeschler e Shubin 1988).

Para tetrápodes pentadáctilos, a formação dos dígitos se inicia com o dígito 4 e é concluída com o dígito 1 (o qual é o polegar dos humanos). O dígito 5 (nosso dedo menor) se forma em momentos distintos nas linhagens diferentes e uma das características mais atrativas deste processo de desenvolvimento é a facilidade com a qual mais ou menos do que cinco dedos podem surgir. Se o processo de ramificação e de segmentação continua, um pé polidáctilo é produzido, com dígitos extras formados após o dígito 1. Se o processo de desenvolvimento é encurtado, menos de cinco dígitos são produzidos e o polegar é o primeiro a ser perdido.

Alterações na sequência do desenvolvimento não produzem, necessariamente, uma perda ou um ganho completo de um dígito; uma redução de tamanho é comum. Os cães, por exemplo, possuem quatro dígitos bem desenvolvidos (números 2 a 5) e um dígito vestigial (o número 1), chamado de dedo atrofiado. Muitos cães nascem sem este dedo atrofiado externo (um carpo pode estar presente internamente) e algumas raças são preferidas por apresentarem dedos atrofiados duplicados. Esse padrão de aumento ou de redução do número de dígitos resulta de uma alteração na sequência de desenvolvimento durante a evolução. A redução do número de dígitos em linhagens evolutivas de aves e de mamíferos é frequentemente associada à especialização para a corrida em alta velocidade – avestruzes e alguns artiodáctilos (antílope) possuem dois dígitos e alguns perissodáctilos (cavalos) apresentam um único dígito. O processo embrionário, pelo qual os dedos são formados, explica por que a variação em seus números é tão difundida.

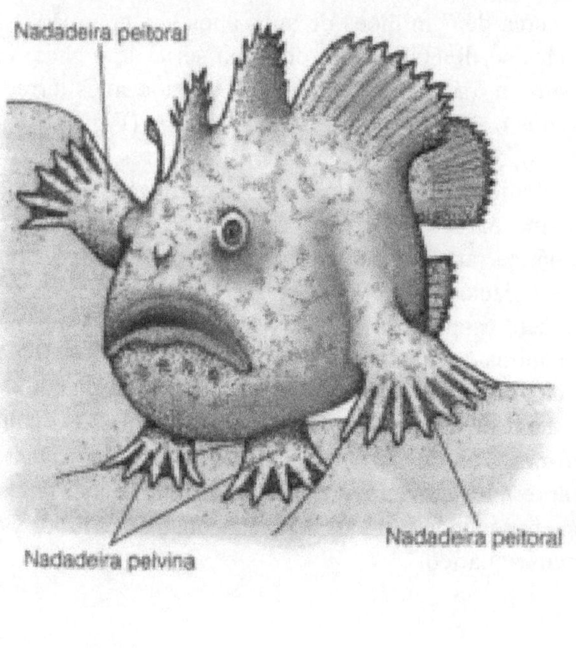

Figura 9-6 O peixe-sapo, *Antennarius pictus,* em sua postura típica, com suas nadadeiras peitorais e pelvinas plantadas firmemente no substrato (Clack 2002a). As pequenas nadadeiras pelvinas estão em uma posição cranial, mas não são fundidas. Quando o animal anda, as nadadeiras pelvinas esquerda e direita fazem contato com o substrato independentemente, permitindo que a movimentação do peixe seja comparada com o movimento dos Tetrapoda.

atenção de grandes peixes predadores, os quais são restritos às águas profundas. Alternativamente eles devem ter tido o tipo de comportamento dispersivo visto em muitos vertebrados atuais, saindo de seu local de infância de sua origem para colonizar habitats adultos disponíveis. Já que os primeiros tetrápodes eram animais relativamente grandes, o tamanho menor do corpo do jovem poderia simplificar muito as dificuldades de sustentação, de locomoção e de respiração na transição de um habitat aquático a um terrestre. Estas adaptações comportamentais e morfológicas à vida na terra podem ser encontradas entre diversas espécies de peixes viventes, tais como "mudskippers", "climbing perches" e peixes gatos andarilhos, os quais fazem extensivas excursões em terra – chegando até a escalar árvores e a capturar alimento na terra.

Muitas das mudanças anatômicas vistas na transição entre os peixes e os tetrápodas podem ser interpretadas como adaptações à vida em habitats de águas rasas. Por exemplo, membros com dedos podem ter sido úteis para navegar a vegetação de fundo, o desenvolvimento de tornozelos e punhos pode incrementar a habilidade de manipulação e articulação da cintura pélvica à coluna vertebral pode dar suporte para o golpe predador sob a água. O desenvolvimento de um pescoço distinto (com a perda dos ossos operculares e uma articulação especializada entre o crânio e a coluna vertebral) pode estar relacionado ao levantamento do focinho fora da água para respirar o ar, e um focinho mais longo e achatado poderia ser usado aqui – modificações similares são vistas em alguns peixes vivos que tomam ar na superfície (veja Clack 2002a).

9.2 Radiação e Diversidade de Tetrápodes Não Amniotas do Paleozóico

Por mais de 200 milhões de anos, desde o final do Devoniano até o início do Cretáceo, tetrápodes não amniotas radiaram em uma grande variedade de formas terrestres e aquáticas. A evolução paralela e a convergente eram difundidas e é difícil separar a relação filogenética da evolução convergente. Grandes vazios no registro fóssil, especialmente a falta de representantes iniciais de muitos grupos, ainda obscurece as relações.

Os tetrápodes não amniotas são geralmente chamados de anfíbios, mas o termo está atualmente reservado aos tetrápodes não amniotas viventes, os **lissanfíbios** (sapos, salamandras e cecilias). É enganoso acreditar que os Tetrapoda primitivos da Era Paleozóica eram anfíbios por diversas razões. Primeiro, muitos deles eram bem maiores do que os anfíbios viventes, assemelhando-se quanto à aparência e ao habitat com os crocodilos. Segundo, eles não possuíam as especializações dos anfíbios modernos. Por exemplo, muitas formas tinham escamas dérmicas, o que tomava improvável a respiração cutânea, como a que ocorre nas formas modernas. Finalmente e mais importante, muitos deles eram, na realidade, mais aparentados aos Amniota do que aos lissanfíbios.

A Tabela 9.1 lista os tipos diferentes de Tetrapoda não amniotas da Era Paleozóica e a Figura 9-1 ilustra um consenso atual acerca de suas inter-relações. Note que alguns autores preferem restringir o termo *tetrápode* ao grupo apical, o qual engloba somente os táxons viventes e os táxons extintos que se encaixam na gama de caracteres vista nos táxons viventes. Portanto, no cladograma apresentado na Figura 9-1, o termo taxonômico Tetrapoda pode ser posicionado no nó 7.

Os Tetrapoda do Devoniano

Espécimes coletados principalmente na última década aumentaram muito nosso conhecimento sobre os Tetrapoda no final do Devoniano. É claro que uma diversidade substancial evoluiu dentre os tetrápodes nesse Período. O *Ichthyostega* e o *Acanthostega,* da Groenlândia, são conhecidos desde a década de 1930, mas somente nas duas últimas décadas materiais mais completos de *Acanthostega* foram descritos. Outros tetrápodes do Devoniano são conhecidos a partir de material menos completo. Nestes táxons, o material do esqueleto do qual eles são conhecidos e seu ano de descoberta estão resumidos na Tabela 9.1. A combinação na forma de mosaico dos caracteres ancestrais semelhantes a peixes e aqueles derivados de animais terrestres vistos nos tetrápodes do Devoniano, eram um quebra-cabeça e sugerem que a origem dos tetrápodes e a origem da vida terrestre sejam dois eventos separados.

Estes tetrápodes do Devoniano variavam de 0,5 metros a 1,2 metros de comprimento, e diferiam o bastante uns dos outros para demonstrar que, ao final do Devoniano, cerca de 7 milhões de anos após sua aparição, os tetrápodes se diversificaram em uma série de nichos. O *Tulerpeton* e o *Hynerpeton* parecem ter sido mais terrestres do que o *Acanthostega* e o *Ichthyostega* (Figura 9-7). Entretanto, a despeito dos caracteres terrestres, percebeu-se recentemente que o *Ichthyostega* tem uma região da orelha que parece indicar especializações para audição sub-aquática, análoga àquela vista em certos peixes teleósteos (Clack et al. 2003). Ainda, os pés dos *Ichthyostega* parecem estar especializados como remos e lembram as nadadeiras de uma foca (um mamífero que é secundariamente aquático), mais do que as nadadeiras de um peixe (Coates e Clack 1995). Em contraste os membros do *Acanthostega* são menos especializados. Talvez *Ichthyostega* represente um animal de uma linhagem mais terrestre que era secundariamente especializada para o modo de vida mais aquático.

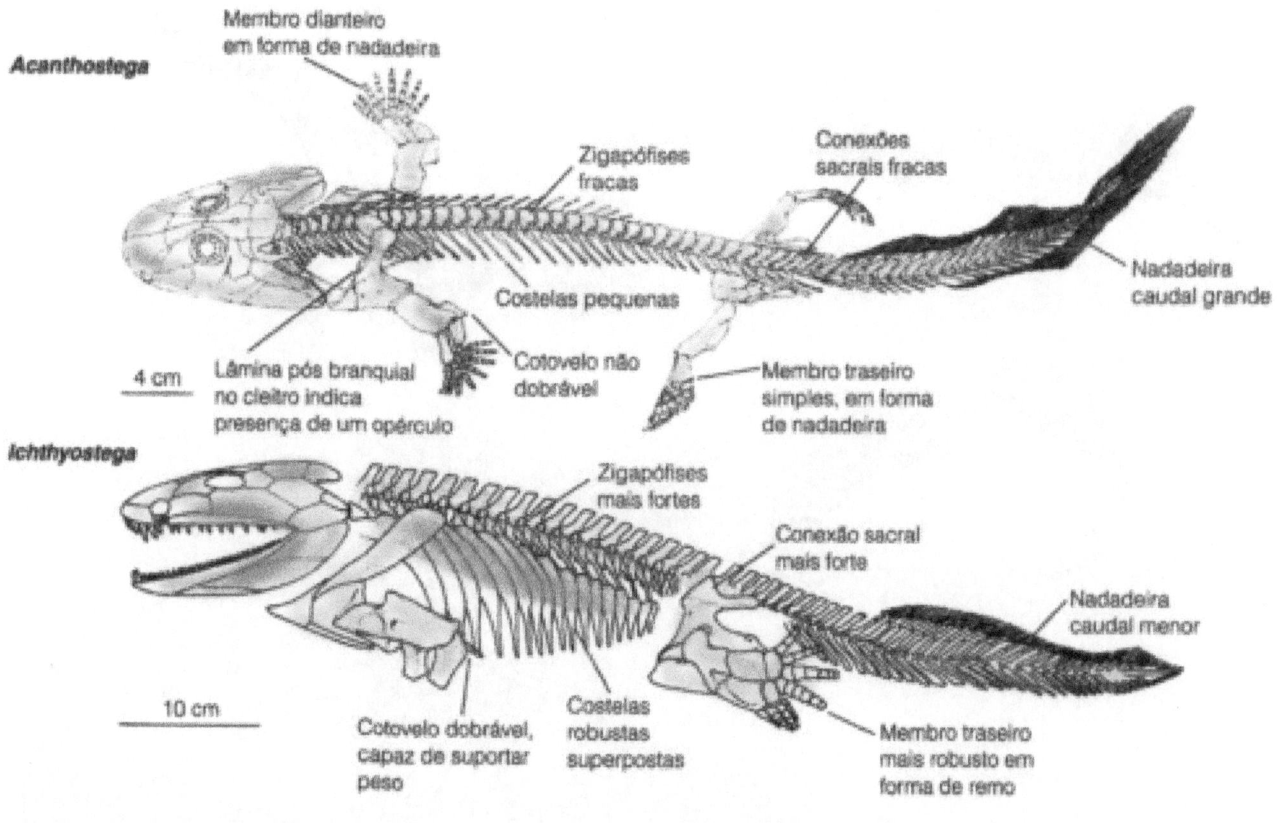

Figura 9-7 Reconstruções dos esqueletos de tetrápodes do Devoniano do leste da Groenlândia (costelas de *Acanthostega* estão omitidas, pés dianteiros de *Ichthyostega* são desconhecidos). As notações ilustram melhor a natureza aquática de *Acanthostega.*

Tetrápodes Não Amniotas do Carbonífero e Era Mesozóica

Padrões Gerais de Radiação Os grupos listados na Tabela 9.1 são bem estabelecidos; o problema está no entendimento de como estes grupos distintos são relacionados, uns com os outros e com os grupos modernos de tetrápodes, os lissanfíbios e os amniotas. Um grande problema é que não temos uma porção crítica do registro geológico da história dos tetrápodes. Embora sejam conhecidos fósseis do final do Devoniano, o registro subsequente é quase um vazio completo de 20 a 30 milhões de anos, virtualmente sem fósseis conhecidos até a última parte do início do Carbonífero. Entretanto, houve um recente achado informativo de um animal do início do Carbonífero Inferior da Escócia, *Pederpes* (Clack 2002b). Este animal era do mesmo tamanho do *Acanthostega,* com pés que pareciam estar adaptados à vida terrestre e com 5 dedos funcionais (apenas com resquícios de um dedo extra nas mãos). Somente 15 milhões de anos depois no registro fóssil, ainda dentro do início do Carbonífero, encontramos os *Lethicus,* animais de corpo longo, semelhantes a cobras, que perderam seus membros completamente.

Assim, para o Período no qual os principais grupos de tetrápodes estavam se diversificando, o registro fóssil nos dá pouca ou nenhuma informação. Este intervalo pode enviesar nosso entendimento de como os grupos conhecidos do final do Carbonífero estão aparentados entre si. A inter-relação dos primeiros tetrápodes, demonstrada na Figura 9-1, concorda amplamente com a revisão de 1994, de Ahlberg e Milner, mas, desde aquele momento, uma miríade de novas filogenias foi sugerida, oferecendo opções muito distintas. A descoberta de mais fósseis de Tetrapoda do início do Carbonífero é crucialmente necessária para ajudar a confirmar, ou a refutar, as diversas hipóteses competidoras. Para os propósitos desta obra, trataremos a filogenia na Figura 9-1 como uma hipótese de trabalho.

Os tetrápodes da Era Paleozóica eram, originalmente, divididos em grupos chamados **"labirintodontes"** e **"Lepospondyli"** (veja a Tabela 9.1). Os "labirintodontes" eram, principalmente, as formas grandes (do tamanho de um lagarto grande ao de um crocodilo, com um crânio de, pelo menos, 5 centímetros de comprimento; Figuras 9-8 e 9-9), com um centro vertebral multipartido e com dentes com esmalte dobrado de forma complexa (dente labirintodonte). Os "Lepospondyli" eram formas pequenas (do tamanho de

Figura 9-8 Tetrápodes basais e Temnospondyli. (a) *Acanthostega,* um tetrápode basal aquático do final do Devoniano. (b) *Ichthyostega,* um tetrápode basal aquático do final do Devoniano. (c) *Crassigyrinus,* um tetrápode basal aquático do início do Carbonífero, (d) *Eryops,* um Temnospondyli eryopoideo semi-terrestre do início do Permiano. (e) *Trematosaurus,* um Temnospondyli trematossaurídeo aquático (marinho) do início do Triássico. (f) *Cyclotosaurus,* um Temnospondyli capitossaurídeo aquático do Triássico Médio, (g) *Gerrothorax,* Temnospondyli plagiossaurídeo aquático do final do Triássico. O *Eryops* tinha cerca de 2 metros de comprimento (o tamanho de um crocodilo de médio porte). Os outros animais estão aproximadamente na mesma escala.

Figura 9-9 Tetrápodes "antracossauros" (reptilomorfo não amniota). (a) *Pholiderpeton,* um embolomere aquático do final do Carbonífero, (b) *Gephyrostegus,* um antracossauróide terrestre do final do Carbonífero, (c) *Seymouria,* um seymouriamorfo terrestre do início do Permiano. (d) *Diadectes,* um diadectomorfo terrestre do início do Permiano. (e) *Westlothiana,* uma forma do início do Carbonífero, provavelmente muito aparentada aos amniotas. *Seymouria* tem cerca de 1 m de comprimento (do tamanho de um cão "golden retriever"). Os outros animais são esboçados aproximadamente em escala (*Diadectes* deveria ser um pouco maior e *Westlothiana,* um pouco menor).

um lagarto pequeno ao de uma salamandra, com um crânio menor que 5 centímetros; Figura 9-10) com um centro vertebral único e em forma de colher e sem a forma laberintiforme no esmalte. Os vários grupos de Lepospondyli podem ser aparentados entre si e o termo continua em uso, mas como eles são relacionados a outros tetrápodes iniciais, permanece um ponto de controvérsia. Os grandes tetrápodes basais são um agrupamento taxonômico diverso; alguns eram tetrápodes basais, alguns eram bem aparentados aos anfíbios modernos e outros eram mais relacionados aos amniotas. Por essa razão, o termo "labirintodonte" não é mais aplicado: mencionamos este nome somente porque é comum em textos populares.

Diferenças nas formas dos centros vertebrais e no esmalte do dente se relacionam, mais provavelmente, com o tamanho corpóreo. Os tetrápodes maiores provavelmente requeriam o centro bipartido para os movimentos da coluna vertebral na terra, pois a cabeça pesada tenderia a rodar sobre o eixo do tronco durante a locomoção. Os dentes labirintodontes provavelmente refletiam a dependência de alimentação inercial (ou seja, alimentação com apenas o fechamento das mandíbulas, sem um controle fino dos movimentos. Os dentes deveriam ser fortes para resistir às forças geradas durante este tipo de alimentação). O tamanho absoluto menor dos Lepospondyli reduziria as forças vivenciadas na locomoção e na alimentação e, portanto, reduziriam a necessidade de especializações dos dentes e de uma coluna vertebral mais móvel.

O consenso atual percebe dois grupos principais de grandes tetrápodes não amniotas da Era Paleozóica: os Temnospondyli (Figura 9-8) e os "antracossauros" (os agrupamentos parafiléticos de reptilomorfos não amniotas: antracossauróides, seymouriamorfos e diadectídeos; Figura 9-9). Os Temnospondyli eram em geral mais aquáticos, caracterizados por crânios achatados e imóveis e por uma redução a quatro dedos nas mãos. Os "antracossauros" eram, em geral, mais terrestres, caracterizados por crânios em forma de abóbada, os quais retinham algum movimento e por uma mão com cinco dedos. Os amniotas podem ter se originado deste grupo.

As afinidades dos Lepospondyli (Figura 9-10) estão abertas à discussão. A Figura 9-1 os apresenta como um grupo monofilético, de posição filogenética incerta, entre os Temnospondyli e os antracossauros. Mas os Lepospondyli podem ser aparentados mais proximamente aos Amphibia viventes ou, até mesmo, aos amniotas. A origem dos Amphibia modernos (Lissamphibia) está também em andamento, sob caloroso debate. Algumas hipóteses atuais (p. ex., Ruta et al. 2003) propõem que eles sejam derivados de um grupo de Temnospondyli pequenos e terrestres – os dissorofídeos. Outros (Carroll, 2001) sugerem que os sapos e salamandras sejam derivados dos Temnospondyli, mas as cecilias sejam derivadas dos microssauros Lepospondyli. O estudo da inter-relação dos tetrápodes não amniotas progride entre muito debate e discussão.

Os tetrápodes não amniotas atingiram seu pico de diversidade genérica no final do Carbonífero e no início do Permiano, quando consistiam de formas aquáticas, semi-aquáticas e terrestres. A maioria das linhagens se extinguiu em meados do Permiano. Os únicos grupos que sobreviveram até a Era Mesozóica foram os ancestrais dos grupos modernos de Amphibia e as formas de Temnospondyli totalmente aquáticas. Estes últimos se extinguiram, na maior parte do globo, no final do Triássico, mas persistiram até o início do Cretáceo na Austrália. Embora todos os grupos lissanfíbios viventes tenham sua origem na Era Mesozóica, a diversidade genérica dos tetrápodes não amniotas não atingiu os níveis do Permiano até o Cenozóico Médio.

Tendências ecológicas e Adaptativas Um dos aspectos mais impressionantes dos primeiros tetrápodes é o número e a diversidade de formas que retomaram ao modo de vida completamente aquático. Dentre os anfíbios viventes, muitas salamandras e alguns sapos são completamente aquáticos quando adultos. Formas da Era Paleozóica que eram aparentemente totalmente aquáticas como adultos, incluem os colosteídeos, embolomeros anthracossauróides e numerosos grupos dentro dos Temnospondyli e Lepospondyli. Muitas das formas adquiriam independentemente um corpo alongado com redução ou perda dos membros, uma morfologia que pode estar associada ao comportamento fossorial como visto nas cecilias.

Algumas das formas aquáticas mais bizarras eram encontradas entre os Lepospondyli. Os nectrídeos keraterpetonídeos tinham crânios amplos e achatados, com ossos tabulares aumentados (Figura 9-10b). Estes comos tabulares eram até cinco vezes mais largos do que a porção rostral do crânio e as marcas de tegumento demonstram que eram cobertos por uma quilha, a qual se estendia até os ombros (não mostrados na Figura). Estes comos devem ter atuado de forma hidrodinâmica, na locomoção submersa, podendo ter sustentado uma pele altamente vascularizada para o auxílio da respiração sob a água.

Os Temnospondyli foram o único grupo de tetrápodes não amniotas (além dos lissanfíbios) a sobreviver durante a Era Paleozóica; e todas as formas da Era Mesozóica eram de predadores grandes, achatados e completamente aquáticos com origens aparentemente independentes a partir de formas menos especializadas, como os capitossaurídeos e os plagiossaurídeos. Os trematossaurídeos evoluíram um focinho alongado característico de especialistas em comer peixes e são encontrados em leitos marinhos, tornando-os os únicos tetrápodes não amniotas totalmente marinhos. Como estes animais mantinham sua osmoregulação em um ambiente marinho? Mesmo se os adultos evoluíssem um tegumento impermeável, como o dos répteis, as larvas ainda apresentariam brânquias. Talvez os trematossaurídeos retivessem níveis altos de ureia para elevar sua pressão osmótica interna, como alguns sapos modernos de estuários (veja o Capítulo 4).

Em contraste aos Temnospondyli, os "antracossauros" parecem ter sido predominantemente terrestres quando adultos, e muitos deles podem ser confundidos por répteis primitivos (especialmente animais como *Seymouria* e *Diadectes*). O modo de vida terrestre também evoluiu convergentemente entre outros tetrápodes primitivos, predominantemente entre os microssauros (Figura 9-10) e os Temnospondyli dissorofídeos, os quais podem ter sido ancestrais dos sapos. Estes animais adquiriam adaptações esqueléticas, tais como ossos dos membros mais longos e finos, e o desenvolvimento de

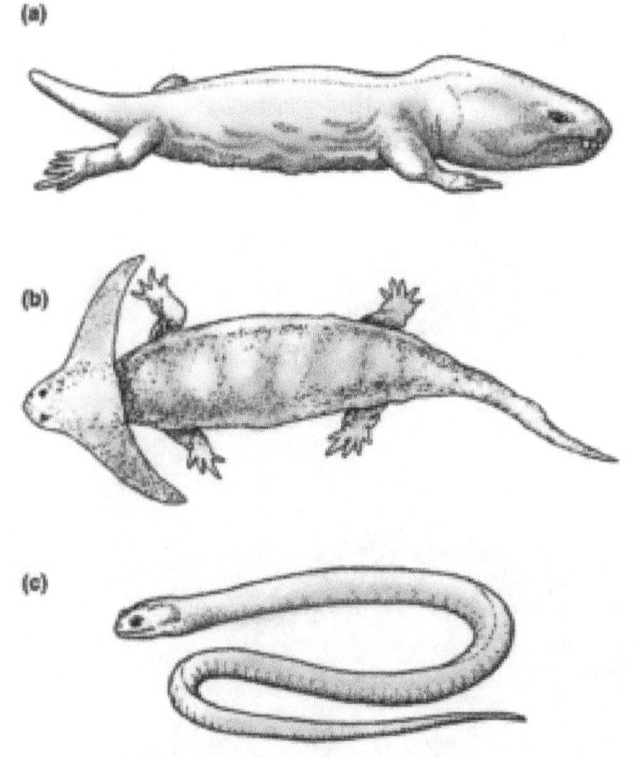

Figura 9-10 Tetrápodes Lepospondyli. (a) *Pantylus*, ummicros-sauro terrestre do início do Permiano. (b) *Diplocaulus*, um nectrídeo aquático do inicio do Permiano; (c) *Ophiderpeton*, um aistopódeo aquático (ou possivelmente forma fossorial terrestre) do final do Carbonífero. O *Pantylus* tem cerca de 20 cm de comprimento (do tamanho de um hamster). Os outros animais são desenhados em escala aproximada.

um processo nos úmeros para que o músculo que gira o cotovelo permita que o pé seja plantado em frente do corpo durante o andar ao invés de ao seu lado.

9.3 Amniota

Os amniotas são tetrápodes mais derivados do que os dos grupos já discutidos e incluem a maioria dos tetrápodes vivos atualmente. Seu nome se refere ao **ovo amniótico,** o qual representa uma das características mais óbvias na distinção entre amniotas e anfíbios atuais. Os amniotas apareceram, de certa forma, mais tardiamente no registro fóssil do que os primeiros tetrápodes do Devoniano, mas parece que eles se estabeleceram na última radiação dos tetrápodes não amniotas, embora eles fossem uma parte menor da fauna do Carbonífero. Sua grande radiação inicial ocorreu no Permiano.

Os mais antigos candidatos conhecidos para o posto de primeiros amniotas – ou quase amniotas – são encontrados no início do Carbonífero na Escócia, sendo somente 20 milhões de anos mais jovens do que os primeiros tetrápodes conhecidos. Estes incluem a *Casimeria* e o pouco mais jovem *Westlothiana* (Figura 9-9), ambos descobertos na década de 1990. Ambos eram animais pequenos; *Casimeria* tinha apenas cerca de 85 milímetros, do tamanho de uma salamandra, e *Westlothiana* eram só um pouco maior. Ruta et al. (2003) consideraram *Westlothiana* como um grupo irmão dos Lepospondyli, mas em seu esquema, os Lepospondyli e os amniotas estão proximamente relacionados (Lepospondyli seria conectado no nó 12 do cladograma visto na Figura 9-1). Se esses animais se transformaram ou não nos verdadeiros amniotas iniciais, eles são certamente representantes do que um amniota ancestral teria sido – pequeno e mais terrestre do que outros tetrápodes iniciais.

Os amniotas logo começaram a irradiar para muitas zonas de vida originalmente ocupadas por tetrápodes não amniotas, e todos esses animais nesta época eram carnívoros (incluindo comedores de peixes e invertebrados). Nenhum anfíbio adulto é herbívoro, havendo poucas evidências, no registro fóssil, que sugerem que os tetrápodes não amniotas da Era Paleozóica fossem herbívoros (o *Diadectes* do Permiano, o provável grupo irmão dos amniotas, é a única exceção a esta generalização). Um evento chave na radiação dos primeiros tetrápodes pode assim ter sido a grande diversificação dos insetos no Carbonífero Superior, provavelmente em resposta à crescente quantidade e diversidade de vegetação terrestre. Provavelmente pela primeira vez na história evolutiva, o suprimento de comida era adequado para suprir a fauna diversa de predadores vertebrados terrestres.

A diversidade ecológica e morfológica dos amniotas que se desenvolveram no final da Era Paleozóica (Figura 9-11) testifica o sucesso deste ciado. Conforme os amniotas terrestres se diversificaram, os não amniotas terrestres se tornaram menos variados. Tetrápodes terrestres não amniotas atingiram seu pico no início do Permiano e os grupos que sobreviveram, ao longo do Triássico, eram compostos por formas achatadas e totalmente aquáticas. Do início da Era Mesozóica em diante, os habitats terrestres foram dominados por uma série de radiações de tetrápodes amniotas (Tabela 9.2).

Características Derivadas dos Amniotas

Tradicionalmente, os amniotas têm sido distinguidos pelo ovo amniótico e pelo tegumento a prova d'água. O ovo é um bom caráter, mas a permiabilidade da pele nem tanto. O ovo amniótico (Figura 9-12) é característico das tartarugas, dos lepidossauros (lagartos e seus parentes), dos crocodilos, das aves e dos monotremados (mamíferos que botam ovos). Além disso, membranas embrionárias que contribuem para a placenta dos mamíferos térios são homólogas a certas mem-

Figura 9-11 Diversidade dos Amniota da Era Paleozóica (veja a Tabela 9.2 para mais detalhes): os primeiros amniotas variavam em tamanho, de alguns poucos centímetros de comprimento até alguns metros, e seus papéis ecológicos eram igualmente diversificados, (a) *Hylonomus,* um protorotirídeo (do tamanho de um lagarto), representa uma forma corpórea tipicamente de lagarto de muitos dos primeiros amniotas. (b) *Haptodus,* um sinapsídeo (do tamanho de um cachorro), (c) *Mesosaurus,* um mesossauro (do tamanho de um gato), (d) *captorhinus,* um captorrinídeo (do tamanho de um lagarto), (e) *Petrolacosaurus kansensis,* um diapsídeo basal ("araeoscelidan"; do tamanho de um lagarto), (f) *Procolophon,* um procolofonídeo (do tamanho de um cachorro), (g) *Pareiasaurus,* um pareiassauro (do tamanho de uma vaca).

branas do ovo. O termo ovo cleidóico (Grego *cleido* = fechado) é frequentemente usado como sinónimo de ovo amniótico, mas isso não é inteiramente correio porque os ovos amnióticos trocam gases com o ambiente. Assume-se que o ovo amniótico tenha sido o modo reprodutivo dos diapsídeos da Era Mesozóica, sendo relativamente comuns os ovos fósseis de dinossauros. Mas, de diversas outras formas, os amniotas representam um tipo mais derivado de tetrápode do que os Amphibia viventes e que os tetrápodes não amniotas da Era Paleozóica.

A permeabilidade do tegumento varia muito entre os anfíbios e amniotas viventes. Embora os amniotas apresentem um tegumento mais espesso do que os anfíbios, e possuem uma epiderme queratinizada, a presença de lipídios na pele é, provavelmente, um fator mais importante na impermeabilização à água. Comparados aos anfíbios, os amniotas apresentam uma variedade maior de derivados tegumentares – escamas, pêlos e penas – todas formadas por queratina. A ausência de estruturas similares nos anfíbios modernos pode estar relacionada com o uso da pele na respiração. Outra importante característica derivada dos amniotas é a ventilação costal (costelas) dos pulmões. Porque os amniotas dependem dos pulmões para a troca de gases, a pele não precisa estar úmida, e a perda de água pela pele é reduzida.

A ventilação costal tem outras consequências. Permite que o animal tenha um pescoço longo porque o movimento das costelas pode produzir uma pressão diferencial grande o bastante para drenar o ar por um tubo longo e fino tal como é a traqueia do pescoço dos amniotas. Em adição, alguns

TABELA 9-2	Principais Grupos de Amniota da Era Paleozóica

Syapsida

Sinapsídeos, ou "répteis similares a mamíferos" são discutidos no Capítulo 18. Os primeiros smapsideos (Figura 9-11b) eram, de certa forma, maiores do que os primeiros répteis verdadeiros, e suas cabeças e dentes maiores sugerem um hábito carnívoro mais especializado.

Sauropsida

Mesossauros: os primeiros amniotas aquáticos secundários (Figura 9-11c). Conhecidos a partir de depósitos de água doce, do início do Permiano, da África do Sul e da América do Sul, eles fornecem uma das evidências clássicas para a deriva continental, pois estes continentes estavam unidos na Gondwana naquele Período. Adaptações à natação incluem membros pelvinos grandes e, provavelmente, com membrana natatória, uma cauda lateralmente achatada e costelas altamente ossifícadas, as quais podem ter agido como lastro no mergulho. As maxilas longas e os dentes rijos podem ter sido usados para retirar pequenos crustáceos da água.

Parareptilia

Millerettídeos: bem parecidos com os répteis verdadeiros protorotiridídeos apresentados na Figura 9-11a. Conhecidos do final do Permiano da África do Sul.

Procolophonídeos: tamanho médio, com dentes em forma de pino que sofreram expansão lateral nas formas posteriores do grupo, aparentemente especializados para a maceração, sugestivos de herbivoria (Figura 9-11f). Conhecidos do final do Permiano até o final do Triássico em todo o mundo, exceto Austrália.

Pareiassauros: grande porte, chegando a 3 m de comprimento (Figura 9-11 g) Conhecidos do final do Permiano da Europa, da Ásia e da África. Seus dentes eram lateralmente comprimidos e em forma de folha, como os dentes dos lagartos herbívoros. Os pareiassauros eram, evidentemente, os herbívoros terrestres dominantes do final do Permiano.

Eureptilia

Protorotiridídeos: formas semelhantes a lagartos, pequenas e com membros curtos, com hábitos provavelmente insetívoros (Figura 9-11a). Conhecidos do Carbonífero Médio até o início do Permiano, na América do Norte e na Europa.

Captorrnídeos: tetrápodes com crânios mais robustos e dentes mais achatados do que os protorotiridídeos e que os primeiros diapsídeos, podendo ter apresentado uma dieta mais onivora, a qual requeria a maceração (Figura 9-11d) Conhecidos do início a meados do Permiano da América do Norte e da Europa, e do final do Permiano no leste Africano.

Araeoscelídeos (diapsídeos basais): os primeiros diapsídeos, com corpos mais curtos e membros mais longos do que os dos protorotiridídeos, mas provavelmente também eram insetivoros (Figura 9-11e). São conhecidos do final do Carbonífero e do início do Permiano da América do Norte e da Europa.

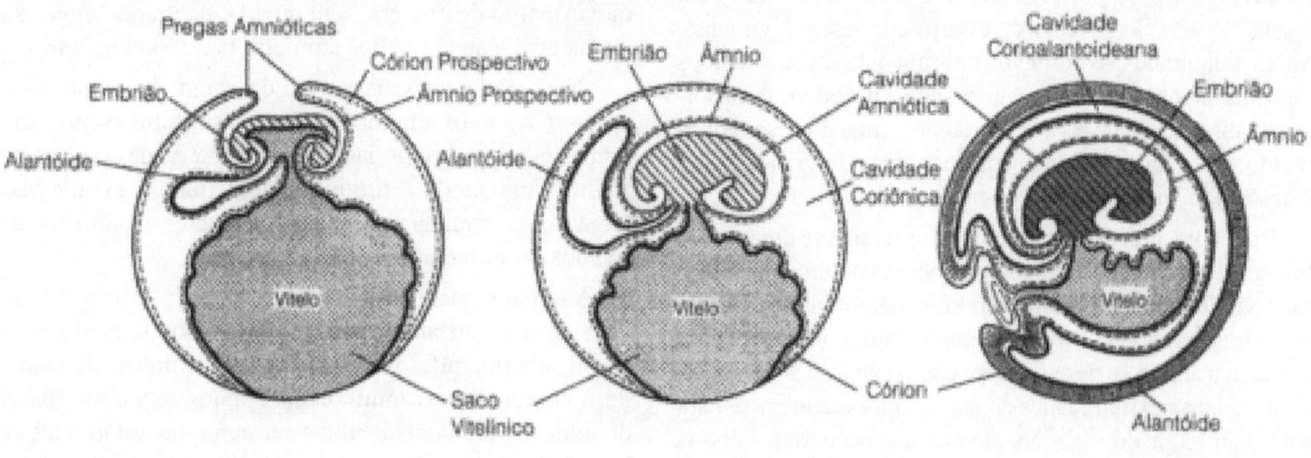

Figura 9-12 Características distintivas do ovo amniótico: estágios progressivos do desenvolvimento são ilustrados da esquerda para a direita.

dos músculos envolvidos no bombeamento bucal se inserem na cintura escapular, e esse arranjo pode limitar o desenvolvimento de um pescoço alongado.

Um pescoço longo produz espaço para elaboração dos nervos que suprem as patas dianteiras (Clack 2002a). Esses nervos saem da medula espinal no pescoço e unem-se num plexo braquial (existe um plexo similar na região sacral para os nervos que suprem os membros traseiros). O plexo braquial nos anfíbios viventes é simples; somente dois nervos estão envolvidos, em contraste ao plexo dos amniotas que tem pelo menos cinco nervos. Assim, os amniotas têm uma enervação mais complexa para as patas dianteiras, o que incrementa o controle dos membros e a habilidade de manipulação. Esse exemplo mostra como estruturas anatômicas podem estar relacionadas entre si de maneiras não esperadas, porque os animais evoluem como um todo integrado. Quem suspeitaria que nossos ancestrais distantes usando suas costelas para ventilar os pulmões, poderiam estar relacionados a nossas habilidades de usar nossas mãos para tarefas tais como escrever?

Estrutura de um Ovo Amniótico

O ovo amniótico é um impressionante exemplo de complexidade biológica (Figura 9-12). A casca, a qual pode ser flexível e com aspecto de couro (como a de muitos lagartos, tartarugas e mamíferos monotremos), ou calcificada e rígida (como a de outros lagartos, crocodilos e aves), fornece uma proteção mecânica, enquanto é porosa o suficiente para permitir o movimento de gases respiratórios e de vapor de água. A albumina (clara) dá proteção extra contra danos mecânicos e fornece um reservatório de água e de proteínas. A grande gema ou vitelo é a reserva de energia para o embrião em desenvolvimento. No início do desenvolvimento embrionário, o embrião é representado por algumas poucas células, posicionadas no topo do vitelo. Subsequentemente, elas se multiplicam e os tecidos endodérmico e mesodérmico envolvem o vitelo, fechando-o em um **saco vitelínico,** o qual é parte do sistema digestório em desenvolvimento. Vasos sanguíneos se desenvolvem rapidamente nos tecidos mesodérmicos que circundam o **saco vitelínico,** transportando alimentos e gases ao embrião. No final do desenvolvimento, resta somente uma pequena porção do vitelo, o qual é absorvido antes ou logo após a eclosão.

Enquanto todos os vertebrados apresentam uma membrana extra-embrionária (ou membranas) circundando o saco vitelínico, os amniotas têm três membranas extra-embrionárias adicionais – o **córion**, o **âmnio** e o **alantóide**. O córion e o âmnio se desenvolvem como expansões da parede do corpo, nas extremidades do embrião e expandem-se para fora e ao redor do embrião, até que se encontram. Em sua junção, as membranas se fundem, formando uma membrana externa – o córion – a qual envolve totalmente o conteúdo do ovo, e uma membrana interna – o âmnio – o qual envolve o próprio embrião. A membrana alantóide desenvolve-se a partir de uma expansão do intestino delgado, caudal ao saco vitelínico, posicionando-se dentro do córion. O alantóide parece ter evoluído como um local de armazenamento de dejetos nitrogenados, produzidos pelo metabolismo do embrião e a bexiga urinária do adulto cresce a partir de sua base. O alantóide também funciona como um órgão respiratório durante o desenvolvimento tardio, pois é vascularizado e pode transportar o oxigénio, desde a superfície do ovo até o embrião e transportar dióxido de carbono na direção oposta. O alantóide é abandonado no ovo quando o embrião emerge e os dejetos nitrogenados armazenados não precisam ser reprocessados. O embrião em um ovo amniótico ultrapassa o estágio larval típico de embriões de anfíbios e não forma brânquias externas em nenhum estágio do desenvolvimento. Todos os traços da linha lateral são também perdidos.

Como e porquê o ovo amniótico evoluiu? Ele não é essencial para a vida na terra, pois muitas espécies de anfíbios atuais, alguns peixes e muitos invertebrados botam ovos não amnióticos que se desenvolvem muito bem na terra. Tanto ovos amnióticos como não amnióticos devem ter uma condição de umidade relativa para evitar dessecação, e ambos os tipos de ovos são normalmente enterrados no solo ou depositados sob rochas e troncos (aves, que representam uma condição muito derivada, são uma exceção a esta generalização).

Várias explicações plausíveis para o desenvolvimento de ovos amnióticos têm sido propostas. Por exemplo, as membranas extra-embrionárias podem melhorar as capacidades respiratórias dentro do ovo e a casca pode dar suporte mecânico na terra; estas características poderiam permitir a evolução de um ovo grande e produzir um grande filhote que se desenvolveria em um grande adulto por que o tamanho do ovo está relacionado ao tamanho do adulto (Carroll, 1970). Entretanto, a verdade é que não entendemos que forças evolutivas levaram ao primeiro ovo amniota, mesmo que este tipo de ovo era, sem dúvida, de grande importância na evolução tardia dos amniotas (veja Skulan 2000).

Como podemos saber se um determinado animal fóssil apresentava ovos amnióticos já que estruturas como membranas extra-embrionárias não são preservadas no registro fóssil? Um método é inferir que um tetrápode extinto pode ter sido um amniota porque tem caracteres anatômicos derivados de amniotas viventes.

Alternativamente, podemos estimar o ponto de origem de um ovo amniota na filogenia dos tetrápodes. Os Synapsida (mamíferos e seus parentes extintos) derivaram de outros amniotas muito cedo e todos os outros fósseis de animais que consideramos ser amniotas estão mais relacionados a sauropsidas (répteis viventes e aves) do que mamíferos. Pelo fato de as membranas dos ovos de mamíferos serem homólogas àquelas de outros amniotas vivos, todos os tetrápodes acima do nó 13 do cladograma devem ter herdado um ovo amniótico do ancestral comum dos mamíferos e outros amniotas.

Uma questão mais difícil é se quaisquer tetrápodes fósseis, mais abaixo na filogenia, botaram ovos amnióticos.

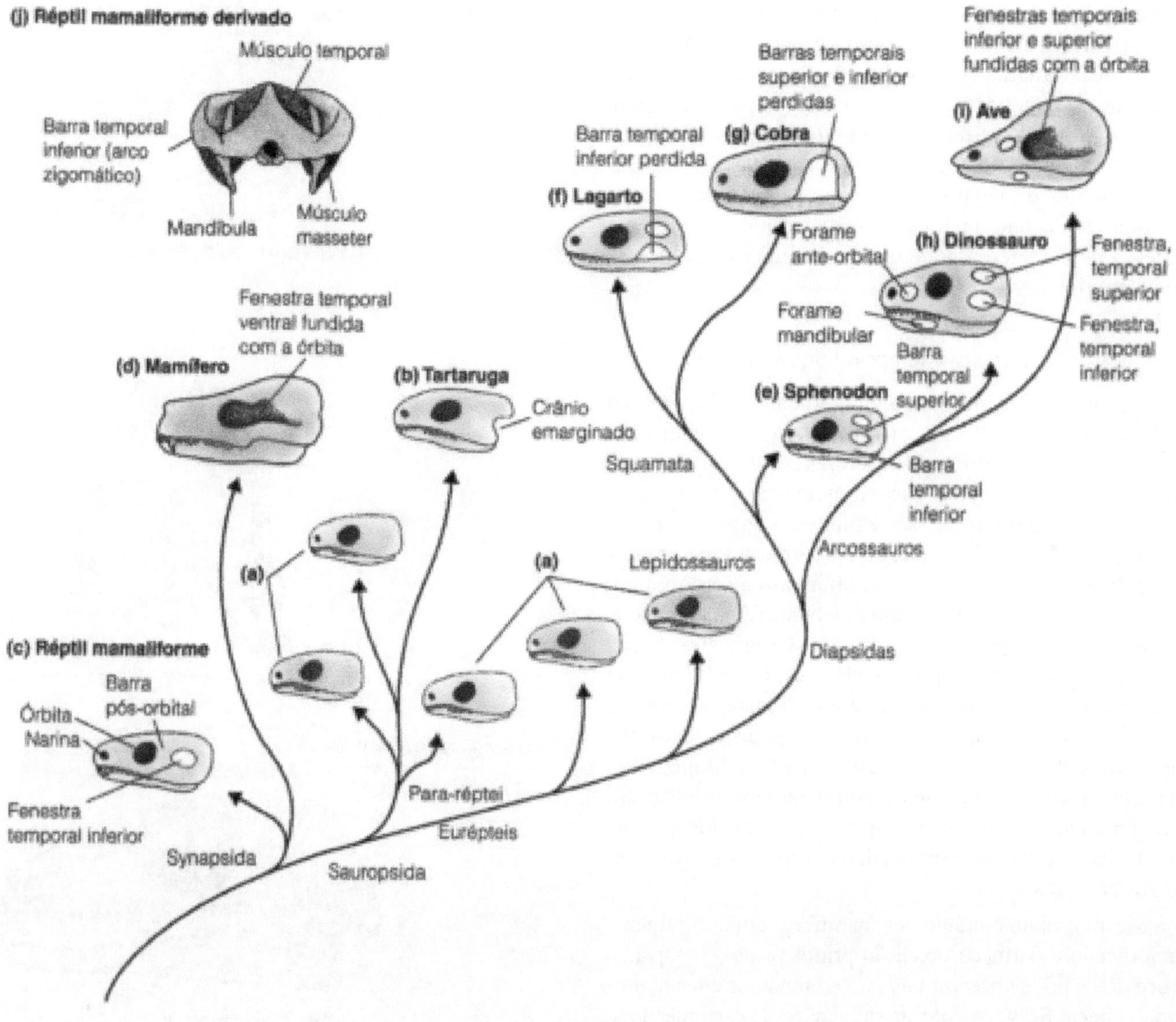

Figura 9-13 Padrões de fenestração do crânio dos Amniota. (a) Condição Anapsida primitiva, observada no ancestral comum de todos os amniotas e nos membros basais dos para-répteis e dos répteis verdadeiros, (b) Condição Anapsida modificada com aumento marginal da porção caudal do crânio, observada nas tartarugas, (c) Condição Synapsida primitiva, com somente uma fenestra temporal inferior, (d) Condição Synapsida mamífera derivada, na qual a órbita se funde à abertura temporal e ossos dérmicos crescem a partir do topo do crânio, envolvendo a caixa craniana, (e) Condição Diapsida primitiva, observada atualmente no réptil *Sphenodon;* fenestras superior e inferior presentes, (f) Condição dos lagartos, típica da maioria dos Squamata, na qual a barra temporal inferior é ausente, (g) Condição das serpentes; a barra temporal superior foi perdida junto à barra inferior, (h) Condição Diapsida primitiva dos Arcosauria, observada nos tecodontes e na maioria dos dinossauros; um forame rostro-orbital e um forâme mandibular foram adicionados ao padrão básico dos Diapsida (note que o forâme rostro-orbital é reduzido, ou perdido, secundariamente nos crocodilos), (i) Condição derivada do Arcosauria aves; convergentemente com a condição nos mamíferos, a órbita se fundiu com as aberturas temporais e a caixa craniana é envolvida por osso dérmico. (j) Vista caudal, através do crânio de um Synapsida (um réptil cinodonte similar a um mamífero), demonstrando como a fenestra temporal permite que os músculos se insiram na porção externa do topo do crânio. Os músculos temporal e masseter são divisões do complexo muscular adutor original dos Amniota.

Sabemos que isso não era verdadeiro para os seymouriamorfos, pois formas larvais, com brânquias externas e com linhas laterais, são conhecidas. Isso deixa os diadectomorfos, como os únicos candidatos possíveis para os mais antigos vertebrados amnióticos. Os diadectomorfos, tais como o *Diadectes,* possuem dentes que parecem dentes de lagartos herbívoros. Ainda, eram muito maiores do que qualquer outro anamniota terrestre e estes dois caracteres podem sugerir que eles botassem ovos amnióticos.

Padrões de Fenestração Temporal dos Amniotas

Os amniotas têm sido, tradicionalmente, subdivididos pelo número de orifícios na cabeça, ou seja, com base na **fenestração temporal** (Latim *fenestra* = janela). As principais configurações que dão nomes as diferentes linhagens de amniotas são as seguintes: **anapsídeo** (Grego *an* = sem e *apsid* = junção), observado nos amniotas primitivos e nas tartarugas; **sinapsídeo** (arco único, Grego *syn* = junto), observado nos mamíferos e em seus ancestrais; e **diapsídeo** (arco duplo, Grego *di* = dois), observado em outros répteis e nas aves. O termo arco se refere às barras temporais que se posicionam sob e entre os orifícios. A Figura 9-13 ilustra os padrões distintos nos diferentes grupos. Note que o padrão filogenético de fenestração sugere que aberturas temporais surgiram independentemente nas linhagens de sinapsídeos e de diapsídeos, pois os sauropsídeos primitivos não possuem orifícios.

Mesmo sendo o crânio dos mamíferos atuais altamente modificado a partir da condição primitiva dos Synapsida, você ainda pode observar tais traços cranianos em sua própria cabeça. Se você colocar suas mãos de qualquer lado de sua cabeça, na altura dos olhos, você sentirá seu arco zigomático – o qual representa a barra temporal posicionada sob a sua abertura craniana de Synapsida. Então, se você movimentar sua mandíbula, sentirá os movimentos dos músculos que passam sobre o arco. Eles atravessam a abertura temporal desde sua origem no topo do crânio, até a inserção na mandíbula.

Qual é a função destes orifícios? Como você acabou de descobrir, eles fornecem espaço para o posicionamento dos músculos. Os Amniota possuem músculos maiores e mais diferenciados do que os não amniotas, e a noção de criação de espaço foi, originalmente, a explanação evolutiva preferida. Todavia, Frazzetta (1968) apontou que a razão evolutiva *inicial* para o desenvolvimento destes orifícios foi, de certa forma, diferente. Somente um orifício grande permitirá a passagem de um grande músculo, então, qual seria a vantagem para um animal, de possuir um orifício inicial pequeno? E por que nenhum não amniota desenvolveu a fenestração temporal?

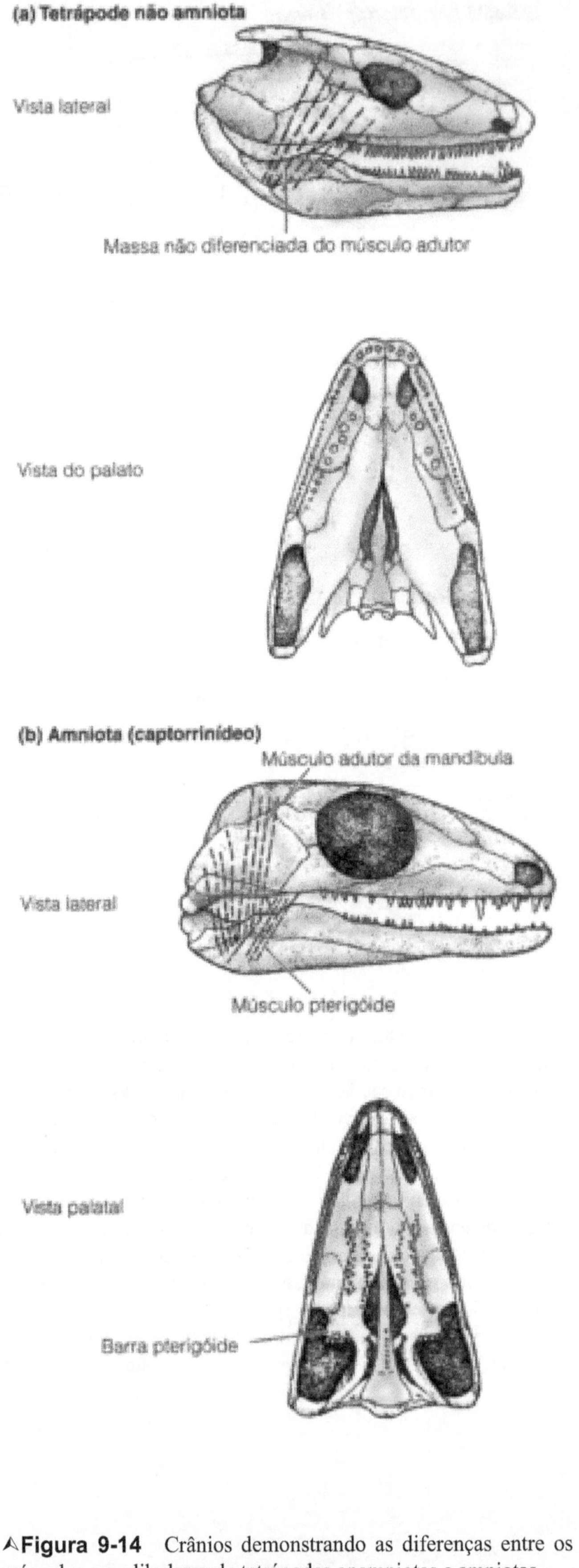

Figura 9-14 Crânios demonstrando as diferenças entre os músculos mandibulares de tetrápodes anamniotas e amniotas.

Frazzetta sugeriu que a chave para a evolução das fenestras temporais está nas alterações da complexidade e da orientação dos músculos mandibulares (adutores). O crânio grande e achatado dos não amniotas, que pode estar relacionado ao seu modo de bombeamento bucal de respiração, no qual, o crânio está agindo com um par de foles, não permite uma mudança na orientação dos músculos da mandíbula da condição básica dos peixes (Figura 9-14a). m músculo que se origina do teto do crânio, como o adutor mandibular dos amniotas, seria muito curto para permitir uma abertura suficiente da mandíbula. Com a evolução da ventilação costal, os amniotas eram capazes de evoluir crânios menores e mais côncavos, permitindo diferenciação de adutores mandibulares simples, semelhantes aos dos peixes, em um adutor mandibular e pterigóide (Figura 9-14b). O pterigóide origina-se de uma borda pterigóide distinta na base do crânio, que é um aspecto característico dos amniotas, revelando que uma mudança ocorreu na musculatura mandibular.

A vantagem desta mudança na musculatura seria uma mudança nas habilidades alimentares. Os peixes e os tetrápodes não amniotas podem somente fechar suas mandíbulas com uma única dentada (alimentação inercial), enquanto que os amniotas podem fechar suas mandíbulas e também aplicar uma pressão com os dentes mais rostrais quando as mandíbulas estão fechadas (alimentação de pressão estática). Essa diferença pode ter permitido tipos mais complexos de alimentação nos amniotas, como a habilidade dos herbívoros de triturar a vegetação.

Entretanto, poderia haver um problema biomecânico com a origem do adutor mandibular da parte interna do teto do crânio. Estes músculos teriam uma orientação de 90° com relação ao osso de fixação, resultando em um estresse considerável sobre a fina cobertura do osso (o periósteo). Uma forma de compensação para isso seria deixar porções do crânio parcialmente abertas e deixar os músculos originarem-se em parte do tecido conjuntivo que cobre a fenestra (Figura 9-15). Desta forma, um pequeno orifício ainda refletiria uma importante alteração estrutural, reduzindo os estresses sobre o crânio. Desenvolvimentos evolutivos posteriores incluiriam o aumento destes orifícios, com os músculos passando pelos mesmos e se ligando ao topo do crânio, como acontece com os amniotas viventes. Talvez, diferenças nas ações musculares, relacionadas aos distintos estilos de alimentação, levaram

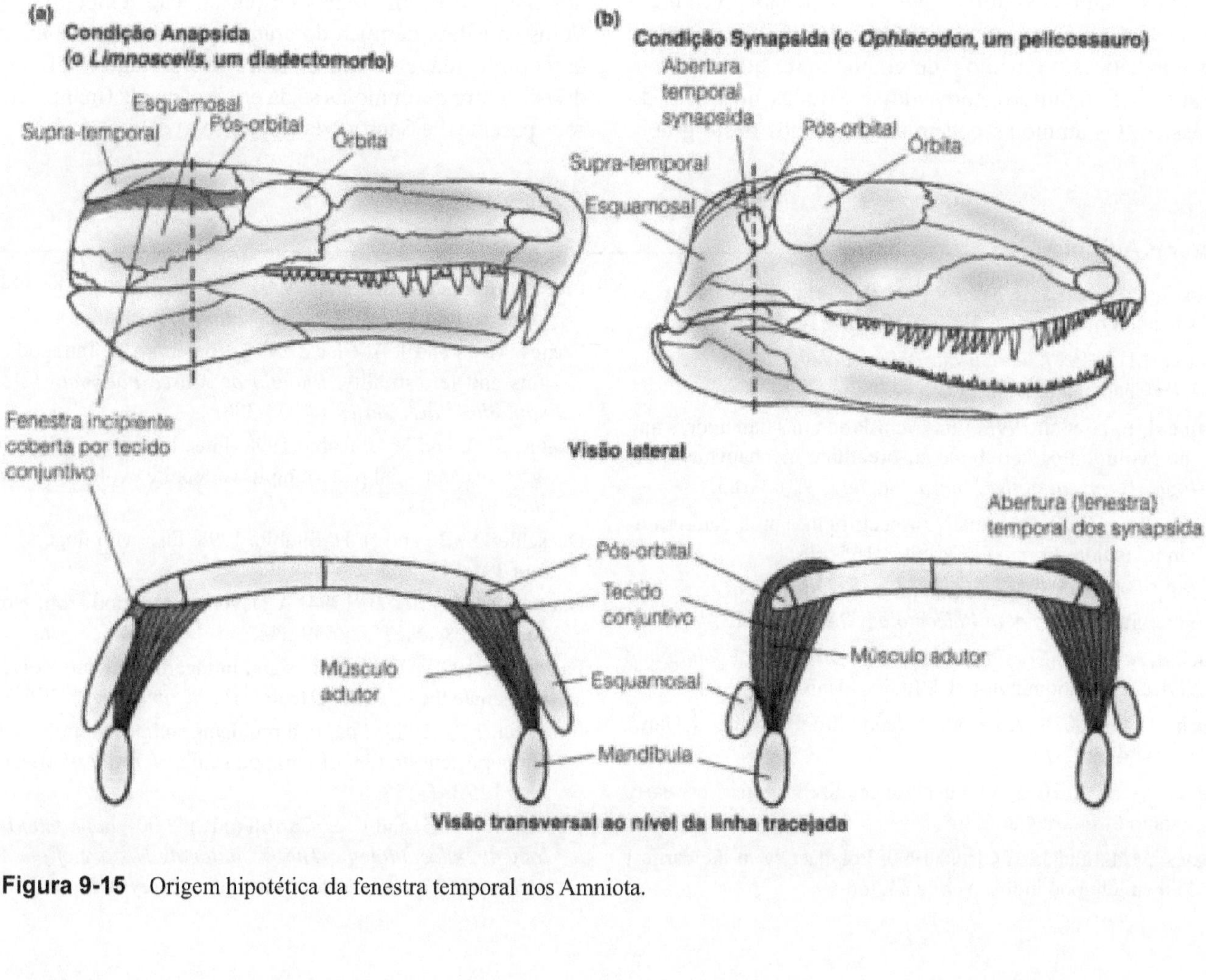

Figura 9-15 Origem hipotética da fenestra temporal nos Amniota.

a fenestração temporal a tomar formas dissonantes em Synapsida e Diapsida. Uma ênfase sobre a pressão estática (observada nos mamíferos modernos durante a alimentação) nos primeiros sinapsidas, que eram inicialmente grandes animais carnívoros, pode os ter permitido morder e dilacerar grandes presas vagarosas. Em contraste, uma ênfase sobre a mordedura inercial (como visto nos modernos Diapsida durante sua alimentação) nos primeiros diapsidas, que eram originalmente pequenos insetívoros pode os ter permitido capturar presas pequenas e ágeis.

Resumo

A origem dos tetrápodes, a partir de peixes elpistostegídeos com nadadeiras lobadas, no Devoniano, é inferida por meio de similaridades nos ossos do crânio, na estrutura vertebral e no esqueleto dos membros. Tetrápodes da Era Paleozóica incluem cerca de uma dúzia de linhagens distintas com relações incertas. Uma das visões atuais os divide em três grupos principais: os batracomorfos, os reptilomorfos e os Lepospondyli. Os batracomorfos (principalmente os Temnospondyli) eram predominantemente aquáticos, e alguns eram tão grandes quanto um crocodilo. Os Temnospondyli radiaram extensivamente, no final do Carbonífero e no Permiano, e diversas linhagens se estenderam por todo o Triássico até o início do Cretáceo. Os anfíbios modernos – os sapos, as salamandras e os cecilias – podem ser derivados da linhagem dos Temnospondyli. Os reptilomorfos não amniotas ("antracossauros") nunca foram tão diversificados quanto os Temnospondyli. Eles incluíam formas terrestres e aquáticas de médio e de grande porte que radiaram durante o Carbonífero, tornando-se extintas no início do Triássico. Os amniotas podem ser derivados deste grupo. Os Lepospondyli eram formas pequenas de filiação filogenética incerta.

O ovo amniótico, com suas membranas extra-embrionárias distintivas, é um traço derivado compartilhado que distingue os amniotas (tartarugas, lepidossauros, crocodilianos, aves e mamíferos) dos não amniotas (peixes e anfíbios). Os primeiros amniotas eram animais pequenos e seu aparecimento coincidiu com uma grande radiação de insetos terrestres no Carbonífero. No final do Carbonífero, os amniotas começaram a radiar para praticamente todas as zonas de vida terrestres, antes ocupadas pelos amniotas e somente os grupos aquáticos de tetrápodes amniotas mantiveram uma boa diversidade ao longo do Triássico.

Os principais grupos de amniotas podem ser distinguidos por padrões diferentes de fenestração temporal – orifícios na calota dérmica do crânio que refletem o aumento da complexidade da musculatura mandibular. A principal divisão entre os amniotas se dá em Synapsida (mamíferos e seus parentes) e Sauropoda (répteis e aves).

Leituras Adicionais

Ahlberg, P. E., and A. R. Milner. 1994. The origin and early diversification of tetrapods. *Nature* 368:507-514.

Benton, M. J. 1997. *Vertebrate Palaeontology,* 2d ed. London, UK: Chapman & Hall.

Brainerd, E. L. et al. 1993. Lung ventilation in salamanders and the evolution of vertebrate air-breathing mechanisms. *Biological Journal of the Linnean Society* 49:163-183.

Carroll, R. L., 1970. Quantitative aspects of the amphibian-reptilian transition. *Forma et Functio* 3:165-178.

Carroll, R. L. 2001. The origin and early radiation of terrestrial vertebrates. *Journal of Paleontology* 75:1202-1213.

Clack, J. A. 2002a. *Gaining Ground: The Origin and Evolution of Tetrapods.* Bloomington, IN: Indiana University Press.

Clack, J. A. 2002b. An early tetrapod from "Romer's Gap". Latore 418:72-76.

Clack, J. A., et al. 2003. A uniquely specialized ear in a very early tetrapod. *Nature* 425:65-69.

Coates, M. I., and J. A. Clack. 1990. Polydactyly in the earliest known tetrapod limbs. *Nature* 347:66-69.

Coates, M. L, and J. A. Clack. 1991. Fish-like gills and breathing in the earliest known tetrapod. *Nature* 352:234-235.

Coates, M. I., and J. A. Clack. 1995. Romer's gap: Tetrapod origins and terrestriality. *Bulletin de Musée national Histoire naturelle, Paris, series* 17:373-388.

Coates, M. I. and M. J. Cohn. 1998. Fins, limbs, and tails: Out--growths and axial patterning in vertebrate evolution. *BioEssays* 20:371-381.

Daeschler, E. B., and N. H. Shubin. 1998. Fish with fingers? *Nature* 391:133.

Daeschler, E. B., et al. 1994. A Devonian tetrapod from North America. *Science* 265:639-642.

Farmer, C. 1997. Did the lungs and intracardiac shunt evolve to oxygenate the heart in vertebrates? *Paleobiology* 23:358-372.

Frazzetta, T. H. 1968. Adaptive problems and possibilities in the temporal fenestration of tetrapod skulls. *Journal of Morphology* 125:145-158.

Heaetwole, H. E., and R. L. Carroll (eds.) 2000. *Amphibian Biology 4: Palaeontology: The Evolutionaty History of the Amphibians.* Chipping Norton, Australia: Surrey Beaty and Sons.

Janis, C. M., and C. Farmer. 1999. Proposed habits of early tetrapods. Gills, kidneys, and the water-land transition. *Zoo-logical Journal of the Linnean Society* 126:117-126.

Janis, C. M. and J. C. Keller. 2001. Modes of ventilation in early tetrapods: Costal aspiration as a key feature of tetra-pods. *Acta Palaeontologica Polonica* 46:137-170.

Laurin, M., et al. 2000. Early tetrapod evolution. *Trends in Ecology and Evolutionary Biology* 15:118-123.

Paton, R. L., et al. 1999. An amniote-like skeleton from the Early Carboniferous of Scotland. *Nature* 398:508-513.

Reisz, R. R. 1997. The origin and early evolutionary history of amniotes. *Trends in Ecology and Evolution* 12:218-222.

Ruta, M., et al. 2003. Early tetrapod relationships revisited. *Biological Reviews* 78:251-345.

Shubin, N. H., and P. Alberch. 1986. A morphogenetic approach to the origin and basic organization of the tetrapod limb. *Evolutionary Biology* 20:319-387.

Shubin, N. H., et al. 1997. Fossils, genes and the evolution of animal limbs. *Nature* 388:639-648.

Skulan, J. 2000. Has the importance of the amniote egg been overstated? *Zoological Journal of the Linnean Society* 130:235-261.

Sumida, S. S. and K. L. M. Martin (Eds.). 1997. *Amniote Origins: Completing the Transition to the Land.* San Diego, CA: Academic.

Zimmer, C. 1998. *At the Water's Edge.* New York, NY: Free Press.

Zhu, M., et al. 2002. First Devonian tetrapod from Asia. *Nature* 420:760.

CAPÍTULO

10 Salamandras, Anuros e Cecílias

As três linhagens de anfíbios atuais (salamandras, rãs e cecílias) possuem formas corporais bastante diferentes, mas são identificadas como uma linhagem evolutiva monofilética devido a vários caracteres derivados compartilhados. Alguns desses caracteres – especialmente o tegumento permeável e úmido – conduziram a evolução das três linhagens em direções similares. Os Anura são os anfíbios mais bem-sucedidos e é tentador pensar que a variedade de modos de locomoção, proporcionada por sua morfologia especializada, esteja relacionada com seu sucesso: os Anura podem saltar com movimentos simultâneos das pernas traseiras, nadar com movimentos simultâneos ou alterandos das pernas e andar ou escalar com movimentos alternados das pernas. Diferentemente dos Anura, os Urodela retêm o padrão locomotor ancestral dos tetrápodes, ou seja, ondulações laterais combinadas com movimentos das patas.

A variedade de especializações reprodutivas dos Amphibia é quase tão grande quanto a dos peixes, um fato notável quando se considera que o número de espécies de peixes excede em mais de cinco vezes o de anfíbios. O modo reprodutivo ancestral dos Amphibia provavelmente consistia na deposição de grande número de ovos que eclodiam em larvas aquáticas, sendo que muitos anfíbios ainda se reproduzem dessa maneira. Uma larva aquática dá a uma espécie terrestre acesso a recursos que ela de outra forma não teria disponíveis. As modificações do modo reprodutivo ancestral incluem a supressão do estágio larval, a viviparidade e o cuidado parental com os ovos e filhotes, incluindo fêmeas que alimentam seus girinos.

O tegumento permeável dos Amphibia é fundamental em muitos aspectos de suas vidas. O tegumento é o principal local de troca dos gases respiratórios e precisa ser mantido úmido. A evaporação da água do tegumento limita a atividade da maioria dos anfíbios a microambientes relativamente úmidos. O tegumento contém glândulas que produzem substâncias utilizadas na corte, bem como outras glândulas que produzem substâncias tóxicas para afastar os predadores. Muitos Amphibia advertem sobre sua toxicidade por meio de cores vivas de advertência e algumas espécies não-tóxicas enganam os predadores imitando esses sinais coloridos das espécies tóxicas.

10.1 Anfíbios

Os Amphibia atuais, ou Lissamphibia, são tetrápodes com tegumento úmido e sem escamas. O grupo inclui três linhagens distintas: Anura (sapos, rãs e pererecas), Urodela (salamandras e tritões) e Gymnophiona (cecílias ou apodes). A maioria dos Amphibia tem quatro patas bem desenvolvidas, embora algumas salamandras e todas as cecílias sejam apodes. Os anuros não possuem cauda (daí o nome *anura,* que significa "sem cauda"), enquanto a maioria das salamandras tem caudas longas. A cauda das cecílias é curta, assim como a de outros grupos de animais alongados que vivem em tocas.

À primeira vista, as três linhagens de Amphibia parecem ser tipos bem diferentes de animais: os Anura possuem patas traseiras alongadas e corpo curto e inflexível, que não se dobra quando caminham; os Urodela possuem patas dianteiras e traseiras de igual tamanho e movem-se por ondulações laterais; e os Gymnophiona são apodes e empregam a locomoção semelhentes a da cobra. Contudo, todas essas diferenças óbvias estão relacionadas a especializações locomotoras e um exame mais detalhado mostra que os anfíbios têm em comum muitas características derivadas, indicando que formam uma linhagem evolutiva monofilética (Tabela 10.1). Veremos que algumas dessas características compartilhadas desempenham papéis importantes na biolo-

TABELA 10.1 Caracteres derivados compartilhados pelos Amphibia

1. ***Estrutura do tegumento e importância das trocas gasosas cutâneas.*** Todos os Amphibia possuem glândulas mucosas que mantêm o tegumento umedecido. Nos Amphibia, uma parte substancial da troca de oxigênio e dióxido de carbono com o ambiente ocorre através do tegumento. Todos os Amphibia também têm glândulas de veneno (granular) na pele
2. ***Papilla amphibiorum.*** Todos os anfíbios possuem uma área sensorial especial, a *papilla amphibiorum*, na parede do sáculo da orelha interna. A *papilla amphibiorum* é sensível à frequências inferiores a 1 000 hertz (ciclos por segundo), e uma segunda área sensorial, a *papilla basilaris*, detecta frequências sonoras superiores a 1 000 Hz
3. ***Complexo operculum-columella.*** A maioria dos anfíbios tem dois ossos envolvidos na transmissão de sons para a orelha interna A columela, derivada do arco hióideo, está presente nas salamandras, cecílias e maioria dos Anura. O opérculo desenvolve-se em associação com a janela oval da orelha interna. A columela e o opérculo estão fundidos nos Anura, nas Gymnophiona e em alguns Urodela.
4. ***Bastonetes verdes.*** Os Urodela e os Anura possuem um tipo distinto de célula retiniana, o bastonete verde. As Gymnophiona parecem não ter bastonetes verdes, mas seus olhos são extremamente reduzidos e essas estruturas talvez tenham se perdido.
5. ***Dentes pedicelados.*** Quase todos os Amphibia modernos têm dentes nos quais a coroa e a base (pedicelo) são compostas por dentina e estão separadas por uma zona estreita de dentina não-calcificada ou tecido conjuntivo fibroso Alguns poucos Amphibia não possuem dentes pedicelados, incluindo as salamandras do género *Siren* e os anuros dos gêneros *Phyllobates* e *Ceratophrys*, a fronteira entre a coroa e a base é obscura em alguns outros gêneros. Dentes pedicelados também ocorrem em alguns peixes Actinopterygii, que não são considerados aparentados aos Amphibia.
6. ***Estrutura do músculo levator bulbi.*** Esse músculo é uma lâmina delgada no assoalho da órbita, inervada pelo quinto nervo craniano. Ele faz os olhos se tornarem salientes, aumentando assim a cavidade bucal. Esse músculo está presente nos Urodela e Anura e, de uma forma modificada nas Gymnophiona.

gia funcional dos Amphibia. Talvez a mais importante característica derivada dos anfíbios atuais seja o tegumento úmido e permeável. O nome dado à linhagem Lissamphibia, refere-se à textura do tegumento (Grego *liss* = liso). Vários tetrápodes não amniotas da Era Paleozóica tinham uma couraça dérmica em forma de escamas ósseas sobre o tegumento; o tegumento permeável e sem adornos é uma característica derivada compartilhada pelos Lissamphibia.

Todos os anfíbios adultos atuais são carnívoros e, dentro de cada grupo, relativamente poucas especializações morfológicas estão associadas a hábitos alimentares diferentes. Os anfíbios comem quase tudo que são capazes de capturar e engolir. Nas formas aquáticas, a língua é larga, achatada e relativamente imóvel, mas alguns anfíbios terrestres podem protrai-la para capturar a presa. O tamanho da cabeça é importante na determinação do tamanho máximo da presa que pode ser capturada, e espécies simpátricas de salamandras frequentemente apresentam tamanhos de cabeça marcadamente diferentes, sugerindo que se trata de uma característica que reduz a competição por comida. Os Anura dos gêneros americanos tropicais *Lepidobatrachus* e *Ceratophrys,* que se alimentam principalmente de outros anuros, têm a cabeça tão grande que são praticamente bocas ambulantes.

A forma do corpo dos Anura provavelmente evoluiu a partir de um tipo inicial mais semelhante ao das salamandras. Sugeriu-se que tanto o salto como a natação foram o modo de locomoção que tomou vantajosa essa modificação. As salamandras e as cecílias nadam como os peixes – passando uma onda senoidal sob o corpo. Os anuros têm corpo inflexível e nadam por meio de golpes simultâneos das patas traseiras. Alguns paleontólogos sugeriram que a forma do corpo dos anuros evoluiu devido às vantagens desse modo de natação. Uma hipótese alternativa sugere que a forma do corpo dos anuros remonta à vantagem obtida pelo animal que podia repousar próximo à margem de um fluxo d'água e escapar de predadores aquáticos ou terrestres com um salto rápido seguido de locomoção na terra ou na água. O ramo dos anuros *Triadobatrachus* seria um exemplo dessa forma corporal.

Os fósseis mais antigos que talvez representem os Amphibia modernos consistem em vértebras isoladas do Período Permiano que parecem incluir tipos de salamandras e anuros. O Anura mais antigo é do Jurássico Inferior e salamandras e cecílias também são conhecidas desde o Jurássico. As ordens modernas de anfíbios tiveram histórias evolutivas claramente separadas por um longo período. A persistência dessas características comuns, como o tegumento permeável, após pelo menos 250 milhões de anos de evolução independente, sugere que as características compartilhadas são críticas para a formação do sucesso evolutivo dos Amphibia modernos. Em outras características, como reprodução, locomoção e defesa, os Amphibia mostram uma enorme diversidade.

Salamandras – Urodela

Dentre os Amphibia atuais, as salamandras possuem a forma do corpo e a locomoção mais generalizadas. As salamandras são alongadas e quase todas as espécies totalmente aquáticas apresentam quatro patas funcionais (Figura 10-1). Seu passo de caminhada é provavelmente similar àquele empregado pelos primeiros tetrápodes. Ele combina a flexão lateral característica da locomoção dos peixes com o movimento das patas. As dez famílias, contendo aproximadamente 515 espécies, limitam-se quase inteiramente ao Hemisfério Norte; sua ocorrência mais meridional ocorre na parte norte da América do Sul (Figura 10-2, Tabela 10.2). As América do Norte e Central apresentam a maior diversidade de salamandras

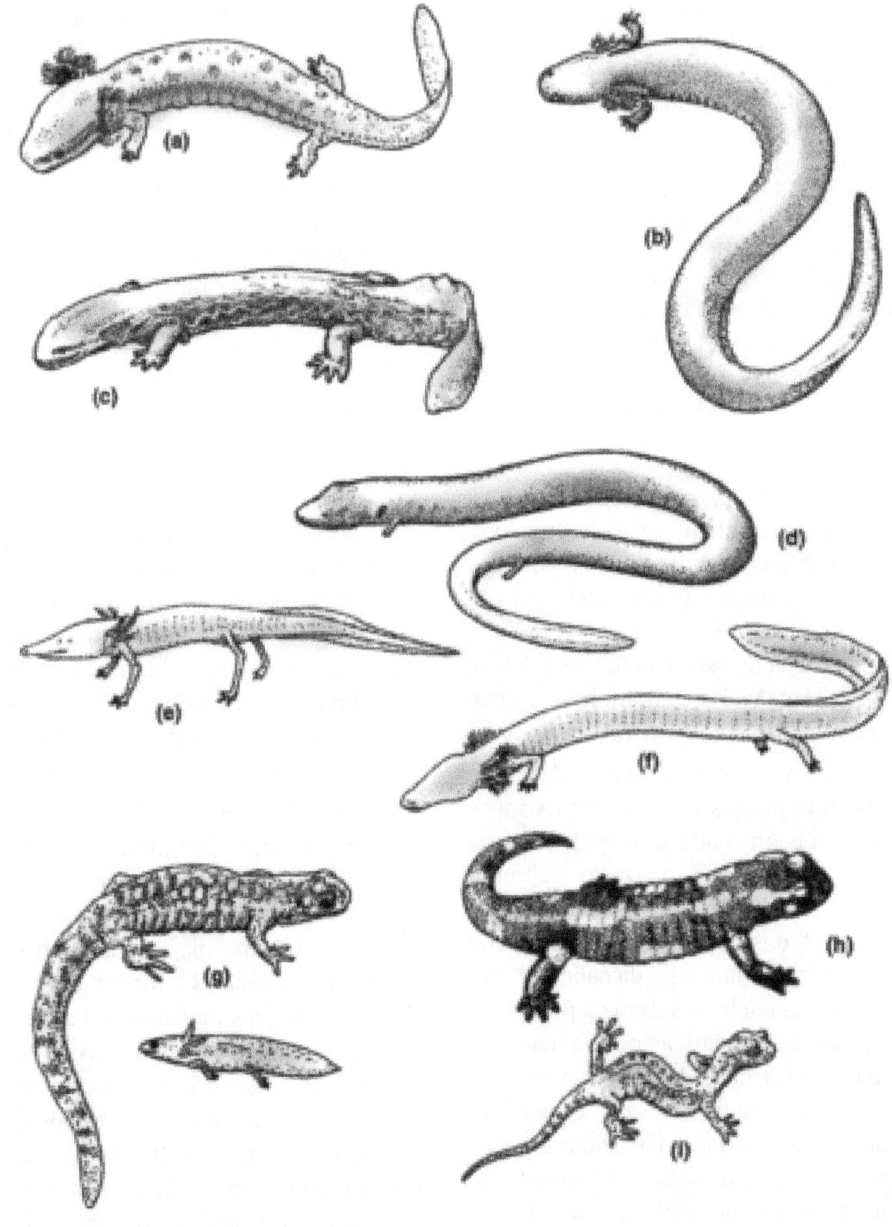

▲**Figura 10-1** Diversidade de salamandras. As formas corporais das salamandras refletem diferenças de histórias de vida e de habitats. As salamandras aquáticas podem conservar as brânquias na vida adulta: (a) a norte-americana "mudpuppy" (*Necturus*) e (b) a norte-americana "siren" (*Sireri*). Elas podem ter dobras na pele, usadas para a troca gasosa, ou depender dos pulmões e da superfície do corpo, (c) A norte-americana "hellbender" (*Cryptobranchus*). (d) A norte-americana enguia-do-congo ("congo eel", *Amphiumá*). As salamandras cavernícolas especializadas são brancas e sem olhos: (e) a salamandra-cega-do-texas (*Typhlomolge*) e (f) a europeia proteu (*Proteus*). As salamandras terrestres geralmente têm patas robustas: (g) a norte-americana salamandra-tigre (*Ambystomd*) e sua larva aquática, (h) a europeia salamandra-de-fogo (*Salamandra*) e (i) a norte-americana salamandra-viscosa (*Plethodon,* Plethodontidae).

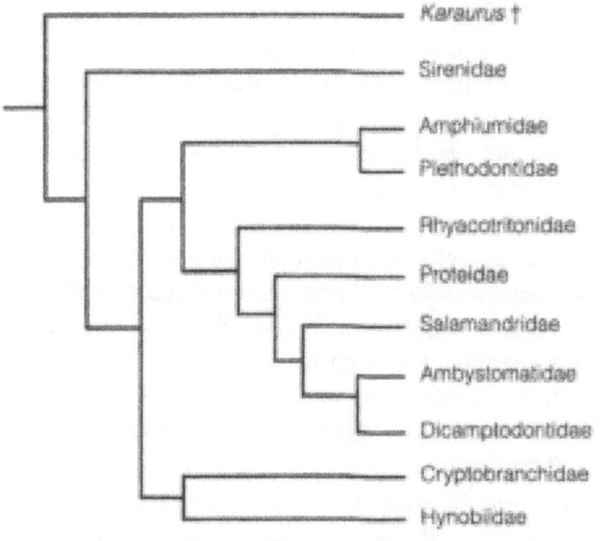

Figura 10-2 Relações filogenéticas de famílias de salamandras. *Karaurus* † é um fóssil do Período Jurássico. A adaga indica uma linhagem extinta.

encontram-se mais espécies de salamandras no Tennessee do que em toda a Europa e Ásia juntas. A pedomorfose é difundida entre as salamandras e várias famílias de salamandras aquáticas são constituídas exclusivamente por formas pedomórficas. Essas formas podem ser reconhecidas pela retenção de características larvais, incluindo padrões larvais de dentes e ossos, ausência de pálpebras, retenção de um sistema de linha lateral funcional e (em alguns casos) retenção de brânquias externas.

Os maiores Urodela amais são as salamandras gigantes do Japão e da China (*Andrias*), que atingem um metro ou mais de comprimento. A aparentada "hellbender" da América do Norte (*Cryptobranchus*) atinge 60 centímetros. Todas pertencem à família Cryptobranchidae, sendo pedomórficas e permanentemente aquáticas. Como seu nome indica (Grego *crypto* = escondido e *branchus* = brânquia), esses animais não retêm brânquias externas, embora apresentem outras características larvais. Outro grupo de grandes salamandras aquáticas, as "mudpuppies" (*Necturus,* Proteidae), reúne espécies pedomórficas que retêm brânquias externas. Estas espécies de salamandra ocorrem em lagos e rios no leste da América do Norte. As enguias-do-congo (três espécies de salamandras aquáticas do género *Amphiumd*) vivem no vale do baixo Mississipi e na planície costeira dos Estados Unidos. Elas têm pulmões bem desenvolvidos e podem estivar no lodo de lagoas secas por até dois anos.

Várias linhagens de Urodela adaptaram-se à vida em cavernas. A temperatura e umidade constantes tornam as cavernas habitats adequados às salamandras e seu alimento consiste em invertebrados cavemícolas. As salamandras-de-riacho (*Eurycea,* Plethodontidae) incluem espécies que formam um contínuo com outras,

TABELA 10.2 Famílias de Salamandras

Sirenidae: salamandras aquáticas alongadas com brânquias externas e desprovidas de cintura pélvica e patas traseiras (4 espécies na América do Norte, com comprimento de 15 a 75 centímetros)

Cryptobranchidae: salamandras aquáticas pedomórficas muito grandes com fecundação externa dos ovos (1 espécie na América do Norte e 2 espécies na Ásia, com comprimento de 1 a 1,5 metros).

Hynobiidae: salamandras terrestres ou aquáticas com fecundação externa dos ovos e larvas aquáticas (cerca de 36 espécies na Ásia, com comprimento de até 30 centímetros).

Amphiumidae: salamandras aquáticas alongadas desprovidas de brânquias (3 espécies na América do Norte com comprimento de 1 metro)

Plethodontidae: salamandras aquáticas ou terrestres, algumas com larvas aquáticas e outras com desenvolvimento direto e deposição de ovos em terra (cerca de 265 espécies nas Américas do Norte, Central e do Sul, mais 1 espécie na Europa: comprimento de 3 a 30 centímetros).

Rhyacotntonidae: salamandras semi-aquáticas com larvas aquáticas (4 espécies na América do Norte, com comprimento <10 centímetros)

Proteidae: salamandras aquáticas pedomórficas com brânquias externas (5 espécies na América do Norte [Necturus] e 1 na Europa [Proteus], com comprimento total de até 30 centímetros) Salamandridae: salamandras terrestres e aquáticas com larvas aquáticas (49 espécies na Europa e Ásia, 6 na América do Norte, com comprimento total de 20 centímetros)

Ambystomatidae: salamandras terrestres com larvas aquáticas (32 espécies na América do Norte, com comprimento de até 30 centímetros).

Dicamptodontidae: salamandras semi-aquáticas com larvas aquáticas (4 espécies na América do Norte, com comprimento de 10-35 centímetros)

de adultos completamente metamorfoseados que habitam a zona de penumbra perto da boca das cavernas, até espécies de formas totalmente pedomórficas que ocorrem nas profundezas das cavernas ou sumidouros.

A salamandra-cega-dortexas, *Typhlomolge,* é uma habitante de cavernas altamente especializada – cega, despigmentada, com brânquias externas, patas extremamente longas e um focinho achatado que ela usa para explorar sob os seixos em busca de alimento. O não-aparentado proteu europeu (*Proteus,* Proteidae) é outra salamandra de caverna que convergiu para a mesma forma de corpo.

Os Urodela terrestres, como a salamandra-toupeira norte-americana (*Ambystoma*) e as europeias (*Salamandra*), apresentam larvas aquáticas que perdem as brânquias durante a metamorfose. As salamandras mais terrestres, os Plethodontidae sem pulmões (como a salamandra-viscosa, *Plethodon glutinosus*), incluem espécies nas quais os filhotes saem do ovo como miniaturas do adulto, não ocorrendo um estágio larval aquático.

Especializações Alimentares das Salamandras Plethodontidae Parece improvável que o pulmão seja um órgão que possa ser abandonado por um vertebrado terrestre, mas, entre os Urodela, a perda evolutiva do pulmão foi uma tática bem-sucedida. A família Plethodontidae se caracteriza pela ausência de pulmões e contém mais espécies e uma distribuição geográfica mais ampla do que qualquer outra linhagem de salamandras. Além disso, muitos Plethodontidae desenvolveram especializações do aparelho hiobranquial que permitem a protração da língua a distâncias consideráveis da boca para capturar a presa. Essa habilidade não evoluiu em salamandras pulmonadas, provavelmente porque, nessas formas, o aparelho hiobranquial é uma parte essencial do aparelho respiratório.

Os Urodela não têm costelas e, portanto, não podem expandir e contrair a caixa torácica para fazer o ar entrar e sair dos pulmões. Em vez disso, empregam um bombeamento bucal que força o ar da boca para os pulmões. Um aparelho hiobranquial robusto no assoalho da boca e garganta representa uma parte essencial desse sistema de bombeamento, já que a protração da língua exige que partes do aparelho hiobranquial sejam alongadas e livres. A modificação do aparelho hiobranquial que permite a protração da língua é incompatível com a respiração de bombeamento bucal. Depender do tegumento, em vez dos pulmões, nas trocas gasosas, talvez tenha sido um primeiro passo necessário na evolução da protração da língua nos Plethodontidae.

As modificações do trato respiratório e do aparelho hiobranquial que permitem a protração da língua parecem estar ligadas a várias outras características da biologia dos Plethodontidae (Roth e Wake 1985, Wake e Marks, 1993). Essas associações podem ser vistas mais claramente nos Plethodontidae Bolitoglossinae, que têm os mecanismos mais especializados de protração da língua (Figura 10-3). Os Bolitoglossinae (Grego *bolis* = flecha, *glossa* = língua) conseguem protrair a língua a uma distância equivalente ao comprimento da cabeça mais tronco e capturar presas móveis. Essa habilidade requer uma discriminação visual sutil de distância e direção, e os olhos dos Bolitoglossinae estão posicionados mais frontalmente na cabeça do que os olhos dos Plethodontidae menos especializados. Além disso, os olhos dos Bolitoglossinae têm grande número de nervos que se estendem até os centros visuais ipsilaterais (mesmo lado) do cérebro, bem como a forte projeção visual contralateral (lado oposto)

➤Figura10-3 A captura da presa por uma salamandra da sub-família Bolitoglossinae, *Hydromantes.*

típica dos Urodela. Devido a essa neuroanatomia, os Bolitoglossinae têm uma projeção dupla completa dos campos visuais binoculares em ambos os hemisférios cerebrais. Conseguem avaliar com exatidão e rapidez a distância em que a presa se encontra.

A protração da língua reflete-se em diversos aspectos das características da história de vida das salamandras Plethodontidae, incluindo seus modos de reprodução. Suas larvas aquáticas se alimentam por sucção, abrindo a boca e expandindo a garganta para criar uma corrente de água que carrega as presas. O aparelho hioibranquial é uma parte essencial desse mecanismo alimentar, e o primeiro cerato-branquial torna-se bem desenvolvido durante o período larval. Por outro lado, o aumento do segundo ceratobranquial está associado ao mecanismo de protração da língua dos Plethodontidae adultos. Além disso, as larvas têm os olhos posicionados lateralmente e os nervos ópticos se projetam principalmente para o lado contralateral do cérebro. Assim, as especializações morfológicas que tornam bem-sucedidas as larvas pletodontídeas aquáticas são diferentes das especializações adultas que permitem a protração da língua e essa situação cria um conflito entre as forças seletivas que agem nos filhotes e nos adultos.

Os Bolitoglossinae não têm larvas aquáticas e as especializações morfológicas dos adultos aparecem durante o desenvolvimento embrionário. Por outro lado, os Plethodontidae Hemidactylinae têm larvas aquáticas que utilizam a sucção alimentar. Quando adultos, os Hemidactylinae têm uma considerável habilidade de protrair a língua, mas retêm o primeiro grande ceratobranquial que aparece nas larvas. Esse é um arranjo mecanicamente menos eficiente do que o segundo grande ceratobranquial dos Bolitoglossinae e a capacidade de protrair a língua dos Hemidactylinae é proporcionalmente menor que a dos Bolitoglossinae. Assim, o desenvolvimento de um mecanismo alimentar especializado por parte dos Plethodontidae ocorreu em combinação com aspectos tão diversos de sua biologia como a fisiologia respiratória e a história de vida, e demonstra que os organismos evoluem como unidades funcionais completas e não como conjuntos de caracteres independentes.

Comportamento Social das Salamandras Plethodontidae As salamandras Plethodontidae podem ser reconhecidas externamente pelo sulco nasolabial que se estende ventralmente desde as narinas externas até o lábio da maxila superior (Figura 10-4). Esses sulcos são uma parte importante do sistema quimiossensorial dos Plethodontidae. Ao se mover, um Plethodontidae pressiona repetidamente o focinho contra o substrato. Um fluido é aspirado pelos sulcos e move-se para cima até as narinas externas, para dentro das câmaras nasais e sobre os quimiorreceptores do órgão vomeronasal.

Estudos sobre salamandras Plethodontidae contribuíram bastante para nosso entendimento dos papéis da competição e predação na formação da estrutura de comunidades ecológicas. Grande parte do trabalho recente nessa área focalizou as manipulações experimentais de animais no campo ou no laboratório. Por possuírem territórios pequenos e em geral permanecerem em uma área restrita durante toda a vida, as salamandras Plethodontidae constituem uma excelente espécie a ser usada nesses estudos.

Figura 10-4 Sulcos nasolabiais de uma salamandra da família Plethodontidae.

Os machos de várias salamandras Plethodontidae defendem territórios de uso múltiplo que são utilizados para alimentação e reprodução. Estudos sobre essas salamandras revelaram padrões de comportamento social e de forrageio que parecem notavelmente complexos para animais com crânio do tamanho da cabeça de um palito de fósforo e cérebro pouco maior que a cabeça de um alfinete. Robert Jaeger e seus colegas estudaram o comportamento territorial da salamandra-de-dorso-vermelho, *Plethodon cinereus,* uma espécie comum nas florestas do leste da América do Norte. Os machos da salamandra-de-dorso-vermelho rapidamente estabelecem seus territórios nos terrários do laboratório. Um macho residente marca o substrato de seu terrário com feromônios. Uma salamandra consegue distinguir os substratos que marcou daqueles marcados por outro macho ou fêmea. Os machos também são capazes de distinguir o odor familiar de um macho conhecido daquele de um macho desconhecido, reagindo diferentemente a esses odores.

Em experimentos de laboratório, as salamandras-de-dorso-vermelho selecionam a presa de modo a maximizar sua ingestão de energia: quando se soltam números iguais de moscas grandes e pequenas nos terrários, as salamandras capturam as maiores em primeiro lugar. Esse é o comportamento de forrageio mais lucrativo para a salamandra, porque fornece a máxima ingestão de energia por captura. Em uma série de experimentos, Jaeger e colaboradores mostraram que o comportamento e a luta territoriais podem interferir na habilidade de selecionar a presa mais lucrativa (Jaeger et al. 1983). Esses experimentos utilizaram substitutos de salamandras, fabricados com um rolo de papel de filtro umedecido, tendo o mesmo comprimento e diâmetro de uma salamandra. Os substitutos foram colocados nos terrários das salamandras residentes, para produzir três condições experimentais: um substituto de controle, um familiar e um não-familiar. No experimento de controle, os machos foram expostos a um substituto que era apenas papel de fdtro umedecido; ele não tinha feromônio de salamandra. Para os dois outros grupos, os substitutos foram esfregados contra o substrato do terrário de um macho diferente, a fim de absorver o odor daquele animal antes de ser colocado no terrário de um macho residente.

Os experimentos duraram sete dias; os seis primeiros dias foram períodos de condicionamento e o teste propriamente dito foi realizado no sétimo dia. Durante os seis primeiros dias, os machos residentes de ambos os grupos experimentais receberam substitutos com odor de outro macho. Tiveram assim a oportunidade de se familiarizar com o odor daquele macho. No sétimo dia, contudo, os grupos familiar e não-familiar foram tratados de modo diferente. O grupo familiar recebeu uma salamandra substituta impregnada com o odor do mesmo indivíduo ao qual havia sido exposta durante os 6 dias anteriores, enquanto os residentes do grupo não-familiar recebiam uma substituta com o odor de outra salamandra, ao qual nunca haviam sido expostos. Após uma pausa de cinco minutos, uma mistura de moscas grandes e pequenas foi colocada em cada terrário e registrou-se o comportamento da salamandra residente.

As salamandras do grupo familiar apresentaram pouca resposta ao odor, agora bem conhecido, do outro macho. Alimentaram-se da forma usual, capturando as moscas grandes. Por outro lado, as salamandras expostas ao odor de um substituto não-familiar começaram a exibir atitudes ameaçadoras ou passivas e sua taxa de captura de presas diminuiu como resultado do tempo gasto nessas exibições. Além disso, as salamandras expostas a substitutos não-familiares não se concentraram na captura de moscas grandes e, com isso, também diminuiu a ingestão média de energia por captura. Os efeitos combinados da redução do tempo gasto na alimentação e do fracasso em se concentrar nos itens alimentares mais lucrativos causaram um decréscimo total de 50 por cento na taxa de ingestão de energia para as salamandras expostas ao odor de um macho não-familiar.

A capacidade dos machos de reconhecer o odor de outro macho após uma semana de habituação nos terrários de laboratório sugere que eles apresentariam o mesmo comportamento na floresta. Isto é, um macho poderia aprender a reconhecer e ignorar o odor de outro macho no território adjacente, permanecendo capaz de reconhecer e atacar um intruso desconhecido. Aprender a não responder à presença de um vizinho permitiria que uma salamandra forrageasse de forma mais eficaz e também ajudaria a evitar a ocorrência de ferimentos durante as lutas territoriais. Os machos residentes da salamandra-de-dorso-vermelho desafiam os intrusos desconhecidos e as lutas envolvem exibições de agressão e de submissão e mordidas. Mordidas no corpo (Figura 10-5a) podem afugentar o outro macho, mas provavelmente não causam danos permanentes. Uma mordida na cauda (Figura 10-5b) faz a salamandra ferida autotomizar (amputar) sua cauda. Como as salamandras armazenam gordura na cauda, esse ferimento pode adiar a reprodução por um ano enquanto a cauda se regenera. A maioria das mordidas é dirigida ao focinho do oponente (Figura 10-5c), podendo danificar os sulcos nasolabiais. Os sulcos nasolabiais são usados na olfação e esses ferimentos podem reduzir o sucesso da salamandra em encontrar presas. Doze salamandras que haviam sido mordidas no focinho foram capazes de capturar uma média de apenas 5,8 moscas-de-fruta durante um período de 2 horas, em comparação com a média de 18,6 moscas para 12 salamandras ilesas. Em uma amostra de 144 salamandras-de-dorso-vermelho da Floresta Nacional de Shenandoah, 11,8 por cento tinham sido mordidas nos sulcos nasolabiais e pesavam menos do que os animais ilesos, presumivelmente devido à redução de seu sucesso no forrageio (Jaeger 1981).

A possibilidade de danos sérios a um sistema sensorial importante durante a defesa de território fornece uma vantagem adicional para a salamandra-de-dorso-vermelho, pois ela é capaz de distinguir vizinhos (que estão sempre por perto e não são dignos de ataque) de intrusos (que representam uma ameaça e devem ser atacados). O fenômeno de ser capaz de reconhecer vizinhos territoriais tem sido denominado "reconhecimento do inimigo querido" e geralmente é vantajoso, porque minimiza o tempo e a energia que os indivíduos territoriais gastam na defesa de seus territórios e também minimiza o risco de ferimentos durante as lutas territoriais. Um "reconhecimento do inimigo poderoso" similar foi descrito entre aves territoriais que mostram comportamento mais agressivo quando ouvem cantos de estranhos do que ao ouvir o canto dos vizinhos.

Anura

Ao contrário do número limitado de espécies de salamandras e sua restrita distribuição geográfica, os Anura (Grego *an* = sem, *uro* = cauda) incluem 27 famílias com mais de 4.300 espécies e ocorrem em todos os continentes, exceto na Antártida (Figura 10-6, Tabela 10.3). A especialização do corpo para o salto é a característica esquelética mais evidente dos Anura. Os membros traseiros e os músculos formam um sistema de alavancagem capaz de arremessar o animal no ar (Figura 10-7) e várias especializações morfológicas estão associadas a esse tipo de locomoção: as patas traseiras são alongadas e a tíbia e a fíbula estão fundidas. Uma pélvis poderosa fortemente ligada à coluna vertebral é evidentemente

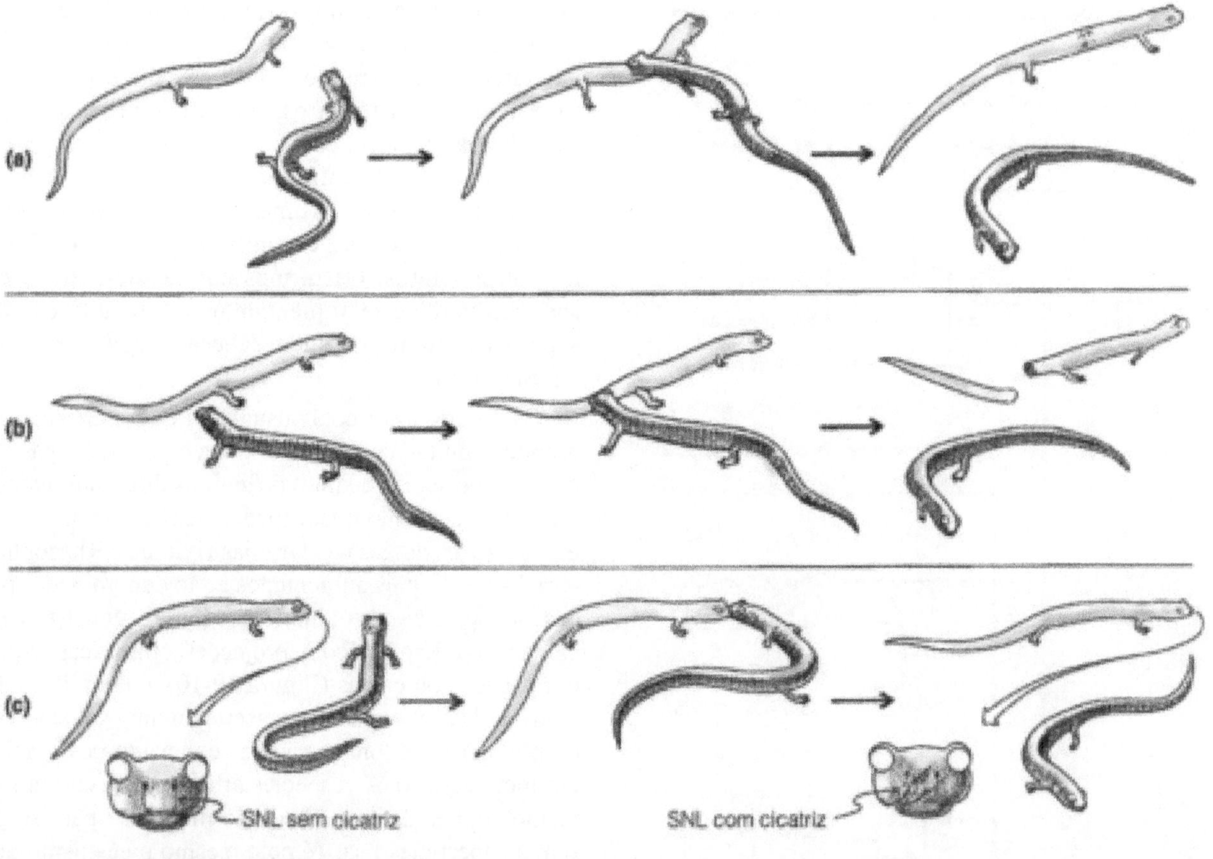

Figura 10-5 Comportamentos agressivos da salamandra-de-dorso-vermelho, *Plethodon cinereus.* Nesses desenhos, a salamandra residente é escura e a intrusa é clara, (a) A residente morde a intrusa no corpo, (b) Mordida na cauda pela residente, a intrusa autotomiza sua cauda para escapar, (c) A residente morde a intrusa no focinho, ferindo os sulcos nasolabiais.

necessária, assim como um enrijecimento da coluna vertebral. O ílio é alongado e se estende bastante para a frente, as vértebras mais caudais estão fundidas em um bastão sólido, o **uróstilo.** A pélvis e o uróstilo enrijecem a metade caudal do tronco. A coluna vertebral é curta, com apenas cinco a nove vértebras pré-sacrais que são reforçadas por zigapófises que restringem a flexão lateral. Os membros dianteiros fortes e a cintura peitoral flexível absorvem o impacto da aterrissagem. Os olhos são grandes e estão localizados bem rostralmente na cabeça, permitindo a visão binocular.

Os membros traseiros geram a potência que impulsiona o anuro no ar e esse alto nível de produção de potência resulta de características estruturais e bioquímicas dos músculos dos membros. A arquitetura interna do músculo semimembranoso e sua origem no ísquio e a inserção abaixo do joelho permitem que opere no comprimento que produz a força máxima durante todo o período de contração. Além disso, o músculo encurta-se mais rapidamente e gera mais potência que os músculos da maioria dos outros animais. E também os processos fisiológicos intracelulares da contração muscular continuam no nível máximo ao longo de toda a contração, ao invés de diminuir, como é o caso dos músculos da maioria dos vertebrados.

As especializações do sistema locomotor podem ser usadas para diferenciar muitos tipos de Anura (Figura 10-8). A dificuldade está em encontrar nomes para eles, pois a diversidade de anuros excede o número de nomes comuns que podem ser usados para distinguir as diversas especializações ecológicas (Figura 10-9). Os animais denominados anuros usualmente possuem pernas longas e movem-se por saltos, e esta froma do corpo é encontrada em muitas linhagens. As formas semi-aquáticas são moderadamente hidrodinâmicas e possuem pés dotados de membranas interdigitais. Os anuros terrestres de grande porte, que dão saltos curtos em vez de longos, são frequentemente denominados sapos. Geralmente possuem cabeça áspera, corpo pesado, pernas relativamente curtas e membranas interdigitais pouco desenvolvidas. Essa forma de corpo está representada pelos membros da família Bufonidae e um corpo muito similar é encontrado em outras famílias, incluindo o sapo-de-pés-de-enxada (Pelobatidae).

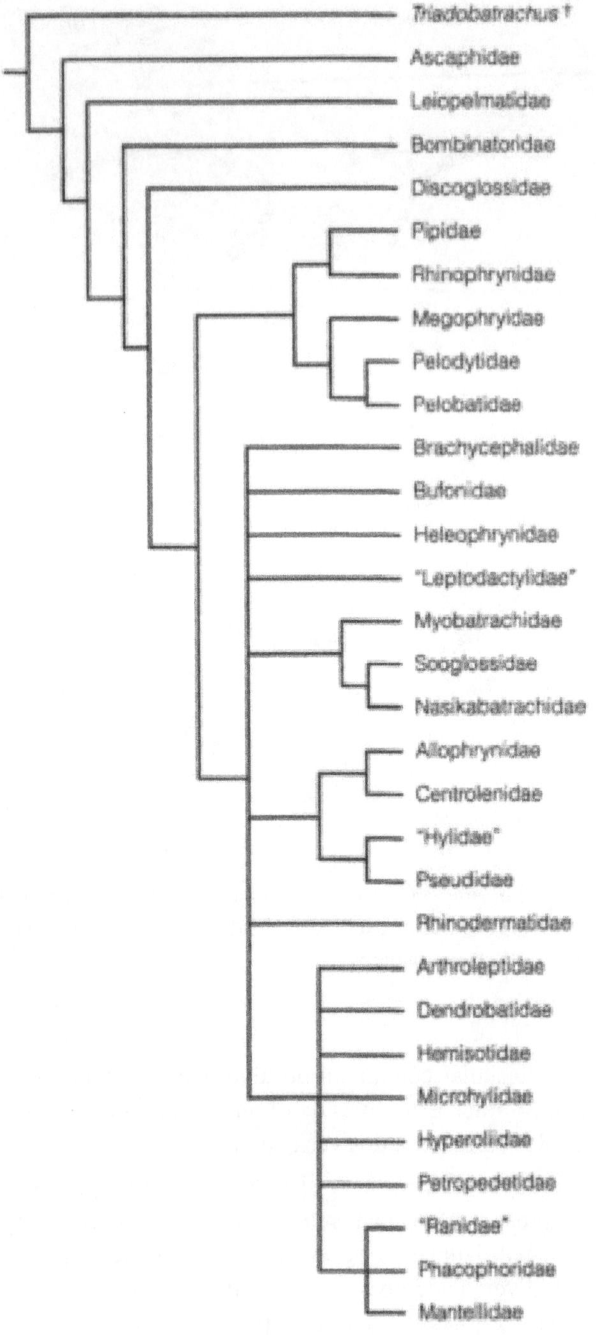

Figura 10-6 Relações filogenéticas das famílias dos sapos e rãs. Os nomes entre aspas são grupos não monofiléticos. A família Nasikabatrachidae (Biju e Bossuyt 2003) é o grupo irmão dos Sooglossidae. *Triadobatrachus*† é um fóssil do Triássico. A adaga indica uma linhagem extinta.

do oeste da América do Norte, e a rã-de-chifre da América do Sul (Lepitodactylidae). Os sapos-de-pés-de-enxada ganharam esse nome por causa de uma estrutura queratinizada nos pés traseiros, que utilizam para escavar o solo de marcha a ré, com movimentos rápidos das patas traseiras. As rãs-de-chifre possuem a cabeça e a boca extremamente grandes. Alimentam-se de pequenos vertebrados, incluindo aves e mamíferos, mas particularmente de outros anuros. Os girinos das rãs-de-chifre também são carnívoros e se alimentam de outros girinos. Muitos sapos escavadores possuem cabeça afilada, corpo robusto e pernas curtas.

Os Anura arborícolas usualmente têm cabeça e olhos grandes, muitas vezes, cintura fina e pernas longas. As espécies arborícolas de muitas famílias diferentes caminham e escalam de modo quadrúpede, além de saltarem. Muitas espécies arborícolas das famílias Hylidae e Rhacophoridae têm discos digitais aumentados e são denominadas pererecas. A superfície das almofadas digitais consiste em uma camada epidérmica com projeções cilíndricas separadas por espaços ou canais (Figura 10-10). Glândulas mucosas distribuídas sobre os discos secretam uma solução viscosa de polímeros de longas cadeias e elevado peso molecular em meio aquoso. As espécies arborícolas usam um mecanismo conhecido como "adesão molhada" para se grudarem a superfícies lisas (é pelo mesmo mecanismo que um papel molhado gruda no vidro). O muco aquoso secretado pelas glândulas sobre os discos digitais forma uma camada de fluido entre o disco e a superfície, estabelecendo um menisco na interface entre o ar e o fluido nas margens dos dedos. Como nenhuma bolha de ar entra na camada de fluido, uma combinação de tensão superficial (capilaridade) e viscosidade mantêm juntas as almofadas digitais e a superfície.

Os Anura conseguem aderir a superfícies verticais e até mesmo à face inferior das folhas. Os pererecas cubanas (*Osteopilus septentrionalis,* Hylidae) ficam grudadas a uma lâmina de plástico lisa que gira até ultrapassar a vertical; só começam a escorregar quando a rotação chega aos 151 graus – isto é, passados 61 graus da vertical. A adesão e separação das almofadas se alternam à medida que o Anura caminha por uma folha. Quando ele se move para frente, as almofadas se desprendem, começando pela parte posterior, conforme os dedos são erguidos. As duas famílias de Anura arborícolas mais especializadas, Hylidae e Rhacophoridae, possuem uma cartilagem (a cartilagem intercalada) que fica entre os dois últimos ossos dos dedos. A cartilagem intercalada favorece a adesão porque aumenta o ângulo pelo qual o dedo se move antes de começar a se desprender.

Os Anura arborícolas são incapazes de repousar de cabeça para baixo, porque, nessa orientação, seu peso faz as almofadas digitais se desprenderem da superfície. Eles invariavelmente orientam o corpo de cabeça para cima ou sobre

TABELA 10.3 Principais Famílias de Anura

Ascaphidae: um anuro aquático encontrado em nascentes frias e riachos torrenciais de montanha, a fecundação é interna (1 espécie na América do Norte com 5 centímetros)

Pipidae: anuros aquáticos especializados, *Xenopus*, *Hymenochirus* e algumas espécies de *Pipa* têm larvas aquáticas, outras espécies de *Pipa* têm ovos que se desenvolvem diretamente em filhotes (30 espécies na América do Sul e África, de 2 a 15 centímetros).

Pelobatidae: anuros terrestres com patas curtas e larvas aquáticas (11 espécies na América do Norte, Eurásia e Norte da África, com 5 a 10 centímetros).

Bufonidae: anuros principalmente terrestres, a maioria tem larvas aquáticas, mas algumas espécies de *Nectophrynoides* são vivíparas (cerca de 450 espécies nas América do Norte, Central e do Sul e na África, Europa e Ásia, de 2 a 25 centímetros).

Centrolenidae: em sua maioria, anuros arborícolas de pequeno porte com larvas aquáticas que vivem em riachos (mais de 130 espécies nas Américas Central e do Sul. com 5 centímetros).

"Hylidae" (provavelmente não é uma linhagem monofilética): a maioria é arborícola, mas umas poucas espécies são aquáticas ou terrestres (cerca de 760 espécies nas Américas do Norte, Central e do Sul e na Europa, Ásia e Austrália; de 2 a 15 centímetros).

"Leptodactylidae" (provavelmente não e um linhagem monofilética): aquáticos, terrestres e arborícolas com diversos modos de reprodução (mais de 1100 espécies nas América do Norte, Central e do Sul e nas índias Ocidentais, de 12 milímetros a 25 centímetros).

Myobatrachidae: sapos aquáticos e terrestres com diversos tipos de reprodução (cerca de 120 espécies na Austrália, Tasmânia e Nova Guiné; de 2 a 12 centímetros).

Rhinodermatidae: sapos terrestres que depositam ovos em terra, os girinos de *Rhinoderma ruphum* são transportados para a água, enquanto que os de *R. darwini* completam o desenvolvimento nos sacos vocais do macho (2 espécies no sul do Chile e Argentina; com 5 centímetros).

Dendrobatidae pequenos sapos terrestres, muitos dos quais são brilhantemente coloridos e extremamente tóxicos; ovos terrestres eclodem para dar origem a girinos que são transportados para a água por um adulto (mais e 200 espécies na América Central e do Sul; de 2 a 6 centímetros).

Hyperoliidae: sapos principalmente arborícolas com larvas aquáticas (aproximadamente 250 espécies na África, Madagáscar e Ilhas Seychelles, de 1,5 a 8 centímetros).

Megophryidae: sapos de beira de riachos e chão de floresta (aproximadamente 130 espécies de Bangladesh e Norte da índia, China. Sudeste da Ásia, Filipinas e Ilhas de Sunda; de 5 a 10 centímetros).

Microhylidae: anuros arborícolas e terrestres; muitos têm larvas aquáticas, mas algumas espécies têm larvas que não se alimentam e outras colocam os ovos na terra e não possuem estágio de larva (cerca de 350 espécies nas Américas do Norte, Central e do Sul, Ásia, África e Madagáscar, de 5 a 10 centímetros).

Nasikabatrachidae; uma única espécie de anuro fossorial recentemente descrita da índia; 7 centímetros.

"Ranidae" (provavelmente não é uma linhagem monofilética): anuros terrestres ou aquáticos; a maioria possui larvas aquáticas, mas vários gêneros possuem desenvolvimento direto (mais de 600 espécies nas Américas do Norte, Central e do Sul, Europa, Ásia e África; 10 a 30 centímetros).

Rhacophoridae sapos principalmente arborícolas com algumas espécies tendo larvas aquáticas filtradoras e outras que depositam ovos em buracos de árvores e têm larvas que não se alimentam (mais de 300 espécies na África, Madagáscar e Ásia; de 2 a 15 centímetros).

algum plano inclinado e, se necessário, giram os pés para mantê-los voltados para frente. Quando precisam descer uma superfície vertical, andam de costas. Essa orientação mantém os pés voltados para cima. Durante a locomoção para trás, os dedos se desprendem, a partir de sua extremidade caudal, por um par de tendões que se inserem na superfície dorsal do osso terminal do dedo.

Os discos digitais evoluíram de modo independente em várias linhagens de Anura e apresentam uma substancial convergência em sua estrutura. Os discos digitais expandidos não se limitam exclusivamente aos Anura arborícolas; muitas espécies terrestres que caminham sobre folhas caídas no chão da floresta também possuem discos digitais.

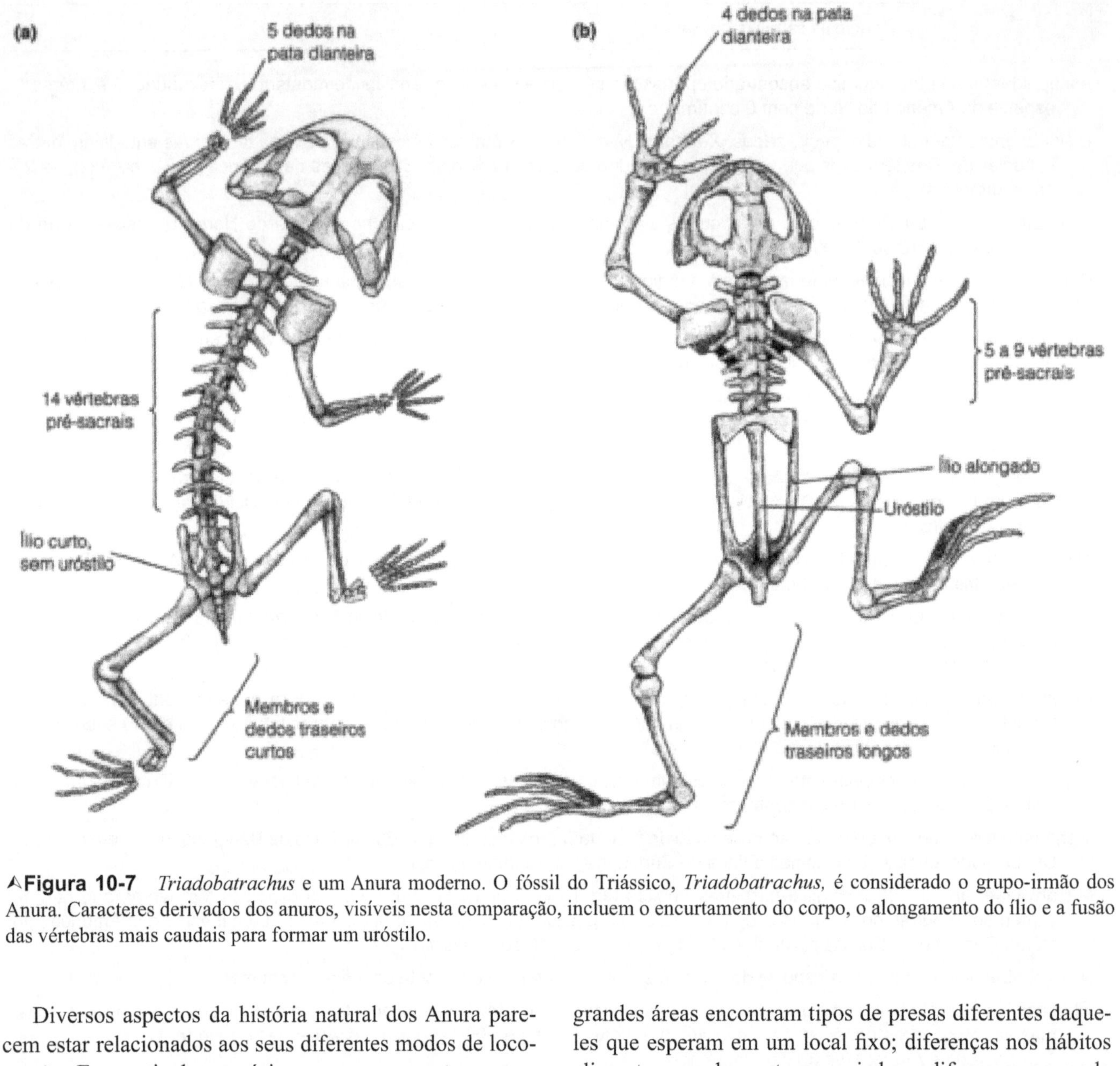

Figura 10-7 *Triadobatrachus* e um Anura moderno. O fóssil do Triássico, *Triadobatrachus,* é considerado o grupo-irmão dos Anura. Caracteres derivados dos anuros, visíveis nesta comparação, incluem o encurtamento do corpo, o alongamento do ílio e a fusão das vértebras mais caudais para formar um uróstilo.

Diversos aspectos da história natural dos Anura parecem estar relacionados aos seus diferentes modos de locomoção. Em particular, espécies com pernas curtas que se movem aos pequenos saltos são frequentemente predadoras que, em seu longo raio de ação, cobrem grandes áreas em busca de alimento. Esse comportamento os expõe aos predadores e suas pernas curtas os impedem de locomoção suficientemente rápida para a fuga. Muitos desses Anura têm potentes defesas químicas, liberadas por glândulas da pele quando são atacados. As espécies de anuros que se locomovem por saltos, ao contrário das que dão pequenos saltos, geralmente são predadoras sedentárias que ficam de tocaia esperando a presa passar por seu esconderijo. Em geral, essas espécies apresentam coloração críptica e frequentemente não dispõem de defesas químicas. Quando são descobertas por um predador, dependem de uma série de saltos rápidos para fugir. Os Anura que forrageiam em grandes áreas encontram tipos de presas diferentes daqueles que esperam em um local fixo; diferenças nos hábitos alimentares podem estar associadas a diferenças no modo locomotor.

Os Anura aquáticos utilizam a sucção para engolir o alimento na água, mas a maioria das espécies semi-aquáticas e terrestres possui línguas pegajosas que são protraídas para capturar a presa e trazê-la até a boca (Figura 10-11). A maioria dos Anura usa um mecanismo tipo catapulta para projetar a língua. Quando a boca se abre, a contração dos músculos genioglossos causa o enrijecimento da ponta da língua. Ao mesmo tempo, a contração de um músculo curto na parte rostral das maxilas (o submentalis) proporciona um ponto de apoio e então a língua enrijecida gira para frente, sobre o submentalis, e se arremessa para fora da boca. A inércia faz a parte caudal da língua se alongar à medida que sai e como a língua fez uma rotação, sua face dorsal se abate sobre a

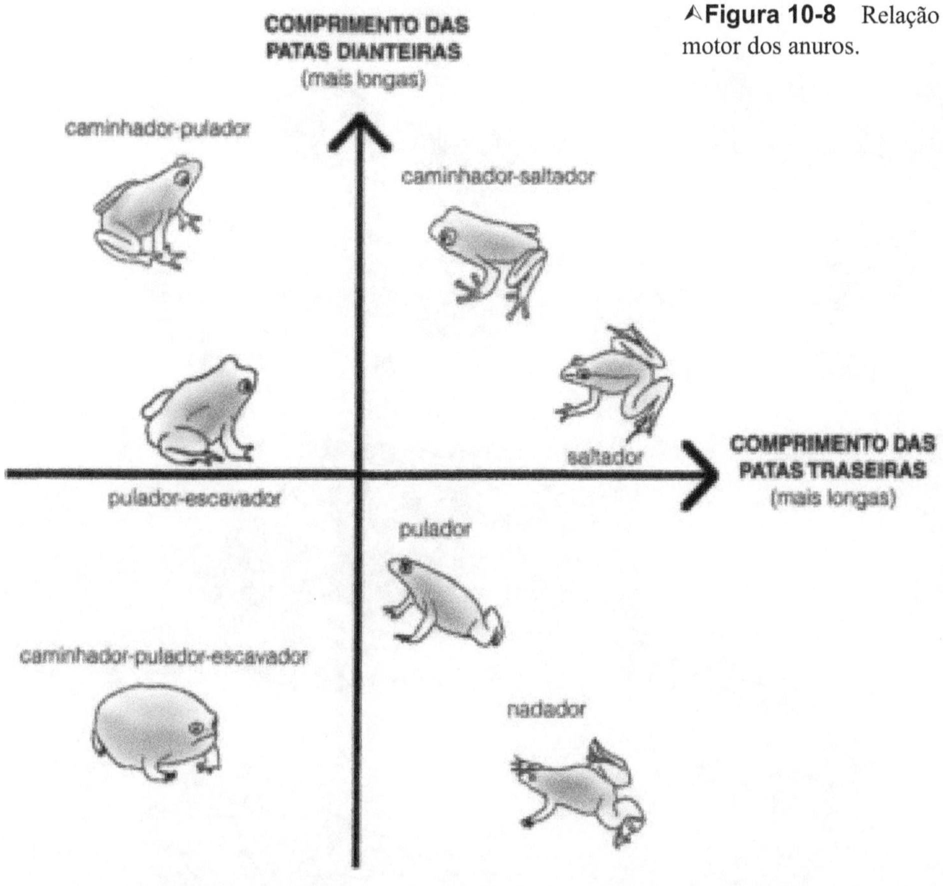

Figura 10-8 Relação entre a forma corporal e o modo locomotor dos anuros.

presa. A língua é trazida de volta à boca pelo músculo hioglosso, que tem origem no aparelho hióideo e se insere dentro da língua.

Gymnophiona (Cecílias)

O terceiro grupo de Amphibia atuais é o menos conhecido e não tem um nome comum, mesmo na linguagem popular (Figura 10-12). São as cecílias (Gymnophiona), 6 famílias com aproximadamente 180 espécies de anfíbios apodes escavadores ou aquáticos que ocorrem em habitats tropicais do mundo todo (Figura 10-13, Tabela 10-4). Os olhos das cecílias são recobertos por tegumento ou mesmo por osso. Algumas espécies são totalmente desprovidas de olhos, mas, em outras, a retina possui a organização estratificada típica dos Vertebrata e parece ser capaz de detectar a luz. Dobras dérmicas claramente visíveis (ânulus, anéis) circundam o corpo das Gymnophiona. Os anéis primários se sobrepõem às vértebras e aos septos miotomais, refletindo a segmentação do corpo. Muitas espécies de Gymnophiona têm escamas dérmicas no interior de bolsas nos anéis; não se conhecem escamas nos outros grupos de anfíbios atuais. Uma segunda característica singular das Gymnophiona é o par de tentáculos protráteis, um em cada lado do focinho, entre os olhos e as narinas. Algumas estruturas associadas aos olhos de outros Vertebrata se associaram aos tentáculos das Gymnophiona. Um dos músculos oculares, o *retrator bulbi,* tornou-se o músculo retrator do tentáculo; o *levator bulbi* move a bainha do tentáculo; e a glândula harderiana (que umedece os olhos de outros tetrápodes) lubrifica o canal do tentáculo das cecílias. É provável que o tentáculo seja um órgão sensorial que permite que as substâncias químicas sejam transportadas do meio ambiente até o órgão vomeronasal, localizado no teto da boca. O olho das Gymnophiona da família africana Scolecomorphidae está ligado ao lado do tentáculo, próximo da sua base. Quando o tentáculo se estende, o olho o acompanha, saindo do orifício tentacular além dos ossos do teto craniano.

A mais antiga Gymnophiona que se conhece é a *Eocaecilia,* um fóssil do Jurássico Inferior da formação Kayenta do oeste da América do Norte. Ela tem uma combinação de caracteres ancestrais e derivados e é um táxon irmão das Gymnophiona atuais. A *Eocaecilia* tem uma fossa para um tentáculo quimiossensorial, que é um caráter derivado singular dos apodes, mas também possui quatro patas, enquanto todos os apodes atuais são desprovidos de pernas.

As cecílias alimentam-se de presas pequenas ou alongadas – cupins, minhocas, larvas de insetos e formas adultas – e

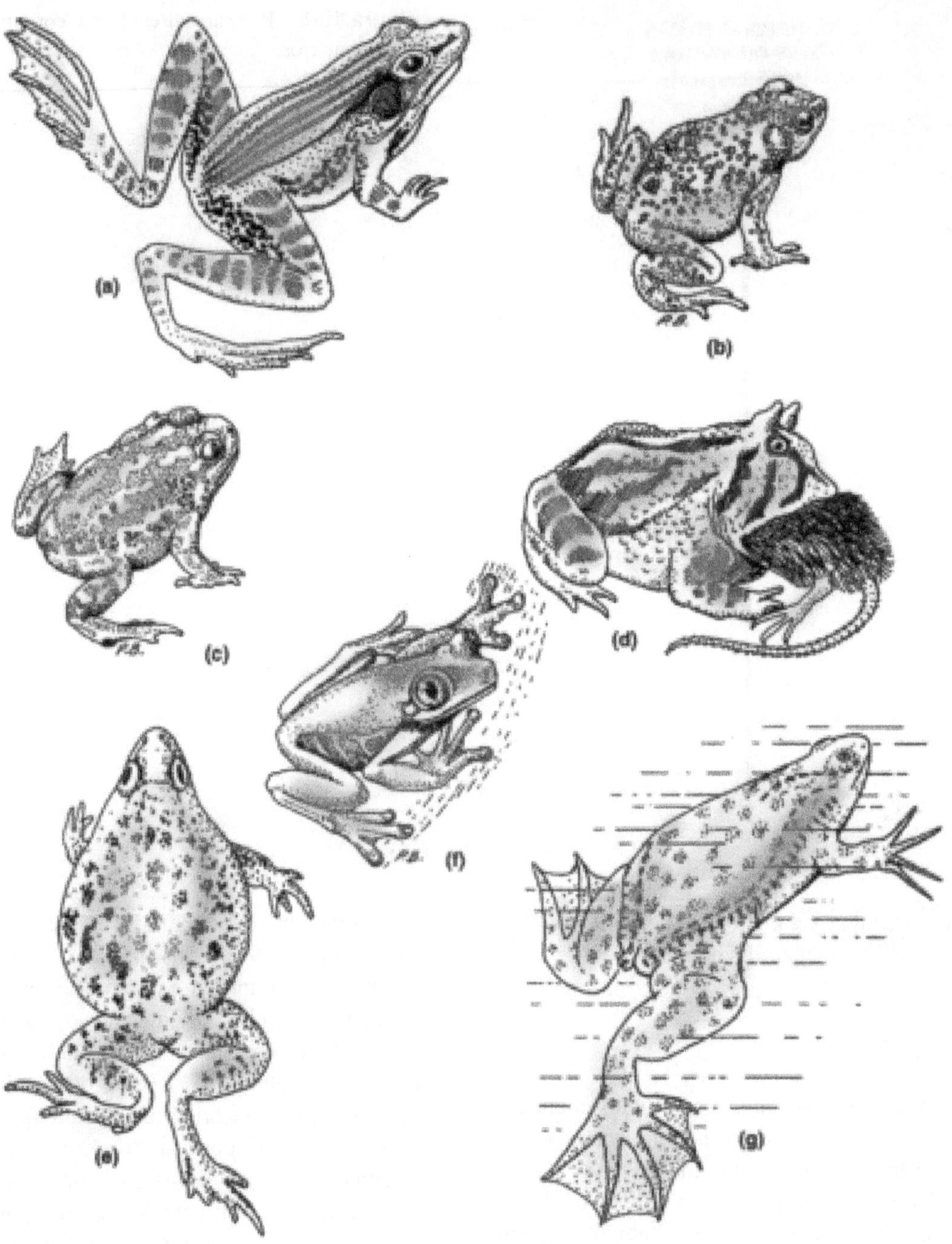

Figura 10-9 A forma corporal dos Anura reflete as especializações a diferentes habitats e métodos de locomoção. Forma semiaquática: (a) rã-estriada-africana (*Ptychadena,* Ranidae). Anura terrestres: (b) sapo (*Bufo,* Bufonidae); (c) sapo-de-pé-de-enxada (*Scaphiopus,* Pelobatidae); (d) rã-de-chifre (*Ceratophrys,* Leptodactylidae). Espécie escavadora: (e) sapo-focinho-de-cinzel-africano (*Hemisus,* Hemisotidae). Anuro arborícola: (f) perereca da América Central (*Agalychnis,* Hylidae). Anuro aquático especializado: (g) sapo-de-garras-africano (*Xenopus,* Pipidae).

o tentáculo lhes permite detectar a presença da presa quando esta se encontra sob o solo. As fêmeas de algumas espécies de Gymnophiona incubam seus ovos, enquanto outras espécies dão à luz os filhotes completamente formados. Os embriões das espécies terrestres têm brânquias longas e filamentosas e os embriões das espécies aquáticas têm brânquias saculiformes.

10.2 Diversidade da História de Vida dos Anfíbios

De todas as características dos Amphibia, nenhuma é mais notável que a variedade de modos de reprodução e cuidado parental exibida. É surpreendente que a gama de modos

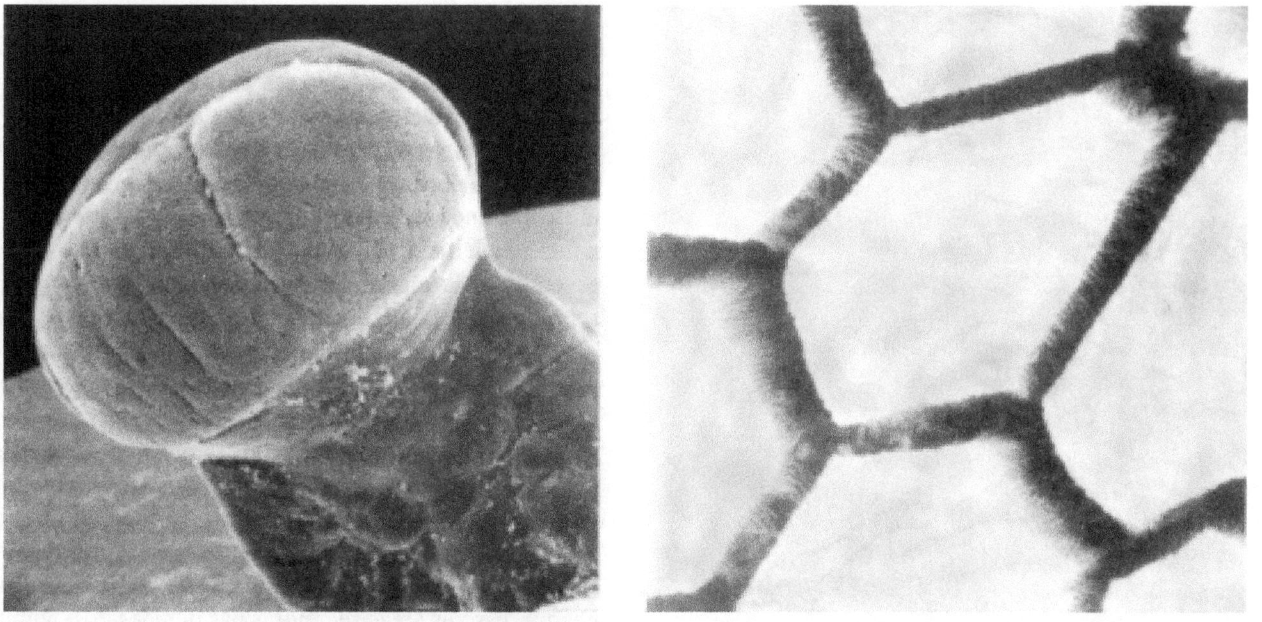

Figura 10-10 Discos digitais de um Hylidae. (Direita) Uma almofada digital. (Esquerda) Detalhe das placas poligonais.

reprodutivos observada entre as 5.500 espécies de Amphibia seja muito maior que a de qualquer outro grupo de Vertebrata, com exceção dos peixes, cujas espécies são cinco vezes mais numerosas que os Amphibia. A maioria das espécies de anfíbios põe ovos. Os ovos são depositados na água ou na terra firme, podendo produzir larvas aquáticas ou miniaturas dos adultos terrestres. Os adultos de algumas espécies de Anura carregam os ovos grudados à superfície do corpo. Outros carregam seus ovos em bolsas no tegumento do dorso ou dos flancos, nos sacos vocais ou mesmo no estômago. Em outras espécies, ainda, as fêmeas retêm os ovos nos ovidutos e dão à luz filhotes metamorfoseados. Muitos Amphibia não cuidam dos seus ovos e filhotes; mas, em muitas outras espécies, um dos pais permanece com os ovos e às vezes com os filhotes que estão saindo da casca, transporta os girinos do ninho até a água e, em umas poucas espécies, até mesmo alimenta os girinos.

Os Amphibia possuem duas características que dificultam o estudo de sua ecologia populacional. Primeiro, a flutuação quantitativa parece ser um aspecto normal das populações de Amphibia. Muitas espécies de anfíbios põem centenas de ovos, cuja vasta maioria jamais chega à maturidade. Em um bom ano, porém, a sobrevivência pode ser anormalmente alta e um grande número de indivíduos acrescentado à população. Por outro lado, em um ano de seca toda a produção reprodutiva de uma população pode morrer e o contingente estará zerado nesse ano. Desse modo, a variação anual no contingente cria flutuações naturais nas populações, tornando indefinidas as tendências de longo prazo do tamanho populacional. Além disso, muitas espécies de Amphibia vivem em metapopulações, onde os indivíduos se movem entre populações locais que frequentemente se concentram ao redor dos sítios de reprodução. Na mutável existência de uma metapopulação, as populações reprodutoras podem desaparecer de alguns sítios enquanto uma metapopulação saudável continua a existir e se reproduzir em outros sítios. Um estudo limitado concluiria que uma espécie estaria desaparecendo, enquanto uma análise mais ampla mostraria que a população total das espécies não mudou. *Measuring and Monitoring Biological Diversity: Standard Methods for Amphibians* (Heyer et al. 1993) foi compilado com a finalidade de fornecer métodos padronizados para o estudo de populações de Amphibia, de modo que os dados de diferentes estudos pudessem ser comparados e combinados.

Cecílias

As adaptações reprodutivas das cecílias são tão especializadas quanto sua forma corporal e sua ecologia. A fecundação interna é realizada pelo órgão copulador do macho, uma expansão da cloaca. Algumas espécies de Gymnophiona põem ovos e a fêmea se enrola ao redor deles, ali permanecendo até a eclosão (Figura 10-12). Mas a viviparidade é bastante difundida e cerca de 75 por cento das espécies são vivíparas e matrotróficas (Wake 1993). Ao nascer, uma Gymnophiona tem 30-60 por cento do comprimento do corpo de sua mãe. Uma fêmea de *Typhlonectes* de 500 milímetros de comprimento pode dar à luz até nove filhotes, cada um com 200 milímetros de comprimento. O crescimento inicial dos em-

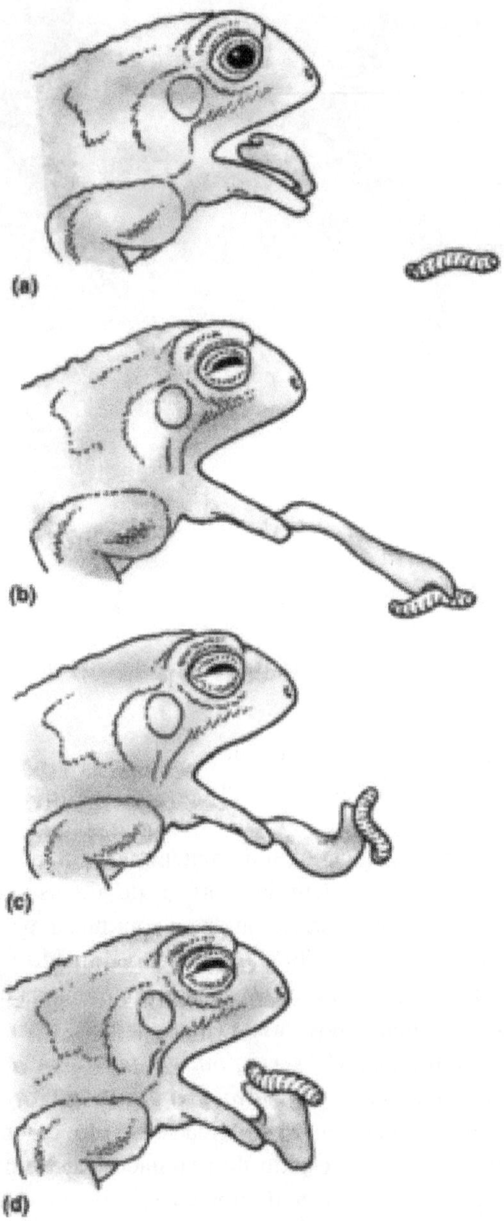

Figura 10-11 A captura da presa por um sapo.

briões é sustentado pelo vitelo contido no ovo no momento da fecundação, mas esse vitelo esgota-se muito antes que o desenvolvimento embrionário se complete. Os embriões de *Typhlonectes* já absorveram todo o vitelo dos ovos no momento em que atingem 30 milímetros de comprimento. Assim, a energia de que precisam para alcançar 200 milímetros (um acréscimo de 6,6 vezes no comprimento) deve ser fornecida pela mãe. Devem ser consideráveis as demandas energéticas da produção de nove filhotes, cada um aumentando seu comprimento em 6,6 vezes e atingindo 40 por cento do comprimento da mãe por ocasião do nascimento.

Os embriões obtêm essa energia raspando material das paredes dos ovidutos com dentes embrionários especializados. O epitélio do oviduto prolifera e forma camadas espessas circundadas por ramificações de tecido conjuntivo e capilares. À medida que os embriões consomem o suprimento de vitelo, essas camadas começam a secretar uma substância espessa, branca e cremosa que tem sido denominada leite uterino. Quando o suprimento de vitelo se esgota, os embriões emergem das membranas dos ovos, desenrolam-se e alinham-se longitudinalmente nos ovidutos. Aparentemente, os embriões mordem as paredes dos ovidutos, estimulando esta secreção e removendo algumas células epiteliais e fibras musculares, que engolem juntamente com o leite uterino. Os embriões pequenos se espaçam regularmente ao longo dos ovidutos. Os embriões grandes têm suas cabeças espaçadas a intervalos, embora o corpo de um possa sobrepor-se à cabeça do seguinte. Esse espaçamento provavelmente permite que todos os embriões tenham acesso às áreas secretoras das paredes dos ovidutos.

As trocas gasosas parecem ser realizadas pelo contato íntimo entre as brânquias do embrião e as paredes dos ovidutos. Todas as espécies terrestres de Gymnophiona têm embriões com um par de brânquias filamentosas trirramificadas. Em espécimes preservados, os embriões frequentemente têm uma brânquia estendida para frente, acima da cabeça, e a outra estendida ao longo do corpo. No género aquático *Typhlonectes,* as brânquias são saculiformes, mas geralmente se posicionam da mesma maneira. Tanto as brânquias como as paredes dos ovidutos são altamente vascularizadas e parece provável que as trocas gasosas, e possivelmente a de pequenas moléculas como os substratos metabólicos e os produtos de excreção, ocorram através do oviduto e da brânquia adjacentes. As brânquias são absorvidas antes do nascimento e as trocas gasosas cutâneas talvez sejam importantes para o desenvolvimento ulterior dos embriões.

Detalhes da dentição fetal diferem entre as espécies de Gymnophiona, sugerindo que essa forma especializada de nutrição fetal poderia ter se desenvolvido independentemente em diferentes linhagens filogenéticas.

Salamandras

A maioria dos grupos de salamandras usa a fecundação interna, mas os Cryptobranchoidea (Cryptobranchidae e Hynobiidae), e provavelmente os Sirenidae, mantêm a fecundação externa. Nas salamandras, a fecundação interna é realizada não por um órgão copulador, mas pela transferência de um pacote de espermatozóides (o **espermatóforo**) do macho para a fêmea (Figura 10-14). A forma do espermatóforo difere nas várias espécies de salamandras, mas todos consistem em uma cobertura de espermatozóides sobre uma

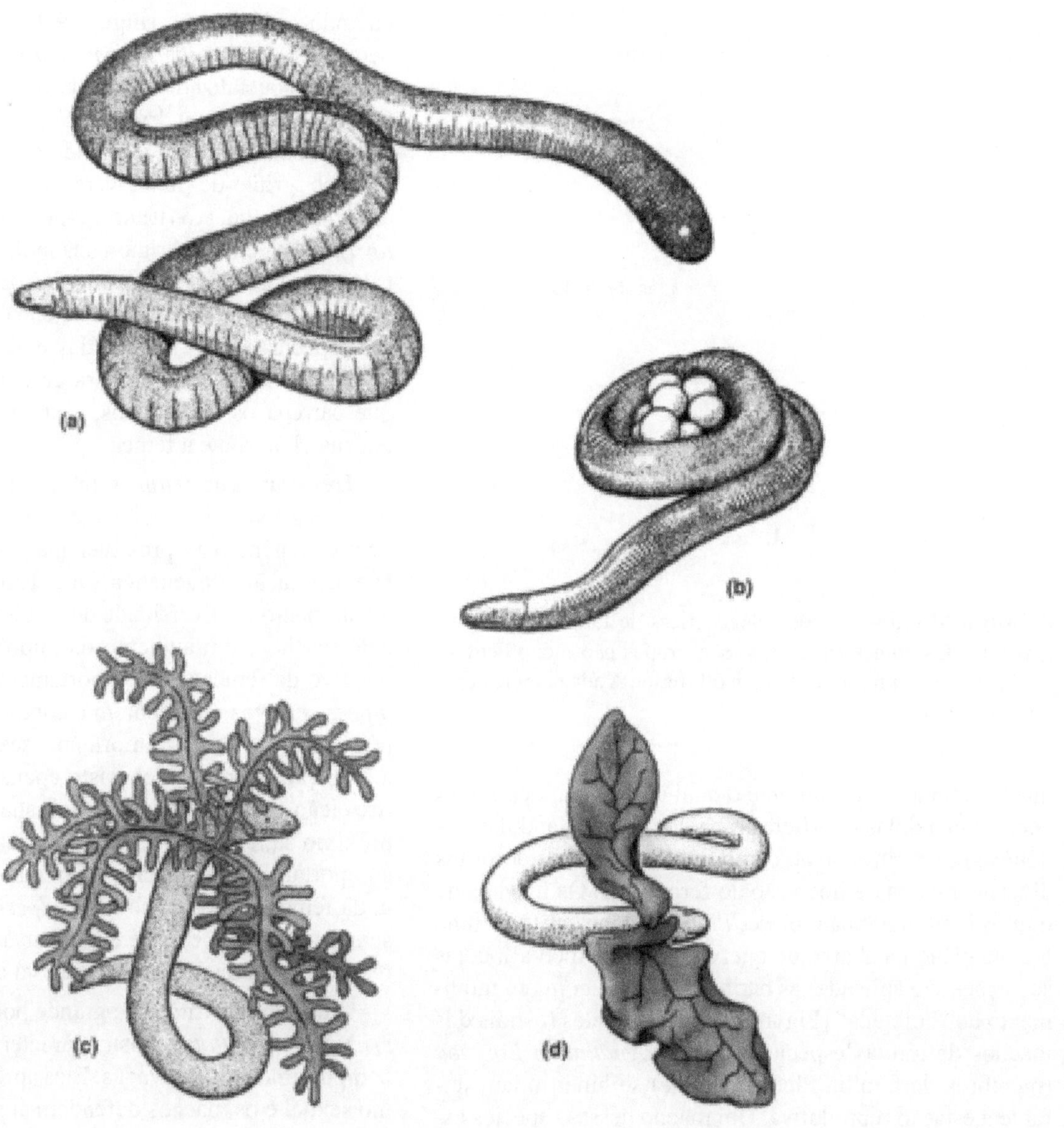

Figura 10-12 Gymnophiona, cecílias. (a) Animal adulto, mostrando a forma do corpo; (b) Uma fêmea enrolada em torno de seus ovos. Embriões de espécie terrestre (c) e de espécie aquática (d).

base gelatinosa. A base é um molde do interior da cloaca do macho e, em algumas espécies, reproduz as arestas e sulcos com detalhes acurados. O macho do Salamandridae asiático *Euproctus* deposita um espermatóforo sobre o corpo da fêmea e então, segurando-a com a cauda ou maxilas, usa os pés para inserir o espermatóforo na cloaca da fêmea. A fêmea da salamandra Hynobiidae *Ranodon sibiricus* deposita sacos de ovos no topo do espermatóforo. Nas espécies derivadas, o macho deposita um espermatóforo sobre o substrato e a fêmea coloca a cloaca sobre a cobertura desta estrutura. Os espermatozóides são liberados quando a cobertura se dissolve e a fecundação ocorre nos ovidutos.

Corte Os padrões de corte são importantes para o reconhecimento das espécies e mostram grande variação interespecífica. Os machos de algumas espécies têm elaborados caracteres sexuais secundários que são usados durante a corte. Feromônios (substâncias químicas usadas na comunicação) são liberados primariamente pelos machos e desempenham importante papel no namoro das salamandras; é provável que contribuam para o reconhecimento da espécie e talvez estimulem a atividade endócrina que aumenta a receptividade das fêmeas.

Na maioria das salamandras que se reproduzem em terra, a liberação do feromônio envolve o contato físico entre um

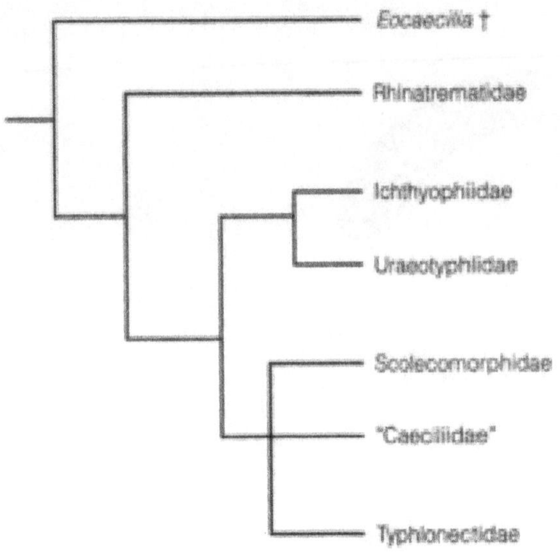

Figura 10-13 Relações filogenéticas de famílias de Gymnophiona. Os nomes entre aspas são grupos não monofiléticos. *Eocaecilia*† é um fóssil do Jurássico Inferior. A adaga indica uma linhagem extinta.

macho e uma fêmea, durante o qual o macho aplica secreções de glândulas odoríferas especializadas (glândulas hedônicas) às narinas ou ao corpo da fêmea. Foram descritos diversos modos de liberação do feromônio. Os machos de muitos Plethondotidae (p. ex., *Plethodon jordani*) têm uma grande glândula abaixo do queixo (glândula mental), cujas secreções são aplicadas às narinas da fêmea com um movimento de "bofetada" (Figura 9-12b). Os dentes rostrais dos machos de muitas espécies de *Desmognathus* e *Eurycea* (membros da família Plethodontidae) se hipertrofiam durante a estação reprodutiva. Um macho dessas espécies espalha a secreção de sua glândula mental sobre o tegumento da fêmea e então raspa a pele da fêmea com os dentes, inoculando o feromônio (Figura 9-12c). Os machos de duas pequenas espécies de *Desmognathus* usam dentes mandibulares especializados para morder e estimular a fêmea. Os machos salamandrídeos (Salamandridae) esfregam o focinho da fêmea com as glândulas hedônicas, localizadas: na face (tritão-de-pintas-vermelhas, *Notophthalmus viridescens*); no queixo (tritão-de-pele-rugosa, *Taricha granulosa*); ou na cloaca (tritão-espanhol, *Pleurodeleswaltl*). Os tritões dos gêneros *Triturus* e *Cynops* transferem feromônios sem contato físico entre macho e fêmea. O macho dessas espécies realiza elaboradas exibições de namoro, nas quais faz vibrar a cauda para criar uma corrente de água que carrega os feromônios, secretados por uma glândula em sua cloaca, até a fêmea.

Três grupos de *Triturus*, talvez representando diferentes linhagens evolutivas, são reconhecidos temporariamente dentro do gênero e é provável que a evolução da corte reflita essa relação filogenética. Duas tendências são evidentes: um aumento na diversidade de exibições sexuais realizadas pelo macho e um aumento da importância do "feedback" positivo da fêmea. Os comportamentos vistos em *Triturus alpestris* talvez representem a condição ancestral. Essa espécie mostra pouco dimorfismo sexual (Figura 10-16) e a exibição do macho consiste apenas em fazer "o leque" (exibição em que a cauda é dobrada contra o flanco mais próximo da fêmea e sua extremidade vibra rapidamente). O comportamento do macho é quase independente da resposta da fêmea – um macho de *T. alpestris* pode realizar toda sua sequência de corte e depositar um espermatóforo sem resposta ativa da fêmea que ele está cortejando.

Um grupo de tritões de grande porte, incluindo *Triturus cristatus* e *T. vittatus* mostra características morfológicas e comportamentais derivadas. Eles apresentam alto dimorfismo sexual e os machos defendem áreas de exibição.

Suas exibições são relativamente estáticas e carecem dos rápidos movimentos de leque da cauda que caracterizam

TABELA 10.4 Famílias de Gymnophiona

Rhinatrematidae: Gymnophiona terrestres que acredita-se que tenham larvas aquáticas (9 espécies na America do Sul, com até 30 centímetros)

Ichthyophiidae: Gymnophiona terrestres com larvas aquáticas (36 espécies na Asia com até 50 centímetros)

Uraeotyphlidae: Gymnophiona terrestres, ovíparos, talvez com desenvolvimento direto (5 espécies na índia, com até 30 centímetros)

Scolecomorphidae: cecílias terrestres, possivelmente vivíparas (6 espécies na África, com até 50 centímetros).

"Caeciliidae" (provavelmente não é uma linhagem monofilética). Gymnophiona terrestres e aquáticas tanto com espécies ovíparas quanto vivíparas. sem estágio larval aquático (cerca de 110 espécies nas Américas Central e do Sul e na África, índia e Ilhas Seychelles; de 10 centímetros a 1,5 metros).

Typhlonectidae: Gymnophiona aquáticas e semiaquáticas, todas são vivíparas com larvas aquáticas (13 espécies na América do Sul, com até 75 centímetros).

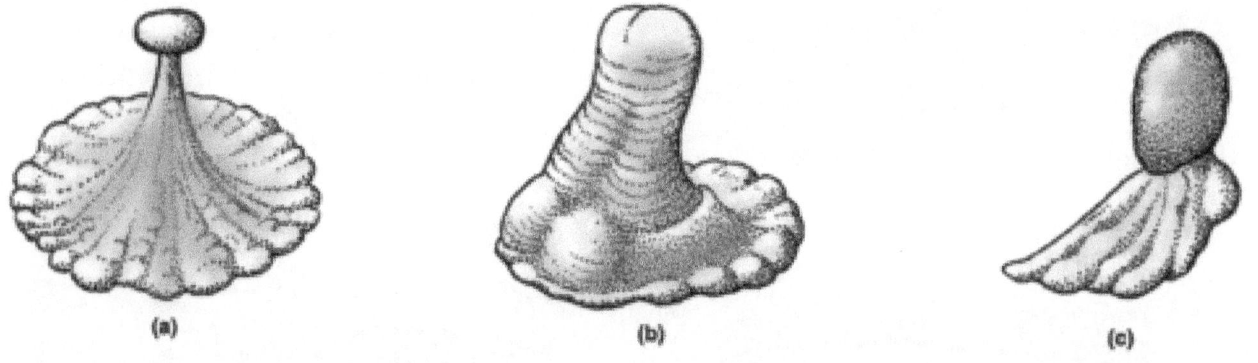

Figura 10-14 Espermatóforos: (a) salamandra-de-pintas-vermelhas, *Notophthalmus viridescens,* Salamandridae; (b) salamandra -rrepuscular, *Desmognathus juscus,* Plethodontidae; (c) salamandra-de-duas-linhas, *Eurycea bislineata,* Plethodontidae.

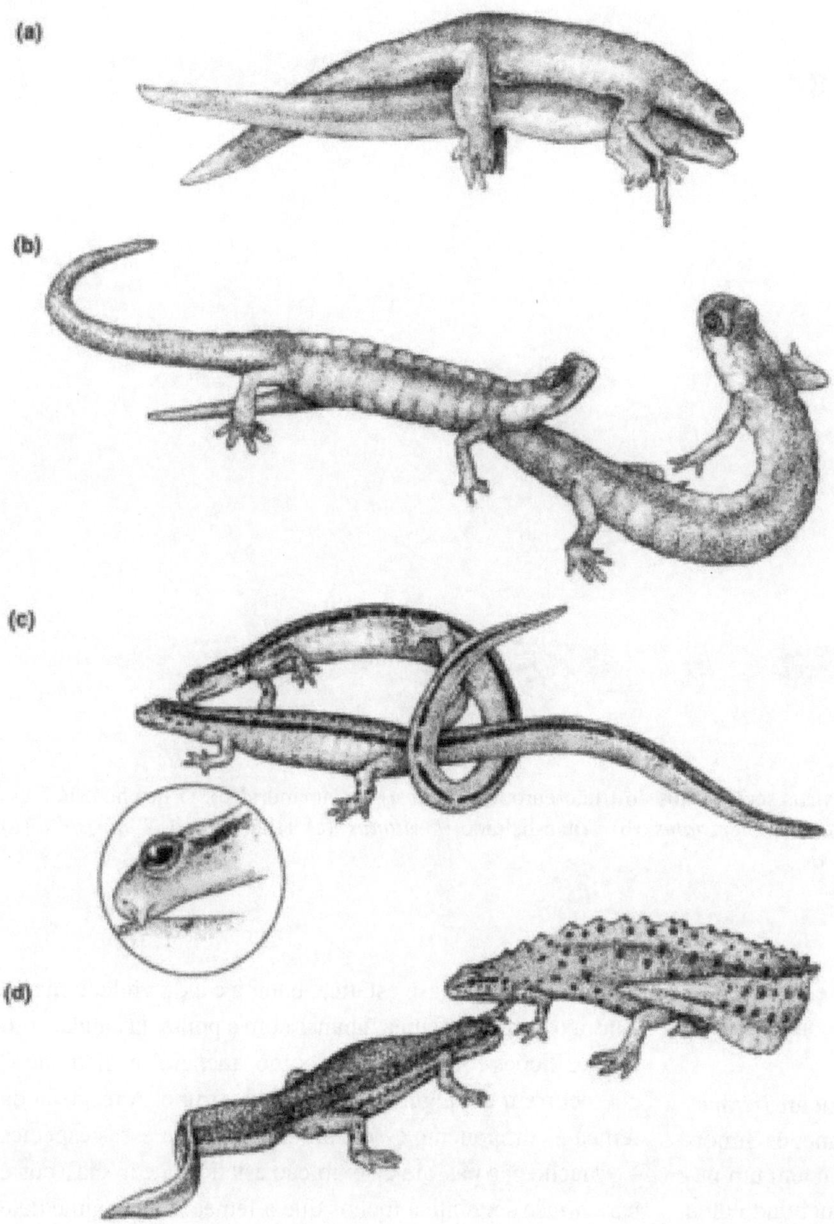

Figura 10-15 Transferência de feromônios pelo macho da salamandra: (a) um macho de tritão-de-pele-rugosa (*Taricha granulosa,* Salamandridae) esfregando seu queixo no pescoço da fêmea, (b) Uma fêmea de salamandra-de-jordan (*Plethodon jordani,* Plethodontidae) seguindo a fêmea no andar sobre a cauda que precede a deposição do espermatóforo. (c) Um macho de salamandra-de-duas-linhas (*Eurycea bislineata,* Plethodontidae) usando seu dente aumentado para raspar o topo da cabeça da fêmea, (d) Um macho de tritão-liso (*Triturus vulgaris,* Salamandridae) à direita usando sua cauda para espalhar feromônios na direção da fêmea.

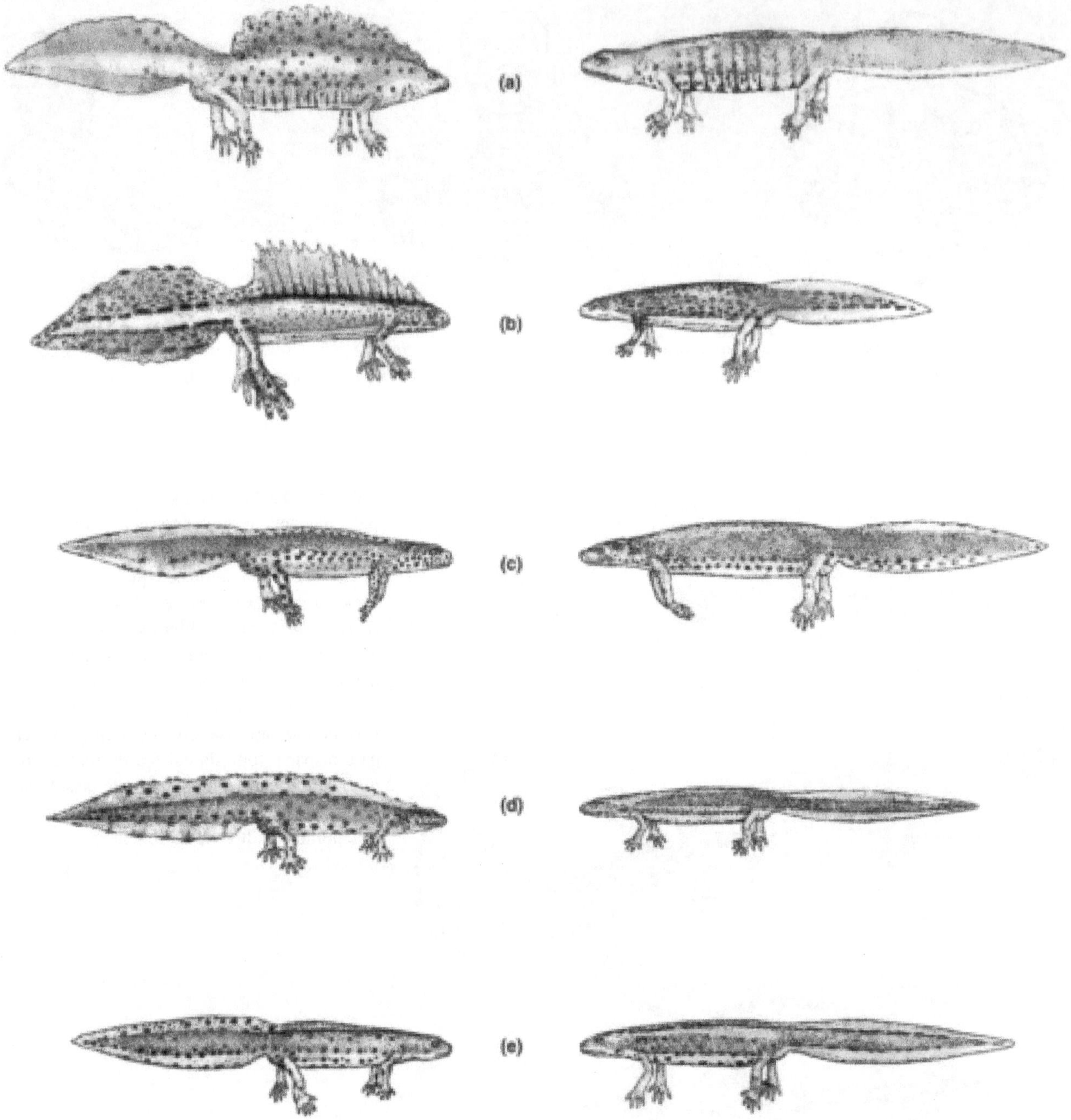

Figura 10-16 Dimorfismo dos caracteres sexuais secundários do tritão-europeu (*Triturus,* Salamandridae). O macho está à esquerda e a fêmea, à direita, (a) Tritão-de-crista-grande, *T. cristatus.* (b) Tritão-listrado, *T. vittatus.* (c) Tritâo-alpino, *T. alpestris.* (d) Tritão-liso, *T. vulgaris.* (e) Tritão-de-bosca, *T. boscai.*

outros grupos de *Triturus.* O macho dessas espécies não deposita o espermatóforo enquanto a fêmea cortejada não tocar a cauda dele com o focinho.

Um grupo de espécies de pequeno porte inclui *Triturus vulgaris* e *T. boscai.* Esses tritões apresentam menos dimorfismo sexual que as espécies de grande porte e têm um padrão mais diversificado de comportamentos, incluindo uma exibição lateral quase estática, bater a cauda violentamente contra o corpo da fêmea, abanar com a ponta da cauda e outras exibições com nomes tais como "meneio" e "flamenco" que ocorrem em algumas espécies do grupo. A resposta da fêmea é componente essencial da corte para essas espécies – o macho não passará da exibição estática que inicia a corte para a fase seguinte a menos que a fêmea se aproxime dele repetidas vezes, e não depositará o espermatóforo até que a rèmea toque sua cauda.

Essas tendências a maior dimorfismo sexual, exibições mais diversificadas e envolvimento mais ativo da fêmea na corte podem refletir a seleção sexual pelas fêmeas dentro dos grupos derivados. Halliday (1990) sugeriu que havia, na condição ancestral, a exibição de um único macho e que as fêmeas se acasalavam com os machos que a realizasse com mais vigor. Esse tipo de seleção pelas fêmeas produziria uma população de machos, todos se exibindo vigorosamente, e aqueles que incluíssem novos componentes a corte, seriam mais atraentes às fêmeas do que seus rivais.

Ovos e Larvas Na maioria dos casos, os Urodela que se reproduzem na água desovam na água. Os ovos podem ser depositados isoladamente ou numa massa de substância gelatinosa transparente. Os ovos eclodem em larvas aquáticas com brânquias que, exceto nas espécies aquáticas, se transformam em adultos terrestres. Algumas famílias, incluindo as salamandras sem pulmões (Plethodontidae), possuem inúmeras espécies que dispensaram parcial ou totalmente o estágio larval aquático. A salamandra-crepuscular, *Desmognathus fuscus,* põe seus ovos sob uma pedra ou um tronco junto à água; a fêmea permanece ao lado até depois da eclosão. As larvas saem dos ovos com brânquias pequenas e podem levar uma existência aquática ou diretamente para a vida terrestre. A salamandra-de-dorso-vermelho, *Plexhodon cinereus,* desova nos buracos dos troncos podres ou sob uma pedra. Os embriões têm brânquias, mas estas são reabsorvidas antes da eclosão e os eclodentes são miniaturas dos adultos.

Viviparidade Somente algumas espécies de salamandras dos gêneros *Salamandra* e *Mertensiella* dão à luz filhotes. *A* salamandra europeia (*Salamandra salamandra*) produz 20 ou mais larvinhas, cada uma com cerca de 1/20 do comprimento do adulto. Os embriões provavelmente retiram do vitelo toda a energia necessária ao crescimento e desenvolvimento. As larvas são liberadas na água e passam por um estágio aquático que dura cerca de três meses. A salamandra-alpina (*S. atra*), intimamente aparentada, dá à luz um ou dois filhotes totalmente desenvolvidos, com cerca de 1/3 do comprimento do corpo do adulto. Os embriões dessa espécie são alimentados pelas secreções dos ovidutos, tal como ocorre com os Gymnophiona.

Pedomorfose A pedomorfose é a norma em famílias como Cryptobranchidae e Proteidae, caracterizando a maioria dos habitantes de cavernas. Aparece também como uma variante na história de vida de espécies de salamandras que usualmente sofrem metamorfose, podendo ser uma resposta de curto prazo às condições dos habitats aquáticos ou terrestres. As histórias de vida de duas espécies de salamandras do leste da América do Norte oferecem exemplos da flexibilidade da pedomorfose.

A salamandra-de-boca-pequena, *Ambystoma talpoideum, é* a única espécie de salamandra-toupeira do leste da América do Norte que exibe pedomorfose, embora diversas espécies de *Ambystoma* do oeste dos Estados Unidos e do México sejam pedomórficas. A salamandra-de-boca-pequena se reproduz no outono e inverno e, durante o verão seguinte, algumas larvas sofrem metamorfose e se tomam filhotes terrestres. Esses animais tornam-se sexualmente maduros por volta do outono e retomam às lagoas para a reprodução, quando estão com mais ou menos um ano de idade. As lagoas da Carolina do Sul também abrigam larvas pedomórficas que ali permanecem durante todo o verão, atingindo a maturidade e reproduzindo-se no inverno. Algumas dessas formas pedomórficas sofrem metamorfose após a reprodução, mas outras não se metamorfoseiam e permanecem nas lagoas como adultos permanentemente pedomórficos.

Anuros

Os Anura são os anfíbios mais conhecidos, principalmente devido às vocalizações associadas ao seu comportamento reprodutivo. Nem é necessário sair de uma cidade para ouvi-los. Na primavera, um canal de drenagem coberto de ervas-daninhas à beira da estrada ou um brejo cheio de lixo ao lado do estacionamento de um "shopping center" provavelmente atrairão alguns sapos ou pererecas que ainda não sucumbiram à usurpação humana de seus habitats.

Os sistemas de acasalamento dos Anura se dividem, grosso modo, em *reprodução explosiva* (estação reprodutiva muito curta, às vezes de apenas alguns dias) e *reprodução prolongada* (estações reprodutivas que se estendem por vários meses). As espécies de reprodução explosiva incluem muitos sapos e outros Anura que acasalam em habitats aquáticos temporários, como lagoas vemais ou poças formadas no deserto. Como esses corpos aquáticos não duram muito tempo, as congregações reprodutivas de anuros geralmente se formam logo que o local se tome disponível. Machos e fêmeas chegam aos sítios reprodutivos quase simultaneamente e, de modo geral, em grandes números. Como toda a população se reproduz em curto período de tempo, o número de machos e fêmeas presentes é mais ou menos idêntico. O fator tempo é a principal restrição ao número de fêmeas que um macho é capaz de cortejar e o sucesso no acasalamento costuma ser o mesmo para todos os machos de um coro.

Nas espécies com estação reprodutiva prolongada, os machos geralmente chegam antes das fêmeas aos sítios reprodutivos. Em algumas espécies, como as rãs-verdes (*Rana clamitans*), os machos estabelecem territórios onde permanecem vários meses, defendendo-os contra a aproximação de outros machos. Em outras espécies, os machos se locomovem diariamente entre abrigos diurnos e sítios de vocalização noturnos. As fêmeas vão aos sítios reprodutivos apenas para o acasalamento, abandonando-os logo em seguida. Poucas fêmeas comparecem de cada vez e, à noite, o número de machos no sítio reprodutivo é maior que o de fêmeas. O sucesso no acasalamento é bastante desigual, com muitos machos não se acasalando e uns poucos acasalando-se várias vezes. Os machos das espécies de Anura com reprodução prolongada competem para atrair as fêmeas, em geral por meio da vocalização. As características da vocalização dos anuros machos (altura, duração ou taxa de repetição) fornecem informações que uma fêmea utiliza para avaliar sua qualidade como parceiro potencial. Esta é uma ativa área de estudo do comportamento dos Anura.

Vocalizações O canto dos Anura é diversificado; varia de uma espécie para outra e a maioria das espécies tem dois ou três tipos diferentes de canto, usados em diferentes situações. Os cantos mais conhecidos são aqueles geralmente chamados de cantos nupciais, embora seja preferível um termo menos específico, como **cantos de chamamento**. Esses cantos variam desde o *"pip"* agudo da perereca-saltadora até o *"uaaah"* anasalado do sapo-de-pés-de-enxada ou o *"jug-o-rum"* grave da rã-touro. As características de um canto identificam a espécie e o sexo do indivíduo que o emite. Muitas espécies de Anura são territoriais e os machos de uma delas, pelo menos, a rã-touro norte-americana (*Rana catesbeiana*), se reconhecem individualmente pela voz.

O canto de chamamento é uma característica evolutiva conservadora e geralmente há grande semelhança entre os cantos dos grupos taxonômicos aparentados. Sobrepostos à semelhança básica estão os efeitos de fatores morfológicos, como o tamanho corporal, bem como de fatores ecológicos derivados das características do habitat. A maioria dos sapos (*Bufo*) possui um canto de chamamento trilado, que consiste em uma sequência de pulsos repetidos (um trilo), mas a altura do canto varia com o tamanho do corpo, estendendo desde 5.200 hertz do sapo-dos-carvalhos (*B. quercicus*), cujo corpo tem comprimento de apenas 2-3 centímetros até 600 hertz para o sapo-gigante (*B. marinus*), cujo comprimento corporal é de cerca de 20 centímetros. O sapo-de-bornéo (*Metaphrynella sundana*) canta de dentro de cavidades em árvores e machos dessas espécies ajustam a frequência de seus chamados para tirar proveito da frequência de ressonância do buraco de onde estão chamando (Lardner e bin Lakin 2002). As fêmeas respondem ao canto de chamamento dos machos de sua espécie por um breve período, quando seus ovos estão prontos para ser postos. Os hormônios associados à ovulação sensibilizem células específicas do sistema auditivo, as quais, ao ouvir o canto do macho, respondem às características específicas da espécie. Coros mistos de Anura são comuns na estação de acasalamento; uma dúzia de espécies pode se reproduzir simultaneamente em uma lagoa. Nessa situação, a resposta da fêmea ao canto nupcial de sua própria espécie é um mecanismo para o reconhecimento da espécie.

Custos e Benefícios da Vocalização As vocalizações dos anuros machos são dispendiosas em dois sentidos. A energia real utilizada na produção do canto pode ser muito grande e as variações no padrão de canto que acompanham as interações sociais entre os machos de um coro reprodutivo aumentam o custo por canto (ver Quadro 10-1). Outro custo da vocalização para um macho é o risco de predação. Uma função crítica da vocalização é permitir que a fêmea localize o macho, mas as fêmeas não são os únicos animais capazes de utilizar as vocalizações como pistas para encontrar os machos dos sapos – os predadores de anuros também têm facilidade em localizar os anuros em vocalização. A rã-de-túngara (*Physalaemus pustulosus*) é um pequeno Leptodactylidae terrestre que ocorre na América Central (Figura 10-19). A rã-de-túngara se reproduz em pequenas poças e as reuniões reprodutivas variam desde um único macho até coros com várias centenas deles. O canto de chamamento do macho é um ruído estranho: mais parece que ele está numa galeria de videogames do que na noite tropical. O gemido começa numa frequência de 900 hz e cai para 400 hz em cerca de 400 milissegundos (Figura 10-20). O gemido é emitido isoladamente ou seguido por um ou vários trilados. Quando o macho vocaliza isoladamente em uma lagoa, em geral ele emite apenas a porção lamuriosa do canto, mas, à medida que outros machos juntam-se ao coro, um número cada vez maior deles produz cantos que incluem os trilados. Os machos da rã-de-túngara, vocalizando em uma lagoa de reprodução, acrescentam trilados ao seu canto quando ouvem gravações em fita do canto de outros machos. Essa observação sugeriu que a presença de outros machos vocalizando foi o fator que estimulou os sapos a tomarem seus cantos mais complexos pela adição de trilados ao final do gemido.

Qual vantagem teria um macho, num coro, ao usar o gemido-trilado em vez do simples gemido? Talvez o canto composto seja mais atraente às fêmeas do que o canto simples. Michael Ryan e Stanley Rand testaram essa hipótese colocando fêmeas da rã-de-túngara em uma arena de teste com um alto-falante de cada lado. Um deles transmitia o gemido; o outro, o gemido-trilado. Quando individualmente soltas no centro da arena, 14 das 15 fêmeas testadas se moveram na direção do alto-falante que emitia o gemido-trilado.

Se as fêmeas são atraídas preferencialmente para o gemido-trilado, em detrimento do simples gemido, por que os machos somente emitem esse canto composto quando outros

QUADRO 10.1 O Custo Energético da Vocalização dos Anuros

As vocalizações dos Anura, como a maioria dos sinais acústicos dos tetrápodes, são produzidas quando o ar dos pulmões é forçado através das cordas vocais, fazendo-as vibrar. A contração dos músculos do tronco fornece a pressão nos pulmões que impulsiona o ar através das cordas vocais e essas contrações requerem energia metabólica. A medição do gasto real de energia dos anuros durante a vocalização é tecnicamente difícil, porque é preciso colocar o anuro em uma câmara metabólica hermética para medir a quantidade de oxigênio que ele consome e esse procedimento pode assustar o animal e impedi-lo de vocalizar. Ted Taigen e Kent Wells (1985), da Universidade de Connecticut, superaram essa dificuldade em seus estudos com a perereca-cinzenta (*Hyla versicolor*), levando as câmaras de metabolismo até as lagoas de reprodução (Figura 10-17). Os machos em vocalização foram colocados nas câmaras no começo da noite e deixados em paz. Com o estímulo do coro à sua volta, eles vocalizariam nas câmaras. Suas vocalizações foram registradas com microfones ligados a cada câmara e a quantidade de oxigênio utilizada durante o canto foi determinada pela queda da concentração de oxigênio na câmara ao longo do tempo.

As taxas de consumo individual de oxigênio foram diretamente proporcionais às taxas de vocalização (Figura 10-18). Na taxa de vocalização mais baixa, 150 cantos por hora, o consumo de oxigênio esteve pouco acima dos níveis de repouso. Contudo, nas taxas mais altas, 1.500 cantos por hora, os animais consumiram oxigênio até mesmo mais rápido do que durante os altos níveis de atividade locomotora. O exame dos músculos do tronco dos machos, que se hipertrofiam enormemente durante a estação reprodutiva, revelou especializações bioquímicas que parecem permitir esse alto nível de consumo de oxigênio durante a vocalização (Marsh e Taigen 1987).

O canto de chamamento da perereca cinzenta é um trilado que dura de 0,7 a 1,7 segundos. Durante seus estudos, Wells e Taigen descobriram que as pererecas cinzentas emitiam cantos curtos quando estavam em coros pequenos e alongavam seus cantos quando muitos outros machos vocalizavam nas proximidades (Wells e Taigen 1986). Demonstrou-se depois que os cantos longos são mais atraentes às fêmeas do que os curtos (Klump e Gerhardt 1987), mas os longos chamados requerem energia. Um longo chamado requer duas vezes mais energia do que um curto, e a taxa de consumo de oxigênio durante a vocalização aumenta à medida que a duração do canto aumenta. Essa relação sugere que, tudo o mais constante, um macho de perereca-cinzenta que aumentasse a duração do canto para ser mais atraente às fêmeas pagaria o preço da sedução com maior taxa de gasto de energia.

Evidências índiretas sugerem que o custo energético da vocalização limita o tempo que um macho de perereca-cinzenta poderia gastar em um coro reprodutivo. As pererecas cantam apenas 2-4 horas a cada noite e as reservas de gh-cogênio (substrato metabólico utilizado por anuros em vocalização) diminuem em 50 por cento nesse período. Wells e Taigen conseguiram simular os efeitos de diferentes tamanhos de coro, reproduzindo gravações em fita para os anuros. Os animais combinaram seus próprios cantos com os cantos gravados que ouviam – respostas curtas para cantos curtos, médias para cantos médios e longas para cantos longos.

◄Figura 10-17 Medição do consumo de oxigênio de um Anura vocalizando. Perereca-cinzenta (Hyla versicolor, Hylidae) em uma câmara metabólica ao lado de uma lagoa de reprodução. Um microfone na câmara registra os chamamentos da perereca e um termômetro mede a temperatura no interior da câmara. Amostras de gás são tomadas no tubo para medir o consumo de oxigênio.

Continua

Continuação

À medida que a duração dos cantos aumentava, os machos reduziam sua taxa de vocalização. A redução da taxa de vocalização praticamente equilibrou a duração aumentada de cada canto, de modo que o esforço total do canto (número de segundos de vocalização por hora) foi quase independente da duração do canto. Assim, parece que os machos de perereca-cinzenta compensam o custo mais alto dos cantos longos emitindo menor número destes. Entretanto, essa acomodação talvez não elimine inteiramente o problema de altos custos energéticos para os machos que emitem cantos longos. Embora o esforço de vocalização tenha sido aproximadamente o mesmo, os machos que emitiram cantos longos a taxas baixas gastaram menos horas por noite vocalizando do que aqueles que produziram cantos curtos a taxas mais elevadas.

O alto custo energético da vocalização oferece uma explicação para o padrão de cantos curtos e longos produzidos pelos machos de perereca-cinzenta. O período de tempo em que um macho isolado é capaz de cantar poderia ser o fator mais importante do seu sucesso em atrair uma fêmea e a relação entre a taxa de vocalização e a duração do canto sugere que os machos estejam funcionando em seus limites fisiológicos ou próximo deles. Emitir cantos curtos e vocalizar durante várias horas toda noite seria a melhor estratégia se um macho dispuser dessa opção. Em um coro grande, contudo, a competição com outros machos é intensa; emitir um canto mais longo e atraente será importante, mesmo se o macho puder cantar apenas durante um curto período de tempo.

Da perspectiva de uma fêmea, entretanto, pode haver um significado a mais no comprimento do chamado se a habilidade de produzir chamados de alto custo identifica os machos mais aptos. A hipótese dos Genes Bons prediz que a característica dos machos que são prefendas pelas fêmeas, tal como um longo chamado, identifica geneticamente os machos superiores. Essa hipótese foi estudada em pererecas-cinzentas arborícolas comparando-se as taxas de crescimento dos girinos de machos que produzem longos chamados, àqueles de girinos de machos com chamados curtos (Welch 1998). Na maioria dos casos, os girinos de machos de canto longo cresceram mais rápido do que aqueles de machos de canto curto, especialmente quando a comida disponível para as lanas era limitada Não houve diferença na sobrevivência das larvas à metamorfose, mas depois que as pequenas pererecas tinham se metamorfoseado, aqueles de machos de chamado longo, cresceram mais rápido do que aqueles de chamado curto. Este estudo sugere que uma fêmea de perereca-cinzenta pode melhorar a sobrevivência dos filhotes, acasalando-se com machos que produzam chamados longos.

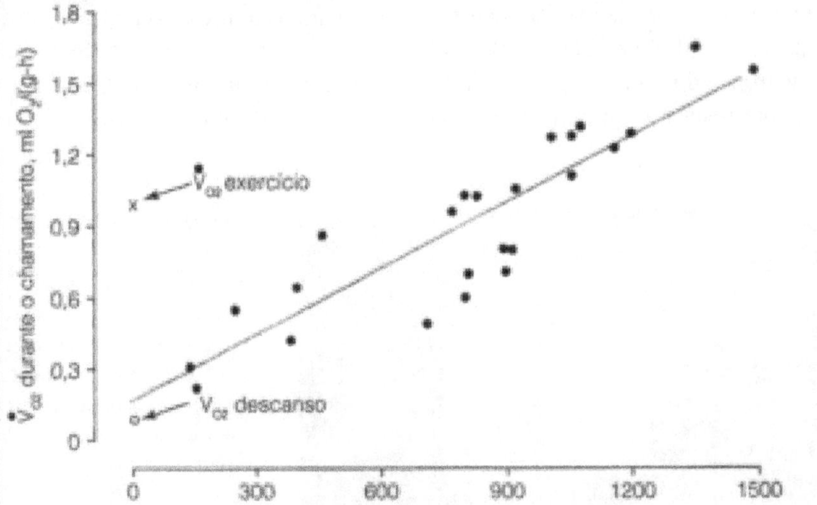

Figura 10-18 Custo energético do chamamento. Taxas de consumo de oxigênio de anuros vocalizando dentro de câmaras metabólicas (eixo vertical) como função da taxa de chamamento (eixo horizontal). A energia gasta por um anuro vocalizando aumenta na proporção direta do número de chamamentos por hora. As taxas de consumo de oxigênio para anuros em descanço (o) e durante o exercício máximo (x) são mostrados para comparação.

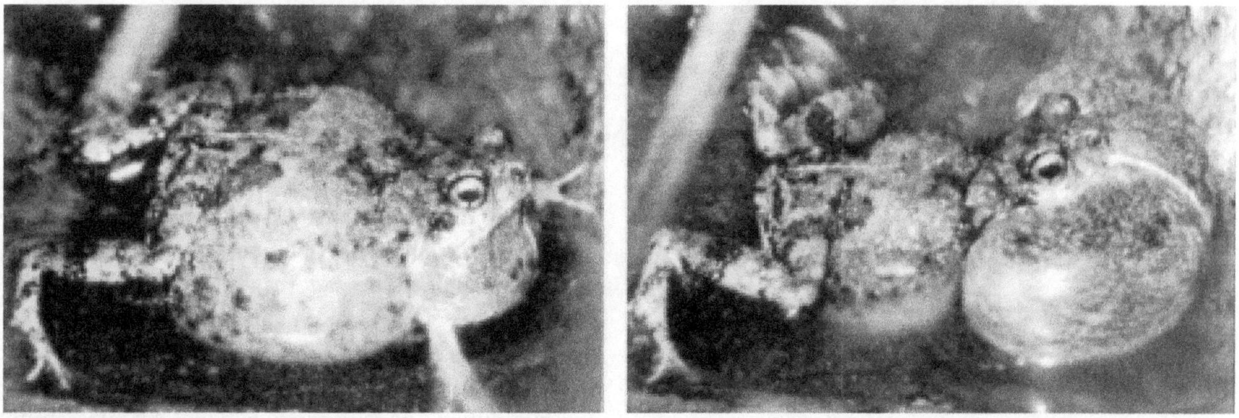

Figura 10-19 Macho de rã-de-túngara (*Physalaemus pustulosus,* Leptodactylidae) vocalizando. O ar é forçado dos pulmões (esquerda) a passar pelos sacos vocais (direita).

machos estão presentes? Por que eles não emitem sempre o canto mais atrativo? Uma possibilidade é que o canto composto requeira mais energia do que o canto simples e os machos economizam energia usando o gemido-trilado somente quando a competição com outros machos toma necessário esse dispêndio de energia. Entretanto, as medições do gasto de energia dos machos vocalizantes da rã-de-túngara mostraram que o custo energético não estava relacionado ao número de trilados. Outra possibilidade é que os machos, ao emitirem gemidos-trilados, ficam mais vulneráveis aos predadores do que quando emitem apenas gemidos. Os coros reprodutivos da rã-de-túngara são predados pelo morcego anurófago, *Trachops cirrhosus,* que os localiza orientando-se por suas vocalizações.

Em uma série de experimentos com fitas gravadas, Ryan e Merlin Tuttle colocaram pares de alto-falantes na floresta e reproduziram vocalizações da rã-de-túngara. Um alto-falante reproduzia a gravação de um gemido; o outro, de um gemido-trilado. Os morcegos responderam como se os alto-falantes fossem anuros: voaram em sua direção e até pousaram sobre eles. Em cinco experimentos em locais diferentes, os morcegos se aproximaram dos alto-falantes que reproduziam gemidos-trilados com frequência duas vezes maior do que fizeram com os alto-falantes que reproduziam gemidos simples (168 abordagens contra 81). Assim, as fêmeas não são as únicas que acham os cantos compostos mais atraentes que os cantos simples – um importante predador de anuros também responde com mais intensidade aos cantos compostos. A predação pode ser um sério risco para os machos da rã-de-túngara. Ryan e seus colaboradores mediram as taxas de predação em coros de diferentes tamanhos. Eis os principais predadores: o morcego anurófago, uma espécie de marsupial (*Philander opossum*) e uma espécie de anuro de maior porte (*Leptodactylus pentadactylus*); os morcegos foram os mais importantes predadores da rã-de-túngara. Coros grandes de anuros não atraíram mais os morcegos do que coros pequenos e, consequentemente, o risco de predação para um determinado anuro foi menor em um coro grande do que em um coro pequeno. A predação por noite alcançou surpreendentes 19 por cento dos anuros no coro menor e significativos 1,5 por cento por noite mesmo no coro maior. Quando o macho passa do canto simples para o canto composto, aumentam suas chances de atrair uma fêmea, mas, ao mesmo tempo, aumenta o risco de atrair um predador. Nos coros pequenos, a competição dos outros machos pelas fêmeas é relativamente pequena e o risco de predação é relativamente grande. Nessas condições, parece ser vantajoso para a rã-de-túngara emitir cantos simples. Contudo, à medida que o tamanho do coro aumenta, a competição com outros machos também aumenta – enquanto diminui o risco de predação. Nessa situação, parece que a vantagem de emitir um canto composto pesa mais que os riscos.

Modos de Reprodução Na maioria dos anuros, a fecundação é externa; o macho usa as patas dianteiras para segurar a fêmea na região peitoral (**amplexo axilar**) ou na região pelvina (**amplexo inguinal**). O amplexo pode ser mantido por várias horas, ou mesmo dias, antes que a fêmea desove. Os machos do sapo-de-cauda da costa noroeste da América do Norte (*Ascaphus truei*) têm uma extensão na cloaca (a "cauda" que lhe dá o nome) que é usada para introduzir o esperma na cloaca da fêmea. A fecundação interna foi demonstrada no coqui porto-riquenho (*Eleutherodactylus coqui*) e talvez seja difundida entre os Anura que desovam em terra. A fecundação também deve ser interna nas poucas espécies de Anura vivíparos.

Os Anura mostram diversidade ainda maior que a dos Urodela em seus modos de reprodução. Está claro que hábi-

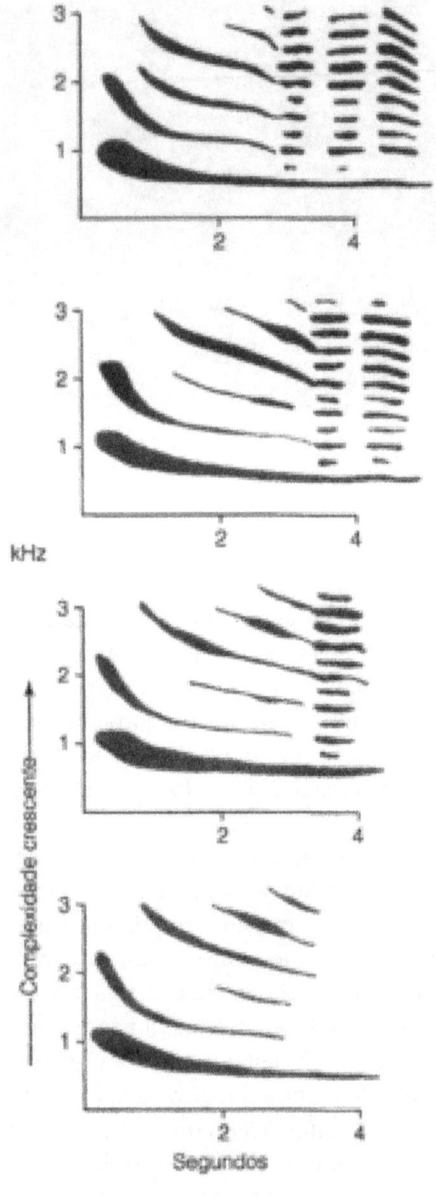

Figura 10-20 Sonogramas do canto de chamamento do *Physalaemus pustulosus* (Leptodactylidae). O canto aumenta em complexidade, de baixo (apenas um gemido) para cima (um gemido seguido de três trilados). O sonograma é uma representação gráfica de um som: o tempo é mostrado no eixo horizontal e a frequência, no eixo vertical.

tos reprodutivos similares evoluíram independentemente em diferentes grupos. Ovos grandes produzem filhotes grandes, que provavelmente têm mais chances de sobreviver que filhotes pequenos; mas os ovos grandes também requerem mais tempo para eclodir e ficam mais tempo expostos aos predadores. Assim, a evolução de ovos e filhotes grandes tem sido frequentemente acompanhada pela evolução simultânea de comportamentos que protegem os ovos, e às vezes também os girinos, contra a predação. Um estudo dos Anura da Floresta Amazônica revelou uma relação positiva entre a intensidade de predação dos ovos numa lagoa e a proporção de espécies de anuros da área que desovavam em ambientes terrestres (Magnusson e Hero 1991). Muitas espécies arborícolas (representadas na Figura 10-21 por *Centrolenellá*) põem seus ovos em folhas de árvores suspensas sobre a água. O desenvolvimento embrionário transcorre fora do alcance de predadores aquáticos de ovos e os girinos, quando eclodem, caem na água e adotam uma existência aquática. Outros anuros, como *Physalaemus pustulosus,* alcançam o mesmo resultado construindo ninhos de espuma que flutuam na superfície da água. A fêmea emite uma copiosa secreção de muco durante o amplexo, que o casal transforma em espuma batendo-a com os membros traseiros. Os ovos são depositados nessa massa de espuma e os girinos, quando eclodem, caem na água através da espuma.

Embora esses métodos reduzam a mortalidade dos ovos, os girinos estão sujeitos à predação e competição. Alguns anuros evitam esses problemas encontrando ou construindo sítios reprodutivos livres de predação e competição. Algumas espécies, por exemplo, desovam na água que se acumula nas bromeliáceas – plantas epífitas tropicais que crescem em árvores e que são morfologicamente especializadas na coleta da água de chuva. Uma bromeliácea de grande porte retém vários litros de água e é nesse micro-habitat protegido que os anuros passam pelos estágios de ovo e larva. Muitos Anura tropicais desovam em terra, perto da água. Os ovos ou girinos podem ser tirados desses ninhos quando o nível da lagoa se eleva após uma tempestade. Outras espécies constróem piscinas nas margens lamacentas de rios. Essas estruturas, com forma de vulcão, são preenchidas com água de chuva ou de drenagem e proporcionam um ambiente favorável aos ovos e girinos. Alguns Anura eliminaram completamente o estágio de girino. Essas espécies põem seus grandes ovos em terra, e estes se desenvolvem diretamente em pequenos anuros. Esse padrão é característico de cerca de 20 por cento de todas as espécies de anuros.

Cuidado Parental Os adultos de muitas espécies de Anura guardam os ovos de maneira específica. Em alguns casos, é o macho que protege os ovos; em outros, é a fêmea. Na maioria dos casos, não se sabe claramente qual sexo está envolvido, pois a identificação sexual externa é difícil em muitas espécies. Alguns Anura que desovam acima da linha d'água permanecem com seus ovos. Algumas espécies sentam-se ao lado dos ovos; outras descansam sobre eles. Muitos Anura terrestres que põem ovos de desenvolvimento direto permanecem com eles e atacam os animais que se aproximam do ninho. A saída do guardião geralmente resulta no dessecamento e morte dos ovos antes da eclosão ou em

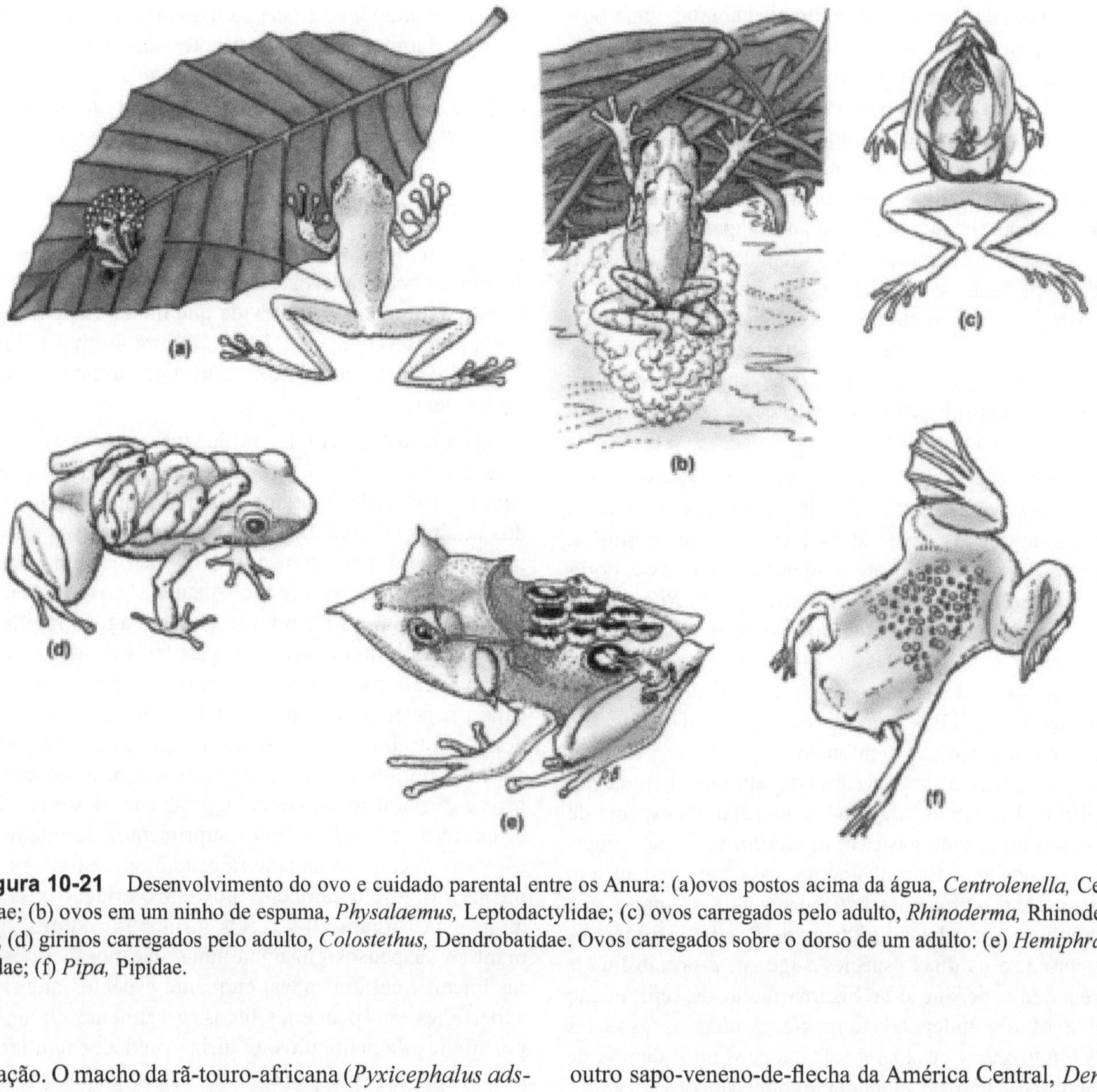

Figura 10-21 Desenvolvimento do ovo e cuidado parental entre os Anura: (a)ovos postos acima da água, *Centrolenella,* Centrolenidae; (b) ovos em um ninho de espuma, *Physalaemus,* Leptodactylidae; (c) ovos carregados pelo adulto, *Rhinoderma,* Rhinodermatidae; (d) girinos carregados pelo adulto, *Colostethus,* Dendrobatidae. Ovos carregados sobre o dorso de um adulto: (e) *Hemiphractus,* Hylidae; (f) *Pipa,* Pipidae.

predação. O macho da rã-touro-africana (*Pyxicephalus adspersus*) protege seus ovos e continua a proteger os girinos após a eclosão. O macho acompanha o cardume de girinos e até escava um canal para permitir que nadem de uma poça a outra no alagado. Os girinos de várias espécies do género tropical americano *Leptodactylus* seguem a mãe em tomo da lagoa. Os *Leptodactylus* são Anura grandes e agressivos, capazes de afastar muitos predadores potenciais.

Alguns sapos-veneno-de-flecha dos trópicos americanos desovam no solo e um dos pais permanece com os ovos até eclodirem em girinos. Os girinos aderem ao adulto e são transportados até a água. As fêmeas do sapo panamenho *Colosthetus inguinalis* carregam os girinos por mais de uma semana e, durante esse período, os filhotes aumentam de tamanho. Os maiores girinos carregados pelas fêmeas tinham pequenas quantidades de vegetais no estômago, sugerindo que haviam começado a se alimentar enquanto ainda estavam sendo transportados pela mãe. As fêmeas de outro sapo-veneno-de-flecha da América Central, *Dendrobates pumilio,* liberam os girinos em pequenas poças de água nas axilas das folhas de plantas, ali retomando a intervalos para depositar ovos não-fecundados que são comidos pelos girinos.

Outros Anura, em vez de permanecer com os ovos, carregam-nos consigo. O macho do sapo-parteiro europeu (*Alytes obstetricians*) reúne os cordões de ovos em torno das patas traseiras à medida que a fêmea os põe. Ele carrega os ovos até que estejam prontos para a eclosão, momento em que libera os girinos na água. O macho do sapo-de-darwin (*Rhinoderma darwini*), uma espécie terrestre chilena, abocanha os ovos postos pela fêmea e os carrega nas suas bolsas vocais, que se estendem até a região pelvina. Os embriões sofrem metamorfose nos sacos vocais e emergem como fdhotes totalmente desenvolvidos. Os machos não são os únicos a cuidar dos ovos. As fêmeas de um grupo de pererecas carregam os ovos nas costas, numa depressão oval aberta, numa bolsa fechada ou em bolsas individuais. Os ovos desenvolvem-se em miniaturas de pererecas antes de abandonarem o dorso da mãe. Uma especialização similar é observada no sapo totalmente aquático do Suriname, *Pipa pipa.* Na estação reprodutiva, o tegumento do dorso" da fêmea se toma espesso e macio. Na ovipostura, o casal abraçado sai nadando em círculos verticais. Na parte superior do círculo, a fêmea está sobre o macho e libera alguns ovos que caem sobre a superfície ventral dele. O macho fecunda os ovos e, na parte inferior do círculo, pressiona-os contra o dorso da fêmea. Os ovos penetram no tegumento macio e forma-se uma cobertura sobre cada um deles, envolvendo-os em uma pequena cápsula. Os ovos se desenvolvem até a metamorfose dentro das cápsulas.

Os girinos de duas espécies do género australiano *Rheobatrachus* são carregados no estômago da fêmea. A fêmea engole os ovos ou as larvas recém-eclodidas, retendo-os no estômago até a metamorfose. Esse comportamento foi descrito pela primeira vez no *Rheobatrachus silus* e era acompanhado por extensas modificações morfológicas e fisiológicas do estômago. Essas mudanças incluem a distensão da porção cranial do estômago, a separação de células musculares individuais do tecido conjuntivo adjacente e a inibição da secreção de ácido clorídrico, talvez através da prostaglandina liberada pelos girinos. Em janeiro de 1984, uma segunda espécie de anuro com incubação gástrica, *R. vitellinus,* foi descoberta em Queensland. Estranhamente, essa espécie não tem as extensas modificações estruturais do estômago que caracterizam a incubação gástrica de *R. silus.* Diferenças notáveis entre as duas espécies sugerem a possibilidade surpreendente de que esse bizarro modo de reprodução tenha evoluído independentemente. Ambas as espécies de *Rheobatrachus* desapareceram poucos anos depois de descobertas e não há qualquer explicação óbvia para a aparente extinção desses anuros fascinantes.

As fêmeas do Leptodactylidae jamaicano *Eleutherodactylus cundalli,* e machos de dois microhilídeos da Nova Guiné (*Liophryne schlaginhaufeni* e *Spehnophryne comuta*) carregam filhotes em seus dorsos. Os machos de *Liophryne* carregam os filhotes por períodos de três a nove noites e alguns pulam de seu dorso a cada noite (Bickford, 2002).

Viviparidade Apenas poucas espécies de Anura são vivíparas (Wake, 1993). As cinco espécies do género de Bufonidae africano *Nectophrynoides* apresentam um espectro de modos reprodutivos. Uma espécie põe ovos que são fertilizados externamente e eclodem como girinos aquáticos, duas espécies produzem filhotes que são alimentados pelo vitelo e as duas restantes têm embriões que se alimentam das secreções das paredes dos ovidutos. O coqui-dourado (*Eleutherodactylus jasperi,* um Leptodactylidae porto-riquenho) também dá à luz filhotes totalmente formados, mas nesse caso a energia e os nutrientes vêm do vitelo (o coqui-dourado é outra espécie de anfíbio que desapareceu e é considerada extinta).

A Ecologia dos Girinos

Embora muitas espécies de Anura tenham desenvolvido modos reprodutivos que suprimem um estágio larval aquático, uma história de vida que inclui um girino apresenta certas vantagens. O girino é um animal completamente diferente do adulto, tanto morfológica como ecologicamente.

Os girinos são tão diversificados em suas especializações morfológicas e ecológicas quanto os adultos e ocupam uma variedade de habitats quase tão grande como a dos adultos (Figura 10-22). O girino que vive em águas paradas geralmente tem corpo ovóide e cauda com nadadeiras que são tão grandes quanto a parte muscular da cauda, enquanto o girino que vive em águas rápidas tem corpo mais hidrodinâmico e nadadeira caudal menor. O girino semiterrestre meneia pela lama e pelas folhas e escala a superfície úmida das pedras; em geral é achatado dorso-ventralmente e tem nadadeira caudal pequena ou ausente; muitos girinos que vivem em bromeliáceas têm forma corporal semelhante. O girino com desenvolvimento direto dispõem de amplos suprimentos de vitelo e tem as peças bucais e a nadadeira caudal reduzidas. As peças bucais do girino também mostram variação relacionada à dieta (Figura 10-23). Os girinos filtradores, que se mantêm suspensos em meia água, não possuem estruturas bucais queratinizadas, enquanto espécies que raspam superfícies têm pequenos bicos, geralmente circundados por fileiras de dentículos. O girino predador tem um bico maior, que arranca pedaços de outros girinos. O girino com boca de funil que se alimenta na superfície tem peças bucais bastante ampliadas, que capturam o material que flutua à tona da água.

Os girinos da maioria das espécies de Anura são herbívoros filtradores, enquanto todos os organismos adultos são carnívoros que capturam presas individuais. Devido a essas diferenças, os girinos podem explorar recursos que não estão disponíveis aos adultos. Essa vantagem talvez seja o fator que levou muitas espécies de Anura a reter o padrão ancestral de história de vida, no qual uma larva aquática transforma-se em um adulto terrestre. Muitos aquáticos experimentam fluxos anuais de produção primária, quando os nutrientes carregados para uma poça pela chuva ou derretimento da neve estimulam o rápido crescimento de algas. Nessa proliferação de algas, a energia e os nutrientes são recursos transitórios que estão disponíveis por um breve período aos organismos capazes de explorá-los.

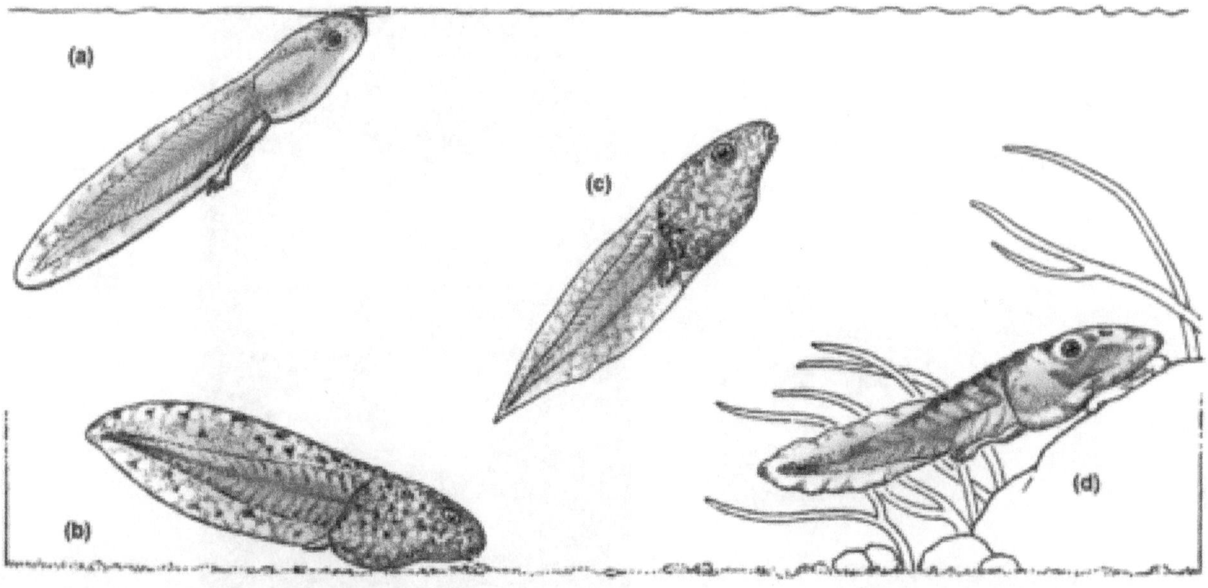

Figura 10-22 Formas corpóreas de girinos: (a) *Megophrys minor,* Megophryidae. As partes bucais desdobram-se em uma placa sobre a qual a água e as partículas de alimento da superfície são levadas para dentro da boca. (b) *Rana aurora,* Ranidae. Comendo de tudo, o animal mordisca e raspa o alimento de superfícies, (c) *Agalychnis callidryas,* Hylidae. Comendo o que está em suspensão no meio da coluna dágua, o animal mostra as nadadeiras grandes e os olhos salientes típicos desses girinos. Ele mantém sua posição na coluna d'água com ondulações rápidas da ponta da cauda, (d) Espécie não identificada de *Nyctimystes,* Hylidae. Um girino habitante de riachos que adere às pedras das águas de fluxo rápido com sua boca em forma de ventosa, enquanto raspa algas e bactérias das pedras. As nadadeiras baixas e a cauda poderosa são características dos girinos que habitam correntes rápidas.

Os girinos são máquinas excepcionais de comer. Todos os girinos extraem da água as partículas alimentares suspensas; a alimentação e a ventilação das brânquias são atividades correlatas. A corrente de água que se move através da boca e narinas para ventilar as brânquias carrega consigo partículas de alimento. À medida que a corrente de água passa pela cesta branquial, pequenas partículas alimentares são capturadas no muco secretado pelas células epiteliais. O muco, carregando partículas de alimento, é passado dos filtros branquiais para os sulcos ciliados das margens do teto da faringe e, então, transportado até o esôfago.

Embora todos os girinos filtrem as partículas alimentares de uma corrente de água que passa por suas brânquias, o método usado para colocar as partículas alimentares em suspensão difere entre as espécies. Alguns girinos filtram o plâncton que flutua na água. Os girinos desse tipo estão representados em várias famílias de Anura, especialmente Pipidae e Hylidae, e geralmente flutuam na coluna d'água. Os girinos que filtram o alimento na água estão em área aberta, onde são vulneráveis a predadores, e mostram várias características que reduzem o risco de predação. Os girinos do sapo-de-garras-africano, por exemplo, são quase transparentes e os predadores mal conseguem vê-los. Alguns girinos do meio da coluna d'água formam cardumes que, como os de peixes, confundem o predador apresentando tantas presas potenciais que ele tem dificuldade em concentrar o ataque em um único indivíduo.

Muitos girinos alimentam-se no fundo, raspando bactérias e algas da superfície das pedras ou das folhas. A ação raspadora das peças bucais queratinizadas solta o material e permite que gire em suspensão na corrente de água que entra na boca do girino, onde é então filtrado pelo aparelho branquial. Alguns girinos que se alimentam no fundo, como os dos sapos e do sapo-pés-de-enxada, formam grupos densos que criam correntes para colocar em suspensão as partículas de alimento. Tais agregações podem ser formadas por irmãos. Os girinos de *Bufo americanus* e *Rana cascadae* são capazes de distinguir irmãos de não-irmãos e preferem se associar aos irmãos. Provavelmente reconhecem os irmãos pelo olfato. Os girinos de *Bufo* distinguem irmãos (mesmo pai e mesma mãe) de meio-irmãos (apenas a mãe é a mesma) e também diferenciam meio-irmãos maternos de meio-irmãos paternos.

Alguns girinos são carnívoros e se alimentam de outros girinos. Os girinos predadores têm boca grande com um bico queratinizado e afiado. Indivíduos predadores aparecem entre os girinos de algumas espécies de anuros que normalmente são herbívoras. Algumas espécies de sapo-de-pé-de-enxada do oeste da América do Norte são famosas por esse fenômeno. O girino do sapo-de-pé-de-enxada normal-

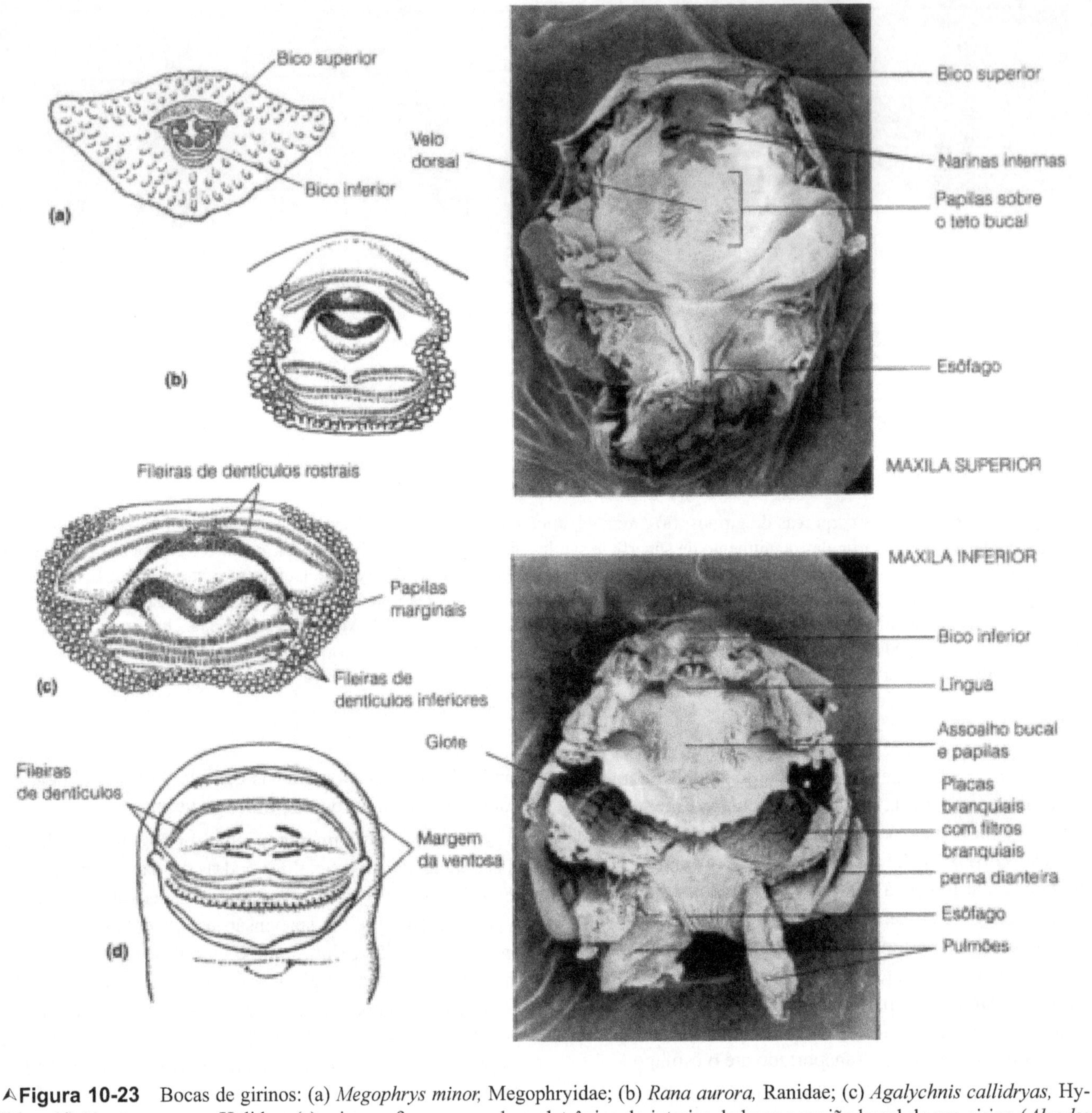

Figura 10-23 Bocas de girinos: (a) *Megophrys minor,* Megophryidae; (b) *Rana aurora,* Ranidae; (c) *Agalychnis callidryas,* Hylidae; (d) *Nyctimystes* sp., Hylidae; (e) micrografia por varredura eletrônica do interior da boca e região bucal de um girino (*Alsodes monticola,* Leptodactylidae).

mente é herbívoro, mas quando girinos da mesma espécie que vivem mais ao sul, *Scaphiopus multiplicatus,* comem os camarões de água doce que ocorrem em algumas lagoas de reprodução, eles são transformados numa forma carnívora. Esses girinos carnívoros têm cabeça e maxilas grandes e um bico potente que lhes permitem abocanhar pedaços de came que giram em suspensão na água e depois filtrá-los. Além de comerem camarões, predam outros girinos.

Na Floresta Amazônica, os girinos são, de longe, os mais importantes predadores de ovos de anuros. Na verdade, a predação de ovos diminui à medida que aumenta a densidade de peixes, talvez porque os peixes comam os girinos que predariam os ovos de Anura (Magnusson e Hero 1991). Girinos carnívoros também são encontrados entre algumas espécies de Anura que depositam seus ovos ou larvas em bromeliáceas. Esses reservatórios de água relativamente pequenos contêm pouco alimento para os girinos. Parece possível que o primeiro girino a ser depositado no reservatório de uma bromeliácea se alimente basicamente dos ovos de outros anuros – ovos não-fecundados, ali colocados deliberadamente pela mãe do girino, como ocorre com o sapo-veneno-de-flecha (*Dendrobates pumilio*) ou ovos fecundados ali colocados depois por fêmeas incautas.

Os mecanismos alimentares que fazem do girino um coletor tão eficaz de partículas alimentares suspensas na água permitem que ele cresça rapidamente, mas esse crescimento contém as sementes de seu próprio extermínio. À medida que cresce, o girino se torna menos eficaz na obtenção de alimento devido à mudança na relação entre o tamanho de seu corpo e o tamanho das superfícies coletoras de alimento. As superfícies branquiais que capturam as partículas alimentares são bidimensionais. A consequência disso é que o tamanho do seu aparelho coletor de alimento aumenta aproximadamente ao quadrado de suas dimensões lineares. Mas o alimento coletado precisa nutrir todo o seu corpo e o volume do seu corpo aumenta ao cubo de suas dimensões lineares. O resultado dessa relação é a eficácia decrescente na coleta de alimento à medida que o girino cresce; o corpo que precisa ser nutrido aumenta de tamanho mais rapidamente do que seu aparelho coletor de alimento.

10.3 A Metamorfose dos Amphibia

A transição de girino a adulto envolve uma metamorfose completa na qual as estruturas dos girinos são desfeitas e seus constituintes químicos são reconstruídos na estrutura do anfíbio adulto. No início do século XX, Friedrich Gudersnatch descobriu a importância dos hormônios da tireóide na metamorfose dos anfíbios quase que por acidente, quando induziu uma metamorfose rápida e precoce em girinos, alimentando-os com extratos de glândula tireóide de boi. Resolveram-se alguns detalhes da interaçâo de neuros-secreções e hormônios de glândulas endócrinas, mas ainda não foi possível encontrar qualquer explicação plenamente integrada dos mecanismos do controle hormonal da metamorfose dos Amphibia (Hayes 1997).

O desenvolvimento larval dos anuros geralmente se divide em três períodos: (1) durante a pré-metamorfose, os girinos aumentam de tamanho com pouca mudança de forma; (2) na pró-metamorfose, aparecem os membros traseiros e o crescimento do corpo continua em ritmo mais lento; e (3) durante o clímax metamórfico, os membros dianteiros emergem e a cauda regride. Essas mudanças são estimuladas pela ação da tiroxina; a produção e liberação da tiroxina são controladas por um produto da glândula pituitária, o hormônio estimulador da tireóide (HET).

A metamorfose de um girino a um adulto envolve mudanças facilmente visíveis em quase todas as partes do corpo. A cauda é absorvida e reciclada na produção de estruturas do adulto. A pequena boca do girino que come algas alarga em uma grande boca de sapo adulto. O grande intestino do girino, característico de vertebrados herbívoros, tansforma-se em instestino curto de um animal carnívoro. A ação da tiroxina nos tecidos larvais é tanto específica como local. Em outras palavras, ela tem efeitos diferentes em diferentes tecidos e esse efeito é produzido por sua presença no tecido; não depende de indução pelos tecidos adjacentes. O efeito particular da tiroxina em um dado tecido é geneticamente determinado e quase todos os tecidos do corpo estão envolvidos (Tabela 10.5).

TABELA 10.5 Metamorfose. Algumas mudanças morfológicas e fisiológicas induzidas pelos hormônios tireoidianos durante a metamorfose dos anfíbios.

Forma e estrutura do corpo
Formação de glândulas dérmicas
Reestruturação da boca e da cabeça
Regressão e reorganização intestinais
Calcificação do esqueleto
Apêndices
Degeneração da pele e do músculo da cauda
Crescimento da pele e dos músculos das patas
Sistema nervoso e órgãos sensoriais
Aumento da rodopsina na retina
Crescimento dos músculos oculares extrínsecos
Formação da membrana nictitante do olho
Crescimento do cerebelo
Crescimento do núcleo pré-óptico do hipotálamo
Sistemas respiratório e circulatório
Degeneração dos arcos branquiais e das brânquias
Degeneração do opérculo que recobre as brânquias
Desenvolvimento dos pulmões
Mudança da hemoglobina larval para a adulta
Órgãos
Reabsorção do prónefro (rim)
Indução das enzimas do ciclo uréico no fígado
Redução e reestruturação do pâncreas

O clímax metamórfico começa com o aparecimento das pernas dianteiras e termina com o desaparecimento da cauda. Essa é a parte mais rápida da metamorfose, ocupando apenas uns poucos dias após um período larval que se estende por semanas ou meses. Uma razão para a rapidez do clímax metamórfico talvez seja a vulnerabilidade das larvas a predadores durante esse período. Uma larva com pernas e cauda não seria um bom girino nem um bom adulto: as pernas impediriam a natação e a cauda atrapalharia o salto. Como resultado, os predadores têm mais sucesso na captura de anuros durante o clímax metamórfico do que na pró-metamorfose ou depois de completada a metamorfose. Sapos-de-coro em metamorfose (*Pseudacris triseriatd*) eram mais vulneráveis à serpente do gênero *Thamnophis* quando já tinham as pernas desenvolvidas e ainda retinham a cauda. Para fugir da serpente, os girinos (com cauda e sem pernas) e os anuros metamorfoseados (com pernas e sem cauda) tiveram mais sucesso do que os indivíduos em metamorfose (Figura 10-24). Na água, a serpente capturou 33 por cento dos girinos disponíveis e 67 por cento dos anuros em transformação. Em terra, a serpente capturou 45 por cento dos anuros totalmente transformados disponíveis e 90 por cento dos anuros em transformação. A teoria da história de vida prediz que a seleção agirá no sentido de encurtar os períodos da vida em que uma espécie é mais vulnerável à predação; a velocidade do clímax metamórfico talvez seja uma manifestação desse fenômeno.

10.4 Troca de Agua e Gases

Os Amphibia têm um tegumento glandular desprovido de escamas externas e altamente permeável aos gases e à água. Tanto a permeabilidade como a natureza glandular da pele tiveram importância fundamental na formatação da ecologia e evolução dos Amphibia. As glândulas mucosas se distribuem por toda a superfície do corpo e secretam compostos mucopolissacarídicos. A função primária do muco é manter o tegumento úmido e permeável.

Para um Amphibia, pele seca significa redução da permeabilidade. Esta, por sua vez, reduz a ingestão de oxigênio e a capacidade de utilizar o resfriamento por evaporação para manter a temperatura corporal dentro de limites estáveis. Uma interferência com a secreção das glândulas mucosas, produzida experimentalmente, leva ao superaquecimento letal dos anuros na atividade normal de exposição ao sol.

Tanto a água como os gases atravessam facilmente a pele dos anfíbios. Nos sistemas biológicos, a permeabilidade à água é inseparável da permeabilidade aos gases, e os Amphibia dependem da respiração cutânea para uma parcela significativa de suas trocas gasosas. Embora permita o movimento passivo da água e dos gases, o tegumento controla o movimento de outros compostos. O sódio é transportado ativamente da superfície externa para a interna e a ureia é retida pela pele. Essas características são importantes para regular a concentração osmótica e facilitar a ingestão de água pelas espécies terrestres.

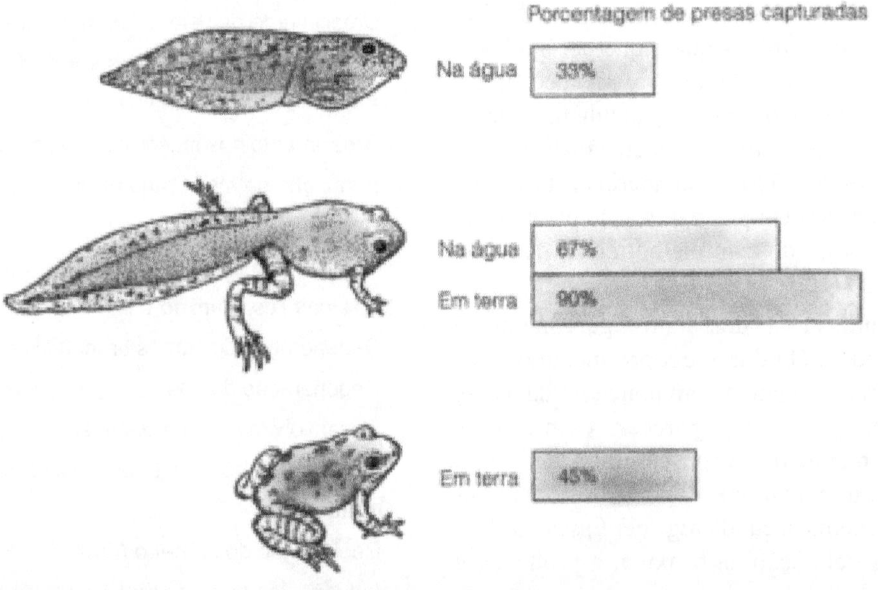

Figura 10-24 Predação em girinos e adultos. Sapos-de-coro (*Pseudacris triseriata*, Hylidae) metamorfoseantes são mais vulneráveis às serpentes do género *Thamnophis* do que os girinos ou os anuros plenamente transformados.

Circulação Sanguínea em Larvas e Adultos

As larvas dos Amphibia dependem das brânquias e do tegumento para a troca gasosa, enquanto os adultos de espécies que passam por metamorfose completa perdem as brânquias e desenvolvem pulmões. Os pulmões se desenvolvem em estágios larvais diferentes nas diferentes famílias de Amphibia e, à medida que se desenvolvem, os pulmões são cada vez mais usados na respiração. No final do desenvolvimento, vemos girinos e filhotes parcialmente metamoforseados nadando em direção à superfície em busca de ar. Quando as brânquias perdem sua função respiratória, os arcos aórticos também mudam de papel. Os arcos 1 e 2 são perdidos no início do desenvolvimento embrionário. Os arcos 3 a 5 suprem de sangue as brânquias e então para as artérias carótidas internas que levam sangue à cabeça. O arco 6 transporta o sangue para a aorta dorsal através de uma conexão denominada ductus arteriosus (Figura 10-25a). Na metamorfose, o arco 3 toma-se o vaso que supre as artérias carótidas internas (Figura 10-25b). De início, os arcos 4 e 5 suprem de sangue

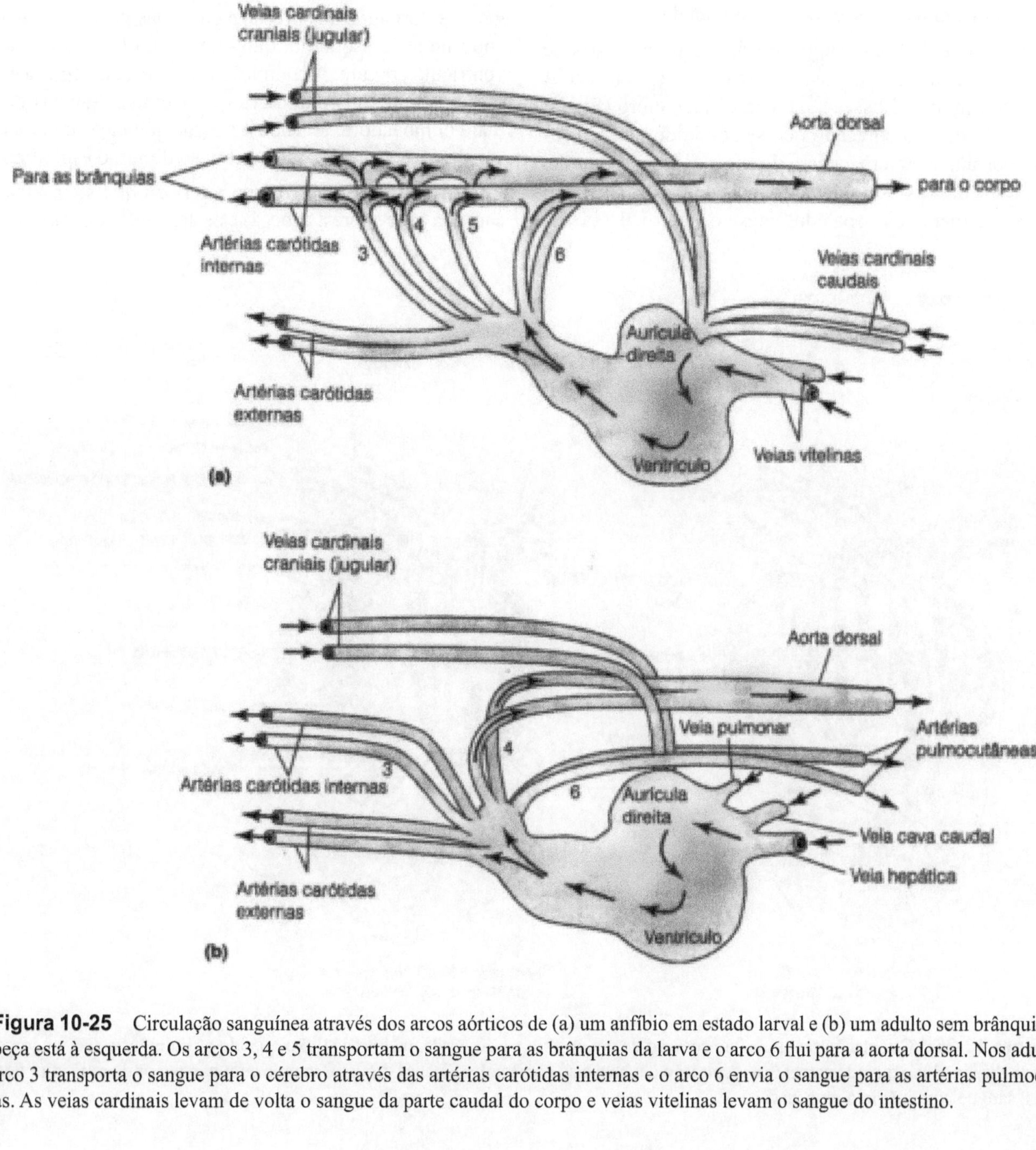

Figura 10-25 Circulação sanguínea através dos arcos aórticos de (a) um anfíbio em estado larval e (b) um adulto sem brânquias. A cabeça está à esquerda. Os arcos 3, 4 e 5 transportam o sangue para as brânquias da larva e o arco 6 flui para a aorta dorsal. Nos adultos, o arco 3 transporta o sangue para o cérebro através das artérias carótidas internas e o arco 6 envia o sangue para as artérias pulmocutâneas. As veias cardinais levam de volta o sangue da parte caudal do corpo e veias vitelinas levam o sangue do intestino.

a aorta dorsal; mas como os anuros geralmente perdem o arco 5, o arco 4 toma-se a principal rota do sangue que sai do coração para a aorta. O arco 6 supre de sangue principalmente os pulmões e a pele através das artérias pulmocutâneas.

Respiração Cutânea

Todos os Amphibia dependem da superfície do tegumento para a troca gasosa, especialmente para a liberação do dióxido de carbono. O equilíbrio entre a ingestão cutânea e pulmonar de oxigênio varia entre as espécies e, dentro de uma espécie, depende da temperatura corporal e do nível de atividade do animal. Os Amphibia apresentam dependência crescente dos pulmões para a ingestão de oxigênio à medida que aumentam sua temperatura e atividade.

Os padrões de fluxo sanguíneo dentro de corações de adultos refletem o uso de duas superfícies respiratórias. A descrição seguinte é baseada no coração de anuro (Figura 10-26). O átrio do coração pode ser dividido anatomicamente por um septo em câmara direita e câmara esquerda, ou padrões de fluxo de sangue oxigenado e desoxigenado podem ser mantidos separados mesmo dentro dessa câmara não completamente dividada. O sangue proveniente das veias sistémicas flui para o lado direito do coração e o sangue proveniente dos pulmões flui para o lado esquerdo. O ventrículo apresenta uma subdivisão variável que se relaciona com a importância fisiológica da respiração pulmonar para as espécies. O lúmen muscular esponjoso do ventrículo minimiza a mistura do sangue do lado esquerdo e do lado direito, e a posição de uma parcela particular de sangue dentro do ventrículo parece determinar seu destino de saída do ventrículo que contrai. O curto tronco arterioso contém uma válvula de tecido em espiral que guia diferencialmente o sangue proveniente dos lados direito e esquerdo do ventrículo para os arcos aórticos. As relações anatômicas dentro do coração são tais que o sangue rico em oxigênio, retornando ao coração a partir das veias pulmonares, entra no átrio esquerdo, que o injeta no lado esquerdo do ventrículo comum. A contração do ventrículo tende a ejetar o sangue em jatos laminares que saem espiralados da câmara bombeadora, levando o sangue do lado esquerdo para a porção ventral do tronco arterioso dividido espiralmente.

É dessa metade do tronco arterioso que se originam a carótida (que supre a cabeça) e os arcos aórticos sistêmicos.

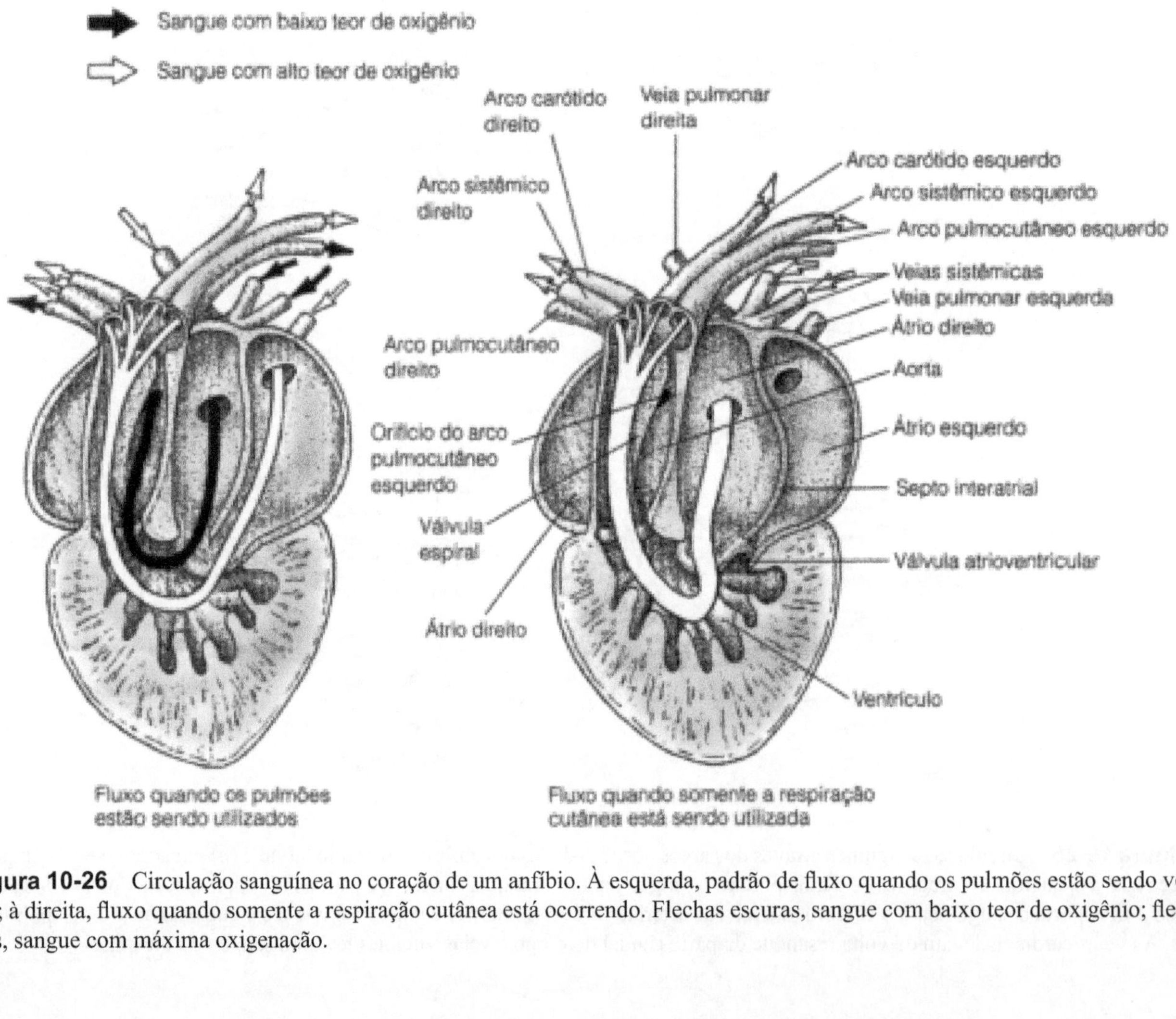

Figura 10-26 Circulação sanguínea no coração de um anfíbio. À esquerda, padrão de fluxo quando os pulmões estão sendo ventilados; à direita, fluxo quando somente a respiração cutânea está ocorrendo. Flechas escuras, sangue com baixo teor de oxigênio; flechas claras, sangue com máxima oxigenação.

Desse modo, quando os pulmões são ventilados ativamente, o sangue rico em oxigênio, que deles retorna ao coração, é distribuído seletivamente para os tecidos da cabeça e do corpo. O sangue, pobre em oxigênio, ao entrar no átrio direito é direcionado para a metade dorsal do tronco arterioso valvular espiralado. Este sangue se dirige para o arco pulmo-cutâneo, destinado à oxigenação nos pulmões. Mas quando a pele é o principal local da troca gasosa, como ocorre com um anuro debaixo d'água, o maior teor de oxigênio está nas veias sistémicas que drenam o tegumento. Talvez os pulmões possam ser realmente consumidores livres de oxigênio e, devido à constrição vascular, pouco sangue passe pelo circuito pulmonar. Como o ventrículo é indiviso e a maior parte do sangue provém do circuito sistêmico, a seção central do tronco arterioso recebe sangue de um transbordamento do lado direito do ventrículo. O escasso suprimento do átrio esquerdo para o ventrículo também flui pelo cone ventral. Desse modo, o sangue mais oxigenado proveniente do coração, flui para os tecidos da cabeça e do corpo durante essa troca na superfície respiratória primária, fenômeno esse que só é possível por causa do ventrículo indiviso. A variabilidade da produção cardiovascular dos anfíbios é parte essencial de sua capacidade de usar eficazmente as superfícies respiratórias alternativas.

Permeabilidade à Água

A pressão osmótica interna dos Amphibia é de aproximadamente 2/3 daquela que caracteriza a maioria dos outros Vertebrata. A causa primária da diluição dos fluidos corporais dos anfíbios é o baixo teor de sódio – cerca de 100 miliequivalentes contra 150 miliequivalentes nos outros vertebrados. Os anfíbios toleram o dobro da concentração normal de sódio, enquanto o máximo tolerado pelo ser humano é um aumento de 150 para 170 miliequivalentes.

Os anfíbios são mais abundantes em habitats úmidos, especialmente florestas temperadas e tropicais, mas um número surpreendentemente grande de espécies vive em regiões secas. Os Anura tem sido, de longe, os mais bem sucedidos invasores anfíbios de habitats áridos. Todos os cantos, exceto os desertos mais inóspitos, possuem substanciais populações de anuros e diferentes famílias convergiram para especializações similares. Evitar as condições inóspitas da superfície do terreno é o mecanismo mais comum usado pelos Amphibia para invadir desertos e outros habitats áridos. Nos desertos, anuros e salamandras conseguem passar 9 a 10 meses do ano em abrigos úmidos, algumas vezes a mais de um metro abaixo do solo, saindo apenas na estação chuvosa e restringindo a poucos meses a alimentação, o crescimento e a reprodução.

Muitas espécies de anuros arborícolas têm o tegumento menos permeável à água do que as espécies terrestres e uma especialização notável é vista em algumas pererecas. O racoforídeo africano *Chiromantis xerampelina* e o hilídeo sul-americano *Phyllomedusa sauvagei* perdem água através da pele a uma taxa de apenas 1/10 daquela da maioria dos anuros. Demonstrou-se que *Phyllomedusa* atinge essa baixa taxa de perda de água por evaporação utilizando as patas para espalhar as secreções lipídicas das glândulas dérmicas sobre a superfície do corpo em uma sequência complexa de movimentos de esfregadura, mas a base da impermeabilidade de *Chiromantis* ainda não foi compreendida. Essas duas espécies são incomuns também porque excretam resíduos nitrogenados na forma de sais de ácido úrico e não de ureia. Esse método de eliminação do nitrogênio proporciona maior conservação de água.

Controle Comportamental da Perda de Água por Evaporação

Para os animais dotados de tegumento tão permeável como a maioria dos Amphibia, a principal diferença entre florestas pluviais e desertos pode ser a frequência com que enfrentam escassez de água. O coqui porto-riquenho vive em florestas tropicais muito úmidas; todavia, apresenta comportamentos elaborados que reduzem a perda de água por evaporação durante seu período de atividade. Os machos saem dos locais de abrigo diurno e se movem de 1 ou 2 metros, até os sítios de vocalização, sobre as folhas da vegetação rasteira. Permanecem nos sítios de vocalização até pouco antes do amanhecer, quando retornam aos abrigos diurnos. As atividades dos Anura variam de uma noite para outra, dependendo de ter chovido durante a tarde. Na floresta molhada por uma tempestade, os coquis começam a vocalizar logo após o pôr-do-sol e continuam até perto da meia-noite, quando ficam silenciosos por várias horas. Recomeçam a vocalização pouco antes do amanhecer. Quando estão vocalizando, os coquis estendem as pernas e se erguem da superfície da folha (Figura 10-27). Nessa posição, perdem água por evaporação em toda a superfície do corpo.

Nas noites secas, o comportamento dos coquis é bem diferente. Os machos vão dos abrigos para os sítios de vocalização, mas cantam esporadicamente. Na maior parte do tempo, repousam em uma postura de conservação de água, mantendo o corpo e o mento encostados contra a superfície da folha e as pernas pressionadas contra o corpo. Um anuro nessa postura somente expõe ao ar metade de sua superfície corporal e, assim, reduz sua taxa de perda de água por evaporação. A eficácia dos ajustes da postura é ilustrada pelas perdas de água dos anuros da floresta de El Verde, Porto Rico, nas noites secas. Animais de um grupo de teste foram colocados individualmente em pequenas gaiolas de malha fina, depositadas na superfície das folhas. Um segundo grupo era composto de

Figura 10-27 Macho do coqui de Porto Rico, *Eleutherodactylus coqui,* Leptodactylidae. (a) Durante a vocalização, quase toda a superfície corporal está exposta à evaporação, (b) Na postura de alerta, na qual os anuros esperam para capturar a presa, a maior parte da superfície corporal está exposta. (c) Na postura de conservação de água adotada nas noites secas, metade da superfície corporal está protegida da exposição.

animais não-cativos sentados nas folhas. Os anuros engaiolados passaram a maior parte da noite subindo nas paredes da gaiola, tentando escapar. Essa atividade, como a vocalização, expunha ao ar toda a superfície do corpo; em média, os anuros engaiolados sofreram perda de água por evaporação igual a 27,5 por cento de sua massa corpórea inicial. Por outro lado, os anuros não-cativos adotaram a postura de conservação de água e, em média, perderam por evaporação apenas 8 por cento de sua massa corpórea inicial.

Experimentos mostraram que a capacidade saltadora dos coquis não era afetada pela perda de água por evaporação de até 10 por cento da massa corpórea inicial, mas uma perda de 20 por cento ou mais diminuía substancialmente a distância que os sapos poderiam saltar. Desse modo, os coquis usam o comportamento para limitar a perda de água por evaporação, nas noites secas, a níveis que não afetem sua capacidade de escapar dos predadores ou capturar presas. Sem tais comportamentos eles provavelmente perderiam por evaporação, uma quantidade de água suficiente para afetar sua sobrevivência.

Ingestão e Armazenamento de Água

Os mecanismos utilizados pelos anfíbios para a obtenção de água em ambientes terrestres têm recebido menor atenção do que aqueles usados para reter a água. Os anfíbios não bebem água. Devido à permeabilidade da pele, as espécies que vivem em habitats aquáticos enfrentam um influxo osmótico contínuo de água, que devem equilibrar produzindo urina. São as adaptações impressionantes dos anfíbios terrestres que facilitam a reidratação a partir de fontes limitadas de água. Uma dessas especializações é a **mancha**

pelvina. Trata-se de uma área de pele altamente vascularizada na região pelvina, que é responsável por imensa parte da absorção cutânea de água dos anuros. Sapos desidratados e completamente imersos na água reidratam-se com um pouquinho mais de rapidez do que aqueles colocados em água mais rasa, apenas suficiente para molhar a região pelvina. Em regiões áridas, a água talvez só esteja disponível como uma fina camada de umidade sobre uma pedra ou como solo úmido. A mancha pelvina permite que um anuro absorva essa água.

A bexiga urinária desempenha papel importante nas relações dos Amphibia terrestres, especialmente os Anura, com a água. O rim dos Amphibia produz uma urina que é hiposmótica em relação ao sangue, de modo que a urina na bexiga é diluída. Os anfíbios podem reabsorver a água da urina para substituir a água perdida por evaporação e os anfíbios terrestres têm a bexiga maior que a das espécies aquáticas. Capacidade de armazenamento de 20 a 30 por cento da massa corpórea do animal são comuns nos anuros terrestres e algumas espécies têm a bexiga ainda maior: os anuros do deserto australiano *Notaden nicholsi* e *Neobatrachus wilsmorei* conseguem armazenar urina equivalente a cerca de 50 por cento de sua massa corporal e foi registrado um volume de bexiga igual a 78,9 por cento da massa corporal no anuro australiano *Helioporvs eyrei.*

O comportamento é tão importante para facilitar a ingestão de água como para reduzir sua perda. As rãs-leopardo, *Rana pipiens,* passam a estação de atividade, o verão, em campinas verdes, onde não têm acesso a lagoas. Durante o dia, ficam em abrigos que criam empurrando a vegetação para os lados até expor o solo úmido. Nos abrigos, descansam com a mancha pelvina em contato com o solo e testes mostraram que as rãs são capazes de absorver água do solo. Nas noites em que se formam orvalho, muitas rãs saem dos abrigos e passam algumas horas do início da manhã sentadas na grama úmida antes de retomarem aos abrigos. A rã-leopardo apresenta um padrão diário de ganho e perda de água durante um período de vários dias sem chuva: pela manhã, ela está lisa e brilhante de umidade, tendo urina na bexiga. Essa observação indica que, pela manhã, ela dispõe de água suficiente para formar urina. À noite, a rã apresenta pele seca e pouca urina na bexiga, sugerindo que, como perdeu água por evaporação durante o dia, tinha reabsorvido a água da urina para manter a conteúdo hídrico de seus tecidos.

Na manhã seguinte, a rã havia absorvido mais água do orvalho e estava novamente lisa e bem hidratada. O balanço dos ganhos e perdas de água foi demonstrado pelas flutuações diárias da massa corporal da rã: de manhã, estava até 4 a 5 por cento mais pesada que sua massa média geral; à noite, estava correspondentemente mais leve que a média. Assim, essas rãs terrestres foram capazes de equilibrar seus orçamentos hídricos absorvendo água do solo úmido e do orvalho para substituir a água perdida por evaporação e na urina. O resultado é que elas são independentes das fontes de água, como lagoas ou riachos, e capazes de habitar campinas e bosques distantes de quaisquer fontes pennanentes de água.

10.5 Glândulas de Veneno e Outros Mecanismos de Defesa

O muco que recobre o tegumento de um Amphibia possui várias propriedades. Em algumas espécies, pelo menos, ele tem atividade antibacteriana e um potente antibiótico, que talvez tenha aplicações médicas, foi isolado da pele do sapo-de-garras-africano. É o muco que torna alguns anfíbios escorregadios e dificulta sua captura por predadores. O muco de outras espécies é extremamente adesivo. Muitas salamandras, por exemplo, têm uma concentração de glândulas mucosas na superfície dorsal da cauda. Quando uma dessas salamandras é atacada por um predador, ela dobra a cauda para frente e golpeia o atacante. O muco pegajoso faz os detritos grudarem no focinho ou bico do predador e com sorte, o atacante logo se concentra na própria limpeza e perde o interesse pela salamandra. Quando uma salamandra-delgada-da-califórnia é capturada por uma serpente do gênero *Thamnophis,* ela enrola a cauda em tomo da cabeça e do pescoço da serpente. Esse comportamento toma a salamandra uma presa difícil de ser engolida, além de espalhar secreções pegajosas sobre o corpo da serpente. Uma serpente de pequeno porte poderá acabar com o corpo todo colado na forma de uma espiral, sem conseguir escapar.

Embora as secreções das glândulas mucosas de algumas espécies de anfíbios sejam irritantes ou tóxicas para os predadores, o sistema primário de defesa química dos Amphibia está localizado nas suas glândulas de veneno (Figura 10-28). Essas glândulas estão concentradas na superfície dorsal do animal e, tanto nos anuros como nas salamandras, as posturas de defesa apresentam as áreas glandulares aos predadores potenciais.

Uma grande variedade de substâncias farmacologicamente ativas foi encontrada no tegumento dos Amphibia. Algumas dessas substâncias são extremamente tóxicas e outras são menos tóxicas mas, ainda capazes de produzir sensações desagradáveis quando o predador morde o anfíbio. Aminas biogênicas (como serotonina e histamina), peptídeos (como bradicinina) e proteínas hemolíticas foram encontrados em anuros e salamandras pertencentes a muitas famílias. Muitas dessas substâncias (tais como bufotoxina, fisalemina e leptodactilina) foram nomeadas em função do animal em que foram descobertas. A epibatidina, composto tóxico que foi isolado a partir da pele do *Epipedobates tricolor,* anuro da América Central, é um potente analgésico. Ao contrário de

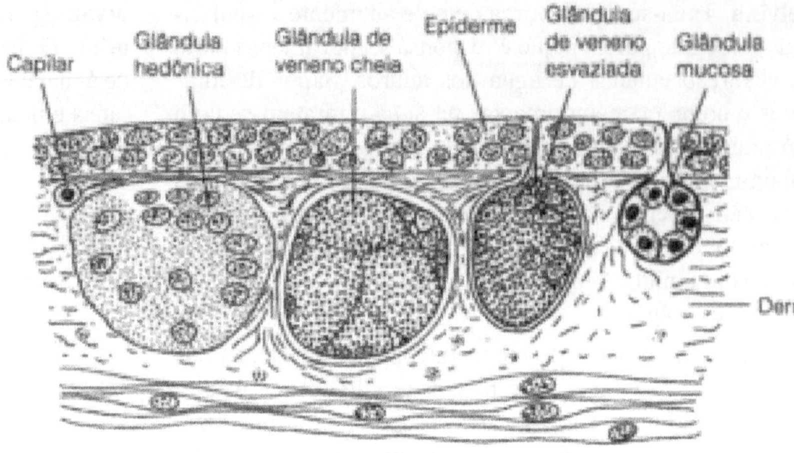

>**Figura 10-28** A pele do anfíbio. Seção transversal da pele da base da cauda de uma salamandra-de-dorso-vermelho, *Plethodon cinereus*, Plethodontidae. Três tipos de glândulas podem ser vistos.

opiáceos como a morfina, a epibatidina age bloqueando um receptor do neurotransmissor acetilcolina. Sintetizou-se uma forma artificial de epibatidina. Conhecido como ABT-594, esse composto não apresenta os efeitos colaterais tóxicos da epibatidina natural e tampouco tem os efeitos viciadores dos opiáceos. Estão atualmente passando por provas de segurança alguns preparados para o teste clínico de sua eficácia no alívio de dores crónicas no ser humano.

Alcalóides cutâneos são abundantes e diversificados entre os sapos-veneno-de-flecha, da família Dendrobatidae, dos trópicos do Novo Mundo. A maioria desses anuros tem cores vivas e se locomove na superfície do solo durante o dia, sem tentar se esconder. Descreveram-se mais de 200 novos alcalóides obtidos a partir dos Dendrobatidae, principalmente espécies dos gêneros *Dendrobates, Minyobates, Epipedobates* e *Phyllobates.* A maioria dos alcalóides encontrados na pele do sapo-veneno-de-flecha é semelhante aos encontrados em formigas, besouros e miriápodes que vivem na serapilheira juntamente com os anuros e isso sugere que os anuros obtêm os alcalóides de suas presas.

Essa hipótese foi testada por John Daly e seus colaboradores, criando filhotes do sapo-veneno-de-flecha panamenho, *Dendrobates auratus,* sob três condições dietéticas (Daly et al. 2000). Como os sapos-veneno-de-flecha vivem na serapilheira da floresta, a serapilheira foi usada como forro dos viveiros em todos os experimentos. Os animais que seguiam a dieta mais restrita foram colocados em um viveiro de vidro, com junções cuidadosamente vedadas, e alimentados apenas com moscas (mesmo essas medidas não evitaram que algumas minúsculas formigas mirmicíneas entrassem no viveiro durante o experimento). Para assegurar que os animais no viveiro de vidro não obtivessem presas naturais, a serapilheira foi congelada durante as duas semanas anteriores ao experimento, para matar as formigas e outros artrópodes que nela viviam. Os anuros que recebiam as duas outras dietas foram mantidos ao ar livre, em viveiros de tela com malhas grandes o suficiente para permitir a entrada de moscas, formigas e outros pequenos artrópodes. Num desses viveiros, os anuros viviam em uma serapilheira, também congelada antes do experimento, e comiam principalmente as moscas atraídas ao viveiro por bananas e outras frutas. As moscas eram tão abundantes ali que representavam o grosso da dieta dos anuros, mas formigas mirmicíneas também entraram no viveiro. Os animais do outro viveiro telado viviam em uma serapilheira de coleta recente, que era trocada toda semana; esses anuros comiam as formigas e os outros artrópodes que vinham com a serapilheira. Ao final do experimento, a análise do tegumento dos anuros demonstrou que um dos sapos do viveiro de vidro não tinha alcalóides detectáveis e outro apresentava traços de um alcalóide encontrado na formiga mirmicínea – ele provavelmente comera as formigas que entraram no viveiro apesar das junções vedadas. Os animais criados no viveiro telado, com bananas para atrair as moscas, continham quatro alcalóides, todos característicos das formigas mirmicíneas. Os animais do viveiro que recebia serapilheira fresca tinham no tegumento pelo menos 16 diferentes alcalóides, que podem ser atribuídos a miriápodes, besouros e formigas. Anuros capturados no mato em volta da área do experimento tinham ainda mais alcalóides na pele – mais de 40 compostos diferentes. Esse experimento demonstrou claramente que os anuros obtêm alcalóides tóxicos das presas que comem e que, quanto mais variada a dieta do anuro, mais alcalóides diferentes ela contém. Além disso, algumas espécies de *Dendrobates* podem modificar alcalóides dos insetos, convertendo-os numa forma mais tóxica adicionando um grupamento hidroxila à molécula (Daly e Clark 2003).

O nome "sapo-veneno-de-flecha" indica o uso, pelos índios sul-americanos, das toxinas de alguns desses anuros para envenenar a ponta dos dardos de zarabatana utilizados na caça. Esse uso dos sapos parece estar limitado a três espécies de *Phyllobates* que ocorrem no oeste da Colômbia, embora venenos vegetais, como o curare, sejam usados para envenenar os dardos de zarabatana em outras partes da América do Sul. Um alcalóide singular, a batracotoxina, ocorre no gênero *Phyllobates.* A batracotoxina é uma neurotoxina potente que impede o fechamento dos canais do sódio nas células nervosas e musculares, levando à despolarização irreversível e produzindo arritmias cardíacas, fibrilação e parada cardíaca.

Phyllobates terribilis, uma espécie amarelo-vivo, é a maior e mais tóxica do gênero. Os índios Emberá Choco, da Colômbia, utilizam o *Phyllobates terribilis* como fonte de veneno para os dardos de suas zarabatanas. A ponta do dardo é esfregada várias vezes no dorso do anuro e posta para secar. Os índios manuseiam os anuros com todo cuidado, envolvendo-os em folhas – precaução sensata, porque a batracotoxina é extremamente venenosa. Um único anuro pode conter até 1.900 microgramas de batracotoxina e é provável que uma dose inferior a 200 microgramas seja letal para o ser humano se a toxina entrar em seu corpo por um ferimento. A batracotoxina é tóxica também quando ingerida. Na verdade, os pesquisadores causaram inadvertidamente a morte de um cão e uma galinha, na aldeia indígena onde viviam, quando aqueles animais mexeram no lixo que incluía os sacos plásticos em que os sapos tinham sido transportados. O cozimento destrói o veneno, tomando comestíveis a presa que foi morta por dardos impregnados com as secreções cutâneas de *Phyllobates terribilis.*

Muitos anfíbios anunciam suas propriedades desagradáveis por meio de cores e comportamentos **aposemáticos** (de advertência). O predador que cometer o erro de capturar um deles irá cuspi-lo devido ao seu sabor desagradável. As toxinas da pele também induzem o vômito, reforçando no predador o aspecto repulsivo da experiência. No futuro, o predador se lembrará dessa experiência desagradável e evitará o animal específico que a produziu. Alguns anfíbios tóxicos combinam a coloração dorsal críptica com um padrão ventral aposemático. Normalmente, a coloração críptica os oculta dos predadores mas, se atacados, os anuros adotam uma postura que exibe a superfície ventral de cores vivas (Figura 10-29).

Algumas salamandras têm uma especialização morfológica que amplifica os efeitos defensivos de suas secreções químicas. A salamandra europeia *Pleurodeles waltl* e dois gêneros de salamandras asiáticas (*Echinotriton* e *Tylotritorí*) têm costelas que perfuram a parede do corpo quando um predador as captura. Você pode imaginar o choque do predador que morde uma salamandra e aí descobre que tem dúzias de espinhos ósseos espetados na língua e no palato! Pior ainda, as costelas cortam glândulas venenosas quando atravessam a parede do corpo e cada costela carrega uma gota de veneno para as feridas da boca do predador.

Muitos anuros dão longos saltos para fugir de um predador e outros simulam a morte. Alguns anuros com coloração críptica esticam as pernas traseiras para se fingir de mortos.

Nessa posição, ficam tão semelhantes à serapilheira que mesmo um predador visualmente orientado, como a ave, mal consegue vê-los. Os anuros de grande porte atacam predadores potenciais. Eles aumentam o tamanho aparente do corpo inflando os pulmões e saltam na direção do predador, geralmente com um coaxar ruidoso. Só isso já seria uma experiência desencorajadora, mas algumas das espécies carnívoras, como os sapos-de-chifre sul-americanos (*Cerato-*

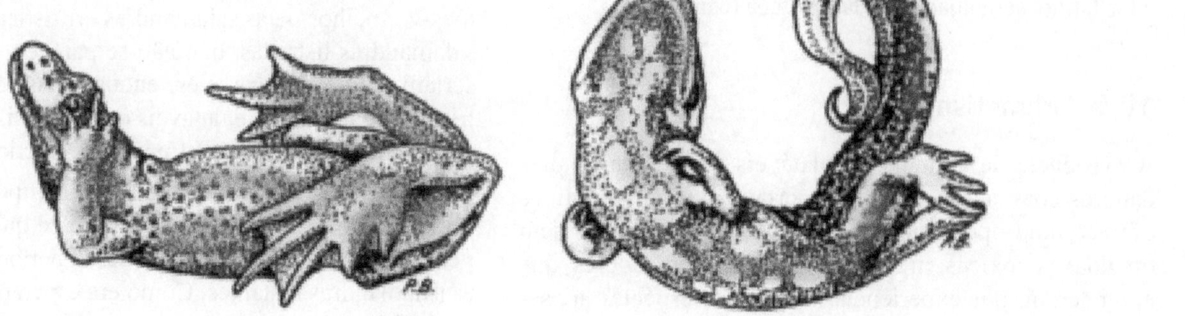

Figura 10-29 Exibições aposemáticas dos Amphibia. As espécies de anfíbios com coloração brilhante exibem suas cores como sinal de advertência e os predadores aprendem a associá-las às propriedades tóxicas do animal, (a) O sapo-de-ventre-de-fogo europeu (*Bombina,* Bombinatoridae) tem a superfície dorsal cripticamente colorida e uma superfície ventral de cores vivas que é exibida no reflexo "estranhos!" quando o animal é atacado, (b) O tritão de Hong Kong {*Paramesotriton,* Salamandridae) tem a superfície dorsal castanha e um ventre salpicado de vermelho e preto que se revela na exibição aposemática.

phrys), que têm dentes recurvados nas maxilas e serrilhas em forma de dentes na mandíbula, também são capazes de infligir uma mordida dolorosa.

O tritão-vermelho é um exemplo clássico de animal aposemático (ver o encarte colorido). Ele tem coloração laranja-brilhante e é ativo durante o dia, e não faz qualquer esforço para se esconder. O tritão contém tetrodotoxina, que é uma neurotoxina potente. Tocar um tritão com a boca produz a sensação imediata e desagradável de anestesia e formigamento, e o comportamento dos predadores usuais de salamandras indica que isso os afeta da mesma maneira. Como resultado, quando o tritão é atacado por um predador, o mais provável é ser rejeitado antes de ser ferido. Depois de uma ou duas experiências dessas, o predador nunca mais atacará um tritão. Um apoio à crença de que essa proteção funciona na natureza é fornecido pela seguinte observação: quatro dentre onze gaios-azuis (*Cyanocitta cristata*) capturados na natureza recusaram-se a atacar o primeiro tritão-vermelho que lhes foi oferecido em um teste de alimentação em laboratório (Tilley et al. 1982). Esse comportamento sugere que aquelas quatro aves já tinham aprendido a evitar o tritão-vermelho antes de ser capturadas. As sete aves restantes atacaram pelo menos um tritão, mas o soltaram imediatamente. Depois de uma ou duas experiências desse tipo, as aves mostravam ânsias de vômito ao ver um tritão e se recusavam a atacá-lo.

É claro que as cores e padrões aposemáticos só detêm um predador se este perceber o sinal aposemático. Os animais noturnos podem ter dificuldade em se fazer visíveis se dependerem de sinais visuais. Uma espécie de anuro dendrobatídeo aparentemente detém predadores por meio de um odor fétido. O anuro apropriadamente denominado *Aromobates nocturnus,* das florestas nebulosas dos Andes venezuelanos, é o único dendrobatídeo noturno. Trata-se de um anuro inconspícuo, com cerca de 5 centímetros de comprimento e coloração oliva-escuro. Quando manuseado, ele exala um odor fétido, semelhante ao dajaritataca (cangambá).

10.6 Mimetismo

A existência de animais impalatáveis que detêm os predadores com suas cores e comportamentos aposemáticos oferece uma oportunidade para que outras espécies sem qualidades tóxicas tirem vantagem dos predadores que aprenderam, por experiência, a evitar as espécies aposemáticas. Nesse fenômeno, conhecido como **mimetismo batesiano**, o mimético (uma espécie que não possui propriedades tóxicas) se toma semelhante a um modelo tóxico e essa semelhança faz com que uma terceira espécie – o ludibriado – confunda o mimético com o modelo. Alguns dos casos mais conhecidos de mimetismo entre os vertebrados envolvem as salamandras. Um dos casos estudados envolve duas formas de cor da salamandra-de-dorso-vermelho comum, *Plethodon cinereus*.

A salamandra-de-dorso-vermelho normalmente tem pigmentação escura nas laterais do corpo, mas em algumas regiões encontra-se uma forma de cor eritrística (Grego *erythr* = vermelho) que não possui a pigmentação escura e apresenta uma coloração vermelho-alaranjada nos flancos e no dorso. Essas formas eritrísticas assemelham-se às do tritão-vermelho e poderiam estar mimetizando o tritão. Como a salamandra-de-dorso-vermelho é palatável para muitos predadores, mimetizar o tóxico tritão-vermelho daria algum grau de proteção aos indivíduos da forma eritrística. Essa hipótese foi testada em uma série de experimentos (Brodie e Brodie 1980). As salamandras foram colocadas em bandejas cheias de folhas das quais não podiam escapar e, essas foram depositadas em uma floresta onde aves estavam forrageando. As aves aprenderam a vasculhar entre as folhas das bandejas para encontrar as salamandras. Essa é uma situação bem natural para um teste de mimetismo, pois algumas espécies de aves são importantes predadores de salamandras. Por exemplo, a salamandra-de-dorso-vermelho e a salamandra-crepuscular (*Desmognathus ochrophaeus*) representam até 25 por cento das presas levadas ao ninho pelos tordos-eremitas (*Ca-tharus guttatus*) do oeste de Nova Iorque.

Três espécies de salamandras foram usadas nos experimentos, ajustando-se o número de participantes de cada espécie para representar uma comunidade hipotética de salamandras contendo 40 por cento de salamandras-crepusculares, 30 por cento de tritões-vermelhos, 24 por cento de salamandras-de-dorso-vermelho listradas e 6 por cento de salamandras-de-dorso-vermelho eritrísticas. A salamandra-crepuscular é palatável para as aves e tem coloração marrom-clara e não se assemelha aos tritões ou às salamandras-de-dorso-vermelho, e serviu como controle no experimento. A salamandra-de-dorso-vermelho listrada representa um segundo controle: a hipótese de mimetismo dos tritões-vermelhos pelas salamandras eritrísticas prediz que as salamandras listradas, que não se parecem com os tritões, seriam comidas pelas aves, enquanto as salamandras eritrísticas, que são tão palatáveis quanto as listradas mas que se assemelham aos tritões tóxicos, não seriam devoradas.

Um número predeterminado de cada tipo de salamandra foi colocado nas bandejas e permitiu-se que as aves forrageassem por 2 horas. No final desse período, contaram-se as salamandras restantes. Como era esperado, apenas 1 por cento dos tritões foi capturado pelas aves, enquanto 44 a 60 por cento das salamandras palatáveis tinham desaparecido. Conforme previsto, as aves comeram menos salamandras-de-dorso-vermelho eritrísticas do que listradas.

Esses resultados indicam que a forma eritrística da salamandra-de-dorso-vermelho obtém realmente alguma proteção contra aves predadoras como resultado de sua semelhança com o tritão-vermelho. Nesse caso, a semelhança é visual, mas o mimetismo pode existir em qualquer modo sensorial ao qual o predador "ludibriado" seja sensível. O mimetismo olfativo dos anfíbios poderia ser eficaz contra predadores como musaranhos e serpentes, que dependem do odor para encontrar e identificar a presa. Essa possibilidade tem sido pouco estudada, mas investigações cuidadosas talvez produzam novos e fascinantes exemplos.

10.7 Por Que os Anfíbios Estão Desaparecendo?

Biólogos de muitos países reuniram-se na Inglaterra, em 1989, no Primeiro Congresso Mundial de Herpetologia. Em uma semana de apresentações formais de estudos científicos e conversas casuais às refeições e nos corredores, os participantes descobriram que uma proporção alarmantemente grande deles conhecia populações de anfíbios que anteseram abundantes e agora eram raras ou até haviam desaparecido por completo. Acontecimentos que pareciam casosisolados passaram a ser vistos como partes de um padrão global. Como resultado dessa descoberta, David Wake, da Universidade da Califórnia em Berkeley, persuadiu a Academia Nacional de Ciências a convocar um encontro debiólogos preocupados com o desaparecimento dos anfíbios. Biólogos do mundo todo se reuniram no centro da Academia, na Costa Oeste dos Estados Unidos, em fevereiro de 1990. Todos relataram que populações de Amphibia de seuspaíses estavam desaparecendo, muitas vezes sem qualquerrazão aparente. Depois do encontro, um esforço internacional para identificar as causas do declínio dos anfíbios foiiniciado pela "Declining Amphibian Populations Task Force of the Species Survival Commission of the World Conservation Union (IUCN)" [Força-tarefa para estudar o declíniodas populações de anfíbios, da Comissão para a sobrevivência das espécies, da União para a Conservação Mundial]. Outro encontro foi convocado em 1998, dessa vez em Washington, D.C., que reuniu autoridades das mais diversasdisciplinas: herpetologia, biologia populacional, toxicologia, doenças infecciosas, mudanças climáticas e políticascientíficas. A conferência concluiu que "Há esmagadoras evidências de que nos últimos 15 anos ocorreu um declínio substancial e incomum na abundância e no número das po-pulações em regiões geográficas globalmente distribuídas" (Wake 1998). Rápidos declínios ocorreram durante os anos de 1950 e 1960 e estão continuando, embora numa taxa de alguma forma mais lenta (Houlanhan et al. 2000).

O declínio global das populações de anfíbios é alarmante, especialmente porque, em muitos casos, não sabemos *por que* uma espécie desapareceu dos locais oude antes era abundante. Em alguns casos, acontecimentos locais parecem fornecer uma explicação. As alterações do habitat produzidas pelo desmatamento geralmente são destrutivas para os anfíbios, por exemplo, porque os anuros e as salamandras dependem de micro-habitats frios e úmidos no chão da floresta. Quando o dossel da floresta é removido, a luz solar atinge o solo, gerando condições demasiadamente quentes e secas para os anfíbios. Atrazine, um dos herbicidas mais vastamente utilizados na agricultura, é drenado dos campos para os corpos d'água onde anfíbios reproduzem. A exposição dos girinos de *Rana pipens* a concentrações de 0,1 parte por milhão produziu feminização: 36 por cento dos machos mostraram retardo no desenvolvimento gonadal e 29 por cento formaram oócitos em seus testículos (Hayes et al. 2002). A mineração e a extração de petróleo também causam danos que se estendem por grandes áreas. As pedras retiradas das minas liberam substâncias químicas ácidas ou tóxicas; o cianureto usado para extrair ouro do metal envenena a água de superfície; os poços de petróleo espalham hidrocarbonetos tóxicos; nitratos e nitritos escoam das terras cultivadas e alcançam níveis que causam deformidades e a morte das larvas de anfíbios – a lista de abusos é quase interminável.

Algumas causas locais da mortalidade de anfíbios não são apenas evidentes: são decididamente ignóbeis. Terras federais do oeste dos Estados Unidos são arrendadas para pastagem e o gado bebe em lagoas que são os sítios reprodutivos dos anuros. O nível das lagoas cai no verão, deixam uma faixa de lama que é atravessada pelo gado em busca de água. As pegadas profundas dos cascos do gado convertem-se em armadilhas mortais para os anuros recém-metamorfoseados que caem nelas e não conseguem sair. Ainda pior, alguns anuros jovens têm o azar de estar passando atrás de uma vaca no momento errado: terminam presos e sufocados numa pilha de estrume fresco!

A meta global para o problema sugere que deveríamos procurar por explicações globais (Collins e Storfer 2003). Quatro fatores que têm provavelmente contribuído para alguns desses declínios são o aquecimento global, a chuva ácida, o aumento na radiação ultra-violeta e doenças.

Populações de anfíbios de altas altitudes, como o sapo-dourado da Costa Rica (*Bufo periglenes*) que pensa-se estar extinto, parece estar declinando mais rápido mesmo do que a maioria das espécies, e o aquecimento global pode ser uma das razões desse padrão. Com o clima se tomado mais quente e mais seco nas montanhas da Costa Rica, espécies de aves das planícies moveram-se para cima e espécies de anfíbios decliram ou desapareceram. Uma análise do efeito do aquecimento global nas florestas montanhosas de Queens-land, Austrália, aponta que um acréscimo de somente 1°C na média anual de temperatura diminuiria o habitat das espécies de altas altitudes em 65 por cento e um acréscimo de 3,5°C, eliminaria completamente os habitats de aproximadamente metade das 65 espécies de vertebrados endémicas às montanhas (Williams 2003).

A precipitação (de chuva, neve e neblina) sobre grandes áreas do mundo, especialmente no Hemisfério Norte, é pelo menos cem vezes mais áeida do que seria se a água estivesse em equilíbrio com o dióxido de carbono no ar. A acidez extra é produzida pelos ácidos nítrico e sulfúrico que se formam quando o vapor d'água se combina com os óxidos de nitrogénio e o enxofre liberados pela queima de combustíveis fósseis. A água das lagoas de reprodução de muitos anfíbios do Hemisfério Norte tomou-se mais ácida nos últimos 50 anos e essa acidez tem efeitos diretos e indiretos sobre os ovos e larvas dos anfíbios. Os embriões de muitas espécies de anuros e salamandras são mortos ou lesados em pH5 ou inferior. As larvas que eclodem podem ser menores que o normal e às vezes possuem estranhas protuberâncias ou torções no corpo. As larvas da salamandra-pintada crescem lentamente na água ácida porque seus esforços para capturar a presa são desajeitados e elas comem menos do que as larvas que vivem em pH mais elevado (Preest 1993).

Outro fenômeno global é o aumento da quantidade de radiação ultravioleta que atinge a superfície da Terra como resultado da destruição do ozônio na estratosfera por poluentes químicos. Os efeitos são mais dramáticos nos pólos e estão se espalhando para latitudes inferiores, em ambos os hemisférios. A responsabilidade do aumento da radiação ultravioleta no declínio dos anfíbios é controversa e provavelmente complexa. A luz ultravioleta, especialmente a faixa UV-B, 280 a 320 nanômetros, mata os ovos e embriões de anfíbios (Blaustein et al. 1994). Nas lagoas das Montanhas Cascade, Oregon, somente 50 a 60 por cento dos ovos de *Rana cascadae* e *Bufo boreas* sobreviveram quando expostos à luz solar incidente, porém, quando se colocou sobre os ovos um filtro bloqueador da UV-B, a sobrevivência aumentou para 70 a 85 por cento.

Por outro lado, parece que algumas espécies de anfíbios e alguns sítios de reprodução não são afetados; talvez o dano causado pela radiação UV-B dependa da interação de diversas variáveis (Licht 2003). Por exemplo, a presença de vegetação suspensa ou de turvação (partículas sólidas em suspensão na água das lagoas de reprodução) talvez bloqueie a UV-B antes que alcance os ovos dos anfíbios. Do mesmo modo, algumas substâncias químicas dissolvidas absorveriam a luz ultravioleta, protegendo os ovos dos anfíbios. As espécies de anfíbios diferem na sensibilidade à UV-B e a resistência pode estar relacionada à quantidade da enzima fotoliase (uma enzima que repara os danos ao DNA induzidos pela radiação UV) nos ovos das diferentes espécies.

Em anos recentes, a atenção focalizou o papel das doenças no declínio global dos anfíbios e, em especial, os dois organismos que infetam os anfíbios: iridovírus e o fungo *"chytrid"*. Os organismos causadores de doenças e os anfíbios têm coexistido ao longo de toda a existência destes últimos e algumas espécies de anfíbios aparentemente estabeleceram uma relação estável com seus patógenos. Por exemplo, o iridovírus infecta as salamandras de lagoas e parece ter modelado a biologia dessas populações. A salamandra-tigre (*Ambystoma tigrinum*), do Arizona, tem duas formas larvais: a normal e a canibal, com cabeça e mandíbula grandes. Algumas populações são compostas inteiramente da forma normal e em outras, alguns indivíduos se transformam em larvas canibais que comem os indivíduos da forma normal. Um levantamento da ocorrência de ambas as formas, normal e canibal, revelou que a canibal está ausente em populações infectadas pelo iridovírus, mas ocorre com regularidade em populações sem esse víms. Aparentemente, em populações livres do vírus é seguro comer outras larvas, mas quando o vírus está presente, a forma canibal se arrisca a infecções se comer as outras larvas de salamandra.

A correspondência entre a presença do iridovírus e a estrutura da história de vida das populações de salamandra sugere que essa associação hospedeiro-patógeno é antiga e que a salamandra hospedeira e seu patógeno iridovírus desenvolveram uma relação estável. É provável que essa generalização se aplique a outros anfíbios que servem de hospedeiros ao iridovírus e, ao que parece, provoca flutuações nas populações de anfíbios, mas normalmente não é responsável por extinções.

O fungo *"chytrid"* talvez seja um novo patógeno dos Amphibia e parece estar envolvido na extinção de sítios em locais tão distanciados quanto a América Central e o leste da Austrália. Os *chytrids* formam um grupo muito difundido de fungo de solo que normalmente infecta algas, outros fungos, plantas, protozoários e invertebrados. O primeiro relato de infecção de vertebrados por *chytrids* surgiu em 1998, quando esse fungo foi identificado como a causa provável da morte de anuros na Austrália e na América Central. No ano seguinte, *chytrids* foram identificados em anuros mortos no Zoológico Nacional dos Estados Unidos. *Batrachochytrium*, o *chytrid* que infecta os anfíbios, possui zoósporos reprodutores móveis que vivem na água e conseguem penetrar na pele dos anfíbios. Quando penetra em um anfíbio, o zoósporo amadurece formando estruturas ramificadas, que se estendem pela pele, e um corpo reprodutor esférico, o zoosporângio. Um único zoósporo amadurece em 4 a 5 dias e se toma um zoosporângio contendo centenas de zoósporos que são liberados na água. As infecções por *chytrid* não parecem ser letais aos girinos, mas os anuros jovens morrem logo após a metamorfose e os adultos morrem quando são infectados.

O declínio dos Amphibia foi objeto de estudos especiais na América Central e no leste da Austrália, e infecções por

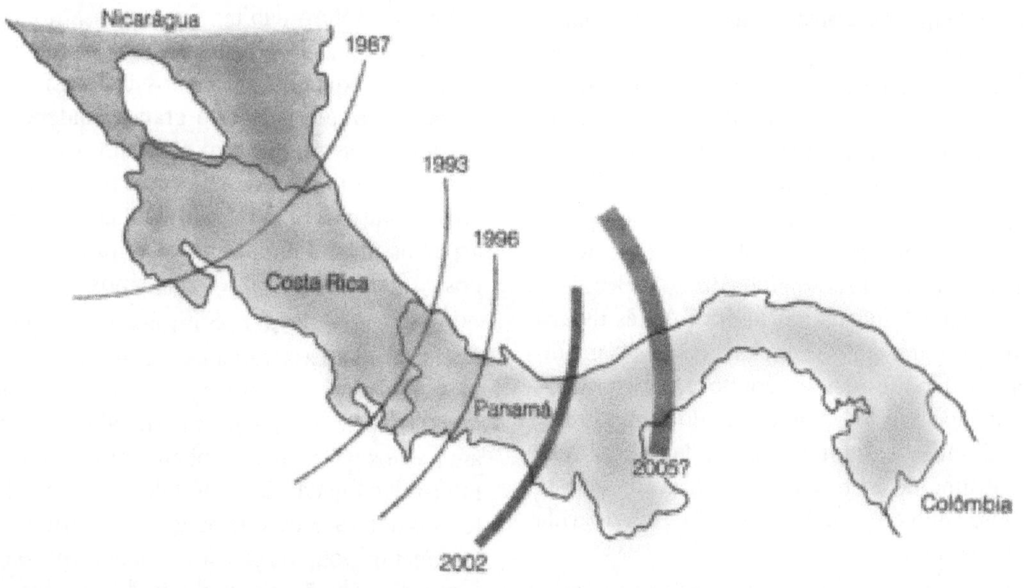

Figura 10-30 A progressão ao sul da infecção pelo fungo *chytrid* e o declínio e desaparecimento das populações de Anura na América Central. (Dados de Lips 1998, 1999, e comunicação pessoal).

chytrid e o declínio dos anfíbios são ambos encontrados na mesma área. Na América Central, uma onda de infecção foi detectada na Costa Rica em 1988 e tem se movido para o sul numa taxa de 50 a 100 quilômetros por ano (Figura 10-30). Na Austrália, uma onda de infecção por chytrid e de declínio populacional de anfíbios talvez esteja movendo-se para o norte através de Queensland e dos Territórios do Norte.

Por que as populações de anfíbios estão repentinamente sucumbindo às infecções por *chitrid?* Será que os *chytrids* são novos patógenos dos Amphibia ou algo está acontecendo com anfíbios e *chytrids* que toma as infecções mais letais do que costumavam ser? Estudos em espécimes de museu sugerem que as infecções por *chytrids* talvez sejam um fenômeno novo, pelo menos em algumas áreas. As mudanças na pele, que acompanham as infecções, podem ser observadas em espécimes de museu e o exame microscópico mostra as estruturas fúngicas características. Anuros coletados há vinte anos não apresentam sinais de *chytrids,* o que sugere que esse fungo foi introduzido recentemente.

Também os Anura podem ter mudado no passado recente. Os anfíbios possuem um sistema imunológico que normalmente os protegem dos patógenos do ambiente, porém o estresse interfere no sistema imunológico dos Vertebrata. Anfíbios estressados por causa da acidez ou da radiação ultravioleta podem ser suscetíveis a doenças ou parasitas aos quais habitualmente seriam capazes de resistir. Como esses tipos de mecanismo de interação são difíceis de identificar, a National Science Foundation apoia um estudo multidisciplinar que combina os esforços de participantes que vão desde biólogos de campo, passando por especialistas em doenças infecciosas até biólogos moleculares. Esse grupo está envolvido em um programa multianual de estudos campais e laboratoriais para testar hipóteses sobre o papel do iridovírus e do fungo *chytrid* no declínio dos anfíbios e as interações desses fatores com as mudanças ambientais e as mudanças evolutivas dos organismos patogênicos. Temas ligados à biologia conservacionista rapidamente transcendem os campos específicos de estudo e nossa melhor oportunidade de encontrar soluções para os problemas agudos que afetam muitos tipos de animais está em agrupar técnicas e perspectivas de um amplo espectro de especialidades biológicas.

Resumo

Adaptações locomotoras distinguem as linhagens de Amphibia. Salamandras (Urodela) geralmente têm pernas curtas e vigorosas que são usadas com ondulação lateral do corpo no caminhar. Salamandras aquáticas usam ondulações laterais do corpo e da cauda para nadar e algumas espécies aquáticas especializadas são alongadas e têm pernas muito pequenas. Sapos e rãs (Anura) se caracterizam por especializações da pélvis e das pernas traseiras que permitem usar ambas as patas ao mesmo tempo para obter um impulso poderoso utilizado no salto e na natação. Muitos Anura caminham de forma quadrúpede quando se movem lentamente e alguns são escaladores ágeis. Cecílias (Gymnophiona) são anfíbios tropicais apodos. Algumas são escavadoras e outras, aquáticas.

A diversidade de modos reprodutivos dos Amphibia ultrapassa a de qualquer outro grupo de Vertebrata, com exceção dos peixes. A fecundação é interna nas salamandras derivadas, mas a maioria dos anuros depende da fecundação externa. Todas as cecílias têm fecundação interna. Muitas espécies de anfíbios têm larvas aquáticas. Girinos, as larvas aquáticas dos anuros, são especializados para a vida em água parada ou corrente e algumas espécies de anuros depositam seus girinos em sítios muito específicos, como poças de água acumulada nas axilas foliares de bromeliáceas ou outras plantas. As especializações dos girinos são inteiramente diferentes das do adulto e a metamorfose provoca mudanças em todas as partes do corpo. O desenvolvimento direto, que omite o estágio larval, também é amplamente difundido entre os anuros e costuma estar combinado com o cuidado parental dos ovos. A viviparidade ocorre nas três ordens.

Em muitos aspectos, a biologia dos anfíbios é determinada pelas propriedades de seu tegumento. As glândulas hedônicas são elementos-chave dos comportamentos reprodutivos, as glândulas de veneno protegem o animal contra predadores e as glândulas mucosas mantêm a pele umedecida, facilitando as trocas gasosas. Acima de tudo, a permeabilidade do tegumento à água limita a maioria dos anfíbios a micro-habitats onde possam controlar ganho e perda de água. Parece uma séria restrição, mas no micro-habitat adequado os anfíbios utilizam a permeabilidade da pele para alcançar alto grau de independência da água existente. Assim, é falso o panorama que mostra os Amphibia como animais que mal e mal sobrevivem, como algum erro evolutivo. Somente um exame detalhado de todos os aspectos de sua biologia produzirá um panorama acurado dos Amphibia enquanto organismos.

Um exame desse tipo reforça o enfoque de que o tegumento é uma característica estrutural dominante dos anfíbios. Isso é verdadeiro não só pelas limitações e oportunidades apresentadas pela permeabilidade do tegumento à água e aos gases, mas também como resultado das funções inter-relacionadas das glândulas da pele em comportamentos de defesa e de reprodução. A estrutura e a função do tegumento podem ser características primárias que modelaram a evolução e a ecologia dos anfíbios e talvez sejam também responsáveis por alguns aspectos de sua suscetibilidade à poluição. No mundo todo, populações de anfíbios estão desaparecendo em ritmo alarmante. Algumas dessas extinções podem ser causadas pelos efeitos regionais ou globais das atividades humanas, que provavelmente também afetam outros organismos.

Leituras Adicionais

Alford, R. A. and S. J. Richards. 1999. Global amphibian declines: A problem in applied ecology. *Annual Review of Ecology and Systematics* 30:133-165.

Bannon, A. W., et al. 1998. Broad-spectrum, non-opioid analgesic activity by selective modulation of neuronal nicotinic acetylcholine receptors. *Science* 279:77-81.

Bickford, D. 2002. Male parenting of New Guinea froglets. Atazvre 418:601-602.

Biju, S. D. and F. Bossuyt. 2003. New frog family from índia reveals an ancient biogeographical link with the Seychelles. *Nature* 425:711-714.

Blaustein, A. R. and P. T. J. Johnson. 2003. The complexity of deformed amphibians. *Frontiers in Ecology and the Environment* 1:87-94.

Brodie, E. D., Jr., and E. D. Brodie III. 1980. Differential avoidance of mimetic salamanders by free-ranging birds. *Science* 208:181-182.

Collins, J. P. and A. Storfer. 2003. Global amphibian declines: *Sorting* the hypotheses. *Diversity and Distributions* 9:89-98.

Daly, J. W., et al. 2000. Arthropod-frog connection: Decahydroquinoline and pyrrolizidine alkaloids common to microsympatric myrmicine ants and dendrobatid frogs. *Journal of Chemical Ecology* 26:73-85.

Daly, J. W., et al. 2003. Evidence of an enantioselective pumiliotoxin 7-hydroxylase in dendrobatid poison frogs of the genus *Dendrobates. Proceedings of the National Academy of Sciences, USA* 100:11092-11097.

Gao, K-Q. and N. H. Shubin. 2003. Earliest known crown-group salamanders. *Nature* 422:424-428. Halliday, T. R. 1990. The evolution of courtship behavior in newts and salamanders. *Advances in the Study of Behavior* 19:137-169.

Hayes, T. B. (Ed.). 1997. Amphibian metamorphosis: An integrative approach. *American Zoologist* 37:121-207.

Hayes, T., et al. 2002. Feminization of male frogs in the wild. *Nature* 419:895-896.

Heyer, W. R. et al. (Ed.). 1993. *Measuring and Monitoring Biological Diversity: Standard Methods for Amphibians.* Washington, DC: Smithsonian Institution Press.

Houlahan, J. E., et al. 2000. Quantitative evidence for global amphibian population declines. Nature 404:752-755.

Jaeger, R. G. 1981. Dear enemy recognition and the costs of aggression between salamanders. American Naturalist 117: 962-974.

Jaeger, R. G., et al. 1983. Foraging tactics of a terrestrial salamander: Costs of territorial defense. Animal Behaviour 31:191-198.

Kiesecker, J. M., et al. 2001. Complex causes of amphibian population declines. Nature 410:681-684.

Lardner, B. and M. bin Lakin. 2002. Tree-hole frogs exploit resonance effects. Nature 420:475. Licht, L. E. 2003. Shedding light on ultraviolet radiation and amphibian embryos. Bioscience 53:551-561.

Lips, K. R. 1998. Decline of a tropical montane amphibian fauna. Conservation Biology 12:106-117. Lips, K. R. 1999. Mass mortality and population declines of anurans at upland sites in western Panamá. Conservation Biology 13:117-125.

Magnusson, W. E., and J.-M. Hero. 1991. Predation and evolution of complex ovoposition behaviour in Amazon rainforest frogs. Oecologia 86:310-318.

McDiarmid, R. W. and R. Altig. 1999. *Tadpoles: The Biology of Anuran Larvae.* Chicago, IL: University of Chicago Press.

Peugh, F. H. 1988. Mimicry of vertebrates: Are the mies different? *American Naturalist* 131 (Supplement):S67-S102.

Pough. F. H., et al. 2004. *Herpetology.* 3rd ed. Upper Saddle River, NJ: Prentice Hall.

Pounds. J. A. 2001. Climate and amphibian declines. *Nature* **410**:639-640.

Pounds. J. A., et al. 1997. Tests of null models for amphibian declines on a tropical mountain. *Conservation Biology : 11:1307-1322.*

Preest M. R. 1993. Mechanism of growth rate reduction in acid--exposed larval salamanders, *Ambystoma maculatum. Physiological Zoology* 66:686-707.

Rollmann, S. M., et al. 1999. Proteinaceous pheromone affecting female receptivity in a terrestrial salamander. *Science* 285:1907-1911.

Roth, G., and D. B. Wake. 1985. Trends in the functional morphology and sensorimotor control of feeding behavior in salamanders: An example of the role of internal dynamics in evolution. *Acta Biotheoretica* 34:175-192.

Ryan, M. J. 1985. The *Túngara Frog: A Study in Sexual Selection and Communication.* Chicago, IL: University of Chicago Press.

Taigen, T. L, and K. D. Wells. 1985. Energetics of vocalization by an anuran amphibian (*Hyla versicolor*). *Journal of Comparative Physiology* B155:163-170.

Tilley, S. G., et al. 1982. Erythrism and mimicry in the salamander *Plethodon cinereus. Herpetologica* 38:409-417.

Tyler, M. J. (Ed.). 1983. *The Gastric Brooding Frog.* Beckenham, Kent, UK: Croom Helm.

Wake, D. B. 1998. Action on amphibians. *Trends in Ecology and Evolution* 13:379-380.

Wake, D. B., and S. B. Marks. 1993. Development and evolution of plethodontid salamanders: A review of prior studies and a prospectus for future research. *Herpetologica* 49: 194-203.

Wake, M. H. 1993. Evolution of oviductal gestation in amphibians. *Journal of Experimental Zoology* 266:394-413.

Welch, A. M., et al. 1998. Call duration as an indicator of genetic quality in male gray tree frogs. *Science* 280:1928-1930.

Wells, K. D., and T. L. Taigen. 1986. The effect of social interactions on calling energetics in the gray treefrog (*Hyla versicolor*). *Behavioral Ecology and Sociobiology* 19:9-18.

PARTE III

Sauropsida: Tartarugas, Lepidossauros e Aves

Uma divisão inicial dos amniotas produziu as duas linhagens evolutivas que incluem a grande maioria dos vertebrados terrestres viventes, os Synapsida e Sauropsida. Os mamíferos são Synapsida, e, as tartarugas, os tuatara, os lagartos, as serpentes, os crocodilianos, e as aves são Sauropsida, assim como todos os répteis extintos, exceto aqueles denominados de répteis semelhantes aos mamíferos.

As linhagens podem ser distinguidas no registro fóssil a partir do Médio Carbonífero e mostram similaridades singulares e diferenças na forma de solucionar os desafios da vida no meio terrestre. As duas linhagens tiveram sucesso. Temos a tendência de imaginar os mamíferos como vertebrados terrestres proeminentes, mas essa opinião reflete nossa posição na linhagem Synapsida. As espécies viventes de Sauropsida são muito mais numerosas que a dos mamíferos, e os Sauropsida exploraram virtualmente todas as zonas adaptativas terrestres ocupadas pelos mamíferos, e muitas outras que os mamíferos nunca penetraram, tais como o tamanho corpóreo gigantesco adquirido por alguns dinossauros e a forma alongada do corpo das serpentes.

CAPÍTULO

11

Synapsida e Sauropsida: Duas Abordagens para a Vida Terrestre

O ambiente terrestre proveu para os amniotas oportunidades para novos modos de vida. O ovo amniota foi um elemento crítico do sucesso dos Synapsida e Sauropsida, porque os ovos dos amniotas são maiores do que os dos não amniota, e produzem filhotes maiores que crescem originando adultos maiores. Além disto, nossa visão sobre os não amniotas terrestres pode ser distorcida pelas limitações que a pele permeável coloca aos Lissamphibia. A permeabilidade cutânea e a ausência de costelas são caracteres derivados dos Lissamphibia e ambos têm benefícios e custos. Na ausência de costelas e músculos intercostais para mover ar para dentro e para fora dos pulmões, os Lissamphibia utilizam a respiração cutânea que requer uma pele permeável. Como resultado, a maioria dos Lissamphibia terrestres deve ser capaz de encontrar locais úmidos para abrigo e esta exigência limita o tamanho de seus corpos porque, no mundo terrestre, usualmente só existe alta umidade em espaços restritos. Assim, a grande diversidade de vertebrados amniotas em ambientes terrestres poderia resultar dos benefícios de ter um ovo amniota, de evitar as restrições, de depender da respiração cutânea, e de outras características combinadas.

Tendências evolutivas paralelas nos Sauropsida e nas linhagens de Synapsida ilustram as zonas adaptativas que são disponíveis a amniotas em terra. Ambas as linhagens desenvolveram predadores de movimentos rápidos que perseguem presas em fuga (bem como presas que fogem dos predadores correndo rapidamente), e ambas as linhagens incluem espécies capazes de voar. Em ambas evoluíram o cuidado parental extenso e comportamento social complexo. Ambas as linhagens tiveram membros que se tomaram endotérmicos, enquanto evoluíram taxas metabólicas altas e isolamento térmico para reter calor metabólico no corpo.

Apesar das semelhanças entre os Synapsida e Sauropsida, existem diferenças no modo que desempenham o rol básico de funções, o que mostra que esses caracteres derivados evoluíram independentemente. Altas taxas metabólicas, que são essenciais para a corrida continuada e o vôo, requerem pulmões que podem trocar gases em uma taxa alta, sistema circulatório que pode transportar rapidamente oxigênio e gás carbônico entre tecidos e pulmões, e sistema excretor que pode dispor de quantidades grandes de substâncias nitrogenadas, ao mesmo tempo em que conserva água. As soluções para esses desafios marcaram as diferenças entre Synapsida e Sauropsida em aspectos gerais de reprodução e comportamento social. As diferenças em como os Synapsida e Sauropsida funcionam, mostram que há mais de um modo de um amniota ter sucesso como vertebrado terrestre.

11.1 Tirando Vantagem das Oportunidades para a Manutenção da Locomoção

Correr envolve muito mais do que somente mover as pernas rapidamente. Se um animal pretende correr para muito longe, os músculos utilizados para mover os membros requerem um grande suprimento de oxigênio, e aqui é onde a forma ancestral de locomoção de vertebrado encontra um problema. Os primeiros tetrápodes moviam-se com ondulações laterais do tronco, como salamandras e lagartos o fazem atualmente. Os músculos axiais provem a força nesta forma de locomoção, dobrando o corpo de lado a lado. Os membros e pés são utilizados em pares alternados (p. ex., pata dianteira esquerda e pata traseira direita; pata dianteira direita e pata traseira esquerda) para se fixar ao substrato enquanto os músculos do tronco movem o animal.

Figura 11-1 Ventilação dos pulmões e locomoção. O efeito da curvatura axial sobre o volume dos pulmões de um lagarto corredor (visto de cima) e de um cachorro em corrida (visto lateralmente). O eixo curvado do tórax do lagarto se encontra entre os pulmões direito e esquerdo. Conforme o lagarto curva-se lateralmente, o pulmão sobre o lado côncavo (esquerdo) é comprimido e a pressão do ar aumenta (demonstrado por +), enquanto a pressão do ar no pulmão sobre o lado convexo (direito) é reduzida (demonstrado por -). O ar pode ser bombeado entre os pulmões (seta), mas pouco ou nenhum ar se move para dentro ou para fora do animal. Em contraste, o eixo curvado do tórax do mamífero em galope é dorsal aos pulmões. Conforme a coluna vertebral se curva, o volume da cavidade torácica diminui; a pressão em ambos os pulmões se eleva (demonstrado por +) empurrando o ar para fora dos mesmos (seta). Quando a coluna vertebral se alinha, o volume da cavidade torácica se eleva, a pressão nos pulmões cai (demonstrado por -) e o ar sai dos pulmões (seta).

Esta é uma forma efetiva de locomoção, e animais grandes como crocodilos usam-na para movimentar-se extremamente rápido, mas isto funciona somente por momentos curtos. O problema com o modo ancestral de locomoção é que os músculos axiais são responsáveis por duas funções de curvatura essenciais – dobrando o tronco unilateralmente para locomoção e compressão da caixa torácica bilateralmente para ventilar os pulmões – e essas atividades não podem acontecer simultaneamente. A Figura 11-1 ilustra o problema: o dobramento lado-a-lado da caixa torácica do lagarto comprime um pulmão enquanto expande o outro, assim o ar flui de um pulmão para o outro, interferindo com o fluxo de ar para dentro e para fora da boca (Carrier 1987).

Impulsos curtos são possíveis para animais que utilizam a curvatura lateral do tronco para locomoção porque a energia utilizada para uma corrida curta é suprida inicialmente por uma reserva de compostos de fosfato de alta energia (tal como trifosfato de adenosina e fosfato de creatina), que estão presentes nas células musculares. Quando estes compostos são utilizados, os músculos mudam para um metabolismo anaeróbio, que consome o glicogênio armazenado nas células e não requer oxigênio. O problema aparece quando a locomoção rápida deve ser mantida por mais do que um ou dois minutos, porque nesse ponto o suprimento de glicogênio nos músculos foi consumido. Por causa deste conflito entre a corrida e a respiração, os lagartos que retém o modo de locomoção e respiração ancestral estão limitados a pequenos períodos de atividade.

A locomoção sustentada requer uma maneira de separar a respiração da locomoção. Ambos Synapsida e Sauropsida desenvolveram modos de locomoção que permitem ao tronco manter-se rígido e utilizar os membros como a principal fonte de propulsão, mas a maneira que fazem isto são bem diferentes.

Locomoção e Respiração dos Synapsida

Os Synapsida basais não-mamalianos retiveram os membros curtos, o corpo próximo ao solo e cauda longa, caracteres ancestrais dos amniotas ainda vistos em lagartos e crocodilianos atuais. Os Synapsida não-mamalianos derivados, um grupo chamado Therapsida, adotaram uma postura mais ereta com os membros posicionados mais ventralmente ao tronco, como acontece nos mamíferos atuais (Figura 11-2). Os membros nesta posição podem mover-se para frente e para trás sem dobrar o tronco.

Uma segunda inovação na linhagem Synapsida também contribuiu para resolver o conflito entre locomoção e respiração. Ancestralmente, a contração do tronco produzia a redução da pressão dentro do tronco que pressionava o ar

Figura 11-2 Mudanças na anatomia dos Synapsida. Os Synapsida basais como o *Lycaenops* (mais em cima) retiveram as condições ancestrais das costelas em todas as vértebras torácicas, membros curtos e caudas longas, enquanto os Synapsida derivados, como *Thrinaxodon* (abaixo), perderam as costelas das vértebras mais caudais e tinham membros mais longos e caudas mais curtas. Essas mudanças provavelmente coincidem com o desenvolvimento de um diafragma para respiração e o movimento para frente-para-trás dos membros durante a locomoção.

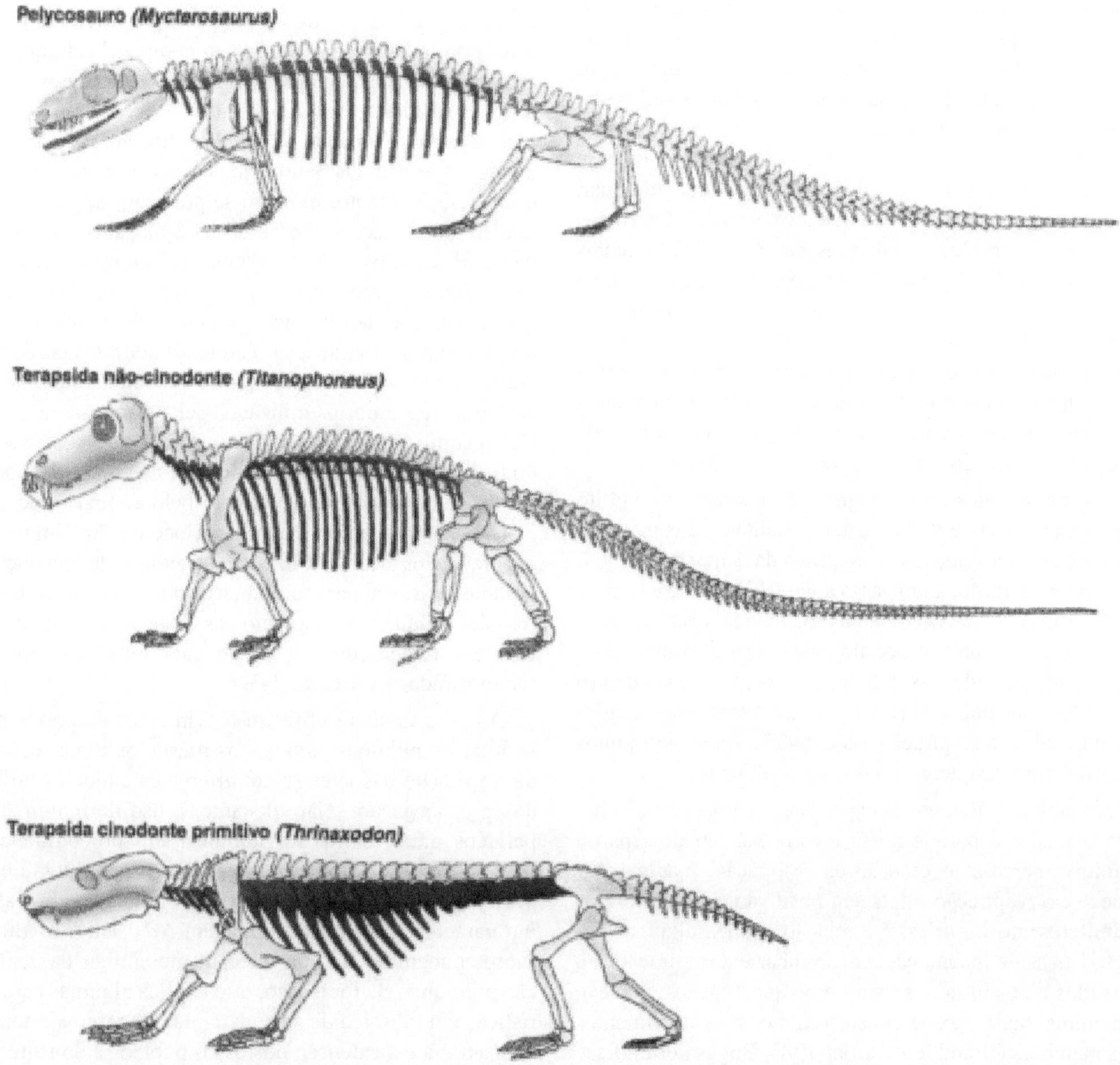
Pelycosauro (Mycterosaurus)
Terapsida não-cinodonte (Titanophoneus)
Terapsida cinodonte primitivo (Thrinaxodon)
Terapsida cinodonte derivado (Massetognathus)

para dentro dos pulmões para inspiração, mas esta situação modificou com o desenvolvimento de um diafragma em alguns Therapsida derivados. O diafragma é uma lâmina muscular que separa a cavidade do corpo em uma porção cranial (a cavidade pulmonar) e uma porção caudal (a cavidade abdominal). O diafragma é convexo cranialmente quando está relaxado e achata-se quando contrai. Esse achatamento aumenta o volume da cavidade pulmonar, criando uma pressão negativa que leva o ar para dentro dos pulmões. Contrações simultâneas dos músculos hipaxiais empurram as costelas para dentro e para fora, expandindo a caixa torácica – você pode sentir essa mudança quando respira profundamente. O relaxamento do diafragma permite assumir seu formato em domo, e o relaxamento dos músculos hipaxiais permite um recolhimento elástico da caixa torácica. Essas mudanças aumentam a pressão na cavidade pulmonar, causando a exalação do ar dos pulmões.

Os movimentos do diafragma não entram em conflito com a locomoção, e de fato o andar saltitante dos mamíferos térios leva a solução dos conflitos da demanda da locomoção e respiração, a um passo adiante (Bramble e Carrier 1983, Boggs 2002). Os movimentos inerciais para frente e para trás das vísceras (especialmente o fígado) com o trabalho de cada passada com o diafragma força o ar para dentro e para fora dos pulmões (Figura 11-1). Assim, em mamíferos derivados, a respiração e locomoção trabalham juntos mais de maneira sinergética do que conflitante.

Os humanos têm pouca experiência dessa condição básica mamaliana porque nossa locomoção bípede separou definitivamente a locomoção da respiração, mas a locomoção e a respiração interagem positivamente em muitos mamíferos quadrúpedes, e a relação explica algumas características da locomoção. O caminhar e a respiração são pareados na maioria dos mamíferos quadrúpedes; ou seja, um animal inala e exala em sincronia com os movimentos dos membros (Bramble e Carrier 1983, Boggs 2002). Esse pareamento da respiração e do movimento dos membros depende de ajustar a taxa respiratória para um múltiplo do intervalo de passo. A taxa respiratória mais eficiente corresponde à frequência dos movimentos respiratórios, assim a frequência mais eficiente de passos é um múltiplo desta frequência ressonante. Se você galopar num cavalo perceberá que ele respira a cada passo porque essa frequência marca a frequência ressonante de sua respiração. Um cavalo que galopa aumenta sua velocidade aumentando o comprimento de seu passo mais do que a frequência dos passos, mantendo assim a marca entre a frequência do passo e a frequência ressonante da respiração. Mamíferos de grande porte possuem frequência ressonante menor do que a dos pequenos, e os mamíferos grandes têm, correspondentemente, frequência de passos mais baixa do que a dos mamíferos pequenos.

Locomoção e Respiração dos Sauropsida

Os Sauropsida encontraram uma solução diferente para o problema locomoção e respiração compartilhada que culminou na evolução de bipedalismo, como visto nos Archosaura derivados, como dinossauros e aves. A locomoção bípede envolve somente os membros traseiros sem o movimento do tronco. Os Sauropsida basais eram animais quadrúpedes, entretanto, moviam-se por meio de ondulações laterais do tronco, assim como os Synapsida basais. Em vez de desenvolver um diafragma, os Sauropsida parecem ter incorporado movimentos pélvicos e as costelas ventrais (**gastrália**, que são formados por ossos dérmicos) na ventilação pulmonar (Carrier e Farmer 2000a). Os crocodilos atuais oferecem um modelo para o entendimento dos mecanismos respiratórios utilizados pelos Archosaura basais. Os crocodilianos movimentam-se com ondulações laterais do tronco, mas a ventilação pulmonar não é limitada pelos movimentos locomotores – muito pelo contrário, de fato, os jacarés hiperventilam durante a locomoção. Um exame mostra que os jacarés utilizam três métodos de mudança do volume do tronco para movimentar o ar para dentro e para fora dos pulmões: movimento das costelas, movimento do fígado, e rotação dos ossos pubianos. Esses movimentos são mostrados na Figura 11-3.

As aves também utilizam movimentos da pélvis para ventilar os pulmões, embora os músculos e mecanismos da respiração das aves sejam diferentes daqueles utilizados por um jacaré. Não obstante, o uso de movimentos pélvicos para ventilação pulmonar em crocodilianos e aves suscita a possibilidade que esse caracter possa estar presente no ancestral comum destas linhagens. Se esse é um caracter ancestral da linhagem Arcosaura, os dinossauros podem ter tido um mecanismo similar da ventilação pulmonar. Se for o caso, isso explica algumas características em mosaico de sua anatomia, tal como a retenção da gastrália e a extensão dos ossos púbicos e do ísquio na cintura pélvica.

A gastrália é um caracter ancestral dos amniotas que consiste em bastões ósseos na forma de V localizados na parede ventral do corpo com o ápice do V apontando para frente. Eles assemelham-se a uma armadura ventral nos tetrápodes da Era Paleozóica e persistem nos crocodilianos viventes, nos répteis voadores da Era Mesozóica, conhecidos como pterossauros, e nos dinossauros carnívoros (Theropoda) que deram origem às aves, embora tenha sido perdida nas aves amais. Os dinossauros podem ter utilizado a gastrália em combinação com as costelas e os ossos estendidos da pélvis para mudar o volume da cavidade torácica por um mecanismo chamado respiração encouraçada, termo derivado de couraça – um tipo de armadura que protege o peito (Carrier e Farmer 2000b). (Figura 11-4).

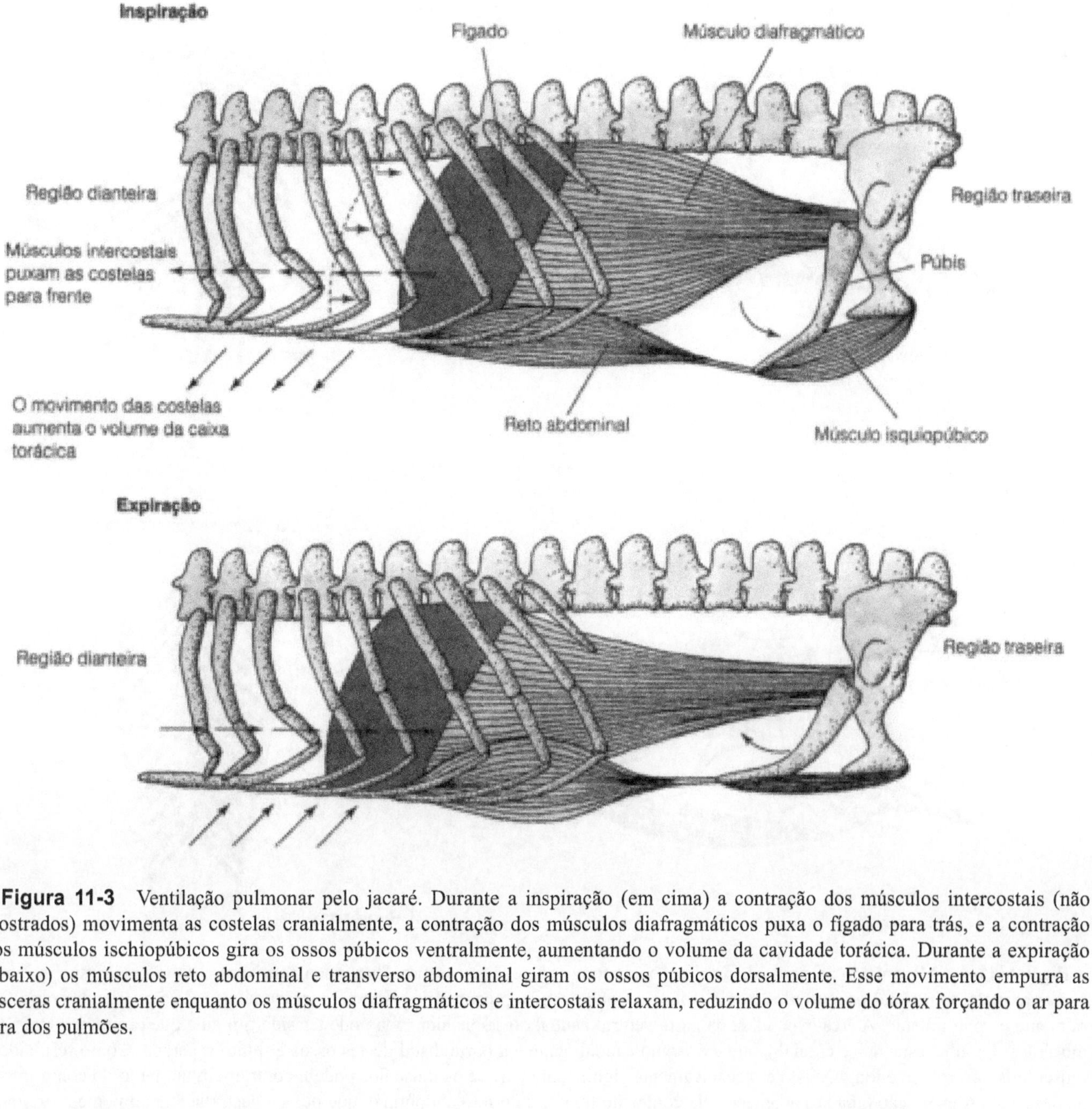

Figura 11-3 Ventilação pulmonar pelo jacaré. Durante a inspiração (em cima) a contração dos músculos intercostais (não mostrados) movimenta as costelas cranialmente, a contração dos músculos diafragmáticos puxa o fígado para trás, e a contração dos músculos ischiopúbicos gira os ossos púbicos ventralmente, aumentando o volume da cavidade torácica. Durante a expiração (abaixo) os músculos reto abdominal e transverso abdominal giram os ossos púbicos dorsalmente. Esse movimento empurra as vísceras cranialmente enquanto os músculos diafragmáticos e intercostais relaxam, reduzindo o volume do tórax forçando o ar para fora dos pulmões.

Evolução da Ventilação Pulmonar e Força Locomotora

As demandas conflitantes sobre os músculos hipaxiais do tronco relacionadas à dupla tarefa de locomoção e respiração, provavelmente limitaram a habilidade dos amniotas basais a ocupar muitas das zonas adaptativas que são potencialmente disponíveis a um vertebrado terrestre. Se a respiração quase pára quando o animal se move, como é o caso dos lagartos modernos, tanto a velocidade como a distância dos movimentos, são limitados. Separar locomoção e respiração permite aos tetrápodes mover-se para longe e rápido, e essa separação foi adquirida tanto na linhagem Sinapsidas como Sauropsida (Figura 11-5). A solução Synapsida perda da gastrália e das costelas na porção lombar do tronco e o desenvolvimento de um diafragma muscular – apareceu cedo no desenvolvimento da linhagem e é encontrado em sinapsidas do Início do Triássico até os mamíferos viventes. Em contraste, os Sauropsida delineiam uma variedade de soluções. Os Archosaura retiveram a gastrália e usaram-na para a respiração encouraçada, enquanto os lagartos enfatizaram os movimentos das costelas e aumentaram a flexibilidade do tronco, o que resultou da perda da gastrália. O contraste entre uma única solução adotada pelos Sinapsidas e as múltiplas soluções dos Sauropsida, provavelmente reflete a diversidade da forma do corpo nas duas linhagens.

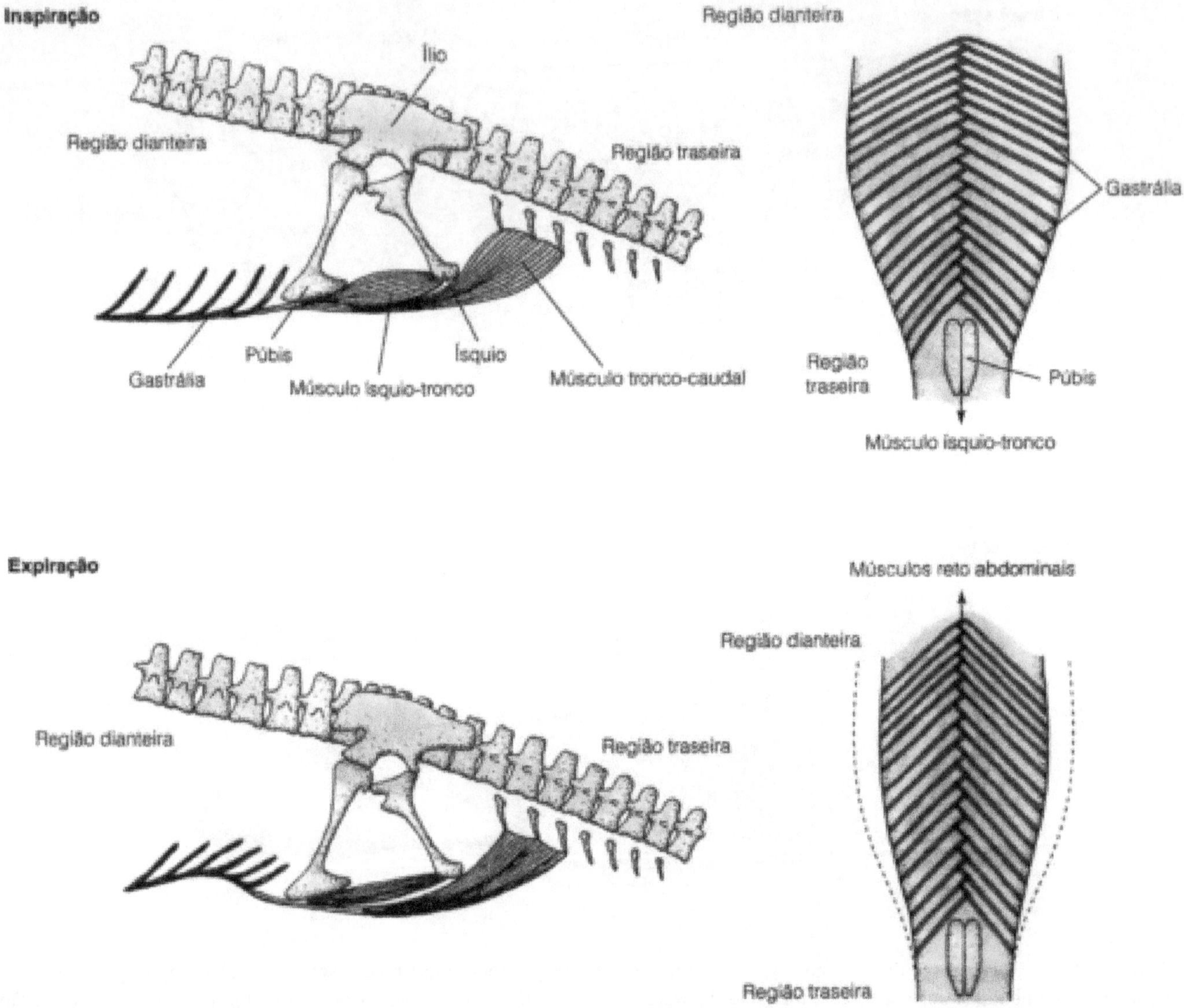

Figura 11-4 Mecanismo proposto de respiração encouraçada pelo dinossauro Theropoda carnívoro *Allosaurus.* Assim que o dinossauro inala, (em cima) os músculos ísquio-tronco e tronco-caudal puxam a gastrália para trás, empurrando a parede do corpo lateralmente e ventralmente. A área expandida da parte ventral caudal do púbis alongada pode ter sido um guia que orientou a força dos músculos. O púbis estende-se cranialmente e o ísquio caudalmente e a parte distal destes ossos é muito separada. Como resultado, o músculo ísquio-tronco é longo, e isto é mecanicamente significante porque os músculos podem contrair em um terço do comprimento de descanso. A expiração (abaixo) acontece pela contração do músculo reto abdominal, que puxa a gastrália cranialmente, estreitando os V e puxando a parede do corpo para dentro e para cima.

Os Synapsida permaneceram relativamente pequenos, quadrúpedes, e terrestres na Era Mesozóica, enquanto os Sauropsida tornaram-se muito diversificados, com espécies que vão desde o tamanho de lagartos até dinossauros de 30 metros ou maiores, assim como espécies quadrúpedes, bípedes, voadoras e secundariamente aquáticas.

11.2 Melhorando as Trocas Gasosas: Traqueia e Pulmões

Ventilar os pulmões movendo as costelas é uma característica primitiva dos amniotas, e a traqueia provavelmente é, também, ancestral. A velocidade e resistência dos primeiros tetrápodes basais minimizaram a importância das altas taxas

Figura 11-5 Padrão filogenético da ventilação pulmonar entre os tetrápodes.

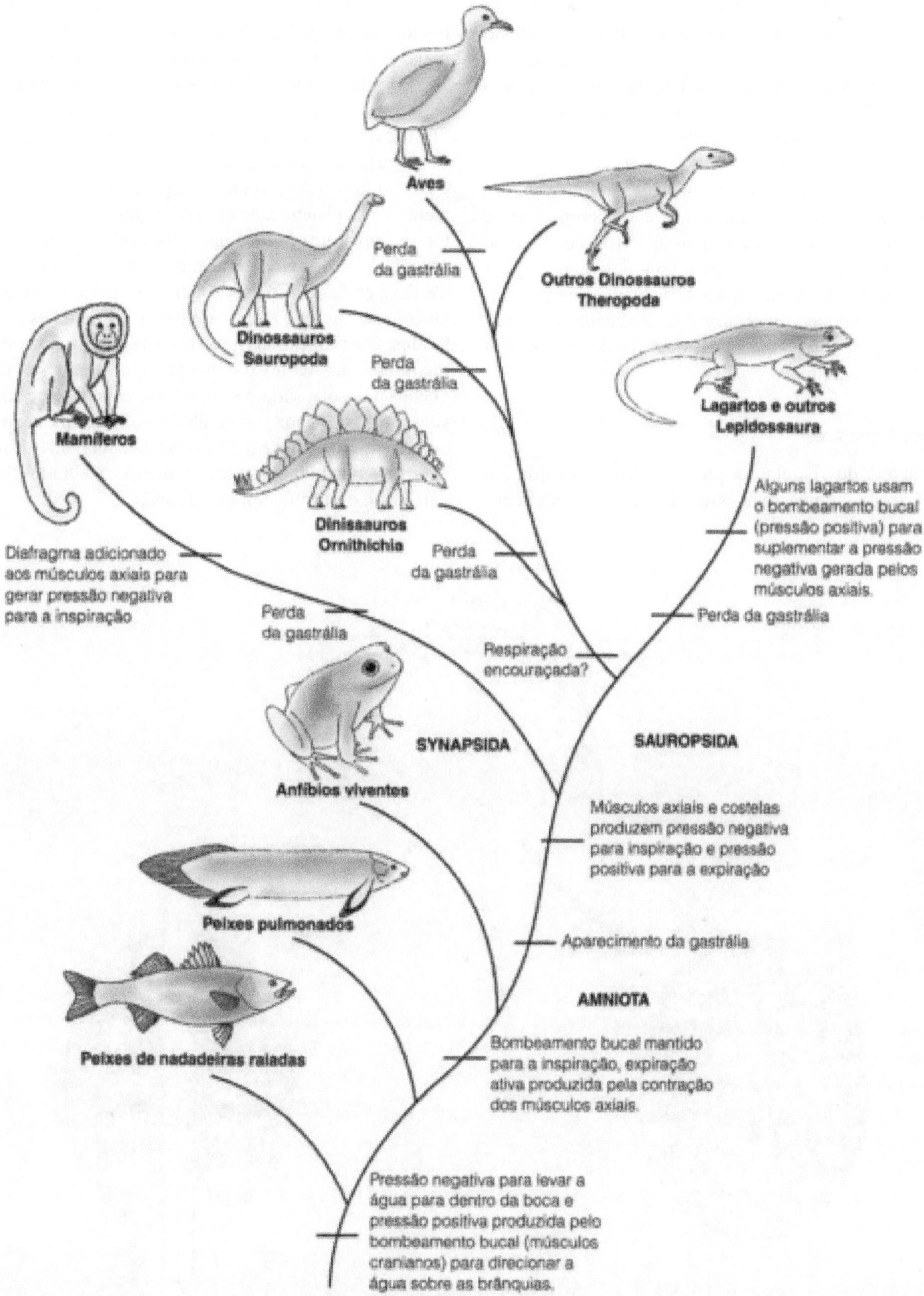

Aves
Outros Dinossauros Theropoda
Perda da gastrália
Dinossauros Sauropoda
Perda da gastrália
Lagartos e outros Lepidossaura
Mamíferos
Dinissauros Ornithichia
Perda da gastrália
Alguns lagartos usam o bombeamento bucal (pressão positiva) para suplementar a pressão negativa gerada pelos músculos axiais.
Diafragma adicionado aos músculos axiais para gerar pressão negativa para a inspiração
Perda da gastrália
Perda da gastrália
Respiração encouraçada?
SYNAPSIDA
SAUROPSIDA
Anfíbios viventes
Músculos axiais e costelas produzem pressão negativa para inspiração e pressão positiva para a expiração
Peixes pulmonados
Aparecimento da gastrália
AMNIOTA
Peixes de nadadeiras raiadas
Bombeamento bucal mantido para a inspiração, expiração ativa produzida pela contração dos músculos axiais.
Pressão negativa para levar a água para dentro da boca e pressão positiva produzida pelo bombeamento bucal (músculos cranianos) para direcionar a água sobre as brânquias.

de trocas gasosas. Pulmões simples – basicamente sacos internos em que o ar inalado pode trocar oxigênio e dióxido de carbono no sangue dos capilares da parede do pulmão – provavelmente eram suficientes para esses animais. As taxas de consumo de oxigênio teriam aumentado quando a locomoção sustentada surgiu, e teria sido necessária uma área maior dos pulmões para as trocas gasosas. Pulmões complexos apareceram nas duas linhagens, Synapsida e Sauropsida, mas ocorreram de maneiras muito diferentes: Mesmo os Synapsida mais derivados, simplesmente aumentaram a eficiência do padrão ancestral do fluxo de ar "em marés", para dentro – para fora, dos pulmões, por meio da elaboração de passagens de ar e superfícies de trocas gasosas, enquanto os Sauropsida derivados (aves, por exemplo) desenvolveram um sistema de fluxo continuo para ventilar os pulmões.

Pulmões Alveolares

A arquitetura do aparelho respiratório dos Synapsida é a elaboração de pulmões em forma de saco dos tetrápodes mais basais (Figura 11-6). O ar passa da traqueia para uma série de passagens progressivamente menores, – começando com os brônquios primários e estendendo-se por 50 ou mais ramos – até chegar aos bronquíolos e sacos alveolares. Um alvéolo individual dentro dos sacos alveolares é o local da troca gasosa. Alvéolos são pequenos, com mais ou menos 0,2 milímetros de diâmetro, e com paredes finíssimas. O sangue nos capilares das paredes alveolares é separado do ar no lúmen do alvéolo por apenas 0,2 micrômetros de tecido. Essa distância de difusão, muito pequena, é criticamente importante porque uma única célula vermelha passa por um alvéolo em menos de um segundo, e nesse intervalo ela deve deixar o dióxido de carbono e pegar o oxigênio. O alvéolo se expande e contrai quando os pulmões são ventilados, e a retração elástica dos alvéolos pulmonares dos mamíferos auxilia a expelir o ar. Os alvéolos são tão pequenos que colapsariam se não fosse pela presença de uma substância secretada por células alveolares que reduzem a tensão superficial da água. A superfície total dos alvéolos é enorme – nos humanos é de 70 metros quadrados, e equivalente ao espaço de um grande salão.

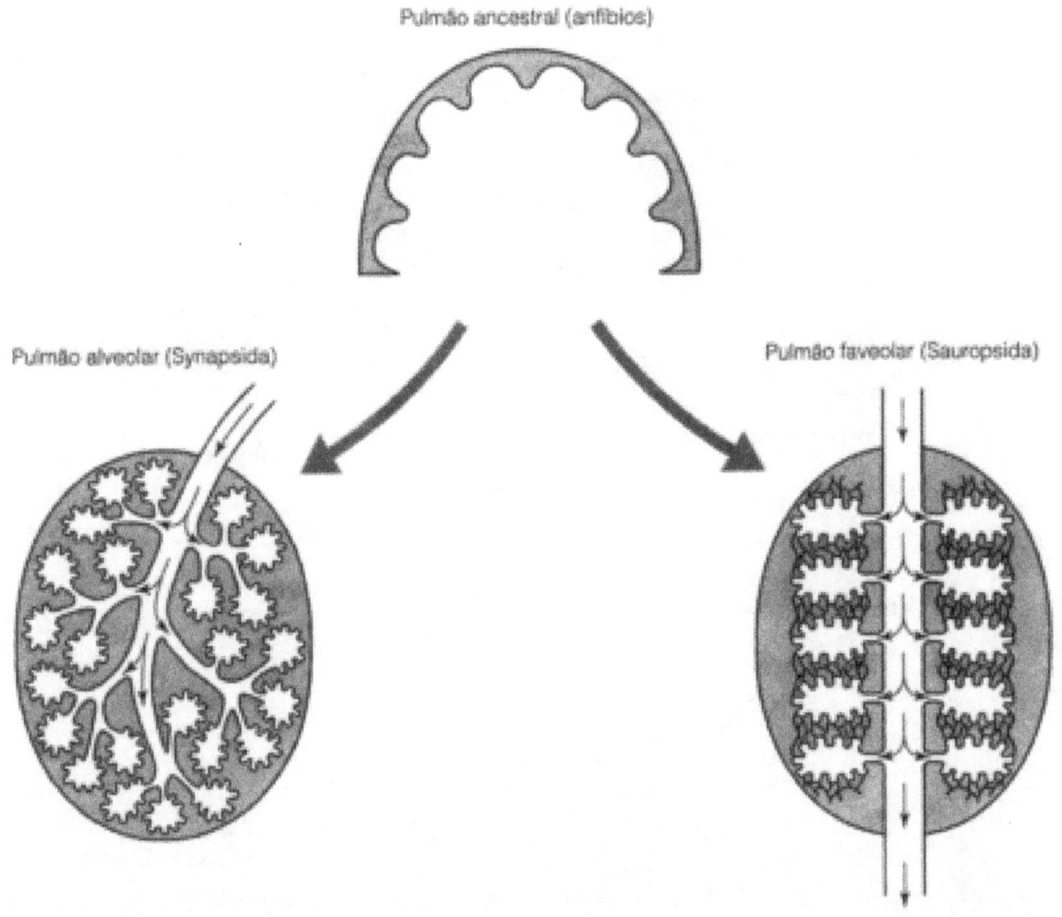

Figura 11-6 Alvéolos e favéolos nos pulmões dos Synapsida e Sauropsida.

Pulmões Faveolares

O padrão Synapsida de ramificação, das terminações das vias aéreas no interior dos sacos onde as trocas gasosas ocorrem, não é a única maneira de aumentar a área de superfície interna do pulmão. A alternativa que os Sauropsida adotaram são os favéolos, pequenas câmaras que se abrem em espaço comum. Pulmões faveolares (que são também chamados pulmões septados) podem ser muito simples, por exemplo, a maioria dos lagartos tem somente câmaras rasas na parede dos pulmões em forma de saco: em contraste, os lagartos monitores (*Varanus*), são predadores ativos que mantém altos níveis de consumo de oxigênio, têm pulmões com muitas subdivisões faveolares.

Os pulmões faveolares da maioria dos sauropsidas empregam um fluxo de ar em marés (entra e sai), mas nas aves os pulmões faveolares são combinados com um sistema complexo de sacos de ar que criam um fluxo de ar em uma única direção nos pulmões. O sistema respiratório das aves é único entre os vertebrados atuais (Figura 11-7). Dois grupos de sacos aéreos, cranial e caudal, ocupam a maior parte da região dorsal do corpo e estende-se em cavidades (chamadas espaços pneumáticos) em muitos dos ossos. Os sacos aéreos são pouco vascularizados e não participam das trocas gasosas, mas são grandes – aproximadamente nove vezes o volume dos pulmões – e são reservatórios que armazenam ar durante períodos do ciclo respiratório para criar um fluxo de ar contínuo em um único sentido nos pulmões.

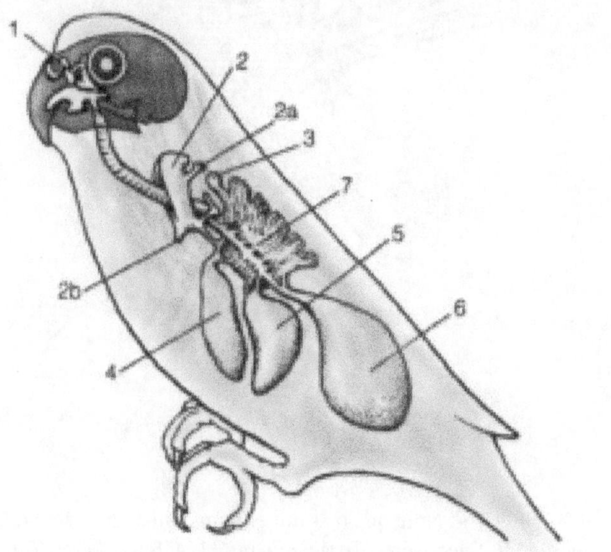

Figura 11-7 O sistema de pulmões e sacos aéreos de um periquito australiano (somente o lado esquerdo é mostrado). **1**, Sinus Infraorbital; **2**, Saco Aéreo Clavicular; **2a**, Divertículo Axilar do úmero; **2b**, Divertículo Esternal; **3**, Saco Aéreo Cervical; **4**, Saco Aéreo Torácico Cranial; **5**, Saco Aéreo Torácico Caudal; **6**, Sacos Aéreos Abdominais; **7**, Pulmão Parabronquial.

Os ramos da traqueia em um par de brônquios primários, passam através de cada pulmão. Os brônquios originários de cada brônquio primário se ramificam secundariamente e diversos **parabrônquios** se abrem a partir de cada brônquio secundário. Milhões de pequenas câmaras interconectadas, denominadas **capilares aéreos,** ramifícam-se a partir de cada parabrônquio. Os capilares aéreos entrelaçam-se intimamente com os capilares vasculares que transportam sangue. O fluxo de ar e o fluxo de sangue movem-se em direções opostas, embora não sejam exatamente paralelos porque os capilares aéreos e sanguíneos estendem-se em porções sinuosas. Este arranjo é chamado de sistema de **trocas de corrente-cruzada.**

Nas aves é possível um fluxo oposto do sangue e do ar, somente porque o ar flui no interior dos pulmões para -bronquiais em uma mesma direção durante a inspiração e a exalação (Figura 11-8). Movimentos do esterno e pelve contribuem para as mudanças na pressão que levam o ar para dentro dos sacos aéreos (Figura 11-9). Durante a inspiração o esterno gira ventralmente e a cintura pélvica é elevada, aumentando o volume do tórax. Na expiração, a pélvis e a cauda giram para baixo, diminuindo o volume torácico. São exigidos dois ciclos respiratórios para mover uma unidade de ar pelo pulmão: na primeira inspiração o volume do tórax aumenta, puxando ar fresco pela traqueia e brônquios primários para dentro dos sacos de ar caudais. Na primeira expiração o volume do tórax diminui, forçando o ar dos sacos caudais para o pulmão parabronquial. A segunda inspiração puxa essa unidade de ar para dentro dos sacos aéreos mais craniais, e a segunda expiração a envia para fora por meio da traqueia.

O fluxo de ar em um sentido nos pulmões das aves tem muitos benefícios. O fluxo em corrente-cruzada do ar e do sangue permite trocas de gases eficientes, semelhante ao fluxo de contracorrente do sangue e da água nas brânquias dos peixes, descrito no Capítulo 4. Por causa desta eficiência, as aves podem respirar em altas altitudes (Quadro 11-1). Além disso, o fluxo de ar em um único sentido nos pulmões minimiza o espaço morto anatômico na respiração. (O espaço morto anatômico é a porção da respiração na qual o ar somente é bombeado para frente e para trás em cada movimento respiratório, não sendo substituído por ar fresco). Qualquer sistema respiratório no qual o ar entra e sai pela mesma abertura tem algum espaço morto anatômico, e um sistema de fluxo de marés como o dos mamíferos deixa algum ar (ar residual) retido nos pulmões a cada ciclo respiratório. Nos humanos o espaço morto anatômico nas traquéias e nos brônquios é de aproximadamente 150 mililitros, o que é aproximadamente 30 por cento dos 500 mililitros do ar inalados em um movimento respiratório normal. O fluxo através dos pulmões de uma ave reduz a quantidade de ar

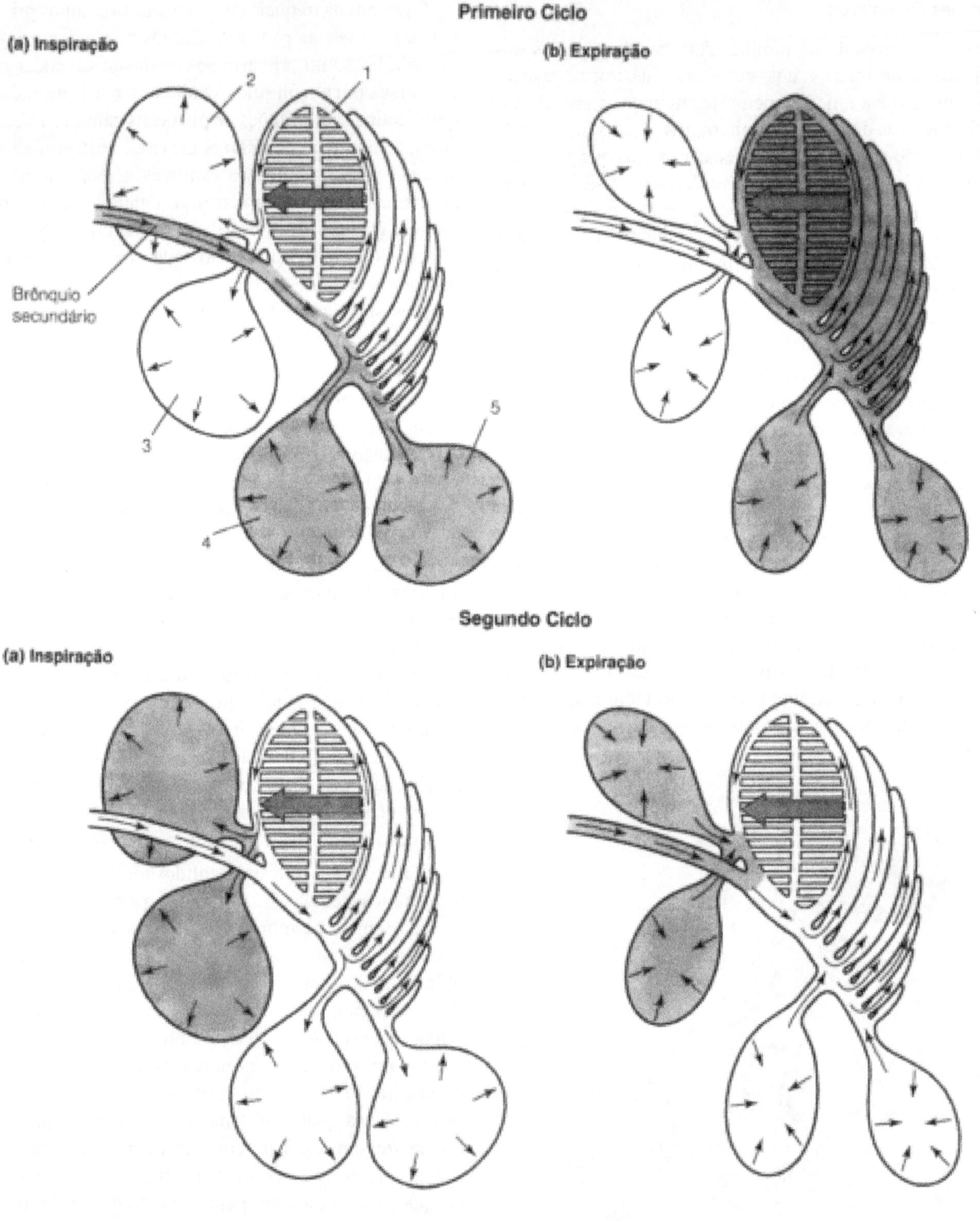

Figura 11-8 Padrão de fluxo de ar durante a inspiração e expiração em uma ave. Note que o ar flui em uma única direcão – através do pulmão parabronquial. **1**, Pulmão Parabronquial; **2**, Saco Aéreo Clavicular; **3**, Saco Aéreo Torácico Cranial; **4**, Saco Aéreo Torácico Caudal; **5**, Saco Aéreo Abdominal.

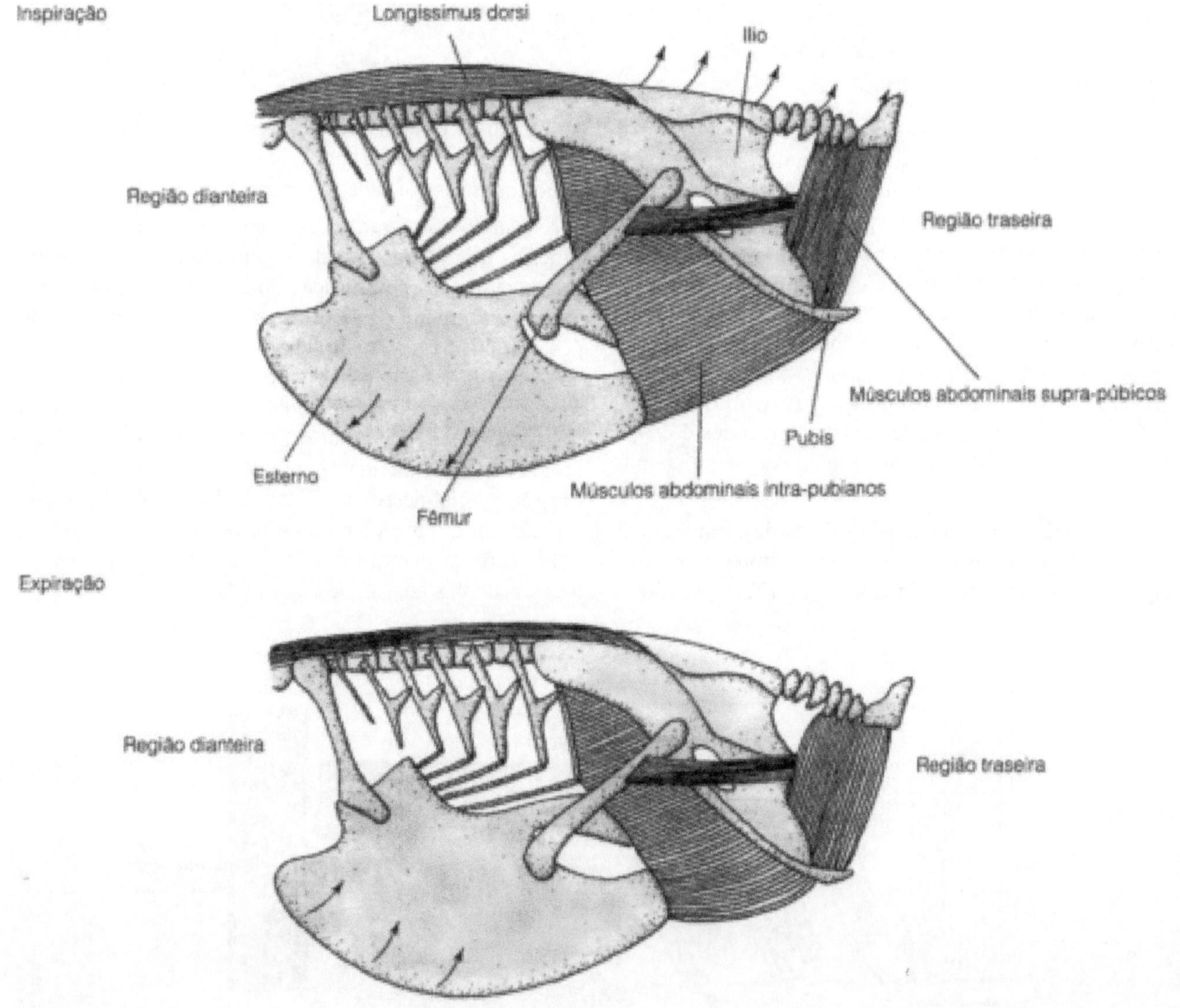

Figura 11-9 Movimentos respiratórios de aves atuais. No pombo, a inspiração é produzida por uma rotação ventral do esterno enquanto o músculo *longissimus dorsi* puxa o ílio e levanta a pélvis; esses dois movimentos aumentam o volume do tórax. Na expiração, o esterno retorna à sua posição de descanso e a contração dos músculos abdominais suprapúbico e infrapúbico puxa a pélvis e a cauda para baixo, reduzindo o volume do tórax.

residual que fica nos pulmões e sacos aéreos, permitindo às aves, tais como os flamingos, terem um pescoço muito longo. (Você pode demonstrar o problema de combinar um pescoço longo com um fluxo de ar em marés tentando respirar através de uma mangueira. Não faça mais do que uns poucos movimentos respiratórios, porque a mangueira aumenta o espaço morto de nosso aparelho respiratório e evita que o ar fresco chegue aos pulmões).

Os Pulmões dos Dinossauros

A traqueia, os pulmões e os sacos aéreos são feitos de tecido macio que não fossiliza, mas os ossos fossilizados dos dinossauros Saurischia – a linhagem de dinossauros que incluem as aves – possuem cavidades e aberturas que indicam a presença de espaços pneumáticos e sacos de ar (Britt 1997). Essa condição é chamada pneumaticidade, e os exemplos mais espetaculares desses espaços são encontrados entre os grandes dinossauros Sauropoda de pescoço longo, secundariamente quadrúpedes, cujas vértebras possuem fendas que mostram a presença de quatro grandes sacos aéreos. Em *Diplodocus* e espécies relacionadas, que possuíam pescoços excepcionalmente longos, estas fendas estendiam-se pelo comprimento total do tronco e pelo interior das vértebras da cauda. Esses animais de pescoço extremamente longo devem ter precisado de sacos aéreos um fluxo de ar em uma

QUADRO 11.1 Aves que Voam Alto

As aves, tanto as residentes como as migratórias, alcançam regularmente altitudes mais altas do que àquelas que os alpinistas humanos podem chegar sem utilizar aparato auxiliar de respiração. Por exemplo, o acompanhamento por radar de aves migratórias mostra que algumas vezes elas voam tão alto quanto 6.500 metros, a gralha alpina vive em altitudes próximas a 8.200 metros no Everest, e os gansos "bar-headed" atravessam diretamente sobre os Himalaias em altitudes de 9.200 metros durante sua migração. A habilidade das aves de sustentar a atividade em altas altitudes é o resultado de características morfológicas do seu sistema respiratório.

Para apreciar completamente os feitos destas aves que voam alto, precisamos considerar quais fatores estão em jogo na atmosfera terrestre. Na superfície da Terra, a atmosfera é mais densa por causa do peso total da atmosfera que pressiona para baixo e sobre si mesma. Em altas altitudes, atmosfera torna-se cada vez menos densa.

No nível do mar, a pressão atmosférica é de 760 milímetros de mercúrio (760 torr em unidades do Sistema Internacional). A composição do ar seco por volume é de 79,02 por cento de nitrogênio e outros gases inertes, 20,94 por cento de oxigênio, e 0,04 por cento de dióxido de carbono. Esses gases contribuem para a pressão atmosférica total em proporção sua abundância, assim a contribuição do oxigênio é de 20,9 por cento dos 760 torr, ou 159,16 torr. A pressão exercida por um gás individual é chamada pressão parcial desse gás. A taxa e direção da difusão de um gás entre o ar nos pulmões e o sangue nos capilares pulmonares é determinada pela diferença nas pressões parciais do gás no sangue e nos pulmões.

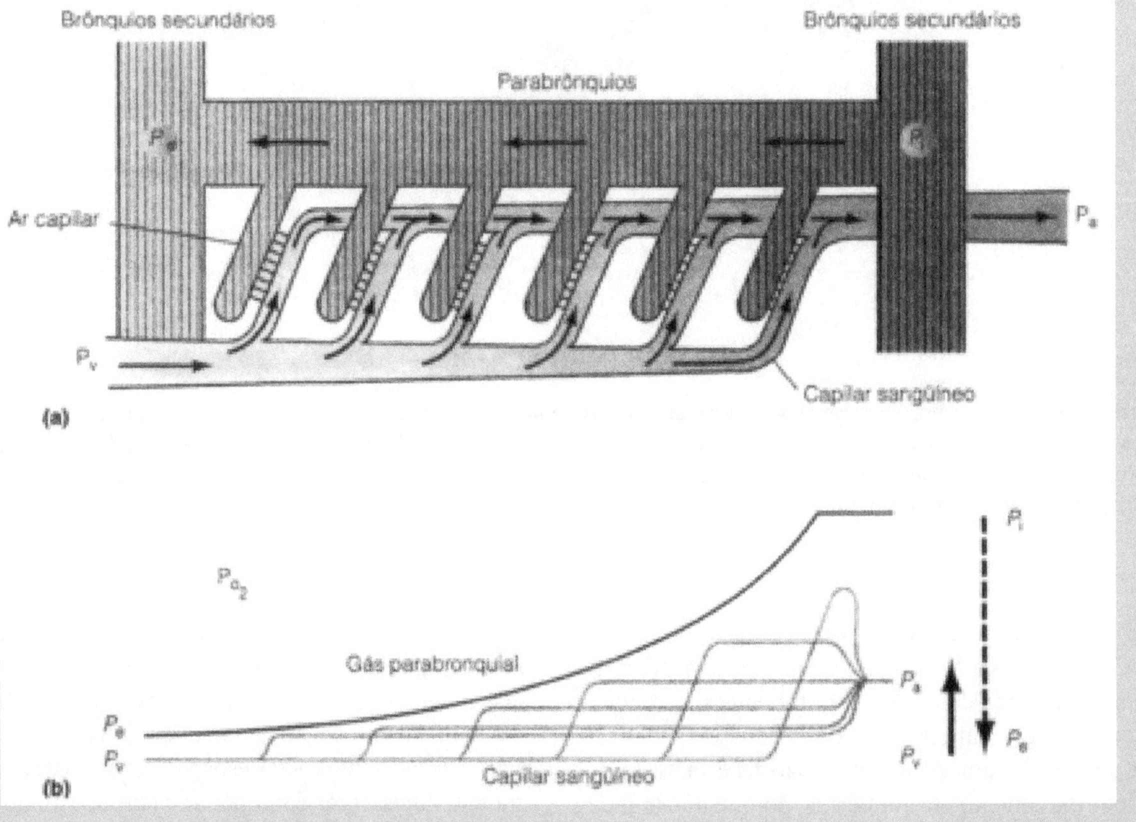

Figura 11-10 Trocas gasosas em um pulmão corttracorrente. O ar flui da direita para a esquerda neste diagrama e o sangue flui d esquerda para a direita. Sombreamento escuro indica uma maior concentração de oxigênio. *Pe* = pressão de oxigênio no ar que sai do parabrônquios, *Ps* = pressão de oxigênio no sangue venoso misturado que entra nos capilares sanguíneos, *Pa* = pressão de oxigênio n sangue que sai dos capilares sanguíneos, *Pi* = Pressão de oxigênio no ar que entra nos parabrônquios. Em cima: padrão geral do fluxi de ar e sangue através dos pulmões parabronquiais. Em baixo: representação diagramática da troca de gás por corrente-cruzada.

Continua

Continuação

O oxigênio nos pulmões difunde-se do ar para dentro dos capilares pulmonares porque possuem uma pressão parcial mais alta no ar do que no sangue, enquanto o dióxido de carbono difunde-se na direção oposta porque sua pressão parcial é maior no sangue do que no ar. Em altitudes mais altas, a pressão atmosférica é mais baixa. A 7.700 metros, a pressão atmosférica é de apenas 282 torr, e a pressão parcial do oxigênio de ar seco é aproximadamente 59 torr. Por causa da pressão atmosférica baixa em altas altitudes, a força da direção para a difusão do oxigênio para o sangue é pequena. (A verdadeira pressão diferencial é reduzida abaixo mesmo da apresentada no gráfico da figura porque o ar nos pulmões é saturado de água, e o vapor de água contribui para a pressão total nos pulmões. A pressão do vapor d'água a 37°C é 47 torr. Assim, a pressão parcial do oxigênio nos pulmões é 20.94 por cento de 282 – 47 torr, que é 49 torr.

Como tudo isso afeta a respiração? Nos mamíferos, causa dificuldade respiratória em altas altitudes. O padrão de ventilação pulmonar por marés dos mamíferos faz com que a pressão parcial de oxigênio nos capilares pulmonares nunca pode ser maior do que a pressão parcial do ar expirado. O melhor que uma ventilação por marés pode oferecer é equilibrar a pressão parcial do oxigênio no ar pulmonar e na circulação pulmonar. De fato, a falha em conseguir uma mistura completa dos gases dentro do sistema pulmonar significa que as trocas de oxigênio ficam muito baixas mesmo com esse equilíbrio, e o sangue deixa os pulmões com uma pressão parcial de oxigênio um pouco mais baixa do que a pressão parcial de oxigênio do ar exalado.

Em aves, a respiração é um processo diferente. O fluxo sanguíneo de corrente-cruzada nos pulmões parabronquiais assegura que os gases nos capilares aéreos encontrem repetidamente um novo suprimento de sangue desoxigenado (Figura 11-10). Quando o sangue entra no sistema (do lado esquerdo do diagrama), a pressão de oxigênio é baixa devida ao sangue venoso misturado. O sangue que entra nos capilares mais à esquerda é exposto ao ar que já teve muito de seu oxigênio removido anteriormente Entretanto, a baixa pressão de oxigênio do sangue venoso misturado assegura que, mesmo nesta parte do parabrônquio, pode ocorrer entrada de oxigênio no sangue. O sangue que flui através dos capilares mais à direita no diagrama é exposto a pressões parciais de oxigênio mais altas no intenor dos parabrônquios e captura correspondentemente mais oxigênio. A pressão de oxigênio do sangue que flui para fora dos pulmões é o resultado da mistura do sangue de todos os capilares. A pressão do oxigênio do sangue arterial misturado é maior do que a pressão parcial do oxigênio do ar exalado. Como resultado, a oxigenação do sangue nas aves é mais efetiva do que a dos mamíferos em altitudes maiores.

direção através dos pulmões para compensar o grande espaço morto anatômico na traqueia.

Os dinossauros Os Theropoda Saurischia, as formas mais próximas das aves, também possuíam vértebras pneumáticas. Os Theropoda basais – como os Sauropoda – possuíam cavidades com paredes relativamente espessas e diversas câmaras internas grandes, mas os Theropoda derivados possuíam cavidades como aquelas das aves atuais, com paredes finas e muitas câmaras internas.

11.3 Transporte de Oxigênio para os Músculos: Estrutura do Coração

Algumas mudanças nos mecanismos de ventilação pulmonar resolveram o conflito entre a locomoção e a respiração, e as divisões internas dos pulmões aumentaram a capacidade para trocas gasosas. Essas características foram passos essenciais para a ocupação das zonas adaptativas que requeriam locomoção sustentada, mas outro elemento é que o oxigênio necessário deve ser transportado rapidamente dos pulmões para os músculos e o dióxido de carbono dos músculos para os pulmões para manter altos níveis de metabolismo celular. Um coração possante pode produzir pressão suficiente para mover o sangue rapidamente, mas existe uma complicação: embora uma alta pressão sanguínea seja necessária na circulação sistêmica para levar o sangue do coração para os membros, uma pressão sanguínea alta seria danosa para os pulmões. Os pulmões são estnituras delicadas por causa da pequena distância de difusão entre o sangue e o ar, necessária para uma rápida troca de gases, e uma pressão sanguínea alta nos pulmões força o plasma para fora das finas paredes dos capilares e para dentro dos espaços aéreos. Quando esses espaços são parcialmente preenchidos com fluido em vez de ar – como na pneumonia, por exemplo – a troca de gases é reduzida. Assim, os amniotas devem manter pressões sanguíneas diferentes nos sistemas pulmonar e sistêmico enquanto bombeiam sangue com altas pressões. A solução que os Synapsida e Sauropsida derivados encontraram para esse problema foi a separação do ventrículo em lado sistêmico e lado pulmonar com um septo permanente, e diferenças nos corações das duas linhagens indicam que essa solução surgiu independentemente em cada linhagem.

O coração primitivo amniota provavelmente não possuía um septo ventricular. O fluxo de sangue pelo ventrículo provavelmente era direcionado por uma estrutura interna esponjosa e talvez por uma válvula espiral no interior do cone arterial, como nos peixes pulmonados atuais e nos Lissamphibia. Tartarugas e lagartos não possuem um septo permanente formado por tecido no interior do ventrículo. Em vez disso, durante a contração ventricular a parede do ventrículo faz pressão contra uma crista muscular no seu interior mantendo o sangue oxigenado e o não oxigenado separados. Essa anatomia, que é provavelmente derivada e mais complexa do que a condição amniota primitiva, apresenta uma função importante na vida das tartarugas e lagartos porque permite que eles desviem o sangue entre os circuitos sistêmico e pulmonar em resposta às mudanças das condições. Diferenças na resistência do fluxo nos circuitos pulmonar e sistêmico são importantes no controle dos movimentos do sangue através dos corações das tartarugas e lagartos, e suas pressões sanguíneas e taxas de fluxo do sangue são baixas se comparadas àquelas das aves e mamíferos. Pode ser que a pressão sanguínea e as taxas de fluxo mais elevadas, tenham promovido uma divisão permanente necessária para os Synapsida derivados (mamíferos) e Sauropsida derivados (crocodilianos e aves) (Figura 11-11). Entretanto, cada batimento cardíaco deve enviar o mesmo volume de sangue aos pulmões dos mamíferos e aves bem como para o corpo. Porque o volume de sangue no circuito pulmonar é muito menor do que o volume no circuito sistêmico, essa restrição pode limitar o fluxo de sangue ao corpo. Ainda, o sangue não pode ser desviado por muito tempo do ventrículo esquerdo (oxigenado) para o ventrículo direito (não oxigenado), e os vasos coronarianos ventriculares devem desenvolver-se para oxigenar o músculo cardíaco. Os músculos do ventrículo direito recebem sangue oxigenado via **artérias coronárias,** que se ramificam da aorta (o bloqueio desses vasos causa ataque cardíaco). Todos os amniotas têm algum suprimento coronariano para o ventrículo, mas um sistema coronariano ventricular amplo evoluiu independentemente em mamíferos e Sauropsidas derivados (Archosauria). Os vasos coronarianos ventriculares também evoluíram convergentemente em tubarões e em alguns teleósteos.

Quando o ventrículo é dividido permanentemente, a resistência relativa do fluxo sanguíneo, nos sistemas pulmonar e sistêmico, não determina mais aonde o sangue vai quando deixa o ventrículo; em vez disso, o sangue pode fluir somente para o interior dos vasos que saem de cada lado do ventrículo: o ventrículo direito leva para o circuito pulmonar e o ventrículo esquerdo para o circuito sistêmico. Os Synapsida e Sauropsida chegaram a esse estágio, mas devem ter feito isto independentemente porque a relação dos arcos sistêmicos com o ventrículo esquerdo difere nas duas linhagens. Os mamíferos retêm o arco sistêmico esquerdo como uma rota principal para que o sangue flua do ventrículo esquerdo, enquanto as aves retiveram o arco direito. Porções do antigo arco sistêmico direito permanecem nos mamíferos adultos assim como a artéria braquiocefálica que chega à artéria carótida direita (ou ambas as carótidas em alguns mamíferos) e a artéria subclávia direita. Essa situação contrasta com a condição Sauropsida usual, na qual todas as carótidas e subclávias ramificam-se do arco sistêmico direito.

Por que as aves e mamíferos perderam um dos arcos sistêmicos (ou, no caso dos mamíferos, a parte caudal do arco sistêmico direito)? Estudos de desenvolvimento embrionário mostram que os embriões dos Synapsida e dos Sauropsida possuem no início dois arcos que são subsequentemente reduzidos a um único. A redução independente para um único arco em cada linhagem sugere que essa arquitetura é de alguma forma melhor do que dois arcos, embora dois arcos pareçam ser inteiramente funcionais nos Sauropsida menos derivados. Talvez a vantagem de um único arco esteja relacionada às altas pressões sanguíneas e altas taxas de fluxo de sangue nos arcos aórticos dos mamíferos e aves. Um vaso com grande diâmetro cria menor fricção entre o sangue circulante e a parede do vaso do que dois vasos menores carregando o mesmo volume de sangue. Ainda, uma turbulência pode se desenvolver onde os dois vasos se encontram, e isso reduziria o fluxo. Assim, um único arco pode ser o melhor condutor para o sangue que sai do coração a grande pressão.

11.4 Tirando Vantagem da Energia Perdida: Endotermia

Resolver os conflitos entre locomoção e ventilação e modificar os pulmões e coração para o suprimento de oxigênio para os músculos, fizeram mais do que somente aumentar a duração da corrida para os Synapsida e Sauropsida – produziu muito calor. A síntese e consumo de energia química em compostos como ATP não é muito eficiente, e uma quantidade substancial de energia é perdida na forma de calor. E por isto que você fica quente quando se exercita vigorosamente, e o aumento da temperatura do corpo durante o exercício pode ser substancial; é principalmente o sobre-aquecimento ao invés da exaustão que obriga um guepardo a interromper a perseguição a uma gazela um minuto depois que iniciou sua corrida.

A forma do corpo dos Synapsida derivados e dos dinossauros Theropoda derivados, indica claramente que um aumento da atividade se desenvolveu em ambas as linhagens. Tanto Synapsida (Therapsida mamíferos) como Sauropsida

(Archosauria derivados, incluindo dinossauros e aves) evoluíram uma postura em que os membros são posicionados mais ou menos verticalmente abaixo do tronco. Os Synapsida mantiveram-se quadrúpedes, mas os Sauropsida Archosauria tomaram-se bípedes no início, embora tenham aparecido secundariamente formas quadrúpedes – dinossauros quadrúpedes, por exemplo. Os Synapsida parecem ter reorganizado a musculatura dos membros pelvinos mais do que as aves e dinossauros em associação com a nova posição dos membros. O aumento da atividade locomotora e a duração da corrida sugeridos pelas mudanças na forma do corpo teriam sido acompanhados pelo aumento das taxas metabólicas, que teriam gerado quantidades substanciais de calor durante a atividade, e o calor poderia ter sido um passo crítico em direção à endotermia.

A endotermia e a ectotermia são métodos efetivos de regulação da temperatura, mas existe uma barreira à transição evolutiva da ectotermia (que é uma condição primitiva dos amniotas) para a endotermia. A endotermia requer duas características que os ectotermos não possuem – uma alta taxa metabólica e isolamento que retenha calor no corpo. A dificuldade em passar da ectotermia para a endotermia é que nem uma taxa metabólica alta nem isolamento, em si, são suficientes para a endotermia. *Ambos* caracteres devem estar presentes para que um animal mantenha a temperatura do corpo alta e estável.

Um endotermo pequeno, tal como um camundongo ou um pardal, tem uma taxa metabólica que é aproximadamente 10 vezes a de um ectotermo com o mesmo tamanho corpóreo, como um lagarto. O calor produzido pelo metabolismo nos endotermos é retido pelo isolamento (pelos nos camundongos e penas nas aves) e aumenta a temperatura do corpo. Um lagarto não tem isolamento, assim o calor metabólico pode ser perdido, mas o calor solar é rapidamente absorvido. Adicionar uma camada de isolamento em um lagarto não permite que seja um endotérmico, porque ainda não possui uma taxa metabólica alta, mas isto previne que o lagarto absorva o calor do Sol. Raymond Cowles demonstrou esse fato na década de 1930 quando fez pequenos casacos de pele para lagarto e mediu suas taxas de aquecimento e resfriamento. O benefício potencial de um casaco de peles para um lagarto é, obviamente, que ele manteria o calor enquanto o ambiente esfria. Entretanto, os bem vestidos lagartos nos experimentos de Cawles nunca alcançaram esse benefício, já que quando usavam os casacos eram incapazes de se aquecer em primeiro lugar.

Assim, a evolução da endotermia envolve uma situação ilógica e sem solução ("catch 22") de isolamento, isto é que não dá vantagens para um animal sem uma taxa metabólica alta, e o calor produzido por uma taxa metabólica alta é perdido a não ser que o animal tenha isolamento. Esse paradoxo incitou discussões sobre a evolução da endotermia por décadas enquanto os autores propunham cenários nos quais o isolamento incipiente poderia inicialmente ter funcionado na termoregulação ectotérmica antes que se tomasse efetivo em reter o calor metabólico. Essas propostas não eram muito convincentes e geralmente não eram aceitas. A relação da atividade locomotora com a evolução da endotermia não foi considerada até o final do século vinte.

Endotermia nos Synapsida

A evolução de uma taxa metabólica alta, via aumento da capacidade de atividade locomotora, envolveu mudanças em muitas estruturas do corpo dos Synapsida. Mudanças no esqueleto podem ser observadas nos fósseis, mas as mudanças nos tecidos moles e nas características fisiológicas não fossilizam. Essas mudanças podem ser inferidas das estruturas fossilizadas um animal. A Tabela 11.1 lista diversas características de amniotas derivados que estão associadas à evolução da endotermia.

As mudanças na locomoção e respiração que descrevemos marcam o estágio para outras demandas fisiológicas dos Synapsida, e uma dos mais importantes está associada às altas taxas de respiração. O ar que um animal endotérmico inala é seco e mais frio do que a temperatura interna do seu corpo (a temperatura corpórea profunda). Pulmões são tecidos delicados que secariam se fossem ventilados com ar não saturado de vapor de água a uma temperatura abaixo da corpórea, assim, o ar inalado deve ser aquecido e umidificado antes de chegar nos pulmões. Além disso, quando o ar foi saturado com vapor de água e aquecido à temperatura interna do corpo, exalar o ar representaria meramente uma perda de água e calor que o animal não pode suportar. Assim, o animal precisa de uma maneira de aquecer e umidificar o ar que inala e recuperar a água e o calor ao exalar – que é, um mecanismo de reciclagem para água e calor.

Reciclar calor e água não é difícil para animais que tenham baixas taxas metabólicas e ventilação pulmonar. Lagartos atuais fazem isso, e as paredes úmidas de suas passagens nasais proporcionam superfície suficiente para alcançar suas necessidades. Entretanto, enquanto a taxa metabólica aumenta, a taxa de ventilação aumenta, o que coloca maior demanda no sistema de reciclagem. Um animal que inale e exale ar rapidamente precisa de uma superfície maior do que somente as paredes de passagens nasais tubulares simples.

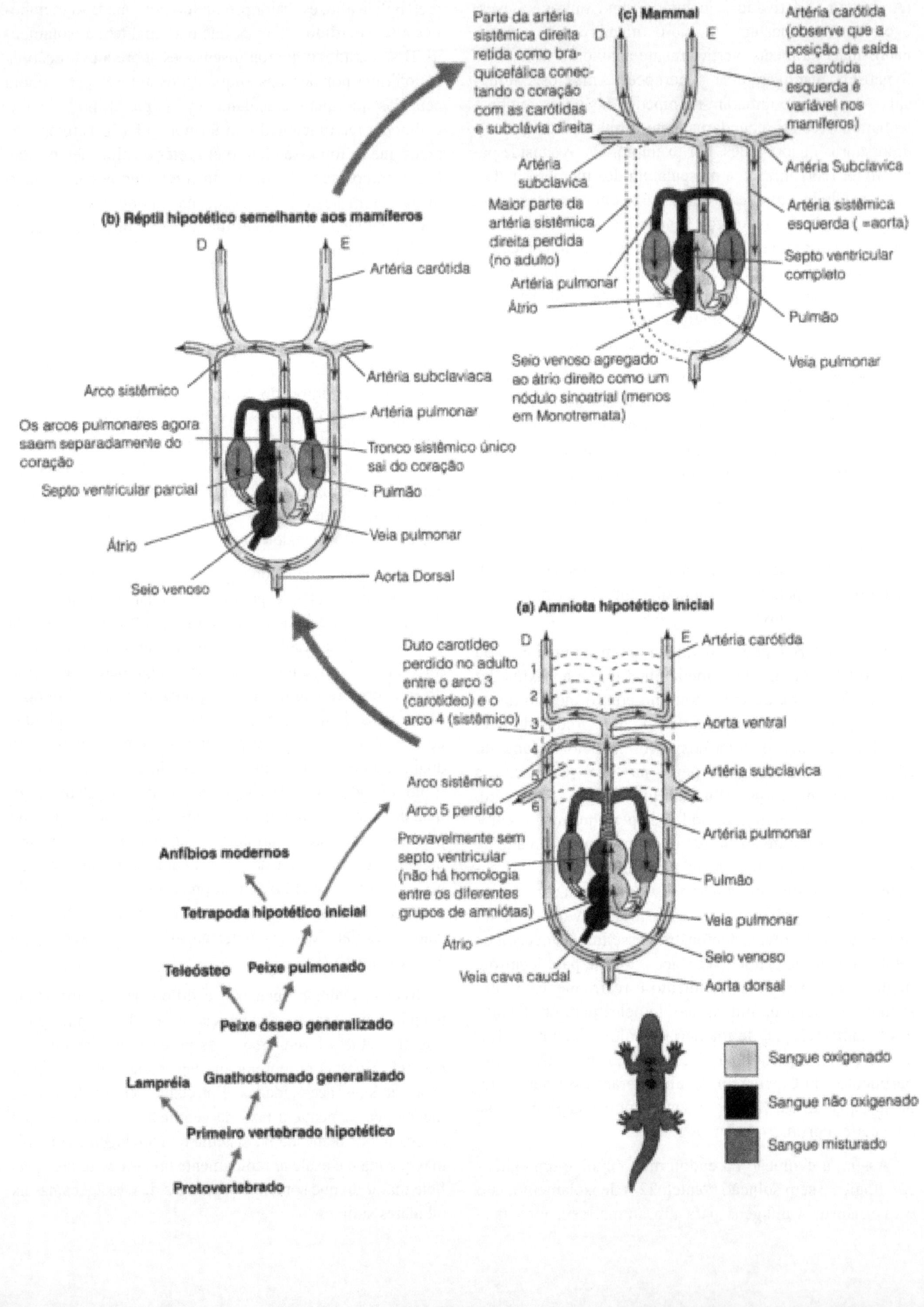
(c) Mammal
D
E
Parte da artéria sistêmica direita retida como braquicefálica conectando o coração com as carótidas e subclávia direita
Artéria carótida (observe que a posição de saída da carótida esquerda é variável nos mamíferos)
Artéria subclavica
Artéria Subclavica
Maior parte da artéria sistêmica direita perdida (no adulto)
Artéria sistêmica esquerda (=aorta)
Septo ventricular completo
Artéria pulmonar
Átrio
Pulmão
Seio venoso agregado ao átrio direito como um nódulo sinoatrial (menos em Monotremata)
Veia pulmonar
(b) Réptil hipotético semelhante aos mamíferos
D
E
Artéria carótida
Arco sistêmico
Artéria subclaviaca
Os arcos pulmonares agora saem separadamente do coração
Artéria pulmonar
Tronco sistêmico único sai do coração
Septo ventricular parcial
Pulmão
Átrio
Veia pulmonar
Seio venoso
Aorta Dorsal
(a) Amniota hipotético inicial
D
E
Artéria carótida
Duto carotídeo perdido no adulto entre o arco 3 (carotídeo) e o arco 4 (sistêmico)
1
2
3
4
5
6
Aorta ventral
Arco sistêmico
Artéria subclavica
Arco 5 perdido
Artéria pulmonar
Provavelmente sem septo ventricular (não há homologia entre os diferentes grupos de amniótas)
Pulmão
Átrio
Veia pulmonar
Seio venoso
Veia cava caudal
Aorta dorsal
Anfíbios modernos
Tetrapoda hipotético inicial
Teleósteo
Peixe pulmonado
Peixe ósseo generalizado
Lampréia
Gnathostomado generalizado
Primeiro vertebrado hipotético
Protovertebrado
Sangue oxigenado
Sangue não oxigenado
Sangue misturado

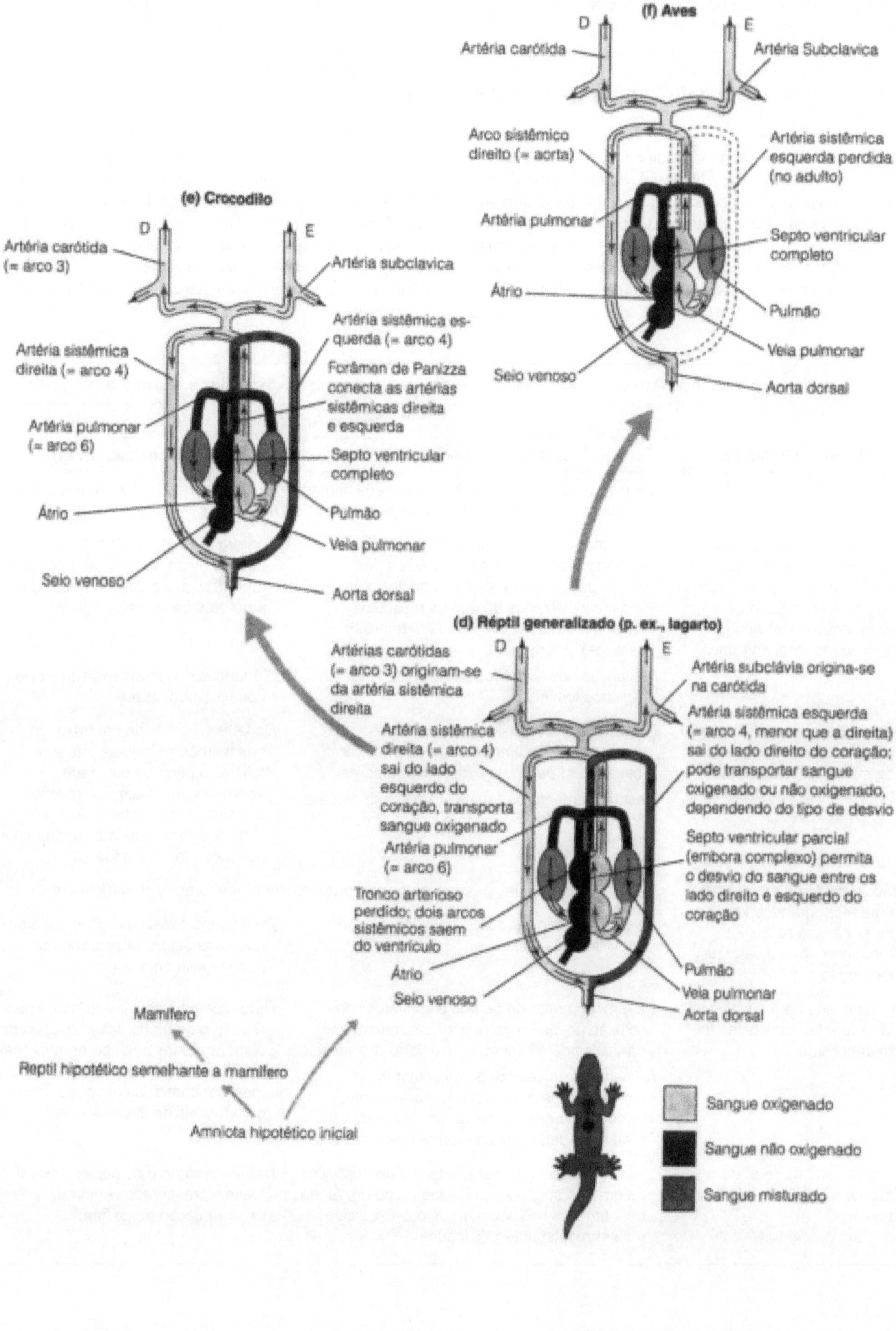
(f) Aves
D
E
Artéria carótida
Artéria Subclavica
Arco sistêmico direito (= aorta)
Artéria sistêmica esquerda perdida (no adulto)
Artéria pulmonar
Septo ventricular completo
Átrio
Pulmão
Veia pulmonar
Seio venoso
Aorta dorsal
(e) Crocodilo
Artéria carótida (= arco 3)
Artéria subclavica
Artéria sistêmica esquerda (= arco 4)
Artéria sistêmica direita (= arco 4)
Forâmen de Panizza conecta as artérias sistêmicas direita e esquerda
Artéria pulmonar (= arco 6)
Septo ventricular completo
Átrio
Pulmão
Veia pulmonar
Seio venoso
Aorta dorsal
(d) Réptil generalizado (p. ex., lagarto)
Artérias carótidas (= arco 3) originam-se da artéria sistêmica direita
Artéria subclávia origina-se na carótida
Artéria sistêmica direita (= arco 4) sai do lado esquerdo do coração, transporta sangue oxigenado
Artéria sistêmica esquerda (= arco 4, menor que a direita) sai do lado direito do coração; pode transportar sangue oxigenado ou não oxigenado, dependendo do tipo de desvio
Artéria pulmonar (= arco 6)
Septo ventricular parcial (embora complexo) permite o desvio do sangue entre os lado direito e esquerdo do coração
Tronco arterioso perdido; dois arcos sistêmicos saem do ventrículo
Átrio
Pulmão
Seio venoso
Veia pulmonar
Aorta dorsal
Mamífero
Réptil hipotético semelhante a mamífero
Amniota hipotético inicial
Sangue oxigenado
Sangue não oxigenado
Sangue misturado

◄Figura 11-11 Diagramas de corações e principais vasos sanguíneos dos Synapsida e Sauropsida. Vista diagramática da forma do coração e arcos aórticos em Sinapsida e Sauropsida. (a) Condição amniota basal: um tronco arterioso é mantido, e um septo ventricular está faltando. Essa condição é proposta aqui para avaliar as diferenças nessas estruturas entre Synapsida e Sauropsida. (b) Condição hipotética de répteis semelhantes a mamíferos. O ancestral mamaliano não pode ter tido o padrão Sauropsida de arcos sistemáticos duplos, assim como seria impossível com a condição Sauropsida em reter somente o arco esquerdo, como visto em mamíferos. Aqui é proposta uma separação do tronco arterioso em tronco pulmonar e tronco sistêmico (único). Pode ter sido possível algum grau de desvio entre o circuito pulmonar e o sistêmico dentro do coração, com um septo ventricular incompleto. O seio venoso é mostrado como retido porque um pequeno seio venoso ainda está presente nos monotremados. (c) Mamífero. O septo ventricular é completo e a porção mais proximal do arco sistemático direito foi perdida, (d) Condições Sauropsida generalizada, vista em tartarugas e lepidossauros. O tronco arterioso é dividido em 3 partes: Um arco pulmonar, e dois arcos sistêmicos separados (o arco esquerdo sai do lado direito do coração e o arco direito sai do lado esquerdo). O septo ventricular é incompleto, embora possa ser complexamente subdividido. Assim, esse sistema permite que o sangue possa ser desviado para dentro do coração e entre os circuitos pulmonar e sistêmico, (e) Crocodilo. O septo ventricular (possivelmente um desenvolvimento separado em Archosauria) agora é completo, mas desvios entre os arcos sistêmicos esquerdo e direito é ainda possível via o forâmen de Panizza, (f). Ave. Agora o arco sistêmico esquerdo é totalmente perdido, e o sino venoso foi agregado ao átrio direito.

TABELA 11.1 Mudanças Associadas ao Desenvolvimento da Endotermia em Synapsida e Sauropsida

	Correlatos Anatômicos	
Questão Fisiológica	**Sinapsidas (mamíferos)**	**Sauropsidas (aves)**
	Membros derivados de ambas linhagens adotaram a postura ereta de forma que o tronco não dobre lateralmente enquanto os membros se movem	
Necesssidade de resolver o conflito entre a locomoção a ventilação pulmonar resultou do primitivo método de locomoção de tetrápodes com flexão axial do tronco	A postura quadrúpede primitiva foi retida com mudanças derivadas nos músculos dos membros pelvinos (por ex músculos glúteos são mais utilizados do que os músculos caudofemorais para retrair os membros pelvinos)	Postura ereta derivada foi desenvolvida, e o padrão primitivo da musculatura dos músculos dos membros pelvmos foi retido.
	Mudanças nos membros são visíveis nos registros fósseis	Mudanças nos membros são visíveis nos registros fósseis
Necessidade de mais oxigênio para manter as altas taxas de metabólicas associadas com locomoção sustentada	Diafragma desenvolvido para auxiliar a ventilação dos pulmões Pode-se inferir em fósseis pela perda das costelas lombares Desenvolvimento de um palato secundário para comer e respirar ao mesmo tempo Preservado nos fósseis	Desenvolvimento de um fluxo direto nos pulmões. Pode-se inferir nos fosseis a partir de cavidades e aberturas em ossos que revelam a presença de sacos aéreos em alguns dinossauros e talvez de seus pescoços muito longos.
Necessidade de aquecer e umedecer grandes volumes de ar na inspiração e recuperar água e calor na expiração	Ossos turbinados nas passagens nasais proporcionam uma grande superfície úmida.	
	Os turbinais são ósseos, e seus traços podem ser vistos nos fósseis.	Passagens nasais estreitas sugerem que essa estrutura aparece no desenvolvimento tardio.
Necessidade de mais alimento para manter altas taxas de metabolismo	Desenvolvimento de dentes complexos com oclusão precisa para reduzir o tamanho das partículas de alimento. Preservado nos fósseis Aumentado do volume da musculatura mandibular para mastigação do alimento. Pode-se inferir a presença de músculos grandes a partir das estruturas dos fósseis.	Uma moela muscular é utilizada para reduzir o tamanho das partículas de alimento Estas não são preservadas nos fósseis, porém pedras de moela foram encontradas em associação com fósseis de dinossauros.
Necessidade de reter calor produzido pelo metabolismo no corpo	Desenvolvimento de pelos e talvez de depósitos de gordura subcutânea (tecido adiposo). Ainda nenhum fóssil de sedimentos pré-Cretácicos mostram detalhe tão delicados	Desenvolvimento de penas. Visível em fósseis preservados em sedimentos de granulação muito fina.

Esta superfície adicional é constituída, nos mamíferos atuais, por uma variedade de finas folhas ósseas ou cartilagens no interior das passagens nasais que são recobertas em vida com tecido úmido (Figura 11-12). Esses são os ossos turbinais, que também são chamados de concha, porque formam curvas espirais que parecem o interior de algumas conchas de caracóis. Os mamíferos têm dois tipos de turbinais – olfatório e respiratório. Os turbinais olfatórios dão suporte ao epitélio olfatório que contém as células sensoriais utilizadas para a olfação. Estão localizados acima e atrás das passagens nasais, fora do fluxo direto do ar. (É por isso que você funga quando tenta cheirar algo – a inalação abrupta faz fluir o ar sobre os turbinais olfatórios).

Os turbinais respiratórios projetam-se diretamente para o interior da passagem principal do fluxo respiratório, e o ar passa sobre eles a cada aspiração e expiração. O ar inalado é aquecido e umidificado e os turbinais são resfriados pela combinação do ar frio de fora e o ar e o efeito de resfriamento da evaporação do ar de sua superfície. Então o ar quente e úmido que sai dos pulmões é resfriado enquanto passa de novo pelos turbinais, e algum vapor de água condensa. O ar quente e a condensação de água reaquecem os turbinais, preparando-os para a próxima inalação. Assim, os turbinais reciclam tanto a água quanto o calor assim que o ar flui para dentro e para fora dos pulmões. Um sistema de reciclagem deste tipo provavelmente é essencial, porque sem ele a perda de calor e de água seria muito grande para que um endotermo se mantivesse (Ruben et al. 2003). Os turbinais respiratórios são encontrados em todos os mamíferos amais, e traços das dobras que dão suporte a eles podem ser vistos nas passagens nasais dos Therapsida derivados e dos mamíferos basais.

Altas taxas metabólicas requerem altas taxas de ingestão de comida e rápida digestão. As mudanças na forma do corpo vistas nos Therapsida deram a eles uma capacidade maior para a locomoção sustentada, permitindo o forrageio em vastas áreas para perseguir presas. Em adição, os dentes tornaram-se mais complexos, com oclusão precisa das superfícies entre a mandíbula e a maxila superior. Essas mudanças na dentição permitiram aos Therapsida processar melhor a comida, cortando pedaços de carne em porções menores, o que proporciona uma superfície maior para o ataque das enzimas digestivas. Além disso, os músculos da mandíbula tornaram-se maiores, o que aumentou a força que pode ser aplicada pelos dentes.

Somado à produção de calor metabólico, um endotermo precisa de uma camada de isolamento para reter o calor no corpo. Os mamíferos terrestres atuais possuem pelagem pilosa que proporciona o isolamento, embora alguns mamíferos de pele nua como os porcos possuam pêlos muito esparsos e dependam de uma camada subcutânea de gordura para o isolamento. Os pêlos não dão um bom isolamento para animais que permanecem muito tempo na água, e mamíferos aquáticos e especializados como baleias e golfinhos têm grossas camadas de gordura para isolamento. Nem os pêlos nem a gordura fossilizam-se bem e não temos evidência direta sobre o isolamento nos Therapsida.

Tendências Evolutivas nos Sauropsidas

Os Sauropsida encararam o mesmo desafio para a evolução da endotermia que os Synapsida, e encontraram soluções similares embora hajam algumas diferenças nos detalhes. A

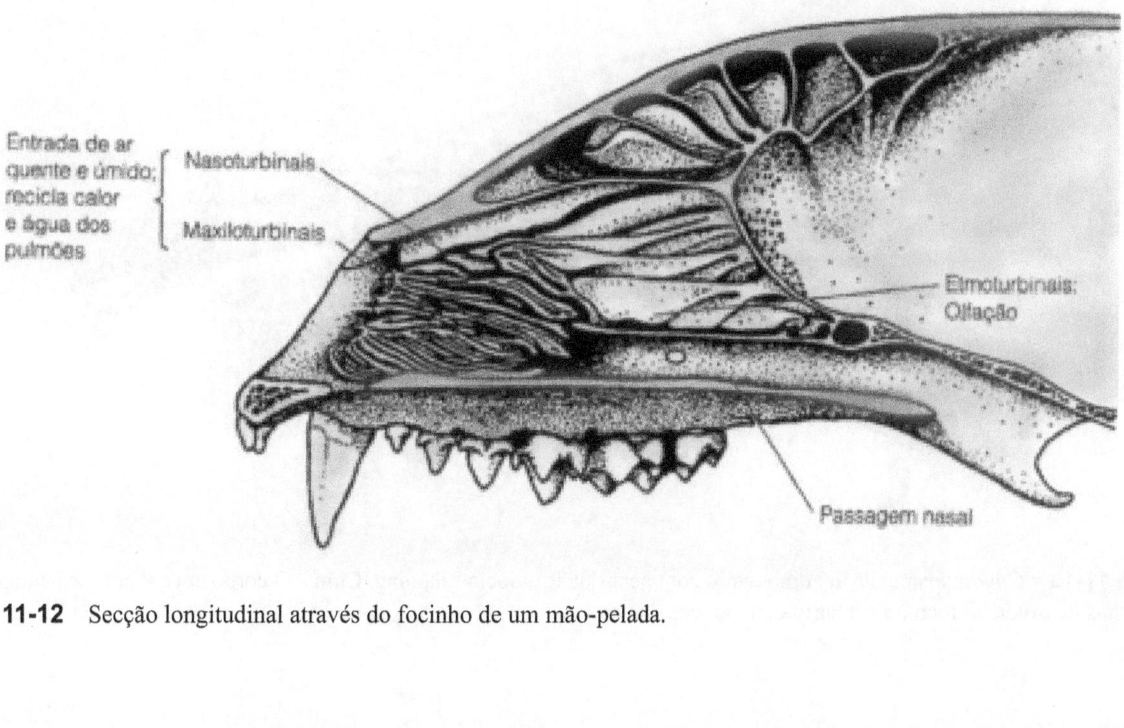

Figura 11-12 Secção longitudinal através do focinho de um mão-pelada.

capacidade de manter a atividade locomotora foi provavelmente o ponto de início para a evolução da endotermia pelos Sauropsida, assim como foi para os Synapsida. A forma do corpo dos dromeossauros (dinossauros terópodes derivados que são próximos à transição para aves) sugere fortemente que eram predadores de movimentos rápidos e que perseguiam suas presas. Os pulmões faveolares são eficientes na troca de gases, e os dromeossauros derivados provavelmente tiveram um sistema de sacos de ar e ventilação por fluxo de ar contínuo nos pulmões. Os dentes de dinossauros carnívoros nunca tiveram superfícies de oclusão observadas nos mamíferos, mas eram capazes de rasgar e cortar a carne. As aves, é claro, não possuem dentes e processam o alimento com a moela muscular que pode exercer grande pressão. Muitas aves propositadamente engolem pedras que ficam no interior da moela e ajudam a triturar as partículas de alimento. Alguns dinossauros também possuíam pedras em suas moelas, embora as pedras de moela dos dinossauros fossem seixos grandes ao invés de pedrisco fino.

O estado dos turbinais nos dinossauros é menos claro que nos Therapsida. Aves viventes possuem turbinados que são menos eficientes do que os dos mamíferos na reciclagem de água e calor (Geist 2000), frequentemente eles permanecem cartilaginosos e não possuem contatos ósseos com as passagens nasais que podem ser vistas nos fósseis. Varreduras com tomografia computadorizada (TC) de crânios fossilizados de dinossauros Terópodes e aves primitivas, sugerem que as passagens nasais eram estreitas, e outros caracteres do crânio corroboram essa interpretação. Assim, os Sauropsida pré-aves e aves basais provavelmente não possuíam turbinais (Ruben et al. 2003). Uma reinterpretação da posição das aberturas nasais carnosas dos dinossauros coloca-as na mesma posição rostral no focinho como as narinas de outros amniotas (Witmer, 2001). Se essa localização é correta, o ar inalado deve ter passado por uma extensa superfície úmida nas passagens nasais, permitindo tanto a umidificação do ar quanto o sentido do olfato.

A ausência de endotermia nesses Sauropsida seria surpreendente. Não somente a forma de seu corpo sugere que seriam similares, em sua ecologia e comportamento, às aves não voadoras, tal como a avestruz (veja Capítulo 16), mas a descoberta de dromeossauros com penas no final da década de 1990 (Qiang et al. 1998, 2001) mostra que o isolamento evoluiu antes do vôo (Figura 11-13). Esses fósseis foram encontrados num sítio na Província de Liaoning no nordeste da China que produziu materiais espetaculares do início do Cretáceo (Stokstad, 2001). *Caudipteryx,* o primeiro dos dinossauros com penas a ser descoberto, e o

Figura 11-13 *Caudipteryx zoui,* um dinossauro com penas da Província Liaoning, China. O corpo era coberto de penugem, e havia longas penas na cauda. O focinho era curto com poucos dentes.

Protoarchaeopteryx tiveram penas de cobertura como as penas que dão isolamento a aves atuais, e penas com vexilo como as penas de vôo das aves atuais – embora esses dromeossauros tivessem braços relativamente curtos e nenhum podia voar. *Protoachaeopteryx* possui penas de cobertura no corpo e na cauda e um leque simétrico de penas na cauda. *Caudipteryx* possui penas com vexilo presas ao segundo dedo da mão, onde as rêmiges (penas primárias) são encontradas em aves modernas, e um tufo de penas com vexilo na cauda. O corpo inteiro de *Sinosauropteryx,* outro dromeossauro da Província de Liaoning, é coberto com filamentos de penugem interpretados como protopenas. Na cauda, os filamentos formam uma estrutura radiada de um único ponto, e nos braços os filamentos irradiam-se de um ramo central, como nas penas de uma ave moderna.

A presença de dois tipos de penas em *Caudipteryx* e *Protoarchaeopteryx,* penugem de cobertura e penas com vexilo, sugere que dois processos seletivos podem ter acontecido simultaneamente. A penugem isola as aves, assim como isola os humanos quando vestem uma cobertura de penugem, assim a presença de penugem é consistente com a hipótese que as taxas metabólicas dos dromeossauros foram altas o suficiente para produzir calor que poderia ser retido no corpo por isolamento. As estruturas filamentosas que recobrem *Sinosauropteryx* poderiam ter sido uma camada de isolamento. Entretanto, essa interpretação não é consistente com a ausência dos turbinais, se estivermos corretos em acreditar que a reciclagem de água e calor é uma parte essencial de ser um endotermo.

As penas com vexilo nas asas e cauda de *Caudipteryx* e *Protoarchaeopteryx* não teriam sido úteis para isolamento. Em aves modernas as penas com vexilo possibilitam elevação, propulsão, e direção durante o vôo, mas nenhuma espécie fóssil era capaz de voar. *Protoarchaeopteryx* possuíam braços com somente metade do comprimento daquele das aves modernas, e *Caudipteryx* possuía braços ainda menores. Além do mais, as penas com vexilo de ambas as espécies eram simétricas. Aves voadoras modernas possuem penas assimétricas, e a assimetria permite que as penas produzam elevação e empuxo. Provavelmente as penas com vexilo das asas e caudas em *Caudipteryx* e *Protoarchaeopteryx* eram coloridas e utilizadas para demonstrações sociais. Possivelmente as demonstrações eram as funções originais das penas, e foram modificadas subsequentemente para o isolamento, mas a presença de penugem em animais que aparentemente perderam os turbinais permanece um paradoxo.

Metabolismo e Termorregulação: Era uma Capacidade Aeróbia ou Outra Coisa?

Os Synapsida e os Sauropsida apresentam quadros de linhagens de animais que foram se tornando mais capazes de uma locomoção sustentada e endotermia, mas existem algumas lacunas – tanto nas evidências quanto na interpretação dessas. A forma do corpo, a presença dos turbinais, e os mecanismos que melhoram o processamento de alimento são todos vistos em Synapsida derivados, mas não há evidências diretas de isolamento térmico, nem pêlos ou gordura subcutânea. A falta de traços fósseis de pêlos ou gordura não surpreende, porque nenhum fossilizaria exceto em condições não usuais.

Os Sauropsida são mais enigmáticos porque, além das evidências de capacidade locomotora propiciadas pela forma do corpo e da capacidade de processamento de comida mostrada pelas pedras na moela, temos também evidências fósseis de penas de cobertura que possibilitariam o isolamento térmico para um animal endotérmico. Mas contrariando essa interpretação, está a ausência de turbinais, que entendemos como um elemento essencial para a endotermia. Onde isso nos leva?

Embora as evidências anatômicas de altos níveis de atividade e metabolismo sejam persuasivas para os Therapsida derivados e sugestivas para os dromeossauros derivados, um elemento fisiológico da evolução da endotermia permanece especulativo. Os animais capazes de altos níveis de metabolismo *devem* durante as atividades, terem *também* altas taxas metabólicas quando estão inativos? Isso pode ser verdade – pelo menos para os amniotas – porque as medidas de muitas espécies diferentes mostram que, em muitos casos alcançam o máximo da taxa metabólica durante atividade que é, aproximadamente, dez vezes sua taxa metabólica em descanso. Essa observação é a base para a hipótese da capacidade aeróbia da evolução da endotermia, que propõe que taxas metabólicas em descanso (e consequentemente de produção de calor) aumentaram concomitantemente com as taxas máximas (Bennett e Ruben 1979). Em outras palavras, a seleção para taxas metabólicas aumentadas durante atividade também leva a taxas de descanso aumentadas, e por fim taxas de descanso produziram calor suficiente para a termoregulação endotérmica.

A dificuldade com essa hipótese reside em explicar *porque* a atividade e taxas metabólicas de descanso estão frequentemente tão relacionadas. Talvez, isso tenha algo com o custo de manutenção dos pulmões, coração, sistema circulatório, e as mitocôndrias que são necessárias para produzir altas taxas de ATP durante a atividade, mas a base do mecanismo para essa relação não é clara. Além disto, a relação entre as taxas metabólicas de atividade e de descanso é encontrada quando as comparações são feitas entre espécies, mas quando indivíduos de uma espécie são avaliados, essa relação necessariamente não aparece.

É um erro achar importante a relação entre indivíduos? Por outro lado, qual é o nível no qual a hipótese de capacidade aeróbia propõe que a seleção em formas incipientemente endotérmicas teriam agido, assim a dificuldade em encontrar a relação entre as taxas metabólicas de atividade e descanso em um experimento poderiam falsear a hipótese. Mas experimentos biológicos raramente são simples de interpretar, e nesse exemplo pequenas variações nas condições físicas e motivação de cada animal em um estudo poderiam obscurecer uma relação que estivesse realmente presente. Com a seleção agindo em dezenas de milhões de anos, uma pequena ligação hereditária é tudo o que se precisa para a hipótese da capacidade aeróbia funcionar, e essa ligação pode ser muito pouco para demonstrar em um experimento de laboratório com animais que já são ectotermos ou endotermos especializados.

Embora a hipótese da capacidade aeróbia seja uma explicação plausível para a evolução da endotermia, a ausência de uma base clara do mecanismo de relação entre as taxas metabólicas de atividade e de descanso tem fornecido explicações alternativas.

Colleen Farmer, por exemplo, propôs que a evolução da endotermia derivou principalmente das vantagens que a homeotermia (manutenção estável da temperatura do corpo) confere durante a reprodução (Farmer 2000, 2001). Ela sugere que se a termoregulação parental acelera o crescimento dos embriões e juvenis, a seleção pode ter agido primeiro para produzir endotermia durante o desenvolvimento embrionário (p. ex., enquanto os pais cuidam de seus ovos) e subsequentemente prolongar a endotermia para incluir o período enquanto os pais estão cuidando dos filhotes no ninho. (Este argumento se aplica tanto aos Synapsida como aos Sauropsida porque se acredita que os Sinapsida da Era Mesozóica botavam ovos, como fazem os mamíferos monotremados). A hipótese do cuidado parental é usualmente objeto de vigorosa discussão (Angilletta et al. 2002; Farmer, no prelo).

Isolamento térmico: Pêlos, Penas, Pele e Gordura

A importância dos pêlos ou penas no provimento de uma camada de isolamento que retenha o calor metabólico do corpo é obvia, mas porque os Synapsida derivados têm pêlos, enquanto os Sauropsida derivados têm penas? Queratina, uma proteína sintetizada por células epidérmicas, forma tanto pêlos como penas. Queratina epidérmica espessa é uma característica derivada dos amniotas, e a difração por raios-X distingue dois tipos de queratina – alfa e beta – que diferem em sua estrutura molecular. As queratinas alfa estão presentes nos tecidos epiteliais de todos os vertebrados. A queratina alfa forma pêlos e os derivados dos pêlos encontrados em mamíferos, tais como, unhas, garras, cascos, e os "chifres" dos rinocerontes. A queratina beta é uma característica derivada da linhagem Sauropsida, e esse grupo possui as duas queratinas, alfa e beta, tanto em camadas (alfa-beta-alfa-beta) ou em regiões. A queratina alfa é encontrada nas regiões da dobra das escamas, por exemplo, e a queratina beta na superfície das escamas. As penas são constituídas quase que inteiramente de queratina beta, que são diferentes em tamanho e estrutura da queratina beta na pele.

A linhagem Synapsida provavelmente nunca teve uma pele coberta por escamas como os Sauropsida, e isso deve ser o porquê dos mamíferos reterem uma pele macia com uma variedade de glândulas mucosas. Uma pele glandular como a observada nos mamíferos pode não ser uma opção com a pele mais dura dos Sauropsida, e a relativa ausência de glândulas na pele dos Sauropsida tem ramificações em outros aspectos de suas vidas. Suar, por exemplo, ocorre somente em mamíferos porque os Sauropsida não possuem glândulas de suor em suas peles, e por isso é improvável que a lactação pudesse ter evoluído num Sauropsida.

Diferenças na pele dos Synapsida e Sauropsida pode ter dado forma aos seus comportamentos reprodutivos e sociais. Glândulas mamárias são glândulas modificadas da pele, e a lactação pode ter tido sua origem evolutiva nas formas de glândulas de pele que forneciam água para os ovos dos Synapsida basais que se desenvolveram em cavidades sob o solo com o cuidado da mãe (Oftedal 2002a, b). Ovos com casca pergaminácea (p. ex., ovos como os das tartarugas e muitos lagartos que têm cascas flexíveis) perdem água por evaporação mesmo no ar úmido no interior de uma cova, mas, também, são capazes de absorver água pela casca. Ovos de tartarugas e lagartos fazem isso por meio do solo úmido no qual o ninho foi construído, e uma fêmea de Synapsida deve ser capaz de prover água para a casca deixando fluido dentro deles. Uma elaboração subsequente deste processo incluiria a adição de nutrientes às secreções glandulares da área mamária sem mamilos, de glândulas secretoras de leite encontradas em monotremados atuais.

Apenas as fêmeas de mamíferos possuem glândulas mamárias, e o cuidado parental é limitado principalmente à mãe. O laço social primário dos mamíferos acontece entre a mãe e o filhote, e o cuidado parental de machos é raro. Em contraste, ambos mãe e pai podem ser igualmente efetivos em prover cuidado parental entre os Sauropsida, e comumente (embora não universalmente) os casais de crocodilianos adultos e de aves formam laços. Ambos os pais participam frequentemente nos cuidados com os ovos e na alimentação e cuidado com os filhotes.

O armazenamento de gordura é outra característica que possui tanto consequências termoreguladoras quanto reprodutivas. O padrão filogenético do armazenamento de gordura é um pouco mais complexo que o da queratina. Peixes armazenam mais gordura como lipídios no fígado e nos músculos. (Óleo de fígado de bacalhau é um produto comercial que se aproveita do depósito de gordura no fígado de um peixe, e os ácidos graxos ômega 3 e 6, que parecem ser úteis na proteção de problemas coronários humanos, são encontrados nos músculos de peixes oleosos como o salmão). Tecidos adiposos, onde a gordura é armazenada em células especiais chamadas adipócitos, é uma característica de Tetrápoda. Os anfíbios e todos os Sauropsida exceto aves, somente armazenam gordura em corpos adiposos discretos no abdome e na base da cauda.

Os mamíferos e as aves armazenam gordura em muitos locais em associação com os músculos, o coração, o intestino, e ao redor de outros órgãos onde está disponível para liberação rápida de energia, e ainda subcutaneamente (Pond 1998). Os corpos de gordura nas regiões abdominal e caudal das aves são facilmente observáveis quando você está preparando uma galinha ou peru para assar, e a gordura intramuscular e subcutânea é especialmente bem desenvolvida em aves aquáticas, tais com, patos e gansos. Nenhuma ave, nem mesmo os pinguins, possuem depósitos de gordura subcutânea como as camadas de gordura dos mamíferos marinhos.

A gordura é uma reserva importante de energia que as fêmeas de mamíferos utilizam durante a lactação, e fêmeas de mamíferos em boas condições possuem uma proporção maior de gordura no corpo do que os machos. Para os humanos, o armazenamento de gordura equivalente a 15 por cento da massa do corpo é considerado normal para o homem e 20 por cento é normal para uma mulher. A localização principal de armazenamento de gordura difere entre os sexos. O principal local de deposição de gordura é no abdómen, criando a conhecida barriga de cerveja nos machos com sobrepeso. As fêmeas possuem importantes depósitos de gordura nas coxas e nádegas; esse é o padrão humano feminino para armazenamento de gordura que tem sido representado na arte pelo menos desde as imagens de Vênus feitas na Europa há uns 2700 anos atrás.

11.5 Eliminando Excretas: Os Rins e a Bexiga

Altas taxas metabólicas são benéficas para a locomoção prolongada e a termoregulação, mas existem custos associados a elas. Como notamos, o uso de altas taxas de energia requer correspondentemente altas taxas de alimentação e digestão, e consideraremos exemplos adicionais de interações complexas entre necessidades energéticas, comportamento de forrageio, alimentação e digestão nos capítulos subsequentes. Altas taxas de ingestão de alimentos possuem outra consequência – altas taxas de produção de resíduos nitrogenados – e os Synapsida e Sauropsida encontraram diferentes maneiras de conciliar a demanda conflitante de excretar nitrogênio enquanto retém água.

O metabolismo das proteínas produz amônia, NH_3 A amônia é muito tóxica, mas é muito solúvel na água e difunde-se rapidamente, porque é uma molécula pequena (Tabela 11.2). Os não amniotas aquáticos (peixes ósseos e anfíbios aquáticos) excretam uma grande proporção de seus excretas nitrogenados como amônia, e a amônia é um excreta nitrogenado dos amniotas terrestres assim como – o suor humano contém pequenas quantidades de amônia.

Amônia pode ser convertida em ureia, $CO(NH_2)_2$ que é uma substância menos tóxica e mais solúvel por ser tão solúvel como relativamente não tóxica, a ureia pode ser acumulada no corpo e liberada em uma solução concentrada na urina, conservando água desta maneira. A síntese de ureia é um caracter ancestral dos amniotas e provavelmente de todos os Gnathostomata.

Um caminho metabólico complexo converte diversos compostos nitrogenados em ácido úrico, $C_5H_4O_3N_4$. Dife-

TABELA 11.2 Características dos Principais Excretas Nitrogenados dos Vertebrados

Composto	*Fórmula química*	*Peso molecular*	*Solubilidade na água (g . 1⁻¹)*	*Toxidade*	*Custo metabólico da Síntese*	*Eficiência na conservação de água**
Amônia	NH_3	17	890	Alta	Nenhum	1
Ureia	$CO(NH_2)_2$	60	1190	Moderada	Baixo	2
Ácido úrico	$C_5H_4O_3N_4$	168	0.065			
Urato de sódio	$C_5K_4O_3N_4Na_2$	212	0.83	(Baixa)	(Alto)	(4)
Urato de potássio	$C_5H4O_3N_4K_2$	244	Muito baixa			

* A eficiência na conservação de água é expressa como o número de átomos de nitrogênio por partícula osmoticamente ativa; taxas mais altas significam que mais nitrogênio é excretado por unidade osmótica.

rentemente da amônia e da ureia, o ácido úrico é insolúvel e combina-se prontamente com íons sódio e potássio para precipitar como urato de sódio ou potássio. Os Synapsida e os Sauropsida tomaram diferentes caminhos em lidar com os excretas nitrogenados: Os Sinapsida retiveram o padrão ancestral de excretar ureia e o de desenvolver um rim que é extraordinariamente eficiente em produzir urina concentrada, enquanto os Sauropsida desenvolveram a capacidade de sintetizar e excretar ácido úrico e recuperar a água que é liberada durante a formação do precipitado.

A Excreção do Nitrogênio pelos Synapsida: O Rim Mamaliano

O rim dos mamíferos é um órgão altamente diferenciado, composto por milhões de néfrons, que são as unidades básicas da estrutura renal, reconhecíveis em todos os vertebrados (Figura 11-14). Cada néfron consiste de um glomérulo que filtra o sangue e um tubo alongado no qual a composição química do filtrado é alterada. Um segmento desse tubo, a **alça de Henle** (= henleniana ou alça renal), é uma característica evolutiva dos mamíferos, que em grande parte

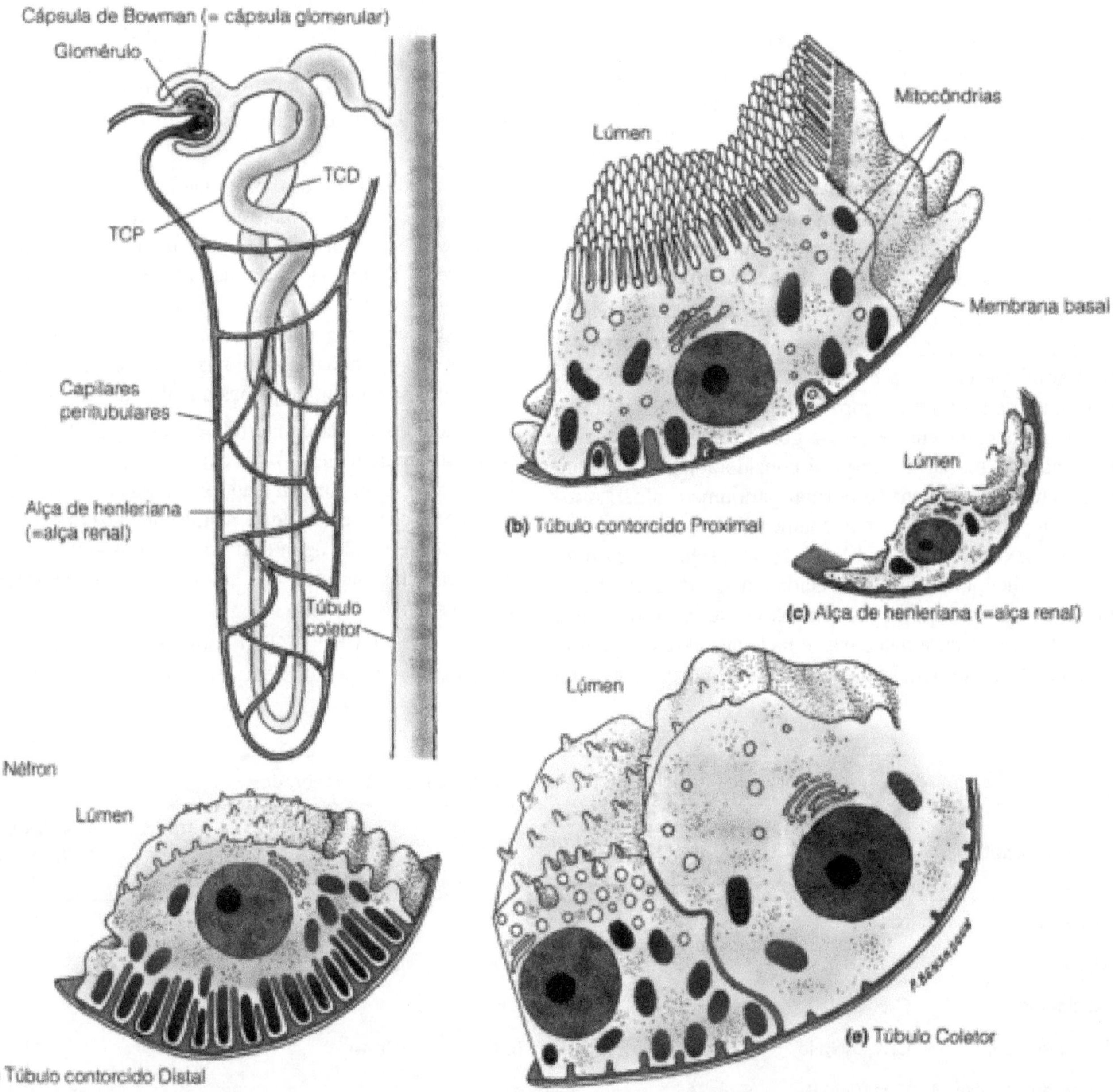

Figura 11-14 O néfron dos mamíferos, (a) A estrutura do néfron. (b-e) Estrutura detalhada das células que compõem paredes do néfron.

é responsável pela capacidade dos mamíferos em produzir urina concentrada. O rim dos mamíferos é capaz de produzir urina mais concentrada do que a de qualquer não amniota – e na maioria dos casos também mais concentrada do que a dos Sauropsida (Tabela 11.3). É importante entender como funciona o rim dos mamíferos para compreender como os mamíferos conseguem sobreviver e se reproduzir em lugares que são sazonais ou cronicamente com pouca água.

A urina é concentrada removendo água do ultrafiltrado, que é produzido no glomérulo quando água e pequenas moléculas são forçadas para fora dos capilares. Como as células não são capazes de transportar a água diretamente, elas usam gradientes osmóticos que manobram o movimento das moléculas de água. Além disso, as células que estão colocadas junto ao néfron reabsorvem ativamente substâncias importantes do ultrafiltrado para a economia corporal e secretam substâncias tóxicas. As células que se situam ao longo do néfron diferem na permeabilidade e na atividade de transporte de íons e moléculas e reagem aos ambientes hormonal e osmótico dos fluidos corpóreos circundantes. As células do túbulo contorcido proximal (TCP) têm uma área de superfície enorme, produzida por microvilosidades extremamente próximas umas das outras, e contêm muitas mitocôndrias. Esses aspectos estruturais refletem a função do TCP que consiste em mover ativamente o sódio da luz do túbulo para o espaço e capilares peritubulares; o transporte passivo de cloro e água segue o transporte de sódio para o espaço peritubular neutralizando a carga elétrica (Figura 11-15). Na parte mais distante do néfron, as células do segmento delgado da alça henleniana têm uma forma de massa folhada e contem menos mitocôndrias. O ramo descendente da alça henleniana permite o fluxo passivo de sódio e água, e o ramo ascendente remove ativamente o sódio do ultrafiltrado. Por fim, as células do túbulo coletor configuram-se de dois tipos. A maior parte delas parece ser adaptada para o estado relativamente impermeável característico dos períodos de água corpórea adequada. Outras células são ricas em mitocôndrias e têm uma superfície muito maior. Trata-se provavelmente de células que respondem à presença do hormônio antidiurético (HAD) produzido pela glândula pituitária, estimulada

TABELA 11.3 Concentrações Máximas de Urina de Alguns Sinapsida e Sauropsida

Espécies	Concentração máxima da urina observada (mmole • kg^{-1})	Taxa de Concetração plasmática: semelhante a da urina
Synapsida		
Humano (*Homo sapiens*)	1.430	4
Golfinho nariz de garrafa (*Tursiops truncatus*)	2.658	7,5
Canguru (*Macropus robustos*)	2.730	7,5
Camelo (*Camelus dromedarfus*)	2.800	8
Rato branco (*Rattus norvegícus*)	2.900	8,9
Rato marsupial (*Dasycercuse ristícauda*)	3.231	10
Gato (*Felis domesticus*)	3.250	9,9
Rato do deserto (*Neotoma lépida*)	4.250	12
Vampiro (*Desmodus rotundus*)	6.250	20
Rato canguru (*Dipodomys merriami*)	6.382	18
Camundongo saltador australiano (*Notomys alexis*)	9.370	22
Sauropsida		
Jacaré americano (*Alligator missisippiensis*)	312	0,95
Iguana do deserto (*Dipsosaurus dorsalis*)	300	0,95
Tartaruga do deserto (*Gopherus agassizii*)	622	1,8
Pelicano (*Pelecanus erythrorhynchos*)	700	2
Pardal (*Passer domesticus*)	826	2,4
Tendílhão (*Carpodacus mexicanus*)	850	2,4
Pardal das savanas (*Passerculus sandvicensis*)	2.000	5,8

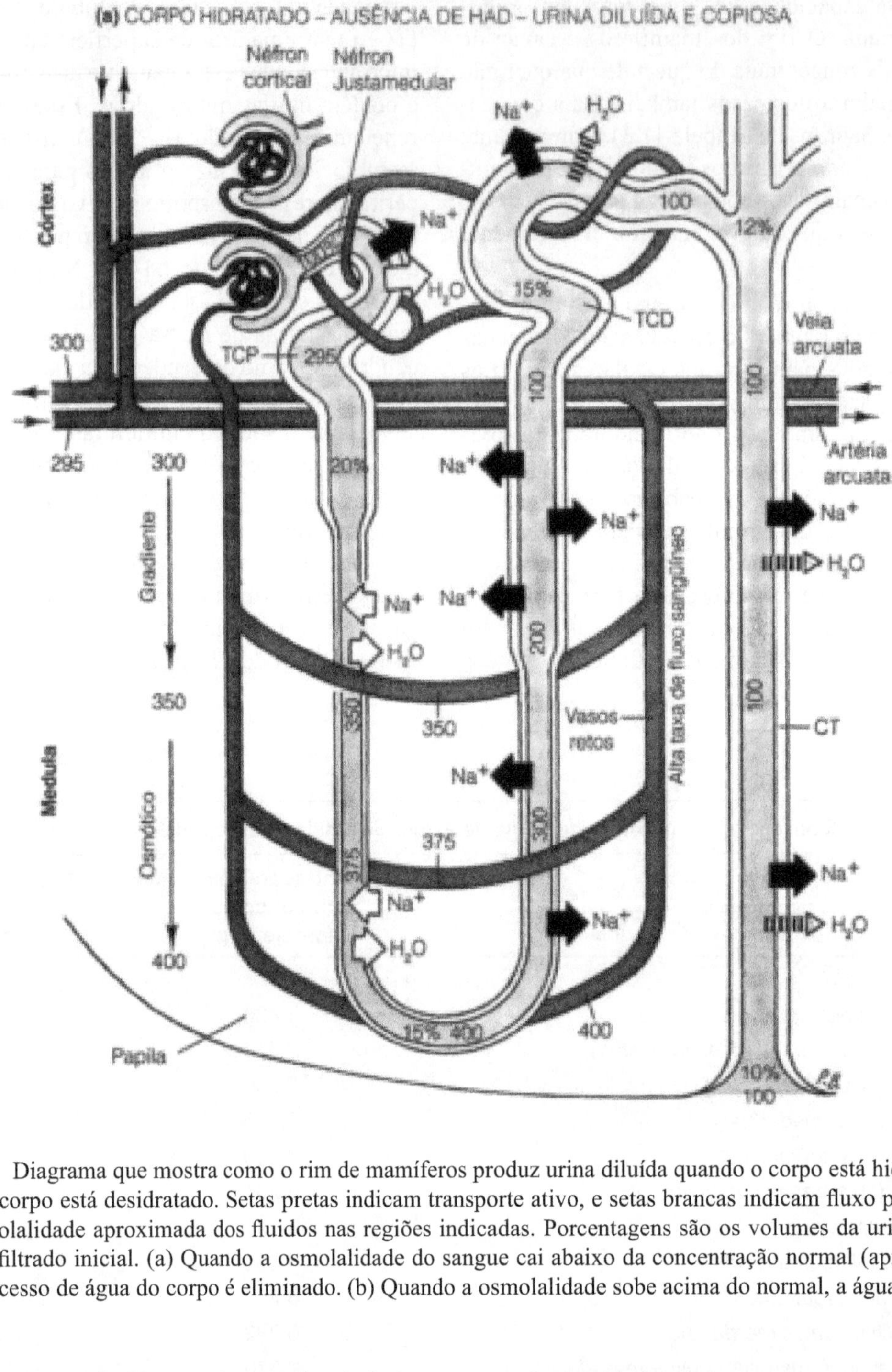

⮝**Figura 11-15a** Diagrama que mostra como o rim de mamíferos produz urina diluída quando o corpo está hidratado e urina concentrada quando o corpo está desidratado. Setas pretas indicam transporte ativo, e setas brancas indicam fluxo passivo. Os números representam a osmolalidade aproximada dos fluidos nas regiões indicadas. Porcentagens são os volumes da urina formada relativa ao volume de ultrafiltrado inicial. (a) Quando a osmolalidade do sangue cai abaixo da concentração normal (aproximadamente 300 mmole • kg^{-1}), o excesso de água do corpo é eliminado. (b) Quando a osmolalidade sobe acima do normal, a água é retida.

pela baixa quantidade de fluido corpóreo. Sob a influência do HAD o túbulo coletor realiza ativamente trocas de íons, bombeia ureia, e torna-se permeável à água, que flui da luz do túbulo para os concentrados fluidos peritubulares.

A atividade do néfron é um processo em seis fases, cada fase localizada em uma região com características celulares especiais e com variações distintas no ambiente osmótico. A primeira fase é a produção de um ultrafiltrado no glomérulo. O ultrafiltrado tem a mesma molalidade do plasma sanguíneo e assemelha-se ao sangue total após a remoção (1) dos elementos celulares, (2) das substâncias com peso molecular de 70.000 ou mais (principalmente proteínas), e (3) das substâncias com peso molecular entre 15.000 e 70.000, dependente das formas das moléculas. Os humanos produzem cerca de 120 mililitros de ultrafiltrado por minuto – quer dizer 170 litros (45 galões) de filtrado glomerular por dia! Excretamos somente cerca de 1,5 litro de urina porque o rim reabsorve mais de 99 por cento do ultrafiltrado produzido pelos glomérulos.

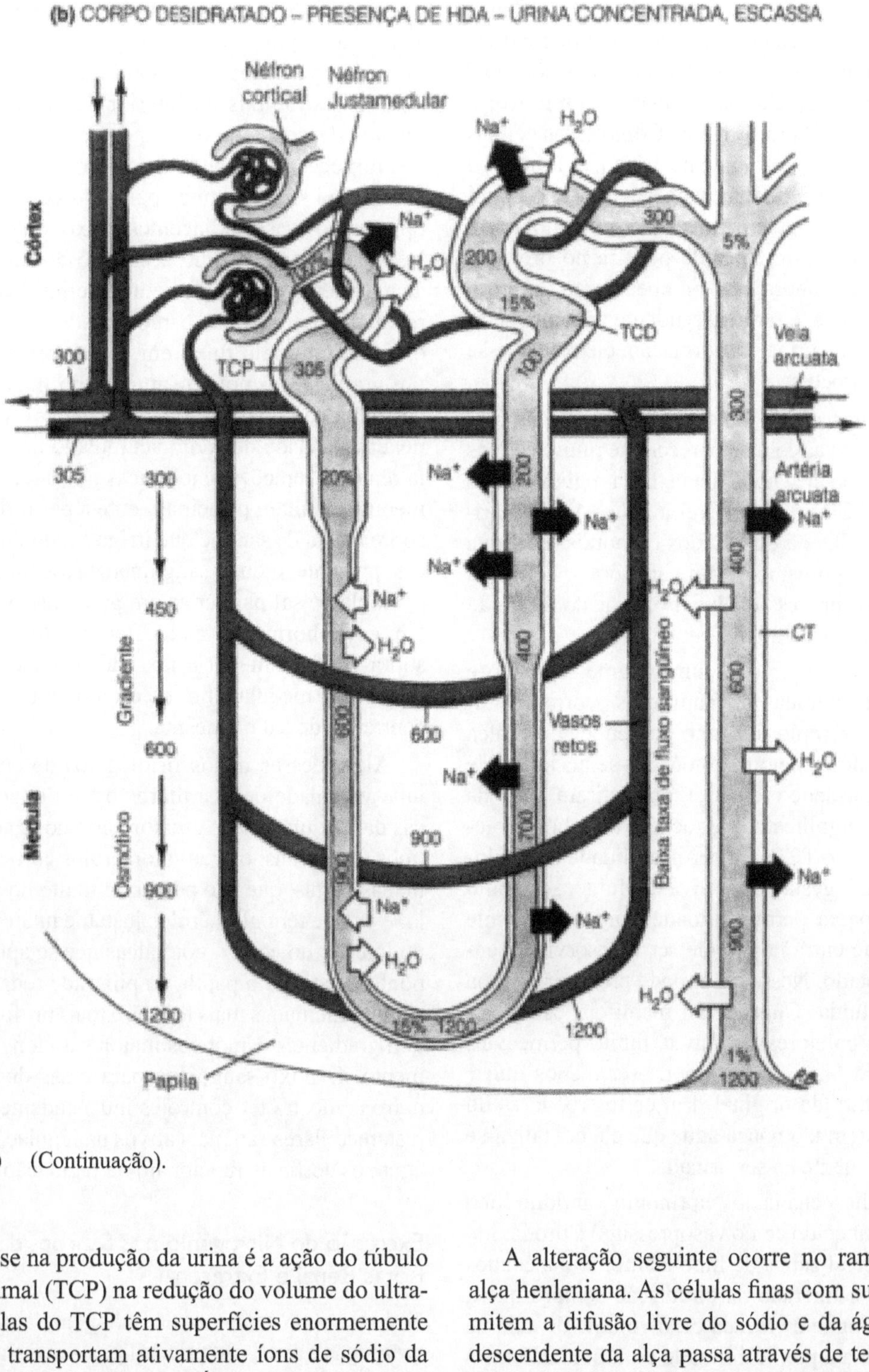

Figura 11-15b (Continuação).

A segunda fase na produção da urina é a ação do túbulo contorcido proximal (TCP) na redução do volume do ultrafiltrado. As células do TCP têm superfícies enormemente aumentadas que transportam ativamente íons de sódio da luz dos túbulos para fora do néfron. Íons cloro e água atravessam passivamente as células do TCP como resposta à remoção do sódio. Esse processo reabsorve cerca de dois terços do sal no TCP, e o volume do ultrafiltrado também se reduz em igual quantidade. Embora nesse estágio a urina ainda é muito isosmótica com o sangue, as substâncias que contribuem para a osmolaridade da urina depois que ela passa ao longo do TCP estão em concentrações diferentes das do sangue.

A alteração seguinte ocorre no ramo descendente da alça henleniana. As células finas com superfícies lisas permitem a difusão livre do sódio e da água. Como o ramo descendente da alça passa através de tecidos de osmolaridade crescente, conforme se aprofunda na medula renal, a urina perde água e torna-se mais concentrada. Nos humanos, a osmolaridade do fluido no ramo descendente pode chegar a 1.200 mmoles • kg^{-1}, e outros mamíferos podem atingir concentrações consideravelmente mais altas. Por meio desse mecanismo o volume da urina em formação é reduzido a 25 por cento do volume inicial filtrado, porém isso ainda é muito. Nos humanos adultos, por exemplo, 25 a 40 litros de fluido chegam nesse estágio por dia.

A quarta fase acontece no ramo ascendente da alça henleniana, que tem células com numerosas mitocôndrias grandes e densamente agrupadas. As moléculas de ATP produzidas por essas organelas são usadas para remover o sódio da urina que está sendo formada. Como essas células são impermeáveis à água, o volume de urina não diminui à medida que o sódio vai sendo removido, e como o sódio foi removido sem perda de água, a urina fica hiposmolar em relação aos fluidos corporais quando penetra no próximo segmento do néfron. Embora esse bombeamento de sódio seja impermeável à água, o ramo ascendente não concentra nem reduz o volume da urina em formação, ele regula essa importante fase do processo.

O último segmento do néfron tem características fisiológicas diferentes, mas as células parecem-se muito com as do ramo ascendente da alça henleniana. Essa região, o tubo contorcido distal (TCD) é permeável à água. A osmolaridade em torno do TCD é a dos fluidos corporais, e a água ao entrar no fluido hipo-osmolar flui para fora, e equilibra osmoticamente. Esse processo reduz o volume do fluido do ultrafiltrado original de 5 a 20 por cento.

O toque final na formação de um volume reduzido e urina altamente concentrada nos mamíferos ocorre nos túbulos coletores. A exemplo do ramo descendente da alça henleniana, os túbulos coletores estendem-se ao longo de tecidos com osmolaridade crescente, que retiram água da urina. O fenômeno significativo associado ao túbulo coletor, e em menor grau ao TCD, é a permeabilidade condicional à água. Durante ingestão excessiva de fluidos, o túbulo coletor apresenta baixa permeabilidade à água: Somente metade da água que entra nele pode ser reabsorvida, sendo o restante excretado. Nesse caso, pode produzir-se uma urina copiosa e diluída. Quando um mamífero está desidratado os túbulos coletores tornam-se muito permeáveis à água, e o volume final da urina pode ser menos que 1 por cento do ultrafiltrado original. Em certos roedores do deserto a urina contém tão pouca água que ela cristaliza-se quase que imediatamente ao ser urinada.

Um polipeptídio chamado hormônio antidiurético (HAD; também conhecido como vasopressina) é produzido por neurônios especializados do hipotálamo, armazenados na hipófise caudal e liberado na circulação sempre que a osmolalidade do sangue é elevada ou o volume do sangue cai. O HAD aumenta a permeabilidade do túbulo coletor à água e facilita a reabsorção desta para produzir uma urina escassa e concentrada. O álcool inibe a liberação do HAD induzindo um fluxo urinário copioso, e isto pode resultar em um estado lastimável de desidratação na manhã seguinte a uma bebedeira.

A chave para a produção de urina concentrada depende claramente da passagem das alças henlenianas e dos túbulos coletores através de tecidos com crescente osmolalidade. Esses gradientes osmóticos são formados e mantidos no interior do rim dos mamíferos como resultado de sua estrutura (Figura 11-16), que o torna distinto dos rins de outros vertebrados. São particularmente importantes os arranjos estruturais no interior da medula renal, dos segmentos descendente e ascendente da alça henleniana, e o seu fornecedor de sangue, os vasos retos. Esses elementos criam uma série de tubos paralelos com fluxo em direções opostas nos vasos adjacentes (fluxo em contracorrente). O resultado é que o sódio secretado do ramo ascendente da alça henleniana difunde-se no interior dos tecidos medulares para aumentar sua osmolalidade, e esse excesso de sal é distribuído pelo fluxo em contracorrente, a fim de criar um gradiente osmótico saturado no interior da medula. A concentração final da urina de um mamífero é determinada pela quantidade de sódio acumulado nos fluidos da medula renal. Alterações fisiológicas na concentração interna da medula resultam principalmente a partir do efeito do HAD sobre a taxa de sangue que irriga a medula. Quando o HAD está presente, o fluxo sanguíneo na medula é desacelerado e acumula-se sal para criar um gradiente osmótico saturado. Um outro hormônio, a aldosterona, produzido na glândula supra-renal, aumenta a taxa de secreção de sódio para o interior da medula a fim de promover um aumento da concentração de sal na mesma.

Além desses meios fisiológicos de concentrar a urina, uma variedade de mamíferos possui alterações morfológicas da medula renal. A maior parte dos mamíferos tem dois tipos de néfrons: os com glomérulos corticais e alças henlenianas curtas, que não penetram muito no interior da medula, e os que têm glomérulos justamedulares, bem profundos no interior do córtex, com alças que se aprofundam tanto, a ponto de atingir a papila da pirâmide renal. É óbvio que as alças henlenianas mais longas e mais profundas, experimentam gradientes osmóticos maiores ao longo do seu comprimento. O fluxo sanguíneo para essas duas populações de néfrons mostra ter controles independentes. Os glomérulos justamedulares são mais ativos na regulação da excreção de água; os corticais funcionam na regulação dos íons.

Excreção de Nitrogênio nos Sauropsida: Rotas Renal e Extrarenal

Todos os representantes da linhagem Sauropsida, incluindo tartarugas e aves, são uricotélicos – que significa que excretam resíduos nitrogenados principalmente na forma de ácido úrico. Em Sauropsida, exceto para tartarugas de água doce, o ácido úrico e seus sais perfazem 80 por cento a 90 por cento do nitrogênio excretado pela urina (Tabela 11.4).

A estratégia de conservação de água quando o ácido úrico é o principal excreta nitrogenado é inteiramente diferente daquela quando é produzida ureia. Como a ureia é solúvel, concentrar urina no rim pode conservar água, mas concentrar ácido úrico, poderia causar precipitação e bloquear os néfrons.

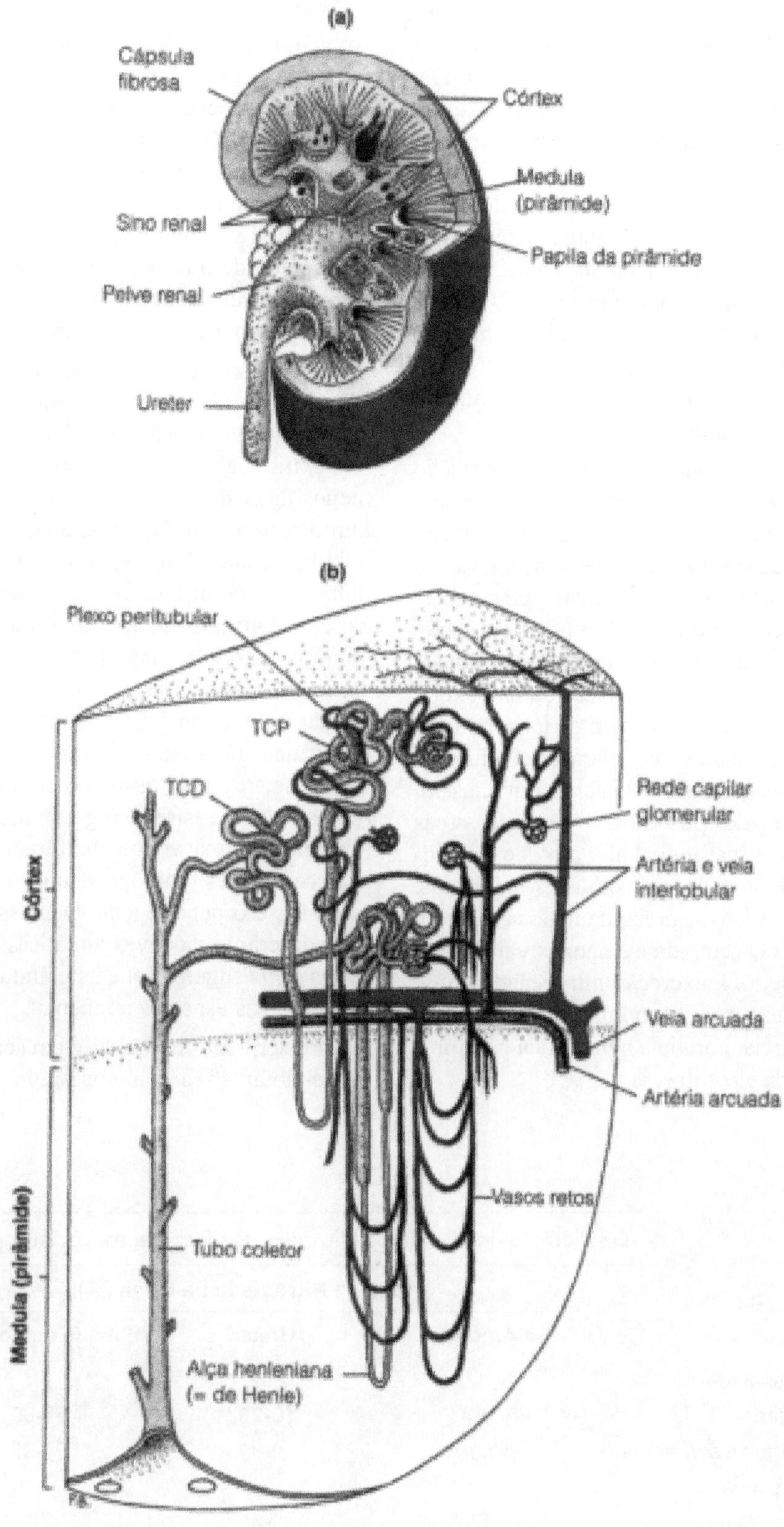

Figura 11-16 Morfologia geral do rim de mamíferos, (a) Divisões estruturais do rim e porção proximal do ureter, (b) Diagrama ampliado de uma seção que se estende da superfície cortical externa do ápice de uma pirâmide renal, à papila renal.

Os rins dos lepidossauros não possuem as longas alças henlenianas que permitem aos mamíferos reduzirem o volume de urina e aumentarem sua concentração (Figura 11-17). A urina dos rins dos lepidossauros tem a mesma concentração osmótica do plasma sanguíneo, ou mesmo em uma concentração pouco mais baixa. O rim das aves tem dois tipos de néfrons: o de alças curtas como aqueles dos lepidossauros e os de alças longas que se estendem para dentro do cone medular. O néfron de alça longa das aves permite produzir urina duas ou três vezes mais concentradas do que o plasma. Essas taxas são mais baixas que a dos mamíferos, e mesmo a taxa mais alta urina/plasma assinalada para uma ave – 5.8 para o pardal da savana – é relativamente baixa se comparada às taxas dos mamíferos.

A urina dos rins de Sauropsida consiste de uma solução de ácido úrico e íons que têm a mesma concentração osmótica do plasma sanguíneo, ou mesmo uma concentração pouco menor. Se os Sauropsida dependessem apenas da capacidade de concentrar urina em seus rins, eles excretariam toda a água do corpo na urina. É aqui que a baixa solubilidade do ácido úrico torna-se vantajosa, porque o ácido úrico precipita quando entra na cloaca ou na bexiga. O ácido úrico dissolvido combina-se com os íons na urina e precipita-se como uma massa de cor clara que inclui sais de sódio, potássio, e sais de amônia de ácido úrico, assim como outros íons sustentados por um complexo de forças físicas. Esta mistura é familiar a qualquer um que estacionou o carro embaixo de uma árvore com aves aninhadas. Quando o ácido úrico e os íons se precipitam dessa solução, a urina torna-se menos concentrada e a água é reabsorvida no sangue. A este respeito, a excreção nitrogenada como ácido úrico é com certeza mais econômica quanto à água do que a excreção da ureia, porque a água usada para produzir urina é reabsorvida e reutilizada.

Entretanto, a água não é a única substância que é reabsorvida na cloaca. Muitos Sauropsida também reabsorvem íons de sódio e potássio e os direcionam para a corrente sanguínea. A primeira vista, parece uma coisa pouco eficiente a fazer. Além do mais, foi usada energia para criar a pressão sanguínea que força os íons através das paredes do glomérulo para dentro da urina em primeiro lugar, e agora mais energia está sendo utilizada na cloaca ou bexiga para operar a atividade de transporte. O animal usa dois processos de consumo de energia e volta onde começou, com um excesso de íons sódio e potássio no sangue. Por que faz isso?

A solução para o paradoxo está num mecanismo de conservação de água presente em muitos Sauropsida, glândulas de excreção de sal que proporcionam um caminho extrarenal (isto é, além do rim) que excreta o sal com menos água do que a urina. Glândulas de sal nasais são muito comuns em lagartos, e em todos os casos é a glândula nasal lateral que excreta sal. As secreções das glândulas caem no interior das passagens nasais, e o lagarto as expele espirrando ou sacudindo a cabeça. Em aves, também, as glândulas nasais laterais se especializaram para a excreção de sal. As glândulas são situadas na ou ao redor da órbita, usualmente sobre os olhos. Aves marinhas (pelicanos, albatrozes, pinguins) possuem glândulas de sal bem desenvolvidas, assim como muitas aves de água doce (patos, aves lacustres em geral, mergulhão), aves de praia (tarambolas, maçaricos, batuíras), cegonhas, flamingos, aves carnívoras (gaviões, águias, umbus), aves savânicas, avestruz, e o papa-léguas. Depressões na região supraorbital do crânio das aves aquáticas extintas *Hesperornis* e *Ichthyornis* sugerem que as glândulas de sal estavam presentes nestas espécies também.

Nas serpentes marinhas e em serpentes marinhas "tronco-de-elefante", a glândula sublingual caudal secreta um

TABELA 11.4 Distribuição dos Produtos Nitrogenados Finais entre os Sauropsida

	Total de Nitrogênio na Urina (%)		
Grupo	**Amônia**	**Ureia**	**Sais de ácido úrico**
Lepidossauros			
Tuatara	3-4	10-28	65-80
Lagartos e serpentes	Pouca	0-8	90-98
Archossauria			
Crocodilianos	25	0-5	70
Aves	6-17	5-10	60-82
Tartarugas			
Aquáticas	4-44	45-95	1-24
Do deserto	3-8	15-50	20-50

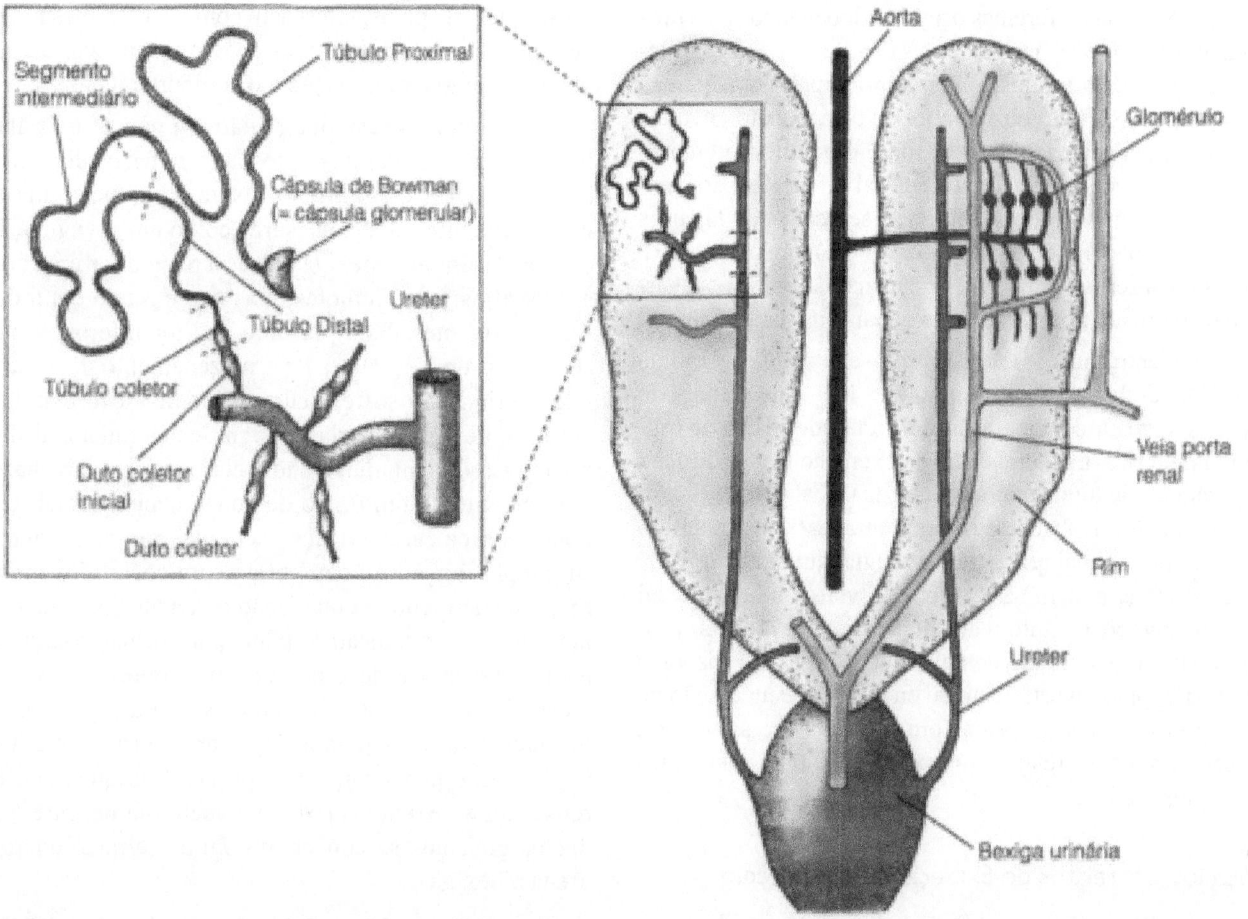

Figura 11-17 Estrutura do rim de um lagarto. O lado esquerdo mostra um néfron em detalhes e sua posição dentro do rim. O lado direito mostra a relação dos glomérulos e néfrons dentro de um segmento de um rim.

líquido salgado dentro da bainha da língua, da qual é expelida quando a língua é protraída. Em algumas espécies de serpentes Homalopsinae (um grupo de cobras marinhas da região Indoaustraliana) a glândula premaxilar na frente da maxila superior secreta sal. As glândulas secretoras de sal na superfície dorsal da língua foram identificadas em diversas espécies de crocodilos, em um jacaré, e no crocodilo americano.

Finalmente, nas tartarugas marinhas e nos cágados "dorso-de-diamante", uma espécie norte americana que habita estuários, as glândulas lacrimais são muito aumentadas (em algumas espécies cada glândula é maior do que o encéfalo do animal) e secretam um fluido salgado ao redor da órbita dos olhos. Fotografias de pequenas tartarugas marinhas frequentemente mostram faixas de lágrimas com areia aderida à cabeça da tartaruga. Estas lágrimas são as secreções das glândulas de sal. As grandes glândulas deixam uma impressão no crânio, e a tartaruga marinha mais antiga conhecida, *Santanachelys gaffneyi* do início do Cretáceo, também possuía glândulas de sal. Entretanto, diferente da situação em lagartos, as glândulas de sal são incomuns entre as tartarugas. Tartarugas terrestres, mesmo as que vivem em desertos, não possuem glândulas de sal.

A diversidade de glândulas envolvidas na excreção de sal entre os Sauropsida indica que esta especialização evoluiu independentemente em vários grupos. Pelo menos cinco glândulas diferentes são utilizadas para secretar sal, indicando que uma glândula de sal não é um caracter ancestral para o grupo. Ainda mais, embora os lagartos e aves não sejam parentes muito próximos, ambos utilizam as glândulas nasais laterais para secreção de sal, enquanto crocodilos, que são mais próximos às aves do que dos lagartos, utilizam glândulas linguais para a secreção de sal. Assim, glândulas de sal evoluíram várias vezes entre os Sauropsida, talvez em resposta às oportunidades e à conservação de água oferecida pela excreção de ácido úrico, que é um caráter derivado da linhagem Sauropsida.

A despeito das diferentes origens e localizações, as propriedades funcionais das glândulas de sal são muito similares. Elas secretam fluidos contendo principalmente cátions sódio ou potássio e ânions cloreto, ou bicarbonato em altas concentrações (Tabela 11.4). O sódio é o cátion predominante em secreções de glândulas de sal de vertebrados marinhos e o potássio está presente nas secreções de lagartos terrestres, especialmente em espécies herbívoras tal como a iguana do deserto. O cloreto é o principal ânion, e os lagartos herbívoros também podem excretar íons bicarbonato.

A concentração osmolal total da secreção da glândula de sal pode chegar a 2000 mmoles • kg^{-1}, que é mais do que seis vezes a concentração de urina que pode ser produzida pelo rim. Esta eficiência da excreção é a explicação do paradoxo de tomada ativa de sal da urina. Como os íons são ativamente reabsorvidos, água atravessa passivamente, assim um animal recupera tanto água quanto os íons da urina. Os íons podem ser excretados via glândulas de sal em concentrações muito mais alta, com uma redução proporcional na quantidade de água necessária para dispor o sal. Assim, pelo investimento de energia na recuperação de íons da urina, os Sauropsida com glândulas de sal podem conservar água excretando íons através de uma rota extrarenal mais eficiente.

Métodos Correlatos de Excreção de Nitrogênio

Algumas diferenças entre Sinapsida e Sauropsidas, tais como, a retenção ou perda da bexiga urinária e a presença ou ausência de pênis, interagem com os diferentes métodos de excretar nitrogênio e tem consequências em áreas tão diversas como a reprodução e o comportamento social.

Muitos peixes têm uma região um pouco mais alargada na porção caudal dos dutos arquinéfricos denominada bexiga urinária, e os anfíbios viventes possuem uma bexiga urinária bilobulada que surge como uma evaginação da cloaca. Assim uma bexiga urinária parece ser um caracter ancestral para os amniotas, mas não é retida em todas as formas viventes. Está presente nos mamíferos, e parece ser apenas uma estrutura de armazenamento de urina porque a urina não sofre qualquer modificação depois que entra na bexiga urinária. O significado funcional da bexiga urinária mamaliana não é claro, e tem sido chamado jocosamente de um órgão de conveniência social. O que pode ser uma caracterização acurada, porque a urina possui ampla função no comportamento social dos mamíferos, especialmente na marcação de territórios. Machos de mamíferos Térios usam o pênis para urinar, assim como para o transporte de esperma, um arranjo que deve parecer bizarro para outros amniotas que usam o órgão intromitente somente para transportar esperma. Essa função dupla para o pênis somente é possível porque mamíferos retiveram a bexiga urinária, e a anatomia permite que os ductos gonadais se conectem com a uretra (o ducto que drena a bexiga).

A despeito do extenso processamento que a urina dos Sauropsida passa depois que deixa o rim, muitos Saurop-

TABELA 11.5 Secreções das Glândulas de Sal dos Sauropsida

Espécies e Condições	Concentração iônica (mmole • kg^{-1}) Na$^+$	K$^+$	Cl$^-$
Tartarugas			
Tartaruga marinha (*Caretta caretta*), água do mar	732-878	18-31	810-992
Cágados "dorso-de-diamante" (*Malaclemys terrapin*), água do mar	322-908	26-40	N/R
Lagartos			
Iguana do deserto (*Dipsosaurus dorsalis*), condições estimadas em campo	180	1700	1000
Lagarto "Fringe-toed" (*Uma scoparia*), condições estimadas em campo	639	734	465
Serpentes			
Serpente marinha (*Pelamis platurus*), sal armazenado	620	28	635
Serpente Homalopsine (*Cerberus rhynchops*), sal armazenado	414	56	N/R
Crocodilianos			
Crocodilo marinho (*Crocodylus porosus*), dieta natural	663	21	632
Aves			
Albatroz (*Diomeda nigripes*), sal armazenado	800-900	N/R	N/R
Gaivota (*Larus argentatus*), sal armazenado	718	24	N/R

N/R = não registrado

sida perderam a bexiga urinaria inteiramente e processam a urina na cloaca; outros possuem uma bexiga efêmera que e perdida logo depois do nascimento; alguns possuem uma bexiga funcional por toda a vida. A ausência universal de uma bexiga entre as aves é associada provavelmente com o vôo – uma das muitas características de redução do peso das aves. Muitas tartarugas possuem bexiga, e algumas espécies aquáticas as utilizam como uma estrutura acessória respiratória, propelindo água para dentro e para fora da bexiga via cloaca. As tartarugas terrestres usam a urina na bexiga como um reservatório de água para sobreviver por longos períodos sem beber (veja o Capítulo 14).

A uricotelia pode ser um elemento necessário para a oviparidade, como ocorre nas aves. Diferentemente de muitos ovos de Sauropsida, o ovo de uma ave não absorve água durante a incubação. Ao contrário, um ovo de ave deve *perder* água suficiente durante o desenvolvimento do embrião para criar um espaço de ar na parte mais larga do ovo, de onde o filhote retira sua primeira respiração antes de picar a casca. A insolubilidade do ácido úrico permite que os excretas nitrogenados produzidos pelo embrião precipitem no interior do alantóide para que esta substância não aumente a concentração osmótica dentro do ovo e é deixado para trás quando a ave nasce.

11.6 Sentindo e Percebendo o Mundo: Olhos, Orelhas, Línguas, Narizes e Cérebros

Em muitos aspectos os Synapsida e os Sauropsida percebem o mundo ao redor muito diferentemente porque as linhagens são muito diferentes em algumas de suas capacidades sensoriais. Muitos Sinapsida são muito sensíveis a odores, mas possuem uma visão relativamente deficiente. (Primatas em geral – e humanos em particular – são uma exceção a esta generalização; na verdade, os primatas, especialmente os humanos, perderam muitos genes associados com a recepção olfativa [Gilad et al. 2003]). Os Sauropsidas possuem a combinação inversa de caracteres – muitos possuem boa visão, e muitos possuem um senso de olfato muito reduzido. Essas capacidades sensoriais estão refletidas no comportamento social dos grupos: Marcação por cheiro é um elemento comum do comportamento territorial de mamíferos, mas não das aves, embora exibições territoriais, que enfatizam padrões de cores, sejam comuns entre os lagartos e mais raramente entre os mamíferos.

Visão

A retina dos vertebrados contém dois tipos de células que respondem à luz – cones e bastonetes. Os fotorreceptores tipo bastonete são sensíveis a um grande gama de comprimentos de onda, e as respostas elétricas de muitos bastonetes são transmitidas para uma célula bipolar que soma seus impulsos. Por causa dessas características, os bastonetes são sensíveis a baixas intensidades de luz, mas não produzem grande acuidade visual. A população de fotorreceptores tipo cone na retina de um vertebrado inclui subgrupos de células que contém pigmentos sensíveis a diferentes comprimentos de onda. Luz azul estimula um conjunto de cones, a luz vermelha outro, e assim por diante. A variedade de cones encontrada nos olhos dos vertebrados é extensa e inclui células com pigmentos sensíveis a comprimentos de onda desde o vermelho escuro até a luz ultravioleta. Somente uns poucos cones transmitem suas respostas para uma célula bipolar, desta forma os cones requerem níveis muito mais altos de iluminação do que os bastonetes, mas são capazes de produzir imagens mais precisas.

Peixes (teleósteos, pelo menos), anfíbios e Sauropsidas utilizam cones da retina para perceber cores. Assim a capacidade para uma boa visão a cores provavelmente é primitiva para os amniotas. Comumente pensa-se que os mamíferos enxerguem em preto e branco, uma ideia que está se tornando menos familiar agora que filmes branco e preto estão sendo coloridos! Os pequenos mamíferos viventes e noturnos, tal como os insetívoros, possuem predominantemente bastonetes na retina, mas todos os mamíferos, incluindo os monotremos, possuem pelo menos alguns cones. Em algum ponto da evolução da linhagem Synapsida a habilidade de perceber cor foi evidentemente reduzida, possivelmente em conjunto com a adoção de um modo de vida noturno pelos primeiros mamíferos. Entretanto, muitos mamíferos percebem alguma cor e possuem visão monocromática (um pigmento visual para cor) ou visão dicromática (dois pigmentos). A habilidade de distinguir cores é bem documentada em cães, gatos, e cavalos, mas estes animais – e mamíferos em geral – provavelmente percebem o mundo como uma pessoa com daltonismo. Nossa habilidade de perceber um mundo ricamente colorido com súbitas variações nos tons é o resultado de um tipo de visão tricromática que compartilhamos somente com os outros primatas antropóides (grandes primatas e macacos). Nós, antropóides percebemos três cores primárias (vermelho, verde e azul), cada uma associada com um tipo de cone. As sensibilidades espectrais dos três tipos se sobrepõem, e tons intermediários são produzidos por respostas graduadas dos cones em resposta às misturas de comprimentos de onda da luz que entra nos olhos. A excelente visão de cores dos primatas antropóides é única entre os Synapsida e, provavelmente, relaciona-se à maior confiança dos antropóides na visão e na menor confiança na olfação.

Cones e visão colorida foram retidos nos Sauropsida, e muitas espécies possuem gotas coloridas de óleo colorido; os cones. (Gotas coloridas de óleo também são encontradas nos olhos das tartarugas, monotremos e marsupiais, e são provavelmente um caracter amniota primitivo). Os óleos variam em cor desde o avermelhado até o amarelo, e podem melhorar a acuidade visual filtrando os comprimentos de onda de luz muito curtos que não são focados eficientemente pelo olho de um vertebrado. Você pode facilmente demonstrar a dificuldade de focar a luz azul comparando a acuidade de uma imagem produzida por uma lâmpada azul de Natal comparativamente com uma vermelha.

Quimiopercepção: Gustação e Olfação

Sentir gosto e cheiro são formas de quimiopercepção mediada por células receptoras que respondem à presença de substâncias químicas com características especificas. Sentir gosto e cheiro parecem sensações distintas de nossa perspectiva como animais terrestres, mas a distinção não é distinta entre os não amniotas aquáticos onde as papilas gustativas podem ser vastamente distinguidas pela superfície do corpo.

As papilas gustativas são conjuntos de células, derivadas da endoderme do embrião, que se abrem para o exterior por meio de poros. As substâncias químicas devem estar em contato com as células sensoriais de uma papila gustativa para promover uma resposta, e elas produzem uma variedade relativamente pequena de respostas. Os amniotas possuem papilas gustativas, na cavidade oral (especialmente na língua) e na faringe. As papilas gustativas dos mamíferos são amplamente distribuídas pela língua e cavidade oral, enquanto nos Sauropsida elas estão na parte caudal da língua e palato. Percebemos as substâncias químicas como combinações de sal, doce, azedo e amargo.

Células olfativas são derivadas da crista neural e distribuem-se no epitélio dos ossos turbinais olfativos, adjacentes às passagens nasais. As substâncias químicas que estimulam as células olfativas são chamadas de odores, e alguns mamíferos são extremamente sensíveis ao estímulo olfatório, mesmo os humanos, que possuem pouca sensibilidade olfativa nos padrões mamalianos, podem ser capazes de detectar 10.000 odores diferentes. As estruturas químicas das moléculas odoríferas lhes permitem associar-se somente em receptores proteicos específicos presentes na membrana plasmática das células olfativas. Famílias de receptores proteicos, geneticamente definidos, respondem a diferentes categorias de odores, mas não está claro como distinguimos tantos odores. Olfação e gustação interagem para produzir a sensação que chamamos de paladar, e o processo pode ser altamente estilizado como no rimai de degustação de vinhos no gira-se a bebida na taça, é cheirada e bebericada. Em geral, a olfação é mais bem desenvolvida entre os Synapsida do que nos Sauropsida.

Audição

Vimos no Capítulo 8 que a audição não é uma característica dos tetrápodes basais, mas que evoluiu independentemente entre os amniotas e não amniotas. Enquanto todos os amniotas parecem compartilhar uma estrutura similar da orelha interna, que é própria para a audição, a lagena (chamada cóclea nos mamíferos), a orelha média parece ter evoluído independentemente várias vezes. Os mamíferos possuem uma orelha média completamente inclusa envolvendo o estribo (o antigo osso hiomandibular) e dois ossos adicionais (a evolução da orelha média dos mamíferos é discutida no Capítulo 18). Enquanto todos os Sauropsida possuem uma orelha média com um único osso, que consiste somente do hiomandibular (= estribo), os detalhes da estrutura da orelha sugerem uma evolução independente na condição final das tartarugas, dos lepidossauros, e dosarchosauros (Clack 2002).

Encéfalos

Todos os amniotas possuem um prosencéfalo relativamente aumentado em comparação com o dos anfíbios, especialmente com respeito ao telencéfalo. Tanto as aves quanto os mamíferos possuem crânios grandes em proporção ao tamanho do corpo do que os amniotas mais primitivos, mas o aumento do tamanho tem sido conseguido diferentemente nos dois grupos (Figura 11-18). Em ambos há um cérebro distinto, formado pela expansão da porção dorsal do telencéfalo, o pálio dorsal. O pálio dorsal possui dois componentes na condição amniota original, que possui destinos diferentes nas linhagens Sauropsida e Synapsida. Os Sauropsida aumentaram uma das porções internas da chamada ponte ventricular dorsal, enquanto que a outra porção (o lemnopálio) permanece pequena. Nos Sinapsida, acontece o inverso, com o cérebro formado a partir do lemnopálio (Butler e Hodos 1996). Além disso, o pálio dorsal mamaliano forma uma estrutura distinta de seis camadas, agora conhecida como **neocórtex.** Essa estrutura toma-se extremamente convoluta em mamíferos de cérebro grande, resultando em um tipo de superfície ondulada que é bem visível no cérebro humano.

O cérebro dos mamíferos e das aves é maior em proporção ao tamanho de seus corpos do que o cérebro de répteis não-ave (Figura 11-19). Para cada quilograma do animal, o tamanho médio do cérebro dos mamíferos deveria pesar 9,9 gramas, o cérebro das aves 6,7 gramas, e o cérebro de um réptil não-ave somente 0,7 gramas. Assim, tanto aves como mamíferos são "inteligentes" comparativamente aos répteis não-ave, mas seus encéfalos não são estritamente homólogos. Também existem diferenças na maneira que a informação visual é processada. Aves e outros Sauropsida retêm a condição vertebrada primitiva com base, principalmente, nos lobos ópticos do mesencéfalo para o processa-

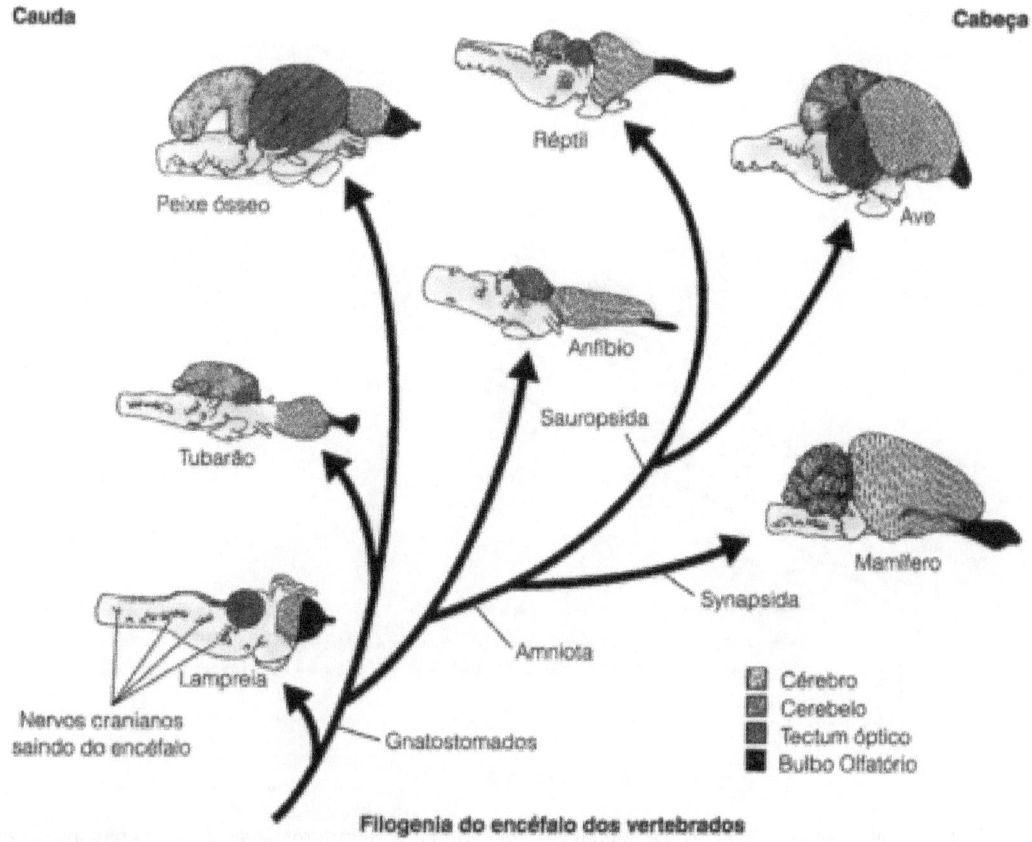

Figura 11-18 Padrão filogenético do aumento do encéfalo entre os vertebrados.

mento visual. Em mamíferos os lobos ópticos são pequenos e utilizados principalmente para reflexos ópticos como o movimento de rastreamento dos olhos, enquanto uma nova região do encéfalo (o córtex visual) é, na verdade, a que interpreta a informação.

Avaliar o quanto um animal é inteligente pode ser problemático. De início, o tamanho dos cérebros é medido com alometria negativa; isto é, animais maiores possuem proporcionalmente encéfalos menores para seu tamanho do que os animais pequenos. A razão para esta escala negativa não é conhecida com certeza, mas pode estar relacionada ao fato que corpos maiores não necessitam absolutamente de mais tecido cerebral para funcionar. Por exemplo, se 200 células nervosas do encéfalo são necessárias para controlar a perna direita de um camundongo, não há necessidade de supor que mais células sejam necessárias para controlar a perna direita de um elefante. É claro, animais maiores possuem encéfalos maiores que os animais pequenos; só não são tão grandes quanto seria esperado para seu tamanho, e todas as outras coisas sendo iguais. Comparações do tamanho do encéfalo, frequentemente, negligenciam diferenças no tamanho do corpo. Por exemplo, programas de televisão frequentemente apresentam que o encéfalo de um golfinho é tão grande quanto o dos humanos, para enfatizar como os golfinhos são inteligentes, mas os golfinhos são muito maiores que os humanos, portanto seria esperado que possuíssem encéfalos *maiores*.

O tamanho do encéfalo usualmente é expresso em relação ao tamanho do corpo. Tal estimativa, procedida inicialmente por Harry Jerison (1973), é o **quociente de encefalização (QE)**, uma medida do tamanho real do encéfalo em relação ao tamanho esperado do mesmo para um animal com determinada massa corpórea. Em outras palavras, a massa real do encéfalo é dividida pela massa prevista por equações, tais como aquelas da Figura 11-19. Um QE de 1.0 significa que o encéfalo é exatamente do tamanho esperado, enquanto que valores menores do que 1 indica encéfalo menor do que o esperado e valores maiores que 1.0, encéfalo maior que o esperado.

Muitos mamíferos (p. ex., roedores, musaranhos, marsupiais) possuem valores QE menores que 1, enquanto que outros (incluindo cães, gatos, cavalos, elefantes, primatas, e baleias) possuem valores maiores que 1. Grandes primatas possuem valores de aproximadamente 3, e humanos possuem valores de aproximadamente 8.

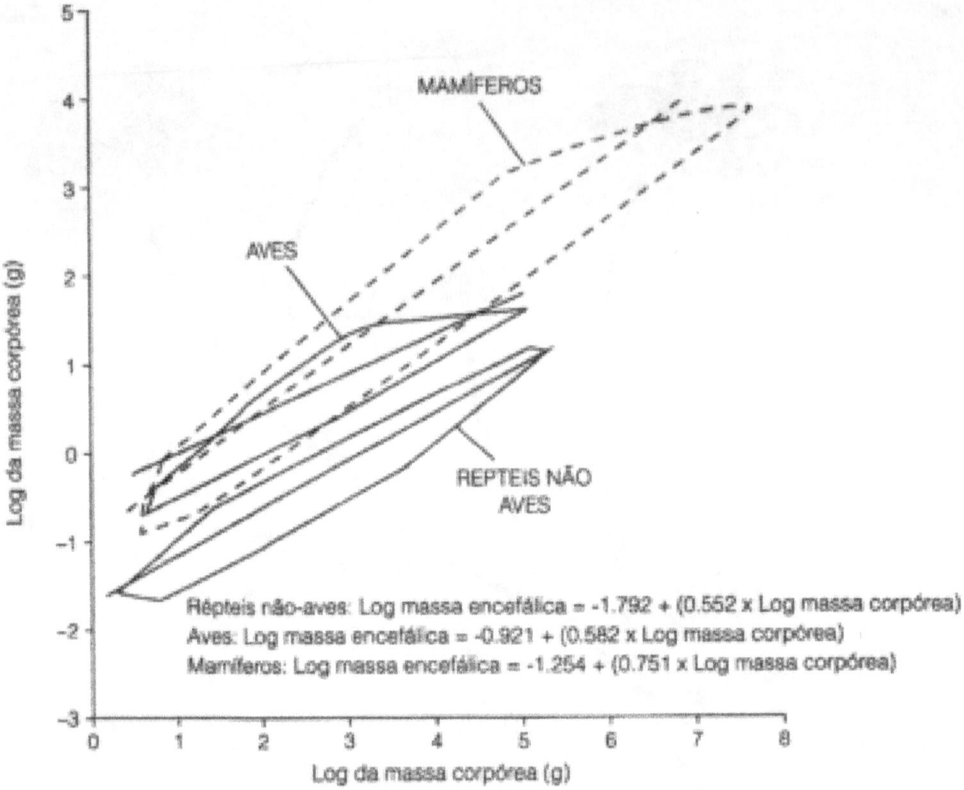

Figura 11-19 Relação entre tamanho do corpo e tamanho do encéfalo em mamíferos, aves e répteis não aves. O polígono inclui valores para 301 gêneros de mamíferos, 174 espécies de aves e 62 espécies de répteis não aves. As linhas de regressão expressam a média da relação entre o log da massa cerebral e o log da massa corpórea para cada grupo.

Todavia pensamos em uma tendência para a evolução de um encéfalo grande como um caminho natural da evolução mamaliana, a situação não é tão simples. Carnívoros estrategistas em grupo possuem encéfalos maiores do que os solitários, por exemplo, muitos animais de encéfalo pequeno mostram um comportamento complexo e uma capacidade substancial de aprendizagem. A Figura 11-20 mostra mudanças nos QEs de mamíferos herbívoros com casco (ungulados) ao longo do tempo – gráfico – relacionadas a outras ordens de mamíferos que possuem formas semelhantes. Embora a média de tamanho do encéfalo tenha aumentado e, os maiores encéfalos conhecidos pertençam a espécies viventes, alguns ungulados viventes possuem encéfalos tão pequenos quanto algumas formas do início da Era Ceno-

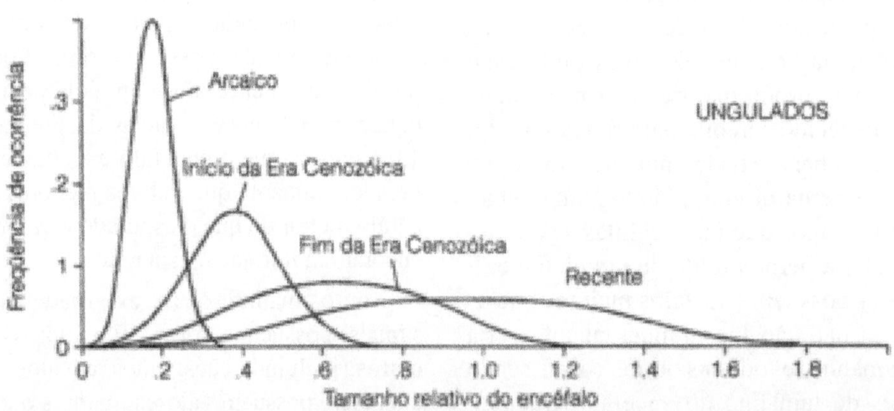

Figura 11-20 Mudanças no quociente de encefalização de ungulados do Hemisfério Norte durante o Cenozóico.

zóica. Em outras palavras, mais do que o aumento *geral* do tamanho do encéfalo observa-se que a gama de tamanho dos encéfalos tem aumentado e espécies com encéfalo pequeno coexistem com formas com encéfalo muito maiores.

Resumo

Os Synapsida (representados agora pelos mamíferos) e os Sauropsida (representados pelas tartarugas, tuatara, lagartos, serpentes, crocodilos e aves) dominam a fauna dos vertebrados terrestre e ambas incluem linhagens especializadas para o vôo, para entocarem-se e, secundariamente para a vida aquática. As duas linhagens foram separadas pelo menos no final da Era Paleozóica, e encararam os mesmos desafios evolutivos. As soluções desenvolvidas para os problemas da vida são similares em alguns aspectos e diferentes em outros. Em alguns casos os caracteres ancestrais foram retidos e outros caracteres novos, derivados apareceram. Por exemplo, os Sinapsida retiveram o padrão ancestral de ventilação dos pulmões por marés e a excreção de **ureia,** enquanto alguns Sauropsida derivados possuem métodos diferentes. Ambas as linhagens desenvolveram novas formas de locomoção, termoregulação endotérrnica, e corações e cérebros mais complexos, adquirindo condições funcionais equivalentes por meio de rotas diferentes.

Mais importante do que as diferenças em si são as consequências de algumas diferenças em termos das zonas adaptativas ocupadas por Synapsida e Sauropsida. Os Sauropsida especializaram-se em atividades diurnas, com excelente visão colorida e extenso uso da cor, padrão e movimento em apresentações sociais. Os Synapsida podem ter passado através de um extenso estágio noturno, durante o qual a visão colorida foi limitada e o olfato e a audição foram os sentidos mais importantes.

Mais importante é que as diferentes soluções que os Sinapsida e Sauropsida encontraram para os desafios da vida terrestre enfatizam que há mais que um caminho para ter sucesso como um amniota terrestre.

Leituras Adicionais

Angilletta, M. J., et al. 2002. The evolution of thermal physiology in ectotherms. *Journal of Thermal Biology* 27:249-268.

Baumel, J. J., et al. 1990. The ventilatory movements of the avian pelvis and tail: Function of the muscles of the tail region of the pigeon (*Columba livia*). *Journal of Experimental Biology* 151:263-277.

Bennett, A. F. and J. A. Ruben. 1979. Endothermy and activity in vertebrates. *Science* 206:649-654.

Boggs, D. F. 2002. Interaction between locomotion and ventilation in tetrapods. *Comparative Biochemistry and Physiology* 133A:279-288.

Bramble, D. M. and D. R. Carrier. 1983. Running and breathing in mammals. *Science* 219:251-256.

Britt, B. B. 1997. Postcranial pneumaticity. Pages 590-593 in *Encyclopedia of Dinosaurs,* edited by P. J. Currie and K. Padian, San Diego, CA: Academic.

Butler, A. B. and W. Hodos. 1996. *Comparative Vertebrate Neuroanatomy.* New York, NY: Wiley-Liss.

Carrier, D. R. 1987.The evolution of locomotor stamina I tetrapods: Circumventing a mechanical constraint. *Paleobiology* 13:326-341.

Carrier, D. R. and C. G. Farmer. 2000a. The integration of ventilation and locomotion in archosaurs. *American Zoologist* 40:87-100.

Carrier, D. R. and C. G. Farmer. 2000b. The evolution of pelvic aspiration in archosaurs. *Paleobiology* 26:271-293.

Clack, J. A. 2002. *Gaining Ground: The Origin and Evolution of Tetrapods.* Bloomington, IN: Indiana University Press.

Farmer, C. 1997. Did lungs and intracardiac shunt evolve to oxygenate the heart in vertebrates? *Paleobiology* 23:358-372.

Farmer, C. G. 2000. Parental care: The key to understanding endothermy and other convergent features in birds and mammals. *American Naturalist* 155:326-334.

Farmer, C. G. 2001. Parental care: A new perspective on the origin of endothermy. Pages 389^112 in *New Perspectives in the Origin and Early Evolution of Birds,* Proceedings of the International Symposium in Honor of John H. Ostrom, edited by J. A. Gauthier, Peabody Museum of Natural History, Yale University, New Haven, CT: Yale University, Peabody Museum of Natural History.

Farmer, C. G. 2003. Reproduction: The adaptive significance of endothermy. *American Naturalist* 162:826-840.

Farmer, C. G. and D. R. Carrier. 2000. Pelvic aspiration in the American alligator (*Alligator missisippiensis*). *Journal of Experimental Biology* 203:1679-1687.

Geist, N. R. 2000. Nasal respiratory turbinate function in birds. *Physiological Biochemistry and Zoology* 73:581-589.

Gilad, Y. et al. 2003. Human specific loss of olfactory receptor genes. *Proceedings of the National Academy of Sciences* USA 100:3324-3327.

Jacobs, G. H. 1993. The distribution and nature of colour vision among the mammals. *Biological Reviews* 68:413-471.

Jerison, H. J. 1973. *Evolution of the Brain and Intelligence.* New York, NY: Academic Press.

Karten, H. J. 1991. Homology and evolutionary origins of the "neocortex". *Brain, Behavior and Evolution* 38:264-272.

Pond, C. M. 1998. *The Fats of Life*. Cambridge, UK: Cambridge University Press.

Oftedal, O. T. 2002a. The mammary gland and its origin during synapsid evolution. *Journal of Mammary Gland Biology and Neoplasia* 7:225-252.

Oftedal, O. T. 2002b. The origin of lactation as a water source for parchment-shelled eggs. *Journal of Mammary Gland Biology and Neoplasia* 7:253-266.

Qiang, J., et al. 1998. Two feathered dinosaurs from northeastern China. *Nature* 395:753-761.

Qiang, J., et al. 2001. The distribution of integumentary structures in a feathered dinosaur. *Nature* 410:1084-1088.

Ritter, D. 1995. Epaxial muscle function during locomotion in a lizard (*Varanus salvator*) and the proposal of a key innovation in the vertebrate skeletal and musculoskeletal system. *Journal of Experimental Biology* 198:2477-2490.

Ruben, J. A., et al. 2003. Respiratory and reproductive paleophysiology of dinosaurs and early birds. *Physiological and Biochemical Zoology* 76:141-164.

Stokstad, E. 2001. Exquisite Chinese fossils add new pages to book of life. *Science* 291:232-236.

Witmer, L. M. 2001. Nostril position in dinosaurs and other vertebrates and its significance for nasal function. *Science* 293:850-853.

CAPÍTULO

12

Testudines

Os Testudines contrastam com os Amphibia pela sua relativa ausência de diversidade de histórias de vida. Todos são ovíparos e nenhum exibe cuidados parentais aos filhotes. Os Testudines mostram especializações morfológicas associadas a habitats terrestres, de água doce e marinhos, e as espécies marinhas realizam migrações de longa distância que rivalizam com as das aves. Provavelmente, os Testudines e as aves utilizam muitos mecanismos de navegação idênticos para encontrar seu caminho. A maioria dos testudines consiste em animais de vida longa com capacidade relativamente pequena para crescimento populacional rápido. Muitos deles, principalmente as tartarugas marinhas e os grandes jabutis, estão ameaçados por atividades humanas. Alguns esforços para proteger os Testudines foram aparentemente frustrados devido a uma peculiaridade do desenvolvimento embrionário de algumas espécies – o sexo de um indivíduo é determinado pela temperatura a que este é exposto no ninho. Esse dado enfatiza a importância crítica de informações sobre a biologia básica dos animais para uma conservação e um manejo bem-sucedidos.

12.1 Qualquer Pessoa Reconhece um Testudines

Os Testudines descobriram um modo de vida bem-sucedido no Triássico e, desde então, pouco se modificaram. O casco, que é a chave do seu sucesso, também limitou a diversidade do grupo (Figura 12-1). Por razões óbvias, tartarugas voadoras ou planadoras nunca existiram, e mesmo o hábito arborícola pouco se desenvolveu. A morfologia do casco reflete a ecologia da espécie: as formas mais terrestres, os jabutis da família Testudinidae, têm cascos em forma de altas cúpulas e pés semelhantes aos dos elefantes. As espécies menores de jabutis mostram adaptações à escavação. Os jabutis-toupeira da América do Norte são um exemplo – suas patas dianteiras são achatadas como pás e a cúpula do casco é reduzida. O jabuti-de-bolson, do norte do México, constrói tocas com um metro ou mais de profundidade e vários metros de extensão no duro solo do deserto. Esses jabutis aquecem-se ao sol na entrada de suas tocas; quando aparece um predador, eles se lançam para baixo nas rampas de entrada dos túneis das tocas para escapar, assim como a tartaruga aquática mergulha de um tronco. O jabuti-panqueca da África representa um desvio radical da morfologia usual dos jabutis. O casco é achatado e flexível, pois sua ossificação é muito reduzida. Esse jabuti vive em regiões de colinas rochosas e escala as rochas com uma agilidade quase igual à do lagarto. Quando ameaçado por um predador, o jabuti-panqueca rasteja para dentro de uma fenda nas rochas e utiliza as patas para entalar-se no local. O casco flexível se pressiona contra a rocha circundante, criando um atrito tão grande que é quase impossível puxar o animal para fora.

Outros quelônios terrestres têm a **carapaça** (porção superior do casco) moderadamente convexa, como os jabutis-caixa da família Emydidae. Esse é apenas um dos vários tipos de Testudines que desenvolveram regiões flexíveis no **plastrão** (porção inferior do casco), o que permite que os lobos cranial e caudal sejam puxados para cima, fechando as aberturas do casco. Os Testudines aquáticos têm carapaças baixas que oferecem pouca resistência ao deslocamento na água. As famílias Emydidae e Bataguridae contêm um grande número de tartarugas lacustres, incluindo as tartarugas-pintadas e as tartarugas-de-orelha-vermelha, geralmente encontradas nas lojas de animais de estimação e em cursos de laboratório de anatomia e fisiologia.

As tartarugas-mordedoras (família Chelydridae) e as tartarugas-do-lodo e tartarugas-almiscaradas (família Kinosternidae) vagueiam no fundo de lagoas e rios lentos e não são particularmente hidrodinâmicas. A tartaruga-do-lodo possui um plastrão articulado, mas as outras duas têm plastrões muito reduzidos. Dispõem de maxilas fortes para proteção.

Figura 12-1 Formas corpóreas de Testudines (sem escala): (a) jabuti, *Testudo,* Testudinidae; (b) jabuti-panqueca, *Malacochersus,* Testudinidae; (c) jabuti-caixa terrestre, *Terrapene,* Emydidae; (d) tartaruga lacustre, *Trachemys,* Emydidae; (e) tartaruga-de-casco-mole, *Aplone,* Trionychidae; (f) tartaruga-do-lodo, *Kinosternon,* Kinosternidae; (g) tartaruga-mordedora-aligátor, *Macroclemys,* Chelydridae; (h) tartaruga lacustre africana, *Pelusios,* Pelomedusidae; (i) tartaruga-de-pescoço-de-cobra australiana, *Chelodina,* Chelidae; (j) mata-mata sul-americano, *Chelys,* Chelidae; (k) tartaruga-marinha-comum, *Caretta,* Cheloniidae; (1) tartaruga-de-couro, *Dermochelys,* Dermochelyidae.

Uma redução no tamanho do plastrão torna essas espécies mais ágeis do que a maioria dos Testudines, sendo que as tartamgas-almiscaradas conseguem subir alguns metros em árvores, provavelmente para se aquecerem ao sol. Se uma tartaruga lhe cair sobre a cabeça quando você estiver passeando de canoa, é provável que seja uma tartaruga-almiscarada.

As tartarugas-de-casco-mole (família Trionychidae) são nadadoras velozes. A ossificação do casco é bastante reduzida, tornando o animal mais leve, e os pés são grandes e dotados de membranas interdigitais bem desenvolvidas. As tartarugas-de-casco-mole ficam de tocaia, parcialmente enterradas sob os detritos do fundo da lagoa. O longo pescoço lhes permite alcançar distâncias consideráveis para capturar os invertebrados e os pequenos peixes de que se alimentam.

Os Testudines atuais são classificados em 13 famílias com aproximadamente 300 espécies (Tabela 12.1 e Figura 12-2). As duas linhagens de Testudines atuais podem ser rastreadas, por meio de fósseis, até a Era Mesozóica. Os **Cryp-**

TABELA 12.1 Famílias de Testudine

Cryptodira

Testudinidae: cerca de 40 espécies de Testudines terrestres de porte pequeno (15 centímetros) a muito grande (1 milímetro), distribuídas nas regiões temperadas e tropicais do mundo todo. Embora sejam nadadoras desajeitadas, as tartarugas flutuam bem e suportam longos períodos sem alimento ou água Essas características permitiram que as tartarugas, ao serem arrastadas para o mar pelos rios caudalosos, fossem povoar ilhas oceânicas, como as ilhas Galápagos.

Bataguridae: Testudines aquáticos, semi-aquáticos e terrestres de pequeno (12 centímetros) a grande (75 centímetros) porte (cerca de 65 espécies, principalmente asiáticas, com 1 gênero na América Central).

Emydidae: Testudines de água doce, semi-aquáticos e terrestres de pequeno (12 centímetros) a grande (60 centímetros) porte (cerca de 40 espécies, a maioria na América do Norte; 1 gênero nas Américas Central e do Sul, e 1 na Europa. Ásia e norte da África).

Trionychidae: Testudines de água doce de porte pequeno (25 centímetros) a muito grande (130 centímetros), com corpo achatado e ossificação reduzida do casco (cerca de 25 espécies na América do Norte, África e Ásia).

Carettochelydae: Testudines de água doce de grande porte (70 centímetros) sem escudos epidérmicos no casco e com membros dianteiros em forma de remo (1 espécie, *Carettochelys insculpia,* na Nova Guiné e no extremo norte da Austrália).

Dermatemydidae: Testudines de água doce de grande porte (65 centímetros) (1 espécie, *Dermatemys mawii,* no México e na América Central).

Kmosternidae: Testudines aquáticos, habitantes dos leitos, de pequeno (11 centímetros) a médio (40 centímetros) porte (cerca de 22 espécies, da América do Norte à América do Sul).

Chenoliidae: Testudines marinhos de porte grande (70 centímetros) a muito grande (150 centímetros) com cascos ósseos cobertos de escudos epidérmicos e membros dianteiros em forma de remo (6 espécies encontradas em regiões oceânicas tropicais e temperadas do mundo todo). Dermochelydae: o maior Testudines marinho existente (mais de 240 centímetros), cujo casco reduz-se a milhares de pequenos ossos embutidos em um tegumento conáceo (1 espécie no mundo todo, estendendo-se de norte a sul em mares frios).

Chelydridae: 2 espécies de Testudines de água doce de porte grande (*Chelydra,* 50 centímetros) a muito grande (*Macroclemys,* 70 cm e 80 quilos), nas Américas do Norte e Central, e um pequeno e ágil quelônio (*Platysternon,* 18 cm) que vive em córregos de montanha, desde o sudeste da China até Burma e Tailândia.

Pleurodira

Chelidae: Testudines aquáticos de pequeno (15 centímetros) a grande (50 centímetros) porte (cerca de 40 espécies na América do Sul, Austrália e Nova Guiné).

Pelomedusidae: pequenos Testudines aquáticos Todos os Pelomedusidae atuais habitam aguas doces, mas é possível que algumas espécies extintas fossem marinhas (cerca de 18 espécies na África, Madagáscar e ilhas Seychelles).

Podocnemidae: 8 espécies de Testudines aquáticos, no norte da América do Sul e em Madagáscar *Podocnemis expansa,* que é encontrado nos rios Amazonas e Orinoco, e o maior Pleurodira existente: o casco das fêmeas alcança 90 centímetros de comprimento. O extinto *Stupendemys* (do Terciário Superior venezuelano) media mais de 2 metros de comprimento.

todira (Grego, *crypto* = escondido, *dire* = pescoço) retraem a cabeça para dentro do casco curvando o pescoço na forma de um S vertical. Os **Pleurodira** (Grego, *pleuro* = lado) retraem a cabeça curvando o pescoço horizontalmente. Todos os Testudines discutidos até aqui são Cryptodira, o grupo dominante. Os Cryptodira são os únicos Testudines encontrados atualmente na maior parte do Hemisfério Norte, e existem formas aquáticas e terrestres na América do Sul, e terrestres, na África. O grupo está ausente apenas na Austrália. Os Pleurodira são encontrados atualmente apenas no Hemisfério Sul, embora tivessem distribuição mundial durante a Era Mesozóico Superior e a Era Cenozóica Inferior. *Stupendemys,* um Pleurodira do Plioceno venezuelano, tinha uma carapaça com mais de 2 metros de comprimento. Todos os Pleurodira atuais são pelo menos semi-aquáticos; mas alguns fósseis possuíam altos cascos cupuliformes, sugerindo que teriam sido terrestres. Os mais terrestres dos Pleurodira amais são provavelmente as tartarugas lacustres da África, que se movem facilmente por terra de uma lagoa a outra.

As tartarugas-de-pescoço-de-cobra (Pleurodira, família Chelidae) são encontradas na América do Sul, Austrália e Nova Guiné. Como seu nome indica, esses animais têm o pescoço longo e delgado. Em algumas espécies, o comprimento do pescoço é consideravelmente maior que o do corpo. Essas formas alimentam-se de peixes, que capturam com um movimento rápido da cabeça. Outras tartarugas-de-pescoço-

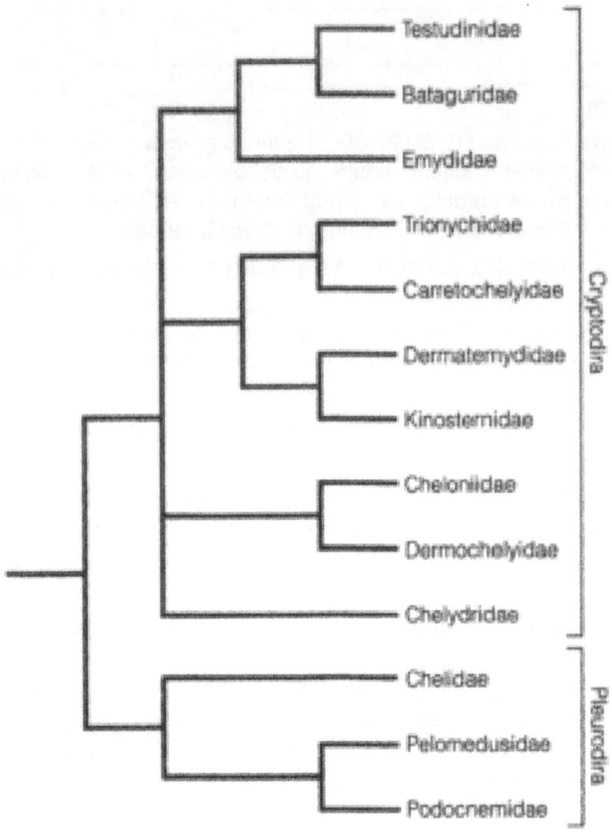

Figura 12-2 Relações filogenéticas dos Testudines.

de-cobra têm o pescoço muito mais curto. Algumas delas alimentam-se de moluscos e apresentam superfícies palatais aumentadas, utilizadas para quebrar as conchas. A mesma especialização para se alimentar de moluscos é observada em certos Cryptodira.

Um método de alimentação incomum entre os Testudines é encontrado em um Pleurodira, o mata-matá da América do Sul. O casco dos grandes mata-matás atinge um comprimento de 40 centímetros. São animais de aparência bizarra. O casco e a cabeça são largos e achatados, e numerosas abas de pele projetam-se dos lados da cabeça e do largo pescoço. A essas abas fixam-se pedacinhos pendentes das algas que aderiram ao animal. O efeito é extremamente críptico. É difícil reconhecer o mata-matá como sendo um Testudines, mesmo em aquário, e ele é praticamente invisível contra a lama e os detritos do fundo de um rio. Além de ocultarem a forma do animal, as abas de pele da cabeça são sensíveis às diminutas vibrações da água causadas pela passagem de um peixe. Quando percebe a presença da presa, o mata-matá abre a boca e expande a garganta abruptamente. A água é arrastada para dentro, carregando o alimento, e o mata-matá fecha a boca, expele a água e engole a presa. O mata-matá não possui o bico córneo que outros quelônios utilizam para capturar a presa ou arrancar pedaços de plantas.

As tartarugas marinhas atuais são Cryptodira. As famílias Cheloniidae e Dermochelyidae apresentam especializações mais marcantes à vida aquática que qualquer tartaruga de água doce. Todas têm as patas dianteiras modificadas em forma de nadadeiras. Os Cheloniidae retêm os escudos epidérmicos sobre o casco. A maior tartaruga marinha da família Cheloniidae é a comum, que já alcançou peso superior a 400 quilos. O casco da maior tartaruga marinha, a tartaruga-de-couro, atinge comprimento superior a 2 metros e sua massa passa dos 600 quilos. A ossificação dérmica foi reduzida a pequenas placas ósseas embutidas no tecido conjuntivo. Essa é uma tartaruga pelágica que se afasta muito da costa e tem distribuição geográfica mais ampla do que qualquer outro amniota ectotérmico. As tartarugas-de-couro penetram profundamente nos mares temperados frios, tendo sido registradas no Atlântico, da Terra Nova à Argentina, e no Pacífico do Japão à Tasmânia. As tartarugas-de-couro mergulham a profundidades superiores a 1.000 metros. Estimou-se que um mergulho, que extrapolou a escala do marcador de profundidade, tenha atingido 1.200 metros, excedendo o mergulho mais profundo registrado para um cachalote (1.140 metros). As tartarugas-de-couro alimentam-se principalmente de águas-vivas, enquanto as tartarugas-marinhas-de-bico-de-falcão, de menor porte, alimentam-se de esponjas, que se defendem por meio de espículas de sílica (vidro) e por vários compostos químicos (inclusive alcalóides e terpenos) que são tóxicos para a maioria dos Vertebrata. As tartarugas-verdes (*Chelonia mydas*) são os únicos Testudines marinhos herbívoros.

12.2 Mas, o Que É Um Testudines? Relações Filogenéticas dos Testudines

Os Testudines mostram uma combinação de aspectos primitivos e características altamente especializadas que não são partilhadas com qualquer outro grupo de vertebrados, e suas afinidades filogenéticas não são plenamente conhecidas. A linhagem dos Testudines provavelmente originou-se entre os amniotas primitivos do Carbonífero Superior. Tal como aqueles animais, os quelônios têm crânio anapsida, mas seu casco e seu esqueleto pós-craniano são únicos. Uma abordagem enfatiza a importância do crânio anapsida e apresenta as afinidades dos Testudines entre os para-répteis, discutidos no Capítulo 9 (Laurin e Reisz 1995; Lee, 1993, 1995). Uma opinião radicalmente diferente, considera o crânio anapsida dos quelônios como um aspecto secundariamente derivado e classifica esses animais entre os diapsidas (Rieppel e de Braga 1996; Rieppel 2000). No momento, a hipótese da origem diapsida parece ser mais forte, mas há um debate intenso em andamento e a questão está longe de ser resolvida.

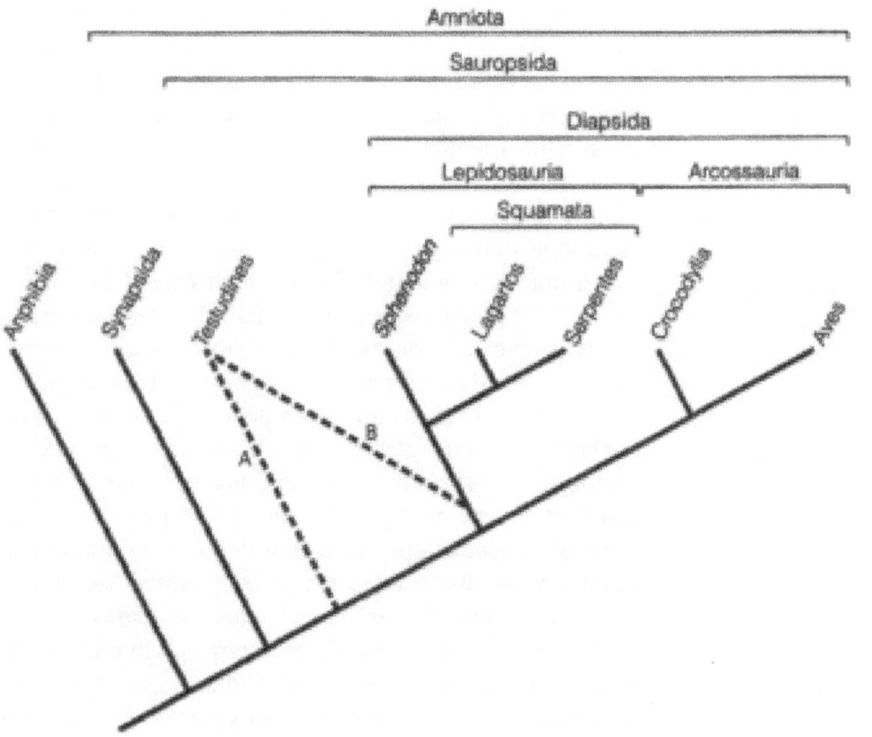

Figura 12-3 Cladograma simplificado dos tetrápodes. São mostradas as duas hipóteses rivais sobre o parentesco dos Testudines: a origem nos para-répteis (A) ou a partir dos répteis diapsidas (B).

Os Testudines mais antigos são encontrados em depósitos do Triássico Superior da Alemanha, Tailândia e Argentina. Esses animais tinham quase todas as características especializadas dos Testudines derivados e não lançam luz sobre as afinidades filogenéticas do grupo. *Proganochelys,* de depósitos do Triássico da Alemanha, tinha quase um metro de comprimento (maior que a maioria dos quelônios atuais) e possuía o casco arqueado e alto. Os dentes marginais se perderam e os ossos maxilar, pré-maxilar e dentário eram provavelmente recobertos por um bico córneo, como nos quelônios derivados. O crânio de *Proganochelys* conservava os ossos supratemporal e lacrimal e o duto lacrimal, enquanto o palato tinha fileiras de dentículos; todas essas estruturas foram perdidas pelos Testudines derivados. O plastrão de *Proganochelys* também continha alguns ossos que foram perdidos pelos Testudines derivados, e as vértebras do pescoço não apresentavam especializações que teriam permitido a retração da cabeça no casco. *Palaeochersis* (Triássico Superior da Argentina) e *Australochelys* (Jurássico Inferior da Africa do Sul) são provavelmente o grupo-irmão dos Testudines posteriores, incluindo Cryptodira e Pleurodira.

Testudines com vértebras cervicais especializadas para a retração não são conhecidos antes do Cretáceo, mas diferenças no crânio e no casco permitem rastrear as linhagens de Pleurodira e Cryptodira até o Triássico Superior (cascos de Pleurodira) e o Jurássico Superior (crânios de Cryptodira). As cápsulas óticas de todos os Testudines acima do nível dos Proganochelyidae são aumentadas, e os músculos adutores da mandíbula estendem-se caudalmente acima da cápsula ótica (Figura 12-4). Os músculos passam sobre uma estrutura em forma de roldana, o **processo troclear**. Nos Cryptodira, o processo troclear é formado pela superfície cranial da própria cápsula ótica, enquanto nos Pleurodira é formado por um processo lateral do pterigóide. A fusão da cintura pelvina à carapaça e ao plastrão distingue ainda mais os Pleurodira dos Cryptodira, que têm uma sutura ligando o casco à cintura. O início dessas modificações é observado em *Australochelys.*

12.3 Estrutura e Funções nos Quelônios

Os quelônios estão entre os vertebrados mais bizarros. Recobertos por osso, com as patas dentro das costelas e com bicos córneos em vez de dentes – se os quelônios tivessem se extinguido no final da Era Mesozóica, rivalizariam com os dinossauros em inovação. Entretanto, por terem sobrevivido, são considerados lugar-comum e frequentemente utilizados em cursos de anatomia comparada para representar os amniotas primitivos (de modo inapropriado, pois são muito especializados).

Casco e Esqueleto

O casco é a característica mais distintiva de um quelônio (Figura 12-5). A carapaça é composta de ossos dérmicos que tipicamente crescem a partir de 59 centros de ossificação distintos. Oito-placas, ao longo da linha dorsal mediana,

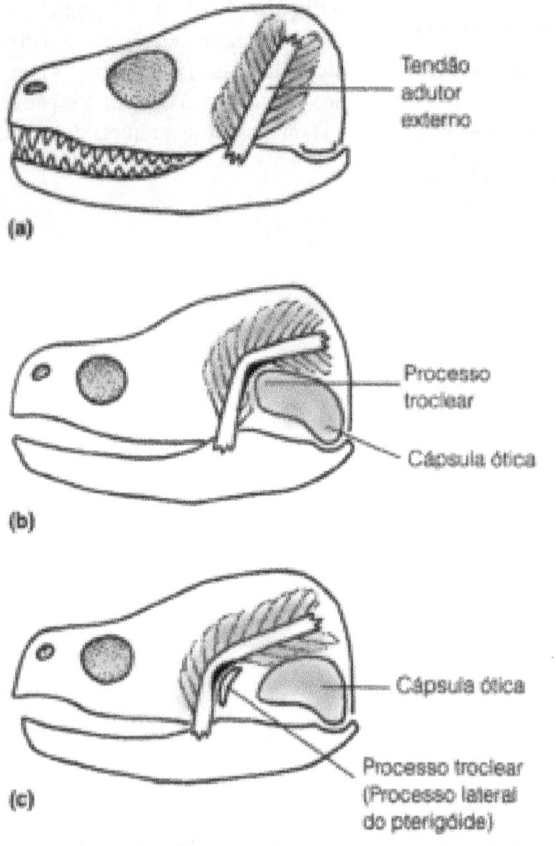

Figura 12-4 Posição do tendão adutor externo: (a) na condição primitiva (para-répteis), (b) nos Testudines Cryptodira, (c) nos Testudines Pleurodira.

formam a série neural e se fundem aos arcos neurais das vértebras. Ao lado dos ossos neurais há oito ossos costais pareados, que se fundem às costelas alargadas. As costelas dos quelônios são únicas entre os tetrápodes por serem externas às cinturas. Onze pares de ossos periféricos, mais dois ossos não pareados na linha mediana dorsal, formam a margem da carapaça. O plastrão é formado principalmente por ossificações dérmicas, mas o endoplastrão deriva da interclavícula, enquanto os epiplastrões pareados, craniais àquele, derivam das clavículas. Os processos do hioplastrão e hipoplastrão fundem-se com o primeiro e o quinto pleurais, formando uma conexão rígida entre o plastrão e a carapaça.

Os ossos da carapaça são recobertos por escudos córneos de origem epidérmica que não coincidem, em número e posição, com os ossos subjacentes. A carapaça tem uma fileira de cinco escudos centrais, margeada de cada lado por quatro escudos laterais. Onze escudos marginais, de cada lado, curvam-se sob a borda da carapaça. O plastrão é recoberto por uma série de seis escudos pareados.

Áreas flexíveis, denominadas charneiras, estão presentes no casco de muitos Testudines. Os exemplos mais conhecidos são os jabutis-caixas norte-americanos e asiáticos (*Terrapene* e *Cuorà*), nos quais uma charneira entre o osso hioplastral e o osso hipoplastral permite que os lobos cranial e caudal do plastrão se elevem para fechar as aberturas cranial e caudal do casco. As tartarugas-do-lodo (*Kinosternon*) têm duas charneiras no plastrão: a charneira cranial estende-se entre os ossos epiplastrões e o endoplastrão (que é triangular nos Kinosternidae, não em forma de diamante) e a charneira caudal localiza-se entre o hipoplastrão e o xi-fiplastrão. Algumas espécies de jabutis têm charneiras no plastrão; em *Testudo,* a charneira repousa entre o hioplastrão e os xifiplastrões, como em *Kinosternon,* mas em um outro gênero de jabutis, *Pyxis,* a charneira é cranial e envolve uma ruptura através do endoplastrão. Os jabutis das florestas africanas (*Kinixys*) têm uma charneira na porção caudal da carapaça. As margens dos escudos epidérmicos e dos ossos dérmicos da carapaça são alinhadas e a charneira estende-se entre o segundo e o terceiro escudos pleurais e o quarto e quinto ossos costais. A presença de charneiras é um dimorfismo sexual em algumas espécies de jabutis. A ocorrência filogenética errática de cascos cinéticos e as diferenças entre espécies aparentadas indicam que o cinetismo do casco evoluiu muitas vezes nos Testudines.

A assimetria dos escudos epidérmicos pareados é muito comum entre os Testudines e modificações da estrutura óssea do casco são vistas em algumas famílias. As tartarugas-de-casco-mole não apresentam ossificações periféricas e escudos epidérmicos. As extremidades distais das costelas alargadas estão embutidas em tecido conjuntivo flexível, e a carapaça e o plastrão são recobertos por pele. A tartaruga fluvial da Nova Guiné (*Caretochelys*) também é recoberta por pele em vez de escudos, mas nessa espécie os ossos periféricos estão presentes e a borda do casco é rígida. A tartaruga-de-couro marinha (*Dermochelys*) tem uma carapaça formada por cartilagem com milhares de pequenos ossos poligonais em seu interior, e os ossos do plastrão se reduzem a uma faixa delgada em tomo da borda do plastrão. No jabuti-panqueca (*Malachochersus*), as ossificações neurais e costais são muito reduzidas, mas as placas epidérmicas são bem desenvolvidas.

Os Testudines atuais possuem apenas 18 vértebras pré-sacrais, 10 no tronco e 8 no pescoço. Os centros das vértebras do tronco são alongados e se localizam sob os ossos dérmicos da linha mediana dorsal do casco. Esses centros apresentam constrição no meio e estão fundidos uns aos outros. Nos dois terços craniais do tronco, os arcos neurais situam-se entre os centros, como resultado de um deslocamento da porção cranial, e os nervos espinais saem próximo à metade do centro precedente. As costelas também estão deslocadas para a região cranial; articulam-se com a porção cranial da margem neurocentral e, na porção cranial do

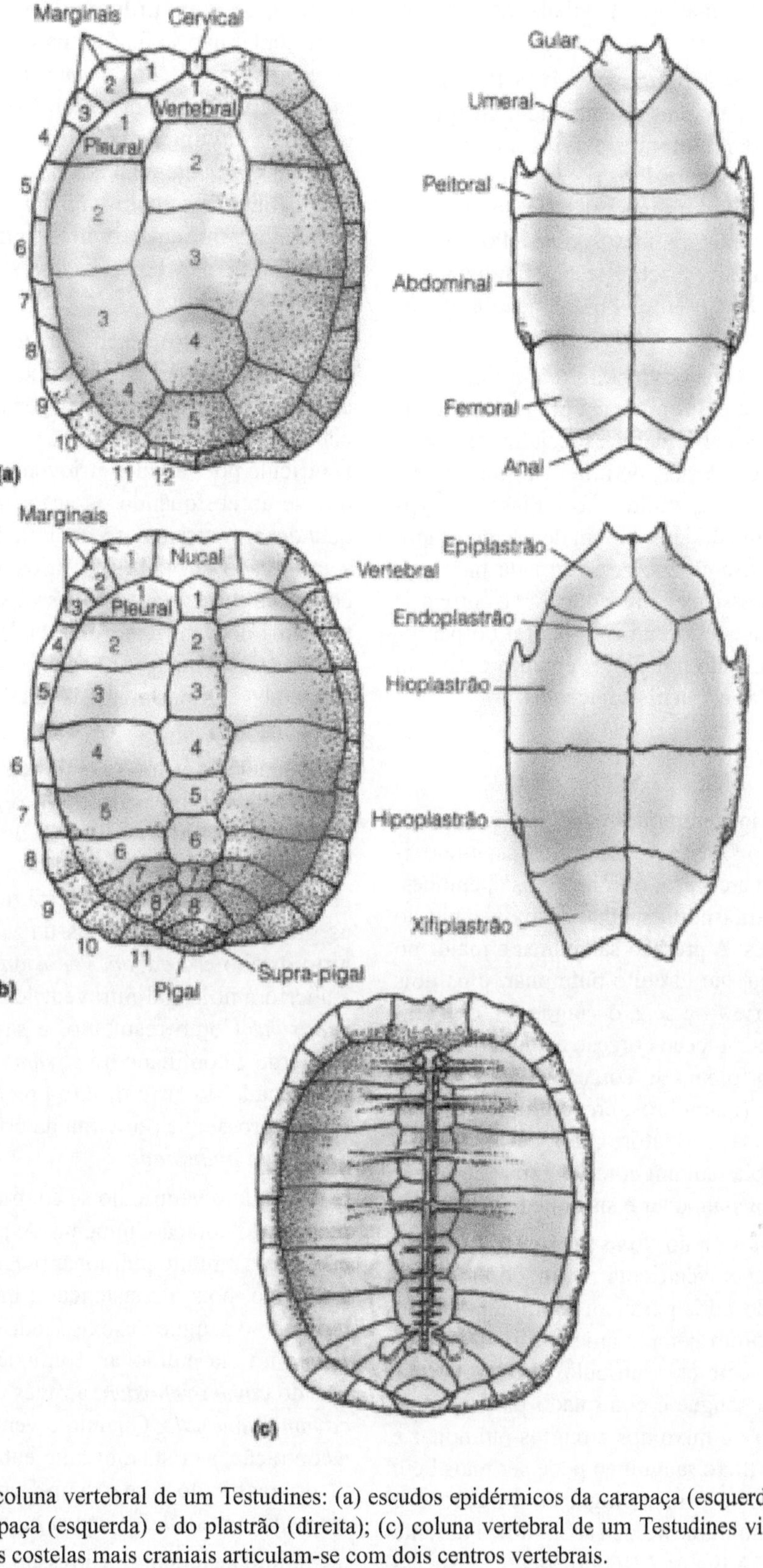

Figura 12-5 Casco e coluna vertebral de um Testudines: (a) escudos epidérmicos da carapaça (esquerda) e do plastrão (direita); (b) ossos dérmicos da carapaça (esquerda) e do plastrão (direita); (c) coluna vertebral de um Testudines vista a partir do interior da carapaça. Observa-se que as costelas mais craniais articulam-se com dois centros vertebrais.

tronco, onde a mudança é mais pronunciada, as costelas estendem-se na direção da vértebra precedente.

Os Cryptodira têm duas vértebras sacrais (a 19ª e a 20ª vértebras) com costelas alargadas que se unem ao ílio da pélvis. Os Pleurodira têm a cintura pelvina firmemente fundida à carapaça dérmica pelos ílios (dorsalmente) e pelos ossos púbis e ísquios (ventralmente), e a região sacral da coluna vertebral é menos distinta. As costelas da 17ª, 18ª, 19ª e, às vezes, da 20ª vértebra, estão fundidas aos centros e às extremidades dos ílios ou à junção entre os ílios e a carapaça.

As vértebras cervicais dos Cryptodira têm articulações que permitem a curvatura em S utilizada para retrair a cabeça no casco. Superfícies articulares especializadas entre as vértebras, chamadas gínglimos, permitem a rotação vertical. Esse tipo de rotação ginglimóide, é peculiar aos Cryptodira, mas os detalhes anatômicos variam dentro do grupo. Na maioria das famílias, a charneira é formada por duas juntas ginglimoidais sucessivas entre a 6ª e a 7ª e entre a 7ª e a 8ª vértebras cervicais. O dobramento lateral do pescoço dos Pleurodira é realizado por juntas côndilo-cótilo ou cilíndricas entre vértebras cervicais adjacentes.

O Coração

O sistema circulatório dos tetrápodes pode ser visto como dois circuitos: o circuito sistêmico, transporta sangue oxigenado do coração para a cabeça, o tronco e os apêndices; e o circuito pulmonar, transporta sangue desoxigenado do coração para os pulmões. A pressão sanguínea é maior no circuito sistêmico do que no circuito pulmonar, e os dois circuitos operam em série – ou seja, o sangue flui do coração através dos pulmões, volta ao coração e depois vai para o resto do corpo. A morfologia do coração dos Synapsida e Sauropsida derivados (mamíferos, crocodilianos e aves) torna esse fluxo sequencial obrigatório; mas os Testudines, Lepydosauria e Amphibia têm um coração capaz de trocar sangue entre os circuitos pulmonar e sistêmico.

Essa flexibilidade na rota do fluxo sanguíneo é conseguida porque as câmaras ventriculares do coração dos Testudines e dos Lepydosauria possuem continuidade anatômica, em vez de estarem completamente divididas por um septo, como ocorre com os ventrículos das aves e dos mamíferos. O fluxo do sangue é controlado parcialmente pela resistência relativa do fluxo nos circuitos pulmonar e sistêmico. O padrão de fluxo sanguíneo pode ser mais bem explicado considerando-se a morfologia do coração e o modo pelo qual a pressão intracardíaca se modifica durante um batimento cardíaco. A Figura 12-6 mostra uma vista esquemática do coração de um Testudines. Os átrios esquerdo e direito estão completamente separados e três subcompartimentos podem ser distinguidos no ventrículo. Uma crista muscular no centro do coração divide o ventrículo em dois espaços, o **cavum pulmonale** e o **cavum venosum.** A crista muscular não se funde à parede do ventrículo e, assim, o *cavum pulmonale* e o *cavum venosum* estão apenas parcialmente separados. Um terceiro subcompartimento do ventrículo, o **cavum arteriosum,** localiza-se dorsalmente ao *cavum pulmonale* e ao *cavum venosum.* O *cavum arteriosum* comunica-se com o *cavum venosum* por meio de um canal intraventricular. A artéria pulmonar abre-se no *cavum pulmonale* e os arcos aórticos esquerdo e direito abrem-se no *cavum venosum.*

O átrio direito recebe sangue desoxigenado do corpo via seio venoso e esvazia-se no *cavum venosum,* e o átrio esquerdo recebe sangue oxigenado dos pulmões e esvazia-se no *cavum arteriosum.* Os átrios estão separados do ventrículo por válvulas atrioventriculares em forma de abas que se abrem quando os átrios se contraem e se fecham quando o ventrículo se contrai, impedindo que o sangue seja forçado de volta aos átrios. O arranjo anatômico das conexões entre os átrios, suas válvulas e os três subcompartimentos do ventrículo é crucial, pois são essas conexões que permitem que pressões diferenciais direcionem o fluxo sanguíneo e impeçam a mistura de sangue oxigenado e desoxigenado.

Quando os átrios se contraem, as válvulas atrioventriculares se abrem, permitindo o sangue fluir para o interior do ventrículo. O sangue do átrio direito flui para o *cavum venosum* e o sangue do átrio esquerdo flui para o *cavum arteriosum.* Nesse estágio do batimento cardíaco, as grandes abas medianas da válvula localizada entre o átrio direito e o *cavum venosum* são pressionadas contra a abertura do canal intraventricular, isolando-o do *cavum venosum.* Como resultado, o sangue oxigenado do átrio esquerdo é confinado no *cavum arteriosum.* O sangue desoxigenado do átrio direito preenche o *cavum venosum* e depois prossegue por cima da crista muscular para dentro do *cavum pulmonale.*

Quando o ventrículo se contrai, a pressão sanguínea no interior do coração aumenta. A ejeção do sangue do coração para o circuito pulmonar precede o fluxo para o circuito sistêmico, pois a resistência é menor no primeiro. À medida que o sangue desoxigenado flui do *cavum pulmonale* para a artéria pulmonar, continua o deslocamento do sangue do *cavum venosum,* através da crista muscular, para o *cavum pulmonale.* Quando o ventrículo se encurta durante a contração, a crista muscular entra em contato com a parede do ventrículo e interrompe a passagem do sangue entre o *cavum venosum* e o *cavum pulmonale.*

Simultaneamente, a pressão sanguínea no interior do ventrículo aumenta, e as abas da válvula atrioventricular direita são forçadas para a posição fechada, impedindo o refluxo do sangue do *cavum venosum* para o átrio. Quando a válvula se fecha, ela deixa de bloquear o canal intraventri-

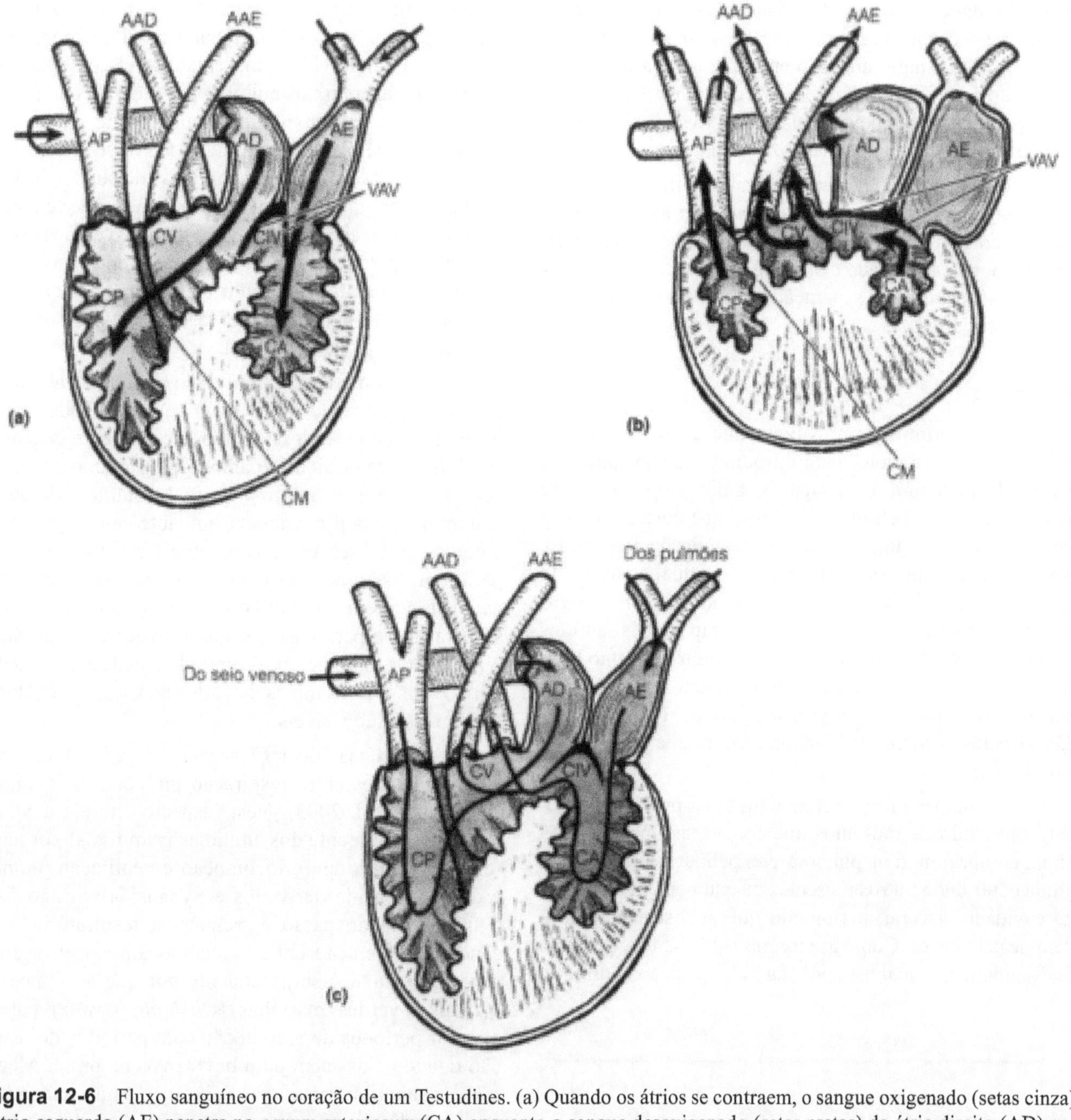

Figura 12-6 Fluxo sanguíneo no coração de um Testudines. (a) Quando os átrios se contraem, o sangue oxigenado (setas cinza) do átrio esquerdo (AE) penetra no *cavum arteriosum* (CA) enquanto o sangue desoxigenado (setas pretas) do átrio direito (AD) penetra primeiramente no *cavum venosum* (C V) e depois atravessa a crista muscular (CM) e entra no *cavum pulmonale* (CP). A válvula atrioventricular (VAV) bloqueia o canal intraventricular (CIV) e impede que o sangue oxigenado e o desoxigenado se misturem, (b) Quando o ventrículo se contrai, o sangue desoxigenado do *cavum pulmonale* é expelido através das artérias pulmonares (AP); a VAV se fecha, não mais obstruindo o CIV; e o sangue oxigenado do *cavum arteriosum* é forçado para dentro do *cavum venosum* e expelido através dos arcos aórticos direito e esquerdo (AAD e AAE). A pressão da parede do ventrículo exercida contra a crista muscular impede que o sangue desoxigenado e o oxigenado se misturem. (c) Resumo do padrão de fluxo sanguíneo através do coração de um Testudines.

cular. O sangue oxigenado do *cavum arteriosum* pode agora fluir pelo canal intraventricular e entrar no *cavum venosum*. Nesse estágio do batimento cardíaco, a parede do ventrículo é pressionada firmemente contra a crista muscular, separando o sangue oxigenado no *cavum venosum* do sangue desoxigenado no *cavum pulmonale:*

À medida que a pressão no ventrículo continua a aumentar, o sangue oxigenado no *cavum venosum* é ejetado para os arcos aórticos. Esse sistema impede efetivamente a mistura de sangue oxigenado e desoxigenado no coração, apesar da ausência de uma separação morfológica permanente dos dois circuitos.

Respiração

Os amniotas primitivos provavelmente utilizavam movimentos da caixa torácica para introduzir o ar nos pulmões e forçá-lo para fora, e os lagartos ainda empregam esse mecanismo. Nos Testudines, a fusão das costelas com o casco rígido toma impossível esse método de respiração. Apenas as aberturas das extremidades cranial e caudal do casco contêm tecidos flexíveis. Os pulmões de um Testudines, que são grandes, estão ligados à carapaça nos sentidos dorsal e lateral. No sentido ventral, os pulmões estão ligados a uma lâmina de tecido conjuntivo não-muscular que, por sua vez, prende-se às vísceras (Figura 12-7). O peso das vísceras mantém essa lâmina diafragmática estirada para baixo.

Os Testudines produzem mudanças na pressão pulmonar contraindo os músculos que forçam as vísceras para cima, comprimindo os pulmões e expelindo o ar, e em seguida contraindo outros músculos que aumentam o volume da cavidade visceral, permitindo que as vísceras acomodem-se para baixo. Como as vísceras estão ligadas à lâmina diafragmática, a qual está por sua vez ligada aos pulmões,

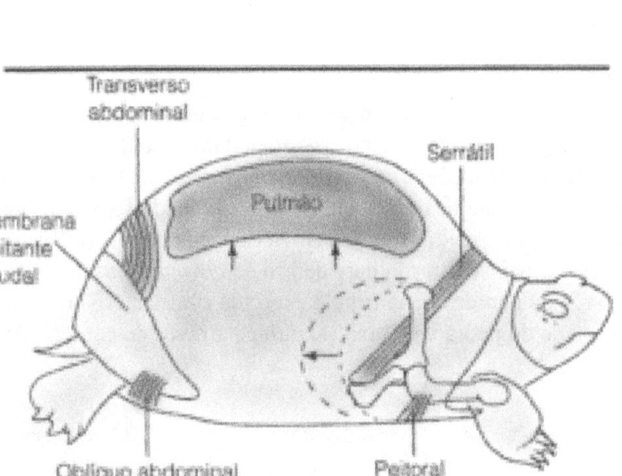

Figura 12-7 Visão esquemática dos pulmões e movimentos respiratórios do jabuti.

o movimento das vísceras para baixo expande os pulmões, aspirando o ar. Nos quelônios, tanto a inalação como a exalação requerem atividade muscular. As vísceras são forçadas para cima contra os pulmões por meio da contração do músculo transverso abdominal, caudalmente, e do músculo peitoral, cranialmente. O músculo transverso abdominal insere-se no tecido conjuntivo em forma de cúpula, a chamada membrana limitante caudal, que fecha a abertura caudal da cavidade visceral. A contração do transverso abdominal achata a cúpula para dentro e com isso reduz o volume da cavidade visceral. O músculo peitoral puxa a cintura escapular de volta para dentro do casco, reduzindo ainda mais o volume da cavidade visceral.

Os músculos da inspiração são o oblíquo abdominal, que se origina perto da margem caudal do plastrão e se insere na face externa da membrana limitante caudal, e o serrátil, que se origina próximo à margem cranial da carapaça e se insere na cintura peitoral. A contração do oblíquo abdominal puxa a membrana limitante caudal para fora e a contração do serrátil faz com que a cintura peitoral gire para fora. Esses dois movimentos aumentam o volume da cavidade visceral, permitindo que as vísceras acomodem-se para trás e para baixo, o que provoca a expansão dos pulmões. Os movimentos de entrada e saída das patas dianteiras e dos tecidos moles da parte caudal do casco durante a respiração são visíveis.

As tartarugas-caixa (*Terrapene carolina*) não mostram interações entre respiração pulmonar e locomoção (Landberg et al. 2003). Neste aspecto diferem dos lagartos (e possivelmente dos amniotas primitivos) por não terem um conflito entre locomoção e ventilação pulmonar e dos Sauropsida derivados e Synapsida em não parear a frequência do passo à frequência respiratória. A ausência de interação entre a locomoção e respiração nas tartarugas-caixa é surpreendente por que as fêmeas das tartarugas-verdes marinhas (*Chelonia mydas*) parecem alternar períodos de locomoção com períodos de respiração quando elas saem para botar ovos na praia. Além do mais, quando as tartarugas-caixa não estão andando, os seus membros escapulares movem-se para dentro e para fora no ritmo com sua respiração, como seria esperado com o envolvimento dos músculos *serratus* e *pectoralis* na ventilação pulmonar. Tartarugas-verdes marinhas são altamente especializadas na natação e na praia elas arrastam com movimentos bilaterais dos seus membros escapulares. Entretanto, as tartarugas-caixa são terrestres, utilizam tanto os membros escapulares quanto pelvinos numa sequência diagonal durante o andar, de modo que a maior pressão produzida pelo movimento de um membro é balanceada pela pressão negativa produzida pelo outro membro. O efeito balanceado dos movimentos simétricos dos membros, provavelmente explica a ausência de um efeito da locomoção na ventilação pulmonar, e isto pode ser a chave para a origem evolutiva do casco da tartaruga. Os movimentos ventilatórios das tartarugas pode ser outra solução para o conflito entre locomoção e ventilação pulmonar, compensando a contração dos músculos torácicos pela contração dos músculos abdominais para mudar o volume do tórax. Quando um movimento das costelas não é mais necessário para ventilação dos pulmões, teria sido possível para os ancestrais desenvolver uma concha rígida na qual as costelas fossem fundidas.

Os problemas básicos de respirar dentro de um casco rígido é o mesmo para a maioria dos Testudines, mas os mecanismos apresentam algumas variações. As tartarugas aquáticas, por exemplo, usam a pressão hidrostática da água para ajudar o ar a se mover para dentro e para fora dos pulmões. Além disso, muitas tartarugas aquáticas são capazes de absorver oxigênio e liberar dióxido de carbono na água. A faringe e a cloaca parecem ser os principais locais das trocas gasosas aquáticas. Em 1860, em suas "Contribuições à História Natural dos Estados Unidos da América", Louis Agassiz salientou que a faringe das tartarugas-de-casco-mole possui processos em forma de franja, sugerindo que essas estruturas eram utilizadas na respiração subaquática. Estudos subsequentes mostraram que, quando tartarugas-de-casco-mole são mantidas sob a água, elas utilizam movimentos do aparelho hióideo para movimentar água para dentro e para fora da faringe, e que essa respiração faríngea é responsável pela maior parte do oxigênio absorvido da água. O Testudines australiano *Rheodytes leukops* utiliza a respiração cloacal. Seu orifício cloacal mede até 30 milímetros de diâmetro, e o animal o mantém aberto. Grandes *bursae* (bolsas) abrem-se na parede da cloaca, e possuem um revestimento bem vascularizado com numerosas projeções (vilosidades). Os Testudines bombeiam água para dentro e para fora das bolsas a taxas de 15 a 60 vezes por minuto. Quelônios cativos raramente vão à tona para respirar, e experimentos mostraram que a taxa de obtenção de oxigênio pelas bolsas cloacais é muito alta.

Padrões de Circulação e Respiração

A complexidade morfológica do coração dos Testudines e dos Squamata permite que esses animais ajustem o fluxo sanguíneo que atravessa os circuitos pulmonar e sistêmico para realizar mudanças de curto prazo nos requisitos respiratórios. A chave desses ajustes são as mudanças de pressão nesses circuitos.

Lembremo-nos de que, no coração dos Testudines, o sangue desoxigenado do átrio direito normalmente flui do *cavum venosum,* através da crista muscular, para o *cavum pulmonale.* Quando o ventrículo se contrai, a pressão sanguínea no interior do coração aumenta e o sangue é injetado primeiramente na artéria pulmonar, pois a resistência ao fluxo no circuito pulmonar c normalmente menor que a resistência no circuito sistêmico. Contudo, a resistência ao fluxo sanguíneo no circuito pulmonar pode ser aumentada por músculos que diminuem o calibre dos vasos sanguíneos. Quando isso acontece, o delicado equilíbrio de pressões no coração, que mantinha a separação entre sangue oxigenado e desoxigenado, é alterado. Quando a resistência do circuito pulmonar é essencialmente a mesma que a do circuito sistêmico, o sangue flui para fora do *cavum pulmonale* e do *cavum venosum* ao mesmo tempo, e algum sangue desoxigenado desvia-se dos pulmões e flui para o circuito sistêmico (Figura 12-8). Esse processo é chamado de **desvio intracardíaco direita-esquerda.** "Direita-esquerda" refere-se à mudança de sangue desoxigenado do circuito pulmonar para o circuito sistêmico, e "intracardíaco" significa que isso ocorre no coração e não pelo fluxo entre os vasos sanguíneos principais.

Qual seria a utilidade de desviar sangue desoxigenado dos pulmões para a circulação sistêmica? A capacidade de fazer esse desvio não é exclusiva dos Testudines – ocorre também entre lagartos, serpentes e nos crocodilianos. A morfologia do coração dos lagartos é muito semelhante à dos Testudines e o mesmo mecanismo de alteração de pressões nos circuitos pulmonar e sistêmico é utilizado para conseguir um desvio intracardíaco. O ventrículo do coração dos crocodilianos apresenta-se permanentemente dividido em metades direita e esquerda por um septo e esses animais empregam um mecanismo diferente para conseguir um desvio do tipo direita-esquerda.

A função mais geral dos desvios sanguíneos talvez esteja na capacidade proporcionada por eles de combinar os padrões de ventilação e de fluxo gasoso pulmonar (Wang et al. 1997). Lagartos, serpentes, crocodilianos e Testudines normalmente respiram de modo intermitente, sendo que períodos de ventilação dos pulmões altemam-se com períodos de **apnéia** (suspensão da respiração). Um modelo matemático indica que uma combinação de desvios direita-esquerda e esquerda-direita estabilizaria a concentração de oxigênio no sangue durante os períodos alternados de apnéia e respiração.

Outra função dos desvios intracardíacos talvez seja a de reduzir o fluxo sanguíneo aos pulmões durante o período em que a respiração fica suspensa, para permitir o uso mais eficaz do oxigênio armazenado nos pulmões. O mergulho é uma situação na qual os répteis prendem a respiração. Muitos répteis são excelentes mergulhadores e mesmo formas terrestres e arborícolas, como a iguana-verde, mergulham na água para escapar de predadores; porém, essa não é a única situação em que comportamentos defensivos interferem na respiração. Os Testudines são particularmente propensos a períodos de suspensão respiratória, pois seu método de

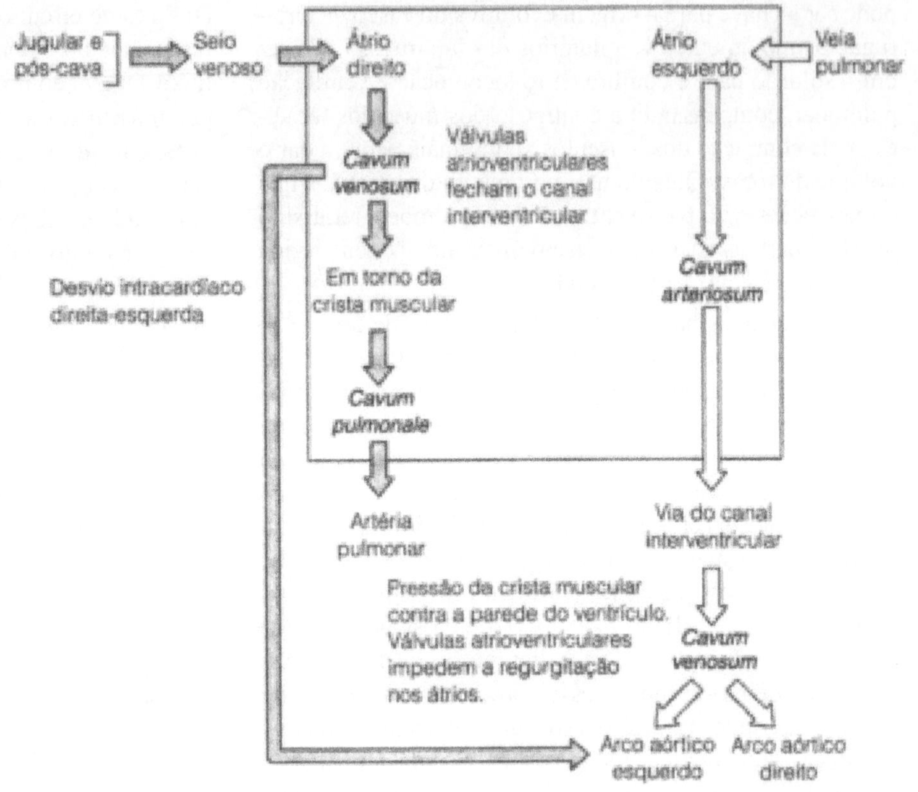

➢**Figura 12-8** Diagrama do desvio direita-esquerda do sangue no coração de um Testudines. As setas cinzas mostram o sangue desoxigenado; as setas brancas mostram o sangue oxigenado. O quadro envolve o ciclo de acontecimentos que ocorrem durante o fluxo sanguíneo normal (compare com a Figura 12-6). Quando a resistência no circuito pulmonar aumenta, algum sangue desoxigenado do *cavum venosum* flui para o arco aórtico esquerdo, em vez de fluir para as artérias pulmonares.

ventilação pulmonar implica que eles não conseguem respirar quando recolhem a cabeça e as patas no casco.

12.4 Ecologia e Comportamento dos Testudines

Os Testudines são animais de vida longa. Mesmo as espécies de pequeno porte, como a tartaruga-pintada (*Chrysemys picta*), não atingem a maturidade antes dos 7-8 anos de idade e podem viver 14 anos ou mais. As espécies de maior porte têm vida mais longa. São exageradas as estimativas de séculos de vida para os jabutis, mas os grandes jabutis e tartarugas marinhas podem viver tanto quanto os seres humanos, e mesmo os jabutis-caixa podem viver mais de 50 anos. Essa longevidade dificulta o estudo da história de vida dos Testudines. Além disso, um longo período de vida geralmente está associado a uma baixa taxa de substituição de indivíduos na população, e espécies com essas características correm risco de extinção quando seu número é reduzido pela caça ou destruição do habitat. Esforços para a conservação das tartarugas marinhas e dos jabutis representam áreas de interesse especialmente importantes.

Regulação Térmica e Tamanho do Corpo nos Quelônios

Os Testudines conseguem atingir um grau considerável de estabilidade da temperatura corporal por meio da regulação da troca de energia térmica com o ambiente. Tartarugas aquecendo-se ao sol sobre um tronco em uma lagoa são uma visão familiar em muitas partes do mundo, pois poucas tartarugas lacustres são suficientemente grandes para manter a temperatura corporal mais alta que a temperatura da água ao seu redor. Sair da água para se aquecer ao sol é a única maneira pela qual a maioria das tartarugas lacustres pode elevar sua temperatura corporal a fim de acelerar a digestão, o crescimento e a produção de ovos. Além disso, o aquecimento ao sol ajuda as tartarugas aquáticas a se livrarem de algas e sanguessugas. A exposição aos raios ultravioleta pode estar envolvida na ativação da vitamina D, a qual está envolvida no controle do depósito de cálcio nos ossos e casco. Poucos quelônios são totalmente arborícolas; esses animais possuem plastrões pequenos que permitem considerável liberdade de movimentos das patas. A tartaruga-de-cabeça-grande (*Platysternon megacephalum*), do Sudeste Asiático, habita rios de fluxo rápido de grandes altitudes e diz-se que escala rochas e árvores para se aquecer ao sol. As tartarugas-almiscaradas da América do Norte (*Sternothe-rus*) tomam sol sobre galhos pendentes e se atiram na água quando molestadas.

Pequenos Testudines terrestres, como as tartarugas-caixa e espécies pequenas de jabutis, regulam sua temperatura movendo-se entre o sol e a sombra. Pequenos jabutis se aquecem e se resfriam com rapidez e parecem se comportar de modo muito semelhante a outros répteis pequenos, ao selecionar microclimas adequados a termorregulação. A familiaridade com uma área domiciliar facilita esse tipo de termorregulação. Um estudo conduzido na Itália comparou a termorregulação de jabutis-de-Hermann residentes (animais que vivem em suas próprias áreas domiciliares) com aquela de indivíduos que foram levados ao local de estudo e testados antes de se familiarizarem com o ambiente (Chellazzi e Calzolai 1986). Os jabutis residentes aqueceram-se mais rapidamente e mantiveram temperaturas do casco mais estáveis do que os recém-chegados.

Entre os répteis, os Testudines são incomuns por apresentarem um número substancial de espécies que alcançam grande tamanho corporal. O volume de um jabuti grande lhe proporciona considerável inércia térmica; as espécies de grande porte, como os jabutis de Galápagos e Aldabra, aquecem-se e se resfriam lentamente. Os jabutis gigantes do Atol de Aldabra (*Geochelone gigantea*), que pesam 60 quilos ou mais, permitem que sua temperatura corporal suba para 32-33°C nos dias ensolarados e caia para 28-30°C durante a noite.

O tamanho grande do corpo reduz a taxa de aquecimento e resfriamento, porém torna mais difícil a regulagem da temperatura. Um Testudines pequeno encontra sombra debaixo de um arbusto ou mesmo uma moita de capim, mas um jabuti gigante precisa de um objeto maior – uma árvore, por exemplo. Ao ar livre, o superaquecimento provocado pelos habitats ensolarados é um sério problema para os jabutis gigantes. A dificuldade é particularmente intensa para alguns jabutis da Grande Terre, uma ilha no Oceano Índico (Swing-land e Frazier 1979, Swingland e Lessells 1979). A cada ano, durante a estação chuvosa, parte dessa população se desloca do centro da ilha para a costa. Esse movimento traz benefícios diretos, pois os animais migrantes obtêm acesso ao aumento sazonal do crescimento das plantas costeiras. Como resultado da alimentação extra, as fêmeas migrantes conseguem pôr mais ovos do que as que permaneceram no interior. Contudo, há riscos na migração, pois na costa a sombra é limitada e a estação chuvosa é o período mais quente do ano. Na costa, os jabutis devem limitar sua atividade às vizinhanças das áreas sombreadas, que talvez nada mais sejam que uma única árvore no meio de uma planície de gramíneas. Durante a manhã, os jabutis forrageiam na planície e, à medida que sua temperatura corporal se eleva, retomam à sombra da árvore. Aumentando o calor do dia, os jabutis tentam se abrigar mais a fundo na sombra; os indivíduos de maior porte são os que têm mais sucesso. Abrindo caminho até a sombra, os grandes jabutis (machos, em sua maioria) empurram os indivíduos menores (na maioria, as fêmeas) para o sol e alguns destes morrem por superaquecimento.

As tartarugas marinhas são suficientemente grandes para atingir um grau considerável de endotermia (Spotila e Standora 1985, Palatino et al. 1990). Uma temperatura corporal de 37°C foi registrada por telemetria em uma tartaruga marinha verde que nadava em águas a 20°C. A tartarugade-couro é o maior Testudines vivo; os adultos pesam até 1.000 quilos. Sua distribuição atinge áreas distantes das regiões equatoriais quentes e, durante o verão, a tartaruga-de-couro é encontrada nas costas da Nova Inglaterra e Nova Escócia, em águas a 8-15°C. A temperatura corporal dessas tartarugas parece ser de 18°C ou mais acima da temperatura da água; parece que um arranjo em contracorrente dos vasos sanguíneos das patas contribui para a retenção do calor produzido pela atividade muscular.

Comportamento Social e Corte

Sinais táteis, visuais e olfativos são empregados pelos Testudines durante suas interações sociais. Muitas tartarugas lacustres têm listras coloridas distintivas sobre a cabeça, o pescoço, as patas dianteiras, as patas traseiras e a cauda. Esses padrões são utilizados pelos herpetólogos para distinguir as espécies e talvez também sejam, para os Testudines, mecanismos de isolamento da espécie. Durante a estação de acasalamento das tartarugas lacustres, os machos nadam à procura de companhia; talvez a cor e o padrão das patas traseiras permitam que os machos identifiquem as fêmeas de sua própria espécie. Em um estágio posterior da corte, quando o macho nada de ré diante da fêmea e vibra suas garras contra os lados da cabeça dela, ambos os sexos podem ver os padrões de listras da cabeça, do pescoço e das patas dianteiras do parceiro (Figura 12-9).

Entre os quelônios terrestres, o comportamento dos jabutis é o mais conhecido. Muitos jabutis vocalizam durante a corte; os sons que produzem foram descritos como grunhidos, gemidos e urros. As frequências de canto que foram medidas variaram entre 500-2.500 hertz. Alguns jabutis têm glândulas que aumentam de tamanho na estação reprodutiva e parecem produzir feromônios. A secreção da glândula subdentária, encontrada na face ventral da mandíbula dos jabutis do gênero norte-americano *Gopherus,* parece identificar tanto a espécie como o sexo de um indivíduo. Durante a corte, machos e fêmeas do jabuti-toupeira da Flórida esfregam suas glândulas subdentárias em uma ou ambas as patas dianteiras e depois as estendem para o outro, que talvez as cheire. Os machos também cheiram a região cloacal de outros jabutis, e o macho de algumas espécies segue a trilha da fêmea durante vários dias durante a estação reprodutiva. Bolotas fecais talvez sejam marcadores territoriais; há registros de que as bolotas fecais frescas de um macho dominante provocaram a dispersão de outros machos da mesma espécie.

Os sinais táteis utilizados pelos jabutis incluem mordidas, marradas e golpes. Esses comportamentos são usados principalmente pelos machos e se dirigem a outros machos e também às fêmeas. Em geral, as mordidas visam a cabeça ou as patas, enquanto as marradas e os golpes são dirigidos para o casco. A região do epiplastrão é usada para a marrada e, em algumas espécies, os ossos do epiplastrão do macho

(a)

(b)

Figura 12-9 Comportamento social de Testudines. (a) O macho da tartaruga-pintada (*Chrysemys picta*) corteja uma fêmea fazendo vibrar as garras alongadas de suas patas dianteiras contra os lados da cabeça dela. (b) Postura de dominância, com a cabeça erguida, do jabuti-de-galápagos, *Geochelone* (esse comportamento pode às vezes ser provocado: a pessoa se agacha diante de um jabuti macho e ergue o braço).

são alongados e projetam-se para frente, sob o pescoço. Um jabuti prestes a dar uma marrada em outro eleva-se sobre as patas, balança-se para trás e então se lança para frente, atingindo o casco do outro com uma pancada que, nas espécies de grande porte, pode ser ouvida a 100 metros de distância. Durante os golpes, as projeções do epiplastrão são colocadas sob o casco do adversário e o agressor ergue a extremidade dianteira de seu próprio casco e caminha para frente. Essa combinação de erguer e empurrar, atropela o adversário e pode até virá-lo de patas para cima.

Os movimentos da cabeça parecem atuar como sinais sociais para os jabutis; erguer a cabeça é um sinal de dominância em algumas espécies. Os grupos de jabutis têm hierarquias sociais que são determinadas principalmente por enfrentamentos agressivos. Marradas, mordidas e golpes são empregados nesses encontros e o indivíduo maior geralmente é o vencedor – embora a experiência desempenhe algum papel. Essas hierarquias sociais se expressam na prioridade de acesso dos diferentes indivíduos às áreas de alimento ou forrageio, aos parceiros e aos locais de repouso. Parece que as relações de dominância também estão envolvidas na determinação da sequência em que os indivíduos se movem de um local a outro. A estrutura social de um grupo de jabutis é um transtorno para os tratadores de zoológicos que tentam fazer os animais se deslocarem de um recinto de exposição para os abrigos noturnos, pois os jabutis resistem ao deslocamento fora de sua própria sequência hierárquica.

Comportamento de Nidificação

Todos os Testudines são ovíparos. As fêmeas utilizam as patas traseiras para escavar um ninho na areia ou no solo, onde depositam uma postura que varia de 4-5 ovos nas espécies pequenas até mais de 100 ovos, nas grandes tartarugas marinhas. Os Testudines das famílias Cheloniidae, Dermochelyidae e Chelydridae põem ovos com cascas moles e flexíveis, tal como a maioria das espécies das famílias Bataguridae, Emydidae e Pelomedusidae. Os ovos dos Testudines das famílias Carettochelyidae, Chelidae, Kinostemidae, Testudinidae e Trionychidae têm casca dura. O desenvolvimento embrionário típico requer 40-60 dias e geralmente os ovos de casca mole se desenvolvem com mais rapidez que os ovos de casca dura. Algumas espécies de Testudines põem ovos no final do verão ou no outono; os ovos apresentam uma diapausa (um período de suspensão do desenvolvimento embrionário) durante o inverno, retomando o desenvolvimento quando a temperatura se eleva na primavera. O Pleurodira australiano *Chelodina rugosa* põe seus ovos debaixo d'água em lagoas temporárias, mas o desenvolvimento embrionário só começa quando a lagoa seca e os ovos ficam expostos ao ar (Kennett et al. 1998).

Efeitos do Ambiente Sobre o Desenvolvimento do Ovo

A temperatura, a umidade e as concentrações de oxigênio e dióxido de carbono exercem efeitos intensos sobre o desenvolvimento embrionário dos Testudines. A temperatura do ninho afeta a taxa de desenvolvimento embrionário, sendo que temperaturas excessivamente altas ou baixas podem ser letais. A descoberta de que o sexo de alguns répteis é determinado pela temperatura a que os animais ficam expostos durante o desenvolvimento embrionário, tem implicações importantes para a compreensão dos padrões de história de vida e também para a conservação dessas espécies. A determinação do sexo temperatura-dependente, amplamente difundida entre os Testudines, parece ser universal entre os crocodilianos e é conhecida no tuatara e umas poucas espécies de lagartos. O efeito da temperatura na determinação do sexo está relacionado com o dimorfismo sexual no tamanho adulto – altas temperaturas de incubação produzem o sexo de maior porte, que, no caso dos Testudines, geralmente é a fêmea. A mudança de um sexo para outro ocorre dentro de um intervalo de 3-4°C (Figura 12-10). Os machos dos crocodilianos, dos matara e dos lagartos, geralmente são maiores que as fêmeas e, nesses grupos, as altas temperaturas durante o desenvolvimento embrionário produzem machos. É evidente que a temperatura dos ninhos naturais

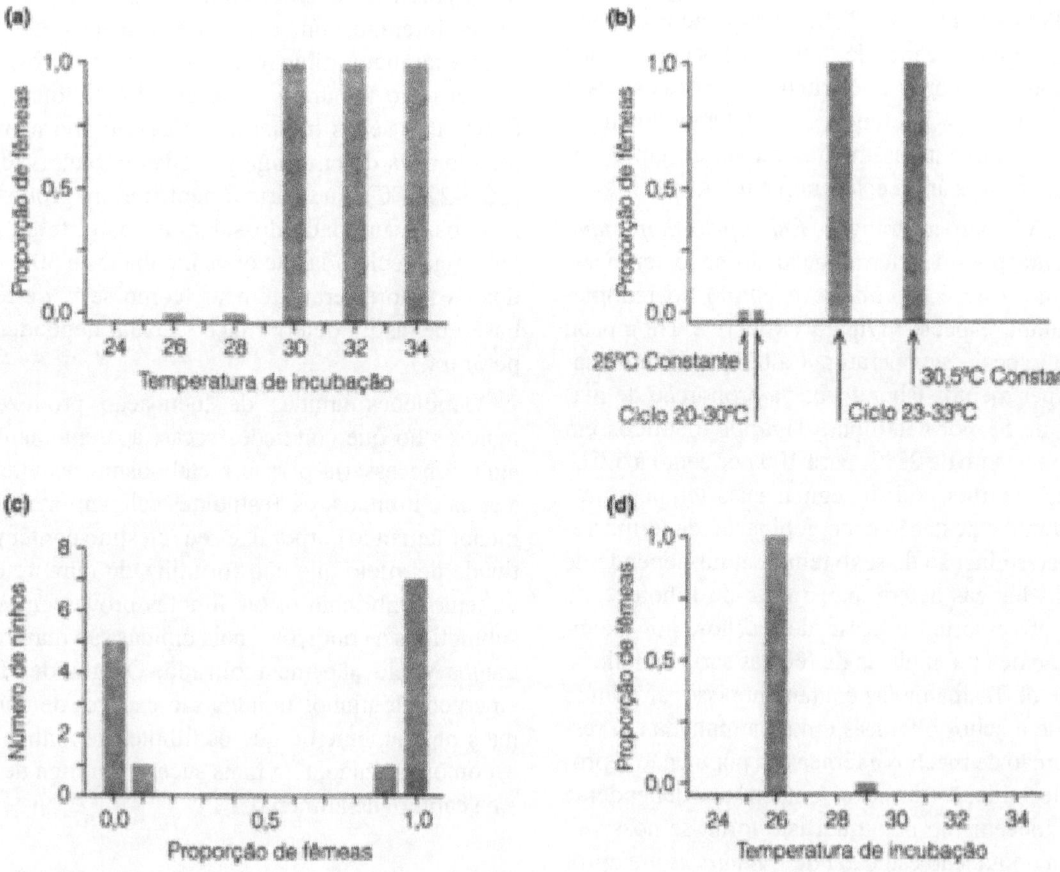

Figura 12-10 Determinação do sexo temperatura-dependente. (a) Os ovos da tartaruga lacustre europeia *Emys orbicularis* eclodem em machos quando incubados a 26-28°C e em fêmeas quando incubados a 30°C ou mais. (b) A tartaruga mapa-norte-americana *Graptemys ouachitensis* apresenta o mesmo padrão. Uma temperatura oscilando entre 20-30°C produz machos, enquanto a oscilação entre 23-33°C produz fêmeas, (c) Os ninhos naturais da tartaruga mapa-norte-americana produzem predominantemente machos ou fêmeas, dependendo de sua temperatura, (d) Os ovos do lagarto *Agama agama* também apresentam determinação do sexo dependente da temperatura, mas os valores que determinam machos ou fêmeas são o oposto daquele dos Testudines – para esse lagarto, baixas temperaturas produzem fêmeas e altas temperaturas produzem machos.

não é completamente estável. Há alguma variação diária da temperatura superposta a um ciclo sazonal de temperaturas ambientais variáveis. O segundo terço do desenvolvimento embrionário é o período crítico para a determinação do sexo; o sexo dos embriões depende das temperaturas a que ficam expostos durante essas poucas semanas. Quando os ovos são expostos a um ciclo diário de temperatura, o ponto mais alto do ciclo é mais crítico na determinação do sexo.

Devido à pequena amplitude dos intervalos de temperatura envolvidos na determinação do sexo e à variação existente nas temperaturas ambientais, ambos os sexos são produzidos sob condições naturais, mas não necessariamente nos mesmos ninhos. O local de um ninho pode ser mais frio no final do verão, quando é sombreado pela vegetação, do que no início da primavera, quando está exposto ao sol. Assim, os ovos depositados no começo da estação produziriam fêmeas, enquanto que os ovos depositados no mesmo local, numa época posterior do ano, produziriam machos. A temperatura também difere entre o topo e o fundo do ninho. Por exemplo, a média das temperaturas variou entre 33-35°C no topo central de ninhos secos construídos em pântanos por aligátores americanos, e dos ovos dessa área eclodiram machos. No fundo e nas laterais dos mesmos ninhos, as temperaturas médias estiveram entre 30-32°C, e os ovos dessas áreas eclodiram em fêmeas.

Um lagarto vivíparo australiano, *Eulamprus timpanum,* inesperadamente possui determinação do sexo temperatura-dependente; este é o primeiro exemplo do fenômeno descrito numa espécie vivípara (Robert e Thompson 2001). Nessa espécie, temperaturas altas produzem machos e em experimentos laboratoriais a proporção de machos cresceu de 55 por cento para lagartos mantidos em temperatura constante de 25°C, para 100 por cento à 32°C. As fêmeas de lagartos podem regular suas temperaturas corpóreas durante a gestação e a combinação da termorregulação e a determinação do sexo temperatura-dependente permitiriam às fêmeas determinar o sexo do filhote. Se a população contivesse um excesso de machos, por exemplo, a produção de uma ninhada de fêmeas seria vantajosa. Um Scincidae da Tasmânia faz exatamente isso, ajustando a proporção de machos e fêmeas em uma ninhada em resposta à proporção de machos e fêmeas na população reprodutiva. A determinação do sexo temperatura-dependente pode ser um mecanismo pelo qual isto torna-se possível. O *sex ratio* na população estudada de *Eulamprus* era aproximadamente de um para um, e fêmeas que foram trazidas ao laboratório, pouco antes de dar à luz, produziram 43 por cento de machos.

A determinação sexual dependente da temperatura tem implicações importantes para os esforços de conservação das espécies ameaçadas. Ninhos do aligátor americano construídos em pântanos são mais frios que ninhos construídos sobre diques; fêmeas eclodem de ninhos em pântanos e machos eclodem de ninhos construídos em diques. A taxa sexual dos filhotes de 8.000 ovos coletados em ninhos naturais foi de cinco machos para uma fêmea, refletindo a abundância relativa dos ninhos em pântanos e em diques. Não está claro se esse grande desequilíbrio entre os sexos representa uma condição normal para os aligátores ou se reflete uma mudança recente na disponibilidade de locais de nidificação como resultado da construção de diques.

Nas tartarugas marinhas, alguns esforços de conservação foram dificultados pela determinação sexual dependente da temperatura. Diversos programas basearam-se na coleta de ovos em ninhos naturais e sua incubação sob condições controladas. Infelizmente, essas condições artificialmente uniformes de incubação resultam na produção de filhotes de um único sexo.

A quantidade de umidade no solo vizinho a um ninho de Testudines é outra variável importante durante o desenvolvimento embrionário dos ovos. A umidade do ninho interage com a temperatura na determinação do sexo e também influencia a taxa de desenvolvimento embrionário, o tamanho e o vigor dos filhotes produzidos. Substratos secos induziram o desenvolvimento de algumas fêmeas de tartaruga-pintada em baixas temperaturas (26,5-27,0°C), que normalmente teriam produzido apenas machos. A umidade do substrato não afetou o sexo das tartarugas eclodidas de ovos incubados a 30,5-32,0°C: todos os filhotes eram fêmeas, como seria de esperar com base apenas na determinação sexual dependente da temperatura.

Condições úmidas de incubação produzem filhotes maiores do que condições secas, aparentemente porque a água é necessária para o metabolismo do vitelo. Quando a água é limitada, os Testudines eclodem mais cedo e com menor tamanho corporal, e seu intestino contém uma quantidade de vitelo que não foi utilizado durante o desenvolvimento embrionário. Os filhotes provenientes de ninhos submetidos a condições mais úmidas são maiores e contêm menos vitelo não metabolizado. Os grandes filhotes que emergem de ninhos úmidos são capazes de correr e nadar mais rapidamente do que os filhotes de ninhos mais secos e, como resultado, têm mais sucesso na fuga de predadores e na captura de alimento.

Eclosão e Comportamento dos Filhotes de Testudines

Os Testudines são auto-suficientes ao nascer, mas, em alguns casos, interações entre os filhotes são essenciais para permitir que saiam do ninho. Os ninhos das tartarugas marinhas são muito profundos; os ovos podem estar enterrados em 50 centímetros na areia e filhotes precisam lutar para vencer a areia e chegar à superfície. Após várias semanas de incubação, todos os ovos eclodem dentro de um período de poucas horas, e cerca de cem filhotes encontram-se numa pequena câmara no fundo do ninho. A atividade espontânea de uns poucos indivíduos coloca todo o grupo em movimento, uns rastejando sobre e sob os outros. As tartarugas do topo da pilha deslocam areia do teto da câmara à medida que se arrastam, e a areia se filtra pela massa de filhotes até o fundo da câmara.

Períodos de alguns minutos de atividade frenética são entremeados por períodos de repouso, possivelmente porque o esforço das tartarugas reduz a concentração de oxigênio no ninho e elas devem aguardar até que mais oxigênio se difunda da areia circundante para o ninho. Gradualmente, todo o grupo de tartarugas se move para cima, atravessando a areia como uma unidade, até atingir a superfície. À medida que os filhotes se aproximam da superfície, as altas temperaturas da areia provavelmente inibem sua atividade, e eles aguardam, a alguns centímetros abaixo da superfície, até a noite, quando a queda da temperatura desencadeia a saída. Todos os filhotes emergem do ninho num período muito curto, e todos os filhotes de diferentes ninhos que estão prontos para eclodir numa determinada noite deixam os ninhos quase ao mesmo tempo, provavelmente porque seu comportamento é estimulado pela temperatura. O resultado é o aparecimento súbito de centenas, ou mesmo milhares, de filhotes na praia, cada um se arrastando para o oceano tão rapidamente quanto possível.

A saída simultânea é uma característica importante da reprodução das tartarugas marinhas, porque os filhotes sofrem séria taxa de mortalidade ao atravessar os poucos metros de areia e arrebentação. Os predadores terrestres – caranguejos, raposas, guaxinins e outros animais – se concentram nas praias de reprodução das tartarugas na época da eclosão e aguardam seu aparecimento. Alguns predadores vêm de locais distantes para capturar os filhotes. Na arrebentação, tubarões e peixes ósseos patrulham a praia. Poucos filhotes, se tanto, conseguiriam passar por esse "corredor polonês" se não fosse pela saída simultânea: saindo todos ao mesmo tempo, alguns conseguem escapar temporariamente dos predadores.

Os Testudines não exibem cuidados parentais e o longo período de desenvolvimento embrionário torna seus ninhos vulneráveis aos predadores. As fêmeas de muitas espécies raspam o solo numa grande área em torno do ninho quando terminam de enterrar os ovos. Esse comportamento dificulta a localização exata do ninho por parte dos predadores. Os principais locais reprodutivos das tartarugas marinhas frequentemente se situam em ilhas onde não há mamíferos predadores que poderiam escavar os ninhos. Outra característica importante de uma praia de nidificação é a existência de condições favoráveis para os filhotes que eclodem. As tartarugas marinhas recém-eclodidas são animais pequenos; pesam 25-50 gramas, o que representa menos de 0,05 por cento da massa corporal de uma tartaruga marinha adulta. A enorme disparidade entre o tamanho corporal do filhote e do adulto provavelmente é acompanhada por diferenças igualmente grandes em suas exigências ecológicas e sua habilidade natatória. Muitas das principais áreas de nidificação de tartarugas marinhas estão localizadas a montante das áreas de alimentação e essa localização talvez permita que as correntes carreguem os filhotes das praias de reprodução para as regiões de alimentação.

Sabemos menos sobre a biologia dos filhotes de tartarugas marinhas do que sobre os adultos. Para onde as tartarugas vão no período seguinte à eclosão tem sido, há muito tempo, uma incógnita no ciclo de vida desses animais. As tartarugas-verdes, por exemplo, eclodem no final do verão em Tortuguero, na costa caribenha da Costa Rica. As tartarugas somem de vista logo que chegam ao mar e não são mais vistas até pesarem 4-5 quilos. Parece que elas passam esse período flutuando nas correntes oceânicas. O material que flutua na superfície do mar acumula-se em áreas onde as correntes convergem, formando linhas flutuantes de fragmentos que incluem sargaços (uma alga parda) e toda a fauna de vertebrados e invertebrados a eles associada. É provável que essas linhas flutuantes constituam recursos importantes para as tartarugas marinhas jovens.

Navegação e Migração

Os Testudines lacustres e terrestres geralmente depositam seus ovos em ninhos que constróem dentro de suas áreas domiciliares. Os mecanismos de orientação que utilizam para encontrar as áreas de nidificação são provavelmente os mesmos utilizados para encontrar seu caminho entre áreas de forrageio e de repouso. A familiaridade com os sinais locais é um eficiente método de navegação para esses animais, que também utilizam o sol para se orientar. As tartarugas marinhas enfrentam maiores dificuldades, tanto porque o mar aberto não possui sinais conspícuos, como porque as áreas de alimentação e nidificação geralmente estão separadas por centenas ou milhares de quilômetros. A maioria das tartarugas marinhas é carnívora. A tartaruga-de-couro alimenta-se de águas-vivas; as tartarugas dos gêneros *Lepidochelys* e *Caretta* alimentam-se de caranguejos e outros invertebrados bentônicos; e a tartaruga-de-bico-de-falcão utiliza o bico para raspar dos recifes os organismos incrustantes (esponjas, tunicados, briozoários, moluscos e algas). As tartaruras-verdes jovens são carnívoras, mas as adultas alimentam-se de vegetação, particularmente da grama-de-tartaruga (*Thalassia testudinium*) que cresce nas águas rasas de litorais protegidos nos trópicos. As áreas que fornecem alimento para

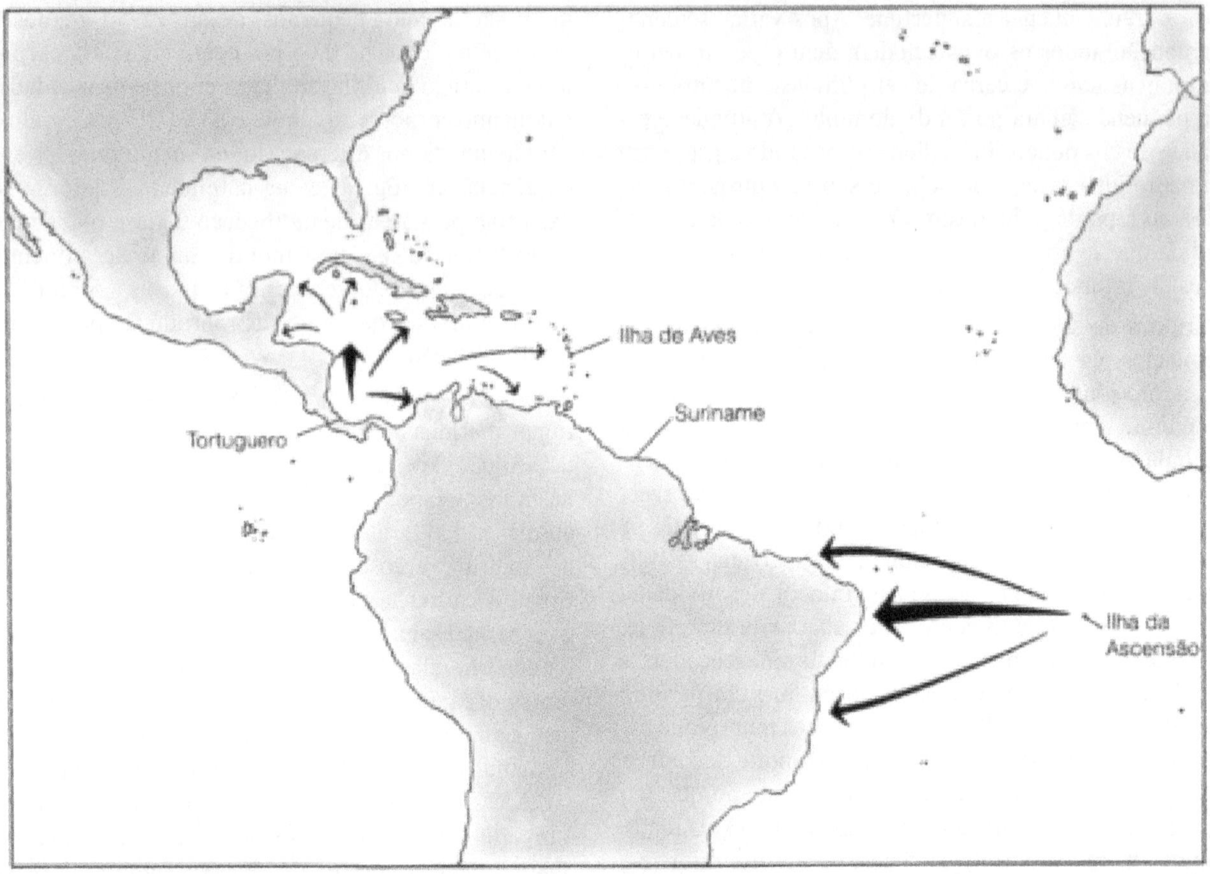

Figura 12-11 Movimentos migratórios das tartarugas-verdes (*Chelonia mydas*) no Caribe e no Atlântico Sul. A população que nidifica nas praias caribenhas é atraída para as regiões de alimentação do Caribe e Golfo do México. As tartarugas que nidificam na ilha da Ascensão alimentam-se ao longo da costa norte da América do Sul.

as tartarugas marinhas geralmente não apresentam as características necessárias para a nidificação bem-sucedida, sendo que muitas tartarugas marinhas percorrem grandes distâncias entre suas regiões de alimentação e suas áreas de reprodução.

É surpreendente a capacidade das tartarugas marinhas de navegar milhares de quilômetros no oceano e encontrar seu caminho até as praias de nidificação, que talvez nada mais sejam que estreitas enseadas numa ilhota. As migrações das tartarugas marinhas, especialmente da tartaruga-verde, foram estudadas durante décadas. As tartarugas capturadas nos locais de reprodução do Caribe e do Atlântico vêm sendo marcadas individualmente com anilhas metálicas desde 1956, e a recuperação das anilhas por caçadores de tartarugas e barcos pesqueiros tem permitido que se estabeleçam os principais padrões de deslocamento das populações (Figura 12-11).

Quatro grandes locais de nidificação das tartarugas-verdes foram identificados no Caribe e no Atlântico Sul: um em Tortuguero, no litoral da Costa Rica; um na ilha de Aves, no Caribe oriental; um na costa de Suriname; e um na ilha da Ascensão, entre a América do Sul e a África. Machos e fêmeas da tartaruga-verde congregam-se nesses locais durante a estação de nidificação. Os machos permanecem ao largo, onde cortejam e se acasalam com as fêmeas, essas vêm à terra firme para depositar os ovos nas praias. Em Tortuguero, uma típica fêmea de tartaruga-verde produz três posturas com um intervalo de cerca de 12 dias. Cerca de um terço das fêmeas da população de Tortuguero nidifica em anos alternados e os dois terços restantes seguem um ciclo reprodutivo de 3 anos. A costa de Tortuguero não dispõe de camadas de grama-de-tartaruga, das quais elas se alimentam; portanto, elas se dirigem a Tortuguero apenas para nidificar. Nos intervalos entre os períodos reprodutivos, as tartarugas se dispersam pelo Caribe. A maior parte da população de Tortuguero espalha-se para o norte, ao longo da costa da América Central. O banco de Miskito, ao largo da costa norte da Nicarágua, parece ser a principal região de alimentação da colônia de Tortuguero. Um número menor das tartarugas de Tortuguero nada para o sul, ao longo das costas do Panamá, Colômbia e Venezuela. As fêmeas das tartarugas-verdes retomam às suas praias natais para nidificar e é surpreendente a precisão com que voltam ao lar. Em Tortuguero, as fêmeas retornam ao mesmo quilômetro

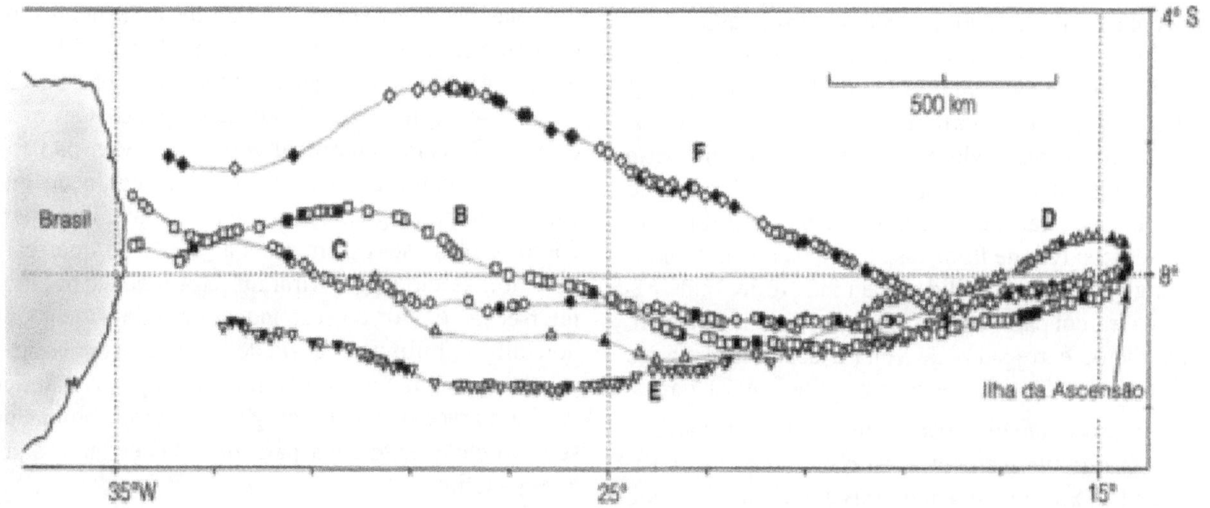

Figura 12-12 Rotas migratórias de cinco tartarugas-verdes (*Chelonia mydas*) rastreadas por satélite desde a ilha da Ascensão até o Brasil.

de praia pára depositar cada uma das três posturas de ovos de uma estação reprodutiva.

Provavelmente, o exemplo mais notável da capacidade das tartarugas marinhas de voltar às suas praias de nidificação seja fornecido pela colônia de tartarugas-verdes que têm seus sítios de alimentação na costa do Brasil e nidifica na ilha da Ascensão, um pequeno pico vulcânico que emerge do oceano. Essa ilha está a 2.200 quilômetros a leste do Brasil e tem menos de 20 quilômetros de diâmetro – um diminuto alvo na vastidão do Atlântico Sul.

Como as tartarugas encontram o caminho através de milhares de quilômetros de oceano? Outros animais utilizam uma variedade de estímulos para a navegação e é provável que as tartarugas marinhas também o façam. Informações quimiosensoriais talvez sejam um componente importante de sua navegação. A corrente equatorial do Atlântico Sul flui para oeste, passando pela ilha da Ascensão e continuando até o Brasil. É possível que as tartarugas-verdes recém-eclodidas flutuem acompanhando a corrente desde suas praias natais até os sítios de alimentação dos adultos e que o rastro odorífero da ilha ajude a guiar as fêmeas de volta à ilha para nidificar. Quer dizer, ao deixar a costa do Brasil, uma fêmea nada contra a corrente equatorial do Atlântico Sul (isto é, acima do rastro odorífero) para localizar a ilha da Ascensão.

É impraticável localizar as fêmeas ao largo da costa do Brasil quando estão prestes a começar sua jornada para a ilha, mas é fácil encontrar quelônios que completaram a nidificação na ilha da Ascensão e estão prontos para voltar ao Brasil. Cinco fêmeas de tartarugas-verdes foram rastreadas, em sua viagem de retorno, pelo sistema de satélite Argos (Luschi et al. 1998). As fêmeas viajaram 1.777-2.342 quilômetros e alcançaram o Brasil em 33-74 dias.

Nos primeiros 500 quilômetros da jornada, elas seguiram uma direção oeste-sul-oeste que as levava ligeiramente ao sul da rota direta até a ponta no extremo leste do Brasil (Figura 12-12). Nesse estágio, elas seguiam a rota da corrente equatorial do Atlântico Sul. Talvez as tartarugas estivessem simplesmente sendo tiradas da rota pela corrente, mas é possível que utilizassem o mesmo sistema de orientação no qual confiam em sua viagem de ida – quer dizer, permanecendo dentro do rastro odorífero da ilha. Embora a corrente as carregue em uma direção ligeiramente ao sul da rota direta para o Brasil, elas conseguem economizar energia e se mover com mais rapidez permanecendo inicialmente na corrente.

Se permanecessem na corrente durante toda a viagem, seriam carregadas muito para o sul, por isso as tartarugas fazem uma correção no meio do curso. O novo curso rumava para oeste-norte-oeste, numa rota quase direta para o extremo leste da costa do Brasil. A mudança de direção pode ter sido provocada pela diminuição do rastro odorífero. As tartarugas ficam submersas por mais de 90 por cento do tempo de viagem, o que sugere que elas poderiam estar provando o rastro odorífero em três dimensões.

Um estudo da navegação de filhotes da tartaruga marinha comum mostrou que eles usam pelo menos três estímulos para a orientação: luz, direção da onda e magnetismo (Lohmann 1991). Esses estímulos desempenham papéis sequenciais no comportamento das tartarugas. Quando emergem do ninho, os filhotes rastejam na direção da luz mais brilhante que vêem. À noite, o céu geralmente é mais claro sobre o oceano do que sobre a terra, por isso esse comportamento dos filhotes os conduz para a beira d'água (centros comerciais, iluminação de ruas e mesmo luzes nos pórticos de casas de praia podem confundir essa e outras espécies de tartaruga marinha e conduzi-las para o interior, onde são esmagadas nas estradas ou morrem ao sol no dia seguinte).

No oceano, os filhotes da tartaruga marinha comum nadam para dentro das ondas. Essa resposta os afasta da costa e acaba levando-os para a Corrente do Golfo. Eles flutuam com a corrente ao longo da costa dos Estados Unidos e depois para leste, através do Atlântico. Ao largo da costa de Portugal, a Corrente do Golfo divide-se em dois ramos. Um segue para o norte, rumo à Inglaterra, e o outro gira para o sul, passando pela ponta do extremo oeste da África e, finalmente, retornando para oeste através do Atlântico. É essencial que os filhotes virem à direita em Portugal; se deixarem de fazer essa curva, serão arrastados além da Inglaterra para o gélido Atlântico Norte, onde perecerão. Se virarem para o sul ao largo da costa de Portugal, serão finalmente carregados de volta à costa da América tropical – uma viagem de ida e volta que dura de 5 a 7 anos.

A orientação magnética parece informar às tartarugas quando virar à direita para entrar na corrente que as levará ao Atlântico Sul. Geralmente pensamos que o campo magnético da Terra fornece uma informação bidimensional – norte – sul e leste-oeste -, mas a coisa é muito mais complicada. O campo se desenrola dos pólos magnéticos setentrional e meridional da Terra. No equador, o campo é essencialmente paralelo à superfície da Terra (em outras palavras, forma um ângulo de 0°) e, nos pólos, ele intercepta a superfície a um ângulo de 90°. Assim, a orientação tridimensional do campo magnético da Terra fornece informação direcional (em que direção está o norte magnético?) e informação a respeito da latitude (qual é o ângulo em que o campo magnético intercepta a superfície da Terra?).

Quando tartarugas marinhas comuns, mantidas em reservatórios sem ondas em terra firme, foram expostas a um campo magnético artificial ao ângulo de intersecção com a superfície da Terra de 57° (característico da Flórida), elas nadaram em direção ao leste artificial – mesmo quando o campo magnético foi alterado em 180°, de modo que a direção que elas pensavam ser leste era, na verdade, oeste. Isso significa que foram capazes de usar um sentido de bússola para determinar a direção. Mas não foi tudo o que conseguiram fazer. Quando o ângulo de intersecção do campo magnético artificial foi aumentado para 60°, como se elas estivessem mais ao norte do que realmente estavam, as tartarugas viraram para o sul. Um ângulo de intersecção de 60° corresponde à latitude onde a Corrente do Golfo se bifurca na costa de Portugal e onde as tartarugas devem virar para o sul a fim de atingir o Atlântico Sul. Assim, parece que as tartarugas marinhas comuns usam a sensibilidade magnética para reconhecer tanto a direção como a latitude.

12.5 Conservação dos Testudines

Muitas espécies de quelônios apresentam baixas taxas de crescimento e requerem longos períodos para atingir a maturidade. Essas são características que predispõem uma espécie ao risco de extinção quando condições variáveis aumentam a mortalidade dos adultos ou reduzem drasticamente a entrada de jovens na população. A situação difícil dos grandes jabutis e das tartarugas marinhas é particularmente séria, em parte porque essas espécies estão entre as maiores e de crescimento mais lento, e também porque outros aspectos de sua biologia as expõem a riscos adicionais (Figura 12-13). A conservação dos jabutis e das tartarugas marinhas é um

(a)

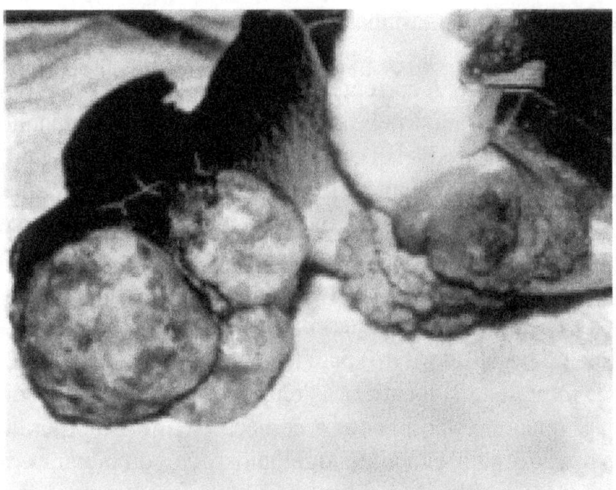
(b)

QUADRO 12.1 Tartarugas Doentes

O jabuti-do-deserto (*Gophenis agassizi*) é um dos maiores quelônios terrestres da América do Norte. Sua distribuição geográfica inclui o canto sudoeste de Utah, o terço sudoeste do Arizona, partes adjacentes de Nevada e da Califórnia e se estende para o sul até o México.

As populações de jabutis-do-deserto declinaram desde a década de 1950, à medida que a atividade humana invadia o habitat do deserto. Entre 1979 e 1989, a maioria das populações de jabutis dos desertos de Mohave e Colorado diminuiu de 30 a 70 por cento. A situação tornou-se ainda mais grave com o aparecimento da doença das vias respiratórias superiores (DVRS), que ataca os jabutis-do-deserto, muitas vezes com resultados fatais. De início, os quelônios infectados apresentam corrimento nasal, que se toma progressivamente pior até que os animais exsudam espuma pelas narinas, ofegam ao respirar, param de comer, definham e por fim morrem (Figura 12-14). Em 1988, os jabutis da Área Natural dos Jabutis-do-Deserto, no Condado de Kern, Califórnia, apresentaram pela primeira vez os sintomas da DVRS (Jacobson et al. 1991). Em 1989, foram encontrados 627 jabutis mortos e 43 por cento dos jabutis vivos da Área Natural apresentavam sintomas da DVRS.

Uma grande variedade de bactérias foi cultivada a partir dos dutos nasais de tartarugas doentes, incluindo *Mycoplasma,* que mais tarde foi identificada como o agente causador da doença (Jacobson et al. 1995). Os jabutis-do-deserto são animais de estimação populares no sudoeste do deserto e um grande número de quelônios domésticos está infectado por *Afycoplasma.* A infecção talvez tenha sido introduzida na Área Natural dos Jabutis-do-Deserto quando jabutis de estimação foram soltos, e sua propagação teria se acelerado devido ao mau estado físico dos jabutis selvagens, resultante da degradação do habitat e de uma seca prolongada. As infecções por *Afycoplasma* são notoriamente de difícil cura. Os jabutis cativos podem ser tratados com uma combinação de antibióticos, mas não há um tratamento prático para os jabutis selvagens.

A DVRS foi registrada atualmente em uma população de jabutis-toupeira (*Gopheruspolyphenus*) da ilha Sambei, ao largo da costa da Flórida. Mais uma vez parece que jabutis cativos introduziram a infecção na população selvagem: até 1978 soltavam-se na ilha Sambei os jabutis usados em corridas, os quais, infectados, podem ter carregado consigo a bactéria *Mycoplasma.*

Esses exemplos enfatizam o risco de soltar em populações selvagens animais que foram mantidos em cativeiro. Os programas de reprodução em cativeiro devem tomar medidas extraordinárias para garantir que os animais que serão soltos passem por um período de quarentena, em instalações isoladas de outros animais. Uma colônia reprodutiva deveria ser auto-suficiente; uma vez estabelecida, nenhum animal externo deveria ser introduzido e nenhum equipamento ou embalagem deveria entrar ou sair. Mesmo as vestimentas dos tratadores dos animais carregam agentes patogênicos, por isso deve ser providenciado um vestiário onde os tratadores possam se lavar e trocar de roupa ao entrar e sair. Essas precauções exigem tempo e dinheiro, mas pode ser desastroso negligenciá-las.

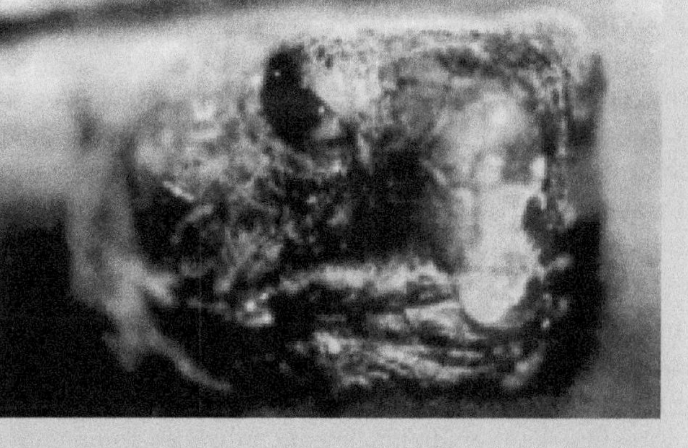

Figura 12-14 Um jabuti-toupeira com corrimento nasal. O defluxo nasal e os olhos inchados são sinais de que este jabuti está infectado com *Mycoplasma,* que causa doença das vias respiratórias superiores.

Figura 12-13 Uma tartaruga-verde com papilomas cutâneos. (a) Esses tumores, provavelmente causados por um vírus, foram encontrados na maioria das espécies de tartarugas marinhas e em quase todo o mundo (Herbst 1994). Os tumores crescem até atingir mais de 30 centímetros de diâmetro e aparecem em qualquer superfície coberta de pele. (b) São especialmente comuns na conjuntiva dos olhos e podem crescer sobre a córnea. Não foram registrados tumores nas tartarugas-verdes da lagoa Indian River, Flórida, até 1982; mas em 1994 cerca de 50 por cento das tartarugas-verdes estavam afetadas. O primeiro registro de papiloma nas tartarugas-verdes na baía de Kaneohe. Havaí, ocorreu em 1958. Desde 1989, a incidência variou de 49-92 por cento. Os rumores podem ser fatais e o aumento de sua frequência é um desenvolvimento sinistro para espécies já ameaçadas (Herbst 1994).

assunto de intenso interesse internacional e levou à fundação de uma nova publicação, Chelonian Conservation and Biology.

Os maiores jabutis atuais são encontrados nas ilhas Galápagos e Aldabra. O relativo isolamento dessas massas de terra pequenas e inóspitas (para os humanos) provavelmente tem sido um fator importante para a sobrevivência dos jabutis. A colonização humana das ilhas trouxe consigo animais domésticos, como cabras e asnos, que competem com os jabutis pelas quantidades limitadas de vegetação que são encontradas nesses habitats áridos, além de cães, gatos e ratos, que predam ovos e filhotes de jabutis.

A distribuição geográfica limitada de um jabuti que ocorre em uma única ilha torna-o vulnerável à extinção. Em 1985, e novamente em 1994, as queimadas na ilha de Isabela, no arquipélago de Galápagos, puseram em risco os 20 indivíduos remanescentes de *Geochelone guntheri* e enfatizaram a vantagem de deslocar alguns ou todos os Testudines até a estação de reprodução operada pela Estação de Pesquisas Charles Darwin, na ilha de Santa Cruz. Essa estação bateu recordes de sucesso na reprodução e liberação de outra espécie de jabuti de Galápagos, *G. nigra hoodensis,* nativa da ilha de Espanola. No início da década de 1960, apenas 14 indivíduos dessa espécie foram localizados. Todos eram adultos e aparentemente não haviam se reproduzido com sucesso havia muitos anos. Todos os jabutis foram transferidos para a Estação de Pesquisas, onde se produziram os primeiros filhotes em 1971. Em 24 de março de 2000, o milésimo jabuti nascido em cativeiro foi solto em Espanola. Essa história de sucesso mostra que os programas de reprodução em cativeiro e soltura, cuidadosamente controlados, podem ser um método eficaz de conservação de espécies de Testudines ameaçados. Entretanto, esses programas também trazem riscos inerentes (Quadro 12-1).

Faunas inteiras de quelônios estão ameaçadas em algumas áreas. Quase todas as espécies de quelônios do Sudeste Asiático estão hoje em risco por causa das mudanças econômicas e políticas na região (van Dijk et al. 2000). Na China, os quelônios são tradicionalmente utilizados como alimentação e por seus supostos benefícios medicinais. Uma pesquisa de dois dias em apenas dois entrepostos de alimentos chineses encontrou cerca de 10.000 quelônios à venda. Se a rotatividade da mercadoria for de uma semana, numa estimativa conservadora, então aqueles dois entrepostos consumiriam mais de 250.000 quelônios por ano. Quando essa taxa é extrapolada para todos os entrepostos chineses, a estimativa sobe para 12 milhões de quelônios vendidos por ano somente na China (Altherr e Freyer 2000).

Os Testudines são animais de vida longa e com baixo índice reprodutivo, e essas são exatamente as características erradas para resistir com sucesso à predação intensa. Bem pouco se conhece sobre a história natural dos Testudines chineses. Na verdade, algumas espécies como *Cuora mccordi,* só são cientificamente conhecidas a partir de espécimes adquiridos em entrepostos – populações selvagens nunca foram descritas. Talvez essas espécies nunca venham a ser conhecidas em estado selvagem; há vários anos não se vêem espécimes nos entrepostos e é possível que a espécie esteja extinta.

À medida que se esgotam as populações de Testudines na China, esses animais vêm sendo cada vez mais importados de outros países do Sudeste Asiático. Como a China é um país gigantesco e a movimentação interna é restringida, especialmente para estrangeiros, não há dados disponíveis. Registros de Hong-Kong mostram que a importação de Testudines para fins alimentares cresceu de 139.200 quilos em 1977 para 1.800.024 quilos apenas nos primeiros dez meses de 1994. Estima-se que o Vietnã envie de 1.600 a 16.000 quilos de Testudines *por dia* para a China! Não existe qualquer controle efetivo desse tráfico. Espécies protegidas por leis nacionais e convenções internacionais estão incluídas e os Testudines são coletados em reservas naturais.

Embora a China seja considerada o maior "buraco negro" de Testudines (Behler 2000), ela de modo algum está sozinha. Madagáscar é o lar de muitas outras espécies em perigo, inclusive jabutis. Mesmo protegidas por tratados internacionais, essas espécies são contrabandeadas para fora do país em grandes quantidades a fim de serem vendidas como animais de estimação no Japão, na Europa e na América do Norte, onde atingem altos preços. Nos Estados Unidos, as espécies protegidas são coletadas e vendidas ilegalmente como animais de estimação; as espécies que estão em maior perigo de extinção alcançam os preços mais altos. Além disso, todas as espécies de Testudines enfrentam ameaças que vão desde a morte nas estradas e a perda do habitat até servirem de alvo para atiradores quando tomam sol sobre um tronco. Não seria exagero dizer que "os Testudines estão com um terrível problema" (Rhodin 2000). A crise de conservação dos Testudines é tão séria quanto aquela enfrentada pelos anfíbios.

Resumo

Os mais antigos Testudines conhecidos, fósseis do Triássico, têm quase todas as características dos Testudines derivados. As primeiras formas do Triássico não eram capazes de retrair a cabeça no casco, mas essa capacidade surgiu nas duas principais linhagens de quelônios atuais, que se estabeleceram por volta do Triássico Superior. Os Testudines da sub-ordem Cryptodira retraem a cabeça com uma flexão vertical das vértebras do pescoço, enquanto os Pleurodira utilizam uma curvatura lateral.

Os Testudines estão entre os vertebrados morfologicamente mais especializados. O casco é formado por ossos dérmicos fundidos à coluna vertebral e às costelas. Na maioria dos Testudines, o casco dérmico é recoberto por uma camada córnea de escudos epidérmicos. As cinturas apendiculares estão dentro da caixa torácica. A respiração apresenta dificuldades especiais para um animal envolto num casco rígido: a exalação é realizada por músculos que comprimem as vísceras contra os pulmões; a inalação, por músculos que aumentam o volume da cavidade visceral, permitindo que os pulmões se expandam. O coração dos Testudines (bem como o dos Lepidossauria) é capaz de trocar sangue entre os circuitos pulmonar e sistêmico, em resposta a mudanças nas exigências de troca gasosa e termorregulação.

O comportamento social dos Testudines inclui sinais visuais, táteis e olfativos utilizados na corte. Em algumas grandes espécies de jabutis, hierarquias de dominância modelam os comportamentos de alimentação, repouso e acasalamento. Todas as espécies de Testudines depositam ovos e nenhuma fornece cuidados parentais aos jovens. A atividade coordenada das tartarugas marinhas recém-eclodidas é necessária para que elas consigam cavar e sair do ninho; a saída simultânea do ninho dos filhotes dessas tartarugas os ajuda a evitar predadores quando atravessam a praia em direção ao oceano. As tartarugas marinhas migram dezenas, centenas e até milhares de quilômetros entre suas áreas de alimentação e suas praias de nidificação, utilizando uma grande variedade de estímulos para a navegação.

A história de vida de muitos Testudines faz com que sejam vulneráveis à extinção. As baixas taxas de crescimento e os longos períodos necessários para que atinjam a maturidade são característicos dos Testudines em geral e, em particular, das espécies de grande porte. Os Testudines não resistem ao tipo de exploração comercial que historicamente ocorreu em muitas ilhas oceânicas e que atualmente está em andamento em regiões da Ásia.

Leituras Adicionais

Altherr, A. and D. Freyer. 2000. Asian turtles are threatened by extinction. *Turtle and Tortoise Newsletter.* No. 1:7-11.

Behler, J. 2000. Letter from the IUCN tortoise and freshwater turtle specialist group. *Turtle and Tortoise Newsletter.* No.-1:4-5.

Berry, K. 1989. *Gopherus agassizi,* desert tortoise. Pages 5-7 in *The Conservation Biology of Tortoises.* Occasional Papers of the IUCN Species Survival Commission, No. 5, edited by I. R. Swingland and M. W. Klemens. Gland, Switzerland, IUCN.

Burke, V. J., et al. 1993. Conservation of turtles: The chelonian dilemma. Pages 35-38 in *Proceedings of the 13th Annual Symposium on Sea Turtle Biology and Conservation.* Jekyll Island, GA: U.S. Department of Commerce, National Oceanic and Atmospheric Administration.

Chelazzi, G., and R. Calzolai. 1986. Thermal benefits from familiarity with the environment in a reptile. *Oecologia* 68:557-558.

Congdon, J. D., et al. 1994. Demographics of common snapping turtles (*Chelydra serpentina*): Implications for conservation and management of long-lived organisms. *American Zoologist* 34:397-408.

Ewert, M. A., and C. E. Nelson. 1991. Sex determination in turtles: Diverse patterns and some possible adaptive values. *Copeia* 1991:50-69.

Gibbons, J. W. (Ed.). 1990. *Life History and Ecology of the Slider Turtle.* Washington, DC: Smithsonian Institution Press.

Herbst, L. H. 1994. Fibropapillomatosis of marine turtles. *Annual Review of Fish Diseases* 4:389-425.

Hicks, J. W. et al. 1996. The mechanism of cardiac shunting in reptiles: A new synthesis. *Journal of Experimental Biology* 199:1435-1446.

Jacobson, E. R. 1993. Implications of infectious diseases for captive propagation and introduction programs of threate-ned/endangered reptiles. *Journal of Zoo and Wildlife Medicine* 24:245-255.

Jacobson, E. R. et al. 1995. Mycoplasmosis and the desert tortoise (*Gopherus agassizii*) in Las Vegas Valley, Nevada. *Chelonian Conservation and Biology* 1:279-284.

Jacobson, E. R., et al. 1991. Chronic upper respiratory disease of free-ranging desert tortoises (*Xerobates agassizi*). *Journal of Wildlife Diseases* 27:296-316.

Kennett, R., et al. 1998. Underwater nesting by the Australian freshwater turtle *Chelodina rugosa:* Effects of prolonged immersion and eggshell thickness on incubation period, egg survivorship, and hatchling size. *Canadian Journal of Zoology* 76:1-5.

Klemens, M. W. (Ed.) 2000. *Turtle Conservation.* Washington, DC: Smithsonian Institution Press.

Landberg, T., et al. 2003. Lung ventilation during treadmill locomotion in a terrestrial turtle. *Journal of Experimental Biology* 206:3391-3404.

Laurin, M. and R. R. Reisz, 1995. A re-evaluation of early amniote phylogeny. *Zoológica! Journal of the Linnean Society* 113:165-223.

Lee, M. S. Y. 1993. The origin of the turtle body plan: Bridging a famous morphological gap. *Science* 261:1716-1720.

Lee, M. S. Y. 1995. Historical burden in systematics and the interrelationships of "Parareptiles." *Biological Reviews of the Cambridge Philosophical Society.* 70:459-547.

Lohmann, K. J. 1991. Magnetic orientation by hatchling loggerhead sea turtles. *Journal of Experimental Biology* 155: 37-49.

Luschi, P. et al. 1998. The navigational feats of green sea turtles migrating from Ascension Island investigated by satellite telemetry. *Proceedings of the Royal Society* (London) Series B. 265:2279-2284.

Lutz, P. L., and J. A. Musick (Eds.). 1997. *The Biology of Sea Turtles.* Boca Raton, FL: CRC Press.

Merlen, G. 1999. Restoring the Tortoise Dynasty: *The Decline and Recovery of the Galapagos Giant Tortoise.* Quito, Ecuador: Charles Darwin Foundation.

Miller, K., et al. 1987. Hydric conditions during incubation influence locomotor performance of hatchling snapping turtles. *Journal of Experimental Biology* 127:401-412.

Morreale, S. J. et al. 1996. Migration corridor for sea turtles. *Nature* 384:319-320.

Packard, G. C, and M. J. Packard. 1988. Physiological ecology of reptile eggs. In C. Gans and R. B. Huey (Eds.), *Biology of the Reptilia,* Vol. 16. Philadelphia, PA: Alan Liss, pp. 523-605.

Paladino, F. V., et al. 1990. Metabolism of leatherback turtles, gigantothermy, and thermoregulation of dinosaurs. *Nature* 344:858-860.

Rhodin, A. G. J. 2000. Publishers Editorial: Turtle Survival Crisis. *Turtle and Tortoise Newsletter.* No. 1:2-3.

Rieppel, O. 2000. Turtles as diapsid reptiles. *Zoologica Scripta* 29:199-212.

Rieppel, O., and M. de Braga. 1996. Turtles as diapsid reptiles. *Nature* 384:453^*55.

Rieppel, O. R. and R. Reisz. 1999. The origin and early evolution of turtles. *Annual Review of Ecology and Systematics* 30:1-22.

Robert, K. A. and M. B. Thompson. 2001. Viviparous lizard selects sex of embryos. *Nature* 412:698-699.

Swingland, I. R., and J. G. Frazier. 1979. The conflict between feeding and overheating in the Aldabran giant tortoise. Pages 611-615 in *A Handbook on Biotelemetry and Radio Tracking,* edited by C. J. Amlaner Jr., and D. W. MacDonald. Oxford, UK: Pergamon.

Swingland, I. R., and M. W. Klemens (Eds.). 1989. *The Conservation Biology of Tortoises.* Occasional Papers of the IUCN Species Survival Commission, No. 5. Gland, Swit-zerland: IUCN.

Swingland, I. R., and C. M. Lessells. 1979. The natural regulation of giant tortoise populations on Aldabra Atoll. Movement polymorphism, reproductive success and mortality. *Journal of Animal Ecology* 48:639-654.

van Dijk, P. R, et al. (eds). 2000. Asian turtle trade. *Chelonian Research Monographs,* No. 2, Lunenburg, MA: Chelonian Research Foundation.

Wang, T., et al. 1997. The role of cardiac shunts in the regulation of arterial blood gases. *American Zoologist* 37:12-22.

CAPÍTULO 13

Os Lepidosauria: Tuatara, Lagartos e Serpentes

Alguns aspectos da biologia dos Lepidosauria nos dão uma ideia do modo de vida ancestral dos tetrápodes amniotas, embora muitas das características estruturais dos lagartos e das serpentes sejam derivadas. Uma das características derivadas dos lagartos consiste no crescimento determinado, ou seja, o aumento do tamanho do corpo pára quando os centros de crescimento dos ossos longos tornam-se ossificados. Esse mecanismo estabelece um limite superior ao tamanho dos indivíduos de uma espécie e pode estar relacionado à especialização da maioria dos lagartos como predadores de insetos. O comportamento predatório dos lagartos varia, desde esperar em um local e emboscar as presas, até a procura de alimento, percorrendo a área domiciliar de um modo ativo e propositado. Aspectos amplos da biologia dos lagartos estão correlacionados a esses modos de forragear, incluindo a morfologia, a fisiologia do exercício, o modo reprodutivo, a defesa contra predadores e o comportamento social. As especializações anatômicas das serpentes estão associadas à forma alongada de seu corpo e incluem modificações das maxilas e do crânio, que permitem que esses animais dominem e engulam grandes presas.

13.1 Os Lepidosauria

Os Lepidosauria formam o maior grupo de Reptilia (exceto Aves), contendo mais de 4800 espécies de lagartos e 2900 espécies de serpentes, além das duas espécies de tuatara (Tabela 13-1). São tetrápodes predominantemente terrestres, com algumas espécies secundariamente aquáticas, especialmente entre as serpentes. O tegumento dos Lepidosauria é coberto por escamas e é relativamente impermeável à água. A camada externa da epiderme é trocada em intervalos. Os tuatara e a maioria dos lagartos possuem quatro membros, mas a redução ou perda completa dos membros é comum entre lagartos e todas as serpentes são apodas. Os Lepidosauria apresentam fenda cloacal transversal, ao invés da fenda longitudinal que caracteriza os outros tetrápodes.

Os Lepidosauria formam o grupo irmão dos Archosauria (crocodilianos e aves). Dentro dos Lepidosauria, os Sphenodontidae (tuatara) formam o grupo irmão dos Squamata (lagartos e serpentes). Dentro dos Squamata, os lagartos podem ser distinguidos das serpentes em termos coloquiais, mas não filogeneticamente, porque as serpentes são derivadas dos lagartos. Assim sendo, os "lagartos" formam um grupo parafilético porque não inclui todos os descendentes de um ancestral comum. No entanto, lagartos e serpentes são distintos em muitos aspectos da sua ecologia e comportamento e uma separação coloquial torna-se útil em sua discussão.

13.2 A Irradiação dos Sphenodontidae e a Biologia do Tuatara

Os Sphenodontidae eram um grupo diversificado durante a Era Mesozóica, incluindo formas marinhas, arborícolas e terrestres, tanto insetívoras quanto herbívoras. As formas do Triássico eram pequenas, com comprimento corporal de apenas 15 a 35 centímetros, mas durante os Períodos Jurássico e Cretáceo alguns Sphenodontidae chegaram a 1,5 metro de comprimento. A maioria dos Sphenodontidae do Triássico possuía dentes fundidos às maxilas (**acrodonte**), como no tuatara atual (*Sphenodon*), mas outras espécies possuíam dentes ligados às maxilas, principalmente por suas superfícies laterais (**pleurodonte**), como acontece com alguns lagartos.

As duas espécies de *Sphenodon,* conhecidas como tuatara, são os únicos Sphenodontidae atuais. ("Tuatara" é uma palavra Maori que significa "espinhos nas costas" e não se acrescenta "s" para formar o plural). Os tuatara habitaram,

TABELA 13.1 Linhagens dos Lepidosauria Atuais

Sphenodontidae: o grupo-irmão dos Squamata Duas espécies de tuatara, agora restritas a ilhas afastadas da costa da Nova Zelândia.

Iguania

Iguanidae: mais de 900 espécies de lagartos encontrados principalmente no Novo Mundo, mas com representantes nas ilhas Fiji e Madagáscar Veja Tabela 13 2.

"Agamidae": cerca de 380 espécies de lagartos de pequeno e grande porte (10 centímetros a 1 metro) que ocorrem através do Oriente Médio até a África e ao longo do arquipélago Indoaustraliano até a Austrália.

Chamaeleonidae: 130 espécies de lagartos arboricolas, mas incluindo umas poucas espécies terrícolas, encontrados na África e em Madagáscar e estendendo-se ao sul da Espanha e ao longo da costa oeste do Mediterrâneo. Os camaleões possuem corpo lateralmente achatado, característico de muitos lagartos arboricolas, e especializações adicionais, incluindo pés zigodáctilos (pés com dois grupos de dedos que se opõem entre si quando agarram), caudas preênseis, olhos que giram para proporcionar um campo de visão de 360 graus e uma língua protrátil. Os camaleões-folha (*Brookesia, Rhampholeon*) são tão pequenos quanto 25 milímetros, ao passo que algumas espécies de *Chamaeleo* alcançam mais do que 60 centímetros (note que o nome da família e do gênero são grafados com um ae).

Scleroglossa

Gekkonidae: cerca de 1050 espécies de lagartixas com escamas modificadas (setae) na parte inferior dos dedos, o que lhes permite subir em paredes verticais e até mesmo se pendurar com um único dedo. A distribuição geográfica inclui todos os continentes, exceto a Antártida. Espécies atuais variam em tamanho desde muito pequenas (30 milímetros) até um tamanho médio (30 centímetros). Os Eublepharinae incluem cerca de 25 espécies de lagartixas terrestres de pequeno a médio porte que não possuem as modificações nos dedos que permitem aos Gekkonidae escalar superfícies. Os seus olhos têm pálpebras móveis. A sua distribuição geográfica estende-se do sudoeste dos Estados Unidos até a América Central, incluindo espécies na África e na Ásia. Pygopodinae inclui 34 espécies de lagartos terrestres alongados e quase apodos encontrados somente na Austrália.

Amphisbaenia: quatro famílias de lagartos alongados, sem pernas (exceto *Bipes*) de hábitos fossoriais que medem de 10 a 80 centímetros).

Amphisbaenidae: 135 espécies de Amphisbaenia com cabeça rombuda ou com focinho em forma de pá ou quilha, encontradas nas Antilhas, América do Sul, África sub-Sahariana e ao redor do mar do Mediterrâneo.

Trogonophiidae: 6 espécies de Amphisbaenia com cabeça rombuda que utilizam um movimento oscilatório da cabeça para cavar. São encontrados no norte da África e no Oriente Médio.

Rhineundae: 1 espécie de Amphisbaenia com focinho em forma de pá encontrada na Flórida.

Bipedidae: 3 espécies de Amphisbaenia com cabeça rombuda (*Bipes*) encontrados no México Essa linhagem é única entre os Amphisbaenia por reter membros anteriores bem desenvolvidos que são usados como auxílio para penetrar no solo. Uma vez abaixo da superfície, *Bipes* usa a cabeça para escavar.

Dibamidae: 2 gêneros de lagartos apodos escavadores de pequeno a médio porte (5-25 centímetros). *Dibamus* (*9* espécies) é encontrado na Indomalásia, enquanto *Anelytropsis* (1 espécie) é encontrado no México.

Serpentes (veja a Tabela 11.3).

Gymnophthalmidae: Cerca de 150 espécies de pequenos lagartos (menos de 6 cm) que vivem na serapilheira das florestas neotropicais. Redução apendicular é comum nessa linhagem.

Teiídae: Cerca de 105 espécies de lagartos terrestres ativos que ocorrem desde as proximidades da fronteira canadense na América do Norte até o centro da Argentina e incluindo as Antilhas. Vão desde espécies insetívoras de pequeno porte como *Ameiva, Cnemidophorus e Kentropyx,* até espécies como os teiús (*Tupinambis*) e o jacuruxi (*Dracena*), que podem crescer até um metro ou mais. Lacertidae: cerca de 250 espécies de lagartos terrestres de pequeno a médio porte do Velho Mundo, com uma variação de formas corpóreas muito semelhantes àquela vista entre os Tendae. Lacertidae são encontrados em toda a Europa, África e Ásia Os Lacertidae, assim como os Teiídae, são primariamente terrestres e incluem alguns grandes predadores assim como um grande número de espécies menores.

Xantusiidae: 18 espécies de lagartos com porte diminuto a pequeno (3-10 centímetros), hábitos reservados, encontrados no sudoeste da América do Norte, América Central e Cuba. Todos possuem pálpebras fundidas em uma escama transparente que cobre o olho e dá ao grupo o seu nome popular: lagartos de óculos.

Scincidae: cerca de 1260 espécies faz desta uma das linhagens de Lepidosauria mais rica em espécies. Ocorrem em todos os continentes, exceto na Antártida Quase todos são lagartos terrestres, de porte muito pequeno a médio (5-20 centímetros),

Continua

TABELA 13.1 Linhagens dos Lepidosauria atuais (continuação)

e muitos apresentam redução de membros. A maioria é insetívora, mas algumas das grandes espécies (40 cm) do lagarto da língua-azul australiano (*Tiliqua*) consomem matéria vegetal e o lagarto arboncola das ilhas Solomon (*Corucia zebrata*) tem especializações no tubo digestório que promove a digestão fermentativa da matéria vegetal por microorganismos simbióticos.

Cordylidae: 42 espécies de lagartos de pequeno a médio porte, terrestres ou que vivem nas rochas, na África sub-Sahariana *Cordylus* é um habitante das rochas e apresenta o corpo achatado dorso-ventralmente, o que é típico dos lagartos que procuram abrigo nas frestas Mostra-se muito encouraçado e muitas espécies têm espinhos altamente afiados nas margens do corpo e na cauda. A cinética craniana é discutida no texto no contexto dos mecanismos de alimentação empregados pelos lagartos *Cordylus* emprega a cinética craniana de um modo diferente através da contração dos músculos das maxilas, a caixa craniana é elevada em relação à maxila inferior; utiliza esse mecanismo para se apertar no interior das frestas *Platysaurus* é um pequeno habitante das rochas que não possui a pesada couraça de *Cordylus Chamaesaura* é um lagarto alongado e quase apodo A maioria dos Cordylidae são vivíparos, exceto *Platysaurus,* que é ovíparo.

Gerrhosauridae: 35 espécies são encontradas na África sub-Sahanana e em Madagáscar e medem entre 10 e 70 centímetros. Essa linhagem mostra paralelos com os Cordylidae *Gerrhosaurus* possui corpo coberto por uma pesada couraça e *Tetradactylus* e alongado e tem membros reduzidos. *Angolosaurus skoogi* habita dunas de areia moveis no Deserto da Namíbia, onde se alimenta de sementes que vêm de fora das dunas, carregadas pelo vento, e se enterra na areia para evitar as temperaturas extremas.

Anguidae: as 100 espécies dessa família ocorrem na América do Norte, América do Sul, Europa, Oriente Médio e sul da China. Todas apresentam corpo coberto por uma couraça e uma dobra ao longo dos lados do corpo que permite ao tronco se expandir e contrair enquanto respiram A maioria é terrestre e forrageia na serapilheira Quatro gêneros são apodos *Anniella* (Califórnia e Baixa Califórnia) é uma espécie pequena (10 a 20 centímetros) que passa o dia enterrada, emergindo a noite para caçar na superfície *Anguis* (Europa), *Ophisaurus* (América do Norte, Europa e Ásia) e *Ophloides* (América do Sul) são habitantes apodos da superfície que forrageiam na serapilheira e na vegetação densa *Anguis* é pequeno, mas *Ophisaurus* alcança comprimento do tronco de 0,5 metro, com uma cauda pelo menos tão longa quanto o tronco.

Xenosauridae: Essa família inclui 6 espécies de pequenos lagartos (10-15 centímetros) do gênero *Xenosaurus,* lagartos terrestres de tamanho médio que vivem na serapilheira úmida em florestas de altitude no México.

Shmisauridae: uma única espécie de *Shinisaurus,* lagarto semi-aquático da China, de cerca de 25 centímetros, que vive nas margens de riachos e forrageia na água, capturando peixes e invertebrados aquáticos.

Varanidae as 40 espécies nesse grupo variam em tamanho desde *Varanus brevicauda,* com um comprimento total de apenas 10 centímetros, até o dragão de Komodo. *V. komodoensis,* que pode ultrapassar 3 metros de comprimento e pode pesar 75 kg Todos os lagartos-monitores são predadores ativos e as espécies maiores patrulham uma área domiciliar maior procurando por alimento em buracos e sob pedras e troncos caldos. Algumas espécies são moderadamente arboricolas. Ocorrem na África, Ásia e nas índias Orientais, mas cerca de metade das espécies estão limitadas à Austrália.

Lanthanotidae: a única espécie de *Lanthanotus,* o lagarto-monitor-sem-ouvido de Borneo, é alongada com tronco de 15-20 centímetros de comprimento. Possui hábitos reservados e semi-aquáticos, passando o dia em uma toca e for-rageando a noite, tanto na terra como na água.

Helodermatidae: as 2 espécies dessa família representam os únicos lagartos peçonhentos. São lagartos de grande porte (25 a 40 centímetros de comprimento do tronco) e corpo robusto encontrados no sudoeste dos Estados Unidos e México.

inicialmente, as ilhas do Norte e do Sul da Nova Zelândia mas o advento dos humanos e seus associados (gatos, cães, ratos, carneiros e cabras) exterminou-os do continente.

Atualmente, populações são encontradas somente em cerca de 30 pequenas ilhas, ao largo da costa.

Os tuatara têm sido inteiramente protegidos na Nova Zelândia, desde 1895, mas apenas uma espécie, *Sphenodon punctatus,* foi reconhecida. De fato, existe uma segunda espécie de tuatara, *S. guentheri,* descrita em 1877. Devido ao fato de *Sphenodon guentheri* ser muito menos comum que 5 *punctatus,* ele foi esquecido quando as leis de proteção ao natara foram escritas. Como resultado disso, *S. guentheri* não recebeu a proteção especial de que necessitava. A única população sobrevivente de *S. guentheri* consiste em um grupo de menos do que 300 adultos vivendo em 1,7 hectares de cerrado, no alto de North Brother Island. Esses animais foram considerados pouco importantes, em uma perspectiva conservacionista, se comparados às grandes populações de *S. punctatus* em algumas das outras ilhas. Provavelmente, foi apenas a presença de um farol, ocupado até 1990 por guardas residentes, impedindo invasões e caça ilegal, que salvou o tuatara. A população de *S. guentheri* de East Island (a única outra população dessa espécie) tornou-se extinta durante este século. Esse exemplo ilustra o papel crucial que a taxonomia tem na conservação – uma espécie precisa ser reconhecida antes que possa ser protegida.

Os tuatara adultos medem cerca de 60 centímetros de comprimento. São noturnos e nas noites frias e nebulosas que caracterizam seus habitats insulares, não podem elevar sua temperatura corpórea durante a atividade, aquecendo-se ao sol, como os lagartos. Para tuatara ativos, foram relatadas temperaturas corpóreas de 6 a 16°C, valores baixos se comparados aos da maioria dos lagartos. Durante o dia, os tuatara aquecem-se ao sol e elevam sua temperatura corpórea até 28°C ou mais. Os tuatara alimentam-se, em grande parte, de invertebrados, variando, ocasionalmente, com um sapo, lagarto ou ave marinha. Durante a mastigação, as maxilas e os dentes dos tuatara produzem um efeito cortante: a maxila superior contém duas fileiras de dentes, uma sobre os ossos maxilares e outra sobre os palatinos. Os dentes da mandíbula ajustam-se entre as duas fileiras superiores e a mandíbula se fecha com um movimento inicial vertical, seguido de um movimento de deslizamento para frente. À medida que a mandíbula desliza, o alimento é dobrado ou cortado entre as cúspides triangulares dos dentes da maxila superior e da mandíbula.

Os tuatara vivem em tocas que podem dividir com aves marinhas em nidificação. Em colônias densas, as tocas são espaçadas a intervalos de 2 ou 3 metros e, tanto o macho como a fêmea são territoriais. Eles utilizam vocalizações, exibições comportamentais e mudanças de colorido em suas interações sociais.

A ecologia dos matara reside, em grande parte, na exploração dos recursos fornecidos pelas colônias de aves marinhas. Os tuatara alimentam-se das aves que são mais vulneráveis à predação durante a noite. Além disso, as quantidades de guano produzidas pelas aves, os fragmentos de alimento que levam para seus filhotes e os corpos de filhotes mortos atraem uma enorme quantidade de artrópodes que são devorados pelos tuatara. Esses artrópodes são, em grande parte, noturnos e devem ser caçados quando estão ativos. Sendo assim, a atividade crepuscular e as baixas temperaturas corpóreas dos tuatara, que resultam do fato de serem ativos nessas horas do dia, provavelmente representam especializações derivadas da associação dos matara com as colônias de nidificação das aves marinhas. Esse padrão de comportamento e termoregulação provavelmente não representa a condição ancestral para os Sphenodontidae e não há nenhuma razão para interpretá-lo como ancestral para os Lepidosauria ou para os Diapsida.

13.3 A Irradiação dos Squamata

O crescimento determinado pode ser o caráter derivado mais significativo dos Squamata. O crescimento ocorre enquanto as células proliferam nas placas epifiseais cartilaginosas das extremidades dos ossos longos. O crescimento continua, enquanto as placas epifiseais estiverem compostas por cartilagem e pára, completamente, quando as epífises se fundem às diáfises dos ossos, obliterando as placas cartilaginosas. Esse crescimento determinado é característico dos Squamata (e também de aves e mamíferos). Crocodylia e Chelonia continuam a crescer durante toda sua vida, embora as taxas de crescimento dos adultos sejam muito menores que as dos jovens. Nos Squamata, o desenvolvimento do crescimento determinado pode ter estado, inicialmente, associado à dieta insetívora que presume-se ter sido típica dos primeiros representantes dos Lepidosauria. Os animais do tamanho de lagartos podem predar insetos sem precisar dos tipos de especialização morfológica ou ecológica necessários aos grandes vertebrados insetívoros, como os tamanduás, que requerem especializações morfológicas e ecológicas para capturar pequenas presas.

O registro fóssil dos lagartos é bastante incompleto durante a metade do Período Mesozóico, mas os depósitos do Jurássico Superior, na China e na Europa, incluem membros da maioria dos grupos de lagartos amais. Os principais grupos de lagartos provavelmente divergiram por volta do final do Jurássico.

As relações filogenéticas dos Squamata são, no geral, bem conhecidas, existindo discordâncias sobre alguns detalhes. Duas linhagens principais são reconhecidas: Iguania e Scleroglossa. Iguania inclui o grupo irmão "Agamidae" (que não é considerado monofilético) e Chamaeleonidae, assim como a grande família Iguanidae (Tabela 13.2).

Os Scleroglossa incluem duas grandes famílias (Gekkonidae e Scincidae) e várias famílias menores. Os Amphisbaenia (lagartos escavadores especializados) e Serpentes são agrupados junto aos Scleroglossa. Ambos os grupos possuem especializações morfológicas e ecológicas que tornam conveniente a sua discussão individual, embora o seu "status" evolutivo como linhagens dentro de Squamata Scleroglossa deva ser lembrado.

Lagartos

As cerca de 4800 espécies de lagartos variam em tamanho, desde as diminutas lagartixas, com apenas 3 centímetros de comprimento, até o dragão de Komodo que, na maturidade, atinge 3 metros de comprimento e 75 kg. Uma reconstrução do esqueleto de um lagarto-monitor fóssil, *Megalcmia prisca,* do Pleistoceno da Austrália, tem 5,5 metros de comprimento e, em vida, o lagarto poderia ter pesado mais de 1000 quilogramas. Cerca de 80 por cento dos lagartos amais pesam, quando adultos, menos de 20 gramas e são insetívoros. Os lagartos dos gêneros *Sceloporus* e *Calotes* (Figura 13-2a e b) são exemplos desses pequenos insetívoros generalizados. Outros pequenos lagartos possuem dietas especializadas: os lagartos norte-americanos do gênero *Phrynosoma* e os australianos do gênero *Moloch* (Figura 13-2e e f) alimentam-se de formigas. A maioria das lagartixas (Figura 13-2g) é noturna e muitas espécies estão intimamente associadas às habitações humanas.

Os lagartos são animais adaptáveis que ocupam habitats que variam de pântanos a desertos e até mesmo acima da

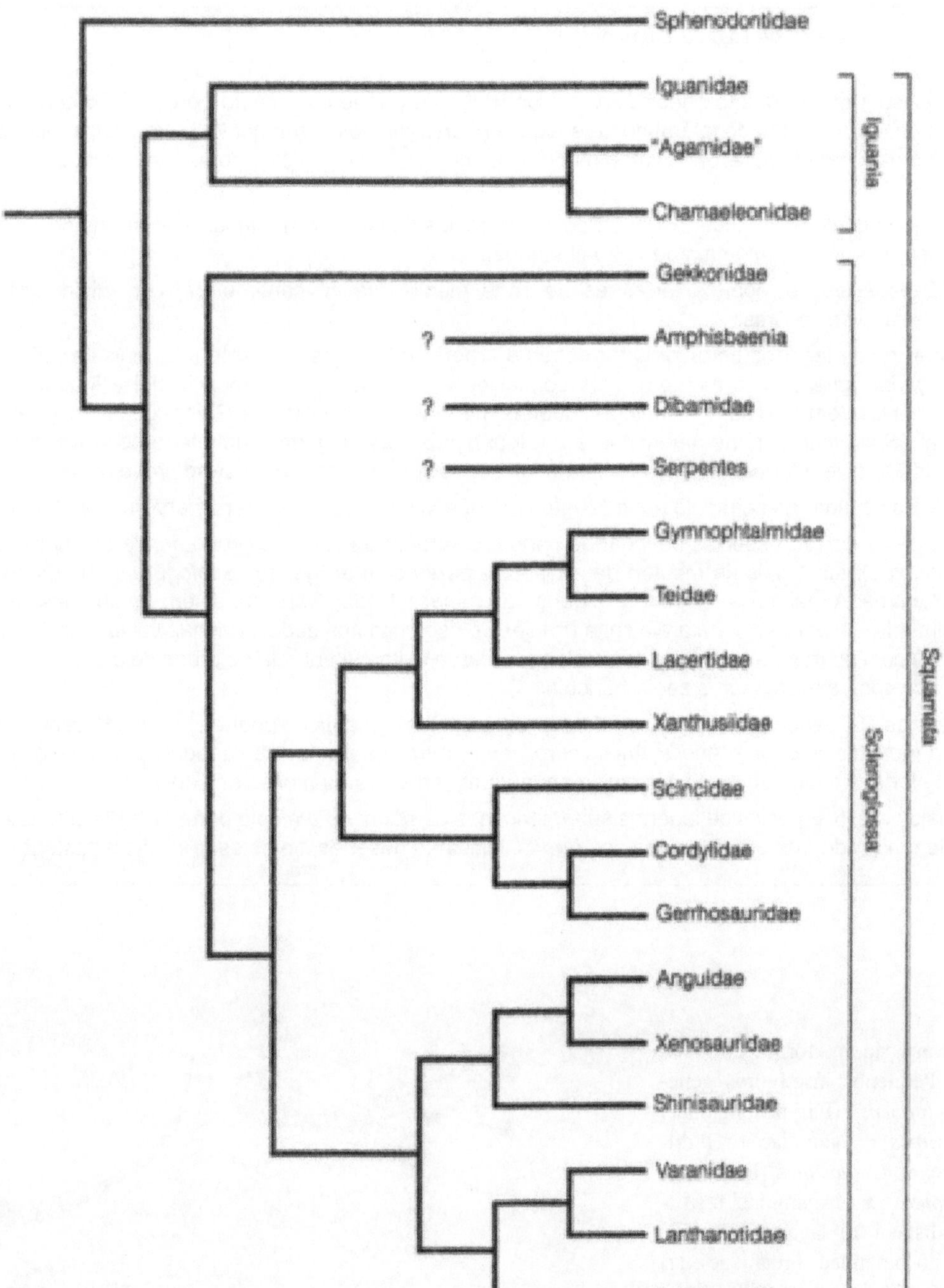

Figura 13-1 Relação filogenética de Lepidosauria.

faixa de florestas, em algumas montanhas. Muitas espécies são arboricolas e as mais especializadas, frequentemente, são achatadas lateralmente e, muitas vezes, possuem projeções peculiares do crânio e do dorso, que ajudam a obscurecer seu contorno. Os camaleões do Velho Mundo (Chamaeleonidae) são os lagartos arborícolas mais especializados (Figura 13-2h). Suas mãos e pés **zigodáctilos** (Grego, *zygo* = unido, *dactyl* = dígito) agarram-se firmemente aos galhos e a cauda preênsil proporciona uma segurança adicional. A língua e o aparelho hióideo são especializados e a língua pode ser projetada para frente, a uma distância superior ao comprimento do corpo, para capturar insetos que aderem à sua extremidade pegajosa. Esse mecanismo de alimentação requer boa visão, especialmente a capacidade de estimar distâncias com uma precisão que permita o emprego da trajetória correta. Os olhos do camaleão estão elevados em pequenos cones e são movidos de forma independente. Quando o lagarto está em repouso, os olhos giram para trás e para frente, dando ao

TABELA 13.2 Linhagens de Lagartos Iguanidae

Corytophaninae: 9 espécies de lagartos neotropicais arboricolas de pequeno a médio porte (10-20 centímetros). Possuem uma longa cauda, corpo achatado lateralmente e alguns (*Corytophanes, Laemanctus*) têm cristas na cabeça o que deve dificultar aos predadores o seu reconhecimento como um lagarto, quando vistos como uma silhueta contra uma mancha de luz.

Crotaphytinae: lagartos-de-coleira e lagartos-leopardo, 12 espécies de lagartos de deserto norte-americanos de porte médio (10-15 centímetros) que se alimentam de outros lagartos.

Hoplocercinae: 12 espécies de lagartos terrestres de porte médio (até 16 centímetros) com distribuição geográfica se estendendo do Panamá ao Brasil

Iguanmae: 34 espécies de lagartos herbívoros terrestres e arboricolas de grande porte (até mais de 1.5 metros). A iguana Neotropical (*Iguana iguana*) é o membro mais conhecido da família, que também inclui a iguana-negra e a iguana terrestre da América Central e das Antilhas, as iguanas marinhas e terrestres de Galápagos e as iguanas das ilhas Fiji. O "chuckwalla" (*Sauromalus*) norte-americano é um Iguaninae. Esse lagarto e achatado dorso-ventralmente e procura abrigo dos predadores em fendas nas rochas, onde infla seus pulmões para manter-se preso no lugar.

Oplunnae: 7 espécies de lagartos de médio porte (20-40 cm), que vivem nas rochas e nas árvores de Madagáscar.

Phrynosomatinae: cerca de 125 espécies de lagartos norte e centro-americanos. O grupo deriva seu nome dos lagartos-de-chifre (*Phrynosoma*), mas mais da metade das espécies pertencem ao gênero *Sceloporus,* que estende-se do sul do Canadá ao Panamá. A maioria é terrestre e alguns são especializados para entrar em frestas nas rochas (achatados dorso-ventralmente) ou para viver na areia solta (franjas de escamas nos dedos, narinas valvulares que excluem a areia, sem ouvidos ou com dobras de pele e escamas alongadas que evitam a entrada de grãos de areia nos ouvidos). Algumas espécies de *Sceloporus* e *Urosaurus* são arboricolas.

Polychrotinae: mais de 450 espécies de lagartos sul-americanos primariamente de pequeno porte (10 centímetros), quase 400 das quais pertencentes ao gênero *Anolis. Anolis carolinensis* tem uma distribuição geográfica que se estende ao norte até a Carolina do Norte. A maioria das espécies vive em árvores, arbustos ou moitas de capim.

"Tropidurinae": mais de 275 espécies de lagartos sul-americanos de pequeno a médio porte (10-20 centímetros) que ocupam regiões desde o nível do mar até as alturas dos Andes, incluindo desertos, florestas tropicais e pastagens.

➤**Figura 13-2** Variação na forma corpórea entre os lagartos. Pequenos insetívoros generalizados: (a) *Sceloporus* (Phrynosomatinae, Iguanidae); (b) *Calotes* ("Agamidae"). Herbívoros: (c) iguana-negra, *Ctenosaura* (Iguaninae, Iguanidae); (d) *Uromastyx* ("Agamidae"). Mirmecófagos especialistas: (e) lagarto-de-chifre, *Phrynosoma* (Phrynosomatinae, Iguanidae); (f) diabo-espinhoso, *Moloch* ("Agamidae"). Lagarto noturno: (g) lagartixa, *Gekko* (Gekkonidae). Lagarto arboricola: (h) camaleão africano, *Chamaeleo* (Chamaeleonidae). Lagarto apode: (i) lagarto-de-vidro norte-americano, *Ophisaurus* (Anguidae). Grande predador: (j) lagarto-monitor, *Varanus* (Varanidae).

Figura 13-2 (*Continuação*).

animal uma visão de sua vizinhança. Quando um inseto *é localizado, ambos os olhos* se fixam nele e uma aproximarão cautelosa leva o lagarto para uma posição de captura.

A maioria dos lagartos de grande porte é herbívora. Muitas iguanas (família Iguanidae) são habitantes arborícolas dos trópicos da América Central e América do Sul. Grandes iguanas terrestres ocorrem em ilhas nas Antilhas e nas Ilhas Galápagos, provavelmente porque a ausência de predadores permitiu que passassem uma grande parte do tempo no chão. Herbívoros terrestres menores, como as iguanas-negras (Figura 13-2c), vivem no México e América Central continental e mesmo parentes menores, como *Sauromalus* e iguanas do deserto, estendem-se bem para o norte, como no oeste dos Estados Unidos. Muitas espécies de lagartos vivem em praias, mas poucas espécies amais realmente entram na água. A iguana marinha das Ilhas Galápagos é uma exceção. Seus hábitos alimentares são únicos. Alimentam-se de algas, mergulhando 10 metros ou mais para forragear na vegetação que cresce abaixo da faixa da maré.

Uma exceção na regra das dietas herbívoras para os lagartos de grande porte é encontrada nos lagartos-monitor (família Varanidae). Os Varanidae são predadores ativos que se alimentam de uma variedade de vertebrados e invertebrados, incluindo aves e mamíferos (Figura 13-2j). Eles resolvem o conflito entre locomoção e ventilação pulmonar que limita a atividade de outros lagartos, usando um pressão positiva produzida pelo bombeamento guiar para auxiliar os músculos axiais e são capazes de manter altos niveis de atividade (Owerkowicz et al. 1999). O dragão de Komodo é capaz de matar um búfalo aquático adulto mas suas presas habituais são veados e cabras selvagens. Durante o Pleistoceno, os grandes lagartos-monitores estavam amplamente distribuídos nas ilhas entre a Austrália e a Indonésia e podem ter predado elefantes pigmeus que também viviam nas ilhas.

Os métodos de caça do dragão de Komodo são muito similares aos empregados pelos mamíferos carnívoros, mostrando que um cérebro simples é capaz de comportamento complexo e aprendizagem. No final da manhã, o dragão de Komodo espera de tocaia junto às trilhas utilizadas pelos veados para seu deslocamento do topo das colinas, onde repousam durante a manhã, para os vales, onde dormem durante a tarde. Os lagartos, familiarizados com as trilhas dos veados, frequentemente esperam onde várias trilhas convergem. Se nenhum veado passa pela região de tocaia, ele vai até os vales, aproximando-se sistematicamente das moitas onde é mais provável encontrar os veados. Esse comportamento de caça intencional, que demonstra familiaridade com o comportamento da presa e com a geografia local, apresenta forte contraste com a captura oportunista da presa, característica do comportamento de muitos lagartos. Entretanto, é muito similar ao comportamento de caça de algumas serpentes (Greene 1997).

A eficiência dos lagarto-monitores como predadores é refletida em distribuição geográfica recíproca de monitores e pequenos mamíferos carnívoros no arquipélagos indo-australiano, Austrália e Nova Guiné. A Linha de Wallace é uma borda zoogeográfica que se estende entre as ilhas de Borneo (no oeste) e Sulawesi (ao leste). Ela traça a localização de uma fresta de águas profundas e áreas a oeste da linha nunca tiveram conexões terrestres com as áreas do leste. Por causa dessa antiga separação, a Linha de Wallace marca a borda mais ao leste da ocorrência de muitas espécies do continente asiático e a borda mais a oeste de muitas espécies da Austrália e Nova Guiné. Em particular, pequenos mamíferos placentários carnívoros são encontrados a oeste da linha e pequenos marsupiais carnívoros à leste. Grandes espécies de monitores ocorrem em ambos os lados da linha, mas espécies pequenas são encontradas somente do lado leste. Os nichos ecológicos para pequenos carnívoros a oeste da linha é ocupado por mamíferos (tais como pequenos gatos, mongooses, civetas e doninhas. Mas a leste da linha – especialmente na Austrália e Nova Guiné – a maioria dos pequenos carnívoros são lagarto-monitores (Sweet e Painka 2003).

A redução apendicular evoluiu repetidamente entre os lagartos, talvez até 60 vezes, e cada continente possui uma ou mais famílias com espécies apodes ou quase apodes (Figura 13-2i). Nos lagartos, a redução apendicular, geralmente, está associada à vida em estratos herbáceos e arbustivos densos, onde um corpo delgado e alongado pode ser manobrado mais facilmente que um corpo curto, com patas funcionais. Alguns lagartos ápodes rastejam dentro de pequenas frestas entre as rochas e embaixo de troncos e uns poucos são subterrâneos.

Os Amphisbaenia são lagartos extremamente fossoriais (Latim, *fossor* = cavador), que possuem especializações diferentes das apresentadas pelos outros Squamata (Figura 13-3). O Amphisbaenia mais antigo conhecido é um fóssil do Cretáceo Superior. A maioria dos Amphisbaenia é apode. No entanto, as três espécies do gênero mexicano *Bipes* possuem membros anteriores bem desenvolvidos, utilizados na penetração do solo, mas não na escavação subterrânea. O crânio é utilizado na construção de túneis e apresenta uma constituição bastante rígida. A estrutura dentária também é característica: os Amphisbaenia possuem um único dente mediano na maxila superior – uma característica exclusiva desse grupo de vertebrados. O dente mediano é parte de um conjunto dentário especializado que faz desses animais predadores formidáveis, capazes de dominar uma grande variedade de invertebrados e pequenos vertebrados. O dente superior ajusta-se no espaço entre dois dentes da mandíbula e forma um conjunto de pinças capaz de cortar um pedaço de tecido de uma presa grande demais para ser abocanhada de uma vez só.

O tegumento dos Amphisbaenia também é característico. Os **annuli** (anéis) que envolvem a circunferência do corpo são bem visíveis em um exame externo e a dissecção mostra que o tegumento é quase desprovido de conexões com o tronco. Assim, ele forma um tubo, dentro do qual o corpo de um Amphisbaenia pode deslizar para frente ou para trás. A separação entre o tronco e o tegumento é empregada durante a locomoção através de túneis. Músculos integumentares estendem-se, longitudinalmente, de um anel a outro. O tegumento, localizado sobre a área contraída, sofre um movimento telescópico e dobra-se para fora, ancorando essa parte do animal contra as paredes do túnel. Em seguida, a contração dos músculos que se estendem cranialmente, das vértebras e costelas ao tegumento, desloca o tronco para frente, no interior do tubo tegumentar. Os Amphisbaenia podem mover-se para trás, ao longo de seus túneis, através do mesmo mecanismo, contraindo os músculos que estendem-se, caudalmente, das costelas ao tegumento. (O nome "Amphisbaenia" deriva-se das raízes gregas *[amphi* = duplo, *baen* = caminhar], referindo-se à capacidade desses animais de movimentarem-se para a frente e para trás com a mesma facilidade). Algumas serpentes de corpo pesado utilizam um tipo semelhante de locomoção retilínea (em linha reta), mas a habilidade de movimento telescópico do tegumento das

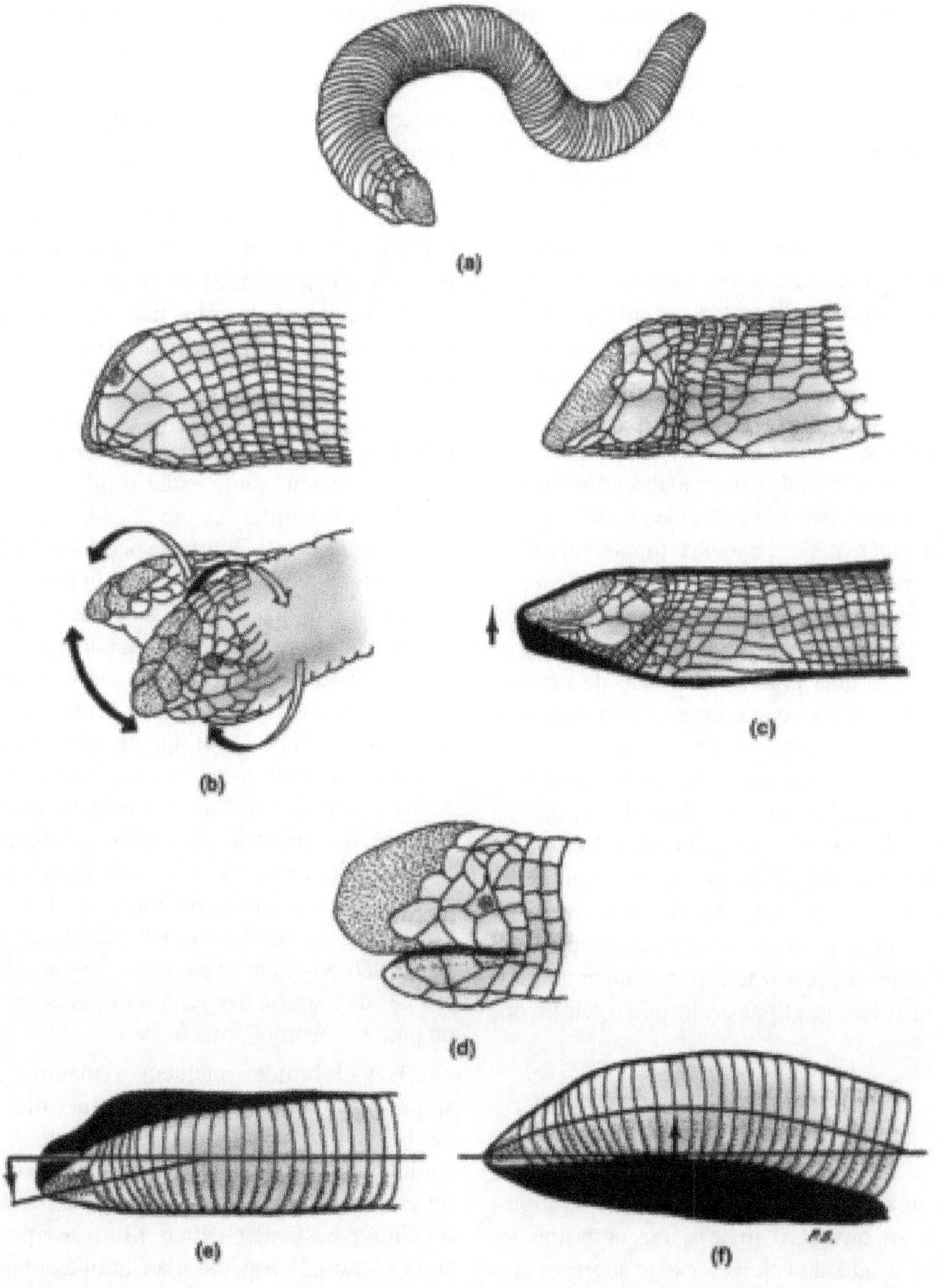

Figura 13-3 Amphisbaenia. (a) *Monopeltis*, da África, (b) Espécie com focinho rombudo (*Agamodon*, da África), (c) Espécie com focinho em forma de pá (*Rhineura*, da Flórida), (d) Espécie com focinho cuneiforme (*Anops*, do Brasil). Alargando o túnel com movimentos da cabeça em solo solto (e) ou com a parte anterior do corpo em solo denso (f).

serpentes geralmente está restrita às porções látero-ventrais do corpo, enquanto o tegumento dos Amphisbaenia está livre em torno de toda a circunferência do corpo.

Os hábitos fossoriais dos Amphisbaenia dificultam seu estudo. Três categorias funcionais principais podem ser reconhecidas: algumas espécies possuem cabeça rombuda; as demais possuem focinho quilhado verticalmente ou em forma de pá horizontal. As formas com focinho rombudo escavam forçando a cabeça contra o solo para compactá-lo (Figura 13-3b). Algumas vezes, uma rotação oscilatória da cabeça, com suas escamas fortemente queratinizadas, é utilizada para raspar material da superfície do túnel. As espécies com focinho em forma de pá forçam a extremidade do túnel e levantam a cabeça para compactar o solo no teto (Figura

13-3c). As formas com focinho cuneiforme forçam a extremidade do túnel, utilizando o focinho ou a lateral do pescoço para comprimir o material contra suas paredes (Figura 13-3d, e, f). Em partes da África, ocorrem representantes dos três tipos, compartilhando o mesmo habitat subterrâneo. As formas com cabeça rombuda, não-especializadas, vivem próximo à superfície, onde o solo é relativamente fácil de ser escavado e as formas especializadas vivem em solos compactados mais profundos. A distribuição geográfica das formas não-especializadas é mais ampla que a das formas especializadas e, nas áreas onde apenas uma única espécie ocorre, ela pertence ao grupo com cabeça rombuda.

A relação entre escavadores não-especializados e especializados é enigmática. Seria esperado que as formas especializadas, com seus métodos mais elaborados de escavação, substituíssem as não-especializadas mas isso não aconteceu. A explicação pode estar nas forças seletivas conflitantes que amam sobre o focinho. Por um lado, é importante ter um focinho que permita escavar através do solo, mas por outro lado, também é importante possuir uma boca capaz de capturar uma grande variedade de presas. As especializações do focinho, que o tornam uma estrutura eficiente para a escavação, parecem reduzir sua eficiência na alimentação. As espécies com cabeça rombuda podem ser capazes de comer uma maior variedade de presas do que as formas especializadas. Sendo assim, em solos pouco compactados, onde é mais fácil escavar, as formas com cabeça rombuda podem ter uma vantagem. Somente em solos compactados demais para que uma forma com cabeça rombuda penetre, as formas especializadas poderiam encontrar o equilíbrio entre as forças seletivas deslocado a seu favor.

Serpentes

As 2900 espécies de serpentes variam em tamanho, desde as espécies escavadoras diminutas, que se alimentam de cupins e crescem apenas até 10 centímetros, até as grandes constritoras, com quase 10 metros de comprimento (Tabela 13-3). Uma discussão calorosa existe sobre as afinidades filogenéticas das serpentes. Obviamente elas se encaixam nos Squamata, mas existe pouco consenso neste ponto (Coates e Ruta 2000). Até recentemente pensava-se que os Scolecophidia representassem a condição primitiva das serpentes. Este grupo inclui três famílias de pequenas serpentes escavadoras, com escamas brilhantes e olhos reduzidos. A maioria das espécies conserva traços da cintura pelvina, mas a caixa craniana assemelha-se à das serpentes. Seus caracteres anatômicos e ecológicos parecem concordar com a antiga hipótese que as serpentes evoluíram de uma linhagem de lagartos subterrâneos, com olhos muito reduzidos. A hipótese de que os olhos de serpentes atuais moradoras de superfície desenvolveram-se de novo depois de terem quase desaparecido durante o estágio fossorial de sua evolução, podem explicar algumas diferenças intrigantes dos olhos de serpentes e lagartos.

Esse quadro complicou-se recentemente pela descoberta de fósseis do Período Cretáceo que combinam o corpo serpentiforme e que têm membros pelvinos bem desenvolvidos (uma característica primitiva) com uma estrutura craniana derivada que se aproxima de características de serpentes derivadas amais. Para tornar a questão ainda mais confusa, esses fósseis provêm de depósitos marinhos e mosossauros (uma linhagem de lagartos marinhos da Era Mesozóica) foi proposto como o grupo irmão das serpentes (revisado por Greene e Cundall [2000] e Rieppel e Kearney [2001]).

As serpentes escavadoras das famílias Aniliidae e Uropeltidae utilizam a cabeça para escavar através do solo e os ossos de seu crânio estão solidamente unidos. O único membro da família Xenopeltidae, a serpente raio-de-sol, do sudeste asiático, é uma espécie terrícola cujo nome popular refere-se às suas escamas altamente iridescentes. Os Boinae são, na sua maioria, serpentes do Novo Mundo, enquanto os pítons (Pythoninae) são encontrados no Velho Mundo. A sucuri, uma espécie semi-aquática de Boidae da América do Sul, é considerada a maior espécie de serpente amai. Provavelmente, atinge um comprimento próximo de 10 metros e o píton-reticulado, do sudeste asiático, atinge quase o mesmo tamanho. No entanto, nem todas as jibóias e pítons são grandes. Os adultos de algumas espécies que têm o hábito de se esconder e de outras que são fossoriais são consideravelmente menores que 1 metro. As serpentes verrucosas da família Acrochordidae são totalmente aquáticas. Não possuem as escamas ventrais alargadas, características da maioria das serpentes terrestres, e têm dificuldade para se locomover na terra.

Os Colubroidea incluem a maioria das espécies de serpentes atuais e somente a família Colubridae compreende dois terços destas. A diversidade do grupo dificulta sua caracterização. Os Colubroidea perderam todos os traços de cintura pelvina, possuem uma única artéria carótida e o crânio é bastante cinético. Muitas serpentes Colubroidea são venenosas e espécies das famílias Elapidae e Viperidae possuem presas inoculadoras canaliculadas, na porção rostral da boca, que injetam um veneno extremamente tóxico em suas presas.

A forma do corpo, até mesmo no caso de uma serpente generalizada como a serpente-rei (Figura 13-4a), é tão especializada, que poucas modificações morfológicas adicionais estão associadas com hábitos ou habitats diferentes. As serpentes-rei e as serpentes-do-leite são constritoras e rastejam lentamente, introduzindo a cabeça sob a serapilheira e em buracos que poderiam abrigar presas. Para essas serpentes, a quimiorrecepção é um meio importante de detecção de presas. As serpentes têm a língua bífida, com as extremidades amplamente separadas, que podem mover-se independentemente. Quando a língua é projetada, as extremidades são

TABELA 13.3 Scolecophidia

Scolecophidia

Leptotyphlopidae: cerca de 90 espécies de serpentes fossonais de porte muito pequeno a pequeno (10 centímetros), encontradas na África, sudoeste da Ásia, América do Sul e Central e sudoeste da América do Norte.

Typhlopidae: cerca de 200 espécies de serpentes fossoriais de pequeno a médio porte, com olhos reduzidos. São encontradas em todos os continentes com exceção da América do Norte e Antártida.

Anomalepididae: 15 espécies de serpentes fossoriais de pequeno (20 centímetros) a médio (75 centímetros) porte, que ocorrem na América Central e na América do Sul.

Alethinophidia

Anomochelidae: 2 espécies de serpentes de pequeno porte (40 centímetros) da Malásia, Sumatra e Borneo Uropeltidae: cerca de 55 espécies de serpentes fossoriais de pequeno a médio porte (20-70 centímetros), que ocorrem na índia e em Sri Lanka Aniludae uma única espécie de serpente fossonal do norte da América do Sul

Xenopeltidae: duas espécies de serpentes fossoriais de médio porte encontrada do sul da China até Borneo e as Celebes.

Loxocemidae: uma única espécie de serpente semi-fossorial de médio porte do sul do México e América Central.

Boidae: três sub-familias são geralmente reconhecidas.

Pythoninae: 26 espécies, muitas das quais são grandes (2 metros) ou enormes (10 metros). Encontradas na Ásia, África e Austrália.

Boinae: 33 espécies de serpentes principalmente de grande porte ou enormes, de hábitos terrestres (*Boa*), semi-aquáticos (*Eunectes*) e arboricolas (*Corallus, Epicrates*) Ocorrem do oeste da América do Norte até a América do Sul sub-tropical e as Antilhas.

Erycinae: 15 espécies de serpentes semi-fossoriais de médio porte. *Eryx* e *Gongylophis* são encontrados da Africa e índia até a Ásia central. *Charina* e encontrada no sudoeste da América do Norte.

Boylerndae: 2 espécies de médio porte semelhantes aos Boidae conhecidas apenas na Ilha Round, próximo à Mauntius, no Oceano Índico.

Xenophidndae: 2 espécies de serpentes noturnas de florestas tropicais encontradas em Borneo e na Malásia.

Tropidophiidae: 31 espécies de pequenas serpentes terrestres semelhantes aos Boidae, que ocorrem na América Central, norte da América do Sul e nas Antilhas.

Acrochordidae: 3 espécies de serpentes aquáticas de médio a grande porte (cerca de 2 metros), encontradas no sul da Ásia, nas índias Orientais e no norte da Austrália.

Colubroidea

Viperidae: cerca de 228 espécies de serpentes peçonhentas, de médio a grande porte (2 metros), nas quais o maxilar sofre rotação ao redor da sua ligação com o pré-frontal, permitindo que as presas inoculadoras permaneçam na horizontal quando a boca está fechada. Víboras verdadeiras (cerca de 60 espécies) são encontradas na Eurásia e na África: víboras com fosseta loreal são encontradas no Novo Mundo e na Ásia. Vipendae estão ausentes na Austrália e na Antártida.

Elapidae: cerca de 300 espécies de serpentes peçonhentas com presas canaliculadas próximas à região cranial de um maxilar relativamente imóvel Ocorrem em todos os continentes, exceto na Antártida, estando mais diversificadas na Austrália As serpentes marinhas pertencem a esta família.

Colubridae: mais de 1800 espécies incluindo desde serpentes diminutas até as muito grandes, encontradas em todos os continentes, exceto na Antártida. Muitas espécies possuem glândulas que secretam veneno que mata a presa, mas não possuem presas inoculadoras canaliculadas especializadas para injetar o veneno.

Atractaspidae: 18 espécies de serpentes de pequeno a médio porte, da África e Ásia, que apresentam hábitos reservados, vivendo na serapilheira e passando o tempo no subsolo. Possuem presas alongadas no maxilar, algumas vezes precedidas por vários dentes menores.

onduladas no ar ou encostadas no chão. Em seguida, a língua é retraída e estímulos químicos são transferidos para o órgão vomeronasal par. A forma bifurcada da língua das serpentes (que também é vista entre os Amphisbaenia, Lacertiformes e Varanoidea) pode permitir que elas consigam detectar gradientes de estímulos químicos e localizar objetos.

Serpentes não-constritoras, como a cobra-chicote e a serpente corredora (Figura 13-4b), movem-se rapidamente

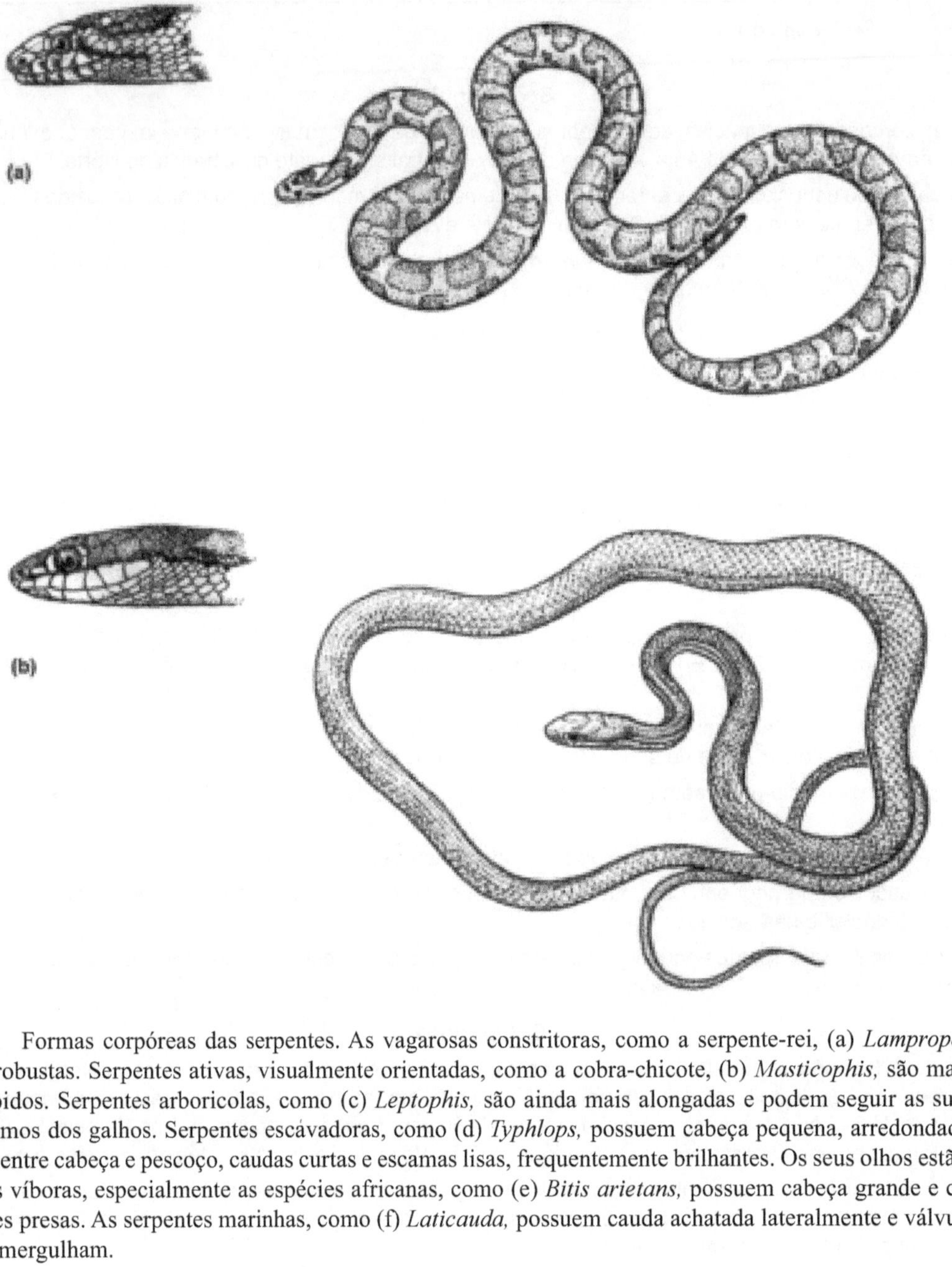

Figura 13-4 Formas corpóreas das serpentes. As vagarosas constritoras, como a serpente-rei, (a) *Lampropeltis*, são relativamente curtas e robustas. Serpentes ativas, visualmente orientadas, como a cobra-chicote, (b) *Masticophis*, são mais compridas e de movimentos rápidos. Serpentes arboricolas, como (c) *Leptophis*, são ainda mais alongadas e podem seguir as suas presas entre os ramos nos extremos dos galhos. Serpentes escávadoras, como (d) *Typhlops*, possuem cabeça pequena, arredondada ou afilada, com pouca distinção entre cabeça e pescoço, caudas curtas e escamas lisas, frequentemente brilhantes. Os seus olhos estão muito reduzidos em tamanho. As víboras, especialmente as espécies africanas, como (e) *Bitis arietans*, possuem cabeça grande e corpo robusto, que acomoda grandes presas. As serpentes marinhas, como (f) *Laticauda*, possuem cauda achatada lateralmente e válvulas que fecham as narinas quando mergulham.

e são visualmente orientadas. Elas forrageiam arrastando-se velozmente, levantando a cabeça, em várias ocasiões, para olhar ao redor. Muitas serpentes arborícolas são extremamente alongadas e, frequentemente, possuem grandes olhos (Figura 13-4c). Seu comprimento distribui o peso e permite que rastejem até sobre pequenos ramos, sem quebrá-los. As serpentes escavadoras, no extremo oposto da forma do corpo das serpentes, são curtas e possuem cabeça rombuda e olhos muito pequenos (Figura 13-4d). A forma da cabeça ajuda a penetração no solo, e um corpo e uma cauda curtos causam menos atrito no túnel do que causaria a mesma massa em um corpo alongado. As víboras, especialmente formas como víbora-aríete (Figura 13-4e), possuem corpo pesado e cabeça larga.

As serpentes marinhas (Figura 13-4Í) são derivadas dos Elapidae terrestres. Elas são caracterizadas pela extrema especialização morfológica à vida aquática: a cauda é lateralmente achatada, como um remo, as grandes escamas ventrais estão reduzidas ou ausentes, na maioria das espécies, e as narinas localizam-se dorsalmente sobre o focinho e possuem válvulas que impedem a entrada de água. O pulmão estende-se para trás até a cloaca e, aparentemente, desempenha um papel hidrostático no ajuste da flutuação durante o mergulho, bem como uma função respiratória. Foi demons-

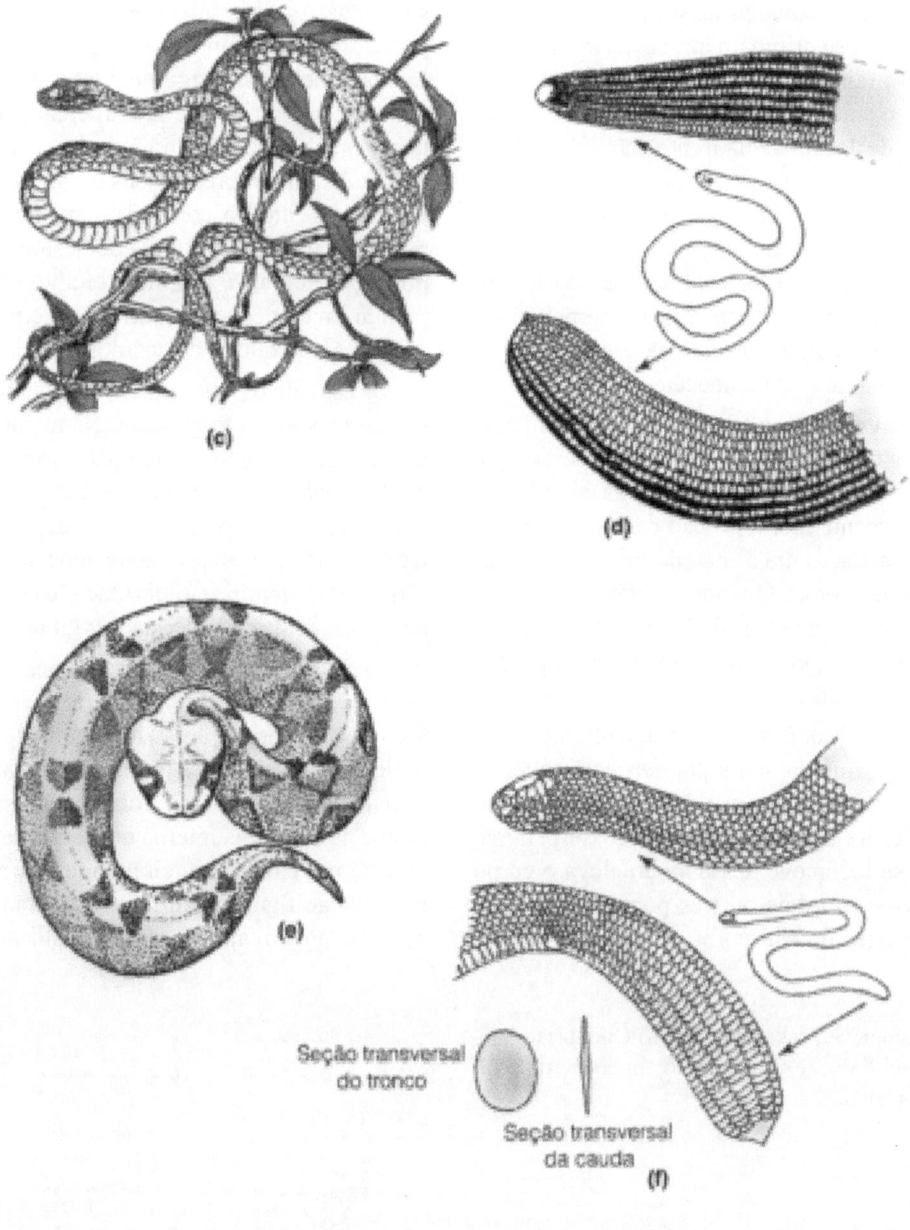

Figura 13-4 (Continuação).

trado que as serpentes marinhas obtêm oxigénio através do tegumento durante o mergulho. As serpentes do gênero *Laticauda* são menos especializadas do que outras serpentes marinhas e podem representar uma irradiação separada no habitat marinho. Elas mantêm escamas ventrais aumentadas e emergem para a terra para aquecer-se ao sol e depositar ovos. As outras serpentes marinhas são tão especializadas para a vida marinha que se tomam ineficientes na terra. Essas espécies são vivíparas.

As especializações locomotoras das serpentes refletem diferenças em sua morfologia, associadas com diferentes modos de predação (discutidos na seção seguinte) e com as propriedades dos substratos sobre os quais se movem. Na **ondulação lateral**, também conhecida como locomoção serpentina (Figura 13-5a), o corpo se move em uma série de curvas. As curvas podem ser irregulares, como mostrado na ilustração de uma serpente rastejando através de uma prancha dotada de pinos fixos. Cada curva é pressionada para trás; os pinos contra os quais a serpente está exercendo força estão indicados por pontos pretos. As linhas numeradas de 1 a 7 estão separadas por intervalos de 3 polegadas (7,6 centímetros) e a posição da serpente está mostrada em intervalos de um segundo.

A **locomoção retilínea** (Figura 13-5b) é utilizada primariamente por serpentes de corpo pesado. Seções alternadas da superfície ventral são levantadas do solo e puxadas para frente por músculos que se originam nas costelas e se inserem nas escamas ventrais. As seções interpostas às primeiras repousam sobre o solo e suportam o corpo da serpente. Ondas de contração deslocam-se da frente para trás e a serpente se movimenta em linha reta. A locomoção retilínea é lenta, mas eficiente, mesmo quando, na superfície não há, irregularidades fortes o suficiente para resistir à força lateral exercida pela locomoção serpentina. Devido ao fato de locomover-se lentamente e em linha reta, a serpente torna-se inconspícua e a locomoção retilínea é utilizada por algumas serpentes durante a aproximação à presa.

A **locomoção em concertina** (Figura 13-5c) é utilizada em passagens estreitas, como em tocas de roedores, que não proporcionam espaço para as largas curvas da locomoção serpentina. A serpente fixa a porção caudal do corpo, pressionando várias alças contra as paredes da toca e estende a porção cranial do corpo. Quando se acha totalmente distendida, a serpente forma novas alças anteriormente e se fixa por intermédio destas, enquanto movimenta a porção caudal do corpo para a frente.

A **locomoção por alças laterais** ("sidewinding") (Figura 13-5d) é usada primariamente por serpentes que vivem em desertos, onde as dunas de areia proporcionam um substrato que se desfaz durante a locomoção serpentina. Uma serpente que se locomove desse modo eleva o corpo em alças, apoiando-se em dois ou três pontos que representam as únicas partes do seu corpo em contato com o substrato. As alças são impulsionadas para frente, pelo ar, e posicionadas no substrato, os pontos de contato movendo-se suavemente ao longo do corpo. A força é exercida para baixo; sua componente lateral é tão pequena que o animal não desliza para os lados. A força dirigida para baixo é mostrada pela impressão das escamas ventrais nos rastros. Devido ao fato do corpo da serpente ser estendido quase perpendicularmente à linha de deslocamento, a locomoção por alças laterais é um meio efetivo de locomoção apenas para animais pequenos que vivem em habitats com pouca vegetação ou outros obstáculos.

Os esqueletos das serpentes são estruturas delicadas que não se fossilizam facilmente. Na maior parte dos casos, temos apenas vértebras e o registro fóssil tem fornecido poucas informações sobre a origem das serpentes. Os mais antigos fósseis conhecidos são dos depósitos do Período Cretáceo e parecem estar relacionados às jibóias. As primeiras serpentes da família Colubridae são conhecidas do Oligoceno e os Elapidae e Viperidae surgiram durante o Mioceno.

As especializações das serpentes, em comparação aos lagartos apodes, parecem refletir duas pressões seletivas – locomoção e predação. O alongamento do corpo é característico das serpentes. A redução do diâmetro do corpo, associada ao alongamento, foi acompanhada por alguns rearranjos na anatomia interna das serpentes. O pulmão esquerdo está reduzido ou inteiramente ausente, a vesícula biliar é caudal ao fígado, o rim direito é cranial ao esquerdo e as gônadas podem apresentar um deslocamento semelhante.

➤**Figura 13-5** Locomoção das serpentes, (a) Ondulação lateral, (b) Locomoção retilínea. (c) Locomoção em concertina. (d) Locomoção por alças laterais.

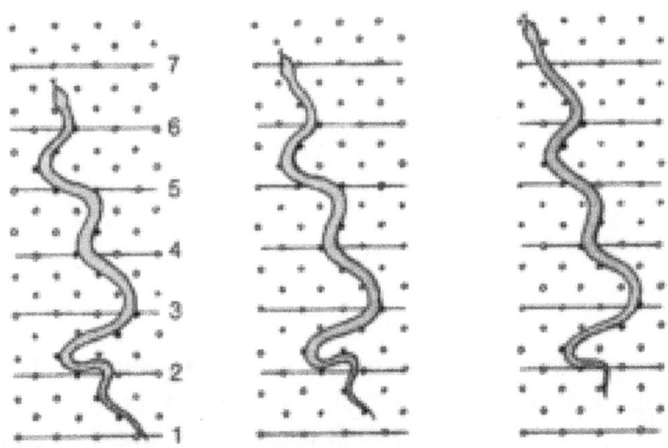

(a)

(b)

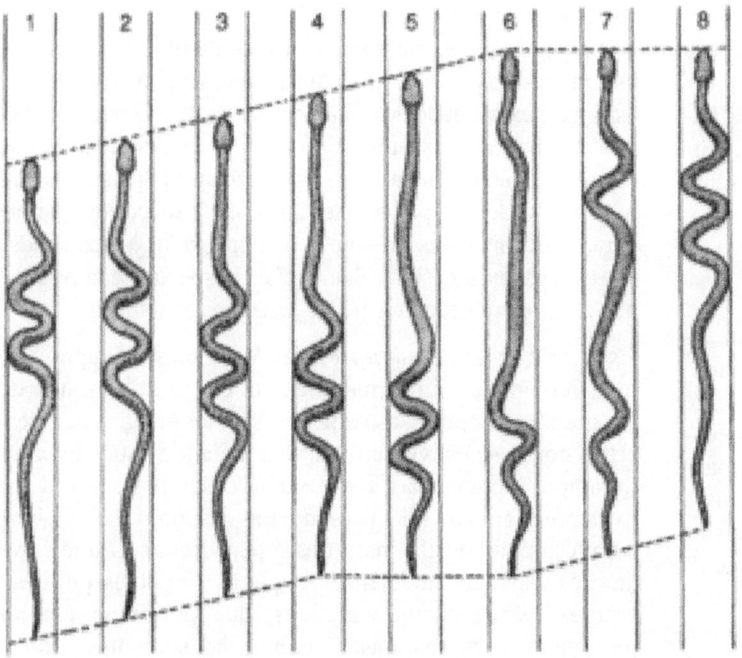

(c)

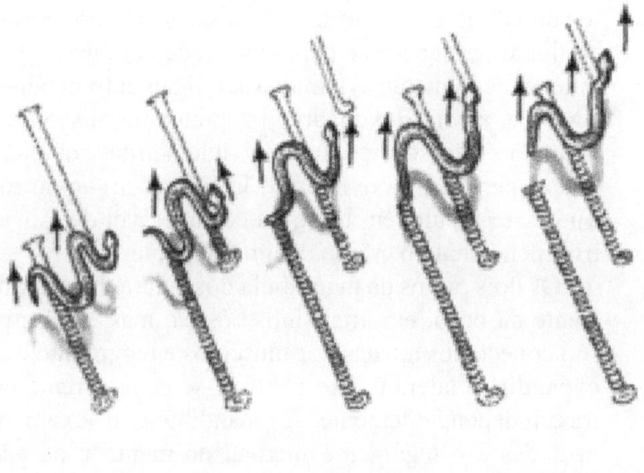

(d)

Figura 13-5 (Continuação).

Os lagartos ápodes enfrentam problemas para engolir as presas. A dificuldade primária não é a perda dos membros, pois poucos lagartos utilizam-nos para capturar ou manipular o alimento. A dificuldade origina-se do alongamento, uma característica generalizada das formas apodes. À medida que o corpo se alonga, a massa é redistribuída em um mbo com diâmetro menor. A boca tornando-se menor, o tamanho máximo da presa que pode ser ingerida também diminui e um animal alongado enfrenta a dificuldade de alimentar um corpo grande através de uma boca pequena. A maioria dos lagartos apodes está limitada a ingerir presas relativamente pequenas, enquanto as serpentes possuem especializações morfológicas que permitem engolir presas consideravelmente maiores que o diâmetro de seu próprio corpo (veja a seção a seguir). Essa diferença pode ser um elemento no grande sucesso evolutivo das serpentes, em contraste com o limitado sucesso dos lagartos apodes e dos Amphisbaenia.

13.4 Ecologia e Comportamento dos Squamata

No último quarto de século, houve um enorme aumento no número e na qualidade dos estudos de campo referentes à ecologia e ao comportamento das serpentes e dos lagartos. Os estudos com lagartos têm sido particularmente frutíferos, principalmente porque muitas espécies de lagartos são conspícuas e ativas durante o dia. Essas espécies diurnas dominam a literatura. Conhece-se muito menos sobre espécies com hábitos crípticos. As discussões seguintes baseiam-se em estudos de determinadas espécies e é importante lembrar que nenhuma espécie ou família representa os lagartos ou as serpentes como um grupo.

Forrageio e Alimentação

Os métodos que as serpentes e os lagartos utilizam para encontrar, capturar, subjugar e engolir as presas são diversificados e importantes na determinação das interações entre as espécies de uma comunidade. Especializações surpreendentes evoluíram: serpentes de cabeça rombuda com mandíbulas alongadas, que podem alcançar o interior de uma concha para retirar o corpo de um caracol, serpentes quase desprovidas de dentes, que engolem ovos de aves intactos e os quebram com agudos processos ventrais das vértebras do pescoço (hipoapófises) e camaleões que protraem a língua para capturar insetos ou pequenos vertebrados com sua extremidade pegajosa, são apenas uma amostra da diversidade de especializações alimentares dos Squamata.

Muitas das especializações alimentares dos Squamata relacionam-se a mudanças na estrutura do crânio e das maxilas. A mais conspícua destas é a perda da barra temporal inferior e do osso quadradojugal que formava parte dessa barra (Figura 13-6). Essa modificação faz parte de uma série de mudanças estruturais do crânio que contribuem para o desenvolvimento de um grau considerável de cinetismo. O tuatara atual apresenta a condição ancestral dos Squamata, com o quadradojugal ligando os ossos jugal e quadrado para formar um arco temporal inferior completo (essa condição totalmente Diapsida, no entanto, não é característica de todos os Sphenodontidae; algumas formas da Era Mesozóica não possuíam um arco temporal inferior completo).

Os primeiros lagartos não são bem conhecidos. Os gêneros fósseis *Paliguana* e *Palaeagama,* do Permiano Superior e Triássico Inferior da África do Sul, provavelmente não são lagartos, mas realmente apresentam modificações na estrutura do crânio, possivelmente paralelas às mudanças que ocorreram nos primeiros Squamata. O espaço entre o quadrado e o jugal alargou-se e a sutura, complexamente interdigitada entre os ossos frontal e parietal do teto do crânio tornou-se mais reta e mais parecida com uma articulação. Áreas adicionais de flexão evoluíram nas porções anterior e posterior do crânio e na maxila inferior de alguns lagartos. Essas mudanças foram acompanhadas pelo desenvolvimento de uma conexão flexível na articulação entre os ossos quadrado e esquamosal, que forneceu certa mobilidade ao quadrado. Essa condição, conhecida como estreptostilia, aumenta a força que o músculo pterigóide pode exercer quando as maxilas estão quase fechadas (Smith 1980).

Nas serpentes, a flexibilidade do crânio foi aumentada ainda mais, por meio da perda da segunda barra temporal, que era formada por uma conexão entre os ossos pós-orbital e esquamosal. Um aumento adicional na flexibilidade das juntas entre outros ossos do palato e do teto craniano produziu a extrema flexibilidade do crânio das serpentes. O terceiro grupo de Squamata possui um tipo completamente diferente de especialização craniana. Os Amphisbaenia são pequenos animais escavadores, apodes. Eles utilizam a cabeça como aríete para construir túneis no solo e o crânio, com juntas rígidas entre os ossos, é pesado. Sua dentição especializada permite que arranquem pequenos pedaços de presas grandes.

Especializações Alimentares das Serpentes O crânio de uma serpente é muito mais flexível que o de um lagarto. Na literatura popular, as serpentes são, algumas vezes, descritas como se estivessem "desconjuntando" suas maxilas durante a alimentação. Essa é uma descrição descuidada, mais precisamente tola, pois maxilas desconjuntadas iriam, simplesmente, oscilar para trás e para frente. O que esses autores estão tentando dizer é que as serpentes possuem crânios extremamente cinéticos, que permitem amplos movimentos das maxilas. O crânio das serpentes contém oito ligações, com articulações entre estas que permitem rotação (Figura 13-7). Esse número de ligações proporciona um grau surpreendente de complexidade aos movimentos do crânio e, para tornar as coisas mais complexas, esse conjunto de ligações é pareado – cada lado da cabeça atua independentemente. Além disso, o ligamento quadradopterigóide e a conexão quadrado-supratemporal são flexíveis. Quando estão sob tensão, são rígidos, mas, quando relaxados, permitem movimentos laterais, bem como rotação. Tudo isso resulta em um grau considerável de movimento tridimensional no crânio de uma serpente.

Os dois ramos da mandíbula dos lagartos são unidos, na frente da boca, em uma sínfise óssea, mas, nas serpentes, são conectados apenas por músculos e tegumento e podem expandir-se lateralmente e mover-se para a frente ou para trás, independentemente. As mandíbulas frouxamente conectadas e o tegumento flexível do mento e da garganta permitem que as extremidades das mandíbulas se separem, de modo que a porção mais larga da presa passe ventralmente à articulação da mandíbula com o crânio.

Os movimentos de deglutição acontecem de forma lenta o suficiente para que sejam facilmente observados (Figura 13-8). Geralmente, uma serpente engole primeiro a cabeça da presa, talvez porque, desse modo, pressiona os seus membros contra o corpo, facilitando a ingestão. As presas pequenas podem ser engolidas pela cauda ou mesmo de lado. Os dentes mandibulares e pterigóideos de um dos lados da cabeça são cravados na presa e a cabeça sofre rotação, deslocando a maxila oposta para a frente, enquanto a mandíbula é protraída e prende a presa ventralmente. Conforme esse processo é repetido, a serpente puxa a presa para o interior da boca. Quando a presa atinge o esôfago, é forçada em direção ao estômago por con-tração dos músculos do pescoço. Geralmente, o pescoço é dobrado abruptamente para empurrar a presa para dentro.

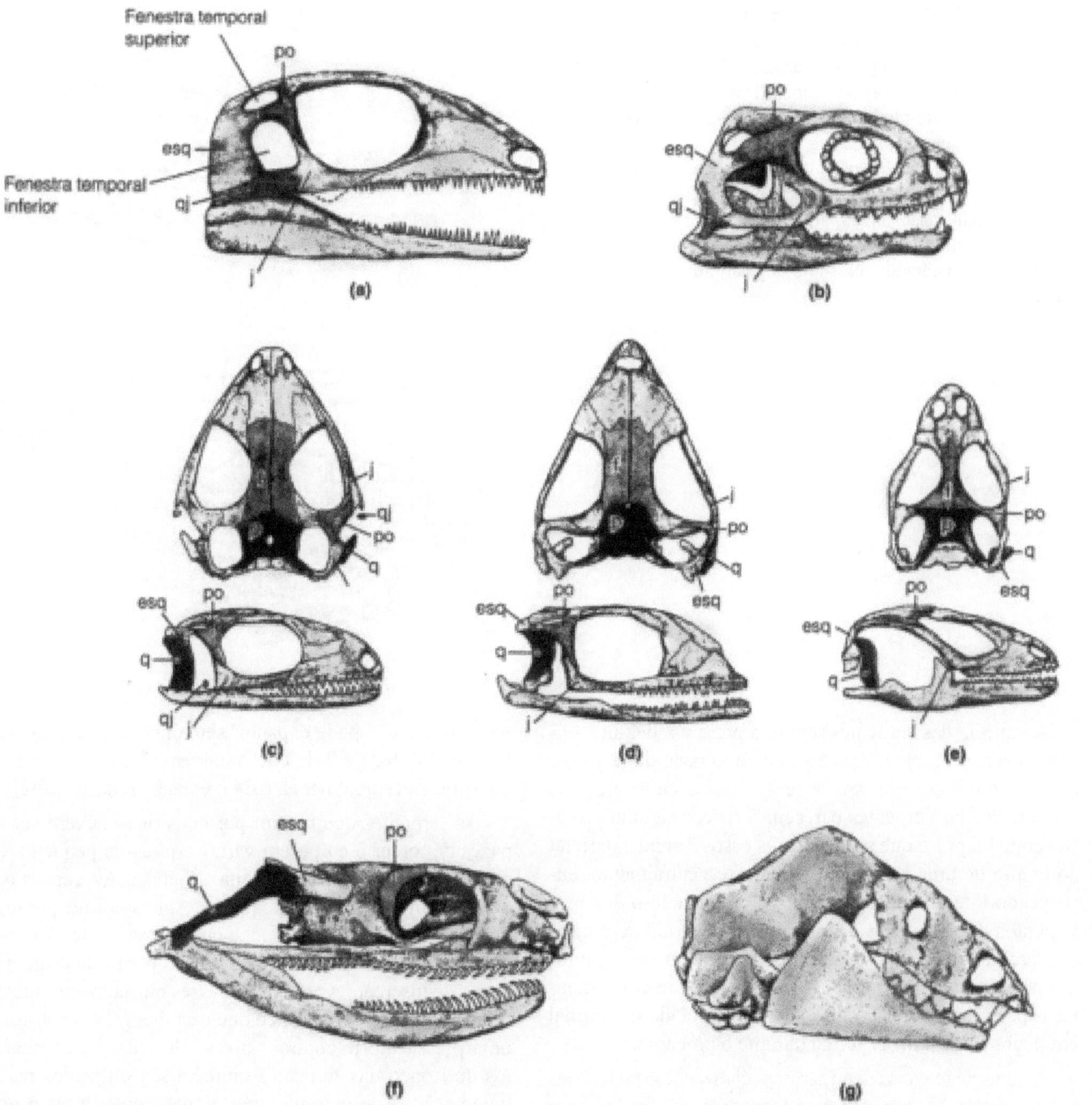

Figura 13-6 Modificações no crânio Diapsida entre os Lepidossauromorpha. Formas completamente Diapsida, como *Petrolacosaurus* (a), do Permiano, retêm dois arcos ósseos completos que definem as aberturas temporais. Essa condição é observada no tuatara atual, *Sphenodon* (b). Os lagartos alcançaram um crânio cinético através do desenvolvimento de uma fenda entre o quadrado e o quadradojugal e da simplificação da sutura entre os ossos frontal e parietal, como apresentado pelo lagarto-de-colar moderno, *Crotaphytus* (e). Os prováveis estágios de transição, que permitiram um aumento do cinetismo craniano que ocorrem em uma linhagem não Squamata são ilustrados por *Paliguana* (c) e *Palaeagama* (d). Nas serpentes (f), o cinetismo craniano é aumentado ainda mais pela perda do arco temporal superior. Os Amphisbaenia (g), que usam a cabeça para escavar através do solo, possuem crânio acinético especializado, f, frontal; j, jugal; p, parietal; po, pós-orbital; q, quadrado; qj, quadradojugal; esq, esquamosal.

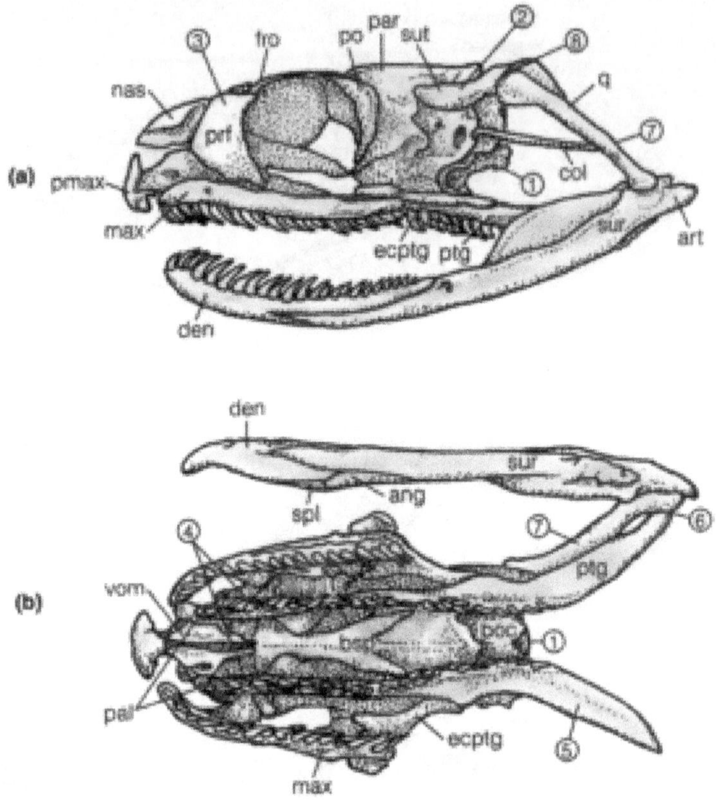

➢**Figura 13-7** Crânio de uma serpente em vista (a) lateral e (b) ventral. O crânio de uma serpente contém oito ligações móveis: (1) caixa craniana; (2) supratemporal; (3) pré-frontal; (4) palatino; (5) pterigóide; (6) ligamento quadrado-pterigóide; (7) quadrado; (8) conexão quadrado-supratemporal. ang, angular; art, articular; bsp, basisfenóide; boc, basioccipital; col, columela; den, dentário; ecptg, ectopterigóide; esp, esplenial; fro, frontal; max, maxilar; nas, nasal; pal, palatino; par, parietal; pmax, pré-maxilar; po, pós-orbital; prf, pré-frontal; ptg, pterigóide; q, quadrado; sur, supra-angular; sut, supratemporal; vom, vômer.

A maioria das serpentes segura a presa e a deglute, enquanto esta se debate. Para a serpente, o risco de ferimentos, durante esse processo, é real e várias características anatômicas das serpentes parecem fornecer alguma proteção contra a presa que se debate. Os ossos frontal e parietal do crânio de uma serpente estendem-se ventralmente, envolvendo inteiramente o encéfalo e protegendo-o dos movimentos dos membros da presa que está sendo deglutida. Possivelmente, os tipos de presas que podem ser capturadas por serpentes que não possuem um mecanismo alimentar especializado são limitados pela habilidade do animal em degluti-las, sem ser ferido durante o processo.

A constrição e o veneno são especializações predatórias que permitem que uma serpente segure presas grandes, com pouco risco de ferimento. A constrição é característica das jibóias e pítons, além de algumas serpentes da família Colubridae. Apesar das histórias de viajantes que descrevem animais amassados pelas espiras de um píton, até serem transformados em uma geléia, o processo de constrição envolve muito pouca pressão. Uma serpente constritora captura a presa com as maxilas e a envolve com uma ou mais espiras do seu corpo. As espiras são pressionadas contra as espiras adjacentes e o atrito evita que a presa force as espiras para abri-las. Cada vez que a presa exala, a serpente elimina o afrouxamento, apertando as espiras levemente. Duas hipóteses foram propostas para explicar a causa da morte por constrição. A visão tradicional sustenta que a presa sufoca porque não pode expandir seu tórax para respirar. Outra possibilidade é a de que o aumento da pressão interna interfira, e eventualmente, pare o coração (Hardy 1994).

As serpentes que matam por constrição devem ser capazes de torcer o corpo em várias espiras de pequeno diâmetro para enrolar-se em volta da presa. As constritoras conseguem formar essas pequenas espiras porque possuem vértebras e músculos do tronco curtos, estes estendendo-se apenas por umas poucas vértebras, do ponto de origem ao ponto de inserção. A contração desses músculos produz dobras pronunciadas no tronco que permitem, às constritoras, uma pressão forte contra a presa. No entanto, os músculos do tronco das serpentes também são utilizados para a locomoção e os músculos curtos das constritoras produzem várias pequenas curvas ao longo do comprimento do corpo. Essa morfologia limita a velocidade com a qual as constritoras podem se locomover, porque, nas serpentes, locomoção veloz é conseguida pela movimentação do corpo em duas ou três alças largas. Esse é o padrão observado em espécies velozes, como a cobra-chicote, a serpente-corredora e a mamba. Os músculos que produzem essas alças largas são longos, estendendo-se por muitas vértebras e as próprias vértebras são mais longas que as das constritoras.

Na América do Norte, as serpentes velozes (Colubroidea) aparecem pela primeira vez no registro fóssil durante o Mioceno, uma época em que os campos estavam se expandindo. Constritoras, principalmente Erycinae, predominaram

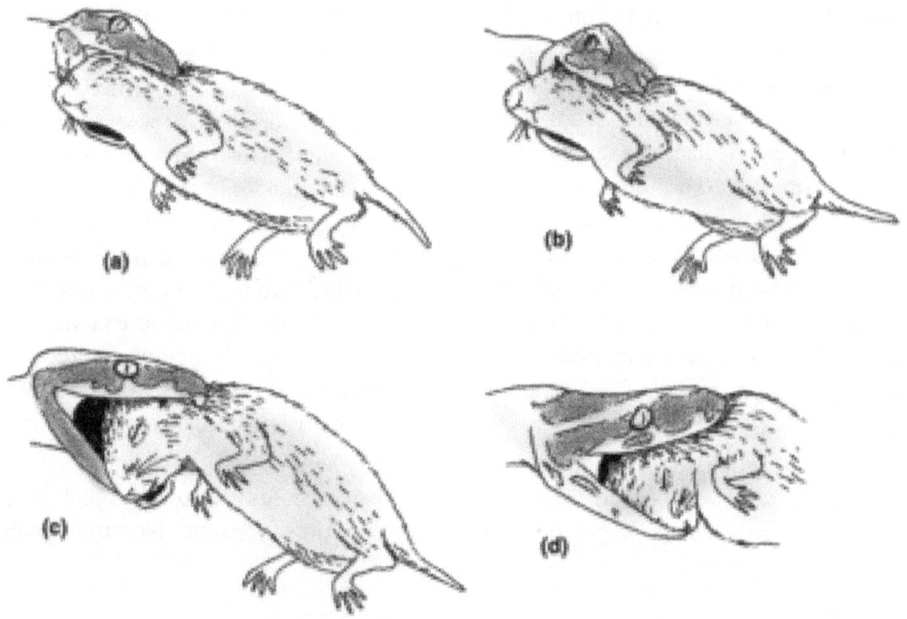

Figura 13-8 Movimentos das maxilas durante a alimentação. As serpentes utilizam uma combinação de movimentos da cabeça e protração e retração das maxilas para engolir a presa, (a) Presa segura pelos ramos esquerdo e direito da maxila superior e da mandíbula, no início do processo de deglutição, (b) Os ramos superior e inferior do lado direito foram protraídos, retirando os dentes do corpo da presa, (c) A cabeça sofre uma rotação em sentido anti-horário, movendo os ramos superior e inferior do lado direito para cima da presa. Os dentes recurvados deslizam sobre a presa, como os patins de um trenó, (d) Os ramos superior e inferior do lado direito são retraídos, cravando os dentes na presa e puxando-a para dentro da boca. Note que toda a cabeça da presa é engolfada por esse movimento. Em seguida, os ramos superior e inferior do lado esquerdo avançarão sobre a presa por meio da rotação da cabeça no sentido horário. O processo de deglutição continua com movimentos alternados para a esquerda e para a direita, até que todo o corpo da presa tenha passado através das maxilas da serpente.

na fauna de serpentes do Mioceno inferior mas, por volta do final dessa época, essa fauna era composta primariamente por espécies de Colubroidea. Os Colubroidea, de deslocamento rápido, levavam uma vantagem sobre os Boidae, de deslocamento lento, nos habitats mais abertos que se desenvolveram durante o Mioceno e a irradiação dos Colubroidea envolveu uma interaçâo complexa entre a locomoção e a alimentação. Os roedores, provavelmente, eram as presas mais abundantes disponíveis às serpentes e são animais perigosos para uma serpente tentar ingerir pois são capazes de morder e arranhar. Para os Boidae, a constrição proporcionou um meio relativamente seguro de matar roedores, mas as longas vértebras e os longos músculos do tronco, que permitiam aos Colubroidea movimentar-se rapidamente, através dos habitats abertos do final do Mioceno, teriam impedido que utilizassem a constrição para matar suas presas.

Os Colubroidea primitivos devem ter utilizado veneno para imobilizar a presa. A glândula de Duvernoy, encontrada na maxila superior de muitas serpentes amais da família Colubridae, é homóloga às glândulas de veneno dos Viperidae e dos Elapidae e produz uma secreção tóxica que imobiliza a presa (alguns Colubridae atuais possuem veneno que é perigosamente tóxico inclusive para animais tão grandes quanto os humanos). Desse modo, a evolução de um veneno, capaz de matar a presa, pode ter sido uma característica chave que permitiu que os Colubroidea do Mioceno dispensassem a constrição e se tornassem morfologicamente especializados na locomoção veloz em habitats abertos. A presença da glândula de Duvemoy parece ser um caráter ancestral para as serpentes Colubroidea, como essa hipótese prediz. Alguns Colubridae, incluindo as serpentes dos gêneros *Elaphe* e *Pituophis* e as serpentes-rei (*Lampropeltis*), perderam a capacidade de produção de veneno da glândula de Duvemoy e elas formam um grupo no qual a constrição desenvolveu-se secundariamente, como um método para matar as presas.

Nesse contexto, as serpentes peçonhentas com presas inoculadoras anteriores (Elapidae e Viperidae) não representam um novo desenvolvimento, mas sim especializações alternativas de um sistema de inoculação ancestral. Dada a natureza ancestral do veneno para as serpentes Colubroidea, seria esperado que diferentes especializações para a inoculação estivessem representadas na fauna de serpentes modernas, como realmente acontece. Uma variedade de serpentes possui dentes aumentados (presas inoculadoras) no maxilar. São reconhecidas três categorias de serpentes peçonhentas (Figura 13-9): opistóglifas, proteróglifas e solenóglifas. Essa classificação é descritiva e representa uma evolução convergente de diferentes linhagens filogenéticas.

As serpentes **opistóglifas** (Grego, *opistho* = atrás, *glyph* = sulcado) possuem um ou mais dentes aumentados, próximo à porção caudal do maxilar, com dentes menores na frente. Em algumas formas, as presas inoculadoras são maciças; em outras, há um sulco na superfície da presa que pode ajudar na condução da saliva para dentro do ferimento. Várias serpentes opistóglifas da África e da Ásia podem desferir uma mordida perigosa ou até mesmo fatal, em animais de grande porte, incluindo o homem, mas suas presas primárias são lagartos ou aves, que, frequentemente, são seguras na boca, até que parem de se debater e sejam engolidas.

As serpentes **proteróglifas** (Grego, *proto* = primeiro) incluem as najas, mambas, corais e serpentes marinhas da família Elapidae. As presas inoculadoras canaliculadas dessas serpentes estão localizadas na porção cranial do maxilar e, muitas vezes, há vários dentes pequenos e maciços atrás das presas. Estas são permanentemente eretas e relativamente curtas.

As serpentes **solenóglifas** (Grego, *solen* = tubo) incluem as víboras com fosseta loreal do Novo Mundo e as víboras verdadeiras do Velho Mundo. Nessas serpentes, as presas inoculadoras canaliculadas são os únicos dentes do maxilar, que são articulados de modo a dobrarem-se contra o teto da boca quando as maxilas são fechadas. Esse mecanismo de dobramento permite que as serpentes solenóglifas possuam dentes inoculadores longos, que injetam o veneno profundamente nos tecidos da presa. O veneno, uma mistura complexa de enzimas e outras substâncias (Tabela 13.4), em primeiro lugar, mata a presa e após a deglutição, acelera sua digestão.

As serpentes capazes de injetar uma dose letal de veneno em suas presas desenvolveram um método muito seguro de

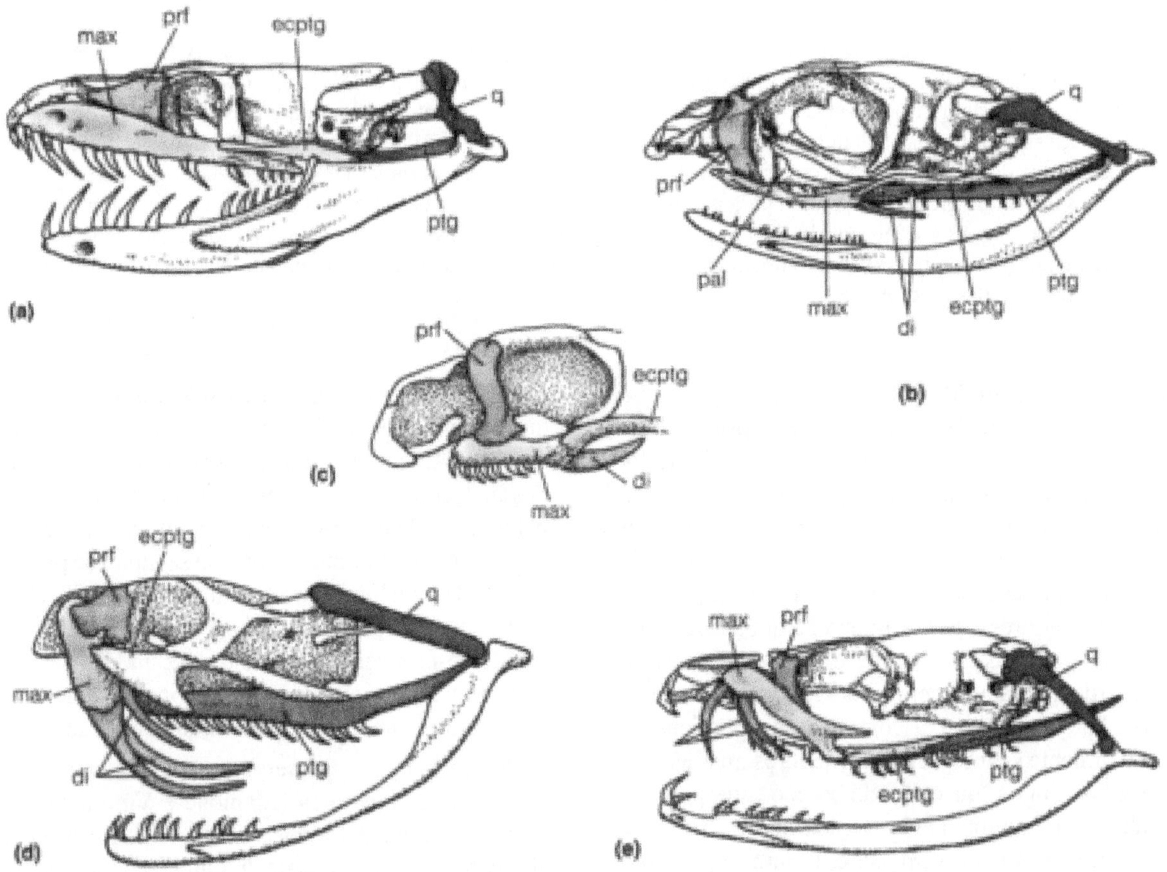

Figura 13-9 Dentição das serpentes: (a) áglifa (sem presas inoculadoras), píton africano, *Python sebae;* (b, c) opistóglifas (presas inoculadoras na porção posterior do maxilar) "boomslang", *Dispholidus typus,* da Africa, e *Xenodon rhabdocephalus,* da América Central; (d) solenóglifa (presas inoculadoras sobre um maxilar giratório), víbora-aríete, *Bitis arietans,* da Africa; (e) proteróglifa (presas inoculadoras permanentemente eretas na porção rostral do maxilar), mamba-verde africana, *Dendroaspis jamesoni.* As presas inoculadoras das solenóglifas (d) tornam-se eretas através de um movimento cranial do pterigóide, que é transmitido, através do ectopterigóide e do palatino, para o maxilar, provocando sua rotação em torno de sua articulação com o pré-frontal, projetando, assim, a presa inoculadora. Algumas serpentes opistóglifas, especialmente *Xenodon* (c), possuem esse mesmo mecanismo de ereção das presas inoculadoras. Legenda: ecptg, ectopterigóide; di, dente inoculador, fro, frontal; max, maxilar; pai, palatino; par, parietal; pmax, pré-maxilar; prf, pré-frontal; ptg, pterigóide; q, quadrado; sut, supratemporal.

capturá-las. Uma serpente constritora está em contato com sua presa enquanto esta está morrendo e corre algum risco de ferimento, devido aos movimentos da presa. Uma serpente solenóglifa necessita apenas injetar o veneno e permitir que a presa fuja para morrer. Mais tarde, a serpente pode seguir a trilha de odor dá presa para encontrar seu corpo, já sem vida. Esse é o padrão de captura de presas da maioria das víboras e experimentos mostraram que uma víbora é capaz de distinguir a trilha de odor de um rato mordido por ela de trilhas deixadas por ratos que não foram atacados.

Diversas características da forma do corpo das víboras permitem que estas se alimentem de presas maiores, em relação ao seu próprio tamanho corporal, do que a maioria das serpentes não-peçonhentas. Muitas víboras, incluindo cascavéis, uma jararaca (*Bothrops lanceolatus*), a víbora -aríete e a víbora-do-Gabão, são serpentes muito robustas. A forma triangular da cabeça, geralmente associada às víboras, é um resultado da extensão para fora da porção caudal do crânio, especialmente dos ossos quadrados. Os quadrados muito expansíveis permitem a passagem de objetos volumosos através da boca e mesmo uma grande presa faz pouco volume em um corpo robusto e portanto não interfere com a locomoção. As víboras especializaram-se como predadores relativamente sedentários que tocaiam suas presas e que podem predar até mesmo animais muito grandes. Na outra família de serpentes peçonhentas terrestres, as najas, mambas e seus parentes são, primariamente, espécies de corpo delgado que procuram ativamente por suas presas.

Comportamento de Forrageio e Energética dos Lagartos

Os padrões de atividade dos lagartos variam de espécies extremamente sedentárias, que passam horas em um determinado local, até espécies que estão quase que em constante movimento. Observações de campo dos lagartos Tropiduridae *Leiocephalus schreibersi* e Teiidae *Ameiva chrysolaema* da República Dominicana, revelaram dois extremos de comportamento. *Leiocephalus* repousava em um galho elevado do nascer ao pôr-do-sol e permanecia imóvel durante mais de 99 por cento do dia. Seus únicos movimentos consistiam em ataques curtos e rápidos para capturar insetos ou afugentar outros lagartos. Esses períodos de atividade nunca duravam mais do que 2 segundos e a frequência de movimentos foi, em média, de 9,6 por hora. Em contraste, *Ameiva* foi ativo por apenas 4 ou 5 horas, no meio do dia, mas movimentou-se mais de 70 por cento desse tempo e sua velocidade média foi de um comprimento corporal a cada 2 a 5 segundos.

A mesma diferença entre as duas espécies foi observada em um teste de laboratório relativo à atividade espontânea: a atividade de *Ameiva* foi mais de 20 vezes superior à de *Leiocephalus*. De fato, os Teiidae foram tão ativos na exploração de seu ambiente quanto pequenos mamíferos testados nas mesmas condições. Um lagarto da família Xantusiidae, testado no equipamento do laboratório, teve um padrão de atividade espontânea que ficou aproximadamente no ponto médio entre o Teiidae e o Tropiduridae. Sendo assim, nos lagartos, é aparente um espectro de atividade locomotora espontânea, que se estende de espécies quase imóveis até espécies tão ativas quanto os mamíferos, passando por aquelas que se movem a taxas intermediárias.

TABELA 13.4 Componentes dos Venenos dos Squamata

Composto	Ocorrência	Efeito
Proteinases	Todos os Squamata peçonhentos, especialmente os Viperidae	Destruição tissular
Hialuronidase	Todos os Squamata peçonhentos	Aumenta a permeabilidade tissular, acelera a disseminação de outros constituintes do veneno nos tecidos
L-Aminoácido oxidase	Todos os Squamata peçonhentos	Ataca uma grande variedade de substratos, causa grande destruição tissular
Colinesterase	Alta em Elapidae, pode estar presente nas serpentes marinhas, baixa em Viperidae	Desconhecido, não é responsável pelos efeitos neurotóxicos dos venenos dos Elapidae
Fosfolipases	Todos os Squamata peçonhentos	Destroem as membranas celulares
Fosfatases	Todos os Squamata peçonhentos	Destroem compostos de alta energia, como ATP, impedindo as células de reparar os danos
Polipeptídeos básicos	Elapidae e serpentes marinhas	Bloqueiam a transmissão neuromuscular

Por conveniência, os extremos dos espectros são chamados frequentemente, e respectivamente, caçadores de senta-e-espera e forrageadores ativos, e a condição intermediária foi denominada de forrageadores errantes. Outros estudos de campo mostraram que esse espectro de comportamentos locomotores é muito comum em faunas de lagartos. Na América do Norte, por exemplo, os lagartos-espinhosos (*Sceloporus*) são caçadores de senta-e-espera, muitos Scincidae (*Eumeces*) parecem ser forrageadores errantes e os lagartos-de-cauda-de-chicote (*Cnemidophorus*) são forrageadores ativos. O padrão locomotor ancestral dos lagartos pode ter sido o forrageador errante e tanto a caça de senta-e-espera, como o forrageio ativo, podem representar condições derivadas (um espectro de modos de forrageio não é exclusivo de lagartos; provavelmente aplica-se a quase todos os tipos de animais móveis, incluindo peixes, mamíferos, aves, anfíbios, insetos e zooplâncton).

As características ecológicas, morfológicas e comportamentais correlacionadas aos modos de forrageio de diferentes espécies de lagartos parecem definir muitos aspectos da biologia desses animais. Por exemplo, caçadores de senta-e-espera e forrageadores ativos, consomem diferentes tipos de presas e são vítimas de diferentes tipos de predadores. Apresentam sistemas sociais diferentes, provavelmente en-

TABELA 13.5 Características ecológicas e comportamentais associadas com o modo de forrageio dos lagartos. Os modos de forrageio são apresentados como uma sequência contínua desde os predadores de senta-e-espera até os forrageadores ativos. Na maioria dos casos, dados estão disponíveis apenas para as espécies nos extremos dessa sequência. Veja detalhes no texto.

	Modo de Forrageio		
Característica	**Senta-e-Espera**	**Forrageador Errante**	**Forrageador Ativo**
Comportamento de forrageio			
Movimentos/hora	Poucos	Intermediário	Muitos
Velocidade do movimento	Baixa	Intermediária	Alta
Modalidades sensoriais	Visão	Visão e olfato	Visão e olfato
Comportamento exploratório	Baixo	Intermediário	Alto
Tipos de presas	Móveis, grandes	Intermediário	Sedentárias, frequentemente pequenas
Predadores	Baixo		
Risco de predação	Forrageadores ativos	?	Mais alto
Tipos de predadores		?	Forrageadores ativos e de senta-e-espera
Forma do corpo			
Tronco	Atarracado	Intermediário?	Alongado
Cauda	Frequentemente curta	?	Frequentemente longa
Características fisiológicas			
Resistência	Limitada	?	Alta
Velocidade de corrida	Alta	?	Intermediária a baixa
Capacidade metabólica aeróbica	Baixa	?	Alta
Capacidade metabólica anaeróbica	Alta	?	Baixa
Massa cardíaca	Pequena	?	Grande
Hematócrito	Baixo	?	Alto
Energética			
Gasto diário de energia	Baixo	?	Mais alto
Obtenção diária de energia	Baixa	?	Mais alta
Comportamento social			
Tamanho da área domiciliar	Pequeno	Intermediário	Grande
Sistema social	Territorial	?	Não territorial
Reprodução			
Massa da ninhada (ovos ou embriões) em relação à massa do adulto	Alta	?	Baixa

fatizam modos sensoriais diferentes e diferem em alguns aspectos de sua reprodução e história natural.

Essas generalizações estão resumidas na Tabela 13.5 e são discutidas nas próximas seções. No entanto, uma fragilidade dessa análise deve ser destacada: as espécies de lagartos que caçam de senta-e-espera (pelo menos as mais estudadas) são primariamente Iguania, enquanto as espécies forrageadoras ativas são, em sua maioria, Scleroglossa. Essa divisão filogenética levanta a questão se as diferenças observadas entre os lagartos que caçam de senta-e-espera e os forrageadores ativos são realmente consequências das diferenças no comportamento de forrageio ou se são características ancestrais dos lagartos Iguania *versus* Scleroglossa. Se esse for o caso, sua associação com diferentes modos de forrageio pode ser enganadora. Em qualquer caso, no entanto, o modelo apresentado na Tabela 13.5 fornece uma integração útil de uma grande quantidade de informações sobre a biologia dos lagartos; ele representa uma hipótese que será modificada à medida que mais informações se tornem disponíveis.

Lagartos com modos de forrageio diferentes utilizam diferentes métodos para detectar a presa: lagartos que caçam por senta-e-espera normalmente permanecem em um local fixo, de onde podem perscrutar uma vasta área. Permanecendo imóveis, detectam o movimento de um inseto visualmente e o capturam com um ataque rápido, a partir do seu ponto de observação. Esses lagartos podem ser mais bem sucedidos na detecção e captura de insetos relativamente grandes, como besouros e gafanhotos. Os forrageadores ativos passam, a maior parte do tempo, na superfície do substrato, movendo-se constantemente e introduzindo o focinho sob folhas caídas e em fendas do solo. Aparentemente, dependem muito de estímulos químicos para detectar insetos e provavelmente procuram concentrações locais de presas distribuídas em agregados, como cupins. Esses lagartos parecem se alimentar mais de pequenos insetos que os lagartos que caçam por senta-e-espera. Sendo assim, os diferentes comportamentos de forrageio dos lagartos levam a diferenças nas suas dietas, mesmo quando os dois tipos de lagartos ocorrem no mesmo habitat.

Os diferentes modos de forrageio também têm diferentes consequências na exposição dos lagartos aos seus próprios predadores. Um lagarto que passa 99 por cento do seu tempo descansando imóvel é relativamente inconspícuo, enquanto aquele que passa a maior parte do tempo movimentando-se é facilmente visto. Os lagartos que caçam por senta-e-espera provavelmente têm uma maior probabilidade de serem descobertos e capturados por predadores ativos, enquanto os lagartos forrageadores ativos têm maior probabilidade de serem capturados por predadores que caçam por espreita. Como resultado dessa diferença, os modos de forrageio podem alternar-se em níveis sucessivos da cadeia alimentar: insetos que se movem muito podem ser capturados por lagartos que caçam por senta-e-espera, que podem ser devorados por predadores forrageadores ativos. Os insetos sedentários têm maior probabilidade de serem descobertos por um lagarto forrageador ativo, que pode ser capturado por um predador que caça por espreita.

As formas do corpo de lagartos que caçam de senta-e-espera podem refletir pressões seletivas diferentes das que atuam em espécies forrageadoras ativas. Os lagartos que caçam de senta-e-espera frequentemente apresentam corpo robusto, cauda curta e coloração críptica. Muitas dessas espécies possuem padrões dorsais formados por manchas de diferentes cores, que, provavelmente, obscurecem os contornos do corpo, quando os animais estão em repouso sobre rochas ou tronco de árvores. As espécies de lagartos forrageadores ativos geralmente são delgadas e alongadas, com caudas longas e, frequentemente, possuem padrões de listras que podem produzir ilusões ópticas enquanto se movimentam. No entanto, um mecanismo para escapar à predação, a habilidade de soltar a cauda quando capturado por um predador (**autotomia**), não difere entre os lagartos com diferentes modos de forrageio (Quadro 13-1).

Que características fisiológicas são necessárias para sustentar os diferentes modos de forrageio? As necessidades de energia de um movimento que dura apenas um ou dois segundos são muito diferentes das necessidades da locomoção sustentada quase continuamente, por várias horas. As espécies de lagartos que caçam de senta-e-espera e que forrageiam ativamente, diferem em sua ênfase relativa aos dois caminhos metabólicos que produzem trifosfato de adenosina (ATP) que é utilizado para a atividade e quanto ao período de tempo que a atividade pode ser sustentada. Os lagartos que caçam de senta-e-espera realizam movimentos curtos e dependem bastante do metabolismo anaeróbico para sustentar seus movimentos. O metabolismo anaeróbico utiliza glicogênio armazenado nos músculos como substrato metabólico e produz ácido lático como produto final. Trata-se de um caminho para sintetizar ATP rapidamente (porque o glicogênio já encontra-se nos músculos), mas não é bom quando se trata de atividade sustentada, uma vez que o glicogênio é rapidamente esgotado e o ácido lático inibe o metabolismo celular. Lagartos que dependem do metabolismo anaeróbico podem realizar corridas velozes, porém breves, e tornam-se exaustos quando forçados a correr continuamente. Em contraste, o metabolismo aeróbico utiliza glicose, que é transportada até os músculos pelo sistema circulatório, como substrato metabólico e produz dióxido de carbono e água como produtos finais. Exercício aeróbico pode continuar por longos períodos, pois o sistema circulatório traz mais glicose e leva embora o dióxido de carbono. Como resultado disso, espécies forrageadoras ativas podem sustentar atividade por longos períodos sem exaustão.

Essas diferenças na fisiologia do exercício estão associadas a diferenças nos sistemas de transporte de oxigênio dos lagartos: espécies forrageadoras ativas possuem corações maiores e mais células sanguíneas vermelhas que as espécies que caçam de senta-e-espera. Como resultado, cada batimento cardíaco bombeia mais sangue, transportando mais oxigênio para os tecidos de uma espécie de lagarto forrageador ativo do que de uma espécie que caça de senta-e-espera.

A locomoção sustentada, provavelmente, não é importante para um lagarto que realiza pequenos movimentos para capturar presas ou escapar de predadores, mas a velocidade de corrida poderia ter importância vital para ambas essas atividades. A velocidade pode ser relativamente insignificante para um lagarto forrageador ativo que, metodicamente, procura pela presa debaixo das folhas e em buracos e que pode fugir de arbusto em arbusto para confundir o predador. Como seria previsto a partir dessas considerações, lagartos que caçam de senta-e-espera apresentam, geralmente, velocidades de corrida elevadas e baixa resistência, enquanto espécies forrageadoras ativas apresentam velocidades de corrida menos elevadas e maior resistência.

A locomoção contínua das espécies de lagartos forrageadores ativos é energeticamente dispendiosa. Em lagartos do Kalahari, medições do consumo de energia mostraram que o gasto diário de uma espécie forrageadora ativa foi, em média, 150 por cento daquela de uma espécie que caça de senta-e-espera. No entanto, a energia que a espécie forrageadora ativa investiu no forrageio foi mais do que compensada pelo seu maior sucesso em encontrar presas. A obtenção diária de alimento de uma espécie forrageadora ativa foi 200 por cento daquela de um predador de senta-e -espera. Como resultado, a espécie forrageadora ativa teve mais energia disponível para utilizar no crescimento e na reprodução do que a espécie que caça de senta-e-espera, apesar do custo adicional de seu modo de forrageio.

Comportamento Social

Os Squamata empregam uma variedade de sinais visuais, auditivos, químicos e táteis nos comportamentos que utilizam para manter os territórios e para escolher os parceiros sexuais. Os iguanídeos utilizam principalmente sinais visuais, enquanto Scleroglossa (incluindo as serpentes) utilizam feromônios de forma extensiva. As várias modalidades sensoriais empregadas pelos animais, exerceram certa influência na quantidade de informações que temos sobre o comportamento de diferentes espécies. Pelo fato do homem ser, em grande parte, orientado visualmente ele percebe muito facilmente as exibições visuais de outros animais. A sensibilidade auditiva do homem também é acurada e podemos detectar e reconhecer os sinais vocais utilizados por outras espécies. No entanto, a sensibilidade olfativa humana é baixa e não possuímos um sistema vomeronasal bem desenvolvido e, portanto, somos incapazes de perceber a maioria dos sinais químicos utilizados pelos Squamata. Um resultado tendencioso, causado pelas características do nosso sistema sensorial, foi a concentração de estudos comportamentais em organismos que utilizam sinais visuais. Como resultado disso, os extensos repertórios de exibições visuais de lagartos iguanídeos aparecem amplamente na literatura da ecologia comportamental, mas muito menos é conhecido sobre os sinais químicos e táteis, provavelmente importantes para outros lagartos e para as serpentes.

Os comportamentos sociais dos Squamata parecem ser limitados se comparados com àqueles dos Crocodylia, mas muitas espécies apresentam hierarquias de dominância ou territorialidade. Os sinais utilizados em encontros agonísticos entre indivíduos são, frequentemente, similares àqueles utilizados no reconhecimento da espécie e do sexo durante a corte. Entre os Squamata, ocorre cuidado parental em relação ao ninho, durante o período de incubação dos ovos, mas a extensão do cuidado parental aos jovens é desconhecida.

Os lagartos Iguania utilizam primariamente exibições visuais durante suas interações sociais. O gênero *Anolis* (Polychrotinae) mclui cerca de 400 espécies de lagartos de tamanho pequeno a médio, que ocorrem primariamente na América tropical. Os machos de *Anolis* possuem apêndices guiares, áreas de tegumento, abaixo do mento, que podem ser distendidas pelo aparelho hióideo durante as exibições visuais (ver fotografias coloridas). As escamas e a pele, de colorido brilhante, do apêndice guiar de muitas espécies de *Anolis,* constituem-se em dispositivos de sinalização conspícuos, utilizados em conjunto com movimentos da cabeça e do corpo.

A Figura 13-11 mostra as cores do apêndice gular de oito espécies de *Anolis* que ocorrem na Costa Rica. Nenhum par de espécies apresenta a mesma combinação de cores no apêndice gular e, assim, é possível identificar uma espécie apenas pelas cores que exibe. Além do mais, cada espécie apresenta uma exibição de comportamento que consiste na elevação do corpo através da extensão dos membros anteriores (movimento denominado "push-up"), balanceio da cabeça e expansão e contração do apêndice guiar. A combinação desses três tipos de movimento permite uma exibição complexa. Os três movimentos podem ser representados graficamente por uma linha superior, que mostra os movimentos do corpo e da cabeça e uma linha inferior que mostra a expansão e a contração do apêndice guiar. Essa representação é chamada de padrão de atividade de exibição. Nenhum **padrão de atividade de exibição** é igual a outro, portanto, é possível identificar qualquer uma das oito espécies de *Anolis* pela observação de seu padrão.

Os comportamentos utilizados pelos lagartos territoriais para o reconhecimento da espécie e do sexo, durante a corte, são muito parecidos aos empregados na defesa territorial – elevação do corpo através da extensão dos membros anteriores, balanceios da cabeça e exibições do apêndice guiar. É provável que um lagarto macho territorial desafie qualquer lagarto em seu próprio território e a continuidade da interação depende da resposta que ele recebe. Uma resposta agressiva indica que o intruso é um macho e estimula o macho territorial a defender o seu território, enquanto uma resposta passiva do intruso, identifica uma fêmea e estimula

QUADRO 13.1 Autotomia Caudal: Sua Cauda ou sua Vida

A autotomia (auto-amputação) de apêndices é um mecanismo comum de fuga de predadores entre os invertebrados e vertebrados. A cauda é o único apêndice conhecido que os vertebrados autotomizam e a capacidade para autotomia caudal está desenvolvida em algum grau entre salamandras, tuatara, lagartos e em poucas espécies de Amphisbaenia, serpentes e roedores (Arnold 1988). Na maioria dos casos, a autotomia é seguida pela regeneração de nova cauda.

A autotomia caudal dos Squamata ocorre em planos especiais de fratura, encontrados em todas as vértebras caudais, exceto da quarta à nona vértebras mais craniais. Os músculos caudais são segmentares e os processos afilados de segmentos adjacentes interdigitam-se. As artérias caudais possuem esfíncteres musculares imediatamente anteriores a cada plano de fratura e as veias possuem válvulas. A autotomia parece ser um processo ativo que requer a contração dos músculos da cauda, flexionando-a fortemente para o lado e iniciando separação. O centro vertebral se rompe e os processos dos músculos caudais se separam. Os esfíncteres musculares arteriais se contraem e as válvulas venosas se fecham, evitando a perda de sangue. Uma cauda autotomizada agita-se rapidamente,

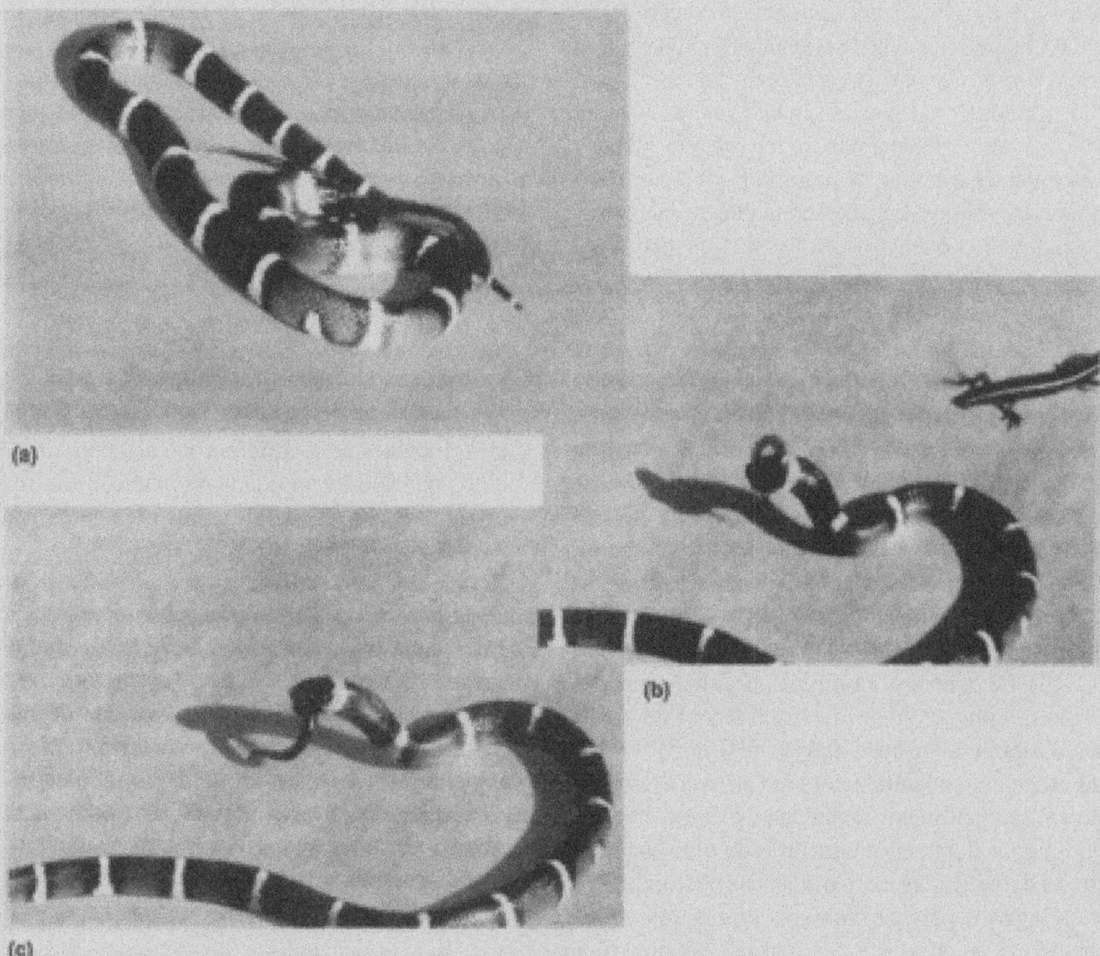

Figura 13-10 Autotomia como um mecanismo de defesa. A cauda recentemente autotomizada de um lagarto da família Scincidae, atrai a atenção do predador, uma serpente-rei do gênero *Lampropeltis,* enquanto o lagarto escapa. Nessa sequência de fotografias, a serpente-rei segura o lagarto pela cauda (a). O lagarto autotomiza sua cauda e foge (b), enquanto a serpente luta para engolir a cauda que continua se contorcendo (c).

Continua

Continuação

por vários minutos, e esse violento estremecimento pode distrair a atenção do predador enquanto o próprio lagarto põe-se em segurança (Figura 13-10). As caudas de alguns juvenis da família Scincidae são azuis e brilhantes e, em experimentos, lagartos com essas caudas coloridas foram mais eficientes no uso da autotomia para escapar de serpentes predadoras, do que lagartos cujas caudas foram pintadas de preto. Obviamente, uma cauda autotomizada não recebe fluxo sanguíneo e sua atividade muscular é sustentada por metabolismo anaeróbico. A capacidade metabólica anaeróbica dos músculos da cauda dos lagartos parece ser substancialmente maior que a dos músculos dos membros.

O ponto de autotomia é, normalmente, tão caudal na cauda, quanto possível. Quando a cauda de um lagarto é segura com uma pinça, a autotomia geralmente ocorre no plano da vértebra imediatamente anterior ao ponto onde a cauda foi presa, minimizando, assim, a porção de cauda perdida. Quando a cauda se regenera, as vértebras são substituídas por um bastão de cartilagem que não contém planos de fratura. Consequentemente, a futura autotomia deve ocorrer cranialmente à porção regenerada. Algumas lagartixas ajustam o ponto de autotomia de acordo com sua temperatura corporal: a autotomia ocorre mais próxima ao corpo quando o lagarto está frio do que quando está aquecido. Quando um lagarto está frio ele não consegue correr tão rápido como quando está aquecido, e provavelmente, o longo segmento de cauda deixado para trás por um lagarto frio, ocupa a atenção de um predador por tempo suficiente que permite ao lagarto alcançar segurança.

Deixar a cauda na posse de um predador é, certamente, melhor do que ser devorado, mas isto não está livre de custos. A cauda funciona como um sinal de "status" entre algumas espécies de lagartos e um lagarto que autotomiza uma grande porção de sua cauda, pode cair para uma posição inferior na hierarquia de dominância. A perda da cauda também afeta o balanço energético de um lagarto; a taxa de crescimento de lagartos juvenis que autotomizaram a cauda permanece reduzida enquanto suas caudas estão sendo regeneradas. Muitos lagartos armazenam gordura na cauda e as fêmeas mobilizam essa energia quando depositam vitelo nos ovos. Sessenta por cento do total de gordura armazenada pelas fêmeas da lagartixa *Coleonyx brevis* estava localizada na cauda. A autotomia da cauda por fêmeas grávidas de lagartixas resultou na produção de posturas menores do que em fêmeas com cauda. Alguns lagartos, especialmente o pequeno Scincidae norte-americano *Scincella lateralis,* ingerem suas caudas autotomizadas quando podem, recuperando, assim, a energia perdida.

o macho territorial a iniciar a corte. Esses comportamentos são ilustrados pelas exibições de um macho de *Anolis carolinensis,* mostradas nas Figuras 13-12 e 13-13. A primeira resposta de um lagarto territorial a um intruso consiste na exibição afirmação-desafio, mostrada na Figura 13-12a. O apêndice guiar é expandido e o lagarto balança a cabeça na direção do intruso. Além disso, as cristas da nuca e do dorso são levemente elevadas e uma mancha negra aparece atrás do olho. O próximo estágio depende do sexo do intruso e de sua resposta ao desafio do macho territorial (Figura 13-13). Se o intruso for um macho e não retroceder diante do desafio inicial, ambos os machos tornam-se mais agressivos. Durante a postura agressiva (Figura 13-12b), os machos orientam-se lateralmente um ao outro, as cristas nucal e dorsal são totalmente levantadas, o corpo é comprimido lateralmente, a mancha negra atrás do olho escurece e a garganta dilata-se. Todas essas mudanças posturais fazem com que os lagartos pareçam maiores e presumivelmente mais assustadores ao oponente. Se o intruso for uma fêmea receptiva, o macho territorial inicia a corte (Figura 13-12c).

As diferenças de cor e movimento que caracterizam os apêndices guiares e os padrões de atividade de exibição de *Anolis* são conspícuas para observadores humanos, mas será que os lagartos também dependem delas para a identificação das espécies? Evidências indiretas sugerem que os lagartos, provavelmente, utilizam a cor do apêndice guiar e os padrões de atividade de exibição nessa identificação. Por exemplo, o exame de comunidades de *Anolis,* que contêm muitas espécies, mostra que as diferenças nas cores do apêndice guiar e nos padrões de atividade de exibição são maiores para as espécies que se encontram mais frequentemente.

Estudos de uma espécie comum de lagarto do oeste da América do Norte, *Uta stansburiana,* revelaram uma associação complexa entre a coloração guiar e o comportamento reprodutivo e territorial. Os machos têm uma das três cores na região guiar – azul, laranja ou amarelo. Os machos com gargantas azuis são territoriais, e mantêm territórios que se sobrepõem com as áreas de domicílio de uma ou mais fêmeas e acasala com essas fêmeas. Os machos com gargantas laranja são mais agressivos que os machos de garganta azul; não mantêm territórios, mas expulsam os machos de garganta azul de seus territórios e acasalam com as fêmeas. Os machos de garganta amarela tentam penetrar no território dos machos de garganta azul e conseguem acasalar antes que sejam colocados para fora pelo macho territorial (Calsbeek et al. 2001). A cor da garganta do macho é determinada pelo nível de testosterona em seu sangue e isso é determinado durante os primeiros estágios de desenvolvimento (Sinervo et al. 2000). O ajuste das relações entre as formas – ou seja, qual tática de acasalamento é mais eficiente – lembra um

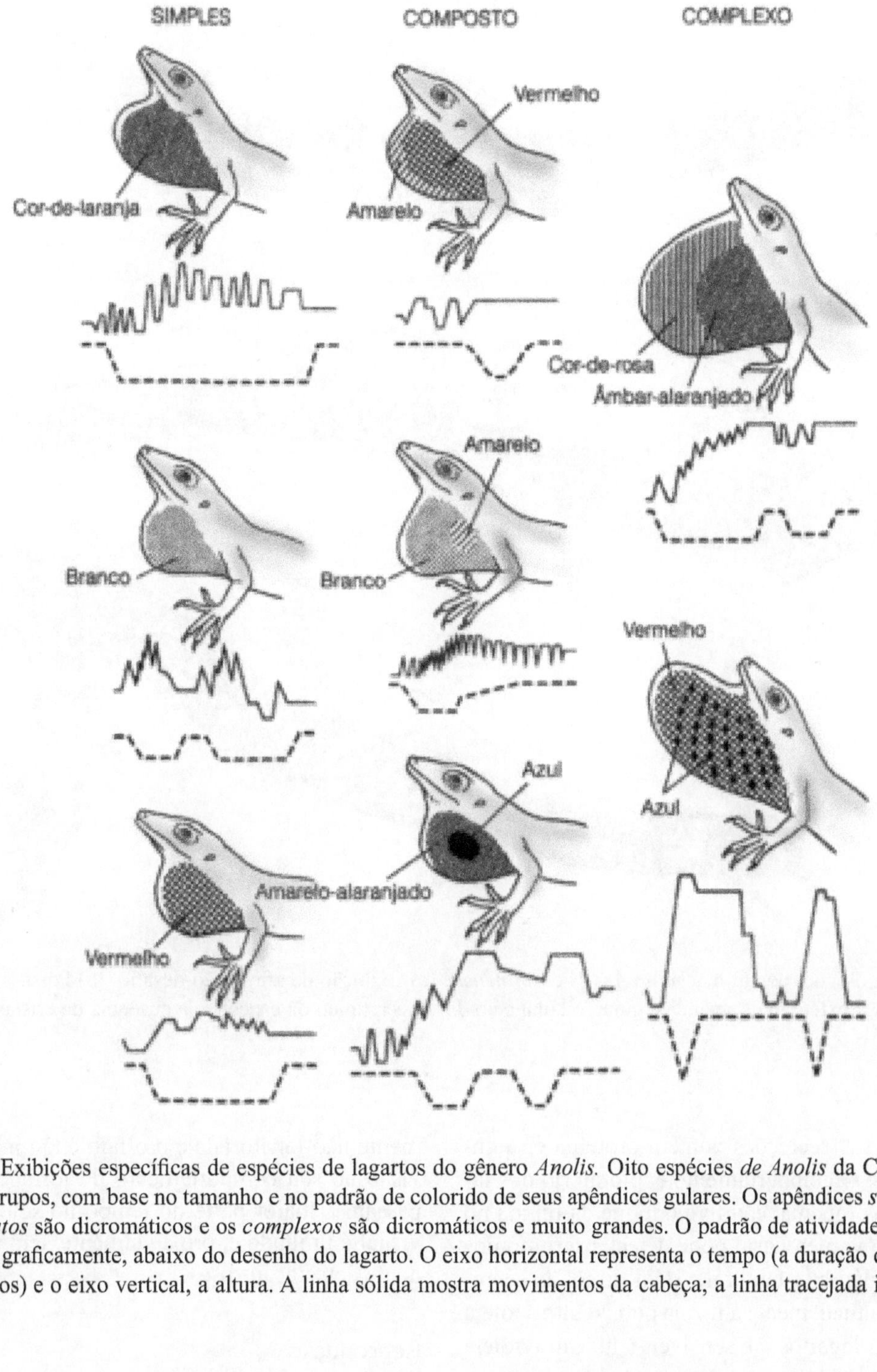

Figura 13-11 Exibições específicas de espécies de lagartos do gênero *Anolis.* Oito espécies *de Anolis* da Costa Rica podem ser separadas em três grupos, com base no tamanho e no padrão de colorido de seus apêndices gulares. Os apêndices *simples* são monocromáticos, os *compostos* são dicromáticos e os *complexos* são dicromáticos e muito grandes. O padrão de atividade de exibição de cada espécie é mostrado graficamente, abaixo do desenho do lagarto. O eixo horizontal representa o tempo (a duração dessas exibições é de cerca de 10 segundos) e o eixo vertical, a altura. A linha sólida mostra movimentos da cabeça; a linha tracejada indica a expansão do apêndice gular.

jogo de pedra, papel e tesoura. Ou seja, os de andar furtivo amarelos batem os agressivos machos laranjas que batem os machos azuis territoriais que batem os de andar furtivo amarelos. A aptidão de cada uma das formas de cores relativas aos outros, dependem da proporção das três formas na população e também na distribuição espacial das formas no habitat. Os machos de garganta azul que são vizinhos de outros machos de garganta azul têm três vezes a aptidão dos machos de garganta azul com laranja – ou vizinhos de garganta amarela, e machos de garganta laranja se saem melhor quando não estão perto de outro macho laranja (Sinervo e Clobert 2003).

A comunicação por feromônios provavelmente ocorre em várias linhagens de lagartos, primariamente Scleroglossa, embora estímulos químicos possam ser mais importantes para alguns Iguania do que se pensava. O macho territorial de *Sceloporus* e outros lagartos Phrynosomatidae friccionam secreções de suas glândulas femorais em objetos em

Figura 13-12 Exibições de um macho de *Anolis carolinensis.* (a) Exibição de afirmação-desafio. (b) Postura agressiva entre machos, (c) Corte. Note a extensão do apêndice guiar, o balanceio de cabeça típico da espécie e a ausência de cristas dorsal e nucal e da mancha pós-ocular.

seus territórios. Essas secreções contêm proteína e, algumas vezes, lipídios. O comportamento exploratório dos lagartos, incluindo os Iguania, envolve o toque da língua no substrato e o órgão vomeronasal pode detectar feromônios nas secreções da glândula femoral. Além disso, as secreções absorvem acentuadamente a luz na porção ultravioleta do espectro. Alguns lagartos são sensíveis à luz ultravioleta e as secreções da glândula femoral raspadas em rochas e galhos podem ser sinais visuais e olfativos.

Territorialidade, a importância relativa da visão quando comparada ao olfato, e o comportamento de forrageio, parecem estar amplamente correlacionados entre os lagartos. Os lugares elevados, de onde os predadores de senta-e-espera examinam suas áreas domiciliares, permitem que eles vejam tanto intrusos, como presas, saltando desses locais para afugentar um intruso ou capturar um inseto. Em contraste, lagartos forrageadores ativos são quase totalmente não-territoriais e o olfato é tão importante quanto a visão no seu comportamento de forrageio. Esses lagartos passam a maior parte do tempo no solo, onde seu campo visual é limitado e, provavelmente, têm pouca oportunidade de detectar intrusos.

Reprodução

Os Squamata apresentam uma variedade de modos reprodutivos, desde a oviparidade (o desenvolvimento ocorre fora do corpo da fêmea e é sustentado inteiramente pelo vitelo – lecitotrofia) até a viviparidade (os ovos são retidos nos ovidutos e o desenvolvimento é sustentado pela transferência de nutrientes da mãe para os embriões – matrotrofia). Condições intermediárias incluem a retenção dos ovos por um período após terem sido fertilizados e a produção de filhotes precociais nutridos primariamente pelo material vitelínico. Considera-se a oviparidade como uma condição ancestral e

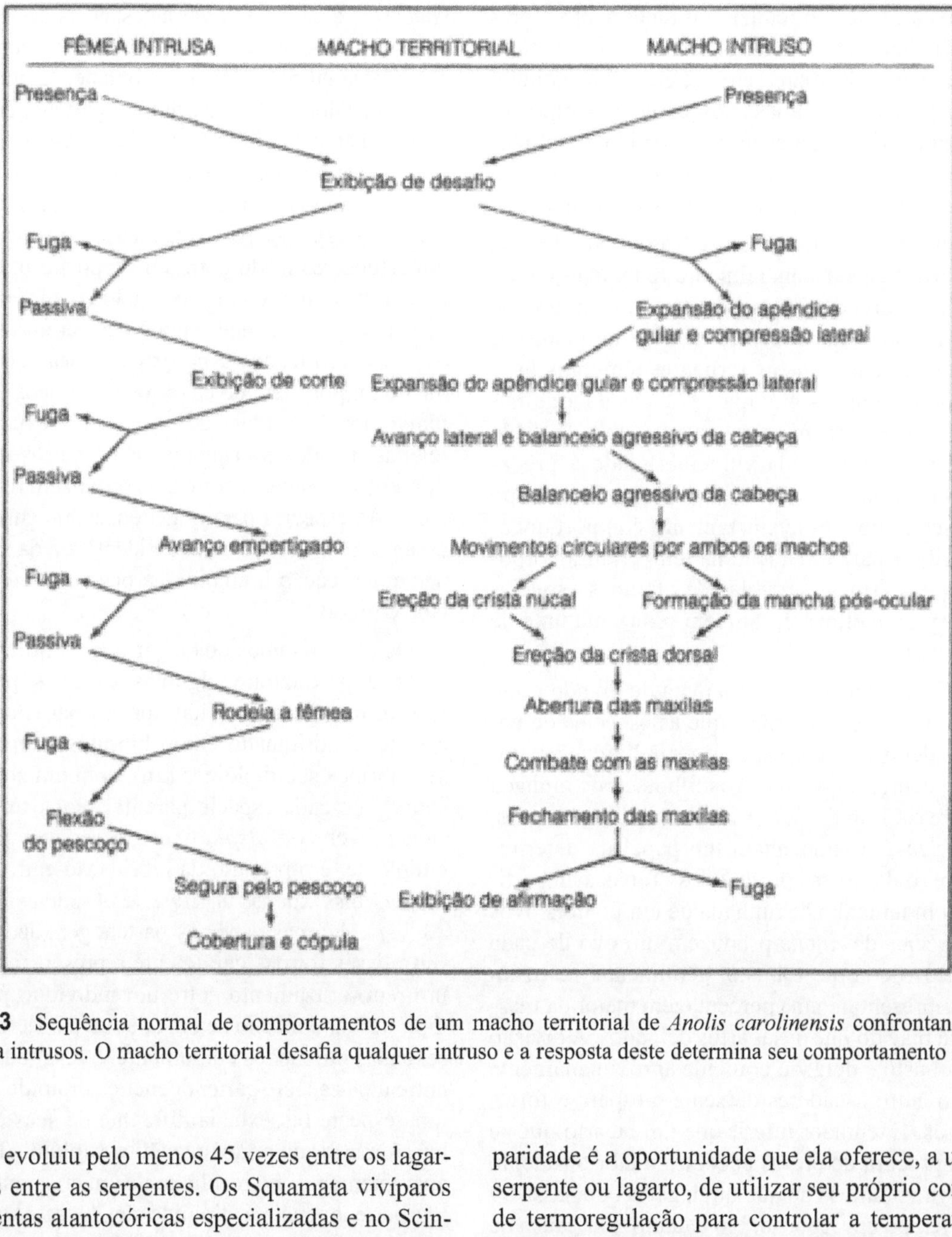

Figura 13-13 Sequência normal de comportamentos de um macho territorial de *Anolis carolinensis* confrontando-se com um macho ou fêmea intrusos. O macho territorial desafia qualquer intruso e a resposta deste determina seu comportamento subsequente.

a viviparidade evoluiu pelo menos 45 vezes entre os lagartos e 35 vezes entre as serpentes. Os Squamata vivíparos possuem placentas alantocóricas especializadas e no Scincidae brasileiro, *Mabuia heathi,* mais de 99 por cento da massa do embrião resulta do transporte de nutrientes através da placenta.

A viviparidade é, geralmente, uma estratégia reprodutiva de alto investimento. Em geral, as fêmeas de Squamata vivíparos produzem números relativamente pequenos de jovens de grande porte, embora existam exceções a essa generalização. A viviparidade não está uniformemente distribuída entre as linhagens dos Squamata. Quase metade das origens da viviparidade no grupo ocorreu na família Scincidae, enquanto é desconhecida nos lagartos Teiidae e ocorre em apenas dois gêneros de Lacertidae. Como modo de reprodução, a viviparidade tem vantagens e desvantagens. O benefício mais comumente mencionado da viviparidade é a oportunidade que ela oferece, a uma fêmea de serpente ou lagarto, de utilizar seu próprio comportamento de termorregulação para controlar a temperatura dos embriões durante o desenvolvimento. Essa hipótese é atraente em um contexto ecológico, pois um período relativamente curto de retenção dos ovos, pela fêmea, poderia reduzir, substancialmente, o tempo total necessário para o desenvolvimento, especialmente em um clima frio.

A viviparidade diminui, potencialmente o rendimento reprodutivo, uma vez que uma fêmea que está retendo uma ninhada de ovos não pode produzir outra ninhada. Em habitats quentes, os lagartos podem produzir mais de uma ninhada de ovos numa estação, o que não é possível para uma espécie vivípara porque o desenvolvimento é muito demorado. No entanto, em um clima frio, os lagartos não são capazes de produzir mais de uma ninhada de ovos numa estação reprodutiva, e a viviparidade não reduziria o rendimento reprodutivo anual da fêmea de um lagarto. Análises filogenéticas das origens da viviparidade sugerem que ela tenha evoluído com maior frequência em climas frios, como essa hipótese prevê, mas outras origens parecem ter ocorrido em climas quentes e parece provável que tenha ocorrido mais de uma situação favorecendo a viviparidade entre os Squamata.

A viviparidade tem outros custos. A agilidade de uma fêmea de lagarto fica substancialmente reduzida quando seus embriões são grandes. Experimentos mostraram que fêmeas grávidas não podem correr tão rápido quanto as que não estão grávidas e que as serpentes têm mais facilidade em capturar fêmeas grávidas. Fêmeas de algumas espécies de lagartos tornam-se reservadas quando estão grávidas, talvez devido à sua vulnerabilidade à predação. Elas reduzem sua atividade e passam mais tempo em lugares escondidos. Esse ajustamento comportamental pode contribuir para a redução na temperatura corporal observada nas fêmeas grávidas de algumas espécies de lagartos e, provavelmente, também reduz sua taxa de captura de presas.

Geralmente, as espécies de Squamata de grande porte produzem mais ovos ou embriões que as espécies de pequeno porte e, dentro de uma espécie, os indivíduos maiores, frequentemente, têm mais ovos/filhotes por ninhada que os menores. Contudo, tanto restrições filogenéticas, quanto ecológicas, desempenham um papel na determinação do número de jovens produzidos. Todas as lagartixas possuem um tamanho de ninhada de um ou dois ovos e todas as espécies de *Anolis* produzem um ovo de cada vez. Os lagartos de corpo robusto, geralmente, realizam desovas que representam uma percentagem maior da massa corpórea da mãe do que os lagartos delgados. A divisão entre corpo robusto e delgado coincide aproximadamente com a divisão entre caçadores de senta-e-espera e forrageadores ativos. E tentador inferir que um lagarto que se movimenta a procura de presas encontra maior obstáculo em uma desova volumosa do que um lagarto que passa 99 por cento do tempo em repouso. No entanto, por causa de algumas das divisões entre tipos de comportamento predatório, forma do corpo e massa relativa da ninhada também correspondem à divisão filogenética entre Iguania e lagartos Scleroglossa e, como resultado, não é possível decidir quais características são ancestrais e quais podem ser derivadas.

Partenogênese

Nos Squamata, espécies em que todos os indivíduos são fêmeas (**partenogenéticas**) foram identificadas em seis famílias de lagartos e uma de serpente. O fenômeno é particularmente comum nos Teiidae (especialmente em *Aspidoscelis,* anteriormente *Cnemidophorus*) e nos Lacertidae (*Lacerta*) e ocorre em várias espécies de lagartixas. Espécies partenogenéticas são conhecidas ou suspeita-se da sua ocorrência entre os Chamaeleonidae, Agamidae, Xantusiidae e Typhlopidae. Entretanto, a partenogênese, provavelmente, está mais difundida entre os Squamata do que essa lista indica porque espécies partenogenéticas não apresentam diferenças conspícuas das espécies bissexuadas. Geralmente, as espécies partenogenéticas são detectadas quando um estudo realizado com um propósito inteiramente diferente revela que uma espécie não contém machos. Confirmação da partenogênese pode ocorrer através da obtenção de ovos fertilizados a partir de fêmeas criadas em isolamento ou por meio de enxertos recíprocos de pele entre os indivíduos. Indivíduos de espécies bissexuadas geralmente rejeitam tecidos transplantados de outros indivíduos, pois diferenças genéticas entre eles produzem reações imunológicas. As espécies partenogenéticas, no entanto, produzem uma progénie geneticamente idêntica à da mãe e, portanto, nenhuma reação imunológica ocorre e o tecido transplantado é retido.

Os cromossomos dos lagartos permitiram que os eventos que produziram algumas espécies partenogenéticas fossem decifrados. Muitas formas partenogenéticas parecem ter se originado como híbridos interespecíficos. Esses híbridos são diplóides (2n), com um conjunto cromossômico de cada espécie parental. Por exemplo, o lagarto cauda-de-chicote *Aspidoscelis tesselatus,* partenogenético e diplóide, é o produto da hibridação entre as espécies diplóides bissexuadas *A. tigris* e *A. septemvittatus* (Figura 13-14). Algumas espécies partenogenéticas são triplóides (3n). Essas formas geralmente representam o resultado de um retro-cruzamento entre um indivíduo partenogenético diplóide e um macho de uma de suas espécies parentais bissexuadas ou, menos comumente, o resultado da hibridação entre uma espécie partenogenética diplóide e um macho de uma espécie bissexuada diferente de suas espécies parentais. Uma forma partenogenética triplóide de *A. tesselatus,* aparentemente, é o resultado de um cruzamento entre a forma partenogenética diplóide de *A. tesselatus* e a espécie diplóide bissexuada *A. sexlineatus.*

É comum encontrar-se as duas espécies parentais bissexuadas e uma espécie partenogenética vivendo em habitats que se sobrepõe. Espécies partenogenéticas de *Aspidoscelis* frequentemente ocorrem em habitats como planícies inundáveis de rios, sujeitas a fraturas frequentes. Um distúrbio do habitat pode aproximar espécies bissexuadas relacionadas, favorecendo a hibridação, que representa o primeiro passo para o estabelecimento de espécies partenogenéticas. Uma vez estabelecida uma espécie partenogenética, seu potencial reprodutivo é o dobro daquele de uma espécie bissexuada, pois todos os indivíduos são capazes de produzir filhotes. Assim, quando uma inundação ou outro desastre elimina a

Figura 13-14 Sequência aparente de cruzamentos que levaram à formação de espécies unissexuadas diplóides e triplóides de *Aspidoscelis.* A hibridação das espécies bissexuadas diplóides (a) *A. tigris* e (b) *A. septemvittatus* produziu uma forma unissexuada diplóide com metade de seu complemento genético derivado de cada espécie parental (um alodiplóide). Essa forma partenogenética é denominada (c) *A. tesselatus.* A hibridação entre um *A. tesselatus* diplóide e um macho da espécie bissexuada (d) *A. sexlineatus* produziu uma forma unissexuada triplóide, com seu complemento genético derivado de três espécies parentais diferentes (um alotriplóide). Essa forma partenogenética triplóide também é chamada de (e) *A. tesselatus.* Assim, *A. tesselatus* consiste em clones, tanto da linhagem diplóide, como da triplóide, embora os taxonomistas, provavelmente, considerarão essas duas formas como espécies separadas, em um futuro próximo.

maioria dos lagartos, uma espécie partenogenética pode recolonizar um habitat mais rapidamente do que uma espécie bissexuada.

Cuidado Parental

O cuidado parental foi registrado em mais de 100 espécies de Squamata. Umas poucas espécies de serpentes e um número maior de lagartos permanecem com os ovos ou no local do ninho. Algumas fêmeas de Scincidae removem, da desova, os ovos que não estão bons. Algumas espécies de pítons incubam seus ovos: a fêmea enrola-se firmemente em torno dos ovos e, em algumas espécies, as contrações musculares do corpo da fêmea produzem calor suficiente para elevar a temperatura dos ovos até cerca de 30°C, substancialmente acima da temperatura do ar. Existe um registro não confirmado de filhotes de píton retomando à noite para as cascas vazias de seus ovos, onde a mãe enrolava-se em tomo deles, mantendo-os aquecidos. Foram documentadas poucas interações entre adultos e juvenis de Squamata. Em cativeiro, foram observadas fêmeas de *Corucia zebrata* empurrando seus filhotes na direção do alimento, como se estivessem ensinando-os a comer. Esta espécie, que ocorre exclusivamente nas Ilhas Solomon, é herbívora e vivípara.

Os filhotes de iguanas-verdes possuem uma tênue coesão social, que persiste por vários meses após a eclosão. As pequenas iguanas afastam-se da área de nidificação em grupos que podem incluir indivíduos de diversos ninhos diferentes. Um lagarto pode liderar a marcha, olhando para trás como se estivesse observando se os demais o seguem. O mesmo indivíduo pode retomar mais tarde e recrutar um outro grupo de jovens. Durante as três primeiras semanas após a eclosão, os filhotes de iguana movem-se até o dossel da floresta, sendo vistos em associação íntima com os adultos. Durante esse período, os filhotes provavelmente ingerem as fezes dos adultos, assim inoculando micro-organismos simbiontes presentes no tubo digestório que facilitam a digestão de matéria vegetal. Após a sua quarta semana de vida, os filhotes deslocam-se do dossel para a vegetação baixa, onde continuam a ser encontrados em grupos pouco coesos, de dois a seis ou mais indivíduos, que se movem, alimentam e dormem juntos. Essa associação poderia proporcionar alguma proteção contra predadores e, se os filhotes continuarem a ingerir matéria fecal, cria-se outra oportunidade para garantir que cada lagarto tenha recebido seu complemento total de microorganismos do trato digestório.

13.5 Temperatura e Ecologia dos Squamata

Como foi discutido no Capítulo 8, os Squamata, especialmente os lagartos, são capazes de uma termoregulação muito precisa e os ambientes térmicos podem ser traços muito importantes de sua ecologia. Microhabitats nos quais a manutenção de determinadas temperaturas corporais podem acontecer, podem ser uma das dimensões que definem os nichos ecológicos dos lagartos. Por exemplo, as cinco espécies mais comuns de *Anolis,* em Cuba, partilham o habitat de várias maneiras (Figura 13-15). Primeiramente, dividem o habitat ao longo de um contínuo, desde áreas ensolaradas até as sombreadas: duas espécies (*A. lucius* e *A. allogus*) ocorrem em locais totalmente sombreados, nas florestas; uma espécie (*A. homolechis*) ocorre em clareiras e na borda da floresta, locais parcialmente sombreados e duas espécies (*A. allisoni* e *A. sagrei*) ocorrem em regiões totalmente ensolaradas. No interior dos habitats, no contínuo sol-sombra, os lagartos estão separados pelos substratos que utilizam como locais de poleiro. Na floresta, *A. lucius* empoleira-se em árvores de grande porte, a até 4 metros acima do solo, enquanto *A. allogus* descansa em pequenas árvores, a até 2 metros do solo. *A. homolechis,* que não compartilha seu habitat com outras espécies comuns de *Anolis,* empoleira-se tanto em árvores pequenas como grandes. Em habitats abertos, *A. allisoni* empoleira-se a mais de dois metros do solo, sobre troncos de árvores e casas e *A. sagrei* é encontrado abaixo de 2 metros, sobre arbustos e postes de cercas. Nessa temperatura e distribuição espacial os lagartos desenvolvem outras especializações. Espécies que vivem sobre troncos perto do chão têm membros caudais e cauda longos, enquanto espécies que vivem em galhos em alto do dossel têm membros caudais e cauda curtos. As proporções do corpo de diferentes formas parecem estar relacionadas à locomoção em superfícies largas *versus* estreitas (Irschick e Losos 1998, Irschich e Garland 2001). Essas relações entre ecologia térmica, habitat e forma do corpo têm evoluído repetidamente em diferentes ilhas no Caribe (Losos 2001, Losos et al. 2003).

Algumas espécies de lagartos não realizam termoregulação. Os lagartos que vivem sob o dossel de florestas tropicais frequentemente possuem temperaturas corporais muito próximas da temperatura do ar (isto é, são termicamente passivos), enquanto as espécies que vivem em habitats abertos realizam uma termoregulação mais precisa. A relativa facilidade de termoregulação, em diferentes habitats, pode ser um fator importante que determina se uma espécie de lagarto realiza termoregulação ou permite que sua temperatura varie com a temperatura do ambiente.

A distribuição das áreas ensolaradas é um fator que determina a facilidade da termoregulação. A luz solar penetra o dossel de uma floresta em pequenas manchas que se deslocam pelo solo da mata à medida que o sol se move. Essas manchas de luz são a única fonte de radiação solar para os lagartos que vivem no solo da mata ou nas suas proximidades e podem estar muito esparsamente distribuídas ou ser muito transitórias para serem utilizadas na termoregulação. Em habitats abertos, a luz solar está facilmente disponível e a termoregulação torna-se mais fácil. A diferença no comportamento de termoregulação de lagartos em habitats abertos e sombreados pode ser vista até mesmo em comparações entre diferentes populações da mesma espécie. Por exemplo, *Anolis sagrei* ocorre tanto em habitats abertos como em florestas da Ilha Ábaco, no Caribe. Em habitats abertos, os lagartos aquecem-se ao sol e mantêm temperaturas corporais entre 32 e 35°C, de 8:30 a 17:00 horas, aproximadamente. Na floresta, os lagartos não se aquecem ao sol e suas temperaturas variam entre 24 e 28°C, no mesmo período.

A tarefa de integrar o comportamento de termoregulação com o forrageio é relativamente simples, para predadores de senta-e-espera, como *Anolis.* Esses lagartos podem modificar facilmente seu balanço entre ganho e perda de calor, realizando pequenos movimentos entre a luz e a sombra ou entre poleiros com e sem vento, enquanto continuam a examinar os arredores à espera de presas. Os lagartos largamente forrageadores podem ter maior dificuldade em integrar a termoregulação e a predação. Eles estão em contínuo movimento entre o sol e a sombra e entre posições com e sem vento e suas temperaturas corporais são afetadas pela atividade de forrageio. Algumas vezes, esses lagartos precisam interromper o forrageio para termoregular, voltando a

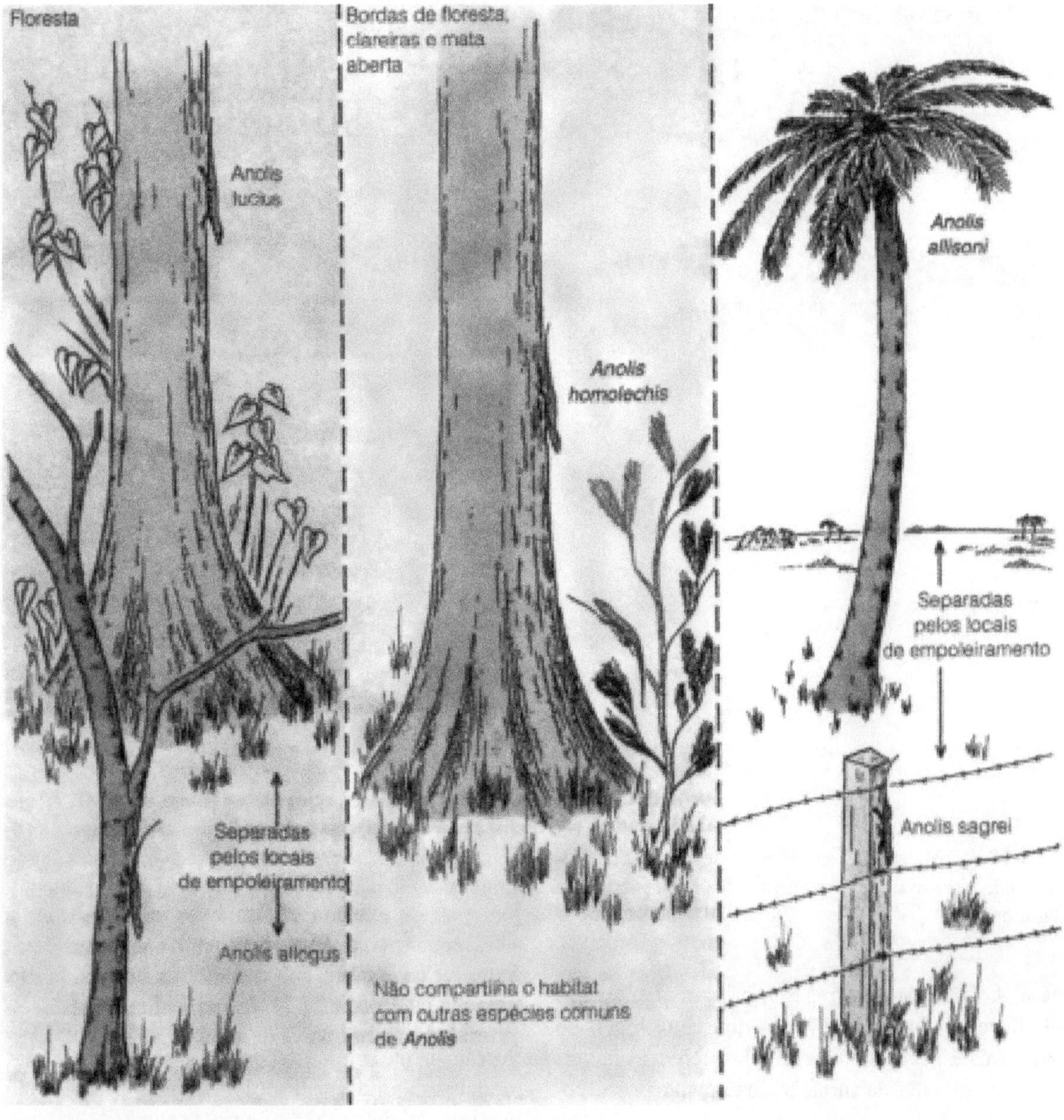

Figura 13-15 Partilha de habitat entre espécies cubanas de *Anolis.* Ver texto para explicações.

forragear apenas quando tiverem se aquecido ou se resfriado o suficiente para retornar ao seu intervalo de temperatura de atividade.

O tamanho do corpo é outra variável que pode afetar a termoregulação. Um exemplo da interação entre tamanho do corpo, termoregulação e comportamento de forrageio é fornecido por três espécies de lagartos da família Teiidae (*Ameiva*) da Costa Rica. As espécies de *Ameiva* são forrageadoras predadoras que se movem pelo habitat, introduzindo o focinho embaixo de folhas caídas e dentro de buracos. Três espécies de *Ameiva* ocorrem juntas na península de Osa, na Costa Rica, em um habitat que se estende de totalmente ensolarado (na beira de uma estrada) a totalmente sombreado (na floresta). A maior das três espécies, *A. leptophrys,* possui uma massa corporal média de 83 gramas; a espécie de tamanho médio, *A. festiva,* pesa 32 gramas e a menor, *A. quadrilineata,* 10 gramas (Figura 13-16). As três espécies forragearam em diferentes partes desse habitat: *A. quadrilineata* passou a maior parte do tempo na vegetação baixa da margem da estrada, *A. festiva* foi encontrada no talude

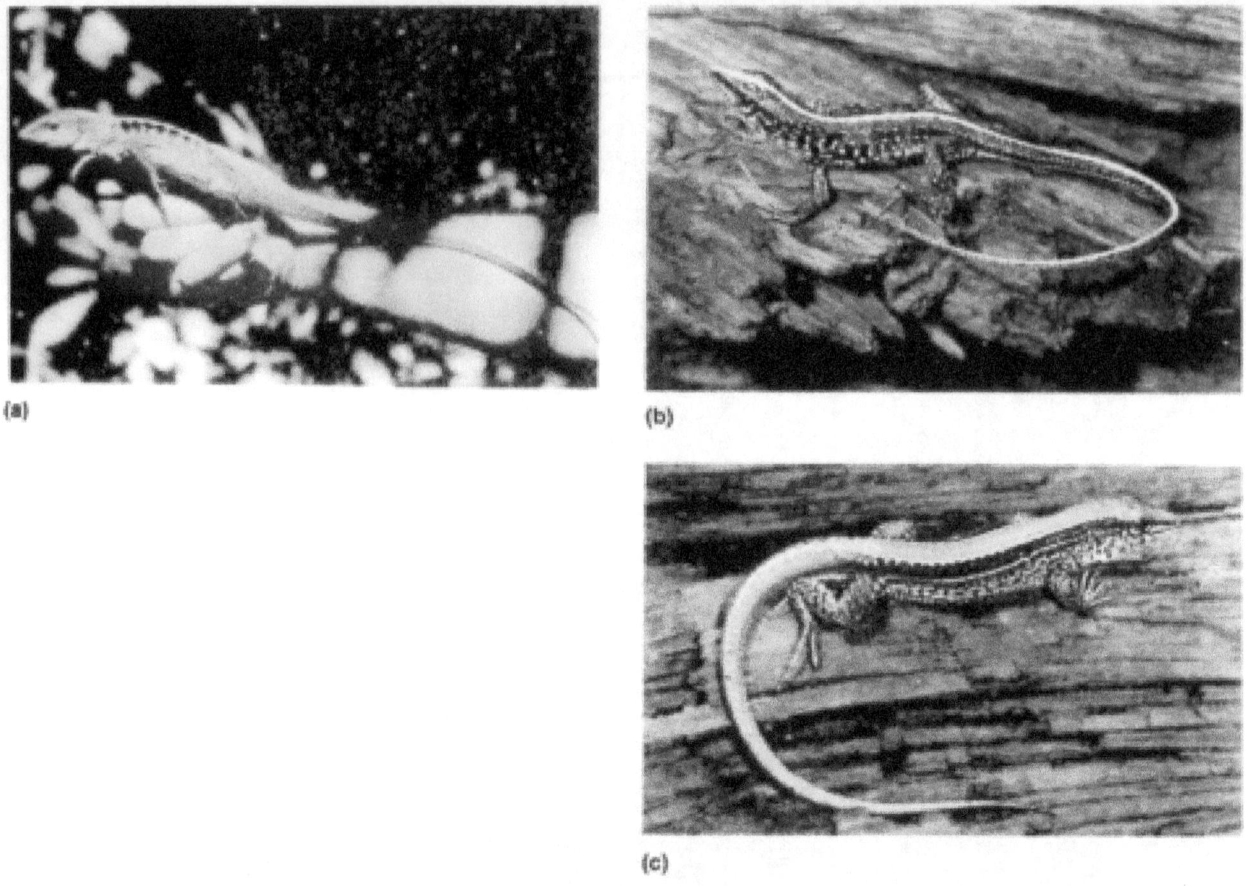

Figura 13-16 Três espécies simpátricas de *Ameiva* da Costa Rica. (a) *Ameiva leptophrys,* cujos adultos pesam, em média, 83 gramas, (b) *Ameiva festiva,* cujo peso médio dos adultos é igual a 32 gramas, (c) *Ameiva quadrilineata,* cujo peso médio dos adultos é igual a 10 gramas.

da estrada e *A. leptophrys* forrageou, primariamente, sob o dossel da floresta (Figura 13-17). Os diferentes locais de forrageio das três espécies podem refletir diferenças na termoregulação, resultantes da variação no tamanho do corpo.

O comportamento de termoregulação das três espécies foi o mesmo: um lagarto aquecia-se ao sol até sua temperatura corporal atingir 39 ou 40°C, quando passava a locomover-se através do mosaico de luz e sombra, à procura de alimento. A temperatura corporal do lagarto diminuía à medida que forrageava e o animal interrompia o forrageio e voltava a se aquecer ao sol quando sua temperatura caía para 35°C. Sendo assim, o tempo que um lagarto poderia forragear dependia do tempo necessário para que sua temperatura se resfriasse de 39 ou 40°C para 35°C. Na sombra, a taxa de resfriamento de *Ameiva* foi inversamente proporcional ao tamanho do corpo das três espécies: para *A. quadrilineata* foram necessários 4 minutos; para *A. festiva,* 6 minutos e para *A. leptophrys,* 11 minutos (Figura 13-18a). Essa relação parece explicar parte da separação de microhabitats das três espécies: a espécie menor, *A. quadrilineata,* resfria-se tão rapidamente que pode não ser capaz de forragear de maneira eficiente em micro-habitats sombreados, enquanto *A. leptophrys* resfria-se lentamente e pode forragear na sombra, sob o dossel da floresta. A espécie de tamanho intermediário, *A. festiva,* utiliza o habitat com uma quantidade intermediária de sombra.

A lenta taxa de resfriamento de *A. leptophrys* pode explicar o motivo dessa espécie ser capaz de forragear na sombra, mas observações de campo indicam que seu forrageio está, de fato, restrito à sombra e que saem da floresta apenas para se aquecer ao sol. Algum fator ambiental impediria que *A. leptophrys* forrageasse sob o sol? A resposta para essa questão pode estar no modo como a temperatura do corpo das três espécies aumenta quando estão em micro-habitats abertos. O tamanho do corpo afeta profundamente a temperatura de equilíbrio de um organismo exposto ao sol. Um lagarto se aquece através da absorção de radiação solar e à medida que se toma mais quente, sua perda de calor por convecção, evaporação e irradiação também aumenta. Quando a taxa de perda de calor se iguala à taxa de ganho, a temperatura do corpo não se eleva mais. Lagartos de grande porte alcançam esse equilíbrio com temperaturas corpóreas

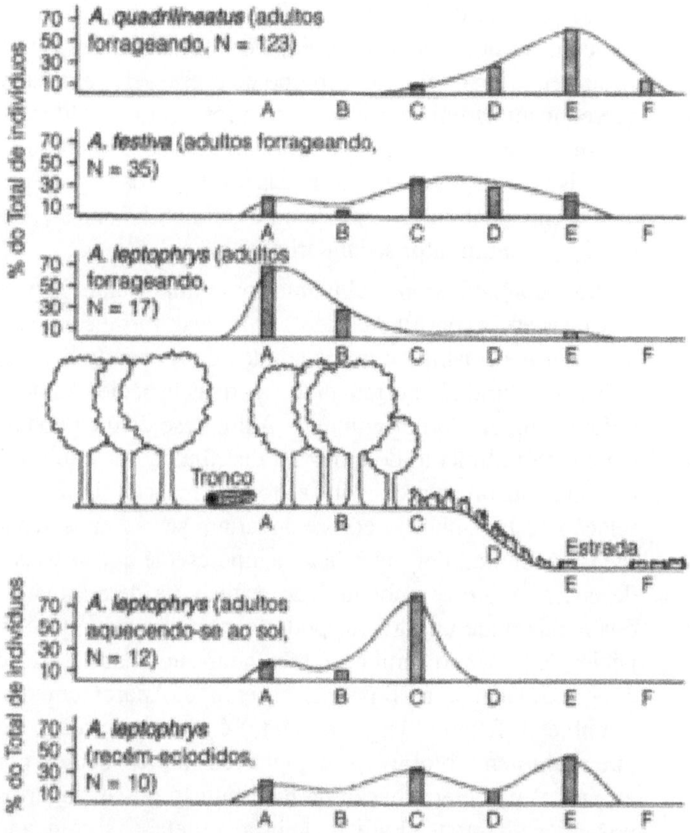

⋞**Figura 13-17** Locais de forrageio de três espécies de *Ameiva,* na Costa Rica. Os histogramas mostram o número de indivíduos das três espécies observadas em cada um dos seis locais: A, uma pequena clareira na floresta; B, imediatamente dentro da orla da floresta; C, fora da orla da floresta; D, ponto médio entre a orla da floresta e a área aberta; E, vegetação baixa da margem da estrada; F, vegetação baixa de uma grande área aberta sem árvores.

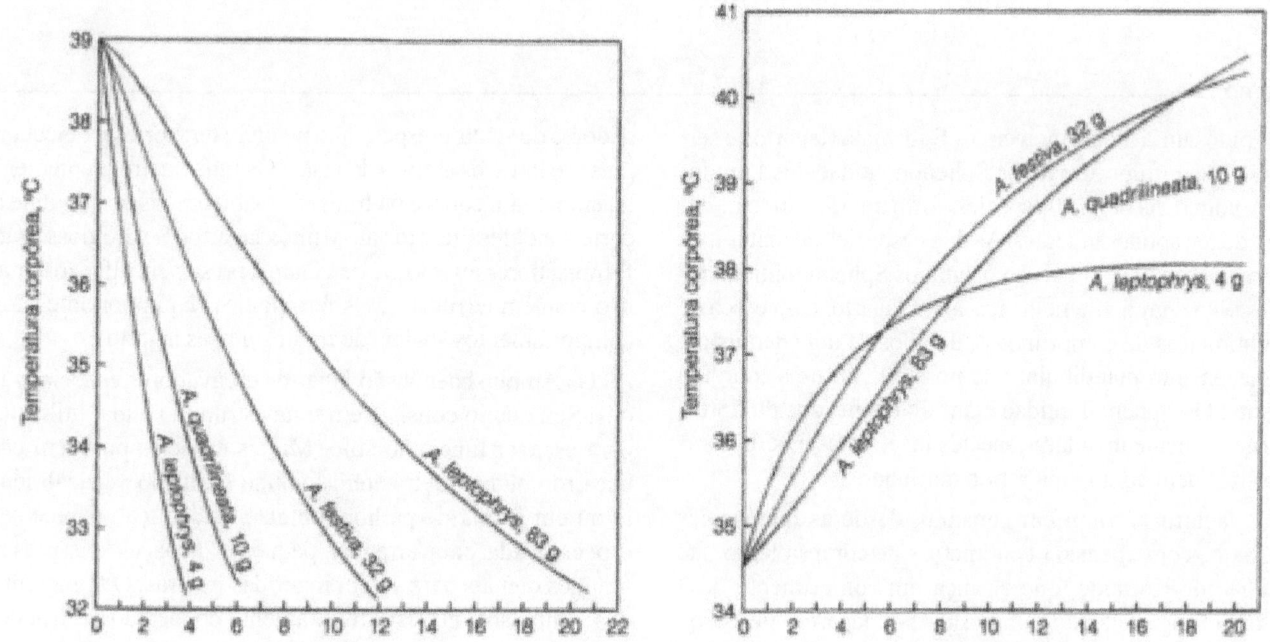

⋏**Figura 13-18** Taxas de resfriamento e aquecimento de três espécies simpátricas de *Ameiva.* A maior espécie, *Ameiva leptophrys,* se aquece e se resfria mais lentamente que as espécies menores. Se permanecesse no sol, sua temperatura corporal se elevaria acima de 40ºC. As espécies menores se aquecem e se resfriam mais rapidamente que a espécie maior e atingem o ponto de equilíbrio a temperaturas corporais mais baixas.

mais elevadas do que os lagartos menores. Simulações por computador sobre as taxas de aquecimento ao sol das três espécies de *Ameiva* mostraram que *A. quadrilineata* e *A. festiva* alcançariam o equilíbrio em temperaturas corporais de 37 a 40°C, mas *A. leptophrys* continuaria a se aquecer até que sua temperatura atingisse o valor letal de 45°C (Figura 13-18b). Essa análise sugere que *A. leptophrys* morreria de estresse térmico se permanecesse mais que uns poucos minutos em um micro-habitat ensolarado mas as duas espécies menores de *Ameiva* não teriam esse problema.

Assim, como resultado da biofísica das trocas de calor, o grande tamanho do corpo de *A. leptophrys,* aparentemente, permite que essa espécie forrageie em habitats sombreados (porque se resfria lentamente), mas impede que faça o mesmo em habitats ensolarados (porque se superaqueceria). Observações de campo sobre o comportamento de forrageio de recém-nascidos de *A. leptophrys* enfatiza a importância das trocas de calor para o comportamento de forrageio desses lagartos. Os recém-nascidos de A *leptophrys* forrageiam em habitats abertos, como *A. festiva* e *A. quadrilineata,* e não sob o dossel da floresta, como os adultos de *A. leptophrys,* isto é, os juvenis das grandes espécies de *Ameiva* comportam-se como os adultos das espécies menores, provavelmente, devido à importância do tamanho do corpo e das trocas térmicas na determinação dos micro-habitats nos quais os lagartos podem termoregular.

A diferença no uso de vários micro-habitats por essas três espécies de lagartos parece, à primeira vista, um exemplo de partilha de habitat em resposta à competição inter-específica por alimento, isto é, pelo fato das três espécies se alimentarem com o mesmo tipo de presa, seria esperado que concentrassem seus esforços de forrageio em diferentes micro-habitats, para reduzir a competição. No entanto, a análise das necessidades térmicas dos lagartos sugere que essa competição inter-específica por alimento consiste, no máximo, em um fator secundário.

Se a competição por alimento fosse importante, não se esperaria encontrar filhotes de *A. leptophrys* forrageando no mesmo micro-habitat com os adultos de *A. quadrilineata,* pois a similaridade no tamanho das duas espécies aumentaria a competição por alimento. A hipótese de que a competição por alimento determina a distribuição dos animais nos micro-habitats prediz que as formas mais similares, em relação ao tamanho do corpo, deveriam ser as mais separadas no habitat. Por outro lado, a hipótese de que as trocas de energia com o ambiente são críticas na determinação dos locais onde um lagarto pode forragear, prediz que espécies de tamanho similar viverão no mesmo habitat e este é, aproximadamente, o padrão observado. Aparentemente, o ambiente físico (energia radiante) é mais importante do que o ambiente biológico (competição interespecífica por alimento) na determinação da distribuição desses lagartos nos micro-habitats. Essa conclusão reflete o significado ecológico de larga escala das diferenças morfológicas e fisiológicas entre os ectotermos e os endotermos, um tema que será desenvolvido no próximo capítulo.

Resumo

Os Lepidosauria atuais incluem os Squamata (lagartos e serpentes) e seu grupo-irmão, os Sphenodontidae. Os Lepidosauria, com mais de 7700 espécies, formam o segundo maior grupo de tetrápodes viventes. As duas espécies de matara, da região da Nova Zelândia, são os únicos Sphenodontidae viventes. São animais semelhantes a um lagarto, com cerca de 60 centímetros de comprimento, dotados de uma dentição e um mecanismo mandibular que possibilitam uma mordida cortante. Os Sphenodontidae eram diversificados durante a Era Mesozóica e incluíam espécies insetívoras e herbívoras terrestres, bem como uma forma marinha.

Os lagartos variam em tamanho, desde as minúsculas lagartixas, com apenas 3 centímetros de comprimento, até o dragão de Komodo, que alcança um comprimento de 3 metros. Os Iguania são compostos por lagartos de corpo robusto e apresentam uma diversidade considerável de formas corporais. A maioria dos Scleroglossa são alongados e a ausência de membros anteriores e posteriores ocorreu, independentemente, muitas vezes nessa linhagem.

As diferenças na ecologia e no comportamento acompanham as divisões filogenéticas: muitos Iguania são predadores de senta-e-espera que mantêm territórios e detectam presas e intrusos através da visão. Os Iguania, frequentemente, empregam cores e padrões em exibições visuais durante a corte e a defesa territorial. Muitos lagartos Scleroglossa são forrageadores ativos que detectam a presa pela olfação e que não mantêm territórios. Os feromônios são importantes nos comportamentos sociais de muitos desses lagartos.

Os Amphisbaenia são lagartos escavadores especializados. Seu crânio consiste em uma estrutura sólida, utilizada para escavar túneis no solo. Muitas espécies possuem cabeça rombuda e outras têm focinho quilhado verticalmente ou em forma de pá horizontal. Sua dentição parece ser especializada para arrancar pequenos pedaços das presas grandes demais para serem ingeridas inteiras. O tegumento dos Amphisbaenia está frouxamente conectado ao tronco, permitindo o deslocamento para a frente e para trás, dentro do tubo de tegumento, enquanto se movimentam nos túneis, com locomoção em concertina.

As serpentes são derivadas dos lagartos Scleroglossa. A remodelação da massa corpórea de um vertebrado em uma forma serpentina foi acompanhada por especializações dos mecanismos de locomoção (serpentina, retilínea, em concertina e por alças laterais), de captura de presas (constrição e uso de veneno) e de deglutição (um crânio altamente cinético).

Muitos Squamata apresentam comportamentos sociais complexos associados à territorialidade e à corte, mas o cuidado parental é pouco desenvolvido. A viviparidade evoluiu 80 vezes ou mais entre os Squamata. A termoregulação é outro comportamento importante desses animais e várias atividades são influenciadas pela temperatura do corpo. Os nichos ecológicos de alguns lagartos podem ser definidos, em parte, pelos micro-habitats necessários para manter temperaturas corporais particulares.

Leituras adicionais

Andrews, R. M, and B. R. Rose. 1994. Evolution of viviparity: Constraints on egg retention. *Physiological Zoology* 67: 1006-1024.

Arnold, E. N. 1988. Caudal autotomy as a defense. In C. Gans and R. B. Huey (Eds.), *Biology of the Reptilia,* vol. 16. New York, NY: Liss, pp. 235-273.

Auffenberg, W. 1981. *The Behavioral Ecology of the Komodo Monitor.* Gainesville, FL: University Presses of Florida.

Avery, R. A. 1976. Thermoregulation, metabolism, and social behaviour in Lacertidae. In A. dA. Bellairs and C. B. Cox (Eds.), *Morphology and Biology of Reptiles.* London, UK: Academic, 245-259.

Calsbeek, R., et al. 2002. Sexual selection and alternative mating behaviours generate demographic stochasticity in small populations. *Proceedings of the Royai Society of London* B 269:157-164.

Coates, M. and M. Ruta. 2000. Nice snakes, shame about the legs. *Trends in Ecology and Evolution* 15:503-507.

Daugherty, C. H., et al. 1990. Neglected taxonomy and continuing extinctions of tuatara (*Sphenodon*). *Nature* 347:177-179.

Greene, H. 1997. *Snakes.* Berkeley, CA: University of California Press.

Greene, H. W. and D. Cundall. 2000. Limbless tetrapods and snakes with legs. *Science* 287:1939-1941.

Hardy, D. L., Sr. 1994. A reevaluation of suffocation as the cause of death during constriction. *Herpetological Review* 25: 45-17.

Huey, R. B., and A. F. Bennett. 1986. A comparative approach to field and laboratory studies in evolutionary biology. In M. E. Feder and G. V. Lauder (Eds.), *Predator-Prey Relationships,* Chicago, IL: University of Chicago Press, pp. 82-98.

Huey, R. B., and E. R. Pianka. 1981. Ecological consequences of foraging mode. *Ecology* 62:991-999.

Irschick, D. J, and T. Garland, Jr. 2001. Integrating function and ecology in studies of adaptation: Investigations of locomotor capacity as a model system. *Annual Review of Ecology and Systematics* 32:367-396.

Irschick, D. J. and J. B. Losos. 1998. A comparative analysis of the ecological significance of locomotor performance in Caribbean *Anolis* lizards. *Evolution* 52:219-226.

Losos, J. B. 2001. Evolution: A lizard's tale. *Scientific American* March 2001 pp. 64-69.

Losos, J. B., et al. 2003. Niche lability in the evolution of a Caribbean lizard community. *Nature* 424:542-545.

Mason, R. T. 1992. Reptilian pheromones. In C. Gans and D. Crews (Eds.), *Biology of the Reptilia,* vol. 18. Chicago, IL: University of Chicago Press, pp. 114-228.

Owerkowicz, T., et al. 1999. Contribution of gular pumping to lung ventilation in monitor lizards. *Science* 284:1661-1663.

Rieppel, O. and M. Kearney. 2001. The origin of snakes: Limits of a scientific debate. *Biologist* 48:110-114.

Shine, R. 1985. The evolution of viviparity in reptiles: An ecological analysis. In C. Gans and F. Billett (Eds.), *Biology of the Reptilia,* vol. 15. New York, NY: Wiley, pp. 606-694.

Shine, R. 1988. Parental care in reptiles. In C. Cans and R. B. Huey (Eds.), *Biology of the Reptilia,* vol. 16. New York, NY: Liss, pp. 275-329.

Sinervo, B. and J. Clobert. 2003. Morphs, dispersal behavior, genetic similarity, and the evolution of cooperation. *Science* 300:1949-1951.

Sinervo, B., et al. 2000. Testosterone, endurance, and Darwinian fitness: Natural and sexual selection on the physiological basis of alternative male behaviors in side-blotched lizards. *Hormones and Behavior* 38:222-233.

Sweet, S. S., and E. R. Pianka. 2003. The lizard kings. *Natural History* 112(9):40-5 (November 2003).

CAPÍTULO

14 Ectotermia: Um Acesso de Baixo Custo à Vida

A ectotermia é uma característica ancestral dos vertebrados mas, como muitas características ancestrais, ela é tão efetiva quanto a endotermia, sua derivada correlata. Além disso, como visto no Capítulo 8, os mecanismos da termorregulação ectotérmica são tão complexos e especializados como os da endotermia. Aqui, são consideradas as consequências da ectotermia na determinação dos aspectos mais abrangentes do estilo de vida de peixes, anfíbios e répteis. A conclusão geral desse exame é a de que o sucesso em ambientes difíceis reflete tanto as características ancestrais de um grupo, como as suas características derivadas.

14.1 Os Vertebrados e Seus Ambientes

Os vertebrados conseguem viver nos lugares mais improváveis. Os anfíbios vivem em desertos, onde a chuva cai somente umas poucas vezes durante o ano e muitos anos podem passar sem nenhuma chuva. Alguns lagartos vivem em montanhas, em altitudes acima de 4.000 metros, onde a temperatura cai abaixo de zero quase todas as noites do ano e não sobe muito acima de zero durante o dia.

Naturalmente, os vertebrados não procuram apenas lugares inóspitos para viver – aves, lagartos, mamíferos e até mesmo anfíbios podem ser encontrados nas praias de Malibu (algumas vezes correndo entre os pés dos surfistas) e peixes cruzam a costa. No entanto, mesmo este ambiente aparentemente benigno é estressante para alguns animais. O exame dos modos pelos quais os vertebrados vivem em ambientes estressantes tem fornecido muitas informações sobre a maneira como eles funcionam como organismos, isto é, como interagem a morfologia, a fisiologia, a ecologia e o comportamento.

Em alguns casos, adaptações refinadas permitiram que vertebrados especializados colonizassem habitats estressantes. Mais comum e impressionante do que essas especializações, no entanto, é o fato de quão mínimas são as modificações do plano corpóreo do vertebrado ancestral, que permitem, aos animais, suportar variações de temperaturas ambientais de -70 a +70°C ou as condições aquáticas, variando desde a completa imersão na água até a completa independência da água no estado líquido. Nenhuma diferença óbvia distingue animais dos habitats vastamente diferenciados – uma raposa ártica parece-se muito com uma raposa do deserto, e um lagarto das montanhas andinas parece-se muito com um do deserto do Atacama. A adaptabilidade dos vertebrados reside na combinação de pequenas modificações de sua ecologia, comportamento, morfologia e fisiologia. Uma visão que integra esses elementos mostra uma beleza surpreendente das funções orgânicas dos vertebrados.

14.2 Lidando com a Seca – Ectotermos nos Desertos

Os desertos podem ser produzidos por várias combinações de topografia, movimentos de ar e correntes oceânicas, e são encontrados desde os pólos até o Equador. Mas qualquer que seja a sua causa, eles têm em comum a escassez de água em estado líquido. Um deserto é definido como uma região onde a perda potencial de água (via evaporação e transpiração de água pelas plantas) excede o ganho de água via precipitação. A aridez está na raiz de muitas características que tornam os desertos locais difíceis para a vida dos vertebrados. O ar seco característico da maioria dos desertos raramente contém umidade suficiente para formar nuvens que bloqueariam a radiação solar, durante o dia, ou o frio irradiado à noite. Como consequência, a amplitude diária de temperatura nos desertos é maior quando comparada com aquela de áreas mais úmidas. A escassez de água reflete-se numa vida vegetal esparsa. Sem plantas para comer, os desertos têm baixa densidade de insetos para pequenos vertebrados alimentarem-se, e correspondente população esparsa de pequenos vertebrados que seriam predados por vertebrados maiores. As deficiências de alimentação podem ser crônicas e são intensificadas por deficiências sazonais e por anos imprevisíveis de baixa produção, quando o padrão usual de chuva não se desenvolve.

Nem todos os desertos são quentes, pelo contrário, alguns são distintamente frios – a maior parte da Antártida e a região do Canadá, ao redor da Baía de Hudson, e o Oceano Artico são desertos. No entanto, os desertos de baixa latitude, ao norte e sul do Equador, são desertos quentes, sendo a combinação de calor e aridez, nos desertos de baixa latitude, a causa dos problemas mais difíceis.

A escassez de chuvas contribui para a baixa produtividade primária dos desertos e significa que fontes de água em estado líquido para beber geralmente não estão disponíveis para os pequenos animais que não podem percorrer longas distâncias. Esses animais obtêm água a partir das plantas ou animais que comem, mas plantas e insetos possuem equilíbrios iônicos de sódio e potássio que diferem daqueles dos vertebrados. Em particular, o potássio é encontrado em concentrações mais altas nas plantas e nos insetos do que nos tecidos dos vertebrados e a excreção do excesso de potássio pode ser difícil se a água for muito escassa para ser gasta na produção de grande quantidade de urina.

As baixas taxas metabólicas dos ectotermos amenizam algumas das dificuldades causadas pela escassez de alimento e de água, mas muitos ectotermos do deserto precisam, temporariamente, aumentar os limites dentro dos quais controlam a temperatura corporal ou as concentrações de fluido corporal, tornarem-se inativos durante longos períodos do ano ou adotar uma combinação de ambas as respostas.

Ectotermos Terrestres

Habitats terrestres nos desertos frequentemente são severos – quente durante o dia e frio à noite. A radiação solar é intensa e o ar não conduz o calor rapidamente. Como resultado, um pedaço de solo iluminado pelo sol pode estar letalmente quente, enquanto uma área sombreada, localizada a apenas poucos centímetros de distância, pode estar substancialmente mais fria. Abrigos subterrâneos oferecem proteção tanto para o calor como para o frio. Os extremos da temperatura anual na superfície do solo no Deserto de Mohave estendem-se de um mínimo que está abaixo do ponto de congelamento até um máximo acima de 50°C, mas somente um metro abaixo da superfície do solo a variação anual é de apenas 10 a 25°C. Animais de deserto dependem das diferenças de temperatura entre sol e sombra e entre a superfície e tocas subterrâneas para escapar tanto do calor, como do frio.

O Jabuti-do-Deserto Os maiores vertebrados ectotérmicos, nos desertos da América do Norte, são os jabutis. O jabuti-de-bolson *(Gopherus flavomarginatus)*, do norte do México, provavelmente, no passado, alcançou comprimento do casco de um metro, embora a predação pelos homens, em tempos recentes, aparentemente impediu que qualquer jabuti vivesse tempo suficiente para atingir esse tamanho. O jabuti-do-deserto *(G. agassizi)*, do sudoeste dos Estados Unidos, é menor do que o jabuti-de-bolson, mas ainda assim é um jabuti de tamanho impressionante (Figura 14-1). Os adultos podem ter cascos de aproximadamente 50 centímetros e pesar 5 quilogramas ou mais. Um estudo das necessidades anuais de água, sal e energia dos jabutis-do-deserto, em Nevada, mostra as dificuldades que eles enfrentam naquele habitat desértico (Nagy e Medica 1986).

Os jabutis-do-deserto de Mohave cavam buracos rasos que utilizam como abrigos diários durante o verão e buracos mais profundos para a hibernação no inverno. Os jabutis, na área de estudo, emergiram da hibernação na primavera e a atividade, na superfície, se estendeu através do verão, até iniciarem novamente a hibernação em novembro. Agua duplamente marcada foi utilizada para medir a energia dispendida pelos jabutis de vida livre (Quadro 14-1).

(a)

(b)

Figura 14-1 Jabuti-do-deserto, *Gopherus agassizii.* (a) Um jabuti adulto, (b) Um jabuti entrando em seu buraco.

QUADRO 14-1 Água Duplamente Marcada

Esta técnica é amplamente empregada em estudos sobre o consumo de energia em vertebrados silvestres porque é o único método que permite medir o metabolismo sem restringir o animal de alguma maneira. O método mede a produção de dióxido de carbono que, por sua vez, pode ser utilizada para estimar o consumo de oxigênio. "Duplamente marcada" refere-se à água que carrega formas isotópicas de oxigênio e hidrogênio: o átomo de oxigênio foi substituído pelo seu isótopo estável oxigênio-18 (^{18}O) e um átomo de hidrogênio (H) por sua forma radioativa, trítio (^{3}H) (a água duplamente marcada é preparada misturando-se quantidades apropriadas de água contendo o isótopo de hidrogênio [^{3}HHO] com água contendo o isótopo de oxigênio [$H_2^{12}O$]. Quando esta mistura é diluída pela água corpórea de um animal, as concentrações de isótopos são tão baixas que poucas moléculas individuais de água contêm ambos os isótopos). Uma quantidade determinada de água duplamente marcada é mjetada em um animal e permite-se o seu equilíbrio com a água corpórea por vánas horas (Figura 14-2, superior) e, em seguida, uma pequena amostra de sangue é retirada. As concentrações de trítio e oxigênio-18 no sangue, são medidas e o volume total de água do corpo pode ser calculado a partir da diluição da água duplamente marcada que foi injetada.

Após a primeira amostra de sangue ter sido retirada, o animal é liberado e recapturado a intervalos de vários dias ou semanas. Cada vez que o animal é recapturado, retira-se uma amostra de sangue, e as concentrações de trítio e oxigênio-18 são medidas. O cálculo da quantidade de dióxido de carbono produzida pelo animal é baseado na diferença das taxas de perda de trítio e oxigênio-18. O trítio, que se comporta quimicamente como o hidrogênio, é perdido sob a forma de água, isto é, como ^{3}HHO, enquanto o oxigênio-18 é perdido sob a forma tanto de água ($H_2^{18}O$) como de dióxido de carbono ($C^{18}OO$). Assim, o declínio na concentração de trítio no sangue do animal é uma medida da taxa de perda de água e o declínio na concentração de oxigênio-18 é uma medida das taxas de perda de dióxido de carbono e água (Figura 14-2 abaixo). A diferença entre a diminuição na concentração de trítio e oxigênio-18, portanto, é a taxa de perda de dióxido de carbono, o que é proporcional à taxa de consumo de oxigênio. Uma descrição detalhada do uso de água duplamente marcada, para estudos de metabolismo e um sumário das medidas das taxas metabólicas de animais de vida livre, podem ser encontrada em Nagy (1983) e Nagy et al. (1999).

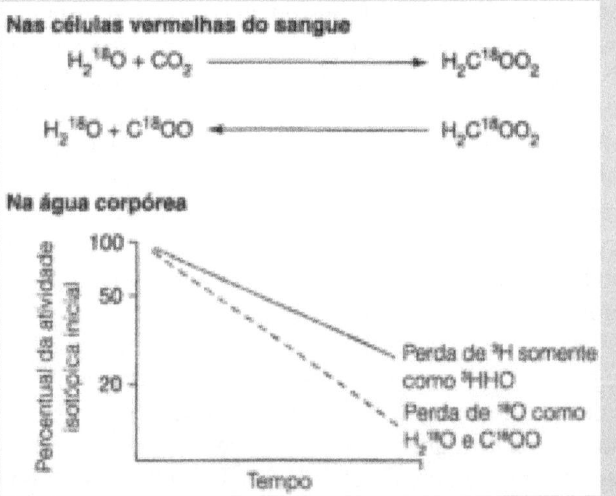

Figura 14-2 Água duplamente marcada (Superior) A reação de dióxido de carbono e água para produzir ácido carbônico e a subsequente reconversão do ácido carbônico em água e dióxido de carbono produz um equilíbrio do ^{18}O entre H_2O e CO_2, quando a água marcada com o isótopo é injetada em um vertebrado (Abaixo) Desaparecimento diferencial dos isótopos de hidrogênio e oxigênio na água corpórea de um animal que foi injetado com água duplamente marcada.

A Figura 14-3 mostra o ciclo anual de tempo despendido no solo e nos buracos pelos jabutis e os ciclos anuais do balanço de energia, água e sal. Um balanço positivo significa que o animal mostra um ganho líquido, enquanto um balanço negativo representa uma perda líquida. Balanços positivos de energia e água indicam que as condições são boas para os jabutis, mas um balanço positivo de sal significa que íons estão se acumulando nos fluidos corporais mais depressa do que podem ser excretados. Essa situação indica um relaxamento da homeostase sendo, provavelmente, estressante para os jabutis. A figura mostra que os animais, frequentemente, estavam com um balanço negativo de água ou energia e eles acumularam sal durante grande parte do ano. Um exame do comportamento e dos hábitos alimentares dos jabutis, durante o ano, mostra o que estava acontecendo.

Depois de terem emergido da hibernação na primavera, os jabutis ficavam ativos por cerca de 3 horas a cada 4 dias. O resto do tempo eles permaneciam em seus buracos. De março a maio, os jabutis comiam plantas anuais que brotavam após as chuvas de inverno.

Eles obtinham grandes quantidades de água e potássio dessa dieta e seus balanços de água e sal eram positivos. Os

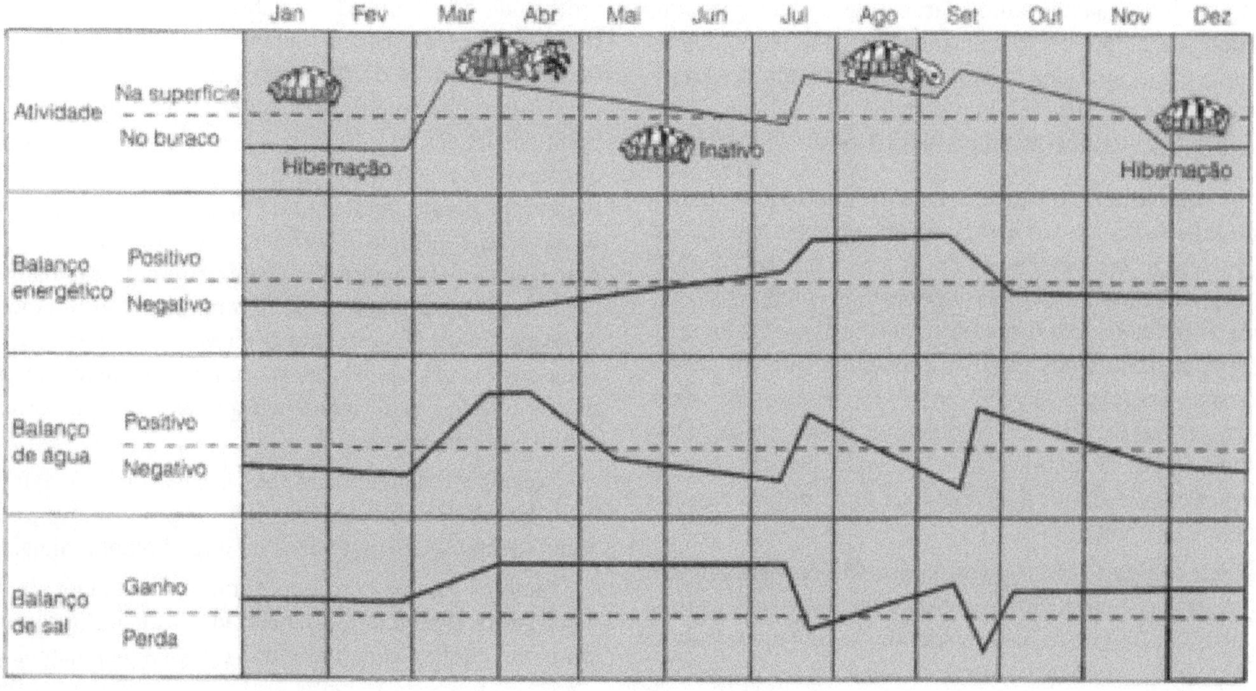

Figura 14-3 Ciclo anual dos jabutis-do-deserto. Ver texto para detalhes.

jabutis-do-deserto não possuem glândulas de sal e os seus rins não produzem urina concentrada, de modo que eles não têm como excretar sal sem perder uma quantidade substancial de água nesse processo. Ao invés disso, eles retêm o sal, sendo que a osmolaridade dos fluidos corpóreos dos jabutis aumentava até 20 por cento durante a primavera. Essa concentração aumentada mostra que eles estavam osmoticamente estressados devido às altas concentrações de potássio na sua alimentação. Além disso, o conteúdo energético das plantas não era elevado o suficiente para contrabalançar o gasto energético metabólico dos jabutis e eles estavam em balanço energético negativo. Durante esse período, os jabutis estavam utilizando energia armazenada através da metabolização de seus tecidos corpóreos.

À medida que as temperaturas ambientais aumentaram, do final de maio até começo de julho, os jabutis diminuíram seus períodos de atividade diária para cerca de 1 hora a cada 6 dias. O resto do tempo, os jabutis passavam estivando em buracos rasos. As plantas anuais morreram e os jabutis passaram a se alimentar de grama, atingindo balanços energéticos positivos. Eles armazenaram essa energia extra como novo tecido corporal. No entanto, a grama seca continha pouca água e os jabutis ficaram com balanço de água negativo. As concentrações osmóticas dos fluidos corporais mantiveram-se nos altos níveis que tinham alcançado no início do ano.

Na metade de julho, tempestades provocaram chuvas no local de estudo e a maioria dos jabutis emergiu da estivação. Eles beberam água de poças naturais e alguns dos jabutis construíram poças, escavando depressões rasas no solo, que armazenaram a água da chuva. Os jabutis beberam grandes quantidades de água (quase 20 por cento de sua massa corporal) e esvaziaram o conteúdo da bexiga urinária. As concentrações osmóticas de seus fluidos corporais e da urina diminuíram à medida que o balanço de água se tornou positivo e o excesso de sal, acumulado quando a água era escassa, foi excretado. O comportamento dos jabutis mudou depois da chuva. Eles se alimentaram a cada 2 ou 3 dias e, frequentemente, passavam seus períodos de inatividade sobre o solo, em vez de ficarem em seus buracos.

Agosto foi seco e os jabutis perderam água e acumularam sais à medida que se alimentavam de grama seca. No entanto, eles estavam com balanço energético positivo e sua massa de tecido corporal aumentou. Mais tempestades, em setembro, permitiram que os jabutis bebessem água novamente e excretassem o excesso de sais que havia sido acumulado. Sementes de plantas germinaram após as chuvas e, no final de setembro, os jabutis começaram a comê-las.

Em outubro e novembro, os jabutis continuaram a se alimentar de brotos de plantas verdes, mas as temperaturas baixas reduziram sua atividade e eles ficaram com balanço energético levemente negativo. Os sais acumulados e as concentrações osmóticas dos fluidos corporais aumentaram ligeiramente. Em novembro, os jabutis entraram em hibernação durante a qual mantiveram taxas metabólicas baixas e perderam água e massa de tecido corporal lentamente. Ao emergirem da hibernação, na primavera seguinte, eles pesavam apenas um pouco menos do que no outono. Durante o ano inteiro, os jabutis aumentaram seus tecidos corporais em mais de 25 por cento e balancearam suas necessidades de água e sal, mas eles fizeram isto, suportando desequilíbrios severos nas suas relações entre energia, água e sal por períodos que se estenderam por vários meses.

O "chuckwalla" O "chuckwalla" *(Sauromalus obesus)* é um lagarto iguanídeo herbívoro que vive em contra-fortes rochosos das montanhas do deserto (Figura 14-4). O ciclo anual do "chuckwalla", como o dos jabutis-do-deserto, é moldado pela disponibilidade de água. Os lagartos enfrentam muitos dos mesmos problemas que os jabutis, mas suas respostas são diferentes. Os lagartos possuem glândulas nasais que lhes permitem excretar sal em altas concentrações (Capítulo 14) e eles não bebem água da chuva, em vez disso, dependem da água que obtêm das plantas que comem.

Duas categorias de água estão disponíveis para um animal a partir do alimento que ele come: água livre e água metabólica. A água livre corresponde ao conteúdo de água do alimento, isto é, moléculas de água (H_2O) absorvidas através da parede do intestino. A água metabólica é um produto final das reações do metabolismo celular. Prótons são combinados com oxigênio durante o metabolismo aeróbico, produzindo uma molécula de água para cada dois prótons. A quantidade de água metabólica produzida pode ser substancial, mais de um grama de água é liberado pelo metabolismo de um grama de gordura (Tabela 14.1). Para animais como o "chuckwalla", que não bebem água em estado líquido, água livre e metabólica são as únicas rotas de ganho de água capazes de substituir a água perdida pela evaporação e pela excreção.

Os "chuckwalla" foram estudados na Black Mountain, no Deserto de Mohave, na Califórnia (Nagy 1972, 1973). Eles passavam o inverno hibernando nas fendas das rochas, emergindo da hibernação em abril. Cada indivíduo passou cerca de 8 horas diárias na superfície em abril e no começo de maio (Figura 14-5). Na metade de maio, as temperaturas do ar subiram acima de 40°C e os "chuckwalla" se escondiam nas fendas por cerca de 2 horas, durante a parte mais quente do dia, emergindo novamente à tarde. Nesta época do ano, as plantas anuais que brotaram depois das chuvas de inverno supriram os animais, tanto de água, como de nutrientes e os "chuckwalla" ganharam peso rapidamente. O aumento médio da massa corporal, entre abril e meados de maio, foi de 18 por cento (Figura 14-6). O conteúdo de água dos "chuckwalla" aumentou mais rapidamente que a massa corporal total, indicando que eles estavam armazenando água em excesso.

No começo de junho, as plantas anuais murcharam e os "chuckwalla" se alimentavam de plantas perenes que continham menos água e mais íons do que as plantas anuais.

Tanto as massas corporais como os conteúdos de água dos lagartos diminuíram. A atividade dos lagartos diminuiu em junho e julho: cada indivíduo emergia pela manhã ou à

TABELA 14.1 Quantidade de água produzida pelo metabolismo de diferentes substratos

Composto	Gramas de Água/Gramas de Composto
Carboidrato	0.556
Gordura	1,071
Proteína	0.396 quando a ureia é o produto final;
	0,499 quando o ácido úrico é o produto final

Figura 14-4 "Chuckwalla", *Sauromalus obesus.*

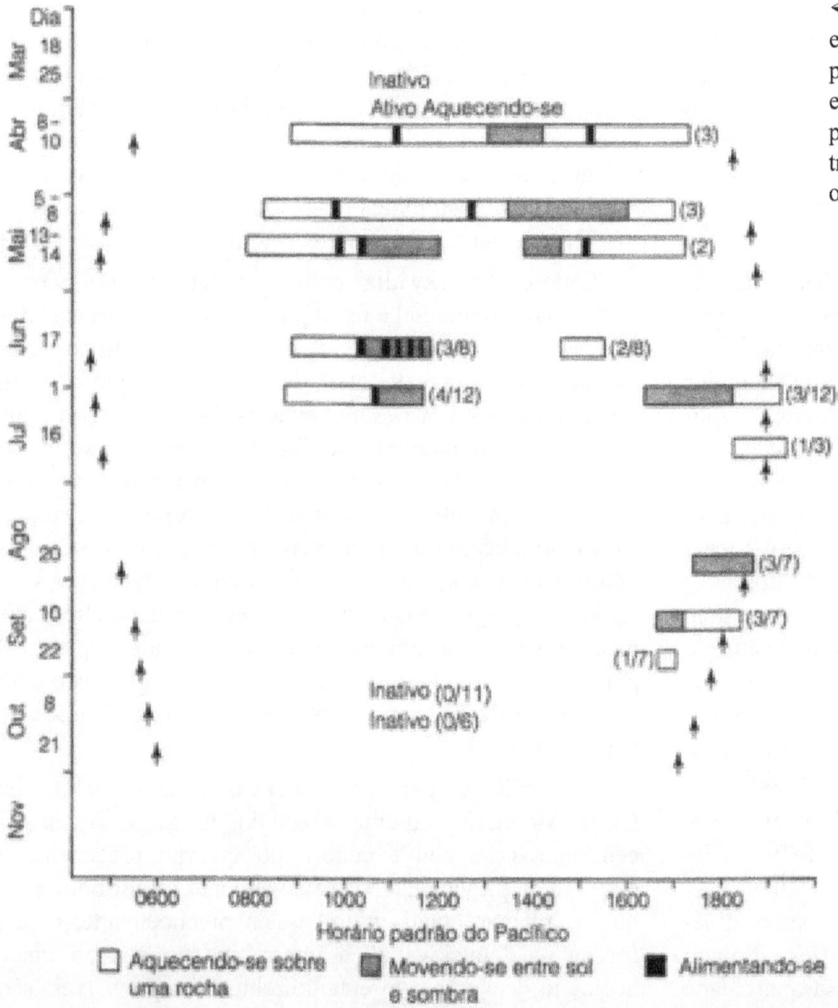

≺Figura 14-5 Padrões comportamentais diários em "chuckwalla". As setas indicam o nascer e o pôr do sol. Os números entre parênteses, para abril e maio, indicam o número de animais cujo comportamento foi registrado. A partir daí, a fração entre parênteses indica o número de lagartos ativos e observados em um número sabidamente presente.

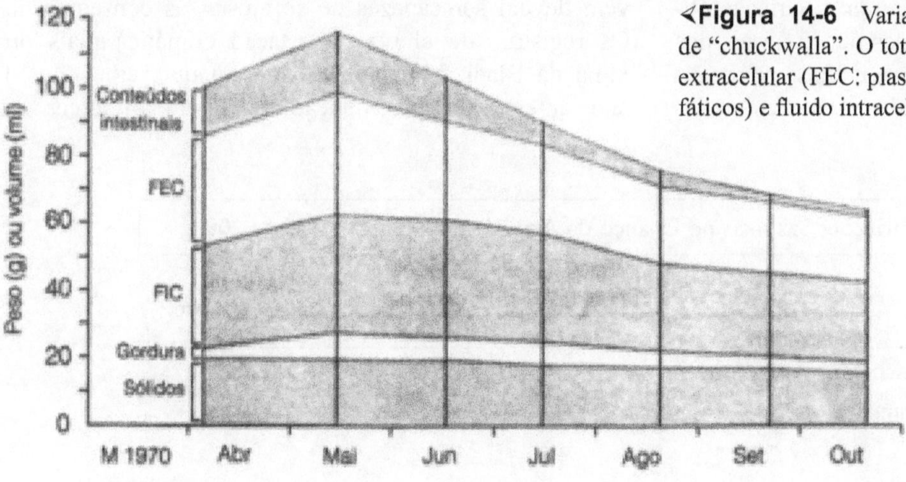

≺Figura 14-6 Variações sazonais na composição corpórea de "chuckwalla". O total da água corpórea é composto de fluido extracelular (FEC: plasma sanguíneo, urina e água nos sacos linfáticos) e fluido intracelular (FIC: água no interior das células).

tarde, mas não em ambos os períodos. No final de junho, os "chuckwalla" reduziram sua atividade alimentar e, em julho, pararam de se alimentar totalmente. Eles passavam a maior parte do dia nas fendas das rochas, emergindo somente no final da tarde para aquecer-se por cerca de uma hora, a cada dois ou três dias. Do final de maio até o outono, os "chuckwalla" perderam água e peso corporal uniformemente e, em outubro, eles pesavam, em média, 37 por cento menos do que em abril, quando emergiram da hibernação.

As necessidades de água de um "chuckwalla" pesando 200 gramas é mostrado na Tabela 14.2. No começo de maio, as plantas anuais que ele come contêm mais de 2,5 gramas de água livre por grama de matéria vegetal seca e o lagarto mostra um balanço de água positivo, ganhando cerca de 0,8 grama de água por dia. No final de maio, quando as plantas murcharam, seu conteúdo de água livre caiu para pouco menos de um grama de água por grama de matéria vegetal seca e o "chuckwalla" perde cerca de 0,8 grama de água por dia. A taxa de perda de água cai para 0,5 grama por dia, quando o lagarto pára de se alimentar.

A evaporação das superfícies respiratórias e da pele corresponde à cerca de 61 por cento do total de perda de água por um "chuckwalla". Quando os lagartos param de se alimentar, eles também se tomam inativos e passam a maior parte do dia nas fendas das rochas. As temperaturas corporais dos "chuckwalla" inativos são mais baixas que as temperaturas dos lagartos na superfície. Devido às suas baixas temperaturas corporais, os "chuckwalla" inativos possuem taxas metabólicas menores. Eles respiram mais lentamente e perdem menos água através de suas vias respiratórias. A umidade é maior nas fendas das rochas do que na superfície do deserto e essa redução no gradiente de umidade entre o animal e o ar reduz ainda mais a evaporação. A maior parte do restante da perda de água por um "chuckwalla" ocorre pelas fezes (31 por cento) e pela urina (8 por cento). Quando um lagarto pára de se alimentar, ele também deixa de produzir fezes e reduz a quantidade de urina que deve excretar. A combinação desses efeitos diminui a perda diária de água de um "chuckwalla" em quase 90 por cento.

As plantas que serviam de alimento eram sempre hiperosmóticas para os fluidos corporais dos lagartos e tinham altas concentrações de potássio. Apesar dessa quantidade de sal na dieta, as concentrações osmóticas dos fluidos corporais dos "chuckwalla" não mostraram a variação observada nos jabutis porque as glândulas de sal nasais dos lagartos eram capazes de excretar íons em altas concentrações. A concentração de íons de potássio, nas secreções das glândulas de sal, era quase 10 vezes a sua concentração na urina. A formação de sais de potássio do ácido úrico foi a segunda maior rota de excreção de potássio pelos lagartos e era quase tão importante no equilíbrio salino total quanto a secreção nasal. Os "chuckwalla" não seriam capazes de balancear suas necessidades de sal sem as duas rotas extrarenais de excreção iônica mas, com elas, eram capazes de manter concentrações osmóticas estáveis.

Tanto os "chuckwalla" como os jabutis ilustram a interação comportamental e fisiológica em resposta às características de seus habitats desérticos. Os jabutis não possuem glândulas secretoras de sal e armazenam o sal que ingerem tolerando concentrações aumentadas dos fluidos corporais até que um temporal permita-lhes beber água e excretar o sal em excesso. Os "chuckwalla" eram capazes de estabilizar as concentrações do seu fluido corporal utilizando suas glândulas nasais para excretar o excesso de sal, mas não tinham vantagens com a chuva para restabelecer seus estoques de água. Ao invés disso, eles tornaram-se inativos, reduzindo suas taxas de perda de água em quase 90 por cento, contando com seus estoques energéticos e com a produção de água metabólica para serem utilizados no período de seca.

As condições para os "chuckwalla" eram pobres na Black Mountain, durante o estudo de Nagy. Apenas 5 centímetros de chuva caíram no inverno precedente e essa baixa pluviosidade, provavelmente, contribuiu para que as plantas anuais murchassem precocemente, o que forçou os "chuckwalla" a interromperem sua atividade no início do verão. No entanto, chuvas imprevisíveis são uma característica dos desertos e os animais que ali vivem devem ser capazes de se ajustar às consequências. Os registros de chuva da estação climática mais próxima da Black Mountain mostraram que, em 5 dos 10 anos anteriores, a precipitação anual total foi de cerca de

TABELA 14.2 Variações Sazonais no Balanço de Água de um "Chuckwalla" de 200 g

	Início de maio	Final de maio	Setembro
Alimento ingerido (g massa seca/dia)	2,60	2,86	0,00
Conteúdo de água do alimento (g/g massa seca)	2,53	0,96	–
Ganho de água (g/dia)			
Água livre	6,56	2,74	0,0
Água metabólica	0,68	0,68	0,20
Ganho total de água	7,24	3,41	0,20
Perda de água (g/dia)	6,41	4,26	0,52
Fluxo líquido de água (g/dia)	+0,81	-0,84	-0,32

5 centímetros. Assim, o ano de estudo não foi usualmente severo e as condições, às vezes, são bem piores – apenas 2 centímetros de chuva caíram durante o inverno depois do estudo.

No entanto, as condições no deserto, às vezes, são boas. Quinze centímetros de chuva caíram no inverno de 1968 e a vegetação permaneceu verde e exuberante durante todo o verão e outono seguintes. Os "chuckwalla" e os jabutis vivem durante décadas e as suas respostas às condições de fartura ou de pobreza de seus ambientes severos devem ser vistas no contexto de toda a sua vida. Um relaxamento temporário dos limites da homeostase, nos maus anos, é uma barganha efetiva para sobreviver, que permite aos animais explorar os recursos abundantes dos bons anos.

Anfíbios do Deserto A pele permeável e as altas taxas de perda de água são características que parecem tornar os anfíbios improváveis habitantes dos desertos, mas certas espécies são abundantes nos habitats desérticos. Mais notável é o fato de que esses animais obtiveram sucesso no deserto *por causa* da sua pele permeável e não a despeito dela. Os anuros são os anfíbios mais comuns no deserto, mas as salamandras-tigre são encontradas nos desertos da América do Norte e muitas espécies de salamandras Plethodontidae ocupam habitats sazonalmente secos na Califórnia.

Os sapos *Scaphiopus multiplicatus* são os anuros do deserto mais estudados (Figura 14-7). Eles habitam as regiões desérticas da América do Norte, incluindo as margens das Algodones Sand Dunes, no sul da Califórnia, onde a precipitação anual média é de apenas 6 centímetros e, em alguns anos, nem chuva há. Uma análise dos mecanismos que permitem a um anfíbio viver em um ambiente como esse, deve incluir uma consideração tanto sobre a perda como o ganho de água. A pele dos anfíbios do deserto é tão permeável à água quanto à das espécies de regiões úmidas. Um anuro do deserto deve controlar, através do comportamento, a sua perda de água, escolhendo micro-habitats protegidos, livres da radiação solar e do movimento do vento. Diferentes espécies de anuros utilizam diferentes micro-habitats – a concavidade em um banco de aluvião do deserto, um buraco de esquilo terrestre ou de rato-canguru ou um buraco que o próprio anuro escava. Todos esses lugares são mais frios e úmidos do que o solo exposto.

Os anuros do deserto passam extensos períodos sob o solo, emergindo para a superfície somente quando as condições são favoráveis. Os sapos *Scaphiopus multiplicatus* constrõem buracos de cerca de 60 centímetros de profundidade, enchendo a abertura com lama e deixando uma pequena câmara no fundo, que eles ocupam. No sul do Arizona, os sapos constrõem esses buracos em setembro, no final da estação chuvosa do verão e permanecem neles até a chuva do próximo mês de julho.

No final da estação chuvosa, quando inicialmente os sapos se enterram, o solo é relativamente úmido. A tensão de água criada pela pressão osmótica normal dos fluidos corporais estabelece um gradiente, favorecendo o movimento de água do solo para o sapo. Nessa situação, um sapo enterrado pode absorver água do solo como fazem as raízes das plantas. Com o suprimento de água disponível, um sapo pode excretar urina para eliminar seus excretas nitrogenados.

À medida que o tempo passa, o conteúdo de umidade do solo diminui e seu potencial de umidade torna-se mais negativo, até que iguale o potencial hídrico do sapo. Nesse ponto, não há mais gradiente permitindo movimento de água para o interior do sapo. Quando sua fonte de água nova é cortada, um sapo pára de excretar urina e retém ureia em seu corpo, aumentando a pressão osmótica de seus fluidos

◂Figura 14-7 Um sapo do deserto, *Scaphiopus multiplicatus.*

corporais. Concentrações osmóticas tão altas quanto 600 miliosmóis milimoles • [kg H_2O]$^{-1}$ foram registradas em sapos *Scaphiopus multiplicatus* emergindo dos buracos no fim da estação seca. O baixo potencial de água produzido pela alta pressão osmótica dos fluidos-corporais do sapo pode reduzir o gradiente de água entre o animal e o ar, na sua câmara subterrânea, de modo que a perda de água por evaporação é reduzida. As pressões osmóticas internas, suficientemente altas, poderiam criar potenciais que permitiriam aos sapos absorver água mesmo de solo muito seco.

A habilidade para continuar drenando água do solo possibilita a um sapo *Scaphiopus multiplicatus* permanecer enterrado por 9 ou 10 meses sem acesso à água no estado líquido. Nessa situação, sua pele permeável não é uma desvantagem – é uma característica essencial da sua biologia. Se o sapo *Scaphiopus multiplicatus* tivesse uma pele impermeável ou se ela formasse um casulo impermeável, como alguns outros anfíbios fazem, a água não poderia se deslocar do solo para o animal. Ao invés disso, o sapo teria que depender da água contida em seu corpo quando enterrado. Sob essas circunstâncias, os sapos *Scaphiopus multiplicatus* provavelmente não seriam capazes de invadir o deserto porque seu conteúdo hídrico inicial não seria suficiente durante os nove meses de estação seca.

Um padrão diferente de adaptação a condições áridas é observado em algumas pererecas. A Rhacophoridae africana *Chiromantis xerampelina* e a Hylidae sul americana *Phyllo-medusa sauvagei* perdem água através da pele a uma taxa de apenas um décimo daquela da maioria das rãs. *Phyllo-medusa* alcança essa baixa taxa e perda de água por evaporação, utilizando suas patas para espalhar as secreções lipídicas de glândulas dérmicas sobre a superfície corporal, seguindo uma sequência complexa de movimentos de limpeza. Essas duas pererecas também são incomuns porque eles excretam ácido úrico ao invés de ureia, e essa característica reduz sua perda de água pela urina.

Ectotermos Aquáticos no Deserto

Embora um habitat aquático no deserto pareça uma contradição, muitos tipos diferentes desses habitats são encontrados nos desertos, tendo alguns deles faunas características de peixes e anfíbios. Poças temporárias, que são formadas por fortes chuvas e duram apenas algumas semanas, constituem-se em locais de reprodução para muitas espécies de anfíbios do deserto. A natureza efêmera desses habitats torna vantajoso um desenvolvimento rápido. Os sapos *Scaphiopus multiplicatus,* por exemplo, podem crescer a partir de um ovo até a metamorfose em 2 ou 3 semanas. Os peixes precisam de água permanente e peixes do deserto são encontrados em rios, mananciais e lagos do deserto.

No deserto, os habitats aquáticos apresentam as mesmas temperaturas extremas que os habitats terrestres, mas há algumas diferenças importantes para os animais que vivem neles. A água possui uma capacidade de aquecimento muito maior do que o ar e, portanto, a temperatura da água muda mais lentamente do que a temperatura do ar. Mudanças de temperatura, do dia para a noite, geralmente são menores numa poça de água do que em terra, mas poças de água no deserto podem atingir altas temperaturas letais no final do verão. A água conduz o calor mais rapidamente do que o ar e a alta capacidade de aquecimento e condução do calor da água faz com que as temperaturas corporais de pequenos organismos aquáticos estejam sempre próximas à temperatura da água. Os organismos aquáticos podem regular sua temperatura corporal movimentando-se por áreas com diferentes temperaturas.

Girinos A habilidade dos animais aquáticos para selecionar as temperaturas disponíveis mais favoráveis verifica-se através de observações dos girinos da rã, *Rana boylii.* Os girinos estavam numa pequena poça com cerca de 40 centímetros de profundidade máxima e uma área rasa com apenas 10 centímetros de profundidade, e movimentavam-se nessa área à medida que a temperatura mudava (Figura 14-8). À noite (21 horas), todos os girinos estavam na parte mais profunda da poça, onde a temperatura estava mais alta e permaneceram ali até de manhã. Durante a manhã, o sol aqueceu a água na poça e a área rasa esquentou rapidamente. Entre 9 e 10 horas, os girinos movimentaram-se da água profunda até a área rasa e, às 11 horas, todos os girinos estavam no raso. Ao meio dia, a água rasa ficou muito quente e todos os girinos voltaram para a parte mais profunda da poça que permaneceu fria. As partes rasas da poça esfriaram rapidamente no final da tarde. A temperatura da água era essencialmente a mesma em todos os lugares e os girinos estavam distribuídos por toda a poça. À medida que a temperatura continuou a cair, os girinos mudaram-se para a parte mais profunda da poça para passar a noite.

Peixes do Deserto No deserto, os habitats aquáticos permanentes podem ter populações de peixes, mas relativamente poucas espécies são capazes de tolerar as altas temperaturas e altas salinidades que caracterizam muitos desses corpos de água. "Pupfish" (Cyprinodontidae), "minnows" (Cyprinidae) e ciclídeos (Cichlidae) são os grupos encontrados com maior frequência nos desertos. Os lagos e mananciais do deserto raramente possuem mais do que cinco espécies de peixes, sendo que muitos habitats são ocupados por apenas uma espécie.

Os problemas que os peixes do deserto enfrentam dependem do habitat no qual eles ocorrem. Nascentes, como aquelas de Ash Meadows no Vale da Morte podem ser

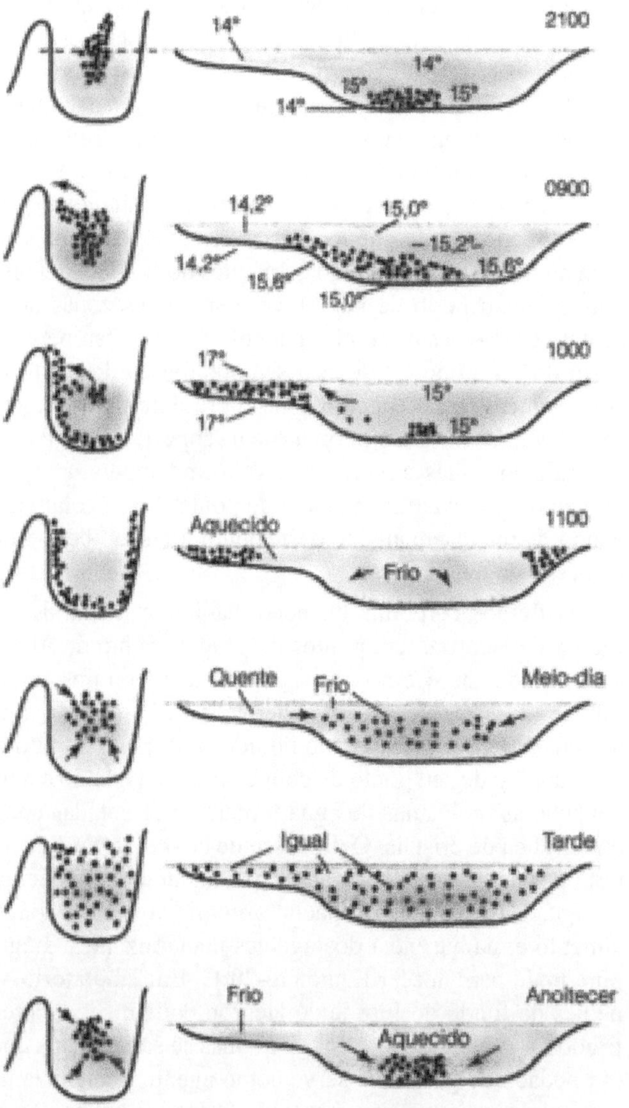

Figura 14-8 Seleção de temperatura por girinos. Girinos de *Rana boylii* mudam de posição em uma poça de água em resposta a mudanças de temperatura durante o dia. A coluna da esquerda mostra a vista olhando-se para baixo na poça, e a da direita mostra um corte transversal da poça na posição indicada pela linha tracejada no topo do desenho.

relativamente grandes ou muito pequenas. Big Spring tem 15 metros de diâmetro e 9 metros de profundidade, enquanto o Mexican Spring possui menos do que 2 metros de diâmetro e apenas de 2 a 5 centímetros de profundidade. A água numa nascente geralmente possui a mesma temperatura e salinidade ao longo do ano, mas algumas nascentes alcançam 30°C ou mais e outras ficam perto de 20°C.

Lagoas e lagos frequentemente apresentam maior variação sazonal na temperatura e na salinidade. Alguns desses corpos de água são remanescentes de enormes lagos que preencheram os vales do deserto durante o Pleistoceno. O Lago Pyramid, em Nevada, por exemplo, é um remanescente do Lago Lahonton, que, certa época, cobriu mais do que 20.000 km^2 na Califórnia e em Nevada. As antigas margens do Lago Lahonton estão marcadas por três terraços que estão agora 34, 100 e 163 metros acima do nível atual do lago. Outros remanescentes do Lago Lahonton incluem o Lago Honey, na Califórnia, e o Lago Walker e as Bacias de Carson e Humboldt, em Nevada. Terraços de lagos similares do Pleistoceno, podem ser encontrados no Deserto do Saara e nos desertos do Oriente Médio. À medida que os lagos do Pleistoceno contraíram-se, populações de peixes outrora muito difundidas foram isoladas nos corpos de água remanescentes (o Salton Sea da Califórnia tem uma origem diferente dos outros lagos do Sudoeste. Ele situa-se na bacia do Lago LaConte, do Pleistoceno, mas o Salton Sea foi formado em 1905, quando o Rio Colorado irrompeu através das margens de um sistema de irrigação, formando um lago com 25 metros de profundidade e mais de 1.300 km^2 de área).

Altas temperaturas, salinidade e variação na concentração de oxigênio fazem dos lagos do deserto, ambientes difíceis para os peixes. "Pupfish" (espécies de *Cyprinodon)* estão espalhados por esses lagos e enfrentam bem, tanto o calor como a salinidade. No Manancial de Quitobaquito, no Organ Pipe National Monument, por exemplo, "pupfishes" do deserto *(Cyprinodon macularis)* são encontrados em águas rasas a temperaturas de 40 a 41°C (que estão apenas 2 ou 3°C abaixo da temperatura letal para o peixe) e não em águas de 30°C, encontradas a poucos metros de distância. Outras espécies de *Cyprinodon* foram encontradas habitando voluntariamente águas com temperaturas de 43 a 44°C.

Os lagos do deserto são frequentemente caracterizados por altas salinidades bem como por altas temperaturas. Jovens de *Cyprinodon* são capazes de suportar concentrações de sal de pelo menos até 90 gramas de sal dissolvido por litro de água, o que corresponde a aproximadamente três vezes a concentração da água do mar. Espécimens novos e grandes adultos de "pupfish" são ligeiramente menos tolerantes à salinidade do que os jovens e os ovos não se desenvolverão em salinidades superiores à 70 gramas por litro. Uma variedade de salinidades frequentemente está disponível para os "pupfishes" porque a densidade da água aumenta à medida que a salinidade aumenta e volumes de água com diferentes salinidades tendem a não se misturar. Sendo assim, um peixe é capaz de selecionar, dentro de um habitat, áreas de diferentes salinidades, da mesma maneira que consegue selecionar áreas com diferentes temperaturas.

Ribeirões são um terceiro habitat para os peixes do deserto. O fluxo de água dos ribeirões varia durante o ano e, nas estações secas, a superfície da água nos ribeirões intermitentes encontra-se reduzida a poças isoladas separadas do leito do ribeirão por áreas secas. Na estação chuvosa, no entanto, o ribeirão pode fluir continuamente, chegando a inundar. As populações de peixes nos ribeirões dos desertos aumentam e diminuem de forma típica em resposta às mudanças no fluxo de água. Salt Creek, no Vale da Morte, é habitado por "Devil's Hole pupfishes" *(Cyprinodon salinus)*. A população aumenta cem vezes à medida que a água das chuvas de inverno, no Deserto de Mohave, escoam no ribeirão durante o inverno e a primavera, então, no verão e no outono, quando o ribeirão seca, a população cai acentuadamente. Alguns peixes do deserto, como os "pupfishes" e o "longfin dace" *(Agosia chrysogaster)*, avançam muito pelos habitats aquáticos temporários durante períodos de fortes chuvas e boa vazão. Quando os ribeirões do deserto estão perto de secar, a evaporação pode consumir todo o fluxo de água durante o dia, deixando apenas o leito úmido. A maioria das espécies de peixes morre nessas condições, mas o "longfin dace" sobrevive sob emaranhados de algas saturados de água. O curso de água do ribeirão continua à noite, quando a temperatura cai, e o "dace" emerge de sob as algas, nadando e alimentando-se em poucos milímetros de água. Os peixes são capazes de sobreviver nessas condições por várias semanas e, se a chuva reabastece o ribeirão, eles conseguem retornar às áreas de água permanente.

14.3 Luta com o Frio – Ectotermos em Condições Abaixo de Zero

As temperaturas caem, sazonalmente, abaixo do ponto de congelamento nos habitats de muitos vertebrados e alguns animais de grandes altitudes podem experimentar temperaturas congelantes, diariamente, durante uma grande parte do ano. Aves e mamíferos enfrentam o frio aumentando a produção de calor metabólico e a insolação, mas os ectotermos não dispõem dessa opção. Ao invés disso, mostram uma dentre duas respostas: evitar o congelamento, super-esfriando ou sintetizando compostos anti-congelamento, ou tolerar o congelamento e o descongelamento, utilizando mecanismos capazes de evitar danos nas células e nos tecidos.

Peixes de Águas Frias

A temperatura na qual a água congela é afetada pela sua concentração osmótica. Água pura congela a 0°C e o aumento da concentração osmótica diminui o ponto de congelamento. As concentrações do fluido corporal de peixes marinhos estão entre 300 e 400 miliosmóis • [kg H_2O]$^{-1}$, enquanto que a água do mar tem uma concentração próxima de 1.000 miliosmóis • [kg H_2O]$^{-1}$. As concentrações osmóticas dos fluidos corporais de peixes marinhos correspondem aos pontos de congelamento de -0,6 a 0,8°C e o ponto de congelamento da água do mar é de -1,86°C. A temperatura dos mares Ártico e Antártico cai para -1,8°C no inverno e, mesmo assim, os peixes nadam nesta água sem congelar.

Um dos primeiros estudos de como os peixes evitam o congelamento foi conduzido por P. F. Scholander e seus colegas no Fiorde de Hebron, no Labrador (Scholander et al. 1957). No verão, a temperatura na superfície da água no Fiorde de Hebron é superior à do ponto de congelamento, mas a água no fundo do fiorde é de -1,73°C (Figura 14-9). No inverno, a temperatura na superfície da água cai para -1,73°C, como a do fundo. Várias espécies de peixes vivem no fiorde e algumas são habitantes do fundo, enquanto outras vivem perto da superfície. Estas duas zonas apresentam problemas diferentes para os peixes. A temperatura perto do fundo do fiorde está sempre abaixo do ponto de congelamento, mas o gelo não está presente porque este é mais leve que a água e permanece na superfície. Os peixes que habitam águas superficiais vivem em temperaturas que, no verão, se elevam bem acima do ponto de congelamento e, no inverno, caem abaixo deste ponto. Eles também estão na presença do gelo.

Os fluidos corporais do peixe habitante do fundo, no Fiorde de Hebron, têm pontos de congelamento de -0,8°C ao longo do ano. Como os peixes têm temperaturas corporais de -1,73°C, eles ficam super-esfriados, isto é, a água de seus corpos está no estado líquido, a despeito do fato de estar abaixo de seu ponto de congelamento. Quando a água congela, as moléculas de água tornam-se orientadas como uma treliça de cristais. O processo de cristalização é acelerado por agentes nucleinizantes que mantêm as moléculas de água na orientação espacial apropriada para o congelamento e, na ausência dos agentes nucleinizantes, a água pura pode permanecer líquida a -20°C. Em laboratório, os peixes de fundo do Fiorde de Hebron podem ser superesfriados até -1,73°C, sem congelar, mas se são tocados com um pedaço de gelo, que serve como agente nucleinizante, eles congelam imediatamente. No fundo do fiorde não há gelo e os peixes do fundo vivem, o ano inteiro, em estado de superesfriamento.

O que acontece com os peixes de águas superficiais? Eles encontram gelo no inverno quando a temperatura da água está abaixo do ponto de congelamento osmoticamente determinado dos seus fluidos corporais e o superesfriamento poderia não ser eficiente nesta situação. Ao invés disso, estes peixes de superfície sintetizam substâncias anti-congelantes no inverno que diminuem o ponto de congelamento de seus fluidos corporais até aproximadamente aquele da água do mar em que eles nadam.

Os compostos anti-congelantes são amplamente desenvolvidos entre os vertebrados (e também entre os invertebrados e plantas). Os peixes marinhos têm duas categorias de moléculas orgânicas que os protegem contra o congelamento: glicoproteínas com pesos moleculares de 2.600 a 33.000 e polipeptídios e pequenas proteínas com pesos moleculares de 3.300 a 13.000 (Hew et al. 1986, Davies et al. 1988). Estes compostos são extremamente efetivos em

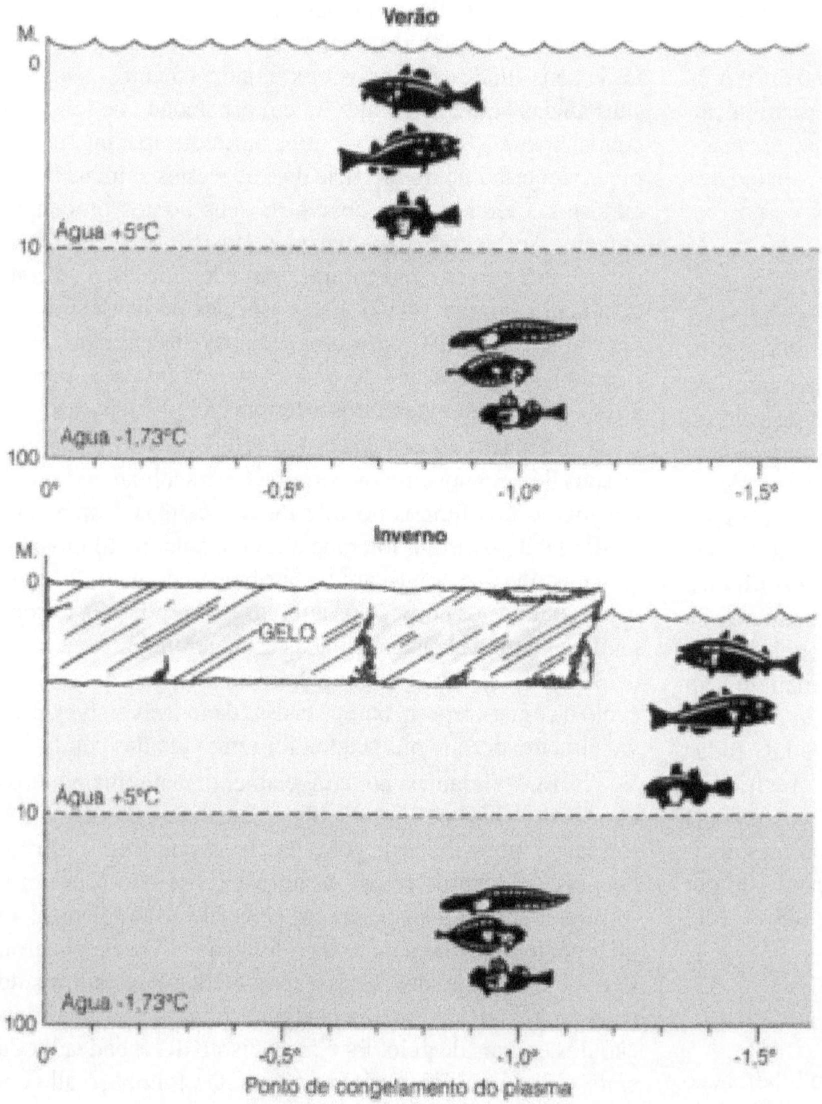

Figura 14-9 Temperaturas da água e distribuição de peixes em Hebron Sound, no verão e no inverno. O ponto de congelamento do plasma sanguíneo dos peixes é indicado pela posição do símbolo no eixo horizontal. Os peixes de águas pouco profundas mostram uma diminuição de 0,7°C no ponto de congelamento de seu sangue no inverno, enquanto que os peixes de águas profundas têm o mesmo ponto de congelamento durante o ano todo.

evitar o congelamento. Por exemplo, o plasma sanguíneo do peixe antártico *Trematomus borchgrevinki* contém uma glicoproteína que é várias centenas de vezes mais efetiva que o sal (cloreto de sódio) na diminuição do ponto de congelamento. A glicoproteína é absorvida na superfície dos cristais de gelo e impede seu crescimento, evitando que as moléculas de água assumam a orientação própria para juntar-se à treliça de cristal de gelo.

Lagartos e Tartarugas Frios

Alguns ectotermos terrestres contam com o superesfriamento. Lagartos de montanha, como os lagartos espinhosos de Yarrow *(Sceloporus jarrovi),* que vivem em altitudes até 3.000 metros, no oeste da América do Norte, são expostos a temperaturas abaixo do ponto de congelamento em noites frias, mas os dias ensolarados permitem termorregulação e atividade. Estes animais têm concentrações osmóticas de 300 miliosmóis • $[H_2O]^{-1}$, que correspondem a ponto de congelamento de -0,6°C, mas eles resistem a temperaturas substancialmente menores antes de congelar. Por exemplo, os lagartos espinhosos superesffiavam até uma temperatura média de -5,5°C antes de congelar. A -3°C, os lagartos não haviam congelado depois de 30 horas. Os lagartos passavam as noites nas fendas das rochas que estavam de 5 a 6°C mais quentes que o ar e a combinação dessa proteção com sua habilidade de superesfriar era, geralmente, suficiente para permitir que os lagartos sobrevivessem. No entanto, durante a maioria dos invernos, alguns poucos indivíduos das maiores altitudes foram encontrados congelados nas fendas das rochas.

Tartarugas-pintadas recém-eclodidas *(Chrysemys picta)* também apostam suas vidas na sua habilidade de superesfriamento (Packard e Packard 2001). As tartarugas pintadas põem seus ovos em ninhos que a fêmea escava no solo. A tartaruga pode escavar somente uns poucos centímetros, sendo que o ninho não fica muito profundo. Diferentemente dos filhotes de outras espécies de tartarugas aquáticas, os filhotes das tartarugas-pintadas permanecem no ninho da hora em que eclodem no final do verão ou perto do outono até a próxima primavera. Nas regiões setentrionais da distribuição geográfica desta espécie, filhotes de tartarugas são expostos a temperaturas que caem a -10°C ou menos, bem abaixo dos -0,7°C do ponto de congelamento de seus fluidos corpóreos.

O solo dos ninhos congela, de forma que as tartarugas estão em contato íntimo com os cristais de gelo. Essa é uma situação de risco maior do que a dos lagartos espinhosos, que se escondem nas fendas de rochas e é a chave para a sobrevivência das tartarugas evitar o congelamento dos seus tecidos iniciados pelo contato com cristais de gelo no solo. A camada externa da pele das tartarugas parece formar uma barreira que resiste à penetração por cristais de gelo. Esta camada de pele nas tartarugas-pintadas consiste de uma camada de alfa queratina com uma camada de lipídios na superfície interna (Willard et al. 2000). Os filhotes de outras espécies de tartarugas não possuem a camada de lipídio, e os cristais de gelo logo penetram na pele destas espécies. Dados da sobrevivência dos filhotes em ninhos no centro norte de Nebraska, revelam a efetividade da proteção proporcionada pela pele das tartarugas-pintadas. Todas as tartarugas sobreviveram em seus ninhos que resfriaram a temperaturas tão baixas quanto -8°C, e mais que metade das tartarugas sobreviveram a temperaturas mínimas abaixo de -9,7°C. A mortalidade aumentou de 60 para 100 por cento abaixo daquela, mas 7 ou 8 tartarugas sobrevivem num ninho que resfriou a -12,7°C.

Rãs Congeladas

Os anfíbios terrestres que passam o inverno em hibernação mostram, pelo menos, duas categorias de respostas a baixas temperaturas.

Um grupo, que inclui salamandras, sapos e rãs aquáticas, se enterra profundamente no solo ou hiberna na lama do fundo das poças. Estes animais, aparentemente, não estão expostos a temperaturas abaixo do ponto de congelamento de seus fluidos corporais e, até onde sabemos, não têm substâncias anti-congelantes e nem capacidade de tolerar o congelamento. No entanto, outros anfíbios, aparentemente, hibernam próximo à superfície do solo e estes animais ficam expostos a temperaturas abaixo de seus pontos de congelamento Ao contrário dos peixes e lagartos, esses anfíbios congelam a baixas temperaturas, mas não morrem pelo congelamento (Figura 14-10). Estas espécies podem permanecer congeladas a -3°C por várias semanas e toleram períodos repetidos de congelamento e descongelamento sem prejuízo. No entanto, temperaturas inferiores a -10°C são letais.

A tolerância ao congelamento refere-se à formação de cristais de gelo nos fluidos corporais extracelulares. O congelamento dos fluidos no interior das células é aparentemente letal. Assim, a tolerância ao congelamento envolve mecanismos que controlam a distribuição do gelo, da água e dos solutos nos corpos dos animais (Storey 1986). O conteúdo de gelo das rãs congeladas está, geralmente, na faixa de 34 a 48 por cento. O congelamento de mais que 65 por cento da água corporal parece causar dano irreversível, provavelmente porque muita água foi removida das células.

As rãs tolerantes ao congelamento acumulam substâncias de baixo peso molecular nas células, o que evita a formação intracelular de gelo. As rãs "wood frog", "spring peepers" e "chorus frogs" usam a glicose como um crio -protetor, enquanto as pererecas cinzentas usam glicerol. O glicogênio hepático parece ser a fonte de glicose e glicerol. O acúmulo destas substâncias, aparentemente, é estimulado pelo congelamento e se inicia alguns minutos após a formação dos cristais de gelo. Este mecanismo desencadeador da síntese de substâncias crioprotetoras não foi observado em nenhum outro vertebrado ou inseto.

As rãs congeladas, obviamente são imóveis. A respiração pára, o batimento cardíaco é excessivamente lento e irregular ou pode cessar inteiramente e o sangue não circula

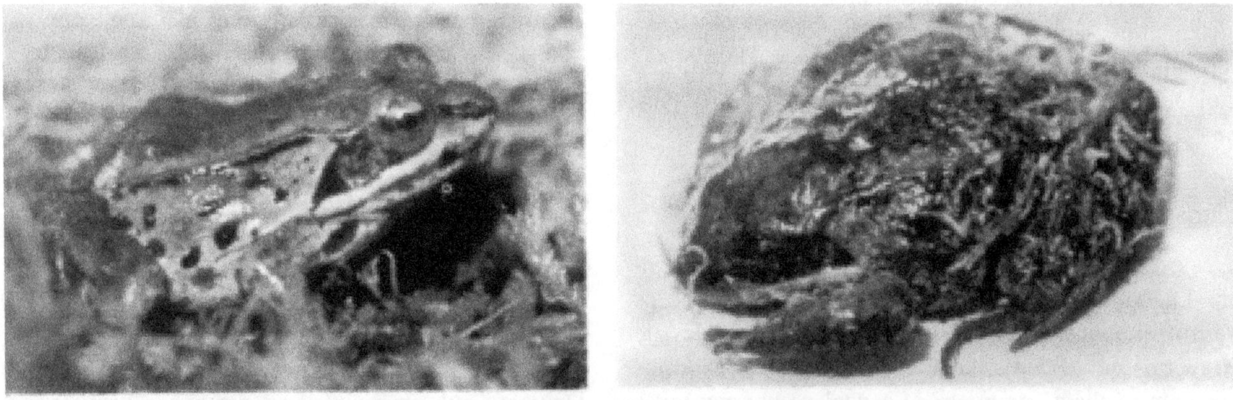

(a) (b)

Figura 14-10 "Wood frog" (*Rana sylvatica*). (a) Em temperatura normal. (b) Congelada.

através dos tecidos congelados. Mesmo assim, as células não estão congeladas e têm um baixo nível de atividade metabólica, que é mantido pelo metabolismo anaeróbico. O conteúdo de glicogênio das células congeladas do músculo e do rim diminui e as concentrações de ácido lático e alanina (dois produtos finais do metabolismo anaeróbico) aumentam.

O significado ecológico da tolerância ao congelamento, em algumas espécies de anfíbios, não está claro. As quatro espécies de rãs até agora identificadas como sendo tolerantes ao congelamento se reproduzem no início da primavera e a hibernação, próxima à superfície do solo, pode estar associada com a emergência precoce na primavera. Os machos que estiverem entre os primeiros indivíduos a chegar às poças de procriação, podem ter aumentadas suas chances de encontrar uma fêmea para o acasalamento e isto dará às larvas o maior tempo possível para o desenvolvimento e a metamorfose, mas também acarreta riscos. Frequentemente, as rãs e as salamandras se movem através dos bancos de neve para alcançar as poças de procriação, e elas entram nas poças que ainda estão parcialmente cobertas de gelo. Um frio repentino pode fazer com que toda a superfície da poça congele novamente, aprisionando alguns animais abaixo do gelo e, outros, em abrigos rasos sob troncos e rochas ao redor da poça. A tolerância ao congelamento pode ser importante para esses animais mesmo depois do término da sua hibernação de inverno.

14.4 O Papel dos Tetrápodes Ectotérmicos nos Ecossistemas Terrestres

A vida para um animal é dispendiosa. Em termos termodinâmicos, um animal vive através do rompimento de ligações químicas que foram formadas pelas plantas (se o animal for herbívoro) ou por outro animal (se ele for carnívoro) e da utilização da energia dessas ligações para sustentar suas próprias atividades. Os vertebrados são animais particularmente dispendiosos, pois geralmente são maiores e mais ativos do que os invertebrados. Grandes animais necessitam de mais energia, ou seja, alimento, do que os menores, assim como animais ativos utilizam mais energia do que os sedentários.

Além do tamanho corporal e da atividade, a estratégia utilizada para regular a temperatura (ectotermia, endotermia ou a combinação desses dois mecanismos), é um fator fundamental na determinação de quanta energia o animal utiliza e, portanto, de quanto alimento ele necessita. Pelo fato dos ectotermos contarem com fontes externas de energia para elevar suas temperaturas corporais até o nível necessário para a atividade, enquanto os endotermos utilizam o calor gerado internamente através do metabolismo, os ectotermos utilizam substancialmente menos energia do que os endotermos. As taxas metabólicas dos ectotermos terrestres, aquelas nas quais a energia é utilizada, correspondem a apenas 10 a 14 por cento das taxas metabólicas das aves e mamíferos de mesmo tamanho. Os requerimentos energéticos menores dos ectotermos significam que eles necessitam de menos alimento do que um endotermo de mesmo tamanho.

O tamanho corporal é uma outra diferença importante entre ectotermos e endotermos que está diretamente relacionada com a maneira como regulam a temperatura e que afeta seus papéis nos ecossistemas terrestres. Os ectotermos são menores que os endotermos, em parte porque o custo energético da endotermia é muito alto em corpos de tamanho pequeno. À medida que a massa corporal diminui, o custo para viver, relacionado à massa corporal (energia por grama), aumenta rapidamente para um endotermo, tornando-se quase infinito para tamanhos corporais muito pequenos (Figura 14-11). Este é um mundo finito e necessidades energéticas infinitas simplesmente não são possíveis. Assim, as necessidades energéticas, entre outros fatores, fixam, aparentemente, um limite inferior para o tamanho corporal que é possível para um endotermo.

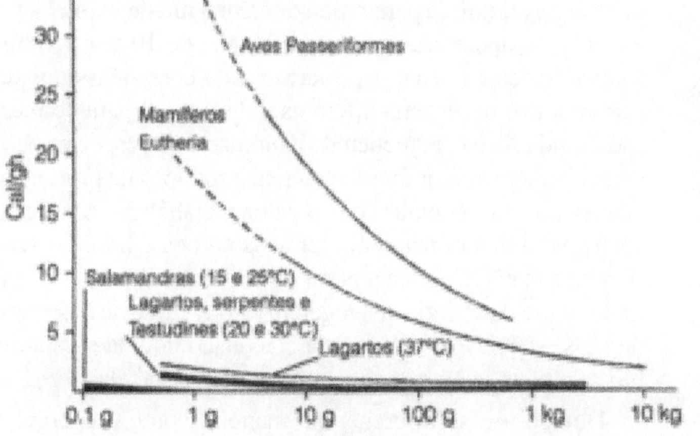

<Figura 14-11 Taxa metabólica em repouso (cal • [g • h^{-1}]) como função do tamanho do corpo para vertebrados terrestres. Taxas metabólicas para salamandras são mostradas a 15 e 25°C como os limites inferior e superior da área escurecida e dados para lagartos, cobras e tartarugas combinados são mostrados a 20 e 30°C. Dados somente para lagartos são mostrados para 37°C. A curva para anuros cai dentro da área de todos os répteis e a relação para aves não Passeriformes é similar à dos mamíferos Eutheria. As partes pontilhadas das linhas das aves e mamíferos mostram extensões hipotéticas nos tamanhos corporais abaixo do mínimo para adultos da maioria das espécies de aves e mamíferos.

As necessidades energéticas dos ectotermos, relacionadas à massa corporal, também aumentam em tamanhos corporais pequenos, mas como as necessidades energéticas dos ectotermos são cerca de um décimo daquelas dos endotermos de mesmo tamanho, um ectotermo pode ser cerca de uma ordem de magnitude menor que um endotermo. Um mamífero do tamanho de um camundongo pesa cerca de 20 gramas e alguns adultos de aves e mamíferos têm massas corporais menores que 10 gramas. As menores espécies de aves e mamíferos pesam cerca de 3 gramas, mas muitos ectotermos têm somente um décimo desse tamanho (0,3 gramas). Anfíbios são especialmente pequenos -20 por cento das espécies de salamandras e 17 por cento das espécies de anuros possuem massas corporais, quando adultas, menores que um grama e 65 por cento das salamandras e 50 por cento dos anuros são menores que 5 gramas. Os Squamata, geralmente, são maiores que os anfíbios, mas 18 por cento das espécies de lagartos e 2 por cento das serpentes pesam menos que 1 grama. Até mesmo os maiores anfíbios e Squamata pesam substancialmente menos do que 100 quilogramas, enquanto que mais de 5 por cento das espécies de mamíferos vivos pesam 100 quilogramas ou mais (Figura 14-12).

O formato do corpo representa um outro aspecto da forma corporal de um vertebrado no qual a ectotermia permite maior flexibilidade do que a endotermia. Um animal realiza as trocas de calor com o ambiente através da sua superfície corporal e a área da superfície do corpo em relação à massa do corpo (proporção superfície/massa) é um fator que determina a rapidez com que o calor é ganho ou perdido. Pequenos animais possuem proporções superfície/ massa maiores do que grandes animais e é por esse motivo que a endotermia se toma gradativamente mais dispendiosa em corpos progressivamente menores.

As taxas metabólicas dos pequenos endotermos devem ser altas o bastante para compensar as elevadas taxas de perda de calor através das extensas áreas de sua superfície corporal.

Do mesmo modo, formas corporais que aumentam a proporção superfície/massa possuem um custo energético que as tomam desvantajosas para os endotermos. Não há endotermos acentuadamente alongados, ao passo que formas corporais alongadas são comuns entre os peixes (enguias, moreias, peixes-cachimbo, barracudas e muitos outros), os anfíbios (todas as cecílias e a maioria das salamandras, especialmente as formas aquáticas apodas) e os répteis (muitos lagartos e todas as serpentes). Achatamento dorso-ventral ou lateral é outro formato que aumenta a proporção superfície/massa. Alguns répteis também são achatados (achatamento dorso-ventral – quelônios aquáticos, especialmente tartarugas-de-casco-mole, lagartos-de-chifre; achatamento lateral – muitos lagartos arborícolas, especialmente camaleões).

Tamanhos corporais pequenos e formas corporais especializadas permitem, aos ectotermos, preencher nichos ecológicos que não estão disponíveis aos endotermos.

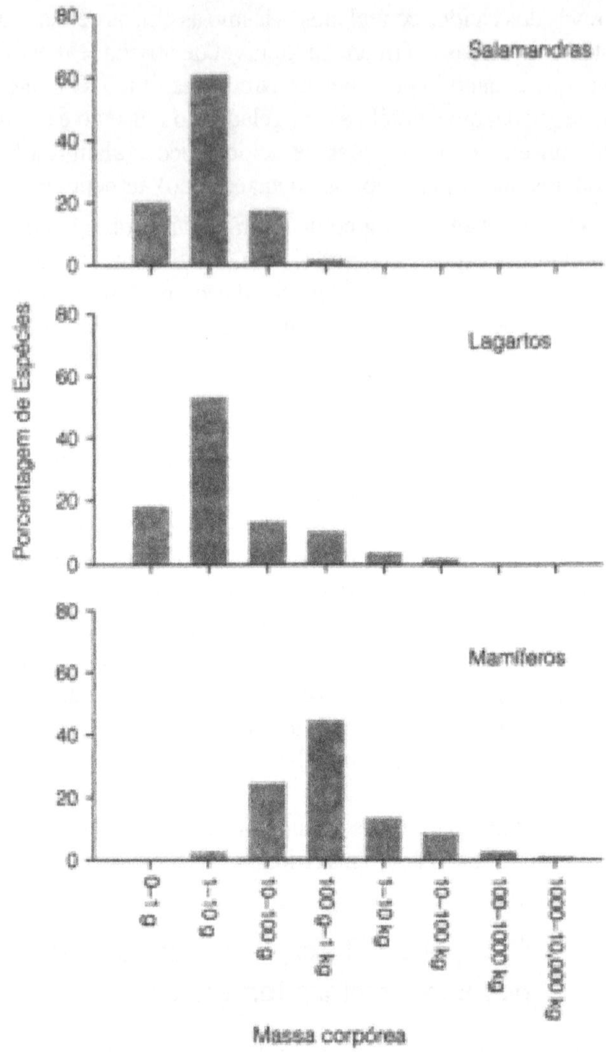

Figura 14-12 Massas corporais de anfíbios, répteis e mamíferos adultos.

A quantidade de energia requerida por ectotermos e endotermos não é a única diferença importante entre ele; igual mente importante é o que eles fazem com a energia uma vez que a obtêm. Os endotermos dispendem mais de 90 por cento da energia adquirida para produzir calor a fim de manter suas elevadas temperaturas corporais. Menos de 10 por cento – frequentemente apenas 1 por cento – da energia assimilada por uma ave ou um mamífero está disponível para conversão líquida (isto é, aumentando a biomassa das espécies pelo crescimento de um indivíduo ou pela produção da prole). Os ectotermos não contam com o calor metabólico. A energia solar que utilizam para aquecer seus corpos é livre no sentido de que não é obtida a partir do alimento. Sendo assim, a maior parte da energia que ingerem é convertida na biomassa de suas espécies. Os valores da conversão líquida para anfíbios e répteis estão entre 30 e 90 por cento (Tabela 14.3).

Devido a essa diferença na maneira como a energia é utilizada, um dado valor de energia química investida num octotermo produz um retorno de biomassa muito maior do **que** aconteceria num endotermo. Um estudo de salamandras **na** Floresta Experimental de Hubbard Brook, em New Hampshire, mostrou que embora o seu consumo de energia tenha sido de apenas 20 por cento do consumo das aves ou pequenos mamíferos, a sua eficiência de conversão foi tão grande **que** o aumento anual da biomassa da salamandra foi igual ao das aves ou pequenos mamíferos. Comparações semelhantes podem ser feitas entre lagartos e roedores nos desertos.

Pequenos anfíbios e Squamata ocupam posições de destaque no fluxo de energia através de um ecossistema. Por serem tão pequenos, esses animais podem capturar insetos e aracnídeos que são muito pequenos para serem comidos pelas aves e pelos mamíferos. Por serem ectotermos, são eficientes em converter a energia dos alimentos que ingerem em seus próprios tecidos corporais. Como consequência, os pequenos vertebrados ectotérmicos nos ecossistemas terrestres, podem ser vistos como reservas de energia em **uma** forma que aves e mamíferos predadores podem explorar. Em outras palavras, quando um musaranho ou uma ave procuram por alimento na Floresta de Hubbard Brook, **a** presa vertebrada mais abundante que vão encontrar são as salamandras. Neste contexto, rãs, salamandras, lagartos e serpentes ocupam uma posição, nos ecossistemas terrestres, que é importante tanto quantitativamente (no sentido de que constituem uma fonte substancial de energia) como qualitativamente (no sentido de que os ectotermos exploram fontes de alimento que não estão disponíveis para os endotermos).

Em um sentido muito real, pode-se pensar que pequenos ectotermos vivem em um mundo diferente daquele dos endotermos. Como foi visto no caso das três espécies de lagartos *Ameiva,* na Costa Rica, as interações com o mundo físico podem ser mais importantes, no ajuste da ecologia e do comportamento de pequenos ectotermos, que as interações biológicas, como a competição. Em alguns casos, estes pequenos vertebrados podem ter suas interações predatórias e competitivas primárias com insetos e aracnídeos em vez do que com outros vertebrados. Por exemplo, as aranhas tecedoras de teias orbiculares e os lagartos *Anolis,* em algumas ilhas do Caribe, estão ligados pela predação (lagartos adultos comem aranhas e aranhas podem comer lagartos recém-nascidos) e pela competição (lagartos e aranhas comem muitos dos mesmos tipos de insetos). A relação competitiva entre esses animais remotamente relacionados foi demonstrada através de experimentos. Quando os lagartos foram retirados de alguns locais experimentais, a abundância de insetos aumentou e as aranhas consumiram mais presas e sobreviveram por mais tempo do que em locais de controle com a presença de lagartos (Schoener e Spiller 1987).

TABELA 14.3 Eficiência de conversão da biomassa por ectotermos e endotermos. Essas são eficiências de conversão líquida calculadas como (energia convertida/energia assimilada) x 100.

Espécies Ectotérmicas	Eficiência (%)	Espécies Endotérmicas	Eficiência (%)
Salamandra-de-dorso-vermelho *(Plethodon cinereus)*	48	Rato canguru *(Dipodomys merriami)*	0,8
Salamandra-crepuscular *(Desmognathus ochrophaeus)*	76-98	Camundongo-do-campo *(Peromyscus polionotus)*	1,8
Lagarto do Panamá *(Anolis limifrons)*	23-28	Rato-do-prado *(Microtus pennsylvanicus)*	3,0
"Side-blotched lizard" *(Uta stansburiana)*	18-25	Esquilo vermelho *(Tamiasciurius hudsonicus)*	1,3
Serpente focinho-de-porco *(Heterodon platyrhinos)*	81	Doninha *(Mustela rixosa)*	2,3
Píton *(Python curtus)*	6-33	Pardal-da-savana *(Passericulus sandwichensis)*	1,1
Víbora *(Vipera berus)*	49	Corruíra-do-pântano *(Telmatodytes palustris)*	0,5
Média de 12 espécies	50	Média de 19 espécies	1,4

Portanto, ectotermia e endotermia representam acessos fundamentalmente diferentes à vida de um vertebrado terrestre. Uma apreciação de ectotermos e endotermos como animais requer a compreensão das consequências funcionais das diferenças entre eles. A ectotermia é um caráter ancestral dos vertebrados, mas é um modo de vida muito efetivo nos ecossistemas modernos.

Resumo

Todos os organismos vivos são mosaicos de caracteres ancestrais e derivados interagindo para formar um organismo e uma entidade funcional.

Ectotermia é um caráter ancestral que é inteiramente funcional no mundo moderno. Os ectotermos não utilizam energia química do alimento para manter temperaturas corporais elevadas. Os resultados desta característica ancestral dos vertebrados são de grande alcance para os vertebrados ectotérmicos amais e os ectotermos e endotermos representam acessos muito diferentes à vida dos vertebrados.

Devido às suas baixas necessidades energéticas, os ectotermos podem colonizar habitats nos quais os suprimentos de energia são baixos. Os ectotermos são capazes de estender alguns de seus limites de homeostase para tolerar temperaturas corporais altas ou baixas e conteúdos hídricos altos ou baixos, o que lhes permite sobreviver em condições difíceis.

Quando o alimento está disponível, os ectotermos são eficientes em converter a energia que ele contém em tecidos do seu próprio corpo, para crescimento ou reprodução. As eficiências de conversão líquida dos ectotermos estão ao redor de 50 por cento da energia assimilada, comparadas à média de 1,4 por cento para os endotermos.

Os ectotermos podem ser menores que os endotermos pois suas necessidades energéticas relativas à massa corpórea são baixas e muitos ectotermos pesam menos que um grama, enquanto que a maioria dos endotermos pesa mais que 10 gramas. Como resultado dessa diferença no tamanho corporal, muitos ectotermos pequenos, como as salamandras, rãs e lagartos, comem presas muito pequenas para serem consumidas pelos endotermos. A eficiência da conversão de energia pelos ectotermos e seu pequeno tamanho corporal faz com que desempenhem um papel característico nos ecossistemas modernos, em muitos aspectos, bastante diferente daquele dos endotermos terrestres. Compreender essas diferenças é importante para o entendimento da biologia orgânica dos vertebrados ectotérmicos terrestres.

Leituras Adicionais

Brattstrom, B. H. 1962. Thermal control of aggregation behavior in tadpoles. *Herpetologica* 18:38-46.

Davies, P. L., et al. 1988. Fish antifreeze proteins: Physiology and evolutionary biology. *Canadian Journal of Zoology* 66:2611-2617.

Hew, C. L., et al. 1986. Molecular biology of antifreeze. In H. C. Heller, et al. (Eds.), *Living in the Cold: Physiological and Bio-chemical Adaptation.* New York, NY: Elsevier, pp. 117-123.

Nagy, K. A. 1972. Water and electrolyte budgets of a free-living desert lizard, *Sauromalus obsesus. Journal of Comparative Physiology* 79:39-62.

Nagy, K. A. 1973. Behavior, diet and reproduction in a desert lizard, *Sauromalus obesus. Copeia* 1973:93-102.

Nagy, K. A. 1983. The doubly labeled water ($^{3}HH^{18}O$) method: A guide to its use. *UCLA Publication 12-1417.* Los Angeles, CA: University of Califórnia.

Nagy, K. A., and P. A. Medica. 1986. Physiological ecology of desert tortoises in southern Nevada. *Herpetologica* 42:73-92.

Nagy, K. A. et al. 1999. Energetics of free-ranging mammals, reptiles, and birds. *Annual Review of Nutrition* 19:247-277.

Packard G. C, and M. J. Packard. 2001. The overwintering strategy of hatchling painted turtles, or how to survice in the cold without freezing. *BioScience* 51:199-207.

Pough, F. H. 1980. The advantages of ectothermy for tetrapods. *The American Naturalist* 115:92-112.

Pough, F. H. 1983. Amphibians and reptiles as low-energy systems. In W. P. Aspey and S. I. Lustick (Eds.), *Behavioral Energetics: Vertebrate Costs of Survival.* Columbus, OH: Ohio State University Press, pp. 141-188.

Schoener, T. W., and D. A. Spiller. 1987. Effect of lizards on spider populations: Manipulative reconstruction of a natural experiment. *Science* 236:949-952.

Scholander, P. F. et al. 1957. Supercooling and osmoregulation in Arctic fish. *Journal of Cellular and Comparative Physiology* 49:5-24.

Storey, K. B. 1986. Freeze tolerance in vertebrates: Biochemical adaptation of terrestrially hibemating frogs. In H. C. Heller, X. J. Musacchia, and L. C. H. Wang (Eds.), *Living in the Cold: Physiological and Biochemical Adaptations.* New York, NY: Elsevier, pp. 131-138.

Willard. R. et al. 2000. The role of the integument as a barrier to penetration of ice into overwintering hatchlings of the painted turtles *(Chrysemys pictá). Journal of Morphology* 246:150-159.

CAPÍTULO

15

Geografia e Ecologia da Era Mesozóica

A Pangea atingiu seu desenvolvimento máximo durante o início da Era Mesozóica – toda a superfície da Terra tinha se aglutinado em um único continente, que se estendia do Pólo Sul ao Pólo Norte. As faunas e as floras do início da Era Mesozóica (Triássico) apresentaram certa diferenciação regional devido ao clima, mas não haviam barreiras oceânicas para a dispersão. Com a fragmentação da Pangea, no início da Era Mesozóica (Jurássico e Cretáceo), as floras e as faunas foram isoladas geograficamente e tomaram-se distintas em diferentes partes do mundo.

Muitos tipos novos de insetos surgiram na Era Mesozóica, incluindo insetos sociais como as abelhas, formigas e cupins. O aparecimento e a rápida radiação das angiospermas (plantas floríferas providas de sementes) no Cretáceo foi uma importante mudança floral. Uma mudança maior aconteceu com os vertebrados terrestres, no final do Triássico, com a substituição da fauna de grandes animais, incluindo uma diversidade de répteis mamaliformes, pelos dinossauros. Os dinossauros do Jurássico acrescentaram um novo nicho ecológico ao ecossistema – enormes Sauropoda herbívoros como o *Apatosaurus* (melhor conhecido pelo seu antigo nome, *Brontosaurus).* Dinossauros herbívoros mais avançados, com mandíbulas e dentes especializados para processar vegetais mais fibrosos, apareceram no Cretáceo.

Mamíferos, aves e tipos modernos de anfíbios e répteis surgiram na Era Mesozóica. Esse período foi também a época de uma grande radiação dos répteis marinhos – ictiossauros, pelicossauros, mosasauros, placodontes, e outros, nenhum dos quais sobreviveu até o final do Cretáceo. Os nichos ecológicos desses tetrápodes marinhos da Era Mesozóica foram reinventados na Era Cenozóica, pelos mamíferos marinhos como as baleias e focas.

Extinções foram contundentes no final do Triássico, com isso estabilizou-se a fauna dominante de dinossauros no final da Era Mesozóica, até o final do Cretáceo. As extinções do final do Cretáceo estão entre as mais famosas que resultaram na morte dos dinossauros, mas na realidade muitos tipos de organismos foram afetados: invertebrados e plantas, assim como vertebrados não dinossauros. Evidências de um impacto de um corpo extraterrestre (um meteoro ou asteróide) no final do Cretáceo, tem fortalecido o argumento para a rápida extinção desses seres, no lugar de uma extinção natural gradual, mas problemas permanecem com a analise do registro fóssil e o padrão dos tipos de animais que sobreviveram versus aqueles que se extinguiram.

15.1 Geografia Continental da Era Mesozóica

No meio do Triássico, a superfície total da Terra estava concentrada no super-continente Pangea, que estendia-se além do Equador. A parte sul da Pangea, áreas que hoje formam a Antártida e a Austrália, estava perto do Pólo Sul e a parte norte da Eurásia moderna estava dentro do Círculo Artico (Figura 15-la).

A fragmentação da Pangea começou no Jurássico, com a separação da Laurásia (norte) e Gondwana (sul), por uma extensão ocidental do Mar de Tethys. A Laurásia desviou-se dos outros continentes, separando a América do Norte de sua conexão com a América do Sul, aumentando o tamanho do recém formado Oceano Atlântico (Figura 15-lb). Mares epicontinentais (áreas do mar que são agora áreas continentais) eram mais extensos do que haviam sido no Triássico.

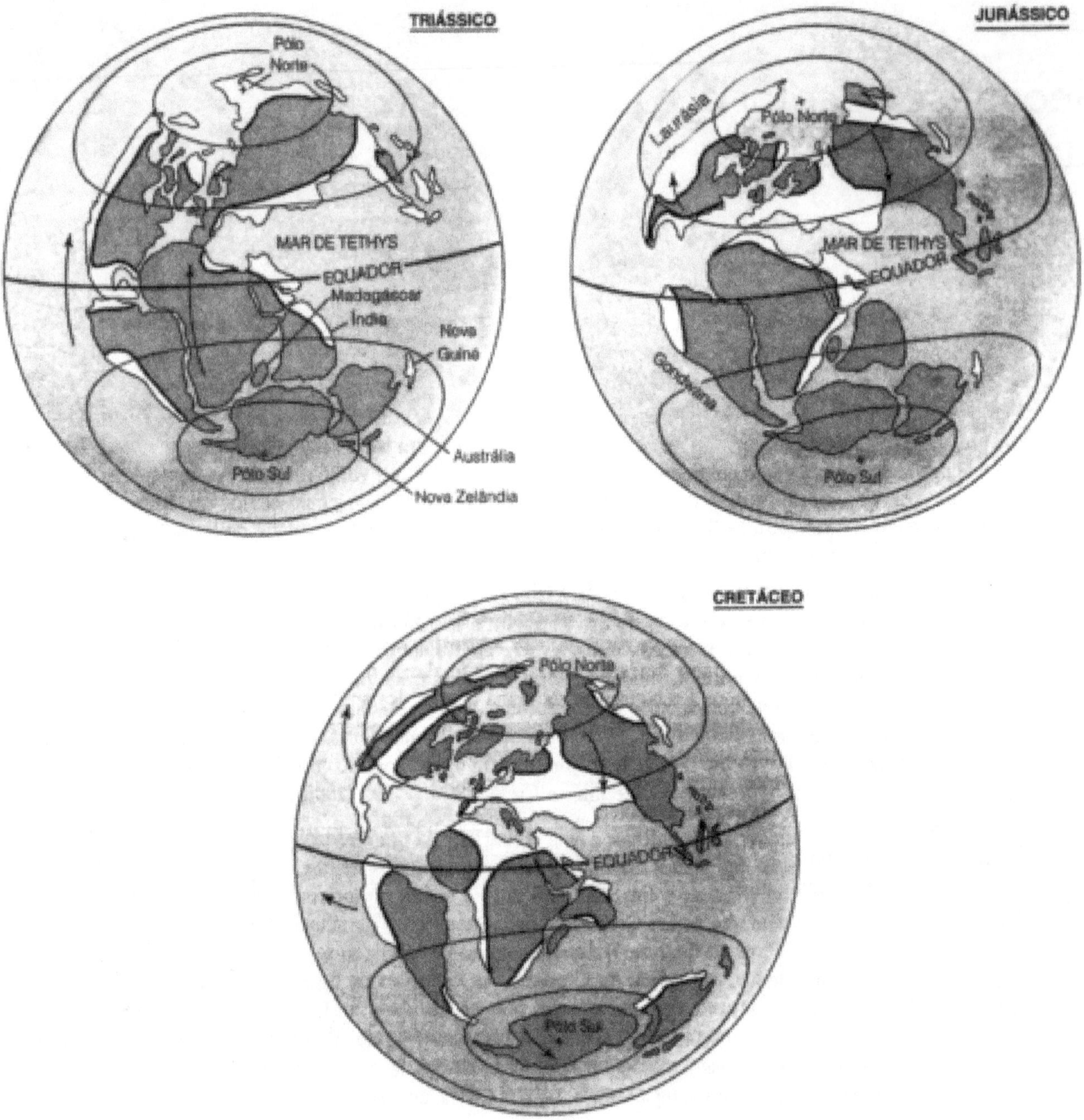

Figura 15-1 Localização dos blocos continentais durante a Era Mesozóica. Áreas terrestres continentais estão sombreadas e os mares epicontinentais são as áreas não sombreadas nas margens dos modernos continentes. As setas indicam a direção da rotação dos continentes.

A separação dos continentes, assim como a rotação dos continentes do Norte, continuaram durante a Era Mesozóica. Os mares epicontinentais tornaram-se ainda mais extensos. No Cretáceo Superior, os continentes estavam aproximadamente nas posições amais, embora a índia ainda estivesse próxima da África e a Austrália, e a Nova Zelândia e Nova Guiné ainda estivessem bem ao Sul das suas posições amais (Figura 15-1c).

15.2 Ecossistemas Terrestres da Era Mesozóica

A Era Mesozóica foi marcada por uma série de mudanças em grande escala, na flora e na fauna, começando com o evento de extinção Permo-Triassica (Permiano-Triássico), cujas repercussões estenderam-se por um período de cerca de 25 milhões de anos, tendo culminado na transição

Cretáceo-Terciário. Os ecossistemas terrestres adquiriram uma teia alimentar essencialmente moderna durante o final do Permiano. As plantas cresciam em comunidades que continham uma mescla de espécies e eram consumidas por msetos e vertebrados herbívoros, que por sua vez eram predados por invertebrados e vertebrados carnívoros. Os tipos de plantas e animais nos ecossistemas do início da Era Mesozóica, no entanto, eram completamente diferentes daqueles dos ecossistemas modernos.

As extinções do Permo-Triássicas deixaram uma fauna terrestre completamente empobrecida. Os insetos perderam considerável diversidade, especialmente entre as formas sugadoras de seiva, mas novas formas herbívoras surgiram rapidamente no Triássico, incluindo bichos-pau. As faunas de vertebrados do Triássico Inferior eram dominadas por répteis mamaliformes herbívoros, os *Lystrosaurus*, assim como por répteis mamaliformes e pelos primeiros Archosauria ("Thecodontia"), répteis Diapsida que, eventualmente, deram origem aos dinossauros. Mais tarde, no Triássico, o clima nos locais onde os tetrápodes eram encontrados mudou de morno e úmido para quente e seco e os Archosauria tiveram sua diversidade e predominância faunística aumentadas. As faunas do Triássico ainda continham uma diversidade de répteis mamaliformes, incluindo Dicynodontia (herbívoros), Cynodontia (tanto carnívoros quanto herbívoros), e Rhynchosauria (grandes répteis Diapsida herbívoros) (ver Figura 15-2).

A vegetação do Triássico incluía grupos modernos familiares de gimnospermas como coníferas (pinheiros e outras árvores com pinhas), gincófitas (parentes do *Ginkgo* atual), e cicadáceas e cicadofilicales. Outras plantas incluíam as samambaias, samambaias arbóreas e cavalinhas. Embora muitas dessas plantas ainda existam hoje, elas são muito menos comuns e difundidas do que eram na Era Mesozóica. Embora a Pangea fosse um continente único no Triássico, as floras e faunas desse Período mostram caracteres regionais que refletem, provavelmente, diferenças nos padrões de chuva e temperaturas extremas sazonais em áreas distantes do mar. Coníferas variavam na forma, desde pequenos arbustos até altas árvores de florestas, sendo que muitas parecem ter vivido em habitats relativamente secos. Cicadáceas também parecem ter vivido em regiões mais secas.

Os vertebrados herbívoros do Triássico variavam na massa corpórea entre 10 e 1000 quilogramas. Essa variação no tamanho sugere que a principal paisagem florística pode ter sido formada por bosques abertos, pois uma floresta densa sustenta, principalmente, herbívoros de pequeno porte. Todos esses herbívoros (Rhyncosauria, Dicynodontia, Cynodontia Gomphodontia e Archosauria Aetosauria) eram pastadores generalistas e devem ter forrageado até uma altura de um metro a partir do solo. Animais que pastavam em níveis mais altos não estiveram presentes até a evolução dos dinossauros Prosauropoda, bem no fim do Triássico.

Não havia virtualmente nenhum vertebrado herbívoro arbóreo, embora alguns répteis Sphenodontidae e mamíferos primitivos (Haramyidae), do final do Triássico, podem ter sido herbívoros arbóreos. Somente quando os mamíferos ocuparam esse habitat, na Era Cenozóica, houve uma radiação significativa de vertebrados herbívoros habitantes de dosséis. No entanto, no Triássico, havia abundância de insetos herbívoros e, juntamente com eles, vários répteis Diapsida insetívoros e arbóreos, incluindo formas planadoras.

Durante o Triássico Superior, houve uma mudança nas comunidades florísticas, especialmente na Gondwana, onde as floras dominadas pela cicadofilicales *Dicroidium* foram

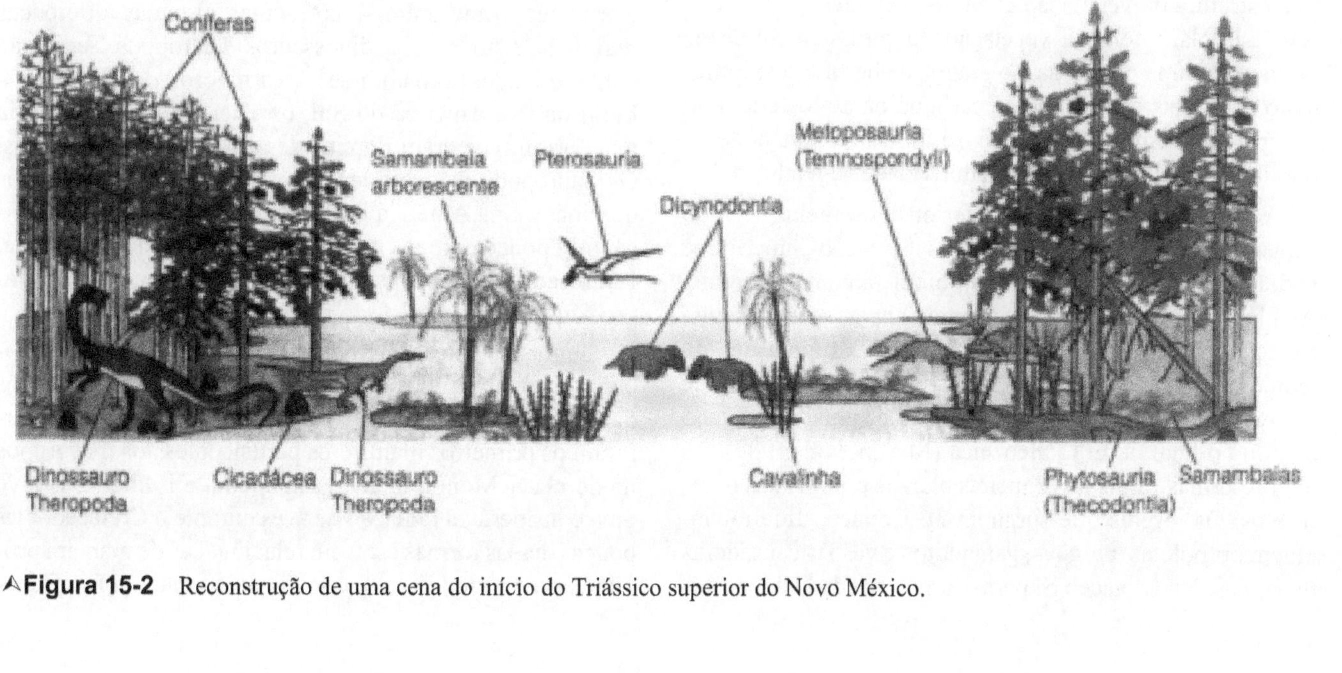

Figura 15-2 Reconstrução de uma cena do início do Triássico superior do Novo México.

substituídas por outras dominadas por coníferas. A mudança na flora foi acompanhada por uma mudança de fauna ainda maior; o grupo dos grandes tetrápodes do Triássico tornou-se extinto. Tanto os dinossauros quanto os mamíferos fizeram sua primeira aparição nesse Período, assim como outros grupos modernos como Sphenodontidae (o grupo irmão dos lagartos), quelônios e crocodilos. Grupos que estão extintos atualmente, tais como Pterosauria (répteis voadores) surgiram juntamente com vários répteis marinhos, incluindo Ichthyosauria e Plesiosauria.

A vegetação do Triássico Superior, dominada por coníferas e samambaias, continuou ao longo do Jurássico, embora as cicadofilicales estivessem reduzidas em diversidade. As floras da Laurásia e Gondwana eram mais semelhantes entre si no Jurássico do que no Triássico. Vários novos tipos de insetos surgiram no Jurássico, incluindo besouros, Thysanoptera e uma variedade de percevejos (Hemiptera).

Uma mudança abrupta nos ecossistemas terrestres ocorreu no início do Jurássico, quando os dinossauros tornaram-se o elemento dominante da fauna de grandes vertebrados. Dinossauros carnívoros de pequeno porte eram um elemento raro da fauna do Triássico Superior, mas o Jurássico mostrou radiações de casmivoros maiores (Allosauridae) e muitos tipos de grandes herbívoros. Os últimos incluíam os Prosauropoda e os Sauropoda pastadores de vegetação alta e os Stegosauria, pastadores de vegetação baixa. Também havia um aperfeiçoamento de dinosauros carnívoros Terapoda menores, agora junto com pequenos ornitopodes herbívoros. Lagartos e os grupos modernos de anfíbios apareceram, inicialmente, no Jurássico e a ave mais antiga, *Archaeopteryx,* é conhecida do Jurássico Superior.

Os Sauropoda eram animais gigantescos, com massas corporais variando de 10.000 a 50.000 quilograma ou até mais e podem ter influenciado os padrões de crescimento e estrutura da vegetação como os elefantes fazem hoje. Não está claro como a vegetação do Jurássico foi capaz de suportar uma biomassa tão grande de herbívoros. Entretanto, os níveis de dióxido de carbono na atmosfera eram excepcionalmente altos durante o Jurássico, o que pode ter possibilitado altos níveis de produtividade vegetal.

A vegetação do Cretáceo Inferior era semelhante à do Jurássico Superior. No entanto, no Cretáceo Superior, o padrão da vegetação global era completamente diferente. As plantas com flores (angiospermas) aparecem no registro fóssil no Cretáceo Inferior, embora extrapolações do tempo de origem das angiospermas, baseadas na análise de DNA, sugerem que elas devem ter se originado tão cedo quanto no final da Era Paleozóica (Martin et al. 1989). As angiospermas foram as primeiras plantas polinizadas pelos insetos. Os insetos que surgiram no Cretáceo Inferior incluem borboletas, pulgões, gafanhotos e vespas causadoras de galhas. No Cretáceo Superior, uma variedade de insetos sociais fizeram sua primeira aparição, incluindo cupins, formigas e abelhas construtoras de colmeias.

As angiospermas estavam, inicialmente, localizadas predominantemente perto do Equador, mas, em meados do Cretáceo, estavam bem estabelecidas nas latitudes médias. No entanto, nunca foram um componente comum das floras de alta latitude durante a Era Mesozóica. As angiospermas formavam de 50 a 80 por cento das plantas em muitos conjuntos fósseis, ao final do Cretáceo, mas seu papel na paisagem florística era diferente daquele que têm hoje. As grandes árvores ainda eram as coníferas. As formas em desenvolvimento de angiospermas incluíam pequenas árvores, arbustos baixos e gramíneas, assumiram o lugar antes dominado por samambaias e cicadáceas. Gramíneas, uma característica dominante das paisagens amais, não apareceram antes da Era Cenozóica.

Diferentes tipos de dinossauros herbívoros surgiram durante o Cretáceo. Os mais diversificados foram os Hadrosauria (dinossauros de bico de pato) e os Ceratopsia (dinossauros com cornos) – ambos se alimentavam nos níveis baixos da vegetação, utilizando-se de complexos dentes cortantes, provavelmente para lidar com uma vegetação dura. Os Hadrosauria possuíam fileiras de dentes especializados, nas maxilas, para mastigar a vegetação e os Ceratopsia possuíam bicos córneos, semelhantes aos dos quelônios, que podem ter sido utilizados para rasgar a casca dura de plantas como as cicadáceas. Ambos os tipos de dinossauros viviam, provavelmente, em manadas migratórias ou nómades que podem ter chegado a milhares de indivíduos. Isso sugere que os hábitos alimentares desses dinossauros alteravam a composição da flora e que eles aparentemente estavam relacionados a dispersão das angiospermas. Entretanto, análises cuidadosas dos registros fósseis revelam que os dinossauros realmente não "inventaram as flores" (Barret e Willis 2001).

A partir da fragmentação da Pangea, as faunas dos tetrápodes começaram a apresentar algumas diferenças regionais distintas. Os dinossauros Theropoda Tetanurae mais derivados tornaram-se os carnívoros dominantes na Laurásia. Na América do Sul, os Theropoda Ceratosauria mais primitivos eram dominantes e Tetanurae eram raros. Os Sauropoda parecem ter permanecido como herbívoros dominantes na América do Sul e, provavelmente, na África, mas pouco comuns na América do Norte. Em contraste, Hadrosauria e Ceratopsia dominaram as faunas do Cretáceo Superior no hemisfério norte.

Outras mudanças faunísticas posteriores do Cretáceo incluem a evolução dos mamíferos com molares complexos durante o Cretáceo Inferior. Durante o Cretáceo Médio, surgiram os primeiros mamíferos pertencentes aos três grupos modernos – Monotremata, Marsupialia e Eutheria. Houve uma considerável radiação de aves durante o Cretáceo, mas poucas dessas formas estavam relacionadas de maneira próxima às aves modernas que se diversificaram na Era Cenozóica. Serpentes e formas modernas de crocodilos também são conhecidas, inicialmente, a partir do Cretáceo.

Então, embora o Jurássico e o Cretáceo sejam considerados usualmente como a Era os Dinossauros, havia uma diversidade considerável de outros tipos de vertebrados, embora seguissem as regras dos membros menores da fauna. Os maiores mamíferos tinham o tamanho aproximado de um gato grande, embora a maioria tivesse o tamanho de um camundongo e musaranho, e os lagartos e outros répteis tinham um tamanho semelhante ao das espécies viventes. O menor dos dinossauros devia ter aproximadamente o tamanho do maior mamífero (próximo ao tamanho de um gambá), mas é claro, muitos eram consideravelmente maiores. Alguns dos menores vertebrados deviam ter predado os ovos de dinossauros ou servido de alimento para os dinossauros juvenis.

Embora os dinossauros sejam representados frequentemente como habitantes de um mundo extinto e estranho, de fato os ecossistemas dos dinossauros não eram tão diferentes como os dos dias atuais. A principal diferença dos ecossistemas do final da Era Mesozóica é que as regras ecológicas para grandes vertebrados eram feitas mais para os dinossauros do que para mamíferos. Todos os grupos de tetrápodes modernos – rãs, salamandras, lagartos, serpentes, tartarugas, crocodilianos, aves e mamíferos – surgiram no Triássico Superior ou no Jurássico. A fauna incluía mais espécies de vertebrados que não eram dinossauros do que espécies de dinossauros, embora os dinossauros tenham representado muito da biomassa (Veja a Figura 15-3).

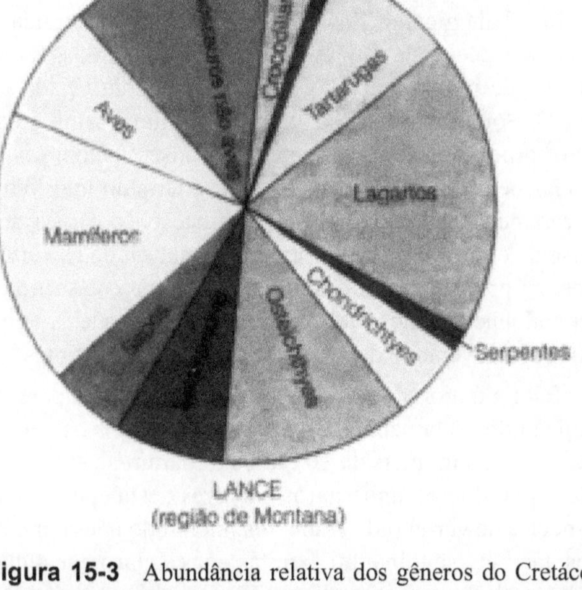

Figura 15-3 Abundância relativa dos gêneros do Cretáceo Superior da localidade de Lance em Montana. Essa localidade parece representar um habitat pantanoso e florestado, com grandes rios e alguns lagos.

Climas da Era Mesozóica

Ds climas da Era Mesozóica foram uniformes ao redor do mundo e, em nenhum momento durante a era, ocorreram calotas polares. Grandes Temnospondyli (tetrápodes aquáticos não-amniotas) são encontrados nos depósitos do Triássico da Austrália, Antártida, Groenlândia e Spitzbergen e depósitos de carvão nos hemisférios norte e sul apontam para climas úmidos. Em contraste, baixas e médias latitudes eram, provavelmente, secas – tanto sazonalmente como ao longo do ano – até o Cretáceo Superior e o Cenozóico Inferior, quando a presença de depósitos de carvão da Era Mesozóica em médias latitudes indicam a presença de pântanos, sugerindo que o clima havia se tornado mais úmido. Essas baixas latitudes secas possuíam um tipo de vegetação diferente da vegetação equatorial atual, com a ausência de florestas tropicais úmidas. O registro florístico do Cretáceo também sugere um mundo altamente uniforme em termos de temperatura, com florestas temperadas estendendo-se até regiões polares, embora uma redução na diversidade de plantas, em latitudes mais altas, no final do Cretáceo, tenha assinalado um episódio de resfriamento mundial.

Extinções da Era Mesozóica

A primeira das extinções da Era Mesozóica aconteceu no final do Triássico e teve efeitos consideráveis nos vertebrados terrestres e nos invertebrados marinhos. A fauna do Triássico, que era, essencialmente, uma continuação do final da Era Paleozóica, foi substituída por formas que dominariam a Era Mesozóica, como os dinossauros; dezoito famílias de tetrápodes tornaram-se extintas nessa época. As extinções do Triássico coincidiram com a fragmentação inicial da Pangea, embora também haja certa evidência, nessa época, de um impacto causado por um asteróide ou meteoro (Olsen et al. 2002). (O tipo de evidencia para tal evento é discutido adiante). Extinções menores de tetrápodes aconteceram no Triássico Inferior e no Jurássico Superior e esses dois eventos de extinção terrestre encontraram paralelo no ambiente marinho.

As extinções do final do Cretáceo tornaram-se conhecidas como as que extinguiram os dinossauros, embora a magnitude do efeito na fauna global tenha sido muito menor que a que ocorreu nas extinções do final da Era Paleozóica (final do Permiano). Muitas hipóteses foram propostas para explicar o motivo pelo qual os dinossauros tornaram-se extintos, indo desde a extraterrestre (suas gônadas foram esterilizadas por radiação causada pela explosão de uma supernova) até o ridículo (constipação causada por angiospermas; ver Benton 1990). Deve ser lembrado que os dinossauros não foram os únicos animais que enfrentaram extinções nessa época. Trinta e seis (40 por cento) das famílias de tetrápodes estavam extintas no final do Cretáceo, incluindo não apenas todos os dinossauros não aves, mas também todos os répteis voadores (Pterosauria) e répteis marinhos (ictiossauros, plesiossauros, mosassauros e outros). Aves e mamíferos sofreram extinções menores e os insetos estavam entre os poucos grupos que sobreviveram relativamente intactos ao Cretáceo. Houve também grandes extinções entre plantas e invertebrados marinhos. Qualquer explicação para a morte dos dinossauros deve também justificar o desaparecimento de grande variedade de outros organismos, tanto na terra como no mar, assim como a sobrevivência de muitas outras linhagens.

Há longos debates sobre se o final das extinções do Cretáceo foram rápidas ou graduais na natureza. Isto é difícil de se estimar a partir do registro fóssil, porque os fósseis não são encontrados normalmente em uma sequência sem interrupção que é necessária para esse tipo de resolução. Entre os fósseis que apresentam esse tipo continuo de registro, os diminutos organismos planctônicos, conhecidos como foraminíferos, mostram que a mudança na diversidade e a abundância do limite entre C/T (Cretáceo-Terciário) parece ter sido abrupta. Entretanto, para organismos grandes uma lacuna entre o último fóssil conhecido e o evento limitante registrado nas rochas pode sinalizar a morte dessa linhagem algum tempo depois do evento ou pode apenas representar um tipo normal de lacuna na preservação que é encontrada em todo registro fóssil.

O debate sobre extinções graduais ou abruptas têm sido particularmente virulentas quando aplicadas aos dinossauros (veja Fastovsky e Wieshampel 1996). Alguns paleontólogos defendem um declínio gradual da diversidade no Cretáceo Superior, enquanto outros apresentam evidências para pequenas mudanças em milhões de anos ou então precedendo imediatamente o limite C/T. Muitas questões complicam esse debate. Primeiro, o registro fóssil do final do Cretáceo é conhecido principalmente da América do Norte; padrões da evolução dos dinossauros observados nesse continente não devem ser aplicados para o resto do mundo. Segundo, tem sido observado com o passar do tempo que a diversidade no final do Cretáceo é um tanto menor do que a do Período imediatamente precedente, diversidade dos dinossauros aumentou e diminuiu ao longo do final da Era Mesozóica, e o Período precedente o final do Cretáceo contem realmente a fauna mais rica de dinossauros conhecida. Deste modo, o declínio na diversidade uns poucos milhões de anos depois do fim do Cretáceo foi indicativo de um declínio a longo prazo para extinção, ou simplesmente parte de altos e baixos da diversidade dos dinossauros ao longo do tempo? É impossível determinar a resposta.

Nas duas últimas décadas têm-se acumulado evidências sobre o impacto de um corpo extraterrestre com a Terra, um asteróide ou meteoro, no limite C/T. Uma estreita faixa de rochas contendo uma alta concentração de irídio (conhecido como anomalia de irídio) ocorre em muitas partes do mundo em sedimentos que foram depositados nas rochas que demarcam a camada limite C/T. Normalmente o irídio é um elemento extremamente raro nas rochas sedimentares, mas ocorre em altas concentrações no núcleo da Terra e em alguns corpos celestes extraterrestres. A deposição de irídio em todo o planeta pode indicar um impacto que ocorreu com tal força que pulverizou o corpo extraterrestre e dispersou seus fragmentos como poeira na atmosfera, caindo depois sobre a superfície e cobrindo inteiramente o globo terrestre.

Evidência adicional para esse impacto foi encontrada na forma de uma cratera com a idade apropriada (64,4 ± 0,5 milhões de anos), a cratera de Chicxulub no litoral da costa de Yucatan no México. Essa cratera mostra evidência de um impacto na presença de cristais de quartzo que mostram o efeito de enorme força (conhecida como distúrbio de quartzo). Tais cristais de quartzo são encontrados nos locais conhecidos de impactos de meteoros históricos. Deste modo, temos uma evidência excelente que um impacto não ocorreu aproximadamente ao mesmo tempo em que as últimas extinções do Cretáceo, mas ainda há debate de como deve ter sido os efeitos exatos deste impacto, e se outros fatores anteriores influenciaram padrões da diversidade dos organismos, então estes impacto foi uma catástrofe decisiva no lugar de uma catástrofe repentina.

As áreas próximas do impacto, como a América do Norte, devem ter sofrido com enormes ondas oceânicas e tempestades incendiárias, mas o resto do mundo deve ter sido afetado de um modo diferente. A distribuição do irídio ao redor do mundo sugere que a nuvem de poeira formada pelo impacto deve ter limitado por muitos anos a quantidade de luz solar que chega a superfície da Terra. Isso deve ter reduzido a fotossíntese vegetal e resultou em grandes mudanças nos ecossistemas do planeta. Evidências das muitas mudanças da flora global, na forma de um registro fóssil de uma "samambaia gigante", onde florestas foram substituídas por poucas espécies de samambaias, foram registradas tanto na cratera de impacto quanto na Nova Zelândia (Vajda et al. 2001). Somando-se a isso, embora nenhuma família de inseto tornou-se extinta, as interações inseto/planta (evidenciadas pelos danos nas folhas) parece ter sido interrompida severamente, sugerindo uma perturbação ecológica ampla (Labandeira et al. 2002). Entretanto, analisando os vertebrados, há problemas em calcular quanto uma catástrofe pode ter influenciado nos padrões observados daqueles animais que sobreviveram e daqueles que se tomaram extintos.

Para a maioria, a diferença na sobrevivência parece ter dependido do tamanho do corpo. Quase todos os vertebrados que tinham mais de 10 quilos tornaram-se extintos, incluindo todos os dinossauros não aves desta época. Muitas espécies de vertebrados menores, incluindo aves e mamíferos, também se tomaram extintas, mas é claro que algumas sobreviveram para reirradiar na Era Cenozóica. Animais menores tem uma grande capacidade de se reproduzir rapidamente e de refazer as suas populações. (Isso porque muitos mamíferos em perigo de extinção atualmente estão entre os maiores, tais como rinocerontes e os grandes felinos.) Deste modo, a relação entre tamanho do corpo, taxa de reprodução, e a capacidade de repovoar pode explicar alguns padrões dos vencedores e perdedores nas extinções do C/T.

Entretanto algumas anomalias permanecem. Alguns tipos de grandes répteis, como as tartarugas e os crocodilos, não se tomaram extintos neste Período. Uma explicação para esse padrão é de que esse grandes répteis que sobreviveram estavam associados a ecossistemas de água doce, e parece que vertebrados de água doce sofreram menos extinções do que aqueles nos ecossistemas terrestres e marinhos. O fato que estes ecossistemas possam ter sido baseados em alimentação por detritos (isto é, alimentando-se de detritos na água, incluindo carcaça em decomposição, as quais devem ter sido em grande número!) foi desenvolvida como uma explicação para essa observação. Mas atualmente nós não sabemos exatamente porque ecossistemas de água doce parecem ser mais imunes a extinção do final do Cretáceo, e nem porque grandes crocodilos e tartarugas sobreviveram enquanto outros grandes vertebrados se tornaram extintos neste Período.

Outro problema com o padrão dos sobreviventes da extinção do Cretáceo encontram-se na sobrevivência dos grupos modernos de anfíbios. Sapos, salamandras e cecílias, todos sobreviveram ao limite C/T, todavia anfíbios modernos dos dias atuais parecem ser extremamente sensíveis a mudanças ambientais, e espécies estão se tomando extintas numa taxa alarmante. É difícil de acreditar que as supostas mudanças ambientais seguidas ao impacto, incluindo chuva ácida caindo sobre toda a superfície da Terra, possa ter poupado os grupos de anfíbios modernos. Novamente, estudos de registros fósseis mais antigos podem lançar luz sobre esses problemas, mas a evidência vital nem sempre esta presente.

Em resumo, as extinções do Cretáceo afetaram muitos outros organismos junto com os dinossauros, e o padrão destas extinções faz sentido em alguns casos, mas são problemáticos em outros. Atualmente estamos absolutamente certos de que um objeto extraterrestre chocou-se com a Terra no final da Era Mesozóica, mas os debates continuam sobre como exatamente este evento afetou o padrão das linhagens que se tomaram extintas versus aquelas que sobreviveram.

Leituras Adicionais

Barrett, P. M., and K. J. Willis. 2001. Did dinosaurs invent flowers? Dinosaur-angiosperm coevolution revisited. *Biological Reviews* 76:411-447.

Benton, M. J. 1989. Patterns of evolution and extinction in vertebrates. In K. C. Allen and D. E. G. Briggs (Eds.), *Evolution and the Fóssil Record.* London, UK: Belhaven Press, pp. 218-241.

Benton, M. J. 1990. Scientific methodologies in collision: The history of the study of the extinction of the dinosaurs. *Evolutionary Biology* 24:371-400.

Fastovsky, D. E., and D. B. Weishampel, 1996. *The Evolution and Extinction of Dinosaurs.* Cambridge, UK: Cambridge University Press.

Hallam, A. 1994. *An Outline of Phanerozoic Biogeography.* Oxford, UK: Oxford University Press.

Labandeira, C. C. et al. 2002. Impact of terminal Cretaceous event on plant-insect associations. *Proceedings of the National Academy of Sciences* 99:2061-2066.

Martin, W., et al. 1989. Molecular evidence for pre-Cretaceous angiosperm origins. *Nature* 339:46-48.

Olsen, P. E., et al. 2002. Ascent of dinosaurs linked to an iridium anomaly at the Triassic-Jurassic boundary. *Science* 296:1305-1307.

Sepkoski, J. J. Jr. 1992. Phylogenetic and ecologic patterns in the Phanerozoic history of marine biodiversity. In N. Eldredge (Ed.), *Systematics, Ecology, and the Biodiversity Crisis.* New York, NY: Columbia University Press, pp. 77-100.

Vajda, V., et al. 2001. Indication of global deforestation at the Cretaceous-Tertiary boundary by New Zealand fem spike. *Science* 294:1700-1702.

Willis, K. J., and J. C. McElwain. 2002. *The Evolution of Plants.* Oxford, UK: Oxford University Press.

Wing, S. L., and H.-D. Sues (rapporteurs). 1992. Mesozoic and early Cenozoic terrestrial ecosystems. In A. K. Behrensmeyer et al. (Eds.), *Terrestrial Ecosystems through Time.* Chicago. IL: University of Chicago Press, pp. 327-416.

CAPÍTULO

16

Os Diapsida da Era Mesozóica: Dinosauria, Crocodylia e Aves

Os Diapsida constituem a linhagem de Vertebrata amnióticos mais diversificada. Os enormes dinossauros não aves da Era Mesozóica são os Diapsida mais espetaculares, mas a linhagem também deu origem à maioria das espécies de vertebrados terrestres atuais. Crocodilianos e aves são Diapsida, assim como os lagartos e serpentes e provavelmente as tartarugas. Uma variedade de formas menos conhecidas – incluindo Pterosauria, Ichthyosauria, Plesiosauria e Placodontia – completa a lista dos Diapsida.

A fauna de dinossauros da Era Mesozóica foi totalmente diferente de qualquer outra que tenha existido antes ou desde então. Muitos dinossauros eram enormes e torna-se difícil reproduzir os detalhes da vida que levavam porque não temos nenhum modelo vivo de vertebrado terrestre tão grande quanto eles. Mesmo os elefantes correspondem apenas ao tamanho de um dinossauro de médio porte.

As Aves são os Diapsida viventes mais derivados. Suas penas e altas taxas metabólicas são elementos essenciais para sua habilidade de voar, mas essas características evoluíram separadamente. As penas evoluíram antes do vôo, ilustrando o conceito de que a função em curso de um caracter não é necessariamente a mesma daquela de sua origem evolutiva.

16.1 A Fauna da Era Mesozóica

A Era Mesozóica, frequentemente chamada de a Era dos Répteis, estendeu-se por cerca de 180 milhões de anos, desde o final da Era Paleozóica 251 milhões de anos atrás, até o início da Era Cenozóica, há apenas 65 milhões de anos. Ao longo desse vasto Período, evoluiu, por todo o mundo, uma fauna que diversificou e irradiou na maioria das zonas adaptativas ocupadas por todos os vertebrados terrestres atuais e alguns já extintos (p. ex., os enormes tetrápodes herbívoros e carnívoros chamados dinossauros). Embora os dinossauros sejam os representantes mais familiares da Era dos Répteis, eles são apenas um dos muitos grupos.

Inevitavelmente, a compreensão de um número tão grande de animais torna-se complicada e confusa, tanto no primeiro contato, como após estudá-la. Evolução paralela e evolução convergente foram comuns entre os tetrápodes da Era Mesozóica. Piscívoros de focinho longo evoluíram repetidamente, assim como quadrúpedes com couraças pesadas e formas marinhas altamente especializadas. Houve uma tendência generalizada ao bipedalismo e, em muitas formas, observa-se uma reversão secundária à locomoção quadrúpede. O conecimento das relações filogenéticas está em andamento e o esquema esboçado nas Figuras 16-1 e 16-2 precisará, sem dúvida, de revisão, à medida que material adicional for analisado. Visões correntes da ecologia dos dinossauros e a origem das aves também estão sofrendo uma revisão radical.

Este capítulo inicia-se com uma breve revisão das relações filogenéticas dos tetrápodes da Era Mesozóica e de alguns aspectos da sua morfologia funcional e das principais tendências evolutivas. Crocodilianos e Aves são os animais atuais que têm relação mais próxima com as formas da Era Mesozóica e a relação filogenética entre os crocodilianos e as aves nos permite fazer inferências sobre a ecologia e o comportamento das linhagens extintas. Preservados de modo excelente os fósseis das rochas finamente granuladas da China revelam detalhes estruturais que nunca antes haviam sido vistos nos fósseis, e novos sítios fossilíferos no continente africano, Madagasgar e América do Sul têm ampliado nossa compreensão da diversidade mundial dos diápsidas da Era Mesozóica (Flurm et al. 1999, Stokstad 2001, Flyn e Wys 2002, Zhour et al. 2003).

16.2 Relações Filogenéticas entre os Diapsida

Nosso conhecimento das relações filogenéticas de diversos grupos de tetrápodes da Era Mesozóica tem mudado ao

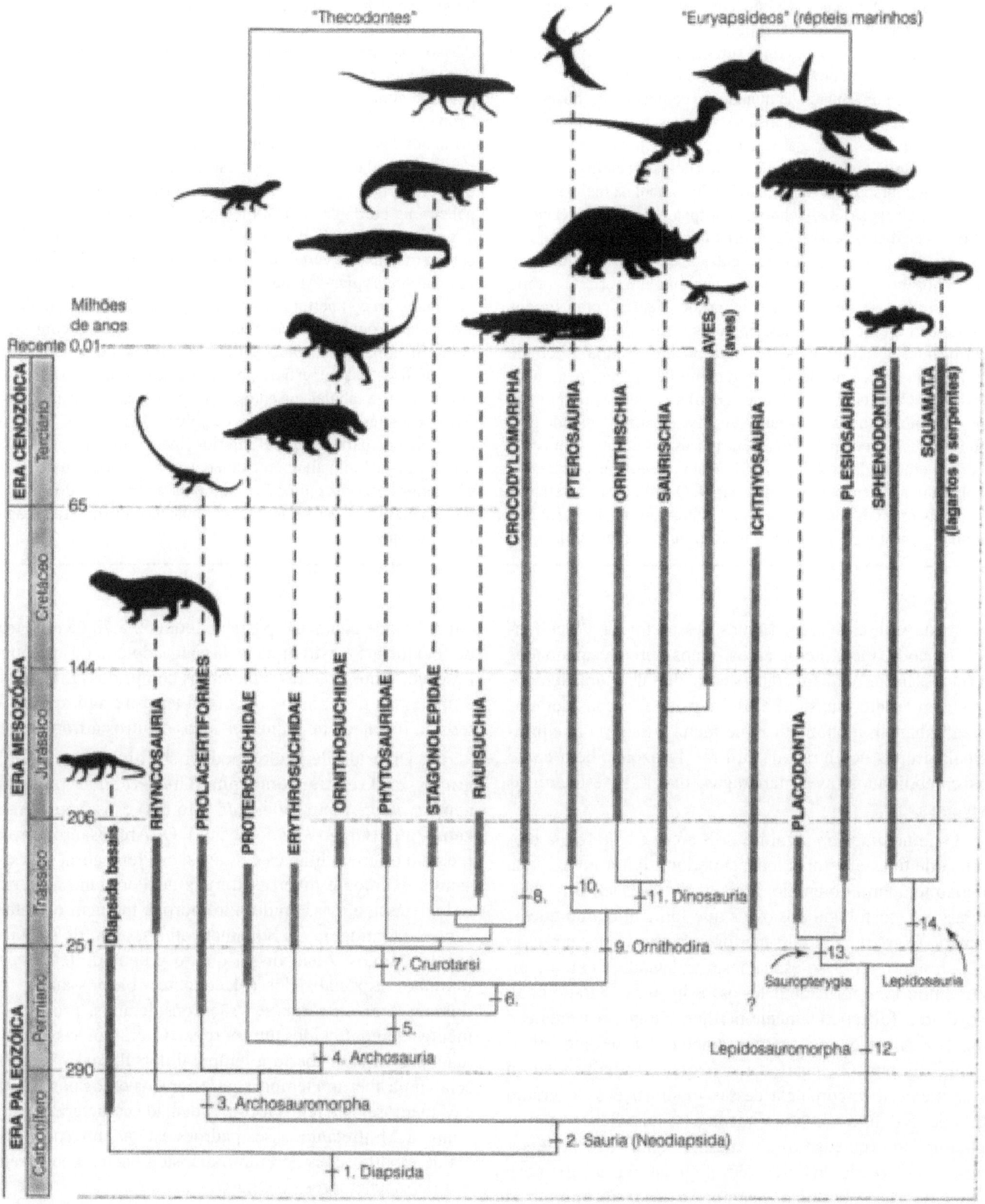

Figura 16-1 Relações filogenéticas nos Diapsida. Esse diagrama mostra as prováveis relações entre os principais grupos de Diapsida (Os Testudines, que podem ser Diapsida, não estão incluídos). Linhas pontilhadas mostram apenas inter-relacionamentos; elas não indicam os Períodos de divergência nem a presença não registrada dos táxons no registro fóssil. Os números indicam os caracteres derivados que distinguem as linhagens.

Legenda: 1. Diapsida – Crânio com abertura temporal superior e inferior; arco temporal superior formado por pós-orbital e esquamosal tridentado; abertura sub-orbital; esterno ossificado; junta do tornozelo complexa entre a tíbia e o astrágalo; primeiro metatarso com menos da metade do comprimento do quarto metatarso. **2.** Sauria (Neodiapsida) – Processo rostral do esquamosal estreito; esquamosal restrito, principalmente, à parte de cima do crânio; tabular ausente; estribo delgado; cleitro ausente; quinto metatarso recurvado; costelas do tronco, na maioria, com uma única cabeça. **3.** Archosauromorpha – Costelas cervicais com duas cabeças; várias características dos membros, incluindo articulação côncavo-convexo entre o astrágalo e o calcâneo. **4.** Archosauria – Presença de uma abertura anterorbital; órbita com a forma de um triângulo invertido; dentes comprimidos lateralmente e com serrilhas. **5.** Púbis e ílio alongados; quarto trocânter no fêmur. **6.** Auge do grupo Archosauria – Forame parietal ausente; sem dentes palatais no pterigóide, palatino e vômer. **7.** Crurotarsi – Tornozelo (tarso) no qual o astrágalo forma um pino, bem distinto, que se encaixa em uma cavidade profunda no calcâneo, além de características das costelas cervicais e do úmero. **8.** Crocodylomorpha – Palato secundário presente, incluindo, ao menos, o osso maxilar. **9.** Ornithodira – Vértebras cervicais craniais mais longas que as médio-dorsais; inter-clavículas ausentes; clavículas reduzidas ou ausentes; tíbia mais longa que o fêmur; tubérculo do calcâneo rudimentar ou ausente; metatarsos agrupados e 2°-4° alongados. **10.** Pterosauria – Mão com três dedos pequenos e o 4° alongado, para suportar a membrana da asa; osso pteróide no pulso; tronco curto; pelve pequena com ossos pré-púbicos. **11.** Dinosauria – Pescoço em forma de S; membros peitorais com menos da metade do comprimento dos pélvicos; 4° dedo da mão reduzido; outras características do palato, das cinturas escapular e pélvica, da mão, do membro pélvico e do pé. **12.** Lepidosauromorpha – Pós-frontal penetra na borda da abertura temporal superior; supratemporal ausente; ausência de dentes nas bordas laterais do pterigóide; características das vértebras, das costelas e das placas esternais. **13.** Sauropterygia – Alongamento da região pós-orbital do crânio; aumento da abertura temporal superior; sínfise mandibular alongada e robusta; úmero recurvado; rádio e ulna com igual comprimento. **14.** Lepidosauria – Crescimento determinado com epífises nas superfícies de articulação dos ossos longos; pós-parietal e tabular ausentes; astrágalo e calcâneo fundidos; outras características do crânio, da pelve e dos pés. **15.** Squamata – Perda da barra temporal inferior (incluindo a perda do quadradojugal); crânio altamente cinético com redução ou perda do esquamosal; nasais reduzidos; outras características do palato e do teto craniano, das vértebras, das costelas, da cintura escapular e do úmero.

---

longo da última década. Muitas dessas formas (tecodontes, crocodilianos, pterossauros, dinossauros, esquamados e rincossaurios) tinham crânios com duas aberturas temporais (um crânio diapsida) e os Diapsida são considerados uma linhagem monofilética que inclui a maioria dos principais grupos de Tetrapoda da Era Mesozóica, bem como os crocodilianos, aves, tartarugas, tuatara, e esquamatas viventes.

O nome *diapsida* significa dois arcos e se refere à presença de duas aberturas, uma superior e outra inferior, na região temporal do crânio. Mais distintiva que essas aberturas, é a morfologia dos ossos que formam o arco que as separa. O arco temporal superior é composto por um osso pós-orbital e um osso esquamosal tridentado. O arco temporal inferior é formado pelos ossos jugal e quadradojugal. Esse arco foi repetidamente perdido durante a irradiação dos Diapsida e o arco superior também está ausente em algumas formas. Os lagartos e as serpentes atuais mostram claramente a importância dessas modificações do crânio que permitem, durante a alimentação, uma flexão craniana ampliada (cinetismo) e o mesmo significado pode ser atribuído à perda dos arcos em algumas formas extintas. Além das duas aberturas temporais, os Diapsida derivados possuem uma fenestra de cada lado da cabeça, em posição rostral ao olho, e a presença dessa abertura modifica as relações entre os ossos do palato e da região lateral do crânio.

O mais antigo Diapsida conhecido é o *Petrolacosaurus* dos depósitos do Carbonífero Superior no Kansas. É um animal moderadamente pequeno, com 60 a 70 centímetros do focinho até a extremidade da cauda, dotado de um longo pescoço, olhos grandes e membros compridos. Ele nos dá a impressão de ter sido um animal terrestre ágil, que pode ter se alimentado de grandes insetos e outros artrópodes.

Os Diapsida derivados podem ser divididos em dois grupos, os **Archosauromorpha** (Grego *archo* = predominante, *saur* = réptil, e *morph* = forma) e os **Lepidosauromorpha** (Grego *lepi* = escama). Os Archosauromorpha incluem os crocodilianos e as aves, os Pterosauria e dinossauros extintos e diversas formas do Permiano Superior e do Triássico. Os Lepidosauromorpha incluem o tuatara (Sphenodontidae) e os Squamata atuais, além de seus parentes extintos. Além disso, quatro grupos de tetrápodes marinhos especializados (placodontes, plesiossauros, ictiossauros e *Hupehsuchus*) são considerados, provisoriamente, como Lepidosauromorpha. O crânio desses animais possui uma abertura temporal dorsal, mas não apresenta uma abertura temporal inferior e os ossos pós-orbital e esquamosal não têm a forma tridentada característica dos Diapsida. Entretanto, esses padrões estão dentro dos limites de modificações do crânio diápsido básico encontrado nos outros membros do clado.

16.3 Archosauria

Os Archosauria são os animais mais frequentemente associados à grande irradiação dos tetrápodes na Era Mesozóica.

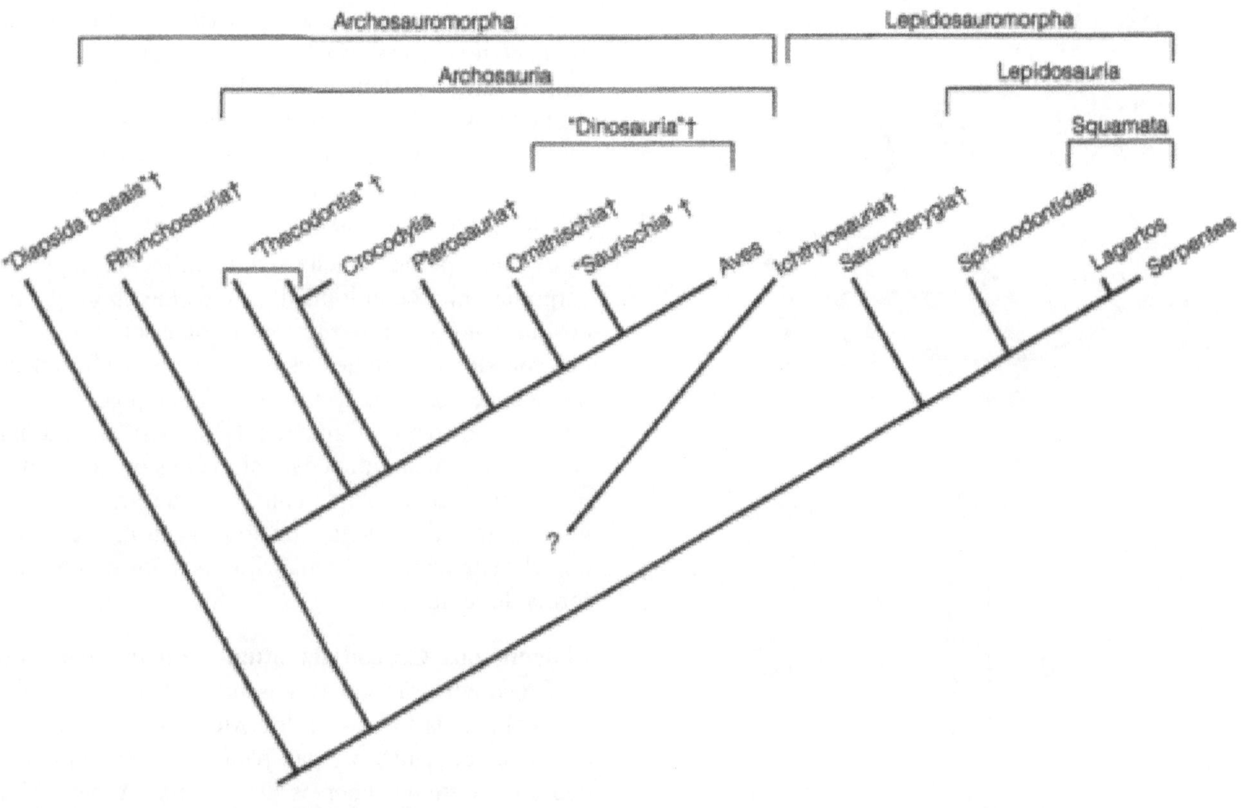

Figura 16-2 Cladograma simplificado dos Diapsida. Aspas indicam grupos parafiléticos. A adaga (†) indica um táxon extinto.

Os dinossauros e os Pterosauria são componentes característicos de muitas faunas da Era Mesozóica e outros Archosauria menos familiares também foram abundantes. Os Archosauria são distinguidos pela presença de uma abertura rostro-orbital (em frente ao olho). O crânio é profundo, a órbita ocular, em vez de circular, tem a forma de um triângulo invertido e os dentes são comprimidos lateralmente (Figura 16-3a). Uma tendência ao bipedalismo foi generalizada, mas não universal entre os Archosauria, e a face ventral da diáfise femoral tinha uma área característica com superfície rugosa, o quarto trocânter (Figura 16-3b). O poderoso músculo caudifemoral originou-se na base da cauda e estava inserido no trocânter. Quando o músculo era contraído, retraía (ou seja, puxava para trás) o fêmur.

Crurotarsi

O grupo dos Archosauria deu origem a duas linhagens de piscívoros aquáticos, os Phytosauria e os Crocodylia. Os Phytosauria foram os primeiros a irradiar e, durante o Triássico Superior, eram elementos abundantes e importantes da fauna litorânea. Em contraste com os Crocodylia, cujas narinas localizam-se na extremidade do focinho e um palato secundário separando as passagens nasais da cavidade oral, as narinas dos Phytosauria localizavam-se sobre uma elevação imediatamente rostral aos olhos. Os crocodilianos verdadeiros surgiram no Triássico e parecem ter substituído os Phytosauria por volta do final desse Período. Na maioria dos aspectos, a estrutura esquelética dos Crocodylia corresponde intimamente à dos Archosauria, mas o crânio e a pelve são especializados. Uma dobra de tecido, que se origina da base da língua, pode formar uma vedação a prova d'água entre a boca e a garganta. Sendo assim, um crocodiliano pode respirar somente com as narinas expostas, sem inalar água. O envolvimento progressivo dos pré-maxilares, maxilares e pterigóides, no palato secundário, pode ser acompanhado desde os Crocodylia da Era Mesozóica até as formas atuais.

Os crocodilianos modernos são animais semi-aquáticos, mas os Crocodylia do Triássico eram terrestres. Eram animais alongados e esguios, com o tamanho aproximado de um gato grande, e dão a impressão de terem sido caçadores ativos que provavelmente predavam pequenos diapsideos. Traços dessa origem terrestre persistem nos Crocodylia atuais.

O Cretáceo representou o clímax da evolução dos Crocodylia. A extensão de climas quentes até áreas de terra que atualmente se encontram em zonas de clima temperado frio favoreceu tanto a diversidade como o grande tamanho. *Simosuchus clarki* (Grego *simo* =nariz achatado e *suchus* =

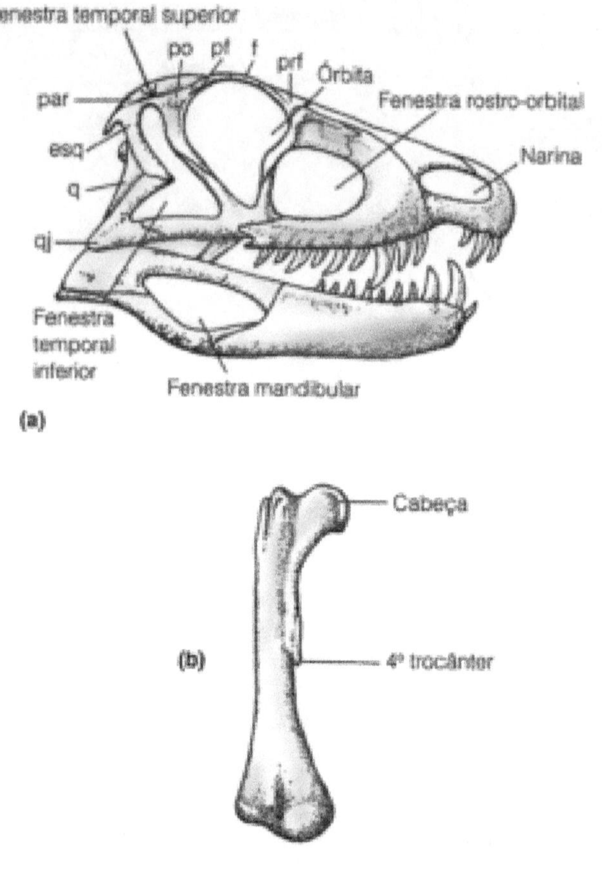

Figura 16-3 Características morfológicas dos arcossauros (a) crânio de *Ornithosuchus* mostrando os traços característicos dos Archosauria: dois arcos temporais, órbita em fornia de um triângulo invertido, e uma fenestra rostro-orbital. (b) Fêmur de *Thescelosaurus* mostrando o quarto trocânter.

Legenda: f, frontal; par, parietal; pf, pós-frontal; po, pós-orbital; prf, pré-frontal; esq, esquamosal; q, quadrado; qj, quadradojugal.

crocodilo), um fóssil de crocodilo descoberto recentemente em Madagáscar, tinha cerca de 1 metro de comprimento. Ao contrário de todos os outros crocodilos conhecidos, *Simosuchus* apresentava um focinho pequeno e largo e dentes com múltiplas cúspides e, ao contrário da maior parte dos Crocodylia, ele pode ter sido herbívoro. *Sarcosuchus* (Grego *sareo* = carne) da Africa e *Deinosuchus* (Grego, *deino* = terrível) do Texas foram crocodilos de 12 a 15 metros do Cretáceo, que podem ter predado tartarugas marinhas e possivelmente dinossauros (Schwimmer 2002).

Os enormes crocodilos persistiram durante muito tempo depois do desaparecimento dos dinossauros. Um crânio de um crocodilo do Mioceno, *Purussaurus brasilienses,* encontrado na Bacia Amazônica em 1986, mede 1,5 metro de comprimento. Se esse animal tivesse as mesmas proporções de um jacaré teria medido de 11 a 12 metros de comprimento e se ergueria até 2,5 metros de altura, ou seja, a altura do teto da maioria das casas. Uma mandíbula isolada no Museu de Paleontologia da Universidade do Acre é 30 centímetros mais comprida do que a mandíbula daquele crânio completo e deve ter pertencido a um animal com 13 a 14 metros de comprimento. Esses Crocodylia devem ter sido tão grandes quanto o *Tyrannosaurus rex.*

A cauda pesada e achatada lateralmente impulsiona o corpo de um crocodilo na água e os membros são mantidos junto ao corpo. No Jurássico Superior, uma linhagem de crocodilos marinhos especializados desfrutou de um breve sucesso. Estes Metriorhynchidae possuíam crânios longos com focinhos afilados. Não possuíam a armadura corporal dérmica, típica da maioria dos crocodilianos. Tinham uma cauda lobada com a coluna vertebral curvando-se para baixo, dentro do lobo ventral, e com o lobo dorsal sustentado por tecido rijo. As mãos e os pés tinham forma de remo.

Biologia dos Crocodylia atuais Em muitos aspectos, os Crocodylia são os Archosauria viventes que mais se assemelham às formas da Era Mesozóica e vamos considerá-los, em primeiro lugar, para determinar um contexto que possibilite entender os dinossauros. Apenas 23 espécies de Crocodylia sobrevivem atualmente. A maioria é encontrada em regiões tropicais e sub-tropicais, mas três espécies apresentam distribuição que se estende pela zona temperada. Os sistematas dividem os Crocodylia atuais em três famílias: os Alligatoridae incluem as duas espécies de aligátores vivos e os jacarés (Figura 16-4). Com exceção do aligátor chinês, os Alligatoridae formam um grupo exclusivo do Novo Mundo. O aligátor americano é encontrado nos Estados da costa do Golfo e várias espécies de jacarés ocorrem do México à América do Sul e através do Caribe. Os aligátores e jacarés são formas de água doce, enquanto que os Crocodylidae incluem espécies como o crocodilo de água salgada, que habita estuários, manguezais, pântanos e regiões baixas de grandes rios. Essa espécie ocorre amplamente na região Indo-Pacífica e penetra no arquipélago Indo-Australiano até o norte da Austrália. No Novo Mundo, o crocodilo americano está no seu ambiente, quando no mar, e ocorre em regiões costeiras, desde o extremo sul da Flórida, passando pelo Caribe, até o norte da América do Sul.

O crocodilo de água salgada é, provavelmente, a maior espécie atual de Crocodylia. Até recentemente, os adultos podem ter atingido comprimentos de 7 metros. Os Crocodylia crescem lentamente, uma vez atingida a maturidade, e demoram a alcançar um grande tamanho. Devido à caça intensiva nos dois últimos séculos, poucos Crocodylia atingem, atualmente, o tamanho que são capazes de alcançar geneticamente. Nem todos os Crocodylia são gigantes – várias espécies de pequeno porte vivem em corpos d'água menores. O jacaré-corôa da América do Sul e o crocodilo-

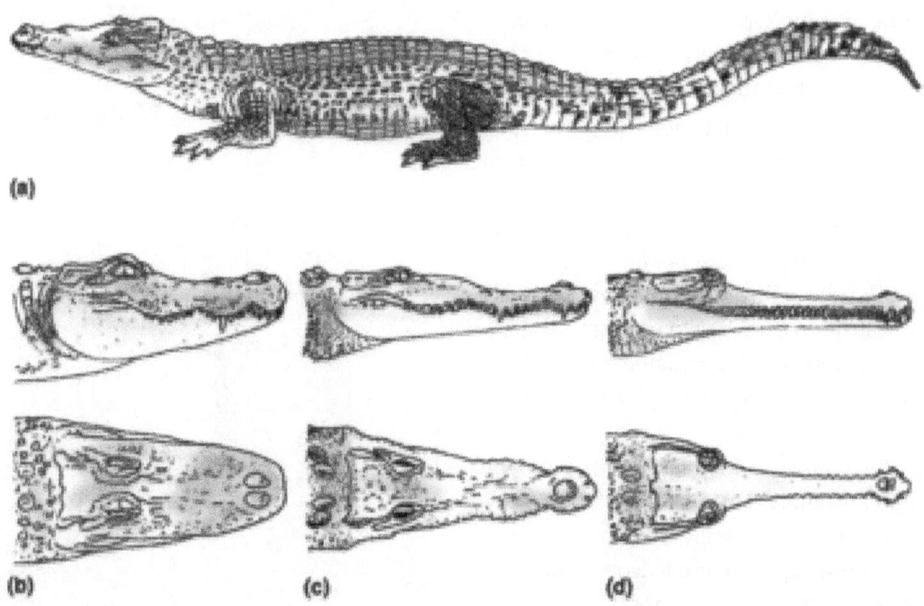

Figura 16-4 Crocodylia. Os Crocodylia modernos diferem pouco entre si ou das formas do Mesozóico Superior. A maior variação inter-específica observada nos Crocodylia atuais diz respeito ao formato da cabeça. Aligátores e jacarés são formas de focinho largo com dietas variadas. Os crocodilos incluem uma variedade de larguras de focinho. Os focinhos mais largos são quase tão largos quanto os da maioria dos aligátores e jacarés e essas espécies de crocodilos possuem dietas variadas que incluem quelônios, peixes e animais terrestres. Outros crocodilos possuem focinhos muito estreitos, sendo espécies primordialmente piscívoras. (a) Crocodilo cubano; (b) aligátor chinês; (c) crocodilo americano; (d) gavial.

anão da África, têm cerca de um metro de comprimento quando adultos e vivem em riachos de correnteza veloz.

A terceira família de Crocodylia, Gavialidae, contém uma única espécie – o gavial, que já ocorreu em grandes rios, do norte da índia até Burma. Essa espécie possui o focinho mais estreito de todos os Crocodylia. A sínfise mandibular (a fusão entre as mandíbulas na extremidade rostral da maxila inferior) estende-se para trás até o nível do 23° ou 24° dente da maxila inferior. Um focinho muito estreito como esse representa uma especialização para alimentar-se de peixes que são capturados por meio de um súbito golpe lateral da cabeça.

O músculo que abre a boca de um Crocodylia (o depressor da mandíbula) se estende da parte caudal do crânio ao processo retroarticular (isto é, uma extensão do osso além da sua articulação) da mandíbula. O depressor da mandíbula é um músculo curto com pouca vantagem mecânica. Uma pessoa é capaz de manter a boca de um Crocodylia fechada facilmente, como pode ser visto nos programas de televisão sobre natureza quase diariamente. Em contraste, os músculos de fechamento da mandíbula são muito poderosos. Os Crocodylia de focinho largo se alimentam de tartarugas adultas que são esmagadas nas suas mandíbulas. As formas do focinho dos crocodilianos estão intimamente associadas à especialização alimentar e formas similares tem evoluído repetidamente, em diferentes linhagens, a partir da Era Mesozóica (Brochu 2001).

Os Crocodylia atuais são basicamente aquáticos, embora tenham membros bem desenvolvidos e algumas espécies realizem extensas caminhadas sobre a terra. Os crocodilos podem galopar movendo os membros de sua postura normal, isto é, estendidos lateralmente, para uma posição aproximadamente vertical abaixo do corpo. Diferente de algumas das formas mesozóicas mais terrestres, os crocodilos viventes caçam dentro d'água. As maxilas superior e inferior são recobertas por pequenas saliências que são receptores de pressão muito sensíveis. Em escuridão total, os aligátores americanos podem direcionar seu ataque para o ponto de impacto de uma única gota de água que cai sobre a superfície da água (Soares 2002).

Alguns crocodilianos, tais como o crocodilo do Nilo, esperam de tocaia embaixo d'água na borda da água e atacam grandes mamíferos como antílopes e zebras quando esses vêm beber água. Na áreas tropicais da Austrália, avisos são colocados nas margens dos rios e lagoas alertanto as pessoas para o perigo real de ataque de crocodilos. Após capturar um animal, um crocodilo puxa-o para dentro d'água a fim de afogá-lo. Quando a presa está morta, corta grandes pedaços do animal e engole-os inteiro. Às vezes, pressiona um animal morto em um emaranhado de raízes ou galhos submersos para prendê-lo enquanto arranca pedaços. Uma outra alternativa é o uso da inércia de um grande item alimentar para arrancar pedaços: os crocodilos mordem a presa e giram rapidamente ao longo de seu próprio eixo longitudinal, rompendo a porção que está sendo segura. Alguns Crocodylia deixam presas grandes decompondo-se durante alguns dias até que possam ser desmembradas mais facilmente.

Os crocodilos viventes são ectotérmicos, e indivíduos pequenos expõem-se ao sol para elevar a sua temperatura corpórea. Um crocodilo aquecendo-se ao sol pode aumentar sua taxa de aquecimento usando um desvio de sangue intra-cardíaco direita-esquerda, para aumentar o fluxo sanguíneo na circulação periférica, assim como fazem os lagartos. No entanto, a estrutura do coração dos Crocolylia é diferente da estrutura do coração dos Squamata e dos Testudines e o desvio de sangue intracardíaco é obtido de um modo diferente.

Ao contrário dos Testudines (quelônios) e Squamata, os Crocodylia apresentam um coração com quatro câmaras – ou seja, o ventrículo é dividido por um septo em lado esquerdo e direito. (É a ausência desse septo, no coração dos Squamata e dos Testudines, que os permite utilizar os diferenciais de pressão para mudar o sangue do lado pulmonar [direito] do ventrículo, através da crista muscular, para o lado sistémico [esquerdo]. No coração dos Crocodylia, o arco aórtico direito abre-se a partir do ventrículo esquerdo e recebe sangue oxigenado (Figura 16-5). O arco aórtico esquerdo e a artéria pulmonar abrem-se a partir do ventrículo direito. O fluxo de sangue é controlado pela resistência em fluir no circuito sistêmico versus circuito pulmonar e as pressões mudam dependendo das atividades do aligátor. Pequenos nódulos esféricos projetam-se para dentro do fluxo de sangue que se dirige para a artéria pulmonar um pouco antes do sangue alcançar a válvula pumo-ventricular. Os nódulos de um dos lados pareiam com os nódulos do outro lado como dedos que se opõem e formam uma válvula que é controlada pelos hormônios que ativam os beta-adrenoreceptores (epinefrina e norepinefrina). A ativação da válvula aumenta a resitência no circuito pulmonar e cria um desvio do sangue não oxigenado da direita para esquerda dentro da circulação sistémica. Embora os beta-receptores se encontrem no músculo cardíaco dos vertebrados, onde evoluíram na regulação da pressão no interior das artérias coronárias, acredita-se que esse modelo é o primeiro exemplo de controle ativo de uma válvula cardíaca (Franklin e Axelsson 2000).

Quando um aligátor está em repouso, sua pressão sanguínea é aproximadamente a mesma nos ventrículos direito e esquerdo. Nessa situação, o sangue não oxigenado flui do ventrículo direito para o arco aórtico esquerdo e, em seguida, para trás, em direção às vísceras. O sangue não oxigenado contém íons de hidrogénio produzidos quando o dióxido de carbono combina-se com o bicarbonato do sistema tampão do sangue. Os íons de hidrogénio que entram no arco aórtico esquerdo podem ser usados para a secreção de ácido clorídrico no estômago durante a digestão. Note que o arco aórtico *direito* fornece o sangue para a cabeça, assim, mesmo nessa situação, o cérebro recebe apenas sangue oxigenado.

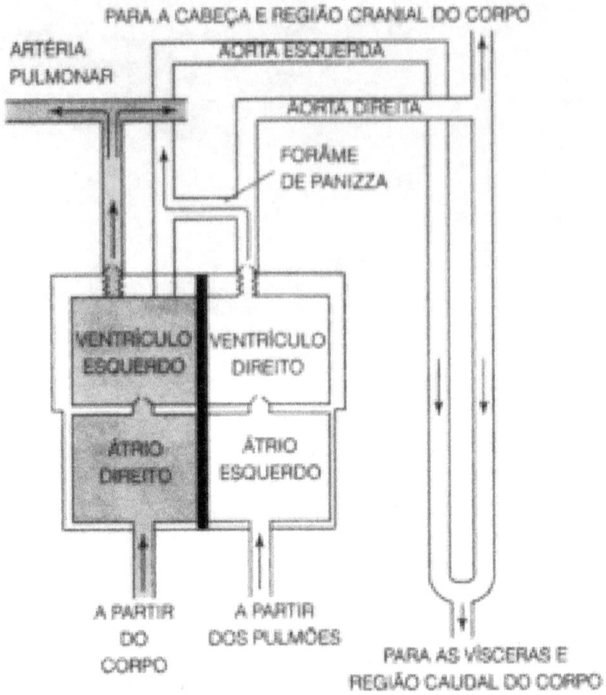

Figura 16-5 A relação entre o coração e os principais vasos sanguíneos de um Crocodylia. O arco aórtico direito abre-se a partir do ventrículo esquerdo e recebe sangue oxigenado que flui tanto para a região cranial, como para a região caudal do corpo. O arco aórtico esquerdo abre-se a partir do ventrículo direito. Quando a pressão no ventrículo direito se iguala ou excede a pressão no ventrículo esquerdo, a válvula atrio-ventricular se abre e sangue sem oxigênio flui para a aorta esquerda, que transporta sangue somente para a região caudal do corpo. Quando a pressão no ventrículo esquerdo excede a pressão no ventrículo direito, a válvula atrio-ventricular direita é mantida fechada e o sangue oxigenado flui, via forâme de Panizza, para o arco aórtico esquerdo. Legenda: Branco = sangue *oxigenado;* cinza = sangue *não oxigenado.*

Um padrão diferente de fluxo sanguíneo ocorre quando o aligátor está ativo; nessa condição mais sangue deve ser entregue para os músculos e promover que a pressão no ventrículo esquerdo aumente, alcançando um nível superior ao do ventrículo direito. Os arcos aórticos esquerdo e direito estão conectados via Forâme de Panizza. Quando a pressão no arco aórtico direito excede à do arco aórtico esquerdo, o sangue flui, através dessa passagem, do arco aórtico direito para o esquerdo [um desvio da direita para a esquerda], A pressão crescente no arco aórtico esquerdo mantém a válvula ventricular fechada impedindo a entrada de sangue sem oxigênio do ventrículo direito. Assim, durante a atividade, ambos os arcos aórticos recebem sangue oxigenado.

Um terceiro padrão de fluxo sanguíneo provavelmente acontece quando o aligátor mergulha e prende a respiração. Nessa situação, os vasos sanguíneos, no circuito pulmonar, estão constritos e a pressão no ventrículo direito aumenta a fim de igualar-se à pressão no ventrículo esquerdo. Sob essas condições, forma-se um desvio de sangue intracardíaco direita-esquerda e um volume considerável de sangue sem oxigênio flui para o arco aórtico esquerdo. O mesmo desvio de sangue intracardíaco direita-esquerda provavelmente acontece quando um Crocodylia frio está se aquecendo ao sol. Os Crocodylia (pelo menos os indivíduos pequenos – ninguém testou isso com crocodilos adultos), são capazes de aumentar sua taxa de aquecimento através do aumento do fluxo de sangue nos membros. As pernas apresentam uma grande superfície em relação ao seu volume, sendo que o fluxo sanguíneo nas pernas transfere rapidamente calor para o centro do corpo. Aumentando a resistência do fluxo no circuito pulmonar para produzir um desvio do fluxo sanguíneo da direita para a esquerda no coração deve ser, provavelmente, como os Crocodylia aumentam o fluxo de sangue sistémico para aquecer-se rapidamente ao sol.

Crocodylia e Aves como Modelos para os Dinossauros Uma tendência do método cladístico de determinar as relações evolutivas é a ênfase que ele coloca nas características derivadas em comum, apresentadas por organismos relacionados. Geralmente, estes são caracteres morfológicos utilizados para fazer inferências sobre relações filogenéticas, mas o processo pode ser usado de outras maneiras. Por exemplo, se uma filogenia pode ser estabelecida através de caracteres morfológicos, outras características – ecológica, comportamental e fisiológica – podem ser sobrepostas à filogenia e sua evolução pode ser interpretada em um contexto evolutivo.

Características morfológicas comuns aos Crocodylia e às Aves os colocam na linhagem Archosauria e essa relação pode ser combinada com informação sobre o comportamento social dos dois grupos possibilitando respostas para as perguntas sobre o provável comportamento dos dinossauros. Por exemplo, que tipo de cuidado parental e comportamento de vocalização os dinossauros exibiam? Essa questão pode ser abordada através da análise da história filogenética do cuidado parental e da vocalização na linhagem Archosauria.

O extensivo cuidado parental demonstrado por muitas aves foi sempre bem conhecido, em parte devido ao fato da maioria das aves ser de animais conspícuos cujo estudo é relativamente fácil. Vocalizações são importantes no cuidado parental das aves. Os filhotes dos pássaros piam dentro dos ovos quando se aproxima o momento da eclosão, piam quando pedem comida e piam de forma mais estridente quando se sentem ameaçados. Aves adultas de algumas espécies dão gritos de aviso que fazem com que seus filhotes parem e permaneçam imóveis até que o perigo tenha passado.

Entre os Crocodylia, cuidado parental e comunicação vocal com os filhotes são menos conhecidos do que entre as Aves, embora pareçam ser igualmente desenvolvidos. Provavelmente, todos os Crocodylia protegem seus ninhos, sendo que, entre algumas espécies, foi descrito cuidado parental elaborado. A comunicação vocal entre os jovens e os adultos começa antes do ovo eclodir, continuando depois que os recém-nascidos estão fora do ninho (Lang 1986).

Os recém-nascidos de Crocodylia começam a vocalizar antes mesmo de terem saído totalmente do ovo e essas vocalizações são altas o suficiente para serem ouvidas a uma boa distância. Os sons produzidos pelos recém-nascidos estimulam um ou ambos os pais para escavar o ninho, utilizando seus membros e maxilas para afastar a vegetação ou o solo (Figura 16-6). Por exemplo, a fêmea do aligátor americano corta pedaços de vegetação para fora do ninho para libertar os jovens quando eles começam a vocalizar. A seguir, ela coloca os bebés na boca e leva-os, um ou dois de cada vez, para a água onde os solta. Este processo se repete até que todos os filhotes tenham sido levados do ninho para a água. Os pais de algumas espécies de Crocodylia quebram delicadamente a casca dos ovos com seus dentes para ajudar os filhotes a se libertarem. É verdadeiramente marcante a visão de um crocodilo, cujas maxilas poderiam esmagar a perna de uma zebra, quebrando delicadamente a casca de um ovo um pouco maior do que o ovo de uma galinha e libertando o recém-nascido ileso.

Os filhotes de Crocodylia permanecem perto da mãe por um período considerável – dois anos para o aligátor americano, três para o jacaretinga da América do Sul – e podem se alimentar de pequenos pedaços de comida que a fêmea deixa cair enquanto se alimenta. Como muitas aves, os recém-nascidos de Crocodylia são capazes de obter seu alimento logo após a eclosão não sendo dependentes dos pais para se alimentarem.

Os Crocodylia adultos, assim como as Aves, são Archosauria vocalizadores (Lang 1989). Golpes na água, com a cabeça e a cauda, e uma variedade de vocalizações são utilizados pelos machos de Crocodylia durante a corte e exibições de territorialidade. Aligátores americanos vivem em pântanos fechados e os machos defendem territórios que geralmente não estão ao alcance da vista de outros machos e fêmeas. O território do macho está frequentemente centralizado em um buraco profundo que ele cavou e que retém água quando o pântano seca e os buracos de aligátor são um importante refúgio para outros animais no período de seca. O rugido de um aligátor macho ressoa através do pântano, anunciando sua presença para os outros aligátores a 200 metros de distância. As fêmeas também rugem, mas somente os machos realizam uma vocalização infrasonora (isto é, numa frequência abaixo do nível da audição humana) que faz com que um pequeno volume de água se agite na superfície e se desloque, por alguma distância, embaixo d'água.

Os filhotes de Crocodylia, quando amedrontados, emitem um grito de angústia que estimula os machos e fêmeas adultos a virem em sua defesa. Quando os técnicos de uma fazenda de crocodilos, na Papua Nova Guiné, resgataram um filhote de crocodilo da Nova Guiné que havia se perdido do

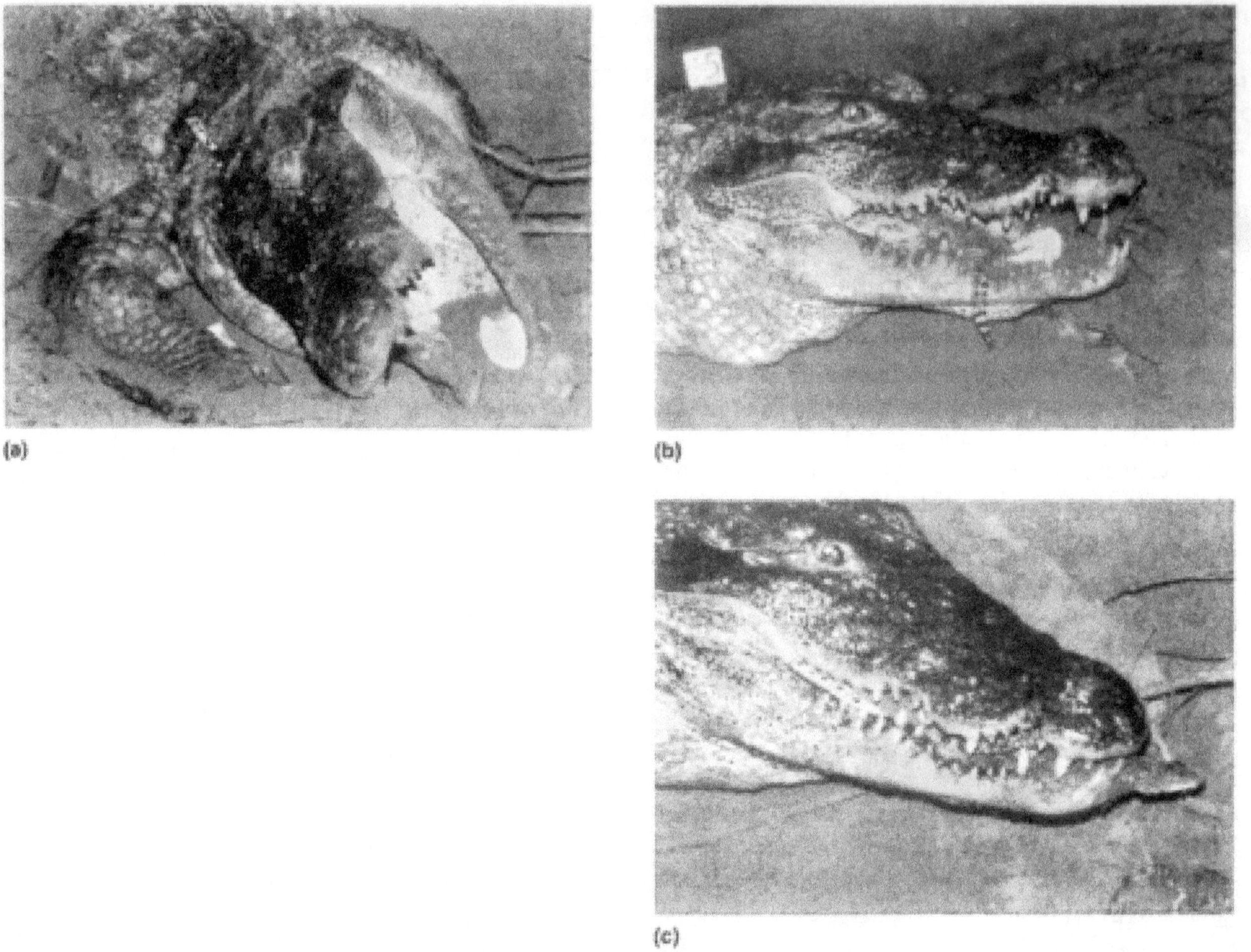

Figura 16-6 Cuidado parental no crocodilo dos pântanos, *Crocodylus palustris*. A etiqueta numerada na cabeça permitiu que cada indivíduo fosse reconhecido: (a) o pai pegando um recém-nascido; (b, c) pai carregando recém-nascidos para a água, há 9 metros de distância, onde a mãe estava esperando.

seu lago, esse grito de angústia atraiu 20 crocodilos adultos que foram na direção do filhote (e dos técnicos!). O macho dominante golpeou a água com a cabeça repetidamente e arremeteu contra a cerca onde os funcionários estavam, enquanto as fêmeas nadavam ao redor, emitiam profundos sons guturais e batiam com a cabeça na água.

Os comportamentos de nidificação e cuidado parental dos Crocodylia coincidem, em parte, com o de muitas aves. Por exemplo, os perus-do-mato da Austrália (Megapodiidae) enterram seus ovos em montes de solo e vegetação em depressões que escavam no substrato, liberando seus filhotes no final da incubação. Os filhotes se dispersam assim que emergem do ninho. Os filhotes de várias aves, – incluindo espécies familiares como patos, galinhas e codornas – estão bem desenvolvidos bem no momento da eclosão (precocial) e são capazes de encontrar o seu próprio alimento. Nessas aves, como nos Crocodylia, a importante função do cuidado parental parece ser proteger os ninhos e os jovens.

A explicação mais parcimoniosa para a ocorrência de vocalizações bem desenvolvidas, de construção elaborada e guarda de ninho e de cuidado com os filhotes, em Crocodylia e Aves, é a de que estes comportamentos estavam presentes no ancestral comum desses dois grupos. Em outras palavras, cuidado parental de filhotes e vocalização para comunicação social parecem ser caracteres ancestrais da linhagem Archosauria, pelo menos no nível dos Crocodylia. Nesse caso, os dinossauros teriam herdado cuidado parental e comunicação vocal como parte de seu repertório comportamental ancestral e deveríamos esperar que eles tenham exibido os comportamentos observados nas Aves e nos Crocodylia. É difícil decifrar o comportamento através do registro fóssil, mas evidências se acumulam no sentido de sugerir que os dinossauros, realmente, apresentaram cuidado parental, comunicação vocal e outras formas de comportamentos sociais complexos.

Pterosauria

Os Archosauria deram origem a duas irradiações independentes de animais voadores. As Aves constituem uma dessas linhagens e sua similaridade com outros Archosauria é tão marcante que, se tivessem desaparecido no final da Era Mesozóica, seriam consideradas apenas mais um grupo de Archosauria altamente especializado. A outra linhagem de Archosauria voadores eram os Pterosauria do Triássico Superior e do Cretáceo (Figura 16-7). Variavam desde *Pterodactylus,* do tamanho de um pardal, até *Quetzalcoatlus,* que possuía uma envergadura de 13 metros. A estrutura das asas dos Pterosauria era completamente diferente daquela das aves. O quarto dedo dos Pterosauria era alongado e sustentava uma membrana de pele fixa às laterais do corpo e, talvez, aos membros pelvinos. Um pequeno osso em forma de tala conectava-se à margem distai do carpo e, provavelmente, sustentava uma membrana que se estendia para a frente até o pescoço. Os primeiros Pterosauria Rhamphorhynchoidea possuíam uma cauda longa com uma porção expandida na extremidade, presumivelmente utilizada na navegação, mas os últimos Pterodactyloidea não possuíam cauda.

As demandas mecânicas para o vôo estão refletidas na estrutura dos vertebrados voadores, e não é surpresa que os pterosauros e aves motrem um alto grau de evolução paralela. Os ossos longos dos Pterosauria eram ocos, como nas aves e em muitos outros Archosauria, reduzindo o peso com pouca perda de resistência. O esterno, ao qual se ligam os poderosos músculos do vôo, era bem desenvolvido nos Pterosauria, embora não apresentasse a quilha vista nas aves (Um esterno quilhado não é essencial para o vôo – os morcegos têm um esterno palno). Os olhos eram grandes e moldes das cavidades encefálicas dos Pterosauria mostram que as porções do encéfalo associadas à visão eram grandes e as áreas olfatórias, pequenas, como nas aves. O cerebelo, que se relaciona ao equilíbrio e à coordenação dos movimentos, era grande em proporção às outras partes do encéfalo, assim como acontece nas aves (Witmer et al. 2003).

Alguns Pterosauria perderam os dentes e desenvolveram um bico semelhante ao das Aves. Outros possuíam dentes cônicos e afiados, em um crânio arredondado, que recorda o dos morcegos. Alguns Pterosauria com crânios alongados e dentes fortes e afiados podem ter capturado peixes ou pequenos tetrápodes. *Pterodaustro* possuía um focinho extremamente alongado, dotado de um arranjo de dentes finos que lembrava a forma de um pente e que pode ter sido utilizado na coleta de pequenos organismos aquáticos. *Dsungariptems* tinha maxilas longas que se uniam nas extremidades como um par de pinças. As extremidades das maxilas provavelmente eram cobertas por um bico córneo e dentes rombudos ocupavam a porção caudal da maxila. Esses animais podem ter retirado caracóis de rochas com o bico e os triturado com seus dentes largos. *Thallasodromus sethi,* um pterosauro do Cretáceo Inferior do Brasil, tinha maxilas alongadas sem dentes um bico interno com lâminas afiadas na extremidade rostral. Essa forma é similar aos bicos de aves vivente conhecidas como peneiradores. Essas aves voam próximo à superfície da água e mergulham o bico para capturar peixes e crustáceos próximos à superfície; *Thallasodromus* pode ter tido um estilo de caça semelhante (Kellner e Campos 2002).

A capacidade de vôo dos Pterosauria tem sido debatida há muito tempo e a maioria das hipóteses relativas à sua ecologia foi baseada na premissa de que eram voadores ineficientes. Essa premisssa levou a sugestões de restrições de atividades e de habitats dos Pterosauria que parecem improváveis para um grupo de animais que foi, claramente, diversificado e bem sucedido ao longo de grande parte da Era Mesozóica. Uma análise aerodinâmica sugere que a capacidade de vôo dos Pterosauria foi subestimada (Hazlehurts e Rayner 1992). Essa visão sugere que os Pterosauria de pequeno porte eram voadores lentos e manejáveis como os morcegos. Os Pterosauria de grande porte parecem ter se especializado em planar como as fragatas e alguns abutres.

Especulações sobre as habilidades de voar dos Pterosauria dependem da suposição que se faça sobre a forma de suas asas. Ela estendia-se exteriormente até a extremidade do quarto dedo, mas onde estava presa ao corpo? Ela terminava na cintura ou estendia-se até os membros pelvinos, como acontece nos morcegos? A estrutura da asa pode ter variado entre os Pterosauria. Um fóssil de *Pterodactylus* mostra que a asa estava ligada, pelo menos, até a coxa enquanto que um fóssil extremamente bem preservado de *Sordes pilosus* de sedimentos do Jurássico no Casaquistão, mostra que os membros pelvinos estavam envolvidos nas estruturas de vôo. A asa dessa espécie estava ligada ao longo da face externa do membro pelvino até o tornozelo e outra membrana de vôo – o uropatágio – estendia-se entre os membros pelvinos e era controlado pelo quinto dedo. Esse grau de envolvimento dos membros pelvinos com as asas deve ter limitado seu desempenho na locomoção terrestre (como é o caso dos morcegos) e *Sordes* deve ter sido um caminhador desajeitado, em superfícies planas, mas um bom escalador de rochas e árvores.

Fósseis de Pterosauria não mostraram claramente a estrutura tridimensional do pé, sendo que as reconstruções sobre sua locomoção, no solo, são apenas especulações. Um fóssil de *Dimorphodon,* um Pterosauria primitivo descoberto no México, mostra detalhes da estrutura do pé que eram desconhecidos até então. O modo como os ossos do pé se articulam mostra que o *Dimorphodon* colocava o seu pé completamente no solo durante a locomoção, como fazem

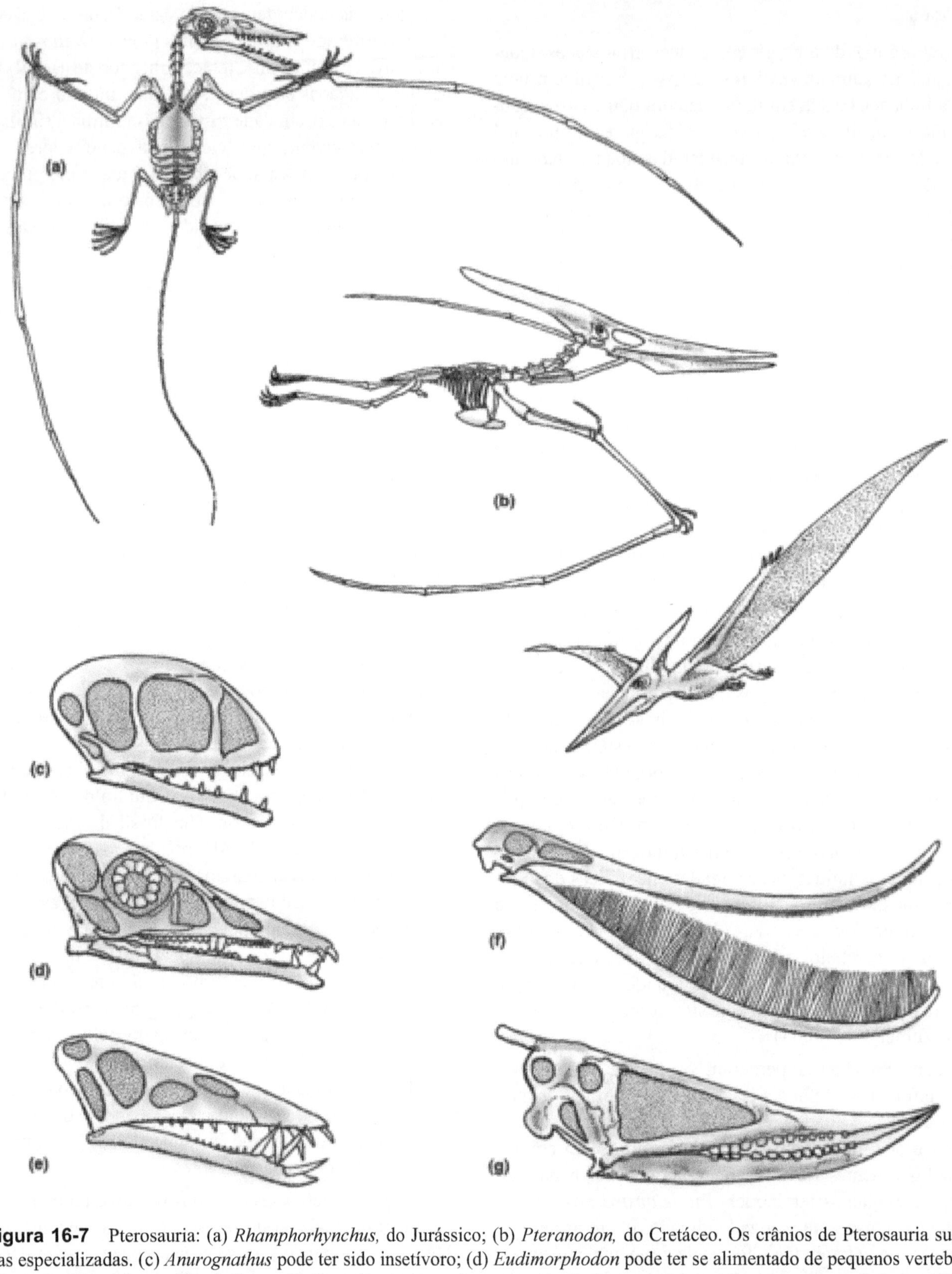

Figura 16-7 Pterosauria: (a) *Rhamphorhynchus,* do Jurássico; (b) *Pteranodon,* do Cretáceo. Os crânios de Pterosauria sugerem dietas especializadas. (c) *Anurognathus* pode ter sido insetívoro; (d) *Eudimorphodon* pode ter se alimentado de pequenos vertebrados; (e) *Dorygnathus* pode ter sido piscívoro; (f) *Pterodaustro* possuía um arranjo de dentes, em forma de pente, que pode ter servido para coletar plâncton; (g) *Dsungaripterus* pode ter arrancado moluscos das rochas, com um bico córneo, para em seguida esmagá-los com seus dentes molariformes.

as aves, ao invés de caminhar sobre os dedos, como os dinossauros bípedes (Clark et al. 1998). Essa interpretação condiz com os ratros fósseis que se acredita representarem os Pterosauria, e que mostram impressões do pé inteiro, bem como marcas das mãos.

16.4 Dinossauros

Os Archosauria mais conhecidos são, de longe, os Ornithischia e os Saurischia. Esses grupos são reunidos, na terminologia popular, como dinossauros, mas representam irradiações independentes e diferem nas especializações que desenvolveram. Os grupos tinham um ancestral comum que era bípede e ambos desenvolveram algumas formas secundariamente quadrúpedes. Inicialmente, a maior parte da nossa informação sobre dinossauros veio da América do Norte e da Europa mas, nos últimos 20 anos, novas descobertas na América do Sul, Rússia, China, África e Madagáscar revelam detalhes sobre uma fauna mundial de dinossauros existente durante a Era Mesozóica. O padrão que está emergindo sugere que cedo na Era Mesozóica, quando os continentes ainda estavam ligados, as faunas de dinossauro eram muito similares. No Cretáceo, os continentes moveram-se para posições semelhantes às atoais, o que significou uma separação maior entre eles, e diferenças regionais nas faunas de dinossauro tornaram-se mais pronunciadas, e os dinosauros eram mais diversificados do que tinham sido anteriormente (Holtz 1998; Sereno et al. 1998, 1999; Sampson et al. 2001; Xu et al. 2002 a, b).

Muitas das tendências morfológicas que podem ser traçadas na evolução dos Archosauria parecem estar associadas ao aumento da eficiência locomotora. Os dois desenvolvimentos mais importantes foram o deslocamento dos membros para debaixo do corpo e uma tendência generalizada em direção ao bipedalismo. Os Archosauromorpha primitivos apresentavam uma postura desajeitada semelhante à de muitos anfíbios e Squamata atuais. O úmero e o fêmur eram mantidos horizontalmente ao lado do corpo e o cotovelo e o joelho eram dobrados em um ângulo reto. Os Archosauria avançados tinham membros que eram mantidos verticalmente sob o corpo.

Nos tetrápodes primitivos, os músculos que se originavam no púbis e se inseriam no fêmur protraíam o membro (moviam-no para frente), os músculos que se originavam no ísquio realizavam a abdução do fêmur (moviam-no na direção da linha mediana do corpo) e os músculos que se originavam na cauda retraíam o fêmur (moviam-no para trás). A pelve dos tetrápodes primitivos, pouco modificada desde *Ichthyostega* até os Archosauromorpha primitivos, era laminar (Figura 16-8a). O ílio articulava-se com uma ou duas vértebras sacrais e o púbis e o ísquio não se estendiam muito cranialmente ou caudalmente à cavidade da articulação com o fêmur (acetábulo). Os músculos pubofemoral e isquiofemoral estendiam-se ventralmente desde a pelve, inserindo-se no fêmur. (A força dirigida para baixo, resultante de sua contração, era antagonizada pelos músculos iliofemorais. que se estendiam do ílio à superfície dorsal do fêmur.) Enquanto o fêmur projetava-se horizontalmente do corpo, esse sistema era eficiente. Os músculos pubofemoral e caudiofemoral eram longos o suficiente para impulsionar o fêmur ao longo de um grande arco em relação ao solo. Conforme os membros foram mantidos mais embaixo do corpo, os músculos pubofemorais tornaram-se menos eficientes. À medida que o fêmur girava mais perto do púbis, os locais de origem e inserção muscular aproximaram-se e os próprios músculos tornaram-se mais curtos. Uma contração muscular máxima atinge cerca de 30 por cento do comprimento de repouso; sendo assim, os músculos mais curtos teriam sido incapazes de impulsionar o fêmur através de um arco grande o suficiente para a locomoção eficaz, não fossem as mudanças na pelve associadas com a evolução do bipedalismo.

Os dinossauros Ornithischia e Saurischia bípedes apresentavam os membros completamente sob o corpo e mostram modificações associadas na estrutura pelvina. Os dois grupos atingiram o mesmo resultado mecanicamente vantajoso de diferentes maneiras. Nos Saurischia quadrúpedes, tanto o púbis, como o ísquio, tornaram-se alongados e o púbis foi girado cranialmente, de modo que os músculos pubofemorais estendiam-se caudalmente do púbis ao fêmur, sendo capazes de protraí-lo (Figura 16-8b). O púbis dos Ornithischia primitivos não se projetava cranialmente. Em vez disso, o ílio era alongado cranialmente e parece provável que os protratores femorais originavam-se na porção cranial do ílio, de onde se estendiam caudalmente até o fêmur. Essa condição é vista na pelve dos Ornithischia, como o *Scelidosaurus* (Figura 16-8c), e parece ter sido mantida nos Ankylosauria, um grupo de Ornithischia quadrúpede avançado. Outros Ornithischia desenvolveram uma projeção cranial do púbis que se estendia paralelamente e projetava-se além da porção cranial do ílio (Figura 14-9d). Esse desenvolvimento ocorreu tanto na linhagem bípede, como na linhagem quadrúpede, e proporcionou uma origem ainda mais cranial aos músculos protratores.

A tendência ao bipedalismo foi importante em termos da abertura de novas zonas adaptativas aos Archosauria. Um animal totalmente quadrúpede utiliza seus membros peitorais para caminhar e quaisquer mudanças na morfologia dos membros devem ser compatíveis com essa função. À medida que os animais se tornam progressivamente bípedes, a importância dos membros peitorais para a locomoção diminui e o alcance das funções especializadas passíveis de evolução aumenta. Muitos dos menores dinossauros carnívoros totalmente bípedes utilizavam os membros peitorais para capturar presas. A especialização dos membros peitorais como asas ocorreu duas vezes entre os Diapsida, uma na evolução das Aves e outra na dos Pterosauria.

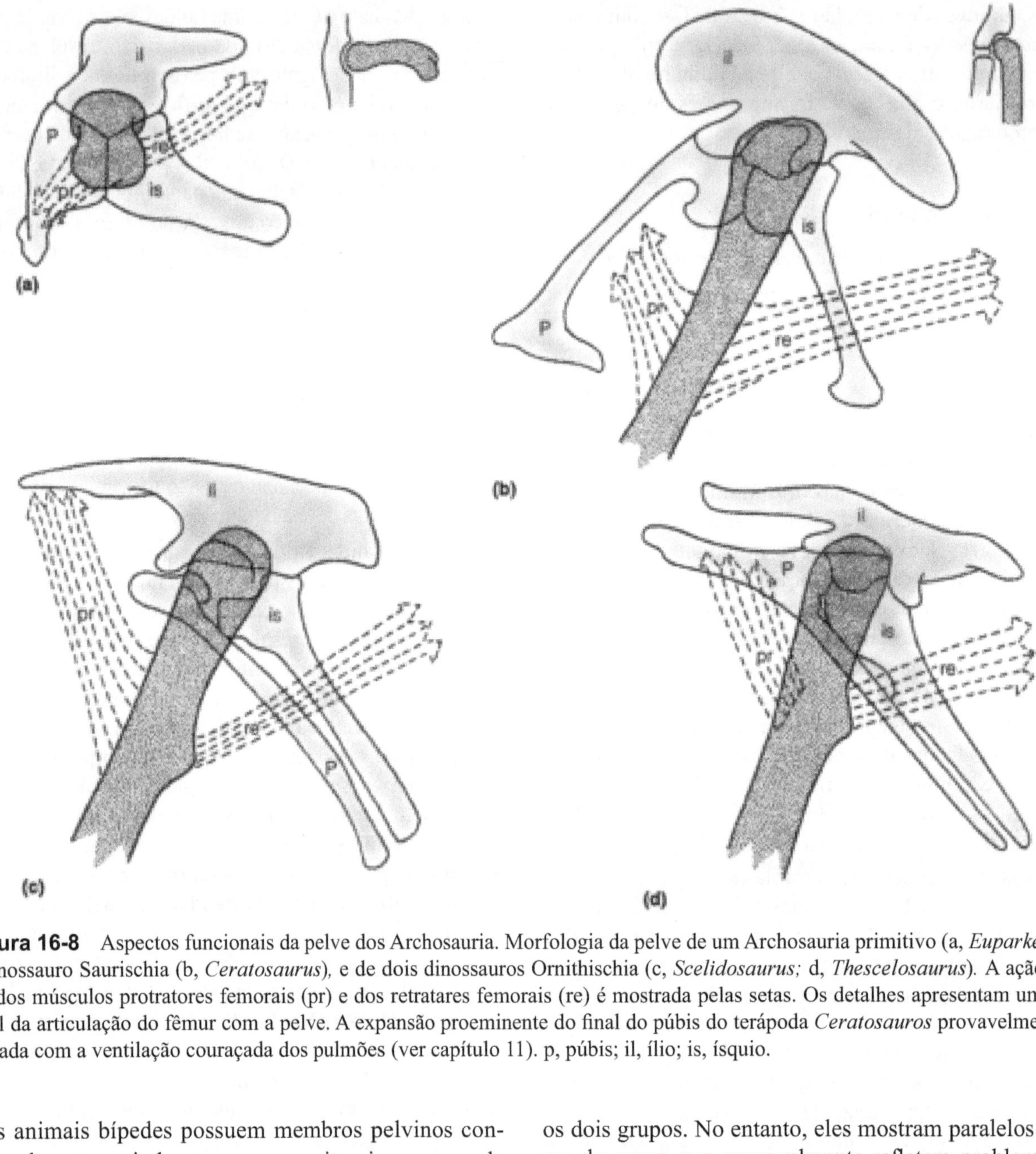

Figura 16-8 Aspectos funcionais da pelve dos Archosauria. Morfologia da pelve de um Archosauria primitivo (a, *Euparkeria*), de um dinossauro Saurischia (b, *Ceratosaurus*), e de dois dinossauros Ornithischia (c, *Scelidosaurus;* d, *Thescelosaurus*). A ação presumida dos músculos protratores femorais (pr) e dos retratares femorais (re) é mostrada pelas setas. Os detalhes apresentam uma visão cranial da articulação do fêmur com a pelve. A expansão proeminente do final do púbis do terápoda *Ceratosauros* provavelmente está associada com a ventilação couraçada dos pulmões (ver capítulo 11). p, púbis; il, ílio; is, ísquio.

Os animais bípedes possuem membros pelvinos consideravelmente mais longos que os peitorais e o grau de desproporção entre os membros pelvinos e peitorais é considerado um reflexo da extensão do bipedalismo em uma determinada espécie. Os dinosauros quadrúpedes possuíam os membros pelvinos mais longos que os peitorais e a maioria dos paleontólogos acredita que essa condição indica que esses animais evoluíram a partir de ancestrais bípedes e se tornaram quadrúpedes secundariamente.

16.5 Os Dinossauros Ornithischia

Diferenças na estrutura da pelve dos dinossauros Saurischia e Ornithischia indicam uma separação precoce entre os dois grupos. No entanto, eles mostram paralelos na forma do corpo que provavelmente refletem problemas mecânicos por serem animais terrestres muito grandes. Os dinossauros Ornithischia eram herbívoros e irradiaram-se em formas morfológicas consideravelmente mais diversificadas do que os Saurischia Sauropoda herbívoros. A maioria dos Ornithischia, provavelmente, tinham maxilas e bicos córneos em vez de dentes na proção rostral da boca. Os maiores Ornithischia não eram bípedes como alguns grandes Saurischia Theropoda e os membros peitorais nunca foram muito reduzidos.

Três grupos de dinossauros Ornithischia podem ser diferenciados (Figuras 16-9 e 16-10).

- Thyreophora – Dinossauros encouraçados. Formas quadrúpedes incluindo Stegosauria (formas com

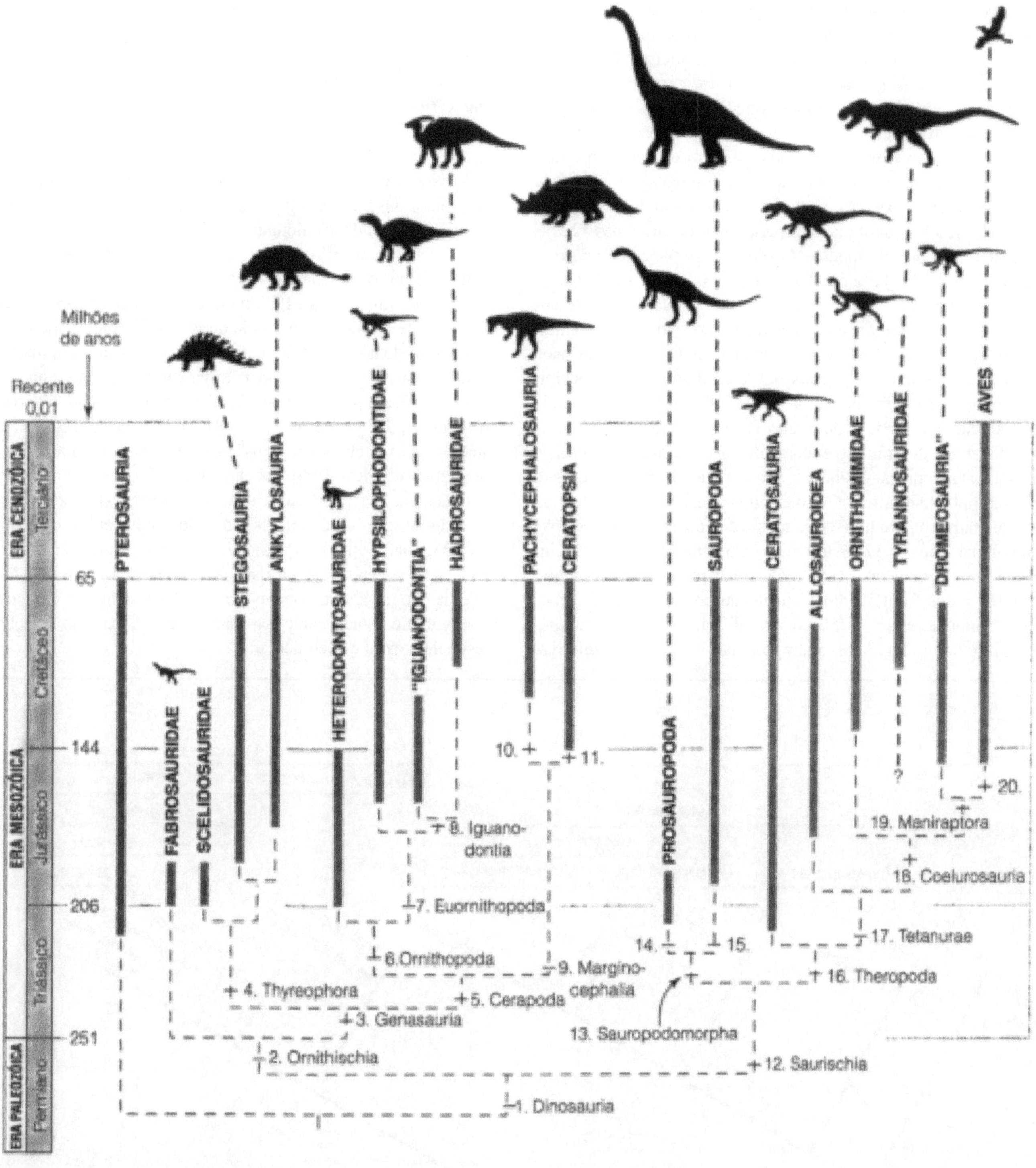

Figura 16-9 Relações filogenéticas dos Dinosauria. Esse diagrama mostra as prováveis relações entre os principais grupos de dinossauros, incluindo as Aves. Linhas pontilhadas mostram apenas inter-relacionamentos; elas não indicam os períodos de divergência nem a presença não registrada de taxa no registro fóssil. Os números indicam os caracteres derivados que distinguem as linhagens.

Legenda: 1. Dinosauria – Pescoço em forma de S; membros peitorais com menos da metade do comprimento dos pelvinos; 4º dedo da mão reduzido; outras características do palato, das cinturas escapular e pelvina, da mão, do membro pelvino e do pé. **2.** Ornithischia – Dentes pré-molares e molares com coroas subtriangulares baixas; abertura rostro-orbital reduzida; osso pré-dentário; extremidade do focinho áspera e sem dentes; articulação da mandíbula posicionada abaixo do nível da fileira superior de dentes; ao menos cinco vértebras sacrais; tendões ossificados acima da região sacral; pelve com o púbis direcionado para trás; púbis com pequeno processo pré-púbico. **3.** Genasauria – Bochechas musculares; redução em tamanho do forâme mandibular. **4.** Thyreophora – Caracteres da órbita ocular; fileiras de escudos providos de quilha na superfície dorsal do corpo. **5.** Cerapoda – Dentes pré-maxilares em número igual ou inferior a cinco; presença de um diastema entre os dentes pré-maxilares e maxilares; caracteres da pelve. **6.** Ornithopoda – Fileira de dentes pré-maxilares destaca-se ventralmente quando comparada à fileira de dentes maxilares; extensão ventral do osso quadrado deslocando a articulação da mandíbula bem para baixo do nível das fileiras de dentes. **7.** Euornithopoda – Ausência de uma saliência proeminente na região da bochecha. **8.** Iguanodontia – Ausência de dentes pré-maxilares; narinas externas aumentadas; ossos do punho fundidos; caracteres das superfícies e do esmalte dos dentes, mandíbula e crânio. **9.** Marginocephalia – Uma saliência formada pelos ossos parietais e esquamosais estende-se sobre o occipício; caracteres do focinho e da pelve. **10.** Pachycephalosauria – Espessamento do teto do crânio (frontais e parietais); outras características do crânio, vértebras dorsais, membros peitorais e pelve. **11.** Ceratopsia – Cabeça triangular quando em vista dorsal; bico cranial alto e estreito; os ossos jugais se sobressaem além do teto de crânio; palato transversalmente arcado e profundo; sínfise mandibular imóvel. **12.** Saurischia – Construção do focinho, incluindo um forâme sub-nasal; extensão da musculatura temporal sobre os ossos frontais; alongamento do pescoço; modificações nas articulações entre as vértebras; modificações na mão, incluindo um grande polegar. **13.** Sauropodomorpha – Crânio relativamente pequeno; extremidade rostral do osso pré-maxilar dobrada; dentes com coroas serrilhadas; pelo menos 10 vértebras cervicais formando um pescoço alongado. **14.** Prosauropoda – Alongamento da garra do dígito 1 da mão. **15.** Sauropoda – Quatro ou mais vértebras sacrais; fêmur reto com trocânter menor reduzido ou ausente. **16.** Theropoda – Articulação no meio da mandíbula; construção dos ossos do teto craniano e do palato; fenestra na maxila; caracteres das vértebras e arcos neurais; processos transversos ausentes caudais a um ponto de transição no meio da cauda; mão com dedos alongados 1-3 armados com garras muito recurvadas; fíbula e tíbia intimamente comprimidas; pé alongado e estreito com o 5º metatarsal reduzido a uma tira; ossos longos com paredes finas (ocos). **17.** Tetanurae – Grande fenestra situada caudalmente na maxila; ausência de grandes dentes semelhantes a presas no dentário; fileira de dentes maxilares termina rostral à órbita ocular; o ponto de transição na cauda é mais cranial que em outros Theropoda; porção distal do púbis expandida; caracteres do pé. **18.** Coelurosauria – Abertura no teto da boca; caracteres das vértebras cervicais e das costelas; fúrcula (osso da sorte) formada pela fusão das clavículas; placas esternais ósseas fundidas; membro peitoral e mão alongados; caracteres do pé. **19.** Maniraptora – Pré-frontais reduzidos ou ausentes; caracteres das vértebras; ponto de transição, nas vértebras caudais, próximo à base da cauda; características dos pés e da pelve. **20.** Aves – Perda progressiva de dentes no maxilar e dentário; bico bem desenvolvido; penas; características do crânio, maxilas, vértebras e esqueleto axial e apendicular.

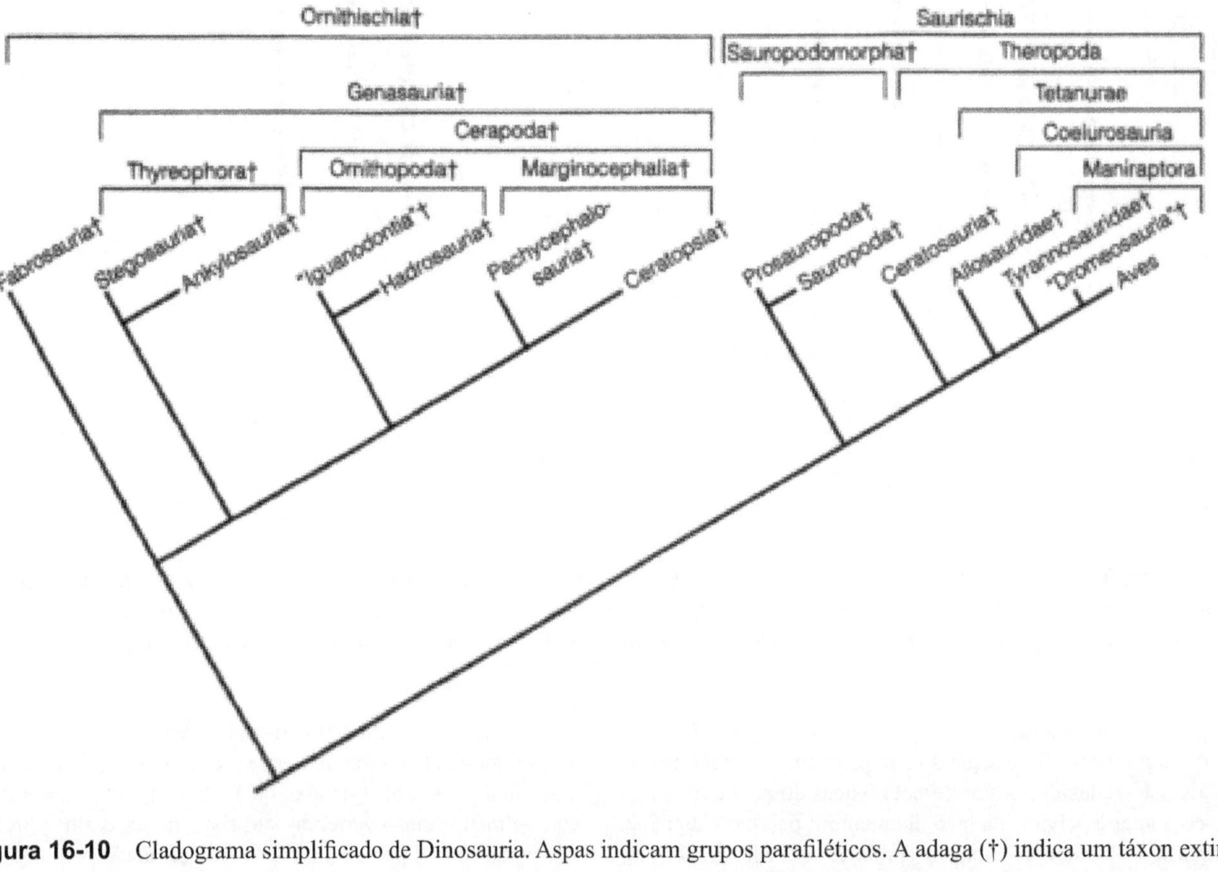

Figura 16-10 Cladograma simplificado de Dinosauria. Aspas indicam grupos parafiléticos. A adaga (†) indica um táxon extinto.

dupla fileira de placas e espinhos nas costas e cauda) e Ankylosauria (formas muito encouraçadas, algumas com caudas claviformes).

- Ornithopoda – Formas bípedes, incluindo os dinossauros bico-de-pato.
- Marginocephalia – Os Pachycephalosauria (dinossauros bípedes com crânios extremamente espessos) e os Ceratopsia (dinossauros quadrúpedes com cornos).

Ttayreophora – Stegosauria e Ankylosauria Os Stegosauna eram um grupo de Ornithischia herbívoros quadrúpedes mais abundantes durante o Jurássico Superior, embora algumas formas tenham persistido até o final do Cretáceo. *Stegosaurus,* uma forma de grande porte do Jurássico do oeste da América do Norte, é o mais familiar desses dinossauros. Alcançava quase 6 metros de comprimento e membros peitorias muito mais curtos do que os pélvicos (Figura 16-11). Uma série dupla de placas, em forma de folhas, alternavam-se, provavelmente, nos lados direito e esquerdo da coluna vertebral. Dois pares de espinhos na cauda transformavam-na em uma arma formidável.

A função das placas do *Stegosaurus* constituiu-se em objeto de discussão durante décadas. Originalmente, elas foram consideradas como forma de proteção contra predadores, sendo que algumas reconstruções mostraram as placas deitadas contra os lados do corpo, como se fossem escudos. No entanto, uma função defensiva não é muito convincente. Estando eretas ou deitadas, as placas deixavam grandes áreas desprotegidas nos lados do corpo e no ventre. Uma outra ideia é a de que as placas eram usadas para troca de calor. Exames demonstram que as placas eram extensamente vascularizadas e poderiam ter carregado um grande

Figura 16-11 Ornithischia quadrúpedes, (a) *Stegosaurus* (Jurásico Superior, mais de 9 metros) e (b) *Kentrosaurus* (Jurásico Superior, mais de 5 metros) eram Stegosauria. (c) *Euoplocephalus,* um Ankylosauria Cretáceo Superior, mais de 7 metros), (d) *Styracosaurus,* um Ceratopsia (Cratáceo Superior, mais de 5,5 metros).

fluxo de sangue para ser aquecido ou resfriado, de acordo com as necessidades do animal. *Kentrosaurus,* o correspondente africano do *Stegosaurus,* tinha placas dorsais muito menores do que as dele; as placas do *Kentrosaurus* estendiam-se somente do pescoço até a metade do tronco. Posteriormente, uma dupla fileira de espinhos estendia-se ao longo da cauda. Estes espinhos parecem ter tido uma função primariamente defensiva em vez de termoreguladora. É frustrante não ser possível comparar os comportamentos termoreguladores dos dois tipos de Stegosauria em um experimento controlado.

Os membros peitorais curtos dos Stegosauria mantinham a sua cabeça próxima ao solo e seus corpos pesados não dão a impressão de que esses animais fossem capazes de se manter eretos, sobre os membros pelvinos, para se alimentar nas árvores, como faziam os Ornithopoda e, provavelmente, os Sauropoda. Os Stegosauria alimentavam-se, provavelmente, de samambaias, cicadáceas e outras plantas de pequeno porte. O crânio era surpreendentemente pequeno para um animal tão grande e possuía o bico córneo familiar na porção rostral das maxilas. Os dentes não apresentam nenhuma das especializações observadas nos Hadrosauria ou nos Ceratopsia e o processo coronóide da mandíbula não é bem desenvolvido. Ao contrário dos Hadrosauria e Ceratopsia, que parecem ter sido capazes de triturar ou cortar matéria vegetal em pedaços pequenos que poderiam ser digeridos eficientemente, os Stegosauria podem ter comido grandes quantidades de alimento sem muita mastigação e utilizado **gastrolitos** (Grego *gastro* = estômago e *lito* = pedras) no interior de uma moela muscular para pulverizar o material vegetal.

Os Ankylosauria formam um grupo de dinossauros fortemente encouraçados encontrados nos depósitos do Jurássico e Cretáceo na América do Norte e Eurásia. Os Ankylosauria eram Ornithischia quadrúpedes cujo tamanho variava de 2 a 6 metros de comprimento. Tinham membros curtos e corpos largos, com **osteodermos** (ossos embutidos na pele) fundidos entre si no pescoço, dorso, quadris e cauda para produzir grandes peças semelhantes a escudos. Placas ósseas também cobriam o crânio e as maxilas, e até mesmo as pálpebras do *Euoplocephalus* apresentavam couraça óssea. Os Ankylosauria possuíam caudas curtas e algumas espécies apresentavam uma protuberância óssea na extremidade da cauda que podia, aparentemente, ser balançada como uma clava. As vértebras caudais mais distais, dessas espécies com cauda em forma de clava, tinham arcos neurais e hemáticos alongados, que tocam ou sobrepõem-se aos arcos das vértebras adjacentes, e tendões ossificados que se estendem em ambos os lados das vértebras. A contração dos músculos que se inseriam nestes tendões, provavelmente, puxava as vértebras caudais distais conjuntamente para formar um bastão rígido para balançar a cabeça da clava na extremidade da cauda. A cauda desses animais se assemelhava a uma enorme maça medieval. Outras espécies possuíam espinhos que se projetavam do dorso e dos lados do corpo, sendo que os Ankylosauria devem ter sido animais difíceis de serem atacados pelos Tyrannosauridae. Os encéfalos dos Ankylosauria parecem ter tido grandes pedúnculos olfatórios levando a complexas passagens nasais que, provavelmente, apresentavam lâminas ósseas que sustentavam um epitélio com células quimiosensoriais. Se esta interpretação estiver correta, os Ankylosauria devem ter tido um olfato muito apurado.

Ornithopoda

Ornithopoda do Jurássico Inferior, os Heterodontosauridae e grupos relacionados eram pequenos (1 a 3 metros de comprimento), na maior parte e bípedes (Figura 16-12). Eles possuíam 4 dedos nos membros pelvinos e, ao contrário dos Saurischia bípedes, mantiveram 5 dedos nos membros peitorais. Seus dentes molares eram especializados na trituração de matéria vegetal. Alguns Heterodontosauridae possuíam presas afiadas que devem ter sido mais desenvolvidas nos machos do que nas fêmeas. Os Hypsilophodontidae do Cretáceo apresentavam bicos córneos com os quais podiam coletar matéria vegetal que era em seguida triturada pelos dentes molares de coroa alta que deram o nome a essa família ("dente de crista alta").

O primeiro fóssil de dinossauro a ser reconhecido como um Ornithopoda, foi *Iguanodon,* encontrado nos sedimentos do Cretáceo na Inglaterra (Figura 14-13a). Subsequentemente, outros exemplares foram encontrados na Europa e Mongólia e formas relacionadas foram descobertas na África e Austrália. *Iguanodon* alcançou comprimentos de 10 metros, embora a maioria dos espécimes seja menor. Os Iguanodontidae do Cretáceo Inferior possuíam cabeças grandes e focinhos alongados que terminavam em bicos largos e sem dentes. Seus dentes, que estavam na parte caudal das maxilas, eram achatados lateralmente e possuíam bordas serrilhadas, muito semelhantes aos dentes laterais dos lagartos herbívoros atuais como *Iguana.*

O primeiro dígito de cada membro peitoral dos Ornithopoda derivados foi modificado na forma de um espinho que se projetava para cima. Estes espinhos mostram uma notável semelhança com os espinhos dos membros peitorais de algumas rãs, que são utilizados como armas de defesa e durante encontros intra-específicos. *Ouranosaurus,* um Ornithopoda conhecido do início do Cretáceo Médio da África, possuía uma grande vela sustentada por espinhos neurais alongados nas vértebras do tronco e da cauda.

Hadrosauria Os Ornithopoda derivados incluem várias formas especializadas de Hadrosauria (dinossauros bico de

Figura 16-12 Ornithischia bípedes. (a) *Iguanodon* (Cratáceo Inferior, acima de 9 metros), (b) *Pachycephalosaurus* (Cretáceo Superior, acima de 4,5 metros), (c) *Ouranosaurus* (Cretáceo Inferior, acima de 7 metros), (d) *Hadrosaurus* (Cretáceo Superior, acima de 10 metros).

pato). Os Hadrosauria foram o último grupo de Ornithopoda a evoluir, surgindo na metade do Cretáceo. Como seu nome sugere, alguns dinossauros bico de pato possuíam focinhos achatados com um bico semelhante ao dos patos (Figura 14-13b). Eram animais de grande porte, alguns alcançando comprimentos de mais de 10 metros e pesando mais de 10. 000 quilogramas. A região rostral das maxilas não apresentava dentes, mas uma notável bateria de dentes ocupava a parte caudal destas estruturas. De cada lado das maxilas, superior e inferior, haviam 4 fileiras de dentes, cada uma contendo cerca de 40 dentes compactamente dispostos lado a lado, formando uma placa dentígera maciça. Vários conjuntos de dentes de substituição estavam dispostos abaixo dos que estavam em uso, de modo que um Hadrosauria possuía milhares de dentes na boca, dos quais várias centenas estavam em uso simultaneamente. Conteúdos estomacais fossilizados de Hadrosauria consistem em folhas aciculares de pinheiros e brotos, sementes e frutos de plantas terrestres.

O avanço dos Hadrosauria coincidiu aproximadamente com uma mudança da flora terrestre durante o Cretáceo Médio. As coníferas, as Bennettitales e as Cicadofilicales ("seed ferns") (Gymnosperma), que tinham se difundido durante o Triássico, foram, substituídas pelas plantas com flores (Angiospermas). Simultaneamente à disseminação das Angiospermas e dos dinossauros Hadrosauria, aconteceu o declínio dos enormes dinossauros Sauropoda, como *Diplodocus* e *Brachiosaurus.* Essas linhagens eram mais diversificadas no Jurássico Superior e Cretáceo Inferior e apenas umas poucas formas persistiram após a metade do Cretáceo.

A coincidência do aparecimento das Angiospermas e a radiação dos grandes dinosauros herbívoros no mesmo Período tem causado muita especulação sobre a causa-efeito relacionada a esses dois eventos. As Angiospermas tornaram-se as plantas dominantes por que eram mais resistentes ao ato de pastar dos dinossauros do que as Gymnospermas? Falta uma análise detalhada que dê suporte a essa intrigante hipótese (Barret e Wills, 2001). Um exame minucioso sobre o período de tempo das radiações dos dinossauros e Angiospermas nos diferentes continentes mostra que eles não eram tão intimamente associados. Certamente, os dinossauros aparentemente estam ausentes no norte da Gondwana, onde as primeiras Angiospermas foram encontradas. Isso mostra estar mais associado ao aumento dos nívies de dióxido de carbono na atmosfera durante a Era Mesozóica, e um aquecimento global que resultou no principal fator para o crescimento das Angiospermas.

Três tipos de Hadrosauria são distinguidos: os de cabeça achatada, os de crista sólida e os de crista oca (Figura 16-13). Nas formas com cabeça achatada (Hadrosaurinae), os ossos nasais não são especialmente aumentados, embora a região nasal possa ter sido recoberta por dobras carnosas. Nas formas com crista sólida (Saurolophinae), os ossos nasais e frontais cresciam dorsalmente, reunindo-se num espinho que se projetava acima do teto craniano. Nas formas com crista oca (Lambeosaurinae), uma projeção similar era formada pelos ossos pré-maxilares e nasais. Em *Corythosaurus,* esses ossos formavam uma crista em forma de elmo que cobria o topo do crânio, enquanto que, em *Parasaurolophus,* uma estrutura longa e recurvada estendia-se acima dos ombros. Embora as cristas dos Saurolophinae contivessem apenas osso, as passagens nasais estendiam-se através das cristas dos Lambeosaurinae. O ar inspirado percorria uma rota indireta, desde as narinas externas, passando através da crista, até as narinas internas, localizadas no palato, imediatamente rostrais aos olhos.

Talvez, essas estruturas bizarras estivessem associadas a exibições visuais e vocalizações específicas das espécies. A crista pode ter sustentado uma ornamentação conectada ao pescoço, que poderia ter sido utilizada em exibições comportamentais análogas àquelas de muitos lagartos atuais dotados de ornamentações similares. Possivelmente, nas formas sem crista, as regiões nasais eram recobertas por extensas dobras de tecido carnoso, que poderiam ser infladas pelo fechamento das válvulas nasais. Estruturas análogas podem ser encontradas nas probóscides infláveis das focas-elefante e das focas-de-capuz. As estruturas infláveis das focas são câmaras de ressonância utilizadas na produção de vocalizações. O tamanho e a forma das cavidades nasais dos Hadrosauria Lambeosaurinae sugerem que os adultos produziam sons de baixa frequência, mas os jovens poderiam ter produzido vocalizações de frequências mais elevadas.

Marginocephalia

Os Marginocephalia, compondo duas linhagens de herbívoros altamente especializados, foram os últimos grupos de Ornithischia a aparecer.

Pachycephaiosauria Os Pachycephalosauria estão entre os mais estranhos Ornithischia conhecidos. O esqueleto pós-craniano está de acordo com o padrão bípede observado nos Ornithopoda, mas, sobre a cabeça, uma enorme cúpula óssea torna o teto craniano mais espesso. Em um crânio com apenas 60 centímetros de comprimento, o osso chega a ter até 25 centímetros de espessura. O ângulo do côndilo occipital indica que a cabeça era mantida de forma que o eixo do pescoço se estendesse diretamente através da cúpula. As vértebras do tronco possuem articulações e tendões ossificados que parecem ter enrijecido à coluna vertebral e resistido à torção. A pelve estava conectada a pelo menos seis e, possivelmente, oito vértebras.

O teto craniano espessado e as características do esqueleto pós-craniano levaram alguns paleontólogos a sugerir que os Pachycephalosauria utilizavam a cabeça como aríetes, talvez como defesa contra dinossauros carnívoros ou em combates intra-específicos. Foi traçada uma analogia com as cabras e, especialmente, com os carneiros-monteses, entre os quais os machos e as fêmeas utilizam combates cabeça-a-cabeça durante as interações sociais. Entretanto, cabras e carneiros possuem cornos que absorvem parte do impacto e sacos aéreos protetores na porção rostral do encéfalo. Os Pachycephalosauria não possuíam quaisquer dessas especializações, embora ligamentos elásticos no pescoço pudessem ter auxiliado na absorção dos impactos. A iguana marinha de Galápagos pode ser um modelo mais adequado para o

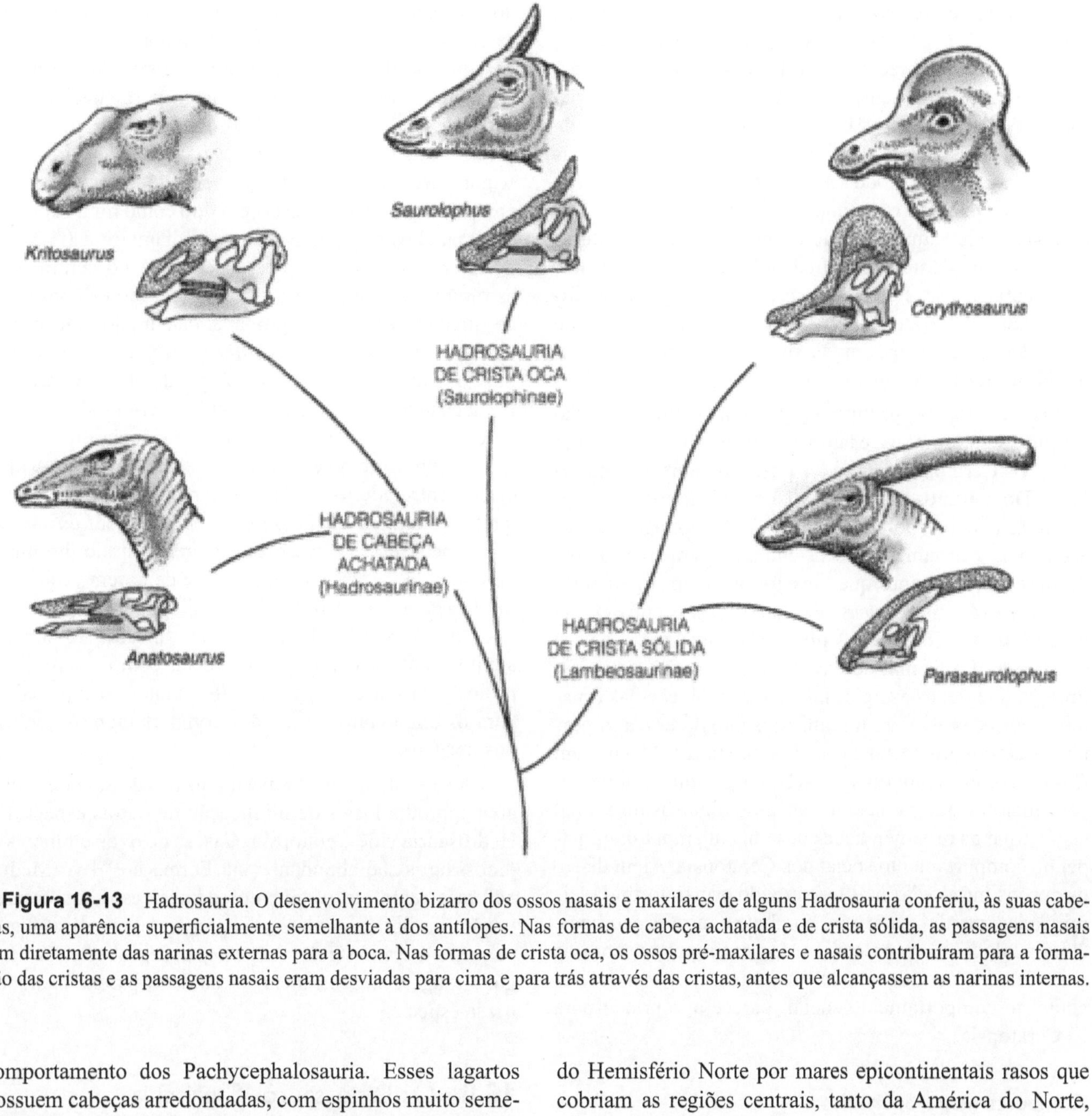

Figura 16-13 Hadrosauria. O desenvolvimento bizarro dos ossos nasais e maxilares de alguns Hadrosauria conferiu, às suas cabeças, uma aparência superficialmente semelhante à dos antílopes. Nas formas de cabeça achatada e de crista sólida, as passagens nasais iam diretamente das narinas externas para a boca. Nas formas de crista oca, os ossos pré-maxilares e nasais contribuíram para a formação das cristas e as passagens nasais eram desviadas para cima e para trás através das cristas, antes que alcançassem as narinas internas.

comportamento dos Pachycephalosauria. Esses lagartos possuem cabeças arredondadas, com espinhos muito semelhantes a versões miniaturizadas das cabeças dos Pachycephalosauria. Durante disputas territoriais, os machos de iguana marinha empurram-se com a cabeça, se contorcendo e se atracando. Talvez, os Pachycephalosauria utilizassem sua cabeça ossificada da mesma maneira.

Ceratopsia Os Marginocephalia mais diversificados, os dinossauros com cornos ou Ceratopsia, surgiram no Cretáceo Inferior. Por essa época, o trânsito fácil de um continente para outro, que tinha caracterizado grande parte da Era Mesozóica, estava chegando ao fim. Os Ceratopsia primitivos são encontrados no oeste da América do Norte e leste da Ásia (que estavam conectados através do Mar de Bering), mas, aparentemente, estavam separados do resto do Hemisfério Norte por mares epicontinentais rasos que cobriam as regiões centrais, tanto da América do Norte, como da Eurásia, durante o Mesozóico Superior.

As características distintivas dos Ceratopsia são encontradas na ornamentação sobre o pescoço, que é formada por uma expansão dos ossos parietais e esquamosais, no bico semelhante ao dos papagaios e no conjunto de dentes cortantes em cada maxila. Os Ceratopsia mais primitivos foram os Psittacosauria da Ásia. Esses dinossauros bípedes não possuíam vestígios de ornamentação, mas apresentavam um bico córneo que recobria um osso rostral, na porção frontal da maxila superior. (O osso rostral é uma característica distintiva dos dinossauros Ceratopsia.) Os antigos Ceratopsia quadrúpedes, *Liaoceratops, Leptoceratops* e *Protoceratops,* tinham ornamentos modestos que se estendiam para trás, acima do pescoço, e que constituíam a origem de poderosos músculos de fechamento das maxilas, os quais estendiam-se, rostralmente, através de fendas da porção caudal do crânio e inseriam-se no processo coronóide da mandíbula. Os dentes estavam organizados em baterias em cada maxila, de modo semelhante ao dos Hadrosauria, mas com uma diferença importante. Os dentes dos Ceratopsia formavam uma série de margens semelhantes a facas, em vez de uma superfície sólida, como nos dentes dos Hadracosuria. Parece provável que o método de alimentação dos Ceratopsia consistia em cortar a vegetação em pedaços pequenos, em vez de triturá-la, como faziam os Hadrosauria.

Os Ceratopsia primitivos possuíam ornamentação simples, sem espinhos, e também não possuíam um corno nasal. Os Ceratopsia derivados possuíam ambas as estruturas. Dois grupos podem ser distinguidos: nos Ceratopsia de ornamentação curta (*Monoclonius, Styracosaurus* e outros), a ornamentação estendia-se para trás, acima do pescoço, enquanto que, nas formas com ornamentação longa (*Chasmosaurus, Pentaceratops* e outros), ela ultrapassava os ombros. Ambas as formas possuíam os cornos nasal e frontal desenvolvidos em graus variados. Provavelmente, os estágios iniciais da evolução das ornamentações envolveram mecanismos maxilares e a importância de possuir fortes músculos maxilares. Mesmo em *Protoceratops,* contudo, os machos possuíam ornamentações maiores que as das fêmeas; esse dimorfismo sexual sugere que as ornamentações desempenharam algum papel no comportamento social dos Ceratopsia. Além disso, os cornos nasal e frontal teriam sido armas formidáveis utilizadas na defesa e em combates intra-específicos. Uma analogia com os cornos dos antílopes ou com as galhadas dos cervídeos, que funcionam tanto na defesa, como no comportamento social, parece apropriada para os Ceratopsia.

Comportamento Social dos Ornithischia

A diversidade morfológica dos dinossauros Ornithischia sugere que eles eram igualmente diversificados em termos de comportamento e ecologia. Interações sociais baseadas em exibições visuais e vocalizações podem ter sido bem desenvolvidas entre os Hadrosauria e os Pachycephalosauria podem ter se envolvido em disputas cabeça-a-cabeça. Interações individuais desses tipos podem ter sido integradas a comportamentos grupais. Ovos fossilizados de dinossauros fornecem informação sobre comportamentos de nidificação (Quadro 16-1). Evidência de cuidado parental pode ser revelada por um ninho com 15 filhotes de Hadrosauria (*Maiasaura*), na formação "Two Medicine", do Cretáceo Superior de Montana. Os filhotes tinham quase um metro de comprimento, aproximadamente o dobro do tamanho dos recém-eclodidos encontrados na mesma área, indicando que o grupo havia permanecido unido depois da eclosão. Além disso, os dentes dos filhotes de Hadrosauria mostraram que eles já haviam se alimentado. Alguns dentes estavam desgastados até um quarto do seu comprimento original. O objeto tido como ninho consistia em uma elevação com 3 metros de diâmetro e 1,5 metros de altura, com uma depressão côncava no centro. Uma estrutura tão grande teria tornado os filhotes conspícuos aos predadores e parece provável que um dos pais permanecesse com os filhotes. (*Maiasaura* pode ser traduzido por "boa mãe réptil".) A morfologia da orelha interna dos Lambeosauria sugere que os adultos teriam sido capazes de ouvir as vocalizações de alta frequência dos filhotes, reforçando a inferência de um cuidado parental. A associação entre adultos e filhotes parece ter durado por um tempo considerável. Fósseis sugerem que *Maiasauria* e o Lambeosauria *Hypacrosaurus* cresciam até um quarto do tamanho de um adulto, antes de deixarem as áreas de nidificação e uma espécie de Hypsilophodontidae, encontrada no mesmo local, cresceu até a metade do tamanho adulto. Tanto a comunicação vocal, como a associação prolongada entre os pais e seus filhotes, são plausíveis para os dinossauros, à luz dos comportamentos conhecidos nos Crocodylia.

Fósseis adicionais da mesma formação sugerem que a área continha locais de nidificação de outras espécies de Hadrosauria e de Ceratopsia. Cascas de ovos e filhotes de dinossauros são abundantes na Formação "Two Medicine" mas raros em sedimentos adjacentes. Uma concentração similar de ninhos conspícuos, ovos e juvenis do pequeno Ceratopsia *Protoceratops,* descoberto na Mongólia, sugere a ocorrência de cuidado parental também nessa espécie.

16.6 Os Dinossauros Saurischia

Dois grupos de dinossauros Saurischia são distinguidos, os **Sauropodomorpha** (Grego *sauro* = réptil, *poda* = pé, e *morfo* = forma) os **Theropoda** (Grego *theria* = besta selvagem). Os extintos Sauropodomorpha eram pricipalmente herbívoros quadrúpedes, ao passo que os Theropoda, que incluem as aves atuais, são carnívoros bípedes. Dez caracteres derivados compartilhados unem os Saurischia (Gauthier 1986); o mais óbvio é o alongamento de um pescoço móvel, em forma de S. Essa característica distingue as Aves entre os Amniota atuais. Outros caracteres dos Saurischia, semelhantes aos das Aves, são encontrados em modificações da mão, crânio e esqueleto pós-craniano.

QUADRO 16.1 Ovos e Ninhos de Dinossauros

Mais de 200 locais com fósseis de ovos de dinossauros foram encontrados principalmente em depósitos do Cretáceo Superior, mas incluindo alguns tão antigos como os do Triássico (Carpenter 1999). A maioria desses fósseis são fragmentos de cascas de ovos, mas também foram descobertos ovos intactos contendo embriões (Figura 16-14).

Concentrações de ninhos e ovos atribuídas aos Sauropoda, em depósitos do Cretáceo no sul da França e Patagônia, sugerem que esses animais possuíam áreas de nidificação bem definidas. Ovos que se supõe pertencerem ao grande Sauropoda *Hypselosaurus priscus* são encontrados em associação com vegetação fossilizada, semelhante àquela usada pelos aligátores na construção de seus ninhos. A orientação dos ninhos sugere que cada fêmea de dinossauro provavelmente depositava cerca de 50 ovos. Os ovos possuíam um volume médio de 1,9 litros, cerca de 40 vezes o volume de um ovo de galinha. Um total de 50 desses ovos pesariam cerca de 100 quilogramas ou 1 por cento da massa corporal estimada da mãe. Os Crocodylia e os quelônios de grande porte apresentam produções de ovos que variam de 1 a 10 por cento da massa corporal de um adulto, portanto, uma estimativa de 1 por cento para *Hypselosaurus* parece razoável. Os ovos devem ter sido depositados em pequenos grupos, em vez de todos juntos, porque 50 ovos em uma ninhada teriam consumido oxigênio mais rápido do que este poderia difundir-se através das paredes do ninho (Seymor 1979).

Dois padrões de desova podem ser distinguidos (Mikhailov 1997). Dinossauros Sauropoda punham ovos em ninhos escavados no solo, semelhantemente aos dos Testudines atuais. Em contraste, dinossauros Ornithischia e Theropoda punham ovos em uma escavação que devia ter sido preenchida com vegetação em decomposição que teria fornecido calor e umidade para os ovos. (Esse método de incubação é utilizado por muitos Crocodylia atuais.) Ninhos de *Protoceratops* estão nessa segunda categoria – os 30 a 35 ovos de cada ninho estão dispostos em círculos concêntricos, com suas extremidades rombudas voltadas para cima. Os ovos de *Orodromeus makelai*, um Hypsilophodontidae, também estão orientados verticalmente, com a extremidade rombuda para cima, mas estão arranjados formando uma espiral dentro do ninho circular.

O espaço interno dos ninhos dos sauropsídeos titano-saurídeos na Patagônia – era de 3 metros em média e em alguns casos próximo a um metro – sugere que esses animais não permaneciam junto aos ovos após os depositarem no ninho, porque simplesmente não havia espaço suficiente. Por outro lado provavelmente algumas pequenas espécies de dinossauros, tanto ornistísquios como saurísquios, permaneciam no interior do ninho (Figura 16-15). O fóssil de um dinossauro Theropoda, que aparentemente morreu enquanto cuidava de um ninho de ovos, foi descoberto no Deserto de Gobi, em 1923, mas sua importância só foi reconhecida após 70 anos. Supunha-se que os ovos, com cerca de 12 centímetros de comprimento e 6 centímetros de diâmetro, tivessem sido depositados por um pequeno Ceratopsia, o *Protoceratops andrewsi,* porque adultos dessa espécie eram,

(a)

(b)

Figura 16-14 Ovos e ninhos de dinossauros. (à esquerda) Ninho fossilizado de um pequeno coelurosauídeo. (à direita) Esqueleto fossilizado de um embrião de um coelurosarídeo não ave (AMNHK17088). Este é o primeiro embrião de um dinossauro carnívoro jamais encontrado.

Continua

Continuação

de longe, os dinossauros mais abundantes no local. Admitiu-se que o Theropoda estivesse roubando o ninho e lhe foi dado o nome de *Oviraptor philoceratops,* que significa "sequestrador de ovos, amante de Ceratopsia". Em 1993, paleontólogos do American Museum of Natural History, da Mongohan Academy of Sciences e do Mongohan Museum of Natural History, descobriram um embrião fossilizado em um ovo idêntico aos ovos tidos como de *Protoceratops.* Para sua surpresa, o embrião era um *Oviraptor* quase pronto para eclodir. Essa descoberta sugere que o *Oviraptor* adulto morreu, provavelmente, enquanto descansava no seu próprio ninho.

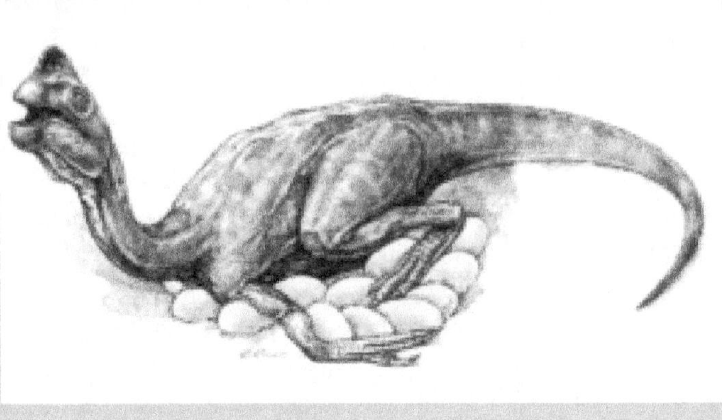

Figura 16-15 Um oviraptor adulto chocando ovos em um ninho. Essa reconstrução está baseada em um fóssil de um oviraptor encontrado no Deserto de Gobi. Aparentemente o adulto estava chocando seus ovos quando foi soterrado por uma gigantesca tempestade de areia. Os membros peitorais estão estendidos sobre os ovos a mesma postura usada pelas aves atuais que nidificam no solo.

Os Dinossauros Sauropodomorpha

Os mais antigos dinossauros Sauropodomorpha foram os Prosauropoda, um grupo abundante e diversificado durante o Triássico Superior e o Jurássico Inferior. Três tipos de Prosauropoda são conhecidos, diferindo no tamanho e na estrutura dos dentes. Os Anchisauridae variavam em tamanho desde *Anchisaurus* (2,5 metros) até *Plateosaurus* (6 metros). Os anquisaurídeos possuíam o pescoço longo e a cabeça pequena (Figura 16-16) e os dentes das formas mais conhecidas apresentavam serrilhas grandes. Os lagartos herbívoros atuais (iguanas) possuem dentes com forma muito semelhante e os Anchisauridae, provavelmente, eram herbívoros. A presença de gastrólitos associados a alguns fósseis de Prosauropoda suporta essa visão. Aparentemente, os Prosauropoda tinham bochechas que retinham o alimento na boca enquanto era triturado pelos dentes. Os Prosauropoda mais antigos eram pequenos e bípedes. As formas que surgiram depois eram maiores e mais pesadas e suas proporções corporais sugerem que podiam ficar na posição vertical, apoiados nos membros pelvinos, mas, provavelmente, mantinham uma postura quadrúpede durante a maior parte do tempo.

Os Prosauropoda derivados, como os Melanorosauridae eram maiores que os Prosauropoda primitivos (*Riojasaurus,* do Triássico Superior da Argentina, tinha 11 metros de comprimento). Nenhum crânio de Melanorosauridae foi encontrado, portanto, a estrutura de seus dentes é desconhecida. O pescoço delgado e longo de *Riojasaurus* sugere que a cabeça era pequena como a dos Prosauropoda primitivos. Os Yunnanosauridae, da China, eram menores que os Melanorosauridae e de constituição mais leve, diferindo dos Prosauropoda primitivos por terem dentes modelados como cilindros achatados com uma extremidade em forma de cinzel. Essa é a estrutura dentária observada nos dinossauros Sauropoda gigantes, sendo muito distinta dos dentes serrilhados e achatados lateralmente dos Prosauropoda primitivos.

Prosauropoda, como *Plateosaurus,* tinham 10 vértebras cervicais, 15 vértebras torácicas, 3 vértebras saciais e ao redor de 46 vértebras caudais. O longo pescoço de todos os Prosauropoda sugere que eram capazes de se alimentar de matéria vegetal localizada a vários metros acima do solo. A habilidade para alcançar as plantas altas poderia ter representado uma vantagem significativa, durante a mudança da flora de *Dicroidium* de baixo crescimento, para as Bennettitales e coníferas, mais altas, que ocorriam no Triássico Superior.

Os Sauropoda derivados do Jurássico e Cretáceo eram enormes herbívoros quadrúpedes. A maior parte dos fósseis

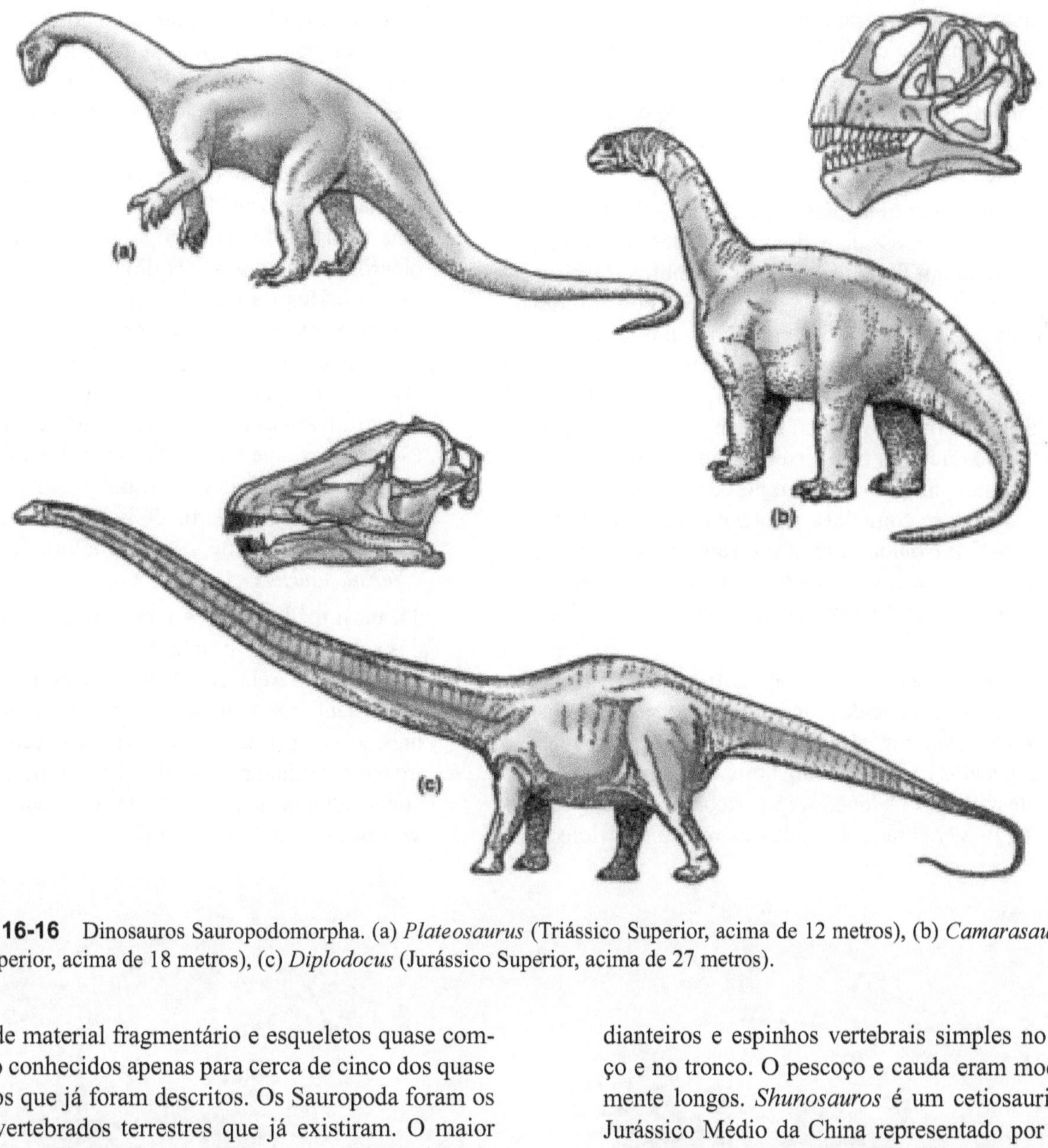

Figura 16-16 Dinosauros Sauropodomorpha. (a) *Plateosaurus* (Triássico Superior, acima de 12 metros), (b) *Camarasaurus* (Jurássico Superior, acima de 18 metros), (c) *Diplodocus* (Jurássico Superior, acima de 27 metros).

consiste de material fragmentário e esqueletos quase completos são conhecidos apenas para cerca de cinco dos quase 90 gêneros que já foram descritos. Os Sauropoda foram os maiores vertebrados terrestres que já existiram. O maior deles pode ter alcançado comprimento corpóreo acima de 30 metros e peso de 100.000 kg. (para comparação, um elefante africano de grande porte tem cerca de 5 metros de comprimento e pesa até 5.000 kg).

Vários autores reconhecem diferentes subgrupos de Sauropoda derivados. Os seis grupos listados aqui são reconhecidos pela maioria dos autores.

Vulcanodontidae: Este grupo é representado por uma única forma, *Vulcanodon,* do Triássico Superior ou Jurássico Inferior do Zimbabwe. Apenas os membros e parte das cinturas têm sido encontrados e eles combinam caracteres dos prosauropodes e sauropodes.

Cetiosuridae: Esses foram sauropodes generalizados do Jurássico Médio com membros traseiros apenas um pouco mais compridos que os membros dianteiros e espinhos vertebrais simples no pescoço e no tronco. O pescoço e cauda eram moderadamente longos. *Shunosauros* é um cetiosaurideo do Jurássico Médio da China representado por muitos esqueletos. Sua coluna vertebral continha 12 vértebras cervicais, 13 vértebras no tronco, 4 vértebras sarais e 44 vértebras caudais. Outros cetiosaurideos incluindo *Cetiosaurus* da Inglaterra, *Patagosaurus* da Argentina, *Barapasaurus* da índia e *Bellusaurus* da China.

Brachiosauridae: Essas formas do Jurássico Médio e Superior tinham dentes grandes, vértebras cervicais muito alongados, e caudas relativamente curtas. Os membros dianteiros eram substancialmente mais longos que os traseiros. Eles tinham 13 vértebras no pescoço, 11 ou 12 no tronco, e 5 no sacro; o número total de vértebras da cauda é desconhecido. As faces laterais das vértebras do tronco tinham endetenções profundas (pleuroceles) que provavelmente em vida acomodavam sacos aéreos (veja Figura 16-17). Os brachiosaurídeos eram animais enormes, e porque tinham constituição pesada tevem ter pesado mais que os diplodocideos que eram mais compridos. *Brachiosaurus* da Tanzânia e Colorado é um membro desse grupo. *Bothriospondylus* é conhecido da Inglaterra e talvez de Madagascar.

Camarasauroidea: Esses sauropodes do Jurássico Superior possuíam dentes grandes na porção rostral de um focinho curto. Os membros traseiros eram longos. Tinham pescoço e tronco curtos (com apenas 12 vértebras em cada um), um sacro que fixava-se a 5 vértebras e caudas moderadamente longas (53 vértebras caudais). Tanto as vértebras cervicais como do tronco tinham pleuroceles, e os espinhos neurais das vértebras tinham uma fenda profunda em forma de U e no centro da qual provavelmente acomodava um tendão robusto (Figura 16-17). *Camarasaurus* é o sauropode mais comum da América do Norte e formas similares são conhecidas da Europa (*Aragosaurus*) e da China (*Euhelopus*).

Diplodocoidea: *Diplodocus* e *Apatosaurus* (anteriormente conhecido como *Brontosaurus*) do Jurássico Superior são os dois sauropodes melhor conhecidos da América do Norte. Os Diplodocoidea tinham pescoços longos (15 vértebras), troncos curtos (10 vértebras), e caudas extremamente longas (mais de 80 vértebras) terminando em um chicote. Os arcos hemáticos que se posicionam abaixo do centro das vértebras caudais estendem-se cranialmente e caudalmente promovendo, provelmente um enrigecimento da cauda, que pode ter sido usada para golpear predadores ou em combate com outros da mesma espécie. Os espinhos vertebrais tinham uma fenda profunda no topo, e as vértebras tinham pleuroceles extensas. Os diplodocideos eram muito compridos (talvez 40 metros), mas muito desse comprimento era devido ao pescoço e cauda, deste modo, não eram tão pesados como os braquiosauros. *Barosaurus* (da América do Norte e leste da África) e *Cetiosauriscus* (da Inglaterra – não confundir com *Cetiosaurus,* que é um catiosaurídeo também da Inglaterra) são diplodocideos assim como as três formas conhecidas a partir de registros fragmentados da América do Norte – *Amphicoelias, Supersaurus,* e *Seismosaurus.*

Titanosauridae: Esses foram os últimos sauropodes sobreviventes e tinham uma ampla distribuição mundial no Cretáceo Médio e Superior. Os membros dianteiros e traseiros tinham praticamente o mesmo comprimento e as vértebras cervicias e do tronco possuíam pleuroceles. Os titanosaurídeos são conhecidos principalmente de fragmentos da índia, Europa, África, e América do Sul.

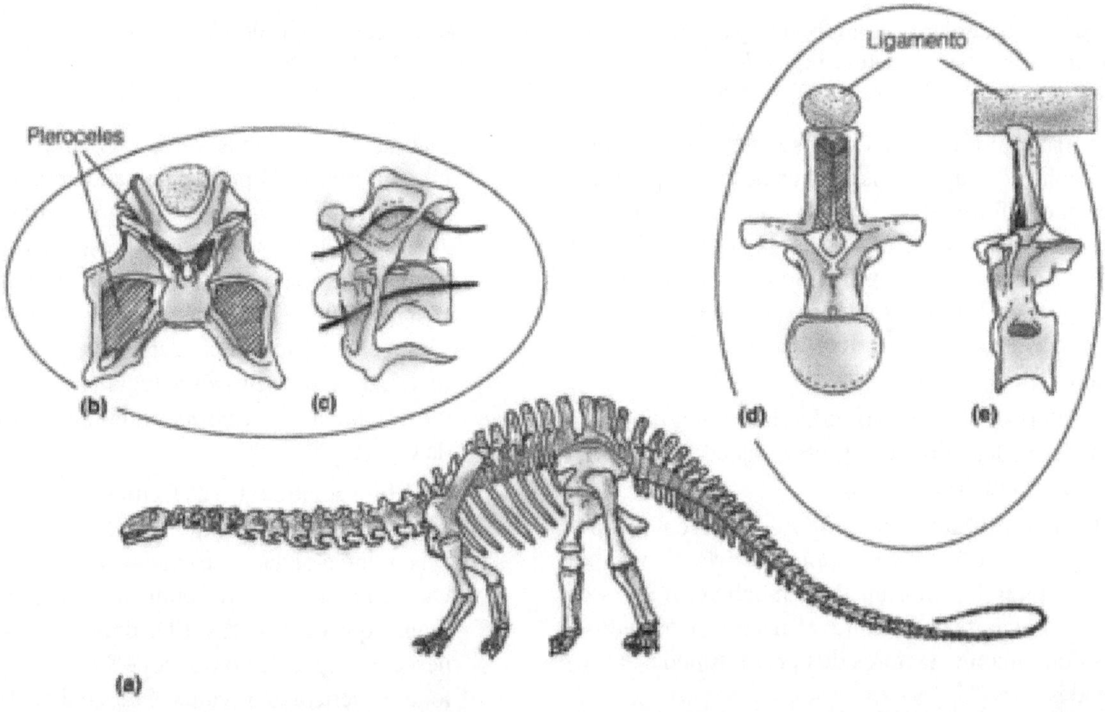

Figura 16-17 Características estruturais dos Sauropoda. Os esqueletos dos grandes Sauropoda (a) combinavam leveza com resistência. As vértebras da região dorsal em vista (b) caudal e (c) lateral. (Os traços negros em [c] indicam a posição das pleuroceles). Os arcos neurais da região dorsal (d, vista cranial; e, vista lateral) mostram uma depressão em forma de U que acomoda um grande ligamento.

Rapetosaurus, um fóssil de Madasgacar, desscrito por Kristina Rogers e Catherine Foster (2001) é primeiro titanosaurus quase completo. Ele tinha 16 vértebras cervicais e 11 vértebras no tronco com pleuroceles profundas.

Os Camarasauroidea e Brachiosauroidea trinham crânios compactos com maxilas fortes e grandes e dentes em forma de cinzel. Os dentes de *Camarasaurus* e *Brachiosaurus* mostram evidências de forte desgaste sugerindo que se alimentavam de material abrasivo. O crânio dos diplococídeos e titanosaurideos eram alongados, os dentes eram limitados a proção rostral da boca, e o desenvolvimento modesto dos ossos da maxila inferior sugere que os músculos mandibulares não deveriam ser muito fortes.

Os Sauropoda dominaram os habitats terrestres no Jurássico Superior e Cretáceo Inferior, evoluindo com a flora de coníferas, ginkgoáceas, samambaias, cicadáceas e cavalinhas. Posteriormente, no Cretáceo, os Sauropoda foram substituídos, na América do Norte e no oeste de Ásia, por Ornithischia derivados. Entretanto, os Sauropoda persistiram nos continentes do sul e os titanosaurideos da América do Sul aparentemente reinvadiram a região sul da América do Norte ao final do Cretáceo.

Biologia dos Sauropoda

Tanto Diplodocoidea como Camarasauroidea eram extremamente pesados e as suas vértebras mostram características que auxiliavam a coluna vertebral a resistir aos esforços a que estava sujeita. As próprias vértebras eram maciças e os arcos neurais bem desenvolvidos. Ligamentos fortes transmitiam força de um arco ao arco adjacente, ajudando a distribuir o esforço. A cabeça e a cauda eram mantidas em balanço em relação ao corpo, sustentadas por um forte ligamento espinhal. Os pés desses animais eram semelhantes aos dos elefantes e pegadas fossilizadas indicam que os membros pelvinos suportavam cerca de dois terços do peso do corpo. Algumas trilhas de pegadas não mostram marcas de cauda, sugerindo que esta era carregada no ar e não arrastada pelo chão, como é mostrado nas ilustrações antigas desses dinossauros.

Desde as primeiras descobertas desses fósseis, os paleontólogos duvidaram que animais tão massivos pudessem ter caminhado em terra, ao contrário, acreditaram que estivessem limitados a uma vida semi-aquática em pântanos. Entretanto, análises mecânicas de esqueletos de Sauropoda não concordam com essa conclusão. Os esqueletos dos maiores Sauropoda revelam, claramente, forças favorecendo uma combinação de resistência com leveza. Os arcos das vértebras atoavam como arcobotantes em um grande edifício, enquanto os espinhos neurais dos Diplodocoidea, em forma de V, sustentavam um ligamento massivo e possivelmente elástico que auxiliava no suporte à cabeça e à cauda. Em sessão transversal, o tronco era profundo, apresentando contorno semelhante ao do corpo de um animal terrestre, como o elefante, em vez de ter contorno arredondado, como o de um hipopótamo aquático. A cauda dos Sauropoda não é achatada lateralmente, como uma cauda que é utilizada para a natação. Ao contrário, ela é arredondada em sessão transversal e, nos Diplodocoidea, termina em um longo e fino chicote. Essas estruturas parecem contrapesos e armas defensivas.

Trilhas fósseis de Sauropoda indicam que os membros eram posicionados abaixo do corpo. As pegadas dos pés esquerdo e direito estão separadas por uma largura de apenas um pé (30 centímetros, aproximadamente). As análises dos ossos dos membros sugerem que eles eram mantidos eretos, em uma postura semelhante a de um elefante, e se moviam para a frente e para trás, paralelamente à linha mediana do corpo. Isso é o que deveria ser esperado em termos mecânicos, porque nenhuma outra morfologia dos membros seria possível para um animal tão grande. O osso é muito menos resistente às forças de arqueação exercidas através do seu maior eixo do que, às forças de compressão exercidas paralelamente ao eixo. Enquanto o corpo de um animal aumenta em tamanho, a sua massa cresce com o cubo das suas dimensões lineares; mas a área óssea, em seção transversal, aumenta como o quadrado das suas dimensões lineares. A resistência do osso é, aproximadamente, proporcional a sua área em seção transversal. Como resultado, quando o tamanho de um animal aumenta, a resistência do esqueleto aumenta mais vagarosamente do que o estresse ao qual está sendo submetido. Uma resposta evolutiva a essa relação é um aumento desproporcional no diâmetro dos ossos; um esqueleto de elefante é proporcionalmente maior do que um esqueleto de camundongo. Outra resposta é transformar forças de arqueação em forças de compressão, trazendo os membros mais verticalmente sob o corpo. Em um animal de grande porte, como um elefante ou um dinossauro Sauropoda, não apenas os membros são mantidos sob o corpo, mas ajunta dos joelhos tende a travar conforme o animal de locomove. Essa morfologia produz a locomoção com passadas em linha reta, familiar nos elefantes. Provavelmente, os Sauropoda caminhavam com uma andadura semelhante a dos elefantes, mantendo suas cabeças e caudas no ar.

Os dentes dos Sauropoda são, muitas vezes, descritos como sendo pequenos e fracos. Certamente, em proporção ao tamanho do seu corpo, eles são pequenos, assim como todo o crânio. Em termos absolutos, entretanto, eles não são pequenos ou fracos. Eles são maiores que os dentes dos mamíferos pastadores e não há qualquer razão para acreditar que o material vegetal fosse mais duro na Era Mesozóica do que hoje. Não havia dentes achatados (molariformes) para triturar a matéria vegetal ingerida. Essa função deve ter sido executada por gastrólitos e a quebra da matéria vegetal deve ter sido auxiliada por microorganismos simbióticos, como ocorre nos répteis, aves e mamíferos herbívoros viventes.

O conteúdo estomacal fossilizado de um dinossauro Sauropoda encontrado em sedimentos do Jurássico, em Utah, incluíam pedaços de brotos e pequenos ramos com cerca de 2,5 centímetros de comprimento e 1 centímetro de diâmetro. O carater fragmentado e retalhado do material lenhoso indica que, mesmo sem dentes molariformes, os Sauropoda podiam triturar o seu alimento. Essa descoberta parece confirmar a visão da ecologia dos Sauropoda desenvolvida através do estudo do esqueleto e da análise dos fósseis de plantas encontradas em associação com os fósseis dos Sauropoda. Eles ocupavam, provavelmente, terrenos abertos, com a formação, no extrato herbáceo, de samambaias e cicadáceas, e no extrato superior, de coníferas. Eles eram predados pelos grandes carnívoros Theropoda e procuravam escapar fugindo ou se defendendo usando suas caudas como chicote.

Os longos pescoços dos Sauropoda representam um mistério. A visão convencional é a de que eles se alimentavam das copas das árvores, talvez se apoiando nos membros pelvinos, usando a cauda como contrapeso. Parece significativo que as coníferas da Era Mesozóica tinham galhos apenas próximo à copa, bem longe do alcance, exceto para um dinossauro com pescoço muito longo. Por outro lado, duas linhas de pensamento vão contra a ideia de que os Sauropoda possuíam hábitos alimentares semelhantes aos das girafas. Uma análise das junções entre as vértebras nos pescoços de *Diplodocus* e *Apatosaurus* sugere que os pescoços eram menos flexíveis do que se pensava (Stevens e Parrish 1999). Se esta interpretação estiver correta, os Sauropoda devem ter estendido a cabeça horizontalmente ou verticalmente, através de arcos limitados, explorando um grande volume de área de alimentação sem precisar se mover, uma vez que os seus pescoços eram tão longos.

Um outro problema mecânico que os Sauropoda teriam enfrentado, enquanto estivessem se alimentando das copas das árvores, seria a dificuldade em bombear sangue até uma cabeça localizada, às vezes, a 20 metros acima do solo e a 6 ou 7 metros acima do nível do coração (Lillywhite 1991, Seymour e Lillywhite 2000). O sangue é composto principalmente por água e a água é pesada. Quando a cabeça desses animais estivesse erguida para se alimentar nas árvores, os Sauropoda mais altos teriam requerido pressões sanguíneas ventriculares acima de 500 milímetros de mercúrio para superar a pressão hidrostática de 7 metros de coluna de sangue, entre o coração e o encéfalo. Uma coluna de sangue estendendo-se até uma cabeça localizada 20 metros acima do chão poderia ter produzido pressões sanguíneas tão altas quanto 1000 milímetros de mercúrio nos vasos dos membros de um grande Sauropoda. Pressões tão altas teriam tendido a forçar a água através das paredes dos capilares, causando o inchaço dos membros. Esses problemas não teriam ocorrido se os Sauropoda se alimentassem com as cabeças próximas ao nível de seus corações.

Os Sauropoda devem ter representado uma importante força na modelagem da paisagem e na prevenção de que a sucessão ecológica transformasse um terreno aberto em uma densa floresta. Como tal, a sua presença deve ter sido importante na criação e preservação de habitats adequados para outras espécies, de forma semelhante ao que os elefantes fazem atualmente nas savanas africanas. Como muitos lagartos herbívoros, os Sauropoda devem ter sido onívoros e oportunistas no seu modo alimentar, aceitando tudo o que estivesse disponível, incluindo carniça. Os conteúdos do estômago fossilizado mencionado previamente contém traços de osso e um dente de *Allosaurus,* dinossauro carnívoro contemporâneo.

Os Sauropoda não possuíam ornamentos ou outras estruturas de exibição sexualmente dimórficas, do tipo observado entre os dinossuaros Ornithischia, o que não significa que os comportamentos sociais estivessem ausentes. Afinal, os crocodilianos modernos não são sexualmente dimórficos ou ornamentados e mostram elaborados comportamentos sociais.

Rastros fósseis revelam uns poucos detalhes através dos quais traços do comportamento dos Sauropoda podem ser reconstruídos (Thulborn 1990). Um rastro famoso encontrado no Texas (partes dos quais estão em exibição na Universidade do Texas, em Austin e no American Museum of Natural History na cidade de New York) mostra as pegadas de um Sauropoda que, aparentemente, estava sendo seguido por um grande Theropoda que se encontrava alguns passos atrás e ligeiramente para a esquerda. As pegadas do Theropoda acompanham diversas pequenas alterações de direção realizadas pelo Sauropoda e o ritmo das passadas do Theropoda foi ajustado para igualar ao do Sauropoda. Mamíferos predadores, como os leões, fazem ajustes similares para igualar as passadas às de suas presas antes de atacarem. Uma marca de arrastamento feita pelo pé direito do Sauropoda e duas marcas consecutivas do pé direito do Theropoda (isto é, um pulo) podem até marcar o local de um ataque (Thomas e Farlow 1997).

Evidência de um possível comportamento em manada apresentado pelos Sauropoda pode ser revelada por uma série de rastros encontrados em sedimentos do Cretáceo Inferior, no Rancho Davenport, Texas. Eles revelam a passagem de 23 dinossauros semelhantes aos *Apatosaurus* a cerca de 120 milhões de anos atrás. Um grupo de espécimens movendo-se na mesma direção, ao mesmo tempo, seria notável para muitos Diapsida atuais, mas o rastro do *Apatosaurus* sugere que foi isso que aconteceu. Além disso, os rastros parecem mostrar que a manada deslocava-se de forma organizada, com os jovens no meio, circundados pelos adultos.

Figura 16-18 Dinossauros Theropoda. (a) *Coelophysis* (Triássico Superior, acima de 3 metros), (b) *Struthiomimus* (Cretáceo Superior, acima de 3,5 metros), (c) *Tyrannosaurus* (Cretáceo Superior, acima de 12 metros), (d) *Deinonychus,* (Cretáceo Inferior, acima de 4 metros).

Dinossauros Theropoda

Os dinossauros Theropoda incluem três tipos gerais de animais: predadores de grande porte que, provavelmente, atacavam presas de grande porte usando as maxilas como armas (Ceratosauria, Allosauria e Tyrannosauria); predadores velozes que caçavam presas pequenas, com seus membros peitorais (Ornithomimidae); e predadores velozes que atacavam presas maiores que o seu próprio corpo, utilizando uma enorme garra presente nos pés (Dromeosauria) (Figura 16-18).

Os Grandes Theropoda Os impressionantes dinossauros que formam as peças centrais das exposições paleontológicas em muitos museus são os grandes carnívoros. O aumento no tamanho corpóreo dos Theropoda através da Era Mesozóica se equipara a um aumento similar de tamanho nos Saurischia e Ornithischia herbívoros que eram as suas presas. *Dilophosaurus,* do Jurássico Inferior e Médio da América do Norte, foi denominado pela crista óssea par presente na cabeça (Grego *di* = duplo, *loph* = crista e *saurus* = lagarto). As suas maxilas eram delgadas e pareciam muito fracas para suportar o violento esforço do ataque a uma presa de grande porte. Embora seja um animal grande (comprimento = 6 metros), *Dilophosaurus* pode ter sido um carniceiro. *Ceratosaurus,* do Jurássico Superior, também media 6 metros de comprimento, mas apresentava crânio e maxilas mais pesados que *Dilophosaurus.* A cabeça era grande em proporção ao corpo e os longos dentes eram armas temíveis. As mãos tinham quatro dedos com grandes garras. Os Allosauria, contemporâneos dos Ceratosauria, eram maiores, alcançando até 12 metros de comprimento. Tinham apenas três garras nas mãos. Os Tyrannosauridae do Cretáceo Superior, como *Tarbosaurus* e *Tyrannosaurus,* eram ainda maiores, alcançando até 15 metros de comprimento e cerca de 6 metros de altura. As mãos da forma mais especializada desses gigantes parecem absurdamente pequenas, não servindo nem mesmo para alcançar a boca, e possuíam apenas dois pequenos dedos cada. Em vez de depender das mãos para capturar a presa, como os Ornithomimidae provavelmente faziam, os grandes Theropoda parecem ter concentrado as suas armas no crânio. O tamanho da cabeça crescia de forma relativa ao corpo, enquanto o pescoço encurtava. A cabeça tornou-se mais leve pela elaboração de uma fenestra rostro-orbital e outra mandibular, reduzindo o crânio a uma série de arcos ósseos e proporcionando a máxima força para um dado peso.

Os Tyrannosauridae eram animais terríveis, mas a perseguição de um jeep em velocidade por um *Tyrannosaurus rex,* representada no filme Jurassic Park, é ficção em mais de um sentido, porque os tiranosauros não podiam correr muito rápido (Hutchison e Garcia 2002). Comparações dos músculos dos membros traseiros de crocodilos e galinhas foram utilizadas para determinar o peso dos músculos das pernas de um tiranosauro para que fosse um corredor rápido. Esse cáculo mostrou que os músculos das pernas deveriam compreender a uma porcentagem impossível de 80 por cento da massa corpórea do animal. Felizmente, para os tiranosauros o mesmo cálculo se aplica para os gransdes dinossauros herbívoros predados por eles.

Os dentes dos grandes Theropoda chegavam a 15 centímetros de comprimento, tinham forma de adaga, com bordas serrilhadas e eram impelidos por poderosos músculos maxilares. Marcas dos dentes de dinossauros predadores são encontradas, algumas vezes, em ossos fossilizados de dinossauros e esses registros de predação pré-histórica fornecem uma maneira para se estimar a força da mordida de um dinossauro. A pelvis de um *Triceratops* encontrada em Montana apresentava dúzias de marcas da mordida de *Tyrannosaurus rex,* algumas tão profundas quanto 11,5 milímetros. Um dente fossilizado de *Tyrannosaurus* foi usado para fazer uma marca tão profunda na pelve de uma vaca (Erickson et al. 1996). A força necessária para a realização das marcas na pelve do *Triceratops* foi estimada entre 6.410 até 14.400 N. Esses valores estão além da força que pode ser exercida por vários predadores viventes (cachorro, lobo, leão e tubarão). É interessante notar que o único predador testado que conseguiu produzir uma mordida tão poderosa como a de *Tyrannosaurus* foi o aligátor, cujas maxilas e dentes apresentam muitos caracteres estruturais em comum com as maxilas e dentes de *Tyrannosaurus.* Uma análise mecânica do crânio de outro grande Therapoda, o *Allosaurus,* sugere que essa espécie usava uma mordida corta-e-rasga que devia matar a presa por hemorragia mais do que uma mordida esmagadora (Rayfield et al. 2001). O lagarto vivente de maior porte, o dragão de Komodo, ataca grandes presas (cervos e búfalos) desta maneira.

Outros estudos experimentais que utilisaram dentes fossilizados de Tyrannosauria para morder carne mostraram que os serrilhados aumentaram pouco o efeito cortante mas arrancaram e retiveram fibras de carne. Esses restos teriam suportado o crescimento de bactérias e a mordida de um Tyrannosauria, quase certamente, deveria ser infectada. Talvez os Tyrannosauria não matassem grandes presas, como os Sauropoda, necessariamente durante o ataque inicial, mas dependiam da infecção para enfraquecer a vítima e torná-la suceptível a um ataque subsequente. Acredita-se que as bactérias presentes nos dentes e garras do maior lagarto vivo, o dragão-de-komodo, tenham exatamente esse papel quando os lagartos caçam cervos.

Acredita-se que um coprólito (fezes fossilizada) em Saskatchewan, Canada, do tamanho de um filão de pão, tenha sido eliminado por um *Tyrannosaurus rex.* Contém fragmentos ósseos de um Ornithischia jovem, possivelmente, o ornamento da cabeça de um *Triceratops* (Chin et al. 1998). Os ossos despedaçados presentes no coprólito sugerem que o Tyrannosauria mordiam repetidamente a comida antes de engoli-la. Esse comportamento alimentar é diferente do apresentado pelos crocodilianos atuais, que ingerem grandes bocados de comida sem processá-la.

Pequenos Theropoda Muitos dos menores Theropoda são encontrados entre os Coelurosauria, um grupo principalmente do Cretáceo que inclui as Aves e todos os Theropoda relacionados mais de perto com as Aves do que com Allosauria. Muitos caracteres das aves atuais são observados nos Coelurossauria (Gauthier 1986). Os mais interessantes destes, do ponto de vista da origem das Aves, incluem características usualmente consideradas como estando associadas ao vôo vigoroso, especialmente um esterno ósseo fundido e uma fúrcula (osso da sorte) formada pela fusão das clavículas. A ocorrência frequente de uma fúrcula entre os parentes não voadores das Aves mostra que a função original da fúrcula não envolvia o vôo. Assim, o importante papel desempenhado pela fúrcula durante o vôo, nas Aves amais, evoluiu secundariamente.

Pequenos Theropoda também foram encontrados entre outras linhagens. *Coelophysis* (Figura 16-18a), uma forma do Triássico Superior, é um Ceratosauria de cerca de 3 metros de comprimento total. Os *Coelophysis* eram, provavelmente, ativos predadores cursores de pequenos dinossauros, lagartos e insetos. Uma linhagem de dinossauros semelhantes a avestruzes ocorreu no Cretáceo Superior. *Ornithomimus,* do Cretáceo Superior, assemelhava-se a uma avestruz no tamanho, na forma e, provavelmente, também na ecologia. Possuía um crânio pequeno sobre um pescoço longo e suas maxilas sem dentes eram recobertas por um bico córneo. Os membros peitorais eram mais longos que os de *Coelophysis* e apenas três dígitos estavam desenvolvidos nas mãos. O dígito interno era oponível e o punho era flexível, tornando a mão um órgão eficiente na captura de pequenas presas. Como as avestruzes, *Ornithomimus era,* provavelmente, onívoro, alimentando-se de frutas, insetos, pequenos vertebrados e ovos. Muito possivelmente, viviam em bandos, como as avestruzes, e os seus longos membros pelvinos sugerem que habitavam regiões abertas, em vez de florestas.

Aparentemente, nem todos os Ornithomimidae predavam animais pequenos. *Deinocheiros* (mão terrível), um fóssil do Deserto de Gobi, possuía dedos com mais de 60 centímetros de comprimento, que parecem ter sido utilizadas para segurar e desmembrar grandes presas. As proporções das mãos e dos braços são semelhantes àquelas dos Coelurosauria e, se esse Theropoda possuísse as mesmas proporções corpóreas dos outros Coelurosauria, pode ter tido mais de 7,5 metros de altura, excedendo *Tyrannosaurus rex,* anteriormente o mais alto Theropoda conhecido.

Dromeosauria *Deinonychus* foi desenterrado por uma expedição da Universidade de Yale, em sedimentos do Cretáceo Inferior de Montana (Figura 16-18d). Trata-se de um pequeno Theropoda, com pouco mais de 2 metros de comprimento. Suas características distintivas são a garra no segundo dedo do pé e a cauda. Em outros Theropoda, os pés são claramente especializados para a locomoção bípede, sendo muito similares aos pés das aves. Nessas formas, o terceiro dedo é o maior, o segundo e o quarto são menores e o quinto, algumas vezes, desapareceu completamente. O primeiro dedo está voltado para trás, como nas aves, para fornecer suporte atrás do eixo do membro pelvino. O segundo dedo dos Dromeosauria, especialmente a sua garra, estão aumentados (Figura 16-19). Na sua posição normal, a garra era, aparentemente, mantida fora do chão e podia ser dobrada ainda mais para cima.

Parece provável que os Dromeosauria utilizavam essas garras na caça, eviscerando sua presa com um golpe. A estrutura da cauda era igualmente notável. As vértebras caudais eram circundadas por bastões ósseos que representavam extensões das pré-zigapófises (dorsalmente) e dos arcos hemáticos (ventralmente), que se estendiam para a região craniana, por cerca de 10 vértebras, a partir de seu local de origem. A contração dos músculos da base da cauda seria transmitida através desses bastões ósseos, mantendo as vértebras unidas e tornando a cauda uma estrutura rígida que poderia ser usada como um contrapeso ou impulsionada como uma vara pesada. Possivelmente, a cauda fazia parte do arsenal que *Deinonychus* utilizava para derrubar a presa no chão, onde esta poderia ser golpeada e pode ter servido como contrapeso no equilíbrio, quando o animal fazia curvas fechadas. Provavelmente, os Dromeosauria dependiam da agilidade do pé para capturar presas ativas. A descoberta de cinco esqueletos de *Deinonychus* intimamente associados com o esqueleto de um *Tenontosaurus,* um Ornithischia com três vezes o seu tamanho, poderia indicar que *Deinonychus* caçava em grupo (Maxwell 1999). Os Deinonychosauria,

Figura 16-19 O pé de *Deinonychus,* mostrando a garra aumentada.

Figura 16-20 Dois grandes Deinonychosauria ("super-slashers") atacando um Brachiosauridae.

provavelmente, usavam as suas mãos com garras para capturar a presa e então cortá-la com as garras dos pés, em forma de foice. Essa tática parece ser ilustrada por uma notável descoberta feita na Mongólia de um Dromeosauria denominado *Velociraptor.* Ele foi preservado em combate com um *Protoceratops* as suas mão agarrando a cabeça da sua presa e a sua enorme garra cravada na seção mediana do corpo do *Protoceratops.*

A descoberta de *Deinonychus* estimulou um reexame dos fósseis de vários outros géneros de pequenos dinossauros Theropoda do Cretáceo, incluindo *Dromeosaurus* e *Velociraptor.* Todas essas formas possuem uma garra aumentada no segundo dedo do pé, sendo, atualmente, agrupadas com *Deinonychus* e com as Aves nos Maniraptora. Garras semelhantes às dos *Deinonychus,* com 35 centímetros de comprimento, descobertas em sedimentos de Utah, do Cretáceo Inferior, no outono de 1991, provavelmente são provenientes de um Theropoda desconhecido anteriormente (apelidado pelos paleontologistas de "Super-Slasher") que era quase tão grande quanto um *Tyrannosaurus rex* e possuía a velocidade, a agilidade e o comportamento predatório do *Deinonychus* (Figura 16-20).

16.7 A Temperatura Corpórea dos Dinossauros

A abordagem cladística, que foi útil para as inferências sobre o comportamento social dos dinossauros, é menos eficiente na decisão de quais mecanismos de termorregulação poderiam ter sido empregados. A ectotermia é uma característica ancestral na linhagem dos Archosauria e os Crocodylia são ectotérmicos. A endotermia observada nas Aves é claramente derivada, mas quando surgiu? Poderia ter sido em qualquer ponto entre os Crocodylia e as Aves, ou seja, a endotermia poderia ser característica dos Pterosauria + dinossauros + Aves, ou de dinossauros + Aves ou poderia estar limitada aos Therapoda + Aves. Todas as linhagens entre os Crocodylia e as Aves estão extintas e, portanto, não podemos extrair nenhuma evidência direta a partir delas – a paleofisiologia é uma disciplina especulativa.

Muito da controvérsia a respeito das relações de temperatura dos dinossauros origina-se da falha em distinguir *homeotermia* e *endotermia.* Homeotermia significa, apenas, que a temperatura corporal de um organismo é razoavelmente estável, ao passo que endotermia e ectotermia são mecanismos de regulação da temperatura. Ectotermia

QUADRO 16-2 Os Diapsida Marinhos da Era Mesozóica

Os Archosaura dominaram a terra e os céus da Era Mesozóica, mas os lepidosauromorfos foram os Diapsida que se tornaram secundaraimente aquáticos e exploraram os recursos dos oceanos, especialmente nas regiões costeiras e nos rasos mares epicontinentais que se estendiam tanto pelo continente da América do Norte o da Eurásia na Era Mesozóica. Embora todas as formas marinhas fossem carnívoras, elas se especializaram em presas variadas de moluscos sésseis à peixes e moluscos cefalópodes livre-natantes.

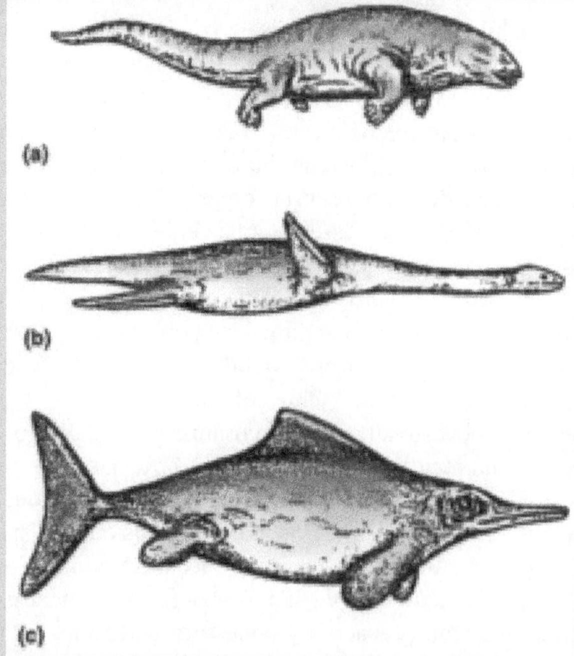

Figura 16-21 Répteis aquáticos da Era Mesozóica, (a) O Placodontia *Placodus,* do Triássico Médio (aproximadamente 1 metro de comprimento), (b) Um Plesiosauria do Jurássico Superior, *Cryptoclidu,* (aproximadamente 3 metros de comprimento) (c) Um Ichthyosauna do Jurássico Superior, *Opthalamosaurus* (aproximadamente 2,5 metros de comprimento).

Placodontia

Os Placodontia do Triássico alimentavam-se de moluscos e eram mais especializados na trituração de alimentos com conchas duras do que na perseguição veloz das presas Figura 16-21a). *Placodus* tinha dentes maxilares grandes e achatados e um palato pesado, dotado de enormes dentes nos ossos palatinos. Os dentes rostrais projetavam-se para frente e devem ter sido utilizados para arrancar mexilhões e ostras das rochas. Alguns Placodontia, – como *Henodus* e *Placochelys* – possuíam uma forma corpórea convergente a das tartarugas, com um bico córneo e um corpo recoberto com osso.

Plesiosauria

Os Plesiosauria surgiram no Triássico Superior e persistiram até o Cretáceo. Formas primitivas tinham pescoço longo e cabeça proporcional em relação ao comprimento do corpo (Figura 16-21b). Duas especializações ecológicas estão representadas entre os plesiosauros derivados; Pliosauroideos que tinham crânio longo (mais de 3 metros em algumas formas) e pescoço curto (com 13 vértebras cervicais), enquanto os plesiosauroideos tinham crânio pequeno e pescoço extraordinariamente longo (com 32 a 76 vértebras). Esses dois grupos possuíam o tronco rígido e pesado e parecem ter se deslocado pela água com membros que funcionavam como remos e que também podem ter atuado como hidrofólios, aumentando a eficiência da natação. A hiperfalangia, a adição de ossos aos dedos, aumentava o tamanho dos remos e alguns Plesiosauria apresentavam até 17 falanges por dígito. Em ambos os tipos de Plesiosauria, as narinas estavam localizadas no alto da cabeça, imediatamente em frente aos olhos.

Os Phosauria desenvolveram cada vez mais um corpo hidrodinâmico ao longo de sua evolução, deste modo o pescoço tornou-se curto e os membros mais alargados, enquanto os plesiosauroides tornaram-se menos hidrodi nâmicos com pescoços longos e membros menores em relação ao comprimento do corpo. Pliosaondeos eram provavelmente nadadores rápidos que podem ter capturado moluscos cefalópodes nadadores e peixes perseguindo-os, à maneira das focas e leões marinhos. Os Plesiosauroideos podem ter sido caçadores de tocaia, embora não está claro como deveriam capturar a presa porque seus pescoços parecem ter sido muito rígidos.

Ichthyosauria

Os Ichthyosauria foram os tetrápodes aquáticos mais especializados da Era Mesozóica. Em muitos aspectos a sua forma corpórea lembra a dos atuns, tubarões e golfinhos (Figura 16-21c). Os Ichthyosauria possuíam uma nadadeira dorsal sustentada apenas por tecido rijo, e não por osso, e o lobo superior da nadadeira caudal, da mesma forma, não apresentava suporte esquelético (a coluna vertebral dos Ichthyosauria derivados curvava-se acentuadamente para baixo, dentro do lobo ventral da nadadeira caudal). Sabemos da presença desses tecidos moles porque muitos fósseis de Ichthyosauna, de sedimentos finos próximos a Holzmoden,

Continua

Continuação

no sul da Alemanha, contêm um contorno de todo o corpo, preservado como uma película de carbono.

Os Ichthyosauria retiveram tanto os membros peitorais como os pelvinos (ao contrário dos cetáceos, que retêm apenas os peitorais). Os membros dos Ichthyosauria eram modificados em remos por meio de hiperfalangia (como nos Plesiosauria) e hiperdactilia (a adição de dígitos extras). Fósseis de Ichthyosauria com embriões na cavidade corpórea indicam que esses animais eram vivíparos. Um dos fósseis parece ser um indivíduo que morreu no processo de parto, com um jovem emergindo com a cauda em primeiro lugar, como nos filhotes de golfinhos.

O conteúdo estomacal de Ichthyosauria, preservados em alguns espécimes, inclui cefalópodes, peixes e um Pterosauria ocasional. Os Ichthyosauria possuíam cabeça grande com maxilas longas e afiladas, armadas com dentes agudos, na maioria das formas, embora alguns poucos não apresentassem dentes. Os grandes olhos eram sustentados por um anel de ossos escleróticos. Acredita-se que *Ophthalmosaurus,* que possuía os maiores olhos dentre os Vertebrata, tenha caçado a grandes profundidades – 500 metros ou mais – e detectado a luz emitida pelos fotóforos da sua presa. Os animais que mergulham a grandes profundidades se arriscam a sofrer do mal-dos-mergulhadores se uma emergência, como a necessidade de evitar um predador, os força a subir rapidamente para a superfície. Os dois Ichthyosauria que possuíam os maiores olhos (o que sugere que eram as formas que mergulhavam a maiores profundidades) também foram os dois que mostraram a maior incidência da doença-dos-mergulhadores (Montani et al. 1998).

Os Ichthyosauria do Triássico eram alongados e pouco hidrodinâmicos e podem ter utilizado uma locomoção anguiliforme. A hidrodinâmica mais desenvolvida das formas posteriores pode estar associada ao desenvolvimento da locomoção carangiforme e da perseguição veloz da presa, como nos atuns viventes (Motani 2000, 2002). O Jurássico foi o Período de maior diversidade dos Ichthyosauria. Eles foram menos abundantes no Cretáceo Inferior e apenas um único género persistiu durante o Cretáceo Superior. Os Ichthyosauria tornaram-se extintos antes do final do período.

significa que a fonte primária de calor para elevar a temperatura vem de fora do corpo, enquanto endotermia significa que a fonte primária de calor situa-se dentro do corpo – o próprio metabolismo do animal. Tanto a ectotermia quanto a endotermia podem produzir homeotermia. Além disso, ectotermia e endotermia estão no final de um espectro e muitos animais atuais ocupam posições intermediárias entre esses dois extremos.

A diversidade dos dinossauros e o imenso tamanho de muitas espécies dificultam discussões sobre os seus mecanismos de termorregulação. A enorme diversidade ecológica e filogenética dos dinossauros tem sido, em grande parte, desconsiderada no debate sobre seus mecanismos de termorregulação. Nem todos os tipos de evidências aplicam-se a todas as espécies e é provável que houvesse diferenças significativas na biologia de diferentes linhagens. Além de qualquer outra consideração, a diferença no tamanho corporal entre um *Microraptorzhaoianus* (com um tronco medindo pouco menos de 5 centímetros) e um *Diplodocus* (com tronco medindo ao redor de 10 metros) teria feito deles tipos muito diferentes de animais.

Outro fator a se considerar é que não temos nenhum animal terrestre para comparar com os dinossauros. Até mesmo os elefantes (que pesam até 5000 quilogramas) são menores do que qualquer Sauropoda e os maiores répteis atuais (tartarugas-de-couro e crocodilos de água salgada) pesam cerca de 1000 quilogramas. Assim sendo, não temos modelos de dinossauros para trabalhar e precisamos extrapolar observações de animais amais muito além dos tamanhos para os quais temos medidas.

Gigantotermia

O que os elefantes e as tartarugas-de-couro podem nos dizer sobre o metabolismo dos dinossauros? Primeiramente, eles nos informam que quando comparamos animais de grande porte há muito pouca diferença entre as taxas metabólicas dos endotermos e ectotermos. A taxa metabólica de um elefante de 4000 quilogramas equivale a 0,07 litros de oxigênio por quilograma por hora, enquanto que a taxa metabólica de uma tartaruga-de-couro de 400 quilogramas é de 0,06 litros de oxigênio por quilograma por hora. Portanto, a distinção metabólica entre endotermos e ectotermos desaparece em animais de grande porte e discussões sobre a possibilidade dos grandes dinossauros terem sido endotermos ou ectotermos não têm sentido.

Animais de grande porte apresentam temperaturas corpóreas estáveis simplesmente porque são grandes. As tartarugas-de-couro empregam uma forma de termorregulação que foi chamada de gigantotermia (Paladino et al. 1990). A grande massa corporal desses animais tem duas importantes consequências para a regulação da temperatura. Em primeiro lugar, ela produz uma enorme inércia térmica, de modo que a temperatura corporal muda lentamente. Em segundo, ela permite ao animal mudar a espessura efetiva do seu isolamento, através da mudança na distribuição do fluxo sanguíneo para a superfície versus interior do corpo. Quando uma tartaruga-de-couro está na água fria, ela pode reter em seu corpo o calor produzido pela atividade muscular, limitando o fluxo sanguíneo que flui para a superfície do corpo e empregando mecanismos de troca de calor por contracorrente nos seus membros. Em águas mais aquecidas, quando precisa dissipar o calor metabólico para evitar super aquecimento, ela pode aumentar o fluxo sanguíneo para a superfície e desviar o sistema contracorrente nos seus membros. Esses mecanismos, que permitem às tartarugas-de-couro fazerem jornadas migratórias de 10.000 quilómetros entre os oceanos árticos e os trópicos, foram, certamente, usados pelos dinossauros para estabilizar a temperatura corpórea.

As taxas metabólicas das tartarugas-de-couro foram usadas como base para simulações, em computador, das temperaturas corporais de dinossauros (Spotila et al. 1991). Três taxas metabólicas foram comparadas: (1) a taxa metabólica de repouso padrão para os répteis vivos; (2) a taxa de repouso medida para as tartarugas-de-couro, que é três vezes a taxa padrão dos répteis; (3) a taxa metabólica das tartarugas-de-couro enquanto elas estão escavando ninhos. Esse é um trabalho árduo e eleva a taxa metabólica cerca de 10 vezes a taxa padrão dos répteis. O modelo também incorporou duas taxas de fluxo sanguíneo (baixa = taxa em repouso, alta = cinco vezes a de repouso) e dois padrões de fluxo sanguíneo (baixo = fluxo para a superfície corporal ínfimo, alto = fluxo para a superfície corporal três vezes o fluxo para o interior do corpo).

Mesmo um animal relativamente pequeno, como o *Deinonychus* (que media cerca de 1,5 m de altura), teria uma temperatura corporal de 10 a 11°C acima da temperatura do ar se tivesse a mesma taxa metabólica de uma tartaruga-de-couro em nidificação, uma baixa taxa de fluxo sanguíneo e baixa circulação sanguínea para a superfície do seu corpo. Portanto, as taxas metabólicas observadas nos grandes répteis parecem ser suficientes para permitir que, mesmo um dinossauro de pequeno porte, tenha uma temperatura corporal bem acima da temperatura do ar e animais maiores com taxas metabólicas mais altas do que as dos répteis amais teriam morrido de super aquecimento.

16.8 A Evolução das Aves e do Vôo

Poucas transições evolutivas são tão claramente registradas no registro fóssil como o aparecimento das aves na linhagem dos dinossauros Therapoda. Nas décadas de 1860 e 1870 Thomas Henry Huxley foi um ardente defensor desse parentesco, escrevendo que as aves nada mais são do que "répteis glorificados". De fato, Huxley estava tão impressionado com tantas similaridades que, em seu esquema de classificação, juntou as aves e os répteis na classe Sauropsida. Na maior parte do século seguinte, os sistematas tradicionais, com ênfase em categorias hierárquicas estritas, obscureceu as relações evolutivas pelo fato de colocar as aves e os répteis no mesmo nível taxonômico (classe Reptilia e classe Aves). A sistemática cladística enfatiza as linhagens evolutivas monofiléticas e, atualmente, as aves são vistas, outra vez, como dinossauros terópodos mais derivados. As similaridades entre as Aves e os Theropoda incluem os seguintes caracteres derivados:

- Pescoço alongado e móvel em forma de S.
- Um pé com três dedos voltados para frente e um direcionado para trás (denominado de pé tridátilo).
- Postura digitígrada (isto é, com os dedos suportanto o peso do corpo).
- A junta do tornozelo forma-se entre os ossos tarsais (uma junta intertarsal) no lugar de uma junta entre os tarsos e a tíbia+fíbula.
- Ossos ocos, ossos pneumáticos.

Estes são caracteres gerais dos Therapoda. Quando olhamos especificamente para os coelurosauros aparecem mais caracteres derivados:

- Uma fúrcula (osso da sorte) formada pela fusão das clavículas.
- Fusão do osso esterno.

Dromeosauros com Caracteres Semelhantes aos das Aves

Os dromedosauros, um grupo ainda mais derivado de coelurosaurus que incluem o *Velociraptor* do famoso *"Jurassic Park"*, tinha caracteres adicionais semelhantes aos das Aves, incluindo a estrutura do punho que lhes permitia flexioná-lo lateralmente enquanto o movimentava em giros. Tal mobilidade provavelmente possibilitou aos coelurosauros usar suas mãos para agarrar a presa, e isto é reconhecido na linhagem que inclui os dromeosaurus e as Aves: Maniraptora (Latim *manus* = mãos e *rapto* = capturar). As Aves usam o mesmo movimento do punho para produzir um fluxo de ar sobre as penas primárias das asas para gerar ascenção durante o vôo batido. Alguns dromeosaurus mais derivados ainda – tais como *Unenlagia,* predador terrestre de 2 metros de comprimento, da Patagônia – tinha uma modificação na articulação do ombro que permitia maior liberdade do movimento dos membros peitorais. A fossa glenóide (onde o úmero se articila com a cintura peitoral) é orientada lateralmente em vez de ventralmente nesses animais, permitindo movimentar seus membros peitorais para cima e para baixo e golpear para cima e para baixo para capturar a presa. Essa mudança anatómica, que provavelmente fez dos dromeosaurus os predadores terrestres mais eficientes, é a origem dos movimentos para cima e para baixo que as aves utilizam para bater suas asas no vôo.

A descoberta mais dramática no estudo da evolução das aves ocorreu com o registro, no início de 1996, de dinossauros não aves com penas (Padian et al. 2001). Estruturas semelhantes a penas têm sido encontradas em pelo menos cinco linhagens de coelosaurus, e isso dá a impressão que mais exemplos serão descobertos. As menores estruturas derivadas consideradas semelhantes a penas são filamentos simples de 1 a 5 centímetros de comprimento em *Sinosauropteryx* Filamentos similares foram identificados em fósseis de *Beipiaosaurus* e *Sinornithosaurus.* Esses filamentos exibem pouca semelhança com as penas mais derivadas observadas em dinossauros não aves ou com as penas das Aves. Alguns paleontólogos não aceitam essas estruturas como sendo semelhantes a penas, alegando que são artefatos que se formam durante o processo de fossilização. Uma interpretação diferente propõem que essas estruturas são percurssoras das penas e que as pequenas penas do *Caudipteryx* e *Protoarcheopteryx* representam filamentos aglomerados em tufos (Padian 2001).

Penas com vexilo – isto é, penas com superfície nos dois lados de um eixo central semelhante as penas das aves viventes – são preservadas com fósseis de *Caudipteryx* e *Photoarchaeopteryx.* Como notificado no Capítulo 11, *Caudipteryx* tinha penas com vexilo no segundo dedo da mão, onde remiges (principais penas do vôo) são encontradas nas aves modernas, e em um tufo de penas com vexilo na cauda. *Protoarchaeopteryx* tinha penas, do tipo plúmulas, no corpo e na cauda, além de uma fileira de penas com vexilos simétricos, com a forma de um leque, na cauda. A ocorrência de dinossauros não aves emplumados sugere que as penas eram presentes em muitas linhagens de dinossauros não aves. E possível que alguns dos dinossauros emplumados do Cretáceo Inferior eram aves secundariamente não-voadoras (leia Paul 2002 sobre uma discussão dessa hipótese).

Pode-se pensar que a descoberta dos dinossauros emplumados não aves com características anatômicas semelhantes a das aves, tais como fúrcula, um esterno quilhado, e membros capazes de movimentos para cima e para baixo, pode levar ao esclarecimento da origem do vôo, mas isso não é o caso.

As penas apareceram sem dúvida antes do vôo: não até chegarmos ao *Archaeopteryx* que declaramos um animal com membros peitorais grandes recobertos por penas o suficiente para voar. Também não há indícios que as penas apareceram para fornecer isolamento para reter o calor metabólico, porque a ausência de ossos turbinados na passagem nasal, tanto dos dinossauros não aves como das aves primitivas, sugere que esses animais não eram endotérmicos (veja Capítulo 11 sobre essa discussão). Os dinossauros não aves podem ter usado as penas em combinação com posturas do corpo para gerar movimentos relacionados a interações sociais, assim como as aves amais fazem, e esta hipótese pode explicar a origem das penas. Em um último estágio, as penas bem desenvolvidas, como aquelas do membro peitoral do *Caudipteryx,* podem ter sido usadas para cobrir os ovos no ninho, protegendo-os do sol durante o dia e guardando calor no ninho durante a noite. (Compare a distribuição de penas sobre os membros peitorais de *Caudipteryx* apresentada na Figura 11-13 com a posição dos membros peitorais no dinossauro chocando mostrada na Figura 16-15).

Como as Aves Ficaram Livres do Solo?

Podemos ter absoluta certeza que os dromeossaurus tinham penas, e essas certamente tornaram os dromeossaurus predadores terrestres mais eficientes. Como, então, os ancestrais das aves (dromeossauros pró-aves) mudaram a função de seus membros peitorais e penas em asas e aerofólios? Quais foram as forças seletivas para a evolução das asas e do vôo? Como ocorreu a transição dos dinossauros emplumados terrestres, como *Caudipteryx,* para voadores como *Archaeopteryx!* Duas hipóteses coexistem por um século – a teoria arbórea ("das-árvores-para-baixo") e a teoria terrestre ("do-chão-para-cima") (Figura 16-22).

Das-Arvores-Para Baixo

A teoria arborícola dominou o meio científico por muito tempo (ver Rayner 1988). De acordo com essa visão, os ancestrais do *Archaeopteryx* eram trepadores arborícolas, que pulavam de galho em galho e de árvore em árvore, de modo muito semelhante ao utilizado por alguns esquilos, lagartos e macacos. Sob pressões seletivas que favoreceriam o aumento da distância e da precisão do deslocamento entre as árvores, estruturas que fornecessem alguma superfície para a força de ascensão deveriam ser vantajosas. *Draco* é um gênero de lagartos arborícolas, das índias Orientais, com costelas extremamente alongadas, que sustentam asas de pele aos lados do corpo. Eles utilizam suas asas para planar de uma árvore a outra. O vôo tem início com um mergulho a partir de um poleiro elevado. O lagarto desce a um ângulo de cerca de 45°, então nivela o vôo utilizando a energia cinética desenvolvida durante o mergulho para planar quase horizontalmente. Logo após, um breve planeio ascendente precede o pouso em outro galho. Foram registrados planeios de até 60 metros de extensão, com uma perda de altitude inferior a 2 metros. De acordo com essa hipótese, a evolução de formas voadoras passou de estágios planadores, seguidos de estágios intermediários – tal como *Archaeopteryx,* no qual o planeio era auxiliado por um débil vôo batido – até os voadores com vôo batido totalmente desenvolvido. A hipótese arbórea recebe um impulso a partir de descrição de um novo dromeosauro da China, *Microraptor gui,* com penas sobre os membros dianteiros e traseiros e um tufo de penas na extremidade da cauda (Xu et al. 2003). O fato mais marcante é que as penas eram assimétricas semelhantes às penas das aves viventes. Xu propôs que *Microraptor* tinha uma cintura e que as penas dos membros traseiros eram um caráter ancestral dos dromeossauros protoaves e que foram perdidas posteriormente na evolução das aves. (As aves viventes têm as extremidades das patas traseiras recobertas por escamas.)

Do-Chão-Para-Cima

Por outro lado, dado que a linhagem dos dromeossauros consistia de predadores terrestres, bípedes e cursores, é plausível invocar pressões de seleção arborícolas para a evolução

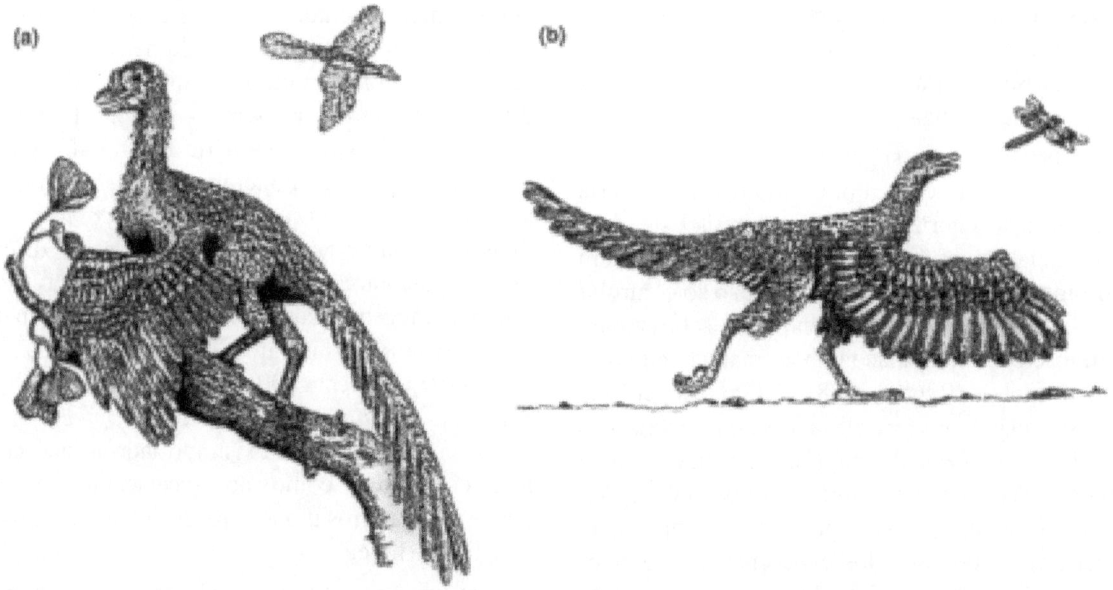

Figura 16-22 Duas reconstruções de *Archaeopteryx.* (a) A hipótese das-árvores-para-baixo, mostrando *Archaeopteryx* como um trepador arborícola e (ao fundo) planador, (b) A hipótese do-chão-para-cima, mostrando *Archaeopteryx* como um caçador arborícola e cursor.

do vôo nas aves? A teoria do-chão-para-cima postula que o vôo batido evoluiu diretamente a partir de corredores bípedes terrícolas (Ostrom 1974).

De acordo com a primeira versão desta hipótese (a teoria cursora), os ancestrais das aves eram corredores bípedes, velozes, que utilizavam suas asas como planadores, para aumentar a força de ascensão e aliviar o peso durante a corrida. Em um desenvolvimento posterior, as asas eram batidas enquanto o animal corria, fornecendo uma propulsão adicional para frente, à semelhança de uma galinha que se desloca através de um terreiro, batendo as asas para fugir de um cão. Finalmente, os músculos peitorais e as penas de vôo tornaram-se, suficientemente, desenvolvidos para o vôo potente e pleno através do ar.

A teoria cursora em sua forma original falhou como explicação para a origem do vôo porque o batimento das asas não teria sido um mecanismo eficiente para os dinossauros protoaves aumentarem a velocidade de corrida. Para obter aceleração, é necessária uma tração máxima sobre o solo e, essa tração, só pode ser fornecida pelo contato firme dos pés com um substrato sólido. Estendendo as asas emplumadas para criar ascenção deve ter diminuído o peso do corpo sobre os pés e *reduzido* a tração, diminuindo a velocidade do animal em vez de aumentá-la. O pequeno acréscimo na arremetida que pode ser conseguido com as asas pequenas e penas curtas, dos dromeossauros semelhantes aos *Caudipteryx,* pode não ter compensado a perda da força de velocidade dos membros traseiros e, muito menos, incrementado a aceleração.

Um espécime de *Archaeopteryx,* que foi erroneamente identificado como um Coelurosauria protoave, por mais de 100 anos, revelou alguns detalhes da mão e do pé, desconhecidos anteriormente, o que levou a uma modificação da teoria cursora. Alguns elementos da mão estão extremamente bem preservados nesse espécime e mostram as garras córneas nos dedos 1 e 3. Essas garras assemelham-se às de uma ave de rapina.

As similaridades na morfologia de mão, metacarpo, antebraço, úmero e aparelho peitoral de *Archaeopteryx* e de vários dromeossauros podem mostrar que ambos usavam os membros dianteiros para capturar as presas. O membro dianteiro e o ombro de *Archaeopteryx* não foram muito modificados estruturalmente em relação à condição esquelética dos dromeossauros, e *Archaeopteryx* difere de todas as outras aves conhecidas pela ausência de diversas características críticas para o vôo batido – carpometacarpo fundidos, articulações do punho e do cotovelo limitadas, coracóides modificados e um esterno laminar com quilha (Jenkins 1993). Na verdade, as únicas características esqueléticas do *Archaeopteryx* que sugere o vôo é a fúrcula bem desenvolvida (osso da sorte) e a posição lateral da fossa glenóide que permite os movimentos para-cima e para-baixo dos membros peitorais. Essas duas características estão presentes nos dromeossauros protoaves, e os *Archaeopteryx* parecem ter sido melhor adaptados para a predação do que para o vôo. A partir dessas considerações, Ostrom postulou que as asas incipientes dos ancestrais protoaves de *Archaeopteryx* evoluíram primeiramente como armadilhas para capturar insetos ou outras presas contra o solo, ou para derrubá-los no chão, facilitando a apreensão pelas garras e dentes. Em seguida, as asas tomaram-se ainda mais modificadas em apêndices vibráteis capazes de subjugar presas maiores.

Modelos aerodinâmicos sugeriram outro refinamento na hipótese do-chão-para-cima. Por exemplo, a asa poderia ter auxiliado nos saltos horizontais sobre a presa. Estendendo, ou movimentando, os membros dianteiros durante um salto, um dromeossauro proto-ave poderia não só controlar a arfagem, o balanço e a guinada, enquanto saltava para capturar um inseto voando, mas também manter seu equilíbrio durante o pouso (Rayner 1988). O fato das perdizes baterem as asas quando correm elevado-se em inclinações quase verticais levou Kenneth Dial (2003) a sugerir que a "assistência das asas inclinadas durante o vôo" (Wing Assisted Inclined Running – WAIR) pode ter desempenhado um papel na origem do vôo. Nos experimentos laboratoriais Dial encontrou que as perdizes batem suas asas quando correm para cima (ascendem) em inclinações vertidas de 45°. Já os filhotes recém nascidos de galinha podem ascender em inclinações de 50°. Usando WAIR, quator dias após o nascimento (quando têm penas das asas mais longas) esses filhotes são capazes de ascender em uma inclinação de 60°. e os adultos podem se elevar a 90°. A contribuição das asas para a habilidade de aves trepadoras foi testada pela forma das penas do vôo. Durante a primeira semana após o nascimento as penas são muito curtas e sua forma não afeta a performace do movimento de subida, mas para aves mais velhas, a remoção de metade da superfície das penas reduziu o ângulo máximo de ascensão para 10°. a 20°. Quando removiam totalmente as penas do vôo as aves não eram capazes de subir em ângulos maiores que 60°. Talvez *Caidipteryx* e outros dromeossaurus proto-ave utilizavam inicialmente seus membros-asa para aumentar sua habilidade de ascenção.

Pelo apresentado uma origem terrestre do vôo mostra ser consistente com múltiplas linhas de evidência dando suporte a origem do vôo (Padian 2001). Os complexos movimentos das asas e do punho que as aves utilizam para gerar ascenção e resistência parecem ser consistentes com os movimentos "pega-presa" dos predadores terrestres mais do que com movimentos de impulsão e arranque e usados para trepar por meio dos ramos das árvores. Realmente, membros peitorais emplumados semelhantes aqueles dos *Caudipteryx* e *Archaeopteryx* mostram poucas adaptações para a vida arborícola.

16.9 Archaeopteryx e as Outras Aves

Archaeopteryx é a ave mais primitiva que se conhece, sendo as aves (Aviale) definidas como *Archaeopteryx* mais as aves atuais (Neornithes), e todas descendem do ancestral comum mais recente. Os fósseis de *Archaeopteryx*, provenientes de sedimentos de granulometria fina, mostram impressões de penas muito mais diferenciadas que as penas de *Caudipteryx* e *Protoarchaeopteryx*. Entretanto, esses fósseis não formam uma série mostrando uma sucessão progressiva ao longo do tempo. *Archaeopteryx*, que é mais antigo que *Caudipteryx* e *Protoarchaeopteryx*, também é mais semelhante as aves. Devido a essas discordâncias, poucos paleontogistas ainda insistem que as aves derivaram de linhagens arcossaurias que se separeram do estoque dos saurisquios, mais antigo que os Therapoda (Feduccia e Wild 1993, Feduccia 1996). O mais provável é que *Archaeopteryx*, *Caudipteryx* e *Protoarchaeopteryx* eram fósseis vivos em seus tempos, existindo lado a lado com formas mais derivadas – como são os celacantos, peixes pulmonados e mamíferos monotremados (ornitorrinco e equidna) nos dias de hoje.

Em adição a uma provável cobertura de penas de contorno, *Archaeopteryx* tinha as penas da asa diferenciadas em uma série distal de rêmiges primárias, nos ossos da mão, e uma série interior de rêmiges secundárias ao longo do antebraço (Figura 16-23). Esse arranjo das penas de vôo é, essencialmente, o mesmo observado nas aves amais. Além disso, as penas de vôo nas asas de *Archaeopteryx* têm vexilos assimétricos, como aqueles das aves voadoras, sugerindo que elas foram modeladas pelas forças aerodinâmicas associadas ao vôo batido. As rectrizes (penas da cauda) de *Archaeopteryx* eram arranjadas em 15 pares, ao longo dos lados da 6ª até a 20ª vértebra caudal.

Qual a Capacidade de Vôo de Archaeopteryx?

Provavelmente, *Archaeopteryx* foi o último sobrevivente relicto que era contemporâneo de muitas espécies típicas de aves, e se a fina granulometria da argila da formação Solnhofen não tivesse preservado de modo fidedigno a impressão das penas de *Archaeopteryx* esse poderia realmente ser confundido com um pequeno dinossauro (Figura 16-24). No entanto, muitas evidências sugerem que *Archaeopteryx* era capaz de voar: as proporções do seu esqueleto eram semelhantes às de algumas aves amais que voam; o número de rêmiges primárias e secundárias era idêntico ao das aves amais; a assimetria de suas rêmiges é como aquela observada nas aves voadoras amais; e a fúrcula era grande. O sétimo espécime de *Archaeopteryx* revela uma característica, não visível nos fósseis conhecidos anteriormente – um esterno retangular que era associado, provavelmente, a fortes músculos de vôo. Resumindo, estas características são consistentes com a ideia de que *Archaeopteryx* era uma ave voadora (Martin 1983; Rayner 1988).

Ao contrário dos ancestrais proto-ave das *aves*, *Archaeopteryx* tinha asas suficientemente grandes para contribuir na aceleração quando corria. Provavelmente, *Archaeopteryx*

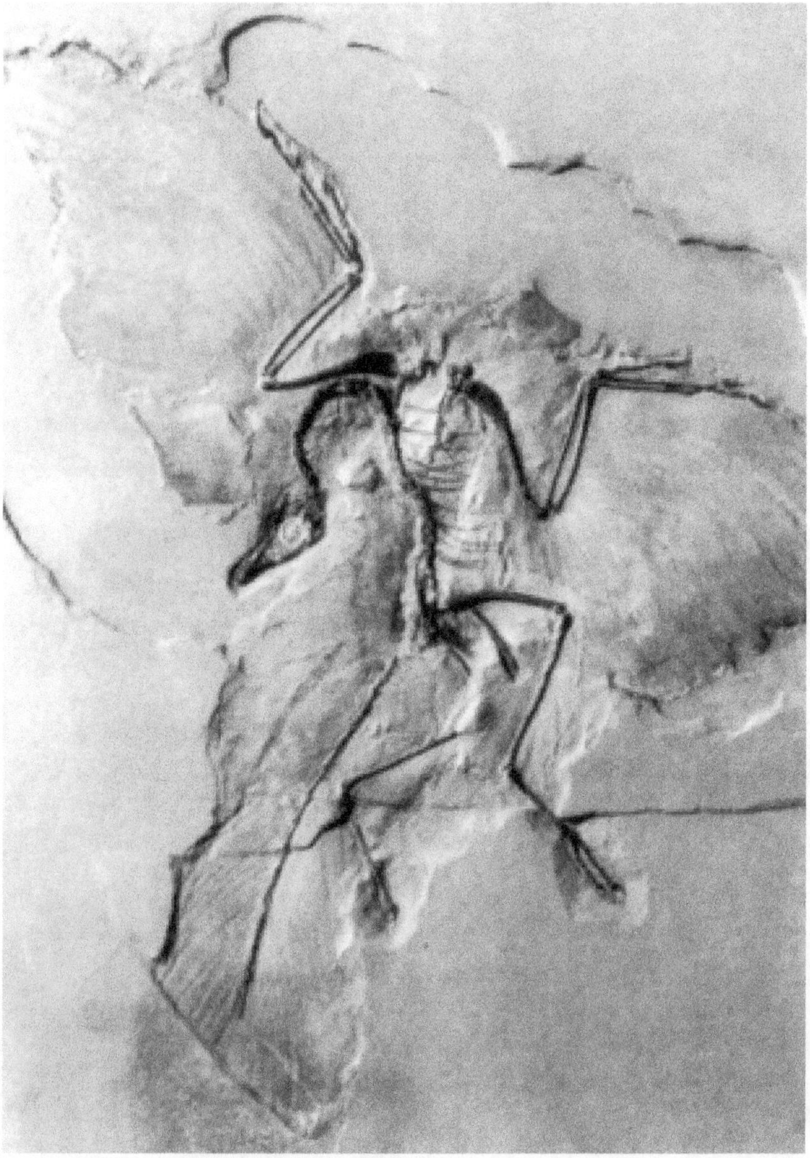

Figura 16-23 Um fóssil de *Archaeopteryx lithographics* mostrando detalhes das penas preservadas em argila de fina granulometria.

decolava correndo e batendo as asas, como fazem muitas aves grandes atualmente. Uma vez que o animal tivesse decolado, os cálculos de sua capacidade metabólica sugerem que *Archaeopteryx* podia voar no mínimo 1,5 quilómetros a uma velocidade de 40 quilómetros por hora (Ruben 1991, 1993).

Um animal que podia decolar do solo e voar rapidamente, por várias centenas de metros, seria capaz de escapar de predadores ou voar para as árvores. Muitas aves amais, incluindo predadores cursores, tais como *Geococcyx californianus* ("roadrunner") da América do Norte e o serpentário africano, utilizam o vôo exatamente dessa maneira. Assim, *Archaeopteryx* pode ser interpretado, plausivelmente, como um predador cursor-terrícola, que podia saltar no ar para capturar insetos voadores, e voar rapidamente para escapar de seus próprios predadores. *Archaeopteryx,* provavelmente, não podia pousar em árvores, pois ele reteve a estrutura primitiva do pé, que não permitia se agarrar a um galho. Parece provável que *Archaeopteryx* aterrissava correndo, como fazem as galinhas, as codornas e os faisões.

16.10 Aves Primitivas

Mais fósseis de aves tem sido descobertos desde 1990 do que em todo o século anterior o que tem ampliado muito nosso conhecimento quanto à evolução das aves, após *Archaeopteryx* (Chiappe e Dyke 2002, Chiappe e Witmer 2002). Temos agora uma visão clara da sequência de aparecimentos dos caracteres derivados das aves dos dromeos-

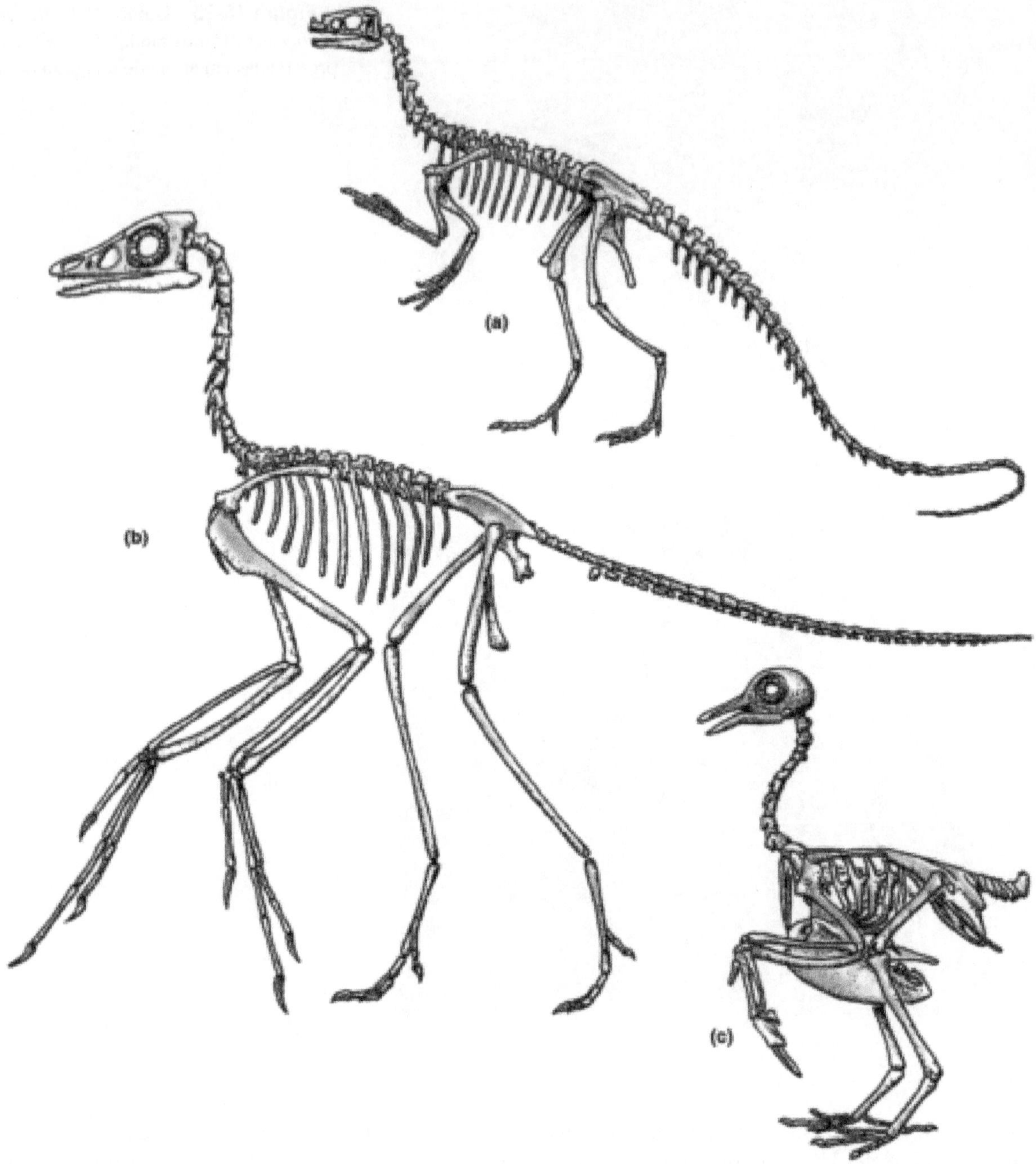

Figura 16-24 Similaridades estruturais de dinossauros não aves, *Archaeopteryx,* e aves. Uma reconstrução do esqueleto de *Archaeopteryx* (b) comparado ao de um dromeosauro primitivo (*Omitholestes,* a) e ao de uma ave moderna (c).

sauros não aves até as aves primitivas (Figura 16-25). Os sítios chineses apresentam fósseis preservados de modo excelente, e descobertas importantes têm sido feitas no sítio de Las Hoyas, do Cretáceo Inferior, na Espanha. *Iberomesornis* tinha uma cintura peitoral mais derivada do que aquela de *Archaeopteryx,* com coracóide mais desenvolvido, uma apófise da fúrcula e uma ulna mais longa do que o úmero. Além disso, a cauda era reduzida a uma série de vértebras livres e várias vértebras fundidas (o pigóstilo). O pé tinha garras curvas e o hálux oponível (isto é, o artelho voltado para trás). Esta estrutura do pé permite às aves modernas empoleirar-se, porque as pernas curvam um ligamento que envolve, firmemente, os artelhos em torno do galho. A presença de garras curvas e um hálux reversível em aves do

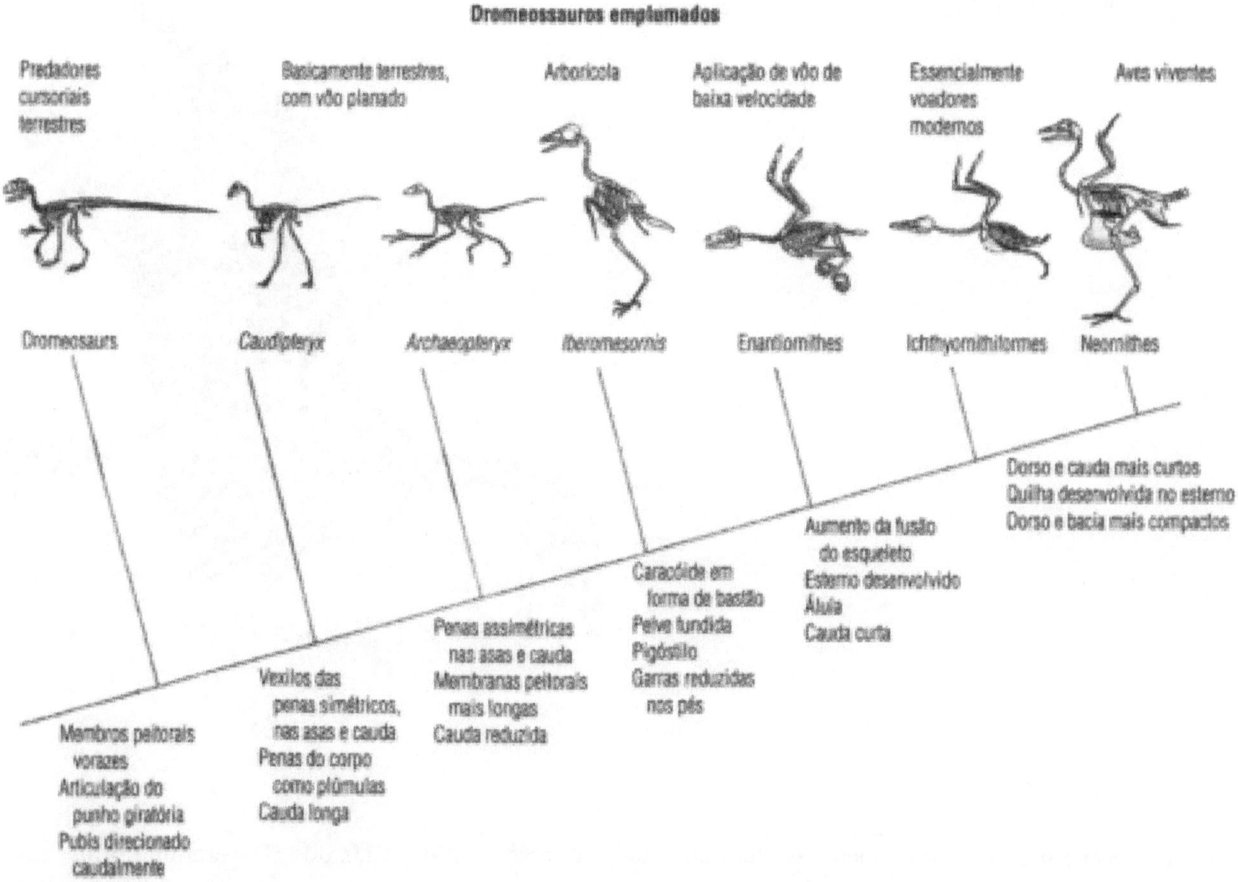

Figura 16-25 Evolução dos caracteres derivados das aves.

Cretáceo Inferior, tal como *Iberomesornis,* sugere que elas eram capazes de pousar em árvores.

Um grupo de aves, conhecidas como Enantiornithes ("aves opostas", por causa dos metatarsos serem fusionados de forma distinta daqueles das aves modernas), foi descoberto, inicialmente, na Argentina e hoje é conhecido de seis continentes surgiu entre 141 e 70 milhões de anos atrás. A irradiação dos enantiornitíneos, que inclui a maioria das aves conhecidas do Cretáceo, é uma linhagem separada daquela das aves modernas. *Sinornis* (Figura 16-26) do Cretáceo Inferior, da China, era do tamanho de um pardal e o menor enantiornitíneo descoberto até hoje. *Enatiornis,* da Argentina, era do tamanho de um urubu-de-cabeça-vermelha. A maioria dos Enantiornithes era de tamanho pequeno a médio e viviam em árvores, mas alguns tinham pernas longas e foram, provavelmente, aves paludícolas, e outros tinham garras potentes como as dos gaviões atuais.

Os Enantiornithes continuaram as tendências observadas em *Iberomesornis. Sinornis* tinha uma coluna vertebral com apenas 11 vértebras dorsais, comparadas às 14 de *Archaeopteryx.* O tronco curto e a cauda deslocavam o centro de massa próximo aos membros dianteiros, como nas aves amais, em vez de próximo aos membros traseiros como nos arcossauros cursores terrestres. Muitos dos caracteres derivados dos Enantiornithes estão associados com o vôo. Por exemplo, o punho podia curvar-se fortemente para trás, como nas aves modernas, de tal forma que a asa podia ser dobrada contra o corpo. O esterno tinha quilha desenvolvida. A álula (um penacho de penas sobre o primeiro dígito da asa de uma ave que aumenta a capacidade de manobra em vôo de baixa velocidade) é vista pela primeira vez em um enantiornitíneo de Las Hoyas, *Eoavulavis* ("ave recém-nascida com álula").

Gobipteryx é um enantiornitíneo conhecido através de crânios encontrados em depósitos do Cretáceo Superior, na Mongólia, e a única entre as aves do Cretáceo por não ter dentes. Nos mesmos depósitos, onde foram encontrados os fósseis de *Gobipteryx* adultos, a expedição Polonesa-Mongoliana encontrou ovos fossilizados, alguns dos quais continham esqueletos bem preservados, com crânios muito semelhantes aos de *Gobipteryx* adulto. Os esqueletos destes embriões estavam bem desenvolvidos, sendo provável que

➢**Figura 16-26** *Sinornis,* do depósito de regiões lacustres do Cretáceo Inferior na China.

os filhotes fossem precoces no momento da eclosão (isto é, capazes de caminhar e encontrar seu próprio alimento).

Além desses fósseis, abundantes impressões de penas e pegadas fossilizadas indicam que as aves habitavam os Hemisférios Norte e Sul, já no Cretáceo Inferior. As diferenças entre as espécies fósseis conhecidas – aves voadoras e não-voadoras, além de uma mergulhadora com pé-propulsor – combinadas com a ampla distribuição geográfica das aves no Cretáceo, sugerem que muito da evolução das aves ocorreu mais no Jurássico do que se pensava. Infelizmente, o registro fóssil de aves do Jurássico é pobre. A evolução das aves é uma área de vivas controvérsias e os pontos de vista sobre as relações filogenéticas das aves correm o risco de mudar, substancialmente, à medida que novos materiais forem estudados.

Representantes da linhagem que inclui as aves modernas (Omithurae) também são conhecidos do Cretáceo. Os Ichthyornithiformes eram aves voadoras com uma quilha bem desenvolvida no esterno e cauda e dorso curtos, mas possuíam dentes. Várias espécies de *Ichthyornis* foram determinadas com base, principalmente, nas diferenças de tamanho. Em geral, os Ichthyornithiformes eram do tamanho de gaivotas e trinta-réis e devem ter tido hábitos semelhantes.

Outro grupo de aves do Cretáceo Superior, que está na linhagem das aves modernas, os Hesperornithiformes, eram aves que não voavam, nadadoras e mergulhadoras de pés-propulsores. *Enaliornis,* um fóssil da Inglaterra, estabelece a presença dos Hesperornithiformes no Cretáceo Inferior e foram um grupo bem diversificado no Cretáceo Superior. Os Hesperornithiformes eram de tamanho médio a grande, e especializados para o mergulho através de pés-propulsores (Figura 16-27). O corpo e o pescoço eram alongados, o esterno não tinha quilha e os ossos não eram pneumáticos. Os dentes persistiam nos ossos maxilar e dentário. As penas, preservadas em dois espécimes de *Parahesperornis,* eram plumáceas (plúmulas) e as aves podem ter tido um aspecto "peludo", algo semelhante ao dos kiwis atuais. Os pés eram localizados mais caudalmente no corpo (uma posição que é característica de muitas aves mergulhadoras com pés-propulsores), e os artelhos tinham lobos como aqueles encontrados nos mergulhões atuais. O fêmur e o tibiotarso eram travados no lugar e não podiam girar sob o corpo. Consequentemente, os Hesperornithiformes não teriam sido capazes de andar em terra e, provavelmente, deslocavam-se para frente deslizando sobre seus ventres. Os Hesperornithiformes eram desprovidos de asas, diferentemente das aves mergulhadoras modernas. A localização lateral dos pés teria tornado possível, aos Hesperornithiformes, exercer uma força diretamente para trás durante a natação e o mergulho, sem um componente para cima que tenderia a levá-los para a superfície. Um aumento na densidade dos ossos dava um alto peso específico aos Hesperornithiformes, o que teria facilitado o mergulho. Os coprólitos encontrados junto com *Hesperornis* contêm restos de pequenos peixes.

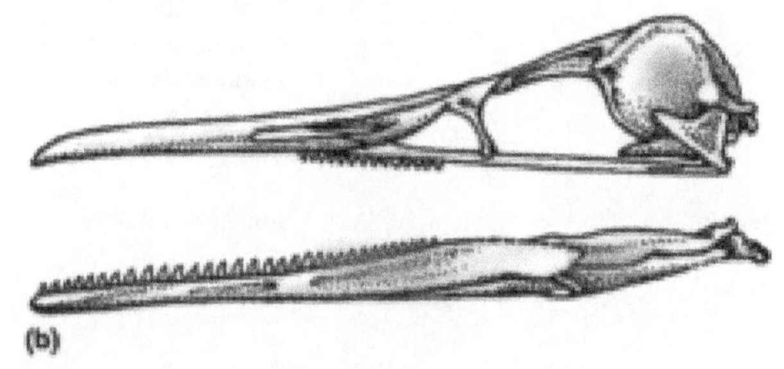

Figura 16-27 Os Hesperornithiformes eram aves não-voadoras e com dentes, (a) Reconstrução de *Hesperornis*. (b) Crânio de *Parahesperornis;* observe os dentes nos ossos maxilar e dentário.

16.11 A Evolução das Ordens e Famílias Derivadas de Aves

As aves modernas, os Neornithes, provavelmente começaram a se diversificar durante a última parte do Cretáceo, substituindo os Enantiornithes como as formas de aves predominantes. O momento da origem das aves é constantemente o assunto de debates acalorados porque os estudos moleculares sugerem que a origem das modernas ordens das aves pode ser traçada no Cretáceo, possivelmente há 90 e 100 milhões de anos, e localizada na Gondwana (Cracaft, 2002). Em contraste, as evidências fósseis das aves modernas do Cretáceo são esparsas e consistem de ossos isolados e nenhum esqueleto completo. Os fósseis incompletos tornam sua permanenceia dentro de Neorhites controversa, e muitos paleontologistas duvidam que as aves modernas tenham se originado tão cedo no Cretáceo Inferior (Chiappe e Dyke 2002).

Certamente a principal irradiação das famílias de aves ocorreu durante a Era Canozóica. O Eoceno foi o Período de maior diversificação das aves. Naquele Período originaram-se mais famílias amais do que em qualquer outro. A maioria dessas famílias consiste de aves aquáticas adicionais e não-Passeriformes habitantes de florestas. No Mioceno ocorreu uma segunda irradiação e incluiu poucas famílias adicionais de aves aquáticas, mas, principalmente, pássaros terrícolas que eram adaptados a ambientes mais secos e menos florestados. Muitas das famílias de aves já tinham evoluído no final do Mioceno, e muitos gêneros e algumas espécies, ainda existentes, estavam presentes no Plioceno. As aves, formaram, aparentemente, comunidades ecológicas complexas na metade da Era Cenozóica.

Aves são animais móveis, capazes de ultrapassar barreiras, tais como, cadeias de montanhas e corpos d'água que limitam o deslocamento de animais terrestres, e como resultado disso muitas ordens de aves têm uma ampla distribuição geográfica mundial (Tabela 16.1).

Filogenia das Aves Atuais

As relações filogenéticas entre as aves atuais são pouco conhecidas e são objetos de contínuas controvérsias. Diferentes pontos de vista, sobre estas relações e as dificuldades inerentes ao estudo delas, podem ser encontrados nas revisões feitas por Cracraft (1986), Olson (1985), Sibley et al. (1988), Raikow (1985a), Houde (1986, 1987), Sibley e Ahlquist (1990) e Norell e Clarke (2000). Uma hipótese corrente é apresentada na Figura 16-28.

A falta de consenso sobre a filogenia das aves atuais torna impossível fornecer um cladograma que represente uma hipótese, amplamente, aceita das relações evolutivas. Charles Sibley e seus colaboradores (Sibley et al. 1988, Sibley e Ahlquist 1990) apresentaram uma análise cladística baseada em comparações de DNA. Sua classificação dos pássaros tem sido bem aceita, mas sua análise das relações entre as aves não-Passeriformes é mais controvertida. Ela fornece um bom exemplo de algumas das dificuldades na reconstrução da filogenia, baseada apenas em métodos moleculares.

Uma das principais controvérsias na filogenia das aves centraliza-se nas relações de um grupo de aves que não voam, conhecidas como ratitas. As ratitas atuais incluem avestruzes (Struthioniformes, África), emas (Rheiformes, América do Sul), emus e casuares (Casuriiformes, Austrália) e kiwis

TABELA 16.1 Classificação das aves atuais ao nível de ordens. As regiões geográficas representam a distribuição da ordem como um todo; as famílias dentro destas ordens, frequentemente, têm distribuições mais restritas.

Classificação	Número aproximado de: Famílias	Espécies	Região geográfica
Paleognathae			
Tinamiformes (macucos, inambus, codornas)	1	47	Neotropical
Casuaruformes (emus e casuares)	2	2	Austrália, Nova Guiné
Rheiformes (emas e nandus)	1	2	Neotropical
Struthioniformes (avestruz)	6	9	Neotropical, África, Austrália, Nova Zelândia, Nova Guiné
Dinornithiformes (kiwis)	1	3	Nova Zelândia
Neognathae			
Galliformes (mutuns, jacus, aracuãs, Megapodudae, galinha-d'angola, faisões, perus, codornizes, perdizes, Tetraonidae ["grouse"])	5	258	Ampla distribuição
Anseriformes (anhumas, tachãs, patos)	2	161	Ampla distribuição
Passeriformes (pássaros, incluindo as aves canoras)			
Tyranni (Eurilaimidae ["broadbills"], Pittidae ["pittas"], Philepittidae ["asities"], Acantisittidae ["New Zealand wrens"], Tyrannidae [bem-te-vis], Cotingidae [cotingas], Pipridae [dançarinos], Dendrocolaptidae [arapaçus], Furnanidae [joão-de-barro], Formicariidae [choca-da-mata], Rhynocriptidae [tapaculos])	15	1138	Pantropical
Passeres			
Corvos e formas relacionadas	31	1113	Ampla distribuição
Sabiás e formas relacionadas	7	611	Ampla distribuição
Sittidae ["nuthatches"], Troglodytidae[corruíras] e formas relacionadas	14	1168	Ampla distribuição
Alaudidae ("larks"), pardais, tentilhões, Parulidae, cambacicas, saís, sairas, sanhaços, pássaros-pretos, melros e formas relacionadas	17	1651	Ampla distribuição
Piciformes (arirambas, capitães-de-bigode, Indicatoridae ["honeyguides"], tucanos e pica-paus)	8	410	Ampla distribuição
Coraciiformes (martins-pescadores, Todidae ["todies'], juruvas, Meropidae ["bee-eaters"], Coraciidae ["rollers"], Upupidae ["hoopoes"], Bucerotidae ["hornbil])	10	218	Ampla distribuição
Trogoniformes (surucuás, "quetzal")	1	39	Pantropical exceto Austrália
Coliiformes ("mousebirds")	1	6	África
Apodiformes (andorinhões, beija-flores)	3	422	Ampla distribuição
Caprimulgiformes (bacuraus, curiangos, urutaus, guácharo)	5	113	Ampla distribuição
Strigiformes (corujas)	2	186	Ampla distribuição
Cuculiformes (cucos, cigana)	6	143	Ampla distribuição
Psittaciformes (papagaios)	3	358	Pantropical e Austrália
Gruiformes (saracuras, carquejas, patinhos-d'água, Rhynochetidae ["kagu"], Mesiornitidade ["roatelos"], pavãzinho-do-pará, Turnicidae ["buttonquail"], grous, carão, jacamins, seriemas, abetardas)	11	213	Ampla distribuição
Charadriiformes (aves limícolas, batuíras, maçaricos, gaivotas, gaivotas-rapineiras, trinta-réis, Alcidae ["auks", "murres". "puffins"], Pteroclidae ["sandgrouse"])	19	366	Ampla distribuição
Columbiformes (rolas, pombos)	1	310	Ampla distribuição
Falconiformes (condores, gaviões, águias, falcões, caracarás)	5	311	Ampla distribuição
Ciconiiformes (garças, socos, bico-de-sapato [Balaeniceps], cegonhas, curicacas, colhereiros)	5	120	Ampla distribuição
Pelecaniformes (rabos-de-palha, atobás, biguás, pelicanos, fragatas)	6	67	Ampla distribuição
Procellaniformes (albatrozes, bobos, pardelas)	4	115	Ampla distribuição
Podicipediformes (mergulhões)	1	21	Ampla distribuição
Sphenisciformes (pinguins)	1	17	Hemisfério Sul
Gaviiformes ("loons")	1	5	Novo Mundo, Eurásia
Phoemcopteriformes (flamingos)	1	5	Ampla distribuição, exceto Austrália
Musophagiformes (turacos)	1	23	África

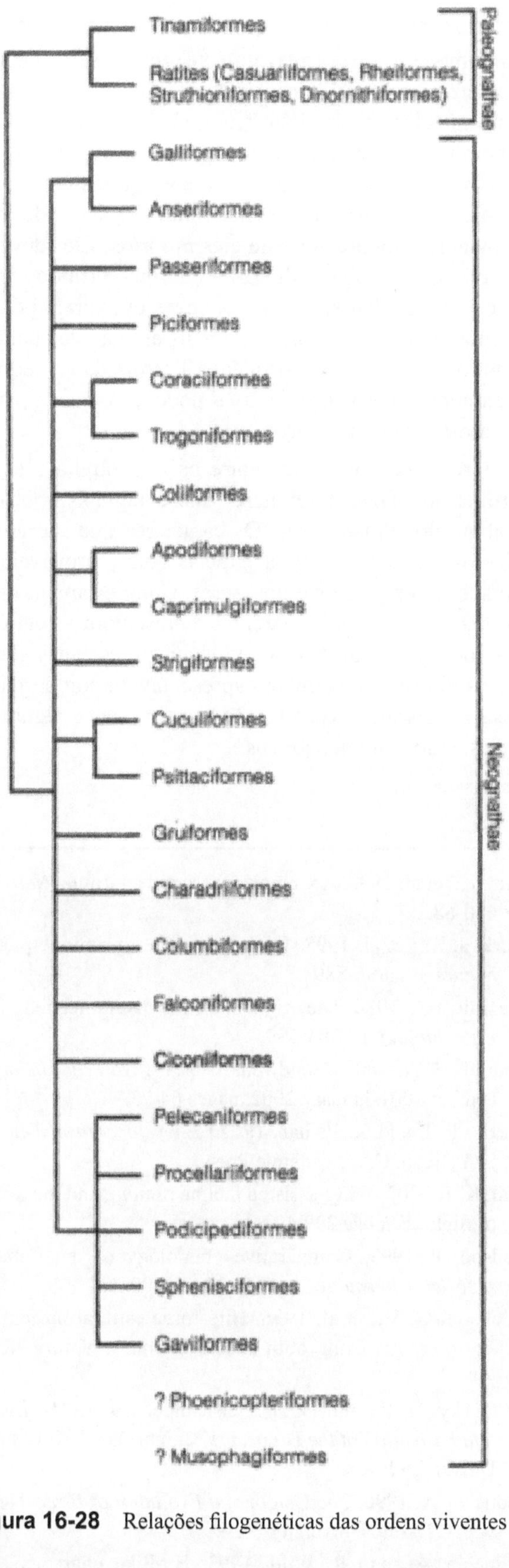

Figura 16-28 Relações filogenéticas das ordens viventes de Aves.

(Dinornithiformes, Nova Zelândia). Essas massas continentais faziam parte do supercontinente do Sul, a Gondwana, e sugeriu-se que as ratitas originaram-se de um único ancestral que não voava e que era, amplamente, distribuído na Gondwana. Por esta hipótese as ratitas formariam um grupo monofilético e sua distribuição geográfica atual reflete o fracionamento da Gondwana no Mesozóico Superior e no Cenozóico Inferior.

Uma hipótese alternativa propõe que as similaridades das ratitas viventes são caracteres ancestrais encontrados em muitas linhagens de aves. As ratitas e um outro grupo de aves, os tinamídeos (macucos, inambus) das Américas Central e do Sul, compartilham a estrutura paleognata do palato. Esse palato é caracterizado pelos pré-vômeres que estendem-se caudalmente para se articularem com os palatinos e pterigóides, e os grandes processos basipterigóides que se articulam com os pterigóides. O palato paleognato é distinto do palato neognato, característico de outras aves. Os caracteres palatais paleognatos são vistos em aves com dentes, tais como *Hesperornis* e na ave primitiva sem dentes do Cretáceo, *Gobipteryx*. Esses caracteres também estão presentes nos estágios iniciais do desenvolvimento embrionário das aves neognatas. Assim, a condição paleognata dos ratitas e tinamídeos pode ter evoluído independentemente por neotenia a partir de uma forma neognata. Essa possibilidade significa que as aves paleognatas não formam, necessariamente, uma linhagem monofilética. Além do mais, a descoberta de aves relacionadas com as avestruzes, nos depósitos do Paleoceno e do Eoceno, na América do Norte e na Europa, põe em dúvida a hipótese de que a distribuição atual das ratitas seja o resultado de eventos associados com o fracionamento da Gondwana (Houde 1986).

A filogenia e a zoogeografia das ratitas têm uma importância considerável nos estudos bioquímicos atuais da filogenia das aves. Sibley e Ahlquist basearam a calibração do seu relógio molecular de DNA na hipótese de que a separação das linhagens de ratitas foi causada pela quebra da Gondwana. Se isso for verdadeiro – se as ratitas representam de fato duas ou mais origens independentes, ou se a origem de algumas ratitas foi no Hemisfério Norte, ao invés da Gondwana, então a calibração do relógio de DNA está errada. Desta forma, as conclusões sobre o tempo de divergência dos outros grupos de aves que estão baseadas nessa calibração ficam comprometidas.

Resumo

Os principais grupos de Tetrapoda na Era Mesozóica eram membros da linhagem dos Diapsida (dois arcos). Esse grupo é distinguido, particularmente, pela presença de duas aberturas na região temporal do crânio, definidas por arcos ósseos. A linhagem dos Archosauromorpha dos Diapsida contém os tetrápodes mais familiares da Era Mesozóica, os dinossauros. Dois grupos principais de dinossauros são distinguidos: Ornithischia e Saurischia.

Os dinossauros Ornithischia eram herbívoros e podiam ter bicos córneos no focinho e grupos de dentes especializados na porção caudal da mandíbula. Os Ornithopoda (dinossauros bico-de-pato) e os Pachycephalosauria (dinossauros de crânio espessado) eram bípedes e os Stegosauria (dinossauros com placas), Ceratopsia (dinossauros com comos) e Ankylosauria (dinossauros com armadura) eram quadrúpedes.

Os Saurischia incluíam os dinossauros Sauropoda – enormes formas herbívoras quadrúpedes, como *Apatosaurus* (antigamente *Brontosaurus*), *Diplodocus* e *Brachiosaurus* – e os Theropoda, que eram carnívoros bípedes. Os grandes Theropoda (dos quais *Tyrannosaurus rex* é o exemplo mais familiar) provavelmente predavam grandes Sauropoda. Outros Theropoda eram menores: os Ornithomimidae eram, provavelmente, muito semelhantes às avestruzes e alguns possuíam bicos córneos e não tinham dentes. Os Dromeosauria eram predadores velozes. Os Ornithomimidae provavelmente capturavam presas pequenas, com mãos dotadas de três dedos com garras, enquanto os Dromeosauria, provavelmente, eram capazes de predar dinossauros maiores do que eles próprios. Eles devem ter caçado em bandos e utilizado a enorme garra do segundo dedo para retalhar sua presa. As aves evoluíram por volta do Jurássico: *Archaeopteryx,* a mais antiga ave conhecida, é muito semelhante aos pequenos Theropoda e a sequência de caracteres derivados das aves pode ter ser acompanhada nos dromeosauros não aves.

A relação filogenética entre os Crocodylia e as Aves permite-nos fazer inferências sobre alguns aspectos da biologia dos dinossauros. Os caracteres que são compartilhados pelos Crocodylia e pelas Aves, provavelmente, são ancestrais para os dinossauros. Comportamento social, vocalização e cuidado parental representam a regra entre os Crocodylia e as Aves e evidências crescentes sugerem que os dinossauros também apresentavam comportamento social elaborado e vocalização e, pelo menos algumas espécies, cuidavam dos jovens.

Leituras Adicionais

Alexander, R. M. 1989. *Dynamics of Dinosaurs and Other Extinct Giants.* New York, NY: Columbia University Press.

Barrett, P. M. and K. J. Willis. 2001. Did dinosaurs invent flowers? Dinosaurangiosperm coevolution revisited. *Biological Reviews* 76:411-447.

Brochu, C. A. 2001. Crocodylian snouts in space and time: Phylogenetic approaches toward adaptive radiation. *American Zoologist* 41:564-585

Buckley, G. A. et al. 2000. A pug-nosed crocodyliform from the Late Cretaceous of Madagáscar. *Nature* 405:941-944.

Carpenter, K. 1999. *Eggs, Nest, and Baby Dinosaurs: A Look at--Dinosaur Reproduction.* Bloomington, IN: Indiana University Press.

Charig, A. 1972. The evolution of the archosaur pelvis and hindlimb: An explanation in functional terms. In K. A. Joysey and T. S. Kemp (Eds.), *Studies in Vertebrate Evolution.* Piscataway, NJ: Winchester. Chiappe, L. M. et al. 1998.

Sauropod dinosaur embryos from the Late Cretaceous of Patagagonia. *Nature* 396:258-261.

Chiappe, L. M. and G. J. Dyke. 2002. The Mesozoic radiation of birds. *Annual Review of Ecology and Systematics* 33:91-124.

Chiappe, L. M. and L. M. Witmer. (Eds.) 2002. *Mesozoic Birds: Above the Heads of Dinosaurs.* Berkeley, CA: University of California Press.

Chin, K., et al. 1998. A king-size theropod coprolite. *Nature* 393: 680-682.

Clark, J. M., et al. 1998. Foot posture in a primitive pterosaur. *Nature* 391:886-889.

Cracraft, J. A. 1986. The origin and early diversification of birds. *Paleobiology* 12:383-399.

Cracraft, J. A. 2002. Gondwana Génesis. *Natural History,* December 2001/January 2002, pages 64-73.

Currie, P. J. and K. Padian. (Eds.) *Encyclopedia of Dinosaurs.* San Diego, CA: Academic Press.

Dial, K. P. 2003. Wing-assisted incline running and the evolution of flight. *Science* 299:402-404.

Dodson, P. 1993. Comparative craniology of the Ceratopsia. *American Journal of Science* 293-A:200-234.

Erickson, G. M., et al. 1996. Bite-force estimation for *Tyrannosaurus rex* from tooth marks on bones. *Nature* 382:706-708.

Fastovsky, D. E., and D. B. Weishampel. 1996. *The Evolution and Extinction of the Dinosaurs.* Cambridge, UK: Cambridge University Press.

Feduccia, A. 1996. *The Origin and Evolution of Birds.* New Haven, CT: Yale University Press.

Feduccia, A., and R. Wild. 1993. Birdlike characters in the Triassic archosaur *Megalancosaurus. Naturwissenshaften* 80:564-566.

Flynn, J. J., et al. 1999. A Triassic fauna from Madagascar, including early dinosaurs. *Science* 286:763-765.

Franklin, C. E. and M. Axelsson. 2000. An actively controlled heart valve. *Nature* 406:847-848.

Flynn, J. J. and A. R. Wyss. 2002. Madagascar's Secrets. *Scientific American.* February 2002, pp. 54-63.

Gauthier, J. 1986. Saurischian monophyly and the origin of birds. In K. Padian (Ed.), *The Origin of Birds and the Evolution of Flight, Memoirs of the California Academy of Sciences,* no. 8, pp. 1-55.

Hazlehurst, G. A., and J. M. V. Rayner. 1992. Flight characteristics of Triassic and Jurassic Pterosauria: An appraisal based on wing shape. *Paleobiology* 18:447-463.

Holtz, T. R., Jr. 1998. Spinosaurs as crocodile mimics. *Science* 282:1276-1277.

Horner, J. R. 1984. The nesting behavior of dinosaurs. *Scientific American* 241 (4):130-137.

Houde, P. 1986. Ostrich ancestors found in the Northern Hemisphere suggest new hypothesis of ratite origins. *Nature* 324:563-565.

Houde, P. 1987. Critical evaluation of DNA hybridization studies in avian systematics. *Auk* 104:17-32. Huber, B. T. 1998. Tropical paradise at the Cretaceous poles? *Science* 282:2199-2200.

Hutchison, J. R. and M. Garcia. 2001. *Tyrannosaurus* was not a fast runner. *Nature* 415:1018-1021. (See also Erratum *Nature* 447:349.)

Jenkins, F. A., Jr. 1993. The evolution of the avian shoulder joint. *American Journal of Science* 293-A.253-267.

Jones, D. R., and G. Shelton. 1993. The physiology of the alligator heart: Left aortic flow patterns and right-to-left shunts. *Journal of Experimental Biology* 176:247-269.

Jones, T. D., et al. 2000. Cursoriality in bipedal archosaurs. *Nature* 406:716-718.

Kellner, A. W. and D. A. Campos. 2002. The function of the cranial crest and jaws of a unique pterosaur from the Early Cretaceous of Brazil. *Science* 297:389-392.

Kirkland, J. I. 1994. Predation of dinosaur nests by terrestrial crocodilians. In K. Carpenter, et al. (Eds.), *Dinosaur Eggs and Babies,* Cambridge, UK: Cambridge University Press, pp. 124-133.

Lang, J. W. 1986. Male parental care in mugger crocodiles. *National Geographic Research* 2:519-525.

Lang, J. W. 1989. Social behavior. In C. A. Ross (Ed.), *Crocodiles and Alligators,* New York, NY: Facts on File, pp. 102-117

Lillywhite, H. B. 1991. Sauropods and gravity. *Natural History* December 1991, p. 33.

Martin, L. D. 1983. The origin of birds and of avian flight. In Richard F. Johnston (Ed.). *Current Ornithology,* vol. 1, New York, NY: Plenum, 105-129.

Massare, J. A. 1988. Swimming capabilities of Mesozic marine reptiles: Implications for methods of predation. *Paleobiology* 14:187-205.

Maxwell, D. 1999. Days of the deinos. *Natural History* 108 (10):60-65.

Mikhailov, K. E. 1997. Eggs, eggshells, and nests. In P. J. Currie and K. Padian (Eds.), *Encyclopedia of Dinosaurs,* San Diego, CA: Academic Press, pp. 205-209.

Motani, R. et al. 1998. Large eyeballs in diving ichthyosaurs. *Nature* 402:747.

Motani, R. 2000. Rulers of the Jurassic seas. *Scientific American* 283:52-59.

Motani, R. 2002. Scaling effects in caudal fin propulsion and the speed of ichthyosaurs. *Nature* 415:309-312.

Norell, M. A. and J. A. Clarke. 2001. Fossil that fills a critical gap in avian evolution. *Nature* 409:181-184.

Olson, S. L. 1985. The fossil record of birds. In D. S. Famer, J. R. King, and K. C. Parkes (Eds.). *Avian Biology,* vol. 8. Orlando, FL: Academic.

Ostrom, J. H. 1974. *Archaeopteryx* and the evolution of flight. *Quarterly Review of Biology* 49:27-47.

Padian, K. 2001. Cross-testing adaptive hypotheses: Phylogenetic analysis and the origin of bird flight. *American Zoologist* 41:598-607.

Padian, K., et al. 2001. Feathered dinosaurs and the origin of flight. Pages 117-134 in *Mesozoic Vertebrate Life,* edited by D.-H. Tanke and K., Carpenter, Bloomington, IN: Indiana University Press.

Paladino, F. V., et al. 1990. Metabolism of leatherback turtles, gigantothermy, and thermoregulation of dinosaurs. *Nature* 344:858-860.

Paul, G. S. 2002. *Dinosaurs of the Air: The Evolution and Loss of Flight in Dinosaurs and Birds.* Baltimore, MD: Johns Hopkins University Press.

Pearson, P. N., et al. 2001. Warm tropical sea surface temperatures in the Late Cretaceous and Eocene epochs. *Nature* 413:481-485. (See also Erratum *Nature* 414:470)

Raikow, R. J. 1985. Problems in avian classification. In Richard F. Johnston (Ed.). *Current Ornithology,* vol. 2, New York, NY: Plenum.

Rayfield, E. J., et al. 2001. Cranial design and function in a large theropod dinosaur. *Nature* 409:1033-1037.

Rayner, J. M. V. 1988. The evolution of vertebrate flight. *Biological Journal of the Linnean Society* 34:269-287.

Rich, T. H, et al. 2002. Polar dinosaurs. *Science* 295:979-980.

Rogers, K. C. and C. A. Forster. 2001. The last of the dinosaur titans: A new sauropod from Madagáscar. *Nature* 412: 530-534.

Ruben, J. 1991. Reptilian physiology and the flight capacity of *Archaeopteryx. Evolution* 45:1-17.

Ruben, J. 1993. Powered flight in *Archaeopteryx:* Response to Speakman. *Evolution* 47:935-938.

Sampson, S. D., et al. 2001. Bizarre predatory dinosaur from the Late Cretaceous of Madagascar. *Nature* 2001:504-506.

Schwimmer, D. R. 2002. *King of the Crocodylians: The Paleobiology of* Deinosuchus. Indiana University Press, Bloomington, IN.

Sereno, P. C, et al. 1998. A lohg-snouted predatory dinosaur from Africa and the evolution of the spinosaurids. *Science* 282:1298-1302.

Sereno, P. C, et al. 1999. Cretaceous sauropods from the Sahara and the uneven rate of skeletal evolution among dinosaurs. *Science* 286:1342-1347.

Sereno, P. C, et al. 2001. The giant crocodyliform *Sarcosuchus* from the Cretaceous of Africa. *Science* 294:1516-1519.

Seymour, R. S. 1979. Dinosaur eggs: Gas conductance through the shell, water loss during incubation and clutch size. *Paleobiology* 5:1-11.

Seymour, R. S. and H. B. Lillywhite. 2000. Hearts, neck posture and metabolic intensity of sauropod dinosaurs. *Proceedings of the Royal Society of London,* Series B. 267:1883-1887.

Sibley, C. G., and J. E. Ahlquist. 1990. *Phylogeny and Classification of Birds.* New Haven, CT: Yale University Press.

Sibley, C. G., et al. 1988. A classification of the living birds of the world, based on DNA-DNA hybridization studies. *Auk* 105:409-423.

Soares, D. 2002. An ancient sensory organ in crocodilians. *Nature* 417:241-242.

Spotila, J. R., et al. 1991. Hot and cold running dinosaurs: Body size, metabolism and migration. *Modem Geology* 16:203-227.

Stevens, K. A. and J. M. Parrish. 1999. Neck posture and feeding habits of two Jurassic sauropod dinosaurs. *Science* 284:798-800.

Thomas, D. A., and J. O. Farlow. 1997. Tracking a dinosaur attack. *Scientific American* 277 (6):74-79. Thulbom, T. 1990. *Dinosaur Tracks.* London. UK: Chapman & Hall.

Troyer, K. 1984. Microbes, herbivory and the evolution of-social behavior. *Journal of Theoretical Biology* 106: 157-169.

Weishampel, et al. 1990. *The Dinosauria.* Berkeley, CA: University of California Press.

Witmer, L. M. et al. 2003. Neuroanatomy of flying reptiles and implications for flight, posture, and behavior. *Nature* 425:950-953.

Xu, X., et al. 2002a. A basal troodontid from the Early Cretaceous of-China. *Nature* 415:780-783.

Xu, X., et al. 2002b. An unusual oviraptoraurian dinosaur from China. *Nature* 419:291-293.

Xu, X., et al. 2003. Four-winged dinosaurs from China. *Nature* 421:335-340.

Zhou, Z., et al. 2003. An exceptionally preserved Lower Cretaceous ecosystem. *Nature* 421:807-814.

CAPÍTULO

17

Especializações das Aves

O vôo é a característica principal das aves. Ao nível estrutural, os requisitos mecânicos do vôo moldam muitos aspectos da anatomia das aves. Sob os aspectos do comportamento e da ecologia o vôo prove opções para as aves que os animais terrestres não têm. A habilidade das aves realizarem deslocamentos a grandes distâncias é observada de modo mais contundente nas migrações. Até pequenas espécies como beija-flores viajam milhares de quilômetros entre seus territórios de verão e inverno. As aves utilizam uma variedade de métodos de navegação em seus deslocamentos, incluindo orientação pelo Sol e estrelas e provavelmente utilizando uma percepção magnética.

Os movimentos das asas são utilizados durante a natação para impulsionar as aves aquáticas, tais como os pinguins enquanto outros (patos são os exemplos mais familiares) usam seus pés para nadar. Nem todas as aves voam – aves são derivadas dos dromeossauros terrestres e algumas espécies de aves (como as avestruzes, emus e kiwi, assim como muitas linhagens de aves predadoras extintas) são secundariamente não voadoras. Muitas espécies (dos tetrazes e outros galináceos a predadores como os "roadrunners" e abetarda) gastam muito de seu tempo no solo e voam apenas por curtas distâncias para escapar de predadores.

Uma segunda característica das aves é a diuturnidade; a maioria das espécies é ativa apenas durante o dia. Somando-se a isso a maioria das aves tem excelente visão e as cores têm um significado importante em suas vidas. Porque os seres humanos também são diurnos e orientam-se visualmente, as aves tem sido submetidas a estudos ecológicos e comportamentais e importantes áreas da biologia moderna têm se fundamentado nos estudos das aves cujos dados podem ser generalizados para outros vertebrados.

17.1 A Estrutura das Aves

Em muitos aspectos as aves são variáveis: os bicos e os pés são especializados para diferentes modos de alimentação e locomoção, a morfologia do trato digestório está relacionada com os hábitos alimentares, e a forma da asa reflete características do vôo. Entretanto, apesar desta variação, a morfologia das aves é mais uniforme que a dos mamíferos. Muito desta uniformidade é o resultado da especialização das aves para o vôo.

Considerando-se o tamanho do corpo como um exemplo: o vôo impõe um limite máximo ao tamanho das aves. A potência muscular exigida para a decolagem aumenta por um fator de 2,25 para cada vez que a massa corpórea dobra. Isto é, se a espécie B pesa o dobro que a espécie A, ela necessitará 2,25 vezes mais potência para voar na sua velocidade mínima. Se a proporção da massa corpórea total atribuída aos músculos de vôo é constante, os músculos de uma ave grande precisam trabalhar mais do que os de uma ave pequena. Na realidade, a situação é ainda mais complicada porque a potência gerada é uma função não só da força muscular como também da frequência de batida de asas. Por razões mecânicas e aerodinâmicas as aves grandes têm uma menor frequência de batida de asa do que as pequenas. Logo, se a espécie B pesa o dobro da espécie A, ela desenvolverá só 1,59 vezes de tal potência com os seus músculos de vôo, embora ela precise de 2,25 vezes de potência para voar. Por esta razão, as aves grandes necessitam de corridas mais longas para decolar do que as aves pequenas e, uma ave pode em última análise atingir uma massa corpórea tal que qualquer aumento em seu tamanho a colocaria numa situação na qual as pernas e os músculos de vôo não seriam capazes de gerar a potência necessária para a decolagem.

Os cálculos deste tamanho máximo, baseados em princípios aerodinâmicos, sugerem que ele se situa próximo de 12 quilogramas e esta estimativa corresponde, razoavelmente, bem às massas corpóreas das aves observadas. O cisne *Cygnus olor* ("mute swan") pesa cerca de 12 quilogramas e o cisne Cygnus cygnus ("trumpeter swan") em tomo de 17 quilogramas. A maior ave voadora conhecida foi um condor extinto que tinha uma envergadura de asa estimada em 7 metros e uma possível massa corpórea de 20 quilogramas. Os maiores pterossauros também tinham massas corpóreas estimadas em torno de 20 quilogramas.

As aves que não voam possuem restrições mecânicas associadas à produção de potência para o vôo, mas mesmo assim o tamanho de seus corpos não se aproxima ao dos mamíferos. A maior ave atual que não voa é a avestruz, que pesa cerca de 150 quilogramas; já a maior ave conhecida, uma das extintas aves-elefante, estima-se que pesava 450 quilogramas. Contrastando, o maior mamífero terrestre, o elefante africano, pesa cerca de 5000 quilogramas.

A uniformidade estrutural das aves é mais claramente visível se as formas de seus corpos forem comparadas àquelas de outros sauropsídeos. Por exemplo, não existem aves quadrúpedes com armaduras córnea ou óssea. Mesmo aquelas espécies de aves que se tomaram secundariamente sem capacidade de vôo, conservam muitos caracteres ancestrais – e as restrições a eles associadas.

Penas e Vôo

As penas desenvolvem-se de reentrâncias ou folículos na pele, geralmente arranjados em regiões ou **pterilas**, que são separadas por áreas de pele sem penas ou **aptérias** (Figura 17-1). Em algumas espécies – tais como as ratitas, os pinguins e os Coliidae ("mousebirds") – não existem pterilas e as penas distribuem-se uniformemente sobre a pele.

Apesar de toda a sua complexidade estrutural, as penas são notavelmente simples e uniformes quanto à composição química. Mais que 90 por cento de uma pena consiste de beta-queratina, uma proteína relacionada com a queratina, a qual forma as escamas dos lepidossauros. Cerca de 1 por cento da pena consiste de lipídeos, cerca de 8 por cento é água e a fração restante é composta de pequenas quantidades de outras proteínas e pigmentos, tal como a melanina. As cores das penas são produzidas por caracteres estruturais e pigmentos.

Tipos de Penas

As penas estão fixas à pele por uma base curta e tubular, o **cálamo**, que permanece firmemente implantado no folículo até que ocorra a muda (Figura 17-2). Uma longa **raque** afilada estende-se do cálamo e possui ramificações laterais muito próximas entre si denominadas de **barbas**. As **bárbulas** são ramificações das barbas, e ramos **distais** e **proximais das bárbulas** dispõem-se nos lados opostos das barbas. As terminações das bárbulas distais têm a forma de ganchos que se prendem em fendas das bárbulas proximais da barba adjacente. Os ganchos e fendas atuam como velcro fixando barbas adjacentes entre si, formando uma pena flexível.

As penas de contorno, que revestem o corpo, possuem muitas regiões que refletem diferenças na sua estrutura: as barbas e bárbulas próximas à base da raque são flexíveis e as bárbulas não possuem ganchos. Essa porção da pena tem textura macia, solta e fofa denominada de penugem ou plumácea. Isto confere à plumagem de uma ave as propriedades de isolante térmico. Mais distantes da base, as barbas formam uma superfície firme denominada vexilo, que possui uma textura penácea (semelhante a uma folha). Essa parte da pena é que fica exposta na superfície externa da plumagem e serve como um aerofólio, que protege a penugem que fica embaixo, repele a água, reflete ou absorve a radiação solar. As bárbulas são estruturas que mantêm o caráter penáceo dos vexilos da pena. Elas são organizadas de tal modo que qualquer desarranjo físico do vexilo é facilmente corrigido pelo hábito, que as aves têm, de alisar as penas com o bico, deste modo as aves realinham as bárbulas, deslizando sobre elas seu bico levemente entreaberto.

Os ornitologistas distinguem usualmente cinco tipos de penas: (1) penas de conWtorno, incluindo a penas típicas do corpo e as penas do vôo (rêmiges e rectrizes); (2) semi-

>Figura 17-1 Regiões emplumadas de um pássaro típico.

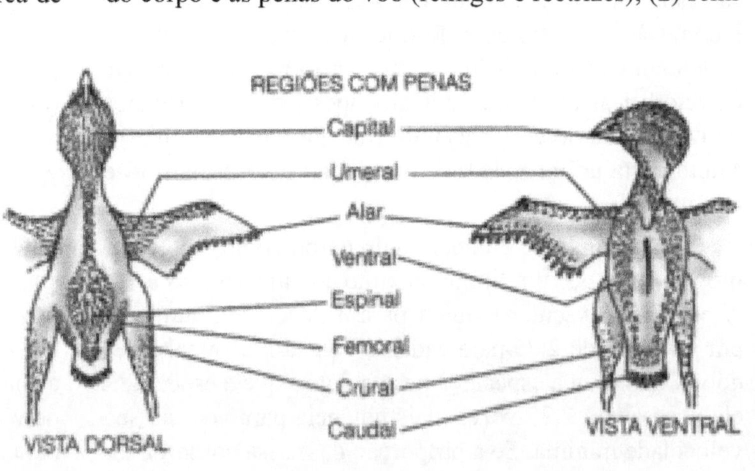

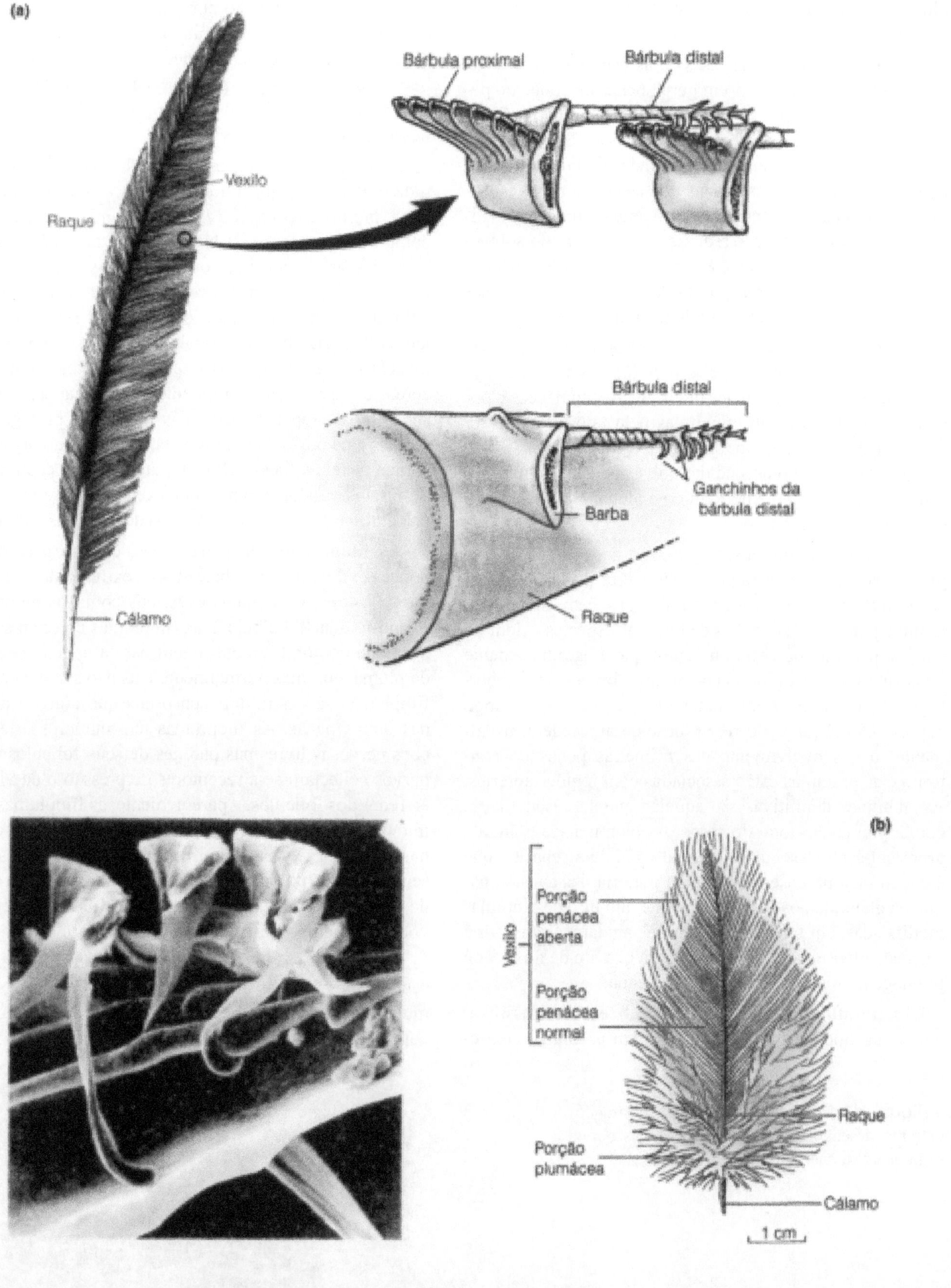

Figura 17-2 Típica pena com vexilos (a) uma pena da asa mostrando suas principais características estruturais, (b) pena de contorno. O detalhe e a micrografia mostram detalhes do mecanismo de enganche das bárbulas proximal e distal.

plumas; (3) plúmulas de diversos tipos; (4) cerdas; e (5) filoplumas.

As **rêmiges** (penas das asas) e as **rectrizes** (penas da cauda) são grandes e rijas, em geral, penas de contorno penáceas modificadas para o vôo. Por exemplo, a partes distal das rêmiges primárias externas, de muitas espécies de aves, são afiladas abruptamente ou chanfradas de tal forma que, quando as asas estão abertas, as pontas destas rêmiges primárias são separadas por espaços ou fendas conspícuos (Figura 17-3). Esta condição reduz o arrasto exercido sobre a asa e, associada à marcante assimetria dos vexilos externo e interno, permite girar as pontas das penas quando as asas batem, agindo como pás individuais propulsoras.

As **semiplumas** são penas com estrutura intermediária entre as penas de contorno e as plúmulas. Elas combinam uma raque longa com vexilos inteiramente plumáceos e podem ser distinguidas das plúmulas pelo fato da raque ser mais longa do que a maior barba (Figura 17-4a). Em geral, as semiplumas estão escondidas sob as penas de contorno. Elas fornecem isolamento térmico e ajudam a preencher o contorno do corpo da ave.

As **plúmulas**, de vários tipos, são penas inteiramente plumáceas na quais a raque é mais curta do que a maior barba ou está ausente. As plúmulas provêem isolamento térmico para as aves adultas de todas as espécies. Além do mais, a plúmula do recém-nascido, que é estruturalmente mais simples que a plúmula do adulto, fornece uma cobertura isolante térmica em muitas aves, na eclosão ou logo depois. As plúmulas do recém-nascido antecedem, usualmente, o desenvolvimento das primeiras penas de contorno e as plúmulas estão associadas com regiões aptérias. As plúmulas definitivas são aquelas que se desenvolvem com a plumagem total do corpo. As plúmulas da glândula uropigial estão associadas à grande glândula sebácea, que é encontrada na base da cauda na maioria das aves. A papila da glândula possui, normalmente, um tufo de plúmulas modificadas, em forma de pincel, que ajudam a transferir a secreção oleosa da glândula para o bico, a fim de fornecer à plumagem uma cobertura à prova d'água.

As **plúmulas de pó**, que são difíceis de classificar quanto ao tipo estrutural, produzem um pó branco, extremamente fino, composto por grânulos de queratina. O pó, que é espalhado por toda a plumagem, é hidrófobo; por isto supõe-se que ele também forneça uma outra espécie de cobertura à prova d'água para as penas de contorno. Todas as aves possuem plúmulas de pó, mas elas são mais bem desenvolvidas nas garças.

As **cerdas** são penas especializadas, com uma raque rígida e as barbas, quando existem, localizam-se apenas na parte proximal (Figura 17-4b). As cerdas ocorrem mais comumente em torno da base do bico, ao redor dos olhos como pestanas, na cabeça ou mesmo nos artelhos de algumas aves. Na maioria das cerdas a parte distal da raque é colorida, de marrom-escuro ou preto, por grânulos de melanina. A melanina não só colore as cerdas como as torna mais fortes, resistentes ao uso e aos danos fotoquímicos. As cerdas e as penas estruturalmente intermediárias, chamadas semi-cerdas, repelem partículas estranhas, protegendo as narinas e os olhos de muitas aves; atuam como órgãos sensoriais tácteis e, possivelmente, auxiliam na captura aérea de insetos voadores como, por exemplo, as longas cerdas presentes nas margens das maxilas de bacuraus e tiranídeos.

As **filoplumas** são penas finas, capilares, com umas poucas barbas curtas ou bárbulas na extremidade distal (Figura 17-4c). Em algumas aves, tais como os biguás e os Pycno-notidae ("bulbuls"), as filoplumas crescem sobre as penas de contorno e contribuem para a aparência externa da plumagem, mas normalmente elas não são expostas. As filoplumas são estruturas sensoriais que ajudam na ação das outras penas. As filoplumas têm numerosas terminações nervosas livres nas paredes de seus folículos e estes nervos conectam-se a receptores de pressão e de vibração ao redor dos folículos. Aparentemente, as filoplumas transmitem informações sobre a posição e o movimento das penas de contorno, por meio destes receptores. Esse sistema sensorial tem, provavelmente, o papel de manter as penas de contorno no lugar, ajustando-as adequadamente para o vôo, isolamento térmico, banho ou exibição.

Informações sobre a evolução das penas e estruturas semelhantes à penas nos dinossauros não ave tem se acumulado rapidamente nos últimos anos, particularmente com a descoberta dos fósseis nos depósitos de Liaoning do

➤**Figura 17-3** *Buteo jamaicensis*, mostrando o extremo desenvolvimento das fendas nas rêmiges primárias externas.

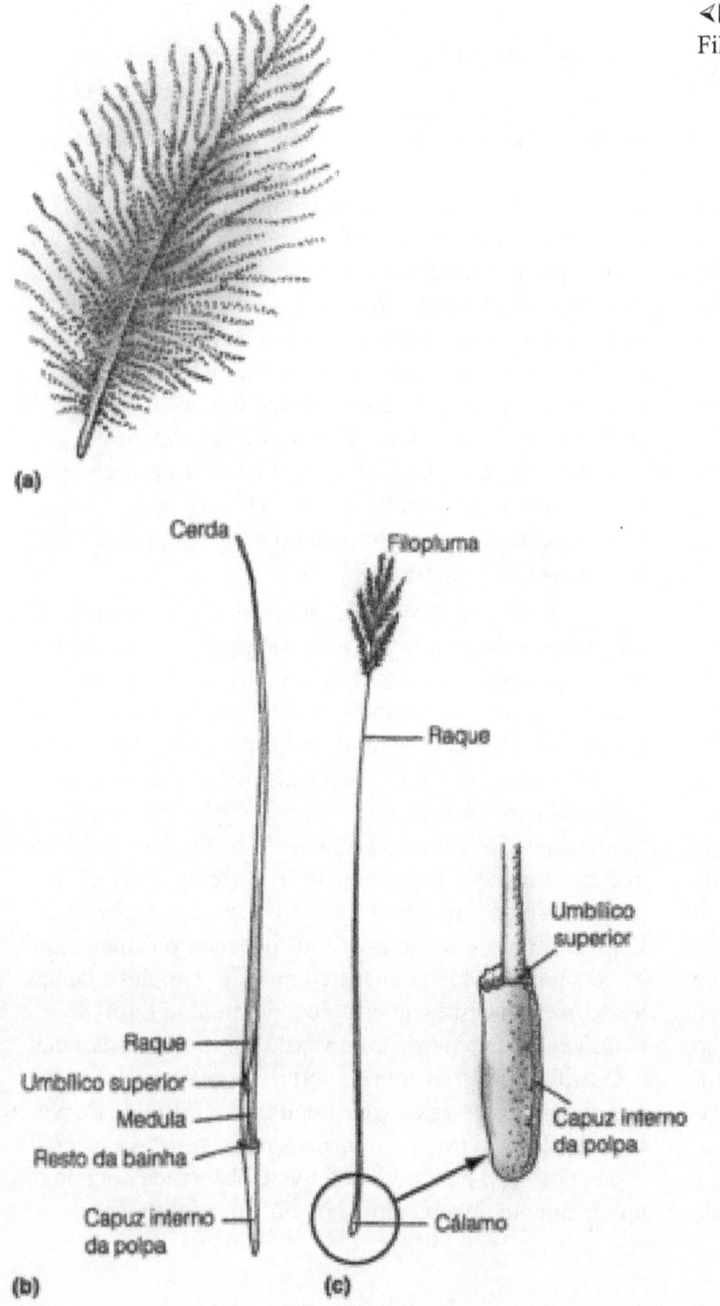

Figura 17-4 Tipos de penas, (a) Semipluma. (b) Cerda. (C) Filopluma.

Cretáceo na China, e essa evidência da ocorrência de penas tem sido suplementada com estudos sobre o crescimento e desenvolvimento das penas nas aves atuais (Quadro 17-1).

17.2 Forma do Corpo e Esqueleto

Muitos detalhes da morfologia das aves parecem que foram moldados por forças aerodinâmicas. (Veja Raikow 1985 e Rayner 1988 para revisões.) As penas, por exemplo, garantem a força de ascensão e o contorno aerodinâmico durante o vôo. As penas são leves, não obstante elas sejam fortes e elásticas para o seu peso. É claro que voar não é a única função das penas – elas também são responsáveis pelo isolamento térmico necessário à endotermia, e suas cores e formas funcionam na camuflagem e na exibição.

Modificações estruturais podem ser observadas em vários aspectos da anatomia das aves. O seu esqueleto não é mais leve, em relação à massa corpórea total, que o esqueleto de um mamífero de tamanho semelhante, mas a distribuição da massa é diferente. Muitos ossos são pneumatizados (cheios de ar) e o crânio é especialmente leve, mas os ossos dos membros traseiros das aves são mais pesados

QUADRO 17-1 A Evolução das Penas: Evo-Devo e Fósseis

Uma união da biologia evolutiva com nosso crescente e rápido conhecimento dos mecanismos genéticos, que controlam o crescimento e desenvolvimento, deu origem a uma nova especialidade biológica – biologia do desenvolvimento evolutivo – que é conhecida pela abreviatura em inglês, Evo-Devo. A evolução das penas tem sido esclarecida pelos estudos, Evo-Devo, das ações de dois genes que são cruciais para o desenvolvimento dos membros dos vertebrados. Um gene chamado "*sonic hedgehog*" que produz uma proteína que induz a proliferação das células; e o gene "*bom morphogenetic protein 2*" que regula a proliferação celular e promove a diferenciação celular. Esses dois genes estão envolvidos no desenvolvimento das penas, e a ativação e desativação dos mesmos controla a duração e o padrão de desenvolvimento dessas estruturas (Prum 1999). Uma perspectiva Evo-Devo, baseada na ação dos genes durante a evolução das penas, pode ser comparada com o crescente corpo de informação sobre o a ocorrência de penas nos dinossauros fósseis (Figura 17-5).

O desenvolvimento embrionário das penas inicia-se com a formação de um placode, que é produzido quando a epiderme se espessa devido a uma condensação de células na região abaixo da derme. O mesmo processo dá mício a formação de escamas, deste modo, deve ser um caráter ancestral para arcossauros emplumados. O estágio 1 representa uma nova característica evolutiva e de desenvolvimento no momento em que o placode forma um tubo alongado que é o germe da pena. A proliferação de células ao redor da base do germe da pena ena um folículo, órgão que produz penas nas aves atuais. No estágio 2 o folículo diferencia-se produzindo duas camadas; a externa é a bainha da pena e protege o crescimento da pena. Assim que, os genes controladores da proliferação e diferenciação são ativados e desativados. a camada interna produz uma série de estruturas separadas entre si, que serão as barbas. Duas mudanças ocorrem no estágio 3: As barbas cresceram até o fim formando a raques, e ramificaram-se produzindo as bárbulas. A sequência na qual essas mudanças ocorreram não podem ser determinadas, mas a combinação dessas produziu a pena com um vexilo penáceo. No estágio 4 o desenvolvimento distal das bárbulas, com ganchos e fendas permitiu que barbas adjacentes se prendam umas as outras, produzindo um vexilo penáceo resistente. No estágio 5 adicionam-se novas propriedades funcionais à superfície do vexilo da pena ciando origem a modificações de desenvolvimento adicional, tais como, a assimetna das penas de vôo.

Penas fossilizadas são impressões na rocha ao redor dos ossos fósseis, assim como nos fósseis de *Archaeopteryx*. Apenas sedimentos de granulometna muito fina preservam traços de estruturas tão delicadas como as penas, e a posição dessas estruturas no corpo do animal só pode ser determinada se a carcaça estiver praticamente intacta quando foi fossilizada. Os fósseis não revelam todos os detalhes dos diversos passos da evolução das penas, que são previstas pelo modelo Evo-Devo, mais as duas propostas mostram um nível substancial de concordância. Fósseis de *Sinosauropteryx* são rodeados por traços que muitos paleonlólogos interpretam como simples filamentos, correspondentes ao estágio 1 do modelo Evo-Devo, e *Caudipteryx* tem penas com vexilo sobre suas asas e caudas e tufos de barbas sobre o corpo. *Archaeopteryx* é o primeiro registro de vexilos assimétricos, e esse tipo de pena também é encontrado em formas posteriores. A especialização posterior para o vôo efetivo é observada quando do aparecimento de uma álula nos Enantiornithiformes.

➤**Figura 17-5** Duas perspectivas da evolução das penas. As predições Evo-Demo, baseadas nos estudos do desenvolvimento e crescimento das penas das aves atuais, têm uma boa correspondência com a presença de penas associadas aos fósseis de dinossauros não aves e de aves As primeiras estruturas semelhantes a penas fossilizadas, assemelham-se ao que é prognosticado pelo estágio 1 do modelo Evo-Devo. A próxima evidência clara de penas inclui tanto os tufos de penas como penas com vexilo simétrico, que correspondem ao estágio 3 desse modelo. As características das penas no estágio 4 são ulteriores a análise de fósseis disponíveis atualmente, mas penas assimétricas do estágio 5 podem ser identificadas no registro fóssil, e são seguidas pelo aparecimento da álula, que é a última especialização para o vôo semelhante ao previsto pelo modelo Evo-Devo. (fontes: Modificado de diversas fontes, incluindo Prum 1999, Brush 2000, Padian et al. 2001, Chiappe e Dyke 2002, e Prum e Brush 2003).

Continua

Continuação

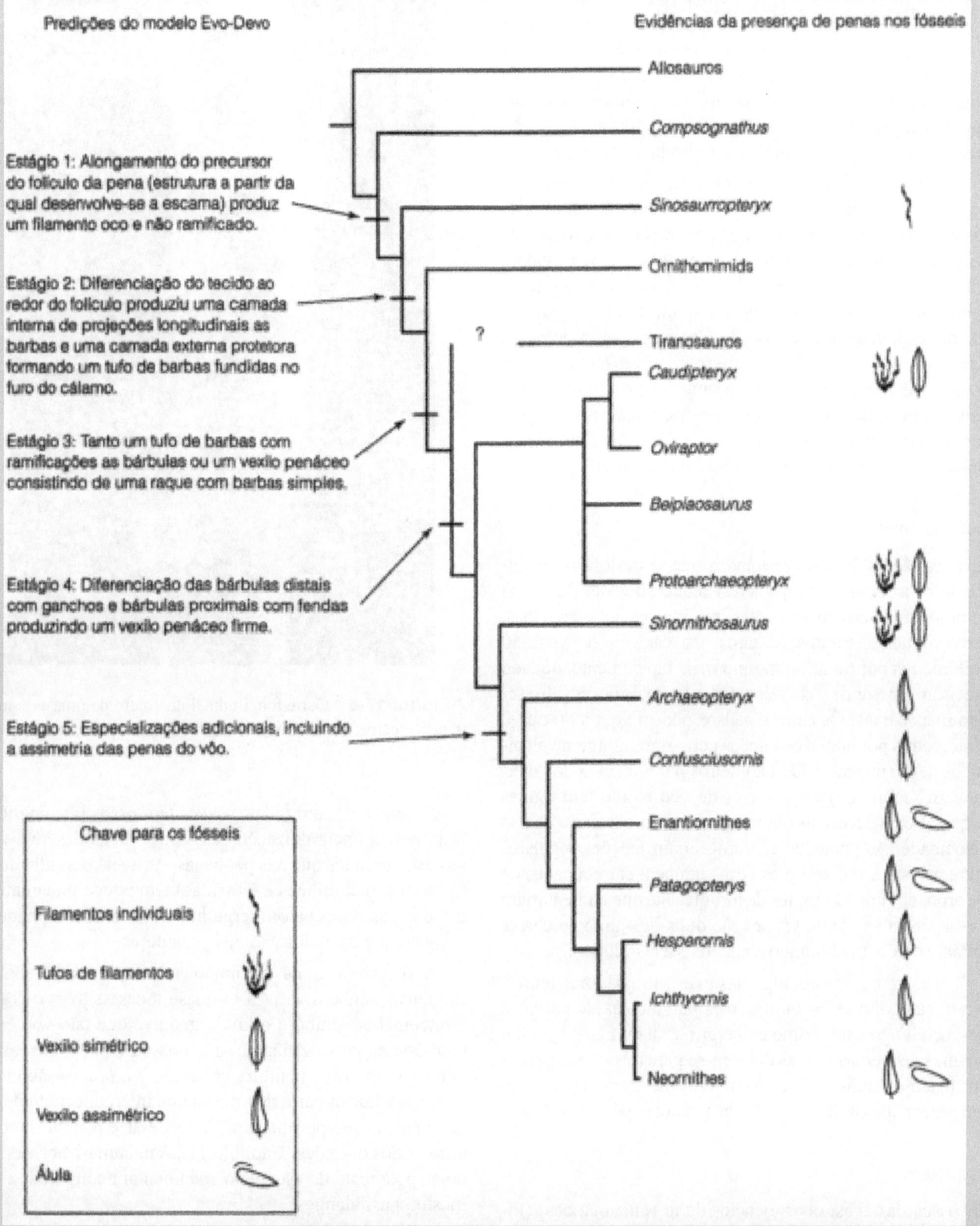

do que aqueles dos mamíferos. Assim, a massa total do esqueleto de uma ave é semelhante àquela de um mamífero, mas a maior parte da massa de uma ave concentra-se em seus membros traseiros.

As características de alguns órgãos das aves reduzem a massa corpórea. Por exemplo, as aves não têm bexiga urinária e a maioria das espécies tem somente um ovário (o esquerdo). As gônadas dos machos e das fêmeas são, normalmente, pequenas; elas se hipertrofiam durante a estação reprodutiva e regridem quando a reprodução termina.

As características responsáveis pela produção de potência são componentes igualmente importantes da habilidade das aves para voar. Os músculos peitorais de voadores fortes podem atingir 20 por cento da massa corpórea total. A potência gerada por unidade de massa do músculo grande peitoral de uma rola (*Streptopelia* spp.), durante o vôo nivelado, estima-se que seja de 10 a 20 vezes maior do que a maioria dos músculos dos mamíferos. As aves têm corações grandes, alta velocidade de fluxo sanguíneo e pulmões complexos, que usam fluxos de corrente-cruzada, de ar e sangue, para maximizar a troca de gases e dissipar o calor produzido pelos altos níveis de atividade muscular durante o vôo.

Aerodinâmica

As aves são os únicos vertebrados que se deslocam rapidamente no ar, a tal ponto que a resistência ao vento e a forma aerodinâmica tornam-se fatores importantes nas suas vidas. Provavelmente, muitos pássaros são capazes de voar 50 quilômetros por hora, ou mesmo mais rapidamente, quando precisam, apesar de suas velocidades normais de cruzeiro serem mais baixas. Os patos e gansos podem voar a 80 ou 90 quilômetros por hora e os falcões peregrinos atingem velocidades de até mesmo 200 quilômetros por hora quando "mergulham" sobre a presa. As aves de vôo rápido têm muitas daquelas características observadas em uma aeronave de alta velocidade. As penas de contorno criam junções regulares entre as asas e o corpo e às vezes também entre a cabeça e o corpo, eliminando fontes de turbulência, que aumentariam a resistência ao vento. Os pés são dobrados junto ao corpo, durante o vôo, melhorando ainda mais a aerodinâmica.

No extremo oposto, algumas aves são voadores lentos. Nesta categoria estão muitas aves paludícolas de pernas e pescoço longos, tais como colhereiros e flamingos. Quando voam, suas pernas longas dobram-se para trás e seus pescoços ficam estendidos. Eles estão longe de ter uma boa aerodinâmica, apesar de poderem ser voadores potentes.

Esqueleto

Os ossos das aves, ocos e cheios de ar (pneumáticos) (Figura 17-6), provavelmente, são um caráter ancestral da linhagem dos arcossauros e não um caráter derivado de aves.

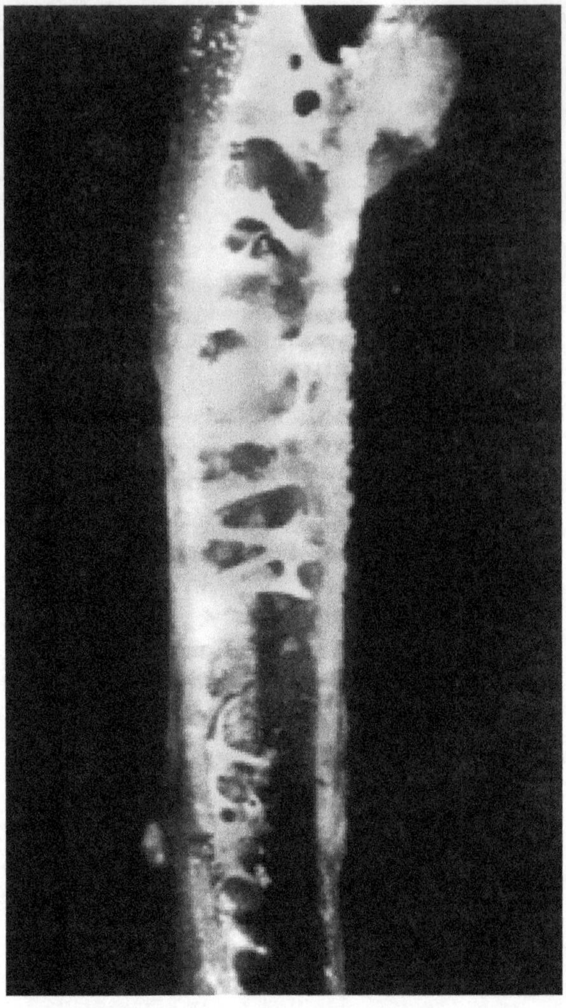

Figura 17-6 Corte longitudinal do úmero de uma ave, mostrando o cerne oco e reforçado por trabéculas.

No entanto, nem todas as aves têm ossos pneumáticos. Em geral, a pneumatização dos ossos é mais desenvolvida nas aves grandes que nas pequenas. As aves mergulhadoras (pinguins, mergulhões e Gaviidae) têm pouca pneumatização e os ossos dos patos mergulhadores são menos pneumáticos do que daqueles não mergulhadores.

A distribuição da pneumatização entre os ossos do esqueleto também varia. Em quase todas as aves o crânio é pneumático, embora o kiwi, uma ave que não voa e encontrada na Nova Zelândia, não possua espaços aéreos no crânio. O esterno, a cintura escapular e o úmero são pneumáticos e fazem parte de um sistema interconectado de sacos aéreos, que permite um fluxo de ar em uma direção, através dos pulmões (Capitulo 11). A pneumatização estende-se pelo resto do esqueleto apendicular de algumas aves, mesmo nas falanges.

Exceto pelas especializações associadas com o vôo, o esqueleto de uma ave é muito semelhante ao de um pequeno

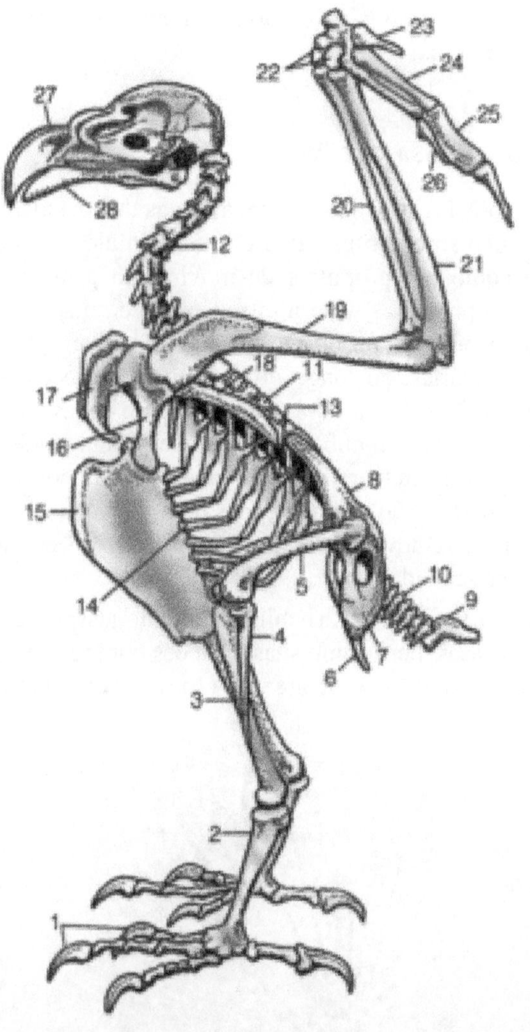

Figura 17-7 Esqueleto de uma águia. **1**, artelhos; **2**, tarsometatarso, formado pela parte distal dos ossos do tarso fundidos aos metatarsos; **3**, tibiotarso, formado pelo calcâneo e astrágalo fundidos a parte distai da tíbia; **4**, fíbula; **5**, fêmur; **6**, púbis; **7**, ísquio; **8**, ileo; **9**, pigóstilo; **10**, vértebras caudais; **11**, vértebras torácicas; **12**, vértebras cervicais; **13**, processo uncinado da costela; **14**, costela esternal; **15**, esterno; **16**, coracóide; **17**, fúrcula; 18, escápula; **19**, úmero; **20**, rádio; **21**, ulna; **22**, ossos carpais; **23**, 1º dígito; **24**, metacarpo; **25**, 2º dígito; **26**, 3º dígito; **27**, maxila superior; **28**, maxila inferior.

dromeossauro (Figura 17-7). A cintura pélvica (pelvina) das aves é alongada, e o ísquio e o íleo alargam-se em lâminas finas que são firmemente unidas ao **sinsacro**, formado pela fusão de 10 a 23 vértebras. A longa cauda do ancestral Diapsídeo encurtou-se, nas aves, para cerca de cinco vértebras caudais livres e um **pigóstilo**, formado pela fusão das outras vértebras. O pigóstilo sustenta as penas da cauda (rectrizes). As vértebras torácicas são mantidas juntas por fortes ligamentos que muitas vezes são ossificados. As vértebras torácicas, que são relativamente imóveis, o sinsacro e o pigóstilo combinados com a cintura pelvina alongada, produzem uma coluna vertebral quase rígida. A flexão é possível somente no pescoço, na articulação entre as vértebras torácicas e o sinsacro, bem como na base da cauda. O tronco rígido equilibra-se nas pernas. O fêmur projeta-se rostralmente e sua articulação com o tibiotarso e a fíbula é próxima ao centro de gravidade da ave.

As asas são posicionadas acima do centro de gravidade. O esterno é muito expandido, comparado com o de outros vertebrados e possui uma quilha (exceto nas aves que não voam) a partir da qual se originam os músculos, grande peitoral e supracoracóideo. As aves que são voadoras fortes têm quilhas bem desenvolvidas e músculos de vôo grandes. A escápula estende-se caudalmente sobre as costelas e é sustentada pelo coracóide que se funde, ventralmente, no esterno. Uma proteção adicional é fornecida pelas clavículas que, na maioria das aves, são fundidas na sua parte distal, formando a **fúrcula** (osso da sorte).

Os membros traseiros das aves são muito alongados e a articulação do tornozelo com os tarsos (a articulação mesotarsal) é semelhante àquela dos Therapoda da Era Mesozóica. O quinto dedo é perdido e os metatarsos dos dedos remanescentes são fundidos com a região distal dos tarsos formando um osso denominado, **tarsometatarso**. Em outras palavras, as aves caminham com os dedos (falanges) apoiados no chão e os tarsometatarsos projetando-se para cima até o tornozelo. A verdadeira articulação do joelho fica escondida pelo contorno das penas do corpo, e o que se visualiza como a parte de baixo das pernas é na realidade o tarsometatarso. Esse é o motivo das aves aparentarem ter o joelho voltado para trás; o verdadeiro joelho encontra-se entre o fêmur e a parte distal da perna (isto é, entre a ante-coxa e coxa). A porção distal da tíbia funde-se com a porção proximal dos ossos tarsais formando um osso composto denominado tibiotarso que forma a maior parte da coxa. A fíbula é reduzida a um osso delgado e fino.

Músculos

O volume relativo dos músculos das pernas e do vôo das aves está relacionado com a sua maneira primária de locomoção. Os músculos de vôo compreendem de 25 a 35 por cento da massa corpórea total nos voadores fortes, tais como beija-flores e andorinhas. Estas espécies têm pernas pequenas; os músculos associados a elas correspondem somente a 2 por cento da massa corpórea. As aves predadoras, tais como gaviões e corujas, usam suas pernas para capturar a presa. Nessas espécies os músculos de vôo chegam a 20 por cento da massa corpórea e os músculos dos membros traseiros representam 10 por cento. As aves nadadoras – por exemplo, patos e mergulhões – têm uma mesma proporção entre os músculos dos membros traseiros e os de vôo; a soma de suas massas pode ser de 30 por cento a 60 por cento da massa corpórea. Aves, tais como saracuras, que são principalmente terrestres e correm para escapar dos predadores, têm os músculos dos membros traseiros mais desenvolvidos do que os de vôo.

Os tipos de fibras musculares e as rotas metabólicas também distinguem as aves corredoras das voadoras. A distinção popular entre as carnes clara e escura da galinha reflete estas diferenças. Um galináceo, especialmente o de criação doméstica, raramente voa, mas é capaz de andar e correr por longos períodos. A cor escura dos músculos das pernas revela a presença de mioglobina nos tecidos e indica uma alta capacidade para o metabolismo aeróbio nos músculos dos membros traseiros destas aves. Os músculos brancos do peito não possuem mioglobina e têm pouca capacidade para o metabolismo aeróbio. Os voos dos Galliformes (incluindo espécies selvagens tais como faisões, Tetraonidae e outros Phasianidae) são de curta duração e usados principalmente para fugir de predadores. A ave usa uma decolagem explosiva, alimentada pelas rotas metabólicas anaeróbias, seguida por um planeio longo de volta ao solo. As aves que são capazes de sustentar um vôo forte têm músculos do peito escuros com alta capacidade metabólica aeróbia.

17.3 A Asa das Aves

Diferente das asas fixas de um avião as de uma ave funcionam, não só como um aerofólio (superfície de ascensão), bem como um propulsor de movimento para frente. As rêmiges primárias, inseridas nos ossos da mão, executam a maior parte da propulsão quando a ave bate suas asas e as secundárias, ao longo do antebraço, fornecem a força de ascensão (Figura 17-8). A remoção de penas de vôo das asas, de rolas e pombos, mostra que a habilidade da ave para voar é muito reduzida, quando apenas poucas rêmiges primárias são retiradas, mas uma ave ainda pode voar quando se remove até mesmo 55 por cento da área total de rêmiges secundárias.

A ave também tem a habilidade de alterar a área e a forma de suas asas, bem como suas posições com relação ao corpo. Estas mudanças, na área e na forma, causam mudanças

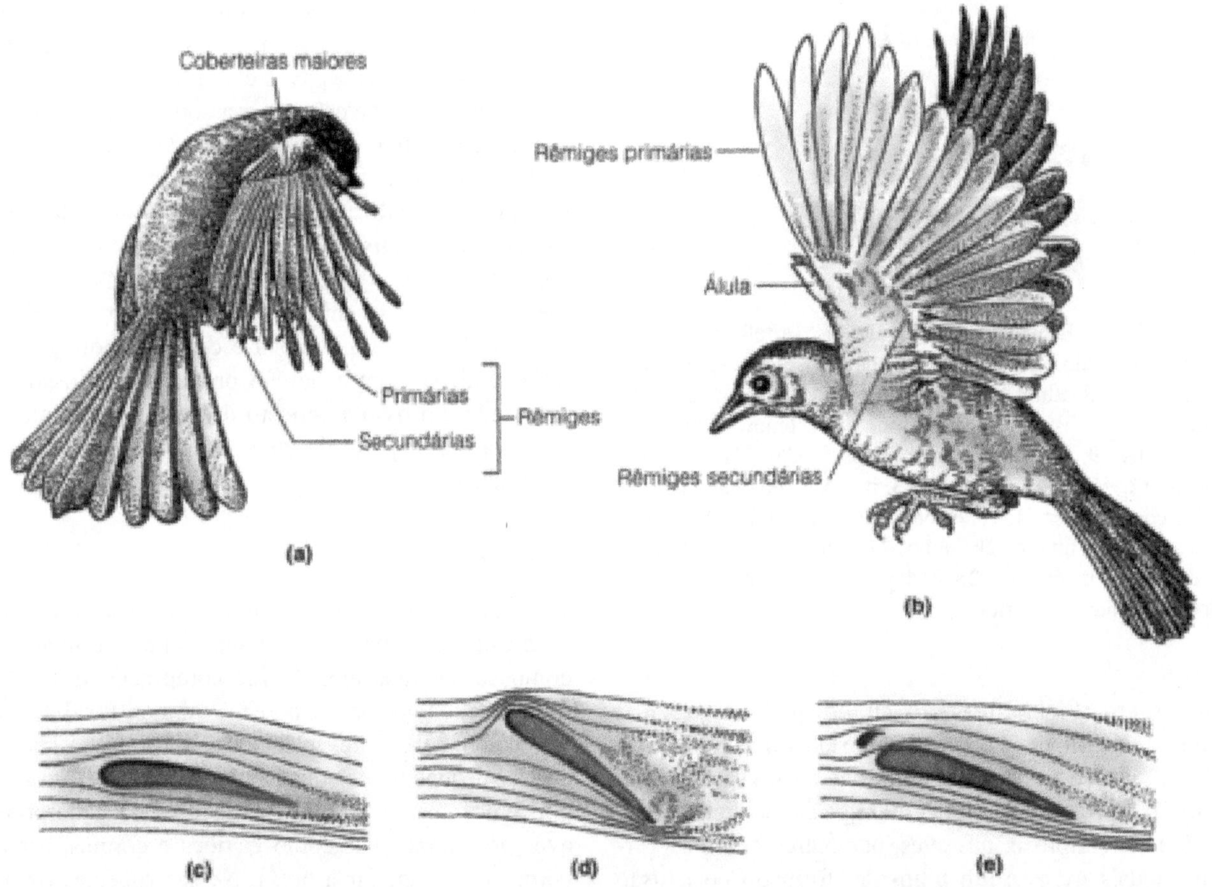

Figura 17-8 A asa no vôo. (a, b) Desenhos a partir de fotografias em alta velocidade, mostrando a torção e a abertura das rêmiges primárias durante o vôo batido, (c-e) Fluxo de ar em torno de um aerofólio arqueado. Em um ângulo de ataque pequeno (c) o ar flui suavemente sobre a superfície superior da asa e gera uma força de ascensão. Quando o ângulo de ataque torna-se mais acentuado (d), o ar que passa sobre a asa torna-se turbulento, diminuindo a força de ascensão a tal ponto que leva ao estol. Uma fenda na asa formada pela aluía (e) auxilia a evitar turbulência, direcionando o fluxo de ar que se move rapidamente junto à superfície superior da asa.

correspondentes na velocidade e na força de ascensão, que permitem uma ave manobrar, mudar de direção, aterrissar e decolar. Além disso, uma asa de ave não é uma estrutura sólida como um aerofólio convencional como a asa de avião, mas permite que alguma quantidade de ar flua entre as penas e através delas.

Obviamente, as propriedades aerodinâmicas da asa de uma ave em vôo – mesmo em vôo não-batido – são muito mais complexas do que as funções de uma asa fixa em um avião ou um planador. Todavia, é instrutivo considerar a asa de uma ave em termos do desempenho básico de um aerofólio fixo. (Ver Norberg 1985 e Rayner 1988 para revisões.) Embora a asa de uma ave mova-se para frente no ar, é mais fácil imaginá-la parada com o fluxo de ar passando. O fluxo de ar produz uma força que é, usualmente, denominada de **reação**. Ela pode ser decomposta em duas componentes: a **força de ascensão** que é uma força vertical igual ou maior do que o peso da ave, e o **arrasto** que é uma força para trás, oposta ao deslocamento da ave para frente e ao movimento de suas asas no ar.

Quando o bordo de ataque de um corpo simetricamente aerodinâmico corta o ar, ele empurra o ar igualmente para cima e para baixo, reduzindo de maneira idêntica a pressão do ar nas superfícies dorsal e ventral. Nenhuma força de ascensão resulta de tal condição. Existem dois modos de alterar este sistema para gerar ascensão. Um é aumentar o **ângulo de ataque** do aerofólio e o outro é modificar a configuração da sua superfície. Qualquer um deles aumenta a ascensão, com o custo de aumentar o arrasto.

Quando o contorno da superfície dorsal da asa é convexo e a superfície ventral é côncava (um **aerofólio arqueado**) a pressão do ar nas duas superfícies é desigual, porque tem que se deslocar mais ar e mais rapidamente sobre a superfície ventral côncava (Figura 17-8c). O resultado é redução da pressão sobre a asa, ou força de ascensão. Quando a força de ascensão se iguala ou excede a massa corpórea da ave, a ave começa a voar. A curvatura da asa nas aves varia com as diferentes características de vôo; e também se altera ao longo do comprimento da asa. A maior curvatura é próxima ao corpo e decresce em direção à ponta da asa. Esta mudança na curvatura é uma das razões pela qual a parte proximal da asa gera maior força de ascensão do que a parte distal.

Se o bordo de ataque da asa é inclinado para cima, aumentando o ângulo de ataque (Figura 17-8d), o resultado é uma força de ascensão maior – até um ângulo de cerca de 15°, denominado **ângulo de estol**. Esta força de ascensão é mais uma consequência da diminuição da pressão sobre a superfície dorsal do que um aumento de pressão sob o aerofólio. Se o fluxo regular de ar sobre a asa é perturbado, ele começa a separar-se da asa, devido ao aumento da turbulência de ar sobre a mesma. A asa, então, perde a sustentação. O estol pode ser evitado ou retardado pelo uso de fendas ou aerofólios auxiliares no bordo de ataque da asa. As fendas auxiliam a restaurar um fluxo de ar regular sobre a asa, quando o ângulo de ataque é grande e a velocidade é baixa. A **álula** da ave tem esta propriedade, particularmente, durante a aterrissagem ou decolagem (Figura 17-8e). As rêmiges primárias também atuam como uma série de aerofólios independentes e sobrepostos, cada um deles tendendo a suavizar o fluxo de ar que vem atrás.

Outra característica de um aerofólio está relacionada com os vórtices na ponta da asa – turbilhões de ar resultantes do fluxo de ar para fora vindo de baixo da asa, e o fluxo de ar para dentro vindo de cima dela. Isto é denominado de **arrasto induzido**. Uma maneira de reduzir o efeito destes turbilhões na ponta da asa e seu arrasto é alongar a asa de tal forma que as perturbações da ponta do vórtice fiquem bem separadas e haja, proporcionalmente, mais área de asa onde o ar possa fluir suavemente. Outra solução é afilar a asa reduzindo sua área na ponta, onde o arrasto induzido é maior. A relação entre o comprimento e a largura é denominada coeficiente de proporcionalidade. As asas longas e estreitas têm um alto **coeficiente de proporcionalidade** e uma alta relação sustentação/arrasto (S/A). Os planadores de grande desempenho e os albatrozes, por exemplo, têm coeficiente de proporcionalidade de 18:1 e uma relação S/A em torno de 40:1.

A carga que a asa suporta é outro parâmetro importante. Isto é, a massa da ave dividida pela área da asa. Quanto mais leve for a carga, menor é a força necessária para sustentar o vôo. Normalmente, as aves pequenas suportam uma carga menor na asa do que as grandes. Porém, esta carga está também relacionada com especializações para um vôo de esforço versus o planeio de altitude. As comparações na Tabela 17.1 ilustram estas duas tendências. As espécies pequenas, tais como beija-flores, andorinhas e rolas suportam uma carga na asa mais leve do que as espécies grandes, tais como o falcão peregrino, a águia e o cisne; não obstante, o beija-flor de 3 gramas, um voador possante, suporta uma carga na asa maior do que a andorinha. Esta última é mais do que cinco vezes mais pesada do que o beija-flor é mais flutuante e, às vezes, plana em altitude. Similarmente, o falcão peregrino, de rápidas batidas de asa, suporta uma carga na asa mais expressiva do que a águia, que é maior e, comumente, plana em altitude.

Vôo Batido

O vôo batido é notável pelo seu desempenho automático, isto é, não aprendido. Uma ave jovem, no seu primeiro vôo, usa uma forma de locomoção tão complexa que desafia uma análise precisa em termos físicos e aerodinâmicos.

TABELA 17.1 Carga na Asa de Algumas Aves da América do Norte.

Espécies	Massa corpórea (g)	Área da asa (cm^2)	Carga na asa (g/cm^2)
Beija-flor (*Archilochus colubris*)	3,0	12,4	0,24
Andorinha (*Hirundo rústica*)	17,0	118,5	0,14
Rola (*Zenaida macroura*)	130,0	357.0	0,36
Falcão peregrino (*Falcoperegrinus*)	1.225,5	1.342,0	0,91
Águia (*Áquila chrysaetos*)	4664,0	6.520,0	0,71
Cisne (*Cygnus olor*)	11.602,0	6.808,0	1,70

Os ninhegos de algumas espécies de aves desenvolvem-se em espaços confinados, como buracos no solo ou cavidades em troncos de árvores; nestes locais eles não podem esticar suas asas e praticar o bater de asas, antes de deixarem o ninho. Apesar desta aparente limitação, muitos deles são capazes de voar distâncias consideráveis no seu primeiro vôo. Certos Pelecanoididae (*Pelecanoides* spp.) podem voar cerca de 10 quilômetros na primeira vez que saem dos seus ninhos. Por outro lado, aves jovens criadas em ninhos abertos, frequentemente, batem suas asas vigorosamente no ar, durante vários dias antes de voar – especialmente aves grandes como albatrozes, cegonhas, abutres e águias. Este bater de asas pode auxiliar a desenvolver a musculatura, mas deixa dúvida se estas aves estão aprendendo a voar ou não; contudo, as habilidades de vôo de uma ave, realmente, melhoram com a prática, durante um certo período após ter deixado o ninho.

Existem tantas variáveis envolvidas no vôo batido que se torna difícil entender exatamente como ele funciona. Uma asa batendo é flexível e porosa, gerando uma pressão de ar, ao contrário da asa fixa de um avião. Sua forma, carga que suporta, curvatura, movimento para trás e a posição individual das penas, alteram-se bastante à medida que a asa percorre o seu ciclo de locomoção. Esta é uma lista enorme de variáveis e, portanto, não é sem razão que o vôo batido ainda não está completamente explicado em termos aerodinâmicos. Contudo, pode-se descrever as propriedades gerais de uma asa que bate.

Comecemos considerando o ciclo de batimento para uma ave pequena, em vôo. Uma ave não pode continuar voando em linha reta e nivelada a menos que possa desenvolver uma força ou propulsão que contrabalance o arrasto oferecido ao seu movimento na direção do vôo. O batimento das asas, especialmente das pontas (rêmiges primárias), produz esta propulsão, enquanto que as asas internas (rêmiges secundárias) são mantidas quase estacionárias, em relação ao corpo, e geram uma força de ascensão. É mais fácil considerar separadamente as forças que operando internamente e externamente à asa.

As forças nas pontas das asas resultam da soma de dois movimentos. As pontas movem-se para frente com a ave e ao mesmo tempo movem-se também para baixo em relação à ave. A ponta da asa teria um ângulo de ataque muito grande e provocaria estol se ela não fosse flexível. Assim sendo, as forças na ponta provocam a torção de cada rêmige primária quando a asa bate para baixo (ver Figura 17-8) e dão origem às forças diagramadas na Figura 17-9.

As forças que agem nas duas partes da asa combinam-se produzindo as condições mostradas para o vôo equilibrado. As posições das regiões interna e externa das asas (asa interna e asa externa), durante as batidas para cima (linhas tracejadas) e para baixo, mostram que o movimento vertical é aplicado, principalmente, nas pontas das asas (Figura 17-9a). Assim, a asa interna (as rêmiges secundárias) age como se a ave estivesse planando para gerar as forças mostradas na Figura 17-9b, enquanto a asa externa gera a força mostrada na parte c. A maior parte da força de ascensão, que se contrapõe à força da gravidade (M), é gerada pela asa interna e pelo corpo. A inclinação da ponta da asa (as rêmiges primárias) durante a batida de asa para baixo (Figura 17-9c) produz a força resultante (R) que é dirigida para frente. O movimento da ponta da asa no ar é afetado pelo deslocamento da ave para frente (Figura 17-9d). Como resultado deste deslocamento e da inclinação das pontas das asas, durante a batida para baixo, o fluxo de ar através das rêmiges primárias é diferente daquele que passa pelas rêmiges secundárias e pelo corpo. Quando a velocidade de vôo no ar é constante, as forças que atuam nas asas interna e externa e no corpo combinam-se para produzir um conjunto de vetores, cuja propulsão excede o arrasto total e a força de ascensão é no mínimo igual à massa corpórea (Figura 17-9e).

À medida que as asas movem-se para baixo e para frente na batida para baixo, que é a força da batida, os bordos de fuga das rêmiges primárias curvam-se para cima sob a pressão do ar e cada pena age individualmente como uma hélice cortante no ar, gerando propulsão. A contração do grande

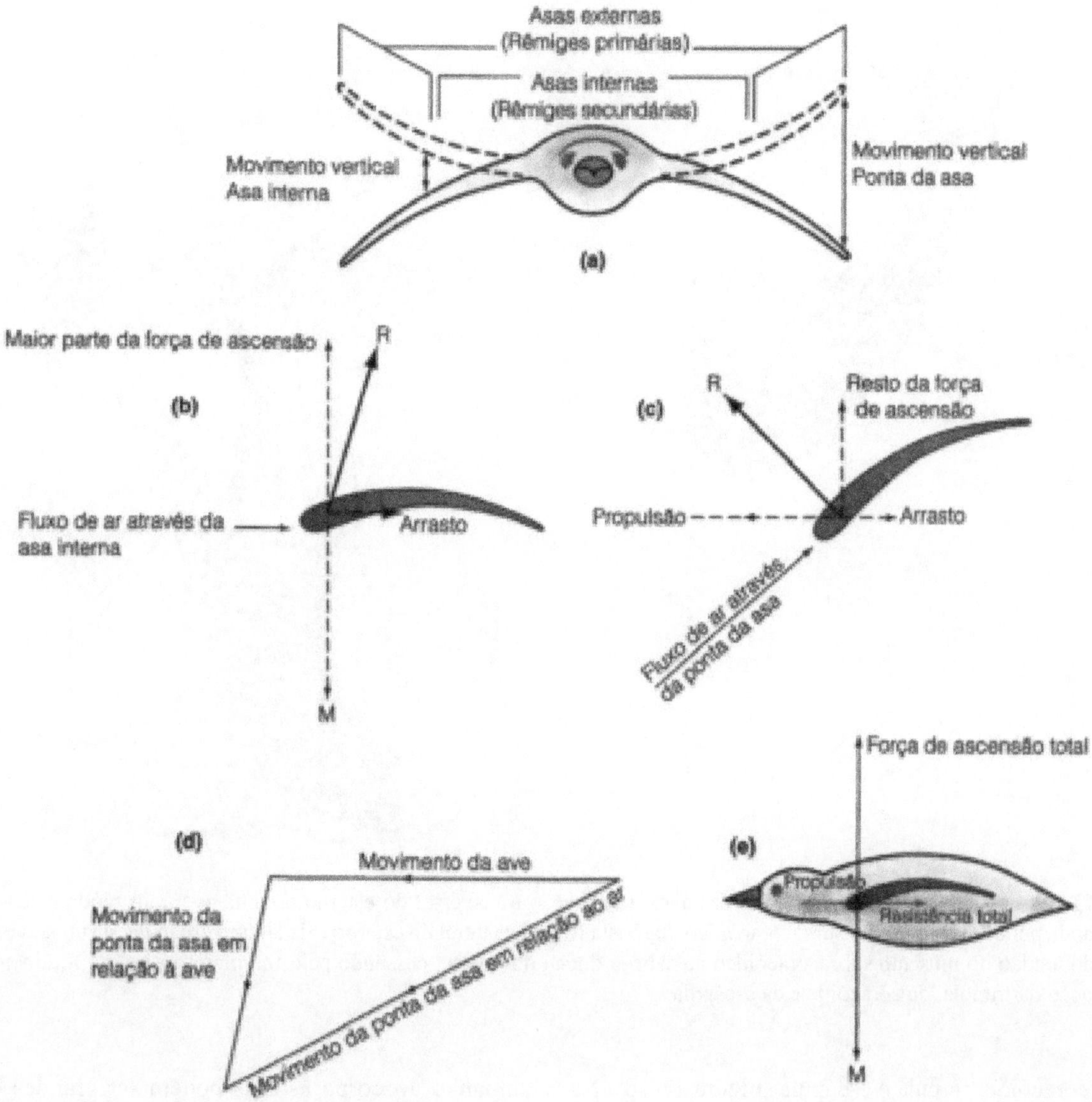

Figura 17-9 Diagramas generalizados das forças que atuam nas asas interna e externa e no corpo de uma ave em vôo batido. M, força gravitacional; R, força resultante. Ver texto para explicação.

músculo do peito, o **grande peitoral** (*pectoralis major*) produz a batida para baixo durante o vôo batido nivelado. Durante esta batida para baixo, a propulsão é maior do que o arrasto total e, a ave, acelera. Nas aves pequenas a batida de retomo, que é para cima e para trás, fornece pouca ou nenhuma propulsão. Isso é principalmente uma batida passiva de recuperação e a ave sofre uma desaceleração durante essa parte do ciclo de recuperação.

Nas aves maiores, com movimentos de asas mais lentos, o tempo da batida para cima é longo demais para ficar em um estado de desaceleração e existe uma situação semelhante quando qualquer ave levanta vôo – nessa situação a ave precisa gerar propulsão, tanto na batida para baixo quanto para cima. A propulsão, na batida para cima, é gerada curvando-se, levemente, as asas na altura dos punhos e dos cotovelos, além de girar o úmero para cima e para trás. Este movimento faz com que as superfícies superiores das rêmiges primárias torcidas empurrem o ar e produzam propulsão, da mesma forma que as superfícies inferiores fizeram na batida para baixo. Neste tipo de vôo a ponta da asa descreve no ar a figura de um oito. Quando aumenta a velocidade, este movimento em oito restringe-se às pontas das asas.

Uma batida forte para cima resulta, principalmente, da contração do **supracoracóideo** (*supracoracoideus*), um músculo profundo recoberto pelo grande peitoral e fixo diretamente à quilha do esterno. Ele se insere na cabeça dorsal do úmero, passando através do forâmen triósseo, onde

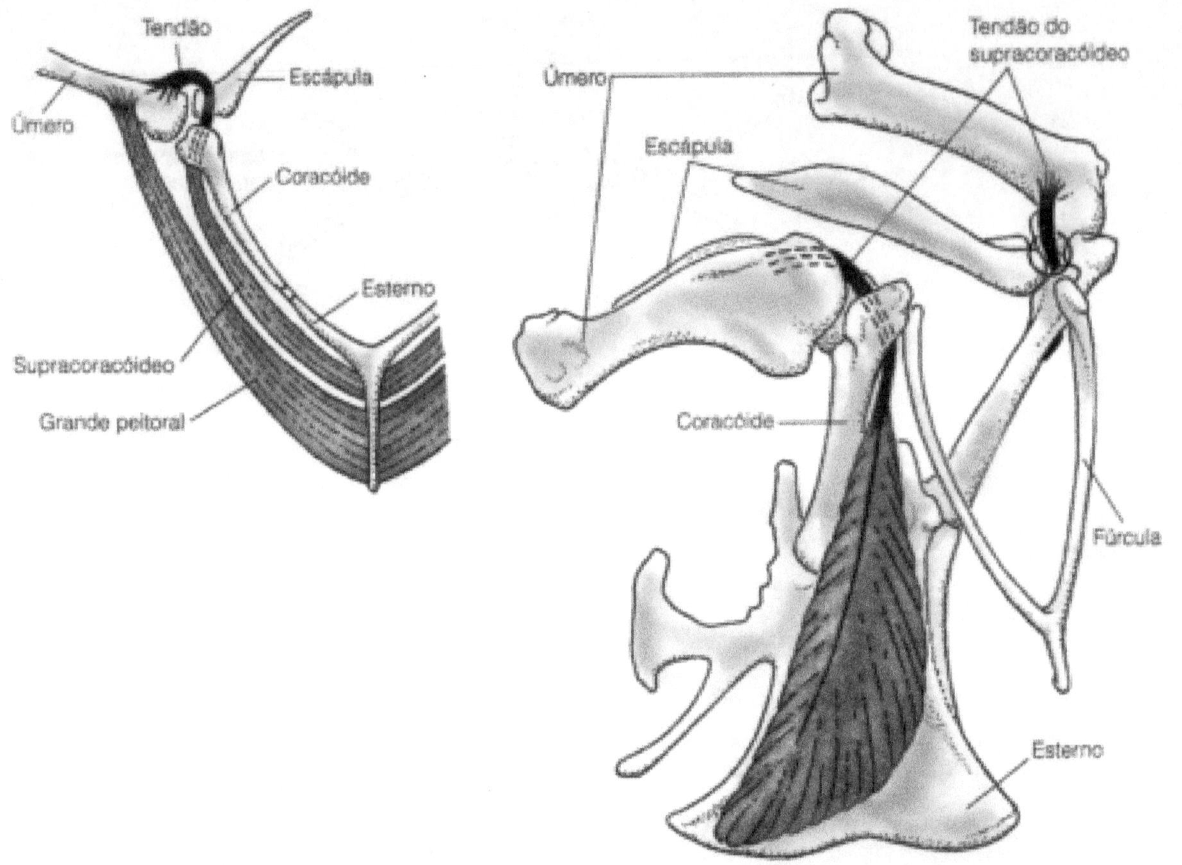

Figura 17-10 Principais músculos de vôo das aves. (a) Secção transversal do esterno de uma ave, mostrando a relação entre o músculo grande peitoral e o músculo supracoracóideo. (b) Vista frontal e lateral do esterno e da cintura escapular de uma ave, mostrando a inserção do tendão do músculo supracoracóideo na cabeça dorsal do úmero, passando pelo forâmen triósseo. O forâmen é formado pela articulação da fúrcula, do coracóide e da escápula.

se juntam coracóide, fúrcula e escápula (Figura 17-10). Na maioria das espécies de aves o supracoracóideo é um músculo, relativamente, pequeno, pálido, com baixo teor de mioglobina e que entra, facilmente, em fadiga – o supracoracóideo é, relativamente, maior. A relação entre as massas do grande peitoral e do supracoracóideo é uma boa indicação de quanto uma ave depende de uma batida potente para cima; tais relações variam de 3:1 a 20:1. A massa total dos músculos de vôo também é indicativa de quanto uma ave depende de um vôo potente. Nos voadores fortes, tais como pombos e falcões, os músculos de vôo chegam a ser mais do que 20 por cento da massa corpórea, enquanto em algumas corujas, que suportam uma carga na asa muito leve, os músculos de vôo chegam somente a 10 por cento da massa total.

Proporção das Asas

Para uma pequena alteração, uma ave pode modificar a área das asas por meio da mudança da posição de suas penas, mas a maior parte das modificações na estrutura da asa ocorreu ao longo do período evolutivo. Em relação ao tamanho do corpo as asas podem ser grandes ou pequenas, resultando, respectivamente, em uma carga leve ou pesada na asa. Elas podem ser longas e pontudas, curtas e arredondadas, muito arqueadas ou relativamente planas e a largura e o número de fendas são características adicionais importantes.

Dependendo se a ave é, principalmente, uma voadora potente, ou uma forma planadora, os segmentos da asa (mão, antebraço e braço) são alongados em graus diferentes. Os beija-flores têm batidas de asas rápidas e potentes, requerendo das rêmiges primárias uma força propulsiva máxima. Os ossos da mão dos beija-flores são mais longos do que o braço e o antebraço juntos. A maior parte da superfície de vôo, dos beija-flores, é formada pelas rêmiges primárias e eles têm apenas seis ou sete rêmiges secundárias. As fragatas são espécies marinhas com asas longas e estreitas, especializadas tanto para o vôo potente como para voos planados em baixa e alta altitude. Todos os três segmentos dos membros peitorais são, aproximadamente, iguais em comprimento. Os albatrozes, planadores de altitude, são as aves

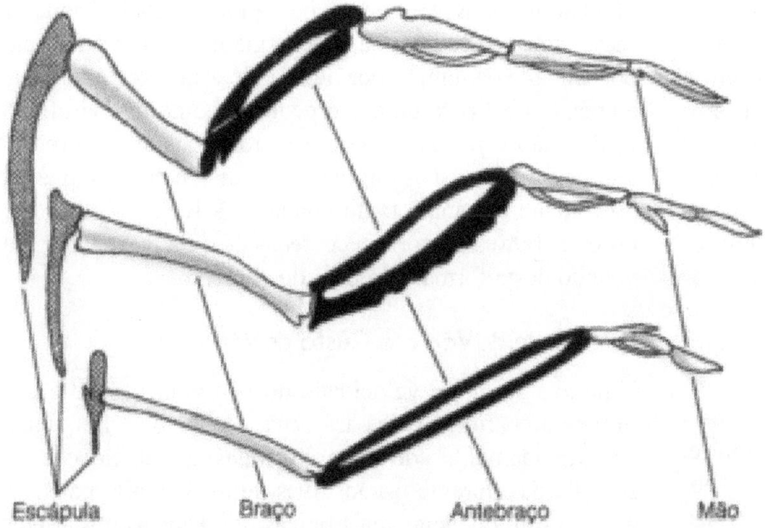

Figura 17-11 Proporções das asas. Comparação entre os comprimentos relativos dos elementos proximal, mediano e distal dos ossos das asas de um beija-flor (em cima), de uma fragata (no meio) e de um albatroz (em baixo), desenhados do mesmo tamanho.

que possuem as asas mais longas: o úmero ou braço é o segmento mais longo e na sua asa interna podem ser encontradas até mesmo 32 rêmiges secundárias (Figura 17-11).

A Estrutura da Asa e Características do Vôo

Os ornitólogos reconhecem quatro tipos estruturais e funcionais de asas (Figura 17-12). As aves marinhas, particularmente os albatrozes e bobos (Puffinus spp.) que contam com um planeio ascendente dinâmico têm asas longas, estreitas e achatadas, faltando-lhes fendas nas rêmiges primárias externas. O **planeio ascendente dinâmico** só é possível quando existe um pronunciado gradiente vertical de vento que ocorre abaixo dos 15 metros de altura, quando o ar é desacelerado devido ao atrito com a superfície do oceano. Logo, o planeio dinâmico ascendente é possível em regiões onde os ventos são fortes e persistentes; em áreas tormentosas dos oceanos, em latitudes entre 40° e 50°, Norte e Sul. Nesses lugares são encontrados muitos albatrozes e bobos (*Puffinus* spp.). Começando da parte superior deste gradiente de vento, um albatroz plana vento abaixo, com grande aumento da velocidade em relação ao solo (energia cinética). Assim, à medida que se aproxima da superfície ele se vira e ganha altitude, ao mesmo tempo em que plana no vento. Como a ave voa em vento de velocidade crescente, à medida que ela sobe a sua perda de velocidade no ar não é tão grande quanto a sua perda de velocidade em relação ao solo. Consequentemente, ela não sofre estol antes de chegar novamente ao topo do gradiente de vento, onde a velocidade do ar torna-se estável. Neste ponto a ave já converteu a maior parte da sua energia cinética em energia potencial e, para repetir o ciclo, ela "mergulha".

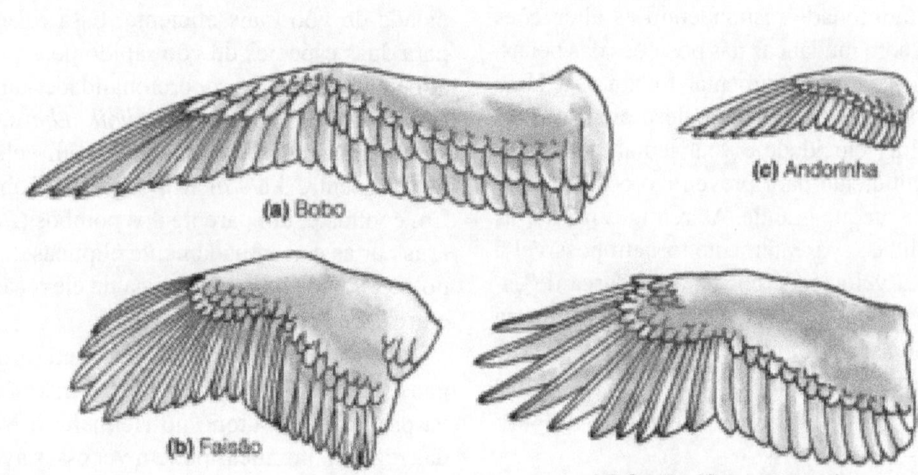

Figura 17-12 Comparação entre os quatro tipos básicos de asas de aves. (a) Planadora ascendente dinâmica. (b) Elíptica. (c) Alto coeficiente de proporcionalidade. (d) Grande sustentação.

As aves que vivem em florestas, onde são obrigadas a manobrar entre obstáculos, têm **asas elípticas**. Estas asas têm um baixo coeficiente de proporcionalidade, tendem a ser muito arqueadas e, normalmente, têm várias fendas profundas nas rêmiges primárias externas. Estas características estão associadas, em geral, com o vôo lento e alta capacidade de realizar manobras. Ainda que algumas espécies com asas elípticas, principalmente os Galliformes, tais como faisões e Tetraonidae, tenham rápida velocidade de decolagem, elas mantêm o vôo rápido apenas para distâncias curtas.

Muitas aves que se alimentam no ar fazem migrações longas, ou suportam uma grande carga na asa que está relacionada a algum outro aspecto de suas vidas como o mergulho, têm asas de **alto coeficiente de proporcionalidade**. Estas asas têm um perfil achatado (pouco arqueado) e, em geral, não possuem fendas nas rêmiges primárias externas. Nelas, durante o vôo, pode-se notar o gesto de puxar as asas para trás à semelhança das asas de um caça-à-jato. Todas as aves de vôo rápido convergiram para esta forma.

A asa de **grande sustentação**, fendida, é um quarto tipo. Ela está associada com o planeio estático ascendente, típico de abutres, águias, cegonhas e algumas outras aves grandes. Esta asa tem um coeficiente de proporcionalidade intermediário entre o da asa elíptica e aquela de alto coeficiente de proporcionalidade; é muito arqueada e tem fendas pronunciadas nas rêmiges primárias. Quando a ave está em vôo, as pontas das rêmiges primárias viram-se nitidamente para cima, sob a influência da pressão do ar e da massa corpórea. Os planadores ascendentes estáticos persistem no ar, principalmente, pela procura de massas de ar ascendente nas quais planam com uma velocidade mais rápida do que a velocidade de queda da ave. Assim, a leve carga na asa e a mobilidade (baixa velocidade para frente e pequena rotação do rádio) têm suas vantagens. As asas amplas garantem uma leve carga na asa e as fendas bastante pronunciadas acentuam a mobilidade respondendo às alterações das correntes aéreas com mudanças nas posições das penas, individualmente, em vez de movimentar toda a asa. Uma ave não pode ter um planeio ascendente descrevendo espirais pequenas em alta velocidade e voar lentamente, com força de ascensão suficiente para prevenir o estol, necessita de um ângulo de ataque grande. As rêmiges primárias profundamente fendidas, aparentemente tornam possível a combinação de baixa velocidade com grande força de ascensão. A porção distal entalhada de cada rêmige primária produz uma força de ascensão quando o ângulo de ataque é grande, agindo como um conjunto separado de aerofólios com um alto coeficiente de proporcionalidade. Este desenho de asa reduz o arrasto induzido.

Em regiões onde as características topográficas e os fatores meteorológicos produzem correntes ascendentes de ar, o planeio ascendente estático é uma maneira energeticamente econômica de voar. Neste tipo de vôo, em vez do vôo batido, uma ave grande, como uma cegonha, pode reduzir em 20 vezes ou mais a energia necessária para voar, por unidade de tempo, por outro lado esta economia chega a apenas 1/10 para uma ave pequena como um parulídeo. Então, não é por acaso que a maioria das aves terrestres grandes, durante suas migrações anuais, realizam o planeio ascendente e planam tanto quanto possível, e alguns condores e abutres percorrem centenas de quilômetros por dia, voando desta forma à procura de alimento.

Velocidade de Vôo e o Custo de Voar

Uma ave amplia a velocidade do vôo aumentando a amplitude do batimento das asas, mas mantendo a frequência aproximadamente constante em todas as velocidades desenvolvidas durante o vôo. Aves de maior porte batem as asas com frequências mais baixas que aquelas observadas nas aves menores, e voadores fortes tem frequências de batimento de asa usualmente mais baixas do que aquelas dos voadores fracos. A fúrcula (osso da sorte) atua como uma mola e um dispositivo regulador. A frequência da respiração de muitas aves durante o vôo parece ter uma relação estreita e constante com a frequência do batimento das asas. Algumas aves, especialmente aquelas que possuem baixas frequências de batimento de asas, respiram uma vez a cada ciclo de batimento de asa. Em contraste, aves com altas frequências de batimento de asas possuem ciclos respiratórios que abarcam muitos batimentos de asas. Geralmente, a inspiração parece ocorrer durante ou no final da elevação da asa, e a expiração no final da descida da asa.

Estudos preliminares sugerem que a velocidade de vôo mais eficiente pode depender das características anatômicas das asas e dos músculos do vôo de uma ave. A teoria aerodinâmica prediz que a força mecânica requerida para voar deve mostrar uma relação em forma de U com a velocidade do vôo, com o fundo do U correspondendo a velocidade de vôo mais eficiente. Essa relação foi observada para duas espécies de vôo rápido possuidoras de asas com alto coeficiente de proporcionalidade: um pombo (*Streptopelia risória*) e *Nymphicus hollandicus*, ambos com curvas acentuadas em forma de U com velocidades mínimas distintas entre 5 e 7 metros/segundo (Tobalske et al. 2003). Em contraste, um parente dos pombos (*Pica pica*), que tem asas curtas e acentuadamente elípticas, tem uma curva menos acentuada com uma força de elevação que varia pouco entre 4 e 12 metros/segundo.

As aves frequentemente voam em formação – bandos de gansos migratórios em formação em V são sinais familiares da primavera e outono no Hemisfério Norte, e moradores das regiões litorâneas podem ver essas aves voando em formação todos os anos. Monitorou-se o trabalho cardíaco de um grande pelicano branco para medir a energia utilizada (Weimerskirschm et al. 2001). Os pelicanos têm um padrão de vôo distinto que alterna muitos batimentos de asa com planeio que dura de 1 a 2 segundos. Quando os pelicanos voam em formação, eles alternam entre si o batimento de asa do líder por batimento de asa ou planeio em uma sucessão regular quando o líder passa para a última posição da formação. A taxa cardíaca foi mais baixa, em média ao redor de 150 batimentos/minuto, quando um pelicano estava planando. Os pelicanos voando individualmente têm taxas cardíacas médias de 180 a 190 batimentos por minuto, mas quando estão voando em formação a média da taxa cardíaca foi de apenas 165 batimentos por minuto. Uma ave voando na esteira de uma ou mais aves beneficia-se do menor atrito com o ar que é gerado pelas asas das outras aves. Para os pelicanos esse efeito pode produzir uma economia de energia de 1,7 a 3,4 por cento, que é similar a economia de energia calculada para o vôo dos gansos em formação. Além disso, os pelicanos gastam mais tempo planando quando estão em formação do que quando voam individualmente. Quando os efeitos do tempo de planeio adicional é incluído, a estimativa da energia economizada eleva-se para 11,4 a 14 por cento.

17.4 Membros Traseiros (Pelvinos)

Diferentemente da maioria dos tetrápodes as aves, normalmente, são especializadas em duas ou mais formas diferentes de locomoção: marcha bípede ou natação com os membros traseiros e vôo com os membros dianteiros.

Andar, Saltar e Empoleirar-se

A locomoção terrestre pode incluir andar ou correr, sustentar corpos pesados, saltar, empoleirar-se, escalar, caminhar em água rasa, ou sustentar o corpo em substratos instáveis, tais como neve ou vegetação flutuante. Consideraremos as adaptações cursoras, porque as aves evoluíram a partir de dromeossauros bípedes e porque os princípios da adaptação cursora têm sido bem estudados nos mamíferos quadrúpedes. Normalmente, as modificações associadas com a corrida nos quadrúpedes são: (1) um aumento progressivo no comprimento dos elementos distais dos membros, com relação aos proximais; (2) uma diminuição na área da planta do pé, que faz contacto com o solo; e (3) a redução no número de artelhos. Todas estas três tendências cursoras estão representadas, em graus variados, nas aves corredoras; no entanto, os problemas de equilíbrio são mais críticos para os bípedes que para os quadrúpedes e estes problemas podem ter limitado, entre os bípedes, a evolução de algumas das adaptações cursoras encontradas nos quadrúpedes.

Como o centro de gravidade precisa ficar sobre os pés de um bípede, para a manutenção do equilíbrio, a redução da superfície de contacto com o solo, só pode ser mantida com alguma perda na estabilidade da ave. Nenhuma ave chegou a reduzir a extensão e o número de artelhos, em contacto com o solo, da forma como os mamíferos ungulados o fizeram; mas a grande e veloz corredora, o avestruz, tem apenas dois artelhos em cada pé e muitas outras espécies cursoras têm apenas três em contacto com o solo e voltados para frente (Figura 17-13).

Características de grande porte, tais como os grandes ossos pesados das pernas arranjados em colunas verticais como suportes da grande massa corpórea, são bem conhecidos em alguns grandes mamíferos tais como os elefantes. Nenhuma ave sobrevivente mostra especializações deste tipo, mas estas características são observadas em algumas grandes aves terrestres primitivas que não voavam. As aves-elefante (Aepyomithiformes) de Madagascar e as moas (Dinornithiformes) da Nova Zelândia, hoje extintas,

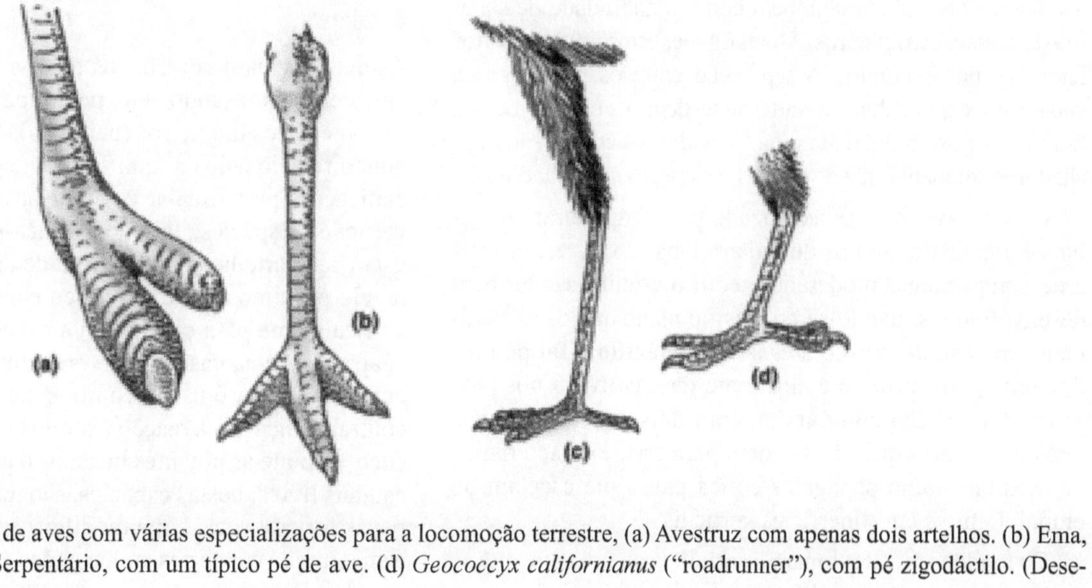

Figura 17-13 Pés de aves com várias especializações para a locomoção terrestre, (a) Avestruz com apenas dois artelhos. (b) Ema, com três artelhos, (c) Serpentário, com um típico pé de ave. (d) *Geococcyx californianus* ("roadrunner"), com pé zigodáctilo. (Desenhados fora de escala.)

Figura 17-14 Aves terrestres, não-voadoras, de grande porte. (à esquerda). A extinta ave-elefante de Madagascar; (à direita) a avestruz cursora.

foram herbívoras de grande porte que evoluíram em ilhas oceânicas, na ausência de grandes mamíferos carnívoros; lá sobreviveram até entrarem em contato como os seres humanos primitivos, no Período pós-Pleistoceno (Figura 17-14). O carnívoro gigante *Diatryma* (Gruiformes) e espécies relacionadas foram formas continentais que obtiveram sucesso nas Américas e na Europa (Quadro 17-2).

Saltar, ou seja, locomover-se por uma sucessão de pulos com os pés movendo-se juntos, é uma forma especial de locomoção podal, encontrada principalmente em aves arborícolas, que se empoleiram. Ela é mais desenvolvida nos pássaros e, regularmente, apenas algumas aves não-Passeriformes saltam. Muitos pássaros não podem caminhar; saltar é a sua única maneira de locomoção terrícola. Alguns grupos de pássaros têm uma maneira mais terrícola de existência; estas aves possuem não só um tipo de marcha, bem como a habilidade de saltar (o Alaudidae, caminheiros, Motacillidae, estorninhos e certos Icteridae, por exemplo). A separação entre os pássaros que andam e os que saltam manifesta-se dentro de uma mesma família. Por exemplo, na família Corvidae, os corvos são marchadores, enquanto que as gralhas e as pegas são saltadoras.

O pé de ave mais especializado para empoleirar em galhos é aquele no qual os quatro artelhos são livres, móveis e de comprimento moderado e com o artelho caudal bem desenvolvido, situando-se no mesmo plano que os três craniais, em sentido oposto a eles (**anisodáctilo**). Tal pé produz uma garra firme e é altamente desenvolvido nos pássaros. A condição **zigodáctila**, com dois artelhos craniais opostos aos dois que se estendem para trás, é característica de aves tais como papagaios e pica-paus, que escalam ou empoleiram-se em superfícies verticais.

Os tendões que flexionam os artelhos de uma ave que se empoleira, mostram modificações que travam o pé em um aperto forte, de tal forma que a ave não cai do seu poleiro quando ela relaxa ou vai dormir. Os tendões plantares, que se inserem, individualmente, nas falanges dos artelhos, deslizam em sulcos e bainhas que estão localizados craniais à articulação do joelho e caudais à articulação do tarsometatarso, de tal modo que os tendões apertam e flexionam os artelhos em torno do poleiro, bastando para isso somente o peso da ave em repouso. Desta forma, a contração muscular não é necessária para manter os artelhos fechados. Além disso, os tendões, que ficam sob os ossos dos artelhos, têm centenas de minúsculas projeções, rígidas como cabeças de pregos, que enganchamem sulcos na superfície interna da bainha do tendão circundante. As projeções e sulcos travam os tendões no local, nas bainhas, e ajudam a manter o aperto dos artelhos em torno do galho.

Escalar

As aves escalam em troncos de árvores ou outras superfícies verticais, usando seus pés, caudas, bicos e raramente seus membros dianteiros (peitorais). Vários grupos de aves pouco relacionados adquiriram, independentemente, especializações para escalar e forragear em troncos de árvores verticais. Espécies, tais como pica-paus e arapaçus, que usam seus artelhos como forma de apoio, começam o forrageio próximo à base do tronco e percorrem seu caminho verticalmente para cima, com a cabeça em primeiro lugar, agarrando-se na casca da árvore com pés fortes em pernas curtas. A cauda é usada como apoio para manter o corpo, contrabalançando a reação exercida pela cabeça e pelo pescoço, durante as potentes bicadas, o pigóstilo e as vértebras caudais livres, nestas espécies, são mais largos e sustentam penas fortes e rijas. Uma modificação semelhante da cauda é encontrada em certos andorinhões, que se empoleiram em paredes de cavernas e no interior de chaminés.

QUADRO 17.2 Aves Predadoras Gigantes

Normalmente não pensamos nas aves como sendo assustadoras, embora algumas águias tenham 2 metros ou mais de envergadura de asas. Contudo, a extinção dos dinossauros no final da Era Mesozóica a zona adaptativa dos carnívoros bípedes foi ocupada pelas aves gigantes que não voavam desde o Paleoceno até o Pleistoceno (Marshall, 1994).

Os mais antigos destes análogos a dinossauros foram as "diatrimas" (crânios aterradores), que são conhecidas dos depósitos do Paleoceno e do Eoceno, na América do Norte e na Europa. As "diatrimas" tinham 2 metros de altura, pernas maciças e artelhos com garras enormes. A cabeça era imensa – aproximadamente tão grande quanto à de um cavalo – e tinha um enorme bico em forma de gancho (Figura 17-15). A análise mecânica do aparelho alimentar da *Diatryma* sugere que as aves eram equipadas para serem predadoras ferozes: "tudo quanto a *Diatryma* comesse ela podia morder com firmeza" (Witmer e Rose 1991). De fato o crânio e as maxilas da *Diatryma* revelam ramos mandibulares compactos e a evidência de músculos adutores maciços. Essas características não estão presentes em nenhuma ave atual (talvez felizmente para nós), mas elas podem ser observadas nas hienas e estão associadas à habilidade de triturar ossos. Talvez as Diatryma, assim como as hienas, eram tanto saprófagas como predadoras, sendo capazes de moer os ossos para comer a medula óssea no seu interior.

A América do Sul ficou isolada dos continentes do norte no Cenozóico Inferior e outras linhagens de aves predadoras gigantes, os Phorusrhacidae, evoluíram nesse continente. Os Phorusrhacidae, que tinham de 1,5 a 2,5 metros de altura, e de compleição mais delicada que as "diatrimas" e provavelmente melhores corredores. Como as "diatrimas", os Phorusrhacidae tinham bicos enormes em gancho e garras possantes. Os Phorusrhacidae são conhecidos na América do Sul desde o Oligoceno até o final do Plioceno; desapareceram mais ou menos na época do grande intercâmbio de fauna, entre as Américas do Norte e do Sul. Contudo, um Phorusrhacidae é conhecido dos depósitos do Pleistoceno, na Flórida, representando um gênero que, aparentemente, deslocou-se para o Norte, através da ponte de terra da América Central.

Figura 17-15 Uma *Diatryma* atacando um condilartideo (um ungulado arcaico com tamanho aproximado de um cão pastor-alemão).

Os Sittidae ("nuthatches") e aves similarmente modificadas escalando troncos e paredes rochosas não só de cabeça para cima como de cabeça para baixo, quando forrageiam e essas espécies, que não usam a cauda como apoio, a garra do hálux é fortemente curvada e maior do que aquelas dos artelhos voltados para frente.

Embora poucos ninhegos de aves usem as asas para sustentá-los, quando se movem em torno do ninho, apenas as ciganas jovens, da América do Sul, desenvolveram uma modificação especial dos membros dianteiros para escalar. As ciganas necessitam de um longo tempo para começar a voar – 60 a 70 dias. Até que possam voar escalam a vegetação usando as longas garras do primeiro e do segundo dígitos da asa, que são movidas por músculos especiais. Mais tarde, quando mais velha, perde as garras e a asa do adulto assume a condição típica de ave, mas mesmo assim os adultos não voam bem e ainda usam suas asas para ajudar a escalar a vegetação densamente ramificada do seu habitat tropical e pantanoso. Estas características das ciganas podem ser relacionadas à sua dieta herbívora. O papo grande associado à fermentação de material vegetal na parte cranial do tubo digestório ocupa boa parte do espaço no tronco e o esterno é reduzido. Como resultado, há uma área menor para os músculos de vôo se prenderem do que em outras aves do mesmo tamanho.

Natação na Superfície

Ainda que nenhuma ave tenha se tornado aquática totalmente, como os ictiossauros e cetáceos, quase 400 espécies apresentam especializações para a natação. Quase metade destas espécies aquáticas também mergulha e nada embaixo d'água.

As modificações dos membros traseiros das aves são as especializações mais evidentes para a natação. Entre outras mudanças pode-se incluir um corpo largo que aumenta a estabilidade na água, uma plumagem densa que fornece flutuabilidade e isolamento térmico, uma grande glândula uropigial, produtora de óleo, que impermeabiliza a plumagem contra a água, e modificações estruturais das penas do corpo que retardam a penetração da água até a pele. As pernas ficam próximas à parte caudal do corpo da ave, enquanto a massa dos músculos das pernas interfere o mínimo possível com a hidrodinâmica; desta forma um excelente controle de direção pode ser atingido.

Os pés das aves aquáticas são providos de membranas interdigitais ou de lobos (Figura 17-16). Durante a evolução das aves os pés com membranas interdigitais, entre os três artelhos voltados para frente (palmados com membranas), foram adquiridos, independentemente, pelo menos quatro vezes. Os pés totipalmados, com membranas interdigitais em todos os quatro artelhos são encontrados nos pelicanos e seus parentes. As forças hidrodinâmicas que atuam nos pés das aves nadadoras são excepcionalmente complexas (Johansson e Norberg 2003). No início da força da arrancada, quando o pé está em sua posição mais para frente, a membrana está aproximadamente paralela à superfície da água e move-se para baixo. Nesse estágio o efeito do movimento do pé é elevar a ave e impulsioná-la para frente. Entretanto, depois da arrancada a membrana ao transpor a perpendicular à superfície da água, é produzido um arrasto hidrodinâmico sobre a face dorsal da membrana voltada para frente devido ao vórtex que se desenvolve como fluxo de água ao redor da membrana. Nesse estágio o arrasto é a principal força que impulsiona a ave para frente.

Os lobos nos artelhos evoluíram, convergentemente, em várias linhagens filogenéticas de aves aquáticas. Existem

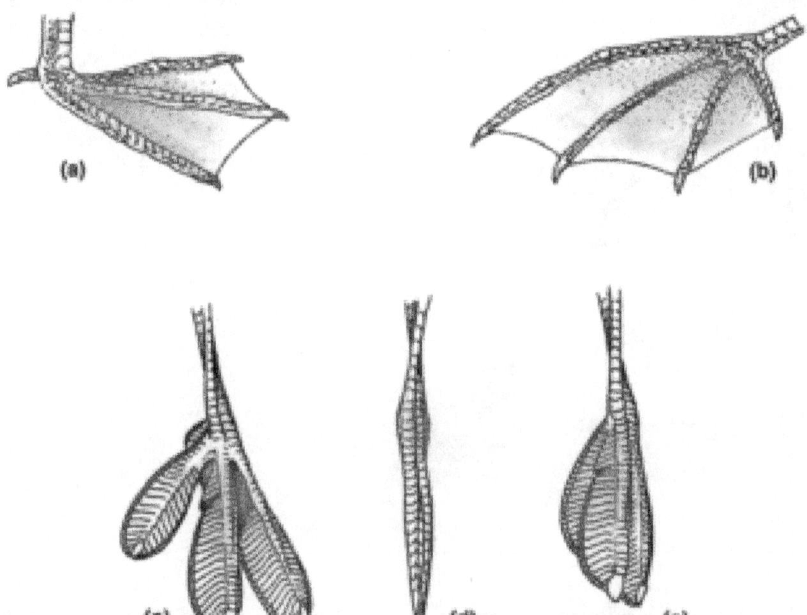

Figura 17-16 Pé providos de membranas interdigitais e pés lobulados de algumas aves aquáticas, (a) Pato, mostrando as membranas parciais; (b) Biguá, mostrando um pé toltipalmado. O pé lobulado de um mergulhão mostrando como ele gira durante um movimento de arrancada: (c) posição dos artelhos durante um forte movimento para trás, em vista lateral; (d) vista frontal; (e) vista lateral do pé girando durante o movimento de arrancada para frente.

dois tipos diferentes de pés lobados. Os mergulhões são os únicos nos quais os lobos do lado externo dos artelhos são rígidos e não se dobram para trás, quando o pé move-se para frente. Em vez de dobrar os lobos, os mergulhões giram o terceiro e quarto artelhos a 90° iniciando a arrancada de recuperação e movem o segundo artelho sob o tarsometatarso (Johansson e Norberg 2001). Nessa posição os lados dos artelhos deslizam na água como lâminas afiadas, minimizando a resistência. Um mecanismo mais simples, para a arrancada de recuperação, existe em todos os outros nadadores de pés lobados, nos quais os lobos são pás que se dobram para trás contra os artelhos durante o movimento para frente e expandem-se apresentando uma superfície máxima na arrancada para trás.

Mergulho e Natação Embaixo d'Água

A transição de uma ave nadadora de superfície para uma de sub-superfície ocorreu de duas formas, fundamentalmente, diferentes: ou pela especialização ainda maior dos membros traseiros, já adaptados para a natação, ou pela modificação da asa para usá-la como uma nadadeira embaixo d'água. Os mergulhadores de pés-propulsores altamente especializados evoluíram, independentemente, em Podicipedidae (mergulhões), Phalacrocoracidae (biguás), Gaviidae ("loons") e nos extintos Hesperornifhidae. Todas estas famílias, exceto Gaviidae, incluem algumas formas que não voam (Figura 17-17). Os mergulhadores de asas-propulsoras evoluíram nos Procellariiformes (*Pelecanoides* spp.), Sphenisciformes (pinguins) e Charadriiformes (Alcidae e formas relacionadas). Apenas entre os patos é que existem as duas formas de patos-mergulhadores com pé-propulsor e asa-propulsora, no entanto, nenhuma das espécies é tão amplamente modificada para o mergulho quanto os especialistas Gaviidae e Alcidae. Os Cinclidae (*Cinclus*), são aves que mergulham e nadam embaixo d'água com grande facilidade, usando suas asas pequenas e arredondadas, mas não possuem outras especializações morfológicas.

Outras modificações morfológicas, comportamentais e fisiológicas também são importantes na evolução das aves que mergulham, tais como a flutuabilidade e o metabolismo oxidativo embaixo d'água. As aves que mergulham contornam o problema da flutuabilidade reduzindo o volume dos sacos aéreos tendo ossos menos pneumáticos; expelindo ar da sua plumagem antes de submergir, e no caso de alguns pinguins, engolindo pequenas pedras que atuam como lastro. Assim como outros mergulhadores de respiração aérea, as aves constringem a sua circulação periférica; reduzem a frequência cardíaca e reduzem sua taxa metabólica enquanto estão submersas. Elas também tendem a possuir um grande volume sanguíneo, com alta capacidade de transporte de oxigênio e músculos especialmente ricos em mioglobina.

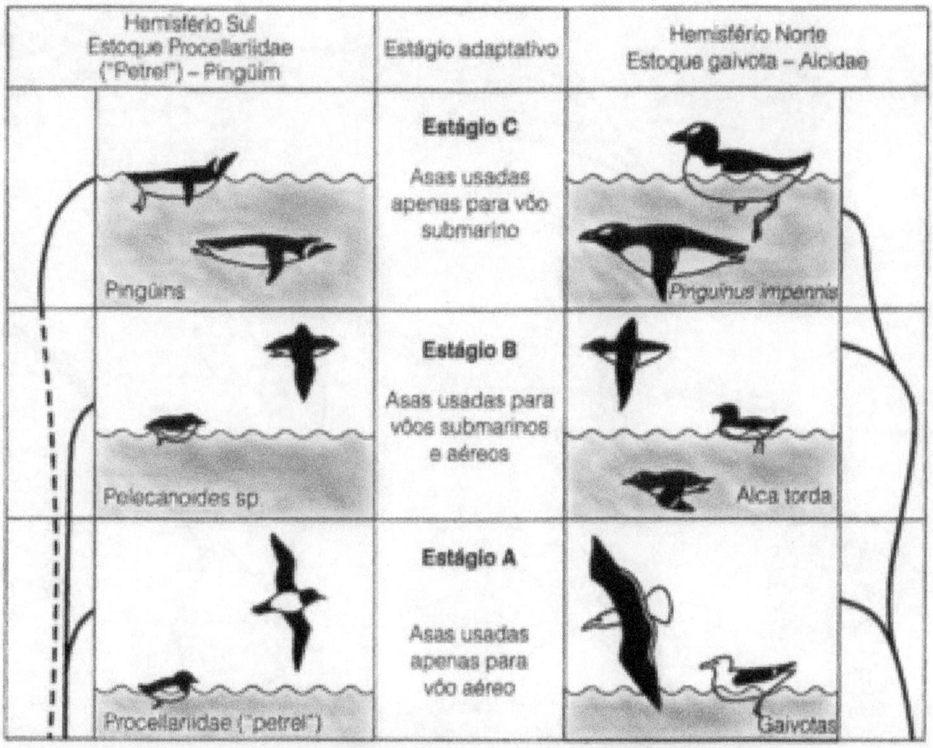

Figura 17-17 Evolução paralela das aves nadadoras e mergulhadoras do Hemisfério Sul (Procellariiformes e Sphenisciformes) e Hemisfério Norte.

Elas são capazes de tolerar altas taxas de dióxido de carbono no sangue e podem conseguir uma quantidade considerável de energia através do seu metabolismo anaeróbio. Estas características permitem-lhes mergulhar durante 1 a 3 minutos, com um tempo de sobrevivência máximo de 15 minutos.

17.5 Alimentação e Digestão

Com a especialização dos membros peitorais (dianteiros) como asas, as quais são um grande impedimento para que tenham qualquer participação na captura da presa, os mecanismos predatórios das aves concentram-se em seus bicos e pés. As modificações do bico, da língua e intestino estão, frequentemente, associadas a especializações alimentares.

Bicos e Línguas

A presença de um bico córneo no lugar dos dentes não é exclusiva das aves – notamos o mesmo fenômeno nos Testudines, Pvhynchosauria, dinossauros, pterossauros e Dicynodontia. Mas a diversidade de bicos entre as aves é notável. A gama de especializações morfológicas dos bicos desafia uma descrição completa, mas algumas categorias podem ser reconhecidas (Figura 17-18).

As aves insetívoras, tais como os parulídeos – que encontram seu alimento na superfície das folhas – normalmente têm bicos curtos, finos e pontiagudos que são adaptados ao tamanho dos insetos. Os "varredores aéreos", tais como os andorinhões, andorinhas e bacuraus – que coletam suas presas no ar – têm bicos curtos, frágeis e uma ampla fenda bucal. A cinese da maxila inferior aumenta substancialmente a abertura da boca nos bacuraus; a distância entre os dois ramos mandibulares aumenta de 12,5 milímetros, quando a boca está fechada, até 40 milímetros quando aberta. As penas rijas nas extremidades da boca aumentam ainda mais a área de captura de insetos.

Muitas aves carnívoras, tais como as gaivotas, corvos e *Geococcyx californianus* ("roadrunner") usam seus bicos pesados e pontiagudos para matar suas presas. Mas, a maioria dos gaviões, corujas e águias matam as presas com suas garras e empregam seus bicos para dilacerar em pedaços suficientemente pequenos para serem engolidos. Os falcões atordoam a presa com o impacto de seu mergulho, e então bicam o pescoço para desarticular as vértebras cervicais. Os falcões verdadeiros (do gênero *Falco)* têm uma estrutura denominada dente tomial que facilita este processo. Este dente, na realidade, é uma projeção afiada da maxila superior, que se encaixa em um entalhe apropriado na maxila inferior. Os Laniidae, grupo de aves predadoras que emprega o meca-

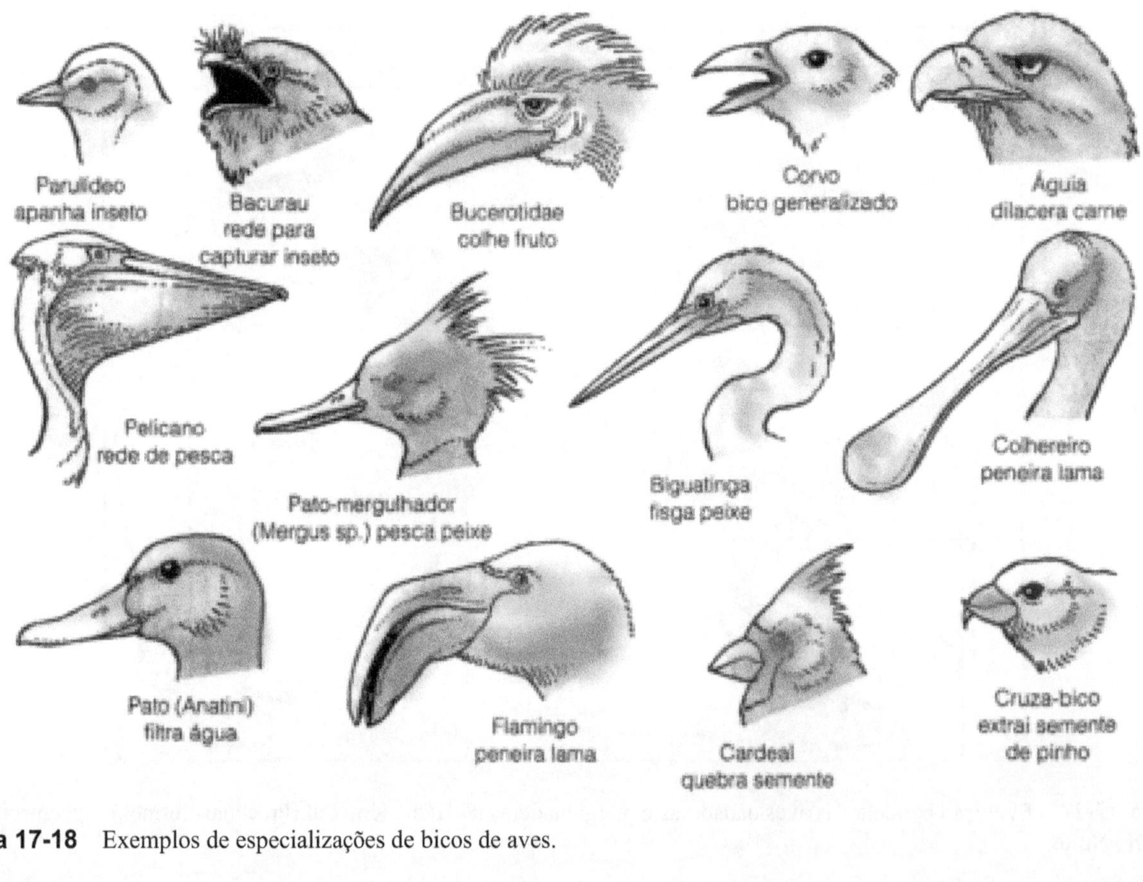

Figura 17-18 Exemplos de especializações de bicos de aves.

nismo de bicar o pescoço para matar a presa, também têm um dente tomial. As aves piscívoras, tais como biguás e pelicanos, têm bicos com a ponta em forma de gancho afiado, que é usada para apanhar peixes, enquanto os patos-mergulhadores (*Mergus* sp.) têm bicos longos, estreitos e com uma série de serrilhas ao longo dos lados do bico, além de um gancho na ponta. Os mergulhões-serpente e biguatingas têm bicos em forma de arpão que usam para fisgar o peixe.

Os colhereiros têm bicos achatados com as pontas alargadas, que usam para criar correntes que suspendem a presa na coluna d'água, onde podem capturá-las. Muitas aves aquáticas coletam pequenos crustáceos ou plâncton, da água ou da lama, com bicos que incorporam algum tipo de aparelho filtrador. Os patos (Anatini) têm bicos com lamelas córneas que formam sulcos transversais e suas línguas também têm projeções córneas. A língua e o bico são providos de um grande número de corpúsculos sensoriais e formam um sistema de filtração que permite aos patos encher o bico de lama e água, separar as presas e eliminar os detritos. Os flamingos têm um sistema semelhante. O bico de um flamingo é curvado de modo conspícuo e a parte rostral é mantida na posição horizontal quando o flamingo abaixa sua cabeça para se alimentar. A maxila inferior de um flamingo é menor do que a maxila superior e esta última que se movimenta rapidamente, para cima e para baixo, durante o processo de alimentação, enquanto a maxila inferior permanece imóvel. (Este caso, que é oposto ao padrão usual dos vertebrados, é possível por causa da cinese craniana das aves.)

As sementes, contendo a energia e os nutrientes que as plantas investiram na reprodução, são, normalmente, protegidas por revestimentos rígidos (testas) que precisam ser removidos antes que os conteúdos nutritivos sejam engolidos. As aves especializadas em comer sementes usam um dos dois métodos para descascar as sementes antes de degluti-las. Um grupo segura a semente no seu bico e corta-a, fazendo movimentos para frente e para trás com a maxila inferior. As aves do segundo grupo seguram a semente contra sulcos no palato e quebram a testa exercendo uma pressão para cima com sua robusta maxila inferior. Depois da testa ter sido rompida os dois tipos de aves usam suas línguas para remover os conteúdos. Outras aves têm especializações diferentes para comer sementes: os cruza-bicos extraem as sementes de coníferas, que estão entre as escamas dos cones de frutificação ou pinhas, usando as pontas divergentes de seus bicos para manter as escamas afastadas e uma língua preênsil para colher a semente no interior. Os pica-paus, os Sittidae e os Paridae podem guardar uma noz ou uma bolota (fruto do carvalho) em um buraco no tronco de uma árvore e, então, martelá-la com ajuda do bico pontudo até quebrá-la.

A produção de frutos é uma estratégia para a dispersão de sementes pelas plantas e as aves são importantes agentes dispersores. As cores vivas de muitos frutos anunciam a sua presença ou estado de maturação e atraem as aves para comê-los. A polpa ao redor das sementes é digerida durante a sua passagem através do intestino da ave, mas as sementes não são danificadas. As aves podem descartar a semente antes de comer a polpa, ou as sementes podem passar pelo intestino para serem expelidas com as fezes. Em alguns casos as ações, química ou mecânica, sofridas pela semente durante a sua passagem pelo tubo digestório da ave, facilitam a sua subsequente germinação. As aves frugívoras não têm que transpor uma cobertura dura, mas o próprio tamanho do fruto pode torná-lo difícil de deglutir. A cinese craniana pode ser importante para os frugívoros; a amplitude da abertura da boca permite-lhes deglutir itens alimentares grandes.

O crânio da maioria das aves consiste de quatro unidades ósseas, que podem se movimentar umas em relação às outras. Esta cinese craniana é importante em alguns aspectos da alimentação. À medida que a boca se abre, a maxila superior flexiona-se para cima e a maxila inferior expande-se lateralmente junto a sua articulação com a caixa

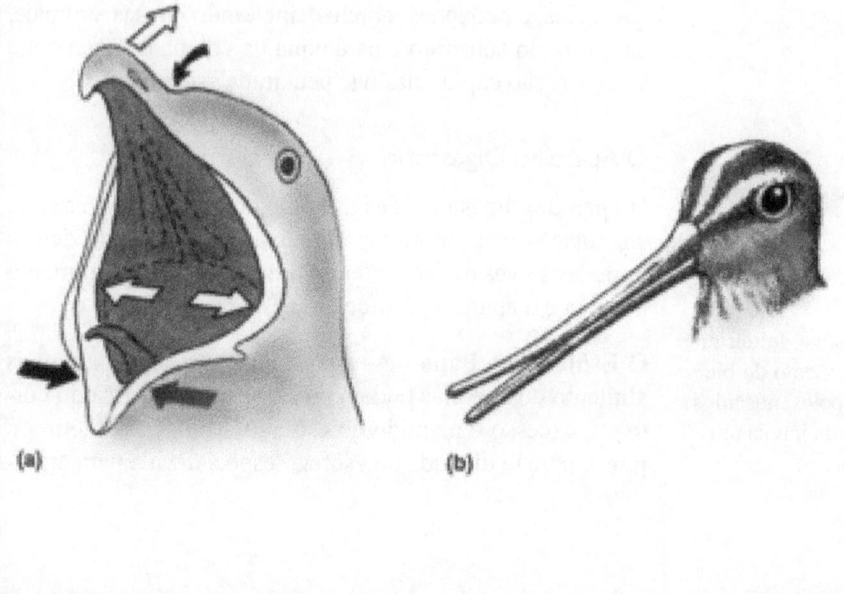

Figura 17-19 Cinese do crânio e das maxilas, (a) Uma gaivota (*Larus argentatus*) mostra movimentos cinéticos do crânio e das maxilas, que ocorrem durante a deglutição. As setas brancas indicam as posições de flexão para fora; as pretas indicam a flexão para dentro, (b) As narcejas (*Gallinago gallinago*), de bicos longos, procuram vermes e crustáceos em substratos moles, podendo elevar a ponta do bico superior sem abrir sua boca.

craniana (Figura 17-19a). A flexão das maxilas superior e inferior aumenta a abertura da boca nos planos vertical e horizontal e, provavelmente, auxilia na deglutição de itens alimentares grandes. Muitas aves usam seus bicos para procurar alimento escondido.

As aves limícolas de bicos longos para localizar vermes e crustáceos investigam na lama e na areia. Estas aves apresentam uma forma de cinese craniana na qual a zona flexível da maxila superior deslocou-se para perto da ponta do bico, permitindo que tal ponta possa ser elevada sem abrir a boca (Figura 17-19b). Este mecanismo possibilita às narcejas de bicos longos agarrarem a presa sob a lama.

A língua é parte importante do aparelho de captura do alimento de muitas aves. Os pica-paus escavam buracos nas árvores mortas e então usam suas longas línguas para investigar as galerias feitas pelos insetos que perfuram madeira. A língua do pica-pau *Picus viridis*, que tira formigas de seus túneis no solo, estende-se quatro vezes o comprimento do seu bico. Os ossos hióideos, que sustentam a língua, são alongados e protegidos por uma bainha de músculos que passa ao redor e por fora do crânio, chegando até a cavidade nasal (Figura 17-20). Quando os músculos da bainha contraem-se, os ossos hióideos são comprimidos

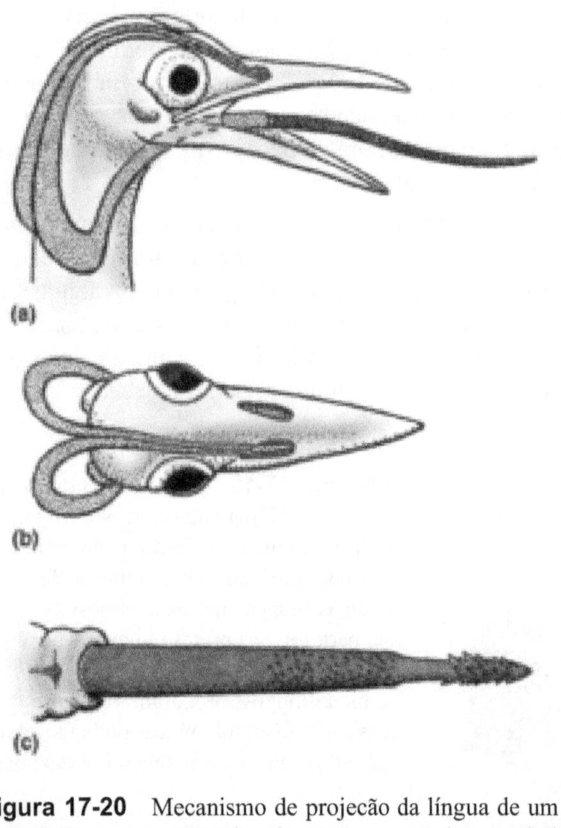

Figura 17-20 Mecanismo de projecão da língua de um pica-pau. A língua tem, aproximadamente, o comprimento do bico e pode ser projetada, bem além da ponta do bico, pelos músculos que movem o alongado aparelho hióide. O detalhe da língua mostra os espinhos córneos na ponta, que espetam a presa.

atrás do crânio e a língua é projetada para fora da boca da ave. A ponta da língua de um pica-pau tem espinhos córneos que espetam os insetos e permitem retirá-los de seus túneis. As aves nectarívoras, tais como os beija-flores e Nectariniidae ("sunbirds") também têm línguas compridas e um aparelho hióide que envolve a parte caudal do crânio. Nas aves nectarívoras a ponta da língua é dividida em um conjunto de projeções filamentosas, que retiram o néctar por capilaridade.

Especializações Alimentares

A morfologia dos bicos das aves é, às vezes, proximamente correlacionada com os métodos de captura de presa ou especializações alimentares. Os colhereiros, por exemplo, são relacionados às cegonhas e garças. Como seus parentes, os colhereiros alimentam-se de animais aquáticos tais como peixes, anfíbios e camarões de água doce, mas diferem das cegonhas e garças quanto à estrutura do bico e os métodos de alimentação.

As cegonhas e as garças têm bicos longos e pontudos. Elas localizam visualmente as presas enquanto caminham em água rasa e capturam-nas com os seus bicos abertos. Pelo fato deste método de caça depender da capacidade de enxergar as presas individualmente dentro d'água, uma garça pode estender suas asas, sombreando uma porção de água para reduzir os reflexos provenientes da superfície. Os colhereiros também caçam desta maneira, mas eles têm um segundo método de capturar presas que é eficaz mesmo em água escura (Weihs e Katzir 1994).

Os colhereiros têm este nome por causa da forma de seu bico que é alargado lateralmente, especialmente próximo à ponta (Figura 17-21). A superfície dorsal do bico é curva e a superfície ventral é plana. Na água clara um colhereiro caminha para frente vagarosamente, capturando a presa com seu bico da mesma forma que uma garça. No entanto, em água turva, um colhereiro movimenta rapidamente ("peneirando") seu bico na água, poucos centímetros acima do fundo. O contorno curvo do bico cria um vórtex na água que arrasta pequenos objetos, incluindo presas animais, para fora do substrato e para cima na coluna de água onde as presas são capturadas na "peneirada" seguinte.

O Aparelho Digestório

O aparelho digestório das aves mostra algumas diferenças em relação aos outros vertebrados. A ausência de dentes impede as aves de realizarem o processamento do alimento na boca e o aparato gástrico assume essa tarefa.

O Esôfago e o Papo As aves muitas vezes coletam mais alimento do que elas podem processar em um período curto e o excesso é mantido no esôfago. Muitas aves têm um **papo**, porção dilatada do esôfago especializada para arma-

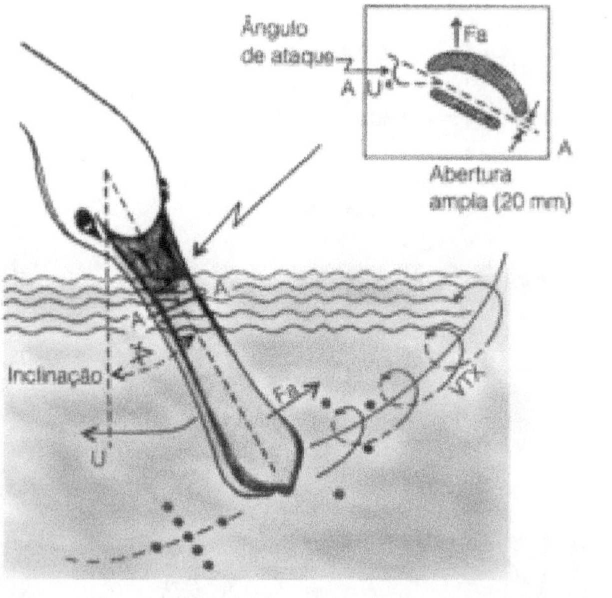

Figura 17-21 Mecanismo de alimentação do colhereiro. Quando um colhereiro "peneira" seu bico através da água, a superfície superior curva e a inferior plana criam correntes em vórtex (mostradas pelas setas em espiral assinaladas com VTX) que suspendem presas do substrato. Neste esquema o bico está sendo movimentado da direita para a esquerda (indicado pela seta assinalada U). O movimento de "peneirar" gera uma força de ascensão (Fa). A linha A-A. indica a posição da secção transversal do bico (mostrado no detalhe).

zenar, temporariamente, o alimento. O papo de algumas aves é uma simples expansão do esôfago, enquanto que em outras ele é uma estrutura unilobada ou bilobada (Figura 17-22). Uma função adicional do papo é transportar alimento para os ninhegos. Quando o adulto retorna ao ninho ele regurgita o material do papo e alimenta os filhotes. Nas rolas e pombos o papo de indivíduos de ambos os sexos produz um fluido nutritivo (leite do papo) que alimenta os filhotes. O leite é produzido por células ricas em lipídios, que se destacam do epitélio escamoso do papo e ficam suspensas em um fluido aquoso. O leite do papo é rico em lipídios e proteínas, mas não contém açúcares. A sua composição química é semelhante àquela do leite dos mamíferos, diferindo por conter células intactas. A proliferação do epitélio e a formação do leite do papo são estimuladas pela prolactina, da mesma forma que a lactação dos mamíferos. Um fluido nutritivo produzido no esôfago é fornecido aos filhotes pelos grandes flamingos (*Phoenicopterus ruber*), o pinguim-imperial (*Aptenodytes forsteri*) e outras espécies, especialmente aquelas que comem sementes, tais como o cruza-bico e a gralha.

A cigana (*Opisthocomus hoazin*), uma ave sul-americana, é a única espécie de ave conhecida a usar fermentação no intestino cranial (Figura 17-22Í). As ciganas são herbívoras; mais do que 80 por cento da dieta é composta por folhas verdes. Há mais de um século os naturalistas observaram que o odor das ciganas é semelhante ao do esterco de vaca e um estudo do papo e do esôfago caudal revelou que ácidos graxos voláteis são os responsáveis pelo odor (Grajal et al. 1989). Os ácidos graxos voláteis, produzidos pelo processo de fermentação, são absorvidos pelo intestino. Bactérias e protozoários semelhantes àqueles encontrados no rúmen das vacas rompem as paredes das células vegetais e os extratos bacterianos do papo da cigana são tão eficazes na digestão do material das plantas, quanto àqueles provenientes do rúmen de uma vaca.

O Estômago A forma do estômago das aves está relacionada com a sua dieta. As aves carnívoras e piscívoras (que comem peixes) precisam expandir as áreas de estocagem para acomodar grandes volumes de alimentos moles, enquanto as aves que comem insetos ou sementes precisam de um órgão muscular, que possa contribuir para a trituração mecânica do alimento. Normalmente, o trato gástrico das aves consiste de duas câmaras relativamente distintas: um estômago glandular cranial (proventrículo) e um estômago muscular caudal (moela, ver Figura 17-22a). O proventrículo contém glândulas que secretam ácido e enzimas digestivas. O proventrículo é especialmente grande em espécies que engolem itens alimentares grandes, tais como frutos inteiros (Figura 17-22d, e).

A moela tem várias funções, incluindo a estocagem de alimento, enquanto continua a digestão química que foi iniciada no proventrículo, mas sua função mais importante é no processamento mecânico do alimento. As espessas paredes musculares da moela esmagam o conteúdo alimentar e pequenas pedras, que são mantidas nas moelas de muitas aves, ajudam a moer o alimento. Desta forma, a moela está desempenhando a mesma função que é realizada pelos dentes dos mamíferos. É forte a pressão que pode ser exercida sobre o alimento dentro da moela. A moela de um peru pode moer duas dúzias de nozes em menos de 4 horas, e pode quebrar nozes do tipo pecã que, em condições experimentais, necessitam de 50 a 150 quilogramas de pressão para quebrá-las.

Intestino, Ceco e Cloaca O intestino delgado é o principal local de digestão química, onde as enzimas do pâncreas e do intestino degradam o alimento em pequenas moléculas, que podem ser absorvidas através da parede intestinal. A mucosa do intestino delgado é modificada em uma série de dobras, lamelas e vilosidades que aumentam a sua superfície. O intestino grosso é relativamente curto, normalmente menos que 10 por cento do comprimento do intestino delgado. A passagem do alimento, pelo intestino das aves, é muito rápida: o tempo de trânsito para espécies carnívoras e frugívoras é da ordem de poucos minutos a algumas horas.

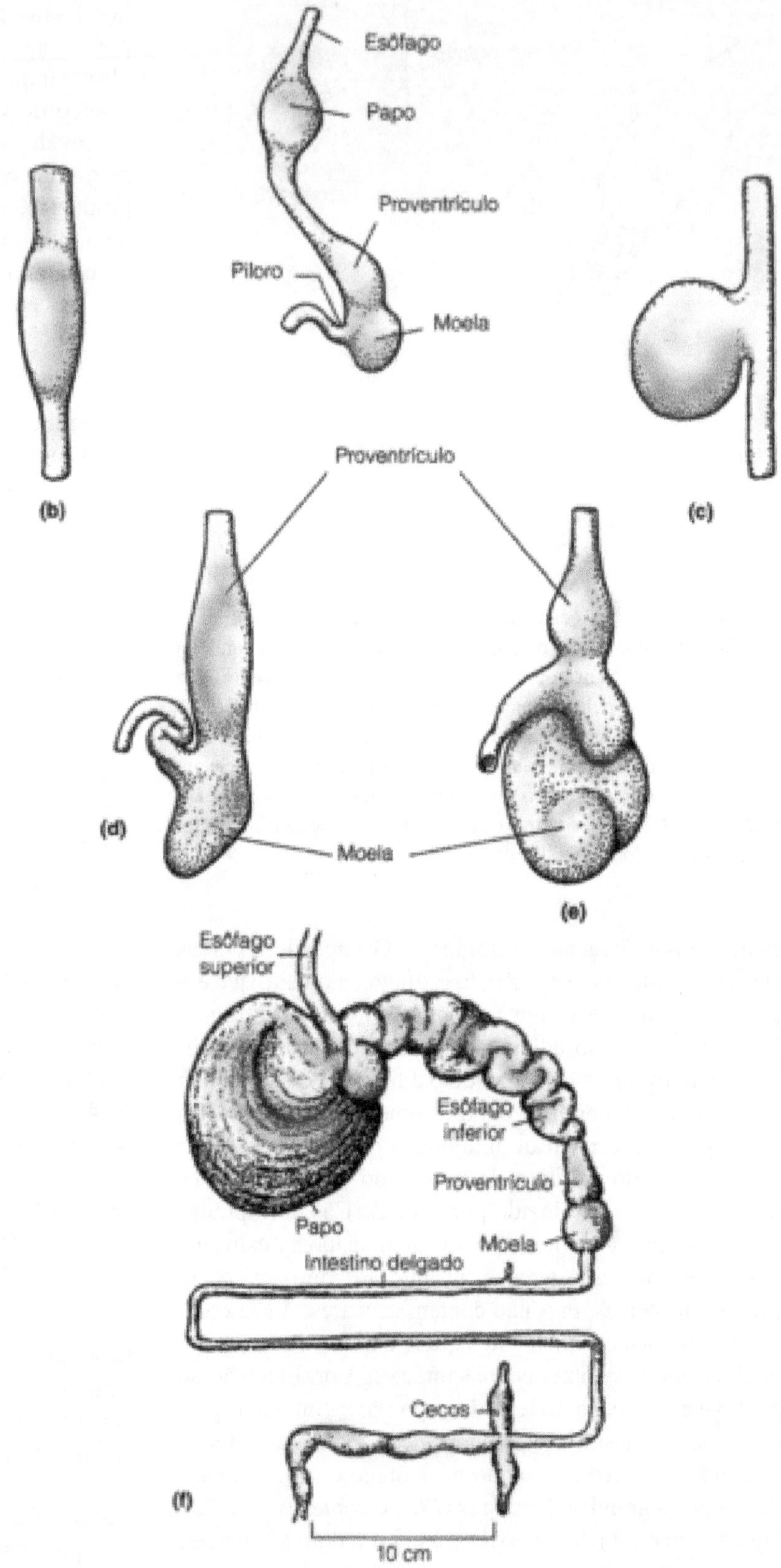

➤**Figura 17-22** Porção cranial do aparelho digestório das aves. (a) A relação entre as partes. Os tamanhos relativos do proventrículo e da moela variam com relação à dieta. As aves carnívoras e piscívoras, como o biguá (*Phalacrocorax carbo*), têm papo (b) e moela relativamente pequenos, (c) enquanto que as granívoras e onívoras, como o pavão, têm um papo grande (d) e uma moela muscular (e). (f) O tubo digestório da cigana. O papo muscular e o esôfago cranial são muito dilatados. Os sulcos corneificados na superfície interna do papo, provavelmente, trituram o conteúdo do papo, reduzindo o tamanho das partículas.

A passagem do alimento pelo intestino é mais lenta nos herbívoros, podendo levar um dia inteiro. As aves geralmente têm um par de cecos (cecos eólicos) na junção entre os intestinos delgado e grosso. Os cecos são pequenos nas espécies carnívoras, insetívoras e granívoras, mas são grandes nas espécies herbívoras e onívoras, tais como grous, Galliformes, patos, gansos e avestruz. Aparentemente, o material vegetal é fermentado, nos cecos, por microorganismos simbiontes.

As aves respondem às mudanças sazonais da dieta com modificações na morfologia do trato intestinal. Muitas aves comem insetos e outros animais durante o verão e passam a consumir vegetais (tais como frutos secos) durante o inverno. O material vegetal leva mais tempo para ser digerido, deste modo passa mais lentamente pelo trato intestinal. Para ajustar diferenças no tempo de passagem o intestino muda de comprimento em resposta às mudanças alimentares. A Figura 17-23 ilustra essa mudança observada no estorninho (*Sternus vulgaris*) que se alimenta principalmente de insetos entre março e junho e do final do verão até o inverno adiciona progressivamente cada vez mais material vegetal em sua dieta. O comprimento do intestino mostra um ciclo correspondente, aumentando o comprimento cerca de 20 por cento durante as primeiras neves e o inverno e diminuindo na mesma proporção durante a primavera e início do verão. Soma-se a isso mudanças na anatomia do intestino, as enzimas digestivas mudam para equiparar a redução nas taxas de proteína e lipídios e no aumento nos açúcares simples dos frutos quando comparadas às do alimento animal.

A cloaca estoca, temporariamente, os produtos residuais, enquanto a água é reabsorvida. A precipitação do ácido úrico, na forma de uratos, retira a água da urina e esta água é devolvida à corrente sanguínea. As espécies de aves que têm glândulas secretoras de sal podem aumentar ainda mais a retenção d'água pela absorção de alguns íons, que estão em solução na cloaca, e excretá-los em soluções mais concentradas pelas suas glândulas de sal (Capítulo 11). A mistura de uratos brancos e de material fecal escuro, que é eliminada pelas aves, é familiar a qualquer pessoa que já lavou um automóvel.

17.6 Sistemas Sensoriais

As aves em vôo movem-se rapidamente nas três dimensões do espaço e necessitam de um contínuo fluxo de informações sensoriais com relação à sua posição e à presença de obstáculos no seu caminho. A visão é o sentido mais adaptado para fornecer este tipo de informação, em bases rapidamente renovadas, e as aves têm um sistema visual bem desenvolvido que se mantém ativo enquanto a ave está dormindo (Quadro 17-3). Essa predominância é refletida no encéfalo: os lobos ópticos são grandes e o *tectum* é uma área importante para o processamento das informações visuais e auditivas. A olfação é relativamente pouco importante para a maioria das aves e os lobos olfatórios são pequenos. O cerebelo, que coordena os movimentos do corpo, é grande. O cérebro é menos desenvolvido nas aves que nos mamíferos e é dominado pelo corpo estriado.

Visão

Os olhos das aves são grandes – tão grandes que o encéfalo é deslocado dorsocaudalmente e, em muitas espécies,

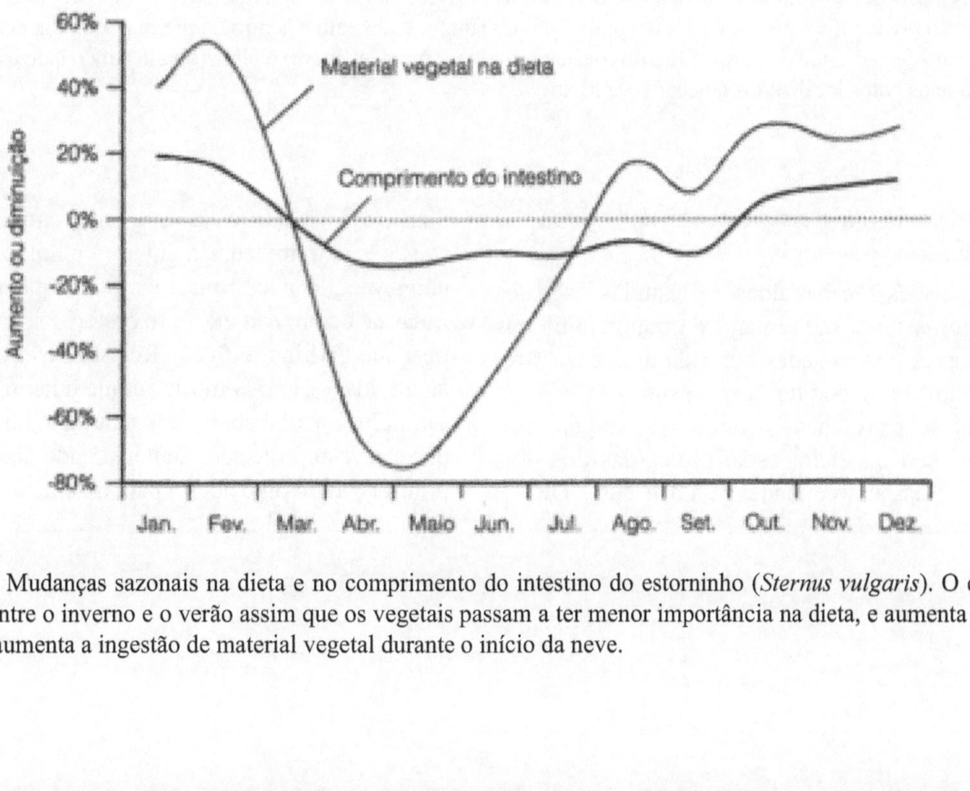

Figura 17-23 Mudanças sazonais na dieta e no comprimento do intestino do estorninho (*Sternus vulgaris*). O comprimento do intestino diminui entre o inverno e o verão assim que os vegetais passam a ter menor importância na dieta, e aumenta a capacidade do estômago quando aumenta a ingestão de material vegetal durante o início da neve.

QUADRO 17.3 Chaucer o Ornitologista

O prólogo da obra *The Canterburry Tales,* escrito na língua inglesa falada entre 1100 e 1500, por Geoffrey Chaucer entre 1387 e 1400, evoca imagens primaveris – chuvas de abril, brisas suaves, folhas brotando, botões de flores nascendo,

"And smale foweles maken melodye,
That sleep all the nyght with open eye"
(e pequenos pássaros canoros dormem a noite inteira com os olhos abertos).

Chaucer usou os pássaros como uma metáfora para o sentimento de bem-estar que impregna até os organismos mais tímidos em um adorável dia de primavera, e essa obra do autor foi biologicamente correta – as aves para espreitar os predadores podem dormir com um olho aberto e um hemisfério cerebral desperto (Ratenborg et al. 1999).

Esse fenômeno é denominado "unihemispheric slow wave sleep" (USWS), e conhecido anteriormente apenas em mamíferos aquáticos que devem simultaneamente dormir e manter-se na superfície para respirar.

O sono é mais eficiente quando os dois hemisférios cerebrais adormecem, e aves fazem isso quando se sentem à salvo, mas em situações de perigo elas usam o USWS e mantêm-se alertas com um dos olhos. Além disso, mantêm

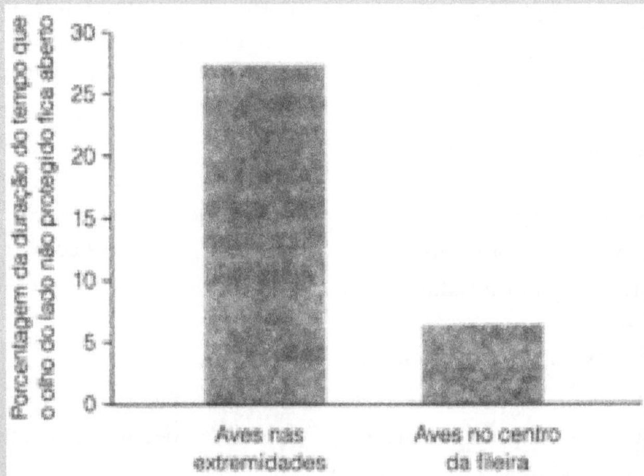

Figura 17-24 Dormindo com um olho aberto. Os patos das extremidades de uma fileira têm o olho do lado exposto (a direção na qual o ataque do predador é mais provável) e o outro olho do lado voltado para o centro da fileira. Patos das posições centrais das fileiras têm um pato de cada lado do corpo. Os patos das extremidades mantêm aberto o olho voltado para o lado exposto quase cinco vezes mais do que os patos localizados no centro da fileira.

o olho aberto do lado que mais provavelmente o predador pode se aproximar.

Essas conclusões são baseadas em estudos de patos selvagens *(Anás plathyrhynchos)* que dormem em fileiras de quatro. As aves posicionadas em cada uma das extremidades têm um dos lados do corpo exposto e o outro lado protegido pela presença de outra ave, enquanto as duas aves do meio da fileira estão protegidas dos dois lados. Os patos das extremidades usam o sono USWS duas vezes mais que as aves do centro. Além disso, as aves das extremidades mantêm o olho voltado para a face não protegida aberto mais tempo, enquanto as aves localizadas no centro não mostram preferência por qual olho deve ficar aberto (Figura 17-24). Registros eletroencefalográficos da atividade elétrica mostram que o hemisfério que recebe estímulos do olho aberto era mais ativo do que o hemisfério que estava adormecido, demonstrando que estava passando informação do olho aberto para o hemisfério alerta.

o globo ocular encontra-se na linha mediana do crânio. Os olhos de alguns gaviões, águias e corujas são tão grandes quanto os dos seres humanos. O olho de uma ave é como o de qualquer vertebrado, com relação a sua estrutura básica, mas a forma varia de uma esfera achatada a algo que se aproxima de um tubo (Figura 17-25). A análise das características ópticas dos olhos das aves sugere que estas diferenças são, principalmente, o resultado do encaixe dos grandes olhos em crânios pequenos. Os olhos de um estorninho são suficientemente pequenos para serem contidos dentro do crânio, enquanto que os de uma coruja ("owl bulge") não. Uma coruja necessitaria de uma cabeça enorme e desajeitada para acomodar um olho achatado como o dos estorninhos. A forma tubular, do olho das corujas, permite ajustar-se no interior de um crânio de tamanho razoável.

O pécten é uma estrutura conspícua no olho das aves. Ele é formado exclusivamente de capilares sanguíneos, circundados por tecido pigmentado e coberto por uma membrana; não possui músculos e nervos. O pécten origina-se da retina, no ponto onde as fibras nervosas das células ganglionares da retina encontram-se para formar o nervo óptico. Em algumas espécies de aves o pécten é pequeno, mas em outras se expande tanto dentro do humor vítreo do olho, que quase toca o cristalino. A função do pécten permanece incerta após 200 anos de discussões. As funções propostas incluem: a redução da claridade; um espelho para refletir objetos que estão acima da ave; produção de um efeito estroboscópico e um ponto de referência visual – mas nenhuma delas parece muito provável. O rico suprimento sanguíneo do pécten sugere que ele pode fornecer nutrição para as células da retina e ajudar a remover os resíduos metabólicos que se acumulam no humor vítreo.

Gotículas de óleo são encontradas primariamente nos cones da retina das aves, assim como em outros sauropsídeos. As gotículas variam quanto à cor, desde o vermelho, passando pelo laranja e amarelo, até o verde; as gotículas vermelhas ocorrem somente em aves e Testudines. As gotículas de óleo de cores diferentes estão associadas à vários tipos de cones e estas células estão localizadas em áreas diferentes da retina. Por exemplo, na região centro-dorsal da retina de um pombo tem a predominância de fotorreceptores com gotículas vermelhas, enquanto nas regiões ventral e lateral da retina têm células com gotículas amarelas. As gotículas de óleo são filtros, absorvendo alguns comprimentos de ondas de luz e transmitindo outros. A função das gotículas de óleo não está esclarecida e é certamente complexa porque as suas várias cores combinam-se com diferentes tipos de células fotorreceptoras e diferentes pigmentos visuais. As aves, tais como gaivotas, trinta-réis. atobás e martins-pescadores, que precisam enxergar através da superfície da água, têm a preponderância de gotículas vermelhas. Os caçadores aéreos insetívoros (andorinhões e andorinhas) têm, predominantemente, gotículas amarelas.

Audição

Nas aves, como nos outros sauropsideos, a columela (estribo) e a sua projeção cartilaginosa, a extra-columela, transmitem as vibrações do tímpano para a janela oval da orelha interna. A cóclea das aves tem a mesma estrutura básica que a dos outros vertebrados, mas ela parece ser especializada para distinções sutis de frequência e do padrão temporal do som. A cóclea de uma ave tem cerca de 1/10 do comprimento da cóclea de um mamífero, mas tem cerca de dez vezes mais células ciliadas por unidade de comprimento. O espaço acima da membrana basilar (a rampa vestibular) é quase totalmente ocupado por um tegumento glandular dobrado. Esta estrutura pode atenuar as ondas sonoras, fazendo com que a orelha de uma ave possa responder muito rapidamente às alterações nos sons.

A abertura do canal auditivo externo é pequena, com apenas poucos milímetros de diâmetro na maioria das aves e recobertas com penas, que podem assegurar o fluxo laminar do ar através das aberturas durante o vôo. O músculo columelar insere-se na columela. A contração deste músculo afasta a columela da janela oval, reduzindo a energia sonora transmitida à orelha interna. Este mecanismo pode proteger a orelha interna contra o ruído do vento, durante o vôo e pode, também, ajudar a calibrar o aparelho auditivo. Nos estorninhos a contração do músculo columelar aumenta o efeito da orelha média como um filtro, para sons de diferentes frequências. Os sons que passam mais facilmente no filtro são aqueles do intervalo de maior sensibilidade auditiva que, na maioria das aves, correspondem ao intervalo de frequência das suas próprias vocalizações.

A localização dos sons no espaço pode ser difícil para animais pequenos, tais como as aves. Os animais de maior porte localizam a fonte sonora comparando o tempo de chegada, a intensidade ou a defasagem de um som entre a orelha esquerda e a direita, mas nenhum destes métodos é muito eficaz quando a distância entre as orelhas é pequena. A construção pneumática dos crânios das aves pode lhes permitir usar o som, que é transmitido através de passagens cheias de ar entre as orelhas médias, nos dois lados da cabeça, para aumentar a sua sensibilidade direcional. Se isto for verdade, o som transmitido internamente passaria da orelha média de um lado para a orelha média do outro lado, até atingir a superfície *interna* do tímpano contralateral. Neste ponto, ele

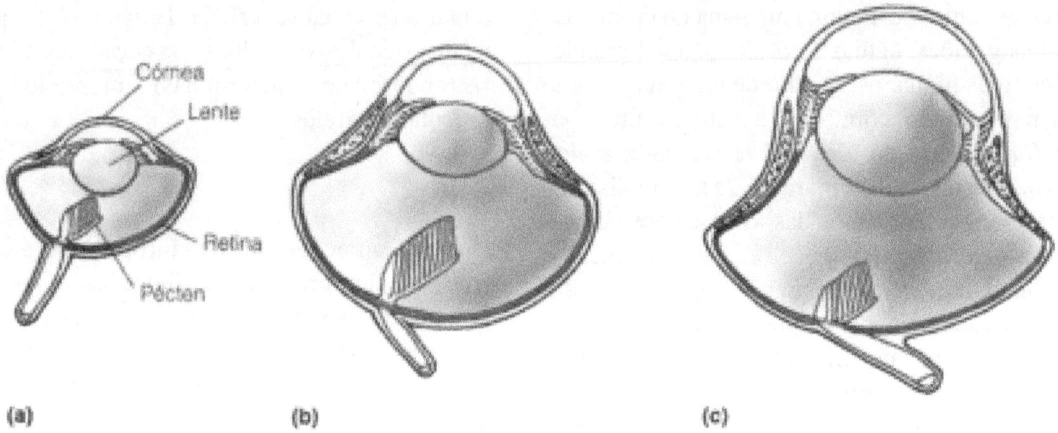

Figura 17-25 Os olhos das aves. (a-c) Variação da forma dos olhos das aves. (a) Achatado, típico da maioria das aves. (b) Globular, encontrado em muitos falcões, (c) Tubular, característicos das corujas e algumas águias.

interagiria com o som que chega na superfície externa do tímpano, por meio do canal auditivo externo. A vibração de cada tímpano seria o produto da combinação de pressão e fase das fontes interna e externa de energia sonora; a magnitude da resposta coclear seria proporcional à diferença na pressão através da membrana timpânica.

A sensibilidade do sistema auditivo das aves é, aproximadamente, a mesma que a dos seres humanos, apesar do pequeno tamanho das orelhas das aves. A maioria das aves tem membranas timpânicas grandes em relação ao tamanho da cabeça. Uma membrana timpânica grande aumenta a sensibilidade auditiva e as corujas (que têm uma audição especialmente sensível) têm os maiores tímpanos, com relação ao tamanho da cabeça entre as aves. As pressões sonoras são amplificadas durante a transmissão do tímpano para a janela oval da cóclea, porque a área desta janela é menor do que a do tímpano. Para as aves a proporção de redução varia de 11 a 40. Os altos valores sugerem uma audição sensível e os mais altos são encontrados nas corujas; os pássaros (Passeres) têm proporções intermediárias (20 a 30). (A relação é de 36 nos gatos e 21 nos seres humanos.) O movimento para dentro que o tímpano faz, quando as ondas sonoras o atingem, é contraposto por uma pressão de ar dentro da orelha média, e as aves possuem uma variedade de formas de redução da resistência da orelha interna. Essa é contínua às cavidades aéreas dorsal, rostral e caudal do crânio pneumático das aves. Além de permitir, potencialmente, que as ondas sonoras sejam transmitidas a orelha contralateral, estas interconexões aumentam o volume da orelha média e reduzem a sua rigidez; assim, permitem que o tímpano responda a sons fracos.

As corujas são as aves mais sensíveis acusticamente. Para frequências acima de 10 quilohertz (10.000 ciclos por segundo) a sensibilidade auditiva de uma coruja é tão grande quanto aquela de um gato. As corujas têm membranas timpânicas e cócleas grandes, bem como centros auditivos bem desenvolvidos no encéfalo. Algumas corujas são diurnas, outras crepusculares (ativas ao amanhecer e ao anoitecer) e algumas são totalmente noturnas. Em um teste experimental de suas capacidades para a orientação acústica, as suindaras eram capazes de agarrar camundongos em total escuridão. Se os camundongos estivessem puxando um pedaço de papel pelo chão, as corujas atacavam o papel em vez do camundongo, mostrando que o som era o estímulo que elas estavam usando.

Uma característica peculiar de muitas corujas é o disco facial formado por penas rijas. O disco atua como um refletor parabólico dos sons, focando aqueles com frequências acima de 5 quilohertz, no canal auditivo externo, e amplificando-os em 10 decibéis. Os discos de algumas corujas são assimétricos e esta assimetria parece acentuar a habilidade dessas aves na localização das presas porque as suindaras cometeram grandes erros na localização dos alvos quando seus discos foram removidos.

A assimetria do sistema aural das corujas vai além do simples disco emplumado. O próprio crânio é marcadamente assimétrico em muitas delas (Figura 17-26), e essas espécies têm a maior sensibilidade auditiva (Norberg 1977). A assimetria termina no canal auditivo externo; as orelhas média e interna das corujas são simétricas bilateralmente. A assimetria das aberturas da orelha externa das corujas auxilia na localização da presa, nos eixos horizontal e vertical (Norberg 1978). Diferenças mínimas no tempo de chegada e intensidade dos sons recebidos pelas duas orelhas indicam a direção horizontal da fonte. O cérebro das corujas integra a informação do tempo e intensidade com extraordinária sensibilidade produzindo um mapa do ambiente que integra informações auditivas e visuais (Pena e Konishi 2001, Linkenhoker e Knudsen 2002, Veja também Helmulth 2001, Parthasarathy 2002 e Barinaga 2002).

A direção vertical da fonte sonora pode ser determinada pela sensibilidade diferencial das duas orelhas para sons vindos de cima e de baixo do nível da coruja. O tecido macio e as penas que circundam a face de uma coruja produzem uma situação de assimetria reversa, na qual a real sensibilidade direcional das orelhas é inversa da esperada pelo exame do crânio. A orelha esquerda, que se abre na parte látero-ventral da cabeça, é mais sensível a sons que se originam *acima* do nível da cabeça da coruja, e a orelha direita é sensível aos sons oriundos *abaixo* do nível da cabeça. Esta assimetria auditiva funciona somente para sons com frequências acima de 6 quilohertz; a sensibilidade para frequências mais baixas é bilateralmente simétrica.

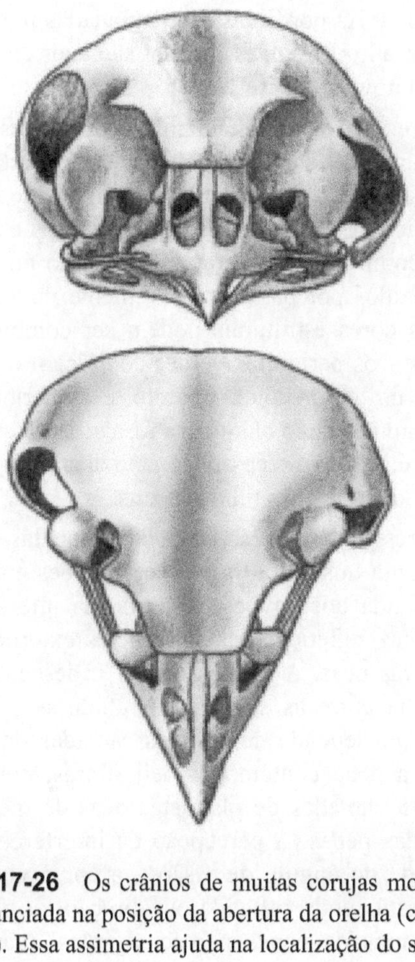

Figura 17-26 Os crânios de muitas corujas mostram assimetria renunciada na posição da abertura da orelha (canal auditivo externo). Essa assimetria ajuda na localização do som.

Olfação

O sentido do olfato é muito desenvolvido em algumas aves e pouco na maioria delas. O tamanho dos bulbos olfatórios é uma indicação aproximada da sensibilidade do sistema olfatório. Bulbos relativamente grandes são encontrados em espécies que nidifícam no chão e em colônias, espécies associadas com a água, espécies carnívoras ou piscívoras. Algumas aves usam o olfato para localizar a presa. O kiwi, por exemplo, tem narinas na ponta de seu bico longo e localiza minhocas no interior do solo, por meio da olfação. Os urubus-de-cabeça-vermelha seguem os odores aéreos da carniça até a proximidade de uma carcaça, que então localizam pela visão. Esponjas encharcadas em óleo de peixe e colocadas em bóias flutuantes atraem bobos, pardelões, albatrozes e pardelas, mesmo no escuro.

A olfação, provavelmente, tem importância nas habilidades de orientação e navegação de algumas aves. As aves marinhas com narinas tubulares (albatrozes, bobos, pardelões e pardelas) nidifícam em ilhas, e quando voltam do forrageamento no mar aproximam-se das ilhas a favor do vento. Os pombos-correio usam o olfato (bem como outros mecanismos) para navegar (Ioalè et al. 1990). Os bulbos nasais bem desenvolvidos, das espécies de aves que nidifícam em colônias, sugerem a possibilidade do olfato ser usado em funções sociais, tais como o reconhecimento dos indivíduos, mas isto nunca foi demonstrado.

Outros Sentidos

As aves usam várias formas para navegar e muitas delas são extensões dos sentidos, discutidos por nós em regiões, que excedem a sensibilidade dos mamíferos. Por exemplo, as aves podem detectar a luz polarizada quando ela atinge uma área da retina que, normalmente, recebe luz do céu, mas outras partes da retina não podem detectar a polarização. A luz ultravioleta (luz com comprimento de onda inferior a 400 nanômetros) não é detectada pela maioria dos mamíferos, mas os pombos são mais sensíveis à luz ultravioleta, na região de 350 nanômetros, do que a luz de qualquer outro comprimento de onda do espectro visível.

Algumas aves são sensíveis a pequenas diferenças na pressão do ar. Os experimentos mostraram que os pombos são capazes de detectar diferença de pressão no ar entre o teto e o piso de um quarto e um pombo em vôo ascendente, a uma velocidade de 4 centímetros por segundo, seria capaz de detectar uma variação de 4 milímetros na sua altitude. Esta sensibilidade pode ser útil durante o vôo e pode também ter a função de permitir às aves preverem mudanças nos padrões climáticos, que são importantes no controle do momento da migração.

Outro tipo de informação sensorial que pode comunicar as aves sobre o tempo é o infra-som – sons de frequência muito baixa (menos de 10 ciclos por segundo) que são produzidos por movimentos de ar em grande escala. As tempestades, os ventos soprando através dos vales e outros fenômenos geofísicos produzem infra-sons que são propagados por milhares de quilômetros. O limite de baixa frequência para a audição humana é em torno de 20 ciclos por segundo, mas as aves podem ouvir bem também na região do infra-som. Os pombos, por exemplo, podem detectar frequências tão baixas quanto 0,05 ciclos por segundo (3 ciclos por *minuto*).

O campo magnético da Terra fornece um outro estímulo que pode ser usado para orientação se o animal for capaz de percebê-lo, e evidências consideráveis sugerem que as aves são capazes de detectar campos magnéticos. A orientação de várias espécies de aves, durante seus períodos migratórios, pode ser ajustada de maneira previsível, colocando-as em um campo magnético artificial. Não é conhecido o mecanismo pelo qual o campo magnético é detectado, mas os depósitos de magnetita, que têm sido encontrados na cabeça de pombos, podem estar envolvidos (Wiltschko e Wiltschko 1988).

17.7 Sistemas de Acasalamento, Reprodução e Cuidado à Prole

As atividades associadas com a reprodução estão entre os comportamentos mais complexos e conspícuos das aves. Muito da nossa compreensão sobre a evolução e a função dos sistemas de acasalamento dos vertebrados provêm dos estudos de aves. Os trabalhos clássicos em etologia de aves, tais como os estudos de Konrad Lorenz sobre o "imprinting" e as demonstrações de Niko Tinbergen sobre as respostas inatas das aves aos estímulos visuais específicos, serviram de base aos estudos atuais da ecologia comportamental. Trabalhos recentes focam na origem da variação dos sistemas de acasalamento; as maiores variações ocorrem entre famílias pertencentes as mesmas ordens e entre ordens de aves (Bennett e Owens 2002), mas variações substanciais também ocorrem entre gêneros e espécies de mesma família.

Comportamento Social e Sistemas de Acasalamento

Visão e audição são os principais sentidos das aves, assim como as dos seres humanos. Um resultado desta correspondência tem sido o papel importante representado pelas aves nos estudos comportamentais. A maioria das aves é ativa durante o dia e elas são relativamente fáceis de observar. Acumulou-se uma enorme quantidade de informações sobre o comportamento das aves, em condições naturais, e isto contribuiu para o planejamento de estudos experimentais no campo e no laboratório.

Cores e Padrões As cores das penas são determinadas por uma combinação de características estruturais e de pigmentos e os efeitos podem ser espetaculares. As cores e os padrões podem ter papéis importantes no comportamento social das aves e na sua habilidade de evitar ser detectada por predadores. Além disso, os pigmentos pretos de melanina enrijecem as penas e são, em geral, encontrados em áreas de grande desgaste, tais como as pontas das asas de aves marinhas.

Três tipos de pigmentos são amplamente distribuídos nas aves. As cores escuras são produzidas por melanina – as eumelaninas produzem preto, cinza e marrom-escuro, enquanto as feomelaninas são responsáveis pelo marrom-avermelhado e outras tonalidades de marrom. Os pigmentos carotenóides são responsáveis pela maioria das cores vermelhas, laranja e amarela. As aves obtêm estes pigmentos a partir da dieta e, em alguns casos, a intensidade da cor pode ser usada para estimar o valor adaptativo de um possível parceiro. Porfirinas são compostos químicos que contêm metais, semelhantes à hemoglobina e à bile do fígado. A luz ultravioleta induz as porfirinas a emitirem uma fluorescência vermelha. As porfirinas são degradadas por exposição prolongada à luz do sol, assim, elas são mais conspícuas na plumagem nova.

As cores estruturais resultam de diminutas partículas de melanina nas células da superfície das barbas das penas, que refletem comprimentos específicos de luz. O azul é produzido por partículas muito pequenas que refletem os menores comprimentos de onda, enquanto alguns verdes são produzidos por partículas levemente maiores de melanina. As cores estruturais podem ser combinadas com pigmentos – os periquitos verdes combinam o azul estrutural com um carotenóide amarelo, e os periquitos azuis possuem um gene que bloqueia a formação de carotenóide. Este gene é um alelo recessivo, então dois periquitos azuis podem produzir apenas filhotes azuis.

As cores iridescentes, tais como aquelas da cabeça e da garganta dos beija-flores e os padrões em forma de olho da cauda dos pavões, resultam da interferência de ondas de luz refletidas das superfícies externa e interna de estruturas ocas. A nuança da cor iridescente depende da distância entre as superfícies refletoras e, a intensidade da cor, depende de quantas camadas de estruturas refletoras a pena contém. Os beija-flores, por exemplo, têm 7 a 15 camadas de plaquetas ocas de melanina nas bárbulas das penas. A percepção da interferência de cores depende do ângulo de visão – a cor é visível quando a luz está sendo refletida em direção ao olho do observador, mas as penas parecem pretas quando vistas de um ângulo diferente. Como resultado, as cores iridescentes cintilam quando a ave muda sua posição.

Vocalização e Exibição Visual As aves utilizam cores, posturas e vocalizações para a identificação de espécie, sexo e indivíduo. Os estudos dos cantos das aves contribuíram muito para o entendimento da comunicação entre os vertebrados, e conceitos gerais importantes, tais como a especificidade da espécie nos sinais e a predisposição inata ao aprendizado, foram inicialmente desenvolvidos a partir de estudos do canto das aves. Os estudos sobre a base neural do som estão conduzindo a uma maior integração do comportamento com a neurobiologia.

O canto das aves tem um significado particular, distinguindo-se do chamado de uma ave. Normalmente, o canto é a vocalização mais longa e mais complexa produzida por uma ave. Em muitas espécies os cantos são executados somente pelos machos sexualmente maduros e apenas durante a estação reprodutiva. O canto é um comportamento aprendido, controlado por uma série de regiões de controle de canto (RCCs) no encéfalo. Durante o período de aprendizado do canto, que ocorre cedo na vida, novos neurônios são produzidos. Estes neurônios conectam uma parte da RCCs, que é associada com o aprendizado do canto, a uma região que envia impulsos às células nervosas que controlam os músculos vocais. Assim, o aprendizado e a produção do canto estão intimamente associados nos machos de aves.

As RCCs são controladas hormonalmente e em muitas espécies de aves as RCCs dos machos são maiores do que as das fêmeas e têm neurónios maiores e mais numerosos, bem como dendritos mais longos. O comportamento vocal das fêmeas de aves varia muito entre os grupos taxonômicos: Em algumas espécies as fêmeas produzem apenas chamados simples, enquanto que em outras espécies elas se engajam com os machos em duetos complexos. As RCCs das fêmeas dessas últimas espécies, são muito semelhantes em tamanho as dos machos (Tabela 17-2). A função da RCCs das fêmeas que não vocalizam não está clara, mas experimentos recentes sugerem que tem um papel no reconhecimento da espécie. Quando a RCCs de fêmeas de canários foi inativada, elas não distinguiram mais as vocalizações de canários machos daquelas de pardais.

Um canto de ave consiste de uma série de notas com intervalos de silêncio entre elas. Variações na frequência (modulação de frequência) são componentes conspícuos dos cantos de muitas aves e observou-se que a audição das aves pode ser muito boa para detectar rápidas variações de frequência. Comumente as aves têm mais do que um tipo de canto, e algumas espécies podem ter um repertório com centenas de cantos.

Os cantos das aves identificam as espécies que estão cantando e elas, comumente, exibem dialetos regionais. Estes dialetos são transmitidos de uma geração a outra, com os jovens aprendendo os cantos de seus pais e vizinhos. Em *Passerina cyanea,* uma das espécies melhor estudada, os dialetos de cantos que eram característicos de áreas pequenas persistiram por até 15 anos, o que é substancialmente superior ao tempo de vida individual de uma ave. Os cantos das aves também possuem variações individuais, o que lhes permite reconhecer os cantos dos residentes de territórios adjacentes e também distinguir entre os cantos de seus vizinhos e aqueles dos intrusos. Os machos do parulídeo *Wilsonia citrina* recordam os cantos dos machos vizinhos – e os reconhecem individualmente, quando eles retornam para suas áreas de reprodução na América do Norte, após passarem o inverno na América Central.

Os cantos dos machos identificam sua espécie, seu sexo e a ocupação de um território. Os machos do território res-

TABELA 17.2 Dimorfismo sexual nas regiões de controle de canto nos encéfalos de aves. A relação média dos volumes de cinco RCCs em machos, comparados as fêmeas (macho:fêmea), corresponde às diferenças nos tamanhos dos repertórios de canto dos machos e das fêmeas.

	Poephila guttata	Canário	"Chat"[1]	*Thryothorus nigricapillus*	*Thryothorus leucotis*
Relação dos volumes das RCCs	4.0:1,0	3.1:1,0	2,3:1,0	1,3:1.0	1,3:1,0
Repertório de cantos	Só machos	Machos muito maiores que as fêmeas	Machos maiores que as fêmeas	Machos de tamanho similar ao das fêmeas	Machos de tamanho similar ao das fêmeas

[1] NT. Este termo aparece de forma ambígua, pois pode corresponder a pássaros das famílias Muscicapidae (Turdinae), Parulidae ou mais raramente Ephtianuridae.

pondem às gravações de cantos de outros machos, com vocalizações, exibições agressivas e até mesmo com ataque ao alto-falante. Estes comportamentos repelem intrusos de tal forma que a irradiação de cantos gravados, em um território do qual foi removido o macho, retarda a ocupação do território vago por um novo macho.

As exibições visuais estão comumente associadas aos cantos; por exemplo, uma postura corpórea particular, que exibe penas coloridas, pode acompanhar os cantos. Os machos têm cores mais brilhantes do que as fêmeas e penas modificadas como resultado da seleção sexual. Neste processo, as fêmeas acasalam-se preferencialmente com machos que têm certas características físicas. Em função desta resposta das fêmeas, aquelas características físicas contribuem para o valor adaptativo reprodutivo dos machos, apesar delas não terem função útil em qualquer outro aspecto da ecologia ou do comportamento do animal. Nos machos o brilho colorido nas rêmiges secundárias dos patos, as dragonas vermelhas nas asas de *Agelaius phoeniceus,* as coroas vermelhas de certos Sylviinae e as caudas elaboradas dos pavões são exemplos familiares de áreas especializadas da plumagem, que estão envolvidas com a exibição e o comportamento sexual.

Nas aves, as cores brilhantes e outros ornamentos dos machos podem ser indicativos do bom estado nutricional, de resistência a parasitas, ou de habilidade em evitar predadores (para exemplos, veja Blount et al. 2003, Faivre et al. 2003, Pennisi 2003). Se estes sinais visuais realmente estão relacionados à qualidade do macho, eles podem fornecer às fêmeas a base para avaliar os méritos de vários parceiros potenciais. Esta hipótese que é apresentada como "verdade na publicidade", tem sido testada para várias espécies de aves e parece aplicar-se à maioria dos casos. A cauda do pavão macho (*Pavo cristatus*) é um exemplo clássico de uma característica selecionada sexualmente. A fêmea do pavão acasala-se preferencialmente com machos que têm caudas longas e com muitos desenhos em forma de olhos. Eliminando-se alguns desses desenhos da cauda de um macho, reduz-se seu sucesso em atrair as fêmeas. Um estudo sobre o pavão demonstrou que os filhotes criados por machos cujas caudas têm muitos desenhos em forma de olhos crescem mais rápido e têm taxa mais alta de sobrevivência, sob condições semi-naturais, do que os filhotes gerados por machos com cauda menor (Petrie 1994).

Tem sido proposto que os machos preferidos produzem melhores filhotes pelo fato deles serem superiores, geneticamente, mas um estudo sobre patos (*Anas platyrhynchos*) sugeriu uma possibilidade adicional. Quando as fêmeas de patos estavam acasaladas com machos mais atrativos ou machos menos atrativos, tanto machos como fêmeas nascidos de machos atrativos tiveram viabilidade mais alta – como tem sido mostrado em outros estudos (Cunningham e Russell 2000). Mas, neste estudo, a viabilidade dos ninhegos estava correlacionada com o tamanho dos ovos dos quais eles eclodiram e o tamanho dos ovos é controlado pelas fêmeas. Aparentemente, as fêmeas de patos que estavam acasaladas com machos atraentes investiram mais energia em seus ovos, do que aquelas pareadas com os menos atraentes. Assim, algumas vantagens desfrutadas pelos filhotes de machos atraentes podem resultar do comportamento da fêmea.

Sistemas de Acasalamento e Investimento Parental Acredita-se que os sistemas de acasalamento dos vertebrados refletem a distribuição de alimento, os locais de reprodução e os parceiros em potencial. Estes recursos afetam diretamente os indivíduos dos dois sexos e alguns tipos de distribuição de recursos dão a um dos sexos a oportunidade de possuir múltiplos acasalamentos, pelo controle do acesso a esses recursos.

O gasto energético do elemento fisiológico da reprodução provavelmente é menor nos machos do que nas fêmeas da maioria das espécies de vertebrados, porque os espermatozóides são menores e exigem menor gasto energético para serem produzidos, quando comparados aos óvulos, que fornecem os nutrientes necessários ao desenvolvimento do embrião. Consequentemente, um macho não tem, necessariamente, qualquer participação além da inseminação, enquanto a fêmea precisa no mínimo carregar os ovos até serem postos; e, frequentemente, se encarregam de chocá-los e também de cuidar dos filhotes. A corte e as exibições territoriais podem ter um alto custo energético, mas mesmo que, em geral, isto seja verdade, a maioria dos vertebrados machos pode, potencialmente, acasalar-se mais vezes do que as fêmeas. Um macho está pronto para acasalar-se de novo pouco após ter inseminado uma fêmea; mas ela precisa ovular, depositar o vitelo e formar uma nova postura antes de tentar um segundo acasalamento. Por causa desta disparidade nos gastos energéticos na reprodução, entre machos e fêmeas, as rotas para maximizar o sucesso reprodutivo podem ser diferentes para os dois sexos. Para os machos a estratégia mais produtiva pode ser acasalar-se com tantas fêmeas quanto possível. Uma fêmea pode maximizar seu sucesso dedicando certo tempo para a escolha cuidadosa do melhor macho para cuidar dos seus filhotes.

A maior ou menor facilidade com a qual os machos podem conseguir acasalamentos múltiplos depende das condições ecológicas – especialmente, da disponibilidade de alimento e de locais para nidificar, que são os recursos que as fêmeas mais precisam. Teoricamente, um macho pode aumentar sua oportunidade de acasalar-se, defendendo estes recursos, excluindo outros machos, e acasalando-se com todas as fêmeas da área. A sua habilidade para fazer isto dependerá da distribuição espacial de recursos. Se o alimento e os locais para os ninhos estiverem distribuídos mais ou menos uniformemente no habitat, é pouco provável que um macho possa controlar uma área suficientemente grande para monopolizar muitas fêmeas. Nestas condições, todos os machos terão acesso aos recursos e às fêmeas. Por outro lado, se os recursos estiverem limitados no espaço, com áreas improdutivas entre eles, as fêmeas serão forçadas a agregarem-se nas áreas com recursos. Então será possível um macho monopolizar várias fêmeas, defendendo uma área. Os machos que são capazes de defender áreas boas devem atrair mais fêmeas do que os machos que defendem áreas de qualidade inferior.

A distribuição temporal de fêmeas que se reproduzem também é importante determinando o potencial para um macho conseguir acasalamentos múltiplos. Um macho pode acasalar-se com uma só fêmea por vez, assim uma consideração importante é o número de fêmeas receptivas com relação ao número de machos reprodutivos em um dado momento. Se a proporção de machos para fêmeas na população é de 1:1 e se todas as fêmeas tornam-se receptivas ao mesmo tempo, haverá uma fêmea receptiva para cada macho reprodutivo. Nesta circunstância, os machos têm pouca oportunidade de monopolizar um grande número de fêmeas; assim a variação no sucesso de acasalamento entre os machos será baixa. Isto é, a maioria dos machos acasalar-se-á com uma fêmea e, relativamente, poucos machos ficarão sem parceira ou com mais de uma. Por outro lado, se as fêmeas tornam-se receptivas durante um período de semanas, o número de machos reprodutivos em um dado período de tempo será maior do que o número de fêmeas. Nesta situação é possível um macho acasalar-se com muitas fêmeas durante a estação reprodutiva. À medida que aumenta a competição entre os machos por parceiras, a variação no sucesso reprodutivo dos machos aumenta individualmente e a seleção sexual tem tendência a tornar-se mais intensa. Esses são elementos que contribuem para a determinação das estratégias de acasalamento de machos e de fêmeas.

Monogamia, copulação extra-par e poligamia Os vertebrados sociais exibem uma das duas grandes categorias de sistemas de acasalamento – monogamia ou poligamia. A monogamia (Grego *mono* = um, *gamos* = casamento) refere-se a uma ligação de parceiros, entre um macho solteiro e uma fêmea solteira. O casal pode permanecer junto parte de uma estação reprodutiva, uma estação inteira, ou por toda a vida. A poligamia (Grego *poli* = muitos) refere-se a uma situação na qual um indivíduo tem mais de um(a) parceiro(a) na estação reprodutiva.

A poligamia pode ser exibida pelos machos, pelas fêmeas ou por ambos os sexos. Na poliginia (Grego *gynaikós* = fêmea) um macho acasala-se com mais de uma fêmea; na poliandria (Grego *andrós* = macho) uma fêmea acasala-se com dois ou mais machos. A promiscuidade é uma mistura de poliginia e poliandria, na qual ambos, os machos e as fêmeas acasalam-se com vários indivíduos diferentes.

A monogamia é o sistema de acasalamento dominante entre as aves. Nos sistemas de acasalamento monogâmicos ambos os pais participam, em geral, dos cuidados com os filhotes. Entre as espécies de aves monogâmicas 93 por cento produzem filhotes altriciais (que demandam extenso cuidado parental) comparadas com 83 por cento que têm filhotes precoces. Contudo, a monogamia não significa, necessariamente, fidelidade. Estudos genéticos de aves monogâmicas têm evidenciado que é comum a copulação extra-par (acasalar-se com uma outra ave além do(a) parceiro(a). Assim, alguns ovos de um ninho podem muito bem ter sido fertilizados por outro macho, que não era o parceiro da fêmea que os pôs, e ele pode, também, ter fertilizado ovos que estão sendo incubados em outros ninhos. Com evidências cada vez mais numerosas de copulação extra-par, o termo monogamia social tem sido introduzido para espécies que um macho e uma fêmea que dividem a responsabilidade de cuidar de um ninho com ovos, mas não demonstram fidelidade (que é denominada monogamia genética).

A poligamia é o segundo sistema de acasalamento mais comum entre as aves, representada por cerca de 6 por cento das espécies atuais. Apesar de sua relativa raridade as espécies de aves, espécies poligâmicas de aves têm sido bastante estudadas, porque estes sistemas de acasalamento pouco usuais podem revelar muito acerca dos mecanismos de evolução e seleção sexual.

Monogamia Social A formação de um par ocorre em tantas espécies de aves e sob tantas condições ecológicas diferentes que nenhum mecanismo é suficiente para explicar sua predominância. A distribuição de recursos e o grau de cuidado parental parecem ser dois fatores que são frequentemente importantes na monogamia. Quando os locais de nidificação e o alimento estão homogeneamente distribuídos em um habitat, um macho ou uma fêmea não pode controlar o acesso a estes recursos. Se nenhum dos sexos tem oportunidade de monopolizar outros membros do sexo oposto, pelo controle dos recursos, a monogamia é a estratégia reprodutiva que maximiza o valor adaptativo dos indivíduos. Quando a qualidade do território de um macho é muito semelhante àquela dos outros machos, a fêmea pode, provavelmente, maximizar seu sucesso reprodutivo associando-se com um macho não acasalado.

Talvez o incentivo mais importante para a formação de uma par, em muitas espécies de aves, seja a necessidade de cuidados, por ambos os pais, para o crescimento da ninhada (isto é, deixar o ninho). Exemplos dramáticos incluem situações nas quais é necessário que um dos pais dê atendimento contínuo ao ninho, para proteger, os ovos ou ninhegos, de predadores, enquanto o outro forrageia em busca de alimento. Esta situação é comumente observada em aves marinhas que nidificam em colônias densas e que, algumas vezes, incluem duas ou mais espécies. Na falta de um pai atento, os vizinhos invadem o ninho e destroem os ovos ou ninhegos. O macho e a fêmea alternam períodos de cuidados com o ninho e de forrageio, e algumas espécies engajam-se em exibições elaboradas quando os pais alternam as tarefas (Figura 17-27). A terceira situação, que poderia tornar a formação de um par vantajosa, seria uma proporção sexual que desviasse bastante de 1:1. Quando um dos sexos está em minoria, os indivíduos deste sexo podem ser o recurso que os indivíduos do outro sexo defendem. Por exemplo, entre os patos as fêmeas têm uma taxa de mortalidade mais alta que os machos e as proporções sexuais dos patos desequilibram-se a favor dos machos. Como consequência da redução do estoque de fêmeas de patos a competição torna-se intensa entre os machos para o acasalamento. Um pato macho pareia-se com uma fêmea, vários meses antes do início da estação reprodutiva, defendendo-a contra outros machos.

Copulação Extra-Par Em 1960 David Lack concluiu a partir de seus estudos de campo que mais de 90 por cento das espécies de aves são monogâmicas, mas havia pistas que as aparências podiam ser enganosas. Por exemplo, uma experiência para controlar a reprodução do icterídeo *(Agelaius phoeniceus)* na qual os machos sofreram vasectomia foi mal sucedida porque as fêmeas parceiras dos machos vasectomizados puseram ovos e os chocaram. Desde 1990, a análise de DNA mostrou que a monogamia das aves é um mito quando determinou o reconhecimento da paternidade dos ninhegos. Um macho que não era o par social de fêmeas com ninho era o genitor de pelo menos alguns dos filhotes dessa fêmea em metade das espécies estudadas. Além disso, 10-20 por cento – e algumas vezes 40 por cento – dos filhotes de um ninho foram gerados por um macho extra-par.

Tanto machos como fêmeas podem se beneficiar sob certos aspectos da copulação extra-par:

- Um dos sexos pode aumentar a aptidão de sua prole pelo acasalamento com um indivíduo de qualidade genética melhor que daquele com quem formou par.
- Um dos sexos pode beneficiar-se pelo aumento da heterozigose de sua prole por meio do acasalamento com mais de um parceiro, aumentando desse modo a

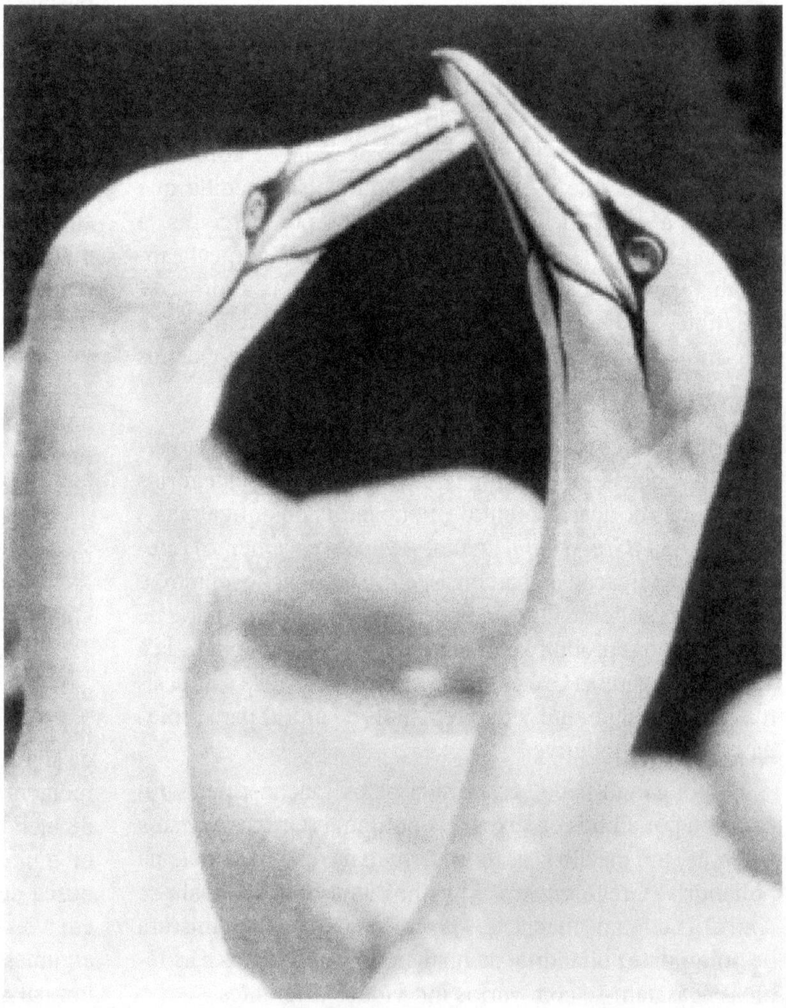

➤**Figura 17-27** Exibição mútua no ninho de *Morus bassanus*.

chance de produzir combinações genéticas compatíveis de genes maternais e paternos.

Além disso, há benefícios potenciais de copulação extra-par que são específicas para apenas um sexo. Para os machos provavelmente as vantagens de copulação extra-par são tanto genéticas como úteis:

- Um macho pode ser capaz de gerar mais filhotes em uma estação reprodutiva com múltiplas fêmeas do que poderia ter com uma única fêmea.
- Um macho beneficia-se do cuidado parental dado à sua prole pelo macho parceiro de uma fêmea extra-par que se acasalou com ele.
- O investimento reprodutivo do macho amplia-se entre muitos ninhos e reduz o risco de perder totalmente seu esforço reprodutivo se um ninho for atacado por um predador.

Sob a perspectiva de uma fêmea, a copulação extra-par oferta benefícios potenciais:

- Alguns machos são mais férteis que outro e copulando com muitos machos reduz o risco de alguns dos óvulos da fêmea não serem fertilizados. (Esta é a situação que a fêmea evitou no estudo mencionado acima).
- Uma fêmea pode ser capaz de aumentar a aptidão de seu parceiro macho copulando com um macho que tenha características sexuais secundárias especialmente atrativas (Esse fenômeno é denominado de hipótese "filho sexual").
- Uma fêmea pode pôr o ovo no ninho do macho que o fertilizou, beneficiando-o do cuidado parental provido pela fêmea que é a parceira desse macho (Esse fenômeno é denominado de quase parasitismo de ninho).

Poliginia Quando um macho pode controlar individualmente ou ter acesso a várias fêmeas ele pode aumentar o seu sucesso reprodutivo acasalando-se com mais de uma fêmea. Na **poliginia de defesa de recurso** os machos controlam o acesso às fêmeas monopolizando os recursos críticos – tais como locais de nidificação ou alimento – que têm distribuição fragmentada. Um macho que demarca o seu território em uma área de alta qualidade pode atrair muitas fêmeas. Para que este sistema funcione, uma fêmea precisa beneficiar-se no acasalamento com um macho que já tenha uma parceira. Isto é, o valor adaptativo reprodutivo de uma fêmea precisa ser maior como uma parceira secundária em um território de alta qualidade, do que ela seria como parceira primária em um território de qualidade inferior. O icterídeo *Agelaius phoeniceus* é um exemplo conhecido de poliginia de defesa de recurso. Os machos desta espécie chegam às suas áreas pantanosas de reprodução antes das fêmeas e disputam os territórios. Quando as fêmeas chegam, podem escolher entre uma variedade de territórios de qualidades diferentes, cada um deles defendido por um macho de *Agelaius phoeniceus*. A fêmea deve escolher o acasalamento poligínico, se a diferença na qualidade dos territórios for suficientemente grande, para que ela possa criar mais filhotes do que seria possível, no caso dela se acasalar com um macho em um território mais pobre.

Na **poliginia de dominância dos machos** os machos não defendem as fêmeas, nem os recursos que elas necessitam. Ao invés disso, os machos disputam as fêmeas estabelecendo padrões de dominância, ou demonstrando sua qualidade através das exibições. Este tipo de sistema reprodutivo é típico de situações nas quais o macho não está participando dos cuidados parentais e não existe a possibilidade potencial para controlar recursos, ou parceiras. Frequentemente observa-se a poliginia de dominância dos machos em aves com filhotes precoces em habitats ricos, embora este sistema de acasalamento não seja limitado a tais espécies. O tamanho dos territórios dos machos na poliginia de dominância dos machos e o grau de agregação de machos não são diretamente definidos pelos recursos no habitat, como é o caso na poliginia de defesa de recurso. Ao invés disso, a distribuição de machos é determinada pelos tamanhos dos raios de ação das fêmeas. Agregações de muitos machos em uma pequena área são chamadas de **arenas** ("leks") (Figura 17-28). Os locais centrais da arena parecem ser os mais favorecidos; os 10 por cento de machos aí situados obtêm 75 por cento dos acasalamentos.

Incubação pelo Macho e Poliandria A incubação e o cuidado dos filhotes por ambos os pais é considerada como a condição ancestral no caso das aves e ocorre na vasta maioria das espécies atuais de aves. No entanto, o cuidado biparental não é exigido sempre, e as situações, nas quais é possível que um dos pais tome conta dos ovos e filhotes, permitem o desenvolvimento de estratégias de acasalamento polígínicas, já discutidas. Os machos de espécies de aves polígínicas não participam do cuidado parental e todos os deveres de incubação e proteção dos filhotes são realizados pela fêmea. Menos comumente é o caso em que a fêmea é emancipada e o macho assume as responsabilidades do casal.

Nos sistemas de acasalamento poliândricos, as fêmeas controlam ou têm acesso a vários machos. A **poliandria de defesa de recurso,** assim como sua equivalente poliginia de defesa de recurso, baseia-se na habilidade de indivíduos de um dos sexos controlar o acesso ao recurso, que é crítico para os do outro sexo. Este padrão de reprodução entre as aves parece ser típico de situações nas quais o custo de cada esforço reprodutivo para a fêmea é baixo (porque o alimento é abundante e uma postura contém somente poucos ovos pequenos) e a probabilidade de sucesso da ninhada é pequena.

Figura 17-28 A exibição de corte um macho de uma das maiores aves das pradarias, *Tympanuchus cupido*. Durante a estação reprodutiva os machos de *Tympanuchus cupido* reúnem-se em locais tradicionais de arenas. Cada macho ocupa um pequeno território (com área de 13 a 100 metros quadrados) em uma arena e, neste território, realiza a exibição de corte que inclui posturas elaboradas (Figura 16-15). Os dois sacos coloridos, que se originam do esôfago, enchem-se de ar e projetam-se através das penas do peito. O ar destes sacos é expelido com um som característico.

O maçarico-pintado (*Actitis macularia*) fornece um exemplo desta estratégia de acasalamento. A predação de ninhos deste maçarico é alta, e o recurso que a fêmea controla é a substituição dos ovos, para os machos que tiveram as suas posturas destruídas por predadores. O macho de *Actitis macularia* delimita o território e incuba os seus ovos. A fêmea acasala-se com um macho e permanece no seu território, pelo menos até ela ter posto três ovos. Depois disso ela pode deslocar-se para outro local para acasalar-se com outros machos, deixando o cuidado parental a cargo do macho ou ela pode permanecer no território. Se ela permanece, ela pode ou não participar do cuidado parental. A fêmea que se desloca e cruza com outros machos pode retornar e cruzar, de novo, com o macho original, se a sua primeira postura tiver sido destruída.

Reprodução

Comportamentos elaborados e diversos estão associados com a postura dos ovos e o cuidado parental. A construção do ninho vai desde quase nada mais do que o trabalho de simples seleção de um galho, o qual apenas equilibra o ovo, aos ninhos comunitários de múltiplas câmaras usados por várias gerações. A incubação fornece calor para o desenvolvimento dos ovos e a presença dos pais afugenta muitos predadores. No entanto, algumas aves deixam seus ovos por períodos de dias, enquanto forrageiam. Aves parasitas depositam seus ovos nos ninhos de outras espécies de aves, sem ter nenhuma participação na incubação ou na proteção de seus filhotes.

Oviparidade e a Biologia do Ovo Embora as aves tenham uma grande diversidade de estratégias de acasalamento, a maneira de reprodução delas está limitada à postura de ovos. Nenhum outro grupo de vertebrados, que possua um número tão grande de espécies, é exclusivamente ovíparo. Por que isso é próprio das aves?

Oviparidade As restrições impostas às aves, devido às suas especializações para o vôo, muitas vezes são lembradas a fim de explicar o fato delas não terem desenvolvido a viviparidade. Porém, tais argumentos não são convincentes quando nos lembramos que os morcegos conseguiram combinar, com êxito, o vôo e a viviparidade. Além do mais, a inabilidade de voar evoluiu em pelo menos 15 famílias de aves, mas em nenhuma destas espécies que não voam evoluiu a viviparidade.

Supostamente a oviparidade é a forma reprodutiva ancestral dos sauropsídeos. Esse modo de reprodução foi mantido nos grupos atuais de Archosauri – os crocodilianos e as aves. No entanto, a viviparidade evoluiu nos ictiossauros e cerca de 100 vezes em outra linhagem principal dos sauropsídeos atuais, os Lepidosauria, deste modo a capacidade para a viviparidade está nitidamente presente entre os sauropsídeos.

O elemento chave na evolução da viviparidade entre os lagartos e as serpentes parece ser a retenção dos ovos, por algum tempo, nos ovidutos das fêmeas antes de serem postos. Esta situação ocorre quando os benefícios, advindos da retenção do ovo, superam o seu custo. Por exemplo, a alta incidência de viviparidade entre as serpentes e os lagartos de clima frio pode estar relacionada à habilidade de uma fêmea ectotérmica acelerar o desenvolvimento embrionário pela termorregulação. Um lagarto que se aquece ao sol pode aumentar a temperatura dos ovos retidos no seu corpo, mas, após depositá-los no ninho, a mãe deixa de ter qualquer controle sobre a temperatura deles e a rapidez do desenvolvimento. As aves são endotérmicas e incubam os seus ovos, controlando assim a temperatura deles após a postura. Desta forma, a retenção do ovo não oferece uma vantagem termorreguladora para uma ave.

Se as aves são vistas como tendo sido especializadas para a produção de um ovo relativamente grande de cada vez, bem como para a incubação dos ovos e cuidados parentais complexos, as vantagens potenciais da retenção dos ovos são muito menores, pois são maiores os custos da fecundidade diminuída e do maior risco de mortalidade materna (Blackburn e Evans 1986). Talvez a relação custo-benefício seja, mais provável do que qualquer fator isolado, a responsável pela retenção da forma reprodutiva ancestral de todas as aves atuais.

Biologia do Ovo A parte inorgânica da casca do ovo contém cerca de 98 por cento de cristais de calcita, $CaCO_3$, e o embrião obtém cerca de 80 por cento do seu cálcio a partir da casca do ovo. A matriz orgânica, de proteínas e de muco-polissacarídeos é distribuída por toda a casca, e pode servir como uma estrutura de apoio para o crescimento dos cristais de calcita. A formação da casca do ovo começa no istmo do oviduto (Figura 17-29). Duas membranas da casca são secretadas para envolver o vitelo e a albumina, e carboidratos e água são adicionados à albumina, por meio de um processo que envolve o transporte ativo de sódio, através das paredes do oviduto, seguido por um fluxo osmótico de água. O aumento contínuo em volume do conteúdo do ovo nesse estádio parece distender ao máximo as membranas do ovo. Grânulos orgânicos aderem-se às membranas do ovo e estes **corpos mamilares** parecem ser os centros de formação dos cristais de calcita (Figura 17-30). Alguns cristais crescem para baixo, a partir dos corpos mamilares e fundem-se às membranas do ovo, e outros cristais crescem, afastando-se das membranas para formar os cones. Esses cones crescem verticalmente e expandem-se horizontalmente, fundindo-se com os cristais dos cones adjacentes, para formar a camada paliçada. As variações na composição iônica do fluido que circunda o ovo, durante a formação da casca, são responsáveis por um aumento nas concentrações de magnésio e fósforo e uma mudança no padrão de cristalização das camadas superficiais da casca.

A casca do ovo é permeada por um sistema de poros que permite a difusão de oxigênio para dentro do ovo, deixando

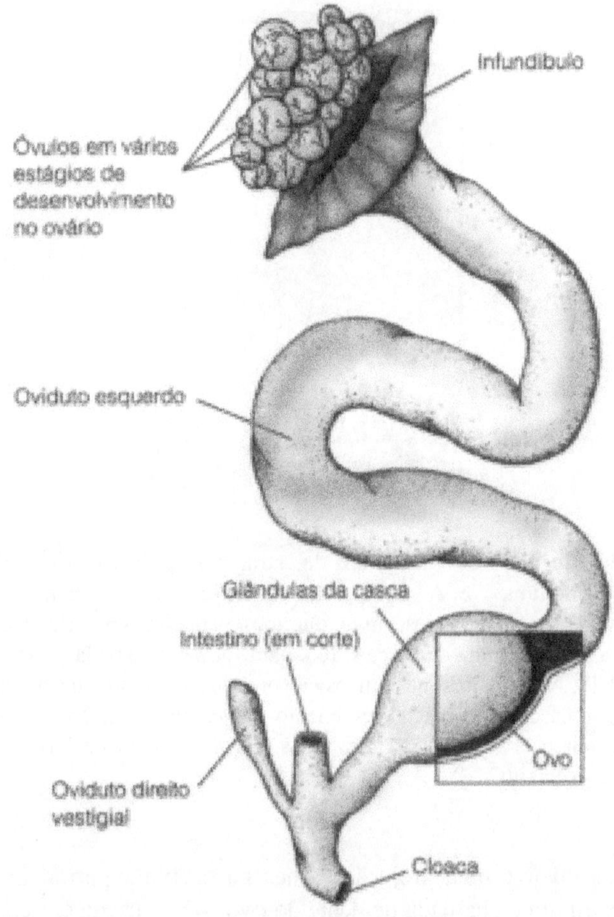

Figura 17-29 Oviduto de uma ave. Os óvulos são liberados pelo ovário e entram no infundíbulo do oviduto. A fecundação ocorre na porção proximal (superior) após a qual são secretadas a camada de albumina e as membranas do ovo, e finalmente o ovo é envolto por uma casca calcária.

sair o dióxido de carbono e a água (Figura 17-31). Os poros localizam-se na junção de três cones de calcita, mas somente 1 por cento, ou menos, destas junções formam poros, os demais fundem-se entre si. Os poros ocupam cerca de 0,02 por cento da superfície da casca de um ovo. A morfologia deles varia nas diferentes espécies de aves: alguns poros são tubos retos, enquanto que outros são ramificados. As aberturas dos poros, na superfície da casca do ovo, podem ser, em maior ou menor grau, ocluídas com materiais orgânicos ou cristalinos.

O ovo perde água durante o seu desenvolvimento e a perda d'água produz uma cela de ar no pólo arredondado do ovo. O embrião perfura, com o seu bico, as membranas desta cela de ar, um ou dois dias antes do início da eclosão, e a ventilação dos pulmões começa a substituir a membrana alantocórica na troca de gases. As primeiras rachaduras na superfície da casca do ovo aparecem cerca de meio dia após a penetração da cela de ar; a saída do ovo começa cerca de meio a um dia mais tarde. Pouco antes da eclosão o embrião

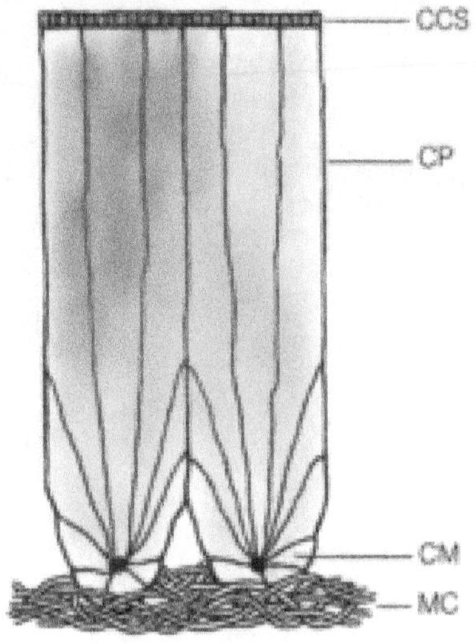

Figura 17-30 Diagrama da estrutura cristalina da casca do ovo de uma ave. A cristalização começa nos corpos mamilares (CM). Os cristais crescem no interior e para cima da parte externa da membrana da casca (MC), para formar a camada paliçada (CP). As mudanças na composição química do fluido, que circunda a casca do ovo em crescimento, provavelmente, são responsáveis pela mudança na forma dos cristais, na camada cristalina superficial (CCS).

desenvolve uma projeção córnea na maxila superior. Esta estrutura é chamada de dente do ovo, sendo usada em conjunto com um músculo hipertrofiado na parte dorsal do pescoço (o músculo da eclosão), para bater vigorosamente contra a casca. O dente do ovo e o músculo da eclosão desaparecem logo depois que o ninhego eclode. Nas espécies de aves que retardam o início da incubação, até que todos os ovos tenham sido postos, toda a ninhada acaba eclodindo quase simultaneamente. A eclosão pode ser sincronizada pelos estalidos que acompanham a respiração dentro do ovo, e nesse processo podem estar envolvidos o retardo e a aceleração dos ovos individualmente. Um som de baixa frequência, produzido no início da respiração antes de atingir a fase de estalidos, parece retardar o início desta fase nos embriões mais avançados. Isto é, os embriões mais desenvolvidos não iniciam a fase de estalidos, enquanto os outros embriões ainda estiverem produzindo sons de baixa frequência. Subsequentemente, os estalidos ou as vocalizações dos embriões mais desenvolvidos parecem acelerar os mais atrasados. Ambos os efeitos foram demonstrados por Vince (1969) em experimentos com ovos de um Odontophorinae a América do Norte *(Colinus virginianus)*. Ela demonstrou que poderia acelerar em 14 horas a eclosão de um ovo mais recente, juntando-o a um mais velho que já havia iniciado a incubação 24 horas antes; mas, a presença deste ovo mais novo retardara a eclosão do ovo mais velho por sete horas.

Determinação do sexo A determinação do sexo das aves é genética (DSG) e cromossomos heterogaméticos, assim como os mamíferos, exceto pelo fato de nas aves a fêmea é heterogamética e o macho homogamético. Para evitar confusão com os mamíferos, os cromossomos sexuais das fêmeas das aves são designados por WZ e os dos machos por ZZ. A presença do cromossomo sexual W leva a gônada primordial

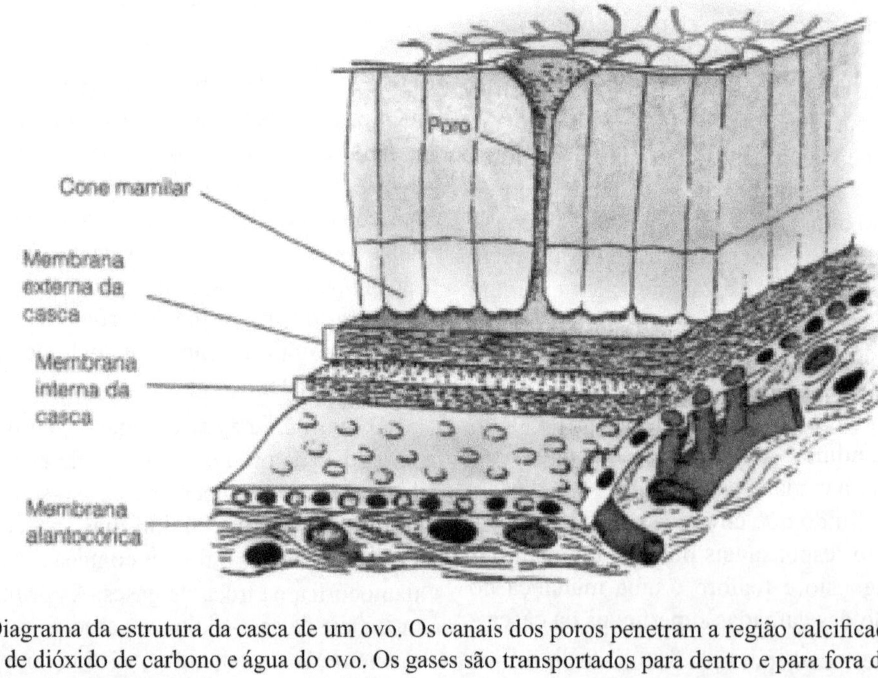

Figura 17-31 Diagrama da estrutura da casca de um ovo. Os canais dos poros penetram a região calcificada, permitindo a entrada de oxigênio e a saída de dióxido de carbono e água do ovo. Os gases são transportados para dentro e para fora do embrião por meio dos vasos sanguíneos na membrana alantocórica.

a secretar estrógeno, o qual estimula a gônada esquerda a desenvolver-se como um ovário e o sistema de dutos mullerianos (dutos de Muller) do lado esquerdo se desenvolvem em um oviduto e glândulas da casca. (Normalmente, apenas o ovário e oviduto esquerdos se desenvolve nas aves). Na ausência de estrógeno (isto é, quando o genótipo é ZZ) desenvolve-se um macho. (Esse é o processo de determinação do sexo oposto ao dos mamíferos nos quais um gene que determina o sexo no cromossomo Y produz um indivíduo XY que se desenvolve como um macho.)

A origem evolutiva do DSG nas aves não é clara porque todos os crocodilianos têm determinação sexual dependente da temperatura (DST) e não possuem cromossomos sexuais heterogaméticos. Diante do fato da maioria das aves manterem os ovos sob temperaturas relativamente estáveis durante a incubação dos mesmos ao longo do desenvolvimento embrionário, o DST pode não ter se mostrado um mecanismo de determinação sexual eficiente, mas não é possível afirmar integralmente que DSG é um caráter derivado das aves ou que a DST é um caráter derivado dos crocodilianos. Fazendo uma retrospectiva pela linhagem sauropsídea encontra-se apenas complicadores dessa questão porque algumas famílias de lepidosauromorfos têm DST e outros DSG. Por exemplo, os machos de lagartos das famílias, Iguanidae, Scincidae e Teiidae são heterogaméticos, mas as fêmeas das famílias Anguidae e Varanidae são heterogaméticas e tem sido registrado, na família Gekkonidae, que tanto machos como fêmeas são heterogaméticos. Incluindo-se as tartarugas adiciona-se mais confusão a essa análise porque muitas famílias têm DST, mas os machos das famílias Chelidae e Kinosternidae são heterogaméticos e em Bataguridae conhece-se machos e fêmeas heterogaméticos. Atualmente não é possível traçar a evolução da determinação do sexo na linhagem saurópsida ou especular sobre a determinação do sexo entre os dinossauros não aves.

Ninhadas com sexo-influenciado Para complicar um pouco mais o DSG nas aves, as fêmeas das aves podem exercer algum controle sobre o sexo de sua prole. Muitas aves põem um ovo por dia até que todos pertencentes a uma ninhada sejam postos. Os ovos chocam aproximadamente na mesma sequência que foram postos, e a fêmea das aves pode ajustar o sexo da prole em relação a sequência de postura dos ovos. Um estudo do tentilhão, *Carpodacus mexicanus,* mostrou que os ovos postos primeiro pelas aves de Montana desenvolviam fêmeas, enquanto uma população no Alabama os primeiro ovos se desenvolviam em machos (Badyaev et al. 2002). O desenvolvimento específico do sexo e características de sobrevivência parecem ser a base para as fêmeas maiores sobrevivem melhor que as menores, enquanto no Alabama os machos maiores são favorecidos. A ordem de incubação sexo-influenciado aumenta a sobrevivência dos recém nascidos entre 10 e 20 por cento.

A coexistência do GSD e do controle do sexo de uma ninhada pela fêmea das aves é um paradoxo que não está totalmente entendido. O vitelo do ovo, secretado pela fêmea, contem hormônios, e um controle materno do ambiente do ovo pode ser a forma como as fêmeas influenciam o sexo da ninhada (Petrie el al. 2001). Por exemplo, as fêmeas do tentilhão ("zebra finches") produzem ovos com mais testosterona quando cruzam com machos atrativos do que com machos menos atrativos (Gil et al. 1999). A testosterona extra pode ter um efeito duplo, influenciando tanto o sexo dos recém nascidos como seu crescimento posterior à incubação e sua sobrevivência.

Nidificação, Incubação e Cuidado Parental A construção dos ninhos, incubação dos ovos e cuidado à prole são aspectos importantes da reprodução das aves. Como outros aspectos da biologia das aves esses elementos mostram tremendas variações. Veja Hansell (2000) para uma revisão recente.

Nidação Os ninhos dão proteção aos ovos não apenas contra as agressões físicas tais como o calor, o frio, ou a chuva, bem como contra os predadores. Os ninhos das aves variam desde cavidades rasas no solo até enormes estruturas que representam o esforço combinado de centenas de indivíduos, durante muitas gerações (Figura 17-32). Os ninhos dos passarinhos, normalmente, são estruturas em forma de taça, compostas de vegetais tecidos juntos. Os andorinhões usam secreções grudentas, produzidas pelas glândulas salivares para cimentar o material que forma o ninho, e os mergulhões, que são aves que vivem em várzeas, constroem ninhos flutuantes com os caules de plantas aquáticas.

A maioria das aves nidifica individualmente, mas algumas linhagens são exceções: Apenas 16 por cento dos pássaros nidifícam em colônias, mas 98 por cento das aves marinhas o fazem (Wittenberger e Hunt 1985, Kharitonov e Siegel-Causey 1988). As colônias de nidificação de algumas espécies de pinguins, pardelas, atobás, gaivotas, trinta-réis e Alcidae possuem centenas de milhares de indivíduos. As colônias são menores na maioria dos outros grupos de aves; as colônias de garças, cegonhas, pombos, andorinhões e pássaros contêm de 10 a 50 ninhos. A nidificação colonial oferece vantagens e desvantagens. Uma colônia é, potencialmente, uma concentração de presas que podem atrair predadores, mas a alta densidade de aves nidi ficando pode oferecer uma certa proteção. Em muitas colônias os ninhos localizam-se a uma distância de dois pescoços de comprimento; um intruso pode ser ameaçado, de todos os lados, pelas bicadas. Os ninhos situados centralmente podem ser mais protegidos contra predadores do que os ninhos na periferia da colônia.

Existem colônias mistas de duas ou mais espécies de aves marinhas, mas pelo menos algumas delas podem estar em situações transitórias, na qual uma espécie está em processo de deslocar outra. Por exemplo, na costa leste da

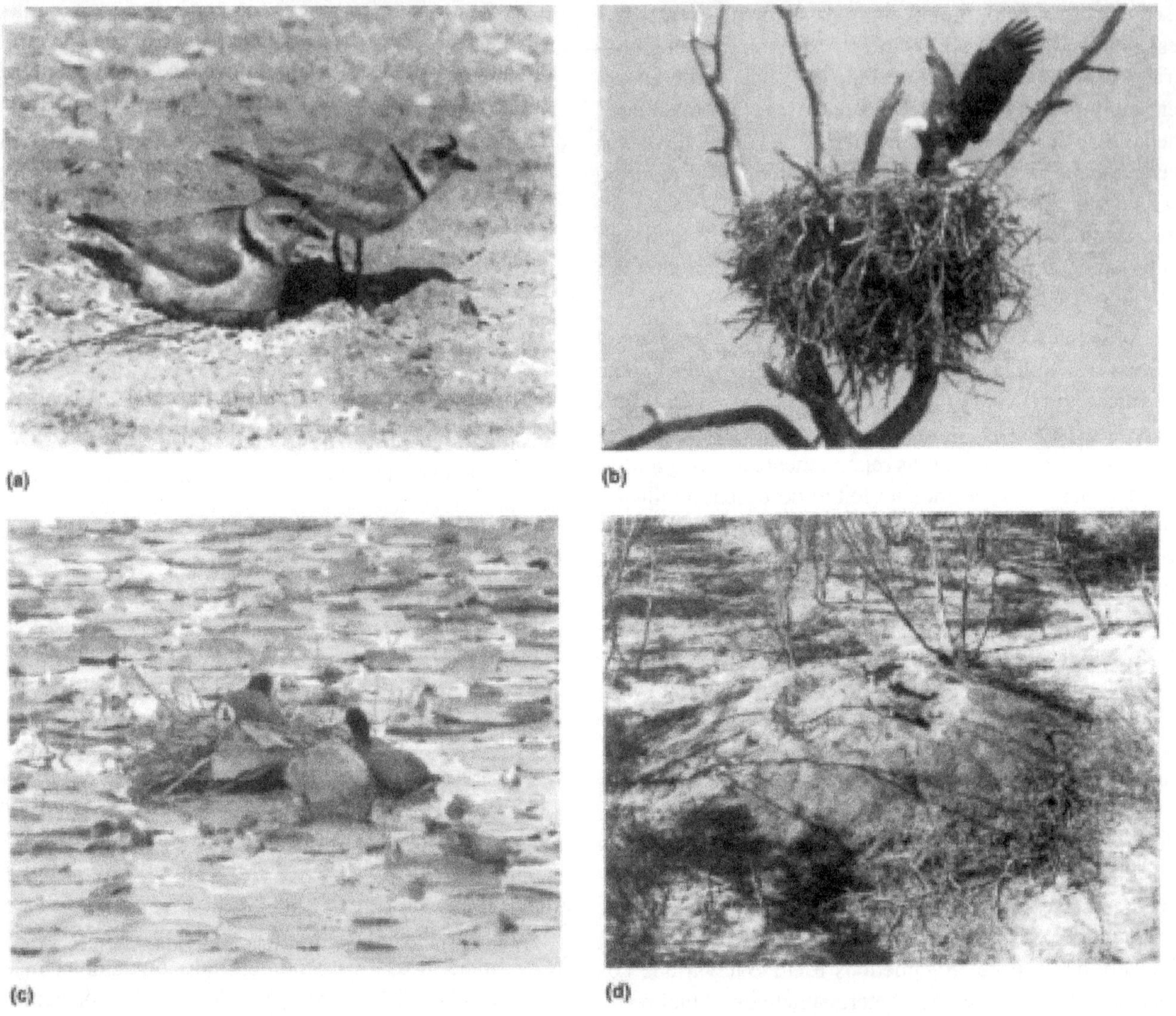

Figura 17-32 Diversidade de ninhos das aves. Alguns ninhos nada mais são do que depressões rasas; outras aves constroem estruturas elaboradas. *Charadrius melodus* (a), assim como muitas outras aves limícolas, põem seus ovos em uma depressão feita no solo. A águia *Haliaetus leucocephalus* (b) constrói um ninho elaborado que é usado ano após ano. As narcejas (c) constroem ninhos flutuantes e o Megapodidae australiano *Leipoa ocellata* (d) faz um monte de areia, no qual enterra seus ovos. O calor do sol aquece os ovos e o macho deste megapodídeo adiciona auxilio removendo areia para conservar a temperatura estável.

América do Norte a gaivota *Larus marinus* está ampliando a sua distribuição em direção ao sul, aparentemente devido à abundância de alimento disponível nos depósitos de lixo. À medida que ela se desloca para o sul, invade as colônias de reprodução da gaivota *Larus argentatus. Larus marinus,* que é maior que *Larus argentatus* e procria mais cedo durante o ano, parece estar deslocando esta última de alguns de seus tradicionais locais de reprodução.

Tamanho da Ninhada Quantos ovos devem ser produzidos por uma ave? Essa questão tem intrigado os ornitologistas e ecologistas, desde o trabalho pioneiro de David Lack em 1940 que propôs a provável existência de um número ideal de ovos para uma espécie que refletiria a quantidade de alimento que os pais trazem para seus filhotes. O tamanho de uma ave recém emplumada depende do quanto foi alimentada no ninho, e filhotes maiores (acima das medidas normais) são mais aptos para sobreviver do que os menores. Desta forma, o tamanho ideal da postura de ovos deve equilibrar o número máximo de filhotes que os pais podem alimentar para que alcancem um tamanho que maximize suas chances de sobrevivência.

O raciocínio de Lack é plausível, mas observou frequentemente tamanhos de ninhadas diferentes daquelas previstas apenas pela hipótese da limitação de alimento (p. ex., Martin et al. 2000). Vários fatores adicionais têm sido propostos nesses últimos 60 anos para reconciliar a teoria e observação, e a principal hipótese subdivide-se em três categorias.

- A hipótese negócio-desfeito foca os comportamentos que maximizam o período, de vida do sucesso reprodutivo de uma ave individualmente. Posturas maiores exercem maior esforço fisiológico sobre as fêmeas do que posturas menores, e os dois pais provavelmente ficam mais expostos à predação durante o forrageio para alimentar uma ninhada maior do que uma menor. Uma ave pode maximizar o número total de descendentes produzidos durante sua vida produzindo ninhadas com um número menor de filhotes do que é permitido pela quantidade de alimento.
- Hipótese da predação foca o risco de colocar todos os ovos em um único ninho, especialmente se um ataque predatório pode dizimar todos os ovos. Ninhadas grandes provavelmente têm mais chances de serem detectadas pelos predadores do que ninhadas pequenas, porque são mais barulhentas, exalam cheiro mais forte e os pais devem realizar mais saídas do ninho. Deste modo, as aves que nidifícam em locais expostos devem minimizar o risco de predação produzindo ninhadas pequenas, e aves que nidifícam em locais protegidos devem ter ninhadas grandes.
- Hipótese da sazonalidade foca sobre as variações no tamanho das ninhadas em locais com semelhanças geográficas (norte verso sul) e semelhanças de habitats (úmidos verso secos), mas a relação é contra-intuitiva. A quantidade de alimento é determinada parcialmente pela quantidade absoluta de alimento no ambiente, mas também pela força competitiva de outras aves pelo alimento. Alguns habitats são fortemente sazonais, como os das altas latitudes que são frios no inverno ou desertos na estação seca. Esses habitats possuem pequenas populações de aves residentes porque a população residente está sujeita as limitações alimentares da estação desfavorável. Quando o alimento torna-se temporariamente abundante durante as estações favoráveis (o verão na altas latitudes, estações chuvosas nos desertos) há pouca competição e as aves desses habitats podem produzir ninhadas maiores que o esperado. Em contraste, em habitats sem sazonalidade marcante as populações residentes não estão limitadas por um período improdutivo. A competição é alta o ano todo, e as aves nesses habitats devem produzir ninhadas menores que as esperadas.

Incubação Os Megapodidae são aves conhecidas por enterrar seus ovos na areia ou no sol utilizando o calor do sol ou da vegetação em decomposição para a incubação. A batuíra africana *Pluvianus aegyptius* enterra os seus ovos na areia, mas acredita-se que todas as outras aves incubam seus ovos usando o calor metabólico. Algumas espécies de aves começam a incubação tão logo é posto o primeiro ovo, enquanto outras esperam completar a postura. Iniciar a incubação imediatamente pode proteger os ovos, mas isto significa que o primeiro ovo da ninhada eclodirá enquanto os ovos que foram postos mais tarde ainda estarão em desenvolvimento. Isso força os pais a dividirem o seu tempo entre a incubação e a coleta de alimento para os ninhegos. Além do mais, os ovos que eclodem por último produzem filhotes menores do que seus irmãos mais velhos e tais filhotes têm, provavelmente, menor chance de sobrevivência. A maioria dos pássaros, assim como os patos, gansos e galináceos só iniciam a incubação após ter posto o penúltimo ou o último ovo.

A prolactina, secretada pela hipófise, inibe a ovulação e induz o comportamento de incubação, pelo menos nas espécies de aves que esperam até que a postura esteja completa para iniciar a incubação. As propriedades de isolamento térmico das penas, que são características tão importantes na termorregulação das aves, durante a incubação tornam-se uma desvantagem, quando é necessário que os pais transfiram o calor metabólico de seus próprios corpos para os ovos. A prolactina e o estrógeno, ou andrógeno, estimulam a formação de uma placa de incubação na fêmea e no macho, respectivamente. Estas placas de incubação são áreas de pele nua na superfície ventral da ave. As penas da placa de incubação caem e há um aumento da irrigação sanguínea na derme, que pode assim dobrar em espessura, dando à pele uma textura esponjosa. Nem todas as aves desenvolvem essas placas, e em algumas espécies somente a fêmea tem placa de incubação, embora o macho possa participar da incubação dos ovos. Os patos e gansos formam as placas arrancando as plúmulas de seus peitos e eles as utilizam para forrar os seus ninhos. Alguns pinguins põem um único ovo, que eles seguram em cima dos pés e cobrem com uma dobra de pele do ventre, que envolve o ovo.

A temperatura dos ovos, durante a incubação, usualmente é mantida no intervalo de 33°C a 37°C, enquanto alguns ovos podem suportar períodos de resfriamento quando os pais estão fora do ninho. As aves marinhas de narinas tubulares (Procellariiformes) são conhecidas pelos longos períodos que os adultos gastam fora do ninho, durante o forrageio. A andorinha-do-mar (*Oceanodroma furcata*) põe um único ovo em um buraco ou na fenda de uma rocha. Ambos os pais participam da incubação, mas os adultos forrageiam a grandes distâncias – os pais podem ficar fora do ninho por várias horas, ou até mesmo por vários dias, de cada vez. Para as andorinhas-do-mar do Alasca os pais se ausentam por 11 dias durante um período médio de incubação de 50 dias. Os ovos ficaram expostos à temperatura ambiente de 10°C enquanto os pais estão fora. Os estudos experimentais mostraram que os ovos das andorinhas-do-mar não foram danificados por terem ficado expostos à temperatura de 10°C (Vleck e Kenagy 1980). O padrão de desenvolvimento destes ovos foi idêntico ao dos ovos incubados continuamente a 34°C, exceto que, para cada dia de resfriamento, era necessário cerca de um dia a mais, para a eclosão dos ovos.

Os pais viram os ovos várias vezes por hora, durante a incubação, deslocando cada ovo para frente e para trás entre o centro e a borda da postura. Existe variação de temperatura dentro do ninho e deslocando-se os ovos pode-se garantir que todos eles experimentem aproximadamente a mesma média de temperatura. Além disso, virar os ovos pode ajudar a evitar a fusão prematura da membrana alantocórica com a membrana interna da casca. Os embriões têm uma orientação estável durante a incubação – isto é, o mesmo lado normalmente é voltado para cima. Esta posição é ditada pela distribuição assimétrica da massa embrionária dentro do ovo, e o processo de virar os ovos permite que os embriões assumam a sua posição de equilíbrio. Aparentemente, este mecanismo garante que, quando ocorre a fusão das membranas alantocóricas e interna da casca (aproximadamente na metade do período de incubação), o embrião encontra-se em uma posição que lhe facilitará a eclosão.

Os períodos de incubação variam de 10 a 12 dias, para algumas espécies, até 60 a 80 dias para outras. Em geral, as grandes espécies de aves têm períodos de incubação mais longos do que as pequenas, mas fatores ecológicos também contribuem para determinar a duração do período de incubação. Já foi mencionado o efeito da ausência dos pais no retardo do desenvolvimento, e o tempo que um dos pais fica ausente pode depender do seu sucesso no forrageio. Um grande risco de predação pode favorecer um rápido desenvolvimento dos ovos. Provavelmente, os Thraupinae (sanhaços e saíras) tropicais, espécies que constroem ninhos abertos e próximos ao solo, são mais vulneráveis aos predadores do que as espécies que constroem ninhos semelhantes, afastados do solo. Os períodos de incubação das espécies que nidificam próximo ao solo são curtos (11 a 13 dias), comparados com o daquelas que constroem ninhos em locais mais altos (14 a 20 dias). As espécies de Thraupinae tropicais com ninhos fechados têm períodos de incubação ainda mais longos – 17 a 24 dias.

Cuidado Parental É uma inferência plausível – tanto a partir das considerações filogenéticas como das formas fósseis de coelurossauros – de que a forma ancestral de reprodução na linhagem das aves inclui deposição de ovos em um local de nidificação bem definido, um atendimento ao ninho por um ou ambos os pais, eclosão de filhotes que são capazes de alimentar por si só após o nascimento (jovens precociais), e um período de associação entre os filhotes com um ou ambos os pais após o nascimento. Todos os crocodilianos que foram estudados correspondem a este padrão e têm aumentado as evidências de que pelo menos alguns dinossauros permaneciam com seus filhotes nos ninhos.

As aves atuais seguem estes padrões ancestrais, mas nem todas as espécies produzem filhotes precoces. Ao invés disto, os ninhegos de aves mostram um espectro de maturidade que varia desde filhotes precoces, que são emplumados e auto-suficientes já no momento da eclosão, até formas altriciais, que são nuas e inteiramente dependentes de seus pais para a alimentação e a termorregulação (Figura 17-33 e Tabela 17.3). As aves mais precoces na eclosão são os megapodídeos da Austrália e das índias Orientais, que também exibem a forma mais ancestral de nidificação – enterram seus ovos nos ninhos feitos com montes de terra e vegetais, que se assemelham muito com os ninhos dos crocodilianos. Os megapodídeos recém-eclodidos chegam à superfície já emplumados e capazes de voar. A maioria das aves precoces é coberta com plúmulas no momento da eclosão, pode caminhar, mas não é capaz de voar.

A distinção entre as aves precociais e as altriciais está relacionada às diferenças na quantidade inicial de vitelo existente no ovo; e, também, às diferenças no desenvolvimento dos órgãos e músculos no momento da eclosão e a posterior velocidade de crescimento (Tabela 17.4). Robert Ricklefs (1979) propôs que a maturidade dos tecidos no momento da eclosão, especialmente os músculos esqueléticos, pode ser usada para subdividir os padrões de crescimento das aves. Os tecidos formados podem não ser capaz de um crescimento rápido e podem determinar os limites para o crescimento de outros tecidos. Ricklefs enfatizou a relação entre o modo de desenvolvimento e o suprimento alimentar, e David Winkler e Jeffrey Walters (1983) chamaram a atenção para a forte influência filogenética sobre as maneiras de desenvolvimento. A maioria das diferenças no tipo de desenvolvimento pode ocorrer em diferentes ordens e não no interior delas, mesmo quando as espécies dentro de uma ordem diferem substancialmente na sua ecologia.

Os filhotes altriciais são guardados e alimentados por um ou ambos os pais, após a eclosão. Os adultos de algumas espécies de aves carregam alimento para os ninhegos nos seus bicos, mas muitas espécies engolem o alimento e o regurgitam mais tarde para alimentar os filhotes. Os ninhegos altriciais respondem a qualquer perturbação que possa indicar a chegada de um dos pais no ninho, abrindo amplamente suas bocas. A visão de uma boca aberta parece estimular um dos pais a alimentá-lo e os ninhegos altriciais, de muitas espécies, têm o revestimento da boca com cores vivas. Os Ploceidae têm ninhos cobertos e as manchas luminosas na boca de algumas espécies serviriam para sinalizar na escuridão do ninho, mostrando aos pais onde depositar o alimento.

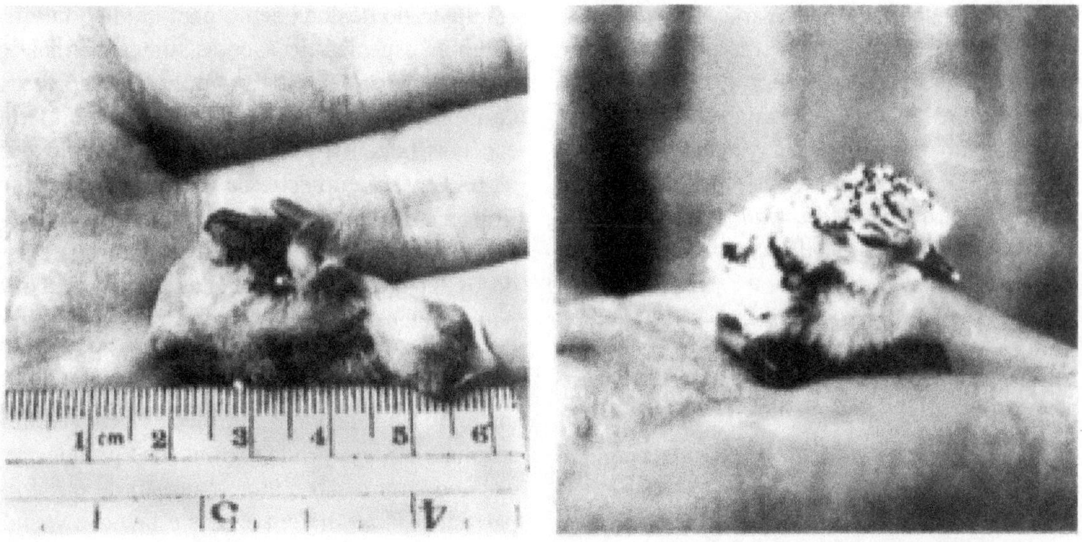

(a) (b)

Figura 17-33 Ninhegos altriciais e precoces. Os ninhegos altriciais (a), tais como os da andorinha (*Tachycineta bicolor*) são totalmente nus quando eclodem e mesmo incapazes de levantar-se. As espécies precoces (b), tais como a batuíra (*Charadrius alexandrinus*), são recobertas com plúmulas quando eclodem e podem ficar eretas e mesmo caminhar. A batuíra, nesta fotografia, acaba de eclodir; ela mantém o dente de ovo na ponta de seu bico, enquanto o ninhego da andorinha tem 5 dias de idade. A cor escura na perna da andorinha é tinta, usada pelos pesquisadores para identificar os ninhegos individualmente para um estudo sobre cuidado parental.

TABELA 17.3 Maturidade de Aves no Momento da Eclosão

Precocial: olhos abertos, cobertos com penas ou plúmulas, deixam o ninho após 1 ou 2 dias
1. Independentes dos pais: Megapodidae
2. Seguem os pais, mas encontram o seu próprio alimento patos, aves limícolas
3. Seguem os pais e os alimentos lhes são indicados: Phasianidae
4. Seguem os pais e são alimentados por eles mergulhões e saracuras

Semiprecocial: olhos abertos, cobertos com plúmulas, capazes de andar, mas permanecem no ninho e são alimentados pelos pais gaivotas, trinta-réis.

Semialtricial: cobertos com plúmulas, incapazes de deixar o ninho, alimentados pelos pais
1. Olhos abertos: garças, gaviões
2. Olhos fechados: corujas

Altncial olhos fechados, poucas plúmulas ou sem, incapazes de deixar o ninho, alimentados pelos pais pássaros

TABELA 17.4 Comparação entre Aves

Ovos	
Quantidade de vitelo nos ovos	precocial > altricial
Quantidade de vitelo que permanece na eclosão	precocial > altricial
Filhotes	
Tamanho dos olhos e do encéfalo	precocial > altricial
Desenvolvimento dos músculos	precocial > altricial
Tamanho do intestino	altricial > precoce
Média de crescimento após a eclosão	altricial > precoce

O tempo de cuidado parental é muito variável. Os filhotes de pássaros pequenos deixam o ninho cerca de duas semanas depois da eclosão e são cuidados por seus pais durante mais uma a três semanas. As espécies maiores, tais como a coruja *Strix aluco,* ficam um mês no ninho e recebem cuidado parental por mais três meses após ter voado pela primeira vez; os filhotes do albatroz *Diomedea exulans* precisam de um ano para tornar-se independente de seus pais.

17.8 Migração e Navegação

A mobilidade que caracteriza os vertebrados talvez seja mais claramente demonstrada pelos seus deslocamentos por enormes distâncias. Estes deslocamentos, que podem cobrir metade do globo terrestre, exigem resistência e habilidade para navegar. Outros vertebrados migram também por distâncias enormes, mas a migração é mais conhecida entre as aves.

Deslocamentos Migratórios das Aves

A migração é um fenômeno espalhado amplamente entre as aves. Cerca de 40 por cento das espécies de aves da Região Paleártica são migratórias, e estima-se que cerca de 5 bilhões de aves migram a partir desta região, todos os anos. Muitas vezes as migrações envolvem milhares de quilômetros, especialmente no caso das aves que nidificam nas latitudes Norte, alguns mamíferos marinhos, tartarugas marinhas e peixes. Os bobos (*Puffinus tenuirostris*), por exemplo, migram anualmente entre a sua área de reprodução no sul da Austrália e o Pacífico Norte, viajando mais de 30.000 quilômetros (Figura 17-34).

Muitas aves retornam todo ano aos mesmos locais de escala migratória, ano após ano, da mesma forma que aos mesmos locais de reprodução e de invernada. As aves migratórias podem se concentrar em densidades altas em certos pontos ao longo de suas rotas migratórias tradicionais. Por exemplo, as espécies que seguem uma rota costeira podem convergir para um pequeno pedaço de terra – tal como Cape May, em New Jersey – de onde devem iniciar longos voos sobre a água. Nestas escalas as aves migratórias precisam encontrar alimento e água para reabastecer seus estoques, antes de se aventurarem sobre o oceano, e precisam evitar, também, os predadores que se congregam nestes locais. O desenvolvimento das áreas costeiras, pelo uso humano, tem destruído muitas estações de repouso e reabastecimento para as aves migratórias. A destruição dos alagados costeiros tem causado sérios problemas para as aves migratórias em todo o mundo. A perda dos locais de escala migratória pode remover um recurso crítico, para uma população, em uma etapa particularmente estressante de seu ciclo de vida.

Vantagens da Migração O alto gasto de energia da migração precisa ser compensado pela energia ganha como resultado do deslocamento para um habitat diferente. Para algumas espécies de aves as fontes normais de alimento não estão disponíveis durante o inverno, e os benefícios da migração para essas espécies são muito claros. Outras espécies podem guardar energia, evitando, principalmente, a influência do estresse térmico dos invernos nórdicos. Em outros casos, a principal vantagem da migração pode ser a reprodução em altas latitudes durante o verão quando os recursos são abundantes e as aves têm mais tempo para forragear, devido aos dias mais longos, do que teriam se permanecessem próximo ao equador. Notificamos nas hipóteses discutidas sobre os fatores que determinam o tamanho da ninhada que espécies que vivem em habitats sazonais podem produzir ninhadas grandes, e essa explicação de migração é uma extensão do que foi discutido – passando o inverno em climas estáveis e voando para altas latitudes durante o verão, as aves migratórias podem ser capazes de evitar os limites impostos pela estação severa e beneficiar-se da alta disponibilidade de alimento durante a estação produtiva.

Preparação Fisiológica para a Migração A migração é o resultado de uma sequência complexa de eventos que integra a fisiologia e o comportamento das aves. A gordura é o principal estoque de energia para as aves migratórias, e passam por um período de alimentação intensa e de engorda pré-migratória **(disposição migratória,** *Zugdisposition,* ou preparação migratória), no qual os depósitos de gordura na cavidade do corpo **e** nos tecidos subcutâneos aumentam dez vezes, alcançando finalmente 20 a 50 por cento da massa corpórea não gordurosa. A gordura é metabolizada rapidamente quando a migração é iniciada e muitas aves migram à noite e se alimentam durante o dia. Mesmo os migrantes diurnos dividem o dia em períodos de vôo migratório (normalmente nas primeiras horas do dia) e períodos de alimentação. Além do mais, as pausas de vários dias são eventos normais da migração, para restaurar os estoques de gordura. A disposição migratória *(Zugdisposition)* é seguida pela **vontade migratória** (*Zugstimmung*), na qual as aves empreendem e mantêm o vôo migratório. Nas aves mantidas em gaiolas, que são impedidas de migrarem, esta condição resulta no bem conhecido fenômeno da **inquietação migratória** (*Zugunhure*).

A preparação para a migração deve estar integrada com as condições ambientais e, esta coordenação, parece ser realizada pela interação do ritmo interno com um estímulo externo. O comprimento do dia é a indicação mais importante para a *disposição migratória* e a *vontade migratória* nas regiões temperadas do Norte. Na primavera a migração em direção ao Norte é induzida pelo aumento do comprimento do dia (Figura 17-35). A direção na qual as aves migratórias orientam-se durante a inquietação migratória depende de suas condições fisiológicas. Neste experimento foi

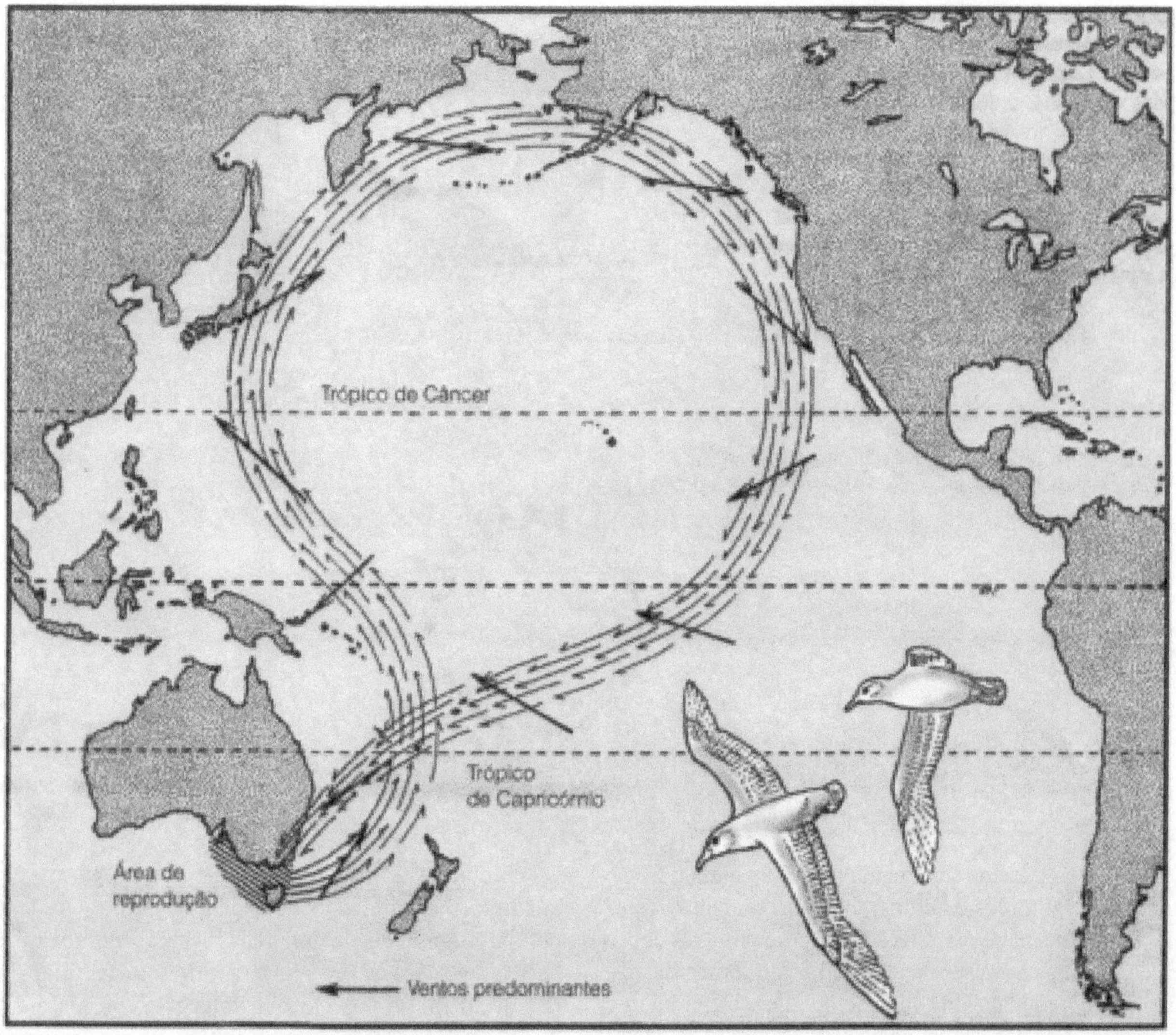

Figura 17-34 Padrão migratório de um bobo (*Puffinus tenuirostris*). Esta espécie migra de sua área reprodutiva na Austrália, até sua distribuição Norte; ela aproveita os ventos predominantes na região do Pacífico para reduzir o gasto de energia na migração.

manipulado o fotoperíodo, para levar um grupo de pássaros, *Passerino cyanea,* à sua condição migratória de outono, ao mesmo tempo em que um segundo grupo de pássaros estava na sua condição migratória de primavera. Quando os pássaros foram testados sob um céu artificial de planetário, os de condições migratória de primavera orientaram-se inicialmente em direção nordeste (Figura 17-35b), enquanto que os pássaros de condição migratória de outono orientaram-se em direção ao sul (Figura 17-35c). Os círculos negros indicam a média de orientações noturnas agrupadas, de várias observações, para cada um dos seis pássaros na condição migratória de primavera e cinco pássaros na condição de outono.

Depois da reprodução muitas espécies de aves entram em um período refratário, no qual não são sensíveis aos longos comprimentos dos dias, suas gônadas regridem à condição não reprodutiva e mudam de plumagem. A diminuição do fotoperíodo no outono pode acelerar a migração em direção ao sul. A maioria das aves fica novamente refratária ao estímulo do fotoperíodo, durante várias semanas após a migração de outono e exigem um intervalo de algumas semanas de fotoperíodo curto, antes que possam ser estimuladas novamente por fotoperíodos longos.

A resposta fundamental das aves às mudanças no comprimento dos dias é um ritmo endógeno (interno). Este ciclo circadiano (cerca de um ano) pode ser demonstrado mantendo-se as aves em condições constantes. O acúmulo de gordura e a inquietação migratória coincidem, na maioria das espécies e alterna-se com o desenvolvimento das gônadas e a muda, como ocorre nas aves selvagens. Quando

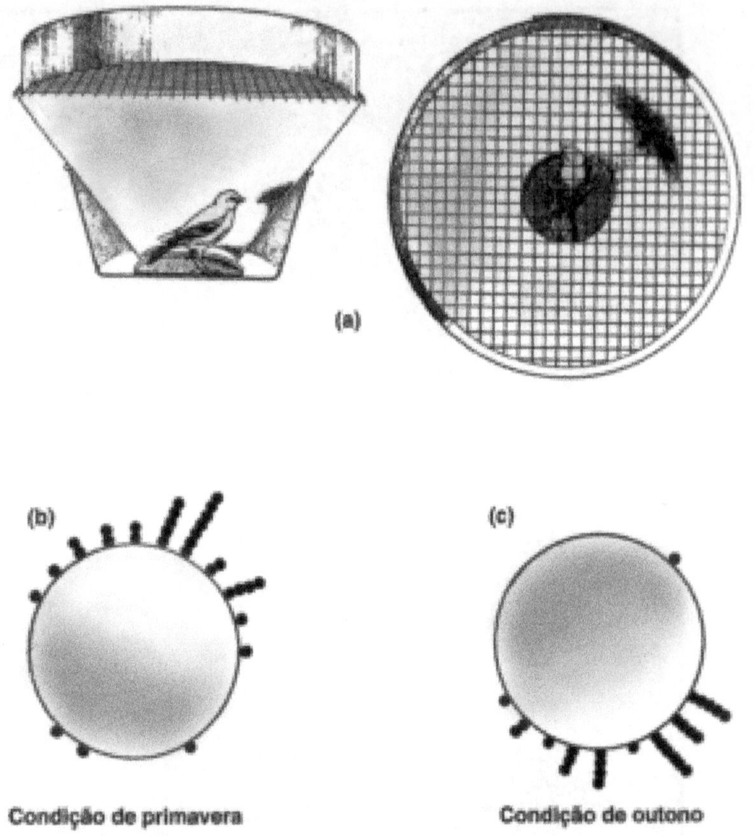

➢**Figura 17-35** Direção na qual aves migratórias orientam-se durante a *inquietação migratória* (*Zugunhure*). (a) As aves foram testadas em gaiolas circulares que permitem a visão do céu. A ave permanece sobre uma almofada com tinta e cada vez que ela salta sobre a parede inclinada ela deixa uma marca, borrando o papel que reveste a gaiola. (b) Na primavera as aves orientaram-se em direção ao norte e (c) no outono em direção ao sul.

os ritmos estão correndo livremente (isto é, quando não são ajustados por estímulos externos), eles variam entre 7 e 15 meses. Em outras palavras, o relógio interno das aves continua andando, mas na ausência de informação fornecida normalmente, pela mudança na duração do dia, o ritmo interno se desloca de uma correspondência precisa com as estações.

Orientação e Navegação

As migrações sazonais dos vertebrados, que cobrem milhares de quilômetros e, especialmente, suas habilidades de retomar regularmente aos mesmos locais, ano após ano, propõe uma pergunta a mais: como eles encontram seus caminhos? Várias hipóteses propõem mecanismos para explicar como os animais navegam nestas jornadas. As explicações recaem em duas categorias gerais: (1) a migração de longa distância é uma extensão da tendência a explorar um território além do próprio raio de ação, aprendendo a reconhecer marcos ao longo do caminho; ou (2) a habilidade de voltar ao lar através de um território não familiar que resulta de um sistema interno de navegação. Os experimentos revelam que muitos vertebrados podem encontrar os caminhos para os seus lares, quando eles são deslocados, mas que também estão envolvidos vários mecanismos e modalidades sensoriais diferentes. Uma revisão geral sobre migração e navegação das aves pode ser encontrada em Alerstam (1990).

Os pombos-correios tornaram-se os animais experimentais favoritos para os estudos de navegação. Desde que os povos criaram e selecionaram raças de pombos, sabe-se que as aves soltas em um território não familiar desaparecem ao longe voando em linha reta, normalmente em direção ao lar. Os experimentos têm mostrado que a navegação dos pombos-correios (e presumivelmente dos outros vertebrados) é complexa e baseia-se em muitas indicações sensoriais. Nos dias ensolarados os pombos desaparecem em direção ao lar, retomando rapidamente aos seus pombais. Nos dias nublados os pontos de referência ficam menos precisos e, frequentemente, as aves se perdem. Estas observações sugerem que os pombos usam o sol como bússola.

Naturalmente, a posição do sol no céu muda do amanhecer para o crepúsculo. Isto significa que a ave precisa saber a hora do dia para usar o sol para estabelecer a direção, e esta habilidade de controlar o tempo requer algum tipo de relógio interno. Se esta hipótese é correra, seria possível perturbar uma ave adiantando ou atrasando o seu relógio. Por exemplo, se acendermos uma lâmpada em um pombal 6 horas antes do nascer do sol, toda manhã, por cerca de cinco dias, as aves acostumam-se àquele nascer do sol artificial. A qualquer hora do dia elas presumirão que são 6 horas mais tarde do que é na realidade. Quando estas aves são soltas elas julgarão a direção pelo sol, mas seus relógios internos estarão defasados em 6 horas. Como uma consequência deste erro as aves voam fora da rota, que se desloca 90° da rota correta para o lar. Os pombos com relógio interno alterado reagem diferentemente sob céus ensolarados ou nublados, indicando que eles têm pelo menos dois mecanismos de navegação (Figura 17-36). Cada ponto nestes gráficos mostra a direção na qual o pombo desapareceu de vista, quando ele foi libertado no centro de um grande círculo. O pombal situa-se em linha reta para cima, em cada diagrama. A barra sólida que se estende a partir do centro de cada círculo é a média da soma dos vetores de cada um dos pontos que desaparecem. As aves controle, que foram mantidas em fotoperíodo normal, capazes de ver o sol, orientam-se predominantemente em direção ao lar (Figura 17-36a). As aves que tiveram seus fotoperíodos adiantados 6 horas desaparecem no horizonte a oeste da real direção do lar (Figura 17-36b). Todavia, quando o sol está encoberto pelas nuvens, as aves não podem usá-lo para a navegação e precisam contar com outros mecanismos. Nestas condições, tanto as aves controle quanto aquelas com relógio alterado, orientam-se corretamente em direção ao lar (Figura 17-36c, d).

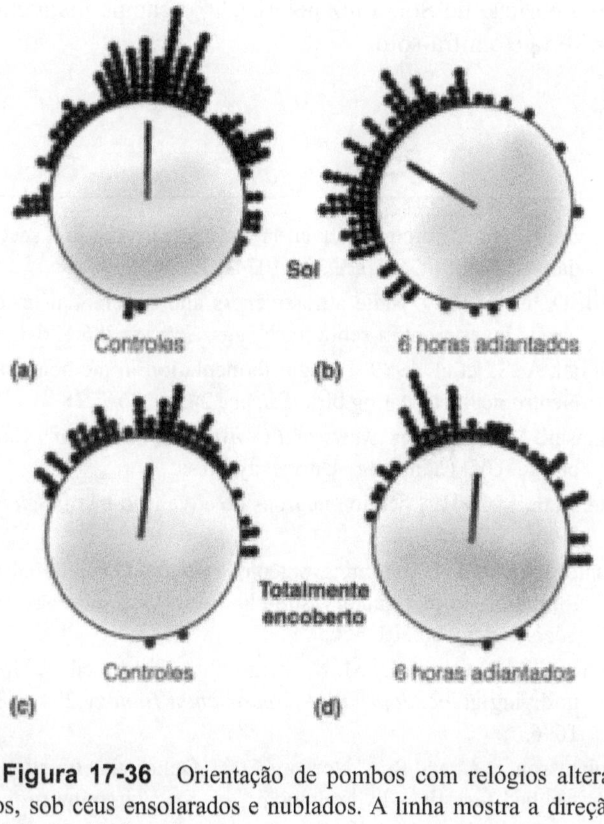

Figura 17-36 Orientação de pombos com relógios alterados, sob céus ensolarados e nublados. A linha mostra a direção média escolhida pelas aves.

A luz polarizada é um outro recurso que os vertebrados usam para determinar as direções. Além disto, já foi demonstrado que alguns vertebrados detectam luz ultravioleta e também sons de frequências extremamente baixas, bem abaixo das frequências que podem ser ouvidas pelos seres numanos. Estes sons são gerados pelas ondas dos oceanos e massas de ar passando pelas montanhas e podem indicar uma direção geral por milhares de quilômetros, porém o uso deles como um recurso para a navegação continua sem explicação. Os sentidos conhecidos e que tem se mostrados envolvidos na navegação dos pombos não terminam aqui. Os pombos também podem navegar reconhecendo os diferentes odores do ar quando passam sobre a região. O magnetismo também está envolvido: em dias nublados, pombos portando pequenos imãs nas suas cabeças sofrem perturbações na sua habilidade de navegar, porém, em dias ensolarados os imãs não interferem. Aparentemente, quando o dia está claro, os pombos usam as suas bússolas solares e ignoram as informações magnéticas.

Resultados semelhantes têm sido obtidos também com outros vertebrados, levando-nos a concluir que, de uma forma geral, existe uma grande redundância com relação aos sistemas de navegação. Aparentemente, existe uma hierarquia útil para esses recursos de orientação. Por exemplo, uma ave que usa o sol e a luz polarizada para navegar nos dias claros pode trocar para uma orientação magnética nos dias muito nublados. Em ambas as situações ela pode fazer uso de odores locais e o reconhecimento de marcos característicos, à medida que se aproxima de seu lar.

Muitas aves migram somente à noite. Nestas circunstâncias, um sensor magnético de direção pode ser importante. Várias espécies de aves que migram à noite utilizam o padrão das estrelas para navegar. Aparentemente, cada ave decora um certo arranjo de estrelas e usa o movimento celeste delas para determinar uma bússola de direção. Assim, como no caso da navegação por bússola solar, é necessário um relógio interno para este tipo de navegação celeste; e alterando-se artificialmente a hora marcada por este relógio interno produzem-se mudanças previsíveis na direção de orientação de uma ave.

Apesar dos numerosos estudos, as complexidades dos mecanismos de navegação dos vertebrados estão ainda longe de serem completamente entendidos, havendo muitas controvérsias sobre algumas hipóteses. A própria redundância dos sistemas torna difícil desenhar experimentos que isolem cada mecanismo. Quando um animal se vê privado de uma dada modalidade sensorial é muito provável que ele utilize uma ou várias outras. Esta redundância de cada espécie e a notável sofisticação dos mecanismos de navegação de muitos vertebrados mostram a importância da migração nas suas vidas.

Resumo

As penas são caracteres distintivos das aves e o vôo é a sua maneira peculiar de locomoção. Em muitos aspectos a morfologia das aves é modelada pelas necessidades do vôo. O vôo batido é um processo mais complicado do que o vôo com asas fixas, como o das aeronaves, mas ele pode ser entendido em termos aerodinâmicos. As penas compõem as superfícies aerodinâmicas, responsáveis pelas forças de ascensão e propulsão durante o vôo e também asseguram a aerodinâmica. Existem muitas variações e especializações entre os quatro tipos básicos de asas, mas, em geral, as asas de alta velocidade e elípticas são usadas no vôo batido, enquanto as de alto coeficiente de proporcionalidade e de grande sustentação são usadas para planar.

Os ossos ocos das aves, um caráter ancestral da linhagem dos coleurossauros, combinam leveza e resistência. Algumas partes do esqueleto das aves são leves em relação ao tamanho de seus corpos, e essa leveza tem sido alcançada pela modificação do crânio. Muitos ossos cranianos são separados em outros diapsídeos, mas são fundidos nas aves e os dentes são ausentes. A função dos dentes, no processo alimentar, é realizada pela moela muscular, que é parte do estômago das aves. A moela é bem desenvolvida em aves que se alimentam de item duros, tais como sementes; e pode conter pedrinhas em seu interior que provavelmente auxiliam na trituração do alimento.

O desenho básico do pé de uma ave é muito similar aos pés dos coleurossauros. As modificações dos pés estão relacionadas ao estilo de vida de uma espécie – muitas aves que não voam têm o número de artelhos reduzido, e as aves aquáticas desenvolveram lobos nos artelhos ou membranas interdigitais entre os artelhos para aumentar a área da superfície que atua na água.

Todas as aves são ovíparas, talvez porque a retenção dos ovos é o primeiro estágio na evolução da viviparidade e as especializações do modo de vida das aves fazem com que não haja nenhuma vantagem na retenção dos ovos. As fêmeas das aves podem exercer algum controle sobre o número de ovos que põe e sobre o sexo dos filhotes. Muitas aves têm períodos longos de cuidado à prole durante o qual as aves jovens aprendem comportamentos específicos, como o canto.

Muitos dos complexos comportamentos sociais das aves são associados à reprodução, e as aves têm contribuído enormemente para nossa compreensão da relação entre os fatores ecológicos e os sistemas de acasalamento dos vertebrados. Monogamia social, com os dois pais cuidando do jovem, é o sistema de reprodução mais comum para as aves, mas copulação extra-par é um fato comum e promove oportunidades tanto para os machos como para as fêmeas de aumentar sua performance reprodutiva.

A migração é a manifestação mais expressiva da mobilidade das aves, e algumas espécies viajam dezenas de milhares de quilômetros em um ano. As aves migratórias utilizam uma variedade de recursos de navegação incluindo a posição do Sol, a luz polarizada, o campo magnético da Terra e o infra-som.

Leituras Adicionais

Alerstam, T. 1990. *Bird Migration*. Cambridge, UK: Cambridge University Press.

Badyaev, A. V., et al. 2002. Sex-biased hatching order and adaptive population divergence in a passerine bird. *Science* 295:316-318.

Barinaga, M. 2002. Sight, sound converge in owl's mental map. *Science* 297:1462-1463.

Bennett, P. M. and I. P. F. Owens. 2002. *Evolutionary Ecology of Birds: Life Histories, Mating Systems, and Extinction*. Oxford, UK: Oxford University Press.

Blackburn, D. G., and H. E. Evans. 1986. Why are there no viviparous birds? *American Naturalist* 128:165-190.

Blount, J. D., et al. 2003. Caretenoid modulation of immune function and sexual attractiveness in zebra finches. *Science* 300:125-127.

Brush, A. H. 2000. Evolving a protofeather and feather diversity. *American Zoologist* 40:631-639.

Chiappe. L. M. and G. J. Dyke. 2002. The Mesozoic radiation of birds. *Annual Review of Ecology and Systematics* 33:91-124.

Faivre, B. 2003. Immune activation rapidly mirrored in a secondary sexual trait. *Science* 300:1034-125.

Gil, D., et al. 1999. Male attractiveness and differential testosterone investment in zebra finch eggs. *Science* 286:126-128.

Grajal, A. S., et al. 1989. Foregut fermentation in the hoatzin, a Neotropical leaf-eating bird. *Science* 245:1236-1238.

Hansell, M. 2000. *Bird Nests and Construction Behavior*. Cambridge, UK: Cambridge University Press.

Helmuth. L. 2001. Location neurons do advanced math. *Science* 292:185.

Ioalè, P, et al. 1990. Homing pigeons do extract directional information from olfactory stimuli. *Behavioral Ecology and Sociobiology* 26:301-306.

Johansson, L. C. and U. M. Norberg. 2001. Lift-based paddling in diving grebe. *Journal of Experimental Biology* 204:1687-1696.

Johansson, L. C. and R. Å. Norberg. 2003. Delta-wing function of webbed feet gives hydrodynamic life for swimming propulsion in birds. *Nature* 424:65-68.

Kharitonov, S. R, and D. Siegel-Causey. 1988. Colony formation in seabirds. In R. F. Johnston (Ed.), *Current Ornithology*, vol. 5. New York, NY: Plenum, 223-272.

Linkenhoker, B. A. and E. L. Knudsen. 2002. Incremental training increases the plasticity of the auditory space map in adult barn owls. *Nature* 419:293-296.

Marshall, L. G. 1994. Terror birds of South America. *Scientific American* 270(2):90-95.

Martin, T. E., et al. 2000. Parental care and clutch sizes in North and South American birds. *Science* 287:1482-1485.

Norberg, R. Å. 1977. Occurrence and independem evolution of bilateral ear asymmetry in owls and implications for owl taxonomy. *Philosophical Transactions of the Royal Society of London* B 280:375-408.

Norberg, R. Å. 1978. Skull asymmetry, ear structure and function, and auditory localization in Tengmalm's owl, Aeogi-lius funereus (Linné). *Philosophical Transactions of the Royal Society of London* B 282:325-410.

Norberg, U. M. 1985. Flying, gliding, and soaring. In M. Hildebrand, et al. (Eds.), *Functional Vertebrate Morphology*. Cambridge, MA: Harvard University Press.

Padian, K., et al. 2001. Feathered dinosaurs and the origin of flight. Pages 117-135 in *Mesozoic Vertebrate Life*, D. H. Tanker and K. Carpenter (Eds.), Bloomington, IN: Indiana University Press.

Pena, J. L. and M. Konishi. 2001. Auditory spatial receptive fields created by multiplication. *Science* 292:249-252.

Parthasarathy, H. 2002. Plasticity and the older owl. *Nature* 419:258-259.

Pennisi, E. 2003. Colorful males may flaunt their health. *Science* 300:29-30.

Petrie, M. 1994. Improved growth and survival of offspring of peacocks with more elaborate trains. *Nature* 371:598-599.

Petrie, M. et al. 2001. Sex differences in avian yolk hormone levels. *Nature* 412:498-499.

Prum, R. O. 1999. Development and the evolutionary origin of feathers. *Journal of Experimental Zoology* 285:291-306.

Prum, R. O. and A. H. Brush. 2003. Which carne first, the feather or the bird? *Scientific American* March 2003, pp. 84-93.

Raikow, R. J. 1985. Locomotor system. In A. S. King and J. McLelland (Eds.), *Form and Function in Birds*, vol. 3. London, UK: Academic, 57-147.

Rattenborg, N. C, et al. 1999. Half-awake to the risk of predation. *Nature* 397:397-398.

Rayner, J. M. V. 1988. Form and function in avian flight. In R. J. Johnston (Ed.), *Current Ornithology*, vol. 5. New York, NY: Plenum, 1-66.

Ricklefs, R. E. 1979. Adaptation, constraint, and compromise in avian postnatal development. *Biological Review* 54:269-290.

Sibly, R. M. 1981. Strategies of digestion and defecation. Pages 109-139 in *Physiological Ecology: An Evolutionary Approach to Resource Use*, C. R. Townsend and P. Calow (Eds.), Sunderland, MA: Sinauer.

Tobalske, B. W., et al. 2003. Comparative power curves in bird flight. *Nature* 421:363-366.

Vince, M. A. 1969. Embryonic communication, respiration, and the synchronization of hatching. In R. A. Hinde (Ed.), *Bird Vocalizations*. Cambridge, UK: Cambridge University Press, 233-260.

Vleck, C. M., and G. J. Kenagy. 1980. Embryonic metabolism of the fork-tailed storm petrel: Physiological patterns during prolonged and interrupted incubation. *Physiological Zoology* 53:32-42.

Weihs, D., and G. Katzir. 1994. Bill sweeping in the spoonbill, *Platalea leucordia*: Evidence for a hydrodynamic function. *Animal Behaviour* 47:649-654.

Wiemerskirsch, H., et al. 2001. Energy saving in flight formation. *Nature* 413:697-698.

Wiltschko, W., and R. Wiltschko. 1988. Magnetic orientation in birds. Pages 67-121 in *Current Ornithology*, volume 5, R. F. Johnston (Eds.). New York, NY: Plenum.

Winkler, D. W., and J. R. Walters. 1983. The determination of clutch size in precocial birds. In R. F. Johnston (Ed.), *Current Ornithology*, vol. 1. New York, NY: Plenum, 33-68.

Witmer, L. M., and K. D. Rose. 1991. Biomechanics of the jaw apparatus of the gigantic Eocene bird Diatryma: Implications for diet and mode of life. *Paleobiology* 17:95-120.

Wittenberger, J. F, and G. L. Hunt, Jr. 1985. The adaptive significance of coloniality in birds. In D. S. Farner, et al. (Eds.), *Avian Biology*, vol. 8, Orlando, Fla.: Academic, 1-78.

PARTE III

Synapsida: Os Mamíferos

Porque *somos* mamíferos, nós, seres humanos, temos a tendência de considerá-los como um tipo dominante de vertebrado. Essa perspectiva não se opõe ao fato – por exemplo, que os mamíferos são apenas um pouco mais que a metade das aves viventes, e os peixes de nadadeira raiada incluem muito mais espécies viventes que todos os tetrápodes juntos – mas a ideia está difundida. Em determinados contextos os mamíferos são vertebrados derivados excepcionalmente bem-sucedidos. A variação de tamanho dos mamíferos – de musaranhos até baleias – é impressionante, assim como o desenvolvimento do vôo pelos morcegos e da ecolocação nos morcegos e cetáceos. Provavelmente, os mamíferos têm sistemas sociais mais complexos que qualquer outro tipo de vertebrado, e muitas características de sua biologia estão relacionadas a interações com outros indivíduos de outras espécies, abrangendo desde a dependência por longo período do jovem com sua mãe até alianças vitalícias entre indivíduos que afetam seu status social e o sucesso reprodutivo no grupo.

As características anatômicas e fisiológicas dos mamíferos – respiração por diafragma, pêlos que provêem isolamento, altas taxas metabólicas, dentes com superfícies complexas que processam eficientemente o alimento – conferem seu sucesso em um ampla variedade de habitats. O aparecimento progressivo dessas características pode ser claramente rastreado através dos grupos basais na linhagem mamaliana.

Os seres humanos diferem de outros vertebrados pelo fato de terem dominado todos os habitats da Terra e, por seus efeitos – direta ou indiretamente – sobre os outros vertebrados. Nessa parte do livro exploramos a evolução dos mamíferos, as zonas adaptativas conquistadas por eles por causa de suas características distintivas, a origem e irradiação dos seres humanos, e o impacto dos seres humanos sobre as outras espécies.

CAPÍTULO

18

Os Synapsida e a Evolução dos Mamíferos

Devemos voltar ao final da Era Paleozóica (Capítulos 7 e 9) para encontrar a origem da última linhagem de Vertebrata, os Synapsida. Na verdade, os sinapsídeos tiveram sua primeira radiação (pelicossauros) e uma porção significativa de sua segunda radiação (terapsídeos) na Era Paleozóica, antes das radiações dos diapsídeos, as quais já foram discutidas. A terceira radiação da linhagem dos sinapsídeos (mamíferos) não atingiu seu pico até a Era Cenozóica. Todavia, durante o final da Era Paleozóica e o início da Mesozóica, a linhagem dos Synapsida tornou-se mais similar aos mamíferos e estes, junto aos dinossauros, apareceram em cena no final do Triássico.

Os três grupos de mamíferos viventes – monotremados, marsupiais e eutérios (mamíferos placentários) – evoluíram no final da Era Mesozóica, sendo acompanhados por diversos grupos de mamíferos atualmente extintos.

18.1 A Origem dos Synapsida

Os sinapsídeos incluem os mamíferos e seus predecessores extintos, geralmente chamados de répteis similares a mamíferos (veja as Figuras 18-1 e 18-2), e consideramos no Capítulo 11 as maneiras pelas quais os sinapsídeos diferiram em vários aspectos de sua biologia de outro grupo principal de amniotas, os sauropsidas. Os sinapsídeos são distinguidos de outros amniotas pela presença de uma fenestra temporal mais baixa, além de outras poucas características cranianas. As mudanças na estrutura do crânio e no esqueleto dos sinapsidas não mamíferos, e sua provável relação com o "status" metabólico e evolução da condição mamaliana, são descritos mais tarde na Figura 18-6.

O termo *sinapsídeo* é, geralmente, utilizado de forma incorreta, referindo-se apenas às formas não-mamalianas extintas, mas, na realidade, ele inclui todos os amniotas, descendentes de um ancestral comum e detentor de um tipo sinapsídeo de fenestração temporal (veja o Capítulo 9). *Répteis semelhantes a mamíferos* é um termo forte para os ancestrais dos mamíferos, mesmo sendo errado, e não é mais utilizado em publicações técnicas. Em parte, o termo é incorreto porque, como vimos nos Capítulos 9 e 11, os mamíferos não são descendentes de quaisquer animais aparentados aos répteis modernos e considerá-los como algum tipo de animal grande, similar a um lagarto peculiar, constitui-se em um enorme erro. Além disso, já que os mamíferos originaram-se de um grupo de animais chamados "répteis semelhantes aos mamíferos" é um arranjo parafilético, em vez de um grupo evolutivo verdadeiro (é o mesmo problema que encontramos no Capítulo 16 com "dinossauros" que também é um arranjo parafilético, a não ser que os pássaros sejam incluídos e adotemos o termo dinossauros não-ave). Neste capítulo, ficaremos com o termo sinapsídeo não-mamífero.

A linhagem dos Synapsida foi o primeiro grupo de amniotas a radiar amplamente em habitats terrestres. Durante o final do Carbonífero e por todo o Permiano, os sinapsídeos eram os vertebrados terrestres mais abundantes e, do início do Permiano até o Triássico, eles eram carnívoros de topo na cadeia alimentar. A maioria dos sinapsídeos era de animais de porte médio a grande, pesando entre 10 e 200 quilogramas, com alguns poucos chegando a meia tonelada ou mais (p. ex., o *Moschops,* um dinocefálio terapsida). A maioria das linhagens de sinapsídeos desapareceu no final do Triássico. As formas sobreviventes (representadas apenas pelos mamíferos após o início do Cretáceo) eram consideravelmente menores, pesando, na maioria, menos de um quilograma (ou seja, do tamanho de um rato ou menor).

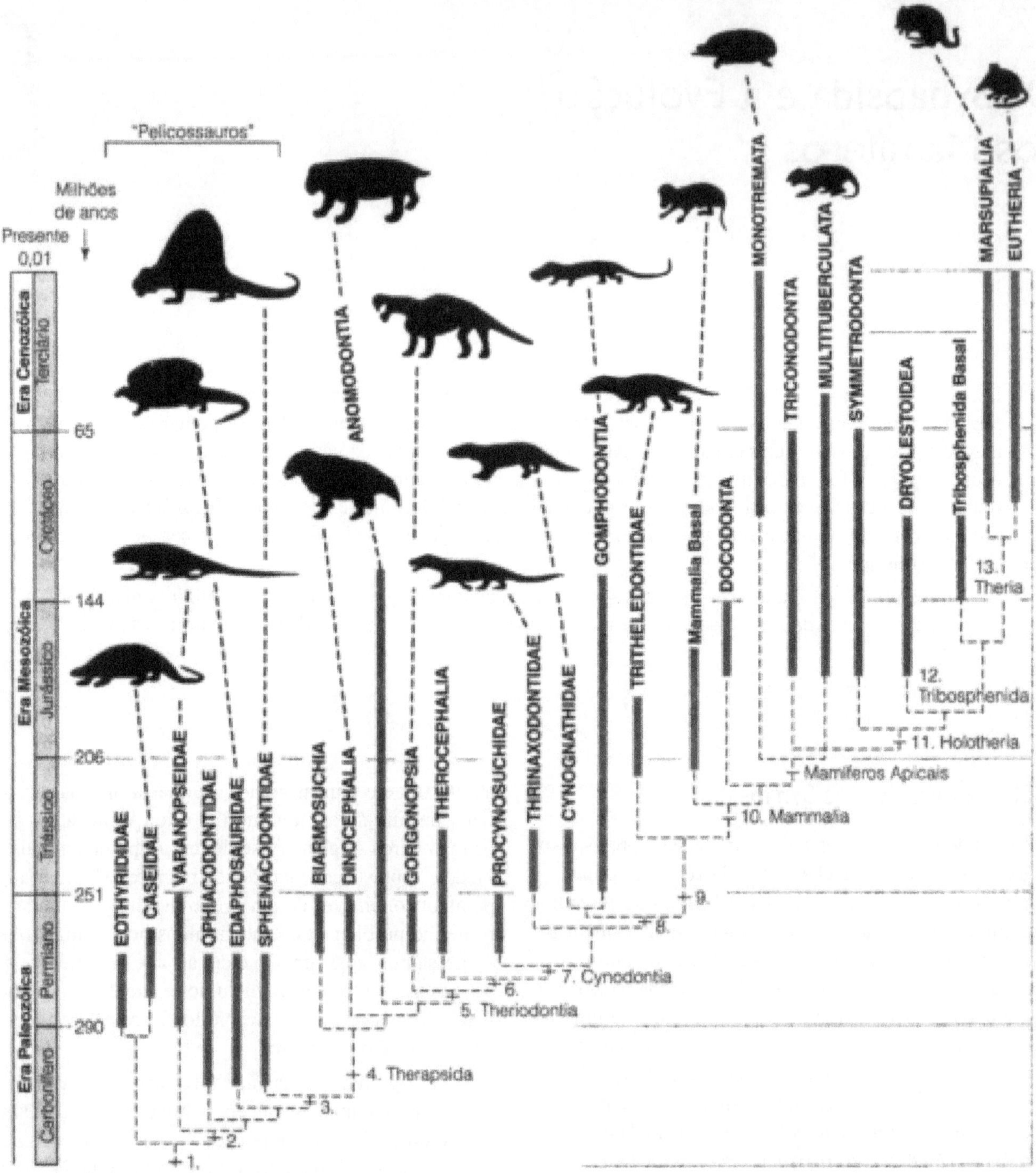

Figura 18-1 Relações filogenéticas dos Synapsida. Este diagrama apresenta as prováveis relações entre os principais grupos de sinapsídeos. As linhas pontilhadas indicam apenas inter-relações e não são indicativas de momentos de divergência ou de presença de um táxon não identificado no registro fóssil. Os números indicam características derivadas que distinguem as linhagens.

Legenda: 1. Synapsida – fenestra temporal inferior presente. **2.** Eupelicosauria – focinho mais comprido que sua largura, osso frontal formando uma grande porção da margem da órbita. **3.** Sphenacodontia – uma lâmina inflectada sobre o osso angular, processo retroarticular do osso articular voltado para trás. **4.** Therapsida – fenestra temporal aumentada, canino superior e osso que o contém (o maxilar) aumentados, ossos dos membros mais flexíveis, membros posicionados mais sob o corpo (indicado por cabeças de fêmur e de úmero voltadas para dentro), pés menores. **5.** Theriodontia – processo coronóide no dentário, um crânio mais achatado e com focinho mais largo. **6.** Eutheriodontia – fossas temporais completamente abertas dorsalmente. **7.** Cynodontia – dentes pós-caninos com cúspides acessórias, rostrias e caudais e com cúspides pequenas na face interna, palato secundário parcialmente ósseo, fossas massetéricas sobre o dentário e arqueamento do arco zigomático (evidência da presença do músculo masseter), costelas lombares reduzidas ou 'perdidas, elevação distinta do calcâneo. **8.** Eucynodontia – dentário muito aumentado, ossos pós-dentários reduzidos, fórmula das falanges 2-3-3-3-3. **9.** Cynognathia – arco zigomático muito profundo, processo sub-orbital sobre o jugal, costelas especializadas alargadas. **10.** Probaignathia – forame pi-neal ausente, palato secundário alongado posteriormente, pelo menos um conato incipiente entre os ossos dentário e esquamosal. **11.** Mammalia – articulação mandibular dentário-esquamosal, dentes caninos com raiz dupla, oclusão precisa e especializações da porção do crânio que contém a orelha interna ("Mammalia basal" é um agrupamento parafilético de gêneros do final do Triássico e do Jurássico, incluindo [listados dos mais primitivos aos mais derivados] *Adelobasileus, Sinocodon, Megazostrodon* e *Morganucodori*). **12.** Holotheria – padrão de triângulos invertidos no molar. **13.** Tribosphenida – molares tribosfênicos (veja o Capítulo 20) ("Tribosphenida basal" é um agrupamento parafilético de gêneros do início do Cretáceo, incluindo [listados dos mais primitivos aos mais derivados] *Aegialodon, Pappotherium* e *Holoclemensia,* e outros. Os, de certa forma, mais primitivos *Vincelestes* também podem ser incluídos neste agrupamento). **14.** Theria – detalhes da estrutura da caixa craniana e muitas características da anatomia mole (veja Capítulo 20).

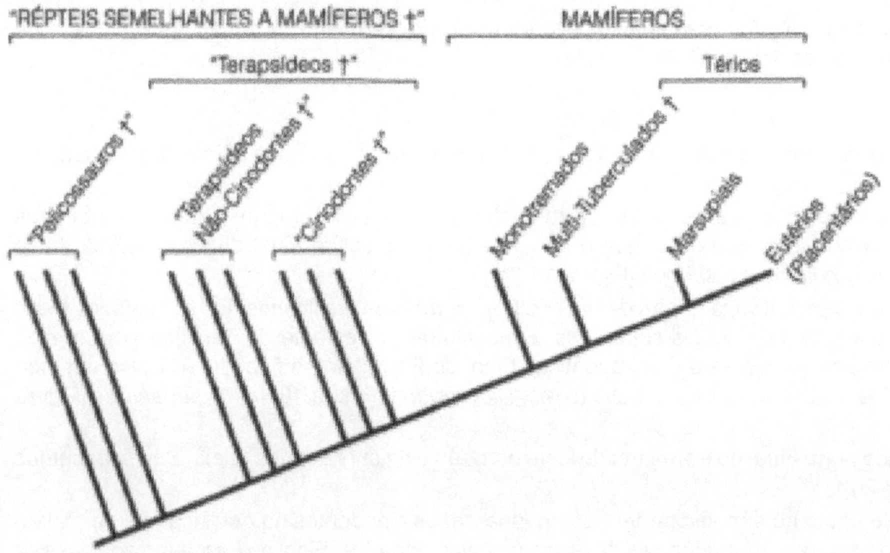

Figura 18-2 Cladograma simplificado dos sinapsídeos. Aspas indicam grupos parafiléticos. Uma cruz (†) indica um táxon extinto.

18.2 A Diversidade dos Synapsida Não-Mamiferos

Os dois principais grupos de sinapsídeos não-mamíferos foram os pelicossauros e os terapsídeos; a Tabela 18.1 lista os principais subgrupos de cada um deles. Os pelicossauros, o mais primitivo dos dois grupos, foram encontrados em latitudes paleoequatoriais do Hemisfério Norte (Laurasia) e eram predominantes no início do Permiano. Os terapsídeos mais derivados foram encontrados, predominantemente, no Hemisfério Sul (Gondwana). Eles datam desde o final do Permiano até o início do Cretáceo, mas eram predominantes do final do Permiano até o início do Triássico.

Pelicossauros – Synapsida Não-Mamíferos Primitivos

Os pelicossauros são conhecidos como os animais com velas no dorso do final da Era Paleozóica, embora somente uma minoria deles possuísse velas. O pelicossauro mais bem conhecido é, provavelmente, o *Dimetrodon* (Figura 18-3a), um animal frequentemente classificado, erroneamente, em livros infantis e em brinquedos, como um dinossauro. Os pelicossauros contêm a ancestralidade dos mais derivados sinapsídeos, incluindo os mamíferos. Assim, eles representam um agrupamento parafilético. Entretanto, eles foram um grupo único enquanto viveram, no final do Carbonífero e no Permiano, com características ecológicas e morfológicas que os separavam dos terapsídeos mais derivados. Os pelicossauros eram, basicamente, amniotas generalizados, apesar de algumas especializações e nenhum deles apresentava qualquer evidência de um aumento da taxa metabólica.

A maioria dos pelicossauros era de carnívoros generalizados. Alguns (os ofiacodontídeos) possuíam focinhos longos e dentes pontudos múltiplos e eram caçadores semi-

TABELA 18.1 Principais Grupos de Synapsida Não-Mamíferos

Grande, médio e pequeno se referem ao tamanho dentro de um grupo em particular Um terapsídeo não-cinodonte de porte médio é muito maior do que um cinodonte de tamanho médio

Pelicossauros

Eothyrididae: os pelicossauros mais primitivos, pequenos (do tamanho de um gato) e, provavelmente, insetívoros. Início do Permiano da América do Norte (p ex., *Eothyris)*

Caseidae: formas grandes (do tamanho de um porco) e herbívoras Permiano Médio da América do Norte e da Europa (p ex., *Caseia, Cotylorhynchus* [Figura 18-3b])

Varanopseidae; formas generalizadas de tamanho médio Início do Permiano da América do Norte (p ex., *Varanops)* e final do Permiano do sul da África e América do Sul.

Ophiacodontidae: os primeiros pelicossauros conhecidos (mas não os mais primitivos). Tamanho médio com cabeças longas e rijas, refletindo hábitos semi-aquáticos de captura de peixes. Final do Carbonífero até o início do Permiano na América do Norte e na Europa (p. ex., *Ophiacodon* [Figura 18-4a])

Edaphosaundae: herbívoros de grande porte, alguns com velas no dorso Início do Permiano da América do Norte (p. ex., *Edaphosaurus)*

Sphenacodontidae: carnívoros de grande porte, alguns com velas no dorso Início do Permiano da América do Norte e da Europa (p ex., *Haptodus, Dimetrodon* [Figuras 18-3a, 18-4b]).

Terapsídeos não-cinodontes

Biarmosuchia: os terapsídeos mais primitivos, carnívoros de médio porte (do tamanho de um cachorro) Final do Permiano do leste europeu (p ex., *Biarmosuchus)*

Dinochephalia: carnívoros e herbívoros de médio a grande porte (do tamanho de uma vaca). Alguns grandes herbívoros apresentam crânios espessos, possivelmente preparados para o combate intra-específico Final do Permiano do leste europeu e do sul da África (p ex.. *Titanophoneus, Moschops* [Figura 18-3c])

Anomodontia: herbívoros de pequeno e médio porte (do tamanho de um coelho), os mais diversificados dos terapsídeos Inclui os dicinodontes, os quais retiveram somente os caninos superiores e substituíram o restante da dentição por um bico similar ao de uma tartaruga. Inclui formas rastejantes e semi-aquáticas Final do Permiano ao final do Triássico em todo o mundo (incluindo a Antártica), e início do Cretáceo da Austrália (p ex., *Dicyonodon* [Figura 18-4c], *Lystrosaurus* [Figura 18-5]).

Gorgonopsia: carnívoros de médio a grande porte Final do Permiano do leste europeu e do sul da África (p ex., *Scymnognathus* [Figura 18-4d], *Lycaenops* [Figura 18-3d]).

Therocephalia: carnívoros e insetívoros de pequeno a médio porte. Acompanharam os cinodontes na aquisição de um palato secundário, de dentes pós-caninos complexos e há evidências de ossos nasais turbinados. Final do Permiano ao Triássico Médio do leste europeu e do sul e do leste africanos (p ex., *Pristerognathus)*

Terapsídeos cinodontes

Procynosuchidae: os cinodontes mais primitivos, carnívoros e insetívoros de médio porte (do tamanho de um coelho) Final do Permiano do leste europeu e do sul e do leste africanos (p ex., *Procynosuchus)*

Thrinaxodontidae: carnívoros e insetívoros de médio porte (do tamanho de um coelho). Início do Triássico do leste europeu, da África do Sul, da América do Sul e da Antártica (p ex., *Thrinaxodon* [Figuras 18-7b, 18-9]).

Cynognathidae: carnívoros de porte médio a grande (do tamanho de um cachorro). Inicio do Triássico do sul africano e da América do Sul (p. ex., *Cynognathus* [Figura 18-4e).

Gomphodontia: herbívoros de pequeno (do tamanho de um roedor) a médio (do tamanho de um cachorro) porte. Inclui os grandes diademodontídeos (p. ex., *Diademodon,* início do Triássico da África e do leste asiático) e os transversodontídeos (p. ex., *Transversodon,* Triássico Médio do sul e do leste africanos, da América do Sul e do leste asiático) e os tritilodontídeos, de pequeno porte (p. ex., *Tritylodon,* Oligokyphus [Figura 18-4f]) Final do Triássico ao Jurássico Médio da América do Norte, Europa, leste asiático e sul africano, além do inicio do Cretáceo, na Rússia Tritilodontes eram formas semelhantes a roedores que acompanharam a condição mamífera do esqueleto pós-craniano. Alguns pesquisadores os separam dos demais gonofodontes, considerando-os como um grupo irmão dos mamíferos.

Chiniquodontidae: carnívoros e insetívoros de pequeno porte, parentes diretos do Tntheledontidae (não inclusos na Figura 18-1). Triássico Médio a Superior das Américas do Sul e do Norte (p. ex., *Probelesodon* [Figuras 18-3e, 18-7c]).

Tritheledontidae: carnívoros e insetívoros de pequeno porte. Aproximou-se da condição mamaliana na forma do ligamento mandibular e do esqueleto pós-craniano Final do Triássico da América do Sul até o início do Jurássico no sul da África (p. ex., *Diarthrognathus).*

▲**Figura 18-3** A diversidade de Synapsida não-mamíferos (aproximadamente na escala), (a) O pelicossauro esfenacossaurídeo *Dimetrodon* (aproximadamente do tamanho de um cão São Bernardo), (b) O pelicossauro caseídeo *Cotylorrhyncus* (similar em tamanho a *Dimetrodon* ou pouco menor), (c) O terapsídeo dinocefálio *Moschops* (do tamanho de uma vaca), (d) O terapsídeo gorgonopsídeo *Lycaenops* (do tamanho de um cão labrador). (e) O cinodonte *Probelesodon* (aproximadamente do tamanho de um cão terrier).

aquáticos de peixes. Os caseídeos (Figura 18-3b) e os edafossaurídeos eram herbívoros, como podemos determinar por meio de seus dentes rijos e em forma de pino. Ambas as formas apresentavam caixas torácicas expandidas, indicando que possuíam cavidades típicas dos herbívoros, e cabeças surpreendentemente pequenas, em comparação ao corpo em forma de barril.

Os pelicossauros mais derivados eram os esfenacodontes, tais como o *Dimetrodon* – formas carnívoras geralmente avantajadas com dentes afiados e grandes (Figura 18-4b). Um dente aumentado, similar a um canino, no osso maxilar, é um traço chave que liga os esfenacodontes aos sinapsídeos mais derivados. Características derivadas adicionais incluem um palato arqueado, o qual foi o primeiro passo em direção ao desenvolvimento de uma separação entre as passagens nasal e bucal, observada em alguns terapsídeos e nos mamíferos. Os esfenacodontes também possuem uma pequena lâmina no osso angular, na mandíbula inferior, que proejta-se para fora e para trás, criando um pequeno espaço entre ela e o corpo da mandíbula (veja a Figura 18-4b). Esta estrutura é chamada de lâmina inflectada e tornou-se mais proeminente nos terapsídeos, assumindo um papel importante na evolução da orelha média dos mamíferos.

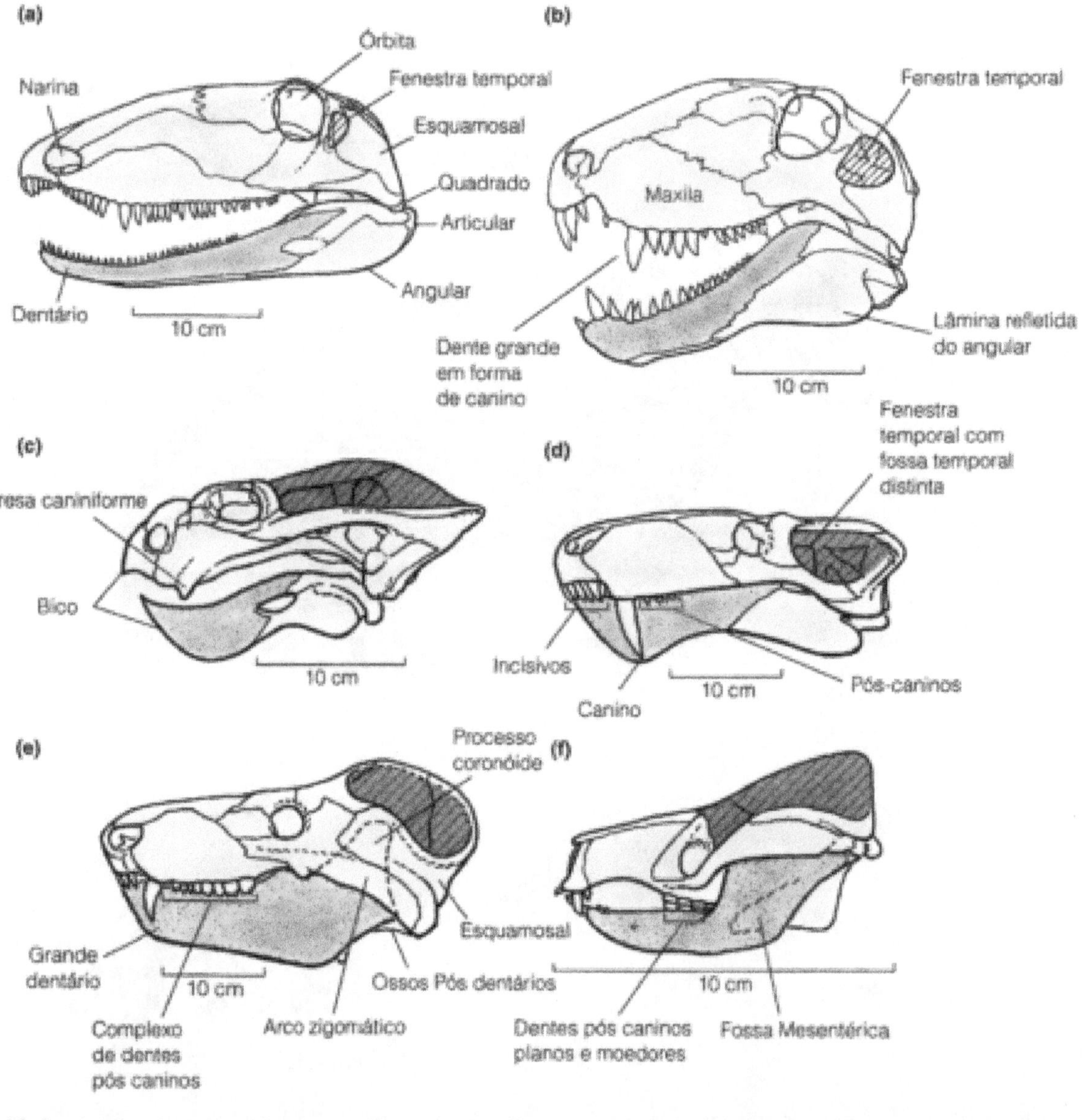

Figura 18-4 Crânios de Synapsidanão-mamíferos. (a) O pelicossauro ofiacodontídeo *Ophiacodon.* (b) O pelicossauro esfenacodontídeo *Dimetrodon.* (c) o terapsídeo dicinodonte *Dicynodon.* (d) o terapsídeo gorgonopsídeo *Scymnognathus.* (e) o cmodonte *Cynognathus.* (f) O cinodonte tritilodontídeo *Oligokyphus.* Em cinza claro = o osso dentário, cinza escuro = a fossa temporal (abertura no crânio é a fenestra temporal e a fossa temporal é a depressão no crânio exposta pela fenestras temporal onde se originam os músculos da mandíbula).

Uma característica marcante de alguns edafossaurídeos e dos esfenacodontídeos foi o alongamento dos espinhos r.eurais, na região do tronco, até a bem conhecida vela dos pelicossauros. Estas velas devem ter evoluído independentemente nos dois grupos, pois estão ausentes nas formas mais primitivas de cada grupo e diferem quando estão presentes – os espinhos dos esfenacodontídeos eram lisos e os dos edafossaurídeos apresentavam projeções horizontais. Marcas de vasos sanguíneos sobre os espinhos e espinhos que foram quebrados e recuperados *in vivo,* sugerem que, durante a vida, um tecido conjuntivo e uma cobertura tegumentar cobriam os espinhos. Não há evidência de qualquer grau de dimorfismo sexual na possessão de tais velas, assim, é improvável que elas tenham evoluído, primariamente, para a apresentação.

Tal crescimento da área de superfície de um animal pode afetar sua troca de calor com o ambiente e parece provável que as velas tenham sido instrumentos de regulação da temperatura. Pela manhã, um *Dimetrodon* poderia orientar seu corpo perpendicularmente aos raios do Sol, permitindo que um grande fluxo de sangue passasse pela vela, na qual ele seria aquecido e o calor seria transportado para o corpo do animal. Quando o *Dimetrodon* estava aquecido o suficiente, o fluxo poderia ser restrito e o calor, retido no corpo.

Terapsídeos – Synapsida Não-Mamíferos Mais Derivados

Desde o Permiano Médio até o início do Cretáceo, houve uma florescente fauna de sinapsídeos mais derivados, os quais são agrupados sob o nome generalizado de terapsídeos (note que o nome correto é "terapsídeos não-mamíferos", pois estes animais incluem os ancestrais dos mamíferos. O termo *terapsídeo,* dessa forma, inclui não somente tais animais como, também, os mamíferos). Todos os terapsídeos possuem modificações que sugerem um aumento da taxa metabólica em relação aos pelicossauros mais primitivos; assim, eles geralmente são representados com pêlos. Todos eles tinham corpos grandes, com cabeças avantajadas e com pernas fortes. A imagem desta forma corpórea, combinada à presença de pêlos, fez com que o cartunista Larry Gonick (1990) declarasse que eles eram "muito feios para sobreviver".

A Diversidade dos Therapsida Como os primeiros pelicossauros, os terapsídeos radiaram em formas herbívoras e carnívoras. Alguns dos terapsídeos herbívoros eram animais grandes, pesados e de movimentação lenta e alguns deles podem ter se agregado em bandos, como os ungulados (mamíferos com cascos) o fazem atualmente. Outras formas herbívoras eram pequenas e superficialmente similares aos roedores. Os terapsídeos carnívoros incluíam animais grandes e de aparência feroz, os quais podem ter tido um papel ecológico semelhante aos dos grandes felinos atuais, alguns menores, mais parecidos com as raposas e formas do tamanho de um coelho, as quais eram, provavelmente, insetívoras. Houve numerosas linhagens distintas de terapsídeos. Uma das numerosas linhagens de terapsídeos – os cinodontes – era o grupo que deu origem aos mamíferos. Enquanto os cinodontes eram terapsídeos altamente derivados, outras linhagens podiam ser consideradas igualmente derivadas de uma forma particular, incluindo os dicinodontes, que eram herbívoros especializados.

Em contraste aos pelicossauros, que eram principalmente animais equatoriais, terapsídeos do Permiano Tardio, foram encontrados muito mais além. Embora sejam comuns nos depósitos do sul da África, os terapsídeos são conhecidos por toda Gondwana, tanto quanto no Hemisfério Norte. A radiação de terapsídeos em climas mais frios e ao sul foi considerada como evidência que sugere uma taxa metabólica mais alta que a dos pelicossauros. Também parece haver uma diferença profunda quanto aos tipos de ecossistemas terrestres habitados pelos terapsídeos. As comunidades dominadas pelos pelicossauros, no final do Carbonífero e no início do Permiano, ainda eram muito dependentes dos ecossistemas aquáticos, enquanto as faunas posteriores, dominadas pelos terapsídeos, apresentavam os vegetais terrestres como base trófica.

Os terapsídeos eram os grandes mamíferos terrestres dominantes do final do Permiano, compartilhando o papel principal somente com os grandes herbívoros parareptilianos pareiassauros (veja Capítulo 9). A transição do Permiano para o Triássico foi um Período de grandes extinções. Da diversidade dos terapsídeos do Permiano, somente os dicinodontes com dentes caninos (herbívoros especializados) e os terocefálios (carnívoros derivados) sobreviveram e se diversificaram no início do Triássico. Entretanto, outros grupos de vertebrados também se diversificaram nesse momento, mais notavelmente os répteis diapsídeos (veja o Capítulo 16). Os terapsídeos se tornaram um componente cada vez menor da fauna terrestre durante o Triássico, chegando quase à extinção no final do Período. Somente algumas linhagens de terapsídeos não-mamíferos sobreviveram até o fim do Triássico, quando (aparte dos mamíferos) eles eram conhecidos como somente algumas poucas formas relictuais.

Características Derivadas dos Therapsida Os terapsídeos primitivos têm várias novas características, sugerindo que tinham uma maior taxa metabólica do que os pelicossauros. Uma fenestra temporal maior deu espaço para a origem de músculos adutores externos maiores sobre a cabeça, os caninos superiores eram maiores e todo o crânio era mais rígido do que o dos pelicossauros. A dentição agora mostrava uma diferenciação entre incisivos, caninos e pós-caninos. As cinturas peitoral e pelvina eram menos robustas e os membros eram mais delgados do que os pelicossauros, e o ombro permitia um movimento mais livre dos membros peitorais.

Therapsida mais derivados incluem os dicinodontes (Anomodontia) e os teriodontes (gorgonopsídeos, terocefálios e cinodontes). Os dicinodontes dominaram a diversidade terrestre no final do Permiano, se diversificando em diversos tipos ecológicos, incluindo as formas escavadoras e semi-aquáticas, tais como o *Lystrosaurus* (Figura 18-5). Uma característica distintiva dos dicinodontes foi a especialização extrema do crânio para uma dieta herbívora. Na maioria das formas, todos os dentes marginais foram perdidos, exceto o canino superior, o qual foi retido como um par de presas caniniformes; a mandíbula era coberta por um bico córneo, como o das tartarugas, que deveria ter uma superfície cortadora afiada continuamente para cortar a vegetação. A estrutura da articulação da mandíbula dos dicinodontes permitiu um movimento amplo da mandíbula, para frente e para trás, despedaçando o alimento entre as duas placas cortantes.

Pensava-se que os dicinodontes extinguiram-se no Triássico Tardio, mas uma forma relictual foi recentemente descrita no início do Cretáceo da Austrália (Thullborn e Turner 2002).

Os teriodontes, os principais predadores do final do Permiano e do início do Triássico, eram caracterizados pelo desenvolvimento de um **processo coronóide** no dentário, por uma barra vertical, próxima à porção proximal da mandíbula, a qual criava uma área adicional para a inserção de uma musculatura adutora, assim como uma alavanca para sua ação. A fossa temporal era correspondentemente aumentada na origem desses músculos.

Os cinodontes apareceram no final do Permiano, atingiram seu auge no Triássico e praticamente se extinguiram no final deste Período. Entretanto, umas poucas espécies das linhagens de triteledontídeos e tritilodontídeos persistiram até o Jurássico e um tritilodontídeo foi descoberto no início do Cretáceo na Rússia. Logo depois da sua primeira aparição, os cinodontes dividiram-se em duas linhagens principais: os Cynognathia e os Probainognathia. Os Cynognathia incluíram algumas formas de grandes carnívoros tal qual o *Cynognathus,* e uma variedade de formas herbívoras com dentes pós-caninos expandidos com cúspides rasas, incluindo os grandes gonfodontes e os menores tritilodontes. Os membros dos Probainognathia eram no geral carnívoros menos especializados, além das formas insetívoras, entretanto, esta foi a linhagem que deu origem aos mamíferos.

A evolução dos cinodontes foi em geral caracterizada pela redução do tamanho corpóreo. Alguns dos primeiros cinodontes eram do tamanho de cachorros mas, no Triássico Médio, os carnívoros cinodontes chegavam apenas ao tamanho de um coelho. Os primeiros mamíferos, do final do Triássico, tinham menos de 100 milímetros, aproximando-se do tamanho de um musaranho, enquanto os cinodontes tritilodontídeos contemporâneos eram somente um pouco maiores, aproximadamente do tamanho de um camundongo.

Os cinodontes apresentavam uma variedade de características derivadas, as quais os tomavam mais semelhantes aos mamíferos do que os demais terapsídeos: todos os cinodontes apresentavam as séries molares multi-cuspidadas (ou seja, com pequenas cúspides acessórias, rostrais e caudais à

Figura 18-5 Uma reconstrução de um Therapsida dicinodonte, *Lystrosaurus,* do início do Triássico.

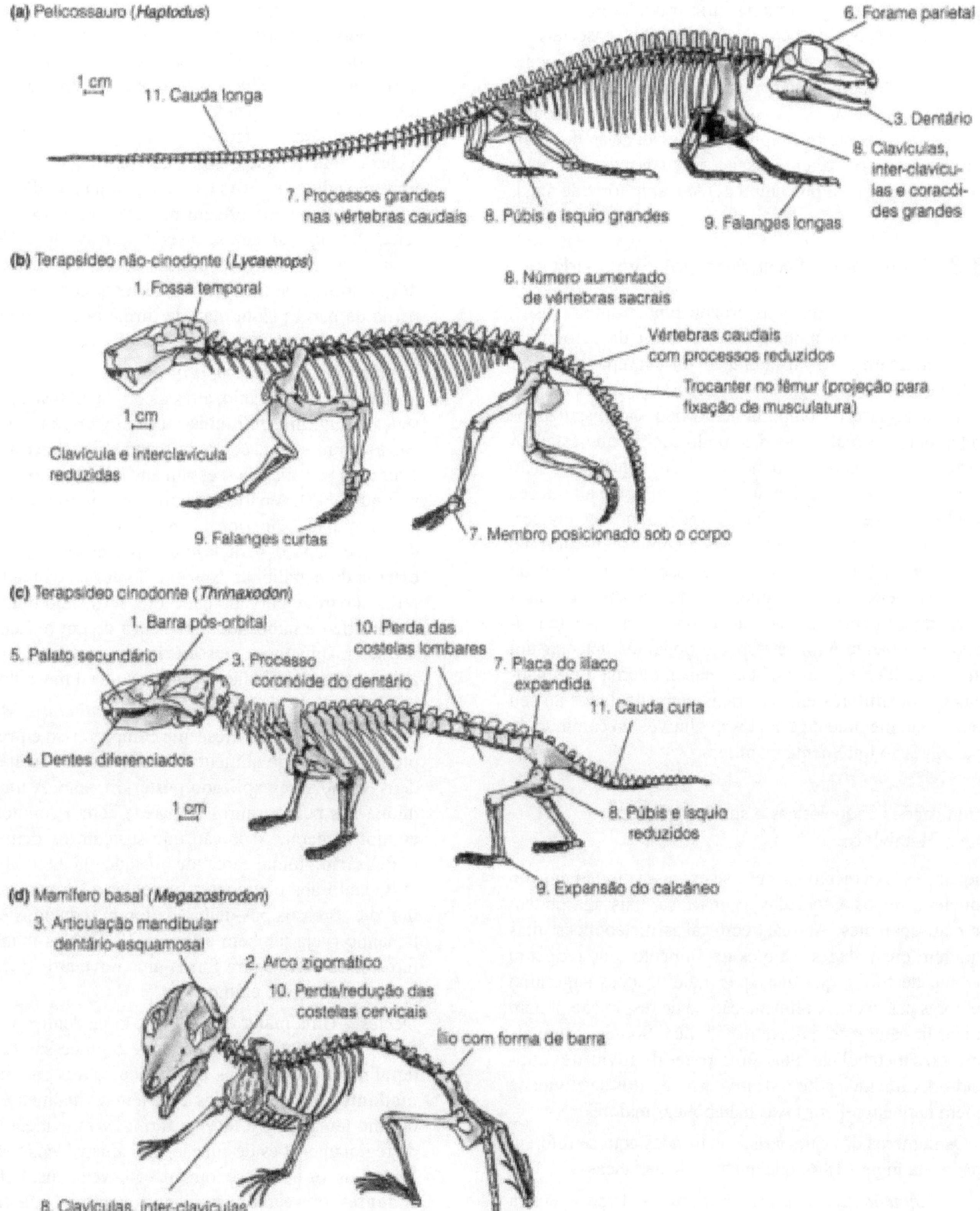

Figura 18-6 Características esqueléticas dos Synapsida.

cúspide principal). Um forame infra-orbital aumentado – a cavidade sob o olho pelo qual os nervos sensoriais do focinho retornam ao cérebro – sugere uma face altamente enervada e, também, sustenta a noção de um focinho mais móvel e com lábios e vibrissas sensíveis. Os cinodontes e os terocefálios também apresentam evidências de ossos turbinados nas passagens nasais, os quais aquecem o ar inspirado e ajudam a prevenir a perda respiratória de água.

18.3 Tendências Evolutivas dos Synapsida

A linhagem dos sinapsídeos cruzou uma fronteira fisiológica conforme os animais se moveram da ectotermia para a endotermia; e tal alteração foi acompanhada por modificações na ecologia e no comportamento. A fisiologia, a ecologia e o comportamento não são fossilizados diretamente; mas algumas das modificações que estavam ocorrendo no metabolismo, na ventilação e na locomoção podem ser traçadas, indiretamente, por meio de alterações no crânio e no esqueleto axial. Entretanto, no que concerne a evolução de uma característica como a endotermia, não devemos esquecer que a evolução não é orientada para uma meta; presumivelmente cada pequena mudança era vantajosa para o animal que a conseguia naquele momento, e somente num retrospecto podemos detectar um padrão que leva a uma condição mais moderna. Os sinapsidas não-mamíferos eram animais bem adaptados ao seu meio, e não meramente estágios evolutivos no caminho de uma condição totalmente mamífera.

Modificações Esqueléticas e sua Relação com a Taxa Metabólica

Enquanto a taxa metabólica não se expressa diretamente no esqueleto, traços associados a uma taxa mais alta podem ser bem aparentes. Animais com taxas metabólicas altas requerem quantidades maiores de alimento e de oxigênio por dia, de forma que quaisquer modificações sugerindo melhoras nas taxas de alimentação ou de respiração podem indicar um aumento da taxa metabólica. Somente animais com taxas metabólicas altas são capazes de atividade continuada. Assim, indicadores de níveis mais altos de atividade podem também refletir taxas metabólicas maiores.

Os números das características listadas aqui se referem àqueles da Figura 18-6, que ilustra tais mudanças.

1. *Tamanho da fenestra temporal* – Uma fenestra maior indica um maior volume de musculatura da mandíbula, o que, portanto, implica em mais alimento ingerido por dia. Uma abertura menor nos pelicossauros, torna-se uma abertura crescentemente maior em terapsídeos mais derivados. Esta mudança mais uma tendência crescente de fechamento da caixa craniana com ossos dérmicos, resulta em uma **fossa temporal** distinta para a origem de um volume maior de musculatura da mandíbula (veja também a Figura 18-4) (a *fenestra temporal* é a abertura no teto do crânio, enquanto a *fossa temporal* é a depressão ou área no teto do crânio que agora forma a caixa craniana que é exposta por essa abertura). O músculo adutor externo (fechamento da mandíbula) agora passa de sua origem na fossa temporal pela fenestra temporal para se inserir na mandíbula. Nos mamíferos e em alguns poucos cinodontes derivados, a fossa é aumentada ainda mais por meio da perda da barra pós-orbital, de forma que a órbita é confluente à fossa temporal.
2. *Condição da barra temporal inferior* – Uma barra projetando-se do crânio, atrás da órbita, indica a presença de um **músculo masseter**, com origem nessa barra e com sua inserção na mandíbula, sugerindo, mais uma vez, mais processamento de alimento (veja a Figura 18-7). A barra temporal fica muito próxima à extremidade superior da mandíbula inferior, não deixando espaço para inserção muscular na parte externa da mandíbula. Nos cinodontes e nos mamíferos, a barra é curvado para fora, formando o **arco zigomático** e indicando a presença de um músculo masseter. Uma **fossa massetérica** no dentário destes animais, também indica a presença de tal músculo.
3. *Mandíbula inferior e articulação mandibular* – Modificações refletem o crescente compromisso entre o processamento do alimento e a audição nos sinapsídeos, como será explicado posteriormente. A mandíbula nos pelicossauros se parece com a condição amniótica geral. A porção que sustenta os dentes, o **dentário**, toma cerca de metade da mandíbula. Quanto aos cinodontes, o dentário se expandiu muito e os ossos pós-dentários foram reduzidos em tamanho (veja também a Figura 18-4). Nos mamíferos, o dentário agora forma uma nova articulação mandibular com o crânio.
4. *Dentes* – Uma maior especialização na dentição reflete um aumento na ênfase sobre o processamento de alimento. Os dentes dos pelicossauros são **homodontes**; ou seja, todos eles têm virtualmente o mesmo tamanho e a mesma forma, sem evidências de regionalizações de função. Em sinapsídeos mais derivados, os dentes se tomam, cada vez mais, **heterodontes**; ou seja, diferenciados quanto o tamanho, a forma e a função (Figura 18-4), embora a mastigação com a oclusão precisa dos dentes da maxila seja um traço dos mamíferos. Os mamíferos reduziram o número de substituições dos dentes a duas (**difiodontia**), apresentando os dentes pós-caninos diferenciados em pré-molares (substituídos) e molares (não

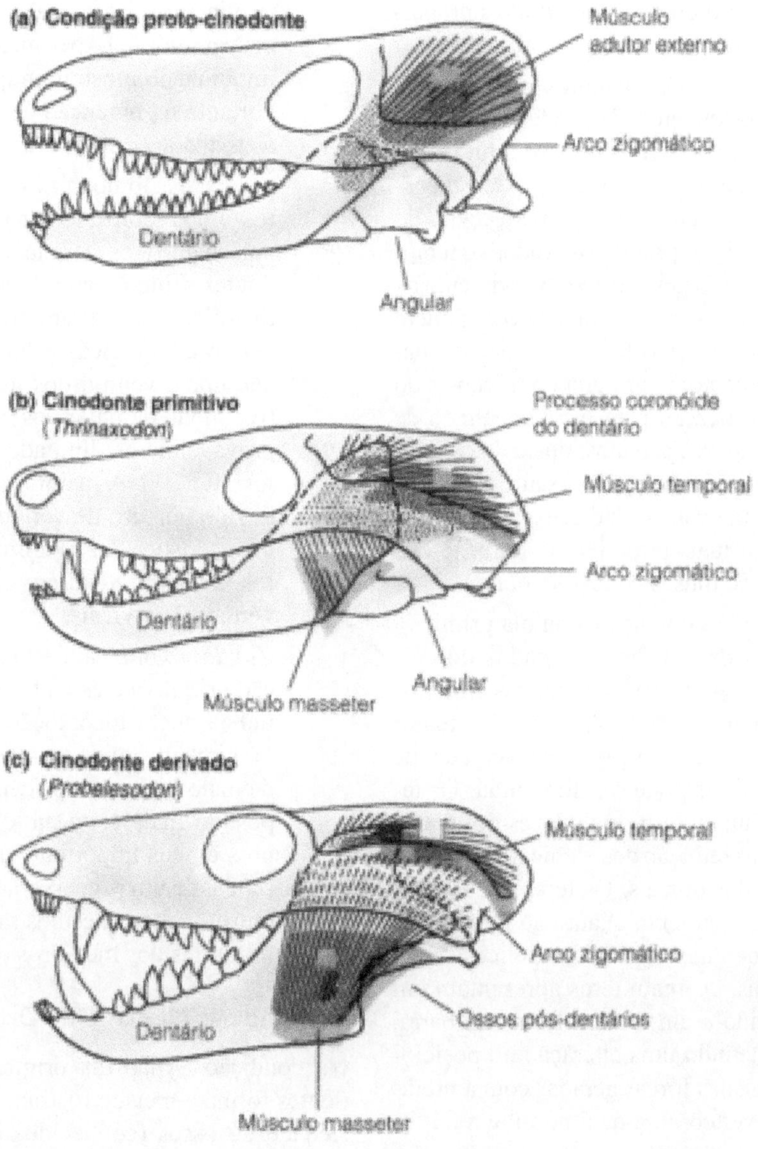

Figura 18-7 Crânios cinodontes e musculatura mandibular, o e forma a porção caudal do arco zigomático.

substituídos) e com os dentes da mandíbula mais próximos, uns dos outros, do que os da maxila – indicando a mastigação com um movimento rotatório da mandíbula.

5. *Desenvolvimento de um palato secundário* – Um palato secundário separa a passagem nasal da boca e permite, ao mesmo tempo, a respiração e a alimentação e também ajuda a prevenir o crânio contra os estresses causados pelo aumento da quantidade de alimento processado. Não há um palato secundário aparente nos pelicossauros. Um palato incipiente e incompleto aparece em alguns terapsídeos não-cinodontes e um completo é presente em cinodontes derivados e nos mamíferos (terapsídeos dicinodontes evoluíram um segundo palato convergentemente). Em cinodontes e terocefalianos há um septo dentro da passagem nasal que sugere a presença de ossos turbinados nasais. Os mamíferos também fundiram a abertura nasal, originalmente dupla, em uma única mediana, provavelmente refletindo um aumento em tamanho das passagens nasais e uma taxa mais alta de respiração.

6. *Presença de um forame parietal* – Um orifício no crânio, para o olho pineal, reflete o controle da temperatura por meio de medidas comportamentais. Ele está presente nos pelicossauros e na maioria dos

terapsídeos, sendo perdido pelos cinodontes probainognatídeos e mamíferos.

7. *Posição dos membros* – Os membros posicionados mais sob o corpo (postura ereta) são reflexo de um nível mais alto de atividade, resolvendo o conflito entre a corrida e a respiração (veja Capítulo 11). Os pelicossauros apresentam a postura de membros afastados do corpo, típica dos amniotas primitivos. Todos os terapsídeos apresentam algum grau de desenvolvimento de uma postura ereta. Também nos terapsídeos, podem ser observadas evidências, na placa expandida do ilíaco e no desenvolvimento de um grande trocânter do fêmur, de uma modificação para um tipo glúteo de musculatura dos membros pelvinos, típica dos mamíferos (veja o Capítulo 20). Nos pelicossauros, grandes processos nas vértebras caudais indicam a retenção de um método amniota mais primitivo de retração dos membros por meio do músculo caudofemoral.
8. *Forma das cinturas* – A condição amniota primitiva reflete uma postura de membros afastados do corpo, com grandes componentes ventrais nas cinturas. Com uma postura mais ereta, uma porção maior do peso chega aos membros, e a capacidade de sustentação das cinturas pode ser diminuída. Os terapsídeos apresentam cinturas mais leves do que os pelicossauros, com a redução dos elementos ventrais e com a expansão dos dorsais. Os terapsídeos também apresentam um aumento quanto ao número de vértebras sacrais, de duas ou três dos pelicossauros para quatro ou mais. Os mamíferos apresentam um púbis muito reduzido e um ílio em forma de barra, provavelmente refletindo uma alteração no posicionamento muscular e nas forças geradas com a modificação na coluna vertebral, a qual permite a flexão dorso-ventral (veja o item 10).
9. *Forma dos pés* – Pés com dedos longos indicam um uso como ganchos, típico da função escavadora. Pés com dedos curtos indicam um uso como alavanca, com uma postura ereta. Os pelicossauros apresentam dedos longos. Todos os terapsídeos e mamíferos têm pés menores, sendo os cinodontes derivados e os mamíferos detentores de um padrão de dois segmentos no primeiro dígito (hálux e pólux) e três ou quatro nos demais dedos (faça o teste em suas próprias mãos). Uma **projeção do calcâneo** distinto é observado nos cinodontes e nos mamíferos, fornecendo uma alavanca que promove um grau maior de empuxo a partir do músculo gastrocnêmico (panturrilha). Os mamíferos também apresentam o hálux oponível.
10. *Forma da coluna vertebral* – A perda das costelas lombares sugere a presença de um diafragma muscular, indicando uma taxa mais alta de respiração. Mamíferos atuais usam o diafragma em adição ao movimento das costelas para inalar ar para dentro dos pulmões. Experimentos onde o diafragma foi imobilizado mostraram que ele é especialmente importante na obtenção de oxigênio adicional durante a atividade (Ruben et al. 1987).

    Costelas lombares estão presentes nos pelicossauros e nos terapsídeos não-cinodontes, são ausentes nos mamíferos e reduzidas ou ausentes nos cinodontes. Com a perda total das costelas lombares, os mamíferos evoluíram diferenças distintivas entre as vértebras torácicas e lombares, indicadoras da flexão dorso-ventral dos mamíferos, embora o distintivo modo de pular dos mamíferos modernos esteja, provavelmente, limitado aos térios (veja os Capítulos 20 e 21). A maioria dos terapsídeos têm um reduzido número de vértebras cervicais em sete, uma característica dos mamíferos modernos. Os mamíferos também reduziram ou perderam as costelas nas vértebras cervicais.
11. *Cauda* – Uma cauda longa e pesada, é uma condição primitiva e esta presente nos pelicossauros. Isso indica que a locomoção estava primariamente, por movimentos axiais. Uma cauda mais curta, como a da maioria dos terapsídeos e mamíferos, reflete uma postura mais ereta, na qual a propulsão dos membros é mais importante do que a flexão axial. A ausência de um processo largo nas vértebras caudais é outro caráter que mostra a alteração nos músculos retratores dos membros (veja o item 7).

Evolução das Maxilas e da Orelha

Na condição Synapsida original, um osso dentário com dentes forma a metade rostral da mandíbula, com uma variedade de ossos (conhecidos coletivamente como **ossos pós-dentário**) formando a porção caudal (essa é a condição primitiva observada em outros tetrápodes e nos peixes ósseos). A articulação da mandíbula se encontrava entre o **articular**, na mandíbula, e o **quadrado**, no crânio. Uma tendência entre os cinodontes, foi o aumento do tamanho do dentário e a diminuição dos ossos pós-dentário. Esta tendência estava, provavelmente, relacionada com o aumento do volume do músculo adutor da mandíbula, o qual se inseria sobre o dentário (Figura 18-7). Nos cinodontes mais derivados, um **processo condilar** do osso dentário cresceu para trás e atingiu o osso esquamosal do crânio. Nos mamíferos e em alguns cinodontes derivados, este contato entre o dentário e o esquamosal formou uma nova articulação mandibular, a dentário-esquamosal. Nestes cinodontes derivados, e nos primeiros mamíferos, esta nova articulação coexistiu com uma antiga, mas, nos mamíferos posteriores, a articulação dentário-esquamosal é única. Os ossos que formavam a antiga articulação mandibular são, hoje, parte da orelha média (Quadro 18-1).

QUADRO 18.1 A Evolução da Orelha Média dos Mamíferos

Há mais de um século, estudos embriológicos demonstraram que o martelo e a bigorna da orelha média, eram homólogos aos ossos angular e quadrado que formavam a articulação mandibular ancestral dos Gnathostoma. Mais recentemente, a transição foi traçada nos fósseis, desde o seu início, nos sinapsídeos basais, passando pelos terapsídeos e chegando até os primeiros mamíferos Sinapsídeos não-mamíferos possuem uma articulação mandibular formada pelo quadrado (no crânio) e pelo articular (na mandíbula inferior), como em outros vertebrados mandibulados. A primeira indicação de um tipo mamaliano de orelha média é vista nos pelicossauros esfenacodontídeos. Estes animais apresentam uma estrutura chamada de "lâmina inflectada", sobre o osso angular da maxila inferior, a qual, acredita-se abrigava o tímpano, ao menos nos sinapsídeos posteriores. Nos tetrápodes e em muitos amniotas basais, o estribo (o antigo hiomandibular), teve uma importância em fixar o teto do crânio dérmico à caixa craniana, e ainda reter seu contato original com o osso quadrado, como na condição Gnatostoma primitiva. Nos terapsídeos esta função de fixação foi perdida e os estribo está reduzido em tamanho: o contato quadrado-estribo nos terapsídeos, se parece com a articulação bigorna-estribo dos mamíferos, sugerindo que eles estavam utilizando sua articulação mandibular para ouvir, bem como para formar a articulação mandibular.

A transição da condição não-mamaliana para a mamaliana pode ser visualizada por meio da comparação da metade caudal do crânio de *Thrinaxodon,* um cinodonte bem primitivo, com a de *Didelphis,* o gambá (Figura 18-8). A lâmina mflectada era, provavelmente, o principal suporte da membrana timpânica e as vibrações eram transmitidas, ao estribo, através do articular e do quadrado. A articulação mandibular mamaliana é uma nova estrutura, formada pelo dentário, da maxila inferior, e pelo osso esquamosal, do crânio. O tímpano e os ossículos da orelha média se posicionam atrás da articulação mandibular e são bem reduzidos em tamanho, mas retêm a mesma relação, uns com os outros, que tinham nos cinodontes. A maxila inferior de um feto mamífero, observada medialmente, mostra que o angular (timpânico), o articular (martelo) e o quadrado (bigorna) desenvolvem-se nas mesmas posições encontradas no crânio cmodonte (Figura 18-8c). O homólogo do angular, o osso timpânico, sustenta o tímpano dos mamíferos. O processo retroarticular do osso articular é o manúbrio (apófise inferior) do martelo e a articulação mandibular ancestral persiste como a articulação entre o martelo e a bigorna.

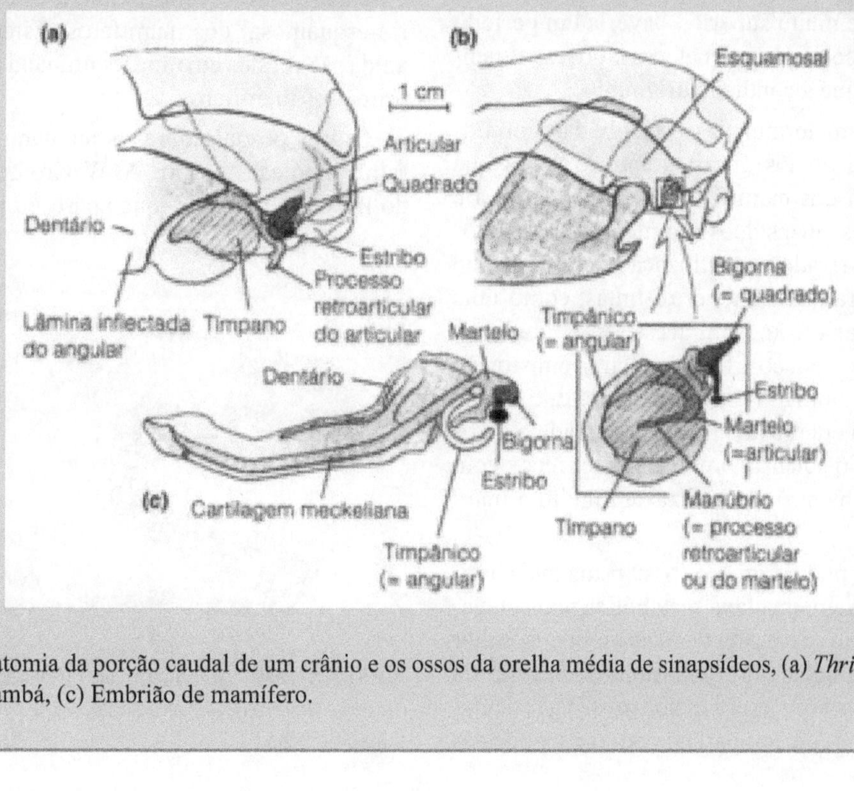

Figura 18-8 Anatomia da porção caudal de um crânio e os ossos da orelha média de sinapsídeos, (a) *Thrinaxodon,* um cinodonte. (b) *Didelplíis,* o gambá, (c) Embrião de mamífero.

O simples fato da transição é conhecido há mais de um século, mas a interpretação evolutiva deste fenômeno se modificou ao longo do tempo. Originalmente, supunha-se que a orelha média, similar ao de um lagarto, com somente o estribo formando o ossículo auditivo, era a condição primitiva para todos os tetrápodes e, portanto, o apresentado pelos primeiros Synapsida. Atualmente, temos boas evidências de que uma orelha média interna e fechada evoluiu separadamente em anfíbios modernos e nos amniotas e, provavelmente, ao menos três vezes, convergentemente, entre os amniotas. Mas, antes que os anatomistas possuíssem esta informação, eles assumiram que, com a formação de uma nova articulação mandibular, um osso originalmente único da orelha média foi transformado em um único osso triplo, utilizando alguma sobra dos ossos mandibulares (este cenário evolutivo também carregava a suposição tácita de que a condição mamaliana de ossos da orelha e articulação mandibular era, de certa forma, superior à dos demais tetrápodes). Reconsiderando, há alguns problemas com esta história. Mesmo que seja verdadeiro que o tipo de articulação da mandíbula dos mamíferos *tenha sido* superior, como os pesquisadores poderiam explicar os milhões de anos de evolução cinodonte, durante os quais o dentário aumentava de tamanho, antes do contato com o crânio, já que evolução não tem previsão? Por que a articulação mandibular original é inerentemente fraca? Parece que ela funciona bem em outros vertebrados; ninguém nunca disse que o *Tyrannosaurus rex* possuía uma mandíbula fraca! E por que mexer com uma orelha média perfeitamente funcional, inserindo ossos extras que, por acaso, estavam disponíveis? Mesmo que uma orelha média de três ossos fosse muito superior, haveria um período de ajuste a esta nova condição, o qual seria, provavelmente, menos efetivo do que a condição original.

Tais questões foram formuladas e resolvidas por Edgar Allin (1975). Ele propôs que o grupo de ossos que forma a orelha média dos mamíferos foi utilizada para a audição entre todos os sinapsídeos (ao menos a partir dos pelicossauros mais derivados). A utilização de um mesmo conjunto de ossos para duas funções distintas, como uma articulação mandibular e como um acessório de audição, parece um arranjo um pouco grosseiro, em comparação com o observado nos animais dos dias de hoje. Entretanto, esta forma de audição era provavelmente adequada para os primeiros Synapsida, os quais, como os ectotérmicos com pouca ingestão de alimento, não utilizavam muito a mandíbula para comer.

Mas um problema pode surgir nos Synapsida mais derivados, os quais possuíam uma taxa metabólica mais elevada. Uma taxa metabólica necessita de mais alimento, maior de musculatura mandibular e um uso mais acentuado da mandíbula na alimentação, e assim maior *stress* na articulação mandibular que seria incompatível com o papel destes ossos para a audição. Allin interpretou a história evolutiva da mandíbula nos cinodontes como um conflito evolutivo entre as funções de alimentação e de audição.

Um passo evolutivo inicial seria aumentar o osso dentário e transferir todas as inserções musculares mandibulares para este osso. Esta modificação isolaria, de certa forma, os ossos pós-dentário auditivos do aparato de alimentação, permitindo que eles se tornassem menores, os ossículos auditivos. Note que a razão anterior que os pesquisadores interpretaram a mandíbula dos sinapsídeos como fraca, era por que os ossos pós-dentário permaneciam soltos e oscilantes; além disso, eles não se fundiam, uns com os outros ou com o dentário, como em muitos tetrápodes. Entretanto, dada a interpretação de Allin, há boas razões para que tais ossos *não* se fundam: se eles assim o fizessem, eles comprometeriam seu papel como ossículos auditivos vibrantes. A Figura 18-9 ilustra a possível aparência de um cinodonte com este tipo de orelha, com um tímpano preso na maxila inferior.

Em cinodontes progressivamente derivados, o dentário aumentou ainda mais em tamanho. Finalmente, o processo condilar do dentário ficou grande o bastante para entrar em contato com o esquamosal do crânio, formando uma nova articulação mandibular, livrando a mandíbula antiga de sua função original e deixando-a inteiramente devotada à função da audição. Um exemplo clássico de um intermediário evolutivo é fornecido pelo tritelodontídeo *Diarthrognathus*. Este animal recebe seu nome devido à sua articulação mandibular dupla (Grego *di* = dois, *arthro* = articulação e *gnath* = mandíbula). Ele possui a articulação ancestral articular-quadrado e, próxima a esta, a articulação dentário-esquamosal dos mamíferos. Estes ossos pós-dentários ainda são retidos em uma reentrância na maxila inferior dos primeiros mamíferos.

Outros pesquisadores adicionaram elementos e refinaram a hipótese de Allin. A. W. Crompton enfatizou o papel do músculo masseter, que apareceu pela primeira vez nos

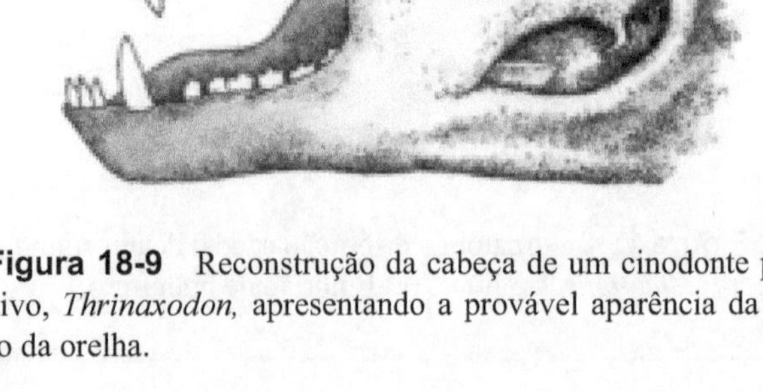

Figura 18-9 Reconstrução da cabeça de um cinodonte primitivo, *Thrinaxodon*, apresentando a provável aparência da região da orelha.

cinodontes. Nos mamíferos, o masseter pode mover a maxila inferior lateralmente e ser pensado como um suporte da mandíbula (Crompton e Parker 1978, Crompton 1985). Crompton interpretou a evolução do músculo masseter como uma ajuda no alívio dos estresses sobre a articulação mandibular, contribuindo para a resolução do conflito entre o uso da mandíbula e a audição.

Dennis Bramble (1978) notou que, enquanto um masseter completamente formado pode agir desta maneira, um pequeno e incipiente, em sua aparição evolutiva, não funcionaria para a função de segurar a mandíbula. Ele sugeriu que um masseter pequeno e voltado para frente poderia balancear a força para trás criada pelo músculo temporal aumentado, o qual, do contrário, poderia deslocar a mandíbula quando o animal mordesse fortemente. Ele também considerou um papel pré-adaptativo para o processo condilar do dentário, o qual acabaria por formar a nova articulação mandibular. Este processo aumenta em tamanho nos cinodontes, mas sua função inicial, anterior à formação da nova articulação mandibular, nunca foi decifrada. A análise biomecânica da função mandibular, realizada por Bramble, interpretou a função inicial desta estrutura como a prevenção do deslocamento entre o dentário e os ossos pós-dentários, durante a mordida.

Então, em 1996, Tim Rowe, considerou que a separação final dos ossos da orelha média da maxila inferior, de mamíferos verdadeiros, está correlacionada com um aumento no tamanho do prosencéfalo dos mamíferos. Ele propôs que a expansão do crânio, durante o desenvolvimento embrionário, para acomodar a expansão do encéfalo, deslocaria estes ossos de suas posições originais e, dessa forma, criaria a condição inicial para o subsequente fechamento, em uma discreta cavidade da orelha média distinta da maxila inferior. Alternativamente o aumento do dentário para acomodar um músculo masseter aumentado, poderia ter sido o gatilho na separação dos ossos dentários e pós-dentários durante o desenvolvimento.

18.4 Os Primeiros Mamíferos

Os mamíferos atuais são caracterizados por dois traços marcantes: pêlos e glândulas mamárias. Nenhum destes dois traços é preservado no registro fóssil, embora iremos propor que podemos inferir o ponto, na evolução dos sinapsídeos, no qual estas características foram adquiridas. Outro traço, típico da maioria dos mamíferos atuais, é a viviparidade – dar a luz a um jovem ao invés de botar ovos. Entretanto, sabemos que esta não foi uma característica dos primeiros mamíferos, pois alguns mamíferos primitivos viventes, os **monotremados** (o ornitorrinco e os echdina, da Austrália e da Nova Guiné) ainda botam ovos. Como, então, podemos definir, na história evolutiva dos Sinapsida, quando começar a aplicar o termo mamífero?

Já argumentamos que ao menos alguns cinodontes já apresentavam taxas metabólicas mais altas do que as dos demais terapsídeos e, se eles eram realmente endotérmicos, é possível que possuíssem pêlos para isolamento térmico. Entretanto, algumas evidências ósseas não esperadas nos permite inferir sobre quando uma cobertura protetora evoluiu. A maioria dos tetrápodes apresenta uma glândula associada ao olho, chamada de **glândula harderiana**. Esta glândula secreta uma substância oleosa que viaja pelo dueto nasolacrimal até o nariz, onde pode ser coletada pelas patas. Esta secreção é, então, utilizada para vedar o pêlo, criando uma barreira lipídica ao frio e à umidade, provavelmente, uma característica essencial para a proteção do pêlo de um pequeno mamífero.

Willem Hillenius (2000) mostrou que mamíferos têm uma característica anatômica do ducto naso-lacrimal, possivelmente associada com essa nova função da glândula harderiana. Esta anatomia está presente nos *Morganucodon,* um dos primeiros mamíferos conhecidos, mas em nenhum outro cinodonte. Isso sugere que uma cobertura de pêlos era uma característica dos primeiros mamíferos, mas ausentes nos cinodontes. Os cinodontes podem ter tido as mesmas taxas metabólicas altas e podem ter tido algum tipo de pêlo (talvez, vibrissas sensoriais). Possivelmente, a necessidade de evoluir pêlos para isolamento, não era tão grande até o surgimento dos primeiros mamíferos de tamanho muito pequeno, os quais estavam mais sujeitos à perda de calor, devido à sua área de superfície relativamente maior.

Tradicionalmente, a aquisição da articulação mandibular dentário-esquamosal era utilizada para definir os primeiros mamíferos fósseis; mas assim como foi visto, uns poucos cinodontes derivados têm uma articulação dentário-esquamosal, enquanto retêm a antiga articulação quadrado-articular, como era a condição dos mamíferos basais. Na prática, sempre foi muito fácil determinar um mamífero primitivo. Eles são pequenos, um par de ordens menores que os cinodontes (uma massa corpórea de menos de 100 gramas – do tamanho de um musaranho). Em contraste, os menores cinodontes devem ter pesado cerca de um quilograma – o tamanho de um rato – exceto por alguns tritilodontídeos menores, os quais apresentavam o tamanho de um camundongo. Mas esta transição para um tamanho corpóreo muito pequeno significou uma alteração biológica a um tipo diferente de zona adaptativa, a qual podemos claramente identificar como mamaliana?

O ponto de transição mamaliana é tradicionalmente marcado não somente pela articulação mandibular, mas também por alguns traços derivados no crânio, refletindo o aumento do encéfalo e as regiões internas da orelha, bem como os dentes pós-caninos, com suas raízes divididas. Alguns pesquisadores (p. ex., Rowe 1988) preferem limitar o grupo Mammalia àqueles animais aparentados segundo as inter-relações entre os mamíferos viventes (p. ex., ao "Grupo Mammalia Apical", na Figura 18-1). Entretanto, iremos argumentar, posteriormente, que a divisão tradicional entre mamíferos e cinodontes, representa algumas inovações biológicas, incluindo a evolução da lactação e da sucção.

Características dos Primeiros Mamíferos

Os mamíferos mais antigos conhecidos incluem o *Morganucodon* (também conhecido como *Eozostrodon*) do País de Gales (Figura 18-10) e o *Megazostrodon,* da África do Sul (Figura 18-6d) e *Sinoconodon,* da China. Um mamífero, de certa forma, mais velho é o *Adelobasileus* (de cerca de 225 milhões de anos), conhecido apenas a partir de uma calota craniana isolada do final do Triássico, no Texas. A maioria da informação que temos sobre os mamíferos vem de seus dentes. Com seu tamanho diminuto, seus frágeis ossos geralmente não são preservados; mas seus dentes, duros e cobertos por esmalte, fossilizam com mais frequência. Felizmente, os dentes dos mamíferos são altamente informativos quanto ao estilo de vida de seus possuidores.

A maioria dos vertebrados apresenta uma polifiodontia, ou seja, a substituição múltipla dos dentes. Por outro, lado a condição mamaliana geral é ser difiodonte, ou seja, eles apresentam apenas dois conjuntos de dentes substituíveis (como nossos dentes de leite e nossos dentes permanentes) e os molares não são substituídos nunca, nascendo posteriormente, durante a vida. Esta parece ser a condição dos mamíferos basais conhecidos, com exceção do *Sinoconodon,* muito primitivo. Os mamíferos também apresentam molares com oclusão precisa, a qual é criada pelo arranjo dos dentes superiores e inferiores. Podemos determinar isso nos fósseis porque os dentes apresentam facetas de desgaste distintas, produzidas pela abrasão e demonstrando que eles sempre se encontram da mesma maneira. A oclusão precisa torna possível às cúspides cortar o alimento totalmente, criando uma área de superfície grande para a ação das enzimas digestivas

▲**Figura 18-10** Reconstrução de um mamífero do início do Jurássico, o *Morganucodon.*

e, portanto, promovendo uma digestão rápida. Somente os mamíferos **mastigam** seu alimento desta maneira. Os dentes laterais dos mamíferos também são posicionados de uma maneira alternada, de forma que cada dente superior entre em oclusão com dois dentes inferiores e vice-versa. Além disso, as mandíbulas são movimentadas de uma maneira rotativa – em contraste com o simples movimento de sobe-e-desce da maioria dos outros tetrápodes – de maneira que os mamíferos possam mastigar somente de um lado da mandíbula a cada momento (Figura 18-11).

Os fósseis de mamíferos primitivos possuem áreas de desgaste em seus dentes, o que indica uma oclusão precisa. Também possuem mandíbulas de fixação estreita, o que requer movimentos laterais da mandíbula para oclusão dos dentes. Assim, podemos inferir que estes animais utilizavam o padrão básico de movimentos mandibulares de mamíferos. Os dentes de mamíferos devem ser duráveis, pois eles possuem somente dois conjuntos de dentes durante a vida, e dentes com esmalte prismático e resistentes ao desgaste é uma característica distintiva de mamíferos.

Também podemos deduzir algumas características da anatomia dos tecidos moles dos primeiros mamíferos por meio da comparação entre os monotremados e alguns dos mamíferos viventes mais derivados, os **térios** (marsupiais e eutérios). Os monotremados têm a orelha mais primitiva do que o dos térios. A cóclea, na orelha interna, não é altamente enrolada (podemos observar que este também era o caso nos crânios preservados dos primeiros mamíferos) e não possuem uma aurícula, ou orelha externa. Assim, é provável que os primeiros mamíferos também não possuíssem orelha externa, mesmo que isso os façam parecer não-mamalianos nas reconstruções (Figura 18-10). Embora os monotremados produzam leite, suas glândulas mamárias não apresentam mamilos, de forma que tal estrutura também deveria ser ausente nos primeiros mamíferos. Os monotremados, embora endotérmicos, possuem uma taxa metabólica mais baixa do que a dos térios, não possuem glândulas sudoríparas eficientes e não são muito bons quanto ao resfriamento por evaporação: os primeiros mamíferos eram, provavelmente, similares.

Entretanto, os monotremados não são bons exemplos para deduções acerca do comportamento e da ecologia dos primeiros mamíferos. Os monotremados são mamíferos relativamente grandes e são especializados em seus hábitos (Capítulo 20). Os primeiros mamíferos eram pequenos e, segundo seus dentes, insetívoros. Como os pequenos marsupiais e eutérios insetívoros atuais, eles eram, provavelmente, noturnos e solitários em seu comportamento, com a ligação entre mãe e filho sendo a única relação social forte. Sabemos, a partir de crânios preservados, que os primeiros mamíferos tinham grandes lobos olfatórios, indicando a importância do sentido do cheiro e, proporcionalmente, hemisférios cerebrais maiores até mesmo do que o dos

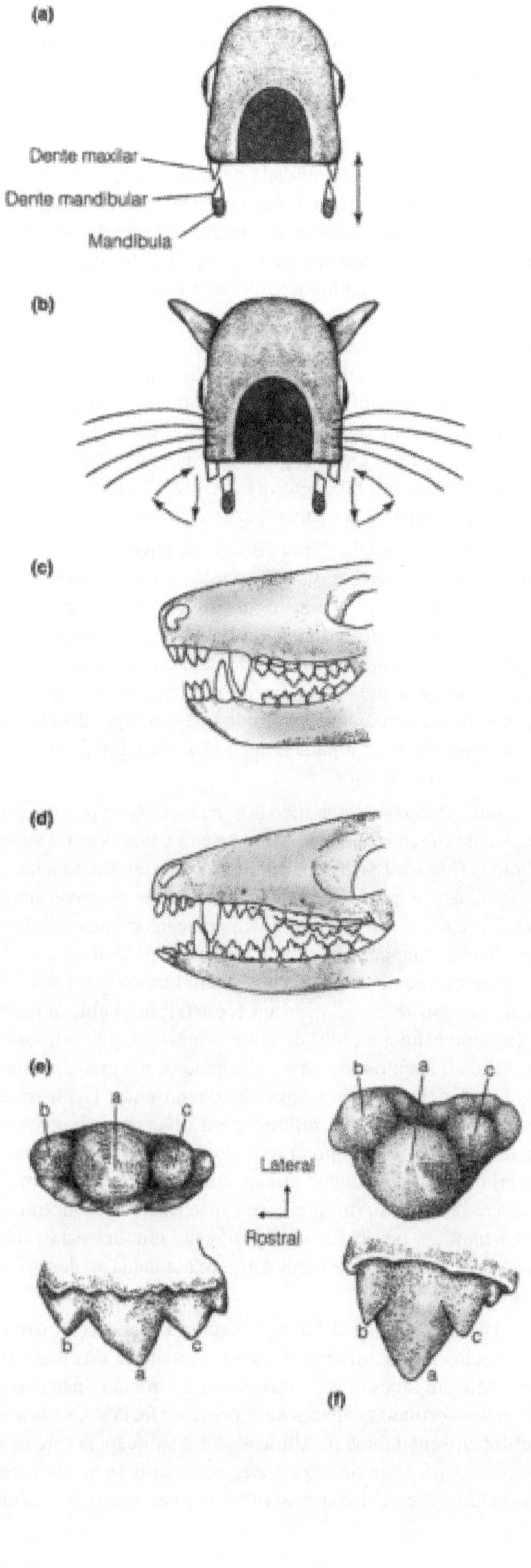

cinodontes derivados. Os primeiros mamíferos eram muito mais capazes de processamentos sensoriais complexos do que os cinodontes.

A Evolução da Lactação e da Amamentação

Os pesquisadores têm duas questões principais acerca da evolução das características tipicamente mamalianas da lactação e da amamentação. Primeiro, quando se originou o fornecimento de leite aos jovens e isso coincidiu com o ponto considerado como a transição cinodonte-mamífero? Segundo, como o leite e a glândula mamária evoluíram?

Lactação Caroline Pond (1977) argumentou que a oclusão precisa e a difiodontia indicam a presença de lactação nos primeiros mamíferos. Ela aponta que a oclusão precisa não funcionaria com o sistema de erupções múltiplas da substituição dentária (polifiodontia), observada em répteis viventes e em sinapsídeos não-mamalianos, pois somente um dente totalmente pronto entra em oclusão com o seu equivalente na outra metade da mandíbula. Isso poderia ser especialmente verdadeiro para os dentes longos e pontudos dos primeiros mamíferos (Figura 18-11), para os quais uma pequena deficiência na oclusão poderia quebrá-los. O monitoramento preciso da oclusão é menos importante nos mamíferos com dentes planos, tais como os humanos. Alguns cinodontes herbívoros evoluíram independentemente uma forma de oclusão, mas isto foi com dentes planos que não requer um alinhamento preciso para sua função.

◀**Figura 18-11** Oclusão e forma do molar em cinodontes e nos primeiros mamíferos. (a) Corte transversal do focinho de um cinodonte. Dentes inferiores e superiores estão à mesma distância (isognatia), e o movimento da mandíbula se dá simplesmente para cima e para baixo. (b) Corte transversal do focinho de um mamífero. Os dentes inferiores são mais próximos uns dos outros, do que os superiores, devido a uma maxila inferior mais estreita (anisognatia); o movimento da mandíbula é rotatório, com a mastigação se dando a cada vez, apenas de um dos lados. (c) Visão lateral das maxilas de um cinodonte (*Thrinaxodori*). Todos os dentes pós-caninos assemelham-se (e são substituídos continuamente) e são arranjados de forma que cada dente superior seja alinhado com um inferior. (d) Visão lateral das maxilas de um mamífero (*Morganucodori*). Dentes pós-caninos são, agora, divididos em pré-molares simples (substituídos uma vez) e molares mais complexos (não substituíveis); molares superiores e inferiores são deslocados, de forma que se tocam em oclusão (cada dente superior entra em contato com dois inferiores e vice-versa). (e) Molar superior esquemático de *Morganucodori* em visões oclusiva ("o olho do dente") e lateral, representando o padrão mamífero original (similar ao dos cinodontes). As três cúspides principais são posicionadas em uma linha reta. (f) Molar superior esquemático de *Kuehneotherium*, em visões oclusiva e lateral, representando o padrão holotério mais derivado. O arranjo das cúspides é triangular, com a principal cúspide posicionada mais medianamente (nos superiores, e mais lateralmente nos inferiores), para criar o padrão de "triângulos invertidos" de oclusão.

Assim, a difiodontia deve ter precedido a oclusão na evolução. Mas, um animal somente poderia reduzir o número de conjuntos de dentes se houvesse leite no início de sua vida. Se os recém-nascidos se alimentassem apenas de alimento líquido, a mandíbula poderia crescer mesmo sem nenhum dente, e dentes permanentes poderiam surgir mais posteriormente na vida do animal. Assim, se um animal apresenta oclusão precisa e difiodontia, ele deve ter evoluído, antes, a lactação.

A hipótese de Pond nos permite inferir que os primeiros mamíferos lactavam, mas eles herdaram esta característica dos cinodontes? Na próxima seção, iremos discutir a evolução da amamentação e concluir que os bebes cinodontes não eram capazes de se amamentar. Isso não significa que os cinodontes não apresentavam cuidado parental. Obviamente, o cuidado parental deveria estar presente para que a lactação evoluísse. O cuidado parental também é essencial para um animal endotérmico, para assegurar o ambiente térmico ideal para os juvenis em desenvolvimento.

Assim, temos evidências bem fortes para sugerir que a lactação apareceu com a origem dos mamíferos. Mas como todo esse sistema evoluiu pela primeira vez? As glândulas mamárias parecem estar intimamente relacionadas com o tipo de glândulas associadas ao pêlo (glândulas sebáceas). Portanto, elas provavelmente tinham a capacidade de secretar quantidades pequenas de materiais orgânicos, como o fazem as glândulas sebáceas atualmente. Uma sugestão para a evolução da lactação é a de que estas glândulas, originalmente, secretavam substâncias (feromônios agregados) sinalizadoras aos filhotes, para que reconhecessem a mãe e para que ficassem próximos.

Um cenário evolutivo, relacionado especificamente às propriedades do leite, foi criado por Blackburn e seus associados (1989). Como eles notaram, todo o leite contém proteínas relacionadas a enzimas lisossômicas que atacam bactérias; até mesmo o leite humano contém propriedades antimicrobianas. Os pesquisadores sugeriram que o uso original do leite era o de proteção dos ovos, em um ninho, contra os microorganismos. Uma vez que a secreção deste tipo evolui, qualquer alteração evolutiva para uma secreção mais nutritiva e contínua, acidentalmente ingerida por um filhote, poderia trazer benefícios. Este protoleite poderia, inicialmente, suplementar a reserva do ovo e, então, posteriormente, substituí-lo.

Qual é a vantagem evolutiva da lactação para os mamíferos? A lactação permite que a produção de descendentes seja independente da disponibilidade sazonal de alimento. Diferentemente das aves, os quais devem botar seus ovos somente quando há disponibilidade de alimento para seus descendentes (primavera e verão), os mamíferos podem armazenar alimento, na forma de gordura, e convertê-lo a leite posteriormente. A provisão de alimento desta maneira, pela mãe sozinha, também significa que ela não precisa ser dependente do cuidado paternal para criar seus filhotes. Finalmente, a lactação torna a viviparidade menos extenuante para a mãe, pois os jovens podem nascer em estágios de pouco desenvolvimento relativo, completando o processo fora do útero.

Amamentação A habilidade de amamentação é uma característica única aos mamíferos. Eles formam bloqueios carnosos contra o palato com a língua e a epiglote, isolando efetivamente as funções de respiração e de ingestão (Figura 18-12). Os mamíferos utilizam estes bloqueios para auxiliar a sucção do mamilo, enquanto respiram pelo nariz. Humanos adultos perderam o bloqueio mais caudal, o qual permite tal ação, com o movimento da laringe mais ventralmente durante a infância. Isso nos torna mais susceptíveis a engasgar com nosso alimento e, também, nos permite respirar, voluntariamente, pela boca, bem como pelo nariz. Mas, retemos um bloqueio mais rostral: é ele que impede que engulamos água quando gargarejamos.

Esta anatomia da faringe dos mamíferos também é importante para nosso modo de engolir um pequeno bolo de alimento mastigado, em vez de ingerirmos grandes pedaços de alimento, como uma cobra engolindo um rato. Alterações na anatomia óssea do palato e das áreas ao seu redor sugerem que elas ocorreram de uma só vez nos cinodontes mais derivados, sugerindo que este tipo de ingestão e a capacidade de amamentação são atributos fundamentalmente mamalianos.

Outro traço característico dos mamíferos é a presença de músculos faciais, os quais são ausentes nos demais vertebrados (Figura 18-13). Estes músculos possibilitam a nossa variedade de expressões faciais mas, eles provavelmente evoluíram no contexto da amamentação, criando lábios e bochechas que contribuem para que o filhote mame. Acredita-se que os músculos faciais sejam homólogos aos músculos constritores do pescoço (**constrictor colli**, também chamado esfincter colli) de outros amniotas, pois ambos os tipos de músculos são enervados pelo nervo craniano sete. Há evidências de que a aquisição de músculos faciais pode ter ocorrido de forma diferente em diversas linhagens de mamíferos, pois os monotremados estendem uma porção distinta do músculo constrictor colli até a face, durante o desenvolvimento, do que fazem os terios. Os monotremados também perderam lábios móveis, embora esta possa ser uma característica secundária, relacionada ao desenvolvimento do bico.

Há uma grande diferença quanto à elaboração desta músculos em mamíferos distintos. A maioria dos mamíferos não tem faces muito expressivas. Entretanto, não são se mente os primatas capazes de expressões faciais. Os cavalos utilizam seus lábios na alimentação e são capazes de uma grande variedade de expressões, enquanto as vacas usam suas línguas e são inexpressivas. É por isso que o Sr. Ed (um

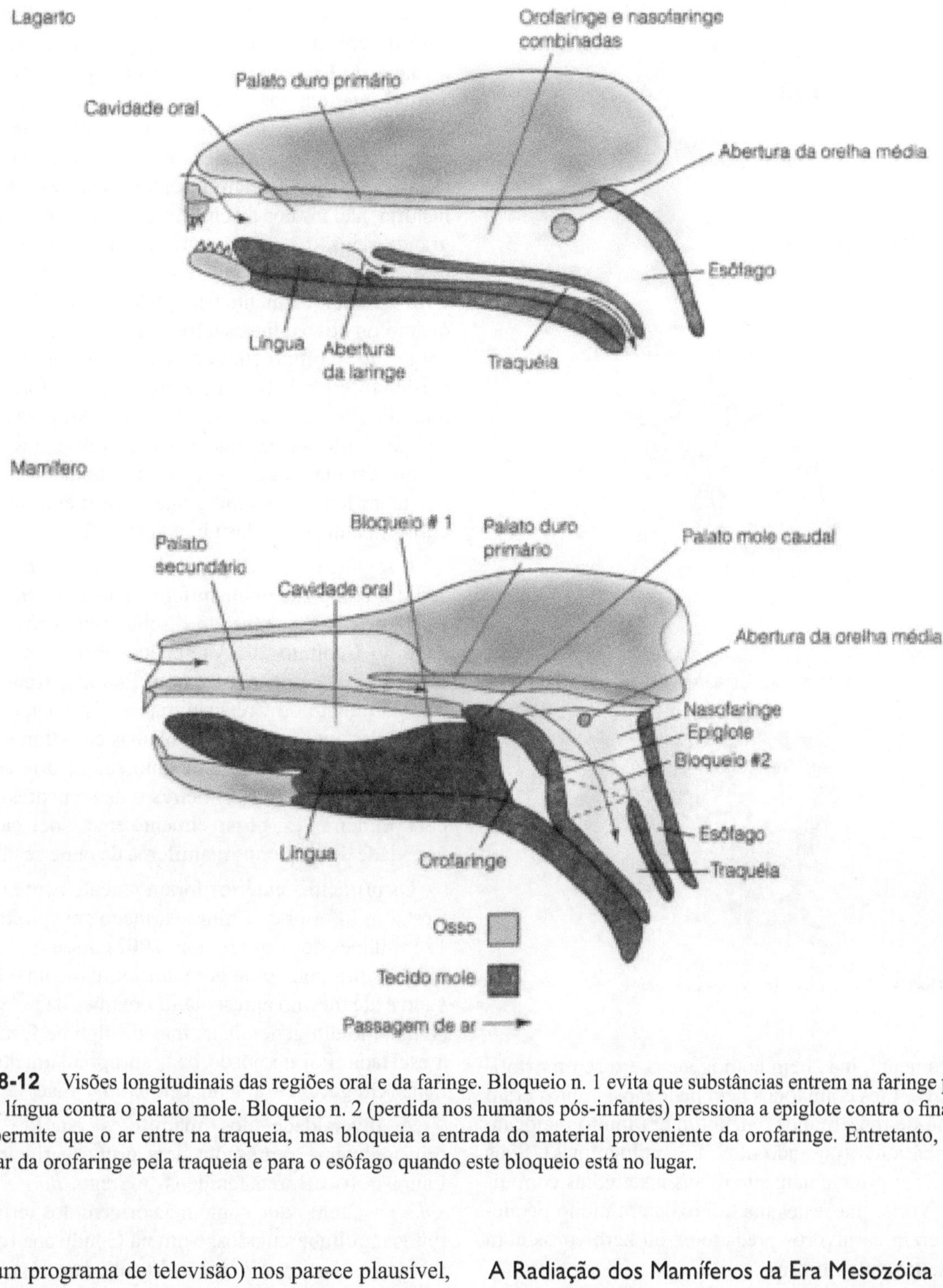

Figura 18-12 Visões longitudinais das regiões oral e da faringe. Bloqueio n. 1 evita que substâncias entrem na faringe pressionando o final da língua contra o palato mole. Bloqueio n. 2 (perdida nos humanos pós-infantes) pressiona a epiglote contra o final do palato mole: isso permite que o ar entre na traqueia, mas bloqueia a entrada do material proveniente da orofaringe. Entretanto, os líquidos podem passar da orofaringe pela traqueia e para o esôfago quando este bloqueio está no lugar.

cavalo de um programa de televisão) nos parece plausível, enquanto uma vaca nunca poderia fazer tal papel. Todos os mamíferos com músculos faciais bem desenvolvidos, apresentam expressões similares para emoções semelhantes; por exemplo, um humano bravo se contorce de forma similar a de um cachorro bravo, ou até mesmo a de um cavalo bravo. Esta similaridade de expressões é, talvez, surpreendente, já que mamíferos distintos devem ter elaborado seus músculos faciais independentemente, a partir de ancestrais com pouca capacidade expressiva.

A Radiação dos Mamíferos da Era Mesozóica

A Era Cenozóica geralmente é denominada de Era dos Mamíferos, mas esta descrição perfaz uma grande parte da evolução dos mamíferos que ocorreu durante a Era Mesozóica. Mesmo sendo verdadeiro que os mamíferos eram pequenos e basicamente semelhantes a um musaranho até o final do Cretáceo, a radiação dos mamíferos da Era Mesozóica ainda representa dois terços da história do grupo. Os mamíferos da Era Mesozóica eram diversificados

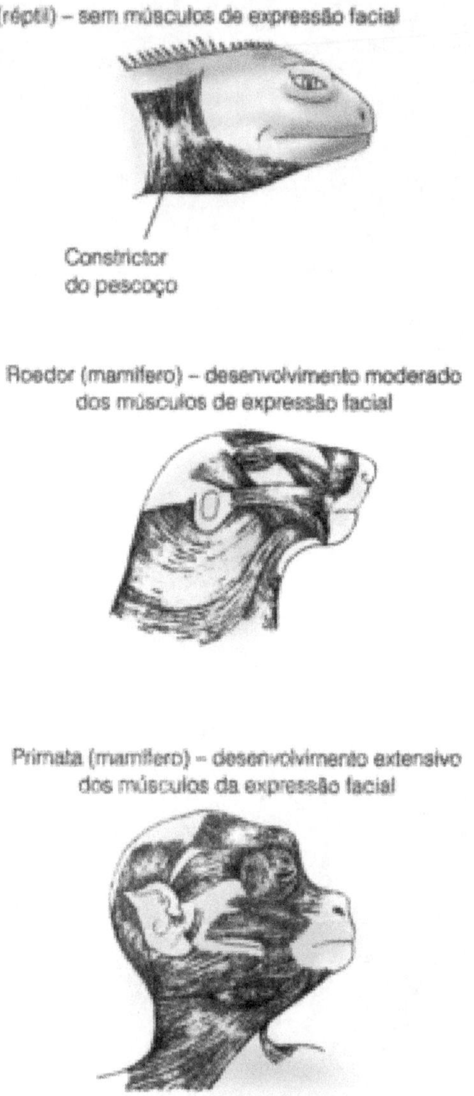

Figura 18-13 Músculos da expressão facial.

taxonomicamente, mas bem homogêneos em seu morfotipo adaptativo. Eles eram todos bem pequenos: muitos eram do tamanho de musaranhos e nenhum era muito maior do que o gambá atual (pesando de 2 a 3 quilogramas). Seus dentes revelam principalemente dietas insetívoras com alguma omnivoria, mas estes mamíferos eram muito pequenos para serem carnívoros predadores ou herbívoros com uma dieta altamente fibrosa.

Embora seja improvável que tenha havido uma competição direta entre os mamíferos e os dinossauros (cenários de mamíferos comendo os ovos de dinossauros e causando sua extinção é um trabalho de ficção), é verdadeiro que os mamíferos não se diversificaram em formas com grandes corpos com dietas mais variadas até a extinção dos dinossauros. A presença dos dinossauros, de alguma forma, deve ter impedido a radiação dos mamíferos a uma gama mais variada de nichos adaptativos.

Houve dois grandes períodos de diversificação mamaliana durante a Era Mesozóica. O primeiro, do Jurássico até o início do Cretáceo, produziu uma primeira radiação de formas que, em sua maioria, não sobreviveu além da Era Mesozóica: morganucodontes, docodontes, triconodontes, simetrodontes, driolestídeos e similares. Embora estes primeiros mamíferos sejam fascinantes aos estudantes de sua história, não iremos discuti-los em maior detalhe (para uma grande revisão, veja Lillegraven et al. 1979). Entretanto, descobertas recentes na China proviram mamíferos primitivos excepcionalmente bem preservados, tão excepcionais quanto os novos dinossauros e aves chineses que mencionamos no Capítulo 16. Por exemplo, *Hadrocodium,* do Jurássico Inferior da China era uma pequena forma não maior que um clips de papel (Luo et al. 2001). *Jeholodens,* do Cretácio Inferior era maior – mais ou menos do tamanho de um camundongo – e mais proximamente relacionado aos mamíferos modernos, mas com membros posteriores curiosamente alargados (Ji et al. 1999).

A segunda radiação, a qual ocorreu no início do Cretáceo, foi composta de mamíferos mais derivados, incluindo os primeiros térios, sendo discutida com maior profundidade no Capítulo 20. Alterações em outros aspectos dos ecossistemas terrestres também foram aparentes neste Período. O início do Cretáceo marca o momento da radiação inicial das angiospermas, as plantas com flores. Dentre outros tetrápodes, as faunas de dinossauros do Cretáceo eram muito diferentes das primeiras e as serpentes apareceram pela primeira vez, possivelmente em associação com a diversidade de pequenos mamíferos de onde se alimentavam.

Os primeiros eutérios foram recentemente descritos do Cretáceo Inferior da China, estimado em aproximadamente 125 milhões de anos (Ji et al. 2002). Esse espécime, do tamanho aproximado de um hamster, também é bem preservado e até mesmo apresenta impressões da pelagem e parece ter sido um generalista, mas de alguma forma adaptado a escalada. Foi nomeado bem apropriadamente como Eomaia (Grego, *Eo* = amanhecer, *maia* = mãe).

A diversidade dos mamíferos da Era Mezosóica provavelmente representa dois grupos principais: um na Laurásia (os Boreosfenídeos – Grego, *boreo* = do norte, *sphen* = cunha) que contém as origem dos térios e dos extintos multituberculados, e um na Gondwana (os australosfenídeos – Latim, *austral* = do sul), que contém a origem dos monotrêmatas. Entretanto, muitos dos australofenídeos tinham o tipo de molares complexos vistos nos térios, mas eram primitivos em outros aspectos por exemplo, tinham retido ossos pós-dentários na mandíbula.

Zhe-Xi Luo e colaboradores (Luo et al. 2002) estudaram a anatomia detalhada dos dentes destes mamíferos e propuseram que tipos complexos de molares evoluíram convergentemente nas radiações de mamíferos do norte e no sul (mas de um diferente ponto de vista, veja Woodbume et al. 2003). Ainda, ambos os grupos do norte e sul têm uma única característica derivada: por exemplo, todos os boreosfenídeos mostram uma redução da interclavívula e coracóide, indicando que os ombros poderiam funcionar como pivô durante a locomoção. Esse esquema das relações dos primeiros mamíferos propõem que os monotrêmatos sejam distantemente relacionados aos outros mamíferos atuais e que a incorporação dos ossos pós-dentários como parte de uma orelha média, ocorreu convergentemente em monotrêmatos e térios.

Resumo

A linhagem dos Synapsida é caracterizada por uma única fenestra temporal inferior de cada lado do crânio. Os primeiros sinapsídeos foram os pelicossauros, do final do Carbonífero e do início do Permiano, incluindo os familiares animais que possuíam velas nas costas. Muitos pelicossauros eram animais grandes para o seu tempo, até o tamanho de um porco. Os pelicossauros mais derivados, os esfenacodontídeos, apresentavam diversas características mamíferas, incluindo os primórdios de uma orelha média com três ossos.

Os primeiros terapsídeos eram mais derivados, pois apresentavam uma postura ereta com os pés e membros agindo como alavancas durante a locomoção e um volume maior de musculatura mandibular. Os terapsídeos mais derivados, os cinodontes do Triássico, possuiam muitos traços indicadores de endotermia, incluindo ossos turbinados no nariz, um palato secundário e a redução da caixa torácica lombar, o que sugere a presença de um diafragma. Muitas características do crânio cinodonte, as quais foram modificadas ao longo da história, podem ser entendidas no contexto de um conflito evolutivo entre a mastigação e a audição, pois alguns dos ossos da orelha média dos mamíferos formavam a articulação mandibular original dos Synapsida.

Os primeiros mamíferos verdadeiros são conhecidos do Jurássico Inferior, com um possível candidato do Triássico Superior. A maioria desses primeiros mamíferos possuíam dentes que se encaixavam precisamente para mastigar a comida e eram substituíveis apenas uma vez. A evolução dos mamíferos a partir dos cinodontes foi acompanhada por uma redução substancial do tamanho do corpo – os primeiros mamíferos eram do tamanho de musaranhos, aproximadamente 100 milímetros e provavelmente pesavam menos de 50 gramas. Podemos deduzir muito sobre a provável biologia destes primeiros mamíferos, não somente a partir de seus restos esqueléticos, mas também, da consideração da biologia dos monotremados e dos térios primitivos viventes. Por inferência, a partir de padrões de substituição dentária e pela presença de ducto naso-lacrimal, podemos concluir que tanto a lactação quanto a cobertura de pêlos evoluíram com os primeiros mamíferos. O próprio leite deve ter evoluído devido a suas propriedades antimicrobianas nos ninhos dos mamíferos ovíparos.

Os mamíferos da Era Mesozóica eram formas principalmente de que pequenos insetívoros ou onívoras. Os grupos modernos de mamíferos – monotremados e térios – podem ter suas origens traçadas até o Cretáceo Inferior, um momento de viradas evolutivas, não somente entre os mamíferos, mas também entre os demais tetrápodes e, bem como os vegetais. Os monotremados e térios podem representar respectivamente a sobrevivência de radiações do sul e do norte de linhagens mamalianas. Os mamíferos não se diversificaram em formas maiores e mais especializadas até a Era Cenozóica, após a extinção dos dinossauros.

Leituras Adicionais

Allin, E. F. 1975. Evolution of the mammalian middle ear. *Journal of Morphology* 147:403-437.

Blackbum, D. G. 1991. Evolutionary origins of the mammary gland. *Mammal Review* 21:81-96.

Blackbum, D. G., et al. 1989. The origins of lactation and the evolution of milk: A review with new hypotheses. *Mammal Review* 19:1-26.

Bramble, D. M. 1978. Origin of the mammalian feeding complex: Models and mechanisms. *Paleobiology* 4:271-301.

Crompton, A. W. 1995. Masticatory function in nonmammalian cynodonts and early mammals. In J. J. Thomason (Ed.), *Functional Morphology in Vertebrate Paleontology.* Cambridge, UK: Cambridge University Press, 55-75.

Crompton, A. W., and P. Parker. 1978. Evolution of the mammalian masticatory apparatus. *American Scientist* 66:192-210.

Duvall, D. 1986. A new question of pheromones: Aspects of possible chemical signaling and reception in the mammal-like reptiles. In N. Hotton III, et al. (Eds.), *The Ecology and Biology of Mammal-Like Reptiles,* Washington, DC: Smith-sonian Institution Press, 219-238.

Gonick, L. 1990. *The Cartoon History of the Universe,* volumes 1-7. New York, NY: Doubleday.

Hillenius, W. J. 1992. The evolution of nasal turbinates and mammalian endothermy. *Paleobiology* 18:18-29.

Hillenius, W. J. 2000. The septomaxilla of nonmammalian synapsids: Soft tissue correlates and a new functional interpretation. *Journal of Morphology* 245:207-229.

Hotton, N. III. 1991. The nature and diversity of synapsids: Prologue to the origin of mammals. In H.-P. Schultze and L. Trueb (Eds.), *Origins of the Higher Groups of Tetrapods,* Ithaca, NY: Cornell University Press, 598-634.

Hotton, N. III, et al. (Eds.). 1986. *The Ecology and Biology of Mammal-like Reptiles,* Washington, DC: Smithsonian Institution Press.

Ji, Q., et al. 1999. A Chinese triconodont mammal and mosaic evolution of the mammalian skeleton. *Nature* 398: 326-330.

Ji, G., et al. 2003. The earliest-known eutherian mammal. *Nature* 416:816-822.

Kemp, T. S. 1982. *Mammal-like Reptiles and the Origin of Mammals.* London, UK: Academic.

King, G. 1990. *The Dicynodonts: A Study in Paleobiology.* London: Chapman & Hall.

Lille graven, J. A., et al. 1979. *Mesozoic Mammals: The First Two-Thirds of Mammalian History.* Berkeley, CA: University of Califórnia Press.

Luo, Z.-X., et al. 2001. A new mammaliaform from the Early Jurassic and evolution of mammalian characteristics. *Science* 292:1535-1540.

Luo, Z.-X., et al. 2002. Dual origin of tribosphenic molars. *Nature* 409:53-57.

Pond, C. M. 1977. The significance of lactation in the evolution of mammals. *Evolution* 31:187-199.

Rowe, T. 1988. Defmition, diagnosis, and origin of Mammalia. *Journal of Vertebrate Paleontology* 8:241-264.

Rowe, T. 1996. Coevolution of the mammalian middle ear and neocortex. *Science* 273:651-654.

Ruben, J. A. 1995. The evolution of endothermy in mammals and birds: From physiology to fossils. *Annual Review of Physiology* 57:69-95.

Ruben, J. A., et al. 1987. Selective factors in the origin of the mammalian diaphragm. *Paleobiology* 13:54-59.

Ruben, J. A., and T. D. Jones. 2000. Selective factors associated with the origin of fur and feathers. *American Zoologist* 40: 585-596.

Rubridge, B. S., and C. A. Sidor. 2001. Evolutionary patterns among Permo-Triassic therapsids. *Annual Reviews of Ecology and Systematics* 32:449-480.

Thulbom, T, and S. Turner. 2002. The last dicynodont: An Australian Cretaceous relict. *Proceedings of the Royai Society, London, B* 270:985-993.

Wang, Y, et al. 2001. An ossified Meckefs cartilage in two Cretaceous mammals and the origin of the mammalian middle ear. *Science* 294:357-361.

Woodbume, M. O., et al. 2003. The evolution of tribospheny and antiquity of mammalian clades. *Molecular Phylogenetics and Evolution* 28:360-385.

CAPÍTULO

19

Geografia e Ecologia na Era Cenozóica

O papel da história da Terra na modelagem da evolução dos vertebrados é difícil de ser superestimado. As posições dos continentes afetaram o clima e a habilidade dos vertebrados de migrar de região a região. A continuidade geográfica da Pangea, no final da Era Paleozóica e no início da Era Mesozóica, permitiu aos tetrápodes migrar livremente pelos continentes e as faunas eram bem similares por todo o globo. Entretanto, no final da Era Mesozóica, a Pangea deixa de existir como uma entidade única. Mares epicontinentais se estenderam pelo centro da América do Norte e da Eurásia, e os continentes do sul foram se separando dos continentes do norte. O isolamento de diferentes blocos continentais resultou no isolamento de suas faunas de tetrápodes, limitando as possibilidades de migração. Como resultado, as faunas de tetrápodes foram se tornando progressivamente mais distintas em continentes diferentes. Distinções regionais se tomaram aparentes nas faunas de dinossauros do final da Era Mesozóica, sendo uma das características proeminentes das faunas de mamíferos da Era Cenozóica.

A deriva continental, no final da Era Mesozóica e no início da Era Cenozóica, moveu os continentes do norte, formando a velha Laurásia (América do Norte e Eurásia), de sua posição quase equatorial, do início da Era Mesozóica, para latitudes maiores. A maior distribuição latitudinal dos continentes, somada às alterações de padrões de correntes oceânicas, resultantes dos movimentos dos continentes, provocaram tendências de resfriamento em grandes latitudes sul e norte, durante o final da Era Cenozóica. Com a formação da capa polar do Ártico, há cerca de 5 milhões de anos, esse resfriamento levou a uma série de glaciações, iniciadas no Pleistoceno e que continuam até hoje. Atualmente, estamos vivendo um período interglacial. Tanto a fragmentação das massas de terra quanto as alterações climáticas, durante a Era Cenozóica, foram fatores importantes para a evolução dos mamíferos.

19.1 Geografia Continental da Era Cenozóica

A quebra da Pangea, no Jurássico, se iniciou com o movimento da América do Norte, o que abriu o Oceano Atlântico ancestral. Falhas se formaram na Gondwana e a índia se moveu para o norte, sobre sua placa oceânica distinta (Figura 19-1), colidindo com a Eurásia. A colisão destas placas, em meados da Era Cenozóica, produziu o Himalaia, a maior cadeia montanhosa do mundo atual.

A América do Sul, a Antártica e a Austrália se separaram da África durante o Cretáceo, mas mantiveram conexões até o início da Era Cenozóica. Do meio ao final do Eoceno, a Austrália se separou da Antártica e, como a índia, se dirigiu para o norte (note que a Nova Guiné, hoje uma ilha ao norte da Austrália, separada do continente por um mar raso, é, na verdade, uma parte do bloco continental australiano. Ela esteve em contato com a Austrália por boa parte da história da Terra – é por isso que as faunas das duas regiões são tão similares). Conexões intermitentes de terra entre a América do Sul e a Antártica se mantiveram até a metade da Era Cenozóica, por meio do arco de ilhas do mar da Escócia; e a fauna de mamíferos da Antártica, do final do Eoceno, têm uma forte semelhança com aquela da América do Sul. A Nova Zelândia se separou da Austrália em algum momento em meados da Era Mesozóica, aparentemente, muito cedo na história da diversificação dos mamíferos para carregar um componente distinto destes animais. Embora a Nova Zelândia tenha muitos outros tetrápodes endêmicos – mais

Figura 19-1 Posições continentais, no final do Paleoceno e início do Eoceno. Um mar epicontinental, o estreito de Turgai (linhas diagonais), se estendia pela Eurásia. Flechas pontilhadas mostram a direção da deriva continental, e as linhas contínuas indicam as principais pontes de terra mencionadas no texto.

notavelmente o diapsídio primitivo *Sphenodon* (o tuatara) – seu único mamífero endêmico é um morcego, o qual chegou à ilha voando da Austrália. Outros mamíferos que são encontrados, hoje, na Nova Zelândia, tais como os marsupiais, veados e ouriços foram trazidos por humanos.

No Hemisfério Norte, uma ponte de terra, entre o Alasca e a Sibéria – a ponte trans-Beríngea – conectava amplamente a América do Norte e a Ásia, em grandes latitudes, porém, sem muito gelo. Conexões intermitentes também permaneceram entre o leste norte-americano e a Europa, via Groelândia e Escandinávia, do Cretáceo até o início do Eoceno. Entretanto, as migrações de mamíferos, entre a América do Norte e a Europa, por essas rotas, parecem ter sido proeminentes somente no início do Eoceno. A conexão, aparentemente, se rompeu durante o Eoceno e migrações posteriores ocorreram pela ponte trans-Beríngea, a qual ligava o Alasca com a Sibéria. Outros movimentos tectónicos também influenciaram o clima da Era Cenozóica. Por exemplo, a elevação de cadeias montanhosas, como as Rochosas, os Andes e o Himalaia, em meados da Era Cenozóica, resultaram em alterações nos padrões de chuvas, o que resultou no aumento da área de campos abertos – um novo tipo de habitat – em altas altitudes.

19.2 Ecossistemas Terrestres da Era Cenozóica

A evolução dos animais e das plantas, durante a Era Cenozóica, está intimamente relacionada com as alterações climáticas, as quais, por sua vez, estão associadas com modificações das posições dos continentes. A chave para entender as alterações das condições climáticas está no fato de que as principais massas de terra se moviam para longe da região equatorial, em direção aos pólos. A passagem de massas de terra pelas regiões polares – a Antártica, no início da Era Cenozóica, e a Groelândia, no final deste Período – permitiu a formação de capas polares, o que culminou em períodos de glaciação (eras do gelo) no Pleistoceno. A história dos ecossistemas terrestres da Era Cenozóica é, também, a história das regiões temperadas de grandes latitudes, as quais ficaram mais frias e secas, com alterações em sua vegetação (p. ex., a substituição de grandes florestas semelhantes às tropicais com planícies e campos iniciados há aproximadamente 45 milhões de anos (o termo semelhantes às florestas tropicais indica uma floresta que teve estrutura de vários estratos assim como as modernas florestas tropicais, mas com alguma diferença na distribuição das espécies).

A radiação de tipos modernos de mamíferos é uma característica proeminente da Era Cenozóica, seguindo sua origem no Triássico e sua persistência, por toda a Era Mesozóica, mantendo um pequeno tamanho corpóreo e pouca diversidade morfológica. Assim, a Era Cenozóica é geralmente chamada de a Idade dos Mamíferos, mesmo que o tempo passado, desde o início da Era Cenozóica, represente apenas um terço da história total dos mamíferos (e embora os vertebrados mais diversificados, na Era Cenozóica, tenham sido os peixes teleósteos). A radiação dos mamíferos é, quase que certamente, relacionada com a extinção dos dinossauros, o que deixou o mundo livre de grandes tetrápodes e forneceu uma gama de oportunidades para outros grupos.

No mundo aquecido da Era Cenozóica, florestas, similares às tropicais, eram encontradas em grandes latitudes – mesmo no Círculo Ártico. Aparentemente, a vegetação destas regiões polares podia suportar seis meses de escuridão quase completa. Esta vegetação, no início da Era Cenozóica, apresentava folhas excepcionalmente grandes, desconhecidas no mundo atual. As folhas amplas, presumivelmente, permitiam às árvores a obtenção da quantidade máxima possível de luz solar, durante o verão curto e sob as condições adversas do inverno. Um conjunto de fósseis, do início do Eoceno, encontrado na Ilha de Ellesmere (dentro do Círculo Polar Ártico canadense) demonstra a presença de répteis, tais como tartarugas e crocodilos, bem como a de mamíferos, parecidos com pequenos primatas (embora não aparentados a eles) e com lêmures voadores da Ásia atual. A Figura 19-2 ilustra as condições subtropicais da Europa no início do Eoceno. Fósseis de plantas do início do Eoceno da Patagônia, no extremo sul da América do Sul, mostram que florestas tropicais também existiram em altas altitudes no Hemisfério Sul.

Muitas das linhagens de mamíferos, do início da Era Cenozóica, estão extintas atualmente. Estes grupos, geralmente, são chamados de mamíferos primitivos, um termo pejorativo que se refere, realmente, à nossa própria perspectiva a partir do conforto do presente. Mamíferos primitivos eram principalmente formas generalizadas, pequenas ou médias, com uma predominância de tipos arbóreos. Predadores maiores e mais especializados, e herbívoros com dentes, sugerindo uma dieta rica em fibra, não aparecem até o final do Paleoceno. Membros das ordens atuais não aparecem até o Eoceno, mas há algumas exceções notáveis, as mais importantes são as ordens Carnívora (cães, gatos e outros) e Xenarthra (preguiças, tatus e tamanduás) conhecidas do início do Paleoceno, e a Rodentia (conhecida do final do Paleoceno).

Parece que a presença de dinossauros herbívoros mantinha a floresta com baixa altura, como o que ocorre atualmente com os elefantes na savana. Já que as florestas dominaram os habitats terrestres após a extinção dos dinossauros, a maioria dos nichos, disponível para os mamíferos do início da Era Cenozóica, era o arbóreo. As florestas tropicais foram estabelecidas na América do Norte, há meros 1 milhão de anos depois do começo da Era Cenozóica. Entretanto, não foi antes das alterações climáticas do Eoceno que houve o aparecimento de mais habitats abertos em que mamíferos de grande porte começaram a radiar para a diversidade de nichos terrestres que ocupam atualmente.

Tipos modernos de pássaros também se diversificaram no início da Era Cenozóica, incluindo os grandes pássaros terrestres – tanto as formas carnívoras (todas extintas atualmente) quanto as herbívoras, como o avestruz atual. Muitos dos grupos atuais de répteis têm suas origens no final do Cretáceo, ou início da Era Cenozóica, enquanto grupos modernos de tartarugas e de anfíbios se estabeleceram amplamente no Cretáceo. As serpentes são uma radiação da Era Cenozóica, e Era das Serpentes pode ser um nome mais apropriado para a Era Cenozóica do que a Era dos Mamíferos. Tipos modernos de crocodilos de água doce foram os únicos a sobreviver até a Era Cenozóica. Os crocodilos marinhos não existiram antes da Era Mesozóica, mas houve uma modesta radiação de crocodilos terrestres no Hemisfério Sul, durante o Paleoceno e o Eoceno. Champsossauros (similares aos crocodilos quanto à sua forma, mas muito distantes filogeneticamente dos crocodilianos) também eram predadores de água doce, proeminentes no início da Era Cenozóica. Dentre os insetos, as borboletas e as mariposas modernas apareceram, pela primeira vez, em meados do Eoceno.

O mundo do final da Era Cenozóica era, em geral, mais frio e mais seco do que o do início deste Período. Alterações dos ecossistemas terrestres refletiam tais modificações. Florestas temperadas substituíram a vegetação "tropical" das grandes latitudes e as florestas realmente tropicais foram confinadas às regiões equatoriais. Campos extensos apareceram, pela primeira vez, no Mioceno, formando zonas de savana (campos com algumas árvores espalhadas) pela América do Norte, pelo sul da América do Sul e pela Ásia Central. Entretanto os tipos de mamíferos presentes na fauna da América do Sul, sugerem que os campos apareceram antes nas altas latitudes do sul, talvez tão cedo quanto o final do Eoceno. No Plioceno, há 2 ou 3 milhões de anos, as savanas apareceram em áreas mais tropicais, tais como o leste africano e os campos mais temperados se tornaram pradarias ou estepes, sem árvores.

◄Figura 19-2 Uma reconstrução de uma cena do início do Eoceno da Europa, demonstrando uma floresta subtropical pluvial. As árvores incluem sequóias, pinheiros, bétula, palmito, cipreste do pântano e samambaias. Na frente, há cicadáceas e magnólias. Os pássaros são íbis, com um *Diatryma* (um predador extinto incapaz de voar) ao fundo. Os mamíferos, semelhantes aos hipopótamos, são os *Coryphodon,* pertencentes a uma ordem extinta de ungulados, os Dinocerata. Um primata arcaico *(Cantius,* um omomiídeo) sobe sobre uma liana. Andando em meio às samambaias está um oxyaenídeo, o *Palaeonictis,* um predador, semelhante ao gato, que pertence à ordem extinta dos Creodonta. Sua caça potencial são os primeiros artiodátilos, os *Diacodexis,* em primeiro plano.

Essa mudança de vegetação coincide com o surgimento de nosso próprio gênero *Homo,* um hominídeo bem adaptado à vida nas savanas tropicais. Novos tipos de vegetação também apareceram no Plio-Pleistoceno: a tundra e a taiga, nas regiões Árticas, e os desertos, nas regiões temperadas e tropicais.

A radiação dos mamíferos, no final da Era Cenozóica, refletiu tais alterações de vegetação. Grandes mamíferos, tais como cavalos, antílopes, rinocerontes e elefantes evoluíram junto com o aparecimento dos campos – e com eles, os carnívoros que os predavam, tais como grandes gatos e cachorros. Alguns mamíferos pequenos também se diversificaram, mais notavelmente alguns tipos modernos de roedores, tais como os ratos e os camundongos. Esta diversificação de pequenos mamíferos pode explicar a subsequente diversificação dos tipos modernos de cobras, no final da Era Cenozóica. Lagartos do final da Era Cenozóica incluem alguns varanóides muito grandes, não somente o maior dos lagartos conhecidos atualmente, o Dragão de Komodo, mas também um predador, o *Megalania,* do tamanho de uma vaca, no Pleistoceno da Austrália. Muitos tipos modernos de pássaros apareceram pela primeira vez, no final da Era Cenozóica, incluindo os Passeriformes (pássaros que cantam) e os tipos modernos de aves de rapina, tais como as águias, os falcões e os abutres. Os habitats mais abertos do final da Era Cenozóica favoreciam também a diversificação de insetos sociais que vivem nos campos, tais como as formigas e os cupins.

19.3 Climas da Era Cenozóica

A Era Cenozóica foi, em geral, um período mais frio e seco do que a Era Mesozóica, embora sua primeira parte (até a metade do Eoceno, há cerca de 50 milhões de anos) tenha sido um momento de relativo calor. O final da Era Cenozóica foi caracterizado pela formação de gelo nos pólos, culminando em uma Era do Gelo no início do Pleistoceno, há 2 milhões de anos.

Clima do Terciário (Paleoceno-Plioceno)

As condições quentes e úmidas, típicas do Jurássico e do início do Cretáceo Médio, se alteraram no final do Cretáceo, quando o resfriamento global começou a ocorrer. Mesmo assim, o mundo do início da Era Cenozóica ainda refletia o calor da Era Mesozóica. Houve um aumento do dióxido de carbono atmosférico, no início do Eoceno, o qual poderia ter resultado em um aquecimento, por meio do efeito estufa. O pico do aquecimento climático nas grandes latitudes ocorreu por volta do início e meio do Eoceno (Figura 19-3). Deste ponto alto, as grandes latitudes começaram a se resfriar, com uma grande queda da média anual de temperatura no final do Eoceno e início do Oligoceno, colocando o mundo no início do período mais frio do final da Era Cenozóica (Zachos et al. 2001).

O que causou estas dramáticas alterações da temperatura da Terra? Uma razão primária foi, provavelmente, a reversão do efeito estufa, relacionada com um declínio considerável do dióxido de carbono atmosférico. Adicionalmente, águas frias se formaram nos pólos quando a Austrália se separou da Antártica e a Groelândia se separou da Noruega. A circulação oceânica carregou a água gelada até o equador, resfriando as latitudes temperadas. A capa de gelo da Antártica, provavelmente se formou no final do Eoceno, embora a capa polar do Ártico não tenha se formado até 30 milhões de anos depois, no final do Mioceno.

Seguindo um Oligoceno frio, as temperaturas começaram a aumentar em grandes latitudes, no início do Mioceno, atingindo um segundo pico no Mioceno Médio. O mundo do Mioceno era, em geral, mais seco do que o do Eoceno, e a combinação do calor com a seca promoveu a dispersão dos campos. O aquecimento na metade da Era Cenozóica, provavelmente se deve à abertura da Passagem de Drake, entre a Antártica e a América do Sul, a qual isolou a fria água polar que circunda a Antártica. Entretanto, a expansão da capa polar antártica, no final do Mioceno, mais uma vez, trouxe o resfriamento das grandes latitudes, uma tendência que persistiu até hoje, com retrações ocasionais. O fechamento do Istmo do Panamá, que ligou a América do Norte e a do Sul, no Plioceno, também afetou profundamente o clima global. Águas quentes não podiam mais circular pelo equador e foi durante esse período que se formou a Corrente do Golfo, levando as águas quentes das regiões subtropicais americanas para a Europa. Em outros locais do mundo, a perturbação da circulação oceânica resultou no resfriamento e levou à formação da capa polar do Ártico.

Note que as alterações da diversidade dos mamíferos acompanharam as modificações de temperatura, em grandes

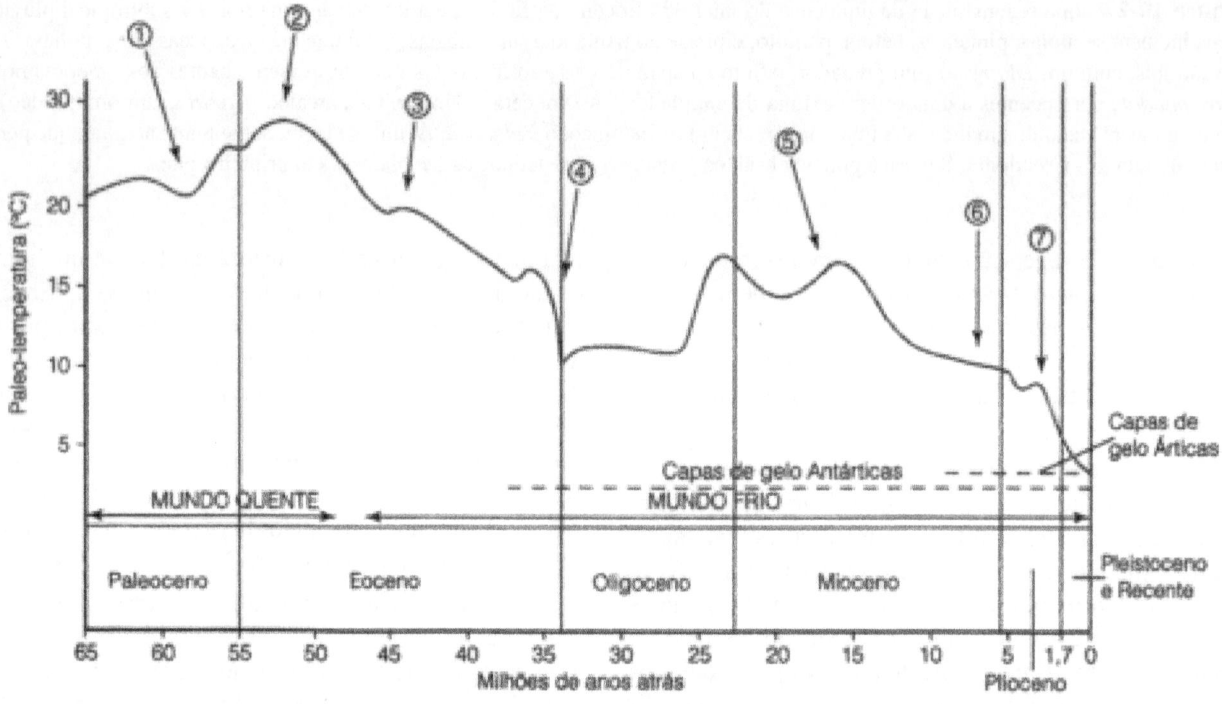

Figura 19-3 Principais paleotemperaturas anuais nas altas latitudes do norte durante a Era Cenozóica. Modificado de Zachos et al. (2001) e baseado em dados dos isótopos de oxigênio de profundidades marinha de foraminíferos. As barras tracejadas indicam a presença de capas de gelo quando representam a cobertura mínima (parcial ou efêmera) e sólida quando representa a cobertura máxima (total ou permanente).

1. Florestas tropicais confinadas no Circulo Polar Ártico. Predominam os mamíferos primitivos.
2. Temperaturas alcançam o máximo na Era Cenozóica. Tipos modernos de mamíferos começam a aparecer e mamíferos primitivos começam a declinar.
3. O resfriamento trás congelamentos de inverno à altas latitudes. Florestas tropicais são substituídas por florestas subtropicais em latitudes mais altas e florestas polares desaparecem; os últimos mamíferos arcaicos extinguem-se.
4. A temperatura do Eoceno/Oligoceno resulta em extinções e um mundo mais frio.
5. Aquecimento no Mioceno trás campos de gramíneas à altas latitudes. Um resfriamento e seca subsequentes resultam em uma ampliação dos campos e diminuição das florestas subtropicais. Em altitudes altas, os mamíferos predominam, pastadores reduziram em número, todos os crocodilos e tartarugas grandes agora desapareceram.
6. Gramíneas C_4 agora expandem-se.
7. Resfriamento posterior significante a 2,5 milhões de anos, mergulha o mundo numa era glacial.

latitudes, ao longo da Era Cenozóica, com picos observados no Eoceno e no Mioceno Médios (Figura 19-3). Este padrão faz sentido quando pensamos no mundo atual, no qual existe uma variedade muito maior de mamíferos nas florestas tropicais do que nas temperadas.

O mundo no Mioceno era em geral mais seco do que no Eoceno, e a combinação do calor e a seca promoveram a dispersão dos campos. No final do Mioceno, aproximadamente 7 milhões de anos, houve uma mudança no tipo de caminho fotossintético usado pelas gramíneas, como registrado por isótopos de carbono em solos fósseis e no esmalte dos dentes de mamíferos pastadores. Isto era a mudança do caminho C_3, visto hoje nas plantas dicotiledôneas e gramíneas das regiões mais frias, para o caminho C_4, visto hoje em gramíneas das regiões tropicias e sub-tropicais. O caminho C_4 é mais eficiente em condições de altas temperaturas e baixo teor de dióxido de carbono. Existe controversa sobre o período exato em que os níveis de CO_2 atmosférico caíram para os comparativamente baixos níveis atuais. Temos boa evidência que no início da Era Cenozóica o CO_2 atmosférico era muitas vezes mais alto do que agora, mas existe alguma controversa entre as evidências da geoquímica e dos organismos fósseis. A evidência geoquímica indica que os níveis presentes foram alcançados desde o início do Mioceno, enquanto evidência de plantas fósseis e comunidades de mamíferos, sugerem um declínio no final do Mioceno, simultaneamente com suas mudanças bioquímicas em gramíneas.

Note que o mundo atual é um lugar muito frio e seco em comparação com a maior parte da Era Cenozóica (na verdade, com a maioria da história da Terra), e também é muito variado em termos de diferentes tipos de habitats e zonas climáticas. No início da Era Cenozóica, o mundo era coberto com florestas semelhantes às tropicais e com tipos de mamíferos que viveram nesses habitats. Nós ainda temos florestas desse tipo que agora estão confinadas nas regiões equatoriais, mas que têm adicionado outros tipos de ambientes em outras latitudes (florestas e campos temperados) e também têm campos tropicais, e ainda muitos novos tipos de habitats, com o deserto e tundra ártica. Assim, os números de diferentes tipos de animais são enormemente encrementados para refletir essa grande diversidade de tipos de habitats. Ainda, a divisão do mundo em continentes separados, significou que muitas faunas e floras, evoluíram em isolamento comparativo. Discutiremos o efeito disto na evolução dos mamíferos no Capítulo 20.

As Idades do Gelo do Pleistoceno

As extensivas glaciações episódicas que caracterizam o Pleistoceno foram eventos que estiveram ausentes, no mundo, desde a Era Paleozóica. Estas idades do gelo tiveram uma influência importante não somente sobre a evolução dos mamíferos da Era Cenozóica em geral, mas também sobre nossa própria evolução – e mesmo sobre as civilizações atuais. O mundo ainda pode ser considerado em uma Idade do Gelo, mas agora, habitamos um Período interglacial mais quente.

Por exemplo, atualmente, o volume de gelo na Terra constitui cerca de 26 milhões de quilômetros cúbicos. Durante os episódios glaciais no Pleistoceno, houve até 77 milhões de quilômetros cúbicos de gelo, talvez mais. Um volume enorme de água ainda está preso nas capas polares e nas geleiras. O derretimento das geleiras do último episódio glacial, no final do Pleistoceno, há cerca de 10 mil anos, fez com que o nível do mar fosse elevado em 140 metros (quase metade da altura do *Empire State Building)*, em comparação à condição relativamente estável dos dias de hoje. Se as geleiras atuais derretessem, o nível do mar subiria em mais 50 metros, inundando a maioria das cidades costeiras do mundo. Países inteiros, como Bangladesh e algumas nações das ilhas do Pacífico, seriam completamente submersas. Não surpreende que os ambientalistas atuais estejam preocupados com as possibilidades de aquecimento global provocadas pelas atividades humanas!

Hoje, as geleiras cobrem 10 por cento da superfície terrestre da Terra, principalmente nas regiões polares, mas também nas grandes montanhas. Em alguns momentos do Pleistoceno, uma massa de gelo que tinha, provavelmente, de 3 a 4 quilômetros de espessura, cobria 30 por cento da terra, e se estendia ao sul, na América do Norte, até o 38° N de latitude (sul de Illinois; Figura 19-4). Uma capa de gelo similar cobria o norte da Europa. Entretanto, a maior parte do Alasca, da Sibéria e da Beríngea (terras do Pleistoceno, entre o Alasca e o nordeste da Ásia, que estão, hoje, submersas) não tinha gelo e abrigava um bioma, conhecido como a Estepe dos Mamutes, ou estepetundra, desconhecido atualmente. Ele era, obviamente, muito mais produtivo do que os habitats de grandes latitudes atuais, pois continha um conjunto de faunas de mamíferos que rivaliza com a diversidade moderna encontrada na fauna da savana africana. Esta fauna combinava mamíferos atualmente ausentes das grandes latitudes, tais como leões e rinocerontes, com animais que persistem nas latitudes árticas hoje, tais como os veados e a rena. Pólen fóssil também mostra que tipos de salva e gramíneas existiram nas estepes-tundra da Beríngea, que estão ausentes nos habitats de tundra atuais.

Estas geleiras continentais avançaram e se retraíram diversas vezes durante o Pleistoceno (o hemisfério sul foi menos afetado porque, naquele momento, as massas de terra continentais do sul estavam mais distantes dos pólos do que as do norte, como o que ocorre hoje). Houve quatro grandes episódios de glaciação, mas sabemos agora, que muitos destes pequenos episódios (20 ou mais) ocorreram entre os principais. A glaciação continental teve um efeito maior sobre o clima do mundo do que a simples cobertura de gelo nas grandes latitudes. Livros populares apresentam mamutes lutando para se soltar do gelo, mas as geleiras avançam vagarosamente o bastante para que os animais pudessem migrar em direção ao equador – embora problemas possam ocorrer se as rotas são bloqueadas por montanhas ou pelo mar. Entretanto, os animais da Eurásia, que vivem em climas mais frios, têm a vantagem de amplas conexões entre as zonas tropicais e temperadas, tanto na Ásia quanto na África. Em contraste, os animais norte-americanos teriam de atravessar o relativamente estreito Istmo do Panamá para atingir as áreas mais tropicais da América do Sul. Este gargalo geográfico pode ter limitado a migração de certos tipos de mamíferos.

A secagem das porções sem gelo da Terra, devido ao volume de água preso nas geleiras, foi, ao menos, tão importante para os ecossistemas terrestres como as próprias geleiras. Muitas das áreas equatoriais que hoje são cobertas por florestas pluviais de terras baixas, eram naquela época, muito mais secas, até mesmo áridas. O Período interglacial atual, relativamente suave, é mais frio e seco do que outros Períodos desse tipo no Pleistoceno. Por exemplo, durante outros Períodos interglaciais, os hipopótamos eram encontrados no que hoje é chamado de Deserto do Saara, e esses animais também eram encontrados na Inglaterra.

O que provocou estes episódios de glaciação? Uma teoria antiga sugere que a quantidade de radiação solar que incide sobre a Terra varia o bastante para afetar o clima do planeta. Na década de 1930, o astrônomo iugoslavo Milutin Milankovitch propôs que os episódios de glaciação são

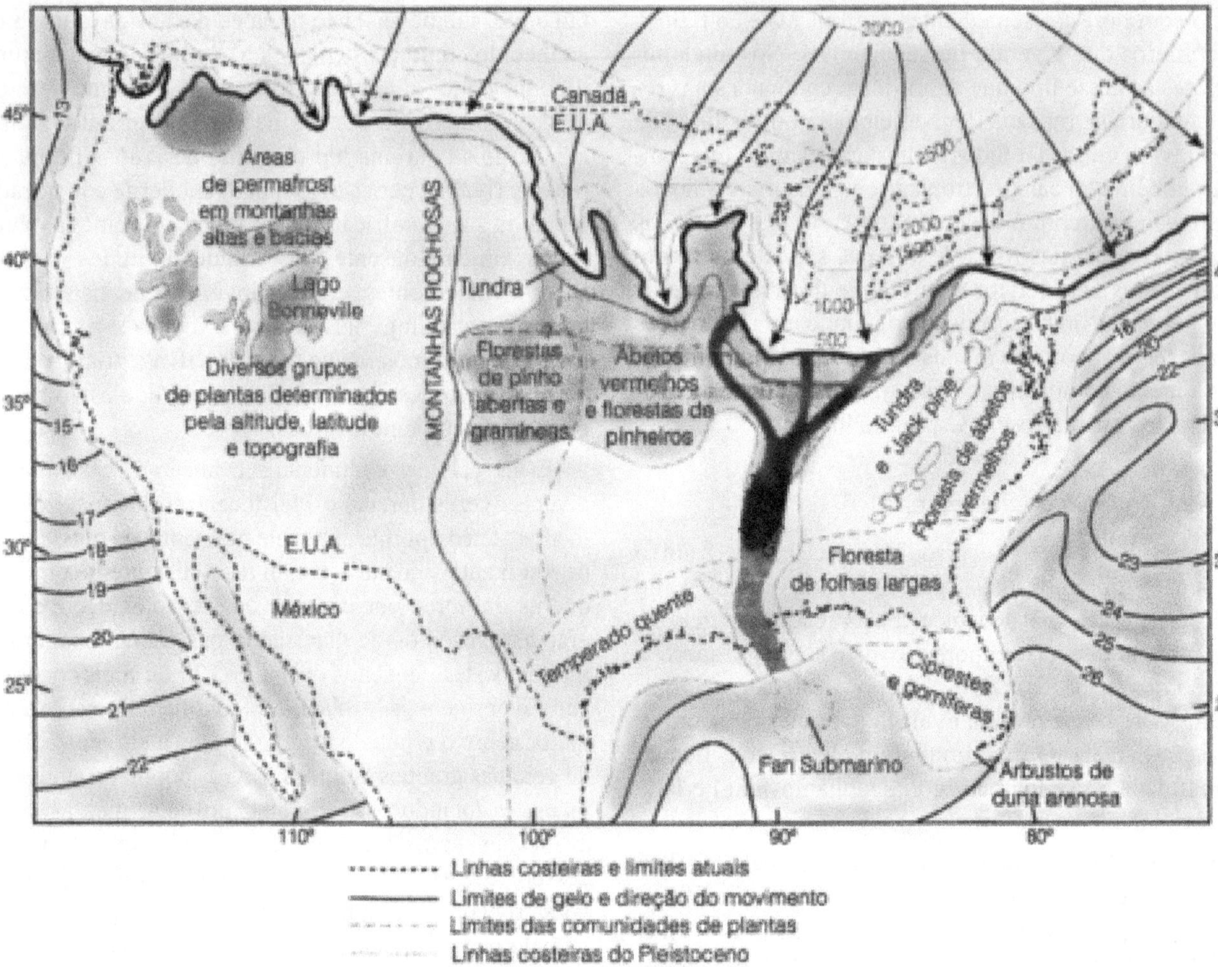

Figura 19-4 Glaciação do Pleistoceno na América do Norte há aproximadamente 18 mil anos. O contorno mostra a profundidade da capa de gelo e as setas indicam a direção do movimento. A vegetação dominante é mostrada no leste; no oeste, terreno montanhoso produziu uma complexa variação na vegetação. O Lago Bonneville e outros lagos pluviais grandes são mostrados no oeste. A temperatura da superfície do mar (°C) é baseada na análise de micro-fósseis de mares profundos.

iniciados pela combinação de diversas pequenas variações na passagem da órbita da Terra ao redor do Sol com a posição relativa de nosso planeta com o astro. Três ciclos interagem aqui, cada um deles com sua periodicidade característica (tempo passado entre os extremos do ciclo): (1) a órbita elíptica da Terra ao redor do Sol (com uma periodicidade de 100.000 anos); (2) a inclinação do eixo rotacional da Terra (com uma periodicidade de 40.000 anos); e (3) a precessão do eixo rotacional da Terra (com uma periodicidade de 26.000 anos).

Cada uma destas propriedades orbitais produz efeitos diferentes. A alteração da inclinação e da precessão do eixo rotacional modifica a distribuição da luz solar, com respeito à estação e à latitude, mas não à insolação global total, enquanto as alterações da órbita da Terra resultam em pequenas modificações da insolação global. Normalmente, estas propriedades estão em ciclos fora de sintonia, como notas discordantes tocadas em um piano, mas, de vez em quando, elas se alinham, como notas criando um acorde. Milankovitch sugeriu que o fator crítico, que leva a um episódio glacial, é uma alteração na quantidade de insolação de verão em grandes latitudes. Parece que os episódios glaciais têm início não com o mundo todo ficando mais frio, mas com verões frios que impedem o derretimento do gelo. Em contraste, os verões durante períodos glaciais, podem ser mais quentes do que aqueles observados atualmente.

É importante perceber que estes ciclos de Milankovitch têm existido por toda a história da Terra. Entretanto, foi somente após a formação da capa polar do Ártico, no Pleistoceno (possivelmente, mais cedo, no Plioceno) que houve gelo o suficiente para colocar o Hemisfério Norte em uma Idade do Gelo.

19.4 Extinções da Era Cenozóica

A mais bem conhecida extinção da Era Cenozóica é, provavelmente, aquela que ocorreu no final do Pleistoceno, embora esta não tenha sido, de forma alguma, a maior de todas as extinções. A extinção do Pleistoceno parece dramática porque acabou com a megafauna, com a diversidade dos grandes mamíferos (aqueles com peso corpóreo superior aos 20 quilograma). Isso inclui diversos mamíferos muito grandes que, atualmente, estão completamente extintos, tais como os gliptodontes e as preguiças-gigantes, na América do Sul e na América do Norte, os mamutes na Holártica e na África e os diprotodontídeos da Austrália. Ela também inclui muitas formas grandes e exóticas de mamíferos mais familiares, tais como os tigres dente-de-sabre da Holártica e da África, alce irlandês, ursos da caverna e rinocerontes lanosos da Eurásia; os mamutes da Holártica e África e os grandes cangurus, "wombats" e equidnas da Austrália que eram muito maiores do que as formas atuais. Grandes aves terrestres também sofreram com essas extinções – incluindo herbívoros como as moas da Nova Zelândia e o ave-elefante de Madagáscar, bem como carnívoros, tais como os "phorusrachiformes" do Novo Mundo e os dromornitídeos australianos.

Há muito debate sobre a causa dessas extinções. As principais extinções ocorreram no final do último período glacial, há cerca de 10.000 anos (surpreendentemente, os animais parecem mais vulneráveis às extinções quando o clima se altera do glacial para o interglacial, ao invés do inverso, provavelmente porque o primeiro evento ocorre com mais rapidez). Assim, alterações climáticas são a explicação mais óbvia. Entretanto, muitos cientistas notaram que é somente o último período glacial, e não em qualquer um dos anteriores, que trouxe extinções de tais magnitudes. Esta observação sugere que parte, se não toda, a culpa das extinções da megafauna deve ser colocada sobre a dispersão dos humanos modernos e das técnicas modernas de caça, as quais são concomitantes ao período (veja o Capítulo 25).

Muitos cientistas atualmente são inflexíveis que as atividades humanas, mais do que mudanças climáticas, sejam a raiz causal das extinções do Pleistoceno (p. ex., Alroy 2001). Esta é a hipótese overkill. Entretanto, Steve Wroe e colaboradores (Wroe et al. 2004) dizem que nosso conhecimento atual sobre os efeitos dos humanos sobre as extinções de mamíferos é retirada de exemplos históricos de faunas insulares. A caça e/ou perturbação ambiental podem ser a causa de comparativamente recente (nos últimos poucos milhares de anos) extinções de lêmures gigantes de Madagáscar ou das moas (aves herbívoras gigantes na Nova Zelândia), mas existem problemas com a extensão dos cenários para grandes massas de terra, tais como América do Norte e Austrália. Outra evidência que está em conflito com a hipótese overkill: as extinções na América do Norte não seguem um padrão norte para sul, como seria esperado com a invasão dos humanos provenientes da Beríngea (Beck 1996), e os cavalos no Alasca sofreram um rápido decréscimo no tamanho do corpo, pouco antes de se tomarem extintos, o que condiz com a hipótese das mudanças climáticas como sendo o agente de extinção (Guthrie 2003).

Cerca de 30 por cento dos géneros de mamíferos foram extintos no final do Pleistoceno. Esta é, praticamente, a magnitude das outras duas grandes extinções da Era Cenozóica (no final do Eoceno e no final do Mioceno). Entretanto, as duas extinções anteriores diferem em diversas formas críticas da do Pleistoceno. As extinções do final do Eoceno estavam associadas à dramática queda das temperaturas das grandes latitudes. Florestas de grandes latitudes se tomaram florestas temperadas, com o concomitante desaparecimento dos mamíferos adaptados às florestas "tropicais". Isso incluiu não somente uma grande diversidade de mamíferos primitivos, mas também alguns dos tipos modernos, tais como primatas de grandes latitudes e os primeiros cavalos. A diversidade de anfíbios e de répteis do início da Era Cenozóica, em grandes latitudes, também foi muito reduzida durante o final do Eoceno.

As extinções do final do Mioceno estavam associadas, mais uma vez, não somente com a queda das temperaturas das grandes latitudes, mas com a seca global. As maiores extinções se deram entre os mamíferos de pastos (incluindo uma grande diversidade de cavalos), os quais sofreram com a perda dos habitats, conforme as savanas se tornaram campos e pradarias. A América do Norte foi especialmente atingida pelos eventos climáticos do final do Mioceno, devido a sua posição latitudinal relativamente alta e o fato de que os animais não podiam migrar para áreas mais tropicais na América do Sul, antes da formação do Istmo do Panamá.

Mais significativo para a hipótese da sobre-caça é o fato de que os mamíferos de todos os tamanhos corpóreos (não apenas os grandes) foram afetados tanto no Eoceno quanto no Mioceno. Outros organismos, terrestres e marinhos, também vivenciaram extinções profundas. A extinção do final do Pleistoceno afetou, principalmente, os grandes mamíferos e os pássaros, que são as espécies mais sujeitas a serem vista como presas ou competidores por caçadores humanos.

Leituras Adicionais

Alroy, J. 2001. A multispecies overkill simulation of the end-Pleistocene megafaunal mass extinction. *Science* 292: 1893-1896.

Beck, M. W. 1996. On discerningthe cause of late Pleistocene megafaunal extinctions. *Paleobiology* 22:91-103.

Cerling, T. E. et al. 1997. Global vegetation change through the Miocene/Pliocene boundary. *Nature* 389:153-158.

Ehleringer, J. R., et al. 1991. Climate change and the evolution of C_4 photosynthesis. *Trends in Ecology and Evolution* 6:95-99.

Flannery, T. E 1994. *The Future Eaters.* Sydney, Austrália: New Holland Publishers.

Flannery, T. F. 2001. *The Eternal Frontier.* Melbourne, Austrália: Text Publishing.

Guthrie, R. D. 1990. *Frozen Fauna of the Mammoth Steppe.* Chicago, IL: University of Chicago Press.

Guthrie, R. D. 2003. Rapid body size decline in Alaskan Pleistocene horses before extinction. *Nature* 426:169-171.

Hewitt, G. 2000. The genetic legacy of the Quaternary ice ages. *Nature* 405:907-913.

Janis, C. M. 1993. Tertiary mammal evolution in the context of changing climates, vegetation, and tectonic events. *Annual Review of Ecology and Systematics* 24:467-500.

Janis, C. M. 2003. Tectonics, climate change, and the evolution of mammalian ecosystems. In L. J. Rothschild and A. M. Lister (Eds.), *Evolution on Planei Earth: The Impact of the Physical Environment.* London, UK: Academic Press, 319-338.

Johnson, K. R., and B. Ellis. 2002. A tropical rainforest in Colorado 1.4 million years after the Cretaceous-Tertiary boundary. *Science* 296:2379-2383.

Martin, P. S., and R. G. Klein. 1984. *Quaternary Extinctions.* Tucson, AZ: University of Arizona Press.

Retallack, G. J. 2001. A 300-million-year record of atmospheric carbon dioxide from fóssil plant cuticles. *Nature* 411:287-290.

Wilfe, P. et al. 2003. High plant diversity in Eocene South America: Evidence from Patagonia. *Science* 300:122-125.

Wroe, S., et al. 2004. Megafaunal extinction in the Late Quaternary and the global overkill hypothesis. *Alcheringa* 28:291-332.

Zachos, J., et al. 2001. Trends, rhythms, and aberrations in global climate 65 Ma to present. *Science* 292:686-693.

Zazula, G. D. et al. 2003. Ice-age steppe vegetation in east Beringia. *Nature* 423:603.

CAPÍTULO

20

Características e Diversidade dos Mamíferos

Os mamíferos da Era Cenozóica são um grupo altamente diversificado de organismos, adaptados a uma ampla variedade de estilos de vida, e apresentam uma grande diversidade ecomorfológica. Além das características familiares da lactação e dos pêlos, os mamíferos possuem outros traços derivados que os separam dos demais vertebrados. Embora a maioria dos mamíferos viventes seja eutéria (mamíferos placentários), o entendimento da diversidade e das especializações dos mamíferos requer o entedimento do que difere estes eutérios dos marsupiais, bem como os térios (marsupiais e eutérios) se distinguem dos monotremados. A maior parte da diversidade observada entre os mamíferos térios da Era Cenozóica se reflete no isolamento dos diferentes grupos de mamíferos em massas continentais distintas; muitos destes tipos ecomorfológicos evoluíram convergentemente em continentes diferentes. Os climas instáveis das grandes latitudes, ao longo da Era Cenozóica, também resultaram em uma maior diversidade de mamíferos adaptados a novos habitats, tais como os campos e as alterações do nível do mar, associadas com as posições continentais, resultaram em várias migrações intercontinentais de mamíferos.

20.1 Características Compartilhadas por Todos os Mamíferos

Os mamíferos são considerados os animais terrestres dominantes da Era Cenozóica, mas a diversidade de suas espécies (cerca de 4800) é somente um pouco maior do que a metade da das aves (cerca de 9000) e, consideravelmente, inferior do que a dos répteis lepidossauros (cerca de 7750 espécies). A diversidade de espécies de mamíferos é, na verdade, é de fato a mesma dos anfíbios (com cerca de 4800), fazendo deles e dos anfíbios as menores linhagens dentre os tetrápodes.

Os mamíferos, é claro, incluem os maiores vertebrados viventes, aquáticos e terrestres (a baleia azul, com cerca de 120 toneladas, é o maior animal até hoje conhecido). E os mamíferos têm grande diversidade morfológica; nenhum outro táxon de vertebrados possui formas tão diferenciadas, umas das outras, como uma baleia e um morcego. Mesmo entre as formas estritamente terrestres, há uma tremenda diferença morfológica entre, por exemplo, uma topeira e uma girafa. Mas é prudente considerar que os mamíferos não se destacam dos demais vertebrados quando algumas medidas de sucesso evolutivo, tais como a diversidade de espécies, são consideradas. A Figura 20-1 ilustra a diversidade dos principais grupos viventes de mamíferos térios (excluindo os monotremados).

Lactação

As fêmeas de todas as espécies de mamíferos têm lactação, alimentando seus filhotes por meio da produção de leite. As glândulas mamárias são completamente ausentes nos machos marsupiais, mas estão presentes e são potencialmente funcionais nos machos de monotremados e de eutérios. Houve exemplos de homens produzindo leite sob determinadas circunstâncias e, recentemente, uma espécie de morcego frugívoro, com o macho produzindo leite, foi descrita (Francis et al. 1994). Tem sido um mistério a razão pela qual os mamíferos machos retêm glândulas mamárias, mas não entram em lactação (veja Daly 1979); na realidade, o câncer de mama afeta humanos machos e fêmeas.

Embora todos os mamíferos produzam leite, somente os térios possuem mamilos, de forma que os filhotes podem sugar o leite diretamente da mama, ao invés do tegumento

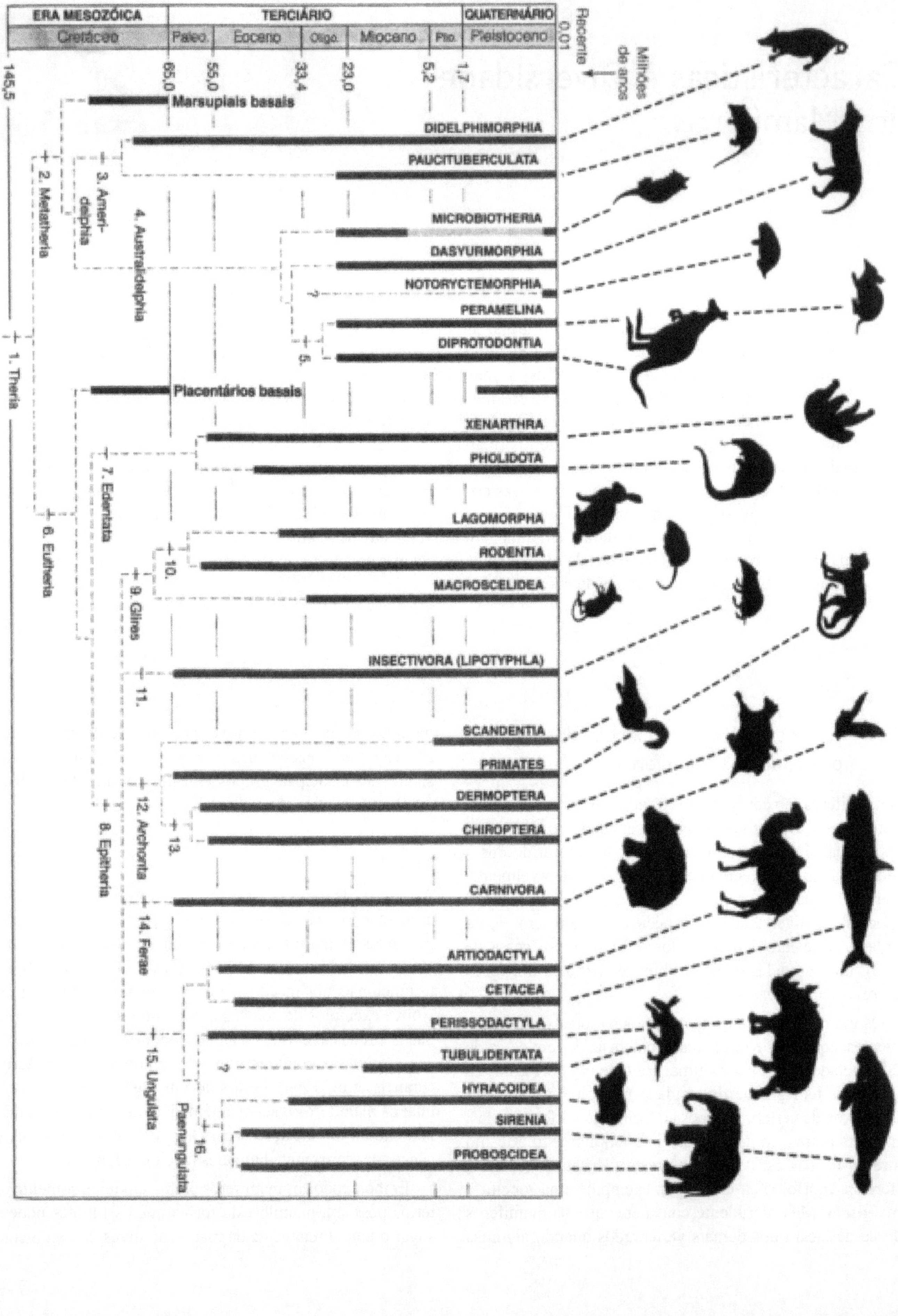

ERA MESOZÓICA
TERCIÁRIO
QUATERNÁRIO
Cretáceo
Paleo.
Eoceno
Oligo.
Mioceno
Plio.
Pleistoceno
Recente
Milhões de anos
145,5
65,0
55,0
33,4
23,0
5,2
1,7
0,01
Marsupiais basais
DIDELPHIMORPHIA
PAUCITUBERCULATA
MICROBIOTHERIA
DASYURMORPHIA
NOTORYCTEMORPHIA
PERAMELINA
DIPROTODONTIA
Placentários basais
XENARTHRA
PHOLIDOTA
LAGOMORPHA
RODENTIA
MACROSCELIDEA
INSECTIVORA (LIPOTYPHLA)
SCANDENTIA
PRIMATES
DERMOPTERA
CHIROPTERA
CARNIVORA
ARTIODACTYLA
CETACEA
PERISSODACTYLA
TUBULIDENTATA
HYRACOIDEA
SIRENIA
PROBOSCIDEA
1. Theria
2. Metatheria
3. Ameridelphia
4. Australidelphia
5.
6. Eutheria
7. Edentata
8. Epitheria
9. Glires
10.
11.
12. Archonta
13.
14. Ferae
15. Ungulata
16.
Paenungulata

◄**Figura 20-1** Relações filogenéticas entre as ordens viventes de mamíferos excluindo monotremata. Este diagrama apresenta as prováveis relações entre os mamíferos térios viventes. As linhas pontilhadas demonstram somente inter-relações e não indicam momentos de divergência ou presença não-registrada nos fósseis. Os números indicam os traços derivados que distinguem as linhagens. Este cladograma é baseado em caracteres morfológicos. Um cladograma em informações moleculares é apresentado na Figura 20-18.

Legenda: 1. Theria – glândulas mamárias com mamilos, viviparidade com a perda da casca do ovo, músculo digástrico utilizado na abertura da mandíbula, aberturas anal e urogenital separadas nos adultos, cóclea em espiral, escápula com fossa supra-espinhosa e diversas características do crânio e da dentição. **2.** Metatheria – dentição essencialmente monofiodonte (P3 é o único dente substituído), desenvolvimento suprimido da membrana corioalantóica, ureteres passam medianamente aos ductos Mullerianos para entrar na bexiga, canal pseudovaginal presente no parto e vários traços detalhados do crânio, da dentição (molares superiores com largas lâminas) e da articulação do joelho. **3.** Ameridelphia – esperma produzido no epidídimo. **4.** Australidelphia – detalhes da dentição e da articulação do joelho (também sustentado por dados bioquímicos). **5.** Pé sindáctilo (os dígitos 2 e 3 são envoltos por uma única capa de tegumento compartilhado), borda externa dos molares superiores em forma de W (ectolofo). **6.** Eutheria – perda da membrana da casca do ovo, gestação intrauterina prolongada com a supressão do ciclo estral, corpo caloso conecta os hemisférios cerebrais, os ureteres passam lateralmente aos duetos Mullerianos, fusão dos duetos Mullerianos numa vagina mediana, pênis simples (sem bifurcação na extremidade), além de detalhes da dentição (molares superiores com lâminas estreitas). **7.** Edentata – detalhes da anatomia do crânio, o sacro é fundido fortemente à pelve, desenvolvimento inibido dos dentes, com a perda dos dentes rostrais, com esmalte pouco desenvolvido ou ausente. **8.** Epitheria – estribo com forma de estribo característica, além de alguns traços cranianos. **9.** Planadores – detalhes da anatomia craniana. **10.** detalhes da anatomia craniana, perda do primeiro par de incisivos, segundo par de incisivos grandes e sempre crescentes, detalhes da formação da placenta. **11.** Insectivora – detalhes da anatomia do crânio, simplificação do intestino grosso com a perda do ceco, redução das sínfises púbicas na pelve. **12.** Archonta – pênis pedunculado, além de detalhes na estrutura do tornozelo. **13.** Alongamento marcante dos membros peitorais, membrana de vôo entre os dedos, além de detalhes da anatomia craniana. **14.** Ferae (também inclui a ordem extinta Creodonta) – restrição de dentes de corte à porção caudal da dentição, lâmina óssea separando o cérebro do cerebelo, além de detalhes da articulação do joelho. **15.** Ungulata – dentição bunodonte, caninos reduzidos, astrágalo com cabeça curta e robusta. 16. Paenungulata – músculo estiloglosso bifurcado na língua, detalhes da estrutura do crânio, dos ossos do pulso e da placenta.

---

da mãe. Os pêlos dos mamíferos, provavelmente uma característica primitiva, estão presentes nos monotremados e nos marsupiais; e a mama se desenvolve a partir de auréolas confinadas à região abdominal. Os eutérios perderam os pêlos mamários e as mamas se desenvolvem a partir de linhas mamárias que se formam ao longo de todo o comprimento do abdome.

Sistema Esquelético-Muscular

No Capítulo 18, discutimos como o sistema esquelético dos mamíferos gradualmente evoluiu na linhagem dos Synapsida. Aqui, iremos nos concentrar nos traços unicamente mamalianos, em comparação com os demais amniotas viventes. As epífises dos ossos longos refletem o traço mamaliano do crescimento limitado. As epífises são as extremidades dos ossos separadas da diáfise, por meio de uma zona de crescimento cartilaginosa, nos mamíferos imaturos. Na maturidade, os centros de ossificação na epífise e diáfise fundem-se e as epífises não aparecem mais como estruturas distintas, separadas do resto do osso.

Traços Cranianos No crânio dos mamíferos, os ossos dérmicos, originalmente formados na calota craniana, cresceram ao redor de todo o encéfalo, fechando completamente a caixa craniana (Figura 20-2a). Os ossos que formam a extremidade inferior da abertura temporal dos Synapsida são curvados até o arco zigomático, o qual chamamos, usualmente, de osso da bochecha. Esta é a barra óssea que você pode sentir bem abaixo de seus olhos.

A dentição dos mamíferos é dividida em diversos tipos de dentes (condição chamada heterodontia): incisivos, caninos, pré-molares e molares. A maioria dos mamíferos possui dois conjuntos de dentições em suas vidas (difiodontia). O primeiro conjunto – os dentes de leite – consiste somente de incisivos, caninos e de pré-molares, embora a forma destes pré-molares seja bem parecida com a dos molares no adulto. A dentição adulta permanente consiste do segundo conjunto de dentes originais, com a adição de molares, com erupção posterior (nossos últimos molares são conhecidos como dentes do siso, assim chamados porque aparecem na idade – final da adolescência – na qual supostamente, atingimos **a** maturidade). Os mamíferos são os únicos animais que mastigam e engolem um discreto bolo de alimento. Os mamíferos térios possuem tipos únicos de molares, chamados de **molares tribosfênicos** (Quadro 20-1).

Características Pós-Cranianas Diferentemente da postura dos répteis viventes, os mamíferos apresentam uma postura ereta, com os membros posicionados sob o corpo (Figura 20-4). Entretanto, a postura altamente ereta dos mamíferos familiares, tais como gatos, cachorros e cavalos é derivada; o movimento de um animal como o gambá, provavelmente, representa a condição primitiva dos mamíferos.

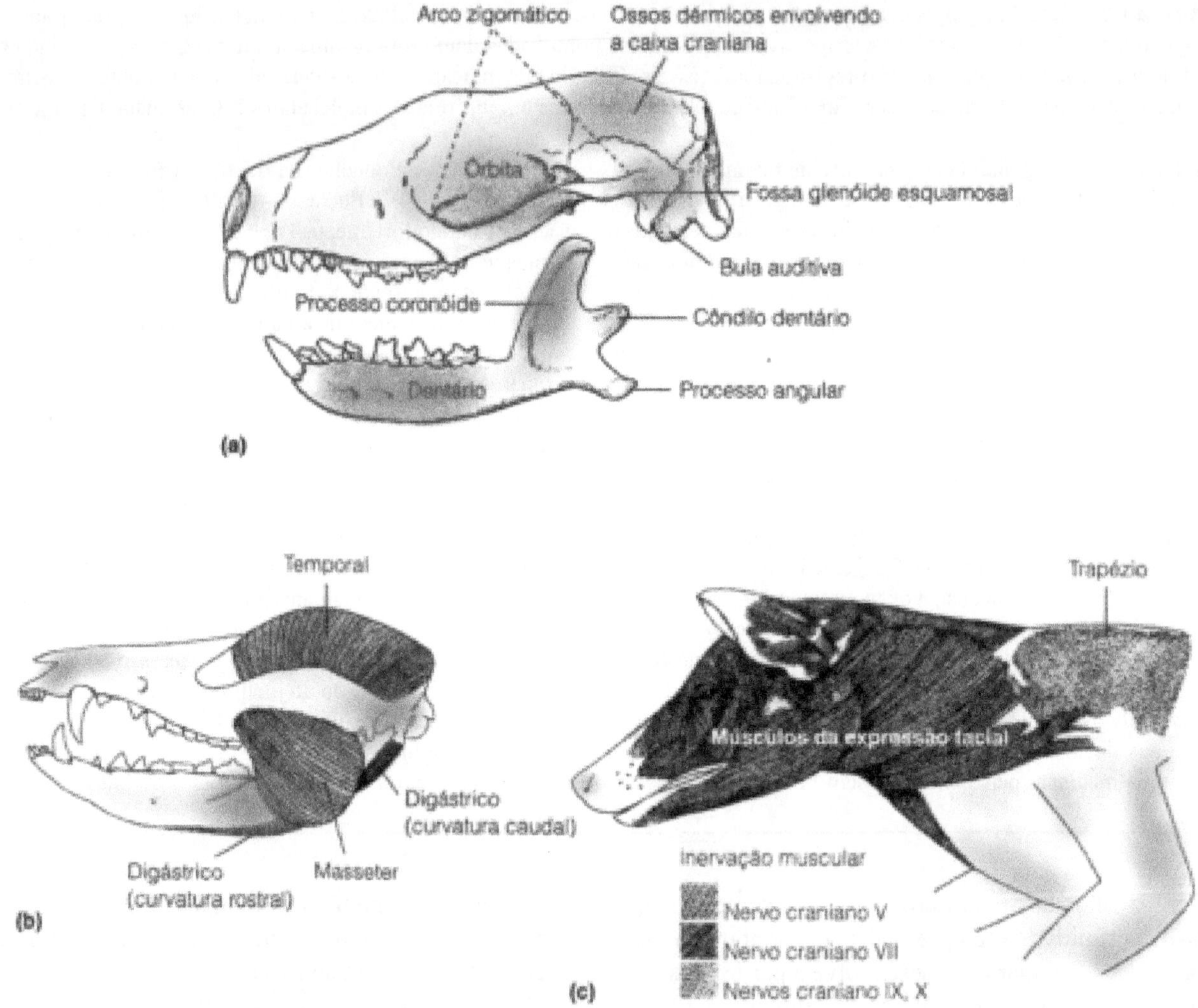

Figura 20-2 Anatomia craniana dos mamíferos. (a) Crânio de um mamífero generalizado (um ouriço-europeu): o côndilo do dentário encaixa-se na fossa glenóide do esquamosal, formando uma articulação mandibular. (b) Os músculos da mastigação. (c) Visão superficial dos músculos da expressão facial, mais os músculos dos ombros enervados por nervos cranianos.

Os mamíferos apresentam uma articulação do tornozelo que difere da dos demais amniótas. O ponto de movimento não se encontra dentro dos ossos da articulação (a articulação mesotarsal); ele está entre a tíbia e um dos ossos proximais do tornozelo, o astrágalo (uma articulação crurotarsal). Junto a essa nova articulação, os mamíferos possuem uma projeção de outro osso proximal do tornozelo, o calcâneo, formando o processo do calcâneo. Este processo é o ponto de inserção do músculo gastrocnemio. Na cintura pelvina, o ílio tem forma de barra e é direcionado para frente, e a púbis e o ísquio são curtos, em contraste com a púbis e o ísquio mais planos dos répteis. O fêmur apresenta um trocânter distinto sobre o lado lateral proximal (trocânter maior), para a ligação dos músculos dos glúteos, os quais são, agora, importantes retratores dos membros pelvinos. São os músculos dos glúteos que dão aos mamíferos suas características extremidades arredondadas.

Com algumas poucas exceções, todos os mamíferos possuem sete vértebras cervicais (no pescoço), (manatis e os bichos-preguiça possuem seis vértebras cervicais, e a girafa, na verdade, possui oito [Solounias 1999]). Eles também apresentam um complexo atlas-axis, único e especializado, nas duas primeiras vértebras cervicais. Os mamíferos podem rodar suas cabeças de duas formas: não somente na maneira tradicional, de cima para baixo, na articulação entre o crânio e o atlas, mas também de maneira mais derivada, de lado a lado, na articulação entre o atlas e o axis. Os mamíferos restringiram as costelas às vértebras mais craniais (torácicas) do tronco. As costelas lombares apresentam conexões zigapofíseais, as quais permitem a flexão dorso-ventral; elas também apresentam grandes processos transversais para a ligação do *longissimus dorsi* (um dos músculos epaxiais) que produz este movimento durante a locomoção. A capacidade de mover a coluna vertebral de maneira dorso-ventral e lateral,

QUADRO 20-1 A Evolução dos Molares Tribosfênicos

Muito cedo na história dos mamíferos, no início do Jurássico, havia uma diferença observável nos tipos de dentes molares e nos padrões de oclusão. O tipo primitivo, exemplificado pelo mamífero basal *Morganucodon,* constitui-se de molares com três cúspides principais em uma linha mais ou menos reta. O tipo mais derivado, exemplificado pelo simetrodonte contemporâneo *Kuehneotherium,* consiste na alteração da cúspide mediana, de forma que os dentes assumem uma forma triangular na face de oclusão ("visão do alimento") (Figura 20-3a). O ápice do triângulo, formado pelos dentes maxilares, aponta para dentro, enquanto o dos dentes mandibulares aponta para fora, formando uma relação de conexão, chamada de oclusão triangular reversa. O triângulo superior é chamado de trigon e o inferior, de trigonídio. Os lados mais compridos destes dentes triangulares resultam em uma quantidade maior de área disponível para a ação de corte. Os dentes também se interdigitam de uma forma mais complexa do que os dentes dos mamíferos mais primitivos.

Uma outra complicação dental, observada em mamíferos posteriores mais derivados, é o desenvolvimento do molar tribosfemeo. O grupo de mamíferos que possui estes molares recebe o nome de Tribosphenida, e inclui os Theria (marsupiais e eutérios). Este tipo de molar sofre a adição de mais uma cúspide, o protocone, ao trigon, nos dentes maxilares, os quais entram em oclusão contra uma concavidade nos dentes mandibulares, chamada de talonídio (Figura 20-3b). O molar tribosfênico adiciona as funções de quebra e de força ao dente original, o qual agia somente como cortador. A posse deste dente reflete, presumivelmente, uma maior diversidade de itens alimentares consumidos.

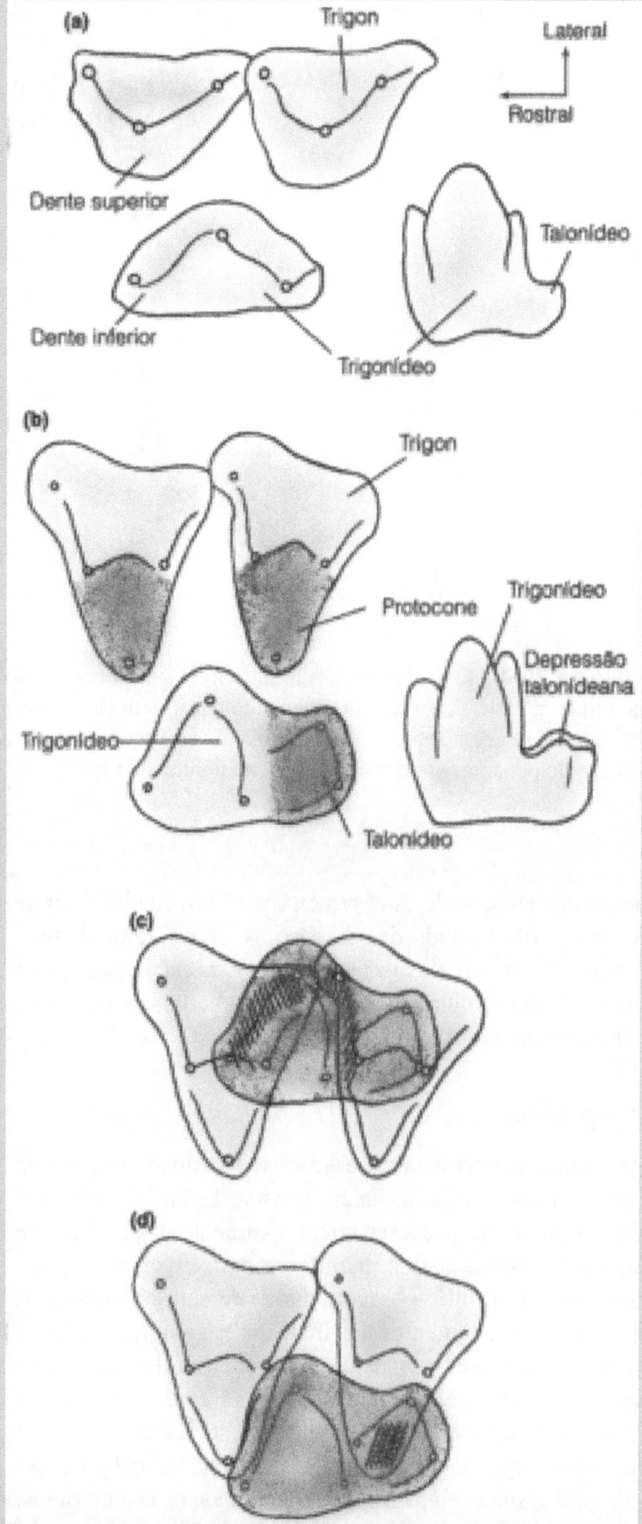

➤Figura 20-3 Evolução dos molares dos mamíferos. (a) Visão de oclusão esquemática dos molares de triângulos invertidos de um mamífero não-tério holotério (*Kuehneotherium*). O molar mandibular também é ilustrado na visão lateral. (b) Visão similar dos molares tribosfênicos de um tério. As novas porções (o protocone, nos dentes superiores, e o talonídio côncavo, nos inferiores) são sombreadas. As Partes (c) e (d) apresentam a ação dos molares mandibulares em oclusão com os superiores: o molar mandibular é sombreado e áreas de contato entre os dentes são preenchidas por linhas cruzadas. (c) Contato inicial entre os dentes no início da oclusão. As cúspides trigonídeas produzem uma ação de corte, junto às cúspides laterais, atrás do trigon do dente maxilar rostral e na frente do trigon do dente maxilar caudal. (d) Ação pilão-e-almofariz dos molares ao final do poder de oclusão. O protocone (o almofariz da combinação) se encaixa à depressão formada entre as cúspides no trigonídeo (o pilão).

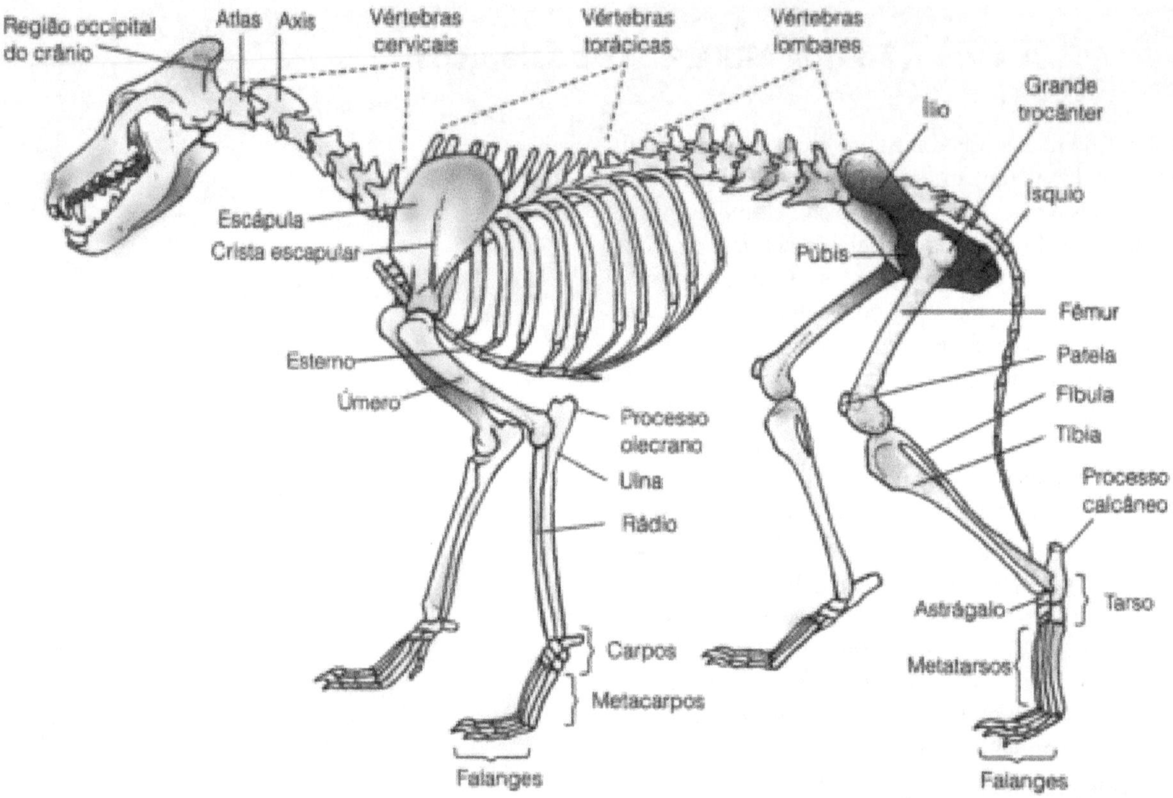

Figura 20-4 Esqueleto de um lobo-terrível (um lobo extinto do Pleistoceno). As longas apófises neurais das vértebras torácicas servem como área de fixação do ligamento nucal, o qual se estende desde a porção caudal da cabeça e auxilia na elevação da mesma. Este animal se apoia sobre as falanges, em uma forma de postura do pé, sobre as falanges, em contraste à postura mais primitiva, sobre a planta do pé, apresentada pelo gambá, na Figura 20-12b.

nos mamíferos, pode estar relacionada com sua habilidade de deitar sobre o lado de seus corpos, algo que os demais vertebrados não realizam facilmente. Esta habilidade pode ter sido importante na evolução da amamentação, com mamilos posicionados ventralmente.

O Tegumento

Em muitos aspectos, a cobertura externa dos mamíferos é a chave para seu modo único de vida. Enfatizamos que a endotermia é um processo energeticamente dispendioso, e parte da habilidade dos mamíferos para viver em climas inóspitos, se atribui às propriedades de seu tegumento. A variedade de tegumentos dos mamíferos é enorme. Alguns pequenos roedores possuem uma epiderme delicada, com apenas algumas células de espessura. A epiderme humana varia desde uma dúzia de células de espessura, sobre boa parte do corpo, até mais de uma centena de células, nas palmas das mãos e nas solas. Os elefantes, os rinocerontes, os hipopótamos e os tapires já foram classificados, em conjunto, como paquidermes (Grego: *pachy* = espesso e *derm* = pele), pois sua epiderme tem diversas centenas de células de espessura. A textura da superfície externa da epiderme varia desde a lisa (em peles cobertas por pêlos e na pele sem pelos dos cetáceos) até as rugosas, secas e enrugadas (muitos mamíferos terrestres sem pêlos). A cauda dos gambás e de muitos roedores é coberta por escamas epidérmicas, similares àquelas dos lagartos, mas sem a beta-queratina dura encontrada nas aves e nos répteis.

A Figura 20-5 ilustra a estrutura típica do tegumento dos mamíferos. Note que enquanto o tegumento dos mamíferos se parece com a dos demais vertebrados, quanto a sua forma, com camadas epidérmicas, dérmicas e hipodérmicas, há também componentes únicos. O tegumento dos mamíferos apresenta pêlos, glândulas sebáceas lubrificantes e produtoras de óleos e glândulas apócrinas e sudoríparas, as quais secretam substâncias voláteis, água e íons. Estruturas mamíferas típicas, derivadas da camada de queratina da epiderme, incluem as unhas, as garras, os cascos e os chifres. Terminações nervosas sensoriais incluem as livres (provavelmente receptores de dor), redes nervosas ao redor dos vasos sanguíneos, corpúsculos de Meissner (receptores tácteis),

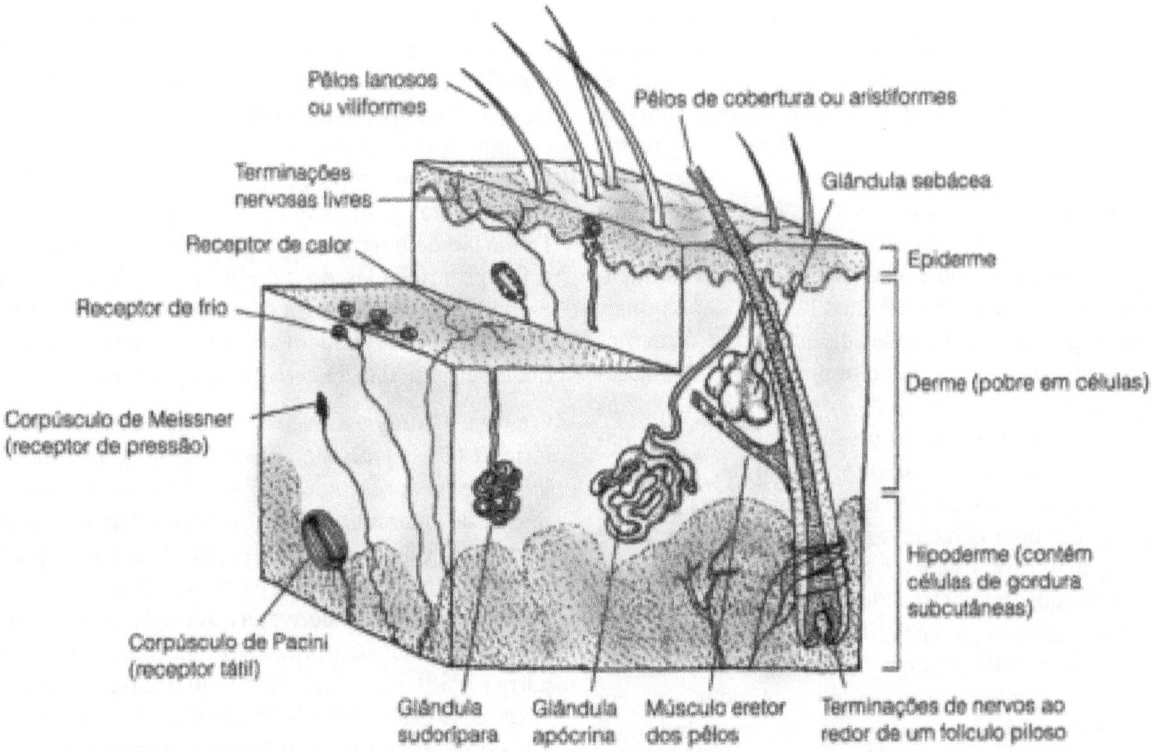

Figura 20-5 Estrutura do tegumento dos Mammalia.

corpúsculos de Pacini (receptores de pressão), terminações nervosas ao redor dos folículos pilosos e receptores de calor e de frio. Plexos vasculares (vasos sanguíneos interligados) da pele são a base para o fluxo contra-corrente.

Pêlos Os pêlos têm uma variedade de funções, incluindo a camuflagem, a comunicação e a sensação, por meio das vibrissas (= bigodes). As vibrissas crescem sobre o focinho, ao redor dos olhos, ou sobre os membros pelvinos; receptores tácteis estão associados a estes pelos especializados. Entretanto, a função básica dos pelos é isolamento térmico. A pelagem consiste de diversas unidades posicionadas muito próximas, geralmente produzidas por raízes complexas, as quais dão origem a mais de um pêlo cada. Seu efeito protetor depende de sua habilidade no aprisionamento do ar, sendo a proteção proporcional ao comprimento do pêlo. Os músculos eretores do pelo (*erector pili*), que se ligam à raiz em sua porção mediana, elevam os pêlos para aumentar a camada de ar aprisionado.

O frio estimula uma contração generalizada do *erector pili* por meio de nervos simpáticos, assim como o fazem outras situações estressantes, tais como o medo e a raiva. A ereção dos pêlos aumenta a espessura da **pelagem** (a cobertura de pêlos), aprisionando um volume maior de ar. Um efeito colateral curioso, em mamíferos quase nus como os humanos, são as diminutas covinhas sobre a superfície da pele, nos pontos de inserção do *erector pili.* As ereções servem para a comunicação, bem como para a termorregulação; os mamíferos a utilizam para mandar mensagens de medo ou de raiva (como pode ser observado nos pêlos arrepiados dos gatos e nos pêlos elevados da região do pescoço dos cães).

Características proeminentes da pelagem dos mamíferos viventes são seu crescimento, sua substituição, sua cor e sua mobilidade. Um pêlo é composto de queratina, e ele cresce a partir de uma invaginação profunda, na camada germinativa da epiderme, chamada de folículo piloso. A cor do pêlo depende da qualidade e da quantidade de melanina injetada no pêlo em formação, por melanócitos encontrados na base do folículo piloso. Os padrões de cores dos mamíferos são construídos por cores em pêlos individuais. Já que o pêlo exposto não tem vida, ele se desgasta e pode ser manchado. A substituição ocorre por meio do crescimento de um pêlo ou por **mudas**, quando todos os pêlos são substituídos. A maioria dos mamíferos apresenta pelagem que cresce e que se estabiliza em fases sazonais; a muda ocorre, geralmente, apenas uma ou duas vezes ao ano.

Estruturas Glandulares Estruturas secretoras da pele se desenvolvem a partir da epiderme. Há três tipos principais de glândulas de pele nos vertebrados: as glândulas sebáceas, as **apócrinas** e as **écrinas**. Exceto pelas écrinas, as glândulas da pele estão associadas aos folículos pilosos e a secreção em todas elas se dá sob o controle neural e hormonal. Um componente de todas estas glândulas é encontrado nos monotremados, bem como nos térios e, dessa forma, pode-se assumir que elas sejam uma característica básica de todos os mamíferos.

Glândulas écrinas produzem uma secreção que é, principalmente, aquosa, com pouco conteúdo orgânico. Na maioria dos mamíferos, as glândulas écrinas estão restritas às solas dos pés, às caudas preênseis e a outras áreas em contato com superfícies do meio ambiente, nas quais elas melhoram a adesão ou a percepção táctil. As glândulas écrinas são encontradas sobre a superfície do corpo somente em primatas e, especialmente, nos humanos, nos quais elas secretam grandes quantidades de fluido para o resfriamento evaporativo. O suor regulador em grandes quantidades evoluiu convergentemente entre os mamíferos, pois as glândulas écrinas funcionam como sudoríparas nos humanos, enquanto os ungulados suam por meio das glândulas apócrinas. As glândulas sudoríparas comuns dos humanos não parecem ser uma característica mamífera primitiva e maioria dos mamíferos não termorregulam por meio da secreção de fluidos pela pele, obtendo o resfriamento evaporativo. Por exemplo, os cães ofegam para manterem-se resfriados, e os cangurus lambem seus membros peitorais. Nos humanos, as glândulas sudoríparas podem agir em conjunto com as apócrinas mais próximas, contribuindo à produção de odor sob condições de estresse e de excitação.

As glândulas sebáceas são encontradas em toda a superfície do corpo. Elas produzem uma secreção oleosa, o sebo, que lubrifica e impermeabiliza o pêlo e a pele. A lanolina de ovelha, nossos próprios pêlos gordurosos, e os pontos gordurosos que o cachorro doméstico deixa nas paredes são todas secreções sebáceas.

Glândulas apócrinas apresentam uma distribuição restrita na maioria dos mamíferos, e suas secreções parecem ser utilizadas na comunicação química. Nos humanos, as glândulas apócrinas são encontradas sob os braços e nas regiões pubianas – são as secreções que geralmente tentamos esconder por meio de desodorantes. Em alguns outros mamíferos, tais como os grandes ungulados, estas glândulas são espalhadas por toda a superfície do corpo e podem ser utilizadas no resfriamento por evaporação.

Muitos mamíferos possuem glândulas de odor especializadas, as quais são modificações das sebáceas ou das apócrinas. As glândulas sebáceas secretam uma substância viscosa, geralmente utilizada para demarcar objetos, enquanto as glândulas apócrinas produzem substâncias voláteis, as quais podem ser liberadas no ar ou sobre objetos. A marcação por odor é usada para indicar a identidade do animal e para definir territórios. Glândulas de odor são posicionadas em áreas do corpo que permitem o contato fácil com os objetos, tais como a face, o queixo e os pés. Gatos domésticos geralmente esfregam sua face e seu queixo para marcar objetos, incluindo seus donos. Muitos carnívoros possuem glândulas anais, de forma que seus odores podem ser depositados junto a suas fezes e urina; e as glândulas anais de odor (glândulas apócrinas) são uma característica bem conhecida dos cangambás. Há também glândulas apócrinas nas orelhas, as quais produzem a cera.

Glândulas mamárias possuem uma estrutura de ramificação mais complexa do que a das demais glândulas da pele. Elas apresentam diversas características básicas em comum com as glândulas apócrinas e sebáceas; estrutura, distribuição no corpo e composição química da secreção. A evolução das glândulas mamárias pode ter ocorrido com a formação de um novo tipo de glândula da pele, a qual continha propriedades de glândulas apócrinas e de sebáceas; embora se pareçam com os outros dois tipos de glândulas, as mamárias não podem ser completamente equivalentes a qualquer uma das duas (Blackburn 1991).

Garras, Unhas e Cascos Alguns apêndices integumentários estão envolvidos na locomoção, nas ofensivas, na defesa e na apresentação. Garras, unhas e cascos são acúmulos de queratina que protegem a falange terminal dos dígitos (Figura 20-6). Garras permanentemente estendidas são a condição primitiva; as garras retráteis, de carnívoros como os gatos, são derivadas. As unhas dos humanos e de outros primatas são uma estrutura mais simples do que a garra retrátil e o casco, mas foram derivadas das garras ancestrais. O casco dos ungulados é uma modificação da unha que cobre inteiramente a terceira falange e é utilizada para se manter em pé. Esta morfologia dá aos ungulados um pé pequeno (que é uma vantagem mecânica para um animal corredor) que é sólido o suficiente para sustentar o peso do animal. Hyraxes que são ungulados primitivos atuais, têm uma condição intermediária de unhas em forma de casco que não suportam o peso do animal (eles retêm uma grande almofada no pé); esta deve ter sido a condição nos muitos pequenos e primitivos ungulados extintos.

Os cornos dos ungulados podem também ser formados, pelo menos em parte, de queratina. Os cornos de rinocerontes são formados inteiramente de fibras de queratina unidas, enquanto os cornos das vacas e antílopes são formados de uma camada de queratina que cobre uma matriz óssea.

Anatomia Interna

Os mamíferos apresentam inúmeras diferenças em relação aos demais amniotas, quanto à anatomia interna e a fisiologia. Algumas delas se relacionam ao metabolismo endotérmico; sistemas similares evoluíram convergentemente nos demais vertebrados endotérmicos, as aves. Outras são unicamente mamalianas, refletindo sua história evolutiva.

Tecido Adiposo O tecido adiposo dos mamíferos (gordura branca) é distribuído como gordura sub-cutânea, como gordura associada a vários órgãos internos (p. ex. coração, intestinos e rins), como depósito nos músculos esqueléticos e como almofada nas articulações. O tecido adiposo não é simplesmente um material inerte utilizado somente como um estoque de energia numa situação de jejum, ou como uma camada isolante para mamíferos marinhos, como usualmente considerado. Estudos mais recentes revelaram que os adipócitos

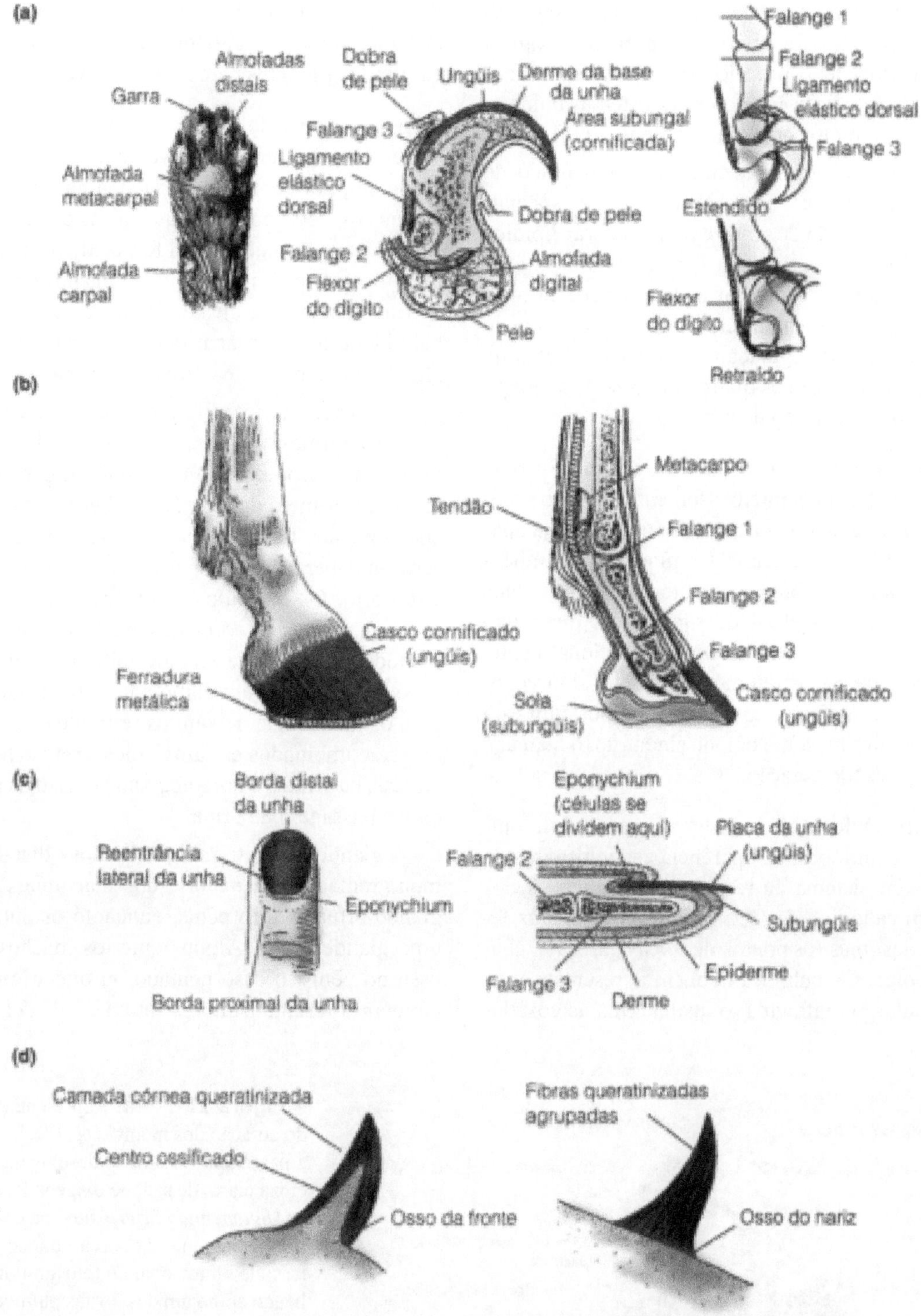

Figura 20-6 Apêndices tegumentares associados com as falanges terminais. O ungiiis é a porção totalmente queratinizada do apêndice (garra, unha ou casco), e o subunguis é a camada menos queratinizada localizada abaixo do unguis. (a) Garras retráteis. Esquerda: pontos epidérmicos espessos de pêlos associados com a base das garras. Centro: corte transversal da garra, demonstrando suas relações íntimas com os vasos sanguíneos, com a derme e com o osso da terceira (terminal) falange. Direita: mecanismo de retração característico dos gatos, (b) O casco de um cavalo. Esquerda: aparência normal do casco de um cavalo (ferraduras são artefatos utilizados para minimizar o desgaste do casco sobre superfícies duras e abrasivas). Direita: corte longitudinal da parte distal do pé, demonstrando a relação entre as falanges e o casco, (c) A unha humana. Esquerda: aparência externa de uma unha. Direita: um corte longitudinal da extremidade de um dedo, demonstrando a associação próxima da unha com a epiderme e com a falange distal do dígito, (d) Cornos de ungulados. Esquerda: o corno de uma vaca, uma matriz óssea coberta com uma camada de queratina. Direita: o corno de um rinoceronte feito totalmente de fibras de queratina.

secretam uma grande variedade de moléculas mensageiras que coordenam processos metabólicos importantes. Alguns pequenos depósitos têm propriedades sítio-específicas que os equipa na interação local com o sistema imune e, possivelmente, com outros órgãos (veja Pond 1998).

Os mamíferos também apresentam um tipo único de tecido adiposo – a gordura marrom. Este tecido é especialmente adaptado à geração de calor e pode quebrar lipídios ou glicose, produzindo energia, na forma de calor, a uma taxa dez vezes maior que a dos músculos. A gordura marrom é muito conspícua em mamíferos recém-nascidos onde é importante para termorregulação geral e em adultos de espécies que hibernam, para os quais é importante a reposição energética após o período de repouso.

Sistema Cardiovascular O coração dos mamíferos possui um septo ventricular completo e somente um arco sistêmico (Figura 20-7), embora o arco duplo original seja aparente durante o desenvolvimento. Os mamíferos também diferem dos demais vertebrados quanto à forma de seus eritrócitos (glóbulos vermelhos do sangue), os quais não possuem núcleos na condição madura. Adicionalmente, enquanto os monotremados retêm um pequeno sino venoso como uma câmara distinta, os térios incorporaram esta estrutura ao átrio direito, como o nodo sinoatrial, o qual age como o marca-passo do coração.

Sistema Respiratório Os mamíferos apresentam pulmões grandes e com lobos, de aparência esponjosa devida à presença de um sistema de ramificações delicadas dos bronquíolos em cada pulmão, terminando em câmaras fechadas de paredes finas (os pontos de trocas gasosas), chamadas de **alvéolos**. Os pulmões também apresentam uma estrutura muscular, o diafragma, o qual auxilia as costelas na inspiração e divide a cavidade pleuroperitoneal original em uma **cavidade peritoneal**, que envolve as vísceras e **cavidades pleurais** pareadas, envolvendo os pulmões.

Sistema Urogenital Todos os mamíferos retêm a bexiga e excretam uma urina relativamente diluída. Os mamíferos perderam, por completo, o sistema portal renal, observado em outros vertebrados, o qual fornece sangue venoso ao rim, além do sangue arterial fornecido pela artéria renal. Os mamíferos também apresentam uma nova porção do túbulo do rim, chamada de alça de Henle, correlacionada com sua habilidade de excretar urina com uma concentração mais alta de sal do que a dos fluidos corpóreos.

Mamíferos térios diferem dos demais vertebrados de diversas formas. Na maioria dos vertebrados, os órgãos urinários, reprodutores e o aparelho digestório chegam ao exterior por meio de uma única abertura comum, a **cloaca,** enquanto nos térios, a cloaca é substituída por aberturas separadas para os órgãos urinários, reprodutores e o trato digestório. Os testículos são posicionados em uma bolsa escrotal, externo ao corpo dos machos (na maioria, mas não em todas as espécies; veja o Capítulo 21), e o pênis é utilizado para urinar, bem como para a passagem do esperma, com os ductos que deixam os testículos e os que deixam a bexiga combinados em uma única **uretra** (Figura 20-8). O clitóris, na fêmea, é homologo ao pênis, mas não é utilizado para a passagem de urina.

A glande é a extremidade bulbosa distal do pênis. Os monotremados e a maioria dos marsupiais possuem uma glande bifurcada do pênis, enquanto os eutérios possuem uma glande única. Alguns eutérios machos possuem um osso no pênis, o osso peniano ou **bacculum** – as fêmeas também apresentam uma estrutura similar, chamada de osso

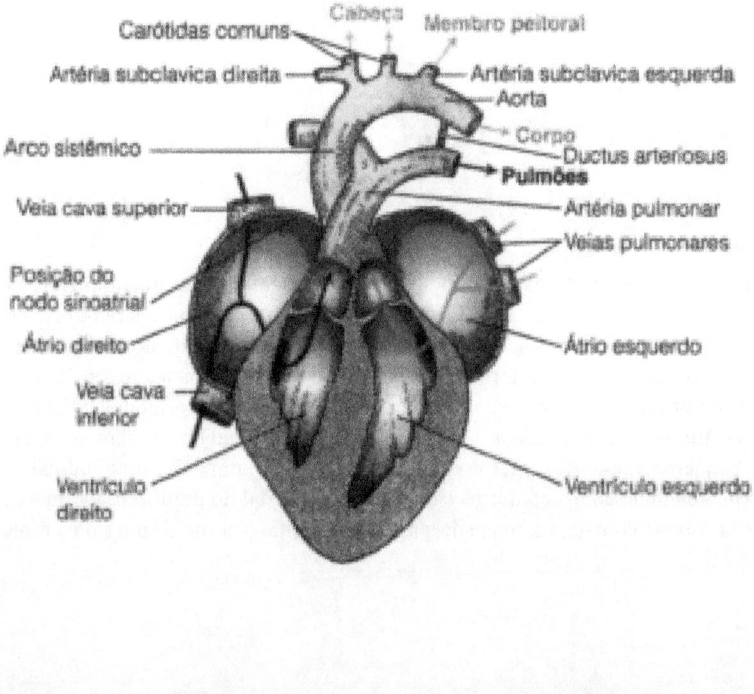

Figura 20-7 (a) Representação esquemática do coração dos mamíferos. Flechas pretas indicam a passagem de sangue desoxigenado, e as flechas cinza claro, de sangue oxigenado. O ducto arterioso (*ligamentum arteriosum,* na condição adulta) é o remanescente da porção dorsal do arco pulmonar: ele é funcional no feto amniota, quando é utilizado como um desvio aos pulmões, mas fecha-se depois do nascimento.

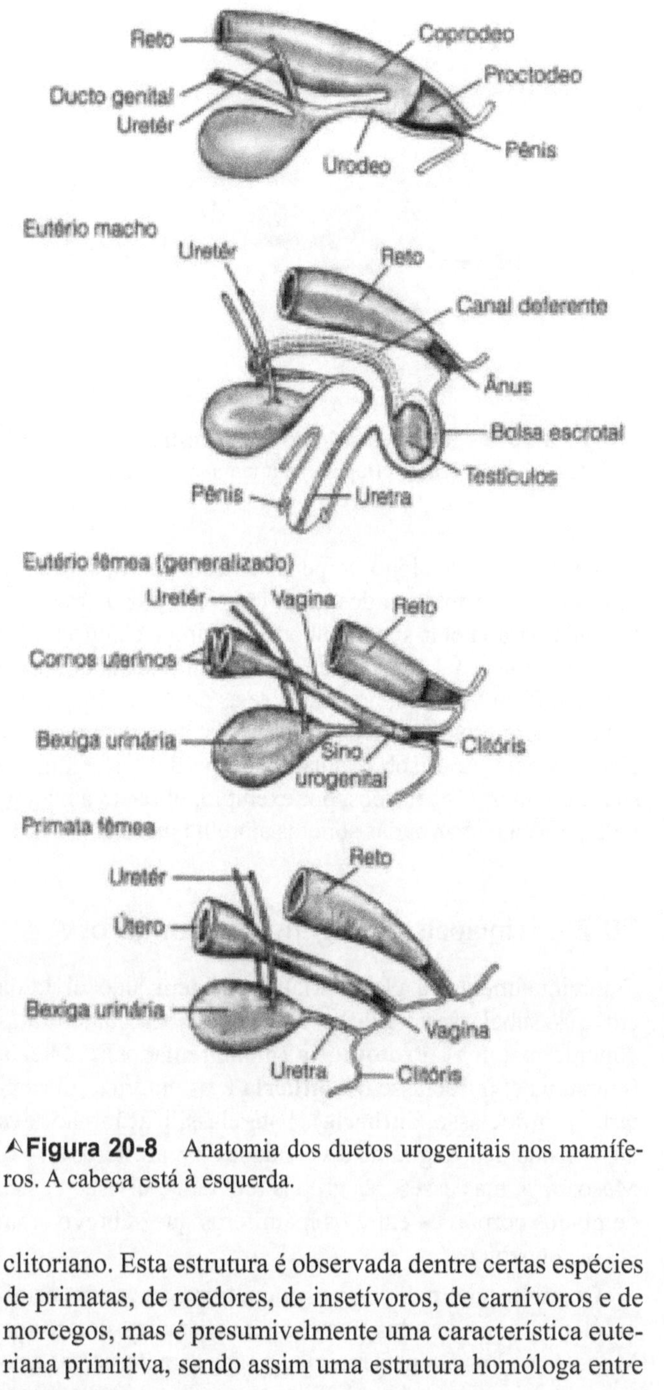

Figura 20-8 Anatomia dos duetos urogenitais nos mamíferos. A cabeça está à esquerda.

clitoriano. Esta estrutura é observada dentre certas espécies de primatas, de roedores, de insetívoros, de carnívoros e de morcegos, mas é presumivelmente uma característica euteriana primitiva, sendo assim uma estrutura homóloga entre esses grupos.

A uretra e a vagina são unidas em um único sino **urogenital**, que chega ao exterior na maioria das fêmeas de mamíferos, enquanto primatas e alguns roedores são únicos por possuir aberturas separadas para os órgãos urinários e reprodutores. Note que, na condição mamaliana mais usual, o clitóris encontra-se dentro do sino urogenital, onde recebe a estimulação direta do pênis durante a cópula, um arranjo mais prático do que nos humanos. Os primatas também são incomuns por apresentarem um pênis pendunculado que não pode ser retraído ao corpo. A maioria dos machos mamíferos estende seu pênis a partir de uma bainha externa (normalmente, a única porção visível), somente durante a urinação e a cópula, mais uma vez, um desenho aparentemente mais prático. A anatomia dos primatas pode estar relacionada com a posição alta da parede do corpo. Na maioria dos mamíferos, a parede corpórea envolve uma porção maior do fêmur do que nos primatas, fornecendo mais espaço intra-abdominal para luxurias, tais como um pênis retrátil.

Determinação do Sexo e Cromossomos Sexuais

Os mamíferos sempre têm sexos separados e a determinação do sexo se dá por meio de cromossomos sexuais distintos, os cromossomos X e Y: as fêmeas apresentam dois cromossomos X e os machos possuem uma combinação XY. Parece que um gene localizado no cromossomo Y dos mamíferos inicia o desenvolvimento das gônadas nos machos, e o desenvolvimento nas fêmeas é determinado pela sua ausência. Uma vez que a gônada tem seu sexo primário declarado como fêmea ou macho, os hormônios sexuais, estrógeno ou testosterona, são produzidos. Estes hormônios afetam o desenvolvimento de características sexuais secundárias. Nos humanos, a genitália, os seios, os padrões de pêlos e de crescimento são traços sexuais secundários. Chifres, cornos e padrões de coloração diferenciados são distinções familiares que associamos com o sexo dos demais mamíferos.

Sistemas Sensoriais

Os sistemas sensoriais dos mamíferos diferem dos demais tetrápodes de diversas formas. Os mamíferos possuem encéfalos excepcionalmente grandes entre os vertebrados, os quais evoluíram em caminhos, de certa forma independentes dos demais amniotas. Em seus sistemas sensoriais, os mamíferos são mais dependentes da audição e da olfação do que a maioria dos tetrápodes, e são menos dependentes da visão.

O Cérebro

A porção aumentada dos hemisférios cerebrais dos mamíferos, o neocórtex, ou **neopalio,** é formada diferentemente dos prosencéfalos aumentados dos sauropsidas derivados (veja Capítulo 11).

Outras características únicas do encéfalo mamaliano incluem cerebelo dobrado e uma grande representação da área para o sétimo nervo craniano no encéfalo, a qual está associada com a musculatura facial. Em adição à comissura rostral que liga os hemisférios em todos os amniotas, os eutérios apresentam um novo trato nervoso, conectando os dois hemisférios cerebrais – o corpo caloso. Variações nos cérebros de mamíferos estão relacionadas a especializações ecológicas e muitas convergências podem ser aparentes (p. ex., Brown 2001).

Os mamíferos possuem lobos ópticos divididos no mesencéfalo. Como seu nome sugere, os lobos ópticos são normalmente informados com impulsos nervosos procedentes dos olhos, embora esses impulsos sejam interpretados no cérebro. Mas os lobos ópticos possuem outras funções em outras espécies de mamíferos. Em ratos-toupeira, um roedor totalmente subterrâneo, uma estrutura específica para detectar campos magnéticos é encontrada no maior dos lobos ópticos, o *superior coliculus* (Némec et al. 2001).

Olfação O acurado senso de olfato da maioria dos mamíferos está, provavelmente, relacionado ao seu comportamento primariamente noturno. Os receptores olfatórios estão localizados em um epitélio especializado, sobre os ossos nasorurbinados e etmoturbinados no nariz. O bulbo olfatório é uma porção proeminente do encéfalo em muitos mamíferos, mas os primatas apresentam um bulbo relativamente pequeno e pouco sentido de olfação, provavelmente associados a seus hábitos diurnos e arbóreos. O senso do olfato também é reduzido, ou ausente, nas baleias.

Visão

Os mamíferos evoluíram como animais noturnos, e a sensibilidade visual (formação de imagens sob pouca luz) era mais importante do que a acuidade (formação de imagens precisas). Os mamíferos possuem retinas compostas, primariamente, de células bastonetes, as quais apresentam uma grande sensibilidade à luz (assim, proporcionando boa visão noturna), mas são relativamente fracas para uma visão acurada. A acuidade visual somente é possível em uma pequena região da retina, a **fóvea**, formada somente por cones. Além de fornecer maior acuidade visual, os cones são a base da visão colorida. Entretanto, a maioria dos mamíferos pode perceber somente algumas cores e possui visão monocromática (uma cor) ou dicromática (duas cores).

Audição Os mamíferos apresentam uma orelha média mais complexa do que a dos demais tetrápodes. Ela contém uma série de três ossos (estribo, martelo e bigorna), em vez de um único osso. Embora os mamíferos possuam uma acuidade maior de audição do que os demais tetrápodes, e uma série de ossos parece amplificar a força da vibração até a orelha interna, a anatomia da orelha média dos mamíferos é mais um acidente evolutivo do que o resultado da seleção em favor de um aumento da capacidade auditiva (veja o Capítulo 18).

Diversas outras características dos mamíferos térios também contribuem para o aumento da acuidade auditiva. Estas incluem uma longa cóclea, capaz de uma descriminação maior de tons. A cóclea dos mamíferos é tão longa que deve ser enrolada para se encaixar na cápsula ótica (Figura 20-9). Além disso, a orelha externa, ou **aurícula,** ajuda a determinar a direção do som. A aurícula, em combinação com o estreitamento do meato auditivo dos mamíferos, concentra sons oriundos de uma área relativamente grande, envolvida pela abertura externa da aurícula até a membrana timpânica, delgada e pequena. A aurícula é única aos mamíferos, embora possua um análogo de penas entre as corujas (veja o Capítulo 17). A maioria dos mamíferos é capaz de mover a aurícula para captar sons, embora os primatas antropóides não apresentem tal capacidade. A sensibilidade auditiva de um mamífero terrestre é reduzida se as aurículas são removidas. Mamíferos aquáticos utilizam sistemas inteiramente distintos para ouvir sob a água, tendo perdido ou reduzido suas aurículas. Os cetáceos, por exemplo, utilizam a mandíbula para canalizar ondas sonoras à orelha interna.

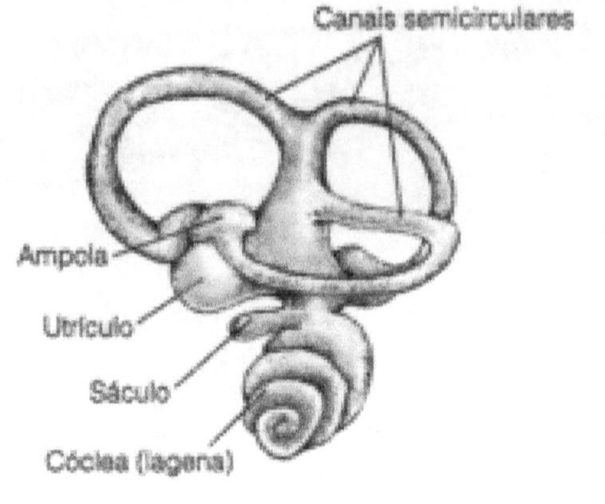

Figura 20-9 Representação do órgão vestibular nos mamíferos térios, com a cóclea (lagena) aumentada e enrolada.

20.2 Principais Linhagens de Mamíferos

Tradicionalmente, a classe Mammalia tem sido dividida em três subclasses: **Allotheria** (multi-tuberculados, atualmente extintos), **Prototheria** (monotremados) e **Theria** (marsupiais, infraclasse **Metatheria** e os eutérios [placentários]. infraclasse **Eutheria).** Esta classificação não leva em consideração a grande diversidade de mamíferos da Era Mesozóica, mas esses três grupos refletem a divisão básica de planos corpóreos entre os mamíferos que sobreviveram até o Cenozóico.

Os multi-tubereulados e os monotremados eram, originalmente, considerados como muito distantes dos térios. Monotremados viventes retêm algumas características anatômicas primitivas, além de botarem ovos. Até bem recentemente, eles eram considerados derivados de um grupo distinto de mamíferos basais, do final do Triássico, diferente dos térios; sendo até considerados como uma radiação independente dos cinodontes. Os dentes dos multi-tuberculados são muito diferentes de outros mamíferos basais e eles, também, foram considerados ser um ramo que se separou muito cedo da linhagem principal dos mamíferos.

Os monotremados viventes não possuem dentes quando adultos, de forma que os traços da anatomia dental (sobre os quais boa parte da filogenia dos mamíferos se baseia) não podem ser facilmente utilizados para avaliar suas relações de parentesco. Entretanto, os dentes são encontrados em ornitorrincos juvenis, sendo conhecidos também em formas fósseis. Uma única mandíbula de uma forma fóssil (*Steropodon*), do início do Cretáceo da Austrália, apresentava dentes completamente formados, os quais eram claramente triangulares quanto a sua forma. Tal forma sugere que os monotremados são, ao menos, mais aparentados aos térios do que alguns dos mamíferos da Era Mesozóica, embora existam também especulações de que os dentes triangulares dos monotremados sejam convergentes com aqueles dos mamíferos térios.

Multituberculados – Mamíferos Semelhantes a Roedores da Era Mesozóica

Os Multituberculados são os mais conhecidos e mais comuns da Era Mesozóica. Eles foram um grupo que durou muito tempo na escala geológica, conhecidos do final do Jurássico até o início do Cenozóico (final do Eoceno). Eles estavam presentes, quase que em sua totalidade, no hemisfério norte, e uma radiação da Gondwana, foi reconhecida na América do Sul e em Madagáscar, somente recentemente. Os Multituberculados provavelmente ocuparam um nicho adaptativo similar ao dos roedores, pequenos onívoros terrestres e semi-arborícolas. Sua pélvis muito estreita sugere que eles não botavam ovos, mas podem ter dado a luz a filhotes imaturos.

Alguns Multituberculados eram bem semelhantes a esquilos: a estrutura dos ossos de seus tornozelos demonstra que eles podiam girar seus pés para trás para descer as árvores de cabeça para baixo, como os esquilos, e suas vértebras caudais indicam uma cauda preênsil (Figura 20-10). Estes Multituberculados semelhantes aos esquilos, também possuíam caudalmente, pré-molares aumentados, os quais formavam uma placa de dilaceração, talvez utilizada para abrir cascas de nozes. Outros Multituberculados eram mais terrestres, muito semelhantes às marmotas ou ao wombat. A extinção deste grupo, no Eoceno, de deveu, provavelmente, à competição com os roedores, os quais aparecem pela primeira vez no final do Paleoceno.

Os Multituberculados recebem seu nome a partir de seus molares, os quais são dentes amplos, com cúspides múltiplas (Multituberculados), especializados na raspagem, ao invés da dilaceração. O desgaste dos dentes indica que estes animais moviam sua mandíbula para trás, enquanto posicionavam seus dentes em oclusão. Os dentes Multituberculados e os movimentos mandibulares eram bem similares aos dos tritilodontídeos, a linhagem de cinodontes que sobreviveu até o Cretáceo Inferior e a competição entre os Multituberculados e os tritilodontídeos pode ter contribuído para o desaparecimento dos últimos. Os dentes e os movimentos mandibulares dos Multituberculados eram similares também aos dos roedores, exceto

Figura 20-10 *Ptilodus*, um Multituberculado do início do Cenozóico.

que os roedores movem suas mandíbulas *para frente* na oclusão (Figura 20-11).

A posição dos Multituberculados, dentro de Mammalia, é controversa. Os Multituberculados possuem uma cintura escapular bem derivada, similar à dos térios, a qual, originalmente, era considerada como evolução independente neste grupo. Esta característica é, atualmente, considerada como indicativo de parentesco destes animais com os térios, mais do que com os monotremados.

Em contraste, Zofía Kielan-Jaworowska (1997), que passou sua vida estudando os Multituberculados, os considera muito primitivos, especialmente quanto à natureza de seus encéfalos (determinada a partir de modelos do interior do crânio). Se isso é verdadeiro, então a natureza derivada da cintura escapular deve representar uma convergência entre os Multituberculados e os térios. A posição filogenética dos Multituberculados é uma área de debates e controvérsias intensas; materiais fósseis melhores, de Multituberculados do Jurássico, ajudariam muito a resolver tais relações.

Diferenças entre os Térios e os Não-térios

Os térios se distinguem dos monotremados por traços derivados. O mais óbvio é dar a luz a filhotes, ao invés de botar ovos. As diferenças reprodutivas entre os tipos distintos de

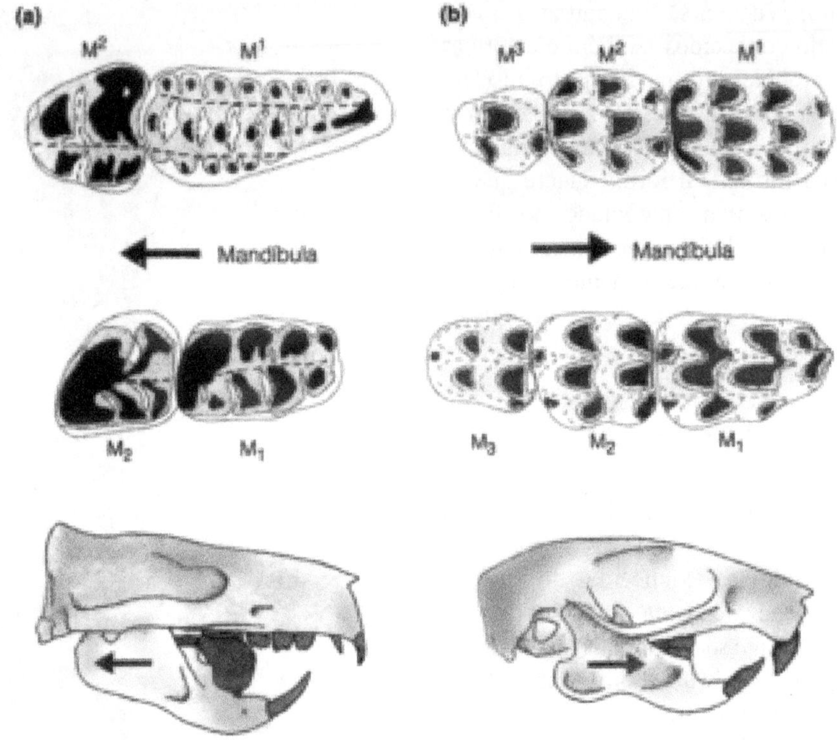

Figura 20-11 Comparação entre os crânios e as mandíbulas de um (a) Multituberculado (*Ptilodus*) e um (b) roedor (*Hapalomys*). A seta indica a direção do movimento da mandíbula. As cúspides dos molares do Multituberculado são côncavas rostralmente, na maxila, e côncavas caudalmente na mandíbula, indicando a protração da mandíbula durante a mastigação. Áreas negras representam a dentina exposta, as áreas em cinza são esmalte desgastado, áreas claras são esmalte intacto e as linhas pontilhadas são vales entre as cúspides. M^1, M^2, M^3 = primeiro, segundo e terceiro molares.

mamíferos são consideradas no Capítulo 21. Os térios também apresentam mamas com mamilos, uma cóclea na orelha interna com ao menos duas voltas e meia, uma orelha externa e molares tribosfênicos.

Os térios também apresentam traços distintivos no crânio e no esqueleto. Eles perderam completamente os anéis escleróticos ao redor dos olhos. Os monotremados retêm cartilagens escleróticas, embora elas não sejam ossificadas para formar um anel ósseo, como o que ocorre com os demais amniotas, incluindo os Synapsida não-mamíferos. Quase todos os térios perderam a septomaxila, um osso no crânio que está presente nos monotremados. No esqueleto pós-craniano, os térios perderam completamente as costelas das vértebras cervicais, as quais são retidas nos monotremados. Enquanto todos os mamíferos possuem uma articulação especializada no tornozelo, conhecida como articulação crurotarsal, uma articulação mais derivada entre a tíbia e o astrágalo, com a completa superposição do asfrágalo sobre o calcâneo, é observada somente nos térios (veja a Figura 20-12). Esta articulação do tornozelo tornou possível, provavelmente, a novas e melhores formas de locomoção, tais como a corrida e os saltos.

A cintura escapular dos térios também é extremamente derivada. Enquanto os monotremados apresentam uma pelve de forma derivada mamaliana, sua cintura escapular é mais similar à condição tipicamente réptil. Os térios perderam os elementos ventrais da cintura escapular, os ossos coracóide e interclavícula, e expandiram a escápula com a adição de uma crista escapular. Esta crista é, na realidade, a antiga extremidade cranial da escápula, e a nova porção, nos térios, é a fossa supra escapular. A clavícula (o osso do colarinho) é retida na maioria dos térios, mas é perdida por muitos eutérios adaptados a corridas (p. ex., cães e cavalos).

Esta redução dos elementos ventrais da cintura escapular permite que a escápula se mova, como um segmento independente do membro, ao redor de sua extremidade dorsal, contribuindo ao comprimento do movimento durante a locomoção. Adicionalmente, certos músculos hipoaxiais foram modificados, para sustentar o membro na cintura, em uma **tipóia escapular** (Figura 20-13). Este arranjo muscular provavelmente também auxilia a mobilidade escapular durante a locomoção e diminui o impacto do peso do corpo, apoiado sobre os membros anteriores, durante a corrida. O tipo tério mamífero de corrida pode ser dependente desta modificação da anatomia e da musculatura da cintura escapular.

A musculatura do ombro também foi reorganizada, refletindo a mudança do funcionamento escapular. Um

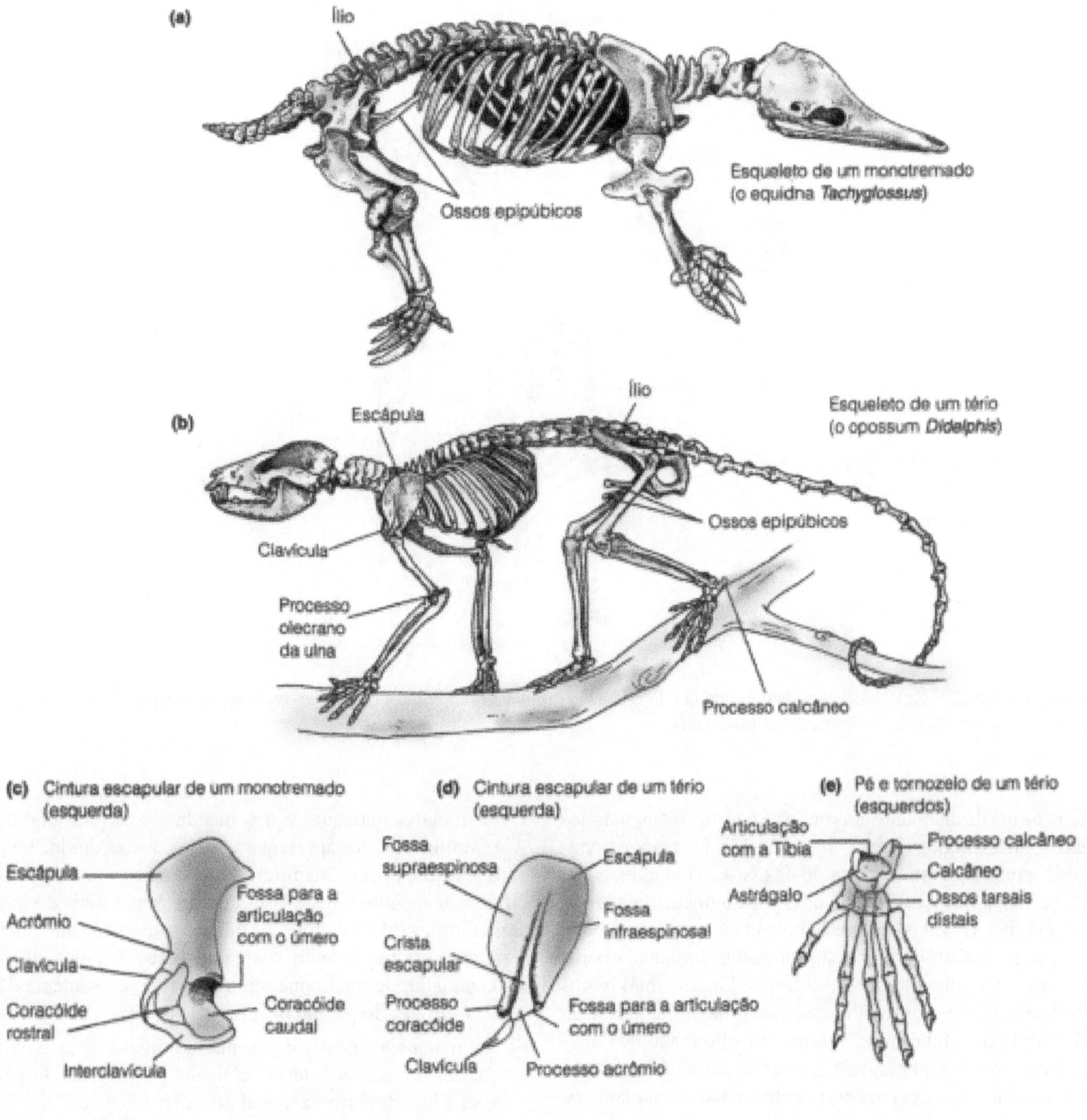

Figura 20-12 Diferenças esqueléticas entre os monotremados e os térios.

músculo que, originalmente expandia o úmero na cintura escapular, o supracoracóideo, foi modificado em dois novos músculos – o infraespinal e o supraespinal – os quais ajudam a estabilizar o membro na cintura durante a locomoção.

Diferenças entre Marsupiais e Eutérios

Embora hajam inúmeras diferenças entre os marsupiais e os eutérios quanto à sua biologia reprodutiva, como será discutido no Capítulo 21, há algumas poucas grandes distinções em sua anatomia.

Características cranianas e da dentição distinguem os marsupiais dos eutérios, embora nem todos estes traços se apliquem à totalidade dos marsupiais. Os ossos dentários da maioria dos marsupiais, possuem um ângulo distinto onde os músculo pterigóide se insere, os que não acontece nos eutérios, e seus ossos nasais sobrepõem os ossos frontais com

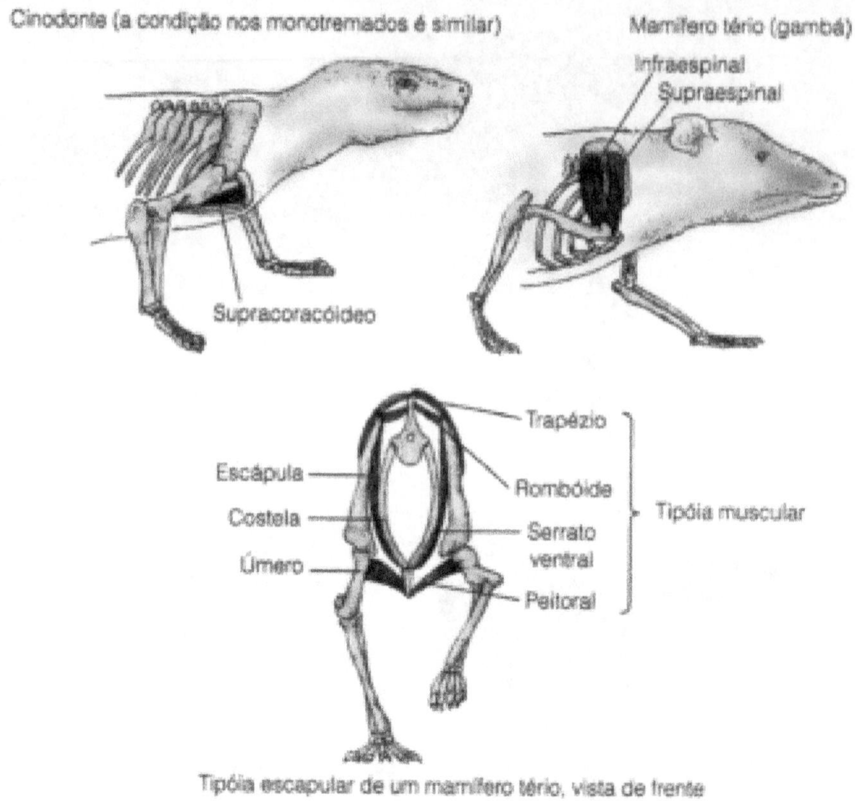

Figura 20-13 Especializações da musculatura da cintura escapular. O rombóide e o *serratus ventralis* na escápula mamaliana são novos músculos, derivados das camadas hipoaxiais.

uma forma de diamante, em contraste à forma retangular dos nasais dos eutérios (veja a Figura 20-14). Os eutérios também apresentam uma elaboração de ossos ao redor da região da orelha, a **bula auditiva,** a qual pode aumentar a acuidade auditiva. Os marsupiais usualmente não possuem a bula, ou podem possuí-la de forma rudimentar, formada a partir de um osso diferente do dos eutérios. Eutérios herbívoros podem apresentar uma barra óssea atrás da órbita, chamada de barra pós-orbital, mas isso nunca é observado nos marsupiais. Durante a ontogenia, a maioria dos eutérios substitui todos os seus dentes, exceto pelos molares, enquanto os marsupiais substituem somente o último pré-molar.

Os marsupiais também diferem dos eutérios em sua **fórmula dental,** ou nos números dos diferentes tipos de dentes. A fórmula dental primitiva dos eutérios (número máximo de dentes observados, usualmente, nos eutérios) é

I3/3 C1/1 P4/4 M3/3.

Esta notação indica três incisivos maxilares e três mandibulares de cada lado (um total de 12 incisivos), um canino maxilar **e** um mandibular (um total de 4), quatro pré-molares maxilares **e** quatro mandibulares (um total de 16) e três molares maxilares e três mandibulares (um total de 12). Muitos eutérios apresentam menos dentes do que isto, mas somente poucos mamíferos com dietas muito especializadas, tais como tatus e golfinhos, possuem mais do que uma fórmula, além da fórmula eutéria padrão. Os humanos perderam um par de incisivos e dois pares de pré-molares de cada lado, de modo que temos um total de somente 32 dentes, em vez do padrão primitivo dos eutérios, 44.

Os marsupiais possuem um maior número de incisivos e molares do que os eutérios e menos pré-molares. O padrão máximo da fórmula dental dos marsupiais é

I5/4 C1/1 P3/3 M4/4.

O esqueleto pós-craniano dos marsupiais pode ser distinguido dos esqueletos de eutérios, primariamente, por meio dos **ossos epipúbicos,** os quais são projetados para frente a partir do púbis. Acreditava-se que os ossos epipúbicos eram uma característica única para a sustentação da bolsa, mas sabe-se atualmente que eles são um traço primitivo dos mamíferos, retido até mesmo em alguns poucos eutérios bem primitivos (Novacek et al. 1997). Estudos recentes de marsupiais atuais (Reilly e White 2003) mostram que os ossos

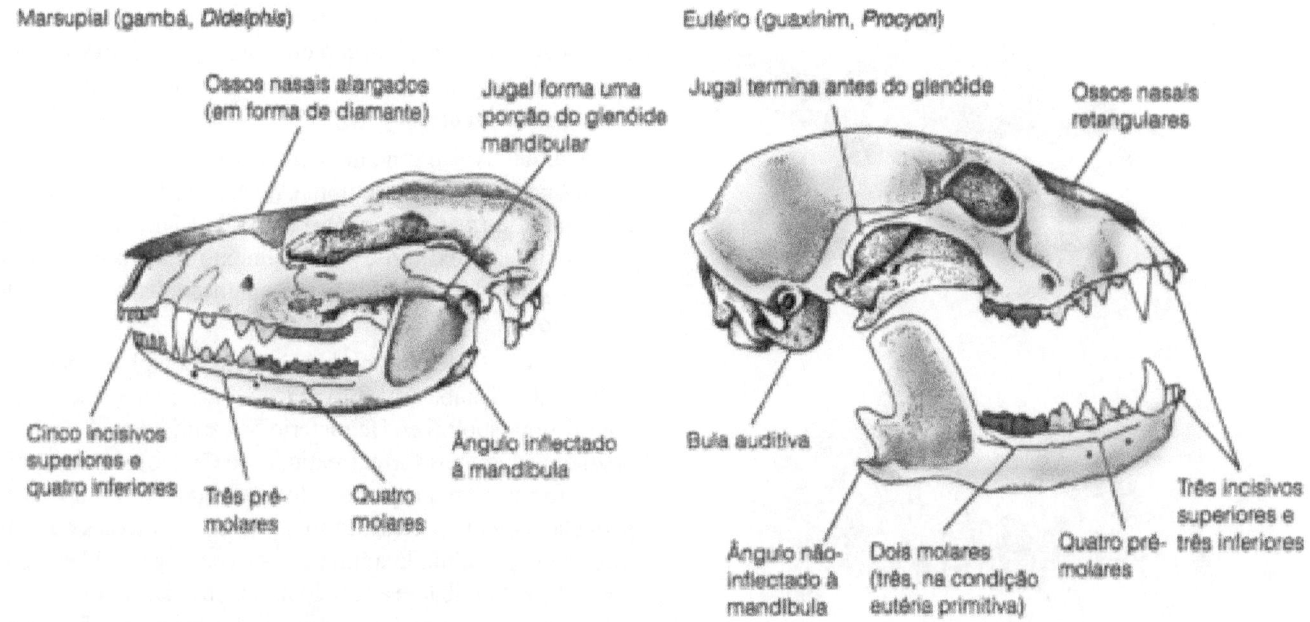

Figura 20-14 Diferenças cranianas entre os marsupiais e os eutérios.

epibúbicos agem em conjunto com os músculos abdominais e da coxa para afirmar o torso e resistir ao dobramento do tronco durante a locomoção. Esta característica é provavelmente relacionada à postura ereta dos mamíferos verdadeiros basais e também ao fato deles terem um púbis e ísquio reduzidos em comparação com o cinodontes.

Entretanto, parece que os ossos epipúbicos limitam movimentos assimétricos dos membros caudais em corridas como galope. Esta pode ser a razão porque somente os marsupiais cursorias quadrúpedes, o extinto lobo-da-Tasmânia, perderam esses ossos.

A perda dos ossos epipúbicos, na maioria dos eutérios, pode ter sido pelas razões delineadas acima, ou pode relatar o fato desses ossos serem componentes rígidos da parede do abdômen, podendo interferir na sua expansão durante a gravidez (essas duas hipóteses não são mutuamente exclusivas).

A Diversidade Ordinal dos Mamíferos

Uma hipótese corrente das inter-relações entre os mamíferos térios destas ordens, é apresentada na Figura 20-1. As controvérsias quanto a estas inter-relações serão discutidas posteriormente.

Monotremados Os monotremados são agrupados na infra-ordem Ornithodelphia (Grego *ornitho* = ave e *delphy* = útero, se referindo ao único oviduto funcional nos ornitorrincos e em muitas aves; contraste com os gambás *didelfídeos*) e na ordem Monotremata (Grego *mono* = um e *trema* = buraco, se referindo à cloaca – a abertura única para os tratos digestório e excretor) (um antigo termo termo para os térios era *Ditremata,* referindo-se às duas aberturas separadas). Há duas famílias. A Ornitthorhynchidae (Grego *rhyncus* = bico) contém o ornitorrinco, um animal semi-aquático que se alimenta de invertebrados aquáticos nos rios do leste australiano. A família Tachyglossidae (Grego *tachy* – rápido e *glossa* = língua) contém dois tipos de eqüidnas, o eqiiidina de nariz curto da Austrália, o qual se alimenta principalmente de formigas e de cupins, e o equidna-de-focinho longo da Nova Guiné, que inclui vermes terrestres em sua dieta (veja a Figura 20-15).

Os monotremados tiveram, originalmente, uma ampla distribuição pela Gondwana; um ornitorrinco é conhecido do Paleoceno da América do Sul. Recentemente, uma diversidade maior de dentes de pequeno porte, pertencentes a monotremados australianos do Cretáceo, foram descobertos, sugerindo uma diversidade não esperada, destes animais no Mesozóico (Flannery et al. 1995). Todavia, os poucos fósseis conhecidos de monotremados do Cenozóico, representam apenas eqüidnas e ornitorrincos.

O movimento de espreguiçar dos monotremados, remanescente dos répteis, pode refletir especializações para o nado o para cavar buracos, ao invés de uma condição realmente primitiva. Os monotremados também apresentam suas especializações únicas. Tanto os ornitorrincos quanto os eqüidnas não possuem dentes quando adultos e possuem um bico couriáceo (em vez de córneo). Este bico contém receptores que

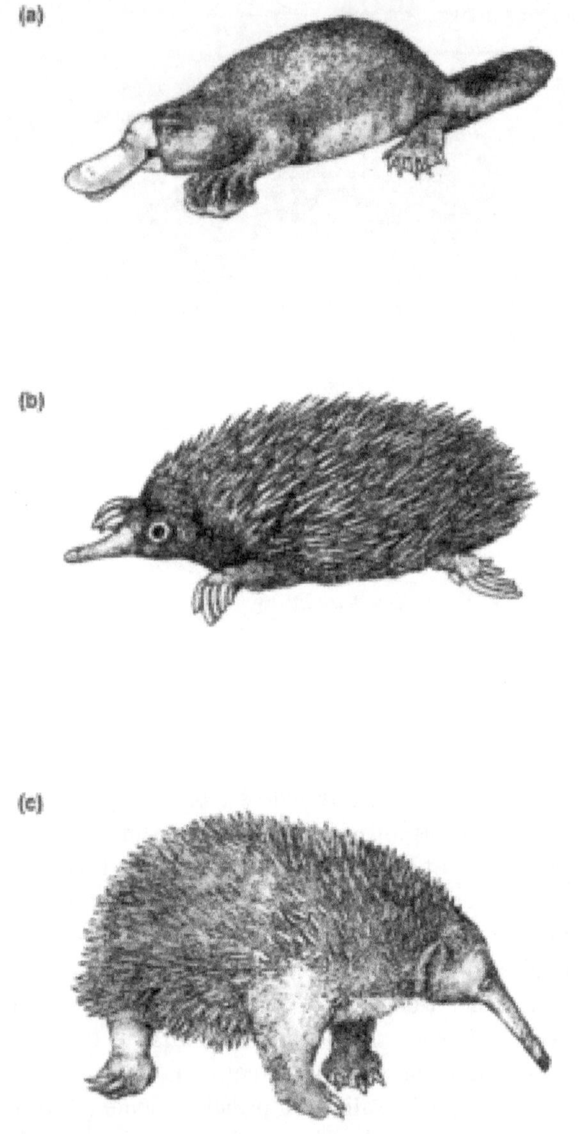

Figura 20-15 Diversidade dos monotremados viventes (aproximadamente em escala; [a] tem o tamanho de um gato grande), (a) O ornitorrinco, *Ornithorhynchus anatinus.* (b) Os equidnas-de-focinho curto (Austrália), *Tachyglossus aculeatus.* (c) Os equidnas-de-focinho longo (Nova Guiné), *Zaglossus bruijni.*

percebem sinais eletromagnéticos oriundos dos músculos de outros animais, sendo utilizados para o reconhecimento de presas, sob a água ou em um ninho de cupins. Os ornitorrincos machos possuem um espinho, nos membros pelvinos, o qual é utilizado para envenenar rivais e predadores. Os monotremados perderam os ossos lacrimais e frontais no crânio, os quais são retidos nos demais mamíferos.

Marsupiais Os marsupiais, tradicionalmente, foram considerados em uma única ordem, **Marsupialia**. Estudos mais recentes sugerem que eles podem ser divididos em, ao menos, quatro linhagens, equivalentes, quanto à diversidade morfológica e genética, às ordens dos eutérios. Um esquema atual de classificação dos marsupiais é apresentado na Tabela 20.1, e a Figura 20-16 ilustra a diversidade dos marsupiais viventes.

Há uma divisão fundamental, nas inter-relações entre os marsupiais, entre Ameridelphia, do Novo Mundo, e Australidelphia, da (principalmente) Austrália. Um terceiro grupo, atualmente extinto e possivelmente mais primitivo do que os grupos viventes, era o Deltatheroidea, do final do Cretáceo, na Ásia.

A ordem Didelphimorphia, de Ameridelphia, inclui os didelfóides (gambás mais formas extintas relacionadas, tais como os marsupiais do Hemisfério Norte do início da Era Cenozóica) e algumas formas extintas do Cretáceo. Os gambás atuais formam um grupo bem diversificado de marsupiais de pequeno a médio portes, sendo onívoros arborícolas ou semi -arborícolas, incluindo animais tais como o gambá lanoso, e o yapok, sememlhante a uma lontra, ambos herbívoros. Uma diversidade muito maior de didelfóides existia no Terciário, incluindo formas similares à jerboa e as formas similares à toupeira. Outros ameridélfios são os cenolestídeos, formas pequenas e terrestres similares a esquilos, e os boriaenóides extintos, uma grande radiação da Era Cenozóica de formas carnívoras. Os boriaenóides incluíam formas similares a furões, a cães, a ursos e, até mesmo, um paralelo a um tigre dente-de-sabre do Plio-Pleistoceno, o *Thylacosmilus.*

Um tipo remanescente de marsupial sul-americano é o "monito del monte", um animal pequeno, similar a um rato, que habita as florestas montanhosas do Chile e da Argentina. Estudos moleculares demonstraram que este animal é aparentado aos marsupiais australianos, podendo ser uma relíquia distante dos marsupiais sul-americanos originais, os quais migraram, pela Antártica, até a Austrália no início da Era Cenozóica.

A Australidelphia australiana apresenta três ordens principais. Os dasiurídeos são formas carnívoras: os gatos marsupiais e o camundongo marsupial (os quais seriam melhor chamados de "musaranhos", já que são carnívoros e insetívoros, ao invés de onívoros). Alguns dasiurídeos grandes incluem o Diabo-da-Tasmânia e o Lobo-(marsupial) da-Tasmânia, ou tilacinio. Os tilacíneos foram descritos como extintos na década de 1930, mas evidências de sua existência são reportadas a partir de pequenas observações e de pegadas. Estes animais da Tasmânia eram conhecidos na Austrália antes da chegada dos humanos e de seus cães eutérios verdadeiros, os dingos. O tamanduá marsupial (o "numbat") é aparentado aos dasiurídeos, e a toupeira-marsupial pode apresentar uma relação mais distante.

Os **peramelídeos** incluem os "bandicoots" e os "bilbies". Estes animais se parecem com coelhos, mas são insetívoros, ao invés de herbívoros.

Os peramelídeos compartilham, com o grupo final de marsupiais (os diprotodontios), uma condição nos membros

TABELA 20.1 Classificação das ordens de marsupiais viventes e números aproximados de famílias e de espécies. Note que diferentes pesquisadores podem reconhecer números distintos de famílias em uma ordem.

Classificação	Famílias/Espécies	Principais exemplos
Cohort Ameridelphia		
Didelphimorphia	1/77	Gambás; 20g a 6kg; Região Neotropical (mais uma espécie norte-americana)
Paucituberculata	1/5	Cenolestídeos ou gambás-ratos; 15g a 40g; região Neotropical.
Cohort Australidelphia		
Microbiotheria	1/1	O monito-del-monte; ~25g; região Neotropical.
Dasyuromorphia	3/60	Camundongo-marsupial, gatos selvagens, emômo-da-Tasmânia, lobo-da-Tasmânia, tamanduá-marsupial ("numbat"); 5g a 20kg; região australiana.
Notoryctemorphia	1/1	Touperia-marsupial; 50kg; região australiana.
Peramelina	2/21	"Bandicoots" e "bilbies", 100g a 5kg; região australiana.
Diprotodontia	9/110	"Possums", Marsupiais-voadores, "cuscuses", "honey possum" (noolbender), coala, "wombats", "potoroos", "wallabies", cangurus. 12g a 90kg; região australiana, "possums" e "wallabies" foram introduzidos, na Nova Zelândia, por humanos

pelvinos, conhecida por sindactilia, na qual o segundo e o terceiro dedos são reduzidos em tamanho, e envoltos por uma mesma pele membranosa, de forma que parecem formar um único dedo. Estes dedos são usados na catação ("grooming").

O maior grupo de marsupiais é o dos **diprotodontios**. Eles recebem este nome devido a seus incisivos inferiores modificados, os quais se projetam para frente, de modo similar ao que ocorre com os roedores (Grego *di* = dois, *proto* = primeiro e *dont* = dente). Atualmente, esta linhagem inclui formas herbívoras e onívoras, embora o recentemente extinto leão-marsupial, o *Thylacoleo,* pareça representar um retomo ao modo carnívoro, a partir de uma ancestralidade herbívora. O *Thylacoleo* apresenta algumas especializações interessantes: a partir de uma ancestralidade herbívora, ele perdeu seus caninos, porém modificou seus incisivos em dentes similares aos caninos perdidos.

As três principais radiações entre os diprotodontídeos são os falangeróides, os fascolarctóides e os macropodóides. Os falangeróides representam uma radiação arborícola de animais similares a primatas, também incluindo planadores. Eles possuem seis famílias, incluindo os gambás, os planadores, os "ring tails", os cuscuses e o pequeno "honey possum" ou "noolbenger" – o único mamífero que se alimenta de néctar e que não é um morcego. Os fascolarctóides, ou vombatiformes, incluem o coala arborícola e os wombats terrestres. Os fascolarctóides extintos incluem os diprotodontídeos, com o porte de um bisão, que pareciam wombats gigantes e que pastavam pelas savanas australianas do Plio-Pleistoceno. Os macropodóides incluem os pequenos ratos cangurus, ou "potoroos", onívoros, e os cangurus verdadeiros, maiores e herbívoros (incluindo os "wallabies" e os cangurus arborícolas). Alguns ratos-canguru gigantes extintos eram de um tamanho de um cachorro grande e podem ter sido carnívoros (Wroe 1999). Atualmente, os grandes cangurus têm uma massa corpórea de cerca de 90 kg, mas os maiores (de até o dobro do tamanho) existiram no Pleistoceno, incluindo uma radiação de cangurus Sthenurine com um único dedo, faces curtas e que pastavam, todos extintos. Os Sthenurines, com suas faces curtas e com seus membros dianteiros fortes, podem ser a fonte das lendas sobre coelhos gigantes no interior da Austrália. Talvez, como as formas de deserto, eles também possuíssem orelhas grandes para o resfriamento.

Eutérios Os mamíferos eutérios podem ser agrupados em uma variedade de táxons distintos, mas suas inter-relações continuam obscuras, sugerindo que a sua diversificação, a partir de um estoque ancestral, ocorreu muito rapidamente. A Figura 20-17 ilustra a diversidade dos mamíferos eutérios.

A filogenia dos mamíferos eutérios, apresentada nas Figuras 20-1 e na Tabela 20.2, foi criada por Malcolm McKenna (McKenna 1975), que usou caracteres morfológicos para agrupar as ordens de mamíferos em super-ordens mais inclusivas. Estudos moleculares nos últimos anos produziram algumas mudanças muito significantes nas árvores filogenéticas dos eutérios. Por estes novos desenvolvimentos serem tão recentes e ainda existir controvérsia,

(a)
(b)
(c)
(d)
(e)
(f)
(g)
(h)
(i)

◄**Figura 20-16** A diversidade dos marsupiais viventes (desenhos aproximadamente em escala; [d] tem o tamanho de um gato de grande porte). (a) O gambá comum da América do Norte, *Didelphis virginiana* (Didelphidae: Didelphimorpha). (b) O gambá-musaranho, *Lestoros inca* (Caenolestidae: Paucituberculata). (c) O monito-del-monte, *Dromiciops australis* (Microbiotheriidae: Microbiotheria). (d) O demônio-da-Tasmânia, *Sarcophilus harrisii* (Dasyuridae: Dasyuromorphia). (e) A touperia marsupial, *Notoryctes typhlops* (Notoryctidae: Notoryctemorphia). (f) O "bilbey", ou "rabbit-eared bandicoot", *Macrotis lagotis* (Thylacomyidae: Peramelina). (g) O "honey possum", *Tarsipes rostratus* (Tarsipedidae, Phalangeroidea, Diprotodontia). (h) O coala, *Phascolarctos cinereus* (Phascolarctidae, Phascolartoidea, Diprotodontia). (i) O potoroo-de-focinho-grande (rato-canguru), *Potorus tridactylus* (Macropodidae, Macropodoidea, Diprotodontia).

TABELA 20.2 Classificação das ordens de eutérios viventes e números aproximados de famílias e de espécies.

Note que pesquisadores diferentes **podem** reconhecer números distintos de famílias em cada ordem e que dados moleculares posicionam alguns táxons diferentemente (apresentado em itálico) As regiões geográficas representam a distribuição de ordens inteiras (e somente para os dias atuais); as Famílias em uma ordem geralmente apresentam uma istribuição menor.

Ordem	Famílias/Espécies	Principais Exemplos
		Superordem Edentata
Xenarthra	3/30	Tamanduás, preguiças, tatus, 20 g a 33 kg, região neotropical (mais alguns tatus no sul do EUA).
Pholidota	1/7	Pangolins ("tamanduás-com-escamas"), 2 kg a 33 kg; regiões etiópica e orientais. *Dados moleculares posicionam os pangolins como sendo grupo irmão de carnívoros*
		Superordem Glires
Lagomorpha	2/69	Coelhos, lebres, "pikas"; 180 g a 7 kg; distribuição global, exceto pela Antártica, introduzidos na Austrália por humanos.
Rodentia	29/1814	Ratos, camundongos, esquilos, porcos de Guiné, capivara, 7 g a mais de 50 kg; distribuição global, exceto pela Antártica.
Macroscelidea	1/15	Musaranho-elefante, 25 g a 500 g; região etiópica, com uma espécie em Marrocos e na Algéria. *Dados moleculares posicionam os musaranhos-elefante com os Afrotheria*
		Superordem Insectivora
Insectivora (=Lipotyphla)	6/390	Porco-espinho, toupeiras, musaranhos, "tenrecs", 2 g a 1 kg; distribuição global, exceto por Austrália e Antártica (embora seja conhecida somente uma espécie na América do Sul, uma imigrante do Pleistoceno). *Dados moleculares posicionam os "tenrecs" (1/25) e toupeiras-douradas (1/19) com os Afrotheria*
		Superordem Archonta
Scandentia	1/16	"Musaranhos" arborícolas; 400 g, região oriental
Primates	9/235	Lêmures, macacos, símios, humanos, 85 g a mais de 275 kg, primariamente nas regiões oriental, etiópica e neotropical, humanos, atualmente, se encontram por todo o planeta.
Dermoptera	1/2	Lêmures voadores, 1 kg a 2 kg; região oriental.
Chiroptera	15/986	Morcegos, 4 g a 1,4 kg; distribuição global (incluindo a Nova Zelândia), exceto pela Antártica. *Dados moleculares posicionam os morcegos fora dos Archonta, como grupo irmão do agrupamento Ferungulata (carnívoros e ungulados do Hemisfério Norte).*
		Superordem Ferae
Carnívora	12/274	Cães, ursos, furão, doninha, hienas gatos, leões- marinhos, morsas e focas (estes últimos três são geralmente posicionados na Subordem Pinnipedia), 70 g a 760 kg, algumas formas marinhas com mais de 100kg; distribuição global.
		Superordem Ungulata
Artiodactyla	10/213	Ungulados com dedos pares; porcos, hipopótamos, camelos, veados, girafa, antílope, ovelha, gado, 2 kg a 2500 kg, distribuição global, exceto pela Antártica (introduzidos na Austrália e na Nova Zelândia por humanos).
Cetacea	9/80	Toninhas, golfinhos, baleias; 20 kg a 120.000 kg, distribuição global em oceanos e em alguns rios e lagos na Ásia, na América do Sul e do Norte e na Eurásia. *Dados moleculares posicionam as baleias dentro da Ordem Arctidactyla.*

Continua

TABELA 20.2 Classificação das ordens de eutérios viventes e números aproximados de famílias e de espécies. (continuação)

Perissodactyla	3/17	Ungulados com dedos ímpares: cavalos, tapires, rinocerantes, 150 kg a 3600 kg; distribuição global, exceto pela Antártica (os cavalos foram introduzidos por humanos na América do Norte e na Austrália).
		Dados moleculares colocam todas as Ordens abaixo nos Afrotheria.
Tubulidentata	1/1	Aardvark; 64 kg. região etiópica
Hyracoidea	1/7	Híraces; 4 kg; região etiópica e Ásia menor.
Proboscídea	1/2	Elefantes e parentes fósseis, 4500 kg a 7000 kg; regiões etiópica e oriental.
Sirenia	2/4	Peixe-boi, dudongues, manatís, 140 kg a mais de 1000 kg; águas costeiras e estuários de todos os oceanos tropicais e subtropicais, exceto pelo Pacífico leste (nas drenagens do Atlântico, eles adentram os rios).

apresentamos aqui, ambos os esquemas com alguma explicação de como eles diferem.

Tradicionalmente, o grupo mais primitivo de mamíferos eutérios é o dos **edentados** (Ordem Xenarthra): preguiças, tamanduás e tatus. Na filogenia molecular esses animais ainda agrupam-se, próximo da base da moderna radiação euteriana. *Edentado* significa "sem dentes" e, enquanto somente os tamanduás são completamente desprovidos de dentes, todos estes demais animais simplificaram seus padrões dentais. Pensava-se que os pangolins, ou tamanduás escamados (ordem Pholidota), eram relacionados aos edentados baseado em características morfológicas, mas estudos moleculares os colocam como grupo irmão de carnívora.

Insectivoros (membros da ordem Insectivora) sempre foram considerados como o estoque basal a partir do qual os eutérios foram derivados. Entretanto, embora os insetívoros modernos, tais como os musaranhos, sejam superficialmente parecidos com os mamíferos eutérios ancestrais, eles não são diretamente aparentados. Insectivora inclui os musaranhos verdadeiros, as toupeiras, os ouriços europeus e os "tenrecs" de Madagáscar. Dados moleculares sugerem que os "tenrecs" e outro grupo endémico africano, as toupeiras-douradas, sejam relacionados a outros mamíferos africanos endémicos no grupo **Afrotheria** (veja mais discussões na próxima seção). Este reduzido grupo de Insectivora, agora é usualmente chamado **Lipotyphla**.

Acreditava-se que os "musaranhos arborícolas" fossem primatas primitivos. Já não pensamos mais assim, mas eles são agrupados com os primatas, com os morcegos e com os dermópteros (lêmures voadores) na superordem Archonta (note que dados moleculares removeriam os morcegos desse agrupamento). Os musaranhos-elefante, assim chamados devido a seu nariz em forma de tromba, são agrupados em Glires, juntos aos roedores e aos coelhos de acordo com dados morfológicos e com os Afrotheria, de acordo com dados moleculares.

Os Ferae incluem os Carnívora viventes e os Creodonta extintos, cujos membros tomaram o papel de predadores de grande porte no início do Cenozóico. Membros de Carnívora (**carnívoros**) são distinguidos pela possessão de um par de dentes especializados no corte, os **carniceiros**, formado a partir do último (quarto) pré-molar maxilar e pelo primeiro molar mandibular. Os carnívoros incluem não somente os carnívoros especializados, tais como os gatos, mas também formas herbívoras secundárias, tais como o urso panda, e um dos três grupos viventes de mamíferos aquáticos secundários, os **pinipédios** (focas, leões-marinhos e morsas), os quais são aparentados aos ursos.

A maior Superordem, tanto em termos de ordens inclusas quanto ao tamanho de seus membros, é a **Ungulata**, ou mamíferos com cascos. Os ungulados viventes comuns são os **artiodáctilos** (ungulados com dedos em número par) e os **perissodáctilos** (ungulados com dedos em número ímpar). Alguns ungulados arcaicos, no início da Era Cenozóica, eram também onívoros, ou até mesmo carnívoros; na América do Sul, houve diversas ordens atualmente extintas. Uma surpresa

➤**Figura 20-17** Diversidade dos eutérios viventes (fora de escala). (a) Apreguiça-de-dois-dedos, *Choloepus didactylus* (Megalonychidae: Xenarthra); do porte de um gato grande. (b) "Tenrec comum", *Tenrec ecaudatus* (Tenrecidae: Insectivora); do porte de um rato. (c) "Musaranho-elefante", *Rhynchocyon chrysopygus* (Macroscelidida: Macroscelidea); do porte de um rato. (d) "Toupeira-pelada", *Heterocephalus glaber* (Bathyergidae: Rodentia); do porte de um camundongo. (e) Lêmur voador, *Cynocephalus volans* (Cynocephalidae: Dermoptera); do porte de um gato. (f) Hiena, *Crocuta crocuta* (Hyaenidae: Carnívora); do porte de um lobo. (g) Tapir asiático, *Tapirus indicus* (Tapiridae: Perissodactyla); do porte de um pónei. (h) "Chevrotain" africano, *Hyemoschus aquaticus* (Tragulidae: Artiodactyla); do porte de um coelho. (i) O hírace, *Procavia capensis* (Procaviidae: Hyracoidea); do porte de um coelho.

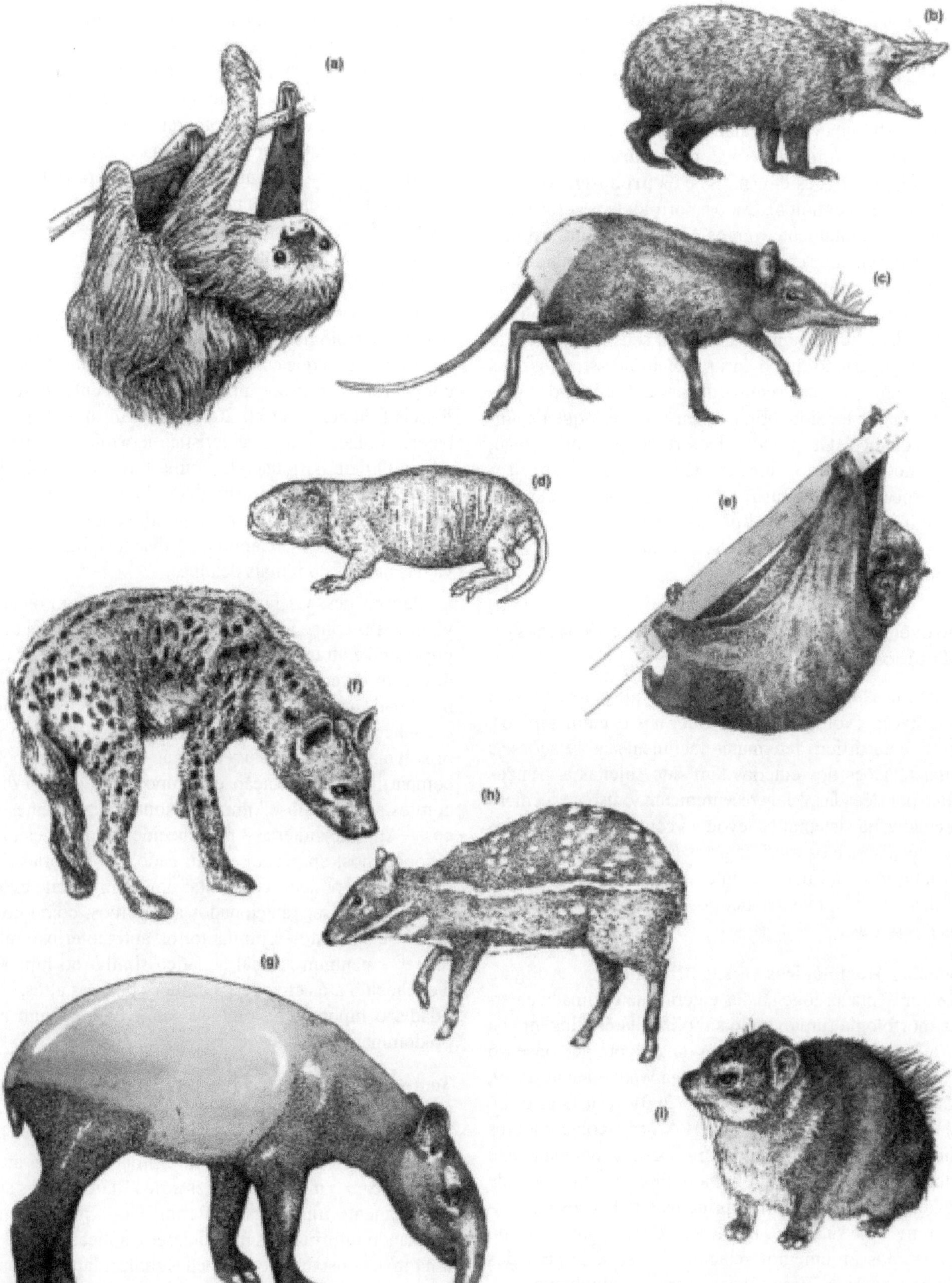
(a)
(b)
(c)
(d)
(e)
(f)
(h)
(g)
(i)

após a revisão das inter-relações dos mamíferos realizada ao longo das duas últimas décadas, tem sido a percepção de que as baleias e os golfinhos (ordem **Cetácea)** são, taxonomicamente ungulados, aparentados aos artiodáctilos.

Um agrupamento final dos ungulados são os ungulados de origem africana (penungulados ou subungulados). Isso inclui os híraces, similares a roedores, os **sirenios** aquáticos (peixe-boi, dudongues e manatis) e os **proboscídeos** (elefantes e parentes extintos). Dados morfológicos colocariam esses animais juntamente com os Aardvarks (outro mirmecófago especializado), em um clado com os ungulados do norte, mas dados moleculares os colocam nos Afrotheria. Os embriões dos elefantes apresentam evidências de uma ancestralidade aquática na estrutura de seus rins (Gaeth et al. 1999), sugerindo que o agrupamento dos sirenios, dos desmostilianos (formas semi-aquáticas extintas) e dos proboscídeos pode ter sido, originalmente, um estoque penungulado aquático. Os proboscídeos representariam, então, um retorno secundário a uma existência mais terrestre. Todavia, especulações populares de que a tromba do elefante era, originalmente, um *snorkel* são erradas; os crânios dos primeiros fósseis de proboscídeos demonstram que estes animais não possuíam trombas.

Controvérsias Quanto à Origem e às Inter-Relações dos Eutérios

Os Eutheria são um grupo diversificado que parece ter tido uma radiação evolutiva rápida. Com tais eventos rápidos, é geralmente difícil determinar facilmente as relações, e as inter-relações dos eutérios têm sido sujeitas a grandes debates por décadas. Mais recentemente, o uso de técnicas moleculares na sistemática levou ao confronto entre biólogos moleculares e os morfologistas mais tradicionais. Esta confrontação inclui não somente as inter-relações das Ordens dos eutérios, mas também os tempos de divergência umas das outras.

Filogenias Morfológicas versus Moleculares A Figura 20-18 apresenta a filogenia dos eutérios determinada a partir da morfologia (uma versão simplificada da filogenia na Figura 20-1), contrastando-a com uma árvore de consenso derivada de análises moleculares (veja Waddell et al. 1999; Madsen et al. 2001; Murphy et al. 2001; van Dijk et al. 2001). Entretanto, note que Robert Asher e colaboradores (Asher et al. 2003) que combinaram dados moleculares e morfológicos, confirmaram a monofilia de um ciado de Afrotheria, mas inserido nas principais radiações euterianas ao invés de sua base. Isto torna-se importante quando consideramos argumentos relacionados se a origem dos modernos eutérios foi no sul e no norte do continente.

Os morfologistas são intrigados pelo grupo Afrotheria proposto, mesmo que não seja obviamente embasado pela morfologia, porque em geral, isso não entra em conflito com o registro fóssil e outros exemplos da convergência de mamíferos isolados em diferentes continentes são bem conhecidos. Entretanto, técnicas moleculares não podem analisar animais extintos e os fósseis podem apresentar problemas evolutivos a algumas hipóteses geradas por biólogos moleculares. Os Afrotheria oferecem um exemplo: biólogos moleculares presumem que o grupo seja originado no continente africano, enquanto que era isolado de outras massas continentais no início da Era Cenozóica. Ainda alguns dos fósseis mais antigos dos estoques Afrotheria são conhecidos da Ásia, significando que o panorama evolutivo e biogeográfico atual deve ser complicado.

Tem havido mais discordância entre biólogos moleculares e morfologistas sobre o agrupamento molecular dos Cetartiodactyla que coloca a baleia dentro dos Artiodactyla como grupo irmão dos hipopótamos. Recentes descobertas fósseis (Gingerich et al. 2001) mostram que as primeiras baleias tinham uma característica morfológica chave que unia a Ordem Artiodactyla – uma forma de astrágulos no tornozelo chamado de astrágulo "double pulley" – mas a proposta de uma relação mais próxima aos hipopótamos é mais controversa. O Capítulo 21 discute a história evolutiva das baleias com mais detalhes.

Para as pessoas familiarizadas apenas com os animais viventes, o conceito de uma ligação entre a baleia e o hipopótamo é atraente. Ambos são animais aquáticos e grandes, com diversas características em comum, tais como a habilidade amamentar seus filhotes dentro d'água. Todavia, o conhecimento do registro fóssil torna tal ligação pouco provável. Ainda é possível que as baleias e hipopótamos compartilhe uma relação de grupo irmão muito distante com os artiodáctilos. Animais distintos semelhantes a porcos – Anthrachotheria – reconhecidos com ancestrais dos hipopótamos, apareceram bem cedo nas histórias dos artiodáctilos e podem representar um ramo da raiz evolutiva (mais do que ser relacionados aos porcos, como considerado previamente). Entretanto, os antracotérios eram terrestres e nenhum animal aquático similar ao hipopótamo é conhecido até cerca de 10 milhões de anos atrás. Na realidade, o hipopótamo pigmeu sobrevivente é um animal predominantemente terrestre.

Tempo e Lugar da Origem dos Modernos Eutérios A radiação dos eutérios modernos foi, por muito tempo, correlacionada com o desaparecimento dos dinossauros e não há evidências fósseis de membros de Ordens viventes até a Era Cenozóica, 65 milhões de anos atrás. Blair Hedges sugeriu um momento muito mais anterior para a radiação inicial, utilizando informações moleculares e aplicando a noção de uma taxa constante de alterações moleculares (o chamado relógio molecular). Ele estimou que os eutérios modernos apareceram, pela primeira vez, há 120 milhões de anos, no final do Cretáceo Inferior, concluindo que sua divergência estava relacionada à separação do supercontinente Pangea

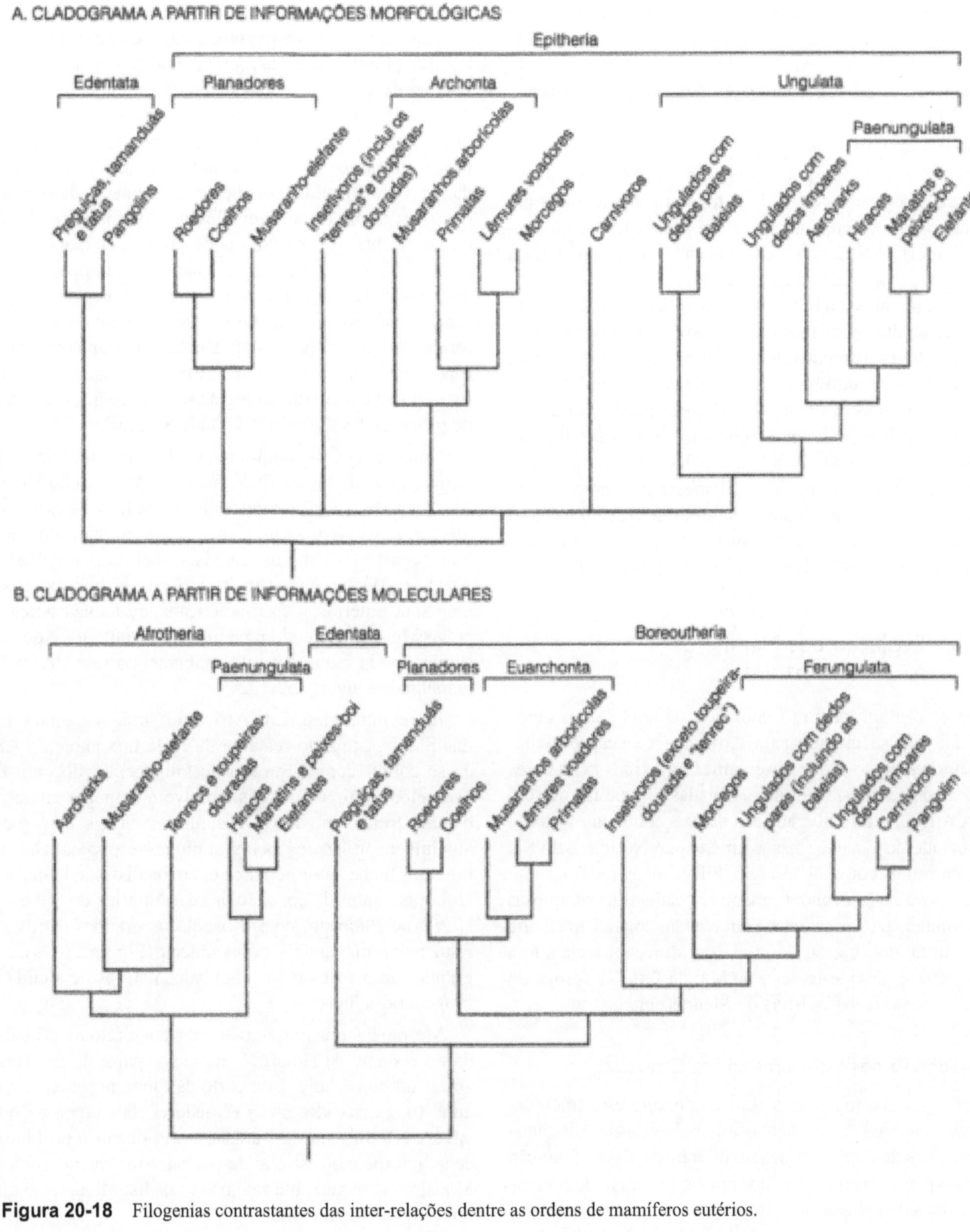

Figura 20-18 Filogenias contrastantes das inter-relações dentre as ordens de mamíferos eutérios.

(Hedges et al. 1996, Kumar e Hedges 1998). Todavia, isso contradiz diretamente as evidências do registro fóssil. Também implica que existe uma falha no registro fóssil para os eutérios durante o período dos dinossauros que é tão longo quanto os seus registros na Era Cenozóica que seguiu-se à extinção dos dinossauros, e uma falha tão grande parece improvável. Outros estudos moleculares propuseram uma origem gondwânica para a moderna radiação euteriana, baseada na distribuição do Hemisfério Sul dos ciados de divergência inicial, os Afrotheria e Edentata (p. ex., Murphy etal. 2001).

Esta divergência antiga proposta para as Ordens modernas de euterianos, poderia possivelmente representar a divergência genética somente entre animais que ainda pareciam bem similares durante a Era Mesozóica, com alterações morfológicas não ocorrendo na Era Cenozóica. Uma interpretação alternativa é a de que a rápida evolução morfológica, no início da Era Cenozóica, resultou na aceleração da taxa de alterações moleculares, enviesando as estimativas do relógio molecular. Adicionalmente, o registro fóssil do Cretáceo é muito bom. Muitos tipos de mamíferos são preservados, mas nenhum deles, aparentemente, pertence a qualquer Ordem dos eutérios modernos até talvez o final do Cretáceo (embora não haja boa evidência fóssil dos continentes do sul). A evidência fóssil aponta para uma origem mais recente dos euterianos (não antes do que 80 milhões de anos atrás) e uma origem Laurasiana (versus Gondwânica) (Foote et al. 1999, Benton 1999, Archibald 2003).

20.3 Evolução dos Mamíferos na Era Cenozóica

Durante o início da Era Cenozóica, os continentes ainda não haviam se movido para tão longe de suas posições equatoriais como o que observamos hoje, mas as maiores massas de terra estavam mais isoladas do que no presente. A Austrália fora liberada dos demais continentes do Sul na metade do Eoceno, mas a América do Norte e a do Sul não entraram em contato até o Plioceno. A índia colidiu com a Ásia no Mioceno, formando as cadeias montanhosas do Himalaia. A Africa entrou em contato com a Eurásia no final do Oligoceno, ou no início do Mioceno, fechando a expansão original leste-oeste do Mar de Tethys e formando a, atualmente fechada, bacia do Mediterrâneo.

Biogeografia dos Mamíferos da Era Cenozóica

A radiação dos mamíferos ocorreu durante este fracionamento das massas continentais, quando estoques distintos foram isolados em continentes diferentes. Esta separação de estoques ancestrais, uns dos outros, por meio de processos físicos do planeta, ao invés de por meio de seus próprios movimentos, é chamada de **vicariância**. Parte da diferença quanto à distribuição dos mamíferos atuais (p. ex., o isolamento dos monotremados na Austrália e na Nova Guiné) resulta da biogeografia de vicariância, ou seja, os animais e os vegetais são carregados, passivamente, sobre as massas de terra em movimento.

Outros padrões de distribuição dos mamíferos podem ser explicados pela **dispersão,** a qual reflete os movimentos dos próprios animais, geralmente por meio de movimentos de populações, ao invés de movimentos a longa distância realizados por indivíduos. A presença de marsupiais na Austrália aparentemente representa a dispersão, desde a América do Sul, por meio da Antártica, no início da Era Cenozóica. O isolamento subsequente da Austrália pode ter permitido a diversificação dos marsupiais sobre tal continente. A dispersão pode produzir radiações, bem como extinções. Por exemplo, quando o estreito de Turgai, que separava a Europa da Ásia durante o Paleoceno e o Eoceno, secou, no início do Oligoceno, os mamíferos da Ásia foram para a Europa, e alguns mamíferos unicamente europeus (principalmente tipos arcaicos) foram extinguidos. Este episódio de extinção foi tão dramático que é chamado de o Grande Extermínio (a Grande Separação).

Hoje em dia, os mamíferos do Hemisfério Norte (Holártica) e da África, de Madagáscar, da América do Sul e da Austrália são muito diferentes uns dos outros. Estes agrupamentos geográficos se dividem em três grandes províncias faunísticas: (1) fauna da Laurásia, incluindo a Holártica. África e Madagáscar, consistindo, quase que exclusivamente, de eutérios; (2) sul-americana, ou fauna tropical do Novo Mundo, contendo uma mistura de eutérios e de marsupiais; e (3) fauna australiana, contendo monotremados, marsupiais e alguns eutérios.

Entretanto, a fauna da África foi, uma vez, ainda mais distinta da fauna do restante da Holártica antes da África se colidir com a Eurásia no Oligoceno/Mioceno. Por exemplo, os híraces, que sobrevivem somente como pequenas formas roedoras, assumiram papéis ecológicos, atualmente utilizados pelos antílopes e porcos. Similarmente, a fauna sul-americana era mais distinta do que a da Holártica, antes da conexão entre a América do Sul e a do Norte, no Plioceno, com o papel dos grandes carnívoros feito pelos marsupiais boriaenídeos (Figura 20-19) e os grandes herbívoros pelos ungulados nativos de afinidades filogenéticas incertas.

Mesmo a fauna norte-americana era muito mais distinta da do restante da Holártica, na maior parte da Era Cenozóica, do que é hoje. Boa parte da fauna norte-americana atual (p. ex., veado, bisão e roedores, tais como os ratos silvestres) emigrou da Eurásia, no Plioceno e no Pleistoceno. por meio do estreito de Bering. Atualmente, somente Madagáscar e Austrália retêm faunas distintivamente diferentes do resto do mundo.

Evolução Convergente de Tipos Ecomorfológicos de Mamíferos

O termo ecomorfologia descreve a maneira pela qual a forma (sua morfologia) de um animal está adaptada a seu

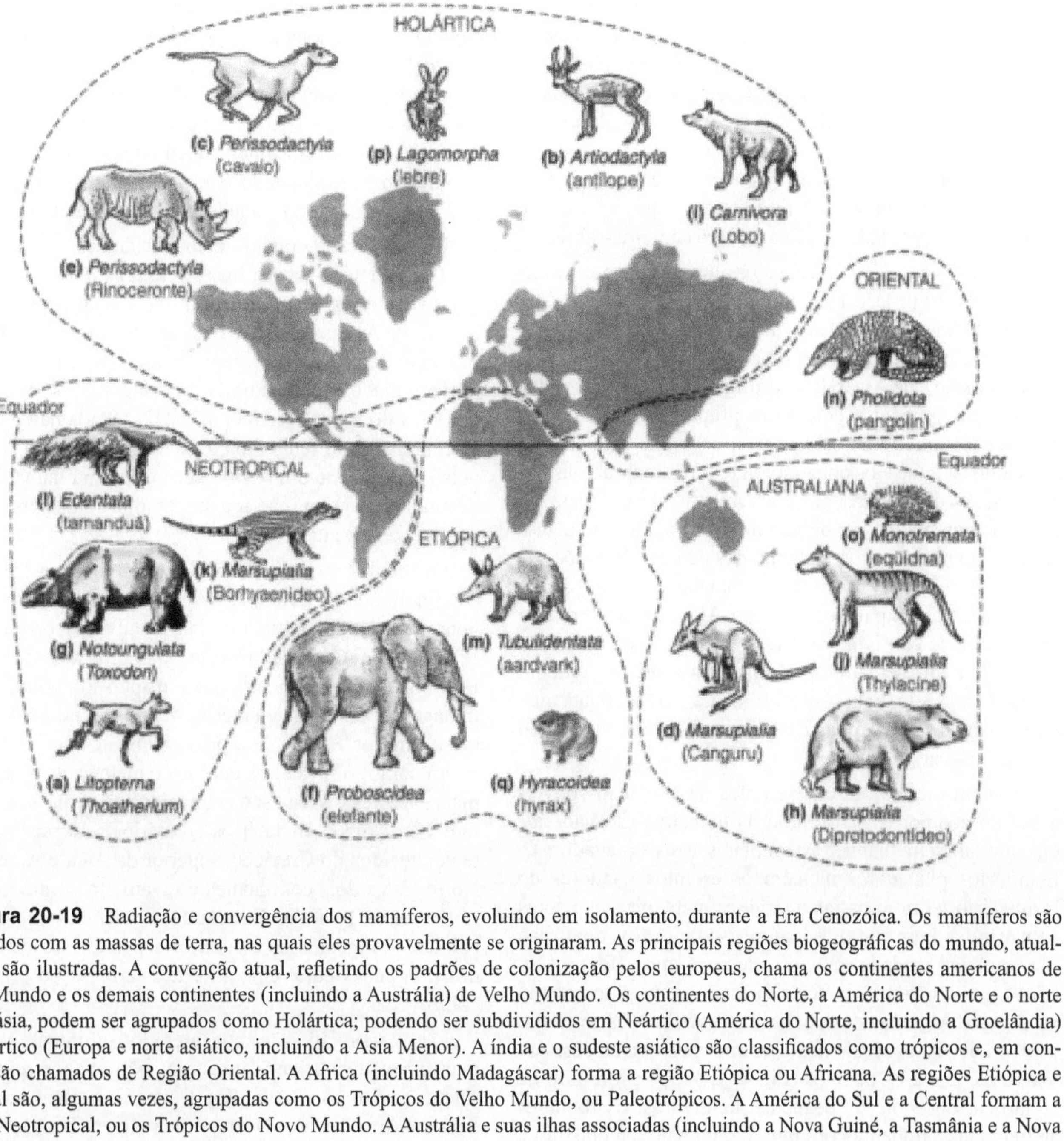

Figura 20-19 Radiação e convergência dos mamíferos, evoluindo em isolamento, durante a Era Cenozóica. Os mamíferos são agrupados com as massas de terra, nas quais eles provavelmente se originaram. As principais regiões biogeográficas do mundo, atualmente, são ilustradas. A convenção atual, refletindo os padrões de colonização pelos europeus, chama os continentes americanos de Novo Mundo e os demais continentes (incluindo a Austrália) de Velho Mundo. Os continentes do Norte, a América do Norte e o norte da Eurásia, podem ser agrupados como Holártica; podendo ser subdivididos em Neártico (América do Norte, incluindo a Groelândia) e Paleártico (Europa e norte asiático, incluindo a Asia Menor). A índia e o sudeste asiático são classificados como trópicos e, em conjunto, são chamados de Região Oriental. A Africa (incluindo Madagáscar) forma a região Etiópica ou Africana. As regiões Etiópica e Oriental são, algumas vezes, agrupadas como os Trópicos do Velho Mundo, ou Paleotrópicos. A América do Sul e a Central formam a região Neotropical, ou os Trópicos do Novo Mundo. A Austrália e suas ilhas associadas (incluindo a Nova Guiné, a Tasmânia e a Nova Zelândia) formam a região Australiana.

comportamento e a seu ambiente (sua ecologia). A evolução separada de diferentes estoques basais de mamíferos, em continentes distintos, ilustra bem a evolução convergente de ecomorfos nos mamíferos da Era Cenozóica.

Herbívoros corredores especializados (Figura 20-19a-d) incluem os litoptérnios extintos da América do Sul, o antílope artiodáctilo holártico de origem euro-asiática e os cavalos perissodáctilos (a maior parte da evolução dos cavalos ocorreu na América do Norte). Estes ungulados são muito similares em muitos aspectos. Até mesmo os marsupiais australianos, tais como o canguru, demonstram convergências nas mandíbulas, nos dentes e no comportamento de alimentação com os herbívoros eutérios. A evolução convergente também ocorreu entre os herbívoros lentos e corpulentos (Figura 20-19e-h), tais como os rinocerontes holárticos (perissodáctilos), os elefantes, os quais se originaram na Africa, os extintos notoungulados da América do Sul e os extintos diprotodontídeos marsupiais da Austrália.

Mamíferos carnívoros apresentam convergências similares (Figura 20-19i-k). O lobo verdadeiro da Holártica, o recentemente extinto lobo marsupial, ou "tilacinio", da Austrália e os extintos boriaenídeos marsupiais da América do Sul possuem morfologias corpóreas e forma dentária similares, embora somente os lobos verdadeiros apresentem as pernas longas que distinguem os predadores de grande velocidade. Tipos similares de convergências intercontinentais, mais uma vez envolvendo os marsupiais e os eutérios, ocorreram com um ecomorfo carnivoro que não existe atualmente – o predador similar ao tigre dente-de-sabre.

Os mamíferos especializados na alimentação por formigas e cupins (mirmecofagia; Figura 20-191o) incluem o tamanduá-bandeira da América do Sul, o aardvark, na África, o pangolim, na Ásia tropical e na África, e o eqiiidna (um monotremado), na Austrália. Formigas e cupins são insetos sociais que aplicam a defesa em grupo. Eles geralmente constroem ninhos impressionantes, contendo milhares de indivíduos, alguns dos quais, soldados com mandíbulas poderosas. As especializações convergentes destes mamíferos não aparentados, ou de parentesco distante, incluem a redução do número e do tamanho dos dentes, alterações na forma e na força do crânio e das maxilas e membros peitorais modificados para a escavação. Alguns mamíferos, de ancestralidade carnívora, adotaram um estilo de vida mirmecófago e apresentam especializações similares, embora menos extensivas. Estas espécies incluem o "numbat" australiano, uma hiena africana, o "aardwolf", e um viverrídeo de Madagáscar, o "fanalouc".

Existem muitos outros exemplos de evolução convergente de ecomorfos, tais como as toupeiras escavadoras, ou animais semelhantes as toupeiras e os "planadores". Ecomorfos planadores incluem os esquilos voadores do Hemisfério Norte e os falangerídeos marsupiais voadores da Austrália, bem como os lêmures voadores (os quais não são primatas verdadeiros) do sudeste asiático (Figura 20-17e) e um tipo completamente diferente de esquilo voador, na África. Algumas vezes, formas semelhantes evoluem sob condições, aparentemente, muito menos isoladas. Assim, as lebres e os coelhos (Figura 20-19p) evoluíram na Holártica, onde outros pequenos herbívoros, os roedores aparentados, também ocorreram. Os animais semelhantes a roedores da África são os híraces (Figura 20-19q), os quais apresentavam uma diversidade muito maior, de tamanhos e de formas corpóreas, no passado.

Distribuição dos Mamíferos do Início da Era Cenozóica

No início da Era Cenozóica, todos os mamíferos eram pequenos e pouco especializados. Os marsupiais parecem ter sido onívoros e arborícolas, como os gambás modernos, enquanto os eutérios eram, na maioria, formas insetívoras primitivas e terrestres, similares aos musaranhos, ou ungulados arcaicos.

A origem dos marsupiais parece ter ocorrido na América do Norte, enquanto a dos eutérios na Ásia. O estoque original de marsupiais norte-americanos extinguiu-se há, ao menos, 30 milhões de anos. O marsupial nativo atual da América do Norte, o gambá comum *Didelphis virginiana,* é um imigrante pleistocênico da América do Sul. Os gambás continuam se deslocando para o norte, sendo registrados, pela primeira vez, no Canadá, na década de 1950.

Os multi-tuberculados eram residentes, primariamente, do Hemisfério Norte, mas um ramo sulista distinto, dos gondwanatérios, foi identificado no Cretáceo da América do Sul, da África e de Madagáscar. Os monotremados têm, provavelmente, uma origem australiana, mas um fóssil monotremado foi encontrado na Patagônia, no extremo da América do Sul (Pascual et al. 1992). Ainda não é claro se este animal representa uma dispersão, a partir da Austrália pela Antártica, ou um remanescente de uma fauna da Gondwana mais antiga, não registrada, que se dispersou pelos continentes do sul.

Os mamíferos mais derivados, com molares tribosfênicos (incluindo os térios) se originaram, provavelmente, de uma radiação no Hemisfério Norte, talvez ocorrida após a separação da América do Norte e da Eurásia da Gondwana. Este registro fóssil mostra que a dispersão evolutiva entre linhagens marsupiais e eutérias ocorreram no final do Cretáceo Inferior. Esse evento provavelmente ocorreu na Ásia, assim como os primeiros eutérios e metatérios (marsupiais mais parentes fósseis) são conhecidos da China (veja Capítulo 18). Ambos, metatérios e eutérios, são razoavelmente conhecidos do Cretáceo Superior da Ásia e América do Norte; estes dois continentes estavam em contato via Beringia neste Período. Entretanto, evidências moleculares colocam os metatérios e eutérios separados desde o início do Jurássico Médio, embora esta interpretação seja muito controversa.

Os marsupiais são considerados quintessência dos mamíferos australianos, mas eles não chegaram no continente até o início da Era Cenozóica. Sua origem se deu na América do Norte e sua diversificação inicial, no Cenozóico sul-americano. Durante a Era Cenozóica, os marsupiais se dispersaram não somente pelos continentes do sul, mas também pelos do norte. Os marsupiais generalizados, primitivos parecidos com gambás, são conhecidos do Eoceno e/ou Oligoceno na Europa, na Ásia e no norte da África, mas, aparentemente, eles nunca foram muito diversificados ou numerosos por ali. Alguns remanescentes fragmentários de marsupiais são conhecidos desde Mioceno Médio na América do Norte e Europa, mas a abundância e diversidade dos marsupiais no Hemisfério Norte, foi severamente limitada depois da metade do Eoceno. Sua extinção, no Cenozóico Médio, naquela parte do mundo, pode ser apenas uma porção da extinção de muitos mamíferos arcaicos que ocorria naquele momento. Não há necessidade de criar um cenário complexo de competição com os eutérios.

Mamíferos da Era Cenozóica dos Continentes do Sul

Os mamíferos da Austrália, da Ilha de Madagascar e América do Sul diferem dos presentes no Hemisfério Norte, provendo exemplos claros dos efeitos do isolamento biogeográfico.

Isolamento Australiano na Era Cenozóica A fauna de mamíferos australiana sempre foi composta, quase que inteiramente, por marsupiais e monotremados. Os mais antigos fósseis de marsupiais australianos têm idade eocênica, havendo abundância do início do Mioceno em diante. A América do Sul, a África, a Antártica e a Austrália ainda estavam próximas umas das outras, no inicio da Era Cenozóica. A Austrália era, provavelmente, habitada por marsupiais que se moveram para a América do Sul pela Antártica, a qual era quente e úmida até há cerca de 35 milhões de anos. Os fósseis de marsupiais são conhecidos do Eoceno do oeste da Antártica e, na realidade, a maior barreira para a dispersão para a Austrália foi o cruzamento da cadeia montanhosa, no centro do continente, entre o leste e o oeste antárticos.

Uma vez que os marsupiais chegaram à Austrália, eles aproveitaram as vantagens do isolamento em longo prazo, evoluindo a uma variedade de nichos, com hábitos alimentares desde a herbivoria completa até a carnivoria. A Figura 20-20 ilustra alguns marsupiais australianos e nota suas convergências com os eutérios do norte. Perceba que os gambás e os falangerídeos são uma radiação diversificada de mamíferos arborícolas, os quais são convergentes não somente com os esquilos, mas com os primatas.

Um exemplo particularmente interessante de convergência existe entre o *aye-aye* de Madagascar (um lêmur, um tipo de primata primitivo) e o gambá-listado da Península de Iorque, no nordeste australiano. Ambos retiram insetos de ocos de árvores, ambos apresentam incisivos em cinzel e ambos alongaram um de seus dedos formando um gancho. Certos insetívoros (apatemyídeos), do início da Era Cenozóica da Holártica, possuíam especializações similares, mas se extinguiram no início do Mioceno, quando os pica-paus evoluíram – aves que também se alimentavam de insetos na madeira. Madagascar e Austrália são os únicos locais no mundo, atualmente, que não apresentam pica-paus, o que sugere que estas aves, nas demais localidades, competiram com os mamíferos.

A fauna de mamíferos australianos do início do Eoceno revelou uma descoberta marcante: além das diversas espécies de marsupiais, ela preservou o molar de um eutério, o qual era similar ao dos ungulados arcaicos, conhecidos do início da Era Cenozóica, na América do Norte (Godthelp et al. 1992). Este fóssil sugere que os marsupiais não completaram sua jornada pela Antártica sozinhos; eles foram acompanhados por, ao menos, uma espécie de eutério. Este eutério evidentemente foi extinto, pois outros eutérios terrestres não são conhecidos na Austrália até o final do Mioceno. Este animal muda a ideia de inferioridade dos marsupiais na presença dos eutérios. Os únicos outros eutérios conhecidos, no início da Era Cenozóica da Austrália, são os morcegos. Suas afinidades se dão, aparentemente, com os morcegos da Ásia, o que sugere que eles voaram até a Austrália por meio de ilha a ilha, através do Arquipélago Australiano.

Os roedores, originalmente, chegaram à Austrália no final do Mioceno, aproximadamente há 7 milhões de anos, provavelmente por meio de uma dispersão ao longo da cadeia de ilhas entre o sudeste asiático e Nova Guiné. Os roedores australianos compõem uma interessante radiação endêmica atualmente; eles são aparentados ao grupo dos camundongos/ratos dos roedores euro-asiáticos, mas evoluíram em formas unicamente australianas, tais como o pequeno camundongo jerboa e os grandes ratos d'água do tamanho de lontras. Os camundongos e ratos verdadeiros chegaram posteriormente, no Pleistoceno. Todavia, estes roedores aparentemente exerceram pouca influência sobre os marsupiais australianos. Uma ameaça muito maior tem sido a invasão por humanos e por cães (dingos) e a introdução recente de mamíferos domésticos, tais como raposas, coelhos e gatos. O lobo e o diabo da Tasmânia, ambos marsupiais carnívoros, já eram conhecidos na Austrália, anteriormente à chegada dos aborígines australianos e dingos. Atualmente, diversas outras formas são ameaçadas ou se encontram em perigo de extinção, devido à ação dos humanos e à sua introdução de espécies exóticas.

Madagascar Madagascar é uma ilha na costa oeste da África. Ela aparentemente se separou da África em meados da Era Mesozóica, e sua fauna atual de mamíferos representa migrações subsequentes. Mas a fonte destes imigrantes, se africanos ou asiáticos (a fonte dos povos indígenas atuais em Madagascar), permanece em debate. Os mais bem conhecidos mamíferos endêmicos são os lêmures, uma radiação de primatas primitivos desconhecida em qualquer outro local do planeta. Mesmo sendo bem grande atualmente, a diversidade dos lêmures era muito maior no passado recente. Há apenas alguns milhares de anos, lêmures muito maiores (do tamanho de um gorila) – tanto terrestres quanto arborícolas – se igualava à radiação dos grandes símios dentre os primatas antropóides. A extinção destes lêmures gigantes parece estar relacionada à chegada dos humanos, há cerca de dois mil anos, provavelmente devido à destruição dos habitats, ao invés da caça.

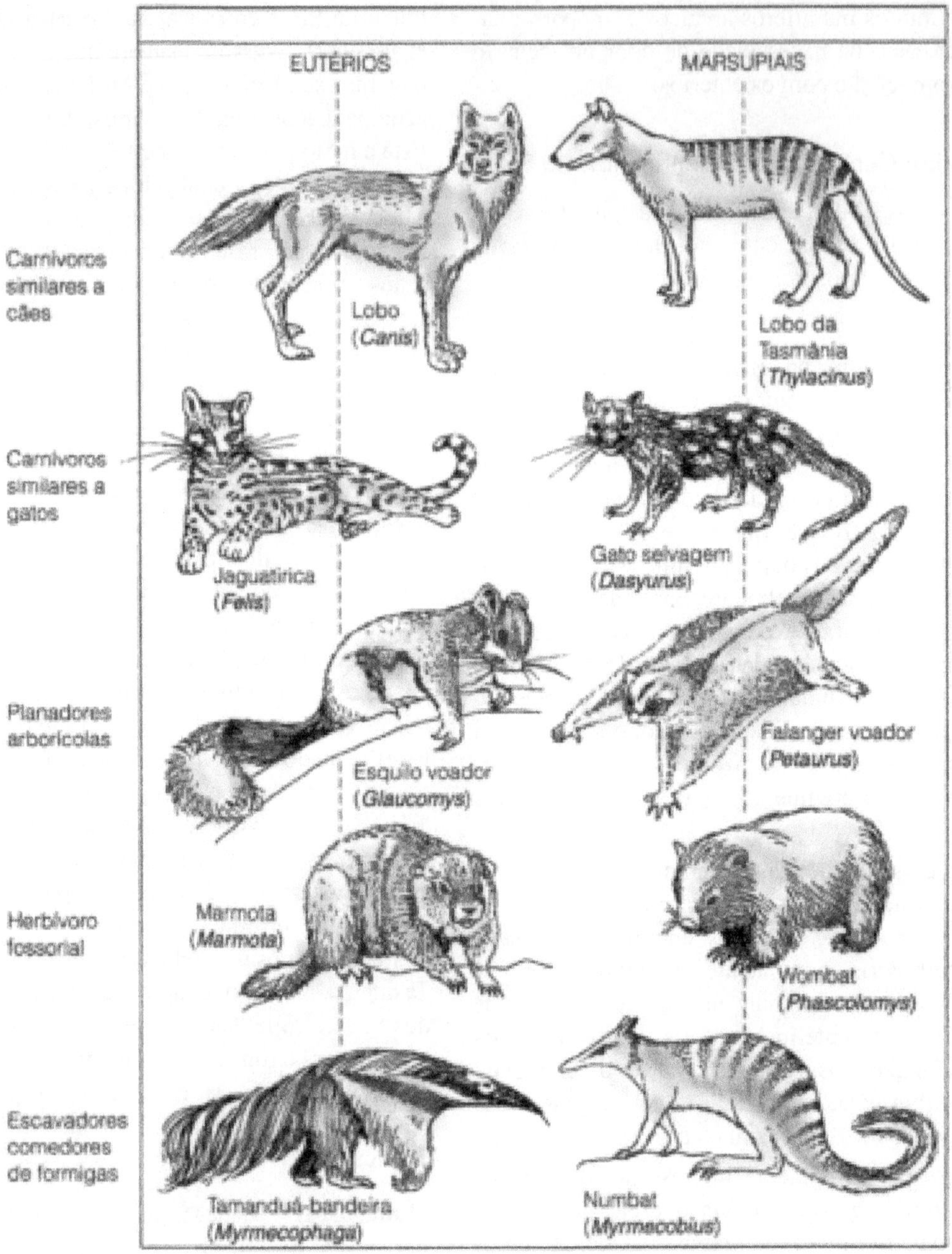

Figura 20-20 Convergências da forma corpórea e de hábitos entre os mamíferos eutérios e marsupiais.

Os demais mamíferos de Madagáscar pertencem às ordens Carnívora e Insectivora, compondo-se de formas desconhecidas em outras localidades do planeta. Os insetívoros nativos são os "tenrecs", que se parecem muito com os musaranhos (lembre-se daquelas filogenias moleculares que removeram os tenrecs dos Insectivora e ligava-os com elefantes e outras formas africanas nos Afrotheria). Os tenrecs também se diversificaram em formas com espinhos, formas similares a toupeiras e formas nadadoras, similares a lontras. Os carnívoros são viverrídeos, aparentados aos "civeta" e aos ginetas africanos e asiáticos. O mais impressionante deles é o "fossa" (*Cryptoprocta ferox*), um animal um pouco maior do que um gato doméstico. Na ausência de gatos verdadeiros, o "fossa" evoluiu como predador. Embora ele seja mais robusto que os gatos, com pernas mais curtas e musculosas, as quais refletem seus hábitos arborícolas, seu crânio é praticamente indistinguível do de um gato.

Mamíferos da América do Sul e a Grande Troca Interamericana Do Jurássico Superior até o final da Era Cenozóica, a América do Sul esteve isolada da América do Norte por meio de um mar entre o Panamá e o noroeste da América do Sul. No Plioceno, há cerca de 2,5 milhões de anos, estabeleceu-se uma ponte de terra entre a América do Sul e a América do Norte. Animais de ambos os continentes estavam livres para se misturar, pela primeira vez, em mais de 100 milhões de anos (Marshall et al. 1982, Marshall 1988). As trocas faunísticas por meio de dispersões tiveram início no final do Mioceno, conforme as duas massas continentais se aproximavam. Este evento, a Grande Troca Interamericana (GTI) é um exemplo espetacular dos efeitos da dispersão e da mistura faunística entre duas massas continentais previamente separadas (veja a Figura 20-21).

Superficialmente, os mamíferos que se moviam da América do Norte para a América do Sul parecem ter sido mais numerosos e mais bem sucedidos do que os animais que

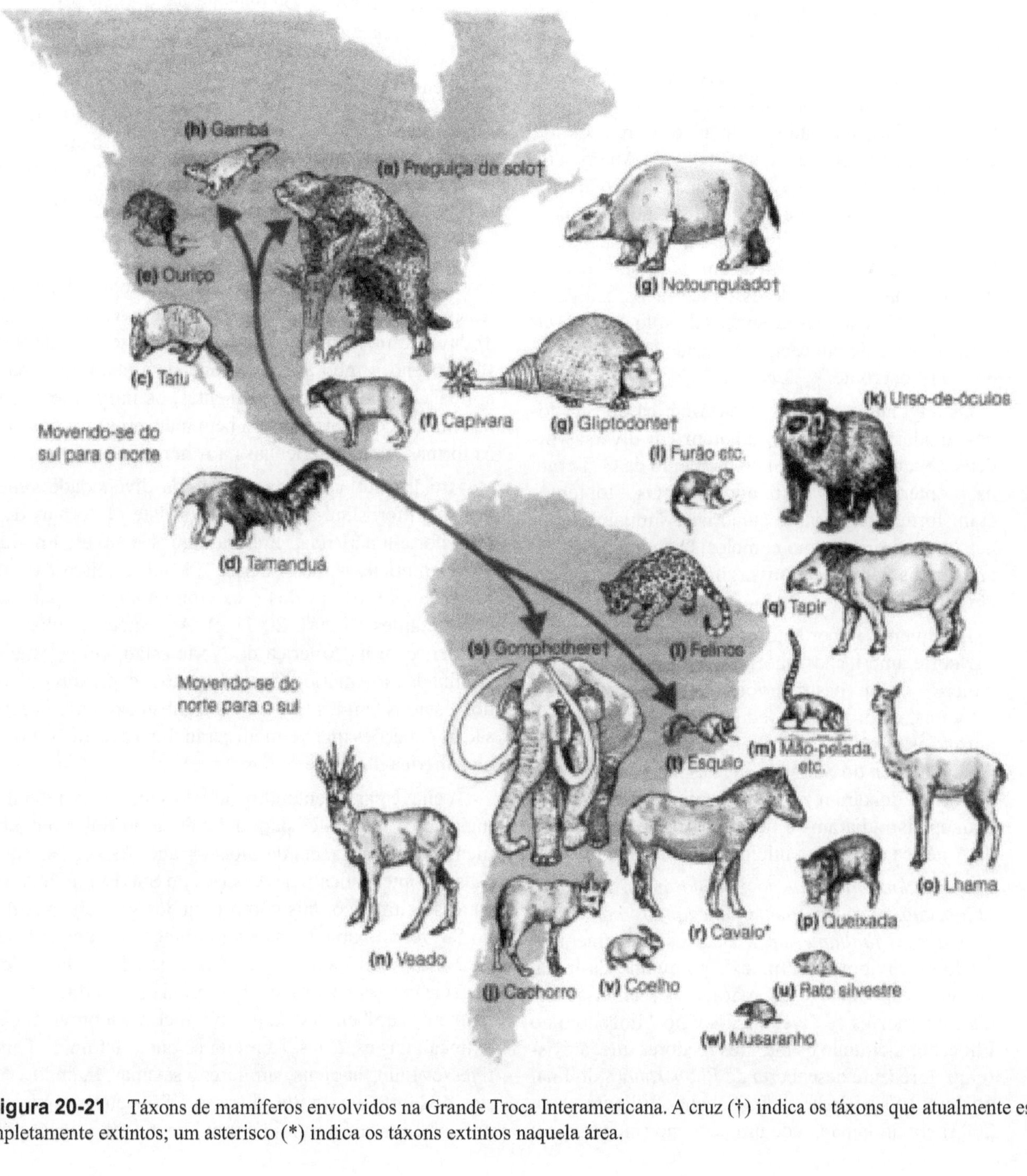

Figura 20-21 Táxons de mamíferos envolvidos na Grande Troca Interamericana. A cruz (†) indica os táxons que atualmente estão completamente extintos; um asterisco (*) indica os táxons extintos naquela área.

fizeram o caminho oposto. Por muitos anos, as trocas foram vistas como um exemplo de superioridade competitiva favorável aos mamíferos do Hemisfério Norte. Entretanto, com a reconsideração das evidências disponíveis, uma interpretação diferente é preferida atualmente. Antes de discutirmos a GTI em maior detalhe, primeiro precisamos considerar a diversidade de mamíferos que habitavam a América do Sul antes das trocas.

Três grupos principais de mamíferos podem ser distinguidos na América do Sul antes da GTI. Na realidade, boa parte da diversidade original da fauna de mamíferos sul-americana já estava extinta quando ocorreu a GTI, e a competição com os imigrantes do norte não foi a responsável pelo seu destino.

- Os primeiros habitantes, conhecidos do Paleoceno, evoluindo *in situ* ou originários da América do Norte; marsupiais, edentados e ungulados arcaicos. Os edentados eram conhecidos somente da América do Sul, antes do Plioceno. A diversidade dos edentados no passado era consideravelmente maior do que a de hoje, incluindo os gliptodontes, aparentados aos tatus, animais, do tamanho de uma vaca, enclausurados em uma carapaça de ossos dérmicos, similar à de uma tartaruga, e as preguiças de solo, que variavam do porte de um cachorro grande até o tamanho de um rinoceronte.

  Os ungulados endêmicos da América do Sul, todos atualmente extintos, radiaram em diversas ordens. Os que sobreviviam no momento da GTI eram os litopternos e os notoungulados. Os litoptemos eram formas delgadas e cursoriais, similares a póneis, ou maiores, como camelos. Os notoungulados eram mais robustos e divergiram, principalmente, em formas menores, similares a rinocerontes.

  Igualmente importante era o grupo de mamíferos norte-americanos que falharam em colonizar a América do Sul neste Período, notavelmente os insetívoros, carnívoros e roedores. Não há explicação porque estes grupos não tiveram sucesso em colonizar a América do Sul, mas sua ausência é importante porque deixaram zonas adaptativas abertas, e os marsupiais radiaram-se nelas durante o isolamento da América do Sul, no início da Era Cenozóica.
- *Colonizadores do final do Eoceno ou do início do Oligoceno, provavelmente chegando por meio de material flutuante, da Africa.* Estes incluem os roedores caviomorfos (p. ex., porquinho-da-índia, cutias e capivaras) e os macacos sul-americanos. Os caviomorfos se diversificaram no Mioceno e no Plioceno, incluindo os maiores roedores que já existiram. A recente descoberta de *Phoberomys,* do final do Mioceno da Venezuela (Sánchez-Villagra et al. 2003) era do tamanho de um pequeno rinoceronte e até mesmo hoje, a capivara, do porte de um porco é extremamente grande para um roedor.
- *Migrações do final do Mioceno, oriundas da América do Norte por meio do arco de ilhas que liga os dois continentes.* Estes incluem os guaxinins (do norte para o sul) e alguns tipos pequenos de preguiças (do sul para o norte).

Com o estabelecimento da ligação terrestre no Panamá, no Plioceno, alguns animais norte-americanos se moveram para o sul e algumas formas sul-americanas se moveram em direção ao norte. De maneira geral, mais espécies moveram do norte para o sul do que na direção oposta, mas estas diferenças podem ser um artefato dos tamanhos relativos entre a América do Norte e América do Sul. A América do Norte é uma área de terra muito maior do que a do Sul e, dessa maneira, possui mais táxons mamalianos. O maior movimento norte para o sul pode somente significar que havia mais espécies de mamíferos quando se formou a ponte de terra panamenha.

Em cada continente, os recém-chegados e a fauna nativa pareceram coexistir, e para a maior parte dos imigrantes enriqueceram a fauna existente, ao invés de substitui-la. Todavia, uma disparidade aparece durante as extinções do Pleistoceno. Embora estas extinções afetaram os maiores animais, em ambos os continentes, os imigrantes sulistas, na América do Norte, foram bem mais prejudicados do que as formas norte-americanas na América do Sul.

Atualmente, cerca da metade da diversidade genérica dos mamíferos sul-americanos consiste de formas de origem norte-americana, embora alguns notáveis imigrantes norte-americanos, na América do Sul, estejam extintos – por exemplo, os cavalos e os Gomphotheria, aparentados aos elefantes (Figura 20-21 s). As espécies sulistas que permanecem na América do Norte estão, em sua maioria, confinadas à América Central (p. ex., capivaras) e ao sul dos Estados Unidos (tatus). Os gambás e o ouriço-cacheiro são as exceções que permaneceram bem sucedidas no norte da América do Norte.

A chave para o entendimento do sucesso aparentemente maior dos imigrantes para a América do Sul é o conhecimento da importância da biogeografia. As regiões equatoriais e tropicais ficam na América do Sul. Em momentos de estresse climático, tais como períodos glaciais, a América do Sul retém habitats mais equilibrados do que a América do Norte, com menos extinções esperadas. Alterações de vegetação, associadas com as mudanças climáticas, obviamente também tiveram um papel na sobrevivência ou extinção das espécies. Acredita-se que o Istmo do Panamá tivesse alguns habitats, similares a savanas, ligando a América do Norte e a do Sul, durante o Plioceno, agindo como um corredor que permitia o movimento, em direção ao sul, de mamíferos como cavalos e veados, e o movimento, em direção ao norte, de mamíferos como os gliptodontes e as preguiças terrestres.

No Pleistoceno, o corredor da América Central foi fechado para a imigração de mamíferos adaptados à savana, possivelmente devido ao crescimento das florestas tropicais. Os mamíferos que chegaram à América do Norte somente no Pleistoceno, tais como os bisões e os mamutes, nunca atingiram a América do Sul. Os gliptodontes e preguiças gigantes que haviam migrado para o norte, possivelmente eram incapazes de retornar à América do Sul. Quando as savanas norte-americanas desapareceram, no final do Pleistoceno, estes mamíferos edentados de origem sul-americana não foram capazes de se adaptar às pradarias mais frias que abrigavam os bisões, extinguindo-se.

Uma última consideração na GTI é a de que as contas de quem se moveu para onde – e quando – geralmente consideram somente espécies conhecidas no registro fóssil (como na Figura 20-21). Já que os habitats tropicais raramente preservam os fósseis, possuímos pouca informação acerca da história fóssil da América Central. Ainda mais. a diversidade de marsupiais, similares aos gambás, de edentados, de macacos e de roedores caviomorfos, atualmente na América Central só pode ser oriunda da América do Sul. Alguns outros mamíferos centro-americanos, tradicionalmente considerados como táxons do norte, tais como os felinos (jaguatirica e pumas) e os ungulados (veados e os tapires), também podem ter evoluído, à suas formas presentes, na América do Sul, voltando para a América do Norte. Devido a nossas fronteiras políticas atuais, sempre esquecemos que a América Central é, biologicamente, uma porção da América do Norte, e não da América do Sul. Um bom registro sobre os imigrantes da América do Sul à Central é necessário antes de podermos escrever o capítulo final da Grande Troca Interamericana.

Resumo

Todos os mamíferos compartilham características derivadas únicas. A lactação é o traço mais óbvio dos mamíferos e todos eles possuem pêlos e uma variedade de glândulas na pele, utilizadas para a lubrificação e para impermeabilidade à água, comunicação olfativa e termorregulação. As glândulas mamárias evoluíram a partir destes tipos de glândulas da pele.

Os principais grupos de mamíferos viventes são os monotremados e os térios (marsupiais e eutérios). Os térios não são somente mais derivados do que os monotremados quanto a seu modo de reprodução (viviparidade, em oposição aos ovos), mas eles também são mais derivados quanto a diversas características do esqueleto e da musculatura, especialmente na anatomia da cintura escapular, a qual permite uma gama maior de comportamentos locomotores. Os térios também apresentam molares tribosfênicos, aurícula (orelha externa), uma cóclea com duas voltas e meia e aberturas separadas para os dutos urogenitais e alimentares, com a perda da cloaca. Somente algumas poucas características dentárias e esqueléticas distinguem os marsupiais dos eutérios, mais notavelmente a perda dos ossos epipúbicos nos eutérios. Os eutérios são, de longe, o grupo mais diversificado de mamíferos, sendo encontrados em todo o mundo. Existem controvérsias acerca de como as diferentes ordens de eutérios são relacionadas, umas com as outras, e acerca dos momentos de origem e de diversificação.

A diversidade dos mamíferos da Era Cenozóica pode ser melhor compreendida no contexto das alterações de padrões da biogeografia. A distribuição de alguns grupos de mamíferos reflete a vicariância, como a dos monotremados na Austrália. Outros padrões de distribuição refletem a dispersão, tais como a migração dos marsupiais à Austrália, desde a América do Sul. O isolamento de vários continentes resultou em faunas únicas de mamíferos na Austrália, em Madagascar e na América do Sul. A fauna sul-americana era ainda mais distinta até a formação do Istmo do Panamá, há cerca de 2 milhões de anos.

Leituras Adicionais

Archer, M., et al. 1985. First Mesozoic mammal from Austrália – an early Cretaceous monotreme. *Nature* 318:363-366.

Archibald, J. D. 2003. Timing and biogeography of the eutherian radiation: Fossils and molecules compared. *Molecular Phylogenetics and Evolution* 28:350-359.

Asher, R. J., et al. 2003. Relationships of endemic African mammals and their fóssil record relatives based on morphological and molecular data. *Journal of Mammalian Evolution* 10:131-194.

Benton, M. J. 1999. Early origins of modem birds and mammals: Molecules vs. morphology. *BioEssays* 21:1043-1051.

Blackbum, D. G. 1991. Evolutionary origins of the mammary gland. *Mammal Review* 21:81-96. Brown, W. M. 2001. Natural selection of mammalian brain components. *Trends in Ecology and Evolution* 16: 471-473.

Cifelli, R. L. 2001. Early mammalian radiations. *Journal of Paleontology* 75:1214-1226.

Daly, M. 1979. Why don't male mammals lactate? *Journal of Theoretical Biology* 78:325-345.

Flannery, T. F., et al. 1995. A new family of monotremes from the Cretaceous of Austrália. *Nature* 377:418-420.

Foote, M., et al. 1999. Evolutionary and preservational constraints on the origins of major biologic groups: Limiting divergence times of eutherian mammals. *Science* 283:1310-1314.

Francis, C. M., et al. 1994. Lactation in male fruit bats. *Nature* 367:691-692.

Gaeth, A. P., et al. 1999. The developing renal, reproductive, and respiratory systems of the African elephant suggest an aquatic ancestry. *Proceedings of the National Academy of Sciences* 96:5555-5559.

Gingerich, P. D., et al. 2001. Origin of whales from early artiodactyls: Hands and feet of Eocene Protocetidae from Pakistan. *Science* 293:2239-2242.

Godthelp, H., et al. 1992. Earliest known Australian Tertiary mammal fauna. *Nature* 356:514-516. Hedges, S. B., et al. 1996. Continental breakup and the ordinal diversification of birds and mammals. *Nature* 381:226-229.

Jenkins, F. A., Jr., and D. W. Krause. 1983. Adaptations for climbing in North American multituberculates (Mammalia). *Science* 220:712-715.

Kielan-Jaworowska, Z. 1997. Characters of multituberculates neglected in phylogenetic analyses of early mammals. *Lethaia* 29:249-266.

Krause, D. W. 1982. Jaw movement, dental function, and diet in the Paleocene multituberculate *Ptilodus*. *Paleobiology* 8: 265-281.

Krause, D. W. 1986. Competitive exclusion and taxonomic dis--placement in the fóssil record: The case of rodents and multituberculates in North America. *Contributions to Geology*, University of Wyoming, Special Paper 3:95-117.

Kumar, S., and S. B. Hedges. 1998. A molecular timescale for vertebrate evolution. *Nature* 392:917-920.

Long, J., et al. 2002. *Prehistoric Mammals of Austrália and New Guinea*. Baltimore, MD: The Johns Hopkins Press.

Madsen, O., et al. 2001. Parallel adaptive radiations in two major clades of placental mammals. *Nature* 409:610-614.

Marshall, L. G. 1988. Land mammals and the Great American Interchange. *American Scientist* 76:380-388.

McKenna, M. C. 1975. Toward a phylogenetic classification of the Mammalia. In P. Luckett and F. S. Szalay (Eds.), *Phylogeny of the Primates*. New York, NY: Plenum Press, 21-46.

Murphy, W. J., et al. 2001. Resolution of the early placental radiation using Baysian phylogenetics. *Science* 294:2348-2351.

Nêmec, R, et al. 2001. Neuroanatomy of magnetoreception: The superior colliculus involved in magnetic orientation in a mammal. *Science* 294:366-368.

Novacek, M. J. 1992. Mammalian phylogeny: Shaking the tree. *Nature* 356:121-125.

Novacek, M. J., et al. 1997. Epipubic bonés in eutherian mammals from the Late Cretaceous of Mongólia. *Nature* 389: 483-186.

Pascual, R., et al. 1992. First discovery of monotremes in South America. *Nature* 256:704-706.

Pond, C. M. 1998. *The Fats of Life*. Cambridge, UK: Cambridge University Press.

Reilly, S. M., and T. D. White. 2003. Hypaxial motor patterns and the function of epipubic bonés in primitive mammals. *Science* 299:400-402.

Rich, P. V., and G. F. van Tets. 1985. *Kadimakara, Extinct Vertebrates of Austrália*. Lilydale, Austrália: Pioneer Design Studio.

Rowe, M. P. 2000. Inferring the retinal anatomy and visual capacities of extinct vertebrates. *Palaeontologica Electronica* 3(1):43 pp.

Sanchez-Villagra, M. R., et al. 2003. The anatomy of the world's largest extinct rodent. *Science* 301:1708-1710.

Solounias, N. 1999. The remarkable anatomy of the giraffe's neck. *Journal of Zoology* 247:257-268.

van Dijk, M. A. M., et al. 2001. Protein sequence signatures support the African clade of mammals. *Proceedings of the National Academy of Sciences, USA* 98:188-203.

Vaughan, T. A., et al. 2000. *Mammalogy*, 4th. ed. Philadelphia, PA: Saunders.

Vrba, E. S. 1992. Mammals as a key to evolutionary theory. *Journal of Mammalogy* 73:1-28.

Waddell, P. J., et al. 1999. Towards resolving the interordinal relationships of placental mammals. *Symposium on the Origin of Mammalian Orders, Systematic Biology* 48:1-5. (See also other papers in this volume.)

Webb, S. D. 1991. Ecogeography and the Great American Interchange. *Paleobiology* 17:266-280.

Wroe, S. 1999. Killer kangaroos and other murderous marsupiais. *Scientific American* 280:58-64.

CAPÍTULO

21

Especializações dos Mammalia

Os mamíferos da Era Cenozóica são um grupo altamente diversificado de organismos, adaptados a uma grande variedade de estilos de vida que apresentam uma ampla diversidade ecomorfológica. Os três principais tipos de mamíferos viventes – monotremados, marsupiais e eutérios – podem ser distinguidos por diferenças profundas quanto a sua reprodução. Diferenças nas especializações morfológicas também podem ser observadas no crânio e nos dentes, relacionadas à alimentação, no esqueleto pós-craniano, para a locomoção, no cérebro e nos órgãos dos sentidos.

21.1 Reprodução dos Mamíferos

O modo de reprodução é a principal e mais óbvia diferença entre os três grandes grupos de Mammalia viventes. Enquanto todos os mamíferos apresentam lactação e cuidado parental, os monotremados são únicos, dentre os mamíferos, por botar ovos. O modo de reprodução por ovos dos monotremados é a condição mais primitiva entre os mamíferos, porque botar ovos é uma condição primitiva para os amniotas. Com a evolução da viviparidade, são perdidos as glândulas uterinas que adicionam à casca, e outros componentes nos ovos. Assim, parece impossível pensar num retorno à oviparidade depois que uma linhagem tornou-se vivípara. Dentre os térios, os marsupiais e os eutérios apresentam diferenças profundas quanto ao tamanho relativo de seus períodos de gestação; os marsupiais são muito conhecidos como mamíferos com bolsas, as quais abrigam os jovens que, no caso de um eutério, ainda estariam no útero.

Todos os mamíferos crescem a partir de uma esfera de células embrionárias (o **blastócito**), o qual forma tanto o embrião quanto o **trofoblasto**. O trofoblasto é uma diferenciação do tecido extra-embrionário, especializado na obtenção de nutrientes no útero para a produção de hormônios sinalizadores do estado da gravidez para a mãe e, nos térios, para auxiliar o implante do embrião na parede do útero. Todos os mamíferos têm um trofoblasto, mas a distinção entre as camadas celulares internas do blastocisto (formadoras do embrião) e camadas de células externas (formadoras do trofoblasto) são mais diferenciadas nos eutérios do que nos monotremados e nos marsupiais.

Adicionalmente, todos os mamíferos possuem um epitélio glandular uterino (**endométrio**), o qual secreta materiais que desenvolvem o embrião no útero e um **corpo lúteo** (plural = *corpora lutea,* do latim *corpus* = corpo e *lut* = amarelado), uma estrutura secretora de hormônios, formada no ovário a partir de células foliculares, as quais permanecem presentes depois que o ovo é implantado. Os hormônios secretados pelo corpo lúteo são essenciais para o estabelecimento e, ao menos, pela manutenção inicial da gravidez, embora somente nos eutérios haja um retorno da placenta para a manutenção do corpo lúteo.

Modo de Reprodução dos Monotremata

O trato reprodutivo dos monotremados retém a condição amniota primitiva. Os dois ovidutos permanecem separados, não se fundindo no desenvolvimento, exceto na base, onde se ligam à uretra, da bexiga, formando o **sino urogenital.** Os ovidutos expandem, formando o útero, o qual retém o ovo fertilizado (somente o oviduto esquerdo é funcional no ornitorrinco). Em todos os mamíferos, os ovos são fertilizados na porção cranial do oviduto, na **tuba uterina (= trompa de Falópio),** antes de entrarem no útero. Os ovários dos monotremados são maiores do que os dos térios, e os monotremados fornecem ao embrião uma grande quantidade de reserva alimentar. Entretanto, os ovos dos monotremados são muito menores, na ovulação, do que os dos répteis ou aves de tamanho corpóreo similar.

A quantidade de reserva alimentar não é suficiente para sustentar o embrião até a eclosão e os ovos são retidos no útero, no qual são alimentados por meio de secreções maternas, aumentando em tamanho, antes da secreção da casca. A casca tem aspecto coriáceo, como a de alguns lagartos, em vez de ser rígida e calcárea, como a das aves.

Os monotremados botam um ou dois ovos, e os filhotes eclodem relativamente rápido (apenas após 12 dias de incubação, no caso do omitorrinco). Os filhotes eclodem em um estágio pouco desenvolvido, quase embrionário (veja a Figura 21-1), e a criação, pela mãe, continua por mais 16 semanas. O omitorrinco geralmente bota ovos em uma cova, enquanto os équidnas os mantêm em uma bolsa ventral, a qual se parece com a dos marsupiais, porém, provavelmente não é homóloga a ela. Todos os monotremados apresentam baixa taxa reprodutiva – não mais do que uma vez ao ano.

Modo Reprodutivo dos Térios

Todos os térios apresentam uma placenta, a qual é formada a partir de membranas extra-embrionárias do feto. Os marsupiais e os eutérios são normalmente considerados distintos quanto aos seus tipos de placentação, e algumas vezes é dito que os marsupiais não têm placenta, entretanto, há mais similaridades na placentação entre estes dois tipos de mamíferos do que se acredita.

Todos os marsupiais e alguns térios possuem uma placenta **cório-vitelínica** inicial, desenvolvida a partir do saco vitelínico. Os eutérios possuem também uma placenta **cório-alantóica,** desenvolvida posteriormente a partir da combinação das membranas amniotas coriônica e alantóica. Alguns eutérios retêm uma placenta cório-vitelínica mesmo depois que a placenta cório-alantóica se desenvolveu (Figura 21-2). Seis camadas distintas de tecido separam o feto e o sangue materno na maioria dos eutérios, mas a placenta de alguns eutérios (incluindo primatas antropóides e alguns roedores) penetra tão profundamente na parede do útero, de tal forma que somente uma ou duas camadas de tecidos separam os sistemas sanguíneos fetal e maternal. Há muita variedade na forma da placenta dos mamíferos, bem como nos tipos de placentação (veja Mossman 1987 para detalhes).

A maioria dos marsupiais possui apenas uma placenta cório-vitelínica durante sua curta gestação, mas alguns marsupiais apresentam uma placenta cório-alantóica transitória, próximo ao final da gestação (veja a Figura 21-3). A placenta cório-alantóica é mais desenvolvida nos "bandicoots",

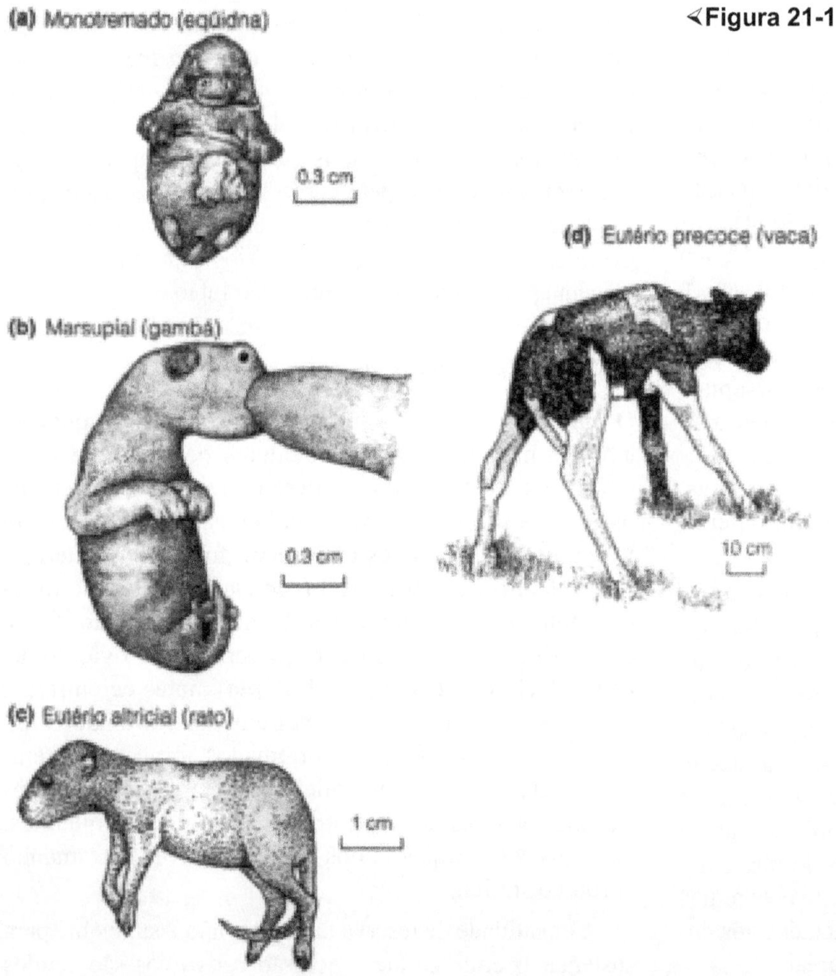

Figura 21-1 Mamíferos recém-nascidos.

➢**Figura 21-2** Dois tipos de estruturas placentárias de mamíferos, observadas em um estágio transitório de um embrião de gato implantado. Tanto a placenta cório-vitelínica, quanto a cório-alantóica, estão presentes neste estágio. A placenta cório-alantóica cresce para fora e toma a função da placenta cório-vitelínica, formada anteriormente.

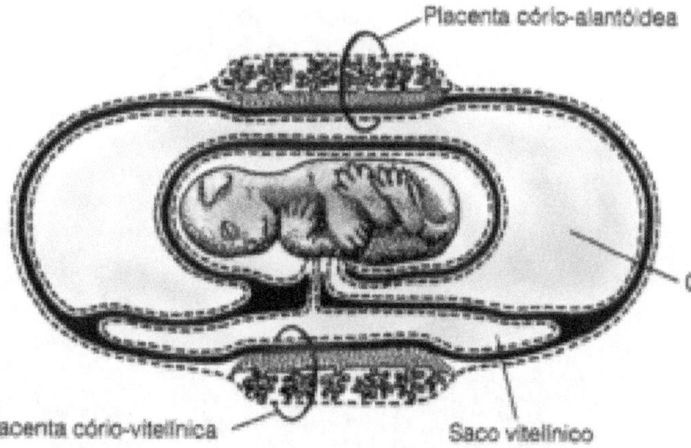

nos quais ela é vascularizada e invasiva, mas uma placenta cório-alantóica menos desenvolvida também é observada nos coalas e nos "wombats". A ausência de uma placenta cório-alantóica na maioria dos marsupiais representa, na verdade, a supressão da membrana cório-alantóica.

Diapausa Embrionária A habilidade de manter um embrião em um estado de suspensão de animação, anteriormente à implantação é uma importante característica reprodutiva de alguns térios. Esta capacidade permite à mãe espaçar as ninhadas sucessivas e separar o tempo de cruzamento e fertilização do início da gestação. Assim, a diapausa permite que o acasalamento e o nascimento do filhote se dêem nos momentos ótimos do ano. A diapausa embrionária é particularmente bem desenvolvida nos cangurus e foi geralmente considerada um traço marsupial derivado. Contudo, a diapausa embrionária ocorre em uma ampla gama de eutérios, incluindo os carnívoros, os roedores, os morcegos, os edentados e, ao menos, um artiodáctilo, o cervo (Renfree e Shaw 2000).

Testículos e Bolsa Escrotal Os monotremados, como os demais amniotas, possuem testículos retidos no abdome. Alguns térios, marsupiais e eutérios, também retêm os testículos no abdome, tanto na sua posição original, alta no abdome, quanto parcialmente rebaixado, abrigado subcutaneamente na base do abdome. Mas os testículos da maioria dos mamíferos descem até a bolsa escrotal, durante o desenvolvimento.

O valor da bolsa escrotal é obscuro: a ideia tradicional é a de que a bolsa escrotal cria um ambiente frio para a produção do esperma, mas não há uma correlação simples entre a temperatura corpórea e a posição testicular nos mamíferos. A bolsa escrotal, provavelmente, evoluiu de maneira convergente nos marsupiais e nos eutérios, pois o controle de seu desenvolvimento é diferente nos dois grupos. Nos marsupiais, a descida dos testículos se dá sob controle genético direto, enquanto, nos eutérios, ela é determinada por hormônios. Adicionalmente, a bolsa escrotal se encontra na frente do pênis nos marsupiais, e atrás dele na maioria dos eutérios (embora haja algumas exceções: p. ex., coelhos apresentam um escroto pré-peniano).

Reprodução dos Eutérios

Nos térios, os ureteres drenam o rim e entram na base da bexiga ao invés de ir para a cloaca ou sino urogenital, como na maioria dos vertebrados. Mudar o caminho da urina da cloaca para dentro da bexiga pode ser um arranjo bom para a maioria dos vertebrados; na verdade, a bexiga é perdida em alguns amniotas não mamíferos, incluindo muitos lepidossauros e a maioria das aves. Entretanto, em um mamífero vivíparo, a urina pode entrar no útero que contenha um filhote em desenvolvimento, e o reposicionamento dos ureteres pode ter ocorrido nesta conjuntura.

Nos eutérios, os ureteres passam lateralmente ao redor dos duetos reprodutivos em desenvolvimento para entrar na bexiga. Este arranjo permite que os ovidutos das fêmeas fundam-se entre si na linha mediana cranial ao seio urogenital em boa parte de sua extensão (Figura 21-4). Nos machos, este arranjo anatómico resulta em **vasos deferentes** (os tratos reprodutivos dos machos, do latim *vas* = vaso), circulando ao redor dos ureteres em sua passagem da bolsa escrotal até o seio urogenital. Todos os eutérios apresentam uma única vagina em posição sagital, mas poucos têm um único útero mediano, como o visto nos humanos. A maioria dos eutérios apresenta um útero bipartido em parte, ou por toda a sua extensão; o que pode ocorrer com os humanos como uma anormalidade no desenvolvimento.

Na maioria dos eutérios, o seio urogenital e o canal alimentar possui aberturas separadas, com um espaço externo distinto entre elas, o períneo. A separação da abertura urogenital feminina em aberturas distintas, uretral e vaginal, é vista somente em primatas em alguns roedores.

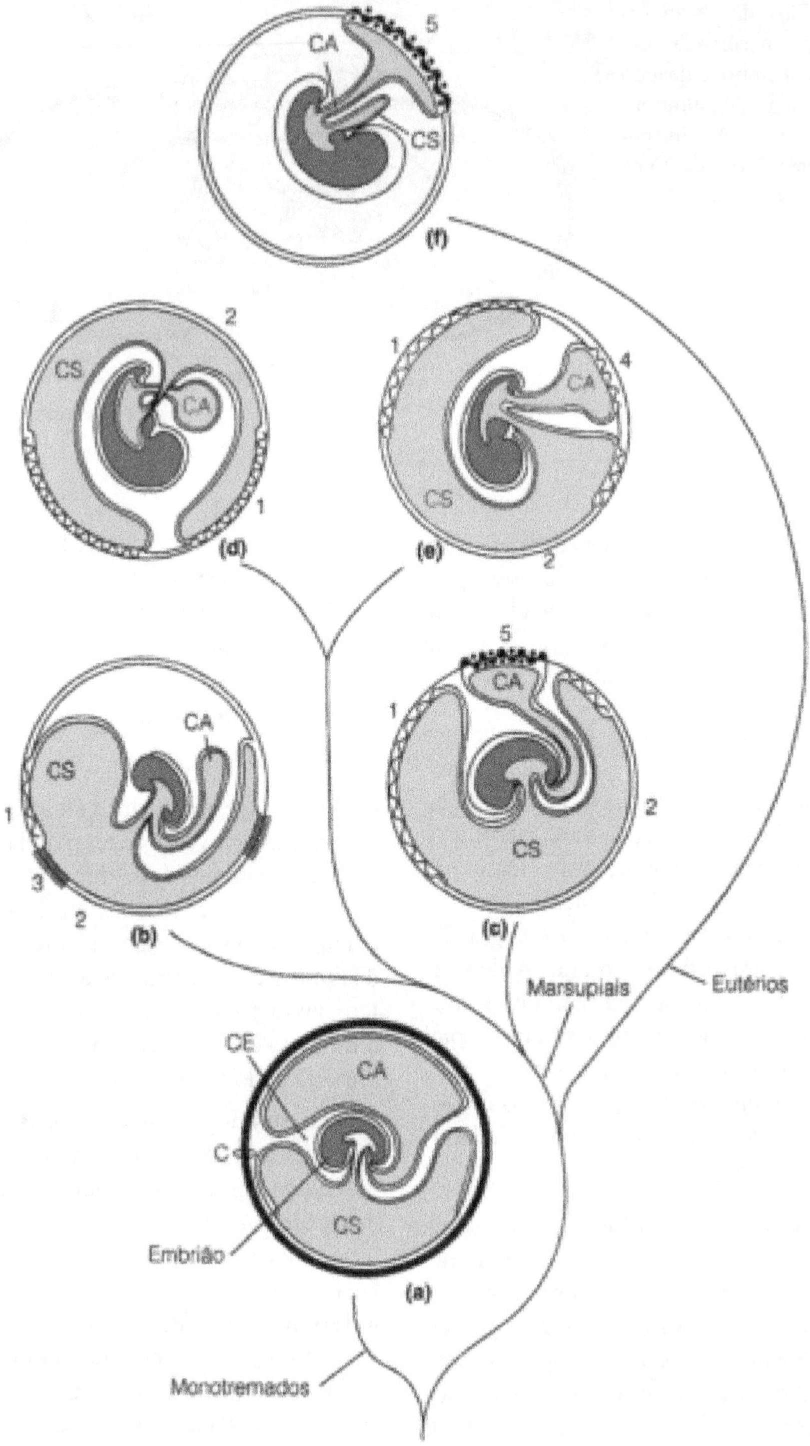

Figura 21-3 Tipos de placentação em marsupiais e em eutérios. (a) Um monotremado ovíparo. (b) Dasiurídeo – o alantóide chega ao córion e se retrai, sem formar uma estrutura placentária. (c) "Bandicoot" – uma complexa placenta cório-alantóica se forma no final da gestação e a placenta cório-vitelínica permanece funcional até o nascimento do filhote, (d) Gambás e cangurus – o alantóide pode crescer bastante, mas permanece encolhido nas camadas da parede do saco vitelínico. (e) Coala e wombat – o alantóide chega ao córion, formando uma placenta cório-alantóica aposta, (f) Eutério – a placenta cório-vitelínica tem vida curta e uma placenta cório-alantóica é funcional durante a maior parte da gestação. Legenda: 1 = placenta cório-vitelínica vascularizada; 2 = placenta cório-vitelínica não-vascularizada; 3 – placenta cório-vitelínica sincicial; 4 = placenta cório-alantóica aposta (não-vascularizada); 5 = placenta cório-alantóica sincicial (vascularizada); CA = cavidade alantóica; CE = celoma extra-embrionário; C = casca; CS = cavidade do saco vitelínico.

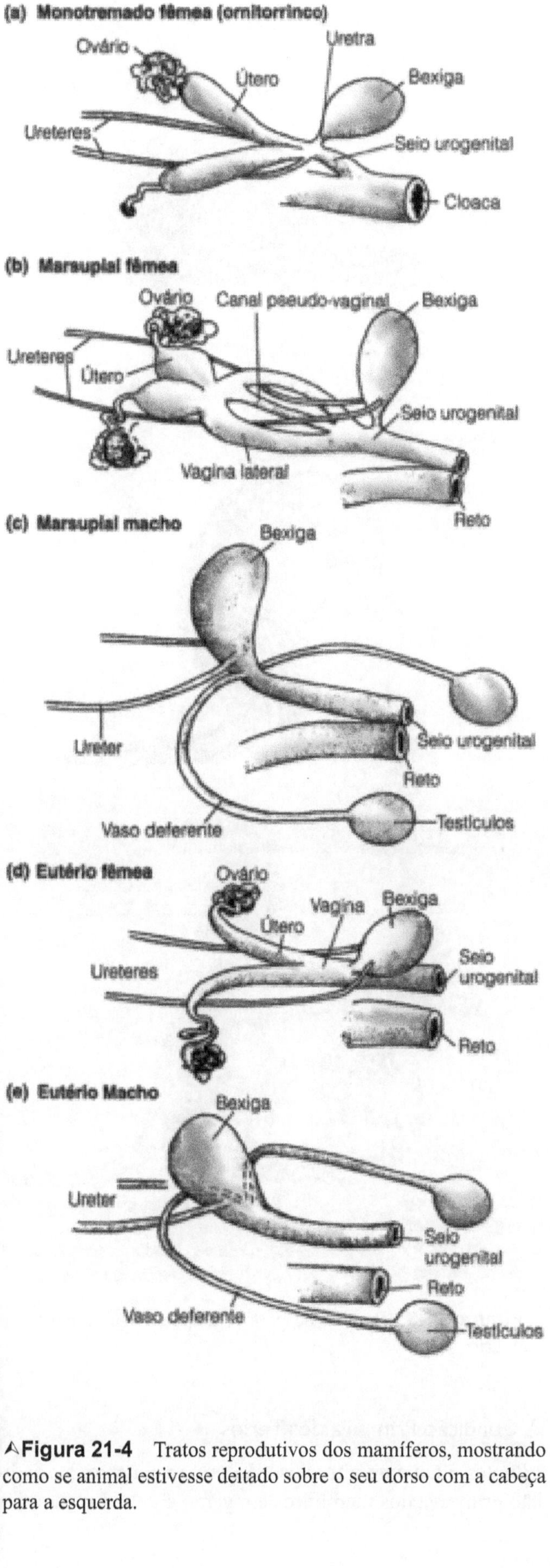

Figura 21-4 Tratos reprodutivos dos mamíferos, mostrando como se animal estivesse deitado sobre o seu dorso com a cabeça para a esquerda.

Alguns eutérios (p. ex., roedores e insetívoros) nascem em um estado altamente **altricial**, no qual são apenas um pouco mais desenvolvidos do que os filhotes de marsupiais; outros nascem em estágios de desenvolvimento mais avançados, se estendendo a um estado altamente precoce (a maioria dos ungulados), no qual o filhote pode correr após algumas poucas horas de seu nascimento. Todos os eutérios, embora precoces, ainda necessitam de um período de lactação para a transferência de anticorpos essenciais da mãe, bem como para a nutrição. Contudo, o período de lactação, na maioria dos eutérios, é relativamente pequeno em comparação aos demais mamíferos – geralmente mais curto que o período de gestação.

Em todos os mamíferos, espécies de maior porte tendem a produzir menos filhotes do que as espécies pequenas – mas o total do número de filhotes que uma mãe produz na sua vida é provavelmente similar, porque os grandes animais têm uma longevidade maior do que os pequenos. Nos eutérios, existe uma diferença entre os grandes carnívoros e os grandes herbívoros. Enquanto grandes carnívoros como os ursos e leões produzem diversos filhotes altriciais por ninhada, quase todos os ungulados produzem apenas um único filhote precoce ou, no máximo, gêmeos (obviamente ter diversos filhotes precoces não é uma opção viável para qualquer mamífero: não haveria espaço suficiente dentro da mãe para o desenvolvimento!). Assume-se que os herbívoros precisam ter filhotes mais desenvolvidos ao nascimento para que ele possa correr e escapar. Entretanto, pode ser que a dieta de baixa qualidade dos herbívoros signifique que o filhote de ungulado obtenha melhor nutrição ficando no útero porque os nutrientes são transferidos mais eficientemente pela placenta do que pelo leite.

Reprodução dos Marsupiais

Nos marsupiais, os ureteres passam medialmente aos duetos reprodutivos em desenvolvimento, entrando na bexiga. Este arranjo previne a fusão dos ovidutos femininos na linha média, ao menos caudalmente, e isso significa que os vasos deferentes dos machos não precisam circular os ureteres. O trato reprodutivo feminino consiste de duas vaginas laterais que se unem cranialmente, e a partir deste ponto, os dois úteros separados divergem. As vaginas laterais são apenas para a passagem do esperma. O nascimento dos filhotes se dá por meio de uma estrutura na linha mediana, a vagina mediana ou o **canal pseudovaginal**, o qual se desenvolve no primeiro parto.

A retroalimentação (= *feedback*) hormonal, do trofoblasto embrionário à pituitária e ao hipotálamo alerta a mãe acerca do estado da gravidez e influencia a atividade secretora do útero. Diferente dos eutérios, os marsupiais não mantêm o corpo lúteo no ovário, e os filhotes são ejetados ao final do ciclo estral na maioria das espécies. A duração da gestação nos marsupiais é relativamente independente do tamanho corpóreo (embora o tempo total de criação dos filhotes não o seja). Em contraste aos eutérios, os marsupiais retêm evidências diretas de uma ancestralidade ovípara; uma membrana de casca transitória aparece.

O desenvolvimento durante a gestação dos marsupiais é muito diferente do apresentado pelos monotremados e pelos eutérios. Ele claramente representa uma condição derivada, pois tanto os eutérios quanto os monotremados são mais similares aos amniotas do que os marsupiais. Os neonatos marsupiais apresentam membros peitorais bem desenvolvidos em comparação a outros neonatos altriciais, seus pulmões são relativamente grandes ao nascimento. O desenvolvimento das mandíbulas, do palato secundário, dos músculos faciais e da língua é avançado, enquanto o do sistema nervoso central é retardado, de forma que um neonato marsupial pode agarrar-se a um mamilo e iniciar a amamentação.

A maioria dos marsupiais, mas não todos, apresentam os mamilos dentro de bolsas (= marsúpio). O marsúpio não está presente em alguns dasiurídeos (camundongo marsupial etc.) e em alguns didelfídeos (cuícas). Um marsupial ao nascer, sai da vagina para se fixar a um mamilo para completar o seu desenvolvimento.

Nos cangurus e em muitas outras espécies, o jovem escala o corpo da mãe até a bolsa sem auxílio. A mãe adota uma postura sentada distinta (veja a Figura 20-5) e lambe o caminho da vagina até a bolsa, mas não ajuda o filhote de nenhuma outra maneira em sua jornada. Os neonatos marsupiais são, evidentemente, equipados com um instinto de escalada. Alguns dasiurídeos e didelfídeos apresentam filhotes mais altriciais que os cangurus. Estes bebês são ejetados diretamente para as bolsas (ou para as áreas mamárias de espécies sem a bolsa) no nascimento. Os filhotes recém-nascidos destas espécies são passivos, diferentemente dos cangurus.

O tempo que os filhotes marsupiais passam em desenvolvimento, enquanto presos aos mamilos, excede amplamente o período de gestação. A lactação também continua, por algum tempo, mesmo que o filhote já tenha se desenvolvido o suficiente para se desprender do mamilo da mãe. É nesse momento que tipicamente observamos os filhotes entrando e saindo de suas bolsas.

Embora a composição do leite varie pouco durante a gravidez dos eutérios, há variações marcantes nos marsupiais, bem como nos monotremados. O primeiro leite é diluído e rico em proteínas, enquanto o leite posterior é mais concentrado e rico em gorduras. A lactação concomitante sem sincronia foi observada em alguns cangurus; ou seja, um filhote imaturo preso a um dos mamilos enquanto um filhote mais maduro bebe no outro mamilo, e a mãe produz tipos distintos de leite em cada um dos mamilos. A composição do leite é, provavelmente, determinada pelo tempo que o filhote gasta sugando o mamilo por dia.

Figura 21-5 Postura de parto e diapausa embrionária nos cangurus.

A Condição Primitiva dos Térios

Filhotes altamente altriciais, são provavelmente, a condição primitiva dos mamíferos em geral, e de todos os térios em particular. Filhotes altriciais podem ser adaptativos para vertebrados pequenos e endotérmicos. Estes filhotes são essencialmente endotérmicos quando nascem, com taxas metabólicas correspondentemente baixas. O cuidado parental os mantêm aquecidos e, devido a suas baixas taxas metabólicas, os recém-nascidos convertem uma grande proporção do alimento fornecido pelos pais em tecidos corpóreos.

O modo reprodutivo dos primeiros térios ainda não é claro. As especializações da anatomia reprodutiva dos marsupiais e dos eutérios não podem ser derivadas umas das outras; elas devem representar histórias evolutivas separadas em cada um dos dois grupos. Os primeiros térios, do Período Cretáceo, eram animais pequenos, pesando menos de um quilograma. É provável que eles tenham os traços de histórias de vida compartilhados pelos pequenos térios viventes: período de vida curto, diversas ninhadas produzidas em rápida sucessão (ou uma única grande ninhada) e um período de gestação curto. Alguns fetos de eutérios apresentam evidências de selos bucais – um tecido que se desenvolve nas margens laterais da boca de marsupiais neonatos, auxiliando na amamentação. Este traço pode sugerir que a ligação ao mamilo é uma característica primitiva dos térios. Contudo, uma bolsa é, definitivamente, um traço derivado dos marsupiais. Na realidade, ela evoluiu independentemente em ocasiões distintas nos marsupiais, porque sua forma difere em diversas linhagens, e muitos marsupiais atuais primitivos não possuem marsúpio.

21.2 Algumas Especializações Reprodutivas Extremas dos Eutérios

Existem diversas especializações reprodutivas entre os eutérios viventes. Algumas das mais bizarras são aquelas observadas no "rato-toupeira-pelado" (*Heterocephalus glaber*) e na hiena – pintada (*Crocuta crocuta*).

Os ratos-toupeira-pelados são encontrados em áreas áridas na África sub-Saariana e vivem em tocas sob a terra, se alimentando de vegetais, principalmente raízes e tubérculos. Eles são **eusociais,** com um tipo de sistema social somente visto entre insetos como formigas, térmitas e abelhas. Como estes insetos, os animais em uma colônia são muito aparentados, mas, diferentemente dos insetos, eles são diplóides quanto ao número cromossômico.

Estes ratos-toupeira-pelados vivem em colônias de até 40 indivíduos com somente uma única fêmea reprodutora, a rainha. A rainha, de alguma forma, inibe hormonalmente as demais fêmeas da colônia, produzindo de uma a quatro ninhadas ao ano, com até uma dúzia de filhotes em cada uma delas. Outros membros da colônia são divididos em três castas sociais: os menores e mais frequentes são trabalhadores, os quais se envolvem nas escavações cooperativas e alimentam a comunidade; há trabalhadores infrequentes (também pequenos), cujo papel é similar, mas que parecem executar apenas 25 por cento do trabalho dos frequentes; e os grandes não-trabalhadores, que se ocupam somente do cuidado dos filhotes. Machos e fêmeas são igualmente representados nessas castas.

Todos os machos da colônia produzem esperma, mas somente os não-trabalhadores são grandes o bastante para copular, com sucesso, com a rainha. Se a rainha morre, uma das fêmeas trabalhadoras infrequentes, de crescimento rápido, pode se tornar uma nova rainha.

Hienas-pintadas, encontradas nas savanas africanas, são as únicas que caçam em matilhas e que também apresentam fêmeas com genitálias masculinizadas. O clitóris é tão aumentado que se parece com um pênis do macho (completo, com a capacidade de ereção), e os lábios são fundidos, formando uma estrutura que lembra uma bolsa escrotal. Por muitos anos, acreditava-se, erroneamente, que estas hienas eram hermafroditas.

Várias hipóteses adaptativas foram propostas para estes traços, mas é improvável que o aparecimento das genitálias externas seja adaptativo (embora para uma explicação adaptativa veja Muller e Wrangham 2002). Ao invés disso, parece que altos níveis de hormônios masculinos (andrógenos, tais como a testosterona) são vantajosos para as fêmeas, pois induzem um comportamento mais agressivo. Isto poderia ser útil se fêmeas mais agressivas e seus filhotes obtivessem uma parcela maior durante a predação em conjunto. De acordo com esta hipótese a masculinização da genitália feminina durante o desenvolvimento é um efeito colateral dos altos níveis de hormônios masculinos.

Embora as hienas fêmeas possam utilizar suas genitálias em comportamentos de exibição, há muitas desvantagens a esta condição. Todas as funções do seio urogenital original devem ser, agora, transmitidas por meio desta estrutura similar ao pênis; assim, as fêmeas não somente urinam por meio de seu clitóris aumentado, como também copulam e dão a luz através desta estrutura. Talvez não surpreendentemente, haja uma grande incidência de mortalidade dentre as fêmeas que dão a luz pela primeira vez.

21.3 Os Eutérios São Reprodutivamente Superiores aos Marsupiais?

Costumava-se considerar o modo reprodutivo dos marsupiais inferior ao dos eutérios. Esta conclusão era baseada, primariamente, sobre o raciocínio de que os marsupiais foram incapazes de competir com os eutérios, exceto na Austrália, onde evoluíram em isolamento. Dizia-se que os marsupiais eram incapazes de manter o filhote no útero por mais de um ciclo estral, pois a mãe não conseguia reconhecer a condição de gravidez, devido à ausência de retroalimentação hormonal entre o filhote em desenvolvimento e o cérebro maternal. Mas sabemos agora que a retro-alimentação hormonal desta natureza, na verdade, existe nos marsupiais, mesmo não apresentando a gestação estendida dos eutérios.

Também foi argumentado que a ausência de fusão dos ovidutos, na linha mediana, nos marsupiais, tornaria impossível manter um filhote grande até o fim da gestação. Contudo, muitos eutérios apresentam úteros completamente separados, sem a evidência de fusão na linha mediana ocorrendo somente na base. Este tipo de útero duplo é observado, por exemplo, nas vacas, as quais têm filhotes que não podem ser considerados pequenos. Parece mais provável que, ao invés de ser o modo reprodutivo dos marsupiais a condição primitiva dos térios, marsupiais e eutérios evoluíram diferentemente mas com estratégias reprodutivas semelhantes. O maior investimento energético na reprodução pelos marsupiais vem durante o período estendido de lactação na pós-gestação, enquanto os eutérios investem a maioria da sua energia no desenvolvimento intra-uterino.

A reprodução dos marsupiais pode ser superior a dos eutérios em determinadas condições (Kirsch 1977 e Parker 1977). Por exemplo, os cangurus liberam os filhotes de suas bolsas enquanto lutam contra predadores (na realidade, humanos que os caçam com carros; não há predadores nativos naturais na Austrália). Foi sugerido que, nesta situação, a mãe marsupial, liberada da tarefa de carregar seus filhotes, poderia fugir para se reproduzir novamente, enquanto no caso de um eutério gestante, a mãe e o filhote pereceriam.

Uma hipótese alternativa aponta que embora as mães marsupiais e eutérias invistam quantidades similares de recursos em seus filhotes, marsupiais provêm energia em taxas menores, porque o lapso de tempo da concepção até o desmame é metade do período para marsupiais do que para os eutérios. A menor taxa de investimento poderia ser menos estressante para a mãe e limitaria a perda de energia se o filhote morresse. Tendo investido menos energia, um marsupial deveria ter energia acumulada suficiente para conceber imediatamente, enquanto um eutério deveria esperar até o próximo ano novamente. Esse traço da reprodução dos marsupiais pode ser adaptativo em climas áridos imprevisíveis, como aqueles da Austrália, enquanto secas e queda na quantidade de alimento disponível pode acontecer frequentemente.

Estas propostas e outras ideias similares parecem plausíveis, mas apresentam uma falha crítica por considerarem somente os mamíferos atuais. Ao procurarmos razões evolutivas para o desenvolvimento das estratégias reprodutivas dos marsupiais e dos eutérios, devemos considerar os animais e as condições existentes no momento de divergência, no início do Cretáceo. A habilidade de liberar o filhote do marsúpio, no caso de um ataque por predadores, não é, provavelmente, adaptativa para um mamífero pequeno com apenas uma ninhada em toda sua vida. Esse é o padrão de vida de muitos dasiurídeos atuais e é provavelmente o padrão ancestral para marsupiais. Da mesma maneira, climas áridos e inóspitos não eram uma característica do Cretáceo. A Austrália não desenvolveu seu interior árido até o fim da Era Cenozóica e os marsupiais nem mesmo chegaram à Austrália até o início desta Era. Ambas as estratégias reprodutivas representam, provavelmente, bons meios de atingir os mesmos objetivos para os pequenos e primitivos térios do início do Cretáceo.

Há algum traço da reprodução dos marsupiais, o qual poderia tornar sua diversidade adaptativa potencialmente diferente da dos eutérios, no momento da Era Cenozóica na qual os mamíferos se tornaram maiores e diversificaram a uma grande variedade de tipos ecomorfológicos? A ausência de diversidade de espécies de marsupiais (cerca de 6 por cento da dos eutérios) foi citada como um exemplo de inferioridade evolutiva. Mas, devido aos acidentes da história, os marsupiais tiveram menos áreas para evoluir, durante o final da Era Cenozóica, do que os eutérios e, dessa forma, esperava-se que apresentassem menos diversidade de espécies.

Somente uma especialização é provavelmente impossível de ser obtido por um marsupial – a vida completamente aquática, tal como a da baleia. Um marsupial completamente aquático não poderia carregar seus filhotes altriciais em uma bolsa, pois eles seriam incapazes de respirar o ar. Um marsupial semi-aquático, as cuícas-d'água sul-americanas, ou cuíca-pé-de-pato, sela sua bolsa marsupial durante suas incursões curtas sob a água; mas, em geral, os marsupiais evitaram as condições aquáticas. Também é difícil de imaginar um marsupial dando a luz sob a água, da maneira de uma baleia – os pequenos neonatos provavelmente seriam levados pelas correntes antes de chegar à bolsa. Não há marsupial equivalente aos morcegos eutérios, mas isso pode ser somente uma questão de chance evolutiva, também provavelmente seja o caso de que um marsupial não poderia reduzir o número de dedos de seus pés para ser comparado aos pés com cascos dos ungulados já que, desta forma, o filhote não poderia escalar até a bolsa. Talvez seja este o caso de que os marsupiais equivalentes a cavalos e antílopes, os grandes cangurus, tenham especializado somente seus membros pelvinos para este tipo de locomoção.

Embora o modo de reprodução dos marsupiais possa não ser adaptativamente inferior, o fato de que a taxa reprodutiva dos eutérios é mais rápida do que a dos marsupiais continua sendo verdadeiro, especialmente quando tamanhos menores são considerados. Certamente, uma razão para a maior diversificação dos eutérios selvagens, sobre os marsupiais nativos australianos, é a sua reprodução mais rápida e frequente.

21.4 Especializações para a Alimentação

Os mamíferos necessitam de grandes quantidades de alimento, e processar o alimento na boca acelera o processo digestivo. Todos os mamíferos mastigam seu alimento e todos possuem o reflexo de engolir distinto, através do qual ingerem um bolo discreto de alimento finamente mastigado. A língua dos mamíferos, importante para o processamento e pela ingestão do alimento, apresenta um sistema de músculos intrínsecos, e as bochechas musculares dos mamíferos – que mantêm o alimento na boca enquanto mastiga – são derivadas de um conjunto único de músculos faciais.

Dentição

Os dentes dos mamíferos são apresentados na Figura 21-6. Os incisivos são utilizados para cortar o alimento. Os incisivos dos mamíferos que roem, tais como os roedores e coelhos, podem ser enormemente aumentados e crescer continuamente ao longo da vida. Os incisivos dos roedores apresentam esmalte somente na superfície anterior. E já que o esmalte é a parte mais dura do dente, ele se desgasta mais vagarosamente do que a dentina, por trás, produzindo uma extremidade cortante auto-afiadora.

Os caninos são utilizados para furar a presa e são geralmente, ausentes nos herbívoros, que não têm necessidade de subjugar seus itens alimentares, mas são usados em sinais sociais e podem ser retidos de muitas maneiras. As presas dos porcos e das morsas são caninos modificados (mas as presas dos elefantes são incisivos modificados). Nos machos de primatas, os caninos maxilares são geralmente mariores do que nas fêmeas e isto acontece até mesmo entre os humanos. Ruminantes sem chifres, tais como o "chevrotain" africano, podem reter grandes caninos maxilares no macho, para as lutas e apresentações.

Os pré-molares perfuram e dilaceram o alimento e os molares quebram a comida em finas partículas. Os molares e os pré-molares são geralmente diferentes quanto à forma. Primitivamente, os pré-molares têm uma única cúspide, enquanto os molares possuem três cúspides ou mais. Em muitos herbívoros, toda a fileira de dentes pós-caninos é utilizada para a mastigação generalizada e os pré-molares foram modificados, se parecendo com molares (**molarização**). Esta condição pode ser observada em artiodáctilos ruminantes e, especialmente, em cavalos, nos quais todos os dentes pós-caninos parecem ser idênticos.

Mamíferos onívoros e frugívoros transformam suas cúspides originalmente pontiagudas de seus molares, para estruturas arredondadas e achatadas, eficazes na maceração. Eles também adicionaram uma quarta cúspide aos molares superiores e aumentaram o tamanho da base talonídea, nos molares inferiores, de forma que estes dentes tenham aparência quadrada (quadritubercular), ao invés de triangular. Estes dentes são chamados de **bunodontes** (Grego *buno* = morro, e *dont* = dente), em referência as suas cúspides arredondadas. Temos molares bunodontes, assim como a maioria dos primatas e outros onívoros, tais como os porcos e os guaxinins.

Nos herbívoros, as cúspides simples dos dentes bunodontes são posicionadas em conjunto, ou **lofos**. Estes dentes funcionam melhor quando o esmalte foi desgastado no topo, revelando a dentina. Nestes dentes parcialmente desgastados, cada segmento consiste de um par de lâminas de esmalte afiadas, posicionadas em cada um dos lados da dentina. Quando estes dentes entram em oclusão e as mandíbulas se movem para o lado, o alimento encontra conjuntos múltiplos de lâminas achatadas e cortantes.

Todos os mamíferos herbívoros enfrentam um problema similar com seus dentes, o da durabilidade. A durabilidade da dentição não é um problema para a maioria dos vertebrados, os quais substituem continuamente os seus dentes. Mas todos os mamíferos herdaram a condição de difiodontia (um único conjunto de dentes de substituição) de seu ancestral original. A difiodontia era, provavelmente, essencial para a oclusão precisa nos primeiros mamíferos (veja a discussão no Capítulo 18), mas ela cria um problema, pois a dentição adulta deve durar por toda a vida. Os herbívoros enfrentam um problema à parte, pois os vegetais são mais abrasivos do que as demais formas de alimento. Animais de pasto apresentam dentes especialmente desgastados, pois as gramíneas contêm sílica na parede celular.

Os mamíferos herbívoros tornaram sua dentição mais durável de várias formas. A maneira mais comum é fazê-los com uma coroa alta ou **hipsodontia** (Grego *hyps* = alto). Dentes hipsodontes molares se parecem com dentes normais, quando observados na mandíbula, mas a divisão na base, entre a coroa e a raiz, não é visível, como o que ocorre nos dentes braquidontes (de coroa baixa). As coroas dos dentes hipsodontes estendem-se profundamente na mandíbula, e espécies hipsodontes têm mandíbulas profundas. De fato, os olhos dos pastadores moveram-se para trás para acomodar os dentes maxilares com coroas altas.

Ungulados hipsodontes também estendem a camada de **cemento**, para cobrir o dente inteiro. Cemento é um material similar ao osso, que na maioria dos mamíferos cobre somente a raiz e a base da coroa, mas nos ungulados os altos lofos dos dentes devem permanecer posicionados para baixo durante o desenvolvimento, antes de sua erupção. Sem o cemento preenchendo os espaços, cada lofo seria como lâminas altas e livres, sujeitas a fraturas. Conforme o animal desgasta e envelhece seus dentes, os mesmos são elevados, a partir da base, criando uma superfície de oclusão contínua, como numa lapiseira que pode ter seu grafite aumentado enquanto ele se gasta.

A maioria dos mamíferos hipsodontes apresenta uma quantidade finita de coroa dentária. Quando o dente é desgastado por completo, os animais não são mais capazes de comer (a maioria dos mamíferos morre de causas naturais, bem antes do desgaste completo de seus dentes, mas cavalos domesticados, que sobrevivem até seus vinte ou trinta anos de idade, devem, geralmente, ser alimentados com itens macios, pois praticamente não apresentam mais seus molares). Contudo, alguns mamíferos possuem molares com raiz que

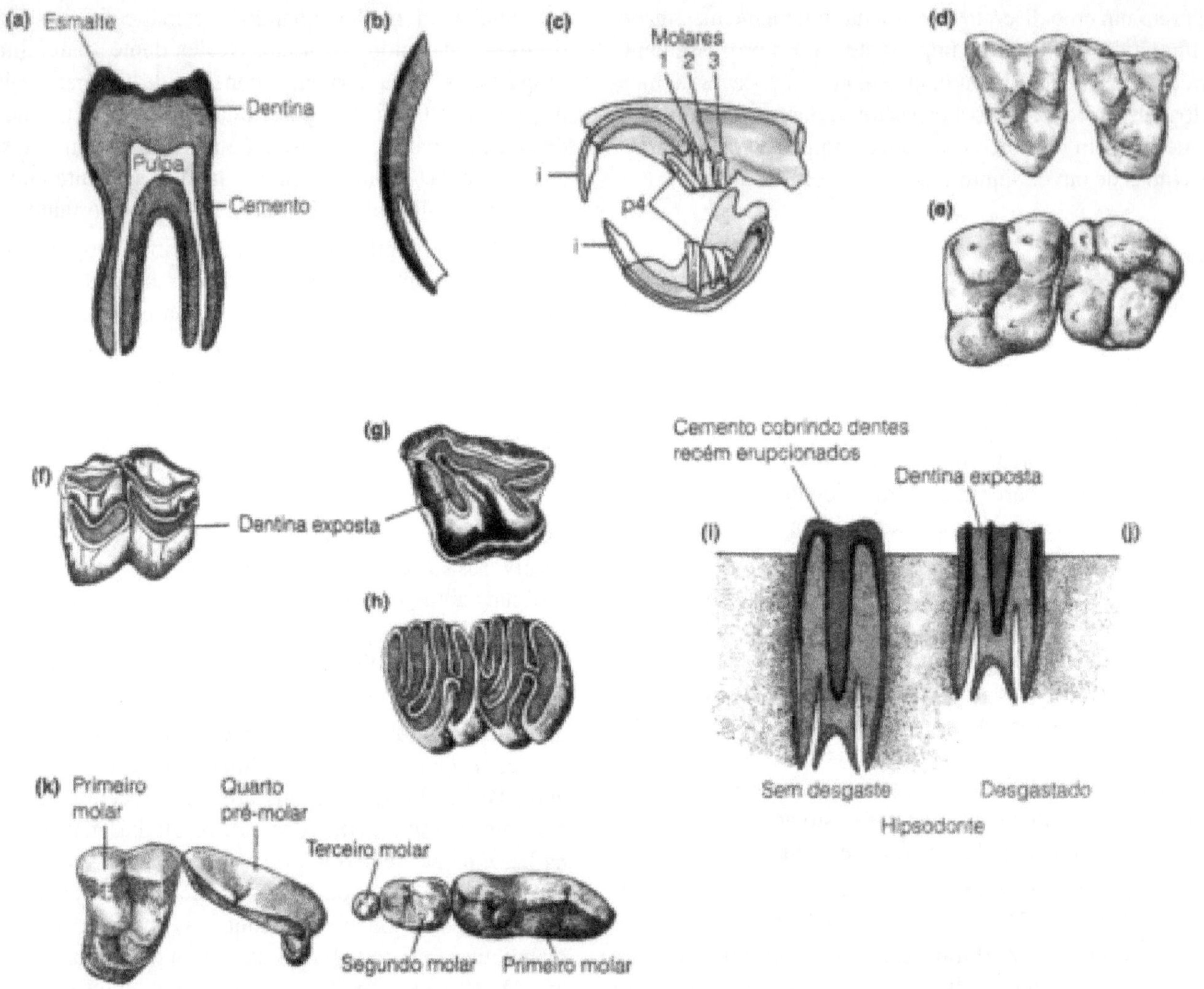

Figura 21-6 A estrutura dos dentes dos mamíferos. (a) Secção do molar dos mamíferos apresentando a forma geral do dente. (b) Secção do incisivo, com crescimento contínuo de um roedor, demonstrando a presença de esmalte somente na superfície rostral. (c) Secção do crânio de um roedor, demonstrando os incisivos e os dentes molares (hipselodontes), ambos com crescimento contínuo. (d) Molar superior tritubercular, como a condição primitiva dos mamíferos térios. (e) Molares superiores bunodontes quadrituberculados, encontrados em mamíferos onívoros. Os dentes dos artiodáctilos ruminantes (f, molar maxilar de um veado) têm lofos concêntricos que correm predominantemente numa direção rostro-caudal pelo dente; estes dentes são chamados de **selenodonte**. Diferentes linhagens de mamíferos herbívoros evoluíram convergentemente dentes com lofos. Os dentes dos perissodactila (g, molar superior lofodonte de um rinoceronte) têm lofos retos que correm predominantemente em direção lateral a medial através do dente; estes dentes são chamados **lofodontes**. Wombats, roedores (h, molares maxilares de um roedor), "warthogs" e elefantes têm uma forma complexa de molares chamados multilofados ou lamelares. (i) Secção de um molar hipsodonte sem desgaste, demonstrando a cobertura com cemento. (j) Molar hipsodonte desgastado, apresentando as extremidades afiadas de esmalte, interpoladas por áreas mais moles de dentina e de cemento. (k) Dente cortante carniceiro de um carnívoro (em um coiote).

não se fecham, e o dente apresenta crescimento contínuo, sendo chamado de **hipselodonte**. Por uma variedade de razões, parece que esta é uma opção, primariamente, para mamíferos pequenos (Janis e Fortelius 1988). Molares hipselodontes são observados, mais usualmente, nos coelhos e em alguns roedores.

Os elefantes não têm dentes de crescimento permanente, mas ao invés disto possuem uma nova característica de progressão molar. Cada molar é agora não só um hipsodonte, mas muito aumentado, sendo do tamanho da fileira inteira de dentes original. Cada molar agora entra em erupção e gasta um por vez: quando se torna desgastado o que restou dele cai pela frente da mandíbula e o molar de trás rompe a gengiva pela parte de trás. Elefantes têm um total de seis molares em cada hemi-mandíbula e hemi-maxilar (três dentes de leite e três molares permanentes).

Mamíferos carnívoros possuem pós-caninos especializados em rasgar o alimento. Os carnívoros eutérios possuem um par de dentes especializados, modificados em um conjunto de lâminas cortantes, os **carniceiros**, formados pelo último pré-molar, na maxila superior, e pelo primeiro molar da maxila inferior. Os creodontes eutérios extintos também apresentavam carniceiros, mas eles eram formados por dentes diferentes, em uma posição mais caudal nas maxilas. O lobo marsupial não possui carniceiros verdadeiros, cada molar foi, de certa forma, especializado em uma forma de lâmina, mas nenhum deles é significativamente maior do que o outro.

Especializações Crânio-Dentais dos Mamíferos

O ouriço-europeu apresenta a condição insetívora generalizada, a qual pode representar o modo mamífero primitivo (Figura 21-7). Os molares dos mamíferos generalizados geralmente retêm a forma triangular primitiva e as cúspides pontudas individuais, úteis para perfurar a cutícula dos insetos.

Tamanduás Os mamíferos especializados em formigas e cupins são chamados de **mirmecófagos** (Grego *myrme* = formiga e *phago* = comer). Os mamíferos mimercófagos têm mandíbulas alongadas e dentes reduzidos ou ausentes. Eles também têm glândulas salivares aumentadas e línguas extremamente alongadas. A redução dos dentes também é vista em mamíferos que se especializaram em néctar (p. ex., alguns morcegos e marsupiais melívoros).

Mamíferos que se Alimentam na Água Mamíferos aquáticos que se alimentam de peixes ou de lulas, tais como as toninhas e os golfinhos apresentam maxilas muito alongadas, com a perda dos dentes mais rostrais. A forma do crânio e dentes é convergente com outros tetrápodes piscívoros, tais como os ictiossauros e os crocodilos.

As baleias sem dentes (misticetos) substituíram seus dentes por placas de um derivado epidérmico fibroso e pegajoso, chamado de **barbatanas** o qual se estende para baixo da maxila superior. Estas baleias filtram o alimento, utilizando as barbatanas para retirar organismos planctônicos da água. A morsa se alimenta de moluscos e seus dentes pós-caninos são planos, para quebrar as conchas (as presas caninas enormes são utilizadas nas apresentações).

Diferenças Entre os Mamíferos Carnívoros e os Herbívoros O modo de mastigação básico dos mamíferos é mais bem entendido por meio da consideração da diferença entre os carnívoros e os herbívoros (veja a Figura 21-8). Todos os mamíferos utilizam uma combinação dos músculos masseter, temporal e pterigóideo, para fechar as mandíbulas, e o músculo digástrico (nos térios) para abri-las. O tamanho relativo dos músculos utilizados, especialmente no fechamento

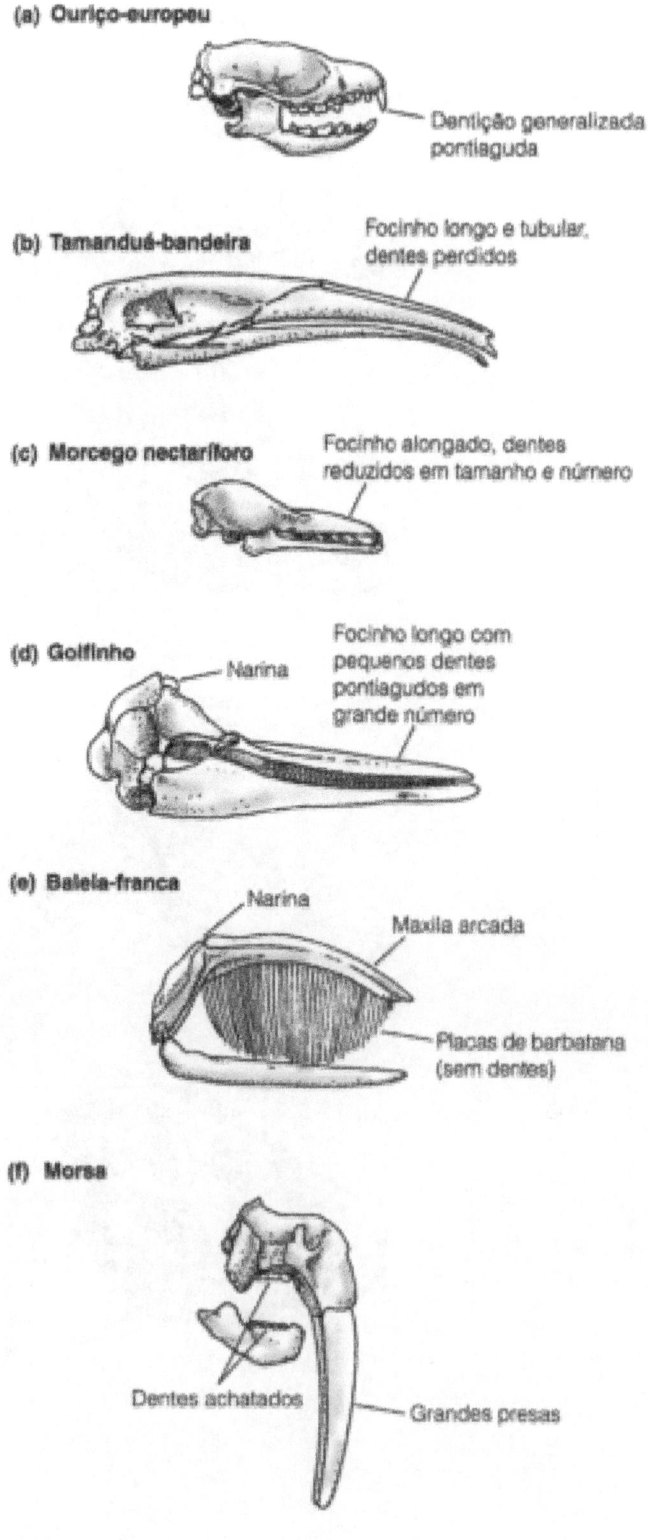

Figura 21 -7 Algumas especializações dos dentes e dos crânios dos mamíferos para a alimentação.

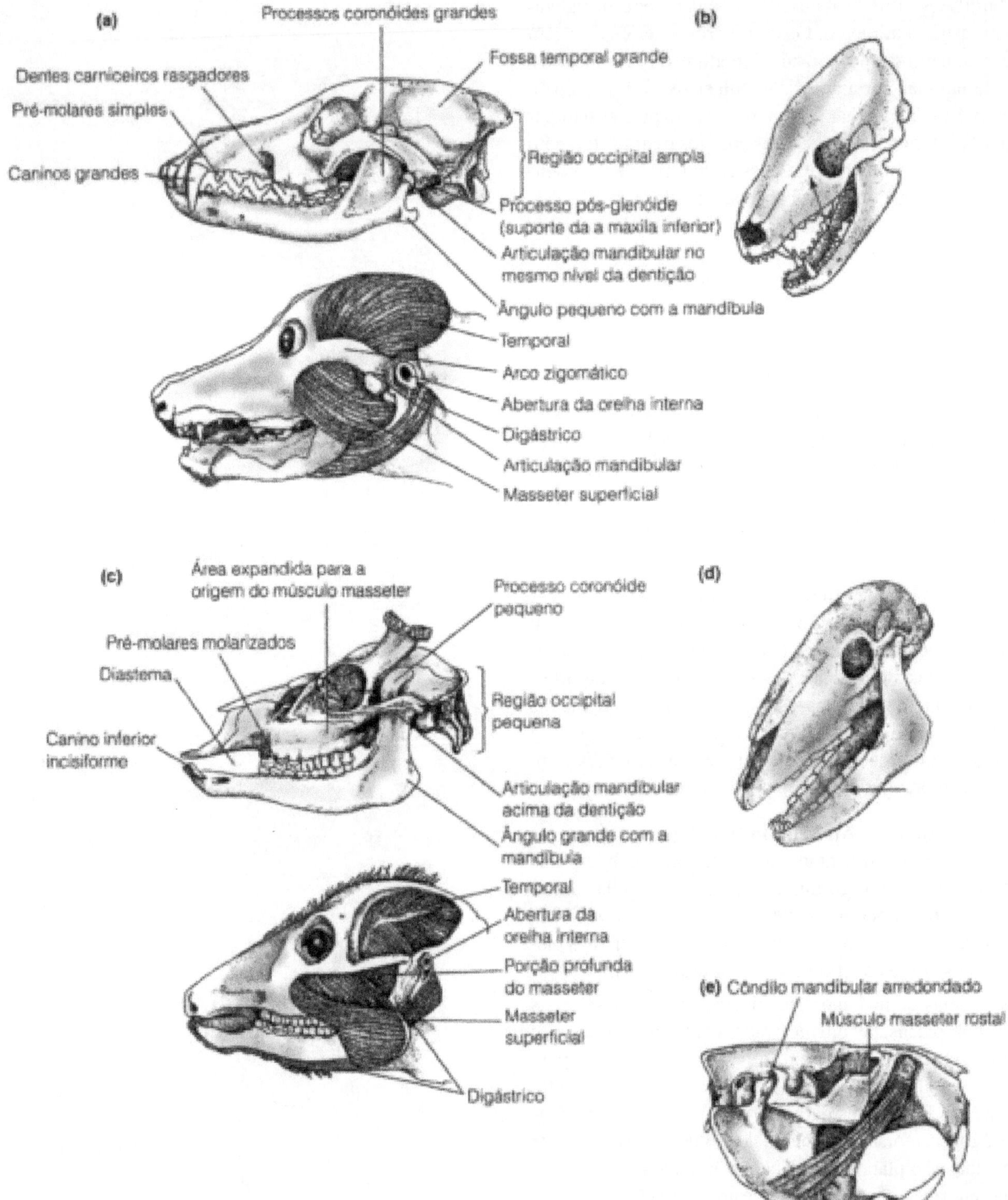

Figura 21-8 Diferenças crânio-dentais entre mamíferos carnívoros e herbívoros. (a) Crânio e musculatura de um carnívoro (um cão). (b) Ação da mandíbula de um carnívoro. (c) Crânio e musculatura de um herbívoro (um veado). (d) Ação da mandíbula de um herbívoro. (e) Crânio e musculatura de um roedor (castor).

da mandíbula, e a forma dos crânios refletem as demandas distintas entre a mastigação da carne e **a** de vegetais. O temporal apresenta sua maior vantagem mecânica no início da abertura mandibular, em movimentos relativamente amplos, quando é provável que os caninos e os incisivos sejam usados. Assim, um temporal grande é típico dos carnívoros, os quais utilizam mordidas poderosas para matar e capturar suas presas. As articulações mandibularcs estão no mesmo nível que a fileira de dentes, para que os dentes entrem em contato sequencialmente assim que a mandíbula fecha, como o par das lâminas de uma tesoura. Um formato bem útil para dentes que cortam e rasgam. O processo pós-glenóide previne que a mandíbula seja deslocada pelo forte músculo temporal. Músculos fortes correm da alta região occipital da cabeça para as vértebras cervicais. Esses músculos são provavelmente importantes para suportar os movimentos de ataque à presa.

Os crânios dos mamíferos herbívoros são mais modificados para macerar alimentos duros e resistentes. A proteína contida nas folhas e talos é pouca e ela está enclausurada em uma parede celular dura, formada por **celulose** (um carboidrato complexo). Assim, os crânios e os dentes de mamíferos herbívoros devem ser adaptados à maceração de grandes quantidades de material duro e fibroso. O masseter cria forças na parte caudal da fileira de dentes e também move a mandíbula de um lado para o outro.

Os mamíferos herbívoros aumentaram o tamanho do masseter e reduziram o do temporal, em comparação à condição mamífera primitiva. Esta morfologia da musculatura se reílete no aumento do ângulo da maxila inferior (onde o masseter se insere) e nos tamanhos reduzidos do processo coronóide e da fossa temporal (onde o temporal se insere). A articulação mandibular dos herbívoros mudou de posição, e está localizada acima no crânio, deslocada da linha dos dentes. Isso permite que os dentes entrem em oclusão simultaneamente, da mesma forma que a formato do cabo de uma espátula permite que você manipule o alimento numa panela de fritura sem que sua mão seja aquecida (alguns dinossauros herbívoros também apresentavam este tipo de articulação mandibular, mas nesse caso, ela se encontrava mais abaixo da coluna de dentes. É o posicionamento da articulação mandibular a característica mecânica importante, não o fato de ela se encontrar acima ou abaixo da dentição).

Os herbívoros também apresentam, geralmente, focinhos alongados, resultando em um espaço entre os dentes do osso maxilar e os incisivos, o que é chamado de diástema. A função do diástema é incerta. Ele pode criar mais espaço para a manipulação do alimento com a língua, ou ele pode ser apenas uma reflexão do alongamento das maxilas. Maxilas longas permitem ao animal sclecionar o alimento, por meio de seus incisivos, sem colocar seus olhos em contato com **a** vegetação.

Muitos eutérios herbívoros ossifícam a partição cartilaginosa no fundo da órbita, formando uma barra pós-orbital. Esta barra é, provavelmente, importante na absorção do estresse, criado pela mandíbula, durante a mastigação constante dos herbívoros, protegendo a caixa craniana. Os herbívoros geralmente apresentam uma região occipital baixa, pois eles não necessitam de um ligamento para os músculos, como o dos carnívoros, para auxiliar na ligação da cabeça com o pescoço. Uma exceção pode ser encontrada nos porcos, os quais utilizam seus focinhos para cavar raízes e possuem uma musculatura forte de ligação entre o pescoço e a cabeça.

Muitos roedores apresentam um tipo de processamento alimentar altamente especializado. Seus dentes superiores e inferiores têm a mesma distância de separação – diferentemente da condição encontrada na maioria dos mamíferos, nos quais os dentes inferiores são mais próximos, uns dos outros, do que os superiores. Esta condição derivada, nos roedores, é combinada com um côndilo mandibular arredondado, o qual permite o movimento mandibular para frente e para trás, possibilitando também a inserção de uma porção do músculo masseter em uma posição mais distante do crânio, de forma que a maxila inferior pode ser jogada para frente em oclusão. Este aparato mandibular permite aos roedores mastigar o alimento dos dois lados da mandíbula, ao mesmo tempo; presumivelmente, um modo altamente eficiente de processar o alimento. Note que este modo de mastigação pode ser obtido somente por meio de dentes lamelares e planos, pois as elevações dos demais tipos de dentes preveniriam esta forma de movimento.

Herbívoros, Micróbios e a Ecologia da Digestão

Os dentes especializados dos herbívoros podem romper as paredes celulares dos vegetais, expondo o conteúdo celular, mas somente enzimas especiais (**celulares**) podem digerir a celulose que forma a parede e que constitui uma grande porcentagem do material vegetal. Contudo, nenhum animal multicelular é capaz de sintetizar a celulase. Assim, o uso eficiente de vegetais como alimento requer enzimas celulares produzidas por microorganismos que vivem, como simbiontes, no estômago dos animais herbívoros. Diversos tipos distintos de mamíferos evoluíram, independentemente, câmaras no trato digestório para abrigar microorganismos simbiontes, os quais convertem a celulose e a lignina, da parede celular, em nutrientes digeríveis (Figura 21-9).

As muitas evoluções separadas de digestão fermentativa, dentre os vertebrados, resultou em soluções diferentes aos problemas impostos pelos vegetais como alimento. Os cavalos e outros perissodátilos são exemplos de fermentadores no **intestino** (**monogástricos**). Eles apresentam um estômago simples, aumentando o tamanho do cólon (o grande intestino) e o ceco. Outros que fermentam no intestino

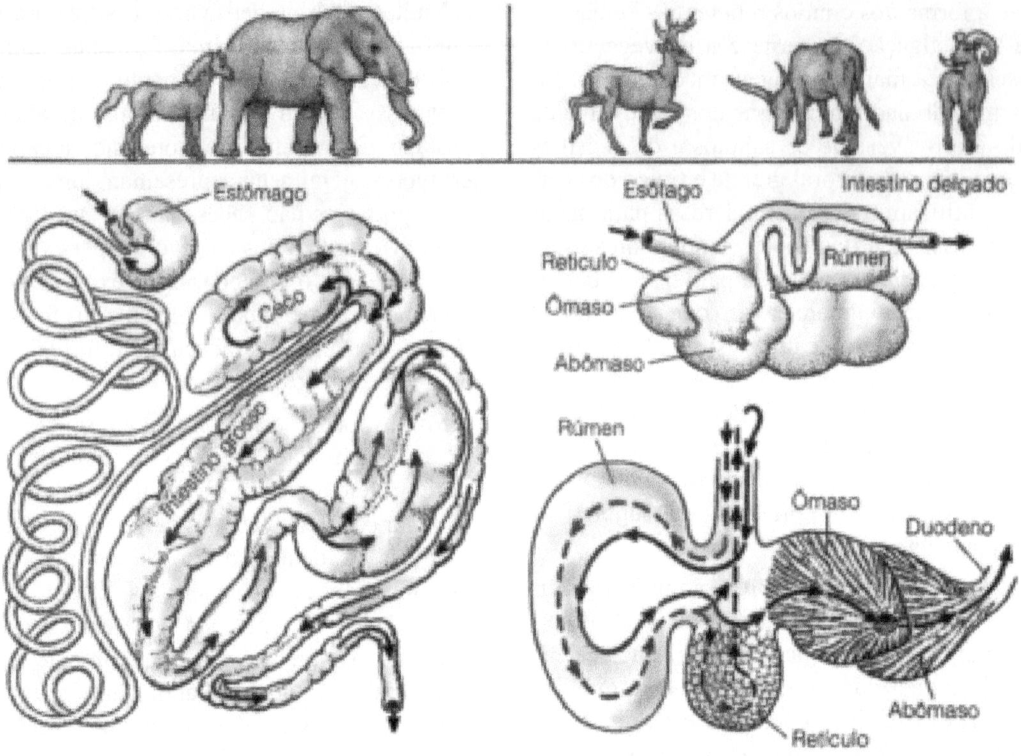

Figura 21-9 Aparelhos digestórios com intestino e estômago ruminante. (À esquerda) O aparato de fermentação no intestino. A fermentação ocorre no ceco e no cólon (intestino grosso) ampliados. (À direita) O estômago ruminador, demonstrando o estômago com quatro câmaras.

incluem os elefantes, os híraces, os bugios, os "wombats", os coalas, os coelhos e muitos roedores. Algum grau de fermentação no trato digestório é, provavelmente, um traço primitivo de todos os vertebrados: ela é conhecida em aves, lagartos, tartarugas e peixes, bem como em mamíferos onívoros e carnívoros, tais como os humanos e os cães.

Vacas e outros artiodátilos ruminantes são exemplos de fermentadores do **estômago** (**ruminantes**), nos quais o trato digestório não absorvente é dividido em três câmaras que armazenam e processam o alimento, seguidas por uma quarta câmara na qual a digestão ocorre. Os ruminantes são assim chamados porque ruminam, ou mastigam o bolo alimentar. Os camelos se parecem com os demais ruminantes em muitos aspectos, mas possuem estômagos com apenas três câmaras (não há um ômaso). Um tipo mais simples de fermentação do estômago, sem a divisão extensiva do estômago ou área ruminante, é encontrado em muitos outros mamíferos, incluindo os macacos do gênero **Colobus** do Velho Mundo, os cangurus, os hipopótamos e alguns roedores.

Fermentadores com o intestino mastigam bem seu alimento, fraturando as paredes celulares vegetais com seus dentes, de forma a liberar o conteúdo das células. Estes conteúdos são, então, processados e absorvidos no estômago e no intestino delgado. A celulose das paredes da célula vegetal não é digerida até que chegue ao ceco e ao cólon, nos quais ela é digerida pelos microrganismos simbiontes. A celulose é fermentada, formando substâncias chamadas de ácidos graxos voláteis, os quais são absorvidos pelas paredes do ceco e do cólon.

Alguns pequenos fermentadores com o intestino, tais como os coelhos e os roedores, fermentam o alimento principalmente no ceco, não absorvendo boa parte dos produtos iniciais do processo. Em vez disso, eles dependem da **coprofagia**, reingerindo as fezes iniciais e reciclando os nutrientes. Esta estratégia digestiva não funcionaria em um animal grande, o qual não seria capaz de se contorcer para comer suas fezes assim que elas deixassem o ânus.

Fermentadores ruminantes não precisam mascar muito o seu alimento na mastigação inicial, já que as paredes celulares serão quimicamente rompidas no estômago e parcialmente porque os bolos alimentares retornarão a boca e serão mastigados novamente. Os ruminantes possuem menos modificações do crânio do que os de fermentadores com o intestino. O alimento é inicialmente retido nas duas câmaras iniciais do estômago, o **rúmen** e o retículo. Aqui os microorganismos quebram a celulose e os bolos alimentares são repetidamente, regurgitado e re-mastigado. O alimento não pode passar do retículo para as terceira e quarta câmaras, o omaso e abomaso (o verdadeiro estômago), até que as partículas estejam bem pequenas. A maior parte da celulose é quebrada e absorvida antes que o bolo alimentar chegue ao abomaso, e o processo digestivo dos ruminantes a partir deste ponto, é similar ao dos demais mamíferos.

Vantagens distintas e desvantagens estão associadas com cada um dos dois tipos de digestão fermentativa, e elas são muito profundas. Se os dentes de um fermentador com o intestino foram eficientes na quebra das paredes celulares das plantas, o conteúdo celular (proteínas, lipídios e açúcares) foi liberado, digerido no estômago e está pronto para ser absorvido pelo intestino delgado. Entretanto, a celulose nas paredes celulares está ainda intacta, e ela representa uma parte substancial da energia da comida que não é digerida até que chegue ao ceco e intestino grosso. A tomada de nutrientes nestas porções do intestino não é tão eficiente quanto a tomada no intestino delgado, já que os fermentadores com o intestino perdem por meio das fezes, um pouco da energia contida na alimentação.

Em contraste, a fermentação ruminante pode ser extremamente eficiente porque os organismos quebraram a celulose antes que ela chegasse ao intestino delgado. Os organismos simbióticos no rúmen têm a primeira ação em digerir *todos* os componentes químicos da comida – incluindo lipídios, açúcares e proteínas que os sistemas digestórios dos mamíferos não têm problema em seu trabalho – e eles usam esses materiais para produzir mais microorganismos. Isto parece ser uma perda de energia para o ruminante, mas não é o caso, porque o excesso de microorganismos vai para ao abomaso, onde é digerido de forma que o ruminante aproveita esses nutrientes.

Esta fermentação proteica, na realidade, acaba sendo benéfica aos ruminantes, pois ela se relaciona a um processo chamado de **ciclo do nitrogênio**. Os microorganismos transformam a proteína em amônia, a qual é levada, pela circulação, ao fígado, onde é convertida em ureia. A ureia é transportada, pelo sistema circulatório, ao rúmen, onde é utilizada pelos microorganismos para o seu próprio crescimento. Assim, toda a proteína digerida pelos ruminantes é, na realidade, proteína microbiana. Uma das vantagens deste sistema é a de que os microorganismos sintetizam todos os aminoácidos essenciais necessários à dieta. Portanto, um ruminante pode ser mais limitado quanto à sua seleção por espécies vegetais, enquanto um fermentador intestinal deve encontrar todos os aminoácidos essenciais em uma variedade maior de plantas.

Uma vantagem adicional dos ruminantes é o papel realizado pelos microorganismos no rúmen, desintoxicando compostos químicos prejudiciais aos vertebrados. Um fermentador intestinal não recebe tal benefício, devendo absorver as toxinas vegetais na circulação sanguínea, levando-as ao fígado para a desintoxicação.

Por outro lado, um sistema de fermentação no intestino processa rapidamente o material, enquanto os ruminantes processam o alimento mais vagarosamente. O alimento atravessa o trato digestório de um cavalo entre 30 a 45 horas, comparadas às 70 a 100 horas de uma vaca. A fermentação no intestino funciona bem com alimento com alto conteúdo fibroso, pois uma grande quantidade do mesmo pode ser processada rapidamente. Este sistema não é eficiente na extração de energia a partir da celulose, mas por processar rapidamente uma grande quantidade de alimento, um cavalo pode obter mais energia a partir do conteúdo celular, em um curto espaço de tempo.

Em contraste, o sistema do ruminante é vagaroso, pois o alimento não deixa o rúmen até que tenha sido quebrado em partículas pequenas. Os ruminantes não se dão bem em dietas com alto conteúdo fibroso, pois isso desacelera ainda mais a taxa de passagem do alimento – o animal pode morrer de fome com o estômago cheio de comida. Os ruminantes são muito eficientes na extração de quantidades máximas, a partir da celulose, de alimentos com conteúdo moderado de fibras, mas não podem processar itens muito fibrosos. Estas diferenças na fisiologia digestiva são refletidas na ecologia destes dois tipos de fermentadores. Os fermentadores no intestino podem sobreviver com alimentos de baixa qualidade, tais como a palha, desde que disponíveis em grandes quantidades. Consequentemente, os cavalos selvagens, no oeste norte-americano, podem sobreviver em terras muito pobres para a criação de gado; estes ruminantes (o gado) não são capazes de processar alimentos de baixa qualidade de forma rápida o suficiente para se manterem vivos. Em contraste, os fermentadores intestinais não sobrevivem em áreas nas quais a quantidade absoluta de alimento é o fator limitante.

Os ruminantes são os principais herbívoros em locais como o Ártico e os desertos, onde o alimento tem qualidade moderada, mas é severamente limitado quanto à quantidade; tal tipo de alimento sustenta os animais mais eficientes no uso do mesmo. Os ruminantes também apresentam vantagens em condições desérticas, devido à sua ciclagem de nitrogénio. Já que este ciclo utiliza alguma ureia oriunda de outras fontes, pouca ureia necessita ser excretada pelos rins – deste modo, menos água é necessária na produção de urina. Os ruminantes são melhores na ausência de água, por alguns dias, do que os perissodátilos, sendo que os ruminantes são mais encontrados em habitats áridos. Os ruminantes podem ter se tornado os herbívoros dominantes no final da Era Cenozóica, porque o aumento da sazonalidade resultou em um ambiente onde a vida era mais fácil para um alimentador seletivo.

21.5 Especializações para a Locomoção

Um musaranho ilustra a locomoção saltadora e escaladora básica dos mamíferos (Figura 21-10). Os membros e as costas são flexionados durante a locomoção, e o andar tério parece ser muito dependente desta flexão da coluna e membros, que dobram no cotovelo/tornozelo, ombro/joelho e topo da escápula/cintura na forma de um zigue-zague em três partes. O movimento independente da escápula (uma nova característica nos térios) é crítico para este arranjo: o principal pivô durante a locomoção é formado pela borda dorsal da escápula (que gira ao redor do seu próprio axis) no membro escapular, e articulação pelvina (articulação do fémur com a cintura pélvica). Essa morfologia é provavelmente uma adaptação para locomoção de pequenos corpos em uma superfície irregular (Fischer et al. 2002). Por outro lado, grandes mamíferos como um cavalo, movem-se com uma coluna vertebral mais rija e pernas mais longas, mais galopando do que saltando.

Formas Especializadas de Locomoção

Animais maiores vivenciam o mundo diferentemente dos pequenos, devido ao tamanho físico e aos efeitos da escala, e os mamíferos maiores são geralmente modificados para formas mais especializadas de locomoção. A Figura 21-11 contrasta as especializações de mamíferos corredores (**cursoriais**) e de escavadores (**fossoriais**).

Morfologia dos Membros Cursoriais O número de passadas necessário para uma dada distância determina o custo da locomoção, e um animal de pernas longas cobrirá a distância em menos passadas do que um com pernas curtas. Pernas longas também fornecem um braço de alavanca maior para

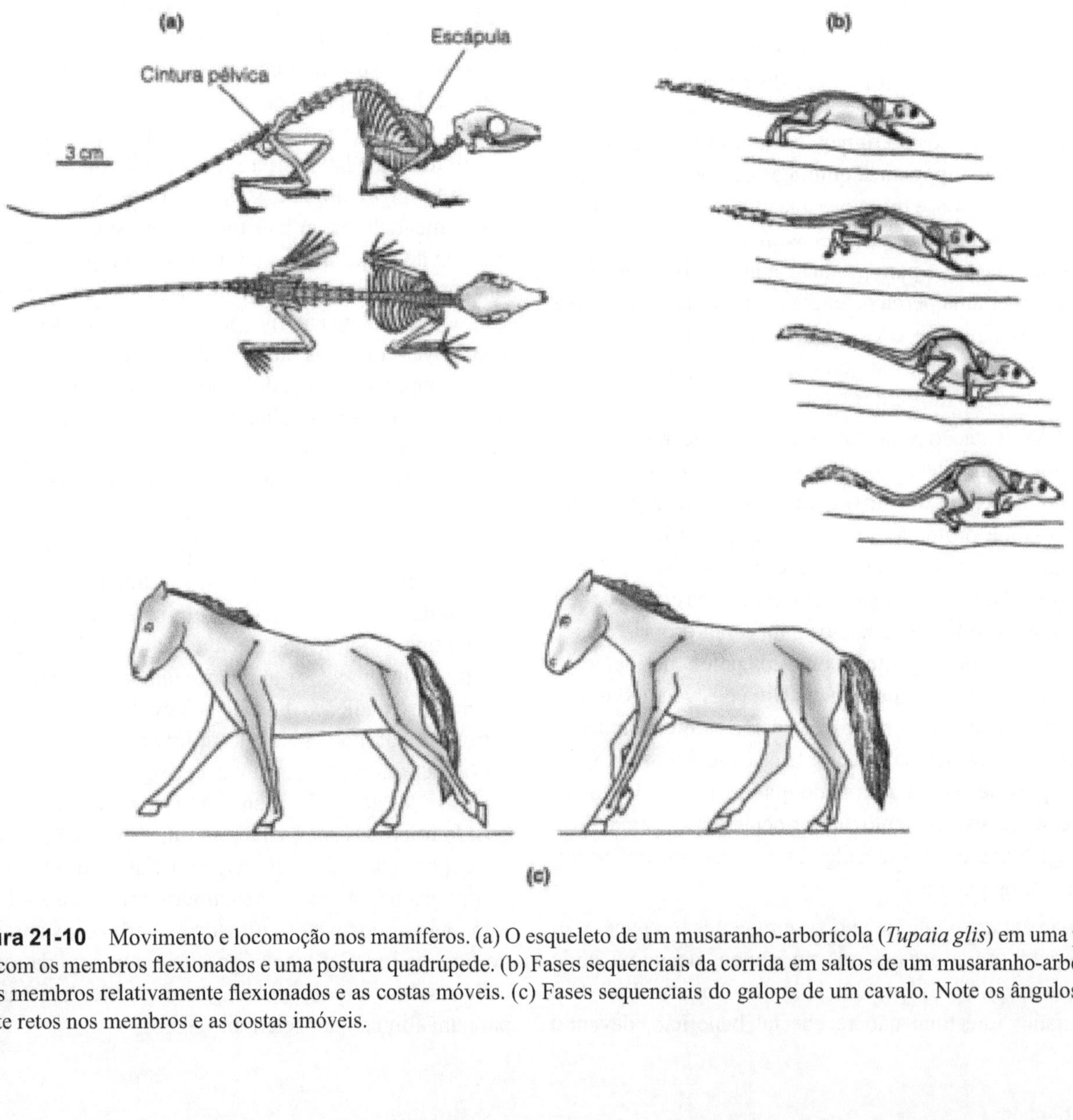

Figura 21-10 Movimento e locomoção nos mamíferos. (a) O esqueleto de um musaranho-arborícola (*Tupaia glis*) em uma postura típica, com os membros flexionados e uma postura quadrúpede. (b) Fases sequenciais da corrida em saltos de um musaranho-arborícola. Note os membros relativamente flexionados e as costas móveis. (c) Fases sequenciais do galope de um cavalo. Note os ângulos relativamente retos nos membros e as costas imóveis.

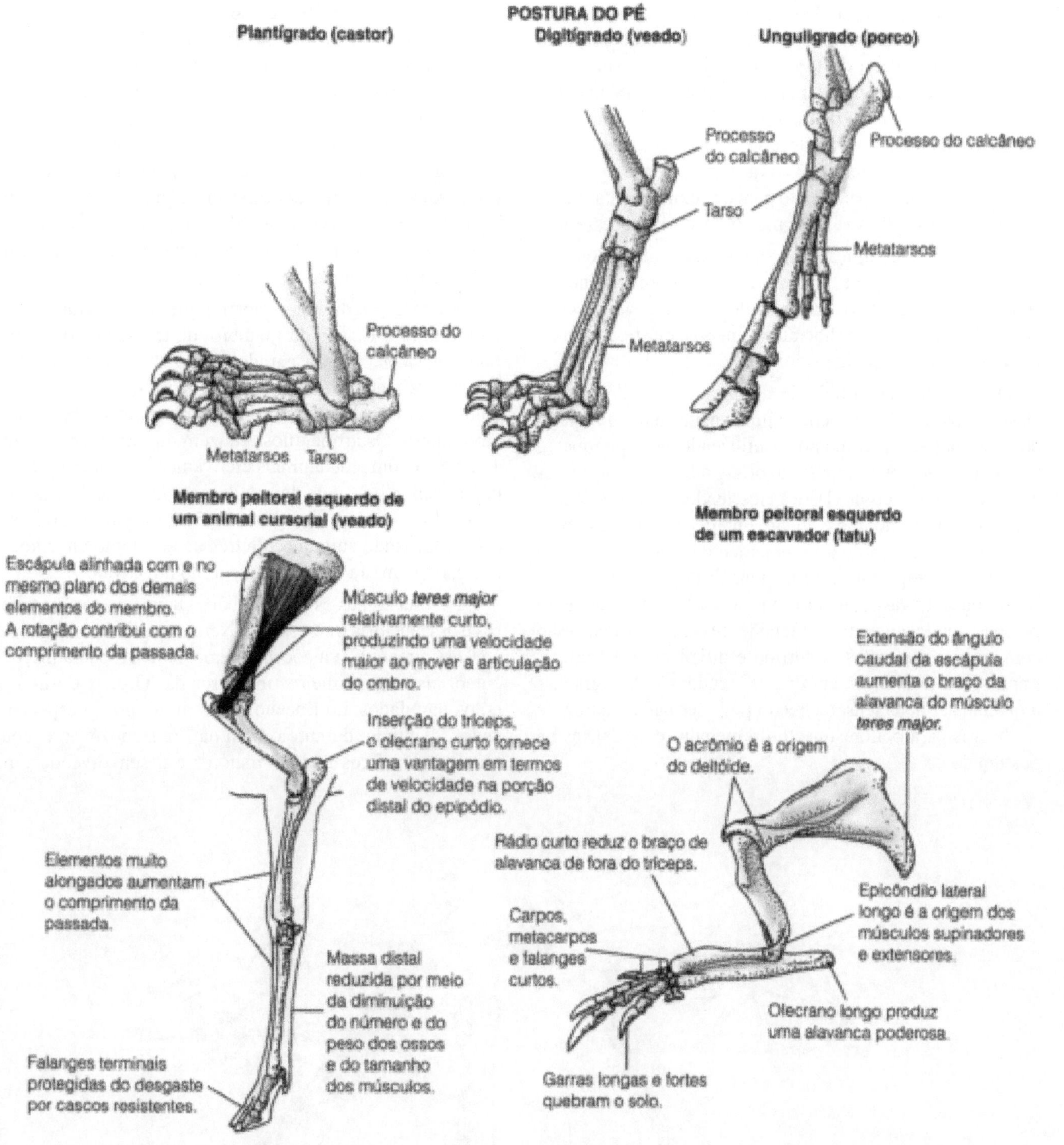

Figura 21-11 Especializações contrastantes dos membros dos mamíferos terrestres.

os músculos locomotores, tais como o triceps, nos membros peitorais, e o gastrocnêmio, nos pelvinos. Este arranjo favorece a velocidade do movimento em vez da potência. O alongando é limitado principalmente nas porções distais do membro: o rádio e a ulna nos membros escapulares, a tíbia e a fíbula nos membros pelvinos, e os metapodiais. O úmero e o fémur não são alongados, nem as falanges. Os músculos se limitam à porção proximal do membro, reduzindo a massa na sua parte distal. Praticamente não há músculos na perna do cavalo abaixo do pulso (a chamada articulação do joelho do cavalo) ou do tornozelo (o jarrete). Esta anatomia faz sentido em termos mecânicos, porque o pé não tem movimento no começo de cada passo (já que ele empurra o chão), e quando sai do chão deve ser acelerado da velocidade zero a uma velocidade maior do que a velocidade do corpo, quando ele se move para frente para o próximo contato com o solo. Quanto mais leve o pé, menor o esforço necessário.

A força da contração muscular pelos músculos nos membros escapulares é transmitida ao membro pelvino via tendões elásticos longos. Estes tendões são esticados a cada passo, armazenando e liberando energia elástica, contribuindo para a eficiência locomotora.

O exemplo mais óbvio de armazenamento de energia elástica nos tendões da perna é um canguru pulando, quando o animal se move como se utilizando um "pogoball". Contudo, todos os animais cursoriais dependem do armazenamento de energia elástica nos tendões em movimentos mais rápidos do que o andar (Figura 21-12). Mesmo os humanos dependem do armazenamento da energia elástica nos tendões, especialmente no tendão de Aquiles, o qual liga o músculo gastrocnêmio ao processo do calcâneo. Para pessoas que lesionaram seu tendão de Aquiles (uma lesão comum em esportistas) a corrida é difícil ou, até mesmo, impossível. O alongamento destes tendões para aumentar a quantidade de extensão e recuo pode ser parte das razões evolutivas para o alongamento do membro e mudanças na postura do pé.

Outras modificações cursoriais incluem aquelas restritas ao movimento do membro no plano para frente e para trás, de forma que a maior tração no solo contribui ao movimento para frente. A clavícula é reduzida ou perdida e os ossos do pulso e do tornozelo permite o movimento somente num plano para frente e para trás e o membro pelvino não pode ser suprimido. Note quão facilmente você pode girar suas mãos em direção ao pulso, de forma que a palma fique para cima; um cão não pode fazer isso e um cavalo praticamente não apresenta habilidade alguma de rodar esta articulação.

O número de dígitos também pode ser reduzido, talvez para diminuir o peso do membro, de forma que o mesmo pode ser acelerado ou parado mais facilmente. Os carnívoros geralmente perdem o dígito 1, mas, por outro lado, comprimem os dedos em conjunto ao invés de reduzi-los em número. Os artiodátilos reduzem ou perdem os dígitos 1, 2 e 5, se tomando animais efetivamente de quatro dedos, como os porcos, ou de dois dedos, como os veados. Os perissodátilos perdem os dígitos 1 e 5 e reduzem os dígitos 2 e 4, se tornando animais com três dedos, como um rinoceronte, ou com um único digito, como um cavalo.

A evolução das especializações cursoriais nos mamíferos é uma história interessante. Nenhum mamífero do início da Era Cenozóica (Paleoceno) demonstrava especializações cursoriais, e os primeiros membros das Ordens Carnivora e dos ungulados, do Eoceno, eram muito pouco especializados. Contudo, durante o final da Era Cenozóica, encontramos mamíferos ficando maiores e desenvolvendo uma

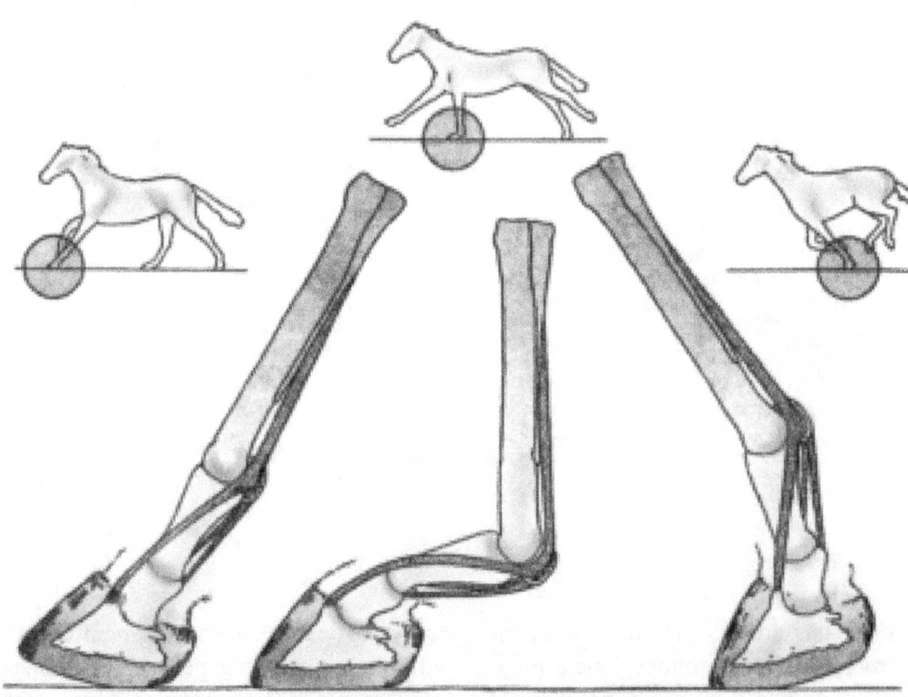

Figura 21-12 Ação saltadora dos tendões elásticos no pé de um cavalo.

forma mais cursorial de morfologia dos membros. Tais especializações cursoriais ocorreram convergentemente entre as muitas linhagens distintas de ungulados. Já que os antigos carnívoros e ungulados não eram cursoriais, enquanto seus descendentes modernos possuem especializações cursoriais, assumiu-se, por muito tempo, que tais modificações, especialmente a evolução de pernas mais longas, deveriam ter aparecido no contexto das relações entre predadores e presas. Pernas mais longas teriam dado, aos carnívoros, um pouco mais de velocidade para perseguir os herbívoros, resultando na seleção de ungulados com pernas mais longas, para um escape mais rápido.

A ideia de um cenário evolutivo entre presa e predador é atraente, mas o registro fóssil não o sustenta. Se a co-evolução fosse a força motriz, os ungulados e os carnívoros teriam desenvolvido pernas maiores ao mesmo tempo, de maneira complementar, mas não foi esse o caso. Por exemplo, os ungulados, que viviam na América do Norte, evoluíram pernas mais longas e outras especializações cursoriais no início do Mioceno, cerca de 20 milhões de anos, mas carnívoros com as estruturas de perseguição observadas atualmente, não aparecem no registro fóssil até o Plioceno, há cerca de 5 milhões de anos.

Por que, então, os ungulados evoluíram especializações cursoriais sem a ameaça dos predadores? Parece que todas as modificações dos membros, as quais tomam um mamífero um corredor mais rápido, também o toma mais eficiente em um movimento mais lento, tal como o trote. O início do Mioceno é um momento no qual os habitats, na América do Norte, começaram a se modificar, de florestas produtivas, para campos menos produtivos, o que significa que os ungulados haviam de forragear por mais tempo para encontrar seu alimento. Evidências para esta hipótese aparecem a partir da observação da evolução dos ungulados em outros continentes.

Na Eurásia, onde a transição das florestas para os campos ocorreu mais posteriormente no Mioceno, as especializações cursoriais dos ungulados também apareceram posteriormente, contemporâneas à alteração na vegetação. Na América do Sul, onde a vegetação foi alterada no final do Oligoceno, ungulados cursoriais apareceram neste momento. Mas os carnívoros, com um tipo de morfologia cursorial de perseguição, apareceram pela primeira vez, em todos os continentes, somente há 5 milhões de anos – 15 a 25 milhões de anos após suas presas cursoriais.

Assim, a evolução das adaptações dos membros cursoriais dos ungulados parecem estar relacionadas à duração de forrageio, porque não existiam carnívoros capazes de persegui-los quando evoluíram esta condição. Entretanto, modificações para a resistência a caminhadas lentas provém velocidade para caminhadas rápidas, e a velocidade tornou-se valorosa quando os predadores cursoriais evoluíram.

Uma última questão, ainda não resolvida, é por que os ungulados parecem ser mais especializados para a locomoção cursorial do que os carnívoros. Um cavalo possui pernas mais alongadas e uma postura dos pés mais derivada do que um cão; mas os cavalos não são corredores significativamente mais rápidos do que os cães; se isso fosse verdadeiro, a caça a raposas, no lombo de cavalos, com cães, seria impossível pois os cães seriam rapidamente deixados para trás. A resposta pode estar na fisiologia digestiva dos ungulados. O trato digestório e o seu conteúdo, em um ungulado, perfazem cerca de 40 por cento da massa corpórea total (mais em um ruminante do que em um cavalo). Assim, para qualquer dado peso corpóreo, um ungulado tem, proporcionalmente, menos massa muscular do que um carnívoro de mesmo porte, pois boa parte de sua massa é composta pelo trato digestório. Pode ser que os ungulados devam ser mais modificados no esqueleto do que os carnívoros, para compensar a diferença na massa corpórea relativa em proporção ao peso corpóreo total.

Morfologia dos Membros Fossoriais Os mamíferos apresentam diversas formas de escavação. A mais comum é a escavação de raspagem na superfície – o tipo de escavação que o cão utiliza para enterrar um osso. Os animais verdadeiramente fossoriais (que se escondem sob a superfície) apresentam uma variedade de especializações. Nenhum mamífero é desprovido de membros e alongado como um lagarto ou uma cecília, embora os que seguem suas presas em tocas (tais como as doninhas e furões) possuam corpos alongados e pernas bem curtas.

Um membro especializado para escavação é quase exatamente o oposto de um membro especializado em correr. Membros corredores maximizam a velocidade com o gasto de energia, enquanto membros cavadores maximizam a força em detrimento à velocidade. Mamíferos fossoriais obtiveram este "design" nos membros escapulares com um longo processo do olécrano e um braço relativamente curto.

Alguns escavadores subterrâneos são chamados de raspadores rápidos. Estes animais, tais como a toupeira-dourada-africana e a toupeira-marsupial-australiana, cavam com os pés dianteiros e traseiros, o solo arenoso por meio do deslocamento dos grãos para trás e para os lados, sem construir uma toca. As toupeiras verdadeiras, vivendo em solo mais compacto, rodam seus membros dianteiros na terra, em vez de simplesmente retraí-los, uma forma de escavação chamada de tração de rotação. As verdadeiras toupeiras se entocam sob a superfície, próximas ao solo, buscando vermes e larvas de insetos nas raízes das plantas, jogando o solo para cima enquanto criam o túnel. Finalmente, muitos roedores, (roedores da América do Norte do gênero *Geomys,* são um exemplo) utilizam seus incisivos de crescimento contínuo, em vez dos membros, para deslocar o solo, o que é chamado de escavação de dentes em cinzel. Os roedores *Geomys* apresentam um diástema pronunciado e podem juntar seus lábios, por trás dos incisivos, para evitar que o solo entre em suas bocas. Eles empurram o solo escavado até a superfície, formando montes, os quais são um traço familiar de qualquer paisagem onde estes roedores ocorrem.

Mamíferos escavadores retêm os cinco dígitos, com garras fortes para quebrar o substrato. Eles também apresentam grandes projeções sobre os ossos dos membros, para a inserção de músculos fortes, tais como o processo acrômio aumentado sobre a escápula. Escavadores raspadores na superfície, tais como os tamanduás, apresentam uma pelve muito rígida, com muitas vértebras envolvendo o sacro, para apoiar os membros pelvinos enquanto cavam com os membros peitorais. Contudo, os mamíferos com tocas sob o solo, tais como as toupeiras, não apresentam este tipo fortalecido de pelve e sacro.

21.6 Evolução dos Mamíferos Aquáticos

Mamíferos semi-aquáticos não são muito diferentes dos terrestres, exceto por membros de alguma forma parecidos com remos e uma cobertura de pêlos mais densa, e linhagens de mamíferos semi-aquáticos evoluíram separadamente. Entre os mamíferos podemos ver exemplos nos Monotremata (or-nitorrinco), Marsupialia (cuíca-d'água) e entre os Euteria na Ordem Insectivora (musaranho aquático, "tenrec", lontra-insetívora), Rodentia (ratão-do-banhado, castor, rato-aquático-australiano), Carnívora (lontras, doninhas, urso-polar) e Artiodactyla (hipopótamo). O registro fóssil adiciona rinocerontes semelhantes a hipopótamos, evoluções independentes de animais semelhantes à lontra e mesmo uma preguiça semi-aquática.

Especializações para vida totalmente aquática é um assunto diferente, e mamíferos totalmente aquáticos – formas primariamente marinhas que nunca ou raramente vieram à terra – que evoluíram em três tempos: nas Ordens Cetácea (baleias e golfinhos), Sirenia (manatis e peixes-boi) e Carnívora (focas, leões-marinhos e morsas) (Quadro 21-1).

Adaptações Morfológicas para a Vida na Água

A maioria dos mamíferos semi-aquáticos usa seus membros para nadar (nado paraxial) como nós mesmos fazemos. Esse tipo de nado é bem ineficiente em termos das formas de arrasto criadas na água. A maioria dos mamíferos totalmente aquáticos utiliza ondulações do corpo (nado axial) por meio flexões dorso-ventrais ao invés de latero-laterais dos peixes e sauropsidas aquáticos. Este movimento de nado é uma modificação da flexão da coluna vertebral que é utilizada por mamíferos terrestres. Mamíferos totalmente aquáticos têm membros curtos em forma de remo, com uma porção proximal curta e falanges alongadas e estes membros são utilizados como nadadeiras de peixe para frear ou guiar, e não para propulsão. Cetáceos modernos e sirênios perderam seus membros pelvinos inteiramente. A Figura 21-14 ilustra as modificações aquáticas de uma baleia generalizada.

A Evolução das Baleias

Na última década uma sequência de fósseis quase que completamente perfeita da evolução dos primeiros cetáceos foi recolhida do Eoceno do Paquistão nas praias do antigo Mar de Tethys. Esta sequência mostra uma progressão entre as baleias de formas mais terrestres com um conjunto completo de pernas, a formas mais aquáticas com membros reduzidos ou modificados (Figura 21-15).

QUADRO 21.1 Comparação entre os Diferentes Tipos de Mamíferos Totalmente Aquáticos

Os cetáceos (baleias, golfinhos e botos), sirênios (manatis e peixes-boi) e pinípedes (focas, leões-marinhos e morsa) são linhagens de mamíferos aquáticos especializados (Figura 21-13). Os cetáceos e sirenios não podem vir à terra, mas os pinipedes são mais anfíbios. Cetáceos e pinipedes são carnívoros, mas os sirenios são herbívoros. Todos eles usam uma camada grossa de gordura subcutânea para isolamento ao invés dos pêlos.

Pinipedes vêm à terra para a corte, acasalamento e dar a luz, e com seus longos e flexíveis pescoços, eles não são tão hidrodinâmicos como baleias e sirenios. Eles também retêm zigapófises em suas vértebras do tronco e seus dentes e mandíbulas são pouco modificados. Os pinipedes parecem ter perdido os membros pelvinos, mas o que parece ser uma cauda é na verdade um par modificado de membros pelvinos que se voltaram para trás. Focas verdadeiras são incapazes de modificar a posição dos membros caudais e eles são desajeitados em terra, mas leões-marinhos e morsas podem virar seus membros caudais para frente e mover-se em terra com flexão vertical da coluna vertebral numa maneira efetiva, embora desajeitada. Leões-marinhos ainda têm um tipo derivado de nado paraxial, no qual os membros escapulares são usados em sincronia para um vôo subaquático, criando um levantamento na água ao mesmo tempo em que os movimentos dorso-ventrais das costas e dos membros pelvinos.

Continua

Continuação

Figura 21-13 Diversidade dos mamíferos marinhos (aproximadamente em escala). (a) Baleias com dentes: golfinho-nariz-de-garrafa *Tursiops truncatus* (Cetácea: Odontocetí: Delpmnidae). (b) Baleias com barbatanas: baleia-franca-do-norte *Eubalaena glacialis* (Cetácea: Mysticeti: Balaenidae). (c) Vaca-marinha: *Dugong dtigon* (Sirenia: Dugongidae). (d) Lobo-marinho-do-cabo *Aretocephalus pusilus* (Carnívora: Otariídae). (e) Foca-verdadeira. a foca-do-porto, *Phoca vitulina* (Carnívora: Phocidae).

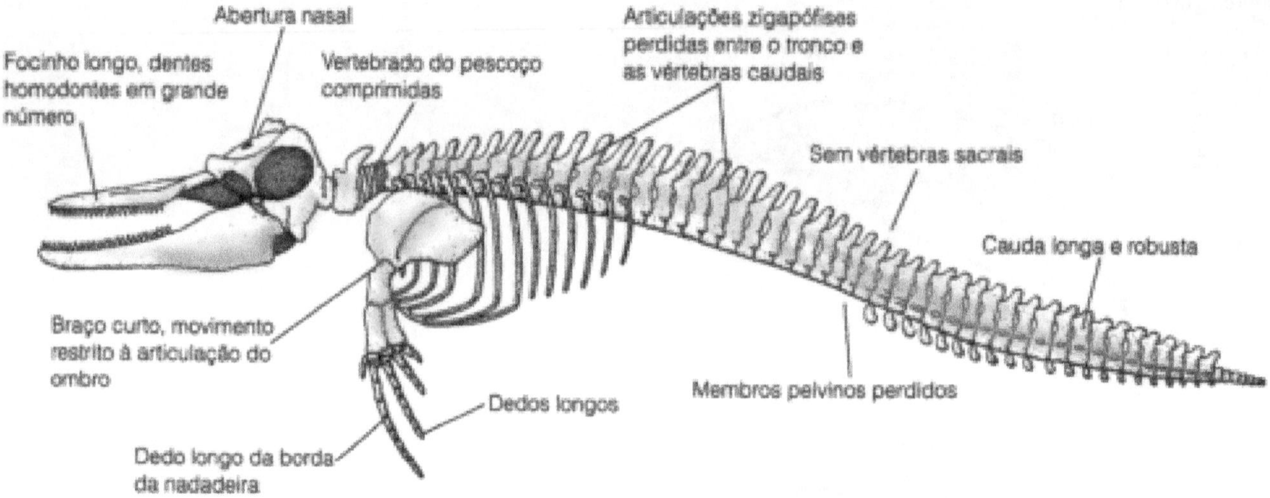

Figura 21-14 Adaptações para locomoção aquática nas baleias.

Estes fósseis de baleias pertencem todos a Subordem extinta Archaeoceti, que foi totalmente extinta no final do Eoceno. As Subordens modernas de baleia, Odontoceti (baleias com dentes) e Mysticeti (baleias com barbatanas), provavelmente apareceram de uma ancestral comum entre os Archaeoceti entre o final do Eoceno e início do Oligoceno.

Os primeiros Archaeoceti são da família Pakicetidae do final do início do Eoceno. Eram animais bem pequenos em comparação com as baleias modernas (do tamanho de um lobo) com crânios e dentes que sugerem adaptações para a predação aquática. Eles têm órbitas situadas no topo da cabeça como um hipopótamo; baleias mais recentes têm olhos posicionados mais lateralmente. São encontrados principalmente em depósitos terrestres, mas seus restos do pós-crânio sugerem que eles eram anfíbios, remando com os quatro pés. Sua orelha média não era modificada para audição subaquática e a taxa de isótopos de oxigénio em seus ossos, indicam que bebiam água doce.

Os Ambulocetidae eram de alguma maneira formas mais recentes da metade do Eoceno. Eles eram aproximadamente do tamanho de um leão-marinho e tinham membros com enormes pés, provavelmente uma especialização desse grupo para um modo locomoção que envolve a flexão dorso-ventral e o nado com os pés caudais apontados para trás da forma de uma foca. Entretanto, enquanto seus esqueletos eram mais modificados para a vida aquática do que os Pakicetidae, seus dedos não estavam dentro de uma nadadeira com membranas, e ambos os dedos e polegares tinham um pequeno casco nas pontas. Seus restos foram encontrados em ambientes costeiros, mas seus isótopos nos ossos mostram ainda bebiam água doce. O crânio e dentes robustos dos Ambulocetidae sugerem que eles eram predadores de animais grandes semelhantes a crocodilos.

Os Remingtoncetidae é um grupo mais derivado. Eram do tamanho de uma foca e tinham membros pelvinos relativamente robustos que eram provavelmente ainda capazes de suportar seu peso em terra. Diferente dos Ambulocetidae, possuíam crânios delicados com focinhos longos e estreitos e olhos muito pequenos. Eles devem ter se alimentado de peixes que detectavam sentindo vibrações, capturando-os com um golpe lateral da cabeça. Parecem ter sido moradores de praia como os Ambulocetidae, mas eram provavelmente mais aquáticos, pois sua orelha média e canais semicirculares mostram modificações semelhantes àquelas das baleias modernas (Spoor et al. 2002). Ainda os isótopos de seus ossos mostram que eles não bebiam água doce; devem ter obtido toda a sua água de sua comida como as modernas baleias fazem.

Animais que se assemelham ainda mais com a baleia e em comportamento e aparência apareceram no fim da metade do Eoceno, eram os Protocetidae, que tinham membros pelvinos ainda mais reduzidos do que os ancestrais. A maioria retinha uma conexão dos membros pelvinos ao sacro, mas provavelmente eram desajeitados em terra, se realmente eles saiam foram da água. Os primeiros Protocetidae provavelmente utilizam seus membros pelvinos para o nado, mas os últimos podem ter tido um nado axial com oscilações da coluna lombar. Os Protocetidae foram encontrados em habitats marinhos distantes da praia, e foram as primeiras baleias a serem encontradas fora da região Indo-paquistanesa, nas redondezas das costas da América do Norte e da Africa. Elas podem ter tido um modo de vida semelhante a das focas aluais: totalmente aquáticas, mas não somente.

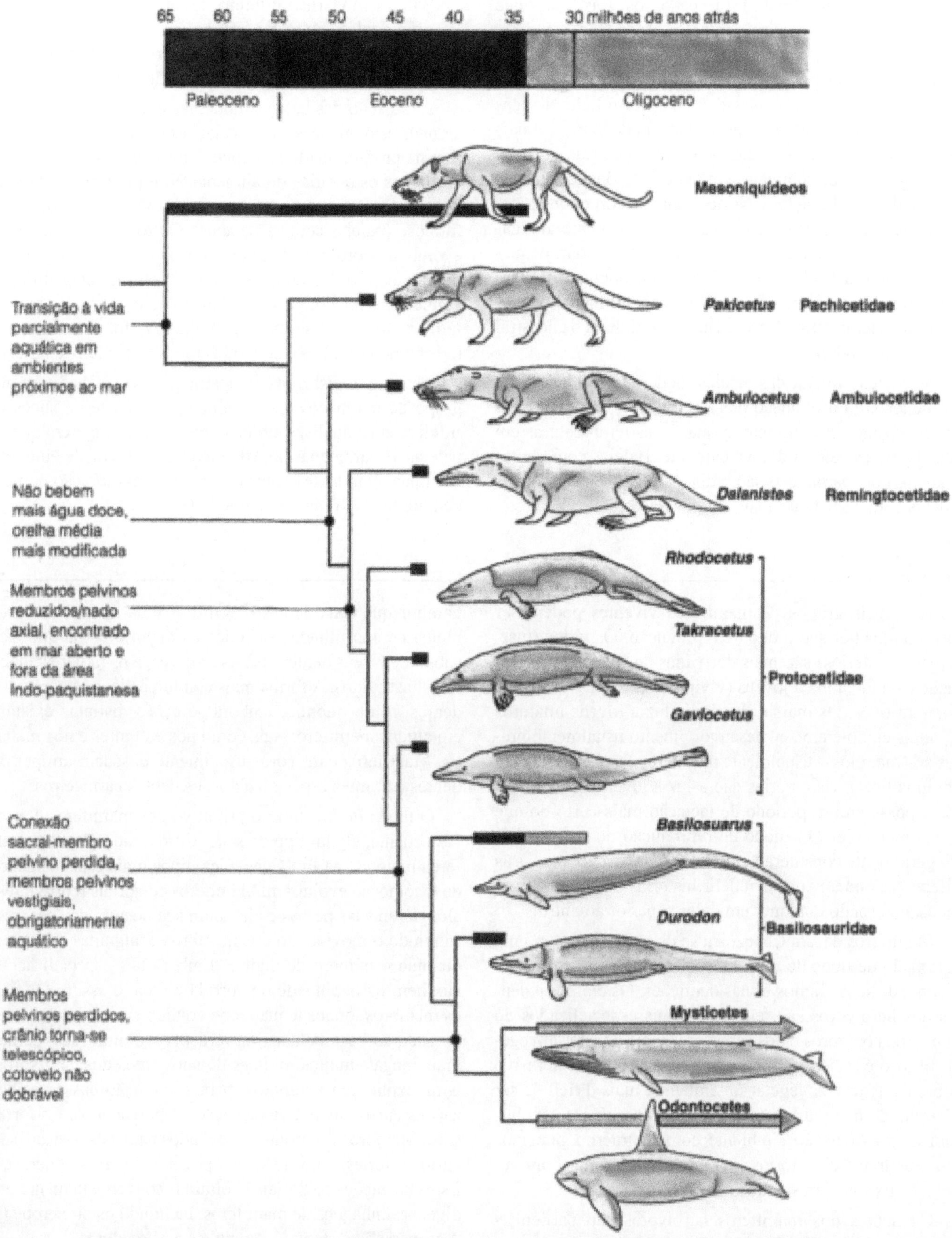

Figura 21-15 Uma filogenia das baleias mostrando a sequência de aparecimento das especializações aquáticas.

Finalmente, no final do Eoceno, os Basilosauridae apareceram. Essas baleias perderam a conexão membros pelvinos/sacral e tinham reduzido grandemente os membros pelvinos; seu pescoço era curto; seus membros escapulares tinham formato de nadadeiras; a morfologia de suas vértebras caudais sugere que tinham nadadeiras caudais semelhantes às baleias. Todas essas características sugerem que eram obrigatoriamente aquáticos. Os Basilosaurinae, conhecidos do Hemisfério Norte, tinham o corpo longo (até 16 metros) com vértebras do tronco grandemente alongadas e cabeça pequena. Os membros pelvinos eram pequenos e podem ter sido usados como guias copulatórios. Os Durodontinae eram mais parecidos com golfinhos, conhecidos dos Hemisférios Norte e Sul, e continham o ancestral das baleias modernas.

A radiação inicial das baleias modernas coincide mais ou menos com a extinção dos Archaeoceti na intersecção Eoceno/Oligoceno, um tempo quando as temperaturas em altas latitudes caíram dramaticamente. Baleias com dentes e baleias com barbatanas são radiações distintas, embora as baleias com barbatanas mais antigas retiveram os dentes.

Baleias modernas diferem dos Archaeoceti por terem um crânio telescópico, no qual as narinas se moveram para o topo da cabeça, onde formam o narina, embora o modo telescópico do crânio é diferente nas duas Subordens.

A radiação das baleias modernas é provavelmente relacionada às mudanças nas circulações oceânicas que resultaram na produtividade aumentada dos oceanos – resultando em novas estratégias de alimentação e predação auxiliada pela ecolocalização (baleias com dentes) e alimentação por filtração (baleias com barbatanas). Outro pulso da radiação evolutiva ocorreu no final do Mioceno, novamente concomitante com o declínio das temperaturas em altas altitudes e mudanças na circulação oceânica. Neste momento muitas famílias tornaram-se extintas e algumas formas modernas (tais como golfinhos e botos) fizeram sua primeira aparição.

Assim, o registro fóssil mostra que as baleias foram um grupo de mamíferos extremamente diverso e de sucesso. Infelizmente, análises moleculares recentes sugerem que as baleias de barbatanas do Atlântico Norte, eram até vinte vezes mais abundantes antes do início da exploração comercial humana (Roman e Palumbi 2003).

Resumo

Os principais grupos de mamíferos viventes podem ser distinguidos por seu modo de reprodução. Os térios (marsupiais e eutérios) são mais derivados do que os monotremados, dando a luz a jovens (viviparidade), em oposição a botarem ovos. Os marsupiais dão a luz a jovens imaturos os quais completam seu desenvolvimento usualmente presos aos mamilos – usualmente mas nem sempre – fechados em uma bolsa. Os eutérios dão a luz a jovens mais maduros e possuem um período de lactação mais curto do que o dos marsupiais. O modo de reprodução dos marsupiais foi geralmente considerado inferior ao dos eutérios, mas as diferenças podem apenas refletir histórias evolutivas separadas, não sendo qualquer um deles superior ao outro.

Mamíferos da Era Cenozóica se diversificaram em uma variedade de tipos de alimentação, refletidos na anatomia distinta de seus crânios e suas dentições. Os crânios e dentes dos herbívoros são, em geral, mais especializados do que os dos onívoros e dos carnívoros, pois o material vegetal fibroso é mais difícil de mastigar e tem efeito abrasivo sobre os dentes. A vegetação também é mais difícil de ser digerida do que outras dietas, e muitos herbívoros evoluíram uma associação simbionte com os microorganismos em seus tratos digestórios, os quais fermentam a fibra vegetal e auxiliam em sua quebra química.

Os dentes dos mamíferos herbívoros são particularmente especializados. De forma a cortar o material vegetal duro, as cúspides originais se uniram em lâminas cortantes, ou lofos. Além disso, os mamíferos herbívoros devem garantir que seus dentes durem por toda a vida, um problema compartilhado por todos os mamíferos, já que eles substituem seus dentes apenas uma vez, e os molares nunca são substituídos. A forma mais comum é elevar a coroa dos dentes, a hipsodontia, embora soluções distintas existam em alguns mamíferos, tais como nos elefantes e nos manatis. Mamíferos carnívoros usualmente possuem um par de dentes cortantes especializados, os dentes carniceiros.

O modo de locomoção primitivo dos mamíferos é, provavelmente, algum tipo de salto. Com a radiação de mamíferos maiores, na Era Cenozóica, tipos mais especializados de locomoção evoluíram. Mamíferos cursoriais (corredores) alongaram suas pernas e alteraram sua postura dos pés, restringindo o movimento dos membros e, algumas vezes, reduzindo o número de dígitos. Embora tais especializações auxiliem na habilidade de corrida rápida, e assume-se que os membros longos tenham co-evoluído entre as presas e os predadores, os ungulados, na verdade, evoluíram suas pernas mais longas, muitos milhões de anos antes dos carnívoros. Uma explicação alternativa para a evolução das especializações cursoriais é a da elevação da potência para o forrageio. Membros fossoriais, desenhados para a escavação, são curtos e fortes, com músculos pesados e garras poderosas. Especializações fossoriais evoluíram convergentemente em diversas linhagens de mamíferos, incluindo os oricterope (= "aardvarks"), os tatus, as toupeiras e os roedores.

Muitos mamíferos retornaram à água e tornaram-se semi-aquáticos, mas somente três grupos modernos de mamíferos (pinipédios, sirenios e cetáceos) são totalmente aquáticos, vivendo em ambientes marinhos. Eles compartilham um bom número de características morfológicas relacionadas às demandas da locomoção sob a água, tanto quanto adaptações fisiológicas para o mergulho etc. Temos um excelente registro fóssil da evolução das baleias, mostrando como elas evoluíram de espécies terrestres através de uma situação anfíbias de formas costeiras para formas marinhas obrigatoriamente aquáticas. O número de espécies de baleias tem diminuído drasticamente em tempos históricos.

Leituras Adicionais

Alexander, R. M. 1992. *Exploring Biomechcmics: Animals in Motion.* New York, NY: Scientific American Library.

Au, W. W. L. 1993. *The Sonar of Dolphins.* New York: Springer.

Biewener, A. A. 1989. Mammalian terrestrial locomotion and size. *BioScience* 39 (11):776-783.

Domning, D. R 2001. The earliest known fully quadrupedal sirenian. *Nature* 413:625-627.

Frank, L. G. 1996. Female masculinzation in the spotted hyena: Endocrinology, behavioral ecology, and evolution. In J. L. Gittleman (Ed.), *Carnivore Behavior, Ecology, and Evolution,* volume 2. Ithaca, NY: Comstock Publishing Associates, 78-131.

Fordyce R. E. 2000. The fóssil record of whales. *American Paleontologist* 8:2-4.

Hildebrand, M., and G. E. Goslow. 2001. *Analysis of Vertebrate Structure,* 5th ed., New York, NY: Wiley.

Fischer, M. S., et al. 2002. Basic limb kinematics of small therian mammals. *Journal of Experimental Biology* 205:1315-1338.

Gatesy, J., and M. A. 0'Leary. 2001. Deciphering whale origins with molecules and fossils. *Trends in Ecology and Evolution* 16:562-570.

Gingerich, P. D., et al. 2001. Origin of whales from early artiodactyls: Hands and feet of Eocene Protocetidae from Pakistan. *Science* 293:2239-2242.

Janis, C. M. 1976. The evolutionary strategy of the Equidae and the origins of rumen and cecal digestion. *Evolution* 30:757-774.

Janis, C. M., and M. Fortelius. 1988. On the means whereby mammals achieve increased functional durability of their dentitions, with special reference to limiting factors. *Biological Reviews* 63:197-230.

Janis, C. M. and P. B. Wilhelm. 1993. Were there mammalian pursuit predators in the Tertiary? Dances with wolf avatars. *Journal of Mammalian Evolution* 1:103-126.

Jarvis, J. U. M. 1981. Eusociality in a mammal: Cooperative breeding in the naked mole rat. *Science* 212:571-573.

Kirsch, J. A. 1977. The six percent solution: Second thoughts on the adaptedness of the Marsupialia. *American Scientist* 65:276-288.

Lillegraven, J. A., et al. 1987. The origin of eutherian mammals. *Biological Journal of the Linnean Society* 32:281-336.

Mossman, H. W. 1987. *Vertebrate Fetal Membranes.* New Brunswick, NJ: Rutgers University Press. Muller, M. N., and R. Wrangham. 2002. Sexual mimicry in hyenas. *Quarterly Review of Biology* 77:3-16.

Norris, K. S. 1974. *The Porpoise Watcher.* Toronto, Canada: George J. McLeod.

Parker, P. 1977. An ecological comparison of marsupial and placental patterns of reproduction. In B. Stonehouse and D. Gilmore (Eds.), *The Biology of Marsupiais.* London, UK: MacMillan Press, 273-286.

Renfree, M. B. 1993. Ontogeny, genetic control, andphylogeny of female reproduction in monotreme and therian mammals. In F. S. Szalay, M. J. Novacek, and M. C. McKenna (Eds.), *Mammal Phylogeny Mesozoic Differentiation, Multituberculates, Monotremes, Early Therians, and Marsupiais,* New York, NY: Springer Verlag, 4-20.

Renfree, M. B. and G. Shaw. 2000. Diapause. *Annual Review of Physiology* 62:353-375.

Renfree, M. B., and R. V. Short. 1988. Sex determination in marsupiais: Evidence for a marsupial-eutherian dichotomy. *Philosophical Transactions of the Royal Society, London, B* 322:41-53.

Roman, J., and S. R. Palumbi. 2003. Whales before whaling in the North Atlantic. *Science* 301:508-510.

Sharman, G. B. 1976. Evolution of viviparity in mammals. In C. R. Austin and R. V. Short (Eds.), *Reproduction in Mammals, 6: The Evolution of Reproduction.* Cambridge, UK: Cambridge University Press, 32-70.

Smith, K. K. 2001. The evolution of mammalian development. *Bulletin of the Museum of Comparative Zoology* 156:119-135.

Spoor, F., et al. 2002. Vestibular evidence for the evolution of aquatic behaviour in early cetaceans. *Nature* 417:163-166.

Thewissen, J. G. M. (Ed.) 1998. *The Emergence of Whales.* New York, NY: Plenum Press.

Thewissen, J. G. M., and S. Bajpai. 2001. Whale origins as a poster child for macroevolution. *BioScience* 51: 1037-1049.

Thewissen, J. G. M., and E. M. Williams. 2002. The early radiations of Cetacea (Mammalia): Evolutionary pattern and developmental constraints. *Annual Reviews of Ecology and Systematics* 33:73-90.

Tyndale-Biscoe, C. H., and M. B. Renfree. 1987. *Reproductive Physiology of Marsupiais.* Cambridge, UK: Cambridge University Press.

Vaughan, T. A., et al. 2000. *Mammalogy,* 4th ed. Philadelphia, PA: Saunders.

Werdelin, L., and A. Nilsonne. 1999. The evolution of the scrotum and testicular descent in mammals: A phylogenetic view. *Journal of Theoretical Biology* 196:61-72.

CAPÍTULO

22

Endotermia: Uma Abordagem dos Processos Vitais de Alta Energia

A endotermia é uma característica derivada dos mamíferos e das aves. A endotermia evoluiu independentemente nas duas linhagens, mas os custos e benefícios são os mesmos para ambas. Atividade sustentável requer alto nível de metabolismo aeróbio característico dos organismos endotérmicos. Já os ectotérmicos, apesar de poderem manter níveis elevados de atividade durante períodos de curta duração, dependem do metabolismo anaeróbio para fazê-lo e ficam exauridos após poucos minutos. Somente os endotérmicos podem manter a atividade em altos níveis de energia por períodos de tempo prolongados.

A endotermia é uma esplêndida maneira de tornar-se relativamente independente em relação a muitos dos desafios do meio ambiente físico, especialmente o frio. As aves e os mamíferos podem viver nos habitats mais frios da terra, desde que possam encontrar alimento em quantidade suficiente. Esta qualificação expressa o maior problema da endotermia: ela é energeticamente cara. Os endotérmicos necessitam garantir um suprimento permanente de alimento, e suas interações mais relevantes frequentemente se dão mais com o meio ambiente biológico – predadores, competidores e presas – do que com o meio ambiente físico, o que no caso dos ectotérmicos é predominante. Como a aquisição e o dispêndio de energia são fatores importantes na vida cotidiana dos endotérmicos, a elaboração de cálculos de orçamentos energéticos pode-nos ajudar a compreender as consequências de certos tipos de comportamento.

Quando todos os esforços de homeostase mostram-se inadequados, os endotérmicos dispõem ainda de mais dois métodos de lidarem com condições adversas: (1) aves e algumas espécies de mamíferos de grande porte podem migrar para áreas onde as condições são mais favoráveis; (2) muitas espécies de pequenos mamíferos e algumas de aves conseguem hibernar. Esse procedimento, provocando uma diminuição temporária da temperatura corporal, economiza energia e prolonga a sobrevivência – ao custo do abandono dos benefícios da homeotermia.

22.1 Termorregulação Endotérmica

Aves e mamíferos são endotérmicos. Regulam suas elevadas temperaturas corporais equilibrando com precisão a produção e a perda metabólicas de calor. Um organismo endotérmico consegue mudar a intensidade de sua produção de calor variando a taxa metabólica; e alterar a perda de calor variando as condições de isolamento térmico. Assim, um endotérmico mantém constante uma temperatura corporal elevada por meio do ajuste da produção de calor de modo a igualar as perdas de calor sofridas pelo seu corpo sob diferentes condições ambientais.

Os endotérmicos produzem calor metabólico de diversas maneiras. Além da produção obrigatória de calor derivada da taxa metabólica basal ou de repouso, há o incremento de calor proveniente da alimentação, muitas vezes chamado de ação dinâmica específica ou efeito dinâmico específico do alimento. Essa produção adicional de calor após a ingestão de alimentos resulta aparentemente da energia utilizada para a assimilação das moléculas e síntese das proteínas, e varia dependendo do tipo de alimento que está sendo processado. É máxima para uma dieta de carne e mínima para de carboidratos.

A atividade do músculo esquelético produz grandes quantidades de calor. Isto é especialmente válido durante a locomoção, que pode resultar numa produção de calor que excede a taxa do metabolismo basal em 10 a 15 vezes. Esse calor muscular pode ser vantajoso para equilibrar a perda de calor em um ambiente frio. Pode ser também um problema que requer mecanismos especiais de dissipação em ambientes quentes que estejam próximos ou ultrapassem a temperatura corporal do animal. As chitas (guepardo), por exemplo, apresentam um aumento rápido da temperatura corporal quando estão caçando uma presa, sendo em geral o superaquecimento a causa de uma chita interromper uma perseguição. O tremor de frio, decorrência da geração de calor pelas contrações de fibras musculares em um padrão assíncrono que não resulta em um movimento completo de todo o músculo, é um mecanismo importante de geração de calor.

Os endotérmicos vivem em geral sob condições nas quais as temperaturas ambientes são mais baixas do que as temperaturas corpóreas regulares dos próprios animais. A perda de calor para o ambiente é, assim, uma circunstância mais usual do que a de ganho. Equilibrar a produção e a perda de calor é uma das mais importantes funções reguladoras de um organismo endotérmico.

Todo material que retém ar é um isolante contra a troca direcional de calor. Pêlos e penas fornecem isolamento ao reterem ar, e um mamífero ou uma ave pode ajustar a espessura da camada de ar retido, por meio do levantamento e abaixamento dos pelos ou penas. Nós humanos temos arrepios de frio na pele dos braços e pernas quando sentimos frio porque a pequena quantidade de pêlos que ainda restam em nós colocam-se em uma posição vertical, em uma tentativa, que é ancestral nos mamíferos, de aumentar o isolamento térmico.

Essas respostas fisiológicas à temperatura são controladas por neurônios localizados no hipotálamo do cérebro. O termostato hipotalâmico controla também a regulação da temperatura nos organismos ectotérmicos, mas nestes animais as mudanças na temperatura hipotalâmica deflagram comportamentos termorreguladores (p. ex., orientação para a maximização de perda ou ganho de calor) ao invés de processos fisiológicos.

Mecanismos de Termorregulação Endotérmica

Temperatura corporal e taxa metabólica devem ser considerados simultaneamente para compreender-se como os endotérmicos mantêm suas temperaturas corporais em um nível estável face a temperaturas ambientais que podem variar de -70°C a +40°C. A maioria das aves e dos mamíferos funciona de acordo com o diagrama genérico da Figura 22-1.

Cada espécie de endotérmicos tem uma faixa definida de variação de temperatura ambiente, acima da qual a temperatura corporal consegue ser mantida estável por meio do uso de ajustes fisiológicos e posturais de perda e produção de calor. Essa faixa de temperatura ambiente chama-se **zona de tolerância.** Acima dessa faixa a habilidade que o animal tem para dissipar calor não é adequada; tanto a temperatura corporal como a taxa metabólica aumentam assim que a temperatura ambiente aumenta, até que o animal morre. A temperaturas ambientes abaixo da zona de tolerância, a capacidade do animal para gerar calor a fim de contrabalançar a perda de temperatura é excedida, a temperatura do corpo cai, a taxa metabólica declina, e resulta a morte por frio. A zona de tolerância dos animais de grande porte geralmente são mais baixas do que aquelas dos animais menores, porque o calor é perdido pela superfície do corpo, e animais maiores tem menor razão superfície/massa do que os animais menores. Assim, eles retêm melhor o calor em temperaturas ambientes mais baixas, mas tem maior propensão ao superaquecimento em temperaturas altas. Da mesma forma, as espécies com bom isolamento térmico têm zonas de tolerância mais baixas do que aquelas com pouco isolamento térmico.

A **zona térmica neutra** (ZTN) é a faixa de temperaturas ambientes dentro da qual a taxa metabólica de um animal endotérmico situa-se em seu nível basal e a termorregulação é conseguida pela mudança na taxa de perda de calor. A zona térmica neutra é chamada também de zona de termorregulação física porque um animal ajusta sua perda de calor usando processos tais como afofar ou alisar seus pêlos ou penas, mudanças posturais como enovelar-se ou esticar-se, e mudanças no fluxo sanguíneo (vasoconstrição ou vasodilatação) em partes expostas do corpo (pés, pernas, face).

Quanto maior for o animal e mais espesso o seu isolamento térmico, mais baixa é a temperatura que consegue suportar antes que seus processos físicos tornem-se inadequados para equilibrar suas perdas de calor. A **temperatura crítica inferior** é o ponto em que um animal precisa aumentar a produção metabólica de calor para manter estável a temperatura corporal. Na **zona de termogênese química** a taxa metabólica aumenta à proporção em que a temperatura ambiente cai. A qualidade do isolamento térmico determina quanta produção metabólica de calor adicional é necessária para compensar uma alteração na temperatura ambiente. Isto é, os animais com bom isolamento térmico têm curvas relativamente pouco acentuadas nos gráficos e aumento de metabolismo abaixo da temperatura crítica inferior, e animais com isolamento térmico escasso têm quedas mais pronunciadas (ver Figura 22-4). Muitas aves e mamíferos do Ártico e da Antártida são tão bem isolados termicamente que conseguem suportar as temperaturas mais baixas do mundo (cerca de -70°C) aumentando seu metabolismo basal apenas três vezes. Outros animais com bom isolamento térmico podem ficar expostos a temperaturas mais baixas que sua **temperatura letal inferior.** Atingido esse ponto, a produção metabólica de calor terá chegado à sua taxa máxima e mesmo assim será insuficiente para compensar a perda de calor para o ambiente. Nestas condições a temperatura corporal cai e porque as taxas de reações químicas que produzem calor metabólico são sensíveis a temperatura, e a produção de calor também cai. Tem início uma situação de retro-alimentação positiva, na qual a queda da temperatura corporal reduz a produção de calor, causando uma redução na temperatura corporal. Segue-se morte por **hipotermia** (temperatura corporal baixa).

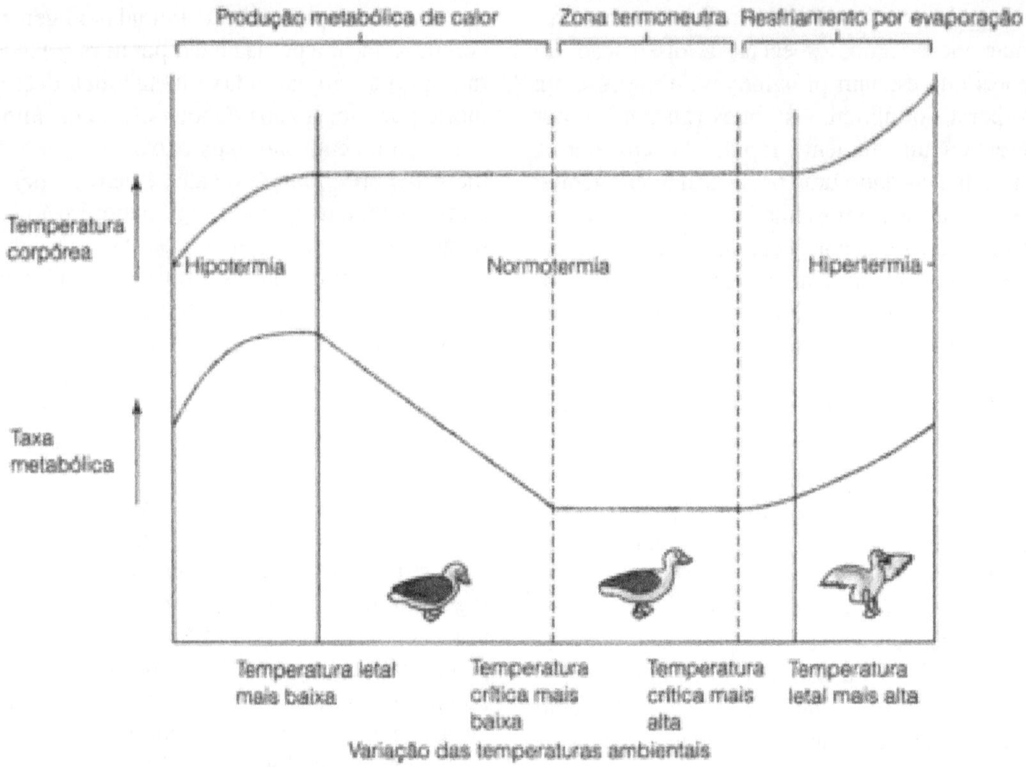

Figura 22-1 Padrão generalizado de alterações da temperatura corpórea e da produção metabólica de calor de um homeotermo endotérmico em relação à temperatura ambiental. A temperatura corpórea normal varia, de certa forma, entre os diferentes mamíferos e aves.

Os endotérmicos são especialmente bons em manter estáveis as temperaturas corporais em ambientes frios, mas têm dificuldades em ambientes de temperatura elevada. A **temperatura crítica superior** representa o ponto em que a perda não evaporativa de calor atingiu seu ponto máximo, tendo sido usados todos os processos físicos de que o animal dispõe – exposição das áreas corporais com menor isolamento térmico e maior elevação possível do fluxo sanguíneo cutâneo.

Se esses mecanismos são insuficientes para compensar o ganho de calor, a única opção que os vertebrados têm é usar a evaporação da água para resfriar o corpo. A faixa de temperatura que vai da temperatura superior crítica à temperatura superior letal é a **zona de resfriamento evaporativo.** Alguns mamíferos suam, um processo pelo qual se libera água das glândulas sudoríparas na superfície do corpo. A evaporação do suor resfria a superfície corporal. Outros animais arquejam, respirando rápida e superficialmente, de modo que a evaporação de água dos sistemas respiratórios produz um efeito de resfriamento. Muitas aves usam um movimento ondulatório da região guiar a fim de evaporar água para a termorregulação. Arquejar e movimentos gulares requerem atividade muscular, e parte do resfriamento por evaporação que se consegue é usado para compensar o inevitável aumento da produção de calor metabólico.

Ao chegar à **temperatura superior letal** o resfriamento por evaporação não consegue equilibrar o fluxo de calor proveniente de um ambiente quente. A temperatura do corpo eleva-se, a taxa metabólica aumenta, e a produção de calor metabólico eleva a temperatura corporal ainda mais, causando um aumento da taxa metabólica. Esse processo pode levar a um aumento repentino da temperatura do corpo e a morte por **hipertermia** (temperatura corporal alta).

A dificuldade que os endotérmicos encontram para regular a temperatura corporal em ambientes de temperaturas elevadas pode ser uma das razões para as temperaturas corporais da maioria dos endotérmicos estarem dentro de uma faixa de variação entre 35 e 40°C. A temperatura do ar na maioria dos habitats raramente ultrapassa 35°C. Até as regiões tropicais têm temperaturas anuais médias inferiores a 30°C. Deste modo, as temperaturas corporais altas mantidas pelos endotérmicos asseguram que na maior parte das situações o gradiente térmico seja do animal para o ambiente. Temperaturas corporais ainda mais altas, em torno de 50°C por exemplo, poderiam garantir aos mamíferos que se mantivessem sempre mais quentes que o meio ambiente. No entanto, existem limites superiores para as temperaturas corporais exequíveis. Muitas proteínas desnaturam-se quando próximas a 50°C. Durante o estresse calórico, certas aves e mamíferos conseguem suportar temperaturas corporais de 45 a 46°C por algumas horas, mas somente algumas bactérias, algas e alguns poucos invertebrados podem viver em temperaturas mais altas. Este é um outro caso em que a direção da evolução dos vertebrados estabeleceu-se por um equilíbrio entre as necessidades biológicas e a realidade fisioquímica.

Custos e Benefícios da Termorregulação Endotérmica

Pode-se comparar tanto os benefícios como os custos da endotermia com os da ectotermia. Do lado positivo, a endotermia permite que aves e mamíferos mantenham elevadas temperaturas corporais quando a radiação solar não está disponível ou é insuficiente para aquecê-los – à noite, por exemplo, ou durante o inverno. A capacidade termorregulatória em aves e mamíferos é surpreendente: eles podem viver nos lugares mais frios da terra. Do lado negativo, a endotermia é energeticamente cara. Já chamamos a atenção para o fato de que as taxas metabólicas de aves e de mamíferos são de, aproximadamente, uma ordem de grandeza maior do que as de anfíbios e répteis. A energia necessária para sustentar essas altas taxas metabólicas provém do alimento, e os endotérmicos precisam de mais alimento que os ectotérmicos.

Claro, uma série de outras diferenças distinguem a ecologia e o comportamento de endotérmicos e de ectotérmicos. Essas também podem ser consideradas como custos ou benefícios dos diferentes métodos de termorregulação. Neste capítulo nos concentramos em como os endotérmicos usam a energia, como termorregulam em ambientes frios e quentes, e como controlam suas perdas e ganhos de água. Esses tópicos estão intimamente relacionados pelo fato das altas taxas metabólicas dos endotérmicos estarem associadas a controle homeostático mais preciso de seus ambientes internos do que é necessário para muitos ectotérmicos. Por exemplo, a elevação da temperatura corporal pode ser enfrentada por meio de resfriamento por evaporação (transpiração ou respiração arquejante), mas resfriamento evaporativo excessivo esgota os estoques de água e leva a outros problemas. O tamanho do corpo tem um papel importante na determinação dos problemas que os endotérmicos enfrentam e as respostas possíveis para eles.

Os mesmos tipos de habitats que são problemáticos para os ectotérmicos também o são para os endotérmicos, embora nem sempre pelas mesmas razões. Temperaturas baixas, por exemplo, tornam a termorregulação dos ectotérmicos difícil ou impossível, e podem representar um risco de congelamento. Os endotérmicos têm bom isolamento térmico e capacidade termogênica (de produção de calor) para sobreviverem a baixas temperaturas, mas necessitam de um suprimento regular e abundante de alimento para viabilizar isso. Na verdade, suas altas demandas de energia parecem moldar inúmeros aspectos da biologia dos endotérmicos, tais como a relação entre o tamanho do corpo, dieta e espaço vital (discutido no próximo capítulo).

22.2 Orçamentos Energéticos dos Vertebrados

Pode-se obter uma compreensão de quanto custa para um animal manter-se vivo por meio da elaboração do seu orçamento de energia. Um orçamento de energia, assim como um orçamento financeiro apresenta receitas e despesas, mas usa unidades de energia como padrão monetário. Os custos energéticos de diferentes atividades podem ser avaliados convertendo-se as entradas de energia (alimento) bem como as perdas (metabolismo, fezes e urina) a uma unidade comum de medida. Usaremos kilojoules (kJ) para esses cálculos. (Um kilojoule equivale a 0,24 kilocalorias. A kilocaloria é a unidade chamada Caloria que consta em rótulos descritivos do conteúdo nutricional de alimentos embalados.) Essa abordagem quantitativa do estudo da ecologia e do comportamento dá margem à esperança de compreendermos algumas das razões por que os animais comportam-se de certas maneiras e não de outras.

Estudos de morcegos vampiros (*Desmodus rotundus*) realizados por Brian McNab (1973) revelaram uma nítida relação entre ganho-gasto de energia, e a distribuição geográfica da espécie. Esses morcegos da subordem Microchiroptera habitam a região Neotrópica e são especializados em alimentar-se exclusivamente de sangue. Seu padrão de atividade diária é simples: passam cerca de 21 horas em suas cavernas, voam à noite até um local de alimentação e voltam após terem-se alimentado. De modo geral um vampiro voa cerca de 10 quilômetros (ida-e-volta) a 20 quilômetros por hora para achar uma refeição. Deste modo, um morcego gasta meia hora por dia voando. O restante do tempo pode ser usado no ato de se alimentar.

O alimento do vampiro é conveniente para cálculos energéticos devido ao conteúdo calórico relativamente constante do sangue. Aqui está a informação para a elaboração de um orçamento energético:

- I = energia ingerida (sangue). O sangue que um morcego bebe fornece a energia necessária para todos os seus processos vitais: manutenção, atividade, crescimento e reprodução.
- E = energia excretada. Como em qualquer animal, nem todo o alimento ingerido é digerido e absorvido pelo morcego. A energia contida nas fezes e na urina é perdida.
- I-E = energia assimilada. Esta é a energia que realmente é assimilada pelo corpo do morcego.
- M = metabolismo de repouso. Este pode ser subdividido em M_d (metabolismo do morcego enquanto dentro da caverna) e M_f (metabolismo do morcego fora da caverna, mas não em vôo).
- A = custo de atividade: uma meia hora de vôo por dia.
- B = aumento da biomassa. Essa expressão designa o ganho que um morcego apresenta em seu orçamento energético. Pode ser estocado como gordura ou usado para crescimento ou para reprodução (produção de gâmetas, crescimento de um feto ou alimentação de um filhote).

Em sua forma mais simples o orçamento energético expressa-se como:

energia que entra = energia que sai ± mudança da biomassa

O termo biomassa aparece como ± porque o animal metaboliza uma certa quantidade de seus tecidos corporais quando o consumo de energia excede a quantidade de energia absorvida. (Isto é o que quem está fazendo regime para emagrecer espera fazer para perder peso). Transformando essa equação geral nos termos gerais já definidos, temos:

$$I - E = M_d + M_f + A \pm B$$

Todos esses termos podem ser medidos e expressos em kilojoules por morcego por dia (kJ/morcego • dia). Tais cálculos baseiam-se nos estudos de McNab e aplicam-se a um morcego vampiro brasileiro de 42 gramas.

- **Energia ingerida** – Em uma única refeição um vampiro pode consumir 57 por cento de sua massa corporal em sangue que contém 4,6 kJ/g. De modo que a ingestão de energia é:

42 g • 57% • 4,6 kJ/g de sangue fluido = 110,1 kJ

- **Energia excretada** – Um vampiro excreta 0,24 g de ureia na urina, mais 0,95 g de fezes todos os dias. A ureia contém 10,5 kJ/g e as fezes contêm 23,8 kJ/g. Assim, a energia excretada é:

0,24 g ureia • 10,5 kJ/g + 0,95 g de fezes • 23,8 kJ/g = 2,5 kJ + 22,6 kJ = 25,1 kJ

- **Energia assimilada** – A energia que um morcego realmente assimila do sangue é igual à energia ingerida (110,1 kJ) menos a que é excretada (25,1 kJ). Assim, a ingestão de energia por um vampiro é de 85,0 kJ/dia:

110,1 kJ – 25,1 kJ = 85,0 kJ

- **Metabolismo de repouso** – Em um habitat tropical, 20°C é uma aproximação razoável da temperatura que um morcego encontra tanto dentro como fora da caverna. Quando em repouso num laboratório a 20°C, a taxa metabólica de um vampiro é de 3,8 cm^3 de O_2/g • hora. Os termos do metabolismo podem ser calculados e convertidos em joules, usando-se o equivalente energético do oxigénio (20,1 J/cm^3 de O_2):

M_d = 42 g • 3,8 cm^3 O_2/g • hora • 20,1 J/cm^3 O_2 • 22 horas/dia = 70,6 kJ

M_f = 42 g • 3,8 cm^3 O_2/g • hora • 20,1 J/cm^3 O_2 • 1,5 horas/dia = 4,8 kJ

- **Atividade** – O metabolismo de um morcego voando a 20 km/h é de 11,4 cm^3 de O_2/g • hora. O custo de um vôo de ida e volta da caverna ao local de alimentação é:

A = 42 g • 11,4 cm^3 O_2/g • hora • 20,1 J/cm^3 O_2 • 0,5 h = 4,8 kJ

- **Mudança da biomassa** – As quantidades calculadas até agora são valores fixos que o morcego não pode evitar a não ser que mude seu comportamento. A alteração da biomassa é um valor variável. Se a energia assimilada é maior do que os custos fixos, esse ganho de energia pode ir para o aumento da biomassa. Os custos fixos que excedem a energia assimilada refle-tem-se em uma perda de biomassa. Para a situação descrita há um ganho de energia:

$$I - E = M_d + M_f + A \pm B$$

110,1 kJ – 25,1 kJ = 70,6 kJ + 4,8 kJ + 4,8 kJ ± B

B = 4,8 kJ/morcego • dia

Esses cálculos mostram que os vampiros podem viver e crescer nas condições pressupostas. O que acontece se mudarmos algum desses pressupostos? McNab ressalta que os limites Norte e Sul da distribuição geográfica dos vampiros estão de acordo com as isotermas de inverno de 10°C (Figura 22-2). Isto é, a temperatura mínima fora da caverna durante o mês mais frio do ano é 10°C; não se encontram morcegos em regiões onde a temperatura mínima é inferior a isto. Seria uma coincidência ou 10°C seria a temperatura mais baixa que os morcegos podem suportar? O cálculo de um orçamento energético para um vampiro em condições mais frias que 10°C fornece-nos uma resposta.

As cavernas têm uma temperatura bastante estável que em geral não varia do verão para o inverno. Podemos considerar que a temperatura mantenha-se constante a 20°C na caverna habitadas por nossos hipotéticos vampiros. Neste caso, alteram-se apenas as condições que um morcego encontra no ambiente externo à caverna. Em razão dos limites da capacidade estomacal a ingestão não pode crescer além de 57 por cento da massa corporal, valor considerado nos cálculos anteriores. Por causa disto, só precisamos recalcular $M_f A e B$.

- **Metabolismo fora da caverna** – A 10°C o morcego precisa aumentar sua taxa metabólica a fim de manter a temperatura corporal, e as medições laboratoriais indicam que a taxa metabólica de repouso sobe para 6,3 cm^3 O_2/g • hora:

= 42 g • 6,3 cm^3 O_2/g • hora • 20,1 J/cm^3 O_2 • 1,5 h = 8,0 kJ

- **Atividade** – O custo da atividade não sofre alterações porque a taxa metabólica do morcego durante o vôo (11,4 cm^3 O_2/g • h) é mais alta do que a taxa metabólica de repouso necessária para mantê-lo aquecido (6,3 cm^3 O_2/g/ • h). Só M_f muda, aumentando de 4,8 para 8,0 kJ, e a soma dos custos energéticos passa a ser de 83,4 kJ/morcego • dia.

Como a energia assimilada permanece em 85,0 kJ/morcego • dia, apenas 1,6 kJ fica disponível para aumento da biomassa. As conjecturas nesses cálculos introduzem um

Figura 22-2 Distribuição geográfica do morcego vampiro, *Desmodus rotundus.* A área na qual estes morcegos são encontrados (sombreada) se aproxima muito a isoterma 10°C, para a média mínima de temperatura durante o mês mais frio do ano (linha pontilhada), no limite norte sua distribuição (no México) e no limite sul (no Uruguai, na Argentina e no Chile). As posições das isotermas 10°C e dos morcegos, em uma distribuição altitudinal, nas montanhas dos Andes, não são conhecidas e são indicadas por pontos de interrogação.

certo grau de incerteza, e provavelmente 1,6 kJ não é estatisticamente diferente de 0 kJ. De forma que, a 10°C, o morcego usa toda sua energia somente para manter-se vivo. Um morcego vampiro conseguiria sobreviver sob tais condições, mas não haveria nenhum excedente de energia para crescimento ou reprodução. Se a temperatura fora da caverna fosse inferior a 10°C, o morcego teria um balanço de energia negativo e iria perder massa corporal a cada refeição. A concordância entre nossos cálculos e a distribuição geográfica real dos morcegos sugere que a energia pode ser um fator significativo como limitante de sua propagação para o norte e para o sul.

Cálculos adicionais revelam ainda mais a respeito das forças seletivas que moldam a vida dos morcegos vampiros. Embora um estômago de morcego possa conter um volume de sangue igual a 57 por cento de sua massa corporal, não lhe é possível voar levando essa carga. A carga máxima de vôo é 43 por cento da massa corporal. Por isso, antes de poder decolar para iniciar o vôo de volta para sua caverna, o vampiro precisa reduzir o peso aumentado com a refeição. Os vampiros fazem isso excretando água rapidamente. Cerca de dois minutos após ter começado a comer, o vampiro começa a emitir um jato de urina diluída. Experiências revelam que um vampiro produz urina a uma taxa máxima de 0,24 ml/g de massa corporal por hora. Deste modo, na hora e meia que leva para alimentar-se, pode excretar cerca de 15 g de água – o que é mais do que suficiente para permitir-lhe voar (Busch 1988).

Embora a excreção rápida de água resolva o problema imediato do morcego, ela introduz um outro. O morcego fica com o estômago cheio de alimento rico em proteína, que irá render uma grande quantidade de ureia. Para excretar essa ureia o morcego precisa de água para formar urina. Mas durante o tempo que o vampiro leva para voltar à sua caverna, o que lhe ocorre é uma diminuição ao invés de uma sobra de água. Os vampiros, diferentemente de outros mamíferos, raramente bebem água, dependendo, em vez disso, do fluido sanguíneo para suprir suas necessidades de água. A maneira de outros mamíferos adaptados a condições de escassez de água, os morcegos vampiros possuem rins capazes de produzir urina altamente concentrada a fim de conservar água. Em virtude de sua ecologia e de seu comportamento não usuais, pode-se considerar que o vampiro vive no seu deserto particular habitando em meio a uma floresta tropical.

22.3 Animais Endotérmicos no Ártico

Assim como o balanço energético do morcego vampiro revelou, a maioria dos animais endotérmicos (especialmente os de pequeno porte), gasta a maior parte da energia que consomem apenas para manterem-se aquecidos – mesmo nas condições moderadas dos climas tropicais e subtropicais. Não obstante, os endotérmicos provaram-se bastante adaptáveis ao estender suas respostas termorreguladoras de modo a permiti-los habitar até regiões árticas e antárticas. Nem mesmo o tamanho corporal reduzido é um obstáculo insuperável para viverem nessas áreas: aves pequenas como "redpolls" e "chickadees", pesando não mais que 10 g conseguem atravessar o inverno no Alasca central.

Uma temperatura corpórea estável em frio extremo pode ser conseguida pela produção de calor ou diminuindo da perda de calor. Um exame detalhado da opção de aumentar a produção de calor, não parece ser particularmente atraente. Qualquer aumento significativo da produção de calor iria requerer um aumento na ingestão de alimentos. Este método coloca dificuldades ecológicas óbvias nos habitats terrestres, árticos e antárticos, aonde a produção primária é extremamente baixa, em especial durante os períodos mais frios do ano. Para a maior parte dos animais polares as quantidades de alimento necessárias não estariam disponíveis, e as taxas metabólicas da maioria dos endotérmicos polares são similares àquelas das espécies aparentadas em regiões temperadas.

Devido a não possuírem a opção de aumentar significativamente a produção de calor, conservar o calor no interior de seus corpos é o principal mecanismo termorregulador dos endotérmicos polares. A efetividade da pelagem como isolamento térmico nos mamíferos árticos é de duas a quatro vezes maior que a dos mamíferos tropicais. No Ártico, os valores de isolamento térmico das espécies estão intimamente relacionados com o comprimento do pelo (Figura 22-3). Espécies pequenas como a das menores doninhas e leminges têm pelos de apenas 1 a 1,5 centímetros de comprimento. Presume-se que a espessura de seu pelo é limitada porque um pelo mais longo iria interferir nos movimentos de suas pernas. Mamíferos de grande porte (caribu, urso polar, urso cinzento, carneiros "dali" e raposa-do-ártico) têm pelos de 3 a 7 centímetros de comprimento. Não existe motivo óbvio para seus pelos não serem mais longos; aparentemente não existe necessidade de maior isolamento térmico. A capacidade de isolamento térmico de pelames de mamíferos tropicais de pelo curto é similar às que foram medidas em pelos de mesmo comprimento nas espécies árticas. Os mamíferos de pelo comprido dos trópicos, como as preguiças, têm menos isolamento térmico do que os mamíferos do Ártico com pelos de comprimentos similares.

Uma comparação das temperaturas críticas inferiores dos mamíferos tropicais e do Ártico ilustra a efetividade do isolamento térmico proporcionado (Figura 22-4). Os mamíferos tropicais têm temperaturas críticas inferiores entre 20 e 30°C. Como as temperaturas do ar caem abaixo de suas temperaturas críticas, esses animais já não ficam dentro de suas zonas termoneutras e precisam aumentar suas taxas metabólicas para manter as temperaturas corporais normais. Por exemplo, um guaxinim tropical aumentou sua taxa metabólica em aproximadamente 50 por cento acima de seu nível padrão a uma temperatura ambiental de 25°C.

Os mamíferos árticos são muito melhor isolados termicamente; uma combinação de isolamento com taxas metabólicas de repouso relativamente altas podem proporcionar a espécies pequenas como a doninha e o leminge temperaturas inferiores críticas que ficam entre 10 e 20°C em condições de ar parado. Mamíferos de maior porte têm zonas de neutralidade térmica que alcançam níveis bem abaixo do ponto de congelamento. Devido a seu isolamento térmico eficiente aves e mamíferos árticos conseguem manter taxas metabólicas de repouso a temperaturas ambientais mais baixas do que as das espécies tropicais, e apresentam aumentos menores no metabolismo (isto é, declives menos acentuados) abaixo da temperatura crítica inferior. A raposa-do-ártico, por exemplo, tem uma temperatura crítica inferior de -40°C, e a -70°C (aproximadamente a mais baixa temperatura do ar já medida) elevou sua taxa metabólica somente 50 por cento acima de seu nível padrão. Sob tais condições a raposa está mantendo uma temperatura corpórea aproximadamente 110°C acima da temperatura do ar. Aves árticas são igualmente impressionantes. O gaio cinza do ártico tem temperatura crítica inferior abaixo de 0°C em ar parado e pode suportar -60°C com um aumento de 150 por cento em sua taxa metabólica. A gaivota ártica, assim como a raposa-do-ártico, têm temperatura crítica inferior próxima de -40°C e pode suportar -70°C com um modesto aumento de metabolismo.

A vida aquática nas regiões frias adiciona mais um fator de estresse para os endotérmicos. Por causa da alta capaci-

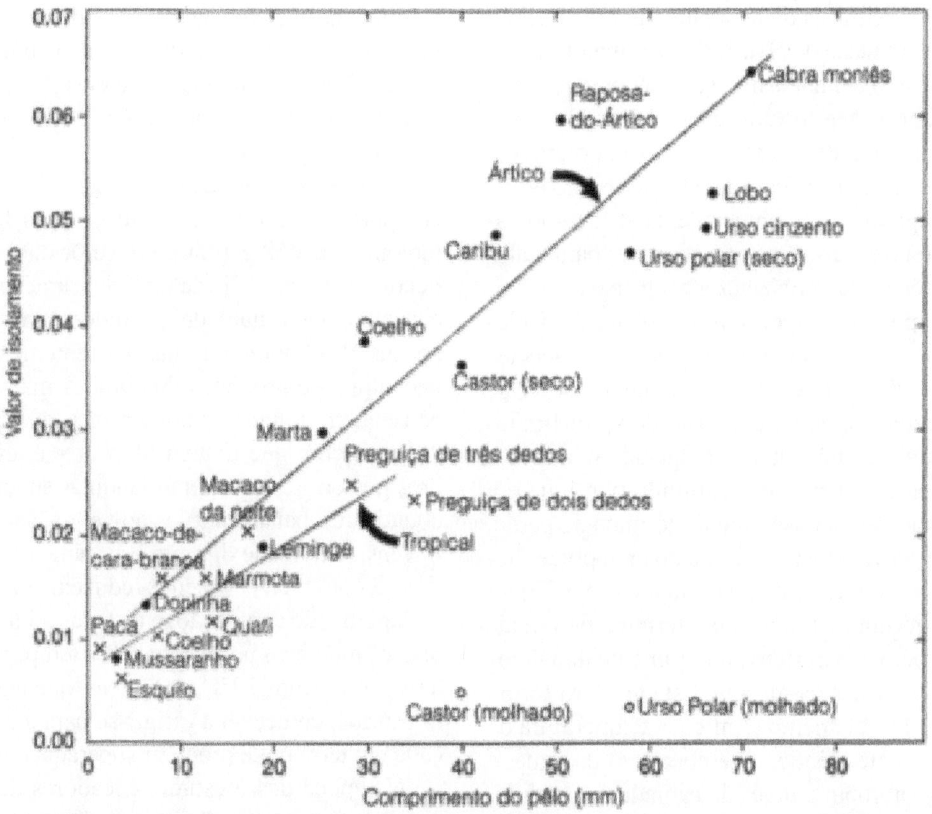

Figura 22-3 Valores de isolamento da pelagem dos mamíferos do Ártico. No ar (círculos escuros), o isolamento é proporcional ao comprimento do pêlo. Pelagem de animais tropicais (x) apresentam, aproximadamente, os mesmos valores de isolamento que as dos mamíferos árticos com pelos curtos, mas animais tropicais de pelos longos, tais como as preguiças, tem menos isolamento do que os mamíferos árticos com pelos do mesmo comprimento. A imersão na água reduz bastante o valor de isolamento do pêlo, mesmo para os mamíferos semi-aquáticos, tais como o castor e o urso polar (círculos claros).

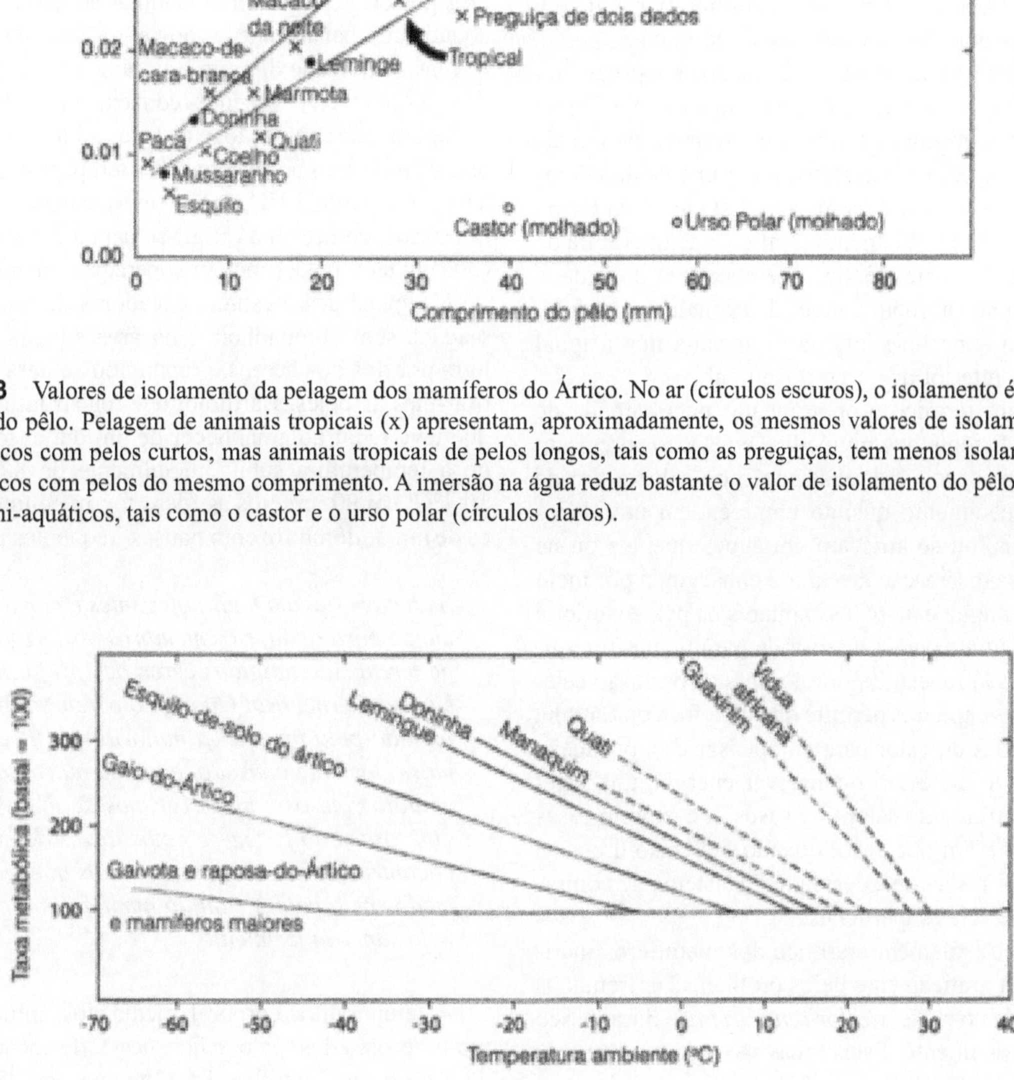

Figura 22-4 Temperaturas críticas mais baixas para as aves e os mamíferos. Linhas cheias, aves e mamíferos do Ártico; linhas pontilhadas, aves e mamíferos dos trópicos. A taxa metabólica basal para cada espécie é considerada como sendo de 100 unidades, para facilitar a comparação entre as espécies. O limite inferior da zona de termoneutralidade é a interseção da taxa metabólica basal (linha horizontal) e o aumento da taxa metabólica na zona de termogenese química. Os declives das linhas mostram como rapidamente aumenta s produção de calor metabólico assim que a temperatura ambiente cai. As linhas para os animais tropicais são mais íngreme do que para os animais árticos.

dade e condutividade térmicas da água, um animal aquático pode perder calor a uma taxa de 50 a 100 vezes maior do que seria a taxa se o mesmo animal estivesse se locomovendo, à mesma velocidade, no ar. Mesmo uma quantidade pequena de água é um escoadouro infinito de calor para um endotérmico; toda a matéria que constitui seu corpo poderia ser convertida em calor sem conseguir elevar significativamente a temperatura da água. O que fazem então os endotérmicos para viabilizar a própria existência em ambientes tão adversos?

Pêlos e penas podem proporcionar esplêndido isolamento térmico aos endotérmicos terrestres e às espécies semi-aquáticas que são capazes de sair da água e secar-se fora. Coberturas externas, no entanto, são de valor limitado para animais inteiramente aquáticos; quando o ar armazenado entre os pelos ou penas é substituído por água e a maior parte da capacidade de isolamento térmico se perde. O isolamento térmico do pêlo do castor e do urso polar chega a quase zero quando inteiramente molhado (veja Figura 22-3). Na água, a gordura é um isolante térmico bem mais eficiente do que o pêlo e mamíferos inteiramente aquáticos possuem espessas camadas da mesma. Esta gordura forma a principal camada de isolamento térmico; a temperatura da pele é aproximadamente idêntica à temperatura da água, e existe um gradiente abrupto através da camada de gordura, de modo que a superfície interna da mesma fica a igual temperatura do interior do corpo do animal.

O isolamento térmico proporcionado pela camada de gordura é tão eficiente que pinipédios e cetáceos precisam de mecanismos especiais de dissipação de calor a fim de evitar superaquecimento quando empreendem atividades muito vigorosas, ou se arriscam em águas quentes ou na terra firme. Essa dissipação de calor é conseguida por meio de desvios do sangue para redes capilares na pele exterior à camada de gordura e para o interior de membranas interdigitais, que não são revestidas por gordura. A perfusão seletiva dessas redes capilares permite que uma foca ou toninha ajuste suas perdas de calor para compensar está produção de calor. Quando necessário conservar energia, um sistema de contracorrente de calor nos vasos que suprem essas membranas entra em operação; quando é preciso drenar o excesso de calor o sangue é desviado do sistema de contracorrente para as veias superficiais.

A eficácia do isolamento térmico dos mamíferos marinhos é ilustrada graficamente pelos problemas enfrentados pela foca-peluda do norte (*Callorhinus ursinus*) durante seu período de acasalamento. Estas focas são animais grandes; os machos chegam a ultrapassar 250 quilogramas de massa corporal. De modo diferente da maioria dos pinipédios, as focas-peludas têm um revestimento denso de pêlos que provavelmente nunca chegam a ficar totalmente molhados, além também de uma camada de gordura. São habitantes do Pacifico Norte. Durante a maior parte do ano são animais pelágicos, mas durante o verão acasalam-se nas Ilhas Pribilof, no mar de Bering, ao norte das Ilhas Aleutas. Os machos das focas peludas reúnem haréns de fêmeas nas praias. Eles tentam evitar que elas se percam ou fujam, ou busquem outros machos, além de copular com as que se mostrem dispostas a isto.

George Bartholomew e seus colaboradores estudaram o comportamento e termorregulação das focas peludas (Bartholomew e Wilke 1956). Os verões nas Ilhas Pribilof (que ficam a cerca de 57°N de latitude) caracterizam-se por tempo constantemente nublado e temperaturas do ar que atingem apenas 10°C durante o dia. Aparentemente essas condições encontram-se próximas dos limites mais altos que as focas conseguem tolerar. Praticamente, qualquer atividade em terra faz com que fiquem ofegantes e levantem seus membros posteriores (que têm glândulas sudoríparas em número abundante), balançando-os ao vento. Se o sol surge entre as nuvens a atividade diminui bruscamente – as fêmeas param de se locomover, os machos reduzem as atividades de guarda do harém e de copulação, e as focas adultas arquejam e abanam os membros posteriores. Se a temperatura do ar eleva-se a mais ou menos 12°C, as fêmeas, que nunca defendem seus territórios, começam a dirigir-se para a água. Atividade forçada em terra pode produzir superaquecimento letal.

Na época desse estudo, caçadores de focas reuniam os machos sem companheiras na área situada na porção de terra por trás dos haréns, preparando-se para matá-los e retirar-lhes as peles. Bartholomew registrou um movimento que teve lugar ao amanhecer de um dia ensolarado, quando a temperatura subiu inicialmente de 8,6°C atingindo 10,4°C: em 90 minutos as focas foram conduzidas por cerca de um quilômetro, com pausas frequentes para descanso.

> *As focas estavam muito ofegantes e paravam frequentemente para abanar os membros posteriores no ar antes de terem sido tangidas cerca de 150 jardas distante da superfície rochosa. Quando o percurso tinha sido completado pela metade, a maioria das focas parecia demasiadamente cansada, e um ou outro animal perdia o contato com os bandos (grupos de focas). Nas últimas 200 jardas do percurso e nos locais de matança foram encontradas 16 carcaças (animais que morreram prostrados pelo calor) e ainda numerosos outros prostados pelo superaquecimento.*

A temperatura corporal média dos animais que morreram prostrados pelo calor neste deslocamento era de 42,2°C, o que significa 4,5°C acima dos 37,7°C que é a média da temperatura corporal de adultos não sujeitos ao estresse térmico.

As focas-peludas conseguem suportar na água temperaturas um pouco mais altas do que as que suportam ao ar livre devido à maior condutibilidade de calor da água, mas não são capazes de penetrar em mares mais quentes. Os adultos machos de focas-peludas aparentemente permanecem no mar de Bering durante sua estação pelágica. Os machos jovens e as fêmeas migram para o Pacífico Norte, mas não são encontrados em águas com temperaturas superiores a 14-15°C, sendo mais abundantes em águas a 11°C. Sua dificuldade para regular a temperatura corporal por períodos de atividade sustentada, somada a uma sensibilidade a níveis mesmo baixos de radiação solar e a temperaturas moderadas do ar, provavelmente limitam seu espaço possível de reprodução, bem como suas movimentações durante os períodos pelágicos. Os verões nas Pribilof raramente são suficientemente frios para que as focas reproduzam-se aí. Um aumento na temperatura do verão, associada ao aquecimento global pode levar as focas para outras áreas de reprodução diferentes das tradicionais.

22.4 Migração para Evitar Condições Adversas

Todo meio ambiente possui aspectos desfavoráveis para algumas espécies e essas condições desfavoráveis frequentemente são sazonais, especialmente em latitudes distantes do equador. A causa principal das migrações geralmente está relacionada com mudanças sazonais de fatores climáticos, tais como temperatura e índice pluviométrico. Mas não se deve esquecer que essas condições influenciam também o suprimento de comida e a ocorrência de circunstâncias adequadas para a reprodução.

Migrações de longa distância são mais convenientes para aves e animais marinhos do que para espécies terrestres, em parte porque as barreiras geográficas praticamente não são um problema e em parte porque o custo de energia para o transporte é menor quando se trata de nadar e voar do que o andar do mamíferos. Podemos considerar os custos e benefícios da migração observando dois tipos de animais que representam os extremos das medidas de tamanho corporal. As baleias estão entre os maiores animais que já existiram, enquanto os beija-flores são um dos menores vertebrados endotérmicos, ainda assim, tanto baleias como beija-flores migram.

Baleias

O ciclo anual de eventos na vida das grandes baleias-de-barbatana é particularmente instrutivo para demonstrar como a migração está relacionada com o uso de energia e correlacionada com a reprodução dos maiores de todos os animais. A maior parte das baleias passa o verão em águas polares ou subpolares tanto do Hemisfério Norte como do Hemisfério Sul, onde se alimentam do "krill" ou de outros crustáceos, abundantes nessas águas frias e produtivas. Durante três ou quatro meses do ano uma baleia consome uma vasta quantidade de alimento que é convertida em energia estocada sob a forma de gordura subcutânea e outros tipos de gordura. No decorrer desse período de tempo as baleias grávidas nutrem suas crias ainda não nascidas, que podem crescer a até um terço do comprimento de suas mães antes do parto.

Perto do fim do verão as baleias migram para águas tropicais ou subtropicais onde têm seus filhos. As jovens baleias crescem rapidamente graças ao rico leite proporcionado por suas mães, e na primavera os filhotes já estão suficientemente desenvolvidos para viajar com suas mães de volta para as águas árticas ou antárticas. Desmamam quando chegam nas áreas em que passam o verão. Do ponto de vista bioenergético e trófico a característica notável dessa migração anual é que toda a energia requerida como combustível para a mesma, provém da forma voraz de alimentar-se e da consequente engorda durante os três ou quatro meses passados nos mares polares. Quase não se alimentam durante a migração ou durante o período do inverno quando estão cuidando e amamentando os filhotes. A energia para todas essas atividades vem dos estoques de gordura acumulada na camada de revestimento térmico e em outras partes do corpo.

A baleia cinzenta (*Eschrichtius robustus*) do Oceano Pacífico realiza uma das migrações mais longas e melhor conhecidas (Figura 22-5). No verão alimenta-se nas águas do Mar de Bering e do Mar de Chukchi ao norte do Estreito de Bering no Oceano Ártico. Uma pequena parte da população desce a costa da Ásia em direção às águas da Coreia no final do verão ártico, mas a maioria das baleias cinzentas segue a Costa do Pacífico da América do Norte, deslocam-se para o sul da Baja Califórnia e partes adjacentes do oeste do México. Chegam em dezembro ou janeiro, têm seus filhotes em águas rasas e claras, e partem de novo rumo ao norte em março. Algumas baleias cinzentas fazem uma viagem de ida e volta anual de pelo menos 9. 000 quilômetros.

A quantidade de energia despendida por uma baleia neste ciclo anual é fenomenal. A taxa de metabolismo basal de uma baleia cinzenta com uma massa corporal não incluída a gordura de 50 toneladas é de aproximadamente 979.000 kilojoules por dia. Se a taxa metabólica de uma baleia livre no mar, incluindo-se a locomoção necessária para alimentar-se e efetuar a migração é cerca de três vezes a taxa basal (um nível típico de uso de energia pelos mamíferos), o dispêndio médio diário da baleia fica em torno de 2.937.000 kilojoules. A gordura corporal contém 38.500 kJ/kg, de modo que o gasto diário de energia de uma baleia equivale a metabolizar mais de 76 quilogramas de gordura (da camada de isolamento térmico ou outras) por dia. Supondo-se um conteúdo energético de 20.000 kJ por "krill", e 50 por cento de eficiência na conversão da quantidade bruta de alimentos ingeridos em energia biologicamente utilizável, a energia requerida para existir equivale a uma ingestão diária de 294 quilogramas de alimento.

Além disso, para atender suas necessidades energéticas diárias, uma baleia quando em sua zona de alimentação precisa acumular estoque de revestimento térmico gorduroso. Para viver 245 dias sem comer a baleia precisa metabolizar um mínimo de 18.375 quilogramas de gordura. Para

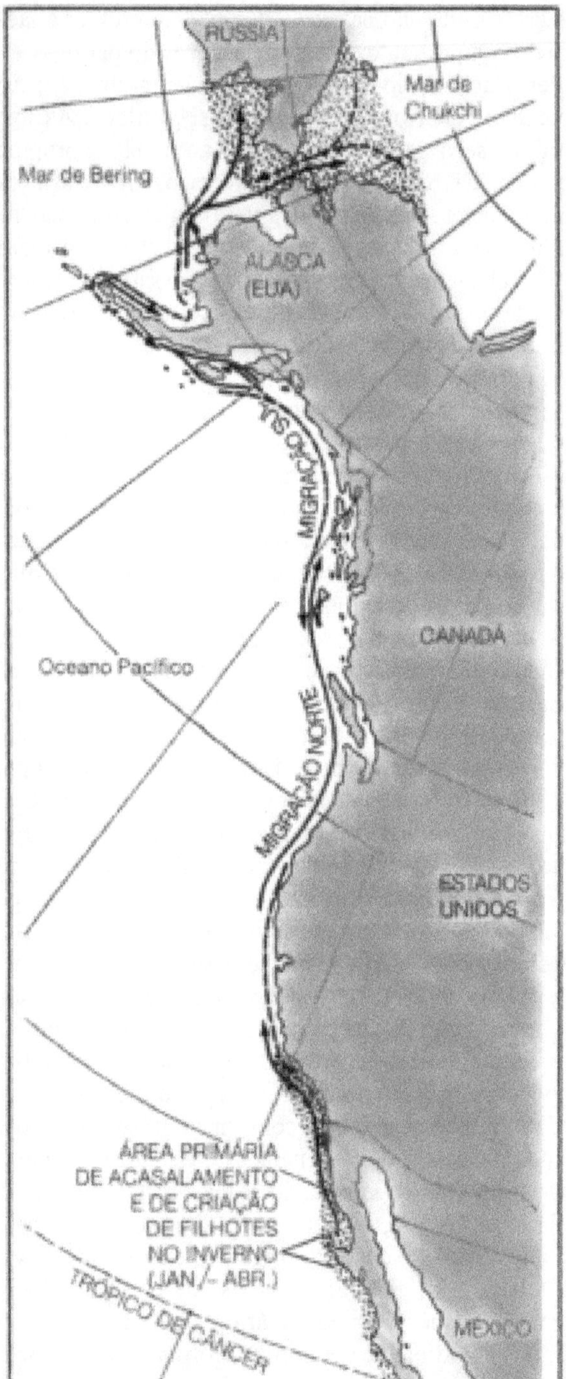

Figura 22-5 Rota migratória da baleia cinza entre o Círculo Ártico e a Baja Califórnia.

acumular essa quantidade de gordura durante os 120 dias de alimentação ativa nas águas do Ártico, a uma taxa de eficiência de conversão de 50 por cento, é necessário o consumo de 70.438 quilogramas de "krill", ou 586 quilogramas por dia. A ingestão total diária de alimento na zona de alimentação necessária para atender a necessidade metabólica diária de uma baleia mais a estocagem de energia para o período migratório não pode ser menor que 294 + 586 = 880 quilogramas de "krill" por dia.

Essa é uma estimativa mínima para as fêmeas, pois os cálculos não incluem os custos energéticos para o desenvolvimento do feto nem para a produção de leite. Tampouco incluem o custo de transportar 20 toneladas de gordura pelo mar afora. Mas uma baleia grande pode realizar todo esse trabalho e até mais sem consumir toda sua cobertura isolante térmica gordurosa, porque cerca da metade da massa corpórea total de uma baleia de grandes dimensões consiste nessa cobertura isolante e outros depósitos de gordura existentes no corpo.

Por que uma baleia cinzenta gasta toda essa energia para migrar? O adulto é muito grande e muito bem isolado termicamente para nunca não ser perturbado pelas águas geladas do Ártico, que não variam mais de 0°C, de inverno a verão. Parece estranho uma baleia adulta abandonar uma fonte abundante de alimento e sair numa viagem longa, difícil e em jejum quase total, para ir para águas quentes que lhe podem causar superaquecimento desgastante. Provavelmente a vantagem é em favor do filhote, que, embora relativamente grande, não tem ainda uma cobertura isolante térmica suficiente. Se a baleia bebê nascesse nas águas geladas do norte, provavelmente teria de usar uma porção grande da ingestão de energia (leite produzido a partir da gordura estocada de sua mãe) para gerar calor metabólico no sentido de regular sua temperatura corporal. Essa energia poderia de outra forma ser usada para acelerar seu crescimento. Parece ser mais eficiente e talvez energeticamente mais eficaz para a baleia-mãe migrar milhares de quilômetros rumo a águas quentes, para dar à luz e nutrir seu filhote em um ambiente onde a baleia-bebê pode investir a maior parte da energia que ingere na aceleração de seu crescimento.

Beija-flores

No extremo oposto da escala dos tamanhos, os beija-flores são os menores endotérmicos que migram. Os ornitólogos por muito tempo ficaram intrigados com a habilidade que o beija-flor de garganta vermelha (*Archilochus colubris*), pesando apenas 3,5 a 4,5 gramas, tem para fazer um vôo ininterrupto de 800 quilômetros enquanto migra atravessando o Golfo do México, da Califórnia até a Península de Yucatan.

Como a maioria das aves migratórias, o beija-flor de garganta vermelha estoca gordura corporal e subcutânea, alimentando-se fartamente antes da migração. Um beija-flor com uma massa magra de 2,5 gramas pode acumular 2 gramas de gordura. Medições do consumo de energia de um beija-flor pairando no ar numa câmara com respirômetro em um laboratório indicam um consumo de energia de 2,89 a 3,10 kilojoules por hora. Pairar no ar é energeticamente mais dispendioso do que voar para frente, de modo que esses valores representam a energia máxima usada em um vôo migratório. Mesmo assim, 2 gramas de gordura produzem energia suficiente para durar de 24 a 26 horas de voos sem paradas. Os beija-flores voam a cerca de 40 quilômetros por hora, de modo que cruzar o Golfado México requer cerca de 20 horas. Deste modo, começando com um estoque completo de gordura, estão com energia suficiente para a travessia, com uma reserva para contingências inesperadas, tais como um vento contrário que retarde seu avanço. Na verdade, a maioria das aves migratória aguarda por condições atmosféricas que irão gerar ventos a favor antes de começarem voos migratórios, reduzindo com isso o custo de energia da migração.

22.5 Torpor como Resposta a Temperaturas Baixas e Limitação de Alimento

Destacamos o custo da alta energia da endotermia, pois a necessidade de coletar e processar alimento suficiente para suprir essa energia é um fator central na vida de muitos endotérmicos. Em situações extremas as condições ambientais podem combinar-se, superando a habilidade de um endotérmico pequeno de processar e transformar energia química suficiente para manter uma temperatura corporal alta durante certas fases críticas de sua vida. Para aves de hábitos diurnos, longas noites de frio durante as quais não há acesso a alimento podem ser fatais, principalmente se a ave não conseguiu completar sua alimentação durante o dia. As temporadas de inverno gelado em geral apresentam um duplo problema para endotérmicos que não migram – a necessidade de manter alta a temperatura corporal quando as temperaturas do ambiente são baixas c a escassez sazonal de energia provida por alimentos. Como resposta a esses problemas, algumas aves e mamíferos possuem mecanismos que lhes permitem evitar os custos energéticos de manutenção de uma temperatura corporal elevada sob circunstâncias desfavoráveis, entrando em um estado de torpor (hipotermia adaptativa). Ao entrar em torpor um endotérmico está renunciando a muitas das vantagens da endotermia, mas em troca faz uma enorme economia tanto dc energia como de água. É assim que endotérmicos entram em torpor apenas quando teriam de enfrentar diminuições críticas de energia ou de água se permanecessem à temperatura corporal normal.

Ajustes Fisiológicos Durante o Torpor

Quando um endotérmico fica entorpecido ocorrem mudanças profundas em diversas funções fisiológicas. Embora as temperaturas corporais possam cair bem baixo durante o torpor, a regulação da temperatura não cessa inteiramente. Em **torpor profundo** a temperatura corporal de um animal cai para 1°C ou menos em relação à temperatura ambiente, sendo que em alguns casos (morcegos, p. ex.) é possível conseguir uma sobrevivência ampliada a temperaturas corporais que ficam logo abaixo do ponto de congelamento dos tecidos. Os esquilos terrestres do Ártico de fato permitem que a temperatura de partes de seus corpos se super-resfriem a -2,9°C. O metabolismo oxidativo e o uso de energia reduzem-se a apenas a vigésima parte da taxa a temperaturas corpóreas normais. A respiração fica lenta e a taxa global da mesma pode ser de menos de uma inspiração por minuto. As taxas cardíacas são reduzidas drasticamente c o fluxo sanguíneo para os tecidos periféricos é virtualmente interrompido, assim como a corrente sanguínea caudal ao diafragma. A maior parte do sangue é mantida no centro do corpo.

O torpor profundo é uma condição comatosa, muito mais profunda do que o sono mais profundo. As respostas motoras voluntárias reduzem-se a mudanças posturais morosas, mas a senso-percepção de estímulos auditivos e tácteis, bem como a de mudanças na temperatura ambiente, é mantida. Mais dramático talvez é a saída espontânea de um animal da condição de torpor por meio de uma produção endógena de calor a partir de gordura marrom que restabelece a alta temperatura corpórea característica de um endotérmico normalmente ativo. Alguns endotérmicos podem reaquecer-se às suas próprias custas, saindo do mais baixo nível de torpor; outros precisam aquecer passivamente junto com o aumento da temperatura ambiente, até chegar a um determinado patamar a partir do qual inicia-se o despertar.

Existem diferentes graus de torpor, desde os mais profundos estados de hipotermia até os níveis inferiores de temperatura corpórea suportados por endotérmicos durante os seus ciclos diários de atividade e de sono. Quase todos os mamíferos e aves, especialmente os que têm massa corporal menor do que 1 quilograma, passam por **ciclos circadianos de temperatura.** Estes ciclos variam de 1 a 5°C ou mais, entre a temperatura média superior característica da fase ativa do ciclo diurno, e a temperatura média inferior característica do sono ou repouso. Aves pequenas ("sunbirds", beija-flores, "chickadees") e mamíferos de pequeno porte (especialmente morcegos e roedores) podem ter em suas temperaturas corporais durante os períodos de inatividade, uma queda de 8 a 15°C abaixo da temperatura regulada para a fase ativa. Mesmo uma ave grande como o abutre (cerca de 2,2 quilogramas), baixa regularmente sua temperatura corporal durante a noite. Quando todos estes diferentes padrões endotérmicos são considerados em seu conjunto, não se pode ter de fato uma distinção clara entre o torpor e o ciclo diurno básico da temperatura corporal que caracteriza a maioria dos endotérmicos de porte pequeno ou médio.

Tamanho do Corpo e Ocorrência do Torpor

Encontram-se espécies de endotérmicos capazes dc torpor profundo em numerosos grupos de aves e mamíferos. O equídna, o ornitorrinco e numerosas outras espécies de

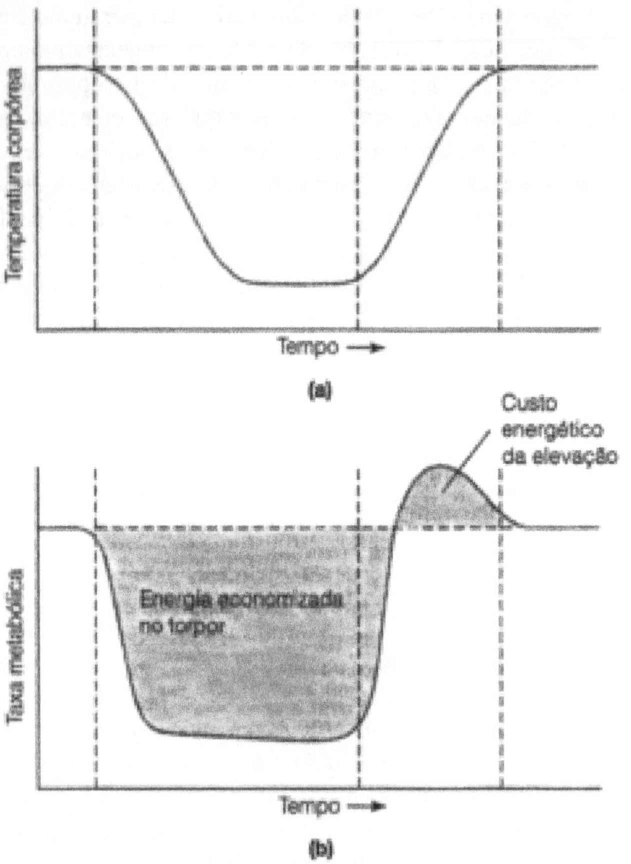

Figura 22-6 Alterações da temperatura corpórea e da taxa metabólica durante o torpor. Uma queda na taxa metabólica (apresentada na parte b) precede uma queda da temperatura corpórea (parte a) até um novo ponto de equilíbrio. Um aumento do metabolismo produz o calor necessário para o retorno às temperaturas corpóreas normais; a taxa metabólica, durante o crescimento, ultrapassa por pouco a taxa de descanso.

marsupiais apresentam padrões de hipotermia. Mas o fenômeno é mais diversificado entre os eutérios, particularmente entre morcegos e roedores. Certos tipos de hipotermia têm sido também descritos em alguns insetívoros, em particular no ouriço, alguns primatas e certos edentados. O torpor profundo, diferente da noção que popularmente se tem, não ocorre nos ursos, embora alguns deles permaneçam cavernas e mantenham-se inativos por longos períodos. Entre as aves o torpor ocorre em alguns curiangos ou "nightjars", em beija-flores, andorinhões, "mousebirds" e alguns pássaros ("sunbirds", andorinhas, "chickadees" e outros). Outras espécies apresentam hipotermia de intensidades variáveis em repouso ou durante o sono, mas não entram em um estado semi-comatoso ou de torpor profundo.

Os maiores mamíferos que entram em torpor profundo são marmotas, que pesam cerca de 5 quilogramas, sendo que torpor e tamanho do corpo estão intimamente relacionados. O torpor não é tão vantajoso para um animal grande como o é para um pequeno. Em primeiro lugar, o custo energético de manutenção de temperaturas corporais altas é relativamente maior para um animal pequeno do que para um grande e, por consequência, um animal pequeno tem mais a ganhar entrando em torpor. Em segundo lugar, um animal grande leva mais tempo para esfriar do que um animal pequeno, portanto não abaixa sua taxa metabólica tão rapidamente.

Além do mais, os animais grandes possuem mais tecido corpóreo para ser reaquecido quando em processo de despertar, e seus custos de despertar são correspondentemente maiores do que os dos animais pequenos. Um endotérmico pesando algumas gramas, como pequeno morcego marrom ou um beija-flor, consegue reaquecer-se para sair do torpor a uma taxa de cerca de 1°C por minuto e já estar completamente ativo dentro de 30 minutos ou menos, dependendo da intensidade da hipotermia. Um hamster de 100 gramas requer mais de 2 horas para despertar, e a marmota leva muitas horas. Entrar em torpor leva mais tempo do que o despertar dele. Consequentemente entrar diariamente em torpor é viável apenas para endotérmicos pequenos; não haveria tempo suficiente para um animal grande entrar e sair do torpor num período de 24 horas. Além disso, a energia necessária para aquecer completamente uma massa grande é enorme. Um beija-flor de 4 gramas precisa de apenas 0,48 kilojoule para elevar sua temperatura corporal de 10 para 40°C. Isto constitui 1/85 do gasto total diário de energia de um beija-flor ativo num ambiente silvestre. Em contraste, um urso de 200 quilogramas precisaria de 18.000 kilojoules para reaquecer de 10 para 37°C, o equivalente ao gasto de energia de todo um dia. O menor potencial de economia e o custo maior para reaquecer torna o torpor diário impraticável, a não ser endotérmicos pequenos.

Endotérmicos de médio porte não estão inteiramente excluídos da economia de energia proporcionada pelo torpor, mas este deve persistir por um período de tempo mais longo para que se economize de fato. Por exemplo, esquilos de solo e marmotas entram em torpor prolongado durante a **hibernação,** no inverno, quando o alimento é escasso. Passam muitos dias com temperaturas corporais bem baixas (por volta de 5°C), então acordam por um certo tempo antes de ficarem entorpecidos novamente. Endotérmicos ainda maiores teriam custos energéticos tão grandes para acordar (e levaria tanto tempo para que se reaquecerem) que o torpor não seria eficiente em termos de custo para eles nem mesmo que perdurasse por toda uma estação. A letargia dos ursos no inverno, por exemplo, baixa a temperatura corporal em apenas 5°C em comparação com os níveis normais, e a taxa metabólica diminui mais ou menos 50 por cento. Essa pequena redução na temperatura corporal, em combinação com os grandes estoques de gordura que os ursos acumulam antes de recolherem-se a suas cavernas hibernais, é suficiente para conseguirem passar o inverno.

Aspectos Energéticos do Torpor Diário

Os estudos a respeito do torpor diário em aves têm enfatizado a flexibilidade da resposta em relação ao estresse energético enfrentado pelas aves consideradas individualmente. O trabalho de Susan Chaplin com "chickadees" fornece um exemplo (Chaplin 1974). Essas pequenas (10 a 12 gramas) aves passariformes habitam durante o inverno latitudes Norte onde passam regularmente pela experiência de viverem a temperaturas ambientes que não sobem acima da temperatura de congelamento por dias ou semanas (Figura 22-7).

Chaplin descobriu que no inverno os "chickadees" dos arredores de Ithaca, New York, deixam suas temperaturas corpóreas caírem do nível normal de 40 a 42°C, mantido durante o dia, para 29 a 30°C durante a noite. Esta redução na temperatura corporal permite uma redução de 30 por cento no consumo de energia. Os "chickadees" contam primariamente com os estoques de gordura que acumularam ao alimentar-se no decorrer do dia para suprirem a energia necessária para permitir-lhes atravessar a noite que vem a seguir. Desta forma, a energia que lhes fica disponível e a energia usada durante a noite pode ser estimada por meio de medições de gordura, feitas quando vão empoleirar-se ao entardecer e de manhã quando retomam a atividade. Chaplin encontrou ao fim da tarde "chickadees" com de 0,80 grama de gordura em média. Pela manhã o estoque de gordura havia diminuído para 0,24 grama. A gordura metabolizada durante a noite (0,56 grama por ave) corresponde à taxa metabólica esperada para uma ave que tenha tido sua temperatura corporal rebaixada para 30°C.

Os cálculos de Chaplin mostram que esse torpor é necessário para os pássaros poderem sobreviver à noite. Seriam necessários 0,92 grama de gordura por ave para manter a temperatura a 40°C durante a noite toda. O que é mais do que as aves possuem quando vão para o poleiro ao entardecer. Se não entrassem em torpor morreriam de fome antes do amanhecer. Mesmo com o torpor elas consumem 70 por cento de sua reserva de gordura em uma noite. Não têm um suprimento de energia ao nascer do sol, e os "chickadees" estão entre os primeiros pássaros a iniciar a coleta de alimento ao amanhecer o dia. Coletam alimentos inclusive quando o tempo é tão adverso que outros pássaros, que não se encontram em situação tão precária em seus balanços de energia, permanecem nos poleiros. Os "chickadees" têm de refazer seus estoques de gordura dia após dia se quiserem sobreviver à noite seguinte.

Também os beija-flores podem depender da energia do néctar que recolhem durante o dia para sustentá-los vivos durante a noite seguinte. Essas aves tão pequenas (3 a 10 gramas) têm gastos energéticos extremamente altos e não obstante são encontrados durante o verão em latitudes muito ao norte, e também em altitudes muito elevadas. Um exemplo da labilidade do torpor em beija-flores consta nos estudos de nidificação do beija-flor-de-cauda-larga, a uma altitude de 2900 metros, perto de Gothic, Colorado (Calder e Booster 1973). As temperaturas ambientes caem perto do ponto de congelamento à noite e os beija-flores entram em torpor quando a energia começa a ficar limitante. Calder e Booster conseguiram monitorar as temperaturas de aves nos ninhos colocando uma imitação de ovo contendo um medidor de temperatura dentro do ninho. Os registros das temperaturas mostraram que os beija-flores quando estão incubando ovos normalmente não entram em torpor à noite. A redução da temperatura do ovo resultante do fato das aves que os estão incubando entrarem em torpor não danifica os ovos, mas retarda o desenvolvimento e atrasa o fim do choco. É de se presumir que existam vantagens em que o fim a incubação dos ovos se dê o mais rápido possível. Como resultado, os beija-flores que estão em fase de reprodução gastam energia

Figura 22-7 O "chickadee black-capped", *Parus atricapillus.*

para aquecerem-se a si mesmos e aos seus ovos no decorrer de toda a noite, supondo-se que disponham dos estoques necessários de energia para manter as altas taxas metabólicas requeridas para tanto.

Em certos dias o mau tempo interferia na coleta de alimentos pelas aves-pais, de modo que estas aparentemente começavam a noite com suprimentos de energia insuficientes para manter as temperaturas normais dos corpos. Quando isto acontecia, os beija-flores no choco entravam em torpor durante parte da noite. Uma ave que tinha tido uma redução de 12 por cento no tempo de coleta de alimentos durante o dia, ficou em torpor por 2 horas, e um outro, que perdera 21 por cento do alimento coletado, passou 3 horas e meia em torpor. Por isso pode-se considerar o torpor como uma resposta flexível que concilia os estoques de energia de uma ave com as condições ambientais e exigências biológicas, tais como as que se fazem presentes quando da incubação de ovos.

Aspectos Energéticos do Torpor Prolongado

Hibernação é um método eficiente de conservação de energia durante invernos prolongados, mas os animais que hibernam não permanecem o inverno inteiro a temperaturas corpóreas baixas. É normal que despertem periodicamente e essas ocorrências consomem uma grande porção da quantidade total de energia usada por mamíferos em hibernação. Um exemplo da magnitude do custo energético do despertar encontra-se no estudo de Lawrence Wang sobre o esquilo de solo de Richardson (*Spermophilus richardsonii*, Figura 22-8) em Alberta, no Canadá (Wang 1978).

O período de tempo ativo para os esquilos de solo em Alberta é curto: emergem da hibernação em meados de março, sendo que os esquilos adultos entram de novo em hibernação 4 meses depois, em meados de julho. Os esquilos adolescentes começam a hibernar em setembro. Quando ativos, os esquilos têm temperaturas corporais de 37 a 38°C, mas estas caem para 3 a 4°C quando entram em torpor.

Figura 22-8 O esquilo de solo de Richardson, *Spermophilus richardsonii.*

A Figura 22-9 mostra as temperaturas corpóreas de um esquilo adolescente macho de setembro a março; períodos de torpor alternam-se com eventos de despertar ao longo de todo o inverno. A hibernação começou em meados de setembro, com episódios curtos de torpor seguidos por reaquecimento. Por essa época, na toca, a temperatura era de cerca de 13°C. À medida que o inverno avançava e a temperatura caía na toca, os intervalos entre um despertar e outro se alongavam e a temperatura do animal em torpor declinava. No fim de dezembro a temperatura na toca cairá para 0°C e os períodos entre um despertar e outro eram de 14 a 19 dias. Ao fim de fevereiro, os períodos de torpor foram ficando mais curtos, e no começo de março o esquilo saiu da hibernação.

Um ciclo de torpor consiste em uma entrada no torpor, um período de torpor e um despertar (Figura 22-10). Neste exemplo a entrada no torpor começou um pouco depois do meio-dia de 16 de fevereiro, e 24 horas mais tarde a temperatura corporal estabilizou a 3°C. Esse período de torpor durou até o fim da tarde de 7 de março, quando esquilo começou a acordar. Em três horas reaqueceu-se de 3°C para 27°C. Manteve essa temperatura por 14 horas, e então começou a entrar em torpor de novo.

Esses períodos correspondentes ao despertar respondem pela maior parte da energia utilizada durante a hibernação (Tabela 22-1). O custo energético associado com o despertar inclui o custo de reaquecimento da temperatura de hibernação até 37°C, o custo de manutenção de uma temperatura corporal a 37°C por diversas horas, e o metabolismo acima dos níveis de torpor durante o período de tempo em que a temperatura corporal leva para ir declinando até entrar em torpor novamente. Durante toda a estação de hibernação os gastos metabólicos associados a essas três fases do ciclo do torpor são responsáveis por 83 por cento em média do total da energia usada pelo esquilo.

Surpreendentemente, não temos uma compreensão clara do motivo porque um esquilo em hibernação passa por esses períodos de reativaçâo que aumentam seus gastos totais de energia no inverno em cerca de cinco vezes. Esquilos não estocam alimentos em suas tocas, logo não usam os períodos em que estão despertos para comer. Eles urinam quanto despertos eliminando deste modo os resíduos metabólicos e essa pode ser uma razão por esse despertar e um certo espaço de tempo à alta temperatura do corpo pode ser necessário para executar atividades fisiológicas ou bioquímicas, tais como resintetizar glicogênio, redistribuição de íons, ou para sintetizar serotonina. O despertar pode também permitir ao animal que hiberna determinar quando as condições ambientais estão favoráveis para retornar à fase ativa. Seja qual for sua função, os intervalos em que ficam despertos devem ser importantes, pois o esquilo paga um preço energético muito alto por eles no decorrer de um período de extrema economia de energia.

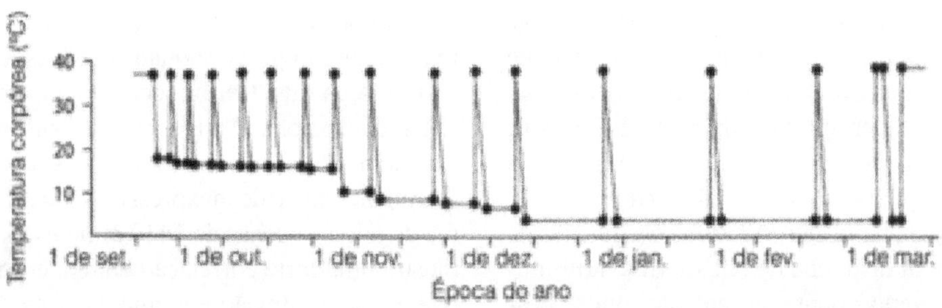

Figura 22-9 Registro da temperatura corpórea durante uma temporada de torpor completa do esquilo de solo de Richardson.

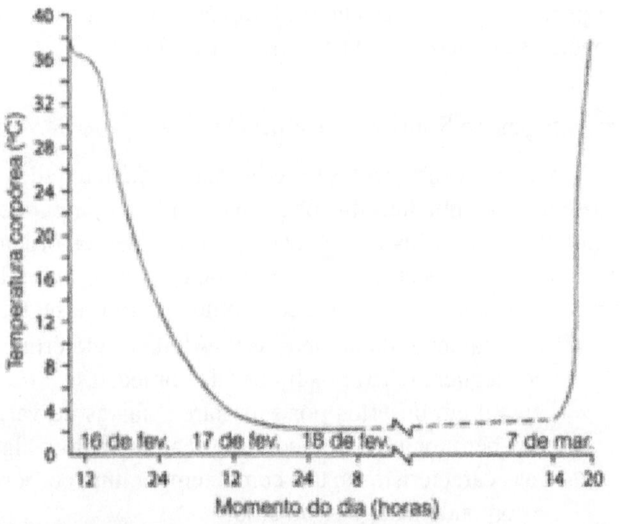

Figura 22-10 Registro da temperatura corpórea durante um único ciclo de torpor para um esquilo de solo de Richardson.

22.6 Endotérmicos nos Desertos

As áreas secas e quentes trazem demandas fisiológicas mais severas para os endotérmicos do que as condições polares que já discutimos. Os endotérmicos enfrentam dois problemas para regular a temperatura corporal em desertos quentes. A primeira resulta de uma reversão da relação normal de um animal com o ambiente. Na maioria dos ambientes a temperatura corporal de um endotérmico é superior à temperatura do ar. Nesta situação o fluxo de calor é do animal para o ambiente, e os mecanismos de termorregulação conseguem manter a temperatura corpórea estável equilibrando a produção de calor com as perdas. Ambientes muito frios apenas aumentam o gradiente entre a temperatura corporal do animal e a do ambiente. O exemplo das raposas-do--ártico com temperaturas críticas inferiores de -40°C ilustra o sucesso que os endotérmicos obtiveram em prover-se de suficiente isolamento térmico para lidar com sucesso com os enormes gradientes entre as altas temperaturas do interior de seus corpos e as baixas temperaturas ambientais.

Num deserto quente o gradiente não aumenta: reverte-se. As temperaturas desérticas do ar podem atingir de 40 a 50°C durante o verão, sendo que a temperatura do solo pode passar de 60 ou 70°C. Em vez de perder calor para o ambiente, o animal fica constantemente absorvendo calor, e esse calor, além do calor metabólico, tem de alguma forma de ser dissipado para que a temperatura corporal do animal mantenha-se dentro da faixa de normalidade. Para um endotérmico, manter sua temperatura corporal 10°C abaixo da temperatura ambiente pode ser um desafio maior do que a manter 100°C acima.

TABELA 22.1 Uso de energia durante fases diferentes do ciclo de torpor dos esquilos de Richardson

Mês	Porcentagem da energia total por mês			
	Torpor	Aquecimento	Inter-torpor Homeotérmico	Reentrada
Julho	8,5	17,2	56,5	17,8
Setembro	19,2	15,2	49,9	15,7
Novembro	20,8	23,1	43,1	13,0
Janeiro	24,8	24,1	40,0	11,1
Março	3,3	14,0	76,4	6,3
Média por estação	16,6	19,0	51,6	12,8

Para tornar piores as coisas, água é escassa em desertos. Resfriamento por evaporação é o principal mecanismo que um endotérmico usa para reduzir sua temperatura corporal. A evaporação de água requer aproximadamente 2400 kJ/kg (o valor exato varia um pouco com a temperatura). Assim, a evaporação de um litro de água dissipa 2400 kilojoule, e o resfriamento por evaporação é um mecanismo eficiente na medida em que o animal disponha de um suprimento ilimitado de água. Num deserto quente, no entanto, onde o estresse térmico é máximo, água é uma mercadoria escassa; seu uso precisa ser cuidadosamente racionado. Há cálculos que mostram, por exemplo, que se um rato-canguru fosse arriscar-se a sair debaixo do sol do deserto, precisaria evaporar 13 por cento da água de seu corpo, por hora, para manter a temperatura corporal normal. A maior parte dos mamíferos morre quando perdem de 10 a 20 por cento da água de seus corpos, de modo que fica óbvio que sob condições desérticas o resfriamento por evaporação é de utilidade limitada, exceto como uma resposta de curto prazo a uma situação crítica.

Entretanto, diversos grupos de aves e de mamíferos habitam desertos. Os mecanismos que utilizam são complexos e envolvem combinações de ajustamentos ecológicos, comportamentais, morfológicos e fisiológicos, que atuam em conjunto para aumentar a eficiência do sistema como um todo. As estruturas ancestrais e as características fisiológicas de aves e mamíferos são notavelmente versáteis. Em muitos casos essas características sozinhas são tudo de que um animal precisa para confrontar condições que parecem extraordinariamente severas.

A estrutura e funcionalidade do rim mamaliano foram descritas no Capítulo 11 e a habilidade do rim produzir urina, que tem uma concentração osmótica várias vezes maior que a do sangue, é uma das chaves para o sucesso dos mamíferos no deserto. O nefro é a unidade funcional do rim no qual um ultrafiltrado do sangue é processado e compostos sanguíneos necessários retornam ao sangue e os resíduos nitrogenados são excretados formando a urina. A maioria dos mamíferos tem dois tipos de nefros; aquele com glomérulos corticais e alças renais (alça de Henle) curtas que não penetram no interior da medula renal, e aqueles com glomérulos justamedulares, que se aprofundam no interior do córtex renal, com alças renais longas que penetram até o limite das papilas das pirâmides renais. É claro que ao longo do seu comprimento as alças de Henle experimentam diferentes gradientes osmóticos. O fluxo do sangue nessas populações de nefros é controlado de modos independentes. Os glomérulos justamedulares são mais ativos na regulação da excreção da água, enquanto os glomérulos corticais estão envolvidos com a regulação de íons.

A forma e a função encontram-se intimamente relacionadas nos rins dos mamíferos. Uma medula espessa corresponde tanto a pirâmides renais como as alças renais (de Henle) compridas, gradientes osmóticos grandes e enorme capacidade de concentração. As osmolaridades máximas da urina de mamíferos são proporcionadas pela espessura medular relativa de seus rins. Certos roedores do deserto têm pirâmides renais excepcionalmente longas e concentrações de urina que excedem a 7000 mmoles • kg^{-1}. (A espessura medular relativa do rim humano é de inexpressivos 3,0 e a concentração máxima da urina é apenas de 1430 mmoles • kg^{-1}.) A Figura 21-11 mostra uma forte correlação entre a espessura medular relativa e a concentração máxima da urina. Mas também se observa uma variação substancial, indicando que outros fatores anatômicos ou fisiológicos estão envolvidos. Para os mamíferos, considerados em grupo, a espessura medular relativa é responsável por 59 por cento da variação interespecífica na concentração máxima da urina (Beuchat 1990).

Estratégias de Sobrevivência no Deserto

Desertos são ambientes severos, mas contêm um mosaico de micro-ambientes que os animais podem usar para encontrar as condições de que necessitam. Podemos ordenar em categorias três principais classes de respostas dos endotérmicos às condições desérticas, como veremos a seguir:

- Relaxamento da homeostase – Alguns endotérmicos conseguem relaxar os limites da homeostase. Sobrevivem em desertos por suportarem faixas de variação bem maiores do que as normais, quanto a algumas características, tais como, temperatura corpórea e conteúdo de água no corpo.
- Evitação – Alguns endotérmicos usam comportamentos para evitar as condições desérticas. Vivem em desertos, mas raramente expõem-se inteiramente aos rigores da vida desértica.
- Especializações – Mecanismos fisiológicos, tais como, o torpor como resposta a escassez de alimentos ou de água são usados por alguns organismos no deserto.

Essas categorias não são mutuamente exclusivas; muitos animais do deserto combinam elementos de todas as três respostas.

Relaxamento da Homeostase – Mamíferos de Grande Porte em Desertos Quentes Animais grandes, inclusive os humanos têm vantagens e desvantagens específicas na vida no deserto, que estão diretamente relacionadas com o tamanho do corpo. Um animal de grande porte não tem onde se abrigar das condições desérticas. É muito grande para fazer uma toca subterrânea, e são raros os desertos que têm vegetação suficiente para oferecer sombra suficiente para um animal que seja muito maior do que uma lebre. Por outro lado, tamanho corporal avantajado oferece algumas alternativas não disponíveis para animais menores. Animais grandes têm mais mobilidade e podem viajar grandes distâncias até encontrar alimento ou água, ao passo que animais

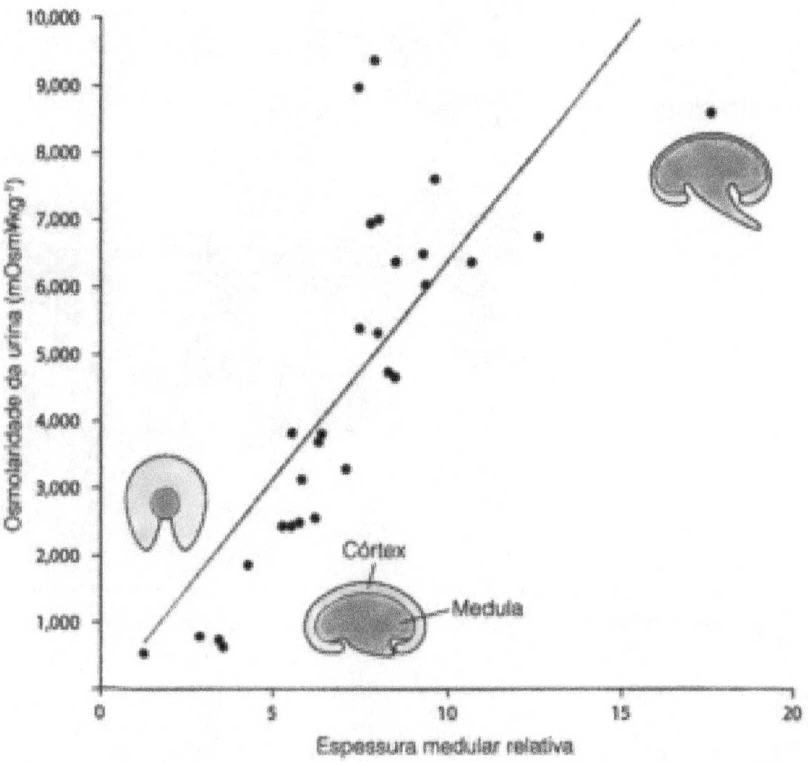

⟑**Figura 22-11** Relação da concentração máxima de urina com a espessura medular relativa para 29 espécies de roedores. Os desenhos ilustram os rins com suas espessuras medulares relativas.

pequenos podem estar limitados a áreas domiciliares próximas de suas tocas, que podem ter apenas alguns metros ou dezenas de metros de diâmetro.

Animais grandes podem ter uma relação superfície/massa pequena e serem bem isolados termicamente. Consequentemente, absorvem devagar o calor do ambiente. Uma massa corporal de grandes proporções dá ao animal uma inércia térmica grande, isto é, pode absorver uma quantidade grande de energia calórica antes que a temperatura de seu corpo atinja níveis perigosos.

O dromedário (*Camelus dromedarius*) é o animal grande clássico do deserto (Figura 22-12). Existem registros autênticos de jornadas superiores a 500 quilômetros, de duas ou três semanas de duração, ao longo das quais os camelos não tiveram nenhuma oportunidade de beber água. Os dromedários realizam suas viagens maiores no inverno e na primavera, quando a temperatura do ar e chuvas esparsas podem ter produzido vegetação fresca que lhes fornecem um pouco de alimento e água.

Os camelos são animais grandes – a massa corpórea de um dromedário é de 400 a 450 quilogramas para as fêmeas, e de até 500 quilogramas para machos. As adaptações do camelo à vida no deserto surgem na comparação do ciclo diário de temperatura corpórea num exemplar que receba água todos os dias com o de outro ao qual não se tenha sido fornecido água (Figura 22-13). O camelo que recebeu água apresenta um ciclo diário de temperatura corpórea com variação pequena: mínima de 36°C de manhã cedo, e máxima de 39°C no meio da tarde. Quando um camelo fica sem tomar água, a variação da temperatura diária triplica. A temperatura corpórea pode cair a 34,5°C à noite e elevar-se a 40,5°C durante o dia.

O significado desse aumento na flutuação diária da temperatura corpórea pode ser avaliado em termos da quantidade de água que o camelo precisaria usar para evitar a elevação de 6°C por resfriamento evaporativo. Com um calor específico de 4,2 kJ/(kg • °C) um aumento de 6°C na temperatura corporal de um camelo de 500 quilogramas representa uma estocagem de 12.600 kilojoules de calor. A evaporação de um quilo de água dissipa aproximadamente 2.400 kilojoules. Desta forma um camelo teria de evaporar um pouco mais de 5 litros de água para manter estável a temperatura corporal durante o período da noite, e esta água ele pode conservar devido a hipertermia que pode tolerar durante o dia.

Além de economizar água, que não é usada para resfriamento por evaporação, o camelo beneficia-se da hipertermia por meio de redução do fluxo de energia do ar para seu corpo. Todo o tempo em que a temperatura corporal do camelo encontra-se abaixo da temperatura do ar, cria-se um gradiente que faz o animal absorver calor do ar. A uma temperatura corporal de 40,5°C a temperatura do camelo é

➢**Figura 22-12** Dromedários. No calor diário, a maioria destes dromedários ficou com a face voltada para o Sol, a fim de reduzir a quantidade de radiação solar direta que eles recebem; e se pressionaram, uns aos outros, para reduzir o calor ganho por meio da convecção e da reradiação.

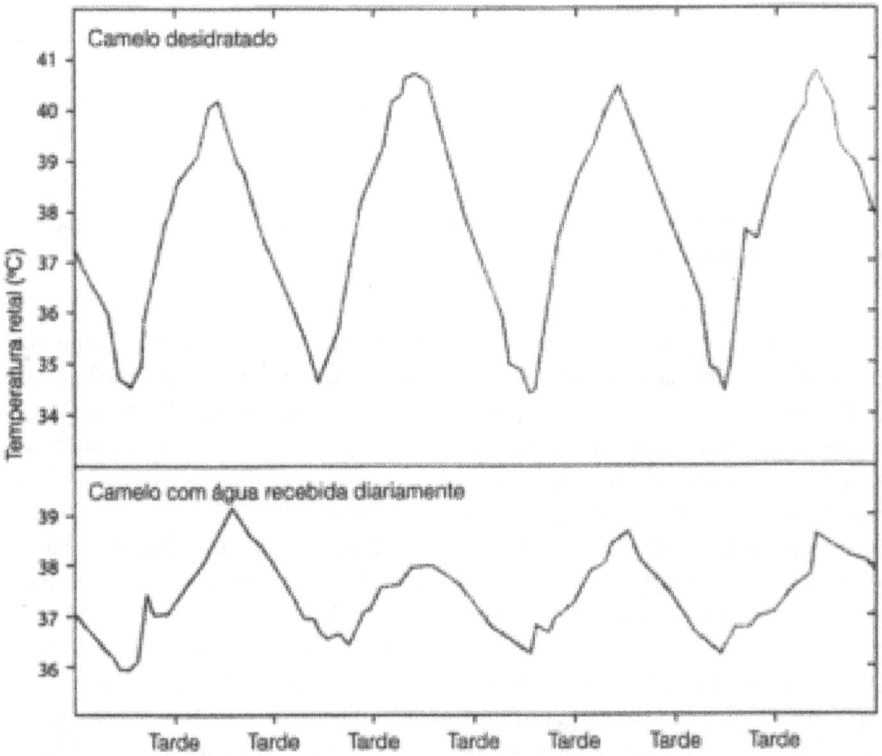

⮝**Figura 22-13** Ciclos diários de temperatura corpórea dos camelos. Um camelo desidratado (acima) relaxa seu controle da temperatura corpórea quando comparado a um camelo com um acesso diário à água (abaixo).

a mesma do ar pela maior parte do dia, e não ocorrem trocas de calor livres. De modo que o camelo economiza uma quantidade a mais de água ao eliminar o gradiente de temperatura entre seu corpo e o ar.

O efeito combinado dessas duas medições de perdas de água é ilustrado pelos dados registrados de um camelo jovem (Tabela 22.2). Quando privado de água o camelo reduziu a perda evaporativa da que tinha no corpo em 64 por cento, cortando pela metade sua perda diária total de água.

Mecanismos comportamentais e a distribuição do pêlo na superfície do corpo ajudam camelos desidratados a reduzir suas cargas de calor. No verão os camelos têm pêlos

TABELA 22.2 Perda Diária de Água por um Camelo de 250 quilogramas

Condição	Perda de água (litros/dia) através de Diferentes Rotas			
	Fezes	Urina	Evaporação	Total
Bebendo diariamente (8 dias)	1,0	0,9	10,4	12,3
Sem beber (17 dias)	0,8	1,4	3,7	5,9

5 ou 6 centímetros mais longos nas costas e até 11 centímetros mais longos sobre a corcova. Na superfície ventral e nas pernas o pêlo tem somente 1,5 a 2 centímetros de comprimento. De manhã cedo os camelos deitam-se sobre superfícies que esfriaram durante a noite devido à radiação do calor para o ar noturno.

Dobram as pernas para debaixo do corpo, e a superfície ventral com pêlos curtos coloca-se em contato com o chão frio. Nessa posição um camelo expõe ao sol apenas suas costas e flancos, ambos bem protegidos por pêlos, e deixa suas pernas e ventre de pêlos curtos tocando a areia fria, o que pode ser capaz de dissipar uma certa quantidade de calor corporal. Os camelos podem se reunir em pequenos grupos e deitarem bem apertados uns contra os outros durante o dia inteiro. Passar um dia no deserto debaixo de sol, espremido entre dois camelos suados pode não ser uma ideia divertida para nós, mas nessa postura o camelo reduz seu ganho de calor porque mantém as áreas laterais de seu corpo em contato com as de outros camelos (ambos com mais ou menos os mesmos 40°C de temperatura) ao invés de permitir que a radiação solar faça subir a temperatura da superfície da pelagem para 70°C ou mais.

A despeito de sua capacidade de reduzir as perdas de água e de tolerar desidratação, chega uma hora crítica em que o camelo precisa beber. Esses animais, grandes e móveis, podem vagar pelo deserto buscando sinais de vegetação produzidos por chuvas locais e moverem-se de um oásis para outro, mas quando estão bebendo enfrentam um problema compartilhado com outros animais do pasto: poços d'água podem ser perigosos. Frequentemente os predadores centram suas atividades em torno desses locais, onde têm assegurada água e também um suprimento contínuo de presas. Reduzir o tempo gasto em beber é um método de diminuir o risco de predação, os camelos conseguem beber quantidades consideráveis de água em períodos muito curtos de tempo. Um camelo desidratado é capaz de beber 30 por cento de sua massa corporal em 10 minutos (um humano com bastante sede consegue beber cerca de 3 por cento de sua massa corporal no mesmo espaço de tempo).

A água que um camelo bebe é absorvida rapidamente pelo sangue. O fluxo sanguíneo renal e a taxa de filtração glomerular aumentam, e o fluxo de urina retorna ao normal meia hora após a ingestão da água. A urina muda de marrom escura e pastosa para incolor e aquosa. A aldosterona, um hormônio produzido pela córtex da adrenal, ajuda a contrabalançar a diluição do sangue pela água que o camelo bebeu pela estimulação da reabsorção do sódio no rim. Não obstante, a diluição do sangue faz com que as células vermelhas do sangue inchem devido à água que absorvem por osmose. Os eritrócitos do camelo são resistentes a essa pressão osmótica, mas outros ruminantes do deserto têm eritrócitos que se rompem sob as mesmas condições. Cabras de beduínos, por exemplo, têm eritrócitos frágeis, e a água que um bode bebe é absorvida lentamente a partir do rúmen. São necessários dois dias para que a função renal do animal volte ao normal depois de desidratado.

Os grandes antílopes africanos, como o orix, *(Orix beisa)* de 100 quilogramas e o "eland" *(Taurotragus oryx)* de 200 quilogramas usam a estocagem de calor, à maneira do dromedário, mas podem ter suas temperaturas corporais elevadas consideravelmente acima do nível de 40,5°C registrados para o camelo. Foram registradas temperaturas retais de 45°C para o orix e de 46,5°C para a gazela de Grant. Temperaturas corporais acima de 43°C rapidamente causam dano cerebral na maioria dos mamíferos, mas as gazelas de Grant mantiveram temperaturas retais de 46,5°C ao longo de 6 horas sem efeitos nocivos aparentes. Esses antílopes mantêm a temperatura do cérebro abaixo da temperatura corporal pela ação de uma contracorrente que troca calor para esfriar o sangue antes que chegue ao cérebro. O suprimento de sangue para o cérebro passa pelas artérias carótidas externas e, na base do crânio desses antílopes essas artérias adentram em uma *rete mirabile* (Latim: rede miraculosa) alojada em um seio venoso (Figura 22-14). O sangue nesse sinus é sangue venoso e está voltando das paredes dos meatos nasais onde passou por resfriamento por meio de evaporação de água. Esse sangue venoso resfriado esfria o sangue arterial mais quente antes que este atinja o cérebro. Um mecanismo dessa natureza é bastante disseminado entre mamíferos. Cavalos não possuem sinos venosos e uma rede mirabile carotídea, mas usam um mecanismo análogo que resfria o sangue das artérias carotídeas internas passando-o através de bolsas na garganta (bolsas guturais) (Baptiste et al. 2000). As bolsas guturais são evaginações das tubas auditivas que contem ar em seu interior, que é mais frio que o sangue, e envolvem as artérias carótidas internas.

Animais de grande porte constituem um bom exemplo para a abordagem da vida no deserto. Grandes demais para

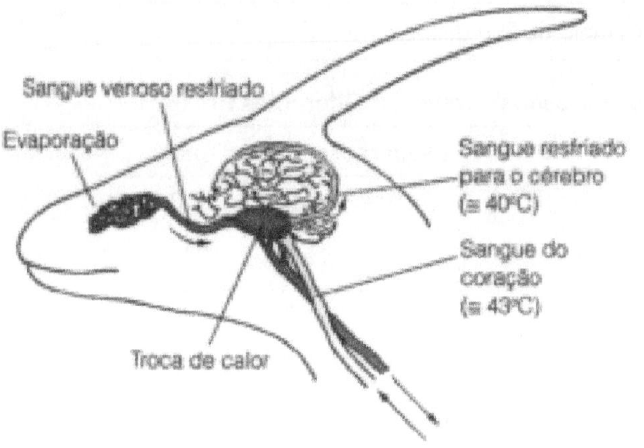

Figura 22-14 O mecanismo de troca de calor contra-corrente que resfria o sangue que se dirige ao cérebro da gazela. O sangue que vem do coração tem 43°C (cinza claro) e é resfriado a 40°C no sinus venoso (cinza escuro) retornando das vias nasais onde é resfriado pela evaporação da água.

escapar aos rigores do ambiente, sobrevivem por meio da tolerância a um relaxamento temporário da homeostase.

O sucesso que alcançam sob as condições severas em que vivem é o resultado de interações complexas entre diversos aspectos de sua ecologia, comportamento, morfologia e fisiologia. Só quando todas essas características são observadas em conjunto é que emerge o quadro acurado de um animal.

Evitando Condições Desérticas A mobilidade dos vertebrados permite-lhes escapar de alguns dos estresses das condições desérticas, seja encontrando um abrigo (como uma toca), ou seja, dirigindo-se para um local sombreado ou água. Em geral animais grandes podem mover-se para muito mais longe do que os pequenos, mas também precisam de tocas maiores, porções grandes de sombra ou abundância de água. O período de atividade também oferece opções para mitigar a severidade das condições desérticas – muitos animais são noctívagos, especialmente durante as épocas mais quentes do ano.

Entre os mamíferos pequenos são os roedores que sobressaem nas regiões áridas. É lugar-comum a observação de que as densidades de população de roedores são mais altas em desertos do que em circunstâncias úmidas. Muitas características ancestrais da biologia dos roedores permitem-lhes estender seus espaços geográficos para o interior de regiões quentes e áridas. Entre as mais importantes destas características encontram-se normalmente os hábitos noctívagos de muitos roedores e sua prática de viverem em tocas. Uma toca fornece abrigo do calor de um deserto, dando ao animal acesso a um micro ambiente protegido, enquanto as temperaturas do solo na superfície elevam-se acima de seus níveis letais.

O rato-canguru está entre os roedores mais especializados do deserto na América do Norte; o rato-canguru de Merriam *(Dipodomys merriami)* ocorre em habitats desérticos desde o México central até o norte de Nevada. Uma população dessa espécie vive em condições extremamente severas no deserto de Sonora, sudoeste do Arizona (Tracy 2000). Durante o verão, as temperaturas diurnas na superfície do solo chegam perto dos 70°C, e mesmo apenas alguns minutos de exposição podem ser fatais. Os ratos-canguru passam o dia em tocas de 1 a 1,5 metros embaixo da terra, onde as temperaturas do ar não ultrapassam 35°C mesmo durante os períodos mais quentes do ano. Ao entardecer, quando os ratos-canguru saem para coletar alimentos, as temperaturas do ar já caíram para cerca de 35°C.

Nem todos os roedores que vivem no deserto são noctívagos. Os esquilos-de-solo são diurnos, e isso faz deles habitantes dignos de nota dos desertos (Figura 22-15). Podem ser vistos correndo freneticamente sobre a superfície do

Figura 22-15 O esquilo-antílope do solo, *Ammospermophilus leucuros.*

deserto até mesmo no meio do dia. A atividade frenética dos esquilos-de-solo do deserto em dias de temperaturas extremamente quentes é resultado de problemas de termorregulação que animais pequenos enfrentam quando nessas condições. Estudos do esquilo-antílope de solo *(Ammos -permophilus leucurus)* em Deep Canyon – próximo a Palm Springs, Califórnia – fornece informações sobre como o comportamento destes esquilos é afetado pela carga de calor do ambiente (Chappell e Bartholomew, 1981a, b).

O calor nos dias de verão em Deep Canyon é intenso, a temperatura padrão vigente ao sol é de 70 a 75 °C (Quadro 22-1). A temperatura padrão vigente eleva-se acima da zona termicamente neutra dos esquilos dentro de duas horas após o nascer do sol, ficando os esquilos expostos a cargas altas de calor durante a maior parte do dia. Exibem um padrão bimodal de atividade que atinge seus picos no meio da manhã e, depois, no fim da tarde. Relativamente poucos esquilos mantêm-se em atividade no meio do dia. As temperaturas corporais do esquilo-antílope de solo são de grande labilidade, e, consideradas individualmente, podem ter variações de até 7,5°C (de 36,1 a 43,6°C) no decorrer de um dia. Os esquilos usam essa labilidade de temperatura corpórea para estocar calor durante seus períodos de atividade.

As altas temperaturas limitam o tempo que os esquilos podem estar em atividade ao ar livre a não mais do que 9 a 13 minutos. Correm como loucos de um pouco de sombra para a próxima, parando apenas para pegar alimento ou verificar proximidade de predadores. Os esquilos minimizam a exposição às mais altas temperaturas ao correrem em áreas abertas e procuram sombra ou suas tocas para refrescarem-se. Num dia de verão quente um esquilo pode manter a temperatura abaixo de 43°C (temperatura máxima que pode aguentar) somente se a cada poucos minutos recolher-se a uma toca com mais profundidade que 60 centímetros, onde a temperatura do solo é de 30 a 32°C. A temperatura corporal de um esquilo-antílope de solo tem um padrão de oscilações rápidas, subindo quando o esquilo esta sob o sol e caindo quando se recolhe à sua toca (Figura 22-17). Os esquilos-de-solo não transpiram nem ofegam; em vez disso usam essa combinação de estocagem transitória de calor e resfriamento passivo na toca para poder ter atividade diurna.

QUADRO 22.1 Quanto Está Quente?

Medições de temperaturas ambientais são amplamente encontradas em estudos de energética animal. Mas na realidade o processo de realizar as medições é complicado, e não existe medição que seja necessariamente apropriada para todos os fins. A troca de energia entre animais e o meio ambiente envolve radiação, convecção, condução e evaporação.

Ademais, a produção de calor metabólico contribui significativamente para as temperaturas corporais dos endotérmicos. O ambiente térmico de um animal é determinado por todas as vias de troca de calor operando simultaneamente. A pergunta *Quanto está calor?* Pode-se traduzir por: *Qual é a carga de calor para um animal neste meio ambiente?* Responder a esta pergunta requer a integração de todas as rotas de troca de calor para resultar em um número que represente a carga de calor ambiental (É mais fácil pensar em uma carga de calor como vinda de um ambiente quente e representando uni risco de superaquecimento [hipertermia], mas o mesmo raciocinio aplica-se a um ambiente frio. Nesse caso o problema é perda de calor e risco de hipotermia.)

Ecofisiologistas desenvolveram diversas medições da carga de calor ambiental em um organismo, e a Figura 22-16 ilustra quatro delas. Os dados provêm de um estudo de termorregulação do esquilo-antílope de solo em um cânion no deserto da Califórnia.

A medição mais fácil de fazer é a da temperatura do ar (**T_a**, frequentemente chamada de **temperatura** ambiente). Em Deep Canyon, Califórnia, em junho, a temperatura do ar eleva-se de cerca de 25°C ao alvorecer até um pico acima de 50°C no fim da tarde, e então decima. A temperatura do ar é um fator que intervém nas trocas condutivas e convectivas de calor. Um animal ganha calor por condução e por convecção quando a temperatura do ar é mais quente do que a temperatura da superfície do animal, e perde calor quando o ar é mais frio. A troca condutiva de calor é em geral pequena, mas a convecção pode ser um componente importante no orçamento geral de energia de um organismo. No entanto, a magnitude da troca de calor convectiva depende da velocidade do vento assim como da temperatura do ar. Desta forma, a medição da temperatura do ar fornece apenas uma parte da informação necessária para avaliar tão somente uma das três vias de troca de calor. Consequentemente, a temperatura do ar não é uma medição muito útil da carga de calor.

Se a temperatura do ar é insatisfatória como medição da carga de calor ambiental, por dar apenas uma pequena contribuição para a troca geral de energia, talvez uma medição da principal fonte de calor seja mais o de que se precisa. O calor do Sol **(insolação solar)** nesse ambiente árido é a maior fonte de calor, e a magnitude da insolação (Q_1) pode

Continua

Continuação

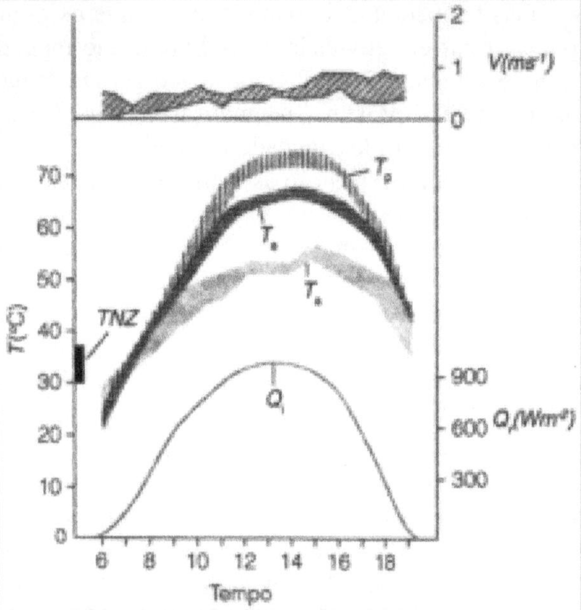

<Figura 22-16 Condições meteorológicas do solo em áreas abertas de Deep Canyon, Califórnia, durante junho. A velocidade do vento (10, em metros por segundo, a insolação solar *(Q)*. em watts por metio quadrado, a temperatura ambiental efetiva *(T_e)* e a temperatura operativa padrão *(T_p)*, em °C, a zona termoneutra (TNZ), do esquilo, é indicada.

ser medida com um instrumento chamado piranômetro A insolação solar sobe de 0 de madrugada para cerca de 900 watts por metro quadrado no meio do dia, caindo para zero no crepúsculo.

Essa medição fornece informação a respeito de quanta energia solar está disponível para aquecer um animal, mas isto ainda é apenas um componente da troca de energia que determina a carga de calor.

A **temperatura ambiental efetiva** (T_e) combina os efeitos da temperatura do ar, temperatura do solo, insolação solar e velocidade do vento. A temperatura ambiental efetiva é medida fazendo-se uma cópia exata do animal (um manequim), equipando-o com um sensor de temperatura como um par termelétrico, e colocando o manequim no mesmo local do habitat que o animal real ocupa. Montagens taxidermizadas são usadas frequentemente como manequins: a pele não curtida de um animal é espichada em uma moldura de arame ou sobre um molde oco feito de cobre. Como o manequim tem o mesmo tamanho, forma cor e textura da superfície do animal, sua resposta é a mesma do animal à insolação solar, radiação infravermelha e convecção. A temperatura de equilíbrio do manequim é a temperatura que um animal inerte teria como resultado da combinação da troca de calor radiativa e convectiva. Em Deep Canyon, as temperaturas de manequins de esquilo-antílope de solo subiram mais rapidamente do que as temperaturas do ar e estabilizaram-se perto de 65°C do meio do dia até o fim da tarde. As temperaturas dos manequins eram 15°C mais altas do que a temperatura o ar, demonstrando que a carga de calor experimentada pelo esquilo-de-solo eria muito maior que a estimada a partir apenas da temperatura do ar.

Porque um manequim, é uma "casca oca" – uma pele esticada sobre uma estrutura de suporte – não repete exatamente os processos termorreguladores que têm importantes influências sobre as temperaturas corporais de um animal real. A produção de calor metabólico aumenta a temperatura corporal de um esquilo de solo, a perda de água por evaporação a abaixa, e alterações na circulação periférica, além de posicionamento do pêlo levantado ou baixado, mudam o isolamento térmico. Os efeitos desses fatores podem ser reunidos matematicamente se forem conhecidos os valores atribuídos ao metabolismo, isolamento térmico e condutância do corpo inteiro. O resultado deste cálculo é a **temperatura padrão vigente** *(T_p)*. Encontra-se uma exposição de como calcular a T_p em Bakken (1980). Para o esquilo de solo de nosso exemplo a temperatura padrão vigente sena próxima de 10°C mais alta do que a temperatura efetiva, e cerca de 25°C do que a temperatura do ar. Para boa parte do dia a T_p de um esquilo de solo debaixo do sol no Deep Canyon foi de 30°C ou mais, acima da temperatura crítica superior de 43°C. Cálculos similares podem fornecer valores de T_p em outros micro-ambientes que os esquilos podem ocupar – à sombra de um arbusto, por exemplo, ou numa toca. Esta é a informação de que se precisa para a\ aliar o comportamento dos esquilos a fim de determinar se suas atividades são limitadas pela necessidade ou pela fuga do calor excessivo.

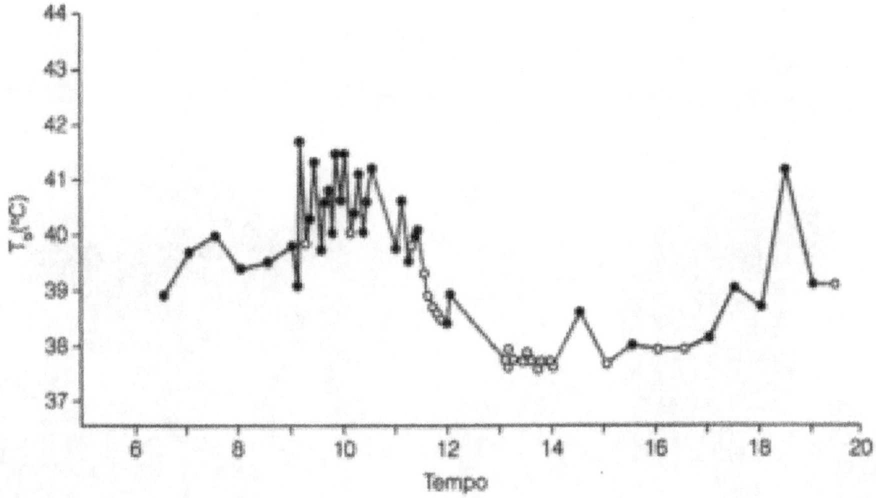

Figura 22-17 Ciclos de curto prazo de atividade e temperatura corpórea do esquilo-antílope de solo. O esquilo se aquece durante períodos de atividade na superfície (círculos escuros), e se resfria quando ele retorna a sua toca (círculos claros).

A estratégia do esquilo-antílope de solo é basicamente a mesma que a empregada pelo camelo – economizar água suportando a temperatura subir até que o calor possa ser dissipado passivamente. A diferença entre os dois animais é uma consequência de suas diferenças nos tamanhos corporais. Um camelo pesa 500 quilogramas e pode estocar calor por um dia inteiro e esfriar durante a noite, enquanto que um esquilo-antílope de solo pesa cerca de 100 gramas e esquenta e esfria inúmeras vezes ao longo de um dia.

As caudas de muitos dos esquilo-de-solo do deserto são largas e achatadas, e as superfícies ventrais das caudas em geral são brancas. A cauda é mantida sobre as costas do esquilo com sua superfície ventral branca voltada para cima. Nessa posição atua como um guarda-sol, dando sombra ao corpo do esquilo e reduzindo a temperatura padrão vigente. A cauda do esquilo-antílope de solo é relativamente curta, estendendo-se apenas por metade das costas, mas a sombra que proporciona pode reduzir a temperatura padrão vigente por uns 6 a 8°C. O esquilo terrestre do Cabo *(Xenurus inauris)* do deserto de Kalahari tem uma cauda especialmente comprida que pode estender-se para frente até quase a cabeça do esquilo. Usam a cauda como guarda-sol (Figura 22-18), e já foram feitas observações que indicaram que a sombra pode aumentar significativamente o tempo de atividade em dias quentes.

Uso do Torpor por Roedores do Deserto O significado do torpor diurno como um mecanismo de conservação de energia em aves de pequeno porte foi discutido anteriormente. Muitos roedores do deserto possuem também a capacidade de entrarem em torpor. Na maioria das vezes o torpor pode ser induzido limitando-se o alimento disponível para o animal. Quando a ração de alimento de um camundongo-de-bolso da Califórnia *(Perognathus californicus) é* reduzida para um pouco abaixo de suas necessidades diárias, o animal entra em torpor durante uma parte do dia. Nessa espécie até um período mínimo de torpor resulta em economia de energia. Se um camundongo-de-bolso fosse entrar em torpor e despertar logo em seguida, o processo todo demoraria 2,9 horas. Cálculos demonstram que o gasto global de energia durante esse período seria reduzido em 45 por cento se comparado ao custo de manutenção de uma temperatura corporal normal pelo mesmo tempo. Nesse animal o menor tempo de torpor possível representa uma economia de energia, e essa economia aumenta à medida que o tempo passado em torpor é prolongado.

A duração do torpor é proporcional à severidade da privação de alimento para o camundongo-de-bolso. Conforme sua ração de comida vai sendo reduzida o tempo em torpor vai aumentando a cada dia, e também a economia de energia. O ajuste do tempo em torpor à disponibilidade de alimento pode ser um fenômeno generalizado entre os roedores do deserto que se alimentam de sementes. Esses animais parecem avaliar mais a taxa de reserva de suprimentos alimentícios que coletam do que seu real balanço de energia. Espécies que acumulam provisões de alimentos entrarão em torpor mesmo com grandes quantidades de comida estocada a seu alcance, se não forem capazes de aumentar esses estoques por meio de coleta contínua. Quando as sementes encontravam-se enterradas profundamente na areia, tornando-se difíceis de serem encontradas, os camundongos-de-bolso da Califórnia passavam mais tempo em torpor do que o faziam quando a semente estava mais perto da superfície (Reichman e Brown 1979). Tal comportamento é provavelmente uma resposta à diminuição crónica de alimentos enfrentada

Figura 22-18 Esquilo-de-solo do Cabo (*Xenurus inauris*) utilizando sua cauda como um guarda-sol. A cauda ereta sombria a superfície dorsal do animal. (b) A cauda é curvada sobre as costas do esquilo em posição horizontal, sombreando sua cabeça e seu corpo.

pelos roedores em função da baixa produtividade primária das comunidades de desertos, e dos efeitos de variações imprevisíveis de padrões normais de quedas de chuva, o que pode eliminar quase que completamente a produção de sementes por plantas do deserto em anos de seca.

Aves em Desertos As aves, apesar de serem vertebrados relativamente pequenos, enfrentam nos desertos problemas que se assemelham mais aos dos camelos e antílopes, do que os dos mamíferos pequenos. Aves são predominantemente diurnas e poucas buscam abrigo em tocas ou fendas. Assim, à maneira dos mamíferos de grande porte, enfrentam os rigores dos desertos de frente e encaram as demandas hostis de termorregulação em um meio ambiente quente e a necessidade de preservar água.

As aves têm muito mais mobilidade do que os mamíferos de mesmo tamanho corpóreo. Um rato-canguru ou um esquilo de solo ficam confinados a uma faixa de menos de 100 metros de diâmetro, mas é bastante possível para uma ave do deserto que tenha o mesmo tamanho corporal desses roedores voar muitos quilômetros em busca de água. Por exemplo, os pombos-selvagem dos desertos da América do Norte juntam-se ao amanhecer a beira de locais onde existe água, tendo alguns dos exemplares individuais voado 60 ou mais quilômetros para alcançá-los.

As temperaturas normalmente altas e instáveis das aves conferem-lhes outra vantagem que não é compartilhada pelos mamíferos. Com temperaturas corporais por volta de 40°C as aves passam por uma situação de reversão do gradiente de temperatura entre seus corpos e o meio ambiente durante um período menor de cada dia do que o experimentado por um mamífero. Além disso, a temperatura corpórea das aves normalmente é variável, e elas toleram hipertermia moderada aparentemente sem perigo. Trata-se de características ancestrais que se encontram presentes em virtualmente todas as aves. Nem as temperaturas corporais nem as temperaturas letais de aves do deserto são mais altas do que as de espécies correspondentes de regiões não desérticas.

A mobilidade proporcionada pelo vôo não vale, porém para os filhotes, e as mais notáveis adaptações das aves às condições do deserto são aquelas que garantem o suprimento de água para suas crias. Os filhotes altriciais, os que precisam ser alimentados por seus pais depois de sair do ovo, retiram a água de que precisam dos alimentos que recebem. Um padrão de adaptação nas aves do deserto assegura que a reprodução ocorrerá numa época em que haverá disponibilidade de alimentos suculentos para os filhotes. Na árida região central da Austrália, a reprodução das aves encaixa-se com precisão ao período das chuvas. Ver chuva cair parece ser o suficiente para estimular o início dos comportamentos de corte, acasalamento e construção de ninhos poucas horas após o início da chuva. Essa resposta rápida garante que os filhotes irão nascer quando uma nova vegetação estiver brotando e haverá insetos em abundância, em consequência da chuva.

Um procedimento diferente, bem parecido com o dos mamíferos, evoluiu nas aves columbiformes (pombos), amplamente distribuídas nas regiões áridas. Os filhotes são alimentados com leite-de-pomba, uma substância líquida produzida pelo papo da ave estimulado pela prolactina, que é um hormônio secretado pelo lobo rostral da pituitária. A composição química do leite-de-pomba é bastante parecida com a do leite dos mamíferos; basicamente é água mais proteína e gordura, satisfazendo simultaneamente as necessidades tanto nutricionais como de água para os filhotes. Esse modelo coloca o estresse da água sobre o adulto, que deve encontrá-la em quantidade suficiente para produzir leite e atender também as suas próprias necessidades de água.

Aves do deserto que se alimentam de sementes, quando têm filhotes precociais (nidífugos), como, por exemplo, a "sandgrouse", encontrada nos desertos da África e do Oriente Próximo, enfrentam problemas peculiares para providenciar água para os filhotes. Os bebés de "sandgrouse" começam a procurar sementes por si próprias poucas horas após saírem do ovo. Mas ainda não são capazes de voar para os locais onde existe água como fazem seus pais, e as sementes não fornecem a água de que necessitam. Em vez disso, as "sandgrouse" adultas machos é que transportam água para suas ninhadas. As penas do ventre dos machos possuem uma estrutura única na qual a porção proximal das bárbulas é enrolada como hélices. Quando a pena é molhada as bárbulas se desenrolam e retêm a água. As penas de "sandgrouse" machos carregam de 15 a 20 vezes seu peso em água, e as penas das fêmeas, de 11 a 13 vezes seu peso em água.

"Sandgrouse" machos do deserto de Kalahari do Sul da África voam para os locais de água logo após o amanhecer e embebem as penas de suas barrigas, absorvendo 25 a 40 milímetros de água. Parte dessa água se evapora durante o vôo de volta para os ninhos, mas há cálculos que indicam que um "sandgrouse" macho pode voar 30 quilômetros e chegar com 10 a 28 milímetros de água ainda aderida a suas penas. Quando o "sandgrouse" macho aterrissa, os filhotes correm para ele e, segurando as penas molhadas da barriga em seus bicos escorrem a água com sacudidelas de suas cabeças para baixo. Em poucos minutos as jovens aves satisfazem sua sede e o macho espoja-se na areia para secar.

Resumo

Endotermia é uma forma energeticamente cara de vida. Permite aos organismos uma considerável liberdade em relação ao ambiente físico, especialmente às baixas temperaturas, mas requer uma grande base de recursos alimentares para sustentar taxas altas de metabolismo. A endotermia é particularmente eficaz em ambientes frios; algumas espécies de aves e mamíferos conseguem viver nas mais baixas temperaturas da terra. O isolamento térmico proporcionado por pêlos, penas ou camada subcutânea de gordura é tão bom que é necessário apenas um pequeno aumento na produção de calor metabólico para manter temperaturas corporais 100°C acima das temperaturas ambientes. Na verdade, alguns mamíferos aquáticos, como as focas-peludas do Norte são tão bem isoladas termicamente que há problemas de superaquecimento quando estão em terra firme ou em águas mais quentes do que 10 ou 15°C.

Ambientes quentes são mais difíceis para os endotérmicos do que os frios, porque a termorregulação endotérmica equilibra a produção interna de calor com a perda de calor para o ambiente. Quando o ambiente é mais quente do que o animal, o movimento do calor é revertido. O resfriamento por evaporação é eficiente como uma resposta de curto prazo ao superaquecimento, mas debilita o estoque de água corporal e cria novos problemas. Animais pequenos – roedores noctívagos, por exemplo – conseguem evitar a carga de calor diurno passando o dia em tocas subterrâneas e emergindo somente à noite. Animais maiores não têm onde se esconder e precisam lidar de frente com o calor. Camelos e outros mamíferos maiores das regiões desérticas relaxam seus limites de homeostase quando confrontados pelo duplo problema de temperaturas altas e escassez de água: eles deixam que a temperatura corpórea suba durante o dia e caia à noite. Essa tolerância fisiológica combina-se com comportamentos e com características morfológicas que reduzem a quantidade de calor que alcançam de fato seus corpos a partir do meio ambiente.

Ambientes que são quentes e frios – desertos – colocam um duplo desafio. Os animais devem ter uma maneira de se esfriar, mas o suprimento de água é escasso. Minimizar a água usada para excretar resíduos metabólicos é uma resposta importante em animais do deserto e, aves e mamíferos conseguem economizar água de diferentes modos. As aves têm a característica ancestral Sauropsida de excretar resíduos nitrogenados como sais de ácido úrico; este processo libera água quando os sais uratos precipitam da solução na urina. Os mamíferos têm uma estrutura única em seus rins, a alça renal (de Henle), que lhes permite produzir urina com altas concentrações de ureia e sais.

A mobilidade é uma parte importante da resposta dos endotérmicos de grande porte aos ambientes tanto frios como quentes: deslocamentos sazonais para longe de condições desfavoráveis (migração) ou movimentos entre oásis dispersos que fornecem água e sombra são opções disponíveis para mamíferos de porte médio ou grande. A grande mobilidade das aves torna a migração viável mesmo para as espécies relativamente pequenas.

Quando os rigores ambientais ultrapassam a capacidade reguladora de um endotérmico e os recursos para sustentar altas taxas de metabolismo não são disponíveis, muitos mamíferos pequenos (especialmente roedores) e algumas aves entram em torpor, um estado de hipotermia adaptativa. Durante o torpor a temperatura corporal é grandemente reduzida e o animal fica inerte. Períodos de torpor podem ser breves, como de algumas poucas horas (hipotermia noturna é muito difundida) ou pode durar por muitas semanas. Mamíferos que hibernam (que entram em torpor durante o inverno) despertam a intervalos de dias ou semanas, reaquecendo-se à sua temperatura normal durante algumas horas e então voltando para o estado de entorpecimento. O torpor economiza energia às custas de perdas dos benefícios da endotermia.

A mais notável característica da habilidade das aves e dos mamíferos para viver em diversos climas não é a especialização dos animais do Ártico ou do deserto, notáveis como de fato são, mas a compreensão de que apenas alterações menores no padrão endotérmico básico são necessárias para permitir-lhes a sobrevivência em praticamente toda a faixa de variação das condições ambientais na terra.

Leituras Adicionais

Aschoff, J. 1982. The circadian rhythm of body temperature as a function of body size. In C. R. Taylor, K. Johansen, and L. Bolis (Eds.), *A Companion to Animal Physiology.* Cambridge, UK: Cambridge University Press, 173-188.

Bakken, G. S. 1980. The use of standard operative temperature in the study of the thermal energetics of birds. *Physiological Zoology* 53:108-119.

Baptiste, K. E., et al. 2000. A function for the guttural pouches in the horse. *Nature* 403:382-383.

Barnes, B. M. 1989. Freeze avoidance in a mammal: Body temperatures below 0°C in an Arctic hibernator. *Science* 244:1593-1595.

Bartholomew, G. A., and F. Wilke. 1956. Body temperature in the northern fur seal, *Callorhinus ursinus. Journal of Mammalogy* 37:327-337.

Beuchat, C. A. 1990. Body size, medullary thickness, and urine concentrating ability in mammals. *American Journal of Physiology* 258 *(Regulatory, Integrative, Comparative Physiology* 27): R298-R308.

Busch, C. 1988. Consumption of blood, renal function, and utilization of free water by the vampire bat, *Desmodus rotundus. Comparative Biochemistry and Physiology* 90 A: 141 -146.

Calder, W. A. 1994. When do hummingbirds use torpor in nature? *Physiological Zoology* 67:1051-1076.

Calder, W. A., and J. Booser. 1973. Hypothermia of broad-tailed hummingbirds during incubation in nature with ecological correlations. *Science* 180:751-753.

Chaplin, S. B. 1974. Daily energetics of the black-capped chickadee, *Parus atricapillus,* in winter. *Journal of Comparative Physiology* 89:321-330.

Chappell, M. A., and G. A. Bartholomew. 1981a. Standard operative temperatures and thermal energetics of the antelope ground squirrel *Ammospermophilus leucurus. Physiological Zoology* 54:81-93.

Chappell, M. A., and G. A. Bartholomew. 1981b. Activity and thermoregulation of the antelope ground squirrel *Ammospermophilus leucurus* in winter and summer. *Physiological Zoology* 54:215-223.

Davenport, J. 1992. *Animal Life at Low Temperature.* New York, NY: Chapman & Hall.

French, A. R. 1986. Patterns of thermoregulation during hibernation. In H. C. Heller, et al. (Eds.), *Living in the Cold: Physiological and Biochemical Adaptations,* New York, NY: Elsevier, 393-102.

Heller, H. C. (Ed.). 1987. Living in the cold. *Journal of Thermal Biology* 12(2). (The entire issue is devoted to this topic.)

McNab, B. K. 1973. Energetics and distribution of vampires. *Journal of Mammalogy* 54:131-144.

Reichman, O. J., and J. H. Brown. 1979. The use of torpor by *Perognathus amplus* in relation to resource distribution. *Journal of Mammalogy* 60:550-555.

Tracy, R. L. 2000. *Adaptive Variation in the Physiology of a Widely Distributed Mammal and Re-examination of the Bases for its Desert Survival.* Unpublished doctoral dissertation, Arizona State University.

Wang, L. C. H. 1978. Energetic and field aspects of mammalian torpor: The Richardson's ground squirrel. In L. C. H. Wang and J. W. Hudson (Eds.), *Strategies in Cold: Natural Torpidity and Thermogenesis.* New York, NY: Academic, 109-145.

CAPÍTULO

23

O Tamanho Corpóreo, a Ecologia e a Vida Social dos Mamíferos

A origem de algumas das características derivadas do comportamento dos mamíferos deve ter ocorrido nos habitats noturnos, que são postulados para os mamíferos da Era Mesozóica. Se esses animais realmente dependeram do olfato ou da audição, no lugar da visão, para interpretar o ambiente circundante, os mamíferos ancestrais podem ter se beneficiado do aumento da habilidade de associar informações recebidas via orelhas e nariz e comparar a intensidade dos estímulos a intervalos de tempo – p. ex., as pegadas de um predador estão mais acentuadas? O odor da presa esta ficando mais forte? Enfim, a maior capacidade associativa, pode contribuir para comportamentos sociais mais complexos, e o contato entre mãe e filhotes durante a infância, pôde oferecer uma oportunidade de modificar o comportamento por meio do aprendizado.

Os comportamentos sociais e as interações entre indivíduos têm um papel muito grande na biologia dos mamíferos. Estes comportamentos são modificados pelo ambiente, e as relações entre as necessidades energéticas, a distribuição de recursos e os sistemas sociais podem ser demonstrados frequentemente. Neste capítulo, consideramos apenas alguns exemplos dessas interações, que ilustram a complexidade da evolução do comportamento social dos mamíferos. Além disso, consideramos o comportamento social de diversas espécies de primatas. O comportamento social de muitos primatas é elaborado, mas não necessariamente mais complexo do que o de outros tipos de mamíferos, incluindo os cetáceos e canídeos. Entretanto, os primatas têm sido sujeitos a mais estudos de campo do que os demais mamíferos, e conhecemos muito acerca de seu comportamento social, de suas consequências para o desempenho dos indivíduos e até mesmo um pouco sobre a forma como algumas espécies de primatas vêem seu próprio sistema social.

23.1 Comportamento Social

Sociabilidade significa viver em grupos estruturados e alguma forma de vida em grupo é encontrada entre praticamente todos os tipos de vertebrados. Entretanto, o maior desenvolvimento de sociabilidade é encontrado entre os mamíferos. A maior parte da biologia dos mamíferos pode ser entendida no contexto dos tipos de grupos que eles formam, das vantagens da vida em grupo aos indivíduos envolvidos e dos comportamentos que estabilizam os grupos. Os mamíferos podem ser animais particularmente sociáveis devido à interação de diversas de suas características, nenhuma delas diretamente relacionada à sociabilidade, as quais, em combinação, criam situações com as quais a vida social pode evoluir. Assim, o encéfalo relativamente grande dos mamíferos (o que, presumivelmente, facilita o comportamento complexo e o aprendizado), a associação prolongada dos pais com seus filhos, as altas taxas metabólicas e a endotermia (com o resultante alto requerimento de recursos) podem ser vistos como condições que conduzem ao desenvolvimento de unidades sociais interdependentes.

É claro, nem todos os mamíferos são sociais; na verdade, há mais espécies de mamíferos solitários do que de sociais. Espécies solitárias e sociais são conhecidas entre os marsupiais e entre os eutérios. Monotremados parecem ser solitários (assim como a maior parte dos eutérios com mesmo tamanho), mas as três espécies viventes desse grupo são uma amostra muito pequena para dar base a especulações acerca das origens filogenéticas da sociabilidade entre os mamíferos. Obviamente, o comportamento social dos mamíferos não opera no vácuo; ele é somente uma parte da biologia de uma espécie. O comportamento social interage com outros tipos de comportamento (tais como a coleta de alimento, a fuga de predadores e a reprodução), com as características morfológicas e fisiológicas de uma espécie, e com a distribuição de recursos no habitat. Nossa ênfase, neste capítulo, se dá sobre estas interações e ilustramos as inter-relações do comportamento e da ecologia com exemplos tirados do predador e de sua presa.

O comportamento social dos mamíferos é uma área dinâmica de pesquisa e nosso tratamento é, necessariamente, limitado. Informações adicionais podem ser encontradas em Wilson (1975), Rubenstein e Wragham (1986), Caro (1994), Connor et al. (1999), Mann et al. (2000), McComb et al. (2001), Packer et al. (2001) e Dunbar (2003). Alguns exemplos dos custos e dos benefícios do comportamento social são revisados resumidamente por Lewin (1987).

23.2 Estrutura Populacional e a Distribuição de Recursos

De uma perspectiva ecológica, a distribuição de recursos, necessária a uma espécie, é geralmente um fator determinante da estrutura social. Se os recursos são muito limitados, permitindo que apenas um indivíduo habite a área, há pouca chance de desenvolvimento de agrupamentos sociais. Assim, a distribuição de recursos no habitat e a quantidade de espaço necessária a um indivíduo, para que ele totalize suas necessidades por recursos, são fatores importantes que influenciam a sociabilidade dos mamíferos.

A maioria dos animais possui uma **área domiciliar,** na qual eles passam a maior parte do tempo e encontram alimento e abrigo. As áreas domiciliares não são defendidas contra as incursões de outros indivíduos – a área defendida é chamada de **território.** O valor de uma área domiciliar provavelmente depende da familiaridade de um indivíduo com a localização do alimento e do abrigo. Muitas espécies de vertebrados empregam um tipo de forrageio conhecido como linha de captura, no qual eles se movem por uma rota regular e visitam locais específicos onde o alimento está disponível. Por exemplo, uma suçuarana pode se aproximar, cuidadosamente, de uma toca onde vive uma marmota, iniciando sua abordagem mesmo antes de verificar se sua presa está ou não fora do abrigo; um beija-flor pode retornar a locais com flores em intervalos que combinam com a renovação da taxa de néctar. Este tipo de comportamento demonstra uma familiaridade com a área domiciliar e com os recursos que podem ser encontrados em locais particulares.

A **hipótese da dispersão de recursos** prevê que o tamanho da área domiciliar de um indivíduo irá depender, primariamente, de dois fatores: as necessidades por recursos de um indivíduo e a distribuição dos recursos no ambiente. Ou seja, indivíduos de uma espécie que requer grandes quantidades de um recurso, tal como o alimento, devem apresentar área domiciliar maior do que a dos indivíduos de espécies que requerem menos comida. Similarmente, a área domiciliar de indivíduos deve ser menor em um ambiente rico do que em um onde os recursos são escassos. A hipótese da dispersão dos recursos é uma proposição muito generalizada de um princípio ecológico. Ela se aplica igualmente bem a qualquer tipo de animal e a qualquer tipo de recurso. Os recursos geralmente considerados são o alimento, o abrigo e o acesso a parceiros sexuais. No Capítulo 17, consideramos o papel do monopólio de recursos por indivíduos em relação aos sistemas de cruzamento das aves e, aqui, discutimos o papel da dispersão dos recursos em relação ao tamanho da área domiciliar e a sociabilidade dos mamíferos.

Tamanho Corpóreo e Necessidades de Recursos

Estudos sobre mamíferos se concentraram no alimento como o recurso de maior importância na determinação do tamanho de uma área domiciliar. O consumo de energia dos vertebrados aumenta em proporção à massa corpórea, elevada a uma potência que geralmente, é de 0,75 a 1,0. Se assumirmos que os requerimentos energéticos determinam as áreas domiciliares podemos prever que o tamanho das mesmas também irá crescer a uma proporção de potência de 0,75 a 1,0 da massa corpórea. Esta previsão parece estar correta em geral, mas talvez errada quanto aos detalhes (Figura 23-1). Ou seja, o tamanho das áreas domiciliares dos mamíferos realmente aumenta com o crescimento corpóreo, mas as taxas de crescimento (as inclinações na Figura 23-1) são, de certa forma, maiores do que o esperado. As áreas domiciliares parecem ser proporcionais à massa corpórea elevada à potências entre 1,0 e 2,0. Essa relação entre os requerimentos energéticos e o tamanho das áreas domiciliares sugere que as necessidades por energia são importantes na determinação do tamanho destas últimas, mas fatores adicionais estão envolvidos. Uma possibilidade é a de que a eficiência com a qual um animal pode encontrar e utilizar os recursos diminui conforme o tamanho de sua área domiciliar aumenta (Haskell et al. 2002). Se essa hipótese é verdadeira, o tamanho da área domiciliar deve aumentar com o tamanho corpóreo dos animais mais rapidamente do que o aumento das necessidades energéticas em relação ao tamanho corpóreo.

A falha da hipótese da dispersão de recursos de prever a relação exata entre o tamanho corpóreo e o tamanho da área domiciliar indica que temos mais a aprender sobre como os animais utilizam os recursos de suas áreas. Até aqui, estivemos assumindo que os recursos são distribuídos aleatoriamente em toda a área domiciliar, mas essa suposição não detalha a complexidade estrutural da maioria dos habitats. Que informações podem ser obtidas a partir de uma consideração mais realista sobre como os animais coletam alimentos?

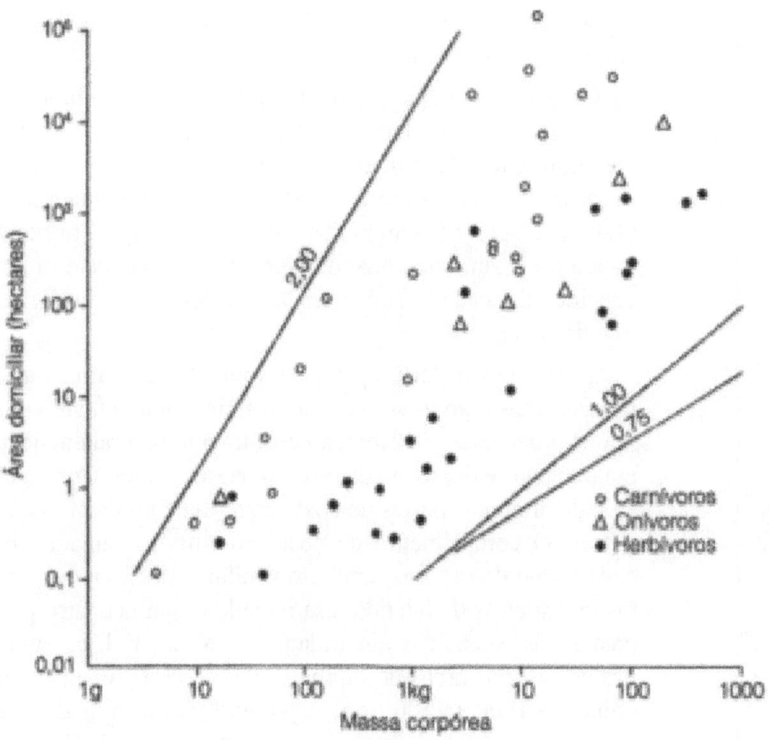

Figura 23-1 Tamanho da área domiciliar como uma função da massa corpórea. Todos os grupos apresentam retas com inclinações maiores que 1,0, as quais indicam um aumento desproporcional (isto é, alometria) entre o tamanho da área domiciliar em relação ao aumento do tamanho corpóreo. As taxas metabólicas aumentam com uma inclinação ao redor de 0,75: deste modo, tamanho da área domiciliar aumenta mais rapidamente do que os requisitos alimentares.

A Disponibilidade de Recursos

Três fatores parecem provavelmente importantes na determinação da disponibilidade de alimentos para os mamíferos: o que eles comem, se a comida está dispersa pelo habitat ou se ela é encontrada em manchas (em determinados locais) e como eles coletam o alimento. Iremos considerar exemplos de cada um destes fatores.

Hábitos Alimentares A Figura 23-1 demonstra que o tamanho da área domiciliar aumenta com o tamanho corpóreo e que os hábitos de dieta também afetam o área domiciliar. Herbívoros apresentam áreas domiciliares menores do que os onívoros de mesmo tamanho, e os carnívoros apresentam as maiores áreas domiciliares. Por exemplo, a área domiciliar de um veado vermelho (um herbívoro) que pesa 100 quilogramas é de aproximadamente 100 hectares. Um urso (um onívoro) de mesmo tamanho corpóreo apresenta uma área domiciliar maior do que 1.000 hectares, e um tigre (um carnívoro) utiliza uma área de mais de 10.000 hectares.

A relação entre o tamanho da área domiciliar e os hábitos de dieta dos mamíferos, provavelmente, reflete a abundância dos diferentes tipos de alimento. As gramíneas e as folhas, ingeridas por alguns herbívoros, são praticamente onipresentes, e uma pequena área fornece todos os requerimentos por alimento de um indivíduo. Os materiais vegetais (sementes e frutas), ingeridos pelos onívoros, têm menos folhas e gramíneas, e sua distribuição é mais fragmentada no espaço e ao longo do tempo porque espécies distintas de vegetais produzem sementes e frutas em épocas diferentes. Assim, provavelmente, é necessária uma área domiciliar grande para fornecer o alimento requerido por um onívoro. Os vertebrados que são comidos pelos carnívoros são ainda menos abundantes, e uma área domiciliar correspondentemente maior é necessária aparentemente para garantir o suprimento adequado de alimento.

A Distribuição de Recursos Continuamos a assumir que os recursos são distribuídos aleatoriamente no habitat e que uma parte da área domiciliar é equivalente à outra parte em termos de disponibilidade de alimento. Esta suposição pode ser válida para alguns mamíferos herbívoros que pastam, mas não é totalmente verdadeira para os mamíferos que procuram por árvores frutíferas (as quais representam manchas de alimento) ou para qualquer mamíferos carnívoro que caça animais que ocorrem em grupo. O tamanho da área domiciliar de animais que se alimentam de recursos em manchas deve refletir o próprio tamanho das mesmas: as áreas domiciliares devem ser pequenas se as manchas são abundantes, e grandes se as manchas são muito dispersas.

Tal relação é bem ilustrada pelas áreas domiciliares das raposas do ártico (*Alopex lagopus*), na Islândia (Hersteinsson e Macdonald 1982). As raposas vivem em grupos sociais, constituídos de um macho e de duas fêmeas mais seus filhotes do ano. As áreas domiciliares dos indivíduos de um grupo se sobrepõem muito umas com as outras, e há poucas intersecções entre as áreas de indivíduos de grupos distintos. As áreas domiciliares das raposas se localizam por toda a costa e não se estendem às terras altas (Figura 23-2). De

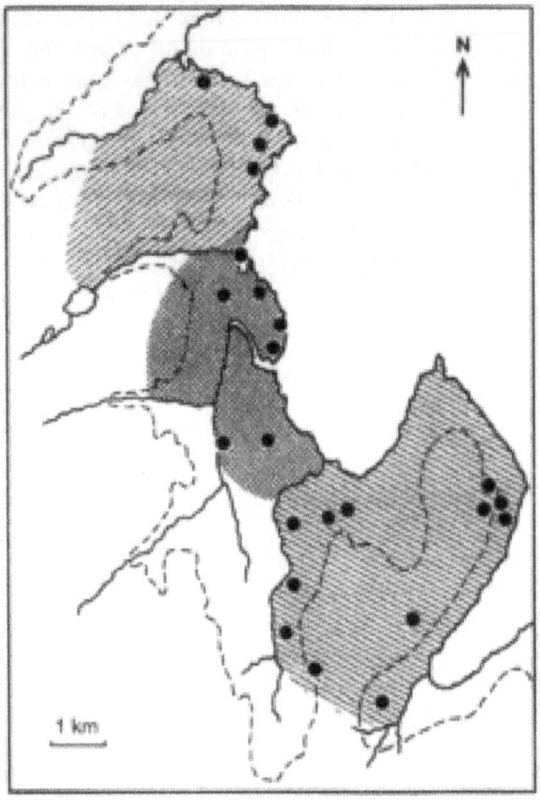

Figura 23-2 Mapa das fronteiras territoriais de três grupos de raposas do ártico, na Islândia. Uma linha de contorno de 200 metros é apresentada. Pontos pretos marcam os locais das tocas utilizadas pelas raposas.

60 a 80 por cento da dieta é composta de itens que estes animais encontram na praia – carcaças de aves, focas, peixes e invertebrados misturados a plantas marinhas que são jogadas à praia. Há pouca disponibilidade de alimento, para as raposas, nas terras altas. As raposas concentram seu forrageio na praia, durante três horas, antes da maré baixa, que é o melhor momento para a coleta. As raposas chegam à praia cuidadosamente, aproximando-se das aves. Elas vagam pela praia, aparentemente procurando aves que estão paradas ou se alimentando. Se as aves estão presentes, as raposas se aproximam. Se as aves não se encontram no local, as raposas procuram por carcaças na praia.

Os pesquisadores estudaram três grupos de raposas, utilizando a radiotelemetria para seguir os movimentos dos indivíduos. As dimensões da área domiciliar variavam mais de duas vezes, de 8,6 a 18,5 quilômetros quadrados (Tabela 23.1). O tamanho das áreas domiciliares eram um pouco mais similares quando somente a linha costeira era considerada: cada território incluía de 5,4 a 10,5 quilômetros da costa.

A costa era, é claro, a principal fonte de alimento para as raposas, mas nem todas as áreas costeiras acumulavam objetos flutuantes. A distribuição de alimento na praia ocorria em manchas e dependia da direção das correntes. Como resultado, algumas partes da costa eram mais produtivas que outras. O comprimento de costa produtiva, ocupada por cada grupo de raposas, era bem similar – de 5,4 a 6,0 km. Os fazendeiros da Islândia usam madeira para construir os postes das cercas e a quantidade desse material, coletado nas costas, nas áreas domiciliares das raposas, variava somente de 1800 a 2100 troncos por ano. Já que a madeira e as carcaças são movidas pelas correntes e depositadas nas praias, a coleta de madeira pelos fazendeiros provavelmente reflete a coleta de carcaça realizada pelas raposas. Assim, o tamanho das áreas domiciliares dos três grupos parecem combinar com a distribuição de seu principal recurso alimentício, e as áreas produtivas das áreas domiciliares dos três grupos são muito similares, apesar da diferença de mais de duas vezes quanto às áreas totais.

Tamanho do Grupo e Sucesso na Caça É prontamente aparente que o tamanho médio da área domiciliar de uma espécie de mamífero pode influenciar o sistema social da mesma. Indivíduos de uma espécie provavelmente se encontram frequentemente quando as áreas domiciliares são pequenas, enquanto indivíduos de espécies que vagam por milhares de hectares podem se encontrar raramente. Assim, a distribuição de recursos, em relação às necessidades por recursos de uma espécie, é um fator que pode limitar o grau no qual os agrupamentos sociais podem ocorrer. Entretanto,

TABELA 23.1 Áreas domiciliares de três grupos de raposas do ártico, na Islândia

	Grupo 1	Grupo 2	Grupo 3	Média
Área total (km^2)	10,3	8,6	18,5	12,5
Comprimento da linha costeira (km)	5,6	5,4	10,5	7,2
Comprimento da linha costeira produtiva (km)	5,6	5,4	6,0	5,7
Produtividade da madeira flutuante (troncos/ano)	1800	1800	2100	1900

a sociabilidade pode influenciar a distribuição de recursos se os grupos de animais são capazes de explorar recursos que não estão disponíveis a indivíduos solitários.

A influência da sociabilidade sobre a distribuição de recursos pode ser observada entre os animais predadores que podem caçar individualmente ou em grupos. Algumas espécies de caça são muito grandes para que um único predador a ataque, mas são vulneráveis às investidas de um grupo de predadores. Por exemplo, as hienas-malhadas (*Crocuta crocuta*) pesam cerca de 50 quilogramas. Quando caçam individualmente, alimentam-se de gazelas de Thomson (*Gazella ihomsoni,* de 20 quilogramas) e de gnus juvenis (*Connochaetes taurinus,* de cerca de 30 quilogramas; Figura 23-3). Entretanto, quando as hienas caçam em grupos, elas se alimentam de gnus adultos (de cerca de 200 quilogramas) e de zebras (*Equus burchelli,* de cerca de 220 quilogramas). Algumas espécies de caça apresentam defesas efetivas contra os predadores individuais, mas menos efetivas contra os grupos de predadores. Por exemplo, a taxa de sucesso de leões solitários (*Pantera leo*) na caça de zebras e gnus é de somente 15 por cento, enquanto os leões que caçam em grupos de seis a oito indivíduos são bem sucedidos em até 43 por cento de seus ataques. Grupos de leões realizam capturas múltiplas durante até 30 por cento de seu tempo, mas os leões sozinhos podem matar apenas um único gnu.

A relação da sociabilidade e do tamanho corpóreo de um predador com o tamanho de sua presa é demonstrada na Figura 23-4: predadores sociais (definidos como aqueles que caçam em grupos de oito a dez indivíduos) atacam presas maiores do que os predadores pouco sociais (com médias de tamanho de grupo de 1,6 a 3,1 indivíduos), e estes últimos atacam presas maiores do que aquelas dos predadores solitários (com médias de tamanho de grupo de 1,0 a 1,3 indivíduos). Dessa forma, uma consequência da sociabilidade, para os mamíferos predadores, parecer ser um aumento dos recursos alimentícios potenciais de um ambiente: predadores individuais podem ser capazes de estender a gama de espécies de presa que eles podem atacar quando caçam em grupos.

É claro, a principal desvantagem da caça em grupo é que há mais bocas para serem alimentadas quando uma presa

Figura 23-3 Hienas-malhadas. Hienas-malhadas (a) podem caçar individualmente ou em grupos. Elas caçam animais pequenos como a gazela de Thomson (b) quando o fazem individualmente. Quando caçam em grupo, atacam presas maiores, tais como o gnu (c) e as zebras (d).

➢Figura 23-4 Tamanho da presa em relação a massa do predador para predadores solitários e para predadores que caçam em grupos pequenos ou grandes. Os números são médias dos tamanhos dos grupos; as linhas verticais conectam pontos para espécies que caçam em grupos de tamanho variável.

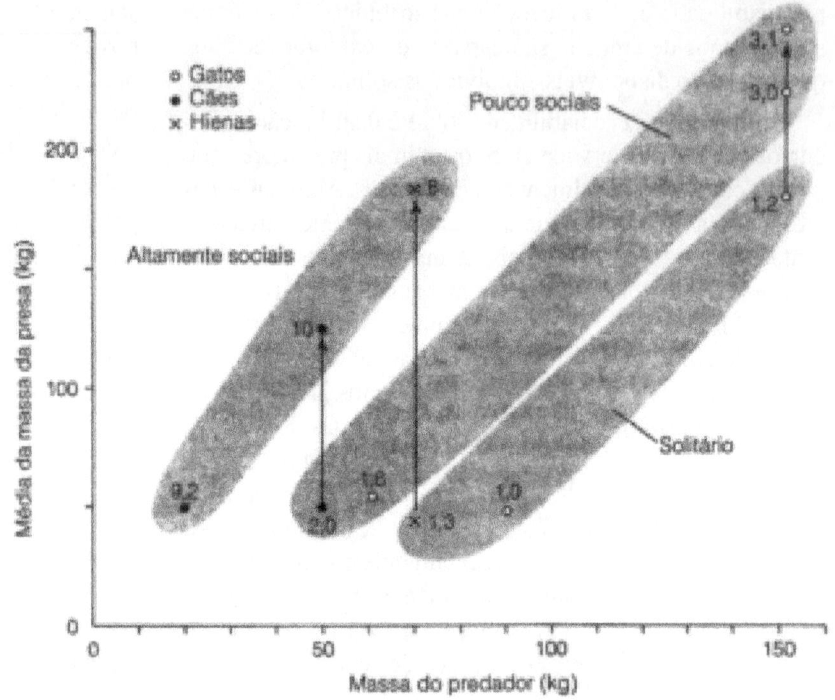

é capturada. O requerimento de alimento de um grupo de predadores é a soma das necessidades individuais dos membros do grupo, e a quantidade de alimento *per capta,* obtida pela caça em grupo, deve exceder aquela de um caçador solitário, tomando a associação vantajosa.

Packer e Ruttan (1988) revisaram os fatores que contribuem à evolução da caça cooperativa. A questão é, os predadores formam grupos *porque* isso os permite caçar presas maiores ou porque eles *precisam* caçar presas maiores por viverem em grupos por alguma outra razão? Um estudo sobre os leões, nas planícies do Serengeti, sugere que a segunda hipótese é a mais correta (Packer et al. 1990). Leoas são os únicos felinos que vivem em grupos sociais. Elas defendem um território do grupo e protegem seus filhotes de outros grupos de leoas. As altas densidades populacionais, características dos leões, podem ter favorecido a defesa em grupo de um território. A presença de presas maiores torna possível a caça em grupo, realizada pelos leões, mas a associação não aumenta a quantidade de alimento disponível para cada indivíduo – uma leoa que caça sozinha pode capturar a mesma quantidade que a sua parte quando o alimento é caçado e dividido em grupo. Assim, os grupos são formados devido às vantagens que eles fornecem na estrutura social de uma população de leoas no Serengeti, e a caça em grupo é um subproduto desta estrutura social.

Uma interpretação similar foi sugerida para a formação de grupos de guepardos machos (Caro 1994). Os guepardos machos podem viver sozinhos ou formar coalizões permanentes de dois ou três indivíduos que vivem e caçam juntos. No estudo de Caro, estas coalizões eram compostas geralmente por irmãos de uma mesma ninhada, e a associação era mais eficiente na ocupação de um território do que era por um único macho. A competição por território era intensa e as disputas eram uma importante fonte de mortalidade para os guepardos machos. Os guepardos que caçavam sozinhos se concentravam em presas pequenas, tais como as gazelas de Thomson, enquanto as coalizões atacavam presas maiores, tais como o gnu. Em geral, o sucesso no forrageio aumentava com o tamanho do grupo para os guepardos machos, mas Caro concluiu que o benefício de uma coalizão, na manutenção de um território, era provavelmente mais importante do que seu efeito sobre a ingestão de alimento.

23.3 Vantagens da Sociabilidade

A sociabilidade não está limitada às espécies de mamíferos que caçam em grupo, e as vantagens potenciais da sociabilidade não estão restritas ao comportamento predador. Os mamíferos podem derivar benefícios da sociabilidade em termos de evitar a predação e facilitar a alimentação, a reprodução e o cuidado dos mais jovens.

Defesas Contra Predadores

Uma provável vantagem da sociabilidade é a redução do risco de predação para um indivíduo que faz parte de um grupo, comparado ao risco de um indivíduo solitário. Os benefícios da sociabilidade para evitar a predação tomam muitas formas, mas a maioria delas podem ser agrupadas nas categorias que se seguem:

- **Mais Olhos, Mais Tempo** – Um grupo de animais poderá detectar mais facilmente a aproximação de um predador do que um indivíduo sozinho, simplesmente porque um grupo tem mais olhos, mais orelhas e mais narizes para manter a vigília. Como resultado dos vigilantes extras um indivíduo, em um grupo, pode ser capaz de devotar uma proporção maior de seu tempo à alimentação, se preocupando menos com os predadores do que um indivíduo solitário. Os mamíferos que vivem em grupos, geralmente, ocorrem em habitats abertos, enquanto as espécies solitárias são encontradas usualmente em florestas; tal relação pode refletir parcialmente os aspectos anti-predação da vida em grupo.
- **Diluição, Confusão e a Manada Interesseira** – Alguns dos benefícios da sociabilidade, para evitar os predadores, resultam da redução do risco de predação para um *indivíduo* que faz parte de um grupo, não para a espécie como um todo. A presença de um grande número de presas animais potenciais pode exceder a capacidade predatória de um número limitado de predadores se a presa só estiver presente por um período de tempo limitado. Por exemplo, as grandes manadas nómades de gnus que seguem a inconstância das chuvas ao longo da savana africana contêm mais indivíduos que um grupo de cães selvagens pode comer durante o período que as manadas atravessam o território dos grupos residentes. E, quando os cães atacam uma manada, é criada uma confusão, assim que tentam separar um indivíduo e persegui-lo entre um aglomerado de animais, onde todos têm a mesma maneira de aumentar a chance de um gnu escapar. O benefício pode ser especialmente grande para os indivíduos que conseguem permanecer no centro da manada; os predadores perseguem e capturam indivíduos situados na periferia da manada antes de agarrar os que se encontram no centro. (Esta é a hipótese da manada interesseira, a qual propõe que a proteção que um indivíduo recebe por estar em um grupo depende do comportamento de outro indivíduo desse grupo – nem todos podem estar no centro.)
- **Defesa Grupal** – Os grandes mamíferos sociais podem formar uma parede defensiva quando um predador se aproxima. É típico os adultos confrontarem o predador, mantendo os jovens e algumas vezes fêmeas escondidos atrás deles. O boi almiscarado (*Ovibos moschatus*) é o exemplo mais familiar desse comportamento, algumas vezes formam um ciclo completo, com os adultos formando uma fortificação externa para enfrentar um bando de lobos, e os jovens permanecem protegidos no interior desse círculo.

Sociabilidade e Reprodução

Agrupamentos de animais são fatores importantes dos sistemas de acasalamento e do cuidado parental. No Capítulo 17, descrevemos os sistemas de cruzamento no contexto da biologia das aves, e a maioria dos aspectos daquela discussão se aplica igualmente bem aos sistemas de acasalamento dos mamíferos. Na próxima seção, estendemos a análise, considerando as inter-relações específicas entre o tamanho corpóreo, o habitat, a dieta, o comportamento anti-predador, e os sistemas de cruzamento de diversas espécies de ungulados africanos.

O extenso período de dependência de muitos mamíferos jovens com seus pais cria um cenário no qual muitos benefícios da sociabilidade podem ser manifestados. O cuidado maternal dos descendentes é universal dentre os mamíferos, e os machos de muitas espécies também têm um papel no cuidado parental. A vida em grupo fornece oportunidades para interações complexas dentre os adultos e os jovens, as quais envolvem diversos tipos de **comportamento aloparental** (cuidado fornecido por um indivíduo que não é parente do jovem sendo beneficiado). A criação colaborativa dos jovens de diversas mães é característica dos leões e de muitos canídeos. Frequentemente, indivíduos fora de fase de reprodução se juntam às mães, protegendo e criando os jovens. Dentre os mangustos anões (*Helogale undulatá*), este tipo de comportamento se estende ao cuidado dos adultos doentes; comportamentos similares são registrados para mamíferos tão diversos quanto os elefantes e os cetáceos. Muitos grupos sociais de mamíferos consistem de indivíduos aparentados, e estes ajudantes que não se reproduzem podem aumentar seu desempenho inclusivo por meio da assistência na criação dos descendentes de seus parentes.

23.4 Tamanho do Corpo, Dieta e a Estrutura dos Sistemas Sociais

As relações complexas entre o tamanho corpóreo, a sociabilidade e outros aspectos da ecologia e do comportamento dos mamíferos herbívoros são ilustradas por meio da variação dos sistemas sociais dos antílopes africanos (família Bovidae) (Jarman 1974, Leuthold 1977, Estes 1991). A menor espécie de antílope apresenta pesos adultos de 3 quilogramas a 4 quilogramas (os "dik-diks", *Madoqua,* e alguns "duikers", *Cephalophus*); uma das maiores (o búfalo africano, *Syncerus cqffer*) pesa 400 quilogramas (Figura 23-5). As espécies menores são animais de floresta que se alimentam das porções mais nutritivas dos tubérculos, vivem individualmente, ou em pares, defendem seu território e se escondem de predadores (Tabela 23.2). As maiores espécies (incluindo o "eland", *Taurotragus oryx,* de 500 quilogramas, e o búfalo africano) são animais de campos que se alimentam não-seletivamente, vivem em grandes bandos, são

Figura 23-5 Dieta alimentar e tamanho corpóreo dos bovideos africanos. As espécies menores, como o "dik-dik" (a) come folhas e frutos e são altamente seletivas na escolha das partes da planta que irão consumir (Tipo I de dieta). Os antílopes de tamanho médio, tais como o impala (b) são menos seletivos quanto aos brotos que ingerem (Tipo II de dieta). Espécies maiores como o veado-do-cabo, são pastadores que selecionam vegetais novos em crescimento (Tipo III de dieta). As espécies de maior porte, tais como, o búfalo africano (d) ingerem qualquer tipo de vegetais (Tipo IV de dieta).

migrantes e usam a defesa em grupo para deter os predadores. Espécies com tamanho corpóreo intermediário também são intermediárias quanto a estas características ecológicas e comportamentais. Parece provável que a variação correlacionada do tamanho corpóreo, da ecologia e do comportamento, entre estes antílopes, revele relações funcionais entre estes aspectos de sua biologia. Como podem interagir estes fatores tão diversos da biologia dos mamíferos?

Os hábitos de alimentação de um antílope parecem fornecer pistas que podem ser utilizadas no entendimento de outros aspectos de sua ecologia e de seu comportamento. As dietas de espécies diferentes estão intimamente correlacionadas com o tamanho corpóreo e com o habitat. Por sua vez, tais relações são importantes na determinação do tamanho do grupo. O tamanho de um grupo determina a distribuição das fêmeas no tempo e no espaço, e este é um dos principais fatores no estabelecimento do sistema de cruzamento usado pelos machos de uma espécie. O tamanho do grupo também tem um papel importante na determinação das táticas apropriadas contra os predadores de uma espécie. Os sistemas de cruzamento e os mecanismos contra os predadores são fatores centrais da organização social de uma espécie.

TABELA 23.2 Correlações entre a ecologia e os sistemas sociais dos ungulados africanos

Tipo de dieta	Exemplos	Massa corpórea (kg)	Hábitos alimentares	Tamanho do grupo	Sistema de cruzamento	Proteção contra predadores
I	"Dik-dik" e alguns "dulkers"	3-20	Animais de pasto altamente seletivos	1 ou 2	Par estável, territorial	Se escondem
II	Gazela de Thomson e impala	20-100	Animais de pasto moderadamente seletivos	2 a 100	Macho é territorial no período de reprodução, haréns temporários	Fuga
III	Gnu Veado-do-Cabo	100-200	Animais de pasto, seletivos quanto ao período de crescimento do vegetal	Grandes bandos	Nômades, haréns temporários	
IV	"Eland", búfalo	300-900	Animais de pasto não seletivos	Grandes bandos	Hierarquia de machos	Defesa em grupo

Tamanho Corpóreo e Hábitos Alimentares

Os antílopes são ruminantes, que dependem de microorganismos simbióticos no interior do rumem para converter a celulose dos vegetais em compostos que podem ser absorvidos pelo aparelho digestório dos vertebrados. A efetividade da digestão dos ruminantes é proporcional ao tamanho corpóreo. O tamanho do corpo é o principal fator determinante das características anatômicas do intestino dos ungulados (Pérez-Barbería et al. 2001). O volume de rumem, em espécies com diferentes tamanhos corpóreos, é proporcional à massa corpórea elevada a potência de 0,75. A consequência ecológica desta diferença, em inclinações alométricas, é ilustrada na Figura 23-6: Um grande ruminante tem, proporcionalmente, uma capacidade maior de processar alimentos do que um pequeno. Para animais com um tamanho corpóreo muito pequeno, os requerimentos metabólicos se tornam altos em relação ao volume do rumem disponível para fermentar o material vegetal.

Por causa dessa relação, ruminantes pequenos devem ser mais seletivos, quanto à sua alimentação, do que os grandes. Ou seja, um grande ruminante tem muito mais volume em seu rumem, o que permite que ele coma grandes quantidades de alimento de baixo valor nutritivo. Ele não extrai muita energia de uma unidade de volume de seu alimento, mas é capaz de satisfazer suas necessidades diárias processando uma grande quantidade de alimento. Em contraste, os pequenos ruminantes precisam ingerir alimentos de alta qualidade e depender da obtenção de mais energia por unidade do pequeno volume que preenche o seu rumem em um dia. Na realidade, 40 quilogramas é aproximadamente o menor limite de tamanho no qual um ruminante

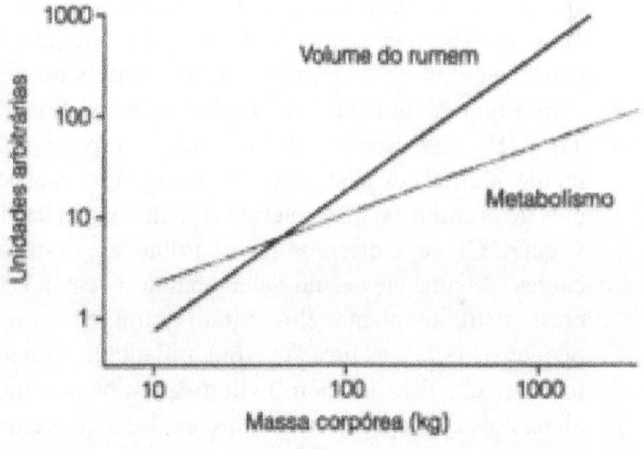

Figura 23-6 Volume do rumem e requerimentos energéticos em relação ao tamanho corpóreo. O volume do rumem aumenta em proporção ao tamanho corpóreo (com uma inclinação alométrica de 1), enquanto os requerimentos energéticos são proporcionais ao metabolismo (com uma inclinação alométrica de 0,75). Assim, espécies grandes são ruminantes mais efetivos do que as pequenas. Ambos os eixos são representados com escalas logarítmicas e a escala do eixo vertical é composta de unidades arbitrárias.

não seletivo pode balancear seu débito energético; espécies maiores do que 40 quilogramas podem pastar não seletivamente, enquanto espécies menores devem se alimentar somente das porções mais nutritivas dos vegetais.

As espécies de antílopes neste exemplo podem ser divididas em quatro categorias de hábitos alimentares:

- **Tipo I** – As espécies do tipo I são animais de pasto seletivos. Eles se alimentam preferencialmente de certas espécies de vegetais, e escolhem as porções que fornecem a dieta de melhor qualidade – folhas novas (as quais são ricas em nitrogênio e contém uma menor quantidade de fibras do que as folhas maduras) e frutas. Os "dik-diks" e os "duikers" se enquadram nesta categoria, e apresentam massas corpóreas adultas de 3 a 20 quilogramas. Estes animais apresentam pouco dimorfismo sexual quanto ao tamanho corpóreo e a aparência. Os machos possuem pequenos cornos, enquanto as fêmeas não os apresentam, ou possuem cornos pequenos.

- **Tipo II** – As espécies do tipo II são animais de pasto seletivo moderado. Eles se alimentam de mais porções do vegetal do que as espécies do tipo I, e podem apresentar alterações sazonais de dieta conforme exploram a disponibilidade de brotos e de frutas de alguma espécie particular de vegetal. A gazela de Thomson (*Gazella thomsoni*) e o impala (*Aepyceros melampus*) pesam de 20 quilogramas a 100 quilogramas e apresentam dietas do tipo II. Estes animais apresentam um substancial dimorfismo sexual quanto ao tamanho corpóreo, os machos podem ter três vezes o tamanho das fêmeas. Eles são altamente dimórficos quanto à aparência: os machos têm comos grandes e elaborados e podem apresentar pêlos de cor diferente dos pêlos das fêmeas. As fêmeas não têm cornos ou têm cornos que são muito menores que os dos machos.
- **Tipo III** – As espécies do tipo três são, principalmente, animais de pasto não seletivo quanto às espécies de gramíneas, mas seletivos quanto às partes do vegetal. Ou seja, eles comem as folhas e evitam os caules. Assim, eles estão selecionando o estado de crescimento da planta: eles evitam gramíneas muito pequenas, pois elas limitam a quantidade de alimento ingerido. Eles também evitam gramíneas muito altas, pois elas apresentam muito caule, o qual é um alimento de baixa qualidade. O gnu (*Connochaetes taurinus*) e o veado-do-cabo (*Alcephalus buselaphus*), os quais pesam cerca de 200 quilogramas, são animais do tipo III. As espécies do tipo III apresentam pouco dimorfismo sexual quanto ao tamanho e à aparência, e os comos das fêmeas são quase tão grandes quanto os dos machos.
- **Tipo IV** – As espécies do tipo IV são grandes e não seletivas. Elas comem todas as espécies de vegetais e todas as partes dos mesmos. O "eland" (*Taurotragus oryx*, de 500 quilogramas) e o búfalo (*Syncerus caffer*, de 400 quilogramas) são espécies do tipo IV. Os machos são substancialmente maiores do que as fêmeas, mas há pouco dimorfismo nos cornos.

Hábitos Alimentares e Habitat

Os hábitos alimentares das diferentes espécies de antílopes são importantes na determinação de que tipos de habitats fornecem os recursos que elas precisam. A alimentação seletiva opera em três níveis: tipo de vegetação, espécies e grupos individuais de vegetais e partes de plantas ingeridas. O tipo de vegetação presente depende, amplamente, do habitat – florestas apresentam tubérculos e matas, enquanto as planícies são cobertas por gramíneas. Os recursos necessários a uma espécie com dieta do tipo I são obtidos em florestas, onde a presença de uma diversidade de espécies, com períodos de crescimento distintos garante que novas folhas e frutas estarão disponíveis durante todo o ano. Espécies com dietas do tipo II são encontradas em habitats que formam um mosaico de floresta e de campo, e as espécies do tipo III (as quais são, principalmente, animais de pasto) são encontradas nas áreas de savana e de campo. Espécies com dietas do tipo II e do tipo III podem se mover em resposta aos padrões das chuvas. Por exemplo, o gnu requer gramíneas que acabaram de crescer, mas que ainda não maturaram. Para encontrar as gramíneas nessa situação, estes animais apresentam movimentos nômades extensos, os quais seguem os padrões sazonais de chuvas nas planícies africanas.

Os animais do tipo IV se alimentam de quase todos os tipos de material vegetal, e eles podem encontrar algo comestível em praticamente qualquer habitat. Eles ocupam uma gama de habitats, incluindo campos e capoeiras, não apresentando movimentos nômades.

Habitat e Tamanho do Grupo

Os habitats nos quais os antílopes se alimentam e os tipos de alimento que eles utilizam representam limites sobre os tipos de agrupamentos sociais possíveis. Por exemplo, as espécies com dietas do tipo **I** vivem em florestas e se alimentam de itens dispersos e distintos. Eles ingerem uma folha, ou fruta, inteira a cada mordida, e devem se mover entre cada mordida. Um animal do tipo **I** remove completamente o item do qual se alimenta, de forma que altera a distribuição dos recursos em seu habitat. A parte superior da Figura 23-7 mostra o efeito do pasto seletivo sobre as folhas novas e os brotos – após o primeiro animal ter se alimentado, os arbustos baixos tem folhas novas. Um segundo indivíduo não pode se alimentar logo após o primeiro, pois os recursos alimentícios são inteiramente consumidos por este último. Como resultado, o comportamento alimentar de uma espécie, com uma dieta do tipo **I,** torna impossível o agrupamento de animais no momento da alimentação. Se um indivíduo tenta seguir o outro na alimentação, o segundo animal precisa procurar por itens alimentares não vistos pelo primeiro; consequentemente, ele fica para trás. Alternativamente, ele pode se desviar do caminho do primeiro animal para encontrar uma área que ainda não foi observada. Em qualquer um dos casos, animais pequenos, em vegetações densas, rapidamente se perdem uns dos outros e nenhuma estrutura coesiva de grupo é mantida.

Em vez disso, as espécies do tipo I são solitárias ou ocorrem em pares, e os indivíduos de um par estão apenas

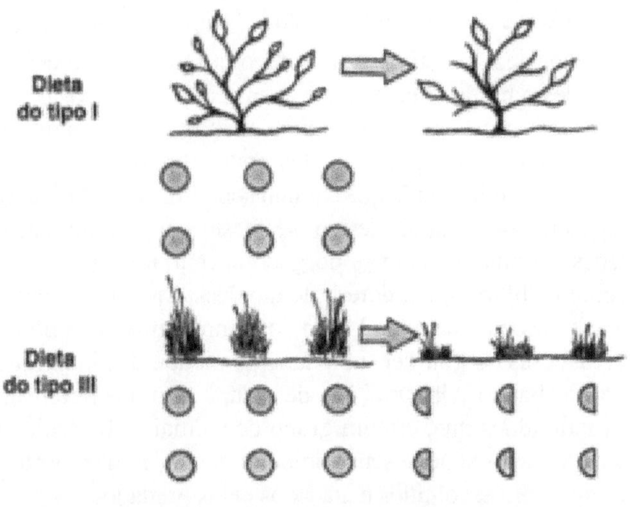

Figura 23-7 O efeito da alimentação seletiva de um animal de pasto com uma dieta do tipo I e de um animal de pasto com uma dieta do tipo III. (Em cima) o animal remove itens por inteiro (folhas novas ou frutas), portanto, alterando a distribuição do alimento no habitat, bem como a abundância do recurso. (Embaixo) o animal remove parte do ramo de gramíneas, alterando a abundância de alimento no habitat, mas não sua distribuição.

fracamente associados quando se alimentam. Uma dieta do tipo I dá um prêmio para a familiaridade com a área domiciliar, pois uma mata, ou uma árvore, são manchas de alimento que devem ser visitadas repetidamente para a coleta de frutas ou de folhas novas, conforme elas aparecem.

Espécies de antílope com dietas do tipo II ou do tipo III são menos seletivas do que as espécies com dietas do tipo I, e sua alimentação tem menos impacto sobre a distribuição dos recursos. Estas espécies não removem toda a fonte de alimento em uma área, e outros indivíduos podem se alimentar proximamente. Animais do tipo III, em particular, pastam enquanto andam – comendo um pouco de gramíneas, se movendo alguns passos e abocanhando mais um maço. Este modo de alimentação altera a abundância de alimentos, mas não sua distribuição no espaço; bandos de gnus pastam juntos, todos se movendo na mesma direção e na mesma velocidade, mantendo um grupo coesivo. As chuvas são o principal determinante da distribuição de alimentos no habitat desta espécie. As chuvas que estimulam o crescimento das gramíneas são erráticas, e os tamanhos das concentrações de alimento são enormes – centenas de quilômetros quadrados de novas gramíneas, onde a chuva caiu, são separados por centenas de quilômetros quadrados de gramíneas velhas e secas, as quais não receberam as chuvas. Em vez de possuírem áreas domiciliares ou territórios, as espécies com dietas do tipo II e do tipo III são nômades, movendo-se com as chuvas. O tamanho dos grupos é alterado conforme a distribuição dos recursos, de meia dúzia até 60 indivíduos nas espécies com dieta do tipo II, e bandos de 300 ou 400 indivíduos até superbandos de diversos milhares de animais durante os movimentos nómades dos gnus.

Espécies de antílope com dietas do tipo IV são tão pouco seletivas quanto à escolha de seus alimentos que elas podem, prontamente, manter grandes grupos. Bandos de búfalos podem ser compostos de centenas de animais. Já que esta espécie pode se alimentar de praticamente qualquer tipo de vegetação, a distribuição de recursos não é alterada sazonalmente e o tamanho dos bandos é estável.

Tamanho do Grupo e Sistemas de Acasalamento

Os sistemas de acasalamento utilizados pelos antílopes africanos são muito relacionados ao tamanho de seus agrupamentos sociais e à distribuição do alimento, pois estes são os principais fatores que determinam a distribuição das fêmeas e o potencial dos machos de obter oportunidades de cruzamento por meio do controle dos recursos necessários a elas. As fêmeas de espécies com dietas do tipo I são dispersas, pois a distribuição de recursos no habitat não permite a formação de grupos. Um macho de uma espécie com dieta do tipo I pode defender as fontes de alimentos, mas os indivíduos devem se dispersar pelo território para se alimentar, e não é possível, para um macho, manter um território que atraia um grupo de fêmeas. Machos das espécies do tipo I pareiam com uma fêmea; o macho defende seu território por todo o ano, o par parece ser estável e os descendentes são retirados do território quando crescem.

Um grupo de indivíduos, de uma espécie do tipo II, contém diversos machos e fêmeas. A natureza aleatória da distribuição do alimento torna difícil, a um macho, o monopólio dos recursos. Somente alguns dos machos são territoriais e, até mesmo, esta territorialidade se manifesta apenas em uma parte do ano. Um macho territorial tenta excluir outros machos de seu território e reúne grupos de fêmeas. Direitos exclusivos de acasalamento são conseguidos por meio do domínio de uma área que contém as fêmeas, trazendo-as de volta caso elas tentem sair. Estas espécies não apresentam associações de longa duração entre um macho e uma fêmea em particular.

Espécies do tipo III são nómades, e os machos estabelecem territórios somente quando a manada se estabelece em um local. Durante esses períodos, os machos de gnus têm acesso a grupos de fêmeas dentro de seus territórios, mas a associação entre machos e fêmeas é quebrada quando o bando se move. Entretanto, mães e filhas mantêm associações durante dois a três anos. Machos de gnu, sem parceiras, formam bandos de solteiros com hierarquias, e indivíduos no topo das mesmas tentam destituir os machos territoriais. Se um macho territorial é derrotado, ele se junta ao bando dos solteiros, no ponto mais baixo da hierarquia, e tenta subir ao topo, antes de desafiar outro macho territorial.

A estrutura social do búfalo (uma espécie do tipo IV) difere em dois aspectos quando comparada à dos gnus (do tipo III): (1) cada bando inclui muitos machos maduros que formam uma hierarquia de dominância. A habilidade de conseguir o domínio sobre os demais machos está amplamente relacionada ao tamanho corpóreo, e os machos antílopes do tipo IV crescem durante toda a vida. Um macho maduro pode ser duas vezes mais pesado do que uma fêmea. O indivíduo próximo ao topo da hierarquia corteja fêmeas receptivas, mas a formação de haréns ou a manifestação de territorialidade não são observadas. (2) A associação da fêmea ao bando é fixa, e tal situação resulta em um grau de relação genética dentre todos os membros de um bando de búfalos. Tal relação dentre os indivíduos provoca situações nas quais a seleção de parentesco pode ser um fator determinante do comportamento social dos búfalos africanos.

Sistemas de Acasalamento e Proteção Contra Predadores

Espécies de presas têm várias formas de evitar os predadores, mas somente algumas delas funcionarão em determinadas situações. Em geral, uma espécie de presa por (1) evitar a sua detecção por um predador, (2) fugir após a detecção, mas antes do ataque, (3) fugir após o ataque do predador ou (4) ameaçar a atacar o predador. O tamanho corpóreo, o habitat, o tamanho do grupo e o sistema de cruzamento contribuem na determinação do risco de predação confrontado por uma espécie, bem como para a escolha dos métodos mais efetivos para evitar os predadores.

Geralmente os predadores atacam as presas do mesmo tamanho que o seu ou menores. Assim, espécies pequenas de presas potencialmente têm mais predadores do que as espécies grandes. Espécies de antílope com dietas do tipo I são pequenas; consequentemente, estão sob risco de serem atacadas por uma grande quantidade de espécies de predadores. Além disso, antílopes pequenos podem não ser capaz de fugir rápido o bastante para escapar de um predador após o ataque. Por outro lado, estes pequenos antílopes vivem em habitats densos, onde dificilmente são vistos. Eles têm coloração críptica e são discretos, dependendo da invisibilidade para evitar o ataque dos predadores. Se são perseguidos, podem ser capazes de utilizar sua familiaridade com a geografia de sua área domiciliar para evitar a captura.

Grupos de animais são mais visíveis aos predadores do que os indivíduos, mas os grupos também têm mais olhos para observar a chegada de um predador. Espécies de antílopes com dietas do tipo II vivem em pequenos grupos em habitats abertos, onde podem detectar a presença de um predador à distância. Estes antílopes evitam os predadores fugindo, antes ou depois, do ataque (Quadro 23-1). Pequenos predadores podem ser atacados pelos antílopes, mas geralmente quando somente um dos membros do grupo é capturado. Este tipo de defesa é normalmente limitado à mãe na proteção de seus filhotes; o resto do grupo não participa.

Espécies de antílopes na categoria tipo III de dieta são grandes o bastante para terem apenas alguns poucos predadores e, em um grupo, eles podem ser muitos, a ponto de amedrontar seus oponentes. Os gnus, algumas vezes, formam uma linha sólida que caminha em direção ao predador: tal comportamento é efetivo até mesmo contra ataques de leões. Muitos predadores do gnu concentram seus ataques sobre os filhotes, e a defesa de um desses jovens é realizada apenas por sua mãe. Muito do comportamento contra os predadores do gnu depende da similaridade dos indivíduos de um bando. Observações de campo demonstraram que os indivíduos que, em um grupo de animais, são distintos, quanto a suas ações e seus comportamentos, têm mais chance de serem escolhidos e atacados pelos predadores.

Um dos eventos inevitáveis, o qual toma as fêmeas de gnu distintas, é o momento quando o animal dá a luz, e a biologia reprodutiva desta espécie apresenta características especializadas que parecem minimizar os riscos associados a este evento. Para o gnu, o período de reprodução e o nascimento são altamente sincronizados. Os acasalamentos ocorrem em um pequeno intervalo; consequentemente, 80 por cento dos nascimentos ocorrem em um período de 2 a 3 semanas. Além disso, praticamente todos os nascimentos que irão ocorrer em um determinado dia, se dão em uma mesma manhã, em grandes agregados de fêmeas, todas dando a luz ao mesmo tempo. Uma fêmea de gnu, um pouco fora de sincronia com as demais fêmeas de seu grupo, pode, a qualquer momento, interromper sua gravidez de modo a dar a luz no momento em que todas as demais fêmeas o fazem. Presumivelmente, esta marcante sincronia e o controle sobre o parto refletem a vantagem de confrontar um predador com um grupo homogéneo de vacas e bezerros, ao invés de com um grupo de apenas alguns bezerros, os quais poderiam ser rapidamente escolhidos como alvos.

Espécies do tipo IV, tais como o búfalo, são presas formidáveis, mesmo para um grupo de leões. Eles escapam de boa parte da predação simplesmente devido ao seu tamanho. Quando búfalos são atacados, eles iniciam a defesa em grupo; se um filhote é capturado, seus gritos trazem muitos membros do grupo em sua defesa. Este comportamento altruísta provavelmente representa a seleção parental, pois a estabilidade das fêmeas nos grupos de búfalos resulta em relações genéticas entre os indivíduos.

23.5 Cornos e Chifres

Comos e chifres são características visíveis dos mamíferos que estivemos discutindo, e essas estruturas estão presentes em muitos dos grandes ungulados. Os seus principais papeis parecem ser o reconhecimento social, a apresentação sexual e a competição entre os machos, embora eles também possam ser usados para a defesa. A Figura 23-9 ilustra vários

QUADRO 23-1 Altruísmo – ou Zombaria?

Um comportamento distinto – o "stotting" ou "pronking", o qual consiste no salto vertical para o alto – é utilizado por algumas espécies de antílope com tipo II de dieta alimentar quando são ameaçadas por um predador (Figura 23-8). A função do "stotting" não é clara. Ele pode ser um sinal de alarme para avisar os outros indivíduos da espécie sobre a presença de um predador, mas a vantagem para o indníduo que dá o sinal ainda não é clara. O comportamento altruísta, desse tipo, está geralmente associado à seleção parental, mas os indivíduos em grupos de antílopes, com dietas do tipo II, não são muito aparentados e, também, não demonstram outros tipos de comportamento altruísta, tais como a defesa dos mais jovens. Foi sugerido que alguns dos comportamentos destas espécies de presas, os quais foram considerados sinais de alarme altruístas, são, na verdade, sinais dirigidos diretamente ao predador pelos pés voadores da presa.

Sinais de alarme são dados por muitos outros tipos de vertebrados. Um exemplo familiar é a porção interior branca da cauda do veado Um veado que nota a presença de um predador, a distância, não foge imediatamente, mas permanece observando. Ele pode mover sua cauda para cima e para baixo, expondo a superfície ventral branca em uma série de movimentos. Lebres europeias pemianecem eretas, sobre seus membros traseiros, quando uma raposa se aproxima a menos de 30 metros. Com esta postura, a lebre é prontamente vista pela raposa.

Este tipo de comportamento não é limitado aos mamíferos. Por exemplo, diversas espécies aparentadas de lagartos com pés voadores, as quais vivem em habitats de deserto aberto, apresentam colorações dorsais que se misturam ao substrato no qual vivem e um padrão de branco e preto sobre as caudas. Estes lagartos permanecem de prontidão para a fuga, olhando por sobre os ombros para o predador. O rabo é curvado para cima – expondo o padrão contrastante de branco e preto sobre a superfície ventral – e movido de lado para outro.

Será possível que, em comportamentos deste tipo, o animal está mandando um sinal para o predador detectado, e que o ataque não será bem sucedido, já que a presa está pronta para fugir? Ou a presa está demonstrando sua determinação e força como uma forma de desencorajar a perseguição? Essas hipóteses não são mutuamente exclusivas, e ambas são fundamentadas nas pesquisas de campo. Por exemplo, os guepardos perseguem 50 por cento das gazelas que não realizam "stot", mas apenas 30 por cento daquelas que realizam esse comportamento. Além disso, eles capturam cerca de 20 por cento das gazelas que não realizam "stot", e nenhuma das gazelas que apresentaram o comportamento de "stot" (Caro 1986). Entretanto, se a hipótese puder ser sustentada pelos experimentos, alguns exemplos intrigantes de aparentes sinais altruístas poderão ser reinterpretados como comportamentos que beneficiam o indivíduo que dá o sinal (Hasson, 1991).

(a)

(b)

Figura 22-8 Sinais de alarme a indivíduos da mesma espécie ou sinais para o predador? O veado de cauda branca mostra a porção branca de sua cauda quando detecta um predador.

>**Figura 23-9** Apêndices cranianos. (a) Cornos do carneiro-montanhes. O corno é formado por uma projeção óssea recoberta por epiderme que produz queratina que compõe a parte visível do corno. Os cornos crescem durante toda a vida de um indivíduo, e os cornos dos animais mais velhos são formados por mais de um circulo completo. As fêmeas têm cornos menores com pouca ou nenhuma curvatura. (b) Cornos de rinocerontes. Um ou dois cornos crescem na linha mediana do crânio; o como mais rostral cresce sobre os ossos nasais, e o segundo como encontra-se sobre os ossos frontais. Quando presentes os comos são encontrados tanto nas fêmeas como nos machos, mas nem todas as espécies de rinocerontes possuem cornos. (c) Ossicones de girafa. Machos e fêmeas possuem cornos de aproximadamente o mesmo tamanho. Um ossicone é formado por uma projeção óssea recoberta por pele e pêlos. Os pêlos situados na extremidade do ossicone sofrem desgaste nos animais mais velhos, mas a pele recobre o osso ao longo da vida. (d) Chifres de um caribu. Os chifres dos machos de caribu são muito maiores que os das fêmeas, e as fêmeas da maioria dos cervídeos não têm chifres. Os chifres são estruturas ósseas sólidas que crescem e são trocadas todos os anos. Até o final da estação reprodutiva o osso é reabsorvido na região da junção entre a base do chifre e o pedicelo do crânio causando a queda do chifre.

tipos de apêndice craniano de mamíferos, o qual é o termo coletivo para cornos e chifres.

Estrutura e Ocorrência de Cornos e Chifres

Atualmente, todos os ungulados com cornos são encontrados dentre os artiodátilos ruminantes (veado, girafas, antílopes e outros bovídeos), mas, no passado, alguns outros tipos de artiodátilos também apresentavam comos. Os cervídeos (veado, caribu e alce) têm chifres. Tanto os comos quanto os chifres são derivados do osso frontal do crânio. Um carneiro montanhês ilustra a estrutura típica do corno dos ungulados. O corno consiste de uma projeção óssea recoberta por uma camada composta de queratina. O como cresce a partir de sua base, e a cobertura de queratina estende-se bem além da projeção óssea interna. (É por isso que o topo dos cornos das vacas pode ser cortado sem que o animal sinta qualquer dor – a queratina é material morto, como as unhas, os cascos e os pêlos.)

Girafideos (girafas e "okapi"), também, apresentam cornos incomuns, chamados de ossicones (Figura 22-9c). A projeção óssea central não é derivada do osso frontal; em vez disso, é um osso separado que se funde com o osso frontal durante o desenvolvimento. Os cornos das girafas são recobertos por pele, no lugar da camada de queratina.

Os caribus (cervídeos) possuem chifres, em vez de cornos. Os chifres estão presentes apenas nos machos da maioria das espécies de cervídeos, mas as fêmeas de renas e caribus possuem chifres. (Renas e caribus são as únicas espécies de cervideos que formam bandos que contêm machos e fêmeas.) Diferentemente dos cornos, os chifres são ramificados, consistindo apenas de osso e, geralmente, são trocados anualmente. Conforme crescem, os chifres são cobertos por uma camada de pele altamente vascularizada (o veludo). Quando o chifre está maduro, o fluxo sangüíneo no veludo é cortado e o tegumento morre, revelando o osso. (Na Ásia, o veludo é utilizado para melhorar a virilidade. A Nova Zelândia tem uma grande indústria de criação de veados, e o veludo seco vendido por milhares de dólares o quilo.)

Embora os apêndices cranianos dos artiodátilos ruminantes sejam aparentemente similares, eles não são homólogos quanto ao seu modo de crescimento. Parece que eles evoluíram independentemente nas diferentes linhagens de ruminantes. Rinocerontes modernos são distintos dos demais ungulados com cornos porque os seus são formados totalmente por queratina (a proteína epidérmica que fonna os pêlos e as unhas) e são encontrados em machos e em fêmeas (embora alguns rinocerontes extintos apresentassem cornos ósseos presentes apenas nos machos). Comos de rinocerontes são estruturadas únicas (não pareadas) que se formam na linha média da região do nariz. Em contraste, os cornos dos ruminantes viventes são pareados e se formam acima dos olhos, embora alguns artiodátilos fósseis apresentassem comos únicos sobre o nariz ou sobre a porção caudal da cabeça, somados aos cornos pareados sobre os olhos.

A Evolução dos Cornos e Chifres

A evolução dos cornos dos ruminantes parece estar ligada à sua ecologia e comportamento social. A evolução dos comos dos ruminantes pode ser entendida no contexto dos habitats instáveis da Era Cenozóica, os quais, por sua vez, levaram a modificações da dieta, do tamanho corpóreo, do comportamento e da morfologia.

Os ancestrais dos ruminantes com comos apareceram, pela primeira vez, no registro fóssil no final do Oligoceno, quando eram animais pequenos, sem comos e com dentes indicando uma dieta composta por frutas e por folhas jovens (p. ex., uma dieta do tipo I). Eles deviam ser parecidos com os atuais "chevrotains" (ruminantes primitivos) e com os "duikers" (antílopes), os quais habitam as florestas tropicais da Ásia e da África. No início do Mioceno, as florestas da Eurásia, onde viviam estes animais, se tornaram mais sazonais e mais abertas quanto à sua estrutura. Estas alterações da vegetação modificaram a disponibilidade de recursos alimentares. Os ruminantes responderam com o crescimento corpóreo (do tamanho de uma cabra, ao invés do tamanho de um coelho) e evoluindo dentes mais capazes de digerir vegetais fibrosos, tais como folhas maduras (uma dieta do tipo II).

Esta nova dieta permitiu aos ruminantes adotar um novo tipo de comportamento social. O comportamento social dos

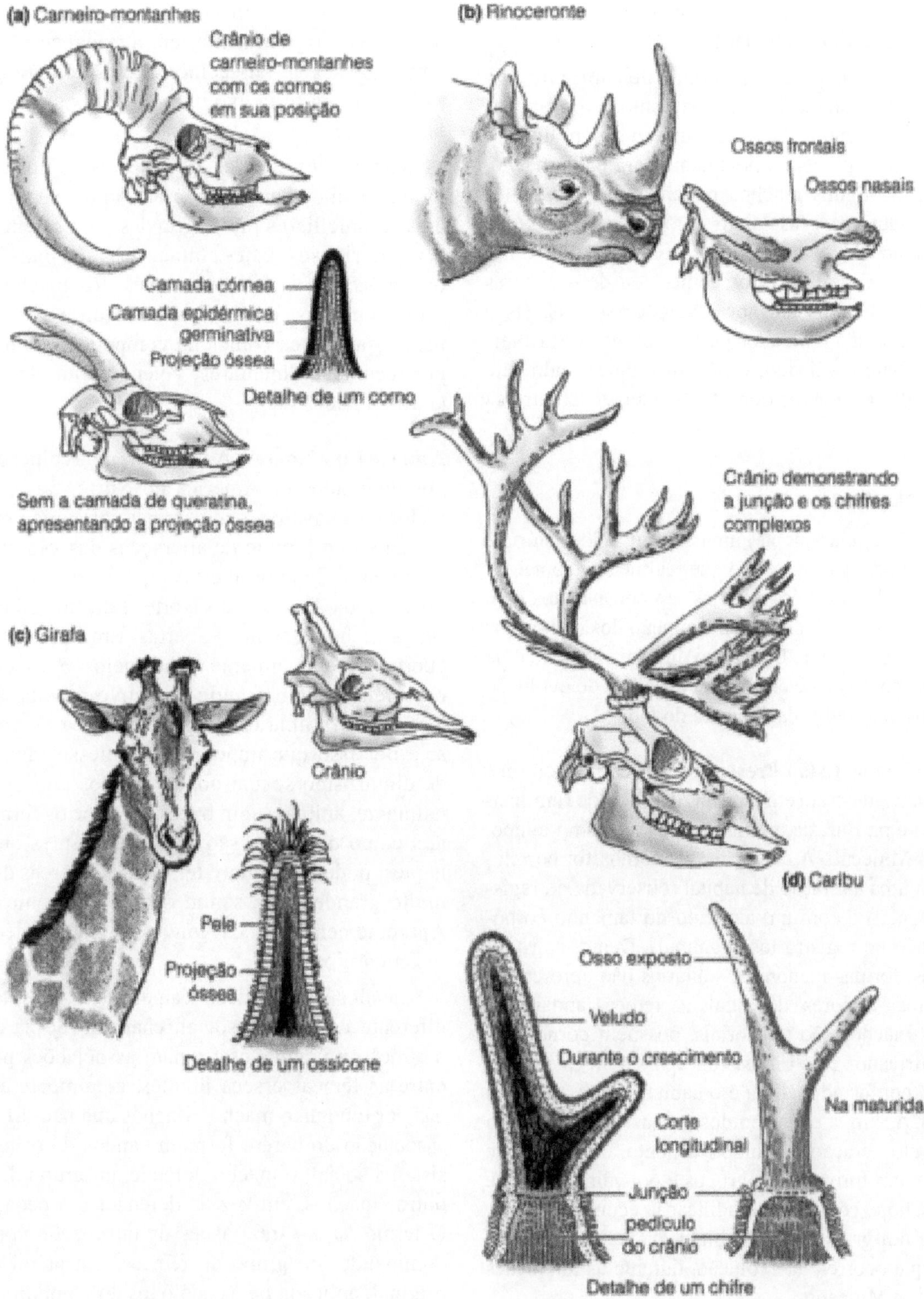

primeiros e pequenos ruminantes era, provavelmente, semelhante ao dos "chevrotains": solitários ou monogâmicos com uma área domiciliar individual. Folhas maduras são muito mais abundantes e concentradas no espaço do que as folhas novas e as frutas, as quais são amplamente dispersas no ambiente. Os novos ruminantes, maiores, que comiam folhas maduras podiam encontrar seu alimento em uma área domiciliar menor. Com o alimento concentrado em uma área menor, os ungulados comedores de folhas podiam se tomar territoriais, defendendo um território grande o bastante para diversos animais. Esta estratégia ecológica não seria possível para os pequenos ungulados, pois as áreas domiciliares grandes o bastante para sustentar diversos animais seriam patrulhadas com muita dificuldade.

Assim, os ruminantes territoriais deixam um tipo monogâmico de sistema de acasalamento, com apenas uma fêmea para cada macho, e adotam um tipo poligamo, com uma ou mais parceiras potenciais para cada macho. Nesta situação, alguns machos podem obter um maior sucesso reprodutivo (acasalando com mais fêmeas) do que outros machos. A competição intensa entre os machos promoveu a evolução dos comos, ou de estruturas semelhantes, utilizados em apresentações sociais. (Isso porque os cornos são utilizados para apresentações rituais e para o combate estilizado, e podem reduzir realmente a incidência de ferimentos durante as interações entre os machos.)

Testando a Hipótese

Esta explicação é, claramente, uma especulação histórica; nunca saberemos, com certeza, o que realmente aconteceu. Entretanto, três linhas de evidências são consistentes com esta interpretação – a sincronia da evolução dos comos dos ungulados, da África e da Eurásia, o dimorfismo sexual na ocorrência de cornos e de chifres e a ausência de evolução de cornos nos ungulados da América do Norte.

Quando os Cornos Estão Presentes Os cornos, ou seus equivalentes, apareceram em famílias distintas de ruminantes na África e na Eurásia, praticamente ao mesmo tempo, no início do Mioceno. A evolução dos comos foi correlacionada com uma alteração de habitat (observada no registro fóssil vegetal) e com um aumento do tamanho corpóreo (observado no registro fóssil animal). Dentre os ruminantes atuais, formas menores e solitárias não apresentam cornos. Formas maiores, das quais as fêmeas andam em grupos e os machos são territoriais, possuem cornos. Os ungulados africanos e da Eurásia ultrapassaram este limite de tamanho, conforme o clima e o habitat foram alterados no Mioceno. Assim, a evolução dos cornos se associa com uma provável alteração de comportamento, de solitário e monógamo a um formador de grupos e poligâmico. O que observamos, hoje, como uma modificação ecomorfológica, ao longo de um gradiente de habitats (florestas a matas), pode ser o que ocorreu na evolução, durante as alterações dos habitats no Mioceno.

Dimorfismo Sexual Os cornos parecem ter evoluído, inicialmente, somente nos machos. Fósseis demonstram que os primeiros membros de todos as linhagens de ruminantes com cornos incluíam indivíduos com e sem tais estruturas. Presumivelmente, aqueles com cornos eram machos e os sem, fêmeas. Este dimorfismo sexual sugere que os comos foram utilizados inicialmente nas interações entre os machos. Se os comos tivessem sido utilizados, originalmente, em atividades realizadas por ambos os sexos, tais como a defesa contra predadores, essa estrutura teria evoluído em ambos os sexos simultaneamente.

Ruminantes grandes, de espécies do tipo III e do tipo IV, tais como o gnu e o búfalo, apresentam atualmente áreas domiciliares muito grandes para serem defendidas como territórios. Estes animais não são mais sexualmente dimórficos, embora, ao invés dos machos perderem seus cornos, as fêmeas é que evoluíram os seus. As fêmeas usam estes comos na competição com os machos por recursos alimentares, vivendo com eles o ano todo (Jarman 2000).

América do Norte A ausência da evolução de cornos nos ungulados da América do Norte, tais como os camelos e os cavalos, pode ser parcialmente explicada por um padrão diferente de alterações das vegetações nesse continente. Campos abertos rapidamente substituíram as florestas da América do Norte, sem um estágio de presença de florestas mais abertas. Em habitats de campos abertos, provavelmente os camelos e os cavalos não passaram por um estágio evolutivo no qual a defesa de território era uma estratégia ecológica de valor. Talvez seja por isso que nunca evoluiu nesses animais o tipo de dimorfismo sexual observado nos antílopes. Adicionalmente, animais com tratos digestórios fermentadores, tais como o cavalo, são menos eficientes que os ruminantes, podendo sempre ter requerido áreas domiciliares muito grandes para serem defendidas como territórios. Aparentemente, nunca houve um nicho adequado para os unicórnios.

Cavalos e camelídeos (camelos e lhamas) têm um tipo diferente de sistema social, chamado de harém. Ambos os tipos de ungulados formam associações permanentes entre as fêmeas e seus filhotes, geralmente acompanhadas por um único macho. Machos que não fazem parte da associação do harém formam bandos de solteiros. Neste sistema social, o macho defende um grupo de fêmeas de outros machos, em vez de defender um pedaço de terra. O termo *harém* traz visões de um macho controlando e dominando um grupo de fêmeas, e esta foi a definição original, aplicada pelos ecólogos do comportamento. Entretanto, observações mais cuidadosas (e a presença de mais ccólogas, as quais trouxeram novas perspectivas ao campo de estudo) revelaram que a união entre as fêmeas é que forma a base dos haréns. Então, as fêmeas permitem que um macho se junte ao seu agrupamento social, pois ele mantém os demais machos à distância, impedindo que os mesmos avancem e interfiram em seus períodos de alimentação.

23.6 Sociedades de Primatas

A relação filogenética entre os humanos e os demais primatas levou alguns biólogos a assumir que estes animais deveriam apresentar os mais complexos sistemas sociais, e que o estudo dos sistemas sociais dos primatas forneceriam informações acerca da evolução do comportamento humano. Ambas as suposições são controversas: uma crescente base de informações indica não somente que sistemas sociais complexos existem entre muitos tipos de vertebrados, além dos primatas, mas também que a interpretação do comportamento dos primatas, no contexto da evolução humana, é repleta de dificuldades e deve ser cuidadosamente abordada. Todavia, alguns primatas realmente apresentam sociedades elaboradas e complexas; e pesquisas, realizadas em prazos mais longos, se concentraram mais sobre os sistemas sociais dos primatas do que sobre os de qualquer outro tipo de vertebrado. Uma revisão sobre o comportamento dos primatas enfatiza sua variedade e sua complexidade, criando um cenário para o estudo da evolução humana, no próximo capítulo.

As aproximadamente 200 espécies de primatas (Tabela 23.3) são ecologicamente diversas. Elas vivem em habitats que variam desde as terras baixas de florestas pluviais tropicais, os semi-desertos, até as áreas mais ao norte, as quais têm invernos frios e com neve. Algumas espécies são totalmente arborícolas, enquanto outras passam a maior parte de seu tempo no solo. Muitas são onívoras generalistas alimentando-se de frutas, flores, sementes, folhas, bulbos, insetos, pássaros, ovos e pequenos vertebrados. Entretanto, muitos dos macacos colobus (Colobus) e bugios (Alouatta) são folívoros especializados (se alimentam de folhas) com tratos digestórios nos quais bactérias e protozoários fermentam a celulose; e alguns dos prossímios e dos macacos callithicídeos são insetívoros.

Sistemas Sociais dos Primatas

R. W. Wrangham (1982) propôs que os sistemas sociais dos primatas podem ser melhor classificados com base na quantidade de movimento das fêmeas entre os grupos (Tabela 22.4). Quatro categorias podem ser definidas dessa maneira.

- **Sistemas de Transferência de Fêmeas** Em espécies com este tipo de organização social, a maioria das fêmeas se transfere do grupo no qual nasceu, juntando-se a um outro agrupamento social. Devido a essa migração das fêmeas entre os grupos, as fêmeas de um agrupamento não são aparentadas umas das outras. Em contraste, os machos geralmente permanecem em seus grupos natais, e as associações entre os machos aparentados podem ser elementos importantes dos comportamentos sociais destas espécies de primatas. Por exemplo, os chimpanzés machos cooperam na defesa de seus territórios contra a invasão de machos vizinhos. A maioria das espécies de primatas, com sistemas de transferência de fêmeas, vive em agrupamentos sociais relativamente pequenos.
- **Sistema de Transferência de Machos** A maioria das fêmeas destas espécies passa toda sua vida no grupo no qual nasceu. Relações sociais entre as fêmeas de um grupo são complexas e baseadas no parentesco. Machos destas espécies migram de seus agrupamentos natais quando adolescentes, e podem continuar a se transferir, entre os grupos, quando adultos. Em algumas destas espécies, um único macho vive com um grupo de fêmeas até ser substituído por um novo indivíduo. Em outras espécies, diversos machos podem fazer parte de um grupo, mantendo uma hierarquia de dominância instável entre eles. A cooperação entre diversos machos adultos pode fazer com que cies resistam a desafios de machos mais jovens e fortes, de maneira mais convincente do que se agissem sozinhos. O tamanho do grupo é geralmente maior, para estas espécies, do que o das espécies com o sistema de transferência de fêmeas.
- **Espécies Monógamas** Um único macho e uma fêmea formam um par, algumas vezes acompanhados de seus descendentes jovens. Essas espécies de primatas apresentam pouco dimorfismo sexual, os sexos dividem o cuidado parental e a defesa territorial e os jovens são expulsos do território dos pais durante a adolescência.
- **Espécies Solitárias** Essas espécies vivem sozinhas ou, no caso das fêmeas, com seus descendentes infantis e jovens. Os machos de prossímios mantêm territórios que incluem as áreas domiciliares de diversas fêmeas, excluindo outros machos de seus territórios, enquanto os orangotangos machos não defendem seus territórios. Ao invés disso, eles repelem outros machos quando uma fêmea, dentro de uma área domiciliar de um macho, entra em estro.

Ecologia e os Sistemas Sociais dos Primatas

Três fatores ecológicos parecem ser particularmente importantes na formação dos sistemas sociais dos primatas, assim como o são para outros vertebrados:

- **Distribuição de Recursos** A capacidade de defender os recursos alimentares parece determinar se os indivíduos terão benefício deixando de defender seus territórios, defendendo seus territórios individuais ou formando relações de longo prazo com outros indivíduos e defendendo conjuntamente os recursos.
- **Tamanho do Grupo** A distribuição dos recursos, no tempo e no espaço, pode determinar o quão grande um grupo pode ser, e se um grupo pode permanecer estável ou se deve ser divido em agrupamentos menores quando o alimento é escasso.

TABELA 23.3 Organização social dos primatas viventes

Táxon	Organização social
Prosimii	
Lemuriformes	
Lemuroidea	Amplamente solitários ou pares monogâmicos
"Aye-aye" (*Daubentonia,* 1 espécie)	
Lêmures (*Lemure* outros 9 outros gêneros 18 espécies)	
Indri (*Indri,* 1 espécie)	
"Sifaka" (*Propithecus,* 2 espécies)	
Lorisoidea	
Gaiago (*Galago,* 8 espécies)	Amplamente solitários
Lorises (*Loris,* 1 espécie, *Nycticebus,* 2 espécies)	
"Porto" (*Perodictius,* 1 espécie)	
"Angwantibo" (*Artocebus,* 1 espécie)	
Tarsiformes	
Tarsiidae	
Tarsios Tarsiidae (*Tarsius,* 3 espécies)	Solitários ou pares monogâmicos
Anthropoidea	
Platyrrhini (Macacos do Novo Mundo)	
Ceboidae	
Cebidae	
Callithrichinae (Saguis e mico-leões, 5 gêneros e 16 espécies)	Pares monogâmicos
Cebinae (macaco-prego, 2 gêneros e 5 espécies)	Pares monogâmicos ou grupos pequenos
Aotinae (macaco-da-noite, 1 espécie)	
Atelidae	
Atelinae (macaco-aranha e bugio, 4 gêneros e 13 espécies)	
Pithecinae (cuxiús, 3 gêneros e 8 espécies)	
Callicebinae (titis, 1 gênero e 3 espécies)	
Catarrhmi (Macacos e simios do Velho Mundo)	
Cercopithecoidea	A maioria em grupos pequenos ou grandes
Cercopithecidae	
Cercopithecinae	
"Vervet monkey" "guenons" e outros (*Cercopithecus* 17 espécies)	
"Mangabeys" (*Cercocebus,* 5 espécies)	
"Macaques" (*Macaca,* 12 espécies)	
Babuínos (*Papio,* 4 espécies, *Theropithecus,* 1 espécie)	
Colobinae	
"Colobus" (*Colobus* 7 espécies)	
Lângures (*Nasalis, Presbytis, Pygathrix Rhinopithecus,* 20 espécies)	
Hommoidea (simios e humanos)	
Hylobatidae	
Gibões (*Hylobates,* 9 espécies)	Pares monogâmicos
"Pongidae"	
Orangotango (*Pongo,* 1 espécie)	Solitários
Gorila (*Gorilla,* 1 espécie)	Pequenos grupos com um número variável de machos residentes
Chimpanzé (*Pan,* 2 espécies)	Rede social fechada contendo diversos machos e fêmeas reprodutores
Hommidae	
Humano (*Homo,* 1 espécie)	Rede social fechada contendo diversos machos e fêmeas reprodutores

TABELA 23.4 Características dos sistemas sociais dos primatas

Sistema	Tamanho do grupo	Número de machos no grupo	Comportamento do macho	Exemplo
Transferência de fêmeas	Pequeno	Um ou muitos	Territoriais, haréns, algumas vezes com grupos de machos aparentados	Chimpanzé, gorila, babuinos, "hamadryas", colobus e alguns lângures
Transferência de machos	Grande	Um ou vários	Hierarquia masculina, todo o grupo (machos e fêmeas) pode excluir, indivíduos da mesma espécie, da fonte de alimento	A maioria dos Cercopitecíneos, babuíno-amarelo, "mangabeys", "macaques" e os "guenon"
Monógamos	Macho e fêmea e seus descendentes jovens	Um	Ambos os sexos participam da defesa territorial e do cuidado parental	Gibões, saguís. mico-leões, "indris", titis
Solitários	Individual, ou uma fêmea mais seus descendentes machos jovens		A distribuição de um macho se encontra com as regiões de diversas fêmeas	Gálagos, társios, lóris, orangotangos

- **Predação** O risco de predação pode determinar se os indivíduos podem viajar sozinhos ou necessitar da proteção de um grupo, se o benefício da proteção adicional, fornecido por um grupo grande, em vez de um pequeno, supera o aumento da competição entre os indivíduos de um agrupamento maior; e se a presença de machos é necessária para proteger os jovens.

Interações Comportamentais

A vida dentro de um grupo de primatas é um balanço entre a competição e a cooperação (Figura 23-10). A competição se manifesta pela agressão. Parte desta agressão – por exemplo, a defesa do alimento, de locais de sono ou de parceiros – é fortemente associada aos recursos. Outros tipos de agressão envolvem o estabelecimento e a manutenção de hierarquias de dominância, as quais podem ser consideradas formas indiretas de competição por recursos se os indivíduos mais bem posicionados têm acesso preferencial aos alimentos.

A cooperação também é diversificada. O comportamento de *grooming,* ("catação") no qual um indivíduo acaricia o pêlo do outro, removendo ectoparasitas e limpando feridas, é a forma mais comum de cooperação. Outros tipos de cooperação incluem compartilhar alimentos ou sítios de alimentação, a defesa coletiva contra predadores e a defesa dos territórios e de recursos dentro de uma área domiciliar, e a formação de alianças entre indivíduos. Alianças entre dois ou três indivíduos e outras mais complexas, as quais atuam durante a competição dentro de um grupo são comuns entre os primatas.

O parentesco e o conceito de desempenho inclusivo têm papéis importantes na interpretação do comportamento social dos primatas. Um comportamento não deve diminuir o desempenho do indivíduo que o realiza para que ele seja mantido no repertório da espécie. Já que o desempenho é praticamente impossível de ser demonstrado em populações selvagens, os estudiosos do comportamento geralmente procuram por efeitos provavelmente correlacionados com o mesmo, tais como o acesso às fêmeas (para os machos), o intervalo entre os nascimentos (para as fêmeas) ou a probabilidade de que os descendentes sobreviverão até a idade reprodutiva. Comportamentos que aumentam estas características são assumidos como contribuintes do desempenho. Os comportamentos podem beneficiar diretamente o indivíduo que os realiza (desempenho pessoal), ou podem ser custosos ao desempenho pessoal, mas suficientemente benéficos aos parentes próximos, o que compensa o prejuízo do indivíduo (desempenho inclusivo).

Relações Sociais Entre os Primatas

Quatro tipos gerais de relações entre os indivíduos foram descritos para o comportamento social dos primatas. (Para mais detalhes, veja Watts [1985], Richard [1985], Smuts et al.

(a) (b)

Figura 23-10 Comportamentos sociais dos babuínos amarelos (*Papio cyanocephalus*). (a) Um macho acaricia uma fêmea no estro. (b) Agressões entre os babuínos machos.

[1987], Dunbar [1988], Cheney and Seyfarth [1990] e Nishida [1990]).

Associações Entre Adultos e Jovens Os primatas nascem em um estado muito vulnerável quando comparados a muitos mamíferos, e dependem dos adultos por períodos longos. A relação de uma mãe com seu filho é variável entre as espécies – algumas mães são protetoras, enquanto outras são permissivas. Mães permissivas geralmente desmamam seus filhotes mais cedo do que as mães protetoras e podem ter intervalos menores entre os nascimentos de seus descendentes, embora esta relação não tenha sido observada para todas as espécies. Os descendentes de mães permissivas podem sofrer de altas taxas de mortalidade do que aqueles nascidos de mães protetoras, e a incompetência de algumas mães inexperientes parece levar a altas taxas de mortalidade dos filhotes.

Filhas mais velhas, geralmente, participam do comportamento de "catação" e carregam os mais jovens, mas elas também podem morder, roubar ou beliscar os pequenos enquanto eles se alimentando ou sendo tratados pelas mães. O comportamento alomaternal, fornecido por uma fêmea adulta, a qual não é a mãe, inclui a limpeza, a proteção e o transporte dos jovens. Diversos fatores parecem influenciar o comportamento alomaternal: pequenos jovens são preferidos aos mais velhos, descendentes de mães de posição alta na hierarquia do grupo recebem mais atenção e menos abuso do que os demais jovens, e as filhas mais velhas participam mais do que as não aparentadas no comportamento alomaternal. Machos de primatas monógamos do Novo Mundo participam intensivamente do transporte dos descendentes, compartilhando seu alimento com eles, enquanto as relações dos machos de primatas do Velho Mundo com os jovens são mais caracterizadas pela proximidade e pelo contato do que pelo cuidado.

Ligações de Parentesco Entre as Fêmeas As fêmeas de algumas espécies de primatas semi-terrestres do Velho Mundo vivem em grupos que incluem diversos machos e fêmeas. Esta organização social é típica dos babuínos amarelos (*Papio cynocephalus*), de diversas espécies de "macaques" (*Macaca*) e dos "vervets" (*Cercopithecus aethiops*). Fêmeas destas espécies permanecem, por toda a vida, nas tropas nas quais nasceram. Ligações de parentesco entre as fêmeas e a seleção de parentesco têm papéis importantes sobre os comportamentos das fêmeas em sistemas sem transferência das mesmas, pois as fêmeas de um grupo são aparentadas umas às outras (Quadro 23-2).

As fêmeas dentro de um grupo formam uma hierarquia de dominância e competem por posições na mesma. Fêmeas aparentadas em um grupo são chamadas de **linhagens matriarcais**. As fêmeas consistentemente apoiam suas parentes durante encontros com membros de outras linhagens matriarcais. A relação de apoio entre as fêmeas de uma linhagem matriarcal é um elemento importante da estrutura social de um grupo. Por exemplo, quando suas parentes fêmeas estão próximas, animais jovens podem dominar oponentes maiores e mais velhos de linhagens matriarcais subordinadas. Além disso, fêmeas de alta posição na hierarquia mantêm sua posição mesmo quando a idade ou os ferimentos reduzem sua habilidade de luta. Uma fêmea adolescente de babuínos amarelo normalmente recebe uma posição na hierarquia diretamente abaixo da de sua mãe, e esta herança de estatus fornece a estabilidade das relações de dominância entre as fêmeas de um grupo. Entretanto, a hierarquia dentro das linhagens matriarcais não é fixa: fêmeas de babuínos amarelo de posição mais baixa, com fêmeas aparentadas, podem desafiar as que estão em posição mais alta e se são bem sucedidas, sua toda a sua linhagem matriarcal pode subir na hierarquia do grupo.

QUADRO 23-2 Sociabilidade e Sobreviveria

As informações obtidas nos estudos de campo geralmente são muito ampliadas quando os dados de vários anos de estudo são disponíveis. Jeanne Altmann e seus colegas têm estudado os babuínos das savanas (*Papio cyanocephalus*) na bacia de Amboseli, aos pés do Monte Kilimanjaro no Quénia, por mais de 30 anos. Essa é uma espécie com transferência de machos, deste modo, as fêmeas se agrupam em linhagens matriarcais nas quais as fêmeas ocupam posições estáveis nas hierarquias dominantes. As' principais interações sociais entre as fêmeas é a "catação"' (groommg) e permanecer próximas umas com as outras.

A frequência desses comportamentos foi calculada para cada uma das 108 fêmeas e comparada com a sobrevivência dos filhotes entre 1984 e 1999 (Altmann et al. 2003). A proporção dos filhotes que sobreviveram no pnmeiro ano de vida foi maior para os filhotes de fêmeas que utilizaram mais extensivamente esses comportamentos sociais, do que aqueles nascidos de fêmeas com nenhuma integração social no grupo (Figura 23-11).

A influência da sociabilidade na sobrevivência dos filhotes pode ser distinguida estatisticamente pelo efeito do estatus dominante de uma fêmea. Embora seja verdadeiro, como o esperado, que as fêmeas de posição hierárquica alta tenham alta pontuação de sociabilidade, a correlação entre sociabilidade e sobrevivência infantil permanece quando o efeito da posição social é removido nas análises estatísticas.

Por que as interações sociais entre as fêmeas de babuínos contribuem para a sobrevivência dos filhotes? Estudos com os seres humanos podem apresentar pistas, pois indicam que o suporte social diminui o efeito do estresse. Mulheres que têm um suporte social amplo dão à luz bebes mais pesados e com menor incidência de doenças, acidentes e desordem mental. Em contraste, sentimentos de solidão são correlacionados com alta taxa de doenças e morte.

Um dos mecanismos pelos quais a sociabilidade pode aumentar o desempenho é fisiológico: interações sociais mantidas entre os seres humanos estimulam a liberação de neuro hormônios denominados de endorfinas. que produzem uma sensação de relaxamento e relações similares podem existir entre os primatas não humanos. Estudos de laboratório em outros vertebrados não humanos, incluindo primatas, mostram que a presença de indivíduos familiares de uma mesma espécie, diminuem o ritmo cardíaco e os níveis de cortisol (indicando redução do estresse), retardamento do envelhecimento e aumento da expectativa de vida. Deste modo, interações sociais podem contribuir para um ambiente benigno para os filhotes de babuínos.

Mecanismos comportamentais podem também ser responsáveis por alguns dos efeitos da sociabilidade na sobrevivência dos filhotes de babuínos: Interações sociais entre adultos de babuínos aumentam a tolerância dos indivíduos que ocupam altas posições hierárquicas e podem prover proteção contra a agressividade das fêmeas pertencentes a outras linhagens matriarcais, bem como o acesso a fontes valiosas, tais como melhores lugares de alimentação e fontes de água.

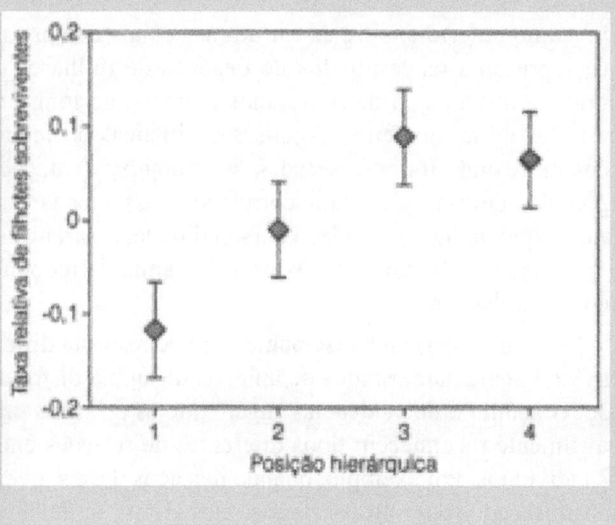

◄Figura 23-11 O estatus social e a sobrevivência dos filhotes. A sobrevivência relativa dos filhotes como um índice de quantos filhotes de uma determinada fêmea de babuíno sobrevive no primeiro ano de vida, comparado com a sobrev ivência esperada de todos os filhotes de um bando durante um ano. (A taxa de sobrevivência varia substancialmente ano a ano.) O índice de composição de sociabilidade é a frequência das três principais interações sociais de cada fêmea e é dividida em quartis. (O primeiro quartil é de 27 fêmeas com o mais baixo índice na hierarquia social, o segundo quartil de 27 fêmeas tem o maior índice na hierarquia social. O total da amostra é de 108 fêmeas). Fêmeas de posição hierárquica mais alta são as que estão mais integradas socialmente do que as fêmeas de posição mediana, e fêmeas de posição hierárquica mais baixas são as que eram menos integradas do que as fêmeas de posição mediana.

Ligações de parentesco entre as fêmeas são elementos claramente importantes da estrutura social em sistemas de transferência de machos, mas a contribuição exata das relações de longo prazo ao desempenho individual não é clara. Em algumas espécies, fêmeas em posições altas da hierarquia são jovens quando dão a luz pela primeira vez, apresentando intervalos curtos entre os nascimentos e alta taxa de sobrevivência dos descendentes, mas estas correlações não estão presentes em todas as espécies que foram estudadas. Além disso, as ligações de parentesco entre as fêmeas são fracamente manifestadas em sistemas com transferência de fêmeas, os quais incluem a maioria das espécies de simios e muitas espécies de macacos.

Alianças Entre Machos Primatas machos, em sistemas de transferência de machos, geralmente formam hierarquias de dominância, mas a hierarquia dos machos depende principalmente dos atributos individuais e são, dessa maneira, menos estáveis do que os sistemas de dominância das fêmeas, baseados na linhagem matriarcal. Jovens machos, os quais, geralmente, são imigrantes recentes de outro grupo, apresentam as maiores habilidades de luta e normalmente chegam às posições mais altas da hierarquia. Alguns machos mais velhos conseguem alianças estáveis, uns com os outros, as quais permitem que os mesmos vençam os mais jovens na competição das oportunidades de cortejar as fêmeas receptivas. Estes machos, provavelmente, obtêm um maior sucesso de acasalamento, por meio das alianças recíprocas, do que conseguiriam com base em sua posição individual na hierarquia.

Relações de cooperação entre os machos são mais comuns em sistemas de transferência de fêmeas, pois os machos destas espécies permanecem em seus grupos natais. Como resultado, as relações de parentesco existem entre os machos de um grupo. Entre os colobus vermelhos (*Colobus badius*), por exemplo, somente os machos nascidos no grupo parecem ser aceitos pelo sub-grupo dos machos adultos, e a permanência nesse sub-grupo pode ser estável por anos.

Machos adultos passam boa parte de seu tempo próximos uns aos outros, cooperando em agressões a machos de grupos vizinhos. Por exemplo, Goodall (1986) observou a matança sistemática de um grupo inteiro de chimpanzés machos (*Pan troglodytes*) por machos de um grupo vizinho, os quais tomaram as fêmeas da comunidade. Dentro de um grupo, os chimpanzés machos passam mais tempo juntos do que com as fêmeas, e se relacionam em uma série variada de comportamentos de cooperação entre si, incluindo a limpeza e a divisão da carne. Entretanto, esta cooperação aparente representa simplesmente uma forma de consolidar as relações baseadas em competições intensas e, algumas vezes, violentas por fêmeas.

Relações de Amizade Entre Machos e Fêmeas de Babuínos As observações de Bárbara Smuts (1985) de um grupo de babuínos amarelos revelaram que as interações entre indivíduos machos e fêmeas não eram distribuídas aleatoriamente entre os membros de um grupo. Em vez disso, cada fêmea tinha um ou dois machos chamados de amigos. Os amigos passam muito tempo próximos uns dos outros. Tais amizades duravam meses ou anos, incluindo períodos nos quais a fêmea não se encontrava sexualmente receptiva, pois ela estava grávida ou cuidando de um bebê. Os machos amigos eram solidários quanto ao bem estar de suas amigas e de seus bebés. Amizades similares entre machos e fêmeas foram descritas em gorilas das montanhas (*Gorilla gorilla*), nos babuínos gelada (*Theropithecus gelada*), em babuínos hamadrias (*Papio hamadryas*), nos macacos rhesus (*Macaca mulatta*) e nos macacos japoneses (*Macaca fuscata*).

A vantagem destas amizades, para as fêmeas, parece ser a proteção que os machos fornecem a elas e a seus filhotes contra os predadores, bem como contra outros membros de seu grupo. A vantagem masculina da amizade com uma fêmea é menos aparente. Se os descendentes da fêmea são também os desse macho, a sua proteção contribuiria ao desempenho dele. Entretanto, no estudo de Smuts, sobre os babuínos amarelos, somente a metade das amizades entre os machos e os descendentes envolvia relações nas quais os primeiros eram provavelmente os pais dos últimos. As demais amizades envolviam machos que nunca foram vistos em cópulas com as mães dos jovens. A vantagem da amizade para os machos pode depender de associações a longo prazo com as fêmeas. Smuts notou que os machos que participaram de amizades com uma fêmea aumentaram significativamente suas chances de acasalamento com as mesmas alguns meses depois, quando elas estavam receptivas novamente.

Como os Primatas Encaram sua Estrutura Social?

O resumo anterior, sobre as estruturas sociais dos primatas, representa os resultados de dezenas de milhares de horas de observação de indivíduos animais, ao longo de períodos de muitos anos. Análises estatísticas de interações entre indivíduos – sessões de *grooming* (catação), agressão, defesa – revelam correlações associadas com fatores que incluem a idade, a personalidade, o parentesco e a posição na hierarquia. Os próprios animais reconhecem tais relações?

Esta é uma pergunta fascinante, mas de resposta difícil; especialmente para estudos de animais de ampla distribuição. O acúmulo de evidências sugere que os primatas provavelmente reconhecem tipos diferentes de relações entre os indivíduos. Por exemplo, quando macacos rhesus jovens são ameaçados por outros macacos eles gritam, solicitando o auxílio de indivíduos fora de seu campo de visão. O tipo de grito dado varia dependendo da intensidade da interação (ameaça ou ataque real), da posição de dominância e do parentesco do oponente. Além disso, uma mãe babuíno parece saber interpretar os gritos de seus filhotes e responder, mais ou menos vigorosamente, dependendo da natureza da ameaça. Quando gritos, gravados em fitas, eram reproduzidos às mães, elas respondiam com maior intensidade àqueles dados em momentos de confronto com oponentes de posição mais alta na hierarquia, e de modo mais brando quando os gritos eram produzidos em confrontos com oponentes de posição mais baixa e as mães respondiam ainda de maneira menos intensa quando as interações se davam entre parentes. Os babuínos se interessaram mais pelas gravações que reverteram artificialmente o estatus de dominância de dois indivíduos – isto é, quando um animal de categoria hierárquica mais alta sonorizava como se estivesse dando uma resposta subordinada para um indivíduo de posição hierárquica mais baixa (Bergman et al. 2003).

Em um experimento similar, sobre macacos "vervet" livres, os gritos dos jovens eram reproduzidos para três fêmeas, uma delas a mãe do jovem. A mãe respondeu mais intensamente aos gritos do que as outras duas macacas, como era esperado quando as mães são capazes de reconhecer os gritos de seus próprios filhotes. Entretanto, os outros dois animais responderam aos gritos com um olhar para a mãe, o que sugere que elas não eram somente capazes de associar os gritos a um jovem em particular, mas também a relacionar a mãe de tal filhote.

Observações de agressões redirecionadas também sugerem que alguns dos primatas classificam outros membros de um grupo pela linhagem matriarcal e pela amizade. Quando um babuíno, ou um macaque, era atacado por um oponente de posição mais alta na hierarquia, a vítima frequentemente atacava um indivíduo que não havia participado da interação original. Este comportamento é conhecido como a agressão redirecionada – e os alvos das agressões redirecionadas são parentes ou amigos do oponente original, de maneira mais frequente do que a esperada pelo acaso. Os macacos '"vervet" apresentam formas ainda mais complexas de agressão redirecionada: eles se comportam mais agressivamente com um indivíduo quando lutaram recentemente contra um de seus parentes. Além disso, um vervet adulto pode atacar um animal em particular se um de seus parentes atacou um parente do animal no mesmo dia. Este tipo de comportamento é observado apenas em "vervets" adultos, o que sugere que leva mais tempo aos animais mais jovens para aprender as complexidades das relações sociais de um grupo.

Estes tipos de observação sugerem que os primatas adultos apresentam um reconhecimento complexo e detalhado das relações genéticas e sociais de outros indivíduos de seu grupo. Além disso, eles são podem ser capazes de reconhecer categorias mais abstraías – tais como *um parente* e um indivíduo *que não o é, parentes próximos* de *parentes distantes,* ou *amizades fortes* e *amizades fracas* – as quais compartilham características independentes dos diferentes indivíduos envolvidos.

Resumo

A sociabilidade, a formação de grupos estruturados, é uma característica proeminente do comportamento de muitas espécies de mamíferos. Entretanto, o comportamento social é somente um aspecto da biologia de uma espécie, e os comportamentos sociais coexistem com outros aspectos do comportamento e da ecologia, incluindo a busca por alimentos e a fuga de predadores. O tamanho e a geografia da área domiciliar de um animal são relacionados à distribuição e à abundância dos recursos, ao tamanho corpóreo do animal, e aos seus hábitos alimentares. Espécies maiores apresentam áreas domiciliares maiores do que as espécies pequenas e, para qualquer tamanho corpóreo, os tamanhos das áreas domiciliares seguem a ordem carnívoros, onívoros, herbívoros.

Os sistemas sociais estão relacionados à distribuição dos recursos e às oportunidades do indivíduo (geralmente um macho) de aumentar o acesso às parceiras por meio do controle do acesso aos recursos. Hábitos de dieta, o habitat estrutural no qual a espécie vive e seus meios de evitar os predadores são fortemente associados ao tamanho corpóreo e aos sistemas de acasalamento. Estes aspectos da biologia formam uma rede de interações, cada um influenciando os outros de formas complexas.

Os sistemas sociais dos primatas – especialmente dos macacos cercopitecóides – foram objetos de estudo de campo, e há mais informações sobre o comportamento social dos primatas do que sobre os de qualquer outro mamífero. Os sistemas sociais dos primatas são complexos e únicos dentre os mamíferos. Alguns primatas são solitários ou monogâmicos; outros vivem em grupos e apresentam comportamentos que sugerem não somente o reconhecimento dos demais indivíduos, mas também o reconhecimento das relações genéticas e sociais entre os outros indivíduos. Estudos sobre outros tipos de mamíferos, provavelmente, irão revelar fenômenos similares. O entendimento do comportamento dos mamíferos requer um amplo conhecimento de sua ecologia e de suas histórias evolutivas.

Leituras Adicionais

Altmann, J., et al. 2003. Social bonds of female baboons enhance infant survival. *Science* 302:1231-1234.

Bergman, T., et al. 2003. Hierarchical classification by rank and kinship in baboons. *Science* 302:1234-1236.

Caro, T. M. 1986. The functions of stotting: A review of the hypothesis. *Animal Behaviour* 34:663-684.

Caro, T. M. 1994. *Cheetahs of the Serengeti Plains.* Chicago, IL: University of Chicago Press.

Cheney, D., and R. Seyfarth. 1990. *How Monkeys See the World.* Chicago, IL: University of Chicago Press.

Clutton-Brock, T. H., and P. H. Harvey. 1983. The functional significance of variation in body size among mammals. In J. F. Eisenberg and D. G. Kleiman (Eds.), *Advances in the Study of Mammalian Behavior,* Special Publication 7, Lawrence, KS: The American Society of Mammalogists, 632-663.

Connor, R. C, et al. 1999. Superalliance of bottlenose dolphins. *Nature* 397:571-572.

Dunbar, R. I. M. 1988. *Primate Social Systems.* Ithaca, NY: Cornell University Press.

Dunbar, R. 2003. Evolution of the social brain. *Science* 302: 1160-1161.

Estes, R. D. 1991. *The Behavior Guide to African Mammals.* Berkeley, CA: University of Califórnia Press.

Gittleman, J. L., and P. H. Harvey. 1982. Carnivore home range size, metabolic needs, and ecology. *Behavioral Ecology and Sociobiology* 10:57-63.

Goodall, J. 1986. *The Chimpanzees of Gombe.* Cambridge, MA: Harvard University Press. Haskell, J. P, et al. 2002.

Fractal geometry predicts varying body size scaling relationships for mammals and bird home ranges. *Nature* 418:527-530.

Hasson, O. 1991. Pursuit-deterrent signals: Communication between prey and predator. *Trends in Ecology and Evolution* 6:325-329.

Hersteinsson, P, and D. W. Macdonald. 1982. Some comparisons between red and Arctic foxes, *Vulpes vulpes* and *Alopex lagopus,* as revealed by radio tracking. In C. L. Cheesman and R. B. Mitson (Eds.), *Symposia of the Zoological Society of London,* no. 49. London, UK: Academic, 259-289.

Janis, C. M. 1982. Evolution of horns in ungulates: Ecology and paleoecology. *Biological Reviews* 57:261-318.

Jarman, P. J. 1974. The social organization of antelope in relation to their ecology. *Behaviour* 58: 215-267.

Jarman, P. J. 2000. Dimorphism in social Artiodactyla: Selection upon females. In E. S. Vrba and G. B. Schaller (Eds.), *Antelope, Deer, and Relatives,* New Haven, CT: Yale University Press, 171-179.

Kelt, D. A. and D. Van Vuren. 1999. Energetic constraints and the relationship between body size and home range area in mammals. *Ecology* 80:337-340.

Leuthold, W. 1977. *African Ungulates: A Comparative Review of Their Ethology and Behavioral Ecology.* New York, NY: Springer.

Lewin, R. 1987. Social life: A question of costs and benefits. *Science* 236:775-777.

Macdonald, D. W. 1983. The ecology of carnivore social behavior. *Nature* 301:379-381.

Mann, J., et al. 2000. *Cetacean Societies: Field Studies of Dolphins and Whales.* Chicago, IL: The University of Chicago Press.

McComb, K., et al. 2001. Matriarchs as repositories of social knowledge in African elephants. *Science* 292:491-494.

McNab, B. K. 1983. Ecological and behavioral consequences of adaptation to various food resources. In J.F. Eisenberg and D.G. Kleiman (Eds.), *Advances in the Study of Mammalian Behavior,* Special Publication 7, Lawrence, KS: The American Society of Mammalogists, 664-697.

Nicolson, N. A. 1987. Infants, mothers, and other females. In B. Smuts, D. Cheney, et al. (Eds.), *Primate Societies,* Chicago, University of Chicago Press, 330-342.

Nishida, T. (Ed.) 1990. *The Chimpanzees of the Mahale Mountains. Sexual and Life History Strategies.* Tokyo, Japan: Tokyo University Press.

Packer, C, and L. Ruttan. 1988. The evolution of cooperative hunting. *The American Naturalist* 132:159-198.

Packer, C, et al. 1990. Why lions form groups: Food is not enough. *American Naturalist* 136:1-19.

Packer, C, et al. 2001. Egalitarianism in female African lions. *Science* 293:690-693.

Pérez-Barberia, F. J., et al. 2001. Phylogenetic analysis of stomach adaptation in digestive strategies of African ruminants. *Oecologica* 129:498-508.

Richard, A. F. 1985. *Primates in Nature.* San Francisco, CA: Freeman.

Rubenstein, D. I., and R. W. Wrangham (Eds.). 1986. *Ecological Aspects of Social Evolution: Birds and Mammals.* Princeton, NJ: Princeton University Press.

Smuts, B. 1985. *Sex and Friendship in Baboons.* Hawthorne, NY: Aldine.

Smuts, B., et al. (Eds). 1987. *Primate Societies.* Chicago, IL: University of Chicago Press.

Van Soest, P. J. 1982. *Nutritional Ecology of the Ruminant.* Corvallis, OR: O & B Books.

Watts, E. S. (Ed.). 1985. *Nonhuman Primate Models for Human Growth and Development.* New York, NY: Liss.

Wilson, E. O. 1975. *Sociobiology.* Cambridge, MA: Harvard University Press.

Wrangham, R. W. 1982. Mutualism, kinship, and social evolution. In King's College Sociobiology Group (Eds.), *Current Problems in Sociobiology.* Cambridge, UK: Cambridge University Press.

CAPÍTULO

24

Evolução dos Primatas e o Surgimento dos Humanos

Os primatas representam um grupo moderadamente bem sucedido na maior parte da Era Cenozóica, embora, desde o final do Eoceno, eles tem estado confinados principalmente às latitudes tropicais (com a óbvia exceção dos humanos). Os primatas incluem não somente os antropóides, o grupo de símios[1] e de macacos ao qual os humanos pertencem, mas também os prossímios, animais como os tarsios e os lêmures. Técnicas moleculares para o estudo das relações genéticas, sugerem que a separação entre os humanos e os demais grandes símios africanos foi há menos de 10 milhões de anos. Fósseis do gênero hominídeo *Australopithecus,* o grupo irmão de nosso gênero *Homo,* mostram claramente que o andar bípede surgiu anteriormente à aquisição de um grande cérebro. A grande diversidade de novos fósseis mostra que o quadro da evolução humana foi muito mais complexo e diversificado do que se acreditava anteriormente. Representantes dos gêneros *Homo* e *Australopithecus* viveram juntos, na África, por mais de um milhão de anos; e a extinção dos australopitecíneos se relacionou, provavelmente, às alterações climáticas em vez da competição com nossos ancestrais. Nossa atual situação, na qual nós – *Homo sapiens* – é a única espécie de hominídeos sobre a Terra é nova – há recentes 30.000 anos, nós compartilhamos o planeta com representantes de *Homo eretus* e *Homo neanderthalensis.*

24.1 A Origem e a Diversificação dos Primatas

Os humanos compartilham muitos traços biológicos com os animais chamados de símios, macacos e prossímios: somos todos membros da ordem dos primatas (do latim *prima* = primeiros). Os primeiros primatas eram formas arbóreas que viviam nas florestas do início da Era Cenozóica. Os seres humanos são os últimos primatas que apareceram, e sistemas sociais complexos, tais como os discutidos no Capítulo 23, são uma característica ancestral da linhagem primata.

Características dos Primatas

As características típicas dos primatas estão listadas na Tabela 24.1. Note que muitas dessas características não exclusivas dos primatas: por exemplo, muitos mamíferos retêm a clavícula, porcos têm molares bunodontes similares aos dos primatas e muitos ungulados e cangurus têm apenas um filhote por gravidez.

A maioria destes traços foi atribuída à vida arbórea. Todas as modificações básicas dos apêndices podem ser consideradas como contribuições à locomoção arbórea, assim como a percepção de profundidade estereoscópica resultante da visão binocular e do aumento do cérebro, o qual coordena a percepção visual e a resposta locomotora. A maioria dos primatas é arbórea, mas alguns deles se tomaram terrestres posteriormente (os babuínos, por exemplo), e os humanos são os mais terrestres de todo o grupo. Mesmo assim, muitos dos traços mais humanos derivam de especializações arbóreas antigas.

Entretanto, a vida arbórea não pode ser considerada a única fonte das características dos primatas, porque não são compartilhadas com muitos outros mamíferos arborícolas. Por exemplo, os esquilos não possuem cérebros grandes e um dedo polegar oponível, mas retêm as garras. Entretanto, os esquilos são mais generalizados e escaladores em potencial. Jon Bloch (Bloch e Boyer 2002) descobriu recentemente esqueletos praticamente completos de animais

[1] Nota do tradutor: não há uma palavra, em português, que tenha o mesmo significado de *Ape.* Dessa forma, adota-se a palavra "símio" para identificar os grandes primatas da Ásia e da Africa (orangotangos, gorilas e chimpanzés).

TABELA 24.1 Características dos Primatas

Retenção da clavícula (a qual é reduzida, ou perdida, em muitas linhagens de mamíferos) como um elemento proeminente da cintura escapular (peitoral).

Um ligamento no ombro que permite um alto grau de movimento dos membros em todas as direções e um ligamento no cotovelo, o quai permite a rotação dos membros peitorais.

A retenção generalizada de cinco dígitos funcionais nos membros peitorais e pélvicos. Mobilidade aumentada dos dígitos, especialmente o polegar e o hálux, que usualmente são oponíveis aos outros dígitos.

Garras modificadas em unhas achatadas e comprimidas.

Desenvolvimento de terminações sensoriais táteis na região distal dos dígitos.

Uma tendência a redução do focinho e dos aparatos olfatónos, com o posicionando a maior parte do crânio caudal às órbitas.

Uma redução no número de dentes, quando comparados aos mamíferos primitivos, mas com a retenção dos padrões simples da coroa dos molares bunodontes.

Um aparato visual complexo com alta acuidade, grande percepção de cores e com tendências ao desenvolvimento de olhos binoculares voltados para frente e percepção de três cores.

Um cérebro grande em relação ao tamanho do corpo, com aumento considerável do córtex cerebral.

Uma tendência de desenvolvimento de mecanismos de criação do feto.

Somente duas glândulas mamárias (com algumas exceções).

Tipicamente, somente um filhote por gravidez, associado a uma infância prolongada e a uma adolescência.

Uma tendência de manutenção ereta do tronco, o que leva ao bipedalismo facultativo.

denominados carpolestídeos, que foram provavelmente o grupo irmão dos verdadeiros primatas entre o conjunto de protoprimatas denominados plesiadapiformes. Os esqueletos mostram que os carpolestídeos eram tipos de escaladores especializados com dedos longos e um polegar oponível, provavelmente especializado para se alimentar na extremidade dos galhos (Figura 24.1). Os primatas verdadeiros podem ter derivado de um animal especializado similar.

Tendências Evolutivas e a Diversidade nos Primatas

A Figura 24-1 é uma representação simplificada das inter-relações dos primatas e a Tabela 23.3 apresenta uma classificação tradicional dos primatas modernos.

Plesiadapiformes Os primeiros mamíferos, semelhantes aos primatas (plesiadapiformes) (Grego *plesi* = próximo; e Latim *adapi* = coelho; e *forme* = forma) aparecem no início da Era Cenozóica. Os plesiadapiformes eram semelhantes a esquilos e variavam, quanto a seu tamanho, desde um mico-leão até um sagiii. Eles incluíam diversas linhagens, variando quanto a suas dietas (o que pode ser concluído a partir de seus dentes) desde os onívoros generalizados até os insetívoros e os que se alimentavam de seiva. Os plesiadapiformes eram mais diversificados na América do Norte, no Paleoceno, embora estivessem presentes em todo o Hemisfério Norte. Seus números declinaram no Eoceno, che-

➢**Figura 24-1** Reconstrução do proto-primata *Carpolestes simpsoni.*

gandoà extinção ainda ao final desta época. O declínio da diversidade dos plesiadapiformes coincide com a evolução e a radiação dos roedores, ao final do Paleoceno. Pode ter havido competição entre estas duas linhagens, levando à extinção dos plesiadapiformes.

Os plesiadapiformes são o grupo irmão dos primatas verdadeiros e compartilham alguns traços derivados dos dentes e do esqueleto. Eles diferem quanto a possuírem encéfalos menores e longos focinhos, não apresentarem uma barra pós-orbital e um hálux (dedão do pé), e a especialização dos incisivos (semelhantes aos dos roedores). Aparentemente, os plesiadapiformes retiveram as garras. Em contraste, todos os primatas verdadeiros têm unhas exceto pelos sagüis da América do Sul, os quais apresentam garras secundárias.

Prossímios Os primeiros primatas verdadeiros, ou **Euprimates** (Grego *Eu* = bom), são conhecidos desde o início do Eoceno, na América do Norte, na Eurásia e no norte da Africa, e podem ser representados por dentes isolados, do final do Paleoceno, encontrados em Marrocos. Estes primeiros primatas pertencem a um grupo tradicionalmente chamado de **pró-símios** (Grego *pro* = antes; e Latim *simi* = símio): os gálagos da Africa; os lêmures de Madagáscar; e os "loris", os "pottos" e os tarsos do Sudeste asiático (Figura 24-4). Em geral, os pró-símios são pequenos, noturnos, com focinhos longos e com encéfalos pequenos, quando comparados aos **antropóides** (Grego *Anthrops* = homem) mais derivados ou aos símios e macacos. As dietas dos pró-símios são mais generalizadas, havendo alguns poucos herbívoros especializados. Entretanto, o agrupamento dos pró-símios é parafilético, já que diversas características derivadas (p. ex., um focinho curto com um nariz seco, em vez de úmido, semelhante ao dos cães) indicam que os tarsos são mais aparentados aos antropóides do que os demais pró-símios (Figura 24-2). Uma divisão alternativa para os primatas se dá entre os **Strepsirhini** (Grego *strepsi* = torcido; e *rhin* = nariz) – lemuróides e lorisóides – e os **Haplorhini** (Grego *haplo* = simples) – tarsos e antropóides. O Strepsirhini também é um grupo parafilético, embora seus membros viventes formem um grupo monofilético, os lemuriformes (veja Figura 24-2).

A maioria dos pró-símios do Eoceno era maior do que os plasiadapiformes, com encéfalos maiores e com características morfológicas arbóreas obviamente mais especializadas, tais como membros mais longos e esbeltos. Eles podem ser agrupados em duas linhagens principais: os **adapídeos**, maiores, com focinhos longos e com dentes mais especializados para a herbivoria; e os pequenos **omomiídeos** (Grego *orno* = ombro e *mys* = camundongo), os quais tinham focinhos mais curtos, com dentes mais especializados à insetivoria ou à alimentação por seiva (Figura 24-3). Julgando pelo tamanho das órbitas, os adapídeos eram, provavelmente, diurnos, enquanto os omomiídeos, com olhos grandes eram, possivelmente, noturnos. Atualmente os adapídeos são considerados os mais primitivos do que outros euprimatas, enquanto os omomiídeos são formas mais derivadas aparentadas dos tarsos.

A diversificação dos adapídeos e dos omomiideos, pelo Hemisfério Norte, reflete os climas quase tropicais das grandes latitudes durante a primeira parte do Eoceno. Com a deterioração climática do final do Eoceno em latitudes temperadas, os primatas declinaram e desapareceram de áreas externas à Africa e à Ásia tropical. Os tipos primitivos de pró-símios foram amplamente extintos ao final do Eoceno, embora algumas formas especializadas (sivaladapídeos) sobreviveram até o final do Mioceno e início do Plioceno, na Ásia. Mesmo hoje, praticamente todos os primatas não humanos estão restritos aos trópicos (Figura 24-5). Isso foi verdadeiro para a maioria do final da Era Cenozóica, com algumas excursões de símios em porções mais ao norte da Eurásia, durante o período do aquecimento no final do Mioceno.

Pró-símios atuais são uma radiação moderadamente diversificada nos trópicos do Velho Mundo, conhecida inicialmente no final do Oligoceno, na África. As linhagens modernas são pouco conhecidas a partir de seu registro fóssil, provavelmente porque a preservação é rara em habitats de floresta tropical. Os lêmures da ilha de Madagáscar passaram por uma diversificação evolutiva em cinco famílias diferentes. Estas incluem alguns herbívoros especializados, grandes e diurnos (do tamanho de "racoons"), tais como o "indri" (*Indri indri*) e o peculiar "aye-aye" (*Daubentonia madagascarensis*), o qual utiliza seu dedo médio altamente especializado para sondar e retirar larvas de ocos nas árvores.

Até tempos relativamente recentes (apenas há dois mil anos), havia uma variedade muito maior de lêmures, incluindo formas muito maiores. Formas arbóreas gigantes com aparência de um coala e bicho-preguiça, e formas terrestres menores com a aparência de babuínos. Parece que os lêmures, isolados do restante do mundo, evoluíram sua própria versão de diversidade primata, incluindo paralelos com os símios antropóides. Infelizmente, muito desta diversidade está perdida, provavelmente devido à imigração dos humanos até a ilha. Muitos lêmures atuais estão ameaçados de extinção, graças à contínua destruição dos habitats de floresta (Godfrey e Jungers 2003).

Antropóides Os antropóides modernos são de modo geral maiores que os prossímios, com encéfalos maiores, os quais alojam lobos olfatórios pequenos e com uma dieta frugívora (se alimentam de frutas) ou folívora (se alimentam de folhas), ao invés de dietas onívoras ou insetívoras. Eles também são diurnos e com sistemas sociais mais complexos. Na locomoção arbórea, ou são quadrúpedes arbóreos sobre os ramos, ou se mantêm suspensos, agarrando-se aos galhos, enquanto os pró-símios geralmente são formas que se agarram ou saltam. Os grandes antropóides empregam uma forma típica de deslocamento suspenso no qual os animais movem-se de modo relativamente lento agarrando-se na parte de baixo dos ramos. Uma versão especializada desse tipo de deslocamento é a **braquiação**, na qual os animais

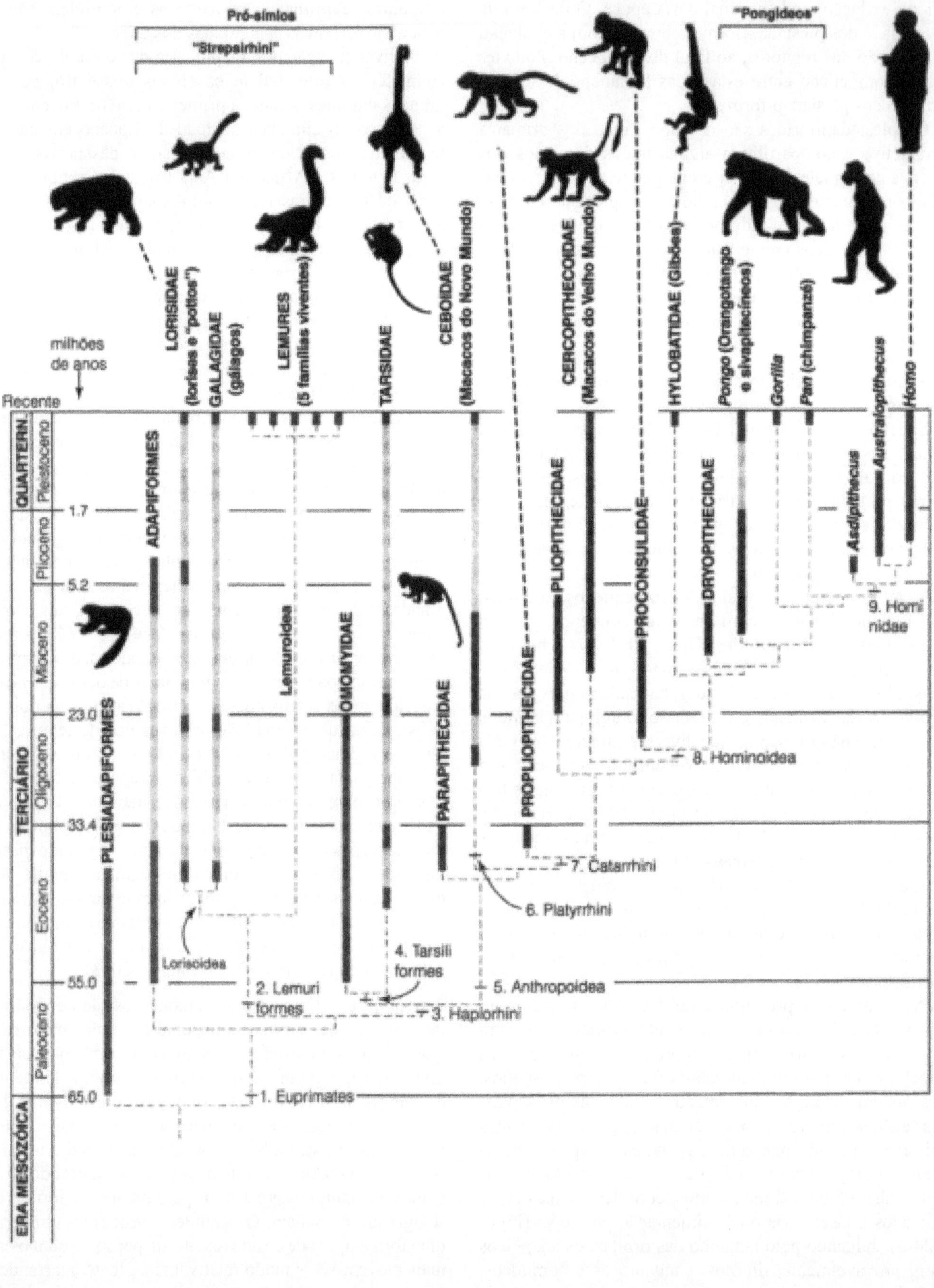
Pró-símios
"Strepsirhini"
"Pongídeos"
milhões de anos
Recente
LORISIDAE (lorises e "pottos")
GALAGIDAE (gálagos)
LEMURES (5 famílias viventes)
TARSIDAE
CEBOIDAE (Macacos do Novo Mundo)
CERCOPITHECOIDAE (Macacos do Velho Mundo)
HYLOBATIDAE (Gibões)
Pongo (Orangotango e sivapitecíneos)
Gorilla
Pan (chimpanzé)
Australopithecus
Homo
Ardipithecus
QUARTERN.
Pleistoceno
Plioceno
Mioceno
Oligoceno
Eoceno
Paleoceno
TERCIÁRIO
ERA MESOZÓICA
1.7
5.2
23.0
33.4
55.0
65.0
ADAPIFORMES
PLESIADAPIFORMES
Lemuroidea
OMOMYIDAE
PARAPITHECIDAE
PROPLIOPITHECIDAE
PLIOPITHECIDAE
PROCONSULIDAE
DRYOPITHECIDAE
9. Hominidae
8. Hominoidea
7. Catarrhini
6. Platyrrhini
Lorisoidea
4. Tarsiiformes
5. Anthropoidea
2. Lemuriformes
3. Haplorhini
1. Euprimates

◂Figura 24-2 Relações filogenéticas dos primatas. Esse diagrama apresenta as prováveis relações entre os principais grupos de primatas. Linhas pontilhadas apresentam somente inter-relações; elas não indicam os momentos de divergência, nem a presença, não registrada, de táxons no registro fóssil. Linhas claras indicam períodos de tempo nos quais sabe-se que um táxon esteve presente, mas que não é representado no registro fóssil. Os números indicam caracteres derivados que distinguem as linhagens.

Legenda: 1. Euprimatas – dentes bunodontes; unhas (em vez de garras) sempre presentes nas formas viventes, ao menos no pólex (polegar); presença da barra pós-orbital. **2.** Lemuriformes – garra curva presente no segundo dedo; dentes frontais inferiores modificados em uma única peça. **3.** Haplorhini [tarsiformes e antropóides] – crânio curto; órbita e fossa temporal separadas ventralmente por uma parede pós-orbital; nariz seco e lábio superior livre (ao invés de preso à mandíbula). **4.** Tarsiformes – olhos muito grandes. **5.** Anthropoidea (macacos e símios) – ossos frontais fundidos; sínfise mandibular fundida; aumento dos molares inferiores posteriormente; o terceiro apenas um pouco maior que o segundo, todos com cinco cúspides, o hipoconulídio pequeno. **6.** Platyrrhini (macacos do Novo Mundo) – narinas espaçadas e arredondadas; contato entre os ossos jugal e parietal sobre a parede lateral do crânio, atrás da órbita; os dois primeiros molares não apresentam hipoconulídios. **7.** Catarrhini (macacos e símios do Velho Mundo) – narinas pouco espaçadas; número de pré-molares reduzido a dois; contato entre os ossos frontal e esfenóide na parede lateral do crânio; o osso timpânico se estende lateralmente, formando um canal auditivo tubular (canal auricular). **8.** Hominoidea (símios e humanos) – molares inferiores com uma base talonídia cercada por cinco cúspides principais; palato amplo e regiões nasais; cérebro aumentado; tórax amplo com a escápula dorsalmente posicionada; região lombar reduzida, com expansão do sacro e ausência de cauda. **9.** Hominidae (humanos) – caninos e incisivos relativamente pequenos; nariz curto; forâme magno posicionado ventralmente; ílio curto e amplo; pernas longas em comparação aos braços; primeiro dedo do pé não oponível.

oscilam rapidamente na parte de baixo de um galho para outro usando as mãos para segurar os galhos.

Os antropóides modernos podem ser distintos dos prósímios por meio de uma variedade de características cranianas que reflete um tamanho cerebral grande e uma dieta com fibras, as quais requerem muita mastigação. Antropóides apresentam uma parede óssea atrás da órbita (tal como os tarsos, uma característica que associa os dois grupos ao Haplorhini), e os ossos que compõe as duas metades da mandíbula inferior e os ossos frontais entre os olhos são fundidos (Figura 24-6). Não apresentam a garra no segundo dedo, observada nos pró-símios modernos.

Os antropóides mais antigos datam de meados do Eoceno, havendo um grande debate acerca de sua origem africana ou asiática. Atualmente este é um problema biogeográfico, como a Africa Cenozóica foi uma ilha continental até o início do Mioceno, não está claro como esses primatas foram capazes de deslocar-se entre esses dois continentes. Sabe-se que os antropóides são mais antigos na Ásia do que na África, mas os depósitos fósseis africanos de todos os tipos de mamíferos da Era Cenozóica são esparsos até o fim do Eoceno.

O mais antigo antropóide conhecido é o *Eosimias* (Grego *eos* – surgimento), um pequeno animal chinês com apenas 6 centímetros de comprimento, pesando cerca de 10 gramas (Gebo et al. 2000). Houve também uma radiação de primatas grandes semelhantes aos antropóides (amphipithecine) no final do Médio Eoceno de Myanmar, mas alguns pesquisadores consideram agora que eram adapídeos especializados que convergiram no mesmo Período para a forma do corpo antropóide na Ásia.

A radiação diversa de antropóides, com uma grande variedade de tamanhos corpóreos (mas nenhum maior do que o de um gato) é conhecida na formação Fayum, no Egito, a qual abrange um Período desde o final do Eoceno até o início do Oligoceno. (Uns poucos adapídeos também são conhecidos nesses depósitos fósseis da África). Os antropóides eram representados pelos parapithecideos, formas semelhantes à esquilos que eram mais primitivas que qualquer outro antropóide, e propliopitecídeos, os quais eram formas mais parecidas com símios. Eles incluem o *Aegyptopithecus,* do tamanho de um gato, originalmente pensou-se em se tratar de um símio primitivo verdadeiro. Sua anatomia

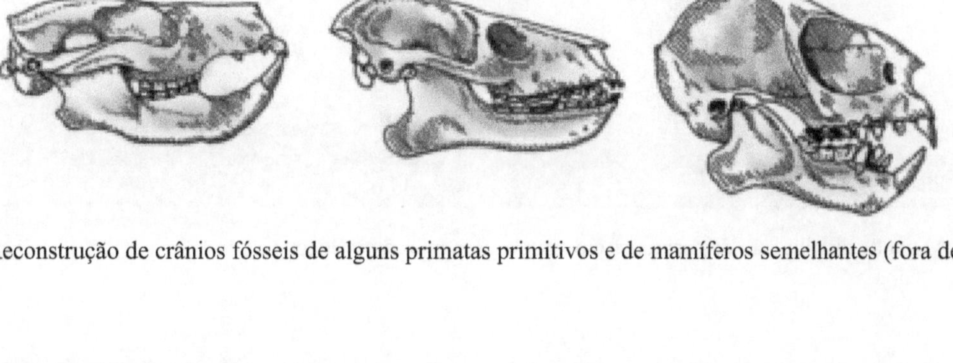

▴Figura 24-3 Reconstrução de crânios fósseis de alguns primatas primitivos e de mamíferos semelhantes (fora de escala).

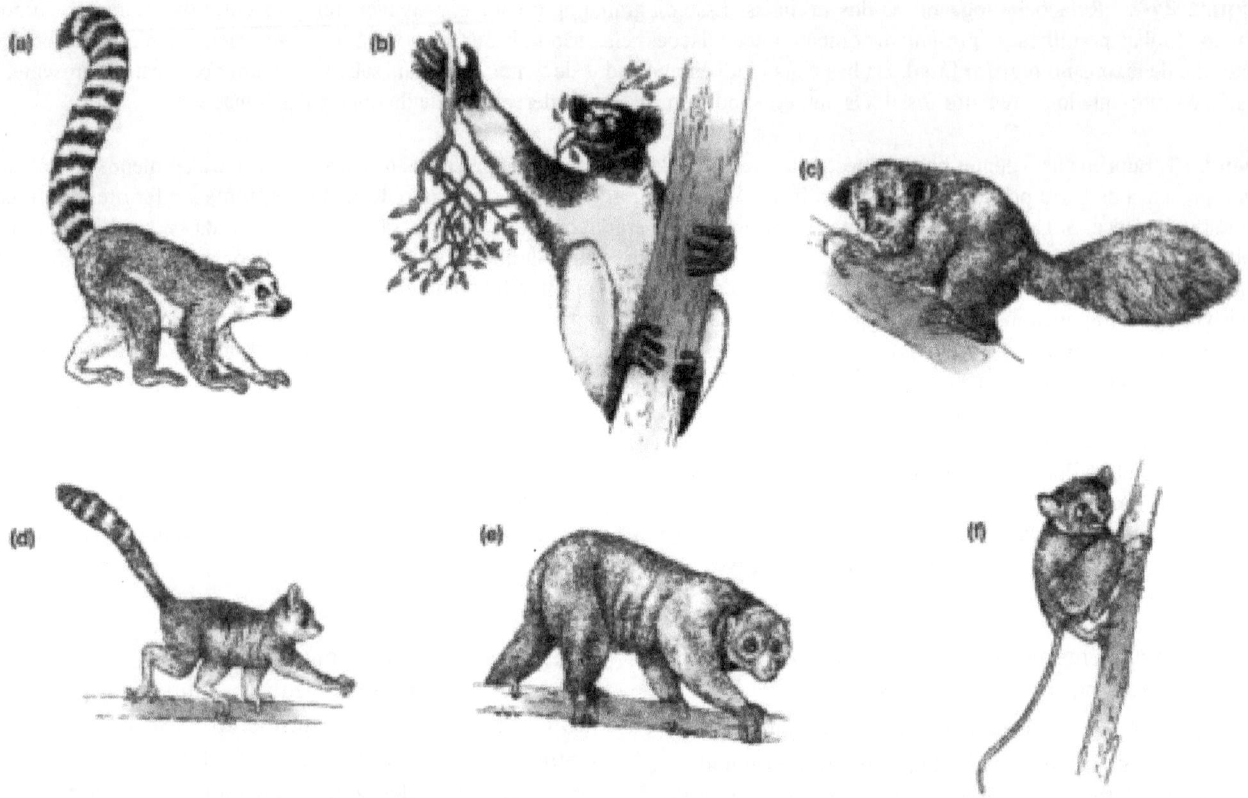

Figura 24-4 Adiversidade dos prossímios viventes, (a) Lêmure de cauda anelada, Lemar *catta* (Lemuridae, Lemuroidea, Lemuriformes). (b) "Indri", *Indri indri* (Indriidae, Lemuroidea, Lemuriformes). (c) "Aye-aye", *Daubentonia madagascarensis* (Daubentonndae, Lemuroidea, Lemuriformes). (d) "Gálago de Demidoff" *Galagoides demidovii* (Galagidae, Lorisoidea, Lemuriformes). (e) "Potto", *Perodicticus potto* (Lorisidae, Lorisoidea, Lemutiformes). (f) Tarso, *Tarsius spectrum* (Tarsiidae, Tarsiformes).

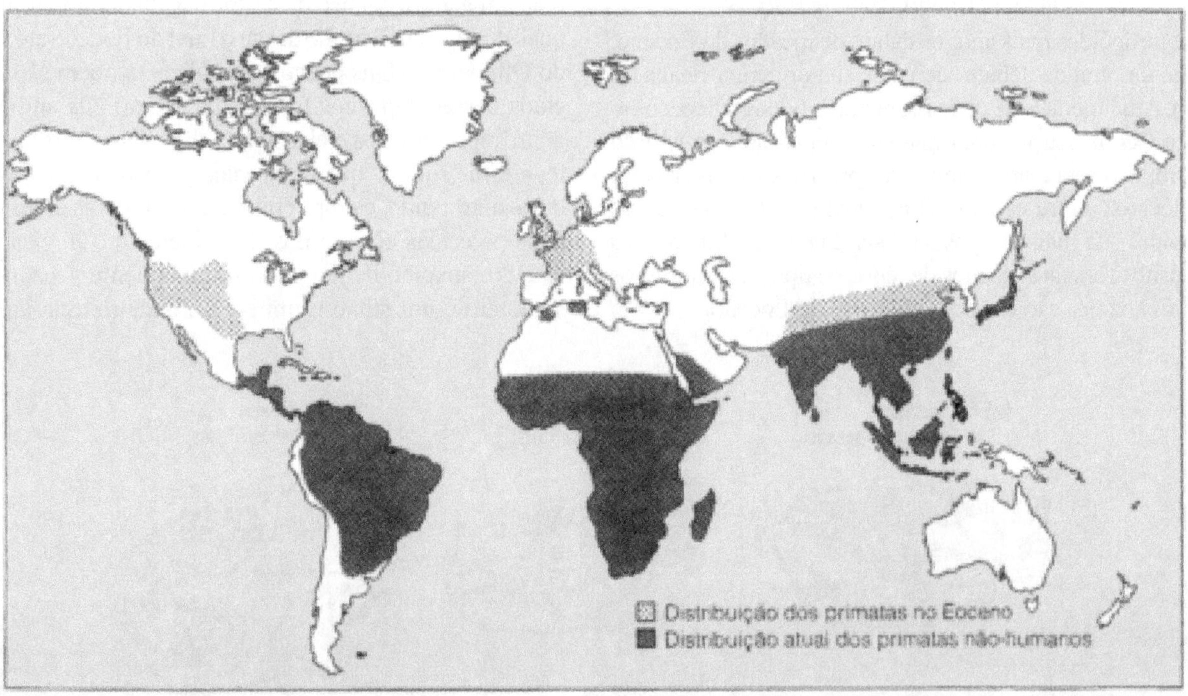

Figura 24-5 Mapa da distribuição dos primatas em tempos Recentes e no Eoceno.

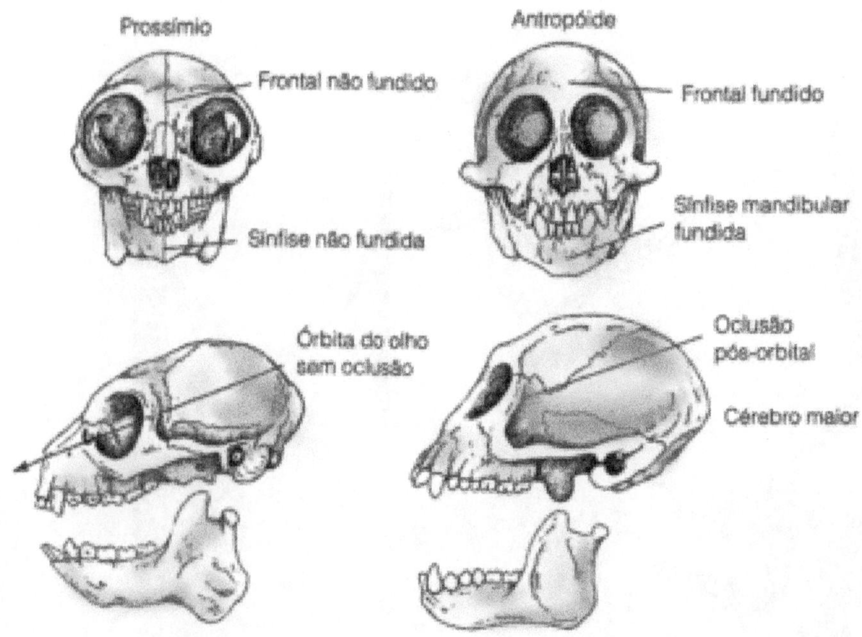

Figura 24-6 Diferenças cranianas entre os pró-símios e os antropóides.

sugere que eles se alimentavam principalmente de frutas e um pouco modificados para a vida arborícola. Entretanto, enquanto esses primatas são parentes mais próximos dos antropóides africanos do que os macacos asiáticos, eles pré dataram a divergência dos macacos modernos e dos símios, deste modo, não podem ser classificados como símios verdadeiros (hominóides).

Os antropóides modernos podem ser divididos entre os **Platyrrhini** (Grego *platy* = amplo) – os macacos do Novo Mundo com um nariz amplo – e os **Catarrhini** (Grego *cata* = voltado para baixo) – os macacos e símios com nariz estreito, do Velho Mundo. Alguns antropóides de Fayum, os pequenos parapitecídeos semelhantes a macacos, representam formas mais primitivas do que a de qualquer antropóide vivente e outros, tais como os grandes propliopitecídeos, semelhantes à símios, representam os primeiros Catarrhini.

Os Platyrrhini, macacos do Novo Mundo, ou **cebóides** (Grego *cebus* = macaco), apareceram inicialmente durante o Oligoceno na América do Sul, como parte de uma radiação exclusiva do Novo Mundo. Eles devem ter navegado através do Oceano Atlântico para chegar a este continente desde a Africa: roedores de provável origem africana também chegaram à América do Sul neste mesmo Período (veja o Capítulo 19). Os Platyrrhini são mais primitivos que os Catarrhini, pois retêm três pré-molares de cada lado da mandíbula; todos os Catarrhini apresentam apenas dois pré-molares. Platyrrhini e Catarrhini também diferem quanto a algumas características cranianas, especialmente na região da orelha (= ouvido).

Os Platyrrhini podem ser divididos em cebídeos e atelídeos (Figura 24-7).

- Os cebídeos incluem os cebines (p. ex., o macaco-prego), os callitrichines (sagiiis e micos-leões) e os aotinies (o macaco-da-noite).
- Os atelídeos incluem os atelines (macaco-aranha, macaco barrigudo e bugio) os callicebinideos (titis) e os pithecinideos (uacaris).

Cebidae Sagiiis e micos-leões são animais pequenos e semelhantes a esquilos, e têm, secundariamente, unhas na forma de garras em todos os dedos, exceto no polegar. Apresentam molares simplificados e, enquanto algumas poucas espécies são insetivoras, a maioria é frutívora, se alimentando de seiva das árvores. Eles também são incomuns, entre os primatas, por gerarem gémeos. O macaco-da-noite é o único antropóide noturno.

Atelidae Os macacos atelinídeos se distinguem por apresentar uma cauda preênsil e um modo de locomoção arbórea especializada de manterem-se suspensos, com a ajuda da cauda.

A radiação dos cebídeos, de certa forma, faz um paralelo com a radiação dos macacos do Velho Mundo, embora não haja uma radiação terrestre equivalente a dos babuínos e dos "macaques", nem nunca houve uma radiação de cebídeos equivalente à dos grandes símios antropóides. A ausência de formas semelhantes às dos grandes símios entre os cebídeos é surpreendente, considerando que houve uma radiação evolutiva de tais formas (todas extintas) entre os lêmures de Madagascar. Talvez, a radiação extensiva das preguiças terrestres gigantes, na América do Sul, inibiu uma radiação terrestre entre os primatas. Entretanto, um paralelo interessante existe entre o macaco-aranha e o gibão – ambos são braquiadores especializados, com braços excepcionalmente

Figura 24-7 A diversidade dos macacos viventes, (a) Saguí-leãozinho, *Cebuellapygmaea* (Callitrichinae, Cebidae). (b) Mico de cheiro, *Saimiri sciureus* (Cebinae, Cebidae, Ceboidea). (c) Macaco-aranha, *Ateiespaniscus* (Atelinae, Atelidae, Ceboidea). (d) Guariba vermelho, *Alouatta seniculus* (Atelinae, Atelidae, Ceboidea). (e) "Pig-tailed macaque", *Macaca nemistrina* (Cercopithecinae, Cercopithecidae, Cercopithecoidea). (f) Babuíno da savana, *Papio anubis* (Cercopithecinae, Cercopithecidae, Cercopithecoidea). (g) Lêmur de Hanuman, *Presbytis vetulus* (Colobinae, Cercopithecidae, Cercopithecoidea). (h) Colobo vermelho, *Piliocolobus badius* (Colobinae, Cercopithecidae, Cercopithecoidea).

longos, os quais permitem o balanço entre os galhos e evoluíram uma convergência marcante quanto à modificação dos ligamentos dos punhos, que permite uma rotação excepcional da mão. O macaco aranha pode ser distinto do gibão, principalmente, pelo uso da cauda preênsil como um quinto membro durante a locomoção. (O gibão, como todos os símios, não possui uma cauda.)

Os Catarrhini incluem os macacos do Velho Mundo, os símios e os humanos. Nós, os Catarrhini, temos narinas próximas, voltadas para frente e para baixo; e possuímos uma abertura óssea nasal no crânio, a qual é menor que a dos Platyrrhini. Há uma tendência de crescimento corpóreo em nossa linhagem; os grandes símios e os humanos são os maiores primatas viventes, rivalizados somente por alguns lêmures extintos. A cauda é, geralmente, curta ou ausente e as caudas preênseis nunca evoluíram. O grupo consiste de dois ciados: os macacos do Velho Mundo – **Cercopithecoidea** (Grego *cerco* = cauda e *pithecus* = símio) – e os símios e os humanos – **Hominoidea** (Latim *homini* = homem) – incluindo também o gibão (Hylobatidae); e os grandes símios e os humanos.

Os macacos do Velho Mundo atuais incluem dois grupos, os **colobineos** (Grego *colobo* = encurtado) e os **cercopithecíneos**. Os colobineos são encontrados tanto na África quanto na Ásia, incluindo os colobos, os lângures, os macacos narigudos e o macaco-dourado. Eles são mais folívoros do que os cercopitecíneos, apresentando molares mais afiados e com cúspides mais altas, além de um estômago complexo destinado à fermentação de fibras vegetais. Colobineos são animais principalmente arborícolas, com uma grande cauda e membros peitorais maiores que os pelvinos (= pélvicos).

Cercopithecineos são predominantemente uma radiação africana, embora o gênero *Macaca* ocorra na Ásia (incluindo grandes latitudes, tais como o Japão e o Tibet) e na Europa (em Gibraltar, onde ele é conhecido como o símio bárbaro). Cercopithecineos incluem macaques, gálagos, babuínos, "guenons" e os macacos "patas". Eles são mais onívoros, ou folívoros, do que os colobineos, o que é refletido em seus incisivos maiores e molares bunodontes mais planos. Os cercopithecineos são mais terrestres, o que é comprovado por sua cauda curta e pela proporção equivalente entre os membros peitorais e pélvicos. Eles possuem bochechas, para armazenar alimentos, e mãos com polegares maiores e dedos menores do que os colobineos.

Os primeiros macacos do Velho Mundo são conhecidos de meados do Mioceno. Estes primeiros macacos, os victoriapithecíneos, são mais primitivos do que qualquer outro macaco do Velho Mundo, formando, deste modo, o grupo irmão dos modernos cercopithecineos. As datações dos macacos são apenas um pouco mais antigas do que as dos símios verdadeiros, os proconsulídeos generalizados do início do Mioceno, na África. Os macacos são, na verdade, mais derivados do que os símios em certos aspectos: têm dentes mais especializados à herbivoria, algumas especializações do aparelho digestório para a fermentação da celulose, sendo também mais especializados à vida arbórea do que os símios do Mioceno.

A radiação dos macacos, ao final do Mioceno e no início do Plioceno, coincide com a redução da diversidade da primeira radiação de símios generalizados e formas semelhantes. Já que nós mesmos somos símios, geralmente pensamos nos macacos como parte de uma radiação mais antiga e primitiva dos antropóides. Mas entre os antropóides do Velho Mundo o inverso é verdadeiro: Os símios foram, originalmente, as formas mais primitivas e generalizadas embora as formas viventes sejam especializadas. A radiação dos macacos cercopithecóides é mais derivada, em muitos aspectos que aqueles dos símios e mais bem sucedida ultimamente em termos de variedade de espécies.

24.2 A Origem e a Evolução dos Hominoidea

Símios e humanos são colocados entre os Hominoidea. Os hominóides são distinguidos, morfologicamente, dos demais antropóides recentes pelo pronunciado aumento lateral e dorso-ventral do tronco relativo ao comprimento corpóreo, de forma que os ombros, o tórax e as costelas se tornaram proporcionalmente mais amplos do que nos macacos.

As clavículas são alongadas, as expansões do ilíaco são largas, e o esterno é uma estrutura ampla; da qual os elementos ósseos se fundem logo após o nascimento, formando um único osso plano. As escápulas dos hominóides se posicionam sobre costas amplas e planas, em contraste à sua posição lateral, próxima ao peito estreito, nos macacos (Figura 24-8) e na maioria dos demais quadrúpedes.

As cinturas escapular e pélvica dos hominóides são relativamente mais próximas do que a dos demais primatas, porque a região lombar da coluna vertebral é mais curta (Figura 24-9). As vértebras caudais foram reduzidas a vestígios em todos os hominóides no Período Recente, e normalmente não se vê caudas livres após o nascimento. O equilíbrio, na posição bípede, é assistido por um tórax plano, o qual posiciona o centro de gravidade próximo à coluna vertebral. Essas e outras especializações anatómicas do tronco são comuns a todos os hominóides e ajudam a manter a postura ereta que estes primatas assumem quando sentam, quando escalam verticalmente e quando andam de modo bípede.

Os crânios dos hominóides também diferem daqueles dos demais Catarrhini, pois apresentam extensas formações de sinos – espaços ocos, preenchidos de ar e revestidos por

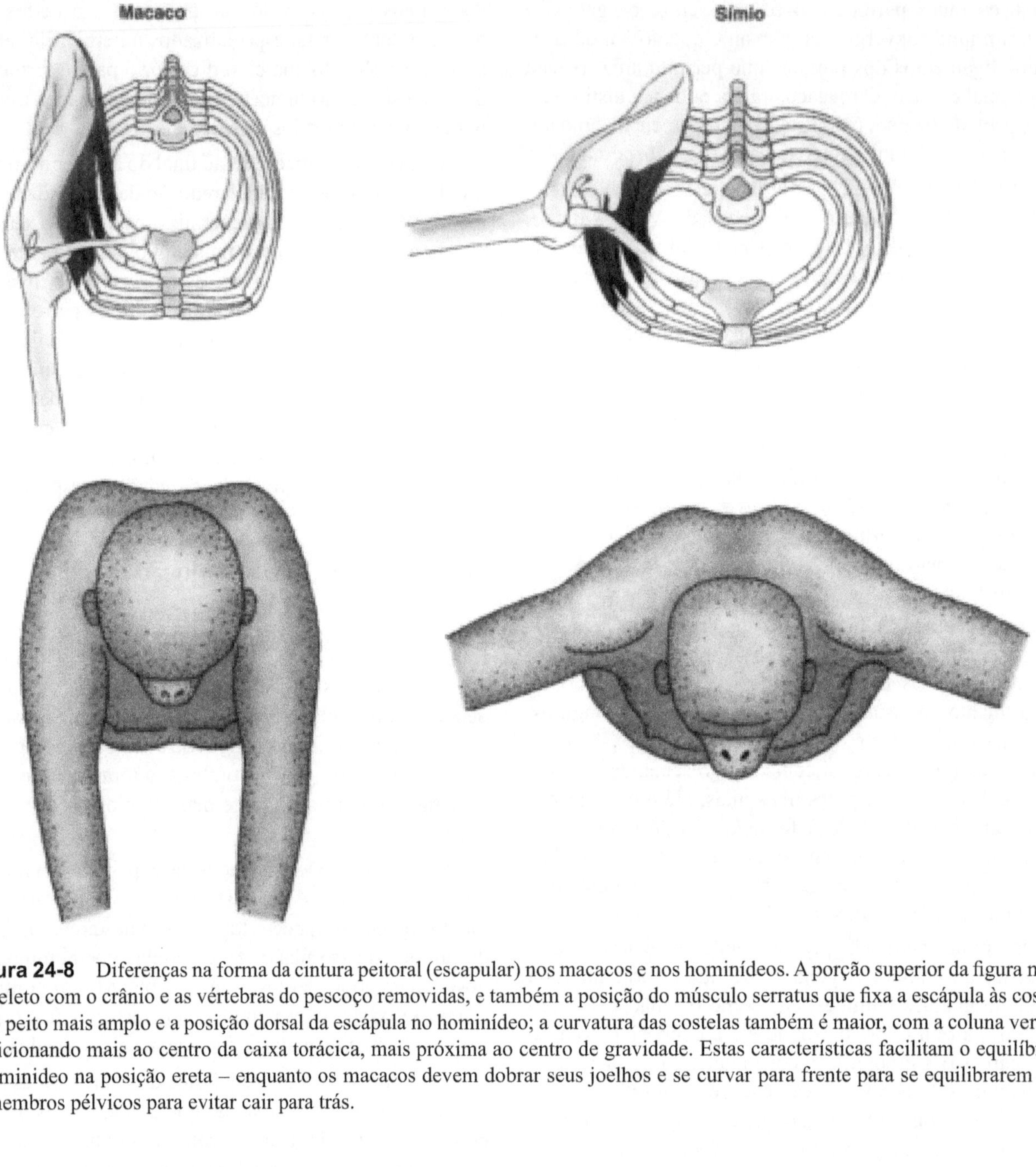

Figura 24-8 Diferenças na forma da cintura peitoral (escapular) nos macacos e nos hominídeos. A porção superior da figura mostra o esqueleto com o crânio e as vértebras do pescoço removidas, e também a posição do músculo serratus que fixa a escápula às costelas. Note o peito mais amplo e a posição dorsal da escápula no hominídeo; a curvatura das costelas também é maior, com a coluna vertebral se posicionando mais ao centro da caixa torácica, mais próxima ao centro de gravidade. Estas características facilitam o equilíbrio de um hominideo na posição ereta – enquanto os macacos devem dobrar seus joelhos e se curvar para frente para se equilibrarem sobre seus membros pélvicos para evitar cair para trás.

membranas mucosas que se desenvolvem entre as superfícies interna e externa dos ossos do crânio. Chimpanzés, gorilas e humanos compartilham este traço derivado de sinos frontais verdadeiros.

A Diversidade e a Evolução de Hominóides não Humanos

Os primatas que chamamos de símios existem desde o final do Eoceno. Entretanto, os primatas que podem ser incluídos em um ramo monofilético, Hominoidea, datam apenas do início do Mioceno, quando a linhagem antropóide divergiu em hominídeos e em cercopithecoides (macacos do Velho Mundo). Os símios modernos são uma radiação altamente especializada de animais tropicais de grande porte. A radiação dos símios do Mioceno se deu com animais mais generalizados, que também radiaram em regiões mais temperadas do Velho Mundo. Os símios e macacos podem ser distinguidos por seus dentes, o que é importante, já que frequentemente os dentes são os únicos registros fósseis das

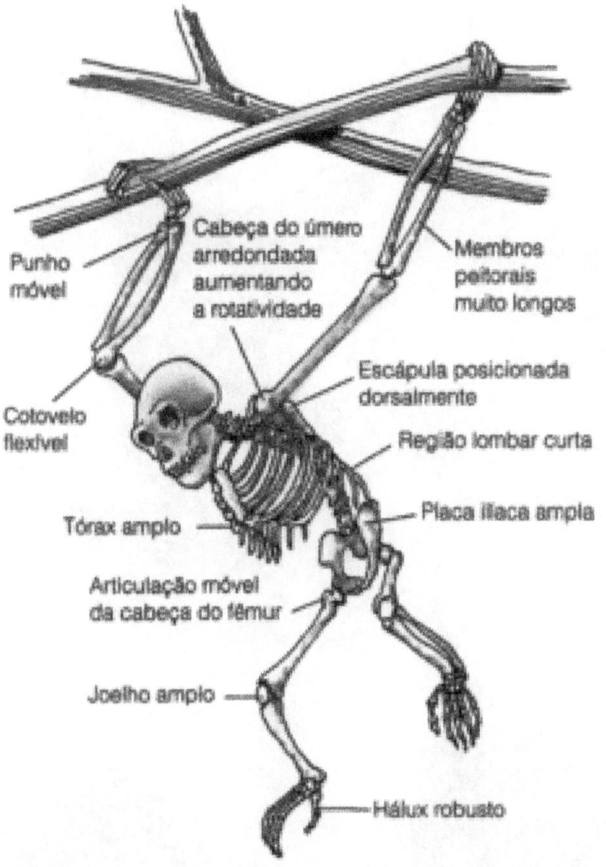

Figura 24-9 Esqueleto de um hominídeo generalizado, mostrando as especializações morfológicas para locomoção por meio da suspensão do corpo.

espécies. Os macacos têm molares inferiores com quatro cúspides, entretanto os dos hominóides possuem cinco cúspides, geralmente mais achatadas em relevo do que as dos macacos, com um padrão distinto reentrâncias na forma de uma letra Y entre as cúspides caudais.

A Diversidade dos Símios Atuais

Os símios atuais incluem os gibões asiáticos (e os "siamangs") e o orangotango, bem como os chimpanzés e o gorila (Figura 24-10). Tradicionalmente, os gibões foram posicionados em sua própria família, Hylobatidae, e os demais símios foram classificados na família "Pongidae". Entretanto, desde que se tomou claro que os pongídeos representam um agrupamento parafilético (veja Figura 24-2), o termo oficial, Pongidae, foi abandonado, embora o termo ainda sirva para identificar os grandes símios não humanos. Tem-se observado, tanto nos chimpanzés como nos orangotangos, evidências de um tipo de cultura, definida como aprendizado social (p. ex., o uso de instrumentos) com diferenças distintas entre diversas regiões biogeográficas, (Whiten e Boesch 2001; van Schaike et al. 2003). Todos os grandes símios estão em situação critica de extinção. Estimativas recentes (Walsh et al. 2002) mostram que o número de chimpanzés e gorilas na região oeste da África equatorial, uma região considerada o último refugio dos habitats tropicais, foi reduzida a menos da metade nos últimos 20 anos. As razões apontam para a caça comercial, a mecanização do corte das árvores das florestas, e a dispersão do vírus Ebola.

Nove espécies de gibões (gênero *Hylobates*) são encontradas no sudeste asiático, tanto no continente (da índia à China), quanto nas ilhas (Bornéo, Sumatra, Java e ilhas próximas). Eles são os menores símios, diferindo dos demais quanto ao seu sistema social monogâmico. Os gibões se locomovem pelas árvores através da braquiação. Eles se tornam inteiramente bípedes quando estão no solo, mantendo os braços estendidos, para se equilibrarem, da mesma forma que um equilibrista sobre uma corda.

Há duas subespécies de orangotango, *Pongo pygmaeus;* uma vive em Bornéo e a outra, em Sumatra, embora sua distribuição tenha sido maior em tempos pré-históricos. Os orangotangos têm, mais ou menos, o mesmo tamanho dos humanos e são extremamente dimórficos, sendo os machos duas vezes maiores do que as fêmeas. Seu comportamento é praticamente solitário, com os grupos principais consistindo, principalmente, de fêmeas e seus filhotes. Os orangotangos são arborícolas, mas raramente se prendem pelos braços, preferindo o vagaroso movimento quadrúpede de escalada pelos galhos das árvores, geralmente sob os ramos.

Gorilas e chimpanzés vivem em florestas tropicais da África central. Ambos são mais terrestres que os gibões e que os orangotangos. Sobre solo, eles se movem como quadrúpedes pela nodopedalia, uma forma de locomoção na qual eles se sustentam sobre a superfície dorsal dos dígitos três e quatro, ao invés de sustentar o peso do corpo sobre a palma das mãos, como o que fazemos quando andamos sobre os quatro membros (veja Figura 24-10c).

Os gorilas são os maiores símios e o mais terrestre. Diferentemente do orangotango, eles são muito sociais e vivem em grandes grupos. Como o orangotango, os gorilas são altamente dimórficos quanto ao tamanho – os machos chegam a pesar 200 quilogramas, duas vezes mais que as fêmeas – e são os mais folívoros dos símios. Foram descritas três subespécies isoladas de gorilas (*Gorilla gorilla*): o gorila das terras baixas do oeste, o gorila das terras baixas do leste e o gorila da montanha.

Há duas (possivelmente três) espécies de chimpanzés. A espécie maior e mais amplamente distribuída é a do chimpanzé comum (*Pan troglodytes*) é conhecida, principal

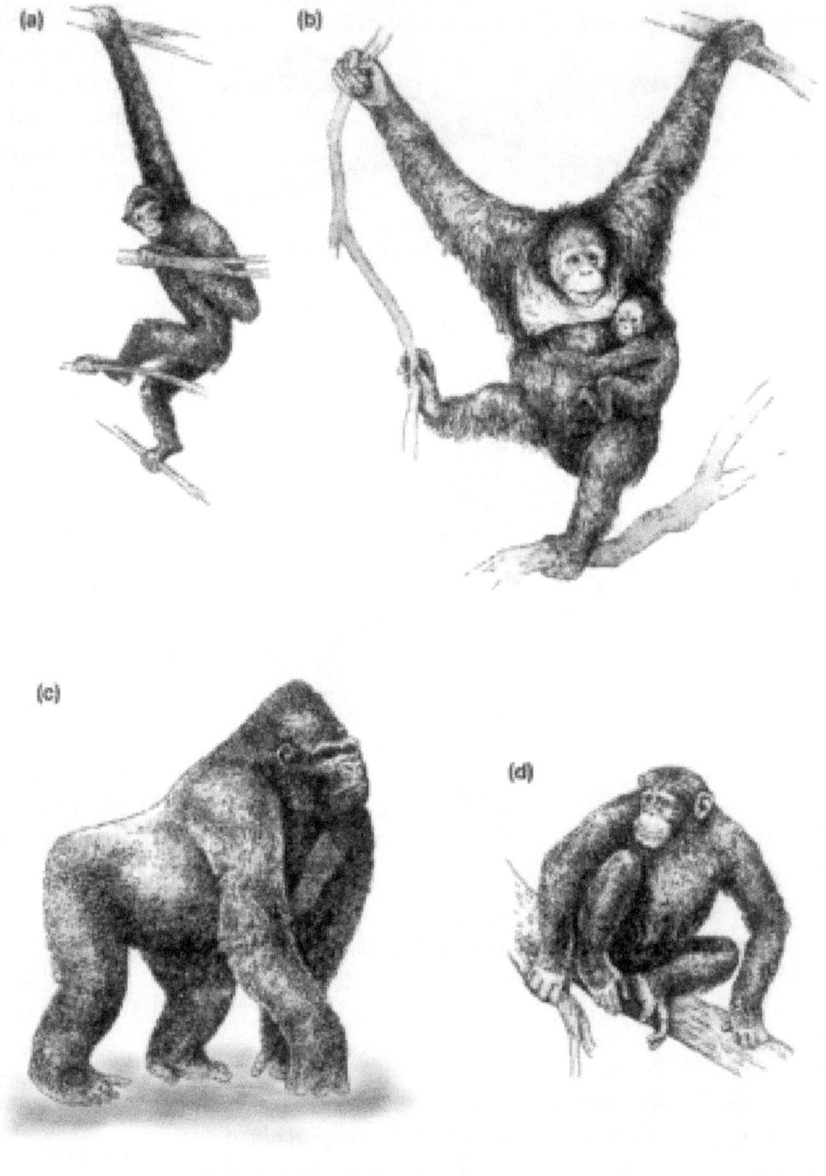

➤Figura 24-10 A diversidade dos símios viventes, (a) "Siamang" (um tipo de gibão), *Hylobates syndactylus.* (b) Orangotango, *Pongo pygmaeus.* (c) Gorila, *Gorilla gorilla.* (d) Chimpanzé comum, *Pan trogiodytes.*

mente, das regiões leste e central da África. A subespécie ocidental (*Pan troglodytes verus*), da Nigéria e do Camarões, pode ser uma espécie distinta. Há também um pequeno chimpanzé pigmeu, o bonobo (*Pan paniscus*), conhecido na África central ao sul do rio Zaire, habitando áreas de floresta mais densas do que a dos demais chimpanzés. Os chimpanzés são mais onívoros e menos estritamente herbívoros do que os gorilas; eles também são mais arborícolas exibindo um alto grau de locomoção através da suspensão do corpo. Eles são apenas moderadamente dimórficos sexualmente e, como os gorilas, vivem em grupos. O chimpanzé pigmeu pode ser mais aparentado aos humanos do que o chimpanzé comum (Zihlman et al. 1978).

Embora todos os hominídeos modernos sejam capazes do andar ereto sobre seus membros pélvicos, somente os humanos apresentam um modo de locomoção bípede, o qual envolve uma estrutura especializada da pélvis e dos membros pélvicos que liberam os membros peitorais das funções obrigatórias de suporte, balanço ou de locomoção.

A Diversidade dos Símios Fósseis

Os primeiros hominóides verdadeiros foram os **proconsulídeos** do início do Mioceno, no leste africano. Aparentemente, ocorriam principalmente em habitats de floresta. Os proconsulídeos eram quadrúpedes arbóreos generalizados, com tamanhos que variavam desde o de um pequeno macaco até o tamanho de um gorila fêmea, com molares bunodontes, que sugerem uma dieta frutívora. O *Moropithecus,* do início do Mioceno (há, aproximadamente, 20 milhões de anos), encontrado em Uganda, é o primeiro hominídeo que apresenta características da anatomia esquelética que são compartilhadas atualmente pelos humanos e pelos símios. Os *Morotopithecus* tinham um ombro cinético com a capacidade para a locomoção por suspensão, e as costas curta e rígida, um tipo que está associado a esse tipo de locomoção (Gebo et al. 1997).

Em meados do Mioceno, mais hominóides derivados se diversificaram em uma variedade de tipos ecológicos. Alguns permaneceram na África, tais como os gêneros *Afropithecus, Kenyapithecus* e *Equatorius.* Outros se dispersaram para a Eurásia, seguindo a tendência de aquecimento do Período; e ambos os macacos cercopitecíneos e colobinos também foram encontrados na Eurásia, no final do Mioceno e no início do Plioceno. Os últimos hominídeos cenozóicos da Eurásia incluem os **driopitecídeos** (Grego *dryo* = árvore) e os **sivapitecídeos** (posteriores a deusa hindu *Shiva*), os quais são mais aparentados aos grandes símios atuais e aos humanos do que os gibões. Evidências obtidas por meio de estudos paleoclimáticos e a natureza dos outros animais da fauna do Mioceno sugere que estes hominídeos ocuparam habitats de matas ou florestas.

O gênero *Lufengpithecus* do Mioceno Médio da Tailândia parecer ser o ancestral dos orangotangos e formas aparentadas, incluindo *Gigantopithecus,* um gênero do final do Mioceno e início do Pleistoceno, na Ásia. As espécies de *Gigantopithecus* do Pleistoceno representaram o maior primata que já viveu; com uma massa corpórea estimada em 300 quilogramas, ela devia ter cerca de duas vezes o tamanho de um gorila. Algumas pessoas especularam que uma linhagem sobrevivente do *Gigantopithecus* está por trás das lendas do Yeti, no Tibet, e do Pé-grande, ou Sasquach, na porção noroeste da América do Norte. Se o pé-grande existir, poderia ter chegado à América por meio de uma migração através da trans-Beringia durante o Pleistoceno, tal como o fizeram outros mamíferos.

Alguns poucos símios fósseis, tais como o *Graegopithecus,* europeu (também conhecido como *Ouranopithecus;* (Grego *ourano* = paraíso), o qual viveu entre 10 e 8 milhões de anos atrás, parecem pertencer ao mesmo ciado que compreende os grandes símios atuais e os humanos. É notável que os humanos retiveram as características ancestrais de nosso ciado em diversos traços dentários e cranianos, enquanto as linhagens dos grandes símios diferenciaram especializações únicas. E claro, os humanos também desenvolveram suas próprias especializações, independentemente das várias linhagens de grandes símios. Entretanto, é importante notar que todos os hominídeos viventes são derivados quando comparados aos símios da radiação do Mio-Plioceno. O fato de que os gibões e os orangotangos estão em uma posição menos derivada do cladograma do que os humanos e os símios africanos (Figura 24-2) não implica que os primeiros símios se pareciam com estas formas modernas.

24.3 A Origem e a Evolução dos Humanos

Os humanos têm sido colocados, tradicionalmente, em uma família separada, chamada de Hominidae, a qual inclui nosso próprio gênero, *Homo,* e o gênero bípedes relacionado, tais como *Australopithecus.* Entretanto, esta classificação é mais um reflexo do chauvinismo desta espécie, ao realizar tal determinação, mais do que qualquer diferença anatômica profunda entre símios e humanos. De fato, evidências moleculares sugerem uma relação muito mais próxima entre os símios e humanos do que a classificação sugere. Se ambos fossem qualquer outro tipo de mamífero seriam, sem dúvida alguma, colocados na mesma família e até mesmo em um mesmo gênero.

Vivemos atualmente em um momento incomum para os hominídeos, já que, somente nos últimos 30 mil anos, uma única espécie está presente. Recentemente, há cerca de 50 mil anos, nossa espécie, o *Homo sapiens,* compartilhava o planeta com o *Homo neanderthalensis* e com o *Homo erectus;* ao longo de toda a história dos hominídeos (com exceção, talvez, do primeiro meio milhão de anos), diversas espécies coexistiram.

Diferenças anatômicas entre os humanos e os símios aparecem no crânio e na mandíbula, na pélvis e no tronco e, em menor grau, nos membros. Os símios têm maxilas longas com forma retangular ou em forma de U, com fileiras paralelas de molares de cada lado; os caninos são grandes e pontiagudos e existe um espaço entre os caninos e incisivos. Os hominídeos têm maxilas curtas, associadas com o encurtamento de todo o focinho. As maxilas humanas têm forma de um V ou de um arco, com os dentes dispostos em uma linha curva que é mais ampla na região caudal das maxilas; os caninos são pequenos com pontas rombudas; e toda a dentição é relativamente uniforme em tamanho e forma sem espaços entre os dentes (Figura 24-11). Somando-se a isso,

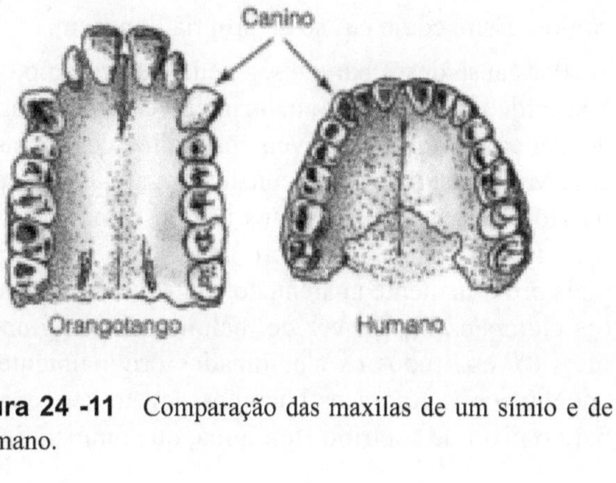

Figura 24 -11 Comparação das maxilas de um símio e de um humano.

o palato humano é arcado de modo proeminente, embora o palato dos símios seja mais achatado entre as fileiras paralelas de dentes.

Diversas tendências evolutivas podem ser identificadas entre os hominídeos. Os pontos, de articulação do crânio com a coluna vertebral (os côndilos occipitais) e o forâme magno (para a passagem do cordão nervoso) se modificaram da posição mais caudal da caixa craniana, para uma posição ventral à mesma. Esta alteração permite equilibrar a cabeça sobre a coluna vertebral, associada com uma postura vertical e ereta do tronco. A caixa craniana aumentou muito, de modo a acomodar o crescimento da região frontal do cérebro. Durante o Pleistoceno, Médio e Superior, desenvolveu-se uma testa proeminente e vertical, em contraste com as testas diagonais dos demais símios. O tórus supra-orbital e as cristas cranianas para a fixação de ligamentos musculares, foram reduzidos em tamanho, em associação com a redução do tamanho dos músculos que se prendem a elas. O nariz humano se tornou uma estrutura mais proeminente da face, com a ponte e também a ponta distintas.

Relações Entre os Hominoidea

Os humanos, os chimpanzés e os gorilas são mais relacionados uns aos outros, que com os orangotangos e gibões. Os símios africanos viventes não têm um registro fóssil conhecido, dependemos de estudos moleculares para entender a história de nossos parentes viventes mais próximos. Esta evidência indica que os gorilas se separaram do ancestral comum dos chimpanzés e dos humanos há 8-10 milhões de anos, no Mioceno Superior. Os gorilas foram, subsequentemente, isolados por fenômenos desconhecidos em populações do leste e do oeste por cerca de 3 milhões de anos. Neste ínterim, talvez tão recentemente quanto 6 milhões de anos, as linhagens dos chimpanzés e dos humanos se separaram. Os chimpanzés arborícolas se separaram totalmente mais recentemente, há cerca de 2,5 a 1,6 milhão de anos. Essas datas de divergências são muito mais recentes do que as previstas pelos biologistas. Elas indicam uma fase de mudança evolutiva rápida na linhagem direcionada para os símios, assim como em nossa própria linhagem.

Por causa desse parentesco genético próximo entre os hominídeos viventes tem ocorrido recentemente uma tendência em reajustar os níveis mais altos dessa classificação. Muitos taxonomistas consideram atualmente a família Hominidae, a qual usamos no senso mais tradicional para incluir apenas o gênero *Homo* e aqueles gêneros mais proximamente aparentados de *Homo* do que de *Pan* (os chimpanzés), em vez de incluir todos os grandes símios (p. ex., todos os classificados originalmente como "pongídeos"). Agora os humanos devem ser rebaixados para o nível de subtribo Hominina, que também incluí os chimpanzés, dentro da subfa-mília Homininae, que também inclui pelo menos o gorila (Delson e Tattersall 1997, Lewin 1998).

Muitos textos recentes usam o termo "homimin" no lugar do termo "hominídeo": isto é, se refere ao gênero *Homo* e seus ancestrais fósseis. Entretanto essa classificação é muito recente e a nomenclatura taxonômica está em estado de mudanças. Já que não há uma visão única aceita amplamente sobre estas novas visões das relações entre os primatas, incluindo a classificação dos gibões e orangotangos, adotamos a classificação tradicional (Fleagle 1998) nesta obra, sabendo que ela exagera as diferenças reais entre as linhagens.

Hominídeos Primitivos

Os hominídeos mais antigos e melhor conhecidos são os australopitecíneos (Latim *australi* = do sul), conhecidos primariamente do leste e sul da Africa no Plioceno e Pelistoceno Inferior. Muitos novos hominídeos tem sido descritos na última década, resultando uma grande confusão de nomes e argumentos sobre como estão relacionados a quem e quando o bipedalismo evoluiu.

A Condição Generalizada Autralopithecine Em termos de sua biologia, os australopithecines talvez são os melhores símios bípedes com uma dentição modificada que inclui uma camada mais fina de esmalte nos dentes e caninos pequenos, características derivadas dos hominídeos. Os machos eram geralmente maiores que as fêmeas, e os indivíduos cresciam e alcançavam a maturação rapidamente, diferente da adolescência prolongada que caracteriza nossa espécie. Análises ao nível microscópico dos dentes sugerem que os primeiros australopithecine, pelo menos, se alimentavam principalmente de frutas, incluindo, talvez alguma came em suas dietas, assim como os chimpanzés viventes.

Parece que todos os australopithecines eram capazes de caminhar sobre as duas pernas. Pegadas parecidas com a de humanos foram descobertas por Mary Leakey e seus colegas em Laetoli, na Tanzânia, marcadas em cinza vulcânica, datada radiometricamente entre 3,6 e 3,8 milhões de ano e provavelmente foram feitas pelo *Australopithecus afarensis,* o qual é conhecido por meio de fósseis encontrados no mesmo sítio. Análises dessas pegadas indicam que as mesmas não diferem substancialmente dos humanos modernos quando feitas sobre substrato semelhante, o que demonstra a antiguidade do bipedalismo na ancestralidade dos hominídeos, muito anterior à aquisição do cérebro grande.

O australopitecíneo mais completo conhecido, e até recentemente o mais antigo dos hominídeos, é o *Australopithecus afarensis.* Esta espécie é mais bem conhecida po uma parte substanciosa do esqueleto de uma única fêmea, conhecida na literatura popular pelo apelido de Lucy. Lucy foi descoberta por Donal Johanson, na região de Afar, também na Etiópia, não muito longe do Mar Vermelho, em um depósito datado em 3,2 milhões de anos. Lucy é um espécime impressionante em muitos aspectos. Ela é o fóssil hominídeo *pré-Homo* mais completo encontrado até hoje, consistindo de mais de 60 pedaços de ossos do crânio, da mandíbula, dos braços, das pernas, da pélvis, das costelas e das vértebras. Seu tamanho corpóreo era pequeno. Jovem, mas já crescida totalmente quando morreu, Lucy tinha cerca de 1 metro de altura e pesava cerca de 30 quilogramas. Outras descobertas indicam que os machos de sua espécie eram maiores, medindo, em média, 1,5 metro de altura e pesando cerca de 45 quilogramas. Os dentes e a mandíbula de Lucy também são claramente humanos. Sua dieta deve ter sido rica em alimentos duros, provavelmente frutas distribuídas irregularmente no tempo e no espaço. Infelizmente, sabemos pouco sobre a forma e o tamanho do crânio de Lucy. Outros espécimes de *A. afaresis* indicam um tamanho cerebral de 380 a 450 centímetros cúbicos, quase o mesmo que o dos chimpanzés e dos gorilas modernos.

Apesar das modificações para o bipedalismo os australopithecines retiveram algumas características dos símios, tanto na anatomia dos membros como dos canais semicirculares na orelha interna (estruturas responsáveis pela orientação e equilíbrio) que sugerem a retenção da orientação semelhante à dos símios no ambiente arbóreo em vez de uma vida totalmente terrestre. A vida arborícola também se reflete nos dedos das mãos e dos pés que são significativamente mais longos e mais curvados que o dos humanos viventes (veja Figura 24-12). Entretanto, as mãos dos australopithecines assemelhavam-se mais às mãos humanas que a dos símios arborícolas, tais como os gibões de orangotangos, e perderam os dedos robustos dos utilizados pelos chimpanzés e gorilas na nodopedalia. Parece que os australopithecines eram capazes de manter-se em pé e caminhar de modo bípede até certa medida, mas gastavam muito do seu tempo nas árvores e provavelmente não eram capazes de sustentar a corrida.

A despeito da estrutura de seus esqueletos, algo intermediário entre a condição semelhante aos símios e a humana, parece que os australopithecines caminhavam mais como os humanos do que a imagem da forma de caminhar dos homens da caverna com o corpo inclinado e o quadril e joelhos dobrados. Essa noção do andar dos primitivos humanos tem mais base em Hollywood do que na ciência – é a ideia sobre um caminhar intermediário entre chimpanzés e humanos, o qual, provavelmente, nunca existiu. Simulações computadorizadas e estudos anatômicos indicam que todos os hominídeos andavam eretos, com o tronco e com os joelhos esticados. De fato a Lucy virtual, criada por Robin Crompton (Crompton et al. 1998) inevitavelmente irá cair por terra, caso você tente imitar seu caminhar no estilo do "homem das cavernas".

Outros australopithecine primitivos Recentemente, hominídeos mais antigos e também mais primitivos que Lucy tem sido descobertos. *Ardipithecus ramidus* (inicialmente chamado de *Australopithecus ramidus*), foi descrito em 1994. Esse gênero é baseado em 17 espécimes (todos, menos quatro, eram dentes), originários de sedimentos da Etiópia, de cerca de 4,4 milhões de anos, associados a outros animais que indicam um ambiente de floresta. *Ardipithecus* (Afar *Ardi* = terrestre) apresenta muitas características comuns ao chimpanzé e não tem alguns dos traços derivados compartilhados pelas primeiras espécies de *Australopithecus* e hominídeos mais recentes. Entretanto, uma tentativa de avaliação das escassas evidências indica que o *Ardipithecus* era bípede, com base na posição do forâme magno. O braço dessa espécie era mais humano do que símio (especialmente os ombros e os cotovelos) e caninos incisivos menos sexualmente dimórfícos do que os símios africanos modernos – traços que são marcos da linhagem humana. Uma nova subespécie, *rdipithecus ramidus kadabba,* amplia a existência desse gênero para 5,5 milhões de anos atrás.

Diversas novas espécies de *Australopithecus* foram encontradas na década passada, preenchendo mais espaços na história da evolução humana. A Figura 24-13 apresenta um esquema amai de como as espécies de australopithecine se relacionam umas às outras e ao nosso gênero, *Homo,* embora existam aproximadamente tantas outras filogenias quanto os grupos de paleoantropologistas. O mais antigo membro conhecido atualmente do gênero *Australopithecus* é o *A. anamensis,* descrito em 1995, de localidades no Quénia há 4,2 a 3,9 milhões de anos (Leakey et al. 1995). Este hominídeo parece ter uma anatomia intermediária, entre o *Ardipithecus* e o *Australopithecus afarensis;* com uma dentição menos símia que a do *Ardipithecus* e com fragmentos de ossos dos membros sugerindo fortemente o bipedalismo. Sua massa corpórea estimada, cerca de 50 quilogramas, é maior do qualquer uma da destes primeiros hominídeos.

Um possível contemporâneo de *A. anamensis,* como o próprio nome indica, foi descrito da Africa do Sul em 2003 (Patridge et al. 2003). Existem debates sobre se os depósitos, onde esses hominídeos foram encontrados, são realmente mais antigos que 4 milhões de anos. Entretanto, se essa datação estiver correta isso implica que os hominídeos primitivos tiveram uma distribuição mais ampla sobre o continente africano do que a prevista anteriormente.

Australopithecus bahrelghazali é um pouco mais jovem do que *A. anamensis* e contemporâneo do *A. afarensis.* Este hominídeo, também descrito em 1995, foi encontrado no Chad, no centro da África, em um sítio fóssil interpretado como a beira de um lago, na floresta. Este é o primeiro hominídeo a ser encontrado a oeste da fenda "Rift Valley", o

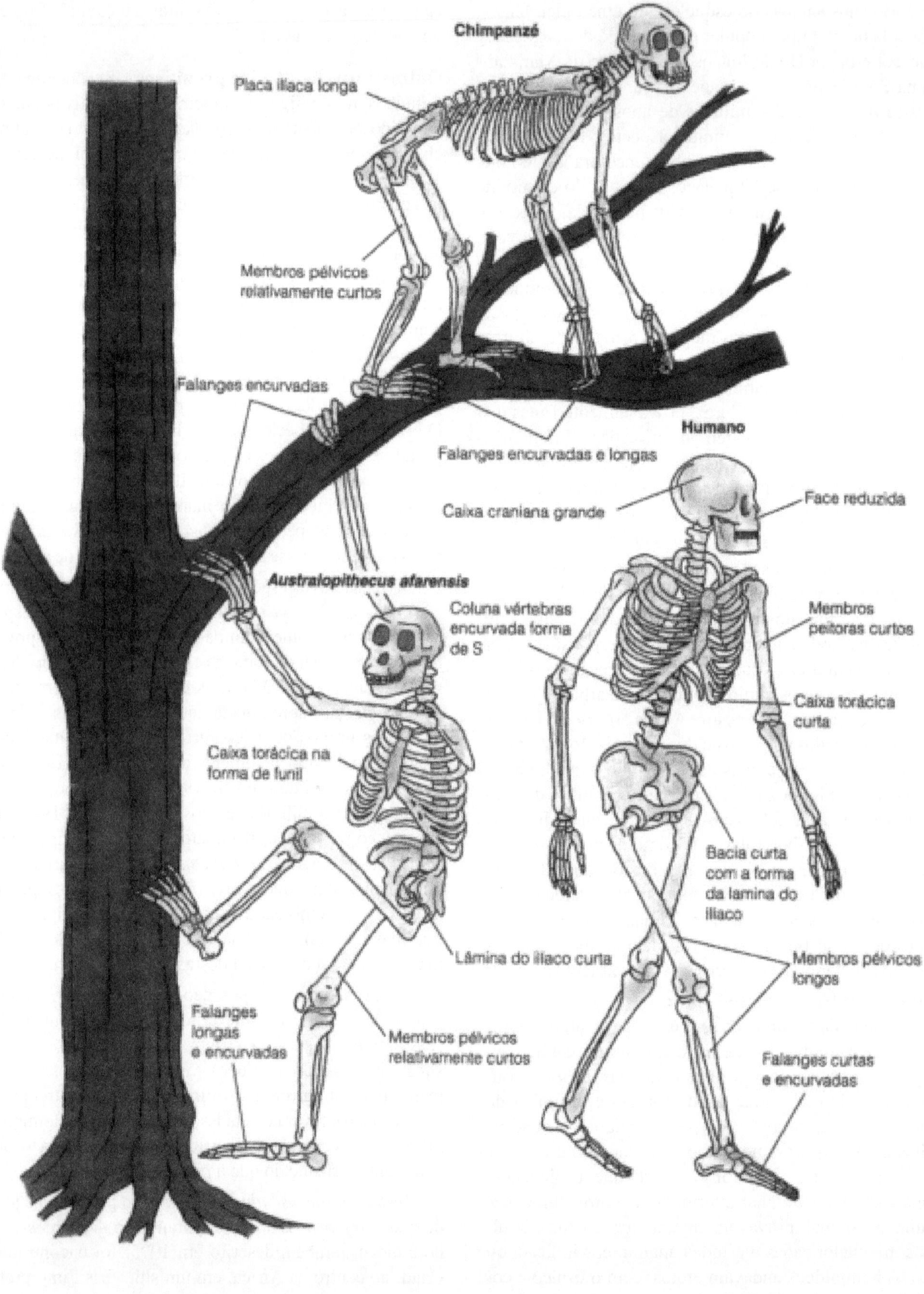
Chimpanzé
Placa ilíaca longa
Membros pélvicos relativamente curtos
Falanges encurvadas
Falanges encurvadas e longas
Humano
Caixa craniana grande
Face reduzida
Australopithecus afarensis
Coluna vértebras encurvada forma de S
Membros peitoras curtos
Caixa torácica curta
Caixa torácica na forma de funil
Bacia curta com a forma da lamina do ilíaco
Lâmina do ilíaco curta
Membros pélvicos longos
Falanges longas e encurvadas
Membros pélvicos relativamente curtos
Falanges curtas e encurvadas

<Figura 24-12 Comparação dos esqueletos de um chimpanzé, um australopithecine, e um humano. Note a placa ilíaca mais curta, a caixa torácica menos afunilada, as pernas relativamente mais longas e os dedos mais curtos em *Homo*.

que sugere que os primeiros hominídeos estavam mais dispersos pela África – e que eram mais diversos quanto aos seus habitats – do que se pensava.

Uma espécie ainda mais recente, o *Australopithecus ghari,* da Etiópia, foi descrita em 1999 (Asfaw et al. 1999). É datada em 2,5 milhões de anos e é apenas um pouco mais velha do que o primeiro espécime conhecido do gênero *Homo.* Esta espécie, conhecida por meio de fragmentos cranianos fósseis encontrados na Etiópia, foi considerada como o elo perdido entre os gêneros *Australopithecus* e *Homo.* Este crânio foi encontrado próximo a ossos fossilizados de animais descamados, o que levou à especulação de que o *A. ghari* pode ter sido a primeira espécie de nossa linhagem a se alimentar de carne e a usar ferramentas.

O último sobrevivente dos primeiros australopithecine, o qual é geralmente chamado de **australopithecine gracile**, devido à sua estatura relativamente pequena e delicada, foi o *Australopithecus africanus,* datado entre 2,3 e 3 milhões de anos. Embora o *A. africanus* tenha sido completamente bípede, ele também apresentava os ossos dos braços muito robustos, o que sugere que ele deve ter passado mais tempo sobre as árvores do que o *A. afarensis.* Este grau maior de vida sobre as árvores implica que ele pode não estar na linha evolutiva direta do *Homo.* Um ponto de vista alternativo sugere que *A. africanus* é mais proximamente aparentado de *Homo,* por possuir um crânio mais semelhante ao crânio do gênero *Homo.* Essa hipótese propõe que a posição bípede evoluiu por convergência em alguma extensão entre diferentes linhagens de hominídeos primitivos (Kingdon 2003). *A. africanus* também pode ter-se diferenciado de *A. afarencis* devido à inclusão de mais carne em sua dieta (Sponheimer e Lee-Thorp 1999).

Um último hominídeo primitivo, conhecido de 3,5 milhões de anos no Quênia, representa um gênero completamente novo, *Kenyanthropus platyops* (Leakey et al. 2001). Esse hominídeo é marcadamente diferente de seu contemporâneo *Australopithecus afarensis,* com uma combinação única de características de uma face derivada e um crânio primitivo. Embora essas inter-relações mantenham-se incertas, existe a especulação que essa espécie pode representar uma linhagem totalmente separada dos hominídeos primitivos, sendo talvez ancestral aos hominídeos conhecidos anteriormente como *"Homo"rudolfensis.*

Hominídeos Possivelmente Muito mais Antigos Conhece-se há alguns anos a possível existência de hominídeos, tais como *Ouranopithecus* (cerca de 8,5 milhões de anos) e *Samburupithecus* (cerca de 9 milhões de anos). A relação desses táxons com os hominídeos viventes tem sido debatida, mas nenhum táxon do Mioceno tem sido apontado como um verdadeiro hominídeo, um animal bípede na linhagem direta dos humanos. Esse quadro tem mudado drasticamente nesses últimos anos. Em 2000 Martin Pickford e Brigitte Senut anunciaram a descoberta, no Quénia, de *Orrorin tuugenensis,* datado em 6 milhões de anos (Senut et al. 2001). Em 2002 Michel Brunet e colaboradores (Brunet et al. 2002) descreveram uma forma mais antiga, datada de 6,5 milhões de anos, *Sahelanthropus tchadensis,* do país Chad na Africa central. Esses dois prováveis hominídeos antigos foram encontrados em áreas de matas ou florestas (Leakey e Walker 2003).

Tão espetacular como essas descobertas é a existência de debates consideráveis sobre o verdadeiro estatus de hominídeos dessas espécies. Os fragmentos preservados de *Orrorin* combinam um fémur com características que indicam bipedalismo, grandes caninos semelhantes ao dos símios e ossos dos dedos indicando habilidade para agarrar. *Sahelanthropus* é conhecido apenas pelo crânio embora a posição ventral do forâme magno sugira uma cabeça equilibrada no topo da coluna vertebral, como os hominídeos bípedes. Diferentemente de *Orrorin,* esses animais eram pequenos, tinham tórus supra-orbitais bem desenvolvidos e várias características cranianas mais semelhantes às dos símios que às dos humanos.

Australopithecine mais Derivados Os últimos australopithecine eram distribuídos no leste e no sul da Africa desde 2,5 até 1,2 milhões de anos atrás. Chamados de **australopithecine robusto**, eles são posicionados, do modo geral em seu próprio gênero *Paranthropus – Paranthropus robustus* da África do Sul, e *P. aethiopicus* e *P. boisel* do leste da África. Entretanto, não está totalmente claro como se relacionam essas espécies de australopitecineos robustos, ou mesmo se eles representam uma única radiação oriunda dos australopitecineos gráceis. O tipo robusto de australopithecine pode ter surgido independentemente em mais de uma situação de diferentes espécies de austraslopithecines gracilis.

Os australopithecines robustos eram relativamente grandes, com forma de constituição vigorosa com cristas sagitais cranianas pronunciadas com as proporções de um jogador de futebol americano (embora não alcançassem mais de 1,5 metros de altura). Eram terrestres, e vegetarianos moradores das savanas: em comparação com outros australopithecines, seus molares fortes exibiam grande desgaste sugerindo uma dieta de fibras mais rígidas.

Hominídeos Derivados (o gênero Homo)

A primeira espécie de *Homo,* chamada originalmente de *Homo habilis* (= homem habilidoso), existiu no leste

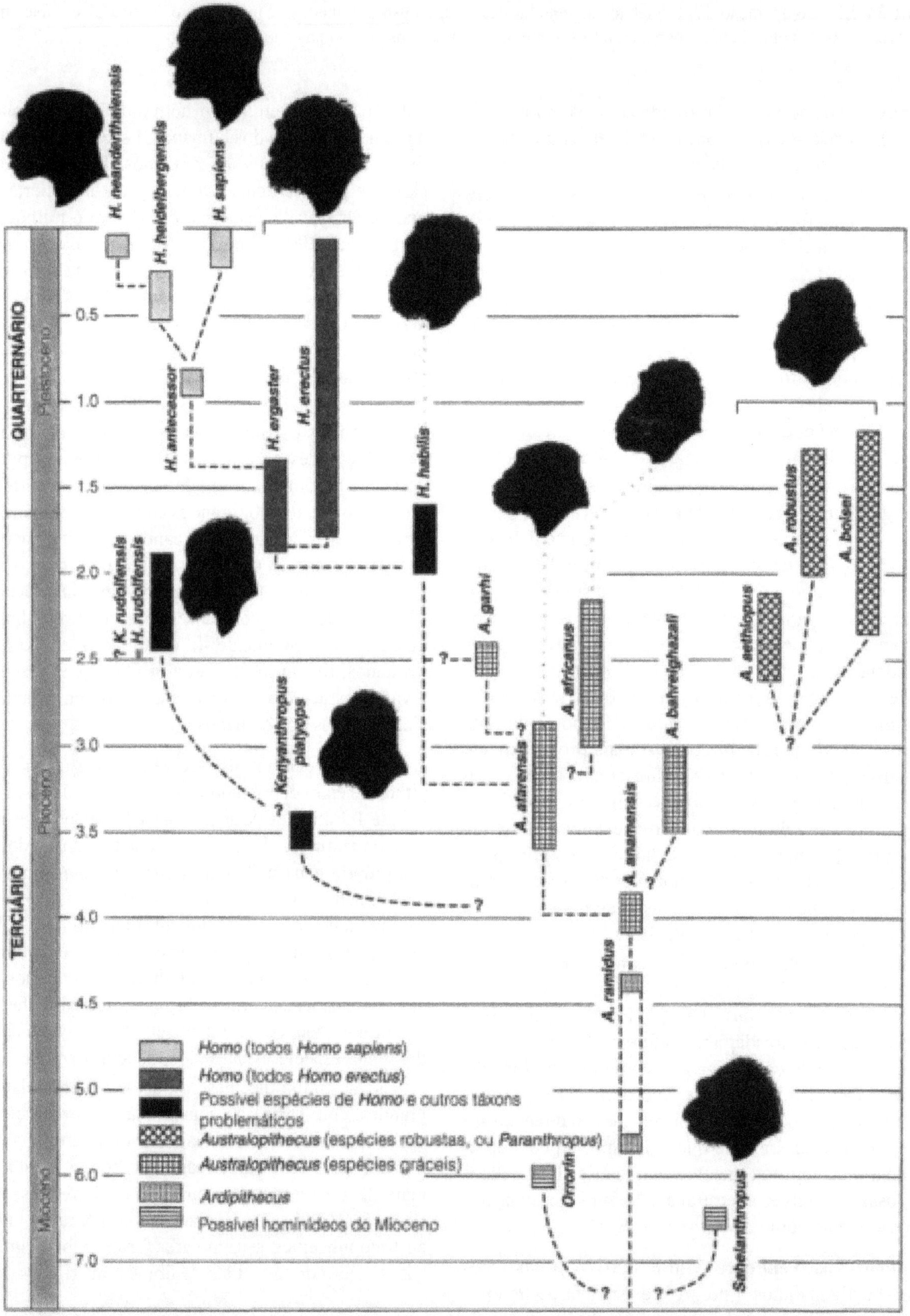

Figura 24-13 Uma hipótese para as relações filogenéticas entre os Hominidae.

africano há 2,4 a 1,6 milhões de anos. Entretanto, esse táxon é muito pouco conhecido e tem sido objeto de intenso debate. O *Homo habilis* se distingue dos demais australopithecines por uma maior capacidade craniana: entre 500 e 750 cm^3, em contraste ao valor de 380 a 450 cm^3 do *Australopithecus afarensis.* Todavia, esse volume craniano é ainda pequeno em comparação com as espécies mais recentes de *Homo.* O *Homo habilis* também difere dos *Australopithecus* por possuir face, maxilas e dentição menores, com dentes pequenos na maxila e com grandes dentes frontais. Semelhante aos *Australopithecus,* eles possuíam corpos pequenos e retiveram algumas especializações para escalar. Alguns paleontólogos consideram a espécie *Homo habilis* muito primitiva para incluí-la no gênero *Homo,* e a colocam dentro de australopitecíneos (Wood e Collard 1999).

Muitos especialistas tem dividido a espécie original *H. habili* em duas espécies: *H. rudolfensis,* conhecido de 2,4 a 1,8 milhões de anos atrás, e o *Homo habilis* (redefinido, datando de 1,9 a 1,6 milhões de anos atrás). Apesar de ser mais velho do que o *H. habilis, o H. rudolfensis* possuía um cérebro, de certa forma, maior. Entretanto, uma perspectiva mais recente, mostrada na Figura 24-13, coloca *Homo rudolfensis* (agora *Kenyanthropus rudolfensis*) como descendente de *Kenyantropus platyops.* Um espécime sul africano, conhecido pelo nome de *"Homo" rudolfensis* (com cerca de 1,8 milhões de anos) tinha sido designado como *H. habilis* (Blumenshine et al. 2003) empurrando para trás a idade desse espécime e ampliando sua distribuição biogeográfica. Esses hominídeos foram encontrados em associação com artefatos de pedra e ossos fósseis de outros animais com marcas de cortes, sugerindo o uso de ferramenta e comportamento de caça (no mínimo comedores de carniça).

A cerca de 2 milhões de anos aparece um novo hominídeo no registro fóssil – *Homo erectus* (Latim *erect* = ereto) – originalmente descrito, no final do século XIX, como *Pithecanthropus erectus,* e conhecido, naquela época, como o Homem de Java ou de Pequim. Semelhante aos humanos modernos, esse hominídeo possuía corpo grande, perda das adaptações para trepar, e dentes e mandíbula relativamente pequenos: não há duvida que esse táxon pertence ao gênero *Homo.*

Homo erectus provavelmente se originou no leste da África, onde coexistiu, por algumas centenas de milhares de anos, com dois dos australopithecines robustos. O *Homo erectus* foi o primeiro hominídeo intercontinental. Parece que ele se dispersou para a Ásia há, no mínimo, 1,8 milhão de anos e, subsequentemente, talvez, para a Europa. Entretanto, outros crânios da mesma época originários da Geórgia (formava parte da União Soviética) são menores e possuem mais semelhanças com *H. habilis,* sugerindo que o padrão inicial de migração dos hominídeos para fora da África foi mais complexo do que se pensavam originalmente (Vekua et al. 2002).

Atualmente, a mais antiga versão africana do *Homo erectus* é chamada de *Homo ergaster,* sendo o nome *Homo erectus* reservado para o hominídeo asiático (embora um espécime verdadeiro de *H. erectus* é conhecido do Pleistoceno na Etiópia). *Homo ergaster é* mais aparentado aos hominídeos subsequentes e desapareceu há 1,3 milhão de anos.

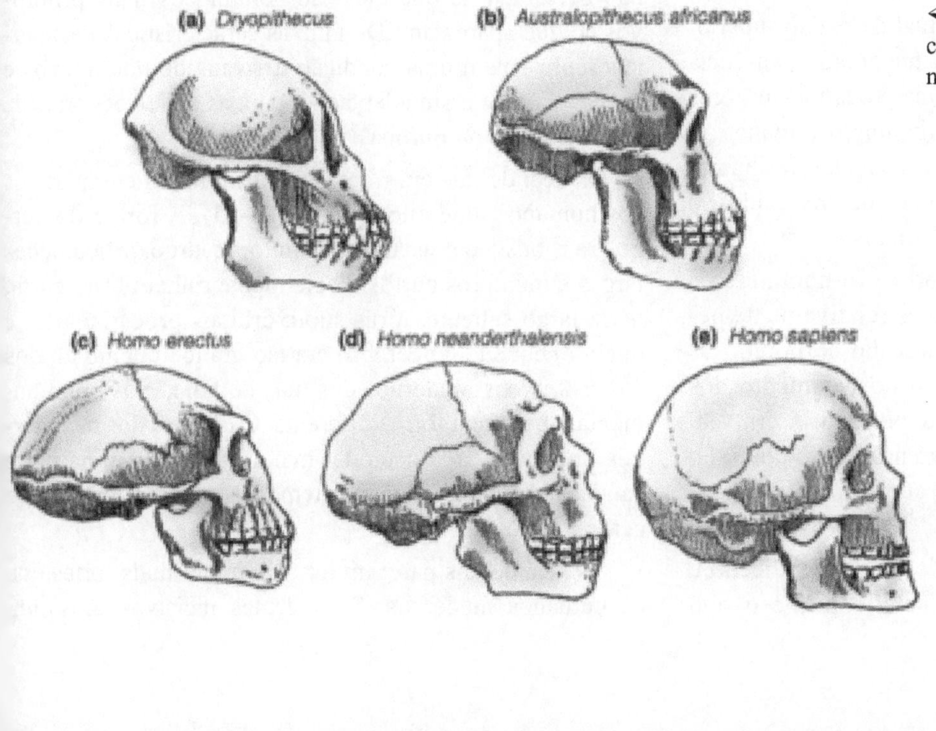

Figura 24-14 Comparação entre crânios de hominídeos (b-e) e um hominóide mais primitivo (a).

Entretanto, esse táxon é muito pouco conhecido e tem sido objeto de intenso debate. O *Homo erectus* sobreviveu por muito mais tempo. Pensava-se, originalmente, que a espécie tinha desaparecido entre 200.000 e 300.000 anos atrás, mas descobertas recentes demonstraram que ele sobreviveu cerca de mais um quarto de milhões de anos. Remanescentes ósseos encontrados em Java foram datados entre 27 e 53 mil anos tornando o *H. erectus* um contemporâneo dos neandertais e dos *H. sapiens* modernos. Devemos nos referir somente ao *H. erectus,* o que implica na inclusão, sob este mesmo nome, do *H. rudolfensis* e do *H. erectus,* em nossa discussão sobre as características dos hominídeos neste estágio evolutivo.

Três são as características importantes do *Homo erectus.* Que representaram uma mudança significativa na história evolutiva dos humanos. Primeiro, eram substancialmente maiores do que os hominídeos que os precederam (chegando a 1,85 metro de altura e pesando, ao menos 65 quilogramas – o mesmo tamanho que humanos modernos), apresentando um grande crescimento das fêmeas, o que reduziu o dimorfismo sexual de modo que os machos eram 20 a 30 por cento maiores que as fêmeas, assim como na nossa espécie. A redução do dimorfismo sexual em *H. erectus* e nas espécies subsequentes de *Homo* implica em modificações comportamentais de um sistema social poligâmico para a formação de um casal monogânico.

Segundo, o *H. erectus* tinha um cérebro maior do que o apresentado pelas espécies anteriores de *Homo,* com capacidades cranianas variando de 775 a 1100 cm^3. Terceiro, o *Homo erectus* foi o primeiro hominídeo a apresentar um nariz humano, com as narinas voltadas para baixo. As demais características faciais eram primitivas – uma mandíbula projetada à frente do plano frontal da região superior da face (prognata); dentes relativamente grandes; ausência quase total de queixo; uma testa plana proeminente; tórus supra-orbital proeminente e um nariz amplo e plano. As proporções esqueléticas eram similares àquelas dos humanos modernos, mas os ossos eram mais desenvolvidos, o que sugere uma constituição muscular mais robusta.

O Homo eretus também foi o primeiro hominídeo a ter erupção dentária atrasada e dentes relativamente pequenos, quando comparados ao tamanho corpóreo. Os dentes menores sugerem que o uso do cozimento dos alimentos pode ter se iniciado neste período. A erupção atrasada dos dentes sugere uma extensão da infância, o que também deve implicar em um aumento da expectativa de vida.

A espécie *Homo sapiens* (Latim *sapien* = inteligente), como definida originalmente não incluí somente o tipo moderno dos humanos, mas também os neandertais e algumas formas mais antigas. Evidências mais recentes, de uma variedade de fontes, complicaram este quadro, com o resultado de dividir as formas, que originalmente eram incluídas em *Homo sapiens,* em muitas espécies diferentes, e o termo *Homo sapiens* atualmente é reservado para os humanos modernos.

O *Homo heidelbergensis* conhecido tanto na Africa como na Europa entre 500.000 e 300.000 anos, e *H. antecessor,* conhecido de cerca de 800.000 anos atrás na Espanha foram percurssores dos humanos modernos. Um crânio mias antigo de um tipo similar de hominídeo foi encontrado com aproximadamente 1 milhão de anos (Abbate et al. 1998). Esses hominídeos tinham um cérebro um pouco maior, um crânio mais espesso e robusto, dentes grandes, e pouco prognatismo (projeção da mandíbula a frente do plano da face superior) em relação ao *Homo erectus.* Era pensamento corrente que *H. heidelbergensis* era o ancestral dos neandertais (Acertado atualmente de pertencerem a espécie *H. neanderthalensis*)e*H. antecessor* tanto da linhagem dos neandertais como dos humanos modernos (Veja Figura 24-13).

Os Neandertais Os primeiros fósseis reconhecidos do *Homo neanderthalensis* foram encontrados no Vale de Neander no oeste da Alemanha, em 1856, e fósseis com características neandertais apareceram primeiro há cerca de 150.000 anos. Análises recentes de DNA retirado de ossos de neandertais apresentaram diferenças consideráveis com relação ao DNA de humanos modernos, sugerindo que os neandertais não eram ancestrais diretos dos humanos modernos. Os neandertais são frequentemente apresentados como um homem das cavernas primitivo, com a arrogância não declarada de que eles são hominídeos mais primitivos do que aparentam. De fato, as características neandertais representam uma condição derivada de hominídeos e provavelmente eram adaptações para as condições frias da Idade do Gelo na Europa.

Os neandertais eram mais baixos e fortes comparados aos humanos modernos (Figura 24-15). A forma do corpo era robusta e musculosa, com tórax largo, articulações largas e membros curtos. Facialmente tinham testa curta, nariz largo saliente, tórus supra-orbitais proeminentes, e queixo pequeno. O cérebro era tão grande quanto ao dos *Homo sapiens* modernos dos dias de hoje, mas eram aumentados de uma forma diferente. O cérebro dos neandertais tinha uma área occipital maior que a nossa, na parte caudal da cabeça, enquanto temos as regiões temporal e central maiores.

Os neandertais parecem ter sido muito mais fortes que os humanos modernos. Seus dentes incisivos mostram

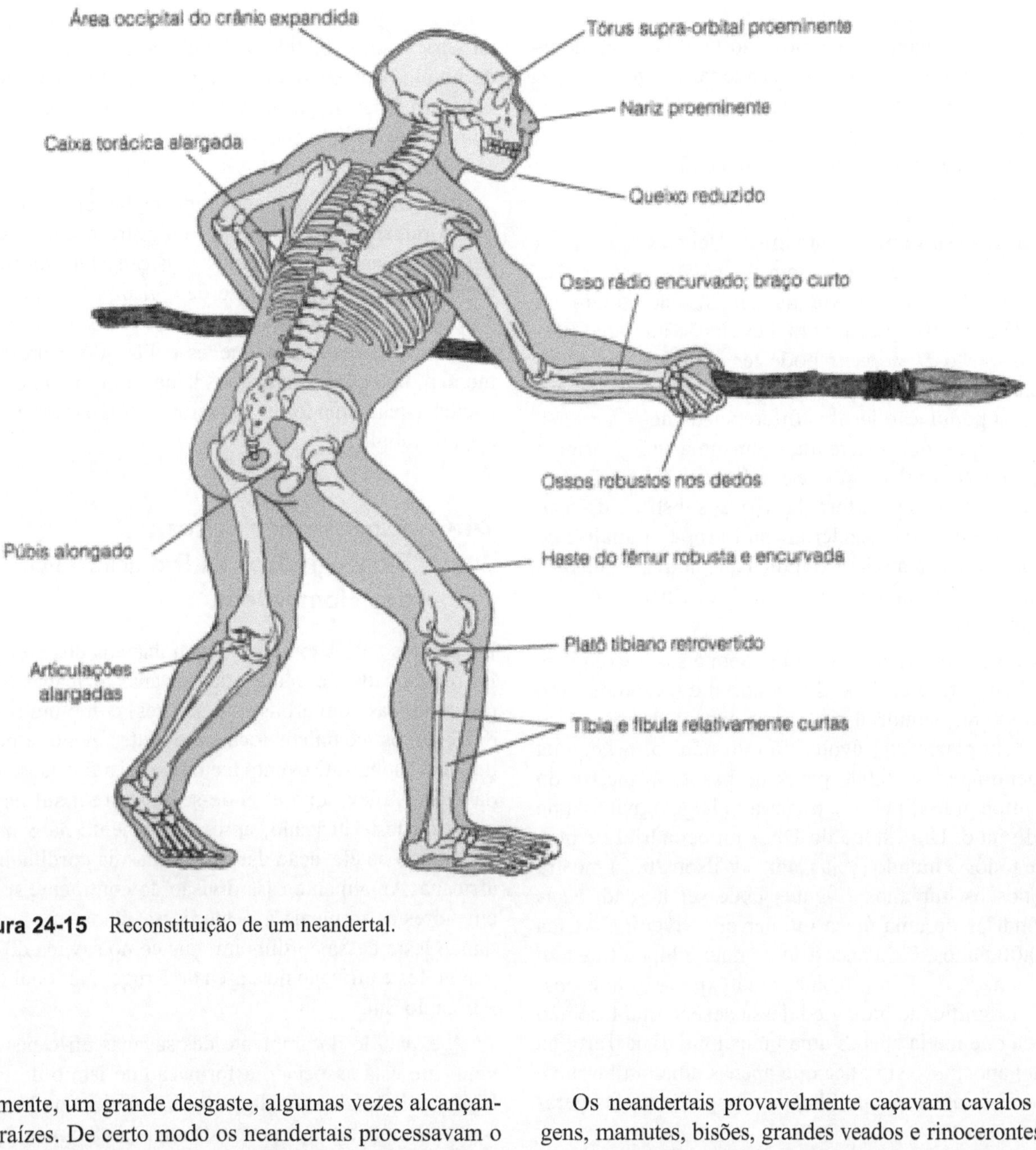

Figura 24-15 Reconstituição de um neandertal.

tipicamente, um grande desgaste, algumas vezes alcançando as raízes. De certo modo os neandertais processavam o alimento resistente entre os dentes incisivos, ou será que o mastigassem para amolecê-lo semelhante ao que fazem os aborígines humanos atuais? Os neandertais eram fabricantes de instrumentos de pedra produzindo ferramentas conhecidas como ferramentas industriais do tipo mousteriano (região de Le Moustier, França), e tinham uma sociedade bem organizada e ferramentas cada vez mais sofisticadas. Os neandertais tinham a capacidade para uma linguagem complexa mantêm-se controversa, mas foram os primeiros humanos conhecidos a enterrar seus mortos, provavelmente com rituais. De especial importância são os sepultamentos da caverna Shanidar no Iraque que inclui uma variedade de plantas reconhecidas nos tempos modernos por suas propriedades medicinais.

Os neandertais provavelmente caçavam cavalos selvagens, mamutes, bisões, grandes veados e rinocerontes peludos. As ferramentas de caça do estilo mousteriano eram do tipo para bater, apunhalar e cortar – lanças para arremessar e arcos e flechas são desconhecidos. Muitos restos de esqueletos de neandertais mostram evidências de ferimentos graves durante a vida, e esses padrões de injurias assemelham-se àquelas adquiridas nos rodeios dos dias atuais. Essas similaridades sugerem que, semelhante aos caubóis de rodeio, os neandertais tinham contato próximo com animais grandes e ameaçadores. A despeito da alta incidência de ferimentos, 20 por cento dos neandertais tinham mais de 50 anos até o momento de sua morte. As populações de seres humanos modernos só alcançaram essa longevidade após a Idade Média.

O *Homo sapiens* moderno chegou à Europa e Ásia entre 40.000 a 30.000 anos atrás. Há muito debate sobre o papel do *H. sapiens* no desaparecimento das outras espécies de humanos: os humanos modernos não têm os marcadores de DNA que dos distinguem os neandertais, sugerindo que não ocorreu inter-cruzamento entre essas duas espécies. Essas duas espécies competiram gradualmente uma com a outra sem enfrentamento direto ou tiveram algum tipo de conflito direto?

Origem dos Humanos Modernos Debates constantes são realizados acerca da origem do *Homo sapiens* (resumidos em Lahr 1994). Alguns cientistas acreditam em um modelo multi-regional para a evolução humana. Eles sugerem que o *H. sapiens* pode ter evoluído, independentemente, em regiões distintas, cada uma se originando de uma população local já diferenciada de *H. erectus*. Outros pesquisadores acreditam em uma única origem africana do *H. sapiens;* o que implica em uma segunda onda de migrações para fora da Africa, substituindo o *H. erectus* na Ásia e os neandertais na Europa. A análise de materiais fósseis e modernos indica que houve, mais provavelmente, uma única origem, africana, para todos os *Homo sapiens*.

Uma origem africana única também é sustentada pela chamada hipótese da Eva Mitocondrial e o cromossomo Y. O DNA mitocondrial é inerente apenas da mãe e reside no citoplasma do óvulo, não do núcleo, o genoma é pequeno-apenas 16.000 pares de bases. A análise do DNA mitocondrial permite traçar a linhagem materna de um indivíduo. Um estudo do DNA mitocondrial de pessoas de todos o mundo (veja Cann e Wilson 2003) mostra que todos os humanos viventes pode ser herdado suas mitocôndrias de uma única mulher que viveu na África há 170.000 anos. Essa ancestral comum e hipotética tem sido chamada de Eva africana, uma expressão que obscurece o significado biológico dessa descoberta. Isso não significa que havia apenas uma única mulher na Terra há 170.000 anos; isso significa que apenas uma mulher teve uma série ininterrupta de filhas ao longo de várias gerações desde então.

Um procedimento semelhante pode ser usado com o cromossomo Y, que é passado apenas de pai para filho. O cromossomo Y tem cerca de 60 milhões de pares de bases, deste modo, é muito mais difícil de estudar do que o DNA mitocondrial. Uma análise de 2.600 pares de base do cromossomo Y indica que todos os machos humanos são descendentes de um único indivíduo. Além disso, os humanos têm apenas um décimo de variação genética em relação aos chimpanzés, e as observações indicam que as populações humanas eram muitos pequenas, passando através de um "gargalo de garrafa" (*"bottleneck"*) genético.

Esses estudos moleculares, apesar encontrarem alguma crítica, geralmente estão de acordo com o registro fóssil, o qual mostra que o *Homo sapiens* moderno originou-se na África entre 100.000 e 120.000 anos atrás. Três crânios de hominídeos encontrados recentemente na Etiópia, datam aproximadamente de 160.000 anos, e parecem estar na ampla base da linhagem dos humanos modernos (White et al. 2003).

Por volta de 40.000 anos atrás os humanos adquiriram comportamento moderno, pois o registro fóssil mostra evidências de arte, instrumentos musicais, ferramentas altamente sofisticadas, produção de registros feitos em placas de pedra etc. O que aconteceu nessa época? Muitos pesquisadores pressupõem que esse Período representou o momento no qual os humanos adquiriram finalmente a capacidade para uma forma moderna de linguagem e comunicação simbólica.

24.4 Aspectos Ecológicos e Biogeográficos da Evolução Inicial dos Hominídeos

Por muitos anos a evolução das linhagens dos hominídeos foi relacionada a evolução das savanas africanas (campos de gramíneas com arbustos e árvores) como um resultado dos eventos tectónicos locais e o resfriamento e períodos de secas globais. O evento tectônico foi a formação da fenda "Rift Valley" que estende-se de norte a sul na região oeste do leste africano, aproximadamente há 8 milhões, resultando na elevação das montanhas da cordilheira leste africana. Atualmente essa divisão do continente se reflete em florestas tropicais à oeste dessa fenda, e savanas no flanco leste dessa cordilheira, tais como savana do Serengeti no leste africano ou a área do Kruger National Park na África do Sul.

A expansão do ambiente das savanas africanas provavelmente está associado a formação do istmo do Panamá há 2,5 milhões de anos, ligando as Américas do Norte e do Sul, ocasionando uma profunda alteração climática global. Evidências paleontológicas tanto da flora como da fauna do leste africano sugerem que a mudança ambiental nesse período, para mais seca, ampliação dos habitats savânicos, e o aparecimento de um grande aumento de antílopes pastadores, e novos tipos de carnívoros.

Isso costuma ser associado diretamente ao desenvolvimento dos habitats savânicos que coincidiram com a separação da linhagem humana das dos outros símios. A explicação tradicional tem sido que durante o desenvolvimento da fenda "Rift Valley" ocorreu o isolamento da linhagem humana das outras linhagens de símios. Subsequentemente, os humanos se adaptaram a esses novos ambientes abertos de gramíneas adotando o caminhar bípede, enquanto os símios eram relegados às florestas tropicais a oeste da fenda. Entretanto, embora tenha ocorrido indubitavelmente, algum isolamento de humanos em relação aos outros hominídeos sabemos atualmente que esse cenário da evolução do bipedalismo, como uma adaptação ao ambiente savânico, deve ser incorreta. O surgimento da expansão das savanas foi datado como mais recente do que se previa anteriormente, ao redor de 2 a 3 milhões de anos; em contraste sabemos atualmente, com certeza, que o bipedalismo dos hominídeos é anterior há 4,5 milhões de anos e talvez há 7 milhões de anos. Agora parece provável que a origem dos humanos e o bipedalismo ocorreram em ambientes mais florestados.

Os australopithecines gracilis foram primariamente uma radiação do Pleistoceno Inferior, precedendo a expansão dos habitats savânicos. No Pleistoceno Inferior, ao redor dos 2,5 milhões de anos e coincidindo com mudanças climáticas maiores, a linhagem dos hominídeos separou-se em duas – Uma linhagem conduziu para nossos ancestrais diretos, o gênero *Homo,* e outra que direcionou-se para os australopithecines robustos. Assim, ao final do Plioceno, há 2,5 milhões de anos, houve duas linhagens de hominídeos em evolução – os primeiros humanos verdadeiros e os australopithecines robustos. Resfriamentos climáticos subsequentes e um clima mais seco reduziram a abundância dos australopithecines robustos no início do Pleistoceno, levando-os à extinção. Entretanto, se as alterações climáticas do Pleistoceno tivessem sido diferentes – tais como um regime mais úmido e quente – nossos ancestrais poderiam ter se extinguido e os australopithecines robustos, sobrevivido.

24.5 A Evolução das Características Humanas

Os humanos são classicamente distinguidos dos demais primatas por três características derivadas: uma postura e um modo de locomoção bípede, um cérebro extremamente aumentado e a capacidade de linguagem e de fala. Aqui, examinamos os possíveis passos na evolução de cada uma dessas características e também consideramos a perda dos pêlos corpóreos e a evolução do uso de ferramentas.

Bipedalismo

As alterações mais radicais do esqueleto pós-craniano humano estão associadas com a suposição de uma postura completamente bípede e ereta, no gênero *Homo.* As modificações anatômicas incluem uma curvatura, em forma de S, da coluna vertebral, a modificação da pélvis e da posição do acetábulo em conexão com uma locomoção bípede e o alongamento dos ossos da perna e seu posicionamento como colunas verticais, diretamente abaixo da cabeça e o tronco (veja Figura 24-15). A curva secundária da coluna vertebral é uma consequência da locomoção bípede, e se forma somente quando a criança aprende a andar. Nós, de forma alguma, maximizamos a coluna vertebral para o estresse da locomoção bípede, a qual é bem diferente da encontrada entre os quadrúpedes. Uma consequência destes estresses é a alta incidência de problemas de coluna em humanos modernos.

Os humanos se mantêm eretos em uma posição com os joelhos flexionados, a qual nos permite andar com nossos pés posicionados no eixo de gravidade, reduzindo o movimento da bacia para os lados. Esta posição dos membros deixa algumas marcas no fêmur (o maior osso da perna), tanto na articulação com a bacia quanto com o joelho. Este tipo de evidência óssea pode ajudar os pesquisadores a deduzir se uma espécie fóssil era completamente bípede. Uma consequência infeliz da posição dos membros é a de que os humanos, especialmente os atletas, estão sujeitos a deslocamentos e a torções do joelho. Já que as mulheres apresentam bacias mais amplas do que a dos homens, seus fémures são inclinados, em direção aos joelhos, em um ângulo ainda mais agudo, o que as toma mais sujeitas às contusões.

Os pés dos humanos apresentam modificações drásticas para a locomoção bípede. O pé se tornou plano, exceto pelo arco tarso-metatarso, com alterações correspondentes nas formas e nas posições dos tarsos apresentando um alinhamento próximo e paralelo de todos os cinco metatarsos e os dígitos. Além disso, o maior dedo do pé não é mais oponível, como o que ocorre entre os símios e os macacos (Figura 24-16), embora ele ainda apresente uma capacidade de divergência, com relação aos demais dedos, nos primeiros hominídeos.

Há tantas hipóteses sobre as razões do bipedalismo humano quanto há de antropólogos. Dentre as razões sugeridas estão a proteção contra predadores (ser capaz de observar sobre a grama alta), a liberação das mãos para que as mesmas carregassem objetos (tanto na caça, quanto na coleta de alimentos), a termorregulação (um símio de pé apresenta uma superfície menor para os raios do Sol) e eficiência na locomoção. Um problema óbvio com todas estas hipóteses é a dificuldade de testá-las. Embora os humanos sejam extremamente eficientes na locomoção bípede, especialmente quando andam, é improvável que o bipedalismo tenha evoluído especificamente para esta função. Os demais símios são bem menos eficientes que os humanos no andar bípede, mas esta é a condição evolutiva a partir da qual o bipeda-

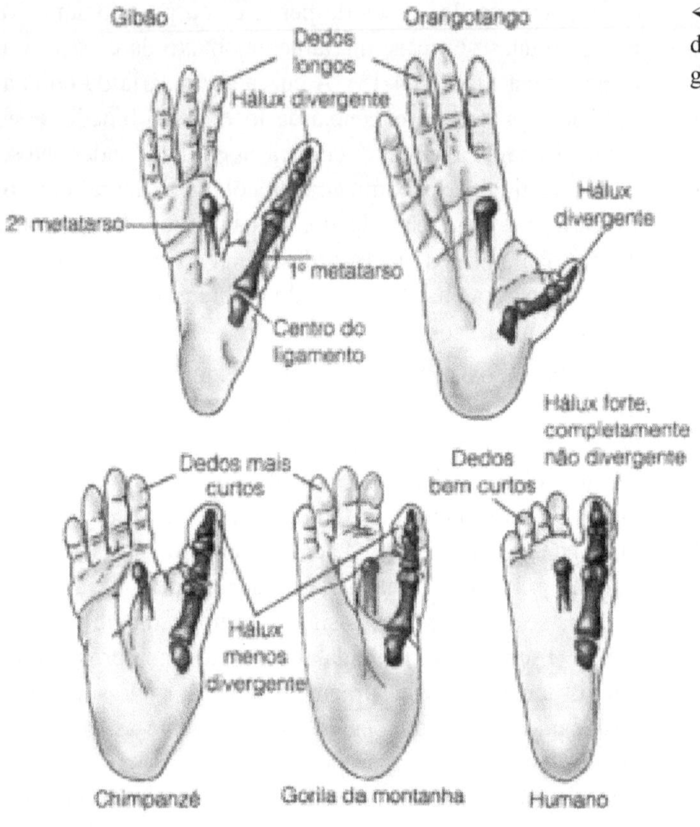

Figura 24-16 Comparação dos pés de hominóides viventes, demonstrando algumas partes esqueléticas (metatarsos para os dígitos em I e II e falanges para o dígito I) em relação à forma do pé.

lismo humano deve ter se iniciado. Em outras palavras, um proto-hominídeo, ou um hominídeo primitivo, deve ter andado de forma bípede, inicialmente, de uma forma não eficiente, antes que a seleção pudesse agir sobre o esqueleto. (Steudal 1996)

Em alguns aspectos, o bipedalismo pode não ser o grande mistério aparentado em um primeiro momento. O caminhar por nodopedalia dos gorilas e chimpanzés é um traço hominídeo derivado, e talvez tenha evoluído independentemente nas duas linhagens de símios, ou compartilhada com o ancestral comum dos símios e humanos. Outros símios, tais como, os gibões e os orangotangos, tendem a andar em um movimento bípede desengonçado, quando no solo: seu tronco ereto, adaptado à vida sobre as árvores, os predispõem a fazer isso – deste modo, uma tendência para caminhar de modo bípede parece ser uma característica hominóide primitiva.

Greopithecus, (Grego *oreo* = montanha), um símio do Mioceno Inferior da Itália, parece ter evoluído um tipo convergente de bipedalismo com os hominídeos: Tinham a coluna vertebral na forma de S, uma cintura pélvica muito semelhante a dos *Australopithecus,* e um pequeno ângulo entre o joelho e o fêmur. Entretanto o pé diferencia-se marcadamente daquele dos humanos, com um dedão do pé grande e com ampla divergência – provendo aparentemente uma base de suporte ampla e tripodial. Essa anatomia do pé combina com pernas curtas, indicando um andar lento e inseguro mais do que semelhante ao humano, o eficiente caminhar a passos largos. Nessas espécies, pelo menos, o bipedalismo deve ter evoluído por alguma outra além de uma locomoção mais eficiente, talvez aumentar a eficiência do pé-alargado.

Jonathan Kingdon (2003) propôs uma nova hipótese para o significado pelo qual os proto-hominídeos devem ter se tomado pré-adaptados para o andar bípede. Ele sugere que os primeiros membros das linhagens de hominídeos caminharam no solo das florestas costeiras do leste da África, em uma posição mais agachada para balançar as mãos livres para apanhar alimento. Essa posição durante a alimentação deve ter selecionado as mudanças anatómicas do tronco e cabeça para a melhor se equilibrarem com a pelve; um avanço ulterior deve ser um encurtamento da caixa torácica assim que o tronco pode girar ao redor de uma cintura estreita (veja Figura 24 17). Com essas mudanças os proto-hominídeos deviam estar numa posição melhor que os símios para se equilibrar em uma posição mais ereta – mudanças nas pernas e pés podem ter vindo mais tarde deste modo os proto-hominídeos tiveram vantagem desse novo equilíbrio par caminhar ereto. Um fato positivo dessa hipótese é qu

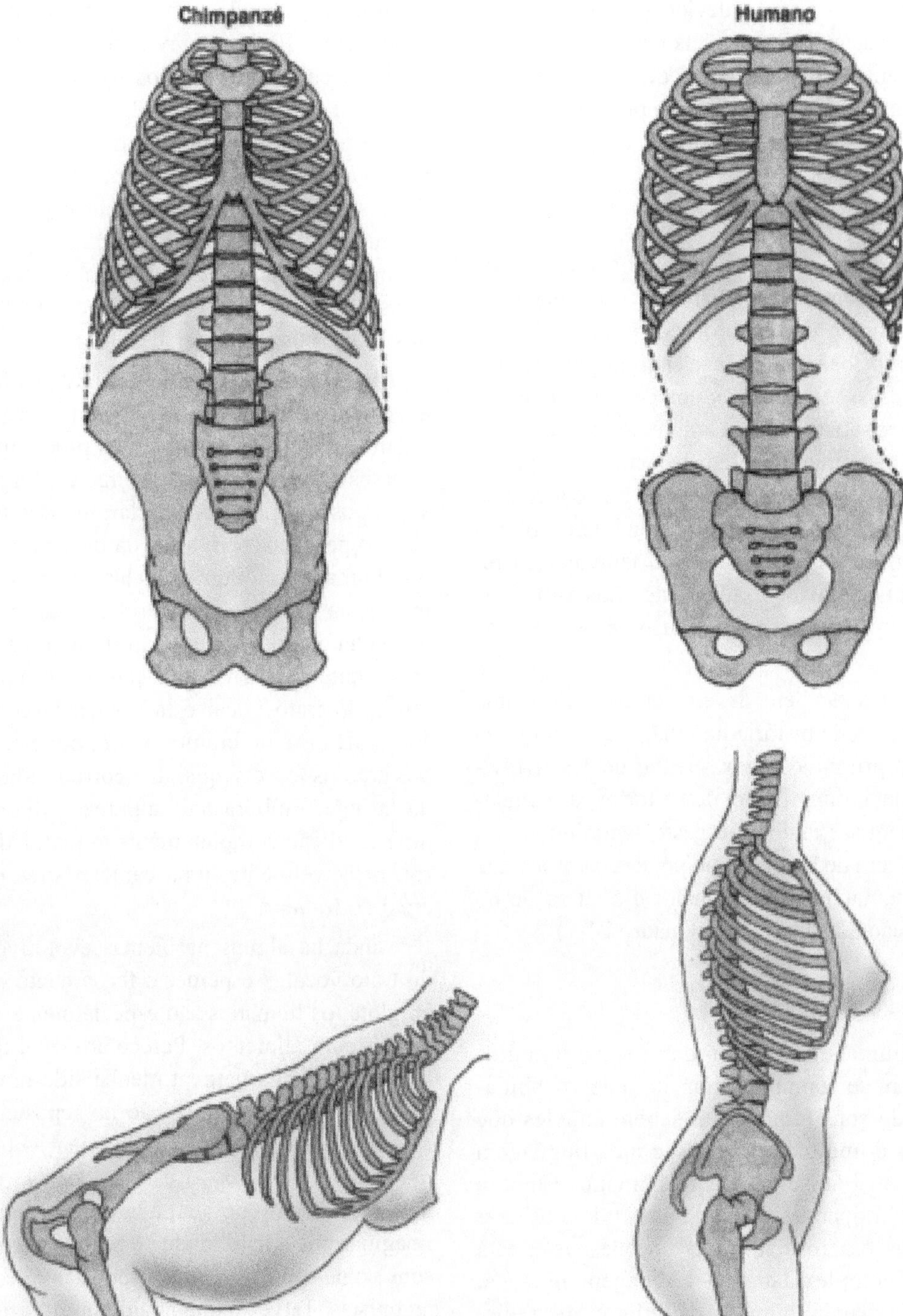

Figura 24-17 Comparação das regiões do tronco de um chimpanzé e um ser humano. A pelve oblíqua e alargada de um símio típico muda para uma bacia ereta. Essa modificação aumenta a mobilidade do tórax em relação à pelve. Uma caixa torácica mais curta e mais larga, e vértebras lombares mais flexíveis deram origem a uma cintura.

potencialmente pode ser testada, devido ao material fóssil disponível. Há uma sequência completamente previsível de como mudanças anatômicas devem ocorrer na evolução; isto é, mudanças na pelve e tronco devem preceder mudanças no comprimento das pernas e na forma do pé.

A Origem dos Cérebros Grandes

O tecido cerebral é uma estrutura metabolicamente cara, tanto em seu crescimento quanto para sua manutenção. A maioria do crescimento do cérebro ocorre durante o desenvolvimento embrionário e requer energia proveniente da mãe. Assim, pressões seletivas por cérebros maiores somente podem ser satisfeitas se o ambiente fornece energia suficiente, especialmente à fêmea lactante ou grávida. A evolução dos cérebros maiores pode ter requerido o aumento da eficiência no forrageio (parcialmente obtida através do aumento da mobilidade e do tamanho da fêmea) e uma maior qualidade e quantidade dos alimentos (parcialmente adquiridas por meio do uso de ferramentas e do fogo).

Cérebros maiores também devem ter requerido uma mudança nos padrões de história de vida, o que exagerou o caráter ancestral primitivo de taxas lentas de desenvolvimento pré e pós-natal diminuindo, dessa forma, as demandas diárias de energia e também o gasto feminino com a reprodução. A origem do bipedalismo pode estar associada à origem de um tamanho cerebral maior e à alteração no modo de reprodução humano (veja o Quadro 24-1).

A Origem da Fala e da Linguagem

Embora outros animais possam produzir sons, e muitos mamíferos possam se comunicar por meio de vocabulários específicos de sons (como bem sabem aqueles que possuem animais domésticos), o uso de uma linguagem simbólica é um atributo unicamente humano. Embora alguns símios e chimpanzés tenham aprendido a utilizar palavras humanas e a formar frases simples, isso está muito longe da complexidade da linguagem humana. Mas quando a linguagem humana evoluiu, e que registros fósseis deste fenômeno podemos encontrar? O primeiro registro da escrita humana tem apenas alguns milhares de anos: obviamente, a linguagem evoluiu antes disso, mas quando?

Alan Walker argumenta que o controle de fala não deve ter sido possível até o estágio final de *Homo erectus* (Walker e Shipman 1996). A região torácica da coluna vertebral de *H. erectus* é muito menor que a dos humanos modernos. A implicação disso é que *H. erectus* perdeu o complexo controle neural dos músculos intercostais, os quais permitem, aos humanos modernos, controlar a respiração, fazendo com que possamos conversar coerentemente. Richard Kay (Kay et al. 1998) notou que a saída (o canal do hipoglosso), para o nervo que inerva aos músculos da língua (12º nervo craniano), era menor em outros hominídeos (e também menor em chimpanzés e em gorilas) do que nos humanos modernos e nos neandertais. Adicionalmente um gene específico envolvendo a produção da linguagem nos humanos, *FOXP2,* parece ter alcançado a condição humana não antes de 200.000 anos atrás, coincidindo com a aparência anatómica dos humanos modernos (Enard et al. 2002).

Mesmo se espécies mais derivadas de *Homo* tivessem a capacidade da fala, elas não seriam capazes de produzir a gama de sons vogais que nos produzimos, até que uma alteração na anatomia da faringe e do trato vocal ocorresse. A posição primitiva da laringe dos mamíferos é bem alta no pescoço, bem atrás da base da língua. Entretanto, nos humanos modernos, a laringe se posiciona ventralmente, na idade de um ou dois anos, resultando na perda do fechamento e na criação de uma câmara muito mais ressonante para a vocalização. Esta modificação da anatomia do trato vocal está associada com a alteração da forma da base do crânio, assim, podemos inferir, a partir dos crânios fósseis, quando ocorreu a alteração da posição da laringe. Embora haja algumas diferenças de opinião, uma condição completamente moderna do trato vocal não foi, provavelmente, uma característica do gênero *Homo* até o *H. sapiens.*

Ainda há alguns problemas evolutivos com a origem do trato vocal. Ao perder o fechamento entre o palato e a epiglote, os humanos são especialmente vulneráveis a engasgar com alimentos. Parece provável que esta susceptibilidade ao engasgamento tenha sido uma poderosa força seletiva agindo em oposição ao reposicionamento da laringe. Além disso, a morte de crianças por SIDS (*sudden infant death syndrome*) está associada com o período de desenvolvimento no qual a laringe está em fluxo. É difícil imaginar que a habilidade de produzir uma gama maior de sons vogais poderia compensar estas seleções seletivas antagonistas. Talvez tenha havido outra razão, mais imediata e poderosa, para o reposicionamento da laringe.

Uma vantagem que o re-posicionamento da laringe nos dá é a habilidade de respirar voluntariamente através da boca, uma forma obviamente importante na produção da fala. Mas talvez uma função mais importante da respiração pela boca seja conhecida por qualquer um que teve uma gripe forte. Muitos de nós sufocaríamos a cada inverno se não fossemos capazes de respirar pela boca. É tentador especular que a capacidade humana da fala deve sua existência a encontros de nossa espécie com os vírus comuns da gripe.

QUADRO 24-1 Bipedalismo, Tamanho do Cérebro, Reprodução Cerebral e História na Evolução Humana

Steven Stanley notou que o crescimento do cérebro nos humanos é distinto do observado nos demais animais, incluindo os símios. O grande tamanho cerebral dos humanos modernos se deve, em boa parte, a um período prolongado de crescimento pós-natal, durante o primeiro ano de Aida, seguindo o desenvolvimento rápido que ocorre no útero. Em contraste, o crescimento cerebral, nos símios, é marcantemente lento após o nascimento (Figura 24-18).

Provavelmente esse padrão de crescimento cerebral é necessário porque ao nascer a cabeça dos bebês humanos se ajusta perfeitamente ao canal do nascimento. Cabeça muito grande pode causar problemas para as mães durante o parto, e deste modo o crescimento completo do cérebro deve ocorrer após o nascimento. Entretanto, este padrão de crescimento cerebral significa que os bebês nascem numa condição altricial extrema comparada aos bebês das outras espécies de símios, e requerem cuidados intensivos no primeiro ano de vida.

Stanley argumenta que este tipo de desenvolvimento cerebral deve ter ocorrido após os humanos deslocarem-se das árvores para o chão. Jovens australopithecines devem ter sido parecidos com os símios modernos, mais maduros no nascimento, para se prenderem ao pêlo das mães, atividade essencial em ambientes arbóreos, já que a mãe precisa dos braços livres para se prender aos galhos. Somente um hominídeo completamente terrestre poderia cuidar de uma cnança frágil de maneira apropriada. Assim, quaisquer que sejam as razões para a evolução do bipedalismo humano, ela deve ter precedido a evolução dos cérebros muito grandes. A transição para um período de crescimento cerebral pós-natal provavelmente ocorreu na evolução ao nível do *Homo erectus*. Existem evidências dentárias (erupção retardada dos dentes), para o tipo de infância prolongada típica dos humanos, mas não de outros animais, incluindo os símios.

A infância altricial tem sido sugerida como a razão por trás de muitas outras diferenças entre humanos e outros símios (Diamond 1992):

- **Monogamia e Cancelamento da Ovulação** Uma fêmea humanóide, atarefada com um filhote desprotegido, pode necessitar da assistência do macho para auxiliar na sobrevivência do bebê. Se uma fêmea puder cancelar seu período de fertilidade, a única opção do macho pode ser a de assegurar essa fêmea para o próximo período fértil e manter outros machos afastados dela. O cancelamento da ovulação fisto é, a ausência de um período de estro que marca a fertilidade de uma fêmea) é um caráter derivado dos humanos que pode ter evoluído para assegurar a segurança e o cuidado do macho para auxiliá-la a criar um bebê.
- **Menopausa e Avós** A fase de vida pós-reprodutiva expandida nos humanos é muito maior que o dos outros símios, mas a seleção natural não pode atuar diretamente nos caracteres que ocorrem nos mdivíduos na fase pós-reprodutiva. Pode ser que a presença de uma avó que auxilia suas filhas a criar seus jovens gerou a seleção para ampliar a fase pós-reprodutiva dos humanos.

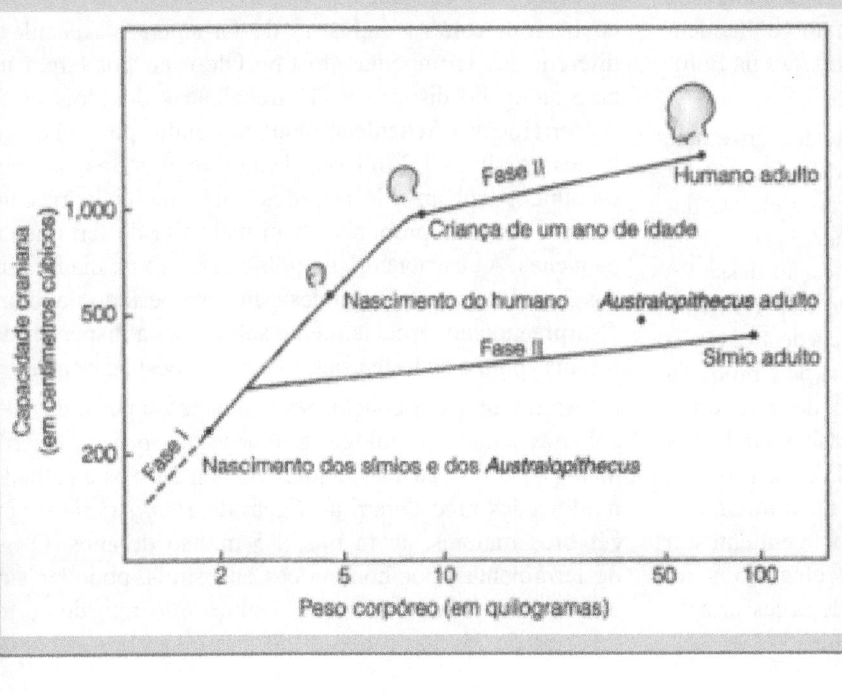

Figura 24-18 Padrões de crescimento cerebral em humanos e em símios. O padrão para o *Australopithecus* se assemelha ao dos símios viventes, tais como o chimpanzé, enquanto o dos humanos apresenta uma continuação da rápida taxa pré-natal de crescimento, no primeiro ano de vida, produzindo um cérebro muito maior no adulto.

Perda dos Pêlos do Corpo e Desenvolvimento da Pigmentação da Pele

Os seres humanos são os únicos, entre os primatas, a perderem ou reduzirem os pêlos do corpo e ter maior desenvolvimento da pigmentação da pele. Essas características são relatadas como a pelagem que protege os animais dos efeitos deletérios dos raios solares. Os chimpanzés têm pele relativamente despigmentada, mas com a perda dos pêlos do corpo sua pele tem a necessidade de ganhar pigmentos. Não está claro porque os humanos perderam a maioria dos seus pêlos corpóreos. Especulações incluem o aumento do uso de secreções das glândulas sudoríparas no resfriamento do corpo, e o aumento dos problemas com os parasitas da pele, tais como, carrapatos, piolhos e pulgas (devidos talvez a um modo de vida mais sedentário com grupos de pessoas vivendo juntas em quartos confinados).

Embora nós, provavelmente, nunca saibamos precisamente porque os humanos perderam sua cobertura de pêlos, a genética nos possibilita imaginar quando isso pode ter acontecido. Os genes envolvidos na pigmentação da pele apareceram há pelo menos 1,2 milhões de anos (Roger et al. 2004). Isso implica que a perda dos pêlos ocorreu antes da separação da linhagem direcionada para *Homo sapiens,* talvez incluindo também a linhagem do *Homo erectus* que se diferenciaram cerca de 1,7 milhões de anos atrás.

Um estudo sobre a genética dos parasitas da pele fornece informações sobre quando os humanos começaram a usar vestimentas. Os piolhos que vivem nos pêlos do corpo são diferentes daqueles que vivem na cabeça e na região do púbis, desse modo, esses parasitas se prendem mais as vestimentas humanas do que nos cabelos. Provavelmente, esses parasitas evoluíram dos piolhos da cabeça depois que os humanos começarem a usar roupas, e essa separação ocorreu entre 40.000 e 70.000 anos atrás, muito coincidente com o aparecimento do moderno *Homo sapiens* na Europa (Kittler et al. 2003).

Os humanos que vivem próximos ao equador têm a pele escura, enquanto pessoas que vivem distantes do equador têm a pele clara. Um balanço entre proteção e efeitos danosos da radiação ultravioleta e a necessidade da síntese de vitamina D parece oferecer a melhor explicação desse fenômeno. O ácido fólico é essencial para o desenvolvimento embriológico normal, e a radiação ultravioleta destrói o ácido fólico presente no sangue. A melanina na pele bloqueia a penetração da luz ultravioleta protegendo, deste modo, o ácido fólico. Entretanto, melanina em demasia na pele cria um problema diferente, porque a vitamina D é convertida a partir de precursores que são ativados pela luz ultravioleta. Assim, a cor da pele humana representa provavelmente um ajuste – da quantidade de melanina para proteger o ácido fólico e permitir a penetração da quantidade necessária de radiação ultravioleta para a síntese de vitamina D.

As Origens da Tecnologia e da Cultura Humana

Os humanos são usuários e fabricantes de ferramenta *por excelência.* Alguns outros animais também utilizam ferramentas de maneira limitada, geralmente de forma estereotipada e instintiva. Urubus do Egito abrem ovos de avestruz, carregando pedras em seus bicos e jogando-as sobre os mesmos; e um tentilhão dos Galápagos segura gravetos, ou espinhos, no bico para coletar insetos em buracos dos troncos. Tanto os babuínos quanto chimpanzés se utilizam galhos e pedras como armas, de forma muito semelhante à de nossos ancestrais, mas os chimpanzés utilizam esses mesmos tipos de materiais como ferramentas na obtenção de alimentos.

As ferramentas de pedra mais simples e mais antigas são encontradas em todo o leste africano e datam de 2,5 a 2,7 milhões de anos. Estas ferramentas geralmente são circulares e trabalhadas em apenas um dos lados. Esse conjunto de ferramentas de pedra são denominadas de cultura Oldowan, que continuam a aparecer no registro geológico, praticamente sem mudanças, por um milhão de anos e sociedades caçadores e coletores, tais como a dos aborígines australianos ainda fabricavam ferramentas com o estilo Oldowan quando foram pressionados, forçosamente, a aceitar as tradições culturais europeias nos séculos XIX e XX. Baseados nas informações disponíveis sobre a morfologia dos polegares (a qual mostra quanto os hominídeos fósseis possuíam uma pegada de precisão) as ferramentas do tipo Oldowan devem ter sido feitas a partir do *Homo habilis* ou *Australopithecus robustus.* Entretanto os primeiros australopihecines gracile não possuíam ossos da mão com as características de pegada de precisão.

Ferramentas mais novas, especialmente os machados de mão, aparecem no leste africano há cerca de 1,4 milhão de anos. Estas ferramentas posteriores, do *Homo erectus,* conhecidas como a indústria de ferramentas Acheulean, diferem das ferramentas do tipo Oldowan por terem um eixo alongado distinto e são trabalhadas dos dois lados. As ferramentas Acheulean mudaram muito pouco no estilo nos próximos 1,2 milhões de anos, embora os materiais escolhidos tenham sido trocados e amostras mais recentes apresentem uma proporção bem mais alta de ferramentas pequenas. A ausência de um grande avanço na manufatura das ferramentas, ao longo deste imenso período de tempo é surpreendente, especialmente sob a luz da dispersão das mesmas para o sudeste asiático e para o oeste europeu.

Assim, uma das conclusões marcantes, a partir das descobertas paleoantropológicas, é a de que o uso de ferramentas, pedras lascadas, e possivelmente ossos e galhadas modificadas precederam a origem do *Homo sapiens* com cérebros maiores, ao menos, 1,5 milhão de anos. O uso de ferramentas, por hominídeos ancestrais, pode ter sido um dos principais fatores na evolução do tipo de córtex cerebral do *Homo* moderno; de fato o cérebro elaborado do *Homo sapiens* pode ser tanto a consequência quanto a causa da cultura.

Há, pelo menos, 750.000 anos, o *Homo erectus* estava criando tipos avançados de ferramentas de pedra e também aprendendo a controlar e usar o fogo, embora fogueiras verdadeiras nas cavernas não são amplamente reconhecidas antes de 500.000 anos. Com o fogo, os humanos cozinharam seus alimentos, aumentando sua digestibilidade e diminuindo a chance de infecções bacterianas; e preservando a came por períodos maiores do que o esperado para esse alimento cru. Eles também podiam se aquecer em tempos frios, se proteger de predadores, iluminar o escuro, trabalhar e se socializar à noite. A evidência mais antiga de lanças de madeira, encontradas em associação a ferramentas de pedra e a restos descamados de cavalos, data de 400.000 anos, na Alemanha.

Geralmente, se assume que boa parte da evolução do uso de ferramentas e da cultura pelos humanos se desenvolveu no contexto da caça de outros animais. Os antropólogos têm mostrado que muito de nossa percepção da evolução humana como uma jornada para o progresso, está mais relacionada com os mitos tradicionais ocidentais dos "contos de heróis" do que com as evidências propriamente ditas (Landau 1984). Exames mais recentes sobre as evidências arqueológicas de caça entre os primeiros hominídeos, tais como ferramentas de pedra e ossos com marcas de corte, sugeriram que os primeiros humanos eram carniceiros, em vez de caçadores.

Uma segunda mudança importante no nosso entendimento da evolução humana é resultado do número maior de antropologistas e paleoantropologistas mulheres que têm derrubado perspectivas tradicionalistas enfatizando a real contribuição das mulheres no desenvolvimento das ferramentas e comportamentos humanos (Morbeck et al. 1997, Hrdy 1999).

Resumo

Evidências para a origem do *Homo sapiens* vêm do registro fóssil de primatas da Era Cenozóica e de estudos comparativos entre os macacos, os símios e os humanos viventes. Os primeiros mamíferos, similares aos primatas, datam do início do Paleoceno, mas os primeiros primatas verdadeiros são conhecidos apenas do início do Eoceno. Estes eram bem similares aos lêmures viventes e, inicialmente, foram encontrados na América do Norte e no Velho Mundo. Todos eram arborícolas e alguns possuíam cérebros de certa forma maiores em relação ao tamanho corpóreo do que outros animais daquele Período.

Após a deterioração climática do final do Eoceno, os primatas foram confinados às regiões tropicais, no Mioceno. No Oligoceno, dois outros grupos distintos de primatas superiores evoluíram: os macacos Platyrrhini, dos trópicos do Novo Mundo, e os macacos Catarrhini e os símios, do Velho Mundo. Os símios antropóides e as espécies semelhantes aos humanos, incluindo o *Homo sapiens,* são agrupados em Hominoidea. Muitas características morfológicas distinguem os hominóides dos demais Catarrhini, e o aumento do cérebro foi uma importante força, moldando a forma do crânio hominóide, especialmente na parte final da evolução humana.

Os primeiros hominóides conhecidos ocorrem no início do Mioceno, há cerca de 25 milhões de anos. No final do Mioceno, os hominóides tinham se diversificado em diversos ambientes e se dispersado na África, na Europa e na Ásia. Uma variedade de hominídeo fóssil (o humano) ocorre no final do Plioceno e no início do Pleistoceno, em depósitos na África. Os hominídeos mais antigos, melhor conhecidos, são os australopithecines, datados de 4,4 a 1,2 milhões de anos conhecidos. Os australopithecines eram, aparentemente, bípedes, mas retinham hábitos consideravelmente arborícolas e tinham volume craniano relativamente pequeno semelhante aos símios.

O mais antigo membro do gênero *Homo* data de 2,5 milhões de anos, concomitantemente ao aparecimento das primeiras ferramentas de pedra, encontradas no leste africano. O *Homo* parece ser um gênero primariamente terrestre; e esse hábito pode ter sido uma característica importante na produção de crianças indefesas, cujos cérebros continuam a crescer após o nascimento. Uma alteração climática global, ocorrida nesse Período, pode ter determinado tanto a evolução de *Homo* quanto a dos australopithecines robustos.

O *Homo erectus* se distribuía pela África e pela Eurásia há cerca de 1,8 milhão de anos até 30.000 anos. Este hominídeo tinha uma capacidade craniana próxima à menor capacidade encontrada em *Homo sapiens,* fabricava ferramentas de pedra e utilizava o fogo. O *Homo sapiens,* a única espécie sobrevivente da família Hominidae, surgiu há cerca de 200.000 anos. Há 40.000 a 60.000 anos, algumas populações de *Homo* apresentavam uma sociedade bem organizada e uma cultura em rápido desenvolvimento, especialmente óbvia quanto ao uso de ferramentas de pedra. Durante boa parte da história humana, diversas espécies do gênero *Homo* existiram juntas no planeta. A situação atual, com o *Homo sapiens* sendo o único hominídeo vivente, é altamente incomum.

Leituras Adicionais

Abbate, E., et al. 1998. A one-million-year-old *Homo* cranium from the Danakil (Afar) depression of Eritrea. *Nature* 393:458-460.

Asfaw, B., et al. 1999. *Australopithecus garhi:* A new species of early hominid from Ethiopia. *Science* 284:629-635.

Benefit, B. R., and M. L. McCrossin. 1997. Earliest known Old World monkey skull. *Nature* 388:368-371.

Bloch, J. L, and D. M. Boyer. 2002. Grasping at primate origins. *Science* 298:1606-1610.

Blumenschine, R. J., and J. A. Cavallo. 1992. Scavenging and human evolution. *Scientific American* 267 (4):90-96.

Blumenschine, R. J., et al. 2003. Late Pliocene *Homo* and hominid land use from westem Oldovai Gorge, Tanzânia. *Science* 299:1217-1221.

Brunet, M. et al. 2002. A new hominid from the Upper Miocene of Chad, Central Africa. *Nature* 418:145-155.

Calvin, W. H. 1994. The emergence of intelligence. *Scientific American* 271 (4): 100-107.

Cann, R. L., and A. C. Wilson. 2003. The recent African genesis of humans. *Scientific American* 13(2):54-61.

Cartmill, M, 1998. The gift of the gab. *Discover* 19 (11):56-64.

Churchill, S. E. 1998. Cold adaptation, heterochrony, and Neandertais. *Evolutionary Anthropology* 7:46-61.

Ciochon, R. L., and G. F. Gunnell. 2002. Eocene primates from Myanmar: Historical perspectives on the origin of the Anthropoidea. *Evolutionary Anthropology* 11:156-168.

Coppens, Y. 1994. East side story: The origin of humankind. *Scientific American* 270 (5):88-95.

Crompton, R. H., et al. 1998. The mechanical effectiveness of erect and "bent-hip, bent-knee" bipedal walking in *Australopithecus afarensis. Journal of Human Evolution* 35:55-74.

Diamond, J. 1992. 77;e *Third Chimpanzee.* New York, NY: Harper Collins.

Enard, W., et al. 2002. Molecular evolution of FOXP2, a gene involved in speech and language. *Nature* 418:869-872.

Fleagle, J. G. 1998. *Primate Adaptation and Evolution,* 2nd ed., San Diego, CA: Academic Press.

Gebo, D. L., et al. 1997. A hominoid genus from the early Miocene of Uganda. *Science* 276:401-404.

Gebo, D. L., et al. 2000. The oldest known anthropoid postcranial fossils and the early evolution of higher primates. *Nature AbA-.TKs-lTis.*

Godfrey, L. R., and W. L. Jungers. 2003. The extinct sloth lemurs of Madagascar. *Evolutionary Anthropology* 12:252-263.

Hammer, M. F. 1995. A recent common ancestor for human Y chromosomes. *Nature* 378:376-378.

Hrdy, S. B. 1999. *Mother Nature.* New York, NY: Pantheon.

Jablonski, N. G, and G. Chaplin. 2003. Skin deep. *Scientific American* 13(2):72-79.

Johanson, D. C, and B. Edgar. 1996. *From Lucy to Language.* New York, NY: Simon and Schuster.

Jones, S., et al. 1992. *The Cambridge Encyclopedia of Human Evolution.* Cambridge, UK: Cambridge University Press.

Kay, R, F., et al. 1997. Anthropoid origins. *Science* 275:797-804.

Kay, R. F., et al. 1998. The hypoglossal canal and the origin of human vocal behavior. *Proceedings of the National Academy of Sciences, USA* 95:5417-5419.

Kingdon, J. 2003. *Lowly Origin: Where, When, and Why Our Ancestors First Stood Up.* Princeton NJ: Princeton University Press.

Kittler, R., et al. 2004. Molecular evolution *ofPediculus humanus* and the origin ofclothing. *Current Biology* 13:1414-1417.

Kohler, M. and S. Moyà-Solà. 1997. Ape-like or hominid-like? The positional behavior of *Oreopithecus bambolii* reconsidered. *Proceedings of the National Academy of Sciences,* USA 94:11747-11750.

Krings, M., et al. 1997. Neandertal DNA sequences and the origin of modem humans. *Celi* 90:19-30.

Lahr, M. M. 1994. The multiregional model of modem human origins: A reassessment of its morphological basis. *Journal of Human Evolution* 26:23-56.

Larick, R. and R. L. Ciochon. 1996. The African emergence and early Asian dispersais of the genus *Homo. American Scientist* 84:538-551.

Leakey, M., and A. Walker. 2003. Early hominid fossils from Africa. *Scientific American* 13(2): 14-19.

Leakey, M. G, et al. 1995. New four-million-year-old hominid species from Kanapoi and Allia Bay, Kenya. *Nature* 376:565-571.

Leakey, M. G. et al. 2001. New hominin genus from eastern Africa shows diverse middle Pliocene lineages. *Nature* 410:433^140.

Leonard, W. R. 2003. Food for thought. *Scientific American* 13(2):62-71.

Lewin, R. 1998. *Principies of Human Evolution: A Core Texbook.* Boston, MA: Blackwell Scientific.

Lieberman, P. 1984. *The Biology and Evolution of Language.* Cambridge, MA: Harvard University Press.

Morbeck, M. E., et al. (Eds.). 1997. *The Evolving Female.* Princeton, NJ: Princeton University Press.

O'Connell, J. F., et al. 1999. Grandmothering and the evolution of *Homo erectus. Journal of Human Evolution* 36:461-485.

Partridge, T. C, et al. 2003. Lower Pliocene hominid remains from Sterkfontein. *Science* 300:607-612.

Rogers, A. R. et al. 2003. Genetic variation at the MC IR locus and the time since loss of body hair. *Current Anthropology* 45:105-108.

Senut, B., et al. 2001. First hominid from the Miocene (Lukeino Formation, Kenya). *Comptes Rendus de l'Academie des Sciences, Paris, Earth and Planetary Sciences* 332:137-144.

Sponheimer, M., and J. Lee-Thorpe. 1999. Isotopic evidence for the diet of an early hominid, *Australopithecus africanus. Science* 283:368-370.

Spoor, R, et al. 1996. Evidence for a link between human semicircular canal size and bipedal behavior. *Evolutionary Anthropology* 30:183-187'.

Stanley, S. M. 1996. *Children of the Ice Age.* New York, NY: Harmony Books.

Steudal, K. 1996. Limb morphology, bipedal gait, and the energetics of hominid locomotion. *American Journal of PhysicalAnthropology* 99:345-355.

Stringer, C. B., and R. McKie. 1996. *African Exodus.* New York, NY: Henry Holt.

Susman, R. L. 1994. Fóssil evidence for early hominid tool use. *Science* 265:1570-1573.

Swisher, C. C. III, et al. 1996. Latest *Homo erectus* of Java: Potential contemporaneity with *Homo sapiens* in Southeast Asia. *Science* 274:1870-1874.

Tattersall, I. 1993. *The Human Odyssey: Four Million Years of Human Evolution.* Upper Saddle River, NJ: Prentice Hall.

Tattersall, I. 2003. Once we were not alone. *Scientific American* 13(2):21-27.

Tattersall, I. 2003. Out of Africa again and again? *Scientific American* 13(2):38-45.

Van Schaik, C. R, et al. 2003. Orangutan cultures and the evolution of material culture. *Science* 299:102-105.

Vecua, A. et al. 2002. A new skull of early *Homo* from Dmanisi, Geórgia. *Science* 297:85-89.

Walker, A., and P. Shipman. 1996. *The Wisdom of the Bonés: In Search of Human Origins.* New York, NY: Alfred A. Knopf.

Walsh, P. D., et al. 2003. Catastrophic ape decline in western equatorial Africa. *Nature* 422:611-614.

White, T. D., et al. 1994. *Australopithecus ramidus,* a new species of early hominid from Aramis, Ethiopia. *Nature* 371:306-312.

White, T. D., et al. 2003. Pleistocene *Homo sapiens* from Middle Awash, Ethiopia. *Nature* 421:742-141.

Whiten, A. and C. Boesch. 2001. The cultures of chimpanzees. *Scientific American* 284 (l):60-67.

Wood, B, and M. Collard. 1999. The changing face of the genus *Homo. Evolutionary Anthropology* 8:195-207.

Wong, K., 2003. An ancestor to call our own. *Scientific American* 13(2):4-13.

Wong, K., 2003. Who were the Neandertais? *Scientific American* 13(2):28-27.

Zihlman, A. L., et al. 1978. Pygmy chimpanzee as possible prototype for the common ancestor of humans, chimpanzees and gorillas. *Nature* 275:744-746.

CAPÍTULO

25

O Impacto dos Humanos sobre Outras Espécies de Vertebrados

Uma revisão da biologia dos vertebrados deve incluir uma consideração do efeito da atual dominância de uma espécie, o *Homo sapiens,* sobre outros membros do ciado. Nunca antes na história da Terra, uma única espécie afetou tão profundamente a abundância e, até mesmo, os prospectos da sobrevivência de outras espécies.

Parte da influência dos humanos deriva do tamanho de nossa população – mais de 6 bilhões, com projeções de 8,9 bilhões para 2050 – e de nossa distribuição global. Mas outras espécies de vertebrados nos sobrepõem em número e algumas chegam próximas à nossa distribuição geográfica. Avanços da tecnologia, iniciada com as ferramentas líticas há 2,5 milhões de anos, é o que separa os humanos. Mesmo sociedades humanas primitivas utilizam mais recursos do que as demais espécies de animais. A extração e o consumo de energia e de outros recursos, pelas sociedades humanas, têm impacto global, desde derramamentos de óleo, contaminações do solo e da água com metais pesados até a perda de habitats selvagens para a agricultura e a urbanização. O uso de energia *per capita* praticamente triplicou desde 1850, e a maioria desse aumento ocorreu nas últimas décadas. As sociedades mais altamente industrializadas têm as mais altas taxas *per capita* de consumo de energia e de outros recursos. Os Estados Unidos, por exemplo, têm 5 por cento da população humana e é responsável por cerca de 25 por cento do consumo mundial de recursos. As nações desenvolvidas, como um grupo, têm 20 por cento da população do mundo e são responsáveis por 60 por cento do consumo de recursos. Sociedades com altas taxas de consumo, correspondentemente, têm uma alta produção de gases do efeito estufa e de detritos. Entretanto, sociedades menos desenvolvidas tecnologicamente não são mais benignas ecologicamente. Elas apresentam problemas especiais conforme o crescimento das populações humanas se dá sobre áreas que, até então, não haviam sido tocadas. Nações ricas, ao menos, têm os recursos para controlar a poluição e para proteger habitats, tais como parques nacionais, monumentos e reservas selvagens. Sociedades mais pobres lutam diariamente por suas necessidades mínimas, tomando, compreensivelmente, a conservação uma luxúria além de seus alcances. Talvez, o processo mais incisivo que afeta a relação entre os humanos e outros vertebrados é a dispersão dos valores da cultura ocidental, os quais enfatizam as possessões materiais e, dessa maneira, aumentam a demanda dos consumidores por produtos, expandindo a extensão geográfica das sociedades de alto impacto.

Este livro enfatizou o registro fóssil dos vertebrados e suas características como organismos; e ambos os tipos de informação são partes essenciais dos esforços de conservação de habitats naturais e de proteção de espécies em perigo de extinção. Tendemos assumir que o estado natural do ambiente é o mesmo desde sempre, mas as evidências fósseis nos mostram que os humanos criaram impactos enormes sobre as faunas de vertebrados, desde muito antes da invenção da escrita, há mais de 5.000 anos. A extinção dos vertebrados, devida à ação dos humanos, se iniciou há cerca de 50.000 anos, na Austrália, e tem se acelerado desde então. O estudo científico dos vertebrados data de apenas algumas centenas de anos, mas ele, também, está se acelerando rapidamente. Informações sobre a biologia dos vertebrados podem ser utilizadas para identificar causas de declínios e de extinções populacionais e, possivelmente, para prevenir a extinção de algumas espécies que já se encontram em perigo.

25.1 Os Humanos e as Extinções do Pleistoceno

Desde a aparição dos primeiros vertebrados, ao final do Cambriano ou Ordoviciano, a diversidade dos vertebrados aumentou lentamente, ao longo das Eras Paleozóica e Mesozóica, e mais rapidamente durante os últimos cem milhões de anos. Este aumento geral foi interrompido por oito períodos de extinção, para os vertebrados aquáticos, e seis, para as formas terrestres (Benton 1990). A extinção de espécies é tão normal quanto a sua formação e a duração das mesmas no registro fóssil parece ser de 1 milhão a 10 milhões de anos. Períodos de extinção em massa (uma redução de diversidade de 10 por cento ou mais) estão associados com alterações climáticas e com os seus impactos consequentes sobre a vegetação. Mas este padrão de espécies de vida relativamente longa, fato correlacionado com as alterações de clima e de vegetação, foi modificado no momento em que os humanos se tomaram um fator dominante em muitas partes do planeta (Wilson 1992, Steadman 1995).

Por exemplo, o número de gêneros de mamíferos da Era Cenozóica atingiu um pico no Mioceno Médio e um segundo, no início do Pleistoceno. Somente 60 por cento dos gêneros conhecidos do Pleistoceno são viventes atualmente, e as formas extintas incluem a maioria das espécies de grandes mamíferos terrestres – aqueles que pesavam mais de 20 quilogramas. Estes grandes mamíferos, somados às enormes espécies de répteis e de aves, são coletivamente chamados de megafauna do Pleistoceno. O termo é usualmente aplicado às espécies da América do Norte, tais como as preguiças terrestres, os mamutes, os mastodontes e a preguiça gigante (do tamanho de um urso), mas outros continentes também tinham megafaunas que se tomaram extintas no Pleistoceno.

Os primeiros humanos que chegaram à Austrália se depararam com uma megafauna que incluía representantes de quatro grupos: marsupiais, aves que não voavam, tartarugas e equidnas. Os maiores animais terrestres australianos, no Pleistoceno, eram diversas espécies de mamíferos herbívoros do gênero *Diprotodon,* dos quais o maior, provavelmente, pesava cerca de 2000 quilogramas. Os maiores cangurus pesavam 200 quilogramas e alguns deles podem ter sido carnívoros. Os maiores équidnas chegavam a pesar de 20 a 30 quilogramas e chegavam à cintura de um humano. O pássaro *Genyornis newtoni* era duas vezes mais alto do que um humano e as tartarugas de chifre, da família Meilanidae, eram quase tão grandes quanto um "fusca". Talvez, a espécie mais expressiva da megafauna australiana foi o lagarto monitor, de 6 metros de comprimento (tão grande quanto um *Allossauro* de tamanho médio). As tartarugas, o lagarto monitor, o *Genyornis* e todas as espécies de marsupiais que pesavam mais de 100 quilogramas se extinguiram ao final do Pleistoceno (Gillespie et al. 1978, Martin e Klein 1984, Flannery 1995, Miller et al. 1999).

O que causou estas extinções dos grandes animais ao final do Pleistoceno? Alguns pesquisadores especulam que os efeitos anteriores da alteração climática do Mioceno e da Glaciação Wisconsin, a qual atingiu seu pico entre 20.000 a 15.000 anos, foram as causas primárias das extinções da megafauna. O novo elemento que entrou em cena ao final do Pleistoceno foi os humanos caçadores, com suas ferramentas líticas e com suas matanças sociais. A hipótese de que a grande quantidade de caçadas humanas foi a principal causa tem sido fortalecida por Paul Martin, da Universidade do Arizona (Martin e Klein 1984, Diamond 1989, Martin 1990, Stuart 1991). Outra hipótese também identifica os humanos como a causa das extinções, mas propõe que elas foram causadas pela introdução de novas doenças e pelo uso do fogo na alteração de habitats, mais do que a caça intensiva, ou que uma taxa reprodutiva baixa dessas espécies foi o caráter peculiar que as levou à extinção como um resultado das atividades humanas (Johnson 2002).

Que tipos de informação apontam os humanos como causas, diretas ou indiretas, das extinções do Pleistoceno? O argumento mais contundente a favor da culpa humana é a aparente correspondência temporal da chegada dos humanos aos continentes e às ilhas e a extinção da megafauna (Figura 25-1). As primeiras extinções parecem ter ocorrido na Austrália, em algum momento entre 50.000 e 40.000 anos. Na América do Sul e na do Norte, ao menos oito espécies de grandes mamíferos sobreviveram até há cerca de 10.000 anos. Os humanos colonizaram ilhas após os continentes, e as extinções ocorreram entre 10.000 e 4.000 anos nas ilhas do Mar Mediterrâneo, há 4.000 anos nas ilhas no Oceano Ártico, norte da Rússia, há 2.000 anos em Madagáscar e há apenas algumas centenas de anos nas ilhas do Oceano Pacífico.

Essas extinções ocorreram tanto antes quanto depois da Glaciação de Wisconsin, em momentos nos quais os climas não estavam se alterando rapidamente. Além disso, a maioria das espécies de aves e de mamíferos que se extinguiram eram grandes, enquanto as espécies pequenas foram bem menos afetadas. Juntos, esses fatores apontam os humanos, ao invés da alteração climática, como a razão primária para as extinções. Mas como um número relativamente pequeno de humanos poderia provocar efeitos continentais sobre as faunas, as quais sobreviveram a sucessivos avanços e retrações glaciais?

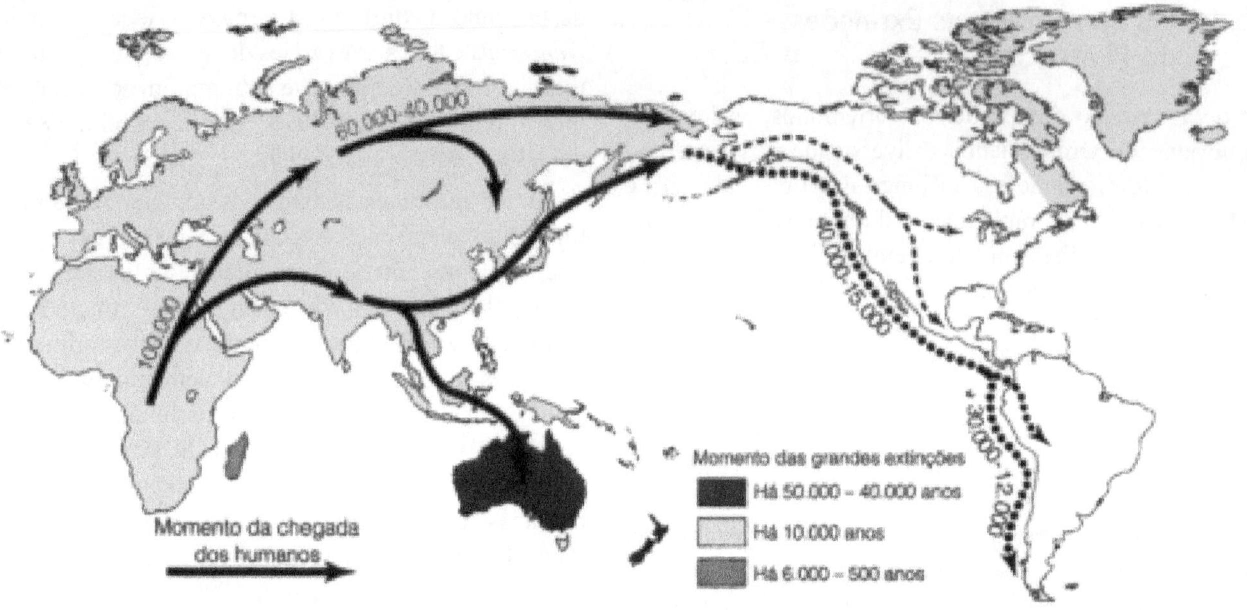

Figura 25-1 Dispersão das populações humanas e a extinção das espécies nativas de vertebrados. Os humanos modernos deixaram a África cerca de 100.000 anos atrás e se dispersaram em direção ao leste da Eurásia e entrando pelas Américas. As datas de extinções da megafauna do Pleistoceno correspondem às estimativas de quando os humanos chegaram à Austrália, as Américas e as grandes ilhas como Nova Zelândia, Madagáscar e as ilhas ao norte da Sibéria.

Humanos Caçadores da Idade da Pedra

Na América do Norte, altas taxas de extinção de mamíferos ocorreram, principalmente após os picos da Glaciação de Wisconsin (Figura 25-2). Mastodontes, mamutes e preguiças gigantes se extinguiram há cerca de 10.000 anos. Martin especula que os grandes mamíferos eram caçados por humanos nômades invasores e algumas evidências arqueológicas corroboram essa visão. Sítios de matança foram encontrados com muitos ossos de diversos indivíduos das espécies caçadas, às vezes com marcas de corte por instrumentos líticos e com pontas de flechas presas nesses ossos.

Parte da evidência dessas grandes caçadas é muito forte. Onze espécies de moa (aves gigantes que não voavam) existiam na Nova Zelândia quando os Maori chegaram, no final do século XIII, e parece que essas espécies todas se extinguiram há uma centena de anos. O papel dos caçadores Maori na extinção dos moa é amplamente documentado. Na Ilha Norte, na Nova Zelândia, um sitio de descarnamento foi descoberto nas dunas de areia em Koupokonui. Os restos de centenas de indivíduos de três espécies de moa foram encontrados em e próximos a fogueiras. Cabeças e pescoços crus de moa foram deixados de lado até que apodrecessem, enquanto as pernas eram assadas. Em Wairau Bar, na Ilha Sul, o chão está repleto de ossos de moa, com uma estimativa de 9.000 indivíduos e 2.400 ovos; e em Waitaki Mouth existem restos de um número estimado de 30.000 a 90.000 moas (Flannery 1995, Holdway e Jacomb 2000).

Doenças e Fogo

Doenças transmitidas a outras espécies, por humanos e por animais associados a eles, também podem ter um papel nas extinções de megafauna (MacPhee 1999, no prelo). Embora não haja evidências paleontológicas de doenças na megafauna do Pleistoceno, doenças infecciosas emergentes, atualmente, ameaçam tanto a biodiversidade quanto a saúde humana (Daszak et al. 2000). Exemplos modernos de transmissão de doenças a partir de animais domésticos para os selvagens aparecem muito – dentro das duas últimas décadas, leões e cães selvagens foram infectados por raiva, transmitida por cães domésticos. Os cães selvagens (*Lycaon pictus*), atualmente, estão praticamente extintos nas planícies de Serengeti. Há menos de um século, as matilhas continham 100 ou mais animais, mas hoje, elas consistem de cerca de 10 adultos. A população de cães selvagens no Serengeti é de menos de 60 animais, e toda a população sobrevivente da espécie não ultrapassa os 5.000 indivíduos.

Outros exemplos de transmissão de doenças dos humanos para os animais domésticos e silvícolas existem em grande número: a raiva tem matado uma porcentagem substancial dos aproximadamente 500 lobos remanescentes na Etiópia, o parasita *Toxoplasma gondii* encontrado nas fezes dos gatos domésticos tem matado um grande número de lontras marinhas (Dixon 2003) e o vírus Ebola é responsável pela morte de milhares de gorilas e chimpanzés (Walsh et al

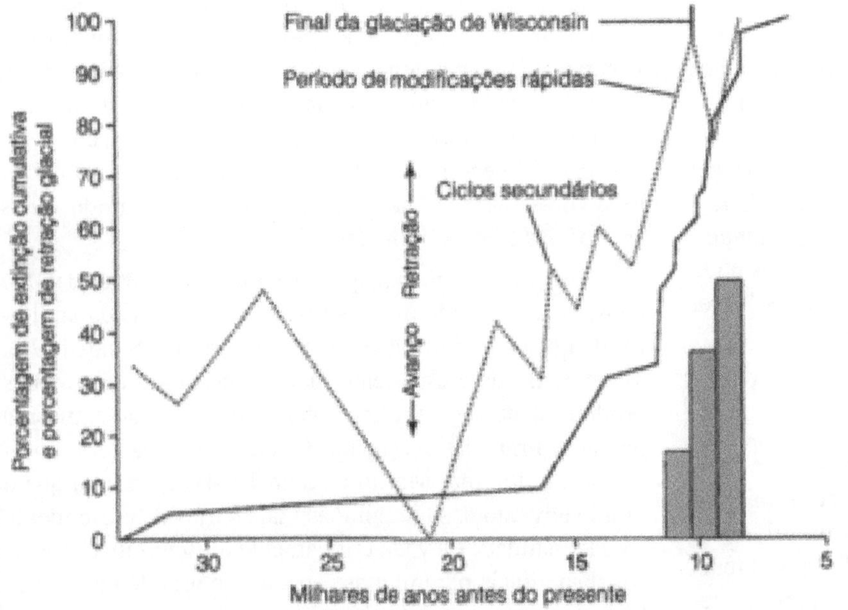

Figura 25-2 Coincidência entre a extinção de mamíferos norte-americanos, a retração glacial e a população de humanos. A linha contínua representa a porcentagem cumulativa de extinção das 40 espécies de mamíferos; a linha pontilhada é a porcentagem de encolhimento do final da glaciação de Wisconsin; os histogramas são unidades arbitrárias de abundância relativa de evidências de ocorrência de humanos na América do Norte. O período de extinções está mais proximamente relacionado a chegada dos humanos do que as mudanças climáticas.

2003, Leroy et al. 2004). Gorilas selvagens das montanhas, em Uganda, tem contraído sarna de carrapatos parasitas dos casacos descartados pelos turistas (Graczyk et al. 2001), e se o sarampo ou tuberculose alcançarem as populações de gorilas o resultado será devastador. Um novo problema tem ocorrido com a descoberta de que o vírus da influenza B causou infecção respiratória nas focas da região do porto na costa da Holanda, e agora as focas são um reservatório desse vírus que pode representar uma ameaça para os humanos (Osterhanus et al. 2000).

Em geral, uma nova doença introduzida não mata todos os indivíduos de uma população anteriormente saudável. Alguns deles sobrevivem, talvez porque sejam resistentes ou porque têm sorte de não terem entrado em contato com a doença. Todavia, uma doença que reduz drasticamente o número de indivíduos de uma espécie pode iniciar um processo que leva à extinção, e isso pode estar acontecendo com algumas populações de cães selvagens africanos (Gormam et al. 1998). O método de caça dos cães selvagens – a perseguição prolongada do antílope até que um indivíduo seja capturado – é de grande gasto energético. Uma matilha de cães selvagens caça cooperativamente, com indivíduos se revezando entre a caça e o descanso. A redução drástica do tamanho das matilhas significa que cada cão deve trabalhar mais. Para piorar as coisas, hienas (*Crocuta crocuta*) roubam as caças dos cães selvagens e uma pequena matilha, provavelmente, tem mais dificuldade de se defender do que os grupos grandes. Cães selvagens geralmente caçam por cerca de 3,5 horas ao dia, e os cálculos de custo energético da caça e a energia obtida da mesma mostram que ela apenas atinge as necessidades diárias para esta função. Se as hienas roubam parte das caças, os cães precisam aumentar o tempo gasto na obtenção de alimento. Uma perda de caça de 10 por cento forçaria os cães a dobrar seu tempo na atividade, e uma perda de 25 por cento os obrigaria a passar 12 horas caçando. Os cães já estão trabalhando próximos a seus limites fisiológicos quando caçam por 3,5 horas por dia, e provavelmente não podem sobreviver se perdem muito de seu alimento para as hienas. Assim, uma redução drástica do tamanho da matilha cria um cenário para a interação competitiva com as hienas e essa interação pode ser o fator que leva os cães selvagens à extinção.

Com os humanos modernos veio o uso do fogo na manipulação do habitat. O *Genyornis newtoni* era uma ave incapaz de voar que habitava as planícies continentais e algumas áreas costeiras da Austrália quando os primeiro humanos ali chegaram, há cerca de 50.000 anos. Embora o *Genyornis* fosse uma ave maior e mais encorpada que o emu (*Dromaius novaehollandie*), há apenas um sítio com evidências humanas de sua caça. A razão pela qual o *Genyornis* foi extinto e o emu sobreviveu pode estar relacionada com seus hábitos alimentares. O emu se alimenta de uma grande variedade de itens, incluindo gramíneas, enquanto a composição química das cascas dos ovos de *Genyornis* sugere que se alimentavam de folhas de plantas arbustivas. Incêndios naturais era um elemento da paisagem australiana muito antes da chegada dos humanos. Esses incêndios ocorriam durante a estação seca, retomando somente quando a vegetação estava totalmente recuperada a ponto de criar material combustível suficiente para sustentar um novo incêndio. Os primeiros habitantes da Austrália podem ter iniciado incêndios em outros momentos do ano, a intervalos menores do que os do ciclo natural. Um regime de queimadas mais frequentes pode ter convertido as terras, dominadas por arbustos e gramíneas (característica atual das grandes planícies australianas) dos quais dependiam os *Genyornis*. Assim, a modificação do habitat, produzida por novos regimes de queimada criados por humanos, pode ter sido a responsável pela extinção dos *Genyornis*. Os grandes mamíferos herbívoros que se extinguiram na Austrália também se alimentavam de gramíneas, e as mesmas alterações ambientais pode ter sido responsáveis pelo seu desaparecimento (Miller et al. 1999, Flannery 1999).

O Papel do Clima

Muitos pesquisadores sugerem que as alterações climáticas e sua influência sobre a disponibilidade ambiental foram tão importantes quanto os humanos na produção das extinções. Sob tal visão, grandes mamíferos são mais susceptíveis ao estresse ambiental do que espécies pequenas. Restrições severas de alimento e de disponibilidade de água e a eliminação de corredores migratórios para habitats mais apropriados afetam os mamíferos grandes, com suas correspondentes necessidades também grandes, mais do que afetam os pequenos animais. Dessa maneira, os grandes mamíferos norte-americanos poderiam já se encontrar em declínio quando a caça intensiva praticada pelos humanos teve início, ou alterações de clima e de habitat podem ter matado os últimos indivíduos restantes de uma espécie.

Dale Guthrie (citado em Martin e Klein 1984) apontou que a maioria das teorias climáticas sobre a extinção do Pleistoceno era muito ambígua e difusa para explicar este grande evento, entretanto, elas eram eficientes para determinar os estresses ambientais. Na tendência generalizada de substituição de florestas fechadas por estepes e savanas mais abertas, dominadas por gramíneas, iniciada em meados da Era Cenozóica, Guthrie vê o aumento da sazonalidade como um fator de significância primária. A tendência climática, ao longo de toda a Era Cenozóica, foi a de uma temporada mais curta de crescimento em grandes latitudes. No início, esta tendência aumentou o aspecto mosaico das florestas, dos arbustos e dos campos em todo o mundo. Este aumento da complexidade da vegetação sustentava uma fauna diversa e grande.

Na realidade, a dispersão das gramíneas promoveu a diversificação da fauna. Respondendo à dispersão dos campos, os ungulados, geralmente grandes, atingiram seu máximo de diversidade no Mioceno Médio, contribuindo significativamente para o número de gêneros de mamíferos conhecidos daquela época. Mas conforme a tendência a extremos sazonais de temperatura e de aridez no Pleistoceno, continuou e a diversidade da vegetação entrou em declínio. A flora, por grandes áreas continentais, se alterou de um mosaico de associações entre plantas para uma zonação latitudinal e altitudinal de amplos grupos de comunidades vegetais de baixa diversidade. A mais baixa diversidade de floras e a maior homogeneidade regional atingiram seus máximos após o avanço da glaciação de Wisconsin. A redução da diversidade vegetal pode ter eliminado alguns herbívoros, especialmente os grandes, restringindo todas as espécies a áreas limitadas.

O período pós-glacial, que teve início há 15.000 a 10.000 anos, parece ter sido mais estressante às faunas de mamíferos do que nos 2,5 milhões de anos anteriores (Stuart 1991). Temporadas de crescimento mais curtas significam menos produtividade vegetal para sustentar os herbívoros, mesmo nas áreas limitadas, nas quais eles encontram as floras apropriadas. Kiltie (em Martin e Klein 1984) argumenta que o rápido advento das temporadas mais curtas de crescimento e a sazonalidade elevada criticamente diminuíram os recursos disponíveis para muitas espécies de grande mamíferos herbívoros com períodos longos de crescimento até a maturidade e de gestação. Estas alterações constituíram desafios ambientais aos quais a megafauna não podia se adaptar, rapidamente, fisiológica e geneticamente.

Essas alterações de vegetação ocorreram na América do Norte após a glaciação de Wisconsin, mas não necessariamente em outros continentes, assim, grandes mamíferos persistiram em outras regiões. No Novo Mundo, cavalos e (na América do Norte) camelos foram extintos, mas sobreviveram na Eurásia e na África. Outros, tais como, os bisões e os veados, sobreviveram no Novo Mundo, apesar dos humanos. A civilização egípcia sabia da existência de mamutes e outras evidências indicam que estes animais e os faraós eram contemporâneos, embora bem separados geograficamente (Rosen 1994). A megafauna australiana desapareceu entre 50.000 e 40.000 anos atrás, mas a megafauna da Nova Zelândia sobreviveu há até algumas poucas centenas de anos. Atualmente não há uma solução para a questão das extinções do Pleistoceno e, provavelmente, não há apenas uma única causa. Em algumas áreas, a predação humana parece ser uma explicação suficiente, enquanto em outras, os efeitos indiretos dos humanos (doenças e fogo) podem ter sido mais importantes.

25.2 Os Humanos e as Extinções Recentes

Conforme nos aproximamos do presente, o papel dos humanos, como a principal causa da extinção, se torna indubitável. Os acres de ossos de moa, encontrados nos sítios de descamamento na Nova Zelândia demonstram, claramente, a enorme predação realizada pelos caçadores Maori, há cerca de 800 anos. A escavação de fósseis, preservados em cavernas tubulares de lava, formadas por vulcões, mostra que as ilhas havaianas provavelmente tinham mais de 10(

espécies de aves nativas quando os colonizadores polinésios chegaram, por volta de 300 a.C. (Olson e James 1991a,b). Quando os colonizadores europeus chegaram ao Havaí, no final do século XVIII, o número tinha se reduzido à metade.

A Idade da Exploração, a qual teve início no século XV, trouxe armas sofisticadas e trocas comerciais a áreas que só conheciam instrumentos liticos e economias de caçadores-coletores. Navios deixavam a Europa para todos os cantos do mundo, ancorando nas ilhas oceânicas para o reabastecimento de água e de alimento. Não surpreende, pois, que as extinções nas ilhas tiveram início dois séculos antes das ocorridas nos continentes (Figura 25-3). Exemplos notáveis incluem o dodô (*Raphus cucullatus*), uma ave não voadora, aparentado aos pombos, que vivia nas Ilhas Maurício, no Oceano Indico (Shapiro et al. 2002). O último dodô vivo foi visto em 1662 e foi extinto quase certamente em 1690 (Roberts e Solow 2003). Nas ilhas havaianas, cerca de um terço das espécies nativas de aves que ainda existiam, quando o Capitão Cook chegou, no final do século XVIII, estão extintas atualmente.

Espécies animais continuam a se extinguir nos dias atuais, e uma pesquisa global de extinções, desde o início da colonização europeia, revela duas tendências: as extinções nas ilhas se iniciaram quase dois séculos antes das continentais e ambas aumentaram muito rapidamente desde o início e meados do século XIX até o século XX (World Conservation Monitoring Centre 1992). Mais de 800 espécies se extinguiram nos últimos 500 anos, uma taxa de extinção de 1.000 a 10.000 vezes mais alta do que a existente sem a presença dos humanos. A edição do ano de 2003 do Livro Vermelho (*Red Book*), publicado pela World Conservation Union, lista um total de 12.257 espécies de vegetais e de animais atualmente em risco de extinção.

O IUCN (World Conservation Union) resumiu a melhor informação disponível sobre o estado de conservação dos animais. Eles posicionam as espécies em categorias de risco por meio de critérios baseados no tamanho absoluto de populações selvagens e em suas modificações nos últimos 10 anos (*<http:www.redlist.org/info/categories_criteria1994.htmlUcategories>*).

Duas categorias de espécies *Extintas* são definidas:

- **Extinto** – Uma espécie está Extinta quando não há dúvidas razoáveis de que o último indivíduo morreu. O pica-pau (*Campehphilus principalis*) era a maior espécie de pica-pau, com um comprimento cabeça-mais-corpo de até 56 cm (veja as fotos coloridas). Ele foi extinto, na América do Norte, na década de 1970. A última observação confirmada da espécie foi realizada em Ojito de Água, Cuba, em 1987. O sapo dourado (*Bufo periglenes*), das florestas montanhosas da Costa Rica, foi descrito inicialmente em 1967 e desapareceu em 1987. Alterações climáticas e

Figura 25-3 Os números de extinções confirmadas de espécies de aves desde 1600. As ilhas sofreram mais extinções do que as áreas continentais.

a infecção por fungos foram propostas como as causas da extinção.

- **Extinto no Meio Natural** – Uma está extinta no meio natural quando se sabe que sobrevive apenas em cultivo, em cativeiro ou como uma população (ou populações) naturalizada a uma distância considerável de sua área natural. O cavalo de Przewalski (*Equus przewalskii*) é o único cavalo selvagem verdadeiro. Originalmente, esta espécie se distribuía na Mongólia, na China e no Turquestão. Restam ainda cerca de 200 cavalos, todos em zoológicos. Animais reproduzidos em cativeiro foram liberados na Mongólia e se reproduziram com sucesso, e prospectos em longo prazo para a população mostra boas perspectivas desde sua sobrevivência ao severo e incomum inverno de 2000-2001 (Boyd 2002). O furão de pés pretos (*Mustela nigripes*) era um residente das áreas dos "prairie dogs" na América do Norte. A última população selvagem foi extinta em 1981 e mais de 200 furões, reproduzidos em cativeiro, foram libertados desde 1991.

Três categorias de espécies *Ameaçadas* são definidas:

- **Perigo Crítico de Extinção** – Uma espécie se encontra em perigo crítico de extinção quando ela se confronta com um risco extremamente alto de extinção, no meio natural, em um futuro imediato. O vombate (*Lasiorhinus krefftii*) *é* um marsupial que pesa cerca de 32 quilogramas e que vive em colônias, passando a maior parte do tempo sob a terra e saindo à noite para se alimentar. Ele já se distribuiu por uma grande área do leste da Austrália até New South Wales e Queensland. Suas populações têm sido dizimadas pela competição com coelhos, ovelhas e gado, introduzidos por europeus; e os grupos sobreviventes consistem de 65 animais, na floresta de Epping, em Queensland. O esturjão comum (*Acipenser sturid*) *é* um grande peixe (de até 3 metros e 300 quilogramas). Sua distribuição histórica incluía toda a zona costeira da Europa, desde o North Cape até o Báltico, o Mediterrâneo e o Mar Negro. A espécie está extinta em alguns dos rios secundários, incluindo o Elbe, o Reno e o Vistula. Populações reprodutoras estão restritas a alguns poucos rios europeus – o Gironde, na França, o Guadalquivir, na Espanha e o Baixo Danúbio. A sobre-pesca é a principal causa de seu declínio. A came é cara e os ovos são usados para fazer caviar – assim, fêmeas grávidas são especialmente procuradas e mortas antes que se reproduzam.
- **Perigo de Extinção** – Uma espécie está em perigo de extinção quando se confronta com um grande risco de extinção no meio natural no futuro próximo. Exemplos de espécies em perigo de extinção incluem o Panda Gigante (*Ailuropoda melanoleuca*), o qual se distribuía em Myanmar, ao norte do Vietnã, e em boa parte do leste e do sul da China. Pandas selvagens ocorrem atualmente apenas em populações fragmentadas nas montanhas ocidentais da China; acredita-se que a população total seja de cerca de 1.200 animais. Tentativas de reprodução de pandas gigantes em cativeiro, na China, não se mostraram bem sucedidas. Tanto o chimpanzé (*Pan troglodytes*) quanto o bonobo, ou chimpanzé pigmeu (*Pan paniscus*) estão em perigo. Os chimpanzés ocupavam uma área ampla da Africa equatorial, enquanto os bonobos sempre estiveram limitados à Bacia do Zaire.
- **Vulneráveis** – Uma espécie é vulnerável quando se confronta com um grande risco de extinção no meio natural em médio prazo. O grande tubarão branco (*Carcharodon carcharias*) tem uma distribuição global em águas quentes e temperadas. Como um predador de topo de cadeia, ele sempre apresentou uma baixa densidade populacional e a pesca em larga escala é considerada como uma ameaça em potencial. A destruição de habitats e a caça clandestina são grandes preocupações no caso dos orangotangos (*Pongo pygmaeus*), o qual costumava se distribuir em toda a Ásia tropical e subtropical; ocorrendo atualmente apenas nas ilhas de Boméo e de Sumatra.

São reconhecidas três categorias de *Baixo Risco*

- **Dependente de Conservação** – Existem espécies que são sustentadas pelos contínuos programas de conservação; sem esses programas as espécies devem se qualificar para uma das categorias de ameaçadas em cinco anos.
- **Quase Ameaçadas** – Essas são espécies que estão próximas do estado vulnerável para as quais nenhuma medida de conservação está sendo tomada.
- **De Pouca Preocupação** – São as espécies que não se qualificam na classificação como Dependente de Conservação ou Quase ameaçadas.

Simplesmente perdemos muitas informações que permitam concluir sobre o estatus de muitas espécies que têm sido avaliadas, essas são colocadas em uma categoria criada por nós.

- **Deficiente de Dados** – Uma espécie é categorizada como Deficiente de Dados quando as informações sobre a sua distribuição e abundância são insuficientes para estimar o seu risco de extinção. Listar uma espécie nessa categoria enfatiza a necessidade de mais informações. Apenas espécies que tenham sido avaliadas podem ser incluídas nessa categoria, e a seleção de uma espécie para ser avaliada indica que pode estar em risco; deste modo, a escolha entre Deficiente de Dados e Ameaçada é difícil.

Um resumo do status dos vertebrados em classes diferentes demonstra um total de 1.208 espécies de mamíferos (cerca de 25 por cento das espécies viventes) e 1.326 de aves (cerca de 12 por cento das espécies viventes) estão extintas, em perigo, ameaçadas ou vulneráveis (Tabela 25.1). A porcentagem das espécies em risco, em outros grupos, parece ser menor, mas essa impressão é enganosa. Para esses grupos de vertebrados, simplesmente, não há dados sobre o status de sua maioria, de forma que eles não podem ser incluídos na análise.

Não é fácil calcular a taxa na qual as extinções estão ocorrendo, e diferentes suposições podem produzir valores distintos. Estimativas do número de espécies de aves que estarão extintos no ano de 2015 variam de 450 a 1.350 (Heywood et al. 1994). (Isso significa que as populações da espécie, no meio natural, não são mais viáveis, e a espécie, inevitavelmente, será extinta, ao menos que grandes ações de conservação sejam tomadas para que a tendência atual seja revertida). O que é claro é que a destruição de habitats é a maior ameaça, afetando 60 por cento das espécies ameaçadas de aves e quase 80 por cento das espécies ameaçadas de mamíferos (Figura 25-4).

25.3 Biologia dos Organismos e Conservação

A maioria do conhecimento científico aplicada em programas de conservação é organizada pela Comissão de Sobrevivência das Espécies (Species Survival Comission – SSC), da IUCN – a União Mundial de Conservação. O SSC é uma rede mundial de 7.000 biólogos, veterinários, biólogos de zoológicos, biólogos marinhos e de cientistas acadêmicos com conhecimento especializado sobre grupos de animais e de vegetais. A comissão publica os Planos de Ação da SSC

TABELA 25-1 Números de espécies de vertebrados extintos, ameaçados ou vulneráveis. Red List de espécies Ameaçadas™ (http://www.rwdlist.org/info/tables/table31.html/>.

Classe	Extintas recentemente	Extintas no meio natural	Criticamente ameaçadas	Ameaçadas	Vulneráveis	Registros Deficientes
Mamíferos	74	4	184	337	609	1096
Aves	129	3	182	331	681	79
Répteis	21	1	57	78	158	61
Anfíbios	7	0	30	37	90	75
Sarcopterígeos	0	0	0	1	0	0
Actmopterígeos	79	11	153	126	410	270
Elasmobrânquios	0	0	8	17	32	64

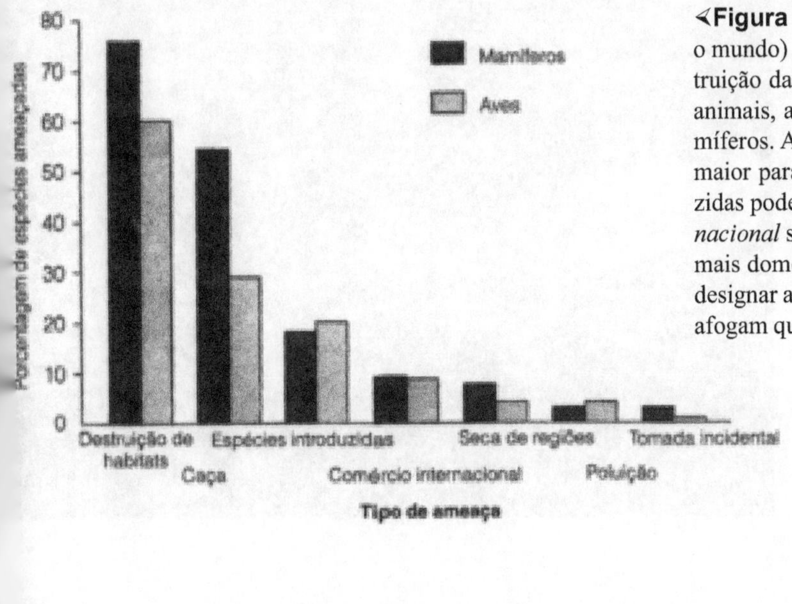

Figura 25-4 As principais ameaças afetam as aves (em todo o mundo) e os mamíferos (na Australásia e nas Américas). A destruição das habitats é a principal ameaça para ambos os tipos de animais, afetando 60 por cento das aves e 76 por cento dos mamíferos. A caça (para a alimentação e por esporte) é uma ameaça maior para os mamíferos do que para as aves. Espécies introduzidas podem ser predadoras ou competidoras, e o *comércio internacional* se refere à exploração comercial de pele, penas e de animais domésticos. A *tomada incidental* é um termo utilizado para designar a mortalidade incidental, tal como a dos golfinhos que se afogam quando presos a redes preparadas para a captura do atum.

(SSC Action Plans), o qual descreve a situação atual de espécies ou de grupos de espécies, identificando as principais ameaças e propondo mecanismos para lidar com esses casos. Mais de 60 planos de ação foram publicados, e muitos estão disponíveis no website da IUCN.

O desenvolvimento de planos de manejo para espécies em perigo de extinção requerem grandes quantidades de informação sobre a biologia das espécies consideradas. Sem um ótimo entendimento de como a espécie funciona, os bem intencionados esforços de manejo podem ser ineficientes ou, até mesmo, ter efeitos negativos. A seguir, descrevemos diversos exemplos de situações nas quais o conhecimento da ecologia, do comportamento ou da fisiologia da espécie é central para o manejo efetivo.

O Que é Crítico em um Habitat Crítico?

As leis federais e estaduais requerem a determinação dos requerimentos do habitat das espécies, consideradas sob risco, e aos biólogos, podem ser dadas as responsabilidades de determinação dos habitats críticos para as espécies. Em termos biológicos, os elementos do habitat que são críticos para o sucesso de uma espécie são, provavelmente, subjetivos e complexos, e as diferenças entre as perspectivas biológicas e legislativas podem criar tensões e conflitos. Os problemas de identificar e, então, proteger um habitat crítico são particularmente severos para espécies migratórias, para as quais a definição mais superficial de um habitat crítico deve incluir os dois destinos de seus caminhos migratórios e as áreas nas quais elas param nos seus caminhos de ida e de volta. Para complicar ainda mais os esforços de conservação, os animais migrantes se movem por diversas jurisdições nacionais e podem passar sobre ou em águas internacionais, para as quais não existem jurisdições nacionais. Os esforços legislativos e diplomáticos, necessários para proteger estas espécies, são enormes e devem ser baseados em informações biológicas investigadas.

O Habitat Crítico para Animais Migrantes

A migração da baleia cinza (*Eschrichtius robustus*), de sua localização de verão, na região norte do círculo polar Ártico, para os sítios de reprodução em Ojo de Liebre, na Bahia de Magdalena e nos Lagos de San Ignacio, na costa Pacífica da Baja Califórnia, foi descrita no Capítulo 22. As baleias adultas, aparentemente, fazem este trajeto de 9.000 quilômetros porque os recém-nascidos necessitam das águas mais quentes dos lagos para manter estáveis suas temperaturas (Figura 25-5). Assim, os lagos são parte essencial do habitat das baleias cinzas. Mais de 300 outras espécies de animais também dependem dos lagos, e uma ativa indústria de moluscos promove as condições de vida para as comunidades locais. As Nações Unidas declararam que os lagos são patrimônios mundiais, e tanto Ojo de Liebre quanto San Ignacio estão protegidos pela legislação mexicana desde 1972, devido ao seu papel no ciclo de vida das baleias. Em 1988, o México incluiu os lagos na área de Preservação Biosférica de Vizcaino.

Consequentemente, em 1994, quando a Salt Exporters Inc. – uma companhia de propriedade conjunta da Mitsubishi Corporation e do governo mexicano – anunciou planos de construção de uma usina de extração de sal da água do mar, no lago San Ignacio, foram observadas diversas manifestações e protestos de ambientalistas por todo o mundo. A

➢Figura 25-5 Uma baleia cinzenta mãe e seu filhote, no lago San Ignácio.

usina proposta, a qual cobriria uma área de 300 quilômetros quadrados (116 milhas quadradas), no coração do sistema de lagos, iria suprir todas as necessidades de sal da indústria japonesa de manufatura de plástico e de cloro. A usina consumiria 23.000 litros (6.000 galões) de água do lago por minuto e provocaria um enorme impacto ambiental. A Salt Exporters já opera uma usina na região próxima de Guerro Negro, e os ambientalistas a culpam pela morte de quase 100 tartarugas marinhas por envenenamento por sal.

Organizações ambientais, por todo o mundo, cooperam com planos de oposição à usina de San Ignácio, promovendo um abaixo-assinado que gerou cerca de um milhão de cartas de protesto, promovendo também um boicote aos produtos e às ações da Mitsubishi e requerendo a pressão do governo. Em março de 2000, após cinco anos de pressão, a Mitsubishi e o governo mexicano anunciaram que estavam abandonando a proposta de construção da usina.

As aves são os animais migrantes mais bem conhecidos, e a migração é uma característica central da biologia de muitas espécies. A perda do habitat, de verão, de inverno e de locais de parada, parece estar contribuindo para o declínio das populações de aves de zonas costeiras e de aves que migram entre áreas de verão na América do Norte e entre áreas de inverno, nos trópicos.

Cerca de 350 espécies dc aves ocorrem na América do Norte. Cerca de 250 delas passam o inverno nos trópicos do Novo Mundo, os quais se estendem desde o sul do México, passando pela América Central, até o norte da América do Sul e às índias Ocidentais. As 100 espécies restantes de aves norte-americanas ou são residentes anuais dos habitats do norte, ou migram apenas por distâncias curtas de seus refúgios de verão. Migrantes neotropicais compõem a maioria das espécies de aves, na maioria dos habitats da América do Norte. Nas áreas de floresta mais densa, metade das espécies reprodutoras é de migrantes neotropicais; em algumas regiões do norte da América, mais de 90 por cento das aves são migrantes.

Ornitólogos possuem um sistema nacional de censo de aves, iniciado nas décadas de 1970 e de 1980, estas contagens revelaram declínios dramáticos nos números de alguns migrantes neotropicais, tais como os tordos (*Hylocichla mustelina*) e os pássaros azuis (*Dendroica cerúlea*), em certas áreas – cerca de 1 por cento ao ano, nos últimos 30 anos. Em contraste, populações de residentes anuais e de migrantes de curta distância, tais como os "chickadees" (*Parus atricapillus*) e os cardeais do norte (*Cardinalis cardinalis*), estavam estáveis ou em crescimento. Entretanto, o padrão de declínio não é constante entre espécies, ou entre regiões, da América do Norte. Populações de algumas aves neotropicais estão em declínio, mas outras estão em crescimento. Populações de aves canoras de áreas de floresta do leste norte-americano estão em declínio, mas as do oeste não estão.

Este cenário complexo resulta de uma variedade de fatores que afetam as aves migratórias no verão, no inverno e em pontos de parada em suas rotas de migração. Alterações do uso de terras são provavelmente a base do declínio das populações de aves, tanto diretamente quanto indiretamente. Aves neotropicais reproduzem-se em suas áreas de verão, e a fragmentação das florestas em manchas cada vez menores reduziu a quantidade total de habitats disponíveis e alterou os habitats restantes. Ninhos próximos aos limites das florestas geralmente têm mais chances de sofrer insucesso que os encontrados na região central e, conforme as manchas de floresta ficam menores, uma maior proporção do habitat se encontra no limite.

Parte do aumento do insucesso dos ninhos próximos aos limites das florestas pode resultar no parasitismo realizado pelos chupins (*Molothus ater*), os quais são parasitas obrigatórios de ninhos (Figura 25-6). Os chupins não constroem seus próprios ninhos, botando seus ovos nos ninhos de outras espécies; cerca de 200 espécies foram reportadas como parasitadas por chupins. Uma fêmea de chupins põe entre 20 a 40 ovos, um ou dois em cada ninho, e alguns poucos casais destes pássaros podem parasitar todos os ninhos em uma pequena comunidade de floresta. A fêmea geralmente remove um ovo da espécie hospedeira do ninho quando coloca o dela; e os ovos de chupins geralmente eclodem mais rapidamente do que os outros, o que é uma vantagem. Maiores e mais fortes do que os filhotes das demais espécies, os pequenos chupins tomam boa parte do alimento que os pais desavisados trazem aos ninhos, o que pode provocar a morte dos filhotes do hospedeiro.

O parasitismo por chupins é incidente. Quando um ninho com ovos, ou filhotes, é perdido a um predador, os pássaros geralmente constroem outro ninho e iniciam uma segunda ninhada. Eles podem ter sucesso com a segunda ninhada, apesar do insucesso da primeira. Em contraste, as aves que servem de hospedeiros aos chupins não distinguem os ovos do chupim e os seus. Assim, quando um casal de pássaros cria um chupim, eles se comportam como se eles tivessem criado seu próprio filhote, não se reproduzindo no ano seguinte.

Os chupins são insetívoros e se alimentam principalmente em campos abertos. Já que seus movimentos não são limitados por suas necessidades de cuidar dos mais jovens, eles podem viajar por longas distâncias, entre os campos, nos quais se alimentam, e as florestas, nas quais encontram os ninhos de outros pássaros.

As populações de chupim aumentaram dramaticamente a medida que os habitats de floresta, na América do Norte, foram substituídos pelos campos abertos, e as pequenas florestas restantes oferecem às aves poucas opções para proteger seus ninhos dos chupins. Assim, a fragmentação do

Figura 25-6 Parasitismo de ninhos por cupins, (a) Um chupim fêmea a ponto de depositar um ovo no ninho de um "blue grossbeak". (b) Dois ovos de chupins em um ninho de pisco-de-peito-ruívo. Os pais não removem os ovos do chupim, embora sejam coloridos de marrom e de branco, não se parecendo nada com o ovo azul do pisco-de-peito-ruívo. (c) Um adulto de "yellow warbler" alimentando um filhote de chupim, tão grande quanto o adulto adotivo.

habitat, na área de verão dos migrantes neotropicais, parece ser responsável, direta e indiretamente, por parte do declínio de suas populações.

A alteração de habitat, na área utilizada no inverno, também é, provavelmente, responsável por parte dos declínios das populações. A grande massa de terra da América do Norte se afunila em uma área muito menor na América Central, onde muitas espécies de aves migratórias passam o inverno. A competição por alimentos e por espaço, na pequena área de terra da América Central, pode ser uma das razões pelas quais as espécies migrantes não se reproduzem durante o inverno. Já que a área utilizada no inverno é menor, as alterações de habitat, provocadas por práticas agrícolas, mesmo em pequena escala, podem afetar um grande número de aves. O café se originou na Etiópia e foi trazido à América Latina pelos colonizadores espanhóis. Tradicionalmente, o café (e também o cacau, a base do chocolate) crescia sob as copas das árvores mais altas. Esse método tradicional produz café crescido na sombra. O café e o cacau crescidos dessa maneira são similares às florestas naturais, embora sejam menos complexos e possuam menos espécies de plantas. Plantações tradicionais de café e de cacau fornecem importantes habitats para as aves. Uma pesquisa sobre estas plantações em Chiapas, no México, realizada pelo Smithsonian Migratory Bird Center, demonstrou que mais de 150 espécies de aves viviam ali, incluindo os migrantes neotropicais.

Nos últimos 20 anos, plantas híbridas de café, as quais crescem totalmente sob o sol, substituíram completamente as plantações tradicionais (Obrien e Kinnaird 2003). O café crescido sob o sol produz muito mais grãos e seu uso se dispersou rapidamente. Atualmente, 17 por cento da área plantada do México, 40 por cento da área da Costa Rica e 69 por cento da área plantada da Colômbia não apresentam sombras criadas por copas. O café crescido sob o sol requer cultivo intensivo, com o uso maciço de fertilizantes químicos, de inseticidas, de herbicidas e de fungicidas. Esses métodos aumentam a erosão do solo, à acidificação e a uma quantidade maior de dejetos tóxicos. Além disso, já que as plantações de café sob o sol não possuem a estrutura complexa das plantas crescidas sob a sombra, elas não fornecem habitats para as aves. A diversidade de aves diminui quando uma plantação de café é convertida da forma que se desenvolve sob a sombra para a forma que se desenvolve sob o sol. Estudos realizados na Colômbia e no México de 94 por cento a 97 por cento a menos de espécies de aves em plantações de café sob o sol direto.

As aves migratórias dependem de habitats de floresta nas áreas de inverno, mas as terras que podem ser preservadas, em parques e reservas da América Central e do Norte, são insuficientes para manter as populações de aves saudáveis. Se quisermos que as populações de aves migratórias sobrevivam, as paisagens dominadas por humanos, nos neotrópicos, devem fornecer habitats para elas, tais como as tradicionais plantações de café sob a sombra. O problema é que a plantação de café sob a luz do sol produz um retomo financeiro maior e mais rápido. O café plantado sob a sombra é menos prejudicial ao ambiente, mas não é economicamente atrativo. Para promover a plantação de café sob a sombra, o Smithsonian Migratory Bird Center desenvolveu o selo Bird Friendly™, o qual pode ser utilizado pelas plantações de café que atendem a critérios específicos (Figura 25-7).

Elementos Subjetivos dos Habitats Críticos

A presença, ou a ausência, de aves em uma plantação de café e de tartarugas marinhas mortas boiando em águas próximas a usinas de sal são indicadores conspícuos da qualidade do habitat. Eles são de fácil demonstração e são

Figura 25-7 Selo do Bird-Friendly™ para o café cultivado sob a sombra.

eficientes na conquista da opinião pública e de pressões políticas. Mais complicadas e, provavelmente, em maior quantidade são as interações subjetivas entre os elementos do habitat e as necessidades das espécies. Estas interações têm o potencial de determinar a sobrevivência ou a extinção de populações de espécies ameaçadas, mas elas podem ser detectadas somente através de estudos cuidadosos e de análises da informação de base biológica. A tartaruga do deserto (*Gopherus agassizii*), da América do Norte, nos dá um exemplo deste tipo de interação (Oftedal e Allen 1996).

As tartarugas do deserto são herbívoras, como notamos no Capítulo 14, e não possuem glândulas excretoras de sal. Os vegetais contêm concentrações de potássio mais altas do que os animais, assim, os animais herbívoros precisam excretar parte do potássio adquirido nos alimentos. As tartarugas do deserto excretam o excesso de potássio por meio de dejetos nitrogenados na forma de sais de ácido úrico. Já que a excreção do potássio está quimicamente ligada à excreção do nitrogênio, um excesso de potássio na dieta da tartaruga retira o nitrogênio do animal. Ou seja, uma tartaruga com uma dieta rica em potássio pode liberar uma grande quantidade de nitrogênio, ao se livrar do excesso de potássio, que não restará nada para a síntese proteica. Mesmo dietas ricas em nitrogênio (20 por cento de proteínas puras), não permitem aos jovens tartarugas do deserto crescer quando a também contêm 3,8 por cento de potássio.

As espécies vegetais variam quanto ao conteúdo de potássio. Testes de alimentação com tartarugas demonstraram que, quando podem escolher entre dietas com conteúdos variáveis de potássio, elas selecionam aquela com a menor concentração desse elemento. Quando recebem apenas dietas com alto conteúdo de potássio, elas reduzem a quantidade de alimento ingerido. Tartarugas selvagens são capazes de sobreviver somente se os vegetais com razões favoráveis de nitrogênio e de potássio estão disponíveis. Acredita-se que dois fatores tenham diminuído a disponibilidade destas plantas e prejudicado a situação nutricional das tartarugas – a dispersão de plantas não nativas, nos desertos norte-americanos, e a introdução de gado nos habitats das tartarugas.

Em muitas partes da América do Norte, incluindo os desertos do sudoeste, onde ocorrem as tartarugas, algumas espécies nativas de vegetais foram substituídas por plantas da Eurásia, as quais acompanharam a dispersão dos colonizadores europeus e deslocaram algumas espécies nativas. Há a preocupação de que – embora ainda não haja dados – as plantas da Eurásia podem ser menos adequadas às tartarugas do que os vegetais nativos que estão sendo substituídos. Em particular, se as plantas da Eurásia têm mais potássio, ou menos nitrogênio, as tartarugas terão dificuldade em obter, ou reter, o nitrogênio necessário para o crescimento normal.

As tartarugas do deserto evoluíram em habitats que continham roedores, coelhos, carneiro do deserto e a antilocabra – herbívoros que podem ter competido com as tartarugas por seus vegetais preferidos. O principal elemento novo na paisagem, desde a chegada dos europeus, são os rancheiros, os quais criam ovelhas e gado em densidades muito acima da capacidade suporte da área. O estrago causado pelas criações de animais sobre as paisagens é óbvio para qualquer ecólogo, embora ele seja veementemente negado pelos lo-bistas, que trabalham para a indústria do gado, em encontros reguladores e legislativos. O que não fica claro é se o gado, ou as ovelhas, realmente competem com as tartarugas por seus vegetais preferidos, e se a presença desses animais domésticos afeta o crescimento e a sobrevivência das tartarugas. A determinação do impacto da criação comercial sobre as tartarugas e outras espécies irá requerer os esforços combinados dos ecólogos e dos botânicos trabalhando em campo, bem como de nutricionistas e de fisiologistas de laboratório.

Comportamento Animal e Estratégias de Gerenciamento

Os animais apresentam conjuntos complexos de comportamento, os quais os permitem encontrar alimento apropriado, evitar predadores, conviver em grupo e identificar parceiros sexuais. Alguns desses comportamentos são inatos; ou seja, um animal nasce com a habilidade de produzir a resposta correta a um certo estímulo, mas muitos comportamentos são aprendidos ou desenvolvidos por tentativa e erro. Animais criados em cativeiro não vivenciam os mesmos estímulos que receberiam caso estivessem em seu ambiente natural, podendo não funcionar efetivamente se libertados (Knight 2001). Conforme os programas de reprodução em cativeiro são desenvolvidos para recuperar espécies selvagens, ocorre um aumento nos esforços para assegurar que os animais liberados serão competentes para sobreviver no meio natural (Shepherdson et al. 1998). Em outros casos, informações básicas sobre o comportamento social de uma espécie têm sido usadas no manejo de populações selvagens (Clemmons e Buchholz 1997).

***Imprinting*, Aprendizado e Reprodução em Cativeiro das Aves** O processo conhecido como *imprinting* é uma característica importante do comportamento das aves e dos mamíferos. O *imprinting é* um tipo especial de aprendizado que ocorre somente durante um tempo restrito da ontogenia, o chamado período crítico. Uma vez que o *imprinting é* estabelecido, ele se torna permanente e não pode ser revertido.

Cores, padrões, sons e o movimento são os principais estímulos ao *imprinting* nas aves, enquanto o cheiro é o mais importante dos estímulos para os mamíferos. Dois tipos de *imprinting* social podem ser distinguidos: o *imprinting* filial é o processo de aprendizado de reconhecimento das características individuais dos pais, enquanto o *imprinting* sexual se refere ao aprendizado das características de outros membros da espécie. O *imprinting* filial é responsável pela manutenção dos jovens com a mãe, após deixarem o ninho.

O *imprinting* sexual, durante a infância, é provavelmente um dos mecanismos que permitem ao indivíduo procurar um parceiro de sua própria espécie quando ele amadurece. Além disso, o *imprinting* sexual também pode prevenir um indivíduo de cruzar com um parente, prevenindo o endocruzamento.

Aves e mamíferos, normalmente, sofrem *imprinting* porque os pais e os filhos são os únicos objetos, no ninho ou na ninhada, que estão emitindo estímulos visuais, auditivos e olfativos. Entretanto, na ausência dos pais, os jovens podem ser estimulados por objetos inanimados ou por membros de outras espécies, incluindo os humanos.

A confusão quanto à identificação específica nas aves, que receberam o estímulo para o *imprinting* oriundo de outra espécie, pode ser desastrosa para os programas nos quais as espécies ameaçadas são criadas em cativeiro e liberadas. As aves jovens precisam reconhecer os parceiros apropriados para estabelecer as populações reprodutoras e os programas de criação em cativeiro devem se preocupar muito para que os jovens recebam os estímulos corretos para o *imprinting.*

Por exemplo, toda a população de condores da Califórnia (*Gymnogyps californicus*) se restringia a 27 aves, na década de 1980. Naquele momento, todos os condores foram capturados e divididos em duas colônias, em cativeiro, uma em um zoológico de Los Angeles e a outra, em um parque de animais selvagens de San Diego. Subsequentemente, uma terceira colónia foi estabelecida no "World Center for Birds of Prey", em Boise, Idaho. Para assegurar que os condores se reproduzissem não houve *imprinting* com humanos durante o período crítico, as aves foram mantidas em incubadoras fechadas e alimentadas por um mecanismo no qual o criador colocava sua mão dentro de uma luva de borracha modelada com a forma de uma cabeça de condor (Figura 25-8a). Os condores se reproduziram com sucesso em cativeiro e a população total atual consiste de 102 aves. Até janeiro de 2000, um total de 49 condores jovens havia sido liberado na Califórnia e no Arizona; e os primeiros ovos, produzidos por essas aves, foram encontrados em março e abril de 2001. O primeiro filhote condor desse programa, para reproduzir no ambiente natural, emplumou no final de 2003.

Ainda mais treinamento pode ser necessário para produzir jovens criados em cativeiro que possam sobreviver após a liberação. Um programa de reprodução para os íbis careca *Geronticus eremita* é um exemplo do quão complicado pode

(a)

(b)

Figura 25-8 Reprodução em cativeiro de espécies ameaçadas de aves. (a) Um condor californiano recém-nascido em sua incubadora com um modelo de cabeça de condor, utilizado para alimentá-lo. (b) Um íbis careca, *Geronticus eremita*.

ser este processo (Figura 25-8b). Em tempos históricos, a distribuição geográfica do ibis careca se estendia do Oriente Médio e do norte da África até a Suíça e a Alemanha, mas a população selvagem diminuiu a menos de 220 aves em uma reserva no Marrocos. Os íbis carecas se desenvolveram em cativeiro e há mais de 700 indivíduos nessa condição. Esta espécie parece ideal para a re-introdução – ela é prolífica, e seu desaparecimento do meio natural parece ter sido causado pela predação humana, em vez da poluição ou da perda de habitat. Mesmo assim, duas tentativas de estabelecimento de populações, libertas do cativeiro, não foram bem sucedidas.

A razão para essa falha parece ter sido a ausência de comportamentos sociais normais nas aves criadas em cativeiro. Os íbis carecas são aves sociais com um cuidado parental estendido, e parece que os jovens aprendem os comportamentos apropriados dos adultos. Por alguma razão, esse aprendizado não ocorreu em cativeiro. Atualmente, há uma tentativa de instruir as habilidades sociais aos jovens íbis carecas – os humanos estão criando as aves, ensinando-os a se localizar no campo para o forrageio, a reconhecer os predadores e outros perigos, tais como automóveis, e a se engajarem nas exibições mutuais, um importante comportamento social.

Animais indomáveis mantidos no cativeiro reprodutivo podem ser um problema, deste modo um cuidado especial é usado para evitar o "imprinting" com os humanos. Os condores que têm sido libertados na Califórnia e Arizona associam os humanos a alimento, e os biologistas de campo que acompanham e cuidam dessas aves tentam, deliberadamente, ensiná-las a terem medo dos humanos (Blakeslee 2003). Os abutres-houbara asiáticos, que apresentavam sucesso em encontrar alimento, tornaram-se raros na Arábia Saudita após terem sido soltos, porque muitos foram vítimas de predadores, aparentemente, por causa das condições de cativeiro, onde foram criados, que não lhes ensinou a ter medo. Esse problema pode ter sido resolvido com a ajuda de uma jovem raposa chamada Sofia, que é introduzida nas gaiolas das aves e permitido que ela persiga as aves. Sofia acredita que isso é uma brincadeira, mas aparentemente, após três sessões de treinamento as aves foram convencidas a ficar mais cautelosas, porque a taxa de sobrevivência após a soltura foi maior que a do grupo controle que não tinha sido exposto à Sofia, (van Heezik e Seddon 2001).

Elefantes Adolescentes As populações de elefantes, nos parques da África, aumentaram substancialmente desde que esses locais foram criados. Este crescimento populacional testemunha a favor da efetividade dos parques na proteção dos elefantes, mas também criam problemas sérios de superpovoamento. Conforme sua população aumenta, os elefantes forrageadores destroem árvores maduras, para se alimentar dos ramos mais superiores, e, geralmente, saem dos parques, quando passam a destruir jardins e pomares. Para reduzir estes problemas, a África do Sul desenvolveu um processo de remoção seletiva de elefantes. Alguns indivíduos são capturados e transportados para outros parques, e outros são mortos.

Entre 1981 e 1993, jovens machos e fêmeas de elefante africano (*Loxodonta africana*) que se tomaram órfãos devido a morte de suas mães, foram realocados do Parque Kruger em Pilanesburg. Não havia elefantes em Pilanesburg e os órfãos cresceram na ausência de animais mais velhos. Quando o primeiro filhote de elefante nasceu, em 1989, o programa de realocação pareceu uma história de sucesso, exceto por um problema – aos machos jovens estavam atacando e matando os rinocerontes brancos (*Ceratotherium simum*). Em 1997, os elefantes haviam matado mais de 40 rinocerontes (Slotow et al. 2000).

Os ataques foram feitos por elefantes machos quando estavam em "musth" (ou frenesi). O "musth" é um período anual durante o qual o nível de testosterona, circulante no sangue dos elefantes machos, sobe dramaticamente. Os elefantes, neste período, adotam uma postura distinta, a qual os permite serem reconhecidos à distância. Suas glândulas temporais de cheiro incham e secretam um material oleoso e o comportamento sexual e agressivo aumenta (Figura 25-9). Em populações naturais, os machos experimentam, pela primeira vez, o frenesi ("musth"), quando têm entre 25 a 30 anos. A duração desse período aumenta conforme ficam mais velhos – de poucos dias a algumas semanas, para animais entre 25 e 30 anos e de 2 a 4 meses para animais de mais de 40 anos. Assim, os jovens machos, em Pilanesburg, desenvolveram o "musth" antes do esperado e seus períodos duraram de semanas a meses, que eram bem mais longas para jovens machos.

O elefante africano é uma espécie ameaçada de extinção, e os rinocerontes brancos são listados como vulneráveis. Ambas as espécies enfrentam riscos suficientes, sem o complicador adicional de uma espécie atacar e matar a outra. O comportamento agressivo dos jovens elefantes machos, em Pilanesburg, não é típico dos destes animais africanos, mas ele não é único a essa população. Ele ocorreu em algumas outras populações, especialmente no parque de Hluhluwe-Umfolozi, o qual se encontra ao norte da provinda de KwaZulu Natal. Esta foi a segunda população a ser estabelecida com órfãos do Parque Kruger, e os machos jovens, em Hluhluwe-Umfolozi, começaram a matar os rinocerontes cerca de 2 anos depois do aparecimento deste comportamento na população de Pilanesburg. Cerca de 45 rinocerontes foram mortos em Hluhluwe-Umfolozi e números menores foram mortos em outras áreas.

As populações de elefantes que estão matando os rinocerontes têm uma característica em comum – todas foram estabelecidas por meio da realocação de animais jovens em locais nos quais cresceram sem a presença de adultos. Essa situação anormal se tornou a chave para o "musth" prematuro e prolongado dos jovens machos. Em populações de elefantes que incluem machos mais velhos, os jovens não entram em "musth" e, quando isso ocorre, os períodos são bem curtos. As interações sociais são responsáveis por essa situação – os machos jovens em "musth" se engajam em interações agressivas com os mais velhos e são derrotados por esses últimos. Interações repetitivas com os mais velhos acaba com o "musth" dos elefantes mais jovens; e a presença dos adultos pode atrasar o início do "musth" nos pequenos elefantes. O odor de um macho em "musth" deve inibir o "musth" em jovens machos: a composição química das secreções de "musth" mudam ontogeneticamente nos elefantes indianos, e o jovem evita as secreções dos machos adultos (Rasmussen et al. 2002).

Em 1998, seis elefantes adultos foram removidos, do parque Krueger para Pilanesburg, e sua presença teve um efeito dramático sobre os jovens machos. A duração do "musth" nos jovens diminuiu muito, na maioria dos casos, declinando de semanas para apenas alguns dias (Tabela 25.2). Felizmente, os jovens elefantes também pararam de matar os rinocerontes.

▲**Figura 25-9** Um elefante africano macho em "musth". (a) Secreção da glândula temporal de um macho em "musth". (b) Um elefante maior brigando com um macho menor.

TABELA 25-2 Períodos de "Musth" (= frenesi) em Elefantes Jovens

Número de identificação dos machos de Pilanesburg	Duração do "musth" em dias: Antes da introdução de machos mais velhos	Duração do "musth" em dias: Após a introdução de machos mais velhos
18	>16.>14	6,1
6	55, 40	3, 1,12-26
22	90,>86	2, 53-77
5	134	76, 24

A Determinação do Sexo e a Conservação das Tartarugas Marinhas

A conservação de tartarugas marinhas traz desafios especiais. Algumas espécies se distribuem por milhares de quilômetros quadrados de oceano, incluindo águas internacionais e áreas costeiras, as quais estão sob jurisdição de muitas nações. Por exemplo, as fêmeas de tartarugas *Dermochelys coriacea*, que botaram ovos na Playa Grande, na costa pacífica da Costa Rica, foram rastreadas por transmissores de rádio presos à suas carapaças. Os sinais dos transmissores eram captados via satélite quando as tartarugas estavam na superfície, o que permitia o rastreamento dos animais no mar aberto (Morreale et al. 1996). De 1992 a 1995, sete tartarugas foram rastreadas, por períodos de 29 a 87 dias, assim que viajavam por distâncias de 417 quilômetros a 2.780 quilômetros. Marcantemente, todas as tartarugas seguiram a mesma rota sudoeste, passando pelas ilhas Galápagos e seguindo para o Oceano Pacífico. Com todo o vasto oceano a sua volta, esses animais permaneceram em um corredor de não mais de 500 quilômetros de largura. Durante esse processo, elas passaram pelos limites territoriais da Costa Rica, indo para águas internacionais, passando por águas equatorianas, em volta das ilhas Galápagos, e retornando a águas internacionais. As tartarugas-verdes, que se reproduzem no Caribe, passam por águas territoriais de mais de meia-dúzia de países, conforme nadam de suas áreas de alimentação até as praias nas quais botam seus ovos. Como nos casos das aves e das baleias migratórias, os movimentos através de jurisdições nacionais e de águas internacionais contribuem enormemente para o problema de estabelecer e de reforçar as provisões para proteger as tartarugas.

A proteção de tartarugas marinhas apresenta desafios biológicos, bem como problemas legais. A extrema fidelidade demonstrada pelas tartarugas, quanto aos locais de reprodução, limita a quantidade de variação genética encontrada em cada sítio. Por exemplo, uma análise da tartaruga *Caretta caretta*, no Mar Mediterrâneo, demonstrou uma substancial separação genética entre tartarugas que botavam ovos nas praias adjacentes da costa da Turquia (Schroth et al. 1996). Alguns destes sítios de reprodução estão sendo destruídos pelo desenvolvimento imobiliário. Já que as tartarugas que utilizam cada um dos sítios são geneticamente distintas, a perda de um único local de reprodução resulta na perda de uma porção da variação genética da espécie. Assim, a preservação da variação genética da espécie como um todo depende da preservação de sítios de reprodução de todas as sub-populações.

A Tartaruga Marinha de Kemp Todas as sete espécies de tartarugas marinhas enfrentam ameaças, mas a distinção melancólica de ser a mais ameaçada das espécies vai para a tartaruga de Kemp (*Lepidochelys kempi*; Figura 25-10). Esta espécie apresenta apenas um sítio de reprodução, uma faixa de praia 3 quilômetros, na costa de Rancho Nuevo, em Ta-maulipas, no México. Estes animais botam seus ovos de dia e, antigamente, havia um grande número deles fazendo isso. O influxo de tartarugas fêmeas à praia é chamado de *arribada* (Espanhol = *chegada*), e um filme, realizado em 1947, mostra uma *arribada* estimada em 47.000 tartarugas, todas botando ovos ao mesmo tempo. Embora elas tenham sido uma importante fonte de alimento para os habitantes locais da região, anteriormente à chegada de Colombo, a localização desta praia ficou desconhecida dos cientistas até 1966. Nesta época, os números já variavam entre apenas 3.000 e 5.000 tartarugas, e esses números continuaram a cair conforme os ovos das fêmeas eram retirados e utilizados como alimento e os adultos e juvenis eram capturados em redes de pesca no Golfo do México. Em 1994, apesar dos esforços de conservação, toda a população, provavelmente, continha cerca de 800 fêmeas (Shaver 1990).

De 1978 a 1988, o Instituto Mexicano de Pesca, em conjunto com o *U.S. Fish and Wildlife Service, com National Marine Fisheries Services*, com o *National Park Service* e com o *Texas Parks and Wildlife Department* estabeleceram uma segunda população reprodutora de tartarugas de Kemp

Figura 25-10 Uma tartaruga marinha fêmea adulta de Kemp.

em *Padre Island National Seashore*, no Texas. A cada ano, cerca de 2000 ovos eram coletados no México e enviados a *Padre Island*, onde eram incubados e eclodiam. Ovos adicionais eram incubados na praia de *Rancho Nuevo*.

O objetivo do projeto era produzir, ao menos, uma taxa de 1:1 de filhotes machos e fêmeas e, preferencialmente, com uma preponderância de fêmeas, para estabelecer uma população de tartarugas que poderiam voltar à *Padre Island* para se reproduzir. Diversos indivíduos, incluindo a funcionária Donna Shaver, do *National Parks Service*, cooperaram no estudo da razão sexual dos filhotes produzidos entre 1978 e 1984. Embriões que não eclodiam foram preservados para análises posteriores e o sexo das tartarugas mortas podia ser determinado pelo exame histológico das gônadas. Os resultados foram decepcionantes (Figura 25-11). Em três, dos cinco anos nos quais amostras adequadas estiveram disponíveis, somente um terço dos filhotes eram fêmeas, e a maior proporção atingida foi de 50 por cento (Shaver et al. 1988). Tais razões se distanciavam do objetivo do projeto e o desvio se dava na direção errada – um excesso de machos estava sendo produzido.

O fenômeno da dependência da temperatura para a determinação sexual das tartarugas tinha sido descrito na literatura cerca de 30 anos antes, mas suas implicações para a conservação das tartarugas marinhas ainda não fora observada (Mrosovsky e Yntema 1981). O projeto de *Padre Islland*, como muitos outros projetos de conservação de tartarugas marinhas em todo o mundo, incubava os ovos em areia úmida em caixas plásticas cobertas na praia. Shaver descobriu que a temperatura, dentro das caixas, era mais baixa e foi por isso que os ovos se desenvolveram em machos.

De 1985 em diante, as temperaturas das incubadoras, em *Rancho Nuevo* e em *Padre Island*, foram elevadas em 3°C. Este pequeno aumento de temperatura foi suficiente para alterara a determinação do sexo em favor das fêmeas e, de 1985 até o final do projeto, em 1988, a proporção de filhotes fêmeas aumentou dramaticamente. Este exemplo ilustra a importância da aplicação de informações biológicas básicas sobre organismos para gerenciar programas de conservação.

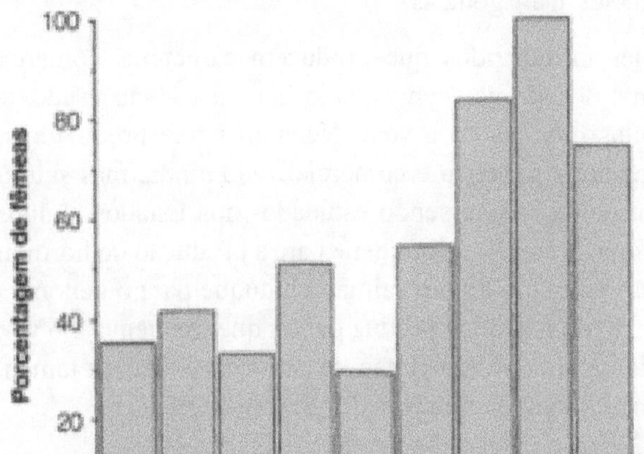

Figura 25-11 A determinação sexual dependente da temperatura e a conservação das tartarugas marinhas. A proporção de filhotes fêmeas, produzida no *Padre Island National Seashore*, de 1978 a 1988. Note o aumento na proporção de fêmeas de 1985 em diante, após a elevação da temperatura das incubadoras. (Não há amostras confiáveis para os anos de 1980 e 1981.)

Taxas Reprodutivas do Kakapo

O Kakapo (*Strigops habroptilus*) – um papagaio noturno que não voa – é endémico da Nova Zelândia tanto da Ilha Norte como da Ilha Sul, mas em 1951 o kakapo foi extinto na Ilha Norte e apenas 18 indivíduos (todos machos) restaram na Ilha Sul. As poucas fêmeas sobreviventes encontravam-se na Ilha Stewart, da região costeira da Ilha do Sul. Em 1982 todas as aves sobreviventes foram capturadas e soltas em ilhas sem predadores e no início de 1989 providenciou-se um suplemento alimentar. A alimentação suplementar resultou no aumento de 15 por cento da massa corpórea das aves alimentadas, mas isso não parece ter aumentado a reprodução. Em 2001 uma população inteira da espécie, formada por 62 aves, apenas 21 eram fêmeas. Ainda pior, apenas seis fêmeas se reproduziram desde a recolocação em 1982. Qual era o problema?

Uma interação entre as espécies biologicamente reprodutivas e o suplemento alimentar precisou ser retomada para o programa de manejo ser entendido (Sutherland 2002). Teoricamente a história de vida prevê que as fêmeas podem aumentar sua performance sexual pela produção de filhotes de reprodutores cuja condição física da fêmea é beneficiada no período que ela procria. Kakapos tem um sistema no qual apenas os poucos machos maiores podem cruzar. Os machos crescem mais devagar que as fêmeas, e provavelmente, custam mais para serem recrutados por uma fêmea. Deste modo, a história de vida teórica prevê que as mães devem produzir mais machos na prole quando o alimento é mais abundante, e era isso que estava acontecendo com os kakapos. As fêmeas que recebiam suplemento alimentar produziam uma prole com 67 por cento de machos comparada com a prole de apenas 29 por cento de machos produzida por fêmeas mal alimentadas. Em 2002 a suplementação alimentar foi suspensa até depois da postura dos ovos com o intuito de aumentar a proporção de fêmeas produzidas, e a tática parece ter sido bem sucedida: 15 dos 24 filhotes que emplumaram (63 por cento) eram de fêmeas.

Mudança Genética Inadvertida

Uma drástica queda no tamanho de uma população é um sinal conspícuo de um problema, mas mudanças sutis ou invisíveis também podem ser muito sérias. As atividades humanas podem afetar a pressão seletiva as quais as espécies estão sujeitas e, consequentemente, a genética das populações. Por exemplo, caçadores de troféus frequentemente matam seletivamente os ungulados machos maiores, porque esses são aqueles com chifres e comos que se transformam em troféus impressionantes. Troféus de animais padrão internacional são valiosos comercialmente, e uma licença de caça tem sido vendida em leilões por centenas e milhares de dólares. A pressão seletiva exercida pelos troféus de caça do carneiro de Dall (*Ovis dalli*) e do carneiro de grandes cornos (*Ovis canadensisi*) tem removido os indivíduos com grandes comos e produzido um comportamento indesejável e mudanças genéticas nas populações (Singer e Zeigenfuss 2002, Coltman et al. 2003). O crescimento rápido dos cornos é uma característica genética herdada que está vinculada ao crescimento rápido da biomassa. O valor reprodutivo que prevê a qualidade da prole que um carneiro irá produzir pode ser calculado por sua idade, biomassa, e o comprimento dos comos. Os carneiros machos com alto valor reprodutivo estão sendo selecionados e retirados das populações pelos caçadores – a média do valor reprodutivo baseada no comprimento do corno de 57 carneiros mortos pelos caçadores foi de + 0,6, enquanto a média do valor reprodutivo para carneiros não mortos foi de -1,2. A maioria dos carneiros dos troféus foram mortos com aproximadamente 8 anos de idade, antes de terem sido capaz de formarem haréns de ovelhas e gerarem seu sucessor. A performance dos carneiros jovens com cornos pequenos apresenta, poucas manifestações de corte e mais agressividade com as ovelhas do que a dos machos maiores. Provavelmente como resultado desse distúrbio, a ovelhas fogem da corte dos carneiros jovens nas populações caçadas mais do que nas populações não caçadas.

Com resultado da remoção dos carneiros com alto valor reprodutivo, a relação entre o valor reprodutivo e o número de descendentes nascidos de um carneiro durante sua vida, a qual deve ser normalmente positiva, tem sido negativa – isto é, os carneiros com grandes cornos e tamanho corpóreo grande estão produzindo poucos sucessores. Essa seleção causou um decréscimo de mais de 20 por cento na massa corpórea e comprimento do como dos machos de **Ovis canadensis** desde o inicio de 1970. No mesmo período o significado do valor reprodutivo dos jovens produzidos a cada ano declinou de + 0,08 para -1,8.

Mudanças genéticas similares foram registradas nas fazendas de salmão (Health et al. 2003). Uma associação-íntima entre o número de ovos produzidos e o tamanho dos ovos é uma característica da história de vida dos animais – ovos grandes produzem crias grandes, e filhotes grandes têm mais chances de sobreviver a alguns tipos de risco. Entretanto, outros riscos não são afetados pelo tamanho do filhote, e por causa desses riscos individuais que se produz muitos filhotes pequenos maximizando sua contribuição genética para as gerações subsequentes. Condições naturais tem estabelecido um tamanho ótimo de ovo para o salmão selvagem, mas filhotes nascidos em cativeiro são protegidos da maioria das ameaças que encontram na natureza. Como resultado, o equilíbrio entre tamanho e número de ovos muda para muitos ovos pequenos nos criatórios de peixe – em menos de quatro gerações, o tamanho dos ovos diminuem 25 por cento. Isto pode não ser um problema se os peixes gerados nos criatórios permanecerem nesses locais, mas isso não ocorre sempre. Em dezembro de 2000, 100.000 salmões escaparam dos cercados de um criatório na Baia Machias, no Maine, durante uma tempestade. Os peixes que escaparam entraram nas populações selvagens de salmão, levando junto consigo o genótipo de produzir ovos pequenos. A influência desse inesperado acréscimo genético acrescenta nas populações selvagens de salmão é desconhecida, mas é potencialmente deletéria para o genótipo selvagem que tem sido formatado por uma seleção milenar.

Espécies Transgênicas

Genes introduzidos que produzem caracteres comercialmente desejáveis – engenharia genética – são usados em plantas com milho e soja. Nenhum peixe produzido por engenharia genética é comercializado ainda, mas salmões transgênicos estão sendo estudados nos Estados Unidos e Europa. A adição de um gene para a produção do hormônio de crescimento de um salmão-chinuque para o genoma do salmão do Atlântico produz peixes que crescem até 6 vezes mais rápido que os salmão de cativeiro e alcança tamanho comercial um ano mais cedo (Stokstad 2002).

O que acontecerá se peixes transgênicos escaparem dos cativeiros? Um estudo sugere que eles devem entrar em competição com os salmões selvagens, porque o salmão transgênico se alimenta três vezes mais que o peixe normal. Um estudo experimental usou a truta marrom com implantes que liberavam gradualmente hormônio de crescimento porque os peixes transgênicos não podiam ser libertados no ambiente natural. Esse estudo mostrou que os peixes de crescimento-intensificado sobreviveram melhor que os peixes normais, contribuindo para o consenso que transgênicos que escaparem devem competir com os peixes selvagens. Além disso, os óvulos e espermatozóides dos peixes transgênicos têm incorporado um gene estranho que passam para seus descendentes. Um modelo de genética populacional de uma população mista de peixes transgênicos e selvagens mostra que o gene incorporado pode se espalhar entre os selvagens, caso sua performance decaia de alguma forma. Por exemplo, um gene que reduza a sobrevivência dos juvenis, mas aumenta o sucesso reprodutivo dos indivíduos que sobrevivem devem se propagar para toda a população e finalmente causar a extinção dos peixes selvagens e transgênicos.

25.4 Questões Globais da Biologia da Conservação

Focalizamos os problemas enfrentados por espécies particulares em habitats particulares, mas as alterações globais são uma área de preocupação crescente para os biólogos de conservação. Considere os exemplos de problemas globais que têm impactos sobre os organismos individuais.

Alterações Climáticas Globais

O aquecimento global parece ser uma realidade, embora suas causas sejam muito debatidas. Um relatório, publicado em 2001 pelo Painel Intergovernamental sobre as Alterações Climáticas das Nações Unidas, previu que a temperatura média do ar na Terra pode aumentar em 5°C no próximo século. Já há indicações aparentes deste aquecimento. Períodos de crescimento, em grandes latitudes, se iniciam mais cedo na primavera e se estendem até o outono. Um registro de 90 anos demonstra que a taxa de crescimento do abeto branco do Alasca declinou conforme a temperatura subia, aparentemente pela seca provocada pelo clima (Barber et al. 2000). Uma análise sobre registros de 25 anos de ninhos de pássaros, no Reino Unido, revela que a data do ninho está relacionada à temperatura; e os pássaros botam os ovos mais cedo, conforme as temperaturas se elevam (Crick e Sparks 1999). As informações que os pássaros migrantes utilizam para iniciar seu caminho para o norte não são afetadas pelo aquecimento global e, como resultado, eles podem chegar à suas áreas de reprodução após a ocorrência das condições ótimas para a reprodução (Both e Visser 2001). Antecipar as respostas dos organismos ao aquecimento global é um caso teste crucial para a biologia evolutiva e para a ecologia (Kareiva et al. 1993).

Precipitação Ácida

A chuva e a neve são acidificadas por gases, contendo enxofre e nitrogênio, produzidos quando combustíveis são queimados. Mais de 90 por cento das emissões de enxofre e 95 por cento das emissões de nitrogênio, na América do Norte, são de origem humana, principalmente oriundos da queima de carvão e de óleo na geração de energia elétrica e nos carros. Estes gases se misturam à água, na atmosfera, e produzem chuvas e neve que contêm ácido sulfúrico e nítrico. Os mesmos processos ocorrem em outros países industrializados, e os ácidos são carregados por sistemas climáticos por todas as fronteiras nacionais e, até mesmo, entre continentes. Nenhum lugar da Terra está fora do alcance dos poluentes do ar.

Conforme cai a precipitação ácida, ela altera a composição química do solo e da água. O cálcio é removido do solo e levado, por rios e riachos, até o mar. Quando o cálcio do solo do rio é totalmente retirado, outros íons são dissolvidos. O alumínio, o qual segue o cálcio e o magnésio em ordem de solubilidade, recebe uma preocupação particular, pois ele é tóxico aos organismos aquáticos. O efeito da precipitação ácida tem sido estudado, por décadas, na Noruega. O alumínio é a principal causa de mortes de peixes na porção sul desse país. Treze mil populações de peixes foram monitoradas, de 1960 a 1990: 21 por cento delas apresentou redução de tamanho e 19 por cento desapareceu completamente.

A perda de cálcio do solo também tem um impacto sobre os animais terrestres. Algumas aves das florestas européias estão produzindo ovos com cascas finas e porosas, as quais quebram facilmente. Parte do problema é a ausência de cálcio nas dietas dessas aves, pois o ácido nas chuvas e na neve dissolveu esse elemento do solo. Estes solos prejudicados não suportam mais as populações de moluscos que forneciam o cálcio necessário para os ovos (Graveland et al. 1994).

Perturbadores Químicos

Uma variedade de compostos químicos imitam os efeitos de hormônios e podem perturbar funções normais dos sistemas endócrinos dos vertebrados. Algumas plantas, por exemplo, contêm compostos químicos que afetam os ciclos reprodutivos dos roedores que se alimentam delas; estes compostos são, provavelmente, parte da defesa dos vegetais contra os herbívoros. Compostos químicos sintéticos, liberados no ambiente pelas atividades humanas, podem perturbar os sistemas endócrinos dos vertebrados, incluindo os próprios humanos (Iguchi e Sato 2000).

Os pesticidas são a principal fonte de perturbadores endócrinos, assim como os plásticos, os lubrificantes e os solventes. Fitalatos são resíduos plásticos (incluindo aqueles utilizados para a fabricação de mamadeiras) e são responsáveis pela grande incidência do desenvolvimento prematuro das mamas em mulheres, de até apenas dois anos, em Porto

Rico. Pílulas anticoncepcionais contêm estrógeno e progesterona, esses hormônios são excretados e continuam seu caminho através do sistema de esgoto terminando nos rios e lagos.

Perturbadores endócrinos podem alterar o desenvolvimento sexual quando os animais são expostos durante o desenvolvimento embrionário. Dejetos de uma usina de papel, liberados no rio Fenholloway, na Flórida, contêm androstenediona, um esteróide anabolizante, que tem sido utilizado por atletas humanos. No rio, a androstenediona masculini-zou o peixe *Gambusia affinis* – as populações ao longo do rio apresentam somente machos (McNatt et al. 2000). Este é o primeiro exemplo de um andrógeno ambiental, um poluente que masculiniza os embriões. Outro estudo sobre a poluição em peixes a partir de um abatedor de gado em Nebraska encontrou fêmeas de peixes abaixo do abatedouro com menos de 20 por cento de estrógeno e 45 por cento a mais de testosterona do que as fêmeas acima desse local.

Em contraste, estrógenos ambientais são comuns. A lista de vertebrados que foram feminilizados por estrógenos ambientais inclui diversas espécies de peixes (trutas, carpas, salmões e esturjões), anfíbios (sapos e salamandras), répteis (crocodilos e tartarugas), aves (gaivotas e garças) e mamíferos (a pantera da Flórida) (Guillette et al. 2000). Nesses casos, os machos apresentam testículos menores do que o normal e podem ser estéreis. Um estudo dos peixes acima e abaixo de um despejo de esgoto próximo a Boulder, Colorado, mostrou uma razão cerca de 50:50 de machos e fêmeas acima do despejo do esgoto, mas 93 por cento de fêmeas abaixo dele (Vajda et al. 2003).

Os humanos, provavelmente, não são imunes aos efeitos dos estrógenos ambientais. Entre 1938 e 1991, as densidades médias de esperma dos machos humanos, na Europa e na América do Norte, declinaram de 113 milhões/ml de fluido seminal para 66 milhões/ml, e a média do volume de líquido seminal decresceu de 3,40 mililitros para 2,75 mililitros. A feminilização, por estrógenos ambientais, foi sugerida como a causa deste fenômeno (Carlsen et al. 1992).

25.5 Características de Espécies Vulneráveis

A proliferação dos humanos e de sua tecnologia ameaça a continuação da existência de praticamente todas as espécies, incluindo a dos próprios humanos, mas algumas espécies têm características biológicas que as tornam especialmente vulneráveis. Já notamos as extinções rápidas e prematuras de espécies de aves e de mamíferos que estavam restritos a ilhas, mas há muitos outros fatores que contribuem para o potencial de sobrevivência de uma espécie (Tabela 25.3). Um grande carnívoro, que ocupa uma posição no topo da cadeia alimentar, que tem uma pequena tolerância de habitat e uma distribuição geográfica restrita que, todavia, ultrapassa fronteiras nacionais ou águas internacionais, que tem

TABELA 25.3 Características de espécies que afetam o potencial de sobrevivência. Os exemplos são utilizados para ilustrar características específicas; eles não são indicadores de que a espécie nomeada está em risco, baixo ou alto, em relação a todos os itens.

Risco maior	Risco menor
Tamanho corpóreo maior (tigre)	Pequeno tamanho corpóreo (gato)
Carnívoro (leão-da-montanha)	Herbívoro (veado-de-cauda-branca)
Pequena distribuição geográfica (papagaio de Porto Rico)	Grande distribuição geográfica (ganso do Canadá)
Pequena tolerância de habitat (orangotango)	Ampla tolerância de habitat (gambá da Virgínia)
Caçado como alimento ou para o mercado, para os quais não há proteções legais (tartaruga asiática)	Caçado por esporte em programas controlados da atividade (pombos)
Distribuição geográfica atravessa fronteiras nacionais ou inclui águas internacionais (tartaruga marinha)	Distribuição geográfica restrita a um ou a poucos países (crocodilo americano)
Intolerante à presença dos humanos (urso cinzento)	Tolerante à presença de humanos (urso preto)
Baixa taxa reprodutiva período de gestação longo, ninhadas pequenas, maturação lenta (panda gigante)	Alta taxa reprodutiva: período de gestação pequeno, grandes ninhadas, maturidade rápida (racon)
Um predador, no topo da cadeia alimentar, que está sujeito aos efeitos da amplificação biológica dos poluentes químicos (falcão peregrinmo)	Predador em ponto mais baixo da cadeia alimentar, o qual se alimenta de presas menos contaminadas (gavião)

uma baixa taxa reprodutiva, que é caçado por esporte e que é intolerante aos humanos claramente tem um grande número de fatores de risco.

O urso polar (*Ursus maritimus*) cabe nessa descrição. Os machos têm cerca de 3,4 metros do nariz à cauda, e pesam mais de 600 quilogramas; as fêmeas são, de certa forma, menores (até 2,4 metros e 315 quilogramas). Seu habitat circumpolar inclui partes de cinco países e o Oceano Ártico. Eles são nômades, viajando mais de 8.000 quilômetros em um ano, entre jurisdições nacionais e águas internacionais. Uma fêmea se reproduz somente a cada 3 ou 4 anos e, geralmente, têm um filhote, o qual permanece com a mãe por cerca de dois anos. As fêmeas atingem a maturidade reprodutiva quando têm de 4 a 6 anos e apresentam um período de vida de cerca de 25 anos.

O Ártico é uma porção remota da Terra, distante das áreas industrializadas, mas isso não a protegeu da poluição (Smith et al. 2002, Webster 2003). Ventos e correntes oceânicas carregam a precipitação ácida e os poluentes, orgânicos e inorgânicos, de todo o hemisfério norte para o Ártico. Os salmões (*Oncorhynchus nerka*) nascem nos lagos do Alasca migrando rio abaixo para o oceano onde crescem e na época reprodutiva retomam aos lagos de origem, onde procriam e morrem. Enquanto estão nos oceanos os salmões acumulam difenil policlorinatos (PCBs), e trazem esse produto químico para os lagos junto com eles. O PCBs se deposita nos sedimentos dos lagos quando os peixes morrem aumentando sua concentração mais de sete vezes.

Os ursos polares estão no topo da cadeia alimentar do Ártico, e a foca **Phoca híspida** são seu alimento preferido. Essas focas contêm altos níveis de compostos químicos utilizados em equipamentos elétricos. A concentração de PCBs no tecido gorduroso das focas do Ártico russo e europeu é mais alta do que a das focas da Groelândia, do Canadá e do Alasca, e tais concentrações são atribuídas ao uso contínuo de PCBs em equipamentos elétricos russos. A dioxina é outro poluente que afeta o Ártico e a maioria da contaminação por esse composto, no Ártico canadense, pode ser rastreada até as fábricas e incineradores dos Estados Unidos. Os PCBs e a dioxina são perturbadores endócrinos e parece que estão interferindo com a reprodução dos ursos polares (UNEP 2000).

Escolhendo características do ponto mais baixo da escala de risco, podemos desenvolver uma figura composta dos animais selvagens típicos do final do século **XXI.** Eles serão pequenos e herbívoros, ou predadores, no meio da cadeia alimentar, terão alto potencial reprodutivo e requerimentos de habitats amplos, os quais incluem paisagens alteradas pelo homem. Espécies com estas características incluem os pombos das rochas (*Columba lívia*, familiares aos moradores de cidades), os pardais domésticos (*Passer domesticus*), os ratos noruegueses (*Rattus norvegicus*) e a carpa (*Cyprinus carpia*).

25.6 Os Paradoxos da Conservação

Embora a conservação deva lidar com aspectos biológicos, ela não é puramente um assunto da biologia. As sociedades humanas, que queimam combustíveis fósseis e manufaturam produtos, inevitavelmente, irão produzir poluentes que se espalham para muito longe de suas fontes. É relativamente fácil acreditar que é errado para uma corporação multinacional construir uma usina de extração de sal que irá destruir um habitat protegido, ou uma fábrica de papel que libera poluentes a fim de não ter o trabalho de lidar com tais dejetos. É igualmente certo que uma família de fazendeiros de subsistência, em um país em desenvolvimento, não deve perturbar o habitat de uma espécie ameaçada para obter seu alimento?

Nações ricas e pobres respondem diferentemente às sempre conflitantes demandas do ganha-pão versus a conservação dos recursos naturais. Uma nação desenvolvida, especialmente um país grande como os Estados Unidos, pode se dar ao luxo de reservar terras para a proteção de habitats e de organismos, mas tal opção nem sempre é possível para uma nação pobre. Esforços efetivos de conservação não podem ser focalizados somente em questões biológicas. No mundo real, a conservação requer o balanço intrincado de valores biológicos, culturais, políticos e econômicos, e nenhuma resposta é certa para todas as espécies e todos os habitats. Algumas espécies necessitam de áreas protegidas, mas muitas das áreas mais importantes, com habitats relativamente não perturbados, estão em paises onde a pobreza e os problemas de pressão social tomam a proteção completa um objetivo não realista. Programas de conservação devem lidar com questões sociais e económicas, bem como com as biológicas, se quiserem ser bem sucedidos. As pessoas que vivem próximas a parques e a áreas de conservação devem acreditar que a proteção destes habitats e das espécies que eles contêm irá contribuir mais para seu padrão de vida do que se eles estivessem desmaiando as áreas e matando os animais (Howlett e Dhand 2000, Sinclair et al. 2000, Hulme e Murphree 2001, Balmford et al. 2002).

Esforços deste tipo estão acontecendo. O *National Resources Defense Council* está trabalhando nas vilas próximas ao lago San Ignácio para desenvolver pescarias sustentáveis, positivas ao meio ambiente. Estas pescarias também irão fornecer uma base económica, o que tornará mais fácil a resistência a propostas futuras de desenvolvimento industrial, as quais acabariam com o lago. O projeto Piaba, no Brasil, começou como um estudo sobre a diversidade de peixes na bacia do Rio Negro e cresceu em um projeto interdisciplinar, baseado na comunidade, que busca o desenvolvimento económico sustentável (Chao 2001). O Rio Negro é a principal fonte de peixes ornamentais; mais de 20 milhões de peixes são exportados anualmente, gerando lucros em tomo de US$ 100 milhões. Se não fosse pelas pescarias, a região se transformaria em área de mineração, exploração das florestas e de agricultura. Já que sustentar a pescaria requer o sustento do ecossistema, os cientistas do projeto Piaba estão estudando a estrutura e a função dos sistemas aquáticos. Eles estão usando essa informação para desenvolver os procedimentos de manejo para fornecer aos povos locais um incentivo para preservar a integridade do ambiente que suporte a pescaria.

A magnitude e a complexidade dos problemas enfrentados pela conservação são grandes, e a escala na qual os esforços remediadores devem ser realizados vai quase além da compreensão. Allison Jolly (1985) calculou que toda a população mundial de primatas selvagens é menor do que a metade de uma população humana presente em qualquer uma das grandes cidades da Terra. Toda a população vivente de muitas espécies de primatas não é maior do que a população humana de uma pequena cidade. As condições são igualmente críticas para muitos outros vertebrados. Há duas décadas, Jolly (1980) expressou os problemas que nós, como biólogos, enfrentamos hoje.

Esta constatação foi dolorosa. Ela começou, para mim, em Madagascar, onde a tragédia da substituição da floresta, a erosão e a desertificação são uma tragédia sem vilões. Camponeses de Madagascar estão apenas tentando alterar ambientes selvagens para alimentar suas famílias, assim como o fez a humanidade desde a Revolução do Neolítico. A constatação cresceu nas Ilhas Maurício, onde observei os últimos cinco periquitos repetidores pousarem em uma árvore, sabendo que, logo, não haveria mais nenhum. Ela veio como uma mudança intelectual igualmente dolorosa. Tornei-me um biólogo devido às maravilhas da diversidade da natureza. Tornei-me um biólogo de campo porque preferia observar a natureza em seu curso, ao invés de lidar com experimentos. Ao menos eu entendi que a biologia, como um estudo da natureza, exceto o homem, é um exercício histórico. Da Revolução do Neolítico até suas sequências lógicas sobre o crescimento populacional do século XX, a engenharia bioquímica das formas vivas e a destruição nuclear, a mente humana se tornou o principal fator da biologia... a necessidade urgente dos estudos [de vertebrados] é a conservação. É uma auto-exigência escrever livros para aumentar o conhecimento se, logo, nada mais haverá para ser estudado.

Revisões da crise da biodiversidade concordam que um passo essencial para resolver os problemas é um claro entendimento das espécies que existem, onde estão e quais são os elementos críticos para sua sobrevivência. Esta é uma missão que deve acolher biólogos de especialidades tão diversas como a sistemática, a ecologia, o comportamento, a fisiologia, a genética, a nutrição e o estudo dos animais em cativeiro. Há muitas espécies sobre as quais sabemos quase nada e há muito pouco tempo para aprendermos sobre elas.

Resumo

A diversidade de vertebrados tem crescido continuamente (apesar de alguns episódios de extinção) nos últimos 500 milhões de anos, tendo picos o Mioceno Médio, há cerca de 15 milhões de anos. A maior parte do declínio da diversidade dos vertebrados (e de outras formas de vida) desde então, pode ser traçada por meio dos efeitos diretos e indiretos dos humanos sobre as outras espécies com as quais dividimos o planeta. As maiores ameaças à continuidade de sobrevivência das espécies de vertebrados incluem a destruição de habitats, a poluição e a caça. Na base de todos estes fenómenos está o enorme crescimento do tamanho populacional humano. A população humana atual é de cerca de 6 bilhões de pessoas, o dobro do número que ocorria há 50 anos, e há a previsão chegar a 9 bilhões em 2050. Um quarto de milhão de pessoas é adicionado a cada dia, uma população do tamanho de Nova Iorque é adicionada a cada mês e, praticamente, 100 milhões de pessoas demandam recursos adicionais a cada ano. O consumo de recursos e a poluição do ambiente aumentam em taxas muito maiores do que a taxa de crescimento populacional. Este diferencial está aumentando, conforme a comunicação global (especialmente a televisão) expõe a grande maioria dos humanos ao estilo de vida ocidental, aumentando as expectativas e as aspirações no mundo todo. Tipicamente, o uso de recursos, em uma sociedade tecnológica moderna, aumenta de quatro a cinco vezes mais rápido do que o crescimento populacional, e a liberação de poluentes cresce proporcionalmente ao uso de recursos.

Esforços de conservação são complicados por assuntos políticos e econômicos, e as estratégias apropriadas para os países desenvolvidos podem não ser práticas em nações em desenvolvimento. Programas que integram as necessidades dos humanos com a vida selvagem têm mais chances de sucesso em longo prazo. Informações sobre a biologia básica dos organismos têm um papel essencial na conservação, definindo os elementos críticos do habitat que devem ser preservados para garantir que uma espécie pode sobreviver; através da identificação das fontes dos problemas e do dire-cionamento do controle de populações selvagens e do programas de re-introdução.

Leituras Adicionais

Balmford, A., et al. 2002. Economic reasons for conserving wild nature. *Science* 297:950-953.

Baptistotte, C, et al. 1999. Male-producing thermal ecology of a southern loggerhead turtle nesting beach in Brazil: Implications for conservation. *Animal Conservation* 2:9-13.

Barber, V. A., et al. 2000. Reduced growth of Alaska white spruce in the twentieth century from temperature-induced drought stress. *Nature* 405:668-672.

Benitez, J., and I. Perfecto. 1989. Efecto de diferentes tipos de manejo de cafe sobre las comunidades de hormigas. *Agroecologia Neotropical* 1 (1): 11 -15.

Benton, M. J. 1990. Patterns of evolution and extinction in vertebrates. In K. Allen and D. Briggs (Eds.), *Evolution and the Fóssil Record.* Washington, DC: Smithsonian Institution Press, 218-241.

Bjorndal, K. A, et al. 1999. Twenty-six years of green turtle nesting at Tortuguero, Costa Rica: An encouraging trend. *Conservation Biology* 13:126-134.

Blakeslee, S. 2003. Straighten up and fly right. *The New York Times,* June 3, 2003, pp. Dl and D4.

Both, C, and M. E. Visser. 2001. Adjustment to climate change is constrained by arrival date in a long-distance migrant bird. *Nature* 411:296-298.

Boyd, L. 2002. Rebom free. *Natural History,* July-August 2002, pp. 56-61. Burke, R. L. 1991. Relocations, repatriations, and translocations of amphibians and reptiles: Taking a broader view. *Herpetologica* 47:350-357.

Caillouet, C. W. Jr., et al. 1995. Survival of head-started Kemp's ridley sea turtles *(Lepidoshelys kempii)* released into the Gulf of México or adjacent bays. *Chelonian Conservation and Biology* 1:285-292. Carlsen, E., et al. 1992. Evidence for decreasing quality of semen during the past 50 years. *British Medicai Journal* 305:609-619.

Chao, N. L. 2001. Project Piaba. *Communiqué* (American Zoo and Aquarium Association), January 2001, p. 14.

Clemmons, J. R., and R. Buchholz (Eds.). 1997. *Behavioral Approaches to Conservation in the Wild.* Cambridge, UK.: University Press. Coltman, D. W., et al. 2003. Undesirable evolutionary consequences of trophy hunting. *Nature* 426:655-658.

Crick, H. P. Q., and T. H. Sparks. 1999. Climate change related to egg-laying trends. *Nature* 399:423^124.

Daszak, R, A. et al. 2000. Emerging infectious diseases of wildlife-threats to biodiversity and human health. *Science* 287:443-449.

Diamond, J. 1989. Quaternary megafaunal extinctions: Variations on a theme by Paganini. *Journal of Archaeological Science* 16:167-175

Diamond, J. 2001. Australia's last giants. *Nature* 411:755-757.

Dixon, C. 2003. Outdoor cats blamed in otter deaths. *The New York Times,* March 18, 2003.

Dodd, C. K. Jr., and R. A. Siegel. 1991. Relocations, repatriation, and translocation of amphibians and reptiles: Are they conservation strategies that work? *Herpetologica* 47:336-350.

Ehrenfeld, D. 1981. Options and limitations in the conservation of sea turtles. In K. A. Bjorndal (Ed.), *Biology and Conservation of Sea Turtles,* Washington, DC: Smithsonian Institution Press, 457^63.

Fitter, A. H. and R. S. R. Fitter. 2002. Rapid changes in flowering time in British plants. *Science* 296:1689-1691.

Flannery, T. F. 1995. *The Future Eaters.* New York, NY.: George Brazillier.

Flannery, T. F. 1999. Debating extinction. *Science* 283:182-183.

Gillespie, R., et al. 1978. Lancefíeld swamp and the extinction of the Australian megafauna. *Science* 200:1044-1048.

Gorman, M. L., et al. 1998. High hunting costs make African wild dogs vulnerable to kleptoparasitism by hyaenas. *Nature* 391:479-481.

Graveland, J., et al. 1994. Poor reproduction in forest passerines from decline of snail abundance on acidified soils. *Nature* 368:446-448.

Graczyk, T. K., et al. 2001. Hyperkeratotic mange caused by *Sarcoptes scabei* (Acariformes: Sarcoptidae) in juvenile human-habituated mountain gorillas *(Gorrilla gorilla beringei). Parasitology Research* 87:1024-1028.

Guillette, L. J. Jr., et al. 2000. Alligators and endocrine disrupting contamintants: A current perspective. *American Zoologist* 40:438-452.

Harvell, C. D. 2002. Climate warming and disease risks for terrestrial and marine biota. *Science* 296:2158-2162.

Heath, D. D., et al. 2003. Rapid evolution of egg size in captive salmon. *Science* 299:1739-1740. Heywood, V. H., et al. 1994. Uncertainties in extinction rates. *Nature 36SA05.*

Holdaway, R. N., and C. Jacomb. 2000. Rapid extinction of the moas (Aves: Dinornithiformes): Model, test, and implications. *Science* 287:2250-2254.

Howlett, R. and R. Dhand. 2000. Nature Insight: Biodiversity. *Nature* 405:205-253.

Hulme, D. and M. Murphree (Eds). 2001. *African Wildlife and Livelihoods: The Promise and Performance of Community Conservation.* Heinemann, South Africa.

Iguchi, T., and T. Sato. 2000. Endocrine disruption and developmental abnormalities of female reproduction. *American Zoologist* 40:402-411.

Johnson. C. N. 2002. Determinants of loss of mammal species during the Late Quaternary "megafauna" extinctions: Life history and ecology, but not body size. *Proceedings of the Royal Society of London* B 269:2221-2227.

Jolly, A. 1980. *A World Like Our Own: Man and Nature in Madagascar.* New Haven, CT.: Yale University Press.

Jolly, A. 1985. *The Evolution of Primate Behavior,* 2nd ed. New York, NY: Macmillan.

Kareiva, P. M., et al. 1993. *Biotic Interactions and Global Change.* Sunderland, MA.: Sinauer Associates. Knight, J. 2001. If they could talk to the animals. *Nature* 414:246-247.

Kummel, E. M. 2003. Delivery of pollutants by spawning salmon. *Nature* 425:255.

Leroy, E. M., et al. 2004. Multiple Ebola virus transmission events and rapid decline of Central African wildlife. *Science* 303:387-390.

MacPhee, R. D. E. (Ed.). 1999. *Extinctions in Near Time: Causes, Contexts, and Consequences.* New York: Plenum.

MacPhee, R. D. E. (Ed.). In press. *Humans and Other Catastrophes: A New Look at Extinctions and the Extinction Process.* New York, NY: Plenum.

Martin, P. S., 1990. 40,000 years of extinctions on the "planet of doom." *Palaeogeography, Palaeoclimatology, Palaeoe--cology* 82:187-201.

Martin, P. S., and R. G. Klein (Eds.). 1984. *Quaternary Extinctions, a Prehistoric Revolution.* Tucson, AZ: University of Arizona Press.

McNatt, H. B., et al.. 2000. Effects of paper mill effluent on a population of eastern mosquitofish, *Gambusia holbrooki.* Center for Bioenvironmental Research at Tulane/Xavier Universities. *(httpj/e.hormone.tulane.edu)* 2000. October 15-18. New Orleans, LA.: Tulane University.

Miller, G. H., et al. 1999. Pleistocene extinction of *Genyornis newtoni:* Human impact on Australian fauna. *Science* 283:205-208.

Morreale, S. J., et al. 1996. Migration corridor for sea turtles. *Nature* 384:319-320.

Mrosovsky, N., and C. L. Yntema. 1981. Temperature dependence of sexual differentiation in sea turtles: Implications for conservation practices. In K. A. Bjorndal (Ed.), *Biology and Conservation of Sea Turtles,* Washington, DC: Smithsonian Institution Press, 271-280.

O'Brien, T. G. and M. F. Kinnaird. 2003. Caffeine and conservation. *Science* 300:587.

Oftedal, O. T, and M. E. Allen. 1996. Nutrition as a major facet of reptile conservation. *Zoo Biology* 15:491-497.

Olson, S. L., and H. F. James. 1991a. Descriptions of thirty-two new species of birds from the Hawaiian Islands. Part 1: Non--passeriformes. *Ornithological Monographs* 45:1-88.

Olson, S. L., and H. F. James. 1991b. Descriptions of thirty-two new species of birds from the Hawaiian Islands. Part 2: Passeriformes. *Ornithological Monographs* 46:1-88.

Osterhaus, A. D. M. E. 2000. Influenca B virus in seals. *Science* 288:1051-1052.

Owen-Smith, N. 1987. Pleistocene extinctions: The pivotal role of megaherbivores. *Paleobiology* 13:352-362.

Parmesan C. and G. Yohe. 2003. A globally coherent finger-print of climatic change impacts across natural systems. *Nature* 421:37-42.

Pimentel, D., et al. 1992. Conserving biological diversity in agricultural/forestry systems. *BioScience* 42:354-362.

Pritchard, P. C. H. 1980. The conservation of sea turtles: Practices and problems. *American Zoologist* 20:609-617.

Ramsey, S. L., and D. C. Houston. 1999. Do acid rain and calcium supply limit eggshell formation for blue tits *(Parus caeruleus)* in the U.K.? *Journal of Zoology* 247:121-125.

Rasmussen, L. E. L., et al. 2002. Mellifluous matures to malodorous in musth. *Nature* 415:975-976.

Reinert, H. K. 1991. Translocations as a conservation strategy for amphibians and reptiles: Some comments, concerns, and observations. *Herpetologica* 47:357-363.

Roberts, D. L. and A. R. Solow. 2003. When did the dodo become extinct? *Nature* 426:245.

Root, T. L., et al. 2003. Fingerprints of global warming on wild animals and plants. *Nature* 421:57-60.

Rosen, B. 1994. Mammoths in ancient Egypt? *Nature* 369:364.

Schroth, W., et al. 1996. Evolutionary handicap for turtles. *Nature* 384:521-522.

Shapiro, B., et al. 2002. Flight of the dodo. *Science* 295:1683.

Shaver, D. 1990. Kemp's ridley project at Padre Island enters a new phase. *Park Science* 10(1): 12-13. Shaver, D., et al. 1988. Styrofoam box and beach temperatures in relation to incubation and sex ratios of Kemp's ridley sea turtles. Pages 103-108 in *Proceedings of the Eighth Annual Workshop on Sea Turtle Conservation and Biology,* NOAA Technical Memorandum NMFS-SEFC-214, 24-26 February 1988, Fort Fisher, NC.

Sinclair, A. R. E., et al. 2000. Conservation in the real world. *Science* 289:1875.

Singer, F. J. and L. C. Zeigenfuss. 2002. Influence of trophy hunting and horn size on mating behavior and survivorship of mountain sheep. *Journal of Mammalogy* 83:682-698. Smith, J., et al. (Eds.) 2002. Trouble in Paradise.

Science 297:1489-1514. Shepherdson, D. J., et al. (Eds.) 1998. *Second Nature: Environmental Enrichment for Captive Animals.* Washington, DC: Smithsonian Institution Press. Slotow, R., et al. 2000. Older buli elephants control young males. *Nature* 408:425-426.

Steadman, D. W. 1995. Prehistoric extinctions of Pacific island birds: Biodiversity meets zooarchaeology. *Science* 267: 1123-1131.

Stokstad, E. 2002. Engineered fish: Friend or foe of the environment. *Science* 297:1797-1799.

Stuart, A. J. 1991. Mammalian extinctions in the Late Pleistocene of northern Eurásia and North America. *Biological Reviews* 66:453-562.

Stevenson, I. R. and D. M. Bryant. 2000. Climate change and constraints on breeding. *Nature* 406:366-367.

Sutherland, W. J. 2002. Science, sex, and the kakapo. *Nature* 419:265-266.

Thomas, C. D., et al. 2004. Extinction risk from climate change. *Nature* 427:145-148.

UNEP. 2000. Geo-2000 Global Environment Outlook. United Nations Environment Programme http://edscns16.cr.usgs.gov

Vajda, A., et al. 2003. e.hormone 2003 Conference, New Orleans, LA.

Van Heezik, Y. and P. Seddon. 2001. Born to be tame. *Natural History,* June 2001, pp. 58-63.

Vitousek, P. M. 1994. Beyond global warming: Ecology and global change. *Ecology* 75:1861-1876.

Walsh, P. D., et al. 2003. Catastrophic ape decline in western equatorial Africa. *Nature* 422:611-614.

Walther, G-R. et al. 2002. Ecological responses to recent climate change. *Nature* 416:389-395.

Webster, P. 2003.For precarious populations, pollutants present new perils. *Science* 299:1642-1643.

Wilson, E. O. 1992. *The Diversity of Life.* New York, NY.: Norton.

World Conservation Monitoring Centre. 1992. *Global Biodiversity: Status of the Earth's Living Resources.* London, UK: Chapman & Hall.

Worthy, T. H. and R. N. Holdaway. 2002. *The Lost World of the Moa: Prehistoric Life of New Zealand.* Bloomington, IN: Indiana University Press.

Glossário

abdução Movimento para longe do eixo médio-ventral do corpo. *Veja também* adução.

abertura temporal Uma abertura nos ossos da região temporal do crânio e que permite a passagem de músculos maxilares do crânio até a maxila inferior.

ação dinâmica específica Aumento da produção de calor issociado à digestão de alimento.

acetábulo Depressão na cintura pélvica, que acomoda a cabeça do fêmur.

acrodonte Dentes fundidos ao topo das maxilas. *Veja também* pleurodonte, tecodonte.

adductor mandibularis O principal músculo que fecha as maxilas.

adesão úmida O processo pelo qual espécies arborícolas de anuros aderem a superfícies lisas, tais como folhas.

adipócitos Células que armazenam gordura.

adução Movimento em direção ao eixo médio-ventral do corpo. *Veja também* abdução.

aerofólio arqueado Uma estrutura, como a asa de uma ave, convexa dorsalmente e que produz elevação quando o ar flui através dela.

afótico 'Sem luz' (por exemplo, em habitats de mares profundos ou de cavernas).

agnatos Vertebrados sem maxilas. *Veja também* gnatostomados.

alantóide Membrana extra-embrionária de amniotas, que se desenvolve como uma evaginação do intestino caudal.

alça henliana (de Henle) ou alça renal A porção do túbulo renal de mamíferos que se estende para o interior da medula. Essencial para o estabelecimento do gradiente de concentração que produz um pequeno volume de urina altamente concentrada.

alóctone Originado em uma região diferente daquela em que é encontrado.

alopatria Situação na qual duas ou mais populações ou espécies ocupam áreas geográficas mutuamente exclusivas, porém frequentemente adjacentes.

alotérios Os multituberculados, uma subordem extinta de mamíferos.

altricial Indefeso ao nascimento ou à eclosão, como em pombos e gatos, por exemplo, *Veja também* precocial.

álula O tufo de penas no primeiro dígito da asa de uma ave, que reduz a turbulência no fluxo de ar sobre a asa.

alvéolos Os locais de trocas gasosas nos pulmões.

ameaçada Uma espécie é considerada ameaçada quando enfrenta um risco muito alto de extinção na natureza num futuro muito próximo.

âmnio A membrana extra-embrionária mais interna dos amniotas.

amniotas Aqueles Vertebrata cujos embriões possuem âmnio, córion e alantóide (isto é, tartarugas, lepidossauros, crocodilianos, aves e mamíferos) além do saco vitelínico de todos os vertebrados.

amonotélico Eliminação de excretas nitrogenadas primariamente na forma de amônia.

amplexo O abraço de uma fêmea de anuro por um macho durante o acasalamento. Amplexo axilar refere-se ao macho abraçando a fêmea pela região peitoral; Amplexo inguinal é o abraço na região pelvina.

amplitude térmica de atividade As temperaturas do corpo mantidas por um animal ectotérmico quando está termorregulando.

ampolas de Lorenzini Eletrorreceptores encontrados na pele do focinho de Chondrichthyes.

anádromo Migrando para cima ao longo de um rio ou riacho, a partir de um lago ou do oceano, para liberar gâmetas (peixes). *Veja também* catádromo.

anápsido Um crânio sem aberturas temporais ou um animal com crânio anápsido. *Veja também* diápsido, sinápsido.

anastomoses Ligações diretas entre arteríolas e vênulas que derivam do sistema capilar.

anficélico A condição na qual o centro vertebral é côncavo tanto na face cranial como na caudal.

anfioxo O cefalocordado *Branchiostoma lanceolatum.*

anfistílico A maxila superior suspensa no crânio por múltiplos locais de inserção.

angiospermas Plantas vasculares mais avançadas e recentemente evoluídas, caracterizadas pela produção de sementes encerradas em tecidos derivados do ovário. O ovário ou a combinação do ovário e/ou semente servem de alimento para muitos vertebrados e o sucesso das angiospermas tem tido consequências importantes na evolução dos vertebrados terrestres.

ângulo de ataque O ângulo acima da horizontal da margem propulsora da asa de uma ave ou da nadadeira dc um tubarão.

anisodáctilia A disposição dos artelhos vista em aves empoleiradoras, com três na frente em oposição a um atrás.

anisognatia A situação na qual as fileiras de dentes nas maxilas superior e inferior não se separam na mesma distância. *Veja também* ísognatia.

anulo Anéis que se estendem em torno de uma estrutura.

Aparelho webcriano (de Weber) Uma cadeia de pequenos ossos que conduz vibrações da bexiga natatória para a orelha interna de alguns peixes ósseos.

apatita A forma mineral de fosfato de cálcio encontrada nos ossos.

apendicular Das extremidades pares (por exemplo, ossos ou músculos da perna).

apnéia 'Sem respirar' (isto é, interrompendo a respiração como durante o mergulho).

apomorfia (também conhecida como caráter derivado) Um caráter que se modificou a partir de sua condição ancestral. *Veja também* sinapomorfia.

apomórfico Um caráter modificado a partir de sua condição pré-existente (ancestral), geralmente peculiar do táxon que o apresenta. *Veja também* autapomorfia.

aposemático Artifício (coloração, som, comportamento) usado para avisar sobre as qualidades nocivas de um organismo.

aptérias Regiões de tegumento sem penas.

arcada Curva ou arco em uma estrutura, como a fileira de dentes humanos.

arcaico Forma típica de uma época evolutiva anterior.

arco branquial Conjunto de tecidos associados com uma brânquia; o termo pode referir-se apenas à estrutura esquelética ou a todo o complexo de tecidos epitelial, muscular e conjuntivo.

arco hemático Estrutura formada por projeções pares ventrais ao centro vertebral e encerrando vasos sanguíneos caudais.

arco hióideo O segundo arco branquial.

arco mandibular O mais cranial dos arcos branquiais, formando as maxilas dos gnatostomados.

arco neural Projeção dorsal do centro vertebral que, em sua base, encerra a medula espinhal.

arco zigomático Uma barra temporal curvada para fora acomodando um grande músculo masseter nos mamíferos.

arcos faríngeos (também conhecidos como esqueleto visceral) O suporte das brânquias entre as fendas branquiais faríngeas.

arcos viscerais Brânquias e maxilas.

área domiciliar A área na qual um animal passa a maior parte de seu tempo. Uma área domiciliar não é defendida. *Veja também* território.

arfagem Inclinação para cima e para baixo, paralela ao eixo longitudinal do corpo. *Veja também* balanço, guinada.

arquipterígio Esqueleto de nadadeira, como num peixe pulmonado, consistindo de raios simetricamente dispostos que se estendem a partir de um eixo esquelético central.

arrasto Força para trás em oposição a um movimento para frente.

ascensão Força vertical oposta à gravidade.

átrio Uma entrada. Os átrios do coração recebem sangue do seio venoso ou de veias.

aurícula (também chamada de pavilhão ou orelha) A aba externa da orelha dos mamíferos.

australopitecíneos Hominídeos extintos, do Plioceno/Pleistoceno, o grupo irmão de *Homo*.

autapomorfia Um atributo peculiar de uma linhagem evolutiva de organismos. *Veja também* apomorfia.

autóctone Originado na região na qual é encontrado.

autotomia A liberação voluntária de uma parte do corpo para escapar de um predador, como quando um lagarto perde sua cauda. Estruturas auto-tomizadas crescem subsequentemente uma nova vez.

axial No interior da região do tronco.

baço Um órgão no qual células sanguíneas são produzidas, armazenadas e destruídas.

báculo (também conhecido como *ospenis*) Um osso no pênis de alguns mamíferos eutérios.

balanço Rotação em torno do eixo longitudinal do corpo. *Veja também* arfagem, guinada.

barba Ramo lateral da raque de uma pena.

barbatana Camadas de tecido epidérmico fibroso, córneo, que se estendem para baixo a partir da maxila superior e que são usadas para alimentação por filtração por baleias sem dentes (misticetos).

bastonete Célula fotorreceptora da retina dos vertebrados, especializada para funcionar efetivamente em condições de baixa luminosidade.

bentônico Vivendo na interface solo/água no fundo de um corpo d'água.

bexiga natatória (também conhecida como vesícula de gás) Uma estrutura para a flutuação de peixes ósseos. Geralmente preenchida com gás, mas nos celacantos é preenchida com gordura.

biogeografia por vicariância Animais e plantas transportados passivamente em massas terrestres em movimento. *Veja também* dispersão.

bioma Região biogeográfica definida por uma série de formas de vida características e espacialmente inter-relacionadas (por exemplo, tundra, zona mesopelágica, floresta pluvial tropical, recife de coral).

biomassa Matéria orgânica viva em um habitat (disponível como alimento para outras espécies).

bipedalidade Locomoção sobre duas pernas como nos humanos.

blastocisto (também conhecido como blástula) Esfera oca de células que se formam durante a clivagem de um ovo fertilizado. *Veja também* trofoblasto.

bombeamento bucal Introduzir e expelir ar ou água pela região bucal por meio de elevação e abaixamento do assoalho da boca.

branquiomérico Referindo-se à segmentação ou estruturas associadas ou derivadas dos arcos faríngeos ancestrais. *Veja também* metamérico.

braquiação Locomoção pendurada por balanço de um galho para outro.

braquial Pertencente os membros peitorais.

braquidonte Dentes molares com coroas baixas. *Veja também* hipsodonte.

bula auditiva Uma elaboração óssea em torno da região da orelha de mamíferos, que pode aumentar a acuidade auditiva.

bunodonte Dentes molares com cúspides baixas, arredondadas. *Veja também* lofodonte. selenodonte.

cálamo A base tubular de uma pena que permanece no folículo.

calcâneo O grande osso metatarsal que forma o calcanhar dos mamíferos.

canal pseudovaginal Uma estrutura mediana em marsupiais, através da qual nasce o filhote.

canto das aves A vocalização mais longa e complexa produzida por uma ave. O canto identifica a espécie e, em muitas espécies, é produzido somente por machos maduros e apenas durante a estação reprodutiva.

carapaça Casco dorsal, como em uma tartaruga.

caracteres derivados compartilhados Caracteres derivados compartilhados por dois ou mais táxons. *Veja também* sinapomorfia.

caráter derivado Também conhecido como apomorfia. Um caráter que se modificou a partir de sua condição ancestral. *Veja também* caracteres derivados compartilhados.

caráter/estado do caráter Qualquer característica identificável de um organismo. Os caracteres podem ser anatômicos, comportamentais, ecológicos ou fisiológicos.

carniceiros Dentes de mamíferos eutérios da ordem Carnívora, especializados como lâminas cortantes.

cartilagem escápulo-coracóide O único elemento sólido da cintura peitoral ou escapular, de Elasmobranchii e de certos Gnathostomata primitivos.

cartilagem intercalar Uma cartilagem situada entre os últimos dois ossos nos artelhos de alguns anuros arborícolas.

catádromo Migração para baixo ao longo de um rio ou de um riacho, até um Iago ou até o oceano, para liberar gâmetas (peixes). *Veja também* anádromo.

catastrofismo Hipótese de grande modificação evolutiva como resultado de eventos catastróficos peculiares, de amplo efeito geográfico e, portanto, ecológico.

cavidade pericárdica A porção do celoma que circunda o coração.

cavidade pleuroperitoneal A porção do celoma que circunda as vísceras.

cavum arteriosum, cavutn pulmonale, cavum venosum As câmaras formadas durante a contração ventricular nos corações de tartarugas e lepidossauros.

cefálico Pertencente à cabeça.

celoma Cavidade do corpo revestida com tecido de origem mesodérmica.

células de cloreto Células nas brânquias de peixes e no tegumento de Amphibia, especializadas para o transporte de íons sódio e cloreto.

celulase Uma enzima que digere celulose. Nenhum organismo pluricelular produz celulase e os vertebrados herbívoros dependem de simbiontes unicelulares que vivem em seu trato digestório e produzem celulase.

celulose Um carboidrato complexo que forma as paredes celulares das plantas.

cemento Uma substância semelhante a osso que prende os dentes em seus alvéolos.

centro Porção óssea de uma vértebra que circunda a notocorda.

ceratotríquias Fibras de queratina que sustentam a membrana das nadadeiras dos Chondrichthyes.

chamado de aviso A vocalização de um anuro macho usada na corte e no comportamento territorial.

Chordata Filo de animais caracterizados pela presença de notocorda em algum estágio da vida.

ciclo da ureia A via enzimática pela qual a ureia é sintetizada a partir de amônia.

ciclo estral O ciclo reprodutivo normal de crescimento, maturação e liberação de um óvulo.

ciclo menstrual A eliminação periódica do revestimento endométrico do útero, característica da espécie humana e de alguns outros primatas antropóides.

cinese craniana Movimento do próprio crânio ou da maxila superior independentemente do crânio.

cinecílio Uma célula sensorial localizada em órgãos neuromastos.

circadiano "Por um dia". Ritmos circadianos são ciclos com um período de aproximadamente 24 horas.

cladística Relativa às sequências de ramificação da filogenia. *Veja também* sistemática filogenética.

clado Linhagem filogenética que se origina de um táxon ancestral comum, incluindo todos os descendentes. *Veja também* grado.

cladograma Esquema ramificado representando as relações hipotéticas entre os táxons.

clímax metamórfico O período na vida de um girino, o qual começa com o aparecimento dos membros peitorais e termina com o desaparecimento da cauda.

clina Modificação em um caráter biológico ao longo de um gradiente geográfico.

cloaca Abertura comum dos tratos reprodutivo e excretor.

coanas Narinas internas.

cóclea (também conhecida como lagena em tetrápodes não-mamíferos) A porção da orelha interna que abriga as células ciliadas.

coeficiente de proporcionalidade A proporção entre o comprimento de uma asa e sua largura. Asas longas têm alto coeficiente de proporcionalidade.

coespecífico Pertencente à mesma espécie que aquela que está em discussão. Veja *também* heteroespecífico.

coevolução Interação biótica complexa através do tempo evolutivo, resultando na adaptação de uma espécie que interage a aspectos peculiares das histórias da vida de outras espécies no sistema.

colágeno Uma proteína fibrosa que ocorre em muitas estruturas.

coloração obliterativa Padrão de coloração no qual o aspecto do corpo que está mais brilhantemente iluminado (normalmente a superfície dorsal) apresenta coloração mais escura do que a da superfície menos brilhantemente iluminada. O efeito da coloração obliterativa é tomar um animal mais difícil de ser distinguido do seu fundo.

columela O único osso auditivo da orelha média de tetrápodes não-mamíferos, o estribo dos mamíferos. É homóloga ao osso hiomandibular dos peixes.

comportamento aloparental Cuidados fornecidos por um indivíduo que não é aparentado com o jovem animal cuidado.

côndilo Uma superfície articular arredondada de um osso.

condrificação Formação de cartilagem.

condrocrânio (também conhecido como neurocrânio) Uma estrutura que circunda o encéfalo. Inicialmente formado por cartilagem, esta é substituída por osso endocondral na maioria dos peixes ósseos e nos tetrápodes.

cone arterial (também conhecido como *conus arteriosus*) Uma câmara elástica na frente do ventrículo de alguns gnatostomados.

cone duplo Tipo de fotorreceptor retiniano no qual dois cones compartilham de um único axônio. *Veja também* cones.

cones Células fotorreceptoras na retina dos vertebrados, que são diferencialmente sensíveis à luz de diferentes comprimentos de onda e, portanto, percebem cor. *Veja também* cone duplo.

conodontes Pequenas estruturas semelhantes a espinhos ou a pentes, formadas por apatita e encontradas em sedimentos marinhos do Cambriano Posterior ao Triássico Posterior. São considerados elementos semelhantes a dentes de um Vertebrata primitivo, o animal conodonte.

coprofagia Ingerindo o primeiro conjunto de fezes produzidas e, com isso, reciclando nutrientes que, de outra forma, seriam perdidos.

oprólito Fezes fossilizadas.

ópula extra-casal Acasalamento com um indivíduo diferente do parceiro em um sistema reprodutivo monogâmico.

órion A membrana extra-embrionária mais externa dos amniotas.

corpos lúteos (também conhecido como *corpos luteum*) Uma estrutura secretora de hormônio formada no ovário a partir de células foliculares que permanecem após a liberação de um ovócito.

corpos mamilares Grânulos orgânicos presos à membrana do ovo e que são os locais do início da formação de cristais de calcita que constituem a casca do ovo.

corpúsculo de Meissner Uma terminação nervosa sensorial no tegumento, acreditando-se que seja capaz de sentir tato.

corpúsculo de Pacini Uma terminação nervosa sensorial no tegumento, acreditando-se que seja capaz de sentir pressão.

cosmina Forma de dentina contendo canais ramificados, característica das escamas cosmóides de peixes Crossopterygii e Dipnoi primitivos.

cranial Pertencente ao crânio, uma característica peculiar e unificadora de todos os Vertebrata.

Craniata Animais com crânio. Feiticeiras têm um crânio mas não possuem vértebras e, algumas vezes, são classificadas como Craniata porém não como Vertebrata.

crepuscular Animal ativo ao amanhecer e ao escurecer.

criptodiros Tartarugas que curvam o pescoço num plano vertical para retrair a cabeça para o interior do casco.

crista neural Um tipo de tecido embrionário peculiar dos Vertebrata e que forma muitas estruturas, especialmente na região da cabeça.

criticamente ameaçado Uma espécie é considerada criticamente ameaçada quando, num futuro imediato, enfrenta um risco extremamente alto de extinção na natureza.

cúpula Uma secreção gelatinosa, em forma de taça, de um órgão neuro-masto, na qual o cinocílio e os microvilos estão encerrados.

cursorial Especializado para correr.

demersal Mais denso que a água e por isso afundando^ como os ovos de muitos peixes e anfíbios.

dentículos Pequenas estruturas semelhantes a dentes na pele, como na pele dos tubarões.

dentina Um tecido mineralizado encontrado nos dentes de vertebrados atuais e na armadura dérmica de alguns peixes primitivos. A dentina apresenta cerca de 90 por cento de mineralização.

deriva continental O movimento de blocos continentais sobre o manto da Terra. *Veja também* tectônica de placas.

dermatocrânio Ossos dérmicos que revestem uma porção do crânio.

derme A camada mais profunda do tegumento de Vertebrata, de origem mesodérmica e da crista neural. *Veja também* epiderme.

determinação do sexo dependente da temperatura Situação na qual o sexo de um indivíduo é determinado pela temperatura que ocorreu durante o seu desenvolvimento embrionário. Ocorre amplamente em tartarugas e ocasionalmente entre Squamata.

detrito Matéria orgânica particulada que se deposita no fundo de um corpo d'água.

deuterostomia Condição na qual o blastóporo embrionário forma o ânus do animal adulto; característica de Chordata. *Veja também* protostomia.

diáfise A haste de um osso. *Veja também* epífise.

diapausa embrionária Manutenção do embrião em um estágio de suspensão do desenvolvimento antes que seja implantado na parede do útero.

diápsido Um crânio com duas aberturas temporais ou um animal com um crânio diápsido. *Veja também* anápsido, sinápsido.

difiodontia Uma substituição da dentição durante a vida de um animal, como na maioria dos mamíferos.

digitígrado Apoiado com o calcanhar levantado e os dedos achatados no chão, como nos cães. *Veja também* plantígrado, ungulígrado.

dispersão Deslocamentos de populações animais via movimentos dos próprios animais. *Veja também* biogeografia por vicariância.

disposição migratória Preparação para a migração por meio de acumulação de gordura.

disruptor endócrino Uma substância química natural ou sintética que interfere com o desenvolvimento normal duplicando o efeito fisiológico de um hormônio.

distal Longe do corpo. *Veja também* proximal.

diurnos Animais ativos durante o dia.

driopitecídeos Hominóides eurasianos da Era Cenozóica Posterior, mais primitivos do que qualquer macaco hominídeo vivente.

ducto arquinéfrico O ducto ancestral de drenagem renal.

durófago Que se alimenta de material duro.

ecolocalização Determinação da localização em um espaço tridimensional por meio de emissão de pulsos sonoros e registro dos ecos que retornam de objetos do ambiente.

ectotérmico Um organismo que depende de fontes externas de calor para elevar a temperatura de seu corpo.

ecossistema Comunidade de organismos e todo seu ambiente físico.

ectoderma Um dos folhetos germinativos embrionários, a camada externa do embrião.

edentado Sem dentes.

elastina Uma proteína fibrosa que pode estender-se e retroceder ao tamanho inicial.

eletrócitos Células musculares modificadas para produzir uma descarga elétrica.

endemismo Propriedade de ser endémico (isto é, encontrado somente em uma região particular).

endoderma Folheto germinativo mais interno de embriões avançados.

endométrio O epitélio glandular uterino de mamíferos que secreta substâncias que nutrem o embrião.

endotérmico Um organismo que depende de calor interno (metabólico) para elevar a temperatura de seu corpo.

eon A maior divisão do tempo geológico. A história da Terra tem ocupado três eons: o Arqueano, o Proterozóico e o Fanerozóico.

epaxial Referíndo-se a músculos situados na porção dorsal do tronco. *Veja também* hipoxial.

epicerca (também conhecida como heterocerca) Uma nadadeira caudal com o lobo superior maior do que o inferior. *Veja também* hipocerca.

epiderme A camada superficial de células do tegumento dos Vertebrata, de origem ectodérmica. *Veja também* derme.

epífise 1. Órgão pineal, uma evaginação do teto do diencéfalo. 2. Centro acessório de ossificação nas extremidades dos ossos longos de mamíferos, aves e alguns Squamata. Nos mamíferos, as epífises são as próprias extremidades de articulação dos ossos longos, estando a zona cartilaginosa de crescimento entre as epífises e a diáfise. Quando a ossificação da diáfise encontra a das epífises, cessa o crescimento longitudinal do osso. Este processo leva a um padrão de crescimento determinado.

epífita Planta que cresce não parasitariamente sobre outra planta.

epigenético Relativo a uma interação de tecidos durante o desenvolvimento embrionário e que resulta na formação de estruturas específicas.

escamas placóides Tipo primitivo de escamas encontradas em Elasmobranchii, homólogas aos dentes dos Vertebrata.

escamosidade Revestimento do corpo com escamas.

escudos Escamas especialmente grandes ou inflexíveis.

esmalte Um tecido mineralizado encontrado nos dentes de vertebrados viventes e na armadura dérmica de alguns peixes primitivos. O esmalte apresenta cerca de 99 por cento de mineralização.

espécie Em um tempo biológico, grupos de organismos que estão reprodutivamente separados de outros grupos. Num tempo evolutivo, a linhagem que segue sua própria trajetória evolutiva.

espermatóforo Um pacote de esperma transferido do macho para a fêmea durante o acasalamento na maioria das espécies de salamandras.

esplancnocrânio O esqueleto visceral ou faríngeo associado às brânquias.

esqueleto visceral Esqueleto primitivamente associado com os arcos faríngeos, peculiarmente derivado de células da crista neural e formado no mesoderma imediatamente adjacente ao revestimento endodérmico do tubo digestório.

estenófago Ingerindo uma pequena variedade de itens alimentares; um especialista alimentar. *Veja também* eurífago.

esteno-halino Capaz de viver apenas numa estreita faixa de salinidade da água circundante; incapaz de sobreviver a grandes modificações da salinidade.Veja *também* euri-halino.

estenotérmico Capaz de viver ou de ser ativo apenas em uma pequena faixa de variação de temperatura. *Veja também* euritérmico.

estivação Forma de torpor, geralmente uma resposta a altas temperaturas ou à escassez de água.

estratigrafia Classificação, correlação e interpretação de rochas estratificadas.

estribo Chamado de *columella* em tetrápodes não-mamíferos. O único ossículo auditivo da orelha média de tetrápodes diferentes de mamíferos; parte da cadeia de ossículos de mamíferos. Homólogo ao osso hiomandibular dos peixes.

estrato Uma camada de material.

estro O estado periódico de excitação sexual nas fêmeas da maioria dos mamíferos (porém não na espécie humana), que precede imediatamente a ovulação e durante o qual a fêmea é mais receptiva para o acasalamento. Também conhecido como cio.

estro oculto Estro não revelado por sinais externos, tais como o intumescimento da genitália. Na linhagem dos antropóides, o estro oculto é um caráter derivado na espécie humana.

estuarino Relativo a ou formado em uma região na qual a água doce dos rios se mistura com a água do mar em uma costa.

eurífago Ingerindo uma ampla variedade de itens alimentares; um generalista alimentar.

euri-halino Capaz de viver em uma ampla variedade de salinidades. *Veja também* esteno-halino.

euritérmico Capaz de tolerar uma ampla variação de temperaturas. *Veja também* estenotérmico.

euritópico *Capaz* de viver em uma ampla variedade de habitats.

eussocial Termo aplicado a uma espécie ou a um grupo de animais que apresenta todos os seguintes caracteres: cooperação no cuidado aos jovens, divisão de trabalho reprodutivo, indivíduos mais ou menos estéreis auxiliando indivíduos empenhados na reprodução, e superposição de duas ou mais gerações de estágios da vida capazes de contribuir para as tarefas da colônia.

evolução convergente Aparecimento de caracteres similares em linhagens evolutivas amplamente separadas (por exemplo, asas em morcegos e aves). *Veja também* evolução paralela.

evolução paralela Aparecimento de caracteres similares em linhagen que se separaram recentemente (por exemplo, membros traseiros longos em roedores saltadores de desertos norte-americanos e africanos) *Veja também* evolução convergente.

extinta Uma espécie é considerada extinta quando não há dúvid razoável de que o último indivíduo morreu.

extinta na natureza Uma espécie é considerada extinta na natureza quando se sabe que ela sobrevive apenas em criatório, em cativeiro ou com uma população (ou populações) naturalizada fora da distribuição origina

extraperitoneal Posicionado na parede do corpo por fora do revestimento do celoma (o peritônio) em vez de estar suspenso por mesentérios no celoma.

Fanerozóico Período de tempo (eon) desde o início do Cambriano.

faringe A região da garganta.

faringotremia Condição na qual as paredes faríngeas são perfuradas por aberturas em forma de fendas; encontrada em Chordata e Hemichordata.

febre Um aumento na temperatura do corpo em resposta a uma infecção.

fendas faringeanas Aberturas na faringe, originalmente usadas para filtrar partículas alimentares da água.

fermentador no intestino cranial Um mamífero no qual a fermentação de substâncias alimentares é realizada em um estômago modificado (por exemplo, uma vaca).

fermentador no intestino caudal Um mamífero no qual a fermentação de substâncias alimentares é realizada no intestino (por exemplo, um cavalo).

fermentar Decompor alimento na ausência de oxigênio, como no estômago de um ruminante.

feromônio Um sinal químico liberado por um indivíduo, que afeta o comportamento de outros indivíduos da espécie.

filogenético Relativo ao desenvolvimento de uma linhagem evolutiva. *Veja também* ontogenético.

filogenia O desenvolvimento evolutivo de um grupo. *Veja também* ontogenia.

fisoclisto Sem uma conexão entre o tubo digestório e a bexiga natatória nos adultos (em peixes).

fisóstomo Com uma conexão entre a bexiga natatória e o tubo digestório nos adultos (em peixes).

forâmen Uma abertura em um osso (por exemplo, para a passagem de nervos ou vasos sanguíneos).

forâmen infra-orbital Uma abertura abaixo do olho através da qual nervos e vasos sanguíneos passam para o focinho.

fossorial Especializado para cavar através do solo.

fotóforo Órgão emissor de luz.

fóvea central Área da retina dos Vertebrata contendo apenas cones, na qual a visão mais acurada é conseguida em altas intensidades de luz.

fúrcula "Osso da sorte" de aves, formado pela fusão das duas clavículas em suas extremidades centrais.

furta-passo Um modo de locomoção de tetrápodes, um andar rápido com pelo menos um pé no chão e dois ou três levantados ao mesmo tempo.

fusiforme Em forma de um torpedo.

galope Um tipo de locomoção de mamíferos, que é um saltar modificado.

gâmetas Células sexuais – isto é, óvulos (ovócitos) e espermatozóides.

gastrólito Uma pedra deglutida para auxiliar a digestão moendo o alimento na moela.

gênero Um grupo de espécies aparentadas.

geossinclinal Porção da crosta terrestre que foi submetida a um arqueamento para baixo. Sedimentos frequentemente se acumulam em geossinclinais.

gestação Período durante o qual um embrião se desenvolve no interior do trato reprodutivo da mãe.

gimnospermas Grupo de plantas nas quais a semente não está contida em um ovário – coníferas, *Cycas* e *Gyngko*.

girino A forma larval dos anuros.

glândula apócrina Tipo de glândula na qual a parte apical da célula, da qual a secreção é liberada, é destruída durante o processo de secreção. *Veja também* glândula hoiócrina.

glândula harderiana (de Harder) Uma glândula associada com o olho dos mamíferos modernos e que secreta uma substância oleosa usada para alisar a pelagem.

glândula écrina Uma glândula no tegumento dos mamíferos e que produz ema secreção aquosa com pequeno conteúdo orgânico; forma as glândulas sudoríparas da espécie humana.

glândula endócrina Glândula que libera hormônios para a corrente sanguínea.

glândula exócrina Glândula que libera sua secreção por meio de um dueto que se abre numa cavidade ou na superfície do corpo.

glândula hoiócrina Tipo de glândula na qual toda a célula é destruída com a liberação de seu conteúdo. *Veja também* glândula apócrina.

glândula mamária Uma glândula que secreta leite, encontrada nos mamíferos. Glândulas mamárias têm características tanto de glândulas apócrinas como de écrinas.

glândula sebácea Uma glândula na pele de mamíferos e que secreta substâncias oleosas ou cerosas.

glomérulo Um novelo capilar associado com um néfron renal e que produz o ultrafiltrado do sangue.

gnatostomados Vertebrados com maxilas. *Veja também* agnatos.

gônadas Os órgãos que produzem gâmetas – ovários nas fêmeas e testículos nos machos.

Gondwana Supercontinente que existia, independentemente ou em contato íntimo com todas as outras grandes massas continentais, durante a evolução dos vertebrados até o meio da Era Mesozóica e que era composto por todos os continentes do moderno Hemisfério Sul mais o sub-continente da Índia.

gordura de baleias (também conhecido como 'blubber') Uma camada isolante de gordura por baixo do tegumento, típica de mamíferos marinhos.

grado Um nível de organização morfológica adquirido independentemente por diferentes linhagens evolutivas. *Veja também* clado.

Grande Intercâmbio Americano (GIA) Intercâmbio faunístico entre as Américas do Norte e do Sul após a formação da ponte terrestre Centro-Americana (o istmo do Panamá) há cerca de 2,5 milhões de anos.

grupo externo Grupo de organismos aparentados mas removidos do grupo que está sendo estudado. Um ou mais grupos externos são examinados para determinar quais estados dos caracteres constituem novidades evolutivas (apomorfias).

grupo interno O grupo de organismos que está sendo considerado. *Veja também* grupo externo.

grupo irmão Grupo de organismos mais intimamente aparentados aos táxons do estudo, excluindo seus descendentes diretos.

guinada Balanço de um lado para outro em relação ao eixo longitudinal do corpo. *Veja também* arfagem, balanço.

hálux O artelho maior.

criatório O cuidado, durante um período, a animais neonatos em cativeiro antes que sejam liberados para a natureza.

hermafrodita Possuindo tanto gônadas masculinas como femininas.

beterocélico Possuindo as superfícies articulares dos centros vertebrais em forma de sela, como nas aves modernas.

heterocerca (também conhecida como epicerca) Uma nadadeira caudal com o lobo superior maior do que o inferior.

heterodonte Uma dentição com dentes de diferentes tamanhos e formas em diferentes regiões das maxilas. *Veja também* homodonte.

heteroespecífico Relativo a uma espécie diferente daquela que se encontra em discussão. *Veja também* coespecífico.

heterotermia regional Manutenção de diferentes temperaturas em partes diferentes do corpo.

hibernação Um período de torpor durante o inverno quando o alimento é escasso.

hidrofólio Uma superfície que corta a água, tal como as nadadeiras peitorais de tubarões.

hidrosfera Água livre da Terra – oceanos, lagos, rios etc.

hipoapófises Processos agudos na superfície ventral das vértebras cervicais da serpente comedora de ovos (*Dasypehis*) e que cortam a casca de um ovo.

hipoaxial Referindo-se a músculos na porção ventral do tronco. *Veja também* epaxial.

hiperdactilia A condição na qual o número de dígitos é superior ao usual complemento de cinco nos tetrápodes.

hiperfalangia Aumento no número de ossos (falanges) nos dígitos.

liiperosmótico Com maior atividade osmótica.

hiprrtetmia Temperatura elevada do corpo.

hipertrofia Aumento no tamanho de uma estrutura.

hipocerca Uma nadadeira caudal com o lobo inferior maior do que o superior. *Veja também* epicerca.

hipófise A glândula pituitária.

hiposmótico Com menor atividade osmótica.

hipotermia Temperatura baixa do corpo.

hipótese da dispersão de recursos A proposta de que o tamanho da área domiciliar de um animal será determinado por suas necessidades de recursos, como alimento, e pela distribuição espacial de recursos no ambiente.

hipotremado Com as principais aberturas branquiais na superfície ventral e abaixo das nadadeiras peitorais, como em raias. *Veja também* pleurotremado.

hipselodontes Dentes molares com coroas de crescimento contínuo. *Veja também* braquidontes.

hipsodontes Dentes molares com coroas altas.

homodonte Uma dentição na qual os dentes não variam de tamanho ou na forma ao longo das maxilas. *Veja também* heterodonte.

homologia A similaridade fundamental de estruturas individuais que pertencem a diferentes espécies dentro de um grupo monofilético.

homólogo Herdado via ancestralidade comum.

homoplasia Similaridades que não indicam ancestralidade comum. Estruturas resultantes de evolução paralela e convergente **e** reversão evolutiva são exemplos de homoplasia.

hormônio Uma molécula química mensageira transportada pelo sangue do local de sua liberação até o seu lugar de ação.

hormônio antidiurético, ADH (também conhecido como vasopressina) Um hormônio hipotalâmico que faz com que os rins conservem água por meio do aumento da permeabilidade dos túbulos coletores.

HOX/genes homeobox Uma sequência de DNA que codifica uma proteína especial para a regulação de genes que controlam o desenvolvimento por divisões celulares de células embrionárias específicas ao longo do eixo cranio-caudal do corpo.

ilhotas pancreáticas (também conhecidas como ilhotas de Langerhans) Grupos de células endócrinas no pâncreas, que secretam insulina.

"*imprinting*" Um tipo especial de aprendizagem que ocorre somente durante um período restrito de tempo (denominado o período crítico) na ontogenia de um indivíduo.

índice de refração A quantidade de deflexão de um raio luminoso quando este passa de um meio para outro.

infra-som Frequências sonoras inferiores à capacidade auditiva humana, aproximadamente com 20 hertz.

infravermelho A porção do espectro eletromagnético com comprimentos de onda de 750 nanômetros (um pouco além da luz visível) até 1 milímetro (imediatamente antes da radiação de microondas). Frequentemente denominada radiação térmica ou calor.

inguinal Pertencente à virilha.

inquietação migratória Inquietação de aves em cativeiro, que são impedidas de migrar.

interespecífico Pertencente a fenômenos que ocorrem entre membros de espécies diferentes.

intra-específico Pertencente a fenômenos que ocorrem entre membros da mesma espécie.

isognatia A situação na qual as fileiras de dentes nas maxilas superior e inferior separam-se pela mesma distância. *Veja também* anisognatia.

iso-halino Da mesma concentração salina.

isosmótico Com a mesma atividade osmótica.

isostasia Condição de equilíbrio gravitacional entre segmentos da crosta terrestre ou de retorno ao equilíbrio após um distúrbio.

isoterma Linha em um mapa, que une pontos da mesma temperatura.

iteroparia Produção de diversos filhotes individuais ou diversas crias de filhotes durante a vida de uma fêmea. *Veja também* semelparia.

lactação Produção de leite pelas glândulas mamárias para nutrir os filhotes; característica de mamíferos.

lagena (também conhecida como cóclea nos mamíferos) A porção da orelha interna que contém as células ciliadas.

lamelas secundárias Projeções dos filamentos branquiais nas quais ocorrem as trocas gasosas.

larva amocete A forma larval das lampreias.

larva leptocéfala Larva especializada, transparente, em forma de fita, de tarpões, enguias verdadeiras e de seus parentes.

Laurência Continente paleozóico que incluía a maior parte das atuais América do Norte, Groenlândia e Escócia, além de parte do noroeste da Ásia.

lecitotrofia Desenvolvimento embrionário nutrido pelo vitelo quando os ovos são retidos nos órgãos genitais até a sua eclosão. *Veja também* ovoviviparidade.

linhagem matriarcal Fêmeas relacionadas em um grupo que dão apoio entre si em interações sociais.

linhagem monofilética Um táxon composto de um ancestral comum e de todos os seus descendentes.

litoral Pertencente à porção rasa de um lago, mar ou oceano, na qual plantas enraizadas são capazes de crescer.

litosfera Crosta terrestre.

lofodonte Dente molar com cristas dispostas predominantemente numa direção interna-externa através do dente. *Veja também* bunodonte, selenodente.

lofoforado Pertencente a diversos tipos de animais marinhos que possuem tentáculos ciliados (lofóforo) usados para coletar alimento (por exemplo, pterobrânquios).

mancha pelvina Uma área vascularizada na região pelvina dos Anura, responsável pela tomada de água.

mar epicontinental (mar epéirico) Mar que se estende por dentro da margem de um continente.

marsúpio Uma bolsa externa na qual os filhotes de mamíferos marsupiais se desenvolvem.

mastigar Triturar minuciosamente o alimento.

matrotrofia Desenvolvimento embrionário nutrido pela transferência de substâncias da circulação materna. A matrotrofia placentotrófica descreve a situação na qual a placenta é o local de transferência de nutrientes e de excretas entre o embrião e a circulação materna.

matrotrofia placentotrófica Desenvolvimento embrionário nutrido por substâncias transferidas da circulação materna via placenta.

megafauna Espécies de grandes animais terrestres (mamíferos, aves e répteis) que se tornaram extintas quando as populações humanas se expandiram, principalmente entre 50.000 e 10.000 anos atrás.

melanócito Uma célula pigmentar contendo melanina.

membrana timpânica ou tímpano A membrana que separa a orelha externa da média.

meninges Camadas de tecido que encerram o sistema nervoso central. Nos mamíferos, estas são a dura mater, a aracnóide e a pia máter.

mesentérios Camadas membranosas derivadas do mesoderma e que envolvem e suspendem as vísceras no celoma a partir da parede do corpo.

mesoblasto Célula mesodérmica.

mesoderma A camada central dos três folhetos germinativos de embriões avançados.

mesoderma da placa lateral A parte ventral do mesoderma, circundando o tubo digestório.

metabolismo aeróbio Decomposição metabólica de carboidratos na presença de oxigênio resultando em dióxido de carbono e água como produtos finais.

metabolismo anaeróbio Decomposição metabólica de carboidratos na ausência de oxigênio resultando em ácido lático como um produto final.

metamérico Pertencente à segmentação ancestral, usado em relação a unidades serialmente repetidas ao longo do eixo do corpo.

metamorfose A transição da forma larval para a adulta durante o desenvolvimento.

microvilos Células sensoriais localizadas em órgãos neuromastos.

mimetismo Um sistema tríplice no qual um organismo (o mímico) simula o sinal de um segundo indivíduo (o modelo) e, com isso, engana um terceiro indivíduo (o bobo). O sinal pode ser qualquer característica do modelo, que o bobo pode perceber – cor, padrão, odor etc.

miômeros Blocos de fibras musculares estriadas dispostos ao longo de ambos os lados do corpo, mais óbvios em peixes.

mirmecofagia Alimentar-se de formigas e cupins.

moela O estômago muscular de aves e de outros arcossauros.

molar tribosfênico Forma de dente peculiar de mamíferos térios.

moldes internos Impressões fósseis da face interna de cavidades do corpo.

monofilético Possuindo uma única origem evolutiva. *Veja também* parafilético, polifilético.

monofilia Parentesco entre dois ou mais táxons que possuem um ancestral comum.

monogamia Um sistema reprodutivo baseado na formação de um par entre um único macho e uma única fêmea. *Veja também* poligamia.

morfo Variante geneticamente determinada em uma população.

morfotípica Tipo de classificação baseada inteiramente na forma física.

movimento isostático Deslocamento vertical da litosfera devido a modificações na massa sobre um ponto ou sobre uma região da Terra.

muda Substituição de velhos pêlos ou penas por novos.

músculo masseter Um músculo das maxilas de mamíferos, originando-se no arco zigomático e inserindo-se na maxila inferior.

músculos branquioméricos Músculos que reforçam os arcos viscerais.

"Musth" (Frenesi) Um período anual de elevados níveis de testosterona no sangue de machos de elefantes.

néfron A unidade funcional básica do rim.

Neodarwinismo *Veja* Nova Síntese.

neonatos Indivíduos recém-nascidos.

neopálio (também conhecido como neocórtex) A porção expandida, derivada do córtex cerebral dos mamíferos.

neotenia Retenção de características larvais ou embrionárias, após a época da maturidade reprodutiva. *Veja também* pedomorfose e progênese.

nervos cranianos Os nervos que emergem diretamente do encéfalo; 10 pares na condição de Vertebrata primitivos, 12 pares nos amniotas.

neurocrânio (também conhecido como condrocrânio) Porção do esqueleto da cabeça, que encerra o encéfalo.

neurônio A unidade funcional básica do sistema nervoso.

nicho O papel funcional de uma espécie ou de um outro táxon em seu ambiente – as maneiras pelas quais interage tanto com elementos vivos como não-vivos.

nomenclatura binominal O sistema Lineano que atribui nomes genéricos e específicos aos organismos (por exemplo, *Homo sapiens* para humanos modernos).

notocorda Um bastonete dorsal endurecido que é responsável pelo nome do filo Chordata.

noturno Animal ativo à noite.

Nova Síntese (também conhecida como Neodarwinismo) A combinação entre Genética e Biologia Evolutiva, desenvolvida no início do século vinte.

occipital Pertencente à parte caudal do crânio.

odontódios Pequenos elementos semelhantes a dentes no tegumento. Os originais componentes semelhantes a dentes na armadura dérmica de vertebrados primitivos. Os dentículos do tegumento de tubarões são odontódios.

ontogenético Pertencente ao desenvolvimento de um indivíduo.

ontogenia O desenvolvimento de um indivíduo. *Veja também* filogenia.

opérculo Aba ou placa de tecidos que recobre as brânquias.

opistóglifas Serpentes venenosas com dentes maiores na parte caudal da maxila; serpentes com presas caudais.

órgão de Jacobson Também conhecido como órgão vomeronasal. Um órgão olfatório situado no teto da boca de tetrápodes.

órgãos neuromastos Grupos de células sensoriais ciliadas e de estruturas associadas na superfície da cabeça e do corpo de vertebrados aquáticos, geralmente encerrados no interior do sistema da linha lateral.

órgão vomeronasal (também conhecido como órgão de Jacobson) Um órgão olfatório situado no teto da boca de tetrápodes.

orogênese Processo de elevação da crosta terrestre ou formação de montanhas.

osmose Movimento de água através de uma membrana de uma região de alta atividade (baixa concentração de solutos) para uma região de baixa atividade (alta concentração de solutos).

osso Um tecido mineralizado que forma o esqueleto de vertebrados. O osso apresenta cerca de 50 por cento mineralizados. O termo não deve ser confundido com a estrutura anatômica denominada "um osso", que pode ser constituído por tecido ósseo e/ou tecido cartilaginoso.

osso dérmico Um tipo de osso que se forma no interior do tegumento.

osso endocondral Um tipo de osso que se forma a partir de uma cartilagem.

ossos epipúbicos Ossos presentes em mamíferos não-eutérios e que se projetam para frente a partir do púbis.

osteodermo Um osso encerrado no tegumento; característico de crocodilianos.

ostracodermes Vertebrados aquáticos agnatos, com armadura, conhecidos do Ordoviciano ao Devoniano.

otólito Uma estrutura mineralizada na orelha interna de peixes teleósteos.

ovário A gônada feminina.

oviparidade Depositando ovos que se desenvolvem fora do corpo materno.

ovo cleidóico Ovo independente do ambiente, exceto por trocas de calor e gases (dióxido de carbono, oxigênio, vapor d'água). Característico de amniotas.

ovoviviparidade Desenvolvimento embrionário nutrido pelo vitelo quando os ovos são retidos nos órgãos genitais até a sua eclosão. (Lecitotrofia é um termo preferido para este tipo de nutrição do embrião.)

palatoquadrada Elemento da maxila superior de peixes primitivos e Chondrichthyes, porções do qual contribuem para o palato, a articulação da mandíbula e a orelha média de outros vertebrados.

pâncreas Uma evaginação glandular do intestino que secreta enzimas digestivas.

Pangéia Único supercontinente que existiu durante o meio da Era Paleozóica e que consistiu de todos os continentes modernos, aparentemente em contato físico direto com um mínimo de barreiras físicas de isolamento.

paquiostose Densidade óssea aumentada, característica de animais mergulhadores.

parafilético Referindo-se a um táxon que inclui o ancestral comum e alguns mas não todos os seus descendentes. *Veja também* monofilético, polifilético.

parcimônia Em biologia evolutiva, a hipótese que requer o menor número de modificações desde o ancestral até o estado do caráter derivado.

partenogênese Reprodução por fêmeas que não são fertilizadas por machos.

pectoralis major O grande músculo peitoral que fornece a força à batida para baixo das asas das aves.

pedomorfose Condição na qual uma larva torna-se sexualmente madura sem atingir a forma típica do corpo do adulto. A pedomorfose pode ser obtida por neotenia ou por progènese.

pelagem A cobertura de pêlos de um mamífero.

pelágico Vivendo no oceano aberto.

pericárdio Finas camadas de mesoderma da placa lateral que revestem a cavidade pericárdica.

período crítico Tempo restrito durante a ontogenia de um indivíduo quando ocorre o "imprinting".

peritônio Finas camadas de mesoderma da placa lateral que revestem a cavidade pleuroperitoneal.

pigóstilo As vértebras caudais fundidas de uma ave e que sustentam as penas da cauda.

piloereção Contração de músculos inseridos nos folículos pilosos, resultando na ereção das bainhas dos pêlos.

piscívoro Que se alimenta de peixes.

placas intercalares Elementos adicionais na coluna vertebral de elasmo-brânquios que protegem a medula espinhal e grandes vasos sanguíneos.

placenta Tecido extra-embrionário que obtém nutrientes do endométrio do útero e que secreta hormônios que sinalizam o estado de prenhez para a mãe. *Veja lambem* placenta cório-vitelínica e placenta cório-alantóidea.

placenta cório-alantóidea Uma placenta desenvolvida a partir das membranas extra embrionárias coriônica e alantóidea, que substitui a placenta cório-vitelínica durante o desenvolvimento embrionário de todos os mamíferos eutérios e de alguns marsupiais. *Veja também* placenta.

placenta cório-vitelínica Uma placenta desenvolvida a partir do saco vitelino, característica de todos os mamíferos térios durante o início de seu desenvolvimento. *Veja também* placenta.

plantas heterósporas Plantas com esporos grandes e pequenos; os menores originam os gametófitos masculinos e os maiores os gametófitos femininos (equivalente a protogimnospermas).

plantígrado Apoiado com o pé achatado sobre o substrato, como na espécie humana. *Veja também* digitígrado, ungulígrado.

plastrão Casco ventral, como de uma tartaruga.

plesiomorfia Um caráter ancestral (isto é, um que não se modificou a partir de sua condição ancestral). *Veja também* simplesiomorfia, sinapomorfia.

plesiomórfico Pertencente ao caráter ancestral do qual uma apomorfia é derivada.

pleurodiros Tartarugas que curvam o pescoço num plano horizontal para retrair a cabeça para dentro do casco.

pleurodontes Dentes fundidos à superfície interna dos ossos das maxilas. *Veja também* acrodontes, tecodontes.

pleurotremado Possuindo as principais aberturas branquiais nos lados do corpo, na frente das nadadeiras peitorais, como em tubarões. *Veja também* hipotremado.

plexo vascular Vasos sanguíneos entrelaçados, situados na pele e que constituem a base para o fluxo sanguíneo em contracorrente.

polaridade A direção da modificação evolutiva em um caráter.

poliandria Um sistema reprodutivo no qual uma fêmea acasala-se com mais de um macho.

polifilético Referindo-se a um táxon que não contém o ancestral comum mais recente de todos os táxons subordinados a ele (isto é, não uma unidade taxonômica verdadeira, mas um conjunto de táxons similares tais como 'mamíferos marinhos'). *Veja também* monofilético, parafilético.

poligamia Um sistema reprodutivo no qual um indivíduo tem mais de um parceiro em uma estação reprodutiva. *Veja também* monogamia.

poliginia Um sistema reprodutivo no qual um macho acasala-se com mais de uma fêmea.

polimorfismo Ocorrência simultânea de dois ou mais fenótipos distintos em uma população.

pós-zigapófise Superfície de articulação na face caudal de um arco vertebral neural. *Veja também* pré-zigapófise.

precipitação ácida Chuva e neve acidificadas por gases contendo enxofre e nitrogênio, produzidos pela queima de combustíveis fósseis.

precocial Bem desenvolvido e capaz de locomover-se logo após o nascimento ou a eclosão (por exemplo, em galinhas e no gado). *Veja também* altricial.

pré-zigapófise Superfície de articulação na face cranial de um arco vertebral neural. *Veja também* pós-zigapófise.

processo coronóide Uma aba vertical próxima à região caudal do osso dentário e que aumenta a área de inserção do músculo temporalis.

progênese Desenvolvimento acelerado de órgãos reprodutivos em relação ao tecido somático, levando à pedomorfose.

propriocepção O mecanismo neural que percebe as posições das patas no espaço. Um caráter derivado de tetrápodes.

proteróglifas Serpentes venenosas com presas permanentemente eretas na parte rostral da maxila (isto é, cobras-corais e seus parentes).

Proterozóica Do Precambriano inferior, desde cerca de 1,5 bilhões de anos atrás até o início do Cambriano, há 540 milhões de anos. *Veja também* Fanerozóico.

protostomia Condição na qual o blastóporo embrionário forma a boca do animal adulto. *Veja também* deuterostomia.

prototérios Os mamíferos monotremados.

protração Movimento para longe do centro do corpo, geralmente numa direção cranial. *Veja também* retração.

protrátil Capaz de ser movido para longe (protraído) do corpo.

proventrículo O estômago glandular das aves.

proximal Perto do corpo. *Veja também* distal.

pterilas Tratos de folículos dos quais crescem as penas.

queratina Uma proteína fibrosa encontrada somente em vertebrados e que forma estruturas epidérmicas tais como pêlos, escamas, penas e garras.

quociente de encefalização A proporção entre o real tamanho do encéfalo de uma espécie e o tamanho esperado para seu encéfalo comparado com o tamanho de seu corpo.

raque A estrutura central de uma pena, da qual se estendem as barbas.

reconhecimento do "inimigo querido" Uma situação na qual um animal territorial responde mais fortemente a estranhos do que a seus vizinhos de territórios adjacentes.

retrizes Penas da cauda.

refúgio Área isolada de um habitat, fragmentada de um bioma antigamente mais extenso.

relação superfície/volume A relação entre a área da superfície do corpo e o volume do corpo, frequentemente expressa em $cm^2 \times cm^{-3}$.

rêmiges Penas das asas.

reprodução explosiva Uma estação reprodutiva muito curta.

reprodução prolongada Uma estação reprodutiva longa.

"rete mirabile" Uma massa complexa de capilares entrelaçados, especializados para trocas de calor e/ou de substâncias dissolvidas no sangue, em sistema de contra-corrente.

retração Movimento em direção ao centro do corpo ou em direção para trás. *Veja também* protração.

reversão Retomo a um aspecto ancestral (por exemplo, a forma hidrodinâmica de baleias e golfinhos).

ricochete Um tipo de locomoção bípede saltadora, como em cangurus e muitos roedores.

rostro Focinho; especialmente uma extensão rostral à boca.

ruminante Um mamífero herbívoro com estômago especializado no qual microrganismos fermentam substâncias vegetais.

salto Um tipo de locomoção de tetrápodes, que consiste de saltar com as patas posteriores e aterrissando com as anteriores.

sebo Uma secreção oleosa produzida pelas glândulas sebáceas.

seio Espaço aberto em um duto ou sistema tubular.

seio urogenital Abertura comum da uretra e da vagina na maioria das fêmeas dos mamíferos. (Primatas e alguns roedores possuem aberturas distintas.)

seio venoso A câmara mais caudal do coração de não amniotas e alguns répteis, que recebe sangue das veias sistêmicas.

seleção de parentesco O favorecimento da perpetuação dos próprios genes auxiliando parentes a se reproduzir.

selenodontes Dentes molares com cristas em forma de crescente (ou lofos) em vez de cúspides, dispostas predominantemente em direção crânio-caudal ao longo do dente. *Veja também* bunodontes, lofodontes.

semelparia Reproduzindo-se apenas uma única vez durante a vida de uma fêmea. *Veja também* iteroparia.

serial Repetidos, como são os segmentos do corpo dos Vertebrata.

simbionte Um organismo que vive com outro organismo (geralmente em seu interior ou afixado a ele), havendo benefício mútuo para ambos.

simetria bilateral (bissimetria) Característica de um corpo que pode ser dividido em metades especularmente iguais por meio de um único plano no espaço.

simpatria Ocorrência de duas ou mais espécies na mesma área.

simplesiomorfia Caráter compartilhado por um grupo de organismos e que é encontrado em seu ancestral comum (isto é, um caráter primitivo). *Veja também* plesiornorfia.

sinapomorfia Caracteres derivados (apomorfias) compartilhados por dois ou mais táxons. *Veja também* plesiornorfia.

sinápsido Um crânio com uma única abertura temporal ou um animal com um crânio sinápsido. *Veja também* anápsido, diápsido.

sínfise Uma articulação entre ossos, formada por uma almofada ou um disco de fibrocartilagem, que permite um pequeno grau de movimento.

sinsacro Vértebras e costelas fundidas de aves, que se articulam com a pelve.

siringe O órgão vocal das aves, situado na base da traqueia.

sistema da linha lateral O sistema sensorial na superfície do corpo de vertebrados aquáticos e que detecta movimento da água.

sistema Lineano Um sistema de nomear organismos vivos, desenvolvido pelo naturalista sueco Carl von Linné (Carolus Linnaeus) no século XV1I1.

sistema nervoso autônomo A parte do sistema nervoso periférico que controla glândulas, músculos lisos e órgãos internos e que produz abundantemente respostas involuntárias, incluindo as porções simpática e parassimpática em mamíferos.

sistema nervoso parassimpático A divisão do sistema nervoso autônomo que mantém funções normais do corpo, como a digestão.

sistema nervoso simpático A divisão do sistema nervoso autónomo que produz abundantemente respostas involuntárias que preparam o corpo para situações estressantes ou altamente energéticas.

sistema nervoso somático A parte do sistema nervoso periférico que inerva estruturas derivadas do mesoderma somático, que controla movimentos voluntários de músculos esqueléticos e que retoma sensações da periferia.

sistema nervoso visceral A parte do sistema nervoso periférico que inerva porções do corpo derivadas do mesoderma da placa lateral. Inclui o sistema nervoso autónomo e os nervos sensoriais que transmitem informações das vísceras e dos vasos sanguíneos. Também pode incluir o sistema especial branquial motor dos nervos cranianos, embora isto agora esteja sendo discutido.

sistema-porta Porção do sistema venoso, especializada para o transporte de substâncias do local de produção ao local de ação. Um sistema-porta começa e termina em grupos capilares.

sistemática filogenética (também conhecida como cladística) Um sistema de classificação baseado em sequências ramificadas da evolução.

sivapitecídeos Hominóides eurasianos do Cenozóico Posterior, aparentados com o orangotango existente.

socialidade Vivendo em grupos estruturados.

solenóglifas Serpentes venenosas com longas presas na parte rostral da maxila superior e que são girados quando a boca se abre; víboras.

soluto Uma substância dissolvida num líquido.

somito Membro de uma série de segmentos pares do mesoderma dorsal embrionário dos Vertebrata.

sulco nasolabial Um canal das narinas externas até o lábio, encontrado em salamandras pletodontídeas.

super-resfriamento Diminuição da temperatura de um fluido abaixo de seu ponto de congelamento sem iniciar a cristalização.

supracoracóide O músculo que produz a força do movimento das asas de uma ave para cima.

talonídio Esporão em forma de bacia em um dente molar inferior, encontrado em mamíferos térios.

tapetum lucidum Uma camada refletora situada atrás da retina e que aumenta a sensibilidade em luminosidades fracas dirigindo a luz de volta através da retina.

tarsometatarso Osso formado pela fusão dos elementos tarsais distais com os metatarsais em aves e alguns dinossauros. *Veja também* tibiotarso.

taxa metabólica padrão A taxa do metabolismo que sustenta funções vitais (respiração, fluxo sanguíneo etc.) em um animal em repouso.

táxon Qualquer grupo cientificamente reconhecido de organismos unidos por um ancestral comum.

tecodontes Dentes localizados em alvéolos nos ossos das maxilas. O termo também se refere a um conjunto parafilético de répteis basais, os arcossauros extintos. *Veja também* acrodontes, pleurodontes.

tectônica de placas Teoria da história da Terra na qual a litosfera está sendo continuamente gerada a partir do núcleo subjacente, em áreas específicas, e reabsorvida pelo núcleo em outras, resultando em uma série de placas portadoras que transportam os continentes ao longo da face da Terra.

telencéfalo A parte rostral do cérebro de vertebrados que contém o córtex cerebral.

temperatura ambiente A temperatura do ambiente. Geralmente se refere à temperatura do ar.

temperatura crítica inferior O ponto no qual um animal endotérmico precisa aumentar sua produção de calor metabólico para manter estável a temperatura de seu corpo.

temperatura crítica superior O ponto no qual um animal endotérmico precisa iniciar o resfriamento evaporativo para manter estável a temperatura de seu corpo.

temperatura letal inferior A temperatura na qual até mesmo a produção máxima de calor metabólico é inadequada para manter uma temperatura estável do corpo.

tentáculo Um órgão sensorial de cecílias que permite o transporte de substâncias químicas do ambiente até o órgão vomeronasal.

teorema do valor marginal A hipótese de que um animal pára de forragear em uma mancha de alimento quando a taxa de tomada de energia diminui até a taxa média para o habitat como um todo.

teoria do forrageamento ótimo A hipótese de que um animal ajusta seu comportamento forrageador ao retorno máximo de energia por unidade de tempo.

térios Mamíferos marsupiais e eutérios.

terminação nervosa livre Uma terminação nervosa sensorial no tegumento à qual é atribuída a sensação de dor.

termófilo Tendo preferência por temperaturas elevadas.

termorregulação Controle da temperatura do corpo.

território Uma área que é defendida contra a invasão por outros indivíduos da mesma espécie. *Veja também* área domiciliar.

testículo A gônada masculina.

tetrápodes Vertebrados terrestres que descendem de um ancestral com quatro patas.

tibiotarso Osso formado pela fusão da tíbia com os elementos tarsais proximais em aves e alguns dinossauros. *Veja também* tarsometatarso.

torpor Um período de inatividade acompanhado por uma redução na temperatura regulada do corpo.

tremor Geração de calor por meio de contrações assincrônicas de fibras musculares.

trocas por contracorrente Correntes de líquidos fluindo em direções opostas em vasos adjacentes para promover trocas de calor ou de substâncias dissolvidas.

trófico Pertencente à alimentação e nutrição.

trofoblasto Tecido embrionário de mamíferos, especializado para a implantação do embrião na parede do útero, obtendo nutrientes da mãe e secretando hormônios que sinalizam o estado de prenhez para a mãe.

troglodita Organismo que vive em cavernas.

trote Um tipo de locomoção de tetrápodes no qual pares diagonais de patas são movidos em conjunto, havendo um período de interrupção entre cada par de movimentos das patas quando todas as quatro estão levantadas do chão.

tuba auditiva (trompa de Eustáquio) Passagem que conecta a orelha média à faringe.

tuba uterina (trompa de Falópio) A porção anterior do oviduto, na qual os ovócitos são fertilizados.

túbulo convoluto distal Porção do néfron de um rim, responsável pela modificação da concentração do ultrafiltrado por meio de transporte ativo de sais.

túbulo convoluto proximal Porção do néfron de um rim, responsável pela modificação da concentração do ultrafiltrado por meio de transporte ativo de sais.

turbinais Ossos enrolados nas passagens nasais, revestidos com tecidos úmidos que aquecem e umidificam o ar inspirado.

ultrafiltrado Um fluido produzido no glomérulo de um néfron; composto por sangue do qual as células e moléculas grandes são removidas por filtração.

ultrasom Frequências sonoras acima da amplitude da audição humana, aproximadamente 20 kilohertz.

ungulígrado Apoiado apenas com a ponta dos artelhos no chão, como em cavalos. *Veja também* digitígrado, plantígrado.

ureotélico Excretando restos nitrogenados primariamente como ureia.

uretra Nos amniotas, o ducto que transporta urina da bexiga para o exterior. Nos machos de mamíferos térios, parte da uretra também transporta esperma.

uricotélico Excretando restos nitrogenados primariamente como ácido úrico e seus sais.

urogenital Relativo aos órgãos, duetos e estruturas dos sistemas excretor e reprodutor.

uróstilo Um bastonete sólido formado pela fusão das vértebras caudais; encontrado em Anura.

vacúolos Espaços limitados por membrana no interior de células, contendo secreções, produtos de armazenamento, etc.

valor adaptativo genético A contribuição de um genótipo para a geração seguinte em relação às contribuições de outros genótipos.

valor adaptativo inclusivo A soma do "fitness" individual com o efeito da seleção de parentesco.

valor adaptativo individual *Veja* valor adaptativo genético.

vasa recta Os vasos sanguíneos que circundam a alça henliana (de Henle).

vascular Referindo-se ao sangue e aos vasos sanguíneos.

vas deferentia (singular *vas dejerens*) O aparelho reprodutor masculino de mamíferos.

vasodilatação Expansão de vasos sanguíneos para aumentar o fluxo de sangue para uma região.

ventilação contínua Fluxo de fluido respiratório (ar ou água) em uma direção, como através das brânquias de um peixe.

ventilação forçada Uma corrente respiratória através das brânquias; criada pela natação com a boca aberta.

ventilação intermitente (por maré) Fluxo de um fluido respiratório para dentro e para fora, como nos pulmões de um tetrápode.

ventrículo Uma câmara. O ventrículo do coração é a porção que aplica a força para ejetar sangue do coração.

Vertebrata Animais que possuem vértebras.

vexilo A superfície de cada lado da estrutura central de uma pena (raque).

vibrissas Os "bigodes" sensoriais dos mamíferos.

vísceras Órgãos internos suspensos no interior do celoma.

viviparidade Parindo filhotes em oposição à deposição de ovos.

vontade migratória A condição na qual uma ave realiza voos migratórios.

vulnerável Uma espécie é considerada vulnerável quando enfrenta um alto risco de extinção na natureza num futuro relativamente próximo.

zigapófise Processo articular do arco neural de uma vértebra. *Veja também* pós-zigapófise e pré-zigapófise.

zigodáctilo Tipo de pé no qual os artelhos estão dispostos em dois grupos oponíveis.

zona de termogênese química A amplitude de temperaturas dentro da qual um endotermo consegue manter uma temperatura estável do corpo por meio de produção metabólica de calor.

zona termoneutra A amplitude de temperaturas ambientais dentro da qual um endotermo consegue manter uma temperatura estável do corpo por meio de modificação da taxa de perda de calor para o ambiente.

zona de tolerância A amplitude de temperaturas ambientais acima da qual um endotermo consegue manter uma temperatura estável do corpo

Créditos

CAPÍTULO 1 – Fig. 1-2 Foto de Bruce Resner, Cortesia SeaPics.com.

CAPÍTULO 2 – Fig. 2-2 Ilustração de Marianne Collins em Stephen Jay Gould, 1989, *Wonderful Life:* The Burgess Shale & the Nature of History, W.W. Norton. Reproduzida com a permissão de Marianne Collins e W. W. Norton & Company, Inc., Copyright © 1989 por Stephen Jay Gould. **Fig. 2-3a, b** Fig. 2d de Shu, Conway, Morris et al. *Nature,* 2001, 414: pp. 419-424. Copyright © 2001 por Mcmillan Magazines Ltd. Reimpresso com permissão de Nature. Fig. 2-3c Fig. 3 de Holland e Chen, 2001, *Bioessays,* 23: 142-151. Copyright © 2001 by John Wiley & Sons, Inc. Reimpresso com permissão de Wiley Liss, Inc. uma subsidiária de John Wiley & Sons, Inc. **Fig. 2-5** Segundo E. S. Goodrich, 1930 *Studies on the Structure & Development of Vertebrates* Macmillan, U.K. **Fig. 2-6** Parte (c) baseada em B. Stahl, *Vertebrate History,* New York, McGraw-Hill. Parte (d) segundo K. V. Kardong, *Vertebrates,* Comparative Anatomy, Function, Evolution, 2ª ed. The McGraw- Hill Companies. **Fig. 2-7** Fig. 7, p. 39 Segundo *Discovering Fóssil Fishes* de J. G. Maisey, 1996. Copyright © de J. Maisey. Reimpressa com permissão de Nevraumont Publishing Co., Inc. **Fig. 2-9a** Fig. 7-3a, p. 209, segundo *Functional Anatomy of Vertebrates, 2ª* ed. por W. F. Walker Jr. e K. F. Liem. Copyright © 1994, reproduzida com permissão de Brooks/Cole, uma divisão de Thompson Leaming: www.thompsonrights.com. Fax 800 730-2215. **Fig. 2-12** Modificada de A. G. Kluge et al. *Chordate Structure And Function,* 2ª ed. (New York: Macmillan, Q. Bone e N. B. Marshall, 1982, *Biology of Fishes,* Blachie, Glasgow, U.K. **Fig. 2-14** Fig. 16.20, p. 590 de *Vertebrates:* Comparative Anatomy, Function and Evolution, 2ª ed. Segundo K. V. Kardong et al. Copyright © 1988. Reimpressa com permissão de McGraw-Hill Companies. **Fig. 2-16** Adaptada de *Vertebrates:* Comparative Anatomy, Function and Evolution, 2ª ed. de K. V. Kardong et al. Copyright © 1998. Reimpressa com permissão de McGraw-Hill Companies.

CAPÍTULO 3 – Fig. 3-1 de *Nature* 402: 43. **Fig. 3-2** modificada de M. A. Purnell, 1994, *Lethaia* 27 pp. 129-138. **Fig. 3-3** Primariamente baseada em P. C. J. Donoghue et al. 2000, com informação de J. G. Mallatt & Sullivan, 1998 **Fig. 3-5** Modificada de D. Jensen, 1966 *Scientific American* 214 (2): 82-90. **Fig. 3-7** Modificada segundo J. A. Moy-Thomas e R. S. Miles, 1971 *Paleozoic Fishes,* Saunders College Publishing, 1971. **Fig. 3-10a** Fig. 7.3a de *Análise da Estrutura dos Vertebrados* 5ª ed. por Hildebrand & Goslow. Copyright © 2001 por John Wiley & Sons, Inc. Reprinted com permissão de Wiley Liss, Inc. uma subsidiária de John Wiley & Sons, Inc. Fig. **3-11** de *Hyman's Anatomia Comparada dos Vertebrados* por M. H. Wake. Copyright © 1987. Reimpresso com permissão da Editora da Universidade de Chicago. **Fig. 3-12b** de *Evolution Vertebrate Design* por L. B. Radinsky. Copyright © 1987. Reimpresso com permissão da Editora da Universidade de Chicago. **Fig. 3-16** Modificada segundo J. A. Moy-Thomas e R. S. Miles, 1971. *Paleozoic Fishes,* Saunders College Publishing. **Fig. 3-17** Modificada segundo fig. 3.7, p. 44, Fig. 2.1, p. 12 e Fig. 4.4, p. 64 em J. A . Moy-Thomas e R. S. Miles, 1971 *Paleozoic Fishes,* Saunders College Publishing.

CAPÍTULO 4 – Fig. 4-1 Modificada de *Comparative Physiology of Vertebrate Respiration* de G. M. Hughes. Copyright © 1963. Reimpressa com permissão da Harvard University Press. **Fig. 4-2** Modificada segundo G. M. Hughes 1963, *Comparative Physiology of Vertebrate Respiration,* Harvard University Press, M. Hildebrandand, 1988 *Analysis of Vertebrate Structure,* 3ª ed., Wiley e P. B. Moyle, 1993, *Fish:* An Enthusiafs Guide, University of California Press. **Fig. 4-4** Modificada segundo A . Flock, 1967 em *Lateral Line Detectors,* P. Cahn (ed.), Indiana University Press; e R. F. Hueter e P. W. Gilbert em S. H. Gruber (ed.) *Underwater Naturalist,* volume duplo especial, 19(4) e 20(1); 48-55. **Fig. 4-5** Modificada segundo E. Schwartz, 1974 em *Hand-book of Sensory Physiology,* vol. 3, parte 3, A. Fessard (ed.), Springer, NY. **Fig. 4-6** Modificada, em parte, de J. Bastian, 1994, *Physics Today,* 47(2); 30-37. **Fig. 4-8** Modificada de A . J. Kalmijn, 1974 em *Handbook of Sensory Physiology,* vol. 3, parte 3, A. Fessard (ed.) Springer, NY. **Fig. 4-13** pp. 715-728 em *Handbook of Physiology, Adaptation to the Environment,* D. B. Dill, E. F. Adolph e C. G. Wilber (eds.), American Physiological Society, Washington, DC. (d) A partir de dados de F. E. J. Fry e P. W. Hochachka, Fish, pp. 79-134 em *Comparative Physiology of Thermoregulation,* vol. 1, G. C. Whitlow (ed.), Academic Press, NY. **Fig. 4-14** Modificada de F. G.

Carey e J. M. Teal, 1966 *Proceedings of the National Academy of Sciences* 56: 1464-1469.

CAPÍTULO 5 – Fig. 5-la, b Modificada segundo J. A. Moy-Thomas e R. S. Miles,1971 *Paleozoic Fishes,* Saunders College Publishing Phil; e R. Lund, 1985, *Journal of Vertebrate Paleontology,* pp. 12-19. **Fig. 5-3** Modificada segundo J. A. Moy-Thomas e R. S. Miles, 1971 *Paleozoic Fishes,* Saunders College Publishing, Phil. **Fig. 5-4** Parte (a) modificada segundo E. S. Goodrich, 1930 *Studies on the Structure & Development of Vertebrates,* Macmillan, London, UK. Modificadas segundo S. A. Moss, 1984. **Fig. 5-7** Modificada da Fig. 2 em de A. P. Klimley, 1999, *American Scientist* (87) pp. 488-491. **Fig. 5-8** Modificada em parte, de J. S. Nelson, 1994 e P. B. Moyle, 1993, *Fish:* An Enthusiasfs Guide, University of Califórnia Press, Berkeley, CA. **Fig. 5-9** Modificada segundo J. A. Moy-Thomas e R. S. Miles, 1971 *Paleozoic Fishes,* Saunders College Publishing, Phil 1971; modificada segundo P. H. Greeriwood et al. 1973.

CAPÍTULO 6 – Fig. 6-2 Modificada de J. A. Moy-Thomas e R. S. Miles, 1971 *Paleozoic Fishes,* Saunders College Publishing, Phil. **Fig. 6-5** Fig. 4 de Glenn Northcutt, *Interative & Comparative Biology,* vol 42, 1995. Reimpressa com permissão. **Fig. 6-7** Modificada de K. F. Liem em A. G. Kluge et al. 1977, *Chordate Structure & Function,* 2ª ed. Macmillan, NY. **Fig. 6-15** Modificada segundo C. C. Lindsay, 1978 Academic Press, *Fish Physiology,* vol. 7, p. 1-100, **Fig. 6-14** Modificada segundo H. Hertel, 1966 *Structure, Form, Movement* Krausskopf, Mainz, Alemanha. **Fig. 6-17** Fotografia, cortesia de Edward B. Brothers. **Fig. 6-18** a) modificada de H. Friedrich, 1973 *Marine Biology* University of Washington Press, Seattle; b) modificada de N. B. Marshall, 1971 *Explorations of the Life of Fishes,* Harvard University Press, Cambridge MA. **Fig. 6-19** Modificada de E. M. Kampa e B. P. Boden, *Deep-Sea Research* 4: 73-92. **Fig. 6-20** J. B. Heiser (Ithaca, NY: Cornell University) **Fig. 6-23** a, b Fotografias cortesia de Dr. Katleen Whitock, Cornell University.

CAPÍTULO 7 – Fig. 7-2 Modificada de A. Hallam, 1994 *An Outline of Phanerozoic Biography,* Oxford University Press, UK. **Fig. 7-5** Modificada de M. J. Benton, 1997 *Vertebrate Paleontology,* 2ª ed. Chapman & Hall, UK. Modificada da figura 2.14a, p. 32 em M. Benton & Harper, 1997, *Basic paleontology,* Longman.

CAPÍTULO 8 – Fig. 8-2 de *Evolution Vertebrate Design* por L. B. Radinsky. Copyright © 1987. Reimpresso com permissão da Editora da Universidade de Chicago. **Fig. 8-3** Fig. 8.36, p. 300 de Kardong. **Fig. 8-6** segundo Clack [2002]. **Fig. 8-7** Fig. 6.4, p. 146 de *Gaining Ground* de J. Clack. Copyright © 2002. Reimpresso com permissão da Universidade de Indiana Press. **Fig. 8-9** Fig. 33, p. 51 de *Lifes devices* por A. Vogel: The Physical World of Plants & Animais de A. Vogel. Copyright © 1989 Princeton University Press. Reimpresso com permissão do editor. **Fig. 8-11** Segundo Fig. 2.14c de *The Vertebrate body,* 6ª ed. por Romer e Parsons. Copyright © 1986. Reimpresso com permissão de Brooks/Cole, uma divisão de Thomson Learning: www. thompsonrights.com. Fax 800 730-2215. **Fig. 8-14** Adaptada de Fig. 17-34 em *Vertebrados:* Comparative Anatomy, Function, Evolution, 2ª ed. de K.V. Kardong. Copyright © 1998. Reimpresso com permissão da McGraw Hill Companies. **Fig. 8-18** Modificada de F. N. White, 1973, Comparative Biochemistry & Physiology, 45A: 503-513. **Fig. 8-19** de "Thermal Dependance of Locomotion, tongue flicking, digestion & oxygen comsumption in wandering garter snake" de R.D. Stevenson et al. Physiological Zoology, 58: 46-57, 1985. Copyright © 1985 da University of Chicago Press. Reimpresso com permissão.

CAPÍTULO 9 – Fig. 9-3 Adaptado de Fig. 7.5 em *Analysis of Vertebrate Structure, 5ª* ed. de M. Hildebrand e Goslow. Copyright © 2001 de John Wiley & Sons, Inc. **Fig. 9-4** De M. I. Coates e J. A. Clack, 1990, *Nature,* 347: 66-69. Cortesia de M. I. Coates e J. A. Clack. **Fig. 9-5** De P. E. Ahlberg e A. R. Milner, 1994, Nature, 368: 507-514. Reimpresso com permissão. **Fig. 9-6** Fig. 4.15, p. 103 de Gaining Ground de J. Clack. Copyright © 2002. Reimpresso com permissão da University of Indiana Press. **Fig. 9-8** e **9-9e** D. Palmer, *Atlas of the Prehistoric World,* Discovery Books, NY, pp. 78, 79. **Fig. 9-9** a) de A. Milner, 1980 *The Terrestrial Environment & the Origin of Land Vertebrates,* ed. de A. L. Panchen Academic Press, UK. b) de R. L. Carroll, *Handbuch der Palaeo-herpetologie,* parte 5B, pp. 1-19 (Stuttgart: Gustav Fischer, 1972). c) de C. Tudge 2000, *The Variety of Life.* Oxford University Press, Reimpresso com permissão. e) de D. Palmer, 1999. *Atlas of the Prehistoric World.* Discovery Books, NY. pp.78-79. **Fig. 9-10** a) de R. L. Carroll e P. Gaskill, 1978 *Memoirs of the American Philosophical Society* 126, 1-211. b) de C. Tudge, 2000 *The Variety of Life* Oxford University Press. Reimpresso com permissão c) de A . R. Milner e A. C. Milner, 1980 em *The Terrestrial Environment and the Origin of Land Vertebrates,* A. L. Panchen (ed.) London: Academic Press, UK. **Fig. 9-12.** de *Morphogenesis of the Vertebrates* de T. W. Torrey, Copyright © 1962. Reimpresso com permissão of John Wiley &

Sons, Inc. **Fig. 9-15** Modificada de T. S. Kemp, 1982 *Mammal-like Reptiles & the Origin of Mammals* Academic, UK.

CAPÍTULO 10 – Fig. 10-3 Fotografia, cortesia do Professor Dr. Roth, Universidade de Bremen. **Fig. 10-5** de "Aggressive behavior of the red backed salamander" de R. Jaeger, 1981, *The American Naturalist,* 117, p. 968. Copyright © 1981 com permissão da University of Chicago Press. **Fig. 10-8** de "Behavioral energetics" de F. H. Pough pp. 395-436 em *Environmental Physiology of the Amphibia,* M. E. Feder e W. W. Burggren (eds.); Copyright © 1992 por University of Chicago Press. Reimpresso com permissão da University of Chicago Press. **Fig. 10-10** Fotografias, cortesia de Sharon B. Emerson, University of Utah. (a) Publicada em *Biological Journal of the Linnean Society* 13 (1980). **Fig. 10-12** (b) Modificada de H. Gadow, *Amphibia and Reptiles* (London: Macmillan, 1909). (c, d) Modificadas de E. H. Taylor, *The Caecilians of the World* (Lawrence: University of Kansas Press, 1968). **Fig. 10-14** Modificada de G. K. Noble, *The Biology ofthe Amphibia,* (New York: McGraw-Hill, 1931). **Fig. 10-17** Fotografias, cortesia de Theodore L. Taigen, University of Connecticut. **Fig. 10-18** Modificada de **T.** L. Taigen e K. D. Wells, *Journal of Comparative Physiology,* B155 (1985): 163-170. **Fig. 10-19** Fotografias, cortesia de Theodore L. Taigen, University of Connecticut. **Fig. 10-20** Modificada de Ryan, 1985, M. J. Ryan, *The Túngara Frog: A Study in Sexual Selection* (Chicago: University of Chicago Press, 1985). **Fig. 10-21** c) de G. K. Noble, *The Biology of the Amphibia* (New York: McGraw-Hill, 1931). Parte (e) de W. E. Duellman, *TheHylid Frogs of Middle America,* monografia do Museum of Natural History (Lawrence: University of Kansas, 1970). Parte (f) de M. Lamotte e J. Lescure, *La Terre et la Vie,* 31 (1977): 225-311. **Fig. 10-23** Cortesia de Richard J. Wassersug. **Fig. 10-24** Dados de R. J. Wassersug e D. G. Sperry, 1977, *Ecology,* 58: 830-839. **Tabela 10-2** Relações filogenéticas e números de espécies baseados em F. H. Pough et al. *Herpetology,* 2ª ed. (Upper Saddle River, NJ: Prentice Hall, 2001). **Fig. 10-27** Fotografias de F. Harvey Pough, Rochester Institute of technology. **Fig. 10-28** Modificada de G. K. Noble, *The Biology of the Amphibia,* (New York: McGraw-Hill, 1931). **Fig. 10-29** a) Modificada de H. Gadow, 1909 *Amphibia & Reptiles* Macmillan, UK. **Tabela 10.3** Relações filogenéticas e números de espécies baseados em F. H. Pough et al. *Herpetology,* 2ª ed. (Upper Saddle River, NJ: Prentice Hall, 2001). **Tabela 10.4** Relações filogenéticas e números de espécies baseados em F. H. Pough et al. *Herpetology,* 2ª ed. (Upper Saddle River, NJ: Prentice Hall, 2001).

CAPÍTULO 11 – Fig. 11-1 De D. R. Carrier, 1987, *Paleobiology,* 13: 326-341. **Fig. 11-3** Fig. 6, p. 1685 de C. G. Farmer e D. R. Carrier, 2000, *Journal of Experimental Biology,* 203: 1679-1689. Reimpresso com permissão de The Company of Biologists, Ltd. **Fig. 11-4** Baseado na Fig. 5, p. 276 em D. R. Carrier e C. G. Farmer, 2000, *Paleobiology,* 26: 271-293. **Fig. 11-7** de P. Buhler, 1981, *Form and Function In Birds,* Vol. 2, ed. por A. S. King e **J.** McLelland, Academic, NY. Fig. 11-8 de P. Scheid, *1982, Avian Biology,* Vol. 6 ed. por J. R. King e K. C. Parkes, Academic, NY. **Fig. 11-9** Segundo a Fig. 2b, p. 273 em D. R. Carrier e C. G. Farmer, *2000, Paleobiology,* 26: 271-293. **Fig. 11-10** de P. Scheid, 1982, *Aviem Biology,* Vol. 6 ed. por J. R. King e K. C. Parkes, Academic, NY. **Fig. 11-12** de W. J. Hillenius, 1992, *Paleobiology,* 18: 17-29. **Fig. 11-13** Reimpresso de http://www.austmus.gov.au/chinesedinosaurs/factsheets/13.htm. Copyright © 2002 de Australian Museum. Reimpresso com permissão de Australian Museum, Nature Focus. **Fig. 11-15** Segundo a F. H. Netter, 1973, *The Cibacollection Of Medical Illustrations,* Vol. 6, CIBA Publications, Summit, NJ. **Fig. 11-17** Fig. de Davis, Schmidt Nielsen, e Stolte, 1976, *Journal of Morphology,* 149:279-326. Copyright © 1976 de John Wiley & Sons, Inc. Reimpresso com permissão de Wiley Liss, Inc, uma subsidiária de John Wiley & Sons, Inc.

CAPÍTULO 12 – Fig. 12-4 de E. S. Gaffney, 1975, *Bulletin of the American Museum of Natural History,* 15:387-436. **Fig. 12-7** De C. Gans e G. M. Hughes, 1967, *Journal of Experimental Biology,* 47:1-20. **Fig.12-8** Modificado de M. S. Gordon et al. 1982, *Animal Physiology:* Principies & Adaptations: 4ª ed., Macmillan, NY. **Fig. 12-9** (b) Modificado de S. E Schafer e C. **O.** Krekorian, 1983, *Herpetologica,* 39:448-456. **Fig.12-10** (a, d) de J. J. Buli, 1980, *Quarterly Review of Biology, 55:13-21.* Reimpresso com permissão da University of Chicago Press, (b, c) de J. J. Buli e R. C. Vogt, 1979, *Science,* 206:1186-1188. Reimpresso com permissão da American Assn. for the Advancement of Science. **Fig. 12-12** Fig. 1, p. 2280 em P. Luschi, G. G. Hays, del Seppia R. Marsh and E. Papi, *Proceedings of the Royal Society of London,* 1998, Series B. 265:2279-2284. Reimpresso com permissão. **Fig. 12-13** Fotografias cortesia de Larry Herbst, University of Florida. **Fig. 12-14** Fotografia cortesia de Elliott R. Jacobson, University of Florida. **Table 12.1** The phylogenetic relationships and numbers of species are based in E. H. Pough et al. Herpetology, 2ª ed. (Upper Saddle River, N.J.: Prentice Hall, 2001).

CAPÍTULO 13 – Fig. 13-3 Modificado de C. Gans, 1974, *Biomechanics,* J. B. Lippincott, Phil, PA. **Fig. 13-7** de C. Gans, 1961, *American Zoologist,* 1:217-227. **Fig. 13-8** de T. H. Frazetta, 1966, *Journal of Morphology,* 118:217-296. **Fig. 13-10** Fotografias de Benjamin E. Dial. **Fig. 13-11** de

A. A. Echelle, et al. 1971, *Herpetologica,* 27:221-288. **Fig. 13-12** de D. Crews, 1978 em *Behavior And Neurology Of Lizards* ed. por N. Greenberg e P. D. MacLéan, US Department of Health, Education & Welfare, National Institute of Health, Rockville, MD. **Fig. 13-13** de D. Crews, 1975, *Herpetologica,* 31:37-47. **Fig. 13-14** Fotografias de C. J. Cole e C. M. Bogert, American Museum of Natural History, cortesia de C. J. Cole. **Fig. 13-15** Segundo a R. Ruibal, 1961, *Evolution,* 15:98-111. **Fig. 13-16** Parte (a) cortesia of Daniel H. Janzen, University of Pennsylvania. Partes (b, c) Fotografia de Mi-chael Hopiak, cortesia de Comell University Herpetology Collection. **Fig. 13-17** de P. E. Hillman, 1969, *Ecology,* 50:476-481. **Fig. 13-18** de P. E. Hillman, 1969, *Ecology,* 50:476-481. **Tabela 13.2** Numbers of species are based on F. H. Pough et al. Herpetology, 2ª ed. (Upper Saddle River, NJ: Prentice Hall, 2001). **Tabela 13.3** Phylogenetic relation-ships and numbers of species are based on F. H. Pough et al. Herpetology, 2ª ed. (Upper Saddle River, NJ: Prentice Hall, 2001). **Tabela 13.5** Segundo dados de L. J. Vitt e J. D. Congdon, American Naturalist 112 (1978): 595-608; R. B. Huey e E. R. Pianka, Ecology 62 (1981): 991-999; W. E. Magnusson et al. Herpetologica 41 (1985): 324-332; e R. B. Huey e A. E. Bennett, em Predator-Prey Relationships, M. E. Feder e G. V. Lauder (eds.) (Chicago: University of Chicago Press, 1986), 82-98.

CAPÍTULO 14 – **Fig. 14-1** Fotografias de R. Bruce Bury, U. S. Fish & Wildlife Service. **Fig. 14-2** Modificada por K A. Nagy, 1988, *Stable Isotopes In Ecological Research* ed. por J. Ehleringres, P. Rundall e K. Nagy, Springer, NY. **Fig. 14-3** Segundo K. A. Nagy e P. A. Medica, 1986, *Herpetologica,* 42:73-92. **Fig. 14-04** Foto cortesia de E. Harvey Pough, Rochester Institute of Technology. **Fig. 14-5** De K. A. Nagy, 1973, *Copeia,* 1973, 93-102. **Fig. 14-6** de K. A. Nagy, 1972, *Journal of Comparative Physiology,* 79:39-62. **Fig. 14-7** Fotografia de David Dennis. **Fig. 14-8** de B. H. Brattstorm, 1962, *Herpetologica,* 18:38-46. **Fig. 14-9** de P. E Scholander et al. 1957, *Journal of Cellular & Comparative Physiology,* 79:39-62. **Fig. 14-10** Fotografias cortesia de F. J. e K. Storey, Carleton University, Ottawa, Ontário. **Fig. 14-11** de E. H. Pough, 1980, *American Naturalist,* 115:92-112. Copyright © 1980 de University of Chicago Press. Reimpresso com permissão de editor. **Fig. 14-12** Segundo dados em E. H. Pough, 1983, pp. 141-188 em *Behavioral Energetics* ed. Por W. P. Aspey e S. I. Lustick, Ohio State University Press e R. M. May, 1988, *Science,* 241:1441-1449. **Tabela 14.3** E. H. Pough, The American Naturalist. 115 (1980): 92-112.

CAPÍTULO 16 – **Fig.16-3** (a, b) de A. S. Romer, 1966, *Vertebrate Paleontology,* 3ª ed., University of Chicago Press, (c) de A. S. Romer, 1956, *Osteology Of The Reptiles,* University of Chicago Press. **Fig. 16-4** Modificado de H. Wermuth & R. Mertens, 1961, *Schildkroten, Krocodile, Bruckenechsen,* Gustav Fischer, Jena, East Germany. **Fig. 16-6** Fotografias cortesia de Jeffrey W. Lang, University of North Dakota. **Fig. 16-14** Foto (a) de Denis Finnin, cortesia do Dept. of Library Services, American Museum of Natural History. Parte (b) Foto, Shackleford, cortesia do Dept. of Library Services, American Museum of Natural Histary. **Fig. 16-19** Copyright © Peabody Museum of Natural History, Yale University. **Fig. 16-21** De R. L. Carroll e Z. Dong, 1991. *Philosophical Transactions of the Royai Society,* London, 331:131-153. **Fig. 16-22** de J. M. V. Rayner, 1988, *Biological Journal of the Linnean Society,* 34:269-287. **Fig. 16-23** de Sanford Bird Hall, American Museum of Natural History #325097. Cortesia do Department of Library Services. **Fig. 16-24** de D. Norman, 1985, 77ie *Illustrated Encyclopedia Of Dinosaurs,* Salamander Books, UK. **Fig. 16-25** Modificado de K. Padian, 1997, *Nature,* 382:400-401. **Fig. 16-26** de P. C. Sereno e R. Chenggang, 1992, *Science,* 255:845-848. Copyright © 1992 American Association for the Advancement of Science. Reimpresso com permissão do editor. **Fig. 27** (a) de A. Feduccia, 1980, *The Age Of Birds,* Harvard University Press, (b) de L. D. Martin, 1983, *Perspectives In Ornithology* ed. por A. H. Brush e G. A. Clark, Jr., Cambridge University Press, UK.

CAPÍTULO 17 – **Fig. 17-2** Fotografia de Alan Pooley. **Fig. 17-3** Fotografia © Fred Tilly/Leonard Rue Enterprises, Photo Researchers, Inc. **Fig. 17-6** Cortesia de F. Harvey Pough. **Fig. 17-7** de J. Dorst, 1974, *The Life Of Birds,* Columbia University Press, NY. **Fig. 17-8** de A. C. Thompson, 1964, *A New Dictionary Of Birds,* McGraw-Hill, NY. **Fig. 16** de R. T. Peterson, 1978, *The Birds,* 2ª ed., Time-Life Books, NY. **Fig. 17-17** de R. W. Storer, 1971, *Avian Biology,* Vol. 1 ed. de D. S. Farmer e J. R. King, Academic Press. **Fig. 17-19** de P. Behler, 1981, *Form & Function In Birds,* Vol. 2 ed. por A. S. King e M. McLellan, Academic Press. **Fig. 17-21** de D. Weihs e G. Katzir, 1994, *Animal Behavior,* 47:649-654. **Fig. 17-22** (a, e) de J. McLelland, 1979, *Form & Function In Birds,* ed. de A. S. King e J. McLelland, Academic Press, UK. (f) de A. Grajal, S. D. Strahl, R. Parra, M. G. Dominguez, e A. Neher, 1989, *Science,* 245:1236-1238. **Fig. 17-24** Modificado de G. R. Martin, 1987, *Nature,* 328:383. **Fig. 17-27** Fotografia por Mary Tremaine, cortesia do Comell Laboratory of Ornithology. **Fig. 17-28** Fotografia de Mary Tremaine, cortesia do Comell Laboratory of Ornithology. **Fig. 17-30** de F. B. Gill, *Ornithology,* W. H. Freeman & Co.

NY. **Fig. 17-32** Parte (a) © Avian D. Cruickshank de National Audubon Society/Photo Researchers, Inc. Parte (b) © Joan Baron/The Stock Market. Parte (c) © Bruce W Heinemann/The Stock Market. Parte (d) © Jen e Des Bartlett/Photo Researchers, Inc. **Fig. 17-33** Cortesia do Professor David Winkler e Chris Swarth, Cornell University. **Fig. 17-34** de A. J. Marshall e D. L. Serventy, 1956, *Proceedings of the Zoological Society of London,* 127:489-510. **Fig. 17-35** (a) Illustration by Adolph E. Brotman de "The Stellar-Orientation System of a Migratory Bird" de Stephen T. Emlen, *Scientific American,* Agosto 1975, pp. 102-111. **Fig. 17-36** de W. T. Keeton, 1969, *Science,* 165:922-928. **Tabela 17.2** Modificado de E. A. Brenowitz, A. P. Arnold, e R. N. Levin, Brain Research 343 (1985): 104-112. **Tabela 17.3** Modificado de M. M. Nice, Transactions of the Linnaean Society of New York, 8 (1962): 1-211.

CAPÍTULO 18 – Fig. 18-4 de A. S. Romer, 1966, *Vertebrate Paleontology,* 3ª ed., University of Chicago Press e R. L. Carroll, 1988, *Vertebrate Paleontology,* W. H. Freeman & Co. **Fig. 18-5** de Gregory Paul em G. King, 1990, *The Dicynodonts, A Study In Paleobiology,* Chapman & Hall, UK. **Fig. 18-6** (a) de P. J. Currie, 1977, *Journal of Paleontology,* 51(5):927-942. (c) de F. A. Jenkins, Jr., 1970, *Evolution,* 24:230-252, Fig. 2. **Fig. 18-7** de T. S. Kemp, 1982, *Mammal-like Reptiles And The Origin Of Mammals,* Academic Press, UK. **Fig. 18-8** de A. W. Crompton e F. A. Jenkins, Jr., 1979, pp. 59-73 em *Mesozoic Mammals:* The First Two-Thirds of Mammalian History, ed. por J. A. Lillegraven, Z. Kielan Jaworowska, e W. A. Clemens, University of California Press. **Fig. 18-9** Fig. 28-10 de "Evolution of the auditory system in *Synapsida* as seen in the fóssil record" por E. F. Allen e J. A. Hopson (pp. 578-614) em *The Evolutionary Biology Of Hearing* ed. de D. B. Webster, R. R. Fay e A. N. Popper, Springer-Verlag, 1992. Reimpresso com permissão do editor. **Fig. 18-10** Modificado em parte de J. A. Hopson, 1994, pp. 190-219 em *Major Features Of Vertebrate evolution* ed. por D. R. Prothero e R. M. Schoch, Short Courses in Paleontology, n. 7, Paleontological Society e University of Tennessee Press. Reimpresso com permissão de Paleontological Society. **Fig. 18-13** de *Vertebrates:* Comparative Anatomy, Function, Evolution 2ª ed. por K. V. Kardong. Copyright © 1998. Reimpresso com permissão da McGraw-Hill Companies.

CAPÍTULO 19 – Fig. 19 da Fig. 2 de J. C. Zachos, 2001, *Science,* 292:274-278. Copyright © 2001 de AAAS. Reimpresso com permissão do editor.

CAPÍTULO 20 – Fig. 20-2 segundo T. E. Lawlor, *Handbook To The Orders & Families Of Living Mammals,* 1979. **Fig. 20-2b** de *The Vertebrate Body,* 6ª ed. de Romer e Parsons. Copyright © 1986. Reimpresso com permissão de Brooks/Cole, uma divisão da Thomson Learning: www.thomsonrights.com. Fax 800 730-2215. **Fig. 20-4** Adaptado da Fig. 9-12, T. A. Vaughan, 1986, *Mammalogy,* 3ª ed., Saunders College Publishing **Fig. 20-5** Modificado de várias fontes, esp. A. W. Ham e D. W. Cormack, 1973, *Histology* 8ª ed., Lippincott e P. J. Harrison e E. W Montagna, 1973, MAN 2ª ed., Appleton-Century-Crofts. **Fig. 20-6** Modificado de *Analysis Of Vertebrate structure* 5ª ed. por Hildebrand e Goslow. Copyright © 2001 de John Wiley & Sons, Inc. Reimpresso com permissão do editor. **Fig. 20-7** Modificado de *Analysis Of Vertebrate Structure* 5ª ed. por Hildebrand e Goslow. Copyright © 2001 por John Wiley & Sons, Inc. Reimpresso com permissão do editor. **Fig. 20-8** Modificado de *Analysis Of Vertebrate Structure* 5ª ed. por Hildebrand e Goslow. Copyright © 2001 de John Wiley & Sons, Inc. Reimpresso com permissão do editor. **Fig. 20-9** Fig. 17.34 de *Vertebrates:* Comparative Anatomy, Function, Evolution 2ª ed. de K. V. Kardong. Copyright © 1998. Reimpresso com permissão de McGraw-Hill Companies. **Fig. 20-10** Modificado do desenho de L. L. Sadler em Jenkins e Krause, 1983. **Fig. 20-11** de D. W. Krause, 1982, *Paleobiology,* 8:265-281, Fig. 7. Reimpresso com permissão do editor. **Fig. 20-12** Modificado de *Looking At Vertebrates* de E. Rogers, 1986. Reimpresso com permissão de Addison Wesley Longman, Ltd. *Functional Anatomy Of The Vertebrates:* An Evolutionary Perspective, 2ª ed. de W. F. Walker, Jr. e K. F. Liem, 1994, Saunders. **Fig. 20-13** Fig. 10.35 e 10.28 de *Vertebrates:* Comparative Anatomy, Function, Evolution 2ª ed. por K. V. Kardong. Copyright © 1998. Reimpresso com permissão de The McGraw-Hill Companies. **Fig. 20-14** Fig. 13 e Fig. 105 de T. E. Lawlor, *Handbook To The Orders & Families Of Living Mammals,* Mad River Press, 1979. Fig. 20-15 Modificado de J. Z. Young, 1981, *The Life Of Vertebrates* 3ª ed., Clarendon Press, UK. **Fig. 20-17** Modificado de D. MacDonald, 1984, *The Encyclopedia Of Mammals,* Facts on File Publications, em parte. De *The Encyclopedia Of Mammals* ed. por Dr. D. MacDonald. Copyright © 1984 por Andrômeda Oxford Ltd. Color & line artwork Copyright © 1984 de Priscilla Barrett. Reimpresso com permissão de Facts on File, Inc. e Andrômeda Oxford Ltd. **Fig. 20-20** de G. G. Simpson, G. S. Pittendrigh, e L. H.Tiffany, 1957, *Life,* Harcourt. **Fig. 20-21** Modificado de L. G. Marshall et al. 1982, *Science* 215:1351-1357 e L. G. Marshall, 1988, *American Scientist,* 76:380-388. **Tabela 20.1** L. G. Marshall, J. A. Case, e M. O Woodburne, Current

Mammalogy 2 (1990):433-505; T. A. Vaughan, Mammalogy, 3ª ed. (Philadelphia: Saunders, 1986); e R. M. Nowak e J. L. Paradiso, Walker's Mammals of the World, 5ª ed. (Baltimore: Johns Hopkins University Press, 1991). **Tabela 20.2** J. A. Hopson, Journal of Mammalogy 51 (1970): 1-9; M. C. McKenna, em Phylogeny of the Primates, W. P. Luckett e F. S. Szalay (eds.) (New York: Plenum, 1975); T. A. Vaughan et al. Mammalogy, 4ª ed. (Philadelphia: Saunders, 2000). J. F. Eisenberg, The Mammalian Radiations (Chicago: University of Chicago Press, 1981); R. M. Nowak e J. L. Paradiso, Walker's Mammals of the World (5ª ed.) (Baltimore, MD: John Hopkins University Press, 1991); Sanderson e J. K. Jones, Jr., Orders e Families of Recent Mammals of the World (New York Wiley-Interscience, 1984); e M. J. Novacek e A. R. Wyss, Cladistics 2 (1987):257-287.

CAPÍTULO 21 – Fig. 21-1 Modificado de M. Griffiths, 1968, *Echidnas,* Pergamon Press, Oxford, UK e Nowak e Pardiso. **Fig. 21-2** Modificado de W. W. Ballard, 1964, *Comparative Anatomy & Embryology,* Ronald Press, NY. **Fig. 21-3** Modificado segundo G. B. Sharman, 1976 em *Reproduction In Mammals,* 6: The Evolution of Reproduction ed. de C. R. Austin e R. V. Short, Cambridge University Press, UK. **Fig. 21-4** Modificado de M. B. Renfree, 1993 em *Mammal Phylogeny* ed. por F. S. Szalay, M. J. Nova-cek, e M. C. McKenna, Springer-Verlag, NY. **Fig. 21-5** Modificado segundo Fig. 2.11 de G. B. Sharman, 1976 em *Reproduction In Mammals,* 6: The Evolution of Reproduction ed. de C. R. Austin e R. V. Short, Cambridge University Press, UK. e Fig. 1.6 em R. V. Short, 1972, *Reproduction In Mammals, Reproductive Patterns* ed. por C. R. Austin e R. V. Short, Cambridge University Press, UK. **Fig. 21-10** (a, b) Modificado de F. A. Jenkins, Jr. (editor), 1974, *Primate Locomotion,* Academic, NY. (c) Modificado da Fig. 4 em A. A Biewener, 1989, *Bioscience* 39:776-783. Copyright © American Institute of Biological Sciences. **Fig. 21-11** Modificado de *Analysis Of Vertebrate Structure* 5ª ed. de Hildebrand & Goslow. Copyright © 2001 de John Wiley & Sons, Inc. Reimpresso com permissão do editor. **Fig. 21-12** Modificado de *Analysis Of Vertebrate Structure* 3ª ed. de Hildebrand Copyright © 1988 de John Wiley & Sons, Inc. Reimpresso com permissão do editor. **Fig. 21-13** Modificado de *The New Encyclopedia Of Mammals* ed. por D. McDonald. Copyright © 2001. Reimpresso com permissão de Brown Reference Group. **Fig. 21-14** Modificado de *The New Encyclopedia Of Mammals* ed. de D. McDonald. Copyright © 2001. Reimpresso com permissão de Brown Reference Group. **Fig. 21-15** de p. 203 em *At The Waters Edge:* Macroevolution and the Transformation of Life por Carl Zimmer. Copyright © 1998 de Carl Zimmer. Reimpresso com permissão de The Free Press, uma divisão de Simon & Schuster Adult Publishing Group. Todos os direitos reservados.

CAPÍTULO – 22 Fig. 22-2 Segundo B. K. McNab, 1973, *Journal of Mammalogy* 54:131-144. **Fig. 22-3** Modificado de P. E. Scholander et al. 1950, *Biological Bulletin* 99:237-258. **Fig. 22-4** Modificado de P. E. Scholander et al. 1950, *Biological Bulletin* 99:237-258. **Fig. 22-7** Fotografia © Gregory K. Scott/Photo Researchers, Inc. **Fig. 22-8** Fotografia de Gail R. Michener, University of Lethbridge, Alberta. **Fig. 22-9** de L. C. H. Wang, 1978, pp. 109-145 em *Strategies In Cold:* Natural Torpidity & Thermogenesis ed. de L. C. H. Wang e J. W. Hudson, Academic, NY. **Fig. 22-10** de L. C. H. Wang, 1978, pp. 109-145 em *Strategies In Cold:* Natural Torpidity & Thermogenesis ed. por L. C. H. Wang e J. W. Hudson, Academic, NY. **Fig. 22-11** Segundo dados de C. A. Beuchat, 1990, *American Journal of Physiology* 258 (Regulatory, Integrative, Comparative Physiology 27: R298-R3Q8. **Fig. 22-12** Fotografia por P. WardBruce Coleman, Inc. **Fig. 22-13** Modificado de K. Schmidt-Nielsen et al. 1957, *American Journal of Physiology* 188:103-112. **Fig. 22-14** Modificado de C. R. Taylor, 1972, *Comparative Physiology Of Desert Animals,* ed. by G. M. O. Maloiy, Academic Press, UK. **Fig. 22-15** Fotografia de George A. Bartholomew e Mark A. Chappeli, University of Califórnia em Los Angeles e University of Califórnia em Riverside. **Fig. 22-16** de M. A. Chappeli e G. A. Bartholomew, 1981, *Physical Zoology,* 54:81-93. Reimpresso com permissão da University of Chicago Press. **Fig. 22-17** de M. A. Chappeli e G. A. Bartholomew, 1981, *Physical Zoology* 54:81-93. Reimpresso com permissão da University of Chicago Press. **Fig. 22-18** Fotografias cortesia de Albert F. Bennett, University of Califórnia at Irvine. De A F. Bennett et al. Physiological Zoology 57 (1984): 57-62.

CAPÍTULO 23 – Fig. 23-1 de B. K. McNab, *Advances In The Study Of Mammalian Behavior* ed. por J. F. Eisenberg e D. G. Kleiman, Publicação Especial 7, The American Society of Mammalogists. **Fig. 23-2** P. Hersteinsson e D. W. McDonald, 1982, pp. 259-289 em *Telemetric Studies Of Vertebrates,* ed. de C. L. Cheeseman e R. B. Mitson, *Symposia Of The Zoological Society Of London,* n. 49, Academic Press, UK. **Fig. 23-3** Fotografias de Sara Caims. **Fig. 23-4** de B. K. McNab, *Advances In The Study Of Mammalian Behavio* ed. por J. F. Eisenberg e D. G. Kleiman, Publicação Especial 7, The American Society of Mammalogists. **Fig. 22-5** Parte (a) Fotografia de Jack Cranford, Virgínia Polytechnic Institute e State University; Partes (b-d) Fotografias de Sara Cairns. Parte (c) Fotografia Copyright © de J&B Fotógrafos/ Animais Animais/Cenas da Terra-Todos os direitos reservados. **Fig. 23-6** de P. J. Van Soest, 1982, *Nutritional Ecology Of The Ruminant,* O & B Books, Corvallis, OR. **Fig. 23-7** de P. J. Jarman, 1974, *Behavior* 58:215-267. **Figura 23-8** Fotografia (a) © de Ric Ergenbright/Corbis, foto (b) © Stephen J. Krasemann/Photo Researchers, Inc. **Fig. 23-10** Fotografias de Carol Saunders, Chicago Zoological Society. **Tabela 23.1** P. Hersteinsson e D. W. Macdonald, em C. L. Cheesman e R. B. Mitson (eds.), Symposia of the Zoological Society of London, n. 49 (New York: Academic Press, 1982): 259-289. **Tabela 23.2** Modificado de P. J. Jarman, Behaviour 58 (1974): 215-267. **Tabela 22.3** Modificado de B. Smuts, Sex & Friendship in Baboons (Hawthorn, NY: Aldine, 1985). **Tabela 23.4** Segundo a R. W. Wrangham, in Current Problems in Sociobiology, King's College Sociobiology Group (ed.) (Cambridge, UK: Cambridge University Press): 269-289.

CAPÍTULO 24 – Fig. 24-1 Fig. 2 de J. L Bloch e D. M. Boyer, 2002, *Science* 298:1606-1610. Copyright © 2002 de AAAS. Reimpresso com permissão do editor. **Fig. 24-2** Fig. da p. 76 em *Evolutionary History Of The Primates* de Szalay et al. Copyright © 1980. Reimpresso com permissão de Elsevier. **Fig. 24-3** de *Vertebrate Paleontology* 3ª ed. de A. S. Romer. Copyright © 1966. Reimpresso com permissão de University of Chicago Press. **Fig. 24-4** Modificado de *Primate Adaptation & Evolution* de J. G. Fleagle. Copyright © 1988 de Academic Press. Reimpresso com permissão do editor. **Fig. 24-6** (a) Fig. 4-9 (b) Fig. 4-12 (c) Fig. 4-15 (d, e) Fig. 4-19 & (f) Fig. 4-25 de *Primate Adaptation And Evolution* de J. G. Fleagle. Copyright © 1988 pela Academic Press. Reimpresso com permissão do editor. **Fig. 24-7** (a) Fig. 5-25 **(b)** Fig. 5-12 (e) Fig. 5-16 (d) Fig. 5-14 (e) Fig. 6-5 (f) Fig. 6-7 (g) Fig. 6-16 (h) Fig. 6-15 de *Primate Adaptation & Evolution* por J. G. Fleagle. Copyright © 1988 por Academic Press. Reimpresso com permissão do editor. **Fig. 24-10** (a) Fig. 7-6 (b) Fig. 7-82 de *Primate Adaptation & Evolution* de J. G. Fleagle. Copyright © 1988 de Academic Press. Reimpresso com permissão do editor, (d) da Fig. 23-10 em J. Z. Young, 1981, *The Life Of Vertebrates* 3ª ed. Clarendon Press, UK. **Fig. 24-12** Fig. 17.5 de *Primate Adaptation & Evolution* 2ª ed. por Fleagle. Copyright © 1998 de Elsevier. Reimpresso com permissão da Elsevier. **Fig. 24-15** Fig. 1 de Stephen Nash in S. E. Churchill, 1998, *Evolutionary Anthropology* 7:46-61. **Fig. 24-17** Fig. 4.8 in *Lowly Origin* de J. Kingdon. Copyright © 2003 de Princeton University Press. Reimpresso com permissão da Princeton University Press. **Fig. 24-18** Modificado de S. M. Stanley, 1996, *Children Of The Ice Age,* Harmony Books, NY. **Tabela 24.1** de F. S. Szalay e E. Delson, Evolutionary History of the Primates (New York: Academic, 1979).

CAPÍTULO **25** – **Fig. 25-2** de J. J. Hester, 1967, pp. 169-192 em P. S. Martin e H. E. Wright, Jr. (eds.) *Pleistocene Extinctions:* The Search for a Cause, Yale University Press. **Fig. 25-3** de *Global Biodiversity:* Status of the Eartt's Living Resources, World Conservation Monitoring Centre, 1992. Reimpresso com permissão. **Fig. 25-4** Fig. 16.9 (informação de 1992) "Known Animal Extinctions Since 1600: Birds" de *Global Biodiversity:* Status of the Earth's Living Resources, World Conservation Monitoring Centre, 1992. Reimpresso com permissão. **Fig. 25-5** © IFAW/ Riehard Sobol. Fig. 25-6 Parte (a) de Photo Researchers, Inc. Parte (b) de Peter Arnold, Inc. Parte (e) de Color-Pic, Inc. **Fig. 25-7** Cortesia do Smithsonian Migratory Bird Center. **Fig. 25-8** Fotografias: (a) Ron Garrison, The Zoological Society of San Diego; e (b) David Hosking/Photo Researehers, Inc **Fig. 25-09** Parte (a) de ORK Photo. Parte (b) de ORK Photo. **Fig. 25-10** Fotografia cortesia of Donna Shaver. **Fig. 25-11** de O. Shaver et al. 1988, pp. 103-108 em *Proceedings Of The Eighth Annual Workshop On Sea Turtle Conservation & Biology,* Feb. 24-26, 1988, Fort Fisher, NC, NOAA Technical Memoradum NMFS-SEFC-214 e Donna Shaver, personal communication.

Índice de Assuntos

J

K

L

M

N

Q

W

X

Y

Z

Índice de Nomes

Léxico Latino e Grego

Muitos nomes e termos biológicos são derivados do latim (L) e do Grego (G). Aprender mesmo apenas algumas dúzias desses radicai uma grande ajuda para o biólogo. Os termos a seguir são frequentemente encontrados na biologia dos vertebrados. As palavras são ap sentadas na grafia e na forma nas quais são mais comumente encontradas; isto não é necessariamente a forma original da palavra em s estado etimológico puro.

Um exemplo de como um radical é usado na biologia dos vertebrados pode ser encontrado, com frequência, através da referência ao índice assuntos. Lembre-se, entretanto, que alguns desses radicais podem ser usados como sufixos ou, de outra forma, no interior de termos técni e haverá necessidade de pesquisas posteriores para descobrir um exemplo de seu uso. Outras informações podem ser encontradas em uma re rência como o *Dictionary of Word Roots and Combining Forms*, de Donal J. Borror (Palo Alto, Califórnia: Mayfield Publising Co.).

a, ab (L) para longe de
a, na (G) não, sem
acanthos (G) um espinho
actino (G) um raio
ad (L) para perto, em direção a
aeros (G) o ar
aga (G) muito, demais
aistos (G) não visto
ala, alula (L) asa
allant (G) salsicha
alveolus (L) uma pequena cavidade
amblys (G) obtuso, estúpido
amnos (G) areia
amnion (G) membrana fetal
amphi (G) ambos, duplo
complexus (L) abraço
ampulla (L) jarro ou frasco
ana (G) para cima, sobre, através de
anat (L) um pato
angios (G) reservatório, vaso
ankylos (G) curvado, dobrado
anomos (G) sem lei
ante (L) antes
anti (G) contra
anthracos (G) carvão
apatos (G) ilusão, erro
aphanes (G) invisível, desconhecido
apo (G) longe de, afastado de
apsid (G) arco, alça
aqua (L) água
arachnes (G) aranha
arch (G) o começo, o princípio no tempo
argentus (L) prateado
arthros (G) articulação
ascidion (G) uma pequena bolsa ou bexiga
aspid (G) escudo
asteros (G) estrela
atrium (L) sala ou pátio de entrada
audire (L) ouvir
australis (L) sulino
ave (L) ave
baen (G) andar ou passo
basis (L) base
batrachos (G) rã
benthos (G) o fundo mar
bi, bis (L) dois
bios (G) vida
blastos (G) broto, primórdio germe
brachium (G) braço
brachus (G) curto
branchia (G) brânquia
buce (L) xadrez, obstáculo, interrupção
cali (G) bonito
calyx (L) cobertura protetora em forma de taça, cálice
caput, capita (L) cabeça
carno (L) carne
cauda (L) cauda
cene, ceno (G) novo, recente
cephale (G) cabeça
ceras (G) corno
cercos (G) cauda
cheir (G) mão
choane (G) funil, tubo
chondros (G) grão, cartilagem
chorde (G) tripas, um cordão
chorion (G) pele, membrana, couro
chroma (G) cor
cloaca (L) esgoto
coelos (G) oco
cornu (L) corno
cortex, corticis (L) casca, cortiça
costa (L) costela
cranion (G) crânio
creta (L) giz
cretio (L) separar, peneirar
crino (G) separar
cteis, ctenos (G) pente
cutis (L) pele
cyn (G) cão
cytos (G) célula, oco
dactylus (G) dedo
de (L) para baixo, longe de
dectes (G) a volta, amargor, contrariedade
dendrows (G) árvore
dens, dentes (L) dente
derma (G) pele
desmos (G) cadeia, laço ou faixa
deuteros (G) secundário, segundo
di, dia (G) através de, entre, além de
di, diplous (G) dois duplo
din, dein (G) terrível, poderoso
dir (G) pescoço
discos (G) disco
dory (G) lança
draco (L) dragão
drepan (G) foice
dromos (G) um curso correndo
ducere, ductus (L) levar, condutor
duro (L) duro
e, ex (L) para fora de, de, sem
echinos (G) espinho
eco, oikos (G) casa
ectos (G) do lado externo
edaphos (G) solo ou fund
eidos (G) forma, aspecto
elasma (G) uma placa fin
eleutheros (G) livre, não unido
elopos (G) um tipo de pe marinho
embolo (G) como uma cavilha ou rolha
embryon (G) feto, embri
emys (G) uma tartaruga água doce
endo (G) no interior, de de
enteron (G) entranhas, intestino
eos (G) o amanhecer ou início
epi (G) no, sobre
equi (L) cavalo
ery (G) arrastar ou puxa
erythros (G) vermelho
eu (G) bom verdadeiro
eury (G) largo
extra (L) além de, por
falx (L) foice, segadeir
fero (L) portador de
firum (L) filamento
fundus (L) fundo, fund

galeons (G) um tubarão
gallus (L) galináceos
gaster (G) barriga, estômago
genos (G) nascimento
genus (L) uma raça ou estoque
eo (G) a Terra
ephyr (G) ponte
errhon (G) feito de vime
obus (L) bola
omus (L) um novelo de linha
ossa (G) língua
ycos (G) doce
athos (G) mandíbula
nia (G) canto, ângulo ou joelho
rgo (G) um monstro-fêmea de aspecto terrível
acilis (L) delgado
pto (G) inscrito, pintado
pho (G) intrincado ou nigmático
a (L) garganta
nno (G) nu
(G) redondo, círculo
ma (G) sangue
(G) o mar
i (G) metade
atos (G) fígado
(G) rastejar
ros (G) outro, diferente
os (G) cavalo
s (G) tecido, teia
s (G) todo inteiro
os (G) semelhante, o esmo
(G) embaixo de, abaixo
r (G) acima de, além de, bre
s (G) alto, altura
ys (G) peixe
) em, para dentro, não n
(L) abaixo de, embaixo
(L) entre

intra (L) por dentro de
isso (G) semelhante, igual
kino (G) movimento
labyrinthos (G) uma passagem tortuosa
lecithos (G) vitelo
lepis (G) escama
leptos (G) fino, pequeno, fraco
lingua (L) língua
liss (G) liso
lophos (G) crista, carena
lumen (L) uma luz
luteus (L) amarelo
lychnos (G) lâmpada
macro (G) longo, grande
magno (L) grande
mamma (L) teta
mastos (G) teta
medulla (L) medula
melanos (G) preto
meros (G) parte
meso, *mesos* (G) meio, metade
meta (G) em seguida a, depois de
mikros (G) pequeno
mono (G) único
morphe (G) forma
mys (G) músculo, camundongo
nectein (G) natação
neos (G) novo, recente, jovem
nephros (G) rim
nomen (L) nome
noton (G) dorso
odont, *odous* (G) dente
oligo (G) pouco, pequeno
omnis (L) tudo
operculum (L) cobertura, opérculo, pálpebra
opisthe (G) atrás
opsis (G) visão, aspecto
ornithos (G) ave
orthos (G) reto, direto
osmos (G) empurrando ou impelindo

osteon (G) osso
oxys (G) pontudo, afiado
palaeos (G) antigo
para (G) ao lado de, ao longo de, perto de
pario (L) gero, produzo
peri (G) em torno de, perto de
phagein (G) comer, ingerir
phil (G) amando, amigo
pheros (G) apresentar
phos (G) luz
phyle (G) uma tribo, uma raça
phyll (G) folha
platys (G) achatado, largo
pleuro (G) costela, o lado
pneuma (G) respiração
pous, *podos* (G) pé
poikilos (G) variável
polys (G) muitos
poros (L) passagem, abertura
pos, *post* (L) depois, atrás
primus (L) primeiro
pro (G) antes, na frente de, anterior
protos (G) primeiro, primário
pseudos (G) falso
pteron (G) pena
pteryx (G) asa
pyge (G) traseiro, uropigio
ramus (L) ramo
rept (L) rastejar
retro (L) atrás
rhino (G) nariz
rhynchos (G) bico, focinho
sarx (G) carne
saur (G) lagarto
skleros (G) duro
scopos (G) guarda
soma (G) corpo
sperma (G) semente, esperma
sphen (G) cunha
splanchma (G) víscera
spondyl (G) vértebra
squam (L) escama
stege (G) teto

steno (G) estreito, reto
stoma (G) boca
stylos (G) pilar, coluna
sub (L) embaixo, abaixo
suchus (G) crocodilo
supra (L) acima, sobre
syn, *sym* (G) junto, em conjunto
telos (G) perfeito, inteiro, extremidade
tethys (G) uma deusa do mar
tetra (G) quatro
theke (G) caixa
theri (G) um animal selvagem
thermos (G) calor
tom (G) corte, fatia
top (G) lugar
trema (G) orifício
tres (L) três
tri (G) três
trix, *trichos* (G) pêlo
trope (G) volta, modificação
trophe (G) nutrição
tryma (G) orifício
ulna (L) cotovelo
ultimo (L) o mais distante, o último
unguis, *ungula* (L) garra, unha, casco
ura, *oura* (G) cauda
ureo, *uric*, *urine* (L) urina
vas (L) vaso
velum (L) véu ou cobertura
venter (L) ventre, barriga
vertebra (L) articulação
vibrissa (L) um pêlo da narina
viscera (L) os órgãos internos, vísceras
vita (L) vida
vivus (L) vivo
voro (L) devorar
xanthos (G) amarelo
xeno (G) estranho
zoon (G) animal
zygos (G) união ou acoplamento, par

Impressão e acabamento:
Geográfica editora